産卵しているアオハダトンボ *Calopteryx japonica* の雌（体長55mm）．兵庫県，1992年6月22日．（杉谷　篤）

A.1　*Tachopteryx thoreyi*. 成熟雄（体長78mm）. アメリカ, テキサス州, サムヒューストン国有林, 1977年4月28日. （C. E. Williams）

A.2　ルリボシヤンマ. 成熟雄（体長71mm）. イギリス, スコットランド, ガーテン湖Loch Garten. （E. J. McCabe）

A.3　ムカシトンボ. 成熟雄（体長51mm）. 四国, 1991年4月. （G. Rüppel）

A.4　ムラサキハビロイトトンボ. 成熟雄（体長約120mm）. パナマ, バロ・コロラド島, 1981年3月. （I. M. White）

A.5　アメリカベニシオカラトンボ. 成熟雄（体長54mm）. アメリカ, テキサス州, フォールズ郡, 1979年5月16日. （C. E. Williams）

A.6　*Archilestes grandis*. 成熟雄（体長48mm）. アメリカ, テキサス州, フォールズ郡の小さな川, 1980年7月10日. （C. E. Williams）

B.1 *Arigomphus submedianus*. 成熟雄（体長52mm）．アメリカ，テキサス州，マクレナン郡，ワコ湖Lake Waco，1980年6月7日．(C. E. Williams)

B.2 *Macromia pacifica*. 成熟雄（体長70mm）．アメリカ，テキサス州，マクレナン郡，1974年5月24日．(C. E. Williams)

B.3 コハクバネトンボ．成熟雄（体長23mm）．アメリカ，テキサス州，フォールズ郡の湖，1980年6月21日．(C. E. Williams)

B.4 *Ischnura ramburii*. 成熟雄（体長32mm）．アメリカ，テキサス州，フォールズ郡，1973年5月．(C. E. Williams)

B.5 *Pseudolestes mirabilis*. 後翅の表面の鱗片（後翅長34mm）．(R. G. Kemp)

B.6 ヒスイルリボシヤンマ．パトロール中にホバリングしている雄（体長60mm）．ドイツ，ババリア地方，1991年10月14日．(L. Börszöny)

C.1 ムカシトンボ．幼虫の生息場所．京都北部の山地，1991年5月．(D. Hilfert)

C.2 シコクトゲオトンボ．幼虫の生息場所．四国，1991年6月．(D. Hilfert)

C.3 ムカシヤンマ．幼虫の生息場所．滋賀県，琵琶湖，1991年5月．(G. Rüppel)

C.4 *Zygonyx natalensis*. 幼虫の生息場所．ウガンダ，ビクトリアナイル，リポン滝 Ripon Falls，1955年3月15日．(P. S. Corbet)

C.5 *Hadrothemis scabrifrons*. 幼虫の生息場所．ケニア，マカダラ森 Makadara Forest，1979年9月29日．(A. W. R. McCrae)

C.6 *Bradinopyga cornuta*. 幼虫の生息場所．タンザニア，シニャンガ Shinyanga，1956年8月25日．(P. S. Corbet)

D.1 イイジマルリボシヤンマ．幼虫の生息場所．ミズゴケが浮漂する高層湿原．ドイツ，フレンスブルク Flensburg, 1972年10月8日．(Eberhard Schmidt)

D.2 ホソミモリトンボ．典型的な産卵場所．スイス，シュバンテラウ Schwanterau, 1979年7月．(H. Wildermuth)

D.3 *Somatochlora sahlbergi*. 幼虫の生息場所．森林限界の直下にあるブラックストーン川 Blackstone River のそばの，水生のコケが密生する三日月湖．成虫の交尾・産卵が観察されていたこの湖から，多くの幼虫が見つかった．カナダ，ユーコン準州（北緯65°4′，西経138°8′，標高約840 m），1982年6月30日．(Lynn & Rich Moore)

D.4 *Crenigomphus renei* とアフリカウチワヤンマ．幼虫の生息場所．打ち上げられた漂流物の列の上に羽化殻が多数あった．ウガンダ，アルバート湖 Lake Albert, ブティアバ Butiaba, 1956年4月30日．(P. S. Corbet)

D.5 ヒロバラトンボ．浅くて暖かい池の水際に密集し，羽化までの変態の期間を過ごす幼虫（体長25 mm）．膨れた翅芽と中胸気門が見える．ドイツ，カイゼルラウテルン Kaiserlautern 付近，1986年5月1日，午前の昼近く．(J. Ott)

D.6 ムラサキハビロイトトンボ．胸部背面および尾部付属器の先端の目立つ白色斑を誇示しているF-0齢幼虫（体長22 mm）．パナマ，バロ・コロラド島，1983年．(O. M. Fincke)

E.1 ムカシトンボ．蘚苔類（*Concephalum conicum*）の葉状体の中への産卵．雌の体長51 mm．高知県，1982年4月29日．（枝 重夫）

E.2 マダラヤンマ．干上がった池の底にある朽木の中への産卵．雌の体長61 mm．イギリス．（K. G. Preston-Mafham）

E.3 ヒメハビロイトトンボ．樹洞の側面への産卵．雌の腹部の長さ約80 mm．パナマ，バロ・コロラド島，1984年6月ころ．（O. M. Fincke）

E.4 オニヤンマ．浅い渓流の水際にある堆積物の中への産卵．雌の体長100 mm．大阪府，1992年8月26日16:00ころ．（伊藤由之）

E.5 *Telebasis salva*．水面にある水草の中へのタンデム産卵．雄（左）の体長27 mm．アメリカ，テキサス州，フォールズ郡の小さな流れ，1976年10月14日．（C. E. Williams）

E.6 アメリカカワトンボ．水中の根の中への産卵．雌の体長44 mm．アメリカ，テキサス州，マクレナン郡，サウスボスク川 South Bosque River，1972年8月6日．（C. E. Williams）

F.1 *Tetrathemis godiardi*. 森林内の永続的な池で，水面上方の気根の表面への産卵．雌の体長 26 mm．リベリア，ゼドゥルー Zedru 北西部，1987年1月．(J. Lempert)

F.2 *Malgassophlebia bispina*. 森林内の渓流に突き出た葉の先端への，飛びながらの植物表面産卵．雌の体長 30 mm．リベリア，ジャレイタウン Jalay Town，1987年2月．(J. Lempert)

F.3 コハクバネトンボ．雌を産卵場所に導いている雄（左，体長 22 mm）．アメリカ，テキサス州，フォールズ郡の湖，1980年9月3日．(C. E. Williams)

F.4 ウチワヤンマ．細い糸で鎖状に連なった卵をまとい掛ける産卵．雌の体長 77 mm．奈良県，1988年8月8日．(伊藤由之)

F.5 タカネトンボ．産卵．この飛んでいる雌（体長 60 mm）は，腹端を濡らすことで卵を塊にし，濡れたコケの上に卵を振りまいている．長野県，1980年8月13日．(枝 重夫)

F.6 *Libellula croceipennis*. 産卵．この飛んでいる雌（体長 53 mm）は，水滴をすくって上方に放り投げることで，水面より上の岸辺に産み落としている．アメリカ，テキサス州，フォールズ郡の小さな流れ，1978年9月6日．(C. E. Williams)

G.1 モノサシトンボ．タンデム産卵．この雄（体長44mm）は歩哨姿勢をとっている．高知県，1980年7月21日．(杉村光俊)

G.2 ヒロアシトンボ．グループでのタンデム産卵．雄（体長36mm）たちは歩哨姿勢をとっている．スイス，チューリッヒ付近，1981年7月29日．(H. Wildermuth)

G.3 アメリカギンヤンマ．サジオモダカ *Alisma plantago-aquatica* の中へのタンデム産卵．雄の体長76mm．アメリカ，テキサス州，マクレナン郡の川のそばにできた一時的な水たまり，1979年6月．(C. E. Williams)

G.4 アメリカギンヤンマ．産卵場所間を移動するタンデムペア．雄の体長76mm．アメリカ，テキサス州，1988年9月．(G. Rüppel)

G.5 オビアオハダトンボ．雄（上，体長46mm）による産卵雌の非接触警護．フランス，マノスクManosque，1982年7月15日．(H. Wildermuth)

G.6 コハクバネトンボ．雄（右，体長22mm）による植物表面産卵中の雌の非接触警護．雌は後脚の跗節で産卵基質に触れているが，他の脚は折り畳んでいる．アメリカ，テキサス州，フォールズ郡の湖，1980年9月3日．(C. E. Williams)

H.1 *Arigomphus submedianus*. 水中の小枝に付着した卵（長さ1.25mm），前幼虫の脱皮殻，および1齢から2齢に脱皮中の幼虫（上右）．アメリカ，テキサス州，マクレナン郡の湖，1976年6月19日．(C. E. Williams)

H.2 *Arigomphus submedianus*. 水中の小枝に付着した卵（長さ1.25mm），前幼虫の脱皮殻，および2齢になったばかりの幼虫．卵黄が幼虫の中腸に残存し，濃い色の背面の突起（たぶん機械的受容器）が第9腹節に見える．アメリカ，テキサス州，マクレナン郡の湖，1976年6月19日．(C. E. Williams [McLaughlin 1989 より])

H.3-6 オオルリボシヤンマ．孵化．**H.3** 卵殻から抜けきっていない前幼虫．**H.4** 2齢幼虫への脱皮中で，触角と下唇が頭から突き出している．**H.5** 前幼虫の脱皮殻から抜け出ようとする2齢幼虫．**H.6** 前幼虫の脱皮殻から抜け出たばかりの2齢幼虫で（体長2.5mm），テネラルなため前頭部の額突起はまだ顕著である．日本．（渡辺庸子）

H.3　　　　　　　　　H.4

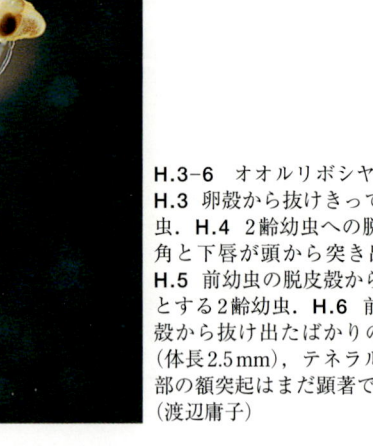

H.5　　　　　　　　　H.6

I.1 ギンヤンマ．脱皮直後の2齢幼虫（体長2mm），緊張した採餌姿勢．卵黄が中腸の中に残存し，主要な気管主幹は気体で充満し，下唇は頭部の直下に畳まれ，大きな複眼は色素が沈着していてよく目立つ．日本．(佐藤有恒)

I.2 コヤマトンボ．老齢幼虫．複眼と頭部の前方が底の堆積物から突き出している．スプーン状の下唇は，ヤマトンボ亜科に典型的であり，側片の前縁部に鋸歯状の深い切れ込みがある．日本．(栗林 慧)

I.3 アキアカネ．前方下側から見たスプーン状の下唇．頭部の直下に畳まれ，休止位置にある．各側片の内縁と前縁および中片の前縁には，短くて頑丈な棘状の刺毛が並ぶ．日本．(佐藤有恒)

I.4 ヨーロッパアカメイトトンボ．F-0齢幼虫（体長22mm）．フサモ属 Myriophyllum の茎葉の上で緊張した採餌姿勢をとっている．垂直に立てた，よく目立つ尾部付属器は薄葉状で中央分節がある．ドイツ．(G. Jurzitza)

I.5 キバネルリボシヤンマ．幼虫は典型的なしがみつきタイプ．この幼虫（おそらくF-1齢，体長35mm）は，歩行あるいは獲物に忍び寄ろうとする姿勢をとっている．ドイツ，キール Kiel, 1967年10月11日．(Eberhard Schmidt)

I.6 *Anax longipes*．F-0齢幼虫（体長60mm）はしがみつきタイプ．水面近くの水草を棲み場所にし，活動的でよくカムフラージュされている．この幼虫は緊張した採餌姿勢をとっている．アメリカ，フロリダ州，ゲインズビル Gainesville, 1977年2月．(S. W. Dunkle)

J.1 *Macromia georgina*. 前方から見た腹ばいタイプの幼虫. スプーン状の下唇, 円錐状に突き出した複眼, それに長く広げた脚が見える. アメリカ, テキサス州, マクレナン郡の川, 1975年5月12日. (C. E. Williams)

J.2 アキアカネ. 幼虫（体長7mm）は水面近くの水草の間に棲み, 活動的な腹ばいタイプで, よくカムフラージュされている. 日本. （佐藤有恒）

J.3 サナエヤマトンボ亜科の陸生の幼虫（体長17mm）で, おそらく *Pseudocordulia* 属の1種. 降雨林の林床の落葉落枝の中に棲む. オーストラリア, クインズランド州. （オーストラリア国立科学技術研究機構, キャンベラ）

J.4 ヒロバラトンボ. 浅い穴掘りタイプのF-0齢幼虫（体長25mm）. 体表背面の密生した毛髪のような刺毛は, 細かい堆積物（その中に棲むのが普通）を蓄積し, カムフラージュに役立っている. スイス, ビンテルフールWinterhur近くの砂利採取跡の池. 1982年9月20日. (A. Krebs)

J.5 ハヤブサトンボ. F-0齢に脱皮中の幼虫（体長16mm）. 気管の内層が幼虫の体から引き抜かれようとしている. アメリカ, テキサス州, マクレナン郡, 1975年5月1日. (C. E. Williams)

J.6 *Cordulegaster maculatus*. 脱皮殻から離れて30分後のテネラルなF-0齢幼虫（体長約45mm）. このあとすぐに, 幼虫は活発に水を飲み込んで体を膨らませる. その間に外皮は硬化し, 暗化する. アメリカ, テキサス州, 1976年6月22日. (C. E. Williams)

K.1 ギンヤンマ．羽化の第2ステージ．倒垂型．羽化殻の長さ53mm．日本．（丸林正則）

K.2 パプアヒメギンヤンマ．羽化の第2ステージの終了．倒垂型．羽化殻の長さ43mm．ニュージーランド，タウポTaupoで採集された幼虫．1982年3月2日，室内で1:00ころ撮影．（R. J. Rowe）

K.3 *Gomphus pulchellus*．羽化の第2ステージ．直立型．羽化殻の長さ30mm．ドイツ．（G. Jurzitza）

K.4 *Onychogomphus forcipatus unguiculatus*．羽化の第3ステージの開始．直立型．羽化殻の長さ25mm．フランス，1981年7月12日．（H. Wildermuth）

K.5 ヨツボシトンボ．羽化の第3ステージの開始．倒垂型．羽化殻の長さ27mm．スイス，チューリッヒ近くの泥炭採掘場所の端で，1982年6月6日，9:00ころ．（H. Wildermuth）

K.6 *Trithemis aurora*（と思われる）．羽化の第4ステージの終了．体長46mm．インド，ケララ州，1988年1月．（G. Rüppel）

L.1 ハヤブサトンボ．色彩が未熟雄に似ている成熟雌（体長 44 mm）．アメリカ，テネシー州．(J. Silsby)

L.2 ハヤブサトンボ．成熟雄（体長 44 mm）．アメリカ，テネシー州．(J. Silsby)

L.3 *Libellula fulva*．交尾中のペア．雌（左）は雄の中ほどの腹節の背面をつかんでいる．雄の体長 45 mm．ギリシャ．(R. G. Kemp)

L.4 *Libellula fulva*．この成熟雄（体長 45 mm）の腹部背面の白粉は，交尾パートナーの雌たちに脚でこすられて，ひどく剥がれている．ギリシャ．(R. G. Kemp)

L.5 スペインアオモンイトトンボ．交尾．標識のついた雄色型の雌（左，体長 28 mm）が *Erythromma viridulum* の雄を摂食している．スペイン，ポンテベドゥラ Pontevedra，午後，1990年8月24日．(A. Cordero)

L.6 *Aeshna peralta*．成熟雄（体長 60 mm）．青色の腹部斑紋は太陽輻射により内部器官が暖まることを促進する．この種は，4,700 m 以上の標高の地でも，個体群が継続されている．ペルー，ワレス Huarez，1990年2月．(W. Piper)

M.1 *Trithemis furva*（と思われる）。正午ころ，オベリスク姿勢をとることによって，受熱量を減少させている成熟雄（後翅長32 mm）。体表のほとんどが白粉で覆われている。ケニア，マサイマラ保護区 Masai-Mara Reserve. (K. G. Preston-Mafham)

M.2 *Trithemis annulata*. 日没近い時間帯に，太陽光が腹部に直角にさす姿勢をとることで，受熱量を増加させている雌(体長36 mm)。また，翅は空気を囲い込んで，胸部の周囲を局所的に暖めている。ケニア，シンバ丘陵 Shimba Hills. (K. G. Preston-Mafham)

M.3 *Bradinopyga cornuta*. おそらく成熟雄（写真の中央，体長44 mm）。花崗岩の巨礫の側面に垂直にとまることで受熱量を減少させ，同時に隠蔽効果も得ている。タンザニア，シニャンガ Shinyanga, 1956年8月25日。(P. S. Corbet)

M.4 タイリクアキアカネ。未熟と成熟，雄と雌の入り混じった成虫（体長33 mm）の集団が，産卵場所から数百m離れた場所のイネ科植物の茎の上で，ねぐらに就いている。フランス，カマルグ Camargue, 1984年7月。(G. Rüppel)

M.5 *Euthore fasciata fasciata*. 黄色翅型の雄（体長50 mm）。同所性のチョウ *Hyaliris oulita cana* に酷似したベーツ型擬態である。ベネズエラ，エルアビラ国立公園 El Avila National Park, 標高約1,000m, 1980年10月22日。(J. De Marmels)

M.6 ギンヤンマ。ヨーロッパハチクイ *Merops apiaster* の雄に捕まった成熟雄（体長72 mm）。フランス，アルル Arles付近，1986年7月。(N. Coulthard)

N.1 *Aeshna multicolor*. 右側面から見た成熟雄（体長55 mm）の複眼．擬瞳孔が見える．アメリカ，ワシントン州．(T. E. Sherk)

N.2 *Somatochlora albicincta*. 右側面から見た成熟雄（体長48 mm）の複眼．背面後方の縁の黒い隆起は，機能を失った幼虫複眼の残存物で，眼のその部分の視野をぼやけさせる．アメリカ，ワシントン州．(T. E. Sherk)

N.3 ウチワヤンマ．セミを摂食している成熟雌（体長77 mm）．京都，1980年8月．(D. R. Paulson)

N.4 キイトトンボ．均翅亜目の成虫を摂食中の成熟雄（体長40 mm）．四国，1993年8月10日．(L. Börszöny)

N.5 タイリクシオカラトンボ．オアカカワトンボの成熟雄を摂食中の成熟雌（体長47 mm）．フランス，クローCrau，1994年7月．(G. Rüppel)

N.6 コハクバネトンボ．産卵場所にとまっている半翅目の幼虫を表面採餌中の成熟雄（体長22 mm）．アメリカ，テキサス州，フォールズ郡の湖，1973年7月31日．(C. E. Williams)

O.1 *Hemiphlebia mirabilis*. 白粉を帯びた尾部付属器を，広げない状態で誇示している成熟雄（体長24mm）．オーストラリア，サウスビクトリア州，1990年2月5日．(T. R. New)

O.2 *Hemiphlebia mirabilis*. 白粉を帯びた尾部付属器を，広げた状態で誇示している成熟雄（体長24mm）．オーストラリア，サウスビクトリア州，1990年2月5日．(T. R. New)

O.3 ミヤマカワトンボ．腹端の白粉を帯びた腹面を誇示している成熟雄（体長70mm）．この行動はなわばり占有の宣言であると思われる．日本，1991年6月8日．(井上 清)

O.4 *Argiolestes ochraceus*. 腹部第8, 9節を扁平にすることによって，腹端近くの青い小斑を誇示している成熟雄（体長65mm）．ニューカレドニア，コギス山Mount Khogis，1984年3月24日，正午ころ．(N. Yates)

O.5 アメリカアオハダトンボ．接近する雄に向かって開翅による拒否行動を示している産卵雌（右，体長42mm）．アメリカ，テキサス州，サムヒューストン国有林．(C. E. Williams)

O.6 アフリカハナダカトンボ．グループ産卵している雌に求愛している成熟雄（上右，体長31mm）．雄は青い腹部を上げ，白粉を帯びた幅広い脛節を雌に誇示しながら左右に体を揺すっている．南アフリカ，ナタール州，ポートシェプストーンPort Shepstone付近のウムジムクルワナ川Umzimkulwana River，1987年2月下旬．(A. Martens)

P.1 カオジロトンボ．産卵雌をつかんだばかりの別の雄を，飛びながらつかんだ成熟雄（上，体長35mm）．水面にその姿が映っている．ドイツ北部，1986年5月．(G. Rüppel)

P.2 サオトメエゾイトトンボ．タンデム形成後の雄内移精（左の雄の体長32mm）．ドイツ，フレンスブルグ Flensburg, 1991年6月1日．(Eberhard Schmidt)

P.3 タイリクアキアカネ．日の出後間もない時刻に，すでにタンデム態になっている成熟成虫（体長33mm）．フランス，カマルグ Camargue, 1991年7月．(G. Rüppel)

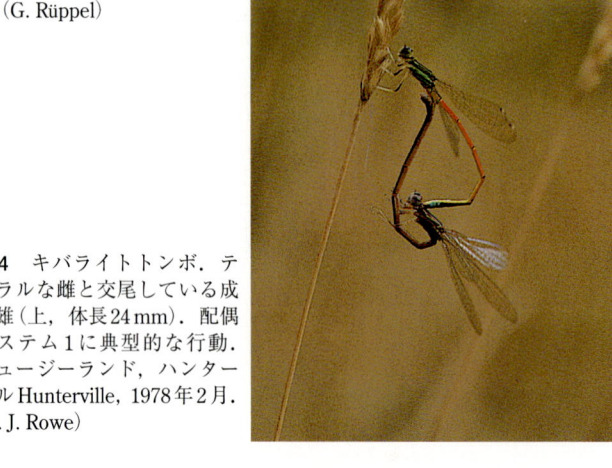

P.4 キバライトトンボ．テネラルな雌と交尾している成熟雄（上，体長24mm）．配偶システム1に典型的な行動．ニュージーランド，ハンタービル Hunterville, 1978年2月．(R. J. Rowe)

P.5 ムラサキハビロイトトンボ．交尾中のペア．雄（上，体長73mm）がペアを持ち支える．パナマ，バロ・コロラド島，1983年．(O. M. Fincke)

P.6 ヒメルリボシヤンマ．岩の上で日光浴をする交尾中のペア．雄（左，体長64mm）は青色の相になっている．スイス，クール Chur 近くのマリックス牧場 Alp Malix, 1980年9月21日．(A. Krebs)

DRAGONFLIES

Behavior and Ecology
of Odonata

Philip S. Corbet

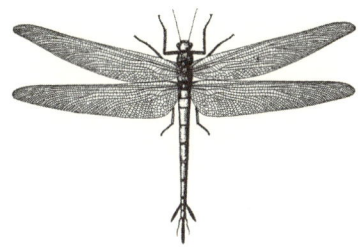

トンボ博物学

行動と生態の多様性

P. S. Corbet 著

椿 宜高・生方秀紀・上田哲行・東 和敬 監訳

海游舎

DRAGONFLIES: Behavior and Ecology of Odonata
by Philip S. Corbet

Copyright ©1999 by Philip S. Corbet. All rights reserved.
Japanese translation rights arranged with Cornell University Press through Japan UNI Agency, Inc., Tokyo.

Copyrighted in Japan by Kaiyusha Publishers Co. Ltd.

この本の完成を直接・間接に支援してくれた
コーベット家の
アリグザンダー・スティーヴン
ヒルデガード
イレーヌ
カタリーナ・アリグザンドラ
メアリー・エリザベス
そしてサラ・アリグザンドラに
また，淡水生物の生息地保全に取り組んでいる
すべての人々に
愛と尊敬をこめてこの本を捧げる．

目　次

図リスト	xi
写真リスト	xvii
表リスト	xix
付表リスト	xxi
序　文	xxv
日本語版序文	xxix
訳者序文	xxxi
略号一覧	xxxv

1　序　章 … 1

2　生息場所選択と産卵 … 9
- 2.1　生息場所選択　9
  - 2.1.1　はじめに　9
  - 2.1.2　問　題　11
  - 2.1.3　調　査　13
  - 2.1.4　手がかりとその感知　15
    - 2.1.4.1　幼虫の生息場所　16
    - 2.1.4.2　産卵場所　17
  - 2.1.5　究極要因と至近刺激　20
- 2.2　産　卵　21
  - 2.2.1　産卵モード　21
  - 2.2.2　産卵モードの変異　22
  - 2.2.3　生息場所　24
  - 2.2.4　行動連鎖　26
  - 2.2.5　警護産卵　28
  - 2.2.6　グループ産卵　30
  - 2.2.7　潜水産卵　30
  - 2.2.8　捕　食　33
  - 2.2.9　日周パターン　34
  - 2.2.10　産卵速度　35
- 2.3　生涯卵生産　36
- 2.4　摘　要　41

3　卵および前幼虫 … 43
- 3.1　卵　43
  - 3.1.1　採　卵　43
  - 3.1.2　外部形態　43
  - 3.1.3　胚発生　49
    - 3.1.3.1　形　態　49
    - 3.1.3.2　卵期間　50
      - 3.1.3.2.1　直接発生　51
      - 3.1.3.2.2　遅延発生　53
      - 3.1.3.2.3　条件的休眠　57
  - 3.1.4　生存率　59
    - 3.1.4.1　受精率　59
    - 3.1.4.2　物理的要因　60
    - 3.1.4.3　生物的要因　60
      - 3.1.4.3.1　捕食寄生者　61
      - 3.1.4.3.2　捕食者　63
- 3.2　孵　化　64
- 3.3　前幼虫　68
- 3.4　摘　要　69

4　幼虫：呼吸と採餌 … 70
- 4.1　はじめに　70
- 4.2　呼　吸　70
  - 4.2.1　直腸呼吸　71
    - 4.2.1.1　不均翅亜目（ムカシトンボ科を含む）　71
    - 4.2.1.2　均翅亜目　73
  - 4.2.2　鰓総　74
  - 4.2.3　側腹鰓　75
  - 4.2.4　尾部付属器　77
  - 4.2.5　その他の呼吸面　82
  - 4.2.6　展　望　83
- 4.3　採　餌　84
  - 4.3.1　採餌モード　84
  - 4.3.2　餌動物の感知　85
    - 4.3.2.1　視覚受容器　85
    - 4.3.2.2　機械受容器　88
    - 4.3.2.3　化学受容器　91
  - 4.3.3　餌動物の対抗適応　91
  - 4.3.4　餌処理　92
    - 4.3.4.1　捕食行動連鎖　93
    - 4.3.4.2　餌動物の捕獲と制圧　98
    - 4.3.4.3　餌処理　100
  - 4.3.5　食物構成　101
  - 4.3.6　採餌・摂食行動に影響する変数　103
  - 4.3.7　エネルギー転換　107
    - 4.3.7.1　食物供給量　107
    - 4.3.7.2　食物摂取　109

vii

	4.3.7.3	同 化	109
	4.3.7.4	エネルギー収支	110
4.3.8	トンボ以外の餌動物への影響	113
	4.3.8.1	餌動物数の減少が記録された例	113
	4.3.8.2	潜在的な経済的重要性	114
4.4	摘 要		117

5　幼虫：生物的環境 119
5.1　はじめに　119
5.2　他種生物との相互作用　119
　　5.2.1　共生生物　119
　　5.2.2　病原体　120
　　5.2.3　寄生者　120
　　　　5.2.3.1　原生動物門　120
　　　　5.2.3.2　扁形動物門　122
　　　　　　5.2.3.2.1　吸虫綱　122
　　　　　　5.2.3.2.2　条虫綱　124
　　　　5.2.3.3　袋形動物門　127
　　5.2.4　捕食者　129
　　　　5.2.4.1　硬骨魚綱　129
　　　　5.2.4.2　両生綱と爬虫綱　131
　　　　5.2.4.3　鳥　綱　131
　　　　5.2.4.4　トンボ目　132
　　5.2.5　生存率　134
5.3　捕食の間接効果　136
　　5.3.1　生息場所の利用　137
　　　　5.3.1.1　陸　生　138
　　　　5.3.1.2　ファイテルマータ　138
　　　　5.3.1.3　高塩分濃度の生息場所　141
　　　　5.3.1.4　魚の存在に関連した水域間の棲み分け　141
　　5.3.2　微生息場所の利用　143
　　　　5.3.2.1　均翅亜目　143
　　　　5.3.2.2　不均翅亜目　145
　　　　　　5.3.2.2.1　しがみつきタイプ　145
　　　　　　5.3.2.2.2　腹ばいタイプ　146
　　　　　　5.3.2.2.3　潜伏タイプ　148
　　　　　　5.3.2.2.4　穴掘りタイプ　150
　　　　5.3.2.3　個体発生に伴う微生息場所の変化　155
　　　　5.3.2.4　色と模様　157
　　　　5.3.2.5　隠れ場としての水草　158
　　　　5.3.2.6　敵対行動　158
　　5.3.3　採餌様式　163
　　5.3.4　逃避と防御　163
5.4　個体群動態　168
5.5　摘　要　171

6　幼虫：物理的環境 173
6.1　はじめに　173
6.2　温　度　173
　　6.2.1　緯　度　173
　　6.2.2　標　高　176
　　6.2.3　温　泉　181
　　6.2.4　高温に対する耐性　182
6.3　自由水の存在　183
6.4　イオン成分　186
　　6.4.1　塩分濃度　186
　　6.4.2　pH　190
6.5　溶存酸素，水の動き，および水深　192
6.6　汚　染　194
　　6.6.1　有機汚染物質　194
　　6.6.2　無機汚染物質と殺虫剤　195
　　6.6.3　環境の質の指標としてのトンボ目　197
6.7　摘　要　198

7　成長，変態，および羽化 200
7.1　はじめに　200
7.2　幼虫の発育　200
　　7.2.1　脱　皮　200
　　7.2.2　齢間の変化　203
　　7.2.3　齢内変化　207
　　7.2.4　幼虫発育を推定するためのサンプリング　207
　　7.2.5　化　性　210
　　　　7.2.5.1　熱帯性の種　212
　　　　7.2.5.2　温帯性の種　216
　　7.2.6　調節のない発育　217
　　7.2.7　調節された発育　220
　　　　7.2.7.1　日長の刺激　221
　　　　7.2.7.2　季節的調節　222
7.3　変　態　226
7.4　羽　化　229
　　7.4.1　脱　皮　229
　　7.4.2　日周パターン　233
　　7.4.3　季節パターン　235
　　7.4.4　羽化総数　239
　　7.4.5　羽化時期と成虫のサイズ　239
　　7.4.6　雄の先行羽化と雌の先行羽化　241
　　7.4.7　性　比　241
　　7.4.8　死亡率　243
7.5　摘　要　245

8　成虫：一般 247
8.1　はじめに　247
8.2　前生殖期　247
　　8.2.1　前生殖期の長さ　248
　　　　8.2.1.1　雌雄における相違　248
　　　　8.2.1.2　前生殖期の長さと生活環　249
　　　　　　8.2.1.2.1　熱帯性の種　251
　　　　　　8.2.1.2.2　温帯性の種　252
　　8.2.2　形態の変化　254
　　　　8.2.2.1　性的な成熟　254
　　　　8.2.2.2　他の変化　258
　　8.2.3　外観の変化　261
　　8.2.4　行動の変化　261
　　8.2.5　日齢と成熟の判定　262
8.3　生殖期　263
　　8.3.1　行動レパートリー　263
　　8.3.2　色彩変異　266
　　　　8.3.2.1　色彩多型　266
　　　　8.3.2.2　温度による可逆的な色彩変化　269
　　　　8.3.2.3　白　粉　271
8.4　物理的環境　272
　　8.4.1　体温調節　272

| 8.4.1.1   気化冷却   274
| 8.4.1.2   外温性の体温調節   274
| 8.4.1.3   内温性の体温調節   280
| 8.4.1.4   概　観   283
| 8.4.2   成虫活動期   284
| 8.4.3   個体数と生存率   287
| 8.4.4   日周活動パターン   292
| 8.4.5   ねぐら   303
| 8.5   他の生物との相互作用   308
| 8.5.1   片利共生動物   308
| 8.5.2   病原体   309
| 8.5.3   寄生者   309
| 8.5.4   捕食者   316
| 8.5.4.1   被子植物亜門   316
| 8.5.4.2   クモ形綱   316
| 8.5.4.3   昆虫綱   317
| 8.5.4.4   硬骨魚綱   318
| 8.5.4.5   両生綱と爬虫綱   318
| 8.5.4.6   鳥　綱   318
| 8.5.4.7   哺乳綱   319
| 8.5.4.8   対抗適応   320
| 8.5.5   競争者   326
| 8.5.5.1   同種他個体   326
| 8.5.5.2   トンボ目の他の種   326
| 8.6   摘　要   327

9　成虫：採餌　　329
| 9.1　空中捕食者としてのトンボ   329
| 9.1.1   採餌ニッチ   329
| 9.1.2   空中での機敏さ   330
| 9.1.3   視　力   331
| 9.1.4   採餌モード   333
| 9.1.5   食物構成   334
| 9.1.5.1   情報源   334
| 9.1.5.2   ジェネラリスト   334
| 9.1.5.3   スペシャリスト   335
| 9.2   空中採餌   336
| 9.2.1   フライヤーモード   337
| 9.2.1.1   スタイル   337
| 9.2.1.2   日周パターン   337
| 9.2.2   パーチャーモード   339
| 9.2.2.1   スタイル   339
| 9.2.2.2   日周パターン   340
| 9.2.3   餌動物の感知   342
| 9.2.4   餌動物の対抗適応   344
| 9.3   表面採餌   344
| 9.3.1   スタイル   345
| 9.3.2   日周パターンと餌動物の発見   347
| 9.3.3   餌動物の対抗適応   347
| 9.4   餌動物の処理   347
| 9.4.1   捕獲と制圧   347
| 9.4.2   処　理   348
| 9.5   採餌効率の増加   350
| 9.5.1   餌動物の集中   350
| 9.5.2   捕獲成功度   353
| 9.5.3   狩り立て   355
| 9.5.4   大型餌食い   356
| 9.5.5   場所の防衛   358
| 9.5.6   貯　食   359

| 9.6   エネルギー転換   359
| 9.6.1   食物摂取と羽化後の日齢   359
| 9.6.2   同　化   361
| 9.6.3   エネルギー消費   363
| 9.6.4   エネルギー収支   365
| 9.7   トンボ以外の餌動物への採餌の影響   368
| 9.7.1   餌動物が減少した例   368
| 9.7.2   潜在的な経済的重要性   368
| 9.8   摘　要   370

10　飛行による空間移動　　372
| 10.1 はじめに   372
| 10.1.1 生息場所の連続性と空間移動   372
| 10.1.2 用　語   372
| 10.1.3 方　法   374
| 10.2 生息場所内の移動   374
| 10.2.1 処女飛行   375
| 10.2.2 通勤飛行   377
| 10.2.3 季節的退避飛行   378
| 10.2.3.1 具体例：アキアカネ   379
| 10.2.3.2 展　望   380
| 10.2.4 河川の上流への飛行   382
| 10.3 生息場所間の移動   383
| 10.3.1 移住中のトンボの特性   383
| 10.3.1.1 飛行モード   383
| 10.3.1.2 集　合   383
| 10.3.1.3 成　熟   383
| 10.3.1.4 開始時期   384
| 10.3.1.5 定　位   384
| 10.3.1.6 飛行のためのエネルギー   385
| 10.3.2 気流による空間移動   386
| 10.3.2.1 垂直移動   386
| 10.3.2.2 水平移動   388
| 10.3.2.3 個体群の集結   393
| 10.3.3 絶対的移住   396
| 10.3.3.1 干ばつの回避   398
| 10.3.3.1.1 具体例：
| ヒメギンヤンマ   399
| 10.3.3.1.2 展　望   401
| 10.3.3.2 寒さの回避   402
| 10.3.3.2.1 具体例：
| アメリカギンヤンマ   402
| 10.3.3.2.2 展　望   405
| 10.3.4 条件的移住   405
| 10.3.4.1 前生殖期に始まる移住   406
| 10.3.4.1.1 具体例：
| ヨツボシトンボ   406
| 10.3.4.1.2 展　望   406
| 10.3.4.2 生殖期に始まる移住   407
| 10.3.4.2.1 具体例：ムツアカネ   408
| 10.3.4.2.2 展　望   408
| 10.4 概　観   409
| 10.5 摘　要   411

11　繁殖行動　　414
| 11.1 はじめに   414
| 11.1.1 生殖期   414
| 11.1.2 機能的枠組み   414

- 11.2 雌雄の出会い　415
  - 11.2.1 出会い場所　415
  - 11.2.2 なわばり性の概念　417
  - 11.2.3 定住性　418
    - 11.2.3.1 局在化　419
    - 11.2.3.2 定住度　422
  - 11.2.4 なわばりの属性　423
  - 11.2.5 雄の探索行動　424
    - 11.2.5.1 モード　424
    - 11.2.5.2 パトロール　425
    - 11.2.5.3 モードを決める要因　428
- 11.3 攻撃行動　428
  - 11.3.1 レパートリー　428
  - 11.3.2 格　闘　436
  - 11.3.3 同種ペアとの相互作用　437
  - 11.3.4 種間相互作用　437
  - 11.3.5 時間配分　439
  - 11.3.6 争いの結末　439
    - 11.3.6.1 非対称性　439
    - 11.3.6.2 エスカレーション　440
  - 11.3.7 代替繁殖行動　443
    - 11.3.7.1 順位制　443
    - 11.3.7.2 占有地の共有　445
    - 11.3.7.3 非なわばりモード　445
  - 11.3.8 密度と攻撃行動　447
    - 11.3.8.1 密度効果　447
    - 11.3.8.2 攻撃行動の崩壊　448
    - 11.3.8.3 密度調節　449
- 11.4 視覚によるコミュニケーション　450
  - 11.4.1 雄による雄の認知　452
  - 11.4.2 雄による雌の認知　452
  - 11.4.3 雌による雄の認知　456
  - 11.4.4 雌による雌の認知　457
  - 11.4.5 雌による拒否行動　457
  - 11.4.6 求　愛　460
    - 11.4.6.1 カワトンボ科　461
    - 11.4.6.2 ハナダカトンボ科　465
    - 11.4.6.3 他の均翅亜目　467
    - 11.4.6.4 不均翅亜目　467
    - 11.4.6.5 機能についての解釈　469
- 11.5 交尾前タンデム　469
  - 11.5.1 形　成　469
  - 11.5.2 行　動　471
  - 11.5.3 タンデム結合　472
  - 11.5.4 異常タンデム　475
    - 11.5.4.1 タイプ　475
    - 11.5.4.2 雌雄の異種間タンデム　476
    - 11.5.4.3 雄雄タンデムと三連結　478
- 11.6 雄内移精　480
- 11.7 交　尾　483
  - 11.7.1 交尾環の形成　484
  - 11.7.2 生殖器の結合　486
  - 11.7.3 精子競争　486
    - 11.7.3.1 精子置換　487
      - 11.7.3.1.1 雄の生殖器の構造　487
      - 11.7.3.1.2 雌の生殖器の構造　490
      - 11.7.3.1.3 形態と行動からの証拠　493
      - 11.7.3.1.4 現在の仮説　503
    - 11.7.3.2 媒　精　503
    - 11.7.3.3 精子優先度　504
  - 11.7.4 交尾時間　506
    - 11.7.4.1 科内の変異　507
    - 11.7.4.2 属内の変異　507
    - 11.7.4.3 種内の変異　509
    - 11.7.4.4 機能上の解釈　510
  - 11.7.5 交尾の終了　510
- 11.8 交尾後の行動　511
  - 11.8.1 警護なし産卵　511
  - 11.8.2 警護された産卵　512
  - 11.8.3 再交尾と複数の雌の警護　516
  - 11.8.4 機能の解釈　518
- 11.9 進化と配偶システム　518
  - 11.9.1 生涯繁殖成功度　518
    - 11.9.1.1 雌におけるLRSの成分　520
    - 11.9.1.2 雄におけるLRSの成分　521
    - 11.9.1.3 性淘汰機会　528
  - 11.9.2 配偶システム　532
    - 11.9.2.1 トンボの配偶システムの新しい分類　533
    - 11.9.2.2 概　観　537
- 11.10 摘　要　537

12 トンボと人間　541
- 12.1 トンボと人間とのかかわり合い　541
- 12.2 トンボに対する人間の認識　541
- 12.3 トンボ学　544
- 12.4 保　全　546
  - 12.4.1 必要性　546
  - 12.4.2 環境のインパクト　549
    - 12.4.2.1 兆　候　549
    - 12.4.2.2 原　因　551
  - 12.4.3 トンボとその生息場所の保護　554
    - 12.4.3.1 動機づけ　554
    - 12.4.3.2 研　究　554
    - 12.4.3.3 実　践　556
      - 12.4.3.3.1 現存のビオトープの保全　556
      - 12.4.3.3.2 ビオトープの創出　557
    - 12.4.3.4 理論から実践への道　559
- 12.5 摘　要　561

用語解説　563
付　表　569
引用文献　651
追補文献　742
生物和名の参考文献　747
トンボ和名学名対照表　748
人名索引　755
トンボ名索引　771
事項索引　785

図リスト

1.1 原トンボ目の *Namurotypus sippeli* Brauckmann & Zessin　2
1.2 不均翅亜目および均翅亜目成虫．外骨格の各部位の名称　4
1.3 均翅亜目および不均翅亜目のF-0齢幼虫．外骨格の各部位の名称　6
1.4 幼虫の下唇．外骨格の各部位の名称（背面）　7
2.1 ヒロアシトンボの生活環の進行に伴う生息場所内での利用場所の変化　10
2.2 ミズゴケ高層湿原におけるホソミモリトンボの幼虫の典型的な生息場所と，そうでない場所の植生の断面図　12
2.3 生息場所選択の一連の段階を説明するフィルターモデル　14
2.4 300と700μmの波長の光を反射する2種類の物体表面のアカイトトンボ成熟成虫に対する誘引効果の違い　19
2.5 キボシミナミエゾトンボの3つの産卵モード　23
2.6 *Tetracanthagyna degorsi* の生息場所　25
2.7 アメイロトンボとアフリカヒメキトンボによる植物表面産卵　27
2.8 ハーゲンルリイトトンボの雌が水面下で産卵していた時間と産卵後の蔵卵数の関係　31
2.9 北アメリカ東部の緯度が異なる2箇所でのハヤブサトンボの腹部の温度と放helper速度の関係　36
2.10 サオトメエゾイトトンボにおけるクラッチ間隔とクラッチサイズの関係　39
2.11 サオトメエゾイトトンボの卵生産における全分散に対する各成分の分散比　39
2.12 サオトメエゾイトトンボの雌の生涯卵生産の推定値と頭幅との関係，および6〜7月における雌の頭幅の頻度分布　40
2.13 サオトメエゾイトトンボの生涯卵生産（最大可能な卵生産に対する百分率）に1日当たり生存率と晴天の日の割合が及ぼす影響（シミュレーションモデルによる推定）　40
2.14 サオトメエゾイトトンボの生涯卵生産（卵数）に1日当たり生存率および晴天の日の割合が及ぼす影響（シミュレーションモデルによる推定）　41
3.1 トンボ類の卵　44
3.2 ルリボシヤンマの卵外被の主な構成要素とその名称　44
3.3 *Somatochlora metallica* が産下した卵の模式図．ゼリー層と卵外被の主な構成要素とその名称　45
3.4 *Ictinogomphus australis* の卵の走査型電子顕微鏡写真　46
3.5 アメイロトンボと *Austrogomphus australis* の卵の走査型電子顕微鏡写真　47
3.6 キボシミナミエゾトンボの卵紐の末端部位　48
3.7 直接発生をする仮想的な変温動物における，胚発生の期間，速度および死亡率に対する温度の理論的影響　52
3.8 水生昆虫の4つの目における胚発生時の温度に対するリアクションノームの傾きの頻度分布　53
3.9 冬眠する卵としない卵における胚発生の季節的パターン　55
3.10 キアシアカネの越冬卵の3つの生理的ステージ（前休眠期，休眠期，後休眠期）における発生速度と温度の関係　56
3.11 エゾトンボ属の産下卵における，夏の進行に伴う休眠卵の比率の増加　58
3.12 アメリカアオモンイトトンボの卵捕食寄生者であるタマゴコバチ科の *Hydrophylita aquivolans*　62
3.13 タイリクルリイトトンボとヨーロッパアオハダトンボの孵化　65
3.14 ヤンマ科，サナエトンボ科，ムカシトンボ科，エゾトンボ科，イトトンボ科の2齢幼虫　67
4.1 コウテイギンヤンマの幼虫の標準的でリズミカルな直腸喚水中に生じる，筋肉の活動とその機械的な効果として生じる行動までの出来事　72
4.2 サーミスターを利用して記録した均翅亜目のF-0齢幼虫における直腸のポンプ運動と腹部の運動　74
4.3 ムカシカワトンボ科のF-0齢幼虫の鰓総　75
4.4 止水で標準的な姿勢をとる *Epallage fatime* のF-0齢幼虫と若齢幼虫　76
4.5 均翅亜目の尾部付属器　78
4.6 均翅亜目の尾部付属器　78
4.7 ヤマイトンボ科の *Lieftinckia kimminsi* の尾部付属器を示す走査型電子顕微鏡写真　79
4.8 溶存酸素濃度と温度が異なる条件下でアメリカアオイトンボが尾部付属器を使って酸素を取り込む比率　80
4.9 アメリカアオイトトンボの幼虫が行う換水運動の速度と溶存酸素濃度との関係．尾部付属器の有無による違い　81
4.10 ヤンマ科の老齢幼虫における前縁の個眼の成熟　87
4.11 不均翅亜目における複眼の色素帯ができる原因と

なる個眼軸の方向の分布．固着性で視覚を使う種，視覚を使う種，および触覚を使う種　88
4.12　ニュージーランドイトトンボの2齢幼虫の脚を広げた姿勢と，幼虫が餌動物を触覚で感知できる範囲　89
4.13　*Cordulegaster insignis* の幼虫の複眼後方の葉片上にある，機械受容器と考えられる扇形の刺毛　90
4.14　オビアオハダトンボの幼虫が示す捕食行動連鎖のフロー図　94
4.15　ニュージーランドイトトンボの2齢幼虫の捕食行動連鎖のフロー図．線虫類と甲殻類ハルパクチス目の場合　95
4.16　コウテイギンヤンマのF-0齢幼虫に，トビケラ目の幼虫と腹足類を餌として与えた場合の餌動物捕獲までの行動連鎖を示すエソグラム　96
4.17　ニュージーランドイトトンボの2齢幼虫が，まずい餌動物タイプであるゾウリムシ属に対して示した捕食行動連鎖のフロー図　97
4.18　ヒメハネビロトンボのF-0齢幼虫　99
4.19　ヒロバラトンボの幼虫の食物構成の季節変化　102
4.20　マンシュウイトトンボの幼虫の齢と自然条件下で捕食した餌動物の最大サイズとの関係　102
4.21　コウテイギンヤンマの幼虫が示した，餌動物タイプの違いによる捕食行動連鎖の所要時間の変異　103
4.22　オオミジンコを食うマンシュウイトトンボ　104
4.23　オオミジンコを食うマンシュウイトトンボ　104
4.24　アカイエカの幼虫を食うタイリクアカネ　104
4.25　自然条件下でのアカイトトンボの幼虫の摂食速度　105
4.26　自然条件下でのアカイトトンボの幼虫における，成長，呼吸，脱皮殻，糞へのエネルギー配分の月変化　110
4.27　自然条件下での2年間にわたるアカイトトンボの個体群消費量の月変化　111
4.28　トンボ科の幼虫の付加放逐による黄熱病媒介ネッタイシマカの抑圧防除　115
5.1　*Simulium damnosum* の繭をつけた *Zygonyx natalensis* のF-0齢脱皮殻　120
5.2　タイリクルリイトトンボの成虫に寄生するグレガリナ　121
5.3　アメリカギンヤンマの幼虫から見つかった二生目の吸虫のメタセルカリア　122
5.4　トンボとヒトを宿主とする二生目の吸虫の生活環　125
5.5　トンボ目の幼虫に寄生する *Tatria* 属条虫のシスチセルコイド　126
5.6　トンボの幼虫と魚を中間宿主とし，水鳥を終宿主とするアクアリア科の線虫の生活環　128
5.7　アオモンイトトンボ亜科の老齢幼虫の内部でとぐろを巻いているMermithidae科の線虫の幼虫（Willis 1971を改変）　129
5.8　魚の在不在によって区別される止水域沿岸の生物群集の2つのタイプ　130
5.9　魚のいない小さな池での不均翅亜目幼虫の推定個体数　135
5.10　葉腋に *Roppaneura beckeri* の幼虫が生息するエリンギウム属の植物　140
5.11　強い接触走性を示すしがみつきタイプの *Tetracanthagyna degorsi* の幼虫　146
5.12　腹ばいタイプの *Aeschnosoma forcipula* と *Agriogomphus sylvicola*，浅い穴掘りタイプの *Progomphus geijskesi* の脱皮殻　147
5.13　サナエトンボ科に類似するエゾトンボ科の *Synthemis fenella*（推定）の幼虫の形態　148
5.14　湖に生息する潜伏タイプの *Lindenia tetraphylla* の幼虫　149
5.15　浅い穴掘りタイプの *Synthemis macrostigma* と *Chlorogomphus suzukii*，深い穴掘りタイプの *Uropetala chiltoni* の幼虫　150
5.16　浅い穴掘りタイプのタイリクオニヤンマ　151
5.17　浅い穴掘りタイプのタイリクオニヤンマの幼虫が示すいろいろな姿勢　153
5.18　タイリクオニヤンマの幼虫が示す沈殿物の粒径に対する選好性　154
5.19　サナエトンボ科の幼虫に見られる穴掘りに関連して特殊化した形態　155
5.20　アメリカアオモンイトトンボの幼虫の行動　160
5.21　ニュージーランドイトトンボの2齢幼虫の尾部付属器の走査型電子顕微鏡写真　161
5.22　ニュージーランドイトトンボが敵対的ディスプレイ中に示すいろいろな姿勢　162
5.23　ニュージーランドイトトンボが敵対的ディスプレイ中に示すいろいろな姿勢　162
5.24　不動反射姿勢をとっているムカシヤンマの幼虫　165
5.25　トンボの幼虫群集の安定性　169
5.26　湖の沿岸域での食物網における強固な連鎖　170
5.27　トンボの個体群動態を決定している要因間の仮説的な相互関係　171
6.1　森林限界と関連した *Somatochlora sahlbergi* の世界的分布　174
6.2　標高の上昇に伴うトンボ目の種数の減少　178
6.3　標高勾配に沿った均翅亜目各科の種数の比率変化　179
6.4　標高勾配に沿った不均翅亜目各科の種数の比率変化　179
6.5　夏眠中に掘り出されたヒロバラトンボの幼虫　184
6.6　夏に干上がる池の湿った退避場所で見つかった不動姿勢の *Somatochlora semicircularis* の幼虫　186
6.7　ヒスイルリボシヤンマの幼虫で観察された直腸の塩類吸収上皮の微細構造　187
6.8　異なる塩分濃度におかれた後のヒスイルリボシヤンマの幼虫の血リンパのオスモル濃度　188
6.9　一連の湖沼群における電気電導度との関係で見たトンボ目の分布　189
6.10　通常の水域と加温された水域から得られた *Libellula auripennis* の幼虫における最大臨界温度と馴化温度の関係　197
7.1　4つの異なる発育タイプをもつアメリカアオモンイトトンボの幼虫の各齢期の長さ　202
7.2　*Argia moesta*, *Enallagma vernale*, *Libellula julia* について，幼虫発育完了に必要な齢数をもつ幼虫タイプごとに示した成長比の個体発生パターン　204
7.3　*Enallagma vernale* の幼虫の齢数タイプごとに示した下唇前基節長と後翅芽長の個体発生パターン　205
7.4　均翅亜目2種の恒温条件下での百分率成長速度　205

7.5 翅芽が腹部をほとんど覆っている*Rhodothemis rufa*のF-0齢幼虫 206
7.6 カオジロトンボのF-0齢幼虫で観察される齢内の発育ステージに伴う複眼領域の拡大 208
7.7 パナマ，バロコロラド島でのハビロイトトンボ科のトンボのフェノロジー 215
7.8 インド，デラドーンにおける熱帯性トンボの生活環の基本型 216
7.9 直接発育を示す熱帯性のトンボの幼虫における各齢期間の長さの変化 218
7.10 アメリカオオトラフトンボの最後の2齢期の長さに対する短日と長日に固定した日長および自然日長の影響 221
7.11 アカイトトンボの連続する2つの羽化集団におけるF-1齢幼虫の季節的消長 222
7.12 スウェーデンの2つの緯度で観察されたカオジロトンボの幼虫の最後の4齢の相対頻度の変化 223
7.13 野外および室内の温度条件が*Lestes eurinus*の幼虫の短日と長日に対する反応に及ぼす影響 225
7.14 自然状態での*Aeshna viridis*の幼虫の発育の季節変化 226
7.15 *Aeshna viridis*の幼虫の発育における二者択一的な経路 227
7.16 水域から離れた所にあるムカシトンボのF-0齢幼虫の潜伏場所 228
7.17 1本の棒に鈴なりになった*Hemicordulia tau*の羽化殻 232
7.18 アメリカギンヤンマの通常の羽化および分割羽化が見られたときの，羽化と処女飛行の日周パターン 234
7.19 農場の池での不均翅亜目の羽化の季節的パターン 236
7.20 春季種である*Leucorrhinia pectoralis*とヨツボシトンボ，夏季種であるヒスイルリボシヤンマの羽化曲線の年や生息場所による違い 237
7.21 ヒスイルリボシヤンマにおける雄の先行羽化 242
8.1 羽化期を通して見たヒスイルリボシヤンマの最短の前生殖期間 249
8.2 温帯性のトンボの4種類の生活環における前生殖期の長さ 251
8.3 アオイトトンボにおける前生殖期の長さと年平均気温との関係 254
8.4 *Argia moesta*のテネラル期以降の成熟ステージの判定に用いた外見的な基準 255
8.5 マンシュウイトトンボの雄における胸部の地色の日齢に伴う変化 256
8.6 ハヤブサトンボの雄の体色カテゴリーと推定された日齢との関係 257
8.7 ハヤブサトンボの雄の体色変化の速さと食物消費量および平均気温との関係 257
8.8 成熟した体色を示すアオイトトンボの雌雄の脱脂処理をした腹部乾燥重量の季節変化 258
8.9 アメリカハラジロトンボの脱脂処理をした生体重における水分含有率 259
8.10 アメリカアオハダトンボの雄の羽化後の日齢カテゴリーと脂肪含有量の関係 259
8.11 ヒメシオカラトンボのなわばり雄が示す，異なった行動成分を含む飛行の割合 265
8.12 スペインアオモンイトトンボの雌の異なる色彩表現型における胸部の色と日齢の関係 267
8.13 3種のパーチャーにおける飛行に費やす時間の割合と気温の関係 273
8.14 トンボ科の成虫が示す太陽光線に当たる面積を最小にする姿勢と最大にする姿勢 275
8.15 実験室内でカトリトンボの雄を電球で暖めたときの体温 275
8.16 風が当たらない日当たりの良いくぼ地での不均翅亜目9種の日光浴の日周パターン 278
8.17 赤外線電球を照射したときのヒメルリボシヤンマの第5腹節の温度．性，色彩フェイズおよび気温との関係 279
8.18 アメリカギンヤンマが内温性のウォーミングアップを行っているときの胸部，頭部，腹部の温度変化．周囲の気温との比較 281
8.19 生活環が異なるトンボの成虫活動期 285
8.20 日本産均翅亜目2種の成虫期の生存曲線 288
8.21 フィンランドの春季種および日本南部の夏季種について，成虫活動期を通して見た水域における成熟雄の個体数変化 289
8.22 個体群レベルで観察されるトンボの成虫の日周活動パターンの主要な型の例 293
8.23 カトリヤンマの飛行活動の日周パターンと気温との関係 295
8.24 コウテイギンヤンマの雄が水域で示したパトロール飛翔の日周パターン．気温および日の出，南中，日没時刻との関係 296
8.25 アメイロトンボの雌雄が薄明薄暮時頃に湖畔で示した生殖行動 297
8.26 活動時間帯に個体差があるアメリカアオイトトンボの雌雄からなる個体群雌雄構成比の日周活動パターン 302
8.27 夜間ねぐらに就いている*Bradinopyga geminata*の成虫の集団 304
8.28 タイワントンボの成虫がねぐらでとる特徴的な姿勢 305
8.29 *Austrolestes annulosus*がとるねぐらでの姿勢 306
8.30 セスジイトトンボの雄成虫が2種のヨロイミズダニ属*Arrenurus*に寄生される部位 310
8.31 ヨロイミズダニ属のダニに寄生されているタイリクルリイトトンボ 311
8.32 ヨロイミズダニ属の*Arrenurus papillator*に寄生されているスナアカネの成熟雌 314
8.33 *Sympetrum meridionale*の翅にヨロイミズダニ属が付着している部位の断面 315
8.34 とまっているときのオアカカワトンボ，および飛行中のヒスイルリボシヤンマが示す清掃動作 322
9.1 成虫の視野のさまざまな方向から見たときの擬瞳孔を構成する個眼の数 332
9.2 ヒスイルリボシヤンマの採餌飛行中の個体の飛跡 338
9.3 薄暮時のカトリヤンマの採餌飛行の水平方向と垂直方向の範囲 339
9.4 ヒメシオカラトンボが採餌だけを行った飛行における飛行時間の長さ 340
9.5 秋が深まるにつれて短くなるアキアカネの未成熟成虫と成熟成虫の日中の採餌活動時間 341
9.6 ニシカワトンボの未成熟雄と成熟雄の採餌活動の

日周パターンと気温の関係　341
9.7　カトリトンボの純エネルギー摂取量の日周パターン　342
9.8　*Tetracanthagyna plagiata* の成熟雄　343
9.9　長翅目の1種を摂食するオビアオハダトンボの雌　348
9.10　日没時の採餌で捕獲成功率が増加するアフリカヒメキトンボ　354
9.11　とまり場から餌動物までの飛行距離に伴って増加する，カトリトンボの捕獲成功率と大型餌動物を捕獲する割合　357
9.12　パーチャーの食物消費量を推定するために用いられた人工のとまり場　362
9.13　ニシカワトンボの消化管内容物重量の日周パターン　364
9.14　ニシカワトンボの絶食時間と消化管内容物重量との関係　364
10.1　成熟後に出会い場所付近にとどまっていたアカイトトンボの雌雄について測定した1日の移動距離の頻度分布　375
10.2　オオアオイトトンボの成虫において，前生殖期から生殖期の間に変化する移動頻度と移動方向　378
10.3　アキアカネの繁殖活動および羽化の初見日と年平均気温の関係　379
10.4　陸上での前線の通過と関連した大気の動き　387
10.5　地球表面の7月と1月の卓越風．熱帯収束帯，卓越風，最頻発風の季節分布　389
10.6　熱帯収束帯における地表面の収束に関連したサバクトビバッタの移動　390
10.7　寒冷前線の嵐の吹き出しが大気中の昆虫の集結に及ぼす効果　393
10.8　大気中の昆虫密度の不連続性から推定した寒冷前線の先端の構造　394
10.9　熱帯起原の主な暴風の進路　397
10.10　アメリカギンヤンマ，鳥，チョウが南西方向へ移動したときのアメリカ北東部一帯の気象概況　404
10.11　集団で移住中のヨツボシトンボ成虫がオランダとベルギーを移動した経路の再構成　407
11.1　行動連鎖の各ステージで行われるコミュニケーション手段を重視して構成したトンボの配偶システムの基本成分　415
11.2　流れに沿ったアフリカシオカラトンボの雄のとまり場の位置　419
11.3　シミュレーション実験によって推定した，ヒスイルリボシヤンマのパトロール雄となわばり雄の闘争頻度の密度による変化　419
11.4　*Onychogomphus forcipatus* の雄がとまる位置を2箇所の川岸で連続追跡した結果　420
11.5　ヒスイルリボシヤンマのある単独雄の1つの池への毎日の飛来時刻と滞在時間　423
11.6　アメリカハラジロトンボの同一の標識雄が連日1つの池の同じ場所に存在した時間　423
11.7　水域に飛来したヒスイルリボシヤンマのある雄で観察されたホバリング時間の比率の減少　427
11.8　同種の侵入個体に反応したミヤマカワトンボのなわばり雄の飛跡　430
11.9　同じくらい攻撃的な2個体の雄が出会った場合，および強い雄と弱い雄が出会った場合のヒスイルリボシヤンマの雄の飛跡　430
11.10　威嚇行動中のハラビロカオジロトンボの雄の相対位置の変化　431
11.11　闘争中のハラビロカオジロトンボの雄2個体の連続的な動き　431
11.12　ヨーロッパアオハダトンボの雄の普通の飛行，対峙しての威嚇，一方的な威嚇，後退しながらの威嚇，ロッキング飛行時の飛行姿勢　432
11.13　ヨーロッパアオハダトンボが異なった攻撃飛行をする際の羽ばたき間隔の頻度分布と飛行時間の割合の分布　433
11.14　前進あるいは後退しながら威嚇しているときのオビアオハダトンボの翅の連続的な位置変化　434
11.15　オビアオハダトンボの威嚇飛行，求愛飛行，そしてその2つの飛行の切り替え時の前翅と後翅の連続的な動き　435
11.16　産卵雌とタンデム態にある雄に体当たりするアメリカギンヤンマの雄　437
11.17　アメリカベニシオカラトンボのなわばり争いにおける短時間の争いと長時間の争い　442
11.18　オアカカワトンボの雄3個体の生殖期間中の毎日の行動記録　446
11.19　水域でのカラカネトンボの成熟雄の密度となわばり形成との関係　448
11.20　ある池でのショウジョウトンボの雄数の増加に伴う占有パターンの変化　448
11.21　水域におけるヒスイルリボシヤンマの雄密度のフィードバック機構として働く要因と密度との関係　450
11.22　アカネ属の視覚認知　454
11.23　パトロール中のカラカネトンボの雄が同種の個体と出会ったときに示す行動連鎖とリリーサー　456
11.24　イトトンボ科の雌が雄に示す拒否信号　458
11.25　同種雌の接近に対して2つの行動成分を組み合わせて拒否行動を示している2個体のオアカカワトンボの雌　460
11.26　ヒロアシトンボの雌が拒否行動の際に示す腹部上げの角度とそれに対する雄の反応　460
11.27　アメリカアオハダトンボの雌雄の3タイプの出会いのフロー図　462
11.28　アフリカハナダカトンボの雌雄の3タイプの出会いのフロー図　463
11.29　オアカカワトンボと *Calopteryx splendens xanthostoma*，ヨーロッパアオハダトンボの産卵場所を示すディスプレイ　464
11.30　オアカカワトンボ雄の求愛飛行とそれに続く雌の翅の先端への着地　465
11.31　アフリカヒメキトンボの求愛におけるステージ　468
11.32　均翅亜目の交尾過程の典型的な順序　470
11.33　*Enallagma glaucum* と *E. subfurcatum* のタンデム結合に関係する構造の走査型電子顕微鏡写真　474
11.34　アメリカコオニヤンマのタンデム態における雌雄の連結器官の結合状態　475
11.35　*Archaeogomphus infans* の雄の末端腹節に見られる，タンデム態の雄の付属器が雌の前胸から外れるのを防ぐ構造　475
11.36　アオイトトンボの三連結　479

図リスト

11.37 タンデムまたは交尾中のペアから派生する三連結の4型 479
11.38 *Cyclophaea cyanifrons* の雄の第2腹節のカリパス状の突起 482
11.39 トンボ目2亜目における交尾中の雌雄の生殖器の結合状態と媒精時に精液が通る経路の模式図 484
11.40 想定されるトンボの交尾過程の進化 485
11.41 均翅亜目と不均翅亜目（トンボ科）における陰茎の構造の主な違いを示す模式図 488
11.42 均翅亜目の陰茎の形態4タイプを代表する種の雌雄の生殖器 489
11.43 均翅亜目の陰茎末端節の走査型電子顕微鏡写真 490
11.44 マンシュウイトトンボの雌雄の生殖器 491
11.45 一般化したトンボ科の陰茎の縦断図 491
11.46 *Celithemis eponina* の陰茎の伸張と膨張 491
11.47 アフリカヒメキトンボの雌雄の生殖器 493
11.48 休止時と膨張時のトンボ科の陰茎 494
11.49 休止時と膨張時のトンボ科の陰茎 495
11.50 トンボ科の陰茎のいろいろな部位の走査型電子顕微鏡写真 496
11.51 トンボ科の雌の精子貯蔵器官のサイズ変異 497
11.52 *Urothemis edwardsii* の生殖器 498
11.53 *Crocothemis sanguinolenta* の生殖器 499
11.54 ムツアカネの媒精と除去の推定されるメカニズム 499
11.55 タイリクルリイトトンボの交尾中の3つのステージでの雄と雌の姿勢 500
11.56 タイリクルリイトトンボの交尾行動の概要 501
11.57 ライバル雄の精子が除去されてから媒精が起こることを示す，ニシカワトンボの雄が交尾中に腹部を屈曲する回数と雌の精子貯蔵器官内の精子量との関係 501
11.58 交尾前，交尾中，交尾後のムツアカネの雌雄における精子量の変化 502
11.59 ニシカワトンボにおける精子優先度の時間的な遅れの効果 506
11.60 3つの攻撃頻度レベルにおけるアメリカハラジロトンボの雄による産卵警護の強度の変化 513
11.61 ミナミエゾトンボの雄のホバリング中の姿勢 514
11.62 *Orthetrum brunneum* の警護雄が交尾後休息中の交尾相手に示すディスプレイ飛行 515
11.63 トンボ科3種における交尾，雌の静止，タンデム産卵，警護なし産卵の平均時間 516
11.64 接触警護から非接触警護への移行前後のクレナイアカネの雌の産卵速度の変化 516
11.65 ハーゲンルリイトトンボの雄と雌の生涯交尾頻度 524
11.66 ハーゲンルリイトトンボの雄によって受精された総卵数の頻度分布と雌の産卵数の頻度分布 525
11.67 アメリカハラジロトンボの優位雄の交尾成功確率と劣位雄数の関係 528
11.68 ムツアカネの雌雄の生涯繁殖成功に対する晴天日数と晴天日当たりの交尾回数の直接的・間接的効果 530
11.69 トンボの配偶システムのタイプ間の関係 533
12.1 Rondeletius の『魚類誌』（1554）に描かれたシュモクザメと均翅亜目幼虫の図 544
12.2 人口と人間活動の増加によって消失したスイス，ゴッサウ地区におけるトンボの生息場所のタイプと分布 548
12.3 過去50万年間の人口増加 552
12.4 歴史的に見た化石燃料利用の時代 553
12.5 トンボの生息場所として創出されたビオトープの断面図 558
12.6 国際自然保護連合のトンボ専門家グループ創立の会への出席者 560

写真リスト

(写真は巻頭にまとめてある)

A.1	*Tachopteryx thoreyi* の成熟雄	G.6	コハクバネトンボの雄による産卵雌の非接触警護
A.2	ルリボシヤンマの成熟雄	H.1	*Arigomphus submedianus* の卵と前幼虫の脱皮殻
A.3	ムカシトンボの成熟雄	H.2	*Arigomphus submedianus* の卵と前幼虫の脱皮殻, 2齢幼虫
A.4	ムラサキハビロイトトンボの成熟雄	H.3–6	オオルリボシヤンマの孵化
A.5	アメリカベニシオカラトンボの成熟雄	I.1	ギンヤンマの2齢幼虫
A.6	*Archilestes grandis* の成熟雄	I.2	コヤマトンボの老齢幼虫
B.1	*Arigomphus submedianus* の成熟雄	I.3	アキアカネ幼虫の下唇
B.2	*Macromia pacifica* の成熟雄	I.4	ヨーロッパアカメイトトンボのF-0齢幼虫
B.3	コハクバネトンボの成熟雄	I.5	キバネルリボシヤンマの老齢幼虫
B.4	*Ischnura ramburii* の成熟雄	I.6	*Anax longipes* のF-0齢幼虫
B.5	*Pseudolestes mirabilis* の後翅表面の鱗片	J.1	*Macromia georgina* の幼虫
B.6	パトロール中にホバリングしているヒスイルリボシヤンマの雄	J.2	アキアカネの幼虫
C.1	ムカシトンボの幼虫の生息場所	J.3	*Pseudocordulia* 属の1種(推定)の陸生幼虫
C.2	シコクトゲオトンボの幼虫の生息場所	J.4	ヒロバラトンボのF-0齢幼虫
C.3	ムカシヤンマの幼虫の生息場所	J.5	F-0齢に脱皮中のハヤブサトンボの幼虫
C.4	*Zygonyx natalensis* の幼虫の生息場所	J.6	脱皮したての *Cordulegaster maculatus* のテネラルなF-0齢幼虫
C.5	*Hadrothemis scabrifrons* の幼虫の生息場所	K.1	ギンヤンマの羽化
C.6	*Bradinopyga cornuta* の幼虫の生息場所	K.2	パプアヒメギンヤンマの羽化
D.1	イイジマルリボシヤンマの幼虫の生息場所	K.3	*Gomphus pulchellus* の羽化
D.2	ホソミモリトンボの典型的な産卵場所	K.4	*Onychogomphus forcipatus unguiculatus* の羽化
D.3	*Somatochlora sahlbergi* の幼虫の生息場所	K.5	ヨツボシトンボの羽化
D.4	*Crenigomphus renei* とアフリカウチワヤンマの幼虫の生息場所	K.6	*Trithemis aurora*(推定)の羽化
D.5	変態の期間を密集して過ごすヒロバラトンボの幼虫	L.1	ハヤブサトンボの成熟雌
D.6	ムラサキハビロイトトンボのF-0齢幼虫	L.2	ハヤブサトンボの成熟雄
E.1	ムカシトンボの産卵	L.3	*Libellula fulva* の交尾中のペア
E.2	マダラヤンマの産卵	L.4	*Libellula fulva* の成熟雄
E.3	ヒメハビロイトトンボの産卵	L.5	スペインアオモンイトトンボの交尾中のペア
E.4	オニヤンマの産卵	L.6	*Aeshna peralta* の成熟雄
E.5	*Telebasis salva* のタンデム産卵	M.1	オベリスク姿勢をとる *Trithemis furva* の雄
E.6	アメリカカワトンボの水中産卵	M.2	*Trithemis annulata* の未成熟雌
F.1	*Tetrathemis godiardi* の産卵	M.3	*Bradinopyga cornuta* の成熟雄
F.2	*Malgassophlebia bispina* の産卵	M.4	ねぐらに就いているタイリクアキアカネの成虫
F.3	雌を産卵場所に導いているコハクバネトンボの雄	M.5	黄色翅型の *Euthore fasciata fasciata* の雄
F.4	ウチワヤンマの産卵	M.6	ヨーロッパハチクイに捕まったギンヤンマの成熟雄
F.5	タカネトンボの産卵	N.1	*Aeshna multicolor* の成熟雄の複眼
F.6	*Libellula croceipennis* の産卵	N.2	*Somatochlora albicincta* の成熟雄の複眼
G.1	モノサシトンボのタンデム産卵	N.3	セミを摂食しているウチワヤンマの成熟雌
G.2	ヒロアシトンボのタンデム産卵	N.4	均翅亜目の成虫を摂食中のキイトトンボの成熟雄
G.3	アメリカギンヤンマのタンデム産卵	N.5	オアカカワトンボの成熟雄を摂食中のタイリクシオカラトンボの成熟雌
G.4	アメリカギンヤンマの飛行中のタンデムペア		
G.5	オビアオハダトンボの雄による産卵雌の非接触警護	N.6	表面採餌中のコハクバネトンボの成熟雄

xvii

- **O.1-2** *Hemiphlebia mirabilis* の成熟雄
- **O.3** ミヤマカワトンボの成熟雄
- **O.4** *Argiolestes ochraceus* の成熟雄
- **O.5** 拒否行動を示すアメリカアオハダトンボの産卵雌
- **O.6** 雌に求愛しているアフリカハナダカトンボの成熟雄
- **P.1** カオジロトンボの三連結
- **P.2** サオトメエゾイトトンボの雄内移精
- **P.3** タンデム態のタイリクアキアカネの成熟成虫
- **P.4** テネラルな雌と交尾しているキバライトトンボの成熟雄
- **P.5** ムラサキハビロイトトンボの交尾中のペア
- **P.6** ヒメルリボシヤンマの交尾中のペア

表リスト

2.1 トンボによる植物の利用様式　13
2.2 ヨーロッパ中部の一部のトンボと植生の構成や構造との結び付き　14
2.3 ヨーロッパベニイトトンボの生息場所選択における仮説的な4つの段階　20
2.4 ドイツ南西部における *Cordulegaster bidentatus* の成虫の生息場所選択にかかわる至近刺激と究極要因の仮説的関係　21
2.5 ハーゲンルリイトトンボの雌の生涯繁殖成功度を決定する要因　37
3.1 トンボ目数種における温度と胚発生との関係　52
4.1 不均翅亜目幼虫における行動と眼の特殊化との関係　86
4.2 オビアオハダトンボのF-0齢幼虫に見られる捕食行動連鎖のステージ　93
4.3 均翅亜目数種の最大飽食量　101
4.4 アカイトトンボの2年1化性の同時出生集団において，幼虫個体が孵化から摂食を停止する変態ステージまでに利用するエネルギー量　108
4.5 アカイトトンボの幼虫個体群の2年間のエネルギー転換　110
5.1 ウクライナ西部でのトンボへの寄生率　120
5.2 インディアナ州の農場の池における不均翅亜目幼虫による微生息場所利用パターン　133
5.3 全幼虫期を通しての生存率　136
5.4 主に捕食圧によって形成されたと思われる幼虫の生態と行動の特徴　137
5.5 幼虫の生息場所としてファイテルマータを利用するトンボ　139
5.6 幼虫の行動，形態，および微生息場所の利用に関連した均翅亜目幼虫のカテゴリー　144
5.7 幼虫の行動，形態および微生息場所の利用方法に基づく不均翅亜目のカテゴリー分け　144
5.8 アメリカアオモンイトトンボの幼虫が示す行動のカテゴリー数　161
5.9 幼虫に不動反射が見られる分類群　165
5.10 アメリカ，テネシー州のベイズマウテン湖における各種幼虫個体数の年次変動の傾向分析　168
6.1 アメリカ，サウスカロライナ州のサバンナ川の発電所における通常の河川と湖，および加温された河川と湖に生息する不均翅亜目のトンボ　182
6.2 1mを超える水深で見つかったトンボ目幼虫の記録　193
6.3 野外および飼育条件下におけるトンボ目幼虫に対する殺虫剤の影響についての暫定的まとめ　195
7.1 カトリトンボの最後の4齢期の齢内発育を比較する基準として使われた複眼指数の尺度　207
7.2 化性と気候帯　211
7.3 トンボ目の生活環　212
7.4 さまざまなタイプの生活環をもつ種の具体例　213
7.5 調節されない発育を示すトンボ目のF-0齢の継続　219
7.6 幼虫発育への日長の効果　220
7.7 羽化の際の姿勢とそれに関連する事項　231
7.8 羽化時の性比　243
8.1 雄よりも雌の前生殖期がかなり長いトンボ　250
8.2 熱帯性のトンボの生活環タイプと前生殖期の長さ　250
8.3 地域によって前生殖期の長さが変化する温帯性のトンボ　253
8.4 ヒメシオカラトンボのなわばり雄における3つの主要な飛行成分の時間割合と頻度　264
8.5 繁殖場所で成熟成虫が示す行動の機能による分類　266
8.6 成熟成虫における同所的な色彩多型の例　267
8.7 活動中のトンボが用いる体温調節のための戦略　272
8.8 マラウイのリウォンデ国立公園における成虫活動期のカテゴリー　285
8.9 北海道の腐食富栄養性の沼において，体サイズのカテゴリー別に見た優占種間の成虫活動期の季節的な分離　286
8.10 前生殖期に夏眠するオオアオイトトンボの成虫の生存率　288
8.11 サオトメエゾイトトンボの成虫活動期間中の時期による成熟成虫の寿命の違い　290
8.12 生殖期におけるトンボの雄の寿命　291
8.13 活動ピークの回数と時間帯を基準に分類したトンボ目成虫の日周活動パターン　294
8.14 図8.22で分類された成虫の日周活動パターンのタイプを示すトンボ　294
8.15 とまっているときに特に効果的な隠蔽があるように見えるトンボの成虫　321
8.16 成虫が行う清掃動作　323
8.17 成虫における不動反射の報告例　324
8.18 捕食者にとってまずいか危険である同所性の動物への擬態とみなされるトンボ　325
9.1 キボシエゾトンボの採餌飛行のスタイル　334

xix

9.2	さまざまな生息場所における成虫の食物構成の例 335	11.11	トンボ科の雄に見られる二次生殖器の構造の主なタイプ 492
9.3	トンボが鳥を攻撃した例 343	11.12	トンボ科で見られる雌の精子貯蔵器官の主なタイプ 500
9.4	採餌中のトンボの捕獲成功率 345		
9.5	さまざまな餌動物に要する「処理時間」 346	11.13	トンボ科の各亜科における雌の精子貯蔵器官の主なタイプの出現状況 500
9.6	餌動物の供給量や重量との関係から見た，カトリトンボが採餌中に獲得する純エネルギー量 351		
		11.14	交尾が10秒以内に終了することがある属 508
9.7	採餌効率を高めると考えられる戦略 351	11.15	産卵中に非接触警護を行う例 512
9.8	パーチャーによる食物同化 363	11.16	トンボにおける生涯繁殖成功度の主な成分に影響を与える変数 519
9.9	不均翅亜目の雄によるエネルギー消費 365		
10.1	世代内で行われる高移動性飛行のタイプ 373	11.17	雄と雌の水域への飛来間隔 522
10.2	生息場所の連続性や生活環との関連性で見た高移動性飛行のタイプ 374	11.18	主要な出会い場所で交尾できなかった成熟成虫の割合 523
10.3	移住中のトンボの集団の種構成 395	11.19	非なわばり雄の交尾成功度に相関がある要因 526
10.4	頻繁に移住が見られる不均翅亜目 396	11.20	ハヤブサトンボにおける全淘汰機会の分割 529
10.5	移住が知られているか推定されている均翅亜目 399	11.21	トンボの配偶システムの特徴 534
11.1	トンボの成熟雄が示す定住性のレベル 420	11.22	トンボの6つの配偶システムを区別するための二分法による検索表 534
11.2	同種の個体に対して飛行しながら複雑な威嚇行動を示す種を含む属 436	12.1	中国と日本，メソポタミアから報告されているトンボの魔術的あるいは医術的な用途 542
11.3	4種のパーチャーがなわばりにいるときの攻撃行動の時間的特性 439	12.2	人の食物としてのトンボの利用 542
11.4	なわばり雄の配偶成功度に関連する要因 441	12.3	ケルト語や英語の民俗名でのトンボの呼称 543
11.5	なわばり性をもつトンボの雄が示す出会い場所での代替繁殖行動のカテゴリー 443	12.4	トンボ学における歴史上の節目 545
		12.5	ビオトープの悪化によりトンボの個体群を絶滅の危機にさらす主な人為的インパクト 549
11.6	同種の成熟雄を認識するために成熟雄が用いる視覚的手がかりの例 453		
		12.6	ドイツ西部におけるトンボに対するインパクトの負と正の影響 550
11.7	同種の成熟雌を認識するために成熟雄が用いる視覚的手がかりの例 455		
		12.7	池の造成後12年間に見られた不均翅亜目の羽化の推移 555
11.8	トンボの雌が雄に示す拒否行動の主なタイプ 458		
11.9	異なる科に属する雄雌のタンデム結合 477	12.8	トンボ類を対象とする水生ビオトープ保全のための管理原則 557
11.10	均翅亜目の各科における陰茎タイプの出現状況 491		
		12.9	釧路アピールの本文 561

付表リスト

A.2.1　幼虫の生息場所の主要なタイプと代表的な科　569

A.2.2　トンボにとって必要と考えられる生息場所条件　570

A.2.3　繁殖活動の間に特定のトンボと密接な結び付きがあり，生息場所選択のための手がかりとなっていると考えられる植物　571

A.2.4　通常は流水性であるトンボが止水生息場所に出現した例　571

A.2.5　雌の姿勢と産卵基質によって分類した産卵様式　572

A.2.6　幼虫の生息場所と産卵行動の関係　574

A.2.7　産卵警護が雌の行動と適応度に及ぼす影響　576

A.2.8　グループ産卵が報告されている属　577

A.2.9　連続する2回の産卵エピソード間の間隔　578

A.3.1　産下された後に発達する卵の外部構造　578

A.3.2　孵化の引き金となる刺激　579

A.3.3　トンボ目で記録された最も短い卵期間　580

A.3.4　春に成虫活動期があり，非休眠卵を産む温帯性のヤンマ科，エゾトンボ科，およびアオイトトンボ科の種　580

A.3.5　遅延胚発生を示す温帯性のトンボ　581

A.3.6　飼育条件下で観察された卵期間の不連続な変異のパターン　582

A.3.7　トンボ目の卵内で発生することが報告されている捕食寄生性の膜翅目　583

A.4.1　均翅亜目幼虫の尾部付属器の形態と姿勢，およびその生息場所との関係　584

A.4.2　幼虫の頭蓋に目立つ突起が存在する属　585

A.4.3　さまざまな生息場所における幼虫の食物構成　586

A.4.4　幼虫の採餌と摂食行動に影響する要因　587

A.4.5　幼虫期間における同化率　591

A.4.6　さまざまな生息場所における幼虫の密度と生物体量　591

A.4.7　トンボの幼虫の捕食に関連した餌動物の個体数の減少　592

A.5.1　トンボ目の幼虫と片利共生する生物　593

A.5.2　トンボ目が第2中間宿主となる二生目の吸虫の属　594

A.5.3　野外においてトンボ目の幼虫を主要な食物とすることがある捕食者　595

A.5.4　野外におけるトンボの幼虫間の捕食　596

A.5.5　異種の捕食者の存在下での幼虫の柔軟な回避行動　598

A.5.6　トンボ目の幼虫の生息場所として利用されるファイトテルマータ　598

A.5.7　表5.7で区別されたカテゴリーに対応する不均翅亜目の代表的なグループ　600

A.5.8　幼虫による同種個体に対する攻撃行動とその結果　601

A.5.9　同種個体の密度増加に相関する変数　602

A.6.1　北極圏内に見られるトンボの分類群　603

A.6.2　さまざまな緯度においてトンボ目が記録された最高標高　603

A.6.3　トンボ目で報告された緯度や標高に関連する事項　604

A.6.4　温泉中で発育することが知られているか確実と考えられるトンボ目　605

A.6.5　池や流路の地表水がなくなった期間中，あるいはその後に生きた状態で発見されたトンボ目の幼虫の例　606

A.6.6　生息場所の汚染がトンボ目の幼虫に及ぼす影響　606

A.6.7　実験的にコントロールされた条件下でのトンボ目の幼虫に対する殺虫剤の影響　608

A.7.1　幼虫の齢数の変異　609

A.7.2　化性の種内変異に関連する要因　609

A.7.3　トンボ目における幼虫発育の最短期間の記録　610

A.7.4　羽化前に水域から移動した最大距離　610

A.7.5　いくつかの生息場所における年間羽化総数　611

A.7.6　温帯性のトンボ目における季節の進行に伴う羽化成虫のサイズの減少　612

A.7.7　雄の先行羽化と雌の先行羽化　613

A.7.8　3つの原因による羽化中の死亡率　613

A.7.9　羽化の各段階においてトンボ目を攻撃する捕食者　614

A.8.1　夏眠も冬眠もしない温帯性のトンボのうち，前生殖期が極端に短い種と長い種　614

A.8.2　成虫で耐乾休眠や夏眠をすると思われるトンボの例　615

A.8.3　成虫で冬眠するトンボの例　617

A.8.4　トンボの成虫の日齢に関係した変化　617

A.8.5　温度による可逆的な生理的色彩変化が知られているトンボ　618

A.8.6　トンボ目におけるねぐらの利用　619

A.8.7　トンボ目の成虫の片利共生者となる生物　620

- A.8.8 トンボ目の成虫に外部寄生するミズダニ類　620
- A.8.9 野外においてトンボの成虫を主要な食物とすることがある捕食者　621
- A.9.1 フライヤーモードをとるトンボの採餌飛行の様式　622
- A.9.2 トンボが他のトンボを含む大型の餌動物を捕った例　622
- A.9.3 トンボ目の表面採餌の例　623
- A.9.4 大形のゆっくり動くものに随伴して採餌する不均翅亜目の記録　624
- A.9.5 カトリトンボの採餌場所での時間とエネルギーの配分　624
- A.9.6 繁殖活動中に出会い場所で雄が行う採餌の頻度　625
- A.9.7 トンボの成虫が害虫を大量に摂食しやすい状況　625
- A.10.1 前生殖期間中に高地の退避場所へ上って夏眠する不均翅亜目　626
- A.10.2 トンボが時に上流方向への飛行によって下流方向への移動を補償することを示唆する現象　626
- A.10.3 性的に未成熟なときに移住するトンボの記録　626
- A.10.4 性的に成熟した後に移住するトンボの記録　627
- A.10.5 しばしば風によって温帯へ運ばれ，そこで1～2世代を完了することがある熱帯性のトンボ　628
- A.10.6 トンボが広い水域を越えて風によって運ばれていたことを示す記録　629
- A.10.7 移住性のトンボの集団の出現や消滅と前線の通過に伴う現象との一致　630
- A.11.1 主要な出会い場所が産卵場所ではないトンボ　631
- A.11.2 雄個体が水域の同じなわばりに繰り返し戻ってくる場合の最長期間　631
- A.11.3 なわばり雄によって防衛される面積　632
- A.11.4 なわばり雄によってパトロールされる水際の長さ　633
- A.11.5 出会い場所での雄の探索モード，およびそのパーチャーとフライヤーによる違いや局在化との関連性　633
- A.11.6 とまっているトンボ雄による同種の雄への威嚇行動　634
- A.11.7 なわばり雄による種間攻撃行動の例　635
- A.11.8 表11.5で区別した代替繁殖行動のカテゴリーに対応する代表的なトンボ　636
- A.11.9 水域での成熟雄の密度増加が行動に及ぼす影響　637
- A.11.10 雌の前で雄が示す求愛ディスプレイの行動成分　638
- A.11.11 不均翅亜目におけるタンデム結合のタイプ　639
- A.11.12 野外で見つかった種間雑種のトンボの成虫，およびその親と推定される種　640
- A.11.13 雄2個体によるタンデム，および雄2個体と雌による三連結の例　641
- A.11.14 均翅亜目における陰茎の形態と精子置換との関連　642
- A.11.15 トンボ科における雌の精子貯蔵器官の体積と雄の陰茎タイプとの関連性　642
- A.11.16 トンボ目の科内および属内における交尾の最短時間　643
- A.11.17 交尾時間の種内変異と関連する要因　644
- A.11.18 雌の交尾後の休止時間　645
- A.11.19 主要な出会い場所で採集した成虫の性比　646
- A.11.20 なわばり性と非なわばり性のトンボにおける，繁殖行動と生存日数に間連する成分の生涯繁殖成功度に対する相対的重要性　646
- A.12.1 トンボの外観や行動，生活環を反映した民俗名　647
- A.12.2 西ヨーロッパ系言語の国でトンボの属につけられた一般名　648
- A.12.3 いろいろなビオトープにおけるトンボ類へのさし迫った脅威　648
- A.12.4 人為的インパクトによって局地的に増加したトンボの種　650

我々はまず，他者の言を検討しなければならない．その中に誤りが見つかれば，前車の轍を踏むことを免れるだろう．もし他者が我々と同じ意見をすでに表明していたとしても，落胆するにはあたらない．自分の考えが他者の言よりもある点で優れており，他の点で悪くなければ，それで満足すべきだからだ．

—アリストテレス (384-322 B.C.)

仕事の速さと出来栄えは両立し難い．

—ジョン・レイ (1768)

最善は善の敵である．

—ボルテール (1764)

博物学的な著作の序文の習わしは，何か賞賛の言葉を述べるか，博物学を擁護しようとして，その中で骨折った人々のために弁解することである．しかし，そのような弁解は誰に対してなされるべきだろうか？ 博物学を評価しないのは，一般に包容力が小さく機智に乏しい人々である．彼らは概して凡庸な観念をもち，自分が理解していない物事を非難する性癖の持ち主である．

—モーゼズ・ハリス (1782)

アリストテレスやプリニウスから今日に至るまでの，幾世紀にもわたる歴史が示すところによれば，博物学は生物科学という多年性植物の根茎あるいは匍匐枝としての役割を担ってきた．個々の生物がどこかしら我々自身に似ているためだと思われるが，博物学は生物に対する最も基本的で根源的な興味のいくつかを満足させてくれる．これが上述の博物学の特徴を維持してきたのである．

—ウィリアム・モートン・ホィーラー (1923)

生命の階層ごとに普遍性の高い一般則を探究しようとする生物学者もいくらかは残るだろうが，近い将来，多くの研究者は特定の生物群を対象に，階層全体を見通すような研究に携わるようになるだろう．この転換を促す主題は，本来自己完結的であるそれぞれの生物群がもつ根源的で不変な存在価値である．

—E. O. ウィルソン (1989)

ある複雑な生物群集の生態を理解するため，最初にとるひとつの道は，単一のグループに焦点を定めることである…．不完全な化石記録に直面した古生物学者のように，熱帯生態学者は推測で構成される鋳型の中に証拠の断片をはめ込んでいくことによって，全体像を完成させるしかない…．あまりに早く全体像を作り始めるならば，推測だらけの像がひとり歩きし，それが検証可能になる前に教義へと凝り固まってしまうだろう．

—サラ A. コーベット (1990)

序文

　この本の目的は，先に引用したE. O. ウィルソンの文章の中に端的に表現されている．動物学者たちは，さまざまな分類群から適切と思われる例を選び，そのシステムとプロセスを比較の方法によって研究してきた．そのことはもちろん価値があり，必要でもあるが，今後は1つの分類群に焦点を当て，その中のメンバー間の比較を行う統合的で有機的なアプローチの必要性が増大するだろう．

　このようなアプローチはきわめて強力である．研究対象としている分類群のメンバー間の類縁関係は，比較と予測のためのしっかりした骨組みとなり，どのような観察も，さまざまな類縁度をもった他の種と関連させて位置づけることが可能となるからである．そして，類縁が近いか遠いかは，それぞれの種が共有している系統上の制約が大きいか小さいかに対応している．このアプローチのもうひとつの長所はそれが生みだすリアリズムであり，これは理論面にウエートをおく動物学者にとって特に大事なことである．動物の生活環の**すべての**ステージにおける行動と生態を考えることによって，それが無理なときには近縁な種からの情報を参考にすることによって，特定のステージだけを研究するアプローチが陥りやすい落とし穴を避けることができるだろう．たとえば，雌成虫の生涯繁殖成功度は，彼女の卵を受精させる精子を授けた雄の適応度と彼女が産んだ受精卵の数だけで決まるとするのではなく，彼女が産卵した場所によって次世代の生存と成長の見込みが異なることにも依存することを考慮することで，そのような回避が可能になる．それに加えて，**1グループ**の動物を対象にしないと分からないような魅力があり，それが多くの動物学者の仕事の方向を決定したり，深い満足感を与えてくれることも事実である．

　それゆえ，この本は，1つには大型で捕食性の無脊椎動物の行動と生態について，1グループを対象に真剣に学ぼうとしている学徒のために，また1つには，職業が何であるかを問わず，トンボそのものに親しみや関心をもつ人々のために書かれている．

　ハリスとホィーラーの言葉は，動物のどのグループの生態を解明するうえでも，野外観察が一番重要であることを強調している．多くの優れた野外観察は，トンボの行動の多様性と柔軟性を余すことなく教えてくれる．この本においても，それがいかに多様であるかを，多数の付表を使いながら示した．このアプローチによって，単純なカテゴリー分けでは現実味を欠いてしまうことに読者が気づいてくれることを願っている．というのは，同じように見える条件のもとで広範な種内変異を示す種があるだけでなく，同じ個体がその行動成分のいくつかを状況に応じて変更しうるからである．研究者は，1つの地点あるいは生息場所での観察だけから行動を一般化しないようにすべきである．特定の生息場所にしか当てはまらないエソグラムをうっかり作ってしまう危険性を小さくするために，可能ならば接近が困難ないくつかの生息場所での行動リストも調査すべきである (Rowe 1988)．これらの警告によって伝えたいことは，パターンを見つけるために私が試みた分類は暫定的なものにすぎない，ということである．先に引用したサラ・コーベットの言葉は，もし私たちが早まってある類型化を採用してしまうと，そのような思考の枠組みが，適切な検証にかかる前に足かせになってしまうかもしれないことを気づかせてくれる．

　昆虫の中では例外的に，トンボは1つのグループとして扱うのに適している．かなり以前のことだが，Norman Moore (1957) はトンボに「バードウォッチャーの昆虫」という的を射たニックネームをつけた．昼行性で大きく，目立つ色をした種も多く，好天の日に淡水域の近くに集まっていることから，トンボはたぶんチョウを除く他のどの昆虫よりも一般の

人々によく知られている．トンボの生活についてほとんど知らなくても，多くの人々は，田園風景を構成する生き生きとした美しいものとしての価値をトンボに見い出し，その自然がそのままであり続けることを願う．こうして，チョウや鳥と同じように，トンボは淡水生態系を緊急に保全する必要性が増大していることを多くの人に気づかせる役割を担っている．淡水生態系は，人間の居住域が拡大し自然が蚕食されるときに，田園地帯において真っ先に破壊されるものの1つである．もし現在の趨勢が歯止めなく続くなら，トンボが人間に提供している科学的・精神的な啓発は，色あせていく記憶でしかなくなることは間違いない．このような破壊を放置することは，「私たちの子孫が許してくれそうもない愚挙に加担することになるだろう」という，Wilson (1980) の見解には多くの人が賛同している．この言葉を心にとどめて，第12章をトンボの保全に割くことにする．

この本は基本的にトンボの行動と生態にかかわるもので，"A Biology of Dragonflies"［トンボの生物学］と題して上梓した前著 (Corbet 1962a) をさらに包括的にした改訂版である．前著の中で私は，トンボ目の熱帯および温帯の代表種についての情報を体系化することを初めて試みた．この改訂版の中で提示される材料の大部分は新しいものであるが，各章に含まれる主要な話題の配列は1962年の本の配列にほぼ従っている．そうすることで，両書の間での相互参照が容易になると考えてのことである．

トンボについての出版物の数は1962年以来，少なくとも1桁増加している．この本の主要な目的は過去および最近の文献を評価し，概説するとともに，ここで報告される重要な観察はどれでも確実にその情報源にたどりつけるようにすることである．スペースを節約するために，時々 Corbet (1962a) を含む特定の話題の総説を利用した．

やむをえない事情で中断もしばしばあったが，この本の準備作業に20年もの歳月が流れた．その間に，新しい文献の容赦のない出現と一進一退の進捗に私自身が呆然となったり，満ち潮のように押し寄せる情報の波に，総合と構築の作業が追いつくときがはたしてやってくるのかと，訝ることも一度ならずあった．引用したレイの「仕事の速さと出来栄えは両立し難い」という格言を心にとどめながら，私は「本を書く何人にも，書き終える時を決めさせてはならない．自らの旅の終わりに近づきつつあることを彼が想像したとき，アルプスの上にアルプスが盛り上がり，付け加えるものや訂正すべき何かを，彼は見つけ続けることになるから」というギボンの勧告から慰めの術を引き出した．私はまた，トンボ学の同業者の中には，いくつかの話題を概説するうえで，私よりもより優れている人がいることも知っていた．この本を完成させよう，そしてそれを単著にしようという決心を支えたのは，生活環のさまざまな段階の間の**関連性**を描くには，数人の共著よりも単著の場合のほうがやりやすいという私の信念であった．このような関連性を探索しているこの本が，将来，トンボの研究にとって頼りがいのある道標となったなら，私はそのときにこの決定が正しかったと判断することにしよう．

この機会を借りて，この本の準備中に私が受けた助力のいくつかに謹んで謝意を表したい．

トンボ研究者の中で，この本の基礎となる注意深い観察情報（未発表のものを含む）を提供した方々に感謝する．これには，取り上げるべき話題についての示唆を求めた1978年のアンケートに回答してくれた141名の研究者，快く自らの著作物のコピーを提供し，トンボの生物学についての私の質問に答えてくれた方々，そして図の使用を寛大にも許可してくれた著者あるいは写真撮影者（図あるいは写真の説明の中に謝意を示した）が含まれる．

白黒の図版（図の番号は括弧の中に示す）の複製の許可に関して，以下の発行者に感謝する．Academic Press（図11.41, 11.42）；*Acarologia* (8.31B)；American Entomological Society (4.6B)；American Society of Limnology and Oceanography (3.12)；Balaban Publishers (5.1)；Blackwell Science (2.10-2.14, 4.20, 4.22, 4.23, 4.25-4.27, 5.9, 8.12, 8.20A)；Blackwell Wissenschafts-Verlag, Berlin (9.2)；E. J. Brill (11.6, 11.67)；Delachaux et Niestlé (3.14D, E)；P. A. Edge (CAB International) (4.24, 4.28)；Editions Crépin-Leblond (11.62)；北海道大学理学部 (11.19)；九州大学理学部 (8.21, 11.20)；Montpellier大学理学部 (8.32)；Finnish Zoological and Botanical Publishing Board (8.21, 11.10-11.13)；W. H. Freeman (12.4)；Gem Publishing (3.14A, 8.27, 12.1)；Gesellschaft deutschsprachiger Odonatologen (8.24)；Gustav Fischer Verlag, Jena (4.4, 4.5A)；Harcourt Brace (2.5, 3.8, 8.10, 11.43, 11.48-11.51, 11.60, 11.61, 11.64)；*Hydrobiologia* (4.19)；International Atomic Energy Agency (6.10)；日本学術振興会 (3.1, 3.9, 3.14C)；John Wiley (4.3, 4.10, 4.11, 9.1)；Masson, Paris (4.16, 4.21)；Methuen (10.5)；Mucchi Editore, Modena (11.1)；National Research Council of Canada (7.4, 8.9)；Naturforschende Gesellschaft in Zürich

序　文

(8.19); Natuurwetenschappelijke Studiekring voor het Carabaisch Gebied (5.12A, C, 5.19B); New Science Publishing (5.15); New York Entomological Society (5.3); North American Benthological Society (4.8, 4.9, 7.19); Oxford University Press (3.11, 5.21-5.23, 10.1); Plexus Publishing (5.10); W. B. Saunders (5.1); Schweizerischer Bund für Naturschutz (12.2, 12.5); Service des Publications de l'ORSTOM (4.5B); Societas Internationalis Odonatologica (2.2, 2.3, 2.7, 2.9, 3.4, 3.5A, B, 3.6, 3.7, 4.5C, 4.6C, 5.12B, 5.25-5.27, 6.1-6.4, 6.7-6.9, 7.2A, B, C, 7.3, 7.6, 7.11, 7.12, 8.4-8.8, 8.11, 8.16, 8.18, 8.20B, 8.25, 8.31A, 9.4, 9.10, 9.13, 9.14, 10.2, 10.11, 11.2, 11.8, 11.17, 11.22, 11.24, 11.26, 11.31, 11.32, 11.40, 11.44, 11.46, 11.47, 11.52-11.56, 11.63); Société Royale Belge d'Entomologie (4.13); Springer-Verlag (2.8, 5.8, 8.33, 11.3, 11.4, 11.21, 11.39, 11.57-11.59, 11.65, 11.68); 東京動物園協会 (10.3); University of Chicago Press (7.7); およびIllinois 大学 Chicago 校 (6.6); そして以下の個人：安藤裕 (3.1, 3.9); 朝比奈正二郎 (3.14C, 7.16, 8.23, 11.36, 11.37); C. Inden-Lohmar (7.21, 8.1); R. Jödicke (8.24); B. Kiauta (Societas Internationalis Odonatologicaに関して); M. A. Lieftinck (2.6, 9.8); A. Martens (2.1); M. L. May (9.7, 9.11); R. Prodon (5.16-5.18); R. J. Rowe (5.21); G. Rüppell (11.16); G. Sahlén (3.3); J. K. Waage (11.41, 11.42); J. A. L. Watson (7.17); H. Wildermuth (6.5); および R. L. Willey (6.6). 一部の白黒の画像はM. Benstead (9.5, 9.6, 9.12, 10.2, 10.10, 10.11), M. J. Roberts (5.4, 5.6, 5.7, 5.11, 5.24, 7.5, 9.3, 9.9, 11.38) あるいは私が描き直した．カラー写真の原版を貸し出し，この本に掲載する許可を与えてくれた以下の方々に深く感謝する．H. M. Abbey (写真 J.3, O.1, O.2); L. Börszöny (B.6, N.4); S. G. Cannings (D.3); Commonwealth Scientific and Industrial Research Organization, Canberra (J.3); A. Cordero (L.5); N. Coulthard (M.6); D. A. L. Davies (O.4); J. De Marmels (M.5); S. W. Dunkle (I.6); 枝重夫 (E.1, F.5, K.1); O. M. Fincke (D.6, E.3, P.5); D. Hilfert (C.1, C.2); 井上清 (O.3); 伊藤由之 (E.4, F.4); G. Jurzitza (I.4, K.3); R. G. Kemp (B.5, L.3, L.4); A. Krebs (J.4, P.6); 栗林慧 (I.2); J. Lempert (F.1, F.2); E. McCabe (A.2); A. W. R. McCrae (C.5); A. Martens (O.6); 丸林正則 (K.1); J. Ott (D.5); D. R. Paulson (N.3); W. Piper (L.6); R. J. Rowe (K.2, P.4); G. Rüppell (A.3, C.3, G.4, K.6, M.4, N.5, P.1, P.3); 佐藤有恒 (I.1, I.3, J.2); T. Sherk (N.1, N.2); J. Silsby (L.1, L.2); 杉村光俊 (G.1); 杉谷篤 (口絵); 渡辺庸子 (H.3-H.6); J. A. L. Watson (J.3, O.1, O.2); I. M. White (A.4); H. Wildermuth (D.2, G.2, G.5, K.4, K.5, P.6); C. E. Williams (A.1, A.5, A.6, B.1-B.4, E.5, E.6, F.3, F.6, G.3, G.6, H.1, H.2, J.1, J.5, J.6, N.6, O.5); そしてN. Yates (O.4).

これらの方々以外にも，さまざまな形で私を助けてくれた人々にも心からの感謝の気持ちを表したい．

Cornell University PressのPeter PrescottとRobb Reavillおよびその同僚，特にCandace J. AkinsとTonya Cook, Harley BooksのMindy ConnerとBasil Harleyは，私に貴重な助言や助力を与えてくれた．

4人の生物学者は草稿段階ですべての章を読んでくれた．Sally Corbet, Peter Miller, Mike ParrとRichard Rowe. 以下の研究者は1つ以上の章あるいは節を読んでくれた．Katarina Corbet (第12章), Mary Corbet (3), Henri Dumont (10), 東和敬 (9), Joachim Hoffmann (§6.2.2), Andrew Illius (§4.3, 9), 井上清 (§10.2.3.1), Sarah Jewell (12), Dan Johnson (4, 5), Hans Komnick (§6.4.1), Jochen Lempert (10), Aubrey Manning (12), Mike May (8, 9, 10), Peter Mill (§4.2), Norman Moore (12), Dennis Paulson (9, 10), Julia Prescott (9), Gordon Pritchard (§3.1.3.2.1, 9), Mark Shaw (§3.1.4.3), Roy Taylor (10), 上田哲行 (10) そしてHansruedi Wildermuth (2, 12).

以下の方々は寛大にも広範な未発表の情報を口頭であるいは文書で私に提供してくれた．朝比奈正二郎, Jürg De Marmels, Nick Donnelly, Sid Dunkle, Robert Gambles, Dagmar Hilfert, 井上清, Reinhard Jödicke, Jochen Lempert, Maus Lieftinck, Mike May, Peter Miller, Ulf Norling, Dennis Paulson, Georg Rüppell, Eberhard Schmidt, Truman Sherk, Tony Watson, そしてHansruedi Wildermuth.

私は文献の提供や入手あるいは翻訳で以下の人々から特段の支援を得た．朝比奈正二郎, Dick Askew, Alan Clements, María Etcheverry, Jane Holmquist, 井上清, 石澤直也, Bastiaan Kiauta, Kees Lems, Andreas Martens, Jürgen Ott, Jacqueline Ruffle, Charlie Scrimgeour, David Thompson, 生方秀紀, 上田哲行, およびKatherine Watkins.

さまざまな後方からの支援にも喜んで謝意を表明したい．美術関係でMary Benstead, Steven JonesとMike Roberts, 計算の補助ではEric McCabe,

Dave Murie, Jean Ritchie, 特にJohn DeagとSue Luscombe, 一般的な財政的支援ではHarold Hyam Wingate Foundation, イラストへの助成ではBP Development Ltd., 事務用品および旅行への助成ではLeverhulme Trust, 旅行への助成ではEntomological Society of New Zealand, Gonville and Caius College, Cambridge, Royal Society of Edinburghおよび Royal Society of London, 文献調査時のBastiaanおよびMarianne KiautaとJanny van Brinkの暖かいもてなし, 写真の入手では碓井徹, 複写ではAnna Moxey, さらに研究の設備に関してはCambridge大学, Canterbury大学, Dundee大学, およびEdinburgh大学に感謝したい.

多くの私の同僚に対してと同様, これらの個人や研究機関にも深く感謝する. 特に, 職業的な同志として協力を惜しまなかったEdinburgh大学の細胞・動物および個体群生物学教室のAubrey ManningとDavid Saundersに, そして名誉教授として仕事をする機会を提供してくれたEdinburgh大学に.

私は, 1962年に出版された本, そしてこの本の執筆中のさまざまな時期に, 次の方々から激励を受けた. Dan Johnson, Dennis Leston, Peter Miller, Mike Parr, Robb Reavill, Richard Rowe, Georg Rüpell, Pritam Singh, Willis Snow, そしてHansruedi Wildermuth. いずれも本当に必要なときに頂いた激励であり, そのおかげで執筆の意思を持続させることができたと感謝している. 本文と文献リストを作成する最終段階での精神的な支えと後方支援, さらに校正や索引作成に関しての細心の援助に対して, Sarah Jewellに深く感謝している.

The British Dragonfly Society, Dragonfly Society of the Americas, Gesellschaft deutschsprachiger Odonatologen, そして日本蜻蛉学会から提供された助成金によって, この本の定価を高くすることなく, 内容を省略することもなしに出版することが可能になった. この構想を提案し推進してくれたGeorg Rüppellに厚く感謝する.

一部の親族からも測り知れない援助を受けた. 父A. Steven Corbet (1896–1948) は私に博物学の興奮と豊かさを教えてくれ, トンボに対する初期の興味を育んでくれた. 私の前妻Hildegard Corbetは "A Biology of Dragonflies" を執筆する際にいろいろな面で助けてくれ, それによってこの本の基礎をかためることができた. そして妹Sally Corbetは激励, 批評, そして高い次元での援助をいつも与えてくれた. 私の娘Katarinaから受けた熱心な励ましにも感謝している. 彼女との愉快な時間がなければ, この本はもっと早く完成されていたかもしれない, ただし一人のもっと老け込んだ男によって.

フィリップ S. コーベット

Crean Mill
St. Buryan,
Penzance,
Cornwall, United Kingdom
1997年5月

日本語版序文

　この素晴らしい翻訳事業の着想は，1996年7月に，当時スコットランドのエジンバラ大学にいた私を訪ねてきた生方秀紀博士との懇談の中で生まれた．このプロジェクトは彼がコーディネーターを務めた翻訳者チームによってここに結実の運びとなった．翻訳者は，いずれも活躍中のトンボ研究者や生物学者であり，多大な労力と集中力を要するこの作業に献身的に取り組んでくれた．完成に至るまでに，いずれの章の訳稿も，訳者と監訳者の間で少なくとも5回のやりとりがなされたとのことである．そのつど正確で読みやすい翻訳になっていったことであろう．監訳者である椿宜高，生方秀紀，上田哲行，東和敬の4博士は，適切な専門用語の選定や訳文の推敲に大変な努力を注いでくれた．英文の正確な意味を確認するために，私と交換したメールは膨大な数になる．翻訳者チームが莫大な努力と専門知識を投入してくれたことは，私が受けることのできた最高の栄誉である．

　原書は1999年にアメリカのコーネル大学出版局とイングランドのハーレイブックス社から同時に出版された．そして，2001年と2004年にそれまでに見つかった誤植を訂正して増刷された．第3刷の編集に際しては，翻訳者チームによる誤植の指摘がたいへん役に立った．

　幸い，原書は好評をもって迎えられた．いくつかの書評で，この本の価値は，1つは昆虫の単一の分類群を全体的な展望の中に位置づけながら事実とアイデアを示したことにあり，いま1つは世界中の文献を網羅したことにあると評された．また，職業研究者であるか否かを問わず，すべてのトンボ研究者にとって必須の情報源であるとの評価を受けた．意図的に1つの分類群に焦点を絞ったことで，系統発生を共有している種間の綿密な比較が可能になったことが高い評価につながったのだろう．また，トンボ目の生活史の各ステージにおける行動や生態が，そのステージだけでなく他のステージへの影響も含めて，適応度にどのように反映されるかという検討を行っていることも1つの理由だと思う．1つの分類群を地球スケールで，また発育ステージのすべてについて，これほど徹底的に文献を集めて論じた例は稀である．このアプローチは，一方では読者がトンボ目について全体的かつ地球スケールの視点に立つことを可能にし，他方では原典にさかのぼることで事実や仮説を批判的に検討することを可能にする．

　この本の大きな特徴は，世界中のトンボ研究者から過去40年間にわたって集めた情報を，既発表，未発表を問わずにレビューしていることである．40年前というのは，この本の前身である"A Biology of Dragonflies"『トンボの生物学』（ウィザービィ，ロンドン，1962）が出版された時期である．それほど厚くなかった前著の中で，私はトンボの生物学について，その当時の最新の知識を概観し，総合することを試みた．この本の他に類を見ない特徴は，私信によって私の知るところとなった多数の未発表の観察を盛り込んでいる点である．また，多くの標準的な教科書とは異なり，アマチュアの研究会・同好会による刊行物やニューズレターからも引用している．

　この本はトンボ研究者以外の読者にとっても興味深く有意義だろう．というのは，1つのグループの動物，つまりトンボが，生息場所選択やエネルギー獲得，捕食者回避，体温調節，分散，移住，繁殖成功といった，基本的で普遍的な必要性から生じる淘汰圧に対して，どのように適応してきたかについての包括的な説明を試みているからである．トンボ目は非常に詳細に，そして実に多様な環境の中で調べられてきているため，進化生態学のパラダイムの中で傑出した地位を獲得している．したがって，この本はすべての動物学者，その中でも博物学に関心を

寄せる研究者にとって，動物間を比較するための展望を示すことができる点でも有益だろう．

　日本では，トンボは単なる昆虫の1つの目(もく)である以上の存在である．トンボは日本人の自然を愛する心と伝統の中で特別の地位を享受している．私の本の中に引用した日本人の研究の多くは，プロとアマチュアの両方のトンボ研究者による労作である．日本におけるトンボと人々との親密な関係を反映して，日本のトンボ学には長く輝かしい歴史がある．日本のトンボ学の先駆者であり第一人者である朝比奈正二郎博士によって1958年に創刊された *Tombo* (*Acta Odonatologica*) は，世界最初のトンボ学専門の雑誌である．*Tombo* はまもなく国際的な注目を集めたが，とりわけ朝比奈博士が編集者として，ほとんどの論文に英文要旨を添えたことがその理由である．友人として，そして同学者として朝比奈博士と50年もの間親交を結べたことは私の大いなる喜びである．博士には，日本語で書かれたトンボ学についての報告書から生じた私の疑問を解消するうえで，数えきれないほどの教示をうけた．それによって言語の障壁から起こりがちなフラストレーションを克服することができた．今こうして日本語で私の本を読むことができるようになったことで，翻訳者チームは，朝比奈博士と逆方向の価値あるサービスを実行したことになる．

　私はこれまで日本を3回訪問している．すなわち，1980年の京都での国際昆虫学会議，1993年の大阪での国際トンボ学シンポジウム，それに同年の佐賀でのトンボフェスティバルへの参加である．これらの訪問により，日本のトンボやトンボ研究者と個人的に親しく付き合うことができたし，私の本で引用した研究の現場を直に見る機会をもつことができた．そのようなわけで，私の本の日本語版が刊行されることは，私にさらなる喜びをもたらしてくれる．日本語版の刊行によって，すべての日本の読者がこの本の豊富な情報を利用し，また研究を実り多い方向に導くために，アイデアのいくつかを参考にしてくれることを心より希望している．特に，トンボとその生息地の保全を確実に行うことを目的として，環境へのインパクトの原因を特定し，必要な対策を探るうえで役に立つだろう．その問題は多くの日本の生物学者にとっても切実であると私は思っている．

　この翻訳は，これを可能にした人々の技量，寛大さ，献身のあかしとして長く残る素晴らしい業績である．私は，日本語版の成功を念じているし，信じてもいる．

2005年9月

Philip S. Corbet
フィリップ S. コーベット

訳者序文

　この本はフィリップ S. コーベット著 "Dragonflies: Behavior and Ecology of Odonata" の邦訳である．翻訳の経緯については「日本語版序文」にあるので，ここでは，この大著を日本語に翻訳することになった理由について少し説明したい．

　第一の理由は，研究者にとって便利な本だからである．若い研究者がフィールド研究を始めようとするとき，自分が何をすべきかがしっかり固まらないうちに研究対象を選び，調査を開始することが多い．そのため，何を研究すれば新しいのかがよく分からない，自分が他人と同じことをやっていることに気がつかない，ということがよく起きてしまう．それを防ぐには，研究を開始する前に大量の論文を読むことが必要であるが，英語を母国語としない人間にとっては，これがなかなか難しい．ガイドブックとなるような日本語の教科書があればかなり解消される問題ではあるが，ほとんどの教科書にはこれまでに分かっていることだけしか書いてない．ところが，この本には何が分かっていないのかが至る所に書いてある．もちろん，その問題が重要だと考えるのはコーベットの意見であるから，当を得ていると感じるかどうかは読者次第であろうが，少なくとも素材やアイデアは随所にちりばめられている．しかも，コーベットが今後の重要な研究課題としてあげたものは，トンボだけでなく，あらゆる動物（特に昆虫）に共通の課題が多いので，動物の生態，行動，保全に関心のあるすべての研究者に役立つはずである．

　第二の理由は，トンボ類が自然環境の指標として用いられることが多いことにある．トンボ研究の社会的意義の1つは自然環境保護への貢献にある．この点は欧米でも日本でも同じらしい．保護の対象としてのトンボ類は，その社会的意味を考えさせられる分類群でもある．野生生物に生存権を認めることが世の中のルールになっていないかぎり，野生生物をなぜ保護するかの理由づけが必要になる．国連ミレニアム生態系アセスメント報告書 Millennium Ecosystem Assessment (2005) では，生態系とその構成要素としての野生生物の価値を直接利用価値，間接利用価値，オプション価値，存在価値の4種類に分類している．直接利用価値とは食糧や建材など直接人間が使う場合の価値で，これは誰でも問題なく認めているものであり，値段をつけることができる．間接利用価値とは森林の二酸化炭素吸収，水質の浄化作用など，人間に必要な資源を間接的に供給している生態系の機能のことである．自然の空気や水に値段をつけるのは少し難しいが，人類の役に立っていることに気づけば，重要であることは分かりやすい．オプション価値とは，現時点では無価値だが，将来利用する方法が分かるかもしれないという観点からの経済価値である．最後は存在価値である．現在も将来も経済価値はないかもしれないが，存在すること自体におく価値である．文化的価値や科学的興味の対象としての価値もこれに含まれるだろう．これらの4つの価値は並べた順にそれを認める人が減少する．トンボをターゲットに自然環境を保全しようとするとき，我々はどの種類の価値を意識しているのだろうか．どのような答えを出すかは読者にお任せするが，注意すべき落とし穴がいくつもある．例えば，トンボは小昆虫を大量に摂食するので益虫としてとらえることができるが，それでは何種のトンボが必要かという難問が次に待っている．また，トンボは湖沼，湿地，ため池などの水辺環境の監視役としても有用であると考えられるが，あらゆる種がその役を担えるわけではない．種数が環境の質を反映するという意見もあるが，それでは何種いれば良い環境といえるのだろうか．これらはいずれも，間接価値からトンボを見ていることになるが，文化や科学の基盤としての存在価値も，決して忘れてはならない．最近は間接価値や存在価値を貨幣に換算する手法も考案されているが，所詮，経済価値

というのは1つの尺度にすぎないのではなかろうか．トンボ類は，生物多様性の意義を総合的に考えるための教科書的な野生生物として優れている．トンボを理解して上手に利用するには，本書のような著書が手近にあると便利なのだが，英語のままでは簡単に読めないことが問題であった．正直に言うと，我々は自分たちが便利に使いたくて，翻訳作業に取り組んだようなものである．

第三の理由は，網羅性である．特定の分類群の行動や生態に関する研究をこれほど広範に紹介した著書はほかに類を見ない．そのため，この本の書き方は通常の昆虫学の教科書と全く異なっている．通常の教科書では，あらゆる昆虫に見られる共通原理を述べ，その例として研究の進んだモデル生物のふるまいを解説するのであるが，この本では，多くの種の生態や行動を二分法によって並べて見せることで，いかにトンボの生活様式が多様であるかを強調している．二分法というのは，生物の性質，例えば産卵の習性を，植物組織の中に1個ずつ丁寧に産み込んでいく種から，空中からまき散らす種までを両極とし，その間をつなぐ系列の上にあらゆる種を配置していくといったような論理学的手法である．その系列のどこに位置するかによって，他の性質，例えばどのような生息場所を選択するかという行動もほぼ決まってくる．この手法は極めて古典的であり，比較研究の常套手段でもあるが，新しい分析技術と組み合わせることによって，新しい研究枠組みを生み出すことのできる強力な方法である．特に，生物の多様性を示すには優れている．この本の凄みは，トンボの形態から生理，行動，生態に至るまで，徹底してこの手法で押し通している点にある．とはいえ，世界のトンボの種数は約6,000であり，そのうちの生態や行動がよく分かっているのは約100種，部分的な生態情報があるのが約1,000種といったところが現状である．これでトンボの進化の全体像を描こうとしているのであるから，間違いも数多くあるに違いない．それを暴いて新しい説明を加えていくのが若い研究者の仕事である．巻頭のサラ・コーベットの言葉に似ているが，その作業は1,000ピースのジグソーパズルをわずか100ピースで組み立てるようなものである．そして，次に研究者が取り組むべき作業は，持ちピースの数を増やしつつ，ピースの並べ方を少しずつ改善していくことである．その際，何が入手できるピースであるか，これまでどのような並べ方が工夫されてきたかを知るには，これ以上の本はないと思う．

そのほかに，日本人の研究者の成果が多数引用されていること，日本の昆虫学の特徴を興味深い視点で紹介していることも翻訳の動機である．アマチュアとプロの研究者が混在する日本のトンボ学会を，ある意味で理想的な研究者社会の姿として紹介している．

この本はいわばトンボ学の百科全書である．トンボの生態や行動，生理の研究者にとってバイブル的存在になることは間違いないが，環境保全，自然修復，ビオトープ管理，自然教育，害虫の生物防除，文化史研究などに携わる人々にも役に立つところが多い著書である．自信をもってお勧めしたい

翻訳にあたっては生態学や行動学はもちろん，生理学，発生学，形態学，分類学，気象学，毒物学など広範な知識が必要であった．そのため，総勢19名のさまざまな分野の研究者が参加することになった．各章の翻訳担当は以下のとおりである．1, 2章　生方秀紀，3章　小林幸正，東城幸治，4章　椿宜高，5章　岩崎拓，武藤明，松良俊明，6章　鈴木邦雄，7章　青木典司，関隆晴，8章　鈴木邦雄，渡辺守，9章　石澤直也，東和敬，10章　石澤直也，上田哲行，武藤明，11章　枝重夫，粕谷英一，澤田浩司，野間口真太郎，12章　石澤直也，井上清．そして，椿宜高，生方秀紀，上田哲行，東和敬の4名が監訳を担当した．なお，専門用語の訳語に関しては，生態学用語は椿宜高，生理学用語は関隆晴，形態学・分類学用語は鈴木邦雄，発生学用語は小林幸正が原案を出し，その意見を尊重しつつ監訳者グループが相談しながら決定した．

トンボ名については，読みやすさを考慮して，日本から記録されている種と属についてはすべてに，外国産の種と属については頻出する種と属に対して和名を与えることにした．そのため，いくつかの種と属については井上清が中心になって考案した新しい和名を使っている．新和名をつけたトンボは，巻末の和名・学名対照表に明記した．トンボの亜科あるいは族以上の分類群については和名のみを用いた．なお，種および属の和名には，各章で初出の場合に限り学名を添えた．ただし，亜種を区別している場合は，そのたびに亜種学名を付記した．図表では，スペースの関係上，和名のあるトンボは和名のみを使用し，学名は添えていない．いずれも巻末の和名・学名対照表によって学名の検索が可能である．なお，トンボ以外の生物の和名については，その典拠文献を747ページに掲載した．

この訳本では，昆虫の目名はカタカナ表記を原則とした．漢字表記には当用漢字に含まれない漢字が多く使われていることや，カタカナ表記が一般的に

なっている目が多いことがその理由である．しかし，カタカナ表記が適切でない目も少なくない．例えば，チョウ目やハエ目など，分類群の名が目全体を代表していない場合である．そのような場合は，不統一の誹りは免れないが，従来の漢字表記による目名を使用した．均翅亜目，不均翅亜目もこれに従った．

翻訳作業を開始すると（1999年7月），2つの問題がすぐに持ち上がった．1つは専門分野の異なる19人の訳文の調子をそろえることであった．どのような日本語を自然と感じるかは人それぞれであることを，これほど実感したことはない．翻訳の完成までに思いのほか時間がかかってしまったが，その原因の1つは，監訳者と訳者の間，あるいは監訳者間の訳文に関する入念なやりとりのためである．訳文は，文体や用語を統一するため，各分担者の訳文に4人の監訳者が加筆し，椿がさらにそれを検討した．翻訳分担者の面々が大いに努力して訳出した文章にかなり加筆したので，問題が生じた部分があれば，監訳者の責任である．もう1つの問題は原著の誤植であった．その多くは，コーベット自身の10年間にわたる書き加えによって生じた参照箇所（図表番号，節番号など）変更の訂正漏れや引用間違いである．原著を通読するのに支障となるような誤植はほとんどないが，章間の相互参照などに混乱が生じる恐れがあるので，日本語版では原著の誤植をすべて訂正した翻訳をめざすことにした．我々はコーベットと連絡を取りながら翻訳を進めたが，その確認に時間がかかったことも翻訳が遅れた原因の1つである．原著の第3刷が2004年にハーレイブックス（イングランド）から出版されたが，その修正項目の多くは我々の指摘を反映させたものである．この日本語版は，第3刷以後に修正された点も反映されており，現時点での最新版となっている．

翻訳を進めるに当り，東昭，安倍弘，蟻川謙太郎，角野康郎，鬼頭研二，瀬能宏，鶴崎展巨，並川寛司，蛭田眞一，冨士田裕子，星出一巳，松本典子，皆巳幸也，山根正気の諸氏には，専門用語や生物和名に関して御教示いただいた．氏名は割愛させていただくが，原著データの確認や，詩や俳句の原句の検索などでも多くの方々にお世話になった．さらに，コーベット翻訳出版期成会，日本蜻蛉学会，北海道トンボ研究会，奥平雅也氏には資金面での協力を賜った．また，海游舎の本間陽子さんには翻訳に賛同し，リスクの大きさにもかかわらず出版を引き受けていただいた．出版に協力して下さったこれらの方々に，心から感謝する．

2006年10月

　　　訳者を代表して
　　椿　宜高，生方秀紀，上田哲行，東　和敬

略号一覧

本文中に出てくる略号の定義は以下のとおり．ただし，特定の段落に限定されたものや表や図との関連が明白なものは省略した．また，下記の用語のいくつかは「用語解説」で定義している．北アメリカの州や準州を示す略号はカナダおよびアメリカの郵便業務で標準的に用いられているものである．日本語に置き換えたため本書には現れない略語があるが，論文などで使われることが多い略語はこの表に残すようにした．

AB	アルバータ州
ACT	オーストラリア首都特別地域
AK	アラスカ州
AL	アラバマ州
AR	アーカンソー州
ATP	アデノシン三リン酸
AZ	アリゾナ州
BA	腹部下方湾曲
BC	ブリティッシュコロンビア州
BDS	イギリストンボ学会
BFA	午前と午後に飛行活動が最大となる二峰型の日周パターン
BOD	生物化学的酸素要求量
BRS	日の出と日没時に飛行活動が最大となる二峰型の日周パターン
CA	カリフォルニア州
CO	コロラド州
CSIRO	連邦科学産業研究機構
CT	コネチカット州
DC	コロンビア特別区
DNA	デオキシリボ核酸
DO	溶存酸素濃度
EF	逃避飛翔
EM_{50}	ある年の個体群が羽化開始から50％が羽化するまでの日数
ESS	進化的に安定な戦略
F-0齢	終齢
F-1齢	終齢の1つ前の齢
FL	フロリダ州
FMR	体重に対する飛翔筋重の比率
GA	ジョージア州
HD	潜伏
HI	ハワイ州
IA	アイオワ州
ID	アイダホ州
IN	インディアナ州
INF	尾部下付属器
ITCZ	熱帯収束帯
IUCN	国際自然保護連合
KS	カンサス州
KY	ケンタッキー州
L	平均寿命
L_{max}	最長寿命
LA	ルイジアナ州
LB	ラブラドル州
LD	明暗時間
LFT	飛翔のための低温度閾値
$\log_n$	自然対数
LPP(s)	彼岸の中日よりもかなり長い日長
LRS	生涯繁殖成功度
MA	マサチューセッツ州
MB	マニトバ州
MD	メリーランド州
ME	メーン州
MF	雌雄によるタンデム
mho	モー．電気抵抗の単位であるオームの逆数
MI	ミシガン州
MinVT	飛び立ちが起きる最低胸部温度
MM	2雄による同性タンデム態
MMF	2雄と1雌による三連結
MMM	3雄による三連結
MMMF	3雄と1雌による鎖状の連結
MN	ミネソタ州
MO	ミズーリ州
mosM	オスモル濃度
MS	ミシシッピ州
MT	モンタナ州
NB	ニューブランズウィック州
NC	ノースカロライナ州
ND	ノースダコタ州
NE	ネブラスカ州
NF	ニューファンドランド州
NH	ニューハンプシャー州
NJ	ニュージャージー州
NM	ニューメキシコ州
NS	ノバスコシア州
NSW	ニューサウスウェールズ州
NV	ネバダ州

NY	ニューヨーク州	T_b	体温
OH	オハイオ州	T_h	頭部温度
OK	オクラホマ州	T_{th}	胸部温度
ON	オンタリオ州	TDS	総電解物質量
OR	オレゴン州	TEM	透過型電子顕微鏡
OSR	実効性比	TM	なわばり雄
P_2	精子優先度	TN	テネシー州
PA	ペンシルベニア州	TTG	ハネビロトンボ型警護
pH	水素イオン濃度の尺度	TX	テキサス州
PQ	ケベック州	UA	午後に飛翔が最大となる単峰型の日周パターン
PS	陰茎節	UF	午前に飛翔が最大となる単峰型の日周パターン
RA	腹部上げ	ULT	致死温度の上限
RI	ロードアイランド州	UN	正午頃に飛翔が最大となる単峰型の日周パターン
RTCC	温度による可逆的な色彩変化	UN + RS	正午頃に最大となり，日の出と日没時にも飛翔のピークがある日周パターン
SC	サウスカロライナ州		
SD	サウスダコタ州	UT	ユタ州
SEM	走査型電子顕微鏡	UV	紫外線
SIO	国際トンボ学会	VA	バージニア州
SK	サスカチワン州	VT	バーモント州
SPA	活動の季節的パターン	W	ワット
SPP(s)	彼岸の中日よりも短い日長	WA	ワシントン州
SR	日当たり生存率	WI	ウィスコンシン州
SSI	精子貯蔵指数	WV	ウエストバージニア州
ST	雄内移精	WW	開翅
SUP	尾部上付属器	WY	ワイオミング州
T_a	周囲の温度	YT	ユーコン準州

Chapter 1

序 章

> ありがたきかな　昆虫の王よ
> 深紅の兜と薄葉のごとき翼をまとひて
> こともなく金色の睡蓮の杯を手放すや
> またも覗き見に来たりけり
> 余の開きたる書に何を書き込みしやと．
> ——ウォルター・サヴィジ・ランドール（1775-1864）

　この本はトンボの行動と生態について書いたものである．形態や生理など他の側面については，説明のための背景として必要な場合にだけ触れることにする．トンボの形態についての入門的な解説は一般的な昆虫学の教科書に書かれているし（例：Snodgrass 1935; Borror & DeLong 1971; Richards & Davies 1977a, b），翅脈の形態や用語はそれぞれの国や地域のトンボの解説書などに載っている（例：Walker 1953; Robert 1958; Rowe 1987a; Askew 1988; Watson et al. 1991）．外部や内部の形態についての解説は，現在でもTillyard（1917a）の本が最も充実している．

　各章の背景を理解するのに役立つと考えられるので，ここで，トンボの起源や生態，生活環について簡単に触れておく．実際，生活環の各ステージは互いに，多様なかたちでしばしば微妙に結び付いている．生活環の順を追った説明だけでは，この相互に絡み合った生命の網を十分に表現することができない．この欠点を補い，また重複を避けるために，本文中では関連する節への参照を頻繁に促している．

　現生のトンボの分類群の系統発生に関しては議論が分かれているが（例：Pfau 1991; Lohmann 1996a, b），トンボあるいはその祖先が，昆虫の中で最も古くから現れたグループの1つであることは，広く認められている．現生のトンボ目の祖先と認められている最初のグループは原トンボ目であり，その化石は，古生代の石炭紀後期に形成された3億2,500万年前の地層から見つかっている（Brauckmann & Zessin 1989）．原トンボ目（図1.1）と現生の大型の不均翅亜目（図9.8）の翅の形はよく似ており，両グループの飛行スタイルが類似していることを示唆している．現生のトンボはトンボ目（Odonata; 歯をもったものたちの意）に属し，不均翅亜目と均翅亜目の2亜目に分けられる．

　現生のムカシトンボ属 *Epiophlebia*（ムカシトンボ科）は，以前はムカシトンボ亜目の下におかれていたが，最近この亜目の系統上の位置づけと亜目を構成する分類群間の類縁関係に関して批判的な見解が提出されている（例：Nel et al. 1993; Bechly 1995）．ムカシトンボ属は，不均翅亜目の中に新しく設けられたムカシトンボ上科に所属させるのが適切である（Pritykina 1980; Carpenter 1992bも参照）．ただし，ムカシトンボ属は現生の他のすべての不均翅亜目の種とは著しく異なっているので，この本の中では他の不均翅亜目とは区別して取り扱うこととし，不均翅亜目に対する一般化からは除外する．Carpenter (1992a, b) は，ムカシトンボ亜目は中生代の三畳紀からジュラ紀を経て白亜紀までの間に限って出現したという見解を示している．Lohmann (1996a) は，現存のトンボ目は2亜目，すなわち均翅亜目とEpiprocta亜目からなり，後者はさらにEpiophlebiopteraとAnisopteraの2系統群に分けられると考えている．

　トンボ目の最初の化石は，やや小型の初期の均翅亜目と原不均翅亜目で，古生代のペルム紀（二畳紀）前期（約2億5,000万年前）の地層の中から見つかっている（Clarke 1973; Wootton 1981, 1988; Carpenter 1992a, b）．それ以来，トンボ目の体の構造や外見はほとんど変化していない．古生代から幼虫は知られていないので，原トンボ目や最も初期のトンボ目の幼虫が水生生活をしていたことは確実とも有望とも言えない（Wootton 1981; Pritchard et al. 1993）．中生代より前の幼虫の化石は知られていないが，中生代の三畳紀中期までにイトトンボ上科とムカシトンボ亜目の両系統が分岐しているので，そのときまでに（おそらく，はるか以前に）下唇で物をつかめるよ

1

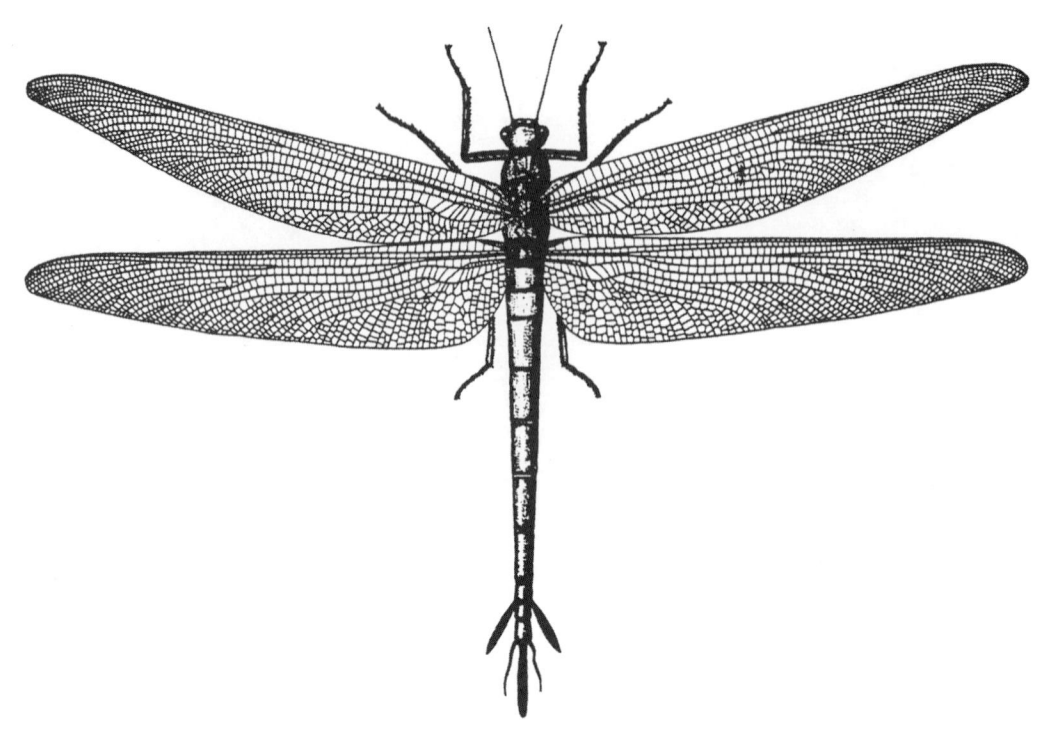

図1.1 原トンボ目の *Namurotypus sippeli* Brauckmann & Zessin. 石炭紀後期層（ナミュール世後期）の化石からの雄成虫の復元図. 約3億2,500万年前に堆積した淡水性石灰岩から見つかっている. この昆虫はメガニソプテラ亜目, メガネウラ科に属しており, これまで知られているトンボに似た昆虫の中で最も古く, トンボ目の直接の祖先の1つであるとみなされている. トンボ目の最も初期の化石はペルム紀前期から知られている. 開翅長32 cm.（Brauckmann & Zessin 1989より）

うになるなど，水生昆虫としてのいくつかの習性が出現していたことが示唆される（Wootton 1988）. 幼虫は，ペルム紀前期の間に水生になったのかもしれない（Wootton 1981）.

トンボ目は，非常に古くから出現したグループにふさわしく，あまり特殊化が進んでいない昆虫である. トンボは，昆虫綱の有翅亜綱の中で，幼虫が蛹のステージを経ないで成虫になる外翅類に属する. トンボの幼虫は，成長の途中で外部に小さな翅芽が現れるものの，その姿は成虫とかけ離れている. 幼虫の形態や行動は著しく多様であるが，これは彼らの生息環境（ごくわずかな例を除き，流水性と止水性の淡水域）への適応を反映している. 一般的な見解（Wootton 1981参照）によれば，昆虫の中でトンボ目に最も近縁なグループはカゲロウ目である. 古翅群を構成するこれら2つの目はおそらく姉妹群であり（Riek & Kukalová-Peck 1984），古生代後期の有翅昆虫の進化の初期段階で，すべての有翅昆虫（新翅群）の共通祖先から分かれたのであろう（Wootton 1981）. 古翅群の中で水生の幼虫が知られているのはトンボ目とカゲロウ目だけである.

トンボ目は，自由に動くことのできる全ステージにおいて貪欲な肉食者であり，ほとんど例外なく生きている小動物を餌として利用している. 幼虫は，もっぱら眼や機械受容器を用いて餌動物を感知する. 幼虫の下唇（写真I.3）の先端は物をつかめるようになっており，それを標的に向かって素早く伸展することで効率よく餌動物を捕獲する. 幼虫は，特に大型のものでは，同じ生息場所を利用する小さな動物（トンボの幼虫を含む）に重大な影響を与えることがある. トンボの成虫は視覚によって餌動物（普通は飛んでいる小昆虫）を感知し，高度に発達した飛行力と棘が密生した前向きの脚によって捕獲効率を高めている.

性的に成熟した成虫は水域に集まり，そこで交尾や産卵を行うことが普通である. 雄はこの集合場所すなわち**出会い場所**で，特定の位置を防衛するために争うことが多い. 雌は，普通1日以上の間隔をおいて，産卵の準備ができた状態で出会い場所に飛来し，しばらくの間だけそこにとどまる. 多くの場合，飛来した雌はそのつど雄に把持され，交尾する. また，雄は交尾の間，自分の精子を媒精する前に，雌

の精子貯蔵器官の中にすでに蓄えられている精子を除去するか移動させることが多い．これら2つの理由から，交尾した雄は雌が産卵している間，雌の頭部（写真G.3）か前胸（写真G.1, G.2）を把持したまま，あるいは雌の近くにとまるか（写真G.5）飛びながら（写真G.6）エスコートすることが多い．その結果，雌は交尾後速やかに卵を産むように促される．この両タイプのエスコート行動（**警護**と呼ばれる）は，雌が1回分の卵を産み終える前に別の雄と交尾する可能性を減少させる．どの卵も産み出される直前に受精するので，他の雄の介入がなければ，ほとんどすべてエスコートしている雄の子になるだろう．雌の産卵様式は，種によっても状況によっても異なる．植物組織の中に産み付けたり（写真E.1-E.6, G.1-G.3, G.5），基質（普通は植物［写真F.1, F.2］）に付着させたり，あるいはそれに絡ませたり（写真F.4），飛びながら打水産卵したり，あるいは，上空から水面や（写真F.5, F.6, G.6）地面に産み落とす．

幼虫の最初の齢期である**前幼虫**（写真H.1, H.3）は，歩いたり泳いだりはできないが，産卵場所から，幼虫が自由生活する微生息場所までの間を（跳びはねて）移動するために特殊化している．普通，前幼虫の期間が，この短距離の移動に必要な時間を超えることはない．幼虫の2齢（写真H.5, H.6, I.1）は，摂食や通常の移動を行う最初の齢期である．齢期の数は，種間はもとより種内でも変異することがあり，通常9から15の間である．最後の齢期の間に，幼虫のクチクラの内側の組織は成虫の組織へと変化する．この過程は**変態**と呼ばれ，数日から数週間かかる．変態が完了した幼虫は，条件がそろえば水域を離れ，最後の脱皮である**羽化**（写真K.1-K.6）を行い，翅のある成虫になる．成虫が飛び去ると，幼虫の脱ぎ捨てた皮，つまり羽化殻が羽化支持物の上にしばらく残る（写真K.1）．

成虫は，羽化後そのまま耐乾休眠，夏眠，あるいは冬眠に入る場合を除けば，その最初の数日間（時には数週間）を水域から離れて採餌に費やし，その間に性的に成熟する．この**前生殖期**が終了すると体色の変化が完了し（写真L.2），生殖可能な状態で出会い場所に飛来して性行動を行うようになる．この後**生殖期**が数週間から数ヵ月続き，その間雌雄どちらも採餌と生殖活動に時間を割り振る．生殖活動中の雄はそれぞれの種に特有な雌雄の出会い場所の中のどこかに定住し，そこを防衛することが多い．この出会い場所は，普通，産卵場所として好まれる場所でもあり，産卵可能となった雌が次々に飛来する．

雌の生殖活動は，交尾相手の選択，交尾，1バッチごとにまとまった卵の成熟，産卵場所の選択からなる．さまざまなトンボの成虫の飛行習性を**フライヤー**と**パーチャー**の2つのタイプにはっきりと分けることは，行動，とりわけ体温調節の研究を進めるうえで意味がある．すなわち，フライヤーは（ムカシトンボ科，不均翅亜目のいくつかの科，および均翅亜目の1つの科からなる），活動中はあまり休まずに飛び続ける（写真B.6）．それに対してパーチャーは（他のすべてのトンボ目），活動中はとまり場から短く飛び，すぐに元の場所に戻る（写真M.1, O.1）．

トンボ目のうち，均翅亜目（写真A.4, A.6, B.4）は約2,500種が記載されており，そのメンバーは一般に小さくてほっそりとしている．彼らは，基部に向かって細くなる，ほぼ同じ形をした前後翅をもっており，飛行速度が遅く，翼面荷重と翅の振動数がともに小さい．また，飛行メカニズムは「正確で機敏」な飛び方に特殊化している点はムカシトンボ科に似ているが，「前方に突進」する飛び方の他の不均翅亜目には似ていない（Rüppell 1989a; Pfau 1991; Grabow & Rüppell 1995）．均翅亜目の幼虫（写真D.6, I.4）はほっそりした体をしており，直腸の内側には鰓は認められず，通常は腹部の先端に3つの目立った胞状あるいは薄葉状の付属器がある（図4.5, 4.6）．

不均翅亜目は（写真A.1, A.2, A.5, B.1-B.3），2,500種をかなり上回る種が記載されており，一般に大型・頑丈で翼面荷重が大きく，前翅と後翅の形は大きく異なっている．とりわけ最近進化した種の中には基部が大きく広がった後翅をもつものがあり，それが滑空性能を高め，長距離移動を容易にしている．不均翅亜目は幼虫（写真I.5, I.6, J.1-J.6）も頑丈で，直腸の内部に鰓をもつが，均翅亜目の特徴である伸長した尾部付属器はもっていない．ほとんどすべての種が，素早く泳ぐために直腸の呼吸換水システムをジェット推進に用いる．

ムカシトンボ科（写真A.3）は，日本とヒマラヤ南東部だけから発見されており，互いによく似た2つの記載種からなる．成虫の体形は不均翅亜目に似るが，翅は均翅亜目に似ている．幼虫は，体が頑丈なことと直腸鰓をもつ点で不均翅亜目に似ているが，移動の際にジェット推進を用いることはない．

トンボは生物学的な現象やその原理の研究のための優れた研究対象になる．多くの研究者がこの面でのトンボの有用性を指摘しているし，実際に多くの人がトンボを研究材料として良い成果をあげている．例えば，昆虫の中で最初になわばり行動が記載され（Williamson 1900），後に行動学的にその特徴が

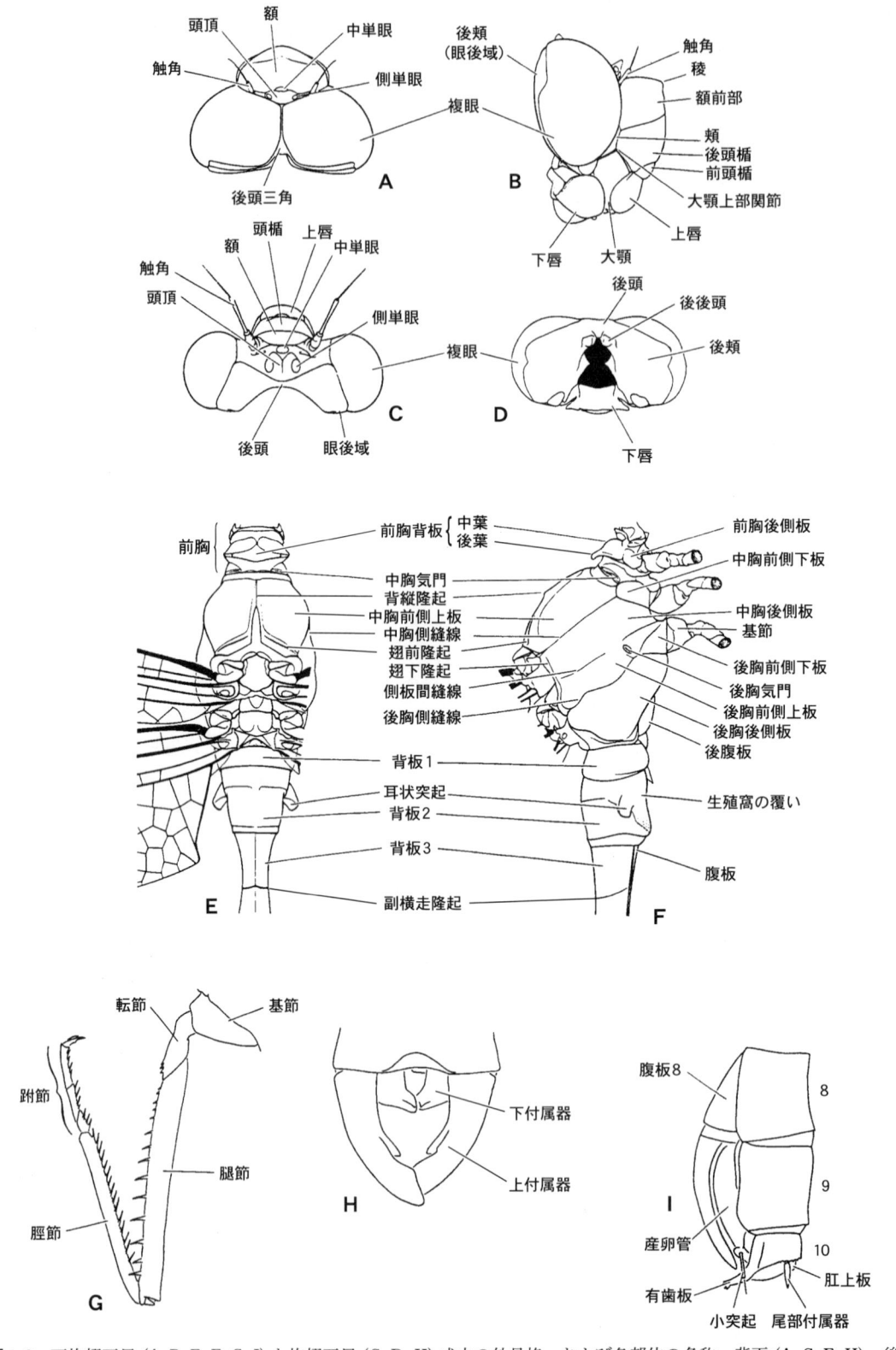

図1.2 不均翅亜目 (A, B, E, F, G, I) と均翅亜目 (C, D, H) 成虫の外骨格,および各部位の名称.背面 (A, C, E, H),後面 (D),右側面 (B, F) および左側面 (G, I). A〜D. 頭部; E と F. 胸部と腹部前方; G. 脚; H. 尾部付属器; I. 腹部後端. (Watson et al. 1991 より)

記載されたのは (St. Quentin 1934) 不均翅亜目のトンボである．また，肉食性の無脊椎動物として初めて年間のエネルギー収支が推定されたのは均翅亜目のトンボである (Lawton 1971a)．昆虫の体温調節については，成虫のトンボ，特に不均翅亜目を用いて多くのことが明らかにされている (May 1991a)．そして，交尾の最中に精子置換がなされることを実証するために，Jonathan Waage (1979a) が用いたのはトンボであった．この発見は，トンボ以外のいくつかの動物群においても，その生殖行動の進化的意義についての理解を転換させるものとなった．さらに，トンボは体が大きく近づきやすいため，十分な技術と正確な同定が条件となるが，写真だけからでも野外における行動の細部を解明することが可能である (Williams 1980a; Rüppell 1989a; Wildermuth 1992a)．

この本で用いた系統分類および学名は，基本的にDavies & Tobin (1984, 1985) によるものを踏襲した．Davies & Tobin (1984, 1985)，津田 (1991)，およびBridges (1994) による命名者付きのリストがあるので，この本では種名に命名者を書き添えることはしなかった．学名については，いくつかの詳細な分類学的総説（例：日本のカワトンボ属 *Mnais*, Suzuki 1984; ヨーロッパ西部のアオハダトンボ属 *Calopteryx*, Maibach 1985, 1986, 1987; サナエトンボ科, Carle 1986; オニヤンマ科, Lohmann 1992a, 1993, 1996a, b）の結論を組み入れたり，命名法に反映させたりせず，元の出版物の中で用いられた学名とそれが前提としている類縁関係を採用した．また，命名規約の条項に厳密に従う（例：Schmidt 1987a）よりも，むしろその地域で最も普通に使われている属名を用いる方針とした．これによる混乱を避けるためトンボ目索引の中にシノニム（同物異名）（例：*Tetragoneuria* 属とトラフトンボ属 *Epitheca*）を掲げた．ただし，"*Aeshna*" *brevistyla* には，新しく指定された属名 *Adversaeschna* (Watson 1992a) を採用した．また，*Chalcolestes* 属はアオイトトンボ属 *Lestes* (Jödicke 1997a 参照）に，*Platycordulia* 属は *Neurocordulia* 属に含まれるものとして扱った．カワトンボ属を構成する種の分類*に関して合意が得られていないことは承知しているが，元の出版物で用いられた学名と異なる学名を使用したほうがよいとは思わなかった．これを避けることで，当該の種や亜種の同一性がより確かなものになるだろうと予想したからである．ある種に対してどの属を当てはめるかの選択（例：ヨツボシトンボ属 *Libellula* かアメリカハラジロバネトンボ属 *Plathemis* か）は，時として，属ごとの合計種数に基づく分析の結果に影響するが，この本の結論に修正が必要になるほどではない．

トンボ目の発育ステージ，器官，プロセスについての用語は，矛盾していたり，あいまいな使われ方がされてきた．ここ数年，何人かの著者は，誤解を減らすために，いくつかの用語の合理的な使用法の提唱を行ってきた．彼らの努力を無駄にしないために，この本では十分吟味したうえで用語を用い，また不必要に用語を増やさないように努めた．さらに，用語解説の中で適宜，背景となる知識を提供した．ある用語がこの本の中でどのような意味で用いられているかを正確に知りたい読者は，まず用語解説を参照されたい．このほか，本文中により詳細な定義が示されている用語，または主要な話題として本文中で取り上げた用語のいくつかは，用語索引の中のページ番号を太字にすることで区別できるようにした．本文中で繰り返し用いられる略語は，その意味とともにxxxv～xxxviページに掲げた．外骨格の各部の名称は，成虫については図1.2に，幼虫については図1.3に示した．また幼虫の下唇（図1.4）についての用語はCorbet (1953b) に従った．

トンボ目とその2つの亜目の英語名の使用法について，あいまいさを排除するために，ここでひと言触れておきたい．この本の中では，すべてのトンボ目を指すのに dragonflies または odonates を用いる．亜目を指すときには，その学名を用いる．このところ，均翅亜目を指して **damselflies** を用いるトンボ研究者たちの数が増えてきているが，そうした場合 **dragonflies** という用語が暗に不均翅亜目を指すことになってしまう (Johnson 1991参照) ことに注意すべきである．この本では，次のようなもっと重要な理由で，この慣習を**採用しなかった**．この慣習はこの目の学名に必然的に含まれている用語法にあいまいさを導入することになる．また，世紀をまたがって出版されてきた単行本，モノグラフ，定期刊行物，その他数えきれないほどのトンボ関係の学会による刊行物の中で用いられてきた名前にまで，そのあいまいさを持ち込むことにもなる．加えて，類似を強調したほうがよいときに，しばしば相違を強調することになる．さらに，動物学における命名法の第一の目的があいまいさを排除することであることを考えると，dragonfly という用語が不均翅亜目だけに適用されることになるような用語の採用は，逆効果であるように思う．

卵と成虫の間に挟まる発育上のステージを記述す

---

*訳注：カワトンボ属の分類については，1種3亜種説から4種説まで諸説がある．詳細は巻末のトンボ和名学名対照表の注を参照されたい．

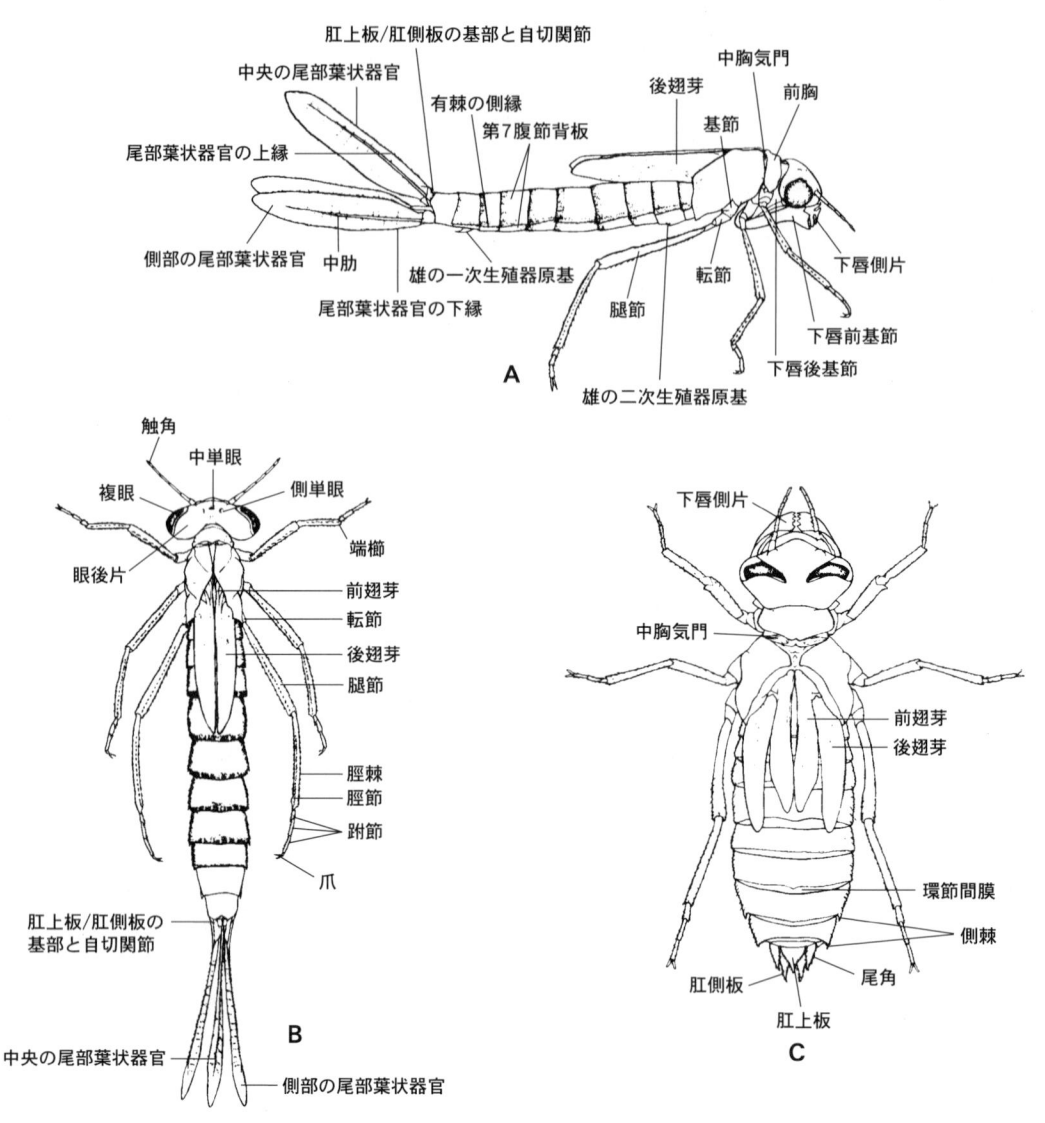

図1.3 均翅亜目（ホソミアオイトトンボ．体長 約19mm；A. 雄，右側面；B. 雄，背面），および不均翅亜目（ミナミエゾトンボ．体長 約20mm；C. 背面）のF-0齢幼虫の全体と，外骨格の各部位の名称．(Rowe 1987aより)

る際には，用語解説に示した理由から，また，あいまいさを避けるために，**若虫**あるいは**ヤゴ**ではなく，**幼虫**という用語を用いる．幼虫あるいは成虫の体サイズを「体長」で表すときは，別に定義しない限り，上唇の前方の縁（したがって触角は除外する）から肛側板の後端まで（ムカシトンボ亜目を含む不均翅亜目において），あるいは第10腹節の後端まで（均翅亜目において）の長さの意味で用いる．体サイズの大幅な変異がある場合には，体長の記述は単なる例と考え，その前に「約」という一語が添えてあるものとして読んでほしい．

この本でトンボの行動を記述するとき，時々機能的な，あるいは比喩的な表現を用いることがあるが，そのことで，当の行動に擬人的な解釈を付け加えるつもりはない．例えば，トンボが「探索している」と記述するときは，その個体が出会いの確率を増加させるような方法で飛んでいることだけを意味する．同様に，行動の機能上の意義を考察するときは，さまざまな分析のレベル（Sherman 1988）のうち，そのような行動によって適応度への**効果**が見込まれるレベルだけを念頭におく．

数値を引用する場合，換算された値が不合理なものにならない限り，それらをメートル法に換算した．平均値の信頼限界を示したり，原著者の用いた「約」

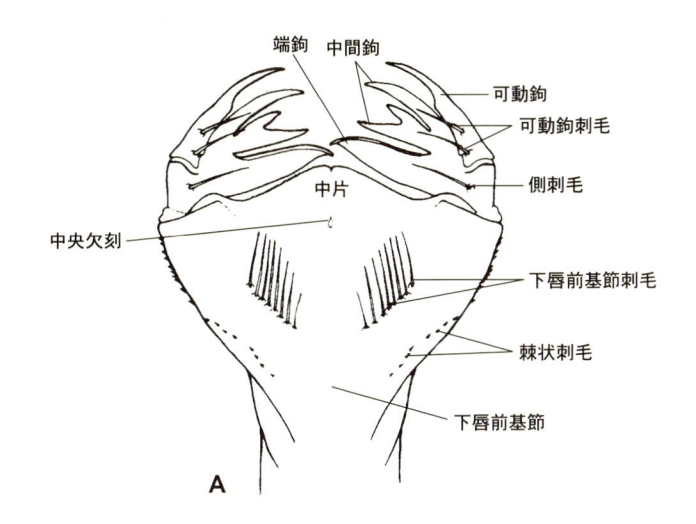

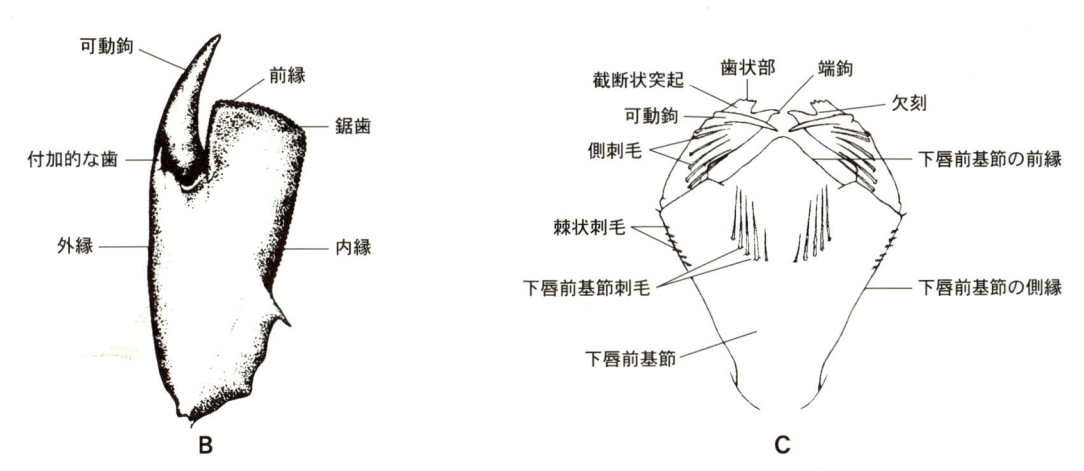

図1.4 幼虫の下唇の外骨格の各部位の名称（背面）．A. ホソミアオイトトンボ，下唇前基節；B. *Uropetala chiltoni*，左の下唇側片；C. ニュージーランドイトトンボ，下唇前基節．(Rowe 1987aより)

という語句を繰り返し用いることは，文章の流れを悪くするので避けることにした．推定値の正確さを知りたい人はだれでも原典に当たることが必要になるからである．

いろいろな時刻表示の中で，太陽時のみが生物学的に意味があり，全地球的に比較しうる時刻の尺度であるが，この本では，いくつかの例を除いては，残念ながら太陽時による時刻で引用することができなかった．本文中で用いた太陽時は，12:00が太陽の南中と等しいことを意味する．ただし，それが**日の出時刻**あるいは**日没時刻**として規定されている場合は，6:00が（正確に）日の出時刻に，また18:00が日没時刻にそれぞれ等しい．ローカルな標準時を引用していることさえ意識せずに，時計の時刻を用いて日周活動パターンを記述するという，今でも広く行き渡っている習慣にかわって，太陽時を一貫して使用すること (Lumsden 1952) が，近い将来，広く行われるようになることが望まれる．太陽時を使用することで，異なった緯度・経度や1年の異なる時期に，諸活動のパターンを比較することが可能になるだけでなく，活動が薄暮性で空が晴れているときは，その時刻における天頂の照度を推定することをも可能になる (Nielsen 1963)．

トンボの研究者が最新の関係文献を収集する際に大きな助けとなってきたのは，以前の国際トンボ学会*のもとで1972年以来刊行されてきた出版物，とりわけ，機関誌*Odonatologica*である．この雑誌には毎号必ずほかで発行されたトンボに関する論文の要

*訳注：国際トンボ学会は1997年に改組され「国際財団国際トンボ学会」となった．

約集が含まれていて役に立った．その *Odonatological Abstracts* の最初の4,225項目(1972–1983年をカバー)には著者別と話題別の索引が作られており(Corbet et al. 1984a,b)，基礎的な文献引用に際して役立つものになっている．この本の引用文献表の中に適宜 *Odonatological Abstracts* の通し番号を含めておいた．

　この本を書くに当たって1997年5月末までの文献は体系的にレビューしたが，それ以降のものについては，必ずしもそうではない．たまたま気づいたいくつかの関係文献を補遺文献リストの中に掲載し，それらを参照した本文中の箇所を明示した．このような追加の文献は必ずしも本文中では参照されていない．

　科あるいは属の系統的位置を知りたい読者は，トンボ目索引でその学名に対応する通し番号を調べたうえで，その索引の最初のページに載せた表を参照してほしい．

Chapter 2

生息場所選択と産卵

> 水面から発する光は…
> 反射面に対して平行な水平偏光となる．
> ——ホルバートとツァイル 1996

2.1 生息場所選択

2.1.1 はじめに

　生息場所選択とは，棲む場所を選ぶ過程のことである．ある動物が棲んでいる場所は，いろいろな空間スケールの単位を使って記述することができる．空間スケールを概念的に区別することは，個体群が環境の中で遭遇する相互作用や淘汰圧（これらは種の表現形を決めている）の種類を区別するのに役立つ．この章で使う用語の主なものは巻末の用語解説で説明しているが，その定義には，Partridge (1978) や Begon et al. (1990)，Schmidt (1991a)，Samways (1994a) の解説が特に参考になった．**ビオトープ**という用語は，**生息場所**の同義語として用いられることもあるが，ここでは，その中に生息場所が含まれるかどうかに関係なく，視覚的に識別可能な生態系（例：樹林や渓流，湿地）を指すために用いる．

　種の**生息場所**（ドイツ語の Lebensraum）は時空間的に変化するものであり，さまざまな空間スケールや複雑性，不均質性で表現される．生息場所の構造が形づくられるには水草が大きな役割を果たすので，生息場所の物理的な特性よりは，むしろ「植物景観」に注目するほうがよい (Samways 1994a)．トンボの生息場所選択の方法 (§2.1.4) から考えて，これは適切な見方である．種の生息場所および**微生息場所**の特性が測定可能であるのに対して，**ニッチ**（生態的地位）は抽象概念であり，生態学的な概念としては役に立つが，それで完全に定量的な記述が可能になるわけではない．あるニッチの代表的な成分 (Schmidt 1991a) が測定可能としても，それは個体発生のいずれかのステージで種が利用する微生息場所の特性との重複が大きいだろう．ニッチ（主に時間や空間，食物）の特殊化は種内および種間のレベルで生じ，競争的な相互作用を反映していると考えられる．例えば，クモマエゾトンボ *Somatochlora alpestris* とホソミモリトンボ *S. arctica* が生息場所選択の際に示す反応はほとんど同じように見えるが (Wildermuth 1998a)，それぞれが占めるニッチは，彼らが異所的に分布しているか同所的に分布しているかによって，異なったものになる (Sternberg 1994a)．

　トンボのそれぞれの種の分布は，程度の差はあるが，観察者がその物理的な特性によって類型化できるような場所に限定される．幼虫期はどちらかといえば定住的であり，また一般に境界のはっきりした水域に限定されるので，幼虫ステージがその種に特有な生息場所を決めているとみなすのが普通である．しかし，トンボを生物指標 (§6.3) に使ってはいても，幼虫期と水域との結び付きだけを基準にしていることもあるので，このような単純化には注意すべきことが多い．卵や成虫のステージにも特有な要求があり，生息に適した生息場所は，生活環のあらゆるステージの生態的要求を満たすものでなければならないことを力説しておきたい．例えば，日本の冷温帯地域にある極相落葉樹林に棲むアマゴイルリトンボ *Platycnemis echigoana* の生息場所の条件には，幼虫のための池だけでなく，成虫が成熟するための隣接した森，成熟成虫のねぐらとなる樹冠，雌雄の出会いの場となる林床の日だまりが含まれていなければならない (Watanabe et al. 1987)．これはどのトンボにとっても同様であり，好適な生息場所は，成虫にとって複数の種類の活動の場を含むものでなければならない（図 2.1）．

　種の要求を満たすために必要な生息場所のスケー

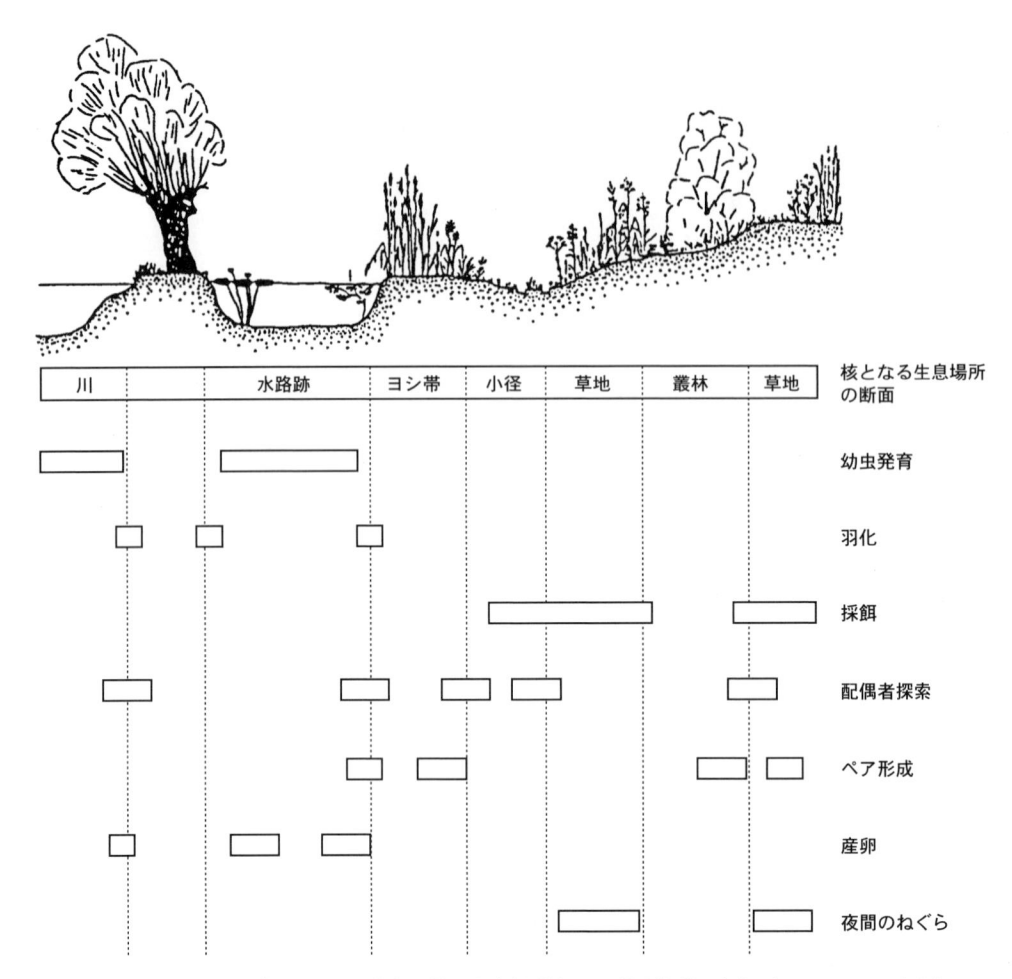

図2.1 ヒロアシトンボの生活環の進行に伴う生息場所内での利用場所の変化. (Martens 1996より)

ルは，成虫期にどの程度移動するかによって大きく変化する．極端な例は，ウスバキトンボ *Pantala flavescens* のような熱帯収束帯の絶対的移住性の種である（§10.3.3.1）．ウスバキトンボは乾燥地域に降雨によってできる一時的な水たまりに産卵し，成虫は新しい繁殖場所にたどり着くまで数百kmあるいは数千kmも移動する．対極の例は，ブラジル南部の大西洋岸の雨林に棲むミナミイトトンボ科の *Roppaneura beckeri* である．この種は，陸生のセリ科エリンギウム属の1種（*Eryngium floribundum*）（図5.10）にだけ産卵するらしく，この植物の葉腋に幼虫が棲み，その周りに成虫が集まる（Machado, 1981a）．これに近いのは，ムラサキハビロイトトンボ *Megaloprepus caerulatus* など比較的少数の種にすぎない．これらの種は，森林伐採地にある樹洞のような，離散的に分布する非常に特殊な水域の中にだけ産卵する（Fincke 1984a）．これらの両極端は広環境性と狭環境性の種であり，*r* 戦略者と *K* 戦略者の間の連続系列

の両端に相当する（Horn 1978参照; Voshell & Simmons 1978; Begon & Mortimer 1986）．それほど極端でない *r* 戦略者として，温帯の止水性の種をあげることができる．それらは広域に分布し，新しい生息場所が出現すると最初に棲みつく種である（例：マルタンヤンマ *Anaciaeschna martini*, 武藤 1994; コウテイギンヤンマ *Anax imperator*, ヒメアオモンイトトンボ *Ischnura pumilio* とタイリクシオカラトンボ *Orthetrum cancellatum*, Wildermuth & Krebs 1983; マンシュウイトトンボ *Ischnura elegans* とタイリクアカネ *Sympetrum striolatum*, Moore 1991a）．

トンボの生息場所の空間スケールはさまざまであるが，どのような場所に生息するかを分類群ごとに一般化することは可能である（P. S. Corbet 1995）．大多数の種や科は「普通の」生息場所，つまり源流から河口に至る流水域か，池や低湿地，湖のような止水域を利用する．少数の種や科だけが「特殊な」生息場所，例えば湿った地上の落葉層（§5.3.1.1）やフ

ァイトテルマータ(§5.3.1.2)，海岸の塩性湿地(§5.3.1.3)を利用するにすぎない．科を単位として見た場合，トンボが利用する主な生息場所は，次の3つの点で熱帯と温帯とで大きく異なる(表A.2.1)．利用する生息場所の種類は，特に均翅亜目では，熱帯のほうが多い．ある程度流れの速い熱帯の流水では不均翅亜目よりも均翅亜目が比率のうえでより多く出現するが，温帯では比較的少数のトンボしか流水，特に滝には生息しない．そして，熱帯の内外に分布している唯一の海生のトンボであるアカネ亜科の*Erythrodiplax berenice*を除けば，特殊な生息場所を利用するのは熱帯の種だけである．このように生息場所の主要カテゴリーに入る分類群に偏りがあることは，トンボの保全にとって重要な意味がある(§12.4.1)．

それぞれの種は，主要生息場所カテゴリーの範囲内で生物的・非生物的な条件の特徴的な組み合わせのもとで生息しているので，各条件からの予測可能性の程度はさまざまではあっても，その生態的必要条件を推定することができるだろう．

2.1.2 問　題

成虫が自分の羽化した池に**回帰**する(正確に戻る)場合(例：ソメワケアオイトトンボ*Lestes barbarus*, Utzeri et al. 1976, 1984；おそらく他の一時的な池に棲むアオイトトンボ科；カオジロトンボ*Leucorrhinia dubia*, Sternberg 1990；ヨーロッパベニイトトンボ*Ceriagrion tenellum*, Buchwald 1994a)を除けば，適切な繁殖場所を発見するため，トンボは能動的に生息場所選択を行っているはずである．生息場所選択を研究する主な目的は，ある種にとっての生態的要求を満たす生息場所の特性と，その生息場所を選択する際に成虫が反応する手がかり(刺激)との間の関係を，推測あるいは実証することである．このような研究はいずれも，種が示す分布と，その種が産卵する場所の属性との間の相関を見つけることから始まる．なぜなら生息場所選択の際の意志決定プロセスで用いられる基準は産卵であり，幼虫の生存ではないからである(この分野の進展と方法論についてはWildermuth 1994aを参照)．

異なった生息場所間で観察されたトンボの分布状況から生息場所選択を論ずるには，次の点に留意すべきである．

- ある生息場所で産卵が見られたとしても，次世代の成虫が羽化するとは限らない(Fincke 1992a)．

- 植物内産卵をする種が基質に産卵管を突き刺すなど，産卵を思わせる動作は，必ずしも実際に卵を産み付けていることを示すわけではない(Okazawa & Ubukata 1978参照；Martens 1992a, 1994a)．

- ある生息場所から羽化するトンボの種構成とその比率は，水生生活ステージにおける種間競争や捕食を反映しているかもしれないので(McPeek 1989; Fincke 1992a)，必ずしも産卵雌による生息場所選択に比例しているとは限らない．

- 新しく形成された生息場所で交尾・産卵を行うトンボの種構成は，生態遷移が進行するにつれて(Voshell & Simmons 1978；山口 1978; Donath 1980; Moore 1991a; Wildermuth 1992b)，あるいは生息場所が人為的なインパクトによって改変されることで(Dumont 1971; Norling 1981a)変化することがある．

- 短期間の調査では，繁殖している定住者と繁殖していない訪問者とを区別することは難しい．

- 特にサナエトンボ科に例が多いが，ある場所で大量の羽化殻が見つかるのに，成熟した成虫が1個体も見当たらないことがある(石田 1982; Moore 1991b)．このような場合は，その生息場所で世代交代が連続しているかどうかを疑ってよい．

- 一部の種(例：イイジマルリボシヤンマ*Aeshna subarctica elisabethae*)は，いくつかの種類の生息場所(基幹生息場所，二次生息場所，潜在生息場所)に，それぞれ異なる個体群特性をもつメタ個体群として同時に存在することがある(Sternberg 1995a；用語解説参照)．また，「典型的な」生息場所ばかりでなく「非典型的な」生息場所でも見つかる種もいる(例：ホソミモリトンボ，Wildermuth 1986)(図2.2)．

- 種によっては，その地理的分布範囲の中で，地域によって異なったタイプの生息場所を利用していることがある(例：ヨーロッパベニイトトンボ，Buchwald 1995; *Coenagrion mercuriale*, Buchwald 1989)．

- ある水域から別の水域に幼虫が移動することがある(Machado 1977参照；Lounibos et al 1987a)．

これらの留意点は重要ではあるが，広く支持されている次の2つの仮定を否定するものではない．1つは，トンボの成虫は生殖と産卵のための生息場所を能動的に選択していることであり，もう1つは，そのような選択行動によって，それぞれの種の水域内の分布と，種に特徴的な生息場所(実際には好まれる微生息場所)との間に，予測性の高いよく知られ

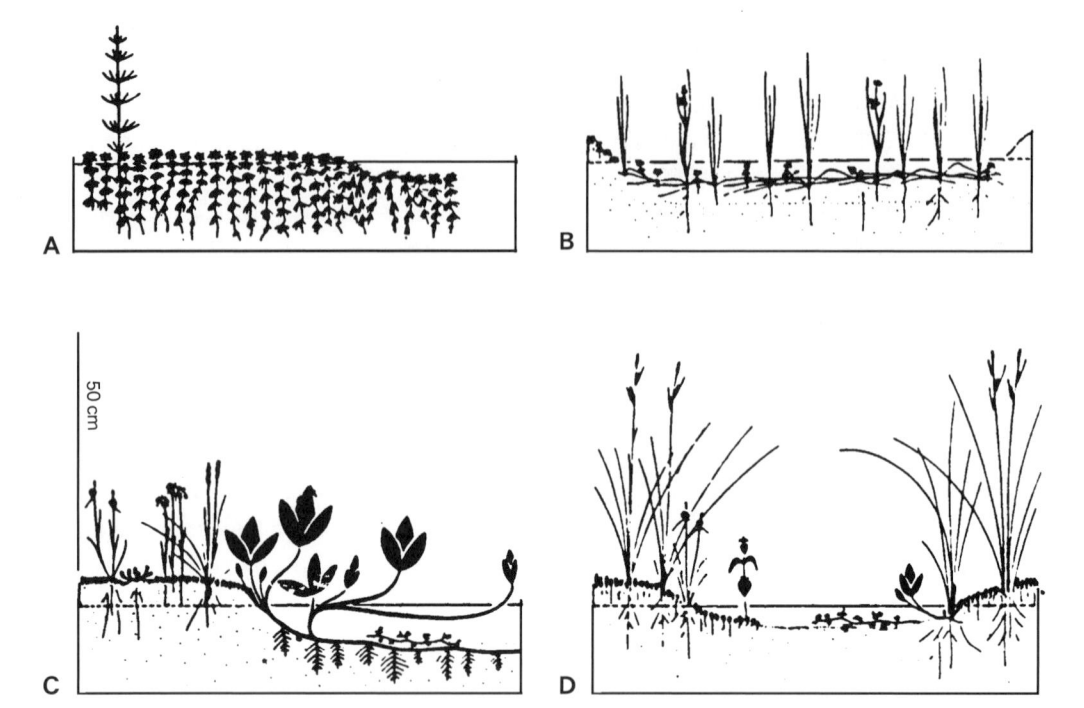

図2.2 ミズゴケ高層湿原におけるホソミモリトンボの幼虫の典型的な生息場所 (A, B)，および典型的でない生息場所 (C, D) の植生の断面図．A. ミズゴケ属 *Sphagnum* の浮漂マット；B. 中間泥炭地におけるミズゴケ属とホロムイソウ属 *Scheuzeria* を伴う水たまり；C. ミツガシワ属 *Menyanthes* を伴うクリイロスゲ *Carex diandra* 群集；D. スゲ属の *C. fusca* 群集．スイス．(Wildermuth 1986より)

た関係が生じることである．例えば岸辺の構造が変化に富んだ水域では，雄の分布が特定の場所に集中する現象が観察される．その実例として，スイスの亜高山帯の池 (Wildermuth 1996d)，タンザニアの小さな溜め池 (Corbet 1962a)，インド北西部の湖とそこに注ぐ細流 (Kumar 1978)，リベリアの原生雨林内の細流 (Lempert 1988) をあげることができる．また，同所的に分布する同属の種の間で，産卵場所の使い分けが見られることも明瞭に示されている（例：ドイツのある砂利採取跡の池におけるアカネ属 *Sympetrum* の 4 種 [König 1990]）．

図2.1は主に成熟成虫が生息場所をどのように利用しているかを示したものであるが，さまざまな発育ステージの幼虫や，水域を離れて採餌している前生殖期の成虫についても同様な図を作ることができる．これらの生息場所の特性には，**必要不可欠な条件**と，単に好みでしかないものとが含まれ，前者は生息場所選択のために成虫が利用する主要な**手がかり**，すなわち信号（ドイツ語の Merkmal）に反映される．この目的のために利用される手がかりを，2 通りに区別して考えると分かりやすい．**直接的**な手がかりは，その種が必要とする生息場所の特性である．

間接的な手がかりは，その生息場所がもつ望ましい特性に関連するが，その特性そのものではない．例えば，特定の植物群落の存在は，水面の面積や形，水際の構造，水深や水位の変動，水の流動，水の色と濁度，水温変動のパターン，底の色と性質，および水の化学的特性といった，水域の物理化学的特性に関連があるかもしれない (Wildermuth 1994a)．Wildermuth (1994a) は，高層湿原に生息する 2 種の不均翅亜目，ルリボシヤンマ *Aeshna juncea* とホソミモリトンボがよく利用する水域の特性を詳細に比較した．この研究は，上記のような方針に沿って徹底的に調査すれば，どのような種類のデータが得られるかを如実に示している．これまでの経験から，トンボは生息場所の特性に階層的に反応していることが示唆される (Wildermuth 1994a)．つまり，ビオトープ（例：樹林，湿地）から，幼虫の生息場所（池，渓流），産卵場所（生きている水草，朽ちかけた木材）に至る一連の空間スケールの違いに対応して反応しているようである．おおまかな手がかりは視覚的に感知され，より特異的になる最終的な手がかりは，触角 (Dumont 1971; Slifer & Sekhon 1972) や脚 (Williams 1980a; Miller & Miller 1988) にある受容器

表2.1 トンボによる植物の利用様式

植物から提供されるもの	それを利用する活動[a]
A. 1本または数本の植物	
1. とまり場あるいは基質	産卵[b]
	卵：発生[b]
	幼虫：つかまる，隠れる，採餌，場所防衛
	ファレート成虫：羽化の支持
	成虫：日光浴，交尾，採餌，ねぐら，なわばり行動
2. 目印	成虫：なわばりの境界
3. 防護	成虫：隠れる，悪天候の際の退避
4. 手がかり	成虫：生息場所選択
B. 植物群落；植物景観	
5. 防護	成虫：主に防風のための退避．採餌中と前生殖期
6. 手がかり	成虫：生息場所選択

出典：Buchwald 1992を改変．
[a] 一部の記載事項はパーチャーにだけ当てはまる．
[b] 植物内産卵および植物表面産卵性の種．

を通して，触覚的あるいは熱覚的な手段によって感知されるようである．この分野の研究の目的の1つは，ある種にとっての生態的必要条件と，その必要条件を満たしうる生息場所を認知するために，その種が用いる手がかりとの間の対応関係をはっきりさせることである．トンボの生活環のほとんどの局面において植生の役割が重要であるので（表2.1），生息場所選択のために利用される手がかりの中でも，水草が特段の働きをするように思われる．イギリスのカラカネトンボ *Cordulia aenea aenea* の例は，効果的な生息場所選択がいかに複雑であるかを示している．この種が好む生息場所は，永続的で広大な樹林の中にあり，長くて凹凸がある岸辺には樹木や抽水植物が散在し，水の底に落葉層が適度に堆積しており，浮葉植物を伴う開放水面をもつような場所である．このような特徴は，落葉層の間で腹ばいになって過ごし（§5.3.2.2.2），しかも日陰の場所を避けるという（Brooks et al. 1995a），このトンボの幼虫の基質に対する要求をある程度反映している．

生息場所選択についての研究の第一段階は，対象種の個体数が安定している複数の生息場所を調査し，そのうえで生態的必要条件と思われる共通の特徴を特定し，それらの特徴を認知するために使われる手がかりを示すことである．ただし，次のような場合は要注意である．クモマエゾトンボとホソミモリトンボは同所的に生息できる同属のトンボであるが，生息場所によってはいずれか1種だけが見つかることがある．これは，生息場所選択の違いのためではなく，両種の成虫どうしの攻撃的な相互作用の結果として生じていることがある．ちなみにこの場合，クモマエゾトンボが優位である（Wildermuth 1996e）．

2.1.3 調査

いろいろなタイプの生息場所にトンボがどのように分布するかについては，豊富な情報が蓄積されている（例：Schmidt 1977；Pilon 1980；Schorr 1990；Buchwald 1995）．このような情報は，研究者にとって不可欠なバックグラウンドになる．もっとも，生息場所は生態遷移や人間活動の影響によって変化するので，それに応じて過去の情報を更新する必要がある（§12.4.2.1）．繁殖個体群の現状と持続性を評価することに焦点を絞った個生態学的な研究にとって，特に役に立つ定量的な方法が2つある．それは一定の場所で羽化殻を収集することと，成虫の数あるいは出現期間を推定することである（例：Wildermuth 1991a）．このような情報は，Habitat-Bindung［生息場所の結び付き］というドイツ語が意味する関係，すなわち種にとって必要条件となるような生息場所の特徴を明らかにするための基礎資料となる．いくつかの例を表A.2.2に示した．このような研究にとって，狭環境性の種は，生態学的な選好性の幅が広い種よりも明らかに良い成果をもたらしてくれる．

トンボは個体発生のあらゆるステージで植物と密接に関連しているので（表2.1），成虫がどのような手がかりによって生息場所を探索しているかを調べる場合，植物に注目するのが妥当である．表2.2は，トンボの分布と植生がどう関連しているか（あるいは関連していないか）をリストアップしたものである．これらの関連性は，個々の植物の種よりも植物の集まり，すなわち植物群集の構造や景観（つまり，植物群落の「全体的な構成」）（例：表2.2のB-D）がビオトープや生息場所の認知のための手がかり（図2.3のステップ1および2）として働いているという仮説を支持している．また，水質とトンボの空間分布の間に相関が見られる場合，それは水質が植物群集の空間分布をかなりの程度決めているためであることが多い（Schlüpmann 1995参照）．

特定の種のトンボは特定の種の植物が生育する所にいつも出現するので（表A.2.3），De Marmels & Schiess，WildermuthおよびBuchwald（Wildermuth 1994a参照）が生息場所選択を分析的に研究するまでは，トンボの生息場所選択の手がかりとして植物が利用されているという見方が支配的であった．特定

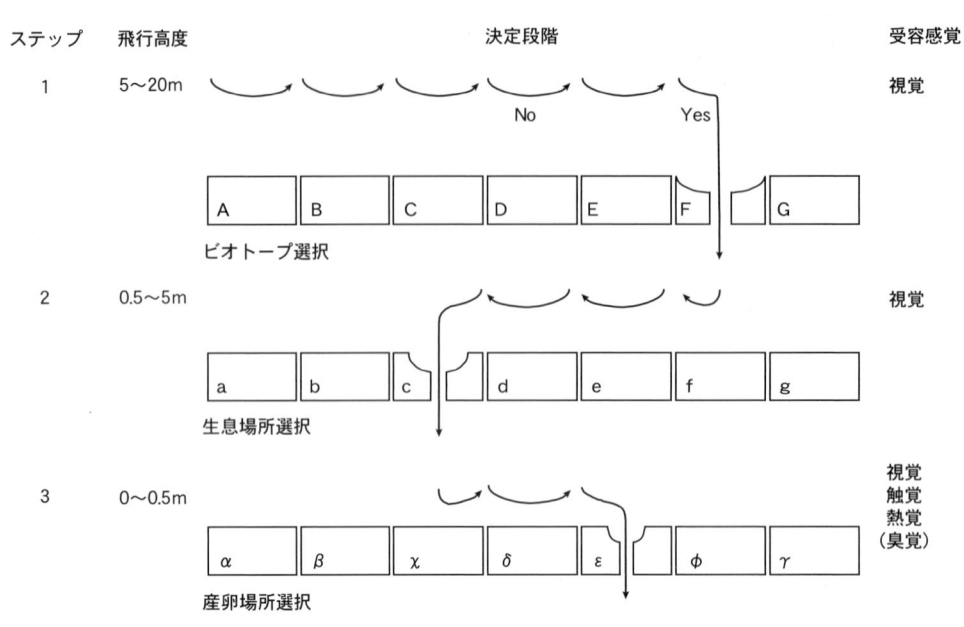

ステップ	飛行高度	決定段階	受容感覚
1	5〜20m	A B C D E F G ビオトープ選択	視覚
2	0.5〜5m	a b c d e f g 生息場所選択	視覚
3	0〜0.5m	α β χ δ ε φ γ 産卵場所選択	視覚 触覚 熱覚 (臭覚)

図2.3 生息場所選択の一連の段階を説明するフィルターモデル．ステップ1〜3で，それぞれビオトープ，生息場所，産卵場所の選択が起きる．次のステップに移行するかどうかは，各ステップでの二者択一的な決定に依存する．(Wildermuth 1994aを改変)

表2.2 ヨーロッパ中部の一部のトンボと植生の構成や構造との結び付き

結び付きのある植生タイプ	代表的なトンボと植物
A. 少数の植物種	*Aeshna viridis*：トチカガミ科の*Stratiotes aloides* (表A.2.3) *Coenagrion mercuriale* (タイプa)[a]：牧草地の細流と溝に生える6種の植物
B. 1種類または数種類の植物群落	ヨーロッパベニイトトンボ：2種類の群落 (表A.2.2) *Coenagrion mercuriale* (タイプb)[a]：1種類の群落．アルプス山麓丘陵地の石灰質の湧水湿原 カラカネイトトンボ：8種類の群落[b]
C. 1種類または数種類の植物のタイプ	イイジマルリボシヤンマ：コケ類の浮標マット *Brachytron pratense*：抽水性のヨシ類 *Erythromma viridulum*：沈水性の水草類
D. 外見が似ている数種類のタイプの植物集団か植物群集	アオイトトンボ：水面の多くを占めるイグサ類の茂み，密生したヨシ原など クレナイアカネ：ヨシ原，スゲが株状に密生する湿地，一様なトクサ属*Equisetum*の茂みなど
E. 結び付きが弱い．一部の植物タイプの忌避	マンシュウイトトンボ アカイトトンボ
F. 不明	タイリクオニヤンマ サナエトンボ科 ヒロバラトンボ

出典：Buchwald 1991を改変．
[a] ヨーロッパ中部では，*Coenagrion mercuriale*は2つのタイプの生息場所に棲む (Buchwald 1989)．
[b] De Marmels & Schiess 1977．

の種の植物が，時にリリーサーとして働く可能性はあるが，その場合でも，おそらく生息場所選択の最終段階，つまり産卵またはなわばり形成の段階で，それらの植物の位置や生え方，触感などがリリーサーになっているのであろう．ドイツのある湖でのヤンマ科3種のパトロール場所の分布は，岸周辺の幅広いヨシ帯 (大部分ヨシ属*Phragmites*) の配置をよく反映している．*Anaciaeschna isosceles*は放射状になった水路の中だけ，コウテイギンヤンマはほとんどいつも開放水面上，そしてギンヤンマ*Anax parthenope parthenope*はヨシ帯の内側の縁に沿った場所だけをパトロールする (Buchwald 1995)．同様に，スイスの亜高山帯のある池におけるルリボシヤンマ，クモマエゾトンボ，および*Somatochlora metallica*の集団では，その生息場所内の場所によって，これら3種が行うパトロールの頻度は著しく異なっており，

それぞれの種が好んでパトロールする場所は，それぞれの種が主に羽化する場所と一致していた (Wildermuth & Knapp 1996). 対照的に，偶発的に生じる一時的な生息場所や，新しく出現した生息場所に棲みつく先駆種が，植物のタイプをより好みしている様子はない．また，カラハリ砂漠のウスバキトンボのように，水草が生えていない場所のほうが普通に見られる種もいる (Weir 1974).

ヒスイルリボシヤンマ Aeshna cyanea は非常に多様な生息場所を利用しているように思われる．ヨーロッパでは，この種は小さな湖 (S. A. Corbet 1959) や庭園の池で発育を完了することが多いが，コンクリート製の堆肥槽 (面積 6×4m, 最大深 1m; Sternberg 1994b) からも多数の羽化が観察されている．また，マンシュウイトトンボやヒロバラトンボ Libellula depressa の羽化殻が，水がたまった轍（わだち）(幅 80～100cm, 最大深 7cm; Sternberg 1994b) のそばで見つかっていることからも，先駆種は幅広い生息場所を利用できることが分かる．さらに例をあげると，ジンバブエでヒメギンヤンマ Hemianax ephippiger が 20cm の深さの家畜の蹄跡（ひづめ）に多数産卵し (Miller 1983), 日本ではヤブヤンマ Polycanthagyna melanictera の幼虫が，縦横 30cm, 深さ 5cm のコンクリート水槽の中で見つかっている (井上 1991a).

ここで，狭環境性の種でさえも，人間の観察者にとっては異質に見える複数の生息場所を利用することがあることを強調しておきたい（図2.2）．例えば，普通，川や渓流に生息する種が，時に湖あるいは湧水池で見つかることがある (表A.2.4). この理由として，おそらく酸素供給量が重要であることが (§6.5), 表A.2.4の中の Cordulegaster maculatus や C. mzymtae, Gomphus pulchellus, Onychogomphus forcipatus, アフリカハナダカトンボ Platycypha caligata についての記載事項から明らかである．もっとも，表A.2.4のタイリクオニヤンマ属 Cordulegaster についての記載は，おそらく幼虫が近くの渓流や川にある産卵場所から水流によって運ばれた結果であろう．タイリクオニヤンマ属の幼虫が，流速が 0.01～0.05m/秒しかないビーバー池に普通に見つかるのも同じ理由だろう (McDowell & Naiman 1986). ヒスイルリボシヤンマは，ヨーロッパ中部以北では一般に小さな止水の生息場所に棲んでいるが，スペイン南部では小さな永続的な渓流で見つかる (Ferreras-Romero & Puchol-Caballero 1995). 浅い穴掘りタイプ (§5.3.2.2.4) を含むトンボ目の幼虫は，少数ではあるが，特に川の増水期 (Kennedy & Benfield 1979) や汚濁が生じた後に (表A.6.6) 流下物の中で見つかることが知られている (Cloud 1973; §10.2.4). ほかにも，説明は容易ではないが，水たまりの生息者である移住種のウスバキトンボが，ボツワナと旧ボプタツワナの川や渓流で生殖活動を示したという Mike Parr (1984a) の観察例がある．この種は，イースター島では大きなクレーター湖と小さな池で繁殖するが，Dumont & Verschuren (1991) はこれを，地理的に隔離された個体群に働いた淘汰の結果であると考えた (しかし Moore 1993 参照). もっと小さなスケールでは，表A.2.2の Cordulegaster bidentatus についての記載も，生息場所選択に多様性があることを示している．

地理的分布の広い種では，生息場所選択が地域個体群によって異なることは十分予測できる (例：ヨーロッパベニイトトンボ, Buchwald 1995a; Cercion lindenii, Bernard 1995). ハビロイトトンボ属 Mecistogaster の種は，パナマでは樹洞に産卵し，パイナップル科植物の中には産卵しないが，コスタリカではパイナップル科植物の中に産卵する．このことを観察した Fincke (1992a) は，（次善の生息場所である）パイナップル科植物の中に産卵する習性は，樹洞が干上がらない，季節性のない森林の中で選択されたという仮説をたてた．季節性のない樹洞にはハビロイトトンボ属が先に棲みつくことができず，ムラサキハビロイトトンボ属 Megaloprepus の幼虫からの捕食を避ける手段がほかになかったことが，パイナップル植物への産卵を促したという考え方である．しかし，成虫が耐乾休眠して産卵を延期することによっても，このような形の捕食は緩和できるかもしれない (§8.2.1.2.1).

2.1.4 手がかりとその感知

トンボがどのような手がかりを用いて生息場所を選択するかを考えるには，図2.3に示す順序に従って，一般（ビオトープ，生息場所）から特殊（産卵場所）へと進めることが適切である．状況証拠と実験的証拠のいずれも，（基本的に水の存在に関連する）視覚刺激がその行動系列の全体を通して用いられ，接触感覚的あるいは温度感覚的刺激が最終段階，つまり産卵基質の選択の段階で用いられるという見方を支持している．成虫が水域を離れている間の生息場所を含む，水域を取り囲むビオトープ（つまり後背地）の特徴を認知し選択するときの手がかりについては（もしあったとして），事実上，何も分かっていない．イギリスではカラカネトンボの幼虫生息場所は，ほかの地域でもそうかもしれないが，85％以上が樹林に近接している (Cham et al. 1995). 成虫が

生息場所選択のために最初に目標にするのは，水域に隣接する植物景観のパターンであるというSamways (1993) の推測に疑問の余地はない．成虫で夏眠や冬眠，耐乾休眠をする種 (§8.2.1.2) は，適切な退避場所 (Lempert 1995d参照) の近くを幼虫の生息場所として選択するだろうと考える人もあろうが，幼虫の生息場所からそのような退避場所まで，かなりの距離を移動する種も多い (例：オツネントンボ Sympecma annulata braueri, 表A.8.3; §10.2.3)．うまい具合に退避場所を探し当てた個体群では，繁殖場所への定着性あるいは回帰習性がこのことを可能にしているのだろう．

2.1.4.1 幼虫の生息場所

生息場所選択の手がかりが最もよく推測できる方法は，幼虫の存在を確認するか，極めて小さな水域を利用するトンボの生殖行動を観察するかである．後者では，特徴をとらえることやシミュレーションを行うことが比較的容易である．本来岩場の水たまり (写真C.6) に生息するBradinopyga属のトンボが，インド (Kumar 1973a) やケニアではコンクリート水槽を，ケニア (Pinhey 1961) やガーナ (Marshall & Gambles 1977)，リベリア (Lempert 1988) では水の入った大樽を，ミャンマー (Sebastian et al. 1980) では石油ドラム缶をしばしば利用する．岩場の水たまりに生息するLibellula (Belonia) herculeaは，水の入った空き缶に産卵しようとした (González-Soriano 1989)．シオカラトンボ属Orthetrumのトンボ (水たまり生息種と思われる) が，ナイジェリアでは水の入った大皿の中に産卵し (Gambles 1981)，バングラデシュではコンクリート水槽に産卵した (Chowdhury 1986)．また，同じく水たまり生息者であるベニヒメトンボDiplacodes bipunctataとウスバキトンボは，タヒチで廃タイヤやドラム缶の中に産卵した (Rivière 1984)．普段は樹洞や樹木のくぼみに産卵するパナマのムラサキハビロイトトンボは，黒いプラスチックのシートを底に敷いた鍋やボールにも産卵した (Fincke 1992a)．これらの人工的な容器を利用する種は，一般に水草がない生息場所に棲んでいるので，場所選択の際に植物の有無は制約にならないと明言できるだろう．小さな池や一時的な水たまりで繁殖する植物内産卵性のヤンマ科の種でさえ，水草のない水たまりでも十分産卵できる (例：コンクリート水槽でヒスイルリボシヤンマ，Sternberg 1994b; オーストラリア北部の洞穴内の岩場の水たまりでGynacantha nourlangie, Thompson 1989a)．Aeshna sitchensis (Larson & House 1990) のような，好んで小さな水域に生息する種は，水の存在だけでなくその面積も手がかりとして利用しているに違いない．

池が時々あるいは規則的に干上がる地域では，トンボは，一時的な水域と永続的な水域とを区別するとともに，乾いていてもすぐに池になるくぼ地を識別する必要がある．このような状況において，トンボがどのような刺激に導かれるのかについては，ほとんど分かっていない．Sid Dunkle (1976) は，トンボが一時的な池を永続的な池と見分ける際に，水際に丈の高い植生がないこと，断片的に散らばって存在する水面が反射すること，そして水が褐色であることの3つの特徴を利用しているという仮説を提唱している．多くの永続的な生息場所から類推すると，植物群落は一時的な池を認知するための信頼できる手がかりになっていると思われる．一部の耐乾休眠をする種では，季節的な降雨の到来によって乾いたくぼ地が池になる数日前に，そういう場所を探し当てて産卵する能力をもっていることが知られている (例：Leptobasis vacillans, §2.2.3)．このような能力は，回帰習性をはじめいくつかの行動上の説明が可能だとしても，神秘的であることに変わりがない．パナマでは乾季 (5月中旬まで続く) の最盛期である3月下旬に，高さ約1mの陸生のイネ科植物が生える小さなくぼ地 (水は全くないが，いずれ水たまりになる) で，タンデムのペアを含むGynacantha tibiataが湿った泥や朽木に産卵しているのが目撃されている (M. L. May 1994)．またウガンダでは，G. africanaがくぼ地の乾いた底に強引に卵を産み込んでいるのが観察されたが，このくぼ地には2週間後に水がたまり，小さなヤンマ科の幼虫が見つかっている (Miller 1995a)．またベネズエラにおいてJürg De Marmels (1992a) は，G. auricularisが乾いたくぼ地の中の小さな低木の根の中に卵を産み付けたが，近くの水たまりには全く産まなかったようだと記録している．

Calopteryx dimidiataは雌雄とも完全に水没した産卵基質を(水面の上方から)感知できる (Waage 1981)．しかし，捕食者と共通の水域で幼虫期を過ごすトンボの成虫でも，捕食者のいる水域といない水域を通常は区別できないらしい．例えば，ルリイトトンボ属Enallagmaのトンボは，魚のいない湖に棲む種と魚のいる湖に棲む種に分かれるが，この分離は魚の存在を感知する能力の結果ではないようである (§5.3.1.4)．また，ムラサキハビロイトトンボでは，種内捕食が雌の子世代の生存率に強い影響を与えるにもかかわらず (Fincke 1994a)，成虫は同種の幼虫が

いる樹洞といない樹洞とを区別できない(Fincke 1992b).しかし,いくつかの種のトンボが,魚が棲んでいる池の上をほんの2, 3回横切った後(下降せずに)飛び去る行動から,Jochen Lempert (1995d)は,一部の種では水中の魚を感知できる可能性を考えている.

生息場所選択は主に視覚によるものであるという仮説は広く支持されているが,それがすべてではないことは,次のような観察から明らかである.それは,タイリクオニヤンマ属のトンボが乾いた川床の上空をパトロールしていたという記録や(Whitehouse 1941; Schmidt 1980a),タイリクオニヤンマ *Cordulegaster boltonii* が,舗道の下の完全に閉鎖された流路に沿って正確に飛ぶというLong (1991)の注目すべき観察である.これとよく似た例であるが,ハネビロトンボ属 *Tramea* の雄は,水面から50cmくらいの高さの所を厚地の日除け布で覆い,視覚や接触的な手がかりによっては水が存在することを分からなくしても,池の上空にとどまることができ,雌がそこに産卵するのを助けた(Rowe 1989a).

2.1.4.2 産卵場所

産卵場所がなわばり活動の中心となっている多くの種では,雌雄とも,産卵場所に基づいた生息場所選択を行う.水に対する視覚的な反応はこの段階においても持続し,時々触覚による反応によって補強される.

植物内産卵および植物表面産卵の種では,植物がリリーサーになっていると予想されるが,それはおそらく植物の外見や形態そして(時には)触感を介してであろう.植物とトンボの結び付きは,1種かごく少数の種の植物に産卵する極めて狭環境的な種(これに当てはまると思われる例は *Roppaneura beckeri* とその産卵植物であるエリンギウム属の1種[*Eryngium floribundum*]の組み合わせ)から,はっきりした選好性を示すものの産卵する植物は多種多様である広環境性の種(例:ヒロアシトンボ *Platycnemis pennipes*, Martens 1996)までの連続的な変異がある.

Jonathan Waage は,アメリカアオハダトンボ *Calopteryx maculata* の産卵速度を調べるために人工的な産卵場所を設けたが,それはそのような手法の大きな可能性を示すものである.Waage (1978)は渓流の底に打ち込んだ棒杭に,4つの属の生の水草を切って取り付けた.その際,卵を産み付けられていない植物を用いるために,アメリカアオハダトンボが潜ることができる深さよりもさらに深い所から植物を採取した.アメリカアオハダトンボは,より大きな植生のパッチを最初に選択するが,そこに産み付けられた卵の数はパッチの大きさを反映しないことが多かったのである.このことから,最終的な場所利用は,総合的な選択基準によって,すなわちパッチの大きさや他の雌の存在,妨害,そしてパッチの位置といった要因の相互作用によって決定されていることが示唆された(Waage 1987).

ヒロアシトンボは少なくとも25種の植物に産卵する.にもかかわらず,雌がコウホネ属の1種(*Nuphar lutea*)の花茎に産卵するときには,茎の新しさや色,大きさ,垂直さの度合い,浮葉との距離を反映したきめ細かな選好序列がある(Martens 1996).

産卵場所として用いられる浮葉植物は,葉から反射する光の波長組成や葉の縁の形(ヨーロッパアカイトトンボ *Erythromma najas*, Mokrushov & Frantsevich 1976),またはそれらの鋸歯状突起が反射するキラキラした光(アカイトトンボ *Pyrrhosoma nymphula*, Martens 1993)によって感知される.沈水植物はおそらく水面を通して見える色で感知される(*Caolopteryx dimidiata*, Waage 1981).

Wildermuth (1993c)は,トンボの場所選択には偏光への反応が含まれていると信じている.雌のトンボが石油の池へ誘引されることがあるが(例:アメリカギンヤンマ *Anax junius*, Kennedy 1917;ヤンマ科の種,おそらくヒメギンヤンマ, Horváth & Zeil 1996),これはその表面からの反射光の水平偏光への反応を示していると考えられる(Schwind 1991).この反射特性は水にも共通であり,水生昆虫は偏光を手がかりとして水を感知することができる.一部の水生の鞘翅目や異翅亜目において,反射偏光受容器の感度は,視覚スペクトル上の複数の異なる部分にピークがあり,それぞれのピークは,異なる種類の生息場所に特徴的な水面の反射光のパターンと関係づけることができる(Schwind 1995).このように,あるトンボがある生息場所に誘引される(または避ける)過程には物理的な根拠が存在し,それは水域の水面あるいは水面下の光の反射様式に基づいている.Schwindの発見は,実際にありそうな次のような可能性を導く.すなわち,一部の種は,単純に彼らの反射偏光受容器の感度が最大になる場所を種特有の生息場所として(例:底が非常に明るい浅い水たまり)選択しているという可能性である.これはもちろん,他の視覚受容器(色覚など)が生息場所選択に貢献しないということではない.

水域との関係では適切に定位しているとしても,生息場所選択の手がかりを備えているとは到底考えられない基質に産卵する,変則的な行動も観察されて

いる．例えば，ヒスイルリボシヤンマはPaul Robertの露出した腕と脚に（Robert 1958），*Basiaeschna janata*は川の中に立っていたNick Donnellyの露出した腿に（Donnelly 1980）産卵を試みた．また，ヒスイルリボシヤンマは，Roderick Dunnが着ていた褐色のウールのジャンパーに産卵動作を行い，その中に卵を1個産み付けた（Dunn 1985）．Hal White（1985）とSally Corbet（1991b）は，それぞれ裸の子牛（*Boyeria vinosa*）やゴム長靴（ヒスイルリボシヤンマ）についての類似の観察経験を私に語ってくれた．*B. vinosa*の雌は，川岸に立っていたRobert Glotzhoberの腕に実際に切り傷を作った（Glotzhober 1991）．別の雌は，渓流でタイヤチューブを浮輪にして浮いていた人の裸の腕にとまって彼女を「刺し」，不快感，発赤と軽い腫れを引き起こした（Glotzhober 1991: 14のC. Cook）．ヒスイルリボシヤンマは，立っている人の踝に産卵しようとした（Wildermuth & Krebs 1996）．ハネビロエゾトンボ*Somatochlora clavata*は家の中に入り，木の床と乾いた畳の上で産卵動作をした（熊沢 1980）．また，雌のタイリクオニヤンマは川に面した家に入り，繰り返し腹部を突き立ててカーペットに触れる動作をした（Paine 1992a: 15のJ. D. Holmes）．植物表面産卵をするトンボ科の*Tetrathemis godiardi*は，水面の上に出ている細長い枯れた茎に卵塊を付着させることが多いが，時にはクモの網の垂直な糸に卵を付着させることさえある（Lempert 1988）．これらに比べれば，エリー湖で繋留ロープの中に産卵した*Argia moesta*の記録（Bick & Bick 1972）も，たいして驚くことではない．これらの例は，生息場所選択の最終段階で場当たり的な行動が起きることを示している．

均翅亜目の一部，および植物外産卵をする不均翅亜目の一部の種では，産卵中の雌にほかの雌が誘引されてその近くで産卵する（§2.2.6）．このような集団産卵は，雄による干渉や捕食による雌の死亡率を減少させるかもしれない．

雄による求愛行動（§11.4.6）や交尾後の雄が雌を産卵場所へ誘導する行動も，一部の種の雌にとって産卵場所を選択するときの補助的な手がかりとなることがある．

植物外産卵をする種の水に対する視覚的反応，すなわち反射面の感知（下記参照）は，おそらく普遍的であろう．そのようなトンボは，濡れた道路（オナガサナエ*Onychogomphus viridicostus*，加納・喜多 1992；ヒメクロサナエ*Lanthus fujiacus*，横井 1996）や自動車（ウスバキトンボおよびハネビロトンボ属，Watson 1992b），そして農家が地面に敷いたビニールシート（シオカラトンボ*Orthetrum albistylum speciosum*とウスバキトンボ，宮川 1979a；アキアカネ*Sympetrum frequens*, Miyakawa 1994）といった人工物の上で，産卵の試行などの生殖行動を示す．遅くまで出現するタイリクアカネは氷の上に産卵することがある（Bischof 1992）．あるタイリクアカネの成虫は，水平なガラスに対してだけであるが，窓ガラスの表面に繰り返し腹部を打ちつけた（Paine 1992a: 15のJ. M. Breeds）．

植物外産卵性で，比較的限られた場所を利用している種は，彼らが好む特殊な生息場所の構造的特徴を見分けているかもしれない．例えば*Leucorrhinia pectoralis*は，垂直でも水平でもかまわないが，植生によって泥炭地の止水が部分的に覆われた場所に生息する．これらの植生構造を取り去ると成虫はいなくなったが，その植生の代わりにダミーを浮かべると戻ってきた（Wildermuth 1992b）．ホソミモリトンボは高層湿原の池塘に生息するが（写真D.2；表A.2.2），その植物景観は，明るい日光のもとで，水面から突き出た浮遊植物（多くの場合ミズゴケ属*Sphagnum*）がキラキラと反射しているという特徴がある（Wildermuth 1986, 1987a）．黒いプラスチックシートや他のよく反射する素材（車のフロントガラスの破片など）を用いた選択実験を行うと，雌では検査飛行や産卵動作が，雄ではパトロール行動や場所防衛が誘起され，ほかにも場所の触感を調べていると思われる動作が両性に共通して誘起された．しかし，これらの実験や他に行った実験では，キラキラする反射だけがホソミモリトンボ（Wildermuth & Spinner 1991）やルリボシヤンマ（Wildermuth 1993a）を誘引するという仮説は支持されなかった．しかし，その後のクモマエゾトンボを用いた実験で，完全に滑らかな反射面はトンボを非常によく誘引することが示され，誘引は水平方向の電界ベクトルをもつように偏光した反射光に起因することが実証された（Wildermuth 1998b）．さらに，ルリボシヤンマとアカイトトンボでは，300〜700 μmの波長を反射している2つの反射面，すなわち（水平偏光を反射する）透明アクリル樹脂と（水平偏光を反射しない）アルミ箔に対する反応の間に有意な差があることが示された（図2.4）．それゆえ，生息場所選択の際に水面は偏光器として作用し，トンボの複眼は偏光検出装置として働いているとWildermuthは考えている．

滝の近くに生息する*Thaumatoneura*属（Calvert 1914）やタニガワトンボ属*Zygonyx*（例：Asahina 1980a）のトンボもまた水面を識別する反応を示す．Wildermuth（1992a）がブラジルで研究した，新熱帯

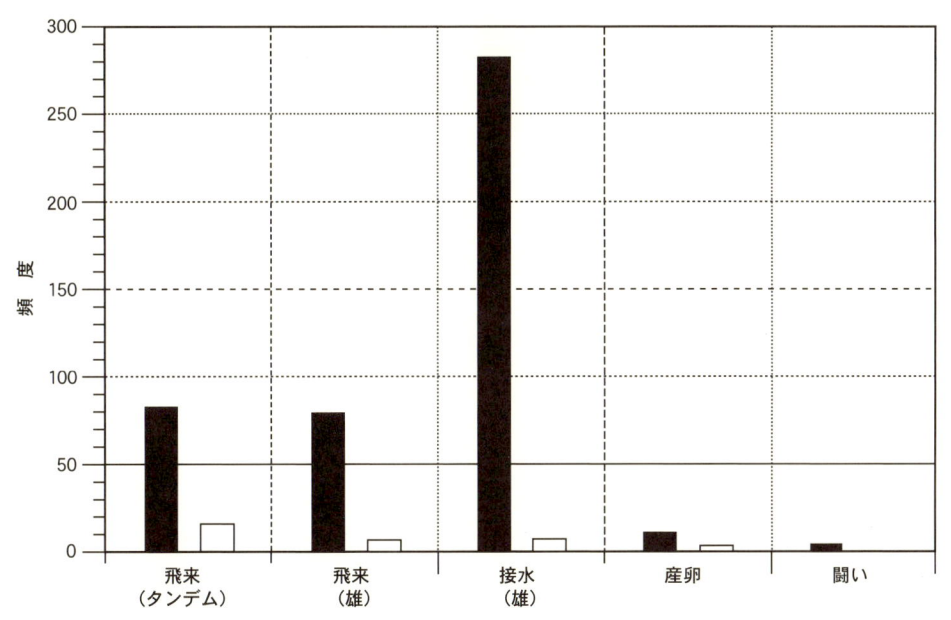

図 2.4 300〜700 μm の波長の光を反射する2種類の物体表面の，アカイトトンボ成熟成虫に対する誘引効果．黒棒は水平方向の偏光を（水のように）反射する透明アクリル樹脂（商品名，パースペクス），白棒は偏光を反射しないアルミ箔．(Wildermuth 1996 より)

区のムツボシトンボ亜科の小さなトンボ *Perithemis mooma* は，産卵基質を認知する際に，視覚刺激に加えて接触刺激も手がかりとして利用した．コハクバネトンボ属 *Perithemis* の他の種 (Jacobs 1955 参照) と同じように，*P. mooma* は水面から突き出た丸太や棒，ヒルムシロ属 *Potamogeton* のパッチのようなキラキラ光る表面に卵を産むことが多い．産卵場所を探している *P. mooma* の雄と雌は，実験に用いた産卵基質が水に囲まれて水上に突き出し，(人間の観察者から見て) 表面が滑らかに見える場合にだけ反応した (Wildermuth 1993a)．産卵場所を探索中の *P. mooma* の雄は，視覚的な基準を満たす産卵基質を見つけると，その場所のすぐ上の空中で短い下降を繰り返し，その産卵基質に後脚の跗節で0.01〜0.02秒間触れる (写真 G.6 参照)．このような早わざ (雌も行う) を行う際，彼は明らかに触覚的な手がかりに反応しており，*P. mooma* が産卵場所として受け入れる産卵基質はゼラチン状でなければならず，硬くて乾いた表面は受け入れない．化学的刺激がこの検査の手がかりとして用いられるという証拠はない．*P. mooma* によるこの行動は，ハマダラカ属 *Anopheles* やナミカ属 *Culex* が産卵前に示す「水面跳ね回り」に似ている (Kennedy 1942)．

Klaus Sternberg (1990) は，高層湿原の小さな池塘で，表層水のいくつかの区画を遮蔽して暖めることによって，カオジロトンボの雌が周りよりも水温の高い所を選んで産卵することを明らかにした．彼は，トンボが腹部の先端ではなく触角によって水温を感知することを示唆している．多くの種に見られる水面接触行動はこのことに関係する．水面接触行動とは，トンボが低く飛び，さらに下降して腹部先端，あるいは体のほかの部位を，一瞬水面に接触させることであり，その後，上昇して遠くへ飛び去り，しばしば樹木の先端近くにとまる (Corbet 1962a; Hutchinson 1976; Winstanley 1979a)．この行動の機能を暫定的に分類すると，おそらく腹部の清掃 (Ubukata 1975) や腹部の冷却，摂水 (§8.4.1.1) などが含まれるだろう．これと対照的に，エゾイトトンボ属 *Coenagrion*，ルリイトトンボ属，アカイトトンボ属 *Pyrrhosoma* (Van Noordwijk 1980) は，おそらく産卵基質を検査するために水面接触を行う．ムラサキハビロイトトンボの雄は，樹洞になわばりを確立する前に，その中の水に接触することがある (Fincke 1992a)．カワトンボ科の一部の種の雄は，断続的に流れに浮くという求愛行動を示すが，これは水面接触行動の洗練されたものであり，そうすることで産卵場所選択の手がかりとなる流速を雌に示している (§11.4.6.1)．

§2.1 で紹介した観察，特に Wildermuth と Buchwald の研究は，以下の結論を支持している．おそらく狭環境性の種では普通だと思われるが，トンボによる生息場所選択には，ビオトープ，生息場所，そして最終的には産卵基質という異なった空間スケー

表2.3 ヨーロッパベニイトトンボの生息場所選択における仮説的な4つの段階

段階	選択の対象	対象の内容	推定される手がかり[a]
1	ビオトープ[b]	近くの流路を含む景観	開けた景観
2	生息場所[c]	石灰質の湧水湿原	植生のモザイク（表2.2参照）
3	繁殖場所（幼虫生息場所を含む）	くぼ地，稀に細流や溝	(1) 沈水植物と底の色，(2) 植物の被覆の広さ，(3) 流速
4	産卵場所	産卵基質	水底の色，抽水植物と浮葉植物の種類（コケ，顕花植物），水深など

出典：Buchwald 1994aを改変．
注：ドイツ南西部に見られる石灰質の湧水湿原に生息する個体群の例である．
[a] すべての段階で水面の反射が手がかりになると思われる．
[b] 水域だけでなく成虫が利用可能な周辺の地域を含む．
[c] 基本的には幼虫の生息場所．

ルの認知に対応した反応の階層性が見られることがよくあり，関与する感覚器も最初は視覚器，後では触覚器または熱受容器が使われる．この仮説はトンボ目全般については図2.3で，また狭環境性のイトトンボ科の種については表2.3で説明している．

2.1.5 究極要因と至近刺激

種の生態的必要条件と生息場所選択に用いる手がかりとの間の関係（いわゆる**究極要因**と**至近刺激**の間の関係）を端的に示すことは難しい．それでも，進展が期待できる方向性を例示することはできる．表2.4は*Cordulegaster bidentatus*について両者の関係を暫定的にまとめたものである．特定の手がかりを用いることで，どのような適応上の結果をもたらす可能性があるかについては，他のいくつかの種でも明らかにされている（例：クモマエゾトンボ，Ellwanger 1996）．急流，とりわけ滝（写真C.4）は，撹拌の激しい流れであることを視覚的にはっきり示す手がかりであるが（Martens 1991a），*Zygonyx natalensis*の幼虫は，そのような流れに対して形態的にも行動的にも極めてよく適応している．オアカカワトンボ*Calopteryx haemorrhoidalis*や*C. xanthostoma*の求愛中の雄は着水して短時間水面にとどまるが，それによって流速を雌に示していると思われる（§11.4.6.1）．これら2種では，雄の交尾成功度と雌の産卵活動［延べ産卵時間］は，0.6m/秒以下で流速と正の相関を示す（Gibbons & Pain 1992）．そして，流れが速いほど胚発生が速く進み，生存率も高くなる．これは流れが速いほど産卵基質となる茎の表面に生える藻の生育が減少し，結果的に胚に対する酸素供給量の減少を防ぐことができるためである（Siva-Jothy et al. 1995）．また，*Leucorrhinia rubicunda*は浮いているミズゴケ属上に卵を産むが，そこは温度が高いため胚発生が加速されるし，幼虫はそこから茎を伝わって，生存のための最適条件に近い，より低温の場所（水面下15cmで15〜20℃）へ速やかに移ることができる．ミズゴケ属が存在しない場合は，温度が低く，酸素濃度も低いと思われる水底に卵が沈んでしまうので，孵化が妨げられるだろう（Soeffing 1986）．さらに，ミズゴケ属は，放線菌のマイコバクテリアの成長にとって知られている限り最高の条件を提供するが，この菌を食う枝角目が栄養段階の間に挿入されることで，*L. rubicunda*の幼虫の成長が著しく高まる（Soeffing 1988）．セボシカオジロトンボ*L. intacta*の雌は，水生植物（例：シャジクモ属*Chara*）の上の水深の浅い場所に好んで産卵する．そこは温度が高いため卵の孵化率が高い場所であり，おそらくカエルによる雌の捕食が軽減される環境でもある（Wolf & Waltz 1988）．

酸性の水域では魚による捕食が見られないというよく知られた関係（Henrikson 1988）も，高層湿原に生息するトンボが産卵の際の手がかりとして好酸性植物を利用することで，どのように生存率を高めうるかを示す好例となる（§5.3.1.4；Cannings & Cannings 1994参照）．最近，ヤブカ属の1種（*Aedes taeniorhynchus*）が，食虫性の魚の密度が高い場所に産卵することを避けることが発見されたが（Ritchie & Laidlaw-Bell 1994），そのことによって一部の産卵中のトンボも，魚がいる水域とそうでない水域とを区別できる可能性が再び浮上した．ただし，これまで得られた証拠は否定的である（§5.3.1.4参照）．高層湿原に生息する別のトンボ科の種であるムツアカネ*Sympetrum danae*は，ミズゴケ属への著しい選好性を示す．ミズゴケ属は，（上で列挙した利益に加えて）卵が乾いてしまうのを防ぎ，孵化した幼虫が発育を開始する翌春には水に沈んでいる可能性が高い（Michiels & Dhondt 1990）．ミズゴケ属はまた，カオジロトンボ属*Leucorrhinia*のような腹ばいタイプの幼虫に，とまり場と隠れ場所を提供する．

ベネズエラで*Brechmorhoga*属の同所性の2種が示す生息場所選好性は（表A.2.2），幼虫が特定の範囲

表2.4 生息場所選択にかかわる至近刺激と究極要因の仮説的関係.ドイツ南西部におけるCordulegaster bidentatusの成虫の場合

至近刺激	究極要因	発育ステージ[a]
湧水に近いこと	結氷しないこと	幼虫
水が常時流れていること	最小レベルの溶存酸素の確保	卵,幼虫
水深がわずかであること	堆積物の中に卵を挿入できること	卵
	卵の流下を防止できること	
流れが遅いこと	穴掘りが可能な細かい基質の存在	幼虫
水による侵食が弱いこと		
林内に落葉樹が多少は含まれること	豊富な餌動物を提供する種多様性の高い生物群集	幼虫,成虫

出典:Buchwald 1988を改変.
注:58箇所での5年間の調査から推測された関係.
[a] 究極要因によって最も影響を受けるステージ.

の粒子サイズの底質を好むことに対応しているようである.

2.2 産 卵

2.2.1 産卵モード

生息場所選択の最終段階である産卵には多様なモードが見られる(例えば表A.2.5参照).産卵は,基本的に形態学と系統分類学的観点(Asahina 1954; Heymer 1967a; Paulson 1969; Pfau 1985; Miller 1989a),および機能的観点から(枝 1960a, 1975; Schmidt 1975a)分類できる.表A.2.5に示した分類は機能的および行動的基準を用いたものであり,主に枝重夫(1960a, 1975)が提唱した分類を基礎にしている.この分類は,産卵雌がとまっているか飛んでいるか,雌の腹部が基質に触れるかどうか,そして何を産卵基質としているかに注目したものである.この表には,産卵モードを記述するために用いる略号の体系も示しておいた.例えば,SC1は,雌が植物の**中**に卵を産み付ける間**とまっており**,かつ基質に**接している**ことを示す.

表A.2.5から分かることは,これまで広く用いられてきた**植物内産卵**(例:写真E.1-E.3, E.5, E.6)と**植物外産卵**(例:写真E.4, F.4-F.6; Storch 1924)の区別では,必要な情報が十分伝わらないということである.これを解決するために,Mathavan & Pandian(1977; González-Soriano 1987も参照)による提案を採用し,卵を植物の**外側に付着**させる(モードSC2およびモードFC2におけるように;写真F.1, F.2)ことを表す第3のカテゴリー,**植物表面産卵**を設ける.植物内産卵は,少なくとも2,500万年にわたって現生の一部の属の特徴の1つであった(Hellmund & Hellmund 1993).

さまざまな分類群において圧倒的に多く見られるモードは,切開機能がある産卵管をもつタイプ(典型例は植物内産卵のSC1で,おそらく他より原始的)と切開機能をもたないタイプにおおまかに二分できる(Tillyard 1917a).しかし,*Mecistogaster martinezi*(FN3)のような明らかな例外もある.この種の産卵管は典型的な切開機能をもっているにもかかわらず,穴の中に卵を放出するツリアブ科(Bohart et al. 1960)を彷彿とさせる方法で,一定の目標物に向きを固定してホバリングしながら,水面めがけて卵を放出する(Wehner 1981).また,ヒメギンヤンマも稀に物にとまった状態で水に浸した腹部から水中に卵を産み落としたり,あるいはタンデムで飛びながら腹端から卵を洗い落とすような行動さえ見せる(Muñoz-Pozo & Tamajón-Gómez 1993).シコクトゲオトンボ*Rhipidolestes hiraoi*の老熟した雌が,時に産卵管であけた産卵孔の中に卵を産み込まないで,腹部の先端から卵塊を落下させることがあるが,この属の中ではこのような行動は例外的である(朝比奈 1994a).同じ行動は,水面上にとまっているキイトトンボ*Ceriagrion melanurum*でも時折目撃されている(枝 1995a).

オニヤンマ科,エゾトンボ属*Somatochlora*, *Uracis*属,一部のアカネ属などの分類群,それから*Gomphomacromia*属やオセアニアモリトンボ亜科(May 1995a)の多くの種は,切開機能のある産卵管こそもたないが,卵を基質中に押し込むのに用いる分厚い亜生殖板(陰門弁や陰門板,陰門鱗弁とも呼ばれている;Miller 1989参照)を備えている.オニヤンマ科の雌はホバリングしながら,著しく伸張し非常に硬化した第1産卵弁片(Tillyard 1917aの穿孔器;用語の同義性についてはAsahina 1954参照)を,渓流の浅瀬の底質中に突き刺す(Pfau 1985).その際,限界

に達するまで突き刺し，振動させては停止するという動作を繰り返す(Sugimura 1980；写真E.4)．タイリクオニヤンマでは，1回の産卵バウトで200回の突き刺しが繰り返されることもある(P. S. Corbet 未発表の観察)．トンボ科の*Uracis ovipositrix*は大きく広がった亜生殖板(腹部の先端から最大3mm突出；Tillyard 1917)をもつが，これもおそらく同じような使われ方をする(Miller 1989参照)．エゾトンボ属の一部の種は，肥大して後方に突き出した亜生殖板を備えており，水域の外側の泥や落葉層の中に卵を産むために用いる(Storch 1924；およびFox 1991参照)．*Navicordulia*属の種にも類似の構造(Machado & Costa 1995；May 1995a)があり，同じ機能をもつのだろう．アカネ属の中の雨どいのような形をした亜生殖板をもつ種(FC4；Miller 1989aのクラスIII)は，くぼ地にできる一時的な池の外側の泥中に産卵するためにそれを用いる．タカネトンボ*Somatochlora uchidai*の雌は(枝1994a)，亜生殖板の中に水をすくい上げ，水面から2m離れた乾いたミズゴケの上に卵をばらまく(写真F.5参照)．

トンボ科の一部の属には，第8腹節背板に，腹側に突き出した左右対称の葉状構造がある．雌はそれを使って水を1滴すくい上げ，通常の水位よりも少し上方の岸に向かって，あるいは岸の上に，いくつかの卵を含んだ水滴を振り飛ばす(FC7；Miller 1989a；写真F.6)．トンボ科の雌の亜生殖板についての総説を書いたPeter Miller(1989a)は，伸張した亜生殖板はおそらく数回独立に進化したものであり，特殊化した産卵モードへの適応であろうと推論している．アフリカヒメキトンボ*Brachythemis lacustris*とオビヒメキトンボ*B. leucosticta*はともに植物表面産卵をするが，その際，幅広く平坦な第9腹板を箆のように使って卵を植物に付着させるらしい(Miller 1982a)．同じ植物表面産卵をする*Tholymis citrina*とアメイロトンボ*T. tillarga*の2種では，亜生殖板は長い剛毛で縁取られた，くぼんだ構造「卵バスケット」になっている．このバスケット内に8〜10個の卵が並んで詰め込まれており，これらの卵は1回の産卵動作の間に植物の葉にしっかりと押し付けられる(§2.2.2参照)．タイリクアカネの雌は，いくらか伸張した亜生殖板(Miller 1989aのクラスII)をもち，打水するたびにその亜生殖板の先端にできる水滴の中に卵をためる．卵を含む水滴は雌が再び水に接触したときにだけ離れる(Ottolenghi 1987)．

アオイトトンボ科のオツネントンボ*Sympecma annulata*(この種は植物内産卵をする)の産卵管のいろいろな部位には，それぞれ独立した神経経路で終神経節につながっている感覚毛が生えている．この感覚毛の配列によって，産卵の間，産卵管の異なる部位の動きが統合されているのだろう(Gorb 1994a)．同じ種のトンボであっても，いろいろな種類の植物に産卵する場合，卵はその内部構造に応じて産み付けられる位置が変わるかもしれない(例：*Phaon*属，Miller & Miller 1988)．

産卵中の雌の行動レパートリーの中には，同種の雄や捕食者からの妨害に対する反応が含まれるに違いない．そのことは以下に示すコウテイギンヤンマの産卵飛行を特徴づけている姿勢や動作のリスト(Jödicke 1995a)からうかがえる．

- 腹部をわずかに持ち上げる．
- 水面上0.5〜1.5mでの長時間のホバリングを行う．これは適した産卵基質を探しているのだと思われる．
- 基質にとまる前の上下飛行．おそらく，その場所に捕食者がいないかどうかを調べていると考えられる．
- 高い所を素早く飛んで行う，産卵場所の頻繁な変更．
- 断続的に行う気まぐれで揺れ動くような飛行．カエルの存在を調べているのかもしれない．
- 時々行う採餌(§9.2.1.1)．
- 雄に対する拒否行動．下方への腹部湾曲や落下しながらの螺旋飛行など(§11.4.5)．

1つの産卵場所への1回の飛来(**産卵エピソード**)は，休止によって区切られたいくつかの**産卵バウト**を含むことがある(Tsubaki et al. 1994)．

2.2.2 産卵モードの変異

どのような局面でも見られるトンボの行動の顕著な特徴は，その幅広い種内変異と，しばしば見られる融通性であり，産卵もその例外ではない．このような変異があることで，自然のままで実験の設定ができ上がっている状況が生まれる．そのような実験から，雌が示すさまざまなオプションに影響を及ぼす生態的要因を推測し，その適応的意義を考察することができるだろう．ここでは，属や高次分類群の間の変異だけでなく種内変異にも焦点を当てることにする．

Dennis Paulson(1969)は新熱帯区の*Micrathyria*属を例として，産卵モードに見られる属内および種内の幅広い変異に注目した．George Bick(1972)は新

2.2 産卵

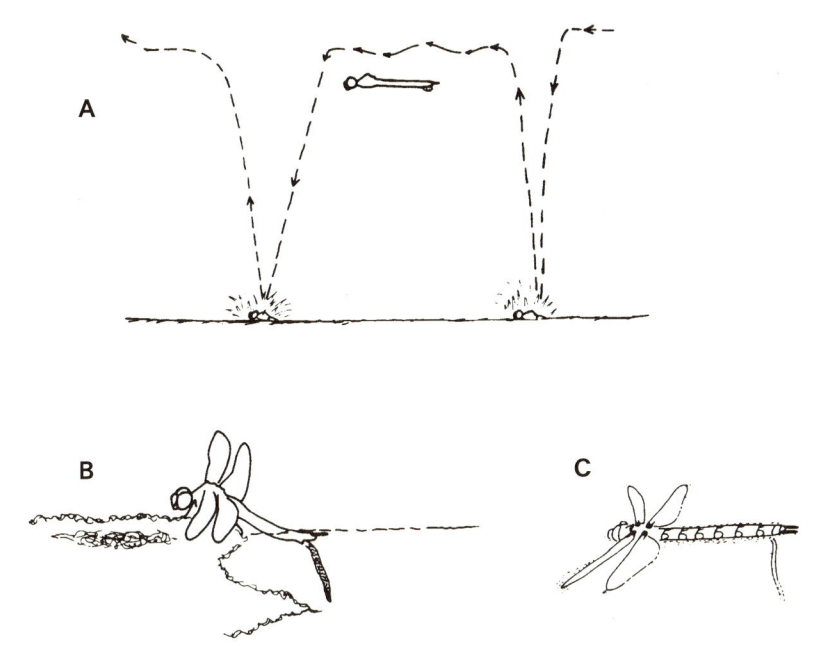

図2.5 キボシミナミエゾトンボの3つの産卵モード．A. 水浴（目立つ，表A.2.5，モードFC6）；B. 静止；C. 浮漂（BとCは目立たない，モードSC6）．雌の体長は約50mm．（Rowe 1988より）

北区の均翅亜目7属の種について基本的なモードと副次的なモードを一覧表にまとめた．そのような変異を考慮すべき理由として次の2つをあげることができる．第1に，1種類の産卵モードが観察されても，それが必ずしも全体を代表するものではないこと，第2に，産卵モードの選択が条件依存的である場合は，モードを決定している要因を推定するためにその変異を利用できることである．このことは，産卵の過程に影響する要因の淘汰上の作用を推定するのにも役に立つ．この分野の探求には，注意深い野外観察者が重要な貢献をしている．Richard Rowe（1988）は，ニュージーランドのエゾトンボ亜科に属する近縁の3種について優れた研究を行い，12の産卵モードを区別した．各モードはそれぞれ異なった微生息場所に卵を産む．そして12のモードのうちの1つの産卵モードだけが2種以上に見られた．産卵時刻の選択（§2.2.9）の場合と同じように，モードの選択は，雄の干渉の強度によっても，雌が余分な交尾をどの程度避けようとするかによっても明らかに影響される．このように，条件依存的な産卵行動は，雄と雌における繁殖成功への方針が対立する場面での重要な手段としてとらえることができる．

Roweによって研究されたエゾトンボ亜科の2種，キボシミナミエゾトンボ *Procordulia grayi* とミナミエゾトンボ *P. smithii* のいずれもが，2種類の産卵モードを示す．ミナミエゾトンボは，雌が雄の視野に入って捕まりやすくなる2つのモード（どちらもFC6），すなわち前進飛行とホバリングダンスを行う．また，多少とも抽水植物の間に身を隠して行う別の2つのモード（FN3），草陰ダンスと飛び跳ねも行う．キボシミナミエゾトンボも同じように目立つモード（FC6）と目立たないモード（SC6）からなる産卵レパートリーをもつ（図2.5）．Roweの意見では，2つのオプション（FC6またはFN3）のうち，どちらを採用するかによって乗っ取りを受けるリスクが異なり，しかもそれが状況によって変わるので，これら2種の雄の間で交尾戦略が安定化されうる．Rüppell（1990a）は，*Leucorrhinia rubicunda* が条件によって産卵モードを変化させることを見いだしたが，このトンボの産卵行動は雄の密度によって著しく影響を受ける（Pajunen 1966b）．Andreas Martens（1991a）は，動き回らないで産卵することが同種個体による干渉を減少させるための1つの戦術であると考えられるトンボ科の例をリストアップしている．それは，警護が典型的な行動様式になっている種においてさえ見られる．交尾戦略の進化における代替産卵モードの役割については§11.9.1.1でも考察する．

上で議論したミナミエゾトンボ属 *Procordulia* の2種の場合，ニュージーランドのほとんどすべての淡水域に放流されたタイセイヨウサケ属の数種（*Salmo* spp.）が，過去数百年の間，この属のトンボへの別の強力な淘汰圧となっている．このような放流とい

う開発行為はFCモードを不適応なものにするだろう．Richard Rowe (1988) も指摘しているように，生息場所の改変でトンボの行動レパートリーの一部が消滅する**前**に，どこか可能な場所で種の行動レパートリーを調査することが望まれる．

産卵モードの変異は，おそらくトンボ目の中で広く見られるであろう．イギリスの *Somatochlora metallica* は，地域個体群によって選好する産卵モードに違いがあるようである．北の個体群はFC2，南の個体群はFC6のモードを用いており，これは独立した2回の侵入の歴史をある程度反映しているのかもしれない (Fox 1989a 参照)．しかしながらこの推察は，雌が亜生殖板で何かの表面に触れているときは，いつでも卵を産んでいるとみなしている不確かな仮定 (Fox 1991) が影響しているかもしれない．飛びながらの産卵は，低い温度のもとではおそらくエネルギー的により大きなコストがかかるだろう．晩夏に活動するムツアカネは，周囲の気温に応じて産卵飛行の向きを調節している．温度が低いときは，南向きの場所で太陽光線に直角になるように飛びながら産卵することで，自分が受ける太陽輻射を最大化しており，温度が高いときは，北向きの場所で太陽光線と平行に飛ぶか日陰の中を飛ぶことによって反対の効果を得ている (Michiels & Dhondt 1990)．そのような反応は，晩夏の高緯度地方で産卵雌が池の北の(つまり南向きの)岸を選ぶという，より単純な形で目にすることができる(例：北緯56°でのルリボシヤンマ)．

滝に棲む種である *Zygonyx natalensis* は，流速に応じて産卵モードを変えるらしい．670 m³/秒の流量をもつウガンダのリポン滝 Ripon Falls (写真 C.4) で観察されたモードはSC5だけであった．雌は，滝のそばにある飛沫帯の岩を覆っている植物の根やコケムシの層の上に卵を付着させた (Corbet 1962a)．それらを覆う水の膜が，流れに移動する前の若齢期の幼虫にとっての安全な生息場所になっていた．しかし，ナタール州南部にあるウムジムクルワン川 Umzimkulwan River の岸辺に繁茂する抽水植物 (イグサ属 *Juncus*) に囲まれた場所では，*Z. natalensis* は飛びながら水面に産卵するモードFC6を主に用いており，とまった姿勢で卵を付着させることは稀にしかなく，そのときでさえ川の中に直接産卵した (Martens 1991a)．

マレーシア西部の森林内の流れのそばにある水たまりで Jochen Lempert (1995e) が観察した *Indocnemis orang* のある雌は，最初に水際で通常の基質に産卵しようとしたが(表A.2.6)，雄に追われた直後は，水面上に覆いかぶさっている小さな木々の2.5mまでの高さの葉の中に卵を産むという，普通あまり見られない産卵モードを示した．

2.2.3 生息場所

表A.2.6は，幼虫生息場所の3つの主要なタイプ，すなわち流水，止水および(幼虫が陸生である種については)陸上の落葉層に分けて，産卵方法の多様さを示している．この表の目的は多様さを示すことにあるので，これらの例は必ずしも典型的なものではない．例えば，水面上でFCあるいはFNのモードを用いる大多数のエゾトンボ科やトンボ科の例を除外している．とはいえ，一定のパターンが存在することは明らかである．流れの速い流水や一時的な水たまりに産卵する種は，モードSC2を用い，水域の上方あるいは水平方向に少し離れた水のない場所に卵を産むことが多い．この両タイプの生息場所は季節的な水位変動が大きく，少なくとも一部の種(例： *Cora cyane*)では，増水時に卵が水につかると直ちに，あるいはやや遅れて孵化が誘起されるらしい．急流の数m上方にある基質に産卵することの適応的意義は明らかでない．また，卵の場所から幼虫の生息場所になる河床の巨礫まで前幼虫が移動する際には危険が待ち受けていると予想される (Lieftinck 1980; 図2.6)．この産卵行動は，流れの中ではなく，その近くの湿ったコケや根の中に産卵する一部の他の急流生息種(例： *Thaumatoneura inopinata*)の産卵行動と対照的である．幼虫の生息場所として浸出水を利用する習性 (*Caledopteryx maculata* を参照) が，*T. inopinata* のような習性からどのように進化してきたかを推測することは困難ではない．飛びながら急流に産卵するトンボの一部の種では，その卵に産み付けられた後に下流へ流されないように素早く引っ掛かる仕掛けをもっている(§3.1.2)．滝の水の上から直接産卵するサナエトンボ亜科のオジロサナエ *Stylogomphus suzukii* (Sugimura 1980) のような種では，そのような仕掛けがよく発達しているだろう．

世代ごとに絶対的移住(§10.3.3)を行う場合を除いて，規則的に干上がってしまう水たまりを利用するトンボは，特にごく若い幼虫の乾燥のリスクを減少させると思われる産卵行動を示す．*Coenagrion mercuriale* は水がほとんどなくなった溝や細流に産卵する場合，明らかに泥の中深くに卵を産み付け，時に腹端から2cm以上も泥がこびりつくほどである (McLachlan 1885)．晩夏に干上がることの多い池では，*Enallagma aspersum* は，より水深のある場所に

図2.6 *Tetracanthagyna degorsi* の生息場所．採集者はネットの竿で，出水時の最高水位の跡を指し示している．*T. degorsi* の成虫は，水の上に張り出した，苔むした木の枝の中に産卵する．幼虫（図5.11）は川の中の落枝にしっかりとしがみついている．地元のスンダ人はこれを捕まえて食べる．ジャワ西部，ジャシンガ Djasinga の近くのチバランバン川 Tjibarangbang River，1936年6月の水位が低いとき．(M. A. Lieftinck 撮影)

根を張っている植物の基部にのみ産卵する（Bick & Hornuff 1966）．モンスーンによって生じる池に生息するインドの *Lestes praemorsa* は，平常水位よりも上のほう，つまり最初の豪雨の数日後に上昇する水位で卵が水につかりやすい場所に産卵する（Kumar 1972a）．同様の行動はカトリヤンマ属 *Gynacantha* でも見られている（Dunkle 1976）．最高水位時の水際から数m離れたイネ科植物の組織内（例：ケベックでのアメリカアオイトトンボ *Lestes disjuncutus*, Larochelle 1979）や土の中（例：一部のアカネ属, Robert 1958）に産卵する種も，類似の戦略を採用しているのであろう．トリニダード・トバゴやパナマの森林からは極端な例が報告されており，そこではカトリヤンマ族のトンボが，最も近い水域から数百m離れた所で産卵（少なくとも産卵動作）することがある（Donnelly 1980）．ヤンマ科の間では，ルリボシヤンマ属 *Aeshna*, *Epiaeschna* 属，カトリヤンマ属および *Triacanthagyna* 属の種が，池の底に再び水が満たされる**前に**，乾いた池の底の藻類の堆積物や泥の中に産卵する（Dunkle 1976; Cannings 1982a; Dunkle 1989a; M. L. May 1994; Miller 1995a）．この行動は，コスタリカの *Anax amazili* や *Leptobasis vacillans*,

Lestes tenuatus でも見られる（Paulson 1983a）．

　一時的な水たまりに生息するカトリヤンマ族のメンバーは，第9腹板がたいへん硬くなっており，後方に伸張して二叉，三叉，または四叉の鋭いフォーク状の突起に変形している（Tillyard 1917a）．このフォーク状突起は，池の底の泥をひっかいて穴をあけるために，あるいは産卵管が基質の中に刺し込まれている間に，腹部の先を固定するために用いられる（Fraser 1936a 参照）．乾いた泥の中に卵を産むには，かなりのエネルギーが必要であるに違いない．栗林（1965）は，カトリヤンマ *Gynacantha japonica* の産卵を30分間にわたって観察したが，雌は時に腹部の1/3までも基質の中に押し込んでいた．植物内産卵をするトンボである *Tetracanthagyna* 属は，そのための道具として4本の剛毛をもつ亜生殖板を備えている．このような力任せの活動は，ヤンマ科で尾部付属器の破損が頻繁に見られる（Dunkle 1979 参照）要因の1つ（唯一の要因でないのも確かだが）かもしれない．卵は，泥状の基質の中に深く産み付けられることで，乾季の高温や乾燥から保護されることになるであろう．

　干上がった池の底などの干上がった状態で産卵す

る雌は（表A.2.6, *Triacanthagyna caribbea*参照），どのような手がかりに反応しているのだろうか．また，水域からはるかに離れた所で孵化する前幼虫は，彼らが水域に移動する際に（もちろん，その幼虫が陸生である場合を除いて）どのような刺激を手がかりとして利用するのだろうか．このような種の産卵行動に共通する特徴は，適当な時期がくるまで孵化できない場所に卵を産み付けることである．例えば，*Mecistogaster linearis*は**乾いた**樹洞に産卵するし（Fincke 1984a），多くのトンボ科の種は，自由水が利用できるときでさえ，すくい上げ産卵によって（表A.2.5, FC7）湿った空気中に卵をおく（Miller 1982参照）．「完全に干上がった」湿地のイネ科植物の表面に産み付けられるクレナイアカネ*Sympetrum sanguineum*の卵は，翌春の雪解けまで水につかる可能性は小さいと思われる（Wildermuth 1993b）．

幼虫の生息場所の容積が非常に小さい場合は，自分自身の子供どうしの共食いによる損失を避けるために，雌が個々の場所では少しずつしか卵を産まないことが予測される．しかし，以下に示すように，これまでの観察結果はこの予測を一貫して支持しているわけではない．Machado（1981a）によって研究された*Roppaneura beckeri*は，1株の植物当たり平均46卵（範囲4〜110）を産んだが，1枚の葉当たりではわずかに3〜6卵であった．また*Diceratobasis macrogaster*の雌は，パイナップル科植物のエクメア属の1種（*Aechmea paniculigera*）の葉1枚当たりに約10卵産み，1枚の葉に数回の産卵が行われた可能性もあるが，2個体以上の幼虫を含んでいた葉腋は，幼虫を含んでいた葉腋全体の5％以下だった（Diesel 1992）．また，ムラサキハビロイトトンボの雌は，ケージの中で1〜2時間の間に，1つの基質の中に1個体当たり平均67卵（範囲10〜270卵）産んだ（Fincke 1992c）．ムラサキハビロイトトンボの例と，雌は同種幼虫の存在を感知できないようだという観察（Fincke 1992b）を併せると，以下の可能性が考えられる．すなわち，非常に限定された生息場所に産卵する雌は，1個体の幼虫にその幼虫の兄弟姉妹を餌として与えることによって，最も期待される子供に「給餌」しているのかもしれない．このような贈与は，原理的にはアリの多くの属による「栄養」卵の生産（Hölldobler & Wilson 1990）に似ている．

ファイトテルマータの中にいる同種幼虫の個体数を情報源にして雌の産卵行動を推測する場合，植物（例：エクメア属）によっては，幼虫は葉腋から葉腋へ這って移動することができる（例：*Leptobasis siqueirai*, Lounibos et al. 1987a）ことに留意しなければならない．

2.2.4 行動連鎖

産卵行動は，直前に交尾した雄が雌に随伴（つまり**警護**）するかどうかによって大きく影響される．雌雄それぞれの繁殖成功度にとっての警護行動の重要性，および警護のモードがどのような状況で変わるかについては，§2.2.5および§11.8.2で取り扱う．

雌は交尾終了の直後か少し後に産卵を始めるのが普通である．シオカラトンボ属の一部の種や他の属の数種では，交尾後に1〜数分間の交尾後休止期があり，産卵を始めるまで雌雄のパートナーは互いに接近してとまる（§11.8.2）．

以下の3つの例は，植物内，植物表面および植物外産卵における行動の時間的推移をそれぞれ具体的に示している．

George Bick & Juanda Bick（1963）は，アメリカ，オクラホマ州での先駆的研究の1つの中で，アオモンイトトンボ亜科の*Enallagma civile*の産卵に3つの相を区別した．最初は**探索相**であり，タンデム態が平均34.2分（範囲5〜158分）続き，10m以下の飛行を数多く含んでいた．そのペアが飛行を挟んで短時間植物にとまる間に，雌はあたかもその植物の材質が産卵基質として適しているかどうか検査しているかのように腹部を腹側に湾曲させた．いくつかのとまり場で，雌は水面に水平に広がる根に卵を産み込んだ．その間，雄は雌の前胸を把持し，たいていは前傾姿勢になるか，植物の上に水平にとまった．一部の雌は水面だけで産卵し，そのあとタンデム態を解消してその場を去ったが，92％の雌は同じ場所で水中に潜って第2の相である**潜水産卵**に移行し，平均12.4分（範囲2〜40分）潜り続けた．下降を開始した雌は水に浸った柳の根づたいに下方へ移動し，抵抗する雄を彼の腹部と翅が水没するまで引きずり込んだ．雄は，いつも頭部が濡れる前に雌を放してしまい，完全に水没することは全くなかった．雌は翅をぴったりと閉じて，水面下5cm以上の深さまで潜った．このとき雌の体は，それを取り巻く空気の膜のために銀色に見え，しばしば横向きや逆さまになることもあった．雄は雌を解放した後，潜った場所から最も近いとまり場に飛び，通常は雌が潜っている間ずっと（長ければ49分間）そこにとどまった．雄は他の雄からその場所を防衛し，その間は追い払われることは全くないようであった．第3の**終局相**は，雌が浮上したときに始まる．雄が産卵場所に多

2.2 産卵

数いたとき（これが普通）は，浮上した雌はほとんどが雄によって把持されたが，その雄は通常，待機していた彼女のパートナーであった．こうして成立したタンデムは非常に短く（5分以下），めったに2回目の交尾や産卵に移行しなかったので，明らかに雌は非受容性をその雄に伝えていたと考えられる．そのあと雌は素早く水域から飛び去ったが，雄はその場にとどまり，雌を追尾しなかった．

ケニアの流れの緩やかな川で，Peter Miller & Kate Miller (1985) によって研究されたハネビロトンボ亜科のアメイロトンボは，薄暮（こちらが主）および薄明時に植物表面に産卵した（図8.25）．産卵は交尾の直後に始まり，雄は雌のすぐ近くで接触せずに警護した．照度が約3 log luxを下回ると（日没の直前），雄は雌にさらに近寄って警護した．産卵雌は，水面下2〜10mmで水平に浮漂している緑色の葉（ヒトモトススキ属 *Cladium*，カヤツリグサ属 *Cyperus*，またはガマ属 *Typha*）と平行に水面上約10cmの高さでホバリングした．そのあと下降し，腹部の先で水面をたたくと同時に，卵を約9個含む卵塊をその葉の上に産み付けた．雌はそのあと前上方に飛んでから急角度で反転し，たいていは元のホバリングの位置に戻って，同じ方向を向いて打水を繰り返した．しかし，時には逆方向を向いて打水することもあった（図2.7）．警護されている雌は同じ葉の上に繰り返し打水した．例えば，26〜28℃では，打水の1サイクルには平均1.32秒を要し，打水の平均回数は54回（最大102回），そして45回/分の速度で繰り返された．警護されない雌は，次から次へと別の葉に移動して産卵した．このように移動できるのは，警護雄が雌を見失うというリスクを雌がかかえていないからかもしれない．警護されない雌の場合，それぞれの値は2.06秒，5.4回（最大43回），29回/分であった．1回の産卵バウトの平均持続時間は90秒であり，産卵が終了した時点で雌は急上昇して飛び去った．植物表面産卵をする別のトンボであるヒメキトンボ *Brachythemis contaminata* も非常によく似た産卵行動を示し，雌は産卵を終えた後，脚と口を用いて自分の腹部を清掃した．続けてすぐに1mくらいの高さまで上昇し，素早く落下して水につかり，その後，速やかに飛び去った (Mathavan 1975).

カラカネトンボ *Cordulia anea amurensis* の雌は，これまでに研究されたほとんどすべての他のエゾトンボ科の種と同様に，単独で植物外産卵をする（しかし表11.5参照）．北海道にある生方秀紀の観察池に飛来するとすぐに，雌は交尾前飛行と同じ姿勢で浮葉植物や抽水植物の7〜9cm上方を飛び，間欠的に

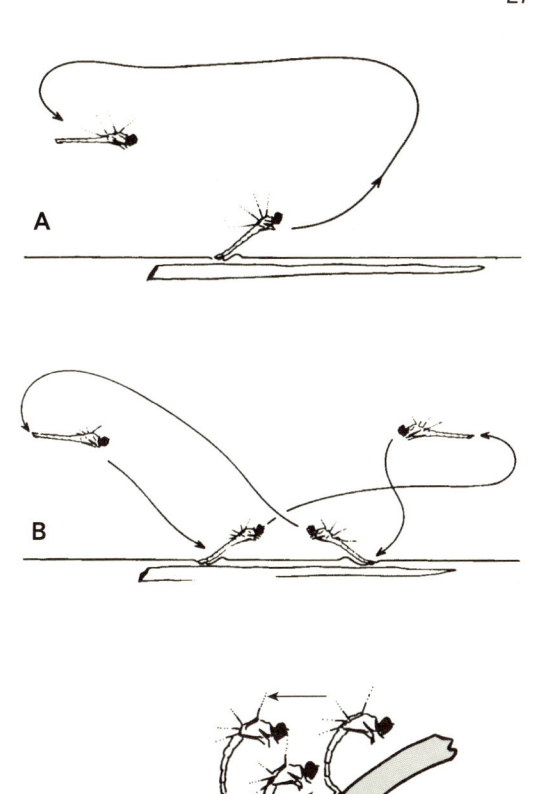

図2.7 アメイロトンボ (A, B) とアフリカヒメキトンボ (C) による植物表面産卵．アメイロトンボは葉の表面に卵をおき，アフリカヒメキトンボは腹部を使って，水面すれすれの茎の表面に卵を並べる．雌の腹部の長さ：A と B. 29 mm；C. 18 mm．(P. L. Miller & Miller 1985より)

下降し，腹部先端で水面をたたいた (Ubukata 1975). そのたびに3〜5卵が振り出され，水の中に沈んだ．この打水は0.7〜1.3秒ごとに繰り返された．雌の飛行経路は水面の植生のタイプに依存し，浮葉植物のヒルムシロ属 *Potamogeton* の上方では，雌は5×4mの水面の上をたまにホバリングを挟みながら行き来し，その植物の近くの水面をたたいた．池の縁に繁茂する抽水植物のミツガシワ属 *Menyanthes* の株間では，雌は毎回2〜3cmの短い移動を繰り返しながらホバリングと打水を交互に行い，5秒〜約4分間産卵した．特にヒルムシロ属が繁茂したゾーンで産卵している雌は，雄に接近されてその雄と交尾することが多かった．おそらくこれが理由で，大部分の雌は雄が容易に雌に接近できない抽水植物の間で産卵するのであろう (Ubukata 1984a)．雄が接近してくると，これをかわすために雌は岸の植生に向かって突進し，ヨシ群落に入るか草本にとまることによ

って逃げ切る．そのうちの1個体は約10秒動かずにいたあと，茎をよじのぼり，翅を小刻みに震わせてから飛び立ち，数m離れた場所で産卵を再開した．やはり植物外産卵をするオナガサナエは，飛び去る前に，上述のヒメキトンボと同じやり方で水につかることがある．この行動は産卵後の清掃行動なのかもしれない（新井1975）．

産卵場所への移動途中に，*Diastatops intensa*の雌は，水域から少し離れた低木の上の「待合室」で，他の雌や数個体の雄と一緒に待機することがある．そこから雌は，一気に，あるいはとまったり飛んだりしながら，産卵場所（ホテイアオイ属*Eichhornia*のパッチ）に向かって飛ぶ．こうして，その産卵場所をなわばりとしている雄たちの視線をそらそうと試みているのかもしれない（Wildermuth 1994b）．

2.2.5 警護産卵

産卵している雌に随伴するという，雄のトンボや他の昆虫（Alcock 1994）によって示される行動は，通常，**警護**と呼ばれる．厳密に言うとこの用語は記述的というよりも解釈的なものではあるが，トンボ研究者の間に広く流布しているのでこの本でもそれを用いる．

交尾後警護は両性の生殖行動の中で，適応度への影響力が大きい成分の1つである．それゆえ，ここだけでなく第11章でも扱う．章の間での重複を少なくするために，この項ではトンボ目における警護の出現状況と，産卵行動や雌の繁殖成功度に対する警護の影響に限って述べる．雄の繁殖成功度に関連する内容は§11.8.2で扱うので，ここでの記述を補足するために参照されたい．

交尾の後，雄は警護モードをとってパートナーの近くにとどまる場合と，とどまらない場合がある．雄がとどまって警護するときは，彼はタンデム態（接触警護；写真G.1-G.4）でいるか，あるいはその雌の近くにとまるかホバリングする（非接触警護；写真G.5, G.6）．1つの種の中では，どちらかのモードしかとらないか，接触警護が非接触警護に先行するかであり，その順序が逆になることはほとんどない．例外としては，単一の産卵バウト（飛びながらの植物外産卵）の中で両方のモードが交代するハネビロトンボ型警護と，雌が水中産卵するために水面下に潜る際の，タンデム結合の中断あるいは終了がある（§2.2.7）．警護は1つの産卵エピソードの全体を通して継続する場合と，一部しか継続しない場合がある．警護が生じるか生じないかについて，また接触警護が非接触警護に移行する場合はいつ移行するのかなどを決定する外部要因について，現在かなり多くのことが知られている（表A.11.9）．

アオモンイトトンボ属*Ischnura*の特定の種には注目すべき例外があるが，これまでに調査されたほとんどすべてのイトトンボ科およびアオイトトンボ科では，接触警護が主要なモードである．トンボ科の中でも接触警護は基本的，あるいは副次的モードとして広く見られる．また均翅亜目の他の一部の科のトンボ，つまりミナミカワトンボ科（例：ヒメカワトンボ属*Bayadera*, 加納・小林1989；*Epallage*属, Heymer 1975），ヤマイトトンボ科（*Heteragrion*属, González-Soriano & Verdugo-Garza 1982），モノサシトンボ科（モノサシトンボ属*Copera*, Chowdhury & Karim 1994；グンバイトンボ属*Platycnemis*, Heymer 1966），およびミナミイトトンボ科（*Chloroneura*属, Srivastava & Suri Babu 1985a；*Neoneura*属, Jurzitza 1981）においても見られる．接触警護はヤンマ科の属において，時々予想できない形で出現する．接触警護はアメリカギンヤンマの新北区の個体群では普通であるが（Walker 1958；写真G.3, G.4），よく似た旧北区のコウテイギンヤンマでは極めて稀である．接触警護は*Aeshna affinis*（Utzeri & Raffi 1983），マダラヤンマ *A. mixta*（Schmidt 1982a；Clarke 1992: 12のDell & Dell），コウテイギンヤンマ（Balança & Visscher 1989），アメリカギンヤンマ（Walker 1958），ギンヤンマ（Robert 1958；Miller 1983a；Lempert 1984b），*A. strenuus*（Williams 1936；Moore 1983a），*Gynacantha tibiata*（May 1995b），ヒメギンヤンマ（Robert 1958；§10.3.3.1.1参照），そしてパプアヒメギンヤンマ*Hemianax papuensis*（Rowe 1987a）で目撃されている．接触警護はエゾトンボ科でも報告されているが（エゾトンボ*Somatochlora viridiaenea*, 武藤1959a），私の知る限りこの1例だけである．飛びながら植物外産卵をする（表A.2.5のモードFC6）不均翅亜目の種で，殺されたか，動けなくなった雌のパートナーを接触警護した例が知られている（例：タイリクアカネ，Wildermuth 1984），これは雄が自ら「産卵」動作（タンデム態で雌に産卵させるように飛ぶこと）を行いうることの証拠となる．

接触警護の間，一部の均翅亜目の雄は，**Agrion姿勢**あるいは**歩哨姿勢**と呼ばれる，目立った直立姿勢（写真G.1, G.2）を示す（Wesenberg-Lund 1913参照；Buchholz 1950；Heymer 1967b）．この行動はイトトンボ科やモノサシトンボ科に普通に見られ，ヤマイトトンボ科（*Heteragrion*属, González-Soriano & Verdugo-Garza 1982）とミナミイトトンボ科（*Chloro-*

2.2 産卵

cnemis 属, *Elattoneura* 属, Lempert 1988; *Chloroneura* 属, Srivastava & Suri Babu 1985a; *Prodasineura* 属, Furtado 1975, Lempert 1988) でも見られる．この姿勢を示すかどうかは条件しだいであり（例：アカメイトトンボ属 *Erythromma*, Schneider 1983），時には風の強さにも依存する (Rehfeldt 1991a)．この姿勢は，雄がより広い視野を見渡せるので，カエルによる捕食のリスクを小さくできる (Rehfeldt 1991a)．また，他の同種のタンデムに対して（水平の姿勢よりも）強い誘引効果があり (Martens 1994a)，その誘引したペアが集団産卵の恩恵に浴することを可能にする（§2.2.6）．その他の歩哨姿勢の仮説的な利点として，産卵可能な場所の範囲拡大，雄の体の過熱防止（§8.4.1.2），そして単独雄によるタンデム切り離しの試みに対する効果的な物理的障害物となることなどをあげることができる (Martens 1994a)．

トンボ科のタンデムペアが飛びながら植物外産卵をする場合，雄は自分自身の体から雌の腹部の先端までの距離を正確に見積って，雌の腹部の先端を水に接触させる．これはパートナーの雌が動きのとれないときでも同じであることから，疑う余地のない事実である (Wildermuth 1984)．雄のアキアカネは，1個体の雄と1個体の雌を三連結で接触警護しているときでさえ，この見積りを正確に行うことができた (Rüppell & Hilfert 1995a; §11.5.4.3 参照；表 A.11.13)．

非接触警護は，均翅亜目のいくつかの科（まだ調査されていない他の科でも見つかる可能性がある），多くのトンボ科，不均翅亜目の他の科の少数の属で見られる（表 11.15）．トンボ科以外の不均翅亜目では，非接触警護は条件的なものであるか一時的なものであることが普通である．例えば，ウチワヤンマ属 *Ictinogomphus* の雄による警護はほんの数秒間で終わる．またニュージーランドのミナミエゾトンボ属の2種では，雄は交尾終了直後，雌が交尾後休止をするためのとまり場（§11.8.2）を見つけるまで，雌の周りを約10秒間ひらひら飛び回る．その後，その雄はパトロールしている雄のグループに戻る (Rowe 1987a)．Rowe が研究した種を含むエゾトンボ亜科では，警護は稀であり，それが見られたときでさえも，雄は雌ではなく**場所**を防衛しているように見える (Sakagami et al. 1974; Rowe 1988)．したがって，［たとえ交尾した雄のなわばり内で産卵しても，その雄から妨害されるので］産卵中の雌には，雄からの妨害を減らすような淘汰圧がいつでも働いていることになる．

警護されながら産卵するトンボは，警護終了後も長く産卵を続けることがある．これに関連して Bick & Bick (1965a) は，めったに潜水産卵しない *Argia apicalis* の産卵には3つの相があることに気づいた．探索（平均25分持続する），タンデムでの産卵（接触警護；65分），および単独産卵（21分；しかし時に欠く）である．雌の *Archilestes grandis* は，タンデムで56分間産卵した後，平均31分間単独で産卵を継続した (Bick & Bick 1970)．イタリア中部の一時的な水たまりで，Utzeri et al. (1987b) によって観察されたソメワケアオイトトンボは，タンデムでの産卵に48〜158分を費やし，その後最大201分間を単独産卵に費やした．その間1時間当たり7.5〜45.2箇所に飛来した．同じ場所に生息する *Lestes virens* は，タンデムでの産卵に61〜261分を費やし，その後最大120分間単独産卵し，1時間当たり9.6〜23.8箇所に飛来した．ソメワケアオイトトンボと *L. viren* の両種とも，タンデムが形成される時刻が早いほど，雌は長時間タンデムとして把持され，雄はその池の単独雄の数が少なくなるまで雌を放さなかった．同じ池に生息する *Aeshna affinis* は20〜40分間タンデムで産卵した．その後，雄は雌を放し，約1分間雌の上方でホバリングしてから飛び去った．雌はそれから1時間以上産卵を続けることもあった (Utzeri & Raffi 1983)．

均翅亜目では，雌が**常に**単独産卵だけをする種は稀である．しかし，アオモンイトトンボ属のほとんどの種ではそうらしい．北アメリカに分布する14種のうち2種（*Ischnura denticollis* と *I. gemina*）はタンデムで産卵するが，それだけではなく，これらの種では，雄色型の頻度が非常に低い（§8.3.2.1; Robertson 1989）点や，精子置換（§11.7.3.1.3）において機能すると考えられる「スプーン」を陰茎にもつ点においても，この属の中では特異である（他に例がないわけではない）．おそらくこれに関連すると思われる観察として，上の2種を除いてこのようなスプーンが見つかっている唯一の種であるキバライトトンボ *I. aurora* もまた，時にタンデムで産卵することが報告されている (Rowe 1987a 参照)．Bick (1972) による［タンデム産卵の］有効性の報告にもかかわらず，また中部ヨーロッパの一部の個体群で例外が生じている可能性はあるものの (Heymer 1966, 1967b 参照)，旧北区のマンシュウイトトンボは単独で産卵すると言い切ってかまわないだろう．実際，産卵している雌は，彼女らの産卵場所を侵害してくる雄や雌に対して攻撃的である (Miller 1987a)．常に単独で産卵する種の雌は，雄に接近されると，よく目立つ拒否ディスプレイ（§11.4.5）を示す．

産卵と雌の適応度に及ぼす警護の効果について，これまでに報告されたものを表A.2.7に示した．

2.2.6 グループ産卵

トンボ目の中でも，特に均翅亜目の多くの属では，単独雌またはタンデム態の雌が同種個体のグループをなして産卵する（表A.2.8；写真G.2）．これらのグループは時に数十個体からなることがあり，個体が互いに接近していても，目立った干渉をほとんど示さない．グループ産卵中に雌が警護される場合は，それぞれの雌が接触警護されることもあれば，数個体の雌が1個体の雄によって同時に非接触警護されることもある（§11.8.3）．これらのグループが，パッチ状の産卵基質に誘引された結果生じたのか，他の産卵している個体に誘引された結果であるのか，あるいはその両方の結果であるのかは，実験をしない限り結論できない．調べられた限りではいずれも，すでに産卵している雌（アフリカハナダカトンボ，Martens & Rehfeldt 1989）やタンデム（サオトメエゾイトトンボ *Coenagrion puella*, Martens 1994a; *C. pulchellum*, Martens 1989；ヒロアシトンボ, Martens 1992b；アカイトトンボ, Martens 1993；イソアカネ *Sympetrum vulgatum*, Rehfeldt 1992）が，その誘引の原因であった．調べられた均翅亜目4種では，誘引のリリーサーは，直立（歩哨）姿勢で接触警護をしている，動きのない雄であった（§2.2.7参照；写真G.1, G.2）．

サオトメエゾイトトンボのタンデムペアは，このようにして産卵場所に誘引される際に，同種個体を他の4種の均翅亜目から区別できたが，同属の *Coenagrion pulchellum* との区別はできなかった（Martens 1994a）．これらの知見は，グループ産卵をする他の種にも，少なくともおおまかには適用できそうである．それゆえ，雌やペアの飛来速度，産卵時間および他のタンデムペアの目につきやすさによって，グループの大きさが決定されると思われる（Rehfeldt 1992）．

Andreas Martens（1989）は，グループ産卵によって適応度が高くなりうるいくつかの仮説的なプロセスを整理した．その中には，成虫（§2.2.8）および彼らの子世代に対する捕食の減少，捕食寄生者に対する防衛，好適な産卵場所の探索，それから，単独雄による産卵妨害（Martens & Rehfeld 1989），タンデムの切り離しに対する防衛（Rüppell 1987b; Rüppell et al. 1987）が含まれる．

2.2.7 潜水産卵

潜水産卵は，植物内産卵をするトンボだけに見られるが，アオハダトンボ属 *Calopteryx* (Miyakawa 1982a; Waage 1988a; 枝 1992) やエゾイトトンボ属 (Sawchyn & Gillott 1975)，ルリイトトンボ属 (Bick 1972; Fincke 1986a)，そしてアメリカカワトンボ属 *Hetaerina* (Bick 1972; Alcock 1982; 写真E.6) の一部の種では，一般的あるいは唯一の産卵モードとなっている．一部の属（例：クロイトトンボ属 *Cercion*, 奈良岡 1990）では，潜水産卵は条件依存的であるが稀ではなく，他の一部の属では稀である（例：ギンヤンマ属 *Anax*, Fraser 1936a; *Chlorocypha* 属, Miller 1995a; およびアオモンイトトンボ属, 松木 1969, Jurzitza 1986, Fincke 1987, 加納 1989a, Cordero 1994a）．アメリカアオハダトンボの雌は，同属の *Calopteryx aequabilis* や *C. amata* の雌と違い，妨害されたときでさえ潜水産卵はほとんど見られない．これは，雌の翅の幅がほかの種より広いため，水に潜ることが困難か，あるいは危険だからかもしれない (Meek & Herman 1990)．不均翅亜目のトンボが潜水して産卵することは非常に稀である（例：アメリカギンヤンマ, Beesley 1972）．これは，左右に大きく開いた翅のために，雌が水面を抵抗なく通過することを妨げられるからかもしれない．コシボソヤンマ *Boyeria maclachlani* について大貝（1994）が潜水産卵を報告しているが，前翅と後翅（30〜90°に開かれていた）の一部分が水につかっていただけで，頭部と胸部は水上に残っていた．

雌が潜水している間，警護中の雄は，とまって，あるいはホバリングしてまで水面上で待つのが普通である（例：*Cercion lindenii*, Heymer 1973a）．しかし一部の属では，雄は雌と一緒に完全に潜水することがある（例：ホソミイトトンボ属 *Aciagrion*, 清水 1992; アメリカイトトンボ属 *Argia*, Bick 1972; クロイトトンボ属, 新井 1977, Busse 1993; エゾイトトンボ属, Rüppell & Hilfert 1994; ルリイトトンボ属, Martens & Grabow 1994; アカメイトトンボ属, Winsland 1983, Miller 1994a; アオイトトンボ属, 安藤 1969, Bick 1972, 枝 1974, Laplante 1975; *Neurobasis* 属, Fraser 1934, しかし Kumar & Prasad 1977a 参照；ナガイトトンボ属 *Pseudagrion*, Furtado 1972, Meskin 1986, 1989; ニュージーランドイトトンボ属 *Xanthocnemis*, Crumpton 1975）．他の属では，雄は自分の頭部と胸部の一部を水面より上に残す場合もある（例：ルリイトトンボ属, Bick & Bick 1963; *Epallage* 属,

2.2 産卵

Heymer 1975; グンバイトンボ属, 尾花 1968). アオナガイトトンボ *Pseudagrion microcephalum* の雄は, タンデムで水面下まで雌に随伴することがあるが, 2分後には分離して水面に浮き上がり, そのあと最も近いとまり場で休んだ. しかし *P. perfuscatum* の雄は, 雌とともに15分間潜水したり彼女の上方でホバリングすることがあった (Furtado 1972). ニュージーランドイトトンボ属の雄が潜水することは, 雄密度が高いことと, 水から突き出したイネ科やカヤツリグサ科の植物の茎の中に産卵することに関係しているようである (Rowe 1987a).

産卵している雌が潜る最大深度は, 水が濁っているため測定が難しい場合がある. したがって記録された数値はたいてい過小に推定されている. 多くの種の雌はしばしば10cm以上, 時にはアメリカカワトンボ属の2種のように60cm以上潜る (Johnson 1961). タイリクルリイトトンボ *Enallagma cyathygerum* は最大1mも潜る (Macan 1964). *Lestes eurinus* が潜水産卵する場所は, 季節が進むにつれて水面に近くなる (Lutz & Pittman 1968). また, アオイトトンボ *L. sponsa* の卵は, 水面上20cmから水面下25cmまでの範囲に及ぶが, たいていの卵は水面下に産み付けられ, その頻度分布には, 水面下約1cmの所にはっきりしたピークがある (伊藤・枝 1977).

妨害がない場合の潜水産卵の持続時間は, *Cora* 属 (Fraser & Herman 1993), ルリイトトンボ属 (Doerksen 1980; Miller 1990a), アカメイトトンボ属 (Grunert 1989), およびアメリカカワトンボ属 (De Marmels 1985a, Alcock 1982) の一部の種では, 少なくとも30分に及ぶことがしばしばあり, 1時間近くになることも稀ではない. また, *Agriocnemis maclachlani* (Lempert 1988), アオハダトンボ *Calopteryx virgo japonica* (Miyakawa 1988), ハーゲンルリイトトンボ *Enallagma hageni* (Fincke 1986a) および *Hetaerina titia* (Harp 1986) では2時間近くになる. Meskin (1985) は, *Pseudagrion hageni* が2時間半にわたって潜水するのを記録した. また, オアカカワトンボで3時間 (Rüppell & Hilfert 1994), *Enallagma ebrium* で5時間 (Pilon 1981) の記録がある. ハーゲンルリイトトンボの平均潜水産卵時間は18.4分であるが, 30分以上潜水産卵をした雌は, ほとんど卵をもっていなかった (Fincke 1986a; 図2.8). したがって通常は, 潜水1回当たりクラッチの約半分が産み付けられることになる.

Hetaerina vulnerata の場合, 産卵に飛来する雌のクラッチサイズは90〜150分の産卵に相当する. それゆえ, 時に1クラッチの卵を連続する2日間にわたって産み付けることもあり, その場合110分間と145分間の潜水が見られた. 雌は1日のうちに交尾相手のなわばりの内や外で最大5箇所まで潜水を繰り返すことがあり, その場合は, 普通その日の最後の場所で, 他の場所よりも長い時間を過ごした (Alcock 1982).

水中で産卵している雌は, おそらく自分の体や翅を包む気泡 (これは上方から見ると銀色に見える; 写真E.6) が物理的な鰓として働くことによって, 呼吸に必要な酸素を得ているのだろう. 雌の前翅は, 潜水している間, 閉じられた後翅によって覆われているので乾いたままである (Miller 1995b). Peter Miller (1990a) は, タイリクルリイトトンボの雌を, 水を満たした小さな容器の中で動けないようにしておくと, 10分以内に窒息することを見いだした. このことから彼は, (水流または雌の産卵動作のいずれかによって) 気泡を取り囲む水が絶えず更新されることが, 呼吸を継続するために不可欠であろうと結論づけた. 潜水中の雌がしばらく水面に戻り, 気泡を更新した後また潜って産卵を続けることもある. クチクラが水につかったままの状態が長くなってしまうと, その後は, 飛び立つことも待っている雄に助けられることも難しくなるので, そのことが結局は潜水時間を制限することになるのだろう (Fincke 1986a も参照). タイリクルリイトトンボをはじめ潜水産卵をするいくつかの種では, 水面下にいるとき, あるいは低酸素にさらされているとき, 定型化した行動連鎖の一環として, 体を左右に揺する運動をすることがある. この運動は, 跗節でしっかりつかまりながら, 基節の関節部で脚を左右交互に屈折, 伸張することによって行われる. そうすることで境界層

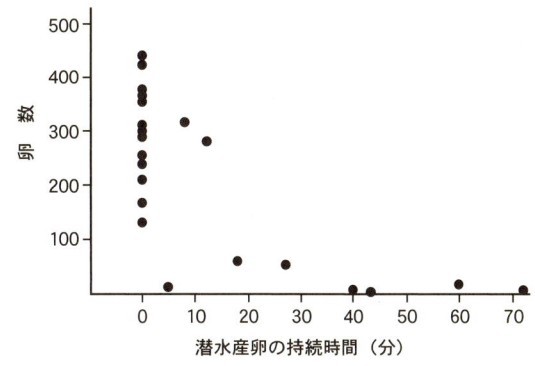

図2.8 雌が水面下で産卵していた時間と産卵後の蔵卵数の関係. ハーゲンルリイトトンボの22個体のデータ. 時点0のデータは, その日にはまだ産卵していない雌. 30分以上水面下で産卵した雌にはわずかの卵しか残っていなかった. (Fincke 1986a を改変)

が体の周りにとどまり，気泡への酸素の進入が低下するのを妨げると考えられる．この運動は，実験的に成虫を低酸素気体にさらすことによっても誘起される (Miller 1994b)．Millerは，この運動と，呼吸ストレス下にあるアオハダトンボ属の幼虫が行う運動との類似性を指摘している．Millerは，タイリクルリイトトンボの産卵が，ほとんど沈水植物の緑色の茎（光合成の結果として高い酸素レベルが期待できそうな部位）に行われることも観察している．

潜水産卵を終えた後の雌にとって，水面への上昇は必ずといってよいほど危険を伴う．安藤 (1969) はアオイトトンボの雌の水面への上昇方法を3通り記述したが，いずれの場合もタンデム相手の雄が手助けした．オアカカワトンボの雌は，螺旋（らせん）を描きながら浮力だけで上昇する．これは水面の表面張力を突き抜けることを容易にし，雌が手助けなしに素早く飛び立つことを可能にしているらしい (Rüppell & Hilfert 1995b)．オオイトトンボ *Cercion sieboldii* のペアも同様の方法で水面に浮上する (新井 1977)．ニュージーランドイトトンボ *Xanthocnemis zealandica* の雌は水面に達して茎をよじのぼると，腹部を使って左右の翅を引き離し，翅を開いて乾かした (Rowe 1987a)．ニュージーランドイトトンボの雌は，普通は水面から直接飛び立つことができるが，雌が失敗した場合は雄がタンデムになって雌を持ち上げることがあった（時々間違えて，浮標モード [図2.5C] で産卵しているキボシミナミエゾトンボの雌にタンデム結合を試みることがあった）．タイリクルリイトトンボの雌は，つかんでいた産卵基質を放し，水面に浮き上がるが，その間，腹部の屈伸を繰り返した．この動作は雌の視認性を高め，近くの雄を誘引した．誘引された雄は，水面に達しようとしている雌の上方に定位することもあった．雌は水面に達するとすぐに，腹部を曲げながら横たわることが多かった．するとすぐに，雄は雌を把持し，雌の背側を上方に向け，タンデムになって雌を水面から持ち上げて飛び立つか (67％の例)，雌を足場のほうに牽引し (6％)，短いタンデム飛行をした後に交尾を試みた．このように救助されないと，雌は溺れることになるのだろう．雌は時に翅を羽ばたかせることによって，雄が雌を持ち上げたり牽引することを助けた．しかし，タイリクルリイトトンボの雌はハーゲンルリイトトンボ (Fincke 1986a) と違い，雄の助けなしでは水面から飛び立てなかった (Miller 1990a)．もし雌が未産卵の卵を残していて交尾を受け入れ，そのすぐ後で産卵に戻るならば，救助する雄の適応度は高められる．産卵の後，自発的に水面に浮上した雌の49％は側輪卵管に1卵も含んでいなかったが，25％以上の個体は少なくとも50卵を残していたので，救助した雄がそれらの卵の父親になる機会はあったと考えられる (Miller 1994b)．

水中で産卵することのコストとして，水浸しになることと浮上時の体力の消耗がある．Peter Miller (1990a) が観察したタイリクルリイトトンボでは，27％が雄の救助を受けられず，溺れたと思われる．おそらく，沖に向かって吹く風，高すぎる雄の密度，産卵場所から岸までの距離のすべての要因が，雌が救助される際の妨げになるだろう．Fincke (1988) が観察したハーゲンルリイトトンボでは，雌の死亡の約2.6％は産卵のために潜水したことが直接的な原因であった．

水中で産卵することの利点として，気化冷却による体温調節もあるかもしれない (§8.4.1.1)．*Calopteryx dimidiata* にとっては，産卵雌が雄に干渉されずに産卵場所を自由に選べるという明らかな利点がある．このことは，このトンボの雄の求愛行動がアメリカアオハダトンボ（雌が水面で産卵する）の雄に比べて短いことと関連しているかもしれない (Waage 1984a)．アメリカカワトンボ *Hetaerina americana* (Weichsel 1987) と *H. vulnerata* (Alcock 1987a) の雄は，なわばりを確立するのに産卵基質を必要としないので，雌は水中に産卵することによってどの産卵場所へも自由に出入りすることができる．

ハーゲンルリイトトンボの雌は水面下で産卵することによって，成虫の活動期間中に水位が著しく低下することがある生息場所で，卵が乾燥にさらされるリスクを減少させている (Fincke 1986a)．Ola Fincke (1986a) はまた，タイリクルリイトトンボと同様，ハーゲンルリイトトンボの雌も，水面に浮上するときに警護雄と単独雄の両方が行う救助行動から利益を得ていることを観察している．すなわち，そのような救助行動によって，産卵バウト1回当たりに雌が死亡する確率が0.06から0.02に減少した．これは，1個体の雌が1日に4回も水に潜って産卵することがある場合には重要な問題である．（ハーゲンルリイトトンボの）潜水産卵は，エピソード間の再交尾の機会が増加し，そのことによって単独雄の監視が強化されて雌は利益を得ることになった．単独雄は，浮漂している雌をその雌の元の交尾相手の1.4倍の頻度で救出した．多回交尾は，交尾相手が行う監視の淘汰上の利益も増加させることになる．同じ論法で，警護はその雄と交尾した雌がクラッチ全部の卵を産むまで生存することをより確実にし，その結果，卵への雄の遺伝的投資を守ることになる．浮

上したハーゲンルリイトトンボの雌が交尾を受け入れる確率は，潜水の持続時間と負の相関を示した（それゆえ，その雌の卵の残量と正の相関を示すと推測される）．すなわち，10分以内に水面に浮上した雌の大部分は交尾を受け入れたが，19.5分以後に水面に浮上した雌の大部分は拒否した (Fincke 1986a).

2.2.8 捕　食

捕食される危険性は，飛びながら産卵するトンボよりも，とまって産卵しているトンボのほうが大きいだろう．Wesenberg-Lund (1913) は，飛びながらの産卵が，部分的には魚による捕食への対策として淘汰されてきた可能性を示唆した．非常に限定された空間（写真 E.3）で産卵するハビロイトトンボ科の種は，まさにその理由ゆえに，待機している捕食者に捕食されることが多い．Ola Fincke (1989) は，大型のシボグモ科のクモが，産卵中のムラサキハビロイトトンボを捕食すると推測している．このように考えると，*Mecistogaster martinezi* が飛びながら産卵（表 A.2.5）することも，驚くべきことではなく (Fincke 1989)，そのうち他のハビロイトトンボ科の種でも1つの選択肢として認識されるかもしれない．

おそらく魚やカエル，鳥が，植物内産卵をする雌の主要な捕食者となるだろう．しかし，時にはスズメバチ科のハチが，水面から突き出たヤナギ属 *Salix* に産卵しているマキバアオイトトンボ *Lestes viridis* を大量に捕食することがあるし (Cordero 1988)，*Aeshna eremita* (Walker 1953) やアメリカヒメムカシヤンマ *Tanypteryx hageni* (Svihla 1984) のような大型の不均翅亜目の産卵雌が，同種の大きな幼虫や大型の甲虫の幼虫につかまれて引きずり下ろされることもある（加納・小林 1991）．不均翅亜目の幼虫は，タンデムで産卵している均翅亜目の雌の腹部をつかんで水面下に引き込み，それを食うことがある (Torralba-Burrial 1996)．これはタンデム産卵が，下から近づいてくる捕食者に対しては必ずしも防御にならないことを示している．また，タンデムで産卵中の *Erythromma viridulum* のペアを見つけたと思われる数羽のカモが，彼らに向かって水面上を突進したとの報告もある (Hagen 1996b)．タンデムで産卵している雌は，単独雌に比べて水面上方からの捕食を受けにくいようである．単独で産卵中の雌は，例えば *Aeshna affinis* のように，より容易に接近されて捕らえられる (Utzeri & Raffi 1983)．ただし，Rafal Bernard (1995b) は，採餌行動中のハクセキレイ *Motacilla alba* が，*Cercion lindenii* の単独成虫よりも

むしろタンデムペアを好んだことを記録している．この観察は，*Argia apicalis* の雄の胸部の色が，産卵中の雌を接触警護している間は灰色であったものが，雌から離れると鮮やかな青色に戻ったという Ken Tennessen (1995) の興味深い観察の背景を説明する．このような可逆的な色彩変化 (§8.3.2.2) は，タンデムペアを目立たなくすることで，捕食に対抗する機能の1つとして働く可能性を示唆している．

随伴している雄は，潜在的な脅威を感知し，雌が逃避することを助けるために（雌よりも）良い位置にいると思われる．Gunnar Rehfeldt (1991a) の次の観察はこの推論を支持するものである．連結しているサオトメエゾイトトンボの雄が歩哨姿勢（水平よりもむしろ直立）をとる割合はカエルによる捕食のリスクと強い相関があり，雄が直立しているときは逃避はより敏速で，捕食される頻度が低かった．風が吹くと雄は水平姿勢をとらざるをえなくなるが，その結果，産卵が長引くだけでなく，雄の飛び立ちが遅れるために，捕食されるリスクが増加した．ここで，雌のサオトメエゾイトトンボが**直立**雄を伴った同種のタンデムの存在を産卵場所選択の手がかりにしていることを思い出すべきである (Martens 1994a)．サオトメエゾイトトンボとアカイトトンボが池の同じ場所で産卵していた場合，後者は前者の約2倍の頻度でカエルに捕獲された (Rehfeldt 1995)．均翅亜目の一部の属の雄は，両生類の捕食圧が低い場所では，警護する際に水平のタンデム態をとる（例：キイトトンボ属 *Ceriagrion*，ルリイトトンボ属，アカメイトトンボ属，オツネントンボ属 *Sympecma*）．また，他のタンデムに誘引されて産卵するアカイトトンボのタンデムは，近くにカエルがいる産卵基質に産卵する頻度が低かった．また，カエルがいる産卵場所といない場所での平均滞在時間はそれぞれ27.1秒と596.2秒で，カエルがいる場所での産卵時間は短かった．カエルから0.3m以内の場所に降りて産卵したすべてのペアは襲われ，捕獲されたが，それより離れた場所に降りたペアの84％は逃避した (Rehfeldt 1990)．カエルによる捕獲率はサオトメエゾイトトンボの産卵ペアの数とともに増加した (Rehfeldt 1995)．

グループ産卵 (§2.2.6) は捕食に対抗する機能をもつと思われる．カエルによる捕食のリスクと産卵ペアの集合との間には正の相関が見られる．集合する種（例：サオトメエゾイトトンボ，*Coenagrion pulchellum*，ヨーロッパアカメイトトンボ，アカイトトンボ，ムツアカネ，クレナイアカネ，およびイソアカネ）が生息するのは，カエルがよく集まるような小さな水域であるのに対して，集合しない種（例：タイリ

クアキアカネ*Sympetrum depressiusculum*, エゾアカネ *S. flaveolum* およびスナアカネ *S. fonscolombei*) が産卵するのは, 捕食のリスクがより低い場所である. イソアカネの孤立したペアに比べて, 集団で産卵しているペアのほうがカエルによる捕食リスクが低かったが, これは希釈効果に加えて, ペアの数によって捕食者が混乱させられたためもあるだろう (Rehfeldt 1992a). イソアカネのタンデムは, カエルがいるいないにかかわらず産卵中は集合し, たいていはカエルが動くまでその存在を感知できなかった. 一度カエルが襲いかかって失敗しても, 直ちにタンデムが分離するわけではなかったが, その後パートナーが非接触警護を試みても, 雌はそこから飛び去ることが多かった. イソアカネのほとんどのペアは, 視界を遮る植生がなく見通しが良い場所では集団で産卵し, 植生が密で視界が限られている場所では単独で産卵した (Rehfeldt 1992a). アカイトトンボは産卵を始めるときにだけ集合したが, 集団に入ったペアは単独で降り立ったペアよりもずっと早くその場を去った (それぞれ17.8秒および39.2秒). 複数のタンデムの存在はカエルによる捕食のリスクが低いことを示すと思われるので, グループに参加して産卵することは生存率を高めることになるだろう (Rehfeldt 1990).

イトトンボ科やモノサシトンボ科の潜水産卵をしている雌は, 大型の不均翅亜目幼虫や半翅目, 鞘翅目, ハシリグモ属 *Dolomedes*, 魚およびカエルを含む多様な捕食者による捕食を被りやすい (Fincke 1982; Godfrey & Thompson 1987; B. Peters 1988; Miller 1993a). また, Beatty & Beatty (1970) は, 1個体のイモリが, 潜水産卵をしている *Calopteryx amata* の雌を30分以上の間しつこく付け回していたことを報告している.

植物内産卵をする多くのトンボほどではないが, 飛びながら植物外産卵をする種も, クモ (Miller 1983b; Paine 1993: 20 の D. Sussex) やカエル (Robey 1975) による捕食をかなり被ることがある. 高速度撮影を用いてこのような捕食を研究した Georg Rüppell (1983b) は, ヨーロッパトノサマガエル *Rana esculenta* がアカネ属の産卵中のタンデムを捕食するために特殊化していると考えている. このカエルは, ネバネバした舌と前肢を用いてタンデムを捕える. 産卵中のムツアカネに対する自然条件下での捕食について分析した Michiels & Dhondt (1990) は, タンデムで産卵を**始めた**雌の14％が, また単独雌の10％がカエルに捕らえられたのに対し, タンデムの雄のうち捕らえられたのはわずか3％であることを見い

だした. ペアが互いに誘引しあうことは, 植物外産卵をするトンボにおいても, 捕食の減少に貢献するかもしれない. 飛来するペアにとって, 別のペアが産卵していることは, その地点ではカエルによる襲撃が最近起こっていないことを示す. もしカエルが襲撃しても, 2ペア以上が存在すればカエルを混乱させ, 襲撃の成功を減少させるかもしれない. また, 通常カエルどうしは間おき分布をしているので, もし1個体のカエルが1つのタンデムペアを捕らえたら, そのカエルが餌を処理している間は, その地点にいる他のどのペアもそのカエルに捕まることはないだろうし, ペアは警戒し逃避できる. タンデムが解消した後は産卵雌への攻撃の頻度が低くなるので, このような集合がタンデム産卵時の高い死亡率を低下させるのに有効であることが示唆される. 産卵中のムツアカネの雌が, タンデム態か単独かにかかわらず低く飛び, より目立たなくなることは, 1つの対捕食者行動と思われる.

カエルによる捕食のリスクは, イソアカネがタンデム態で産卵している場合は両性で等しいが, 非接触警護産卵の場合は雌のほうが30％高くなる. 実際, 非接触警護している雄への襲撃は一度も観察されなかった (Rehfeldt 1992). この観察は, 急速な上昇よりも滑空に特殊化した幅広い後翅をもつ種の雄が示すハネビロトンボ型警護 (§2.2.5) は捕食のリスクが低いという仮説を支持している. またセボシカオジロトンボ (Wolf & Waltz 1988) とムツアカネ (Michiels & Dhondt 1990) でも, タンデム分離後の産卵の際にカエルから受けるリスクは雄よりも雌のほうが大きかった. ヨーロッパショウジョウトンボ *Crocothemis erythraea* では, 産卵中何回か交尾を繰り返した雌は, そのつど産卵場所を変更せざるをえなくなったため, カエルによる襲撃をより多く受けた (Rehfeldt 1996).

2.2.9 日周パターン

交尾のための出会い場所が産卵場所でもある場合 (通常の状態) には, 雌が産卵に飛来する時刻は, 雄がそこにいる確率が高い時間帯, つまり産卵が干渉される確率が高くなる時間帯と関連がある. よくあるパターンは, 雌が1日を通して産卵場所に飛来することである. 飛来時間帯の中で, 太陽の南中時刻かその少し後に, はっきりしないピークを示すことが多い. 例えば, *Diastatops intensa* (Wildermuth 1994b) や *Nannothemis bella* (Lee & McGinn 1986), アメリカハラジロトンボ *Plathemis lydia* (Campanella & Wolf

1974; Koenig 1990), アフリカハナダカトンボ (Rehfeldt 1989b), *Sympetrum internum* (E. Schmidt 1987b) がそのようなパターンを示す. *Celithemis eponia* は午前中に (Miller 1982b), アメリカアオハダトンボ (Waage 1988a) やムカシトンボ *Epiophlebia superstes* (Okazawa & Ubukata 1978) は午後に, はっきりしないピークを示すことが多い. フランス南部では, マンシュウイトトンボの産卵は, 産卵前の非常に長い交尾 (警護の一形態) が原因で, 日没前の5時間に限られる (Miller 1987b). 産卵が薄明薄暮のどちらか, あるいは両方に限定されることは, 特に温暖な気候のもとでは稀なことではない. 六山 (1961) はミャンマーで, ウスバキトンボのタンデム産卵が夜明け時の短時間に集中することを観察している. また Curtis E. Williams (1976) は, アメリカ, テキサス州で, 日陰を好む種である *Neurocordulia xanthosoma* が, 夜明け直後から30分以内に産卵すると記録している. 薄明薄暮性の産卵は朝よりも夕方の薄明かりの時に限定されることが多いようである. これは, 日の出ころの気温がまだ低くて産卵に適さないことが1つの理由だと思われるが, 観察者自身の日周活動パターンも, 記録に偏りをもたらす原因になっているだろう. 日没から15〜20分の間に産卵することが観察された *Antipodogomphus hodgkini* (Watson 1969) は, 薄暮産卵の1例であろう. 完全な暗黒の中で行われる産卵が時々観察されているが (Corbet 1962a), これはおそらく, 夕方の薄暮活動が延長したものだろう. 一部のトンボは明らかに薄明薄暮性 (Haddow 1945の意味で) であり, 例えばアメイロトンボ (P. L. Miller & Miller 1985) のように産卵は朝と夕方の薄明かり時に限られ, 照度と密接に関連している. アメイロトンボが, 朝の活動を開始する照度よりも少し低い照度で夕方の活動を停止することは興味深い. これは薄明薄暮性の昆虫 (§8.4.4) に共通な現象のようで, 同じレベルの照度であれば朝の薄明よりも夕方の薄暮時に黒球温度が高い事実と関係があるかもしれない. これらの薄暮性の少なくとも一部は内因性の日周リズムを反映していると考えられる (Corbet 1962a 参照).

一部のトンボは, 産卵場所に雄があまりいない時間に集中して産卵する (§11.8.1 も参照). そのため, 例えば *Aeshna rufipes* (De Marmels 1981a) と *Boyeria irene* (A.K. Miller & Miller 1985a) では雌が薄明時を避けて日中に産卵し, *A. tuberculifera*, *A. umbrosa* (Halverson 1983a), ムカシトンボ (Okazawa & Ubukata 1978) では午後遅くから夕方早くにかけて, ギンヤンマ (Jödicke 1996) は日没後に産卵する.

Heinrich Kaiser がドイツ南部で行った優れた研究は, 両性間のこの相補的な関係に光を当てたものである. アルプス南東部の調査地では, ルリボシヤンマの雌は1日を通して少数で産卵していた. その間, どの個体も1回, 時に2〜3回, 水域に飛来したが, 雄がいない夕方の薄暮の1時間 (19:00〜20:00) に明瞭なピークを示した (Kaiser 1975). ドイツ南部のヒスイルリボシヤンマの雌も, 雄が飛来する前の早朝に産卵することを好むことを除けば, ルリボシヤンマによく似た日周パターンを示した. 交尾受容性の高い雌 (行動から分かる) は1日を通して飛来し, 受容性の低い雌は夕方産卵することを好んだ. 遅い時刻ほど雌当たりの (しかし雄当たりではそうではない) 平均交尾数が徐々に低下したことから分かるように, 受容性の高い若い雌は, 受容性の低い老熟雌に比べて, より早い時間帯に飛来した. ヒスイルリボシヤンマは夏季種 (§7.4.3) で, 羽化が長期にわたるので (S. A. Corbet 1959; 図7.21), この日周パターンは, 受容性のある雌が少なくなる成虫出現期の終わりころを除き, 出現期のほぼ全体にわたって続いた (Kaiser 1985a).

Argia plana の産卵の日周パターンは, 成虫出現期の後半になると, *Enallagma civile* と共通の産卵基質を利用する時間的な重なりを減らすように変化した (Bick & Bick 1965a).

これまでに知られている1回の産卵エピソードの最長持続時間は, その雌が警護されているか潜水しているかによらず, 産卵モードの3つの基本カテゴリーとおおまかに相関しており, 植物内産卵をする種 (上記参照) で2〜3時間 (例外的に5時間), 植物表面産卵をする *Perithemis mooma* (Wildermuth 1992) と *Tetrathemis bifida* (Lempert 1988) ではそれぞれ3分と4分, 植物外産卵をするキイロサナエ *Asiagomphus pryeri* (日比野 1980) や *Urothemis assignata* (Hassan 1981a), オオメトンボ *Zyxomma petiolatum* (Begum et al. 1982b) では2〜3分である.

2.2.10 産卵速度

産卵速度は産卵モードとおおまかな相関がある. 植物内に産卵する種は, 1〜18卵/分と比較的ゆっくり産卵し (例: ヒスイルリボシヤンマ, Kaiser 1974a; *Argia moesta*, Legris & Pilon 1985; アメリカアオハダトンボ, Waage 1978; *Chromagrion conditum*, Bick et al. 1976; パプアヒメギンヤンマ, Rowe 1987a; ヒロアシトンボ, Martens 1996; アカイトトンボ, Bennett & Mill 1995a), 産卵エピソードは時に数時間続く

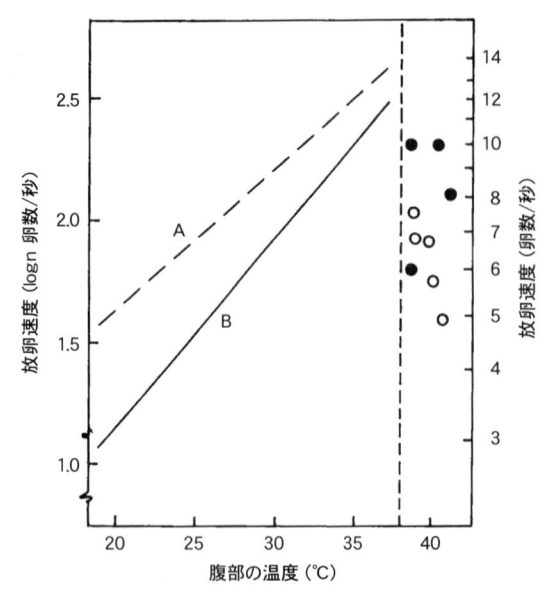

図2.9 ハヤブサトンボにおける腹部の温度と放卵速度の関係．北アメリカ大陸東部の2つの緯度でのデータ．A. 北緯41°48′（ニューヨーク州）；B. 北緯29°42′（フロリダ州）．38℃以下では回帰の傾き（Q_{10}）に有意差がある．縦破線の右側の点は，白丸がA，黒丸がB．(McVey 1984を改変)

（§2.2.7）．同じ種であっても，生息場所，産卵基質，あるいは状況によって産卵速度はかなり異なることがある (Martens 1996参照；Bennett & Mill 1995a). *Lestes unguiculatus* は，ミクリ属 *Sparganium* には2.8卵/分産むことができるが，維管束組織や支持組織を多くもつイネ科植物ではわずか1.3卵/分の速度である (Bick & Hornuff 1965; Martens 1996も参照).

植物表面産卵をする種ははるかに速く産卵する．アメイロトンボは28〜30℃において打水1回当たり約9卵を産むので，警護されているときは405卵/分，単独のときは261卵/分という計算になる (P. L. Miller & Miller 1985). *Malgassophlebia bispina* は1つのクラッチを2.5〜4分で産むが，これは107卵/分に相当する速度である (Lempert 1988).

水面上を飛びながら植物外産卵をするトンボの中には，産卵速度が非常に大きい種がある（表A.2.5，モードFC6）．1,300卵/分を産むことができるハヤブサトンボ *Erythemis simplicicollis* では，産卵速度は体サイズおよび腹部の温度と正の相関がある．この関係は，北アメリカ大陸東部の北緯30°の個体群と42°の個体群で違いがある（図2.9）．Meg McVey (1984) は，北アメリカのトンボ科10種について，32℃での産卵速度を比較し，腹部のサイズと正の相関があることを見いだした．産卵速度は *Sympetrum rubicundulum* の78卵/分からアメリカハラジロトンボの1,728卵/分まで変異があった．後者は，これまでに記録された最高の産卵速度である．それぞれの卵は，膣を通過する際に受精細孔を通って1卵ずつ順に受精すると思われること (Miller 1991a参照) と，このように産卵された卵の受精率が高いこと (McVey & Smittle 1984; §3.1.4.1) を考えると，これは驚くべき速度である．ヒメシオカラトンボ *Orthetrum coerulescens* の膣の側膣板の内表面上には鐘状感覚器があり，おそらく約300個/分の速度で通過する卵によって連続的に刺激されて，受精嚢筋の反射収縮を引き起こし，精子が放出されるのだろう (Siva-Jothy 1987b; Miller 1990b). エゾトンボ科とトンボ科の卵は，輸卵管の中で受精嚢に向かって定位しており，卵門突起は後方に向き，その突起は卵ごとに交互に中央から左右の方向に向いている．このことから，精子は産卵の際に卵門房の中にすくい入れられ，それが後に内卵殻を貫通することで初めて受精を達成するという2段階の過程をとると推測される (Trueman 1991). 産卵速度が腹部の温度によって変化するので，自由に飛行するトンボ科の種のクラッチサイズは，産卵時間だけから正確に推定することはできない (McVey 1984). 産卵速度は雄が採用する警護のモード（表A.2.7）によっても変わる．

2.3　生涯卵生産

生涯繁殖成功度 (LRS) に含まれる成分と，それに影響する変数を表11.16に示した．この節では，生涯産卵数に直接関係する雌の生涯繁殖成功度のさまざまな局面（表11.16：成分1.1および1.2）を扱う．成分2.1は雄親のゲノムに関係する問題であり，交尾に関係するので§11.9.1.1で扱うことにする．

表2.5は，ハーゲンリュイトトンボの雌の生涯繁殖成功度を決定する主要な要因を示しており，1982年のアメリカ，ミシガン州の1個体群についてのものである．この表をよく見れば，このような調査を実行することがいかに複雑であるかが分かる．これらの要因はすべてのトンボに共通するものであり，この節の全体にわたって検討する．

トンボ目の卵巣小管は無栄養室型（おそらく原始的な型）であり，栄養細胞を含まない (Ando 1962参照；Beams & Kessel 1969; Wigglesworth 1972). Clifford Johnson (1973a) は，*Argia moesta* の雌がそれぞれ数百の卵巣小管をもっていることを確認した．この種では多くの卵巣小管は機能をもたないもので

2.3 生涯卵生産

表 2.5 ハーゲンルリイトトンボの雌の生涯繁殖成功度 (LRS) を決定する要因

要 因	平均[a]	LRSの分散への寄与(%)[b]
生涯卵生産	44.5	約50
1クラッチ当たり卵数	24.2	約50
全クラッチ数[c]	1.9	
成熟後の寿命 (日)	6.2	
	11.1[d]	
生存日当たりのクラッチ数[e]	0.66	
総交尾雄数	1.84	
クラッチ間隔 (日)		
間隔[e]	6.2	
個々の雌	6.7	

出典: Fincke 1986b.
注: 産み付けられたすべての卵は受精していると仮定. 産卵数は毎分13卵の割合で産卵するとして産卵時間から推定. このような推定の信頼性は産卵動作と真の産卵とを区別する観察者の能力に依存する.
[a] 原則として1雌当たり.
[b] クラッチ当たり卵数と全クラッチ数との正の相関を用いた簡便法によるため,「百分率」が100を超える不自然な数値になることがある. ここに示した数値は近似値であるが, Fincke (1991a) の意見では現実的なものである (Arnold & Wade 1984 も参照).
[c] 産卵バウトの回数に等しいとみなす.
[d] 1回だけ出現した雌を除いた値.
[e] 曇りや雨の日を除く. この表と表A.2.9で, 例えば1という値は, 同じ雌が翌日水域に戻ったことを意味する (ただし Fincke 1986bでは異なる).

あったが, その全数は少なくとも3倍の種内変異を示した. たいていの卵巣小管は約10の濾胞 (範囲10〜35) をもち, その数は日齢が進むにつれて増加する. *A. moesta* の場合, 1回の産卵エピソードが始まる前に, それぞれの卵巣小管の末端の濾胞だけが成熟する (卵になる) が, 一部の種では, 末端近くの数個の濾胞が同時に成熟するので, 非常に多数の (卵巣小管の数を大きく超える) 卵を1回の産卵エピソードの間に産むことができる (下記参照). 卵形成, あるいは卵巣濾胞の発達については, Ando (1962) がムカシトンボについて, また Tembhare & Thakare (1975) が *Orthetrum chrysis* について詳細に記述している. *Argia moesta* の卵巣構造とその発達について徹底的に研究した Clifford Johnson (1973a) は, 経産雌かどうかの判定に濾胞残滓 (Ando 1962 の degenerated follicle cell) を用いること (Corbet 1962a 参照) に対して警告を発している. というのは, 一部の双翅目 (Bellamy & Corbet 1973) と同様に, このような残滓は卵母細胞の放出だけでなく, 再吸収に由来することもあるからである. 卵母細胞と濾胞細胞の組織学的構成と発生については, Hiroshi Ando (1962) および Liisa Halkka (1980) によって詳細に記載されている.

卵サイズ, 卵巣小管数, 卵数, および体サイズとの間の相関関係は調べてみる価値があるだろう.

Clifford Johnson (1973a) や Sawchyn & Gillott (1974a), Banks & Thompson (1987a), Watanabe & Ohsawa (1987) は, 卵の観察と分類のための方法を記述している.

卵は, 通常1〜5日の間隔をおいて, 脈を打つように, 言いかえればエピソードの繰り返しとして産み付けられる (表A.2.9; 表11.17も参照). 一連の産卵がエピソードであるかバウトであるかどうかを確かめることは, 常に可能というわけではない. ここで問題となるのは, 悪天候や社会的地位の低い雄との交尾 (§11.9.1.1) のような, 雌にクラッチを産み終えることを延期させる要因である. 妨害されなければ, 雌は普通各エピソードの間に, 卵巣内のほとんどの卵 (つまり, 成熟した卵母細胞) を産むのが普通だろう. 30分間産卵した後のハーゲンルリイトトンボの雌の体内に, 卵が実質的に存在していなかったこと (図2.8) がその良い例である. また, サオトメエゾイトトンボの雌が1箇所で産卵した場合は, 腹部の前端に位置する平均12.7卵を除き, その時点のクラッチ (200〜400卵) のほとんど全部を1エピソードで産むことが多かった (Banks & Thompson 1987a). アカイトトンボのある個体群では, 晴天の暑い日には, 単一のエピソードで保有していたクラッチ (平均245卵) のほとんどすべてを産んだ (Bennett & Mill 1995a). ハッチョウトンボ *Nannophya pygmaea* の1回の産卵エピソードは, 休止時間によって隔てられた数回のバウトからなっている (Tsubaki et al. 1994).

各産卵エピソードから次のエピソードまでの期間に, 末端の濾胞が次回の産卵分だけ新たに成熟し, 次のエピソードで産み付けられるべき1クラッチの卵が用意される. このプロセスは, 死が訪れるまで繰り返される. クラッチ間の間隔を正確に測定するのは, とりわけ野外では困難である. というのは, わずか1日後に産卵を繰り返す雌は, 単に彼女が前日に1クラッチ全部を産み終えることができなかったためかもしれないし (図2.8で産卵を始めるために飛来する雌がもっている卵の総数に大きな変異があることに注意), また, エピソード間隔がかなり長い雌は, 別の場所で産卵していたか, あるいはその間に観察者が見落としていたかもしれないからである. さらに, クラッチ間隔は次のクラッチの成熟に要する時間に一致することが多いが, 必ずそうなるわけではない. サオトメエゾイトトンボの場合は, 次のクラッチが成熟しつつある間に, 次の, さらにその

次のクラッチの卵もまた発達しつつある．それゆえ，産卵の時点で，末端濾胞の次の濾胞はまだ成熟まではしていないものの，かなり発達していると考えられる (Banks & Thompson 1987a)．この状況は，クラッチ間隔が通常わずか1日しかない種（例：サオトメエゾイトトンボ）では普通のことかもしれない．アメリカハラジロトンボのクラッチ間隔は，成虫出現期の後期に長くなる (Koenig & Albano 1987a)．

1回のエピソードの中で産み付けられる卵の数は，個々のクラッチの卵数でもあり，数百から数千まで変化する．ハヤブサトンボの各雌は，天候が許せば毎日50〜2,200卵の「クラッチ」を産むが，それぞれの日では交尾をする前に前日までのクラッチの残り（平均20％）を産み，交尾してからその日のクラッチの80％を産んだ．しかし，これらの数値は他の要因の影響を受けて変動した．例えば，1日当たりの産卵数は，藻類のマット上のほうが，水面に出たクロモ属 *Hydrilla* の葉状体の上よりも約10倍多かった．また，9m以上の長さの大きななわばりの中では，雌は1クラッチ全体を一度に産むことが多かった (McVey 1988)．

産卵の中断によって腹部に卵が残ることがあるので，観察された蔵卵数の最大値が真のクラッチサイズに最も近いだろう．それを考慮すると，植物内産卵をするトンボで，1エピソード当たり800卵以上を産む種は，いたとしても少数であり（大部分の種の産卵数は400〜600卵），植物表面産卵をするトンボは300〜600卵，そして植物外産卵をするトンボの多くは1,500卵以上産むと一般的に言えるだろう．Grunert (1995) によって観察されたヨーロッパアカメイトトンボの個体群では，約10％の雌が1クラッチ当たり1,000卵以上産んだ．ハヤブサトンボ（上述），*Hadrothemis* 属 (Miller 1995a)，スナアカネ (Lempert 1987)，アキアカネ（佐藤 1984）では2,000卵以上，ハラボソトンボ *Orthetrum sabina* (Mathavan 1975) では約3,500卵，そして *Gomphurus externus* (Corbet 1962a) では5,000卵以上の記録がある．ムツアカネのクラッチサイズ（平均274卵，最大905卵；Michiels & Dhondt 1988）は，植物外産卵をするトンボの中では異常に少ないように思われるが，クレナイアカネではもっと少ないことがある (Miller 1995b)．ヨツボシトンボ *Libellula quadrimaculata* のクラッチサイズは平均2,534卵，最大3,371卵である (Lempert 1995c)．高い値の一部は，必ずしも1回のエピソードでの通常の産卵数を示しているわけではないだろう．というのは，それらの数値は，卵巣の中で濾胞が成熟を続けているのに産卵できなかった雌による結果かもしれないからである．これに当てはまると思われるのは，1週間続いた冷気と雨の後で狭山丘陵の地面の上で宮川幸三 (1989) が見つけた，生きてはいるが動けない状態のオニヤンマ *Anotogaster sieboldii* の雌の場合である．この雌の腸はほとんど空っぽだったが，卵巣には1,500以上の卵があった．植物外産卵をするトンボの卵の（平均の）全数が多いことは，おそらく雌が卵を産む速度が大きい (§2.2.10) ことに関連している．ハヤブサトンボの雌6個体の産卵パターンは，雌は1回の交尾後，最大15日間にわたって毎日49〜1,275卵のクラッチを産み続けることができることを示している (McVey & Smittle 1984)．

クラッチサイズの種内変異に影響を及ぼす要因としては，雌の日齢，体サイズ，卵の体積，クラッチ間隔，温度そして寄生が知られている．モノサシトンボ *Copera annulata* では，成熟した濾胞の数は，雌が最初に成熟したとき（羽化後約19日目）が最大 (350卵) であり，その後は約100卵まで急激に減少する (Watanabe & Adachi 1987a)．齢に依存した減少は，アマゴイルリトンボ (Watanabe & Ohsawa 1984) やアカイトトンボ (Gribbin & Thompson 1990a)，ニュージーランドイトトンボ (Rowe 1987)，そして日本のアオイトトンボ属3種でも観察されている．この3種では，各卵巣小管の濾胞のうち成熟しているものの**割合**と卵の体積は，後のクラッチになるほど減少する (Watanabe & Adachi 1987a)．サオトメエゾイトトンボのクラッチサイズを決定する最も重要な要因は，前回のクラッチが産み付けられてからの時間である（図2.10）．この間隔が長いほどクラッチサイズは大きくなり，約5日後に腹部のサイズで制限される約400卵の最大数に達する．この増加は卵を成熟させる卵巣小管の割合が増えることによる (Banks & Thompson 1987a; Thompson 1989c)．ハーゲンルリイトトンボでは，クラッチ間隔と1エピソード当たりの産卵数の間に有意な相関は認められなかった (Fincke 1988)．

クラッチサイズは温度に伴って変化する．例えばサオトメエゾイトトンボでは，気温1℃の上昇ごとに約12卵増加するので，クラッチサイズは10℃のときに140卵，15℃では200卵になる (D. J. Thompson 1989b, 1990a)．驚くべきことに，サオトメエゾイトトンボの場合，クラッチサイズ（2日間隔のクラッチではなく1日間隔のクラッチについて）は雌の体サイズ（頭幅）と負の相関がある．これは空中捕食者における飛行のエネルギーコストを反映しているのかもしれないが，大きい雌は小さい雌よりも長く生き

2.3 生涯卵生産

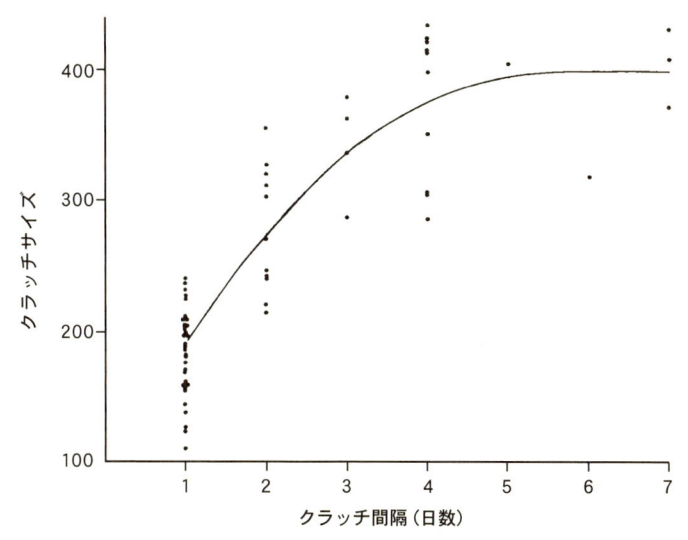

図2.10 サオトメエゾイトトンボにおけるクラッチ間隔とクラッチサイズの関係．クラッチサイズは1日間隔と2日間隔では大きく変動するが，5日目以降は約400卵に近い所で安定する．(D. J. Thompson 1990aより)

るので，おそらく雌が大型化する方向性淘汰が存在する（§11.9.1.3）．外部寄生者であるヨロイミズダニ属 *Arrenurus* による感染がひどいと，*Enallagma ebrium* のクラッチサイズを約15％減少させることがある (Forbes & Baker 1991)．雌は産卵中に捕食されるリスクが高いので，素早くかつ少ない回数で産卵する雌が淘汰上で有利になると予想される (Fincke 1982)．

サオトメエゾイトトンボの雌の生涯繁殖成功度の分散を3つの成分に分割すると（図2.11），生存率の役割が支配的であることが分かり，これが全分散の70％を説明する．大きい雌ほど長く生きる（弱い相関がある）けれども，どれかの表現型が他の表現型よりもうまく生き残るという証拠はない．卵生産数の変異の2番目に重要な要因は，クラッチ生産の速度である．これは分散の20％を説明する．分散の残りの10％はクラッチサイズに依存する．それゆえ，淘汰圧はクラッチサイズに対してよりも，クラッチの生産速度に対してより強く作用している．生涯卵生産と体サイズとの間の関係は，クラッチ間隔は常に1日であると仮定することで，体サイズとクラッチサイズ，および体サイズとクラッチの数についての2つの回帰式から計算することができる．その結果として得られる生涯卵生産と体サイズとの間の関係（図2.12）は山型であり，生涯繁殖成功度に関して最適な体サイズがあることが分かる．しかしその最適サイズは，観察されたどの雌の体サイズよりも大きいので，雌の体サイズを増加させる方向性淘汰が存在するが，性淘汰（§11.9.1.3）がその方向性淘汰

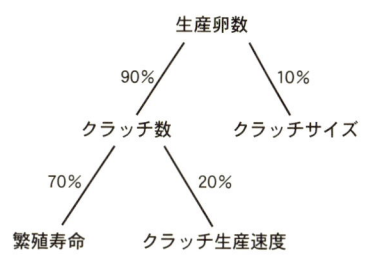

図2.11 サオトメエゾイトトンボの卵生産における全分散に対する各成分の分散比（％）．これは相関分析を行った場合の r^2 の値に相当する．(Banks & Thompson 1987aより)

の主要な成分である可能性は低いと解釈される．

1983年と1984年に，サオトメエゾイトトンボによって生産された平均クラッチ数は3.85で，最大は15であった (Banks & Thompson 1987a)．スペインアオモンイトトンボ *Ischnura graellsii* のクラッチ数は平均1.1，最大で7であり，3つの色彩型の間で有意差はなかった (Cordero 1994a)．（長命の）雌の潜在的生涯産卵数の観察値（あるいは推定値）は，アメリカアオハダトンボ (Waage 1978) とアメリカアオモンイトトンボ *Ischnura verticalis* (Grieve 1937) では1,500～2,000卵，スペインアオモンイトトンボ (Cordero 1991a) では約3,000卵，サオトメエゾイトトンボ (Thompson 1989c) とヒメギンヤンマ (Degrange 1971) では4,000卵以上，そしてアカイトトンボ (Bennet & Mill 1995a) では約8,500卵である．アカイトトンボの値は，好天期間中に（成熟成虫として）最も長く（39日）生存していた雌について推定され

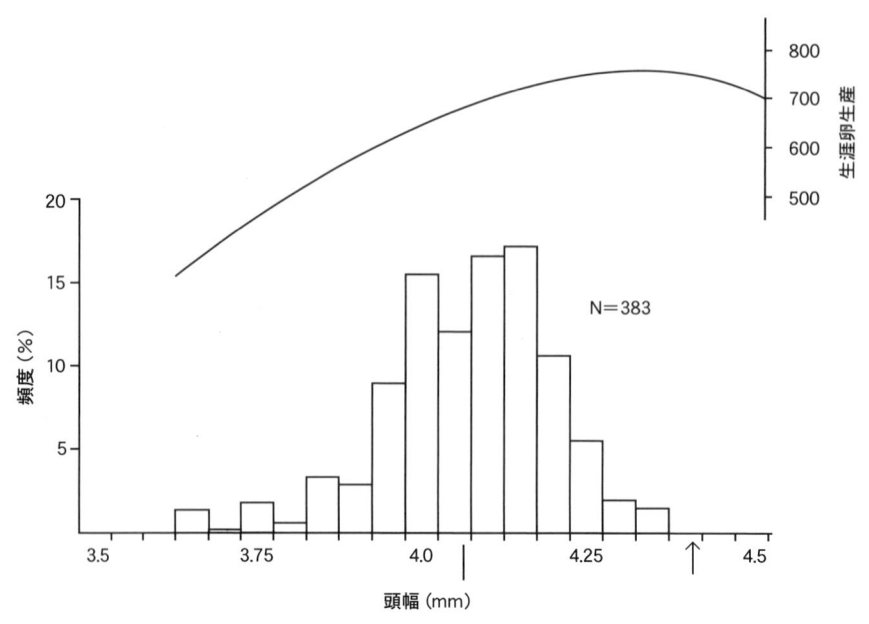

図2.12 サオトメエゾイトトンボの生涯卵生産の推定値と雌の頭幅との関係（上），および6～7月における雌の頭幅の頻度分布（下）．横軸中央の縦線は平均頭幅を，矢印は計算で求めた最適頭幅を示す．(Banks & Thompson 1987a より)

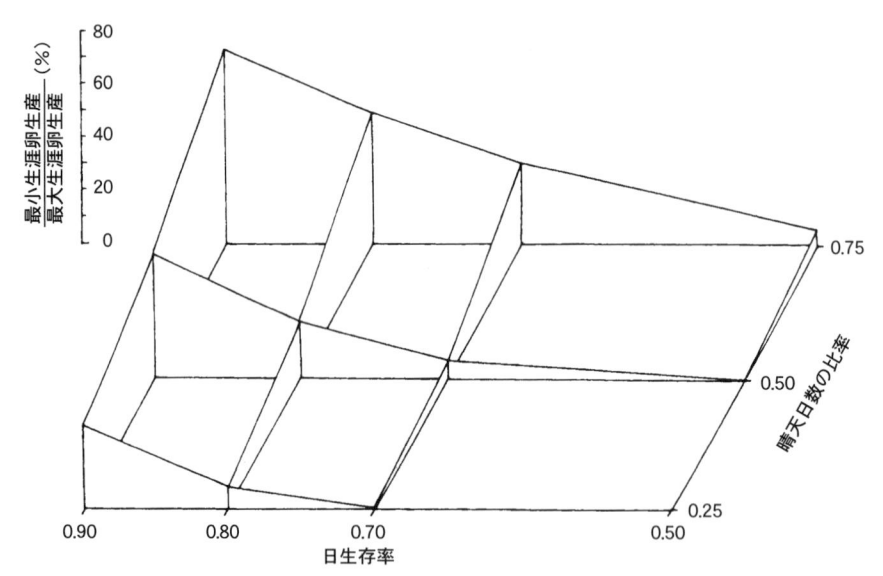

図2.13 1日当たり生存率および晴天の日の割合が，サオトメエゾイトトンボの生涯卵生産に及ぼす影響．生涯卵生産はシミュレーションモデルから導かれた，理論的に最大の生涯卵生産に対する百分率として表現．(D. J. Thompson 1990a より)

たものであり，個体群の平均生涯産卵数は1,447卵であった．ハーゲンルリイトトンボは，自然条件下では平均1.9クラッチを産む期間だけしか生存せず，生涯産卵数は44.5卵であった（表2.5）．Cordero (1994d) が標識して調査したスペインアオモンイトトンボの雌は，その生涯に平均してわずかに0.7回産卵したにすぎなかった．アメリカ，ミシガン州の川岸の湿地に生息するアメリカアオイトトンボ個体群では，連続する2年間の調査で得られた雌の潜在的生涯産卵数は，それぞれ73.5卵および45.2卵と推定された (Duffy 1994)．

Banks & Thompson (1987a) は，サオトメエゾイ

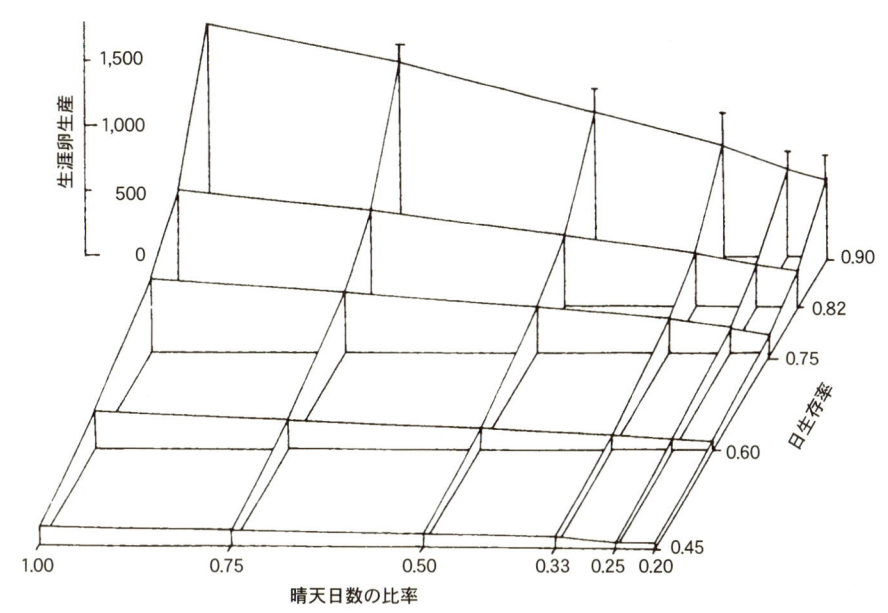

図2.14 1日当たり生存率および晴天の日の割合がサオトメエゾイトトンボの生涯卵生産（卵数）に及ぼす影響．シミュレーションモデルから導かれた（各シミュレーションについて30回の繰り返し）．(D. J. Thompson 1990aより)

トンボの生涯卵生産（実現された生涯産卵数）を推定するためのモデルを提案した．このモデルは，生涯産卵数を決定する3つの主要な要因（繁殖寿命，クラッチ当たり卵数，そしてクラッチ生産速度）についての知見と，これらの要因のうちの2つと体サイズとの関係についての知見に基づいている．雌は正午近くの直射日光が差しているときにだけ産卵することが分かっているので，David Thompson (1990a)は，晴天の日の比率だけでなく，その分布の影響も考慮することで，モデルの予測値を正確なものにした．1日当たりの生存率と晴れた日の比率の一定の組み合わせのもとで，生涯卵生産は晴れた日の分布がより集中的になるにつれて減少した．成虫出現期の間の天候に依存するため，生涯産卵数（つまり生涯卵生産）の最小推定値と最大推定値は1桁も違うことがある（図2.13および2.14）．このように，生涯産卵数は，主として偶然によって決定されていた（Lambert 1994も参照）．そして，生殖活動が晴天の日が続く時期に始まった雌は，生殖活動が曇った天候と重なってしまった雌よりもずっと多くの卵を生産した．このような分析は，トンボの生涯繁殖成功度において産卵が重要な役割を果たしているという我々の理解をかなり前進させるものである．また，その分析結果は，生涯繁殖成功度に対するさまざまな要因の相対的な寄与率について一般化する前に，場所や天候によっても大きく数値が変わりうること

を認識すべきだという警鐘にもなっている．

2.4 摘　要

トンボは種ごとに，ある特徴的な生息場所，あるいは一定の範囲の生息場所を利用するのが普通である．新しく作られた水域に早くから棲みつく種のように，一部の種は幅広い生息場所選択を示す．一方，非常に選好性が強い種もいて，極端な場合，わずか1種の植物の葉の基部にだけ産卵する．

熱帯では利用される生息場所の種類が多く，特に均翅亜目で多様である．流れが速いか中程度の流水では，均翅亜目は不均翅亜目よりも比率のうえで多く出現する．ファイテルマータや地上の落葉層に生息する少数の種は，いずれも熱帯の種である．

生息場所選択は階層的な過程と見ることができる．成虫は最初にビオトープを選択し，次に幼虫の生息場所を，そして最後に産卵場所を選択するが，それぞれの階層でいくつかの感覚刺激を手がかりとして用いる．視覚刺激はあらゆる段階で手がかりとして用いられ，時に接触刺激や温度刺激も産卵場所選択の際の補助的な手がかりとして利用される．化学的刺激が手がかりとして利用されることがあるかもしれないが，まだ知られていない．

性的に成熟した成虫は，主に視覚刺激をあらゆる

段階で手がかりとして用いるのが普通であり，その後，時々接触刺激をその種に特徴的な生息場所を選ぶ際の手がかりとする．視覚的手がかりとなるのは，特に水平方向の電界ベクトルをもつ偏光の反射率のパターン，水生植物の形や構造，広がり，位置，雄の求愛，そして産卵中の同種個体の存在である．他に手がかりとなるものとして，産卵場所の触感や水温，水の動きの程度などがある．このような信号（至近刺激）は，卵や幼虫の生存率（究極要因）を高めるのに役立つ物理的，あるいは化学的条件と相関がある場合が多い．

産卵モードの種間変異は，産卵管の形態や生息場所の物理的・季節的な特徴を反映する．産卵モードの種内変異は，微気候などの生息場所の違い，潜在的捕食者の存在や接近，そして同種雄からの干渉を受ける程度を反映する．産卵に際しての雄からの干渉は，雌を警護する雄の存在や雌の潜水産卵，またはその両方によって軽減される．また，雌がその場所を去ることや，雄が水域にいない時刻に産卵すること（これは主に受容性のない老熟雌が時々示すやり方である）によっても干渉は軽減される．それだけでなく，雄による産卵雌の警護は，捕食による雌の死亡率を減少させることもあるし，潜水産卵の場合では溺死を減少させることもある．

幼虫が陸生である少数の種は別として，一部の種，特に季節的な水位変動が大きい生息場所に棲む種は，水から何mも離れた所で産卵する．

産卵モードや警護雄の存在，他の雄からの干渉の度合にも依存するが，中断がない場合の産卵エピソードは数分から数時間続く．

産卵速度には，植物内産卵をする種の毎分1～18卵から，植物外産卵をする一部の種の毎分1,500卵までの幅がある．後者では，その産卵速度は，腹部の温度と正の相関を示すが，その関係は地理的な種内変異を生じやすい．

一部の種は集合して産卵する．これは，産卵している同種個体に誘引された結果生じることが多い．このようなグループ産卵によって，主にカエルによる捕食のリスクを減少させ，また一部の雌にとっては，雄のなわばりの中で交尾せずに1産卵エピソードを完結することが可能になる．

雌の生涯産卵数（生涯の受精卵生産数）は，雌の生涯繁殖成功度の重要な成分の1つであり，各クラッチのうち実際産み付けられる卵数，クラッチ間隔（1～数日），雌の寿命に依存する．特に高緯度においては，天候（主に気温と生殖活動にとっての好適さ）が生涯卵生産の主要な決定要因となりうる．生涯産卵数の最大可能数は，1雌当たり数千卵になることがある．

Chapter 3

卵および前幼虫

> たいていの田舎の人たちは,
> 蒲が腐って蛆虫になり,
> それが蠅に変わるのだと言い張る.
> それでも交尾はなくなりはしないし,
> 蠅から蠅が生まれる事実も消えはしない…
>
> ——トーマス・マフェット (1634)

3.1 卵

3.1.1 採卵

産卵中や交尾中に捕獲した雌のトンボは,多くの場合,人工的に産卵させることができ(冨士原 1979; Dunkle 1980),通常その卵の大部分は受精卵である.植物外産卵をする種は,普通,水面に卵を産み落とす.一方,植物内および植物表面産卵をする種は,普通は植物組織の内部や表面に産み付けるが (Fincke 1987; Bennett & Mill 1995a),湿った濾紙 (Johnson 1966a; 尾花・井上 1972) や,ポリスチレンのような代用物にも産卵する.後者は腐敗しにくく,その中の卵が見やすいので採卵する際に好んで用いられる (Legris & Pilon 1985). Asahina & Eda (1982) による観察から示唆されるように,コケ植物の葉状体は代用の産卵基質としていろいろな種に使えるかもしれない.未成熟または未交尾の雌を飼育下で成熟させることや (Degrange 1971),交尾させることはできるし (Oppenheimer & Waage 1987),卵を試験管内で受精させることもできる (竹内 1981; しかし Dunkle 1980参照).自然状態では,単為生殖性または卵胎生性のトンボの種は知られていない (ただし追補文献の Kato et al. 1997参照)*.

3.1.2 外部形態

トンボの卵の形や外部形態については Hiroshi Ando (1962) による包括的な総説がある.卵サイズは約 480×230 μm (ハッチョウトンボ *Nannophya pygmaea*) から 700×600 μm (オニヤンマ *Anotogaster sieboldii*) までの幅が記載されているが,最も小さな均翅亜目 (例:*Enallagma vansomereni*, Martens & Grabow 1994) の卵は,ハッチョウトンボの卵よりも小さいだろう.アカイトトンボ *Pyrrhosoma nymphula* の産下直後の卵サイズは,成虫活動期の開始から3〜4週間経過すると急激に小さくなるが (Gribbin & Thompson 1990a),これは遅い季節に羽化する個体が年1化の小型の個体であるためと思われる (§7.4.5).

植物内に産み付けられる卵は一般に紡錘形をしており,長径が短径よりも数倍長い.それに対して,植物外に産下される卵は,楕円体ないし球に近い形をしている(図3.1).ところが,一部の種(例:アメイロトンボ属 *Tholymis*, オオメトンボ属 *Zyxomma*)は,植物表面に産卵するにもかかわらず細長い卵を産む.また,カトリヤンマ族の多くの種は(例:ヤブヤンマ *Polycanthagyna melanictera*, 図3.1),しばしば植物体の表面に卵を産み付け, *Mecistogaster martinezi* は卵を水面に振り落とすが(表 A.2.5, FN3),ともに紡錘形の卵を産む (Ando 1962; Machado 1986).

卵の生理や生存率は,卵外被を形成する層状構造によって大きく影響される.卵外被の微細構造は走査型および透過型電子顕微鏡を用いて研究されており, Göran Sahlén (1995) による総説がある.その層状構造(図3.2, 3.3)自体は,調べられたトンボの全種に共通であるが,植物内産卵の種と植物外産卵の種との間だけでなく,それぞれの中でも変異がある.この変異には,酸素や水の交換の促進のほかにもいくつかの物理的環境条件が関連する.

機能的に分類できる2つのカテゴリーのうち,**植物内産卵**をする種の卵のほうが卵外被の構造上の均質性が低い (Sahlén 1994a, 1995a参照).これらの卵

---

*訳注:最近,アゾレス諸島で *Ischnura hastata* の単為生殖集団が発見された (Cordero et al. 2005. Odonatologica 34: 1–9).

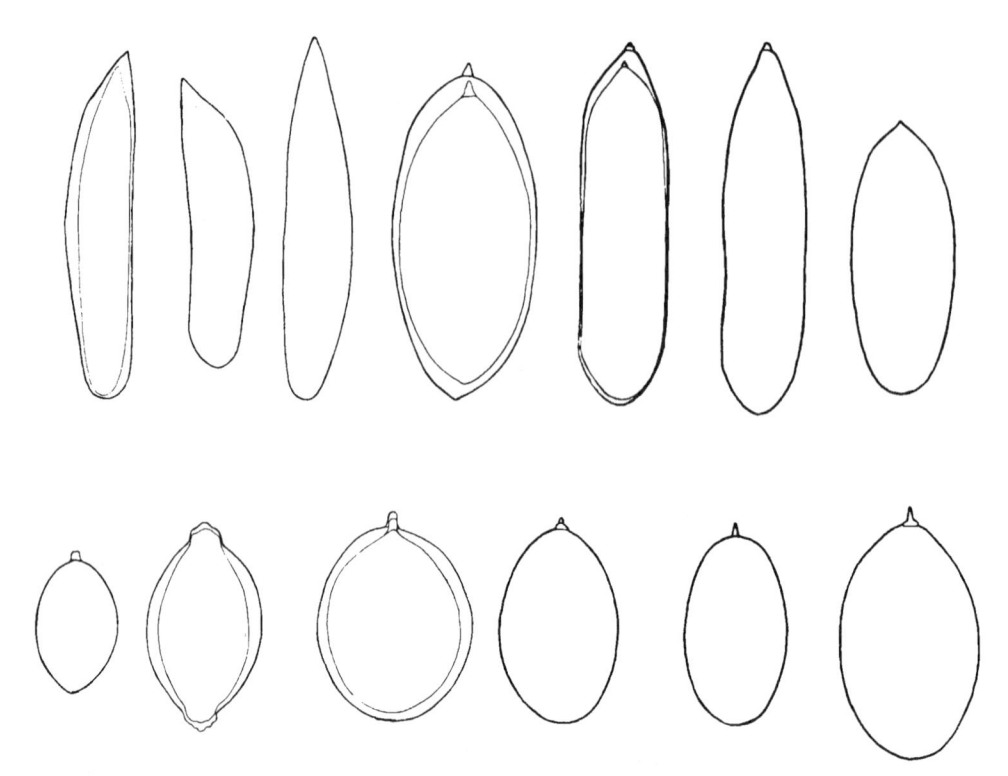

図3.1 トンボ類の卵．左から右に，（上段）アオハダトンボ属，キイトトンボ属，アオイトトンボ属，ムカシヤンマ属，ヤブヤンマ属，ルリボシヤンマ属，トラフトンボ属，（下段）サナエトンボ属，コオニヤンマ属，オニヤンマ属，アカネ属，オオヤマトンボ属，エゾトンボ属．拡大率は不同．(Ando 1962より)

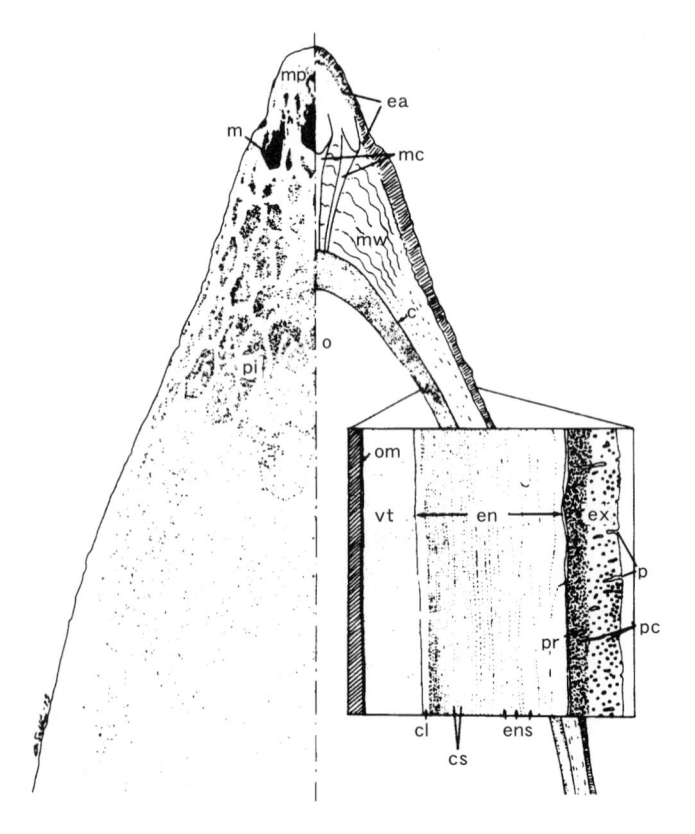

図3.2 ルリボシヤンマの卵外被の主な構成要素と各部位の名称．略号：c. 卵殻；cl. 結晶層（卵殻の最内層）；cs. 結晶薄層；ea. 内卵殻アンカー；en. 内卵殻；ens. 内卵殻副層；ex. 外卵殻；m. 卵門の開口；mc. 卵門副枝；mp. 卵門突起；mw. 内卵殻の三次元網状構造；o. 卵母細胞*；om. 卵膜（卵母細胞膜）；p. 小孔；pc. 小孔細管；pi. 多角形紋様；pr. 側結晶域；vt. 卵黄膜．(Sahlén 1994aより)

*訳注：一般に昆虫の卵は減数分裂が完了していない卵母細胞の状態（第1減数分裂の中期）で産み落とされる．

3.1 卵

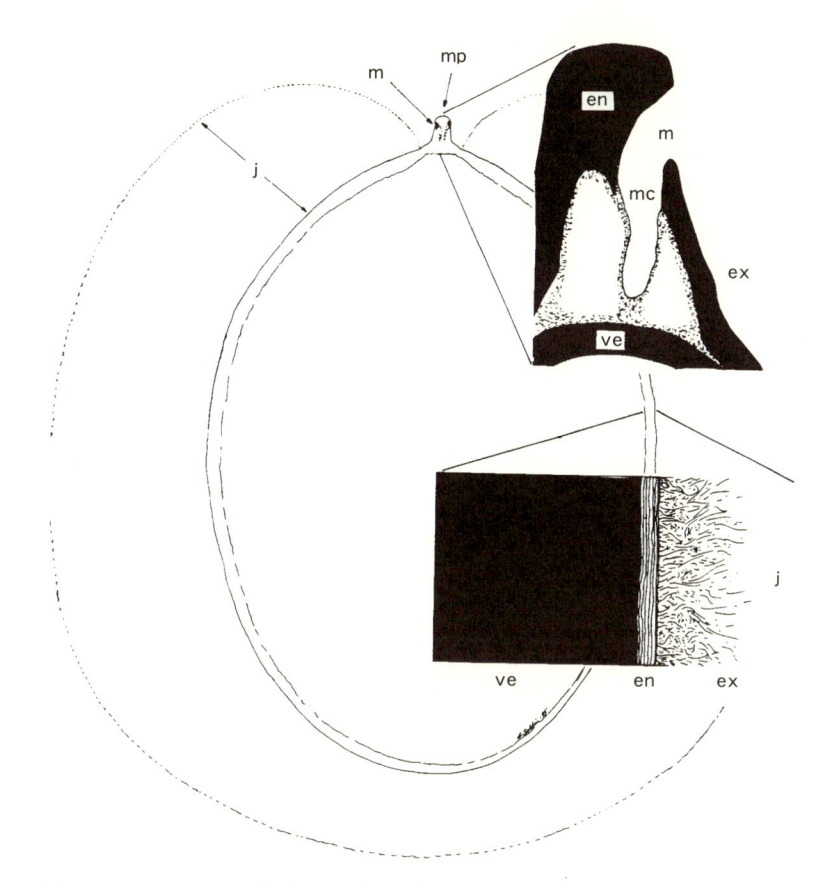

図3.3 *Somatochlora metallica* によって産下された卵のゼリー層 (j) と卵外被の主な構成要素の模式図，および各部位の名称．略号は図3.2と同じ．(Sahlén 1995cより)

は，一般に，中程度の厚さで均質な構造の卵黄膜，多層構造の内卵殻（しばしば目立つ），および弾力性のある外卵殻で覆われている．外卵殻は多数の小さな穴があいているか，時にゼリー状になる繊維状の物質で包まれている（図3.3）．

植物外産卵性の（エゾトンボ科，サナエトンボ科，トンボ科の）卵は，一般に，卵外被の主要部位となる厚い卵黄膜，非常に薄い膜状の内卵殻，そしてゼリー層に変化した外卵殻をもつ．この外卵殻は水に触れると膨張し，卵の直径と同じくらいまで厚くなることもある (Sahlén 1994b; 図3.3)．河川性のサナエトンボ科は，植物外産卵性であるにもかかわらず，その卵は他の植物外産卵性と植物内産卵性の種の卵との中間的な特徴をもつ．おそらく，これは植物内産卵から植物外産卵への移行を反映した形態であろう．

トンボの卵には通常前極に，コオニヤンマ属 *Sieboldius* の場合にはおそらく両極に (Ando 1962; しかし Becnel & Dunkle 1990参照)，2つ以上の**卵門**がある (Ando 1962; Ivey et al. 1988; Becnel & Dunkle 1990; May 1995c)．卵門は円錐状ないし乳頭状の突起で，精子が通過する管（斜水溝；図3.2, 3.3, 3.4B）を含んでいる．ここを通り抜けた精子は，卵子を包む薄い卵黄膜を突き抜けることになる．卵黄膜には，卵門小管［斜水溝］に対応する位置に複数の通路があるが，これは受精の後に閉じると考えられる (Sahlén 1994b)．不均翅亜目の卵において，卵門の数は，最も祖先的であるとされる科から，最も子孫的であるとされる科までの系列に沿って次のように減少している．ムカシトンボ科では12〜14個，ムカシヤンマ科では8〜14個，ヤンマ科では5〜10個，サナエトンボ科では5〜9個，ベニボシヤンマ科では8個，オニヤンマ科では7個，エゾトンボ科では2〜4個，そしてトンボ科では2個である (Becnel & Dunkle 1990)．卵門数の減少に伴い，卵門は卵前極中央付近へしだいに集合する傾向があり，卵門柄の先端近くに位置する2つの卵門をもつエゾトンボ科とトンボ科の卵で最も著しい．おそらく，卵門の漸進的な局在化や位置の安定化によって，産下時に卵に精子を入れるメカニズムが精密化され，その結果，産卵速度の向

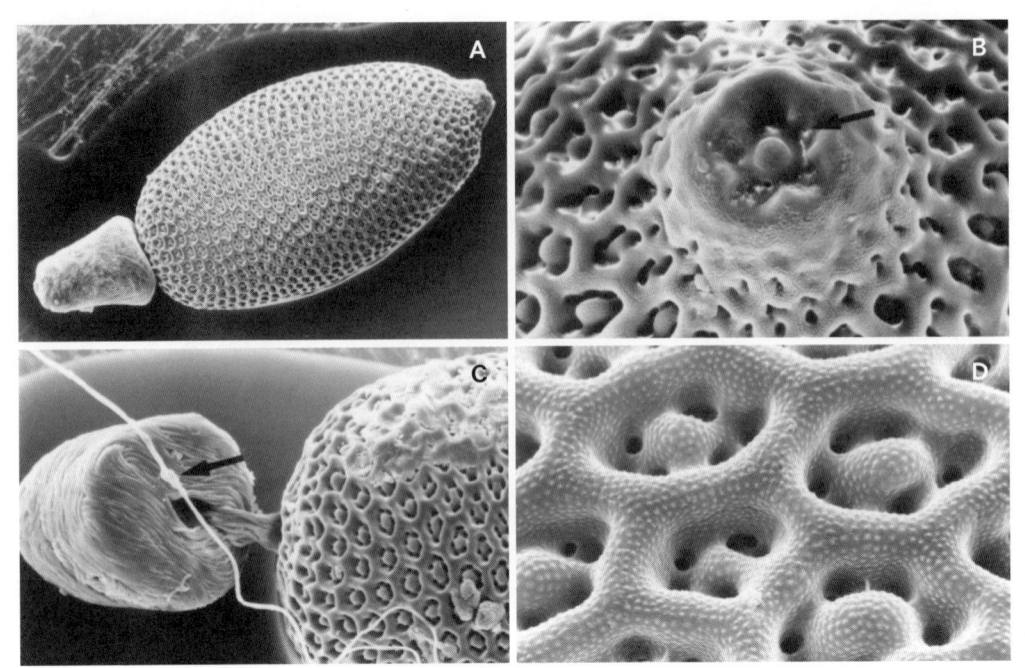

図3.4 *Ictinogomphus australis* の卵の走査型電子顕微鏡写真．A. 後極に円錐状構造物をもつ卵；B. 卵門域の先端（矢印は1つの卵門を指す）；C. 後極の円錐状構造物の詳細．コイルが基部で少しほどけた状態（矢印は別の卵から伸びるフィラメントの一部を指す）；D. 表面の網状構造．卵の長さは円錐状構造物を除いて約0.7mm．（Trueman 1990bより）

上が可能になったはずである（§2.2.10）．この一連の変化に気づいたBecnel & Dunkle (1990) は，卵門柄の先端に1つの卵門しかもたない種がトンボ科の中に発見されるかもしれないと予言した．卵門の構造の比較研究は，トンボの高次分類群の系統関係の解明に役立つだろう（May 1995参照）．

Sahlén (1994) が調べたエゾトンボ科とトンボ科の種では，卵黄膜の厚さは卵期の長さと正の相関があるので，卵黄膜はなんらかの重要な保護的役割を担っていると考えられている．クレナイアカネ *Sympetrum sanguineum* の卵は，不透水性の厚い（10 μm）卵黄膜をもっており，しばしば乾いた土の上で何の保護もなしに越冬する（§3.1.4.2）．一方，*Somatochlora metallica* やタイリクシオカラトンボ *Orthetrum cancellatum* の卵では卵黄膜は薄く（<3 μm），典型的な直接発生を行う．

植物内産卵性の卵の構造上の特徴は，種によっては産卵されたときに卵前極に現れる（表A.3.1）．ギンヤンマ族で見られる葉状円錐体は，卵が基質の中に産み付けられたときに，外卵殻が内卵殻から剥離してずれることで形成されるらしい（Sahlén 1994）．この構造をもつことが知られている種のほとんどは，孵化が容易になっているだろう（§3.2）．卵が植物組織に囲まれることを防ぐだけでなく，孵化しようと

する個体の脱出口にもなるからである（例：マンシュウイトトンボ *Ischnura elegans*, Thompson 1993）．例えば，ギンヤンマ族の場合には，前幼虫は葉状突起を鞘として用いて，その側方の裂け目から脱出する（Williams 1936; Corbet 1955a; Degrange 1974）．卵を包み込むにはあまりにも薄すぎる基質（例：オヒルムシロ *Potamogeton natans* の浮葉）の中では，その突起は卵が脱落しないために有効かもしれない（Corbet 1962a: 写真II）．円錐体である必要性が高いのは，おそらく植物内産卵性で卵が直接発生を行う（つまり，植物基質が活発に成長する季節に発生する）種であろう．卵で越冬し，枯死し腐朽した植物基質から孵化するような卵を産む種では，それほど必要ではないかもしれない．

サナエトンボ科の一部の種では，卵を基質につなぎとめると思われる特殊化した構造がある（表A.3.1）．最も発達した構造が，ウチワヤンマ属 *Ictinogomphus* のこれまでに調べられた全種で認められる．この属の産下時の卵の後極には，卵形成期間中に濾胞上皮から生じた糸状組織が固く巻きついた円錐状構造物がある（Ando 1962; 図3.4A, C）．これらの糸状組織は，卵が濡れると素早く円錐の基部からほどけて伸長し，卵の10倍もの長さの糸になる（Kumar 1985）．*Ictinogomphus rapax* の卵には50〜60本の糸状組織

がある．いずれも直径2μm，長さ8cmほどで，濡れるとすぐに基部からほどけ始め，ついには直径約25μmの1本の鞭状の構造物になる．ほどけた糸状組織は互いにゆるく絡み合い，わずかに捻れている (R. J. Andrew & Tembhare 1992). このような構造物は，流水性のカゲロウ目の卵にある類似の突起物と同様に，流水中では効果的な引っ掛け鉤として役立ち，卵の流下を防ぐことができるだろう (Elliott & Humpesch 1980). しかし，ウチワヤンマ属の種はしばしば止水中に生息し，幼虫は潜伏タイプである (§5.3.2.2.3; 表5.7, A.5.7). Peter Miller (1964) は，糸状組織によってこのような生息場所の粘土の中へ卵が沈み込むのを防いでいるのかもしれないと示唆している．しかし，雌は浮いた基質に卵を付着させることもある (ウチワヤンマ *I. clvatus*, 清水 1992). ハネビロトンボ属 *Tramea* では，卵表面の粘着性のある糸状構造によって，卵が水表面近くの植物に絡まりやすくなっている．その結果，腹ばいタイプの幼虫が好む微生息場所に，卵をとどめる効果をもたらす (§5.3.2.2.2). 植物外に産下された卵は，一般的には障害物に出会わない限り直ちに沈んでいくと考えてよいが，*Mecistogaster martinezi* (Machado 1981c) や *Erythrodiplax funerea* の一部の卵は浮遊する (Dunkle 1976).

多くの植物外産卵性の卵は，水に触れた後，外卵殻がゼリー状の層に変化する．John Trueman (1991) による卵の比較研究では，エゾトンボ科とトンボ科の植物外産卵性の卵で，そのようなゼリー状の外層を欠いている例 (*Orthetrum caledonicum*)，非常に薄くて粘着性が弱い例 (ベニヒメトンボ *Diplacodes bipunctata*)，あるいは厚くて粘着性が強い例 (*Procordulia jacksoniensis*) などが示されている．ゼリー状の層があるときには，それは産下の直後に粘着性をもつようになるのが普通であるが (例：アメイロトンボ *Tholymis tillarga*, P. L. Miller & Miller 1985; *Zygonyx natalensis*, Martens 1991a)，数時間後に硬化したり，弾力性が増したり，粘着性が弱まることもある (例：ムツアカネ *Sympetrum danae*, Waringer 1983). しかし一部の種では (例：オーストラリアミナミトンボ *Hemicordulia australiae*, ミナミエゾトンボ *Procordulia smithii*, Rowe 1987a)，産下後30〜60分 (クモマエゾトンボ *Somatochlora alpestris*, ホソミモリトンボ *S. arctica*, Sternberg 1995c)，あるいは数時間も粘着性が強くならず，その後，卵後極にだけ粘着性が生じる (Armstrong 1958) ことがある．ミナミエゾトンボの場合には，この時間的な遅れによって巨礫の間隙に卵が沈み込むことができ，越冬中

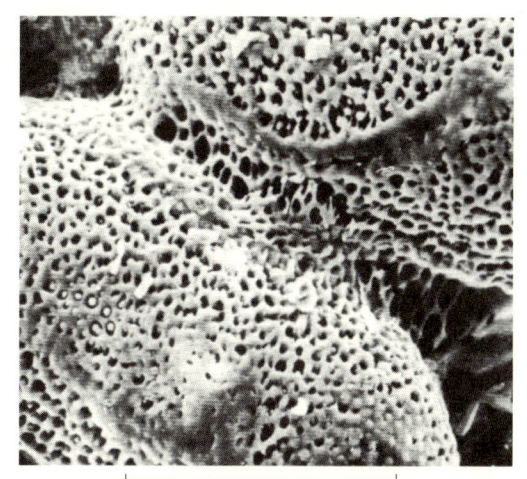

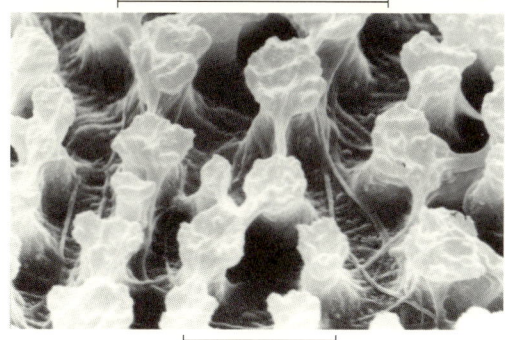

図3.5 卵の走査型電子顕微鏡写真．A. アメイロトンボ．水に濡れた後の2つの卵の境界部．硬化したゼリー状の被膜が2つの卵を覆っている；B. *Austrogomphus australis*. 水に浸る前の卵殻の一部．柱状突起の先端にゼリー層の先駆体があり，突起間を紐状につないでいる．スケール：A. 200μm; B. 10μm. (AはP. L. Miller & Miller 1985より，BはTrueman 1990aより)

に卵が増水で流されることを防ぐのかもしれない (Rowe 1987). 同様に，ヒマラヤ西部の丘陵地の渓流に生息する *Burmagomphus sivalikensis* にとっては，このような遅延 (Kumar 1984a) は，卵が基質に付着する前に，川の本流から遮蔽された微生息場所に運ばれるという意味があるのかもしれない．粘着層に植物片や砂粒などが蓄積して，卵のカムフラージュになることがある (Boehms 1971; Sahlén 1993; Hawking & New 1995b). **濡れなくても**基質にしっかりと付着できるタイプの卵もあることが，コカゲトンボ亜科で明らかになっており，この科の種は通常の水位の数cm上に，時には細い垂直な物体の上に卵を付着させる (McCrae & Corbet 1982; Lempert 1988; 写真F.1).

多くの場合，ゼリー状の外被の厚さは卵全体で均一であるが (図3.3)，外被が卵の前極や (*Onychogomphus forcipatus unguiculatus*, Sahlén 1995b; *Ophio-*

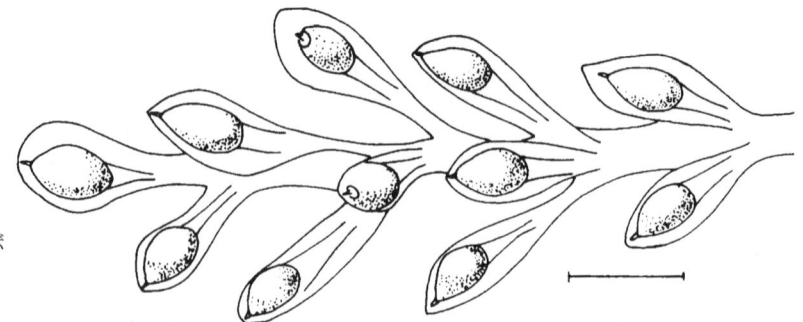

図3.6 キボシミナミエゾトンボの卵紐の末端部位. スケール：1mm. (Winstanley 1981aより)

gomphus cecilia, Geijskes & Van Tol 1983；ナゴヤサナエ Stylurus nagoyanus とメガネサナエ S. oculatus, 渡辺 1995)，後極に局在することもある (Gomphus pulchellus, Robert 1958). 粘着性のゼリー状物質で包まれた卵は，産み落とされた後すぐに離ればなれになることもあるが (Zygonyx natalensis, Martens 1991)，そのゼリー層が基盤となって複雑な網が形成され，1回の産卵バウトで産出される卵の大部分が互いにつながることもある. 卵をつなぐ網状のゼリー物質は蛋白質の糸でできているが (Sahlén 1993a)，その起源は不明である. しかし，トンボでは泡物質分泌腺*1の存在が確認されていないので(Hinton 1981)，そのゼリー状物質は卵巣の濾胞上皮から分泌されるのかもしれない (Trueman 1991). コフキショウジョウトンボ Orthetrum pruinosum が産下する卵のゼリー状の外被は，卵どうしを結び付けて不定形な塊にする (Kumar 1970). アメイロトンボの場合 (図3.5)，雌が産卵のために急に下降 (§2.2.4) した際に，亜生殖板上に蓄積した約9個の卵からなる卵塊を，水面に近い植物体の表面に付着させる. 卵どうしの結合性は，止水に棲むトラフトンボ属 Epitheca の種の卵紐や，流水に棲むトンボ科の Elasmothemis cannacrioides と Eleuthemis buettikoferi (表A.2.6) の卵塊において最も顕著である. これらの種の卵塊は，水面の直下にある植物や固定された物体に付着する. また，多くの雌が卵塊を重なり合うように産むことがあるので，卵塊は時に数千個以上の卵が蓄積することがある (Lempert 1988). トラフトンボ Epitheca marginata の雌は卵紐を放出する最後の瞬間，それを浮葉植物に付着させるために腹部の圧力を用いているように見える (曽根原 1967). このやり方は，卵を水温の高い水表面近くに保持するのに役立ち，卵が流下することも防いでいる. しかし，アメリカオオトラフトンボ Epitheca cynosura や E. spinigera が産み付けた卵紐内の最も内側に位置する卵は，他の卵が出口を遮るために，うまく孵化できないことが多い.

また，1つの卵紐からの孵化が長期にわたる (25日間) こともある (Kormondy 1959). コハクバネトンボ Perithemis tenera の卵塊の「破裂」(Jacobs 1955) は，この困難を和らげるか避けるための1つの手段かもしれない. Richard Rowe (1987a) によれば，キボシミナミエゾトンボ Procordulia grayi では (この種は，卵を1つずつでも，卵紐としてでも産下することができる. 図3.6)，卵紐の内側の卵が外側へ向かって「移動」する. この移動は，破裂に類似した機能をもっているのかもしれない. オオトラフトンボ Epitheca bimaculata sibirica の卵紐の中では，産卵時には各卵の向きは放射状だが，24時間後には変化して長軸が卵紐と平行になる (曽根原 1967). 卵塊や卵紐の中で最も内側の卵が酸素不足になることは，Antipodochlora braueri の卵の孵化が少し遅延することや (Rowe 1987a: 160 の Winstanley)，オオトラフトンボの卵の孵化率が低下する (曽根原 1995) 原因の1つとして示唆されてきた. クモマエゾトンボやホソミモリトンボの卵塊の中央にある卵は，早晩酸欠のために死亡する (Sternberg 1995c). 上述のように，1回の産卵バウトで産み付けられる卵は，密な塊の中でくっつきあうこともあり，糸でつながった数珠玉のように並ぶこともある (モイワサナエ*2 Davidius moiwanus taruii, Inoue & Shimizu 1976；ウチワヤンマ，尾花 1980；写真F.4).

アフリカヒメキトンボ Brachythermis lacustris, アメイロトンボ，およびオーストラリアのサナエトンボ科の数種の卵 (図3.5) には，卵殻の表面に顕著な柱状構造が見られる. これはおそらく呼吸のための空気層 (プラストロン) を保持するための構造だと考えられる (Trueman 1990a). この推論はこのような構造をもつ卵が湿った大気中で発生する能力をもつことから支持される.

トンボ目の卵は，一般に濃い褐色あるいは灰色で

---

*1 訳注：輸卵管末端付近に開口する附属腺の1種.
*2 訳注：亜種和名はヒラサナエ.

あるが，少数の種（たいていは熱帯種）は鮮やかな色彩をもつ．アオビタイトンボ Brachydiplax chalybea では青色（Dunkle 1993），B. farinosa ではトルコ石色［明るい青緑色］，Merogomphus parvus ではサンゴ色［ピンク色］，オオキイロトンボ Hydrobasileus croceus では翡翠色［緑色］，また，ダビドサナエ Davidius nanus ではピンク色，オオヤマトンボ Epophthalmia elegans では緑色（Ando 1962），Aethriamanta rezia と Chalcostephia flavifrons (Miller 1992b) では明るい緑色である．最後の2種の2齢幼虫は明るい緑色の中腸をもっているので，おそらく，卵の色を支配しているのは卵黄顆粒である．

3.1.3 胚発生

3.1.3.1 形態

卵のサイズや外見は，産卵から孵化までの間に変化する．産下時の卵は一般に乳白色，淡黄色，あるいは灰色であり，ほぼ透明な卵殻をもつ．また，細胞質内での卵黄の分布が均等であることから，卵は均質に見える．受精卵は，しばらくすると色が暗くなり，黄褐色，赤褐色，あるいは暗い灰色になる（例：石田 1959; Ando 1962; Sawchyn & Gillott 1974a）．Orthetrum caledonicum の卵は産下時には白色であるが，24時間以内に黄褐色になり，さらに，孵化時には暗い橙色へと変化する（Hawking & New 1995b）．受精卵の暗化は，一部，卵殻のなめし現象によるものであり，これは産卵後直ちに起きる（キアシアカネ Sympetrum vicinum の卵では3時間以内に始まる，Boehms 1971; ヒメキトンボ Brachythemis contaminata やハラボソトンボ Orthetrum sabina の卵では2〜4時間以内に始まる，Mathavan 1975）．鮮やかな色をした卵（上記参照）では，色変化は報告されていないようである．Argia moesta の卵は，40℃の一定温度（どの卵も孵化できない温度）にさらされた場合には通常の褐色にはならず，薄い色のままである（Legris & Pilon 1985）．タイワントンボ Potamarcha congener の卵は生きている間は黄色のままだが，死ぬと通常1〜2日で褐色に変色する（Miller 1992a）．

胚発生の間，ヨーロッパアオハダトンボ Calopteryx virgo の卵の腹側は凸状に，背側は凹状になり（Degrange 1974），他方，植物外産卵性の卵の内卵殻はより球に近い形になる（Trueman 1991）．卵は通常，産下から孵化までの間に長径か短径が大きくなる．ヨーロッパアオハダトンボの卵で約10％（Degrange 1974），ハグロトンボ C. atrata，ムカシトンボ Epiophlebia superstes，およびトゲオトンボ Rhipidolestes aculeata では7〜8％増加した（Ando 1962）．また，21日間の孵卵期間中に，ホソミアオイトトンボ Austrolestes colensonis の卵は，長さで180μm（18％），幅で90μm（45％）増加し，成長はほぼ直線的であった（Kramer 1979）．Aeshna viridis の越冬卵では，12月から5月の間にサイズが約18％増加した（Wesenberg-Lund 1913）．

Mathavan (1975) によって研究されたトンボ科の2種，ヒメキトンボとハラボソトンボは，発生のためのエネルギーを主に脂肪の酸化から得ている（77〜84％）．これは直接発生するトンボの間ではおそらく一般的なことである．Paragomphus lineatus の卵は初め 57μg の重さであったが，胚発生のために 31.4μg の水を必要とし，そのうち29％は脂肪の酸化，残りは外部の飼育水に由来した（Pitchairaj et al. 1985）．ヒメキトンボの卵の含水量は，胚発生期間中に52％から75％に増加した（Mathavan 1975）．そのような例から，次の疑問が生じる．コカゲトンボ亜科の一部の種（植物外産卵性）は，Tetrathemis のように（McCrae & Corbet 1982）発生の期間を通じて卵が水の外にとどまったり，また Malgassophlebia aequatoris (Legrand 1979) のように卵がゼラチン状の小滴に覆われていない場合には，どのように対処するのだろうか．バッタ類などの非水生の昆虫卵のように（Wigglesworth 1972），卵は雨から湿気を吸収することができるのかもしれない．Lestes congener は，ホタルイ属 Scripus の水面よりもかなり高い位置にある乾いた茎に産卵するが，初期の前反転ステージ以後の胚形成を継続させるためには，卵が濡れた状態にならなければならない．ところが濡れるのは，通常，茎が水中へと倒れ込む春の雪解けの時期である（Sawchyn & Gillott 1974）．

卵を包んでいるゼラチン状の層は，大きく膨張することがあり，オオトラフトンボの産下された直後の卵紐は長さ18cm，幅3mmほどだが，24時間後には長さ34cm，幅8mmまで大きくなる．トラフトンボの卵紐でも似たような比率での膨張が起きる（曽根原 1967）．ドイツ産のオオトラフトンボ E. b. bimaculata の膨張した卵紐は50〜70cmにも達する（Dreyer 1986）．

卵を被覆物質から分離し，透過光によって50倍までの倍率で見れば，胚発生は生きた状態で容易に観察できる（例えば，Waringer 1982b）．Hiroshi Ando (1962) は，このテーマの研究者にとって必読文献であるモノグラフを著している．彼はトンボ目の主要な分類群の代表種の器官形成の過程を調べ，これに基づいて均翅亜目における2つの系統学的系列（カワ

トンボ科-イトトンボ科の系列とヤマイトトンボ科-アオイトトンボ科の系列）を，また不均翅亜目では3つの系列（サナエトンボ科，ムカシヤンマ科からヤンマ科，そしてオニヤンマ科からトンボ科）を認めた．Ando (1962) は，トンボ目の胚形成はカゲロウ目や（無翅類の）シミ目の胚形成とよく似ており，外翅類の中で見いだされる最も原始的なタイプに属すると思われると結論づけている．胚発生における一連のステージ，特に胚の姿勢転換（胚反転あるいは胚運動）のステージを定義することは，休眠状態で越冬する卵がどのように発育を進行させるかを追跡するための基準を提供することになるので，極めて実用的な価値をもつ（§3.1.3.2.2）．例えば，アキアカネ *Sympetrum frequens* の卵では姿勢転換は主に11月，12月に起きるが，オオルリボシヤンマ *Aeshna nigroflava* では3月である（宮川 1985）．

認識された胚形成のステージの数はある程度恣意的であるが，各ステージを客観的に定義できないので，これはやむをえない．Ando (1962) は，ムカシトンボの産卵から孵化に至るまでの間に9つのステージを認め，胚反転はステージ7と8の間に起きるとした．一方，他の研究者は7つのステージ（例：Waringer 1982b, 1983），あるいは8つのステージ（例：Boehms 1972; Kramer 1979）を認め，胚反転は終わりから2番目あるいは3番目のステージに起きるとした．胚反転は25℃では5〜14時間で起きる（Ando 1962）．眼点すなわち色素沈着した個眼は，光学顕微鏡下では胚反転の時点のころに初めて現れる．

胚の背腹軸に沿った発生中の回転*は胚反転とは明らかに異なる．これは，均翅亜目では180°の回転で，またムカシトンボ科では90°の回転であるが，他の不均翅亜目では角度がさまざまであるか，あるいは回転がない（Miyakawa 1987）．ムカシヤンマ科，サナエトンボ科，エゾトンボ科，そしてトンボ科の楕円体の（植物外産卵性の）卵では，回転の方向や度合いが容易に判別されるような基準点がないが，これらのすべての分類群の胚は，その反転中ないしはその直後に胚の腹部が上になるように重力に依存した回転を行う．この仕組みは，楕円体の卵の中で胚にとって適応的と思われる2つの結果をもたらす．第1に，胚の大部分が位置する卵の上部が自由水で囲まれるため，呼吸が容易になる．第2に，何かがたまたま卵の先端にもたれかかっている場合を除くと，前幼虫は孵化の際，何の障害物にも遭遇しない．なぜなら，その出口は卵が付着している基質と逆の方向を向くからである（Miyakawa 1990a）．

Watanabe & Ando (1994) によって，単一卵における双胚が自然界で偶然発見されたが，胚発生を完了するには至らなかった．

3.1.3.2 卵期間

胚発生期間の長さに影響を及ぼす要因を見分けるためには，2つの出来事，すなわち胚発生の完了（孵化の準備が完了していること）と孵化とを区別する必要がある．疑いなく第2の出来事は，常に第1の出来事の後に起こらなければならないが，2つの出来事の時間間隔はさまざまでありうる．それゆえ，第1の出来事についての情報がない場合には，第2の出来事だけでは胚発生の最長期間しか推定できない．例えば，タイワントンボの卵では，孵化の準備は7〜8日間で整うが，そのあと卵が適当な孵化刺激を受ける時期すなわち無酸素の水に浸す時期を変化させて調べると，孵化は最大80日まで長くなる（Miller 1992a）．孵化刺激の例を表A.3.2に列挙したが，それについては§3.2で考察する．

温帯における卵期間は，季節的（冬季，時には夏季）に干上がってしまう水域で生き延びるステージが卵であるかどうかに主に依存している．熱帯地方では，乾季の少なくとも一時期を生き延びるのに適応した卵をもつ種があるが（タイワントンボ，表A.3.2；一部のカトリヤンマ族，§8.2.1.2.1），この戦略は明らかに例外的であり，これらの種は成虫でも耐乾休眠する（§8.2.1.2.1）．

直接型の胚発生をする種と遅延型の胚発生をする種の間には，通常明瞭な区別があるとはいえ，一部の種は両方の種類の卵を産むことがある．直接発生する種（これが大多数）では，卵は約1〜8週で孵化し，卵期間は温度に大きく依存する．種内における孵化までの時間の頻度分布は，普通，正の方向に歪む．Bennett & Mill (1995a) が記録したアカイトトンボについての頻度分布がおそらく典型的である．自然界に似た温度条件設定では（例えば，15〜24℃の間の日変動），孵化は産下後22〜56日後に起き，中央値は26日後であった．どの種についてもこの分布の上限は漸近的であるので，比較を目的とする場合には有益ではない．しかし，その下限は生態学的に意味のあるパターンを示す．尾花茂 (1974, 1982) は，日本産トンボ目の107種9亜種を科および最短卵期間に応じて分類して表にまとめ，卵期を5つのカテゴリーに区分した．最初の3カテゴリー (60日以下) には，おそらく直接発生を示したと思われる85種

---

*訳注：卵の前後軸を中心にした回転．

が含まれた．残りの2つのカテゴリー（61〜250日間；おおまかには遅延発生と同義）に含まれる4種も，時には直接発生を示した．遅延発生のみを示す種は，ルリボシヤンマ属 *Aeshna*（3種），カトリヤンマ属 *Gynacantha*（1種），アオイトトンボ属 *Lestes*（1種），グンバイトンボ属 *Platycnemis*（1種），エゾトンボ属 *Somatochlora*（2種），アカネ属 *Sympetrum*（11種）の6属であった．

3.1.3.2.1 直接発生　直接発生の場合，卵期間は温度に大きく依存するので，温度の記録がない限り，異なる分類群間での卵期を厳密に比較することはできない．しかし，尾花や他の観察者の記録からは，トンボ科の特定の種において最短の卵期間は5日間（4日間の記録さえある），また，ヤンマ科，エゾトンボ科，イトトンボ科，サナエトンボ科，そしてモノサシトンボ科の一部の種では最短6日間と考えられる．表A.3.3の記載事項は，4つの点で注目すべきである．第1に，すべての種は一時的な水たまりを最もよく利用する池の生息者であり，そこでは彼らは速く発育する方向への強い淘汰圧が働くだろう．この予想は，それらのうちの5種が例外的に急速な**幼虫**発育も行うという事実（表A.7.3）にも対応する．第2に，表A.3.3にあげられている一時的な水たまりの典型的な生息者**ではない**種（ヒメキトンボ，アメリカアオモンイトトンボ *Ischnura verticalis*，そしてハラボソトンボ）についての記録は，例外的な高温にさらされた卵についてのものである．第3に，表にあげられたデータのうち87％はトンボ科である．第4に，トンボ科以外の4つのグループのうち3種（アメリカギンヤンマ *Anax junius*，*Hemicordulia tau*，そしてアオモンイトトンボ *Ischnura senegalensis*）は熱帯性の移住種であり（表10.4, 10.5），いずれも急速な発生をすることへの強い淘汰圧のもとにある．表A.3.3と表A.7.3のデータを対応させると，とりわけトンボ科の多くの種では，高温にさらされた場合に卵期間が最短5日間以下にさえなることが示唆される．例えば表A.3.3の中で，ヒメキトンボおよびハラボソトンボについて卵期間は4.8日と記録されている．

直接発生を行い，また系統的な制約を受ける卵の間では，温度が胚の生存率および発生速度を決定するうえで支配的な役割を演ずる．この一般化は，他の変数も直接発生をする卵の期間に影響するという発見があったとしても覆ることはない．ヒロアシトンボ *Platycnemis pennipes* の胚は，産み付けられた植物から取り出され，その結果明るい光にさらされると，より急速に発生する（Wendler 1995）．本種の胚発生

期間は，pH5〜9の間では影響を受けず（Wendler 1995），またアメリカアオモンイトトンボ，*Lestes congener*，アメリカハラジロトンボ *Plathemis lydia* およびキアシアカネの発生もpH3.5〜5.1の間では影響を受けなかった（Hudson & Berrill 1986）．しかし，アメリカギンヤンマの発生速度は，pHが4.0から5.0に変化したとき，有意に増加した（Punzo 1988）．Sternberg（1995c）は，エゾトンボ属2種の直接発生の期間（同じ一定の温度条件で）は季節が進むにつれて短くなること，またそれが雌の日齢を反映しているらしいことに気づいた（図3.11参照）．また彼は，ホソミモリトンボにおける発生速度と温度の間の関係が，時期によって違っていることを見いだした．

胚発生に及ぼす温度の影響の特性は，主にイトトンボ科（表3.1）のいくつかの種において，一定の温度条件下で定量的に明らかにされた（Pilon & Masseau 1984; Pritchard & Leggott 1987の総説を参照）．この関係（図3.7）を記述するのに使われた主要な尺度およびパラメータを計算するための手法は，Desforges & Pilon（1986）およびPilon & Masseau（1984）により厳密に検討された（ただし，原著では *D* は日数を意味し，Pritchardやその他の出版物で慣習的に用いられている積算温度ではない点に注意）．上に記された関係は，次式で導かれる曲線として表される．

$$\log_n D = \log_n a + b \log_n T$$

ここで *D* は，温度 *T* において，発生のある部分を完成させるのに必要な熱量（時間に0℃より高い温度を掛けた値，すなわち積算温度）であり，定数 *a*, *b* は群間の比較のために使われる．*a* は1℃で発生を完了させるのに必要な熱量，*b*（熱量に対する平均リアクションノーム）は $\log_n D$ の $\log_n T$ に対する回帰の傾きである（Pritchard & Leggott 1987; Pritchard et al. 1996）．温帯性のトンボ目について胚発生のリアクションノームを，温帯の淡水に生息する他の昆虫のグループのそれと比較すると，トンボ目（図3.8）は傾きが非常に高く，変動がほとんどないという際だったカテゴリーに入る．これは，トンボ目が低温で発生するのに非常に大量の熱エネルギーを必要とする「高温適応した」昆虫であり，高温の狭い範囲に適応し，30〜35℃が最適温度であることを示している．温帯性のトンボ目は彼らの熱帯性の祖先の対温度特性を保持していると思われ，（カワゲラ目とは異なり）比較的暖かい水に産卵する（Pritchard & Leggott 1987; Pritchard et al. 1996）．これは冷温帯域において進化し，一様に低温適応したと思われ

表3.1 トンボ目数種における温度（℃）と胚発生との関係

種	閾値[a]	有効温度の下限[b]	最適温度の範囲[c]	有効温度の上限[d]	有効積算温度（日・度）[e]
キタルリイトトンボ	7.5	12.48	20.0～27.5	27.5	231.92
Enallagma ebrium	5.0	12.40	22.5～30.0	32.5	383.44
ハーゲンルリイトトンボ	2.0	9.34	17.5～30.0	32.5	390.30
E. vernale	5.0	11.98	22.5～30.0	32.5	399.80
アメリカアオモンイトトンボ	2.0	11.26	22.5～32.5	35.0	311.38
Libellula julia	10.0[f]	11.76	25.0	35.0	96.54

出典：*Libellula julia*（Desforges & Pilon 1986）以外はPilon & Masseau 1984.
[a] これ以下では発生が停止し，これ以上になると発生が開始する温度．
[b] これ以下では発生が完了しない温度．
[c] 最大割合（％）の個体が最短期間で発生を完了させる温度範囲．値は卵がさらされた恒温条件の温度階級の上限と下限．
[d] これ以上の温度では発生が完了しない最高温度．
[e] 種ごとの有効温度の下限以上を積算した，発生が完了するのに必要な熱エネルギー量．
[f] Pilon（1995）によって推定された近似値．

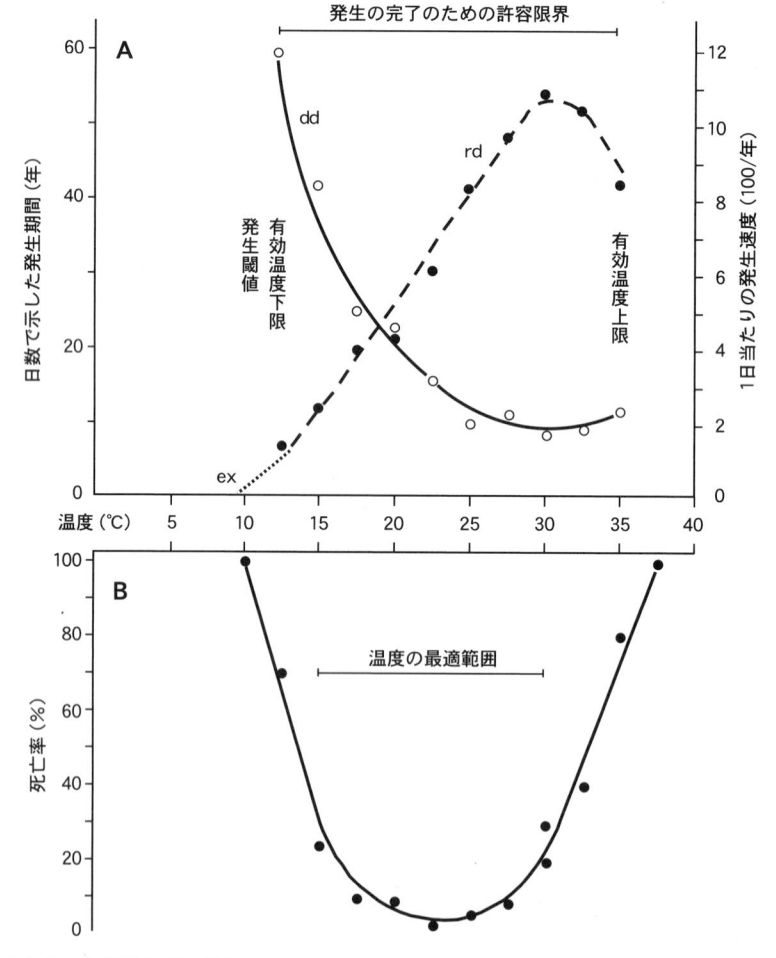

図3.7 直接発生をする仮想的な変温動物において，胚発生の期間と速度（A）および死亡率（B）に対する温度の理論的影響．縦軸はトンボ目にとって標準的な値にしてある．略号：dd. 胚発生に要する時間；ex. 温度–発育速度曲線の外挿によって求めた胚発生の理論的な閾値（発育零点）；rd. 発生速度．(Pilon & Masseau 1984を改変)

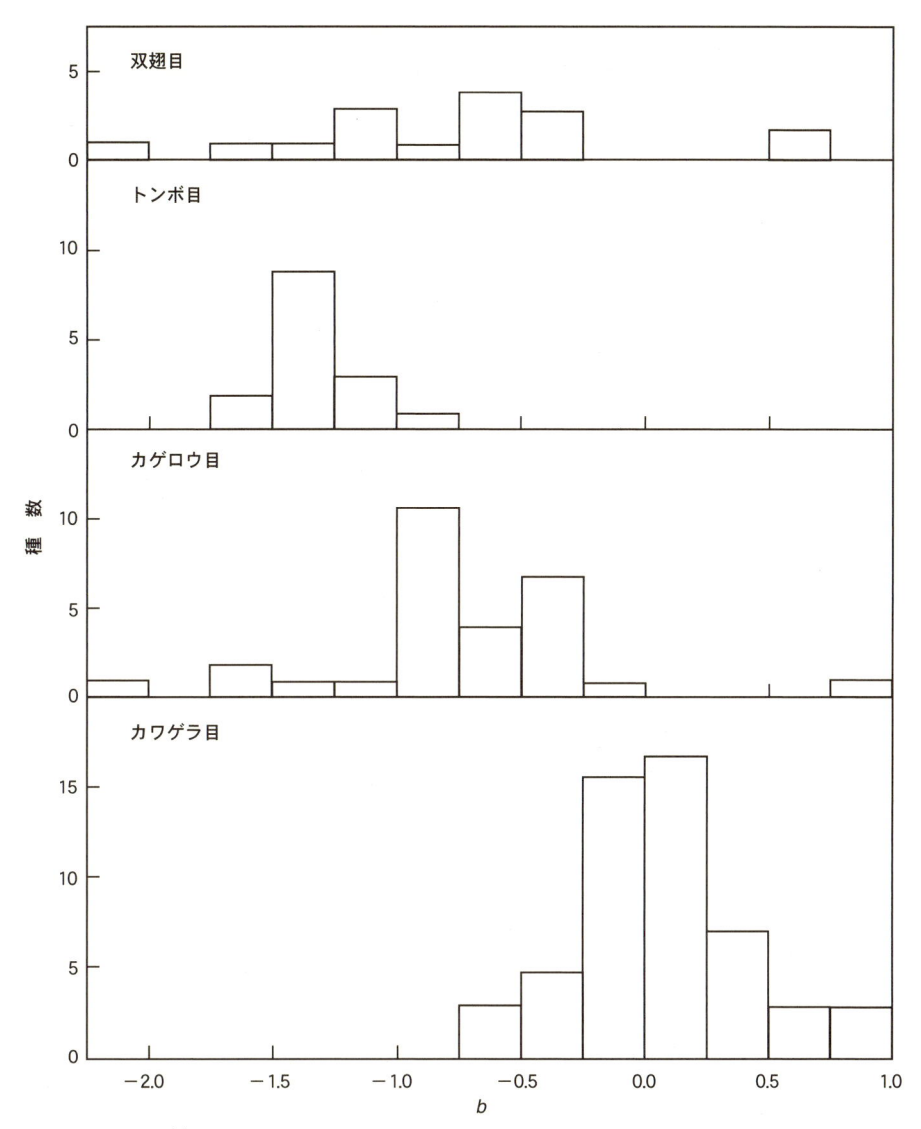

図3.8 水生昆虫の4つの目の胚発生における，温度に対するリアクションノームの傾き (b) の頻度分布．bは，発生に要する時間と温度の関係を示す，べき関数の傾きである（本文参照）．傾きが正であることは，温度が低いほど発生完了に必要な積算温度が少なくなることを意味するので，寒冷に対する適応を示すことになる．負の傾きの増加は温暖への適応を示す．(Pritchard et al. 1996より)

る温帯に分布中心をおくカワゲラ目（図3.8）と著しく対照的である．このような発見に一般性があると考えるのが妥当だろうが，Halverson (1983a) はアメリカハラジロトンボと *Aeshna tuberculifera* の高温と低温条件下での孵化率の違いが，それぞれの種の地理的分布に関連していることを発見した．今後，そのような分析を熱帯性のトンボ目まで広げて行うことが必要である．

発生のための温度係数は，胚形成が直接型であるか遅延型であるかに応じて異なる．上に述べた点は，直接発生のみに当てはまり，休眠中の昆虫はそれと同じようには温度に反応しない．

3.1.3.2.2 遅延発生 直接発生する卵（非休眠卵）と，遅延発生をする卵（休眠卵）とは，はっきり区別できることが多い．前者（非休眠卵）の典型的な胚発生は，速度の変化なしに1～8週ほどで完了し，これはおおよそべき関数の傾きで表現される（図3.8）．休眠卵の胚発生は通常の環境の温度で始まるが，越冬を行う胚発生ステージで停止する．典型的

には，孵化は卵の休眠から少なくとも80日後，通常はもっと長い期間の後に起きる．その期間は彼らの生息場所の冬の期間にだいたい一致する．以下に述べるように，春になって孵化可能な温度まで上昇する前に胚発生が完了するのが普通である．休眠卵の記録のうちで最も長い期間は，360日以上にも及んでいる（ルリボシヤンマ *Aeshna juncea*, Sternberg 1990）．

この項で考える種類の遅延発生は，おそらく卵で越冬する温帯性の種だけに当てはまる．熱帯のトンボでは少数の種だけが乾季の一部を卵のステージで生き抜くことが知られているか，推測される（タイワントンボ，表A.3.2；特定のカトリヤンマ族，§8.2.1.2.1；*Pseudostigma accedens*, Fincke 1992c）．タイワントンボの場合のように，彼らは直接発生を行ったあと，孵化の刺激を受けるまで孵化を延期させることによって乾季を生き延びるのだろう．

現時点での証拠によれば，卵休眠は例外なく越冬に関連している．また，若齢幼虫期に低温に弱いことが（§6.2.1）卵休眠との関連性を発達させた淘汰圧であるという見解は，以下のような考察からも支持される．

- 若齢幼虫期は概して短く（§7.2.6），脱皮は低温で抑制または阻害されやすい（Pritchard 1990; Sternberg 1995c）．
- 近縁種の間で，夏，特に晩夏に羽化する種はたいてい休眠卵を産むのに対し，春に羽化する種は休眠卵を産まないことがある．この二分化はヤンマ科でよく見られ（表A.3.4），Wesenberg-Lund（1913）によっても予想されていた．
- 休眠卵と非休眠卵の**両方**を産むことができる一部の種（つまり，条件依存的な休眠をする種）では，秋が近づくにつれて休眠卵の比率が高まる（§3.1.3.2.3）．

休眠卵を産むトンボ類（表A.3.4）は，4つの科の比較的少ない属で報告されており，それらの中では，ルリボシヤンマ属，アオイトトンボ属，エゾトンボ属およびアカネ属が優占する．卵休眠を概観するに当たり，ここでは，最初に胚の発生を季節に適合させるような反応について，次に条件的休眠の生態学的意味について考察する．

Ando（1962）は，越冬する卵に2つのタイプを認めた（図3.9）．夏に産下された卵が秋までに胚反転を完了させ，完全に成長した胚の形で冬を越すタイプ2と，晩夏や秋に産卵され，冬を越した後に胚反転を完了するタイプ1である．タイプ2には，ホソミアオイトトンボ（Kramer 1979），アオイトトンボ属のほとんどの種（Wesenberg-Lund 1913; Münchberg 1933; Sawchyn & Church 1973），アカネ属（Ando 1962; Tai 1967; Boehms 1971）が含まれ，おそらくルリボシヤンマ属の1種（Corbet 1956a）もそうである．タイプ1には，*Lestes congener*（Sawchyn & Church 1973），*L. virens*とマキバアオイトトンボ *L. viridis*（Münchberg 1933），ルリボシヤンマ属のほとんどの種（Ando 1962; Schaller 1968），ムツアカネ（Waringer 1983）が含まれる．産卵期間が長いため水温の低下する時期が含まれる場合には，1つの種の中にも両方のタイプが生じることがある．アメリカ，ノースカロライナ州で水温14～22℃の初秋に産下されたキアシアカネの卵はタイプ2になるが，水温が14℃に達しない遅い時期に産下された卵はタイプ1になる．Charles Boehms (1971) は，野外で見られるこの違いは周囲の水温が原因であることを実験的に示した．ノースカロライナ州（北緯約36°）や，カナダのサスカチワン州（北緯52°）の例は，発生中の胚の反応が季節にかなったやり方であることを示している．

Boehms (1971) は8つの胚発生ステージを参照点として野外と実験室での注意深い観察を行い，3つの生理学的なステージ，つまり，**前休眠**発生（発生学的ステージ1および2），**休眠**発生（ステージ3～5），および**後休眠**発生（ステージ6～8）を認識することができた．Boehmsの図式は，通常の温度範囲で負の（逆転した）温度係数をもつという点で，休眠がいかに通常の発生過程とはかけ離れているかを，明瞭に示している（Andrewartha 1952; Danks 1987; 図3.10）．休眠発生は，前休眠発生および後休眠発生とは異なり，14～18℃では急速に完了したが，この温度範囲の外ではゆっくりと完了した．したがって，秋の穏やかな温度の期間には休眠はキアシアカネの胚発生を遅らせるのに役立っている．その後，休眠発生が完了し，次のステージつまり後休眠発生を開始しても，依然温度が低い場合は低すぎる温度での発育を極端に遅くする．発生の温度係数が異なる3つの連続するステージが相互作用することで，卵での越冬，低温に対して抵抗性のあるステージでの越冬，そして水温が約10℃に達する春に同期的に孵化することが保証される．Boehmsは，休眠発生の速度を左右する生理的プロセスは，形態的に認識できるステージとは時間的にずれていることがあることを見つけた．この点で，胚発生の形態的ステージは，生理的ステージの信頼できる標識ではない．

3.1 卵

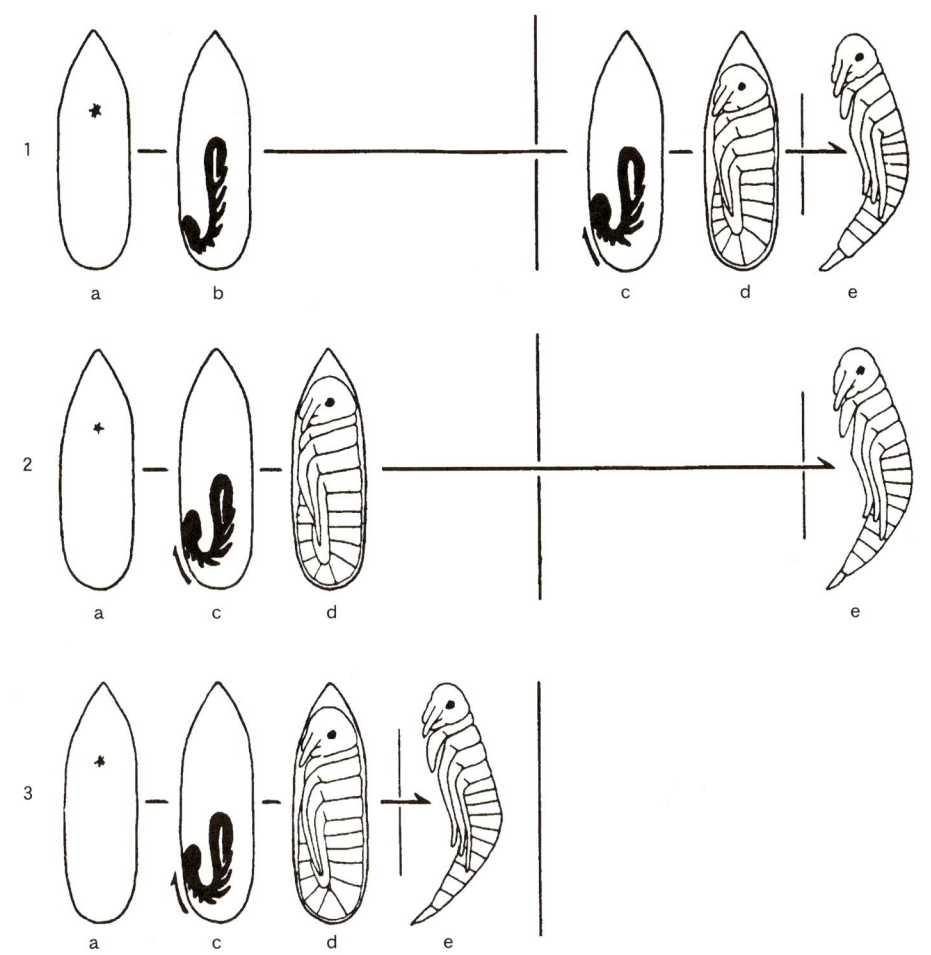

図3.9 トンボの卵における胚発生の季節的パターン．タイプ1, 2は冬眠する卵，タイプ3は冬眠しない卵．ステージ：a. 新しく産下された卵; b. 前胚反転期; c. 胚反転期; d. 完全に成長した胚; e. 前幼虫．(Ando 1962を改変)

この事実は，Ando (1962) による卵タイプの分類をどのように適用するかに今後影響するかもしれない．Boehmsはまた，休眠発生の速度は，卵を初めに6℃，その次に10℃の温度にさらすことにより，加速しうることを見いだした．このような付加的な反応の存在は，卵休眠が，キアシアカネの生存および季節的調節に寄与する手段のいくつかを説明する点で，Boehmsの業績をより印象的なものとしている．冬の水温がめったに0℃以下にならないノースカロライナ州は，キアシアカネの分布の南限に近い．この種の分布域の北限付近（北緯約50°）の個体群が，同じような温度反応を示すかどうかを知ることは有用であろう．キアシアカネによって示された温度反応のパターンは，卵休眠をするすべての温帯性のトンボ目に共通しているかもしれない．これは，アオイトトンボ *Lestes sponsa* (Corbet 1956a)，マダラヤンマ *Aeshna mixa* (Schaller 1968)，*A. tuberculifera* および *A. umbrosa* (Halverson 1984) にも当てはまりそうである．

アオイトトンボ属の卵休眠は，さらにずっと北の地域である北緯52°のサスカチワン州のカナディアン・プレーリー地方で研究されてきた．そこでは，氷と雪が，毎年11月の初めから4月の初めまで池を覆うこともあり，また冬の温度が氷点をかなり下回ったまま数ヵ月連続する．タイプ1の休眠を示す *Lestes congener* の卵は，8～10月に乾いたホタルイ属の茎に産み付けられる．そのころ，夜の気温はすでに−4℃にまで下がり，着実に低下しつつある発生は胚反転の**直前**のステージまで進んで，春まで停止する．春にはホタルイ属の茎が湿り，発生の進行が可能となる．野外では休眠は11月まで続くので，卵が越冬ステージであることは確実である (Sawchyn & Church 1973)．胚発生は冬の間にも明らかに進行し，*L. congener* の場合には，おそらく0℃という低

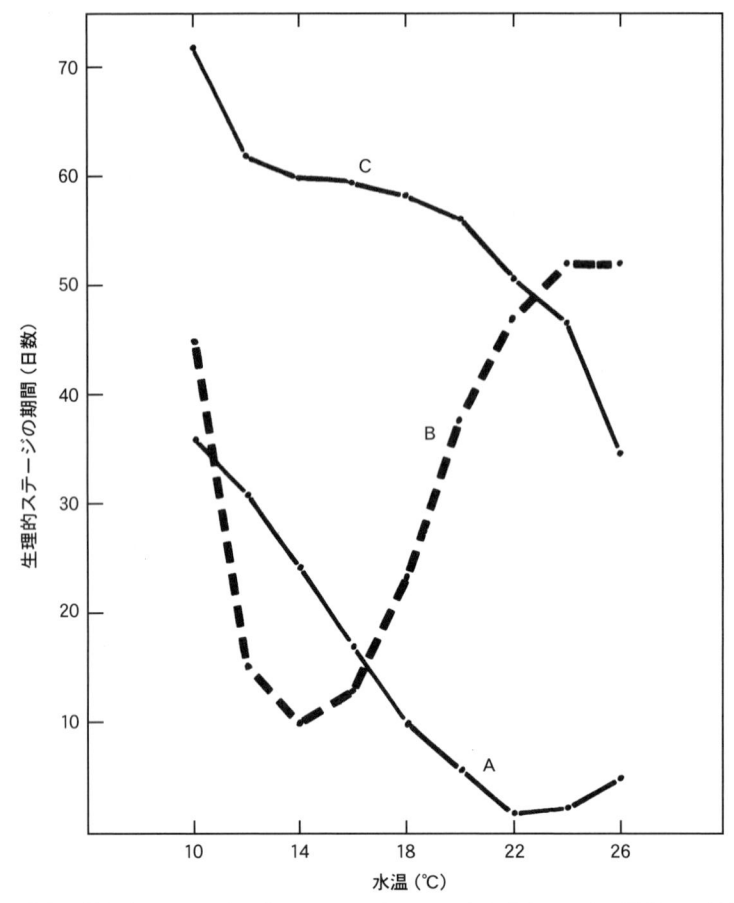

図3.10 キアシアカネの越冬卵の3つの生理的ステージにおける，発生速度と温度の関係．A. 前休眠期; B. 休眠期; C. 後休眠期．アメリカ，ノースカロライナ州．(Boehms 1971を改変)

い温度でも進むだろう．なお卵発生の上限の温度は26.5℃近くである(Sawchyn & Gillott 1974a)．卵は，低温に対して大変強い抵抗性があり(−28℃に40時間さらされても生存力が落ちない)，胚発生が進むにつれてさらに強くなる．孵化の閾値である5℃以下では，後休眠ステージは胚発生ステージで停止する．他のほとんどの(タイプ2の)アオイトトンボ科の種では，この胚発生ステージで休眠が起きる．胚発生は，最も若い齢の幼虫の生存には低すぎる温度で起きうるので，十分に発生の進んだ卵の孵化は，温度が孵化の閾値に達するまで抑制され，その結果孵化が同期的に起きる．実際に，4.5℃に保たれた卵は6.5ヵ月間，孵化することなく発生が停止し，やがて死んでしまう．*L. congener*の卵がもつ以下のような特性は，冬季の生存や生活環の時間的な変異の減少に重要な貢献をしている．その特性とは，休眠の存在，越冬後の発生の再開の際に湿る必要性，および後休眠ステージの発生を可能にする温度閾値よりも孵化のための温度閾値が高いことである．*L. congener*の卵が(室内で20〜25℃に維持された場合)11月中旬に孵化することがあったというLaplante(1975)の観察は，Sawchyn & Church (1973)によって指摘された，野外における低温が冬の前の孵化を防ぐという説明と矛盾しない．

Sawchyn & Gillott (1974b)によって同じ地域で研究されたアメリカアオイトトンボ*Lestes disjunctus*は，おおよそ似たパターンの反応を示す．しかし，休眠発生が冬になる**前に**完了することに関連して(実際には8月末までに完了し，その結果休眠発生の温度依存のフェイズが，野外で温度が孵化閾値をまだ上回っている10月後半までに完了する)，光周期によって制御される休眠発生の第2のフェイズが差し挟まれている．このフェイズでは，12〜14時間より短い光周期がそれ以上の発生の進行を抑制することによって，秋の孵化を防いでいる(Sawchyn & Church 1973)．短日の抑制効果は冬の間に消えるの

で，春に温度が孵化閾値に達するや否や，同期的な孵化が起きる．Laplante (1975) が11月中旬にL. congenerの孵化を見たことは，もし彼の水槽の中の日長が野外の日長より長かったのであればこの事実に矛盾しないが，残念ながら彼の報告には日長の情報がない．

ホソミアオイトトンボもタイプ2のアオイトトンボ科の種であり，南緯約43°のニュージーランド南島において，普通は卵（Ando 1962のステージ7の胚；産下後約17～18日）で越冬する．野外では，卵は水面より上方に産み付けられ，ステージ7に近いステージに到達するまでは霜の有無に関係なく発生するが，ステージ7では霜にさらされると発生は停止し，そのステージで越冬することになる (Kramer 1979)．胚反転は産卵後10～11日目のステージ6で起き，光周期が胚発生に与える影響は検出されていない．

タイプ2のトンボ科のムツアカネの胚は，秋分近くまで遅延することなく発生し，秋分になってAndoのいうステージ7に入る．その時点でまだ非休眠発生に適している水温であるのに，胚は休眠に入る．これによって乾燥や低温に対して高い抵抗性をもつようになり，氷塊の中に閉じ込められても9週間は生き延びる．胚反転（ステージ8）は，3月初めに水温が急激に上昇し始めた直後に同期的に起きる (Waringer 1983)．

春がきて気温が適温になると，休眠卵が同期的に孵化することがよくある（例：アオイトトンボ，Münchberg 1933; Corbet 1956a）．対照的に，Sternberg (1995c) はクモマエゾトンボの休眠卵では孵化反応が一様でないことを見つけた．この種では大部分の卵は16°Cにさらされると遅延することなく孵化するが，一部の卵は温度が20°Cを超えないと孵化が遅延する．この現象は，晩春に寒さが続いた場合に非常に若い幼虫が死ぬかもしれないような，変わりやすく予測不能な環境条件下において，リスクを分散させる仕組みになっているのかもしれない．孵化が温度に依存する結果，マダラヤンマのような温帯北部の種の卵は，イギリスでは3～4月に孵化し始めるが (Gardner 1950a)，サルデーニャ (Norling 1996) やアルジェリアの北東部 (Cheriak 1993) では12～2月にかけて孵化し始める．本種は年1化性であり，また，幼虫の発育は非調節的なので (§7.2.6)，分布域の南部では北部よりも羽化が数ヵ月早い．これは，機能的には成虫の前生殖期の夏眠に関連した現象である (§8.2.1.2.2)．北アメリカに分布する*Boyeria vinosa*は，知られている限りでは夏眠を行わず，温帯中緯度（例：北緯約44°；表A.3.5参照）で遅延発生を示す点でヨーロッパのマダラヤンマによく似ている．しかしずっと南方の集団では（例：北緯約33°，Smock 1988），より短縮した発生を示す．ただし，データを検討すると不確実な印象もある．

冬の干ばつは，越冬しているアカネ属の卵の孵化を遅らせる（新井 1984b）．また，アキアカネの越冬卵は低温に長くさらされるほど，孵化はより同期的となる（上田 1993；渡辺 1993a）．

ある興味深い現象が，休眠卵をもつ一部のトンボで見いだされている．それは，飼育下での胚形成の期間と，標準と異なる成長速度および異なる齢数を示す幼虫の割合とに相関が見られる点である．ヒスイルリボシヤンマ*Aeshna cyanea*の場合には，休眠卵における胚形成の**期間**，すなわち産卵から孵化までの間隔は，齢数および後胚発生の期間との間に有意な負の相関を示し，また，F-0齢幼虫の体サイズとも，いくぶん弱い負の相関を示す．こうして，最も早く孵化をする個体は，最も大形で，幼虫の齢数が最も多く（前幼虫を含め14齢），また幼虫期間が最も長い (Schaller 1960; Degrange & Seasseau 1964)．マダラヤンマの休眠卵でも，休眠卵の胚形成の期間と幼虫の齢数の間に相関が見られる (Schaller 1972)．ただしここでは相関係数が正になっており，最も早く孵化する胚は，最も少ない齢数（10）をもつ幼虫を生じ，またその胚発生後の期間は最も短い．マダラヤンマに類似した相関が，*Enallagma ebrium*の非休眠卵でもFontaine & Pilon (1979) によって見いだされている．この興味深い現象の本質について，我々はまだ理解し始めたばかりであるが (Norling 1984a参照)，そのような相関の存在は，Schaller (1972) が，幼虫の休眠と化性に及ぼしうる胚形成期間の影響について推測するきっかけとなった．

3.1.3.2.3 条件的休眠 一部の種は，休眠卵と非休眠卵の両方を産む（表A.3.5）．表A.3.6にあげた例は，そのような記録が根拠としている証拠のようなものである．エゾトンボ属の一部の種にとっては条件的休眠が標準であると思われる．条件的休眠の存在は長い間報告されてきたが，実験的に確認されたのはごく最近である (Sternberg 1995c)．クモマエゾトンボとホソミモリトンボによって産み付けられた1つのバッチの休眠卵の割合は，季節が進むにつれて増加した（表A.3.6；図3.11）．この変化は雌の日齢を反映するのかもしれない．このパターンは，2つの重要な利点を結び付けているように見える．すなわち，一方で早く孵化した幼虫は高い水温のも

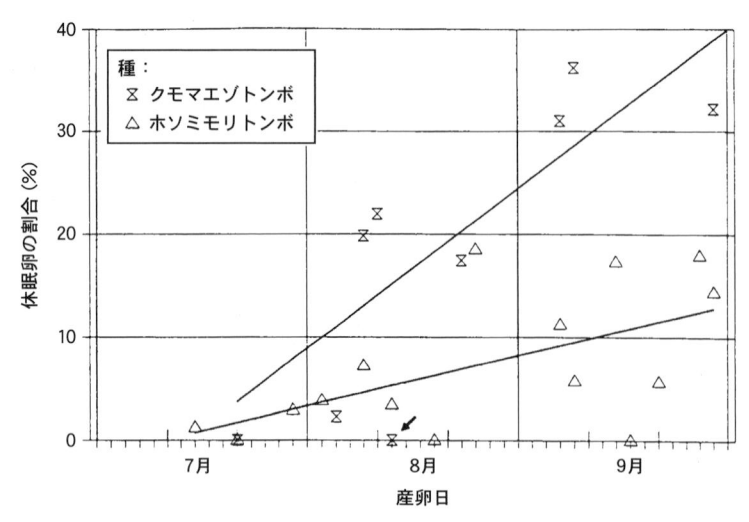

図3.11 ドイツ南部のエゾトンボ属の2種で見られた夏の進行に伴う休眠卵の比率の増加．各プロットは，その日に捕獲された1雌が産んだ1バッチの卵を示している．両種とも産卵日と休眠卵の比率の間には高い有意な相関がある．矢印は他と異なる発生をしたバッチで，すべての卵が同期的に遅れて孵化した．(Sternberg 1995cより)

とで速く成長でき，他方では遅い時期には卵が孵化しないことで，非常に若い幼虫が秋の低温や大形の同種他個体による捕食を避けている．明らかにミナミエゾトンボでは，卵が産下された後に数時間低温にさらされることによって休眠が誘導されうる（表A.3.6）．この反応も，同じように非常に若い幼虫が低温にさらされるのを防ぐ働きをするだろう．ミナミエゾトンボ属*Procordulia*とエゾトンボ属で見つかったのと類似の戦略が，季節が進むにつれてより多くの休眠卵を産むアカネ属のいくつかの種でも発見されるかもしれない（例：タイリクアカネ*S. striolatum striolatum*, 表A.3.6）．条件的休眠は，ヤンマ科については確実に実証されたとみなすことはできない．ルリボシヤンマの直接発生の記録（表A.3.5）が1つだけあるが，これを除けば，条件的休眠を暗示する唯一の観察はマダラヤンマに関するものである．この観察は主に飼育下であるために休眠できなかった例外的な6個体に基づいている（Schaller 1968）．とはいえ，この観察によって，温暖な冬が休眠発生の完了にとって最適に近い温度条件下にある低緯度温帯地域で，はたして温度が原因となって休眠が起きうるのかという疑問が生じる．冬が温暖であればあるほど（約10℃に近い温度であれば），休眠はより急速に完了するからである．

アオイトトンボ科の卵では条件的休眠は明らかに稀である．アオイトトンボ（Rostand 1935; Valtonen 1982; Hübner 1984; Warren 1988），エゾアオイトトンボ*Lestes dryas*（Hübner 1984），およびマキバアオイトトンボ（Rostand 1935; Jurzitza 1988a）は稀に年2化性を示す．ただし，2化目の孵化を休眠卵の早すぎる「偶発的」な孵化と区別するのは困難なことがある．例えば，10月にソメワケアオイトトンボ*L. barbarus*または*L. virens*の小さな幼虫が存在したこと（Rota & Carchini 1988）はこれに該当すると思われるし，秋に水の中に人為的に浸されると直ちに孵化したエゾアオイトトンボや*L. unguiculatus*の卵の場合（Needham 1903）もそうである．もう1つの可能性として，越冬した一部の休眠卵が，春に孵化を起こさせる条件にさらされないまま生き残り，秋にその条件を経験したということも考えられる．Münchberg (1933)は7月上旬に産卵されたアオイトトンボの卵が，実験室内で2ヵ月後に孵化し始めたことを観察している．卵は普通は越冬するが，（ドイツでは）季節の早い時期に水面下に産み付けられた卵が同じ年のうちに孵化したことを理由に，胚発生は温度だけではなく水との接触にも依存するだろうと彼は推定した．スペイン南西部では，1～4月に*L. virens*の幼虫が存在する．これは前項で言及したアルジェリアのマダラヤンマと類似の現象で，温暖な冬が休眠発生を加速しているのかもしれない．Robert (1958)は，アオイトトンボの非休眠卵には全く出会わなかった．アオイトトンボ属やアカネ属の特定の種で生じる成虫の夏眠は（§8.2.1.2.2），産卵を秋まで遅らせる．それは早すぎる休眠卵の孵化が冬の前に起こることを避けるための，代替あるいは補助的な戦略であるかもしれない．

休眠卵を産むヤンマ科とエゾトンボ科の大部分では，いくつかの齢期（老齢）の幼虫での越冬も常に見られ，アオイトトンボ科やトンボ科の多くの種でも老齢期の幼虫での越冬が見られる．この項で述べてきた事項は，休眠卵の重要な生態学的機能は幼虫が**ごく若齢期**に冬の温度にさらされないようにすることである，という推論を補強するものである．初期の齢期が寒さに対して本当に飛び抜けて敏感であるなら，これはトンボ目が熱帯の祖先の温度特性を保持していることのもう1つの示唆となろう．

3.1.4 生存率

世代内生存率を推定するための適切な出発点は雌の生涯卵生産である（§2.3）．卵期間の生存率を計る直接的で実際的な方法は，産下された卵に対する孵化した卵（すなわち，生きた2齢幼虫を生じた卵）の比率を決定することである．この値は，産卵から孵化までの死亡率の原因となる既知および未知のさまざまな要因の総合的な結果である．私の知る限り，異なる要因の効果を区別する試みは1つだけしかないが，その研究を典型例とするわけにはいかないだろう．すなわち，アメリカ，ミシガン州の河畔の湿地に生息するアメリカアオイトトンボの大きな個体群を研究した Walter Duffy（1994）は，卵期間の死亡率を平均22.6％と推定した．そのうちの16.6％は「生息場所の喪失」（卵を含む浮草の茎が増水によって消失すること），6.0％は（原因が分からない）孵化の失敗によるものである．合計の22.6％という値は，卵生産の測定法を考えると，おそらく過少推定であろう．カラカネトンボ *Cordulia aenea amurensis* の生存率の研究で Ubukata（1981）は卵と初期幼虫期を区別しないで推定した．ムツアカネの越冬卵の死亡率は，10.7～10.9℃（温度範囲0～28℃）の野外で217～239日間にわずか0.6％（範囲0～3％）であったが（Waringer 1983），それらの卵は捕食者から遮断された容器中で飼育されたものであった．Bennett & Mill（1995a）は，典型的なシーズンにおけるアカイトトンボの卵の死亡率は2つの要因，すなわち未受精と「孵化不能」によるとした．後者は頑丈な茎から一部の前幼虫が脱出できないことによるものである．トンボの卵期における要因ごとの死亡率の算定が待たれる．

産下された卵数と孵化する卵数の間に差を生じさせるような原因は，未受精によるものと孵化前の死をもたらす物理的・生物的要因への暴露によるものに分類できる．

3.1.4.1 受精率

受精率は，胚発生を開始した卵としなかった卵の数を比べることによって最も適切に算定される．受精は明らかに産卵中に起き（§2.2.10），これまでの記録によれば，1バッチの卵の受精率はしばしば100％ないしこれに非常に近い値である．Pilon & Masseau（1984）の総説には，100％の孵化率（実験室内の定温条件下で直接発生した後の）を示したイトトンボ科の数種の報告が見られる．アメリカアオモンイトトンボの雌は事実上1回交尾であり，1回の媒精は，1個体の雌が一生の間に産むすべての卵を受精させるのに十分である．1回交尾の雌によって容器内で産下された卵の平均受精率は99.96％であった（Fincke 1987）．野外で捕獲されたトンボの受精率は *Hemigomphus gouldii* で100％（Hawking & New 1996），ウスバキトンボ *Pantala flavescens* で97％を超え（Trottier 1967），またハヤブサトンボ *Erythemis simplicicollis* では平均95.1％であった（変動幅84～100％，McVey & Smittle 1984）．しかし，一部の種では好条件と思われるにもかかわらず，受精率は90％未満であった（短期の直接発生の後の孵化率として求められた）（ヒメキトンボ，88.1％；ハラボソトンボ，89.2％，Mathavan 1975；アカイトトンボ，75.1％，Bennett & Mill 1995a）．

状況によって，自然界で産下された卵の受精率が低下することがある．アメリカアオモンイトトンボでは交尾が早期に中断させられると，その後に産下された卵の受精率は低くなる（Fincke 1987）．またコハクバネトンボおよびアメリカハラジロトンボでは，直前まで（他の複数の雌と）繰り返し交尾した雄の，最後のパートナーによって産下された卵の受精率は下がることがある（Jacobs 1955）．ハヤブサトンボの雌は，再交尾させないと，交尾後約5日目に活性のある精子を使い果たす．すべての精子を使い果たすのではなく，残った精子に受精能力がないのである（McVey & Smittle 1984）．1回交尾後に捕獲されたスペインアオモンイトトンボ *Ischnura graellsii* は，交尾時間の長さに関係**なく**，交尾後約15日目に活性のある精子を使い果たす個体が出始め，少数の個体は29日後にもまだ少数の受精卵を産んだが，30日後にはすべての生き残った雌が活性のある精子を使い果たした（Cordero 1990a）．Testard（1972）によってスペイン南部で記録されたタイリクアカネの受精率（63～88％）が低かったのは別の理由によるかもしれない．なぜなら，彼の観察は低温によって交尾が成功しにくくなる12月半ばに行われたからである．

3.1.4.2 物理的要因

孵化の成功を損なうものとしては物理的障害物，例えばゼラチン状の卵紐の厚さ（オオトラフトンボ，曽根原 1979），あるいは卵を取り囲む樹皮を貫通できないこと（ユスラバヤナギ Salix aurita [Pierre 1904] のひどく乾燥した茎の中，あるいはアメリカセンダングサ Bidens frondosa [Jarry 1960] の茎の中のマキバアオイトトンボ）などがあるが，一般的には，低温や乾燥にさらされることの影響のほうが大きいだろう．この点に関しては，直接発生する卵と遅延発生する卵とを分けて考えるべきである．なぜなら，休眠中の卵は致死的であると思われる条件に対して耐性が高いように思われるからである．

直接発生をする卵の間では，（孵化の成功率によって計られた）生存率と温度の間の関係は通常，図3.7Bに示された分布で近似できる．表3.1にある値は温帯性の種についてのもので，好適でない温度による死亡率は10～15℃および35～40℃で100％に達する傾向にある（例：ハヤブサトンボや Libellula incesta, Lutz & Rogers 1991）．死亡率は中間の範囲の中央部ではしばしば0％である（例：22.5～27.5℃での Leucorrhinia glacialis, Pilon et al. 1989b）．最も好適な温度下においてさえも，孵化率が100％に達しないことがあるので（例：サオトメエゾイトトンボ Coenagrion puella では16℃で85％, Waringer & Humpesch 1984; ヒメキトンボおよびハラボソトンボでは27℃で90％未満, Mathavan 1975），受精率も孵化率の一変数と考えるべきである．

孵化率を解釈するときには，胚の生存と発生を可能にする温度と，孵化を可能にする温度とを区別しなければならない（表A.3.2）．この区別は，休眠卵が関係するときには特に大切である．なぜなら，孵化温度は胚発生の完了を可能にする温度より通常はかなり高く，この仕組みによって，越冬した卵の春季の孵化を同期させているからである（例：Lestes congener, §3.1.3.2.2）．この考察は，温度が卵の生存率に及ぼす影響の研究において，胚発生と孵化を別々に記録すべきであることの根拠を示している．

低温が越冬卵に及ぼす効果は，水域の外の乾いた地面（例：クレナイアカネ, Wesenberg-Lund 1913）あるいは植物体の中に産下された卵の場合に（一部のアオイトトンボ科），最も厳しくなる傾向がある．アオイトトンボの卵は，空気中よりも氷の中でよりよく凍結に耐え抜き（Fischer 1958），氷の中または乾いた被覆物の中にある場合には，-30℃の低温に耐えることができる（Münchberg 1933）．また，マキバアオイトトンボの卵は，おそらく植物の茎の中で-32℃にさらされても生存できる（Münchberg 1933）．カナディアン・プレーリーに棲むアオイトトンボ科の中では（§3.1.3.2.2参照），L. congener はアメリカアオイトトンボや L. unguiculatus よりも低温に対して耐性がある．後の2種は24時間-20℃にさらされた後でも正常に孵化するが，-22℃にさらされた後には死亡率が高くなった．この場合，わずか50～75％しか孵化せず，孵化した個体も前幼虫が脱皮に失敗し，間もなく死亡した．また，孵化しなかった卵の多くは破裂した（Sawchyn & Gillott 1974b）．アメリカアオイトトンボは，その臨界孵化温度（5℃）以下に保たれると，同様の徴候を示した．すなわち，4.5℃ではわずか48％しか孵化せず，また前幼虫も同じように脱皮に失敗した（Sawchyn & Gillott 1974b）．発生の上限に近い温度（26.7℃）では胚はしばしば奇形になり，胚反転に失敗し，眼点期（Ando 1962 のステージ6; Sawchyn & Gillott 1974a）の前期に死亡した．アキアカネの休眠中の卵は30～35℃に長く保たれると，胚はしばしば奇形になった（上田 1993a）．

乾燥は卵の死亡率の重要な原因となることがある（例：異常に乾燥した夏のアカイトトンボ, Bennett & Mill 1995a）．サラサヤンマ Oligoaeschna pryeri の卵は22時間乾燥したままにされると，前幼虫が孵化中に死亡した（新井 1992）．おそらく，産卵基質の性質は，乾燥の直接的影響から植物内産卵性の卵を保護するのに重要な役割を果たしている．アメリカギンヤンマの卵は，イヌビエ Echinochloa crus-galli の茎の中よりもイネ Oryza sativa の茎の中において，ずっと長い間乾燥に耐えた（Beesley 1972）．Peter Miller (1987b) は，植物表面に産卵するアフリカヒメキトンボでは外卵殻に存在する卵気孔の密度が低いことが乾燥した空気への暴露に耐えるのに役立つだろうと考えた．

大雨による増水は，卵が入っている植物を別の場所に移動させるか（例：アメリカアオイトトンボ, Duffy 1994），あるいは浮いている卵を洗い流すことによって卵の死亡要因となる．樹洞中に浮遊性の卵を産み付ける Mecistogaster martinezi も，おそらくこの危険にさらされている（Lounibos et al. 1987参照）．

3.1.4.3 生物的要因

トンボの卵捕食寄生者および捕食者については，大部分は定性的だが資料が存在する．しかし，病原体の報告はまだ聞いたことがない．

3.1 卵

3.1.4.3.1　捕食寄生者　植物内産卵性の卵は，卵捕食寄生者に寄生されやすく，それが高率に達することもある．寄生率は，ケベック州南部で研究された5種のアオイトトンボ属の種間，生息場所間，および同じ植物の異なる産卵部位を含む産卵基質間で変異があった (Laplante 1975)．ガマ Typha latifolia の葉の厚い部位では卵の45％に捕食寄生者が入っていたが，葉の薄い末端部に近い部位では，寄生率は95％に近い場合もあった．このような差異は，おそらく雌の捕食寄生者による発見または接近のしやすさを反映したものであるので，野外で探索行動を観察することが望まれる．Jean Laplante の報告は，産卵場所を選んでいるときの産卵雌に働く淘汰圧が強くまた多様であることを示唆している．Gibbons & Pain (1992) は，アオハダトンボ属 Calopteryx の種は流水の中に産卵することによって，卵捕食寄生者による攻撃から保護されることを示唆した．

卵捕食寄生者は，攻撃時の状態の宿主を食う，つまり宿主のその後の胚発生を妨げるイディオビオント（用語解説参照）である (Askew & Shaw 1986)．宿主胚が攻撃されたにもかかわらず生き残り，奇形の矮小個体になる例が報告されているが (Ando 1962)，おそらくこれは特異な例であり，さらなる調査が必要である．卵捕食寄生者は，幼虫の捕食寄生者とは異なり，生きた組織を食うわけではない．それゆえ捕食寄生者と宿主との間には代謝の一体化はない (Strand 1986)．マキバアオイトトンボの寄生された卵では，越冬するのは捕食寄生者であり，宿主は冬の到来のはるか以前に殺されかつ消費されてしまっていると考えなければならない．トンボ目の卵捕食寄生者が，直接発生をする宿主を好む可能性については（例：アオヤンマ Aeschnophlebia longistigma, 井上ら 1981）調べてみる価値があるかもしれない．

植物内産卵性のトンボの卵は，膜翅目細腰亜目の微小な昆虫によって宿主として利用される（表A.3.7）．これには2つの上科が含まれるが，コバチ上科の記録が大部分であり，3科10属に代表される．これまで，わずか2つの記録だけがタマゴクロバチ上科についてのものである．Mark Shaw (1994) は，宿主の幅を含む宿主-捕食寄生者の関係の本質を推論するために，表A.3.7に含まれるような記録を使うことは不適切であるとして，その主な理由を要約している．表A.3.7にあげられたコバチ上科の中では，ホソハネコバチ科とタマゴコバチ科がもっぱら卵捕食寄生者である．この習性はヒメコバチ科のごく少数のグループ，とりわけ Tetrastichinae 亜科にも見られる．卵捕食寄生者は宿主の他の発生ステージには寄生しないのが一般的である．

トンボの卵捕食寄生者にはあまり注意が払われてこなかったため，宿主となる種の数は印刷公表された記録を大きく超えそうである．トンボ目の卵を攻撃する一部の捕食寄生者は，狭い探索環境の中で，あるサイズ範囲内の卵を攻撃するという点で，スペシャリストとみなせるだろうが，宿主特異的ではない．いくつかのヒメコバチ科はヤンマ科と均翅亜目の両方を利用し，その1種 (Tetrastichus natans) は，トンボ目のほか，水生の鞘翅目からも見つかっている．Tetrastichus polynemae はアオイトトンボ属の卵捕食寄生者であるとともに，この属のトンボの卵の中で発生するホソハネコバチ科の1種 (Polynema needhami) の重複捕食寄生者でもある．イディオビオントとしてトンボ目の卵内で発生する多くの捕食寄生者は，このやり方で条件的重複捕食寄生者としても振る舞うのかもしれない．

水面の上と下で宿主のトンボを探し出すアシブトコバチ上科の種の行動が，ホソハネコバチ科の1種 (Anagrus incarnatus) について，Daniel Jarry (1960) によって記述されている．またタマゴコバチ科の Hydrophylita aquivolans については，Charles Davis (1962) によって記述されている．Anagrus 属による産卵が起きるのは（おそらく他のホソハネコバチ科の種も），宿主の卵が生きている植物組織で取り囲まれ，かつ胚の背閉鎖がまだ完了していないときにだけである (Witsack 1973)．

Jarry が調べたマキバアオイトトンボの個体群では，卵は水辺から0.2〜2.0m離れたさまざまな樹木に産み付けられた．雌の Anagrus incarnatus は，棍棒状に膨れた触角の先端で樹皮を繰り返したたいて，枝の中の宿主卵を感知し（もしかすると産卵の傷を手がかりとして使うこともあるかもしれない），かつそれらの適性を評価しながら，枝の上を走り回るようである．1個体の雌は一針刺してそのたびに確実に産卵し，歩きながら，またはゆっくりと短いホバリングをしながら，別の場所に移動していった．その捕食寄生者は季節に応じて，16〜60日で発育を完了した．一方，寄生されなかった卵からは翌春に幼虫が出てきた．調べられた卵のうち約12.5％が捕食寄生者を含んでいた．あるホソハネコバチ科の成虫は体表全体でプラストロン呼吸を行うのに十分なくらい小さいので，その一生のほとんど，もしかするとすべてを水中で過ごしているかもしれない (Askew 1971)．

Davis によって観察されたアメリカアオモンイト

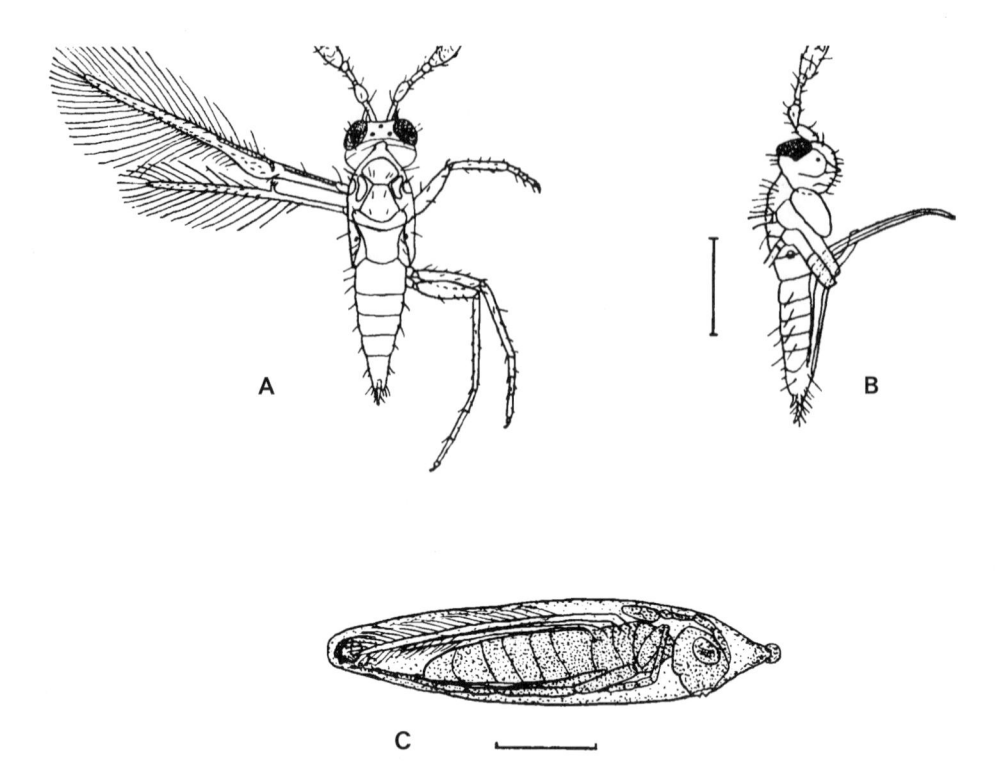

図3.12 アメリカアオモンイトトンボの卵捕食寄生者であるタマゴコバチ科の *Hydrophylita aquivolans*．成虫雌：A. 背面．左側の脚と右側の翅は省略；B. 右側面．翅と脚は省略し，産卵管を示す；C. 宿主卵からの羽化．寄生者は大顎で卵殻に孔をあけ，そこから前脚を使って脱出し，羽化する．宿主の残存物が，卵の後極端の内側に見える．スケール：0.2mm．（Davis 1962より）

トンボは，枯れて水につかったガマ属 *Typha* の葉の中に産卵した．*Hydrophylita aquivolans*（図3.12A）の雌は，葉の表面を触角で探りながら葉の上を歩き回った．そして時々立ち止まり，体を前に動かして産卵管を葉の中に深く突き刺した（図3.12B）．ある雌は断続的に短距離を泳いでは，別の葉にとまり，そこで探索を続けた．雌の飛行は不規則で短く（3cmも飛ぶことはめったにない），方向性があるようには見えなかった．翅の運動は遊泳中も飛行中も似ており，4枚の翅すべてが同調して使われた．アメリカアオモンイトトンボの138個の卵のうち，91.3％が *H. aquivolans* に寄生されていた．この場合，1つの卵が複数の捕食寄生者に寄生されることはなく，また寄生者の頭部は常に前極（孵化直前に宿主の頭部があったはずの場所）にあった（図3.12C）．捕食寄生者は羽化する少し前に，卵殻をかじって脱出口を1つあけた．新たに羽化した成虫（そのうちの70％は雌であった）は水面まで泳ぎ上がり，バクテリアがつくる膜がないときは，容易に水面を貫通した．また，その体は明らかに撥水性をもつ．これらのタマゴコバチ科の種は，長さがせいぜい0.9mmの宿主卵で発生したもので，小さな昆虫であった（体長0.6mm，開張1.3mm）．しかし最小の卵捕食寄生者（ホソハネコバチ科）はわずか体長0.2mmで，一部の原生動物よりも小さく（図9.8で図示されたトンボの開翅長のわずか1/350しかない），そのために最小の均翅亜目でさえも宿主にすることが可能だったのだろう．タマゴコバチ科の一部の種（例：*Prestwichia*属）は，泳ぐとき翅を動かさない状態に畳み，脚を櫓として使う．トンボ以外を宿主とするいくつかの種では，大きな宿主卵からは小さな宿主卵（*Prestwichia*属）からよりもずっと多くの個体が産まれる．またタマゴコバチ科の一部の種では，雌が羽化したその日に宿主の卵内で交尾をして産卵することができ（Clausen 1972），その全生活環は7〜10日で完了した（Askew 1971）．

タマゴクロバチ上科は，表A.3.7では偶然による2つの記録しか示されていないが，そこには特に興味深い点がある．単独行動性の卵捕食寄生者であるタマゴクロバチ科の種には，宿主の雌に便乗するものがある．タマゴクロバチ科の種の雌だけがトンボの成虫の体表から見つかり，その成虫も大部分（お

そらく全部）が雌である．便乗戦略により，捕食寄生者は，宿主の卵が産下された直後，すなわち宿主の胚が発生を開始してその卵がもつなんらかの保護皮膜が硬くなる前に，速やかに宿主卵を攻撃することが可能となる．便乗は捕食寄生者が適切なときに適切な場所にいることを可能にし，その時間はごく短いかもしれない．

　タマゴクロバチ科の*Rielia manticida*の成虫は，卵塊の中に産卵した後も，成虫の宿主（カマキリ）に再び取り付くことを試み，大顎で宿主にしがみつくだけでなく，その体液を吸収することによって寄生関係に入る（Clausen 1972）．トンボ目で発見されたタマゴクロバチ科の記録は少ないが，この関係の実際の頻度とは一致していないかもしれない．*Epiaeschna heros*の成虫で見つかったタマゴクロバチ科の種（表A.3.7）は体長1.5mm程度で，おそらくオンタリオ州南部およびニューイングランド州から，南はジョージア州を越え，西はミズーリ州およびテキサス州まで分布する（Carlow 1992参照）．トンボに付着しているタマゴクロバチ科を見つけるのは，粗い目のネットを乱暴に振るという普通の採集方法では難しいのかもしれない．しかし，タマゴクロバチ科はマレーズトラップでいつでも採集できるほど数の多い昆虫の1つである（Shaw 1995）．カマキリの卵はタマゴクロバチ科に寄生されることが多いが，卵が卵塊として集まっていることがその理由の1つと考えられている．トンボ科の*Malgassophlebia bispina*や*Tetrathemis polleni*にも，カマキリによく似た卵塊産卵の習性があることに注目するとよい．産み付けられた卵塊の覆いはしだいに硬くなり，寄生蜂には突き刺せなくなる．その前に卵を攻撃できる場に居合わせることができれば，卵塊から豊富な資源を得られることになるので，これらのトンボの成虫はタマゴクロバチ科の寄生蜂たちにとっては魅力的に違いない．

3.1.4.4.3.2　捕食者　卵の捕食に関する報告は稀で，時には不可解である（例：Aaron 1890）．植物内および植物外産卵性の卵はダニ目の若虫の捕食にさらされる．*Hydrachna crenulata*（オオミズダニ科）の若虫は均翅亜目の卵を摂食して成体まで発育した．そのダニは長い口吻を使って植物組織内のトンボの卵に到達できた．*Hydrometra myrae*（§8.5.3参照）の外部寄生者である*Hydryphantes tenuabilis*（アカミズダニ科）は，自然状態ではトンボ科の卵を捕食し，また飼育下ではハヤブサトンボ，アメリカベニシオカラトンボ*Orthemis ferruginea*，およびコハクバネトンボの卵も問題なく摂食した．また，*Hydryphantes tenuabilis*はカトリトンボ*Pachydiplax longipennis*の卵だけを養分にして育った後に変態し，繁殖した（Lanciani 1978）．Aidan Hollick（1994）によって，アカネ属の7日目幼虫（おそらく3齢）から，その頭部と胸部の間の背面に付着したごく小さなミズダニが発見されたことにより，卵を摂食すると考えられてきたミズダニ類は孵化した幼虫も餌としている新たな可能性が出てきた．

　植物外に産下された卵は，植物内に産下されたものよりも捕食者にさらされることが多いだろう．しかし，ゼラチン状の外被によって容易に基質に付着することで卵のカムフラージュに役立つだろう（§3.1.2）．しかし，植物外産卵性の卵は，産卵直後の2, 3秒の間はとりわけ攻撃されやすい．メダカは，*Allorrhizucha klingi*の卵が水面から下に沈むときにそれらを大量に摂食する（Lempert 1988）．また，同じような状況にある別の魚は，産卵中の*Bradinopyga geminata*やオオメトンボ*Zyxomma petiolatum*（植物の表面上に産卵する）の雌が場所を移動するたびに，それらを追跡して卵を捕食した（Kumar 1973a）．エゾトンボ科のキボシミナミエゾトンボは，ニュージーランドで捕食性の魚類のいない環境で進化した種であるが，過去100年くらいの間に新しい捕食者にさらされるようになった（Rowe 1988）．小さなグッピー属*Lebistes*＊とティラピア属*Tilapia*（体長約10〜12mm）は，アメイロトンボ（§2.2.4）が植物の表面上に産下した卵を素早く摂食したが，卵のゼラチン状皮膜（図3.5）と1回の産卵バウト中に頻繁に位置を変える雌の習性によって，魚が集まることが妨げられ，卵の損失が減少した（P. L. Miller & Miller 1985）．アフリカヒメキトンボやアメイロトンボ（P. L. Miller & Miller 1985）で見られるような植物表面への産卵様式は，魚類による捕食を本当に減少させるかもしれない．植物外産卵性のハラボソトンボの卵が水面下に沈むときにその卵を食う魚がいる生息場所で，植物表面産卵性のヒメキトンボの卵はそのような捕食から免れているらしい（Mathavan 1982）．

　特定の状況下では植物外に産卵している不均翅亜目は，水面上方で活動している捕食性の昆虫の注意を引く．リベリアの森林の川では，アシナガバエ科のハエ（*Paracleius* sp.）は，*Hadrothemis versuta*の雌が打水ですくった水滴に卵を入れながら産卵している場所近くの土手（表A.2.5の様式FC7）に集まり，明らかにその卵を摂食した（Lempert 1992）．同じ生息場所でアシナガバエ科の昆虫が非常に浅い水（深さ1

＊訳注：*Poecilia*のシノニム．

~2mm) の上に集合しており，*Macromia sophia* が産下したと思われる卵を摂食していた (Lempert 1992). ガボンでは，小さな双翅目の昆虫が先に *H. versuta* について述べたのと同じような方法で *H. coacta* の卵を捕食したという報告がある (Legrand 1983).

コカゲトンボ亜科の *Malgassophlebia aequatoris* の卵塊は，ガボンの森林内の川に突き出た葉からぶら下がっており (表A.2.6; 写真F.2参照)，ショウジョウバエ属の1種 (*Drosophila libellulosa*) (それに特有なハチの捕食寄生者であるハエヤドリクロバチ科の *Trichopria fumipennis* を伴う, Huggert 1982) とタマバエ科の *Bremia legrandi* の幼虫による捕食を受けやすい．この両種はトンボの卵を餌にしており，卵塊のゼラチン状基質の中で幼虫の発育を終える (Legrand 1979a; Tsacas & Legrand 1979; Harris 1981). なお，Tsacas & Legrand (1979) によってランダムに集められた12個の卵塊のうち10個からは，こられの捕食者のどちらか，あるいは両方が見つかっている．

他のコカゲトンボ亜科の種は，分泌物で覆われた卵塊を，水面にほぼ垂直に立っている茎 (*Tetrathemis polleni*, McCrae & Corbet 1982) や，水面上の小枝，クモの網 (*T. godiardi*, Lempert 1988; 写真F.1) などに付着させて産む．この産卵様式は捕食性のハエやアリを防ぐ働きをするかもしれない (Lempert 1988).

3.2 孵 化

ここでは孵化を，胚が卵外被を破り始めたときに始まり，2齢幼虫が前幼虫の脱皮殻から離れたときに終わる一連の事象と定義する．Abbé Pierre (1904) によるマキバアオイトトンボの卵の孵化の説明は魅力的ではあるが，この事象を最初に顕微鏡を使って観察したのは，均翅亜目 (イトトンボ科) では Balfour-Browne (1909), 不均翅亜目 (ヤンマ科，ギンヤンマ族) では Tillyard (1916a) であった．その後，ムカシトンボ科を含むいくつかの分類群でも記述された (例: Ando 1962). Davis (1968) と Degrange (1974) は，さらに新しい記載を加えた総説を行っており，以下の説明は大部分これらを基礎にしている．

卵殻から出る数時間前，つまり均翅亜目や不均翅亜目の胚が卵の前端を完全に占有するよりずっと前に，口陥[*1]に始まり後方に移行する嚥下運動が観察される．これらは咽頭の蠕動運動によるものであって，特殊化した脈動のための器官，すなわち「頭心臓」[*2]ではない．それらは咽頭の散大筋[*3]の律動的な収縮に同調している．その後の孵化の過程は，均翅亜目と不均翅亜目ではいくつか異なる点がある．

均翅亜目の孵化は数時間続くことがあり，3つのステージから成り立っている．第1のステージでは，胚が羊水を嚥下するときに，卵門を通じて卵に水が入る．その結果生じた圧力の増加によって，割れることが予定されたほぼ環状の線 (予定切断線) に沿って内卵殻が破れる．さらに卵黄膜が膨らむことで，卵の前極が卵の残りの部位から押し上げられる (図3.13A, B). この最初のステージの開始から約30分後に，腹部の膨張を伴う連続的な水の嚥下が，胚を前方に移動させる．その結果，卵黄膜によって形成された小室を頭部がふさいでしまう (図3.13C, D). 卵殻から脱出が起きる数時間前のこの時点で，卵の端が産卵基質から目に見えて突き出てくることがしばしばある．孵化が同期的に起きるときには，個々の卵の小室によって形成されたおびただしい数の小さな隆起物によって植物の表面がざらざらに見えることがある (例: アオモンイトトンボ属 *Ischnura*, Grieve 1937; Cham 1992a).

第2のステージでは，胚は水を嚥下し，そのため卵黄膜の腹側の部位が破裂し，前幼虫がその腹部後端だけを卵内に残して滑り出る (図3.13F). 前幼虫の脱出は，頭部および胸部の背側面にある後方に向いた小さな歯状突起と，尾部付属器の終端部にある孤立した棘によって (体の後端を卵黄膜および卵殻に対して保持することで) 促進される (図3.13F). なお，卵黄膜と卵殻を構成している層はそのときすでに卵の前端部で露出している (図3.13E).

第3のステージでは，口とおそらく肛門も使って，胚の連続的かつ活発な水の吸収と筋肉活動による頭部と胸部のわん曲によって，前幼虫のクチクラが頭部と胸部の所で背側が縦の方向に引き裂かれる．これはその後の齢期の脱皮線によく似たパターンである (§7.2.1). 前幼虫は，脱皮する際に，後方に向いた歯状突起を再び使い，そして脚が自由であればそれも用いて脱皮殻に対する足がかりにする．前幼虫の脱皮殻は空の卵の上にぶら下がったまま残される (写真H.1, H.5). パプアヒメギンヤンマ *Hemianax papuensis* の場合，極端に大きな肛側板上には前方を向いた丈夫な刺毛があり (Rowe 1991), おそらくそ

[*1]訳注: 昆虫の胚の頭部体節に形成される大きな陥入孔で，発達して消化管の前腸になる部位．
[*2]訳注: ある種のイトトンボやヤンマでは，孵化直前の胚の頭部に一時的に盛んに拍動する部位が出現する．口から嚥下した羊水により咽頭が一時的に大きく膨れながら拍動して心臓のように見えるため，こう呼ばれる (Tillyard, 1917a).
[*3]訳注: 環状ないし管状の器官の口径を広げる働きをする筋肉．

3.2 孵化

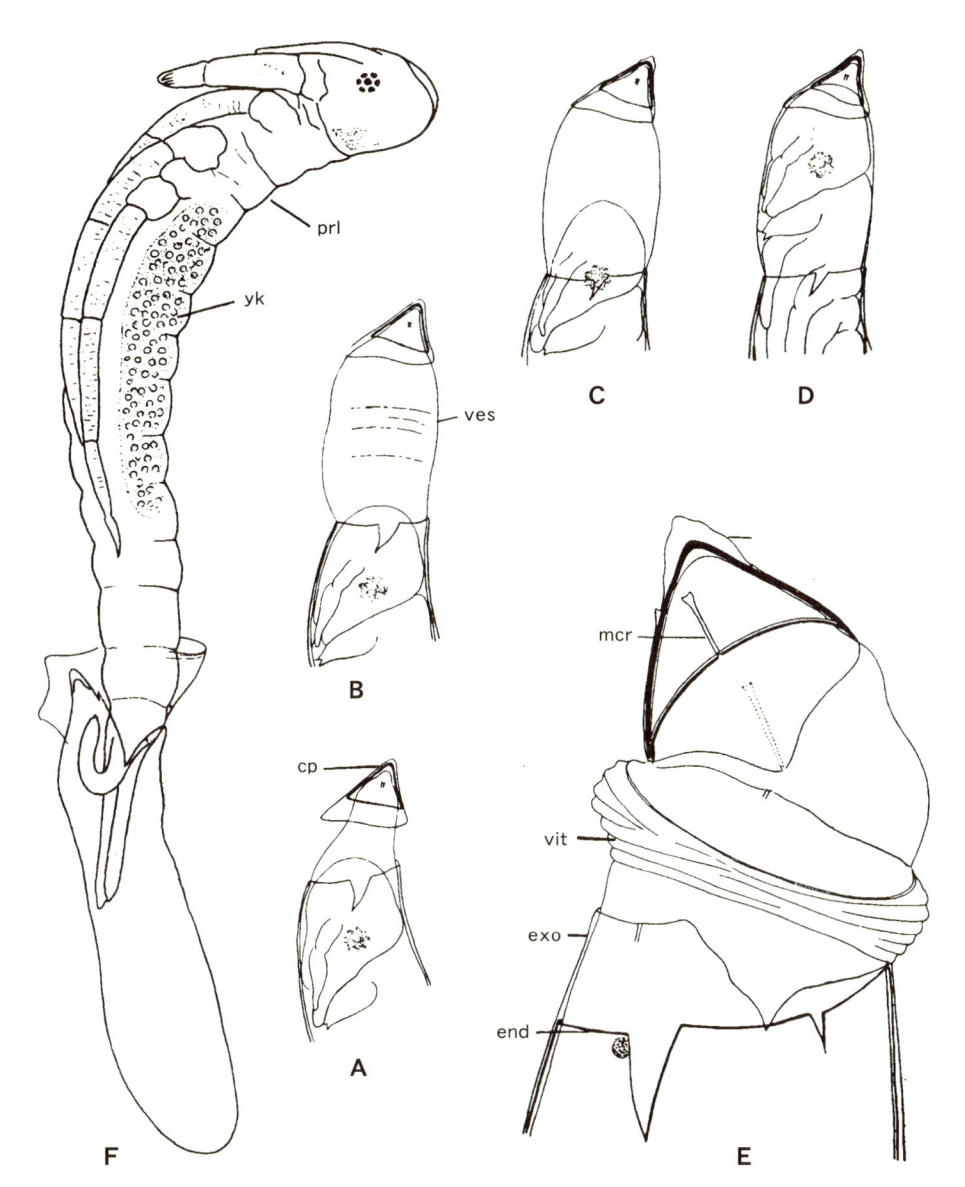

図3.13 タイリクルリイトトンボ（A〜E）とヨーロッパアオハダトンボ（F）の孵化．A〜D. 第1ステージ（本文参照）における卵の前極部位；E. 第2ステージ後の卵の前極部位；F. 第2ステージの後，依然として卵外被に引っ掛かった状態にある前幼虫．略号：cp. 外卵殻のキャップ；end. 内卵殻；exo. 外卵殻；mcr. 卵門小管；prl. 前幼虫；ves. 卵黄膜により形成された小胞；vit. 卵黄膜；yk. 中腸内の卵黄顆粒．拡大率はさまざま．卵の長径は1,120μm（A〜E）あるいは1,290μm（F）．（A〜EはDegrange 1961より，FはDegrange 1974より）

の刺毛によって破れた卵殻から前幼虫の脱皮殻が脱落するのを防ぎ，2齢幼虫の脱皮に必要な足場を確保する．

ヨーロッパアオハダトンボ *C. v. meridionalis* の場合には，ステージ1と2，および2と3の間はそれぞれ約15分および4分の時間間隔がある．イトトンボ科の一部の種では，その過程はもっと素早く完了するようである（例：Cham 1992a）．

Charles Degrange（1961）は，このような順序で孵化が進行するための3つの必要条件を明らかにした．それらは，1本の予定切断線をもつ堅い内卵殻，水の侵入を許す卵門，それに大きく膨張できる弾力のある卵黄膜である．このメカニズムは多くの均翅亜目に共通のものだろう．ただしカワトンボ科は例外で，卵殻に切断線がなく，その結果，裂け目は円形ではなくギザギザで不規則になる（図3.13F）.

Degrange (1974) は，この違いはカワトンボ科がイトトンボ科よりも特殊化していないという見解を支持していると考えた．

ムカシトンボ科を含む不均翅亜目では均翅亜目と違い，卵殻中の前幼虫は卵殻を破るために，主として額前部の正中線上で縦に硬化した稜である**卵殻破砕器**を使う．これは卵殻に縦の裂け目を生じさせ，時にその裂け目は卵の周りに直角に伸びる（例：*Uropetala*属, Wolfe 1953）．卵殻破砕器は植物内産卵性の種では前頭部にあり，植物外産卵性の種では頭頂部にある．ニュージーランドのエゾトンボ科の3種は，開裂後あたかも蝶番があるように後ろに折り畳むことができるキャップ形の前極をもっている (Armstrong 1958)．卵殻破砕器の発達は不均翅亜目の中にも変異があり，ムカシトンボ科 (Asahina 1954: 85) とムカシヤンマ科 (Ando 1962: 図32, 51) では顕著で，ヤンマ族 (Degrange 1971: 写真Ⅳ, 6)，エゾトンボ科（トラフトンボ属）およびトンボ科（カオジロトンボ属 *Leucorrhinia*, ヨツボシトンボ属 *Libellula*, アカネ属）ではそれほど際だってはいない (Degrange 1974 参照)．ギンヤンマ族からは卵殻破砕器は報告されていない（例：Corbet 1955a; Degrange 1971; Rowe 1991; しかしギンヤンマ *Anax parthenope julius* についてのAndo 1962: 図31も参照）．おそらく，卵殻の刀のような突起（表A.3.1）と1齢と2齢幼虫がもつ，Rowe (1991) が「ドーム」と呼んだ頭部の突起 (Corbet 1955a; 図3.14A; 写真H.6) が卵殻の裂開を容易にしているであろう．カオジロトンボ属では卵殻破砕器がないと報告されているが (Larson & House 1990)，それは単に「卵殻破砕器」という用語の使い方が異なるためかもしれない．

前述のように，均翅亜目の孵化の第1ステージでは小室が前幼虫の通路となっているので，雌が作った産卵痕のおのおのに卵が1個ずつ入っていると予想される．実際にそのとおりのことが多いが（例：*Anax strenuus,* Williams 1936），以下のような例外がある．*Megalagrion koelense* (Williams 1936) およびアオイトトンボ (Robert 1958) は1つの産卵痕に2卵を，マキバアオイトトンボでは4卵を産むことがあり，アオヤンマは産卵痕当たり平均58.3個もの卵を産んだ記録がある (井上ら 1981)．アオヤンマの卵はヨシ *Phragmites communis* の髄腔の中に産下され，その中で孵化した前幼虫は卵および他の前幼虫の間を歩き回り，やがて産卵痕に到達し，そこを通って脱出する．産卵基質の内部の感触や構造によって，産卵痕の数より多く卵を産めるかどうかが決まっているようである．George & Juanda Bick (1970) は，ナガバギシギシ *Rumex crispus* で産卵痕当たり約10個の *Archilestes grandis* の卵を見つけた．卵はナガバギシギシの太い髄をほとんど一杯にしていた．ところが，太い髄をもたないアメリカスズカケノキ *Platanus occidentalis* の葉柄では産卵痕当たり1個か2個の卵が見つかっただけだった．カヤツリグサ属の1種（*Cyperus dereilema*）の円筒形の茎に産卵する *Phaon iridipennis* の雌は連続的な産卵痕をいくつか作るが，そのうちの1つは長さ40mmにもなり，そこに90個以上の卵を1列に等間隔に産むことがある (P. L. Miller 1985)．

水の嚥下は均翅亜目における孵化の第2ステージの特徴であり，おそらく水面より上方に産み付けられた卵で起き，その様式は植物の1本の茎の中における卵の位置によって決まる．実際，Pierre (1904) は，マキバアオイトトンボの卵は湿らせなくても孵化したと述べており，また *Archilestes grandis* の卵を湿らせても孵化に影響はないようであった (Bick & Bick 1970)．水面より上方で，通気性のある組織で満たされた生きた茎の中に産み付けられた卵には，おそらく湿気が十分に供給されている (P. L. Miller 1985)．

第3ステージの終了（すなわち2齢への脱皮）後約30秒から数分で，背側の気管は，中腸部位から前方および後方に向けて，急速に気体で満たされる．ヨツボシトンボ属の種では，これは脱皮後約1.5分で起き始める (Davis 1963)．パプアヒメギンヤンマでは，気管系が気体で満たされ始めてから終了するまで約20分かかる．またTillyard (1916a) は，この気体は主に二酸化炭素であるが，直腸鰓を通した拡散によってすぐに窒素と酸素に置き換えられると結論づけた．サオトメエゾイトトンボでは，可視的な嚥下運動は2齢幼虫への脱皮の直後に終了する (Thompson 1993)．

2齢幼虫の形から（図3.14; 写真H.2, H.5, H.6），亜目の，時には科の区別が可能であることが多い（例：Dunkle 1980）．ギンヤンマ族では顕著な複眼（図3.14A），穴掘りタイプのサナエトンボ科では長く伸びた第10腹節（図3.14B），ムカシトンボ科では地に伏すような扁平な接触走性のある形（図3.14C），エゾトンボ科では極端に長い後脚（図3.14D）が2齢期にはっきりと認められる．Trueman (1989) は，オーストラリアの不均翅亜目の間の系統関係を推定するために卵と2齢幼虫を用いた．2齢期は通常ほんの2, 3日間しかないため（図7.1, 7.9），その存在は野外で孵化をモニターするために使うことができる (Corbet 1957a; Crumpton 1979)．

3.2 孵化

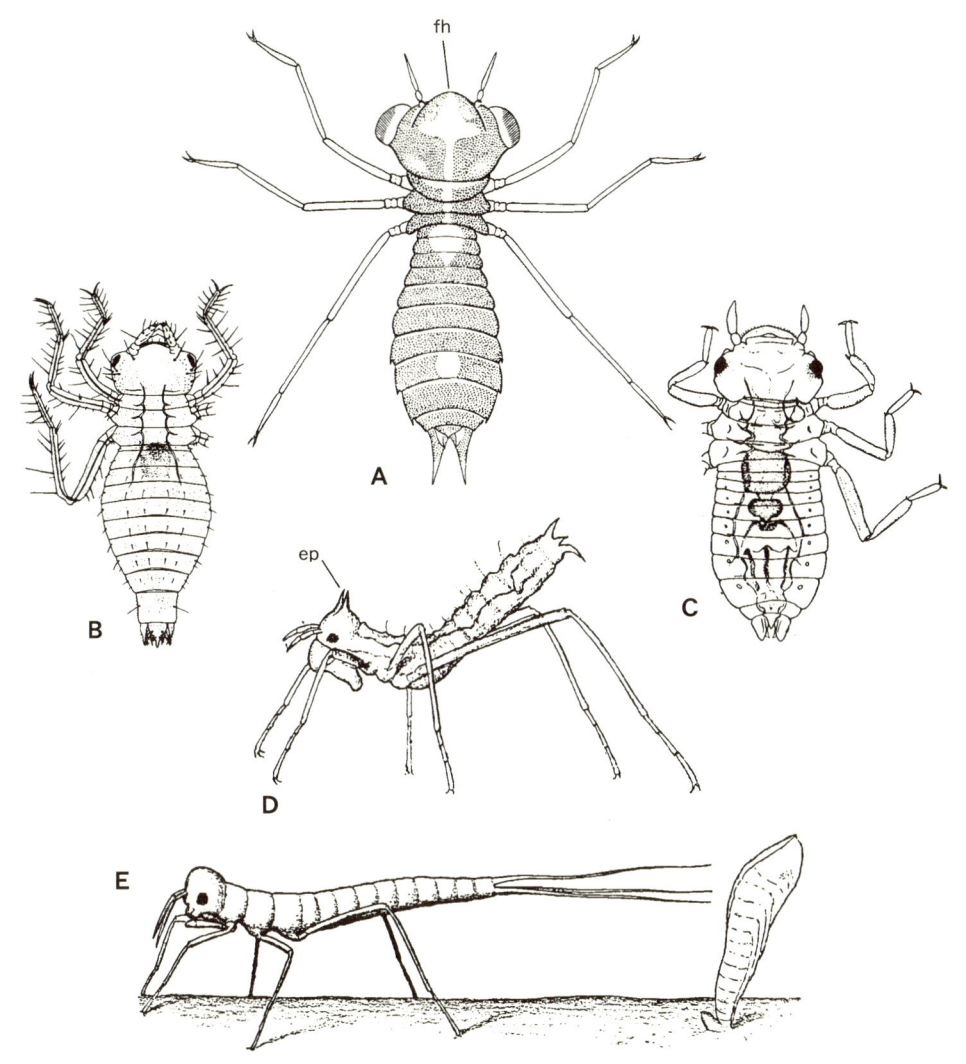

図3.14 ヤンマ科 (A)，サナエトンボ科 (B)，ムカシトンボ科 (C)，エゾトンボ科 (D)，イトトンボ科 (E) の2齢幼虫．A. コウテイギンヤンマ (体長2mm) の背面．額突起 (fh) と大きな複眼を示す；B. *Lestinogomphus africanus* (1.1mm) の背面．伸長した腹部第10節を示す；C. ムカシトンボ (1.3mm) の背面；D. オオトラフトンボ (1.8mm) の左側面．頭蓋突起 (ep) を示す；E. *Coenagrion pulchellum* (尾部付属器を含めないで1.5mm) の左側面．右は脱ぎ捨てられたばかりの脱皮殻で，その基部には卵の前極のキャップが見える．(AはCorbet 1955より，BはGambles & Gardner 1960より，CはAsahina 1954を改変，DとEはRobert 1958より)

　胚が孵化の準備を整えた後，ある特定の刺激を受け取るまで孵化が遅れることがある (実例は表A.3.2参照)．特にアメリカギンヤンマとタイワントンボの例は参考になる．というのは幼虫の発育には十分に持続時間が長い水生生息場所が必要である．両種では単なる激しい雨によって卵が濡れることと水位の上昇によって濡れることを卵が区別できる，単純だが信頼できる環境の刺激を利用することが明らかになっているからである．タイワントンボの卵はネッタイシマカ *Aedes aegypti* の卵 (Christophers 1960)

と同様に，不確実さに対するもうひとつの緩衝装置をもっている．*Notiothemis robertsi* の場合 (表A.3.2)，1クラッチの卵の孵化閾値は極めて変異が大きい．そのため同じ孵化刺激を受けるにもかかわらず卵は一斉には孵化しない．その結果，初めの数回の増水では，一部の卵が孵化しないまま残り，将来の機会の到来を待つことになる．

　孵化のために必要な刺激は，厳しい条件の終わりと幼虫発育を可能にする条件の開始を告げる環境の手がかりに直接関係している．それは，越冬した卵

にとっては上昇した水温，耐乾休眠した卵には自由水の存在である．

　明るくなること，または暗くなることが孵化刺激として働き（表A.3.2），そのため孵化に日周性が生じる場合には，その刺激は，前幼虫の生存に好適な時間帯に限定して孵化が起きることに役立っているだろう．例えば，孵化後直ちに水を探さなければならないホソミアオイトトンボの前幼虫にとっては，夜明けに孵化することは有益であろう（これは地面近くの微気候が涼しくかつ湿り気があり，止水を視覚的に識別するのに十分な空の明るさがあり，また捕食の危険が少ない時刻である）．不均翅亜目はしばしば早朝に孵化すること（Dunkle 1989a），*Epallage fatime*ではほとんどが夜間に孵化すること（Norling 1981b）が報告されている．

3.3　前幼虫

　前幼虫（図3.9e，3.13F；写真H.1，H.3）は，Swammerdam（1669）も見ていただろうし，Heymonsも1896年にオオトラフトンボの前幼虫を描画してはいる．しかし，このステージをはっきりと認識したのは，およそ250年後のAbbé Pierre（1904）が最初のようである．前幼虫は，省かれることもあるが，真の齢期とみなされるべき根拠がいくつかある（Tillyard 1917参照；Grieve 1937；Jones 1978；Richards & Davies 1977b）．その体はクチクラ（羊膜からは区別されるものとして）で覆われており，そこから2齢幼虫が，典型的な脱皮のような方法で，頭部と胸部の背面の裂け目を通って脱出するからである．これと明らかに同様なステージがバッタやセミに存在するし（Richards & Davies 1977b），クモ（Foelix 1982）やサソリ（Cloudsley-Thompson 1968；Polis & Sissom 1990）にも，特殊化した，摂食しない初齢幼虫期がある（Polis 1991）．にもかかわらず，トンボ研究者は，個体発生の研究中に幼虫の齢に通し番号を割り振る際に，しばしば番号を付けた順序から前幼虫を排除したり，前幼虫を含めたかどうかに言及するのを怠る．はっきりとした番号システムが使われているおよそ100の手元にある出版物のうち，60%以上が前幼虫を1齢として扱っており，残りの出版物ではその次の齢を1齢としている．この本では前幼虫を最初の幼虫齢期として扱っている．もし自分の研究が他人の研究と，とりわけ幼虫期の総齢数（§7.2.1）を比較するものであるなら，明らかにその著者は自分が採用している齢の数え方をはっきりと述べる必要がある．

　前幼虫の行動とその期間（1分以内から数時間）は，前幼虫が卵の周囲の物体から傷つくことなく脱出し，そのあと水域に到達するために何が必要かを反映している．前幼虫の期間の記録はほんの少数で，かつ偶然の発見に依存したものである．なぜなら，孵化がはっきりとした日周性に従って起きない場合には，見逃すことが多いからである．

　水中に沈み，包囲物質のない卵を産む植物外産卵性の種では，前幼虫期はしばしば1分未満であり（例：*Brachydiplax sobrina*, Chowdhury & Chakaraborty 1988；*Ictinogomphus rapax*, Begum et al. 1980；*Rhodothemis rufa*, Begum et al. 1990；*Urothemis assignata*, Hassan 1977a），5分を超えることはめったにないだろう．しかし，卵がゼラチン状の卵外皮で囲まれているときには，この齢期はずっと長引くことがあり，オオメトンボでは時には40分間（Begum et al. 1982b），またオオトラフトンボの卵紐の中では4時間に及ぶ（Robert 1958）．ゼラチン状の卵外皮がキアシアカネの卵を取り囲んでいる場合には，前幼虫は脱皮を15～60分間延期させることがあるが，そのような外皮がない場合は，脱皮は通常ほとんど直ちに起きる（Boehms 1971）．

　植物内産卵性の種ではこのステージはわずか1分以内のことがあり（例：*Lestes eurinus*, Lutz & Pittman 1968；ニュージランドイトトンボ*Xanthocnemis zealandica*, Crumpton 1979），多くの場合は5分未満である（例：*Cercion lindenii*およびヒロアシトンボ，Thibauld 1962；オツネントンボ*Sympecma paedisca*, Prenn 1928）．しかし，水面の上方または水域近くの植物に産卵する2つの種によって例証されるように，かなり遠くから水域を探さざるをえない場合には，前幼虫は脱皮を大幅に延期させることができる．ホソミアオイトトンボは1時間近くも地上を跳ね回ることができ，最初の脱皮を9時間近く延期することができる（Crumpton 1976, 1979）．アオヤンマの前幼虫は，卵や他の前幼虫の周囲を動き回った後，茎の中で脱出孔を見つけ，さらにそのあと水に到達しなければならない．水平方向に20cmの距離をジャンプする能力があるので，水への到達は容易である．水に到達すると，前幼虫は3～5分間水に浮かび，そして脱皮するが，水に到達するのに失敗した場合でも，14時間生存できる（井上ら1981）．跳んだりはねたりすることは，水の上方にある産卵基質から離れるための一般的な方法であろう（例：ホソミオツネントンボ*Indolestes peregrinus*, 渡辺 1990；マキバアオイトトンボ，Pierre 1904；*Tetrathemis polleni*, McCrae & Corbet 1982）．水の上に飛び降りた

前幼虫は数分以内に脱皮することが多く，しばしば水面に浮いた脱皮殻が残る（マキバアオイトトンボ，Pierre 1904；アオヤンマ，井上ら 1981）．しかし，マキバアオイトトンボの前幼虫は湿った地面の上では脱皮しようとしない（Pierre 1904）．地面に飛び降りた前幼虫は，彼らが水に到達するか死ぬまで，跳ね回るかはい歩く．前進は，硬い基質の上では明らかにより効果的に行われる．マキバアオイトトンボの前幼虫は1回のジャンプで最大5cm移動でき（Pierre 1904），またミルンヤンマ *Planaeschna milnei* の前幼虫は地面では1回のジャンプで20cm近く移動するが，水面上ではこの距離はわずかにその1/100ほどである（新井1988）．トンボの生活環における，この短いけれども魅力的なステージを苦労して調べる研究者は報われるであろう．水に到達するために陸を横切らなければならない前幼虫の死亡率はかなり高いと思われるので，一生の間の生存率の推定で無視すべきではない．

3.4 摘 要

卵の表面の特殊化した外部構造は，幼虫の生息場所に卵が適切に置かれるようにするためや，前幼虫が脱出しやすくするため，またおそらく卵のカムフラージュを助長するために役立っている．

トンボの胚形成は，外翅類の中で最も原始的とみなされているタイプの代表である．中緯度温帯地域では，卵期間の長さは主に卵が越冬するか否かに依存している．

直接発生する卵は約5～60日後に孵化し，最も短い卵期間は小さな池に生息する種の間で見られる．温帯性のトンボ目は，卵の発育速度の温度係数から，温暖に適応しており，熱帯性の祖先の温度応答をあまり変えていないという見解が支持される．

遅延発生，すなわち休眠発生を示す卵は，約80～230日後に孵化し，胚反転が休眠の前と後のいずれに起きるかで二分される．いずれの場合も休眠ステージは，発生速度の温度係数の符号が逆転することによって他のステージと区別できる．この温度反応は，時に光周期反応と結び付いていて，次のことを確かなものにしている．(1) 卵で越冬すること，(2) 耐寒性のあるステージで越冬すること，および (3) 春の孵化が同期的に起きることである．初期に短期間寒冷にさらされることで，それに引き続いて起きる休眠のパターンが変化することがある．また一部の種では休眠自体が条件的である．休眠中の卵は低温と乾燥に特に耐性がある．

科内および種内において，夏の早期に非休眠卵を産むことと，夏の後期に休眠卵を産むこととの間には関連性がある．

胚形成が完了すると，自然発生的に，または特定の刺激が引き金となって孵化が起きるが，その刺激の性質は若齢期の幼虫の生態的要求を反映している．

胚形成の期間は，幼虫の齢数，後胚発生の期間，F-0齢幼虫の体サイズと相関が見られることがある．

卵の生存率に影響を及ぼす要因についての定量的な情報は，ごくわずかしか知られていない．その要因には未受精，乾燥，そして増水による卵の流下などがあげられる．植物内産卵性の卵は，主にコバチ上科とタマゴクロバチ上科に属する極めて小さな捕食寄生性のハチによって攻撃を受ける結果，90％以上の死亡率に達することがある．一方，植物外および植物表面産卵性の卵は，主に魚によって，また肉食性ダニや双翅目によっても捕食される．

均翅亜目は，孵化時の卵殻の裂け方がムカシトンボ科を含む不均翅亜目とは異なっている．例えば，イトトンボ科では，ファレート状態となった幼虫の頭部の圧力により，あらかじめ弱く作られている線に沿って卵殻が破られる．一方，ムカシトンボ科を含む不均翅亜目では，そのほとんどが，あるいはおそらくすべてが，前幼虫の頭頂部および頭前方部に卵殻を破るための特殊化した卵殻破砕器を備えている．

前幼虫，すなわち1齢幼虫の行動と齢期間は，2齢への脱皮前に水域に到達するための必要条件を反映している．卵が何ら障害物のない水中で孵化した場合は，前幼虫の期間は1分足らずのようである．また，卵が陸上で孵化した場合は，前幼虫自身が跳ねることによって水辺のほうへ近づく．この場合，前幼虫は，いつ水中に到達できるかによって，脱皮を数時間も遅らせることがある．

Chapter 4

幼虫：呼吸と採餌

> 多才な捕食者を探そうとしても成功しないのは，
> 「最適採餌理論」の枠組みの中で取り組んできた研究者に
> 「多芸は無芸」の思い込みが強すぎるためかもしれない．
> ―リチャード・ロウ (1987b)

4.1 はじめに

トンボ目の幼虫は，多様な生息場所に，また単一水域内の多様な微生息場所に棲むように特殊化している．幼虫は特定の部位の形態的特徴（特に，頭部の下に折り畳まれている，把握と伸展が可能な下唇）によって，トンボであることが間違いなく分かるが，幼虫の体形と行動には大きな多様性が見られる．この多様性は，それぞれの生物的・物理的環境下で幼虫が呼吸，採餌，生き残りのために必要とする条件を反映している．この章では呼吸と採餌のプロセスを扱い，生存に関する問題はあとの第5章と第6章で論じることにする．この章では最近の発見とその解釈について重点的に紹介するので，概論的に述べた部分についての詳細とその出典を知りたい読者は，以前の総説 (Corbet 1962a) に当たってほしい．この章で扱う話題の中で，1962年以後の新知見によって理解が進んだ分野は，視野 (§4.3.2.1)，捕食の行動連鎖 (§4.3.4.1)，エネルギー消費 (§4.3.7.4)，生物的防除 (§4.3.8.2) である．

最近の技術的進歩について述べておこう．幼虫を効率よく研究できるかどうかは個々の幼虫を種まで同定する能力に依存している (Pavlyuk 1973a参照)．いくつかの科（例：イトトンボ科）の幼虫は，F-0齢幼虫においてさえも種の同定が非常に難しい．そのため，幼虫の詳細な研究は，同定がそれほど難しくない分類群に限られてきたが，その場合でも，最後の数齢だけしか同定できないことが多かった．しかし，Zloty et al. (1993a, b) の最近の仕事によって，多くの種のほとんどの齢の幼虫を，種まで同定できる見込みが生まれてきた．それは，セルロース酢酸塩ゲルを使った電気泳動法によるものであるが，その装置は簡単に梱包運搬できるので，フィールドでの使用も可能である．この技術によって，幼虫期の包括的な生態学的研究が可能になってきた．この技術は，フィールドから持ち込んだ材料を使って室内実験を行う場合に，いつも同じ種を使っているかどうかをチェックする方法としても利用できる (Krishnaraj & Pritchard 1995)．

4.2 呼　吸

ここでは**呼吸**という語を呼吸活動，つまり酸素の吸入と二酸化炭素の排出の意味で用いることにする．最も初期のトンボ目の幼虫は陸生であったかもしれないが (Pritchard et al. 1993)，その後継種は古生代から主として水生であったか，少なくとも両生であったろうと思われる (Wootton 1988参照)．現生のトンボ目にも，極めて少数の真の陸生の種が見つかるが (§5.3.1.1)，これは明らかに水生から派生したものである．

トンボ目の現生の分類群はすべて，呼吸機能に特殊化していると考えられる器官を少なくとも1つもっている．その器官に呼吸機能があることは，表面積/体積の比が大きく，気管系が豊かに発達していることから推測できる．ただ，これらの器官は他の機能も兼ね備えていることがある．これらの特殊化した器官は，ムカシトンボ科を含む不均翅亜目では直腸鰓，均翅亜目では尾部付属器である．また，均翅亜目の1科では鰓総，別の2科では対をなす側腹鰓がこれに加わる．それぞれのタイプの構造は，独立に進化したと考えられている (Watson 1966a参照)．変態の完了とともに，すべて失われるか，痕

跡的になる (Štys & Soldán 1980). これらの特殊化した器官のほかに，外皮の特定の部位には，ガス交換を促進する構造が見られる．その部位は補助的な呼吸面として，恒常的に使われるか，酸素分圧が低いときにだけ使われる．

Rueger et al. (1969) や Lawton & Richards (1970)，Swain et al. (1977) は呼吸を測定するためのいくつかの手法を記述し，比較検討している．

4.2.1 直腸呼吸

トンボ目の両亜目に属するすべての種は，直腸の内部を換水しており，これで呼吸を促進していると考えられる．直腸の内側に発達した気管系が存在することがこの解釈を支持している．しかし，直腸の上皮組織が，呼吸器官とはっきり分かる**鰓篭**にまで発達しているのはムカシトンボ科を含む不均翅亜目だけである．

トンボ目の直腸は呼吸以外の機能も果たしており，脂肪とグリコーゲンを貯蔵したり，浸透圧調節のために塩類の取り込みを行うほか，(ムカシトンボ科以外の不均翅亜目では) ジェット推進によって泳ぐ機能ももつ (Komnick 1982参照). 浸透圧調節とジェット推進の機能は，直腸内の換水機能から派生したものであろう．その進化プロセスの結果として，不均翅亜目は糞を弾丸のように排泄することができるようになったが (§4.3.4.3)，その一方で，吸虫綱のセルカリア幼生が幼虫体内に入ることも可能にしてしまった (§5.2.3.2.1). また，脱皮直後の幼虫にとっては，体の体積を急激に大きくすることを可能にしている (Komnick 1993). 個々の糞粒が中腸の上皮組織から剥離した包囲膜 (Aubertot 1932) に包まれることで，呼吸面の汚れが防がれている．

4.2.1.1 不均翅亜目 (ムカシトンボ科を含む)

ムカシトンボ科を含む不均翅亜目幼虫の直腸には，鰓篭と呼ばれる主要な呼吸器官が存在する．これは，豊富に分枝した気管系からなる直腸の乳頭突起で (図6.7)，酸素の取り込みに特殊化した上皮組織がそれを覆う，複雑で美しい構造をしている．Tillyard (1915, 1916b, 1917a) は直腸鰓の形態と生理に関する古典的研究から，直腸鰓に**単層タイプ**と**二層タイプ**の2種類があることを見つけた．単層タイプには**波状型** (オニヤンマ科，ムカシヤンマ科，サナエトンボ科の *Austrogomphus* 属) と**乳頭型** (大部分のサナエトンボ科) が含まれ，二層タイプには**折り畳み型** (アオヤンマ亜科)，**葉状型** (ヤンマ亜科) および**薄層型** (エゾトンボ科，トンボ科) がある．二層タイプのうちの薄層型には二次的な変形がいくつか見られる．走査型電子顕微鏡を使った直腸鰓の精査 (例: Thomas et al. 1992) によって，気管の起源における，また鰓葉および鰓葉間の棘の形態における変異が明らかになってきた．これは，これまでの分類を再検討するのに役立つかもしれない．不均翅亜目の2齢幼虫の直腸鰓は，単層タイプの波状型によく似ており，Tillyardはこれを鰓の基本型だと考えた．いくつかの分類群では幼虫期全体を通じてこの状態が維持される．ムカシトンボ科の鰓システムは単層タイプの波状型にいくぶん似ている (Asahina 1954参照).

直腸鰓は，塩類吸収上皮への換水に関連して派生したのかもしれない (Norling 1982). 不均翅亜目の直腸の換水では，各節の背腹筋 (呼気作用をつかさどる) と体軸を横断する2つの筋構造 (吸気作用をつかさどる)，つまり第4, 第5腹節の間にある腸の上の横隔膜 (Amans 1881) (ムカシトンボ科では欠如，Asahina 1954) と第5, 第6腹節の間にある腸の下の筋肉 (Wallengren 1914) が使われる．後者は「腹側横隔膜」と呼ばれることがあるが，主に側方の付着部の所で筋肉によって支持されている結合組織であるので (Richards 1963)，その呼び方は適切でないだろう．これらの筋肉と神経による換水の制御は，Peter Mill とその共同研究者によって詳しく調べられている (Mill 1982による総説参照). ジェット推進 (速泳のため) と，下唇伸展 (餌動物の捕獲のため) に特殊化した筋肉の動きについては§4.3.4.2で記述する．

おそらく，ほとんどの不均翅亜目の幼虫でも同じだろうが，ルリボシヤンマ属 *Aeshna* では，標準型の換水 (V_n) は肛門弁の開閉を含むリズミカルな運動を伴う (図4.1). 肛門弁は排水の間は狭く，吸水の間は広くあけられるので，吐き出された (酸素の減少した) 水は，次のサイクルで吸い込まれる酸素の多い水が存在する範囲よりも遠くまで，強制的に押し出される．これに代わる換水のタイプの1つに「一気飲み型」の換水 (V_g) があり，標準型換水のリズミカルな動きを時々中断させることがある．

標準型換水の**頻度** (fV_n) を指標にすることで，他の変数を無視してしまうことになるものの，幼虫の生理あるいは行動の状態を表すことができる．Cofrancesco & Howell (1982) によって研究されたトンボ科のハヤブサトンボ *Erythemis simplicicollis* ではほとんどいつも標準型換水であり，それが換水行動のおよそ75％を占める．ただし次の3つの場合では，

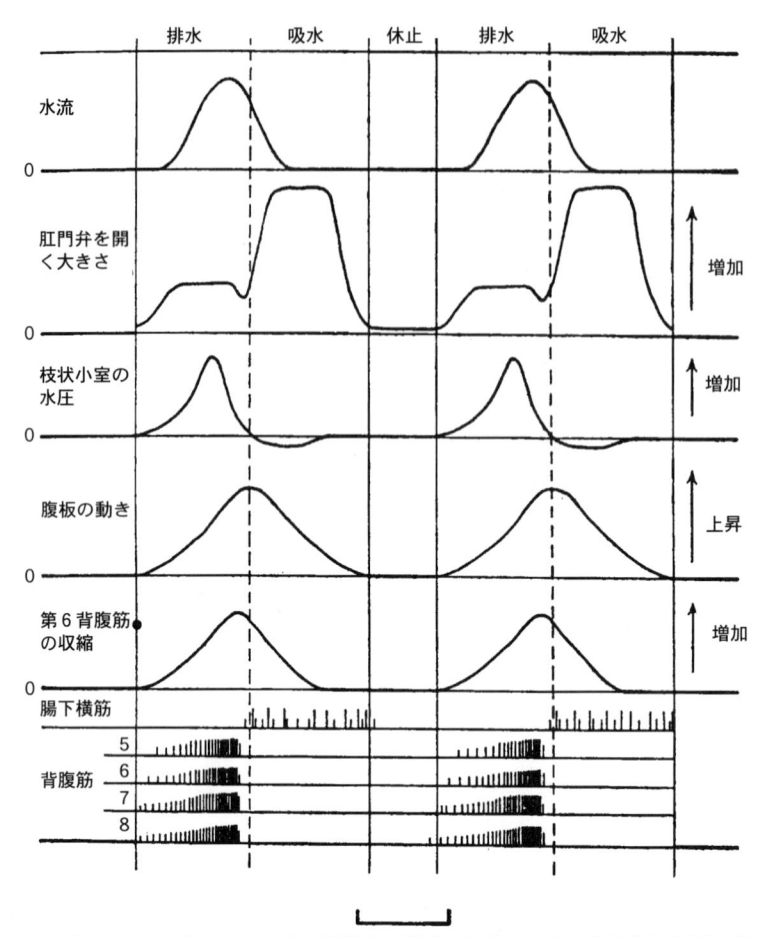

図4.1 大型のコウテイギンヤンマの幼虫における直腸喚水．筋肉の活動からその機械的な効果を経て，その結果として生じる行動までの標準的でリズミカルな一連の出来事を示す．数字は腹節の番号．スケール：1秒．(Mill & Pickard 1972より)

幼虫個体が示す基準頻度からの変化が生じる．(1) 明暗周期という外因の日周性 (Cofrancesco 1979) により，昼間に最大，夜間に最小になる．(2) 温度変化に対する標準型換水の反応はほとんど瞬間的で (V_g はそうではない)，16℃から32℃までの温度上昇によって直線的に増加し，その後は1秒当たり7〜8回の頻度で飽和するまで漸近的に増加する．(3) 溶存酸素濃度と fV_n との間には明瞭な負の相関が見られる．ヒスイルリボシヤンマ Aeshna cyanea では，fV_n は溶存二酸化炭素の濃度と正の相関が，溶存酸素濃度とは負の相関があり (Pattée & Rougier 1969)，高温で頭打ちになる変化を示すことが知られている (Precht 1967)．また，アメリカギンヤンマ Anax junius では，酸素消費量は温度，体重，齢とともに変化することが分かっており，温度上昇あるいは体重減少に伴って Q_{10} が低下する傾向が見られる (Petitpren 1970)．上記の (1) 〜 (3) の発見はこの観察と符合す

る．後の祭だが，Petitpren が実験の中で滞在型と移動型のアメリカギンヤンマの幼虫を区別しなかったのは残念である．というのは，彼のミシガンの研究場所にはその両型がいた可能性があり，それぞれが fV_n と温度の間に異なった関係を示したかもしれないからである (Trottier 1971参照; §10.3.3.2.1)．ウスバキトンボ Pantala flavescens でも Petitpren の結果と同様の相関が見られており，幼虫が飽食して摂食をやめたとき，最も高い fV_n を示すことが知られている (Mathavan 1981)．

呼吸ストレスに対する行動上の反応は迅速で顕著な場合がある．コウテイギンヤンマ Anax imperator の幼虫は二酸化炭素濃度の高い発生源から立ち去ろうとする．しかし，二酸化炭素への暴露が継続すると標準型換水は撹乱され，数分で幼虫は浮遊し始める．そして間もなく標準型換水は完全にとまる．ストレス源を取り去ると，幼虫は15分から1時間で回

復することができる．しかし，標準的なfV$_n$に回復するには数時間かかる．幼虫が酸素飽和の状態におかれると，標準型換水は断続的で不規則になるか，停止する．17～18℃の温度と低い酸素濃度の条件では，幼虫は水表面に移動し，肛錐の先端を空気中に突き出す格好で標準型換水が継続する (Wallengren 1914)．酸素濃度が低いときの不均翅亜目の典型的な反応は，水表面へ向かって後ろ向きに登り，肛錐を大気中に出すことである．夜間の有機物分解速度が高くて，樹洞内の酸素濃度が低下してしまう樹洞に棲む Indaeschna grubaueri は，夜間に頭部を下方にして尾部付属器を開いた状態で静止する (A. G. Orr 1994)．

陸生 (§5.3.1.1) と半陸生 (例：ムカシヤンマ科のムカシヤンマ Tanypteryx pryeri と Uropetala carovei) の幼虫は直腸呼吸をするが，湿った空気に囲まれたときしか呼吸できない．水の外で生活していた Pseudocordulia 属の大形幼虫（およそF-3齢）は，少なくとも静止状態では換気の頻度が非常に低く，水に入れられると，頭部と肛錐が空気にさらされる所まではい上がった (Watson 1982)．ムカシヤンマ (武藤 1971) や U. carovei (Rowe 1993a) の大形幼虫は，水から出ても空気中で呼吸し，数ヵ月生存できる．水に戻されたとき，最初は体が浮くほど乾燥していても平気である．U. carovei の大形幼虫では，空気中での酸素消費速度は，水中よりもわずかに低い程度である．ただし，小形幼虫では空気中での酸素消費速度は著しく低い．そして，15℃から25℃の間の酸素消費のQ$_{10}$には大形幼虫と小形幼虫とで違いがある (Green 1977)．通常は水生であると考えられる種の幼虫でさえ，湿度の高い空気中であればかなりの期間呼吸できる例が知られている．湿った植物だけを入れたビンの中でヒスイルリボシヤンマの幼虫 (F-2齢くらい) が28日間生き残った例があり，この幼虫は水に戻されると約1時間の間は失神しているかのように動かず，その後は普通に摂食を始めた (East 1900a)．

形態と行動を変化させることによって，無用な物質が直腸に吸入される可能性を減らすことができる．細かい沈殿物中に深く潜る種の幼虫 (§5.3.2.2.4) では，第10腹節が管状で非常に細長く，体軸に直角になる傾向がある (例：Labrogomphus torvus, Wilson 1995)．そのため，幼虫が埋まっている間も，泥を含まない水を吸入することが可能になっている．吸虫綱のセルカリア幼生は，混入の可能性がある異物の1つである．セルカリアにさらされると，アカネ属 Symperum の幼虫はかなりの時間不動の姿勢を保ち，かつ数秒の間は換水を停止するという通常とは異なる行動をとる．換水を再開し，セルカリアが直腸に侵入すると，幼虫は激しく反応し，それを吐き出すような動きをする (§5.2.3.2.1参照)．

Weber & Caillère (1978) は，タイリクオニヤンマ Cordulegaster boltonii の幼虫の腹部の近くにサーミスターを設置する方法で，沈殿物の中に埋まって肛錐の先端だけを出し，静止状態にある幼虫の肛門のすぐ外側の水流の変化を，［微少な水温の変化から］推定した．この技術を使うと幼虫を拘束せずに，遠隔でfV$_n$をモニターすることができる．これは，ある程度沈殿物によって覆われていることが多い幼虫の行動をモニターする方法として有望である (Miller 1994cも参照)．タイリクオニヤンマが休止している間は，fV$_n$は遅くて規則的である．しかし，日没時に幼虫が摂食活動を開始すると，その周期と振幅に独特の変化が生じる．標準型換水を指標にして，それがどのように生起しどのようなパターンをとるかを調べたWeber & Caillère (1978) の行動連鎖の研究は極めて重要である．この研究によって，物体の動きを幼虫が感知できる最大距離を推定するには，幼虫の姿勢や向きの変化を記載するよりも，この方法のほうがずっと感度が高いことが示された．この方法はいろいろな刺激に対する反応の潜伏期を測定するのに広く応用できる．

4.2.1.2 均翅亜目

均翅亜目の幼虫の直腸がポンプ運動（吸水と排水の繰返し）をすることと，直腸の上皮組織が毛細気管の豊富に存在する部位に限定されることは古くから知られている（例：Calvert 1915b）．論争の焦点は，このようなポンプ運動が，はたして呼吸に役立っているのかどうかにある (Miller 1993bによる総説参照)．

オビアオハダトンボ Calopteryx splendens の幼虫はほとんどの齢で，多くの時間，ポンプ運動による直腸の換水をしている．直腸の内壁には，上側に1個，横に2個の乳頭突起があって，その上皮組織は，鰓と言えるほどには発達していないが，多くの毛細気管を備えている (Miller 1993b, 1994c)．ポンプ運動のそれぞれのサイクルでは，4回から6回の吸入ストロークでしだいに回腸に水がたまり，短い休止の後に，第5～8腹節が強く収縮して一気に排水する (図4.2)．これはヤンマ科とトンボ科の幼虫に見られる一気飲み型の換水に似ている．タイリクルイトトンボ Enallagma cyathigerum とマンシュウイトトンボ Ischnura elegans のポンプ運動のサイクル (図4.2)

図4.2 サーミスターを利用して記録した，均翅亜目のF-0齢幼虫における直腸のポンプ運動（A～C）と腹部の運動（D）．A～Cでは急激で大きな排出ストロークを示す．A. 水道水中のオビアオハダトンボで，1サイクル当たり3～4回の吸入ストローク；BとC. 蒸留水中のマンシュウイトトンボで，Bは1サイクル当たり4～5回の吸入ストローク，Cは通常のポンプ運動；D. 酸欠状態のマンシュウイトトンボで，腹部を横に振る動きと1回の直腸ポンプ運動（矢印）を表現している．スケール：AとB. 10秒；C. 50秒；D. 5秒．（Miller 1994cより）

は，頻度が低く休止期が長いという違いはあるが，オビアオハダトンボのそれに類似している．

均翅亜目に属する種は腹部の下側に横隔膜をもつと報告されていたが（Richards 1963），この亜目には，ムカシトンボ科以外の不均翅亜目が直接鰓室の中に水を吸い込むのに用いている横隔膜や腸の下の筋肉がないようである．そのかわり，直腸の空洞を使って行う一連のポンプ運動によって水を吸い込んでいる（Miller 1993b）．均翅亜目の1サイクル当たりの吸入ストローク頻度は，ヤンマ科の一気飲み型の換水よりも少ない．このことは，均翅亜目の回腸の容積が，ヤンマ科がもっている鰓室よりも小さいことを反映していると思われる．

酸欠状態にあるオビアオハダトンボの幼虫では，直腸のポンプ運動の頻度を高めたり振幅を大きくするような，変化に富んだ行動が観察されている（§4.2.5）．1サイクル当たりの吸入ストロークの数を増加させる，あるいは毎回の吸入ストロークでの吸入量を増加させる，ポンプ運動の回数を増加させる，といった方法で，幼虫は時間当たりに入れ替える水の総体積を増加させることができる．また，尾部付属器の周りの水を撹拌して溶存酸素濃度の境界層を壊し，クチクラ全体への拡散を促している（§4.2.4で述べるように，尾部付属器はおそらくガス交換の主要な場所である）．オビアオハダトンボの場合は，吸入時間は排出時間の10倍に達する．不均翅亜目の場合のように，排出水はある程度の距離までジェット噴射され，吸入水と排出水が混合することを避けている．Peter Miller（1993b）は，直腸の換水は呼吸に役立っているが，均翅亜目におけるその主要な機能はイオン調節（§6.4.1）を助けることにあるだろうと結論づけている．

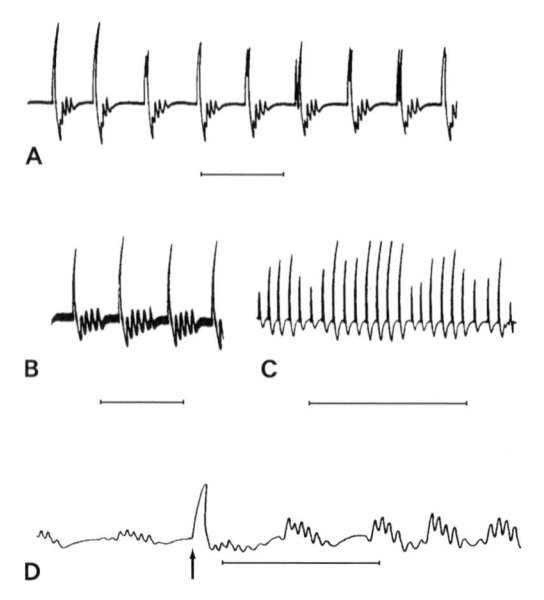

4.2.2 鰓総

最も原始的な性質を残している科の1つであり，4つの大陸に分断されて分布しているムカシカワトンボ科4属の幼虫は，極めて特殊化した呼吸システムをもっている点で，トンボ目の中では明らかに異質な存在である．Watson（1966a）やNovelo-Gutiérrez（1995）はこれを特異形質と呼んでいる．これまで調べられたすべての種が，前胃における粉砕装置として非常に単純なシステムを残している点でもユニークである（Lieftinck 1972）．この科の幼虫はすべて高地の渓流や河川に棲んでいるが，流水性で鰓総を欠いている他の多くの均翅亜目，例えば*Philoganga*属（Asahina 1967），*Diphlebia*属（Stewart 1980），*Lestoidea*属（Fraser 1956a）の生息場所と比べて，この科が呼吸法を変えなければならないほど生息環境に違いがあるわけではない．なお，Novelo-Gutiérrez（1995）はこれらをDiphlebiidae科に分類している．

ムカシカワトンボ科（Novelo-Gutiérrez 1995の見解；Van Tol 1995も参照）の既知のすべての属の幼虫は，肛門の両側のやや下方に気管鰓からなる2つの鰓総をもつ（図4.3）．鰓総の構造は*Rimanella*属（Geijskes 1940），*Devadatta*属，*Pentaphlebia*属（Watson 1966a），*Amphipteryx*属（Lieftinck 1972）の4属で異なってはいるが，いずれも肛門下部の葉状器

4.2 呼 吸

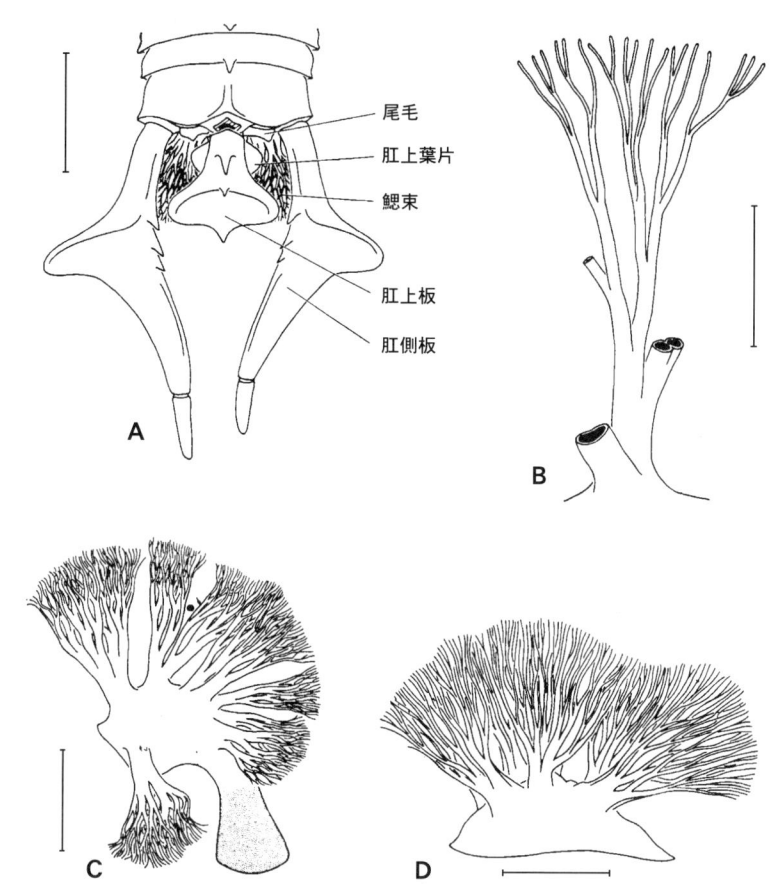

図4.3 ムカシカワトンボ科のF-0齢幼虫の鰓総. A. *Pentaphlebia stahli* の若齢幼虫の腹部 (背側) で, 肛上板を切除してその下側を示す; B. 鰓総からのフィラメント; C. *Devadatta argyoides* の鰓総 (少し模式化している); D. *Rimanella arcana* の鰓束. スケール: A. 1mm; B. 0.2mm; C. 0.4mm; D. 0.5mm. (Watson 1966aより)

官から発生したものであろう. 鰓総は, 最初にTony Watson (1966a) によって詳細に記載された. 鰓総のクチクラは非常に薄く, 単位面積当たりの酸素運搬能力は, これらの属の尾部付属器の能力よりも1桁から2桁高い. 少なくとも *Devadatta* 属の尾部付属器は厚いクチクラでできており, 表層には気管がほとんどないので, 明らかに呼吸器官ではない. 灰色をした鰓総は伸長時には約1mmの長さになるが, 筋肉の働きで完全に, あるいは部分的に体の中に収納できる. この能力は, 増水時に鰓総が受ける損傷を防ぐのに役立っているかもしれない. 鰓総をもつ幼虫の換水運動や, 直腸のポンプ運動の有無や性質が, もっと多くの種で分かってくれば, 呼吸器としての鰓総の役割についての理解が深まるだろう. 鰓総が個体発生の中でいつ出現するのかはまだ分かっていない.

4.2.3 側腹鰓

3つの尾部付属器に加えて, 腹部の両側に沿って気管を備えた鰓を有することが, トンボ目の2つの科だけに知られている (Lieftinck 1962a). 東洋区・旧北区に分布するミナミカワトンボ科では, 第2～8腹節にこのような鰓があり, 少し曲がりくねった, 先細りで分節のないテープ状になっている. この科では, これまでのところ5つの属で側腹鰓が記載されている. *Anisopleura* 属, ヒメカワトンボ属 *Bayadera*, *Epallage* 属, ミナミカワトンボ属 *Euphaea* (表A.4.1参照), *Dysphaea* 属 (Lieftinck 1948) である. 新熱帯区のアメリカミナミカワトンボ科では, 同様の鰓が第2～7腹節に, 1～3分節からなるカールした, あるいは捻れた付属器として存在する. この科では, これまでのところ *Chalcopteryx* 属および *Cora* 属 (表A.4.1参照) の2つの属で記載されている. 鰓状の気

図4.4 止水で標準的な姿勢をとる*Epallage fatime*の幼虫の側腹鰓．F-0齢（B, 体長20 mm）と，より若い（ほぼF-5齢）幼虫（AとC, 体長5 mm）．A. 右側面，B. 腹面，C. 後方から見たもの．Aの上げた腹部は酸欠に対する反応．（Norling 1982より）

管は，両科の全種に存在するだろう（Lieftinck 1962; Kumar 1973b, Santos & Costa 1987も参照）．例えば*Anisopleura*属（Fraser 1929）のように，いったんは欠如していると記録された種でも，その後の研究で側腹鰓が発見されている（Kumar & Prasad 1977）．この2つの科の幼虫はともに渓流または河川に棲む．

Ulf Norling（1982）はミナミカワトンボ科の*Epallage fatime*の側腹鰓を調べている（図4.4）．それは細長く，通常先細りの単純な形で，薄壁に囲まれ，豊富な気管をもち，肋膜の後方部がほとんど裸で外反したような状態で，将来気門となる部位のすぐ後方のやや下側に位置する．鰓は，その基部に直接働く小さな背腹筋を使って，腹部の下に畳み込んで収納でき，これが鰓の物理的損傷を防ぐのに役立っているのは明らかである．撹乱を受けると，幼虫は鰓を腹板に密着させる．換水運動は鰓の筋肉によってではなく，少なくとも小形幼虫では腹部揺すりによっている．その動きは呼吸ストレスを受けているときに間歇的に起きる，鰓は2齢期に第4〜7腹節に発達し，個体発生の間にサイズ，形，数を変える．また，クチクラは厚くなり，刺毛をつけ，乳頭突起が増える．その主な（おそらく唯一の）機能は呼吸である（Wichard 1979も参照）．側板突起と翅の形態学的由来をどう解釈するかによるが（Kukalová-Peck 1983），側腹鰓は脚の痕跡か翅の相同器官から再発現したもののように見える．アメリカミナミカワトンボ科の鰓は，見かけは脚に似ており，ミナミカワトンボ科に見られる表面の皺がないように見える．もっとも，その皺は標本の保存状態のせいかもしれない．

側腹鰓は，断続的な酸素欠乏にさらされる河川環境に適応した器官だと考えられてきた（Corbet 1962a）．しかし，側腹鰓はそれが期待される環境下ではめっ

たに見つからず，この仮説に合う種は少ない．このことに注目したNorlingは，側腹鰓をこの目が進化の初期段階で利用した生息場所に対する1つの適応形態であり，また，ミナミカワトンボ科とアメリカミナミカワトンボ科の共通の子孫形質かもしれないと考えた（しかしCarle 1982a参照）．これらの2つの仮説は，もちろん，互いに排他的ではない．Richard Rowe（1993a）は森林内の永続的な小さな渓流（酸素が豊富な生息場所）の淵の末端に葉が堆積してできた水たまり（酸素が少ない場所）から，アメリカミナミカワトンボ科のCora属の幼虫を採集している．

Norling（1982）は，伏流域の中に隠れ場を必要としている幼虫と，ずんぐりした体を硬い表皮が包んでいるために皮膚を通したガス交換が困難な幼虫にとって，側腹鰓が有用であることを指摘している．Gordon Pritchard（1996）は，コスタリカ産のCora marinaの幼虫が雨季の増水期を生き残ることができるのは，まさにこれらの特徴によるだろうと考えた．側腹鰓をもつことで［皮膚呼吸への依存度を低くできるので］，体と尾部付属器のクチクラを厚くすることができ，激しい流速の場所にも，水流がなくて酸素濃度の低い場所にも，幼虫の生息が可能になったのかもしれない（Williams 1984）．*Euphaea decorata*が棲むマレーシアの渓流で，20 cm以上深い底質の中から均翅亜目の幼虫が見つかっているが（Bishop 1973），*E. decorata*の生活環は*C. marina*のそれに酷似している（Dudgeon 1989a参照）．

4.2.4 尾部付属器

すべての均翅亜目で，肛側板と肛上板（ハナダカトンボ科を除く）は，普通，**尾鰓**（Tillyard 1917a）または**尾部葉状器官**（Corbet 1962a）と呼ばれる巨大化した器官へと二次的に変化している．しかし，これらの器官は呼吸機能をもたなかったり，葉状構造でなかったりするので，ここではSnodgrass（1954）に従って**尾部付属器**と呼ぶことにする．尾部付属器の形態の違いは，普通，幼虫の分類上の位置を正確に反映している．表A.4.1（図4.5と4.6に例示）で採用した尾部付属器の分類は，ほぼTillyard（1917a, b, c）によるものだが，彼が区別した2つのカテゴリーをカテゴリーAにまとめた点と，カテゴリーC（葉状の付属器官をもち，多少なりとも垂直に立てる）を単純化した点が異なっている．また，胞状と三稜状は1つのカテゴリーにまとめた．その理由は，研究者によっては両者を一貫して区別しているわけではないことと，一部の種では胞状の尾部付属器が個体発生的に三稜状の尾部付属器から生じている（Tillyard 1917a; Norling 1982）ことによる．尾部付属器の形態だけでなく，おそらく機能も個体発生の間に大きく変化するのが普通であり（Rowe 1992a参照），これから述べることは，老齢の幼虫だけに当てはまる．

Tillyard（1917a）は，尾部付属器の形と姿勢は幼虫の生息場所条件，特にそこでの溶存酸素供給量に関連しているだろうと予測した．この見解はその後の観察によって広く支持されている．その根拠の1つが「先端成長」である（図4.6A; MacNeill 1960）．これは，尾部付属器が呼吸機能をもつと考えられる種で，個体発生中に，尾部付属器全体に占める葉状器官の先端から節にかけての部位の割合が大きくなる現象である（Corbet 1962a参照）．この先端部は，川や潟湖に生息する*Protoneura aurantiaca*の幼虫（Novelo-Gutiérrez 1994）では小さいが（尾部付属器全長の約30 %），酸素分圧が低いことが多い樹洞に棲む*Pseudostigma aberrans*の幼虫（Novelo-Gutiérrez 1993b）では大きい（尾部付属器全長の80 %以上）．ハワイ産の*Megalagrion*属の近縁種群で，形態と生態の一連の変異を調べれば，説得力のある例が見いだされるはずである（Williams 1936; Corbet 1962a）．空気に接するのが容易であるなど，酸素が豊富な条件下（例：植物の葉の基部，川の水際，森林の落葉）で生活する種では，胞状あるいは三稜状の尾部付属器が見られる．一方，止水のような酸素の少ない生息場所に棲む種では，垂直に立てた葉状器官が見られる．これほど直截的ではないが，他のいくつかの例にもこの解釈が当てはまる．広瀬・六山（1966）が区別したカワトンボ*Mnais strigata*の2つの幼虫の型のうち，急流に棲む型の尾部付属器は小さい*．モノサシトンボ科のモノサシトンボ属*Copera*の幼虫は流水にも止水にも棲み，葉状器官に縁毛をもつ点で変わっているが，この縁毛はおそらく遊泳機能と関連しているのであろう．小型の葉状器官をもつトンボの中でも最も短い葉状器官を有する種（例：*Chlorolestes*属と*Phylolestes*属）は流水で見られる．有機堆積物を含むため，酸素供給量が時々非常に少なくなる樹洞に生息するハビロイトトンボ科の尾部付属器は，葉状で先端部が大きく広がっている（図4.6B）．それがさらに発達して層状に折り重なっていることもある（例：ムラサキハビロイトトンボ属*Megaloprepus*, Ramírez 1997）．また，ニューカレド

---

*訳注：これは，論文発表当時，同一種とみなされていたオオカワトンボとニシカワトンボの幼虫の形態差と思われる．ニシカワトンボがより急流域に棲む．広瀬・六山はこの論文で2つの型は別種だろうとしている．トンボ目索引の訳注も参照．

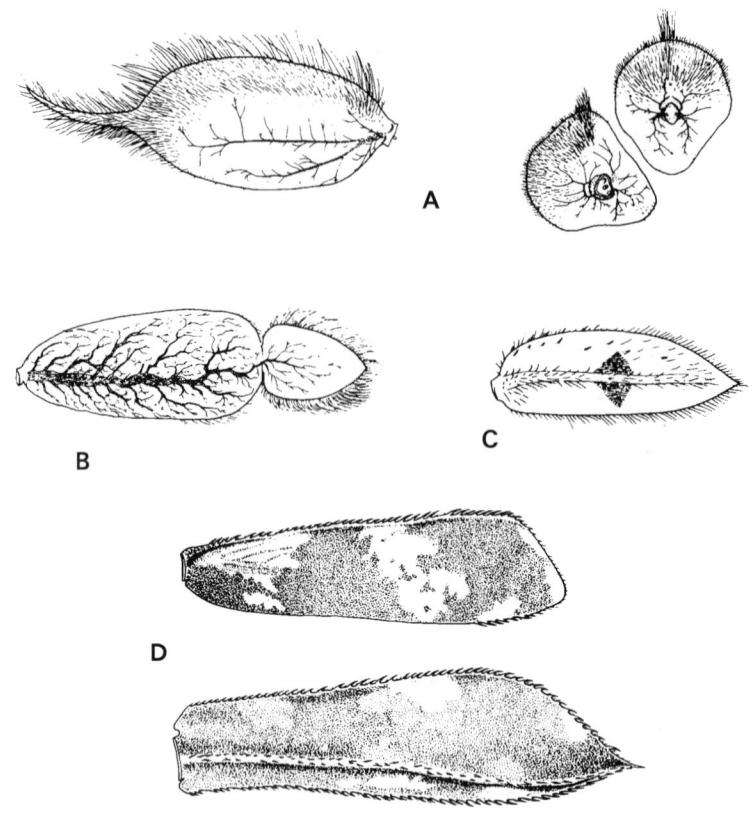

図4.5 均翅亜目の尾部付属器．断らない限り，すべて肛上板．A. **左**．右から見た *Epallage fatime* の鋭尖形の胞状器官（付属器の長さ 6.8 mm），**右**．前方から見た肛上板と右の肛側板；B. 左から見た *Isosticta robustior* のくびれた胞状器官（5.9 mm）；C. 左から見た *Argia plana* の三稜状の左肛側板（3.3 mm）；D. 左から見た *Umma longistigma* の三稜状の左肛側板（下）と垂直な葉状肛上板（上）（肛上板は 8.5 mm）．(A は Norling 1982 より，B は Lieftinck 1976 より，C は Westfall 1990 より，D は Legrand 1977 より)

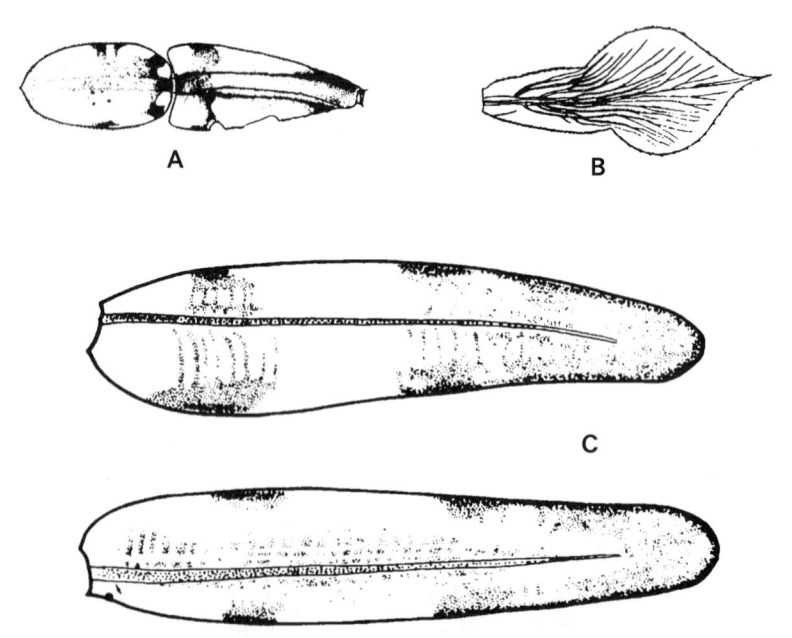

図4.6 均翅亜目の尾部付属器．断らない限り，すべて肛上板．A. *Eurysticta coolawanyah* の右から見たくびれた葉状器官（付属器の長さ 5.7 mm）；B. 左から見た *Mecistogaster modesta* の節のある葉状器官（長さ 4.7 mm）；C. 左から見た *Lestes dissimulans* の節のない葉状器官（上が肛上板，下が左肛側板）（長さ 8.4 mm）．(A は Watson 1969 より，B は Calvert 1911c より，C は Legrand 1976a より)

4.2 呼吸

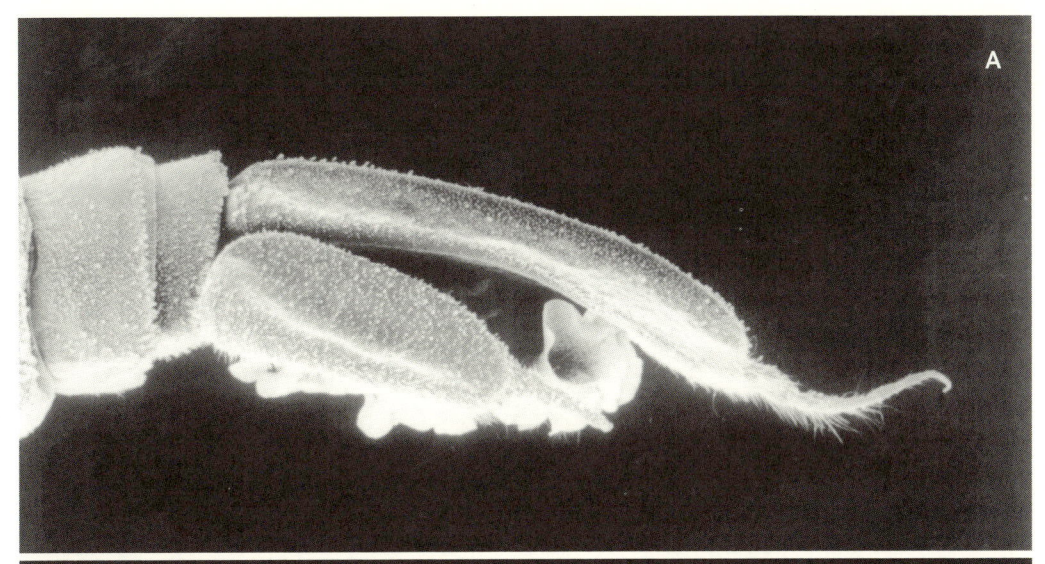

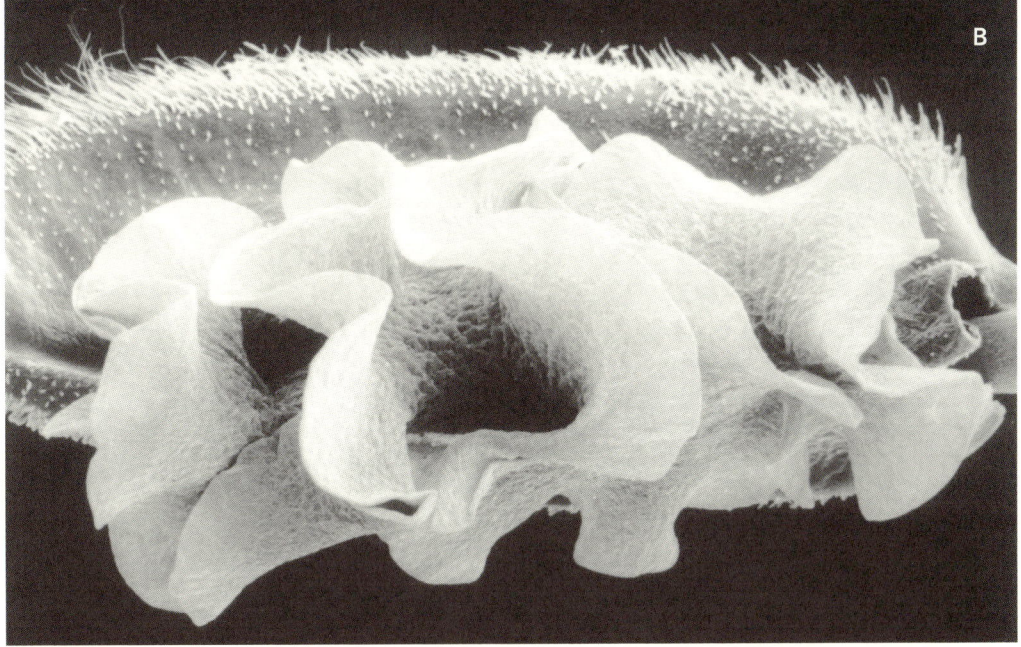

図4.7 ヤマイトトンボ科の *Lieftinckia kimminsi* の尾部付属器を示す走査型電子顕微鏡写真.A. 左側から見た肛上板と左肛側板.肛上板の長さは鋭尖状の先端突起を含めて3.8mm; B. 葉状器官の体軸上の表面に存在する,鰓と思われる襞状の部位の詳細を右側から見たもの.(Rowe et al. 1992より.J. A. L. Watson撮影)

ニアにいる陸生のヤマイトトンボ科の幼虫は,水域から60m以上離れた林床で採集され,未発達な三稜状の尾部付属器をもっている(Lieftinck 1976参照).尾部付属器の中肋に沿って表面に発達した襞状の二次的構造が,これまでのところヤマイトトンボ科の *Lieftinckia kimminsi* (図4.7)だけで知られている.これにはおそらく呼吸機能があり,鰓総または葉状に発達したハビロイトトンボ科の尾部付属器と機能的に相同な器官であろう.もし *L. kimminsi* の強靭な尾部付属器が吸着性の機能をもつなら(おそらくそうである),その表面はガス交換には不適かもしれない(以下参照).そのため,表面積の大きな薄壁構造が二次的に必要になるだろう.

尾部付属器には呼吸のほかに重要な機能がいくつかある.捕食者から逃避するときに泳ぐ速度を上げたり,自切によって捕食者から逃げる(§5.3.4)ことができるし(Burnside & Robinson 1992; Robinson et al. 1991a; Burnside & Robinson 1995),機械受容器

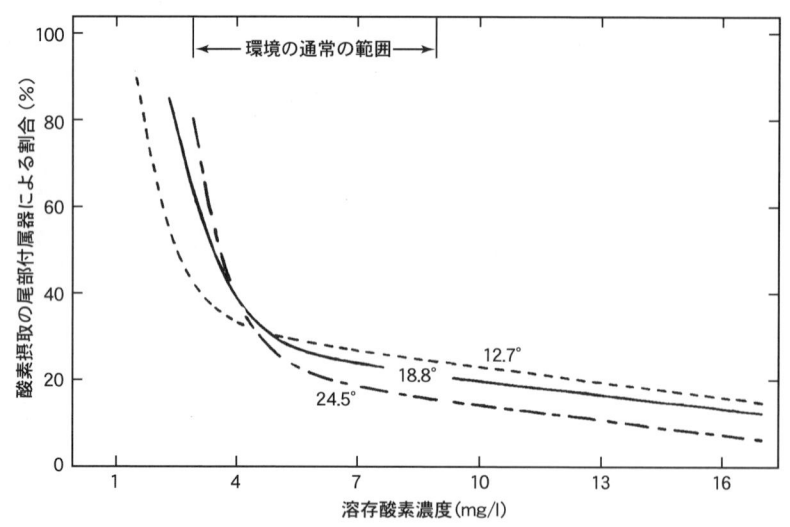

図4.8 溶存酸素濃度と温度が異なる条件下で，アメリカアオイトトンボが尾部付属器を使って酸素を取り込む比率．(Eriksen 1986より)

として(§4.3.2.2)，個体間の敵対的な行動の際のバッジ*や武器として(§5.3.2.6)，さらには，吸着器官として機能することもあるだろう(例：ゴンドワナアオイトトンボ亜科の一部；表A.4.1)．

表A.4.1を解釈する際に注意すべき点がある．第1に，尾部付属器以外の呼吸面は状況に応じて使われるだけかもしれないことである．そうであれば，幼虫が尾部付属器に依存する程度を条件依存的に弱めているにすぎない．第2に，幼虫の生息場所に関する情報は，しばしば酸素供給量に関しておおまかな順位を付けることには使えても，幼虫が生息する場所の微環境の詳細な違いはほとんど含まれていないことである．さらに言うと，幼虫は微生息場所の間を行き来することができる(例：*Roppaneura beckeri*, Machado 1977)．そのうえ，同じ種の大形幼虫と小形幼虫が，同じ水域で物理的に異なるニッチを占めているという多くの報告がある(§5.3.2.3)．このような問題はあるが，表A.4.1の情報が，以下の2つの主要な仮説をほぼ支持していることは指摘できる．

1. カテゴリーAとBの尾部付属器は，浸漏水，急流，水の外などのように，酸素が供給されやすい環境に棲んでいる幼虫に見いだされる． これらの器官は，気管系が貧弱であること(しかし，*Diphlebia*属は大きな気管系をもつ．Tillyard 1917b: 図13)，クチクラが厚いこと，器官の面積/体積比が(特に胞状の尾部付属器で)小さいことから，呼吸で重要な役割を果たしている可能性は少ないことがうかがえる．Norling (1982)は*Epallage fatime*の研究から，胞状の尾部付属器の気管系には呼吸の機能があるが，尾部付属器の呼吸における重要性は，側腹鰓に比べてはるかに低いと結論づけた．前者には小さくて，保護された裸の部位があり，その部位に関しては呼吸機能をもつと考えてよいかもしれない．しかし，その表面のほとんどは露出し，刺毛をもち，シルトに覆われているので，おそらく機械受容器の機能が主であると考えられる．ルリモンアメリカイトトンボ*Argia vivida*が生息する川では溶存酸素濃度が常に高いので(§6.5参照)，自然状態では三稜状の尾部付属器は呼吸に重要でないようであるが，酸素飽和度45％の**止水**に入れられたときの幼虫の呼吸速度は，尾部付属器を除去することによって37％低下した(Pritchard 1991)．おそらくルリモンアメリカイトトンボは通常は水流を利用し，加えて直腸のポンプ運動も使って尾部付属器の周りの境界層を吹き飛ばし，それによって酸素交換を容易にしているのであろう．このような問題に対する答えは，呼吸ストレスをしだいに強くしたときの幼虫の行動を注意深く観察することによって得られるだろう．

2. 尾部付属器が葉状構造をしている場合，その主要な機能は呼吸と考えてよい．その表面積/体積の比が大きいほど，周囲の水への露出が大きいほど，それが呼吸器官である可能性は高い． カテゴリーC(水平に保持された葉状器官)の尾部付属器は，厚いクチクラでできており，気管系の発達は中程度である．幼虫は，落ち着いているときは尾部付属器を基質から離れた状態に保つが，不安定なときは全部の

---
*訳注：優位性を誇示するための色彩的な信号形質．

4.2 呼 吸

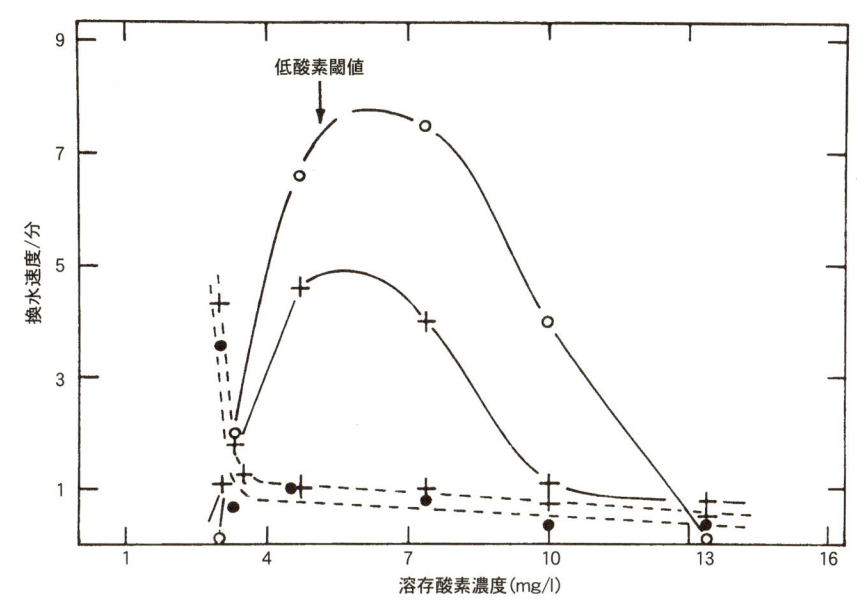

図4.9 尾部付属器がある場合（＋）とない場合（○と●）において，アメリカアオイトトンボの幼虫が行う換水運動の速度と溶存酸素濃度との関係．温度条件は18.8℃．実線は腹端の上下運動，破線は体全体の運動．(Eriksen 1986より)

尾部付属器を基質に押し付け，吸着器官として使うことが多い (Corbet 1962a参照)．ただし，オーストラリアのヤマイトトンボ科の種は落葉堆積物の中に棲んでいるのが普通なので，この説明があてはまらない (Rowe 1993a)．葉状の尾部付属器の中では，その呼吸器としての役割はおそらく大きくない．この推論は，このカテゴリーに入る幼虫の生息場所は酸素が豊富であるという知見とよく一致している．カテゴリーCとDに属する幼虫の中で，これと概念上反対の極にあるのはアオイトトンボ科の葉状器官である．この器官は，気管が多数に枝分かれしており，表面積/体積の比が大きく，クチクラは薄い．そして，体軸にほとんど直角に張り出している．これは酸素供給量が少なくて，変化が激しいような生息場所に関連している．Clyde Eriksenが行ったエレガントな実験を以下に要約するが，アオイトトンボ属 *Lestes* の尾部付属器が呼吸のための重要な器官であることに疑いの余地はない．

アメリカアオイトトンボ *Lestes disjunctus* のF-0齢の葉状尾部付属器は体表面の68％に達するが，体積ではわずか3％しかない (Eriksen 1986)．呼吸のストレスがない場合，葉状器官は幼虫の酸素吸収の20〜30％しか担っていない．しかし，温度が上昇して溶存酸素量が低下するにつれ，葉状器官によって吸収される酸素の割合はしだいに増加し，少なくとも葉状器官面積の体表面積に対する比率（約60〜80％）まで増加した（図4.8）．低い溶存酸素濃度のもとでの幼虫生存率は，葉状器官面積と正の相関があり，どんな温度条件下でも葉状器官面積を減らすと，生存のために必要な溶存酸素濃度はそれだけ高くなった．幼虫は葉状器官と体表面の換水のために「上下運動」をするが，溶存酸素が10mg/*l*（図4.9）まで下がると，葉状器官を失った幼虫は葉状器官をもつ幼虫よりも70％も多く上下運動をした．非常に低い溶存酸素濃度では換水速度は低下したが (Eriksenは直腸のポンプ運動は観察できなかった)，幼虫は動き回って落ち着かない状態になり，水面に対して背面を水平に接するように姿勢を変えた．13〜14℃の温度条件では，葉状器官をもっている幼虫は葉状器官を欠く幼虫よりも生存率が高かった．Eriksenの結論は，アメリカアオイトトンボの葉状器官は溶存酸素が少なくなるほど，葉状器官から吸収する酸素量とその割合が増加するということであり，昼間，それもおそらく数時間の間だけ，葉状器官による呼吸が生存にとって必須となるということである．昼間の溶存酸素濃度は，温度条件によっては臨界値以下になるが（図4.9），この種の典型的な生息場所である小さな浅い池では，幼虫が発育するシーズン中にこういうことが起きるのは珍しいことではない (Eriksen 1984)．葉状器官を失った *Enallagma civile* (Moorman et al. 1989) や *Ischnura posita* (Robinson et al. 1991b) の幼虫は，呼吸効率を上げるための目立った行動

（例えば，腹部を揺らす，水面かその近くに移動するなど）を示すことが知られているが，上記の結論はこれらの行動ともつじつまが合う．タイプDの付属器をもつ均翅亜目では，尾部付属器の周囲を換水していると考えられる腹部の運動がよく観察される（例：キイトトンボ属 *Ceriagrion*, Gardner 1956；モノサシトンボ属, Lieftinck 1940；グンバイトンボ属 *Platycnemis*, Corbet 1962a）．「葉状器官の振動」（図5.20）と呼ばれる行動はアメリカアオモンイトトンボ *Ischnura verticalis* では小形幼虫（F-7〜F-4齢）だけに見られ，餌動物が存在するときにはその頻度が高くなることが知られている（Richardson & Anholt 1995）．

アメリカアオイトトンボについての Eriksen の報告には記載がないが，小さくて浅い池は溶存酸素の日周変化が大きく，それに同調した呼吸速度の周期性が見られる可能性がある．対照的に，中栄養の湖や細流，池，水路に棲むアカイトトンボ *Pyrrhosoma nymphula* では，実験室内での呼吸速度に日周性は見られない．ただし，呼吸速度の Q_{10} は 5〜10℃の間の 2.2 から 10〜16℃の間の 3.12 にまで上昇した（Lawton 1971a）．

オビアオハダトンボの幼虫は，酸欠状態になると，後脚で激しく尾部葉状器官をグルーミングするが（Miller 1993b），これは尾部葉状器官の役割が呼吸にあるという推測とつじつまが合う．

コスタリカの酸素の乏しい樹洞の水に棲んでいるヒメハビロイトトンボ *Mecistogaster ornata* の幼虫は尾部葉状器官が呼吸の役割を果たしていることを示す良い例である（De la Rosa & Ramírez 1995）．胴体の背面とそれぞれの尾部葉状器官の片面（両面ではなく）には最高1mm厚の藻の層ができる．活動していない幼虫は，くぼみの底で体の一部を葉や有機堆積物に潜らせて休むが，そのとき，3つの尾部葉状器官を垂直に持ち上げて，時折それを振る．しかし，強い光を当てると，幼虫は3つの尾部葉状器官を，藻が一番上になるように水面に向かって水平に開く．光が当たる場所を変えてやると，幼虫はそのスポットを追いかけ，最も明るい所に体をおこうとする．藻にとっては光合成の必要性，トンボの幼虫にとっては呼吸の必要性から生じる，双利的な共生関係にあるとみなすことができる．

尾部葉状器官の呼吸器としての役割について確たる理論的根拠が示されたので，呼吸以外の機能（§5.3.4）を正しく位置づけることが容易になった．呼吸以外の機能として，葉状器官の形態と行動パターン（どういう姿勢をとって換水するか）を決定する淘汰圧に寄与しているとみなせる以下の事実が知られている．第1に，付属器は泳ぐためにも使われる．第2に，自切能力がある葉状器官をもつ．これは，捕食者や攻撃的な同種個体の存在のもとで生存率を高めるかもしれない（均翅亜目も不均翅亜目と同じように，捕食者や同種と出会ったときの視覚的な威嚇に尾部付属器をしばしば用いる）．第3に，両亜目の若齢幼虫は，槍のような形をした尾部付属器を同種との闘争や振動の感知に用いる（§4.3.2.2と5.3.2.6）．呼吸以外の機能をもつと考えられる変わった形態として，*Rimanella arcana* の長く尾毛状の肛側板（Geijskes 1940），オセアニアイトトンボ科のくびれた胞状器官（図4.5B），*Eurysticta* 属の深く二分した葉状器官（図4.6A），それに *Protosticta taipokauensis* と *Disparoneura campioni* の先のとがった尾部付属器（前者では胞状器官，後者では葉状器官）があげられる．幼虫を記載した地域ごとの種リスト（例：Asahina 1971a, b；Kumar & Khanna 1983；Santos 1988；Prasad & Varshney 1995）はこのような比較研究をしたい人たちには貴重な情報源となるだろう．

過去に呼吸機能をもつと考えられた（Corbet 1962a 参照）均翅亜目のいくつかの器官については，仮に呼吸機能があったとしても，現時点ではその一般性についての判断を控えるのが賢明だろう．ある科では明らかに呼吸器であり，別の科では明らかに呼吸器でないといった具合に，尾部付属器の機能は多様である．他の器官についても，その機能を一般化しすぎるのは危険である．

4.2.5 その他の呼吸面

Philip Calvert（1915b）は80年以上も前に，均翅亜目の呼吸要求を満たすには §4.2.1 から §4.2.4 で記述したような構造だけでは不十分で，体表面と特定の気門（小型幼虫では胸部と腹部の境界部下側にある1対，大型幼虫では中胸の前背面にある2対の両方か片方）によるガス交換も必要であるという仮説を提唱している．

酸素欠乏条件下の幼虫の行動は，Calvert の仮説と矛盾せず，また，老齢の幼虫では翅芽が呼吸の役割を担っていることも示唆している．

オビアオハダトンボの幼虫を酸欠状態におくと，ほとんどの場合，次の順序で反応する（Zahner 1959；Miller 1993b）．

1. 尾部付属器はおよそ 20〜25°の角度に開き，中央の付属器は両側の付属器に対して 18〜20°の角度

で立ち上がる.
2. 老齢では翅芽はおよそ15〜20°の角度で横に広がる.
3. 直腸のポンプ運動の頻度,振幅は,ともに増加する.
4. 移動することが多くなり,その際,しばしば「腕立て伏せ」のように足を屈伸させる動きが見られ,普通,幼虫は水面に接近する.
5. 後脚を使って尾部付属器を激しくグルーミングする.
6. 継続時間1秒以内の,体を一気に揺する行動が3〜4分の間隔で起きる.この左右に揺する行動は1〜6回連続して起きることが多く,その際,直腸の激しいポンプ運動は中断しない.
7. 酸欠状態(酸素分圧40%以下の状態)が長びいた場合,幼虫は頭部と胸部を,最終的には体全体を水面から出す.

この動作の順序は,体表面の露出度を高めることによる場合と (1, 2, 5, 7),換水による場合 (3, 4, 6) のそれぞれで,ガス交換の効率が上がる順序と一致している.

翅芽は,はっきり分かる構造としてはF-5齢ころに初めて現れる.その後脱皮するごとに急速に成長するが(図7.2),この時期は成長するにつれて表面積/体積の比が減少するので,呼吸要求量は成長量以上に増加する.オビアオハダトンボの捕食の行動連鎖(§4.3.4.1)の終わりころ,翅芽は初め開いているが(ステージ8),その後は閉じて交差する(ステージ10).Peter Miller (1994d) はオビアオハダトンボのテネラルな成虫を酸欠状態におくと,同じような翅の動作を見せることを指摘した.これは幼虫期の行動が若い成虫期にも残るという面白い現象である.テネラルでない成虫にはこの行動は見られないが,翅の開閉運動(§8.4.1.2)はおそらく相同的な動作である.ハモンユスリカ属の1種(*Polypedilum* sp.) の幼虫とヒメハビロイトトンボの幼虫間の関係は,共生的であるかもしれない(表A.5.1).トンボの翅芽に近い所にユスリカがいることによって,ユスリカはトンボからの攻撃を避けられるし,トンボにとっては翅芽の周りでユスリカがゆらゆらとした呼吸運動をすることによって酸素濃度が高まるからである.ムモンギンヤンマ*Anax immaculifrons*のF-0齢幼虫の翅芽は,薄くて柔らかく,メルカプト基を含む物質群とムコ多糖類に富んだクチクラをもち,上皮の下にある組織には血リンパと毛細気管が密に存在する (Natarajan et al. 1992).

イトトンボ科の数種の幼虫を観察して,直腸のポンプ運動が非常に弱いことを見つけたBalfour-Browne (1909) は,幼虫が体表面だけで呼吸していると考えた.Richard Rowe (1993a) は,脱皮したばかりの均翅亜目幼虫の腹部背面の外皮の下に,毛細気管の広範なネットワークが見えると報告している.Eriksen (1986) はアメリカアオイトトンボを用いた実験から,溶存酸素濃度が高いか低温の場合には,腹部の表面積だけでガス交換に十分であるが,酸素濃度が下がると体表面を介した酸素の取り込みだけでは不十分になり,尾部付属器によるガス交換がしだいに重要になると結論づけた.尾部付属器を除去されたルリイトトンボ属*Enallagma*とルリモンアメリカイトトンボの幼虫が示す反応を比較することで,ルリイトトンボ属のほうだけが腹部の体表面によって呼吸を補えることが明らかになった (Pritchard 1991a).尾部付属器を除去する前後でルリイトトンボ属の呼吸速度は変化しなかったが,ルリモンアメリカイトトンボでは呼吸速度が63%に低下したのである.ルリモンアメリカイトトンボは,池に生息するイトトンボ科よりも高い酸素濃度を必要とすると考えられ,適切な速さの流れの中に入っていくことによって,尾部付属器と直腸の開口部の周りの境界層を攪乱し,酸素要求を満たしていると考えられる.

一部の種の幼虫(例:*Chalcopteryx*属)は,呼吸ストレスを受けると,空気中に腹部の先端を露出する.アカイトトンボの幼虫は,低いレベルの溶存酸素にさらされたとき,空気中に尾部付属器を露出する (Grattan 1981).彼らの尾部付属器はカテゴリーDに入り,酸素吸入の大部分を担っているので,当然予想される行動である(表A.4.1).残念なことに,尾部付属器を切除されていない幼虫では,それを空気に触れさせずに,直腸の開口部だけを空気にさらすことができないため,この行動の厳密な解釈は困難である.

4.2.6 展望

トンボ目は複数の方法を柔軟に使い分けて呼吸するが(特に均翅亜目では追加的な選択肢として尾部付属器と外部の鰓をもっている),このことは研究者の間にはびこる「単一要因症候群」にとって苦い良薬となる.このような可塑性は,イトトンボ科とカワトンボ科の幼虫では酸素不足に対する反応が違うことによく現れている.前者は,連続的であったり断続的であったりはするが,腹部を速く左右に揺り動かすことで尾部付属器によるガス交換速度を高

めている (Mill 1974). 一方，カワトンボ科では，直腸のポンプ運動の頻度と振幅を増やし，さらに時々体を横に揺ることで補充している (Zahner 1959). Peter Miller (1994c) は，ポンプ運動は効率はあまり良くないものの，魚や不均翅亜目幼虫のような捕食者が存在する場合には，より安全な酸素取り込み法だろうと指摘している．ただし，これはカワトンボ科が生息する流水環境では適切であるが，多くのイトトンボ科が生息するような止水環境では，しばしば酸素欠乏が起きるので適切でないとも指摘している．

Ulf Norling (1982) は，トンボ目の水中呼吸の進化は体表面を介してのガス交換から始まったが，均翅亜目においては初期段階から，程度の違いこそあれ，尾部付属器と側腹鰓が呼吸の役割を担っていただろうと考えた．不均翅亜目は厚い外皮をもっているので，ほとんど完全に直腸鰓に頼っていただろう．ただし，外皮が硬化していないごく若齢期と，中胸の気門が開いている老齢期は，おそらくその例外である．酸素欠乏に対するオビアオハダトンボの1つの反応は，腹部を伸ばすことである (Miller 1993b). これはおそらく，腹節間の薄いクチクラを露出し，ガス交換を高めるか可能にするための行動であろう．オビアオハダトンボのテネラルな成虫が酸素欠乏の状態におかれると，幼虫が同様の条件におかれたときと同じ動き（例：体の上下揺り，横揺り，翅芽を広げる）をすることは注目してよい (Miller 1994d).

もし隣接した大気の湿度が高ければ，幼虫は呼吸困難な状態に耐えるよりむしろ，すぐに水から出てしまう．このような行動が二次的な陸上生活への1つのステップであったかもしれない．

4.3 採餌

すべてのトンボ目幼虫が例外なく，餌動物の捕捉に適した伸展できる下唇をもっていることは，彼らが捕食者であることを意味している．もう少し適切に分類すると，刺吸型捕食者とは異なる嚥下型捕食者になる (Cummins 1973). 幼虫が植物質を摂取しているという記録（例：Costa & Fernando 1967; Pavlyuk 1978a）は極めて少数しかなく，動物を摂食するときに植物体が偶然紛れ込んだ結果であろう（例：トビケラ目の幼虫の巣，草食性の餌動物の消化器官内の植物片など）(Thompson 1978a; Stark 1981a). 卵黄の資産を使い果たした後（写真H.2,

I.1），自由生活者となったトンボ幼虫が個体維持と成長のために動物質の餌を必要とすることの一般性は，このような変則的事実によって揺らぐことはない．餌動物はその動きによって発見され，生きたまま捕らえられるのが普通である．しかし，以下に述べるように，均翅亜目と不均翅亜目の幼虫は，餌動物の形を視覚的に，あるいは化学的刺激によって認識し，死んだ餌動物や動かない餌動物も食うことがある（ニュージーランドイトトンボ *Xanthocnemis zealandica*, Rowe 1985b）.

私は**採餌**という用語を，餌動物の捕獲可能性をはっきりと高める行動という限定された意味で使うことにする（例：待ち伏せ型の採餌や探索型の採餌）．そして，**摂食**という用語を，餌動物の捕獲に直接関係する行動の意味で使う．後者は，捕食行動連鎖の成分となる（§4.3.4.1）.

4.3.1 採餌モード

幼虫は，生きた餌動物が下唇を伸ばして届く範囲にくるまで，目立たないようにほとんど動かずにいるか（**待ち伏せ**モード），あるいは（しばしば夜間に）歩きながら獲物を探索する（**狩猟**モードあるいは**活動**モード；Janetos 1982参照）．狩猟モードはしばしば死んだ餌動物に対しても誘発され，そちらのほうへ体を向けることがある（パプアヒメギンヤンマ *Hemianax papuensis*, Rowe 1987b；ニュージーランドイトトンボ, Rowe 1985a）．ほとんどの種が両方のモードを使い，どちらのモードをどんな頻度で選ぶかが種の特徴であるともいえる．それは外的要因，例えば餌動物の種類，餌動物の密度，捕食者（普通は魚）がいるかどうかによっても影響を受ける．パプアヒメギンヤンマは餌動物に応じて，4つの異なった捕食行動のモードを使い分ける (Rowe 1987b). 不均翅亜目の一部の種は，魚が存在する場合には日中の活動を減らす (Pierce 1987). これは彼ら自身の捕食者への暴露を減らすためだと思われる．Ole Müller (1993a) が調べた，河川に生息するサナエトンボ科の3種は，通常は沈殿物の中に埋もれて待ち伏せモードを使っているが，空腹になると水面近くに出て活発に採餌する．タイリクルリイトトンボとヒロアシトンボ *Platycnemis pennipes* では，異なった餌動物の供給量に対して異なった反応をする．「可変的採餌者」のタイリクルリイトトンボでは，餌動物を与えないと活動モードの時間が増えるが，餌動物の密度が高いと活動が減少するといった可塑性が見られた．一方，ヒロアシトンボのほうは典型的な

待ち伏せ型捕食者で，餌動物の有無や密度にかかわらず，活動は比較的低かった (Siegert 1995). Dan Johnson & Phil Crowley (1980a) は魚による捕食が，2種類のタイプの幼虫 (1つは緩慢で，隠蔽的，小型で，触覚に頼り，成長の遅いタイプ，もう1つは活動的で，大型，視覚を使い，成長の早いタイプ) への分化に寄与していると示唆している．種によって，行動レパートリーとしての待ち伏せモードと狩猟モードの比率はほぼ決まっているので，その比率は採餌行動を論議するための有益な視点を与える．

採餌に関しては，別の鋳型があることについても述べておく必要がある．Gaston Richard (1961a, 1962) の画期的な実験によれば，3つの属 (アオハダトンボ属 *Calopteryx*，カラカネトンボ属 *Cordulia*，ルリボシヤンマ属) の幼虫を比べると，餌動物の発見のための触角の重要性はこの順に下がる一方で，複眼の重要性はこの順に上がる．個体発生に伴う複眼の発達はカラカネトンボ属でもある程度見られるが，ルリボシヤンマ属で最もはっきりしている．若齢では触角が主要な役割を果たすが，その後は視覚が重要になる点は両属で共通である．アオハダトンボ属では，動く物体に対する反応速度と範囲が個体発生の間に変化するだけで，感覚や形態の基本的な変化はほとんど見られない．このことは，その後 Caillère (1973, 1974a) によって確認され，さらに一般化された．Richard は生息場所と餌動物の発見の方法の間に機能的な関係があることを発見した．アオハダトンボ属は，少なくとも日中は川岸近くの流水中の植物につかまっており，カラカネトンボ属はしばしば堆積物や藻に包まれて腹ばいになり，ルリボシヤンマ属は水面近くの植物の間かその上にいる．

後で提案するように，幼虫の微生息場所を形態や行動と関連させて，いくつかのカテゴリーに分類するのが望ましいと思われる．広く受け入れられているのは，上記のRichardの3類型を簡略化したGordon Pritchard (1965a) の案であるが (Bay 1974参照)，この案では水草の間を水面近くで動き，遠くの餌動物を複眼を使って見つける**よじ登りタイプ** (例：ルリボシヤンマ属，アカネ属) と，水底近くにいて主に触覚刺激によって広範囲の餌動物を捕獲する**腹ばいタイプ** (例：カラカネトンボ属) に分けているにすぎない．より詳細に理解するために，特に摂食行動に介在する主要な感覚器については，Truman Sherk によって提案された2×2の行列を使う手法 (表4.1) が必要かもしれない．もっとも，すべての種がうまく2つの区画のどちらかに入るとは限らないが．これらの3つの類型 (Corbet 1962a: 56以降参照) が暗黙に仮定している系統発生的な制約は広範囲に及ぶので，摂食行動と形態の相関関係を解明しようとするときは注意する必要がある．

幼虫は餌動物を見つけるために，複眼と機械受容器，さらにはおそらく化学受容器も使っており，どの感覚器を主な経路にしているかは，その行動と系統発生を反映している．

4.3.2 餌動物の感知

4.3.2.1 視覚受容器

複眼の構造とその個体発生は，形態 (Lavoie et al. 1978)，細胞分化 (Schaller 1960; Mouze 1975)，および餌動物捕獲に介在する機能 (Pritchard 1966; Sherk 1977, 1978a) の観点から研究されている．

それぞれの種の幼虫には，行動に関連した複眼の特殊化が見られる．そのような特殊化は，サイズ，形，個眼の数，個眼間の角度 (隣り合う個眼の光軸のなす角度) の分布などに見られ (Pritchard 1966; Sherk 1977, 1978a)，表4.1に要約されている．視覚を主に使う種 (例：パプアヒメギンヤンマ，Rowe 1991) は大きな複眼をもっており，頭部の外郭から突き出ることはなく，個眼間の角度はある場所では4.9°，他の場所ではわずか0.13°という具合に変化する．個眼間の角度が0.2°以下の場所は**高分解能域**と呼ばれる (以前は [脊椎動物と同じように] **フォベア**と呼ばれていた)．視覚にあまり依存しない種や若齢では，眼の構造はそれほど特殊化していない．例えば，2齢のニュージーランドイトトンボでは (この種では最後の4〜5齢で視覚による捕食が優占的になる)，それぞれの複眼にわずか7つの個眼しかなく，餌動物の感知は機械受容器に依存している (Rowe 1994)．幼虫の個眼には，成虫の下側の個眼と同様，紫外線，紫色，緑色，橙色の波長を感じる受容器があり (Seki et al. 1989)，それぞれの個眼がもつ受容器膜は異なった偏光面を感知できるような配列になっている (Laughlin 1976)．

個眼間の角度は変異が大きいが，個眼の直径は比較的均一である．幼虫は，全方位を同時に見ることができるが，成虫と同じように (§9.1.3)，個眼間の角度が等しい所に線を描くと，それは眼の中で特徴的な分布を示し，個眼の光軸のなす角度が最小の領域 (動きの識別の鋭敏さとパターン分解能が最大になることに関連し，高分解能域の擬瞳孔に一致する) が前方にくる．高分解能域の視方向では，他の視方向よりも約20倍の個眼を使って見ていることになる．Truman Sherk (1977) によると，*Aeshna palmata* の

表4.1 不均翅亜目幼虫における行動と眼の特殊化との関係

活動的な種	固着的な種
複眼が大きい	複眼が小さい
複眼の形は対称[a]	複眼の形は非対称[a]
背側は腹側より濃い色彩．遊泳中に隠蔽的	背側と腹側は同じ色彩．水底に腹ばいになるか，足場につかまっているときに隠蔽的
高分解能域の外に多くの個眼	高分解能域の外に個眼は少ない
同じ大きさの視野を見る個眼数は，背側と腹側で等しい	同じ大きさの視野を見る個眼数は，背側のほうが腹側より少ない
高分解能域の外側に，個眼間角度の小さい領域が緯線に沿って並ぶ[b]	高分解能域の外側に，個眼間角度の大きい領域が緯線に沿って並ぶ
緯線に沿って並ぶ個眼間角度の変異は小さい	緯線に沿って並ぶ個眼間角度の変異はかなり大きい
緯線に沿って並ぶ個眼間角度は背腹間で対称	緯線に沿って並ぶ個眼間角度は背腹間で非対称
複眼表面に占める高分解能域の割合は小さい	複眼表面に占める高分解能域の割合は大きい
視覚依存の種	触覚依存の種
複眼が大きい	複眼が小さい
複眼の形はより対称的	複眼の形はあまり対称的でない
個眼数が多い	個眼数は少ない
狭い個眼間角度	広い個眼間角度
高分解能域の内側と外側とのコントラストは強く，境界がはっきりしている	高分解能域の内側と外側とのコントラストは弱く，境界が不明瞭
腹側後方の擬瞳孔は通常小さい	腹側後方の擬瞳孔は通常大きい
高分解能域表面はしばしば流線形の曲面	高分解能域表面は通常平ら

出典：Sherk 1977.
[a] 複眼の背側と腹側の間．
[b] 緯線は中心 r の同心円（図4.11参照）．

F-2齢幼虫では，複眼を構成する全個眼の約1/6に当たる1,020個の個眼が高分解能域の擬瞳孔にある．ヤンマ科の2つの複眼の前方視野の高分解能域（擬瞳孔が最大になる部位）からの視方向は，幼虫の前方，約5mmで交差する．それは普通，幼虫が餌動物を感知し，下唇伸展で捕獲しようとする距離である（§4.3.4.1）．餌動物を発見すると，幼虫はまず両複眼の前方の個眼で餌動物が見えるように，頭部の方向を変える．餌動物が近づいてくると，幼虫は頭部の角度を調節して，正確に頭部の水平面に沿った位置にある2つの個眼によって餌動物を直視し，両側前方の個眼からの視線が同じ角度になるようにして餌動物を見ていると思われる（Sherk 1977）．ヒスイルリボシヤンマが両眼で見ることは，対象物までの距離とサイズを推定することに役立つ（Baldus 1926）．対象物があるサイズを超える場合は，逃避反応を誘起するかもしれない（Mokrushov & Zolotov 1973; Frantsevich & Mokrushov 1974a, b）．パプアヒメギンヤンマの2齢幼虫は視覚受容器だけを使っているようで，2～3mmの距離で餌動物のほうに向きを変え，餌動物が触角の2倍までの距離にいるときに下唇攻撃を行う（Rowe 1991）．餌動物のタイプとサイズはF-0齢のコウテイギンヤンマの感知距離に影響を与える．ユスリカ科，腹足類，トビケラ目は4～5cmの距離で感知され，ミズムシ科の *Corixa* 属，カゲロウ目と均翅亜目は2～3cmの距離で感知される（Blois 1985b）．

タイリクオニヤンマの幼虫は，5～10luxの照度条件下で，毎秒10°以上の角速度で餌動物が動くならば，10～15cmの距離でも感知できる（Weber & Caillère 1978）．Etienne (1969) は光のスポットを動かして，ヒスイルリボシヤンマの下唇攻撃を誘導する実験を行い，標的の目前での位置，標的が動く振幅，軌道上の速度，全体的な横方向の動きに関して，どのような性質の刺激が最も効果的であるかを明らかにした．ヒスイルリボシヤンマが餌動物に反応して頭部を動かし始める距離（反応距離）は，休止位置から離れてジェット推進で餌動物を追い始める**臨界距離**よりも63～78％長い．餌動物が前方におかれた場合，餌動物を追い始める臨界距離は餌動物のサイズと正の相関があることも分かっている（Chovanec 1992a）．

ヒスイルリボシヤンマに視覚による捕食の反応を起こさせる餌動物の特徴は，食虫性の魚に同じような反応を引き出す餌動物の特徴に似ている（§5.3.4）．餌になりうる3種のカエル幼生のうち，絶えず動く性質のある種は最も捕獲されやすかった（Chovanec 1992b）．

Sherk (1978a) は個々の個眼に目印を付けることによって，複眼の個体発生を追跡した．以下の記述

4.3 採餌

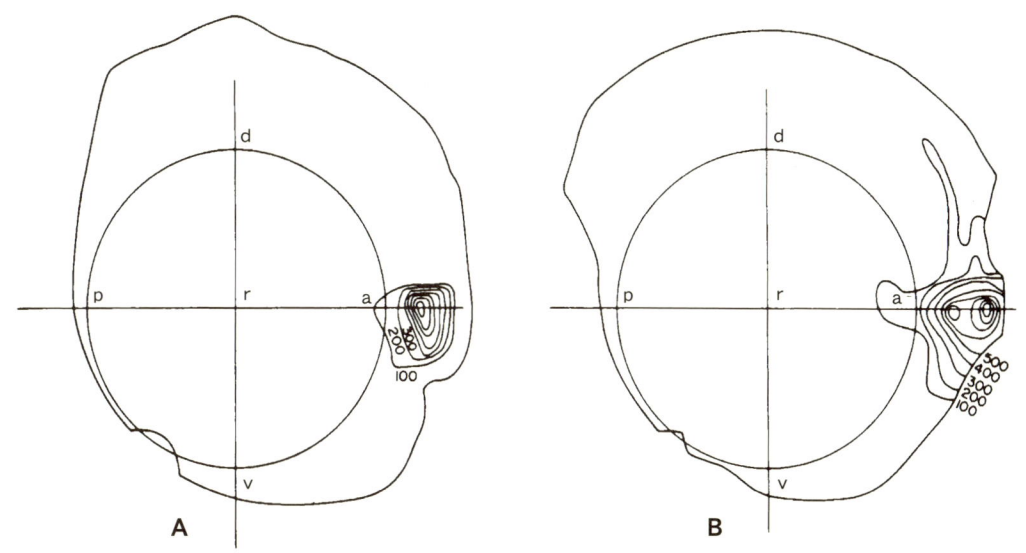

図4.10 ヤンマ科の老齢幼虫における前縁の個眼の成熟．2つの齢の擬瞳孔の個眼数を等高線を用いて示した．A. F-2齢（高分解能域で個眼数は最大707）; B. F-0齢（749）．背径線および水平線を直交する線で示した．緯線はrを中心にもつ同心円をなす．略号：a. 前側; d. 背側; p. 後側; v. 腹側．（Sherk 1978aより）

の多くは彼の仕事からの引用である．2齢からF-0齢まで成長する間に，「探索型」（表4.1参照）に属するヤンマ科ではそれぞれの複眼の個眼数が約170から8,000近くまで増える．個眼は絶えず前方に追加されており，その区域（zone d'accroisement; Schaller 1960）では個眼が頭頂部の上皮細胞と隣接している（Mouze 1975）．そのため，個体発生的に早く生じた個眼は，初めは前方を向いていても，新しくできた個眼に押しやられて最後は後方を向くようになる．ヤンマ科では，若齢期に高分解能域に存在していた個眼の1/3以上が，老齢期では周辺を見るために使われるようになる．それぞれの個眼のデザインは，すべての齢の要求に対応するための妥協の産物であるが，時には他の齢よりも特定の齢によりよく適応している．高分解能域の個眼の視方向が齢によって変化する結果，齢が進行するたびに異なった個眼を使って下唇攻撃の最適距離を決定しなければならなくなる．実際，幼虫にとって最大の視力を必要とする方向に，最も大きな視方向の変化が起きている．ということは，最も新しい個眼だけが下唇攻撃を促すようにすべく，下唇攻撃に関与する介在ニューロンへの入力を再構成するための，何らかのメカニズムがヤンマ科の幼虫にあるはずである．脱皮のたびに，以前の高解像度域の個眼につながっていたシナプスを接続し直す必要があるかもしれない．追跡などいくつかの行動のために，それぞれの脱皮の後に個眼の視方向が変化したとしても，追跡のための介在ニューロンへの入力を脱皮の前後で少なくとも一部は維持しておく必要があるだろう．

老齢期で発達する特定の個眼は，成虫の複眼としての特殊な用途のために残される．そのプロセスは均翅亜目ではあまりはっきりしないが，ヤンマ科で最も顕著である．ヤンマ科では，幼虫が摂食を続けている間は，高分解能域の（前方視）擬瞳孔が最も大きいが，その後は擬瞳孔の境界部のほうが高分解能域の擬瞳孔よりも大きくなる（図4.10B）．摂食をやめた後，つまりF-0齢の最後の羽化直前になると，擬瞳孔に含まれる個眼の数が増加し，その両眼の視方向が交差する角度は高分解能域の擬瞳孔のそれよりも大きくなる．この境界域の擬瞳孔に分布している個眼は，成虫の前方および腹面の個眼になる．また，背面の個眼も同時に付け加わる．摂食を停止してからは視方向が交差する個眼は必要なくなるので，個眼は表面のクチクラから分かれ，成虫に役立つような変形が起きる．視方向の交差角が小さい個眼は，おそらく遠い距離にいる捕食者を見つけるのに必要であり，羽化まではその機能が維持されると思われる（Sherk 1978a）．

§9.1.3で述べるように，一部の種の成虫の複眼（例：*Somatochlora albicincta*，写真N.2）には，機能のない，幼虫時の色彩を残す痕跡的個眼が含まれる（Sherk 1981）．不均翅亜目の中で進化的に最も進んだトンボ科の種は，幼虫期の個眼は成虫では使われず，変態時にこのような個眼は捨てられるか，非常

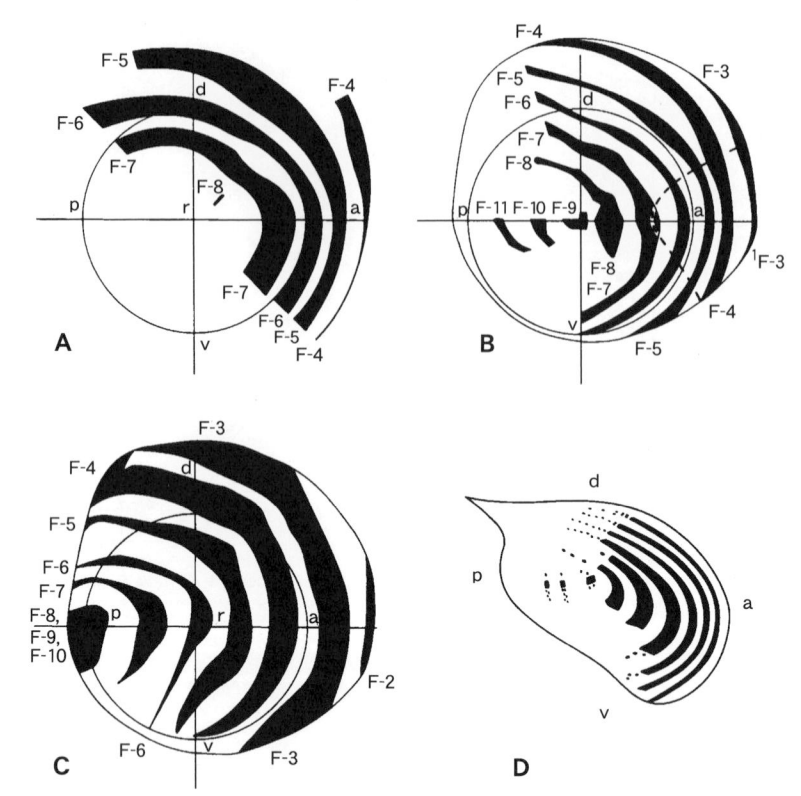

図4.11 色素帯ができる原因となる個眼軸の方向の分布．不均翅亜目の固着性で視覚を使う種（AとD），視覚を使う種（B），触覚を使う種（C）（表4.1参照）の右側面．色素帯の近くに書いた記号は，個眼が加わった齢を示す．座標軸は図4.10に同じ．A. *Aeshna palmata*（F-4齢）．同時に加わった大部分の個眼が，視野域の（水平線に対して）平行方向を見ることになる．若齢期に付け加わった個眼は急速に成熟し，1つの齢の中で幼虫の高分解能域として役立つ；B. *Aeshna multicolor*（F-0齢）．最後の3つの齢で加わった個眼は，高分解能域として役立つほどには成熟しない．破線部は高分解能域を含み，複眼の前方から見える個眼の視野域を示している；C. *Somatochlora albicincta*（F-0齢）．触覚による捕食者．色素帯を作る個眼軸の方向と緯線の相関は，視覚を使う捕食者ほどにははっきりしない；D. *Aeshna palmata*（F-1齢）．実線は同じ色素帯に存在している個眼軸の方向と緯線が一致する個眼の部位を示す．略号：a. 前側；d. 背側；p. 後側；r. 真っすぐ右方向を見ている個眼の位置；v. 腹側．(Sherk 1978aより)

にゆがんだ形態で残る．しかし，均翅亜目の場合（例：アオイトトンボ属）は，幼虫期の複眼はほとんどすべて成虫の複眼になる（Sherk 1981）．

多くの種の幼虫，特に暗い微生息場所に棲む種では，複眼に明るい色と暗い色の縞模様がある．これらのバンドは，木の年輪に似ており，最初の約250個の個眼以外は，それぞれの齢で明るい縞と暗い縞の模様が1つずつできる．古い縞模様ほど明暗のコントラストは小さくなる．縞模様ができる齢と，その縞が含む個眼の光軸方向との関係は図4.11に示した．

複眼は動きを感知するように特殊化したものではあるが，特にSherkによる分類で「視覚的」かつ「探索型」とされた種では，動かない餌動物の形も識別できる．このことはパプアヒメギンヤンマの行動によって明白に実証された．この種の幼虫は，生きている巻貝に対するのと同様に，透明な容器に閉じ込められた死んだ巻貝に（その空の殻にさえ）忍び寄ったのである．また，*Adversaeschna brevistyla*とパプアヒメギンヤンマの幼虫は，隠蔽的な姿勢をとっているニュージーランドイトトンボの不動の幼虫を見つけて忍び寄る（Rowe 1985b）．どのような感覚回路で形を認識しているのかは分かっていないが（Sherk 1977参照），眼の機能が餌動物の感知であることを考慮するならば，感覚回路の存在は否定できない．

4.3.2.2 機械受容器

餌動物を感知する他の方法として，機械受容器を使うことがあげられる．この方法は**腹ばいタイプ**（例：カラカネトンボ属，§5.3.2.2.2；アオハダトンボ属）と，おそらく穴を掘って生活する幼虫（例：

4.3 採餌

オニヤンマ科，大部分のサナエトンボ科，ヨツボシトンボ属 Libellula，シオカラトンボ属 Orthetrum) にとって，餌動物を感知する主要な手段となっている．実際，いくつかの採餌モードでは複眼は餌動物の感知に全く使われない．例えば，Hemicordulia tau の幼虫は完全な暗闇の中でオタマジャクシを捕らえるし (Richards & Bull 1990a)，ヤンマ科の種の幼虫は視覚刺激が完全に遮断されたときでも餌動物を捕らえる (Kanou & Shimozawa 1983)．機械受容器の構造，多様性，機能に関してはほとんど分かっておらず，研究者にとってやりがいのある分野である．Jean Vasserot (1957) と Louis Caillère (1968) によるオビアオハダトンボ，Gordon Pritchard (1965a) によるアメリカカラカネトンボ Cordulia shurtleffi，Richard Rowe (1994) によるニュージーランドイトトンボについての示唆に富む研究をその土台にすることができよう．

オーストラリア南部の Hemicordulia tau の幼虫は，オタマジャクシの主要な捕食者であり，濁った止水に棲み，主に夜間に採餌する (Richards & Bull 1990)．複眼は餌動物の感知には必要ない．盲目の幼虫の触角，前脚，中脚のいずれかに餌動物が触れたときだけ下唇攻撃が起き，その捕獲成功率はそれぞれ 100 %，52 %，17 % に達する．同様に，河川に棲む Gomphus vulgatissimus の F-0 齢幼虫は，体の前半分を穴に隠しながら，触角，前脚，中脚の機械受容器によって特定の範囲の餌動物を感知できるが，これは特に流水中では，穴掘りタイプの幼虫にとって，高度に適応的な能力と考えられる (Müller 1995)．

オビアオハダトンボ (見たところ F-0 齢) の場合，視覚は餌動物の感知には役立たず，太い触角 (主に梗節．Caillère 1964) と脚 (主に跗節．Caillère 1965) に備わっている機械受容器がその役割を担う．これらの受容器は水の振動を感知し，最も反応を起こしやすい刺激は一連のピクピクとした小さな振幅の圧力波である．ミジンコ属 Daphnia の泳ぎはこれとよく似た波を起こす (Vasserot 1957)．オビアオハダトンボの捕獲反応の潜伏期は，刺激の頻度と振幅を増やすことによって，また，刺激の持続時間を短くすることで短縮する (Caillère 1974b)．特定の不均翅亜目では，捕食の行動連鎖の間の触角の構え方から，それが機械受容器として使われていることが示唆される (例：ミルンヤンマ Planaeschna milnei とオジロサナエ Stylogomphus suzukii，松木・吉谷 1984)．南アメリカの前期白亜紀系の地層から出た Pseudomacromia sensibilis の幼虫 (Carle & Wighton 1990) は腹ばいタイプと考えられ，頑丈なキャリパスのような形

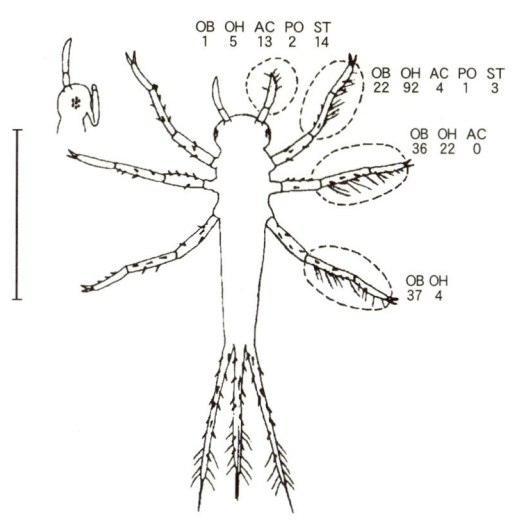

図 4.12 ニュージーランドイトトンボの 2 齢幼虫の脚を広げた姿勢．幼虫が餌動物を触覚で感知できる触角と脚の周りの空間を破線で示した．また，触覚器官として働くと思われる剛毛の位置と長さを示した．それぞれのスペースの中でのハルパクチクス目の甲殻類に対する幼虫の反応を，反応のタイプに応じて度数で示した．略号：AC. 触角を近づける；OB. 体を向ける；OH. 頭を向ける；PO. 下唇鬚を開く；ST. 下唇の伸展．挿入図 (左上)：触角と下唇の位置を示す側面．スケール：1 mm．(Rowe 1994 より)

をした，長さが体長の 15 % 以上もある触角をもっており，これが主要な機械受容器として働くことが強く示唆される．

幼虫における跗節の感受性には直線的な勾配が見られ，後脚跗節，中脚跗節，前脚跗節の順に敏感になる (Caillère 1974a)．そして，触角を少しずつ除去すると，感受性はしだいに増加する (Caillère 1968)．体の一部が損傷を受けたとき，他の感覚器で補償する能力がかなりあることは明らかである．脚にある機械受容器の性質についてはほとんど分かっていないが，刺毛 (Pill & Mill 1979 の spine) が受容器であることが多い．Kanou & Shimozawa (1983) はルリボシヤンマ属の 2 つの種で，下唇攻撃が純粋に機械的刺激 (水の噴射) によって引き起こされることを実証し，脚を含めた体表面の前方の部位が刺激に対して敏感であることを見つけた．この仕事は，機械受容器を探索する際のヒントを与えている．

視覚受容器と機械受容器のどちらが重要かは，個体発生の間に変化することがある．ニュージーランドイトトンボの 2 齢幼虫には，全身の体表に分布している棘状刺毛のほかに，非常に細長い刺毛が触角，脛節，跗節のいずれも背面に多数ある．これらの細

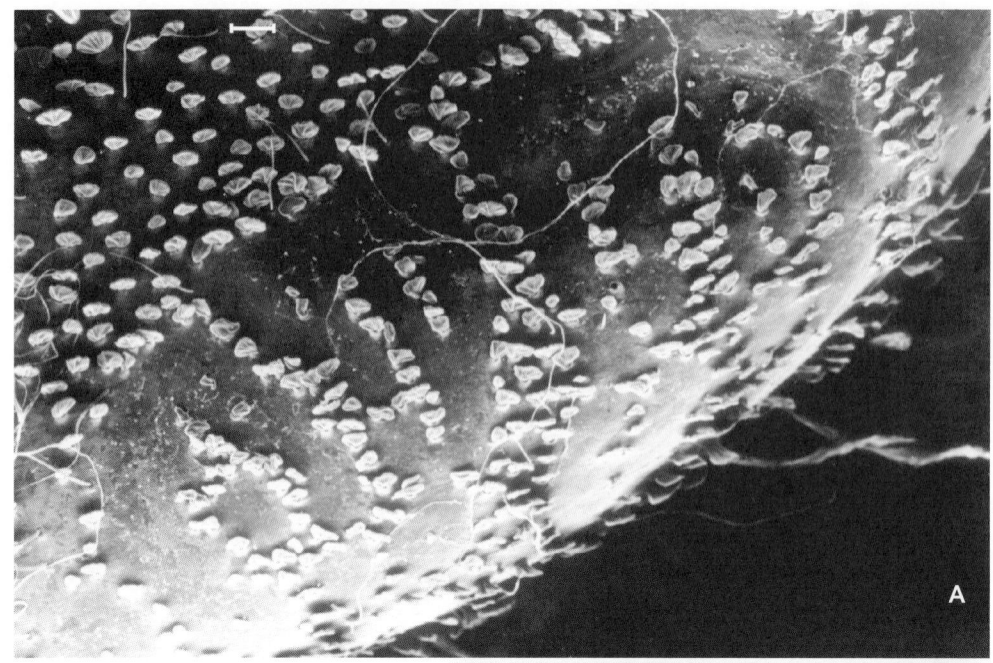

図4.13 *Cordulegaster insignis* のF-0齢幼虫に見られる，複眼後方の葉片上にある扇形の刺毛．機械受容器であると考えられる．A. 分布；B. 1個の刺毛．スケール：A. 100 μm；B. 10 μm．(Verschuren 1989より)

長い刺毛は，それぞれの付属器（図4.12）の周囲の餌動物を感知する機械受容器と考えられる．2齢幼虫が餌動物を感知する際の，複眼の役割は無視できる程度のもので，餌動物が触角に触ることだけが下唇攻撃の引き金となる．幼虫はおそらく機械受容器を使って，体長に相当する距離範囲までの餌動物の動きに反応する．幼虫が大きくなり，8齢以後くらいになると，使う感覚は主に視覚になり，日中に採餌を行うようになる．しかし，大形幼虫も，暗黒条件下では視覚を使わないで餌動物の感知をする，という具合に，若齢期の機械的刺激の受容に逆戻りすることができる．

浅い穴を掘るタイリクオニヤンマ属 *Cordulegaster* の幼虫は視覚的にも餌動物を感知することができるが（Weber & Caillère 1978），特殊化した機械受容器が餌動物の感知に主要な役割を果たす．*C. insignis* の場合，機械受容器は非常に変形した，平らで，堅い，扇型の刺毛（図4.13；Verschuren 1989）であり，頭部と前脚の上面に備わっている．幼虫が沈殿物に潜って動かずにいるときには体の前方部位だけが水中に暴露される（図5.16A）．刺毛は水流を感知する受容器であると同時に，餌動物の存在と位置を感知する受容器でもある．その形はシマトビケラ科の幼虫がもつ刺毛（振動の感覚器と考えられている）によく似ている（Jansson & Vuoristo 1979）．胞状の尾部付属器をもつ均翅亜目はほとんどの種が流水性であり，これが振動の受容器になっているかもしれない．しかし，Rowe (1994) とMiller (1994e) が指摘し

たように，渓流に棲む幼虫は音響的に混沌とした環境下にあるので，水流によって生じた振動と，餌動物の動きから生じた振動を区別するのは難しそうである．もっとも，アオハダトンボ属のように水草の茂みの中にいて乱流から隔離されている場合には，振動を利用している可能性はある．ショウジョウトンボ Crocothemis servilia の下唇の毛状感覚器官は，餌動物が動くことで生じる衝撃波に反応することによって，餌動物を感知できるかもしれない (Gupta et al. 1992).

この分野には解決すべき問題が多いが，ほんのわずかのことしか調べられていない．穴掘りタイプ幼虫の体の沈殿物から露出している部位に注目して，機械受容器の性質と分布を調べることが早急に必要である．Neurogomphus 属 (Corbet 1962a: 図61で"Lestinogomphus 属"と推定した種) のような深い穴掘りタイプでは，極端に長い呼吸管の先端だけが自由水に触れているので，幼虫が沈殿物から出てきて採餌する (Müller 1993a 参照) のでなければ，機械受容器は沈殿物の中の振動だけしか感知できないと思われる．これでは深い穴を掘る利益がなさそうである．一部の浅い穴掘りタイプ (例: シオカラトンボ属とヨツボシトンボ属) の背面部には細長い刺毛の密集しているパッチがあるが，これは疑いもなく機械受容器である．しかし一部の穴掘りタイプのサナエトンボ科 (例: Crenigomphus 属) にはそれがない点に注意すべきである．

不均翅亜目の一部の属では，若齢幼虫の頭部に突起あるいは「角」が生じる (図3.14D，表A.4.2; Corbet 1962a: 図67～73参照)．ただし，幼虫後期では必ずしも見られない．Sid Dunkle (1980) が示唆したように，それは感覚器で，餌動物ばかりでなく捕食者も感知しているかもしれない．ある特定の種でこれらの角が若齢にだけ見られることは，その時期に幼虫が機械的刺激の受容を優先させるのと同様，若齢幼虫が特定の微生息場所に生息していることにも関係しているに違いない．角のある幼虫がしばしば見られるエゾトンボ科では，若齢幼虫を採集することが通常は困難であるが (Corbet 1960b, Ubukata 1980a 参照)，これは齢の進行とともに機械受容器への依存度が下がり，幼虫が微生息場所を変えることに関連していると思われる．同じように，キアシアカネ Sympetrum vicinum の若齢幼虫に角があるのに，その後の幼虫期に消失することは，水面近くの植物に幼虫が移動することと関連しているのかもしれない．このことは，アカネ属の分類上の類縁性について示唆を与えるし (Trottier 1969)，トンボ科の幼虫が，穴掘りタイプか腹ばいタイプであったと思われる祖先から，表層生活に適した探索型の性質を獲得していった進化過程に関しても示唆を与える．Dunkle (1980) は，角は系統発生的に何度も独立に進化したと結論づけた．カオジロトンボ属 Leucorrhinia の一部とアカネ属の一部の種だけに角があり，他の種にはないことは注目すべきである．ただし，頭部の突起と，しだいに細くなるヤンマ科の頭部の後側部がとがって突き出したもの (例: Dendroaeschna conspersa, Hawking 1991) とを混同してはならない．

メガネサナエ Stylurus oculatus (渡辺 1992) とオオサカサナエ S. annulatus (渡辺 1996) では，2齢幼虫の9つの腹節の背面に1対ずつ，奇妙な黒い刃のような三角形の刺毛がある．これは頭部の角と機能的に同じであるかもしれない．メガネサナエの場合は3齢までに消失する．形態のよく似た9対の刺毛が，Arigomphus submedianus の腹節の上にも認められる (写真H.2)．ミナミエゾトンボ Procordulia smithii の2齢幼虫には「肉質の刺毛」と記載された突起が類似の位置に存在する．しかし，後頭部，胸部の各体節，第10腹節上にも同じものが存在するようである (Deacon 1979).

4.3.2.3 化学受容器

ニュージーランドイトトンボのF-0齢幼虫が，とまり場から降りて自分と同じサイズの均翅亜目の幼虫の死体を一部分だけ食べ，元のとまり場に戻ったという観察がある (Rowe 1985a)．このような行動は，ニュージーランドイトトンボの幼虫が死体を食う場合には，化学的刺激に反応するという意見 (Rowe 1985b, 1987b) を支持しているが，その反応を介在する受容器は未知である．

Aeshna interrupta lineata の下唇 (Pritchard 1965b)，ショウジョウトンボの下唇 (Gupta et al. 1992)，ヒメキトンボ Brachythemis contaminata の口器と下唇 (Tembhare & Wazalwar 1995) にある感覚器官は，明らかに味覚に関する化学受容器である．イエバエ Musca domestica の大形幼虫をアメリカアオモンイトトンボの幼虫に与えると (細片にしていないにもかかわらず) 例外なく拒絶されるが，このような行動は化学受容器によると考えられる (Sweetman & Laudani 1942).

4.3.3 餌動物の対抗適応

餌動物となりうる生物の形態，生理，行動上の性質は，他の機能以外にも対捕食者戦略として役立つ

ているかもしれない．餌動物のいかなる性質であっても，捕食者の餌処理時間を有意に増やすなら（§4.3.4），採餌の機会コストを増やすという意味で対抗適応とみなすことができる．

モンシカクミジンコ Alona guttata は，その甲皮の形と硬さのため，この餌動物がたまたま特定の方向に向いていない限り，ニュージーランドイトトンボの2齢幼虫が把握し続けることはできない（Rowe 1994）．

特定の不均翅亜目に見られる体の明暗の横縞模様は小形幼虫だけにあり，捕食者，特に同種の大形幼虫に対するカムフラージュと考えられている（§5.3.2.4）．探索型の採餌者パプアヒメギンヤンマでは，同種のF-0齢幼虫に捕獲されないサイズに成長するまで若齢の縞模様が残るが，同所的な待ち伏せ型の採餌者である Adversaeschna brevistyla には縞模様がない．この観察から Richard Rowe（1991）は，若齢の縞模様と待ち伏せ型の採餌は，採餌のスタイルに応じて捕食される危険性を減らすための二者択一的な戦略であろうと結論づけた．

トゲウオ類の背の棘は特定の脊椎動物の捕食者に対して，ある程度の防衛の役割があると考えられているが，これらの棘はヤンマ科の幼虫に対しては逆効果のようである．Reimchen（1980）が調べたイトヨ Gasterosteus aculeatus の若い個体には，棘のサイズに関して多型がある．開放水系にいるトゲウオ類は主に鳥類の捕食者にさらされており，発達した棘をもっているが，沿岸の植物の間で生活し，ヤンマ科の幼虫にさらされているトゲウオ類では，棘の発達が悪かったり，なかったりする．この観察は，棘をもっているとヤンマからの捕食を受けやすくなるという仮説に符合する．

餌動物は個体発生の初期ほど捕食を受けやすいと思われるので，成長が速いこと自体が対捕食者戦略でありうる．Hemicordulia tau のF-0齢幼虫が，オーストラリアの3種のオタマジャクシに向けて下唇攻撃する頻度は，餌動物のサイズとは無関係だったが，大きなオタマジャクシほど逃げやすいために，大きな餌動物に対する捕獲成功率は低くなった（Richards & Bull 1990b）．同様の現象が，サンショウウオを捕食するトンボの幼虫にも見られている（Scott 1990）．

オーストラリア北東部に導入されたオオヒキガエルのオタマジャクシには毒腺があり，一部の種のトンボの幼虫はオタマジャクシをひとくち食うだけで，その後死んでしまうことがある．しかし，奇妙なことに，このオタマジャクシをやすやすと食い，被害も受けない他のトンボもいる（Richards & Rowe 1994）．ニュージーランドイトトンボの2齢幼虫は，ゾウリムシ属 Paramecium を捕まえると例外なくすぐに拒絶する．これは原生動物の毛胞を使った（細い毛を発射する）防衛によると思われる（Rowe 1994）．しかし，Sympetrum obtrusum の2齢幼虫は，たやすくゾウリムシを捕獲する（Krull 1929）．均翅亜目の幼虫に対するヒドロ虫の防衛は成功しやすいので（J. M. Wilson 1989），腔腸動物の触手にある刺胞からの攻撃も同様の武器になっているのだろう．

アマガエル属の1種（Hyla arborea）のオタマジャクシは逃げる戦術によって，アカガエル属の1種（Rana dalmatina）のオタマジャクシは高速で泳ぐとき以外は水底にじっとしていることによって，ヒスイルリボシヤンマによる捕食を軽減している（Chovanec 1992b）．浅い水たまりに棲むヒカゲイトトンボ亜科の Diceratobasis macrogaster の幼虫は，ジャマイカのパイナップル科植物（主にエクメア属の1種 [Aechmea paniculigera]）の葉腋に棲むカニの1種（Metapaulias depressus）の幼生の主要な捕食者である．幼虫は1日に5個体のカニの幼生を殺すことができる．一方，雌のカニは，産卵の前に葉腋中の D. macrogaster 幼虫を徹底的に殺すことで，自分の子に対する捕食率を60％まで下げることができる（Diesel 1992）．そのほか，樹洞に棲む捕食性昆虫であるハビロイトトンボ科のムラサキハビロイトトンボ Megoloprepus caerulatus（§4.3.6）とオオカ属の1種（Toxorhynchites brevipalpis）（Corbet 1985）の2種も同じ殺戮戦略を使っている．

4.3.4 餌処理

捕食の行動連鎖を構成する行動それぞれに要する時間を合計したものが，広義の**餌処理時間**である．これは，餌動物の追跡（待ち伏せモードでは餌動物への定位）開始からの時間で，その間，当の捕食者は現在の餌動物にかかりきりのため，次の餌動物の探索ができない状態にある．このように定義すると，餌処理時間は満腹の程度によって強く影響されることになる．満腹度は機能の反応曲線の形を決める重要な要因の1つである（§4.3.6; Colton 1987）．例えば，Coenagrion resolutum やアメリカアオイトトンボの幼虫にオオミジンコ Daphnia magna を十分量与えると，約30分後に飽食し，その後は消化のため少なくとも7時間の休止に入る．このようなことがあるので，餌処理時間を捕獲から咀嚼の終了時までと定義している研究者もいる（残念ながら，全く定義し

ていない研究者も多い).こう定義すると,餌処理時間の測定例は5～6秒(F-0齢のカラカネトンボ *Cordulia aenea* とカオジロトンボ *Leucorrhinia dubia* が枝角目や橈脚類を食う場合, Johansson 1992a),22～44秒(コウテイギンヤンマのF-0齢がユスリカ科を食う場合, Blois 1985b; F-2齢 *Enallagma aspersum* が枝角目と橈脚類を食う場合, Colton 1987),19分(F-1齢ないしF-0齢のルリボシヤンマ *Aeshna juncea* が巣を作るキリバネトビケラ属の1種 [*Limnephilus pantodapus*] の幼虫を食う場合, Johansson & Johansson 1992),長いもので44分以上(F-0齢のコウテイギンヤンマがオオモノアラガイ属 *Lymnaea* を食う場合, Blois 1985b)といったところである.餌処理時間は,種,齢,餌動物タイプ,餌動物の密度,その他,いくつかの要因で変化する(表A.4.4, A.1, B.1, B.2, D.3).ヒメトンボ *Diplacodes trivialis* が,1-3齢のネッタイアカイエカ *Culex quinquefasciatus* を食う場合,個体発生を通して餌処理時間は9分以上から約1秒に減少する(Ebenezer et al. 1990).

4.3.4.1 捕食行動連鎖

オビアオハダトンボは,幼虫期を通して,触覚刺激に大きく依存して餌動物を感知する種である(Richard 1960).捕食行動連鎖に関しては,本種の行動ステージが進展するさまを描くことから始めよう.もっと視覚的に餌動物を感知する種では,少なくとも特別な処理を必要としない餌動物であれば,捕食行動連鎖は単純かつ短時間であるのが普通である.Caillère (1973) の定義によるオビアオハダトンボの捕食ステージは表4.2に要約しているが,ここで詳しく述べることにする.

休止(ステージ1)のとき,幼虫はしっかりととまり場をつかんでいる.尾部付属器は開いている場合も閉じている場合もあり,翅芽は腹部にしっかり押し付けられ,触角の各節はまっすぐには並ばない.餌動物を感知すると(2),体と頭部を持ち上げ,2本の触角を平行にして餌動物のほうを指す.それから,触角は餌動物のほうに収束し(3),頭部を垂直方向や水平方向に動かして餌動物のほうに向ける.次に幼虫は,頭部と触角の定位動作を繰り返しながら,餌動物に向かって歩く(4).餌動物に達すると(5),触角を曲げて餌動物のサイズや向きを調べるが,その際頭部は正確に餌動物のほうに向いている(6).捕食行動連鎖はここで終わってしまうことがあるが,これはおそらく餌動物が受け入れ難い場合であろう.餌動物の捕獲(7)には瞬発的な下唇攻撃を含むが,この点については後で詳しく記述する.

表4.2 オビアオハダトンボのF-0齢幼虫に見られる捕食行動連鎖のステージ

ステージ	およそその時間[a]
1. 休止	—
2. 興味を示す	B; 0.1～0.2秒
3. 餌への定位	V
4. 場所の変更	V
5. 触角曲げ	B; 0.5秒
6. 餌の検査	0～10秒
7. 餌の捕獲	0.14～0.25秒
8. 餌の摂取	V; 1～2分[b]
9. 口器の清掃	V; 0.5～2分
10. 摂取後の休止	V; 2～5分
11. ステージ1に戻る	V

出典: 主に Caillère 1973, 1974a; 一部は Caillère 1965.
[a] 略号: B. 短時間; V. 変異が大きい.
[b] 時々1時間になる.

下唇攻撃の前に,幼虫は触角を持ち上げて最大限に広げ,下唇前基節の可動鉤を広げ,尾部付属器を閉じる.下唇攻撃の瞬間,腹部の主に第8腹節付近が背腹方向に収縮し,大顎と小顎が大きく開く.餌動物は可動鉤でしっかり捕らえられ,下唇前基節によって口部に引き戻されると,触角は再び持ち上げられる.それから餌動物が摂食される(8).下唇前基節の上下運動で餌動物を口部に引き寄せる間に,下唇側片が開閉を繰り返して餌動物をたぐり寄せ,大顎と小顎で餌動物を噛み砕き,食道に食物片を詰め込む.餌動物が比較的小さい場合(例:ユスリカ科の幼虫),大顎で噛み裂かずに穴をあけて体液を吸うだけのこともあるが,他の場合には噛み砕かれた砕片も摂取する.ステージ8の終わりでは,触角を降ろして真っすぐにし,翅芽は扇のように広げる.口部の清掃(9)の間に,下唇後基節はシーソーのように動いて,下唇前基節の先端縁を開いている下顎と小顎を上唇に擦り合わせる.この行動によって,鬚状の刺毛を使って口部をブラッシングすることが可能になると思われる.数秒ごとに繰り返されるこの動きで,餌動物に付いてくる破片(例:粘液や砂粒)を口部から取り除く.食物摂取と清掃(10)の後,触角は体軸に沿って真っすぐになり,柄節は少し広がる.体を約5mm持ち上げて不動の姿勢をとるが,ステージ1のときの約2倍の頻度で起きる激しい呼吸運動が生じる.互いに交差しあう翅芽のリズミカルな横方向の動きは体による呼吸運動と一致し,尾部付属器は大きく開く.最終ステージ(11)は,休止姿勢(ステージ1)に戻る行動であるが,触角を曲げて持ち上げることから始まり,1分間に1～2回の頻度で触角を持ち上げながら,柄節が少しずつ閉じて休止姿勢に戻ることで終わる.幼虫の飽食の度合い

に依存して，尾部付属器も休止姿勢の状態に戻るようである．時々，前脚の蹠節で，触角と少し伸展した下唇前基節をブラッシング運動によって清掃する．幼虫はそれから安定した支持物にしっかりつかまるが，砂の上であれば足を大きく広げて不動になる．これで捕食行動連鎖は完結する．この行動連鎖は図4.14にフロー図で示した (Rowe 1994)．捕食行動連鎖には幼虫の生活史全体を通して同じ行動成分が維持される．しかし，個体発生が進むとしだいにステージ6～8が省略されるようになる (Caillère 1973, 1974a)．例えば，ステージ6の持続時間は約30秒から1秒まで短縮する．この短縮の原因として，1つには幼虫が大きく強くなったこと，そして幼虫が餌動物を処理する経験を積んだことが考えられる．

　トンボ目の幼虫はすべて特殊化した下唇をもっているため，その行動に枠がはめられている．にもかかわらず，餌動物の感知のために複数の感覚を異なった程度に使う点で，トンボ目の幼虫は捕食行動の個体発生と系統発生に関するさまざまな研究の場を提供する (Rowe 1994参照)．オビアオハダトンボでは，幼虫期全体を通して餌動物の感知の大部分を触覚に依存するので，幼虫が示す捕食行動連鎖は，比較的単純で可塑性がない．ただし，左右のどちらかを負傷したりすると，それを補う行動が学習によってゆっくりと生じることがある (Caillère 1970)．餌動物感知における視覚の役割の増加の例として，個体発生の間に変化することがニュージーランドイトトンボで (Rowe 1994)，幼虫期を通して変化することがパプアヒメギンヤンマで (Rowe 1991) 知られている．この変化に伴い，捕食の行動連鎖が短くなると同時に，かなりの可塑性を示すようになる．いろいろな餌動物を処理する必要性がこの可塑性を促進していると思われる．これら餌動物の感知と捕食行動連鎖の発達を示す示唆に富む研究がある．

　ニュージーランドイトトンボの2齢幼虫は，餌動物の感知に触覚だけを使っているようである (§4.3.2.2)．捕食行動連鎖は13種類 (餌動物のタイプによっては15種類) に区別できる行動カテゴリーで構成され，それらは，オビアオハダトンボのカテゴリーにほぼ一致する (表4.2；図4.15)．この種は触覚を使う能力を幼虫期の最後まで持ち続ける (したがって，暗黒でも効率的に採餌できるし，同種個体にも反応する) が，齢が進むにつれてしだいに視覚を多く使うようになり，最後の4齢ではほとんど完全に視覚依存になる．個体発生に伴う餌動物感知法の変化によって，捕食行動連鎖の中間ステップはほぼ省略され，同時に小さな餌動物種が食物構成から

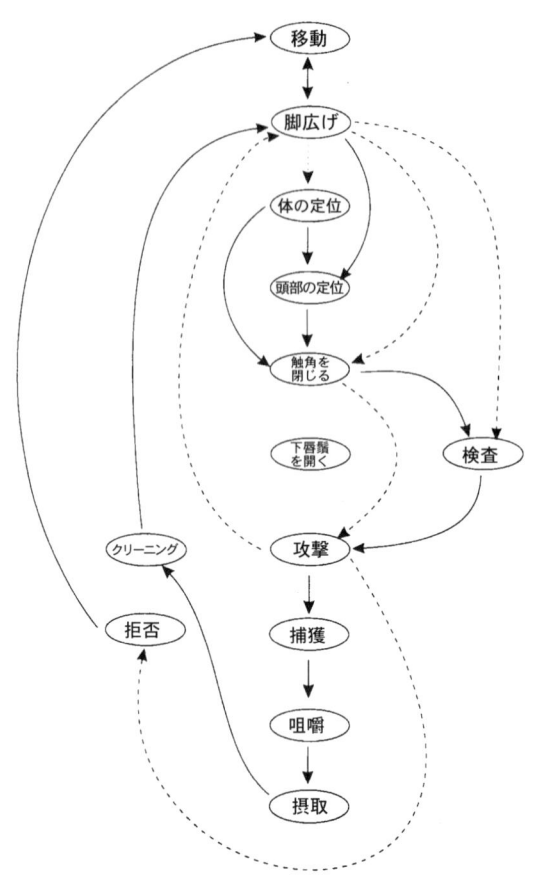

図4.14 オビアオハダトンボの幼虫が示す捕食行動連鎖のフロー図．破線は齢の進んだ幼虫で見られるもう1つの行動連鎖．(Rowe 1994より，Caillère 1965のデータをもとに描く)

失われていく (Rowe 1994)．

　ニュージーランドイトトンボの捕食行動の個体発生的な変化では，触覚による待ち伏せモード (例：オビアオハダトンボ) から視覚による活動モードまでの両極を見ることができる．活動モードを用いる一部の属 (例：ギンヤンマ属 *Anax*，アオイトトンボ属) では，長大化した下唇をもち，動く餌動物を追いかける能力が高いため，さらに捕食効率が上がっている．不均翅亜目では探索のために時々ジェット推進を使う (§4.3.4.2)．

　餌動物のタイプと状況に応じて捕食行動連鎖を変えるという捕食の可塑性には，学習と非学習 (先天的) の両方の要素がある．Rowe (1994) は，捕食の可塑性と，餌動物の形態から生じる単なる行動の変化を区別する必要性を強調している．厳密な意味での捕食の可塑性が発揮されるためには，動物が餌動物タイプの違いを「認識」すること，複数の種類の捕食行動レパートリーをもっていること，そして餌動

4.3 採餌

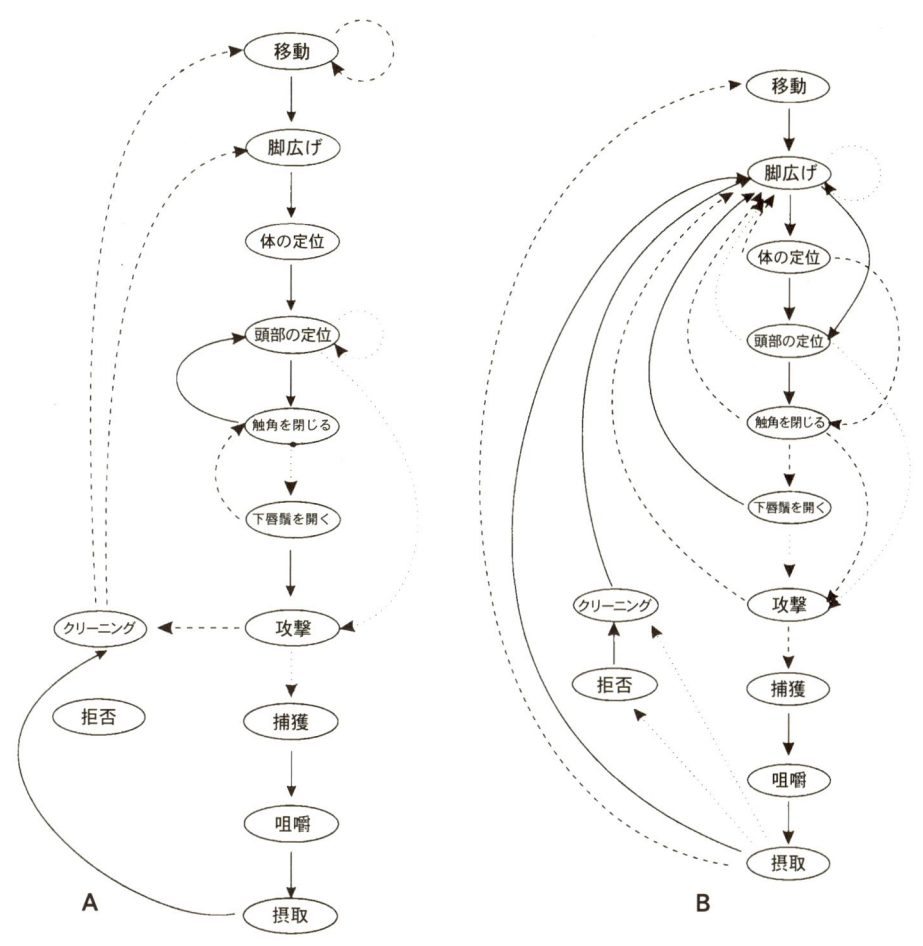

図 4.15 2つのタイプの餌動物に対してニュージーランドイトトンボの2齢幼虫が示した捕食行動連鎖のフロー図. A. 線虫類; B. ハルパクチクス目（甲殻類）. 行動推移確率：実線. >50%; 破線. 20〜50%; 点線. 10〜20%. (Rowe 1994 より)

物の捕獲処理の際に適切な行動連鎖を選択できる中枢神経系をもっていることが必要である.

F-0齢のコウテイギンヤンマの行動を解析した Catherine Blois (1985b) の先駆的な実験によると, 捕食行動連鎖には大きな変異が見られ, 変異は餌動物タイプと関連していた. 最も発達した行動連鎖は, 腹足類やトビケラ目を捕食するときに生じた（図4.16）. 腹足類の場合, 捕獲の前の行動連鎖の特徴は長時間の定位だった. 貝の足の部位を狙って下唇攻撃することにより, 高い確率（83%）で捕獲に成功した. そのため, 幼虫はオオモノアラガイ属の殻を壊さずに身を食うことができた. これは他のギンヤンマ亜科が腹足類を食う場合にも一般的で, 肉は摂食するが, 殻は破片または完全な形で捨てる (Sievers & Haman 1972; Rowe 1987b). ただし, *Anax strenuus* の場合は小さな腹足類を殻ごと全部摂食する (Williams 1936). トビケラ目が餌動物の場合は, 巣を処理するためにその中央部近くに穴をあける複雑な操作が捕獲後の行動連鎖に加わり, 捕獲後の成功率は91%に達する. もっと活発な餌動物（例：カゲロウ目の幼虫）の場合は捕食行動連鎖の変化は大きく, 捕獲成功率は51%と低い. Blois による詳細な研究によって, 餌動物捕獲を支配している原理についての理論的アプローチが可能になり, 次のような結論が導かれた. 餌動物の構造（例えば, 餌動物の外皮が硬化しているか, 殻に入っているか）が捕食行動連鎖の複雑さと所要時間に影響しており, 餌動物のサイズと動き方が, 感知する距離を決めている. 捕食行動連鎖と摂食の所要時間（図4.21）は餌動物の生重量と高い相関があり, Bolis が調べたタイプの中で最も効率の良い餌動物はユスリカ属 *Chironomus* の幼虫であった（餌動物1個体の捕獲で得られる純エネルギー摂取量で評価）. コウテイギンヤンマのF-0齢幼虫は, 特定の捕食行動連鎖を採用する前の段階で

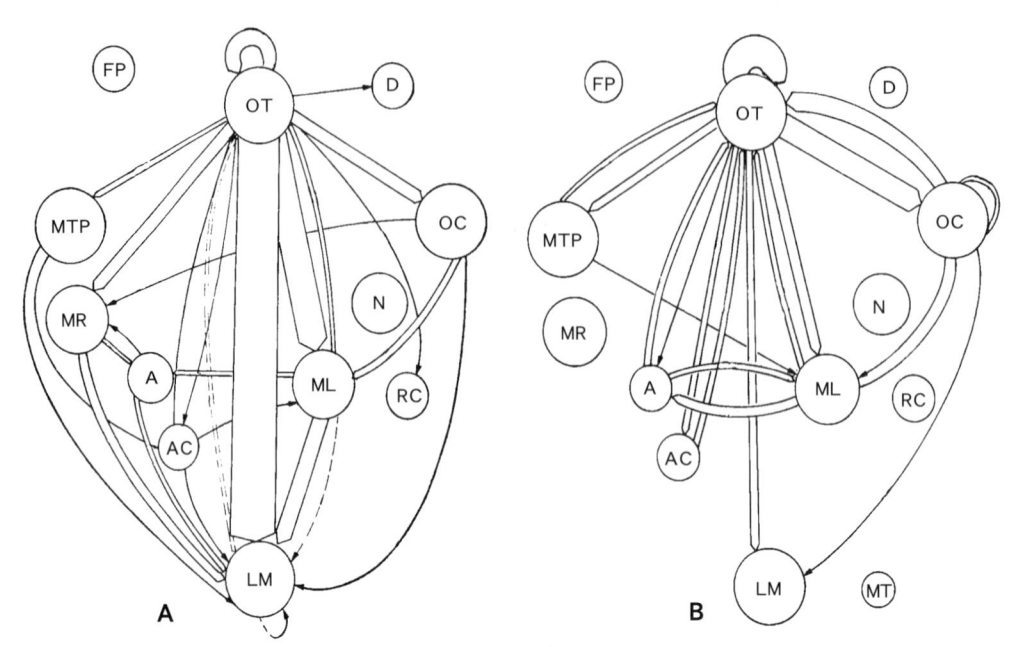

図4.16 コウテイギンヤンマのF-0齢幼虫に，トビケラ目の幼虫 (A) と腹足類 (B) を餌として与えた場合の餌動物捕獲までの行動連鎖を示すエソグラム．実線は下唇攻撃の成功，破線は不成功を意味する．円の直径と連結線の太さは頻度に比例し，1%以上の場合だけを示した．トビケラ目に対する捕獲行動は比較的単純で，定位 (OT) から下唇攻撃 (LM) までは短い．腹足類を捕獲する場合は，頭と体の定位 (OT, OC) が，ゆっくりした歩行 (ML) や静止 (A) によって時々中断されるので，長い準備段階が初めにある．餌動物を捕獲した後の行動連鎖も2つの餌動物タイプで著しく異なる（図には示していない）．他の略号：AC. 脚をとまり場に残したまま，捕食者が体を水平に前進する；D. 餌動物から顔をそむけ，捕獲行動の継続を放棄する；FP. 餌動物の逃亡；MR. とまり場の上を早い速度で歩く；MT. 前脚を使って触角，口部，他の脚をグルーミングする；MTP. 脚でとまり場を踏みつける；N. 泳ぐ；RC. 後ろ向きに歩く．(Blois 1985b を改変)

多様な情報を統合するが，そのやり方には大きな可塑性があることが分かった．この種では，餌動物捕獲の行動は2つの方法で「最適化」されているようである．すなわち，第1に（エネルギー的に）効率の良い餌動物タイプを選択すること，第2にその餌動物タイプに合わせた適切な捕獲行動を採用することである．

ギンヤンマ亜科のパプアヒメギンヤンマのF-0齢幼虫も，視覚に依存した餌動物の感知を行う．この種は餌動物タイプに特殊化した4種類の行動を使い分けるという，際だった可塑性を見せてくれる．これらの行動はすべて生得的であるように思われる．(1) 支持物の上を動いている節足動物に対しては，忍び寄り，頭長の0.6～1.6倍の距離から捕獲する．(2) 水中や水面で動いている節足動物には，ジェット推進を使って接近し，上と同じ距離から捕獲する．(3) 巻貝に対しては，幼虫は忍び寄った後，特定の部位に定位するまでその周りを動き回り，頭長の0.2～0.8倍程度の短い距離から捕獲する．(4) 死んだ巻貝を食う場合，生きた巻貝のときとよく似た戦術

を使う (Rowe 1987b)．ニュージーランドイトトンボの2齢幼虫の場合も，同様に捕食行動連鎖は餌動物タイプを反映する（図4.15）．

ニュージーランドイトトンボの行動レパートリーには，標準的な捕食行動連鎖から明らかに外れた成分が入るが，これを単純に餌処理時間に含めてよいかどうか悩むところである．とまり場にいる幼虫は，自分から4 cmの範囲で餌動物（ホソミアオイトトンボ *Austrolestes colensonis* の死体）に，おそらく化学的刺激の受容を介して反応する．10分以内に餌動物に接近することが多いが，数日間も接近しないことがあり，その場合，餌は腐ってしまう．幼虫は普通，餌動物に物理的に接触した後で頭部に移動し，数秒間調べてから首の部位に噛みつく．小さな死体はその場で食ってしまうことも多いが，とまり場に持ち帰って食うこともある．大きな死体（ただし自分の体サイズくらいまで）だと必ず持ち帰る．小さい場合は頭部を引きずっていくが，大きい場合は翅芽をつかみ，餌動物の頭部を下にして垂直に立てて運ぶ．ちょうど，ハキリアリが切り取った葉片を運ぶよう

4.3 採餌

な格好である．幼虫は死体を切断し，その一部をとまり場まで運んでから食い，残りをまた運んでは食うという具合に，数回行き来することがある．食わなかった部分はとまり場の下に落としておいて，後で食うことも時々ある (Rowe 1985a). ニュージーランドイトトンボは，ステージ8で，落とした餌動物の破片を拾うために移動するという，通常の捕食行動連鎖から外れた行動を示す (Rowe 1994). このような可塑性は，ハビロイトトンボ科の成虫が地面に落ちたクモを探して拾うという，通常の表面採餌手順から外れた行動を思い出させる (§9.3.1). ニュージーランドイトトンボの幼虫は，餌動物の食い残しを下唇にくわえたまま新しい餌動物を捕獲することが時々ある (Rowe 1994).

これまで述べた捕食の可塑性の例は学習によらず，それぞれの種がもつ遺伝的で事前にプログラムされた習性と考えられるものであった．しかし，ニュージーランドイトトンボでは，経験によって捕食行動連鎖を修正する能力が発達していることが，2齢幼虫を使った実験によって分かっている．ゾウリムシは毛包で武装する運動性のある繊毛虫類であるが，本種の幼虫が初めてゾウリムシに出会うと，標準的な準備の後，下唇攻撃で捕獲し(100%の捕獲成功率)噛み始める．しかし，数秒もたたないうちに噛むのをやめて吐き出し，下唇前基節と下唇側片のクリーニングを念入りに行って，再び休止姿勢(図4.17)に戻る．ゾウリムシへの暴露を続けると，その幼虫は行動を修正し，餌動物との接触に対してあまり反応しなくなる．また，ゾウリムシを拒否するまでの時間がだんだん短くなり，ついには下唇攻撃しても下唇側片を閉じることさえやめる．ゾウリムシに対する反応には個体変異があるが，このまずい餌動物に5回遭遇した後は，大部分の幼虫が学習した．学習後の幼虫も，うまい餌動物に対する行動は一貫しており，条件付けられていない幼虫と同様だった．先に述べたオビアオハダトンボ以外の分類群でも，特定の種類の傷を負った後，それを補うように捕食行動を変更することが知られている．例えば，何種かのサナエトンボ科とトンボ科の幼虫では，下唇前基節を切除されると，大顎を使って餌動物を捕らえることを学習する (Abbott 1941). また，カロライナハネビロトンボ *Tramea carolina* の幼虫は，下唇側片を切除しても小さな獲物を捕らえることができる (Van Buskirk 1989).

摂食に関する他の多くの定性的な観察は，幼虫は捕食行動を餌動物タイプに合わせる可塑性が大きいという Blois と Rowe の得た実験結果に符合する．ト

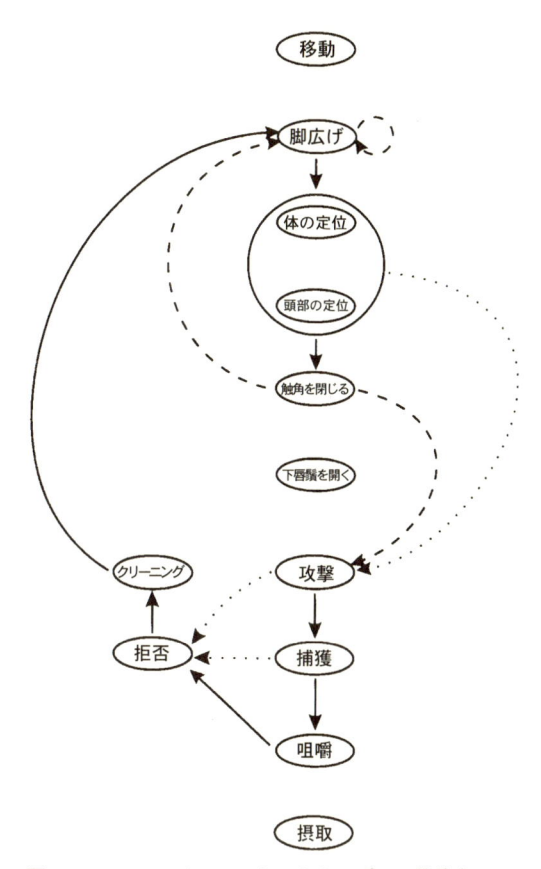

図4.17 ニュージーランドイトトンボの2齢幼虫の，まずい餌動物タイプであるゾウリムシ属 *Paramecium* に対する捕食行動連鎖のフロー図．行動推移確率を示す実線，破線，点線の意味は図4.15に同じ．このタイプの餌動物に対しては頭と体の定位は同時に起きるようである．摂食バウトが進むに従って急速に学習が起こり，幼虫は下唇攻撃しても，餌動物をつかまずに拒絶するようになる．(Rowe 1994より)

ビケラ目の幼虫を捕食するとき，タイリクオニヤンマは大顎を使って砂粒でできた巣の鞘に横穴をあけ，そこから餌動物を引き抜く (Caillère 1976). ヒスイルリボシヤンマはトビケラ目の幼虫(植物片でできた巣の中にいる)の頭部のすぐ後ろをつかむ．次に，鋭い尾部付属器をトビケラ目の体にしばしば位置を変えながら繰り返して突き刺し，最後には尾部付属器を閉じて体の中に深く刺し込み，餌動物を服従させる (Heymer 1970). 白亜紀の特定の不均翅亜目に見られる，極端に長くて頑丈な鋭い尾部付属器は (Hemeroscopidae科, Pritykina 1977; Sonidae科, Pritykina 1986; Pseudomacromiidae科, Carle & Wighton 1990), 防御のためもあろうが，この目的のためにも使われたのであろう．ヨーロッパオナガサナエ *Onychogomphus uncatus* の幼虫はトビケラ目の

幼虫の捕獲をできるだけ避けようとするが (Suhling 1994a)，これだけ手間がかかることを思えば驚くべきことではない．なるべく早く餌動物を服従させるために，ムカシヤンマは自分の穴に大きな餌動物を引きずり込む．その際，穴の両端に脚をかけて踏ん張ることで足がかりを強める (武藤 1971)．力の強い穴掘りタイプである *Megalogomphus sommeri* の幼虫は，比較的大きな魚を捕まえた後，体を食い始める前にそれを底質の中に引っ張り込むことによって，魚を確保し制圧することができる．Ken Wilson (1995) の観察によれば，F-0齢幼虫 (体長約46mm) は，体長55mmと60mmの魚をこの方法で制圧した．魚の頭部前方をつかんだ後，一連の激しい動きで，砂利の中に深く引きずり込み，尾鰭の先端だけが露出した状態にした．魚の孵化場では，トンボ科の幼虫がコイの稚魚や幼魚の尾部を捕まえ，頭部の方向に食い進む (Sharaf & Tripathi 1974)．ブリティッシュコロンビア州の高層湿原の湖に棲む *Aeshna eremita* と *A. palmata* は，夏期にはイトヨの当歳魚を10mm以内の距離にいるとき捕まえるが，腹側の表面をつかむことが多い (Reimchen 1980)．もっと大きな個体を捕らえるときは，このヤンマは前脚で背中の棘をつかんで服従させようとする．このプロセスはおそらく，幼虫の脚の棘と魚の背中の棘とが擦れあうことで容易になっている．餌動物を捕獲したのち即座に服従させる必要があることから，ヒメトンボがナミカ属 *Culex* の幼虫を食うときのように (Ebenezer et al. 1990)，捕食者と餌動物の相対的なサイズによって，餌動物を獲得する方法が変わることがあると考えてよい．ショウジョウトンボの幼虫は捕らえた獲物の味を下唇の円錐状感覚器によって評価できているかもしれない (Gupta et al. 1992)．

パプアヒメギンヤンマの幼虫は，近接距離で巻貝に出会うと，下唇を伸展することなく，可動鉤を開閉して巻貝をつかむ (Rowe 1987a: 152)．アカイトトンボのF-0齢幼虫は下唇を伸展することはほとんどなく，下唇側片を少し動かすだけで貝形虫類を拾い上げた (Lawton 1970a)．また，下唇を切除されたサナエトンボ科やトンボ科の幼虫は大顎で餌動物を捕まえる (Abbott 1941)．下唇攻撃を控えることができるなら，幼虫は餌動物の捕獲に使うエネルギーを節約できることになる．

ヤンマ科では，幼虫は餌動物を感知したのち，忍び寄ったり追跡したりすることにかなりの時間とエネルギーを費やすばかりでなく，短期の記憶さえもつように見える (Etienne 1978)．短時間だけ餌動物が現れた場合，幼虫は動きを抑えて餌動物を最後に見た方向をしばらく見つめる (Etienne 1978)．

Rowe がパプアヒメギンヤンマ (1987b) とニュージーランドイトトンボ (1994) の研究から結論づけたように，捕食の可塑性はおそらくトンボの幼虫に広範に見られるもので，捕食行動の個体発生と系統発生を研究するための魅力的なモデルとなっている．

4.3.4.2 餌動物の捕獲と制圧

トンボ目だけがもつ，餌動物捕獲のための器官は，物をつかむことができる特殊化した下唇である (図 1.4, 5.13)．この驚くべき構造物は，融合した第2小顎から形成され，休止状態では頭部と胸部の下に折り畳まれている (写真I.3)．そして，瞬間的に伸展させることで動く餌動物を捕まえたり，待ち伏せ場所から効率的に稼働できるようになっている．

すべてのトンボの下唇は基本的に同じ構造をしているが (部位の名称は図1.4)，それを構成する節片の形と刺毛の配列は，摂食行動の違いを反映して大きな変異を示す (Corbet 1962a: 63)．大きくは2つのタイプに分類される．均翅亜目，ムカシトンボ科，それに穴を掘らない不均翅亜目 (図1.4A) に見られる広くて平らな下唇 (おそらく原始的な状態に似ている) と，不均翅亜目のほとんどの穴掘りタイプ (特に，オニヤンマ科，トンボ科) や腹ばいタイプ (エゾトンボ科) に見られるスプーン型の下唇 (写真 I.3) である．サナエトンボ科はこの類型から外れ，多くの種は穴を掘り，一部の種は非常に深く掘る (例：*Neurogomphus* 属) にもかかわらず，既知の種の下唇はすべて広くて平らである．おそらく幼虫が底質内に潜っているとき，細かい沈殿物をほとんど抵抗なしに薄切りするのに向いているのであろう．2齢幼虫では下唇の形態や刺毛の配列はどの種も比較的似ているが，個体発生の間に属の特徴がしだいに顕著になってくる．

カラカネトンボ属，ヨツボシトンボ属，アカネ属のスプーン型をした下唇 (写真I.3) には，下唇側片と下唇前基節の上に長くて曲がった蝶番付きの刺毛の列があるが，その数は個体発生の間に増加する (Corbet 1951)．下唇が収納された状態では，下唇によって作られた空洞が刺毛で囲まれた格子を作るように刺毛が並ぶ．下唇が伸展した場合，水流が刺毛を立ち上げ，下唇を引っ込めると刺毛が寝ることになり，餌動物は初め下唇の空洞へと引っ張り込まれ，沈殿物の細かい粒子が掃き出される間はそこにとどまる (Blackman 1963)．ミジンコ属が餌動物の場合，下唇側片または下唇前基節の刺毛 (あるいは両方) を切除すると，捕獲成功率が減少する．ヤンマ科の

4.3 採餌

一部（例：Samways et al. 1993）とアオイトトンボ科の大部分（例：Geijskes 1929b; Gardner 1952）のF-0齢を含むいくつかの齢でも可動鉤の上に刺毛があるが，おそらく同じような目的のものである．

トンボ科の一部の属（例：アカネ亜科のほとんどとハネビロトンボ亜科）はスプーン型の下唇をもっていて，幼虫期のほとんどを水底を離れて水面近くの植物の間で過ごす．このような種では幼虫の成長につれて頭幅が不釣り合いなほど大きくなり，それとともに下唇の幅も大きくなって（*Urothemis assignata*, Forge 1981; ヒメトンボ，Ebenezer et al. 1990），特徴的な「頭でっかち」の体形になる（図4.18）．そのためさまざまなサイズの餌動物（トンボを含む）を利用できるようになる（Robinson & Wellborn 1987; Wissinger 1988a）．

スプーン型の下唇は捕獲範囲を大きくする．オビアオハダトンボの平らな下唇は前面にだけ稼働するのに対して，オニヤンマ科のタイリクオニヤンマのスプーン型の下唇は前後両方向に稼働する（Caillère 1976）．*Diphlebia euphaeoides* の下唇は非常に重くて頑丈で，急速に伸展して餌動物に大きなダメージを与えることができる（Rowe 1993b）．

アオイトトンボ科の一部の種は，非常に長くて細い下唇をもっている．これらの種は，水面近くの植物間に棲む探索型の採餌者であり，反応する範囲を増加させることで捕獲効率と遭遇確率をかなり高めているに違いない．ほとんどのトンボ目では，下唇が伸展した長さと等距離以内に餌動物がいるとき，下唇攻撃が起きる（Baldus 1926）．下唇前基節の長さは頭幅の増加に伴って長くなるが，その増加率はアメリカアオイトトンボのほうが，同所に棲む *Coenagrion resolutum* より大きい．アメリカアオイトトンボが約3〜5mmの距離からオオミジンコを捕獲するのに対し，*C. resolutum* は約1〜2mmから捕獲する（Krishnaraj & Pritchard 1995）．アオイトトンボ属の一部の種では，より後の齢になると折り畳まれた下唇を後方に伸展させて，後脚基節よりも後ろにまで達することがあり（例：アメリカアオイトトンボ *L. d. australis*, Daigle 1991; *L. tridens*, Samways et al. 1992），下唇前基節は体長の20％になる．

不均翅亜目の2齢幼虫（例：パプアヒメギンヤンマ，Rowe 1991）は筋肉の動きだけで下唇伸展を行うように見えるが，老齢になると水圧も用いる．水圧をどのように発生させるかは，均翅亜目と不均翅亜目で異なっている．均翅亜目では水圧は明らかに腹部の筋肉の収縮によって生じ，腹部が細いため水圧が強くなる（Caillère 1972）のに対して，不均翅亜目では筋肉質の横隔膜で水圧を発生させる（§4.2.1.1）．この相違にもかかわらず，下唇攻撃の所要時間は両方の亜目を代表する種の老齢期の幼虫の間ではほぼ類似している．これまでの推定値は，均翅亜目で40ミリ秒以下（ニュージーランドイトトンボ，Rowe 1994），15ミリ秒以下（オビアオハダトンボ，Caillère 1972），不均翅亜目で25ミリ秒（*Aeshna eremita*, Pritchard 1965; オオルリボシヤンマ *A. nigroflava*, Tanaka & Hisada 1980），15ミリ秒（アメリカカラカネトンボ，Pritchard 1965a），15ミリ秒以下（*Leucorrhinia hudsonica*, Pritchard 1965a）である．オビアオハダトンボでは，捕食行動連鎖の他の成分と同様，下唇伸展の所要時間が個体発生につれてしだいに短くなる（Caillère 1972）．上に引用した下唇伸展の所要時間は，Richard（1970）が報告したルリボシヤンマ属とギンヤンマ属の値（135ミリ秒）やCaillère（1965, 1974a）が報告したオビアオハダトンボの値（140〜250ミリ秒）は他と1桁違っており，再確認を要する．

不均翅亜目のするどい下唇伸展は，これまで詳しく研究されてきたテーマである．トンボの下唇は，それほど特殊化していないエネルギー蓄積のメカニズムの代表である．その作用はバッタ，ノミ，コメツキムシのジャンプや，カマキリのカマの動きに匹敵する．Gordon Pritchard（1986）は，下唇伸展がいかに行われるのかを説明しようとした研究をレビューし，2つの関節の連携と速い操作を必要とする極めて洗練された機構によってうまく働いていると結論づけた．腹部の背腹線と体軸方向の筋肉の収縮に

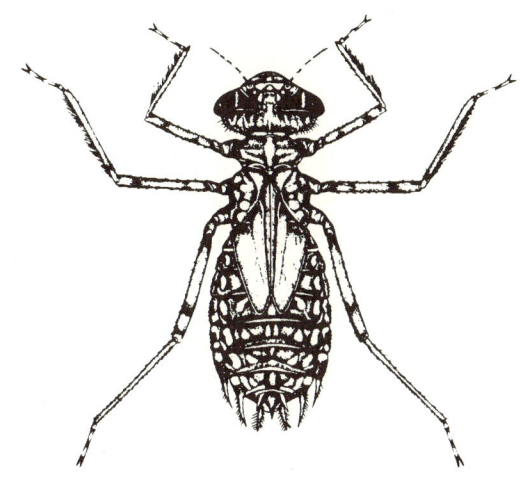

図4.18 ヒメハネビロトンボのF-0齢幼虫（体長25mm）．幅広い頭部は水面近くの植物の間で生活する，進化したトンボ科に典型的な特徴である．下唇の横幅が広いため内側の容積も大きくなる．（Rowe 1987aより）

よって水圧が発生し，肛門弁の閉鎖によって下唇伸展が誘起されるが (Mill 1982)，ジェット推進を引き起こすために水圧を発生させる間，下唇はしかるべき所にロックされているので，下唇伸展は阻止されている，と考えるのが一般的である（しかしParry 1983参照）．下唇の大きな屈筋がロック機構を働かせるための動力を提供するが，そのために，下唇伸展の際に2つの関節が働くのに必要なエネルギーを事前に蓄積し，ジェット推進の間に下唇が伸展してしまうのを阻止するという2つの機能をもつことになる．主に筋肉の動きに依存する折り畳みとは異なり，下唇伸展は比較的温度に左右されにくい (Tanaka & Hisada 1980)．不均翅亜目の筋肉の活動パターンはそれぞれの機能によって異なる (Olesen 1979)．こういう言い方が正確であることは間違いないが，小さな水たまりに棲む不均翅亜目が，ジェット推進を穏やかに用いて水表面の近くをホバリングするように泳ぎながら，同時に下唇攻撃によって餌動物を捕まえるという2つの筋肉運動の両立にはやはり驚かされる．ウスバキトンボは長い時間これを行い (Bay 1974)，時々水面下に垂れ下がったオタマジャクシを捕まえに泳ぎ上がる (Sherratt & Harvey 1989)．オオルリボシヤンマは最後の齢になると，約1 mの深さから水面まで泳ぎ上がり，マツモムシ属 *Notonecta* やその他の水生昆虫を探索する (Asahina 1982a)．樹洞に棲む *Indaeschna grubaueri* の小型幼虫は水面直下を活発に泳ぎ回り，カ科の幼虫を捕らえる (A. G. Orr 1994)．パプアヒメギンヤンマの場合はこれほどの機動性はないが，自分がとまっている場所から泳いでいるカの幼虫に近づくためにジェット推進を使う．それから水中で下唇攻撃して捕まえ，とまり場に戻るには脚を使って泳ぐ (Rowe 1987b)．白亜紀にいた不均翅亜目ヤンマ上科の *Hemeroscopus baissicus* (Pritykina 1977) や *Sona nectes* (Pritykina 1986) では，若い幼虫の脛節と跗節に長い刺毛の密集した房がある．このことから彼らが脚を泳ぎに使ったことが推測できるし，ホバリング遊泳をしたことも暗示される．ホバリング遊泳はほとんど研究されたことがなく，実際は公表された記録よりもずっと頻繁にあるのかもしれない．動物におけるジェット推進に関する総説をまとめた Trueman (1980) は，ジェット推進によって低速度で持続的に泳ぐほうがエネルギー的に効率が良いだろうと結論づけた．

多くの不均翅亜目がもっている後方から2つ目か3つ目までの腹節にある側部の棘は，下唇攻撃したときの反動に対して，体を踏んばるための支えを確保する機能があるのかもしれない (§5.3.2.2.2).

パプアヒメギンヤンマ (1991) とニュージーランドイトトンボ (1994) についての Richard Rowe の観察によると，2齢幼虫が餌動物を捕獲する際，その後の齢での下唇の清掃時，さらに，小さな物体を拾い上げるときには，筋肉だけで下唇を伸展させるので，筋肉の動きだけでも下唇攻撃ができることが分かる．パプアヒメギンヤンマが水圧を使ってより速く下唇攻撃したり，ジェット推進で泳いだりできるようになるのは3齢になってからである．

Bill Winstanley (1981b) は，穴掘りタイプの幼虫（例：*Uropetala chiltoni*）がトラップとしてその穴を使うことで，餌動物との遭遇率や捕獲成功率を高める可能性を示唆した．穴には移動中の無脊椎動物が落下するが，空腹の程度によって穴を大きくして餌動物の供給量を増やすという，モグラ（食虫目：モグラ科）やアリジゴク（脈翅目：ウスバカゲロウ科）と共通の採餌戦略をとる (Wilson 1974).

4.3.4.3 餌処理

トンボは，餌動物を「嚥下するタイプ」の捕食者である．捕らえられた獲物は強力な大顎で噛み砕かれた後，前腸にあるクロップに運ばれる．次に砂嚢あるいは前胃でさらに粉砕され，中腸 (Bulimar 1973 が mesenteron と呼んだ部位) に入って消化される．F-0齢のコウテイギンヤンマによる平均摂取速度は，ユスリカを食う場合の 0.728 mg/分からオオモノアラガイ属を食う場合の 0.036 mg/分まで変化し，餌動物のタイプによって20倍も異なる (Blois 1985b)．排泄の前に，未消化物（消化されなかった食物片）は中腸の壁から周期的に剥離される膜で包まれる (Aubertot 1932)．こうして作られた糞ペレットは，中身の有無にかかわらず即座に排泄されるので，直腸の呼吸を妨げることはない (Pritchard 1964)．そして，ペレットは肛門から勢いよく排出される (Corbet 1962a; 永瀬 1974)．F-1齢とF-0齢のハヤブサトンボ幼虫は，垂直方向には19 cm，水平方向だと少なくとも60 cmも糞ペレットを飛ばすことができる (Tennessen & Painter 1994)．このような，一般的ではあるが奇妙な行動は，陸生の *Pseudocordulia* 属の幼虫でも見られる (Watson 1982)．捕食性のノーザンパイク *Esox lucius* とその餌となる小魚（ミノー）の間に生じる化学的コミュニケーション (Mathis & Smith 1993a, b; Brown et al. 1995) の類推から，Karen Wudkevich (1996) は不均翅亜目が糞を弾丸のように排泄することで，捕食された餌動物が出す警報フェロモンから距離をおくことができる可能性を示唆した．糞の中に警報フェロモンがまだ残ってい

表4.3 数種の均翅亜目における最大飽食量

種	時間[a] (分)	飽食量
ムモンギンヤンマ	—	47個体のナミカ属の *Culex fatigans* 4齢幼虫 (Srivastava & Suri Babu 1982)
ヒメキトンボ	40	26.6個体のネッタイイエカ *Culex pipiens quinquefasciatus* 4齢幼虫. 捕食者の体重は平均82mg (Thangam & Kathiresan 1994)
Paragomphus lineatus	50	21個体のナミカ属の *Culex fatigans* 4齢幼虫. 捕食者はF-0齢 (Mathavan 1976)
Urothemis sanguinea	40	7.1個体の稚魚 (Kumari & Nair 1983)

注：ここに示した例はすべて，約36時間の絶食後に最大の飽食量に達した．温度は記載がないが，熱帯の室温くらいだと思われる（約25℃）．
[a] 飽食レベルに達するまでに必要なおよその時間．

る場合には，付近の餌動物に対捕食者反応を引き起こすかもしれないからである．このような不均翅亜目の横隔膜の機能は，採餌成功度を高めて幼虫の適応度を上げるもう1つの手段だろう．

ナミカ属の1種（*Culex fatigans*）の幼虫を飽食した *Paragomphus lineatus* の幼虫は（表4.3），飽食後4回（3, 20, 32, 88時間後）未消化物を排泄した．最初の糞ペレットは大きくて完全な形であるが，次からはしだいに小さくて軽いやや不完全な形に，4番目のペレットは非常に小さく，不完全な形となった．未消化で吸収されない物質の大部分は飽食後32時間以内に排泄される．Mathavan (1976) によるこれらの注意深い観察は，糞ペレットの量を利用してエネルギー転換を研究する方法にその根拠を与えることになる（§4.3.7.4）．つまり，糞となる物質は約24時間以内に排泄されるとする，普通使われている仮定がそれほど間違いではないことを意味する．

4.3.5 食物構成

トンボが食う餌動物の種類についての研究（例：Pritchard 1964a; Lawton 1970a; Thompson 1978a）はほとんど糞ペレットの中身の分析に基づいている．この方法にはいくつかの利点がある．まず，解剖を必要としないこと，幼虫を生きたまま自然の生息場所に戻せること，糞は不連続に排出されるので完全なまま残り，定量的な扱いに適していることである．ただ，この方法には2つの欠点がある．硬い部位をもたないような餌動物の種は見落とされてしまうこと，糞ペレットの重さは餌動物のタイプに，また部位によって左右されることである (Baker 1986a)．そのほか前腸の内容物を視覚的に調べる方法 (Cloarec 1977; Lamoot 1977) があるが，餌動物はすでに大顎で咀嚼されているので，この方法で最初の欠点を補えることはほとんどない．とはいえ，砂嚢によって餌動物が粉砕される前に調べるこの方法は，時間はかかるが，見る際に餌動物の破片が大きいという利点がある．Thompson (1978a) が飼育容器内の幼虫に既知の餌動物を与えて確かめたように，糞ペレットを注意深く調べることで信頼性の高い結果を得ることができる．硬い表皮をもたない餌動物を検出したい場合には，放射性同位元素あるいは血清学の技法を使えることがある (Davies 1969; Tennessen & Kloft 1972; Onyeka 1983)．これらは，原生動物を主要な餌にしていると思われる最初の数齢で，どんな餌を食っているかを調べる唯一有力な方法でもある (Lawton 1970a; Hutchinson 1976b)．その結果，巻貝類は従来考えられていたよりもトンボ目の餌になっていることが分かってきた．貝の破片は，大型の不均翅亜目，特にヤンマ科の糞ペレットに特徴的に現れるが，コウテイギンヤンマとパプアヒメギンヤンマの幼虫の場合は，貝の殻から身を抜き出して食うことが多いため，糞ペレットに貝殻が残ることはまずない（§4.3.4）．餌が最大級の節足動物である場合，糞ペレットの検査から推定されたサイズは過小推定になる傾向がある．なぜなら，硬い部位（例：頭殻，大顎）の一部が噛み砕けず，しかも大きすぎて下咽頭に入らないため，欠失しているからである (Rowe 1985a)．同様に，トンボの幼虫が次のような餌動物を捕食する場合は，視覚では同定できない遺骸が糞ペレットに含まれると考えられる．すなわち，プラナリア（扁形動物，渦虫綱）（イトトンボ科の一部の属，Davies & Reynoldson 1971; 不均翅亜目と均翅亜目，Mead 1978），ヒル（環形動物ヒル類）（キバネルリボシヤンマ *Aeshna grandis*，アカイトトンボ，タイリクアカネ *Sympetrum striolatum*, Young 1987），魚卵（*Coenagrion lunulatum*, Pavlovskii & Sterligova 1986），オオモノアラガイ属（ヒスイルリボシヤンマ，Pfau 1967; オオシオカラトンボ *Orthetrum triangulare melania*, 山口 1963）などである．

表A.4.3に要約された情報を見ると，幼虫が広食性で場当たり的な捕食者であることが分かる．そし

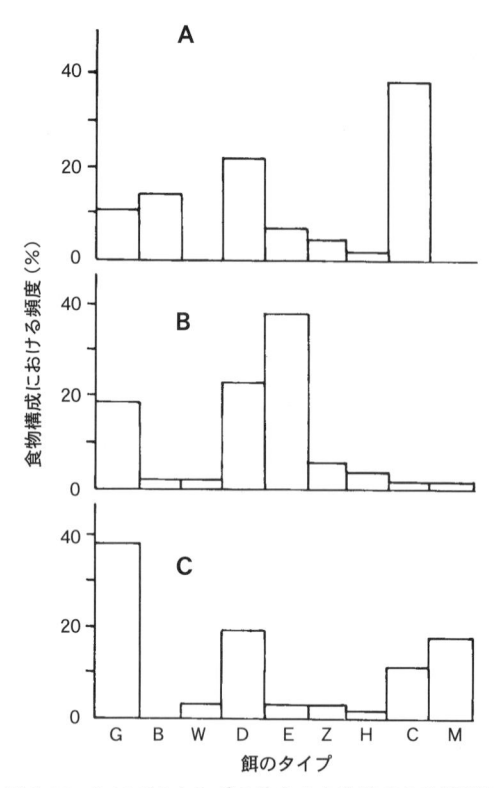

図4.19 ヒロバラトンボの幼虫の食物構成の季節変化. 糞ペレットに含まれる異なった餌動物タイプの頻度を, 春(A), 夏(B), 秋(C)ごとに示す. 餌動物のタイプ: B. 斧翅目; C. 鞘翅目; D. 小型甲殻類; E. カゲロウ目の幼虫; G. 腹足類; H. 異翅亜目; M. ユスリカ科の幼虫; W. ダニ目; Z. 均翅亜目の幼虫. (Blois 1985aを改変)

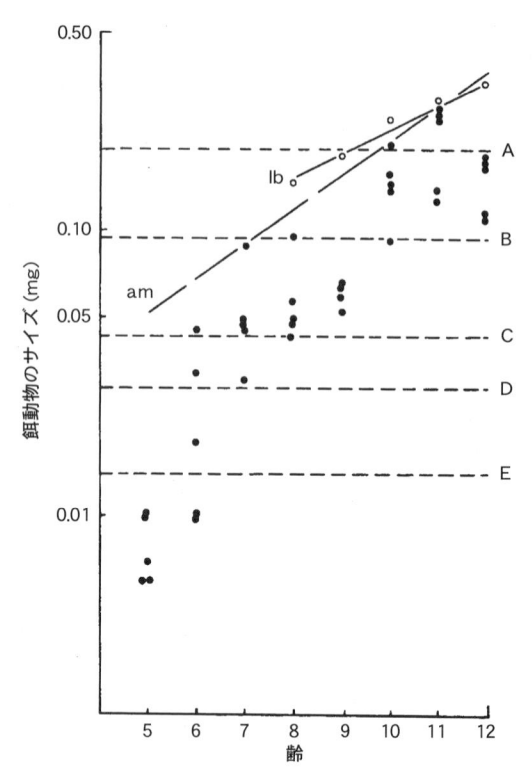

図4.20 マンシュウイトトンボの幼虫の齢 (F-0齢は12齢に相当) と自然条件下で捕食した餌動物の最大サイズ (重量) との関係. ●はそれぞれの齢の幼虫が食った餌動物のうち大きいもの5つの値を示す. 略号: am. 最大の餌の上限; lb (○). 実験室内での行動 (図4.23のデータを含む) を分析して予測した最大の餌動物サイズ. (Thompson 1978bより)

て明白な好き嫌いがある少数の場合を除けば, 何をどれだけ食っているかは, 採餌する微生息場所で遭遇する餌動物種とその供給量を密接に反映している. この点を確認するためのデータはほとんどないが, 何を食うかは季節的に変化するのが一般的であると推定できる (例: 図4.19; 表A.4.3, *Austrogomphus cornutus*, *Euphaea decorata*, マンシュウイトトンボ; *Boyeria vinosa*, Galbreath & Hendricks 1992). 双翅目の幼虫, 特にユスリカ科, それに浮遊性の甲殻類, 特に枝角目と貝形虫類がしばしば主要な餌となる. トンボの幼虫は, 水面から上で活動する動物を時々捕まえる. 池に棲むルリボシヤンマ属の仲間はヒメアメンボ属 *Gerris* の主要な捕食者の1つであったり (Spence 1986), 水表面から陸生の昆虫を捕まえたり (Johnson 1968), 産卵中のアカイトトンボを捕まえたりする (Godfrey & Thompson 1987). 成熟した殻のある淡水性腹足類がルリボシヤンマ属 (B. F. Belyshev & Belyshev 1976), ギンヤンマ属, *Epicordulia* 属 (Sievers & Haman 1973), ヒメギンヤンマ属 *Hemi-*

anax (Rowe 1987b), コシアキトンボ属 *Pseudothemis* (宮川 1969), ムカシヤンマ属 *Tanypteryx* (Meyer & Clement 1978) によって食われ, コウテイギンヤンマのF-0齢幼虫の場合, 1個体で63日の間に47個の成貝を食った記録がある (Sievers & Haman 1973). ニュージーランドイトトンボでさえ, 時々は腹足類を食う (Stark 1981b). 両生類の幼生は, しばしば不均翅亜目, 特にルリボシヤンマ属やアカネ属 (Crump 1984), ギンヤンマ属, ハネビロトンボ属 *Tramea* (Van Buskirk 1988), ウスバキトンボ属 *Pantala* (Sherratt & Harvey 1989) の各種によって捕食される. 時には均翅亜目 (例: ムラサキハビロイトトンボ, Fincke 1985a; *Orolestes selysi*, Lien & Matsuki 1983) によって捕食されることさえある. 不均翅亜目の幼虫は, しばしば稚魚の重要な捕食者でもある (§4.3.8.2). ほとんどすべての分類群の淡水性の無脊椎動物, 魚類, 両生類が, その供給量に応じてトンボ幼虫の餌になると考えてよい. 同種を含めて他のトンボも同様に餌となる (§5.2.4.4).

4.3 採餌

トンボの幼虫が大きくなるにつれて，その餌動物のサイズの範囲も大きくなる．その理由は，しだいに大きな餌動物が食物構成に加わる一方で，小さな餌動物も獲り続けるからであるが（ヒスイルリボシヤンマとコウテイギンヤンマ，Blois 1985c；表A.4.4, A.1；図4.20），常にそれだけが理由ではない．ニュージーランドイトトンボの大形幼虫は，空腹であっても，2齢の時期には多量に食っていたある種の小さな餌動物（ハルパクチス目のノープリウス幼生）を無視する（Rowe 1994）．飼育容器中の *Sympetrum obtrusum* の2齢幼虫はゾウリムシ属を捕食するが，その後はケンミジンコ属 *Cyclops* のノープリウス幼生やメタノープリウス幼生へと嗜好が変化する（Krull 1929）．

4.3.6 採餌・摂食行動に影響する変数

自然状態のトンボ目幼虫の食物構成は，採餌・摂食行動に影響するいくつかの要因の作用を反映しているが，その影響は野外か実験室かを問わず，実験をすることによってしか明らかにできない．関係している主な要因についてはこの項で考えるが，その効果は表A.4.4に要約されている．このような情報は，餌動物（トンボ目を含む）の個体数変動，そして水域生態系におけるエネルギー経路（§5.4）でのトンボ目の役割りをモデル化し予測するのに必要であるし，行動レパートリーがいかにして食物構成を決め，それがいかに適応度に貢献するかについて理解を深めるのに必要である．

特定の条件下で期待される採餌戦略を予測することを目標にした最適採餌理論（Krebs 1978）では，正味の栄養摂取速度を高める採餌戦略を採用することによって適応度も上昇すると考える．Blois（図4.21）による観察はこの見解を支持しており，コウテイギンヤンマの幼虫は飼育下で，ある程度は最大効率の餌動物タイプを選ぶ．しかし，エネルギーを効率よく集めることが，二次的な重要性しかもたない場合もあることは承知しておくべきである．幼虫の行動パターン全体の中でも中核をなす採餌戦略は，最大の摂食効率が有利になるように働く淘汰圧によって強く影響される．しかしこの戦略はこれと対立する要求をもつと思われる他の戦略によっても影響されることがある．そのような要求の1つが捕食回避であり，それによって採餌活動は低下することがある（Pierce 1988）．ただし，餌動物を捕れなかった幼虫は，餌動物と捕食者の両方に遭遇する可能性が高い待ち伏せ場所に移動するかもしれない（Wellborn &

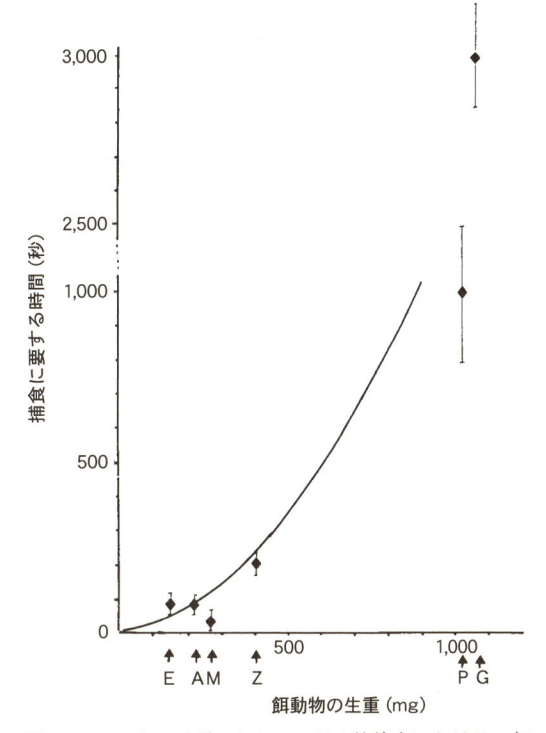

図4.21 コウテイギンヤンマのF-0齢幼虫における，餌動物タイプの違いによる捕食行動連鎖の所要時間の変異．餌動物のタイプ：A. ミズムシ科の *Corixa* 属；E. カゲロウ目の幼虫；G. 腹足類；M. ユスリカ属 *Chironomus* の幼虫；P. トビケラ目の幼虫；Z. 均翅亜目の幼虫．所要時間は餌動物の生体重と正の相関がある（$r = 0.90$）．ほとんど同様の相関が摂食時間と餌動物の生体重の間に見られる．（Blois 1985bを改変）

Robinson 1987）．採餌戦略に対立するもう1つの要求は，春季種（Corbet 1954の定義による）に見られるものだが，春の一斉羽化を維持するために，夏の間，成長速度をとめるか大幅に低下させる必要性である（Lawton 1970a；§7.2.7.2参照）．

自然状態における摂食の強度を測定するのに有益な方法は，**機能の反応**，すなわち，餌動物の密度と摂食速度との関係を参照基準として使うことである（Holling 1959参照）．捕食者の機能の反応は2つの変数で決まる．一定時間に捕まえる餌動物の数を意味する捕獲速度と，ある**餌動物**を追跡し始めたときから次の餌動物を追跡し始めるまでの時間と普通定義される**処理時間**（§4.3.4）である（Holling 1965参照）．捕獲速度に影響を与えている要因は餌動物のサイズ（図4.22），捕食者が餌動物に反応する距離，捕食者と餌動物の動く速度，それに捕獲成功率である．餌処理時間の要因には，捕食行動連鎖の全体，餌動物のサイズ（図4.23），それに消化のための休止があれ

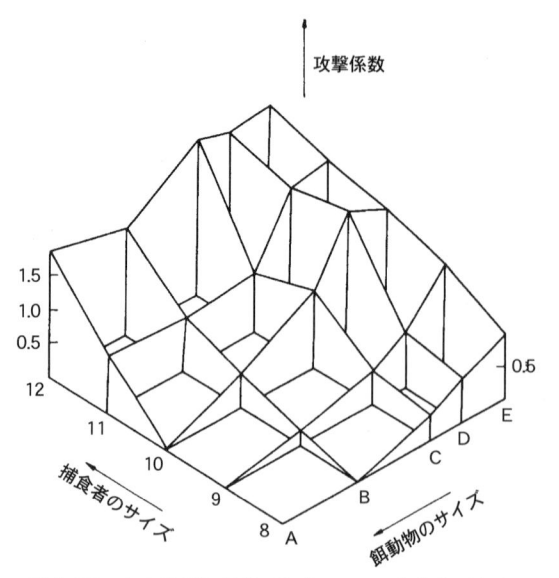

図4.22 オオミジンコ *Daphnia magna* を食うマンシュウイトトンボ．機能の反応から計算した，攻撃係数に対する餌動物と捕食者のサイズの影響．捕食者のサイズは齢で表現．F-0齢は12齢，餌動物のサイズは体長の階級で示す．Aは平均2.93 mm，Eは平均1.10 mm．それに対応する重量は図4.20に示してある．一般に，餌動物のサイズが大きくなるほど攻撃係数は小さくなり，捕食者が大きくなるほど大きくなる．(Thompson 1975より)

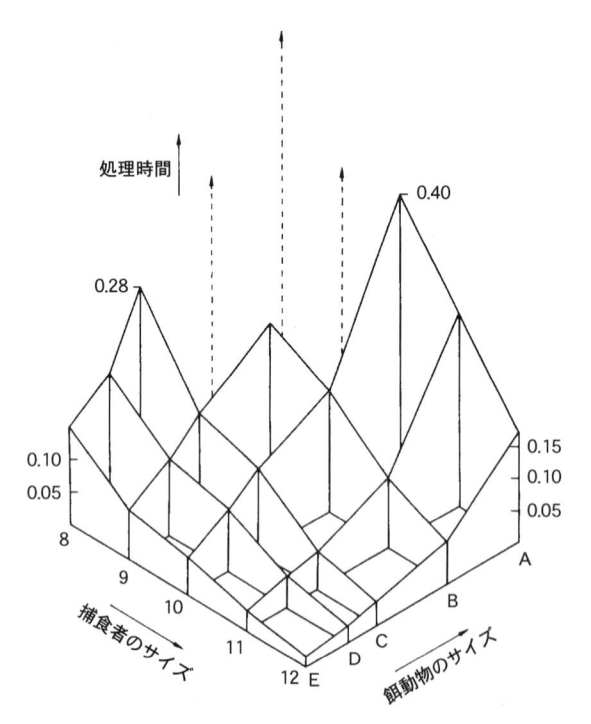

図4.23 オオミジンコを食うマンシュウイトトンボ．機能の反応から計算した，処理時間に対する餌動物と捕食者のサイズの影響．横軸は図4.22に同じ．特定のサイズの捕食者は，処理時間が計算できるほどにはA, Bクラスの餌動物を食えないので面が不完全となる．(Thompson 1975より)

ばそれも含まれる．それらの相対的な重要性は腸の充満度によって変わり (Wilson 1982)，充満度は同所性の種の間でも大きく異なる (Krishnaraj & Pritchard 1995)．現時点で特に求められるのは，消化のための休止を含む場合と含まない場合の両方で餌処理時間の比較ができるような，長期の機能の反応の実験である．面白い例外はあるものの (表A.4.4, B.2)，これまで調べられたトンボの機能の反応は，すべてタイプ2の機能の反応である (Holling 1959)．すなわち，飽和点に向かって速度漸減的に増加する形で (図4.24)，そこに達すると餌動物の密度がさらに高くなっても一定にとどまる．(例外的ながら，いくつかの研究は同時に与える餌動物の種類を2種類以上にした実験をしていて興味深い．このほうが単純に1種だけ与える実験よりも現実的であろう．) 漸近線

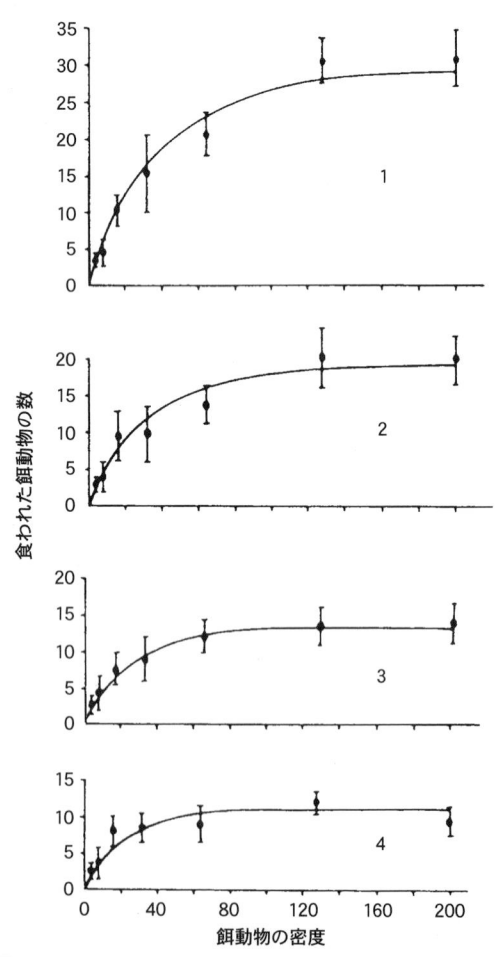

図4.24 アカイエカ *Culex pipiens* の3齢幼虫を食うタイリクアカネ (平均体重0.08 g)．24時間ずつの連続4回の実験 (1〜4) で，機能の反応に変化が生じる．(Onyeka 1983を改変)

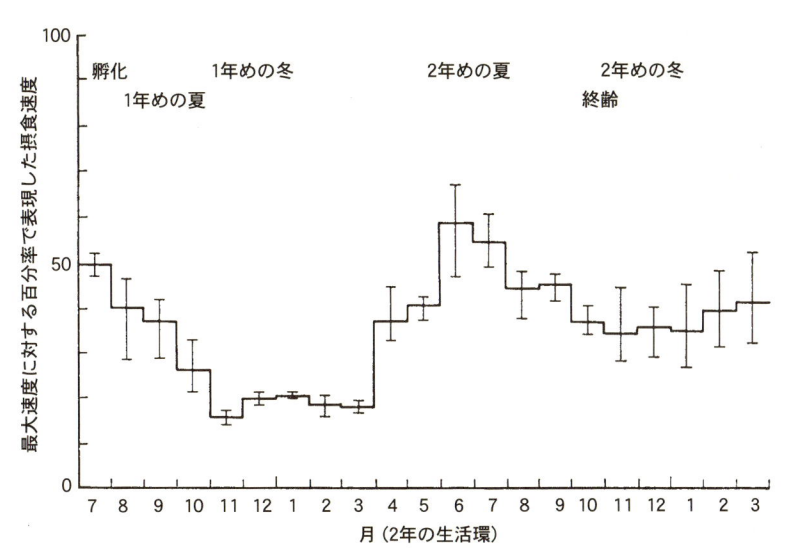

図 4.25 自然条件下でのアカイトトンボの幼虫の摂食速度.同じような温度条件下で,同じくらいのサイズの幼虫の最大摂食速度に対する割合(%)で表現.2年1化性の全発育期間を通して推定した毎月の平均を最大最小値とともに示す.(Lawton 1971bより)

は,与えられた条件と餌動物タイプのもとで,無制限に餌動物が供給されたときの1個体の幼虫の最大摂食速度を示す.この情報は後で自然状態での摂食速度を測定するときの1つの比較基準として使うことができる(Lawton 1971b; Folsom & Collins 1982a).ただし,こういう扱いをする場合,糞ペレットの重量は餌動物タイプに依存するというRob Baker(1986a)の警告にも,できるだけ耳を傾けるべきである.アカイトトンボの自然条件下での摂食速度は,同じ幼虫サイズと同じ温度の実験室条件下で,最大摂食速度よりも一貫して小さかった.実際の摂食速度は最大速度の20～70%であり,真夏で最も高く,初冬で最も低かった(図4.25).マンシュウイトトンボの場合,糞ペレット生産量の季節的な違いは餌動物の密度と捕食者の齢によるもので,温度が原因ではなかった.1年のうち糞ペレット生産量が年間平均と異なるのは2ヵ月だけで,11月に下回り,5月に上回った(Thompson 1982).これまでのところ,温帯のトンボ目では,幼虫の休眠中に摂食速度がゼロになったり,大きく低下した報告はない(例:Corbet 1956b; Lawton 1971b).しかし,毎年数ヵ月の間水温が0℃に近くなる北極圏の池や小湖では,摂食は季節的に中断するだろうと思われる(Corbet 1972).

Lawton (1971b)は,餌動物の密度が自然状態で変動することがアカイトトンボの摂食速度の変化を引き起こした主な原因であると推測した.同様にBlois (1985c)は,餌動物の供給量の季節変化がヒスイルリボシヤンマの食物構成の季節変動の主要な原因と考えた.飼育下で求めた最大摂食速度を使って野外での摂食速度を予想する際には,自然条件下ではアカイトトンボの摂食速度が比較的低かったことを考えるべきである.例えば,トンボの幼虫を大量放逐して生物的防除に役立てようとする場合などは注意を要する(§4.3.8.2).

これに関連して重要なことがある.一部のトンボ(例:*Ischnura ramburii*とアカイトトンボ;表A.4.4, B.2)は,高い餌動物の密度に反応して,彼らが消費するよりも多くの餌動物個体を殺す.例えば,*Coenagrion resolutum*とアメリカアオイトトンボにオオミジンコを異なる密度で与えた場合,それぞれ7.6～16.9%,14.4～20.6%の餌動物が殺されたが,消費されたのは一部分だけ(体の50%以下)だった(Krishnaraj & Pritchard 1995).この興味深い過剰殺戮の現象は,どちらも樹洞に棲む何種かの捕食性のカ(オオカ属 *Toxorhynchites*, Corbet 1985)とトンボ(ムラサキハビロイトトンボ属, Fincke 1994)によくある行動的特徴である.*Ischnura ramburii*とアカイトトンボの場合,その至近要因は,幼虫の前腸に空間がなくなるためしだいに餌の経口摂取が阻害される(餌動物の捕獲は阻害されない)ことかもしれない(Johnson et al. 1975).樹洞に棲む幼虫が餌動物を過剰殺戮することの究極要因は,餌動物の間の干渉的競争や食物競争を前もって緩和することであるように思われる.過剰殺戮は,餌動物の密度が高い域での漸近線の実効レベルを引き上げることになり,害虫の抑圧防除に使う種を選ぶ際の行動上の特性として重要だろう

(§4.3.8.2). しかし, 餌動物の密度が高い条件下での過剰殺戮はいつでも生じるわけではない (例: *Enallagma aspersum*, Colton 1987; タイリクルリイトトンボ, Chowdhury & Corbet 1989).

表A.4.3とA.4.4では**餌動物選択**という用語を使っている. これは幼虫の食物構成に占める特定の餌動物種の頻度と, 幼虫の微生息場所から採集した動物相サンプルにおけるその種の頻度とが有意に異なる場合, その結果をもたらしたと想定されるプロセスのことである.「餌動物供給」の量的な尺度としては, 正しくは餌動物との遭遇速度を使用すべきであるが, これを定量化するのは不可能ではないにしても極めて困難であるので, 餌動物の個体群密度を使わざるをえない. したがって, 餌動物選択の概念は「物理的に消費できると思える餌動物サイズの範囲内で, 捕食者がどの餌動物にどのくらいの捕獲努力を割り当てるか」という文脈の中でだけ有効だろう (Griffiths 1975). さらに, ある種に見られるスイッチング (2種の餌動物のうちどちらが多いかによってある餌動物から別の餌動物へと捕獲対象が変化する現象. 表A.4.4, B.2, *Ischnura hastata*) や, 幼虫が重量の大きな餌動物を注視する傾向があること (Blois 1985c; 以下を参照) は, 自然状態で餌選択が生じていることを証明しようとする研究者が直面する問題を浮き彫りにする. 必要な実験デザインがひどく複雑になるので, 2種の餌動物を使い, かつ十分に幅をもたせた餌動物の密度で行う実験は極めて限られた数しかできないだろう. しかも, 自然の状態をシミュレートするには, 餌動物の密度が非常に低い場合を想定した実験が必要であるが, これは特に困難である (Johnson 1993b). その例外の1つは *Enallagma aspersum* のF-2齢幼虫に1種あるいは2種の餌動物, すなわち枝角目のトガリオカメミジンコ *Simocephalus serrulatus* と橈脚類の *Diaptomus spatulocrenatus* を与えて行った一連の実験である (Colton 1987). 1種の餌動物を使った実験からは枝角目が好まれると推定されたが, 2種の餌動物を用いた試験ではスイッチングが起きたとは考えられなかった (Colton 1987: 図5). *Hydrobasileus* 属のF-1齢幼虫とF-0齢幼虫に4種の餌動物 (ユスリカ科, カ科, カゲロウ目の幼虫とマツモムシ属の成虫) をそのトンボの生息場所から採集してきて同じ密度で与え, 空腹の程度と経験を異なった組み合わせにしても, その選好性は全く変化しなかったという驚くべき結果が得られている. ユスリカ科の幼虫を他の餌動物よりも3倍程度好むという通常の選好性は, 空腹によって多少減少したが変化はしなかった (Chowdhury & Mia 1993). この結果は, Blois & Cloarec (1985) によるコウテイギンヤンマでの発見 (表A.4.4, A.3) と明らかに正反対である. おそらく, ルリボシヤンマ属とギンヤンマ属の幼虫では餌動物を感知する方法が異なっていることを反映しているのだろう (コウテイギンヤンマは視覚に依存する程度が大きい). スイッチングが起きるとき (これは, 餌動物の行動が餌処理時間に影響するかたちで大きく変化したり, 捕食者が採餌モードを変更したりすると起きやすい), その結果は餌動物の個体数を安定させる効果的なメカニズムになりうる (Akre & Johnson 1979; Harvey & White 1990). *Enallagma aspersum* を使ったいくつかの実験によって, Colton (1987) は均翅亜目が動物プランクトンを捕食する場合, スイッチングは一般的な現象と考えるべきではないと結論づけた. David Thompson (1978b) が言うように,「無脊椎動物の多食性捕食者が積極的に餌動物サイズや餌動物タイプの選択をしていることを野外で示すのは簡単ではないだろう.」

経験とその学習が捕食者の行動にどう影響するかは, §4.3.4.1で述べた.

採餌活動の普通の日周性パターン (表A.4.4, D.1) では, 摂食は1日中継続して起きるが, 夜間は増加し, 薄明薄暮時にピークを示す種もいくらかいる. 一部の種 (例: オオギンヤンマ *Anax guttatus*, 森・和田 1974; マンシュウイトトンボ, Thompson 1982; アカイトトンボ, Lawton 1971) では採餌の日周性が見られないが, 日周性を示す種では外部因子によってパターンが決まるか修正される可能性がある. アメリカオオトラフトンボ *Epitheca cynosura*, *Libellula deplanata*, *Sympetrum semicinctum* では, 微生息場所の利用の日周変化が, 捕食性の魚の存在が原因で起きているが (Pierce 1988), その結果として採餌行動の日周パターンが連鎖的に作り出される可能性がある. そうであれば, 採餌の日周パターンと微生息場所, 採餌モード, 空腹度との関係をさらに詳しく研究する展望が開ける. アメリカアオモンイトトンボでは, 日周活動を同調させる明暗の効果よりも餌動物の存在のほうが幼虫の活動に対する影響が大きい (Cohn 1987).

トンボ目の一部の種が採用する, 昼間の待ち伏せモードと夜間の狩猟モードの切り替えは, それぞれ視覚と触覚による餌動物の感知方法に関連している. 捕食性のカワゲラ目の1種 (*Dinocras cephalotes*) の幼虫の行動もこれと同じで, モードが切り替わるような日周パターンをもつことで, 昼間は視覚的な捕食者から見つかるのを避けるのと同時に, 視覚的

な餌動物から見つかるのも避けることができる (Sjöström 1985).

ある水域に存在する植物の数と空間分布は，捕食成功度に影響を与えることがある．植生のパッチは餌動物に隠れ場を提供することになるので，餌動物の得やすさを減少させるかもしれない (Macchiusi & Baker 1992参照)．逆に，マレーシアのタヌキモ属 *Utricularia* (Lim & Furtado 1975)，ガーナ (Petr 1968) やナイジェリア (Hassan 1975) のボタンウキクサ *Pistia stratiotes*，インドネシア (Green et al. 1976) やアメリカ，フロリダ州 (Godley 1980) のホテイアオイ *Eichhornia crassipes* のような浮遊植物に棲みつく生物群集のように，そこが食物網の稠密な場所となって，餌動物の供給量を増加させるかもしれない．これらの例では，餌動物と捕食者の両方が浮遊植物を摂食したり，しがみついたりする場として利用する (表2.2も参照)．上記の例は，自然状態でどんな餌動物がいくつ捕らえられるかは，捕食者の採餌能力よりも餌動物の活動や捕食者と餌動物の遭遇速度 (餌動物の密度，活動性，そして微生息場所の選好性の結果として決まる) のほうが重要であるとする Phil Crowley (1979) の結論を支持している．Folsom & Collins (1984) が強調するように，本質的には餌動物の得やすさは餌動物との**実効遭遇頻度**に帰着する．

水流が速いほど餌動物との遭遇率が高まるので，好流水性のトンボの通常の活動が可能な範囲内では流速は摂食速度にプラスの影響がありそうである．ほとんど常に止水性である (しかし Parr 1984a参照) ウスバキトンボ (表A.4.4, D.6) で，水流がマイナスの効果を示した報告はあるが，それはこのトンボにとって典型的な場所での行動ではなかったことが原因の一部かもしれない．

カラカネトンボとカオジロトンボの採餌行動をいろいろな側面から比較してみると，それぞれ一貫した待ち伏せ型と狩猟型 (「遅い」生活様式と「速い」生活様式とも言える．§4.3.1参照) であるにもかかわらず，驚くほどわずかの違いしかない．餌動物の動きの遅速によらず遭遇速度は同じで，餌動物タイプごとの処理時間も同じであった．違うのは，視覚的な捕食者であると思われるカオジロトンボが，どんなタイプの餌動物に対しても捕獲成功率が高いことであった (Johansson 1991, 1992a).

自然条件下での食物構成の情報 (表A.4.3) と，実験条件下での摂食行動の観察 (表A.4.4) とを総合すると，トンボ幼虫が場当たり的で広食性の捕食者であること，そして食物構成が決まる際には以下のような一般的傾向があることをかなりの確信をもっていえる．

- 幼虫は大形であるほど多くの，そしてより大きな餌動物を捕獲するようになる (表A.4.4, A.1; 図4.20).
- 最近の経験をもとに摂食行動を修正する (表A.4.4, A.3).
- 餌動物の密度が低い場合は，餌動物と遭遇する可能性を高めるように採餌モードを変更する (表A.4.4, B.2).
- 最も頻繁に遭遇する餌動物を捕獲する (表A.4.4, B.2)，つまり**場当たり的な**餌動物選択を示す (Sherratt & Harvey 1993参照).
- 高温ではより速くより多く食う．餌動物の供給量が少ない時期を経験した後もそうである (表A.4.4, B.2, D.3).
- 自らが捕食される危険性を低くするために，摂食の機会を先送りにする (表A.4.4, C.2).

これらの傾向と複合作用によって，幼虫は例えば個体発生のステージや微生息場所の季節的変化に伴う餌動物の供給量の変動に対して反応する．

野外や実験室の観察を解釈する際は，摂食行動には表現型変異が相当あることを忘れてはならない．これは Havel et al. (1993) によるアオイトトンボ属の幼虫を使った実験で確認されている．ただし，彼らが用いたサンプルには最大5種の幼虫が含まれていた可能性があるので，その結論は再確認する必要がある．

4.3.7 エネルギー転換

摂取された食物から得られたエネルギーは同化されるか糞として排泄される．同化されたエネルギーは純生産 (幼虫では成長量，成虫では再生産量として表現される) や呼吸や排出のために代謝される (表4.4参照)．この項ではまず食物供給量の影響について，次に食物摂取，同化，エネルギー収支に関連するプロセスについて概観しよう．

4.3.7.1 食物供給量

2齢幼虫はしばしば中腸に大きな卵黄質をもっている (写真I.1) ので例外と考えてよいだろうが，食物供給量が閾値を下回ると生存率に影響する．マンシュウイトトンボ幼虫の最後の3齢では，脱皮するかどうかが非常に狭い範囲の餌動物の供給量によっ

表4.4 アカイトトンボ幼虫個体のエネルギー消費. 2年1化性の同時出生集団の1つについての, 孵化から摂食が停止する変態ステージまでの推定値

エネルギー転換のカテゴリー	幼虫当たり合計熱利用量（単位：J）	エネルギー利用率 (%) 消費量当り	同化量当り
消費量	794.6	100	—
同化量	697.6	87.8	100
成長量	336.8	42.4[a]	48.3[b]
呼吸量	341.9	43.0	49.0
脱皮殻量	18.9	2.4	2.7
糞量	97.0	12.2	13.9

出典：Lawton 1971a.
注：自然個体群からの推定値.
[a] 粗生産率.
[b] 純生産率.

て決まる (Lawton et al. 1980). Lawtonがミジンコ属を用いて測定した閾値は, F-2齢では0.5～1.0個体/日の間, F-1齢とF-0齢では1.0～2.0個体/日の間にあった. この3つの齢の幼虫は, 厳しい食物不足の条件下で生き残る著しい能力があり, 各齢の幼虫は餌動物が全くない状態で平均23, 27, 42日生存した. また, 脱皮できるよりわずかに少ない餌量での生存日数は146, 134, 146日であった. これらの値は16℃の条件において得られたものであり, 自然の生息場所の年平均気温に当たる10～12℃では, 同じ食物供給量であればこれよりもずっと長く生存できると期待される. 食物供給量が生存率に与える影響は, *Coenagrion resolutum*についての以下の実験によっても支持される. 幼虫の生存率は1日当たりに与えるミジンコの平均数に依存するが, 給餌の**頻度**にも依存し, 平均の餌動物の供給量は同じでも, 餌動物を与えない間隔を長くすると生存率が下がった (Baker 1988).

熱帯産のトンボ科の小型種*Palpopleura lucia*で知られているように (Hassan 1976a), 幼虫が発育する間に, 食物なしで脱皮する能力は低下し, 食物なしで生き残る能力は高まるのが普通である. 2齢から5齢までの幼虫は食物を与えなくても発育し脱皮した(2, 3齢幼虫は死ぬ前に平均2回, 4, 5齢幼虫は1回だけ脱皮). 6齢から10齢 (F-0齢) の各齢の最初から飢餓を経験させると脱皮は起きず, 幼虫はそれぞれの齢で平均8, 8, 11, 14, 28日間生存した. 毎日観察していない場合の生存日数は真の値よりも必ず小さくなるので, 一部の不均翅亜目が食物なしで長期間生存できることは確かである. このような期間を測定した例として, ギンヤンマ属の82日間 (Berezina 1973), ルリボシヤンマ属の95日間 (冬から早春にかけて. East 1900a), ムカシヤンマ属の4ヵ月以上 (武藤 1971) という記録がある. 食物なしでも長い期間生存できる能力がある不均翅亜目は, 餌動物が時々なくなる期間があっても捕食者として存続し続けるので, 生物的防除に特に有益な種群である (§4.3.8.2).

食物供給量は摂食行動に影響するだけでなく (表A.4.4, B.2), 次の脱皮時の体サイズ, 発育速度, 生存率にも影響する. ヨーロッパオナガサナエの場合, 食物供給量はこの種の密度と逆相関があるので, それが成長速度, 冬季にも成長が続くかどうか, そしてF-0齢幼虫の生存率を決める最も重要な要因だろうと思われる (Suhling 1994a). 餌動物の供給量を少なくしてF-3齢以降のベッコウトンボ*Libellula angelina*の幼虫を飼育した場合, 成虫は小型化した (福井1993). 種内に資源競争が存在する場合 (例：キタルリイトトンボ*Enallagma boreale*, Anholt 1990a; ヨーロッパオナガサナエ, Suhling 1994a), 捕食者密度と食物摂取量とは独立の変数ではない. しかし, 競争がない場合や低密度レベルでは, 独立と考えてよいだろう (例：アメリカカラカネトンボ, *Enallagma carunculatum*, 小型甲殻類を食う*Leucorrhinia glacialis*, Paterson 1994).

ギンヤンマ属 (Ross 1971; Folsom 1980), アオモンイトトンボ属*Ischnura* (Lawton et al. 1980; Dixon & Baker 1988), ヨツボシトンボ属 (Wissinger 1988a) では脱皮直後の体サイズと, その1つか2つ前の齢での餌動物の供給量との間に正の相関がある. アカイトトンボ属*Pyrrhosoma*の場合, F-0齢の体サイズは新しく羽化した成虫の体サイズと正の相関がある (Harvey & Corbet 1985). この関係はおそらく一般的であるが, すべての観察でそうだというわけではない (Baker 1988参照). その原因の1つとして考えられることは, ある種の均翅亜目では, 食物レベルが低いとき, 脱皮時のサイズ増加はその直前の齢期における温度と (負の) 相関があり, 摂食速度とは無関係という点である (Pickup & Thompson 1990). アカイトトンボのF-1齢幼虫で見られるように (Corbet et al. 1989), 夏の休眠の間の過剰脱皮の際には, サイズの増加率はひどく低下する現象が自然個体群で時々見られる. 季節によってダイヤーの法則が成立しなくなるというこの現象が, 食物レベルと体サイズ増加の関係の解釈を困難にする (Johnson 1987; Corbet et al. 1989).

ヨツボシトンボ属 (Wissinger 1988a) と均翅亜目の一部の属 (Lawton et al. 1980; Baker 1982; Pickup & Thompson 1990) では, 発育速度と食物供給量の間に正の相関が見られることが知られている. ただし,

比較のために選ばれた食物供給レベル自体が，その効果を検出できるかどうかに影響しているかもしれない (Duffy 1985参照)．マンシュウイトトンボでは，幼虫の生存率100％を維持できるよりも高い餌動物の密度にした場合は，発育速度の増加が続く (Lawton et al. 1980)．

似たような相違が年1化性のアメリカアオイトトンボと年1化性と2年1化性が混在する Coenagrion resolutum の間に存在しており，その要因はこの2種の自然状態での生活環と関連している (Krishnaraj & Pritchard 1995)．アメリカアオイトトンボの幼虫は C. resolutum よりも捕獲速度が高く（おそらく下唇が長いことを部分的に反映している；§4.3.4.2参照），腸が充満していることが多い（つまり摂食速度が高い）．いくつかの定温条件下のいずれにおいても，前者は4倍以上の速度で成長し (0.022 mm/体長1 mm/日)，70日で発育を完了する．それに比べて，C. resolutum の幼虫はわずか0.005 mm/mm/日の成長速度で，発育完了には10ヵ月から22ヵ月を要する．年1化性の同時出生集団はこれより少し早く成長する．発育速度の低下の原因となる食物供給量の減少は，高密度での干渉的な競争によって間接的に生じたものかもしれない (Ross 1971; McPeek & Crowley 1987)．食物供給量，温度，体サイズ，および発育速度の間の相互関係については，さらに多くの研究が必要である．温帯に分布し，季節的調節に介在する温度や日長に反応して，幼虫期間が1年かそれ以上になる種では (§7.2.7)，上記のような関係は覆い隠されてしまうことが多いだろう．C. resolutum (Baker 1982) やマンシュウイトトンボ (Lawton et al. 1980) で，発育速度と食物供給量との相関があまり高くないのは，このような制限要因が背後にあるからだろう．

4.3.7.2 食物摂取

摂取している間に食物の一部は失われるが，どのくらいの量を残すかが空腹の程度に関係したり餌動物タイプに依存する場合（表A.4.4, B.2），**同化効率**を推定するのが難しくなる．Adversaeschna brevistyla とオーストラリアミナミトンボ Hemicordulia australiae がクシミジンコ Daphnia carinata を摂食する際の損失は，それぞれ32％, 35％であった (Prestidge 1979)．

飽食量は，餌動物が連続して供給されるときの1回の摂食バウト（間で休みのない連続した摂食活動）で摂取される餌動物の量（捕食者の体重に対する百分率）として表すのが有効である．この値は，摂食前にどのくらい長く餌動物が捕れなかったかと周囲の温度によって変化するが，捕食者の体重とは関係がないようである (Pandian et al. 1979)．不均翅亜目ではしばしば約36時間の絶食後に最大の飽食量になる（表4.3）．**飽食時間**（飽食量に達するまでに必要な時間）は捕食者の体サイズ（表A.4.4, A.1），餌動物の密度 (B.2)，周囲の温度 (D.3) に影響される．例えばF-0齢の Paragomphus lineatus は，10℃では60時間を要するのに，30℃ではわずか30時間である (Pandian et al. 1979)．

エネルギー転換における，摂取の次の段階は**同化**と**生産**で，どちらも速度（単位時間当たりのエネルギー量 (J)）と効率（純同化量と純生産量をそれぞれの粗量の百分率として表す）で表現される．同化量は呼吸量，窒素性排泄量，生産量に分けられ，生産量は成長量と再生産（繁殖）量に分けられる (Cummins 1973)．非常に低い摂食速度の場合を除けば，サオトメエゾイトトンボ C. puella，マンシュウイトトンボ，アオイトトンボ Lestes sponsa の幼虫は，給餌速度が同じ場合，高温条件のほうが速く発育する．給餌条件と温度条件が同じなら，アオイトトンボはほかの2種より摂食速度が高く，速く発育する (Pickup & Thompson 1990)．

4.3.7.3 同化

たいていの無脊椎動物の捕食者と同様，トンボ幼虫の同化効率 {1 − (乾排糞量/乾摂食量)} は通常高く，これが低い摂食速度を補っているかもしれない (Mathavan 1990)．表A.4.5にあげた種のうち，アオイトトンボ以外はすべて70％以上の同化効率で，若齢期のアカイトトンボを含むいくつかの種では90％を超えている．少なくとも一部の種では，同化効率は個体発生，空腹レベル，餌動物タイプによって変化する．Zofia Fischer (1972) が推定したアオイトトンボの40％という予想外に低い値は異常で，この種が非常に速く成長する (Pickup & Thompson 1990) ことを考慮すると，低い同化効率をもつことはひどく不利なように思える (Lawton 1970a参照)．Fischerのような結果が出た理由の1つは，使った餌動物の性質とそのエネルギー含量の推定法のためかもしれないので (Mathavan 1990)，アオイトトンボ属の種の同化効率を推定する研究がもっと必要である (Klekowski et al. 1972も参照)．

活発な摂食ができる温度では，消化管通過時間（摂取から排糞まで餌が消化管を完全に通過するのに必要な時間）が24時間を超えることはほとんどないだろう．アカイトトンボの消化管通過時間 (4～24

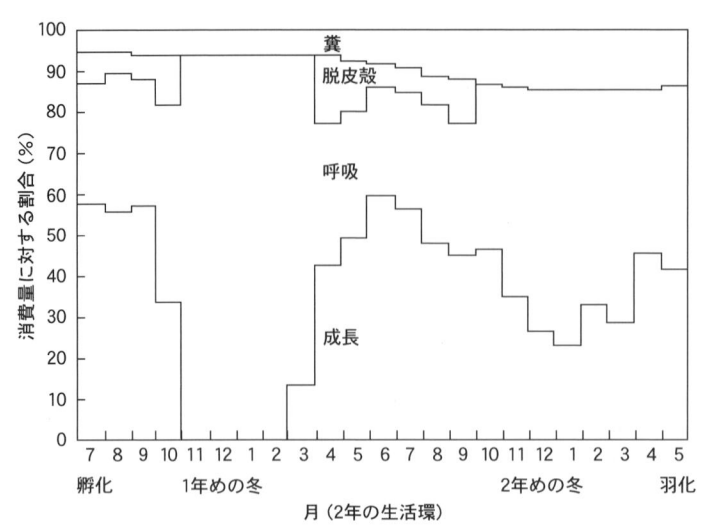

図4.26 自然条件下でのアカイトトンボの幼虫の典型的な個体における，成長，呼吸，脱皮殻，糞へのエネルギー配分．2年間の発育期間を通して月ごとに消費量に対する百分率で示す．2つの池におけるすべての年級群を込みにしたデータに基づく．(Lawton 1971a より)

時間の範囲) は幼虫サイズと正の相関があり，平均値は約6時間 (3齢) から12時間 (F-0齢) に変化し，また温度とは負の相関を示す．また，野外で昆虫を餌にする場合は，消化管通過時間が実験室でミジンコを食う場合の約2倍になる (Lawton 1971a)．これまで得られている推定値は *Enallagma carunculatum* で5〜10時間 (Paterson 1991)，*Ischnura hastata* でおそらく6時間以下 (Johnson et al. 1975)，ニュージーランドイトトンボで平均9.4〜10.5時間 (Rowe 1985)と，いずれもアカイトトンボの記録の範囲内に入る．

4.3.7.4 エネルギー収支

John Lawton (1971a) がアカイトトンボを使って，肉食の無脊椎動物の自然個体群では初めて，年間を通したエネルギー収支を推定して以来，他のトンボ目についても実験室での研究が行われ，Lawtonの主要な結論を支持する結果が発表されてきた (Pandian & Mathavan 1974; Mathavan 1990)．アカイトトンボの孵化から羽化までの2年間の総摂食量と食物エネルギーが利用される道筋を，個体と個体群の両方のレベルについて，それぞれ図4.26と4.27，表4.4と4.5に要約した．摂取された餌動物の乾重の60〜75％を占めるユスリカ科の幼虫は，単一のエネルギー源としては最も重要で，他の餌動物を全部合計したものよりも多かった．また，植食性動物が餌動物の80〜85％を占め，残りが肉食性動物であった (Lawton 1970a)．アカイトトンボについての粗生産効率，純生産効率，最大生態効率，生産量/生物体量の比

表4.5 アカイトトンボ幼虫個体群の2年間のエネルギー転換

エネルギー転換の カテゴリー	年	
	1966〜1967	1967〜1968
消費量	35.57	35.91
成長量	16.55	15.08
呼吸量	13.31	15.41
脱皮殻量	2.10	1.26
糞量	3.61	4.16

出典：Lawton 1971a.
注：単位は $kJ/m^2/$年．幼虫個体数の変動 (平均個体数$/m^2$，死亡率，羽化成虫数) には2年間で大きな違いがあるが，個体群のエネルギー転換は両年であまり差がない．

(P/B比) のような生産量パラメータは，似たような生活環をもつ他の無脊椎動物についての報告に比べて高い傾向にある．トンボ幼虫，特にアカイトトンボのような定住的で隠蔽的な種では，動くときに使うエネルギー量は比較的小さく，これは純生産効率が高いことを意味する．この事実は，食物エネルギーの同化効率が高いこと (肉食動物の特徴) や幼虫死亡率が高いこと (下記参照) とあいまって，高い個体群粗成長効率，最大生態効率，P/B比をもたらす (Lawton 1971a)．同様に，アカイトトンボの採餌のエネルギーコスト (21×10^{-5}〜21×10^{-6} J/分) は他の多くの動物に比べると非常に低く，そのためエネルギー比はわずか1.1〜3.6％である．アカイトトンボは，待ち伏せ場所では動かないのでエネルギーをほとんど使わないが，基本的に採餌はいつも行っているためだと考えられる (Lawton 1973)．1日当たりの摂食速度，同化速度，転換速度 {平均成長量 (J)

4.3 採餌

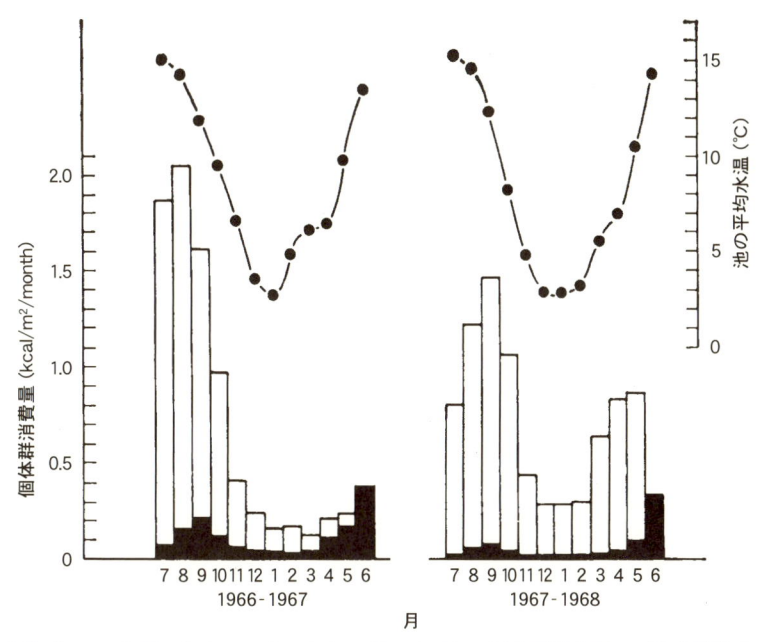

図4.27 自然条件下での2年間にわたるアカイトトンボの月ごとの個体群消費量．0歳（黒棒）と1歳（白棒）の年級群を区別した．1cal＝4.19J．(Lawton 1971aより)

/日/生体重の中央値 (g)} を齢（この場合，発育ステージと同じ）の関数として表現すると，ヒメキトンボとハラボソトンボ *Orthetrum sabina* では直線的でない傾向があり，発育が進むにつれて時間・体重当たりの摂食量はしだいに少なくなり，そのせいで同化効率と転換効率は，ともに低下する (Mathavan 1990)．ハラボソトンボでは，より高い温度 (27℃に対して37℃) は2齢幼虫の摂食速度を極端に高めるが，ヒメキトンボではそれほどでもない．これまでの研究で得られている4種についての生産効率は46から51%までの範囲にある．

トンボ目幼虫の摂食速度 {平均食物エネルギー摂取量 (J) /日/生体重の中央値 (g)} は鱗翅目の値よりも低いが，これは鱗翅目が食った餌のほとんどが同化されないこと，一方，トンボでは同化効率が高いことや，生殖開始時に必要な食物エネルギーのほとんどを成虫の前生殖期に獲得することに関連しているかもしれない (Marden 1989; §8.2.2, §9.6.1)．ただし，テネラルまたは未成熟な状態のときに移動を始めるようなトンボは例外だろう (§10.3.1.3)．このような種について，幼虫後期に獲得した食物エネルギーがどう配分されるのかを調べるのは有益に違いない．

幼虫の生物体量の推定値は，密度（単位面積当たり個体数）と個体の平均体重を使って求めることが多いが，平均体重を齢や体の部位の長さから推定す

るには分散を考慮する必要がある．というのは，乾重/頭幅の比は同種密度が原因で時期によって3～4倍も違うからである（アメリカオオトラフトンボ，Johnson 1992)．同じ頭幅に対する体重がこれほど違う (Johnsonは幼虫の「状態」を示す指標と呼んだ) のは，幼虫が摂食する餌動物の種類にも原因がある（アメリカアオモンイトトンボ，Baker 1989)．

幼虫の（高）密度と生物体量の代表的な値を表A.4.6にあげた．同種への高密度の影響（表A.5.9) についていえば，自然状態での行動上の相互作用をもたらす**実効**密度は，表A.4.6にあげた値よりも低いことが多いだろうと思われる．§5.3.2.5で指摘するように，生息場所の構造が複雑で，遭遇する頻度が低いと思われるからである．微生息場所と発育ステージによって変化するので，水中での幼虫の分布はランダムではありえず，このことが密度の評価を複雑にする（例：Schridde & Suhling 1994; §5.3.2.3)．異なった微生息場所での個体数を繰り返し調べ，その変化を比較することで，幼虫が実際に生息場所の分離をしたり場所替えをしたりしている証拠が得られている．表A.4.6にあげた生産量に関する値は重要であり，その値からトンボの幼虫とその捕食者および餌動物との間の関係が推定できる．暖かい温帯地域に存在する池の浅い沿岸では，不均翅亜目の年生産量は高いことが多い．Benke (1976) の記録によれば，調査した微生息場所の中で，*Celithemis fasci-*

ata, トラフトンボ属 *Epitheca*（主にアメリカオトラフトンボ），*Libellula deplanata* の3種だけを合計すると乾燥重量にして約 $6 g/m^2$，トンボ全部では $8 g/m^2$ であった．これらの知見から，トンボ目の現存量は，しばしば餌動物の現存量（ある時間断面の生物体量）の2倍から3倍になるという結論が導かれる．このような逆転が起きると，樹洞のような空間的に限られた生息場所では，最上位の捕食者であるトンボ類の種間と種内の競争が激しくなる（A. G. Orr 1994参照；§5.2.4.4）．ニューファンドランド州の高層湿原の池塘では，トンボ幼虫の現存量が他の生物の合計よりも大きく，ルリイトトンボ属，エゾトンボ科，トンボ科の密度は水面の面積が大きくなるにつれて急速に増加した（Larson & House 1990）．

サナエトンボ科の *Lanthus vernalis* の個体群は，比較的生産性の低い源流部の渓流では，潜在的な餌動物である無脊椎動物の平均現存量の27％近くに達しており，その現存量の65％を消費していた（Wallace et al. 1987）．流水域の砂質の生息場所で *Gomphus flavipes* の現存量を3年以上にわたって平均すると，総生物体量の11.25％であった（Russev 1977）．酸性化した，魚のいない湖に棲むカオジロトンボ属の幼虫は，水深6mまでの大型無脊椎動物の総生物体量の約50％を占めていた（Evans 1987）．閉鎖的な，あるいは富栄養の生息場所では，餌動物/捕食者の現存量ピラミッドは逆転している可能性があり，トンボの幼虫が餌動物の個体数調節に主要な役割を果たしていることが示唆される（Benke 1976）．しかし，アカイトトンボを含む生息場所のように，少なくとも2つの別のエネルギー利用経路が存在する場合には（Lawton 1970a），生産量と餌動物の回転率を推定する際に，餌動物全体を合計した現存量ではなく，それぞれの餌動物の現存量が必要になる．そして，捕食者/餌動物の逆ピラミッドが維持されるには，餌動物の回転率が捕食者のそれよりずっと短くなければならない（Wallace et al. 1987）．熱帯の流水域での *Euphaea decorata*（Dudgeon 1989a），温帯の流水域のコシボソヤンマ属 *Boyeria* とタイリクオニヤンマ属（C. Miller 1985），温帯の止水域および流水域のアカイトトンボ（Lawton 1971a），熱帯の止水域の *Urothemis assignata*（Forge 1981），そして Benke（1976）による温帯の止水域の不均翅亜目における3つの分類群で得られた年生産量の推定値によると，いずれも生産量/生物体量の値は2と5の間にある．ミシガン州の大河川の岸辺の浅瀬に棲むアメリカアオイトトンボ *Lestes d. disjunctus* は，F-5齢までは浮遊するミクリ属 *Sparganium* の中にいて生産量/生物体量の値は3.6であったが，それ以後は抽水植物のミクリ属に移動してその値は9.0になった（Duffy 1994）．

幼虫の密度は，とりわけ溶存酸素や流速といった物理的変数の勾配を反映し，生息場所の底質や水草の性質とも密接に関連して，水平方向にも垂直方向にも変化する（§6.5）．イギリスの水路化された川に沿ってのヨーロッパアオハダトンボ *Calopteryx virgo* の幼虫密度は，次のような偏りがあった．F-1齢とF-0齢を合計した密度を「低密度」と「高密度」の個体群で比較すると，最頻値は同じ（$16/m^2$）だが，最大値が異なっていた（64 と $144/m^2$）（Lambert 1994）．この偏った分布は，幼虫が爪でしがみつく水草がパッチ状に存在することを反映している．流水性の幼虫も底質の選択を沈殿物の粒子サイズによって行うだろうから，同じような分布が期待される（Schridde & Suhling 1994参照）．トンボ幼虫が好む底質には水平方向や垂直方向の不均質性があるので，密度や生物体量（普通，体積でなく面積当たりで表現される）の推定値は，測定されなかったり測定できなかった要因の影響を受ける．アメリカ，バージニア州の海岸平野における一次支川の動物相の研究から，Strommer & Smock（1989）は伏流生の動物相を無視すると，二次生産量を過小評価することになり，流水域の生物体量の動態に関するいくつかのモデルは妥当性を失うと結論づけた．河床の最上層5cmに限られる不均翅亜目の幼虫個体群の中で，深さ1cmより下（すなわち，1～5cmの深さ）に見いだされた年平均の生物体量は $0 g/m^2$（*Progomphus obscurus*）から $11 g/m^2$（*Cordulegaster fasciatus*）を経て，約 $30 g/m^2$（*Gomphus cavillaris*）にまで達した．生物体量，平均体重，年平均水温と生産量との関連を記述する経験モデルは，トンボ目を含めた淡水性昆虫の主要な分類群すべてに当てはまる（Morin & Bourassa 1992）．このような研究では，各齢の幼虫数を生物体量に換算する際に注意が必要となる．例えば Dan Johnson（1993a）は，アメリカオオトラフトンボの幼虫は秋から春にかけて頭幅は増えないにもかかわらず，乾重は数倍も増えることを見つけた．

Benke（1976）が研究した不均翅亜目の3つの分類群における，密度と生物体量の季節変化は（Benke & Benke 1975），おそらく温帯の止水域に棲むトンボ目を代表している．幼虫密度は，孵化した直後の真夏に最大になり，それから徐々に減少して，ほとんどの羽化が生じる春に最低になる（図5.9参照）．死亡が一定の率で起きたにもかかわらず，幼虫の個体成長のために，生物体量は孵化後急速に増加した．

秋の中ごろにF-0齢に入ると生物体量はそれ以上増加しない．これは，春に羽化するトラフトンボ属やヨツボシトンボ属では通常のことである．夏に羽化する *Celithemis fasciata* は，春にF-0齢に入るが，冬の間には生物体量の増加はほとんど見られず，春になって発育が再開すると増加する．羽化が進行するにつれて生物体量が急速に減少するのは，3分類群すべてで同じである．Benke & Benkeが観察したのと同様な生物体量の季節変化パターンは，イトトンボ科 (Johansson 1978; Miura et al. 1990; Johansson & Norling 1994; Paterson 1994)，エゾトンボ科 (Paterson 1994)，サナエトンボ科 (Cornelius & Burton 1987)，アオイトトンボ科 (Duffy 1994)，トンボ科 (Paterson 1994) でも見られている．

インド南部の大きな富栄養湖において，5種の不均翅亜目の羽化によるエネルギーの流出は，総一次生産量の0.00002％であった．また，腐食者と植食者のその値は1から0.1％の間だった．毎年この池ではヒメキトンボ1種の産卵だけで307 kJが流入し，羽化によって2,604 kJが流出する (Mathavan & Pandian 1977)．

この項で概観した研究から，平均密度，死亡率，羽化個体数は年ごとに大きく変動しうるが，個体群のエネルギーフローはそれよりずっと変動が小さいと結論できる．

4.3.8 トンボ以外の餌動物への影響

捕食者が餌動物に与える短期的インパクトを決定する主な要因は遭遇率であり（上記参照），これは捕食者と餌動物の相対的な密度と分布の関数である (Hassell et al. 1976)．その他の要因としては，すでに述べたもの（表A.4.4参照）のほかに，捕食者と餌動物の相対サイズ (Johnson et al. 1987)，最適採餌戦略を反映するであろう餌動物の選択，餌動物の隠れ場の多寡などに決定的な影響を与える (Folsom & Collins 1984) 微生息場所の複雑さ (Johnson & Crowley 1980a) の3つが含まれる．

4.3.8.1 餌動物数の減少が記録された例

トンボの幼虫が餌動物数の減少に寄与したかどうか（表A.4.7）を検出することは，できる場合もできない場合もある．また，餌動物の行動や生理に明白な変化が生じる場合も生じない場合もある．多数種からなる群集におけるトンボの捕食の効果は複雑であると考えられ，トンボの密度と単純に関連しているとは限らないので，その検出には統計的な解析法を探す必要がでてくることがしばしばである (Johnson et al. 1987)．実験的条件下では，F-1齢とF-2齢（例えばThorp & Cothran 1984）を使うと，いくつかの面で確実かつ現実的な結果が得られるようである．大形幼虫は捕食者として極めて大きな効果があるし，同定が容易であるという利点もある．F-0齢を使わないほうが良いのは，変態の時期に摂食がとまることから生じる未知の要素を避けるためである．この節ではトンボによる捕食がそれ以外の餌動物に及ぼす影響を考える．また餌動物としてのトンボへの影響については§5.2.4.4と§5.3の一部で述べる．

捕食があると必ず餌動物が減少する現象は，小さな生息場所であれば野外でも観察されることがある（表A.4.7）．狩猟モードは普通，待ち伏せモードよりも餌動物の数に大きなインパクトを与える (Siegert 1995参照)．ある自然生物群集で，トンボ目幼虫のインパクトが明らかに大きいとしても，他の大型の無脊椎捕食者（例：ゲンゴロウ科の甲虫）が一緒にいると，そのインパクトを独立に推定することは難しくなる（例：Scott 1990）．同じように，2種以上の種のトンボ捕食者が共存する場合，特に一方的にどちらかが干渉するような場合は（例：アメリカギンヤンマとカロライナハネビロトンボ，Van Buskirk 1988），それぞれの種の効果を独立に推定するのは難しい（例：Johnson et al. 1987）．さらに，同時出生集団内の共食いが原因でトンボの密度が制限されている場合には，餌動物種への潜在的な効果はもちろん，実際の効果でさえも評価が困難となる (D. M. Johnson et al. 1995)．Gascon & Travis (1992) は，人工池でアカガエル属の1種 (*Rana utricularia*) のオタマジャクシを捕食しているラケラータハネビロトンボ *Tramea lacerata* 幼虫を実験的に操作した結果から，小さな空間スケールでの実験が必ずしも捕食者-餌動物システムの個体数変動をゆがめるとは限らないが，表現型変異を生み出すうえでの密度レベルの違いの重要性を過大評価する可能性があるとの結論を導いた．

実験池でのアメリカギンヤンマやカロライナハネビロトンボによる捕食は，餌動物であるオタマジャクシの種構成を大きく変え，捕食者間の相互作用は加算的であった．すなわち，ヒキガエル属の1種 (*Bufo americanus*) の相対頻度は増加し，アマガエル科の2種 (*Hyla crucifer* と *Pseudacris triseriata*) の相対頻度は減少した (Van Buskirk 1988)．また，高地の湖水におけるヤンマ科とトンボ科の幼虫の捕食の違いも，オタマジャクシの群集組成を変化させた

(Gascon 1992). Thorp & Cothran (1984) は，F-0齢のトンボ科が底生の大型無脊椎動物の群集構造に大きな影響を与えうることを示したが，その関係は単純でも直線的でもなかった．野外の囲いの中で*Celithemis fasciata*を使った実験では，餌動物の種多様性および平均密度は，捕食圧が中程度のとき最大となった．一方，シンプソン指数 (Simpson 1949) で表現した種多様度は，捕食圧が最も高い実験区で最大となった．Thorp & Cothranによるこの注意深い研究は，最上位の捕食者の効果をモデル化して予測をたてることの難しさを示している．最上位の捕食者は，より小型の捕食者（例：トンボ目）を消費することで，少なくとも初めの段階では小さな餌動物への捕食圧を下げるかもしれない．Thorp & Cothran (1984) は，ずっと小さなトンボ幼虫の群集も含む野外の小型実験生態系で，このような二次的な効果を検出した可能性がある．彼らは，トンボがその餌動物の個体数を調節しているかもしれない方法を，どう探索すればよいかという議論を行っている．トンボの幼虫が餌動物の個体数を減らす場合，群集構造が変わることはないと考えるわけにはいかない．

捕食者としてのトンボは，餌動物の行動と発育速度にも影響を与えることがある．密度依存的な成長抑制が起きるほどの高密度で共存しているヒキガエル属の1種 (*Bufo americanus*) とアカガエル属の1種 (*Rana palustris*) の個体群密度を減らすことによって，アメリカギンヤンマの幼虫は生存個体を早く成長させていることになる (Wilbur & Fauth 1990)．他の地域の，2種のウシガエル *R. catesbiana* と *R. clamitans* のオタマジャクシが共存する永続的な池では，アメリカギンヤンマが高い密度で生息していることがある．アメリカギンヤンマがいない場所では，これら2種のカエルはほぼ等しい競争力を示し，実質的に同じ増殖速度で，似たような活動低下や空間利用の変化を示すが，アメリカギンヤンマがいると，ウシガエルのほうが大きく成長し，*R. clamitans* は小さいカエルになった．これは，2種のカエルの競争的な関係が何らかの形で変わったからだろうと思われる (Werner 1991)．後者の研究は，餌動物種がその活動（採餌およびその結果としての成長速度に相関）と捕食リスクとを妥協させる必要性をうまく説明している．この対立は，彼らの主要な捕食者（魚や他のトンボ；§5.3.3, 5.3.4）のいくつかが存在する環境の中でトンボ目が進化させた戦略にも見ることができる．さらに，アメリカギンヤンマ幼虫が2種のカエルに与えた広範な影響には，直接的な捕食の影響だけでなく，成長や摂食速度への影響という間接的なものもあった．したがって，捕食者の影響と競争相手の影響を分割しようとするのは，この場合むなしい努力であることを示している (Werner & Anholt 1996)．

いくつかのカエルでは，トンボに対する食われやすさを減らす手段として，表現型の可塑性がもう1つの戦略となりうる．もともと捕食者のいない水たまりにいたアマガエル科の1種 (*Pseudacris triseriata*) のオタマジャクシをトンボが生息する水たまりに移すと，その行動や形態が捕食リスクを下げるように変化する (Van Buskirk & Smith 1993)．モズクヨコエビ科の *Hyalella montezuma* が日中に沿岸の植生帯から沖合いまで水平移動するのは，沿岸の植生帯で非常に高密度になることがある *Telebasis salva* (表 A.4.6; Runck & Blinn 1991) の強い捕食圧のためであるとされている．

Benkeは，餌動物の現存量よりも数倍多い現存量を維持できるというトンボ幼虫の能力によって（例：Benke 1976; Wallace et al. 1987; A. G. Orr 1994参照），餌動物の回転率が高まっていると考えた（しかしFolsom & Collins 1982b参照）．餌動物へのもう1つの影響は，もっと小型の捕食者による餌動物への影響が間接的に減ることである．例えば不均翅亜目の数が増えると，均翅亜目による小さな餌動物（トンボ以外）への捕食圧が減少する (Wissinger 1987)．*Celithemis fasciata* についての観察から，Gresens et al. (1982) はトンボが餌動物の個体数を安定させているとは思えないと結論づけた．1つの生息場所の中で，いくつかの種が別々の時間に，別々の栄養段階の経路を利用するような場合 (Lawton 1970a) は特にそうであろう．餌動物の行動や生理が変更された例として，大型の不均翅亜目（例：アメリカギンヤンマとカロライナハネビロトンボ）がいると，餌動物であるオタマジャクシが早めに (Skelly & Werner 1990) 小さな体サイズのまま (Wilbur & Fauth 1990) 変態を起こす結果，成長が早まって (Van Buskirk 1988) 捕食者に襲われやすい時期が短くなることが検出されている．

トンボ幼虫の捕食が及ぼす影響については，今日までのところ，老齢期の幼虫が大型の餌動物を捕食する場合を扱った研究がほとんどである．小さな幼虫が小さな餌動物（例：孵化直後のユスリカ科の幼虫）に与えうるインパクトについては未知であるが，かなり大きいかもしれない．

4.3.8.2 潜在的な経済的重要性

捕食の対象が，人が害虫とみなす昆虫であるときと

4.3 採餌

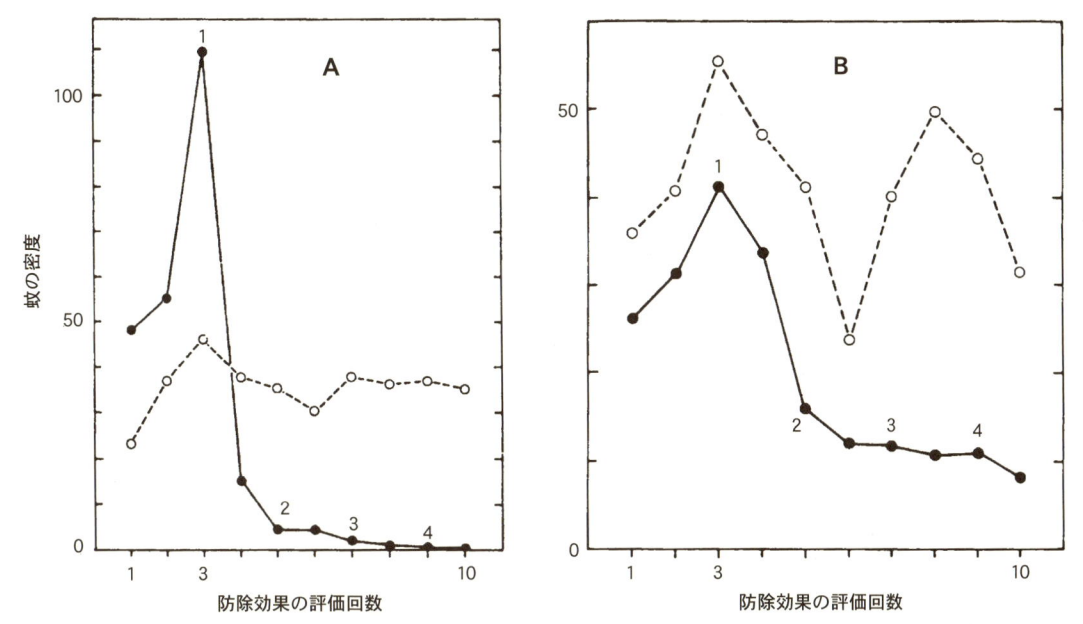

図4.28 ショウジョウトンボの付加放逐による，黄熱病を媒介するネッタイシマカ Aedes aegypti の抑圧防除．ミャンマー，ヤンゴンでの防除区（実線）と無防除区（破線）での，5月中旬（第1回密度評価）から9月末（第10回密度評価）までの試験的な野外実験の結果．密度評価が実行された直後（その日のうち）に，防除区でショウジョウトンボのF-3齢幼虫を連続して放逐（第1回から第4回まで）．ミャンマーでデング熱を伝搬するカの抑圧防除が，必要とされる雨季を通して十分に達成された．測定されたカの密度：A. 家当たり幼虫数の平均値；B. 1人1時間当たり屋内で集めた雌成虫数の平均値．(Sebastian et al. 1990より)

(Corbet 1962aの総説を参照；Jenkins 1964; Davies 1981; Garcia 1982; Davies 1988; Pilon 1992)，人が飼育しようとしている魚の稚魚であるときとで（例：Corbet 1962a; Reimchen 1980; Reist 1980; Zaniboni-Filho et al. 1986; Santos et al. 1988; Madrid Dolande 1991)，トンボの幼虫は人間の利益にとってプラスにもマイナスにも作用する．しかし，広食性で場当たり的な捕食者であるトンボ幼虫は，人間が考える経済的な閾値や健康の閾値に達するほど餌動物の数を十分に減らすことは普通ない．ただし，幼虫が小さな空間に，かつ単純化された群集の中に閉じ込められた場合，つまり実質的に彼らの餌動物が単一種で養殖されているような場合は話が変わる．このような例外は，養魚用の池（上記），灌漑用の水路（ハマダラカ属の1種 [*Anopheles pharoensis*] を抑圧している *Trithemis annulata scortecii*, El Rayah 1975)，石油のドラム缶や桶のような人工の容器にトンボとカが入る場合（表A.4.7）に生じることがある．しかし，人工容器の場合でさえ，カの抑圧防除の効果は，トンボ幼虫の数と分布を計画的に操作したときだけ，公衆衛生から見た閾値に達しうる．代替の餌動物を与えない飼育下のトンボ幼虫（特に老齢）が，多数のカ科の幼虫を食うことはよく知られている（藍野 1935;

Lien & Tsai 1986; Thangam & Kathiresan 1994)．*Bradinopyga geminata* のわずか数個体の中期齢の幼虫が，194 *l* のドラム缶の中で数百個体のカの幼虫を殺すことができることに最初に気づいたのは Anthony Sebastian であった．この発見から，トンボを使って病気の媒介者の抑圧防除に成功するという，野外スケールでは初めて（これまでのところ唯一）の例が生まれたのである (Sebastian et al. 1990).

Sebastian はデング熱とデング出血熱の媒介者である，ネッタイシマカ Aedes aegypti の水中生活のステージが，ミャンマーでは，実質的に人家の水瓶だけに限られる点を利用した．住人の熱心な協力を確保し，大がかりな広報活動を行い，野外で1年中捕まえられるショウジョウトンボの雌から卵を採って幼虫を大量飼育し，大量に放逐することができた．その結果，Sebastian と彼のチームは，477の家族2,262人の大人子供が住む試験地で，即座に公衆衛生当局が受け入れられるレベルまでネッタイシマカを抑圧し，病気が伝搬する雨季の5ヵ月間を通してこのレベルを保つことができた（図4.28)．この事業の成功は，カの幼虫の主要な生息場所であると判断された水瓶のそれぞれに，ショウジョウトンボのF-3齢幼虫を4個体ずつ，1ヵ月の間隔をおいて4回入れて

やることで達成された．このような腹ばいタイプのトンボ科の幼虫は，捕食者の大量放逐事業には理想的である．その理由は以下のとおりである．

- 毎月卵が得られ，容器で飼育ができ，目的の場所に分配できる．その際，高等な技術も高価な機器を買う外貨の出費も不要である．
- 機能の反応の飽和値は十分大きいので，194 l のドラム缶に同時に生息できる最大数のカの幼虫を，即座に殺すことができる．
- 餌動物がわずかしか，あるいは全くいなくても，幼虫は少なくとも 1 ヵ月は生存できる．
- 容器をひっくり返して空にしても，幼虫は容器の内側にしがみついているため，外に投げ出されにくい．
- 野生の幼虫を使うと Lecithodendriidae 科の吸虫が水に混じっていたり，トンボ幼虫が偶然摂取していて (§5.2.3.2.1)，それが人に伝搬するかもしれないが，卵のステージから飼育することでその危険性は避けられる．

未解決の問題はドラム缶の中での幼虫の死亡の影響であるが，この大量放逐のプロトコルでは一時期にいる幼虫の数は比較的少ないので，幼虫が死ぬことの影響は（特に死体が同種によって食われる場合）わずかなものだろう．

こういった状況での害虫の生物的な抑圧防除では，これほど適切な捕食者はトンボの他にはほとんどない．連・松木 (1979) が偶然観察したところによると，主に樹洞や竹の切り株に生息する種であるキイロハラビロトンボ *Lyriothemis tricolor* の幼虫は，無事羽化する前に，2 年間を F-0 齢で過ごすことができる．適当な餌動物を毎日与えても同じで，この特性は有効に利用できるかもしれない．このようにしてトンボの有益性を並べていくことは，1 世紀以上前に Robert Lamborn (1890) が構想した計画に近づくことになる．

Sebastian の成功の意義はどんなに称えても称えすぎではない．彼と彼のチームは，トンボがカの抑圧防除に現実のスケールで使用できることを決定的に明らかにした．しかも汚染がなく，安価で，社会的にも受け入れられ，その地域原産の資源だけを使っている点が優れている．彼らは，このようなプログラムが成功しうる条件を明白に述べている (Sebastian et al. 1990)．ところが，ミャンマー・プロジェクトが成功したまさにその理由によって，他の状況でトンボを使って害虫を抑圧防除しようという試みが成功しなかったのである (Sebastian et al. 1990 中の引用を参照)．トンボ目の幼虫は，餌動物の獲得しやすさに応じて餌動物のタイプを代える傾向がある広食性の捕食者であるため，トンボ幼虫を成功裏に使うための必要条件は，(1) 標的にする害虫個体群の大部分がトンボが接近できる場所に閉じ込められていること（具体的には，隠れ場のない小さな生息場所），(2) 抑圧防除が必要なすべての時期とすべての場所にトンボの幼虫を存在させることができ，そこに同時に生息できる餌動物の最大数を迅速に殺すこと，(3) 代わりの餌動物タイプが利用可能ではない（すなわち，スイッチングができない）ことである．必要条件 (2) は，現実には大量放逐によってのみ可能である．幸いにも Sebastian と彼の同僚は大量放逐を実行するためのプロトコルを発案した．そして，彼らが使ったショウジョウトンボというトンボは，分布域を急速に拡大する強力なコロナイザー（移動してそこに棲みつく能力が高い種）である (§10.3.2.2)．Pinhey (1979) は，旧北区の西部に分布するヨーロッパショウジョウトンボ *Crocothemis erythraea* を熱帯のショウジョウトンボの温帯性の別亜種とみなしている．生物的防除にとっては長所であるはずのコロナイザーの性質が，同時に短所にもなりうる．トンボは孵化場で，魚の稚魚（例：Sharaf & Tripathi 1974; Shirgur 1979; Rowe 1993c）や淡水性のザリガニの数を相当数減少させる (Rowe 1993c; Gydemo et al. 1990 も参照)．小さな水たまりでは，トンボの幼虫はカの幼虫も大量に食うかもしれないが，カの幼虫を抑圧するために導入された寄生虫である Mermithidae 科の糸片虫類もむさぼるように食う (Platzer 1980)．オーストラリアのクインズランド北部で，ウスバキトンボの幼虫はオオヒキガエルのファーストフラッシュ［オタマジャクシが早春に一斉に孵化する現象］を除けば，その個体数を抑圧できる捕食者だと認識されている（ウスバキトンボの卵が孵化するときに，オタマジャクシはすでに中程度に成長している．Rowe 1993c）．

室内実験では，トンボの幼虫はカ科の幼虫をその蛹よりも優先して食う（ヒメキトンボ，Thangan & Kathiresan 1994; *Bradinopyga strachani* とウスバキトンボ，Service 1965）．しかし，幼虫より蛹のほうが期間が短く数が少ないので，野外での食物構成の研究からどちらを好むかを解釈することは難しい．ただ，この選好性がもし普遍的であるなら，生物防除におけるトンボの幼虫の有用性が高まるだろう．

トンボ幼虫にとって代替の餌動物が利用可能な場合，人にとっての害虫密度の（公的機関の多くの部

門，特に公衆衛生にかかわる）耐性閾値は，トンボによって可能な抑圧密度よりはかなり低いと考えられるので，上記の3つの必要条件に抵触する．もう一度強調するが，トンボは特定の害虫の水生幼虫を好んで大量に食う能力があるので，（閾値以下にならないので目立たないが）常に害虫を減少させるという重要な貢献をしている．カの抑圧防除のために昆虫食の魚を導入することは，もしその魚が，それまでカの幼虫を最もよく捕食していたトンボの幼虫の数を大幅に減らすようなことになれば，全く無駄になるだろう（Farley & Younce 1977; Bence 1982; 表A.12.3，*Megalagrion pacificum*）．これは，捕食者や寄生者を導入したことによって生じる二次的，三次的な結末が，最初の目的を台なしにしてしまうという，生物的防除の実務者にはよく知られている警告を強調しているにすぎない．その原理は，不均翅亜目の幼虫が，小型無脊椎動物の捕食者である均翅亜目の幼虫の数を減らすことによって，餌動物への捕食圧を下げてしまうことがある例（Wissinger 1987）を見るとよく分かる．ベネズエラのパイナップル科植物の葉腋に棲む捕食性のオオカ属の1種（*Toxorhynchites haemorrhoidalis*）［他種のカを補食する］の個体数は，イトトンボ科の*Leptagrion siqueirai*の幼虫がいると減少するが（Lounibos et al. 1987a），これも害虫に対する捕食圧を下げる1つの例である．

4.4 摘　要

トンボの幼虫は，水中，時には湿った大気中でのガス交換の場として，体表面のいくつかの部位を使う．体表面のある部位は特殊化した鰓の形態をしている．鰓のいくつかのタイプでは，呼吸以外の機能をもつ場合がある．幼虫は鰓以外の体表を呼吸面として付加的に使い，その効率を高めるような姿勢をとることで，酸素吸収速度を大きくすることができる．

トンボのすべての亜目で，直腸の内壁はガス交換の場である．そのプロセスは活発な換水動作によって促進される．均翅亜目では異なるが，ムカシトンボ科を含む不均翅亜目では，直腸の上皮組織は枝分かれした篭状に発達している．少なくとも比較的不浸透性の体表をもっている大型幼虫では，直腸上皮が主要な呼吸表皮となっている．不均翅亜目では，2齢は例外となることがあるが，直腸鰓を換水するために使われる筋肉装置は，餌動物を捕獲するときの下唇攻撃の際にも使われ，さらにこれは幼虫がジェット推進によって泳ぐことを可能にし，強制的な糞の排泄にも使われる．

均翅亜目で見られる3種類の特殊化した外部呼吸器の構造は，おおまかには幼虫の生息場所，したがって溶存酸素供給量と相関がある．その器官は鰓総（1科に存在），側腹鰓（2科），それに，変形した肛上板と肛側板とからなる尾部付属器（すべての科）である．尾部付属器の形が垂直の葉状（多くの科で老齢期になると完成する状態）の場合は，尾部付属器は主要な呼吸器官である．しかし，尾部付属器は呼吸器官であるかどうかにかかわらず，それ以外の機能ももっている．その機能には泳ぎや敵対的および防衛的行動の補助的役割，機械的刺激受容の役割などがある．また，特に断面が三角形をした構造や水平な葉状構造は，一次水流や二次水流，浸漏域で基質への吸着力を生み出す．

実験的に酸素を少しずつ除去されたときに幼虫が（時にテネラルな成虫も）示す反応は，体の他の部位も呼吸の役割を果たしていることを示す間接的な証拠である．それらは腹部体表面，翅芽や胸部の気門などである．

幼虫は広食性の場当たり的な捕食者で，ほとんどの場合生きた餌動物を食うが，彼らは餌動物の動きを視覚および触覚によって感知する．巻貝のような動きのない餌動物でも，その形によって視覚的に発見することができる．分解途中の死体の場合は，臭いによって検出しているらしい．若齢幼虫は，主に触覚を使って餌動物を発見するが，個体発生の間にしだいに視覚による発見が増加してくるか，完全に置き換わる．系統発生的にも個体発生的にも，感覚受容器（特に複眼）は精巧になってくるが，それは形態および行動的な特性の組み合わせと密接な関連がある．特性とは，例えば，体の形，活動レベル，成長速度，待ち伏せモードと狩猟モードのどちらの採餌モードを採用するかなどである．

待ち伏せモードか狩猟モードかにかかわらず，すべてのトンボは餌動物を把握力のある下唇を水圧によって突然伸長させて捕まえるが，これはトンボ目にだけ見られるやりかたである．下唇伸展はしばしば25ミリ秒以内に終了する．下唇伸展は行動成分のレパートリーの1つ，つまり幼虫が出会って感知するであろう多種類の餌動物タイプを処理できるように，それに合わせて摂食行動を修正できるようなプログラムを含んだ捕食行動連鎖の一成分である．餌動物タイプに依存して，捕食の行動連鎖の継続時間は数秒から45分まで変化する．あまり分かってはいないが，その時間は経験によって変わるようであ

る．トンボ目における捕食の可塑性は，その際立った広食性と関連している．その行動成分の多くはトンボ目内で広く見られ，捕食行動連鎖についてのトンボ目の系統発生的，および個体発生的研究は成功を約束された研究分野である．

自然状態での食物構成には大型無脊椎動物が多く，季節や捕食者の体サイズにもよるが，大型の原生動物から小さな魚類や両生類までサイズの幅がある．幼虫は時々純エネルギー摂取率の高い餌動物タイプを選択する．

採餌と摂食行動に影響する多くの要因のうち，捕食者と餌動物の遭遇速度（それ自体，温度，餌動物の密度，餌動物の活動性，餌動物の微生息場所選好性，餌動物の隠れ場の有無に左右される）が決定的な役割を果たす．餌動物が高密度のとき，無駄な殺戮が起きること，餌動物の現時点での供給量によって餌動物種のスイッチングが起きることなどが，摂食行動の解釈を複雑にしている．彼らが普通採用している日中の採餌モードとは独立に，多くの種が，時に魚のような大型の視覚捕食者の存在に対する反応として，夜間に狩猟モードを採用する．

餌動物の供給量は，2齢より後の齢期では同種幼虫の密度に左右されることがあるが，成長速度，次の脱皮時のサイズ増加，そして（非常に低い閾値以下では）生存率を決める．幼虫は餌動物がいなくても数週間から数ヵ月生存できる．自然界での摂食速度は，特に幼虫の体サイズと季節の影響のもとで変化し，飼育下で測定された最大可能な摂食速度よりも小さいのが普通である．

同化効率は高く，普通70％以上で，90％近いこともあり，これが低い摂食速度を補っているかもしれない．ただし，同化効率は個体発生のステージ，空腹レベル，餌動物タイプに応じて変わりうる．そのため，純生産効率，最大生態効率，生産量/生物体量（P/B）比は，似た生活環をもつ他の無脊椎動物に比べて高い傾向にあり，エネルギー摂取量に対するエネルギー消費量の比は低くなりうる．おそらくトンボ類の幼虫は，ほとんどの時間を待ち伏せモードで動かずに過ごすことがその理由の1つである．トンボ目の現存量は餌動物のそれより2～3倍も高いことがしばしばある．この逆転した餌動物/捕食者間の現存量ピラミッドは，おそらく餌動物の回転時間がトンボに比べてはるかに短いことによって維持されている．平均密度は年ごとに大きく変動するが，年間を通した個体群のエネルギー流量の変動は比較的小さい．

幼虫は捕食者として，餌動物の数，行動，生理，種構成に影響を与える．餌動物の生存率は，トンボと餌動物の食物網の間に介在しているトンボ幼虫が自分より小さな捕食者を捕食するかどうかによって，低くなったり高くなったりする．また，広食性の捕食者であるため，トンボ目が特定の1種の餌動物を，例えば衛生害虫を経済あるいは公衆衛生上の閾値以下に減少させることはめったにない．しかし，トンボの幼虫を単純化された（事実上，単一餌動物種の養殖のような）小さな群集に閉じ込めれば話は別である．そのような状況であれば，トンボ幼虫を大量に放逐することで，カの生物的防除は顕著な成功を納めることができる．

Chapter 5

幼虫：生物的環境

> ［ムラサキハビロイトトンボの］大きな個体が
> 小さな個体を排除する能力は,
> …なわばり性というよりは大きさに依存した
> （しかし場所には依存しない）
> 優位性と呼ぶべきである.
>
> —オーラ・フィンケ（1996）

5.1　はじめに

　この章では，幼虫と他の生物（主に寄生者や捕食者，同種を含む他のトンボ幼虫）との相互作用を検討する．捕食者による淘汰圧は，幼虫の形態や行動の進化に極めて重要な役割を果たすと思われるので，進化に関連する形態と行動の話題は，捕食の間接効果の節（§5.3）で重点的に取り上げることにする．

　幼虫の行動と生態に対する1962年以降の知見の中で特筆すべきことは，敵対的ディスプレイや，優位性，敵に煩わされない自分の空間の防衛（Fryer 1986参照）などの種内相互作用と，ギルド内捕食（Johnson 1991参照）をはじめとした種間相互作用である．箱めがね（Bay 1974）や映画の水中撮影（例：Rüppell & Hilfert 1995b）により，自然状態で幼虫の行動を観察する機会も拡大してきている．

5.2　他種生物との相互作用

　トンボ目幼虫と互いに影響し合う生物についての報告は，1943年のMike Wrightの重要な総説以来，著しく増加してきている．しかし，それらの報告は動物学や寄生虫学の文献に広く散在しているので，ここでは，そのような生物の生活環や分類学上の類縁関係，トンボにとって重要な基礎情報を統合するよう努めた．なお，その関係がトンボの幼虫期に始まる事例，または幼虫期に限定される事例については，別の節を設けた．例えば，吸虫綱と条虫綱による幼虫への寄生は，羽化する前に幼虫が捕食されない限り，幼虫から成虫まで寄生関係が継続するのが普通だからである．また，オオミズダニ科のダニは，幼虫に短期間だけ便乗するが，そのトンボが羽化したあとは寄生しないので，この章の共生生物の項には含めず，寄生者の項（§8.5.3）で取り上げた．

5.2.1　共生生物

　珪藻やワムシ，軟体動物，他の昆虫など，さまざまな生物がトンボ目の幼虫と明らかに共生とみなされる関係をもつ（表A.5.1）．ある種の藻類との結び付きは**相利共生的**であるが（Willey et al. 1970），節足動物との結び付きはしばしば**便乗的**である．おそらく軟体動物との結び付きもそうであろう．

　例えば，藻類とヒメハビロイトトンボ*Mecistogaster ornata*の明らかに相利共生的な結び付きは，幼虫がその姿勢を変えることにより藻類の光合成を高め，それが今度は幼虫の呼吸器表面での溶存酸素濃度を増加させるという，見事な組み合わせになっている．ユスリカ科の幼虫との便乗的な結び付き（翅芽の近くで動くユスリカが水流を起こすこと）も，トンボの呼吸を助けている可能性がある（§4.2.4, 4.2.5）．

　トンボ目幼虫と他の昆虫との共生の例は，2つの報告（ハビロイトトンボ属*Mecistogaster*，アカネ属*Sympetrum*）を除くと，すべて河川や渓流，つまり安定した（増水の影響を避けられる）とまり場が乏しい場所で見られる点は注目すべきことである．アシマダラブユ属*Simulium*の幼虫や蛹がカゲロウ目の幼虫や淡水性甲殻類に付着している場合，その結び付きはアシマダラブユ属にとって明らかに不可欠で，種特異的である（Disney 1975参照）．また，動くことができないアシマダラブユ属の幼虫にとって，流されない安定したとまり場を確保することの必要性

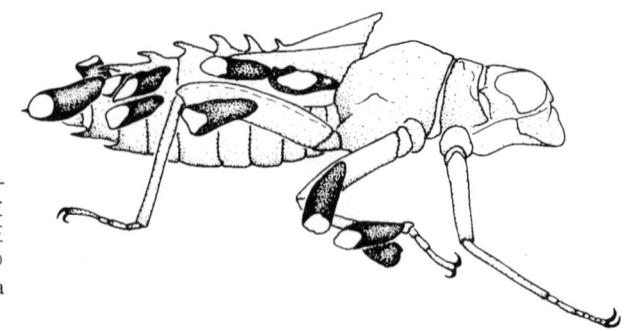

図5.1 アシマダラブユ属（主に*Simulium damnosum*）の繭をつけた*Zygonyx natalensis*のF-0齢脱皮殻（長さ約24 mm）．このトンボが上流に向いて正常な定位をした場合，脱皮殻のほとんどすべての開口部は下流に向く．ウガンダ，カゲラ川Kagera River．（Corbet 1962bを改変）

を示すものである（Corbet 1961b; Steffan 1967）．しかし，トンボ目の幼虫の場合（図5.1），他の昆虫との結び付きは偶然の要素が大きく，運搬者としてのトンボはとまり場の代用ではあっても，絶対的なパートナーではないらしい（Corbet 1962b; Burton & MacRae 1972; Colbo & Wotton 1981）．そのような経路で種特異的な便乗が進化してきたのかもしれない．

5.2.2 病原体

トンボ目の病原体についてはほとんど知られておらず，トンボの死亡要因としての病原体の役割がはっきりするのは，おそらくもっと先のことである．Charpentier (1979) はカオジロトンボ*Leucorrhinia dubia*の幼虫から，昆虫に付くデンソウイルス*Densovirus*（クラスIIのパルボウイルス parvovirid deoxyribovirus）の1種を検出している．

新しく発見されたデフェンシン（血液リンパ中のペプチドの1種）は，ヒスイルリボシヤンマ*Aeshna cyanea*の幼虫で抗菌活性を誘導するが，誘導性の抗菌ペプチドはそれまで新翅類から知られていたにすぎないので（Bulet et al. 1992），この発見は特に興味深い．

5.2.3 寄生者

この項で扱う生物（表5.1）は宿主であるトンボに対し，さまざまなタイプの寄生性と依存性を示す．その一部は，彼らの幼虫ステージだけが寄生的であり，その後は普通，宿主を殺すので，より正しくは**捕食寄生者**と呼ばれる．この項の全体に当てはまる一般論が2つある．1つは，ある寄生者が宿主特異的（終宿主か中間宿主を問わず）であるという主張は，必然的に（他の宿主は利用しないことを示す）否定的証拠に基づかなければならないので，確信をも

表5.1 ウクライナ西部でのトンボへの寄生率

寄生者の分類群	トンボにおける出現率（%）	寄生された種数
原生動物門		
胞子虫亜門：グレガリナ亜綱（生殖母体）	22.8	35
扁形動物門		
吸虫綱：二生目（メタセルカリア）	10.5	48
条虫綱：円葉目（シスチセルコイド）	0.4	12
袋形動物門		
線虫綱：（幼虫）	0.2	12
節足動物門		
クモ形綱：ダニ目（幼虫）	16.6	26

出典：Pavlyuk 1978b.
注：標本は160の産地に由来する58種で，500個体の幼虫と16,046個体の成虫からなる．Pavlyuk (1992) は，この材料の十分な分析はまだ終わっていないが，幼虫のほとんどは均翅亜目で，その最も優勢な寄生者の分類群はグレガリナ亜綱（トンボ目の13種で出現率27.2 %）と吸虫綱（最も多い2種はそれぞれ7種および8種のトンボの約2.5 %から見いだされる）であったと報告している．成虫の主な寄生者はダニ目，条虫綱，吸虫綱であった．このような量的な比較は，トンボ目の幼虫を感染の**前**に採集することによって影響される．しかし，成虫ではそのようなことはない．

って言えないことである．2つ目は，1つの宿主個体群であっても，寄生率は季節や場所によって変化し，時には宿主自体のパッチ状分布を反映することである．以下，寄生者の分類群（門）ごとに記述する．

5.2.3.1 原生動物門

胞子虫亜門（一部は長さ1 mm）の最大の構成員であるグレガリナ（簇虫）亜綱は，無脊椎動物，特に環形動物と昆虫に寄生する．宿主がスポロゾイト（胞子小体）を含む胞子（胞嚢体）を摂取すると，間もなくスポロゾイトは遊離し，腸管内にとどまるか，時には腸壁を貫通して宿主の体内を動き回る．その後は，スポロゾイトの多数分裂（増員生殖，シゾゴニー）が起きる場合と起きない場合があるが，いずれにしてもトロフォゾイト（栄養型）へと変化し，さらに最終的には未成熟な有性型（**生殖母体**，**ガモン**

5.2 他種生物との相互作用

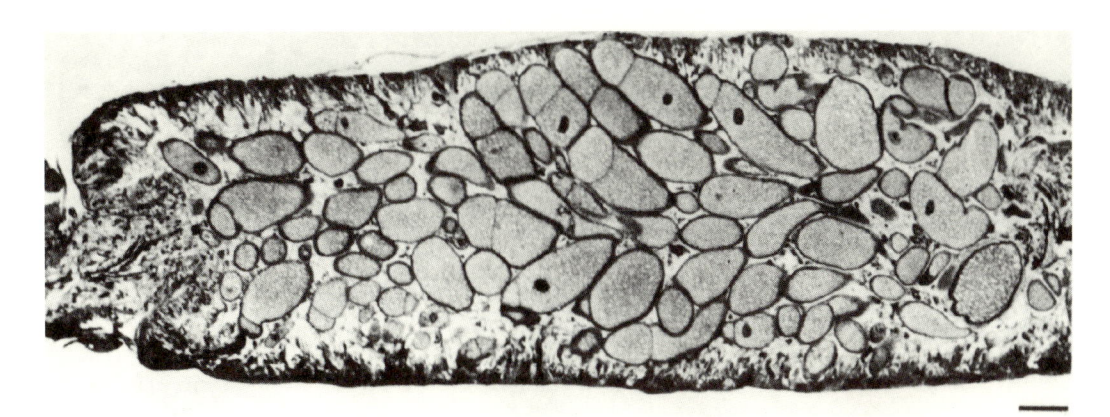

図5.2 タイリクルリイトトンボの成虫体内に寄生しているグレガリナ（胞子虫亜門：Actinocephalidae科）．中腸の縦断面．遊離した生殖母体が中腸をふさぎ，その上皮を損傷している．スケール：1μm．(Åbro 1974より)

ト）に変化する．生殖母体は宿主の体内で，あるいは排泄物に混じって宿主から離れた後，対合して通常の被嚢（接合子）となり，スポロゾイトとなって胞子内に包み込まれる．その胞子が散らばって他の宿主に摂取されることで寄生者の生活環が完結する．昆虫の中では直翅目に次いでトンボ目が最もひどく感染する（Åbro 1974）．グレガリナ亜綱はこれまでトンボ目では7科の少なくとも19属から報告されている（例：Pavlyuk 1972a; Åbro 1974; Sarkar & Haldar 1981; Pavlyuk & Kurbanova 1986a; Haldar 1995; Percival et al. 1995）．グレガリナ亜綱とトンボ目との間の相互作用に関する以下の説明は，主にArnold Åbroの研究 (1971, 1974, 1976) をもとにしている．

グレガリナ亜綱のトンボ目への感染は，おそらく汎世界的であろう．それらは明らかに不均翅亜目よりは均翅亜目に蔓延しており，関係する分類群は報告されているよりもずっと多いと考えられる．2種以上のグレガリナが同時に1個体に感染することもある．幼虫，成虫のどちらか，またはその両方が感染を受けるが，特定の個体群あるいは種によっては，成虫に限られるようである．感染率はさまざまであるが幼虫では60％（Jarry & Jarry 1961），成虫では100％に達することがある．Åbro (1974) が研究したタイリクルリイトトンボ*Enallagma cyathigerum*の成虫個体群では，成虫出現期が進むにつれて感染率が増加し続けて100％となった．

生殖母体は長さ0.8 mmに達することがあり (Desportes 1963)，通常は中腸の内腔を占め（図5.2），幼虫1個体に数百（Desportes 1963），成虫1個体に900以上見つかることもある（Åbro 1974）．グレガリナの密度が高い場合は生殖母体が中腸を完全にふさいでしまい，栄養不良や，時には死の原因となる．中程度の数のグレガリナでも腸上皮の刷子縁と摂取された食物との間の障壁となることがあり，消化を妨げる．グレガリナの数が宿主当たり300〜500に達すると腸壁が破裂し，宿主を殺すこともあるが (Pavlyuk 1971)，これはおそらく敗血症によるものである．感染したアメリカアオモンイトトンボ*Ischnura verticalis*の幼虫は落ち着かなくなり，腹部を左右に波打たせる．また腹部後端が暗緑色に変色し，直腸パッドがひどく崩れた形になる．さらに齢期間も伸び，重い感染例では幼虫は脱皮後4日以内に死亡することが多い（Grieve 1937）．アメリカアオモンイトトンボに感染した例では，ごく一部の生殖母体が体内で包嚢に包まれる．感染したアカイトトンボ*Pyrrhosoma nymphula*成虫は変色し，寿命が短い．Åbro (1971) が調べた長命の成虫（羽化後の日齢が30日以上）は，感染が軽いか，感染していなかったか，その一生の終わりになって感染したかのいずれかであった．ノルウェーにおけるこのような個体群で，Åbro (1976) は生殖母体が排泄物に混じって宿主を離れ，宿主の外で接合子嚢（オーシスト）を形成することを見いだした．遊離した接合子嚢はそれぞれ8個のスポロゾイトを含む不活性の状態に入った．一部はおそらく雨水で拡散した後に，均翅亜目成虫の餌となる小型双翅目の跗節の剛毛に付着する．このようにして寄生環が完結しているのであろう．Åbroは成虫だけにグレガリナを発見したが，他の場所ではしばしば幼虫からも記録されている（例：Pavlyuk 1972）．ユーグレガリナの*Hoplorhynchus oligacanthus*による感染は，ヨーロッパアオハダトンボ*Calopteryx virgo*では雄より雌のほうがひどかったが，これは均翅亜目の他の種とは対照的である（Åbro

1996).

　晩生胞子虫綱の中で，トンボ目と結び付きのあるもう1つの亜綱は球虫亜綱であり，微胞子虫類とも呼ばれる*．これらは基本的に魚類，両生類，鳥類，および哺乳類の寄生者であり，それらの個体群が大量死する原因となることがある．また，節足動物の腸の細胞内にも多数出現する．球虫亜綱は非常に小さな胞子虫類であり，胞子が細菌より小さいことがあるため，見落とされやすい．トンボ目における球虫亜綱の感染は Narasimhamurti et al. (1980) によってまとめられている．アメイロトンボ *Tholymis tillarga* の腸管にいる宿主特異的な *Toxoglugea* 属の1種は，幼虫の1％に見つかった．ひどく感染している場合は幼虫は黄褐色に見え，腹部が肥大し，その血体腔中に多くの変形体［パンスポロブラスト；胞子を産生する］を含んでいた (Kalavati & Narasimhamurti 1978)．他の種は移住性の *Tramea limbata* などの脂肪組織に寄生し，その結果として飛行能力が損なわれるだろう．

5.2.3.2　扁形動物門

　扁形動物門の2綱（吸虫綱と条虫綱）には，トンボ目の幼虫に感染し，その幼虫が成虫になっても留まることができる寄生者が含まれる．

5.2.3.2.1　吸虫綱

　吸虫綱は3目からなり，その中で二生目は最大の分類群で，トンボ目への寄生者を含んでいる．典型的な生活環では (Dawes 1968)，卵は終宿主（脊椎動物の5つの主な綱のどれかに属する）の排泄物に混じって体を離れる．卵は，活発に泳ぐ繊毛虫のような**ミラシジウム**を遊離する．ミラシジウムが生き延びるためには，約24時間以内に軟体動物（第1中間宿主．通常は淡水性巻貝）の体に侵入しなければならない．軟体動物体内でミラシジウムはスポロシストとなり，次に多数の円筒状の幼虫（**レジア**）を宿主の消化腺の中へ放出する．やがて各レジアは約1mmの長さのオタマジャクシ状の**セルカリア（有尾幼虫）**を生じる．セルカリアはその「尾」を失って**メタセルカリア（被嚢幼虫）**となる．その後，生活環のタイプによって，(1)被嚢で包まれずに速やかに終宿主に侵入するか，(2)宿主の外で被嚢を形成する，あるいは(3)第2中間宿主に入り（通常は甲殻類や他の軟体動物，昆虫の幼虫，魚類，両生類），そこで（しばしば脂肪組織や筋組織の中で）被嚢を形成する（図5.3）．タイプ2と3では終宿主がその被嚢（シスト）を摂取し，メタセルカリアは消化管へ放出される．そこから，宿主の体内で生

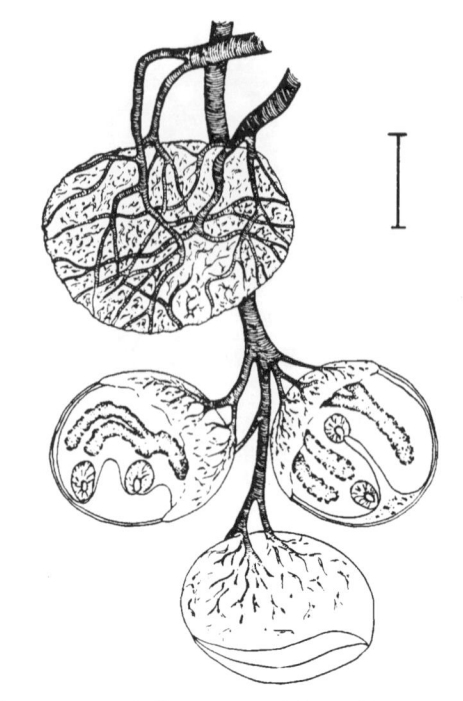

図5.3　アメリカギンヤンマの幼虫から見つかった二生目の吸虫の包嚢に包まれたメタセルカリア．気管が入り込んだ「ゴール」の形成を示している．スケール：0.1 mm．(Grieve 1937より)

殖を行う部位へ速やかに移動し，寄生者の生活環が完結する．すべての例で知られているわけではないが，トンボ目を組み込んだ二生目の生活環では，ほとんどすべての場合，軟体動物が第1中間宿主，トンボの幼虫が第2中間宿主になると考えてよい（ただし後述の *Halipegus ovocaudatus* 参照）．トンボ目の幼虫で見いだされた二生目の科と属を Dawes (1968) の用いた分類に従って表A.5.2に示した．第1中間宿主については軟体動物の腹足綱か弁鰓綱の中の特定の属または種に限定されるようだが，第2中間宿主と終宿主については宿主特異性を示す証拠はほとんどない．二生目の各属は，もっぱら脊椎動物の1つの綱と結び付く傾向がある．表A.5.2から明らかなように，トンボ目を中間宿主として利用するほとんどの属の終宿主は両生類（通常はカエル）であるが，トンボを捕らえるときのカエルの没頭ぶりを熟知している者にはおどろくに当たらない．次に，終宿主として両生類，鳥類および哺乳類の3つの綱が関与する場合の寄生者の生活環の特徴に注目しながら，さまざまな角度からトンボと吸虫の間の寄生者-宿主関係を探ってみよう（吸虫綱の科ごとにまと

---

*訳注：これは間違いで，微胞子虫は球虫とは亜門が異なる全く別の分類群である．

めた Timon-David 1965 参照；表 A.5.2). 幼形成熟的な吸虫である *Orthetrotrema monostomum* は *Tramea limbata* の幼虫の血体腔中で成熟し，中間宿主は腹足類である (Madhavi & Swarnakumari 1995).

両生綱　Pavlyuk (1972b) によれば，ウクライナ西部のトンボ目 55 種のうち 22 種が *Gorgodera* 属のメタセルカリアを宿していた. 宿主はルリボシヤンマ属 *Aeshna*, エゾイトトンボ属 *Coenagrion*, ルリイトトンボ属 *Enallagma*, アオモンイトトンボ属 *Ischnura*, アオイトトンボ属 *Lestes*, ヨツボシトンボ属 *Libellula* とアカネ属であった. ミヤマアカネ *Sympetrum pedemontanum* やクレナイアカネ *S. sanguineum* のような，温められたり干上がったりする浅い水域の環境で育つ種が，最も多く宿主となっていた. *Gorgodera* 属の分布は，第 1 中間宿主 (弁鰓綱のマメシジミ属 *Pisidium* とドブシジミ属 *Sphaerium*) の存在とも関連するため，パッチ状であった. 感染がひどい地域の中心部では数種のトンボが幼虫当たり 10 を超えるメタセルカリアを宿し，ある幼虫 (イソアカネ *Sympetrum vulgatum*) は 91 を保有していた. 終宿主としてカエルを利用するもう 1 つの種である *Halipegus ovocaudatus* の生活環は，軟体動物とトンボの間に甲殻類の中間宿主が挿入される点でトンボ目がかかわる中では例外的である. そのセルカリアは甲殻類の血体腔内でメソセルカリアとなる. 不均翅亜目や均翅亜目がその甲殻類を捕食すると，メソセルカリアはトンボの中腸領域でメタセルカリアになる (図 5.3; Kechemir 1978). その中には特徴的なすじをもつ厚い壁で覆われたシストが含まれている. 軟体動物とトンボの間に甲殻類が挿入されるためには，トンボが甲殻類を**摂取する**ことが必要である. この過程の挿入は一部のメソセルカリアにはリスクが大きいかもしれない (Goodchild 1943).

Halipegus eccentricus では中間宿主は 2 つだけで，第 2 中間宿主は橈脚類である (Timon-David 1965). セルカリアは不均翅亜目ばかりでなく均翅亜目にも (Grieve 1937; Goodman 1989), 普通, 直腸灌水による水流を利用して直腸経由でトンボ幼虫に侵入する. この侵入様式は強い吸入流をもつ不均翅亜目では非常に効率が良いはずであり，これが不均翅亜目でメタセルカリアがより多く報告されている理由かもしれない (表 A.5.2 参照). もっとも Grieve (1937) が言うように，不均翅亜目で多いのは小型甲殻類を食って感染した均翅亜目を不均翅亜目が食うことで感染するためかもしれない. 直腸に入り込んだ *Haematoloechus* 属のセルカリアは，アカネ属の幼虫の行動や生存に影響を及ぼすことがある (Krull 1933, 1934). (アカネ属幼虫が感染の中心部から遠ざかることができない) 実験条件下では，1 個体の幼虫が 30 分で 250 のセルカリアを取り込むこともあった. このレベルの感染になると宿主は動かなくなり，その日のうちに死亡した. また Macy (1964) が研究したトンボ科の 3 つの属の幼虫は，800 以上の *Pleurogenoides* 属のセルカリアに侵入されるとその日のうちに死亡した. セルカリアはその後も幼虫の死体の中で 3 日間生存することができた. 致死量以下の場合，幼虫はまず呼吸運動を数秒間停止した. その後，口器の隙間をくぐり抜けて逃げたセルカリアを捕食しようとした. セルカリアが再び直腸に入ると幼虫は盛んに反応し，まず吐き出し運動を行い，次に肛門を閉じ，鰓篭を痙攣的に収縮させた. 呼吸が再開したとき，換水のリズムは不規則であった. さらに数分後，別の症状がはっきり現れてきた. すなわち，複眼の色素の移動，腸管内容物の排出，急速な遊泳，腹面を上方に大きく反らすこと，腹部を脚でひっかくこと，そして下唇の伸展と収縮の繰り返しである. 最終的には，たとえセルカリアが侵入し続けても，幼虫は正常な行動を再開した. *Phyllodistomum* 属のセルカリアはルリイトトンボ属やアオモンイトトンボ属，ヨツボシトンボ属の幼虫の口を受動的に通って体内に入る (Goodchild 1943). もし数個のセルカリアが同時に侵入すると，幼虫は持続的な筋緊張または不動状態になることがある. その状態では，少なくとも 30 分は，それ以上のセルカリアを吸い込まないですむ. このように幼虫は，寄生者の数に依存した防衛反応を示す. *Sympetrum obtrusum* の幼虫は，直腸に *Haematoloechus medioplexus* のセルカリアが入ると盛んに反応する (Krull 1931). アメリカアオモンイトトンボが *Phyllodistomum solidum* のセルカリアを摂取すると，この寄生者は約 1 分後に嗉嚢の壁を通り抜け，たいていは貫通したその体節で (4 分以内に) 被嚢を形成する. Goodchild (1943) は，あらかじめトンボの幼虫を絶食させほぼ透明にすることで，侵入後のセルカリアの動きを明らかにすることができた. *S. obtrusum* の場合と同様に，セルカリアの侵入はアメリカアオモンイトトンボ幼虫の活発な反応を促した. メタセルカリアは，トンボの腸壁を貫入したまさにその部位かそのごく近くで被嚢を形成することが普通である. その場所は，*Haematoloechus* 属では鰓篭であり (Timon-David 1965), *Phyllodistomum* 属では胸部 (あるいは時に頭部や第 2 腹節) である (Goodchild 1943).

感染率と感染種の多様性は，どちらの中間宿主においても季節的に変化することがある. アメリカ，ニ

ューメキシコ州の永続的な池では，*Haematoloechus coloradensis* の感染率は，まず4月から6月にかけてサカマキガイ属の1種（*Physa virgata*）で増減し，次いで4月から9月にかけてトンボのいくつかの属の幼虫で増減した．年1化性のトンボ目における感染率や感染強度は，幼虫の大きさと正の相関があった（Dronen 1978）．*H. medioplexus* は例外的にかなりの宿主特異性を示すようであり，アカネ属で見つけられているが，カオジロトンボ属 *Leucorrhinia* では発見されていない（Krull 1931）．

鳥綱 *Prosthogonimus* 属の吸虫がもたらすインパクトは，すべての大陸の家禽農家によく知られている．吸虫は鳥類の卵管の急性炎症，異常卵の産出，致死的な腹膜炎の原因となることがあり，産み落とされた卵に成熟した吸虫が発見されると，その家禽農家の生産物は売れなくなるからである（Macy 1939）．鳥類は春または初夏に最も多く感染し，トンボの幼虫または成虫を摂食することで寄生者が入り込む．鳥類の少なくとも13の目が *Prosthogonimus* 属の終宿主として知られているが，これは同時にトンボを食う鳥類の範囲を明確に示していることになる（Dollfus 1924）．鳥類の消化管にいったん入ると，放出されたメタセルカリアは総排泄腔を経てファブリシウス嚢へはって入り，そこで成体の吸虫となる（Dawes 1968; Olsen 1974）．この生活環が科学的に立証されたのは1926年と1927年のことであるが，それよりはるか以前から（Timon-David 1965参照），特にヨーロッパでは，「トンボ病」の感染を防ぐためトンボが羽化している水辺へ家禽を近づけるべきでない，また，移動中の成虫が多数現れた場合はいつでも家禽を隔離すべきだという民間の知恵が伝わっていた（Street 1976）．Dumont と Hinnekint（1973）はヨツボシトンボ *Libellula quadrimaculata* の移動の周期性を決定するうえでの *Prosthogonimus* 属の役割や，移動中に鳥類によって捕食される程度を研究しているが，これについては§10.3.4.1.1で論じる．酸性の水域に生息するトンボ目幼虫が *Prosthogonimus* 属のメタセルカリアを宿していることはめったにないが，第1中間宿主であるエゾマメタニシ科の *Bythinia* 属がこのような環境にあまりいないためかもしれない（Timon-David 1965）．

哺乳綱 南東アジアではネズミ，コウモリ，サル，ヒトなどが Lecithodendriidae 科の2種（*Phaneropsolus bonnei* と *Prosthodendrium molenkampi*）の終宿主になっている（図5.4）．この生活環はタイで最初に記載されたが（Manning 1971; Manning & Lertprasert 1973），ヒトの寄生虫の媒介にトンボ目がかかわることについての最初の知見であり，コウモリとヒトが吸虫の共通宿主であることが示された最初の例でもある．メタセルカリアの感染は主に水田と水路に生息するトンボの幼虫に限定されるようである．調べられた不均翅亜目と均翅亜目のどの種もメタセルカリアを宿していたが，75％以上はトンボ科の最も普通な4種で見つかっている．すなわちヒメキトンボ *Brachythemis contaminata*，ショウジョウトンボ *Crocothemis servilia*，ハラボソトンボ *Orthetrum sabina*，そして *Trithemis pallidinervis* である．1個体のトンボ幼虫から154に及ぶメタセルカリアが見つかっている．それらは通常は遊離して血体腔中にいるが，時には大きな気管に付着するものや筋肉内に埋まっているものもいた．タイでのもう1つの研究では，**平均**135のメタセルカリアのシストが *Ictinogomphus angulosus* から発見された．そして上記の種とオオキイロトンボ *Hydrobasileus croceus* を含む他の不均翅亜目の5種の約60〜97％がシストをもっていた（Adam et al. 1993）．幼虫より成虫のほうが多くのメタセルカリアを宿していることが多かった．雨季の終わりころはトンボが最も豊富であり，しかもそのほとんどすべてがメタセルカリアを宿している．この時期に死んだり死にかけている昆虫が地上に散乱しているが，ネズミはそれを食うことで感染するのだろう．サルがトンボの幼虫を食うことはまずないが，成虫を捕食する．ヒトはトンボの幼虫を生食するか，摺り潰して他の食品に加えることで，メタセルカリアに感染することがある（表12.2）．ヒトの検体の約60％に発見された2種の吸虫は，タイとラオスでは風土病とみなされている．もちろんそれらを食べるのを全くやめるか，あるいは日本の長野県のように（Ichinose 1989），食べる前に調理することで感染は避けられる．したがって，家庭の貯水桶のカを防除するためにトンボ科幼虫を利用しても（§4.3.8.2），その家の人々に対して寄生虫の危険があるわけではない．*Prosthodendrium molenkampi* のメタセルカリアは淡水性のカニの1種（*Parathelphus dugasti*）からも見つかるので，もう1つのヒトへの感染経路になりうる（Vajrasthira & Yamput 1971）．

5.2.3.2.2 条虫綱

条虫綱（サナダムシ類）の中では，円葉目だけがトンボ目の寄生者を含んでいるようである．この目の終宿主は爬虫類，鳥類，哺乳類であるが，トンボ目に寄生する種のおそらく唯一の終宿主は鳥類である．卵は片節（成熟した条虫の体の生殖部位）から放出されるが，それは放出の前（例えば，まだ片節のままで），あるいは後に（宿主

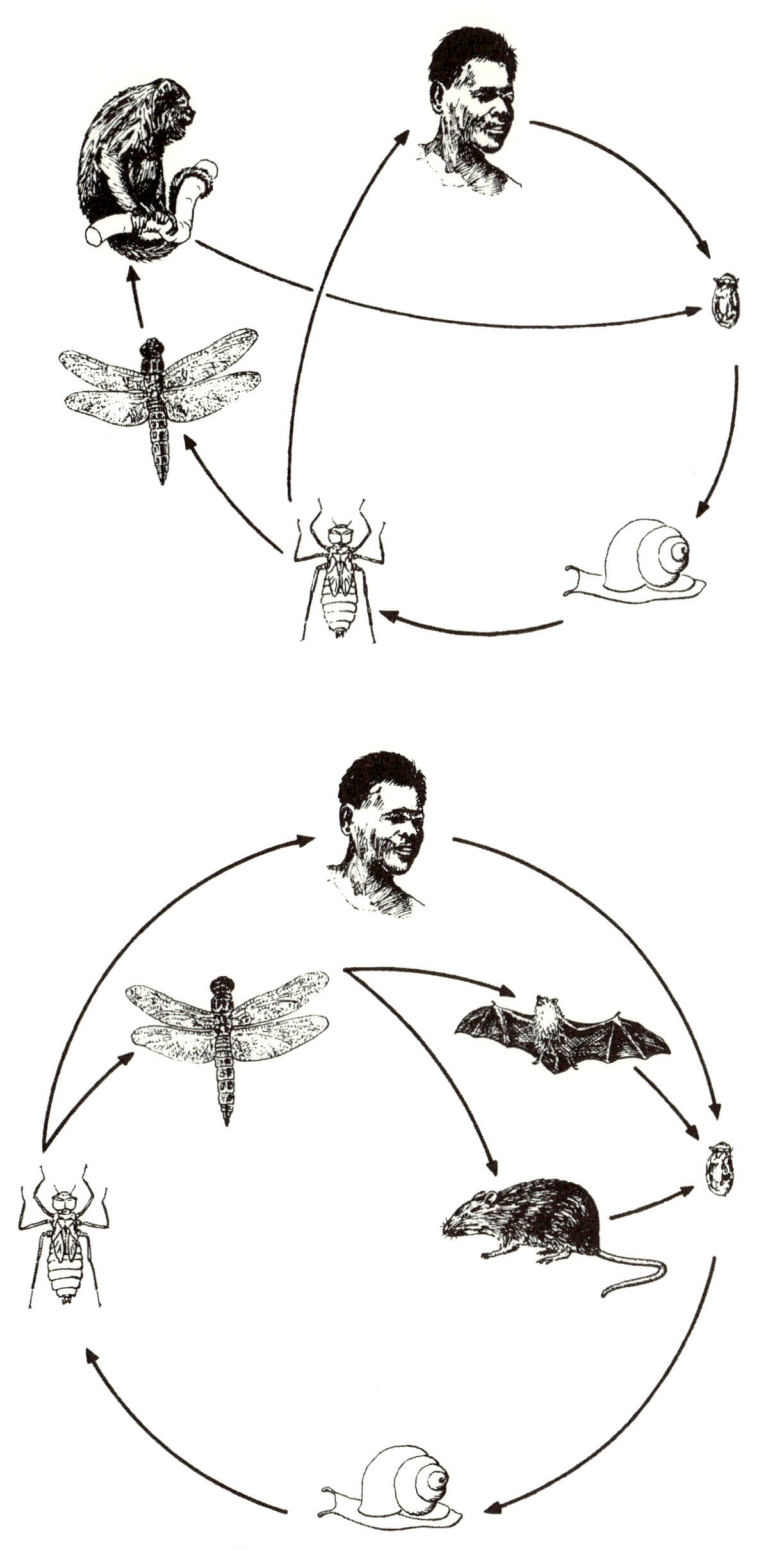

5.2 他種生物との相互作用　　　　　　　　　　　　　　　　　　　　　　　　　　　　　　　　125

図 5.4　トンボとヒトを宿主とする二生目吸虫の生活環．上．*Phaneropsolus bonnei*；下．*Prosthodendrium molenkampi*. 第1中間宿主として巻貝が含まれると推定されるが，確認されていない．各図のスケールは実際とは異なる．タイ．（Manning 1971 を改変）

の排泄物に混じって）宿主の腸を離れる．卵は中間宿主（多くは橈脚類や昆虫）に飲み込まれてから孵化し，六鉤幼虫は腸壁を通り抜けて，さらに発育できる場所に到達する．無脊椎動物の宿主内では，幼虫は鉤と吸盤を備えた頭部をもつ小嚢（被嚢，シスト）になり，被嚢腔に入っている（図5.5）．この嚢虫つまり**擬嚢尾虫**（シスチセルコイド）は終宿主が中間宿主を捕食すると直ちに発育を始め，その頭部を膨出し，それで新しい宿主の腸粘膜に取り付く．その小嚢胞は脱ぎ捨てられ，雌雄同体の片節が発達し，条虫の生活環が完結する（Wardle & McLeod 1952; Smyth 1963; Dawes 1968参照）．

*Hymenolepis*属（Hymenolepidae科；Wright 1943）と*Taenia*属（Taeniidae科；Pavlyuk 1972a）の擬嚢尾虫がトンボ目から報告されているが，トンボ目から見つかる擬嚢尾虫は，Amabiliidae科の2属*Schistotaenia*と*Tatria*だけに限られるとのCharles Degrange (1972) の記述を訂正する根拠はないと思われる．上記の例外的報告は，両方ともサナダムシの成体ではなく擬嚢尾虫についてのものであり，*Hymenolepis*属の成体は確認されておらず，*Taenia*属とされたものは ("*Taenia*" ではなく) *Tatria decacantha* を指すと思われるからである．

*Schistotaenia*の擬嚢尾虫は旧チェコスロバキアで*Somatochlora metallica*の幼虫から報告されており (Vojtková 1971)，アメリカ，アイオワ州からはアメリカギンヤンマ*Anax junius*の幼虫で報告がある．アメリカギンヤンマの場合，条虫の幼体は（その異様な形のせいで「松かさ状セルコイド」と称される）幼虫の腹部隔膜後方の血体腔から見つかるが，最後の4齢から，しかも6月から10月の間だけ出現する (Boertje 1975)．アイオワ州で見つかった*Schistotaenia tenuicurris*は，アメリカギンヤンマの変態中の幼虫を死亡させる．その結果，トンボの成虫を捕らえるのが得意でない終宿主のカイツブリ類（カイツブリ科）に食われやすくなり，この寄生者が終宿主に到達する確率を高めている．アメリカ，テキサス州でSeymour Levin (1997) が撮った写真には，アメリカギンヤンマの雌成虫をくわえたヒメカイツブリ*Tachybaptus dominicus*が写っている．松かさ状セルコイドは長さ21mmになることがあり，通常アメリカギンヤンマ幼虫のクチクラ越しに見える．彼の調査地域では幼虫の約1.5％が感染していた．この条虫はそこでは他のトンボからは見いだされなかった．

*Tatria*属の少なくとも4種が擬嚢尾虫としてトンボ目幼虫から見つかっている．これまでのところ，旧北区のみから報告がある（例：Vojtková 1971;

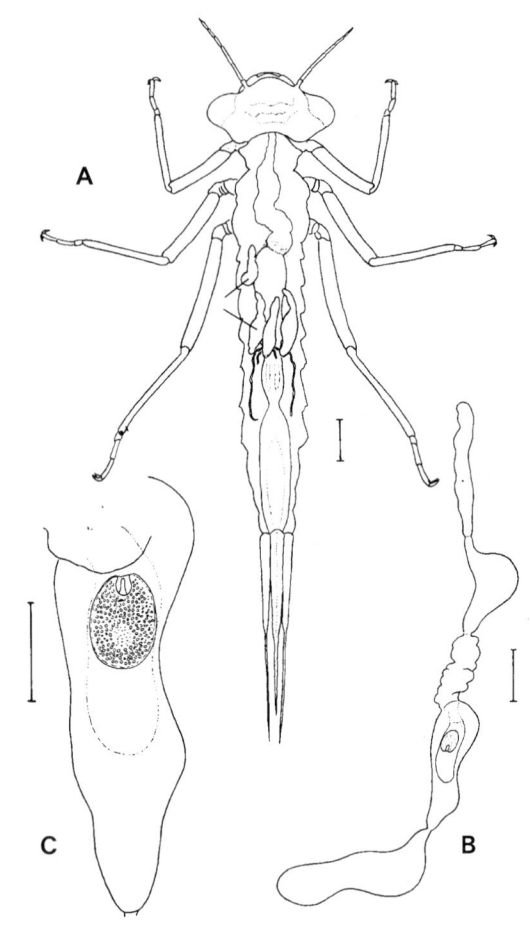

図5.5 トンボ目の幼虫体内の*Tatria*属（条虫綱）のシスチセルコイド．A. 中腸に取り付いた4個のシスチセルコイド (C) を宿しているサオトメエゾイトトンボ；B. ヤンマ科の1種から見つかった*T. acanthorhyncha*のシスチセルコイド；C. 同，細部．胞虫の陥入した頭部を示す．スケール：AとB. 1 mm; C. 0.5 mm. (Degrange 1972より)

Okorokov & Tkachev 1973; Pavlyuk 1973d, 1978b; Rees 1973; Ryshavy & Vojtková 1978)．*Tatria*属は，成体でも長さ1〜10mmと非常に小さく，そして，それぞれの種がそれぞれ1種のカイツブリと結び付いている．中間宿主としてのトンボ目のかかわりは，*T. acanthorhyncha*の生態についてのDegrange (1972) の記述によく示されている．以下の説明はそれに基づいている．

フランス南東部のある小さな一時的な池では，そこに定住するトンボ目19種中5種が中間宿主となっていたが，宿主特異性を示す徴候は見られなかった．宿主はルリボシヤンマ属，ギンヤンマ属*Anax*，エゾイトトンボ属，そしてアオモンイトトンボ属であった．ほかの場所で繁殖していたカイツブリ*Tachybaptus ruficollis*は，この池を食物を得るために利用して

いたが，その食物の中ではトンボ目の幼虫が際だって多かった．カイツブリが排泄した片節は，おそらく普通の餌動物と似たやり方で体をくねらせるため，トンボの幼虫に捕食される．そしてその体内で擬嚢尾虫が血体腔に入り込み，中腸の外壁に取り付くのだろう（図5.5）．最も個体数が多いサオトメエゾイトトンボ *Coenagrion puella* とマンシュウイトトンボ *Ischnura elegans* の約24％（範囲は6～64％）が擬嚢尾虫を宿していた．1個体の幼虫に11の擬嚢尾虫がいる場合でさえ，感染した宿主には免疫反応や致死性は検出されなかった．寄生を受けた幼虫は，幼虫の脱皮の間も変態や羽化の間も擬嚢尾虫を持ち続けていた（中腸の内層は脱皮時も脱ぎ捨てられない）．宿主は夏が進むにつれて繰り返し擬嚢尾虫を摂取したと思われる．その地域での感染レベルは，明らかに水域の大きさと負の相関があった．*Tatria* 属の一部でトンボの幼虫だけが中間宿主になったことについて，Degrangeは次のように推測している．カイツブリの子宮嚢（片節はそこで直接摂取できる）が二次的に発達したために，個々の幼虫の多重寄生が促進されることになった．その結果として，橈脚類だけを中間宿主とすることも橈脚類を**最初の**中間宿主とすることもなしに，生活環が完結できるように変化した．この組み合わせは *T. decacantha* でも明らかに成立している（Ryshavy & Vojtkova 1978）．トンボ目の幼虫はカイツブリ類の食物構成の主な品目となっており，また毎年数週間にわたって自由水が消失する時期も持ちこたえることができるので（§6.3），唯一の中間宿主としての役割を果たしていることが明らかである．*Tatria* 属とカイツブリ類の絶対的な結び付きのため，トンボ目の幼虫における条虫感染の分布はパッチ状になり，また感染率は変化に富んだものとなっている．ウクライナ西部でトンボ目の寄生者を広範囲に調べたPavlyuk (1978b)によれば，調べた16,000を超える幼虫と成虫のうち，わずか0.42％の個体から条虫の擬嚢尾虫を検出したにすぎず，またそのほとんどすべては *T. decacantha* であった（表5.1）．

5.2.3.3 袋形動物門

線形虫綱に属するハリガネムシ目の幼虫は節足動物の一部の分類群の内部寄生者であり，成体として自由生活をするために宿主を離れる．ハリガネムシ目はトンボの幼虫の寄生者として報告されているが（Degrange 1972, Hall 1929を引用），トンボ目との関係はほとんど明らかになっていない．

線虫綱の中にはトンボ目の寄生者を含む3つの目，回虫目，旋尾線虫目，および毛頭虫目がある．

魚類や爬虫類，鳥類，陸生哺乳類に寄生するアニサキス科（回虫目）の一部の種は，トンボ目の幼虫を第2中間宿主として利用する．*Contracaecum spiculigerum* の成虫はその終宿主である水鳥の体内で産卵し，卵は宿主の排泄物とともに水に入る．卵は水中で第1中間宿主である橈脚類に食われ，その血体腔中で幼虫が脱皮する．この橈脚類が第2中間（待機）宿主のトンボの幼虫に捕食されると，その線虫の幼虫はトンボの血体腔に入り，そこで再び脱皮する．トンボの幼虫が魚に食われると，線虫は魚の体腔へ移動して被嚢を形成する．この魚は保虫宿主として働く．もしそのトンボの幼虫あるいは魚が終宿主に捕食されると，寄生者はその終宿主の腸管の内腔に産卵し，生活環が完結する（Mozgovoi et al. 1965b）．*Raphidascaris acus* の生活環も，トンボのほかにトビケラ目の幼虫も待機宿主になりうることを除けば同様である．第2，第3および第4の幼虫ステージでは，保虫宿主である数種の魚の肝臓に棲む．終宿主は食物連鎖の最高位に位置する魚食性のノーザンパイク *Esox lucius* である（Smith 1986）．アニサキス科のこの2種の生活環は，いずれもよく知られている食物連鎖によって維持されている．

旋尾線虫目では，トンボ目の寄生者が3つの科から知られている．その1つであるSpiruridae科の多くは脊椎動物の寄生者であり，終宿主へ至る途中に通常1種か2種の中間宿主**および**1種の保虫宿主を通過する．カメの寄生者である *Spiroxys contortus* は，中間宿主として橈脚類を，そして保虫宿主の1つとしてトンボ科の幼虫（おそらくアカネ属を含む）を利用している（Ivashkin & Hromova 1976）．その生活環はトンボの幼虫が唯一の中間宿主であるらしいことを除けば，他の2科と類似している．トンボの幼虫が *Spinitectus carolini*（テラジア科）の卵を摂取すると，孵化した第1ステージの幼虫が血体腔に入る．彼らはそこで脱皮して腹部の筋肉を通り抜け，それからすぐに再び脱皮して第3ステージの幼虫となる．それをトンボ幼虫が被膜で覆う．終宿主は魚である（Jilek & Crites 1980）．*Synhimantus brevicaudatus*（アクアリア科）では，中間宿主としてギンヤンマ属の幼虫と数種の魚が含まれる．線虫の幼虫は魚の中でのほうが少し大きく育つので，トンボ目は「好まれる」宿主ではないのかもしれない．終宿主はアオサギ属 *Ardea* であり，これらの中間宿主を捕食することで感染する（図5.6; Mozgovoi et al. 1965a）．

毛頭虫目では2科がトンボ目と結び付いている．Steinernematidae科の仲間は「半寄生的」と称され

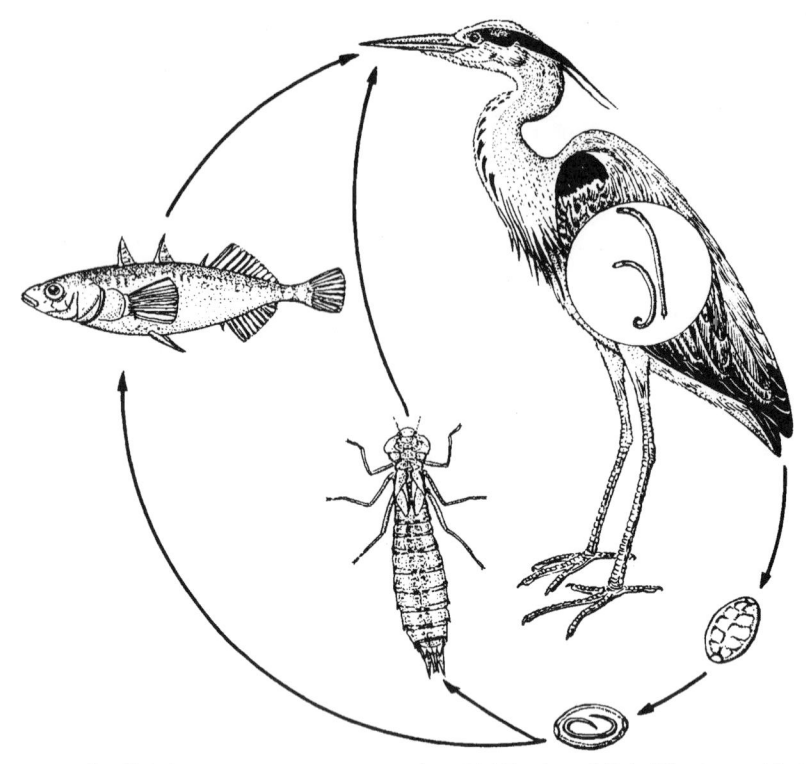

図 5.6 アクアリア科の線虫（*Synhimantus brevicaudatus*）の生活環．トンボ幼虫（ギンヤンマ属）と魚（イトヨ属 *Gasterosteus*）が中間宿主，アオサギ属 *Ardea* が終宿主となる．各図のスケールは実際とは異なる．(Mozgovoi et al. 1965b を改変)

てきた．ある宿主昆虫内で増殖した後，その新寄生虫の数があまりにも多いため宿主は死亡するが，その寄生虫は死体内で腐生的に摂食してさらに 1〜2 世代を過ごすからである (Steinhaus 1964)．やがて死体が分解し自由生活者として分散した後に，他の宿主に摂取される．アメリカギンヤンマの幼虫は，穀物害虫の生物制御に広く用いられる線虫（*Neoaplectana carpocapsae*）を実験的に感染させやすい数多い昆虫の 1 つである (Laumond et al. 1979)．もう 1 つの Mermithidae 科は陸生および水生の昆虫の絶対的内部寄生者であり，その幼虫は普通は体腔に，時には消化管内腔やマルピギー管などの器官に棲みつき，そこで数回脱皮する．成虫は自由生活を行う．感染は受動的（宿主が卵を摂取する場合）にも能動的（幼虫が宿主の体のクチクラを通り抜ける場合）にも起きうる．Mermithidae 科の幼虫は宿主内で著しく大きさを増し，時には長さ 10 mm を超える．その幼虫は宿主を離れる直前に脱皮して最終ステージの幼虫となり，脱出時は宿主のクチクラに内側から穴をあけるために，時には槍状の歯を用いる．その脱出孔からの体液が流出するため，宿主は多くの場合死亡する．致死的でない感染では，成長の遅延や不妊など

の発育障害や間性を引き起こすことがある (Poinar 1972)．

Anomalagrion hastatum と *Ischnura posita* の寄生者である *Amphimermis tinyi* の幼虫の外観は Mermithidae 科の典型である（図 5.7）．長さ 49 mm に達することがあるその幼虫は，宿主の胸部と腹部にとぐろを巻いており，肉眼でもはっきり見える．Willis (1971) が調べた個体群では寄生率は 40〜81％ であり，感染した均翅亜目の幼虫はそれぞれ 1〜12 個体の Mermithidae 科の幼虫を宿していた．その生活環は，夏の間は 7〜8 週を要した．寄生率は寒くなると減少するようであった．寄生生活を終えた線虫は肛門の近くから出てきた．数個体の寄生者が 1 個体のトンボに棲みついていた場合，寄生者は小形となり早く脱出する傾向があった．寄生者が脱出した後も，宿主の一部は数時間生きていた．旧ソ連で行われた広汎な調査 (Pavlyuk 1972a; Okorokov & Tkachev 1974) によれば，トンボ目幼虫における Mermithidae 科の出現率は普通非常に低く（表 5.1），トンボ目につく一部の Mermithidae 科は宿主特異的であり (Pavlyuk 1986b)，見つかった多くのものが未記載種であった (Rubtsov & Pavlyuk 1972)．Mermithidae

5.2 他種生物との相互作用

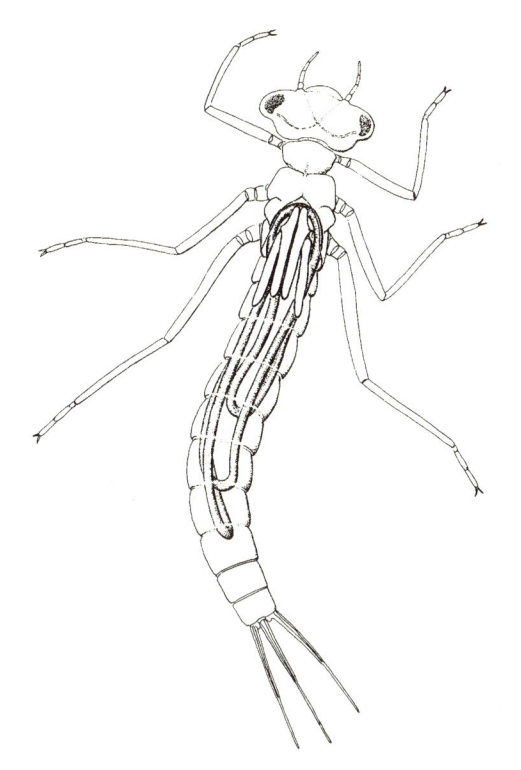

図5.7 アオモンイトトンボ亜科の老齢幼虫（頭幅約3.5mm）の胸部および腹部中でとぐろを巻いているMermithidae科の線虫（*Amphimermis tinyi*）の幼虫．（Willis 1971を改変）

科の寄生者は普通宿主を殺すので，宿主個体群を抑制する能力をもつように思えるが，トンボ目における感染率は一般に低いので，トンボの個体群を抑制または調節する可能性はほとんどない．

トンボに寄生する原生動物と後生動物の中で，これまでのところ最も蔓延しているのは，グレガリナ亜綱と吸虫綱，そして成虫のトンボに限られるが，ダニ目である（表5.1）．扁形動物や袋形動物の回虫目と旋尾線虫目に属する寄生者は，生活環を完結するために，終宿主または保虫宿主に摂食されるまで十分長く生存する宿主としてトンボを必要とする．これらの寄生者は，宿主の行動や活動力に影響を及ぼすことではこの宿主が次の宿主の餌になる可能性を高めるかもしれないが，グレガリナは袋形動物の毛頭虫目（主にMermithidae科）とは違い，通常は宿主を殺すことはない．この点で，後者については，寄生者よりは捕食寄生者とみなすほうが適切である（§3.1.4.3.1）．これまでの研究により，トンボ目に対するさまざまな種類の後生動物の寄生者の相対的重要性が明らかになってきた．トンボに対する寄生

者，特に病原体の影響は，おそらく低緯度地方で行われる研究によって理解が進むであろう．

5.2.4 捕食者

トンボの幼虫を主要な食物源としている分類群について，定量的な捕食の記録を表A.5.3に示した．食物構成が異なった方法で記録されているうえに，トンボ自身がそうであるように，ほとんどのトンボの捕食者も，その時期ごとに特定の餌に集中する傾向があるので，そこに示した数値は参考にすぎない．それでも表A.5.3と多くの定性的な観察から，いくつかの一般化が可能になる．トンボの幼虫の主な捕食者は，他のトンボを別にすれば（§5.2.4.4），魚類と鳥類，そしておそらく両生類である．この知見は，これらの脊椎動物群がトンボ目の主な寄生者（扁形動物や袋形動物）の生活環に組み込まれており，トンボ幼虫が中間宿主となっていることに関連する．

おそらく，他のさまざまな分類群も，地域あるいは時によってトンボ目幼虫を捕食する．フランスでは導入されたザリガニ科の1種（*Oronectes limosus*）が，野外の流れに設けた囲いの中でヨーロッパオナガサナエ*Onychogomphus uncatus*の大形の幼虫を捕食した（Suhling 1994a）．

捕食は，種内および種間の**干渉型競争**の極端な，また容易に測定が可能な形態である．干渉型競争は，死亡ではなく活動力の減退となって現れることがある．したがって，この項では，捕食者の存在によってトンボの幼虫が受ける非致死的影響を，既知の影響だけでなく推測される影響も含めて説明する．

5.2.4.1 硬骨魚綱

非常に若い魚はトンボの幼虫をほとんど食わないが，魚が成長するにつれて彼らの食物構成の中でトンボの幼虫の占める割合が次第に大きくなり，ある大きさに達するとトンボの幼虫以外をほとんど摂食しなくなることがある．この傾向はCharles Branch Wilson（1920）がアメリカ，アイオワ州での広汎な研究（Wright 1946a参照）から到達した結論であるが，止水性のトンボ目幼虫を捕食する魚類に，今なお一般的に当てはまる．特にマスは，トンボの幼虫ばかりを食うことがある．南アフリカのイーアステ川Eerste Riverで捕らえられた0.57kgのニジマス*Salmo gairdneri**の胃には，119個体の*Paragomphus*属の幼虫（平均体長19mm），10個体のヤンマ科幼虫（13～

---
*訳注：*Oncorhynchus mykiss*のシノニム．

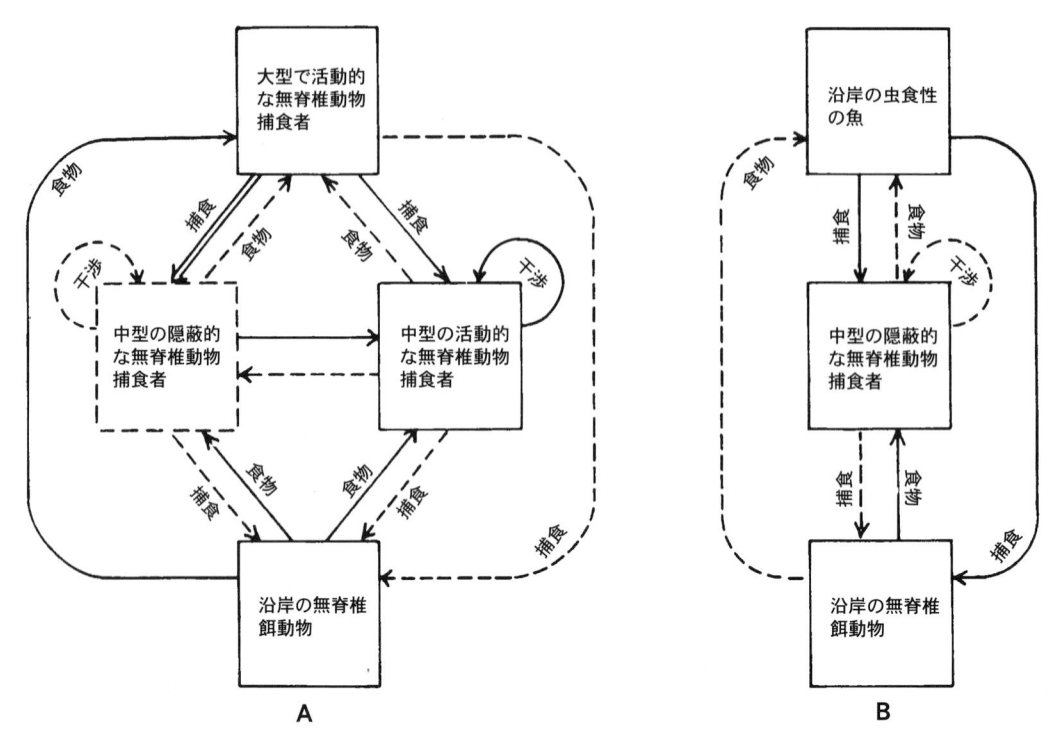

図5.8 魚がいない (A)，いる (B) によって区別される，北アメリカ暖温帯の止水域沿岸の生物群集の2つのタイプ．魚のいないタイプでは，活発な無脊椎動物の捕食者（例：ギンヤンマ属幼虫）が優占するが，彼らが餌動物（無脊椎動物）を枯渇させてしまうことはまずない．魚がいるタイプには，身を隠す習性をもつ小形の無脊椎動物と，数が減ってしまった餌動物群がいる．矢印は栄養段階間の効果を示すが，それは行動的反応と分布の変化を起こす引き金になることが多い．実線の矢印は，相対的に強い効果を示す．二重線の矢印は，大形で活発な無脊椎動物捕食者による捕食を示し，活発な無脊椎動物の捕食者（例：*Enallagma aspersum*）よりは，隠蔽的な無脊椎動物捕食者（例：*E. traviatum*）に対する影響のほうが大きい．(Blois-Heulen et al. 1990を改変)

32 mm)，そして10個体のトンボ科幼虫（13 mm）が入っていた (Harrison 1964)．また，魚は新たに孵化した幼虫を大量に捕食することがあるが (Macan 1966a; D. M. Johnson et al. 1995)，たいていより大形の幼虫を選ぶ．オーストラリア，ニューサウスウエールズ州のある湖では，ニジマスとブラウントラウト*Salmo trutta*は，季節や各齢期の幼虫の相対的個体数に関係なく，*Hemicordulia tau*のF-2齢より小形の幼虫を捕食することはめったになかった (Faragher 1980)．アメリカ，テネシー州のベイズマウンテン湖Bays Mountain Lakeの沿岸帯では，レッドイヤーサンフィッシュ*Lepomis microlophus*が大形の幼虫を選択的に捕食するため，アメリカオオトラフトンボ*Epitheca cynosura*の1化性戦略の成功率を低下させる効果をもたらした．このトンボは，特に7月に大量に捕食されたが，そのときは，最も速く成長していた幼虫が最も捕食を受けやすかった (Martin et al. 1991)（小型のサンフィッシュ科の種は，捕食によってではなく，間接的にその集団構成の1化性の群れの成功率を低下させるが，この話題は§5.4で扱う）．

魚による捕食は，不均翅亜目幼虫の数を大幅に減らすことがある．例えば野外の囲いの中で数種の魚類の捕食にさらされるとアメリカオオトラフトンボとカトリトンボ*Pachydiplax longipennis*の羽化個体数は，それぞれ85.8％と97.4％減少した (Morin 1984a)．このような結果は，胃内容分析からの知見を補強し，また，ある種の魚にとっての食物エネルギー源としてのトンボ目の幼虫の重要性を立証するものである．魚が関与する食物および種間関係網でトンボ目の幼虫が果たす役割を図5.8に示した．大きく，微生息場所が豊富に存在する東アフリカのビクトリア湖（ナイルパーチ*Lates niloticus*の導入前）では，均翅亜目よりは不均翅亜目の幼虫のほうが，より大量に，またより多くの魚種に捕食された (Corbet 1961c)．

5.2.4.2 両生綱と爬虫綱

両生類による捕食は，おそらく偶発的で通常は軽微であり，トンボの幼虫が10％以上の捕食者の消化管で見つかることはほとんどない (Larochelle 1977a 参照).表A.5.3に示した例は，その割合が例外的に高いものである.表A.5.3にヘビの1種 (*Regina alleni*) が含まれているのは，いくつかの点で興味をそそられる.Godleyの非常に有益な研究が明らかにしたように，若い*R. alleni*はもっぱらトンボ科の幼虫を捕食し，そのうち96％はホテイアオイ *Eichhornia crassipes* の浮き島の中にいる2種のトンボ (*Miathyria marcella* [83％] とカトリトンボ [13％]) で構成されていた.このホテイアオイのマットは*M. marcella*が見られる唯一の微生息場所である.これらのトンボの幼虫は，季節によっては代替餌動物となる十脚目より（蛋白質含有量の点で）質が高かった.トンボの生物体量が特別に多く，ヘビの食物摂取量が最大になる秋には，若いヘビは5mm以上のトンボの幼虫の約91％をホテイアオイ群落から捕食した.ヘビの体重の0.1～5.3％に相当する量の幼虫が摂食されたことになる.ヘビは十脚目を摂取するのとは逆に，ほとんどいつも頭から先にトンボ幼虫を飲み込んだ.ヘビは，ヤンマ科のような大型の幼虫を食うことがあったが，それがヘビの体重の20％を超えると，幼虫の腹部にある棘がヘビの胃の内面や腹膜に刺さり，吐き戻しもできないため，消化が進むまでヘビは苦しがった.若いヘビはヤンマの幼虫を避けることを学習するようだが，それは驚くに当たらない.この微生息場所でのトンボ科，ことに*M. marcella*の幼虫に対する，*R. alleni*による捕食は激しく継続的なので，少なくともほかの場所からの繰り返しの補充がない限り，そのトンボの個体群は維持できないのではないかとの疑問が生じる.この点については，（熱帯植物である）ホテイアオイがフロリダ州に定着したのは1890年以降にすぎないことに注目すべきだろう.*M. marcella*は1934年に初めてフロリダ州で記録されたが (Dunkle 1989a)，ホテイアオイの存在と非常に密接な関連がある（表A.2.3）.このトンボの小形幼虫の密度は，その植物の根の間で400/m²に達することもある（表A.4.6）.フロリダ州の*R. alleni*は，最近になって極めて好適な採餌用の足場と，その中に都合よく閉じ込められた，豊富で栄養のある餌動物 (*M. marcella*) を提供されたわけである.この餌-捕食者関係はまだ平衡に達していないようなので，この特別によく調べられた強度な捕食は特殊例かもしれない.

*R. alleni*が*M. marcella*を摂食する例は，トンボがどんな防御手段も進化させてこなかった捕食者に出会うと，絶滅してしまうほどの強烈な捕食を受けることを想起させる.近年まで陸生の大型捕食者がいなかったニュージーランドでの，このような導入種による災厄に悩まされた歴史を考えれば，同国の林地で野良猫が地表性のムカシヤンマ科の *Uropetala carovei* の幼虫を捕食した記録 (Winstanley & Rowe 1980) は不吉な徴候である.この点で特に影響を受けやすいのは，サモアのような大洋島であり，この島に導入されたザリガニと魚は，淡水の無脊椎動物相を広範囲に損なうおそれがある (Donnelly 1986).例えばハワイでは，導入されたカダヤシ *Gambusia affinis* と固有種の *Megalagrion pacificum* との分布が重なり合う所では，どこでも後者が絶滅してしまっている (Moore & Gagné 1982).

トンボ個体群が，全く異なるかたちで除去されることがある.カニの1種 (*Metapaulias depressus*) とヒカゲイトトンボ亜科の *Diceratobasis melanogaster* は，ジャマイカでは同じ繁殖場所，すなわち，パイナップル科の着生植物であるエクメア属 *Aechmea* と *Hohenbergia* 属を共用している.そのカニは，巣を用意し，幼体を守るといった，親による子の世話をある程度行う.その「育児室」に幼生を放す前に，カニはそこに棲んでいる*D. melanogaster*の幼虫をすべて殺して食う.たとえ1個体のトンボの幼虫でも，そのカニの一腹の子の全部を滅ぼしうるので (Diesel 1989, 1992)，これは必要に迫られた先制措置である.

5.2.4.3 鳥綱

予想されるように，トンボ目の幼虫を最も多く捕食する鳥は（表A.5.3），主に浅い淡水で採餌する種である.トンボ目の幼虫を捕食し，条虫類や線虫類の終宿主としてそれらが関係することを考えると，表A.5.3の末尾に示したカイツブリ類とサギ類が卓越することは興味深い.おそらくトンボ幼虫だけを継続的に餌とする鳥はいないが，一部の種は明らかに広範にトンボ幼虫を食うし，時期によっては，例えば雛を育てているときは，トンボばかりを食うかもしれない.営巣期間中，2羽のアメリカズグロカモメ *Larus pipixcan* のそれぞれの餌には320個体を超える幼虫が含まれていた (Kennedy 1950).鳥類によるトンボ目の幼虫への捕食のインパクトについてはほとんど分かっておらず，またあまり分かりそうにもない.ある種のカモは常時かなりの量のトンボ目の幼虫を食うようだが (Wright 1946a)，上に引用し

た例のように，時に捕食は強烈であるとしても，短く一時的である．捕食，ことに鳥類による捕食の状況は，胃の中から見つかる幼虫の齢期や脱皮途中の段階にあるかどうかが記録されたら，大いに理解が進むに違いない．例えば，胃の中の幼虫がファレート成虫であるときは，それらが羽化の途中（P. S. Corbet 1959参照），つまり水中ではなく水の外で捕らえられたとみなしてもよいだろう．トンボの幼虫の捕食者としてカモ類が含まれることから，整理好きの比較生態学者はカモノハシ *Ornithorhynchus anatinus* の食物中にもトンボの幼虫が含まれること（Faragher et al. 1979）を知って得心するだろう．

5.2.4.4 トンボ目

表A.5.3から除外されているトンボ幼虫の主な捕食者は，同種を含む他のトンボである．トンボどうしの捕食は稀とみなされた時期がある（Corbet 1980）．種内捕食（すなわち共食い）がほとんど存在しないと思われる種として，例えばマンシュウイトトンボ（Thompson 1978a），*Lestes virens*（Carchini & Nicolai 1984），*Pseudagrion salisburyense*（Chutter 1961），アカイトトンボ（Lawton 1970a）とニュージーランドイトトンボ *Xanthocnemis zealandica*（Rowe 1980）がある．これらはいずれも均翅亜目であり，このうちの3種が同種個体に対して顕著な敵対行動を示すことは注目される（§5.3.2.6；表A.5.8）．このような行動は間おき分布をもたらすので，それによって幼虫間の出会いを減らすことができるだろう（Crowley et al. 1988）．それにもかかわらず，表A.5.4から見て，トンボによる捕食が普遍的で，多くの種の個体群動態に大きな影響を与えていることは間違いない．

表A.5.4から，3つの主要な結論が引き出せる．第1に，トンボどうしの捕食は，富栄養な池や湖の浅い沿岸帯でごく普通に見られることがあり，その発生率と強度は，大形幼虫と小形幼虫の遭遇をもたらす時空間的要因を反映している．

第2に，小形幼虫は特に攻撃を受けやすいため，大形幼虫と同所的にならざるをえない場合にその死亡率が増加する傾向がある．例えば2年1化性の種の卵が，それらより1年早い同種の存在下で孵化しなければならない場合がそうである．それゆえ，そのような死亡率は，温帯では初夏に（Benke & Benke 1975参照；D. M. Johnson et al. 1995），熱帯では雨季の始まりから2〜3週後に最大となる傾向がある（Fincke 1992b参照）．Scott Wissinger（1988a）は，2種のヨツボシトンボ属の幼虫を用いた室内実験を行い，最後の4齢の幼虫を組み合わせて一緒にした場合，幼虫に2齢期以上の差があると種内捕食が常に起き，その強度が齢期の差の関数として急激に増大することを示した．アメリカオオトラフトンボの3〜5齢幼虫を使った同様な実験でもWissingerの観察が確認され，その一般性が認められた．すなわち，共食いは同じ齢期の幼虫間では稀であるが，2齢期の違いがあるとほとんど常に生じ，密度が高いほど，また代替の餌動物がいないほど増大した．したがって，卵の非同期的孵化は，遅れて孵化する幼虫に種特異的な死亡率が作用することで，幼虫の大きさの時間的変異を減らすことになるだろう（Hopper et al. 1996）．同種の小形個体を含む餌動物の最大サイズを決定する要因には，必要となる処理時間（Thompson 1977）と，餌動物を捕り抑えようとする間に攻撃者が身体的損傷を受ける確率が含まれるだろう．

第3に，トンボどうしの捕食は密度に依存するので，その強度は季節的に変化し，個体数調節に寄与すると考えられる（Benke 1978；Johanson 1992b；§5.4）．このことが幼虫個体群の構成と動態に及ぼす影響については§5.4で論じる．

このように捕食のフェノロジーに対する淘汰圧のかかりかたは複雑であり，生残幼虫の動態をシミュレートするように構築されたモデルを使って検討する必要がある（Crowley et al. 1987b）．表A.5.4のカロライナハネビロトンボ *Tramea carolina* についての記載事項は，春季に長距離移動するアメリカギンヤンマやカロライナハネビロトンボのような大型不均翅亜目が（§7.4.3と§11.3.3.2.1）毎年移入するくらい低緯度の温帯では，トンボどうしの捕食が池のトンボ個体群に影響を及ぼす主要な要因となっていることを示している．また，キタルリイトトンボ *Enallagma boreale* で見られるような，同じ年の早い時期に孵化した同種個体による共食いは，おそらく早い時期の羽化や産卵が有利になる強い淘汰圧を働かせることになる（Anholt 1994参照）．同時出生集団の間の共食い（例：*Epicordulia princeps*, Wissinger 1992；§5.3.2.2.3）は，大形幼虫が沖のほうへ移動することによって減少することもあるようである．

表A.5.4に示したように，トンボどうしの捕食が広く見られることやその影響を考えると，それが特定の種（この項のはじめを参照）に**欠如**していることのほうが意外である．それには**遭遇率**が関係しているかもしれない（種内の捕食か種間の捕食かを区別することはそれほど重要でないので）．遭遇率を決める重要な要因としては，幼虫の密度，ほかの餌動物

表5.2 不均翅亜目幼虫による微生息場所利用のパターンの例（インディアナ州の農場の池）

パターン	種	季節的な生息状況
1	アメリカギンヤンマ ハヤブサトンボ カトリトンボ ウスバキトンボ	年間を通して岸近くの浅瀬（水深<0.5m）に限られる
2	セボシカオジロトンボ ラケラータハネビロトンボ	実質的に水深0〜1mに限られ，大多数は（特に夏は）常に0.5m未満
3	*Celithemis elisa* ネグロベッコウトンボ トホシトンボ アメリカハラジロトンボ	2に同じ．ただし冬の間は一部の幼虫が水深1.0〜1.5mへ移動
4	アメリカオオトラフトンボ *Epitheca princeps*	最大密度は3〜7月は0.5m未満，8〜11月は0.5〜1.0mだが，一部の幼虫は1.0〜1.5mで見つかる
5	コハクバネトンボ	最大密度は6月（<0.5m）を除き1.0〜1.5mにあるが，あらゆる水深を利用
6	キアシアカネ	幼虫期（4〜8月）を通じて0〜1.0mに限定．4月と8月のみ，最大密度は水深0.5m以下の場所にある

出典：Wissinger 1988c.

の供給量，そして，とまり場や隠れ場となる水草の存在とその構造があげられる．（大形幼虫と小形幼虫が遭遇する確率に関しては）2年1化性の *Roppaneura beckeri* の幼虫が棲む葉腋を一方の極とし，穴掘りタイプの *Dromogomphus spinosus* の幼虫が棲むような中栄養的な湖の沿岸地帯を他方の極とするような勾配を思い描くと良い．後者の幼虫は穴掘りタイプであるため（§5.3.2.2.4），同じ沿岸帯にいる他の不均翅亜目では普通に見られるトンボどうしの捕食から免れているようである（Mahato & Johnson 1991）．樹洞生息者であるムラサキハビロイトトンボ（激しい捕食があり，1〜1.5*l* 当たり1幼虫の密度に速やかに安定化する，Fincke 1994a）と *Hadrothemis camarensis*（捕食は無視しうるほど，Copeland et al. 1996）における共食い頻度の顕著な違いは，おそらく後者の穴掘り習性による遭遇率の著しい低下を反映している．後者の幼虫を泥や葉からなる底質の上におくと，10分以内に穴を掘って隠れてしまう．この例は，トンボどうしの捕食を検出するための実験では，現実に即した隠れ場や底質を用意する必要があることを強く示すものである．タイリクオニヤンマ *Cordulegaster boltonii* によるヨーロッパオナガサナエの捕食は，砂の上では最も少なくなる（Suhling 1996）．浅い池や湖の沿岸帯には，一定の深さの狭い範囲内に数種の不均翅亜目幼虫が高密度で生息していることがある（表5.2）．このような生息場所で，穴掘り習性によってトンボどうしの捕食の危険性が低下しうることは，砂に潜り込むアメリカハラジロトンボ *Plathemis lydia* の幼虫がほかのトンボにあまり捕食されないことによっても裏づけられる（Robinson & Wellborn 1987）．

ここまで，幼虫の主要な捕食者，特に魚やトンボの幼虫が，トンボ幼虫の適応度を短期的に低下させることで（すなわち，それを食うことで），トンボ目の個体群に直接影響を及ぼす様式について考察してきた．捕食者としての魚とトンボによる直接的影響はほぼ類似している．違っているのは，大形の幼虫は魚に捕食されることが多く，小形の幼虫はトンボに食われることが多いことと，魚がいるかいないか（すなわちその淡水生態系の頂点の捕食者が魚かトンボか；§5.3.1.4）によって，最も食われやすい種が異なることである．これに関連して，ある状況下である種が捕食されやすい場合，それと共存する他の餌動物の存在と，それらが捕食者にとってどれほど魅力があるかにもある程度依存する（Greenwood 1984）ことに留意しなければならない．キンソウイトトンボ *Coenagrion hastulatum* やカラカネトンボ *Cordulia aenea*，カオジロトンボを使った室内実験では，種内の捕食は，餌となる動物プランクトンが存在しないときに最も多く見られた（Johansson 1992）．

ほかのトンボの幼虫（同種または異種），特に自分より大きな他個体が存在すると，たとえ殺されなくても幼虫の適応度が低下することがある．それが同種によってもたらされた場合の影響は，必ずしもトンボ目のすべてではないが，多様かつ深刻であり（表A.5.9），多くの種にとって密度依存性の個体数調節メカニズム（§5.4）として働く可能性がある．このような非致死的効果は，特に産卵期が長びいたときに1化性の種の幼虫でも検出されることがあるが（例：キタルリイトトンボ，Anholt 1994），おそらく2年以上の幼虫期をもつ種でより頻繁に生じるだろう．これはルリボシヤンマ *Aeshna juncea* において，周期

的に特定の年の出生集団の個体数が抑制される現象 (Van Buskirk 1992) をもたらすし，ヨツボシトンボでも同じかもしれない (Larson & House 1990)．非致死的な抑圧効果は，トンボの異種間相互作用による場合も見いだされている．すなわち，実験条件下でのハヤブサトンボ Erythemis simplicicollis (F-2齢とF-1齢) によるエゾイトトンボ属の幼虫の摂食量は，ラケラータハネビロトンボ Tramea lacerata (F-2齢とF-1齢) と共存することによって，後者の下唇を手術で切除して餌動物を捕獲できないようにしたにもかかわらず，50％以上減少した (Wissinger & McGrady 1993)．また，ハヤブサトンボの成長速度の低下は食物の枯渇 (消費型競争) ではなく，密度自体 (干渉型競争) が原因であった (Van Buskirk 1987a)．

野外の Enallagma ebrium とアメリカアオモンイトトンボの幼虫については，互いの存在によってどちらかが好適な採餌場所から排除された証拠はない．しかし，おびただしい数の要因 (例：餌動物が時空間的に連続して分布していないか幼虫密度が低い，またはその両方) が，そのような検証をあいまいにした可能性はある (Baker 1986b, 1987)．一方，同種内の相互作用がアメリカアオモンイトトンボの採餌速度に影響し，その結果として発育に影響するという仮説は観察結果によっては支持されなかったが，いくつかの要因がこの関係を検出しにくくしたかもしれない (Baker 1989)．

2種が同所的に出現するときに，一方が他方を排除する傾向がある場合 (例：クモマエゾトンボ Somatochlora alpestris がホソミモリトンボ S. arctica を排除する；Sternberg 1990)，幼虫間の相互作用がその一因である可能性をまず考えるべきである．

5.2.5　生存率

幼虫の同時出生集団の生存率は，普通，密度の推定値を継続的に比較することで求められる．しかし，同時出生集団の密度は，微生息場所や時期によって変化することがあるので，生存率は密度でなく全体の個体群サイズから推定するほうが適切である．また生存率は，孵化期間と発育期間の長さにあまり変異を示さない1化性の種で最も容易に推定できる (Wissinger 1988c参照)．図5.9は生存率推定 (表5.3) の元になる個体群サイズの変化の様子を例示したものであるが，生存率推定に伴う複雑さを示している．生存率は，幼虫期が春と夏に限定されるキアシアカネ Sympetrum vicinum とウスバキトンボ Pantala flavescens だけが直線的である (キアシアカネの卵は越冬して早春に孵化し，ウスバキトンボの卵は南からの移住個体によってその約1ヵ月後に産下される)．図5.9に示した残りの4種では生存率が季節によって変化する．セボシカオジロトンボ Leucorrhinia intacta は1化性でよく同期しており，変化の程度は異なるとしても，おそらく他の3種もたどるパターンを示している．すなわち，生存率は夏と初秋に最も低く，冬季には比較的高いが，春には再び低くなる．2化性でおそらく完全に定住的であるカトリトンボの場合と，定住個体群と移住個体群が共存しているため2化性と誤解されやすいラケラータハネビロトンボの場合は (§7.4.3)，複数の同時出生集団が重複しているため，生存率の推定が困難である．2年1化性の種では，その年の大部分にわたって複数の同時出生集団に分ける作業が必要であるが，アカイトトンボのように (表5.3)，同時出生集団が体サイズと微生息場所によって明瞭に分離できる場合は，ほとんど問題がない．テネシー州におけるアメリカオトラフトンボの場合，2つの同時出生集団の両方に起きた6月中旬の高い死亡率が (主として魚と，より大形のトンボ幼虫の捕食による)，夏季の個体群サイズの大きな減少を引き起こした．

幼虫期間が通常5年であるカラカネトンボ Cordulia aenea amurensis 個体群の生存率を推定するため，Hidenori Ubukata (1980a, 1981) は，池に放しておいた既知数の人工の「モデル」幼虫の再発見を定量化することによって，またF-0齢幼虫の密度を羽化総数と比較することによって，野外での採集効率の尺度を求めている．彼も Wissinger (1988c) と同様，生存率が冬季に最大であること，幼虫の発育期間中は階段状の生存曲線が生じることを見いだした．アカイトトンボの一見直線的な生存曲線は予想外であり，Lawton (1970b) は，幼虫の発育期間中に異なる死亡要因が，互いに相殺するように連続して働いたと推論している．Duffy (死亡要因について意見を控えている) を除き，表5.3に引用した研究者たちは，食物不足ではなく，捕食が幼虫の死亡率の主な原因であると結論している．

死亡率は齢期や季節によって異なり，野外では分けて評価することが時に困難な変数であろう．最初のいくつかの齢期での高い死亡率は，個別に飼育した幼虫の間で共通している (例：Begum et al. 1985)．これは適当なとまり場や隠れ場が，あるいは適切な食物が供給されなかったことによるストレスのせいかもしれない．ルリボシヤンマ幼虫は，3年の生活環の2度目の夏の間，明らかに込みあいの結果と思われる生存率の低下を示した (Van Buskirk 1993)．フ

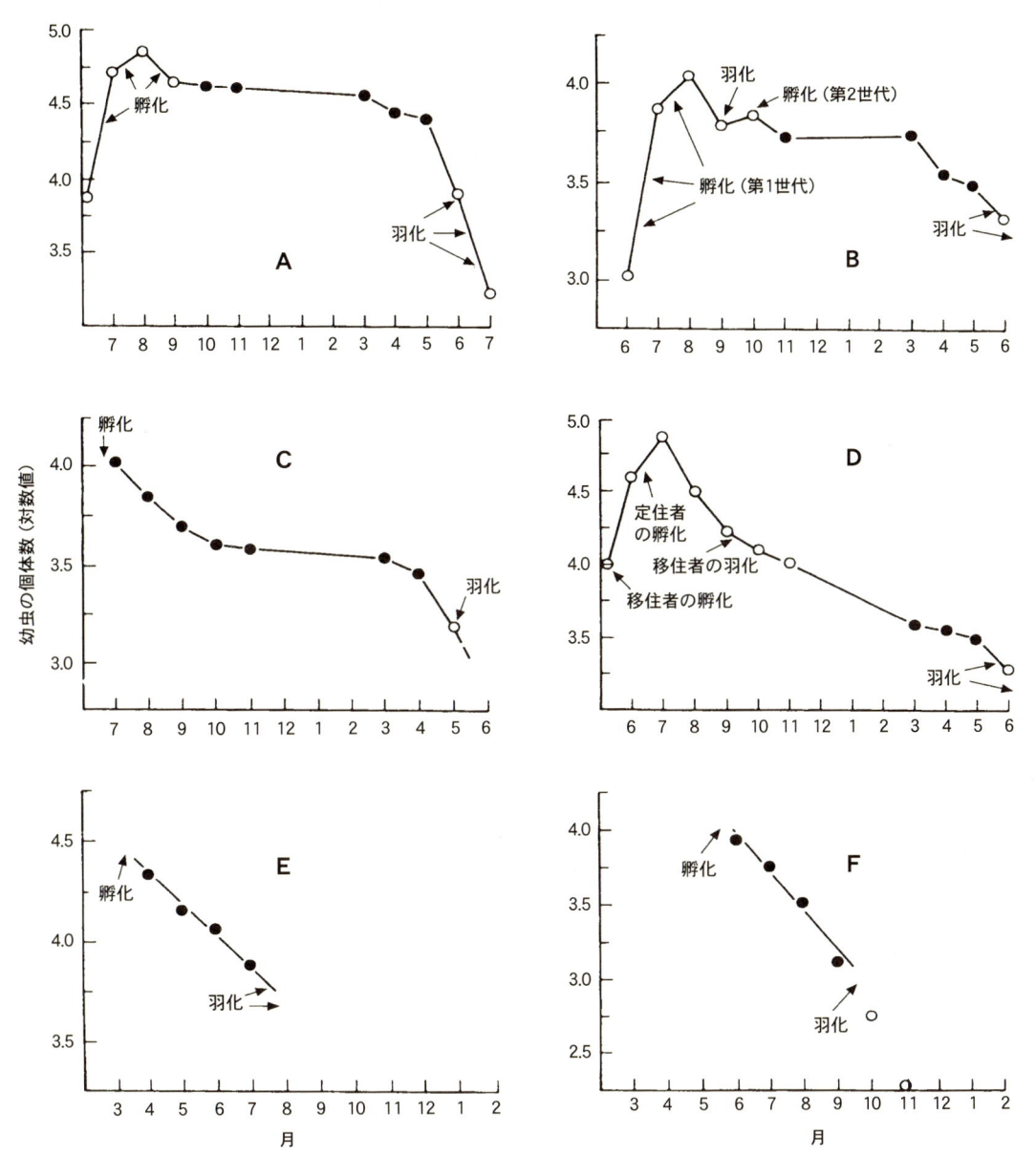

図 5.9 魚のいない小さな池における，不均翅亜目幼虫の月ごとの推定個体数．A. コハクバネトンボ; B. カトリトンボ; C. セボシカオジロトンボ; D. ラケラータハネビロトンボ; E. キアシアカネ; F. ウスバキトンボ．アメリカ，インディアナ州．（Wissinger 1988c を改変）

ランス南部では，ヨーロッパオナガサナエの F-0 齢の死亡率が 90％に達することがある．その原因は，1 つには冬の間の非常に低い食物供給量に関連した密度依存的な種内競争であり，また 1 つには休眠に入るのを妨げる高い冬の温度のようである (Suhling 1994a)．アメリカアオイトトンボ *Lestes disjunctus disjunctus* では，F-0 齢で 71.7％の死亡率が知られている (Duffy 1994)．野外の囲い池におけるキタルリイトトンボの F-1 齢と F-0 齢の生存率は，羽化前 4 ～ 8 週の間，食物の不足または高密度条件によって低下した (Anholt 1990a)．Banks & Thompson (1987b) が調べたサオトメエゾイトトンボとマンシュウイトトンボの野外個体群では，冬の間は測定できるような死亡率は検出できなかった．また，サオトメエゾイトトンボは，高密度で真夏から晩秋までの間一定の死亡率を示したが，低密度では死亡率は検出できなかった．カロライナハネビロトンボの最後の 6 齢における死亡率 (％) と密度との間には，正

表5.3 全幼虫期（羽化を除く）を通しての生存率

種	生存率（%）	幼虫期間（年）	場所	備考
1化性				
アメリカアオイトトンボ	5.5	0.2	アメリカ, MN	幼虫期は春と夏に限られる（Duffy 1994）
ウスバキトンボ	16[a]	0.3	アメリカ, IN	幼虫期は夏に限定．魚はいない（Wissinger 1988c）
キアシアカネ	7[a]	0.4	アメリカ, IN	幼虫期は春と夏に限定．魚はいない（Wissinger 1988c）
Celithemis fasciata[b]	3.2～4.6	0.9	アメリカ, SC	魚がいる（Benke & Benke 1975）
キタルリイトトンボ	5～50	0.9	カナダ, BC	大きな同種個体はいない（Anholt 1994）
	0～3	0.9	カナダ, BC	大きな同種個体がいる（Anholt 1994）
アメリカオオトラフトンボ	9	0.9	アメリカ, IN	生存率は非直線的．魚はいない（Wissinger 1988c）
	2[c]	0.9	アメリカ, TN	生存率は非直線的．魚がいる（Johnson 1986）
セボシカオジロトンボ	8	0.9	アメリカ, IN	インディアナ州のアメリカオオトラフトンボと同様
Libellula deplanata	0.5～7.9	0.9	アメリカ, SC	Celithemis fasciata と同様
2年1化性				
アメリカオオトラフトンボ	5[c]	1.9	アメリカ, TN	生存率は非直線的．魚がいる（Johnson 1986）
アカイトトンボ	0.5	1.9	イギリス	魚はいない（Lawton 1970b）
多年1化性				
ルリボシヤンマ	2.5	2.9	日本	生存率は非直線的（倉田 1974）
カラカネトンボ*	0.2[d]	4.9	日本	生存率は非直線的，魚がいる（Ubukata 1981）

[a] 孵化後の個体数のピークから羽化の少し前まで．
[b] 初期の齢は Celithemis 属の他種個体（<2%）を含んでいる可能性がある．
[c] 卵と新しく孵化した幼虫を除く．
[d] 産下された卵から幼虫期の最後まで．
* Cordulia aenea amurensis.

の相関があった（Van Buskirk 1989；§4.3.6参照）．アメリカ，インディアナ州におけるラケラータハネビロトンボの冬の死亡率が比較的高い（図5.9D）のは，おそらく寒さによるものであろう．これは本種の越冬が知られている北限に近い個体群での観察例である．

密度増加が生存率や同種間の行動に及ぼす影響は，表A.5.9と§5.4で扱う．

5.3 捕食の間接効果

捕食者がトンボの幼虫の生態や行動に与える影響が**間接的**にどのような結果をもたらすのかを，ここで検討する．Dan Johnson（1991）は，この急速に発展しつつある分野に関する総説をまとめ，それまでの実験で得られた証拠から次のような結論を導いている．捕食は（主に魚によるか，魚のいない生息場所では大型の不均翅亜目の幼虫による），幼虫群集における種組成や相対的個体数を決める主要な要因である．餌を獲得する必要性は，明らかに幼虫の行動を形成してきた重要な淘汰圧であるが，摂食活動は捕食回避との妥協のために大きく制約されることが多い．したがって，捕食回避の観点から幼虫の行動と生態の一連の様式をまず検討することにする．その結果得られた分類は（表5.4），私がこれら一連の様式について論じる際の背景をなすものであり，幼虫の摂食行動についてすでに論じた§4.3の内容と関連している．

捕食がトンボ幼虫に及ぼす影響を理解するには，2段階の二分法を使って考えると分かりやすい．まず第1に，捕食は，適応に長期的な影響を与える場合と，短期的な影響を与える場合があるだろう．長期的な適応にかかわる淘汰圧に対する反応は，表5.4に示した特徴に現れている．すなわち特有な微生息場所の利用方法，そして，それに関連した形態や行動の特徴である．対照的に，短期的な適応にかかわる淘汰圧に対する反応は，消費型競争（食物供給量を低下させる）や干渉型競争（採餌活動を低下させ，そのことによって捕食の危険を減少させる）を軽減するものである．

第2に，Sih（Johnson 1991参照）によれば，捕食者の存在に応じてトンボの行動を変化させる自然淘汰の働き方には2通りあり，それぞれ**定型的な**行動および**可塑的な**行動として現れることである．Greenwood（1984）が強調した理由から，私はそれを対捕食者行動ではなく，**対捕食**行動と呼ぶことにする．定型的な行動は，捕食の危険性が継続的であり，かつ採餌が減少するコストに比べてその危険性が高いときに生じるはずである（例に関しては表5.4参照）．他方，可塑的な行動は（表A.5.5），その場に捕食者が存在するかしないかに対応した条件的な反応であり，

表5.4 主として捕食圧によって形成されたと思われる幼虫の生態と行動の特徴

局面	現れ方
1. 生息場所	物理的，化学的，および生物的性質によって決定される生息場所の特徴（例：岩の水たまり，酸性化した高層湿原の池塘，魚のいない湖）とそれぞれの種との結び付き．産卵雌によって決定される選択（第2章参照）
2. 微生息場所[a]	隠蔽（以下の項目によって達成される） 　2.1 利用するニッチ（例：堆積物の中，水草の間） 　2.2 外部形態（例：扁平，円筒形） 　2.3 体色とそのパターン（例：緑色，縞模様，斑紋） 　2.4 基質に対する触覚反応（例：しがみつきタイプ，穴掘りタイプ） 　2.5 同種個体に対する反応（例：寛容，敵対的ディスプレイ）[b]
3. 摂食様式[a]	勾配の両極端に見られる属性 　3.1 待ち伏せ型：主に触覚により餌動物を認識．下唇前基節と下唇後基節は短い．餌動物に出会う確率は低く成長速度も小さい．餌動物の枯渇に対しては耐性が高い 　3.2 探索・追跡型：主に視覚により餌動物を認識．下唇は平ら．下唇前基節と下唇後基節は長い．餌動物に出会う確率は高く成長速度も大きい．餌動物の枯渇には耐性が低い
4. 逃亡と防御[a]	接近するが物理的接触をしない捕食者に対して 　4.1 隠れようとする 物理的接触をする捕食者に対して 　4.2 不動反射 　4.3 もがくか引っ張る 　4.4 自切 　4.5 遊泳か歩行で逃亡 　4.6 攻撃か威嚇のディスプレイ

[a] 発育ステージ，時刻と季節，および捕食者，同種個体，餌動物との遭遇頻度によって，一部の，あるいはすべての特徴の現れ方が種内で，あるいは種間で変化することがある．
[b] 退避場所の利用を維持するため．

行動を適切に変更する能力を示している．ほとんどの場合，可塑的な行動は，個体の短期的な適応度に影響を与える採餌レベルの増減を伴う．定型的な行動と可塑的な行動を区別することは有用であるが，次の2点を強調しておかなければならない（Pierce 1988）．まず第1に，一部の定型的な行動は捕食以外の淘汰圧に対して進化してきたかもしれないので，原因と結果を確かめるのは難しい点である．この意味では，淘汰圧がもたらしたあらゆる防御は「偶然」と言えるかもしれない．そして第2に，いくつかの対捕食行動は，魚ばかりでなく大型の生物に対する一般的な反応かもしれない点である．Mokrushov & Zolotov (1973) は，ルリボシヤンマ属の幼虫で，接近する物体がある大きさを超えると，捕食反応ではなく逃避反応を引き起こすことを観察している．さらに言うと，いくつかの定型的な行動は，その条件的性質を実証するために必要な決定的実験を組むことが不可能であるために，その位置づけは暫定的なものにならざるをえない．また，厳密に論理的な観点からいっても，この2つのカテゴリーの区分はあいまいなものとなる．なぜなら，魚が生息する生息場所で進化してきた種に見られる可塑的な行動は全体として1つの「定型的な」行動だからである（§5.3.1.4参照）．これらの理由から，表5.4では，定型的な行動と可塑的な行動を明確に区別することはし

なかった．しかし読者は，この表の例から，ある行動がどちらのカテゴリーに入りやすいのかを評価することはできるだろう．

5.3.1 生息場所の利用

ほとんどのトンボの幼虫は水生である．ごくわずかに陸生の幼虫（例：*Caledopteryx uniseries*, *Pseudocordulia* 属）がいるが，彼らでさえ周囲の湿度が高くなっている微生息場所に棲む．トンボはほとんどあらゆるタイプの流水域や止水域に生息し（表A.2.1），水温（§6.2）や塩分濃度（§6.4.1），pH（§6.4.2），（大型捕食者であるため）生物生産性に関連した制限を受けている．

幼虫が棲む生息場所については，いくつかの生態学的な景観の変化に沿って考察することができる．その中でも，高地の高層湿原や細流にある水源地の近くから，低地の平野にある河口や湿地に至るまでの典型的な流程に沿って示されるさまざまな景観を考えることは有益である．流程に沿って変化する景観の中でどこが生息場所になるかは，生活環の主要な側面のほとんどが多面的に関連している（Corbet 1962a: 9章参照）が，ここでは，捕食の危険性を減少させるための適応をさまざまな程度に反映していると思われる，生息場所利用の4つの側面だけを考

察する．それは，(1) 湿った地上落葉層の利用，すなわち**陸生**，(2) 植物の内部か表面にある，水を蓄えた小さな場所（ファイトテルマータ）の利用，(3) 高塩分濃度の生息場所の利用，時には潮間帯の利用，そして (4) 魚のいる止水域といない止水域を利用する種の分離である．

5.3.1.1 陸 生

森林内の小さな流れや浸出水に生息する幼虫の間では，自由水への依存度の程度はさまざまである．そのような依存度の勾配は，ハワイ産の*Megalagrion*属（イトトンボ科）で見事に示されている．その属の一部の種（例：*M. leptodemas*）は完全に水生であるが，他の種（例：*M. amaurodytum*と*M. oahuense*）はほとんど陸生であり，自由水に入れられると落ち着かなくなる（Williams 1936）．日本産のトゲオトンボ属*Rhipidolestes*は，明らかにこの水生から陸生への移行の最初の段階にあると考えられる．その幼虫は，流れのそばのコケや湿った岩の隙間あるいは流れの中の岩の間に生息する（井上 1979a；写真C.2）．そのような微生息場所は，アメリカ領サモアでは，アオモンイトトンボ亜科の*Pacificagrion*属の新種によって利用されている（Donnelly 1994a）．また，Lieftinck (1984) によって暫定的に*Calicnemia carminea pyrrhosoma*（モノサシトンボ科）と同定された種は，ヒマラヤ西部の垂直な岩を落ちる滝の近くのコケやシダの間に生息するが，その生息場所は，水源からの浸出水や滝からの水しぶきによって水分が保たれている（Kumar 1976a；Kumar & Prasad 1977c）．また，ネパール東部の森林に棲む*C. miniata*の幼虫は，開放水面がない場所の，落葉層や泥，コケの間にある常に湿った岩の表面に生息している（Kiauta & Kiauta 1982）．*Calicnemia*属の種は，そのような半陸生の生息場所によく適応しているが，すべての種がそのような場所に生息しているわけではない．一部の堰止められた流れや湿地に生息する種は，湧水が水源になっているなど，澄んだ冷水が供給される場所を利用する（Lieftinck 1984）．ヤマイトトンボ科の1種の有名な「陸生の」幼虫は，最初にニューカレドニアから Ruth Lippitt Willey (1955) によって報告された後，Lieftinck (1976) によって記載され，Bill Winstanley (1983) によって*Caledopteryx uniseries*と同定された．Winstanleyは，水たまりの中ではなく，湿った葉の裏側や湿った岩の表面にしがみついている幼虫を発見した．このような野外観察と捕獲した幼虫を用いた実験から，*C. uniseries*の幼虫は同じ場所に生息するエゾトンボ科の*Synthemis ariadne*

と同様に，「自由水がしばしばなくなる状況下で，単に生き延びているだけではなく，成長も行っており」，「陸生の状態が常である」と彼は結論づけている（Winstanley 1983: 393）．この種の幼虫を用いた飼育下の選択実験では，水の被膜の内と外の両方の場所を選択した．対照的に，*Megalagrion amaurodytum*や*Pseudocordulia*属の1種のような陸生化が進んだ種の幼虫は，水中に入れられるとそこからはい出す（Howarth 1980; Watson 1982）．また，*Pseudocordulia*属は，肛門から糞粒を打ち出すことができるにもかかわらず，水中でジェット推進を行うことはない（§4.3.4.3）．このように水に入れられた瞬間の幼虫の反応は，どの程度陸生化が進んでいるかを知るための便利な指標となるだろう．幼虫期，少なくとも老齢期で陸生になると思われる種には，ほかに*Antipodophlebia asthenes*（§5.3.2.2.1），幼虫が湿った土の上にある堆積物の間に生息するムカシヤンマ科の*Phenes raptor*（Garrison & Muzón 1995），森林内にある小川の水源の縁に生息するエゾトンボ科の*Idomacromia proavita*（Legrand 1983）がある．

陸生は，もともとは好流性である系統の一部の分類群に繰り返し出現した出来事だが（Donnelly 1986参照），おそらくそれが起きる前にいくぶん特殊な陸上動物相の成立を必要とすると思われる（Williamson 1983）．

5.3.1.2 ファイトテルマータ

ファイトテルマータ，つまり植物体の水たまりは，トンボ目の少なくとも24属47種にとって，通常の，一時的な，あるいは唯一の生息場所となっている（表5.5と表A.5.6）．重要でない1つの例を除けば（Corbet 1983参照），このような植物とトンボの結び付きは熱帯地方に限られ，インド亜大陸を除くすべての主要な生物地理区から報告されている．トンボが生息するファイトテルマータは，着生性と地上性のパイナップル科植物，陸生の*Astelia*属，ツルアダン属*Freycinetia*，タコノキ属*Pandanus*，それに竹の切り株，樹洞などである．ファイトテルマータを利用するのは大部分が均翅亜目で，その幼虫の重要な生息場所となっている．新熱帯区，東洋区，太平洋地域ではファイトテルマータとなるのは主に葉腋であり，アフリカ熱帯区とオーストラレーシア区では，普通，樹木の樹洞である．ハビロイトトンボ科や他の科の一部の属（例：*Amphicnemis*属, *Diceratobasis*属, *Leptagrion*属, *Roppaneura*属）にとって，ファイトテルマータはこれまでに知られている唯一の幼虫の生息場所である（図5.10）．*Megapodagrion*

表5.5 幼虫の生息場所としてファイトテルマータを利用するトンボ

亜科	属	種数	地理区[a]	生息場所[a] L	T	B	S
均翅亜目							
イトトンボ科							
ヒカゲイトトンボ亜科	*Diceratobasis* 属	2	N	L			
ナガイトトンボ亜科	*Amphicnemis* 属[b]	1	O	L			
	Leptagrion 属[b]	10	N	L			
	Megalagrion 属	3	P	L			
	Pericnemis 属	2	O		T	B	
	Teinobasis 属	1	P	L			
ヤマイトトンボ科							
ゴンドワナアオイトトンボ亜科	*Podopteryx* 属	1	E		T		
オオヤマイトトンボ亜科	*Coryphagrion* 属	1	A		T		
ミナミイトトンボ科							
アメリカミナミイトトンボ亜科	*Roppaneura* 属	1	N	L			
ハビロイトトンボ科	ハビロイトトンボ属[b]	4 (2)[c]	N	L	T		
	ムラサキハビロイトトンボ属	1	N	L	T	B	
	Microstigma 属[b]	2 (1)[c]	N	L	T		S
	Pseudostigma 属[b]	2	N		T		
不均翅亜目							
ヤンマ科							
ヤンマ亜科	カトリヤンマ属	2	N		T		
	Indaeschna 属	1	O		T		
	Triacanthagyna 属	2	N		T		
トンボ科							
トンボ亜科	*Cratilla* 属	1	O		T		
	Hadrothemis 属	2	A		T	B	
	ヨツボシトンボ属	1	N		T		
	ハラビロトンボ属	4	O, P		T	B	
アカネ亜科	*Erythrodiplax* 属	1 (2)[c]	N	L			
ハネビロトンボ亜科	*Camacinia* 属	1	O		T		
ベニトンボ亜科	*Macrothemis* 属	1	N	L			

出典：出典と詳細に関しては，表A.5.6参照．
[a] すべて熱帯で記録された例．記号：A. アフリカ熱帯区；B. 竹と樹木の幹；E. オーストラレーシア区；L. 陸生か着生植物の葉腋；N. 新熱帯区；O. 東洋区；P. 太平洋区；S. 地面に落ちた種殻；T. 樹洞，くぼみ，根間の穴．
[b] これらの属では，ほとんどの種が，類似した生息場所を利用する傾向がある．
[c] 括弧内は，未同定だがおそらく追加すべき種数．

megalopus の幼虫は樹洞や地上の落葉層に生息しているとJürg De Marmels (1995) は考えているが，彼の意見ではこの種はヤマイトトンボ亜科 (*Megapodagrion* 属) よりも，ゴンドワナアオイトトンボ亜科 (*Argiolestes* 属か *Podopteryx* 属) に分類学的に近縁であるらしい．不均翅亜目では，いくつかの例外があるが (例：*Hadrothemis* 属，ハラビロトンボ属 *Lyriothemis* の一部の種)，ファイトテルマータの利用はおそらく条件依存的であり，普通 (*Erythrodiplax* 属と *Macrothemis* 属を除いて)，樹洞か切り株にできたくぼみを利用する．不均翅亜目よりも均翅亜目にファイトテルマータを利用する種が多いのは，おそらくその容積による制約 (これは生物生産性と相関する) や，(不均翅亜目にとっては) 翅を水平に広げた状態で狭い隙間に産卵することが難しいこと，また，(均翅亜目にとっては) 大きな樹洞内ほど不均翅亜目による捕食の危険がより大きくなることを反映しているのであろう．樹洞から時折見つかる不均翅亜目の幼虫は，地上の小さな水たまりにも生息する傾向があるが，そのほうがより好ましい生息場所なのかもしれない．例えば，De Marmels (1982a) は，木陰にある細流のそばの非常に小さな岩の水たまり (最小のものは40×15×6cm) で *Libellula* (*Belonia*) *herculea* の幼虫を見つけているし，González-Soriano (1989) は，水が入った缶の中で発見している．*Lyriothemis magnificata* の幼虫も地上の水たまりに生息する．例えばボルネオでは，*Lyriothemis cleis* はたまり水が少ない場所 (例えば傾斜地) では樹洞に生息するが，水平な地面では地上の水たまりに生息する (A. G. Orr 1995)．ボルネオで樹洞 (47%) や，特に大きな木の股のくぼみ (91%) にトンボが高い割合で生息していることは，森林生態系の中で，そのようなフ

ァイトテルマータがトンボにとって重要な生息場所となっていることを示している．おそらく，森林内の地表面の小さな水たまりを利用する種は，いずれもそのニッチを，より大きくより開けた樹洞も含むように拡大できるのだろう．ただしその場合には，最大サイズの不均翅亜目は最大クラスの樹洞に限って生息するという具合に，体サイズに応じて生息する樹洞のサイズがある程度決まっている (A. G. Orr 1994)．ケニアの高地の森林では，*Hadrothemis camarensis* の幼虫が棲む樹洞は，明らかに表面積と裂け目が大きく，林床からより高い所にあった (22.45 m まで調査)．また表面積と裂け目の大きさは，調査した容積 0.15〜42 l の範囲の樹洞では，貯水量 (3回の調査の中央値) と正の相関関係が見られた (Copeland et al. 1996)．一方で，少なくとも特殊な生態系の中では，おそらくファイトテルマータにしか棲めない種も存在する (Copeland et al. 1996 参照)．パナマのバロ・コロラド島で広範な調査が行われたが，幼虫が樹洞に棲むギルドに属するトンボ (*Gynacantha membranalis*, *Mecistogaster linearis*, ヒメハビロイトトンボ，ムラサキハビロイトトンボ，および *Pseudostigma accedens*) は，いずれも他の水環境では発見されなかった (Fincke 1992c)．

トンボが樹洞に産卵する方法は注目に値する．樹洞に着地することは，雌にとって捕食の危険が増大する (Fincke 1992c 参照)．したがって，トンボ亜科 (表 A.5.6 に示した植物外産卵種の中で最大のグループ) のすべてがすくいあげ法によって樹洞に産卵することは注目に値するし (表 A.2.5, FC7)，実際，Jean Legrand (1983) は，*Hadrothemis camarensis* がこの方法で産卵するのを観察している．*Mecistogaster martinezi* は，均翅亜目では珍しく (しかし，§2.2.1 のキイトトンボ属 *Ceriagrion* とトゲオトンボ属を参照)，ある種のカ科 (Steffan & Evenhuis 1981) やツリアブ科 (Matthews & Matthews 1978) のように，樹洞の上でホバリングしながら産卵することが観察されている (Machado & Martinez 1982)．また，時にはカニの巣穴に生息することもある台湾の *Coeliccia flavicauda* も，このような方法で産卵するのではないかと思われている (Matsuki & Lien 1984)．

ファイトテルマータ内の比較的単純で隔離された生態系は，幼虫間の競争の調査に非常に適している．Ola Fincke (例：1984a, 1992a) による，バロ・コロラド島の樹洞に生息するトンボのギルドに関する優れた研究は，このような狭い生息場所の使い分けと競争，特にトンボどうしの捕食と同種内での共食い (§5.2.4.4) に関して重要な示唆を与えるものである．

図 5.10　ブラジル，ペルナンブコ産 (南緯 8°30′) のエリンギウム属の1種 (*Eryngium floribundum*) (セリ科)．葉腋に *Roppaneura beckeri* の幼虫が生息する．3株の植物 (高さ約 1.26 m) のうち 2 株が花序をもっている．(Corbet 1983 より．A. B. M. Machado 撮影)．

そのギルドのメンバー (ハビロイトトンボ科の 3 種とヤンマ科の 1 種) は，ほぼ樹洞の容積に応じて分布している．すなわち，*Gynacantha membranalis* が (平均して) 最大クラスの樹洞を，ムラサキハビロイトトンボが中間サイズの樹洞を，*Mecistogaster linearis* とヒメハビロイトトンボが最小クラスの樹洞を利用する．他の特徴的な分布パターンとしては，ハビロイトトンボ属の 2 種が倒木のくぼみと穴には意外なほど生息していないことと，*G. membranalis* がスリット状の入り口をもつ樹洞には全く生息しないことがあげられる．樹洞の容積とそれぞれの年にそれが干上がっていた期間 (幼虫の発育に適さない期間) との間には負の相関関係があり，干上がっていた期間 [観察日の間隔から推定された期間なので実際より短い] の平均は，15 l の樹洞の 18 日から 0.5 l の樹洞の 150 日の範囲であった．ハビロイトトンボ科の幼虫は，1 l を超える容積の樹洞をより頻繁に生息場所として利用した．明らかにそのような樹洞だけが 1 年に 1 世代を上回る生活環を支えることができるからだと思われる．樹洞を利用することによって，このギルドのメンバーは魚による捕食を免

れるが，代わりにトンボの幼虫どうしの捕食は多くなる．その結果，最も小型種の生存率は，各雨季のいかに早い時期に産卵できるかに依存することになる．それができれば，共存する競争者に対して，決定的に有利な体サイズになることができるし，それができなければ競争者の脅威にさらされることになる．ファイトテルマータ内のトンボは，必ずではないが (Diesel 1992参照)，最上位の捕食者となることが多い (Kitching 1987参照)．

非常に大きなファイトテルマータには，時に数種の幼虫が共存することがある．例えばメキシコでは，約7lの容積をもった大きな木の股のくぼみに，ハビロイトトンボ属や，ムラサキハビロイトトンボ，*Pseudostigma accedens*, *Triacanthagyna dentata* の幼虫が生息していた (González-Soriano 1989)．しかし，通常は1個体の大きな幼虫が1つのファイトテルマータを占有する．

ファイトテルマータに生息するトンボの行動と生態を調査するために，代替容器を使ってみるのは良い方法かもしれない．なぜならば，少なくとも自然の生息場所を大きく撹乱することなしにサンプリングし尽くすことは困難なのが普通だからである．*Hadrothemis camarensis* の幼虫が最初に発見されたのは，ウガンダの山地の森林で力類の繁殖状況を研究するために，地面からさまざまな高さに設置された竹筒の中である (Corbet 1962a)．キイロハラビロトンボ *Lyriothemis tricolor* の幼虫は，ファイトテルマータのほかに，屋外におかれた水瓶にも生息する (表A.5.6参照; Lien & Matsuki 1979)．Fincke (1992a) は，黒色のプラスチックを底に敷いた筒が，ハビロイトトンボ科にとってファイトテルマータの代わりとなることを発見している．小さな水たまりに生息する広環境性のトンボはしばしば人工の容器を利用することがある．ミャンマーでは，家庭用水の貯蔵のために使われるドラム缶から時々 *Bradinopyga geminata* やショウジョウトンボの幼虫が見つかる．実にこの発見が，トンボを使って伝染病を媒介する力を抑制する試みの最初の成功例を導いたのである (§4.3.8.2)．

5.3.1.3 高塩分濃度の生息場所

一部のトンボは，明らかに塩分を含んだ場所に生息する．*Erythrodiplax berenice* は，海岸近くにある，海水を上回る塩分濃度の塩性湿地に生息するが (§6.4.1)，そこは一見して捕食者がほとんどいないか，全くいない比較的単純な生態系である (Kelts 1979参照)．*E. berenice* は，高塩分の生息場所を利用する

ことにより，捕食をかなり免れていると思われる．

5.3.1.4 魚の存在に関連した水域間の棲み分け

ある種のトンボは決まって魚と共存しているが，他の種は魚のいない生息場所に限定される．昆虫食の数種の魚が生息するアメリカ，テネシー州のベイズマウンテン湖では，6種 (*Celithemis elisa*, *C. fasciata*, *Enallagma divagans*, *E. signatum*, *E. traviatum*, およびアメリカオオトラフトンボ) が優占し，すべて水中の水草や流入した堆積物の間に生息している．他の7種 (アメリカギンヤンマ，*Anax longipes*, *Archilestes grandis*, *Enallagma aspersum*, *Lestes eurinus*, *Libellula cyanea*, およびラケラータハネビロトンボ) は，その近くの魚のいない池に分布が限定されるようである．これら「魚のいない」生息場所に棲む幼虫は，比較的活動的で視覚に依存した生活様式をもっており (表4.1参照)，その摂食行動はおそらく昆虫食の魚の存在と相容れないのだろう (Johnson & Crowley 1980b)．この生息場所の分離パターンは他の地域でのこれまでの知見と一致する．すなわち，ギンヤンマ属は魚のいない生息場所に多く，しばしば優占するのに対して，魚のいる場所ではそうでない (Williams 1936; Fastenrath 1950; Kime 1974)．一部のトンボが一時的な水たまりを利用するのは，そのような生息場所には普通は魚が棲まないので，魚による捕食を減少させるための適応なのかもしれない．

カオジロトンボは，酸性のため魚が棲めない水域で主に繁殖する．スウェーデン西部では，汚染による酸性化のために，多くの湖ではかつて最上位の捕食者であった魚が減少してきている (Eriksson et al. 1980)．カオジロトンボは，魚の棲む酸性化していない湖よりも，そのような酸性化した湖により普通に見られる (Nilsson 1981)．カオジロトンボの行動は，魚と共存していることが普通であるエゾトンボ科や他のトンボ科の種の行動とはいくつかの点で異なっており，その行動が魚による捕食を受けやすくなる点でも異なっている．すなわち，カオジロトンボは，昼も夜もほとんど隠れようとせず，夜よりも昼に隠れることもないし，干渉を受けてもあまり不動反射 (§5.3.4) を示さないようである (Henrikson 1988)．もし幼虫の腹棘が捕食者による摂取に対する防御としての役割を果たすなら (§5.2.4.2)，魚がいない生息場所の幼虫は，これらの棘をあまり発達させていないはずである．実際に，スウェーデンで調べられた，魚のいる湖に生息するカオジロトンボのF-0齢幼虫は，魚のいない湖の幼虫より腹棘が長かった

(第4, 6節背棘と第9節側棘).しかし,この相関関係は,幼虫の体サイズや水域面積,pHとは関係がなかった.ヨーロピアンパーチ*Perca fluviatilis*がそのような長い棘をもった幼虫を食う場合,餌処理時間が長くなり,その傾向は特に小さなパーチ個体で著しかった (Johansson & Samuelsson 1994).カナダのカオジロトンボ属は,腹棘の発達に関して2つのグループに分けられるが,酸性度が異なった生息場所間での両者の分布は,この二分法には当てはまらないようである (Walker & Corbet 1975参照).Michiels & Dhondt (1990) は,酸性で貧栄養の魚のいない生息場所に棲むムツアカネ*Sympetrum danae*は,ヨーロッパの同属種の大部分よりも棘が少なくて小さいことを報告している.しかし,いくぶん小さめの棘をもつスナアカネ*S. fonscolombei*の場合には (Askew 1988参照),このような対応関係は見られない.

ミシガン州南西部で行われたMark McPeek (1990a) の調査では,イトトンボ科の17種が魚との共存に関して,3つのカテゴリーに分かれることが示された.すなわち,ルリイトトンボ属の3種は魚のいない湖にだけ生息し,*Argia violacea*と*Chromagrion conditum*,およびルリイトトンボ属の他の9種は魚のいる湖にだけ生息し,*Ischnura posita*とアメリカアオモンイトトンボ,*Nehalennia irene*は両方のタイプの湖に生息する.北アメリカ東部全域で共通していると思われるこれらの種の分布パターンは,湖水の化学的性質とは相関がない.この分布パターンは,最初の2つのカテゴリーに属する種が,それぞれ魚がいなくて大型のトンボの幼虫(特にギンヤンマ属)が最上位捕食者である湖か,魚が最上位の捕食者である湖かの**どちらか一方**における捕食の条件に対して,適応・進化してきた結果を反映したものであるとMcPeekは結論づけている.魚のいない湖に生息するルリイトトンボ属の3種 (*Enallagma aspersum*とキタルリイトトンボ,タイリクルリイトトンボ) の幼虫は,大型の幼虫 (ギンヤンマ属) がいる場合にだけ定型的な対捕食反応を示すので,これはMcPeekの解釈に一致する.この3種は攻撃を受けると泳いで逃げるが,魚がいるときには,この行動はかえって食われやすさを**高めてしまう** (Gotceitas & Colgan 1988参照).実際に,この3種は魚を捕食者として認識できないらしい.対照的に,魚のいる湖に生息するルリイトトンボ属の幼虫は,捕食者が接近するとじっとして動かなくなる.この行動は魚に対しては有効であるが,大型のヤンマ科の幼虫には効果がない.これらのルリイトトンボ属のDNA分析では,2つの遺伝的に明瞭に区分される種群が存在し,それぞれの種群内では遺伝的組成が非常に均一であることが明らかになった (McPeek 1994).興味深いことに,これらの遺伝子型によるグループは,外部形態に基づく分岐群には対応しない.この結果は,これらのルリイトトンボ属が(祖先種が棲んでいた魚のいる生息場所から)魚のいない生息場所へ,少なくとも2回侵入したことを意味する.そして,魚のいない湖で生き残った種が,そこでの最上位の捕食者であるヤンマ科の幼虫がいる状況下で,生存率を高めるような一連の行動と形態を進化させたために,互いに類似したものに収斂したとする考えを支持するものである.これらのルリイトトンボ属の幼虫は非常に活発であり,しばしば速いスピードで走ったり泳いだりする.また,幅広い腹部,大きな尾部付属器(全体の体サイズとの比較で),そして長い脚をもっている (McPeek 1995).ルリイトトンボ属の種間での密度依存的相互作用は,その遺伝子型のグループに関係なく,魚のいない湖においてだけ存在し,生存率には影響を与えないが成長には影響を与えるようである.しかし魚のいる湖では,そのような相互作用は成長にも生存率にも影響を与えないらしい (McPeek 1990a).これは,異なった系統上の起源をもつ幼虫に,自然淘汰が収斂的な類似をもたらした多くの例のうちの1つである.タイリクルリイトトンボの旧北区の個体群が,新北区の個体群とは異なり,一般的に魚のいる湖に生息することは興味深い.この種の2つの地域間での遺伝子型と行動を比較すれば,重要な情報が得られるかもしれない.

ルリイトトンボ属の成虫が魚のいる湖といない湖を識別できないことは明らかであり,どちらかのタイプの生息場所に限定される種は,その幼虫が育った生息場所からほとんど分散しない (McPeek 1989).2つのタイプの対捕食行動の効果に違いがあることが,実験によって明らかにされている (McPeek 1990a, b).これらの観察は,Blois-Heulen et al. (1990) によっても確かめられたが,さらに次の2つのことが示唆されている.1つは,あるトンボの生息場所分布は,ある生息場所内での相対的な個体数や行動レパートリーに加えて,それらが進化的時間の中でさらにされてきた捕食のあり方の結果でもありうることである.もう1つは,トンボの生活スタイルは,魚のいる生息場所での魚との共存に適した不活発な,いわば「のろま」なトンボが示す生活スタイルと,魚のいない生息場所での活発な,いわばトンボ(特にギンヤンマ属)との共存に適した「素早い」生活スタイルの**いずれか**に二分できることである (Johnson &

Crowley 1989; Johnson 1991). この結論は，魚の捕食によってトンボ幼虫の死亡率が非常に高くなることがあることと一致しているし (§5.2.4.1)，Dumont & Verschuren (1991) がイースター島でウスバキトンボの小さな幼虫に対する魚の捕食が異常に高いことを説明するのに使った仮説を支持している．その仮説とは，ウスバキトンボの幼虫は，普通は活動的で物陰に隠れず，魚のいない小さな開けた池に生息するが，イースター島に限っては，本来この種が利用しそうな生息場所に餌動物がほとんどいないため火山湖に定着し，そこで幼虫と移入魚が出会ってしまったというものである．

図5.8のフロー図は，沿岸におけるの2つのタイプの生物群集について，その栄養段階の構造を示している．魚のいない群集のタイプでは，活動的な無脊椎動物の捕食者 (特にギンヤンマ属) が優占する傾向にあり，それらの捕食者は無脊椎動物の餌動物を完全に枯渇させることがない．これに対して，魚のいる群集のタイプでは，無脊椎動物は小型で隠蔽的になる傾向があり，その餌動物も枯渇しがちである (Blois-Heulen et al. 1990)．Johnson & Crowley (1980b) は，群集内での均翅亜目に対する不均翅亜目の割合が，水草群落に特殊化している魚がいるかいないかに依存しているかもしれないという興味深い可能性を提示している (しかし Johnson et al. 1988 参照)．

5.3.2 微生息場所の利用

トンボの幼虫は多様性に富んだ形態や行動を示す．幼虫がもつ互いに関連した属性の組み合わせは，彼らが棲む微生息場所に関連している (主要なタイプの図と記述に関しては Corbet 1962a 参照)．季節性や食物も，幼虫によるニッチ分割に影響を与えるかもしれないが，微生息場所が最も重要な要因であると考えられる (Johnson & Crowley 1980b)．表5.6と表5.7は，それぞれ均翅亜目と不均翅亜目に関して，この関係を類型化したものである．その関係を表すために選んだ分類体系はいくらか恣意的なものであり，他の整理のしかたもありうるが，これらの表で用いた分類は (Wright 1943 や Needham & Westfall 1955, Richard 1961b, Corbet 1962a, Pritchard 1965a, Pritykina 1965, Furtado 1969, Heymer 1975, Nestler 1980, G. E. Hutchinson 1993 によって認識された区分に基づく)，微生息場所と形態と行動の間に存在する相互関係を納得がいく形で説明している．これらの表の中でのいくつかの属の配置は，形態と微生息場所の間に想定される相関関係に基づいた循環論法の産物である．他の配置は，発見を促すうえでは有用かもしれないが，その主要なタイプを必ずしも明確に区分できない可能性も含んでいる．Edmund Walker (1928: 79) が指摘したように，幼虫の形質のいくつかは，「区分することが不自然なほど互いに重なりあっている」．確かに，幼虫の形態と微生息場所の多様性をよく知っている者なら誰でも，厳密なカテゴリー分けに反対する Walker に賛同するだろう．表5.6と表5.7の分類は，その分類方法を改善するために必要な，焦点を絞った研究が促進されることを期待して提案するものである．

5.3.2.1 均翅亜目

均翅亜目の微生息場所について詳しいことが明らかにされるまでは，(表A.4.1でカテゴリー分けされているように) 尾部付属器の形態が，分類のための基本的な基準として有効であった．主要なタイプは互いに不連続で，容易に見分けられ，表A.4.1から明らかなように生息場所とよく対応している．尾部付属器のタイプと科はかなりよく一致している．この対応関係に当てはまらない例もあるが (表5.6にサブカテゴリーとして示した)，それはイトトンボ科とヤマイトトンボ科の一部の属が樹洞や葉腋 (カテゴリー 1.2, 3.2, 4.3)，地上の落葉層 (カテゴリー 1.3) へ生息場所を変更したことを反映している．また，アオイトトンボ科とアカメイトトンボ属 *Erythromma* のようなイトトンボ科の一部で最も顕著に見られる，活動的な生活様式への特殊化も当てはまらない例である．生息場所の変更は，形態と行動の変化を伴っている場合がある．例えば *Podopteryx selysi* (カテゴリー 3.2) の形態は，Lieftinck (1980) によればゴンドワナアオイトトンボ亜科の中では例外的なものである．また，樹洞や葉腋に生息するイトトンボ科はハビロイトトンボ科に収斂的に類似しており，特に下唇の形態がそうである (De Marmels 1985b)．アオイトトンボ科の活動的な生活様式は，水面近くの開けた微生息場所を利用することで可能となったが，それは，この科が一時的な水たまりに生息する傾向と関連がある．そのような水たまりは小さいために急速に水温が上昇するし，一時的に形成されるだけなので魚がいないからである．その生活様式の特徴は，積極的な採餌行動と餌動物の追跡，視覚刺激に依存した餌動物の感知，幅の狭い下唇前基節によって可能となった下唇の伸展範囲の拡大，高い温度係数での成長，餌動物の欠乏に対応した成長の著しい減速 (Pickup & Thompson 1990)，そして，歩行より遊泳

表5.6 幼虫の行動，形態，および微生息場所の利用に基づく均翅亜目幼虫のカテゴリー分け

主要なタイプ[a]	カテゴリー	代表[b]	生息場所[c,d]
1. 胞状または三稜状 腹部はずんぐりしている 下唇は平ら	1.1 腹部は滑らか 　　休止時の姿勢はしがみつき 　　接触走性は強い	この欄の1.2と1.3に該当するもの以外は，すべてAに入る	F, G, L, M
	1.2 腹部は滑らか 　　休止時の姿勢は潜伏 　　接触走性は強い？	イトトンボ科：ナガイトトンボ亜科（一部）： 　例：*Megalagrion amaurodytum*	L
	1.3 腹部に刺毛多い 　　休止時の姿勢は潜伏？ 　　接触走性は弱い？	イトトンボ科：ナガイトトンボ亜科（一部）： 　例：*Megalagrion oahuense*	G
		ヤマイトトンボ科：ゴンドワナアオイトトンボ亜科（一部）：例：*Caledargiolestes uniseries*	G
2. 三稜状ないし葉状 腹部は細長く滑らか 触角と脚は長く細い 下唇は少しスコップ状		すべてBに入る	M
3. 水平な薄葉状 腹部はずんぐりとして滑らか 下唇は平ら	3.1 休止時の姿勢はしがみつき 　　接触走性は強い	この欄の3.2に該当するもの以外は，すべてCに入る	F, M
	3.2 休止時の姿勢は潜伏？ 　　接触走性は弱い	ヤマイトトンボ科：ゴンドワナアオイトトンボ亜科（一部）：例：*Podopteryx selysi*	L
4. 垂直な薄葉状 腹部は細長く，滑らか	4.1 下唇は平ら 　　休止時の姿勢はしがみつき， 　　　固着的[e] 　　接触走性は強い〜中程度	この欄の4.2と4.3に該当するもの以外は，すべてDに入る	M, P, S, T
	4.2 下唇は少しスプーン状 　　休止時も動く，活動的[e] 　　接触走性は弱い	アオイトトンボ科	P, S, T
	4.3 休止時の姿勢は潜伏， 　　　固着的[e] 　　接触走性は弱い	イトトンボ科：ヒカゲイトトンボ亜科（一部）： 　*Diceratobasis*属；ナガイトトンボ亜科（一部）： 　*Leptagrion*属	L
		ハビロイトトンボ科	L

[a] 尾部付属器の形態に基づく（表A.4.1参照）．
[b] 記号（A, B, C, D）は，表A.4.1のカテゴリー．
[c] 記号：F. 急流；G. 地面の落葉層；L. 葉腋か樹洞；M. 中速流；P. 永続的な止水；S. 緩流；T. 一時的な止水．
[d] 生息場所のカテゴリーは標準的なもので，網羅的ではない．
[e] 活動的か固着的かは表4.1で区別した型を反映したもの．

表5.7 幼虫の行動，形態，および微生息場所の利用に基づく不均翅亜目のカテゴリー分け

主要なタイプ[a]	カテゴリー	サブカテゴリー	生息場所[b]
1. しがみつきタイプ	1.1 腹部は長い[c]	1.1.1 底に近い岩や水草の間にいて，あまり動かない[d]	F, M, P, S
		1.1.2 水面近くの水草の間にいて，活発に動く[d]	M, P, T
	1.2 腹部はずんぐり[e]		F
2. 腹ばいタイプ	2.1 下唇は平ら[f]		S
	2.2 下唇はスコップ状[g]	2.2.1 固着的[d]	S
		2.2.2 活動的[d]	L, P, T
3. 潜伏タイプ	3.1 腹部は滑らか		M, P, T
	3.2 腹部には刺毛がある		G
4. 穴掘りタイプ	4.1 浅い穴掘りタイプ	4.1.1 腹部は長く，刺毛がある	M
		4.1.2 腹部は長く，滑らか	M, O, S
		4.1.3 腹部はずんぐりとして，刺毛がある	L, M, P
	4.2 深い穴掘りタイプ	4.2.1 自分で掘った穴に潜る[h]	O, S
		4.2.2 細かい堆積物の中	P, S

[a] 静止姿勢をとるときの脚の使い方に基づく．
[b] 記号：F. 急流；G. 地面の落葉層；L. 葉腋か樹洞；M. 中速流；O. 酸素を豊富に含む永続的な止水；P. 永続的な止水；S. 緩流；T. 一時的な止水．
[c] 普通は幅に対して少なくとも2倍．
[d] 活動的か固着的かは，表4.1で区別した型を反映したもの．
[e] 普通は幅の2倍未満．
[f] 畳まれた状態の下唇前基節と下唇鬚は同じ平面上にある．
[g] 畳まれた状態の下唇前基節と下唇鬚はスコップ状の形になる．
[h] 穿孔生息タイプ；知られている限り，*Phenes*属と*Tachopteryx*属を除いて，穴を作らない．

を好むことである．均翅亜目の間では，同種個体も含めて他の均翅亜目との敵対的関係が激しくなることがあり，競争者の一方の追放や死亡に至ることもある（§5.3.2.6）．このような行動は，不均翅亜目より均翅亜目でより多く知られているように思われるが，十分な調査が行われているわけではない．活動的な生活様式をもつ幼虫を除けば（カテゴリー4.2，表5.6），多くの均翅亜目の敵対行動は（§5.3.2.6），捕食者からの退避場所として好適なとまり場を同種個体から防衛するための反応であるように思われる（Rowe 1990a）．

5.3.2.2 不均翅亜目

不均翅亜目による微生息場所利用を示す表5.7と表A.5.7は，主として幼虫が通常の静止姿勢を保つための脚の使い方に基づいて分類したものである．**しがみつきタイプ**（タイプ1）の幼虫は強い接触走性を示す（他の主要なタイプではほとんど見られない）．**腹ばいタイプ**（タイプ2）は，普通は有機堆積物や水草などの足場の上かその間で体を支えるために，側方に長く伸びた脚を用いる．**潜伏タイプ**（タイプ3）の体は背腹の方向に平たく，その体を有機堆積物か落葉で覆うようにして隠れる．**穴掘りタイプ**（タイプ4）は脚を使って穴を掘り，沈殿物の中か下にその体を隠す．不均翅亜目の幼虫にとっての微生息場所の分類を確かな根拠に基づいて精緻化するためには，表5.7で分類した各カテゴリーに属する幼虫の定型化した脚の動きについてよく知ることが必要である．このようなアプローチは，幼虫を野外に似せた条件下におき，微生息場所の選択をさせる室内実験と組み合わせることで，幼虫の生態と行動についての知識をより強固なものにするだろう．表5.7と表A.5.7は，主要なカテゴリーと科・亜科との間に対応関係があることを示している．サナエトンボ亜科などいくつかの亜科は，系統的にかなり多様であることに注意する必要がある．表A.5.7の配置の中には確実でないものやあいまいなものが含まれるが，それは情報が不十分であるか，1つの属（例：*Lestinogomphus*属，コヤマトンボ属*Macromia*，*Synthemis*属）が2つ以上のカテゴリーに属するためである．そのような例については，表A.5.7では＊印を付け，適宜本文中で検討を行った．私はPritchard（1965a）の提唱した「よじのぼりタイプ」というカテゴリーを採用しなかったが，それは脚の使い方に関して2つの主要なタイプが混在するからである．Pritchardが定義したよじのぼりタイプは，表5.7では，水面近くで活発に活動する幼虫（カテゴリー1.1.2と2.2.2）に相当する．私はまた，Nestler（1980）の定義した「腹ばいタイプ」と「泥-腹ばいタイプ」というカテゴリーも採用しなかったが，その理由の1つは，この2つの用語を一般的に使うには情報が不十分だからである．表5.7を見るときには，分類に用いた属性が，発育ステージ，時刻や季節，さらには捕食者や同種個体との遭遇率に応じて，種間や種内でかなり変化するかもしれないことに留意すべきである．

ヤンマ科とムカシトンボ科，ベニボシヤンマ科に属するすべてのメンバーはしがみつきタイプであり，オニヤンマ科はすべて浅い穴掘りタイプであるが，それ以外の科では，そのメンバーが複数のカテゴリーに属する．サナエトンボ科はほとんどが穴掘りタイプであるが，少数の明らかな腹ばいタイプやかなりの数の潜伏タイプの属を含んでいる．トンボ科は腹ばいタイプがほとんどであるが，浅い穴掘りタイプのいくつかの大きな属（カテゴリー4.1.3）と強い接触走性を示す2つの属（カテゴリー1.2）が含まれる．タイプ1と2に分類された属の一部は活動的な生活様式への移行が見られる．それらは，水面近くの微生息場所に棲み，動かないことで身を潜めるのではなく，（体色と模様を用いる）カムフラージュによって隠蔽され，成長の温度係数が高い．この移行は，均翅亜目の中ではアオイトトンボ科で見られた移行に相当するが，ヤンマ科とエゾトンボ科の一部の属でも見られ，これらの属のほとんどの種は，一時的な池に生息し成虫が広く分散する点でも独特である．トンボ科では，このような活動的な生活様式の種が優占的である．サナエトンボ科では，このような移行を行った種は知られていない．Sally Corbet（1992）から聞いた話では，ジャワ島東部のある湖で，湖底が急に短期間だけ無酸素状態になったときに，浮遊性のホテイアオイ属*Eichhornia*の間にサナエトンボ科の幼虫，おそらく*Ictinogomphus decoratus*が生息するようになり（Green et al. 1976），普段その場所を利用している生物との一時的な置き換わりが起きたという．

5.3.2.2.1 しがみつきタイプ

このタイプの幼虫は，細長い腹部（1.1），なめらかな（刺毛のない）体をもち，また，たぶん共食いに対する防御のために同種個体と敵対的相互作用を示す（Ross 1971）．活動的なヤンマ科（1.1.2）では，著しく伸長した平らな下唇前基節をもっている．カテゴリー1.1.1から1.1.2にかけては外観が連続的に変化する．カテゴリー1.1.1に属する幼虫は（図5.11），動きがゆっくりしており，成長も遅い．体色は一様に黒っぽく，目立

たないような姿勢や形態を示す．強い接触走性を示し，待ち伏せによって餌動物を捕獲し，つかまれた場合は普通，不動反射を示す（§5.3.4）．カテゴリー1.1.2に属する幼虫（写真I.6）は，速やかにかつ素早く泳ぎ，成長も速い．姿勢よりも体色や色彩パターンによって目立たなくしている．接触走性は弱く，餌動物を探索して摂食することが多く，つかまれたときには体を使って防衛を行う（§5.3.4）．エゾトンボ科のSynthemis ariadneは急流に棲み（Watson 1962），つかむための頑丈な脚をもっているように見えるので（Winstanley 1984），このカテゴリーに含めた．しがみつきタイプであるトンボ科の2つの属（カテゴリー1.2）は，時に激流となるような流れの速い水路に棲むことに高度に特殊化している．そのクチクラは厚く，下唇は，他のほとんどのトンボ科の種とは違って，それほどスプーン状になっていない．タニガワトンボ属Zygonyx（図5.1）に関しては，幼虫は必ずしも水流の力をまともに受ける場所に生息するわけではないが（Chutter 1976），熱帯アフリカ産の3種では水流への対処のしかたに一連の系列が見られる．すなわち，Z. natalensisとZ. flavicostaは急流の岩にしがみついており，なかでも前者はとりわけ激しい流れの場所に生息する．そして，Z. torridusは水草の間を好み，より緩やかな流れの場所に生息する（Gambles 1963; Lindley 1974）．エゾトンボ科のAustrocordulia leonardiの生態はあまり知られていないが，タニガワトンボ属との著しい形態の類似から，このカテゴリーに属するものと考えられる．サラサヤンマOligoaeschna pryeriは湿地に生息し，短く粗い刺毛をもち，浅い穴掘りタイプの特定の種（カテゴリー4.1.1, 4.1.3）と同じように泥粒を体にまとわりつかせる点で，ヤンマ科の中では独特である．その幼虫が泥土の表面から採集されているので（Taketo 1959b），その脚の動かし方は特に参考になるかもしれない．森林内に生息するアオヤンマ亜科のAntipodophlebia asthenesもこの点に関して興味深く，オーストラリア，クインズランド州南東部で，1個体の幼虫が，最も近くの小川から少なくとも50m離れた丸太の下で発見されている（Watson & Theischinger 1980）．この幼虫がどこまで常態として陸生なのかは知られておらず，発見された幼虫は変態が始まっていた（翅芽が膨れていた）ので，ムカシトンボEpiophlebia superstesのように，羽化の前段階として水辺から離れたのかもしれない．ムカシトンボのF-0齢幼虫は，羽化の20日も前から，水から数m離れた石や葉の下で見つかる（図7.16; 枝 1964）．他のいくつかの「水生の」属も，幼虫期の末期に陸生

図5.11 強い接触走性を示し，しがみつきタイプであるTetracanthagyna degorsiのF-0齢幼虫（体長約46mm）．図2.6に示したジャワ島西部の川で採集．（M. A. Lieftinckの未発表データを改変）

への傾向を示すことがある（Watson & Theischinger 1980参照）．ギンヤンマ族の多くの種（カテゴリー1.1.2）は，著しく活動的な生活様式を採用しているが，Anax congoliath（Legrand 1983）やムモンギンヤンマA. immaculifrons（Fraser 1936c）のような山間の渓流に生息する種は例外かもしれない．しがみつきタイプと考えられる種のうち，Amphiaeschna属やIndaeschna属などの東洋のヤンマ科がどういう姿勢をとるのかも興味深い．それらの幼虫は，落葉が底にたまり水生植物が生育していない水たまりで「清い生活」を送る（Lieftinck 1954, 1980）．上に述べたしがみつきタイプの特徴は，日中の休息姿勢をとっているときのものである．多くの種は夜間に歩行するようで，例えばNeurocordulia xanthosomaは，日中は強い接触走性を示し，夜間は水底をはい回る（C. E. Williams 1976）．

5.3.2.2.2 腹ばいタイプ タイプ2に属する幼虫は比較的異質な種の集まりで，その行動はほとんど研究されていない．Curt Williams（1978）がコヤマトンボ属について行ったような，水槽での詳しい観察

5.3 捕食の間接効果

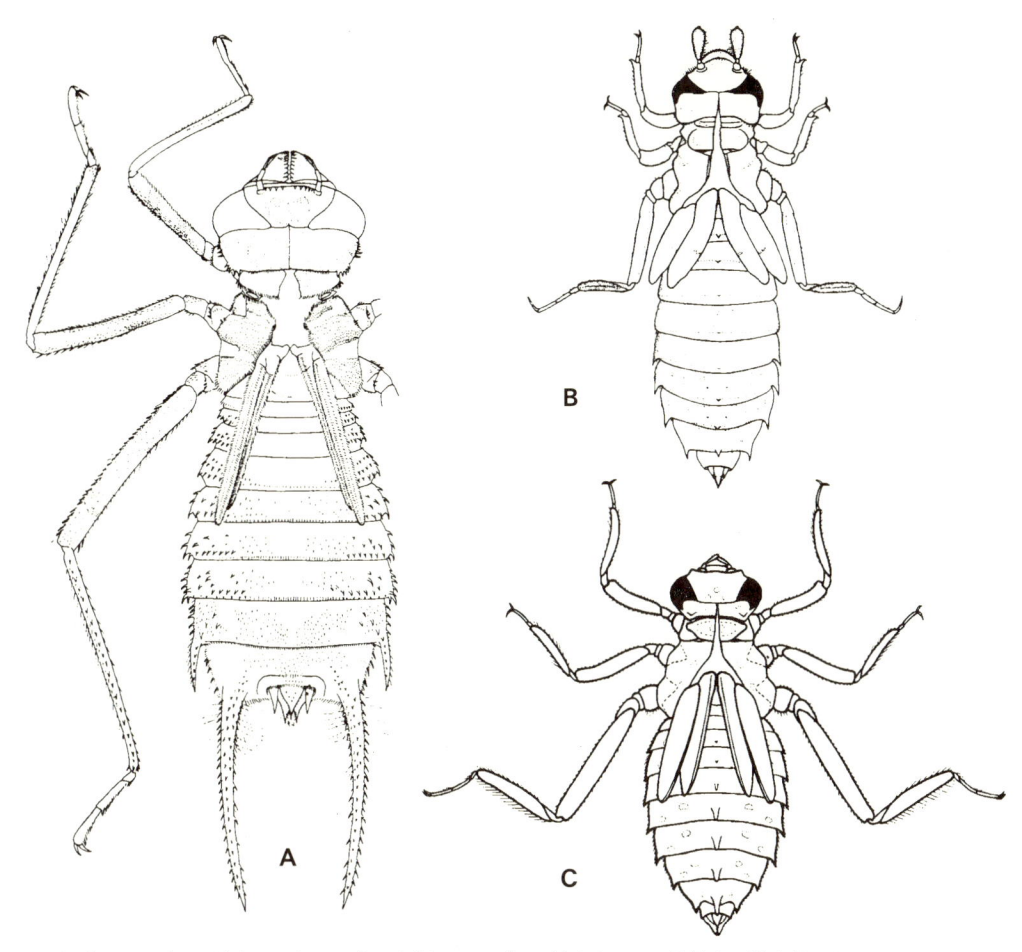

図5.12 腹ばいタイプの2種 (AとC) と，浅い穴掘りタイプの1種 (B) のF-0齢幼虫の脱皮殻．A. *Aeschnosoma forcipula*; B. *Progomphus geijskesi* (推定); C. *Agriogomphus sylvicola*. 体長：A. 第9腹節の棘を除いて約27 mm; B. 約25 mm; C. 約13.5 mm. (AはGeijskes 1970より，BはBelle 1973より，CはBelle 1966より)

が必要である．腹ばいタイプの多くはトンボ科であり，アオイトトンボ科やギンヤンマ族のように，水面近くの開けた，暖かく，光の射し込む場所へ移行し，活動的な生活様式をとっている (写真J.2)．一部のサナエトンボ科の属，すなわち「Agriogomphinae亜科の種群」(Belle 1966参照) は，エゾトンボ科の中の典型的な腹ばいタイプ (2.2.1) によく似た形態をもっているので，暫定的に腹ばいタイプ (カテゴリー2.1) に含めた．例えば，森林内の小川の腐食した植物の間に生息する*Agriogomphus*属 (図5.12C) の外見はコヤマトンボ属にそっくりである．そうだとすると，*Archaeogomphus*属の畳まれた状態の下唇を「スプーン状である」としたJean Belle (1992a) の記述は注目される．そのような形状は，エゾトンボ科では普通であっても，サナエトンボ科では非常に稀なことだからである．*Agriogomphus*属の幼虫は

形態と習性の著しい収斂を示し，幼虫は水たまりや森林内の渓流の淵にたまった落葉層に生息するが，決して泥やシルトの中には生息しない．干渉を受けたときも潜らず，じっとしたままである．飼育用水槽の中では動きがのろく，脚を側方に伸ばして底に張り付いたようになる (Belle 1966)．他の著しい収斂の例は，渓流に棲む一風変わった*Synthemis*属の，暫定的に*S. fenella*とされている種である．伸長したいくぶん平らでなめらかな体型をしていて，下唇前基節が薄く，下唇側片に大きな可動鉤をもっており (図5.13)，サナエトンボ科の種に非常に似ている (Lieftinck 1971)．Curt Williams (1978) が新北区のコヤマトンボ属4種のF-0齢とF-0齢に近い幼虫について水槽で行った観察では，腹ばいタイプと潜伏タイプのどのような区分をもあいまいにするような，種間や時刻による習性の変異が明らかになり，

よじのぼりタイプを主要なカテゴリーとすべきではないことが支持されている．すなわち，*Macromia annulata* は，常時水底から離れたコケや直立した水草の間におり，*M. georgina* では，コケや水草の間にいる時間と水底にいる時間が同程度であった．*M. taeniolata* は普通，水底にいたが，時々底質中に「潜った」．*M. pacifica* はいつも水底にいて，日中は輪郭のみが分かる程度に砂に隠れ，夜間は採餌のために動き回っていた．*M. pacifica* と *M. taeniolata* は，日中は脚を広げて砂の上で平らに腹ばいになり，夜間は脚をいくぶん曲げて体を持ち上げ，明らかに採餌の姿勢をとっていた．

体を沈殿物や有機堆積物で覆うことは，腹ばいタイプよりも潜伏タイプにより強く関連した習性である．カテゴリー2.1 とカテゴリー2.2.1 とタイプ3の間を明確に区分しようとしても無駄かもしれない．現在想像されているほどには，腹ばいタイプも潜伏タイプも，沈殿物の中に体を潜り込ませる（体が落葉などの大きな堆積物で覆われるのとは異なる）ような脚の動きを行わないようである．曽根原（1965, 1967）は，ムツアカネもトラフトンボ *Epitheca marginata* も，その機会があっても潜らないことを強調している．カラカネトンボの幼虫は，落葉層の上層にある葉の下で裏返しになって休息する（Brooks et al. 1995a）．風変わりなエゾトンボ科の種である *Aeschnosoma forcipula*（カテゴリー2.2.1；図5.12A）は，その複眼と第9腹節から後方へ伸びた極度に長い棘が（その棘は第9腹節の4〜5倍の長さにもなり，*Celithemis* 属やハネビロトンボ属 *Tramea* の極端な形と似ている．また，棘自体にも小さな棘がある），フトアカトンボ亜科のような形態をしている点で注目される．この形態に基づいて，私はこの種を腹ばいタイプのカテゴリーに入れてきた．しかし Dirk Geijskes（1970）は，いかにも彼らしい詳細な記載で，その腹部の両側面が鉤のついた刺毛で覆われており，それに堆積物の小片が付着することを特記している．この点で，その腹部はシオカラトンボ属 *Orthetrum* の状態へと収斂しているのかもしれない．シオカラトンボ属は浅い穴掘りタイプ（カテゴリー4.1.3）であり，背面の刺毛は，粘土や泥の粒を付着させることによってカムフラージュするための重要な働きをしている（Cammaerts 1975）．また，高層湿原に生息する *Nannothemis* 属の一部の種は，半流動性のミズゴケ属 *Sphagnum* のマットの内部深くに生息するエゾトンボ属 *Somatochlora*（Butler 1983）と同じ刺毛配列をもっている．その第8腹節と第9腹節の側方から後ろ向きに生えた棘の機能は不明である．

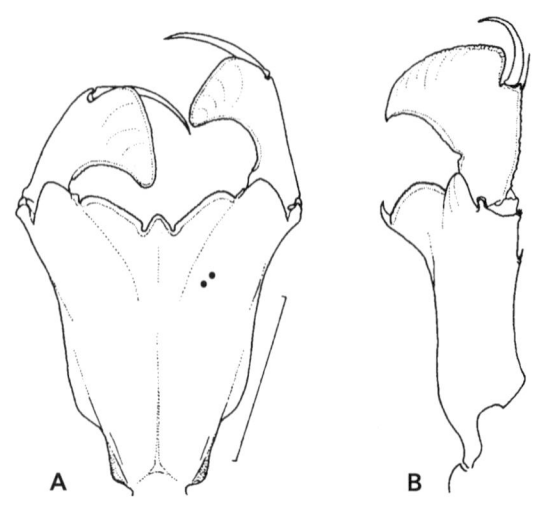

図 5.13 サナエトンボ科に類似するエゾトンボ科の *Synthemis fenella*（推定）．F-0齢幼虫の下唇前基節と下唇髭を腹側（A）と左側方（B）から見た図．下唇前基節上の2つの点（A）は，時々どちらか一方の側に存在する1組の刺毛の位置を示す．スケール：2mm．(Lieftinck 1971 より)

多くの不均翅亜目の種，特に腹ばいタイプの種はこの棘をもっている．そのような棘はたとえ小さくても，脱皮の際に脱皮殻から腹部を出しやすくする歯止めとして働くかもしれないし，植物の間を移動するときの足がかりになるかもれない（Aguiar 1989）．また，ヤンマ科のように，ほどほどに大きい棘は，脊椎動物の捕食者に摂取を思いとどまらせるかもしれない（§5.2.4.2，§5.3.1.4）．さらに，カオジロトンボ亜科やハネビロトンボ亜科の一部の種のように，腹部の側棘が顕著である場合は，下唇を前方へ伸ばしたときの反動を防ぐか減少させる支えの役割を果たすのかもしれない（Nestler 1980）．ただし，*Aeschnosoma* 属（図5.12A）のように極端に発達した棘の機能は，そう簡単には理解できない．腹部の側棘（Corbet 1962a；*Austrocordulia refracta*, Theischinger & Watson 1984）および背棘（高崎 1959；Dunkle 1978a；Winstanley & Brock 1983）の種内変異は，その機能を推測する手がかりとなるかもしれない．

5.3.2.2.3 潜伏タイプ タイプ3の幼虫の腹部は背腹方向に極めて平らである．知られている限りでは落葉や有機堆積物の間に潜んでいるので，Corbet（1962a）による「浅い穴掘りタイプ」という命名は適切でない．平らで，時には *Cacoides mungo*（Belle 1970）に見られるような，大きく幅広い棘が側方に伸びた腹部の形態は，沈殿物に穴を掘って潜ること

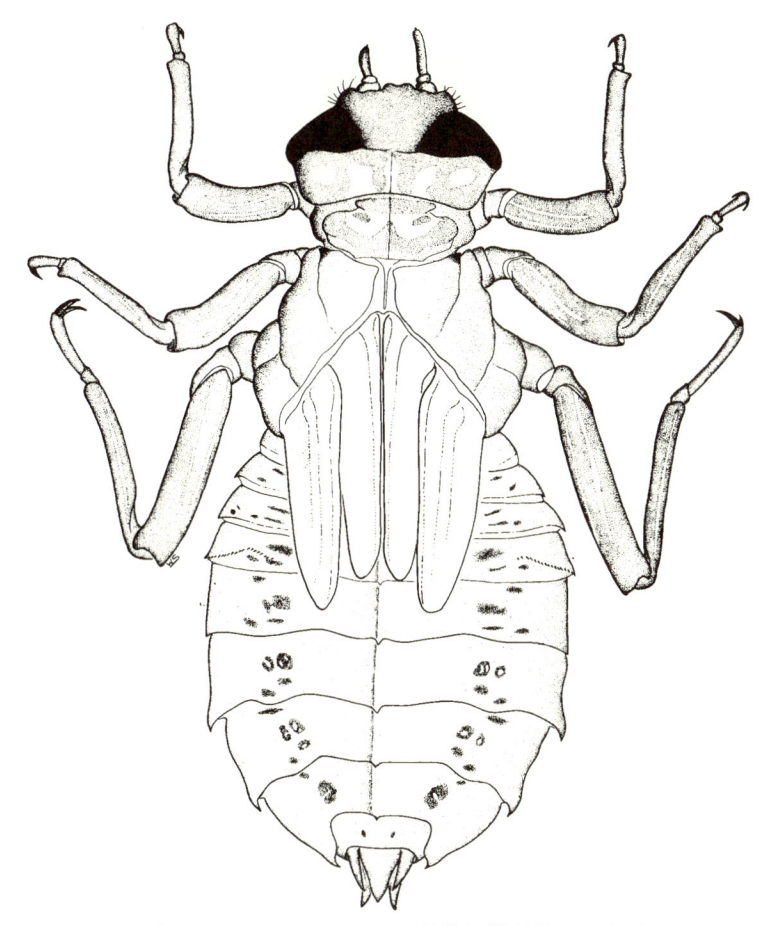

図5.14 湖に生息する潜伏タイプの *Lindenia tetraphylla* のF-0齢幼虫（体長約43 mm）．(Krupp & Schneider 1988より)

とは相容れない．このタイプの代表的な例は，風変わりな円盤状をした体型（図5.14）から簡単に見分けがつくサナエトンボ科の属群（カテゴリー3.1）である．興味深いことに，それらは湖に生息し，成虫は交尾時間が短いばかりでなく，雄がなわばり行動と交尾後警護を行う（§11.9.2.1）点で，サナエトンボ科の中では変わった存在でもある．同様の形態をもつウチワヤンマ属 *Ictinogomphus* を潜伏タイプに含めることは，その形態が示すほどには確実なものではないかもしれない．Lieftinck (1980) とEl Rayah (1983) は，その幼虫がシルトや細かい砂の下に潜り，肛錐だけを外に出しているのを観察している．しかし，砂利の上で見つかるアフリカウチワヤンマ *I. ferox* の幼虫は，腹部の背面と腹面に，後方に向かって生える手のひら状の小さな刺毛をもっており，おそらくそれで泥や細かな砂粒を体表に付着させて体を覆い，身を隠すのだろう（Miller 1964）．この種は，普通は暗所だけを動き回る (El Rayah 1983)．Kumar & Negi (1983) が *I. rapax* を「円錐形で岩にしがみつくタイプ」と呼んだことが謎を深めている．この明らかに矛盾を含む表現を修正するためには，幼虫に底質を選択させる実験が必要かもしれない．幼虫は隠れることをより好むかもしれないが，水槽内では，そのとき，たまたま利用できる底質が何であるかによって行動が変わる可能性もある．このときもやはり，底質を扱う際の脚の使い方を正確に知ることが，この矛盾の解決に役立つだろう．*Ebegomphus* 属（おそらく *Cyanogomphus* 属のシノニム；表A.5.7のカテゴリー2.1参照）の幼虫はウチワヤンマ属の幼虫に非常に似ており，腹ばいタイプと潜伏タイプの区別の難しさを示すもう1つの例である．紛れもない潜伏タイプ（例：コオニヤンマ属 *Sieboldius*）は，かなり平らで篦状になった触角をもっている(Lieftinck 1932)．この特徴は，幼虫が小川の落葉層の間に生息するアメリカコオニヤンマ属 *Hagenius* や *Heliogomphus* 属でも見られ (Suhling & Müller 1996参照)，さらにオナガサナエ属 *Onychogomphus* でも見られるが，表A.5.7のカテゴリー3.1にあげた他の属では，*Micro-*

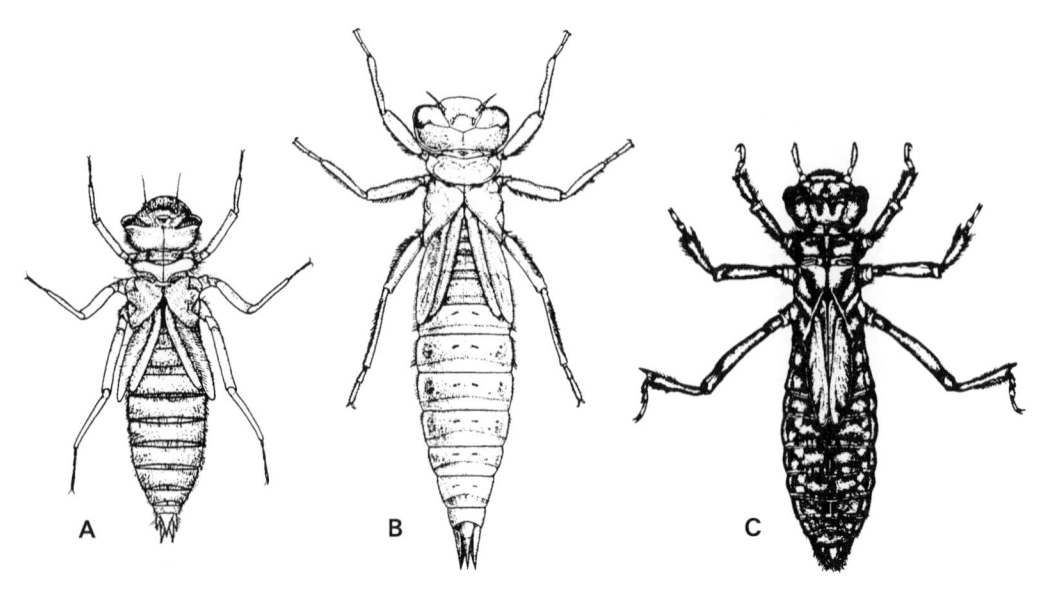

図5.15 浅い穴掘りタイプの2種（AとB）と深い穴掘りタイプ（C）のF-0齢幼虫．A. *Synthemis macrostigma*; B. *Chlorogomphus suzukii*; C. *Uropetala chiltoni*. 体長：A. 約20mm; B. 約40mm; C. 約45mm.（AはWatson 1962より，Bは松木1983より，CはRowe 1987aより）

*gomphus*属でわずかに見られるものの，ほかには全く見られない．この触角の特徴は，ある種の習性が底生の腹ばいタイプ，潜伏タイプ，穴掘りタイプのどれに当てはまるのかを推測するのに使えるかもしれない．

エゾトンボ科に属する陸生の2つの属は潜伏タイプに含められ（カテゴリー3.2），両属とも体表が刺毛に覆われているので，おそらくそれがカムフラージュを助け，水分の損失を少なくするだろう．これらの魅力的で異彩を放つ生き物の習性に関してはほとんど知られていない．*Pseudocordulia*属の幼虫（写真J.3）は，エゾトンボ亜科とオセアニアモリトンボ亜科の特徴が混じり合った奇妙なディスプレイを行うが，これは明らかに「法則の存在を示す例外」となるものである．その幼虫は，オーストラリア，クインズランド州北部の高地にある，常に湿潤な状態にある多雨森の落葉層に生息する．幼虫は，背景の落葉層に対して，形態と体色と姿勢によって，非常にうまくカムフラージュされている．陸生の節足動物を摂食し，ゆっくりと成長する．そして，水中におかれれば，そこからはい出す（Watson 1982）．

5.3.2.2.4 穴掘りタイプ 浅い穴掘りタイプと深い穴掘りタイプとの間には分かりやすい区別点がある．**浅い穴掘りタイプ**（カテゴリー4.1；図5.12B, 5.15A, B）は，休息時に体全体を沈殿物中に埋もれさせているが，円錐形で背側方に突き出た複眼（カ

テゴリー4.1.1, 4.1.3）と，先のとがった伸長した尾部付属器の先端だけは，沈殿物上に突き出している（図5.16A）．そのような姿勢をとることで，体の残りの部位が沈殿物の下に埋もれていても，幼虫は周りを見ることができるし（カテゴリー4.1.1, 4.1.3），呼吸することもできる．しかし，脱皮の間だけは，沈殿物の防御カバーから出なければならない（図5.16B, C）．頭部を完全に埋めてしまうサナエトンボ科（カテゴリー4.1.2）は，主に機械的刺激受容によって餌動物を感知する．そのような幼虫は決まって，短く平らで，幅の狭い下唇をもっている．これは下唇を伸展させるときに，沈殿物への抵抗を最小にするためかもしれない（Nestler 1980）．浅い穴掘りタイプは，その脚と腹部を定式化されたパターンで動かすことによって，極めて急速に潜ることがある．*Hemigomphus armiger*の幼虫は，おそらく潜るのを速くするために，前脚と中脚の脛節に大きな張り出しをもっている（図5.19C）（Watson 1962）．最も素早く潜るのは*Progomphus*属であり（図5.12B; Byers 1939参照; Huggins & DuBois 1982），*P. obscurus*の幼虫では，その体が適切な基質に触れたときから2〜5秒で完全に潜ることができる．この幼虫は，流れが急な場所の砂の中に生息し，砂の粒径が0.625〜1mmの間の場所に多い．幼虫は，沈殿物に着地すると頭部が上流を向くように定位し，後脚を使って流れに対して体を支え，残りの2対の脚を使って，その背面が基質の表面から8〜17mmに達するまで

5.3 捕食の間接効果

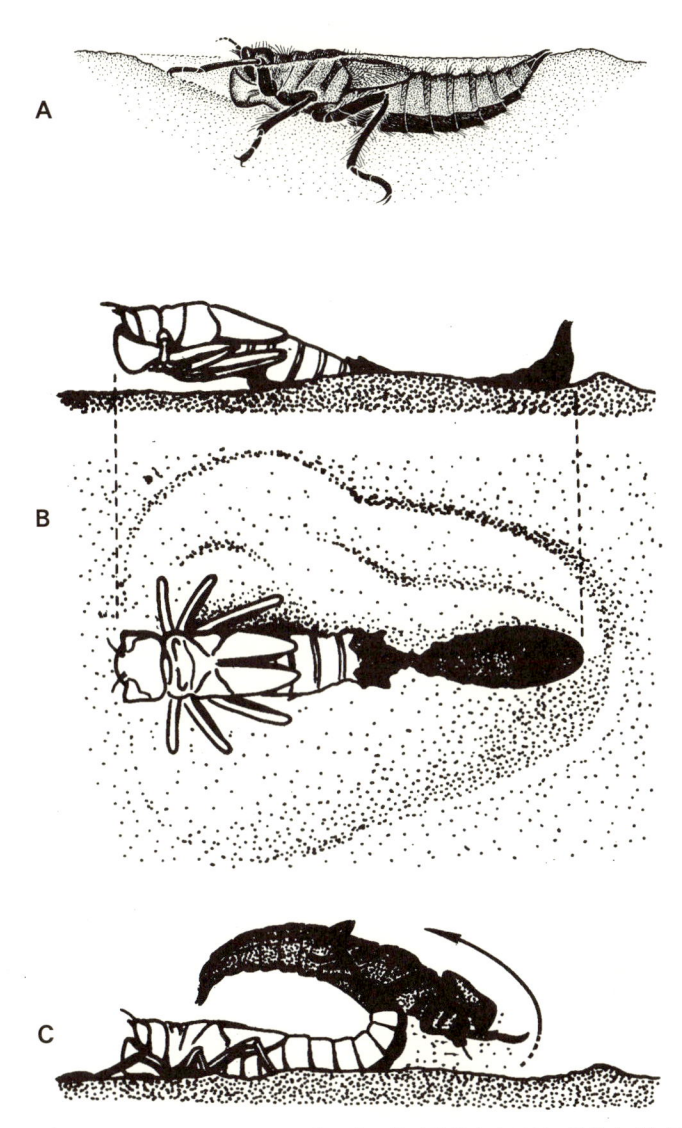

図5.16 浅い穴掘りタイプのタイリクオニヤンマ．A．砂の中で警戒姿勢をとるF-0齢幼虫（体長約38mm）を左側方から見た図で，頭部の前にくぼみがあり，下唇を伸ばすための空間ができている．BとCはF-0齢幼虫への脱皮の段階．フランス．(Prodon 1976より)

（小さい幼虫ではこれより浅く）掘り進む．いったん沈殿物の表面以下まで掘り進むと流れの影響を受けなくなり，沈殿物の表面のすぐ下を，流れの方向とは関係なく，曲がりくねりながら水平に移動することがあり，12m以上にも及ぶ潜った跡が見えることもある．*Paragomphus cognatus*も同様の行動をする(Wager 1977)．*Erythrodiplax*属の幼虫（腹ばいタイプと考えられている，カテゴリー2.2.2）が池や小川の泥の中につける跡は，潜った跡ではなくはった跡とみなすのが最も妥当であり，底質の**表面**を幼虫が**腹ばいで進む**ことによってできるものであろう．この推測は，その跡の形状が沈殿物中のシルトと粘土の割合によって変わるという知見によって支持される(Metz 1987)．*Progomphus*属のある種の幼虫は，極めて速く掘ることができるので，流れが速いため不安定になっている砂の上層部に潜ることができる．このような場所は，掘るのが遅い幼虫には利用できないように思われる．同じことは，東洋の*Acrogomphus*属など別の速潜りのグループにも当てはまり(Lieftinck 1941)，その能力によって増水時に押し流されるのを防ぐことができるようである．*Progomphus*属は，移動する砂から押し流されたときに，強力なジェット推進の補助によって元の位置に戻ることができる(Dunkle 1984)．*Gomphurus externus*は，対

照的なやり方で細かな沈殿物（粒径0.625以下），特に有機物が混じった沈殿物中に好んで生息する．幼虫は完全に潜るのに40〜70秒も要し（しばしば掘り始めるまでに2分以上待つ），背面が基質表面からわずか3〜5mm下になったときに掘るのを止める．*Gomphus pulchellus*は，砂に潜るときに両方の前脚と中脚を使って頭部の下にくぼみを作る．それに続いて幼虫は，頭部を楔のように砂に突き刺し，体長の2, 3倍の距離を前方下方に動く．そして肛錐のみを残して体全体を完全に砂に隠す (Rudolph 1979a)．この幼虫は有機堆積物に覆われた基質に潜ることを好む (Suhling 1994b)．堆積した有機堆積物の層の厚さが，幼虫の直腸による呼吸を脅かすことがある．例えば，*G. vulgatissimus*の幼虫が潜っている基質の上に水流によって細かな沈殿物の薄い層が堆積しても，その幼虫は沈殿層の上に肛錐を出すことによって，素早く呼吸を回復することができるが，その層が数cm以上になると，それができなくなるし，砂粒が直腸に入ると死んでしまう (Tobias 1996)．*P. obscurus*と*Gomphurus externus*の両種では，基質の選択を決定する主要因は粒径である (Huggins & DuBois 1982)．このことは，ヨーロッパで同所的に生息するサナエトンボ科の*Gomphus pulchellus*や*G. simillimus simillimus*, *Onychogomphus forcipatus unguiculatus*, ヨーロッパオナガサナエについても当てはまることが分かっており (Suhling & Müller 1996)，おそらく穴掘りタイプのトンボ全般に当てはまるだろう．このような基質に対する選好性から生じる空間的な分離のパターンは，同種の個体群密度や他種の存在によっても量的に変化することがある．例えば，実験室内での*O. f. unguiculatus*の微細分布は，タイリクオニヤンマと*G. s. simillimus*の存在下では，あまり好ましくない基質も含む傾向がある (Suhling 1996)．他のサナエトンボ科も，ある特定の粒径の沈殿物に対する好みを示す．例えば*Paragomphus cognatus*の大形幼虫は，0.15〜0.21mmより大きい粒径の基質を選択するが，泳いだり穴を掘り進んで好適でない沈殿物を横切って，好ましい基質を探す．彼らは，粒径を調べるために跗節にある感覚刺毛を用いるようである (Keetch & Moran 1966)．*Gomphus flavipes*は主に砂を好むが，0.07〜4.76mmの粒径の基質を選択する (Galletti & Ravizza 1977)．また，*Ophiogomphus colubrinus*の幼虫は，16mm未満の粒径の基質でより頻繁に見つかる (Cornelius & Burton 1987)．一方，強力な穴掘りタイプである*Megalogomphus sommeri*は砂利の中に生息する (Wilson 1995)．アメリカ，ウィスコンシン州の大きな川にいる*Ophiogomphus*属

の3種の幼虫は，水深が少なくとも1mで，しかも採集者が足場を定めることが極めて困難な，流れの速い場所にしか生息しない．そのような場所の基質は，砂や砂利に混じって玉石が優占し，大きな玉石も多く含まれる (Vogt & Smith 1993)．タイリクオニヤンマ (4.1.1) は細かい砂の中に潜るが，まず最初に腹部を，次いで胸部，頭部の順に潜らせていく (Greven 1979; Rudolph 1979a)．この幼虫は，流れがほとんどない場所よりも，流れがある場所で素早く潜る（後者では体の半分が潜るのに5分，体全体が潜るのに22分，前者ではそれぞれ14分と52分かかる; Prodon 1976)．タイリクオニヤンマの大形幼虫は，サナエトンボ科とは違って腹部の伸縮の助けを借りながら中脚と後脚を使って潜るが，小形幼虫は，サナエトンボ科と同じように，主に前脚と中脚を使って潜る (Prodon 1976)．タイリクオニヤンマについてのRoger Prodonの詳細な研究によって，沈殿物の粒径が幼虫の潜る程度を決定していること（図5.17），幼虫が表面から見えなくなるように潜る粒径のモードは1〜2mmであることが示された．予想されるとおり，小形の幼虫ほどより細かい沈殿物を好む（図5.18）．沈殿物の粒径が0.125mmを超えると，幼虫は沈殿物の薄い層を通しての呼吸が可能になる．また潜るときの抵抗が最小となる粒径を選択する傾向がある．物理的な理由から，粒径の分布はいくぶん二峰型となり，主要なモード値が0.25mmに，副次的なモード値が2mmに存在する（図5.18）．流速が秒速10〜15cmを超えると幼虫は流されてしまうが，このことは，増水が起きると幼虫が川岸の流れが緩やかな部分に移動し，それより緩やかな流れでは潜伏行動が刺激されることを見つけたCaillère & Chovet (1975) の観察と話が合う．このように，幼虫の微細分布は，流速と粒径によって制限されることになるが，空腹になれば幼虫は移動するので，餌動物の供給量によっても制限される．浅い穴掘りタイプのサナエトンボ科の幼虫は，普通は砂地に生息するが，*Paragomphus sinaiticus*だけは例外で，止水あるいはほとんど止水性の永続的な水域に生息し，時々泥の中で見つかる．泥中で見つかることと止水性であることはおそらく互いに関連している．この種は刺毛のある触角と脚をもっている点でも，他の*Paragomphus*属と異なっている (Martens & Dumont 1983)．

カテゴリー4.1.3に一部のエゾトンボ科を含めたが，それは腹部に刺毛があるからである．このことから，細かな沈殿物を腹部背面に付着させ，カムフラージュを行っているのは確実と思われる．例えば

5.3 捕食の間接効果

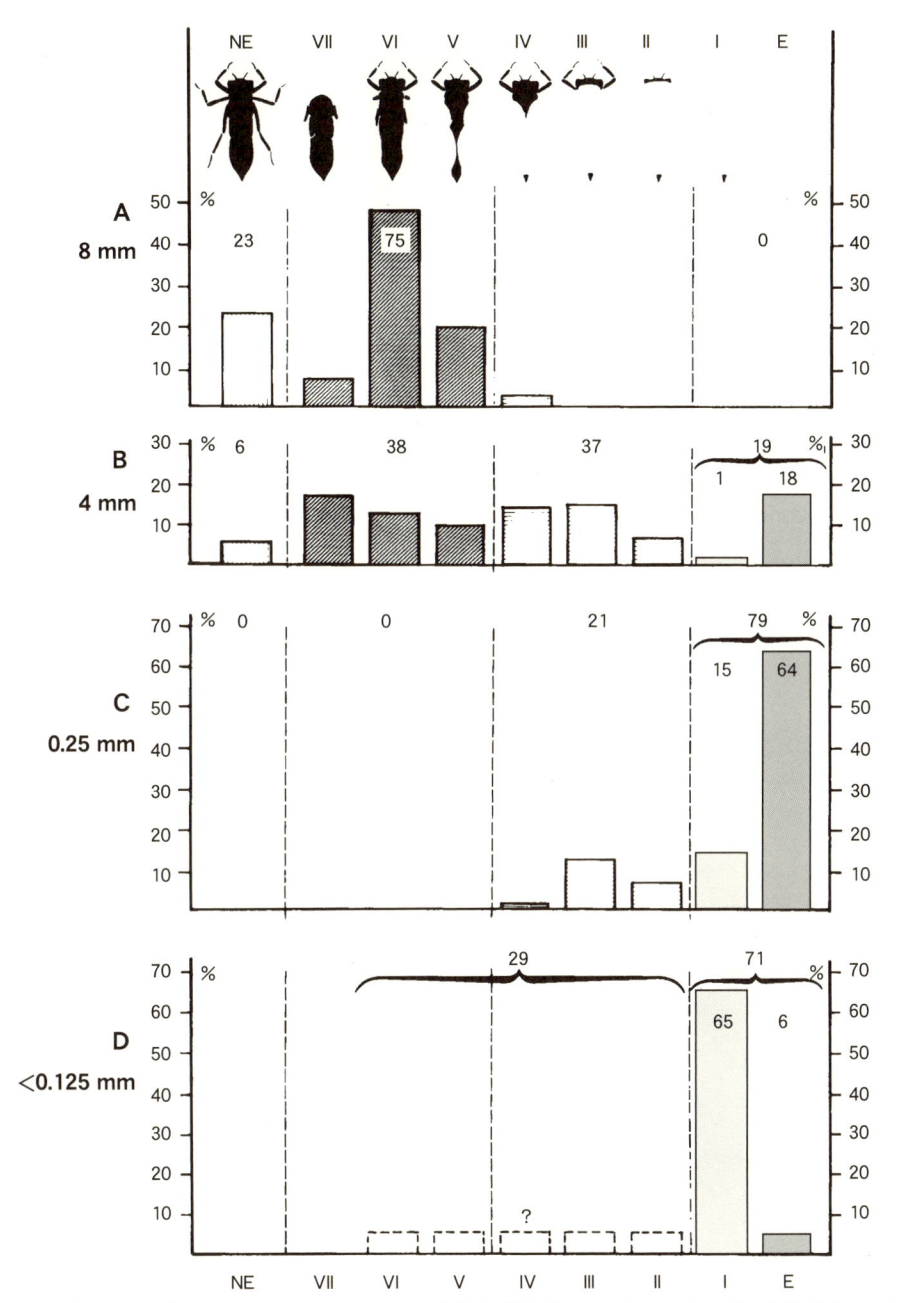

図 5.17 浅い穴掘りタイプのタイリクオニヤンマのF-0齢幼虫（体長約38mm）が、さまざまな粒径（mm、直径）の沈殿物の中で日中にとる姿勢。横軸の記号は図Aの上に示した幼虫の姿勢を、縦軸は各姿勢の頻度を百分率で示している。記号IVからEは警戒している休止姿勢、IとEは完全に潜った状態であるが、Iは肛側板だけが沈殿物の表面から出ており、Eは表面下にあって見えない。(Prodon 1976を改変)

Synthemis macrostigma の幼虫は（図5.15A）、外見がタイリクオニヤンマ属 *Cordulegaster* と非常に似ているが、このことは、Trueman (1989) が卵と若齢幼虫の形態に基づいて、オニヤンマ科とオセアニアモリトンボ亜科が系統学的に姉妹群であるとした推測と話が合う。しかし、*S. macrostigma* の幼虫は、いつも沈殿物の下に潜っているわけではなく、むしろ沈殿物にまみれて、その表面にとどまっている。この問題を解決するためには、脚の動きと外部形態の精細な観察（Nestler 1980参照）が役に立つはずである。Huggins & DuBois (1982) は、「浅い穴掘りタイプ」の呼称が意味することについて論じている。

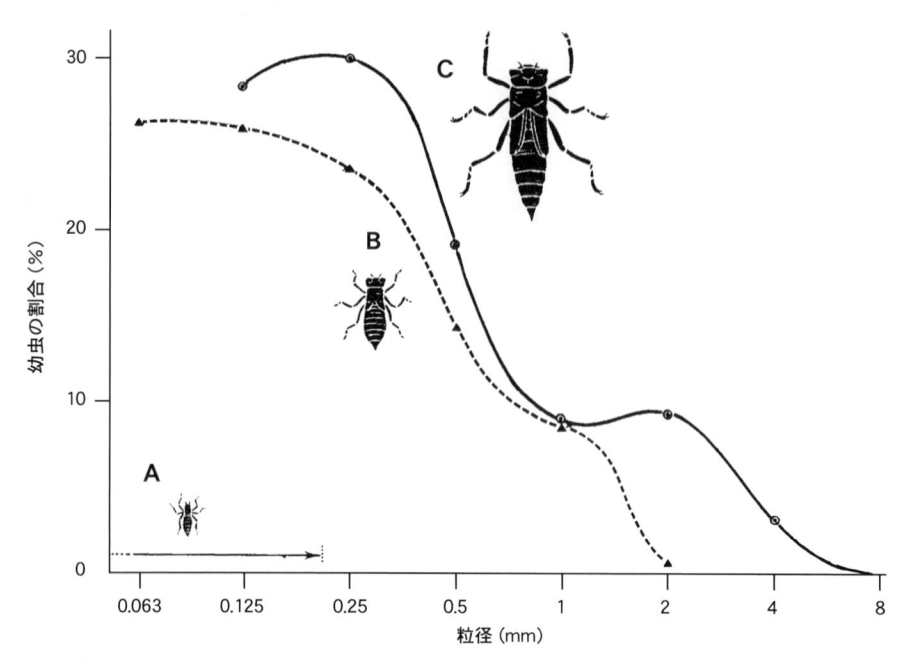

図 5.18　3段階の体サイズのタイリクオニヤンマの幼虫が示す沈殿物の粒径（mm，直径）に対する選好性．A．約2mm（2齢と3齢）；B．10〜16mm（9齢と10齢）；C．約38mm（F-0齢）．(Prodon 1976を改変)

深い穴掘りタイプ（カテゴリー4.2）は2つの異なったグループを含む．ムカシヤンマ科の幼虫（カテゴリー4.2.1；図5.15C）は，*Phenes raptor*と*Tachopteryx thoreyi*（以下参照）を除いて「穿孔生息タイプ」であり，普通は水が十分な酸素を含む高地の高層湿原や湧水湿地で，自分で掘った穴に生息する．通常の条件下では，幼虫は生活史の初期から穴を掘り始めるが，それ以後の穴のサイズは，幼虫の体サイズと正の相関関係があり，ムカシヤンマ*Tanypteryx pryeri*では，穴の長さが24cmにも達することが知られている（武藤1971）．幼虫は積雪下でさえ，高層湿原の表面で採餌するために（主に夜間）穴を離れ（Svihla 1971），採餌後は各自の穴に戻る．*Tachopteryx*属の穴を作らない種の幼虫は，浸出水がある場所の落葉の間や下に生息する（Dunkle 1981b; Barlow 1991a）．その腹部は平らで，側部に棘をもつ葉のような形態をしており，脛節に付いている穴掘り用の棘は貧弱である．したがって，*Tachopteryx*属の幼虫は，潜伏タイプとするほうが良いかもしれない．この*Tachopteryx*属の幼虫は，穴を掘る種の幼虫とは，以下の3点で異なっている．すなわち，穴を掘る幼虫は，ほぼ円筒形の腹部をもち，腹部の側棘は小さくなるかなくなり，脛節にある穴掘り用の棘がよく発達している．*Phenes raptor*は穴を掘らず，湿った土の上の湿った堆積物の間に生息するようであるが（Svihla 1960a; Garrison & Muzón 1995），上の2つのタイプの中間

の状態を示す（Dunkle 1981b）．ムカシヤンマ科の幼虫の背面には決まって刺毛があり（Svihla 1959），むしろオニヤンマ科のような方法で表面に粒状物質を蓄積しているが，複眼には刺毛がなく，なめらかである（Winstanley 1981）．*Phenes*属と*Tachopteryx*属の幼虫は腹部背面に毛束か「鉤」（多くは鉤状棘毛）をもつ（Schmidt 1941）．

サナエトンボ科の中の深い穴掘りタイプの種（カテゴリー4.2.2）は2つの亜科に属し，第10腹節が伸長した管の形をしているので（図5.19A），おそらく沈殿物に深く潜ったときに，それを使って沈殿物の層を突き通し，その上の水から呼吸することが可能になる．表A.5.7に，いくつかの属について，腹部全体の長さに対する第10節の長さの百分率を示した．この百分率の値は，*Neurogomphus*属の幼虫で大きな種内変異を示すことがあり，他の深い穴掘りタイプの幼虫でもそうかもしれない．また，Belle (1977a)の*Aphylla obscura*についての観察から判断して，その雄成虫でも第10腹節の相対的な長さに種内変異があると考えられる．最も極端に発達した呼吸用の「細管」は，新熱帯区の*Phyllocycla*属とアフリカ熱帯区の*Neurogomphus*属に見られる．他のサナエトンボ科にはほとんど見られないが，深い穴掘りタイプに普通に見られる特徴は，下唇側片の内縁が熊手のような形状になることである（図5.19B）．それは下唇中片の前縁にある平らな刺毛のブラシと連動し，ト

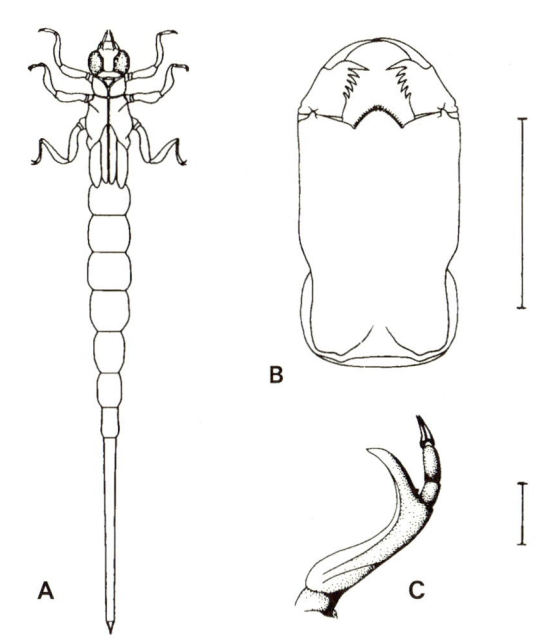

図5.19 サナエトンボ科に見られる穴掘りに関連して特殊化した形態. A. 深い穴掘りタイプの*Neurogomphus*属の1種のF-0齢幼虫の脱皮殻（長さ60mm）で，第10腹節が非常に伸長している；B. *Aphylla albinensis*のF-0齢幼虫の下唇前基節と下唇側片（背面図）．深い穴掘りタイプの一部の属に見られる下唇側片の内縁の熊手状の形態；C. 浅い穴掘りタイプである*Hemigomphus armiger*の幼虫の左前脚．脛節に穴掘り用の突起がある．スケール：B. 4mm；C. 1mm．(AはCorbet 1962aより，BはBelle 1970より，CはWatson 1962より)

ンボ科のスプーン状になった下唇と同じようなやり方で（§4.3.4.2），捕らえた餌動物を沈殿物から分離する篩の役割を果たすのかもしれない．表5.7のカテゴリー4.2.2に示した属の中では，*Aphylla*属や*Neurogomphus*属，*Phyllocycla*属，*Phyllogomphus*属がこの特徴をもっている．*Lestinogomphus*属や*Merogomphus*属，*Phyllogomphoides*属には，そのような特徴は存在しない．*Macrogomphus*属に関してはどのような状態かまだ記載がない．これまで，深い穴掘りタイプの幼虫は，泥（Legrand 1983）や砂（Belle 1982）の表面から数cm下にいる種が報告されてきた（Lieftinck 1941）．*Lestinogomphus*属はカテゴリー4.2.2に含めたが，あまり確実ではない．この属ははっきり分かる呼吸管をもっているが，幼虫は背腹方向に平らな体型で，他の深い穴掘りタイプに普通に見られる（ほぼ）円筒形の体型をしていない．*Lestinogomphus*属の脚の形は，穴掘りタイプよりも潜伏タイプに似ており，下唇側片の内縁には熊手のような形状を欠いている．この属の体型の謎を解く手がかりは，それに形態が似ており，川岸に生息する*Labrogomphus*

*torvus*の幼虫にあるかもしれない．この種は，腹部の呼吸水管を体の残りの部位に対して直角に曲げ，厚い泥を貫いて突き出して呼吸管として使う（Wilson 1995）．

5.3.2.3 個体発生に伴う微生息場所の変化

ここまでは，主にF-0齢，あるいはF-0齢に近い幼虫が利用する微生息場所を説明してきた．しかし，均一な環境からなる単純な生息場所を除けば，発育する間に幼虫が微生息場所間を移動することは普通である（Corbet 1962a）．そこで，以下では，より早い発育ステージの幼虫の場所利用を検討することにする．そのうちのいくつかは表5.6や表5.7，表A.5.7で示したカテゴリーに，どのように種を配置すべきかと密接に関連している．

多くの種は，産卵基質がパッチ状に存在するため最初は集合しており，その後は速やかに分散する種もいるし，そうでない種もいる．ホソミモリトンボの幼虫は水面近くで孵化し，1～2日後には池の底へ沈んでいく（曽根原1985）．また，アオイトトンボ*Lestes sponsa*の幼虫は，卵が産み付けられた池の縁の植物帯からすぐに広く分散するし（Macan 1966b），ヨーロッパアカメイトトンボ*Erythromma najas*の幼虫は，産卵場所の下にある平らな泥地から抽水植物帯へと速やかに移動する（Johansson 1978）．それに対して，アカイトトンボの新しく孵化した幼虫は，産卵されたオヒルムシロ*Potamogeton natans*群落の水面近くに2ヵ月間とどまる．そして，初秋に同時出生集団の約半数が岸近くのイグサ属*Juncus*群落へ移動し，オヒルムシロが枯死する晩秋には，残りのメンバーも合流する．彼らは翌年の夏にそのオヒルムシロ群落を再び利用するが，冬には再びそこを離れる（Lawton 1970b）．コシアキトンボ*Pseudothemis zonata*の幼虫は，越冬のため晩秋に池の縁を離れて中央部に移動し，翌春の終わりに再び戻ってくる（宮川 1969）．2年1化性のタイリクルリイトトンボの空間分布は，成長とともに均一化していくが（Macan 1964），その理由の1つは，オオバコ科の水草（*Littorella*属）のような，均一な空間構造をもち，年変化の小さい微気候を提供する植物を幼虫が好むためかもしれない．ヒマラヤムカシトンボ*Epiophlebia laidlawi*の大形幼虫は，小形幼虫よりもずっと下流に生息する（Asahina 1982b）．またムカシトンボの大形幼虫は石に張り付いた状態で見つかるが（田宮・宮川 1984），小形幼虫のほうは堆積物の間に身を潜めている状態で見つかる（田原 1984）．ムカシヤンマ属の2種の小さな幼虫は穴を掘らず（武藤 1958b；Svihla

1984)．*Phenes*属や*Tachopteryx*属と同様に，幼虫期を通して堆積物の中で生活している（§5.3.2.2.4）．ムツアカネの小形幼虫は暖かく浅い場所に生息するが，大形幼虫は深い場所に棲んでいる（曽根原1965）．*Epallage fatime*の大形幼虫に特徴的な緩慢な動きと強い接触走性は，個体発生の過程で徐々に獲得されるものであり，頭幅が2mm（およそF-4齢；Norling 1981）未満の幼虫には知られていない．*Gomphidia kelloggi*の若齢幼虫は，流れが速く，川底が粗砂や礫の場所にいるが，F-0齢の幼虫は淵に生息し，植物が茂った場所の砂や泥の上にいる（Wilson 1995）．ヨーロッパオナガサナエの若齢幼虫は砂地に棲み，最後の2齢の間は，小石や丸石の多い場所へ移動する．ただし，砂地にタイリクオニヤンマや*Gomphus simillimus*がいる場合は，それ以前の齢の幼虫も，小石が堆積した場所へ移動する（Suhling 1994a）．対照的に，*Gomphus pulchellus*は，幼虫期を通じてははっきりとした基質選択の変化を示さない（Suhling 1994b）．河辺湿地に生えるミクリ属の1種（*Sparganium eurycarpum*）の群落に棲むアメリカアオイトトンボ*Lestes d. disjunctus*の幼虫は，F-8齢からF-6齢の間に，ちぎれて浮かんでいる茎から，真っすぐに生えた茎へと場所を移した（Duffy 1994）．2年1化性である*Epitheca princeps*の幼虫は，1年目には岸近くに生息し，2年目には岸から離れた水域に棲むようになる（Wissinger 1992）．

微生息場所選好は，時に体色や行動の変化と連動している．*Oplonaeschna armata*の幼虫は，その1年目を岩や堆積物の隙間の河床に堆積した砂や砂利の上で，2年目はより大きな岩の間で過ごす．そして3年目と4年目は，水につかった落枝や分解中の有機物がある場所に集まっているが，幼虫の体色や姿勢もそれに従って変化する（Johnson 1968）．同様に，キボシミナミエゾトンボ*Procordula grayi*のF-3齢より小さい幼虫は，体全体が一様に黒っぽく見える体色をしており，根の間にたまった泥に棲んでいる．それより大きい幼虫は，まだら模様に変化し，密生した水草によじ登って生活するようになる（Rowe 1987a）．このような移動と微生息場所選好の1つの結果として，体サイズの違いによる同種内の空間的分離が生じる．幼虫の成育に1年より長くかかる種にとって，とりわけ，比較的狭い生息場所に棲む大型の捕食者である*Oplonaeschna armata*にとって，このような空間的分離は明らかに必要である（Johansson 1978）．*Aeshna californica*の幼虫は，成長期の間にフサモ属*Myriophyllum*からガマ属*Typha*へと移動するが，これは成長に伴って，より大きな直径のとまり場を選

好するようになることと関連しているのだろう（Kime 1974）．キボシミナミエゾトンボとニュージーランドイトトンボでは，水深と関係した季節的移動が大きな貯水池で見いだされている．いずれの種の密度も，（意外にも）冬季に水面近くで最大になった（Mylechreest 1978）．また魚のいない小さな池で，不均翅亜目14種の幼虫について調べたところ，水面から水深2mあたりまでの間の季節的移動には，大きく6つのパターンがあった（表5.2；Wissinger 1988c）．その中で，コハクバネトンボ*Perithemis tenera*だけがどの深さの場所も利用したが，常に0.5m以上の水深の場所に最も多かった．夏にローヌ川が干上がったとき，タイリクアカネ*Sympetrum striolatum*やイトトンボ科の幼虫が河床の下0.5～2.0mの深さの地下水で見つかることがあるが（Reygrobellet & Castella 1987），これは水深に関連した移動の特殊な例である．

このような微生息場所の変化が何に対する反応によって生じるのかはまだよく分かっていないが，時に，餌動物の移動に対応して幼虫の移動が生じることがある（Bryant 1986を参照）．例えば，人工の水草群落に棲むメリカアオモンイトトンボの幼虫は，空腹のときや餌動物がいないときに，より頻繁に移動した（Crowley 1979）．また，ある湖における夜間や明け方のイトトンボ科の垂直移動は，数の多い数種の餌動物群の移動と一致していた（Andrikovics 1981）．Baker & Feltmate（1989）は，アメリカアオモンイトトンボを用いた実験から，微生息場所選択は，まず食物に基づいており，次に水面との近さに基づいていると結論している．彼らはまた，水温が高い場所ほど一般に餌供給量が多く，そのため幼虫がより急速に成長するとも述べている．

どんな場合でも，幼虫の移動速度は，幼虫がもっている（歩行時の）移動力を最大限に発揮したものではなさそうである．幼虫は自然状態で，1～2m/日（Zahner 1959；Rowe 1982），飼育下では5m/日（浦辺ら1986a）の範囲を動くことが分かっている．Ubukata（1984a）は，調査した直径約160mの池に棲むカラカネトンボの幼虫はほとんど移動せず，5年間に20m以上動いた個体は1.4％未満かもしれないと結論した．もちろん，アメリカ，ニューヨーク州のオナイダ湖Oneida Lakeの浮標物につかまったルリイトトンボ属やアオモンイトトンボ属のように（Clady 1975），幼虫が浮遊物と一緒に風によって遠くまで運ばれることもあることは，覚えておく必要がある．好適な太さのとまり場となる浮遊物には，一部のしがみつき型幼虫に対する誘引性があり，水

につかった棒や茎の束は，そこに集まってくるしがみつき型幼虫を採集するのに役立つ（例：Lescheva 1974）．それを考えると，風による移動も珍しくないかもしれない．

水生昆虫の幼虫は，羽化とは別の理由で水から離れることがある．ムカシヤンマ科の幼虫は採餌のため，夜間は毎日のように水から離れる（例：武藤 1971）．しかし，そのような行動もまた，狭く限定された，不連続な生息場所に棲むため，そうせざるをえないのかもしれない．朝比奈正二郎（1981a）は，オオシオカラトンボ Orthetrum triangulare の F-0 齢の幼虫は，いつも発生している小さな水槽（約 0.15 m³）が過密なとき，そこから抜けだして地面の上を歩き去ったと報告している．Leptagrion 属の幼虫は，撹乱を受けると，棲みかとしているパイナップル科植物を脱出して，隣の葉腋の中へ入り込む（Knopf 1977）．また Roppaneura beckeri の幼虫は，密度が高いとき，あるいは母樹が枯れたとき（Machado 1981a）に，エリンギウム属の 1 種（Eryngium floribundum）の他の株へ移動するし，また自らが大きくなり，より多くの餌動物が必要になってくると，同じ植物内のより大きな葉腋へ移動する（Machado 1981b）．このように，条件によって陸上を移動することがあるので，変態期でない幼虫が陸上で見られたからといって，必ずしも普段から陸上生活をしている種とは限らないことに注意する必要がある（Watson & Theischinger 1980 参照；Nielsen 1981；Winstanley 1983）．

幼虫の移動についての研究は，今後，より優先されるべき課題である．なぜなら，異なった発育ステージや季節における微生息場所の利用のしかたを知ることは，全体の密度やエネルギー流量，生存率について，より現実に近い推定を行うために必要だからである．そのような研究のために人工的な底質を利用することは（定着に必要な時間に対して設置期間が十分長いなら，Uttley 1980），とりわけ，自然界の微生息場所の構造に対しダメージを与えないですむ点で，有望な手段といえる（Macan 1977a）．

5.3.2.4　色と模様

クチクラ層内の暗化の結果としての斑紋や，真皮の属性である色を使い，幼虫は周囲の環境にうまく似せてカムフラージュしている（写真 I.4, J.3）．一部の種，特に水面付近の水草に生息するしがみつき型幼虫や腹ばい型幼虫は，ある程度模様や色を（主に脱皮時に）周囲にマッチするように変化させることができる（Corbet 1962a；Rowe 1992a）．池に棲む Indaeschna grubaueri の幼虫の地色は淡い薄茶色であるが，樹洞にいる場合はほとんど黒色に近い（A. G. Orr 1994）．Ictinogomphus rapax の 2 齢幼虫はくすんだ白色をしているが，続く 5 つの齢では褐色を帯びるようになり，その後は黒くなった腐葉の間でよく目立つ黄褐色を示すようになる（Kumar 1985）．キバネルリボシヤンマ Aeshna grandis は，同一個体でも齢が異なれば，青白くなったり，黒くなったり，緑色になったりする（Schmidt 1972）．アメリカギンヤンマの緑色幼虫の比率は，背景の大部分が緑色になる晩春や夏よりも，秋や早春のほうが低くなる（Kime 1974）．アメリカアオモンイトトンボの幼虫は，どちらの色にもマッチするよう変化させることができるのに，緑色よりも褐色の背景のほうを選択する．この選好性に対し Moum & Baker (1990) は，餌動物や捕食者によって見つけられるリスクを減少させるのに役立つと（実験結果から）結論している．この種の選好性は飼育下で確かめられたものであるが，野外での好みの微生息場所がどういう所であり，またそこを利用するコストの一部を知る手がかりを与える．アメリカギンヤンマの緑色はヤンマ科では比較的珍しいが，水面近くの明るい光のもとで，一方では隠蔽色を獲得し，もう一方で素早く活発な採餌様式をもつという矛盾した要求を折衷させるために，多大なエネルギー投資をした結果だろうと Janet Kime (1974) は述べている．

一部の種，特にヤンマ科では，明暗のはっきりした横縞模様が入る傾向が強いため，体色と背景との関係は複雑になる．縞模様のある幼虫の割合は，2 齢での 100 ％から F-6 齢から F-2 齢当たりでの 0 ％まで，成長につれ明瞭に減少する（Corbet 1962a；Kime 1974）．おそらく縞模様は，光と影が混じり合う水面近くに生息する幼虫の体をとぎれとぎれに見せ，相手を幻惑するのだろう．この見方は Williams (1936) によって最初に提出されたようであるが，Corbet (1955a, 1957a) によって広められたものである．縞模様は，自分より大きな同種の幼虫や他種の幼虫による捕食を受けなくなるころに消えてしまう．このことは，身を隠すことに対する淘汰圧の少なくとも一部は，種内捕食や種間捕食であることを示唆している（例：コウテイギンヤンマ Anax imperator, Corbet 1957a；パプアヒメギンヤンマ Hemianax papuensis, Rowe 1991）．例えば，アメリカ，ワシントン州中央部で共存している 3 種のヤンマ科のうち，Aeshna multicolor とアメリカギンヤンマの幼虫は，遅く孵化するため種間捕食の危険性が大きく，若齢期には縞模様をもっているが，孵化時期の早い Aeshna califor-

nica には縞模様がない（Kime 1974）．さらに，活動性のレベル（これは捕食の危険にさらされる程度を反映）も縞模様の出現と相関がある．水面近くの水草に棲む活動的な採餌者であるパプアヒメギンヤンマの若齢期の幼虫には縞模様があるが，定着的な待ち伏せ型捕食者である *Adversaeschna brevistyla* の幼虫にはそういった模様がない（Rowe 1991）．

5.3.2.5 隠れ場としての水草

水草の存在は捕食の危険性を減少させることができる．この結論は，表A.5.5に示した可塑的行動の例と一致する．ニュージーランドイトトンボの幼虫は，水草の上を探し回ったり，そこでじっととどまったり，また捕食者が近づいてきたときは，視覚的遮蔽物として水草を利用している．水草がない場合は，水草がある場合に比べ，ゲンゴロウ科に捕食される度合いは3倍以上にもなる（Rowe 1990a）．同様に，カトリトンボの幼虫は，オモダカ属の1種（*Sagittaria platyphylla*）の水草群落を集中的に利用し，魚の捕食にさらされることがより少ないその葉腋部位に対して強い選好性を示す．餌動物が少ないとき，幼虫は草の上部へ移動するが，頭部を下に向けて静止し，撹乱を受けると葉腋へ素早く戻る（Wellborn & Robinson 1987）．異なる密度に設定した擬似的な水草群落を用い，サオトメエゾイトトンボの幼虫に対するマツモムシ属の1種（*Notonecta glauca*）の捕食が水草によって防御される程度について，定量的に調べられている（Tompson 1987a）．「水草」がないときはタイプ2の機能の反応（§4.3.6）が見られたが，水草の密度が上昇するにつれて，捕食者の機能の反応はタイプ2からタイプ3へと変化した．したがって，どの餌動物の密度でも捕食された餌動物の数は，水草の密度が増加するにつれて減少した．より複雑な自然条件下では，水草の密度は，幼虫の大きさが異なれば，異なった方法で影響を及ぼす．例えば，イトトンボ科やトンボ科，ギンヤンマ属を捕食するブルーギルは，水草の密度が低いときは，最初の餌供給時に何が多かったかを反映してより幅の狭い餌選択を示したが，水草密度が高いときは，少数の，しかしより大形の餌動物を捕食するようになった．以上から，密生した水草は，餌動物が高密度で捕食者と共存することを可能にすると結論づけることができる（Crowder & Cooper 1982）．おそらく適切な形状をした水草は，同種との出会いの可能性も減らすので，敵対行動をとらなくてすむ退避場所となる．*Enallagma ebrium* やアメリカアオモンイトトンボに見られる多くの傷は，おそらくは同種他個体によって負わされたものであるが，水草がまばらになる時期に出現した（Baker & Dixon 1986）．Hanson（1990）は，ほかの水草群落に比べてシャジクモ属 *Chara* のゾーンのほうの幼虫密度が高いことは，シャジクモ属が魚からのより良い退避場所になるという仮説に合うと解釈している．水草の存在は，食虫性魚類に捕食される危険性のある幼虫の生存率としばしば正の相関を示すが，その相関は常に検出可能なわけではなく，また必ずしも正の相関を示すわけでもない．例えばJohnson et al.（1988）は，トンボ幼虫個体群における均翅亜目の割合を，グリーンサンフィッシュ *Lepomis cyanellus* による捕食の尺度と考え，水草がある生息場所とそうでない場所で比較したが，有意な差を見いだせなかった．均翅亜目幼虫の比率が最も高かったのは，何とサンフィッシュの**いた**池であった．

5.3.2.6 敵対行動

Ryazanova（1996）は，効果的な隠れ場の不足によるトンボの幼虫どうしの捕食が，幼虫間の敵対行動を発達させる淘汰の原動力となってきたことを示唆した．一部の種の幼虫は，一見するとなわばり（ある場所や周囲の空間の防衛）をもっていると思われるような，同種個体に対する敵対行動を示す．しかしながらOla Fincke（本章の冒頭の引用句を参照）は，そのような行動は，場所を確保しようとするなわばり性ではなく，体サイズに依存した優位性とみなしたほうが良いと主張している．今後は彼女の解釈が一般的になるだろう（Sant & New 1989も参照）．

ニュージーランドイトトンボの同種に対する敵対行動は，自分と同じような大きさの物体が近づいたときの反応とは顕著に異なっており，このことは，幼虫が同種個体を自種として認識することができるとする見方を支持するものである（Rowe 1980）．同様に，ムラサキハビロイトトンボの幼虫は，餌動物と同種個体とでは異なる反応を示す（Fincke 1996）．ファイテルマータのような非常に小さな生息場所では，トンボ幼虫どうしの出会いは，しばしば重大な損傷を被ったり，死に至るまでエスカレートしたりすることがある．このように，優位であることの利益には，わずかしかいない餌動物を手に入れるだけでなく，トンボ幼虫どうしの捕食の回避も含まれるだろう（Machado 1981a; Fincke 1992c, 1994a）．そのような闘いを「消耗戦」とみなす研究者もいる（Maynard Smith 1982a）．その場合，待ち伏せ攻撃によって，深刻な損傷を受けたり死亡したりするので，対戦者の一方あるいは両方による先制的攻撃によっ

て犠牲者が出ることが，この闘争の特徴となりやすい (Crowley 1984, 1988). 同様な行動は，ファイテルマータを利用するほかの節足動物に属する捕食者でも報告されている (Corbet 1985; Diesel 1992). より大きな生息場所では，場所防衛によって捕食される危険性が小さくなり（捕食者に対する隠れ場の防衛による），また餌動物との遭遇率が高くなるかもしれない（採餌場所の防衛による）といった利益がある．そのような場所での同種個体の出会いは，普通，儀式化され，長期化したディスプレイが示されることに特徴がある．多くは敗者がその場を離れることで終わり，傷を負うこともない．表A.5.8に，敵対的だとみなされる，あるいはそのように推測される行動レパートリーが記載された種を示した．同種個体への敵対行動の存在が最初に気づかれ (Macan 1977b)，そして確認されたとき (Machado 1977)，それは採餌場所の防衛のためだと考えられた．そのような見方は，初期の研究者に影響を与え，また不確かな結論を強固なものにしてしまった．その見方によると，場所の防衛が幼虫の摂食率を上げ，ひいては羽化時の体サイズを大きくさせることで，雄成虫の交尾成功度を高めることになる (Harvey & Corbet 1985). 後になって Gribbin & Thompson (1990b) や Fincke (1996) はこの見方を疑問視している．シマトビケラ科の幼虫が，餌動物の少ないときに同種内でより激しく闘うことは (Matczak 1992)，水生昆虫の敵対行動が，採餌場所の防衛として機能することもありうることを示している．しかし，場所防衛による利益は多種多様であり，種によっても異なると考えられる．少なくともトンボ目の一部の種では，その主な機能は捕食の危険にさらされる度合を小さくすることにあると言える確かな根拠が存在する (Rowe 1990a).

同種間の敵対行動は，均翅亜目ばかりでなく不均翅亜目でも見られる．しかし不均翅亜目の行動レパートリーについてはほとんど知られておらず，これまでのところ，ギンヤンマ属や，トラフトンボ属 *Epitheca* の種で知られているにすぎない（表A.5.8参照）．腹ばい型であるトラフトンボ属を除けば，表A.5.8にあげた種はすべて接触走性の習性をもち，水草につかまったり，*Diphlebia* 属の場合のように石にしがみついたりしている．腹ばい型や潜伏型あるいは穴掘り型の幼虫が，間おき行動や敵対行動を示すかどうかを調べてみることは有益だろう．近くにいる個体の感知に視覚より機械受容器を使っている幼虫は，波動を発生させたり，それを受容したりすることで互いの距離をあけ，身体的接触を避けることができるのかもしれない．それゆえ，人間の目では彼らの敵対行動を検出できない可能性がある．この分野の発展は，機械受容器が役に立つような生息場所を利用している腹ばい型，潜伏型，穴掘り型，またはしがみつき型の幼虫について，彼らが生息している水や底質の物理的な動き（変位）をいかにモニターするかにかかっているかもしれない．幼虫が発する音は，これまでムカシトンボで報告されているにすぎない (Asahina 1950). 同じような微生息場所にいるトビケラ目の幼虫 (Jansson & Vuoristo 1979) から類推して，同種間の敵対的あるいは間おき行動に音が使われていると思ってよいかもしれない (Rowe 1985b).

表A.5.8のデータから，暫定的に次のような3点の結論が導かれる．

- 敵対行動の激しさは，幼虫の齢と正の相関がある．また密度や隣接個体との近接度，（小さな容器では）生息場所の容積と関係している．
- 優位性は，体サイズの差と，また時には自分より小さな競争相手との過去の出会いや隠れ場の存在と顕著な正の相関がある．
- 相互作用の影響としては，特に劣位の幼虫のF-0齢になる前の死亡，隣接個体間のより一様な間おき分布，動きの減少，排除行動，採餌率や成長率の減少が含まれ，これらの変数は同種個体密度の増加と相関する（表A.5.9）．

採餌率の低下は，主として隣接する同種個体による攪乱作用によって生じるようである．例えばアメリカアオモンイトトンボの幼虫は，同種個体が高密度の場合に餌動物への注意力がより散漫になる (McPeek & Crowley 1987).

ここで，密度の測定に関して，また同種個体間の出会いを減少させる行動レパートリーの特徴の記載に関して，方法論的な考察を加えておく必要がある．有効密度（出会い速度に相当）は推定が困難であるが，その理由は，それが利用可能な底質の面積に部分的に依存し (Lambert 1994; §4.3.7.4)，幼虫の活動性にもおそらく依存するからである．しかも，幼虫の活動性は，捕食や，時には観察している人間の存在によっても影響を受けているかもしれない (Rowe 1992b 参照). それゆえ，相対的に不活発な幼虫の場合だと，かなりの密度上昇があって初めて，彼らの行動に影響するような干渉が見られることになる (Baker 1989 参照). さらに一部の種では，明らかに高密度のときでさえ，検出可能な敵対的あるいは排

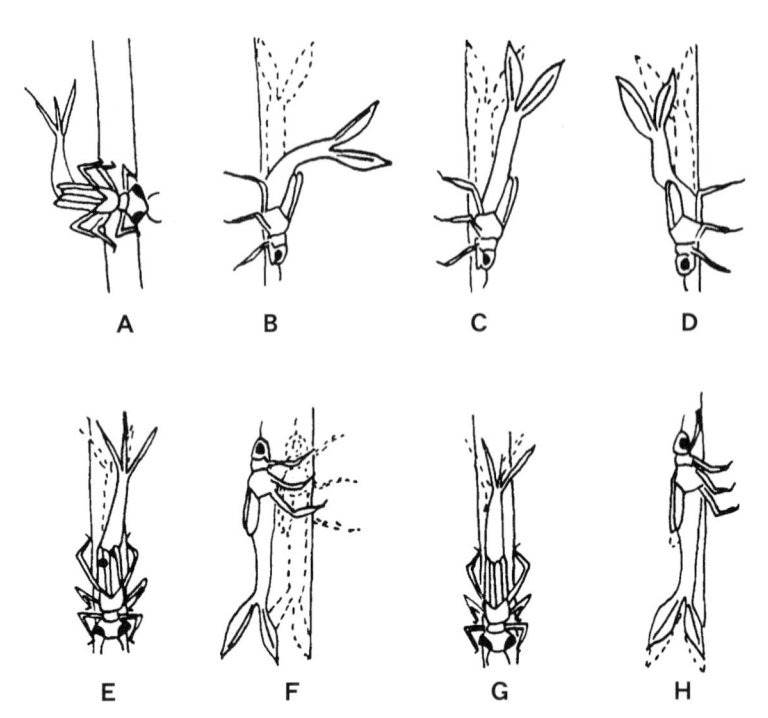

図5.20 アメリカアオモンイトトンボのF-0齢幼虫（体長約15mm）の行動．A～Fは「状態」で，G（葉状器官振動）とH（前方攻撃または下唇攻撃）は「出来事」である（本文参照）．(Richardson & Anholt 1995を改変)

他的行動を示さないようである（例：タイリクルリイトトンボ, Chowdhury & Corbet 1988; *Pericnemis triangularis*, A. G. Orr 1994）．これがもし本当なら，行動に影響を与えるような密度を実験的に再現することは事実上不可能だといえるかもしれない（Uttley 1980; Baker 1989）．Baker & Dixon (1986) は，負傷（死に至らなかった闘争の結果［例：ホソミアオイトトンボ *Austrolestes colensonis*, Rowe 1992b］）の頻度を，同種内で身体の相互作用が見られる種に限定して，有効密度の尺度として使うことを提案している．ただし，欠損や負傷後の付属肢や尾部付属器の再生速度が分かっている必要がある．彼らが調べた *Enallagma ebrium* とアメリカアオモンイトトンボの個体群では，植生がまばらで遭遇速度が高まると予測されるときに「有傷指数」が高くなるといった季節的パターンを示し，また小さな幼虫ほどその指数は高かった (Baker & Dixon 1989)．

幼虫の個別的な行動を識別するには，いろいろな映写速度で録画を見ることができる設備を使い，骨の折れる，映写フィルム（連続撮影が望ましい）の系統だった分析が必要となる．いろいろな理由で，観察者は，行動レパートリーのすべてを記録できるわけではないことは分類群間の比較をする際に注意しなければならない（Rowe 1992b）．行動の特徴を記載するとき，明白な持続期間をもつ**状態**と，観察者から見て持続期間が存在しない**出来事**とを区別することができるし，普段は別個なものとして区別される成分が組み合わさった，定型的な行動をも識別することができる（Richardson & Anholt 1955; 図5.20）．例えばアメリカアオモンイトトンボの幼虫は，31種類の個別の行動と，そのうちの2つの行動が組み合わさった11種類の付加的なパターンを示す（表5.8）．さらに，個々の行動は2つ以上の機能を担っているかもしれない．また（本節の文脈では）すべての行動がもともと敵対的であるとは限らないし，必ずしも実際に敵対的であるとも限らない．例えば，アメリカアオモンイトトンボの「腹部波動」は，アポリシスの後，古いクチクラをその下の新しいクチクラから分離するために使われているかもしれない (Richardson & Baker 1996)．最後に注意しておきたいことは，後の齢ほど齢期間が長くなるので（§7.2.6)，ある齢期間における行動の総数は後の齢になるほど必然的に多くなり，個体発生に伴う頻度の変化を表現していないかもしれないことである．

Richard Rowe (1992a) は，ニュージーランドイトトンボにおける敵対行動レパートリーの個体発生的変化を詳細に記録し，ディスプレイパターンの個体発生と感覚能力との間には，密接な対応関係が存在

5.3 捕食の間接効果

表5.8 アメリカアオモンイトトンボ幼虫が示す行動のカテゴリー数

カテゴリー[a]	高頻度 単独	高頻度 複合	低頻度 単独	低頻度 複合
状態	19	4	6	7
出来事	6	0	0	0
計	25	4	6	7

出典：Richardson & Anholt 1995を改変.
[a] カテゴリー（本文参照）間の区別は間隔に基づいているが，実際にはカテゴリーは離散的．両カテゴリーの例は図5.20で説明．

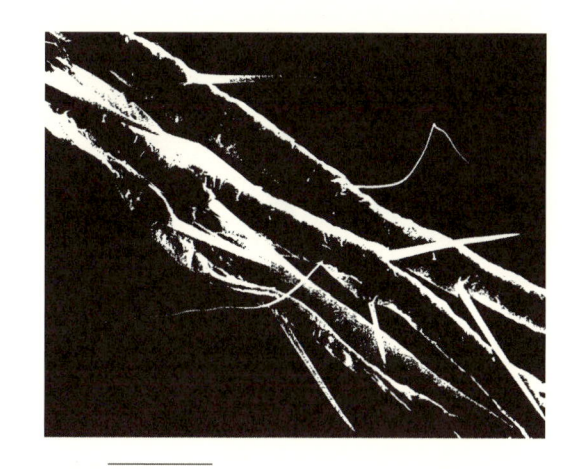

図5.21 ニュージーランドイトトンボの2齢幼虫の尾部付属器の走査型電子顕微鏡写真．円筒状の剛毛と長い棘状の剛毛を示す．スケール：40μm. (Rowe 1992aより)

することを見いだしている．小さな幼虫は長い半円筒形の尾部付属器をもっており，そこには棘のような長い剛毛が生えている（図5.21）．そのステージでは複眼は萌芽的である．若齢幼虫はディスプレイのとき，腹部や尾部付属器をさまざまに利用する．例えば「むち打ちディスプレイ」（図5.22G）では，敵対者どうしが互いに相手を押しのけようとするときに，まるで発情期の雄鹿が角を突き合わせるように，互いの尾部付属器を突き合わせることがある．

若齢幼虫の尾部付属器は，呼吸器官としての役割を果たしていないようだが（若齢幼虫は体積のわりには表面積が大きくて外皮が薄いため，おそらくその必要がないのだろう），ディスプレイ増幅器として，またおそらく振動受容器としても働いていると思われる．小さな幼虫がディスプレイで用いる運動パターンは，大きな振れのゆっくりした動きに終始している．

大きな幼虫は，目につきやすい葉状の尾部付属器をもっている．特にその付属器が動いたり広がったりしたときには，おのおのの葉状器官の末端にある顕著な暗色の「バッジ」が目につきやすい．このバッジは，見たところ攻撃者がそれに狙いを定めて追跡しているようなので，致死能力がある下唇の一撃をそらすための標的としてほとんど常に働いている（図5.23E）．F-0齢（約14齢）で最も多く見られるディスプレイは振幅の小さい尾部振動（SCS）とやや振幅の大きいSCSで（図5.22E, F），動きの小さな高頻度の運動パターンである．尾部付属器はディスプレイ増幅器として機能するが，この段階では，補助呼吸器官としても働いている．Richard Roweの研究（1992a）から，敵対行動を示す種の個体発生に伴うディスプレイパターンの変化は，最も高頻度で利用する感覚器官の切替えを反映しているとする仮説が導かれる．この予測は，腹ばい型・潜伏型・穴掘り型の幼虫の音響的ディスプレイを探求しようという気にさせてくれる．囊状の尾部付属器が振動受容器として働く可能性については§4.3.2.2で述べた．ニュージーランドイトトンボが示す個体発生的変化は，一般的には上記のとおりであるが，なかにはそれから外れた行動を示すものもいる．

アメリカアオモンイトトンボでは，ある行動はほとんど例外なく小さな幼虫（F-7～F-4齢）だけに見られ，別な行動はより大きな幼虫（F-3～F-0齢）に見られるという具合に，個体発生に伴い行動は徐々に変化する．また，当然ながら，行動は状況によっても変化する．例えば，大きな幼虫は，他個体がいると「前方攻撃」［＝下唇攻撃］（図5.20H）や「直線的な腹部上げ行動」（図5.20C）を頻繁に行うが，食物があるときはさほど頻繁ではない．「葉状器官振動」（図5.20G）は，もっぱら小さな幼虫が行い，餌動物が存在するとより頻繁になる．これは若齢期に特有な採餌戦略や感覚の種類を反映しているのだろう（Richardson & Anholt 1995）．

表A.5.8に示された均翅亜目のうち，*Diphlebia euphaeoides*だけは広い（すなわち無柄性の）翅をもつ均翅亜目であるカワトンボ上科に属する．したがって*D. euphaeoides*は，イトトンボ科と少なくとも1億2000万年前までは同一祖先を共有していたと考えてよい．この種は，これまでに他の均翅亜目幼虫で記載されたものとは異なる2つのディスプレイを示すが，26のうち残りの24のディスプレイはイトトンボ科のそれと大変よく似ている．このことからRowe (1993b)は，トンボ目の諸系統における敵対的ディスプレイの置き換わりは，非常にゆっくりしたものであった可能性があるという結論を下している．*D. euphaeoides*に特有な2つのディスプレイのうちの1つは「下唇相撲」であり，ちょうど角を絡ま

162　　　　　　　　　　　　　　　　　　　　　　　　　　　　　　　　　　　　　　5　幼虫：生物的環境

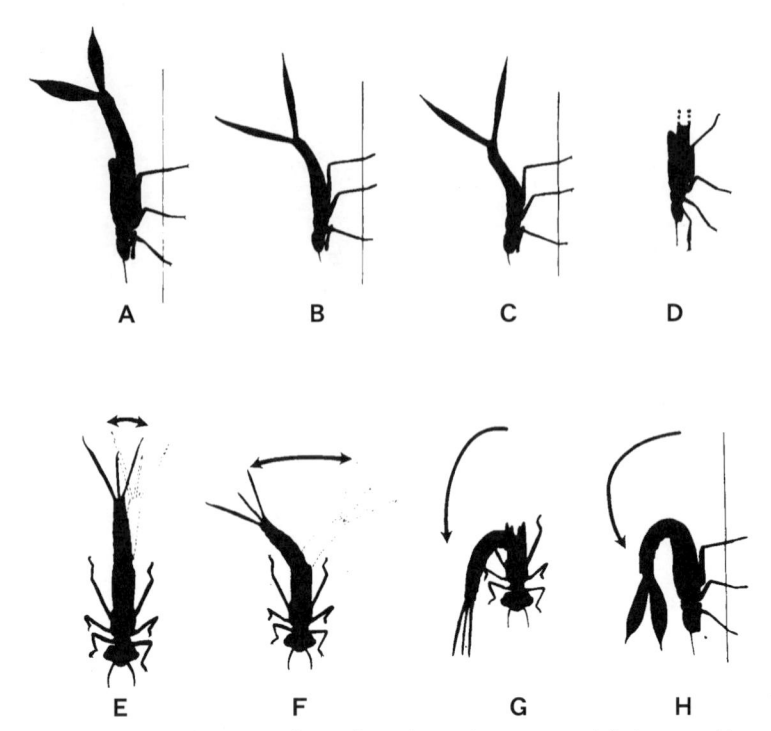

図5.22　ニュージーランドイトトンボが敵対的ディスプレイ中に示すいろいろな姿勢（BとC以外はF-0齢幼虫）．A. 腹部上げ；B. 腹部上げ（およそ6齢）；C. 腹部持ち上げ（およそ6齢）；D. 攻撃（腹部は省略）；E. 尾部の揺り動かし（SCS）；F. 尾部の大きな揺り動かし；G. 打ち下ろし（継続時間＜0.05秒）；H. 葉状器官の前方提示（初動時間＜0.1秒）．F-0齢幼虫の体長は約17mm．（Rowe 1992aより）

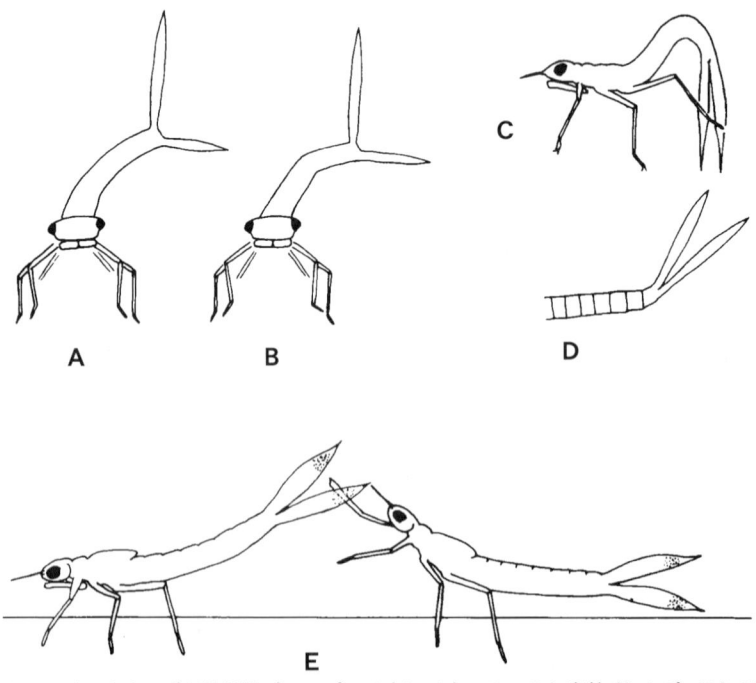

図5.23　ニュージーランドイトトンボが敵対的ディスプレイ中に示すいろいろな姿勢（および，それがよく見られる齢）．A. 腹部上げと腹部曲げ（2齢）；B. 腹部持ち上げと腹部曲げ（2齢）；C. 葉状器官こすり（F-3齢～F-0齢）；D. 葉状器官持ち上げ（6齢）；E. 葉状器官にある色模様の「バッジ」を的にした下唇攻撃（F-3齢～F-0齢）．およその体長：2齢，0.9mm；F-0齢，17mm．（Rowe 1992a）

せた雄鹿のように，敵対する幼虫どうしが下唇を絡ませて押し合う．Rowe (1993b) はまた，これまでに知られている行動レパートリーを概観し，ディスプレイの多くは，その後異なった「意味」を獲得していくが，もともとは身づくろいや下唇による捕獲行動といった，日常的な個体維持活動の単純な儀式化であるようだと結論している．

トンボ幼虫の同種個体に対する敵対行動の特徴をさらに詳しく調べていくことは，非常に興味深い研究分野である．そのような行動は，密度が適応度に影響を及ぼす場合の重要なメカニズムの1つであり（表A.5.9参照），また個体数調節（§5.4）に関係する相互作用のダイナミクスについての機能モデルの中で重要な位置を占めるようになるかもしれない．Crowley et al. (1988) は，進化的に安定な戦略 (ESS)理論を再検討するなかで，モデルの改良につながる9つの重要な設問を呈示している．

1. 対戦時間が負の二項分布に従うのはなぜか？
2. ほとんどの身体的接触，特に攻撃や，攻撃によって引き起こされる遊泳がサイズのほぼ等しい幼虫間で見られるのはなぜか？
3. 飢えた幼虫は，十分摂食した幼虫よりも敵対的であるように思われるのはなぜか？
4. 幼虫が互いを凝視することにかなりの時間を費やすのはなぜか？
5. 対戦が繰り返される場合，行動や対戦の結果が同じにならないのはなぜか？
6. 攻撃を受けた幼虫が，ほとんど例外なく仕返しせずに立ち去ってしまうのはなぜか？
7. ほとんど動かないことが，対戦の勝利に結びつくのはなぜか？
8. 大形幼虫が，たとえその機会があったとしても，小形幼虫を必ず攻撃するわけではないのはなぜか？
9. 幼虫が，対戦者を「無視」するかのように，自らは攻撃することなしに対戦者の攻撃に身をさらすことがあるのはなぜか？

トンボの幼虫では，同種間の激しい敵対行動が普通に見られることがあるが，これは，採餌空間における干渉型競争を和らげることになり，幼虫にとってはそれに見合う利点があるとみることができる．アリストテレスは，昆虫の卵がそれ自身の内部に，幼虫や成虫といった本質的に異なる存在を作り出す能力をもっていることに驚きを示している．しかし，もし幼虫の敵対的ディスプレイが，成虫で見られるよりもけた違いに長く続く一連の活動からなることや，幼虫の動きは［非常に緩慢なので］高速にしなければ，逆に成虫の動きは［非常に素早いので］速度を落とさなければ人間には理解できないといった両者の違いの大きさを知っていたならば，彼の驚きはさらに大きいものになっていたであろう．ビデオ (Rowe 1985b 参照) や高速度カメラ (Rüppell 1989a 参照) などの機械の助けを借りることは，今やこの分野の研究にとって不可欠となっている．

5.3.3 採餌様式

採餌様式に捕食回避がどのように反映しているかについては，定型的行動パターンと可塑的行動パターンの両方について，表4.1, 5.4, A.5.5にまとめておいた．またこれまでにも，いくつかの背景のもとで検討してきた．

5.3.4 逃避と防御

この項では，感知できた捕食者からの脅威に対する，即時の，あるいは短期的な反応だけを，可塑的な反応とみなすことにする．これまでに報告された反応（表A.5.5）には，動きを減少させること（時に採餌を犠牲にする）から逃避を企てることまである．ニュージーランドイトトンボの幼虫によって示される「回り込み」（ねぐらに就いているマンシュウイトトンボの成虫でも見られる，§8.5.4.8）は，機能的には，幼虫の開脚幅の2倍以上ある太さの茎を選好することに関連しており，そのようなとまり場は，幼虫に素早い回転を保証し，効果的な視覚的遮蔽物となる (Rowe 1990a)．Dionne et al. (1990) と Rowe (1990a) は，動いている捕食者の位置を幼虫がモニターできることを証明した．アメリカアオモンイトトンボの小さな幼虫は，大きな幼虫と異なり，捕食者の存在に対して（定型的というよりも）可塑的な反応を示すことを Dixon & Baker (1988) は見いだしているが，このことから重要な2点を強調しておく必要がある．1つは，回避反応は個体発生の間に変化することである．もう1つは，その変化は，採餌を減少させて捕食を避けることと，そのために成長が阻害されることの妥協における相対的なコストを反映しているだろうということである．Dixon & Baker (1988) は，アメリカアオモンイトトンボの小さな幼虫にとっては，動きを減少させること（すなわち大きな幼虫に見られる定型的反応）のコスト（成長速度の減少で表される）があまりにも大きいため，彼

らは定型的反応をとることができないことを示唆している．

表A.5.5のいくつかの記載事項から，ある対捕食者反応の有効性が，捕食者の種類にいかに依存しているかが分かる．ニュージーランドイトトンボの不動姿勢はヒメゲンゴロウ属の1種 (*Rhantus pulverosus*) に対しては有効だが, *Adversaeschna brevistyla* やパプアヒメギンヤンマの幼虫に対しては役に立たない．なぜなら，これらの種は静止しているニュージーランドイトトンボを見つけだして接近するが，ニュージーランドイトトンボのほうは，彼らのゆっくりとした接近に気づかないからである (Rowe 1990a)．魚がいる生息場所かどうかによって，出現するルリイトトンボ属の種が異なることから推測できるように，種によって魚とトンボ幼虫の捕食者としての危険度に違いがある．このような対捕食者行動のあり方が種によって異なるという発見は (McPeek 1990a, b; §5.3.1.4)，前に述べた原則の正しさを示すものである．魚といつも共存している種は，魚とトンボの捕食者が存在するときは臨機応変に動きを減少させる．しかし，魚のいない生息場所に棲む種は，遊泳によって捕食者から逃げようとする．この行動は，トンボ幼虫に対する防御にはなるが，魚は逃げる均翅亜目幼虫を追いかけ，簡単に捕らえることができるので，魚に大変**襲われやすく**なってしまう (Convey 1988; Gotceitas & Colgan 1988; Blois-Heulen et al. 1990; McPeek 1990b; Rowe 1990a)．

この項の残りの部分では，捕食者あるいは脅威を与える動物がトンボの幼虫に身体的接触をすることで誘発される行動について述べる．

捕食者に捕まえられた，あるいは身体的攻撃を受けた幼虫は，昆虫でよく知られている**不動反射**，あるいは「擬死」と呼ばれる，刺激に対する強度でかつ持続的な反応を示す (S. A. Corbet 1991a 参照)．不動反射は，ほんの2, 3秒間といった短時間の不動姿勢が著しく長期化したもので，しばしば身体的撹乱に対する直接的反応として見られ，とりわけ，魚といつも共存している種に多い．不動反射は，これまでにトンボ目の11科で記録されている (表5.9)．それを示すことが知られている種は，いずれも，狭い環境 (沈殿物や有機堆積物，穴) に棲んでいるか，あるいは茎や石に対して強い接触習性をもつ．この相関は，明らかな不動反射をとるものが，トンボ科の中では幼虫が穴を掘る属に限られ (例：ヨツボシトンボ属やシオカラトンボ属, Henrikson 1988), ヤンマ科でも幼虫が強い接触走性をもつ属 (コシボソヤンマ属 *Boyeria* や *Oplonaeschna* 属, *Tetracanthagyna* 属) に限られることとも一致する．幼虫がこのような穴掘りや接触走性の性質をもっていれば，これまで報告がない他の属でも不動反射が見られるに違いない．不動反射は，カワトンボ科からはこれまで報告されていない．ただし，追い立てられたり襲われたりしたとき，アオハダトンボ属 *Calopteryx* (Zahner 1959) やニュージーランドイトトンボ属 *Xanthocnemis* (Rowe 1985b) が見せる硬直した「パラシュート」姿勢 (脚を広げ腹部を背側に反らす) は，機能的には不動反射と同じものかもしれない．休息中の幼虫で普通に見られる姿勢とは違い，不動反射の間は身を固くし，脚と体は全く動かさない状態になるが，種によってその様子が異なっている．以下の説明の多くは新井裕 (1987b) の研究に基づいているが，彼はこの行動を実験的に研究し，いくつかの種 (例：コヤマトンボ *Macromia amphigena*) は脚を左右に広げるが，他の種は脚を体にぴったりくっつけること (例：ムカシトンボ)，また腹部を弓なりに反らしたり (例：コシボソヤンマ *Boyeria maclachlani*)，あるいは真っすぐに硬直させたり (例：ミルンヤンマ *Planaeschna milnei*) することを見いだした．ムカシヤンマの不動反射は時によって異なり，これらの2種類の姿勢のうちどちらかを示す (武藤 1971; 図 5.24)．新井は，腹部を上に反らすことと，不均翅亜目に見られる鋭い尾部付属器を使った威嚇姿勢との間に，機能的類似性があるとしたが，不動反射を特徴づける不動性は，この解釈と矛盾するように思える．新井が調べた10種の幼虫の平均不動時間は，ヒメサナエ *Singomphus flavolimbatus* の23秒からミルンヤンマの878秒までの範囲があった．なお，ミルンヤンマで記録された最大時間は31分を超える．連続して同じ幼虫に試した場合も，不動反射の持続時間が明白に減少することはなかった．タイリクオニヤンマの不動反射の最大持続時間は，水の動きと関係し，流水では20分間，止水では60分以上続いた (Prodon 1976)．また *Neurocordulia xanthosoma* で記録された最大持続時間は35分間であった (Williams 1979a)．このような長期化した不動状態の例は，連続的刺激によって誘起されているのか，それとも繰り返し刺激によるのか興味深いところである．*Neurocordulia virginiensis* の不動反射は自由遊泳しているすべての齢で見られたが (Dunkle 1980), ネアカヨシヤンマ *Aeschnophlebia anisoptera* やミルンヤンマでは7齢くらいから後の幼虫にしか見られない. *Oplonaeschna armata* の場合は，10mm以上の体長をもつ幼虫で不動反射が生じる (Johnson 1968)．直腸呼吸は不動反射開始時点で停止するが，その後すぐ

5.3 捕食の間接効果

表5.9 幼虫に不動反射が見られる分類群

科	属
ヤンマ科	アオヤンマ属, トビイロヤンマ属, コシボソヤンマ属, *Brachytron*属 (Münchberg 1930), *Gomphaeschna*属 (Dunkle 1977), サラサヤンマ属, *Oplonaeschna*属 (Tinkham 1949; Johnson 1968), ミルンヤンマ属, *Tetracanthagyna*属 (Lieftinck 1980)
イトトンボ科	エゾイトトンボ属 (松木 1992)
オニヤンマ科	タイリクオニヤンマ属 (Prodon 1976)
エゾトンボ科	オオヤマトンボ属, コヤマトンボ属, *Neurocordulia*属 (Williams 1979a)
ムカシトンボ科	ムカシトンボ属
サナエトンボ科	*Syanogomphus*属 (Belle 1966), ウチワヤンマ属 (Chowdhury & Akhteruzzaman 1981), ヒメクロサナエ属, アオサナエ属, オナガサナエ属, *Phyllogomphoides*属 (Novelo-Gutierrez 1993a), コオニヤンマ属, ヒメサナエ属, オジロサナエ属
ムカシイトトンボ科	*Hemiphlebia*属 (Sant & New 1988)
トンボ科	ヨツボシトンボ属, シオカラトンボ属 (Henrikson 1988)
ベニボシヤンマ科	*Archipetalia*属 (Allbrook 1975)
ムカシヤンマ科	*Tachopteryx*属 (Svihla 1959), ムカシヤンマ属 (武藤 1971)
ニセアオイトトンボ科	トゲオトンボ属* (田原 1975)

出典：掲載した属は，断らない限り，新井 1987bによる．
* 訳注：トゲオトンボ属は日本のトンボ図鑑ではヤマイトトンボ科に入れられているが，ここでは原著に従った．

に再開される．脱皮や羽化の直前でも不動反射が生じることがある．水中で捕らえられることで誘発されるのか，水から取り出されることで誘発されるのかは種によって異なるが，新井によって調べられたすべての種は，**水の外**で胸部をつかまれたときに強い不動反射を示した．また，それが生じる前には，視覚だけではなく，必ず機械的刺激が必要であった．魚 (Gotceitas & Colgan 1988) や両生類 (Freed 1980) が餌動物をその**動き**によって感知することを思い起こせば，この行動の主な生存価は，幼虫が，脊椎動物の捕食者によるそれ以上の攻撃を避ける可能性を高めることにあると推測できよう．すでに見たように，ある種のトンボは動かない餌動物を感知することができる．例えば，新井は不動反射をしている水底のオジロサナエ *Stylogomphus suzukii* の幼虫を，クロスジギンヤンマの幼虫が攻撃することを観察している．クロスジギンヤンマの幼虫がそれを摂食しようとしたとき，オジロサナエの幼虫は直ちに不動反射をやめ，ジェット推進で逃げ，砂中へ潜ろうとした．不動反射がギンヤンマ属の幼虫に対する防御として有効でない場合があることは，彼らが動かない餌動物を感知し，近づくことができる (§4.3.2.1) ことからも明白である．

捕まえられた均翅亜目幼虫は，もがいたりとまり場にしがみついたりして，自由になろうと試みることがある (Rowe 1990a)．尾部付属器の1つ以上をつかまれた均翅亜目幼虫や，1本の脚をつかまれた均翅亜目と不均翅亜目の幼虫は，しばしば捕まえられた器官を**自切**する (能動的に切り捨てる)．不均翅亜目についてこの過程を詳しく調べた Jean Legrand

図5.24 不動反射姿勢をとっているムカシヤンマのF-0齢幼虫 (体長約35mm)．(武藤 1971を改変)

(1974) は，自切は幼虫がつかまえられたときだけ起きること，尾部付属器が自切するとき破断は必ず基部でなされること，そして自切は幼虫自身の激しい動きによって引き起こされることを見いだした．水面近くに棲み，活動的な生活スタイルをもつ幼虫 (例：アカメイトトンボ属，アオモンイトトンボ属，アオイトトンボ属) は，捕まえられると非常に素早く反応し，しばしば尾部付属器を切断するが，それは普通，遊泳運動によって生じる．強い接触走性を示す不活発な生活スタイルをもつ幼虫は (例：アオハダトンボ属，アカイトトンボ属 *Pyrrhosoma*)，腹部の活発な運動を伴った反応をかなりゆっくりと示す．それによって付属器を切断しようとするようで

あるが，多くの場合失敗に終わる．各尾部付属器の基部には破断可能な関節があり，自切の後，出血や水の流入を防ぐために血体腔や血管は速やかにふさがれる (Tillyard 1917b; Moorman et al. 1989)．イトトンボ科の4属では，破断関節は，体サイズに対してではなく，尾部付属器の体積に対して等成長的に成長する．このことは，これらの構造は捕食者に対する「生け贄」として働くとする仮説を支持している (Burnside & Robinson 1995)．1本の脚全体が自切する場合，ルリボシヤンマ属 (Tillyard 1917a: 86) やルリイトトンボ属，アオイトトンボ属 (Parvin & Cook 1968) では，常に腿節の基部で切断され，Corbet (1962a) が報告したような転節ではない．

自切後，尾部付属器は（脚のように），その後の脱皮時にある決まった速度で再生する (Child & Young 1903参照; Baker & Dixon 1986)．幼虫にとって尾部付属器を自切することは（それが垂直の葉状器官であれば特に）コストがかかる．付属器のない幼虫も，ぎこちなくではあるが，ゆっくりと泳ぐことができる．しかし脅かされたときは，正常な幼虫より反応が遅く，また成長がそれほど遅れることはないが (Robinson et al. 1991b)，呼吸が阻害されるため，水面に近づけない場合は死亡率が高くなるかもしれない (Moorman et al. 1989)．野外個体群における自切発生率は（尾部付属器や脚の欠損や再生から分かる），自種を含む他の幼虫や捕食者からの攻撃をどれほど受けてきたかを示す尺度となる (Robinson et al. 1989)．ニュージーランドイトトンボは，種内での敵対行動の間，各葉状器官の末端部にある色素沈着した「バッジ」に向かって下唇を伸ばした（図5.23E）というRowe (1992a) の観察がある．このことから，尾部付属器のうち垂直方向についた葉状器官は，基部に破断関節を備えていると予想される．もっとも，固着的でうまく周囲にカムフラージュした *Agriocnemis pinheyi* の尾部付属器は，破断関節を欠いている (Carchini et al. 1995)．トカゲでよく知られている自切は，一時的に素早く泳ぐ能力が低下したり，低酸素濃度で呼吸する代償を払って，当面の死や負傷を免れるための戦術である．水平方向の葉状器官型の尾部付属器をもつタイプである *Argiolestes icteromelas* の幼虫に破断関節があることは分かっているが (Tillyard 1917b)，胞状の尾部付属器をもつ幼虫については，自切の発生率はほとんど分かっていない．岩の多い急流に棲む *Drepanosticta sundana* の胞状の尾部付属器の破断関節は基部のごく近くにあり，その尾部付属器は自在に動くが，容易には破断しない (Lieftinck 1934a)．

緊急時には，幼虫はいつものようなゆっくりした歩行を止めて，素早く遊泳することがある．均翅亜目の幼虫は，普通，腹部を左右に振りながら泳ぐ．そのような移動様式は，魚がいない池の水面近くの水草に棲み，垂直についた葉状の尾部付属器をもつ幼虫 (§5.3.1.4) で最もよく発達している．最も素早く，かつ上手な泳ぎ手はイトトンボ科，ミナミアオイトトンボ科，アオイトトンボ科，ハラナガアオイトトンボ科の特定の種であるが，最後の3分類群は，脚を体にぴったりつけ，小魚（ミノー）のように体をくねらす「アオイトトンボ属の」泳ぎを採用している (Rowe 1993a)．*Ischnura posita* の幼虫では，尾部付属器を失うと，泳ぐことはできても素早くは泳げないので，共食いされる危険性が増大する (Robinson et al. 1991b)．*Enallagma civile* や *Ischnura posita*, *Telebasis salva* から1〜2枚の尾部付属器を除去しても遊泳速度がやや落ちるにすぎないが，3枚全部を除去すると，遊泳速度や遊泳法に深刻な影響をもたらす (Burnside & Robinson 1995)．遊泳逃避型の極端な例はホソミアオイトトンボの幼虫である．ほんのわずかな撹乱でも，（同じ生息場所内のイトトンボ科幼虫と違って）素早く泳ぎ去り，底のほうへ突進し，底土中に潜り込もうとする (Rowe 1987a; 表A.5.5)．このように急場の隠れ場として水底の沈殿物を選ぶことから，穴掘り習性は捕食者に対する効果的な防衛法であるという見方が正しいことが分かる．オジロサナエも捕食者から泳いで逃げ，水底の沈殿物に潜ろうとするが（表A.5.5），言うまでもなく，そこは普段棲んでいる場所である．

不均翅亜目は，少なくとも幼虫期の後期には，緊急移動の方法としてジェット推進を利用することが普通である．それは肛側板神経の刺激によって引き起こされる過程であり (Fielden 1960)，おそらく日中だけ用いられる (Corbet 1962a)．Dunkle (1980, 1984a) によって研究された2齢幼虫の移動方法は，次の4種のカテゴリーに分類できた．すなわち，非遊泳者（ムカシヤンマ科と大部分のサナエトンボ科），ジェット推進および脚を使った「走行」運動を行う種（ヤンマ科），ジェット推進のみの種（*Aphylla* 属と *Progomphus* 属），そして脚の運動のみの種（エゾトンボ科とトンボ科）である．ベニボシヤンマ科 (Allbrook 1975) とムカシトンボ科（田原 1984）の大形の幼虫は，ジェット推進を用いないらしい．個体発生に伴って逃避運動がどのように変化するかについては，ほとんど分かっていないが，変化することは明らかである．ヤンマ科の老齢幼虫は，ジェット推進を使って前へ突進するときは，脚を体にぴった

り押しつけている．またトンボ科のある種（ヨツボシトンボ属やシオカラトンボ属）は，左右に広げた脚を使って，ジェット推進の波動と調和させながら運動の舵取りを行う（Rudolph 1979a）．タイリクオニヤンマは撹乱されると，普段潜っている底砂から跳ね出し，歩行と直腸からの水の放出によって逃げようとする（Prodon 1976）．*Uropetala carovei* は，夜に高層湿原の表面で採餌しているときに妨害を受けると非常に素早く反応し，自分の穴に後ろ向きであわてて戻り，穴の中の，表面から少し入った所に引きこもった（L. F. B. Green 1974）．水中で，あるいは外で乱暴に扱われた幼虫は，防衛行動と呼んでもよいような荒々しい動きをしばしば見せる．

ノシメトンボ *Sympetrum infuscatum* のF-0齢幼虫を浅い水の中に置き，その正面上方から物体を降ろすと，先取防衛と考えてよいような，非接触的な防衛行動が観察された．その幼虫は少し後方にパッと退きつつ，腹部の先を持ち上げ，水平に対し約45°の仰角で，前方にジェット水流を吹きつけた．幼虫はその後向きを変え，物体から素早く離れた．上田（1995a）はこの行動の説明として，ジェット水流は近づいてくる鳥（例：サギ類）を躊躇させ，幼虫が逃げるための時間的猶予をもたらすかもしれないとしている．*Uropetala carovei* の幼虫は，乱暴に扱うと，時に直腸に蓄えた水を強力なジェット水流にして放出する（Rowe 1987a）．

これまで報告された防衛行動の大部分は，脅威を与える物体との物理的接触が必要であり，また，先のとがった尾部付属器を目立たせるように，腹部を多少なりとも背側に曲げる行動を伴うことが普通である（例えばCorbet 1962a参照）．そのような防御行動は，若齢幼虫では必ずしも見られるわけではない（Johnson 1968参照）．均翅亜目の場合，頑丈な三稜状の尾部付属器をもつ一部のカワトンボ科やゴンドワナアオイトトンボ科の種（例：*Burmargiolestes melanothrax*；明白な脅しに対し丈夫で平らな葉状器官を用いる，Nielsen 1981）を除けば，その動きは，よく目立つディスプレイとして気をそらすこと以上の効果があるとは考えにくい．しかし，不均翅亜目，とりわけ活動的で水面近くで身をさらして生きている大型のヤンマ科の幼虫の突き刺し行動は，攻撃者が幼虫を放したり，時に同じようなトンボ幼虫を避けることを学習するほどの相当な傷を負わすことができる（Godley 1980参照）．不均翅亜目の尾部付属器の長さは，おそらく防衛武器としての効力の尺度になるであろう．*Libellula deplanata*（Nestler 1980）やアオサナエ *Nihonogomphus viridis*（新井1987b）の老熟幼虫が示す突き刺し行動が，果敢な捕食者をあきらめさせるとは思えない．しかし，ヤンマ科（特にヤンマ族）やオニヤンマ科の大きな幼虫がその行動をとる場合は，明らかに効果的である．タイリクオニヤンマは，繰り返しかつ敏速に，尾部付属器で攻撃者を突き刺すが，それは視覚的に方向づけられているらしい．そのような行動は，軽い「意思表示」行動の後に続き，もし成功すれば，通常の休止姿勢を取り戻すべく，穴掘り行動へと移行する（Prodon 1976；§5.3.2.2.4；図5.16A）．現生の最も大型のトンボの1種である *Anax tristis* は，ある高名なトンボ研究者の指を突き刺し，出血をさせることができた（Gambles 1963）．コウテイギンヤンマは攻撃してくるヒメタイコウチ属の1種（*Nepa cinerea*）を追い払った（P. S. Corbetによる未発表の観察）．またHeymer（1970）は，ヒスイルリボシヤンマが槍のような尾部付属器（ドイツ語のSchwanzstachel，尾棘）を，防衛のためや，大型のもがく餌動物を押さえつけるために，そして種内や種間の闘いに使うことを明らかにしている．この方法で使われる尾部付属器は，寄り集まって強力な三角錐状の棘を形成している．白亜紀後期のPseudomacromiidae科（新設のAeschnidoidea上科に含まれる；Carle & Wighton 1990）に属する *Pseudomacromia sensibilis* の強大な先のとがった尾部付属器は，物理的な防衛上，おそらくかなりの威力をもっていたであろう．その長さは体長の20%に達している．

大型の不均翅亜目の幼虫は，時に大顎で攻撃者に噛みつくことがある．ムカシヤンマ科のムカシヤンマ（武藤 1971）や，ヤンマ科のアメリカギンヤンマ（Godley 1980）などである．アメリカギンヤンマのそのような防衛行動によって，ヘビの1種（*Regina alleni*）は口から出血し（§5.2.4.2），飲み込もうとしていた幼虫を吐き出した．*Aeshna squamata* の幼虫がヨーロピアンパーチの大形個体の胃の中にしか見られなかったというVoznyuk（1974）の観察結果は，ヤンマ科の幼虫に強力な防衛行動が見られることで説明できるかもしれない．

ある種の幼虫は，防衛のために音を出すという興味深い報告がある．*Uropetala chiltoni* は穴の中にいるとき，時々甲高い摩擦音を発する（Rowe 1987a）．またムカシトンボの7齢以後の幼虫は，驚かされると腹部を動かして摩擦音を出す（Asahina 1954；田原 1984）．

5.4 個体群動態

トンボ目個体群の5年以上に及ぶ定量的な研究はほんのわずかしかない．しかもそのうちの2例では，最上位捕食者の導入や水草の減少によって (Macan 1977c)，あるいは生態遷移により (Moore 1991a; Wildermuth 1994c)，研究の途中で生息場所が著しく変化してしまった．トンボ個体群の安定性を示す例として，Dan Johnson & Phil Crowley (1989) によるテネシー州，ベイズマウンテン湖の群集についての10年間の研究を見てみよう．その湖は15 haの広さがあり，水位は比較的安定し，よく発達した沿岸植生をもつ富栄養の浅い人工湖である．実験期間中に，物理的あるいは生物的な大きな撹乱は認められなかった．5つの微生息場所から，一定の方法で，16種を含む13の分類群が毎月サンプリングされた．その微生息場所については，そこに棲むトンボとともに Crowley & Johnson (1982) の記載がある．その幼虫群集 (表5.10) は，永続性と安定性についての客観的な規準を満たすものである．すなわち，その群集はどの年もほとんど同じ種で構成されており，2世代以上にわたって採集されなかった種はいなかった．また13分類群のうち8群では，個体数の経時的な変化にどのような傾向も認めることができなかった．13分類群で群集の全個体数の99％以上を占め，調査した10年間のうち少なくとも9年間は，その同じ13分類群が存在していた．相対的個体数の順位には年変化がほとんどなく (図5.25)，その安定性は，これまでに公表された水生動物群集のうちでは最高の部類である．この幼虫群集は，物理的にも生物的にも安定した環境の生息場所に見られる群集の典型だとみなしてもよいだろう．

ある動物群集が安定に維持される過程を推測することは，一般に極めて難しい．もっとも，この研究の場合は，Dan Johnsonとそのグループによって，ベイズマウンテン湖での種間相互作用についてすでに数多くの研究が行われ，公表されているので，それほど困難はないかもしれない．個体群における数の調節 (単なる変化ではない) は，種間や種内の相互作用によって達成されうるが，それらの相互作用は，密度依存的に成長速度と体サイズ (結果的に成虫の産卵数) を小さくし，また生存率を低下させることで，適応度を下げるように働く．そのような調節の経路が存在する可能性は表A.5.9から明らかである．アメリカオオトラフトンボの場合，密度の増加は化性に対し大きな効果をもつ．つまり，卵が孵化した

表5.10 アメリカ，テネシー州のベイズマウテン湖における各種幼虫個体数の年次変動の傾向分析

順位	分類群	r [a]	P [b]
1	Enallagma traviatum	−0.19	n.s.
2	E. signatum	−0.53	n.s.
3	アメリカオオトラフトンボ	−0.81	<0.01
4	Celithemis elisa	+0.29	n.s.
5	Enallagma divagans	−0.50	n.s.
6	アメリカアオモンイトトンボおよびIschnura posita	+0.65	<0.05
7	ネグロベッコウトンボおよびLibellula incesta	−0.42	n.s.
8	Enallagma vesperum [c]	+0.13	n.s.
9	Celithemis fasciata	−0.66	<0.05
10	Dromogomphus spinosus	+0.70	<0.05
11	Argia fumipennis violacea	+0.34	n.s.
12	Macromia alleghaniensis およびDidymops transversa	−0.65	<0.05
13	Lestes vigilax	+0.39	n.s.

出典：Johnson & Crowley 1989.
注：1978～1987年における3月または4月の個体数の常用対数値．分類群は3月または4月の個体数の平均順位に従って並べた (図5.25参照)．
[a] 相関係数．
[b] n.s.は有意差なし．Dunn-Sidak検定により，相関係数の観察値がいずれも有意でなかったことを示す．
[c] 試料の再検討により，E. basidensからE. vesperumに変更された (Johnson 1996).

年の10月にF-0齢になるものが幼虫の90％以上になる (低密度のとき) か，80％未満になる (高密度のとき) かは，密度によって決まる．したがって，密度が生活環を1年間短縮させることになる (D. M. Johnson et al. 1995)．Rowe (1990a) は，成長速度が低下することのコストが最も重要だと強調している．すなわち，個体群が存続し続けるための1日当たりの死亡率は，成長が速ければ3～10％でもかまわないが，成長が遅いと1％未満でなければならない．

ベイズマウンテン湖のトンボ群集における**種間**競争の影響は，食物網内の「強い」結び付きとして示されているような (図5.26)，大型のサンフィッシュ科による捕食 (干渉型競争) や小型のサンフィッシュ科との餌の重複 (消費型競争) が重要であり，その程度は両者とも同じくらいだと思われる．アメリカ，サウスカロライナ州の池では，種間競争 (この場合はトンボの幼虫どうしの捕食) が個体数調節に貢献していると Benke (1978) は結論づけている．ベイズマウンテン湖における種間競争のもう1つの例は，Dromogomphus spinosus の侵入・定着後に生じたアメリカオオトラフトンボの食性の変化であり，おそらく消費型競争の結果だろうと考えられる (Mahato & Johnson 1991)．この湖の2種のルリイトトンボ属の間にも種間競争があり，密度依存的な効果がある

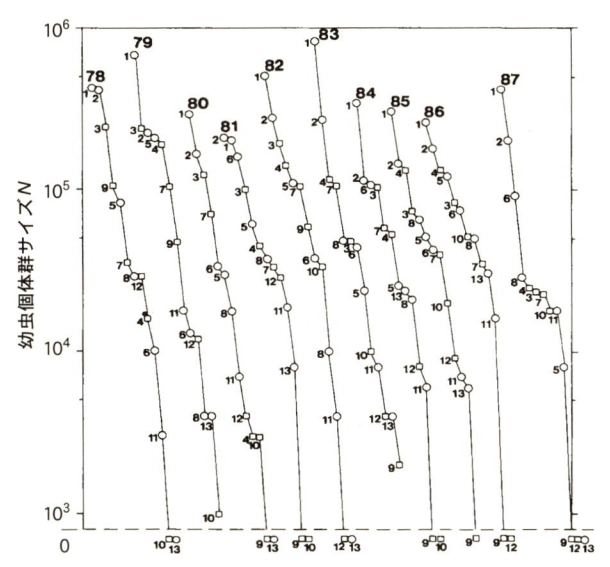

図 5.25 ベイズマウンテン湖のトンボの幼虫群集の安定性．1978年から1987年の3月または4月に見られた各分類群の個体群サイズ（対数目盛り）を優占度-多様性曲線で示す．数字は各分類群の10年間の個体数の順位（表5.10で示したもの）．丸印は均翅亜目，四角印は不均翅亜目．アメリカ，テネシー州．(Johnson & Crowley 1989 より)

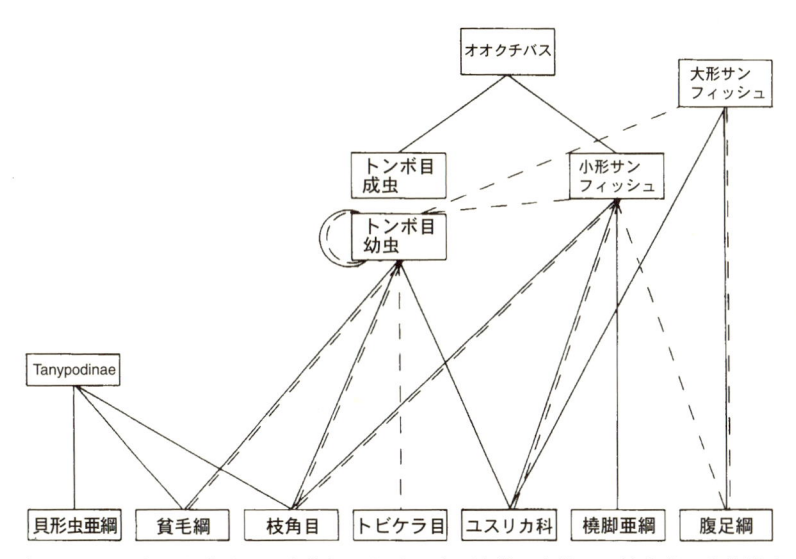

図 5.26 ベイズマウンテン湖の沿岸域での食物網における強い連鎖．実線は，捕食者の食物構成のうち少なくとも10％を占めていた餌動物．破線は，野外での囲い込み実験の間に，捕食者によって個体数が有意に減少した餌動物．アメリカ，テネシー州．(Johnson & Crowley 1989 より)

ことが示されている (Pierce et al. 1985 参照)．しかし，種間の相互関係は必ずしも密度依存的ではないので，密度調節効果をもつとは限らない．

他方，**種内**の相互作用は常に密度依存的なので，本質的には調節効果をもっているはずである．種内の干渉型競争は，ベイズマウンテン湖の次の3種で検出されている．*Celithemis elisa* とアメリカオオトラフトンボではトンボ幼虫どうしの捕食が（表A.5.4; §5.2.4.4），*Enallagma aspersum* では敵対行動が見つかっており（表A.5.9），他の種でも見つかる可能性がある．また，密度依存性は10種の密度変化データから検出されたが，*Enallagma signatum*，アオモンイトトンボ属の1種，*Dromogomphus spinosus* からは検出されなかった (Crowley & Johnson 1992)．表

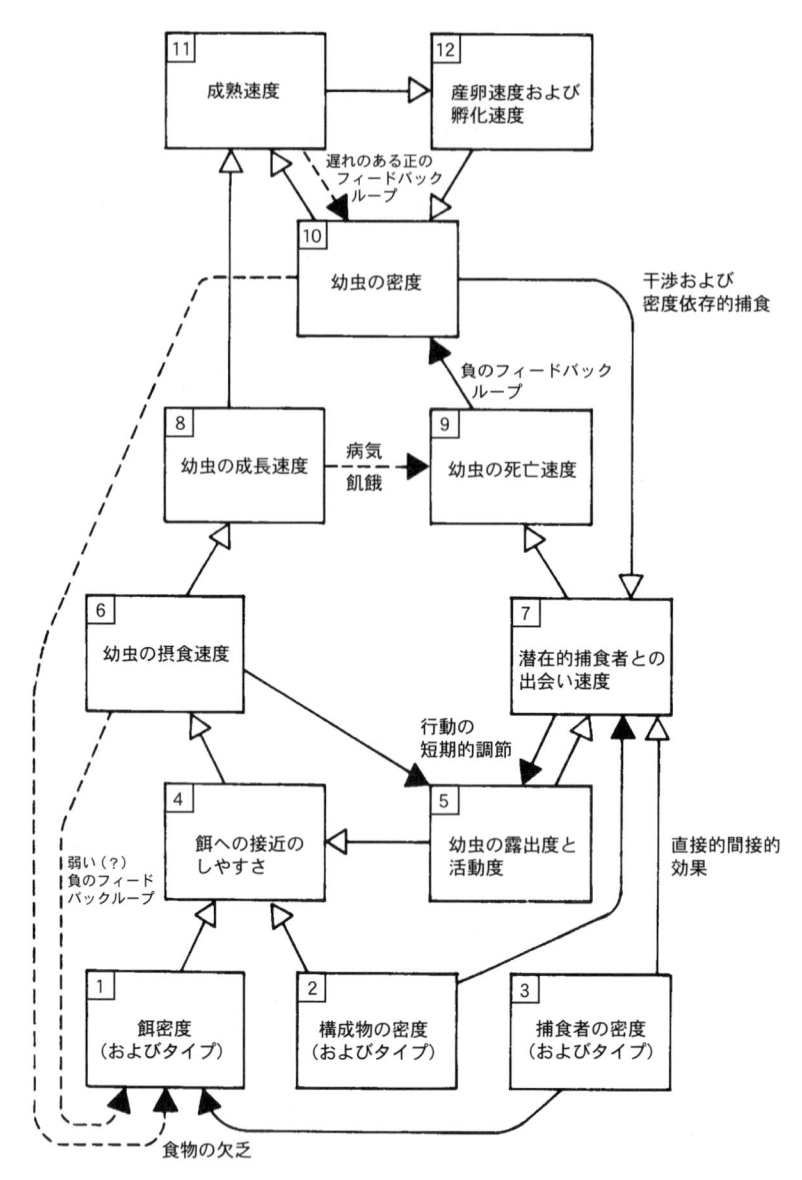

図 5.27 トンボの個体群動態を決定している生存率と他の要因との仮説的な相互関係．白抜きの矢印は正のフィードバックで，黒の矢印は負のフィードバック．実線は強い効果で，破線は弱い効果．遅れのある正のフィードバックループ 10-11-12 は，種内干渉や密度依存的な捕食，あるいはその両方の結果として生じる負のフィードバックループ 7-9-10 により抑えられる．餌動物の継続的な減少がない場合は，種内における餌動物の奪い合いに起因する負のフィードバック（例えば 1-4-6 や 1-4-6-8-11-12-10）のインパクトを弱める．ただし，魚は幼虫の餌動物供給量をかなり減少させる．トンボの幼虫は，空間分布や動きを変えることで，捕食者からうまく隠れることと採餌頻度とを釣り合わせているかもしれない．これは行動による短期的な調節であり，負のフィードバックループ 5-4-6 や 5-7 が働くことになる．(Johnson & Crowley 1989 を改変)

A.5.4 にあげた他の5つの例や，表 A.5.9 にあげた種以外にも，キタルリイトトンボ（とまり場がより一様な分布を示すなど；Anholt 1990a)，ハーゲンルリイトトンボ *E. hageni*（魚のいない池だけで；McPeek 1990a)，アメリカオオトラフトンボ（年1化性に対する2年1化性の同時出生集団の割合が増加；Johnson & Crowley 1989) では密度依存的な効果が見いだされている．アメリカオオトラフトンボでは捕食性魚類や大型幼虫の存在下であっても，非常に小さい幼虫間の密度依存的な共食いが密度調節に貢献しているようであり (D. M. Johnson et al. 1995)，卵が非同期的に孵化した後の高密度のときに，その効果は最

大になるらしい (Hopper & Crowley 1996). Josh van Buskirk (1989) は，一時的な池では水深が変化しやすいために，餌動物の供給量や密度が大きく不規則に変動するので，種内捕食は捕食者の個体群調節のための特に効果的な手段であることを指摘している．種内捕食が個体群調節における密度依存的な過程として作用することは，他の動物群での数多くの研究からも明らかである (Polis 1981 参照).

体サイズの違いを組み込んだ均翅亜目の個体群動態モデルは，干渉，特にトンボ幼虫間の捕食が，個体群の大きさの調節や羽化パターンに大きく寄与することを示している (Crowley et al. 1987b). (Van Buskirk [1987a] は，カトリトンボについて，とりわけ幼虫密度が高いと羽化時の成虫サイズが小さくなることを証明したが，このことは，アメリカ南部では6月から8月にかけて成虫が急速に小さくなるという，ほぼ半世紀前に Penn [1951] が発見した季節変化の理解に新しい光を投げかけている.)

密度依存的な効果は，消費型競争よりむしろ干渉型競争によるものだと (おそらく正しいのだろうが，野外での確認はない) 仮定されることが多い (例：Hopper & Crowley 1996). たとえ餌動物の枯渇を証明することができるとしても，この2種類の競争を区別することは，特に野外条件下では難しい (Wissinger 1985, 1988a 参照). しかし，ルイリトンボ属について両者を区別した研究が2つだけあり，その例では，摂食に関連した干渉型競争が，観察された密度依存的な変化に寄与したと結論できる証拠は全く得られなかった (Pierce et al. 1985; Anholt 1990a). これは依然未解決の問題である．我々はいまだに，トンボ目のたった1種についてさえ，いかに個体数が調節されているかを理解できずにいるが，ベイズマウンテン湖とそれに隣接した魚のいない生息場所 (生態観察池) の群集は，個体群生態学者にとって絶好の情報源となる．なぜなら，それらの群集の構成種間の相互関係について質の高い情報がすでに数多く存在しているからである (図5.8, 5.26, 5.27).

個体群の安定性の分析にとってさらに必要なことは，撹乱の起き方と，種特異的な撹乱に対処する方法を描写することである．ベイズマウンテン湖での経年変動をもたらす要因には，齢構成，捕食者や被食者の個体群密度，成虫活動期間に対する季節的な気象の影響，氷による被覆，水草の密度，水温など，数多くの要因の変化が含まれているので，因果関係の特徴を描写することは難しいであろう．Johnson & Crowley (1989) によれば，長期モニタリングとかなり現実に即したコンピュータモデルの感度分析が，この分野の進展のために最も見込みのある方法のようである.

5.5 摘 要

トンボの幼虫と結び付きのある生物は，共生者，片利共生者，病原体，および捕食寄生者であるが，一部の寄生者と捕食者が幼虫の生態と行動に重大な影響を及ぼす．トンボ目だけに宿主特異的であることはまずないが，原生動物のグレガリナ亜綱，扁形動物の吸虫綱が主要な寄生者であり，なかでも吸虫綱が多くを占める．ヒトを含む脊椎動物にメタセルカリアを媒介する中間宿主として，トンボ幼虫 (および成虫) の役割は重要である．このような寄生者の生活環が成立するには，（他のトンボ幼虫でなく）魚類，鳥類，両生類が幼虫の主要な捕食者でなければならない．ただし，時には特定の爬虫類だけが主要な捕食者になっていることがある．

多くの淡水の微生息場所，特に池や湖の沿岸帯では，トンボの幼虫は無脊椎動物中で捕食者の最上位にあるが，その食物網上の地位は，食虫性の魚と共存しているか否かに大きく依存する．食虫性の魚が存在する場合，トンボ目は中間的地位を占め，魚や同種の大形個体や他種の大型のトンボによっても捕食される．食虫性の魚がいない場合は，大型の不均翅亜目，特に活発な採餌様式をもつヤンマ科の種が最上位の捕食者になりうる．

温帯域における幼虫の生存率は，主に捕食によって影響を受けるようであり，夏から初秋にかけて最も低くなるような季節変動を示す．

魚や他種のトンボ幼虫による捕食を避けたり減少させる必要性が，幼虫の多様性（生息場所や微生息場所利用の多様性，形態的多様性，隠蔽・逃避・防衛・採餌・敵対的ディスプレイといった行動上の多様性）をもたらす主要な進化的圧力であると思われる．ある種のトンボ幼虫は，トンボ以外の捕食者（とりわけ魚）がいない生息場所，例えば地表の落葉層やファイテルマータ，潮間帯，あるいは酸性度の強い池や湖に生息する．ある微生息場所の利用は，幼虫の形態的特徴や行動的特徴と密接に関連している．特に不均翅亜目の幼虫では，水草や沈殿物上で休止姿勢をとるためにどう脚を動かすかという点で，幼虫の形態や行動が重要になる．不均翅亜目の幼虫はこういった観点から大きく5タイプに類型化された．それは，場合によっては科レベルだが，多くは属レベルで対応している．しかし，微生息場所

選択や行動タイプは，しばしば発育とともに変化し，時には同種内でも小形幼虫（これらはトンボどうしの捕食の危険性にさらされる）と大形幼虫とで棲み場所が分かれる現象も見られる．

魚のいる水域に棲むか，魚のいない水域に棲むかは，分類群によって決まっていることが多いが，一部の分類群（例：アオモンイトトンボ属の数種）はいずれのタイプの生息場所にも棲み，両生息場所の間で偏りはないようである．そのような生息場所の分離を示す分類群は，彼らの主要な捕食者（魚や大型の不均翅亜目幼虫）に対応して，多少なりとも可塑的な一連の捕食回避行動を示す．

ある時点での水界生物群集の動態では，トンボ幼虫の群集や，それを構成する種の役割は，いくつかの要因（およびそれに関連した要因）によって変化する．主な要因は季節や化性（幼虫サイズ），捕食者との遭遇頻度（水草のような隠れ場の有無やその密度，死亡率，移動，採餌活動），あるいは同種や餌動物との遭遇頻度（密度依存的な敵対的ディスプレイ，死亡率，移動，採餌活動，成長速度）である．

生態遷移後期の生息場所における幼虫群集の安定性は極めて高い．しかし，種間および種内競争が生じている（それぞれ，時によって干渉型競争になったり消費型競争になったりする）ことは検出できたとしても，個体群が調節されているメカニズムまではっきり分かるのは，同種内のトンボ幼虫どうしの捕食の重要性が示され，しかも密度依存的に働いたといえる場合だけである．長期間のモニタリングや現実に即したコンピュータモデルの作成は，この分野に対する理解をより深めてくれるであろう．

トンボの幼虫は大型で生存期間も長く，室内飼育も比較的容易である．また興味深いさまざまな行動パターンを示してくれる．それゆえ，トンボの幼虫は，無脊椎動物の行動について，その個体発生や系統発生などを研究するうえのモデルとして，大変価値がある．

Chapter 6

幼虫：物理的環境

> 世界中の多くの場所で，人類の営みによって影響を受けていない原生河川はほんのわずかしか残っていない．
> ―ジョージ・K・リード (1961)

6.1 はじめに

　物理的な環境は，トンボ目の生態と行動に大きな影響を及ぼす (Wright 1943参照)．しかし，個々の要因を切り出して，それぞれの詳細な作用を明らかにすることは困難であり，時には不適切でさえある．いろいろな影響が互いに作用しあっていたり，短期的な効果だけでなく長期的な影響もあるからである．物理的要因がもたらす影響のいくつか (例えば，pHが低いために魚がいない生息場所で，対捕食行動のタイプが変わること；§5.3.1.4) については，この本の別の場所で扱う．また，温度は，代謝を制御することによってほとんどすべての活動に影響を及ぼす要因である．そこで§6.2でその概要を説明し，他の節では扱っていないいくつかの話題を取り上げることにする．

6.2 温度

　この節では，トンボの分布，行動，生態に対する温度の制約に焦点を合わせる．したがって，記述の多くは，幼虫だけでなく成虫にも適用できるものである．

6.2.1 緯度

　低緯度地方で分類群が多様であることや (Davies & Tobin 1984, 1985参照；津田 1991)，温帯性の種に見られる卵期と幼虫期の温度反応から (Norling 1984a；§3.1.3.2., §7.2.2)，トンボ目は，元来，熱帯性の昆虫であることが分かる．種構成は，緯度が高くなるにつれて量的にも質的にも変化する．その変化のしかたは，熱帯から隔たるにつれて分類群の多様性が低下するという一般的傾向に従いながら，生物気候学上の地理的区分ごとの特徴も示す (Rohde 1992)．アメリカ，フロリダ州南部の北緯27°以北では，温帯性の種が，熱帯性の種に入れ替わって急激に増加する (Paulson 1966)．カナダ北東部では，種数は，生物気候学上の地理的区分および年積算温度の等温線と高い相関を示す (Pilon et al. 1989a)．北半球では，一部の種は緯度における森林限界 (森林ツンドラの南部を含む) まで分布し，何らかのトンボが，両半球の森林限界に相当する標高まで，あるいはそれを超える高度の場所にさえ見られる (後述)．これらのトンボは，1種を除いて，より温暖な場所に分布の中心があり (Belyshev & Haritonov 1980)，森林限界に向かうほど個体数は少なくなる (Gorodkov 1956参照)．唯一の例外はベーリング分布をする極北の種 *Somatochlora sahlbergi* である (図6.1)．この種は，北緯51°39′〜58°56′に位置するシベリアのバイカル湖南端の西側 (標高800〜2,000m) からの4つの謎めいた記録を除けば (Belyshev & Ovodov 1961；Belyshev 1968a；Kosterin 1992, 1993)，フィンランド，スウェーデン (Sahlén 1994c)，およびノルウェー (Olsvik & Dolmen 1992) から東はカナダのマッケンジー川のデルタ (写真D.3) に至る森林限界付近に分布する．そして，少なくとも北アメリカでは，その南限は (アメリカ，アラスカ州の北緯61°30′付近)，おそらく他のどのトンボの分布南限よりもさらに北に位置する (Cannings & Cannings 1985)．

　温度がトンボ目の地球規模の分布に強い影響を与えていることは，温帯性の種が，その通常の分布範囲の外に飛び地個体群をもつ場合があることからも明

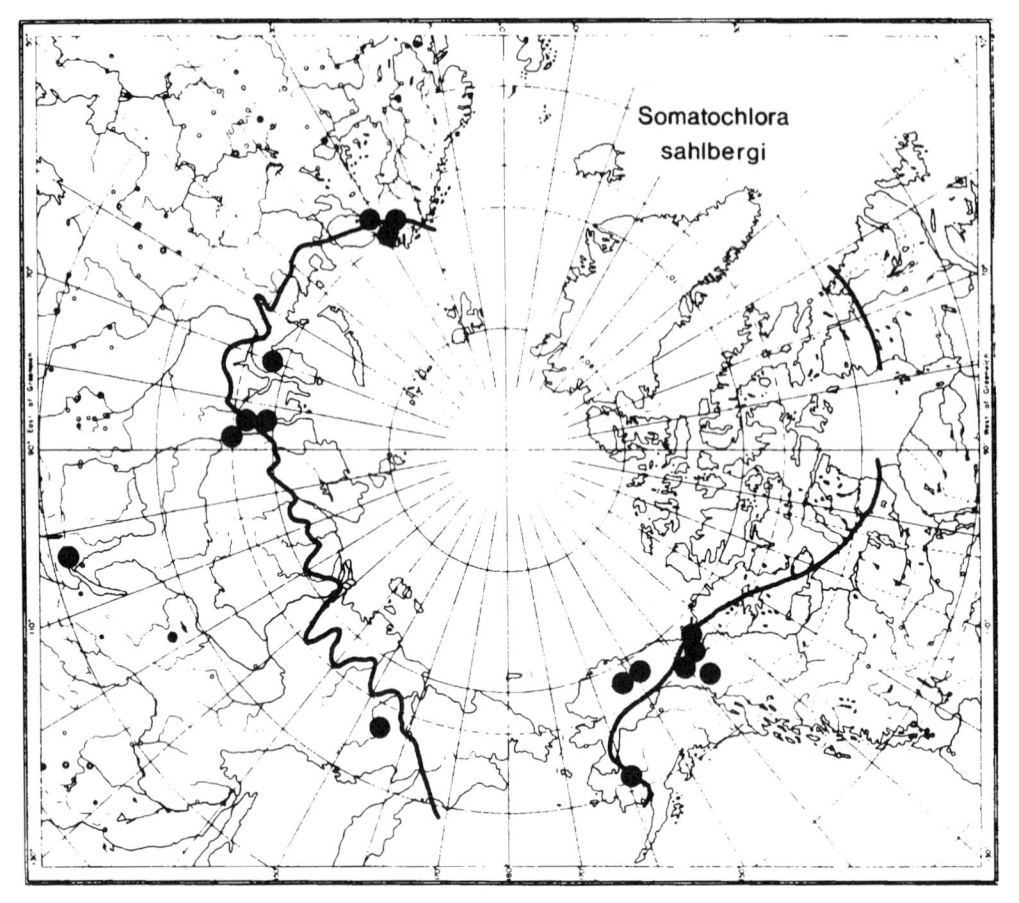

図6.1 成虫と幼虫の採集標本に基づく *Somatochlora sahlbergi* の世界的分布と緯度における森林限界（太線）との関係．本種は，元来ベーリング分布をする唯一のトンボである．(Cannings & Cannings 1985より)

らかである．例えば温帯北部に生息する種，特にルリボシヤンマ属 *Aeshna* やエゾトンボ属 *Somatochlora* などのトンボは，その分布域の南限では高地や亜高山帯に生息する (Ander 1951; Lieftinck 1977; Danks 1981; Asahina 1982d; Askew 1988; Davies 1992b)（表A.6.2）．このうち，周北分布をするルリボシヤンマ *Aeshna juncea* は，シベリアでは北緯70°付近のレナ川やエニセイ川の流域にまで（すなわち北緯66°30′の北極圏をはるかに越えて）分布を広げている種であるが，その南の分布境界線は，かなり入り乱れていて，イベリア半島東部から小アジアにかけての山岳地帯に隔離された個体群が見られる．同様に，ユーラシア大陸を横断して分布する種であるカラカネトンボ *Cordulia aenea* も北緯70°を越えて分布を広げており，アルジェリアやコーカサス地方の山岳地帯に分布南限がある (Belyshev 1968a: 123)．北方系の *Aeshna sitchensis* と *Leucorrhinia borealis* の最南端の産地は，北緯40°45′のユタ州のユインタ山脈 Uinta Mountainsである (Musser 1962)．北方山地に生息する種の南限の個体群のように（例：ヒメルリボシヤンマ *Aeshna caerulea*，イイジマルリボシヤンマ *A. subarctica*，クモマエゾトンボ *Somatochlora alpestris*，ホソミモリトンボ *S. arctica*），主な北方の分布中心 (Askew 1988参照) からはるかに隔たった高標高の山岳地帯に飛び地個体群として出現し（例：Kepka 1971），氷河期の遺存種としての地位を裏書きしている場合もある (Lohmann 1992b参照)．分布が温度条件に依存することは，暖温帯に生息する一部の種が，高緯度地方（例：Belyshev & Gagina 1959）や標高の高い地域（例：Haritonov 1989）の温泉に，飛び地個体群として分布を広げていることでも示される (§6.2.3で紹介)．Mike Wright (1943) は，北方系の属（例：ルリボシヤンマ属，*Basiaeschna* 属およびエゾトンボ属）が北アメリカ大陸の南部では，高地の低温の河川に見られることを指摘した．それに対して，フロリダ州で北方系の種の大部分が見られないのは，その州の低地だけの地勢に原因がある (Byers 1930)．この現象は，モロッコ北部のリーフ Rif 地域

6.2 温度

（北緯35°付近）でもはっきりと現れている．そこでは，熱帯アフリカ産および地中海産のいずれの種も見られるが，熱帯アフリカ産の種は低標高の場所に，地中海種は高標高の場所に見られる (Jacquemin 1994)．例えば，ヨーロッパからシベリアにかけて分布するアカイトトンボ Pyrrhosoma nymphula は，リーフ地域の標高1,150～1,450mの細流に生息する．

トンボ目の分布の北限は，新北区よりも旧北区のほうが北にある（表A.6.1）．これは，主にメキシコ湾流の影響によって生息場所の条件がより緩やかなためである．トンボ類が見られる最も高緯度の地域は，シベリアの北緯77°付近である（ヒメルリボシヤンマ，イイジマルリボシヤンマおよびホソモリトンボ; Gorodkov 1956）．ロシアとシベリアでは，ほかに次の7種が北緯70°まで記録されている．すなわち，キバネルリボシヤンマ Aeshna grandis がロシア，ノバヤゼムリャ島のすぐ南で (Ninburg 1990)，ルリボシヤンマ，Coenagrion concinnum，カラカネトンボ，タイリクルリイトトンボ Enallagma cyathigerum，Leucorrhinia orientalis，Somatochlora sahlbergi がシベリアで記録されている (Belyshev 1968a)．

新北区では，森林限界が北極圏を越える場所は西部に限られ，マッケンジー川デルタとアラスカ付近がそれに当たる．陸地の北端がほぼ北緯71°の位置にあるので，たとえ北緯70°以北に見られる種がいたとしてもごくわずかである．カナダでは，最北に分布する2種は (Aeshna septentrionalis とキタルリイトトンボ Enallagma boreale)，約69°でボーフォート海に面したユーコン準州のブリティッシュ山地の北側斜面に見られる．そこでは，夏（5～9月）の平均気温は2～4℃，7月の平均気温は7～11℃である．水深の浅い池の夏の平均**水温**は，もちろん気温よりも高くなるだろう (Corbet 1972参照)．とはいえ，幼虫（羽化殻ならなお良い）がその地域から見つかるまでは，森林限界以北の全北区からの成虫の記録は，その地域で発生したと考えるよりは，風によって運ばれたものとみなすべきであろう (Gorodkov 1956; Mikkola 1968; Cannings et al. 1991)．

北極圏内で記録されたトンボ目の一覧表は（表A.6.1），旧北区（特にスカンディナビア北部とラップランド）のほうが新北区よりも分類群が多様であることを反映しており，旧北区と新北区の比は，属レベルでは13:9，種レベルでは28:24である．しかし，ユーコン準州北部のあまり風雨にさらされない渓谷の広範な調査によって，新北区の北極圏内に見られる種数がかなり増加した (Cannings et al. 1991) ことから，表A.6.1の新北区の構成種リストは，まだ完全なものではないと考えられる．この表から，全北区の主要な属，すなわちルリボシヤンマ属，カオジロトンボ属 Leucorrhinia，およびエゾトンボ属が多いことが分かる．

北極圏内に生息するトンボが直面する問題はUlf Norling (1981) が要約している．幼虫は，8ヵ月間以上氷に覆われるかもしれないが，適当な発育ステージであれば (§7.2.7.2)，冬を生き延びるのに十分な生理的耐性の範囲内にあると思われる．しかし，スウェーデンの森林限界より北では夏は短く，発育に有効な時期はわずか1ヵ月続くにすぎない (Sahlén 1993b)．天候は非常に予測しにくく，毎年，ごくわずかしか発育が進まない．そのため，発育のどのステージにも越冬能力が必要となる．Haritonov (1974; 1993参照) は，シベリアでは，北方系のトンボのフェノロジーが緯度や経度に伴って変化する点について議論している．彼の議論は，Belyshev (1974) によって提案された生物気候学的な法則を背景にしている．Belyshev & Haritonov (1980) は，北アメリカとユーラシアの北極圏のトンボ相は，より南方の種構成に由来し，北極圏の種構成そのものではないと考えたが，その見解は他の昆虫に基づく推論 (Downes 1965) とも一致する．

トンボが南極圏内（すなわち南極大陸）から報告されたことはないし，どんなトンボも生息していそうにない．チリのフエゴ諸島の端に近いオステ島 Hoste Island（南緯55°15′）産のルリボシヤンマ属の1種 A. variegata (Calvert 1893) が最南の記録であろう (Ris 1913; Jurzitza 1992b; Rodrígues-Capítulo 1992: 57も参照)．Javier Muzón (1995, 1996) は，この種をフエゴ島の南緯54°49′付近から記録した．そこでは，しばしば性行動が見られ，Muzónは，この種がビーグル海峡内の島々で広く発生していると信じている．南緯52°のチリ南部のプエルトナタレス Puerto Natales 地域では，Cyanallagma interruptum が多数発見されている (Jurzitza 1992a)．

温度が，直接・間接にトンボ類の分布をどう制限しているかについての知見には，常にもどかしさがつきまとう．理由の1つは，気候学者が比較のために入手する温度記録が，必然的に地上約2mに設置された百葉箱内で測定された気温だからである．ところが，緯度が高くなるにつれて，**微気候**が動植物にとってしだいに重要になる．例えば，緯度が70°を越えるあたりから，緯度が高くなるにつれて無霜期間が長くなる結果として，地表や水域の浅い部分における微気候が夏の間は**好適になる**のである (Corbet 1969)．もう1つの理由は，極限の生息場所における

種の存続が，「平均的」な条件によるよりも，時々起きる破局的な気象上の出来事の頻度によるかもしれないことである (Downes 1964参照). しかし, トンボ目の生息場所に影響を与える主な物理学的特性の1つは永久凍土層であろう. ユーコン準州では, この永久凍土層は北緯62°以南では散発的に見られるにすぎないが, 北に行くにつれて厚くなり範囲も広がる. その結果, 北極圏以北では100mの厚さになり, しかも連続的になる. この層はその上に水を滞留させることによって多くの浅い冠水地を作り出すが, 大部分の淡水域の温度を下げる. ユーコン準州北部のトンボが生息する池の縁では, 7月初めでも水面下50cmより浅い所に氷が残っていることがある (Cannings et al. 1991). したがって, 比較的深い池では冬に底まで凍ることはないが, 同じ理由によって雪解け後の水温の上昇が遅い. 一部の種のトンボの幼虫は, 氷の中や氷のすぐ下の0℃に近い浅い水の層の中で長く暗い冬を生き延びることができるに違いない. 状況証拠によると, 樹木のないツンドラでは, 成虫が繁殖を行うのに十分な獲物を安定して確保することが難しいようである. 高緯度・高標高では, パーチャーよりもフライヤーのほうが代表的存在であるように思われるが, それはおそらく彼らの温度適応のためであろう (May 1991a; §8.4.1).

トンボは普通寒冷な季節を幼虫で, あるいはそれほど多くないが卵で (§3.1.3.2.2), 水中かその近く, 時に氷中に閉じ込められて生き延びる. 微生息場所を選んだり体液の調節を行ったりするなど, 組織を凍結しにくくするような行動や生理的な仕組みについては, ほとんど分かっていない. しかし, そのような適応が見られれば, それがトンボ目の熱帯起源を反映していると推測することができるだろう (Danks 1978; Norling 1984a参照). 通常は卵で越冬し, 温帯北部に生息する年1化性の属の幼虫は (例：アオイトトンボ属 *Lestes*, Fischer 1964; アカネ属 *Sympetrum*, 曽根原 1965), 冬季の温度にさらされると死ぬことがある. アオイトトンボ属では, 4〜7℃で脱皮が阻害される (Pritchard 1990). 卵で越冬する2年1化性の一部の種の若齢幼虫は, 典型的な冬季の温度のもとでは生き延びることができないようである (Norling 1984). 高緯度地方で越冬する幼虫は, おそらく数ヵ月間は連続して活動を停止するだろう. ムカシヤンマ *Tanypteryx pryeri* の幼虫は, 7〜8℃以上のときに活動的であり, 4℃以下になると活動しなくなる. 彼らは, 冬季は隠れ場の穴の底で過ごすが, そこの温度は, 年間を通じ6〜25℃である (武藤 1971). 夏に北半球を南北に移動する移住性の種では (§10.3.3.2;

表A.10.5), 幼虫の遭遇する温度が定住個体群を維持できる北限の緯度を決定するだろう. 例えばウスバキトンボ *Pantala flavescens* の幼虫は, 日本でも (永瀬 1983; 新井 1991も参照), カナダ, ケベック州でも (Trottier 1967) 4℃以下になると死ぬ. オーストラリアでは, 南緯37°14′では越冬することができない (Hawking & Ingram 1994). 日本のハネビロトンボ *Tramea virginia* の幼虫では北緯35° (松本 1972), アメリカ, イリノイ州のラケラータハネビロトンボ *T. lacerata* の幼虫では北緯40°が (Wissinger 1988c), それぞれ冬季の生存の限界に近い. 同様に, 日本の本州では, タイワンウチワヤンマ *Ictinogomphus pertinax* の幼虫の越冬の北限は, 北進する5℃の冬期等温線との高い相関を保ちながら北上している (Aoki 1992). しかし, 一部の種, 特に表A.6.1にあげた属の幼虫は, 氷中に閉じ込められた状態で4〜5ヵ月過ごすのが常である (例：Johansson & Nilsson 1991). 氷が解けると, 幼虫は普通直ちに活動を再開し, その後は正常に生き続けるように見える (例：White 1928). カナダ, アルバータ州の北緯53°31′に位置する夏季にだけ見られる池は, 毎冬12月の終わりから2月の終わりまで完全に凍る. 氷が解けた後の *Coenagrion angulatum* と *C. resolutum* の幼虫の生存率は, 凍結期間と負の相関があり, 12月と1月の間に100%から30%まで減少する (Daborn 1971). 一方, Duffy & Liston (1985) によると, 氷が解けた後のキタルリイトトンボの幼虫の生存率は, −1℃で53%, −4℃で10%と, 氷の温度には関係があったが, 凍結期間や冷却速度とは**無関係**であった. カナダ, サスカチワン州のプレーリー地帯の池では, *Coenagrion angulatum* と *C. resolutum* の2種の幼虫は, 池の水面下15〜20cmの氷中に凍結状態で越冬するが, 積雪のために氷が致死温度 (−5〜−6℃) 以下に下がることはあまりない. この状況では, 幼虫は捕食者にさらされることなく4〜5ヵ月を過ごすことができる (Sawchyn & Gillott 1975). このような条件下では, 幼虫の体組織は, 凍結しないのが普通である.

6.2.2 標 高

トンボ目の分布は, 緯度と同様に標高によっても制限される. 成虫のトンボが観察された (特定の緯度での) 最高標高は (表A.6.2), 定住個体群を維持していると推測される標高を超えている. ルリボシヤンマ *A. j. mongolica* やアメリカギンヤンマ *Anax junius*, ウスバキトンボのすでに分かっている習性や生息場所から考えると, 表A.6.2に引用した記録

が，気流によって高所に運ばれた個体であることはほぼ確実である (Wojtusiak 1974参照; J. S. Edwards 1987). 例えば，ウスバキトンボがヒマラヤの6,200m地点で目撃されたのは，モンスーン直後のことであった (Kiauta 1981). 同じことは，オオギンヤンマ *Anax guttatus* やヨツボシトンボ *Libellula quadrimaculata*, スナアカネ *Sympetrum fonscolombei* についての高所での記録にも当てはまるだろう. これらの種はいずれも常習的な移住性の種である. その補足的な証拠として，こうした種の死体や瀕死の成虫が，氷河の周辺，表面ないしは内部から (Papp 1974; Wojtusiak 1974; Kiauta 1983), あるいは高山の積雪上で (Timmer 1974; Liston & Leslie 1982) いくつも発見されていることがあげられる. したがって，ネパールの3,500m以上の高地から記録された10種のうちの6種は (Vick 1989), そのときか，それ以前に気流によって運ばれていた可能性が高い. フランスの1,000m以上の山岳地帯で採集された40種のうち，そこでの繁殖が確実なのは33種だけである (Francez & Brunhes 1983). インド，ダージリン付近のヒマラヤムカシトンボ *Epiophlebia laidlawi* の成虫は，幼虫の生息場所でこれまでに知られている最高標高よりも，約1,000m高い場所を飛ぶ (Davies 1992a; Mahato 1993). ネパールとタジキスタンの標高3,500～4,000mの池に生息する種 (表A.6.2参照) がそこで繁殖するのかどうかは不確実であるが, Mahato & Edds (1993) によって行われた幼虫の調査では，少なくとも *Sympetrum commixtum* は主に高地に棲む種であることが確かめられた (Mahato 1986も参照). こういう可能性を確認するには，以下のような場合もありうることに注意しなければならない. 日本南部のアキアカネ *Sympetrum frequens* のように，若干の種は成熟期間を先送りするためか，種によっては夏世代を完了させるための一方法として，通常の定住個体群を維持する場所よりもはるかに標高の高い場所に飛来することがある (§10.2.3.1). Frank Laidlaw (1934) は，ボルネオでは標高2,000m以上の高地に出現するトンボはほとんどいないと結論した. しかし，表A.6.2にあげた記録から考えると，この結論は正しくなさそうである.

標高の高い場所で定住する個体群をもつ種では (例：表A.6.2中の幼虫や脱皮殻によって示されている種), 標高の上限と緯度の間には負の相関がありそうである. 標高が122m上がることは，年平均気温に換算して緯度が1°高くなることにほぼ等しい (Danks 1978). ムツアカネ *Sympetrum danae* の個体群は，北緯36°に位置する日本の八ヶ岳連峰の2,060mの場所に棲むが，明らかにその緯度でのこの種の標高の限界に近い. 9月までに羽化できない幼虫は，その冬死滅する (曽根原1965).

高地の高層湿原の池塘は，水生昆虫にとって，寒冷な中で温和な微気候を提供する離散的な「ホットスポット」である. 褐色の池塘の水と暗色の泥炭が光を吸収し，夜間に（水面下で）温度の逆転が起きるために，池塘の夏の平均水温は，同じ標高のそれ以外の場所よりもずっと高い. 一方，冬季には，厚い積雪のために，氷点をはるかに超えて水温が下がることはない (Sternberg 1993a, 1994c). したがって，スイス東部の高山帯 (1,800～2,200m) に棲んでいるほとんどすべてのトンボは，池塘を生息場所としている (Bischof 1992b). 一部の種の成虫は (例: イイジマルリボシヤンマ, E. Schmidt 1995), 暗色の高地型になることによって熱吸収の効率が高くなっている.

ある緯度での種の構成は，単調な関数関係ではないが，標高を反映する. 高標高の温泉に棲む種を除くと (Borisov 1985a, 1987参照; Haritonov 1989), トンボ相の垂直分布の研究から，標高が高くなるにつれて分類群の数がしだいに減少し，ある標高で突然に減少するという共通のパターンが見いだされている. 例えば，台湾では1,000m以上 (生方ら1992), タジキスタンでは1,300m (Borisov 1987), 南アフリカ, ナタール州では1,400m (Samways 1989a), そしてネパールでは3,000m (Vick 1989) である. トンボ目が生息する標高の範囲内では，種の構成によって識別できる区域があり，植生被覆および気候条件との間に関連性が見られる (例: Belyshev 1961a; Kepka 1971; Vick 1989; Hoffmann 1991). 熱帯では，生物地理学的なトンボ相の構成種が，標高に応じて分かれることがある. 北緯5～6°に位置するベネズエラ領ギアナでは，典型的なアマゾンの熱帯林のトンボ相は100～700mに見られる (例: *Dicterias cothurnata*, *Hetaerina mortua*). 700～1,100mには混じりあったトンボ相が，そして1,100～2,400mにはおそらくその土地で形成された多くの固有種が見られる (例: *Euthore montgomeryi*, *Iridictyon myersi*; Rácenis 1968). *Aeshna peralta* (Hoffmann 1991) や *Neallogaster latifrons* (Vick 1989) のような種は森林限界より上部に出現するので，倉田 (1974; 藤沢1979, Asahina 1984b, Eda 1996も参照) が提唱した定義に従って高山性のトンボとみなすことができる. しかし, 高山では数種 (例: スイス東部のヒメルリボシヤンマとクマモエゾトンボ, Bischof 1992b) が優占的に見られると言っても，高山帯**だけ**に生息すること

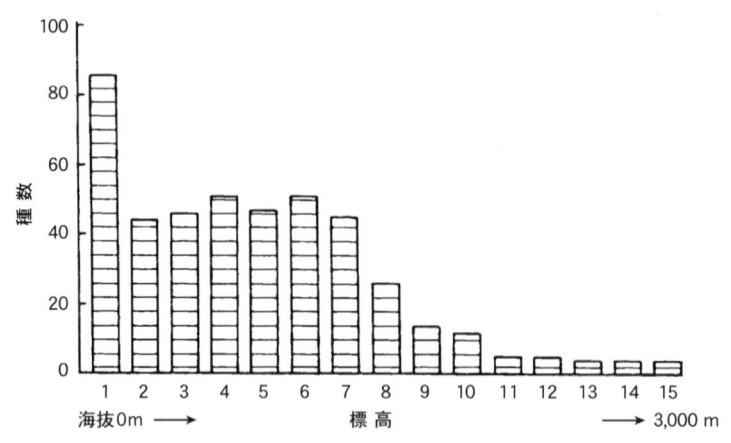

図6.2 南アフリカ，ナタール州における，標高の上昇に伴うトンボ目の種数の減少．標高（単位はm）の区分は以下のとおり．1. 0〜199；2. 200〜399；3. 400〜599；4. 600〜799；5. 800〜999；6. 1,000〜1,199；7. 1,200〜1,399；8. 1,400〜1,599；9. 1,600〜1,799；10. 1,800〜1,999；11. 2,000〜2,199；12. 2,200〜2,399；13. 2,400〜2,599；14. 2,600〜2,799；15. 2,800〜3,000．（Samways 1989aより）

が知られているトンボは1種もいない（Ubukata & Sonehara 1993参照）．

　標高と関連した種構成の変化は，通常，標高の低い場所で普通に見られる種がしだいに消失していくことを伴う．しかし，分類群の中には，高所に分布の中心をもつものがある．ナタール州では，固有で，山地に多いミナミアオイトトンボ科が主に1,600m以上の場所に，そしてAeshna minusculaが主に1,800〜2,000mの場所に出現する（Samways 1989a）．ベネズエラでは，Euthore属の種はすべて山地性で，1,000〜2,000mで見られる（De Marmels 1982d）．ヒマラヤ山脈東部では，ヒマラヤムカシトンボが1,800〜2,700mだけに見られる（Asahina 1982f；Davies 1992a）．ヒマラヤ地域では，オニヤンマ科のNeallogaster属の種が主に高地に出現する（Asahina 1982e）．台湾では，ネキトンボSympetrum speciosum taiwanumは，2,000〜3,500mに限られる（Lieftinck et al. 1984）．ユタ州では，ルリボシヤンマ属，カラカネトンボ属Corduliaおよびカオジロトンボ属の北方系の5種，そしてエゾトンボ属の山地性の1種は，2,000〜3,000mの高層湿原の池塘や寒冷な山岳湖に限られるようである．800〜3,000mにAeshna interruptaの3亜種が，それぞれ決まった標高帯に分かれて分布している（Musser 1962）．スイスアルプス南東部でルリボシヤンマは，1,000m以上の地点でヒスイルリボシヤンマA. cyaneaと置き換わる（Kiauta & Kiauta 1986）．しかし，一部の種は，狭い緯度帯の中で，広い標高幅をもっていることに注意しなければならない．例えばTanypteryx hageniは，北アメリカ大陸北西部のおよそ150〜1,500mに見られる（Svihla 1959）．

ネパールでは，Anisogomphus occipitalisの幼虫個体群は同じ川の100〜1,189mに分布する（Mahato & Edds 1993）．

　Michael Samways（1989）は，同じ緯度の地点で標高に応じて分類群がどのように分布するかを見事に描き出した．彼は，南緯約29°，ナタール州のドレイケンズバーグ山脈Drakensburg Mountainsで，海抜0〜3,000mの範囲で東西200kmを横断し，そこで見られた117種について分析した．種の数（図6.2）は，標高が高くなるにつれて逆S字状の減少曲線を示した．すなわち，0〜200mの海岸線の平野部には86種が生息していた．種数は，200〜1,400mでは約43種で，1,400m以上では指数関数的に減少した．2,400m以上の亜高山帯ではわずか4種が認められたにすぎない．そこは，裸地化した山腹に樹木がまばらに生え，夏でも頻繁に霜が降りる場所である．各科の種数の比率（図6.3, 6.4）を見ると，高標高ではヤンマ科とミナミアオイトトンボ科が大部分であり，この両科が高標高（2,000m以上）のトンボを代表していることが分かる．南緯約10°に位置するペルーのアンデスでのHoffmann（1991）の不均翅亜目に関する研究も，高標高ではルリボシヤンマ属の種が優勢であることを示している．ネパール（北緯約29°）のガンダキ川Gandaki Riverの標高50〜2,560mの範囲における調査では19種が発見されたが，この情報は完全に幼虫に基づいているので（成虫の移動を無視できる），特に有益である．一部の種は広範囲の標高で見られたが，Megalestes major, Neallogaster hermionae, Sympetrum commixtumは最高標高の調査地点**だけ**で発見された（2,560m；Mahato &

6.2 温度

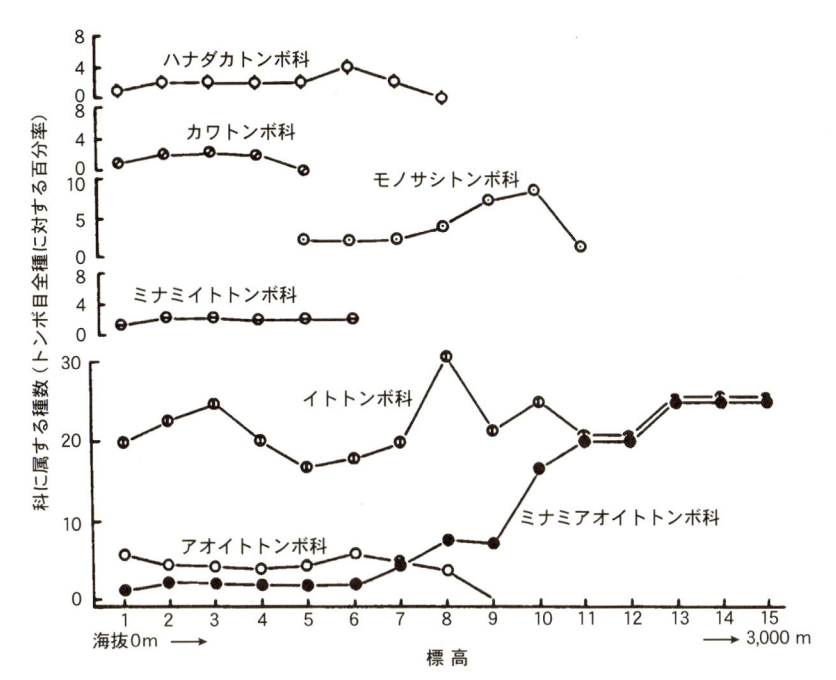

図6.3 図6.2に示した標高200mごとのトンボ目の総種数に対する，均翅亜目各科の相対種数（%）．標高の区分は図6.2に同じ．(Samways 1989aより)

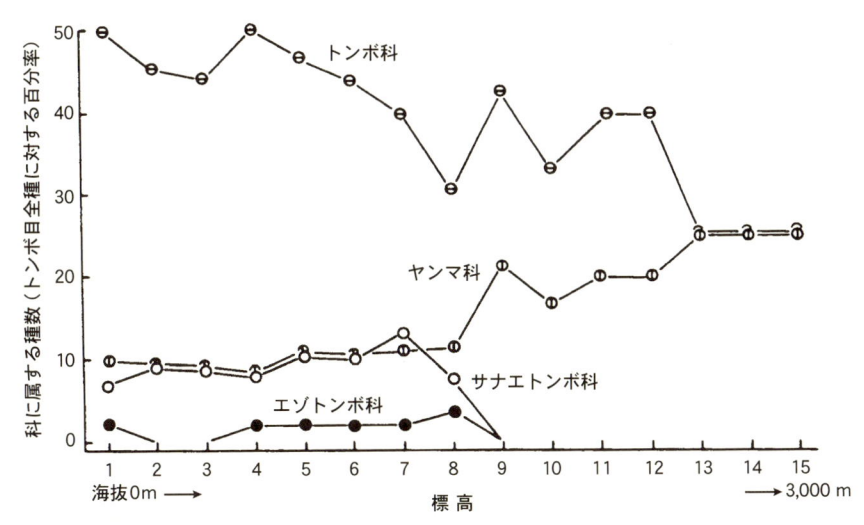

図6.4 図6.2に示した標高200mごとのトンボ目の総種数に対する，不均翅亜目各科の相対種数（%）．標高の区分は図6.2に同じ．(Samways 1989aより)

Edds 1993).

以上の説明は，興味深い膨大な情報を大幅に圧縮したものである．しかし，この説明から，高標高のトンボ群集は3種類の異質なグループから構成されており，低標高の群集とは内容が違うことが分かるだろう．1つ目のグループは過酷な環境条件に耐えられる少数の高山性の種である．過酷な環境条件の中でも特に深刻なのは，樹木がなく夏に頻繁に霜が降りることだと思われる．そのため，温水や防風シェルターを使って局所的な微気候条件を改善することが生存にとっての前提条件となる．2つ目は，低地に普通であり耐寒性も備えているごく一部の種である．3つ目も低地性の種であるが，気流によって簡単に高標高の地点に運ばれてしまう種である．

高標高の地に定住するトンボ目の体温調節に関する生物学は，May (1991a) によるフライヤーやパーチャーの吸熱性体温上昇に関する議論を参考にすれば，見返りの多い研究となるだろう．降水量の多い地域では，活動時間は，曇りが継続することによって短縮される．ヒマラヤムカシトンボの分布に影響を与えてきた要因の1つに，ネパールでは雲よりも上の標高を飛ぶことがあったかもしれない (Davies 1992b)．高地では，夜間は気温が下がるのが普通で，特に雲のない日はそうである．こうした状況では（**緯度**が高くなる場合と対照的に），「夏でさえ毎晩冬がくる」という諺がある．例えば，ほとんど赤道上に位置するケニア山では，3,000m以上では霜が普通に降り，森林限界が3,300mにある．さらに4,700m以上では，地面は1年中あるいは一定期間，氷や雪で覆われている (Chuah-Petiot 1994)．

ペルー・アンデスの4,600m以上の地に広がる樹木のないハンカJancaでは，*Aeshna peralta* (写真L.6) の幼虫と成虫が5,050mまで見られる (Hoffmann 1991)．夜間の気温は1年中氷点下で，熱輻射を軽減する自然植生はほとんどない (Pulgar-Vidal 1991)．こうした条件は，トンボ目の成虫を低温や風にさらすことになるので，その生存にとって克服しがたい障害となることが推測される．このようなことが，トンボが森林限界を越えて分布するのを制限する主要な要因であろう．この環境下でも一部のトンボ（例：*A. peralta*，*Protallagma titicacae*）が継続的に生存しているのは，例外的な条件が存在する結果とみなすことができる．この2種の定住個体群が発見された生息場所 (標高4,730m) は，自然のくぼ地の中にある保全された**プーナ型**のランドスケープの中にあった．プーナは，通常は低標高地に限って見られ，*Polylepis*属の木の小さな森によって特徴づけられる．さらに，水や土壌は，温水の川によって暖められている．両種のトンボの成虫は，地面に接近して飛ぶ．ただし，*A. peralta*は時々地上約2mの所を飛ぶ．雲が太陽を隠すと，両種の成虫はすぐにイネ科の茂みの中に隠れてしまう．そこでは，風から身を守り，地面からの熱を吸収することができる (Hoffman 1993)．こうした特異な環境は，寒冷や風が通常どのようにトンボ目の分布を制限しているかを示している．

高標高地の特徴は，年間を通して気温の日周変動が大きいことであり，そのため夜間に特殊な保護が必要になる成虫が存在するかもしれない．例えば成虫の活動期間中は，空中よりも水中のほうが通常かなり温かいので，水中に潜って身を守るものがいるかもしれない．アメリカ，カリフォルニア州のシエラネバダ山脈の標高約2,000mで生活しているカワゲラ目の*Zapada cinctipes*の成虫は，気温が氷点下になる夜間には，水中に潜って退避する (Tozer 1979)．ヒメアメンボ属*Gerris*の1種も，潜水することによって夜間の低い気温にさらされるのを軽減させている (Spence et al. 1980)．30年以上も前にClifford Johnsonは (Currie 1963より)，水槽中の*Enallagma civile*の雄成虫が寒い晩に水面下に「隠れる」のを観察し，低温を避けるために必要な行動なのだろうと考えた．トンボ目，特に均翅亜目の成虫は，産卵時にかなりの時間潜水する種が多い (§2.2.7)．したがって，高地では霜から逃れるために日常的に潜水する種がいたとしても不思議ではない．

コロラド州の約3,000m以上の亜高山帯に生息する*Somatochlora semicircularis*の「幼虫」(実際にはファレート成虫) は，まだ霜が大地を覆っている7月に羽化のために日の出直後に水域を離れ始める (Willey 1974)．このような個体は，前夜まで池の比較的温かい水中で過ごしていたに違いない．

地面よりかなり高い植物をねぐらにできる場所では，トンボ目の成虫は繰り返し霜にさらされても生存できる．これは，低標高地 (例：アメリカ，フロリダ州の*Gynacantha nervosa*, Dunkle 1989a；ペンシルベニア州のキアシアカネ*Sympetrum vicinum*, Calvert 1926) や山麓の丘 (アルジェリアのヒメギンヤンマ*Hemianax ephippiger*, Dumont 1988) では珍しいことではない．アカネ属は，秋季の−8℃までの気温低下や，翅の表面が氷の粒で覆われたりすることに耐えられる (Von Janko 1982)．高地のトンボの中には，生殖期中，高い場所をねぐらにすることで夜間の氷点下の気温を難なく乗り切るものがいて，降雪後も活動を継続することができる．カナダ，ブリティッシュコロンビア州南部では，数百個体の*Aeshna palmata*が，秋の初雪後に標高1,260mの日の当った斜面の上を飛ぶのが観察されている (Kiauta & Kiauta 1994)．

表A.6.3に緯度と標高，すなわち温度に関連する主な事項をあげた．この表で生息場所について記録された変化は，おそらく溶存酸素量の違いも反映している．Rowe (1987a) の「生息場所」についての観察によれば，ニュージーランドのエゾトンボ亜科の種は，低標高地では渓流，湖，河川に限られる傾向があり，一方，高標高地では止水などの生産性の高い生息場所に生息することが多い (表A.2.4)．この表の欠落部分は研究の焦点を絞るうえで役立つだろう．

6.2 温度

6.2.3 温泉

トンボ目は温泉にも生息する．この生息場所について，トンボ類の示す高温への耐性の問題にとりかかる準備として考察しておこう．以下の解説は，Gordon Pritchard (1991a) の総説によるところが大きい．

温泉は，年間を通してかなり温かい点と総電解物質量 (TDS) が多い点で，他の淡水とは異なる．発電所から放出される熱水に影響を受ける生息場所は温泉とはTDSが異なるが（例：Martin et al. 1976; Cothran & Thorp 1982)，いずれの環境も野外におけるトンボ目の温度の好みや耐性について有益な情報をもたらす．Pritchard (1991a) によるカナダのロッキー山脈の温泉の定義は，泉源が周囲の気温より常に15℃以上高い湧水である．温泉から生じる流れの中の昆虫の分布は水温に依存する．その水温は泉源で最大の値を示し，温泉からの流れと通常の流れとの間の相違がなくなる点までの勾配を示す．川下で温水の影響がなくなる限界は，年平均水温が年平均気温を5℃上回る地点と定義された．泉源は，耐えがたいほど熱い場合や少しだけ温かい場合がある．TDSは多いのが普通であるが，温泉ごとにかなり変化する．浸透圧の効果は概して高いが (§6.4.1)，温度が高くて変化に富むことによって複雑になる．しかし，温泉中のトンボ類の生存に最大の影響があるのは温度である．溶存酸素量には温度と関係する勾配がある．すなわち，泉源ではゼロに近いことがあるが，温度がトンボ類の生息を許容する水準（約40℃）に下がるときまでに急速に飽和状態に近づく．

温泉の昆虫相は世界中どこでも似ている．わずか4つの目（トンボ目，半翅目，双翅目，鞘翅目）だけが広範に見られ，どの目もごく少数の属が出現するにすぎない．各目の種数は，温泉の温度と負の相関を示す傾向がある．温泉に生息するトンボ目の種（表A.6.4）は，おそらく分布の限界付近にある止水域に起源をもつ．そうであれば，温泉へ最もうまく棲みついた種は，前適応していたに違いない．トンボ目が他の3目よりも相対的に優勢であることは，この目の2つの特性を反映しているようである．第1に，トンボ目はカゲロウ目やカワゲラ目とは異なり，**完全に温暖に適応**していることである (Pritchard & Leggott 1987; Pritchard et al. 1996)．第2に，彼らが休眠という手段を用いることである．休眠は，季節的な調節を達成するために，厳しい季節の期間に羽化が起きることを防ぐのに必要な戦略である (§7.2.7.2)．

温泉に生息するほとんどすべてのトンボは（表A.6.4)，通常は高温に対して，時には高塩分濃度に対しても耐性をもつ種であるように思われる．例えば，ウガンダ西部のブワンバBwambaの森の周縁部にある硫黄温泉で見られる唯一の種は，アオモンイトトンボ *Ischnura senegalensis*（幼虫が記録されていないため，表A.6.4にはあげてない）であった．この種は，しばしば高塩分濃度の水域でも見られるイトトンボ科の広域分布種である (Pinhey 1952)．これまでのところ，ルリモンアメリカイトトンボ *Argia vivida* だけが，湧水，特に温泉という生息場所への特殊な適応を示す種として知られている (Pritchard 1971)．このトンボは，主に新熱帯区に分布するこの大きな属の中で最も北方に生息する種であり，その分布域の全体にわたって温泉と関係している．この種は，その分布域の北部で温水の流れに適応して進化し，それから南へと分布域を拡大したのかもしれない．このトンボは幅広い温度の地域に生息し，好ましい温度域の範囲内であればどんな場所でも個体数が多いが，永続的な湧水地点からの距離が増すほど減少する (Resh 1983)．この種の幼虫は，15～40℃の温度勾配の川に沿って生息し，15～27℃で最も普通に見られる．おそらく重要なアイソザイムの構造や特定の酵素の量を変化させたり，馴化温度の上昇に伴って種々のアイソザイムの発現量を変化させることによって，さまざまな温度に対して順応しているのであろう (Schott & Brusven 1980)．しかし，Leggott & Pritchard (1985a, 1986) は，異なる温度で生活している個体群間に温度反応（例：その場所からの脱出温度，最高臨界温度，致死温度）の違いを検出することはできなかった．したがって，種内変異が生じるような小進化的な反応は，こうした好熱性の種ではあまり生じていないのかもしれない．ルリモンアメリカイトトンボは光周反応によって老齢期の休眠が誘導される．老齢期での休眠は，暖地では冬に羽化することを避けることができ，寒冷地では寒さに耐えられるステージで越冬できることになり (§7.2.7.1)，いずれの地でも化性が調節される結果となる．温泉に生息する *Lestes uncatus*（表A.6.4）の個体群は，異常に小さな体サイズのほかに，色彩など他のいくつかの形態的属性によっても識別できた (Belyshev 1957)．

温泉への適応が特に顕著でない種が，非熱水の水域を生息場所にしている場合よりも，はるかに高い緯度や標高の温泉に出現する場合，後氷期分布を遺存的に残していることがある．例えば，アメリカ南

西部に分布するIschnura damulaの孤立個体群が，北緯59°30′に位置するカナダ，ブリィティッシュコロンビア州のライアード川Liard Riverにつながる温泉で見つかっている．Rob Canningsは，これを本種がもっと広範な分布域をもっていた (Williams et al. 1990) 5,000～6,000年前の温暖な時代からの後氷期の遺存的個体群と考えた．北緯55°～57°に位置する旧ソ連のプリバイカリエPribaikalyeの東部および北部では，シオカラトンボOrthetrum albistylumの孤立個体群が最高35℃の温泉に生息している．それは，この種のシベリアでの分布北限である北緯40°をはるかに越えており，より大きく広がった第三紀の分布からの遺存的な個体群と見られる (Belyshev 1968a)．北海道東部でのオオシオカラトンボOrthetrum triangulare melaniaの分布は，温泉の周辺の場所に限られる．この種は，日本のもっと南の地域に広く分布しているが，北海道でも南部や西部では，温泉以外の水域に見られる (滝田 1980; 生方 1996)．

6.2.4 高温に対する耐性

水生昆虫の中で，トンボ目，特に水たまりに生息する種は (Kondratieff & Pyott 1987参照; 表6.1)，他の種よりも相対的に高温に適応している．致死温度の上限 (ULT) および最高臨界温度によって彼らの温度耐性を厳密に記述するためには，その方法を慎重に標準化する必要がある．特に，馴化温度については注意が必要である．Martin et al. (1976) は，耐熱性の変異の1/3が馴化温度で説明されることを見いだした．馴化温度が上がるにつれて，Libellula auripennis (図6.10)，Macromia illinoiensis (Martin et al. 1976)，アメリカハラジロトンボPlathemis lydia (Fritz & Punzo 1976) の耐熱性は高くなる．L. auripennisの場合には，少なくとも高温に対する耐性は日周期性を示し，昼下がりに最大となる (Martin et al. 1976)．その時間帯は，浅い止水の生息場所では，ちょうど水温が1日の最高になるころである．トンボ科の種について記録されたULTは，高層湿原の池塘に生息するカオジロトンボLeucorrhinia dubiaでは35℃ (Soeffing 1986)，浅い富栄養の池 (曝気はULTをほとんど変化させない; Martin et al. 1976) に生息するLibellula auripennisでは約45℃である．自然界では，全く陰のない岩場の水たまりは別として，高い水温から退避できる微小な生息場所がどこかにあるのが普通だろう．Weir (1969) が研究したジンバブエ (南緯約19°) の浅い一時的な水たまりは，(温泉ではない) 淡水のうちでこれまでに知られている最も高温の生息場所である．水たまりができる短い季節の後半に，わずかな水が残っていると，そこは特に高温になる．このような水深15～45cmの水たまりは，表層水の温度が日周的に大きく変化するのに比べて，底泥の温度環境はそれほど厳しくない．温かくて，雲量の少ない1月のある日には，泥と水はどちらも8:00までは25℃未満 (「冷たく均一な」相) で，8:00から14:00までに水温は36℃以上まで上がったが，泥の温度は水温よりも約10℃低いところまでしか上がらなかった (「熱水と冷泥」の相)．14:00から18:00までに水温は35℃に下がり，泥温は32℃以上に上がった (「熱く均一な」相)．そのため，この水たまりに生息するトンボ目 (主にヒメギンヤンマとウスバキトンボ) の幼虫は，1日の大部分を底泥の上かその近くにとどまることによって熱のストレスを避けていた (Weirは，幼虫が14:00～18:00の間は他の時間帯よりも頻繁に水面まで浮上することに気づいた)．Weirの発見と密接に関係する現象として，発電所の近くの温排水中に棲む不均翅亜目の幼虫が，極端な温度に対して泥中に潜る反応を見せたり (Kondratieff & Pyott 1987)，彼らの馴化温度を反映して周囲の温度を能動的に選択する (Gentry et al. 1975) との報告がある．

もっと厳しく温度が変化することのある生息場所は，川床やその周辺の岩場にできる小さな水たまりである．そこには，川幅が狭まるか消失する際に，

表6.1 アメリカ，サウスカロライナ州のサバンナ川の発電所における通常の河川と湖，および加温された河川と湖に生息する不均翅亜目のトンボ

利用する生息場所	
通常の生息場所のみ	通常の生息場所と温度が上昇している生息場所
ヤンマ科	トンボ科
アメリカギンヤンマ	Celithemis sp.
Anax longipes	ハヤブサトンボ
Basiaeschna janata	Libellula deplanata
Boyeria vinosa	カトリトンボ
Coryphaeschna ingens	コハクバネトンボ
Epiaeschna heros	アメリカハラジロトンボ
サナエトンボ科	
Aphylla williamsoni	
Dromogomphus spoliatus	
アメリカコオニヤンマ	
Progomphus meridionalis	
Stylurus laurae	
トンボ科	
キアシアカネ	

出典：Gentry et al. 1975.
注：表中の種は，すべて当該の生息場所に幼虫として存在していたもの．

しばらくの間水が残る．川床の有機堆積物と 1 l 足らずの水を含み，時には 50 ℃ を超えると思われる水たまりで，Bastiaan Kiauta (1981) は活動している *Polycanthagyna erythromelas paiwan* の中齢期の幼虫を発見した．その幼虫は，熱からの退避場所として堆積物を利用していたに違いない．David Thompson (1989a) は，オーストラリア，ウェストキンバリー (南緯約 17°) の半乾燥モンスーン地域にある洞穴内の止水中で，*Gynacantha nourlangie* の幼虫が発育を完了することを観察した．それは，洞穴内の変化のない微気候が，成虫ばかりでなく幼虫にとっても高温からの退避場所になる可能性を暗示している．Carchini (1992) は，*Somatochlora meridionalis* についての観察をもとに，その分布域内のより乾燥した地域では，洞穴内で産卵することによって夏の乾燥にさらされるのを避ける種がいるかもしれないことを示唆した．トンボ類の幼虫が時に洞穴内で発見されることは (例：ヨーロッパ南東部のカルストの洞穴に棲むコウテイギンヤンマ *Anax imperator*, *S. meridionalis*; Kiauta & Kotarac 1995)，このような乾燥からの退避の意味があるのかもしれない．洞穴が，*G. nourlangie* と他の高温乾燥の熱帯地域に生息する種にとって，幼虫の通常の生息場所となっているかどうかは，さらに確かめる必要がある．

これらの事例は，夏季に干上がることの多い流水に生息するトンボ目には (耐熱性と呼吸のための) 特殊な適応が必要であることを思わせる (Ferreras-Romero & García-Rojas 1995 参照)．もっとゆっくりした，温かい流れに生息する *Boyeria vinosa* や *Ophiogomphus rupinsulensis* の幼虫が，それぞれ 32.5 ℃ と 33 ℃ と比較的高い平均致死温度 (96 時間後に 50 % が死亡する温度; Nebeker & Lemke 1968) をもつことは重要であろう．

6.3 自由水の存在

トンボ類の幼虫が利用する多くの生息場所は，連続して数週間から数ヵ月間，断続的あるいは規則的に水がなくなる．特に熱帯の砂漠地帯 (Happold 1968 参照; Weir 1969) では，トンボの幼虫が発育を完了するのに十分なほどには (約 40 日間以上) 自由水が継続しない短命の水たまりもある．しかし，一時的な水たまりの多くは，水がなくなる前にそのシーズンの幼虫発育が完了すくらいは続くものであるか，(温帯では普通，夏の中～後期の) 水のない期間がそれほど長くはなく，十分な降雨や (晩秋の) 降雪によって乾燥状態が解消するまで幼虫として生き延びることが期待できるものである．海岸の潮間帯に生息するごく少数のトンボも (§6.4.1)，低潮位の期間が長引く間は，数日間連続して自由水の減少に耐える必要性に直面する (Dunson 1980)．

このような生息場所で乾燥期を生き延びる幼虫の能力を考えるとき，陸生，すなわち永続的に湿潤な環境でのみ見いだされる稀な現象 (§5.3.1.1) を問題にしているわけでは**ない**．また，非常に湿潤な環境で，通常は水生の幼虫が，しばしば数週間あるいは数ヵ月間水の外で過ごす現象 (武藤 1971) を問題にしているのでもない．活動状態を一時的に停止する，すなわち**クリプトビオシス** (Wigglesworth 1972 参照) の状態で乾燥を生き延びるトンボは知られていない．したがって，表 A.6.5 にあげた例は，自由水を使えないときに，それぞれの種が蒸散や摂食を低下させて生存しうる範囲を示しているだけで，必ずしも基礎代謝を低下させる能力を示しているとは限らない．

乾燥した沈殿物から採集された幼虫が，水に入れられた直後に浮き上がることは珍しくないが (Tillyard 1910; Corbet 1984b: 10-11 の S. Valley)，まだ生きている場合は，通常はすぐに沈んで正常な運動を開始し，数分以内に摂食を開始する．絶対的な樹洞生息者と思われる *Lyriothemis cleis* の中齢期の幼虫は，4日間乾燥した (相対湿度が 70～90 % の) 空気中におかれた後の 46 % の体重の減少に耐え，まだ歩くことができた．水中に入れられると浮き上がり，24 時間以内に再び水分を吸収して正常な活動を再開した (A. G. Orr 1994)．彼らが濡れた後，活動を急速に再開するからといって，このような幼虫を「夏眠」(Masaki 1980) の状態にあると表現すべきではない．もう 1 つの絶対的な樹洞生息者であると思われるムラサキハビロイトトンボ *Megaloprepus coerulatus* の幼虫は，「完全な」乾燥状態では 1 ヵ月以上生き延びることはできない．この種はパナマに棲むが，普通は乾季が 6 週間以上続くので，乾燥はそこでの副次的な死亡要因となり，1 シーズンの中で第 2, 3 世代の幼虫に影響を及ぼす (Fincke 1994a)．

表 A.6.5 にあげた種の大部分は，温帯にある夏干上がる「春だけの」水たまりから得られたものである (Wiggins et al. 1980 参照)．いくつか例外も含まれ，その中の 2 種は，季節的な降雨によってできる砂漠の水たまりから得られたものである (Dumont 1979)．それ自体は興味深いが，このような水たまりに生息していた幼虫が乾季の終わりまで生き延びる証拠にはならない．同様に，トンボ類の幼虫が時に

図6.5 ヒロバラトンボのF-0齢幼虫（体長約22mm）．1982年9月20日，スイスの砂利採取跡のくぼ地の底で発見された．この幼虫は，ヒルや若いヒキガエルと一緒に堆積物に埋もれて夏眠していた．(Knapp et al. 1983より)

は干上がった水たまりの泥中に埋まって見つかるというサハラ砂漠のトアレグTuaregs族の報告も (Samraoui 1993c)，これらの幼虫が，本来の生息場所としての砂漠で乾季を生き延びられることを示すものではない．それを実証しようとする，アラビア半島におけるWolfgang Schneider (1991a, b) やアルジェリアのホガルHoggarにおけるBoudjema Samraoui (1994) の粘り強い試みにもかかわらず，Dumontの観察を再確認することはできなかった．熱帯の季節的降雨地域における一時的な水たまりの生息者が，乾季を幼虫で切り抜けることは普通**起きない**という見解は (Stortenbeker 1967; Watson 1967)，アフリカとオーストラリアでの私の経験と一致する．しかし，温帯の夏に干上がる生息場所に棲む一部の種の耐乾性は印象深いものである（図6.5）．*Synthemis eustalacta*は，乾燥して，堅い塊となった浅い砂中で70日間湿らされることなく生き延びた．夏に干上がった池の泥からStephen Valley（Corbet 1984b: 10-11）が採集したヤンマ科やトンボ科の幼虫と同様，この幼虫は非常に乾燥していたために，水に入れられたときには浮き上がった (Tillyard 1910)．*Austrocordulia refracta*の幼虫も，強い乾燥に耐えることがで

きると言われている (Tillyard 1917b; Watson et al. 1991)．干上がった生息場所から得られた幼虫が最初に浮くことは，水の消失のためもあろうが，体表面のワックスの構造変化によって，初めは水をはじくためかもしれない (Miller 1994e; Pritchard 1992: 21のH. Komnick参照)．

夏の間だけの現象とは限らないが，年に数ヵ月間も自由水を欠いた水たまりで，正常に発育を完了する証拠は非常に多くの種について存在するが（例：Knapp et al. 1983; Hübner 1988)，そのような場所を利用する種の中でアオイトトンボ科とアカネ属の種が優占することがあっても（例：Landmann 1985a)，それが**幼虫**による干ばつへの抵抗性を意味するわけではない．というのは，これらの分類群に属する種は，しばしば卵や成虫で数ヵ月を過ごすからである．しかし，日本の埼玉県の不安定な湿地（ある年には5月から8月まで「完全に干上がった」）でいろいろな時期に発育を完了した22種には，（アオイトトンボ科の種やアカネ属の種に加えて）ヤンマ科 (5種)，イトトンボ科 (3種)，トンボ科 (5種)，さらにはコサナエ*Trigomphus melampus*さえ含まれていた（新井 1990)．この観察は，サオトメエゾイトトンボ

Coenagrion puella とヨーロッパアカメイトトンボ *Erythromma najas* の幼虫が, 水の外で少なくとも30日間食物なしで生き延びることができ, 後者はその期間中にうまく脱皮したという発見 (East 1900a) と符合する. 温帯で, 乾季が冬に当たる場合は, 卵で (例：タイリクアキアカネ *Sympetrum depressiusculum*, E. Schmidt 1993a) あるいは成虫で (オツネントンボ *Sympecma annulata braueri*, B. Schmidt 1993) 越冬する年1化性の種は, 定住個体群を維持するのによく適応している.

表A.6.5にあげた例と他の無脊椎動物についての我々の知識を総合すると, 次のように考えられる. 幼虫は, 水域が干上がっていくにつれて, 初めは残された自由水のある場所に移動し (例：*Cordulegaster bidentatus*, Salowsky 1989), 次に湿度 (Corbet 1984b: 12-13のM. L. May) と, おそらく温度の勾配も利用して, より湿った涼しい退避場所にたどり着くのであろう. このような退避場所は, 沈殿物の表面の近くであったり, 池の外の地面であるかもしれない (新井ら1992). 時に幼虫は, おそらく, より湿った冷涼な場所を探した結果として, 低下しつつある地下水面の近くまで沈殿物の中に潜り込む (例：表A.6.5中のヒロバラトンボ *Libellula depressa*, アフリカシオカラトンボ *Orthetrum chrysostigma*; Kondratieff & Pyott 1987も参照). 実際, このような行動は, 伏流水層の流水中での生息を可能にするもので, 夏に干上がる河川での効果的な生存戦略の1つである. これは, 幼虫の発育に2年以上を要する地中海性の種 (例：スペイン南西部の *Gomphus pulchellus* と *Onychogomphus forcipatus*, Ferreras-Romero & García-Rojas 1995; Pritchard 1992: 20; 21-22のA. Corderoも参照) に共通する環境である. Strommer & Smock (1989) は, 少なくとも4種の不均翅亜目のトンボ (*Cordulegaster fasciatus*, *Gomphus cavillaris*, *Ophiogomphus* sp., *Progomphus obscurus*) が生息するバージニア州の河川の本流 (枯渇することがないと推定される) では, 伏流水層に固有の群集を発見できなかった. しかし, Reygrobellet & Castella (1987) が行った調査では, エゾイトトンボ属 *Coenagrion* とアカネ属の若齢幼虫が, ローヌ川の沖積平野の地表下0.5〜2.0mの, 水をたっぷり含んだ沈殿物中から見つかった. このようなことは, 夏に干上がる流水に生息する他の水生無脊椎動物ではよく知られている. 伏流水層に退避する戦略 (Hynes 1970; Stanford & Ward 1988) が, トンボ目でも稀ではない可能性を示唆している. マレーシアの川では, 均翅亜目の幼虫が基質表面よりも20cmも下で見つかっている

(Bishop 1973). このような性質があるので, 夏に干上がる淡水の生息場所における湿った退避場所は, たとえ探したとしても, なかなか見つけられるものではない. それゆえ, このような場所における幼虫の生存は, 現存の記録が示すものよりも広範囲に及ぶのかもしれない. この現象についてもっと調べたい研究者は, 退避場所の代用となる「湿潤トラップ」をうまく配置することによって裏づけをとることができる. そうすれば, 乾季を幼虫で生き延びることができる種が, 現在の記録が示唆するように, 主に不均翅亜目である (Zaika 1977参照) のかどうかが分かるかもしれない.

自由水の消失に耐えなければならない幼虫にとって, 水の損失を軽減することの重要性が, *Somatochlora semicircularis* で明らかにされている (図6.6; Willey & Eiler 1972). この種は, アメリカ, コロラド州の標高2,700m以上の, 夏に干上がってしまう小さな池に出現する. その標高では夜間の地表での気温はしばしば0℃となり, 秋早くに降雪がある. このような比較的温和な条件下では, 幼虫は自由水のない乾燥したコケの中で9ヵ月過ごした後に再び水分を取り戻し, 正常に行動する能力を回復する. これは, おそらく彼らが高温下ではとりえないであろうと思われる戦略である. 本種の幼虫は, 実験ではヤンマ科の種 (171時間) や他のエゾトンボ科の種 (195時間) に比べて, より長時間 (平均311時間)「乾燥」 (相対湿度70％) を生き延びた (おそらく部分的には, 彼らの体を覆う剛毛の生えた外皮が蒸散を減少させるため). また, *Erythrodiplax berenice* は6℃では平均54日間水の外で生き延びたが, 23℃ではわずか19日間しか生きられなかった (King & Evans 1960). しかし, これらの期間は70％の相対湿度で行われた実験におけるキンソウイトトンボ *Coenagrion hastulatum* の場合の12日間 (Fischer 1961) よりははるかに長い. Willey & Eiler (1972) が指摘したように, 乾燥条件下で幼虫が動かないと体の周囲のわずかな水蒸気の勾配をあまり撹乱しないので, 彼らの生存率を高めることにつながるだろう. 動かないことの重要性は, Martin & Gentry (1974) による次の驚くべき観察を説明するのに役立つかもしれない. ヨツボシトンボ属 *Libellula* の幼虫は, 水位が下がったとき後退する水についていかずに「休止」状態で泥中にとどまったのである.

退避場所で乾季を生き延びる幼虫は (図6.5), 通常は摂食しないと仮定することができる. 脱皮は, 自由水がなくても起きるが (Cannings 1982a), 乾燥の期間は成長を停止させ (Rowe 1987a), 時には1つの

図6.6 9月初旬に乾いた池の湿った退避場所で見つかった，全く動かない*Somatochlora semicircularis*のF-0齢幼虫（体長約21mm）．この池はコロラド州の標高3,141mの所にあり，夏に干上がる．A. コケのマットの下の泥のくぼみの中に埋もれていた2個体の幼虫；B. 泥の上に横たわる丸太の裂け目の中にいた4個体の幼虫．木の外皮を剥ぎ取って露出させたもの．(Willey & Eiler 1972より)

個体群が複数の同時羽化集団に分かれるほどに遅らせたりするだろう（Crumpton 1979）．他の生理的なコストもあるかもしれない．キンソウイトトンボの幼虫は，自由水なしに1ヵ月間生き延びた後，クチクラが黒化し，尾部付属器が変形していた（Fischer 1961）．乾季の間の幼虫の生存率は，もちろん食物とは関係しない要因によって低下することがある．幼虫は，湿った退避場所の中や残ったごく小さな水たまりの中で集合するようになるので，他のトンボ目（Z. Fischer 1961; Valley 1984; Miller 1992c）などの捕食者から攻撃を受ける機会が多くなる（Weir 1969; Corbet 1984b: 14のS. S. Dunkle）．しかし，魚類が捕食者になることはめったにない．トンボ目は，一時的水たまりに生息することによって，魚類による捕食からは確実に免れていると言える（§5.3.1.4）．

6.4 イオン成分

イオン成分の尺度として普通に用いられるのは，塩分濃度とオスモル濃度，およびpHである．**塩分濃度**は，通常，総電解物質量の千分率（‰またはg/kg）で表され，存在しているすべてのイオン成分の濃度を指す．海水は平均35‰，淡水は通常約0.5‰（海水の1.4％）である．マイクロモー/m（μS/m）で表される比電気伝導度は，総電解物質量を測定するもう1つの尺度である．それは，塩分濃度と関係している．海水（35‰）についてのこの値は，約47,880マイクロモー/cm（この単位は，マイクロジーメンス/cm，μS/cm，あるいはmosMに同じ）である．塩分濃度は，生物の浸透圧の調節能力に対する直接的な制約条件となるため，水生生物の分布と密接な関係がある．浸透圧調節は，イオン，特にナトリウムイオンや塩化物イオン（Herzog 1987参照）の調節によって達成されるのが普通である．オスモル濃度（mosM）と塩分濃度（％海水として表された場合）の間の正確な等価性は，比較される水のイオン組成に依存する．この理由から，そこに存在するイオンの種類に関係なくイオン濃度を測定する電気伝導度は，より有用な比較手段である．

pHは水素イオン濃度を指し，1から14の間の数字で表される（内陸の水域で記録された値は，1.4～12.0の範囲にある）．これは，酸性（pH＜7）とアルカリ性（pH＞7）の尺度として用いられ，pH7は中性を意味する．海水のpHは約8.2である．ほとんどの自然水のpHは4～9，通常は6～8の値を示す．ほぼ中性の淡水では，pHは，通常，CO_2-重炭酸塩-炭酸塩系によって調節（すなわち緩衝）されている（Hutchinson 1957）．

6.4.1 塩分濃度

たいていのトンボの幼虫は，淡水，あるいは適度に塩分を含んだ水中で高浸透圧調節を行う．少数の特記すべき例外はあるが，塩分濃度が増加して血リンパと体外の環境水とが等張になるレベルを超えると，高浸透圧調節ができなくなる（Bayly 1972）．ヒスイルリボシヤンマの場合，このレベルは約300 mosMである（図6.8）．血リンパのオスモル濃度を環境水より十分高く維持するために，幼虫はナトリウムイオンや塩化物イオンを能動的に吸収するが，その際，イオン吸収のために特殊化した直腸内の上皮パッド（直腸の塩類吸収上皮）を用いる（図6.7; Komnik 1978）．このようなパッドの数は，均翅亜目

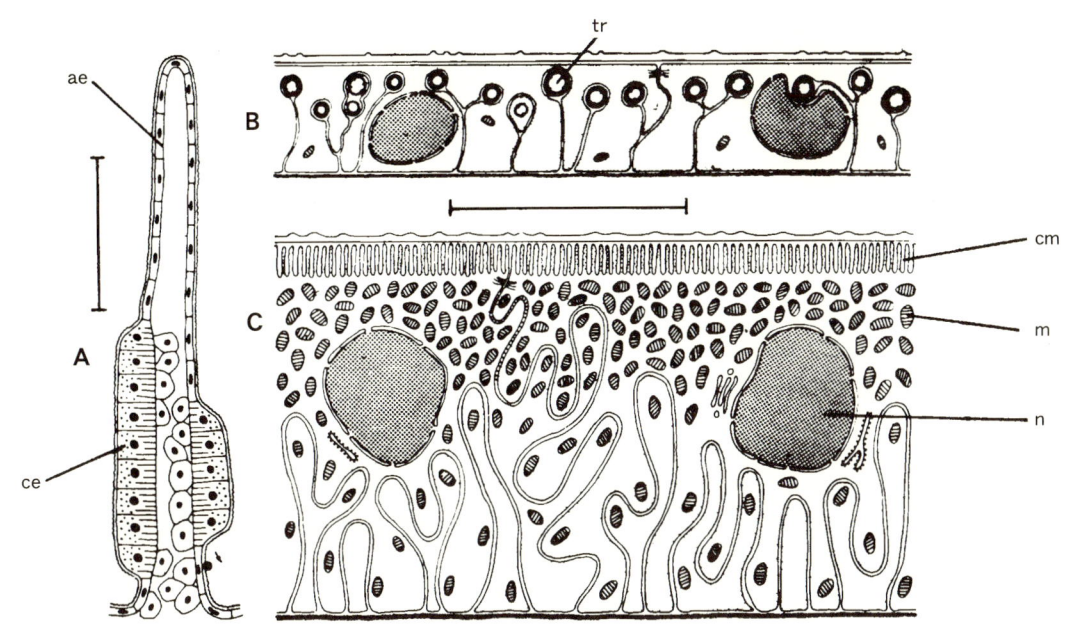

図6.7 ヒスイルリボシヤンマの老齢幼虫の直腸の塩類吸収上皮の微細構造. A. 鰓小葉を正中線で縦断した断面の模式図. 基部には対になった塩類吸収上皮 (ce), 先端部には薄い呼吸上皮 (ae) がある; B. 呼吸上皮の縦断面. 多数の毛細気管 (tr) が表面のクチクラ近くに存在する; C. 塩類吸収上皮の縦断面. cm. 細胞膜; m. ミトコンドリア; n. 核. スケール: A. 100 μm; B と C. 10 μm. (Komnick 1978 より)

では3個, 不均翅亜目では最大で500個くらい存在し, 直腸の換水によって表面が水で洗われる. この活動は, 均翅亜目 (腹部に外部呼吸器官をもつことがある [§4.2.1, §4.2.3, §4.2.4]) では浸透圧調節機能に役立ち, 直腸のパッド中にある塩化物を吸収する細胞が, 水と直接イオン交換を行うことを可能にしている (Miller 1993b, 1994c). サオトメエゾイトトンボでは, 直腸のポンピング速度は塩化ナトリウム濃度が低いときに著しく増加する (Wichard & Komnick 1974).

均翅亜目の直腸塩類吸収上皮 (以前は血液鰓として誤って解釈された) は, 後腸壁にある3個の縦方向の上皮パッドを指す (Wichard & Komnick 1974参照; Schmitz & Komnick 1976; Wichard 1979). 不均翅亜目の一部の種では, 各鰓小葉の基部近くにこの上皮が見られ, その先端部は呼吸器官となっている (図6.7). しかし, これには種による違いがあるようである. 例えば, ヒスイルリボシヤンマは, 鰓小葉とは別に付加的な直腸塩類吸収上皮をもつ (Komnick 1977). 典型的な淡水性のトンボであるヒスイルリボシヤンマのこの上皮のサイズは, 体外の環境水のオスモル濃度と正の相関がある. 体外のオスモル濃度を実験的に血リンパのそれと等張レベル (約300 mosM) を超える値まで増大させると, 血リンパは約600 mosM (60 % 海水に相当; 図6.8) まで体外とほとんど平行に上昇して死に至る. 約300 mosM までの高浸透圧の調節は, 大部分がナトリウムイオンと塩化物イオンの吸収によっている (Moens 1975). 300 mosM 以上になると (Stobbart & Shaw 1974), 体外の環境水を無調節に飲むため, 体内のオスモル濃度が体外の浸透圧に平行して約600 mosM まで上がってしまい (Komnick 1982), 腸の組織が破壊されて死んでしまう.

このパターンの浸透圧調節の例外は, 真の海浜性のトンボであるアカネ亜科の *Erythrodiplax berenice* と, 海水に比べれば通常相対的に低い塩分濃度の汽水に生息する均翅亜目と不均翅亜目の変わった種だけである.

前述の *E. berenice* は, エクアドルからカナダにかけての海岸の塩性湿地に生息する. この種は塩分濃度が36〜48‰ (35‰である海水濃度を超える) の場所に見られる広塩性の普通種であり, 物理化学的要因の変動幅が著しいことで知られるこの生息場所の, どのようなレベルの塩分濃度にも耐えられる. アメリカ, ニューハンプシャー州の潮間帯上部にできる潮汐平野の湿地生態系では, *E. berenice* は, 不規則な潮の氾濫と小潮時の乾燥期間の後1〜160‰の塩分濃度と, −1〜40°Cの温度にさらされた. *E.*

*berenice*は，淡水〜260％海水の環境水で，その血リンパのオスモル濃度を358〜412 mosMに維持し，約350 mosMで高浸透圧調節から低浸透圧調節へ切り替わる．海水でも淡水でも，ナトリウムイオンの流入と流出は，安定した状態ではほぼ平衡が保たれている．しかし，幼虫の浸透圧を調節する能力は，300％海水にさらされると失われ，血リンパのオスモル濃度が，約1,000 mosMまで急激に上がって死亡する．能動的な排出によってもイオンの受動的な流入との平衡を保つことができなかったことを示している．E. *berenice*は，外部の塩分濃度が0〜70‰の範囲にある場合，血リンパのオスモル濃度を300〜500 mosMに維持する．本種は血リンパのオスモル濃度を調節することが知られている唯一のトンボであり，そのような種は昆虫の中でもごくわずかある．一部の双翅目の幼虫では，高い浸透圧調節の能力があることが知られている．例えば，ヤブカ属の*Aedes detritus*や*A. taeniorhynchus*のような塩性湿地に生息するカ(Dunson 1980)，アメリカ，ユタ州のグレートソルト湖の沿岸に棲むミギワバエ科の*Ephydra cinerea*(Wigglesworth 1972: 471) などが有名だが，E. *berenice*の浸透圧調節の能力は，これらの双翅目に匹敵するものである．

海岸近くか内陸では，水たまりが季節的に干上がることが多い．そのような水たまりでは，海水の塩分濃度の8.6％を超えない程度の塩分条件が生じ(Bayly 1972参照)，やや例外的に狭塩性のトンボが生息していることがある．全部ではないが，海岸性の種の多くは太洋を横断する移住性の種である．そういう種は，カリブ海(Geijskes 1934; Askew 1980)，北海(Schmidt 1974)，あるいはニュージーランド沖(Wise 1983)の小島に着陸するだろうから，幼虫に塩水中で発育する能力が備わっていないと存続できない可能性がある．内陸の塩性水域の生息場所に棲む種には，季節的な降雨地帯に生じる一時的な池を移り棲む種が含まれる(Corbet 1962a; Watson 1981; Waterston & Pittaway 1990)．厳密な証拠はないが，少数の塩分耐性種は，単に汽水に耐えるというよりも，むしろ好むことが報告されている．最もよく知られているのは，日本産の汽水性トンボのヒヌマイトトンボ*Mortonagrion hirosei*である(例：大森1977; しかし尾花ら1972参照)．ほかには，アメリカ，メーン州の*Enallagma durum* (White 1989a)，ヨーロッパのマダラヤンマ*Aeshna mixta*，マンシュウイトンボ*Ischnura elegans*，ソメワケアオイトトンボ*Lestes barbarus*, *L. macrostigma*がいる(Plattner 1967; Geijskes & van Tol 1983: 41-43)．スウェーデンのバル

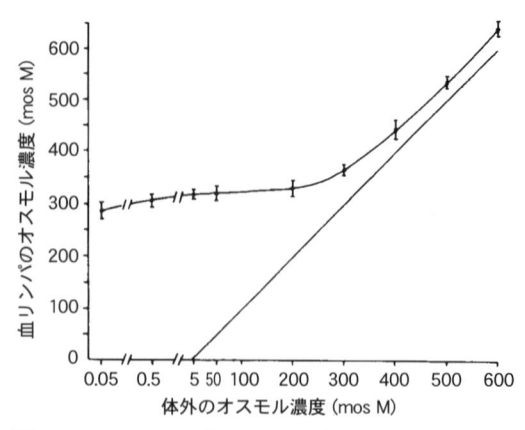

図6.8 ヒスイルリボシヤンマ幼虫の血リンパのオスモル濃度．異なる濃度の天然の海水中で10日間過ごした後に測定．各値は，餌を与えられていないF-1齢幼虫10個体の平均値±標準偏差(S.D.)を示す．(Komnick 1978より)

ト海の近くでは，*Aeshna serrata*が汽水の水たまりに侵入することによってその分布範囲を拡大しているようである(Sahlén 1989)．

そのほかの汽水域で発見されるトンボ目は，さまざまな程度に塩分耐性をもつが，本質的には淡水性の種である．この事実は，Rob Cannings & Syd Cannings (1987) のカナダ，ブリティッシュコロンビア州中部のチルコチン高原Chilcotin Plateauにある塩湖の集まりに生息する19種についての組織的な研究によって明らかになった．それらの湖はいずれも，出入りする川がなく，魚もおらず，牛による撹乱もない．このような湖のうち同じような温度変化を示す18の湖では，塩分濃度は(25℃における表面の電気伝導度として測定された)，72〜15,524μS/cmのばらつきを示し，海水の0.2〜44.4％に相当する．主要な陽イオンはナトリウムとマグネシウムであり，主要な陰イオンは炭酸イオンと重炭酸イオンであった．これらの湖に生息するトンボ目の種組成は，中〜高濃度の塩分濃度に耐えうる少数の分類群も含むが，本質的には淡水性の種組成である．共存するある種の水生の鞘翅目や半翅目とは対照的に，これらのトンボには高い塩分濃度をもつ湖に**限定**されている種は含まれない．高い塩分濃度への耐性に関して，それらのトンボは3グループに分けられた(図6.9)．これらの湖における種は，少なくとも1,254μS/cm(約0.75‰塩分濃度，あるいは2.1％海水)の塩分濃度を示す湖に棲む普通種と，それより低い塩分濃度の生息場所に限られるそれほど普通でない種に二分される．塩分濃度という物理的要因だけで(種々の

6.4 イオン成分

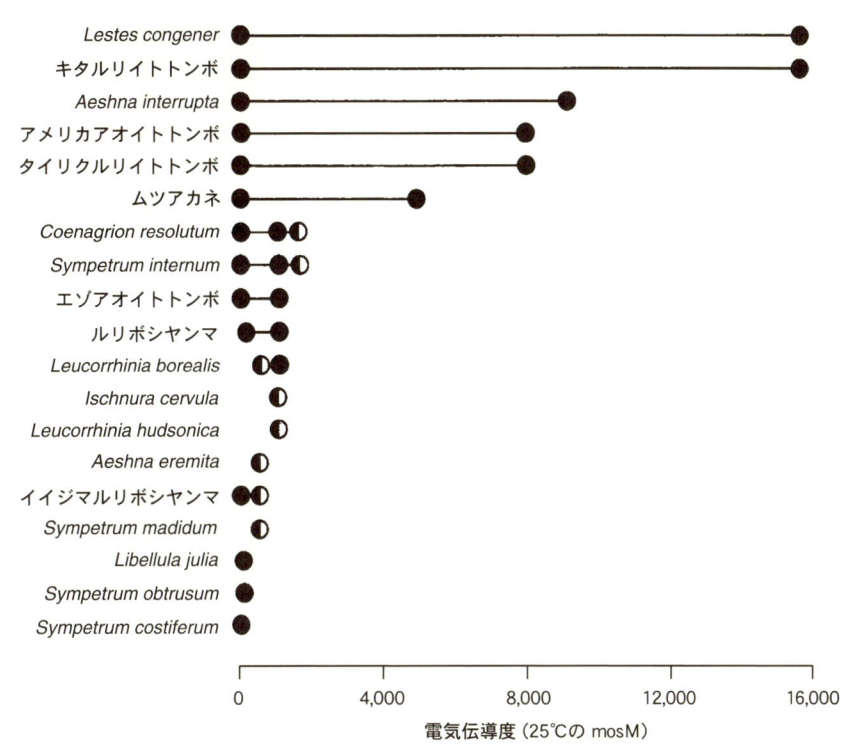

図6.9 カナダ，ブリティッシュコロンビア州中央部の湖群における，トンボ目の分布と電気電導度との関係．これらの種は，3つのグループに分けられる．すなわち，4,000 mosM を超える電気電導度に耐える普通種6種，電気電導度1,300 mosM 以下に限られるあまり普通でない5種，そして塩分濃度の低い湖に非常に局所的に分布する5種である．黒丸は幼虫の記録，半黒丸は生殖活動を示した成虫の記録．(Cannings & Cannings 1987 より)

イオンの割合が生息場所によって異なると考えられたので，電気伝導度が塩分濃度の指標に使われた)，これらの湖のトンボ群集を類型化できることを示した点で，Cannings兄弟の研究は，非常に有益である．しかし，彼らは，種の分布は直接的には塩分濃度耐性を通して制限されるとしても，**間接的**には水の化学的性質の水生植物への作用を通しても影響を受けるだろうと指摘している．実際，$4,892\,\mu S/cm$ よりもずっと高い電気伝導度をもつ湖には，多くの種にとって幼虫の重要な微生息場所となる沈水植物が存在しない．また，Hans Komnick (1996) が注目したように，それらの生息場所の主要な陰イオン（炭酸イオン，重炭酸イオン）の差異はpHを左右するし，イオンポンプには最適pHがあるので，どの要因が直接あるいは間接に淡水生物（図6.9で取り上げられたトンボを含む）の分布を制限するかを推測するときには，注意しなければならない．塩分濃度と相関がありそうな他の生態学的要因は，夏の間の自由水の永続性であり，それ自体が生息場所の動物相を限定するかもしれない．ドイツに分布する一部の種は，1,000 $\mu S/cm$ を超える電気伝導度に耐えうる．それには，

タイリクルリイトトンボ (8,000)，ムツアカネ (5,000)，それにルリボシヤンマ，エゾアオイトトンボ *Lestes dryas* (1,250) が含まれる (Schlüpmann 1995)．

大多数のトンボの幼虫は，約10％海水の塩分濃度を超える汽水では生息できない．しかし，少数の種は，もっと高い塩分濃度に，少なくとも数日間は耐える能力を示す．熱帯を中心に環状に分布する移住性の種であるウスバキトンボの幼虫は，潮間帯の汽水の水たまりに生息することがあり (Cheng & Hill 1980)，50％および67％海水中で5日間，目立った悪影響なしに生存することができた．しかし，100％海水中では20時間以内に死亡した (Tsuda 1939)．*Enallagma clausum* は，淡水と塩水に見られる種であるが，海水よりもずっと高い塩分濃度の池にも生息できる (Corbet 1984b: 8のR. A. Cannings)．10％海水よりも高い塩分濃度で幼虫が見つかったトンボには次のものがある．100％ではシオカラトンボ *Orthetrum a. speciosum* (木野田 1995)，63％ではキバライトトンボ *Ischnura aurora* (O'Farrell 1965)，約50％ではマンシュウイトトンボ (Malicky 1977)，*I. fountainei* (Carchini & Di Domenico 1992)，40％

以上では*Libellula auripennis* (Wright 1943)，ヒロバラトンボ (Schoffeniels 1950)，20～25％では*Austrolestes annulosus* (Watson 1981)，ベニヒメトンボ*Diplacodes bipunctata*, *Orthetrum caledonicum* (Timms 1993)，ヨツボシトンボ (Nicholls 1983)である．Nicholls (1983) は，ヨツボシトンボの塩分濃度に対する耐性実験から，この種は淡水性の種ではなく，むしろ汽水性の種であると考えた．環境水の塩分濃度をしだいに高くする実験で，この種は（他の大部分の淡水性昆虫で見られる過程とは異なり）血リンパとの等張点を過ぎても（高浸透圧調節から低浸透圧調節への切り替えによって）ナトリウムを調節し，血リンパのナトリウムは環境水以下のレベルに維持されたからである．乾燥地域の水たまりや海岸近くの川や湿地に生息する多くのトンボは，高い塩分濃度に耐性があることが期待される（例：ヒメギンヤンマ，*Ischnura evansi*, *Lindenia tetraphylla*, ウミアカトンボ*Macrodiplax cora*, Krupp & Schneider 1988; Waterston & Pittaway 1990; Carchini & Di Domenico 1992; Schneider 1991b; Dumont & Al-Safadi 1993)．このような耐性は，熱帯性の絶対的移住性の種の一般的特性である（§10.3.3.1）．

Umeozor (1993) は，ナイジェリアのニューキャラバー川 New Calabar Riverの河畔で，河口からの距離を変えながら調査を行い，トンボ類の種数と塩分濃度との間に相関を検出した．しかし，こうした相関はあるかもしれないが，この調査計画のもとでは因果関係を推論することはできない．

6.4.2 pH

pHは，イオン性溶液の測定に広く用いられるもう1つの尺度であり，脊椎動物の体内で呼吸系と酵素系を調節するうえでの重要性のためもあって，以前は水環境における生態学的条件の総合的な指標として信頼できるものと思われていた．しかし，この信頼は裏切られ続けた．なるほど，pHは，塩分濃度や電気伝導度と相関があるが (Cannings & Cannings 1987参照)，有機物の蓄積と緩慢な分解 (Verbeek et al. 1986)，そして魚の存否とも相関がある (Eriksson et al. 1980)．それゆえ，pHは，酸性とアルカリ性の程度を連続変数で表すことのできる便利な尺度であるが，生息場所内の無脊椎動物の分布は，pHそれ自体によってではなく，pHに反映する物理的および生物的要因によって決定されていることが多いと思われる．つまり，水域の生物相は，短期あるいは長期の酸性化によって**直接的**に，またさまざまな栄養段階において酸に敏感な生物と耐性のある生物の比率が変化することによって**間接的**に影響を受けることがある (Muniz 1991)．温帯の，緩衝作用に乏しい淡水生態系では，（人間活動によるものを含む）酸性化の進行によって昆虫食の魚が減少し，その結果としてより大型の無脊椎動物の捕食者（例：トンボ目の幼虫やミズムシ科の種; Eriksson et al. 1980）の数が増える傾向が一般的に見られる（ただし，多様性は増えない; McNicol et al. 1987)．魚の存否とそれによってもたらされる食物網を介して，酸性化がトンボ目に対してどのような生態学的な影響をもたらすかは§5.3.1.4で検討したので，このような過程は，カオジロトンボ属の幼虫に有利に働くことに思い当たるだろう．この種は，酸性化の進んだ魚のいない湖の底生生物の中で優占種となる傾向があり，彼らの存在が魚のいないことの有用な指標になるほどである (Evans 1987)．

pHの直接的な影響を野外研究から正確に推論することが困難であることは明らかであろう．トンボ目の分布と要因の間の相関は（必ずしも因果関係ではない），異なる手段で分析すれば，異なる結論が導かれる (Hämäläinen & Huttunen 1990)．条件をコントロールした実験でも，幼虫の発育ステージ（例：Gorham & Vodopich 1992)，金属と他の物質の存在（例：Gerhardt 1993)，幼虫の反応をテストするpHの範囲に応じて，pHの影響が変化することがある．野外でのpHは季節的にも変化する．例えばフィンランドの森林にある湖では，酸性度の1年のピークは雪解け時に見られる (Meriläinen & Hynynen 1990)．さまざまなpHの水域でトンボ類の分布を記録した調査では，酸性度に伴って種多様性が減少することが見いだされる（フィンランド: Meriläinen & Hynynen 1990; ドイツ: Blattner 1990; Böhmer et al. 1991; カナダ，オンタリオ州: Pollard & Berrill 1992)．この変化には，一部の種の割合の増加（ドイツ: Blattner 1990）や好高層湿原種の割合の増加（ドイツ: Pix & Bachmann 1989）を伴っていることがある．オンタリオ州の南部から中央部にかけての19の小さな湖（pHが4.9～8.1）では，不均翅亜目の分類群の数とpHとの間に有意な相関は認められなかったが，pHと種構成の対応関係は酸性化の進行を反映した種構成の変化とは矛盾していなかった．すなわち，3種（*Dromogomphus spinosus*, *Helocordulia uhleri*および*Neurocordulia yamaskanensis*）は，種特異的な一定の閾値（約pH 5.8）以下の湖には見られず，5種（*Aeshna canadensis*, *A. eremita*, *A. interrupta*, *Dorocordulia libera*および*Libellula julia*）は，pHが6.2以下の湖に

限定されていた.野外研究で得られた相関関係から,トンボ目が耐えうるpHの最低の値は,タイリクルリイトトンボ,アオイトトンボ Lestes sponsa,ヨツボシトンボ,アカイトトンボでは3〜4 (Clausnitzer 1981; Schlüpmann 1995 参照),カラカネトンボ,オオトラフトンボ Epitheca bimaculata (Meriläinen & Hynynen 1990),ヒロバラトンボ (Clausnitzer 1981), Brachytron pratense,マンシュウイトトンボおよびタイリクシオカラトンボ Orthetrum cancellatum (E. Schmidt 1993b) では4〜5であることが示されている.このような知見は,pH 4.2〜4.6の値は,酸性が水生生態系にダメージを与えると考えられる境界,またはその少し下の値であるとする(Gorham et al. 1984)これまでの一般論に一致する.Hämäläinen & Huttunen (1990) は,特定の種のトンボの存在が,水域のpHの指標になりうると結論している.ヨーロッパアオハダトンボ Calopteryx virgo では5.1〜5.4, Somatochlora metallica では5.1〜5.8,そしてタイリクオニヤンマ Cordulegaster boltonii では5.6〜6.1である.Peter Miller (1994e) は,酸性の水ではカルシウムイオンが不足することがあるので,均翅亜目の直腸パッドを経由して体内に取り込まれているかもしれないという興味深い考えを示唆した.

野外での酸性化の進行は,マンシュウイトトンボの羽化成功率の低下と相関がある (Blattner 1990).実験条件下では,特に発育の初期ステージでの生存率の低さ,および呼吸速度の増加との相関が見られている(Gorham & Vodopich 1992; ただし Küry 1989 参照).Libellula julia のF-0齢幼虫では,低いpHは,水収支,イオン調節,および酸-塩基の収支に影響を及ぼした (Rockwood & Coler 1991).

pHは,金属が存在する場合には,水生生物に影響を与えることがある.pHは,金属の物理化学的な形状に影響を与え,その結果,金属の吸着過程,化合および可溶性に作用する最も重要な要因の1つとなるからである(Gerhardt 1993).アルミニウムはpHが低いときにはルリイトトンボ属 Enallagma の生存率を高める (Havens 1993).一方,カドミウムによって引き起こされる死亡率は,pHが3.5〜10.7のときは影響を受けず,鉛はpH 3.5〜4.5のときに最大時の幼虫サイズに影響を与える(Gerhardt 1993参照).アルミニウムとpHは,相互作用してアカイトトンボ幼虫のさまざまな組織に構造上および超微細構造上の変化をもたらす (Blattner 1990).

均翅亜目は,不均翅亜目に比べて高いpHに対する耐性がより大きいようである(Hart & Fuller 1974参照).アメリカ,アリゾナ州のアルカリ度の高い(石灰華が生じるような)湧水中には,Enallagma civile と Telebasis salva が生息しているが,不均翅亜目がいないのは高濃度の溶存 CO_2 (550 mg/l) か $CaCO_3$ (600 mg/l),あるいはその両方のためである.このような条件は卵の孵化と幼虫発育を制限することが示唆されている(Blinn & Sanderson 1989).しかし,アメリカアオモンイトトンボ Ischnura verticalis とアメリカハラジロトンボでは,これら2つの過程にpHが及ぼす作用はpH 3.5〜6.5の範囲では検出されていない (Berrill et al. 1987).このことは,トンボ目がpHの幅広い変化に耐えることができること,そして野外において周囲のpHと相関があるように見える分布パターンが,実はしばしば他の要因によって決定されることを示している.スウェーデンとフィンランドの間にあるボスニア湾の河口域では,タイリクオニヤンマ,ヨーロッパアカメイトトンボ,Somatochlora metallica の幼虫は彼らの通常の環境(pH 4.6〜6.4; 40 μS/cm; Müller 1986)をはるかに超えたpH 8.0(電気伝導度 8,000 μS/cm)の水域に順応できる.そして,一部の種(例:ヒメアオモンイトトンボ Ischnura pumilio) は,著しく広い耐性をもち,強酸性(pH 4.0)から強アルカリ性(pH 8.1; Rudolph 1979b; Fox 1987 参照)までの範囲の水域に生息する.湿原,とりわけ泥炭湿原では,酸性度の違いとトンボの種構成との間に明瞭な関連性があるにもかかわらず(Göttlich 1980),pHがおよそ4〜7の範囲の「軟水」に生息するオランダのトンボの32%に関しては,pHの違いによる種構成や種多様性の差異はごくわずかしか見られなかった(Leuven et al. 1986).トンボ目の生息場所分布にpHがなんらかの影響を与えているならば,それは個々の種の生息場所の条件についての注意深い分析と(Wildermuth 1986参照),野外でpHを操作する実験によって明らかにされると思われる (Foster 1995).例えば,Marcel Wasscher (1989) によれば一部の希少な湿地性のトンボは(例:Leucorrhinia albifrons),中栄養の条件に対して著しい好みを示す.そのためこのトンボは,特に,人間活動による富栄養化と酸性化を起こしがちな緩衝作用の低い軟水域では,環境条件の悪化の影響を非常に受けやすい.北アメリカ北部の山岳地帯におけるトンボ目の分析から,Syd Cannings & Rob Cannings (1994) は,それぞれの種は酸性度や一般的な栄養レベルに対するよりも,生息場所の地形に対してより強く反応すると結論づけている.この結論は,以下に述べるブリテン島北東部の酸性降下物の多い地域で行われた,石灰散布実験の結果からも支持されている.ルリボシヤンマ,アカイト

ンボ，およびムツアカネは，石灰をまいた後の高層湿原の池塘でも (pH は 5.6〜6.7)，それ以前 (pH 4.0) と全く同様に（実際には以前よりも良く）繁殖した．彼らの生息場所と相関があった地形の特徴は，一部の池塘に見られる急な勾配の縁部の存在である (Foster 1995)．また，イングランド東部では，酸性の水域にほぼ分布が限定されていることから好酸性と呼ばれている種は (N. W. Moore 1984, 1986b)，イングランド南西部のヒース地帯では pH 4.0〜8.0 の水域に分布する (Brooks 1994)．このような種は，pH に対して比較的感受性が低いのだろう．また，酸性の水域に普通に見られる種も，好酸性というよりはむしろ耐酸性と考えざるをえない (Brooks 1996)．Eberhard Schmidt (1989) は，ミズゴケ高層湿原の池塘にいくつかの種が**欠如**しているのは，彼らが約 4.5 以下の pH に耐えられないからであることを示唆している．

6.5　溶存酸素，水の動き，および水深

　水中の溶存酸素濃度 (DO) は，mg/l あるいは一定の温度と気圧のもとでの飽和率 (%) で表され，トンボの幼虫の行動や代謝，生存率に影響を与える (§4.2)．DO は，生息場所によって，さらに生息場所内でも，水深や水際への近さ，時刻などの要因で変化する．水中の生息場所における DO に影響を与える重要な要因の 1 つは，水の動きである．トンボの種は，流水および止水のどちらの生息場所に棲むかによって大きく 2 つに分類できる（表 A.2.2）ばかりでなく，1 つの流路内でも流速によって種構成が異なっている．例えば，コートジボワール (Legrand & Couturier 1985)，リベリア (Lempert 1988)，およびマレーシア西部 (Cranbrook & Furtado 1988) の森林内の渓流，フランス (Aguesse 1960) とスペイン南部 (Ferreras-Romero & García-Rojas 1995) の河川におけるトンボ群集がそうである．もちろん，水の動きは，DO 以外の他の物理的諸条件，とりわけ底質を決定する．しかし，DO の生態学的重要性は，それらとは比べものにならないほど大きい (Hutchinson 1957)．この点で，普通は流水性の種（表 A.2.4）が時々見つかる止水の生息場所についての情報は有益である．そのような生息場所は，例外なしに十分な酸素が含まれている (Kennedy 1922 参照)．したがって，（表 A.2.4 で注目したような特殊な場合を除いて）流水性の属が池や湖では生存できない要因は DO であるという結論 (Wright & Shoup 1945) が支持される．DO をトンボ目の幼虫の死亡率と関係づけながら，Gaufin et al. (1974) や Surber & Bessey (1974) による研究を発展させることは，この問題の解明に役立つ．ただし，そのような研究の生態学的な解釈は，幼虫が補償的な調節行動を行うことによって，低い溶存酸素量の影響を軽減できる場合には (§4.2.5)，慎重に判断すべきである．

　流水の生息場所に棲む幼虫は，特に増水時には，とまっている場所から引きはがされて，同じ流路の不適な微生息場所に運ばれてしまうかもしれない．それに対抗する適応 (St. Quentin 1973) としては，物にしがみついたり，隠れたり，穴を掘ったりすることがある (§5.3.2.2)．例えば，*Oplonaeschna armata* は，夏に突発的に増水が起きる高地の渓流に生息しており，水中での生活を完了するには数年を要する．本種の生後 1 年の幼虫は，簡単には流されない大きな岩の下面にしがみついている (Johnson 1968)．Ole Müller (1995) がドイツで研究した河川性サナエトンボ科 3 種それぞれについての流下の起きやすさ（流水中の流下個体の割合）は，沈殿物の粒子のサイズ（穴を掘ることが可能かどうかを決める）と流速に依存していた．流速が低い場合を除いてあまり歩き回らないことに加え，頭部の前面の作る角度が流下に耐えるのに役立っている．一方，流下した場合に現れる特異な行動は，幼虫が敏速に流れから離れることを可能にしている．*Gomphus vulgatissimus* の幼虫は，体を弓なりに反らせ，川底に向かって進み，頭部を突っ込んで潜り込む．流下を防ぐもう 1 つの考えられる手段は，実例は知らないが，幼虫が岸にはい上がることによって川から離れることである．実際，陸上生活への変化は，一部の種ではこのようにして始まったのかもしれない．インド，ヒマラヤ西部の年 1 化性の数種 (Kumar 1976b) と香港の森林内の流れに生息する，大部分 1 化性の浅い穴掘りタイプの *Heliogomphus scorpio* と *Ophiogomphus sinicus* (Dudgeon 1989d) はまた別の戦略を採用している．彼らは，夏のモンスーンの少し前に羽化し，増水が治まったときに成虫が渓流に戻って生殖を行う (§7.2.5.1)．同じ流路内でも，種によって増水に抵抗する能力が異なることが分かっている．オーストラリア，クインズランド北部の高地の降雨林の渓流では，増水によってしばしば *Episynlestes cristatus* と *Synlestes tropicus* が除去されてしまうが，*Austroaeschna forcipata* は除去されない (Richards & Rowe 1994)．同様に，ベネズエラの礫の多い永続的な渓流では，*Dythemis multipunctata*，*Libellula herculea* および *Progomphus abbreviatus* の 3 種を例外として，激しい

6.5 溶存酸素，水の動き，および水深

表6.2 1mを超える水深で見つかったトンボ目幼虫の記録

種	水深 (m) 主に	水深 (m) 最大	場所	観察事項
Aphylla williamsoni		4〜5[a]	アメリカ，SC	細砂．2m以浅には見られない．冷却用の池の温度ストレスのない場所 (Thorp & Diggins 1982)
オオトラフトンボ	2〜4		ドイツ	砂，砂利，シルト (Münchberg 1932)
Gomphus lividus		6	カナダ，ON	有機物質の断片や少量の泥を含む砂．スペリオル湖の湾 (Thomas 1965)
アメリカコオニヤンマ		10	カナダ，ON	多量の有機物質片を含む泥砂[b]
アフリカウチワヤンマ		10	ウガンダ	細かい沈殿物，時に砂利．大きな湖の岸から0.8kmまで (Miller 1964)
Macromia illinoiensis		10	カナダ，ON	細かい泥砂[b]
Ophiogomphus mainensis		10	カナダ，ON	灰色の軟泥砂[b]
キボシミナミエゾトンボ	1〜7	19	ニュージーランド	細かいシルト．水力発電に利用されているワイカレモアナ湖 Lake Waikaremoana (Mylechreest 1978)
		11		灰色の軟泥で，主にシルトと粘土だが，砂を含む (Timms 1980)
オオサカサナエとメガネサナエ		約6	日本	水深2〜5mから少数個体．琵琶湖 (六山・広瀬 1965)
ニュージーランドイトトンボ	5〜10	19	ニュージーランド	細かいシルト[c]

注：幼虫はすべて採泥器やドレッジによって採集．断らない限り，記録上の最深の場所よりも深い場所からは捕獲なしのサンプルが得られている．
[a] サンプルされた最深部．
[b] 生息場所と出典は *Gomphus lividus* に同じ．
[c] 生息場所と出典は，キボシミナミエゾトンボに同じ．

増水の後でも，そこに棲むトンボ目に明らかな個体数の低下は起こらなかった (De Marmels 1995)．南アフリカ，ナタール州のある渓流では，鉄砲水が不均翅亜目 (2種の穴掘りタイプのサナエトンボを含む) と均翅亜目の個体群を激減させた (Samways 1989b)．

幼虫が示す1日のあるいは季節的な移動のうち (§5.3.2.2と§5.3.2.3；表5.2)，少なくとも一部は，水深に伴う溶存酸素濃度の変化と関連している．例えば，カトリトンボ *Pachydiplax longipennis* のある個体群の一部は，深い場所のDOが一定の値を超える季節に沿岸地帯から移動してくる (Lawrence 1982)．サウスカロライナ州にある発電所の冷却用貯水池に棲む *Aphylla williamsoni* の幼虫は深い穴掘りタイプであるが，加温された場所では他よりも浅い水面近くで発見される (Thorp & Diggins 1982)．潜伏タイプと穴掘りタイプの幼虫は，湖水の上下が逆転した直後は好みの水深における酸素が著しく欠乏するため，浅い場所や浮いている水草さえも利用せざるをえないのだろう (§5.3.2.2)．

止水域では，トンボ目の幼虫 (特に不均翅亜目) は，水際に近い水深1m以下の浅い水域に主に見られるが (例：Weir 1974; Asahina 1982a; Wissinger 1988c)，沈水植物が存在するときにはもっと深い場所で見つかることが多い (Thorp & Diggins 1982)．トンボ目の幼虫は，約9m (Wright 1943参照) より深い場所には出現しないとする Clarence Hamilton Kennedy の説は，経験則に基づく有用な指標であるが，多少の修正が必要である．表6.2にあげた種は，1種を除いて潜伏タイプと穴掘りタイプであるが，底質のタイプは水深と重要な相関があることを思い出させる．ニュージーランドイトトンボ *Xanthocnemis zealandica* の記録は，水面が人為的に (約3mまでの範囲で) 上下変動する生息場所だけから得られた例外的なものである．Peter Mylechreest (1983) は，ワイカレモアナ湖 Lake Waikaremoana のキボシミナミエゾトンボ *Procordulia grayi* とニュージーランドイトトンボの出現を，沿岸帯 (シャジクモ属の1種 [*Chara corallina*] が優占し，根を張った底生植物を伴う) が17〜18mの深さまで広がり，そして水が例外的に澄んでいる事実を反映するものと考えた．そして，彼は，この植物がタウポ湖 Lake Taupo ではさらにもっと深い場所で見られることから，トンボの幼虫が，そこではそれに応じてより深い場所で見られるだろうと考えている．トンボ目の幼虫の止水域の水深に関係した分布の生態学的意味を説明しようとするとき，水深の増加と相関がある他の要因に注意する必要がある (Thorp & Diggins 1982)．水深によって変化する要因には，**減少**要因として構造の複雑さ，基質の不均質性，食物，氷や波からの剪断応力，温度の変動の5つが，**増加**要因として成層湖における溶存酸素欠乏があげられる．

水生昆虫が直面する，水深に関連するもう1つの要因は水圧である．Peter Miller (1994a) は，トンボの幼虫は閉鎖気管系をもつので，水圧に影響されるとは考えにくいが，脱皮の際だけは気門が短時間開くので，空気は気管系の外に押し出されることにな

るかもしれないと指摘した．もしもこれが本当だとすると，水深の深い場所に棲む種は，脱皮するために浅い水域に移動するに違いない．それは，アメリカオオニヤンマ *Hagenius brevistylus* (R. L. Orr 1995a) や *Ictionogomphus decoratus* (§5.3.2.2) のような中型サイズの潜伏タイプの幼虫が，時に水面に近い場所に見られることの説明になる可能性がある．

流水では，水の動きと，その結果としての底質の粒子サイズが，幼虫が生息する深さを決定しているようである．ドイツ，マイン川では，*Gomphus vulgatissimus* の幼虫は4～9月に水深0.8～5.2mに生息するが，最も多いのは2.5～3.0mである (Tittizer et al. 1989; Tittizer 1994)．

6.6 汚 染

ここで汚染の問題を考察する必要がある．汚染とは，溶解，懸濁，あるいは堆積しやすい物質が淡水域に蓄積されることによって，生態系の機能が妨げられることである．汚染には，放射能や熱の形でのエネルギーの放出も含まれることがある．汚染が引き起こされるのは，こうした物質やエネルギーの流入と流出の不均衡が，生物学的な影響を引き起こすほど大きいときだと言えるだろう．付加物質の量が，水域の溶解，拡散，あるいは循環能力を超えたときに汚染物質になる．したがって，汚染とは**速度**の問題である．秋の落葉とか豪雨のような自然の出来事も，時には溶存酸素を減少させたり，浮遊する固体粒子を増加させたりすることによって池や川を汚染する．しかし，最も深刻な汚染は人間の諸活動によって引き起こされているものであることは疑いない (§12.4.2)．この節では，トンボ目の幼虫が，このようにして生じた汚染物質によって，どのような影響を受けるのかを簡単に扱うことにする．

淡水を汚染する主な付加物質は，浸食によって生じるもの，工場廃液，殺虫剤を含む農場からの排水，家庭からの下水などである．どんな汚染物質もその影響の強さは，それが加えられる量や速度に依存することはもちろんである．しかし，他の物理的・化学的な要因，主に温度や溶存酸素，pH，溶存塩類，特にカルシウムによる影響の程度にも依存する (Hynes 1971: 75)．例えば，殺虫剤の調合比は，その汚染物質としての作用に大きな影響を与えるだろう．汚染物質は，単独で生息場所に到達したりそれだけで作用したりすることはめったにない．それゆえ，個々の有毒物質がトンボ目の幼虫に与える影響を正確に知ることは大いに望ましいことではあるが，**実際上**もっと重要なことは，ある有毒物質の生態系に及ぼす影響について知ることにある．それらは，実験室内で行われる単一の要因に関する実験からは予測できないであろうし，多種多様な環境要因によっても変化するであろう．それゆえ，野外のデータ (表A.6.6) からは，必ずしも個々の汚染物質がトンボ類に与える影響は評価できないけれども，複合的汚染がトンボ目に与える影響を評価するうえで必要不可欠である．

トンボ目はすべて捕食者であるから，野外個体群は彼らの餌動物の汚染を通して間接的に，また彼ら自身が汚染物質にさらされることによって直接影響を受ける (表A.6.6)．

6.6.1 有機汚染物質

有機汚染物質の汚染力を測定する尺度として広く用いられてきたのは，**生物化学的酸素要求量** (BOD) である．この標準的な尺度は，20℃の条件下で，最初の5日間に1試料が消費する酸素量 (通常mg/*l*あるいはppmの単位で表示される) と定義される．典型的な家庭の下水では，BODは約200mg/*l*である．北アメリカでのトンボ目の調査によると，アメリカアオモンイトトンボだけがBODが10mg/*l*を超える場所に出現する (Hart & Fuller 1974)．これはイギリスの王立廃水処理委員会が「不良」と分類した段階幅の最低の値である (Hynes 1971)．水域の汚染の測定基準としてBODが用いられる場合は，異なる**種類**の排水間の影響の違いを説明していないことに注意すべきである．有機汚染物質が関与する場所では，非常に耐性の強い一部の種 (Dumont & Dumont 1969) は別として，どんなトンボにも最も強い影響を与えるのは，溶存酸素量の頻繁かつ広域的な低下である (Hassan 1981b参照; Daniel & Kesavan 1990; Varadaraj et al. 1990)．§4.2.5で述べたように，トンボ目の幼虫は，短期的に酸素供給が低下した状況への順応に有効な，行動上の反応をもっている．しかし，それらの行動は，彼らが餌にする他の生物の生存を助けるものではない．高いBODの作用は，時には人間活動の副産物として軽減されることがあろう．*Gomphus vulgatissimus* は，ドイツのひどく汚染された湖でも，水上交通によってもたらされる撹拌によって溶存酸素量が増加する場所では生存することができた (Schmidt 1984a)．温排水による汚染は，有機汚染と同様，BODを増加させることがある (Hynes 1971)．

6.6 汚染

表6.3 野外および飼育条件下におけるトンボ目幼虫に対する殺虫剤の影響（暫定的まとめ）

殺虫剤	影響[a,b] 野外 DN	DS	DO	NMAD	コメント	飼育下[c] CM	NMAD	コメント
植物性薬品								
ロテノン	×				ST	×		ST
油							×	
カーバメート剤	×				RL	×		毒性はOCより低い．OPよりずっと低毒
昆虫成長制御剤	×			×	DC	×	×	CA
微生物	×					×		
有機塩素系殺虫剤	×	×	×		AB, DC, RL	×		AB．Cやいくつかの OP よりも毒性が強い．他のOPよりも低毒．幼虫はコカゲロウ属 *Baetis* やアシマダラブユ属 *Simulium* よりも耐性が強い
有機リン系殺虫剤	×				RL, ST	×		AB, MMAD, ST．大部分のOCよりも，またCよりもずっと毒性が強い
ピレスロイド	×		×	×	MMAD, RL		×	MMAD
界面活性剤						×		

出典：表A.6.6および表A.6.7．
[a] 記載事項が矛盾しているように見える場合，異なる殺虫剤の結果による．
[b] 略号：AB．残留物が体内に蓄積する；C．カーバメート剤；CA．特に羽化時に形態奇形と死亡が多い；CM．死亡；DC．食物構成が変化する；DN．個体数が減少する；DO．流下が起こる；DS．分類群の多様性が低下する；MMAD．カの幼虫にとっての致死濃度で死亡が多い；NMAD．死亡しないが，カの幼虫には致死濃度である；OC．有機塩素系殺虫剤；OP．有機リン系殺虫剤；RL．投与後，再定着に時間がかかる；ST．トンボ目の分類群によって，受ける影響が不均等．
[c] 実験用プールで行われた1例を除き，実験室における研究（表A.6.7，昆虫成長制御剤の項を参照）．

6.6.2 無機汚染物質と殺虫剤

　金属による淡水の汚染はトンボ目に影響を与えるが，周囲のpHに依存する場合としない場合がある（§6.4.2）．鉄分に暴露されることで引き起こされるカトリトンボとアメリカハラジロトンボの若齢幼虫の生存率の低下は，それ以前の卵期にどれだけ暴露されたかに依存し，カトリトンボのほうがアメリカハラジロトンボよりも大きな影響を受ける（Tennessen 1993）．高濃度のスズは（例：鉱山の古い選鉱クズの近くで検出される），羽化中の成虫における奇形の発生と関係している（Jones 1985）．Meyer et al. (1986) は，不均翅亜目に対する鉛暴露の生化学的および組織学的影響を記述した．

　データが限られていることや殺虫剤の調合比を直接比較することはほとんど不可能という制約があるので（Muirhead-Thompson 1971: 167参照），研究者が直接の影響と間接の影響とを区別をするうえで，単一の要因についての実験結果（表A.6.7）が助けとなる．野外と実験室内での結果の比較から（表6.3），暫定的に次の3つの結論が導かれる．

- 微生物を用いた殺虫剤を野外で適用した結果として起きる個体数の減少は，ほぼ確実に間接的な影響によるもので，おそらく餌動物の枯渇が原因である．

- 殺虫剤がトンボ目の幼虫に与える毒性は，その強さの順に並べると，次のようになる．(1) 有機塩素系殺虫剤，(2) 有機リン系殺虫剤，(3) 植物性ロテノン，カーバメイト，昆虫の成長阻害剤，(4) 微生物，界面活性剤，植物油．

- カの幼虫を抑制するための最適の殺虫剤は，微生物（*Bacillus thuringiensis* の特定の血清型），植物油（ヨモギ属 *Artemisia*，*Delonix* 属，*Eruca* 属などの抽出物），ピレスロイドのキペルメトリンであるが，おそらくアルファメトリンも適している（Tyagi 1991）．界面活性剤のHyoxid1011は使うべきではない．トンボ類の幼虫に対しては（おそらく羽化時を除いて）無害かもしれないが，他の重要な捕食者を殺してしまうからである．

　ある殺虫剤によって排除されたトンボ類の幼虫は，彼らの餌動物よりも再定着するのに長くかかるので，餌動物の個体数が増加してしまうかもしれないことに注意すべきである．トンボ目の幼虫を（幼魚の捕食者として）排除する必要がある養魚場に対して，ピレスロイド系のデカメトリンの使用が推奨されてきた（Premkumar & Mathavan 1987）．しかし，トンボ目の幼虫は，幼魚に対する被害よりもカの幼虫の防除

効果のほうが大きいと思われるので，駆除のコストは駆除しない場合のコストを上回るかもしれない．

周囲の水の中で，あるいは餌動物の摂取を通して，致死的な濃度以下の有機塩素系殺虫剤に暴露されると，トンボ目の幼虫は，しばしば (Burdick et al. 1969参照) これらの物質を蓄積する (Johnson et al. 1971参照)．そして，有機塩素の分解産物がその生息場所から実質的に消滅してしまった後では，トンボの幼虫がその捕食者にとっては残留物摂取の源となるのである．

ある物質の取り込み速度は，周囲の水中でのその物質の濃度 (DDT, Wilkes & Weiss 1971)，あるいは幼虫の餌動物中での濃度 (エンドサルファン，マラチオン; Shanmugavel & Saxena 1985) と密接に関係する．また，この物質が幼虫の体内で最大に濃縮されるには数日かかるようである (DDT, Vaajakorpi & Salonen 1973; ディルドリン, Rosenberg 1975)．トンボ目の幼虫は，殺虫剤以外にも，広範囲の汚染物質を蓄積することがある (Dévai et al. 1977)．例えば，カドミウム (Mathis et al. 1977) やコバルト60 (Wixson & Clark 1967)，フッ化物 (Dewey 1973)，ニトロアニリン系のヤツメウナギ駆除剤 (Sanders & Walsh 1975)，鉛 (Meyer et al. 1986)，フタル酸 (Sanders et al. 1973)，およびトクサフェン (Schoettger & Olive 1961) である．

特定の汚染物質に対するトンボ目の幼虫の感受性は，共存する水生無脊椎動物に比べて大きい場合や (ダイアジノン, Arthur et al. 1983; フェニトロチオン, Fairchild 1988)，同程度 (フェンチオン, Muirhead-Thompson 1973)，あるいは小さい場合がある (DDT, Muirhead-Thompson 1973; 酸素不足, Gaufin et al. 1974)．また，二次消費者としてのトンボ目の感受性は，殺虫剤残留物の生物濃縮によって，彼らの餌動物となる一次消費者よりも大きいことがあるかもしれない．さらに，感受性は，均翅亜目と不均翅亜目で異なるようである (Muirhead-Thompson 1973; Dejoux & Élouard 1977; Victor & Obleibu 1986)．いくつかの種は，例外的に汚染に強いことが知られている．カドミウムに対するオビアオハダトンボ *Calopteryx splendens*，タイリクルイトトンボ (Brown & Pascoe 1988) およびマンシュウイトトンボ (Thorp & Lake 1974)，有機汚染に対するタイリクショウジョウトンボ *Crocothemis servilia* (Winyasopit 1976; Dunkle 1989a) とアメリカハラジロトンボ (Donnelly 1961)，そして広範な種類の汚染物質に対するマンシュウイトトンボ (Hammond 1983) などである．

幼虫の微生息場所も，時に耐性のレベルに影響することがある．サナエトンボ科やトンボ科の多くの種のように，浅所穴掘りタイプの幼虫は，しがみつきタイプの幼虫よりもロテノンに対する耐性が高いことが知られている (Brown & Ball 1943)．同種内でも，幼虫のサイズによって感受性が異なる (Hassan 1981b; Jayakumar & Mathavan 1985; House 1989)．種によっては，若齢のほうが感受性が明らかに高い (Sternberg 1990参照)．温排水汚染に対する耐性は，温度に対する順応に伴って高くなる．この順応は，最高致死温度と最高臨界温度を上げることがある (Gentry et al. 1975; 図6.10)．これは，小さな池に長年にわたって生息することによって，加温された環境に前適応している不均翅亜目で主に見られる現象である (Garten & Gentry 1976)．

汚染物質がトンボ目幼虫に及ぼす生理学的影響に関する報告には，次のようなものがある．

- プロテアーゼ活性の上昇 (カーバリル，マラチオン，チオダン，Baskaran et al. 1990)．
- 体重とサイズの減少 (産業廃棄物, Palii & Markobatova 1963)，グリコーゲン，蛋白質含有量およびコハク酸脱水素酵素活性の減少あるいは低下 (カーバリル，マラチオンおよびチオダン，Baskaran et al. 1990)，血リンパ中の蛋白質，遊離アミノ酸および遊離糖の増加 (革なめし工場および製紙工場の廃液，Varadaraj 1993, Subramanian & Varadaraj 1993)．
- 直腸鰓の Na^+K^+-ATP酵素活性の阻害 (エンドサルファン，Yadwad et al. 1990)．
- 飼育下に置いた後の最初の脱皮の促進 (革なめし工場の廃液，Subramanian & Varadaraj, 1993)．
- 脱皮の抑制 (パルプ製紙工場の廃液，Subramanian & Varadaraj, 1993)．
- 羽化の促進 (温排水, Mielewczyk 1977; Rupprecht 1975参照)．
- 羽化の失敗を招く重度の奇形 (スズ, Jones 1985)．

Byron Ingram (1976b) がルイイトトンボ属の2種で観察した，野外で生じている翅芽の形態異常は，温度だけで誘発されている証拠は得られなかったので，温水と短日の光周期という不自然な組み合わせによって起こったのであろうとする彼の見解が当たっているようである．

汚染物質がトンボ目幼虫の行動に及ぼす影響に関しては，次のような報告がある．腹部の激しい動きと異常な姿勢 (スミチオン, 奈良岡 1982)，痙攣した

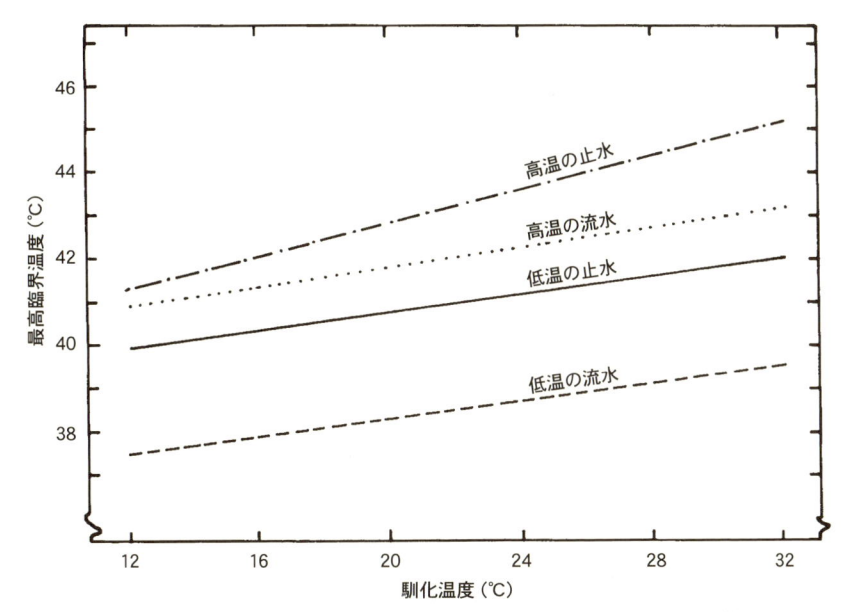

図6.10 アメリカ，サウスカロライナ州の発電所近くの，通常の水域と加温された水域から得られた*Libellula auripennis*幼虫における最高臨界温度と馴化温度の関係．(Gentry et al. 1975を改変)

ような動作と下唇の不適切な伸展（エンドサルファン，Chockalingam & Krishnan 1985），下唇伸展によって餌動物を捕らえる能力の低下（ダブソンとフェンチオン，Jayakumar & Mathavan 1985），急速な遊泳，痙攣したような動作，底への定着，脚の弱々しい動き，水面への断続的な遊泳および水の外に飛び跳ねる試み（BHC，DDTおよびマラチオンほか4種の有機リン酸化合物，Kumari & Nair 1985）．

6.6.3 環境の質の指標としてのトンボ目

トンボ目が環境の質の指標として有用かどうかに関しては，明らかに対立する意見が展開されてきた．個々の種の生息場所に対する要求が複雑であるので（§2.1.3），個体数も種数も多いトンボ相の存在は，常に湿地生態系の安定性，健全性およびまとまりの信頼に足る指標となるであろう（Chovanec 1994参照）．ある種の水質汚染は，トンボ目の個体数と種多様性を低下させる場合があることが知られている（例：Gentry et al. 1975; Watson et al. 1982; Unruh 1988; Takamura et al. 1994）．そのことから，選ばれた種群を，物理的改変や汚染による生息場所の撹乱の指標として用いることが，一部の研究者により主張されてきた（Schmidt 1985; De Ricqles 1988; Thiele et al. 1994）．同時に，多くの研究者は，特殊化した生息場所を除いて（Mason et al. 1971; Hart & Fuller 1974），トンボ目の生物指標としての価値は場所によって異なるという見解をもっている（Carchini & Rota 1985）．その理由の一部は，汚染されていないように見える水域においてさえ，しばしば少数の種しか見られないことである（Hilsenhoff 1987; Sharma & Saxena 1989）．

行動や形態の特徴は，必ずしも特定の汚染物質の存在や濃度の指標とはならないが，生息場所の全般的な質の指標として使える状況がおそらく存在する．左右対称性のゆらぎの定量化によって，環境のストレスを検知するための鋭敏なモニタリングシステムを構成できるかもしれない．サオトメエゾイトトンボの個体群では，肥料の製造工場に近いほど前翅と後脚の対称性のゆらぎのレベルがしだいに増大した（Rahmel & Ruf 1994）．タイリクルリイトトンボの成虫は，汚染源から離れた個体群ほど体の平均サイズが大きかった（Brockhaus 1979）．また，G. Peters（1988b）は，キバネルリボシヤンマの羽化殻のサイズの違いが，幼虫期間中の環境の影響に起因するのではないかと考えている．§6.6.2で列挙した作用を見比べると，最近マンシュウイトトンボが逆さまの姿勢で羽化した報告が増加している件（§7.4.1）について，次のような可能性を考えるべきかもしれない．公表された記録から，これは近年になって出現した行動だと判断されるが，汚染に暴露されたことの兆候かもしれない．成虫は，羽化した場所からかなり離れた場所に移動することがあるので，成虫よりも幼虫のほうが生息場所の質の指標と

して優れていることが多いだろう．したがって，成虫の記録には，通常は羽化場所近くにとどまる河川性の種（例：*Nannophlebia risi* と *Pseudagrion ignifer*）とそうでない種とを区別すると有益かもしれない（Watson et al. 1982）．

生物指標が，生息場所の全般的な質の指標として役立つことと，それがなにか1つの汚染物質，あるいは，なにか1つのカテゴリーの汚染物質の存在や濃度の指標となることとは別の話である．時には，例えばオビアオハダトンボのように，ある種の汚染物質には耐性があるが他の物質には耐性がない（Moller Pillot 1971; Brown & Pascoe 1988）などの背景となる状況が分かっているならば，特定の種を特定の汚染物質の有無を示す指標に用いることは可能であろう．同様に，汚染されていない生息場所が比較対象として近くにあり，その地域のトンボ相を構成する種全部についての耐性が知られているような例外的な状況では（例：表6.1），トンボ目は，特定の種類の汚染の指標として有用となるかもしれない．しかし，トンボ目の生物指標としての価値は，水草（Rehfeldt 1986a）のような生息場所の他の構成要素をどれだけ含めて考えるかに依存するようである．異なる汚染物質が独立に作用するのか相互作用するものなのかを区別したり，間接的に作用するのか直接的に作用するのかを区別することが，実際上は不可能であることは，もう十分に議論されてきた．したがって，たとえ彼らの耐性レベルや徴候となる反応についての不可欠な知見が存在するとしても，トンボ目を特定の汚染物質の指標として利用できる可能性はほとんどない．したがって，考えるべきなのは，総合的な生物指標としてのトンボ目の有効性である．

トンボ目は，以下の点に注意すれば，生息場所の総合的な質を示す指標として役に立つと思われる．

- 生息場所の認識と評価に使う基準は，トンボと人間では必ずしも同じでない（E. Schmidt 1995）．
- 種の生息場所には，汚染物質を含まない水だけでなく，他にもいくつかの条件を必要とする．
- 指標として使うには，個々の種よりも，むしろ種構成のほうが適切である（E. Schmidt 1985）．
- 共存している種は，微生息場所について異なる要求をもち，ある種類の汚染物質に対する耐性のレベルも，しばしば種によって異なっている（例：Wasscher 1988; Mauersberger & Zessin 1990）．
- 汚染の形態によっては（例：沈積，Rosenberg & Snow 1975参照；塩素，Watson et al. 1982; Shirgur 1979も参照），過酷な場合には，他の要因には関係なく，ほとんどすべての水生無脊椎動物にとって抗しがたい圧力となる．
- 汚染という出来事が解消した後に再度棲みつきが起きる速さは，成虫の分散能力によって異なるだろう．

トンボ類の生息場所（§2.1.4）および微生息場所（§5.3.2）の選択に関する我々の知識の大部分は，トンボ類を環境の質の指標として使う論理的な根拠を与える．

6.7 摘　要

トンボ目は，元来，温暖に適応したグループであり，緯度および標高が増すにつれて個体数と種の多様性が低下し，その分布限界は，生物気候学上の森林限界とほぼ一致する．高緯度地方や高標高地に分布の中心をもつトンボの分類群はほとんどないが，1種だけは他のトンボ類がかろうじて生存できる最も高緯度の地だけに分布している．地球規模で見た定住種の生息限界は，緯度では北緯約75°の海抜0m（シベリア）であり，標高では南緯10°（ペルー）の海抜5,000mである．特に亜高山性のトンボ類は，成虫出現期を通して夜間の低温にさらされるため，成虫は特に耐寒適応していると考えられる．分布を決定するうえで，温度が重要な役割を果たしていることは，北方系の種が分布南限では高標高地に生息することや，亜熱帯性の種が高標高地や高緯度の地の温泉に，飛び地個体群として存在することから明らかである．

高緯度地域に生息するトンボ類の特徴は，少なくとも幼虫の老齢期には，氷中に埋もれても数ヵ月間耐えることができる点である．その生存率は，温度，時に凍結期間の関数として表現できる．温泉や，乾燥した熱帯地方の一時的な水たまり，発電所に近い加温された生息場所といった，例外的な温水中に生息するごく少数の属は，彼らは通常は浅い止水域に棲むことで，これらの生息場所に前適応している．彼らは，温度順応によって耐性を増し，水底の沈殿物に潜り込むことによって高温にさらされる時間を短縮させることができる．トンボ類の幼虫にとっての上限の致死温度は約45℃である．

自由水がない状態で幼虫が生存できるかどうかは主に温度に依存する．幼虫は，水底の沈殿物の中に入り込むことによって，短期間は干ばつに耐えるこ

6.7 摘　要

とがあるが，熱帯地方の一時的な水たまりに棲む種は，乾季を幼虫として切り抜けることはほとんどできないだろう．温帯地方の，特に高標高地には，夏に干上がる水たまり中の比較的湿った退避場所で，幼虫としてごく普通に生き延びる種が数種いる．そして，不均翅亜目の一部の種は，乾燥したあと再び水を吸収することができ，水域の外に9ヵ月いた後でも正常に発育することができる．夏季に干上がる低地の沖積平野では，いくつかの種は一時的に地表から0.5〜2.0mの深さの伏流水層に生息する．

一部の種，特に移住種は，海水の50％に等しい塩分濃度にまで耐えることができるが，トンボ目は元来淡水性の昆虫であり，海水の約8％を超える塩分濃度では，血リンパのオスモル濃度を維持することができない．わずかにトンボ科の2種だけが，低張方向に調節することが知られている．海岸の塩性湿地に生息する*Erythrodiplax berenice*は，血リンパのオスモル濃度を海水の260％に維持することができる．また，常習的移住種であるヨツボシトンボは，海水の20％に耐えることができる．

pHは特定の分類群の分布と関連性を示すことが多いが，それが分布を決定する至近要因となることはめったにない．記録では，多くの種が，pH3〜4からpH8までの広範なpHにわたって見られる．pHの低い水域にしばしば見られる種は，明らかに酸に対する耐性をもつが，好酸性ではない．pHは，水中の物質と相互作用することによって，その物質がトンボ類の幼虫に与える作用を変化させることがある．

流水の生息場所における一方向の水の流れや，風によって生じる止水の生息場所での水の動きは，種によってはその分布が決まる際に主要な役割を演じる．その理由は，おそらく流水が溶存酸素を高濃度に保つからである．流水域での流速は，流路に沿ったトンボ群集の分布，流下を避けるための幼虫の行動，生活環の季節的適応と関係する．

止水域の生息場所では，多くの幼虫は，水域の沿岸部の水深1m以内の浅い場所にいる．それ以外の幼虫も，ほとんどは水深10mを超えない沿岸帯にいる．ごく稀に，特に沈水植物が存在する場合には10m以下の場所で見つかることがある．

他の水生の無脊椎動物と同様，トンボ目の幼虫は，生息場所の物理的な改変や汚染物質，特に殺虫剤によって深刻な影響を受けることがある．汚染物質は，単独で作用することはほとんどないので，個々の汚染物質の正確な作用を野外で評価することは困難か，あるいは不可能である．野外と実験室における研究結果を比較検討することによって次のように推論できる．普通に用いられる殺虫剤の中で，トンボ目の幼虫には有機塩素系殺虫剤と有機リン系殺虫剤が最も深刻な影響を与えるが，微生物，界面活性剤，および植物油は，深刻さの程度がより低いことである．そして，トンボ目に直接の影響を与えることなしに，カの幼虫数を抑圧できる最適な殺虫剤は，微生物（*Bacillus thuringiensis*の特定の血清型），植物油，および特定のピレスロイドである．汚染物質によって餌動物が激減することで，捕食者であるトンボ目は間接的に影響を受けるであろう．そして，トンボが捕食者であり餌動物でもあることは，水域生態系における特定の汚染物質の分解産物が生物濃縮されることにつながる．汚染に対するトンボ目の幼虫の感受性は，種によって，また汚染物質，温度，物理的化学的要因，微小生息場所，幼虫のサイズ，および温度の上昇した生息場所に対する順応によって変化する．無脊椎動物のうち，トンボは目を同定し記録をとることが比較的容易にできる点で，潜在的に優れた指標生物である．いくつか注意を払うべきことはあるが，汚染に対して極端に敏感であるか，極端に耐性が高いことが知られているごく少数の種を除外した種の集まりを，水草のような他の指標性をもつ生息場所の構成種と組み合わせて用いれば，トンボの種構成は生息場所の質を評価する総合的な指標としても有効であると考えられる．この結論は，トンボ目が汚染のない環境だけでなく，それ以外の条件にも依存していることを根拠にしている．

Chapter 7

成長，変態，および羽化

> いかに複雑な問題であっても，
> 真相を……追求することで，
> さらに複雑にならなかった問題に
> いまだかつて出会ったことはない．
> 　　　―ポール・アンダーソン（マーフィー1978より）

7.1　はじめに

　この章では，最初と最後の脱皮の間，すなわち幼虫が自由生活をする最初の齢（2齢）の開始から成虫の羽化までの全発育過程を見ていく．

7.2　幼虫の発育

7.2.1　脱　皮

　昆虫の脱皮と脱皮の間の出来事を厳密に記述するには，脱皮サイクルの潜在期と顕在期を区別する必要がある（Hinton 1946）．そのために**インスター**と**齢**という用語を区別して使わなければならない．インスターはアポリシス（古いクチクラの内側に1層の新しいクチクラが形成されるとき）から始まるものであり，齢は1つの脱皮から次の脱皮までの期間の区分である（Jones 1978）．脱皮サイクルの潜在期の認識，すなわちアポリシスから脱皮までの間に時間があることを認識することは，特に羽化直前のファレート状態を検出するために欠かすことができない（Corbet & Prosser 1986）．多くの場合，観察者は脱皮が起きた時点を見ているだけであり，その場合には**齢**という用語が適切である．多くのトンボ研究者（例：Corbet 1962a; Norling 1984）は，**インスター**を脱皮と脱皮の間の期間を意味する用語として使用しているが，ここではJonesの用語法に従って齢を用いる．

　ホルモンによる脱皮の調節は，脳の正中部の前方両側にある神経分泌A細胞を含む部位を介して行われる（Charlet & Schaller 1976）．ヒスイルリボシヤンマ *Aeshna cyanea* の脱皮は，脳間部と腹面腺によって2段階の調節が行われる．脳間部**あるいは**腹面腺（脱皮ホルモンであるエクジソンを生産する，他の多くの昆虫では前胸腺）の**いずれか**が破壊されると，脱皮は抑制され，エクジソンを欠いた「永久幼虫」が作られる．このような幼虫に脳間部を移植すると，ドナーの齢内の経過時間とは無関係に発育が再開される．一方，前胸腺（腹面腺）の移植の効果は，移植された腺の数にも関係するが，ドナーの齢内経過時間に依存する．これは，エクジソンの分泌量が脱皮から次の脱皮までの間の最後の1/3の時期にピークを迎えるからである（Schaller & Hoffmann 1976）．脱皮には低温と高温の閾値，および最適温度があり，カオジロトンボ属 *Leucorrhinia* の2種ではいずれも，それぞれ約10, 35, 27℃である（Soeffing 1990）．幼虫発育の低温閾値は，アメリカギンヤンマ *Anax junius*（Trottier 1971），マンシュウイトトンボ *Ischnura elegans*（Thompson 1978c），セボシカオジロトンボ *Leucorrhinia intacta*（Deacon 1975）で，いずれも8〜10℃の間にある．アメリカアオモンイトトンボ *Ischnura verticalis* の幼虫が腹部を振る行動は，以前は幼虫が示す敵対的行動（§5.3.2.6）のレパートリーの一部であるとみなされていたが，Richardson & Baker（1996）は，脱皮に先立って外側の古いクチクラを分離させるのにも役立つ可能性を示唆している．

　頭部と胸部背面にはあらかじめ裂けやすい線があり，脱皮が始まるとまずこの線に沿ってクチクラが割れる（Grieve 1937参照）．これまでに調べられたすべてのトンボ目で，これらの線の位置は非常によく似ている（松木1992）．もっとも，同じ科の属間にも（例：ルリモントンボ属 *Coeliccia* とモノサシトンボ属 *Copera* の間，松木1991b），わずかな相違が見られ

ることがある．最後の脱皮（羽化）は，それに先立ってさらに別の線が胸部の翅芽の基部に出現する点で，それまでの脱皮とは異なっている (Straub 1943; Bulimar 1971)．脱皮の直後，約1時間以内に (Forge 1981) 幼虫のサイズは大きくなり，色彩や斑紋の変化が生じる (§5.3.2.4)．幼虫はほとんど例外なしに水平姿勢で脱皮をする（写真J.5）．ムカシヤンマ *Tanypteryx pryeri* は穴の中にとどまって脱皮をするが（武藤 1971），タイリクオニヤンマ属 *Cordulegaster* (Prodon 1976) や *Progomphus* 属 (Santos 1968) のような浅い穴掘りタイプは，沈殿物の中からはい出して脱皮を行う（図5.16；写真J.6）．*Pseudocordulia* 属の陸生幼虫は，いうまでもなく水の外で脱皮する (Watson 1982)．Rob Cannings が夏に干上がった池の石の下で発見した *Aeshna sitchensis* の幼虫 (§6.3; 表A.6.5) や，1ヵ月水の外で飼育されたヨーロッパアカメイトトンボ *Erythromma najas* の幼虫 (East 1900a) が水の外で脱皮するのと似ている．ヒスイルリボシヤンマの幼虫は，脱皮，すなわちクチクラの最初の裂開から最終的に脱皮殻から離れるまでを，8分以内に完了する (East 1900b)．

脱皮の回数，つまり幼虫の齢数は，（前幼虫を第1齢と数えると）9から17の範囲にあるが，私が集めた11科47属85種121件の記録では，中央値とモードは12に集中しており，63％が11～13，86％が10～14，96％が9～15の範囲に入る (Corbet 1996)．この分析からは外したが，トンボ科の *Trithemis arteriosa* と *T. furva* で，それぞれ20と24という，通常の齢数と著しく異なる報告がある (Osborn 1995)．この結果は，それまでのあらゆる報告からあまりにもかけ離れているので，これらの幼虫のホルモンレベルが混乱した状態にあった可能性も考えられる．いずれにしても，さらに調査が必要である．上に要約した結果から，異なった科の間で脱皮回数に著しい違いがないことは明らかであるが，次のような理由から一般化するのはまだ早いだろう．公表された記録に含まれる科や属の数は均等であるとはいえず，イトトンボ科とトンボ科に著しく偏っている．そのうえ，飼育が容易で，大規模な実験的研究（例：Masseau & Pilon 1982a）の材料にされてきた種がほとんどである．齢数は温度に影響されることがある（下記参照）．そして，記録の元になった研究は，研究の全体あるいは主要な部分が実験室で行われたものが大部分であるが，実験室では野外よりも齢数が多くなることがある (Waringer 1982a)．これまでの記録から分かる1つの特徴は，おそらく外翅類昆虫では一般的であると思われるが，同腹の卵か幼虫を同じ条件下で飼育した個体の間でも，齢数にかなりの変異があるという点である（図7.1；表A.7.1）．このような変異性があるので，多くの場合，幼虫の齢を特定することにはほとんど価値がない．また，そうすることで，実在しない精度を，あたかも実在するかのように表現することになる．ただし，最初の3齢は，少なくともアメリカイトトンボ属 *Argia* では，触角の節数によって識別可能であるし (Leggott & Pritchard 1985b)，最後の3齢 (F-2, F-1, F-0) も，すべてのトンボで，翅芽の相対長によって識別可能であるので，最初と最後の3齢だけは別である．しかし，その間にいくつの齢が含まれているかを断言することはできないので，中間の齢については，F-0齢と関連づけて単に近似的に示しうるだけである．この観点に立って Verschuren (1991) は，齢数を正確な序数で特定することができない中間の齢期を1つの大きなサイズクラスとすることで，幼虫の連続した成長段階を体系化する枠組みを提案している．

表A.7.1に示された変異は，一部の研究者が「発育タイプ」の違い（齢カテゴリー間の質的相違）とみなしているものであり，幼虫がおかれた外的条件の影響を受けない場合があるようである．ただし，胚形成の期間と齢数の間の相関が (§3.1.3.2.2)，ルリボシヤンマ属 *Aeshna* の2種（ヒスイルリボシヤンマでは負，マダラヤンマ *A. mixta* では正の相関）と *Enallagma ebrium*（正の相関）で知られている．まだ他にも外的要因が齢数に影響を与えている例がある．オオイトトンボ *Cercion sieboldii* (Naraoka 1987) やキンソウイトトンボ *Coenagrion hastulatum* (Johansson & Norling 1994) の野外個体群では，速く発育する幼虫は齢数が少ない．*Lestes eurinus* (Pellerin & Pilon 1977) やハラボソトンボ *Orthetrum sabina* (Mathavan 1990) では温度と齢数の間に正の相関があり，アメリカギンヤンマ (Beesley 1972; Kime 1974も参照) やルリモンアメリカイトトンボ *Argia vivida* (Leggott & Pritchard 1985b)，ヒメトンボ *Brachythemis contaminata* (Mathavan 1990) では負の相関がある．アメリカアオモンイトトンボの幼虫を一定の温度と日長のもとで飼育した場合，胚を9～10℃または13～14℃のもとにおいた同時出生集団では，少ない齢数の発育タイプが多くを占め，11～12℃のもとでは多い齢数をもつタイプが優占した (Franchini et al. 1984)．この問題に関しては，特に Jean-Guy Pilon とその共同研究者によって，さまざまな種を使った研究（例：Masseau & Pilon 1982a; Franchini et al. 1984）が行われたにもかかわらず，齢数の変異を合理的に説明する統一的な仮説は存在していない．一部の種

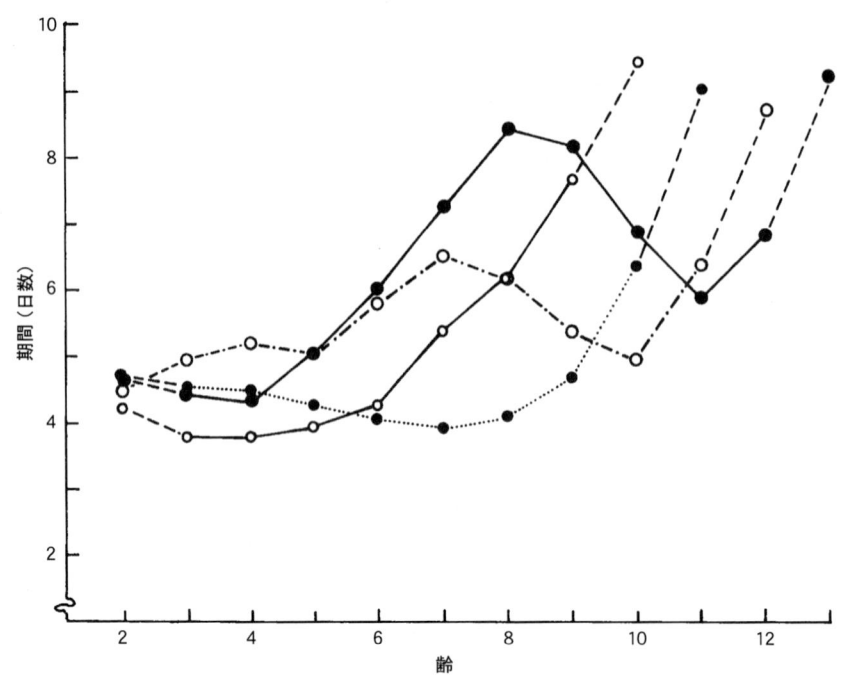

図7.1 アメリカアオモンイトトンボ幼虫における，4つの異なる発育タイプの各齢期の長さ．それぞれ10, 11, 12, 13齢が最終齢となって直接（休眠なしに）発育を完了する．2齢とF-0齢の値は平均値，その他の齢は3点移動平均法によって平滑化した値．幼虫は25℃，LD 16：8の条件下で卵から飼育された．卵は，カナダ，ケベック州の北緯46°の地点で採集された雌から採卵したもの．発育タイプ12と13では齢期間の増減の方向が2回突然に変化している．(Franchini et al. 1984から再計算したデータ)

では，脱皮ごとのサイズ増加で表される成長率が，幼虫期の総齢数に応じて異なるので（マダラヤンマ，Schaller & Mouze 1970；おそらくオオイトトンボも，Naraoka 1987），発育（齢数）タイプの違いは初期の成長からはっきり分かる．他の種では，幼虫期の終わりごろに脱皮が追加挿入される．*Enallagma aspersum*とハーゲンルリイトトンボ *E. hageni* では，高温と短日に対する反応として（§7.2.7.1）F-2齢とF-1齢で脱皮の挿入が生じる．ただしF-0齢では起きない．この現象は，（F-0齢を含む）その後の齢で幼虫のサイズ増加をもたらし，晩秋に羽化することを抑制していると思われる（Ingram & Jenner 1976a）．*Coenagrion angulatum*でも，同様な加齢反応がF-1齢で生じて特大のF-0齢幼虫になるが，羽化するには至らない．これは翅芽が変形してしまうためだと思われる（Sawchyn 1971）．アカイトトンボ *Pyrrhosoma nymphula* では，真夏の長日によるF-1齢の長期化が，過剰のF-1齢をもたらす脱皮を引き起こす．この過剰齢は，翅芽のサイズと頭幅／翅芽の比によって識別可能である．過剰F-1齢を生じる幼虫は（過剰脱皮の前），有意ではないが，他のF-1齢幼虫よりいくらか小さい．その後，平均的なF-0齢より大きなF-0齢になり，結果的に繁殖成功度が高い成虫に

なることがある（Corbet et al. 1989）．このような過剰齢は，実験室ばかりでなく，今述べたイトトンボ科の4種やキイロサナエ *Asiagomphus pryeri*（青木 1994）の野外個体群でも見つかっている．

一部の種は，齢数に関係なくF-0齢のサイズの変異を小さくする補償メカニズムをもっているようである．ヒスイルリボシヤンマ（Degrange & Seasseau 1964），*Lestes eurinus*（Pellerin & Pilon 1977），および *Libellula julia*（Desforges & Pilon 1989）がこれに当てはまる．アメリカギンヤンマの場合，温度が齢数を決める要因となっており，異なる2つの温度条件下での幼虫サイズは，5齢以降では（同齢を比べると）明瞭に異なっているが，F-0齢ではほとんど差が見られない（Beesley 1972）．同じように，アメリカオオトラフトンボ *Epitheca cynosura* の異なる同時出生集団間で，脱皮時のサイズ増加率が季節的に変化することがあるが，小さかったF-1齢個体は次の脱皮時のサイズ増加率が大きいので，F-0齢になったときのサイズには，季節による違いがそれほど大きくない（Johnson 1987）．一方，最終的なサイズと齢数の間に明瞭な相関を示す種もいる．*Argia moesta*（Legris et al. 1987），ルリモンアメリカイトトンボ（Leggott & Pritchard 1985b），ハーゲンルリイトト

ンボ (Ingram & Jenner 1976a) ではその相関が正であり，マダラヤンマ (Schaller & Mouze 1970)，ヒメキトンボ，ハラボソトンボ (Mathavan 1990) では負である．

7.2.2 齢間の変化

脱皮後には体のどの部位も比例的に増加するが，この比率を**成長比**と言い，不完全変態をする昆虫では普通約1.26である (Wigglesworth 1972)．上に述べたように，F-0齢におけるサイズはそれまでの齢数を必ずしも反映していないので，成長比は，同種内，あるいは齢によって異なっているに違いない．それゆえ，成長比の平均とF-0齢のサイズが分かったとしても，正確な齢の総数の推定に使うことはできない．頭幅の成長比は，ルリモンアメリカイトトンボでは平均1.24，ハヤブサトンボ *Erythemis simplicicollis* では1.30 (Painter et al. 1996) であり，不完全変態昆虫と完全変態昆虫のそれぞれの中央値である1.27と1.52 (Leggott & Pritchard 1985b) と比較して矛盾のない値である．タイリクオニヤンマ *Cordulegaster boltonii* では，最初の9齢の成長比は1.24と1.38の間にあり，「平均」は1.27である (Schütte 1997)．どの種も，体の部位や齢によって成長比が異なるので，それぞれの部位に特徴的な成長比の変化パターンが個体発生に伴って見られる．体のどの部位も，成長比が幼虫期間を通じて一定（等成長）であることはまずない．ただ，頭幅の成長比の変化は比較的小さいことがあり，*Argia moesta* の3つの発育タイプではおよそ1.2と1.3の間に入る (Legris et al. 1987)．Folsom (1979) は，アメリカギンヤンマで計測した変数の中で，頭幅の成長比の変化が最も小さいことを見いだしている．しかし，こういった変化パターンは，常に相対成長的な性格が強く，属間に見られるかなりの相違（図7.2)，おそらく幼虫の採餌様式や微生息場所（どちらも個体発生の間に変化しうる）を反映している (§4.3.1と§5.3.2.3; 表 A.4.4, A.1)．図7.2で特に興味深いのは，*Argia moesta* と *Enallagma vernale* の尾部付属器の変化パターンの顕著な違いであり，尾部付属器はそれぞれ胞状-三稜状タイプ，垂直-葉状タイプである（表A.4.1, A,D)．しかし，垂直-葉状タイプの尾部付属器をもつ別のイトトンボ科の種 *E. ebrium* では，これらの構造の変化パターンは著しく異なっている．それは *Argia moesta* の下唇前基節のパターンに似ており (Fontaine 1979)，成長比は2齢から徐々に小さくなり，最後の3齢で再び大きくなる．図7.2の分布は，

それぞれのパラメータの変化パターンが発育タイプによってほとんど変化しないことを示している．明らかな例外（例：Masseau & Pilon 1982a) は，おそらく標本数が小さいことに起因している．最初の若齢の間に，時には急激に低下し (*Enallagma vernale*)，その後は最後の数齢で上昇する変化パターンが普通である (*Argia moesta* では違うが)．最後の上昇は翅芽で最も顕著であるが，このことは，最後の3齢を互いに識別するための良い基準になる（図7.3)．しかし，全齢数を推定するために齢をさかのぼる方向へ外挿するのには役に立たない．図7.2から分かるように，体の部位が異なればこのような目的のための有用性も異なる (Chowdhury & Jashimuddin 1994 参照)．*Enallagma vernale* (図7.2) の分析から，成長には2つのフェイズがあることが分かる．測定されたすべての部位の成長比は，発育タイプとは無関係に，F-6齢付近の「臨界齢」でその方向を変化させている (Rivard & Pilon 1978)．同様な2つのフェイズを伴った成長は *Lestes eurinus* でも見られ，より後のF-4齢とF-3齢の間に臨界齢がある (Pellerin & Pilon 1977)．ある齢の期間が長いほど，次の脱皮時の成長比が大きくなるという考えは，ここで示したどの変化パターンからも支持されない．成長には，後期のいくつかの齢がかなり短かったり（図7.1)，逆に非常に長かったり（例：Lieftinck 1965; 連・松木 1979; Watson 1982) する顕著な例外がある．連続した齢の期間と体重との間に，ある程度の相関が見られることは珍しくはなく，特に最後の数齢でそうである (Hassan 1977a; Desforges & Pilon 1989; Mathavan 1990; §7.2.6; 図7.9F)．しかし，成長比の変化パターンが同じような相関を示すかどうかは分かっていない．

野外での個体発生における成長比の変異は，結果的に幼虫の同時出生集団の化性に影響することがある（アメリカオオトラフトンボ，Johnson 1987)．ヨーロッパオナガサナエ *Onychogomphus uncatus* の場合には，野外での成長比が飼育下でのそれを超えることがある (Schütte 1993)．幼虫期間が通常は3年であるキイロサナエの個体群では，頭幅の成長比は初めの1年間はほとんど一定であるが，2年目には直前の冬を越したときの齢に依存し，越冬時の齢が若いほど，成長比が小さくなる．3年目には，F-3齢で越冬した同時出生集団の成長比は，頭幅が小さい点を除いて，F-2齢で越冬した幼虫の成長比とほぼ等しくなる（青木 1994)．ヨーロッパオナガサナエのF-0齢の平均頭幅は，同じ渓流でも採集場所によって異なることがあり，餌動物の供給量のほか同種の密度と

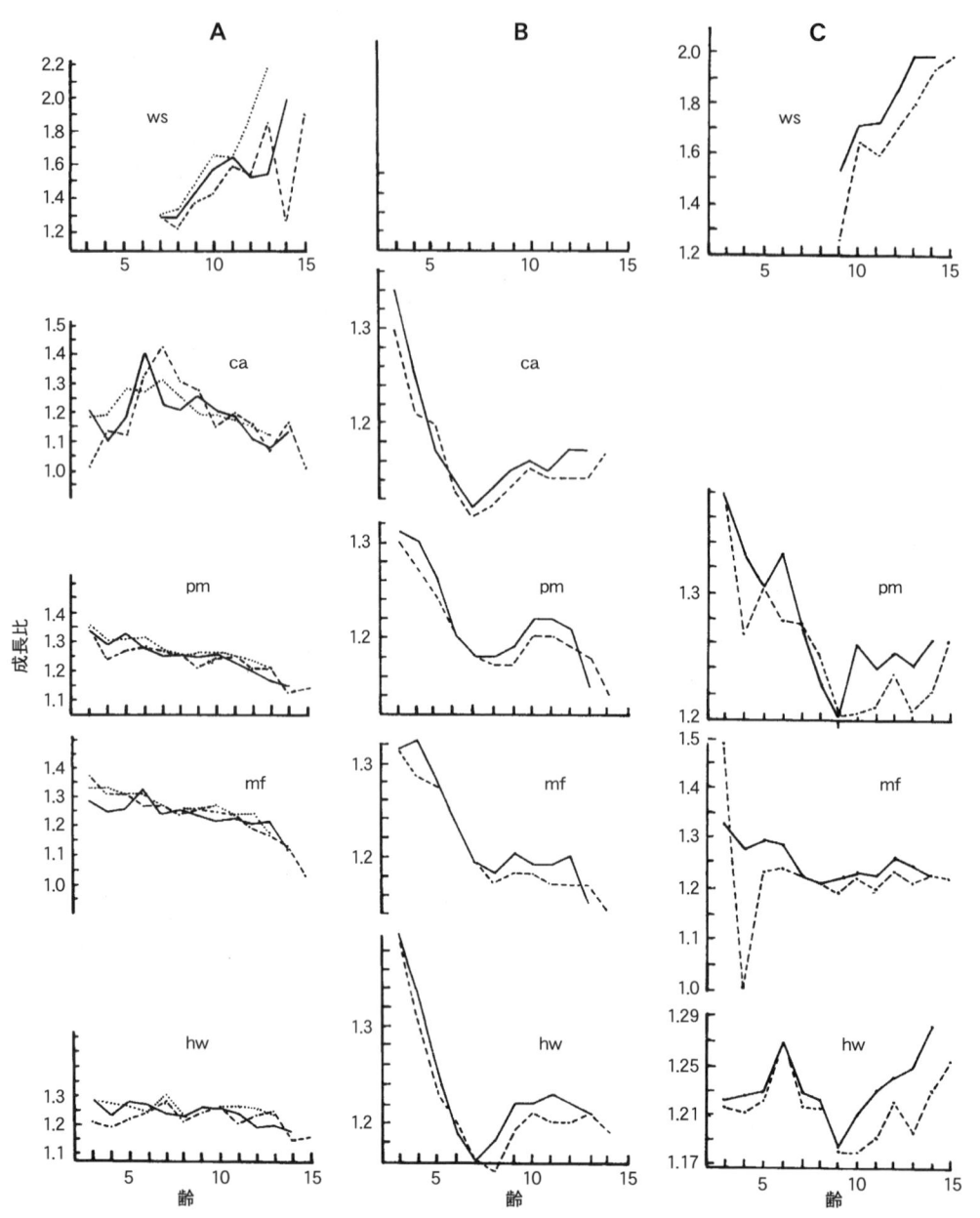

図7.2 体の部位ごとに成長比の個体発生パターンを描いた図で，幼虫発育に必要な齢数が異なる個体を区別して示している．A. *Argia moesta* (25℃, LD16:8)；B. *Enallagma vernale* (25℃, LD14:0)；C. *Libellula julia* (25℃, LD16:8)．成長比は，横軸に示した各齢になる脱皮時の値を示す．各発育タイプは，横軸の最終齢の位置を見ることで判別できる．略号：ca. 尾部付属器の長さ；mf. 後肢腿節長；pm. 下唇前基節長；ws. 後翅芽長；hw. 頭幅長．(AはLegris et al. 1987を改変，BはRivard & Pilon 1978を改変，CはDesforges & Pilon 1989を改変)

も関係している (Suhling 1994a)．この関係はキタルリイトトンボ *Enallagma boreale* (Anholt 1990a) でも見られる．時には，餌を与えられず水の外におかれたヨーロッパアカメイトトンボ幼虫のように，体長の成長比が1を下回ることもある (East 1900a)．逆のことが，小型種であるコハクバネトンボ *Perithemis tenera* で知られている．この種の頭幅は体の体積の成長以上に急激に大きくなり，相対成長係数が1.9に達する (Robinson & Wellborn 1987)．この成長パターンは，幼虫が利用できる餌動物の大きさの範囲を急速に拡大することを可能にしていると思われる．これらの現象は，幼虫サンプルのサイズ度数分

7.2 幼虫の発育

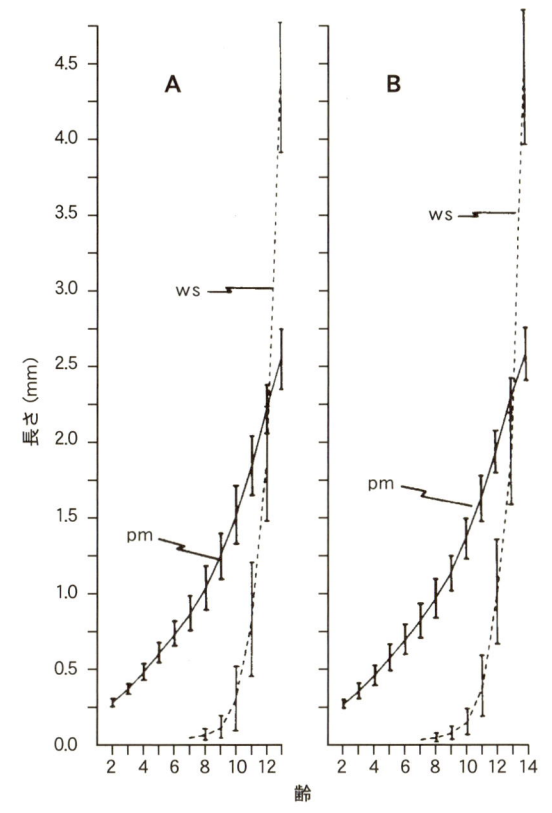

図7.3 *Enallagma vernale* の幼虫の下唇前基節長 (pm) と後翅芽長 (ws) の個体発生パターンを，発育完了までの齢数の異なる幼虫について描いた図．A は 13 齢，B は 14 齢で発育完了．(Rivard & Pilon 1978 を改変)

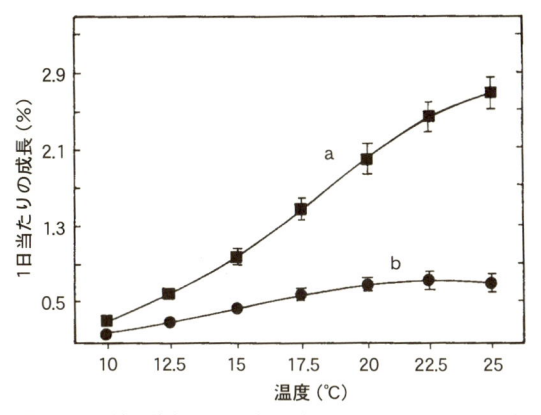

図7.4 2 種の均翅亜目の恒温条件下での百分率成長速度 (mm/mm/日)．a. アメリカアオイトトンボ；b. *Coenagrion resolutum*．成長速度は本文中の回帰式から推定したもので，幼虫サイズで補正されている．縦棒（±標準誤差）は温度および温度の 2 乗との回帰式による誤差分散から計算した．(Krishnaraj & Pritchard 1995 より)

布の分析に基づいた化性の解釈を一層困難なものにしている．

　成長比の変化パターンを描くことは，多大な労力を要し，また幼虫を飼育するための恒常的環境を維持する設備を必要とする．しかし，その成果は，研究に費やされた時間に見合うだけのものが得られることを示している．それは，特に幼虫の発育ステージと微生息場所の間の関係，とりわけ最終的な体形（それによって大形幼虫では種の同定が可能である）が形成されてきた道筋を示してくれる．多様な分類群と微生息場所を代表する種について研究が進むことが期待される．

　図 7.2 に描かれている変化パターンは，一定条件下におかれた幼虫から得られたものであり，短期的に働く外部要因の情報は全く含まれない．注意すべきことは，休眠による効果（図 7.1 と図 7.9 ではそれがないことを仮定している）は別として，それぞれの種の採餌戦略や成長戦略に応じて，変化パターンが異なるらしいことである．古くから知られていたことだが (Corbet 1962a)，水たまりに生息する種は，河川性の種とは違い，温度の上昇につれて成長速度が急激に増大する．例えば，活発な止水性の種であるアオイトトンボ *Lestes sponsa* は，成長の温度係数が高い．これよりも反応は小規模だが，サオトメエゾトントンボ *Coenagrion puella* とマンシュウイトトンボは，同じ餌供給量レベルのもとで，成長比が小さくなる代償として，より速く発育するかたちで高温に反応する (Pickup & Thompson 1990)．高温でのこれらの結果は，温帯の低緯度に生息するトンボのうち，調節されない発育をする種に年 2 化性の存在を予測する根拠となる．その場合，(高温で発育した) 夏の世代の幼虫と成虫は，越冬世代の幼虫より小さくなる (§7.4.5)．同じ温度のもとで餌供給量が低下すると，マンシュウイトトンボの成長比は小さくなる (Lawton et al. 1980)．

　トンボ目幼虫の成長速度と温度の関係は (Krishnaraj & Pritchard 1995 参照)，次の方程式で記述される．

$$\log_n \% G = a + b_1 S + b_2 T + b_3 T^2$$

ここで，$\log_n \% G$ は百分率で表示した成長速度の自然対数値，a は定数，b_1, b_2, b_3 はそれぞれ幼虫のサイズ (S)，温度 (T)，および温度の 2 乗 (T^2) の偏回帰係数である．係数 b_3 は高温での成長速度の減少を説明する．速く成長する種とあまり速く成長しない種について，この方程式から予測されるさまざまな温度での成長速度を図 7.4 にプロットした．オンタリオ

州南部でのアメリカギンヤンマの定住個体群と移入個体群の成長速度を比較したRobert Trottier (1971)の研究は，一部のトンボの温帯性個体群と熱帯性個体群の間で，幼虫発育を完了させるために必要な積算温度が異なっている可能性を示すものである.

サイズや生体重量，体形を除けば，外部形態のうち幼虫発育の間に最も目立った変化を示すのは，頭部突起，眼，下唇 (§4.3.2, 4.3.4.2)，色彩，斑紋，呼吸管 (§5.3.2)，触角，陰具片 [将来生殖器になる部位]，そして翅芽である.

Verschuren (1991) は，タイリクオニヤンマ属2種の触角 (トラフトンボ属 *Epitheca* や原始的なトンボ科のそれに似ている；Miyakawa 1977参照) の発生の研究から，新しい継ぎ目の形成によって既存の節の分割を引き起こす，2つの成長中心を見つけだした．彼は，この発生パターンは系統発生を考えるうえで重要なものであろうと考えている．触角の最終的な節数は齢数を反映することがあり，オオイトトンボでは年1化の同時出生集団の触角節数が6であるのに対し，年2化の集団では7である (Naraoka 1987).

雌雄の陰具片の原基は，最初に第9腹節腹面の表面上の微小な円錐形の突起物として現れる．イトトンボ科の4つの属では，陰具片原基は4〜6齢で初めて認められるようになり，普通7齢ころまでにははっきりした形になって幼虫の性を区別できるようになる (Lawton 1972; Pilon & Fontaine 1980; Pilon & Franchini 1984). コウテイギンヤンマ *Anax imperator* の場合，7齢 (およそF-7齢; Corbet 1955a) までにはっきりするが，植物外あるいは植物表面に卵を産むトンボの雌の陰具片は比較的不明瞭で，F-0齢でも雄と区別が難しい場合がある.

有翅亜綱の中で，トンボ目と直翅目 (バッタやコオロギ) だけは翅芽が側方に生じる．このことは，おそらくカゲロウ目とトンボ目が同じ系統上にないことを示している (Matsuda 1970; しかし Pfau 1991参照). トンボ目の翅芽の下皮前駆体は，側板の隆起として形をなす前に，単純なタイプの原基として現れる (Bocharova-Messner 1959). 図7.2と図7.3から明らかなように，翅芽は遅く現れ，その後，体の他のどの部位よりも急速に成長し，F-0齢になるときの成長比は約2に達している．ギンヤンマ属 *Anax* とイトトンボ科の2属では (Corbet 1955a, b; Naraoka 1987)，側板の隆起は5〜6齢で初めて出現し，*Ictinogomphus rapax* では7齢で出現する (Kumar 1985). しかし翅芽は，総齢数に関係なく，F-4齢で第2腹節の途中まで伸びてくる．F-0齢で翅芽が覆ってい

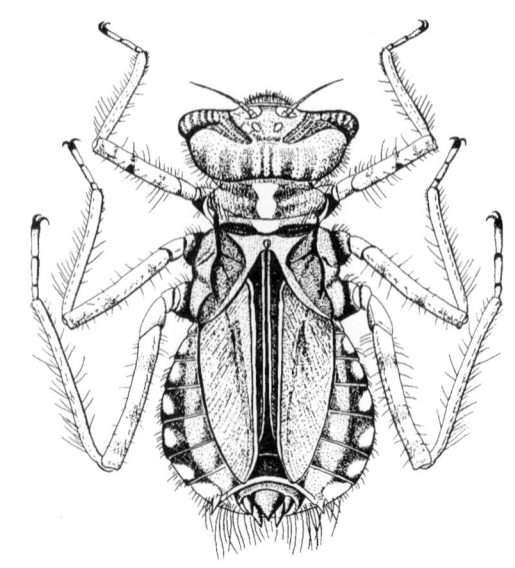

図7.5 *Rhodothemis rufa*. この腹ばいタイプのトンボ科の種のF-0齢幼虫 (体長約16mm) の翅芽は，9つの腹節をほとんど覆っている．(Van Tol 1992bのM. A. Lieftinckを改変)

る腹節の数は通常4であるが，腹部が並外れて細長い種か (*Neurogomphus* 属，図5.19A)，エゾトンボ科の *Neophya rutherfordi* (Legrand 1976b)，トンボ科の *Erythemis attala* (Rodrígues-Capítulo 1992) や *Rhodothemis rufa* (図7.5) のようにずんぐりしている種かによって，2節から9節まで変化する．しかし，熟練した研究者ならば，特定の種に精通していなくても，翅芽を一瞥するだけで幼虫がF-1齢であるかF-0齢であるかを判断することが可能である.

不均翅亜目と均翅亜目の2齢幼虫は，それぞれの亜目内では大体似ているが (Dunkle 1980参照; Rowe 1992a)，しだいに，それぞれの種が好む微生息場所を最も反映しているF-0齢の特徴を示すようになる．John Trueman (1989) は，この比較的同じような2齢幼虫の形態を基準に，オーストラリアの不均翅亜目の系統関係を推定した．それによると，ヤンマ上科，サナエトンボ科，トンボ上科 (オニヤンマ科を含む) の3つの群は，はっきりと区別でき，体の表面積/体積の比がしだいに減少することから予想されるように，呼吸管や垂直の葉状尾部付属器のような呼吸に関係する器官は，老齢期にそのサイズが著しく増大する (Gambles & Gardner 1960; Pilon & Franchini 1984).

種特異的な形質が個体発生の進行に伴って徐々に発達していくため，同定の手引きの多くはF-0齢をもとにしている．また，最も幼若な幼虫では，種どころか属さえも同定が困難なことが普通である．そ

こでMasseau & Pilon (1982b)は，他に類を見ないほどの精緻な形態的記載を行い，触角の節数，尾部付属器，腿節，下唇側片，腹節の腹面縁上の剛毛といった形質を使って，北アメリカの同所的な4種のルリイトトンボ属*Enallagma*の幼虫のすべての齢についての検索表の作成を試みた．しかし，4齢未満のキタルリイトトンボと*E. vernale*の区別と，5齢未満の*E. ebrium*とハーゲンルリイトトンボの区別は不可能であった．彼らのデータの質は非常に高いので，これ以上有効な幼虫各齢の形態形質に基づく検索表が完成する可能性はほとんどない．この結論は，§4.1で述べたゲル電気泳動法や，もっと精度の高いDNA分析 (Hadrys et al. 1992) の発展を，さらに促すことになるだろう．

7.2.3 齢内変化

特定の齢内で生じる変化については，変態の進行を追跡することが可能なF-0齢に関心が集中している (§7.3)．しかし，F-0齢より前の齢にも，変態が始まる前のF-0齢にも，顕著な齢内変化が見られる．Gerry Eller (1963) は，そのような変化を初めて定量的に調べた人物の1人である．彼は，カトリトンボ*Pachydiplax longipennis*の最後の4齢の齢内発育を齢間で比較する基準として，複眼指数（両複眼の後方正中方向へ細く伸長した部位の間の距離，mm）を用いた（表7.1）．これによって，ある一定温度での次の脱皮までに要する日数の基準が設定できる．表7.1からは，連続した齢では複眼指数の範囲が重なることが分かる．これは，脱皮直後のテネラルな時期に，頭部が横方向へ拡張することで複眼の間隙が離れるように動き，複眼指数を増大させるためである．Ulf Norlingも複眼の拡張を使い，それを頭部の複数の基準点と関連づけて，*Aeshna viridis* (Norling 1971)，カオジロトンボ*Leucorrhinia dubia* (Norling 1976, 1984b；図7.6)，キンソウイトトンボ (Norling 1984c) の齢内発育を追跡した．EllerやNorlingが自身の研究に用いた方法と，変態の開始や進行を追跡するために使われるその他の齢内変化については，§7.3で検討する．

複眼指数は，カトリトンボの最後の4齢で，次の脱皮時期を予測する良い指標となる．ただし，日長によってF-2齢で休眠が誘起される場合は使えない (§7.2.7.2)．Ellerは，複眼指数を他の形質（色彩，翅芽の状態，表皮に付着した泥など）と組み合わせて，他にもさまざまな利用法を開発している．例えば，幼虫がその齢で越冬したかどうかの判別，秋に

表7.1 カトリトンボの最後の4齢期の齢内発育を比較するのに使われた複眼指数の尺度

齢	複眼指数[a] (mm)	状態	予測[b]
F-3	1.20 0.80	テネラル	1～2日以内に脱皮
F-2	1.20[c] 0.80[d]	テネラル	1～3日以内に脱皮
F-1	1.20 0.56	テネラル	2～8日以内に脱皮
F-0	0.96 0.00	テネラル	10～15日以内に羽化

出典：Eller 1963を改変．
[a] 両複眼の後方正中方向への伸長部の間の距離．0.08 mm間隔で表しており，中間の値は切り下げている．
[b] 22℃でのもの．
[c] 1.28の場合もある．
[d] 脱皮前に0.72に達する場合もある．

発育が休止した時期と春に再開した時期の推定，越冬幼虫の脱皮時期の推定，ある齢の同時出生集団が次のより発育の進んだ同時出生集団のメンバーに追いつく傾向の検出，さらには新しい同時出生集団が生息場所内の比較的暖かい場所に最初に現れることの予測などである．Norling (1984c) は，齢間で測定値が重ならず直線的に変化することを利用して（カトリトンボでは重なる），キンソウイトトンボのF-1，F-2，F-3齢のそれぞれに，4つのステージを便宜的に設けている．

7.2.4 幼虫発育を推定するためのサンプリング

野外での幼虫の発育パターンを決定するためには，まず適当な間隔をあけて幼虫サンプリングを行い，サイズの度数分布を，最後の数齢については齢の度数分布の推定を行う必要がある．§7.2.3で指摘したような問題があるので，老齢，特にF-0齢幼虫の齢内の状態を合わせて記録しておくと，脱皮の直前，あるいは直後，変態が始まったかどうかなどが判別でき，度数分布の情報はさらに有用性が増す．齢が進むと，同じ齢でも幼虫の大きさが雌雄で異なることがあるので（例：Rowe 1987a; Donath, 1989; Shaffer & Robinson 1989b），齢の判定はさらに複雑になるかもしれない．

サンプリングには手網を使うのが普通である．三角形のフレームのものを使えば，先端の縁を平らな底に沿わせて引っ張ったり，フレームの角を沈水性の水草の中にこじ入れることができて都合が良い．深さや流れに合わせて，効果的に網の方向を選んだり，力のかけ方を工夫することも可能である (Suh-

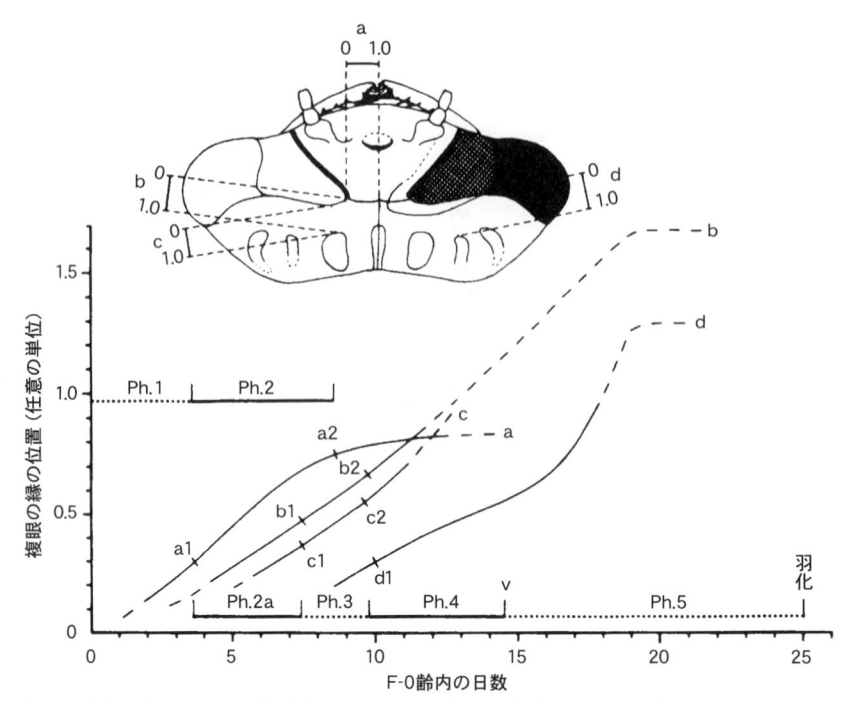

図7.6 F-0齢幼虫の齢内の発育ステージと複眼領域の拡大の関係．発育が速く進むように長日刺激を与えて飼育したカオジロトンボの幼虫の1個体について計測したもの．曲線は，目の着色縁が幼虫の目の縁から正中線に向かって (a)，あるいは筋肉痕に向かって (b, c, d) どのように移動するかを示しており，それぞれの場合で図示した測点間の距離が1単位である．ステージ2後期の，発育中の成虫の目の縁を頭部の図の右側部分に示した．黒と網掛け部分は幼虫の目．この齢は5つのステージ (Ph) に分けられる．翅芽の前縁脈の折り畳み (v) によってステージ4とステージ5を区別できる．(Norling 1976より)

ling & Müller 1996). 標準的な手順は (例：Johnson & Crowley 1980b)，回数と範囲を決めてすくうこと，生きた幼虫を手作業によって野外でえり分けること，そして保存した標本を実験室で同定することである．Ulf Norling (1971) がデザインした器具を使えば時間を短縮でき，場合によっては野外で十分に正確な測定値を得ることが可能である．ただし，幼虫を生息場所に戻さなければならない場合には，その幼虫の扱い方に問題があり，特に若齢ではその後の生存に影響を及ぼす可能性がある．幼虫のサイズは，普通，頭幅で示すのがよい．この変数の成長比は比較的安定しており (図7.2A)，通常は体の体積と密接な相関関係があって (Robinson & Wellborn 1987)，同一の齢内でも，保存標本でもほとんど変化しない．もちろん生きた幼虫でも測定が容易である．時に後腿節長も体サイズについての信頼性の高い指標となるのは確実である (Johnson 1992; Cordero 1994b)．しかし，野外で生きた幼虫の後腿節長を測定することは，実際には非常に難しい．一方，頭幅は精度の高い情報を与えてくれるので，成長速度や化性の調査のほとんどで利用できる．サンプリ

した幼虫を，傷つけることなくその生息場所に戻したいと思っている研究者にとって，Norling (1971) が15倍のルーペを使用して，*Aeshna viridis* のF-0齢における齢内の発育ステージをすべて区別することができたことは朗報かもしれない．

小形幼虫，特に細かな底質の所にいる種をサンプリングする場合には，異なるメッシュサイズの網を併用し，重ねて同時に使うことをすすめる．この手法であれば，大形幼虫を比較的濁りのない水の中で探すことが可能となるので，時間を大きく節約できる．目が細かいほうの網で集められたサンプルは，もし必要ならば，あとで水に浮かせる方法 (Southwood 1966参照) を用いて選別することができる．この方法は若齢幼虫を見つける確率を高め，特にホルマリンに保存したサンプルで有効である (Pask 1971)．Ken Deacon (1979) は，比重1.120の砂糖溶液を使った方法で選別した際，2齢幼虫が少なくとも2時間は浮かんでいることを確認した．幼若幼虫が定期的なサンプリングで得られる可能性は，微生息場所の性質に大きく依存している．水面近くの大型の水草の中で生活している活動的な不均翅亜目と

均翅亜目に関しては，アカイトトンボ (Lawton 1970b) や *Lestes congener* (Sawchyn & Gillott 1974a) で報告されているように，最初の2齢か3齢が通り抜けてしまうような1×1mmメッシュの網であったとしても，ある程度は2齢幼虫を採取することが可能である．

Ora Johansson (1978) は，湿地の中の水路に棲んでいる均翅亜目の普通種の研究で，すくい網，人工水草，自然の基質の除去，真空吸引法，および四爪錨，という5つのサンプリング方法の効率を比較した．それぞれの方法の相対的な有効性は，サンプリング時期や基質に依存しており，微生息場所内での幼虫の季節的な移動の影響を受けた．人工基質の有効性は，微生息場所間での幼虫の移動性に**左右されること**を忘れてはならない (§5.3.2.3参照)．したがって，どのサンプリング法も，基質を最初に設置してから幼虫が集まってくるまで待つ必要がある (Tsui & Breedlove 1978)．板を何枚も重ねた人工基質を用いた Lawrence (1982) は，この待機時間に約2週間かけている．Kit Macan (1977a) は，すくい網，定量サンプラー (Macan 1964参照)，そして人造の水生植物 (オオバコ) を使って集めた標本を比較し，これらの方法が互いに補完しあうものであることを確認している．例えば人工水草のマットは細かな目の網の中に入れて持ち上げることができるので，標準的なすくい網を通り抜けやすい若齢幼虫に対してより効果的であることが証明されている．Voshell & Simmons (1977) は，貯水池の底生生物を採集するのに使った4つのサンプリング方法 (これには小石をつめた蛇籠を含む) の総合的な比較を行い，このタイプの生息場所における不均翅亜目と均翅亜目に適用可能な，サンプリングの効率についての有用な基準を示した．

トンボ目の幼虫を採集するのに使われた方法には，そのほかにも次のようなものがある．下流側に引き網を仕掛け，動力式の低圧水噴射で底の巨礫を洗う (Cook 1994)，岩場の水たまりから熊手で葉を取り除く (*Oplonaeschna armata* のための方法; Tinkham 1949)，サイホンで樹洞から幼虫を集める (例: Copeland et al. 1996)，モーター駆動で間欠的に作動する吸引ポンプをボートから操り，それにつながったパイプを湖の底に当てて引きずる (Prentice & Falden 1971)，大きなアメリカギンヤンマ用に引き網 (約2×30m) を夜間使用する (Ross 1971)，不均翅亜目および均翅亜目に「驚くほど効果的」と言われている水中紫外光トラップ (Engelmann 1974; Dommanget 1991)，大型のヤンマ用に生きたツリミミズ科の *Lumbricus* 属を餌につけた釣り糸 (おそらくこれは偶然の結果である，Larochelle 1977b)，そして，しがみつきタイプの幼虫のために棒を浮かべる (Lieftinck 1981a) などである．Weber (1987) はトンボ目の採集のためのトラップの使用について総説をまとめている．

定量的なサンプラーは (例: 採泥器やコアサンプラー)，ある一定の体積の基質 (しばしば底の面積で記述される) を完全に閉じ込めて取り除くことができない限り，絶対数を推定する (表A.4.6) ことは困難である．たとえそれが可能であっても，幼虫の微生息場所分布がパッチ状であるため，大きな川の均質な流域部に生息している浅い穴掘りタイプのサナエトンボは別として，その推定値は，サンプリングされた特定の基質に対してしか適用できない．このような認識から Ora Johansson (1978) は，平方メートル当たりの数を使わずに，水草当たりの個体数で均翅亜目の密度を表した．他の方法は，当然ながら幼虫のサイズを考慮して，サンプリング法の効率についての信頼限界を得ようとすることである．1つのやり方は，定量的なサンプラーとすくい網を隣り合う場所で使用した結果を比較し，それらの間の換算率を導くものである．アカイトトンボの研究では，この値は12.3であった (Lawton 1970b)．もう1つは，適度なサイズと重さをもつ既知の数の人造幼虫を微生息場所に「ばらまき」，標準化された採集でどれくらいが再発見されるかを記録するものである．Ubukata (1981) は，この散布法をカラカネトンボ *Cordulia aenea amurensis* の幼虫に適用できることを見いだしたが，それは幼虫が移動性が小さい腹ばいタイプであるためである．Ubukata の通常のサンプリング手法での効率は平均0.02で，幼虫のサイズによって0〜0.08の間で変化した．この結論は，エゾトンボ科の小形幼虫が非常に採集しにくいとの定評を裏づけるものである．

Copeland et al. (1996) は，樹洞から浅い穴掘りタイプのトンボ科の幼虫を採集するとき，初回に取り出した水を樹洞に戻してから2回目の吸い上げを行った．このようにして，それぞれの生息場所で2回の吸い上げを行うことで採集効率を上げた．この2回目の吸い上げによって，43%の樹洞から幼虫が採集された．

例えば若齢期における同時出生集団の分割を検出しようとするときは (例: Norling 1984c)，可能な限り広い範囲にわたって，それぞれのサンプルについてサイズの頻度分布を知ることが必要であろう．しかしその必要がなく，老齢の幼虫だけが種のフェノ

ロジーに関して有用な情報を与えることが普通ならば，サンプリングした幼虫の発育ステージを一目で見分けられるカテゴリーに区分する（Baker 1986c）ことで，多くの時間が節約できる．Arthur Benke（1970）は，このやり方をトラフトンボ属とヨツボシトンボ属*Libellula*の種に用いた．その際F-6～F-0齢だけに基づいて分析を行い，また発育ステージの規準として「平均齢」を使った．このアプローチをさらに有効にするには，F-1齢やF-0齢のような年齢集団，あるいは変態のステージにあるものを百分率で表現するとよい（Corbet 1957d；Corbet & Harvey 1989）．これによって特定の重要な調節要因が作用している時期が直ちに明らかになる（図7.11）．

季節的調節を調査しているときに，個々の幼虫の発育履歴を知りたいと思うことがあるかもしれない．1つの直接的な方法は，羽化時に羽化殻としてそれらが再発見されることを期待して，個々のF-0齢幼虫の体表に印を付けることである（Corbet 1957a）．肢の1つの節の周りに色の付いたアクリル樹脂を化学的に沈着させることも便利な標識になる（Rowe 1979参照）．もっと役に立つが，そのぶん難しい方法は，脱皮の後にも残る識別可能な標識を付けることである．Ross（1971）は，アメリカギンヤンマの大形幼虫の腹部背面に黒のフェルトペンで目立つように標識すると同時に，腹部側棘を一意的な組み合わせになるように切った．もし，その棘の再生が完全になされる（2回の脱皮後）前に，標識した個体を再捕獲できれば，ペンで書いたり棘を切断してその標識を復元できるであろう．今までに行われた，永続的で齢を超えて識別できる標識の最も有効な方法は，複眼上に微小な傷をつけるものであり（Lew 1933；Sherk 1978a；Mouze 1981；Johnson 1992；Johnson et al. 1995: appendix），最初にLewとSherkによって幼虫の複眼の各領域の不等成長を追跡するのに使われた．もう1つの可能な方法は放射性元素によって標識することである．

7.2.5 化 性

化性とは1年間で完結する世代の数である．化性を知ることは，生活環が異なった地域の環境にどのように適応してきているか，また季節的調節がどのように行われているかを理解するために必要である．表7.2はこれまで明らかにされた化性パターンを科ごとにリストアップしたものである．これらのデータを，それぞれの種の気候分布を反映させてまとめると，熱帯性の種（カテゴリーA）と温帯性の種（カテゴリーB）の間に大きな違いがあることが明らかになる．例えば，1年間に1世代より多い化性と少ない化性を示す記録の割合は，カテゴリーAではそれぞれ57％と3％，カテゴリーBでは15％と51％になる．年1化性の割合（39％と33％）に大差がないことは，熱帯性の多くの種に，速く発育できる能力を抑えて，1年周期を強いるような季節的な制約が働いていることを示している．化性について考える際には，その化性が見られる地点よりも，その種の分布中心のほうがより重要である．例えば，Arun Kumarの化性に関する優れた研究は，北回帰線より6°以上北の，北緯約30°（ただし「熱赤道」が地理的赤道の北約5°に位置しているので，気候的にはこれより熱帯に近い［Mani 1974］）で行われたにもかかわらず，彼が研究したほとんどすべての種は分布の中心がより低い（熱帯の）緯度にあり，そのためそれを反映した生活環をもっていた．

表7.2には既知のトンボ目の種の4.5％が集計されており，均翅亜目より不均翅亜目の割合がわずかに大きい．属ではトンボ目の約16％に相当する．表からはいくつかのパターンがはっきり読みとれるが，解釈を誤る原因にもなりうる．

第1に，化性を最も容易に決定できるのは年1化性の種で（特に，アオイトトンボ属*Lestes*やアカネ属*Sympetrum*の多くの種のように絶対的な場合），最も困難なのは幼虫発育の完了に数年かかる種である．後者ではサイズ集団の重なりが避けられず，年齢集団間の区別があいまいになるからである．成長速度に影響する要因の働き方には年変動があるので，成長が遅い種の化性を見かけ上正確に推定してもあまり意味はない．それよりは，化性の変動幅を基準に比較するのが現実的である．

第2に，永続的な水域に生息している多くの熱帯のトンボのように，羽化や生殖が年間を通じて継続的に見られる場合は，幼虫個体群が連続的になってしまう．その場合，化性の推定は，飼育下での幼虫期の長さと，成長速度に影響を及ぼす温度の季節変動についての知見に頼らざるをえない．例えばショウジョウトンボ*Crocothemis servilia*は，北緯30°では，1年の時期によって100日で幼虫発育を完了する場合と，249日を要する場合があるらしい（Kumar 1976b）．同じインドで，モンスーン気候ではあるが，はっきりとした涼しい季節のない北緯23°50′の地点では，*Ceriagrion coromandelianum*は毎年4世代（Suri Babu & Srivastava 1990），*Enallagma parvum*は3世代（Srivastava & Suri Babu 1994）を繰り返している．各世代の長さは季節に依存しており，冬に最

7.2 幼虫の発育

表7.2 化性と気候帯

科	数 属	数 種	3以上	2	1	2^{-1}	3^{-1}	4^{-1}	5^{-1}	6^{-1}以下
A. 熱帯性の種										
不均翅亜目										
ヤンマ科	5	6	—	2	4	—	—	—	—	—
エゾトンボ科	1	1	—	—	1	—	—	—	—	—
サナエトンボ科	3	4	—	—	4	2	—	—	—	—
トンボ科	15	30	23	10	8	—	—	—	—	—
均翅亜目										
カワトンボ科	3	3	—	1	2	—	—	—	—	—
ハナダカトンボ科	2	3	—	1	2	—	—	—	—	—
イトトンボ科	6	13	11	7	1	—	—	—	—	—
ミナミカワトンボ科	3	5	—	—	5	—	—	—	—	—
アオイトトンボ科	1	5	1	—	4	—	—	—	—	—
モノサシトンボ科	2	2	—	1	1	—	—	—	—	—
ホソイトトンボ科	1	1	—	—	1	—	—	—	—	—
アメリカミナミカワトンボ科	1	1	—	—	1	—	—	—	—	—
ミナミイトトンボ科	3	3	—	—	2	1	—	—	—	—
ハビロイトトンボ科	2	3	—	—	3	—	—	—	—	—
B. 温帯性の種										
不均翅亜目										
ヤンマ科	10	24	—	—	2	10	12	7	5	3
オニヤンマ科	1	3	—	—	—	1	—	2	2	1
エゾトンボ科	7	16	—	—	3	10	5	2	2	1
ムカシトンボ科	1	2	—	—	—	—	—	—	1	1
サナエトンボ科	14	22	—	—	2	19	7	2	1	—
トンボ科	11	33	1	12	24	7	2	—	—	—
ムカシヤンマ科	2	2	—	—	—	—	1	2	1	—
均翅亜目										
カワトンボ科	2	4	—	—	3	2	—	—	—	—
イトトンボ科	13	36	2	15	23	13	5	1	—	—
ミナミカワトンボ科	1	1	—	—	1	—	—	—	—	—
ムカシイトトンボ科	1	1	—	—	1	—	—	—	—	—
アオイトトンボ科	4	13	—	1	12	1	—	—	—	—
モノサシトンボ科	2	4	—	3	3	—	—	—	—	—

出典：Corbet 1988.
注：172の文献から得られた18科，115属，249種についての記録．熱帯と温帯の両方に分布する種は引用した観察に従って両者のいずれかに区分した．このような種のうち，ヨーロッパショウジョウトンボだけはA, B両方の部分に入れた．化性に関する縦方向のそれぞれの欄は記録された種の合計数である．2つ以上の異なった化性をもっているという記録がある種の場合は，それぞれの化性区分として重複して数えた．

も長くなる．

第3に，数ヵ年にわたる継続的な研究の困難さが，長期間の生活環をもつ種の研究を妨げている．高緯度での種の化性の詳細な知見の多くはUlf Norling (1984) によって得られたものである．

第4に，辺境の，極限的な生息場所（例：高標高あるいは高緯度の生息場所）での記録は，調査場所への交通手段が遮断されやすく，またサンプルが小さくなりがちなので不足している．

第5に，化性は，数多くの要因によって，同じ雌が一度に産んだ卵の間で，年と年の間で，そして生息場所間で変わる（表A.7.2）ので，表にあげられているものは，研究が行われた時期と場所にだけ適用可能である．

第6に，化性を推定したデータの質が研究ごとに大きく異なっていることがある．つまり，数多くの連続的なサンプルについて厳密に数量的解析をしたものから，単一のサンプル，あるいは羽化や成虫活動期間のパターンに基づいた推定に至るまでさまざまである．したがって，比較を目的として表7.2のデータを使おうとする場合は，原典に当たるべきである（Corbet 1998）．

Arun Kumar (1972b) は，トンボ目のフェノロジーの決定では，生息場所における自由水の持続性が特に重要であることを強調してきた一人である．この関係は，降雨に明瞭な季節性が見られることが多い熱帯で最もはっきりしており，さまざまなタイプの生活環として観察され（表7.3, 7.4），以下で行う化

表7.3 トンボ目の生活環

気候帯　生活環の特徴
A. 熱帯
A.1 調節されない：幼虫が生息するための水域は連続的に利用可能．条件的多化性．幼虫期は温度や餌に応じて約1～6ヵ月
A.2 調節される：雨季と乾季が交互にある
A.2.1 年1化性または多年1化性
A.2.1.1 河畔林のある高地の細流．毎年生じる雨季の雨による増水に先立って羽化．幼虫期は最短で9ヵ月
A.2.1.2 灌木林や樹林地を伴うサバンナにある一時的な止水域．幼虫期は約1～3ヵ月．6～9ヵ月の乾季を前生殖期の成虫で，時には卵の状態で過ごす
A.2.1.3 低地の森林内にあるファイテルマータ（一時的水域であることが多い）．幼虫期は3～5ヵ月．約1～6ヵ月の乾季を前生殖期の成虫か生殖期でない成虫で，また時には卵の状態で過ごすようである
A.2.1.4 恒久的な止水域または流水域．樹林地が付随する場合としない場合がある．幼虫期は約6～9ヵ月．約6ヵ月の乾季を幼虫で過ごす
A.2.2 多化性．熱帯収束帯内の，たいていは短期間だけ存在する季節的な水たまり．幼虫期は約1～3ヵ月．放浪性の成虫は生殖期や前生殖期に雨を伴う風によって運ばれる
B. 温帯
B.1 調節されない：条件的多化性．幼虫が生息するための水域は連続的に利用可能．幼虫期は温度や餌に応じて約1～6ヵ月
B.2 調節される：冷涼な季節と温暖な季節が交互にある．休眠が存在
B.2.1 化性は絶対的．年1化性，時に年2化性
B.2.1.1 卵に絶対休眠がある（晩夏，冬）．幼虫期は約2～4ヵ月
B.2.1.2 卵に絶対的な，時に条件的休眠があり（晩夏，冬），前生殖期の成虫に条件的休眠がある（夏）．幼虫期は約2～4ヵ月，卵が休眠しなかった場合は約7～9ヵ月
B.2.1.3 前生殖期の成虫に絶対的休眠がある（晩夏，冬）．幼虫期は約2～4ヵ月[a]
B.2.2 化性は条件的．多化性，年1化性，あるいは多年1化性
B.2.2.1 通常，最後の1齢あるいはそれより前の齢期の幼虫（夏，冬）に，また時には卵（冬）にも，条件的休眠がある．幼虫期は1～6年あるいはそれ以上
B.2.2.2 通常，最後の1齢あるいはそれより前の齢期の幼虫に条件的休眠（夏，冬）があり，また卵には絶対的休眠（晩夏，冬）がある．幼虫期は1～5年あるいはそれ以上

注：これらの生活環の具体例は表7.4にある．「多化」という用語は1年に2世代以上の世代数をもつものを意味する．よってこれには年2化性が含まれる．

[a] 知られている限りにおいて，ホソミイトトンボがこのタイプの生活環における唯一の年2化の例であり（§8.2.1.2.2），幼虫期間は1～2ヵ月らしい．もしこの生活環についての現在の解釈が正しければ，夏世代の成虫（だけ）が秋に羽化し春に繁殖するという前生殖期の休眠を行う．

性と季節的調節についての考察の基本的な枠組みとなっている．

7.2.5.1 熱帯性の種

化性は，おそらく放浪性の種で最も多いだろう．これらの種は，急速な成長にとって最も都合の良い生息場所，すなわち，短期間出現する低地の水たまりで，連続的に世代を更新している（表7.3，タイプA.2.2）．表7.2にはそのような種はあげられていないが，これは世代の連続性が確認されていないためである．例えば，ウスバキトンボ*Pantala flavescens*は産卵から羽化までに28～32℃で56～61日を要するが（Kumar 1984b），熱帯収束帯にある一時的な水たまりは，普通はさらに高温であるから，必要な継続時間はもっと短いだろう（§6.2.4）．もし羽化から産卵までに15日間を要するとすれば（§8.2.1.2），少なくとも2週間の余裕を残して，連続した5世代が1年以内に完結することが可能となる．インド中央部（サガールSagar，北緯23°50′）では，ウスバキトンボは1年に3世代を完結することができる（P. S. Corbet 1988: 4のB. Suri Babu）．このタイプの生活環をもつ最小の種，例えばキバライトトンボ*Ischnura aurora*は，1年間に7，8世代を完結することがあるかもしれない．この生活環（タイプA.2.2）は，新しく羽化した成虫が，§10.3.3で考察する生活様式，つまり絶対的移住性の種であることで**調節されている**．したがって放浪性の種に関しては，ある場所での幼虫個体群の出現間隔が数ヵ月に及ぶとしても，成虫の生存期間が長いことを示していると解釈すべきではない．それは，おそらくその間，1世代以上を別の場所で送っていたと考えられるからである（§10.3.3.1）．例えばインドでは，ウスバキトンボはタミルナードTamil NaduにいないときにはデラドーンDehra Dunに見られ，逆もまたしかりである（P. S. Corbet 1988: 4のB. K. Tyagi）．放浪者を除くと，最大の化数は連続的に発育する（タイプA.1）イトトンボ科とトンボ科で見られ，これまでの最大値は，先にふれた*Ceriagrion coromandelianum*の年4世代である．タイプA.1の中でこの数を超えるものはめったにいないと考えてよい．例えば，*Lestes pla-*

7.2 幼虫の発育

表7.4 さまざまなタイプの生活環をもつ種の具体例

生活環タイプ[a]	種	場所	文献
A.1	ヒメイトトンボ	インド	Kumar 1979a
	Ceriagrion coromandelianum	インド	Kumar 1979a
	ショウジョウトンボ	インド	Kumar 1979a
	ハラボソトンボ[*1]	インド	Kumar 1979a
A.2.1.1	ムモンギンヤンマ	インド	Kumar 1972b
	Bayadera indica	インド	Kumar 1972b
	Euphaea decorata	香港	Dudgeon 1989a
	Zygonyx iris insignis	香港	Dudgeon & Wat 1986
A.2.1.2	*Bradinopyga geminata*	インド	Kumar 1973a
	Crocothemis divisa	ナイジェリア	Gambles 1960; Parr 1981a
	Gynacantha vesiculata	ナイジェリア	Gambles 1960
	Lestes praemorsa	インド	Kumar 1972a
	L. virgatus	ナイジェリア	Gambles 1960
	タイワントンボ	インド	Miller 1989b, 1992a
A.2.1.3	*Gynacantha membranalis*	パナマ	Fincke 1992a
	ヒメハビロイトトンボ	パナマ	Fincke 1992a
	ムラサキハビロイトトンボ	パナマ	Fincke 1992a
A.2.1.4	*Elattoneura glacua*[b]	マラウイ	Parr 1984b
	Phaon iridipennis[b]	マラウイ	Parr 1984b
A.2.2	ヨーロッパショウジョウトンボ	ヨーロッパ南部	Ferreras-Romero 1991
	ヒメギンヤンマ	ウガンダ	Corbet 1984a
	キバライトトンボ	オーストラレーシア	Rowe 1987a
	ウスバキトンボ	ウガンダ	Corbet 1984a
	スナアカネ	ヨーロッパ南部	Ferreras-Romero 1991
B.1	マンシュウイトトンボ	ヨーロッパ	Parr 1973a
	スペインアオモンイトトンボ	ヨーロッパ南部	Ferreras-Romero 1991
B.2.1.1	*Lestes congener*	カナダ, SK	Sawchyn & Gillott 1974a
	エゾアオイトトンボ	カナダ, SK	Sawchyn & Gillott 1974b
	ムツアカネ	オーストリア	Waringer 1983
B.2.1.2	マダラヤンマ	アルジェリア, イギリス	表8.3参照
	アオイトトンボ	日本	表8.3参照
	アキアカネ	日本	表8.3参照
	タイリクアカネ[*2]	アルジェリア, イギリス	表8.3参照
B.2.1.3	ホソミイトトンボ	日本	朝比奈 1983a; 井上 1993
	ホソミオツネントンボ	日本	井上 1979a
	オツネントンボ[*3]	日本	井上 1979a
	オツネントンボ[*4]	オランダ	Geijskes & Van Tol 1983
	Sympecma fusca	オランダ	Geijskes 1929a
B.2.2.1	コウテイギンヤンマ	イギリス	Corbet 1957a
	キンソウイトトンボ	スウェーデン	Norling 1984c
	ハヤブサトンボ	アメリカ, NC	Morin 1984b
	アメリカオオトラフトンボ	アメリカ, NC	Lutz 1974b
	Lestes eurinus	アメリカ, NC	Lutz 1968b
	カオジロトンボ	スウェーデン	Norling 1984b
	カトリトンボ	アメリカ, NC	Eller 1963; Morin 1984b
	アカイトトンボ	イギリス	Corbet et al. 1989
B.2.2.2	ヒスイルリボシヤンマ	スウェーデン	Norling 1984a
	ルリボシヤンマ	スウェーデン	Norling 1984a
	Aeshna viridis	スウェーデン	Norling 1971

[a] 生活環タイプの記号は表7.3で定義した．生活環タイプB.2.1.2（例：マダラヤンマ）の一部の種では，緯度によって生活環タイプが異なる．
[b] 化性は推定であって確認されたものではない．
[*1] *Orthetrum sabina sabina*.
[*2] *Sympetrum striolatum striolatum*.
[*3] *Sympecma paedisca*.
[*4] *S. annulata braueri*.

giatus(例外的に速い成長をすることが知られている科の1種)の羽化は,北緯9°41′の地点ではほぼ1年中続くが,幼虫は流水,つまり止水より冷たい水に生息しているので(Gambles 1960),それより多い化性を示すとは考えられない.

熱帯の生息場所の場合,実質的に季節を欠き,羽化も生殖も途切れることがないため,幼虫期間を決定するための通常の方法は使えない.そこでBenke(1984)は,同時出生集団の出現間隔に基づく方法を考案した.Marchant & Yule (1996)はこの方法を使い,1年を通して雨が多く,水温変化もない(南緯6°18′,標高720mで,年間の範囲19~23℃)パプアニューギニアの小さな雨林の渓流に棲む*Lieftinckia kimminsi*の幼虫期間を277日間と推定している.

表7.2に示した熱帯性の種の残りは,ほとんどすべて年1化性である.高地の恒久的な渓流に棲む種(タイプA.2.1.1)は,毎年モンスーンによる降雨開始に伴う増水によって,流路が幼虫にとって危険な状態になる前に羽化する(Kumar 1976b参照;Dudgeon 1989a; Etyang & Miller 1995).このような種は,幼虫がしがみつきタイプか浅い穴掘りタイプである科に属している.Dudgeonのデータを詳細に調べると,2種のサナエトンボは一部が2年1化である.このような生息場所では,増水のために普通は年1化性が選択されると考えられるが,潜伏タイプであるこの2種は(表5.6),増水による流失をかなり免れていることを示唆していて注目に値する.また一部の種の幼虫は,伏流域(§4.2.3)に入り込むことによって増水から身を守っている可能性がある.もっともKeith Wilson (1993)は,香港の渓流で,非常に激しい降雨(雨季の初日に550mm以上)による増水によっても*Heliogomphus scorpio*の羽化がそれほど妨げられなかったことを観察しており,一般化するのは時期尚早かもしれない.増水は,幼虫ばかりでなく成虫にも淘汰圧となっている可能性がある.ボルネオの森林内の渓流や河川で,ハナダカトンボ科の成虫の活動が最も活発になるのは,水位の低い時期である(A. G. Orr 1996).一方,コスタリカの*Cora mirina*では,雌が水に浸かった枯死木を産卵に使うので生殖活動が雨季に限定され,そのために年1化になっている(Pritchard 1996).Dudgeonが研究した熱帯のサナエトンボ科の種の一部が2年1化性であるのは,冷たく生産力の低い高標高地の渓流で生じると思われる多年1化性と同じかもしれない.もっとも,それらの個体群の少なくとも一部は,温帯性の種の飛び地個体群に相当するものであろう(§6.2.1).カテゴリーAでは,これ以外の唯一の2年1化性の例はミナミイトトンボ科の*Roppaneura beckeri*から知られている.その幼虫は,干渉や消費型の競争が激しいと思われる葉腋の中に生息しており,比較的高緯度の熱帯だけに知られている(Santos 1966b).その分布や生態についてもっと明らかになるまでは,この種を表7.3のどれか1つのタイプに割り振ることはできない.残りの熱帯の種(A.2.1.2, A.2.1.3)は年1化性がほとんどであり,成虫は通常2回の乾季にまたがる長い期間にわたって生存するのが特徴である.幼虫が,開けた一時的な水たまりで発育する一方で(A.2.1.2;例:北緯9°41′における*Gynacantha vesiculata*や*Lestes virgatus*),成虫は長い乾季を森林や灌木林の樹陰の中で過ごし,その間ずっと活動し続ける場合と(*G. vesiculata*),一時期に非活動的になる場合とがある(*L. virgatus*).雌は,水がたまり始める**前に**,適切な場所を選んで産卵を始めることがある(Paulson 1973a;§2.2.3).つまり,成虫と卵の両方が環境要因によって調節されていることになる.同様の先行産卵が,コスタリカ北部の季節的な降雨を伴う地域でも記録されている.イトトンボ科の*Leptobasis vacillans*は幼虫の成長が記録的に速い種であるが(表A.7.3),Dennis Paulson (1983b)は,ある湿地でそこが冠水するようになる1週間前から雌の産卵が始まるのを目撃し,冠水の20日後に最初のテネラルな成虫を目撃した.表A.7.3にあげた年1化性のトンボ科の種とアオイトトンボ科の種は,タイプA.2.1.2の生活環をもっていると考えられ,*Erythrodiplax funerea*や*Uracis imbuta*がその例である.タイプA.2.1.3は,多くの水域が長期間持続し,遮断されている生息場所に特徴的な生活環であり,幼虫発育が遅い.ハビロイトトンボ科(図7.7)と*Gynacantha membranalis*,そしてファイテルマータ(§5.3.1.2)中での発育に特殊化してきたほとんどの種が該当する.

熱帯の種の化性に関する最後の話題として,Arun Kumar (1972b, 1976b)が行ったヒマラヤ北西部のデラドーン渓谷でのトンボ目のフェノロジーに関する研究について述べておきたい.この地域は北緯30°付近,標高約650mにある.また1月と6月の平年気温は,それぞれ5~21℃および20~37℃の範囲で,年間降水量(約2,500mm)の75%が6月から9月にかけて降る熱帯モンスーン型の気候である.Kumarは熱帯性のトンボの生活環に4つの基本型*を認めたが(図7.8),この4つは,デラドーンと似た生息

---

*訳注:原著ではKumarによる生活環の分類をタイプA~Dとしているが,表7.3のタイプ分けと紛らわしいので,ここではA~D型とした.

7.2 幼虫の発育

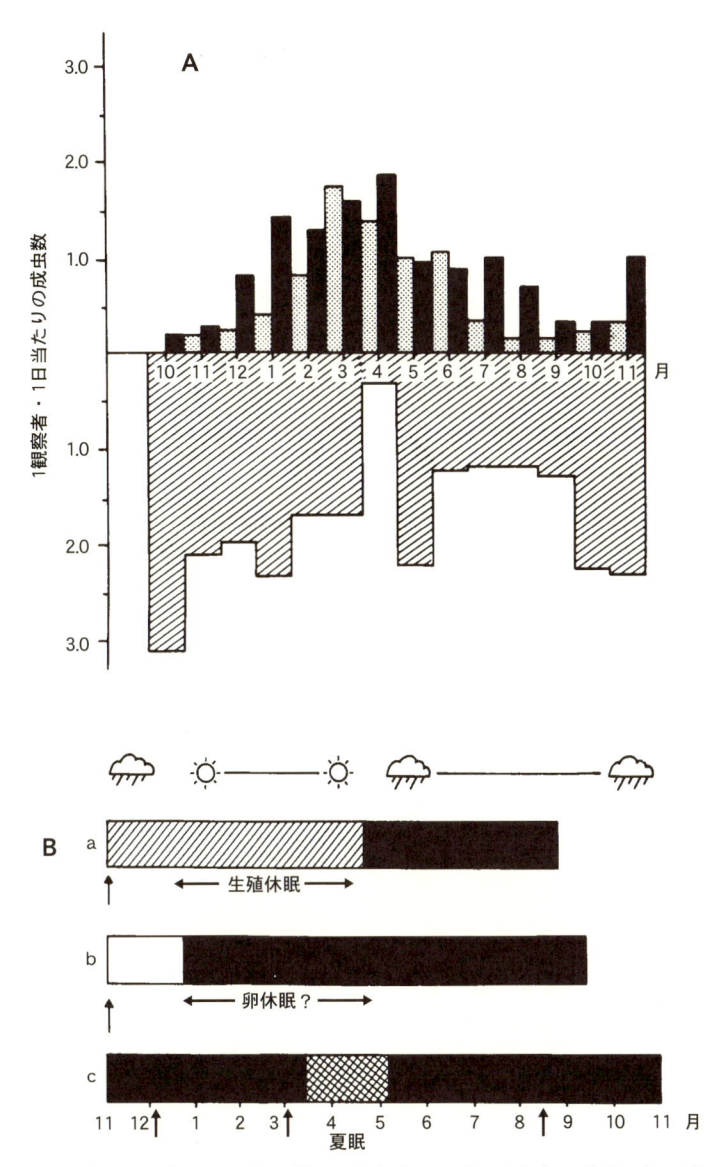

図7.7 パナマ，バロコロラド島にある低地湿潤林の樹洞に生息するハビロイトトンボ科のトンボのフェノロジー（表7.3，表A.2.1.3参照）．A. 1983～1984年の成虫の数．黒棒. *Mecistogaster linearis*; 網点の棒. ヒメハビロイトトンボ; 斜線の棒. ムラサキハビロイトトンボ．B. 乾季（12～5月）および雨季（5～12月）との関連を模式的に描いた繁殖の時間的パターン．a. ヒメハビロイトトンボ; b. *M. linearis*; c. ムラサキハビロイトトンボ．黒塗り部分は，雌の受容期間（交尾や産卵で判断される）を示す．矢印は，同時出生集団の大部分が羽化する時期を示す．(Fincke 1992aを改変)

場所をもち，気候も似ている熱帯ならどこでも見られると思われる．ただし，多化性の種や年2化性の種がもっと速やかに発育する，ここよりも暑い場所には当てはまらないだろう．

図7.8については詳しく述べておく必要があろう．雨季の水たまりに生息する種（B型）は，明確に2つのタイプに区分される．すなわち，*Bradinopyga geminata* や *Lestes praemorsa* のような真の年1化性の定住性の種（生活環タイプA.2.1.2）と，熱帯収束帯の移住性の種（A.2.2）である．後者は，デラドーンでは各年に1世代を完了するだけであるが，おそらく移動ルート上の別の場所で，少なくともあと1世代は完結していると思われる．C型とD型の種は，幼虫の生息場所として，一時的な場所と永続的な場所の両方を使うことによって連続性を維持しており，C型とD型の違いは程度の差でしかない．C型の種は，雨季が終わりに近づくころに一時的な池から羽化し（9～10月），その後，緩やかな小川や川に移って産卵し，寒くなるにつれて姿を消す．緩やかな小川や人工的な水路だけに生息するイトトンボ科の種

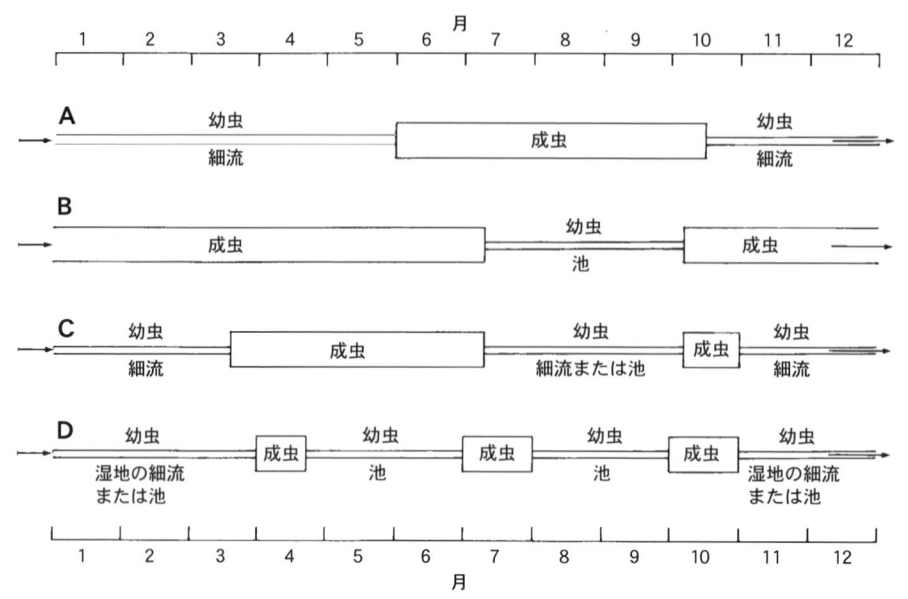

図7.8 インド，デラドーンDehra Dunにおける熱帯性のトンボの生活環の基本型．各基本型の例（および表7.3の生活環タイプとの対応関係）は，A. *Bayadera indica* (A.2.1.1); B. *Bradinopyga geminata* (A.2.1.2); C. *Ceriagrion coromandelianum* (A.1); D. ショウジョウトンボ (A.1). AとBは年1化，Cは年2化，Dは年3化．(Kumar 1976bを改変)

（例：*Ceriagrion coromandelianum*, *Pseudagrion rubriceps*）とは，この点で違いがある．その子世代は，4〜5ヵ月の長い幼虫期の後，翌年の春〜夏に羽化し，7, 8月に小川ばかりでなく一時的な池にも産卵を行う．孵化した幼虫はほんの2, 3ヵ月で成虫になる．D型がC型と異なっている点は，初夏（5, 6月）の季節的に生じる池でのもう1つの幼虫世代が挿入されていることだけである．C型とD型が，低緯度の永続的な水域に生息している温帯性のトンボ目の個体群（表7.3）とほとんど同一であることは注目に値する．C型に対応する温帯性の種はオオイトトンボやカトリトンボのような条件的年2化性の種，そして，D型に対応するのはスペインアオモンイトトンボ *Ischnura graellsii* やスナアカネ *Sympetrum fonscolombei* のような条件的年3化性の種である．このように，熱帯性のトンボの中には，温帯性の種の低緯度個体群とほとんど同じ生活環（表7.3，タイプB.1）をもつ種を見いだすことができる．この2つの地域の生活環では，季節的調節のために用いる手段が異なっているだけかもしれない．温帯性の種は，より明瞭な日長を刺激として利用している（§7.2.7.1）．

7.2.5.2 温帯性の種

このカテゴリーにおける化性パターンは，多くの種が多年1化性であり，多化性の種は少数である点で，熱帯の種とは大きく異なっている．年2化性は，イトトンボ科，トンボ科，およびモノサシトンボ科では珍しくなく，夏の世代ではしばしば体サイズの減少と色素沈着（§8.3.2.1）が見られる（表A.7.6）．このうち最初の2つの科では，年3化ないし4化が温帯の低緯度で，ショウジョウトンボ属 *Crocothemis*, アオモンイトトンボ属 *Ischnura*, アカネ属の種に見いだされており，そのうちトンボ科の2種が，熱帯と温帯の両方に分布していることは注目に値する．スペインアオモンイトトンボは，北緯34°のモロッコでは明らかに年4化性の可能性がある（Ben Azzouz & Aguesse 1990）．年2化性の種のうち，少なくとも一部は年1化にもなることがあり，時には，ノースカロライナ州の北緯36°のカトリトンボのように，同じ場所で年2化（Morin 1984a）と年1化，さらに，外因性の幼虫休眠を伴う2年1化（Eller 1963）さえ見られることがある．新北区と旧北区で年2化が記録された最も高緯度の地点は，北アメリカのアメリカギンヤンマのような移入者による夏世代を除けば（§10.3.3.2.1），インディアナ州の北緯40°25′（Wissinger 1988b），ベルギーの北緯50°53′（Dumont 1971），そして日本の北緯40°45′である．日本の例はオオイトトンボであるが，2化目の個体は夏の6月24日ころよりも前に孵化した卵に由来している（Naraoka 1987）．南ヨーロッパのスペインアオモンイトトンボは，北緯34°で年4化，37°で年3化，その北限である北緯42°53′付近では年2化であ

7.2 幼虫の発育

る (表A.7.2).

　表7.3のBの大部分の記録は年1化の種であるが，おそらく年1化が見分けやすいことにもよるだろう．絶対的な年1化性 (生活環タイプB.2.1) の中で，数が多いのはアオイトトンボ科とアカネ属の種である．アオイトトンボ科の種はすべて幼虫期間が短く，卵，または前生殖期の成虫，あるいはその両方で休眠性を示す．これは，タイプA.2.1.2の熱帯のアオイトトンボ科の種と似ており，タイプB.2.1.1，B.2.1.2，B.2.1.3の起源となっている可能性を示唆している (Norling 1984a)．ソメワケアオイトトンボ *Lestes barbarus* とオオアオイトトンボ *L. temporalis* は両方とも，ナイジェリアの熱帯種の *L. virgatus* や *L. pallidus* のように (Gambles 1983a)，前生殖期の成虫が森林に入り込む．同様に，*L. praemorsa* の生活環 (A.2.1.2) は，ホソミオツネントンボ属 *Indolestes* やオツネントンボ属 *Sympecma* (B.2.1.3) の種と非常によく似ている．タイプB.2.1.1に属するアオイトトンボ科の種の年1化性が絶対的なものでないことは，たまに秋や早春に幼虫が見つかったり，5月下旬に成虫が見られたりすること (§3.1.3.2.3) から明らかである．

　前生殖期の成虫が外因性休眠をする不均翅亜目は (例：マダラヤンマ，アキアカネ *Sympetrum frequens*，*S. meridionale*，およびタイリクアカネ *S. striolatum*)，標高1,000〜3,000 mの森林でこの期間を過ごす (§10.2.3.2)，アオイトトンボ (Uéda 1978) で知られているような温度に関係した休眠深度の地理的勾配を示すようである．現在のところ，詳しいことは日本のアキアカネについてだけ分かっており，休眠は南部では普通で，中間の緯度ではあまり普通でなくなり，北部ではおそらく稀となる (上田 1988)．残りの不均翅亜目の3種では，南限に近い個体群やアルジェリアの個体群 (Samraoui et. al. 1998) で休眠が見られるが，それ以外の所ではまず見られない．この話題は，§8.2.1.2.2と§10.2.3で再び取り上げる．

　生活環タイプB.2.2は，最も高緯度に分布している種で見いだされる (§6.2.1)．驚くべきことに，絶対的な年1化性 (B.2.1.1) であるアオイトトンボ属の2種がカナダの北極圏内に定住している (Cannings et al. 1991)．アオイトトンボ科ではわずかに2種 (ホソミアオイトトンボ *Austrolestes colensonis* と *Lestes eurinus*) だけが例外的に年1化性でない種として知られており，両者ともタイプB.2.2.1である．一般に，条件的化性は，幼虫生活を長くするコストとひきかえに，寒冷でより生産力の低い生息場所に棲むことへの道を開いたと言えるかもしれない．そ

して，昆虫食性の魚がいる生息場所で，隠蔽的にじっと動かずにいる，より低リスクの対捕食者戦略 (§5.3.1.4) を採用することになったのだろう．これらの種が1年の適切な時期に羽化するには，環境の刺激に対する複雑な反応が必要であるが，この点については§7.2.7で考察する．長い幼虫発育期は，オニヤンマ科やエゾトンボ科，ムカシトンボ科，サナエトンボ科，ムカシヤンマ科に見られる．これらはすべて幼虫がじっとして動かない生活スタイルをもっており (表A.5.7)，比較的冷涼な生息場所や微生息場所に棲んでいる．田原 (1984) は，ムカシトンボ *Epiophlebia superstes* の最も成長の遅い幼虫は，発育を完了するのに8年かかるだろうと推測している．カラカネトンボの大きな値 (少なくとも5年) は，日本の北緯43°の個体群で見いだされたものである．Hidenori Ubukata (1980a) は，幼虫は最初の冬までにわずか3 mmの体長になるだけで，80％の幼虫が発育を完了するのに5年かかることを明らかにしている．この種はシベリアの北緯70°以北でも見られ (Belyshev 1968a)，おそらくそこでは幼虫期間はもっと長いだろう．科の単位ではオニヤンマ科が通常長期にわたる幼虫発育を示すが，しばしば高地の源流近くの細流に棲む，浅い穴掘りタイプの種で予想されることである (表2.4)．例外的にタイリクオニヤンマの分布南限近くの個体群から得られている，2年1化の記録があるが (Ferreras-Romero & García-Rojas 1995)，これはスペイン南部の夏に干上がってしまう川での記録である．すべてのトンボの中で知られている最長の生活環は，高標高地のオニヤンマ科の種に見られると思われるが (表A.6.2)，これらについてはまだ化性に関する記録がない．Henri DumontとBastiaan Kiautaが，1974年に標高4,000 m付近の小さな川の畔で見つけた *Anotogaster nipalensis* の羽化殻 (Kiauta 1981) は，(はるかに低い標高でのオニヤンマ科の化性についての知見から推測して) 発育の完了に少なくとも10年かかった幼虫のものである可能性がある．化性が緯度と相関することは，Norling (1984a) がスウェーデンのヒスイルリボシヤンマやルリボシヤンマ *Aeshna juncea*，キンソウイトトンボ，カオジロトンボの個体群について明らかにしている．また David Thompson (1978c) はマンシュウイトトンボについて最も高緯度で生活環が最も長くなることを明らかにしている．

7.2.6 調節のない発育

　この項では，幼虫に季節的調節が存在しないタイ

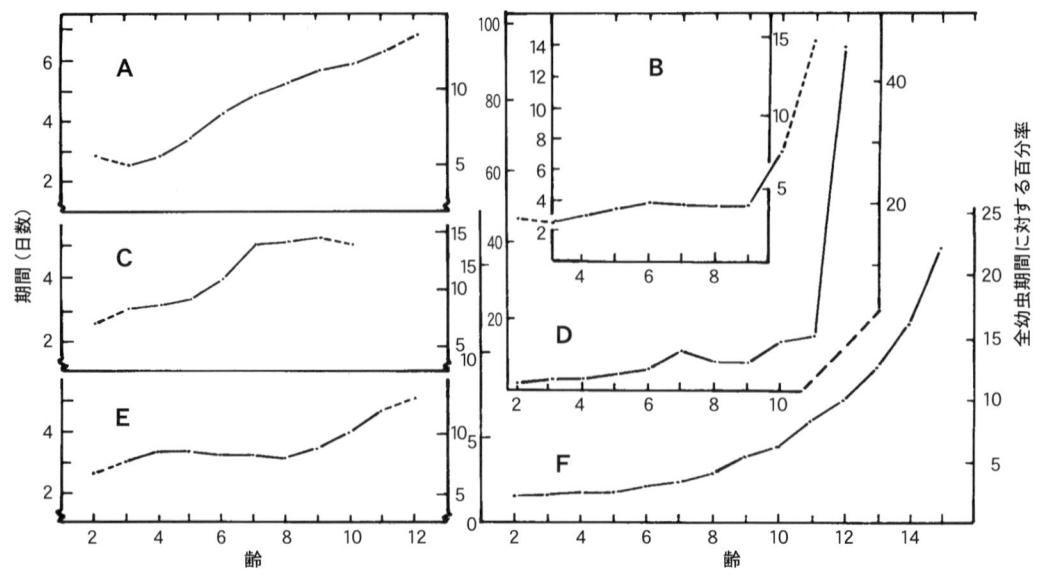

図 7.9 直接発育を示す熱帯性のトンボ目の幼虫における各齢期間の齢に伴う変化．左側の縦軸の数値は齢期間の平均値．2齢とF-0齢，およびDのすべての齢期以外の齢期間は移動平均法によって平滑化している．右側の縦軸の数値は全幼虫期間に対する百分率で示した齢期間．データは表7.5を作成するために使った同時出生集団からのもので，その表に関連する情報が示されている．A. ウスバキトンボ；B. ヒメトンボ；C. *Pseudagrion rubriceps*；D. ネグロトンボ *N. t. tullia*；E. *Ceriagrion coromandelianum*；F. ハラボソトンボ（37℃で飼育）．

プ（卵や前生殖期の成虫などに調節が存在するかどうかは問わない）の生活環について検討する．もちろん，周囲の温度が発育速度に与える直接的な影響や，卵の非同期的な孵化後に生じる共食いによる個体群の同期性の増大 (Hopper et al. 1996) は，季節的調節には含まれない．したがってこの項では，表7.3のカテゴリーAのすべての生活環タイプ（干ばつの影響下でのタイプA.2.1.3はおそらく除かれる），タイプB.1の年2化性種や多化性種の夏世代，そしてB.2.1とB.2.2.1に属するすべての種について考察する．

幼虫が中断なしに成長を完了させる速度は，トンボが一時的な水たまりを利用する能力と(§10.3.3.1)，化性を数多く維持する能力に影響するので，生態学的に重要な意味がある．一部のトンボが1～2ヵ月で幼虫発育を完了できることは，ずっと以前から知られていたが (Corbet 1962a)，1970年以後の観察は，幼虫の成長速度に関する我々の認識を変えてしまった．幼虫期間（卵の孵化から羽化までの間の長さ）を60日以下で終えることが可能な種を表A.7.3にあげた．いずれも止水性の生息場所，それも一時的な小さな池に棲むことが多い種である．しかし，1ヵ月以下の幼虫期間は稀であることが，Dennis Paulsonの観察 (1983b) によって示唆されている．彼が調査していたコスタリカの湿地で，35日未満で幼虫ステ

ージを完了したのは，表A.7.3の中で彼の名前を添えた5種だけである．これらの多くが，表A.7.3の記録の中で幼虫発育を30日以内で完了している8例中の4例と同様に，温帯性の種であることは注目に値する．表A.7.3を解釈する際に注意すべき重要なことは，幼虫期間が30～60日の例の多くは，周囲の温度が異常に上昇した条件で得られたものではないことである．一時的な池に生息する大部分の種では成長の温度係数が大きいことを考えれば，30～60日にある種の多くでは，幼虫発育の最短期間は，記録されている値より実際にはかなり短いと思われる．表A.7.3に生活環タイプ（表7.3参照）を含めたのは，幼虫の成長速度が必ずしも化性の多さに反映されないことを注意したかったからである．なぜなら，一部の種では，絶対的年1化性が，卵休眠（例：ムツアカネ *Sympetrum danae*）や前生殖期の成虫休眠（例：*S. meridionale*）によって維持されているからである．

直接的（調節されていない）幼虫発育を示すトンボ目の齢期間は，一般に齢が進むに従って徐々に長くなる．ただし個体ごとに見るとそうなっていないことがしばしばある．含んでいる齢期の数が等しく，一緒に成長している同時出生集団について，移動平均法を用いて個体変異を平滑化すると，興味ある傾向が明らかになる（図7.1, 7.9）．Arun Kumarが夏に

7.2 幼虫の発育

表7.5 調節されない発育を示すトンボ目のF-0齢の継続期間と全幼虫期間

種	F-0齢の継続期間 %	F-0齢の継続期間 日数	幼虫期間 (日数)	齢の数	幼虫の数
1. アメリカアオモンイトトンボ	11.9	9.3	78.5	13	6
2. *Ceriagrion coromandelianum*	12.9	5.0	38.7	12	3
3. ウスバキトンボ	13.5	6.7	49.5	12	6
4. *Pseudagrion rubriceps*	13.8	5.0	36.3	10	6
5. コシブトトンボ[*1]	19.6	19	97	14	5
6. ハラボソトンボ[*2]	19.8	17.0	86.0	13	2
7. ハラボソトンボ[*3]	19.5	31.2	160.3	14	10～30
8. ヒメキトンボ	21.4	35.8	167.6	12	10～30
9. ハラボソトンボ[*3]	22.5	30.4	135.2	15	10～30
10. マダラヤンマ	24.0	37	154	10	1
11. *Urothemis assignata*	24.3	30.5	125.3	10	6～25
12. ヒメキトンボ	29.6	30.0	101.2	11	10～30
13. ハヤブサトンボ	30.3	18.1	59.6	12	13
14. ヒメトンボ	31.9	14.3	44.8	11	6
15. ネグロトンボ[*4]	55.2	92.4	167.4	12	5

出典：データは以下の出典から再計算した．種1. Franchini et al. 1984; 2. Kumar 1980; 3. Kumar 1984b; 4. Kumar 1979b; 5. Chowdhury & Jashimuddin 1994; 6. Kumar 未発表; 7, 8, 9, 12. Mathavan 1990; 10. Gardner 1950a; 11. Forge 1981; 13. Painter et al. 1996; 14. Kumar 1984c; 15. Kumar 1988.
注：No.1と9, 13の種は熱帯地域と温帯地域の両方に見られるが，ほかはすべて熱帯性の種である．一部を除き，すべて温度を制御しない状態で飼育されたものである．No.6と7は27±1℃で，No.8と11は37±1℃で，またNo.1は25℃LD16:8で飼育された．No.14だけは，一部の齢 (F-3～F-0) において著しく低い（冬の）温度と短い光周期のもとにおかれた．それぞれの種のすべての幼虫は同じ齢数で発育を完了した．掲載されているものは，No.9を除いて，平滑化していない平均値に基づくものである．種3と4を除けばF-0齢が最も長い齢期であった．種3は7齢（10日間），種4は9齢（7日間）が最長であった．種は，全幼虫期間に対するF-0齢の期間の割合により昇順で並べてある．
[*1] *Acisoma panorpoides panorpoides*.
[*2] *Orthetrum sabina sabina*.
[*3] *O. sabina*.
[*4] *Neurothemis tullia tullia*.

飼育した熱帯性4種の齢期間の変化パターンは（図7.9A, B, C, E），いずれもその期間が徐々に長くなっていることを示しており，最後の2齢で急激に上昇しているヒメトンボ *Diplacodes trivialis* を除いて，この増加は緩やかである．体重が体長の3乗で増加することを考えると，これらの種の老齢時の齢期間が，（例えば図7.9Fのハラボソトンボで見られるような）これよりも大きな比率で増加しないことは意外である．図7.9に示された変化パターンは明らかにそれを実現する仕組みが異なっている．その仕組みは未解明であるが，季節的調節の進化的発端となるメカニズムなど，幼虫の生態学に光を投げかけるかもしれない．例えば，ネグロトンボ *Neurothemis tullia* の変化パターンは（図7.9D），同時出生集団がF-3～F-0齢の間に，（北緯30°での）季節的な温度の低下と日長の短縮にさらされたことに関係している．F-0齢が非常に長いことを特徴とするこの変化パターンは，緯度限界の近くに生息する熱帯の種に見られ，幼虫期の季節的調節が最初に発達する道筋を示唆しているのかもしれない（§7.2.7）．

図7.1と図7.9の変化パターンの著しい特徴は，一部の齢，特に若齢の期間が極端に短いことである．

幼虫期間が短い一部の種では，いくつかの齢はわずか2日間にすぎない（例：ウスバキトンボの2～6齢と9齢，また *Pseudagrion rubriceps* のある個体はわずか1日で4齢を完了した）．このように，現在では脱皮から脱皮までの速度が詳細に報告されているので，*Leptobasis vacillans* (表A.7.3) がどうして20日以下で幼虫発育を完了することができたのかを想像することは容易である．図7.9に示された変化パターンから考えると，少なくともいくつかの齢を2日未満で終えたときにのみ，それが達成可能となるであろう．図7.9に示した変化パターンの間で異なっている点は，老齢，特にF-0齢の期間の相対的な長さが異なっていることである．表7.5は，幼虫期の中でF-0齢の期間が占める割合を昇順で並べたものである．最初の4つの例は，齢期間の長さが比較的よく似ているが，同時に，最も速やかに成長する熱帯の種は変態を完了する速度が異常に速いことも示している．Franchini et al. が飼育したアメリカアオモンイトトンボでは，全幼虫期間に対するF-0齢の期間の割合（図7.1）は11.9～19.9％の間で変化しており，齢数や幼虫期間の長さと負の相関を示すことは注目に値する．なお，表7.5のヒメトンボとハヤ

表7.6 幼虫発育への日長の効果

種	効果の種類[a]									文献
	A	B	C	D	E	F	G	H	I	J	
Aeshna californica	★										Kime 1974
A. multicolor	★	★									Kime 1974
A. viridis	★			★		★					Norling 1971
コウテイギンヤンマ			★			★					Corbet 1956b
ルリモンアメリカイトトンボ	★			★							Pritchard 1989
Coenagrion angulatum					★	★			★		Sawchyn 1971
キンソウイトトンボ	★	★									Norling 1984c
C. resolutum						★					Sawchyn 1971
Cordulegaster bidentatus	★										Dombrowski 1989
Enallagma aspersum		★			★	★		★			Ingram 1975
キタルリイトトンボ						★					Sawchyn 1971
ハーゲンルリイトトンボ				★	★	★			★		Ingram 1975
アメリカオオトラフトンボ	★	★	★		★				★	★	Lutz 1974a, b
アメリカアオモンイトトンボ			★			★					Montgomery & Macklin 1966
Lestes eurinus		★		★	★	★			★	★	Lutz 1968b
カオジロトンボ	★		★		★	★					Norling 1984b
セボシカオジロトンボ	★		★	★					★	★	Deacon 1975
トホシトンボ		★		★	★						Macklin & Montgomery 1962; Montgomery & Macklin 1962
カトリトンボ		★		★	★						Eller 1963
アメリカハラジロトンボ		★		★	★		★				Shepard & Lutz 1976
アカイトンボ	★	★			★			★			Corbet et al. 1989

注：ここに示したのは，およそ北緯35°と68°の間の個体群から採集された温帯性のトンボに関するものである．実験条件下で固定した（つまり変化しない）日長のもとにおかれた．報告された効果は通常最後の数齢の1つ以上，特にF-1齢とF-0齢に作用する．空欄は必ずしも反応がないということを意味しない．厳密な比較をしようとしている読者は，特にそれぞれの実験が1年のさまざまな時期に行われているということもあるので，原典を調べる必要がある．

[a] 列の意味：A．長日が発育を遅延させる；B．採集日が日長の効果に影響を及ぼす；C．昼夜平分点の日長がF-0齢になるのを促す；D．短日が発育を遅延させる；E．事前に低温下におくことが日長の効果に影響を及ぼす；F．長日が発育を促進する；G．短日が過剰脱皮を誘導する；H．長日が過剰脱皮を誘導する；I．卓越する温度が日長の効果に影響を及ぼす；J．自然の（変動する）温度が日長の効果を減少させたり無効にする．

ブサトンボは，幼虫期間がかなり短いのに，F-0齢の割合が高い点でほかの種とは違っており，興味深い．アメリカギンヤンマではF-0齢の長さが温度に依存することが明瞭に示されている．この種のF-0齢の長さ（変態を含む）は，30℃では平均17.3日間だが12.5℃では80.5日間である（Trottier 1971）．

この項でこれまで注目してきたのは，急速に成長する種に関してであった．急速な成長は，幼虫ステージで調節の余裕がない一時的な生息場所へ棲みつくための1つの方法なので，これは理にかなっている．このような戦略は，生活環タイプA.2.1.2とA.2.2で，あるいはタイプB.2.1の一時的な水たまりに棲む一部の種で最も顕著となる．しかし，熱帯や温帯低緯度にある永続的な水域に棲み，素早く成長できるトンボ目の幼虫の成長速度は，温度を反映して季節的変動を示す（Kumar 1976b）．すでに見たように，デラドーンにおけるショウジョウトンボの幼虫期間の長さは季節によって変化することがある．ある種の直翅目では幼虫期間への日長の効果が知られているが（Norris 1962），熱帯のトンボ目幼虫の発育速度を決めるうえで，日長が何らかの役割を果たしているかどうかはまだ分かっていない．しかし，幼虫の周囲の温度に対する反応が変態のための低温側の閾値と組み合わさっただけでも，このような観察結果となるだろう．その結果，より冷涼な季節に羽化が生じるのが妨げられるだろうから，日長を考慮する必要はない．

7.2.7 調節された発育

成長速度の季節変動が，周囲の温度に対する直接的反応とは異なった方法で制御されているとき，幼虫は**調節された**発育を示すと言ってよい．表7.3から明らかなように，トンボ目の大部分の生活環のタイプは調節されている．種によって，調節は，3つの発育ステージ（卵，幼虫，そして成虫）の1つ以上で生じることが明らかにされていたり，推測されている．普通は日長や温度といった，季節と結び付いた環境の刺激の組み合わせに対する反応が同時に起きる．卵におけるそのような反応は§3.1.3.2.3で述

べた．この点について成虫ではほとんど分かっていないが，§8.2.1.2.2で扱う．この項では幼虫における反応だけを検討する．調節された発育は，タイプB.2.2について深く調べられている．しかし，生活環タイプA.2.1.1とA.2.1.3では，その存在が想定されるものの，これまで調べられていない．

7.2.7.1 日長の刺激

幼虫期に調節された発育を示し，その影響が調べられている温帯地域のトンボは，彼らが季節的な刺激として日長を利用していると見て矛盾しないかたちで日長に反応する（表7.6）．日長に対する反応は，発育の調節が必要なトンボ目の間ではおそらく普遍的である．日長に対する反応閾値の解釈は一筋縄ではいかない．日長は緯度や季節によって変化するし，開放的な場所における光量（したがって日長）と，特定の発育ステージの幼虫が棲んでいる微生息場所の光量との関係をほとんどの研究者が知らないからである．Hugh Danks (1987) は，これに関連した要因について明快なレビューを行っている．ここでは，この後の考察に必要な基礎を提供するために，この主題の5つの側面についてコメントしておく．

第1に，自然状態では，日長は毎日変化し，夏至を境に増加から減少に転じ，そして春分と秋分では最も急速に変化する．しかし実験条件下の動物は，変化しない（つまり**固定された**）日長のもとにおかれることが普通である．このような実験法では，**変化している**日長の変動幅や変化速度による効果があったとしても明らかにできない．実験条件として変化する日長を使うことには，やっかいな手法上の困難さを伴うため (Corbet 1956b 参照; Chambers 1980; Danks 1987)，この状況は今後も続きそうである．しかし，トンボ目の一部の種では，アカトビバッタ*Nomadacris septemfasciata*の場合のように (Norris 1959)，変化する日長のなんらかの側面が，幼虫発育に影響を与えていると思われる (Corbet 1956b; Norling 1984b)．

第2に，動物が実際に経験している日長を高い信頼性で再現するためには，その微生息場所における光量の日周変化と，その動物の光周反応における光量の（低いほうの）閾値を知る必要がある．これらのデータはアメリカオオトラフトンボについてのみ知られており，その閾値照度は−3.301 log lux より低い (Lutz & Jenner 1964)．この値は，開けた場所での天文薄明の終わり（または始まり）に近い明るさであり，問題としている調査場所における有効日長（便宜的に日の出から日没までの間の期間とみなさ

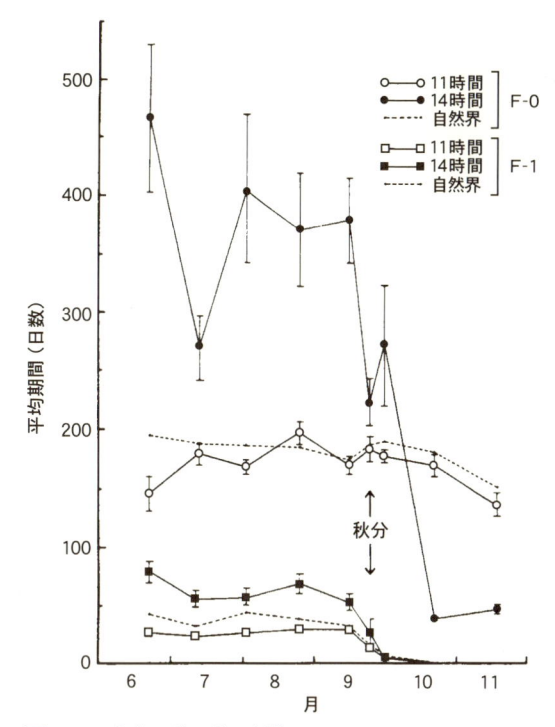

図7.10　秋分の前と後に採集されたアメリカオオトラフトンボの最後の2齢期の長さに，短日（11時間）と長日（14時間）に固定した日長および自然日長が及ぼす影響．幼虫は，アメリカ，ノースカロライナ州で採集し，20℃で飼育．(Lutz 1974bより)

れている）を，夏至で最大3時間近くまで延長することになるだろう (Danks 1987: 88参照)．この閾値は，おそらく幼虫の好む微生息場所に応じて異なっており，アメリカオオトラフトンボのような底生の腹ばいタイプの種では低いかもしれない．そのような種は，遮るものがない場所におかれた個体よりもずっと短い「昼」を経験していると思われる．臨界日長の推定に閾値照度反応を用いるとき，さらに考えなければならないことは，この閾値が，日没よりも日の出のほうが低くなっているかもしれないことである．アメリカシロヒトリ *Hyphantria cunea* の場合は，その値は，それぞれ1.0と0.0 log lux である (Takeda & Masaki 1979)．

第3に，反応を誘起するのに必要な明暗周期の最少回数を知ることが望ましい．アメリカオオトラフトンボでは，22℃固定日長ではその回数は8〜20回の間に存在するようだが（図7.10; Lutz & Jenner 1964)，15℃ではこれよりかなり少ないようである (Mantz 1975)．

第4に，日長に対する反応が季節的調節に役立つためには，それが緯度に応じて補正されなければな

らない．Ulf Norling (1984b, c) は，スウェーデンのキンソウイトトンボとカオジロトンボの個体群で，発育に影響を与える臨界日長が緯度によって異なることを発見した．例えば，スウェーデンにおけるカオジロトンボの臨界日長は，北緯58°42′ではおよそ16〜17時間，北緯67°50′では24時間に近かったが (Norling 1984b)，これは他の多くの昆虫に見られるパターンからも予想されることである (Saunders 1976; Danks 1987). Jenner によるアメリカオトラフトンボと一部のイトトンボ科の種に関する初期の研究から，さらに興味深い可能性が示唆されている (Corbet 1962a: 97, 98参照; Sawchyn 1971). それは，日長に対する反応を連続的に変化させることによっても，種のフェノロジーを緯度に合わせるのと同様の調節が達成されうるという可能性である．例えば，カナダの北緯60°地点における *Aeshna eremita* や *A. palmata* の個体群の羽化が，それより南の同種個体群と同じか，それより早く始まる (Walker 1958: 59, 102) のは，日長に対する反応の連続的な変化が生じているためかもしれない．

第5に，Johansson (1992d) による観察から，暗黒にする代わりに暗赤ライトを使うことが妥当であるかどうかは確認すべきであることが示唆される．

7.2.7.2 季節的調節

この項では，**休眠**と**活動低下**の用語を，用語解説で定義したように，異なるタイプの発育停止を表現するために使用するが，少なくともトンボ目に関しては，休眠を他の生理的状態と独立のものとみなすことはできない (例: Lutz 1968b; Norling 1984a). 表7.6に示した全種で，休眠は適切な処置によって回避できることが分かっている．それゆえ，何らかの形で実証されない限り，それは**絶対的**ではなく**条件的**とみなすべきである．

Norling (1984a) は，表7.6に要約されている報告の大部分，特に彼自身による北緯55°40′と67°50′の間で行われたスウェーデンのトンボに関する洞察力に富んだ研究をもとに，温帯におけるトンボ目の季節的調節のモデルを提唱した．以下の解説は彼のモデルを土台にしている．Norlingは，調節は原理的には幼虫期で作用する抑制と促進の2つのフェイズをもった光周反応によって達成されると考えた．寒さに感受性が高い幼虫期（若齢幼虫，アポリシスが進行中の幼虫，F-0齢の後半の幼虫）が冬に遭遇しないことを確実にするために，そのかなり前に羽化を導く出来事に対する調節が生じる．表7.6のA〜F列は，2つのフェイズをもった反応の主要な出来

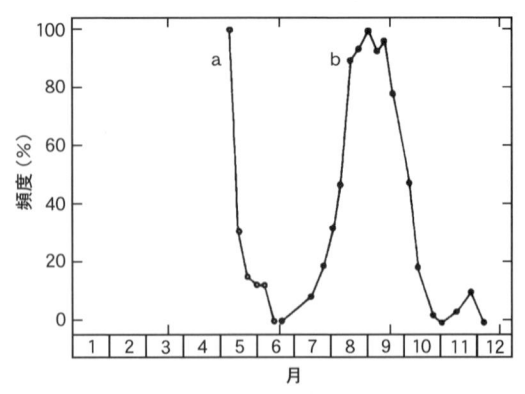

図7.11 アカイトトンボの連続する2つの羽化集団をもたらすF-1齢幼虫の季節的消長（構成比率%）．イギリス，スコットランド，1983年．aは1984年，bは1985年に羽化する予定のもの．F-1齢期に長日条件で誘起される休眠によって夏の間に生じるF-1齢幼虫の蓄積と，その後の秋分近くでのF-0齢への急速な移行を示している．(Corbet & Harvey 1989より)

事を，生起する順に並べたものである．

この2つのフェイズをもった反応の第1のフェイズ（A列）では，夏の特性である長日が休眠を誘起し，それによって主に老齢幼虫に発育の長期化がもたらされる．この休眠深度（その齢の長さによって測られる）は夏の間に減少する（図7.11）．夏が経過するにつれ，この休眠によって，通常F-1齢，稀にF-0齢幼虫が蓄積する（図7.11）．このように発育が抑制されたF-1齢幼虫は，過剰脱皮を引き起こすこともある（H列）．抑制が起きた個体は，当然ながら夏や秋の羽化を妨げられている．F-1齢で抑制された状態にあるものがF-0齢になるには，しばしば昼夜の等しい日長が刺激になる（C列）．秋分の前にアメリカオトラフトンボのF-0齢を長日条件下におき，その状態のまま放置すると，2年以上もF-0齢で過ごした後に変態を開始した (Lutz 1983). 同様に，私が自然日長下で飼育したホソミモリトンボ *Somatochlora arctica* のF-1齢幼虫は，1年以上もの間その齢のままでいた．おそらく，非常に薄暗い微生息場所に適応しているため（表A.5.7），照度に対するこの種の反応閾値が非常に低く，飼育下での自然の日長が幼虫にとっては「夏の」日長として知覚されたからであろう．この解釈は，飼育下で，F-0齢幼虫の脱皮が何ヵ月も先延ばしされたといった，いくつかの他の記録（例: 武藤 1971; Winstanley 1983; Caron & Pilon 1985）にも当てはまるかもしれない．しかし，長日は必ず休眠を誘起するわけではない．春に，長日に刺激されて**より急速に**発育する幼虫もある（F列）．1つの興味深い疑問は，長日に

7.2 幼虫の発育

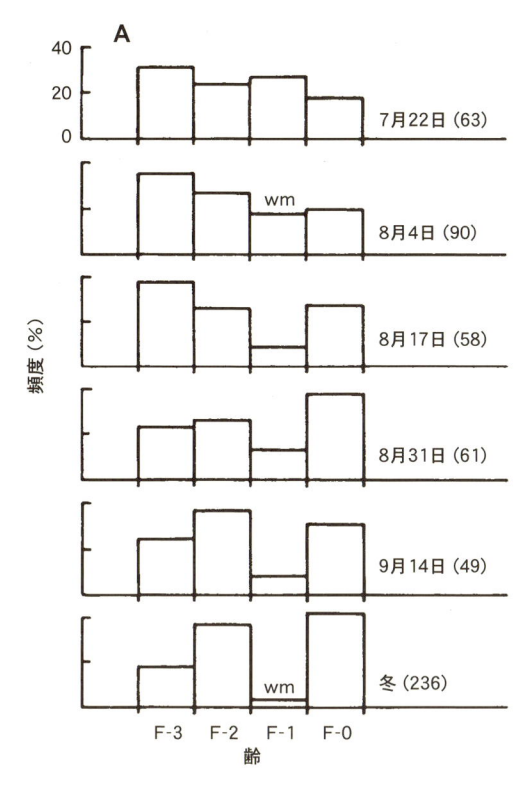

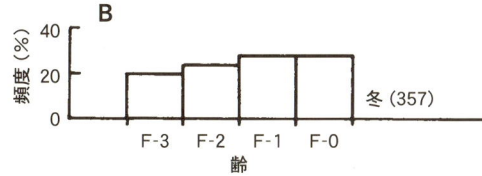

図7.12 スウェーデンの2つの緯度における，カオジロトンボの幼虫の最後の4齢の相対頻度（％）の変化．A. 北緯58°42′，1973年から1974年初めの間；B. 北緯67°50′，1972年と1973年の間の冬．括弧内はサンプルサイズ．Aでは冬季臨界サイズを示す冬の最小頻度（wm）が7月から順次はっきりしていくが，Bでは現れない．(Norling 1984aを改変)

よって発育が抑制されるか促進されるかを決定しているのは何かである．Norlingは，どちらの方向に進むかは晩秋に決定されるとしたが，そのころは冬季臨界サイズの識別が可能である．すなわち，臨界サイズより小さな幼虫は，次に遭遇する長日（つまり，翌年の春）によって休眠が誘起されて1年間羽化が先延ばしされる．一方，臨界サイズより大きな幼虫は，対照的に同じ条件下で発育が促進され，次の春や夏に羽化すると考えられる．多くの場合，冬季臨界サイズは，秋や冬に採集した老齢幼虫の頻度が最小になっている齢から検出可能である（図7.12）．冬季臨界サイズの位置は，個体群レベルで遺伝的に決定されているが，局地的な環境要因（特に温度）の影響も受けている．それは高緯度における季節的調節の重要な特性の1つであり，羽化が生じている場所ごとに羽化の「関門」となる冬季臨界サイズと齢を決定している．これによって，広い範囲の緯度にわたって各個体群のフェノロジーが局地的な環境条件に合うように調整される．この冬季臨界サイズは，越冬個体群にとって，翌年の遅い時期に羽化することによるコストと生活環をさらに1年延長することによるコストの釣り合いが逆転するステージと見ることができる．コウテイギンヤンマ（Corbet 1957a）やアカイトトンボ（Corbet et al. 1989）のように，F-1齢で越冬した幼虫の一部が，小さなサイズの状態で遅れて羽化することがある種の場合，冬季臨界サイズはF-1齢かそれ以前の齢になければならない．スウェーデンのカオジロトンボの個体群でその頻度が最小になるのは，南部ではF-1齢であるが，北部では検出不可能である（図7.12）．他方，キイロサナエは越冬前にF-0齢に脱皮した幼虫だけが翌春に羽化するので，F-0齢への脱皮が終わった時期の体サイズ分布から頻度の最小部の位置をつきとめるべきである（青木1993）．

長日で誘起された休眠が目に見える形で，あるいは見えない形で終結した後の光周反応の第2のフェイズでは，秋分のころの短日が幼虫に休眠を誘起する（D列）．それによって，冬の到来前に変態や羽化が生じてしまうあらゆる可能性を排除することになる．このように，毎年秋分のころ（通常その少し前）に，老齢幼虫の1つ以上の齢で，日長に対する反応の逆転が起きる．冬の個体群の齢構造は，休眠がすべての齢で誘起されるか，温度が低すぎて発育を継続することができなくなるまでは分からない．この短日誘起の休眠は，おそらく日長そのものまたは日長のゆっくりした変化によって，あるいは適切な温度の変化パターンによって終了するだろう．カナダ，オンタリオ州南部のセボシカオジロトンボ（Deacon 1975）やイギリスのアカイトトンボ（Hughes 1981）のF-0齢幼虫の多くは11月までに，イギリスのコウテイギンヤンマ（Corbet 1956b）のF-0齢幼虫は2月までに，すでに休眠を完了してしまっている．それゆえ，春の温度上昇と長日条件は，F-0齢で越冬した幼虫に「春季種」（Corbet 1962a: 94, 95）の様式で変態や羽化が起きるのを促進する．春における越冬幼虫の応答性は，前もって低温におかれることによって影響を受けることがある（E列）．短日誘起の休眠がF-0齢で生じるとき，それが主にこの齢の中のどこで起きるかはフェノロジーの面で大きな意味を

もつ．それによって羽化の開始時期が大部分決定されるからである．それに対して，羽化期の**終わり**は冬季臨界サイズによって間接的に決定される．

キンソウイトトンボ (Norling 1984c; Johansson & Norling 1994) や *Coenagrion resolutum* (Krishnaraj & Pritchard 1995) では，冬季臨界サイズによって引き起こされる同時出生集団の分割に加えて，別のタイプの分割も幼虫発育の1年目に見られる．この分割はF-2齢の直前に生じ，羽化曲線が2つに分かれることがある．これはNorlingが考えているように，餌あるいは採餌場所をめぐる種内競争によって，また温度や日長に対する反応によって影響を受けているかもしれない．2年目は，冬季臨界サイズが通例の方法で越冬幼虫の運命を決める．いくつかの状況が (例：密度に依存した種内の捕食 [§5.2.4.4])，時間的なばらつきを**減少**させ，それが同時出生集団の分割の可能性を減少させるように作用する．

冬季臨界サイズがもつ同時出生集団を分割させる機能に加えて，冬の温度下降と相互に作用しあっているこの2つのフェイズからなる光周反応の結果，トンボの生活環は，北にいくほど1世代を完了するのにかかる時間が増大し，また最後の越冬に入る幼虫の齢の数が減少する傾向がある．例えば，北緯58°52′と北緯67°50′では，ルリボシヤンマの個体群が1世代を完了するのに，それぞれ2〜3年と5年かかり，最後の冬を過ごす幼虫は，前者で4つの齢にまたがるが，後者では1つの齢だけである (Norling 1984a)．トンボ目の季節的調節に関心がもたれ始めた初期のころから，羽化直前の冬を過ごす齢の数は，羽化曲線の形や老齢での休眠の存在を説明する有効な要因とみなされてきた (Corbet 1954)．ノースカロライナ州 (北緯約36°) では，この観点からなされた55種の広範な分析によって (Paulson & Jenner 1971)，このような情報に価値があり，越冬齢の数が成虫の出現期の長さやその中央日とも相関があることが示された．

Norlingの2つのフェイズをもつ日長モデルが非現実的であると考える理由はないが，日長に対する反応が周囲の温度に影響されることや (表7.6: I列; 図7.13)，固定日長によって誘起された光周反応が自然の日長 (図7.10) や温度 (表7.6: J列; 図7.13) の変動様式のもとでは減少したり，消去されたりすることがあることは重要な注意点である．

幼虫が最後の越冬を終えて発育を再開すると，羽化が始まる前に時間的なばらつきをさらに減少させるメカニズムが働き始める．例えば，羽化に先行する残りのステージは，低温閾値 (または成長の温度係数) (Corbet 1962a: 96参照) が，徐々に上昇していく特徴をもっていることがある．このような状況は *Lestes eurinus* で見つかっており (Lutz 1968b)，キイロサナエの若齢幼虫でも同様の機能が働いていることが知られている (青木 1993)．別のメカニズムは，老齢幼虫に見られるさまざまな深度での休眠であろう．Gerry Eller (1963) は，カトリトンボで，後の齢ほど秋の休眠開始が早いのに対し，春の発育再開は逆の順序で起きることを発見した．このようにカトリトンボは2回にわたってサイズのばらつきを減少させている．すでに見たように (§5.2.4.4)，同一年齢集団内で大形幼虫が遅く孵化した同種の小形幼虫を捕食することは，大きさのばらつきを減少させ，それゆえ同時出生集団が分割したり，幼虫発育が長期化する可能性を低下させ (例：キタルリイトトンボ，Anholt 1994)，羽化の同期性を高めることがある (例：カロライナハネビロトンボ *Tramea carolina*, Van Buskirk 1989)．

Norling (1984a) は，温帯の低緯度から高緯度にかけての広い範囲から集めた，トンボの生活環と日長や温度に対する反応についての入手可能な情報をもとに，トンボが複雑な季節的調節のシステムを獲得してきた段階の系列について仮説を提案した．これらの種が (それらが絶対的な年1化・卵越冬でない限り) それぞれの緯度の季節変化と「噛み合った」生活環を維持するための必要条件は，Gurney et al. (1992) がモデルによって示したように，条件的化性の能力である．Norlingは「冬」が寒すぎて繁殖ができない最も低い緯度を出発点として，(制限されない) 発育をしている間の1世代期間が1年未満で，しかし部分的な年2化を許すほどには短くない状況を想定した．冬を生き延びるための進化の最初の段階は，おそらく脱皮サイクルの早期に温度閾値を獲得することであろう (Norling 1981a)．もう1つ初期に起きたことは，老齢期の幼虫による短日で誘起され，脱皮を抑制するのに十分なだけの休眠の獲得であろう．それによって期待される結果は，少なくともF-0齢の，または他の後期齢の幼虫を含めた休眠による規則的な越冬であろう．北緯36°のノースカロライナ州のカトリトンボの状況は (Eller, 1963)，この予想と一致するようである．このEllerの実験では，休眠は，固定条件では必ず短日によって誘起されたが，野外では秋分の**前**に，つまり長日によって誘起されていた．高緯度ほど温暖な季節が短くなるので，表7.6のA列にある種で見られるように，秋分より前の日長によって秋に休眠が誘起される必要性が生じてくる．これは，季節的調節における最初の決定

7.2 幼虫の発育

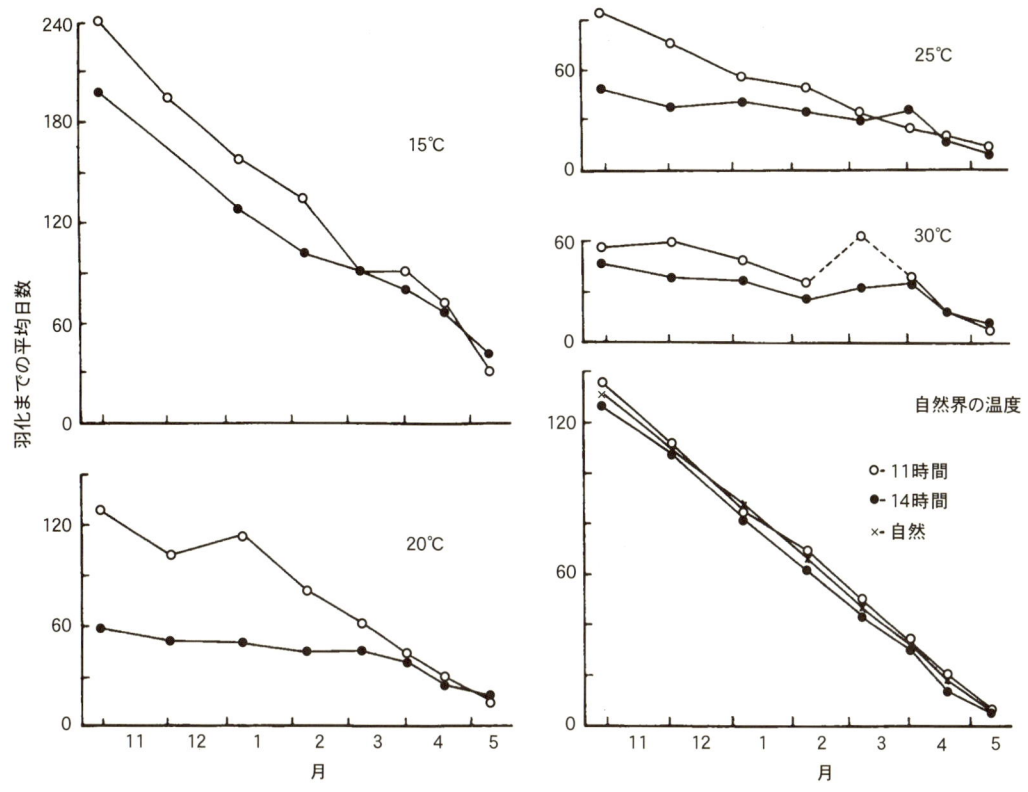

図 7.13 *Lestes eurinus* の幼虫の日長に対する反応と，それに温度が及ぼす影響．秋分の日以降のいろいろな日に採集した幼虫を野外および実験室で飼育し，羽化までの日数を求めた．実験室では日長を11時間（短日）と14時間（長日）に固定し，4段階の恒温条件で飼育した．幼虫はアメリカ，ノースカロライナ州で採集し，最後の4齢に達していたものを飼育した．破線は1個体のみの結果．(Lutz 1968bより)

的な段階であるように思われ，これが老齢に存在することで晩夏における変態が妨げられる．この考え方に従えば，北緯30°付近でKumarが飼育したネグロトンボ *N. t. tullia* (図7.9D) に見られたF-0齢期間の長期化から，分布範囲の北限近くに生息する熱帯性の種にも類似したメカニズムがあることが推測される．実際，表7.5にあげたこの種のF-0齢幼虫はすべてこの齢で越冬した．Sinzo Masaki (1990) が示唆したように，休眠の起源を明らかにするには，亜熱帯地域における生活環を調べることが良い結果をもたらすだろう．

制限を受けずに発育する世代の長さが延長して1年に近づくにつれ (Norlingの仮定)，季節的調節にかかる圧力は小さくなり，より若齢の幼虫で冬を過ごすようになる．1世代の完結に1年より少し長い時間が必要となると，強く制限された成長を伴う2年1化世代が間に入る必要が生じるまでは，各世代はしだいに若い齢で越冬するようになる．この段階では，さまざまな齢で冬を過ごすことになり，（幼虫の齢および羽化の）同期性は低い．世代が長くなる

につれ，制限された2年1化の発育を見せる個体が幼虫個体群の中で徐々に増加し，羽化前の冬を1つあるいは少数の老齢期で過ごすことになる．羽化のピークは，これらの個体によってしだいに早くなっていくだろう．最終的には，制限されない世代の長さが2年に近づいたとき，春季種に代表されるような，羽化前のできるだけ進んだ齢（つまりF-0齢）で越冬する傾向が一般的になるであろう．夏が短い場合は，深い休眠は不必要であり，場合によっては有害でさえある．なぜなら，それは最後の越冬をしようとしている幼虫が十分に進んだ越冬ステージに到達するのを妨げるかもしれないからである．世代期間がさらに長くなると，このサイクルは理論的には同じことの繰り返しとなる．

北方のトンボが季節的調節を実現するメカニズムについて，ここで要約したことから，高緯度への棲みつきが生活環の長期化と複雑化を伴ってきたことが示される．例えば *Aeshna viridis* (図7.14) が示すような長くて複雑な生活環を，その途中のさまざまな選択肢（すなわち，休眠か発育か，休眠深度が浅

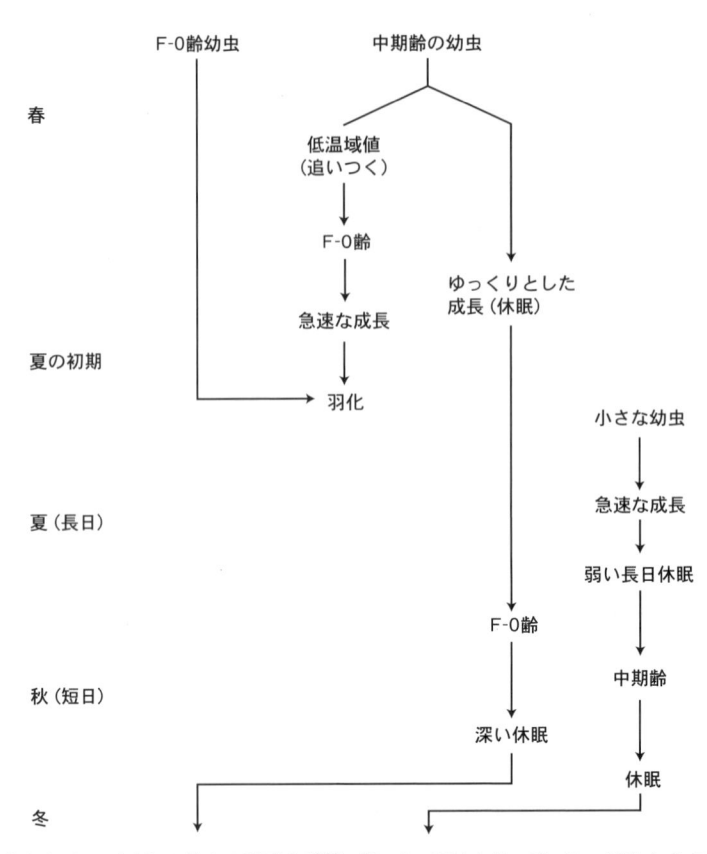

図7.14 自然状態における *Aeshna viridis* の幼虫の発育と季節.（Danks 1991より，Norling 1971からのデータに基づく）

いか深いか，成長が遅いか速いか）を日長や温度といった環境の手がかりによって選択される経路として見てみることは有益であろう（図7.15）. 熱帯や温帯低緯度で見られるような単純な生活環や（Kumar 1976b），多くのアオイトトンボ科のような温帯の絶対的年1化性の種の生活環（例：Sawchyn & Gillott 1974b）では，このような選択肢はあったとしてもわずかである. しかし，いくつかの連続して起きる二者択一的な要素の組み合わせを通して，生活環が複雑化することがあることは強調しておきたい. *Aeshna viridis* の休眠は，この点から見れば必ずしも例外ではなく，2つ以上のレベルの深度で，また幼虫の4つの齢のうち少なくとも1つ以上の齢に存在しうる. したがって，2年以上かかる生活環の中で，進行に応じて調整をしていく機会は，控えめに見ても数多く存在する. 季節的調節を実現する1つの仕組みとしての休眠は，おそらくカゲロウ目やカワゲラ目のような他の水生昆虫よりも，温暖な所に適応したグループであるトンボ目のほうに一般的であると思われる（Pritchard 1982）. 関連する反応の性質を明らかにするためには，長期間にわたる骨身を惜しまな

い研究が必要である（Norlingの優れた研究はまさに10年以上にも及ぶ集中的な調査の賜物である）. このことだけから見ても，文献で明らかになっている以上に，上述した北方のトンボ目の例と同じ程度に複雑な生活環が，普通に存在することは想像に難くない. より綿密な生活環の研究によって，トンボ目に関してもカゲロウ目のような（Clifford 1982）大きな可塑性が明らかになると思われる.

7.3 変 態

変態は，幼虫のF-0齢期に起きる形態や生理，そして行動における不可逆的な変化であり，Mill（1981）によると**羽化**（成虫のトンボが出現する脱皮）の数日後に完了する. この2つの用語は，異なるプロセスを示すものとして用いられなければ，混乱が生じる可能性がある（Tillyard 1917a）. 他の昆虫と同様，トンボの変態も内分泌系の制御を受けており，エクジソン濃度の増加と幼若ホルモン濃度の減少によって引き起こされる. エクジソンは腹面腺（他の多く

7.3 変態

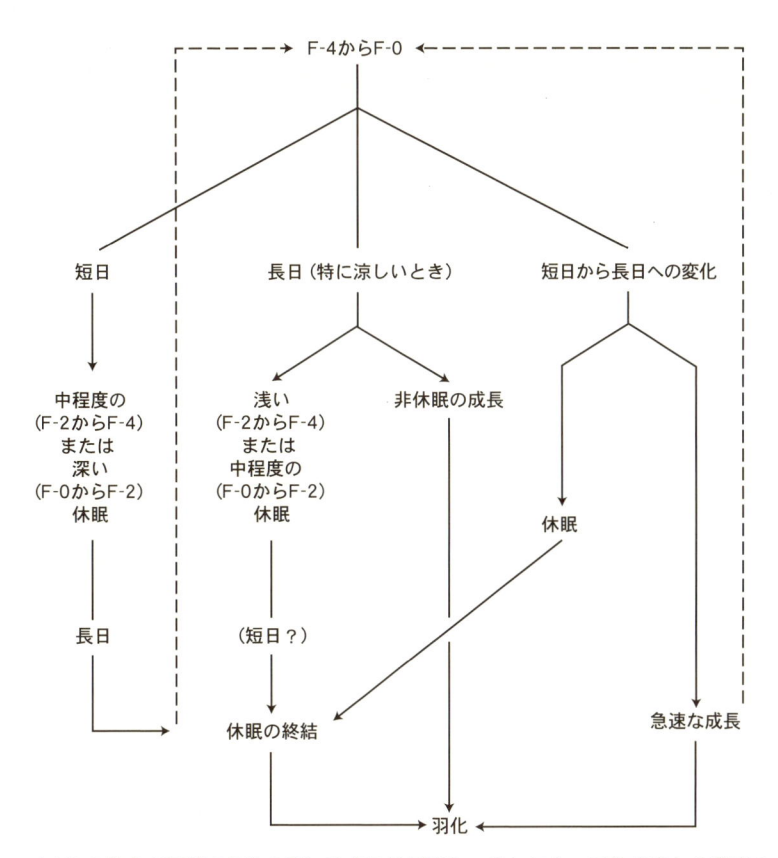

```
                    F-4からF-0
         ┌─────────────┼─────────────┐
       短日        長日(特に涼しいとき)    短日から長日への変化
         │           ┌─┴─┐              │
         ▼           ▼   ▼              ▼
      中程度の      浅い  非休眠の成長
     (F-2からF-4)  (F-2からF-4)
      または       または
       深い       中程度の
     (F-0からF-2)  (F-0からF-2)
       休眠        休眠              休眠
         │           │                │
         ▼           ▼                ▼
       長日       (短日?)
         │           │                │
         └─────►  休眠の終結  ◄───────┘        急速な成長
                     │                          │
                     └────────►  羽化  ◄────────┘
```

図7.15 *Aeshna viridis* の幼虫が最後の5齢の間に示す日長反応と, それによって決定される発育の二者択一的な経路. 破線は老齢で2回目の休眠に入った個体の発育. (Danks 1991より, Norling 1971からのデータに基づく)

の昆虫の前胸腺に相当)から分泌されるが, 腹面腺も, 脳間部すなわち脳の神経分泌細胞群から分泌されるホルモンによって活性化される. 幼虫期に変態を**抑制する**幼若ホルモンはアラタ体から分泌される (Schaller 1989による総説; Tembhare & Andrew 1991). これらのホルモンが脱皮と変態の制御に果たす役割は, ヒスイルリボシヤンマの幼虫を用いた実験 (Schaller 1988) によって明らかにされている. この実験では, 腹面腺を除去したF-1齢幼虫は600日間その齢にとどまり, 余分にアラタ体を移植されたF-0齢幼虫は脱皮して「巨大」な過剰F-0齢となった. §7.2.7で述べたように, いくつかの種では光周期と温度が神経分泌器官を活性化, あるいは抑制する刺激となっている. Straub (1943) の先駆的な仕事以来, 数人の研究者が外部形態の変化を指標として, 変態開始の検出やその経過の追跡を行っている (Corbet & Prosser 1986による総説). それらの指標は, 野外における個々の幼虫の発育経過とその後の運命を読み取るうえで大いに役立つ.

通常, 変態の外見上の徴候は, まず翅胸筋の発達による翅胸前側板の分離 (宮川 1969) として現れ, 続いて翅芽の開きの角度変化に, そして複眼の色素沈着した領域の背方への拡張として現れる. 変態の進行を追跡する目的で, 複眼におけるいろいろな変化がEller (1963) によって連続的に, Norling (例: 1976) によって任意に区分された発育ステージとして尺度化されている (図7.6). 羽化が差し迫っていることの徴候としては, (幼虫のクチクラの下で) 翅の表面に微毛が, 頭部背面に刺毛がそれぞれ出現すること, そして下唇が下唇後基節のクチクラの中へ萎縮していくことなどが見られる. 例えばNorling (1984c) は, キンソウイトトンボの変態の開始から羽化までの期間を, 7つのステージに区分している. 初めの5つのステージは複眼による区分であり, 残りは翅芽と下唇の状態による区分である. 当然のことながら, このような外見上の変化は, 内部でのはるかに多くの変化を反映したものである.

変態時に生じる特徴的な生理的変化としては, 呼吸速度の増加 (Lutz & Jenner 1960) や血リンパ中の蛋白質の変化 (Wolfe 1952; Anderson et al. 1970),

図7.16 水から数m離れた落葉の下にあるムカシトンボのF-0齢幼虫の潜伏場所．中央の写真は幼虫の生息場所となる渓流環境（潜伏場所を白矢印で示す）；**左下**．中央の写真の左上の矢印で示された巨礫のわきにある2つの潜伏場所；**右上**．その巨礫のわきの低い場所にいた幼虫（体長約22mm）．落葉を取り除いた状態．幼虫の膨れた胸部と翅芽は変態が進行中であることを示す．日本，氷川，1964年4月．（枝1964を改変）

脂肪体からの脂質の放出と輸送（Tembhare & Andrew 1991）などがあげられる．

外見上の徴候によって認められた変態の継続期間は，（明確に示されてはいないものの）温度に依存しており，通常2～7週間の幅がある．しかし，*Leptobasis vacillance*のように幼虫の全発育期間をわずか20日間で完了するような種や，F-0齢が1週間以内に終わるような種では（表7.5；§7.2.6），変態ははるかに速く進行しているはずである．通常，変態は初めの兆候が現れると着実に進行するが，例外もある．いつでも冷涼な高地の高層湿原に生息しているムカシヤンマ科の*Uropetala chiltoni*の幼虫の場合，変態は羽化までに丸1年もかかることが報告されている（Wolfe 1952）．また，ヨーロッパオナガサナエの幼虫では，年によっては変態の兆候（翅芽の膨張と両翅芽間の角度変化）が羽化の前年の秋に現れることもある．ただし，春になるまでは，それより先の変態ステージには進まない（Ferreras-Romero et al. 1999）．

池に棲む不均翅亜目の幼虫は，変態が進むと，最も温かい微小生息場所に集合することが普通である．そのような場所は，浅い穴掘りタイプや腹ばいタイプ（表5.7のカテゴリー4.1と2.2.1）では日当たりの良い浅瀬（写真D.5）であり，活動的なしがみつきタイプや腹ばいタイプ（1.1.2と2.2.2）では水面近くの水草や藻類の中である（Corbet 1962a）．

形態的あるいは行動的な変化が始まってから羽化までの期間は，幼虫が明らかにファレート成虫になった後でも羽化を延期することができるので，かなり変異が大きい．F-0齢期間が20日と27日であった*Gynacantha bifida*の2個体では，羽化前の絶食期間はそれぞれ8日と11日であった（Carvalho 1987）．また，コシボソヤンマ*Boyeria maclachlani*とヤブヤンマ*Polycanthagyna melanictera*のF-0齢幼虫は羽化前の10日間，オニヤンマ*Anotogaster sieboldii*の1個体の幼虫は羽化前の25日間摂食しなかった（山口 1961）．この期間は，ムラサキハビロイトトンボ*Megaloprepus coerulatus*では7～10日（Fincke 1994a），ウスバキトンボで8日（Paulson 1966）である．

多くの種の幼虫は，羽化の数日前あるいは何週間も前に水から出る．これは体の一部を出しているだけのこともあるし，完全に水から出る場合もある．また，水に出たり入ったりする場合もあれば，二度と戻らないこともある．このような行動をとるのは，胸部の気門を空気にさらす必要性があるためかもしれない（Miller 1964参照；Dunkle 1977）．ムカシヤンマの幼虫は，羽化直前の2週間ほどの間，昼間は穴から出ていることが多く（武藤 1960b），ムカシトンボの幼虫は，羽化の約20日前に水を離れ，羽化を行う場所近くの小石や落葉の中に身を潜めている（枝 1964；図7.16）．水から出た後の期間がこのように長い例は，それほど一般的ではないだろう．しかし，このようなことがあるため，幼虫が陸生であると結論するときには注意が必要であり（§5.3.1.1；Watson & Theischinger 1980），水の外で見つけた幼虫が羽化の兆候を示しているかどうかを記録しておくことが重要である．ほとんどの種では，羽化当日まで完全に水から出ることはないであろう．そして，そのときの行動は羽化場所を捜し求めることに直結している．その行動については§7.4.1で述べる．

7.4 羽化

7.4.1 脱皮

最後の脱皮に見られるいくつかの特徴的な出来事によって，羽化の過程を区分することができる．そして，異種間で，あるいは異なる条件下での同種間の情報を定量的に直接比較することが可能になる場合が多い．よく使われる区分では，下記の状態から始まる4つのステージを認めている（Corbet 1962a: Plate II参照）．

1. 水から完全に出ているが，（幼虫の）クチクラがまだ破れていない状態のトンボ（幼虫の殻の中にいるファレート成虫）．
2. 胸部クチクラが裂ける（写真K.1～K.3）．
3. 腹部が脱皮殻から引き抜かれる（写真K.4, K.5）．
4. 翅が完全に伸びて飛べる状態になる（写真K.6）．

ステージ1の間に，羽化の足場が選ばれ，直腸をジェット推進（不均翅亜目）や呼吸（おそらく不均翅亜目と均翅亜目）のために使う能力が完全に失われる．ステージ2のほとんどの期間，頭部と胸部，脚は脱皮殻の外に出ているが，まだ殻の中に残っている腹部の後半部で殻に付着している．これは**休止期**あるいは**中断**とか静止休憩（ドイツ語のRuhepause）と呼ばれており，倒垂型（以下参照）のトンボでは，体の前半部が垂直にぶら下がる（写真K.1）独特の姿勢を示す．ステージ3の間に翅と腹部は完全なサイズにまで伸びる．ステージ4の始まりは分かりにくい．なぜなら，すでに飛行が可能であっても，明け方の薄明のような外部の手がかりを待っていたり，

またその後でも体温を上昇させる時間が必要な場合もあるからである (§8.4.1.3参照). 不均翅亜目では, 突然翅を開くことでこのステージが始まり, 処女飛行で終了する.

ファレート成虫が水面や水辺に定位するために何がリリーサーになっているのかは分かっていないが, それには紫外線 (Lavoie-Dorninck & Pilon 1987) と温度勾配 (Corbet 1962a) が含まれていると思われる. イギリスの北緯53°にある高層湿原の池塘では, 直射日光によって暖められる北西の岸でほとんどのカオジロトンボが羽化した (Beynon 1995a). しかし, スペインの北緯約41°の地点では, タイリクシオカラトンボ *Orthetrum cancellatum* の羽化殻の空間分布と日の当たる方向との間には明瞭な関係は見られなかった (Jödicke & Jödicke 1996).

各個体は普通, 浅水域に生えている抽水植物を登るか, あるいは歩いて岸に上陸することで水から離れる. 時には, 羽化個体が岸から離れた深い所で, 水面から突き出た物体や, 浮遊している物体に上ることがある. これは発電のために水位が人為的に変動し, 通常の岸辺の抽水植物群落がない湖では普通にみられることだと思われる. 例えば, オーストラリアのそのような生息場所で, *Hemicordulia tau* は水深14mの所から突き出ている木の幹につかまって羽化した (Faragher 1980). 同じ生息場所に共存している不均翅亜目の種では, それぞれが特徴的なタイプの羽化の足場を選択することがある. Maier & Wildermuth (1991) の調査によると, あわせて7m²の広さの2つの小さな泉水 (庭園の池) では, ヒスイルリボシヤンマとタイリクアカネがほとんど例外なく水面の上方で羽化していたのに対し, ヒロバトンボ *Libellula depressa* は地面で, そしてヨツボシトンボ *L. quadrimaculata* は主として水面の上方で, 時には地面の上方で羽化していた.

岸辺近くの水面から突き出た, 登る高さに明らかな制約がない構造物でトンボが羽化するとき, その高さの範囲と最頻値は, おそらくそれぞれの種の選好性を反映していると思われる. 最低の高さは, 水面すれすれか水面から20cm以内にあることが多い. 最大の高さは2〜2.5mであり, 標準的な最頻値は均翅亜目で5〜10cm (例: Cordero 1988), サナエトンボ科では25〜50cm (例: 倉田 1971; 井上 1979a) である. カリフォルニア州の標高1,060mの高層湿原では, アメリカヒメムカシヤンマ *Tanypteryx hageni* の羽化殻は, いずれもその潜んでいた穴から25cm以内にあり, たいていのものはコケに覆われた基質から2〜10cmの高さにあった (Meyer & Clement 1978). ある開放的な高層湿原の生息場所では, トンボ科3種の羽化場所の高さの最頻値は0〜10cmにあり, 4つ目の種の最頻値は10〜20cmであった (Soeffing 1990; Corbet 1962a, Soeffing 1990, および Cordero 1995aによる羽化前に登った高さの記録の集計). トンボが歩いて水から離れ岸に上がるとき, 最初に遭遇した好適な足場と思われるもので羽化していることが多い (Miller 1964; Ubukata 1973).

モロッコ領サハラのように半乾燥地で, 羽化の足場が乏しい場所では, 足場を見つけられず, 死ぬまで歩き続ける個体もいる (Busse & Jödicke 1996). 表A.7.4にある *Ophiogomphus* 属のファレート成虫は, 1本だけ孤立して生えている木に向かって湿った砂地を30mほど真っすぐに歩いて横断し, その木に登った. 歩いた砂の表面には, 跗節と腹部の先端で作られたはっきりした軌跡が残されていた. しかし, 記録された最長距離 (表A.7.4) は, 必ずしも足場の多い少ないを反映しているわけではない (例: Withycombe 1923; Pickess 1987).

垂直な足場を登っている個体が, 後向きに歩いて降りるか, 足場から飛び降りるかして再び水に入り, 泳いで, あるいは這って別の足場に行き, そこで羽化することが時々ある (Logan 1971). このような行動の後, すぐに別の足場で羽化した場合は, この見捨てられた足場は羽化に適していなかったのだと推測することができる. しかし, 羽化が何時間も, あるいは何日も延期される場合は, そのような行動を介して, 気温が低く羽化が可能な閾値以下であったことによる**分割羽化**が生じると思われる (§7.4.2).

ある垂直な足場が (登る高さに制約がない点で) 好適であることが分かっているとき, 複数の物理的要因が, 登る高さとスピードに影響を及ぼす (Trottier 1973). アメリカギンヤンマの登った高さは, 野外では昼よりも夜のほうが高く, またステージ1の間の気温と正の相関があった. 実験室では, 気温と水温がほぼ等しく, 大気が乾燥している (相対湿度35%) ときに垂直距離が最大であった. 登るスピードは水温が最も高いときに最大であった. したがって, アメリカギンヤンマの羽化行動は, まず初めに, そのトンボがまだ水中にいるときの温度によって影響を受け, それから徐々に, また累積的に, 脱皮の位置に到達するまでの気温と湿度の影響を受ける. Robert Trottierは, アメリカギンヤンマが脱皮前に非常に長い距離を移動するのは, 羽化時の乾燥に適した低湿度を求めてのことであると結論づけている. Adolfo Cordero (1995a) は, スペイン北西部のある人工池に棲む12種で, 体サイズと登った高

表7.7 羽化の際の姿勢とそれに関連する事項

特性	直立型	倒垂型
羽化の足場につかまっているときの水平面と体のなす角度	0〜120°	90〜180°
休止期に体と羽化殻のなす角度	0°	90〜130°
休止期の継続時間	5〜10分	20〜30分
ステージ1〜4の継続時間	40〜90分	120〜240分
正常な羽化の時刻	夜明けから正午	日没から真夜中
羽化する前の通常の移動距離	0〜1m	0〜5m
翅の伸長	基部から	全体均一
代表的な分類群	イトトンボ科[a]	ヤンマ科
	サナエトンボ科	カワトンボ科[b]
	アオイトトンボ科	オニヤンマ科
	ムカシヤンマ科（一部）[c]	エゾトンボ科
	モノサシトンボ科	ムカシトンボ科
	ニセアオイトトンボ科	トンボ科
		ムカシヤンマ科（一部）[d]

出典：主として枝 1963.
[a] イトトンボ科の2種は時に約270〜290°で羽化（つまり倒立；§7.4.1参照）．
[b] カワトンボ科では休止期の間に胸部と腹部が直角になることがある（Robert 1958: 73参照）．
[c] *Tachopteryx*属（Dunkle 1981b）やムカシヤンマ属（Svihla 1960b；枝 1959），*Uropetala*属（Winstanley et al. 1981）．
[d] *Petalura*属（Tillyard 1917a）．この観察は再確認することが望ましい．

さの間に相関が見られたことから，安全に翅を伸長させるために，大型種ほど水から遠く離れる必要があることを示唆した．彼はまた，羽化の足場をめぐる種内競争の回避が登攀行動に影響を与えることはありそうもないと考えた．アカイトトンボは密度が高いほど高く木を登る傾向があったが（3mまで），ほかにも関連しそうな要因があった（Bennett & Mill 1993）．羽化の足場として利用しうるものとしてさまざまなものがあることと，天候の変わりやすさのため，ステージ1期間中の移動距離を決定する要因を推測することは難しい．Trottier（1973）が示した例にならって，研究室での実験と野外観察を組み合わせることが，この行動を解明するためには最良だと思われる．

　大型の不均翅亜目は，特に低緯度では，夜間に羽化することが多い．また，羽化場所では，両生類や鳥類，爬虫類などによるファレート成虫やテネラル成虫の捕食率が高くなることがある（§7.4.8）．このような捕食が強力な淘汰圧となって，羽化の足場の選択に関連した行動が形成されたことは十分考えられる．Peter Miller（1964）は，ウガンダのビクトリア湖岸で，ファレート成虫が羽化の足場に向かって移動する途中，大量にカエルに捕食されたことを観察し，そのような捕食を軽減するための適応には次の2つの異なった移動様式が含まれるだろうと考えた．すなわち，アフリカウチワヤンマ *Ictinogomphus ferox*（潜伏タイプ）が示す緩慢な目立たない歩行と，オビヒメキトンボ *Brachythemis leucosticta*，コヤマトンボ属 *Macromia* の種，*Trithemis annulata*（腹ばいタイプ）が示す素早い走行である．時々岸に到達する前に遭遇したスイレンの浮葉や，水面から突き出たほかの物体を使うことも，捕食を減らす別の手段と考えられる．物理的に適当な足場が近くにあるときでも水際から分散することは，それだけで捕食者が羽化中の個体を見つけることをより困難にするので（例：Coppa 1991a），捕食を回避する1つの手段となっていると推測できるだろう．それはまた，とりわけ同期的に羽化する種では，死亡要因の1つである羽化の足場をめぐる競争（図7.17）を緩和することにもなるだろう（Corbet 1962a）．複数のマンシュウイトトンボが短時間に1つの羽化の足場の最上部に到着すると，一方が引き下がるか追い払われるまで，互いに激しく争う（Miller 1994e）．

　ひとたび脱皮場所に着いたトンボは，しばしば体を左右に激しく揺する．おそらく跗節の爪のつかみ具合を確かめているのであろう．また，羽化の足場をめぐる競争が激しいとき（図7.17），危害を加えるおそれがある近くの個体と身体的な接触が生じる機会を減らすことにもなりうる．興味深いことに，サオトメエゾイトトンボは，羽化のステージ2にあるときでさえも，羽化の足場を探そうとして，自分に触れた他の個体をはねのけることがある（R. Thompson 1990）．

　ステージ1で幼虫がとる姿勢は分類学的な位置を反映している．枝重夫（1963）はそれぞれ関連する特徴をもつ2つの主要なタイプに分けた（表7.7；写真K.1, K.3）．枝によるタイプは，特にステージ2における，おそらく重力と力学的な条件を反映してお

図7.17 1本の棒に鈴なりになった*Hemicordulia tau*の羽化殻（いずれも長さ約18.5mm）．オーストラリア，ニューサウスウエールズ州のサットン近郊の農業用貯水池，1983年2月下旬．(J. P. Green撮影)

り，表7.7に示したカテゴリーに入らないものは極めて稀である．ルリボシヤンマは，必要な場合には，一面のミズゴケ湿原の上で，水平面に対して0°の角度で脱皮を完了することができる (Maitland 1966)．井上清 (1964) がオオサカサナエ *Stylurus annulatus* を180°（つまり，水平だが裏返しの状態）で羽化させ

ようとしたとき，その個体はこの角度に苦労している様子で，草につかまった状態では羽化しようとせず，結局は網につかまって，ただし（ステージ2では）頭部を高く保って休止し，脱皮した．シオカラトンボ *Orthetrum albistylum speciosum* を類似の方法で扱ったところ，それは0°で体を保持することはで

きたが，羽化を完了することはできなかった．つまり，ステージ2で頭部と胸部を起こすことができなかったため，後肢を引き出すことができなかったのである．井上（1964）は，直立型と倒垂型について，羽化に至るいくつかの過程がうまく進行するための条件を整理している．アオハダトンボ属 Calopteryx が羽化している最中に，垂直な足場を180°回転して頭部を下にしたり，あるいは90°回転して体を水平にしたりすると，その幼虫は再び垂直姿勢をとろうとした（Heymer 1972a）．井上とHeymerの実験結果から見ると，Xanthocnemis sinclairi (Rowe 1987a) やマンシュウイトトンボ（Butler 1990; R. Thompson 1990; Thickett 1991; Dodds 1992; P. S. Corbet 未発表観察; Förster 1995），スペインアオモンイトトンボ（Samraoui 1993）で倒立羽化（つまり約270～290°での脱皮）が見られることは注目すべきことだろう．マンシュウイトトンボの2つの報告では，観察された羽化殻のそれぞれ80％と49％が倒立していた．そして**すべての**羽化殻が倒立していた日が5日あったが，倒立の数と天候あるいは汚染との関係は見られなかった．倒立羽化には2つの原因が仮説として考えられている．1つは汚染の影響である（マンシュウイトトンボは例外的に広環境性；§6.6.2）．もう1つは，垂直な足場で頭部を下に向けて定位することで，少なくともステージ1であれば，同じ場所で羽化しようと登ってくる他の幼虫を追い返すことができるので，彼らによって傷つけられるのを防ぐことができる可能性である（Förster 1995）．一部のヤンマ科の種で見られる羽化の数日前に尾を先にして足場をよじ登って空中に出，しばらくそこにとどまる習性（例：ヤブヤンマ，山口 1965a）は倒立羽化とは関係ないと思われる．水平羽化は，サナエトンボ科（写真K.4）と均翅亜目（カワトンボ科は除く）では珍しいことではない．水平羽化によって，幼虫はスイレンの葉をはじめ浮葉植物の上でも羽化することができる．そういった状況でヨーロッパアカメイトトンボと Erythromma viridulum の幼虫は，頭部と胸部だけを空気中に出して羽化することができる（Schmidt 1991b）．

天候は羽化の所要時間に影響を及ぼす．イイジマルリボシヤンマ Aeshna subarctica とカラカネトンボが日中に羽化する場合，ステージ1～3それぞれの継続時間は，暖かい晴れた天候のときよりも涼しい曇った天候のときのほうが長い（Schmidt 1964b; Ubukata 1973）．気温が低いと通常は羽化が延期されるので（§7.4.2），ステージ2と3の最大継続時間は，その最短時間よりも，それほど長くはないだろう．しかし，寒さはステージ4（写真K.6）の開始を遅らせ，処女飛行を延期させることがある（§10.2.1）．平均水温12℃，気温9℃，そして付近の地面には霜が残る状況で（コロラド州の標高3,141mの地点），Somatochlora semicircularis は，日の出から1時間以内に離水する個体が出始め，その後3時間にわたって次々に離水する個体が続いた（Willey 1974）．そのような個体の体温は，もし日が当たり，風を避けることができる場所であれば，おそらく周囲の温度よりも数度は高いだろう．Robert Trottier（1973）がアメリカギンヤンマを用いて行った実験では，気温を高くするとステージ1～4の所要時間が短縮したが，相対湿度を低くした場合，ステージ1～3の所要時間が増加し，ステージ4は短くなった．

最も短時間の羽化は，低緯度で暖かい日に記録された．北緯13°にあるチャド湖畔の砂地の岸で，日向の気温が40℃のとき，Paragomphus genei はステージ1～4を平均20分で完了したが，北緯37°のスペインのグアダルキビル川のデルタにあるマリスマスMarismasでは，同じプロセスを終えるのに2倍の時間がかかった（Testard 1975）．北緯0°と2°の間で，日没の1～2時間後，小型の Crenigomphus renei ではステージ1の開始後30分には飛ぶ用意ができていたが，はるかに大きなアフリカウチワヤンマでは，その状態になるまでに約2時間を要した（Corbet 1962a; Miller 1964）．ドイツでは Gomphus flavipes の羽化は15～59分かかる（Suhling & Müller 1996）．Tillyard（1917a）が，嵐の接近の直前に観察した Hemigomphus heteroclytus の羽化ほど素早い羽化はおそらく誰にも観察できないだろう．それは脱皮（おそらくステージ2の開始）から飛び立ちまで，わずか10分ほどしかかからなかったらしい．

翅と腹部とでは，伸長の時間と速度が異なるが，Felicia Bulimar（1971）はタイリクアカネについて，まず翅が（約25分かかって）伸び，それに遅れて腹部が（約70分かけて）伸長することを定量的に記録した．

7.4.2 日周パターン

熱帯の標高の低い所では，また中緯度地方でも気温が許せば，大型の不均翅亜目は日没の1～2時間後に離水し，3～4時間後には飛行準備を完了し，日の出直前に飛び立つことが普通である（Corbet 1962a; Winstanley et al. 1981）．Corbet（1962a）とTrottier（図7.18A）は，この日周パターンをギンヤンマ属の種で記述した．「明け方に」羽化する大型のトンボの

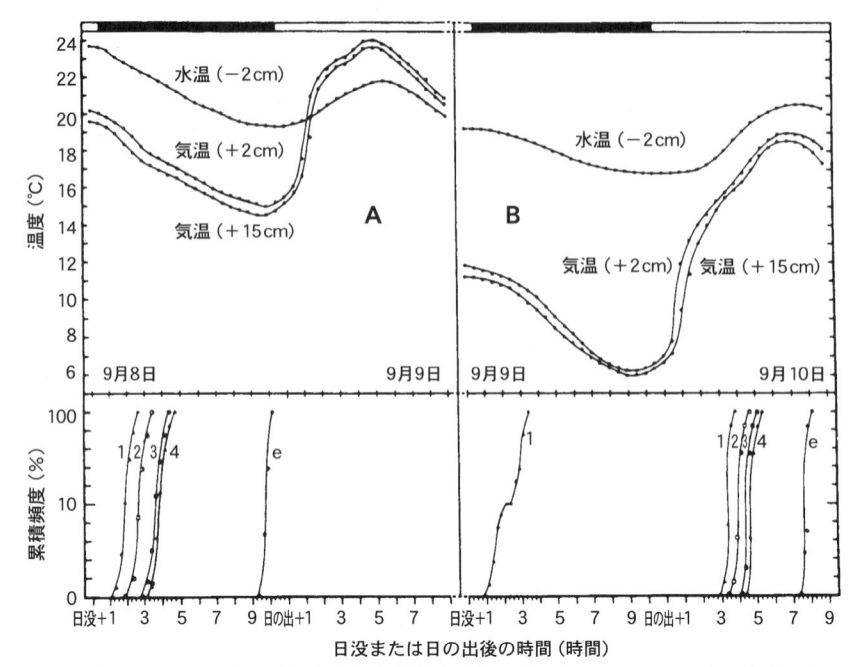

図7.18 アメリカギンヤンマの通常の羽化 (A) と分割羽化 (B) が見られたときの，羽化と処女飛行の日周パターン，および水温と気温の変化．羽化のステージ1〜4は本文中で定義．e. 処女飛行．温度を測定した水面の上方の高さと水深を示す．時間は日の出 (SR) または日没 (SS) からの時間．カナダ，オンタリオ州南部．(Trottier 1973 より)

報告の中には，おそらくステージ1の開始ではなく，その羽化場所におけるテネラル個体の最初の目撃を指しているものもある．ただし，*Petalura gigantea* (Tillyard 1917a) や *Neurocordulia xanthosoma* (C.E. Williams 1976) は実際に日の出直前に離水する．あらゆる緯度の大部分の均翅亜目，小〜中型の不均翅亜目（例：オオトラフトンボ *Epitheca bimaculata*, Trockur 1993），中緯度における一部のより大型の不均翅亜目（例：ウチワヤンマ *Ictinogomphus clavatus*, 倉田・両角 1966；ナゴヤサナエ *Stylurus nagoyanus*, 相田 1976）は日中に羽化を行う．当然のことながら，夜間に羽化を行うものに比べて同期性は低いが，冷涼な気候のもとではより同期性が高くなるだろう (Orians 1980: 37)．

分割羽化は Corbet (1962a) と Trottier（図7.18B）によって記述された．この現象は，日没後離水した幼虫が閾値（2種のギンヤンマ属で10〜12.9℃, Corbet 1980；スナアカネで10℃, Robert 1958）以下の気温に遭遇したとき，水中呼吸から空気呼吸に変わった後に水に戻り，後日，気温が許容範囲になったときに羽化を行うことである．分割羽化は，北緯約47°の地点のヒメギンヤンマ *Hemianax ephippiger* (Vonwil & Wildermuth 1990)，北緯41°のタイリクシオカラトンボ (Jödicke & Jödicke 1996)，標高の高い地点 (1,790 m, 北緯46°) のルリボシヤンマ (Kiauta 1971) で確認された．Peter Miller (1964) は，羽化のために離水したアフリカウチワヤンマは脱皮を12時間以上遅らせることができないこと，そして羽化が進行するための下方の閾値が12℃であることを示した．しかし，2個体の（標識を施された）オオトラフトンボの幼虫は，これより寒い日に，いったん羽化の足場を選択した後に水に戻り，2日後に羽化を行った (Coppa 1991b)．ドイツのザール地方では，同じ現象が羽化期間の初めに見られたが，後期には見られなかった (Trockur 1993)．井上清 (1979b) は，普通は午前中に起きるオオサカサナエの脱皮が，台風のせいで夕方まで延期されたことを目撃したが，これは昼間に羽化を行う種の分割羽化に相当する珍しい例である．昼間の羽化は，雨によって（ヨーロッパアオハダトンボ *Calopteryx virgo*, Lambert 1994；タイリクシオカラトンボ, Jödicke & Jödicke 1996)，あるいは曇りや涼しい天候によって（アカイトトンボ, Bennett & Mill 1993），その日の範囲内で延期されることがある．しかし時には夜間の雨の中でさえも羽化が継続することもあり（タイリクアカネ *S. s. imitoides*, Matsura et al. 1995），羽化の足場の上で水滴に覆われたままじっと動かないテネラル成虫が見られることもある（カオジロトンボ, Beynon 1995a）．

7.4.3 季節パターン

ある生息場所から羽化したトンボの羽化殻のすべて,あるいは一定の割合で集めることができれば,羽化の季節的パターン(**羽化曲線**)を定量化するための強力な手段となる.それは,相対的な,あるいは絶対的な数値を必要とする羽化に関連した他のパラメータ(§7.4.4〜7.4.8)の定量化にも役立つ.実際,個体群研究にとって羽化殻収集の価値は,どんなに高く評価してもしすぎることはない.この手法は均翅亜目よりも不均翅亜目に適している.また生息場所によっては,代替の羽化の足場をうまく設置したり(Corbet 1957a; Trottier 1966, 1971; Bennett & Mill 1993),時には,羽化殻を見つけにくくする植生を刈り込んだり,刈り取ったりすることも併せて行うことで,より調べやすくすることができる.調査対象とする期間に羽化した個体の羽化殻だけを確実に数える必要がある場合,次の2点に注意すべきである.

第1に,羽化の開始時期を高い信頼性で知るためには,その場所に,前回の羽化シーズンの羽化殻が1つも残っていないことを確認しておかなければならない.高緯度地方や高標高地でさえも,羽化殻が冬を越して残ることがある.私は,カナダ,オンタリオ州のアルゴンキン公園Algonquin Parkで,早春にボートハウスの軒下でアメリカコオニヤンマ *Hagenius brevistylus* と *Macromia illinoiensis* の完全な羽化殻(いくらか風雨に傷ついていたが)を見つけたことがある.またニュージーランドの南島の高地では,前年の夏に羽化したキボシミナミエゾトンボ *Procordulia grayi* とミナミエゾトンボ *P. smithii* の羽化殻が10ヵ月間もその場に残っていた(Deacon 1979).また同じ場所で,Richard Rowe(1987a)が前年の夏に標識した *Uropetala carovei* の羽化殻は,1年後にその横で羽化した個体の羽化殻と同じくらい新鮮に見える状態で残っていた.

アメリカの温帯地域(ペンシルベニア州,White & Raff 1970; Shiffer & White 1955; インディアナ州,Wissinger 1988b; 図7.19)では,変態の進行が可能な水温になる(Trottier 1971参照)よりも,明らかに早いと思われる3月の終わりと4月の初めに,アメリカギンヤンマの羽化殻が採集された.このペンシルベニア州での羽化殻は,雪解けから約2週間後,水温が氷点下を初めて超えた1週間後に採集された.その研究者(White 1982, 1995; Wissinger 1990)との私信のやりとりからは,これらの記録に対する説明は得られていない.しかし,Scott Wissingerは,他の年にも何度か飛び離れて早い羽化殻を見つけたことがあり,おそらくF-0齢で冬を越した幼虫の羽化によるものであると推論している.Wissingerは,1982年4月に,数日間にわたって新しい羽化殻を見つけているので(図7.19, no.12),この推論はまず間違いないだろう.そして,このことは,ペンシルベニア州(White & Raff 1970)とニュージャージー州(White 1995)で3月にアメリカギンヤンマの「テネラルな」成虫が見られたことに符合する.また,ペンシルベニア州のその調査場所は秋と春で水位に違いがあり,3月に見つかった羽化殻が前年の秋に羽化が行われたはずの位置からはるかに離れた所にあった(Shiffer & White 1995)という事実とも矛盾しない.まだ分かっていないことは,そのような幼虫がどういう状態で越冬したのかと,4月に羽化する前にどのステージまで発育を完了させていたのかの2点である.事実がどうであれ,これらの例によって,トンボが利用しうる機会についての認識は現在よりも広くなるだろう.Wissingerが記録した羽化個体はほぼ確実にF-0齢で越冬したものであるが,おそらく,熱帯から移入してきて秋に羽化を行う集団のうち,低温の到来により,死にはしなかったものの羽化を阻まれた遅延個体である.その後,その幼虫は[羽化に至る]変態のいずれかのステージで冬を生き延びたのであろう.(移入者ではない)土着の集団の変態と羽化のための温度閾値(Trottier 1971)を考えると,インディアナ州(あるいはペンシルベニア州)の3月と4月の平均的な気温では,どちらのプロセスも完了することは不可能であると思われる.この謎を解く鍵は,薄い氷と暗色の沈殿物に挟まれた浅い水の中の,太陽輻射によってもたらされる熱に依存した微気候にあるのかもしれない.さらには,熱帯性の個体群は,普通こういった状態に遭遇することがなく,低温での羽化を不利にする厳しい淘汰がないのかもしれない.この異例の発見を説明する仮説を検証する観察が期待される.

研究者に対する2つ目の注意は,数える前に羽化の足場から羽化殻が消失してしまう可能性である.ホソミアオイトトンボとニュージーランドイトトンボ *Xanthocnemis zealandica* の羽化殻は,おそらく雨と風のせいで,羽化後1週間で20〜30%,第2週には30〜40%の割合で羽化の足場から消えていた(Deacon 1979).また,アリがアカイトトンボの羽化殻を,おそらく食料として(!)運んでいくことも目撃されている(Dunn 1992).Wissinger(1988b)は,不均翅亜目の羽化殻を,毎日ではなく3日ごと

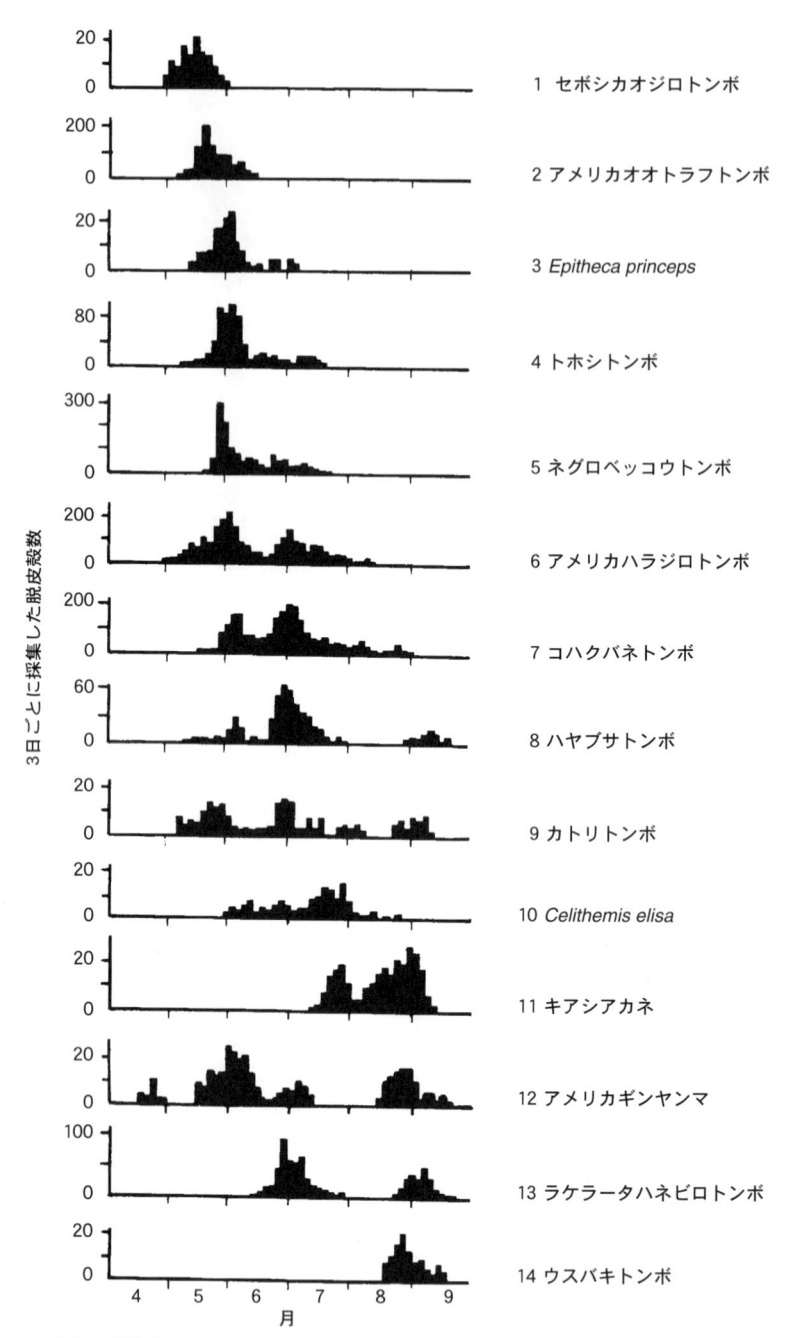

図 7.19 不均翅亜目の羽化の季節的パターン. アメリカ, インディアナ州にある 0.12 ha の農場の池での記録. 羽化殻は 1982 年の羽化期間を通して, 規則的かつ徹底的に集められた. 6月における羽化率の低下は, そのときの水温低下が原因の一部だったかもしれないが, ここに示した羽化曲線は, 独立した別のデータから分かっている幼虫発育のパターンを明瞭に反映している. (Wissinger 1988b を改変)

に集めた場合には（図 7.19 参照）, 約 15% が自然に減少していることを実験によって示した.

上に述べた注意を念頭におくならば, 羽化が季節的に行われている場合, 羽化殻によって羽化数を正確に推定するためには, 1つ前の羽化シーズンの羽化殻はすべて除かれなければならないし, またそのシーズンの羽化殻は, 羽化が見られる全期間を通じて, できれば毎日集めなければならない (Corbet & Hoess 1998 参照).

羽化曲線の潜在的な形は, 主にトンボの季節的調

7.4 羽化

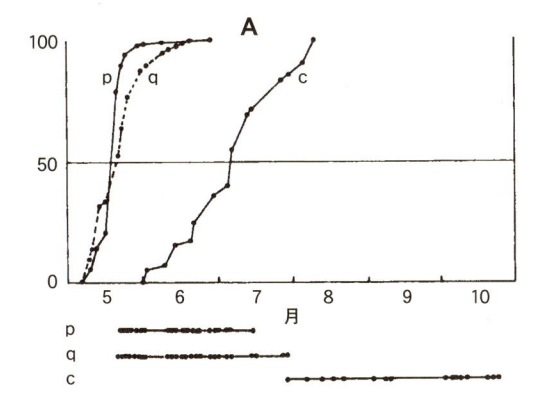

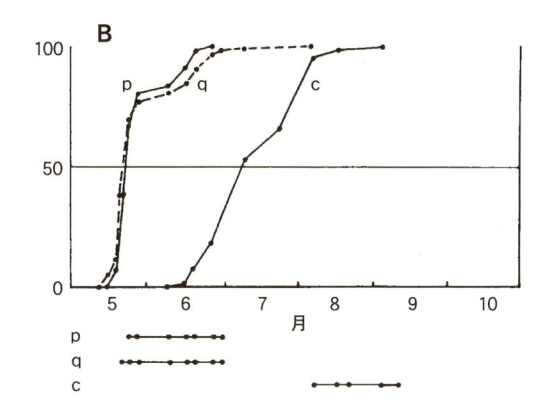

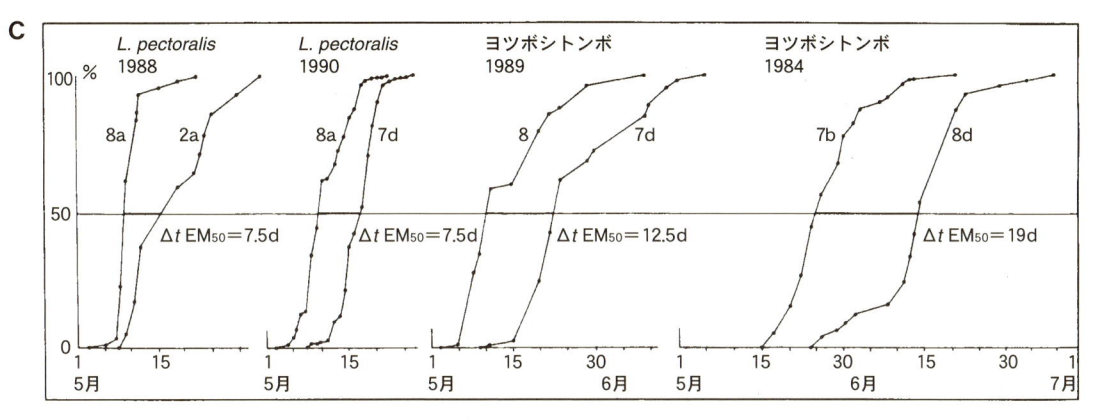

図7.20 春季種である *Leucorrhinia pectoralis* (p) とヨツボシトンボ (q)，および夏季種であるヒスイルリボシヤンマ (c) の羽化曲線の，年 (AとB) や生息場所 (C) による違い．15 ha の調査地域にある高層湿原の25の池塘からの合成羽化曲線．AとBはそれぞれ1989年と1986年の結果で，図の下に成虫出現期間を横線で示した．2種の春季種は，1986年にはよく同期した大きな羽化のピークと，その3，4週間後に第2の小さなピークが見られたが (B)，1989年には第2のピークは見られなかった (A)．Cは同じ調査地域内で同年内に見られた，2つの池における羽化時期の違い（個々の池は8a，2aなどと示し，EM₅₀の差を日数で表示した）．スイス，チューリッヒ近郊．(Wildermuth 1994dを改変)

節の様式 (§7.2.7.2) によって決められるが，この様式はまた羽化期における羽化の同期性にも影響を与えている．羽化の同期性の程度は，累積百分率表記である EM_{10} あるいは EM_{50} などで表現すると便利である．ここで EM_{50} とは，年間を通して羽化した集団の50％が羽化を行った時点（羽化開始からの経過日数によって表される）である（武藤 1960b）．累積羽化曲線によって「春季」種と「夏季」種 (Corbet 1954 の定義) の区別がはっきりと示される．春季種はF-0齢で越冬し，普通は早春に同期性の高い羽化を行う個体群であり，夏季種はそれより1つ以上若い齢で越冬し，もっと遅い時期に同期性の低い羽化を行う個体群である．コウテイギンヤンマとヒスイルリボシヤンマの累積羽化曲線を比較すると (Corbet 1962a: 84)，この両者の違いは明らかである．両種の羽化が生じる期間の長さはほぼ同じであるが，春季種である前者の EM_{50} が3日目であるのに対し，夏季種である後者では25日目になる．時には数千個体に達する1年分の羽化がほぼ1日で生じるほど，春季種の同期性が高いことがある (*Gomphus vastus*, Johnson 1963a)．Wildermuth (1994d) は，春季種と夏季種について極めて詳細な一連の羽化曲線を描いているが，年によって，また生息場所によって違いが見られる (図7.20)．

春季種と夏季種の間の区別は，たいていの場合ははっきりしているが，ある状況で，特に温帯の低緯度地方では不明瞭になることがある．

第1に，同時出生集団の分割によって，同じ個体群内に春季成分と夏季成分が形成されることがある．その例は，イギリスにおけるコウテイギンヤンマ (Corbet 1957a) とアカイトトンボ (Corbet & Harvey 1989) に見られる．これらの種では，少数の（年1化

の) 幼虫が前の冬をF-1齢で過ごしたあと，(2年1化の) グループの羽化に3～4週間遅れて，あまり同期していない2番目のグループとして羽化する．そして，この2番目のピークの大きさは年によって変動する．実際，ブリテン島の別の浅い池では，コウテイギンヤンマは完全に年1化であり，その羽化曲線は典型的な夏季種の型を示した (Holmes & Randolph 1994)．また，フランス南部の隣接した2つの運河でのヨーロッパオナガサナエの羽化曲線は，それぞれの場所での年間の温度変化傾向 (これは幼虫がいつF-0齢に入るかを決める) に依存して，春季種型か夏季種型のいずれかになった (Suhling 1996)．

第2に，北半球の温帯では低緯度になるにつれて，羽化曲線は一層複雑になる．そこでは北方の分布要素と南方の分布要素の重なりが生じているほか (例：北緯36°のノースカロライナ州，Paulson & Jenner 1971；北緯38°のスペイン南西部，Ferreras-Romero & Corbet 1995)，幼虫の発育と羽化曲線の形やその季節的な位置 [春か夏か] との間の関係が不明瞭になり，かつ一定しないように思われる．この点に関しては，春季種を初期と後期の2タイプに，また夏季種を年2化の種とそれ以外の種にさらに細分することで (Hoess 1993) 事態が明確になるかもしれない．

第3に，同じ季節内に羽化のピークが2つ以上現れるとき，これは，上述した同時出生集団の分割か，年2化性の種の第2世代のいずれかによってもたらされる．図7.19では，*Epitheca princeps* の例が同時出生集団の分割によって引き起こされた小さな第2のピークを示しており，ハヤブサトンボの例では，最後のピークは，最初のピークを形成した個体群の子世代によるピークを示している．普通，この2つのタイプの付加的なピークは，ピーク間の間隔の大きさによって容易に区別できる．

インド南部の赤道付近 (北緯10°23′, Mathavan & Pandian 1977) と，スペイン南西部 (北緯37°53′, Agüero-Pellegrin & Ferreras-Romero 1994) で調べられた熱帯性のトンボの羽化曲線は，典型的な春季種の羽化曲線のような強い同期性を示さないが，夏季種 (例：ヒスイルリボシヤンマ) からの類推で予測されるよりもいくぶん早いEM_{50}を示す．羽化の時間的な分布は明らかに何らかの原因で非対称になっており，これは最小発育時間の物理的制約のほうが最大発育時間の物理的制約よりも強いためかもしれない．このような原因が，スイスにおけるヒメギンヤンマ移入集団の羽化の強い同期性の背後にありそうである．このトンボは非休眠性の調節のない幼虫発育をし，熱帯性の種であるにもかかわらず，29日間にわたる羽化期間の3日目にEM_{50}を達成した (Vonwil & Wildermuth 1990)．

温帯性の種の季節的羽化曲線の例は多く存在する．Scott Wissinger がインディアナ州の農園の池で得た一連の詳細なデータは (図7.19)，温帯でのさまざまな生活環が羽化曲線に反映されていることを見事に示している．

羽化が始まる前の12ヵ月間定期的に幼虫をサンプリングしていたので，Wissinger はそれぞれの生活環を確実に把握することができた．図7.19に示された種は，特記されていない限りすべて年1化性である．最初の3種だけは，大部分がF-0齢で越冬する春季種である．そのうち，*Epitheca princeps* では，一部の個体が発育の完了に1年より長くかかるため年1化の成分が二分され，小さな2番目のピークが明瞭になっている．次の7種 (No.4～10) は，越冬する齢の変異幅が広いこと (トホシトンボ *Libellula pulchella* での4つの齢からハヤブサトンボでの9つの齢まで) を反映して，羽化期間が広がっている．ハヤブサトンボとカトリトンボにおける8～9月の小さな羽化のピークは年2化の成分によるものであり，両種の成虫活動期を10月にまで延ばしている．キアシアカネ *Sympetrum vicinum* は卵で越冬し (§3.1.3.2.2)，その羽化曲線は4～9月の幼虫の成長速度の変異をそのまま反映している．最後の熱帯性の3種 (No.12～14) の幼虫個体群は，その一部あるいはすべてが，定住個体群の羽化が始まる前の春に，はるか南方から (§10.3.3.2) 飛来して産卵した移入成虫の子世代であろう．アメリカギンヤンマとラケラータハネビロトンボ *Tramea lacerata* の定住個体群は5～7月に羽化した．そして移入のある3種のいずれも，8月と9月の羽化ピークは春に飛来したものの子世代によるものであった．この同時出生集団の成虫は先に羽化する定住個体とは異なり，そこで生殖をせずによそへ移動していくようである (§10.3.3.2.1)．ウスバキトンボは，移入のある他の2種とは異なり，5～7月に羽化ピークがない．これは幼虫がインディアナ州の緯度では冬を生き延びることができなかったからである．4月に採集されたアメリカギンヤンマの羽化殻については，変則的な例としてすでに述べた．

珍しいことに，図7.19のデータには短期間のノイズがないので，羽化曲線の形と生活環のタイプの間の関係が鮮明である．例えば，同じ生息場所における羽化時期と羽化曲線の形の年による大きな違いや (例：山本 1968；倉田・両角 1969；Benke & Benke 1975；Kern 1992)，同じ年の生息場所による違いは

(例：Parr 1973a; Gribbin & Thompson 1990c; 図7.20) は，ある場合には羽化の前や途中の温度の短期変動が主要因となり (例：Lutz 1968a; Sawchyn 1971; Trottier 1971; Testard 1975; Bennett & Mill 1993; Wissinger 1988b; Krüner 1989; Maier & Wildermuth 1991; Kern 1992)，あるときには卓越する気団 (Gribbin & Thompson 1990c) の影響が主要因となることがある．同じ種でも個体群によって羽化の低温閾値が異なることもある (Rowe 1987a)．標高や緯度の高い所では，羽化が遅れて始まり，短期間に，強く同期的になる傾向があるが (例：Willey 1974; Deacon 1979)，これは低温に対する反応であるに違いない．しかし，Belyshev (1965) はシベリアの同じ経線上の地点で，初夏に出現する種では緯度が高くなるほど順次遅れて羽化するのに対し，晩夏に出現するトンボの最初の羽化は，20°の緯度範囲にわたってほとんど変化しない補償メカニズムが働いていることを見いだした．北アメリカでも同様の現象が存在する兆候がある (§7.2.7.1)．季節的な羽化時期の決定では温度が短期的に重要な役割を果たしているとする結論は，一部のトンボで最初の羽化がその地域の植物の開花や葉の成長と強い相関をもつことや (Belyshev 1965; Fernet & Pilon 1970; Hilton 1981)，温泉では最初のテネラル成虫が他よりも早く出現する (八木 1996) ことなどから支持される．

7.4.4 羽化総数

1つの生息場所で，ある時期に羽化する個体の総数は，羽化殻あるいは処女飛行前のテネラル成虫を徹底的に数えることによって確定できる．ファイテルマータや人工容器，岩の水たまり，高層湿原の小さな水たまり (例：Sternberg 1985) のような最小の生息場所や，時にはもっと大きな生息場所でさえも (例：Morin 1984b; Wildermuth 1991a)，年間の羽化総数が1個体かせいぜい数個体のことがある．高地の高層湿原では，ムカシヤンマ科の種で年間の羽化数が25個体以下のこともある (Svihla 1960b; Winstanley 1981b)．このような例では，その地域個体群の存続可能性は，成虫の通常の分散範囲内での同種個体が棲む生息場所の密度に依存するだろう．記録されている幼虫の密度との関連で (表A.4.6)，大きさの異なる生息場所からの羽化総数は注目に値する (表A.7.5)．表A.7.5で用いられている生息場所の大きさはやむをえず水表面積を基準にしているが，生物学的により現実的な基準は沿岸帯の面積であり，それは外周の長さと高い相関があることが多い．表A.7.5に示した記載事項は分析に適したものではないが，活動的で水面利用型のしがみつきタイプであるコウテイギンヤンマと，固着的で底生性の腹ばいタイプであるカラカネトンボの間に (池の面積に関連した) 顕著な個体群サイズの違いがあることが分かる．羽化総数は幼虫の摂食様式と微小生息場所の生産力を反映していると考えてよいだろう．川と湖では，岸の長さが幼虫の利用可能な微小生息場所の有効な指標となりうるが，岸1km当たりの推定羽化数としては，*Gomphus vulgatissimus* (Sømme 1933) の10,000〜20,000と，オオトラフトンボ *E. b. sibirica* (曽根原 1982) の392がある．ある (安定した) 生息場所で毎年羽化殻を徹底的に数えた報告では，不均翅亜目の種の個体数順位は毎年変わらぬ一貫性を示し，幼虫のF-0齢の体長と逆相関を示した (Morin 1984b)．この一貫性は，幼虫の数に基づくより詳細で長期間の調査結果 (表5.10) ともよく一致する．羽化殻を数えることによって可能となる絶対数のモニタリングからは，個体群サイズの継時的変化の定量化に必要な情報 (これは生態遷移の研究 [例：Wildermuth 1994d] や科学的基盤をもった生息場所の管理 [§12.4.3.3] のための基礎資料となるものである) が得られる．さらに，成虫のサイズの季節変動や雄と雌のどちらが先に成熟するか，あるいは性比や死亡率といった，羽化に関連したパラメータも得られる．

7.4.5 羽化時期と成虫のサイズ

表A.7.6に引用した記録は，温帯の生物地理区では，羽化した成虫のサイズが羽化期の開始当初から減少していくことが普通であることをはっきりと示している．これと逆の傾向を示すことが報告されているトンボは日本のコフキトンボ *Deielia phaon* だけ (杉村 1983) であるが，それは非常に少ない標本数に基づいたものである．アオモンイトトンボ *Ischnura senegalensis* は，表A.7.6に掲載された種とは異なり，元来熱帯に分布する種であるが，日本では年2化であり，すべてではないにしても，個体群によっては体サイズの季節的な減少が見られる (奈良岡 1976)．成虫のトンボのサイズを減少させる原因として幼虫密度の高いこともあげられるが (表A.5.9)，表A.7.6に示された現象は，周囲の温度の高いことが成長を加速し，齢間の成長比を減少させるという，十分に立証された因果関係 (Pickup & Thompson 1990; §7.2.2) によって合理的に説明することがで

きる．これはカゲロウ目（Benech 1972）でも認められている関係である．温泉（Belyshev 1957）や熱帯の小さな池（Pinhey 1970a），あるいは分布範囲の中で，より温暖な場所（Cothran & Thorp 1982）から得られた異常に小さい成虫の例も，この効果によるものかもしれない．成虫や幼虫のサイズと季節との相関が高いことは（Dennis Paulsonはこの原因を暫定的に温度に求めている），成虫が1年中活動できるフロリダ州南部のカトリトンボで得られた彼のデータから極めて明白である．つまり，夏の終わりに最小の，そして冬の終わりに最大の個体が出現した（Paulson 1966）．カトリトンボについてのPaulsonのデータは，一部の遅く羽化する種（例：アオモンイトトンボ）の体サイズが成虫活動期の終わりになって**増大する**のは，老齢幼虫が低下する温度にさらされることによって引き起こされているという見解を支持している．これに対応する現象は，表A.7.6にあげられた種の中では，唯一前生殖期の成虫で越冬する（表7.3の生活環タイプB.2.1.3）ホソミイトトンボ*Aciagrion migratum*（以前は*A. hisopa*として知られていた，Asahina 1991a参照）で見られる．ホソミイトトンボは7，8月と9，10月に羽化する2世代からなる年2化性と考えられており（Asahina 1983a），越冬成虫（前年の秋に羽化したもの）は7，8月に羽化するものより大きい（奈良岡 1976）．

熱帯種では季節による体サイズの違いはほとんど記録されていない．セネガルでは，*Mesocnemis singularis*の成虫のサイズは乾季の終わりのほうが小さい（Dumont 1978a）．これは，温帯のトンボで見られた温度相関と同じことであろう．また，台湾沖の島々（北緯24°）のミナミカワトンボ属*Euphaea*の2種では，老齢の幼虫がさらされる温度を反映した体サイズの季節的変化が見られた（Hayashi 1990）．年間を通じて大きな温度変化を経験するデラドーンの熱帯性の種を用い（Kumar 1976b参照），異なる季節に羽化する同時出生集団の成虫のサイズを測定すれば，上記の関係がさらに明らかになるかもしれない．

温帯性のトンボのうち，一方の世代が幼虫で越冬する年2化の種で成虫のサイズの種内変異が最大になることが普通であるが，それはこの2つの世代の間で温度環境が非常に異なるからであろう．しかしこの効果は，条件によって部分的に年1化となる個体が含まれる2年1化の種（例えばアカイトトンボ；§7.2.7.2）でも見られ，年1化成分による第2の羽化ピークは，前年の秋ではなく初夏にF-0齢，時にはF-1齢になった幼虫が小さな成虫として羽化することによる（Corbet et al. 1989）．

成虫活動期間中の体サイズの減少は別の原因によっても起き，年2化性は1つの有力な原因になりうる．表A.7.6に日本のデータが多く載っているのは，日本が（ヨーロッパに比べて）温帯の低緯度に位置し，夏が暑く，トンボ相が豊富であることによる．日本で年2化性が緯度と相関をもつことは，クロイトトンボ*Cercion calamorum*が北緯35°では年2化であるが（山口 1965b），北緯40°30′では年1化である（奈良岡 1976）事実から明らかである．成虫活動期間中の2つの異なったピーク（表A.7.6，カテゴリーD）が必ずしも年2化性を反映したものではないことは，日本の北緯34°30′でのアキアカネとタイリクアカネ（関西トンボ談話会 1977），またオランダの北緯52°でのオツネントンボ*Sympecma annulata braueri*（Geijskes & Van Tol 1983: 279）の例から明らかである．日本の上記2種はタイプB.2.1.3の生活環（表7.3）をもち，それぞれ前生殖期と生殖期の成虫によって作られる夏と秋の2つのピークは，夏の生殖前休眠によって生じている．タイプB.2.1.2の生活環をもつオツネントンボにおける成虫数の秋と春の2つのピークも，同様に前生殖期と生殖期の成虫の活動を反映しているが，これは冬眠期間によって生じている．

キタルリイトトンボでは，幼虫時代の高密度と餌不足の両条件に対して，雌雄とも羽化の遅れと体サイズの減少といったよく似た反応を示すにもかかわらず，小型化と羽化の遅れは天候に依存して雌雄で異なる（Anholt 1990a）．雄の体サイズに対する淘汰の方向は，温かい年と寒い年とで異なるが，そのことからAnholt（1991）は，長期的には中間の「最適」な羽化日が存在するだろうと推論した．

ムツアカネでは，大きな個体が早く羽化する傾向にあり，遅れて羽化した個体よりも，他に移出する傾向が強かった（特に雄で）．また，早く羽化した大きな個体が移出しなかった場合は，遅れて羽化した個体よりも寿命が長かった（Michiels & Dhondt 1989b）．

一部の種（特に春季羽化種）では，羽化期の初期に羽化するものほど大きく，その点ではより適応的な個体であるが，一方で，まだ生殖にあまり適さない天候に遭遇するというパラドックスが存在するように見える．David Thompson（1997）は，遅く羽化する個体にとっては，生涯繁殖成功度を**低下させる**，次のようないくつかの要因が考えられるので，このパラドックスはある程度解消されることを示唆している．その要因とは，トンボ幼虫による若齢幼虫の捕食の増加や，大形幼虫が好適な隠れ場所から小形

の同種幼虫を排除すること，そして，好適な産卵場所に卵が限界まで産み付けられて，それ以上利用できなくなることなどである．

7.4.6 雄の先行羽化と雌の先行羽化

損傷していないF-0齢の脱皮殻はほぼ間違いなく雌雄の区別ができるので，発生シーズンの間に，どちらかの性が先行して羽化するかを知ることができる（§7.4.7参照）．たいていの場合，どちらかの性が**明白に**先に羽化することはなく，それゆえ多くの場合，データ収集に際して性に関連した羽化時期の相違があるかどうかの観点から調べられていない．そのため，利用可能な記録にはバイアスがかかっている．このバイアスを考慮に入れて記録を見ると，雌雄どちらかが先に羽化するのが普通ではないという見解が支持される．しかし，どちらかが早い場合は，雄の先行羽化のほうが普通である（図7.21）．同じ生息場所のコウテイギンヤンマが，年によって雄の先行羽化であったり，雌の先行羽化であったり，あるいはどちらとも言えなかったりすることがある点と（Corbet 1957a），表A.7.7に掲載されているもののうち3種以外はすべて不均翅亜目である点は注意しておくべきである．どちらかの性が先に羽化することの生物学的意義は現在のところ憶測するしかないが，雄の先行羽化は，トンボの多くの種の成虫で雄のほうが早く成熟を完了すること（表8.1）と同じことのように思える．Christoph Inden-Lohmar (1997) は，ヒスイルリボシヤンマでは先行羽化に強い正の淘汰が働く，つまり，早く羽化した雄の交尾成功度が高くなることを発見した．このように，雄の幼虫に対しては（雌の幼虫に対するよりも），少なくともF-0齢では，より速く発育することへ強い淘汰圧がかかると思われる．この仮説の検証によって，ヒスイルリボシヤンマに見られる雄の先行羽化と配偶システムの型（システム2；§11.9.2.1）との相互関係が明らかになるだろう．雌では，時には遅い羽化のほうが有利かもしれない．もしも老齢期に長い時間をかけることでより大きな雌が生じるならば，そのような雌はより多産で，より高い生涯繁殖成功度を享受することが期待されるからである（§2.3）．このように雄の先行羽化は，両性に働く，しかし雌雄で方向が違う淘汰の結果によるのかもしれない．

7.4.7 性 比

羽化時の雄と雌の比率は，F-0齢の羽化殻を採集することによって測定できる．表7.8は，標本抽出がどちらか一方の性に偏らないようにデザインされた条件を満たしている記録を集計したものである．少なくとも5つの主要な科では，表7.8のデータは従来の結果（Corbet 1962a; Johnson 1963b; Lawton 1972; Waage 1980）とおおまかに一致しており，均翅亜目では通常雌よりも雄のほうが多く，不均翅亜目では逆である．羽化殻の収集から直ちに性比が推定できるとは限らない．その比は，年により（ウチワヤンマで36.7と43.0％の雄，倉田・両角1969），あるいは生息場所の違いや（カオジロトンボで44.5と48.8％，Pajunen 1962a），同じ生息場所内の区域によって（ホソミアオイトトンボで53.3と57.8％，Deacon 1979）異なっていることがある．また，コウテイギンヤンマは羽化曲線の2番目のピーク（このピークは年によって高さが変わる）で雌が多くなる傾向がある（Corbet 1957a; Beutler 1986）．他の春季種でも，さまざまな発育ステージの夏季種成分を含む場合は同様の傾向があるかもしれない．このような変動があるため，異なる生息場所や異なる年の結果を合算して分析することは妥当でない．

トンボの性決定メカニズムはほとんど常にXO-XX型で，雄が異型性である（Kiauta 1969）．このようなシステムでは，一次的な性比の不均衡は極めて起きにくい（Lawton 1972）．羽化時の性比に偏りがある点は，不均翅亜目と均翅亜目で同じであるが，（エゾトンボ科とサナエトンボ科を除いて）常に大きいわけではない．そしてその偏りは，いずれの場合も，成虫期における生存率の違いによって一層小さくなると思われる．性比の偏りの由来はまだ明らかではない．どの齢の幼虫でも性別はDNA分析によって判別できるであろうが，普通F-4齢あたりまでは外部形態の特徴から確実に性を判定することはできない（Lawton 1972参照）．幼虫個体群での性比はおおむね均等であるか，あるいは羽化時の性比に近い（Lawton 1972; Sawchyn & Gillott 1975; Garrison & Hafernik 1981; Fränzel 1985; Donath 1987; Shaffer & Robinson 1989b; Muzón et al. 1990; Baker et al. 1992; Córdoba-Aguilar 1994c; Duffy, 1994）．幼虫の，特に老齢における性比は，おそらく環境要因に対する反応の性差を反映している．例えば，オンタリオ州南部のアメリカギンヤンマの越冬個体群では雄よりも雌のほうが多かった（Trottier 1971）．また *Nasiaeschna pentacantha* の雄の幼虫は，飼育下で雌よりも早く死んだ（Dunkle 1985）．さらにRob Bakerら（1992）は，アメリカアオモンイトトンボの2つの老齢期で見られた性による違いを報告している．それ

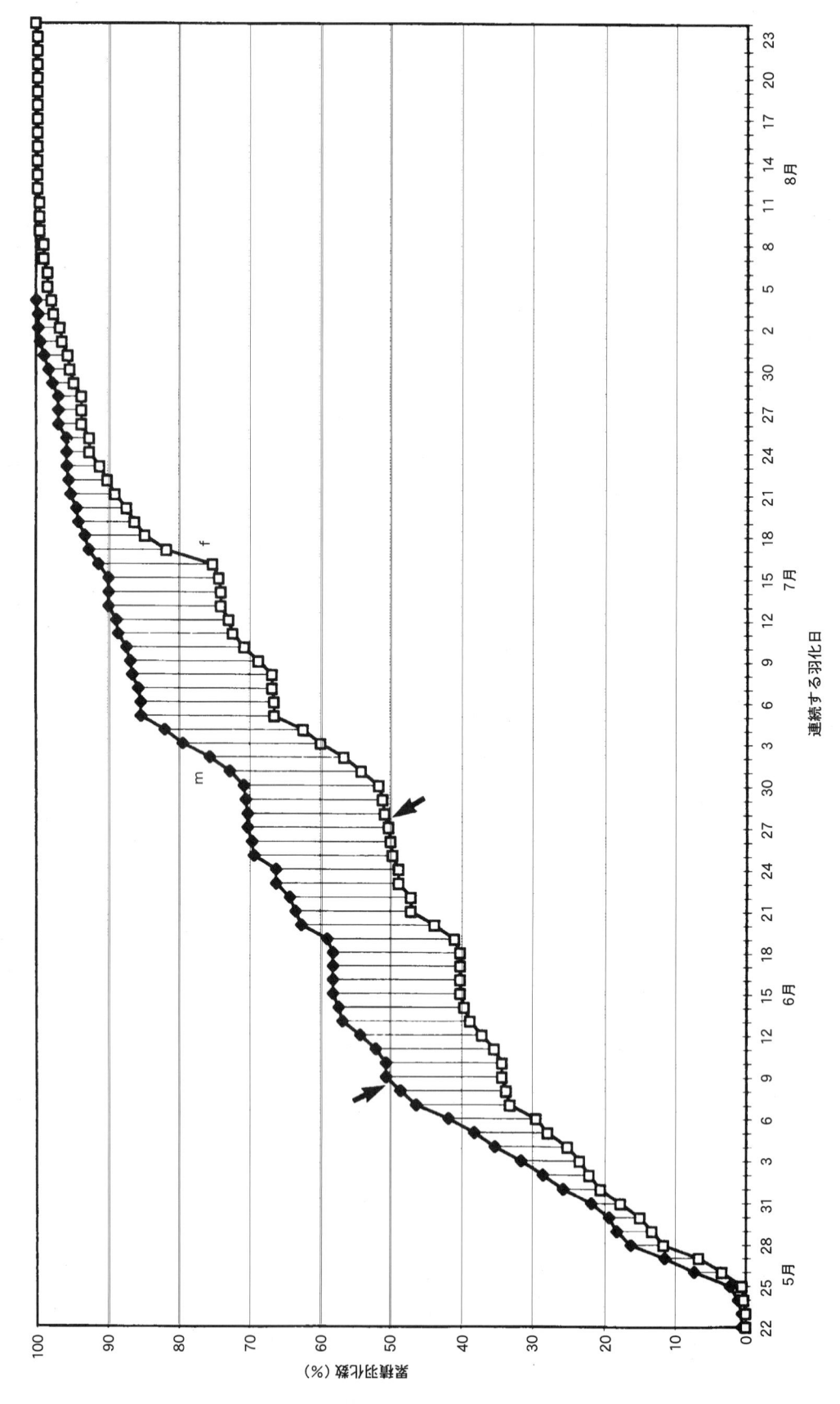

図7.21 ある池の累積羽化数によって示されたヒスイルリボシヤンマの雄の先行羽化。EM$_{50}$値（矢印）は雄 (m, $N=356$) と雌 (f, $N=361$) で約2週間の違いがある。羽化の開始は5月24日。羽化曲線の形は典型的な夏季種のものである。1993年，ドイツ西部。(Inden-Lohmar 1997を改変)

7.4 羽化

表 7.8 羽化時の性比

科[a]	種数	記録数	雄が50％を超える記録の割合	範囲（雄の％）
均翅亜目				
イトトンボ科	8	20	75	49.6～54.6 アカイトトンボ
アオイトトンボ科	7	11	55	49.4～54.4 マキバアオイトトンボ
不均翅亜目				
サナエトンボ科	14	55	27	30.7～72.4 *Gomphus vulgatissimus*
エゾトンボ科	4	12	17	38.9～52.7 アメリカオオトラフトンボ
ヤンマ科	11	24	13	46.5～64.4 コウテイギンヤンマ
トンボ科	15	29	7	39.5～49.2 *Leucorrhinia rubicunda*

出典：Corbet & Hoess 1998.
注：生息場所の全体またはその中の一定の決められた場所から，羽化が限られた季節に生じる地域での全羽化期間にわたって，定期的に（通常毎日）あるいはほぼ一定の間隔で，徹底的に集められた（1生息場所，1季節当たり）総数200以上の羽化殻が採集された調査に基づく．
[a] 科は総数に対する雄の割合の降順に並べた．

によると，雄の幼虫はF-2齢ではより活動的であり，F-0齢ではより早く発育することから，羽化時の性比はより活動的な性に対する捕食圧を反映している可能性があると彼らは示唆している．おそらく性比は，ある要因は一方の性に好都合であり，別の要因は他方に好都合であるいくつかの要因が働いた結果であろう．羽化時の性比にもっと大きな不均衡であったとしても，その生物学的意義は理解できないとLawton (1972) は結論したが，その事態は今も少しも変わっていない．

羽化殻収集が比較的容易なため，おそらくトンボの**野外における**羽化時の性比は，他の水生昆虫や不完全変態昆虫よりもはるかに正確に記録されていると言える．それゆえ，現状ではトンボ目のデータがなんらかの点で他と違っていると断定する材料は何もない．年によって大きな違いがあるように見えることも，実はありふれた現象かもしれない．

7.4.8 死亡率

少なくともいくつかの種では，羽化の際の死亡率についての情報は，生活環の中の他のステージにおける死亡率についての情報よりも相対的に正確である．その主な理由は，死亡率の程度とその直接の原因がたいてい容易に定量化できるからである．これは幸運なことである．なぜなら，全生活環 (Mathavan & Pandian 1977; Ubukata 1981) あるいは幼虫の発育期間 (Wissinger 1988c) の中で，羽化時の死亡率は時としてかなり高い割合を占めるからである．羽化時の死亡率は，2つの理由から過小評価されやすい．その頻度が少なければ見過ごされてしまうかもしれないし，死亡要因によっては死後にその証拠が残らないからである．羽化時の死亡に関する以下

の説明は，以前の総説 (Corbet 1962a) に，Gribbin & Thompson (1991a) の議論を反映させたものである．

羽化時の死亡は3つの観察可能な出来事，つまり脱皮の失敗，翅の伸長や硬化ができなかったことによる飛行の失敗，そして捕食に容易に分類できる．これらの項目別に得られた定量的な値（表A.7.8）から，羽化中の全死亡数は1シーズン中の羽化数の約8％から30％近くに達する場合があることが分かる．ただし，ウスバキトンボ (Byers 1941) とアメリカギンヤンマ (Trottier 1966) では1％以下の記録がある．羽化期間中の1日をとって見ると，死亡率は当然のことながら表A.7.8の値をはるかに超えることがある．羽化時の死亡率は年によって大きく変動することがあり，報告された死亡率（ただし最小値）は，コウテイギンヤンマ (Corbet 1957a) で8.5から15.8％まで，ルリボシヤンマ（倉田 1974）で4.1から22.4％までにわたる．

羽化時の死亡率には物理的要因，過密，捕食の3つの要因が，直接あるいは間接的に関与している．寄生虫や病原体も影響を及ぼしているかもしれない．

死亡原因となる物理的要因は，主として低温と風である．低温は明らかに脱皮を阻害するので，老齢期に休眠をしない種が定住個体群を維持しうる緯度の限界を決める主要因となるかもしれない．例えば，日本の北緯34°30′で11月に六山 (1963) が観察したウスバキトンボは，水泳用プールから羽化する途中ですべての個体が脱皮に失敗した．これは低温による影響と推測されるが，アメリカギンヤンマの幼虫が離水した後，12.9℃以下の気温に遭遇すると分割羽化を行うことや (§7.4.2)，気温の低い期間には1日当たりの羽化数が減少する (§7.4.3) ことなどとも符合する．低温はまた分割羽化を引き起こし，そ

の結果，夜間に羽化する種が昼間に羽化することになり，鳥による捕食を著しく増加させることもある．例えば，1952年にコウテイギンヤンマで控えめに推定した日当たり捕食率の最大値（48.8％）は分割羽化と関連していた（Corbet 1957a）．ルリボシヤンマ，イイジマルリボシヤンマ（Schmidt 1964b），アカイトトンボ（Gribbin & Thompson 1990c），そしてSomatochlora semicircularis（Willey 1974）では，脱皮が完全に成功した後でも，寒さによって処女飛行が数日遅れたことが知られている．したがって，フィンランドでは晴天の日にだけカオジロトンボやLeucorrhinia rubicundaの大量羽化が起きるというIlmari Pajunen（1962a）の報告も驚くには当らないであろう．風はテネラル成虫を吹き飛ばし，その結果溺死させたり（Schmidt 1964b；井上 1979a），翅に修復不可能な損傷を与えることで（Blood 1986；Gribbin & Thompson 1990c），羽化時の死亡率を高くする．また，翅がすでに硬化している場合でも例外的な豪雨によって（井上 1979a）翅が互いに密着してしまい，開くことができなくすることでも死亡率が高まる（Pajunen 1962a）．そのように変形させられた個体は，容易に捕食者に捕まってしまうであろう（Johnson 1963a）．雨は，弱ければ死亡率にはほとんど影響を及ぼさないが，強ければ均翅亜目に直ちに死をもたらすことがあるし（Gribbin & Thompson 1990c），そのときに羽化したばかりの小型の不均翅亜目の大部分を死滅させることもある（Pajunen 1962a）．しかし，大型のサナエトンボであるオオサカサナエは，羽化途中でも台風の豪雨の中で生き延びることができた（井上 1979a）．モンスーン気候のもとでは，豪雨によって羽化の足場が水につかってしまったり（Byers 1941），激流の発生によって死亡がもたらされることがある．このような状況によって，ヒマラヤ西部のAnisopleura属やチビカワトンボ属Bayadera，Drepanosticta属（Kumar 1976b），香港のミナミカワトンボ属やHeliogomphus属，Ophiogomphus属，タニガワトンボ属Zygonyx（Dudgeon 1989d参照），コスタリカのCora属（Pritchard 1996）などのうちの年1化性の種が，規則的にモンスーン前に羽化を行うように淘汰されてきたのかもしれない．降雨は，鳥に捕食される均翅亜目の割合を（不均翅亜目と違って）増加させるかもしれない（Willson 1966）．離水前のファレート成虫の死亡に関与する他の物理的要因には，酸素濃度の低下や体表にこびりついた泥があり，いずれも脱皮を妨げることがある．また，羽化殻の跗節の爪が十分にかからないような羽化の足場も死亡要因となり

うる（Treacher 1996）．モーターボートによって発生した波が，羽化中のGomphus vulgatissimusを振り落とすこともある（Silsby 1985）．また，テネラル成虫が処女飛行をしたとたんに覆いかぶさっている植物に衝突して，水に落下することもある．

過密によって羽化の足場をめぐる厳しい競争が生じ（図7.17），その結果，身体的に負傷することがある．インド南部でMathavan & Pandian（1977；表A.7.8参照）が調べた5種のトンボでは，過密が不完全な脱皮の主要な原因であった．予想されるとおり，過密による不完全な脱皮は，Leucorrhinia albifrons（Belyshev 1973: 310）のように多くの個体が同期的に羽化を行う場合に最も普通に見られる．例えば，コウテイギンヤンマではその年の個体群の30％以上が同じ日に羽化を行うことがあり，同じ日に羽化した集団の最大16％，年間羽化個体数の5〜11％が不完全な脱皮で死亡した（Corbet 1957a）．また上述したトンボ科の5種では，不完全脱皮の90％以上が羽化のピーク時に生じ，最も同期性の高い羽化を行うTrithemis festivaでは，そのシーズンの羽化時の死亡の5〜6％を占めた（Mathavan & Pandian 1977）．一方，同期性の高い春季種であるカオジロトンボとLeucorrhinia rubicunda（Pajunen 1962a），およびアカイトトンボ（Gribbin & Thompson 1990c；Bennet & Mill 1993）の3種では，羽化時の過密が原因となる密度依存的な死亡の証拠は見いだされなかった．過密の潜在的な影響は，脱皮が始まった後の行動によって避けられるか，緩和されるかもしれない．例えばRay Thompsonはサオトメエゾイトトンボで侵入者に対する頭突き行動を目撃している（§7.4.1）．Hidenori Ubukata（1973）は，カラカネトンボで記録された比較的低い死亡率（表A.7.8）は，羽化場所の選好性（風除けを提供する），昼間の羽化（寒さを避ける），そして羽化の足場の豊富さ（過密を避ける）によるかもしれないと考えている．さらに，この種の幼虫のゆっくりとした生活様式やその微小息場所の生産性が比較的低いことによって個体群が小さく維持されるため（表A.7.5参照），利用可能な羽化の足場が多いと考えることもできる．対照的に，草をはむ有蹄類は羽化の数を**減らし**，その結果鳥の捕食者の接近を容易にしたために，サオトメエゾイトトンボの死亡率を増加させた（Thompson et al. 1985）．

捕食は，羽化の3つの段階，すなわち（1）ファレート成虫が羽化のための足場まで移動している間，（2）脱皮の途中や終了後に羽化場所にいるとき，そして（3）処女飛行時（議論についてはCorbet 1962a参照；Rudolph 1985）のいずれでも起きうる．羽化時

の捕食の記録は，注意深く集められたものであっても，実際の値よりも少なくなりがちである．それは捕食者（主として鳥類）がファレート成虫や羽化殻を除去してしまうことがあるからである（Sømme 1933）．また，ある種の捕食者，特にアリ（Kiauta 1971; Oosterwaal & Muilwijk 1971; Ubukata 1973; Gribbin & Thompson 1990c）による脱皮の前や途中での攻撃は，第1，第2段階（表A.7.9参照）の中に入ることはあっても，必ずしも第3段階には（たとえ捕食者が明らかに死の直接の原因であったとしても）入らない．羽化の各段階で，実に多様な捕食者がトンボ目を食うことが観察されている（表A.7.9）．しかし，高い死亡率をもたらすのは，そのうちのごく一部のものでしかない．高い死亡率は，クロウタドリ *Turdus merula* やセキレイ属の数種（*Motacilla* spp.），ヒメレンジャク *Bombycilla cedrorum* のような鳥が羽化場所の近くに棲むか，なわばりをもったときに起きる傾向がある．これらの捕食者は，1日の羽化集団の50％以上を消費してしまうことがある．実際，アメリカ，ワシントン州では，羽化しているトンボはキガシラムクドリモドキ *Xanthocephalus xanthocephalus* が雛に運ぶ最も重要な餌であり，羽化するトンボの多さは営巣密度に影響を及ぼしていた．ただし，個々の鳥のなわばりはトンボの分布が集中する場所とは関連がなかった（Orians & Wittenberger 1991）．もしこの捕食性の鳥がトンボの羽化場所を含むなわばりを防衛しているなら，そのつがいが能力の限界までトンボを捕獲するとき，それが1日の死亡率の上限となりうる．羽化場所での鳥による捕食は，羽化期の初めに羽化を同期させることが淘汰上有利になるような学習曲線をもたらすように見える．Ruth Willey（1974）の報告によると，鳥による *Somatochlora semicircularis* の捕食は羽化開始から2，3日目になって見られるようになったが，そのときまでにすでに年間羽化数の約50％が羽化していた．クモは無脊椎動物として第3段階での主な捕食者となることがある．例えば，カイゾクコモリグモ属 *Pirata* やシャコグモ属 *Tibellus* のクモは，アカイトトンボの1日の羽化集団の20％も殺すことがあるし（Gribbin & Thompson 1990c），コガネグモ属 *Argiope* や *Peucetia* 属，*Stegodyphus* 属のクモの網には，処女飛行を始めたトンボ科の種が多数かかり，高い死亡率をもたらした（Mathavan & Pandian 1977）．タイリクシオカラトンボによるオアカカワトンボ *Calopteryx haemorrhoidalis* の捕獲の7％は，後者の処女飛行の際に起きた（Rehfeldt et al. 1993）．

トンボは羽化時に対捕食行動を示すことがある．羽化のステージ1では，均翅亜目も不均翅亜目も捕食者を追い払うのに尾部付属器を使うが，前者は視覚的ディスプレイによって，後者は物理的接触によって追い払う（Corbet 1962a）．ステージ3では，イイジマルリボシヤンマが急に飛ぶ方向を変えたり，地面近くの茂みに飛び込んだりしてホオジロ属の数種（*Emberiza* spp.）の鳥を避けることが知られているが，これはほとんどの鳥には対応できない巧みな飛行術である（Schmidt 1964b）．トンボは，水に囲まれた直立した足場で羽化することにより，ステージ1とステージ2でアリによる捕食をしばしば免れていると思われる．また，早朝に処女飛行を終えることのできる（それには夜間の羽化を必要とする）種は，一部の鳥による攻撃を免れることができる（Corbet 1957a; Orians 1973）．

7.5 摘 要

他の不完全変態の昆虫と同様，トンボ目の幼虫の脱皮は回数が多く，その変異も大きい．8～17の齢数（前幼虫を第1齢として数に入れる）が記録されているが，観察の63％は11～13，86％は10～14の範囲に入る．齢数は種内でも変異があり，同じ条件で飼育された兄弟姉妹の間でさえ5つも齢数が異なることがある．同じ条件で飼育された幼虫間で齢数が異なる場合，齢数から最終的な幼虫のサイズを予測することはできず，齢数は幼虫のサイズと正や負の相関関係があったり，全くなかったりする．均一条件下で飼育された兄弟姉妹における，連続した齢の期間の変化パターンから，F-5齢ころまでには，最終的な齢数が生理的に決定されていることが分かる．

齢数には種内変異があるので，最初の3齢と最後の3齢を除いて，野外で採集された幼虫の齢期を決定することは適当ではない．

トンボの幼虫が脱皮する際に，体の部位の長さが増加する比率（成長比）は，平均的には不完全変態昆虫の中ではほぼ中間付近にあり，種内および種間で変異する．同じ種の中で，個体発生に伴う成長比の変化パターンの変異は，最終的な齢数にほとんど依存しないが，測定される体の部位に大きく依存する．翅芽は，老齢期になってから急速かつ相対成長的に大きくなる．過剰脱皮の可能性はあるが，翅芽の成長を調べることで最後の3齢を識別できることが多い．温帯の低緯度に分布する条件的年2化性のトンボでは，夏の期間だけ幼虫が発育する場合，小

形の成虫が羽化する．これは高温では発育が速まり，成長比が小さくなるという，すでによく知られている相関関係を反映しているのだと考えられる．

記録上最も短い日数（約20日）で幼虫発育が完了した例では，いくつかの齢でわずか1～2日間，F-0齢でもわずか5日間であるのに対し，ゆっくりと成長する種ではF-0齢だけで1年を越えることもある．

齢内における外観の変化は，アポリシス，すなわち次の脱皮が差し迫っていることが分かるだけでなく，成長の進行状況をモニターするのにも役立つ．

熱帯性と温帯性の種では，生活環が顕著に異なっており，元来が熱帯の昆虫であるトンボ目には熱帯，温帯の両地域にそれぞれ6つずつの基本的なタイプが存在する．

季節的な降雨を伴う，熱帯の低地にある止水の生息場所では，幼虫発育は雨季の間の1ヵ月半から4ヵ月で完了するのが普通である．また，成虫の寿命が長く，休眠状態で乾季を生き延び，生殖を次の雨季まで先延ばしすることがある．成虫が放浪する種，特に熱帯収束帯とともに移動する種では，理論的には毎年5～8世代を完結することができる．それに対し，低地の非放浪性の種は通常年1世代であるが（ただし特にトンボ科ではしばしば4世代），稀に1世代を完了できない場合がある．高標高の生産性の低い生息場所では，最も長い幼虫期間が予想され，10年近くに及ぶことがあると思われる．亜熱帯の低温の季節では，熱帯の種の1世代の長さが，熱帯での2.5倍になることがあり，温帯性のトンボに見られる越冬に類似したパターンを示す．

温帯地域では成長を制限する季節的要因は温度であり，生活環は高緯度になるに従って長期化し，複雑さが増す．つまり個体発生のステージや1年の時期に応じて，幼虫の日長と温度に対する反応が成長の抑制や遅延あるいは加速を生じさせ，その結果各ステージが季節的に適切な時期に配置されるようになる．1年間で完結する世代数は，4世代からわずか1/8世代に満たない場合までであり，温度に大きく依存しているので，緯度や標高とは負の相関関係が見られる．いくつかの分類群（例えば卵のステージでのみ越冬するアオイトトンボ科など）は，その分布範囲の北限（北極圏内）まで絶対的な年1化の生活環を堅持しているが，大部分の温帯性のトンボは1回あるいはそれ以上の冬を幼虫で越すという条件的化性を示す．これは，多年1化性の種が高緯度地域で定住個体群を持続させていくための必要条件であると考えられる．

ごくわずかの例外はあるが，トンボの幼虫は羽化の日まで水から離れることはない．一度離水すると，不可逆的な生理的変化が起きるため，たとえ悪天候であっても，2～3時間（稀には最大2日）を超えて羽化を延期することはない．脱皮のために選ばれる足場は，普通は遠くても水際から1m以内にあるが，例外的に水平距離で46m，垂直距離で12.5mも水際から離れた足場を使った羽化個体の記録もある．そのような場合，移動距離は，水温や気温，湿度などと関係することが多いが，過密であることや羽化の足場に使うことができる構造物の有無と関係するとは限らない．気象条件，特に気温が羽化の所要時間と季節的な時期に影響を及ぼし，ひいては死亡率にも影響する．

F-0齢幼虫の脱皮殻の徹底的な収集は，特に不均翅亜目で，羽化の特性を定量化するうえで特に有効な方法である．羽化の季節的パターンは，幼虫の発育の特徴を極めてよく反映している．そのため，種の季節的調節の様式を推定する際，最後の冬を過ごす齢を情報源にすることができる．どちらかの性が他よりも先に羽化することはあまりないが，あるとすれば雄の先行羽化のほうが多い．そして，雌のほうが多く羽化する第2の羽化ピークがあるときには，その差は広がりやすい．羽化時の性比は，生息場所や年によってかなり変動するが，均翅亜目では雄がやや多く，不均翅亜目では雌が多い．

羽化時の死亡率は，1年間の全羽化数の3～28％の範囲に収まるが，1日の死亡率は変動が大きく，全羽化数の50％にも達することがある．死亡の物理的要因の中では低温（脱皮または処女飛行を遅らせる）と風（テネラル成虫を振り落としたり，損傷させたりする）が最大の影響を及ぼす．一方，生物的な死亡要因は主に過密（脱皮を妨害することによる）と捕食（主として鳥とクモ，爬虫類による）である．

Chapter 8

成虫：一般

> 適応上の帰結としての体温や体温調節について，我々の知識はまだ幼児並みである．
>
> ——マイケル・メイ (1991a)

8.1 はじめに

　成虫になったトンボの行動は，多くの要因，特に羽化後の日齢，性，場所，1日の時間帯，天候に鋭敏に反応する．例えば，姿勢，休止場所の選択，飛行スタイル，同種の個体に対する反応は，微気候，特に周囲の気温によって大きく影響を受ける (Unwin & Corbet 1991)．実用的な理由から，成虫の行動の変異と生涯における行動の変化とは，区別して取り扱う必要がある．また，体温調節は，（特に高緯度地方で）トンボの成虫が行うほとんどすべての行動と密接に関係しているので (May 1991a)，明言しない場合でも，行動と微気候の間には決定的な関係があることを読者は常に心にとどめておいてほしい．体温調節にあてた後の項 (§8.4.1) では，物理的な要因が「典型的な」行動をどのように変化させうるかを推測するために必要な資料を示したい．成虫の生涯は3つの連続したステージとして認識できる．すなわち，**前生殖期**と**生殖期**，そして存在がはっきりしない**後生殖期**である．最初の2つのステージの特性はこの章の背景として必要であり，§8.2と§8.3で記述する．物理的・生物的環境の影響はその後で扱う．成虫に関するその他の3つの主要な生態学的要求，すなわち採餌，空間移動，生殖は次章以降で扱う．

　後生殖期は，もしそれが存在したとしても，あまり生物学的な意味はない．このステージの存在はアオハダトンボ属 *Calopteryx* (Heymer 1972) やアカネ属 *Sympetrum* (Corbet 1962a) で報告されてきたが，Łabędzki (1995) が観察したように，もしそのような個体が雌雄の出会い場所から離れた場所にいるなら，通常の調査をしている限り，後生殖期の成虫を見かけることはまずないはずである（ねぐらの個体を除いて）．Hidenori Ubukata (1981) は，カラカネトンボ *Cordulia aenea amurensis* で後生殖期が事実上存在しないことを報告した．私が知っている珍しい例としては，László Börszöny (1993) によるキボシエゾトンボ *Somatochlora flavomaculata* の観察がある．すなわち，最も遅く生殖が記録された雄の日齢は26日（成熟後の日齢）であったが，ある雄はその後さらに21日間（最後の交尾が観察されてから46日間）も性的な行動を示すことなく生存していた．越冬中のタイリクアカネ *Sympetrum striolatum* の成虫の一部は，結果として後生殖期に入っているのかもしれない (Jacquemin 1987参照)．後生殖期の存在を確信するために必要なきちんとした証拠（例：活性の高い配偶子をもたず，性的行動も示さない老齢個体の発見）が待たれる．

8.2 前生殖期

　テネラルと呼ばれる羽化直後の成虫は，その外皮がまだほとんど無色で硬くなっておらず，弱々しくひらひらとしか飛べない (Conrad & Herman 1990参照)．通常，このような状態は羽化後24時間足らずで終わってしまう．天気の良いとき，ヨーロッパアオハダトンボ *Calopteryx virgo* のテネラルなステージは（クチクラの硬さで判定すると）12時間以内に完了することもある (Lambert 1994)．**テネラル**という用語をもっと長い期間に適用している研究者（例：Neville 1983）もいるので，その範囲を拡大解釈しなければならない場合がある．私は生殖行動の開始に先立つ成虫の期間（テネラルなステージを含む）と

いう意味で**前生殖期**という用語を使っている．この期間は**成熟期**と呼ばれることも多い．「未成熟個体immature」あるいは「亜成熟成虫subadult」という用語を説明なしに前生殖期の成虫に対して用いると，混乱が生じる可能性がある．前者は時々（残念にも）幼虫の意味で使われ，後者は本来はカゲロウ目に見られる2段階の成虫期の初めのステージに用いるべきだからである．この本では「未成熟」や「成熟」という用語を成虫に限定して使う．

前生殖や**生殖**という用語の意味をはっきりさせないと，体色の成熟と性的な成熟が独立して進む場合に混乱が生じる可能性があるというTetsuyuki Uéda (1989) の指摘は正しい (§8.2.2)．それゆえトンボ目に関する文献の中では，今後とも**成熟**や**性的成熟**という用語を正確に使用する必要がある (Adetunji & Parr 1974)．

8.2.1　前生殖期の長さ

成虫個体群の動態を説明したり，生殖活動に利用できる時間の長さを推定するためには，前生殖期の長さを調べる必要がある．また，トンボの成虫の行動は性的に成熟すると著しく変わるので，観察個体の成熟度合いを記述していない観察結果は，比較のためにはあまり役に立たないかもしれない．

野外で前生殖期の長さを決定する実用的な方法は，羽化日に標識したテネラル成虫について，それぞれいつ生殖行動を開始したかを羽化期を通して記録することである．この方法で得たデータに基づく図8.1がなめらかな経過を示していることから，その結果は信頼できると考えられる．ただし，この方法で示すことができるのは最小値だけであって，最大値についての信頼性は低い．例えば，羽化場所で標識したヒスイルリボシヤンマ Aeshna cyanea の成虫の一部は，成熟して同じ場所で再び観察されたのは90日後であったが，Inden-Lohmar (1995a) が推測したように，これらの成虫はもっと早くから成熟していて，その間に他の水域に飛来していた可能性が高い．成虫活動期の初期における前生殖期の最短の長さを知るために，もっと簡単でよく使われる方法は，特定の調査場所における羽化開始日と生殖行動の開始日の間の長さを求めることである．

成熟度は体色や生殖腺の変化によって評価されることがあるが (§8.2.2)，最も確かな基準は，雄では交尾，雌では産卵といった性成熟に直接関連した事項である．ただし雌の成熟の判断基準に交尾を用いることは危険である．特に配偶システム1 (§11.9.2.1) の種（例：キバライトトンボ Ischnura aurora）では，産卵を始める数日前のテネラルの時期でも交尾することがあるからである．Jochen Lempert (1995a) は，エゾアカネ Sympetrum flaveolum の雌の一部はまだ体の軟らかいうちに交尾することがあるが，この場合，産卵は観察されないことを記録している．ナイジェリアトンボ Nesciothemis nigeriensis の雄は，水域へ移動してなわばりをもつようになる2日前には攻撃行動を示す (Parr 1983a)．アオハダトンボ Calopteryx virgo japonica の雄は，水域に戻ってきてから，なわばりをもつようになるまで数日を要するが，これはなわばりの獲得が困難であるためかもしれない (Miyakawa 1982a)．これらの例は，性的な成熟を認識するためには，はっきりした基準を決める必要があることを示している．

前生殖期の長さが正確に決められたとしても，それは，年や羽化時期によっても大きく変化する (Aguesse 1961; 宮川 1967a; 図8.1)．おそらく，摂食や体を温める機会の多さに影響する天候の変動に依存しているからである．寒冷な天候はカラカネトンボ (Ubukata 1973) やアカイトトンボ Pyrrhosoma nymphula (Corbet 1962a) の前生殖期を長びかせている．したがって，飼育下の好適な条件下での前生殖期の長さの観察は，野外で可能な最小値かもしれない (Johnson 1965参照)．Inden-Lohmar (1997; 図8.1参照) によって得られたヒスイルリボシヤンマについての非常に正確な記録では，連続した2年のいずれの年でも，羽化の初期には4週間であった前生殖期の長さが終期には7週間へと徐々に増加した．

8.2.1.1　雌雄における相違

雄の性的な行動は雌よりも目立つので，生殖期の始まりと前生殖期の長さを決定するためには，雄のほうが頻繁に利用されている．しかし，前生殖期の長さは両性間でいくらか異なるのが普通である．8科19属の26種について，同じ場所で同じ季節の間に行われた比較研究によると，これらの種のうち，23種で雌のほうが前生殖期が長く，そのうち12種では特に長かった（表8.1）．ただ1種，タカネトンボ Somatochlora uchidai では雄のほうが長く (Ubukata 1974)，Calopteryx aequabilis (Conrad & Herman 1990) とアオイトトンボ Lestes sponsa (Ubukata 1974) の2種では両性に違いがなかった．雄の先行羽化（表A.7.7）が両性の前生殖期の長さの不一致の一因になっていることも稀にはあるが（例：Deacon 1975），雌雄の前生殖期の長さと雄の先行羽化の正確なデータが両方ともそろっている4種では，雌の前生殖期が長い

8.2 前生殖期

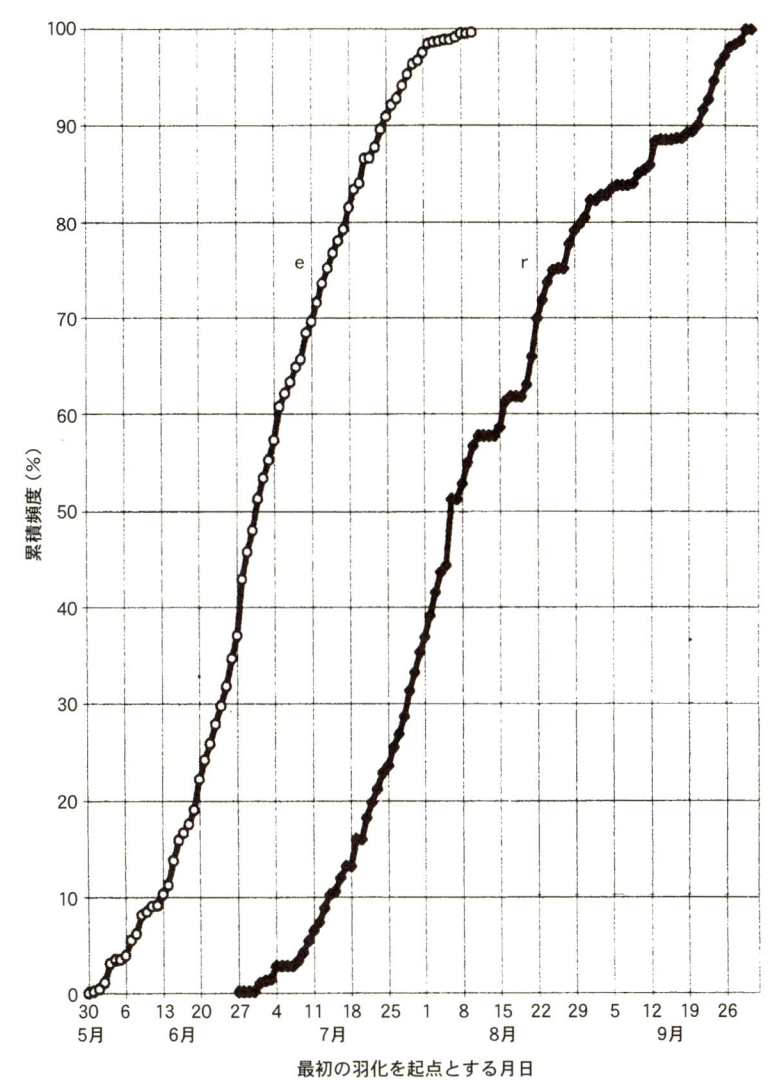

図 8.1 羽化期を通して見たヒスイルリボシヤンマの前生殖期の長さの最小値．羽化時に標識した成虫の羽化 (e) から水辺へ戻る (r) までの間隔を最小値とみなした．756個体に標識し，そのうち579個体が戻った．前生殖期の長さは羽化期の間に徐々に増加している．ドイツ，1994年．(Inden-Lohmar 1997を改変)

ことを雄の先行羽化によっては説明できなかった (Corbet 1957a; Trottier 1971; Thompson 1989c; Gribbin & Thompson 1991a)．雄が先行羽化を示す種は決して多くはないので（表 A.7.7），雄が雌より早く前生殖期を終えるのが一般的だということになる．どの季節や場所でも同様であろうが，特に高緯度地方では，前生殖期の雌雄差は，最初の雄が成熟した後の天候によって著しく変化するだろう．雌のほうが雄よりも前生殖期がかなり長い13種では（表8.1），その差は雄の前生殖期の長さの約36〜150％の範囲である．雄が雌より早く成熟するのが一般的だろうが，ある種における雌雄差の推定は，次のようなときに信頼性が高いに違いない．それは，どちらの性が早く羽化するかが分かっているとき，成熟の判断基準が雄と雌で等しいとき，さらに標識から再捕獲までの間隔が雌で長くても，それが単に雌の再捕獲率が低いためではないと研究者が確信しうるときである（Bennett & Mill 1995b 参照）．オオアオイトトンボ *Lestes temporalis* の雄は，林内で約3ヵ月の前生殖期を過ごした後，雌より先に水域への移動を開始した（Uéda & Iwasaki 1981）．

8.2.1.2 前生殖期の長さと生活環

熱帯性と温帯性の種はどちらも，制御されていな

表8.1 雄よりも雌の前生殖期がかなり長いトンボ

種	前生殖期（日数）雄	前生殖期（日数）雌	文献
オオルリボシヤンマ	19	27	Ubukata 1974
コウテイギンヤンマ	11	15	Corbet 1957a
エゾイトトンボ	5	11	Ubukata 1974
カラカネトンボ*	9	16	Ubukata 1974
ハーゲンルリイトトンボ	6	9	Fincke 1986a
Gomphurus ozarkensis	18	25	Susanke & Harp 1987
スペインアオモンイトトンボ	2〜5	4〜6	Cordero 1987
アメリカアオモンイトトンボ	2	5	Fincke 1987
セボシカオジロトンボ	8	12	Deacon 1975
ムラサキハビロイトトンボ	20〜25	37〜42	Fincke 1992b
アメリカハラジロトンボ	8〜14	13〜24	Jacobs 1955
アカイトトンボ	11	16	Gribbin 1989
コサナエ	6	12	Ubukata 1974

* *Cordulia aenea amurensis*.

表8.2 熱帯性のトンボの生活環タイプと前生殖期の長さ

生活環タイプ[a]	種[b]	緯度[c]	およその長さ	文献
A.1	コシブトトンボ*	7°17′	13〜18日[d]	Hassan 1977b
	ナイジェリアトンボ	11°11′	13日[e]	Parr & Parr 1974
A.2.1.1	*Anisopleura lestoides*	30°30′	5ヵ月	Kumar & Prasad 1977c
A.2.1.2	*Crocothemis divisa*	9°41′	9ヵ月	表A.8.2参照
	Erythrodiplax funerea	約9°	6〜7ヵ月	表A.8.2参照
	Uracis imbuta	約9°	3〜4ヵ月	表A.8.2参照
A.2.1.3	ムラサキハビロイトトンボ	約9°	20〜42日[d]	Fincke 1992b

[a] 表7.3で定義した.
[b] 典型的な例だけを示す．表7.4に示した種の一部では，生活環タイプA.2.1.1とA.2.1.2の前生殖期の長さと一致することが分かっているか，推定されている．
[c] 北緯．
[d] 雌雄を含む範囲．
[e] 雄だけのデータ．
* *Acisoma panorpoides inflatum*.

い生活環（表7.3のタイプA.1とB.1）と制御された生活環（タイプA.2とB.2）への二分化が見られ，前生殖期の長さに反映される．絶対的年1化性である種（A.2.1.2とB.2.1）の前生殖期間は相対的に長く（3〜9ヵ月），それ以外の（前生殖期が分かっている）種では短い（最大で2ヵ月）．このことは図8.2に示した温帯の種ではっきりと分かる．絶対的年1化性の種の前生殖期は，成熟することに加えて次のような働きをしている．それは，過酷な季節を生き残ること，季節はずれの繁殖は避けられること，しかし状況が好転すれば（雨や温暖）直ちに対応することができる生活段階を準備しておくことである．低緯度の熱帯地方では，絶対的年1化性の種の前生殖期は乾季の間続く．この季節は乾燥し，低緯度地方ではしばしば高温になるが，正確には夏と呼べないので，これらのトンボが夏眠すると言うことはできない（Masaki 1980）．したがって，これらの種の成長停止状態を指す用語として，この本では**耐乾休眠**（用語解説参照）を使う．熱帯地方でも緯度が高くなるにつれて，あるいは標高が高くなるにつれて，乾季はしだいに寒い季節と一致するようになる（Gambles 1960参照；Hassan 1976b）．ナイジェリアのザリアZariaからカノーKanoにかけてと北緯11〜12°のギニアのサバンナでは，乾季の間，夜間の気温が氷点下になることがある（Parr 1994a）．北緯7°付近のナイジェリアでは，乾季（11月から1月）だけではあるが，ねぐらに就いているトンボ科の成虫は，朝の飛行前に翅から露を落とさなければならないほど夜間が寒くなる（Hassan 1976b）．緯度が高くなるとともに，絶対的年1化性の種の前生殖期間は，耐乾休眠ステージの基本的な役割を保ちながら越冬ステージになっていく．そのような状況では，前生殖期の耐乾休眠に2つの役割があることが，表A.8.2とA.8.3の熱帯性の種，特に*Bradinopyga geminata*や

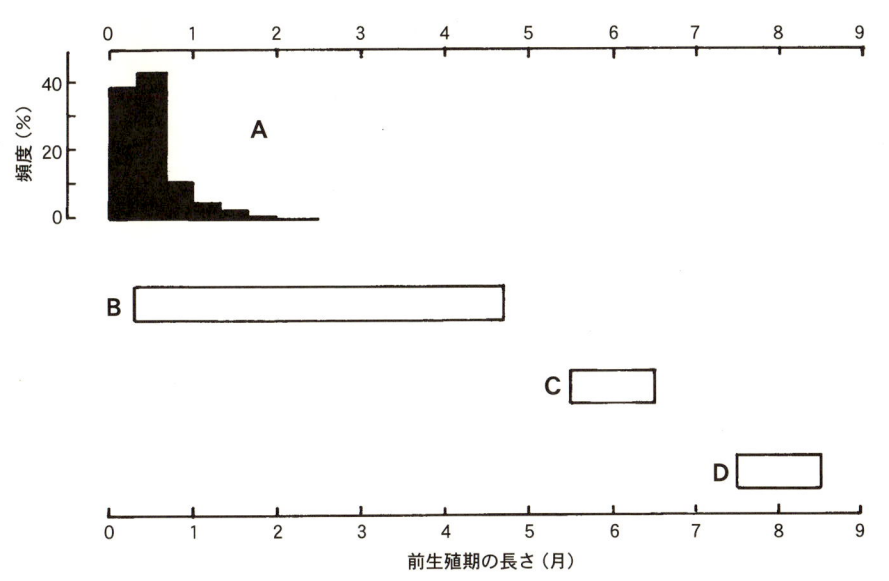

図8.2 温帯性の4種類のトンボの生活環における前生殖期の長さ．A. 生活環タイプB.2.2（表7.3参照）；B. タイプB.2.1.2；C. タイプB.2.1.2（現在のところホソミイトトンボのみ）；D. タイプB.2.1.3．Aは152種の結果．BとC, Dの幅はおおよその範囲を示す．Bでは，前生殖期の成虫が現地の気候によって，夏眠したりしなかったりするので，前生殖期の長さは変化する．Cでは夏世代の成虫のみが休眠する．Dでは夏世代の成虫が夏眠し，その後冬眠もする．出典と例は本文，表7.4, 8.3およびA.8.1を参照．

Lestes virgatus の記載事項によってよく示されている．耐乾休眠ステージと越冬ステージの一致は，熱帯性のトンボが温帯地域に定着するのに利用してきた1つの経路を暗示している．成虫で耐乾休眠する能力が前適応となって，夏の干ばつを特徴とした地中海性気候が出現した320万年前の旧北区西部で，夏眠への移行が促進されたに違いない (Suc 1984)．両者の組み合わせによって，夏とそれに続く冬の間を未成熟成虫として生き残る夏冬連続休眠がもたらされ，おそらく温帯の種で最も長い前生殖期間が生じたに違いない．表A.8.2とA.8.3には，延長された成熟期の3つのタイプの例を示している．

8.2.1.2.1 熱帯性の種

熱帯性の種の前生殖期の長さは，それぞれの生活環タイプと密接な関係をもっている（表8.2）．タイプA.1の生活環をもつ種について，定量的な記録だけを表8.2に示したが，これらは典型的な例と考えてよいだろう．したがって，前生殖期の長さは，成虫時に夏眠も休眠もしない温帯性のほとんどの種とよく似ている（図8.2A）．表8.2の残りの（制御された生活環をもつ）種は，毎年4～9ヵ月間，水がなくなることが多い生息場所に棲んでいる．

タイプA.2.1.1とA.2.1.2は，乾季を前生殖期の成虫として過ごす生活環である．性的成熟の始まりは，明らかに雨季の到来や接近による刺激によって引き起こされるため，前生殖期の長さは乾季の長さに対応し，地域や年によっても変化すると予測できる．前生殖期は雨季の始まりの**前**に終わることがある．例えば *Gynacantha vesiculata* (Gambles 1960) と *Leptobasis vacillans* (Paulson 1983b) は，まだ乾燥しているものの1週間くらいで水がたまるはずの場所に産卵することが時々ある（これが普通かもしれない）．パナマの半落葉性の森林に生息する *Uracis imbuta* の成虫個体群について，Paul Campanella (1975a) が標識した雌雄を乾季の間ずっと追跡調査したところ，雨が降り始める3週間前までは，卵巣と精巣が萎縮した未成熟状態であったが，3週間で雌雄の生殖器は速やかに発達し，雄の体色や行動も成熟間近の徴候を示すようになった．そして雨季の始まる直前の2日間に，この個体群全体が森林を去った．パナマでEugene Morton (1977) が観察した *Erythrodiplax funerea* も，森林の中で前生殖期の成虫として乾季を過ごすが，この種は最初の豪雨が**終わった**日の翌日くらいまで成熟を遅らせ，森林を離れないようである．両種とも，パナマ中部の雨季である5～12月のうち，最も雨の多い11月に繁殖を停止し，乾季の終わりまで（繁殖活動中の成虫が日齢の進行とともに示すような）体の白粉化は起きなかった (Morton 1982)．Sid Dunkle (1976) はメキシコの北緯23°13′

の地点では，雨季が始まった後すぐに，水域の E. funerea の成虫数が減少することを報告している．Ola Fincke (図7.7) がパナマのハビロイトトンボ科の観察をもとに報告しているように，ファイテルマータに棲み，そのために生活圏が林内に限定される種（生活環タイプA.2.1.3）は，乾季を生き残るためのさまざまな条件戦略を採用しているらしい．表8.2に記載されたムラサキハビロイトトンボ Megaloprepus coerulatus の前生殖期が比較的短いことは，好適な状態になったときに直ちに適切に反応できる日和見的戦略を意味しているかもしれない．すなわち，ムラサキハビロイトトンボとヒメハビロイトトンボ Mecistogaster ornata は，乾季が終わり，樹洞に水がたまり始めると間もなく産卵を開始するのに対し，Mecistogaster linearis は乾季の初めから交尾し，雌は乾季の間ずっと交尾や産卵を続けたからである（Fincke 1992a）．

表A.8.2, A.8.3に示された熱帯のトンボの中では，アオイトトンボ科の種が多い．実際，Robert Gambles (1960) によると，ナイジェリアのアオイトトンボ属 Lestes のうち，成虫で耐乾休眠**しない**ことが知られている種は L. plagiatus だけであり，この種は1年中流水域にいて活動している．ナイジェリアにおける L. virgatus の広い分布域には，乾季のない地域が多く含まれている（Davies 1996）．日本のアオイトトンボ (Uéda 1978) をもとに最節約法による推論を行うと，L. virgatus における耐乾休眠だけでなく，おそらく広範囲に分布する熱帯性のトンボにおける季節性の他の側面も条件的なものと考えられる．

乾季の間，森林の中や草地など水域から遠く離れた所でトンボの成虫が観察された記録が，多くの熱帯の国々から報告されている．成虫の成熟状態については（普通は体色によって）記録されていることもあるが，記録されていないことが多い．そのため，そのような成虫が耐乾休眠していたことは明らかだが，それらの成虫が未成熟だったかどうかは必ずしも分からない．コスタリカの太平洋側で，雨季の初めの2〜3週間に見られる，Erythemis vesiculosa や Erythrodiplax umbrata などの多数の成熟した雌雄と，少数の Anax amazili や Coryphaeschna 属の種で構成される大集団の移動は，そのようなトンボの少なくとも一部は耐乾休眠をしていたという Paulson (1995) の推論と整合性がある．表A.8.2の観察記録，特に Campanella と Fincke による記録は，乾季を通して定期的に成虫の生殖状態を記録すれば，タイプA.2の熱帯性の種の季節的な生態について多くのことが分かることを示している．例えば，一部の個体がかな り老齢に見えるカトリヤンマ属 Gynacantha の成虫の乾季における生殖状態を知ることは有益であろう．私がウガンダで乾季に見つけた G. villosa の雌の多くは，雄によって過去にタンデム結合されたことを示す複眼のタンデム痕をもっていた．1994年の3月末，乾季の最中（さらにあと約8週間は続く）のパナマで，M. L. May (1994) は，明らかに十分に成熟した卵をもつ Uracis imbuta の雌や，十分に成熟した体色と膨れた貯精嚢をもつ雄の U. fastigiata を見つけたが，これらの個体は同種個体と一緒にいても性的と思えるどのような行動も示していなかった．パナマでは，明らかに成熟した Lestes secula の成虫が1年を通して見られるが，May (1993a) はこの種の生殖活動が雨季に限られることを観察している．おそらく，耐乾休眠をする個体の一部は乾季の**初め**にまず生殖し，その後生殖活動を休止して，雨季がやってくると再び開始するのであろう．しかしこの戦略は，季節によって条件的に大きく変化し（Etyang & Miller 1995参照），そして耐乾性の卵の休眠特性によってもさまざまに異なるであろう．1994年3月にパナマを訪問した May は Gynacantha tibiata の単独雌やタンデムが，湿ってはいるがほとんど水のない小さな水たまりで，朽ち木や泥に産卵するのを観察している．産卵中に捕獲したこれらの雌と Triacanthagyna satyrus の1雌は，多くの成熟した卵をもっていた．

タイプA.2.2の生活環をもつ放浪性の種については，前生殖期の長さはほとんど知られていないが，降雨や滞留水に反応して性的に成熟するのでなければ，タイプA.1の前生殖期間と同じような長さだと考えてもよいだろう．

8.2.1.2.2 温帯性の種
制御されていない生活環をもつ温帯地域に生息する種（表7.3のタイプB.1）の前生殖期の長さは，熱帯の対応する種 (A.1) のそれとよく似ていると思われるが，私の知る限りその記録はない．制御された生活環をもつ種 (B.2) では，化性が条件的に決まる種 (B.2.2) と絶対的に決まる種 (B.2.1) の二分化は前生殖期の長さと関連があり，この指摘は研究上有効な指針となる．

化性が条件的な種 (B.2.2) の前生殖期の長さは，1日から約2ヵ月の範囲にある（図8.2A）．30〜60°の範囲の緯度に生息するそのような種の個体群における前生殖期の長さの記録（152例）を調べたところ，30〜50°の緯度では前生殖期の長さとの間には明白な関係が示されなかった．しかし，これは40°以下で20日を超える記録がやや不足しているためかもし

表8.3 地域によって前生殖期の長さが変化する温帯性のトンボ

種	長さ（日）	文献
マダラヤンマ	17～140	曽根原 1964; Brownett 1992; Samraoui et al. 1998; Muñoz-Pozo & Ferreras-Romero 1996
ソメワケアオイトトンボ	11～98	Rudolph 1976b; Utzeri et al. 1984, 1988
アオイトトンボ	10～120	Uéda 1978
オオアオイトトンボ	30～90	Uéda & Iwasaki 1982
Lestes virens[a]	84	Utzeri et al. 1988
マキバアオイトトンボ	25～90	Dreyer 1978; Cordero 1988; Agüero-Pellegrin & Ferreras-Romero 1992
アキアカネ	90まで	Asahina 1984a; 上田 1988
Sympetrum meridionale	110	Samraoui et al. 1998; Jacquemin 1987参照
タイリクアカネ[a, *1]	120	尾花 1969
タイリクアカネ[*2]	42～140	Parr 1989; Samraoui et al. 1998
キアシアカネ	38～87	Tai 1967; Boehms 1971

注：期間はおよその長さ．アオイトトンボとアキアカネだけは前生殖期の長さと局地的気候との間の関係が明らかにされているが，そのような関係はここに示した他の種でも期待できる．すべての種が生活環タイプB.2.1.2（表7.3）．
[a] 実体は不確実で，前生殖期の短い個体群の発見が待たれる．
[*1] *S. striolatum imitoides*.
[*2] *S. s. striolatum*.

れない．前生殖期の長さで最も多かったのは11～20日であり，全体の82％が1～20日の間に，92％が1～30日の間に収まっている．前生殖期が最も短い種と長い種を表A.8.1に示した．短い前生殖期をもつ種のうちでもイトトンボ科，特にアオモンイトトンボ属*Ischnura*とグンバイトンボ属*Platycnemis*に極めて短い種が多い．長い前生殖期をもつ種のうち，オオシオカラトンボ*Orthetrum triangulare melania*の雌の32日（山口 1963）を除けば，タイプB.2.2の6種が長く，40～60日の間である（表A.8.1）．このグループではルリボシヤンマ属*Aeshna*の種が多くを占める．*Archilestes grandis*は本来新熱帯に棲む種であるが（Abbott & Stewart 1995），1920年代以来，アメリカ南西部から北や東へ分布域を広げ，ニュージャージー州やニューヨーク州にまで達している（Blanchard 1992; Westfall & May 1996）ことは注目すべきである．北アメリカの温帯において，この種は可塑性のある生活環をもっているらしい（Bick & Bick 1970参照; Ingram 1976a; Johnson et al. 1980）．

絶対的な化性をもつ種（B.2.1）の前生殖期の長さは，地域的な気候条件（図8.2B）によって明らかに変化するし，冬の長さ（図8.2C）や夏の終わりから冬にかけての長さ（図8.2D）によっても変化する．表8.3には，前生殖期の長さが変化することが明らかか，そのように推測される種（図8.2B）をあげた．日本のアキアカネ*Sympetrum frequens*が前生殖期の成虫として夏眠することはよく知られていたが（§10.2.3.1），その夏眠の生態学的意義の理解は，上田哲行の研究によって大きく進展した．彼は1978年に，旧北区に広く分布するアオイトトンボの前生殖期の長さが北緯40～58°までの間ではどの緯度においても約20日であり，40°より南では徐々に延びて，分布の南限となる北緯34°近くでは約120日になることを示した．この変化の勾配に沿って，前生殖期の長さと年平均気温の間には密接な関係がある（図8.3）．この関係は同緯度（北緯36°30′）で標高の異なる場所に生息する2つの個体群によってうまく説明された．すなわち，標高300mの個体群は前生殖期に休眠したが，標高700mの個体群は休眠しなかったのである（Uéda 1989）．上田は，前生殖期の長さの変異は，産卵延期の必要性が地域ごとに異なることを反映している，という考えを提唱している．地域によっては，（すべての卵が絶対的休眠によって越冬すべきなのに）産卵延期がないと卵が秋に孵化してしまい，寒さに敏感な若齢幼虫期が低温にさらされることになる．日本のように南北に長い国は，このような関係を調べるのに都合の良い国である（他の昆虫の例についてはTauber & Tauber 1981参照）．上田（1988）はアキアカネも似たような傾向をもっているという仮説を提唱したが，少なくとも年によって一部の個体群が夏眠すると思われる北海道で，それを確認する観察が必要である（§10.2.3.1）．アキアカネは羽化後すぐに高地へ移動し，そこで夏を過ごし，初秋に生殖のために低地へ戻ってくるのが一般的である．日本のアオイトトンボで例示されたような生殖期の長さと緯度の間に存在する負の相関関係は，ヨーロッパに生息するソメワケアオイトトンボ*Lestes barbarus*でも存在する（Utzeri et al. 1988）．最近，Boudjema Samraouiらによって，7月下旬から10月初旬にかけて雨がほとんど降らないアルジェリア北東部の高地で，マダラヤンマ*Aeshna mixta*と*Sympetrum meridionale*，タイリクアカネ*S.*

S. striolatum の3種が前生殖期の成虫として夏眠していることが発見されたが (Samraoui et al. 1998), これらの種もアオイトトンボ型の勾配を示すことを示唆している. すなわち, アルジェリアの北東部はヨーロッパ産のこれらの種の地理的南限に近いからである. 逆に, 高緯度地方に生息するこれらの種の前生殖期の長さの記録を湿潤な夏と乾燥した夏で比較すれば, この仮説を検討することが可能になるだろう. 表8.3にあげた種のおそらくすべては, 退避場所となる安全な生息場所で前生殖期を過ごすが, この問題は§10.2.3でさらに議論する.

長い前生殖期をもつ生活環の他の2つのタイプは, 冬眠 (図8.2C) か夏冬連続休眠, すなわち, 夏眠に続く越冬 (図8.2D) を伴っている. 生活環の確認がまだ必要ではあるが, 明らかな例外となるホソミイトトンボ *Aciagrion migratum* を除くと, タイプB.2.1.2とB.2.1.3の生活環は, 悪条件の季節をまたいだ長い前生殖期をもつ絶対的年1化性で, 熱帯の対応する種 (A.2.1) の生活環とよく似ている. 夏冬連続休眠する種 (B.2.1.3) は, 春の短期間だけ水が存在するような水たまりにも分布する. Henri Dumont (1979) は, アトラス山脈の低地では *Sympecma fusca* が乾燥してしまう場所にも生息することを記載している. 表A.8.3の中にホソミオツネントンボ属 *Indolestes* が含まれることは, この属のオツネントンボ亜科における分類学的な位置づけと, 形態学的にアオイトトンボ属とオツネントンボ属 *Sympecma* の中間であるという見解 (Lieftinck 1980) に一致する. 夏冬連続休眠する成虫は, 時々, 越冬場所で密な集合を形成することがある (Jödicke & Mitamura 1995 参照). 小野 (1990) は1月下旬に, オツネントンボ *Sympecma annulata braueri* の成虫500個体以上が小屋のトタン壁の間に入り込んでおり, 110×24cmの広さに100個体以上がひしめいていたのを発見している.

タイリクアカネ (表A.8.3) では越冬の散発的な記録があり, 熱帯性のスナアカネ *Sympetrum fonscolombei* がタジキスタンでは越冬することがあるというBorisov (1986) による報告もある.

8.2.2 形態の変化

トンボの成虫は前生殖期の間に, 身体的にも行動的にも生殖の準備を整える. 生殖は普通その生涯続く過酷な活動である. 成熟していく間に起きるどのような変化も生殖のために重要であるのはもちろんだが, 我々にとっては, 性的な成熟度合いと羽化後

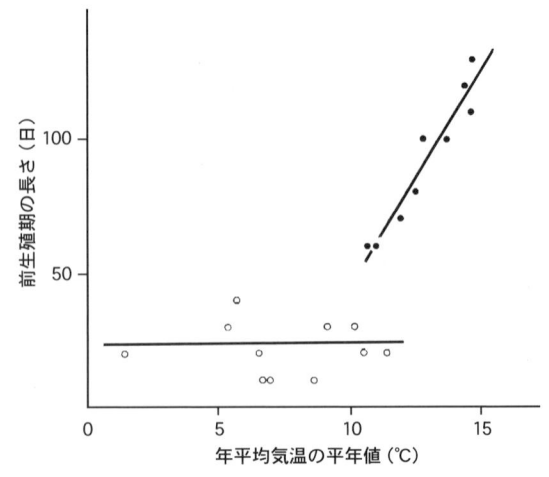

図8.3 北緯34°25′から58°40′までの範囲の20地点におけるアオイトトンボの前生殖期の長さと年平均気温との関係. 白丸は繁殖開始に遅延が見られない地点, 黒丸は遅延が見られる地点を表す. (Uéda 1978より)

の日齢との相関関係が観察や研究に利用可能である点からも興味深い. この2つの視点から表A.8.4にあげた変化を取り扱うことにする.

8.2.2.1 性的な成熟

成熟期の間に起きる変化のうち, 生物学的に最も重要な変化は生殖に関係する競争力の発達にかかわるものである. それらには, 生殖腺の成熟や (特に, なわばりをもつ種の雄においては) 機敏な飛行に必要な胸部の筋肉組織の発達, そして同種個体の性や成熟度合いの認識に利用可能な体色変化が含まれる (§11.4).

卵巣と卵形成については§2.3で述べた. これに関連した交尾嚢, 受精嚢, 腔を含む内部器官はMidttun (1976) やMiller (1991a) によって記述されている. 成熟するまでにこれらの器官で起きる変化は, おそらく, その速さ以外は種によらず共通である. テネラル成虫の卵巣は未発達で非常に小さく, 卵巣小管には白くて卵黄のない未熟な濾胞のみが存在する (C. Johnson 1973a; Watanabe & Adachi 1987a). 成熟するまでの間に, 濾胞 (それゆえに卵巣も) は色彩が変化し, 大きくなっていく. モノサシトンボ *Copera annulata* の成熟濾胞 (つまり, まだ産出されていない卵) は黄色がかった橙色で, 卵の大きさは前生殖期の終了直前に最大となり, その後, わずかにではあるが, 有意に減少する (Watanabe & Adachi 1987a). 最初の濾胞の出現は, アメリカアオモンイトトンボ *Ischnura verticalis* では羽化後4〜8日

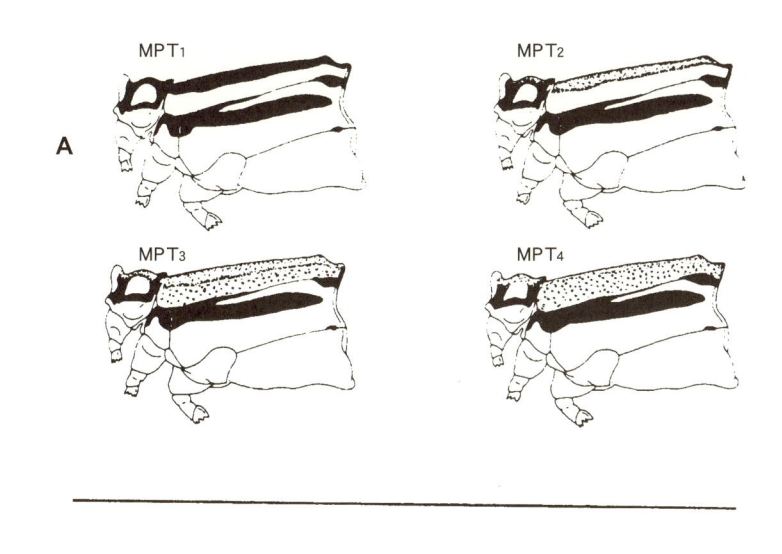

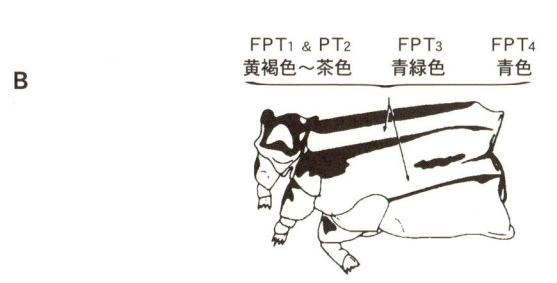

図8.4 *Argia moesta*のテネラル期以降 (PT) の4段階の成熟ステージの判定に用いた外見的な基準．A. 雄，白粉の広がり（点刻で示す）を基準にした；B. 雌，前肩条と胸部の側面の色を基準にした．すべての雄はステージMPT$_3$までに性的に成熟し，すべての雌はステージFPT$_4$までに成熟していた．野外では成熟までに約14日を要した．(C. Johnson 1973a より)

(Grieve 1937)，カオジロトンボ*Leucorrhinia dubia*では6〜12日経過してからである (Pajunen 1962a)．アオイトトンボ属の3種 (Watanabe & Adachi 1987b) やニシカワトンボ*Mnais pruinosa* (Nomakuchi et al. 1988) を典型例とするならば，卵巣の中に最初の卵が現れた後，卵数は急速に増加するが，その後は生殖期の残りの期間に濾胞が成熟し続けるので，比較的一定レベルに保たれると言える (§2.3)．コバネアオイトトンボ*Lestes japonicus*は別だが，アオイトトンボとオオアオイトトンボの卵の平均体積は，おそらく卵黄の含有量が減少するために，日齢とともに有意に減少する．卵巣の発達中に起きる濾胞の再吸収 (C. Johnson 1973a; Uéda 1989) は，雌の栄養状態を反映しているのであろう．

卵巣の成熟とともに，関連する器官の大きさや形は変化する．モノサシトンボの場合，最初は薄くて扁平な楕円形だった交尾嚢は急速に体積が増加し，卵巣が成熟するころには卵形になり，その後はその形が保たれる (Watanabe & Adachi 1987a)．成熟した雌の交尾嚢や受精嚢内に精子が存在するかどうかは，雌の交尾経験を調べるのに使える．トンボ科ではそうでないが，均翅亜目の場合，交尾嚢と受精嚢から取り出したばかりの精子は，外観が互いに異なっている (Miller 1991a)．

羽化後直ちに卵巣発達を開始する種（すなわち，休眠しない種）では，卵巣小管内における最初の成熟卵の出現から判断した卵巣成熟と，体色変化との間には密接な関連がある (Grieve 1937; C. Johnson 1973a; 図8.4)．しかし（任意に定義した同一の体色による成熟ステージで判定して），同属内でも成熟の早い種とそうでない種がある (Watanabe & Adachi 1987b)．日本のアオイトトンボの卵巣休眠をする個体群では，体色の成熟と卵巣の成熟は独立して起きる．すなわち，休眠する個体群の成熟した体色への変化は非休眠の個体群と同様に20日ほどで完了するが，休眠の終了を意味する卵巣の成熟の完了には70〜90日間を必要とする (Uéda 1989)．

Bjørn Midttun (1974) はホソミモリトンボ*Soma-*

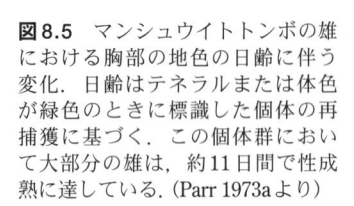

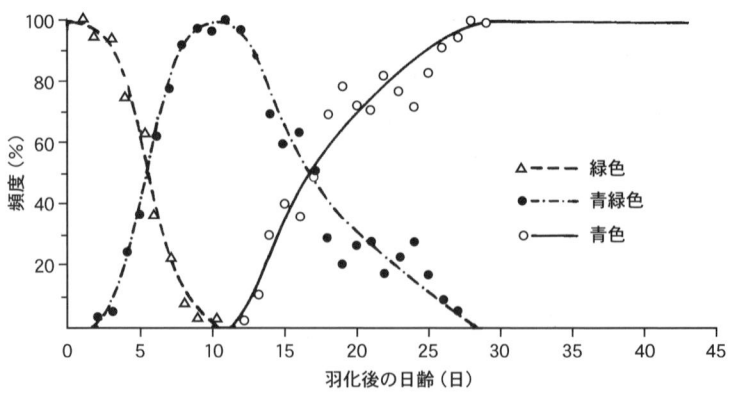

図 8.5 マンシュウイトトンボの雄における胸部の地色の日齢に伴う変化. 日齢はテネラルまたは体色が緑色のときに標識した個体の再捕獲に基づく. この個体群において大部分の雄は, 約11日間で性成熟に達している. (Parr 1973aより)

tochlora arctica の精巣を記載している. 最も初期の状態 (テネラル) では, 精巣の中に並んだ精子はなく, 精巣中央の精管や輸精管, あるいは貯精嚢にも精子は見当たらなかった. また, カオジロトンボでは, 幼虫とテネラル成虫のどちらも生殖腺は未発達であった (Pajunen 1962a). アメリカハラジロトンボ *Plathemis lydia* でも, 成熟の過程で精巣成熟と精子形成が進行する (Jacobs 1955). アオイトトンボでは羽化後約1週間でこのような過程が始まり, 貯精嚢の体積は, 最初はゆっくり増加し, その後急速に増加して, 成熟する間に7倍にまで達する. その大きさは, 嚢内の精子量の指標となるだろう. 成熟した体色への変化が完了した後も貯精嚢の体積は増加し続けるが, その速度は生殖行動が始まるまではかなり遅い. 成熟したほとんどの雄の輸精管は拡大し, 精子はそこにも蓄積されている (Uéda 1989). アオイトトンボは生殖期を通して絶え間なく精子を生産していると上田は推測した. 精子を成熟させるタイミングは, 種によりさまざまである. 例えば, Peter Miller (1994a) は, タイリクルリイトトンボ *Enallagma cyathigerum* とマンシュウイトトンボ *Ischnura elegans* の羽化当日の個体において, 貯精嚢や一次的に精子を蓄える貯蔵器官の中で, 成熟して活発に動いている精子を確認した. しかし, 精巣, 貯精嚢, 貯蔵器官の体積が急速に増加するのはその後である.

貯精嚢内の精子の存在は, *Argia moesta* (図8.4) とアオイトトンボ (Uéda 1989) において, 識別可能な体色変化のステージと密接に関係している. しかし, カオジロトンボでは羽化後4〜5日で精巣が十分に発達するにもかかわらず, 腹部の色彩変化はその後から始まる (Pajunen 1962a). しかも, カオジロトンボが性的な行動を十分に発揮するのは, 精巣が成熟したと思われたときよりもかなり後になるので, 体色変化を性的な成熟の信頼できる指標とする

ことができない. この点については, ムラサキハビロイトトンボの例が分かりやすい. この種の雄は羽化した日のうちに成熟成虫と同じ色彩になるが, 性的に成熟するまでには, さらに3〜4週間を必要とする (Fincke 1992b). 体色変化と性的成熟の関係を考えるときは, 両方の変化が何らかの環境からの刺激に対する反応として, 突然起きうることを忘れてはならない. 耐乾休眠をするパナマの *Erythrodiplax funerea* の成虫の場合, 雨季が始まって3日以内に黒化し, 翅には特有の黒斑が現れ, 雌雄は森林から出てきて水たまりに集まった (Morton 1977). 同様に, ホソミオツネントンボ *Indolestes peregrinus* の場合, 春になり, 冬眠していた場所から離れる直前に, まず雄の体色が青色に変化する (頼 1977). 対照的に, パナマの林内で耐乾休眠していた *Uracis fastigiata* の数個体の雄では, 乾季の最盛期に翅の先端が部分的に (時にかなり広く) 黒化したが, 性的な行動は示さなかった (M. L. May 1994). マンシュウイトトンボは連続して徐々に性的に成熟していくトンボの典型的な種であろう (図8.5).

性的な成熟の速さは一般に気温と食物供給量に依存する. フィンランドのカオジロトンボ個体群では, 雄の精子形成には普通4〜5日を必要とするが, 悪天候のもとでは10〜14日もかかる (Pajunen 1962a). これは精子形成が気温に依存するので, 野外における精子形成は羽化後の日齢の進行とは近似的にしか相関しないとする意見 (Midttun 1974) を支持している. ヒメアオモンイトトンボ *Ischnura pumilio* では, 食物供給量が少ないと, 体色の変化は遅くなる (Langenbach 1993). この種が成熟するまでの体色変化は2種類ある. 1段階移行型は, 橙色の体色 form *aurantiaca* (Kyle 1961; Bick 1972参照) から典型的な雌の体色へ変化する. 2段階移行型は, 橙色と緑色を経てから雄色型の雌へと移行する (Seiden-

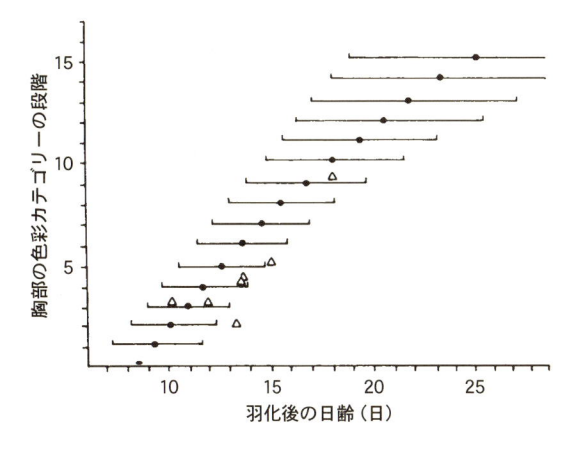

図8.6 ハヤブサトンボの雄における性成熟に関係する15段階の体色カテゴリーと羽化後の推定日齢の関係．羽化時から網室内で飼育した標識雄（丸と横線）と，羽化時に標識し自然状態で体色カテゴリー2～5と9のときに再捕獲した雄（三角）の結果による．丸は平均値，横線は標準偏差を示す．1979年6～8月，平均気温は26.7℃．平均18日で性成熟した（範囲は14～21日）．(McVey 1985を改変)

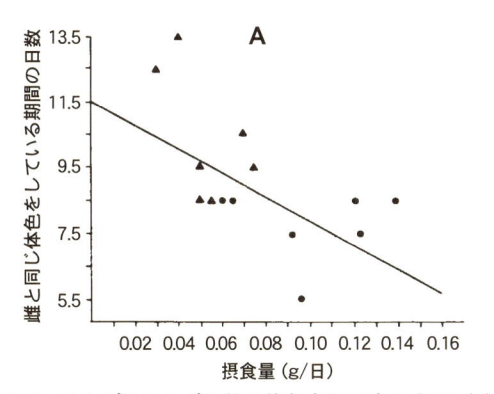

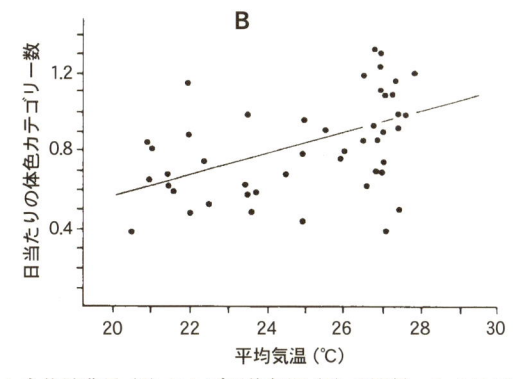

図8.7 ハヤブサトンボの雄の体色変化の速さ（1979年）と食物消費量（A）および平均気温（B）の関係．A. 6月25日から7月10日まで（三角）と8月16日から18日まで（丸）網室内で飼育された雄のデータ，平均気温26.3℃；B. 体色カテゴリー1より後の体色の成熟速度と気温の関係．(McVey 1985を改変)

busch 1995)．ファルネソール（幼若ホルモン）をマンシュウイトトンボに投与すると，体色の成熟が速まる（Hinnekint 1987a）．Meg McVey (1985) は，フロリダのハヤブサトンボ *Erythemis simplicicollis* の雄（写真L.1, L.2）の成熟期の間の体色変化を詳細に解析した．それによると，85％の雄は，(McVeyが認めた17段階の体色変化のうちの）ステージ7，すなわち羽化後約14日齢で性的に成熟していたが（図8.6），体色と性成熟との関係には個体差があり，また，どの色彩パターンの個体も，羽化後の日齢の標準偏差は±1.2日であった．一部の雄は生殖活動のため水域に戻る前に体色変化を完了させていたが，他の雄では生殖期に入ってからも，しばらく体色変化が続いた．雌の日齢はこのような方法では推定できなかった．McVeyは野外に網室を設置して実験を行い，ハヤブサトンボの雄の成熟速度が食物摂取量や気温にどのように依存するかを明らかにしている（図8.7）．

野外の網室内に一定量の餌を入れておくと，羽化後5～14日くらいまでは食物の消費量が成熟速度を決定するが，その後の約9日間は，成熟速度は摂食量や日射量にほとんど関係がなかった．雄は太陽輻射を利用した体温調節ができるので，McVeyの調査場所では気温の影響は大きくなく，気温よりもむしろ雲量が成熟速度に影響したのかもしれない．成熟速度がどのような環境条件［例えば気温や雲量］に支配されるのかが分かると，羽化後の日齢を判定するために体色のカテゴリーを用いる意義がはっきりする（§8.2.5）．しかし次の2つの観察が，体色変化と性成熟に関する一般化の難しさを示している．第1は，「未成熟」な体色の雌が，時折，疑いようのない性的な行動を示すことである（例：エゾアカネ，Lempert 1995a）．第2は，一部の種の雄が，「成熟」した体色でない雌を捕らえて交尾することである（例：*Crocothemis sanguinolenta* とアフリカシオカラ

トンボ*Orthetrum chrysostigma*, Miller 1994a; ヒメアオモンイトトンボ, Langenbach 1995).

性的な成熟に関係する他の機能上の変化として, 側心体の増大と (Gillott 1969), 主に§9.6.1で扱う話題となる体重の増加 (図8.8) があげられる. 奇妙なことに, ヒロアシトンボ*Platycnemis pennipes*の雌の体重が成虫期を通じて増加し続けるにもかかわらず, 雄の体重は最初の4日間に急速に減少した後は, ほとんど変化しなかった (Lehmann 1994). Anholt (1991) は, キタルリイトトンボ*Enallagma boreale*の雌の前生殖期間に増加する体重は, 普通, 天候に依存していることを示した. 種内変異の大きい外骨格の大きさは, 成熟するまでの間の体重増加の上限を決めてしまうので, 特に筋肉の発達に関連した相対的な成熟度の指標は, 後翅長に対する胸部重量の立方根の回帰からの残差が適している (Marden 1995a).

通常, 羽化直後のテネラル成虫の脂肪蓄積は少なく, 前生殖期間中に増加するのが原則のようである (例: Watanabe & Adachi 1987a, b; Boulahbal 1992; 図8.9). 生き残り (Anholt 1991) と繁殖成功に必要な資源を獲得することが, 前生殖期の重要な役割である. アメリカアオハダトンボ*Calopteryx maculata*のなわばり雄における脂肪蓄積量は, 前生殖期で最も少なく, 生殖活動に入った最初の5日間で最も多いという具合に, 日齢とともに規則的な経過をたどる (図8.10). 絶対的移住性の種は, テネラルのときにすでに脂肪を十分蓄えている点で例外的かもしれないが, その可能性は調査して確認する必要がある (§10.3.1.3).

8.2.2.2 他の変化

必ずしも性的な成熟に関連しない形態的な変化であっても, 羽化後の日齢の基準として利用できる場合がある. 外表皮は羽化の前に捨てられるが, 内表皮の成長はおそらく前生殖期の全期間を通して続いている. そのような成長の結果, 内表皮の中に24時間ごとに明暗交互の層が形成されることが, トンボ目を含む複数の目の外翅類で明らかにされてきた (Neville 1983). このような日周期をもった成長層は, 低倍率の顕微鏡で偏光板を直交させると観察できるので, 注意深く行えば羽化後の成虫の日齢の決定に使用することができる. ただし, 成虫が性的に成熟すると内表皮層の形成は止まる. Nevilleは, キバネルリボシヤンマ*Aeshna grandis*, ルリボシヤンマ*A. juncea*, および*Uropetala carovei*の基翅節片筋や翅下筋の内突起における日成長層を, また, Veron

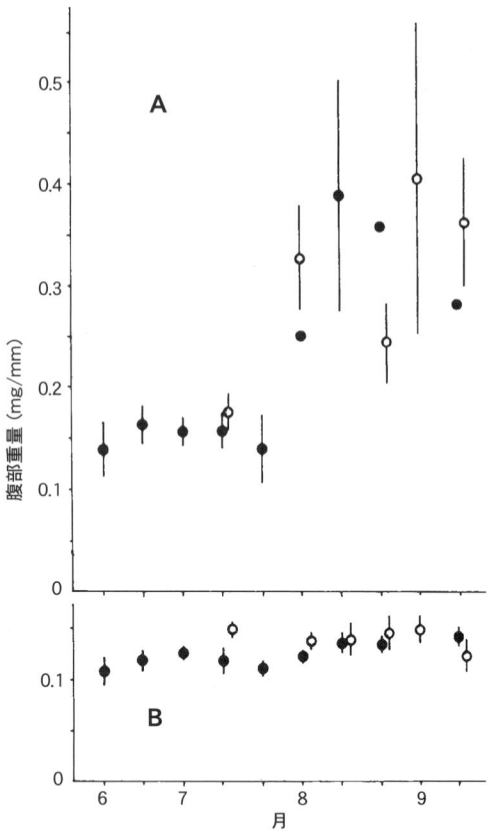

図8.8 脱脂処理をしたアオイトトンボの腹部乾燥重量の季節変化. 体色により成熟したと判断した雌 (A) と雄 (B) についての1986年 (白丸) と1987年 (黒丸) の結果. それぞれの値は単位腹長当たりの腹部重量, 縦線は標準偏差を示す. 8月中旬に見られる雌の腹部重量の急増は, 卵巣内に成熟した濾胞の最初の出現と一致している. 雄は7月上旬から性成熟していた. 日本. (Uéda 1989より)

(1973a) は*Austrolestes annulosus*, *A. leda*, および*Ischnura heterosticta*の後肢脛節で日成長層を認めた. したがって, もし以下に述べることに注意すれば, この方法は野外の成虫の日齢判定に使用できる (Watson 1980b; Neville 1983). 注意すべき点は, 一部の昆虫では羽化前のファレート成虫のときに内表皮の形成が始まるかもしれないこと, 日成長層の形成は前生殖期に限られること, 交互に内表皮が沈着する性質は一定の範囲の温度には依存しないこと, 規則的な (日) 成長層の形成は, 低温や気温の日較差が不十分な場合, 不規則な摂食によっても中断されるかもしれないことである. さらに, 食物が不足すると脱皮後の内表皮を再吸収するかもしれない. このような撹乱要因が重要かどうかは, 日齢の分かっている標識個体を野外個体群中に放逐することによって解決できるだろう. 脚に現れる日成長層は成

8.2 前生殖期

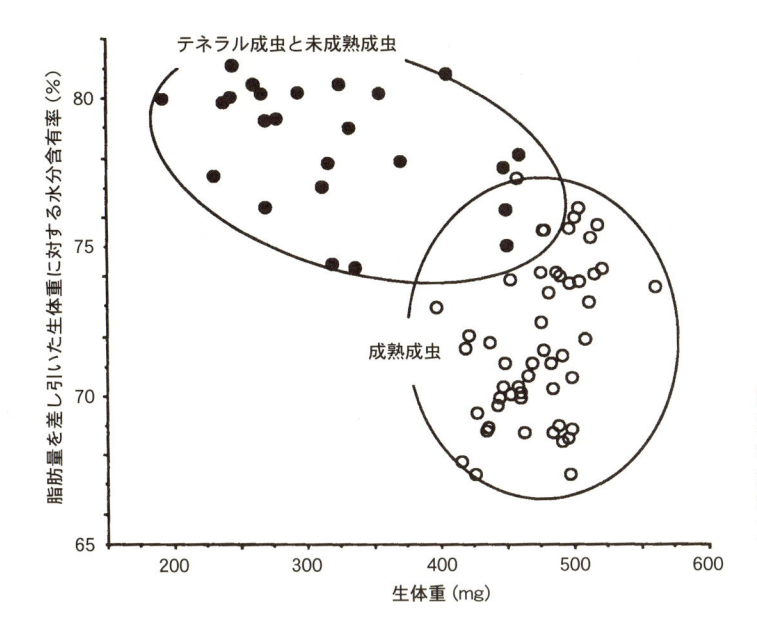

図8.9 アメリカハラジロトンボの生体重に対する水分含有率（脂肪量は生体重から差し引いてある）．水分含有率は日齢とともに減少し，体重も脂肪の追加蓄積とは独立に減少する．(Anholt et al. 1991を改変)

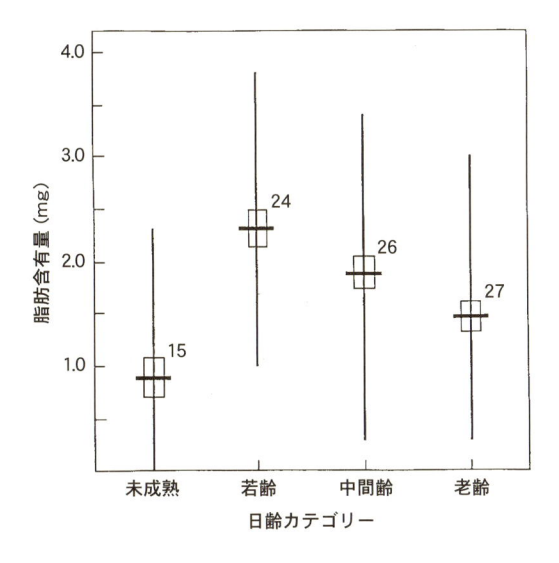

図8.10 アメリカアオハダトンボの雄の羽化後の日齢カテゴリーと脂肪含有量の関係．未成熟個体（テネラルを含む），すなわち水域に出てきていない10日齢までの個体，若齢は，なわばりをもった直後か水域に定着して5日以内の個体，中間齢は，5〜10日のなわばり個体；老齢は，10日以上のなわばり個体を指す．図には，範囲と標準誤差（箱形で示した），平均（横線），サンプル数を示した．(Marden & Waage 1990より)

虫を殺さないで数えることができる．さらに検討すべき別の可能性は，外表皮に含まれる炭化水素の日齢に伴う量的な変化（Lockey 1991参照）が，ナミカ属*Culex*のカの雌雄で発見されたように（Chen et al. 1990），トンボでも起きるかもしれないことである．

トホシトンボ *Libellula pulchella* では，飛行筋の重量，その超微細構造，生化学的特性の前生殖期の間の変化は，温度に関係した飛行力の著しい変化を伴っている．体を固定して飛ばす実験条件下で，羽ばたきがほぼ最高に達したときの典型的な胸部体温は，テネラルでは28〜34℃であるが，成熟した個体では38〜50℃であり，平均胸部体温が最高でそれぞれ34.6℃と43.5℃になるように維持されている．また，平均致死温度もテネラルではかなり低い（48.6℃に対して45.3℃）．雌雄ともこのような変化を示すが，雌の胸部筋肉は雄のようには肥大せず，飛行力に関しても雄の「青年期」以上に発達することはない．このような温度に関連した飛行力の変化は，体内と体外の熱環境が季節的に変化することへの順応の結果であると思われるが，蛋白質を異性体へ転換させることで筋肉収縮のカルシウム感受性が高くなることも反映していると思われる．その結果として，高頻度の羽ばたきが可能となり（Marden 1995b），これらが未成熟成虫と成熟成虫の飛行に観察される質

的な違いの背景となっている（§8.2.4）．

成虫の外皮の色彩変化は，一般的には前進的な性成熟と結び付いているが，羽化してからすぐに始まることがあり，生殖期になっても，さらには後生殖期まで続くことがある．Gerlind Lehmann (1994) はヒロアシトンボで，テネラルの腹部と胸部，翅，脛節，複眼の色が，羽化後4時間以内にかなり変化することを記録した．*Calopteryx xanthostoma* とオアカカワトンボ *C. haemorrhoidalis* の翅は，それぞれ羽化後約5日，約10日で十分に着色する（Dumont 1972a; Heymer 1973b）．しかし，オビアオハダトンボ *C. splendens* とハグロトンボ *C. atrata* の翅は，羽化後2時間以内，つまりテネラル期のうちに濃紺色になってしまう（Dumont 1972a; Sugimura 1993）．ソメワケアオイトンボの縁紋は，テネラルのときは白く，羽化後4日以上たつと白と茶色になる（Utzeri et al. 1984）．

ヤンマ科（Paulson 1966）とエゾトンボ科（C. E. Williams 1976）の種における成虫の翅は，日齢の進行とともにしだいに色素が沈着することが広く認められている．同様の変化はムカシヤンマ科の種でも生じるらしい（Clement & Meyer 1980）．性的に成熟したヒスイルリボシヤンマの雌の翅は，透明なガラスのような外観を失って琥珀色に変化する．このような変化には数週間を必要とするので，Heinrich Kaiser (1985a) は，水域に飛来する個体が若齢か老齢かを識別するためにこの色彩変化を使用した．多くのカトリヤンマ族の翅は，*Neurocordulia xanthosoma* (C. E. Williams 1976) のように，日齢とともに濃いセピア色になっていく（Dunkle 1989a: 38；図9.8参照）．ハッチョウトンボ *Nannophya pygmaea* の雄は，性的に成熟してから2～3週間すると，翅の縁が白くなる（山本1968）．ムラサキハビロイトトンボの翅は日齢とともに不透明さを増し（Fincke 1992c），*Hetaerina cruentata* の雄では成熟後も翅の色と透明度が変化し続けるが（Córdoba-Aguilar 1994b），このような変化は均翅亜目においては一般的でない．*Anax amazili* の雌の翅は，未成熟期には基部が茶色がかった橙色でその先は透明であったものが，成熟すると正反対になる（Dunkle 1989a）のは奇妙である．アメリカミナミカワトンボ科の多くの種では，雌雄の翅が成熟期の間に非常に美しい色彩変化を示す（Bick & Bick 1986）．成熟に伴う縁紋の変化（白色から赤茶色または橙色かほとんど黒色）は，*Mecistogaster modesta* (Calvert 1901: 57) やヒメハビロイトトンボ (Fincke 1992c)，カラカネイトトンボ *Nehalennia speciosa* (Schiess 1973)，*Chlorolestes fasciatus* (Silsby 1992) で見られる．

成熟が進むにつれて複眼の色が変化する種もある．*Lestes virgatus* やアオイトンボ，*Didymops transversa*，カトリトンボ *Pachydiplax longipennis* の雄はすべて，複眼が茶色から青色か緑色に変化し（Gambles 1960; Dunkle 1989a; Uéda 1989; M. L. May 1994），ヨーロッパアオハダトンボでは乳白色から黒色へ変化する（Lambert 1987）．ニュージーランドのエゾトンボ科のすべての種（*Antipodochlora braueri* とオーストラリアミナミトンボ *Hemicordulia australiae*，キボシミナミエゾトンボ *Procordulia grayi*，ミナミエゾトンボ *P. smithii*）の雌と未成熟の雄の複眼は茶色であり，日陰を好む *A. braueri* を除いて成熟した雄の複眼はいずれも緑色で真珠光沢を示す（Rowe 1987a）．カトリトンボの雌の複眼の色は変化しない（M. L. May 1994）．

アフリカウチワヤンマ *Ictinogomphus ferox* の血液の色は，羽化後4～6日の間に，テネラル時の緑色から麦わら色あるいは無色に変化する．Miller (1964) は，この変化を，幼虫時代の主要な餌であるユスリカ幼虫由来のヘモグロビンの分解によると推測した．このような変化が起こっているのなら，成虫の日齢の最長推定値や最短推定値を求めることができるかもしれない．

体色変化を性的な成熟度や羽化後の日齢の指標として用いるときには，それ以外に2種類の色彩変化の原因があることを考慮しておかなければならない．すなわち，色彩多型（§8.3.2.1）と温度による可逆的な色彩変化である（§8.3.2.2）．前者の要因が成熟に伴う体色変化に影響する例を図8.12に示した．後者の要因は§8.3.2.2で扱うが，アメリカアオイトンボ *Lestes disjunctus* の複眼が，昼間の明るい青色から夜の暗い青色に変化したり（Dunkle 1989a），コウテイギンヤンマ *Anax imperator* の腹部背面が10℃以下になると明るい青色から灰色がかった緑色に変化したり（Jurzitza 1967）するような例である．体色変化の段階と日齢との関係は，気温や食物摂取量に依存するので，野外で日齢を推定するには，前生殖期の間の実際の状態を考慮して補正しなければならない．補正のためには，標識個体を基準として使う必要がある（McVey 1985）．日齢と独立した体色変異の要因として可能性があるのは，成熟途上にある成虫の体色と背景との対応関係である．例えば，*Gomphurus ozarkensis* の胸部と腹部が色あせていき，第7～9腹節の黄色が強まることは，イネ科草本の採草地の景観が緑色からほとんど金色になる変化と一致している（例：Susanke & Harp 1991）（ただし，

トンボの体色変化がその背景色に対する**反応**であることを示す証拠はない). 体色変化が成熟度に伴わない種の場合, このような変異が関係していることもあるだろう.

8.2.3 外観の変化

成虫の外観は, 片利共生や体外寄生の結果として, 日齢とともに変化するかもしれない. 例えば, ムラサキハビロイトトンボの雄の胸部と翅に生育する藻類は, その雄が数ヵ月間生きてきたことを示す指標である (Fincke 1984a). トンボの成虫に付着して生育するある種のミズダニの発育ステージも, トンボの日齢の指標になる (§8.5.3).

8.2.4 行動の変化

未成熟雄と未成熟雌で日周活動のパターンが異なっていることもあるが (例: ミヤマアカネ Sympetrum pedemontanum elatum, 田口・渡辺 1985), 前生殖期の間は雌雄が同じように行動し, その後, 異なった行動をとるようになるのが一般的である.

行動の変化も徐々に起きるだろう. Coenagrion angulatum (Sawchyn 1971) とナイジェリアトンボ (Parr 1983a) では, 前生殖期の終わりころに, 水域から離れた所で性的な活動を開始するようである. ハヤブサトンボの成虫の前生殖期は14～21日であるのに, 羽化後11日たつと, 実験用の囲いから逃げ出す準備は十分にできていることが分かった (McVey 1981). この時期の重要な行動の変化は, 反射する面 (普通は水面) に対する走性が逆転すること, すなわちテネラルから性的に成熟するまでは負の, その後の生殖活動の間には正の走性を示すことである (Corbet 1962a参照; Parr 1976). この一般論に対する例外が, 前生殖期の非常に短いアオモンイトトンボ属 (表A.8.1) の種に見られる. 例えば, マンシュウイトトンボのほとんどの未成熟個体は, 前生殖期の間も水際にとどまっている (Parr 1973a). もっとも, いずれもこの属の典型的な種とはいえない Ischnura erratica と I. kellicotti の場合は, イトトンボ科の他の属と同様に, この時期には水域から十分離れている場所で過ごす (Paulson & Cannings 1980). 性的に成熟する前後の走性の変化は, 単なる水への反応だけにはとどまらない可能性がある. この時期, ソメワケアオイトトンボは羽化場所に戻るように方向を定めて飛び, アキアカネのように高地で夏眠するトンボは, 平野にある幼虫の生息場所へ導かれるよう

な反応を明らかに示すからである (§10.2.3.1).

熱帯と暖温帯において, 未成熟成虫が過ごす水域から離れた生息場所は, しばしば森林と結び付いている. すなわち, 樹冠部や林冠部 (Legrand 1976b), 林床部 (Rehfeldt 1986b; Watanabe & Matsunami 1990), 水田に接する丘陵域の林縁部 (Watanabe 1986) などである. 高緯度地方において前生殖期の成虫が過ごす生息場所は, 風を受けず日のよく当る場所である. 例えば, カナダ西部, サスカチワン州では, 前生殖期の Coenagrion angulatum は, プレーリーの池から100m以上離れたライラックの生垣近くに集まる傾向がある (Sawchyn 1971). 前生殖期の間, このトンボの成虫は集合し, ほとんど分散しないようである. ナイジェリアのザリアでは, ナイジェリアトンボの集団が, 水域から70m離れた1～4m²の小さな場所で13日間ずっと過ごしていた (Parr & Parr 1974; Parr 1983a). 前述のように (§8.2.1.2.1), 耐乾休眠しているパナマの Erythrodiplax funerea の成虫は, 11月から6ヵ月後の雨季の始まりまで, 森林の同じ場所にとどまっていた (Morton 1982). 夏眠している日本のオオアオイトトンボは, 水域から40～100m離れた森林内の草や, 低木の茂みの中の狭い空間で前生殖期を過ごし, 摂食のためでも20cm足らずの距離しか飛ばない (Uéda & Iwasaki 1982). よく知られているように, 多くのトンボは, 移住性の種であるかどうかにかかわらず, 前生殖期の間はあちこち動き回る. そして, 他のトンボの存在に対する視運動反応の結果として, 時折, 移動の途上で集合するのであろう (§10.3.2.3). 生活環タイプA.2.2 (表7.3) の放浪者や他の少数の種 (例: ムツアカネ Sympetrum danae, §10.3.4.2.1) を例外として, その土地で発生する個体群のほとんどの個体は, 前生殖期が終わるころ, 生殖活動が集中する場所の近くにとどまっているのが普通である.

未成熟個体と成熟個体は, 雌雄ともに共通の場所をねぐら (例: Miller 1982a) や採餌場所 (§9.7) にするのが普通であるが, 前生殖期の雌雄が異なった場所を利用することもある. 例えば, 日本のシオヤトンボ Orthetrum japonicum japonicum の成熟雄は水田にとどまるが, 次の産卵に備えている成熟雌は, 体内で卵を発達させながら未成熟成虫と同じ場所で過ごす (Watanabe & Higashi 1989). このような雄と雌の生息場所利用の違いが, 水域から離れた所でしばしば観察される単一種の雌の均一分布 (間おき集合) の原因となっているかもしれない. そのような間おき集合は, ピレネー山脈東部に生息する Platycnemis acutipennis と P. latipes (Heymer 1966) や, ア

フリカ西部のマリに生息する*Bradinopyga strachani* (Dumont 1977a) の雌で知られているが，集合する個体の生殖状態を調べることを再度勧めたい．

前生殖期の成虫は雌と雄の混合集団をしばしば形成するが，その場所で攻撃的あるいは性的な行動を示さないのが普通である (Heymer 1972b; Morton 1977). ピレネー山脈東部に生息するオアカワトンボと*Calopteryx xanthostoma*は，多くの場合，植物群落の樹冠に30〜150個体の成虫からなる集団でとまり，太陽の光に対して同じ方向を向き，隣接する個体とは腹部の約半分の長さの距離を保っている．このような集団は前生殖期の間だけ維持される (Heymer 1973b).

低酸素状態を経験したオビアオハダトンボのテネラルな個体は，老齢の成虫には見られない同じ状態にされた幼虫のような3種類の動きを示す．それらは，左右に揺する動きと，翅を約20〜40°(低酸素を経験したときの幼虫の翅芽の姿勢に似ている) 開く動き，そして体を上げて脚を伸ばす「腕立て伏せ」のような動きである (Miller 1994d).

未成熟成虫と成熟成虫の行動の違いは (性的行動を除き) ほとんど記録されていない．カワトンボ科の2種では，前生殖期の間に使うとまり場の高さは，その後の生殖期のそれよりも高いが (Nomakuchi & Higashi 1985; Eberhard 1986)，これは性的な相互作用を減らす空間的な分離だけでなく，体温調節の必要性を反映しているのかもしれない (§8.4.1). フライヤーでもパーチャーでも，生息場所の違いは，性的に活発な成熟個体から未成熟個体を分離させているが，未成熟個体の特有な飛行スタイルによって，両者の分離が強められると考えられる．しかし，テネラルによる特徴的なジグザグ飛行や (例：*Hetaerina cruentata*, Córdoba-Aguilar 1994c)，性的な行動に直接関係する飛行 (例：雄のなわばり行動と雌の誘惑行動) は別として，人間の観察者が成熟個体と未成熟個体の飛行スタイルを識別できるという報告はほとんどない (例：カトリヤンマ*Gynacantha japonica*, 栗林 1965; *Hetaerina cruentata*, Córdoba-Aguilar 1994b). ただし，そのような違いの生理学的な根拠は明らかにされてきている (Marden 1995a). Hidenori Ubukata (1973) が記述したカラカネトンボの未成熟と成熟個体の飛行の相違は，彼が指摘したように，採餌と生殖のための飛行の違いである．しかし彼は，雄の前生殖期から生殖期に入る2日間の移行期間に限って「不安定なパトロール飛行」があることも認めている．それは未成熟雄の採餌飛行に類似している一方，成熟雄のパトロール飛行の特徴もも

っていた．Heinrich Kaiser (1976) は，ヒスイルリボシヤンマの**成熟**雄の飛行スタイルを詳細に分析し，飛行スタイルが日齢とともに変化している証拠はなく，また，未成熟個体と成熟個体の飛行スタイルが異なることを示唆するような，飛行スタイルとどのような物理的要因 (おそらく周囲の気温を除く) との間にも相関関係がないことを示した．Kaiserの知見は2つの点で意外なものである．先験的に考えて，未成熟個体が同種の雄によって成熟個体と見間違われるなら，損失を被ると思われるからである．また経験的には，成熟する間に雄の飛行筋が重くなるため，体の重量分布がしだいに変化するからである (§8.2.2.1). おそらく，未成熟個体と成熟個体では飛行スタイルにまだ検出されていない相違が存在するはずである．*Gomphus westfalli*と他のサナエトンボ属*Gomphus*の雌雄の特殊化した波状飛行 (*Phanogomphus*属; Carle & May 1987) はその例かもしれない．ミヤマカワトンボ*Calopteryx cornelia*のなわばり雄は，確実に，侵入してきた雄が未成熟個体か成熟個体かを直ちに識別している (図11.8).

未成熟個体と成熟個体の摂食と他の非性的活動の日周パターンは，薄明薄暮性の活動をするカトリヤンマ (図8.23) のように事実上同じであったり，昼行性のニシカワトンボ (図9.6) のように異なっていたりする．アオイトトンボの成熟雌は，未成熟雌よりも盛んに採餌するといわれている (Watanabe & Matsunami 1990).

8.2.5 日齢と成熟の判定

成虫の行動を解釈するとき，カレンダーの日付で表されるような日齢であれ，生理学的な齢であれ (Corbet 1962c)，その個体の羽化後の日齢を知っておくことと性的な成熟の状態を知っておくことは非常に価値がある．研究者にとっては，両方の情報を得るのが理想である．なぜなら，周囲の気温や食物，休眠，種内変異のような要因は，日齢と性成熟の間にあるはずの正の相関関係を弱めるように働くことがあるからである．日成長層の検出技術の改善によって (§8.2.2.2)，少なくとも前生殖期には，未標識個体でも羽化後の日齢を正確に決定することができるようになるに違いない．しかし，日齢の決定は今のところ，表A.8.4のリストにあげられている1つ以上の属性によって発育の段階的変化を定義し，次に，テネラルのときに標識を施して再捕獲された個体の発育ステージを参照することで，羽化後の日齢に換算する方法 (例：C. Johnson 1973a; McVey 1985;

Watanabe & Higashi 1989), すなわち野外調査の結果を援用した判定に依存している.

　成虫の日齢と生殖状態についての知識は, いろいろな場面で日齢判定に役立つことがある. 夏眠したり (Uéda 1989), 移住したり (Corbet 1984a), 耐乾休眠したりする (Fincke 1984a) 種がその好例である. 乾燥標本に残る日齢に関連した目印は, 他所で発生したトンボに関して, 生態学的に重要な情報を得るのに利用できることがある. 例えば, アメリカ, ミネソタ州で初春に見られるアメリカギンヤンマ Anax junius の移入個体と定住個体を見分けたり (Ness & Anderson 1969), トリニダード・トバゴの雨季と関係した繁殖の時期を推定したりすることができる (Corbet 1981). 経産卵の形跡やタンデム痕 (表 A.8.4: 2.4, 2.5.1) についての分析を行った Sid Dunkle (1979) は, 複眼が大きく表面がなめらかであり, 雄の肛上板が固くて大きいヤンマ科では, タンデム痕は 40〜60 の倍率での観察でも容易に識別できることを, また, より大きな種では肉眼でも判別できることを確認した. 生きている個体を複眼の上部が反射するように持てば, 傷ついた個眼が周囲よりくぼんでいるので, 2つの黒い点として見える (Rowe 1995). Dunkle が調査した 36 種のうちの 89% の種で, また雌の 47% にタンデム痕 (アイマーク) が見られた. 成熟個体の標本におけるタンデム痕の頻度は属によっても異なっていた. 少なくとも Coryphaeschna 属と Epiaeschna 属, Triacanthagyna 属の場合, 前生殖期の雌もタンデム痕をもっているかもしれない. 交尾したと見られる Oplonaeschna 属や Triacanthagyna 属の雌の尾毛は破損したりなくなっていたが, ルリボシヤンマ属やギンヤンマ属 Anax, Basiaeschna 属, Epiaeschna 属の尾毛は交尾後も完全に残っているようである. 不均翅亜目の雄の眼にタンデム痕があったり (Corbet 1957a), 腹部に泥が付いている Gynacantha nervosa の雌にタンデム痕がない場合があるので (P. S. Corbet 1981), タンデム痕が必ずしも交尾の正確な証拠ではないことに気をつける必要がある (一部の均翅亜目 [§11.5.1] については, 雄がタンデム前に口器で雌の後頭部を把握することによって, 識別可能なマークが残るかどうかを調べるべきである). 時折, 泥の中に深く産卵した雌の腹部には, はっきりと土がついていることがある (例: Coenagrion mercuriale, McLachlan 1885). サラサヤンマ属 Oligoaeschna のように (Lieftinck 1968), 雌が成熟すると非常に長くて目立つ尾毛が消失してしまう種では, 尾毛の消失を雌の成熟を判定する手がかりに利用できる (おそらく雄も). しかし, まだ次のような謎が残っている. かつて Maus Lieftinck (1982b) が Gynacantha basiguttata のタンデムを観察したとき, あたかも産卵を試みるかのように雌が雄の脚の間に腹部を挿入すると, 雄は雌の尾毛の一片を噛み切ったのである. Austrogynacantha heterogena の細い葉のような尾毛は非常に壊れやすく, ほとんどの個体ではそれが失われている (Tillyard 1908a). 尾毛の破損は, 捕獲した餌の抵抗を押さえるために (§9.4.1) (雌雄が) 腹部先端を用いるために生じるのであって, 性的な活動とは関係がないのかもしれない. 今後は有益な情報がもたらされそうな成虫を採集したときには, その生殖器官を必ず調べるようにするか, 後で検査するための標本を証拠として保存しておくことが望ましい.

8.3　生殖期

8.3.1　行動レパートリー

　トンボの行動には定型的な面だけでなく, 学習によって変化する興味深い面もある (Howse 1975). 成虫の行動の進化に関する仮説を検証する試みのいくつかは, エネルギー収支の観点から行う必要があるだろう. そこでは, 行動のレパートリーやさまざまな活動への時間配分についての知見が必要である. この配分は, 同種個体の密度ばかりではなく, 体温 (Fried & May 1983) にも依存している. いろいろな状況に対応して少しずつ変化させている行動のオプションや, それを選択する機会コストを評価するには, 行動のリストをあらかじめ作っておく必要がある (May 1984; §9.6.4).

　第1段階は, 行動のカテゴリーを同定することである. それから, 種間あるいは種内で行動のリストを比較するときは, 行動の定量化の方法が同じであること, 調査目的にとって適切であることの両方が確実であることが重要となる. 行動の各要素は, 頻度 (Bick & Bick 1965a, 1971) や持続時間 (Parr 1983b; May 1984; Michiels & Dhondt 1989c), エネルギーコスト (Fried & May 1983) によって数量化でき, どれも仮説を検証するための有効な尺度である. 野外に設置した網室の中であれば別だが, 1日を通して同じ個体を観察できることはめったにないので, 次のようなことに留意すべきであろう. 一般的に, 水域において見られる行動の収支は, その個体群には適用できても, 必ずしもどの個体にも当てはまるわけではない. また, 1つの行動は一連の行動の一

表8.4 ヒメシオカラトンボのなわばり雄における3つの主要な飛行成分の時間割合と頻度

飛行成分	飛行時間 (%)	長さ (秒) 中央値	長さ (秒) 平均値	長さ (秒) 範囲	飛行回数[a] (%)
パトロール飛行	61.4	10〜15	17.8	2.2〜110.0	40.1
攻撃飛行	17.8	5〜10	12.0	2.5〜43.0	16.9
採餌飛行	11.7	1〜2	2.7	1.0〜11.0	52.8

出典：Parr 1983b.
[a] 多くの飛行が複数の成分を含むので，百分率の合計は100を超える．

部分として，さまざまな度合いで他の行動に連続していることがある．それゆえ，その行動の起きる可能性は，必ずしも他の行動のそれと独立ではない．この考えは，連続する行動と二者択一的な行動選択を示すフロー図や（例：図11.27），幼虫の研究に適用されたような連続する行動の相関分析に反映されている（Rowe & Harvey 1985）．Kaiser (1974b) は，1個体の成虫の行動が同時に活動している複数の成虫とどのようにかかわっているかを，アルゴリズム言語SIMULAを使って示した．

Mike Parr (1983b) は，イギリス南部に生息するパーチャーであるヒメシオカラトンボ *Orthetrum coerulescens* について，水域におけるなわばり雄の飛行レパートリーに関する優れた研究を行っている．この研究は，この分野の研究者が直面する方法論上の問題点をよく表している．彼は，連続7日間続いた好天の日に，個体識別した7個体の雄のなわばり活動を観察し，その継続時間をストップウォッチを使って測定した．Parrが認識した15の飛行タイプのうち，9つは性行動と関連し，採餌と回避，とまり場への帰還に関係のある行動がそれぞれ1つ，残りの3つの行動の機能ははっきり分からなかった．それぞれの飛行タイプは単独で生じるか，1つ以上の他の飛行タイプとの組み合わせで生じた．単独の飛行タイプのうち，多く見られたカテゴリーの持続時間（飛行頻度）の百分率は，性行動と関連する飛行が71.0％（28.4），採餌飛行が22.2％（54.1）であった．性と関係する飛行の89.7％をパトロールと攻撃行動が占めていた．飛行タイプ（飛行タイプの組み合わせを含む）は，総飛行時間の1％以上かあるいはそれ以下かによって，主要な飛行タイプかどうかに区分された．主要な飛行タイプは総飛行時間の88.9％になり，その中でも，飛行時間から見て以下の4つの組み合わせが優占していた（数字は総飛行時間に対するこれらの組み合わせの百分率）．すなわち，パトロールが20.4％，パトロールと採餌の組み合わせが17.7％，パトロールと攻撃の組み合わせが16.9％，そして採餌が8.8％であった．Parrの分

析における採餌と性行動に関係する飛行の特徴については，それぞれ第9章と第11章で論じる．なわばり雄についてのエネルギー収支を求める目的には，飛行に費やされる時間の90.9％を占めている3つの飛行の成分について，そのパラメータを与えれば十分であろう（表8.4）．この分析は，いくつかのパラメータを使って飛行の成分を特徴づけ，それぞれの飛行の日周パターン（図8.11）を知る必要があることを強調している．例えば，飛行持続時間の頻度分布は，特にパトロール飛行の場合，正の方向への偏りを示している．採餌の日周パターンのモードは10:30と16:00〜17:00にあり，パトロール飛行の日周パターンと逆になっている．攻撃飛行のパターンとも逆だが，その程度は弱い．そのため，もし活動の収支を比較するなら，1日の時刻は重要な変数となる．

ヒメシオカラトンボに関するParrの非常に貴重な研究によって，エネルギー収支表を構築するための必要条件として，なわばり雄の活動レパートリーをどのように特定すればよいかが示された．だたしその際には，以下の3つの重要な変動の原因に気をつけるべきである．(1) 特に温帯地方において，荒天が穏やかな状態に戻ったとき，埋め合わせの採餌行動が必要になる可能性，(2) 繁殖場所をいつも共有しなければならない他種の存在とその密度，(3) 時に，1つの同種個体群が2つの異なる繁殖戦略のどちらかを採用する雄で構成されており，それぞれ独自の行動プロフィールをもっていることである（§11.3.7）．1つ目の変動の原因に関し，Claire Lambert (1994) は，ヨーロッパアオハダトンボが荒天の続いた翌日，生殖活動を後回しにして数時間の採餌を行うことを確認している．2つ目については，捕食者（例：近くにいる不均翅亜目やある種の均翅亜目；§8.5.4.8）がいるとトンボが動かなくなる種では飛行時間が減少することがあるし，逆に逃避反応を引き起こす種の場合は飛行時間が増加することもある（稀な例だが，*Enallagma civile* のある成熟雄では，1日の飛行時間の43％はコハクバネトンボ *Perithemis*

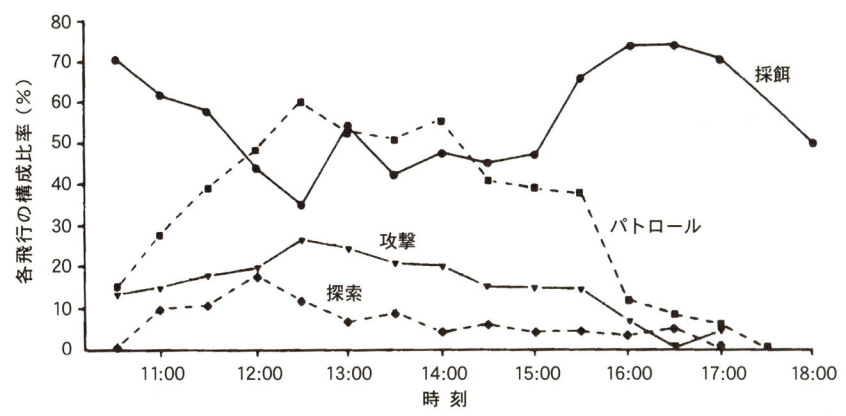

図 8.11 ヒメシオカラトンボのなわばり雄が示す各飛行の割合.飛行には,採餌とパトロール,攻撃,探索を含む.1,323 回の飛行の分析結果.(Parr 1983b より)

tenera を避けるためのものであった;Bick & Bick 1963).Parr は機能がよく分からない 2 つの飛行のタイプを見つけている.2 つを合わせると飛行時間の約 3% に達し,たいていはとまる位置のちょっとした移動を伴っていた.ありそうなことであるが,もしこれらの飛行が外温性の体温調節に関係しているなら(§8.4.1.2),天候がその日の飛行レパートリーに影響するという別の問題を示していることになる.Parr は,ヒメシオカラトンボとしては標準的でないほど,局在性を強く示す雄のデータに基づく解析にならざるをえなかったことを指摘している.そして彼は,すべての種類の行動レパートリーを網羅するために,いろいろな条件下で長時間,個体群や個体を観察する必要性があることを認めている.この点は,Rowe によっても産卵行動との関連で指摘されている(§2.2.2).Parr はさらに,同種の雄間の行動が多型的である可能性を主張した.これは,ニシカワトンボの雄の研究(Nomakuchi et al. 1984)によっても確認されている.また,特定の個体の連続観察は,通常 1 箇所でしかできないので,なわばり場所で生じた採餌だけから採餌量を推定しがちであるが,他の採餌場所での採餌を調べずに推定した採餌量では,いろいろな活動への時間配分とエネルギー配分についての結論に明らかな影響を与える.もちろん,どの種を選んで研究するかにもよるであろう.

ヒメシオカラトンボの行動は,北緯 11°のナイジェリアで Parr & Parr (1974) が研究した近縁のナイジェリアトンボとおおまかに似ている.ただし後者の飛行はどれも(採餌飛行ばかりでなく)1 日の一番暑いとき(太陽時で 12:30〜13:30)には頻度が低下する.この日周パターンはおそらく体温調節の必要

性から決まっているのだろう.

短時間のちょっとした活動は見落とされるものもあるだろうから,行動のリストはすべて暫定的とみなすべきだろう.Ilmari Pajunen (1962b) が最初に始め,Georg Rüppell (例:1985) が発展させた野外でのトンボの高速度撮影の映画は,トンボの行動レパートリーに対する我々の知識や理解を急速に増加させた.例えば,タンデム中のアメリカギンヤンマの雄は,他の雄に攻撃される(噛みつかれる)と,スローモーションで映したときだけ人間の観察者にも分かるような痙攣性の動きで,腹部を振っている(§11.3.2;図 11.16).

多くの生理的な活動は環境に対するトンボの重要な反応であるが,視覚的に分からないので,行動としては分類されていない.あいまいだったり目立たなかったりするいくつかの行動レパートリーはリストから落ちやすい.「理由のない飛行」(Bick & Bick 1963)がその例であるが,それはパーチャーがいつでも飛び立てる状態を維持するための手段かもしれない.また,とまっている不均翅亜目が頭を傾ける行動は,おそらく複眼の高分解能域を目標に向けているのであろう(Miller 1995c).そして,とまっているヨツボシトンボ属 *Libellula* やシオカラトンボ属 *Orthetrum* が前肢を持ち上げているのは(Heymer 1969 参照),体の安定を保つ役割があるに違いない.

表 8.5 にあるリストは,繁殖場所でエネルギーを消費する主要な行動だけを扱っているが,そのような状況におけるトンボのエネルギー収支の理解を進めるのに必要な,枠組みを提供している.それぞれの雄が水域で性的活動に費やすために適した時間帯の長さは,種やそのときの優位性によって,1 日の長さに対して 0 から 100% まで変化するだろう(May

表8.5 繁殖場所で成熟成虫が示す行動の機能による分類

主な機能	観察	行動の例[a]	行動が示されたときの状況 飛行	静止
生殖 (11)	雄が水域で行う主要な行動．通常1日の暖かいときに生じる	交尾	×	×
		警護[b]	×	×
		頭振り[c]		×
		パトロール[b]	×	
		誘惑[d]	×	
		産卵[d]	×	×
採餌 (9)	1日の涼しい時間に水域から離れて行うことが多い	頭振り[c]	×	
		餌動物の捕獲	×	
		餌処理	×	×
体温調節 (8.4.1)	時間配分は日照に強く依存している．とまり場間の移動も	気化冷却	×	
	おそらくこの行動に含まれる	外温性	×	×
		内温性	×	×
清掃 (8.5.4.8)			×	×
防御的回避 (8.5.4.8)	時間配分は同じ生息場所にいる他の動物に強く依存する	隠蔽		×
		逃避	×	
		威嚇	×	×
呼吸 (8.4.1)		翅打ち合わせ[e]		×
空間的移動 (10)	この活動は同種個体群間でタイプが異なることがある		×	
休止 (8.4.5)	時々体温調節に関係することもあるが，「活動性の低い」時間帯は気温に関係なくとまっている[f]	動かずにとまる		×

注：括弧内は関連する章や節．
[a] 断らない限り，雌雄に当てはまる．
[b] 雄だけ．
[c] サナエトンボ科とトンボ科で見られる習慣的な警戒行動 (Miller 1995c)．
[d] 雌だけ．
[e] §8.4.1.2参照．
[f] Michiels & Dhondt 1989c．

1984参照)．そのため，Michiels & Dhondt (1989c)が指摘したように，水域だけでなされた観察は性的活動全体について誤った印象を与えかねない．もちろんこれは他のすべての活動にも当てはまり，24時間の時間割から評価されるのが理想的である（例：Moore 1960; Parr & Parr 1974)．そのような時間割の残り時間は，人間と同様にトンボでも，エネルギーを使うことなく休止している時間が大半であることを気づかせてくれる．

May (1984) は，エネルギー摂取と呼吸代謝に関する情報をまとめて刺激的な論文を発表した．その中で彼は，不均翅亜目の成虫についての現実的なエネルギー配分表の構築を可能にする図式を示している．彼は，特に飛行中の代謝に関するエネルギー消費を定量化する必要性を強調している．未成熟個体におけるエネルギー収支の主な成分は採餌と生殖腺の成熟であり（長距離移動をする個体のエネルギー消費は除く)，成熟個体では採餌と性的活動である．

8.3.2 色彩変異

成虫の種内および同性内で生じる色彩変異は，3つの異なった過程の相互作用によって起きる．それは，特に前生殖期における加齢 (§8.2.2.2参照)，色彩多型，そして温度による可逆的な色彩変化である．井上清 (1995) は，属より上のレベルでの分類学的類縁性と色彩パターンの対応関係を指摘したが，これは特に外温性の体温調節のための色彩パターンの利用を含む生息場所選択や行動のおおまかなカテゴリーを反映しているのかもしれない (§8.4.1.2)．

8.3.2.1 色彩多型

色彩多型polychromatismはしばしば(不適切にも)形態多型polymorphismと呼ばれてきた．ここではDon Hilton (1987) が推奨する用語を用い，雌に似た体色の個体を**雌色型**，雄に似た体色の個体を**雄色型**と呼ぶことにする．色彩多型は均翅亜目と不均翅亜目の一部の科で認められているが（表8.6)，一般に均翅亜目に多い．特にイトトンボ科では，色彩多型は性的成熟に伴う体色変化と関連している．このことは成虫に個体識別の標識をつけ，色彩型の個体内変化を追跡する研究によって明らかになった（図8.5, 8.12)．色彩多型は同所的に，つまり1つの繁殖個体群の構成員の中で同時に，あるいは季節的に

8.3 生殖期

表8.6 成熟成虫における同所的な色彩多型の例

分類群	色彩多型 雄	色彩多型 雌[a]	地域	文献
ヤンマ科				
ルリボシヤンマ属		×	全北区[b]	Walker 1958[c]; Cannings & Stewart 1977; Dunkle 1983a; Peters 1987
ムカシカワトンボ科				
*Diphlebia*属	×		オーストラリア	Stewart 1980
カワトンボ科				
アオハダトンボ属		×	ヨーロッパ	De Marchi 1990
カワトンボ属	×		日本	東 1976
イトトンボ科				
アメリカイトトンボ属	×	×	コスタリカ	Hamilton & Montgomerie 1989
キイトトンボ属		×	ヨーロッパ	Askew 1988
エゾイトトンボ属		×	ヨーロッパ	Askew 1988
ルリイトトンボ属		×	新北区	Johnson 1964b; Garrison 1979; Fincke 1982; Cordero & Andrés 1996
アカメイトトンボ属		×	ヨーロッパ	Cordero & Andrés 1996
アオモンイトトンボ属		×	全世界	
カラカネイトトンボ属[d]		×	ヨーロッパ	Cordero & Andrés 1996; Forbes et al. 1995
アカイトトンボ属		×	ヨーロッパ	Askew 1988
ニュージーランドイトトンボ属		×	ニュージーランド	Rowe 1987a
エゾトンボ科				
トラフトンボ属		×	アメリカ, FL	Tennessen 1977
トンボ科				
ショウジョウトンボ属		×	ヨーロッパ	Kotarac 1996
*Erythrodiplax*属		×	メキシコ	Dunkle 1976
アメリカミナミカワトンボ科		×		
*Polythore*属		×	新熱帯区	Bick & Bick 1986

注：この表からは，季節に関係した同所的な色彩多型，および地域や生息場所に関係した異所的な色彩多型は除いた．ただし，本文中ではこれらも議論した．
[a] ほとんどの場合，雌の色彩型の1つは雄に似ている．
[b] 主に新北区．
[c] Walkerは，カナダに生息するすべてではないが，多くの種に中間型があることを記載している．
[d] 確認が必要な色彩多型．

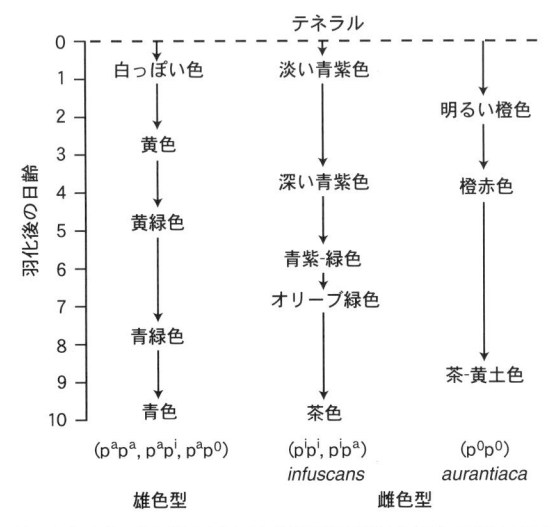

図8.12 スペインアオモンイトトンボの雌の異なる色彩表現型における胸部の色と日齢の関係．括弧内は推定される遺伝子型．羽化から5～6日目に性的に成熟した．(Cordero 1990bより)

生じるばかりでなく，時には異所的に生じることもあり，時にはその種の分布域を横断するようなクラインを示す．

表8.6は，色彩多型が複数の科と属の中に，そしてほとんどは雌に生じていることを示している．多くの場合，正常な雌色型（以前は異色型と呼ばれた）とともに1つの雄色型（以前は同色型）だけが存在する状態が普通である．多くの属では（例：アオモンイトトンボ属），色彩型は表現型によって明瞭に分けられるが，それ以外の属では（例：ルリボシヤンマ属，Walker 1958: 47参照），はっきりとした雄色型を一方の極に，はっきりとした雌色型を対極にして中間型がほぼ連続的に生じる場合もある．これは体色の保存に関連した人為的な影響かもしれないが（Dunkle 1983a参照），成熟個体の体色が一生の間に変化し，可逆的である可能性を示している（§8.3.2.2）．Sternberg (1995d)によって，ヤンマ科の雄色型の雌は，羽化直後に高温にさらされると生じることがヒメルリボシヤンマ Aeshna caerulea，ヒスイルリボシヤンマ，ルリボシヤンマで実験的に示された．ただし，イイジマルリボシヤンマ A. subarctica は，このようには反応しなかった．このSternbergによる観察は，長い間想像されてきた成虫活動期の異常高温の天候と雄色型雌の出現との関係を実証したことになる．これらの種の一部（おそらく全部）で，体色変化は可逆的である（§8.3.2.2）．

アオモンイトトンボ属における色彩型の割合は，個体群間でも，個体群内の世代間でも，あまり変わらない（Johnson 1964b, 1975; Cordero 1990b）．しかし個体群内では成虫活動期の間にかなり変化するらしい（Cordero 1990b）．雌の色彩多型は不連続で，おそらく世界中のアオモンイトトンボ属に普遍的である．そして，ほとんど常に1つの雄色型と，1つあるいは複数の雌色型が生じている．この多型現象が雌の繁殖成功に貢献する程度は（もしあるなら），種間で異なっているだろう（§11.4.2）．スペインアオモンイトトンボ Ischnura graellsii における色彩多型の遺伝様式は，Adolfo Cordero (1990b)によって解明された．それはいわゆる平衡「多」型で，1個体の雌が産む子には1種類か2種類，あるいは3種類の表現型が含まれることがある．そのうちの1つは雄色型（A）で，他の2つは雌色型である（Iの infuscans とOの aurantiaca）．雄たちは1種類の表現型しか示さないが，6種類の遺伝子型のすべてをもっている．図8.12に示したように，雌における対立遺伝子の優劣関係は $p^a > p^i > p^o$ である．スペインアオモンイトトンボと同属の I. damula や I. demorsa（Johnson 1964c, 1966b）との違いは，雄色型の対立遺伝子がスペインアオモンイトトンボでは優性であるのと対照的に，他の2種では劣性なことである．Cordero (1992b)は，スペインアオモンイトトンボにおいて色彩多型が保たれている本質的な要因は，（交尾時間の延長をもたらす）交尾行動，それに成虫活動期の間に個体群密度が変動することであると考えている．Fincke (1994c)は，スペインアオモンイトトンボにとって，その帰無仮説はまだ棄却されていないと主張したが，Cordero et al. (1995)は以前のデータを再度解析した結果，この種とマンシュウイトトンボの両方でこの帰無仮説は棄却されると考えている．雌がしばしば潜水産卵するルリイトトンボ属 Enallagma の色彩多型にはさまざまな淘汰圧が働いているらしい．この属に対してもFincke (1994b)は，帰無仮説を棄却する理由は見つからなかったと述べている．Forbes (1994)はキタルリイトトンボの2つの色彩型の間で捕食されやすさに違いのないことを明らかにした．ヨーロッパのトンボ目における色彩多型の総説において，Cordero & Andrés (1996)は，ヨーロッパの均翅亜目数種に見られる2種類あるいは3種類の異なる雌色型雌の存在に関しては，新しい仮説が必要だと結論づけている．そして，彼らは帰無仮説に加えて4つの仮説を提案した．すなわち，幼虫時代の生存率や競争能力の違い，幼虫や成虫の生息場所選択の違い，分散傾向の違い，そして蔵卵数の違いである．このリストには，色彩型が異なれば体温調節も違うという仮説も加えるとよいかもしれない．その選択価は天候に依存して年により変化するだろう．

ルリイトトンボ属とアオモンイトトンボ属で広範囲に見られる雌の雄色型は，フィジーに生息する Nesobasis 属のある種の成熟成虫に見られる明らかな雌雄間の役割の逆転（Donnelly 1990）と混同すべきではない．

Argia chelata では成熟雄の2.8％が雌色型に，成熟雌の3.0％が雄色型になることがあるが，これは稀な例である（Hamilton & Montgomerie 1989）．同所的で季節的な色彩多型の例はほとんどなく，連続した世代間の違いを見ている場合が多い．ネグロトンボ Neurothemis tullia tullia は東南アジア一帯に広く分布するアカネ亜科の種であり，同所的で季節的多型の顕著な例である．すなわち，雨季の間，雌雄の翅には白帯と暗い斑紋がついているが，乾季になって出現する成虫の色彩は薄く，翅の白帯は消え，暗い斑紋もしばしば消えてしまう（Asahina 1981b）．メキシコに生息するアメリカベニシオカラトンボ Orthemis *ferruginea* の雄の色彩には2型あり，雨季が進むにつれて白粉のない色彩型の割合がだんだん高くなっていく (Dunkle 1976)．タジキスタンのアオモンイトトンボ属の3種 (Borisov 1988) やスペインにおける同属の1種 (Cordero-Rivera 1988) の体色は，幼虫後期に経験した温度を反映する形で季節的に変化する．これはニュージーランドのミナミエゾトンボの雌でも同様である (Rowe 1987a)．このように，色彩型の違いは世代間ばかりでなく，羽化集団間においても存在する．

季節的な色彩多型の例で明らかになったような，環境条件の表現型への効果と考えられるものは，むしろ地域や生息場所と関連する異所的な色彩多型のほうに膨大な例が存在し，しばしば連続的な勾配，すなわちクラインを示す（ここでは，表A.6.3にあげたような標高や緯度に関係した色彩多型の例は除く）．シベリアの *Aeshna crenata* では，このような地域との関連性が明白に現れており，東から西へ亜種が変わるにつれて翅の色が変化する (Belyshev 1967a)．同様に，ユーラシア北部ではヤンマ科，エゾトンボ科，サナエトンボ科，トンボ科の体にある黄斑の大きさにクラインが生じている（西で大きく東で小さい）(Belyshev 1972)．シベリアを広く横断する数種のトンボにおけるクラインでは，湿潤な気候帯から乾燥地帯へ向かって，主に体から暗い模様が消えていくことで体色が明るくなっていく (Belyshev 1961c)．同様に，暑く開放的な場所になればなるほど体色が薄くなるような変異をもつ種は，オーストラリア北西部 (Watson 1969)，アフリカ北部 (Pinhey 1970a)，イラク (Asahina 1973)，北アメリカ (Paulson 1983c) にも存在している．

しかし，明らかな例外も存在し，この複雑な分野で一般化を急ぐ危険性を示唆している．それらの例外的な種の表現型は，生活環のいろいろな時期に働くさまざまな環境要因に影響を受ける．ボツワナにおいて，*Lestes pallidus* と *Pseudagrion glaucescens* の成虫の体色は，氾濫原では他の場所よりもかなり暗化している (Pinhey 1976)．日本でも，アオイトトンボの成虫は，前生殖期の長い南部や西部では，前生殖期の短い北部よりも，体色が暗化し大型である (朝比奈 1980b)．ベネズエラに生息する *Acanthagrion fluviatile* と *Leptobasis vacillans* の成虫は，開放的な平野部では雨季に体色が暗化して小型化するのに対し，乾季の森林内では体色は明るく大型である (De Marmels 1990b)．一方，リベリアの森林内に生息する *Eleuthemis buettikofferi* の雄は色彩2型であるが，体色が暗化した表現型は小さな川へ，明化した表現型は広い川へやってくる (Lempert 1988)．これは，熱帯アフリカに生息するシオカラトンボ属の種はどれも森林内では体色が暗化しているというElliot Pinhey (1970b) の仮説を支持する例である．隠蔽色や体温調節の必要性が暗化の背景にあると予想されるかもしれないが，ボツワナやベネズエラの記録からそのようなことは支持されなかった．温帯では，アオモンイトトンボ属の雌の青い表現型が暖かい場所でやや多くなる傾向が知られている (Robinson 1983; Cham 1991a)．

8.3.2.2 温度による可逆的な色彩変化

可逆的色彩変化は，Tony O'Farrell (1964) がオーストラリアのホソミアオイトトンボ属 *Austrolestes* とアオモンイトトンボ属において最初に発見したもので，普通，周囲の気温が15℃を超えると体色が暗色相から明色相へ変化し，10℃より下がるとゆっくりとその逆の変化を生じる．可逆的色彩変化はこれまでに7科12属で明らかにされ（表A.8.5），すべての大陸の温帯と熱帯から報告されてきた．成熟したときに青くなる種か，明色相にあるときの基調色が赤茶色であるような種で見いだされることが多い．ルリモンアメリカイトトンボ *Argia vivida* の雌には青い雄色型と赤茶色の雌色型があるが，どちらも雄と同様の可逆的色彩変化を示す (Conrad & Pritchard 1989)．可逆的色彩変化はアメリカイトトンボ属 *Argia* の種で普遍的に存在するらしい (May 1976a)．しかし，ある1つの属の中で，必ずしも全部ではなく，体色の青い数種のうちの1種にのみ生じることもある (May 1978)．同様に，数種のアカネ属の深紅色の雄も可逆的色彩変化を示すが（表A.8.5），ヨーロッパショウジョウトンボ *Crocothemis erythraea* の雄は示さない (Sternberg 1989a)．したがって，ヨーロッパショウジョウトンボの雄色型雌は (Kotarac 1996)，可逆的色彩変化によるものではなくて，真の色彩多型であるといえよう．可逆的色彩変化の存在が認識される前になされた色彩変異の報告のいくつかは，おそらく可逆的色彩変化のことを指している（例：*Argia apicalis*, Bick & Bick 1965b；*Enallagma aspersum*, Bick & Hornuff 1966）．同様に雄の *Africocypha lacuselephantum* (Pinhey 1971) で見いだされた並はずれた色彩変異は，可逆的色彩変化の反映でもあるに違いない．幸運にも冷蔵庫が使える所なら，どこでも比較的簡単な方法で可逆的色彩変化であるかどうかを確認できる．

ヒメルリボシヤンマの場合，可逆的色彩変化は周囲の気温 (T_a; §8.4.1.2も参照) によって制御されて

いる．気温が16℃よりも下がると，第3〜7腹節の斑点は青色から灰色がかった紫色へと暗くなり始め，40〜60分で暗化が終了する．青色から茶色がかった灰色への複眼の暗化は，12℃より低温だとやや遅れて始まり，70〜80分かかる（4℃のとき）．気温が上昇すると，逆の色彩変化が13〜14℃で始まり，30〜45分で完成する．しかし，暗化した色彩の雌はこの変化を示さない．ただし，雌も羽化直後から成熟するまで高温にさらされると青くなってしまう（Sternberg 1995d）．野外では日没時に地表数cmで休止している雄は，可逆的色彩変化の結果として，典型的な休止場所である地衣類に覆われた樹皮に対して隠蔽的となっている．また，青色から茶色への変化によって，紫外線の反射が行われなくなる（Sternberg 1987, 1996）．したがって，暗色相の雄は性的に活動的な雄としては同種他個体に認知されなくなるだろう．オーストラリアに生息する均翅亜目の2つの属では，雄の可逆的色彩変化は似たような経過をたどるが，（飼育下では）暗化した相への移行はさらにゆっくりとしている．ホソミアオイトトンボ属 *Austrolestes* では540分（Veron 1976），*Diphlebia* 属では180〜480分（O'Farrell 1964）を要した．ただし野外におけるこの移行は，ホソミアオイトトンボ *Austrolestes colensonis* では60〜90分を要するにすぎない．森林性の *Chlorocypha straeleni* の雄は，30〜35℃以上のときの体色は明色相で安定しているが，それ以下の温度での可逆的色彩変化はヒメルリボシヤンマよりもはるかに速い．すなわち，25℃に冷やすと，25〜40分で腹部は灰黒色へと変わり，35℃以上に戻すと10分足らずで明るい赤色に回復する（Miller 1993c）．

成熟したトンボ（ほとんどは雄）の青い体色は，白粉によって生じた青色でない限り，しばしば（常にかもしれない），下皮細胞の中の微小な反射粒子に由来する．この粒子の細胞質内での物理的な配置が光のティンダル散乱を生じさせ，その近くに存在するオモクロム色素を含んだ小胞が暗色の背景となる（Charles & Robinson 1981）．この状態は高温で安定しているが，低温では，小胞が粒子から離れる方向に移動してこの光反射システムを遮断するので，暗化した紫っぽい灰色か黒色になってしまう（O'Farrell 1971a）．色素胞の微細構造が成熟した *Austrolestes annulosus* の色彩変化の原因であることと，その色素胞が環境の刺激に反応する様子が Veron et al. (1974) と Veron (1974a, 1976) によって解明された．前生殖期の *A. annulosus* がもつ，発達途上の色素胞には，光散乱粒子とはっきり分かる移動性の色素小胞を欠いているため，彼らは可逆的色彩変化を示さない（Veron et al. 1974）．この状況は，おそらく明るい体色をもたない前生殖期の成虫であれば一般に当てはまるだろう．可逆的色彩変化は気温によって外的に制御されているが，体色変化の日周期性を維持するためには内部要因も関与しているに違いない（Veron 1973b）．*Argia sedula* では，光は青い色を濃くするであろうが，可逆的色彩変化は気温にだけ関係する．*Argia bipunctulata* の場合は，(*Austrolestes annulosus* とは違い）可逆的色彩変化は死んでいても生きていても起きる（May 1976a）．

可逆的色彩変化は他の昆虫よりもトンボ目で広く見られるようで，腹部で働いている少なくとも2つのメカニズムによって引き起こされている．すなわち，ホソミアオイトトンボ属や *Diphlebia* 属，そして他のすべての青色系トンボのように，表皮色素の色素体の移動と，（複眼内部での）オマチン色素の酸化還元反応の平衡状態が変化することで起きる．また，可逆的色彩変化が可能なのは，色素や色素胞が生きている細胞に存在し，その部位のクチクラが透き通っているからである（Sternberg 1996）．

可逆的色彩変化の生物学的な機能の1つは隠蔽であろう（§2.2.7も参照）．特に隠蔽が有効なのはトンボが動けないほど気温が低いときであり，低い気温でも活動できる恒温動物の捕食者に対しての効果が大きいと思われる（Miller 1993c）．もう1つの可逆的色彩変化の効果は体温調節を促進することで，少なくとも一部の種で知られている（§8.4.1.2参照）．日光浴をしていることが多いヒメルリボシヤンマでは（Sternberg 1987），暗色相になると透明なクチクラ（窓）の下に分布する非黒色系色素が長波長の光の吸収を増加させ，外温性の加温を促進する．一方，明色相をとると雄の体が過熱から防がれる（Sternberg 1996）．可逆的色彩変化は，主として腹部の温度感受性を高めることで *Austrolestes annulosus* や *Ischnura heterosticta* の体温調節に寄与している．飛行中の成虫は，太陽輻射に当たるように体を定位することで，外温性による加温を急速に行うことが可能となり，日の出後短時間のうちに通常の日中活動に入ることができる（Veron 1974b）．同様に，ヒメルリボシヤンマは暗色相のときのほうが，素早く日光浴のできる暖かい日だまりを見つけることができるらしい（Sternberg 1987）．一方，活動中の *Austrolestes annulosus* の雄は，周囲の気温が非常に高くても，もっぱら明るい太陽光のもとにとまっている．明るい青色の腹部は，光を反射することで，同種他個体に自らの存在を知らせるだけでなく，体温も低下させている

と考えられる (Rowe 1995). *Argia apicalis* の雄はタンデム結合によって可逆的に暗化するようで (Tennessen 1994), 雄は明らかに目立たなくなる.

8.3.2.3 白　粉

成熟するとトンボ目の多くの種は, 体や翅に, あるいはその両者に, 部分的にあるいはほぼ完全に「ろう状の粉」, すなわち**白粉**を身につける (Paulson 1983c). 白粉は上クチクラの色素によって生じ, その下にどんな模様があっても覆い隠してしまうので, 人間の眼にはたいてい青白かったり, 桃色, 紫色, 灰色, あるいは白く, そして時には *Crocothemis saxicolor* のように赤く見える (Pinhey 1962b). 明らかに, ほとんどの青白い白粉は紫外線 (UV) を強力に反射している (Robertson 1984; Hilton 1986). これは波長 40～400 nm の電磁波で, 人間には普通見えない (他の多くの生物には見える*. Silberglied 1979 参照). もし白粉の色がティンダル散乱によって生じているならば, 紫外線反射であると考えられる (Silberglied 1981). 例えば, カトリトンボの雄の腹部背面の白粉は, 紫外線を 25% 以上反射しているらしい (Robey 1975). 紫外線の反射を含むティンダル効果は, 有機溶媒によって不可逆的に失われる (例: アセトン; Byers 1975; Hilton 1986). 白粉の微細形態をもとにトンボ目が2つのグループに分けられることが確認されている. すなわち, 薄板状の白粉 (例: アオイトトンボ科, トンボ科) と繊維状の白粉 (例: カワトンボ科, ミナミカワトンボ科; Gorb 1995a) である.

白粉は雄に発達することが多く, その程度は性的な成熟度合いの指標となっている (図8.4). アメリカハラジロトンボの雄では, 腹部の白粉は水域へ最初に戻ってきてから2～6日で, 青みがかった白色から白色に変化する (Jacobs 1955). 均翅亜目の一部の科, 特にアオイトトンボ科とイトトンボ科 (例: アメリカイトトンボ属) の種では, 白粉は体と翅に生じ, ハナダカトンボ科の雄では, 長く伸びた脛節に生じる (Corbet 1962a). 不均翅亜目では, 白粉が目立ち広範囲に認められるのはトンボ科だけである. ごく稀には雌もそうだが (井上 1984 参照; Ubukata 1985a), トンボ科の数属の雄は薄い青色や暗化した赤色になるか (アメイロトンボ属 *Tholymis* のように; Miller 1994a), 腹部背面がほとんど白くなり, 時には翅まで白くなる (例: ネグロベッコウトンボ *Libellula luctuosa*). ヒメシオカラトンボの老齢の成熟雄は, 胸部と腹部に白粉を発達させている (Miller 1994a). トンボ科ほどには目立たないが, 白粉はムカシヤンマ科のアメリカヒメムカシヤンマ *Tanypteryx hageni* でも生じている. この種の成熟雄は, 胸部や腹部の節間の縁が白粉で広く縁取られている (Clement & Meyer 1980). サナエトンボ科の多くの属では, 特に胸部の腹側面に白粉を生じるが, 時には, 頭頂や胸部上部, 後腿節, 腹部の基部にも見られる. *Gomphurus lynnae* はサナエトンボ科の中では例外的で, 頭部と胸部, 脚, 腹部の基部に派手に白粉を生じる (Paulson 1983c).

白粉の主な生物学的機能は, おそらく種によって異なっている. 腹部背面に生じる目立つ青白い白粉は, アメリカハラジロトンボのように (Jacobs 1955), なわばりや性的なディスプレイにおいて, 重要な役割を果たしていると考えることができる. また, アメイロトンボ *Tholymis tillarga* (Corbet 1962a) やコフキオオメトンボ *Zyxomma obtusum* (井上 1982) のように, 森林性で日陰を好む薄暮性の種の翅に白粉があるときは, 同種内の認知に関係する機能を担っているかもしれない. しかし白粉が体 (主として胸部) に生じる種では, 太陽輻射を反射して体温調節を助けている可能性があるが (Ubukata 1985a 参照), これは確認が必要である. この説明は, 暑くて開放的な環境に生息している個体群ほど白粉の発達が良いことと一致している (Paulson 1983c).

体の表面で紫外線を反射する唯一の手段が白粉というわけではない. 一部のカワトンボ科の翅は紫外線を強く反射する (佐藤 1982: 35. ミヤマカワトンボの前翅と後翅の不注意による入れ替わりに注意). また, *Argia fumipennis* の翅のような光沢のある色でも反射している. ハビロイトトンボ科の森林性の数種は, 白粉からの反射と「金属光沢」の体表面からの反射の組み合わせで, すばらしい紫外線の模様を示す (Silberglied 1981).

潜在的に価値のある研究分野は, トンボの成虫の体からの紫外線反射の分布や生物学的機能を調べることである. トンボが人間にとってと同じように, 他の昆虫にとっても隠蔽色で暗化した色に見えるかどうかを調べるために, 日陰を好む種の成熟成虫の翅や体を調べることは有意義だろう. また, 模様のついた翅をもつ種や (例: ハナダカトンボ科やアメリカミナミカワトンボ科, トンボ科, ヤンマ科), 明らかに種内のディスプレイに使われているほぼ完全に白化した腹部背面や (例: *Agriocnemis lacteola* や *Platycnemis latipes*), 青白い付属器 (例: *Hemiphlebia mirabilis*), あるいは腹部腹面 (例: ミヤマカワトンボ; 写真 O.3) をもつ数種を詳しく見

---

*訳注: 全波長域ではなく, 300～400 nm の紫外線を感じる.

表8.7 活動中のトンボが用いる体温調節のための戦略

戦略	周囲の気温[a] 低	高
外温性体温調節		
姿勢の調整[b]		
体	日光浴	オベリスク
翅の使用	断熱または太陽光の反射	胸部や腹部への日傘
微小生息場所選択		
場所	日向[c]	日陰[d]
とまり場の高さ[e]	暖かい	涼しい
日周活動パターン		
主な活動時間	最も暖かい時間帯	最も涼しい時間帯，典型的には薄明薄暮の一方か両方
温度による可逆的な色彩変化		
体色相	暗い	明るい
内温性体温調節		
飛行筋によって発生した代謝熱の制御	増加させる行動： 翅震わせや飛行	放熱する行動： 涼しくなった場所で胸部と腹部で血リンパを循環[f] 熱発生を減少させる行動： 飛行中に滑空する割合が増加
気化冷却		水浴と水飲み？

注：詳細と出典は本文参照．活動中のトンボが採用した戦略だけを示した．好適な温度環境的に適切なねぐらの選択については§8.4.5を参照．
[a] 自発的な活動を可能にする胸部体温と比較しての高低．
[b] 通常は止まっているとき，時には飛翔中にも見られる．腹部に当たる空気の流れで対流による冷却がある場合，体表面にある温度感覚器によると思われるが，正や負の向日性が生じることが多い．時には風に対する定位の形をとることもある．
[c] あるいは，例外的に，地熱のある場所．
[d] 洞窟や人間の住居の場合もある．
[e] 日が昇るにつれて，最も暖かいとまり場は樹木の梢から地上へ移る．日没時にはその逆となる．
[f] たいていは対流による外温性で，時には気化冷却によることもある．この過程は，特に風の強いとき，胸部や腹部に当たる空気の流れによって加速される．

ることも重要である．可逆的色彩変化を示すヤンマ科の個体に見られる明色相は，性的な活動性が高まっていることを同種他個体に認識させる機能がある可能性は§8.3.2.2で扱った．

8.4 物理的環境

8.4.1 体温調節

非常に安定した気候で周囲の気温 (T_a) が穏やかなときは別として，繁殖適応度を左右する活動性（特に飛行）を維持しようとするなら，トンボは，周囲の気温とはほとんど独立に体温 (T_b) をある範囲内に保たなければならない．すなわち**体温調節**を行わなければならないのである．好適でない温度条件下で活動的であるための体温調節の能力は，主として気候や体サイズ，行動によって決まっている．トンボは体温調節の研究に非常に都合の良い材料である．すなわち「生きた化石」として，進化の初期の飛翔昆虫の温度環境を考察することができる．また，体温は主要な生殖活動に量的にも (McVey 1984)，質的にも (Singer 1987a) 影響を与えている．さらに，さまざまな体温調節の方法の選択に影響すると思われる体サイズや形態，行動，生息場所の多様性が高いことも有利である．この30年間にトンボ目の体温調節に関して多くの知見が得られてきた．それはM. L. Mayの努力によるところが大きく，彼の的確な調査と総説を（例：1978, 1979a, 1991a），以下の説明で数多く引用する．

体温調節は，周囲の気温に応じて，積極的な行動あるいは生理的な反応をとることによって成し遂げられる（表8.7）．それは代謝熱の発生量の変化や，環境との熱交換，あるいはその両者からなる．熱交換は以下の要因に依存した速度で，伝導や対流，輻射によって生じている．すなわち，トンボの体と外部環境との温度差，体表面積，体の向きや形，軟毛，そして（太陽輻射にかかわる）体色や白粉化（§8.3.2.3），さらにトンボがとまる基質の熱伝導度や風速，太陽輻射の入射角のような環境特性などである．熱交換は気化によっても起きる．May (1979a) やHeinrich (1993) は，これらの過程を特徴づける物理的な定数を明らかにし，熱交換をモニターする方法を記述している．

8.4 物理的環境

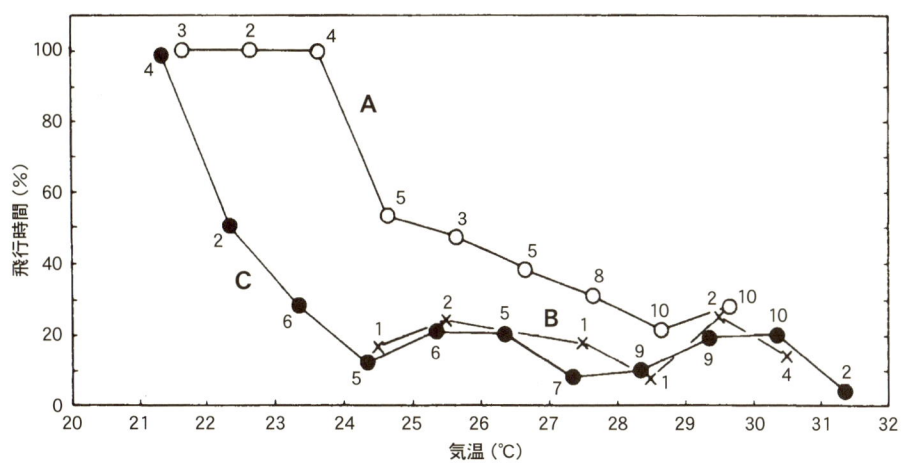

図 8.13 3種のパーチャーにおける飛行に費やす時間の割合と気温の関係. A. *Micrathyria atra*; B. *M. aequalis*; C. *M. ocellata*. (May 1977を改変)

　トンボ目全体は，体温調節の能力に重要な影響を与える3つの特性を共通してもっている．すなわち，彼らは基本的に昼行性であり，多くの機能を果たすのに飛行が欠かせない強力な飛翔昆虫であり，そして大型であるという特性がある．体サイズは体温調節の能力に影響を与えるので，トンボ目が採用できる体温調節の戦略は体サイズに関連する．トンボでは，全体として**フライヤー**と**パーチャー** (Corbet 1962a: 126) の2つに分類できる．典型的なフライヤーは，活動中はおおむね飛び続けている．一方パーチャーは，成熟個体でもほとんどの時間をとまって過ごし，そこから短い距離を飛ぶだけである．この二分法は絶対的ではなく (Parr 1983a)，ある温度環境ではフライヤーとなり，別の温度環境ではパーチャーとなる種もいる (図8.13; *Sympetrum corruptum*, Orr 1992). しかしこの二分法は有益である．それは，体温調節に使われる外温性と内温性という2つの (主要な) メカニズムと密接に関連しているからである．この関連性は飛行が熱を発生させることに起因している．すなわち，活動的なフライヤーが飛び続けると，急速に熱が発生し，失われる熱以上に体温を上昇させてしまうため，胸部での過熱が解消されない限り，筋肉の調和のとれた活動性は保てない．このように，フライヤーはパーチャーより胸部温度が過熱しやすく，その結果，それを補償するような独特のメカニズムを進化させてきた．すべてのトンボは外温動物であるが，たいていのフライヤーは，胸部温度 (T_{th}) を体内における熱の発生や消失で制御するという内温動物でもある．一方パーチャーは，特に太陽光による環境中の熱源となる場所と熱の放散場所を使い分けることで熱交換速度を調整するだけの外温動物である．ただし彼らも，フライヤーと同様に，飛行中は熱を発生している．フライヤーとパーチャーは体の形も違えば大きさも違う．特にフライヤーは長い円筒形の腹部をもち，パーチャーよりも大きな翼面積をもつ傾向がある (May 1981). したがって，トンボ科のフライヤー (例：*Zygonychidium gracile*, Lindley 1970参照) の中には，エゾトンボ科や小型のヤンマ科の種に外観の似ている種がいる．ハビロイトトンボ科は，均翅亜目の中の唯一のフライヤーであるためか，非常に大きな翅と長い腹部をもっている．これと対照的に，ウチワヤンマ属 *Ictinogomphus* や *Phyllogomphus* 属のように大型で重量級のパーチャーは，大型のフライヤーとは異なる生活様式をもっている (Miller 1964). フライヤーとパーチャーでは体重が異なり，前者はたいてい400 mgを超えるが，後者は500 mg以下である．普通はフライヤーのほうが翼面荷重が大きい (Grabow & Rüppell 1995). フライヤーとパーチャーの間には，一般に認められた二分法にもかかわらず，どちらのタイプの種でも，個々の雄は一連の活動を行っている間に，時々飛行と静止を交互に行うことがある．フライヤーである *Neurocordulia xanthosoma* (C. E. Williams 1976) やキボシエゾトンボの例では，彼らは活動時間の50％以上をとまって過ごす (Börszöny 1993). パーチャーの例としては，*Libellula croceipennis* (Williams 1977) や *Paltothemis lineatipes* (Dunkle 1978a) があげられる．Polcyn (1994) は，アメリカ，カリフォルニア州のモハーベ砂漠の極端な温度環境において，フライヤーとパーチャーの間やヤンマ科とトンボ科の間

で，体温調節能力や活動時期について何の違いもないことを見いだした．飛行と静止に費やす時間の割合は，そのときの温度環境を反映しているので，この2つの境界となる値を決めようとしても意味がないだろう（Parr 1983参照）．体温調節を成功させる主要な戦略は，気化冷却，外温性，そして内温性である（表8.7）．

8.4.1.1 気化冷却

体温調節の役割についてはほとんど知られていないが，気化冷却は，周囲の気温が高いときに，特にフライヤーにとっては，効果的な戦略に違いない（Miller 1962参照）．May (1987)によると，アメリカオオトラフトンボ *Epitheca cynosura* では，実効性のある気化冷却を実現しようとすると，1時間当たり体重の11％を失ってしまうので，せいぜい短時間の過熱に対処するための緊急避難的な利用しかできないだろうと推論した．しかしMayが推測しているように，この推論の根拠は水分の補給がそれほど簡単にはできないという仮定に依存していることである．トンボが獲得する水分は，含水量が60〜80％（Fried & May 1983）にもなる餌からと，彼らの機敏さにもよるが，彼らがよく訪れる水域からである．しばしば記録されている成虫の「水浴び行動」や「水飲み行動」は（Hutchinson 1976a参照），時々は乾燥を防ぐためだけでなく，時には気化冷却を促進する手段として，体外や体内の水分を増加させるためかもしれない（B. J. Tracy et al. 1979参照）．もし大型の飛翔性昆虫が水域で活発に活動して過熱しそうなときに，冷却のために水を利用しないのは，むしろ奇妙であろう．（産卵中の雌以外で）トンボが飛行中水面に触れるように下降し，時にはそのまま体全体を完全に水に沈めてしまった観察の記録は多い．例えば，パトロール飛行中のキバネルリボシヤンマの雄では，たて続けに3回水に飛び込む行動が観察された．水へ飛び込んだ後は，浮上して体を振り，水面から再び飛び立つまでに約30秒間日光浴をし，翅の間で腹部を動かした（図8.34; Paine 1995a: 23-24のT. G. Beynon）．よく似た行動は，パトロール中の *Cordulegaster dorsalis* でも観察されている（R. L. Orr 1995c）．ヒメシオカラトンボの場合，水面に接触する行動はパトロール中の雄のみに見られる（Parr 1983b）．そのような行動の機能と考えられるのは，体の冷却と清掃（表8.16），そして飲水である．ヒスイルリボシヤンマ（Kaiser 1974a），*Aeshna scotias* (Miller 1993d)，カラカネトンボ（Ubukata 1975）では，水に接触する目的は冷却だろうとみなされてきた．もちろん，腹部の一部あるいは全部を水につけるような産卵モードをとる雌は気化冷却作用を受けているに違いない．モハーベ砂漠に生息する不均翅亜目の雌は，産卵中に腹部をいつも水に沈めるが，驚くべきことに，他のときにはどの個体も体を水に浸すことはないようである（Polcyn 1994）．オナガサナエ *Onychogomphus viridicostus* の雌は，1バウトの産卵直後に水中へ体を浸すが（Sugimura 1993），これは産卵活動によって上昇した体温の低下に役立つかもしれない．同様に *Devadatta argyoides* の雄は，一連の闘争行動を行っている間，腹部の先端を繰り返し水に浸したが，この行動はしばしばその場を去る前触れになっている（Furtado 1970）．

網室の中でも（Miller 1964），もちろん野外でもトンボは水を飲む．フランス南部の暑い乾燥した天候のとき，オアカカワトンボは水面で水を飲み，時には飛行中でさえ飲む（Rüppell & Hilfert 1994）．ノルウェーでは，イトトンボ科の成虫は朝露を飲むために地表近くの草木や樹上から舞い降りてくる．そして暖かい天候のときには，生殖活動中に何回も繰り返し口器で水面に触れていた（Åbro 1976）．Ola Fincke (1992c)は，パナマに生息する *Mecistogaster linearis* の雌が繰り返し水面にぶつかり，前肢の間に水滴をためて舞い上がり，静止するのを観察した．スイスに生息するカラカネイトトンボを研究したSchiess (1973)によると，水面で水を飲むよりも露を飲む個体が多かった．Kaiser (1974a) はヒスイルリボシヤンマとマダラヤンマを観察し，これらのトンボは水に触れることで「日々の水」を得ていると推論した．そしてLazlo Börzsöny (1993)は，キボシエゾトンボの成虫が水に触れた後飛び上がるときに頭部の下に水滴が見えるので，それを飲んでいると結論づけた．忘れてならない点は，活動的なトンボは主に脂肪を燃やし，その代謝産物として多くの水分を発生させるので，血リンパが薄くなりすぎないようにするには，過剰な水分は体の外へ発散させなければならないことである（S. A. Corbet 1988）．トンボの成虫が水分バランスを調節する手段や，これらの活動がいかにして気化冷却効果を高めているのか，あるいは高められているかどうかは，今後，面白くなる研究分野だろう．

8.4.1.2 外温性の体温調節

トンボは主として姿勢による太陽光線の入射量の制御，微生息場所の選択，日周活動パターンの調整（表8.7），表皮下細胞の色素移動などの外温的な方法によって，体温を調節している．

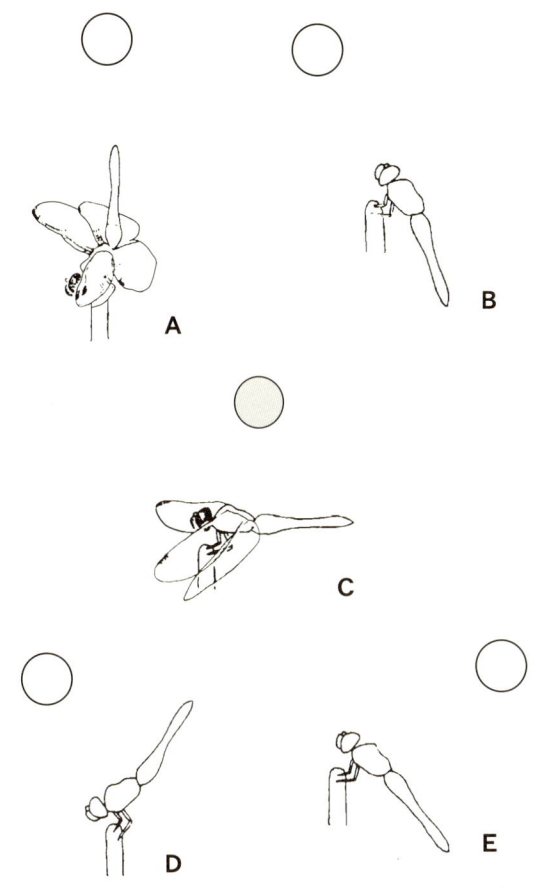

図8.14 トンボ科の成虫が示す太陽光線に当たる面積を最小にする姿勢（AとB）と最大にする姿勢（C〜E）．太陽の位置を○で示すが，●は太陽がこのページの奥にあることを示す．典型的な翅の位置はAとCで示した．(May 1976bより)

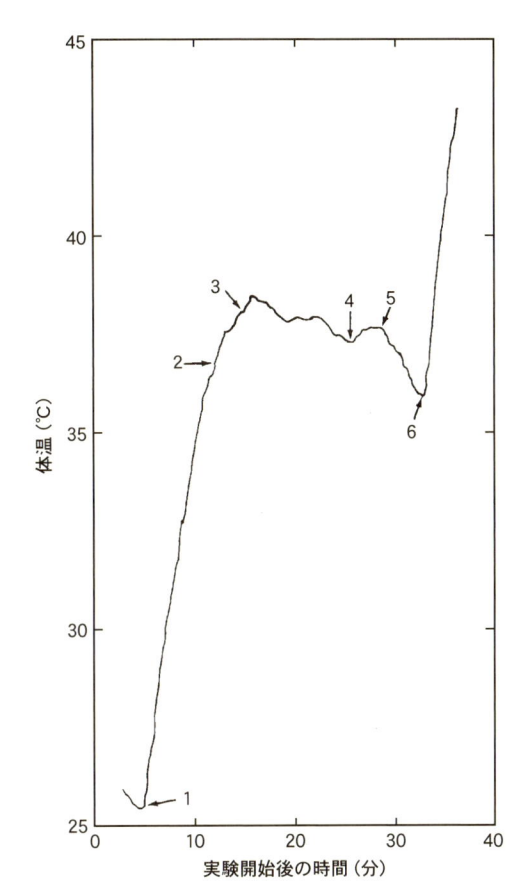

図8.15 実験室内でカトリトンボの雄を250Wの電球で暖めたときの体温．1. 点灯；2. 腹部を約45°に上げる；3. 完全なオベリスク姿勢；4. 腹部を下げ，光源から歩いて離れる；5. 完全なオベリスクの姿勢；6. 5と同じ位置にいるが腹部を強制的に水平に下げている．(May 1976bより)

　パーチャーは太陽で体を暖める典型的なトンボであり，周囲の気温と太陽の見える位置に依存して姿勢や体の向きを決めている．彼らはほとんどまって過ごしているので，このタイプの体温調節に向いている．活動中のパーチャーは，葉の上よりも，突き出た細い枝の先端近くにとまることが多い．そうすることで，太陽輻射の強い反射や，飛び立つときにぶつかって翅が損傷することを避けることができる．さらに，姿勢を調整するための安定した足場と空間を確保し，通過する昆虫を見張るのに妨げにならない視界を保つことができる（石澤 1994a）．周囲の気温が高いとき，パーチャーは太陽光線と体の長軸が平行になるように定位して（図8.14A, B；写真M.1），太陽にさらす面積を最小にする姿勢をとる．著しい例として，いわゆるオベリスク姿勢がある（Corbet 1962a: 130）．すなわち，腹部は太陽の方向

を指し，あるいは，とまり場でできる限り垂直な姿勢をとる（González-Soriano 1987）．その結果，体の影は50％以上減少する（May 1978）．周囲の気温がさらに上昇し続けると，アキアカネはオベリスク姿勢をやめ，森林の中の陰へ移動する（津吹 1993）．オベリスク姿勢は，体温がある程度高くなると（図8.15），野外でも（石澤 1996）網室内でも（May 1976b），雌雄にかかわらず見られ（Dell'Anna et al. 1990），外温性の体温上昇を明らかに減少させる．しかし，太陽が水平線近くにあるときは，時々反対の目的で（すなわち体温を**上昇**させること）姿勢を垂直にすることがある（Dell'Anna et al. 1990；写真M.2）．外温性の冷却を行うためにオベリスク姿勢をとることが知られている約30種は，すべて典型的なパーチャーであり，カワトンボ科，サナエトンボ科，トンボ科に属している（May 1976b: 表4参照）．これまでにもしば

しば示唆されているが（例：Heinrich 1993），オベリスク姿勢はディスプレイのような他の機能も果たしているかもしれない．例えば，カトリトンボは雄間の闘争中に似たような姿勢を示す（Johnson 1962a）．ただしこの姿勢は腹部を弧状に屈曲させるので，たいていは温度に対する反応としてのオベリスク姿勢とは区別できるようである．この種は，ナツアカネ *Sympetrum darwinianum* のように（石澤 1995），時々日陰でもオベリスクに似た姿勢をとる（Dunkle 1989a）．Richard Rowe（1987a: 199）は，地面にとまるパーチャーであるベニヒメトンボ *Diplacodes bipunctata* のような場合は，オベリスク姿勢は自分の影を小さくするので，捕食者に対して目立たなくするように働くだろうと指摘した．大型のサナエトンボ科のアメリカコオニヤンマ *Hagenius brevistylus* は，気温が高いときは長い腹部を真下へ垂らしてとまり（C. R. Tracy et al. 1979），オベリスク姿勢と同等の機能をもたせている．熱帯において露出した岩の表面に垂直にとまる *Bradinopyga* 属やショウジョウトンボ属 *Crocothemis* の種も同様な行動を示す（写真M.3；Grabow et al. 1997）．周囲の気温が非常に高いとき，熱帯のムツボシトンボ亜科の *Diastatops intensa* は，大きな黒い翅を太陽輻射とちょうど平行に保ち，オベリスク姿勢は一度も見られなかった（Wildermuth 1994b）．積極的に姿勢を調節する行動はパーチャーでよく目立ち普遍的であるようだが，時にはとまっているフライヤーも行う．ヒスイルリボシヤンマは日光浴中に腹部を上げ（Kaiser 1974a），北アメリカのアメリカギンヤンマは秋の長距離移動の間，日が昇るとまず急速に暖まりつつある地表面にとまり，体の大部分を地面に押しつける（Corbet & Eda 1969）．

姿勢による体温調節は，翅を用いることでさらに高めることができる．すなわち，腹部を翅で覆うことで腹部への太陽輻射を翅で反射させたり（Tiefenbrunner 1990），暖かい基質の上で胸部の近くに「温室」を形成したり（例：アオハダトンボ属，§8.4.5），対流による冷却を遅らせて飛行筋を暖めたりする（C. R. Tracy et al. 1979）．これらの行動をとることで，時には少なくとも7℃も体温が違うようである（Sternberg 1990）．あるいは逆に，腹部が翅の影に入らないようにして体温調節をすることもある（Rowe & Winterbourn 1981）．とまっている不均翅亜目や均翅亜目が示す少々変わった翅の角度や姿勢も（Paulson 1981a），外温性の体温調節の役割を果たす場合があるかもしれない．例えばミナミカワトンボ科の *Dysphaea dimidiata* の雄は，時々水平面から30〜40°翅を下げるし，大きな黒い翅をもつムツボシトンボ亜科の *Zenithoptera americana* は，その翅を［腹部を覆わないように］胸部の上で閉じることもあれば，水平面から40°も下へ降ろすこともある．時々翅を広げてとまる均翅亜目は（そのとき，前翅は少し上へ，後翅は水平か少し下へ開いている），ムカシカワトンボ科の1属とナンベイカワトンボ科の1属，ミナミカワトンボ科の1属，アオイトトンボ科の3属，ヤマイトトンボ科の5属である．ムカシエゾトンボ亜科の *Cordulephya pygmaea* は，翅を閉じてとまる例外的な不均翅亜目である（Tillyard 1917a: 267）．

パーチャーでもフライヤーでも，飛行中，積極的に姿勢の調整をすることがある．コシアキトンボ *Pseudothemis zonata* がフライヤーとして行動しているときは，日中の暑いときに腹部を垂らし，色のついた後翅基部の影に入れる（宮川 1967b）．ハネビロトンボ属 *Tramea*（Dunkle 1989a）やウスバキトンボ *Pantala flavescens*（新井 1995a）でも，同様の状況で同じような行動が観察されている．ウスバキトンボのこの行動は，Hankin がブレーキをかける行動と解釈したもの（Corbet 1962a: 137）と同じだが，この姿勢がフライヤーにとってのオベリスク姿勢に相当するものであることは疑いない．もしそうなら，腹部を冷却器として利用し，体内で過剰に発生した熱を周囲に対流放散させることは，フライヤーにとって，特別な重要性をもつだろう（§8.4.1.3）．*Austrolestes annulosus* や *Ischnura heterosticta* は，特に朝の飛行を開始するときなどは，（とまっているときと同様に）飛行中にも腹部を暖めるように向きを変えることができる．これには，暗色相への変化と連動して感度が高くなった腹部の熱受容器が関与していると考えられている（Veron 1974b；§8.3.2.2）．

外温性の体温調節を行う第2の方法は，体温と比べて周囲の気温が高い，あるいは低い微生息場所を選択することである．トンボが利用可能な微生息場所内の周囲の気温は，普通，大きく異なっている（May 1978: 表I参照）．微生息場所における気温は，太陽輻射への暴露，反射や比熱，あるいはそれらの組み合わせにより，体温よりも高い（あるいは低い）ことがある．フライヤーもパーチャーも，利用する微生息場所は分類学的な類縁関係を反映することがあるが（Furtado 1969参照），どのカテゴリーの成虫も体温調節の手段として利用する微生息場所を変えている．そのような体温調節の例としては，特に均翅亜目の森林性の種があげられよう．彼らは森林内の木漏れ日の当たる陽斑を追って移動し，1日の大部分を陽斑で過ごす（例：*Argia difficilis*, Shelly 1982；アマゴイルリトンボ *Platycnemis echigoana*, Watanabe et al. 1987;ルリモンアメリカイトトンボ,Conrad & Pritchard 1988; *Mesocnemis singularis*, Lempert 1992; アオイトトンボ, Watanabe & Taguchi 1993). ケニアのカカメガ Kakamega の森林に生息する *Notiothemis robertsi* のように,もし雌雄の出会い場所が終日ほとんど日の当たらない場所であるなら,なわばり雄は樹冠部にできる日当たりの良い場所へ「向日飛行」を断続的に行う(Clausnitzer 1996). 陽斑を追いかける種は特別に目立つ例にすぎず,パッチ状の温度環境で生活しているトンボにとって,おそらく普通の行動である. 例えば,前生殖期のマダラヤンマは,イギリス南部において,日光浴のためにとまる位置を1日中繰り返し変えていた(Brownett 1992). 日本の庭園で観察されたコシアキトンボも前生殖期に同様の日光浴を行っていたし(宮川 1967a),コートジボワールのサバンナに棲む *Crocothemis divisa* も,耐乾休眠する前生殖期にシロアリ塚にとまって行っていた(Grabow et al. 1997). ウガンダのブドンゴ Budongo の森林の中で,植物が密生した細い川に沿ってパトロール飛行中の *Aeshna scotias* は,日の当たっている場所に出てしまうと,暗い陰の中へ戻るか,素早く上空へ舞い上がる(Miller 1993d). なわばり性のヨーロッパショウジョウトンボやタイリクシオカラトンボ *Orthetrum cancellatum* のとまり場の分布は,日の当たる場所(または日陰)の位置や天候(Sternberg 1994a)によって明らかに変わる. 生息場所が限られ,トンボが高い気温を避けられないとき,その結果はかなり厳しいものになるだろう. 例えば,オアカワトンボはフランス南部の乾燥した非常に暑い平野を流れる川に生息しているが,暑さが長く続いた日に飛ぶと,体重が著しく減少したり(Weinheber 1993),タイリクシオカラトンボによる高い捕食圧を受けたりした(表A.8.9). タイリクシオカラトンボが暑く乾燥した条件にあってもあまり影響を受けない理由としては,このトンボの食う餌が大きいため乾燥に耐えられること,高い蒸発圧に対する抵抗性が生得的に高いこと,すでに他の場所で十分に栄養を獲得した個体がこの場所へやってくることなどが考えられる(Rehfeldt et al. 1993参照). 自発的な飛行が可能になる胸部温度よりも周囲の気温が低いとき,トンボはいわゆる日光浴の場所を探す. その場所は微気候の境界層の近くに存在することがあり,急な温度勾配に沿って移動することで,トンボは熱を獲得する機会が増す. これは小型の種が容易に利用できる選択肢である. 陽斑や裸地に近い場所は,この観点から特に都合の良い場所である. Shelly (1982) は,森林性の均翅亜目2種の成虫について,日向にとまるか日陰にとまるか,あるいは,高い採餌努力でエネルギー摂取と代謝速度を高める戦略を採用するかその反対にするかという,それぞれのトンボが直面する進化的な妥協をうまく説明した(§9.5). とまり場の高さと周囲の気温の間に存在する相関関係は(Miller 1964参照; May 1976b: 図6, 1979a; Krüner 1977),とまり場の高さと体サイズに(暖かい天候時には)見られる相関と同様(May 1980)良く知られている. 熱帯や亜熱帯のトンボの中には,自発的な最大耐性温度(MVT)ととまり場の選択に関連性が見られるものがいる(May 1978). ムツアカネの雄と雌では温度選好性が異なり,それがとまり場の高さの違いに現れている(Michiels & Dhondt 1989c). ハヤブサトンボでは日齢によって温度選好性が異なり,個体群の中で空間的に棲み分けている(McVey 1981). Sid Dunkle (1994) は,南アメリカとは異なり,マダガスカルでは陰を探し求めるトンボはほとんどいないという奇妙な事実に注目している.

　気温が低いときに外温性の加温を得るためには,日光浴をする場所の選択が重要な淘汰圧になるだろう. Blyth (1952) はこのような情景を詠んだ沽荷の俳句を英訳して紹介している.

The dragon-fly
Clinging to the wall;
Sunlight from the west.

(西日の当たる壁にトンボがはり付いて日光浴をしている様子)

　太陽が当たったり反射したりしている面にピッタリとくっついてとまる習性は,ムカシヤンマ科(枝 1959; Svihla 1959; Dunkle 1981b; Rowe 1987a),ヤンマ科(Schmidt 1964b; Kaiser 1974a; Cannings 1982a; Sternberg 1987),エゾトンボ科(Charlton & Cannings 1993),トンボ科(Testard 1972)で良く知られている. 周囲の気温が低いときや急速に低下したとき,日光浴をするトンボは1箇所に集まりやすい. オアカワトンボの前生殖期の個体は同じ方向に定位した集団を作るが,Armin Heymer (1972a) はこれを趨光性と記述した. Dick Vockeroth (Walker 1951参照) は,カナダ,ノースウェスト準州のレインディアステーション Reindeer Station (北緯68°42′) で,北極のツンドラに点在する建物の夕日を浴びた壁に,数種のルリボシヤンマ属の成虫が多数日光浴をしているのを目撃した. そして Gordon Pritchard (1983) も,アルバータ州のカルガリーにある彼の家の壁で,日没時に似たような現象を見たと報告してい

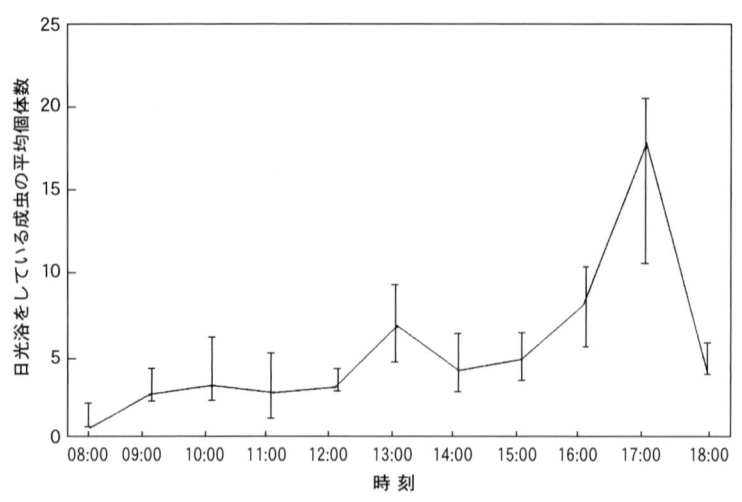

図 8.16 不均翅亜目9種の日光浴の日周パターン．南アフリカ，ピーターマリッツバーグの国立植物園内．風が当たらない日当たりの良いくぼ地での観察．縦線は標準偏差．(McGeoch & Samways 1991 より)

る．ヤンマ科を捕らえることが比較的難しい地域では，この習性は捕獲するのに利用できそうである．また，アラスカの *Aeshna eremita* と *A. interrupta* は，特に砂利道の地面にとまる傾向があり，その結果たくさんの成虫が車にひかれてしまう (Donnelly 1993b)．同所的に生息しているヤンマ科では，成虫の日光浴行動が種間ではっきりと異なっていることがあり (Cannings 1982a)，これは，おそらく温度選好性が異なるためであろう．日光浴の場所の選択には，太陽の見える位置に依存するはっきりした日周期が見られる（図 8.16）．時に日光浴の場所は雌雄の生殖のための出会い場所にもなり，ルリモンアメリカイトトンボ (Conrad & Pritchard 1988) やタイリクアカネ (Moore 1991c) の雄は，そのような場所を同種の侵入者から守っている．太陽が当たるからではなく，とまり場の基質自体が周囲より暖かいために，そこで日光浴に似た行動が見られることが稀にある．Jochen Hoffmann (1993) は同種個体群が生息している最高標高より1,000 m以上も高いペルーのアンデス山脈の標高5,020 mの地で，温泉によってできた池に2種のトンボが棲みついていることを発見した．雲が太陽を隠し，気温が急に下がると，*Aeshna petalura* と *Protallagma titicacae* は素早く地上へと下降し，地熱で暖まっている地面に近い草むらの中をゆっくりとはった（§6.2.2）．Richard Orrは，北アメリカに生息するキアシアカネが，涼しい日には積み上げた堆肥の上にとまるのを観察したが，これは堆肥の熱を吸収しているのだろう (M. L. May 1994)．

気温が高すぎて通常の活動を行えないとき，普通，トンボは陰になった場所へ入ってしまう (Corbet 1962a; 曽根原 1971; O'Briant 1972; 宮川 1982b; Utzeri & Gianandrea 1989)．1日の一番暑い時間帯に，繁殖場所での活動性が低下したことを観察した類似の報告は多い（例：Bick & Bick 1961; Parr 1983b; Michiels & Dhondt 1987)．パナマに生息する *Micrathyria* 属の同所的な3種は，気温が上昇するにつれてしだいに陰を求めるようになる (May 1978)．メキシコの *Palaemnema desiderata* の雌雄は，暑い南風が森林内の生息場所に吹き込んでくると，直ちに繁殖場所から離れて集団になってねぐらに入ってしまう (González-Soriano 1989)．オマーンの厳しい環境では，*Orthetrum ransonneti* や *Trithemis arteriosa* は，暑い天気のとき，せり出した岩の下にぶら下がって休む (Waterston & Pittaway 1990)．ただし，Mike Parr (1994a) は，日陰の気温が40℃でも湿球は19.5℃までしか上がらない中央サハラの北部において，日の当たる小川で *O. ransonnetti* がなわばり行動を示しているのを観察している．ウェスタンオーストラリア州のキンバリー北西部も暑く乾燥した地帯で，薄暮性の *Gynacantha nourlangie* は，日中，洞穴で休む (Thompson 1989a; Watson et al. 1991)．

微生息場所の選択と体温調節との間に見られる密接な相互作用は，Klaus Sternberg (1990) がドイツの高層湿原で観察した不均翅亜目の例によく示されている．ヒメルリボシヤンマ，カオジロトンボ，クモマエゾトンボ *Somatochlora alpestris* は黒ずんだ体色をしているので，暖かい基質の上で日光浴をすることで素早く外温性の加温ができ，高層湿原の冷涼な

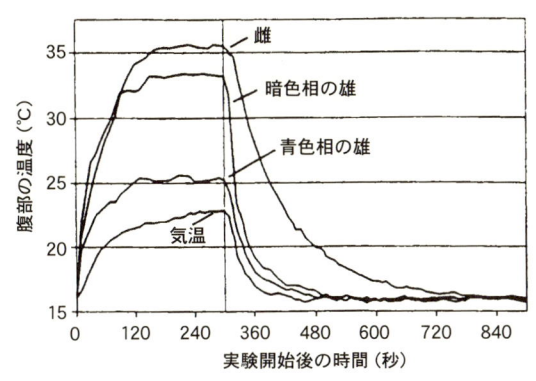

図8.17 75Wの赤外線電球を30cm離れた所から5分間照らしたときの，ヒメルリボシヤンマの第5腹節の温度および周囲の気温．暗色，青色フェイズの雄，および雌の例を示す．縦線は消灯したとき．(Sternberg 1996を改変)

気候に適応している．彼らは日中は高層湿原に集まるが，夜は湿原から離れて過ごすので，極めて低い夜間の気温を避けることができる．ただし，暑い天気のときにもやはり湿原の外に涼しい場所を求める．Ilmari Pajunen (1962) は，これらの3種とルリボシヤンマが薄い色の基質の表面（したがって高い反射率をもつ）を好んで日光浴することに注目している．この選好性はムカシヤンマ科 (Svihla 1959) や他の多くのパーチャーでも示されている．

外温性の体温調節の第3の方法は活動の日周パターンを変更することであるが，これは§8.4.4で扱う．

トンボが外温性体温調節を行う第4の方法は，Sternberg (1996) によって証明されたが，ほとんどのヤンマ科と，腹部背面に青い斑点をもつ不均翅亜目の多くで採用されている可能性がある．この斑点とは，真皮の色素が透けて見えるクチクラの窓のことで，覆っているクチクラの部位が透明なときにしか真皮が見えない．この斑点は入射光を取り込んで，暖房効果を促進（あるいは緩和）し，その効果が及ぶ範囲を生殖腺や雄の二次生殖器の筋肉，砂嚢といった内部器官を支えている部位に限定させる．色による熱吸収の効率は，その色素の熱吸収特性と入射光の波長と強さに依存している．一部の種のトンボに見られる温度による可逆的な色彩変化の能力は（§8.3.2.2），有色の斑点を外温性体温調節の手段として使うことを可能にしており，その時点での体色の相に依存して，腹部温度に著しい違いが生じている（図8.17）．ヒメルリボシヤンマの雄の明るい色彩は，光を反射し過熱を防ぐので，1日の暑い時間帯に活動することを保証している．この種の雄がもっているティンダル青の色素は光吸収が少なく，その結果として熱吸収が低い．暗い産卵場所では，黒っぽい雌ほど活発な産卵活動ができる．Sternbergの魅力的な発見は，井上 (1995) によって提案されたトンボ目の高次分類における体形のパターンの類型化についての新しい展望を与える．また，アメリカギンヤンマの腹部は高い気温のもとで熱の窓として働くという，異なった前提からの結論 (May 1995d) に対する新しい視点でもある．

少なくとも時によっては，外温性体温調節に寄与しているかもしれない2つの行動，すなわち翅打ち合わせと腹部上下動について，ここで検討しておくのがよいだろう．活動時間中にとまっているとき，均翅亜目の4つの科に属する何種かの成虫は，**翅打ち合わせ** wing clappingとして知られる特徴的な行動で翅を突然閉じたり開いたりする．これは侵入者（しばしば同種の雄）が接近してきたときに主に雌が見せる開翅動作 (wing-flipping) や，翅による警告 (wing-warning) (§11.4.5) と表面的には似ているが，行動のスタイルや機能は，確実とまでは言えないが明らかに異なっている．翅打ち合わせの間に見られる雌雄の関係やそのときに広げる翅の最大角は，それぞれの科によって特徴がある．翅打ち合わせはカワトンボ科 (212°) やアメリカミナミカワトンボ科（約45°；Fraser & Herman 1993）の雌雄で見られるが，イトトンボ科 (30°) やアオイトトンボ科 (94〜173°；Bick & Bick 1978) では明らかに雄だけで見られる．Bick夫妻 (1978) は，翅打ち合わせはコミュニケーションの1つの形態であり，イトトンボ科やアオイトトンボ科では一般になわばり宣言で，カワトンボ科においては雌雄間の信号であると考えている．カワトンボ科では雌雄の翅打ち合わせが同期しているのでコミュニケーションしているように見え，ちょうど，ある種の鳥が移動中に羽ばたきを同期させるのと同じようなものだと考えられる．アメリカアオハダト

ンボの場合，翅打ち合わせはいろいろな状況下で起きるので，コミュニケーション機能をもっているかもしれないが，観察や実験は，翅打ち合わせは冷却の効果をもっているという見解を支持している．近くに同種他個体がいてもいなくても，外因性と内因性の加熱に対する反応としてこの行動が起き，野外では飛行直後に集中して生じるからである（Erickson & Reid 1989）．フランス南部に生息するオアカカワトンボでは，翅打ち合わせが日中の最も暑い時間に見られ（Rüppell 1992），*Cora*属（アメリカミナミカワトンボ科）の数種では翅打ち合わせは何かに応答しているのではなく，飛行後に行うことが普通なので，これも同様に体温を下げる働きをしているのかもしれない．ソメワケアオイトトンボと*Lestes virens*でも，翅打ち合わせが同じような機能をもつと推測されている．これらの2種では，その行動を雌雄どちらも示し，飛行やタンデム産卵のように，特に体内で熱を発生するような活動中や，その直後に特に多く見られる（Utzeri et al. 1987b）．チョウトンボ属*Rhyothemis*が着地の直後に見せる翅で「漕ぐ」ような奇妙な動きは（Rowe 1995），翅打ち合わせと機能的にはほぼ同じであろう．アオハダトンボ属の4種でこの行動を解析したPeter Miller（1994d）は，この行動は呼吸と体温調節の2つの機能をもっており，体温調節は外部的にも内部的にも空気を循環させることで行っていると結論づけた．また，カワトンボ科の種は比較的大型のわりに効率的な腹部の換気ポンプをもっていないので，このような行動が必要になるのだろうとも述べている．翅打ち合わせの物理的な効力を考慮したうえで，M. L. May（1994）は，翅打ち合わせは量的には重要な冷却効果をもたらさないだろうと考えている．その根拠は，翅打ち合わせはゆっくりであり，気管の中へ実際に入っていく空気の量はわずかなので，空気の熱容量は非常に小さく，取るに足りない効果しかないからである．Mayは，翅打ち合わせ行動の機能は，主として高い周囲の気温のために増大する酸素要求に直面した状況での換気であるという見解を採用している．一部の種では（例：*Nososticta kalumburu*, D. J. Thompson 1991b），翅打ち合わせのように見える行動が，主としてなわばり所有を誇示する行動の可能性もあるだろう．

ホソミアオイトトンボの雄は，なわばりに着地した直後に，2～3秒間に多くて6回腹部を上下させる．これは**腹部上下動**として知られている行動である．この雄は隣のなわばり雄に「近寄りすぎている」と攻撃を受けるが，腹部上下動を見せても攻撃を受けなければ，その場にとどまることができる．とまり場からの最初の2～3回の飛び立ちでは，戻るたびに腹部上下動を行うが，だんだんとその回数は減り，はっきりしなくなる．そして，比較的長時間の飛行のあとでもこの行動を示さなくなってしまう（Rowe 1987a）．ただし，これはJoy Crumpton（1975）の観察とは逆である．ホソミアオイトトンボや他のトンボ目における腹部上下動の役割の解明が待たれるが，今のところ，なわばり宣言がもっともらしい機能の1つと思われる．腹部上下動には，異なった機能の別の行動が含まれる可能性もあるが（§8.5.4.8参照），着地直後に頻繁に起こることは，ヤママユガ科のガの腹部揺らしを連想させる．このガでは揺らす回数と飛行距離に高い相関がある（Blest 1960）．タイリクルリイトトンボは，酸素不足のとき腹部を揺り動かす（Miller 1991d）（§2.2.7参照）．M. L. May（1994）は，腹部上下動には体温調節の機能はなさそうだと考えている．腹部はたいてい翅の間（イトトンボ科では，それ以外のときは翅が閉じている）を上下するので，この行動は身繕いの機能をもっている場合もある（Logan 1971; Heymer 1972b; Utzeri et al. 1983, 1987b）．この見解は，*Palaemnema desiderata*が雨の後に頻繁にこの行動を行うことと矛盾しないだろう（González-Soriano et al. 1982）．アオハダトンボ属の雄は腹部上下動で雌を引き付けるようだが（Heymer 1972b），*Cercion lindenii*は雌雄とも腹部上下動を示す（Utzeri et al. 1983）．腹部上下動はこれまでカワトンボ科とハナダカトンボ科，イトトンボ科，アオイトトンボ科，ホソイトトンボ科で記録されているが，ヤンマ科でも稀に見られる可能性がある（Consiglio 1974; Utzeri & Raffi 1983; 奈良岡 1984; Dunkle 1989a）．

8.4.1.3 内温性の体温調節

代謝作用による熱生産を伴う内温性の体温調節は，飛行を可能にする体温を生成・維持し，かつ高くなりすぎないようにする．これは大型のトンボだけに可能な体温調節である．内温性は大きく3つのカテゴリーに分けられるが（表8.7），いずれも飛行筋によって胸部に発生した代謝熱の制御を伴う．最も活動的な組織の1つとして知られている飛行筋は，気嚢によって十分に断熱された合体節の中で代謝熱を発生させるが，この構造は胸部温度を安定させるように働いている（May 1978）．飛び立ったり飛び続けたりできる最低の胸部温度よりも気温が低いとき，トンボは飛ばずに翅を震わせて飛行の準備を行う．この活動は**翅震わせ**と名づけられ，スズメガ

8.4 物理的環境

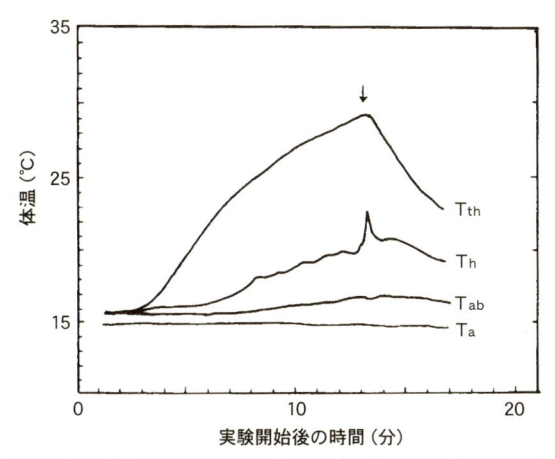

図 8.18 アメリカギンヤンマが内温性のウォーミングアップを行っているときの胸部 (T_{th}), 頭部 (T_h), 腹部 (T_{ab}) の温度変化. T_a は周囲の気温. 矢印は, 最初の加温期の後, 飛び立とうとしたことを示す. 頭部温度は飛び立つときに急に上昇した. (May 1991aより)

科のガが翅を振動させたり, 哺乳類が震えたりする行動とよく似ている. 翅震わせの前に, 前脛節の剛毛を使って眼の清掃を行うことがある (Sternberg 1996). 時にはある程度の光の強さがきっかけとなったり (Corbet 1962a), あるいは物理的な干渉によってもこの行動は始まるが, まず胸部が急速に暖まり, 続いて頭部や腹部がゆっくりと暖まる (May 1995d). 鱗翅目や直翅目と同様, トンボ目は繊維状飛翔筋をもっており, それが痙攣すると小さな振幅で翅が振動する (Johnson 1969). May (1991a) は, 頭部温度は適応的に制御され, それが視覚機能に関係しているだろうと示唆した. 図8.18で示したように, 胸部温度は飛び立つまで直線的に上昇する. 飛び立つときの体温は体全体の重さが重いほど上昇し, 例えば (周囲の気温が25℃のとき) *Miathyria marcella* (体重約0.19g) の27.5℃からアメリカギンヤンマ (1.0g; May 1976b) の37.5℃まで変異がある. 同じくらいの大きさの種では, 薄暮性や森林性の種のほうが低い体温で飛び立つことができる (例: 体重1.0gの *Coryphaeschna ingens* では31℃). また, ルリボシヤンマ属の雌では, 雄より低い胸部温度で飛び立つ (Sternberg 1996). 一般的に体が小さいほど暖まる速度は遅くなる (May 1976c).

ベニボシヤンマ科では記録されていないようだが, 不均翅亜目の他のすべての科, おそらくヤンマ科とエゾトンボ科ではすべての種で, 翅震わせ行動が見られる (May 1976b 参照). また, ムカシトンボ科 (Rüppell & Hilfert 1993) と, 時には均翅亜目の種 (例: ハナダカトンボ科, Miller 1993c; カワトンボ科, Rudolph 1976a) でも見られている. 翅震わせの行動を示す種はほとんどフライヤーである. トンボ科の中では, ハネビロトンボ亜科の種が翅震わせをすると期待されるし, タニガワトンボ亜科の「フライヤー」の亜科もおそらく同じ行動を示す. サナエトンボ科の中では, フライヤーと大型のパーチャーだけが翅震わせをするようである. 熱帯の大型のサナエトンボ科のアフリカウチワヤンマは, とまっている間, 翅震わせをしながら日光浴を行うので, すぐに飛び立てる状態になっている. また, 突風によって冷却されると (飛び立つ必要がなくとも) 翅を震わせる (Miller 1964). ミナミエゾトンボは交尾の間, 植物の上に5分間とまっていて, 交尾終了前の1分間くらい翅震わせをすることが多い (Rowe & Winterbourn 1981; Rowe 1987a). 上記の一般化からは少々はずれるが, 比較的小型のトンボ科のパーチャーも時々同じように翅を震わせる (例: *Orthetrum caffrum*, McGeoch & Samways 1991; ムツアカネ, Michiels & Dhondt 1989c; タイリクアキアカネ *Sympetrum depressiusculum*, Rehfeldt 1994a; エゾアカネ, Lempert 1993; タイリクアカネ, Moore 1953).

翅震わせの時間やその強さは周囲の気温と密接に関係している. 熱帯のヒメギンヤンマ *Hemianax ephippiger* は, 約17℃のとき, 飛び立つ直前に少し羽ばたくだけだが (Corbet 1984a), タイリクアキアカネの61%は10〜14℃で52秒間も翅震わせをした (Rehfeldt 1994a). ヤンマ科の数種は産卵中に体を震わせるが (May 1984), これは翅の震わせと機能的に同じであるとみなされている. 翅震わせは, 夜をねぐらで過ごした後に最も多く観察される (§8.4.5). 1月のサハラ・アトラス山脈は日中の気温が10℃を

超えることがなく，しばしば夜に霜が降りるので (Dumont 1988)，おそらくヒメギンヤンマは内温性の加温なしには飛ぶことができないだろう．May (1976b) は，翅震わせは不均翅亜目の間で何回も進化したと推論した．そして原トンボ目（例：メガネウラ属 *Meganeura*）も内温性の加温の様式を用いたに違いない (May 1982)．なんと壮大な光景だったことだろう．

ある種のパーチャーは別の方法で内温性の加温をしている．Peter Miller (1974) によると，トンボ科のトンボがとまって，翅を極端に下げた状態に保つ（写真 M.2）ためには，連続的な筋肉の活動が必要である．この姿勢は素早い飛び立ちを可能にするために発熱性の機能をもつかもしれないが，これが正しいかどうかはさらに研究する必要がある．C. R. Tracy et al. (1979) や Sternberg (1990) によって提案されたように，翅を下方へ向けて保つことで，暖かいとまり場と翅の間に空気を閉じ込め，対流による胸部の冷却を抑えている可能性もある (§8.4.1.2)．

飛行中に熱を失ったり熱を得たりすることは，ある程度までは体サイズの関数である．一般に，小型の昆虫のほうが体積当たりの表面積が大きいため，飛行中の大型の昆虫は差し引きで熱を得，小型の昆虫では熱を失う傾向にある．この動的な熱交換の結果，定常状態の体温は小型の昆虫のほうが低くなる（しかし Stone & Willmer 1989 参照）．例えば，Rowe & Winterbourn (1981) によって研究された 3 種の間では，ニュージーランドイトトンボ *Xanthocnemis zealandica*（イトトンボ科）は小さすぎて体温は周囲の気温と一致してしまうが，ホソミアオイトトンボ（アオイトトンボ科）の大きさは太陽熱を利用（外温性加温）するのに十分で，さらに大型のミナミエゾトンボ（エゾトンボ科）は，筋肉で発生する熱（内温性による加温）を利用できる．

飛行中の熱の消失は，背脈管を経由して血リンパの循環を制御することで主に調節されている．この過程は，主としてフライヤーが体温を調節する基本的な方法らしい (Heinrich & Casey 1978)．ただし，ハネビロトンボ属のようなトンボ科の一部のフライヤーでは必ずしもそうではない (Polcyn 1994)．また，周囲の気温が高い（30℃を超える）ときは，腹部が熱を放出する窓として働く (May 1995d)．アメリカギンヤンマがいったん飛行を開始すると，熱はこのようにして急速に胸部から失われる．May (1995e; 図 8.18) の的確な実験によって，頭部ではなく腹部が冷却器として使われ，対流によって周囲の環境へ過剰な熱を放散させていることが明らかになった．

さらに，そうしなければ胸部に蓄えられてしまうはずの熱量の少なくとも 30％を，この経路で減らせることも示された．熱の一部は，飛び立った直後に胸部から頭部へと移るが，この熱の移動は，飛行筋が必要とする熱よりは頭部が必要とする熱と関係しているらしい．フライヤーは一般に長くてほっそりとした腹部をもつので，その形態と断熱する気嚢がないことから，対流による冷却を受けやすい構造といえる（ハビロイトトンボ科の極端に長くほっそりした腹部と，日の当たる倒木域で採餌するときにホバリングする習性 [Fincke 1992c] を考え合わせると，他の均翅亜目とは異なり，このトンボが内温性の体温調節を行うことを示唆している．Linda Rayor [1983] は，*Mecistogaster modesta* がいつも明るい太陽光のもとで採餌しているのを観察している．比率のうえで，これと同じくらい腹部の長い均翅亜目は，他にも数種いるが，ハビロイトトンボ科の大きな胸部はこの科特有のものである）．このような冷却効果は，腹部に当たる空気の流れと正の相関関係にあり，それゆえ飛行速度と関係している．風速と気温に依存して，トンボはより速く飛ぶことで腹部からの素早い熱の消失をさらに増加させることができそうである．Heinrich Kaiser (1976) は，ヒスイルリボシヤンマの雄の飛行「スタイル」（岸の一区画をパトロールするのに使った時間の割合によって分類された）が気温に影響されることを示したが，その背景には，気温と腹部からの熱の放散の関係があったのかもしれない．したがって，パーチャーは短時間だけ飛ぶことや，飛行と休止の時間配分を変化させることで，胸部温度を下げているに違いない (Polcyn 1994 参照)．フライヤーは単純に飛行速度を増加させることで胸部温度を下げようとするかもしれない．その結果として，代謝活動が高まることで，かえって胸部温度が上昇するか，少なくとも体温の下降が遅くなってしまうだろう．その代わり，フライヤーは滑空することによって，飛行筋の活動を一時的に停止させて代謝活動を約 1/28 に減少させ (Gibo 1981)，放熱を維持しつつ熱の発生を抑えて胸部温度を低下させることができる．カロライナハネビロトンボ *Tramea carolina* の場合，動力飛行に対して滑空飛行を行う割合は，気温の上昇とともに滑らかに増大する．採餌活動中のアメリカギンヤンマでも，日の出後 (May 1991a) や暑い砂漠気候 (Polcyn 1994) で，太陽輻射が 40 から 780 W/m^2 に増大したときにこの関係が観察された．また，タイリクアキアカネでも天気の良い日の暖かい午後には同様な関係が観察されている (Michiels & Dhondt 1987)．つまり，滑空（あるいは

暖かいサーマルを利用して高く舞い上がる滑翔)が「分散」(§10.3.2.1)や餌動物の獲得(§9.5.1)に役立つことは確かだろうが，高い気温のときに熱の吸収速度を下げる効果もあると考えられる．

滑空能力は後翅の肛角域が広がった不均翅亜目で最も発達している．ハネビロトンボ亜科の種は(例：ウスバキトンボ属やチョウトンボ属)，ミナミヤンマ亜科の一部と同様に完成された滑空飛行者である．例えば，ハネビロトンボ *Tramea virginia* のある雄は，5時間以上連続して飛行した(石田 1958)．これは，ほとんどの時間を滑空していない限り，不可能であろう．間欠的に強く羽ばたくことを特徴とする，*Onychogomphus forcipatus unguiculatus* の上下波打つようなパトロール飛行は，滑空中の熱発生をおさえてエネルギーを節約できるのかもしれない(A. K. Miller & Miller 1985b)．熱帯に棲む森林性の大型の不均翅亜目は，高い気温下で滑空ができないほど密な森林の間を飛行するが，彼らは胸部体温を下げるために水浴が必要かもしれない(Miller 1993d)．

もし滑空が胸部体温を低下させるなら，ホバリングはその逆の効果があると考えるのが自然だろう．これを実験的に示すことはできなかったが，May (1987)は，気温が高いときに，アメリカオオトラフトンボはあまりホバリングをせずに，日陰をパトロールすることが多いと述べている．実際，アメリカギンヤンマはパトロール中に飛行速度や羽ばたき頻度を調節することで熱発生を制御でき，その結果，羽ばたき頻度は気温と逆比例の関係を示している(May 1995e)．このことから，対流による冷却が特に必要な大型のトンボでは，耳状突起が，飛行中，特にホバリング中に腹部表面の空気の流れの方向を決める役割をしているのではなかろうかと思えてくる(この器官の機能はまだ推測の域を出ていない；Corbet 1962a: 175と§11.6参照)．Unwin & Corbet (1984)は，持続的にホバリングする双翅目昆虫の体の似たような位置にある鱗片板が同じような機能をもっていると指摘した．*Hylogomphus adelphus* の雄が後脛節を外側の下向きに伸ばしてホバリングするとき(Dunkle 1982)，それは対流による腹部の冷却を助けているかもしれない．Peter Miller (1980)は，後翅の厚いほうの縁の輪郭は，耳状突起の縁の輪郭に一致していると述べている．

8.4.1.4 概 観

以上のトンボ目の体温調節に関する簡略化された説明から，たとえある種が時には異なる戦略を同時にとるとしても，体サイズとその戦略の間には，多少の関連性があることが分かる．パーチャーである均翅亜目と小型の不均翅亜目の大部分は外温性であるのに対し，大型の不均翅亜目はほとんど例外なくフライヤーであり，大部分が内温性である．気温が高くても低くても，トンボ科の個体のとまる時間を長くしうる(Heinrich & Casey 1978；Pezalla 1979)．*Micrathyria* 属(May 1976b)の一部の種やニュージーランドイトトンボ(Rowe & Winterbourn 1981)のような小型のパーチャーは，周囲の気温が体温と一致するタイプらしく，体温調節を行っている様子はない．以上のほかに，飛行モードに大きな可塑性をもつものがある．例えば *Cercion lindenii* のなわばり雄は，時によってパーチャーあるいはフライヤーとして，時にホバリングを入れて行動し，日によっても，あるモードから他のモードに変えることがある(Utzeri et al. 1983)．他の極端な例として，すべての種ではっきりとした体温調節が見られる砂漠の生息場所では，他の生息場所よりもパーチャーとフライヤーの違いがはっきりしない．おそらく，高温下では胸部温度を低下させるための飛行がより必要になるからである(Polcyn 1994)．飛び立つときの温度がパーチャーとフライヤーで異なることは，内温性と外温性の飛行戦略も異なることを示唆している．すなわち，フライヤーとは異なり，パーチャーは受動的に熱を得ることで飛び立つ体温を獲得しなければならないので，胸部温度が周囲の気温より約7℃以上高くならないと飛行できない．その代わり，高い体温に達するまでにかかる時間とひきかえに，速度と機敏さが可能になってから飛び立つ(Vogt & Heinrich 1978)．また，朝，アキアカネが飛び立つときには，周囲の気温よりも輻射熱のほうが高い相関を示す(津吹 1987)．

トンボ目昆虫の体温調節能力を決定する主な2つの要因，すなわち，体サイズと行動についてのまとめは以上のとおりである．ここで，3つ目の要因である気候について簡単に触れておこう．種あるいはギルドのレベルにおいて，温度に対する反応と気候の間には関連性が存在する(May 1991a参照；しかしLeggott & Pritchard 1986も参照)．例えば，アメリカ，メーン州(北緯約45°)において，パーチャーが飛び立つための最低温度は，フロリダ州やパナマに生息する近縁の種よりも6～8℃低い(北緯28°と9°；Vogt & Heinrich 1983)．そして気温がしばしば長期にわたって55℃を超えるモハーベ砂漠では，パーチャーもフライヤーも高熱のために不活発になる温度がはるかに高い(51～53℃)．そして飛び立つ最低温度も涼しい気候条件下に生息している同種個体

群よりやや高い．砂漠に生息する種の胸部温度は，涼しい気候条件下に生息している同種や同属の個体に比べて4〜9℃高く，活動中の個体の胸部温度は，涼しい地域に生息する個体の致死温度を超えている場合さえあった．したがって，砂漠のトンボは，より涼しい時には胸部温度と周囲の気温の大きな差を維持するか（エネルギー的にはコストのかかる過程），飛行をやめるかしなければならない（Polcyn 1994）．砂漠のトンボは他所に生息している個体群とは遺伝的に温度反応が異なるのだろうとPolcyn (1994)は暫定的に結論づけている．死亡を引き起こす臨界温度（おそらく頭部温度）と胸部温度は弱い関係しか見られなかった研究結果もあるので，これらの結論は再検討する必要がある．胸部温度と頭部温度の関係は動的で複雑なため（May 1976b, 1995d参照），これらの温度の1つだけを取り上げて臨界温度を議論することは難しい．

May (1991a)は，いろいろな気候帯におけるトンボ相が体温調節戦略を反映している可能性を検討し，熱帯と亜熱帯では均翅目と不均翅亜目のパーチャーが比較的有利であり，冷温帯や亜寒帯ではフライヤーがトンボ相の大きな部分を占めていると推測した．予備的な分析はこの推論を支持している．アフリカを例外として，フライヤーは比較的涼しく変動の大きい気候下でより普通に見られるようであり，均翅亜目は標高の高い場所にはあまりいない．標高別の研究によると（図6.2, 6.3），標高が高くなるにつれてトンボ相の中のフライヤーの割合が増加する．成虫活動期とトンボの種組成の間にも似たような関係が認められ（例：Paulson & Jenner 1971参照），これも体温調節の戦略を反映しているのだろう．

8.4.2 成虫活動期

この本では**成虫活動期**の用語を，性的に成熟した成虫が活動する期間として用いる（Corbet 1962a: 121）．これまで発表されてきた論文にこの定義が明示されていない場合，比較に使う際の価値が低下してしまう．ある場所における成虫活動期とその中での活動の季節的パターンは，種ごとに以下のようなさまざまな要因によって決定されている．

- 羽化の季節パターン．パターン自体は生活環，特に最後の冬を過ごす幼虫の齢期の数によって決まる（§7.2.7.2）．
- 成虫の寿命（§8.4.3参照）．
- 移入．活動の季節的パターンを大幅に変えるだけでなく（Wissinger 1988b），個体数の年変動に大きな影響を与える（Conrad & Herman 1990）．
- 局地的な天候．そこの標高や緯度（表A.6.3），地域的な気候を反映しており，さらに大きな年変動を引き起こす可能性がある（Pavlyuk 1980b; Mauersberger & Mauersberger 1992）．
- 分類学的類縁．温帯性の不均翅亜目の間では，成虫活動期とおおまかな相関があり（Kennedy 1928; Beatty et al. 1969），より特殊化していない科のトンボほど早い時期に活動を始める傾向がある．

活動の季節的パターンは，潜在的な繁殖力や干渉型の競争を理解するうえで欠かせないものではあるが，これらの変動要因の作用が意味することを考えると，せいぜい羽化の時間的パターンの不鮮明な再現にすぎず，生活環についての情報はあまりもたらさないと言える．

活動の季節的パターンの表現法は，研究者が伝えたい情報の種類に依存する．個々の種を比較するためには，いくつかの有効な方法がある．例えば，

- 初見日と終見日を単純につないだ線（Johnson et al. 1980）や，各月ごとに在・不在で示す方法（Parr 1984b）．
- 初見日と終見日を線でつなぎ，その線上に主な活動期間や出現個体数の多い期間を付け加えて表示する方法（Beatty et al. 1969; Oliger 1980）．
- 初見日と終見日を線でつなぎ，さらに生殖活動の種類ごとに，その見られた時期を示す方法．部分的な年2化性の種を明らかにするのに有効である（Wissinger 1988b）．
- 羽化の期間を示す線や頻度グラフを用いる方法（Schmidt 1964b）．EM_{10}やEM_{90}の表示を加えることが望ましい（Ubukata 1974）．
- 図8.19のように必要に応じて適切なグルーピングを行い，相対密度を図やヒストグラムで示す方法（Dévai 1968; 関西トンボ談話会 1974, 1975）．しかし，そのような図は平坦なものになりがちで，実際の個体数のピークの存在があいまいになる（Schmidt 1964b; Bischof 1993）．その理由の1つは，水域における雄の最大安定密度（§11.3.8.1）がなわばり行動によって決定されているからであり，推定値がポラード歩行*（Brooks 1993）のような個体数調査法をもとに推定するときには注意しなければならない．

---

*訳注：調査区，調査時間などを一定化したライントランセクト法．

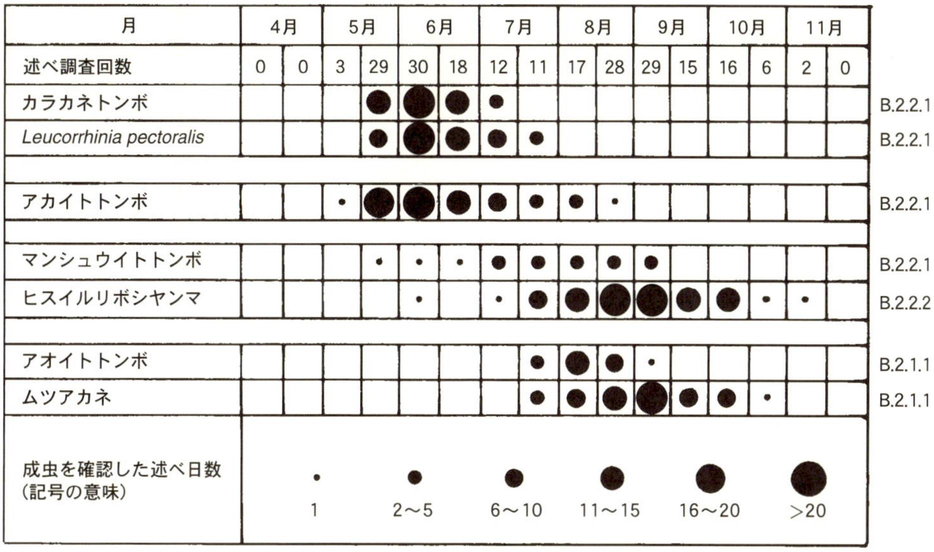

8.4 物理的環境

月			4月		5月		6月		7月		8月		9月		10月		11月		
述べ調査回数			0	0	3	29	30	18	12	11	17	28	29	15	16	6	2	0	
カラカネトンボ						●	●	●	・										B.2.2.1
Leucorrhinia pectoralis						●	●	●	・										B.2.2.1
アカイトトンボ					・	●	●	●	●	●									B.2.2.1
マンシュウイトトンボ							・	・	●	●	●	●	・						B.2.2.1
ヒスイルリボシヤンマ								・	●	●	●	●	●	●	●				B.2.2.2
アオイトトンボ									●	●	●	●	・						B.2.1.1
ムツアカネ									●	●	●	●	・						B.2.1.1
成虫を確認した述べ日数 (記号の意味)					・ 1		● 2〜5		● 6〜10		● 11〜15		● 16〜20		● >20				

図8.19 生活環が異なるトンボの成虫活動期. 9年間にわたるスイス, チューリッヒ近郊での調査による. 上段はいくつかの定点観察場所で各月の上半期と下半期に調べた延べ日数. 最下段の円の大きさは, その観察場所で各半期に見られた成熟成虫の延べ日数の多さを表す. 右の欄外の記号は表7.3で示した生活環の記号に対応する. (Wildermuth 1980を改変)

表8.8 マラウイのリウォンデ Liwonde 国立公園における成虫活動期のカテゴリー

成虫活動期のカテゴリー	活動の季節的パターン	種数	例 [a]
1	1年中	8	オビヒメキトンボ, アオモンイトトンボ
2	乾季を除くほぼ1年中	6	アフリカウチワヤンマ, ウスバキトンボ
3	雨季と乾季を部分的に含む単一の期間	2	アフリカシオカラトンボ, *Pseudagrion massaicum*
4	雨季のみ		
	a. 長い成虫活動期	1	*Phaon iridipennis*
	b. 短い成虫活動期	12	*Elattoneura glauca*
5	乾季のみで, 極めて限定された期間	5	
6	長く不規則	17	
7	長い間隔をおいた2〜3回の短い活動期	10	アフリカハナダカトンボ, アメイロトンボ

出典: Parr 1984b.
注: この場所 (南緯約15°, 東経約35°20´) は大陸性熱帯気候で, 5〜10月が乾季. シレー川 Shiré River とその近辺の変化に富んだ流水と止水の生息場所で, 1975年10月から1977年6月まで, ほぼ毎月かそれ以上の頻度で採集を行った.
[a] 出現の季節消長が正確に示されている種だけを取り上げた.

- 毎日の絶対数の推定値を示す方法. できれば前生殖期を含み (Conrad & Herman 1990), 理想的には異なる日齢グループごとの個体数で表現することが望ましい (東・渡辺 1992).

一番最後を除き, 上にあげたすべての例は, 1つの生息場所や地域における各種の出現期間を並べて示しており, それに基づいて活動の季節的パターンをいくつかのカテゴリーに分類する試みがなされてきた. 活動の日周パターン (§8.4.4) のように, その分類は, たいてい, 活動期間の長さや活動最盛期の回数とその時期に基づいている.

熱帯収束帯の放浪者 (例: ヒメギンヤンマやウスバキトンボ; §10.3.3) として生活する熱帯性の種は, 場所は違っていてもおそらく1年を通していつでも生殖している. しかし, 移住性の種以外の熱帯に定住しているトンボ群集の成虫活動期については, 歯がゆいほど分かっていない. マラウイにおける Mike Parr (表8.8) の研究は, 活動の季節的パターンをいくつかに分類することができたが, その基礎となる生活環を推論することはできなかった. インドのデラドーン Dehra Dun に生息している熱帯性の種は,

表8.9 体サイズのカテゴリー別に見た優占種間での成虫活動期の季節的な分離．北海道の腐食富栄養性の沼の例

体サイズのカテゴリー	成虫活動期（生活環タイプ）[a]		
	5月下旬～6月上旬（冬眠する）	6月中旬～7月下旬（春）	8月上旬～9月下旬（夏）
均翅亜目	オツネントンボ*（B.2.1.3）	エゾイトトンボ（B.2.2.1）	アオイトトンボ（B.2.1.2）
小型不均翅亜目		カラカネトンボ（B.2.2.1）	タカネトンボ（B.2.2.1）
		コサナエ（B.2.2.1）	アキアカネ（B.2.2.2）
大型不均翅亜目			オオルリボシヤンマ（B.2.2.2）

出典：Ubukata 1974.
[a] 生活環の記号は表7.3を参照.
* *Sympecma paedisca*.

生活環とモンスーン気候への適応を反映した4つの成虫活動期に大きくまとめられる（図7.8）．成虫の寿命が長くても，その大部分を前生殖期で過ごす種では，（狭義の）成虫活動期の長さはたいてい短い（1～3ヵ月）．雨季と乾季の差がほとんどない気候では（南緯約25°），*Pseudagrion hageni* の成虫活動期は10ヵ月続く（Meskin 1986）．

温帯の低緯度地方では，1年を通して成虫活動期となりうるが（羽化の季節は必ずしもそうではない），活動的な個体数は季節と強い関連性が見られる（例：フロリダ州南部, Paulson 1966；モロッコ, Jacquemin 1987）．オーストラリア南西部には，成虫活動期が1年中続くことがある種も存在するが，その長さは種の分布の広さや一時的な水域で繁殖する能力と正の相関がある（Watson 1963）．日本の本州（北緯約34°30′）やスペイン南部（北緯約37°0′）では，9ヵ月に及ぶ成虫活動期をもつ種がいる（例：ホソミイトトンボやオアカカワトンボ，スペインアオモンイトトンボ；関西トンボ談話会 1977；Ferreras-Romero & Puchol-Caballero 1984）．温帯でも北の地方では（おそらく南半球の同じような緯度の場所でも），活動の季節的パターンには3つの基本的なタイプが存在するようである（表8.9）．活動期の位置やタイプは，生活環を，特に最後の冬を過ごす幼虫のステージを反映している．これらのタイプのうちの2つを図8.19に示す．この図の3番目の種はもともと「春季種」であるが，成虫活動期が延長している．おそらく，F-1齢で越冬した幼虫に由来する「夏季種」（§7.4.3）の個体群成分が著しく増加したためである．4～7番目の種の成虫活動期は時期的に遅く同期性も弱い．そのうち6番目と7番目の種の成虫活動期は，4番目と5番目の種よりも遅いが，これは6番目と7番目の種では幼虫発育が可能だった年だけで羽化が見られたからである．

これらの基本的なカテゴリーを，1年の時期によって，さらに細かく分けることが試みられている．しかしそのような企ては2つの障害にぶつかる．まず，1年の時期を基準に作った図式は自己矛盾に陥りやすい．次に，どの種の活動の季節的パターンも地域によって大きく変化することがある．例えば，カザフスタンやザウラル Zaural 地方（それぞれ北緯約53°および48°）のトンボをベースにした Haritonov（1980）の5つのカテゴリーや，ウクライナ南東部のトンボをベースにした Oliger（1980）の8つのカテゴリーでは，局地的な気候の影響が反映されるため，一部の種にはあまり当てはまらない（例：*Coenagrion pulchellum* やカラカネトンボは，この2つの分類方式の中では位置づけが変わっている）．同様に，気候条件に局地的な違いがあるため，普通は成虫活動期がきれいに分かれているアカイトトンボとヒメルリボシヤンマが，夏の初めが非常に寒いと，7月の終わりころの標高100mの場所で一緒に飛ぶといったことが生じる（Schmidt 1980a）．標高400～500mのスイスアルプスでは，成虫活動期の**始まり**は残雪の量によって6月中旬から7月後半へとずれ込むことがある．一方，成虫活動期の**終わり**は年による違いがあまりなく，たいていは11月初旬の気温の急激な低下によって決まる（Kiauta & Kiauta 1986）．標高や緯度が高くなるにつれて（羽化が遅れるので）成虫活動期は遅れて始まるが，終わりは遅れないので，成虫活動期は短くなる（表A.6.3と§7.4.3参照）．このような傾向がトンボ群集に影響を与えることは，異なる緯度や異なる生息場所における種数の時間的な変化パターンから明らかである．スイスのチューリッヒ近郊では，32種全体の成虫活動期は5月初旬から11月初旬まで続き，7月下旬にピークがあった（Wildermuth 1980）．カザフスタンやザウラル地方において，トンボ群集の活動の季節的パターンは生態系によって異なっていた（Haritonov 1980）．すなわち，成虫活動期は，半砂漠（200日以上），森林，ステップ，タイガ，森林ツンドラ（約60日）の順になり，それぞれの最盛期は6月下旬から7月ないし8月の夏の終わりへとしだいに遅くなっている．中央ヨーロッパやスカンジナビア半島における成虫活

動期は，南部の8月上旬から北部の7月中旬へと移行している (Sternberg 1994a).

同じ生息場所において，複数種の成虫活動期が重なり合ったとき，例えばペンシルベニアの10エーカーの池では，7月下旬に35種かそれ以上の種が共存していた (White 1963; Shiffer & White 1995). 体サイズが同じような種の間では干渉型競争 (§8.5.5.2) が厳しいに違いない. 時々，そのような競争は日中の活動時間帯や微生息場所の分割によって緩和されていることがある (§8.4.4参照). しかし，日本の北海道西部で解析されたような比較的単純なトンボ群集では，活動の季節的パターンの分割は，主要な3つの体サイズカテゴリー内ではほぼ完璧であった (表8.9). これは，同所的な種が少ない場所では活動期間が長くなるという知見に符合する (例：ルリボシヤンマの活動の季節的パターンがドイツ南西部では16週間と長くなる). ただし，活動の季節的パターンの長さは，他の要因によっても影響される. 例えば，地理的分布域の限界付近ではそれが短くなる傾向がある (Sternberg 1994a).

8.4.3　個体数と生存率

これまでに研究されてきたトンボ目の種に見られる生存率の変異は，たとえそれが最大のものでないとしても，雌雄の生涯繁殖成功度に対する淘汰圧として重要である (§11.9.1参照). 生存率（および個体数の絶対値）を推定するために必要なパラメータとしては，最長寿命と平均寿命，日当たり生存率，日当たり消失率がある. 日当たり消失率以外の値（特に最長寿命）は，野外観察をもとにする限り必然的に過小推定になる. 各個体は，最後に見られた後も，普通，ある程度の期間は生きているからである. したがって，最長寿命は，より正しくは，最長寿命の最小値というべきである. もちろん，最長寿命をできるだけ正しく推定しようとするなら，少なくとも，最も長命な個体の寿命と同じくらいの長さの観察を続ける必要がある. 生存率や消失率の推定値は，死亡数と移出数によって影響を受ける. 時には状況証拠によってこれら2つの要因は区別できるが，移出数が推定結果に影響しないことはまずない. 隔離された個体群では，羽化の最終日と成虫を最後に目撃した日の間隔を調べることで，最長寿命を推定できる場合がある (Ubukata 1975). そして，そのような推定値は，日齢の分かっている個体の再捕獲をもとにした推定値とよく一致していることがある (Ubukata 1981). しかし個体数だけでなく，平均寿命，生存率，日当たり消失率を推定するには，標識日の識別の，できれば個体識別のできる標識を多数の個体に施し，再捕獲（あるいは再確認）データを適切に解析しなければならない. もしそれぞれの個体が色彩的な特徴で区別できるなら，標識を施す必要はないが (例：ネグロベッコウトンボ, A. J. Moore 1989)，そのような場合はめったにない. もしテネラル成虫を傷つけないように扱えるのなら (例：Pajunen 1962a; Bennett & Mill 1994; Lambert 1994)，表皮の堅くなった後が望ましいが，ほぼ羽化時に標識するのが最善の方法といえよう. その場合，捕獲したテネラル成虫を標識して放逐する前に，日ごとに分け，1〜2日間網室に入れておく必要がある (例：Inden-Lohmar 1997). この方法を使えば，その後の再捕獲や再確認できたすべての個体について，羽化後の日齢が正確に分かる. Łabędzki & Sawkiewicz (1979) は，後から捕獲することなしに個体識別できるような標識をテネラル成虫に施す有効な方法を記載した. テネラル成虫に標識を施すことができれば，さまざまな齢構成の成虫の生存率を推定できるだけでなく，特に，前生殖期と生殖期の間の生存率を比較することも可能となる (表8.10, 図8.20). 成虫に標識を施したときには，特にそのときの成虫がテネラルの場合，その直後の生存率が低下することはある程度しかたがない. 生存率の低下の原因は，おそらく標識の直接的な結果か (Manly 1971; Henderson & Herman 1984)，死亡率または分散率の増加，あるいはそのすべてであろう. 標識の影響の1つとして，標識の色が時々問題となる (Utzeri 1989a; しかし Parr 1969a参照). 標識直後の推定死亡率は，ハヤブサトンボで20〜55％ (McVey 1988)，アメリカハラジロトンボで44％ (Koenig & Albano 1987a)，ハーゲンルリイトトンボ *Enallagma hageni* で52％だった (Fincke 1988).

日の出時にねぐらに就いている成虫を捕獲することが可能なら，捕獲したりさわったりする操作で個体を傷つけてしまう危険性はかなり軽減されるだろう (Miller 1982a). 羽化後の成虫を捕獲して標識を施す場合，成虫期のどのステージの生存率を推定したか分かるように，標識時の個体の成熟度を記録しておく必要がある. そのような情報が得られないために，潜在的には有益なデータの多くが，比較には使えないものになっている. この問題に関連して2つの注意すべきことがある. (1) **テネラル**という用語は限定して使われなければならない (§8.2参照). (2) 前生殖期と生殖期の行動は異なるので，それが捕獲の確率に影響を与え，その結果として，再捕獲

表8.10 前生殖期に夏眠するオオアオイトトンボ成虫の生存率

カテゴリー	雄 日当たり生存率	雄 平均寿命[a]	雄 最長寿命[a]	雌 日当たり生存率	雌 平均寿命[a]	雌 最長寿命[a]
羽化後の日齢						
1～5[b]	0.966	—	—	0.933	—	—
6～60	0.996	—	—	0.996	—	—
61～80	0.989	—	—	0.972	—	—
81～100	0.936	—	—	0.925	—	—
全成虫	—	66.2	124	—	49.0	—
前生殖期を生き延びた成虫	—	78.2	—	—	68.1	—

出典：Uéda & Iwasaki 1982.
注：前生殖期間は約90日.
[a] テネラルのときに標識を施した成虫の羽化後の日齢で, 各カテゴリーのサンプル数は42～75.
[b] 1～5日の間に生存率が低下したのは, 標識を施した影響による.

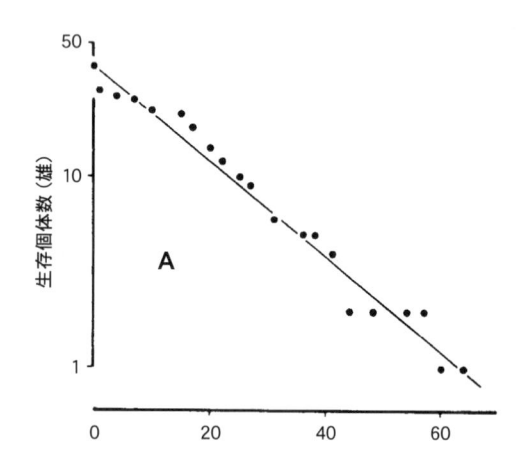

図8.20 日本産均翅亜目2種の成虫期の生存曲線. 羽化直後に標識した個体の再捕獲記録に基づく. A. ニシカワトンボのform *esakii* (橙色型)；B. オオアオイトトンボ. どちらの種も, 羽化直後の生存率 (対数で表示) が少々低下しているが, おそらく標識の影響であろう. その後, 約10日間の前生殖期の後は, Jolly-Seber法で推定されたカワトンボの生存率はほぼ一定となり, 全体としては0.944である. 約90日の前生殖期の後, Manly-Parr法によって推定されたオオアオイトトンボの生存率は, 性的に成熟した後急激に低下し, 表8.10で示されるように変化した. (AはNomakuchi et al. 1988より, BはUéda & Iwasaki 1982より)

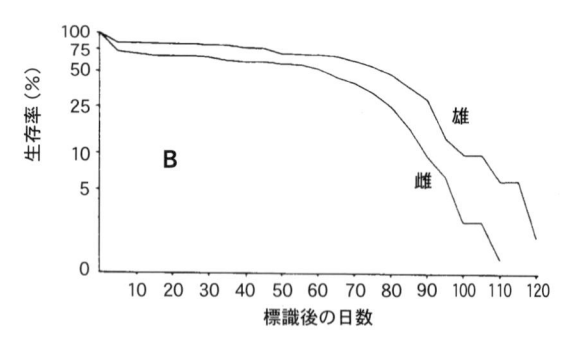

頻度を基礎として計算している推定値の比較は困難になってしまう (Van Noordwijk 1978). 同様に雌雄の行動も異なるので, 特に再捕獲されやすい水域における滞在時間が異なる場合は, 雌雄を分けて解析することが必須である (Corbet 1952参照). 普通, 成熟雌は成熟雄よりもはるかに捕獲されにくいので, 雌の生存率は雄よりも過小評価される傾向がある (Bennett & Mill 1995b参照). もちろん例外はあるが (例：*Ischnura gemina*, Hafernik & Garrison 1986), 多くの場合, 雌の推定生存率は雄に比べてはるかに低く, その違いの大きな理由は, 雌の再捕獲率が低いためである (§8.2.1.1).

標識再捕獲法による分析的研究に適しているトンボとは, 高い再捕獲率が期待でき, 簡単に捕獲できるか容易に視認できる種で (理想的には小型のパーチャー), (200～300個体で構成される) 小個体群が

8.4 物理的環境

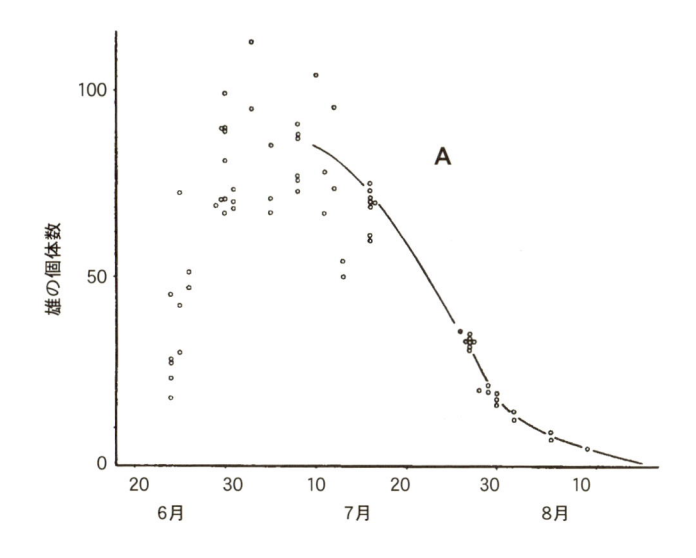

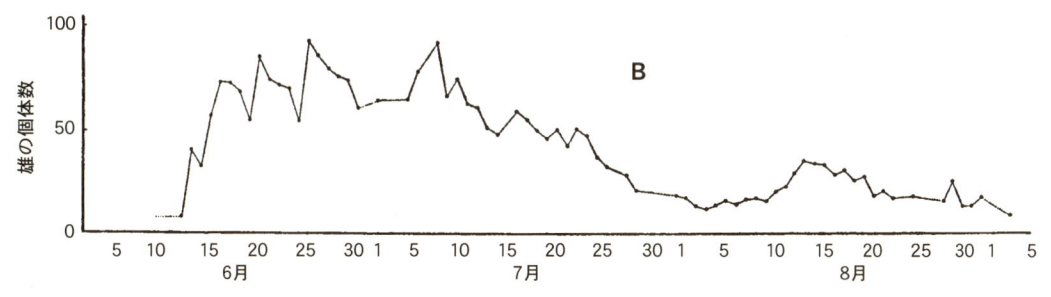

図 8.21 成虫活動期を通した個体群サイズの変動パターン．水域における成熟雄の個体数に基づく図．A. 春季種であるカオジロトンボのフィンランドでの観察；B. 夏季種であるショウジョウトンボの日本南部での観察．個体数は Bailey (1952) によって修正されたリンカーン法で推定．前生殖期の長さはAで約10日，Bで約13日．Aでは，成虫活動期の開始時の推定値は，未標識個体が大挙して飛来したこともあり，正確ではない．個体数変動が小さいBでは，個体数変動パターンは8月初頭に2回目の羽化が生じた可能性を示している．（Aは Pajunen 1962a より，Bは Higashi 1969 より）

よい．また，移出入の影響をほとんど受けない隔離された個体群であることが望ましく，前生殖期と生殖期の成虫が空間的にはっきり分離して生活していると，なお都合がよい．理論面と実用性を考慮し，異なる方法で計算された推定値を比較した結果をもとに（例：Parr 1965），ほとんどの研究者は Jolly-Seber 法（Jolly 1965）か Manly-Parr 法（Manly & Parr 1968）を解析に用い，時々修正 Scott I 法（Garrison & Hafernik 1981）を利用している．Fisher-Ford 法は（Fisher & Ford 1947）多くのトンボ個体群にとって現実的でない生存率を一定とする仮定を含んでいるので，あまり適切ではない．

繁殖場所における成虫活動期を通しての個体数の推定は（図 8.21），平均寿命と最長寿命の知見とともに，生殖期の間に見られる種内や種間の競争と，そのような競争における密度効果を理解するための基本的な情報となる．

平均寿命や生存率，日当たり消失率の推定値は，個体群間や同時羽化集団間での生存率を比較することを可能にする．例えば，年度間（Waage 1972；Anholt 1991），生息場所間（Parr & Parr 1972a, 1979），羽化集団間（Michiels & Dhondt 1989b；Lambert 1994），異なる密度レベル間や表現型の発現頻度の違う集団間（Cordero 1992b），寄生された個体群とされていない個体群間（Robinson 1983），網室内外の個体群間（Michiels & Dhondt 1989b），好適な気候条件下と不適な気候条件下の個体群間（Córdoba-Aguilar 1993），生殖行動の異なる経歴をもつ個体群間（Fincke 1986a），さらに体サイズによって分けた階級間（Banks & Thompson 1987a；Harvey & Hubbard 1987b；Koenig & Albano 1987a；Van Buskirk 1987b；Anholt 1991；Fincke 1992b）の違いを比較することができる．

成虫期の間で生存率が変化する例（表 8.11）を見る

と，野外での淘汰圧のモデルを作る試みがいかに複雑であるか分かるだろう．標識による人為的な悪影響も少しはあるかもしれないが，多くの種では，羽化直後の生存率が最も低い．タイリクルリイトトンボでは，標識後の生存率は日齢と関係がなく（Parr 1976），ハヤブサトンボでは，生殖期間中の単位時間当たりの死亡確率が一定であった（McVey 1988）．カオジロトンボの生存率は日齢とともに減少し，羽化開始後20～25日で最小となるが，その年の個体群が非常に大きい場合は，生存率が最小となる時期がやや早くなる（Pajunen 1962a）．一方，マンシュウイトトンボの生存率は初めに低く，次いで上昇し，成虫期の終わりが近づくと再び低下する（Parr & Parr 1972a）．ヨーロッパアオハダトンボの成熟雄では，新しく羽化した集団の水域への出現や鳥による捕食に影響されて，ある晴れた日と次の晴れた日とで生存率が突然変化することがある（Lambert 1994）．生存率は前生殖期と生殖期で異なることはほぼ確実だが，それを一般化するには情報が不足している．網室内でのスペインアオモンイトトンボは，羽化後3～4日と12～14日に著しく生存率が低下することに対して，Cordero（1994c）は，前者は飢えの始まり，後者は卵成熟に起因すると説明している．

サオトメエゾイトトンボ Coenagrion puella では，雄は13.2日，雌は16.5日の成熟期を経て，それぞれ23.2％と12.7％の個体が生殖のために水域へ戻ってきた（Thompson 1989c）．これは，それぞれ生存率0.942と0.951に相当し，これらの値は，0.677から0.828の範囲にある生殖期の生存率と比べてかなり高い（表8.11）（これらの調査結果は Banks & Thompson [1985a] が，成熟した雌雄の日当たり生存率が日齢とは独立で一定であるとした結論と一致しない）．成熟後の生存率の急激な低下はハーゲンルリイトトンボでも記録されている（Fincke 1982）．羽化（および標識）直後の生存率の低下を除くと，クロイトトンボ Cercion calamorum（上田 1987）やニシカワトンボ（form esakii）（図8.20；Nomakuchi et al. 1988）の雄の生存率は，羽化から死ぬまでほとんど変わりがなかった．また補間法を使ってみると，アカイトトンボでも同様のパターンを示すようである（Bennett & Mill 1995b）．しかし，生活環タイプ B.2.1.2（表7.3）のような前生殖期に夏眠する種の場合，状況は全く異なるようだ．日本の本州中部において，オオアオイトトンボの成虫は羽化後直ちに樹林内へ入り，性的に成熟する約90日後までほとんど動かずにそこにとどまっている．成熟するまでの長い間の生存率は極端に高い（表8.10）．その結果，

表8.11 サオトメエゾイトトンボの成虫活動期中の時期による成熟成虫の寿命の違い

	成虫活動期前半				成虫活動期後半	
	A[a]		B[b]		C[c]	
	平均寿命	最長寿命	平均寿命	最長寿命	平均寿命	最長寿命
雄	4.1	26	4.0	20	5.4	17
雌	3.1	26	4.2	30	5.5	19

出典：Thompson 1989c．
注：各カテゴリーのサンプル数は170～379．平均寿命と最長寿命の値は，成熟成虫としての寿命を日数で示したもの．
[a] 羽化時に標識した成虫．
[b] 6月に標識した成熟成虫．
[c] 7月に標識した成熟成虫．

その間の雄の平均寿命は78日，雌では68日となっている．羽化後の日齢が6～60日の間の生存率は0.996だったので，オオアオイトトンボの雌雄の平均寿命はなんと249.5日にもなる．彼らの生殖活動が活発になると，平均寿命は13～15日と極端に低下した．メキシコの Hetaerina cruentata 個体群において推定された0.978という**平均**生存率は（Córdoba-Aguilar 1995c），おそらくトンボ目で記録された最も高い値であるが，定住率が高いと生存率も高く推定されることを認識させる例である．この解析では未成熟成虫と成熟成虫が混じっていたので，前生殖期の生存率は0.978よりかなり高かった可能性がある．生存率が非常に高い種として，ソメワケアオイトトンボやマキバアオイトトンボ Lestes viridis もあげられる．この2種はオオアオイトトンボと同様に，前生殖期の成虫が夏眠する（Utzeri et al. 1988）．前生殖期に夏眠するアオイトトンボ属が大変高い生存率を示すのは，おそらく，移動性が低く，活動性も低く，そして隠蔽的な習性の反映であり，本質的にはタイプB.2.1.2の生活環を保つために不可欠の特性であろう（Uéda & Iwasaki 1982）．前生殖期に耐乾休眠する熱帯のトンボでも同じように死亡率が低い可能性がある（生活環タイプA.2.1.2）．

厳密な比較ができる種（大部分は均翅亜目）では，野外での雄の生存率は前生殖期（例：Anholt 1991），生殖期（例：Bick & Bick 1961；Banks & Thompson 1985b；Watanabe 1986；Koenig & Albano 1987a；Gribbin 1989），あるいはどちらでも（例：Zettelmeyer 1986；上田 1987；Cordero 1988；Bennett & Mill 1995b）雌よりも高いのが普通である．もちろん，雌の生存率のほうが高い例外や（例：Robinson et al. 1983；Lösing 1988），両性間にほとんど差がない例外も存在する（例：Hafernik & Garrison 1986；Hamilton & Montgomerie 1989；Conrad & Herman 1990；Córdoba-Aguilar 1993）．

8.4 物理的環境

表8.12 生殖期におけるトンボの雄の寿命

A. 中央値と範囲

亜目	平均寿命 (L)			最長寿命 (L_{max})		
	中央値	範囲	N[a]	中央値	範囲	N[a]
不均翅亜目	11.5	6.7〜37.7	11	38.7	17〜64	30
均翅亜目	7.6	3.8〜23.3	31	29.8	15〜77	23

B. 代表例

寿命[b]	前生殖期(日)[c]	種
不均翅亜目		
平均寿命： 中央値 (11.5)	6〜12	カオジロトンボ (Pajunen 1962a)
最短値 (6.7)	13	ショウジョウトンボ (Higashi 1969)
最長値 (37.7)	13〜16	*Sympetrum rubicundulum* (Van Buskirk 1987b)
最長寿命 (64)	30[d]	キバネルリボシヤンマ (Łabędzki 1982)
均翅亜目		
平均寿命： 中央値 (約7.6)	16	アオイトトンボ (Zettelmeyer 1986)
最短値 (3.8)	5	*Calopteryx aequabilis* (Conrad & Herman 1990)
最長値 (23.3)	5〜7	*Ischnura gemina* (Garrison & Hafernik 1981)
最長寿命 (77)	30	マキバアオイトトンボ (Cordero 1988)

出典：多数の文献．その大部分は第8章の本文中で直接間接に引用した．
注：寿命は日数で示してあり，前生殖期を生残した雄の野外観察だけを引用した．除外した種については§8.4.3を参照．
[a] このデータに使用した種と亜種の数．
[b] 上記の[a]の記載に対応．
[c] 断らない限り，同じ年の同じ個体群から得られている．
[d] 近縁の同属種で得られた値 (Schmidt 1964b参照)．

　前生殖期と生殖期の区別をしていないことによる不確かさを避けるために，ここでは生殖期に限定した生存率のデータであることが分かっているものだけに限定して一般化を行う．また，ほとんど常に雌は雄よりも捕獲しにくく，このことだけでも雌の生存率は過小評価されるので，以下に述べる結論は雄だけに限ったものである．生存率に関する正確な記録のすべては均翅亜目から得られており，性的に成熟した雄の生存率は，*Ischnura posita* の約0.73 (Robinson 1983) から，オオアオイトトンボの0.936までの範囲である．この値を平均寿命で表すと，それぞれ3.2日と15.1日 (Cook et al. 1967; Parr 1994bによる変換式 $L = -1/\log_n s$ を用いた) になる．個体数の日ごとの推定値から生存率を計算するのではなく，標識と再捕獲の間の長さから平均寿命や最長寿命を求めるのであれば，均翅亜目だけでなく不均翅亜目でも，平均寿命や最長寿命の比較が可能になる．そのような値 (表8.12) を図8.2Aの前生殖期間の頻度分布に続けて並べてみると，少なくともこの方法で研究できる種については，どちらの亜目の種においても平均生殖寿命の現実的な (最小の) 推定値が得られる．図8.2Aに示したヒストグラムは，両亜目，両性のデータを合わせたものだが，これを雄について亜目別に分けて比較してみると，前生殖期の長さの中央値は，不均翅亜目で14.2日，均翅亜目で10.9日となる．したがって，表8.12から，前生殖期を生き延びた雄の成熟後の期待寿命は，不均翅亜目では平均11.0日，最長38.7日，均翅亜目では平均7.6日，最長29.8日となる．これらの包括的な数字は，タイプB.2.2の生活環をもつ種のみに適用でき (表7.3)，性的に成熟するまで生存した雄の割合や，ほとんど知られていない後生殖期における生存については，何の情報も与えない (§8.1)．

　表8.12に示したいくつかの最長寿命の長い値についてコメントしておく必要がある．77日となっているマキバアオイトトンボは，スペイン北東部の個体群で得られた値で，平均寿命の中央値が22日，羽化後の最長寿命は109日となっている．この観察結果は，アオイトトンボ科の成虫は例外的に長命であるという一般的な知見と一致している (例：Schumann 1961; Bick & Bick 1970)．キバネルリボシヤンマの64日は，ポーランドのポズナニで得られたものである．ルリボシヤンマやイイジマルリボシヤンマは前生殖期が35日と長いので，合わせると羽化後の平均寿命は少なくとも70日以上になる (Schmidt 1964b)．森林性の *Notiothemis robertsi* の雄は，活発ななわばり行動を少なくとも62日間続けた (Clausnitzer 1996)．生活環タイプがB.2.2ではないので表8.12から除か

れている熱帯性の均翅亜目の数種も寿命が長い．例えば，*Sapho bicolor*の雄は，リベリアの樹林の中を流れる川で，最初に標識されてから56日後にJochen Lempert (1988) によって発見された．Ola Fincke (1984a) はパナマに生息するハビロイトトンボ科の種で，羽化後少なくとも85日（ヒメハビロイトトンボ）と210日（ムラサキハビロイトトンボ），また，成熟してから少なくとも85日（*Mecistogaster linearis*）という寿命を記録している．これらの値を生存率に換算すると，熱帯に生息する森林性の均翅亜目の生存率は，オオアオイトトンボとほとんど変わらない．Stortenbeker (1967) は，タンザニアでは熱帯収束帯の移住性の種（§10.3.3.1）の多くは，生殖期の間，少なくとも2, 3ヵ月は生存していたと推定している．表8.12にまとめたデータや上記のデータは，移出入の自由な野外個体群から得られている．網室の中では，オビアオハダトンボ*C. s. intermedia* (Lindeboom 1993a) や，ルリボシヤンマとコウテイギンヤンマ (Degrange & Seasseau 1968)，ヒメギンヤンマ (Degrange 1971) の雌が，羽化後80日以上生きた記録がある．また，野外に設置した網室では，*Enallagma ebrium*の前生殖期の間の生存率が100％という記録がある (Forbes & Leung 1995)．

表8.9に示した値は，個体群レベルでの繁殖期の長さを考慮したものであり，繁殖場所における性淘汰の強さに関連がある．それは，その場所の空間をめぐって同時に競争する個体の割合は毎年異なるからである．表8.9にあげた種（適切なデータのないアキアカネを除き）を見ると，春季種の3種は典型的な短い成虫活動期（例：図8.19, 8.21A）をもち，雄の最長寿命は成虫活動期の長さの65～79％を占めている．しかし，夏季種の3種（例：図8.19, 8.21B）では，その長さは成虫活動期の42～57％にすぎない (Ubukata 1974)．

「老衰」は別として，成虫の死亡原因は偶然によってのみ記録されてきた．生物学的要因として説明できる死亡の例は§8.5にまとめられている．それ以外の死亡要因としては，作物の間を縫って採餌するトンボが特に影響を受けやすい農薬散布 (Whitcomb & Bell 1964参照)，交通事故 (Mitra 1977参照)，採餌活動を阻むような長期にわたる悪天候，強風と豪雨を伴って突然やってくる嵐 (Pajunen 1962a参照；Córdoba-Aguilar 1993) がある．生殖期の間のハヤブサトンボの死亡要因の大部分は「事故」か捕食であり，表現型における特徴のような要因はあまり重要ではないとMcVey (1988) は結論づけた．しかし「サテライト雄」（§11.3.7.1）は，なわばり雄ほど長くは生きられないようである．

雄の寿命と相関がある表現型として体重や体サイズがあり，サオトメエゾイトトンボ (Banks & Thompson 1985a)，キタルリイトトンボ（ただし1年だけでその他の年は異なる；Anholt 1991），ハーゲンルリイトトンボ（成虫活動期の前半ではなく後半；Fincke 1988），アメリカベニシオカラトンボ (Harvey & Hubbard 1987b)，ムツアカネ (Michiels & Dhondt 1991a) では正の相関が，キタルリイトトンボ（1年だけでその他の年は異なる；Anholt 1991) とアメリカハラジロトンボ (Koenig & Albano 1987a) では負の相関があった．ハーゲンルリイトトンボの雌の色彩型は，生存率に関して何の違いもなかった (Fincke 1988)．

8.4.4　日周活動パターン

多くのトンボは主に日中に飛ぶが，しばしば薄暮性あるいは薄明薄暮性（用語解説参照）であったりする．時には，もっぱら薄明薄暮性である種や，夜行性の種も稀にいる．一部の種は不規則な日週活動を示すが（例：ムカシトンボ*Epiophlebia superstes*, Okazawa & Ubukata 1978），多くの種は特徴的な日周活動パターンを示し，そのパターンから特に温度のような環境要因に対する反応を推定できる場合も多い．

日周活動パターンの例を検討する前に，日々の活動に影響を与える変動要因をあげておこう．観察される日周活動パターンはさまざまな要因によって変化することがある．すなわち，日齢（特に成熟度），性別，生息場所，気候，天候（特に気温や風雨），他の生物の存在（特に同種他個体や捕食者），その種の温度環境の選好性（その種が日向を好むか日陰を好むか）である．また，記録される行動の種類によって影響の受け方が異なる．採餌と生殖（第9章と第11章）は何種類かの異なる活動を含んでおり，それぞれが特徴的な日周活動パターンを示すことがある（例：Michiels & Dhondt 1989c）．成虫の日周活動パターンは，成虫が日中に集まる場所で最も簡単に観察できる．そのため，活動パターンの多くは，生殖のための雌雄の出会い場所，すなわち，多くの場合は水域で記録されている（§11.2.1）．しかし，水域**だけ**で観察することは，トンボの生活全体を通しての活動について誤解する危険性が高い (Michiels & Dhondt 1989c参照)．

日周活動パターンは，活動のピークが1日に何回，いつ起きるかによって，いくつかに分類できる（カテゴリーとその略号は表8.13参照）．カテゴリー分

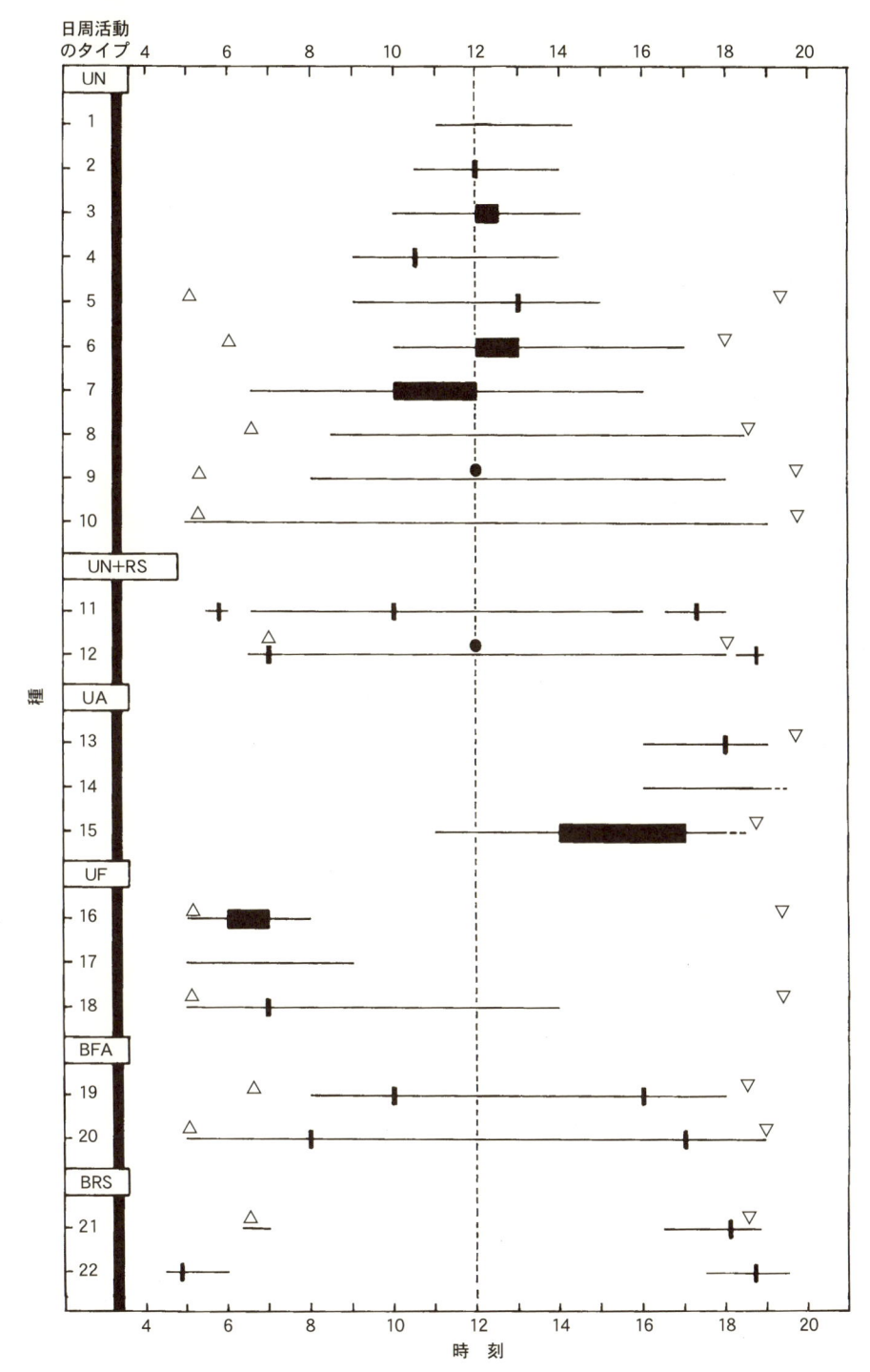

図 8.22 トンボの成虫の個体群レベルでの日周活動パターンの主要な型の例．活動モードの回数やそれが見られる時間帯によって分類した．それぞれのカテゴリーや種，活動の種類，出典の詳細は表 8.13 と 8.14 に示してある．横の線は活動期間を示す．最も活動的な時間帯は縦線あるいは黒い帯で，活動のピークは黒丸で示してある．分かっているものについては，日の出（三角形）と日没（逆三角形）の時刻も示してある．2〜4 と 9, 10, 14 番目の種の時間尺度は太陽時と一致しているので，12 時が南中となる．残りの種の時間の目盛りは地方時である．

表8.13 活動ピークの回数と時間帯を基準に分類したトンボ目成虫の日周活動パターン

パターン	活動の最大あるいは中心の時間帯	略号	図8.22の種
一峰型 (U)	正午 (N)	UN	1～10
	正午+日の出 (R) と日没 (S) で，時々これらの間が不連続	UN + RS	11, 12
	午後 (A)	UA	13～15
	午前 (F)	UF	16～18
二峰型 (B)	FとA	BFA	19, 20
	RとS	BRS	21, 22

表8.14 図8.22で分類された成虫の日周活動パターンのタイプを示すトンボ

パターン[a]	種	緯度[b]	地域	記録された活動[c]	文献
UN	1. カラフトイトトンボ*1	47°30′[d]	オーストリア	M	Kiauta & Kiauta 1991
	2. ムツアカネ	51°15′	ベルギー	TP	Michiels & Dhondt 1987
	3. ミヤマアカネ	51°15′	ベルギー	TP	Michiels & Dhondt 1987
	4. タイリクアキアカネ	51°15′	ベルギー	TP	Michiels & Dhondt 1987
	5. キイトトンボ	34°24′	日本	M	Mizuta 1974
	6. イイジマルリボシヤンマ	54°25′	ドイツ	M	Schmidt 1964b
	7. ヨツボシトンボ	60°00′	スウェーデン	成虫，おそらく水域	Nelemans 1976
	8. Elattoneura glauca	2°15′[d]	ケニア	A	Miller & Miller 1991
	9. Libellula incesta	36°05′	アメリカ, NC	M	Lutz & Pittman 1970
	10. Epitheca princeps	36°05′	アメリカ, NC	M	Lutz & Pittman 1970
UN + RS	11. カトリヤンマ	36°35′[e]	日本	成熟成虫，9月に水域から離れて	栗林 1965
	12. コウテイギンヤンマ	41°07′	スペイン	M	Jödicke 1993b
UA	13. Enallagma signatum	36°05′	アメリカ, NC	M	Lutz & Pittman 1970
	14. E. vesperum	46°26′	カナダ, PQ	M	Robert 1963
	15. Heteragrion alienum	18°25′	メキシコ	M	González-Soriano & Verdugo-Garza 1982
UF	16. モートンイトトンボ	34°24′	日本	M	Mizuta 1974
	17. Somatochlora linearis	41°02′	アメリカ, IA	M	Williamson 1922
	18. モノサシトンボ	34°24′	日本	M	Mizuta 1974
BFA	19. Pseudagrion commoniae nigerrimum	2°15′[d]	ケニア	A	Miller & Miller 1991
	20. アメリカアオイトトンボ*2	33°55′	アメリカ, OK	A	Bick & Bick 1961
BRS	21. アメイロトンボ	2°15′	ケニア	A	P. L. Miller & Miller 1985
	22. カトリヤンマ	36°35′[e]	日本	未成熟成虫，晩夏に水域から離れて摂食	栗林 1965

[a] 略号は表8.13を参照．
[b] 北緯の度と分で表示．
[c] 断らない限り，すべての活動は水域で記録されたもの．Aは成虫，Mは雄，TPはタンデムペアを表す．
[d] 標高約900m．
[e] 標高300～500m．
*1 *Coenagrion hylas freyi*.
*2 *Lestes disjunctus disjunctus*.

けの結果を示すために，ここでは21種が示す22の日周活動パターンを選んだ（図8.22，表8.13, 8.14）．まず各カテゴリーを過熱を避ける必要が少ないと推定される順に並べ（UAとUFは別扱い），次に各パターンをそれぞれのカテゴリーの中で活動時間の長さの昇順に並べている．もちろん，体温調節の必要性だけでなく，それ以外の淘汰圧によって日周活動パターンが形成された可能性がある．それぞれの日周活動パターンは特定の活動による定義でしかない．したがって，BRS（日の出と日没の二峰型）のカテゴリーに分類された種が，薄明薄暮時に短時間の飛行を正確に行うことが分かったとしても，残りの85％の時間における飛行パターン（もしあるとすれば）については何の情報もない．典型的なBRSのパターンを示すオオメトンボ属*Zyxomma*の成虫は，日中は深い茂みの中に隠れて休んでいる（Balinsky 1961; Lieftinck 1962b; Watson 1969; 井上 1983）．また，*Gynacantha bayadera*（Fraser 1919），*G. cylindrata*，カトリヤンマ（表8.14，種22）（栗林 1965），*G. nervosa*（G. Peters 1988a），*Triacanthagyna caribbea*（Santos

8.4 物理的環境

頭部と複眼をもつ傾向があり，日中に休止するときに目立たないような黒ずんだ色彩をしている (Inagaki 1973). オーストラリア南東部に生息するサナエヤマトンボ亜科の *Apocordulia macrops* の種小名は「大きな眼」という意味で，うまい命名である (Watson 1980a). 次に図8.22と表8.14に記載された例を検討していこう.

活動の最盛期が正午に1回だけあるUNでは，種1と10が活動時間の長さと外温性加温の必要性の両極を示す. 種1のカラフトイトトンボ *Coenagrion hylas freyi* の雄は，ほぼ11:00～14:15の明るい太陽光のもとでのみ水域で活動する. もう一方の極端である，種10の *Epitheca princeps* の雄は，ほぼ1日中 (約14時間; Williamson 1900) パトロール飛行し，水域での個体数はほぼ一定であった. これは，パトロールするなわばりが限界まで占有され，雄が最大安定密度にあったからだろう (§11.3.8.1). 水域に何時間も雄がとどまっていたとしても，必ずしもすべての時間に生殖活動を行っているわけではない. 例えば9:00～11:00に水域に飛来した *Palpopleura lucia portia* の雄は1箇所にとどまらず，なわばりも作らない. 彼らは11:00過ぎてからなわばり行動を開始するのである (J. Green 1974). 対照的に，ハヤブサトンボのなわばり雄は9:30～16:00まで，ほとんど摂食せずに水域にとどまる (McVey 1988). カテゴリーUNに分類された他の種は，体温調節のいろいろな面を示す. 日中いつでも日光浴をするイイジマルリボシヤンマ (種6) の雄は，特に9:00～10:00と16:00～18:00に日光浴を頻繁に行うが，それは水域での飛行活動の直前と直後である. 毎日24時間太陽が照っているような高緯度地方のヨツボシトンボ *Libellula quadrimaculata* (種7) では，成虫の日周活動パターンは明らかに太陽輻射熱によって決められており，照度，気温，風はほとんど効果がなかった. これは高緯度地方に生息するカで観察されている結果と大変よく似ている (例: Corbet 1966). 太陽の出ている正午を中心として長時間活動する *Libellula incesta* (種9) は，種1に比べて気温による活動の制限がはるかに少なかった.

ヤンマ科とエゾトンボ科は，活動の最盛期が正午に1回だけあるUNのパターンをもつ種が多い. 多くの種の成虫は，特に暖かい天候のとき，日の出や日没時に水面上を飛び回ることがある (Inagaki 1973 参照; Borisov 1985b). 薄明薄暮性のトンボ科の種 (例: 種21) は，他の時間には飛ばない傾向がある (上記参照). このような薄明薄暮の活動ピークは，常にではないが (Jödicke 1993a)，主要な飛行活動時

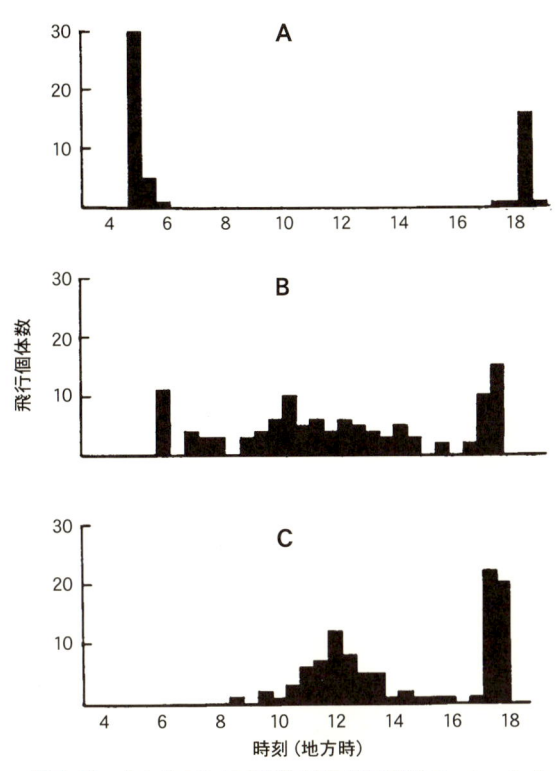

図8.23 カトリヤンマの飛行活動の日周パターン. A. 8月中旬の前生殖期の成虫; B. 9月中旬の成熟成虫; C. 10月初旬の成熟成虫. 朝と夕方の薄明薄暮飛行のピーク時における気温は，Aで22.5℃と24.5℃，Bで17.5℃と20.0℃，Cで7.0℃未満と15.5℃. (栗林1965を改変)

1973), ミルンヤンマ *Planaeschna milnei* (朝比奈・枝 1957) もそのような行動を示す. 水面の上での摂食飛行がBRSのパターンを示すアフリカヒメキトンボ *Brachythemis lacustris* は，9:00～15:45の間，水域から20～50m離れた場所にとまり，その間，しばしば摂食飛行を行っていた (Miller 1982a). ルイジアナ州に生息する *Boyeria vinosa* の個体群では，成虫の活動時間帯は7:00～10:00と20:00～22:10であり，13:00に休止中の個体は，すぐには飛び立たなかった (Walls & Walls 1971). しかし，日の出と日没の二峰型を示す種であっても，産卵場所で雌を探す雄は太陽の出ている明るい日中に飛行活動を示すことが，トビイロヤンマ *Anaciaeschna jaspidea* (白石 1984; Donnelly 1986), *Gynacantha manderica* (Pinhey 1976), ヤブヤンマ *Polycanthagyna melanictera* (井上 1975) で目撃されている. 温帯では，薄明薄暮性の日周活動は羽化後の日齢や季節に応じて変化するかもしれないが，ともに気温に対する反応に関係する要因である (図8.23C). 薄明薄暮性のトンボは大きな

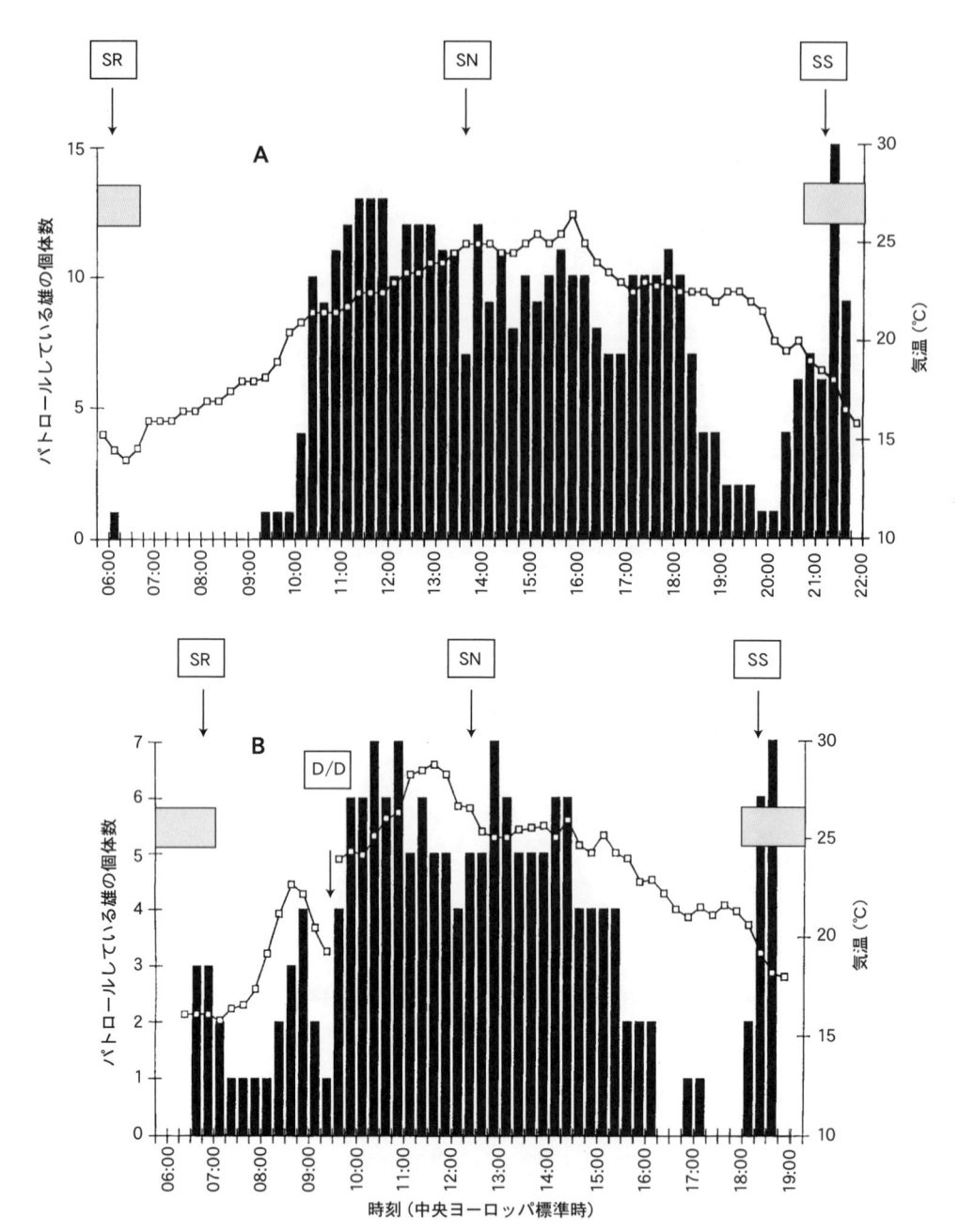

図8.24 コウテイギンヤンマの雄が水域で行うパトロール飛行の日周パターンと気温の関係．スペイン北東部（北緯41°2′，東経0°55′）での1993年6月24日（A）と10月1〜2日（B）の観察．SRは日の出，SNは南中，SSは日没時刻を示す．気温は地上30cmの日陰で測定された．ただし，10月1日の観察は図中のD/Dから開始．D/Dの左側は10月2日のデータである．前日のデータとつながらないのは，この日は雨で低温だったことによる．▨ は照度2.5 log lux以下の時間帯を示している．縦棒はパトロール飛行していた雄の15分ごとの数を示す．A. 全長255mの岸全体での数；B. ほとんどの雄がパトロールしていた110mの範囲での数．(Jödicke 1997bを改変)

間帯に見られる単峰型のピークとの間に，しばしば飛行活動が見られない空白の時間がはさまる（種12）．薄明薄暮の活動は，たとえそれが水域近くで行われていたとしても，普通は採餌に関係している．薄明薄暮性を含め，日中に活動が起きるタイミングは内因性の日周期リズムの影響下にあるが（Corbet 1962a: 134; 津吹 1987），それぞれの薄明薄暮飛行の起きるタイミングは普通，照度と密接な関係がある．ただし，日の出時の飛行の始まりと，ピークに達するときの照度は，日没時の飛行照度よりもやや高くなっ

8.4 物理的環境

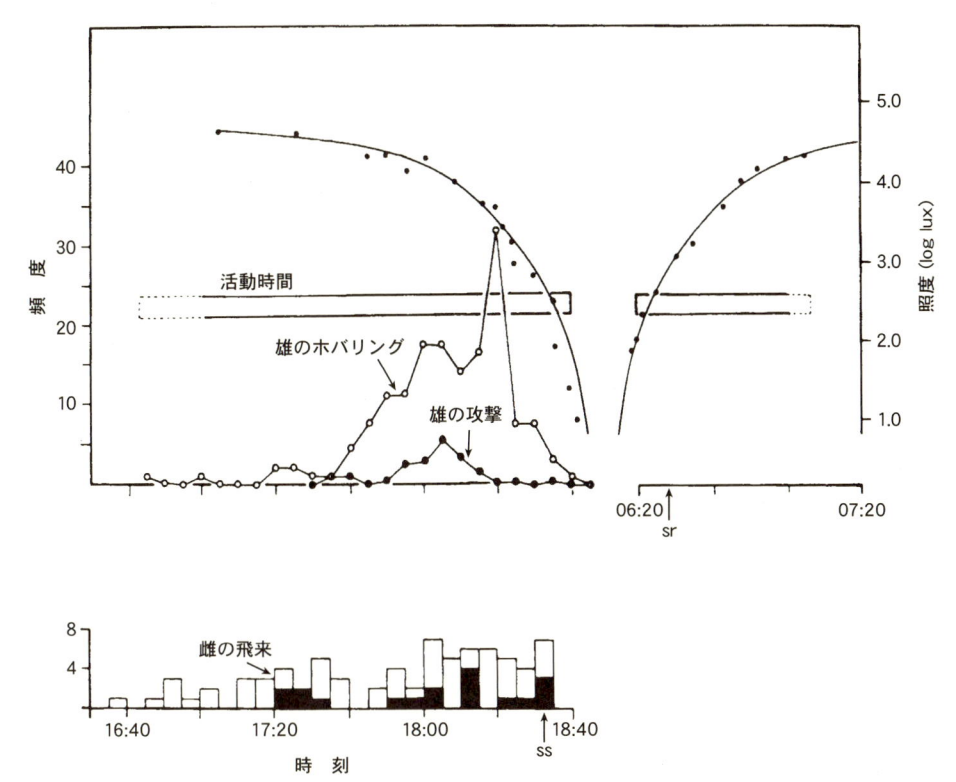

図 8.25 上．湖の入り江でアメイロトンボの雄が示したホバリングの頻度（白丸）と同種雄との相互干渉の頻度（黒丸）．5分ごとに1分間カウントし，時刻に対してプロットしたもの．下．同じ入り江での雌の飛来回数．10日間の合計を5分間隔で示した．黒塗り部分は交尾に至った飛来の回数を示している．sr. 日の出；ss. 日没．日の出（4月12日）と日没（4月10日）ころの照度の変化も示してある．（P. L. Miller & Miller 1985より）

ている．例えば，Reinhard Jödickeがスペイン北東部で5月と6月にコウテイギンヤンマの雄（種12；図8.24A）が薄明薄暮性のパトロール飛行を行ったときに記録した照度（log lux）は，日の出前12〜14分の飛行開始時で1.70，日没後23〜25分の飛行終了時で0.47〜0.78であった．同じ場所で9月と10月に観察したそれらの値は，日の出前10分で1.26 log lux，日没後13〜14分で0.60〜0.78 log luxであった（Jödicke 1995a, 1997b）．これらのデータが示す以下の3つの特徴は注目に値する．(1) 飛行タイプは原則としてパトロールであって，採餌ではない．(2) 日の出時の飛行は，日没時の飛行の終了時よりも高い照度になってから始まる．この現象は他の薄明薄暮性の活動パターンを示す昆虫でも知られている（Corbet 1965）．ただし，この現象はアメリカシロヒトリ *Hyphantria cunea* において，光周反応を引き起こす照度の閾値に見られる非対称性とは逆向きである（§7.2.7.1）．(3) 秋に比べて，夏の日の出時の飛行は遅く始まり，日没時の飛行は早く終わる．おそらくこれは，秋分に近くなるほど照度の変化が速い（すなわちクレッ

プ値が低い，Nielsen 1963）ことを反映している．日周活動パターンと日齢，気温，照度との間の相関関係についての先駆的な研究で，栗林 田 (1965) は，カトリヤンマの薄明薄暮時の飛行は明瞭に識別でき（図8.23；表8.14，種11と22），前生殖期の成虫では0.30〜2.70 log lux（図8.23A），生殖期の成虫では0.30〜2.90 log luxに限定されており，活動のピークはいずれも0.30〜1.7 log luxであることを見いだした．似たような照度条件が，アメイロトンボの薄明薄暮飛行で記録されている（表8.14，種21；図8.25）．上記で記録された値は，薄明薄暮時の天体現象と関係づけることができる．すなわち，快晴時の日没（または日の出）時の照度は2.6 log lux，常用薄明に相当する限界照度は0.55 log luxである（Danks 1987）．予想されるように，夕方の薄暮飛行の終了時刻は，夏から秋にかけての日没時刻の変化に従う（栗林 1965；Müller 1993b；Jödicke 1997b；Wasscher 1996）．そして，曇りの日は飛行の開始時刻が早くなる（Williams 1937）．偏光を知覚できる能力は，薄明薄暮時における採餌を延長させることができる（Wellington 1974a

参照). 日没時の飛行の間, 照度が低下するにつれて, *Tetracanthagyna* 属 (Lieftinck 1980) や *Neurocordulia* 属 (Dunkle 1989a) の成虫は徐々に地表近くを飛ぶようになる. カトリヤンマ族に特徴的に見られる薄明薄暮飛行はそれ自体が不思議であるが, Williamson (1923; Corbet 1962a: viii 参照) や Lieftinck (1934b) はこのことを見逃していない. Lieftinck はインドネシアでの経験を思い起こして次のように書いている.

雨季に…日没まであと30分となったころ, [*Gynacantha subinterrupta* が] 暗くなったバンガローのベランダや伐採跡地, 道ばたの小川などにやってきてカを捕食しているのが普通に見られる. 夕暮れが迫ると, トンボの数はどんどん増え, 小さな集団を作り, 濁った溝や小さな川の土手の下にできた水たまりなど, 暗がりの中を飛び続ける. 雌雄はそこで膨大な数のカを捕食しながら地表面近くをすれすれに飛んでいる. 夜の帳が下りてしまっても, そのシルエットだけでカを見つけ, 捕らえているようだった.

タイプUA, UF, BFA (図8.22) に分類された日周活動パターンは, 捕食の危険性を避ける別の機能も考えられるが, 一部の種では, 1日の最も暑い時間帯を避けて活動する必要性を反映しているかもしれない. *Enallagma vesperum* (種14) は, 日中, 水域にいないときは日陰で休んでおり (Dunkle 1990: 129), *Heteragrion alienum* (種15) は水域から離れて休むのが普通である. メキシコでは, *Hetaerina cruentata* の雄は天候にかかわりなく14:00ころに水域での活動をやめてしまう (Córdoba-Aguilar 1995a). フランス南部のオアカカワトンボのなわばり雄は, 一部の例外を除き, 1日で最も暑い時間帯は水際のヨシの上に一緒にとまっていた (Rüppell & Hilfert 1994). パプアヒメギンヤンマ *Hemianax papuensis* の成熟した成虫は, 温帯では1日中飛び回っているが, 南緯約19°にあるオーストラリア, クインズランド州では, 11:00～13:00 の間は飛行活動が中断する (Rowe 1995). この行動は北緯28°23′の奄美大島に生息するハネナガチョウトンボ *Rhyothemis severini* の場合と同じである (笹原 1993). Bill Wellington (1974b) は, 太陽の南中するころに飛行活動が中断するのは, 緯度や季節にもよるが, 天頂からの偏光の遮断によって, 成虫が飛行するときに用いる飛行方法が利用できなくなるためもあると考えた. しかし, これはタイプBFAにとっては一般的な根拠とはならないであろう. 成虫は明らかに地上近くの目印を利用して定

位することができるからである (§11.2.3). *Somatochlora linearis* (種17) で記録された日周活動パターンは, 耐寒性の高い全北区の属の典型である. この属の南限では, 成虫は昼間の最も涼しいときに飛ぶ傾向がある (Corbet 1962a: 128 参照; Donnelly 1962). 活動時間の長さとそのピークが生じる時刻によって, Oliger (1980) はウクライナ南東部 (北緯約48°) で得た45種の日周活動パターンを5つのカテゴリーに分類した. そのカテゴリーは図8.22に示したものの一部とほぼ一致している. すなわち, UN (タイプ3と4) とUA (タイプ2と5), UF (タイプ1) である. しかし, 活動時間帯が現地時間の7:00から21:00までに延びても, Oligerはその分類の中に, ここで示したような薄暮飛行を加えていない. 彼のカテゴリーの中で断然多いのは4で, 47％の種を含んでいるが, それは, 大部分のトンボの活動時間の中央値となる14:00に活動の最盛期をはっきりともつタイプUNに含まれるだろう.

　熱帯や温帯の低緯度地方においてなされた多くの報告は, トンボが時に夜飛ぶことを証明している (Corbet 1962a). そのような観察の多くは, トンボが灯火に飛来したものである (例: Frost 1971; Corbet 1981; Schiess 1982; Farrow 1984; Richards & Rowe 1994; Borisov 1990). また, 捕獲した時刻, つまり夜間の飛行活動を行っていた時刻からも分かることがある. 例えば, ウガンダの *Orthetrum julia* は真夜中を過ぎた1時間ほどの間に森林内の明かりに飛来した (Corbet 1961a). オーストラリアのアーネムランド Arnhem Land 西部の *Austrocnemis macullochi* は, 夕方の薄暮時から早朝まで途切れなく光に飛来した. オーストラリア東部のダーリング川 Darling River とマレー川 Murray River 水系の支流では, *Austrogomphus australis* の雌雄が夕方の薄暮時から真夜中の少し前まで灯火に多数飛来した (Watson 1980b). Allen Young (1967c) は, アメリカ, イリノイ州シカゴで, *Epitheca princeps* の雌雄が23:00から翌1:30までの間に街灯の近くにやってきて20分ほどとどまり, 去っていくのを観察した. トンボの灯火への飛来を記録したほとんどの例において, それらの個体が自発的に飛んできて捕まえられたのか, あるいはねぐらでの休息を (時には光そのものによって) 邪魔されて少しだけ飛んだために捕らえられたのか (Dunkle 1978参照), はっきりしていない. ライトトラップの近くで休止していた長距離移動の途上と思われる3種の不均翅亜目は, 夜遅くに何個体かがトラップに飛び込んだ (Corbet 1984a). しかし, これはボツワナでライトトラップを使ってトンボを

捕獲したPinhey (1976) がいうように，トラップの見回りをしていた調査者に休息を邪魔されたからに違いない．海（例：Schneider 1992）や大きな湖（例：Corbetの未発表の観察）で船の明かりに捕らえられたトンボの多くは長距離移動性の種であり，水の上では通常のように休止できないため夜間に飛んでいるにすぎない（Corbet 1984a）．水域近くの明かりで捕らえられるトンボの中には，明らかに処女飛行が中断された羽化直後の個体（体が柔らかいテネラルの状態であることから判断できる）がいる．私はこの現象をウガンダの湖畔でしばしば目撃した．灯火で捕獲されたトンボのほとんどは不均翅亜目で（Geijskes 1971参照），ヤンマ科，サナエトンボ科，トンボ科が含まれる．均翅亜目も時々捕獲されるが，長距離移動性の種（例：オマーンの*Ischnura evansi*, Waterston & Pittaway 1990）もそうでない種も含まれる（例：ボツワナのヒメイトトンボ属*Agriocnemis*, Pinhey 1976；イギリスのルリイトトンボ属，Paine 1992）．

夜間に飛ぶトンボの記録のほとんどは，熱帯から低緯度の温帯にかけて得られたものである．ただし，カナダ，ユーコン準州の極北地方に生息する*Aeshna eremita*は，しばしば夕方遅くに飛ぶばかりか，時には真夜中の弱い太陽の光の中でも飛ぶ（Cannings & Cannings 1994）．トンボにとって，飛んでいる昆虫を食うコウモリに身をさらさないようにすることが，夜間飛ばない方向への継続的な淘汰圧になっているだろう（しかし§8.5.4.7参照）．また，トンボが効率よく採餌するためには，少なくとも月光のもとや人工光に近づいた程度の明るさが必要なのかもしれない．ただし，トンボは偏光に対する感受性があるので，薄明薄暮時まで採餌を延長することが可能であるのかもしれない（Wellington 1974a）．これらの広範な行動パターンを念頭におきながら，日周活動パターンが環境要因によってどのように決められてきたかについて次に検討することにしよう．

日周活動のパターン（図8.22）は，究極要因と至近要因の影響を受ける．究極要因（淘汰により長期間にわたって日周活動パターンを形成してきた要因）としては，(1) 当該種の温度耐性と温度選好性（例：薄明薄暮や日陰を好む種，特にタイプBRSの種が示す低温の閾値），(2) 雌雄が出会い場所で出会ったり，産卵中の雌が出会い場所で雄を避けるといった必要性から生じる種内の相互作用（§2.2.9），そして (3) 時間的分割をもたらしたと思われる捕食も含めた種間競争が考えられる．

要因1の例として，パナマの*Micrathyria*属の同所的な4種に見られる日周活動の分離をあげることができる．これは温度の選好性の違いを反映しており，それぞれの体温調節法に関連している（May 1977, 1980）．大型の2種*M. atra*と*M. ocellata*は連続飛行によって低い気温でも体温調節できるが，他の2種*M. aequalis*と*M. eximia*はそれができない（図8.13）．その結果，後の2種の水域における活動は，朝遅くか昼下がりの時間帯に限定されるのに対し，前の2種は気温にあまり束縛されないので（おそらくこれらの種は内温性），活動時間は潜在的にかなり融通性がある．後の2種の反応は，融通性をもたらすような淘汰が働いた結果と思われ，§5.3で説明した捕食者に対する定型的な行動と可塑的な行動の関係とよく似た，長期と短期の適応が重複して起きた事例として見ることができる．種によっては，短期的には柔軟に反応するような，「固定された」行動として進化したのかもしれない．すなわち，行動の融通性が淘汰されてきたかもしれない．Mike Mayは，そのような温度に対する独立性は，温帯よりも温度環境の安定している熱帯のほうが，エネルギー的にも進化的にもより少ないコストで達成できるだろうと述べている．

要因3に関しては，同属を含む同所的な種の日周活動パターンがほとんど重複していないことを指摘できる．この現象は，互いが出会うことを避け合うか減少させる淘汰圧を反映しているだろう．例えば，フロリダ州の*Epitheca sepia*の雄は，4月以降，水域での活動を夕方の薄暮時に限定することによって，すべての同属の他種から生殖隔離されている（Paulson 1973b）．また，ベルギーでは，3種のアカネ属が，それぞれの種の日周活動パターンを違えることによってその相互作用はかなり軽減されていた．すなわち，そのパターンと微生息場所の違いの組み合わせによって，タイリクアキアカネはムツアカネとミヤマアカネから分離していた（Michiels & Dhondt 1987）．ケニアのイトトンボ科とミナミイトトンボ科の種（図8.22, 種19と8）の相互作用も，同様に，時空間的隔離によって軽減されていた（Miller & Miller 1991）．同所的に生息しているイタリアの*Chalcolestes parvidens*とマキバアオイトトンボ*Lestes* (*Chalcolestes*) *viridis*も，水域での活動時間帯を，前者が10:00～14:30，後者が14:00～16:00と違えることで相互作用を軽減していた（Dell'Anna et al. 1996）．小型のモートンイトトンボ*Mortonagrion selenion*（図8.22, 種16）が，同所的ではるかに大型のキイトトンボ*Ceriagrion melanurum*（種5）やモノサシトンボ（種18）に捕食される危険性を，水域での生殖活動の時

間的な分割によって減少させていた（Mizuta 1974）．

　日周活動パターンに影響する至近要因には，(1) 種内相互作用，特に一部の雄の水域に滞在する時間を制限するなわばり闘争，(2) 逃れるには水域から離れざるをえない，捕食のような種間の遭遇（§8.5.5.2参照），そして (3) いろいろな物理的要因がある．要因1に関し，先にあげた種よりも大型で融通性に富んだ*Micrathyria*属の2種は，同属の近縁種の相手よりも相対的に強い競争力をもっている場合（おそらく他種の個体群密度に対する反応），活動時間に日周活動パターンのピークを変更した．このように，小型種の日周活動パターンが長い成虫活動期を通じて比較的一様であったのに対し，大型の2種のパターンは日中の気温が同じように変化したにもかかわらず，季節や場所によってかなり変化した．したがって，気温や他の物理的要因は，*M. aequalis*のような小型種の日周活動パターンの決定に大きな力をもつものの，*M. atra*のような大型の種では二次的な重要性しかなさそうである（May 1977）．要因3として考察すべき主な要因は，気温と太陽輻射，風，湿気である．

　もし気温がある値を超えた場合，サラサヤンマ*Oligoaeschna pryeri*のように日陰を好むトンボは，活動場所を日陰へ移すか（宮川 1982b），日陰で休止するので（例：Utzeri & Gianandrea 1989），太陽の南中時かその直後を中心に，活動性が急激に低下する．太陽の南中のころに，一部のフライヤーやパーチャーが不活発になってしまうのは，体が過熱するのを避ける必要があるからに違いない（例：Michiels & Dhondt 1987）．体温はしばしば周囲の気温ではなく太陽輻射熱に左右されるので（Pinhey 1952参照；Parr 1969b），外温性のBRS（日の出と日没の二峰型）のパターンをもつトンボを除けば，気温だけから飛行の温度閾値を推定するのは無理があるだろう．

　雲が動いて太陽を隠すと，パーチャーは直ちにオベリスク姿勢をやめるが（Peterson 1975），その後は何の行動も示さない．太陽が15〜20分以上隠れてしまうと，アフリカシオカラトンボの雄はなわばり内にとどまって採餌するか，なわばり場所から去ってしまうようである（Miller 1983c）．標高が高いか緯度が高い場所では，太陽光線の遮断は急激な気温の低下を起こしやすいので，トンボは，まだ体温が高くて自発的に飛行できるうちに，できるだけ早く水域から離れようとするだろう．カラフトイトトンボの雄（図8.22，種1）はよく晴れたときだけ水域で活動し，それはほぼ11:00〜14:15に限られている．その間に太陽が隠れると，すべての雄は1分以内に水域を去り，再び太陽が顔を出すとすぐに戻ってくる．熱帯に生息するアフリカウチワヤンマはパーチャーであるが，太陽が2〜3分以上隠れると同様の行動を示す（Miller 1964）．ベンガル西部において，ほぼ皆既食に近い部分日食（99.6%）の間，トンボはほとんど活動を停止し，多くは葉の下に隠れてとまり，太陽が再び現れると直ちに活動を再開した（Mitra 1996）．暖温帯において，太陽がかげる時間が長くなると，すべての不均翅亜目は水域から離れてしまうことがあるが，アオイトトンボ科の種はイグサの茎にとまってその場にとどまることがある（Bick & Bick 1961）．ハッチョウトンボの雌は，曇天のとき，雄よりも明らかに不活発である（Tsubaki & Ono 1986）．ムカシトンボの場合，北限に近い場所において，照度が突然低下すると，すべての雄は水域から去ってしまった（Okazawa & Ubukata 1978）．照度の急激な低下は差し迫る豪雨の到来の予兆になりうる．ノースカロライナ州において，太陽の南中直後に雷雨を伴う照度の急落（約4.08から3.00 log luxへ，均等目盛りなら90%以上の低下）があったとき，そのときの気温はまだ5℃ほどしか下がっていなかったにもかかわらず，すべてのトンボの成虫はあっという間に水域から去ってしまった．嵐が過ぎ去った後，空の明るさとトンボの活動は，正常な状態に戻った（太陽時でほぼ14:00；Lutz & Pittman 1970）．そのような反応は，しばしば報告されているような雨を予測して去っていく行動にもつながるものだろう（例：Kiauta 1964b; Heymer 1972b）．また，その現象は気圧の変化に対する反応である可能性を示している（Belyshev 1967b）．薄明薄暮性の種の日周活動パターンも，日照と気温によって影響を受けている．例えば太陽が雲に隠れたとき，*Gynacantha manderica*（Pinhey 1962b）や*Neurocordulia xanthosoma*（C. E. Williams 1976）は木陰を離れて水の上を飛ぶのに対し，カトリヤンマは気温が低いと日の出時の飛行を行わない（図8.23）．

　気温をパラメータにして，飛び立ちや飛行閾値を推定しようとしても，そう簡単にはいかない．特に翅を震わせたり，日光浴をしたりする体温調節行動の影響があることがその原因だが，それだけでなく，飛行閾値の下限よりかなり高い体温になるまでパーチャーが飛び立たないことも問題を複雑にしている（Vogt & Heinrich 1983）．おそらく，機敏な動きができるようになるまで体温を上げているのだと思われる．文献の間に見られる飛行閾値の食い違いの一部は，飛行適温との差で説明できるかもしれない．例えば，ムカシトンボの飛行閾値の下限が北海道

(12°C；Okazawa & Ubukata 1978) と本州 (16°C；Rüppell & Hilfert 1993a) で違うのは，地域的な差なのか，気温と体温との差によるのか誰にも分からない．Lutz & Pittman (1970) は，ノースカロライナ州における飛行閾値の下限が20～28°Cで，上限が30～40°Cであることを示唆した．大型のトンボほど高い飛行閾値の下限が高いようであり，パーチャーではそれがはっきりしている．ニュージーランド，南島の高地の *Uropetala chiltoni* は，気温16°Cではぎこちなく飛ぶが，20°Cを超えると活発に飛ぶ (Rowe 1987a)．熱帯に生息するアフリカウチワヤンマは，(事前に翅を震わせないときは) 30°Cでは弱々しく飛ぶが，力強く飛ぶためには少なくとも33°Cの気温が必要であった (Miller 1964)．

水域での活動時間帯と照度の間の密接な関係は，薄明薄暮性ではない多くの種で認められ (例：Lutz & Pittman 1970; Logan 1971; Waringer 1982c)，同所的な種の間で，耐性の幅が大きく異なっていることがある (Shelly 1982)．このような種における照度に対する反応として曇った日には水域へ飛来するのが遅れるが，これはよく知られている現象である (例：Novelo-Gutiérrez 1981)．しかし熱帯においては，どんなに曇ったとしても，必ず飛行活動が抑制されるわけではない (Convey 1989a)．

トンボの中でも，特にアオモンイトトンボ属の種は，一部は風の当たらない場所に退避しているにもかかわらず (Dunkle 1976)，時々強風の中を飛ぶ個体が観察されている (Kiauta 1965b; Parr 1969b; Legault 1979; Garrison & Hafernik 1981)．しかし，通常は中程度の強さの風で飛行が妨げられる．ロシアのトンカ渓谷 Tunka Valley での調査で，Belyshev (1967b) は，均翅亜目は特にそうであるが，トンボの飛行を最も抑制する物理的要因が風であることを見いだした．不均翅亜目は気温20°Cで6.4m/秒 (23km/時) の風の中でも飛ぶことができるが，長くは飛べないようである．不均翅亜目の種が活発に飛べる上限値は普通 3.2m/秒 (11.5km/時) である．サオトメエゾイトトンボが飛行できる風速の上限値として8m/秒の記録がある (Waringer 1982c)．Dagmar Hilfert (1994) は，不均翅亜目なら10m/秒 (36km/時) まで，均翅亜目なら3.5m/秒 (12.6km/時) までの風の中を飛行できるとする一般的な結論に達している．アメリカ，マサチューセッツ州のコッド岬において，Jackie Sones (1995) が見た長距離移動中の *Epiaeschna heros* は，ほぼ一定の方向に吹く6.7～8.3m/秒 (24～30km/時) の風に向かって飛んでいた．Hilfert (1994) は，均翅亜目の成虫が，しばしば風の当たらない小さなポケット状になった場所や水面すれすれを飛んでいたのを記録している．非常に小型のルリイトトンボ属の雄は，水面に浮かびながらパトロールを行うが (§11.2.5.2)，それによって上空の風を避けている．風はしばしば，そのような小型のか弱いトンボが飛べる閾値以上の風速になるからだろう．もちろん，飛行能力に関係した風速の上限値の比較は，トンボが飛ぶ高さで測定された風速でなければ有効でない．

メキシコでは，強く熱い風がやってくる季節になると，*Palaemnema desiderata* のすべての成虫は直ちに水域から去り，ねぐらに寄り集まる (González-Soriano 1989)．W. H. Hudson (1912: 131) は，パタゴニアのパンパスの上を吹く乾燥した冷たい南西の強風 (パンペロ) がトンボに及ぼす影響を生き生きと描写している．その風は，突然，気まぐれに平原の上を吹き渡るが，10分以上続くことはない．夏や秋にパンペロがやってくると，*Aeshna bonariensis* の大群は，風の吹き始める5～15分前に飛来して同じ方向に飛んでいく．このトンボに与えられた「南西風の息子」という土地の一般名は，明らかにこの行動によるものである．森林や大きなプランテーションにたどり着くと，このトンボは「異常な興奮状態」で隠れ場所を探し，風が収まるまで，樹木や時には人間にさえしがみつく．そのような状況で成虫は大挙して木の風下側にとまるので，そういう所はどこでも翅でキラキラ輝いているように見える (Jaramillo 1993)．

雨は飛行を妨げるかもしれないが (例：McVey 1988)，強い雨でない限り，必ずしもそうでない場合がある (Belyshev 1967b)．つまり，他の環境要因が許す限り，多くの種は雨の中でも活動する．John Michalski (1993) がタイで観察したトンボは，摂食する必要性があったのだろうが，1時間にわたって「土砂降り」の雨の中を飛び続けていた．ウスバキトンボも，雨が強くなったときはさすがに無理だが (Moore 1993)．傘でしのげる程度の雨の中を飛べることはよく知られている (De Marmels 1989a; Samways & Caldwell 1989)．*Adversaeschna brevistyla* も同様の行動を示す (Rowe 1995)．*Pantala hymenaea* は強い風から守られるような物陰であれば，小雨の中でも飛んだ (Dunkle 1976)．*Aeshna palmata* も，強い雨のときは別だが，降り続く雨の中で活動的であった (Kiauta & Kiauta 1994)．雨の中でも活動を続ける能力は，ウスバキトンボでも当然期待される．この種は長雨が始まるようなときに飛来する「台風虫」として知られている (§10.3.2.2)．同様に，雨季の始

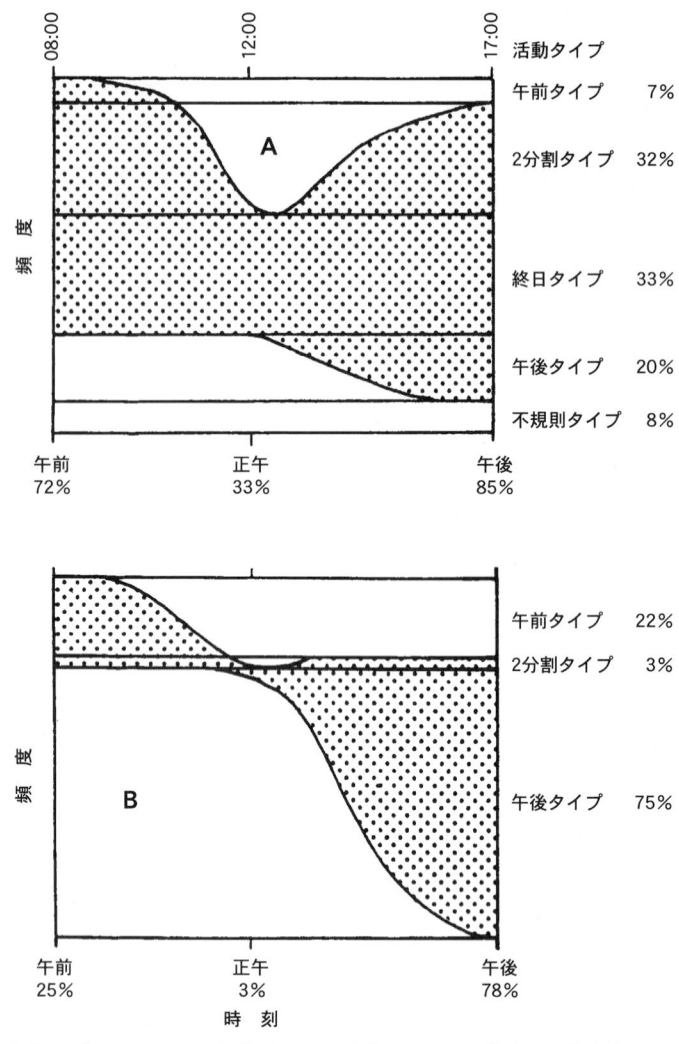

図8.26 アメリカアオイトトンボ L. d. australis 個体群の日周活動パターン．雄 (A) と雌 (B) のそれぞれについて，水域での滞在時間パターンが異なる個体ごとに集計し，その構成比の時間変化を示した．アメリカ，オクラホマ州の池における7日間の終日観察の合計．(Bick & Bick 1961)

まりに産卵を開始する Malgassophlebia aequatoris のような森林性の種は，雨天のときだけ水域に飛来して生殖活動を行う (Corbet 1986: 17の J. Legrand)．他にも，主に雨の中，あるいは雨のときだけ飛び回るトンボが何種かいる．「雨トンボ」としてスリナムで知られている Acanthagrion egleri は，主に雨の中を飛ぶ．ブラジルに生息する Oxystigma petiolatum (Garrison 1989) やスリナムの O. williamsoni (Wasscher 1990) も同様である．Idionyx 属の中にも雨が降っているときだけ現れる種や (タイに生息する I. optata の近縁種, Davies 1990)，雨の間か降り始めの少し前に繁殖場所に現れる種がいる (香港の I. claudia, Wilson, 1996)．クイーンズランド州北部の多雨林の中に生息している Austroaeschna weiskei は，小雨が降り始めるとすぐに大群で現れ (Davies 1986)，雨が強くなっても飛び続けていた (Kemp 1986)．おそらくこれは乾燥しがちの環境では，雨が餌動物の活性を高めるからであろう．日本のコフキヒメイトトンボ Agriocnemis femina oryzae は，雨の中を飛ぶのが常である (Hilfert 1991)．

雨に対する反応は非常に多様である．Enallagma civile では，朝の雨は雄よりも雌が水域に行くことを強く妨げた (Bick & Bick 1963)．ルリイトトンボ属を含む数種の均翅亜目では，雨が降り始めると同時に，多数のタンデム態が形成されるという報告がある (§11.5.1)．雨が降っている間，トンボはたいてい

腹部を下に向けてとまっている（例：Heymer 1972; Kaiser 1974a; Miller 1982b; Yagi 1993）．産卵中の *Palaemnema desiderata* の雌は木の枝の下へ移動し，警護中の雄は垂直にぶら下がって雨に当たる体表面積を最小にした（González-Soriano et al. 1982）．

露や霜も朝の飛行開始時刻を遅らせるが，一部の種は，ねぐらの位置を高くしたり，内温性の加温をしたり，体を清掃したり，あるいは1日の初めの日光浴の場所を選んだりして，その遅れを取り戻そうとしている．霧も飛行を妨げる（Belyshev 1967b）．

日周活動パターンに短期的に影響を与える主要な要因を探る試みによって，照度や雨，風速，気温，そして特に太陽輻射が，時と場合によっては重要な役割を果たし（Lutz & Pittman 1970; Parr 1973a），小型の種は大型の種よりも影響を受けやすいことが明らかになっている（May 1980参照）．

水域におけるトンボの個体群の日周活動パターンの様式を決める他の要因は，それを構成する各個体の日周パターンの（日ごとの）変異である．アメリカアオイトトンボ *L. d. australis*（図8.22，種20）の日周活動パターンは，George Bickと Juanda Bickによってオクラホマ州の池で，成熟した雌雄について記録された．彼らは個体の日周パターンがどうやって個体群全体のパターンになるのかを初めて明らかにした研究者である．朝遅くと昼下がりに最大となり正午に最小となるような個体群の日周活動パターンは，水域での成熟成虫の行動レパートリーを作り上げているいくつかの異なったパターンが総合された結果であった（図8.26）．この現象はアメリカハラジロトンボ（Jacobs 1955; Campanella & Wolf 1974）やヨーロッパショウジョウトンボ（Gopane 1987）でも記録されている．驚くべきことに（後から分かったことだが），個体の日齢によって，水域に現れる時間帯が決まっていることはなかった．そして成虫，特に雄は，成虫活動期の間，あまり日周活動パターンが一定していない．例えば，ある雄は水域に合計4日間いたが，7月2日と30日は朝と午後にいて，7月9日は不規則に，7月20日は午後にしかいなかった．トリニダード・トバゴで Harvey & Hubbard（1987b）によって研究されたアメリカベニシオカラトンボ個体群内の活動時間帯の変異は，全体として，やや異なったパターンとなっている．すなわち，水域における個々の雄の日周活動パターンは，正午ころを最盛期とする単峰型か，正午の前と後に最盛期となる二峰型のどちらかであった．そのパターンは，個々の個体の一生を通してほとんど変わることはないようであった．ただし，水域における滞在時間は，標識後最初の1週間くらいは増加し，その後安定してからゆっくりと減少した．Harvey & Hubbardは，水域に現れる時刻が異なる雄の間で，エネルギー蓄積量が異なる（したがって，なわばり競争に対する能力が異なる）ことがきっかけとなって，個々の雄の日周活動パターンのモードが決まる仮説を提唱している（May 1984も参照）．

8.4.5 ねぐら

暗かったり，食物がなくて飛ぶのが適当でない場合，あるいは，気温が低かったり風が吹いたりして飛ぶのが不可能である場合，トンボは，多かれ少なかれ不活発な状態になってとまる．そのときのトンボは**ねぐらに就いている**と呼ばれる．

> How remarkable
> The stillness of dragonflies
> Perched on the grasses.
> (Lorraine Ellis Harr [1975])

（早朝，トンボの群れが身動きもせずに草にとまっている様子）

ねぐらに就くのは夜と決まっているわけではなく，悪天候のときや，熱帯の乾季には，日中でもそうすることがある．ねぐらに就いているときのパーチャーの姿勢は，日中の活動時にとまる姿勢と全く異なっている．例えば，*Palpopleura lucia lucia* はねぐらで垂直にぶら下がるが，日中の活動時には水平にとまる．これはトンボ科の種の典型である（Hassan 1976b）．多くの種はねぐらで垂直になって休み，小型の均翅亜目ではイネ科やイグサ科の草むらの，地表にかなり近い所をねぐらにする．カワトンボ科，アオイトトンボ科，トンボ科では，樹上や少し背の高い灌木上がねぐらになる．フライヤーに分類されている大型の不均翅亜目は，樹林内の高い位置を特に好む．ウチワサボテン属 *Opuntia* の上で，開いた翅を垂直にし，体を水平にするタイリクアカネの雄は例外である．これは背景に体の輪郭を溶け込ませて隠蔽する必要性から生じた姿勢であろう（Jurzitza 1996）．時折トンボはねぐらで集団を形成する（図8.27）．集団は1種または数種からなるが，毎日，その集団は作り直される．研究者にとってこのような集団は，標識個体を長期間にわたって追跡できるので大変都合が良い（Corbet 1962a; Woodford 1967; Hutchinson 1976e）．Raymond Hutchinson（1976a, b）は，ねぐらが確認された40種以上の記録をまとめて

いる．トンボが利用するねぐらがさまざまであることは，表A.8.6の記載で明らかである．以下に詳細を述べる3つの例は，夜間のねぐらでの行動を理解するのに役立つであろう．

タイワントンボ*Potamarcha congener*はタイプA.2.1.2の生活環をもち（表7.3），成虫と卵で耐乾休眠を行う．インド南部（北緯約10〜12°）のケララ州（Joseph & Lahiri 1989）とタミルナード州（Miller 1989b）で，乾季の間にねぐら集団が観察された．以下の説明は，主として彼らの報告に基づいている．マドライでは，観察期間中には干上がっていた湖から20〜40m離れた所にあるフトモモ属の1種（*Syzigium cumini*）の，葉がなくほとんど枯れた状態の枝に成虫が集まってねぐらに就いていた．ほとんどの成虫は地上1〜2.5mの高さで，多くは東に向いていた．一度に最大100個体の雌雄が利用しているねぐらの調査によると，少なくとも70日以上にわたって同じ場所が決まって利用され，一部の個体は少なくとも23夜連続して同じ場所に戻った．典型的な夕方の場合，たくさんの成虫が日没の1時間ほど前から，ねぐらを中心として10〜20mの範囲内に互いに集まり始め，周囲の草木の上に，時には互いに10cm以内にも接近してとまる．日没5分前になって光が弱くなると，2〜4個体がねぐらの周りを追いつ追われつしながら数回飛び，それからねぐらかその近くに着地した．ねぐらに落ち着く直前に，たいてい，彼らはすでにとまっていた個体の真上でホバリングする．とまっていた個体は前翅で弱々しく羽ばたく反応しかしないが，その反応が次の個体の着地を導くように見える．休息集団が20〜30個体になると，この羽ばたきの音はカサカサと聞こえるようになる．さらに数が増えてくると，場所の取り合いが始まる．たくさんの個体が飛び立って，互いの間隔を縮めて再着地しようとし，時にはとまっている個体の腹部の上にとまろうとする．そのとき，とまられて下になった個体は，あとからきた個体が飛び立つまで腹部の屈曲運動をする．多くの個体は1本の枝に向き合ってとまり，互いの頭部は5mmほどしか離れていない．また，上下に重なってとまるので，長さ10cmの枝を20〜30個体で占めることになる．日没後20分までにこの活動はほぼ収束するが，その後10分くらいは，遅れた個体が少し参加する場合もある．豪雨のときを除き，ねぐらにいる個体はほぼ水平にとまっており，垂直にはならなかった．翅はたいていやや上げ気味で，腹部は反っていた（図8.28）．日の出時には，ねぐら集団の位置は前夜から変わっていないが，トンボの腹部は真っすぐになっていた．

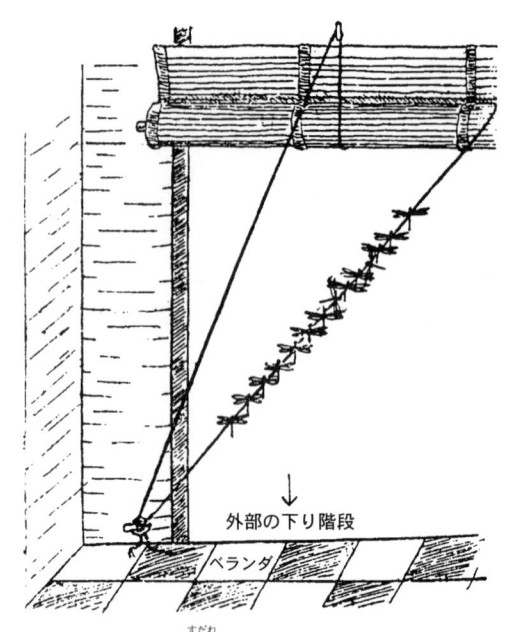

図8.27 夜間，竹の簾（すだれ）の巻き上げ紐にとまって集団でねぐらに就いている14個体の*Bradinopyga geminata*の成虫（腹長約28mm）．1918年，インド，マドラスにおいて．日中は，この種の成虫は，花崗岩の上で単独で休むことが多い．（マドラス市公共事業課のStoney氏によるスケッチ．Fraser 1944bより）

日の出から40〜45分たつと，最初の活動である翅震わせが始まる．その後飛び立って，近くのとまり場へ徐々に分散していく．曇天では飛び立ちが遅れる．ねぐらにいた雌雄はいずれもたくさんの脂肪をもち，消化管の中は食物が詰まっていた．ねぐらは未成熟個体からなり，乾季が進むにつれてテネラル個体の数は減っていった．彼らは性的に不活発であるが，雄は十分に生殖腺が発達していた．雌の卵巣は未発達で，交尾嚢や受精嚢に精子は見当たらなかった．1990年，Peter Miller（1991g）は，タイワントンボの成虫が3年前と同じ木の同じ枝でねぐらに就くのを観察している．

私は1月末に北緯0°のウガンダで，熱帯収束帯型の移住性の種（生活環タイプA.2.2，表7.3）としてよく知られているヒメギンヤンマ（ギンヤンマ族）が，移住の途中一時的に滞在しているのを観察した（§10.3.2.1も参照）．日没前後のそれぞれ10分の間，若い成虫はいつものように*Pseudocarpus*属などの木々の地上約7mの枝や葉の茂みにとまっていたが，必ずしも西側に限られてはいなかった．とまり場をめぐる競争は激しく，遅れてきた個体が先着個体の腹部の上に降りようとして失敗し，先着個体がその際に唐突に防御姿勢をとろうとして起きる小競り合い

8.4 物理的環境

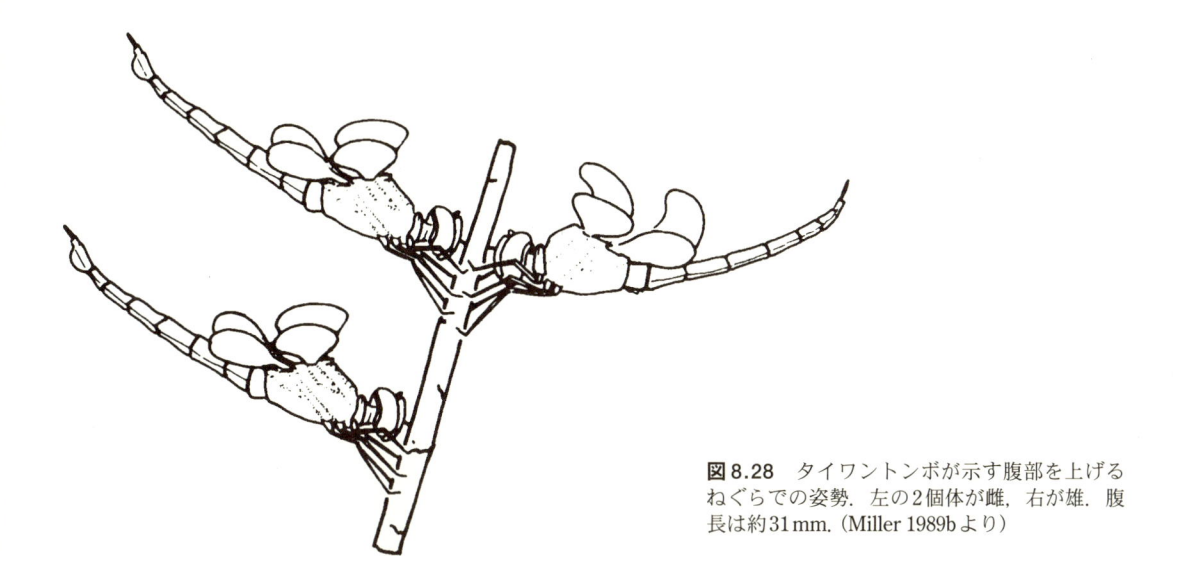

図8.28 タイワントンボが示す腹部を上げるねぐらでの姿勢．左の2個体が雌，右が雄．腹長は約31mm．(Miller 1989bより)

の騒々しい衝突音が聞こえた．最終的にねぐらに就いた個体は，同じ枝に1m当たり18〜21個体の密な集団を形成した．彼らが広げた翅は，急速に暗くなる空に対してはっきりと見えた．カサカサと音を立てながらの押し合いへし合いは，常用薄明が終わるまで続いた．日の出前15分の1.36 log lux未満の明るさのとき，成虫は少しだけ翅を羽ばたかせ，やがてねぐらから飛び去るようになった．大きな集団での一斉離陸は日の出5分前に起きた（最高で2.28 log luxのとき）．

O'Farrell (1971b) は，南緯30°40′のオーストラリア，ニューサウスウェールズ州の高原地帯の北方の標高約1100mで，10月から5月にかけて，オツネントンボ亜科の*Austrolestes annulosus*のねぐらでの行動を観察した．一晩の間に，植物は夜露に厚く覆われてしまい，それが消えるには日の出後1〜2時間かかった．雌雄とも，イグサ属*Juncus*の枯れ穂の上をねぐらにした．枯れ穂はたいてい地上60〜80cmで，ひと塊になった株の上に飛び出しており，彼らが腹部をピンと伸ばしたときに何かの物体に触れることはなく，夜明けの太陽に十分当たる場所でもある．日没時からしばらくの間，成虫がイグサ属の株の間やその上を不規則に飛び回るため，活動が活発化する．それから頻繁に着地するようになり，どの個体も約30秒かけて姿勢を整える一連の行動を行った後に，ねぐらでの姿勢に入る（図8.29B）．まだ空いている適当なとまり場を，全員が見つけてねぐらでの姿勢をとってしまうまでこれが続き，次第にねぐらの姿勢に入る個体が増えて，通常の静止姿勢（図8.29A）が少なくなっていく．枯れ穂のクッションに対して下方に向けた頭部をピンと伸ばした体できっちりと支えているような独特なねぐら姿勢は，夜の間保たれる．早朝の活動は日の出後約30分で，まだ気温が3〜10℃しかないときから始まった．まず夜露を体から振り落とし，次に急速な飛行前のウオーミングアップを行った．飛行準備のすべての過程を終了するには約75分を要し，そのときまでに，気温は18℃に達していた．その間，脚の乾燥から始まって（図8.29C），腹部をうねらせたり鞭のように打つ，翅を震わせる（図8.29D），頭部の身繕いをするという順序の行動が続く．体から夜露が消えると，短い飛行を挟んだ日光浴（図8.29E）を行うようになる．John Veron (1974c) は，このイトトンボの体が暖まるにつれて，飛行距離が伸び，飛行の定位がなくなることを観察した．成虫の体が明るい色彩の相になると（§8.3.2.2）定位は終了し，もはや飛行が短時間に制限されることはない．日陰にならないねぐらを選択し，体を温める特殊化した行動様式をもっていることで，このトンボは同じ生息場所の他種（同属の*A. leda*を除く）よりも早く飛行可能な状態になることができる．その時間は，夏で15〜20分，春と秋で35〜45分である．

朝の活動を始めるとき，ほとんどの種は複雑な行動を示さない．体を温めるのと夜露を振り払うための最初の翅震わせ行動の後，成虫はよじ登ったり，ほんの少し飛んで，たいていは東に面した日の当たるとまり場へ移動し，そこでパーチャーは日光浴によって体温をあげ (Heymer 1972b; Michiels & Dhondt 1989c)，フライヤーは日光浴に加えてさらにひとしきり翅を震わすことで体温を上昇させる

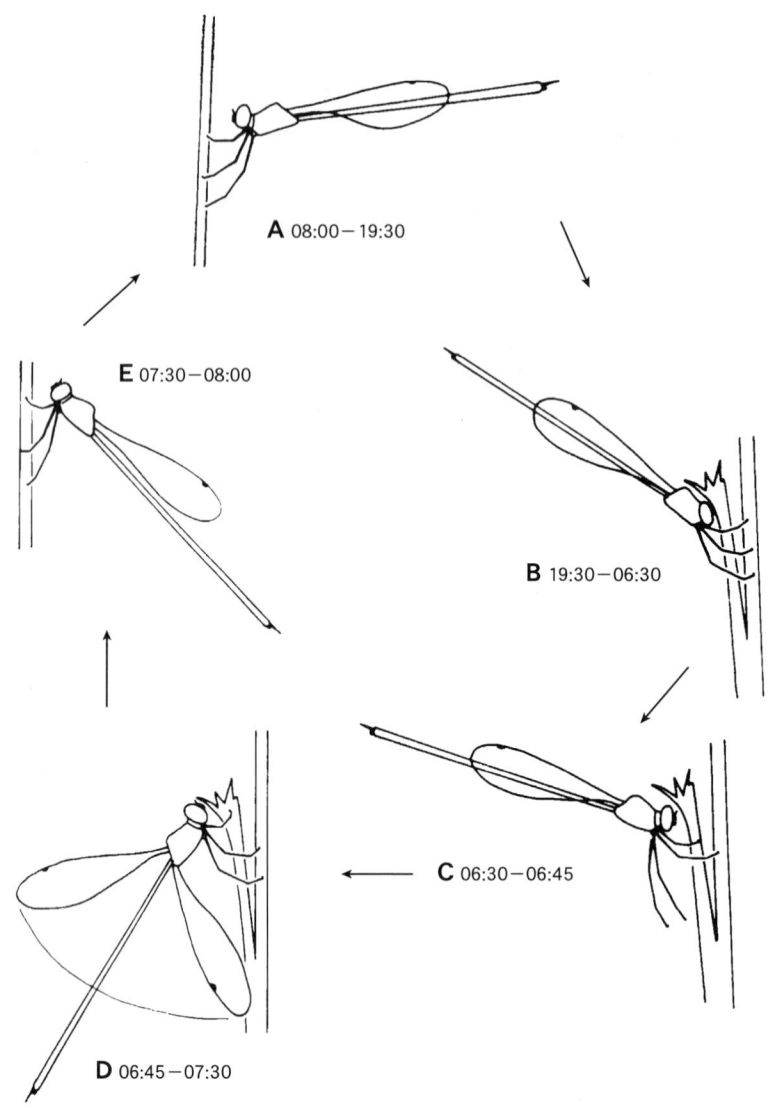

図8.29 1日のいろいろな時間帯において*Austrolestes annulosus*がとるねぐらでの姿勢．日没は19:30ころである．A. 通常のとまる姿勢；B. イグサ属*Juncus*の枯れた花序でのねぐら姿勢；C. 脚を乾かす；D. 翅震わせ；E. 日光浴．腹長約30mm．(O'Farrell 1971bより)

(Heymer 1964)．アオハダトンボ属は朝の飛行前の日光浴の間，とまっている面に対して平行に翅を広げる場合がある (Williamson 1922)．天候が飛行に不適だった場合，この姿勢を1日中続けることがある (Heymer 1972b)．ある寒い夜の18:30〜4:50の間，多くのヒガシカワトンボ*Mnais pruinosa costalis*は翅を広げた姿勢でねぐらに就いていた．妨害されると最初は翅を半分開いて地面にとまるが，6:00をすぎると上方へ飛んで移動し，いつもの翅を閉じた姿勢でとまるようになった (Arai 1994a)．この翅を広げた姿勢はヨーロッパにいる数種のアオハダトンボ属でも報告されているが (Zahner 1960; Paine 1994b: 45のI. Thompson; Paine 1995a: 22のG. Barker)，ねぐらにいる個体に太陽の光が当たる前にやめる (Neubauer & Rehfeldt 1995)．体の表面を太陽にさらし水平にしているオアカカワトンボの翅を広げた姿勢は，夜の間にそのとまり場が冷えるのを抑え，早朝の外温性加温を促進するのかもしれない (Neubauer & Rehfeldt 1995)．もっともこの方法は，イトトンボ科のように垂直になってねぐらに就く種では不可能である．

垂直になってねぐらに就くトンボが早朝に体を温める方法はいくつかある．梢をねぐらにする種 (例：カラカネトンボ, Ubukata 1975; コハクバネト

ンボ, Hardy 1966) は，太陽光線に当たる場所が下がるにつれて地上へ降りてくる．夜露に覆われてしまうことがある地表近くの植生の中をねぐらにしている種は，しだいに高い場所にとまるようになる（例：ナイジェリアトンボ, Parr & Parr 1974）．日陰になる西側をねぐらにしていた個体は（例：アメリカギンヤンマ, Corbet 1984a），朝になると翅を震わせて体温を上昇させ，すぐに短い距離を飛んで，外温性加温のできるような日当たりの良い東側に移る．そして，高い場所と低い場所の気温の逆転が解消するにつれて，だんだん地表近くへ移動していく．この行動で得られる利点は，キアシアカネの例でうまく説明されている．すなわち，もし彼らが日陰の場所で1日の生活を始めるなら，朝の最初の飛行は6時間も遅れてしまうことがある（Vogt & Heinrich 1983）．ドイツでDagmar Hilfert (1995) の研究したトンボ群集において，タイリクシオカラトンボは不均翅亜目の中で最も朝早くから飛び始める種であるが，他の種とは異なって，朝は直接水域へ飛んでいかず，その途中で，表面温度が気温より最大で10℃高くなっている日当たりの良い草むらを日光浴の場所に選んでとどまる．同じ生息場所で，水域や水域に近接した場所をねぐらにする種であるマンシュウイトトンボの成虫は，とまっている草の茎に体全体をピッタリと押しつけることで，外温性の加温によって気温よりも最大8.4℃も高い体温を獲得している．Hilfertはドイツ東北部とフランス南部の個体群を比較し，朝初めて飛び立つときの最低気温に関して種内の地理的な変異を見いだした．日本の本州の北緯約36°地点では，夏季のウスバキトンボはしばしば地表近くで休息するが，10月になると梢で休息する（新井 1995a）．このことは，秋が深まるにつれて地表近くの低温を避けるようになることを示唆している．ヒロアシトンボは雨の日の後よりも晴れた日の後のほうがより背の高い茎をねぐらにした（Martens 1996）．

ねぐらに関するほとんどすべての記録は，夜に不活発になることを示している．しかしGeorge & Alice Beatty (1963) はメキシコの石灰岩の峡谷で，ヒメハビロイトトンボの集団が乾季に葉を落とした木の枝にぶら下がって，日中に休止しているのを見つけた．その休止中の成虫が明らかに休眠状態であったとしても，これはトンボが昼間にねぐらに就くことを示す珍しい例である．多くのカトリヤンマ族の典型的な習性として，日中に日陰で休息することがよく知られている（§8.4.4）．この習性は，そのときの日向の状況が飛行活動に適していないのでねぐらに就いているとみなすことができる．ただしこの場合，もしねぐらでの休息を邪魔されると，すぐにではないが（Paulson 1966）たいてい短い距離を飛ぶ（例：Thompson 1989a）．他の薄明薄暮に活動する種も似たような行動を示すだろうが，普通種でさえ日中の休息場所は不明である（Miller 1982a参照）．

ねぐらへの到着とねぐらからの飛び立ちの日周パターンは，主として，低い照度に対する反応によって決定されているようである．これらの活動の開始時間とそのときの照度の間には密接な関係が存在する（Hassan 1976b; Mitra 1987; Miller 1989b）．曇りの場合は未成熟個体のねぐらへの到着が早まり，飛び立ちが遅れる（Parr & Parr 1974; Joseph & Lahiri 1989）．おそらく気温は，個体の生理的状態に依存しつつ，休眠していない成虫の飛行を可能にするか抑制するかの働きをしているだけであろう．

ねぐらでのトンボの込み合いは，好適なねぐらの全般的な不足の結果にすぎないだろう（例：表A.8.6のマンシュウイトトンボ）．例えば，細長い半島のような地形のために，長距離移動の途上の個体が集まってしまったり（Corbet & Eda 1969），好適な場所がパッチ状に分布していたりする場合である．長距離移動の途上でねぐらに就いているときに，日の当たるとまり場を積極的に選んでとまるように，成虫がとまり場の選択に神経質な場合には，ねぐら不足の状況はさらに悪化する（例：表A.8.6のアメリカギンヤンマ）．しかし，時にねぐら集団が真の集合行動の結果であるときもある．ねぐらに到着した個体は，好んですでにそこにいる同種他個体に近寄って（ただし近づきすぎることはない）とまろうとするのである．この行動は**間おき集合**として知られている（Krause et al. 1992参照）．タイワントンボやタイリクアキアカネ（写真M.4），エゾアカネ（Lempert 1984a）はその例であり，ヒメハビロイトトンボもそうであろう．もっとも，この種は互いの上に重なってしまうこともある．日中，水域から離れた所でとまるトンボ科の種の一部も似たような集合行動を示す（Corbet 1962a: 132）．例えば，アフリカヒメキトンボでは，性的に成熟しているかどうかにかかわらず，雌雄が一緒になって，垣根の針金の上に19〜617mm，平均124mmの間隔で一列にとまっていた（Miller 1982a）．もしどの個体も同じねぐらに繰り返し戻ってくるとしたら，そのような行動はおそらく地形的な手がかりを視覚的に学習して定位することが必要になるだろう（Miller 1989b）．秋に山から低地へ下りてくる途中，アキアカネは照度が1.0 log luxに低下するとねぐらを求めて林内へ入る（Miyakawa 1994）．ねぐらでの集団形成は，ねぐらでのイトト

ンボ科の種の横ばい行動やメキシコのヒメハビロイトトンボの不動反射（§8.5.4.8）がそうであるように，対捕食者の機能をもっているだろう．

テネラルを含むすべての日齢の成虫は，その構成が天候に左右されることがあるものの，時には一緒にねぐらに就くことが分かっている．オアカワトンボのテネラルは，最初はそれぞれの個体が別々のねぐらにいるが，2～3日たつと他の個体がいるねぐらに就くようになる．ねぐらにおける成熟個体の割合は，なわばり場所や産卵場所の近さによって変化する（Neubauer & Rehfeldt 1995）．繁殖場所とねぐらの距離は，実質的に0といえる距離から1.5 kmを超えるまで，大きな変異がある（§10.2.2）．

性的に成熟した成虫がねぐらにいても，性的な相互作用はほとんど見られない．タイリクアキアカネは例外で，早朝，雄はねぐらにいる雌とタンデムを形成する（§11.5.1）．ねぐらでの交尾やとまり場の防衛の例が稀に観察されているが（ナイジェリアトンボで），それらは夕方に到着したばかりのまだ最終的なとまり場を決めていない個体によるものである（Parr & Parr 1972b）．

鳥やコウモリを捕らえるために設置したカスミ網や（例：Pinhey 1976; Marshall & Gambles 1977; Winstanley 1980c; Baccetti et al. 1990），木々の間に設置したオサムシトラップ（Schaefer et al. 1996），あるいは他の飛翔性昆虫類を採集するためのマレーズトラップ（例：Yano et al. 1975; Nakao et al 1976; N. F. Johnson et al. 1995; Muzón & Spinelli 1995; Donnelly 1995c: 3のS. Roble）にかかったトンボはねぐらを探していたのかもしれないし，一部は日陰（Cook 1990）で，あるいは薄暮時（Dunkle 1981a）に探索飛行や採餌行動を普通に行う種なのかもしれない．

8.5 他の生物との相互作用

8.5.1 片利共生動物

トンボ目の成虫の体表面や体内で生活するが，寄生者ではない生物（表A.8.7）は，想定される関係によって2つのカテゴリーに分けられる．双翅目および膜翅目と，それ以外のすべてである．後者は，おそらく分散をトンボに依存しているだけであり，能動的に付着するカニムシ目とハジラミ目を除けば，表に掲載された生物は，すべて受動的か偶然に付着したものである．Solon & Stewart（1972）は，非常に多様な微生物が，トンボの成虫に片利共生することによって，常習的に分散に成功している可能性が高いことを示した．

カニムシ目の多くの種は，大型の昆虫（例：鞘翅目や直翅目）やザトウムシ目，鳥類の体表面に取り付いて，ある場所から他の場所へと移動することが知られている（Cloudsley-Thompson 1968: 124）．成熟した雌（稀には雄）が，この方法による便乗者である（Kaestner 1980）．ハジラミ目は，多くの場合シラミバエ科の成虫に，また時には別のタイプの昆虫の体に付着して，脊椎動物のある宿主から他の宿主へと運搬される（Keirans 1975）．ハジラミ類がトンボの体にどのようにして付着するかは不明だが，トンボがハジラミの運搬者であるシラミバエ科を捕食する結果なのかもしれない．

表A.8.7にあげた例のうち，双翅目と膜翅目についての例だけが真の便乗（Clausen 1976の意味で）であると思われる．つまり，これらの旅行者の生活環にとっては移送が必須，あるいは共通の特徴となっている．Milichiidae科*Desmometopa属のハエは，ムシヒキアブ科などの大型の捕食性節足動物の片利共生者であることが知られている．Klaus Sternberg（1993b）がタイリクオニヤンマCordulegaster boltoniiの雄の体表面で見つけたこのハエは，彼らがおかれた状況によく適応している．このハエは，トンボがとまって摂食もしていないときは脚基節，脚，胸部側面で見つかるが，トンボが飛んでいる間は普通胸部の背面にいる．そこには毛が密生しているので，つかまる場所を見つけやすいのであろう．トンボが餌動物を摂食している間，このハエはその上唇，下唇，そして時には大顎の基部にとまり，すでに咀嚼され体液にまみれた餌動物をなめたり，食事後のトンボの口器をなめたりする．このハエは，Sternbergが観察した少なくとも20分間はそのトンボにとどまり，トンボが着地しても離れることはなかった．見るからに危険な状況であるが，ハエは素早く走ったりちょっと飛び上がったりすることによって，トンボに噛みつぶされたり，トンボが体を清掃するときに脚で払いのけられたりすることを，敏捷に回避した．Sternbergの観察は，私の知る限り唯一の明確な記録である．このように記録が乏しいのは，これらのハエが非常に小さい（体長＜2 mm）ために大きなトンボの体上では見つけにくく，また，たとえこれらのハエが取り付いているトンボが捕獲されたとしても，普通の捕虫網では網目から逃げてしまうことが多いためだろう．

---

*訳注：キモグリバエ科に近縁の科．

タマゴクロバチ科のハチは，昆虫やクモの捕食寄生者である．トンボの体表に見られるものは，おそらくその卵内で発育するハチで，トンボが産卵するときにその場に居合わせることをあてにして成虫の体表面に便乗しているのであろう (§3.1.4.3.1)．

8.5.2 病原体

昆虫の体に発生する虫生菌（時に「冬虫夏草」として知られる）は，普通死んだ宿主成虫の体から目立つ形態の胞子体を形成する (Steinhaus 1963, 1964; Coppel & Mertins 1977)．トンボ目を含む複数の昆虫の目で，致命的な真菌症を引き起こすこのような菌類については，膨大な報告がある．これらの菌類は，露出したとまり場にアメーバ状の形で付着して待っており，とまったトンボの脚や胸部の節間膜を通って体内に侵入すると考えられる．そこにとまった宿主は，菌糸体のために脚の基部近くがとまり場に固着してしまい，ついには菌糸がトンボの腹部に侵入して宿主を殺す．やがて，宿主の胸部や腹部の節間膜から子実体が外に出て分生子や子嚢を作り，そこから胞子が散布される．通常，トンボの翅は落ちてしまうので，トンボの死体がそのとまり場から風で飛ばされたり雨で流れ落ちる可能性は減少する（染谷 1995）．昆虫の体に寄生する菌類は，一部の昆虫の主要な目から頻繁に報告されており，またミイラ化した宿主は気づかれやすいにもかかわらず，トンボ目に関する記録は乏しい．このことは，これらの菌類がトンボの死亡の普遍的な原因でも重大な要因でもないという結論を支持することになる．

昆虫の病原体としてよく知られている子嚢菌綱の3つの属も，日本の不均翅亜目から報告されている．ナツアカネ，ノシメトンボ *Sympetrum infuscatum* およびミルンヤンマからは *Claviceps* 属と冬虫夏草 (*Cordyceps* 属) が，ルリボシヤンマとアキアカネからは *Claviceps* 属が報告されており（桜井 1994；染谷 1995），ミルンヤンマとアキアカネからはヤンマタケ *Hymenostilbe odonatae* が報告されている（山陰むしの会 1993）．

不完全菌綱は，*Beauveria* 属（白蚕病の病原菌）の種を含む．これは，農林害虫の死亡要因として知られている (Coppel & Mertins 1977 参照)．赤きょう病菌類の *Paecilomyces fumoso-roseus* は，ヨーロッパでは，Carilli & Picioni (1975) によってヨーロッパベニイトトンボ *Ceriagrion tenellum* の成虫から分離され，ベネズエラでも *Argia oculata* の生きた成虫から分離されているが，この例では，体内で菌が胞子を形成していた (Agudelo-Silva 1983)．*Lestes virens* では，幼虫や成虫がこの菌にさらされたときの死亡率はそれぞれ 10 % と 100 % だった (Carilli & Picioni 1975)．

8.5.3 寄生者

トンボ目の成虫に寄生している生物のうち，トンボの幼虫期から寄生関係が始まるものについては §5.2.3 で扱った．それらの中で主要なものは，グレガリナ亜綱（原生動物門），吸虫綱および条虫綱である．トンボ目の成虫**だけ**に寄生する（幼虫には寄生しない）ことが知られており，最も目立ちやすく，おそらく最も寄生率の高い生物は，ミズダニ類（表 A.8.8）の3つの科に属するもので，いずれも外部寄生者である．陸生のダニであるタカラダニ科（ダニ目，ケダニ団*）の幼虫も，トンボ目成虫の外部寄生者として報告されることがある (Southcott 1991)．

Gledhill (1985) は，ミズダニ類の生活環について，自由生活を行う捕食者および寄生者としての役割にも触れながら総説を書いている．ミズダニ類とトンボ目の関係については，Cassagne-Méjean (1966) によるモノグラフおよび Smith & Oliver (1986) や Smith (1988) の総説で論じられている．以下の説明はこれらの資料に基づいている．

ミズダニ類とトンボ目の関係は，これらの2つの分類群に好適な生息環境が存在する場所なら，実際上どこででも見られる．そのような場所は，温度変化に幅があり，止水または流れの緩やかな永続的水域であることが多いが，一時的な水域にも見られる．ミズダニ類は，貧栄養の水域は好まない．不均翅亜目よりも均翅亜目に頻繁に寄生するようである．

ミズダニ類の生活環には，自由生活と寄生生活の2つのステージがある．トンボ目に寄生するミズダニ類の中で優占的なヨロイミズダニ科の典型的な生活環は，他の2つの科とは異なっている．フランス南部でアオモンイトトンボ属に寄生する *Arrenurus cuspidifer* を例に，その生活環について説明する (Cassagne-Méjean 1966 参照)．

水面下に産卵される卵は 1～3 週間で孵化する．この6脚幼虫は自由に遊泳し，宿主となるトンボの F-0 齢幼虫を見つけて便乗者のようにその体に付着する（表 A.5.1）．このダニの幼虫は，非常に小さく，トンボが羽化するときにそのテネラルな成虫に乗り移る．その後，外部寄生者として宿主にとどまり，

---
*訳注：ダニ目の分類では，科の上の階級に上科，さらにその上に団や上団といった任意の階級がしばしば用いられている．

宿主の前生殖期を通してその体液を吸う（図8.30）．宿主の体液を十分に吸い，最初に宿主の体に付着したときとは比べものにならないほど大きくなったダニの6脚幼虫は，性的に成熟した宿主が水域に戻ると，すぐに宿主の体を離れて水中に落ちる．そして，すぐに脱皮して第1蛹（ダニ類の生活環における2つの休止期の最初のほう）になる．数日後もう1回脱皮して8脚の若虫となり，水面下で微少甲殻類を活発に捕食する．これが，さらに15〜70日後に脱皮して第2蛹（二番目の休止期）となる．この第2蛹から，2〜10日後に生殖可能な成体が生まれる．この生活環は，この項で後に記載するA. papillatorを除いては，ヨロイミズダニ属Arrenurus全体でほぼ共通している．最初に典型的なヨロイミズダニ属とトンボとの関係を特徴づける，一連の外部寄生の過程で起きることをもう少し詳しく見ておこう．

　このダニの便乗期は短い．ハヤブサトンボに寄生するA. fissicornisの8脚の幼虫は，健康なF-0齢幼虫にだけ，なかでも齢内発育の後期の個体に好んで取り付く．宿主が脱皮前に傷を負うと，このダニはすぐにその宿主を離れて他の宿主を探す．ダニの幼虫は，健全な宿主上では，宿主の身繕い行動によって除去されることのない，頭部と胸部の間にある頚部の深い溝の中に集まる（Mitchell 1961）．ダニの幼虫の一部は，F-0齢への脱皮直後あるいは変態の後期に宿主を見つけて取り付くことがある．このダニは，マンシュウイトトンボでは翅芽の下に（Cassagne-Méjean 1966），サオトメエゾイトトンボでは触覚基部の複眼上に（Stechmann 1978）付着することがある．便乗期間中，ダニの幼虫は目立たず，体幅が0.15mm未満のこともある（Mitchell 1969）．寄生者にとって，便乗時の安全な付着位置を見つけることがいかに重要であるかは，Enallagma ebriumの幼虫の行動によってよく分かる．このトンボの幼虫は，ダニの幼虫が接触するとすぐに頻繁に身繕いをして，体への付着を防ぐ（Forbes & Baker 1990）．

　成虫の宿主への乗り移りと寄生的付着は，宿主の羽化中に行われるが，その過程はRodger Mitchell (1961)によってA. fissicornisがハヤブサトンボに寄生する例が研究されている．このダニの幼虫は，脱皮後，トンボの羽化時の休止期（ステージ2; §7.4.1）の間に，羽化殻の胸部の外側からはい歩いて成虫の腹部（ここは，彼らが出会う宿主の体の最初の部位である）に到達する．時には，脱皮の際の開裂部を通って羽化殻に入り込み，腹部にたどり着く．このダニの幼虫は，テネラルなトンボ成虫の外皮を接触によって認識するようであり，口器で接触して確か

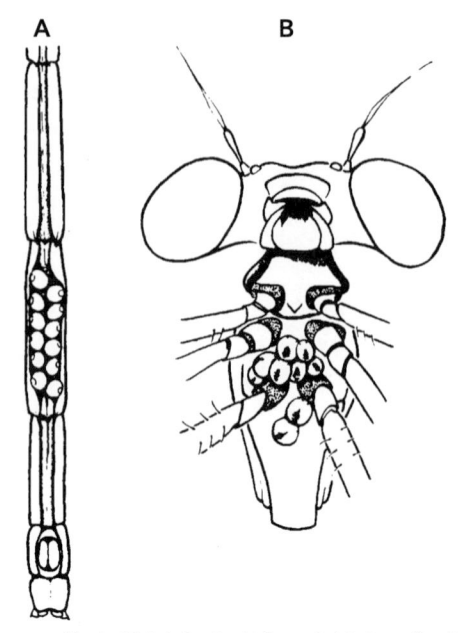

図8.30　ダニに寄生されているセスジイトトンボの雄成虫．十分に体液を摂取したヨロイミズダニ属Arrenurusの2種のダニによる寄生部位選択を示す．A. 第7腹板上のイケヨロイミズダニA. agrionicola；B. 胸部腹面上のミトヨロイミズダニA. mitoensis．各ダニは，体幅約0.3mm．(Mitchell 1968より)

めるような行動を見せる．普通，ダニは，宿主の腹部の特定の場所に集まっている．ダニは，宿主が羽化後30秒以内（それ以後は当てはまらない）に傷を負った場合はそれを見捨てるが，それ以後はこの付着場所に身をゆだねることになる．予想されるように，乗り移りは速やかに，羽化と同期的に行われる．A. fissicornisがハヤブサトンボに乗り移る間に，次のことが起きるまでの時間は（宿主の羽化開始後の分で表す），ダニの活動が開始されるのに5.5〜6分，テネラルな成虫へ最初に接触するのに6〜8.5分，すべてのダニが乗り移り終えるのに9〜11.5分かかった．A. fissicornisがネグロベッコウトンボに乗り移る場合はそれよりもやや長い時間がかかり，A. reflexusがセボシカオジロトンボLeucorrhinia intactaに移動する場合は逆にやや短かった（Mitchell 1967）．Enallagma ebriumは，F-0齢のときにはダニ幼虫の棲みつきに対して防御するが，羽化時には，乗り移りや付着を避けるためのどのような防御行動も示さない（Forbes & Baker 1990）．ヨロイミズダニ属のたいていの種では，宿主の体に着いているダニのすべてが羽化時に乗り移る．ダニによる負荷は，年や個体群，個体群中の個体によって変化する．アカイトトンボのある個体群では，ある年の前生殖期の成虫の

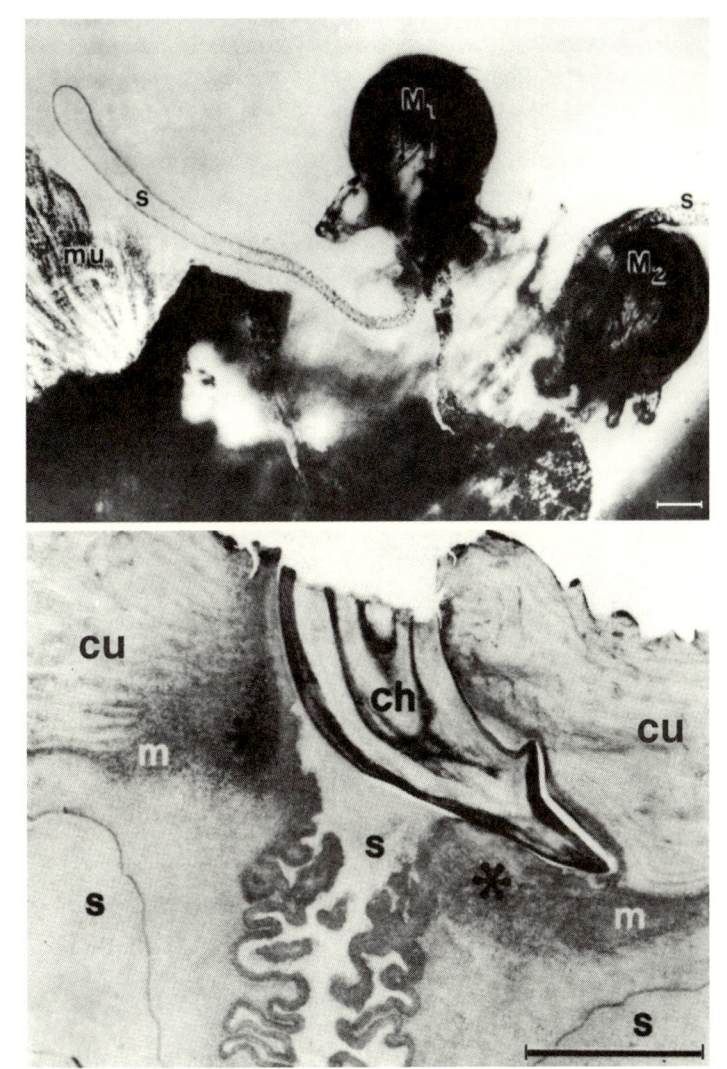

8.5 他の生物との相互作用　　　　　　　　　　　　　　　　　　　　　　　　　　　　　　　　　　　　　311

図8.31 ヨロイミズダニ属のダニが寄生したタイリクルリイトトンボ．上．羽化後2日目の成虫の胸壁の断片に付着している2個体のダニ幼虫（M_1とM_2）．昆虫用のリンゲル液中に生きた状態で浸し，組織を軽くつぶした後，染色せずに透過光で検鏡したもの．ガラス質の摂食管（s）は，むしろ滑らかな球状部で終わる片巻きした長くて薄い細管で，幼虫の口器に付着している．mu. 筋肉組織．スケール：100μm．下．トンボの脱皮開始24分後．ダニの鋏爪の剣（折れて残ったもの）の縦断面を含む，矢状方向の切片の電子顕微鏡写真．摂食部位でクチクラの裂け目中に挿入されており，摂食管の起点を示している．ここでは，摂食管は押し広げられた状態で，クチクラ下の小嚢の黒化した境界膜の部位とともに示している．記号：cu. 寄主のクチクラ；ch. 鋏爪の剣の末端部；m. クチクラ下の小嚢の黒化した膜；s. 摂食管；＊．摂食管と境界膜の共通の起点．スケール：5μm．（AはÅbro 1990より，BはÅbro 1984より）

100％が寄生されていたことがある（Corbet 1953a）．マンシュウイトトンボでは，*A. cuspidifer*のダニの初期の寄生数が成虫1個体当たり150に達することがある（Cassagne-Méjean 1966）．

Arnold Åbro（1979, 1982, 1990, 1992）は，寄生者の付着とそれに続く吸血の過程を記載した．このダニの幼虫は，テネラルなトンボ成虫の体表の付着場所に達するとすぐに，宿主のクチクラ中に鬚状の鉤爪を食い込ませてしっかりとしがみつき，刃状の鋏爪（Åbro 1979；図8.31下）を交互に動かすことによってクチクラに突き刺す．この鋏爪が宿主の体内まで十分に伸びるのに8分かかる．ダニは，それからすぐに宿主に自分を結合させる接着物質を分泌する．このダニの付着後10分以内に摂食管が形成される．摂食管（図8.31）は，先の閉じた弾力性のあるゼラチン質の単純な管で，時に1mm以上の長さになる．摂食管は，ダニの唾液腺の分泌物を材料に，鋏爪を鋳型として形づくられる．摂食管は，キンソウイト

トンボ *Coenagrion hastulatum* やタイリクルリイトトンボへの付着後1日以内に最終的な形状をとる．各ダニは，摂食管を1本しか形成できないようである．宿主の内部で摂食管の周りに，液体で満たされた膿瘍のような小胞が形成される．これに付随して，周辺の組織の崩壊が生じるようである．摂食管は，ダニが宿主の血体腔から血リンパと液状化した組織を吸収する導管となる．これらの変化によって，ダニの幼虫は付着後3時間以内に吸血を開始することが明瞭に分かる．羽化した宿主のクチクラが硬化する前に，速やかに宿主の体内への貫入と固着を達成することは，ダニの適応度を高めると思われる．

ダニが集団をなして付着した場合は，貫入によって宿主のクチクラはかなり破壊される（図8.31下）．凝集する血球によってある程度は傷が修復されるだろうが，クチクラの局所的な損傷は，おそらく乾燥によって宿主を衰弱させ，とりわけ晴れた温暖な天候が長く続く場合にはその影響は強まるだろう．ミトヨロイミズダニ *A. mitoensis*（図8.30B）は，セスジイトトンボ *Cercion hiroglyphicum* の体上で非常に高密度の集団になることがあり，その結果，この集団は捕食者と同じように宿主を殺してしまい，かえってこの寄生者の生存力を弱めることがある（Mitchell 1968）．こうしたダニに侵された状況の電子顕微鏡写真を見ると，摂食管に接した筋繊維中のミトコンドリアの肥大や崩壊，表皮細胞の細胞質の空洞化，筋肉の断片化，細胞中の核の消失，そして細胞の完全な溶解が生じていることが分かる．ダニが宿主の胸部に付着すると，飛行筋を損傷させ，飛行力を低下させる（Pflugfelder 1970; Åbro 1984; Åbro 1982参照）．グレガリナ類（§5.2.3.1参照）の交叉感染もあるため，トンボに及ぼすダニの影響を厳密に評価するのは難しいが，ダニの寄生が宿主の寿命や生涯産卵数を低下させることがあるという結論は，野外での比較研究から支持される．ダニに寄生されていない *Ischnura posita* の成熟した雌は，寄生されている雌よりも日当たり生存率が高い（0.73対0.61）（Robinson 1983）．同様に，*Enallagma ebrium* では，単独の雄は，タンデムあるいは交尾中の雄よりも，多くのヨロイミズダニ属およびオオヌマダニ属 *Limnochares* のダニに寄生されている．ダニにひどく寄生されている雄は，寄生程度の低い雄に比べて雄のモデルに対する反応が鈍く，より頻繁に採餌を行う．このことから，ダニに寄生された雄が雌の獲得をめぐる競争においても劣っていることが分かる（Forbes 1991a）．ヨロイミズダニ属が寄生したサオトメエゾイトトンボでは，前翅長と［翅脈で仕切られた］室数の左右対称性のゆらぎの程度が大きい（Bonn et al. 1996）．このゆらぎは，羽化の際あるいはその直前に受けた短期的な影響によると思われる（Forbes et al. 1997も参照）．ダニに寄生された *Coenagrion mercuriale* の雄の飛行回数は，寄生されていない雄よりも少なく，その時間も短かった（平均12.4秒対47.9秒）．雄間の攻撃は，ダニに寄生された雄が寄生されていない雄から受ける回数のほうが，その逆よりも多く，タンデム形成率も寄生された雄のほうが低かった．ダニに寄生された雄のタンデム形成率は低かったが，逆にダニに寄生された雌のタンデム形成率が低いということはなかった（Rehfeldt 1994a）．野外の網室で調べられた *Enallagma ebrium* の前生殖期の生存率には，宿主当たりダニ数による違いはなかった（Forbes & Leong 1995）．

ダニは，宿主の前生殖期を通して付着し続けるのでしだいに血液が体に蓄積され，それに合わせて色が変化していくこともある．外部寄生フェイズは，一般的にはトンボの前生殖期の全期間続く（Cassagne-Méjean 1966）．しかし，ダニの中にはそれより短期間で十分な大きさにまで達するものもいるだろう．*Acanthagrion interruptum* の寄生者である *Arrenurus valdiviensis* は，宿主上で9～10日後に最大のサイズとなるが，付着して19～20日経過するまでは独立して生存することはできず，多くの個体が宿主上で死亡した（Böttger 1965）．Stechmann（1978）は，均翅亜目の複数の属に寄生するヨロイミズダニ属の2種のダニを観察し，最短の寄生フェイズは10日であるが，通常，それからさらに8～10日間宿主に付着したままであると結論づけている（Rehfeldt 1994aも参照）．ダニの幼虫の乾燥重量は，寄生フェイズ中の6日間で27倍に（Mitchell 1969），体積は90倍に（Münchberg 1952）増加することがある．

驚くにはあたらないが，自然状態でダニが寄生フェイズの終わりに宿主を離れて水中に入ることを直接観察した例はほとんどない．野外と実験室での間接的な観察によると，宿主からのダニの離脱はダニの幼虫が湿気にさらされるとき，つまり主要な3つの産卵モードのいずれでも起きるのが普通である（ただし，産卵が陸上で起きる場合は別）．また，宿主が身体的な闘争や死亡によって水面に落ちた場合，あるいはトンボの雄間の闘争（Pajunen 1964a参照）やタンデム形成のときの激しい物理的な接触によっても，ダニの幼虫は離脱する．ヨロイミズダニ属のダニは，サオトメエゾイトトンボのタンデム産卵の間に，宿主の性とはかかわりなく離脱した．また，このダニは，生きている宿主からだけ，宿主が

水面から25mm以下にいるときに離脱した（Rolff & Martens 1997）．

ダニ類は，トンボ目の雄と雌に偏りなく寄生するようである（Rehfeldt 1994a）．付着したダニの数は水域に戻った後，雌雄どちらも，ほぼ同じ速度で減少する（Mitchell 1963）．*Arrenurus reflexus* の幼虫が雌のセボシカオジロトンボに寄生した場合は，トンボが産卵を始めるころまでに吸血を完了し，雄に寄生した場合は，ほとんどのトンボが生殖のために水域に戻る少し前に吸血を完了する．トンボの雄についているダニの75％は，トンボが性的活動を開始して3日以内に消失する．この発見は *Coenagrion mercuriale* のタンデム中の雄は，単独雄よりも宿主当たり寄生ダニ数が少なかったという観察（Rehfeldt 1994a）と一致する．ただし，後者の相違は寄生による衰弱のために雄の性的競争力が低下したことを反映しているのかもしれない（上述）．雄のトンボについているダニは，一時に1つの腹節の片側からまとまって消失し，どちら側から落ちるかはランダムである．一方，雌に寄生しているダニは，一度にすべての腹節から同時に消失する．これは，ダニが交尾と産卵に関連した刺激に反応するためであろう．ダニの幼虫は，稀にトンボの成熟期の間に宿主についたまま死ぬことがある．また，生存率は雄の宿主についているときのほうが明らかに高いようである（Mitchell 1967）．France Cassagne-Méjean (1966) が，マンシュウイトトンボから水面へ脱落させた *A. cuspidifer* の吸血ずみの幼虫は，水面下に潜ることはできなかったが，水面下に押し込むと活発に泳ぎ去った．このことから，Cassagne-Méjeanは，トンボへ再度寄生するダニの幼虫は，産卵中のトンボの雌から振い落とされたものだろうと推測している．対照的に，*A. valdiviensis* の幼虫は，実験室では，たとえ水がなくても，19～20日後に *Acanthagrion interruptum* から自発的に離れた（Böttger & Jurzitza 1967）．ダニがトンボから離脱しても，摂食管（Åbro 1990）やしばしば褐色の傷跡として残るので，そこにダニがついていたことの証拠が得られる（Mitchell 1969）．

上で与えた説明に対して重要な注意事項がある．それは，ヨロイミズダニ属の一部では，トンボへの付着が羽化時だけでなく，宿主の成虫期のもっと後の時期にも起きることである．ミトヨロイミズダニは，羽化時のテネラルなセスジイトトンボにも，成虫期後半の成熟個体にも乗り移る．同じセスジイトトンボに寄生するイケヨロイミズダニ *Arrenurus agrionicolus* の場合は，この点に関しても，その付着部位（図8.30）も異なる（Imamura & Mitchell 1967）．

Åbro (1990) は，キンソウイトトンボとタイリクルリイトトンボに寄生するヨロイミズダニ属はすべての幼虫が羽化時にだけ同期的にトンボに付着するが，アオイトトンボとアカイトトンボの場合は，一部のダニは羽化時に付着するが，大部分はかなり後，つまり宿主が生殖のために水域を訪れたときに付着することを見いだした．また，個体識別マークをつけた何個体かのアカイトトンボでは，ダニの数は成虫の生涯の間に増加した（Inden-Lohmar 1995b）．このように，これら2種のトンボでは，宿主当たりダニ数は，通常の傾向に反して成虫活動期の進行に伴って**増加した**．

ヨロイミズダニ属の少なくとも55種は，トンボ目の外部寄生者として記載されており，この項で述べたことは，これまでのところ，この属の大部分の種に当てはまる．しかし，これとは別のパターンの宿主への感染がある．それは，ヨーロッパと中東の一時的な池に生息し，時に陸上で産卵することもあるトンボ類（例：アオイトトンボ属やアカネ属；Cassagne-Méjean 1966）の外部寄生者である *A. papillator* に代表される（Klimshin & Pavlyuk 1972）．アオイトトンボ属に寄生する *A. papillator* の幼虫は，常に中胸背板や後胸背板に，稀に第1，第2腹節に付着している．スナアカネと *Sympetrum meridionale* につく場合は常に翅だけに，エゾアカネにつく場合は胸部だけに，この属の他の種につく場合は翅にも胸部にも同じように付着する．後者のグループでは，ダニは胸部よりも翅により長く付着している．翅に付着する場合は，翅の裏面の基半部の太い翅脈（亜前縁脈，中脈，径脈，肘脈および臀脈）に付着するのが普通で，結節よりも先にはほとんど付着しない（図8.32）．これらの翅脈には，循環している血リンパが十分に供給されている（Münchberg 1963）．1個体の *S. meridionale* に300個体までのダニの幼虫が付着していることがあり，それでもはっきりした悪影響は何も見られなかったが，ダニに感染したアカネ属が，敏捷さを欠き，衰弱しているように見えるとの報告はある（Åbro 1982）．ダニが付着した部位の気管が損傷を受け，血リンパによってふさがれてしまうことがある．ダニの唾液は翅脈の組織を破壊することがあり，そこにはダニが離脱したあとの円錐形の孔が数週間残ることがある（Pflugfelder 1970；図8.33）．驚くべき発見の1つは，偶然のように見えるヨロイミズダニ属の幼虫による寄生が，サオトメエゾイトトンボの成虫では，(前翅長と翅脈に囲まれた部屋数の) 左右対称性のゆらぎと相関があることである．これは，ほぼ間違いなく羽化直後の（寄生による）短期的な

影響の結果と考えられる (Bonn et al. 1996). 翅基部が赤く見えるほど翅につくダニの密度が高いことがある (Lucas 1900: 74). ヨロイミズダニ属の幼虫は, *S. meridionale* 上で吸血完了後, 宿主に付着したままで第1蛹（第1休止期）に変化する. もしも, このときに払い除けられると, 彼らは移動力を失うことになる.

A. papillator がアカネ属のどの種を宿主に選ぶかは, このダニの卵が1年のどの時期に孵化するかに依存する. フランス南部では, 彼らが6月の初めに孵化した場合は, 春の終わる前に羽化するスナアカネや, タイリクアカネ, イソアカネ *S. vulgatum* に寄生し, たいてい8月にダニの離脱が起きるようである. 一方, 初夏に羽化する *S. meridionale* には, 8月でもまだ第1蛹のダニが付着している. *A. papillator* の生態的ニッチは, アオイトトンボ属やアカネ属のいる一時的な水域である. 特にアカネ属への付着によって, この寄生者は広範な分散を可能にしている. アルジェリア北東部では *Sympetrum meridionale* が前生殖期の成虫で夏眠するという Samraoui et al. (1998) による最近の発見から, *A. papillator* の変則的な生活環の見事さがよく分かる. このダニは, 夏眠に適応した宿主上で第1蛹期に入ることによって, 長く乾燥した夏を耐乾性のある発育ステージで切り抜けることが可能となり, しかもその宿主は夏の終わりにダニを水域へと運んでくれることになる. 気候が乾燥するにつれて, *S. meridionale* に付着した *A. papillator* の第1蛹の外観は, 赤い球状から白いつぶれた状態に変化する. しかし, 水中に入ると再び赤い球状となり, おそらくすぐに孵化する (Münchberg 1952). 脱皮可能になるまでの発育は, 乾燥期間によって加速されるか, あるいは可能となると思われる.

ミズダニ類の他の2つの科（アカミズダニ科とオオヌマダニ科；表A.8.8）の幼虫は, 元来は陸生であるが, 水の界面膜上をはったり走ったりすることによって成虫のトンボと出会う. アカミズダニ科の幼虫の中には, 宿主に到達するために水面から8〜10 cm 跳躍するものもいる (Kaestner 1980: 280). これら2つの科の幼虫は, 宿主上の好みの部位に鋏角を突き刺して吸血し, その後, 宿主に付着した状態で, あるいは水中へ落ちた後に第1蛹になる.

トンボ目に寄生するアカミズダニ科の習性については, わずかしか分かっていないが (Smith & Oliver 1986参照), 幼虫も成虫もトンボ目の卵を餌にすることが知られている (§3.1.4.3.2).

オオヌマダニ科の代表的な種である *Limnochares*

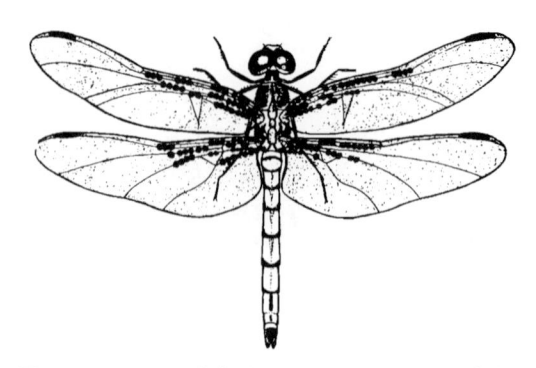

図8.32 ヨロイミズダニ属 *Arrenurus papillator* に寄生されているスナアカネの成熟雌（体長約41 mm）. ダニは第1蛹である. (Cassagne-Méjean 1966より)

americana は, トンボの成虫が交尾や産卵のために水域に戻ったときに付着するのが普通である. ヨロイミズダニ属とオオヌマダニ属のダニが寄生している *Leucorrhinia frigida* の個体群では, テネラルな雄はヨロイミズダニ属によってひどく寄生されるが, オオヌマダニ属には稀に寄生されるだけである. 一方, ほとんどすべてのなわばり雄は, オオヌマダニ属にひどく寄生されるが, ヨロイミズダニ属による寄生数は少ない. これは, 宿主との最初の遭遇場所が異なることと一致する. すなわち, ヨロイミズダニ属はF-0齢の幼虫に, オオヌマダニ属は水際に存在するなわばり雄のとまり場で最初に出会う (Smith & Cook 1991).

トンボ成虫にダニ幼虫が存在すること（あるいは以前に存在した形跡）やそのダニの外観は, 宿主の生存期間中に規則的に変化するので, ミズダニ類をトンボの羽化後の日齢を推定する手段として使えるかもしれない (Corbet 1962c; 1963も参照). Rodger Mitchell (1969) は, ミズダニ類に見られる生活環の変異を考慮したうえで, ヨロイミズダニ科のうち, 以下の条件が満たされる種なら齢決定に利用できるだろうと考えた. すなわち, すべてのダニの幼虫が宿主の羽化中にトンボに付着し同時に吸血し始めること, そしてダニの種をそれぞれに特有な付着場所によって区別できることである. セスジイトトンボに寄生するイケヨロイミズダニ（図8.30A）の研究に当たって, Mitchellは, 宿主当たりわずか5個体のダニの体サイズと色を記録することで, 成虫期の最初の5日間について3つの齢カテゴリーのうちの1つに位置づけることができた. 調査者がダニの生きていることを確信でき, 宿主から離脱したダニによって残される傷や摂食管が検出され, しかもそれらが

8.5 他の生物との相互作用

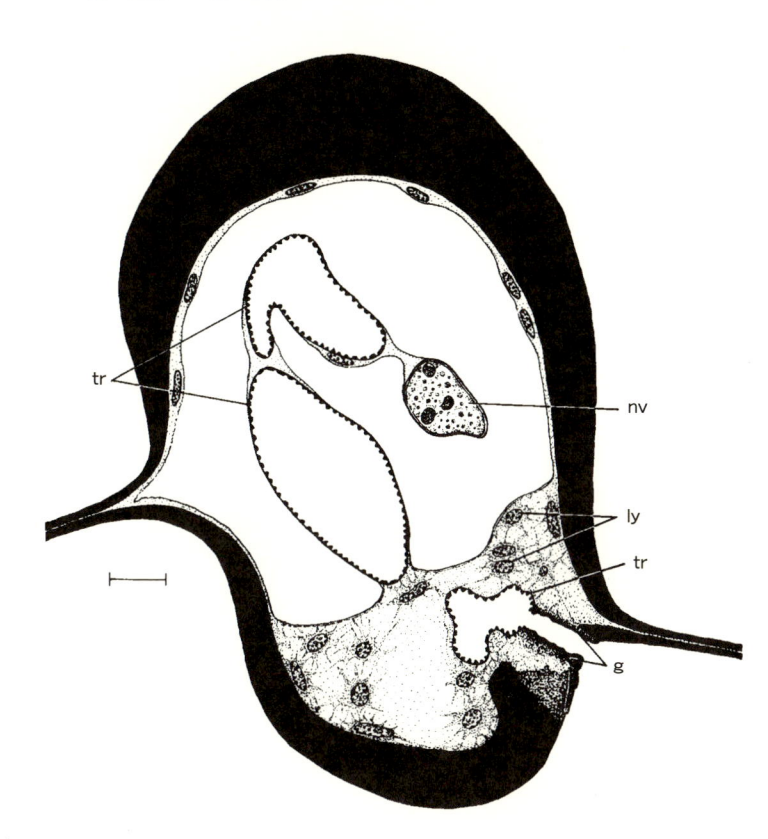

図 8.33 *Sympetrum meridionale* の翅の下面の亜前縁脈にヨロイミズダニ属が付着している部位の横断切片．損傷を受けた気管 (tr) に結合している，管状に凝固した血リンパ (g) からなる管を示す．記号：ly. 血リンパ細胞；nv. 神経．スケール：10μm．(Pflugfelder 1970 を改変)

当該の寄生種に起因するものであると判断できるならば，このような方法の精度は高まり適用範囲も広くなる (Corbet 1963 参照)．同様の注意を払えば，その個体群中のミズダニの状態によって，他の生息場所から突然やってきたトンボ類の時期や方角を推定できることがある．実際，Rodger Mitchell (1962) は，通常は定着性の強いアメリカアオモンイトトンボが暴風によって多数飛ばされ，隣の個体群と混ざり合った際に，*Arrenurus major* による感染のレベルの違いによって両個体群を区別することができた．

ミズダニ類を除けば，トンボ目の成虫に付着していることが多い外部寄生者はヌカカ類 (双翅目，ヌカカ科) だけであり，その大部分は *Forcipomyia* 属と *Pterobosca* 属の種である．ヌカカ類の雌は宿主の翅の基部に付着し，そこから血リンパを吸うが，外見的には宿主に深刻な傷を負わせることはない．それぞれのヌカカは，おそらく宿主上で摂食しながら数日間を過ごし，その間に卵母細胞が成熟する (Downes 1958)．寄生されたトンボが間近でホバリングしているときは，観察者は肉眼でも翅脈上の暗点としてこのヌカカを見つけることができる．このヌカカは，翅の表面に対して平らになってとまり，跗節の爪間盤だけでつかまっている．これは，平坦な表面にしがみつくために特別に適応した器官かもしれない (Macfie 1932)．ヌカカ科とトンボ目の関係は，主要な大陸のすべてと，孤立した大洋島から報告されているが (例：セイシェルのアルダブラ環礁 Aldabra Atoll：Wirth & Ratanaworabhan 1976)，温暖な地域でより多く知られている．関係するヌカカの種数は多く，どの種も多くの種のトンボに寄生するようである．例えば，メキシコからアルゼンチンにかけての新熱帯地域において，*Forcipomyia incubans* がヤンマ科 (1種)，アオイトトンボ科 (1種)，トンボ科 (7種) に付着しているのが見つかっている (Clastrier & Legrand 1984, 1990)．北アメリカでは，ヌカカ科の種はヤンマ科，サナエトンボ科，およびトンボ科から記録されており，移住性の種としてよく知られているアメリカギンヤンマとカロライナハネビロトンボもその中に含まれている (Paulson 1966)．東南アジアでは，オオギンヤンマ *Anax guttatus* や *Lestes praemorsa*，そしてヤンマ科，エゾトンボ科，トンボ科の属から記録されている (Macfie 1932)．また，日本ではカラカネトンボ (Asahina 1982a) とカオジロトンボ (枝 1988) で記録されている．トンボは，雌雄ともに寄生されるが，寄生するヌカカのほうは雌だけである．ヌカカがトンボに付着したり離脱した

りする状況については知られていないが，付着は，一部の種では羽化と密接に関係して起きる．トンボだけから記録されている*Forcipomyia paludis*は，*Anaciaeschna isosceles*，ヨーロッパベニイトトンボ，*Ischnura genei*，そしてヨツボシトンボのそれぞれのテネラル個体から発見され，ヨーロッパを含む旧北区とインドから記録されてきた（Dell'Anna et al. 1995参照）．Dell'Anna et al.（1995）は，サルデーニャで採集されたトンボのうちの5種にヌカカ科の1種（*F. paludis*）が付着していたにもかかわらず，吸血の傷跡が見いだせなかったことから，このヌカカは寄生者ではなく便乗者であり，その卵細胞は自己発生的に成熟していた可能性があるとしている．トンボ目に対するヌカカ科の影響については，ほとんど分かっていない．しかし，宿主が多くのヌカカに寄生された場合は，血リンパの損失は大きいに違いない．ヨツボシトンボのある成虫には，171個体の*F. paludis*が付着していたし（Clastrier et al. 1994），アフリカウチワヤンマのある成虫には，1枚の翅に13個体ものヌカカが付着していた（Miller 1995a）．

タカラダニ科の外部寄生性ダニの幼虫は明らかに陸生で，宿主の体であれば翅以外のほとんどの場所に付着するが，トンボ目の成虫上でたまに見つかる．ブリテン島南部では不均翅亜目と均翅亜目に*Leptus*属が（Turk 1945），ニューカレドニアでは*Charletonia*属が（Southcott 1991）発見されている．

E. B. Williamson（1923）は，コロンビアで，*Gynacantha nervosa*の雄の第2，第3腹節背面に，ヤドリバエ科のものと思われる小さな白い卵6個が産み付けられているのを発見した．これに相当するような別の事例は知られていないので，これは単にこの科のハエ（すべての種が捕食寄生者であることが知られている）によくある，宿主選択の間違いを反映しているだけかもしれない．Williamsonの注意を引いたのは，このトンボの弱りきったような飛び方だった．

8.5.4 捕食者

表A.8.9はトンボを主要な食料源の1つとしている捕食者のリストであるが，§2.2.8と§7.4.8で扱った産卵中や羽化時のトンボは除外しており，また，単に時おり捕食する程度のものも含まれていない．幼虫に対する捕食に関して述べた注意事項は（§5.2.4），成虫に対する捕食にも適用される．ただし，少なくとも温帯地域では，トンボの成虫を餌として利用できる期間は，幼虫よりもはるかに短い時期に限定されているのが一般的である．捕食者は，毎年，短期間だけトンボの成虫を食うのが普通である．ある種の鳥が子育てをしているときに，もっぱらトンボ目を捕食することがその良い例である．

さまざまな種類の動物がトンボ目の成虫を捕食するが，捕食を定量化することはごく少数の種についてのみ実行可能であるか，そうすることが現実的である．小さく目立たない捕食者や，長もちする捕食活動の痕跡を何も残さないような捕食者については，ほとんどの場合，事例的か質的な記録でしか得られない．この項では，処女飛行が終わった後に見られる捕食に焦点を絞る．トンボの捕食されやすさは，処女飛行以降の日齢と活動性のレベルに依存して大きく変化するだろう．成虫は，日齢が進み，より頑健で敏捷になるにつれて，飛行中の捕食者をうまく避けることができるようになる．しかし，生殖活動は，水面あるいはその近くで活動している捕食者からの攻撃を受けやすくする．

8.5.4.1 被子植物亜門

どんなトンボでも栄養源にしてしまうに違いない食虫植物（表A.8.9; Valtonen 1980）以外にも，トンボを捕捉し，その結果，死に至らしめる植物はいくつかある．植物にとっては何の利益もないと思われるが，トンボにとっては死ぬことに変わりはない．その大部分は，棘の生えた果実によって身動きできなくなった成虫である（池田 1971）．例えばナイジェリアで，Arthur Neville（1960）は，*Palpopleura lucia*がとまり場として好んで使うキク科植物の果実1個当たり，このトンボが10〜20個体捕らえられているのを観察した．成虫は，時にウリ科植物の巻きひげに捕らえられることもある（宮川 1982c; C. E. Brown-Borkin 1992: 3）．マンシュウイトトンボのような小型の均翅亜目は，しばしばコウゾリナ属*Picris*の毛深い茎上で翅が絡まったり（Whalley 1986），ヤエムグラ属*Galium*の葉に捕らえられたり（Le Calvez 1993），あるいは風の強い日に，イグサ属の葉のとがった先で串刺しにされたりする（Parr & Parr 1972a）．コウテイギンヤンマは，ゴボウ*Arctium lappa*の直径約40mmの棘の生えた花に捕まることがある（Coué & Dommanget 1996）．

8.5.4.2 クモ形綱

不均翅亜目と均翅亜目の成虫は，飛行中に造網性クモ類の網にかかる．また，静止時には，コモリグモ科（陸生），キシダグモ科（水面に生息する），ハエトリグモ科（葉上で跳躍する）のクモに捕らえられ

る. 熱帯では, 森林の中でとまっているトンボは, ハエトリグモ科を含む数種のクモに捕らえられる (Robinson & Valerio 1977; González-Soriano et al. 1982). なわばりをめぐる争いの最中に落下したアメリカカワトンボ属 *Hetaerina* (Morton 1977) やナイジェリアトンボ属 *Nesciothemis* (Miller 1982a) の雄は, コモリグモ科や水面によくいるクモに攻撃されやすい. クモによって捕食されたオアカカワトンボのうち, 76％は造網性のクモによるが (表A.8.9), 網にかかる頻度は円網の密度と正の相関があり, このトンボの日周活動パターンも反映していた. クモによって1日に捕食される割合は, 成熟雌 (0.9％) よりも成熟雄 (4.1％) のほうが高く, なわばり争いが最も多く生じる正午ころが最大であった. 未成熟成虫に対する捕食レベルには性による偏りがなかった. 対照的に, とまっている成虫を捕らえるカニグモによる攻撃のリスクが, 一方の性において大きいことはなかった. 円網性のクモによる *Coenagrion mercuriale* の捕食は, 毎日の同性間の干渉が特に激しくなる時間, つまり活動時間の終わりころに特に高かった (Rehfeldt 1995). タイリクアキアカネの雄は, 雌を探索する際に飛行活動性が高くなるので, 雌よりも多く円網性クモに捕食された (Rehfeldt 1995).

最大級の造網性クモ類の中には, 大型のヤンマ科の種を捕食するものもいる. しかし, 餌動物を制圧し, 糸で包み込み, 運ぶ際のエネルギー消費はクモにとってかなりのものになる. ニューギニアのオオジョロウグモ *Nephila maculata* は, 体長40〜45mm, 体重3.0〜3.5gで, 脚は非常に長く, 直径0.8〜1mの網を作る. このクモが体重約111mgの大型のトンボを捕まえた場合, その後の処理に平均40分かかる. これは, 他のどんな種類の昆虫を餌動物としたときに比べても, およそ2倍の時間である. 餌動物を糸で包み, 網の外に切り離すのにその処理のほとんどの時間を費やしている (Robinson & Robinson 1973). これはパナマでもかなり似ており, そこでもコガネグモ属の1種 (*Argiope argentata*) の網に捕らえられる最大の餌動物はトンボである. トンボの形は糸で包むのを難しくしているが, このクモは, しばしば長い腹部を体の長軸に沿って背方に折り曲げて包む. 網はこの過程で著しく破壊されることがある. トンボの運搬には時間がかかるが, その理由は, 獲物がかさばるため, 途中で網に絡むことがあるからである (Robinson & Olazarri 1971). たいていのカトリヤンマ族の成虫の翅と体にはクモの網の一部が付着していることから, E. B. Williamson (1923) は, 大型のトンボは, 体重と推進力が大きいので普通クモの網から逃げることができると結論を下した.

以上, いくつかの例を引用するにあたって, 私自身でさまざまな記録を詳細に調査したところ, かつてLarochelle (1977c) が初期の総説において到達した結論を再確認する結果になった. すなわち, クモ類は, 全体的に見て, トンボ目の捕食者として重要ではない. また, クモによるトンボの死亡率が最大になるのは羽化のときであるが, それはテネラルな個体 (特に均翅亜目) はクモの網から逃れるにはか弱すぎるからである.

8.5.4.3 昆虫綱

防翅目[*1]の中で, カマキリ類はとまっているトンボの成虫を時々捕まえる. 日本の水田に生息するチョウセンカマキリ *Paratenodera angustipennis*[*2] の雌は, シオカラトンボ *Orthetrum albistylum speciosum* の雌雄を, 彼らがイネの先端に降りてとまったときに捕まえた. チョウセンカマキリとオオカマキリ *P. aridifolia*[*2] の雌は, 草原で茎にとまったアキアカネを捕らえる (Matsura 1980).

捕食性の半翅目, 特にコオイムシ科, タイコウチ科およびマツモムシ科は, 水面に落ちたり浮かんだりするトンボの成虫を捕らえる (例: Bick & Bick 1963; Valtonen 1980).

大型の不均翅亜目を含む飛行中のトンボを捕らえる捕食性双翅目 (ムシヒキアブ科) (Lavigne 1976) については, 数多くの記録がある (表A.8.9). *Trichomachimus paludicola* は待ち伏せ型の捕食者であり, 自身の体長の3〜6倍のトンボ目を攻撃するために, とまり場から飛び立つ. アブは, 獲物とともに地上に落下しながら, 餌動物の胸部に乗り, 口器をその胸部に突き刺す. 50種以上のムシヒキアブがトンボ目の捕食者として記録されているが, これらがトンボの個体数を大きく減少させている証拠はない.

鞘翅目の中では, ハンミョウ科の幼虫が, 巣穴の入り口近くの地面にとまった不均翅亜目を捕らえることがある (Larochelle 1976). そのような形で捕獲された餌動物の中にはサナエトンボ属とカオジロトンボ属 *Leucorrhinia* のトンボが含まれる.

スズメバチ科の大型の種は不均翅亜目を, とまっていようと (例: Burton 1991) 飛んでいようと, 刺し殺すことがある. ヨーロッパクロスズメバチ *Vespula germanica* のワーカーは, クレナイアカネ *Sympetrum*

[*1] 訳注: 現在はカマキリ目, ゴキブリ目などに分けられる.
[*2] 訳注: チョウセンカマキリとオオカマキリの両種とも, 属名は現在 *Tenodera* が多く使われる.

sanguineum の雄を空中で攻撃し，一緒に地上に落ちた後，何度も獲物に針を刺すことを繰り返す．その後，頭部を切り離して胸部だけを巣に運ぶ (Taylor 1994)．膜翅目の中で最も深刻な捕食者は狩りバチ，特にアナバチ科のハチである．彼らは子を世話する習性をもち，幼虫のために餌を運ぶ（表A.8.9）．ハナダカバチ属の1種 (*Bembix variabilis*) は，もう1つの餌である双翅目に比べて均翅亜目のほうが大きいので，巣に運ぶ獲物としてはトンボのほうを好むに違いない．ハナダカバチ属 *Bembix* の幼虫を十分に成長させるためには幼虫1個体当たり，双翅目なら40〜50個体必要であるが，均翅亜目ならわずか20〜25個体ですむ (Evans & Matthews 1975)．ハナダカバチ属は *Perithemis mooma* の大きさのトンボまで利用していた (Evans et al. 1974)．オーストラリア北部のアボリジニーは，ハナダカバチ属の1種に「トンボ婦人」という意味の名前を付けている．おそらくこれは，このハチの餌動物の好みを表現したものだろう (Evans & Matthews 1975)．

ある種のトンボは，他のトンボの捕食者としてよく知られている（写真L.5, N.5）．トンボに偏った嗜好は，表A.9.2にあげた3属でよく発達している．サナエトンボ科のアメリカコオニヤンマ属 *Hagenius* とシオカラトンボ属の成虫は，大型の鱗翅目を捕らえることでも知られている (§9.5.4)．アメリカコオニヤンマ属は均翅亜目だけでなく大型の不均翅亜目も，しばしば上方からの待ち伏せ攻撃をしたり，時には水中にたたき落として，餌食とする (White 1989b)．

8.5.4.4 硬骨魚綱

表A.8.9に示した記録は，魚が昆虫を狙って跳びはねている場所で，開放水域を好む不均翅亜目の雄も活動しているといった状況の例である．水面近くを飛ぶ均翅亜目も，おそらく同様に攻撃されやすいだろう．しかし，魚による主な影響は，両生類のそれと同様，産卵中の雌とタンデムのペアに対するものと思われる (§2.2.8)．

8.5.4.5 両生綱と爬虫綱

無尾両生類，特にカエル類は，しばしば止水域の水際近くで，忍び寄ったり，待ち伏せしたりして不均翅亜目と均翅亜目の成虫を捕食する．このような生息場所では，夏期になると大型のカエルがトンボ目の一番の捕食者となるようだ (Rehfeldt 1994a)．こうして，幼虫期にはトンボ目のほうが優位であった捕食者‐被食者関係が逆転する (§4.3.8.1)．カエルによる産卵中のトンボの捕食は，§2.2.8で述べた．

羽化場所以外では，トンボ目の成虫が爬虫類に捕まることはめったにない．それが起きるのは，例えば，水面に浮いているワニの鼻をとまり場として利用するときである (P. S. Corbet 1959)．調査されたトカゲの5つの科で，トンボ類は，これらの捕食者のうちの5%によって食われていたが，餌動物種の中では1%に満たなかった (Reinhardt & Möller 1996)．

8.5.4.6 鳥綱

とまっているトンボや動かないトンボを捕らえる鳥と，全速で飛行中の大型の不均翅亜目を楽々と捕らえる飛行にたけた鳥とを区別するのが適切だろう．カラスは前者に属し，秋，寒すぎて飛べないため休止しているマダラヤンマやアカネ属を大量に食う (Martin 1910a)．また，表A.8.9に記録されたサギ類もおそらく同様であろう．鳥類病理学者Louis Lockeは，病気のサギの胃の中の餌はトンボだけだったと話してくれた (1975)．おそらく，水辺の植物上にいたトンボをとったものに違いない．健康な鳥類の食物には，魚やカエル，ヘビなどが含まれる傾向がある．

1年のある時期に特定の生息場所で，もっぱらトンボを餌動物とする鳥類には4つの科があり，それらは敏捷さが増す順にワシタカ科，ツバメ科，ハチクイ科，ハヤブサ科である．この4科には，通常雛に給餌する間，トンボの成虫に集中する傾向のある種が含まれている．

ノスリ属の1種 (*Buteo swainsoni*)（ワシタカ科）は，大集団で飛行中のトンボの群れの中に入り，滑翔したり飛びかかったりして (Jaramillo 1993)，その鉤爪で1個体をつかむ．それを食う間，ノスリは移動しつつあるトンボの群れにペースを合わせて飛行し続ける．時に直径1,000m，高さ500m以上で，数百万個体にもなるトンボの集団が12〜15km/時の地上速度で移動するため，おそらく数百km²の範囲から200〜300個体のノスリを引き寄せることがある (Rudolph & Fisher 1993)．

ムラサキツバメ *Progne subis subis* は，北アメリカの一部ではほとんど1年中トンボを食い，他にはほとんど何も食わないらしい (Kennedy 1950)．そして，ヤンマ科など大型の不均翅亜目を捕らえる点でツバメ科の中では変わっている (Locke 1976)．他のほとんどの（より小型の）ツバメ科の種はそれほど多くのトンボは食わず，食われるトンボも小型であるが，体サイズに応じてより大型の昆虫を餌動物として選ぶ．例えば，ツバメは，不均翅亜目の多くの種を捕まえることができ，実際活発に捕まえるが，アメリ

カギンヤンマには手を出さない (Martin 1911).

ハチクイ科も，ツバメ科と同様，餌動物を体サイズに応じて選ぶようであり，ほとんど飛んでいる昆虫ばかりを食う．ハチクイ類は，トンボ目の恐るべき捕食者であり，突き出したとまり場にとまって見張っており，通過する昆虫を見つけ下から捕らえる待ち伏せ型捕食者である点がツバメ類と異なる．ハチクイ類は，80～95m離れた約10mmの餌動物を見つけることができる．3度の飛び立ちにおよそ1度の割合で成功する．餌動物には，コウテイギンヤンマのサイズまでの不均翅亜目が含まれる．その餌動物をとまり場に持ち帰り，動かなくなるまでたたきつける (写真 M.6; Fry 1981, 1983). フランスのカマルグでは，ハチクイ属の1種 (*Merops apiaster*) は主に膜翅目とトンボ目を巣立ち前の雛に餌として与える．これらのトンボには不均翅亜目の一部の属，すなわちルリボシヤンマ属，ギンヤンマ属，*Brachytron*属，シオカラトンボ属およびアカネ属が含まれる (Krebs & Avery 1984). 鳥の雄は，産卵前および産卵中の求愛給餌中に，雌に大きな餌動物 (例：トビイロヤンマ属 *Anaciaeschna* やギンヤンマ属，*Brachytron*属，シオカラトンボ属; Avery et al. 1988) を与える傾向があり，タイリクアキアカネのタンデムのペアがしばしば捕まる (Rehfeldt 1994a). それぞれのトンボの食物としてのエネルギー含有量は，ハチクイ類にとって非常に良好な採餌探索飛行当たりの費用-便益比をもたらす．大型のトンボ目の捕食者としてハチクイ類の能力は明白であるが，時には彼らにも限界があることがはっきりと分かる．ビクトリア湖でハチクイ属の1種 (*Merops pusillus*) の採餌行動を観察した Peter Miller (1964) は次のように記している．この鳥はアフリカウチワヤンマがとまり場を離れたとたんに，それが十分な飛行速度に達する前に素早く襲いかかって捕らえていた．しかし，トンボが空中を全速で飛んでいるときには追尾しようとはしなかった．同様に，フランス南部のハチクイ類は，不均翅亜目が敏捷に逃げるようになる前の早朝に彼らを好んで摂食するようである．その後の時間は，不均翅亜目を食うのが減り，膜翅目をより多く摂食するようになる (Rüppell & Hilfert 1994). このようなことが，不均翅亜目の大形化に対する**負**の淘汰機会になっているのかもしれない．

非常に敏捷で力強く飛ぶハヤブサ科の中には，大型のトンボ類をしばしば主要な，時には食物構成のすべてとする種がいる．そのような集中した捕食は，次の2つの異なる状況のどちらでも起きる．その1つは，温帯地域で不均翅亜目，特にヤンマ科の大きな集団が初秋に長距離移動しているときである (§ 10.3.3.2). もう1つは，鳥が雛に給餌するときである．ペンシルベニア州のホークマウンテン Hawk Mountain はトンボと猛禽類が南方に向かって移動する際にいつも通過する場所である．その場所で Aaron Bagg (1958) は，9月中旬，移動中の大型の不均翅亜目（おそらくアメリカギンヤンマ）の集団の中をコチョウゲンボウ *Falco columbarius* が前に行ったり後に行ったりしながら飛んでいるのを観察している．雛に給餌する際，もっぱら不均翅亜目に集中するハヤブサ類の中でも目立つのは，チゴハヤブサ *Falco subbuteo* である．この猛禽がトンボ類を捕食する状況についての Niko Tinbergen の記述 (1968) は，[分類学上の] 異なる門に属する最高の飛行能力をもつ者どうしの堂々たる遭遇の模様を生き生きと伝えている．チゴハヤブサの眼の解像度は人間の倍もあり，200mも離れた所を飛ぶトンボを見ることができる．この鳥は，その餌動物を見つけるやいなやそれに向かって突然100～200mも矢のように飛び，短時間ジグザグに進んだ後，トンボを捕まえ，飛行中にそれを食ってしまうか巣に持ち帰る．Tinbergen の観察したチゴハヤブサのペアのそれぞれの個体は，巣から約2.5km離れたトンボの供給源まで真っすぐ飛行し，時速150kmの速さで餌動物を携えて戻る．トンボもヒバリ（トンボ以外の好まれる餌動物）も同じ程度に利用できるようだが，そのチゴハヤブサのペアは，ある日はもっぱらトンボを，別の日はもっぱらヒバリを捕食した．ハヤブサ類は，見張り型の捕食者として行動することもでき，次のような捕獲方法を採用することもある．すなわち，アメリカチョウゲンボウ *Falco sparverius* の雌は，ヒタキと同じやり方で，通過するトンボに向かって直進し，翼でトンボを地面にたたき落とすようにするのが観察されている (Locke 1961). 面白いことに，大型の不均翅亜目がほとんどの昆虫食の鳥類から逃れることができる体サイズは，敏捷なハヤブサ類にとっては，かえって魅力的な餌動物になってしまうサイズである．それは，おそらくこれら大型のトンボが，ハヤブサ類の通常の食物構成である小鳥類とサイズが重なるからだろう．

8.5.4.7 哺乳綱

ネコ科およびイタチ科のような小型の食肉目は，多数の大型の不均翅亜目を場当たり的に捕えることがある．特に，ムカシヤンマ科のように地表に局所的な集団を形成するときはそうである．

Dunkle & Belwood (1982) は，翼手目による捕食

記録を再検討し，空中採餌タイプの昆虫食のコウモリ類にとってトンボ類は重要な餌動物となることはめったにないが，表面採餌（葉群の間から餌を探る）タイプの昆虫食のコウモリ類にとっては，量的には少なくても，通常の食物構成の一部であると結論を下した．空中採餌タイプの昆虫食のコウモリ類（例：ヒナコウモリ科；表A.8.9）は，音響を利用して餌動物に定位する非常に効率の良い薄暮活動性のハンターである．表A.8.9中には記録があるが，実は夕暮れ時に活動的な不均翅亜目は，コウモリにはめったに捕まらない．彼らは，コウモリが飛び始めるやいなや飛行を停止してしまうのが普通である（Hingston 1932参照）．コウモリは，トンボの薄暮飛行性を打ち切らせるだけの強い淘汰圧だったのかもしれない．したがって，午前2時に飛行中のキバネルリボシヤンマがヨーロッパアブラコウモリ *Pipistrellus pipistrellus* に捕食されたT. G. Beynonの記録（Paine 1995b: 46）は例外である．表面採餌タイプの昆虫食のコウモリ類（例：ヘラコウモリ科）は，視覚を使って狩りを行うことがあり，地上や植物上の餌動物をつかみ捕る．この採餌行動は，大型のトンボを，（視覚的に）身を隠すのに適した場所をねぐらとして利用するように導く淘汰圧となってきたと思われる．

8.5.4.8 対抗適応

この項では，トンボ類の成虫が捕食される可能性を明らかに減少させると思われる行動について考察する．ただし，その行動の進化を決定的にする主たる淘汰圧が捕食であるかどうかは問わない．捕食者の回避という一方の極から，攻撃あるいは威嚇という他方の極まで，表5.4に示した順序で話題を取り扱う．注目すべきことは，密度，採餌，休止，生殖活動における個体群内の時空間的な変異が，捕食者の攻撃から免れる「退避場所」を生み出すことである．このことが，個体数変動を安定化させるのに役立っているかもしれない（Rehfeldt 1994a）．トンボ目は，一般に，前生殖期の間は，それ以後と比べてあまり捕食を受けない（Rehfeldt 1994a）．

多くの場合，とまっているトンボは，体色，色彩パターン，姿勢，とまり場の選択の組み合わせによって，少なくとも観察者から見て効果的と思われる，隠蔽性を獲得している（表8.15）．成熟に伴う色彩変化が，とまり場の色彩の季節変化と一致する場合は，隠蔽性は成虫の生涯を通して維持されることになる（例：*Gomphurus ozarkensis*, Susanke & Harp 1991）．体の色彩パターンがとまる岩に似ている種の雌や *Bradinopyga* 属の一部の種の雄は，成熟後も隠蔽的な色彩のままである（写真M.3）．一方，表8.15にあげた *B. strachani* の雄やショウジョウトンボ属の雄は，成熟すると目立った赤色に変わるため，隠蔽の効果が著しく減少する．トンボが体色に似た色彩のとまり場を選択することは，北アメリカのヒメクロサナエ属 *Lanthus* の2種（Carle & Cook 1984）とモロッコの *Paragomphus genei*（Jacquemin 1994）で報告されている．一部の種の成熟した雄が，低温のために生殖活動を延期せざるをえないとき，温度によって誘導される可逆的な色彩変化を使って，どのようにして隠蔽的パターンに戻るのかについては，すでに説明した．トンボの成虫は，じっと動かずにいることによっても，目立たなくなる．これは，アメリカアオハダトンボの成熟した雌が，3m以内に休止中のアメリカコオニヤンマがいることに気づいたときにとる行動である．この捕食者が150分間ずっといたとき，ある新参個体だけが摂食をしたり翅を打ち合わせたりしていた．この個体は，捕食者にいきなり攻撃されるまで，その存在に気づかなかったらしい．捕食者が飛び立ってから30分以内に，アメリカアオハダトンボのすべての雌は摂食と翅の打ち合わせを再開した（Erickson 1989）．同様に，不均翅亜目が近くを飛ぶと，とまっている *Lestes vidua* は翅を閉じ，とまり場をしっかりつかもうとする．これは，人間が近づいたときには見せない行動である（Dunkle 1995a）．オアカカワトンボはタイリクシオカラトンボによって頻繁に捕食されるが，驚くべきことに，両者が互いに近くにとまっている状況でも，目立った捕食回避行動を示さなかった．これは，この同地的な不均翅亜目のトンボによる捕食が一時的で間欠的なものでしかないためだろう（Rehfeldt et al. 1993）．同じ生息場所で，オアカカワトンボは，カニグモがいない茎よりも先端にカニグモが目立つようにとまっている数少ない茎を選んでとまる（Rehfeldt 1994a）．すでに述べたように，ある種のトンボが（地面であろうが垂直のとまり場であろうが）垂直の休止姿勢をとることで，体の影を最小にすることによって自らを目立たなくする（§8.4.1.2）．Pena（1972）は，チリのベニボシヤンマ科の *Hypopetalia pestilens* では，その色彩パターンと日陰の生息場所が重なると，飛行中はほとんど見えないほどの隠蔽性が生じることに注目した．同じことは，カトリヤンマ族についても言えるようだ．注目に値するのは，グアテマラのハヤブサ属の1種（*Falco albigularis*）である．このハヤブサは，日没時に林縁から100mの所で狩りをするが，飛行中のカトリヤンマ属（おそらく *G. nervosa*）をその下側から1回転することによって捕まえ，こ

表8.15 とまっているときに特に効果的な隠蔽があるように見えるトンボの成虫

とまる足場	種	地域	観察
緑葉	Burmagomphus javanicus	インドネシア	羽化直後の成虫は緑色，ウラジロ属Gleicheniaの葉の主脈に沿って休止する (Lieftinck 1980)
岩の表面	Bradinopyga cornuta, Crocothemis divisa, C. saxicolor, Ecchlorolestes peringueyi	南アフリカ	体は基質に似た灰色 (Pinhey 1978)
	Pseudoleon superbus	中央アメリカ	雌 (Paulson 1983b)
茎	オアカカワトンボ	フランス	両性とも密生したヒメガマTypha angustifoliaに降りてとまる (Heymer 1972a)
森林の林床近くの陽斑	Porpax bipunctusとコカゲトンボ亜科	リベリア	体色は黄色，緑色，黒色 (Lempert 1988)
木の幹	イイジマルリボシヤンマ	ヨーロッパ	暗色相の雄とすべての雌 (Sternberg 1987)
	Episynlestes albicaudus	オーストラリア	人間の観察者にはほとんど見えない (Tillyard 1913)
	Tyriobapta spp.	東南アジア	雌雄，特に雌 (Paulson 1983b; Brooks 1991)
小枝	ホソミオツネントンボ[*1]	日本	冬眠の際，黒っぽい細い小枝に似るように，ほとんど垂直になる (宮川 1967b)
	ホソミオツネントンボ[*1]	日本	冬眠の際，小枝に似た角度でとまり，色も小枝に似る (宮川 1995)
	Megalagrion oahuense	アメリカ, HI	非常によく似た褐色の小枝が散在する地面にとまる (Daigle 1995b)
	タイワントンボ	インド	雌雄，ねぐらに就くとき (図8.28)
	オツネントンボ[*2]	日本	冬眠の際，枯れたヨシの茎に密着して休止する (宮川 1967b)

注：紫外線反射を感知する手段を欠く人間の観察者によって判定された隠蔽．
[*1] 訳注：宮川 1967bと宮川 1995で異なる学名（それぞれCeylonolestes gracilisとIndolestes peregrinus）が用いられていたため，原書では別種として扱われているが，同一種．
[*2] Sympecma annulata braueri.

の回転を終える前に1本の脚でトンボをつかみ，この餌動物を食うために木に持ち帰る．彼らは，この方法によって，空を背景にシルエットになったトンボを見ることができる (Donnelly 1980)．ハワイのMegalagrion oahuenseは，地面にすれすれに飛ぶことによって，狩りをする大型の不均翅亜目から逃げることができる (Williams 1936)．比較的大型のM. heterogamiasは，はるかに大型のAnax strenus（ハワイ固有種）がその上を飛ぶとき，下の植物の中に石のように落下する (Moore 1983b)．パナマのErythrodiplax funerea, E. umbrata, Uracis fastigiataは，耐乾休眠の間，おそらく捕食者を避ける手段の1つとして，地面のかなり近くにとまる (Rehfeldt 1986b)．Enallagma nigridorsumとE. vansomereniが水面に浮く習性（§11.2.5.2）は，捕食にさらされるのを減少させるだろう．Gunnar Rehfeldt (1989a) は，2個体のイソアカネがカエルの目の前でとまり続けるのを観察した．驚いたことに，大型の不均翅亜目が，とまっている1群のPlatycnemis acutipennisあるいはP. latipesの雌の近くを飛んだとき，そのメンバーが四散したり (Heymer 1966)，人がCalopteryx aequabilisの群れに近づいたりすると1個体が飛び立ち，他の個体も一団となって飛び立った (Nantel 1986)．Pseudagrion decorumの雄は，オオギンヤンマやIctinogomphus rapaxのような大型の不均翅亜目がなわばりに侵入すると，とまり場を放棄し，侵入者が飛び去るまで近くでホバリングをした (Srivastava et al. 1994)．

大型の不均翅亜目は，飛行中にクモの網に遭遇することを避ける必要はないだろうが (Williamson 1923)，他の昼行性のトンボは，木や潅木がクモの網でびっしりと覆われた場所では飛び方を変え，クモの糸が付着しないように，植物の間を低く飛ぶ (Corbet 1962a: 138)．トンボの成虫は，クモの網を見て，それを避けることができるらしい．Libellula saturataの雄は，ガマ属Typhaの株間の水面上に張られた大きなクモの網に出会うとその前で急にとまってホバリングを行い，約0.5m下降してから，クモの網の下側を飛んで，その水域から去った (White 1979)．

成虫は，細いクモの糸，露，そして時には鳥の糞のような，好ましくない異物を体から取り除くために，型にはまった清掃行動をする（図8.34）(Jurzitza 1988a: 20)．この動作は，「化粧落とし」（ドイツ語のPutzvergang; St. Quentin 1961），「身繕い」(Bick & Hornuff 1965)，「慰安」(Utzeri et al. 1987b)，あるいは「羽繕い」とも呼ばれ，時々摂食の後に行われる (Fincke 1992c)．清掃行動は，眼や翅を汚すことによって引き起こされることがあり (Kaiser 1974a)，均翅亜目で最も頻繁に見られ，これまでに少なくとも6つの科で記録されている．よく発達した脛節の爪をもつトンボ目のすべての種で見られるようであ

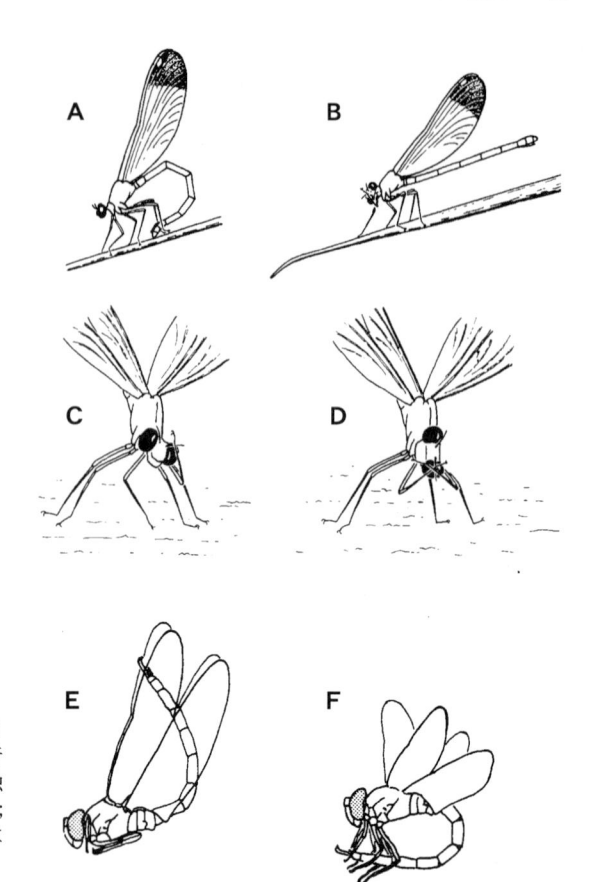

図8.34 とまっているときのオアカカワトンボ（A〜D）と飛行中のヒスイルリボシヤンマ（EとF）が示す清掃行動．A. 腹部先端；B. 単眼と頭頂部；C. 左複眼；D. 左触角；E. 前後翅；F. 腹部先端の清掃．体長：A〜D. 46 mm；EとF. 74 mm．（A〜DはHeymer 1972bより，EとFはKaiser 1974aより）

る．*Cora* 属のトンボは，交尾後の一連の身繕いの間に腹部を（上下させて）繰り返し翅の間を通過させる．*C. semiopaca* は，攻撃的遭遇が長引いた後にもその行動をとる（Fraser & Herman 1993）．Heymer（1972b）がアオハダトンボ属について確認したように，どのような清掃行動であっても，その一連の動作が通常数秒以上続くことはなく，かなり型にはまった行動が何度も繰り返されることが多い．表8.16に示すように，清掃行動は飛行中にも見られるが，その間は，3対の脚のすべてを使うことができる．Kaiser（1974a）は，眼の清掃は飛行中には行われないと考えた．それは，頭部と胸部の間の繊細な重力定位装置を混乱させるかもしれないからである．ある種のトンボは，特定の時間帯に頻繁に清掃行動を行うように思われる．ヒスイルリボシヤンマのパトロール行動中の雄は，明らかな理由なしに頻繁に清掃行動を行うが，水域を離れる前の数分間は必ず清掃行動を行う．また，そこに到着する少し前にも時々清掃行動を行う（Kaiser 1974a）．*Selysioneura cornelia* の雌は，産卵中に清掃行動を行うようだ（St. Quentin 1961参照）．早朝に露を払うために行う清掃行動の効用については，§8.4.5で記述した．クモ食をするハビロイトトンボ科の種は，クモの網から餌動物を盗んだ後にしばしば眼と翅を清掃する（クモの糸がまとわりつくに違いない）（Fincke 1992c）．とまっているトンボにとっても（*Cercion lindenii*；Utzeri et al. 1983），飛行中のトンボにとっても（*Aeshna affinis*；Utzeri & Raffi 1983），腹部上下動（§8.4.1.2）は翅の清掃行動と解釈できる場合があるだろう．飛行中のトンボの例は，雄成虫がマークを付けられた直後に目撃されている．キバネルリボシヤンマの雄は，水中に飛び込んだ直後に翅の間で腹部を背面に曲げる（§8.4.1.1；Paine 1995a: 23-24のT. G. Beynon）．

混乱させるイメージを示すことは，トンボが捕食者から逃げようとする際に役立つかもしれない．大部分のハビロイトトンボ科のトンボは翅の端部に目立つ斑紋をもっているので，飛行すると回転する風車のような像が生まれる．Sid Dunkle（1989b）は，これが体の輪郭をぼかしており，鳥類による攻撃をかわすのに役立つだろうと示唆した．*Tetrathemis flavescens* の雄は，とまっているのを邪魔された後や林の中に飛び上がる前に，視覚的に混乱を生じさ

8.5 他の生物との相互作用

表8.16 成虫が行う清掃動作

清掃される器官	清掃動作
触角	頭部を90°回し，両前脚[a]によって擦る（図8.34D）
単眼と頭頂部	頭部を90°回し，前脚で擦る（図8.34B）
複眼	前脚（図8.34C）あるいは前・中脚で（González-Soriano et al. 1982）同じ側を擦る
前脚	頭部前方で両脚を擦り合わせる．飛行中も行う（Ubukata 1975）．あるいは口器で清掃する
後脚	腹部の下方で互いに擦り合わせる（Ubukata 1985b）
片側の全脚	互いに擦り合わせる（Ubukata 1985b）
全脚	飛行中に一緒に擦り合わせる（Kaiser 1974a）
後翅	中脚と後脚で擦る（St. Quentin 1961）
前後翅	翅と翅の間に腹部を入れて上下に動かす．飛行中にも行い，そのあと翅を打ち合わせすることがある（図8.34E）．時には成虫が打水した直後に見られる（Kaiser 1974a）
腹部	後方の腹節を下方向に曲げて後脚で擦る（図8.34A）．飛行中も行い，そのときはすべての脚が腹部を擦る（図8.34F）

出典：断らない限り，Corbet 1962aとその中の文献．
注：記載されたもののすべては，断らない限り，とまっているトンボについてのものである．
[a]「脚」とは脛節の櫛状剛毛および時に脚の跗節を意味する．口器で集められた水滴が，脚によって眼，頭部および脚を洗うのに使われることがある．

せる上下飛行を行うが（Tillyard 1906b），これも類似の機能を果たすかもしれない．

　逃避反応を引き起こすのに十分大きな物体が接近したときに，とまっている均翅亜目が，身を隠そうとすることは珍しいことではない（Frantsevich 1982）．また，彼らは，侵入者の方向から見える体の輪郭が最小になるように，しばしば茎の周りを動く，つまり**横歩き**する．成虫は，体は隠れるが複眼の側縁が両側にわずかに突き出せる幅の茎を選ぶことで，また体を茎にぴたりとつけるか平行に保つことで，横歩きによって即座に，しかも目立たぬように，反応できる場所を確保している（表A.8.6）．Marianne Kiauta（1986）は，この行動を英語の俳句でありありと描写している．

> Dragonfly eyes
> On both sides of a grass stem
> Watching intruders.

（とまった草の茎の左右に，こちらをうかがうトンボの眼が覗いている様子）

　横歩きは均翅亜目では普通に見られるが，不均翅亜目では時折目撃されるにすぎない（曽根原 1965）．テネラルな成虫とごく少数の種（例：*Cordulephya pygmaea*；Davies 1982）の成熟個体を除いて，不均翅亜目の翅は側方に突出しており，横歩きはかえって目立たせることになるからであろう．横歩きは，雄にも雌にも見られる．大きな物体が接近したときや，機敏な飛行能力が未発達のとき，逃げる時間も場所もないとき，そして物理的な条件（通常は低い気温）が飛び立つのを妨げたりするときに横歩きを行う

（青柳 1973；Winstanley 1986）．「眠っている」キタルリイトトンボや*Enallagma carunculatum*は，大きな物体が接近したり物理的に接触するのに反応して横歩きをしたりする（Logan 1971）．これは，水面下で，タンデム態で産卵している*Coenagrion angulatum*の雌がとる行動や（Sawchyn & Gillott 1975），タンデム態か交尾の環状姿勢のときにキバライトトンボの雄がとる行動（Rowe 1987a）と同じである．ねぐらに就いているヒメハビロイトトンボは，大きな物体が接近したとき，その物体に対して暗色の背面ではなく淡い腹部の腹面が向くように，繰り返し体の向きを調節する．その際，体の方向を維持するために，小さく突き出た枝を迂回するように脚だけ動かすことさえする（Beatty & Beatty 1963）．水平の枝にとまっていた*Zoniagrion exclamationis*の雄は，何かが接近するとその枝の下面に移動した．Hal White（1979）は，観察者の動きによってその行動を引き起こすことができることに気づいた．*Cercion lindenii*のテネラルな個体は，何かに接近されると，横歩きをすることのほかに，それが適切な場合には，体を素早く低くし，とまっている茎に密着させ，それと平行にすることがある（Utzeri et al. 1983）．タンデム雄の姿勢とタンデムペアの集団が（主にカエル類による）産卵中の捕食に対する防御に役立つことは，§2.2.8で見たとおりである．

　とまっているトンボが接近してきた物体に実際に接触すると，横歩きに続く行動として，とまり場で（よくカムフラージュされていれば）不動姿勢に入ることがある（例：*Episynlestes albicauda*，表8.15）．しかし，とまり場から落ちて地面や植物の下に横たわることのほうが多く，その場合，脚を動かすことは

表8.17　成虫における不動反射の報告例

科	属
イトトンボ科	ルリイトトンボ属とアオモンイトトンボ属 (Parr 1965); *Megalagrion* 属[a,b]
サナエトンボ科	オジロサナエ属 (田端 1983)
アオイトトンボ科	ホソミオツネントンボ属[a]*, アオイトトンボ属[a], オツネントンボ属[b]
トンボ科	*Philonomon* 属 (Silsby 1986)
ホソイトトンボ科	*Palaemnema* 属 (González-Soriano et al. 1982)
ハビロイトトンボ科	ハビロイトトンボ属[a] (Beatty & Beatty 1963; M. L. May 1994); ムラサキハビロイトトンボ属[a] (Calvert & Calvert 1917)

出典：断らない限り，アオイトトンボ科に関しては新井 1987b，イトトンボ科に関しては Moore 1983b．
注：刺激に対する反応の迅速性と強度は，属で異なる．
[a] 脚は閉じ合わさって前方に向けて折り畳まれる．
[b] 脚は伸ばされている．
* *Indolestes*.

できるが，逃げようとはしない (Winstanley 1980c)．真の不動反射は，隠れたり飛んだりすることができないときの最後の手段として用いられるようであり，これまでに6つの科の成虫（未成熟個体も含む）で報告されている（表8.17）．成虫のこの行動は，幼虫のそれに非常に似ている（§5.3.4）．ハワイ固有の *Megalagrion* 属の一部の種の成虫は，ある刺激に反応して素早く不動反射を示し，それが約30分続くことがある．しかし，ハワイに移入されたイトトンボ科の2種の反応はあまり素早くない (Moore 1983b)．不動反射は，ハワイの *Megalagrion* 属では，成虫をつまんだり繰り返し触ると起きる．時には視覚的な脅威によってさえ起きることがある．活動性の回復は普通自律的に起きるが，時には動かない成虫に穏やかに息を吹きかけたり，近くでわずかに動いたりすることによっても起きうる (Moore 1983b)．マンシュウイトトンボの成虫を入れた小箱のふたをはずすと，不動反射が引き起こされた (Parr 1965)．とまっているヒメハビロイトトンボでは，とまっている場所から翅をつままれて引き離されると，ほとんど瞬間的に不動反射が起き，翅をつまんだとき，採集者は腹部の硬直を実際に感じることができた．この不動状態は数分間続き，採集者が翅から腹部の先端部に握りを変えると不動をやめ，すぐに翅を羽ばたかせる行動が始まった．それによって生じる色のフラッシュ（一瞬の出現）は，一部の捕食者を躊躇させるかもしれない (Beatty & Beatty 1963)．*Mecistogaster linearis* は，これとは少し違った行動をとるらしい．つまり，腹部をつままれると硬直するが，時には脚が届く小枝をつかもうとしたり，つまむのをやめると直ちに飛び立ったりする (M. L. May 1994)．

トンボ目，特に不均翅亜目の成虫の大部分は，捕まえられると激しくもがく．しかし，幼虫とは異なり，脚の自切はめったにおきない．それは，おそら
く，餌動物を処理したり，体を清掃したり，生殖活動を行うためには，すべての脚を1本も欠くことなくもっていることが成虫にとって非常に重要であることを示唆している．大型のトンボ目は，場合によると，自分を攻撃する敵を噛むために大顎を使う．なかには，血が出るほど人間の皮膚に穴をあけるものもいる (Paulson 1966)．表A.9.2に記録されているアメリカギンヤンマは，この方法でハチドリを殺したことがある．長い腹部をもつトンボ目（すなわち，不均翅亜目のパーチャーを除くすべてのトンボ類）は，しばしば腹部を腹側や前方に曲げ，時にはその先端で捕獲者を「突き刺し」たりえぐったりする (Hingston 1932)．この人間への警告のようにも見える行動は，おそらくトンボ類が一部の膜翅目と同じやり方で人を刺すといった言い伝えを生む一因になったと思われる（§12.2; Paulson 1981b 参照）．大型のオニヤンマ科やヤンマ科（特にカトリヤンマ族）の種がこの行動をとる．ヤンマを捕獲した人間は，その産卵管から手痛いジャブを食らうことがある．

捕食に対抗してトンボ目の成虫が示す上記以外の反応には，擬態を利用する威嚇行動がある．現在のところ，この行動の存在は，単に推測の域を出ない．トンボが突然相手を驚かすような行動をし，特にその行動が真に危険な動物が示す動作と似ている場合は，この類の威嚇かもしれないと考えてよい．とまっている不均翅亜目と均翅亜目の多くは，他の動物（同種の他個体を含む）がすぐそばまで接近したり触れたりすると，腹部を急に持ち上げる．この行動は，夜間ねぐらにいる不均翅亜目でしばしば目撃される (Corbet 1984a; Miller 1989b; §11.4.5 参照)．ハビロイトトンボ科の成虫が飛び立つときの翅端部のフラッシュは，威嚇のもう1つの例だろう．また，集団でねぐらにいるタイワントンボが，襲ってきたヒタ

8.5 他の生物との相互作用

表8.18 捕食者にとってまずいか危険である同所性の動物への擬態とみなされるトンボ

モデル（擬態される種）	擬態する種または型	地域	文献
サソリ目			
コガネサソリ科	ヨーロッパオナガサナエ	フランス	Miller 1995e
トンボ目			
Erythemis peruviana	*Planiplax sanguiniventris*	新熱帯区	Donnelly 1980
Orthemis levis	*Erythemis haematogastra*	新熱帯区	Donnelly 1980
双翅目			
ツリアブ科	コシブトトンボ	オマーン	Waterston & Piattaway 1990
鱗翅目			
*Hyaliris oulita cana**	*Euthore fasciata fasciata*[a, b]	ベネズエラ	De Marmels 1981a
*H. coeno coeno**	*E. f. fasciata*[c]	ベネズエラ	De Marmels 1981a
*Greta andromica**	*E. f. fasciata*[d]	ベネズエラ	De Marmels 1981a
*Oleria phemonoe**	*E. f. fasciata*[d]	ベネズエラ	De Marmels 1981a
トンボマダラ科	ハビロイトトンボ属 sp.	新熱帯区	De Marmels 1981a
チョウ	*Zenithoptera americana*	トリニダード・トバゴ	Geijskes 1932
膜翅目			
アナバチ科	オビヒメキトンボ[a, e]	アフリカ	Corbet 1962a；しかし Parr 1981b 参照
スズメバチ科	*Libellago* sp.	タイ	Donnelly 1993c
	ヒロバラトンボ[f]	イギリス	P. S. Corbet, 未発表の観察；S. A. Corbet 1995
	コハクバネトンボ[g]	北・中央アメリカ	Paulson 1966；Dunkle 1982；しかし Waage 1981 参照
	コハクバネトンボ属 spp.[e]	トリニダード・トバゴ	Michalski 1988
爬虫綱			
コブラ科[g]	*Paragomphus lineatus*	インド	本文参照（§8.5.4.8）

注：トンボ研究者の意見にだけ基づく評価．
[a] 想定された擬態は，時に熟達したトンボ研究者を野外で欺くことがある．
[b] 黄色型 *sulphurata* の雄（写真M.5）．
[c] 正常（白色）型の雄．
[d] 雌．
[e] 想定された類似性についてはトンボ研究者の間に不一致がある．
[f] 雌または未成熟の雄．
[g] コブラ．
*訳注：トンボマダラ科の種．

キ類に驚いて逃げるときに出す，カサカサ（シュッシュ？）という音も，その例かもしれない（Joseph & Lahiri 1989）．ゴンドワナアオイトトンボ科の *Rhinagrion borneense* のとまっている雄が示す，第8, 9腹節を突然平らにすることによって生じる青色のフラッシュと腹端部を立てる行動は，おそらくなわばりの宣言であると思われるが（Winstanley & Davies 1982参照），対捕食行動としての補助的機能もあるのかもしれない．表8.18に，少なくとも人間の観察者には不快な動物に擬態しているように見える，警告色，警告姿勢，警告行動を示すトンボの例を示した．つまり「不正直な」コミュニケーションの一様式であるベイツ型擬態の例である．このような認識が主観的なものであることは，例えばオビヒメキトンボ *Brachythemis leucosticta* やコハクバネトンボが擬態しているかどうかに関して，経験を積んだトンボ研究者たちの間で全く正反対の見解が並立していることからもよく分かる．

表8.18の記載事項には，補足を要するものがある．アメリカミナミカワトンボ科の *Euthore fasciata fasciata*（写真M.5）は，フラッシュ効果をもつ翅の紋様によって，飛んでいるときだけそのモデル（ドクチョウ）に似ていると言われている（De Marmels 1981a）．このトンボは，非常によく似ているので，経験豊かなトンボ研究者である Minter Westfall も一時的にだまされたほどである（De Marmels 1981b）．ミミック（擬態する種）とモデル（擬態される種）の異なる色彩型の対応関係は，魅力的な研究分野になっている．*Euthore* 属のトンボの雌は，表8.18に記載した *E. fasciata fasciata* の雄よりもトンボマダラ科のチョウ（*Greta andromica*）にはるかによく似ている（De Marmels 1997）．コハクバネトンボの雌は，その飛び方が彼らの想定されるモデルであるアシナガバチ属 *Polistes* に類似している．このトンボは，しばしば後翅を高く持ち上げ，前翅よりも後翅をゆっくりと打ち下ろすように飛び，その間，紡錘形の腹部を後翅の後縁に沿う位置に保つので，後翅と腹部を合わせるとモデルのハチの腹部に似ることになる（Dunkle 1982）．*Paragomphus lineatus* の成熟雄が胸部を持ち上げると，ミニチュアのコブラに見えると

いう話は，一部の信じやすい読者を魅了するに違いない．Peter Millerと私は，ともに本物のコブラの威嚇姿勢を目撃したことがあるのだが，1988年にインドのタミルナード州で採集された P. lineatus の標本を見て，すぐにコブラの威嚇を思い出したほどの酷似に，強烈な印象をもった経験がある．このトンボの腹部は，上方に曲がるとポーズをとっているヘビの形になる．第8および第9腹節の橙色をした膨大部はコブラの頭部を彷彿とさせ，下方に曲がった肛側板はヘビの毒牙に見えなくはなかった．この標本からの連想によって Ophiogomphus 属の属名の由来を納得したことや*，昔のトンボ目の一般名には暗にヘビを指し示すものが多いこともあって（例：Kiauta 1996；表12.3），二重に関心をそそられた経験だった．危険な動物のミニチュアのイメージが捕食者の攻撃を防ぐ可能性は，Hinton (1973) が説得力ある形で示している．これはオナガザルと同所的に生息するシジミチョウ科の蛹（サルの顔に似ている）の観察（Hinton 1955）をもとにした議論であるが，多くの昆虫食の鳥類は瞬時の凝視によって狩りをするので，イメージの絶対サイズを誤認することがあることが，その根拠になっている．

トンボ類が，近くにいる捕食者を忌避させるような（人間に聞こえる）音を出す点に関しての報告は見当たらない．不均翅亜目の中には音を出すものがあるが，明らかに飛行中だけであり，翅が互いに擦れたり（Nachtigall 1976），おそらくは耳状突起に擦れたりする（Donnelly 1995a）ときに発生するのだろう．遅い薄暮時にトンボ（カトリヤンマ族と想定される）の出す音が，ペルーのマドレデディオス Madre de Dios（南緯12°）でコウモリ探知機によって記録されている（Hoffmann 1996）．

8.5.5 競争者

トンボ目以外の動物とトンボが，空間をめぐる競争のかたちで互いに干渉しあうことは，ごく稀に見られる．例えば，ニュージーランドのチャタム諸島 Chatham Islands では，タテハチョウ科の1種（Bassaris gonerilla ida）はミナミエゾトンボ Procordulia smithii を迎撃し，短い回転飛行で追い払い，その後，日光浴の場所に戻った（Rowe 1987a）．別のそのような例として，ヤンマ科とハチドリ類の間で稀に見られる相互作用があげられよう（表A.9.2）．しかし，トンボと他の動物との相互作用に関するほとんどすべての記録は，この項で扱ったものを除けば，トンボ目どうしの間で見られるものである．

8.5.5.1 同種他個体

トンボ目の相互作用の大部分は同種内で生じ（Lutz & Pittman 1970），第11章の主題である生殖行動に関係する．たまに見られる捕食（表A.8.9）を別にすれば，残りの種内相互作用は未成熟個体と成熟個体に関するものと（これは，しばしば成熟個体による未成熟個体の摂食に終わる），摂食場所をめぐる競争（§9.5.5）である．いろいろな行動が，未成熟個体と成熟個体が衝突する可能性を減少させている．両者は時空的に分かれ（§8.2.4），未成熟個体はおそらくその色彩（§8.2.2.2）や飛行スタイル（§8.2.4）によって，同種の成熟雄による攻撃や偵察反応を過って引き起こさないように保証されている．テネラル個体は，処女飛行の際に水域を離れ（Corbet 1962a；Parr 1976），成虫は性的に成熟するまでは戻らないのが普通である．マンシュウイトトンボは，前生殖期の成虫が成熟期間中も水域のすぐ近くにとどまる（Parr 1973d）数少ない種の1つであるが（表A.8.9），この種で種内捕食が珍しくないことは重要である．しかし，未成熟個体と成熟個体がしばしば高密度の集団となって一緒に採餌をすることはトンボ目では普通であるが（§9.5.1），それが見られるのは，生殖活動に適さない場所や気温のときである．

8.5.5.2 トンボ目の他の種

捕食以外の種間相互作用は，トンボ目の同所性の種間で見られ（§11.3.4），その強さは体サイズの類似性と相関があるように思われる．この関係は，生方が日本の北海道のトンボ群集において，成虫活動期の季節的な分離を記載する際に認めたものである（表8.9）．繁殖場所で衝突が起きるときには，ある種がほとんど常に他種を追い払う形で，異種の雄間に序列が存在することがある．例えば，Norman Moore (1991a) がブリテン島の南部で研究した池では，ヒスイルリボシヤンマの雄は，クレナイアカネの雄を追い払い，アオイトトンボとヨツボシトンボの雄は，いずれもタイリクアカネの雄を追い払う．にもかかわらず，Mooreは，1つの種が他種を完全に排除する証拠は全くなく，種間相互作用はその個体群にはわずかな影響を与えるだけか全く影響を与えないことに気づいた．Mooreによって記載された例，すなわちアオイトトンボがタイリクアカネを追い払う例や Lestes unguiculatus が小型のアメリカアオモンイトトンボによって頻繁に置き換えられる例はあるが

---

*訳注：ophio- はヘビという意味の接頭語．

(Bick & Hornuff 1965),普通,排除されるのはより小型の競争者のほうである.例えば,パトロール中の*Epicordulia princeps*は小型の*Neurocordulia xanthosoma*を攻撃し,水域から追い出そうとする(C. E. Williams 1976).このような相互作用を減少させるような淘汰圧は,種々のニッチ分割の原因かもしれない(Bernard 1995b).例えば,より攻撃を受けやすい種は,活動をより水面に近い層だけに限るかもしれないし(Warren 1964),相互に干渉しあう種は,1年の異なる時期に活動するかもしれない(表8.9).また,1日の活動パターンを違えることもあろう(§8.4.4).共存するアカネ属の種の雄どうしは,頻繁に攻撃的に干渉しあうことがある.Michiels & Dhondt (1987)は,ベルギーで生息場所を共有しているムツアカネとタイリクアキアカネおよびミヤマアカネの間で競争が行われていることを確認することはできなかった.彼らが到達した結論は,生息場所と日周活動パターンの分割の程度が大きいことが,種間の相互作用を小さくする助けになっていることである.また,種によって攻撃性の程度と同種他個体を認識する能力に違いがあり,これが種間相互作用の頻度と強さに影響を与えていることも指摘している.同じ空間を共有する複数種の成熟成虫間の相互作用は,日周活動パターン(§8.4.4)に違いがあれば,おそらく緩和されるか避けることができるだろう.また,産卵(アメリカカワトンボ属,Johnson 1963c),とまり場(ルリイトトンボ属,Tennessen 1975),なわばり行動(カオジロトンボ属,Pajunen 1962a;エゾトンボ属*Somatochlora*,武藤 1960c),タンデム形成(エゾイトトンボ属*Coenagrion*,Consiglio et al. 1972)といった行動に利用する微生息場所に違いがあれば同じことが言えるだろう.Rehfeldt & Hadrys (1988)は,共存するエゾアカネとクレナイアカネの集団で,とまり場の高さと方向,産卵場所,とまる時間の割合などを両種が分割することによって,種間相互作用を減少させていることを見いだした.また,同種を認知する能力が種によって違うことが相互作用の頻度と強さに影響を与えていることも明らかにした.しかし,同所性の複数種が分離する行動を特定する試みは,しばしば不成功に終わっている(例:サオトメエゾイトトンボと*Coenagrion pulchellum*,Van Noordwijk 1978).種間相互作用は,雄が出会い場所で過ごす時間を減らす可能性があるので,種間相互作用は,干渉型競争と消費型競争(水域にいる時間は資源と考えて)の両方の性格をもつと考えることは理にかなっている.このような競争の適応度への影響は,さらに調査されるべきである.

8.6 摘　要

前生殖期の長さはその種の生活環を忠実に反映している.前生殖期が夏季や冬季,あるいは乾季にかからない種(多くの種がこれに入る)では,この期間は約2週間(1日から2ヵ月の範囲)続く.この期間の長さは,通常,雌より雄がやや短く,不均翅亜目(中央値が14.2日)よりも均翅亜目(10.9日)のほうがやや短い.前生殖期の長さは,夏眠をする温帯性の種では2〜18週続き(夏季の気温によって変化する),夏眠や冬眠をする種では30〜34週続く.一方,耐乾休眠する熱帯性の種では,その長さが9ヵ月を超すこともある.前生殖期に夏眠をする成虫の日当たり生存率は,時には0.99以上になることがある.この前生殖期の間に,形態,生理,色彩,行動,および外見の変化が起き,そのうちのいくつかは羽化後の日齢を推定する基準として使える.その後の繁殖成功と密接に関連した変化には,生殖腺の成熟,特に雄の場合は,白粉を帯びることを含む体色変化がある.さらに,摂食の結果としての体重増加は,主に雄の飛行筋や雌の卵巣が増大する結果となる.

不均翅亜目と均翅亜目の生殖期の長さは,それぞれ平均12日と8日であるが,前者で64日,後者で77日という記録もある(最長寿命の中央値はそれぞれ38.7日と29.8日).野外での日当たり生存率は大体0.73〜0.94の範囲であり,平均寿命に換算すると,それぞれ3.7〜15.6日となる.

種内や同性内の体色変異は,次の3つの過程の相互作用の結果であるかもしれない.すなわち主に前生殖期の間の加齢と色彩多型,そして気温によって生じる可逆的な色彩変化である.雄色型と雌色型を含む色彩多型現象は,一部の属,特にルリボシヤンマ属とアオモンイトトンボ属に多く見られる.また,季節的あるいは気候的な色彩型も明らかにされている.気温によって生じる可逆的な色彩変化によって,成虫(特に雄)は,性的に活性の高いときは派手な色彩に,不活性なときは地味で隠蔽的になることができる.おそらく長波長の太陽輻射の吸収を増加させたり,体を太陽輻射の入射に対して定位させる能力を増大させて,体温調節機能を促進しているのであろう.

成虫は周囲の気温に対して気化冷却や,外温性の体温調節,内温性の体温調節といった,行動的あるいは生理的な反応で体温調節を行っている.体温調節の方法はフライヤー(3つの方法すべて)とパーチ

ャー（主として外温性の体温調節）で異なっている。気化冷却の中には，飛行中に行う間欠的な水浴も含まれる。外温性の体温調節には太陽光に対する姿勢の制御や，微生息場所の選択，活動の日周パターンの調整と表皮下の色素形成が含まれる。内温性の体温調節には翅震わせや飛行による代謝熱の増加，体を冷やすための血リンパ循環の利用，冷却装置としての腹部の利用，そして滑空飛行が含まれる。暑い砂漠地帯に生息するトンボは，涼しい地域の同種個体よりも高温に対して高い耐性を示す。

　繁殖場所における成虫の数は，季節的にも日周的にも特有の時間的変化を示す。季節的なパターンは羽化曲線や前生殖期の長さを反映するものであるが，時には時空間的に同所的な種間で分離していることがあり，そうすることで互いが接触し競争することを避けているのだろう。熱帯性の種の季節パターンを決定する要因は，降雨以外はほとんど知られていない。しかし温帯性の種はそれぞれが生活環タイプを反映した3種類の基本的な季節パターンを示す。

　日周活動のパターン，特に日中のパターンは，単峰であるか二峰であるか，活動のピークが午前にあるか午後にあるか，飛行が薄暮性か薄明薄暮性かによって，6つのカテゴリーに分類することができる。特に高緯度地方や高標高地では，日周活動のパターンはめまぐるしく変化する天候の影響を受けやすい。夜や悪天候，時には夏眠や冬眠，または耐乾休眠中に，成虫はあまり目立たない特有な姿勢でねぐらに就く。時に前生殖期だけでなく生殖期にある雌雄が集団となってねぐらに就くこともある。朝のねぐらでは飛び立つ前に，体を温めるための定型化された一連の動きがしばしば見られる。

　片利共生動物は，トンボの成虫を輸送手段として，あるいは摂食場所として（トンボの餌動物の配分を受けることで），さらに卵の捕食寄生者の場合には，トンボが新しく産み付ける卵への案内者として利用する。トンボの成虫の生存に重大な影響を及ぼす寄生者には，内部寄生者（グレガリナ亜綱，吸虫綱，条虫綱）と外部寄生者（ミズダニ類）がある。ミズダニ類の筆頭は，ヨロイミズダニ科の種である。彼らは，トンボのファレート成虫に便乗し，羽化の際にテネラルな成虫に乗り移って付着し，主に前生殖期の間に体や翅の外部寄生者として血リンパを摂取する。テネラル期以降のトンボの成虫を時々大量に摂食する捕食者としては，クモ，昆虫（トンボ目，ムシヒキアブ科，アナバチ科），魚，カエル，鳥があり，鳥の中ではハヤブサ類，ノスリ類などのタカ科，ツバメ類，ハチクイ類，サギ類（特に健康状態の悪いとき）が主なものである。枝葉から表面採餌するタイプの昆虫食のコウモリは，恒常的ではあるが，トンボを捕食することはそれほど多くない。捕食されるのを低下させるようなトンボの行動には，とまっているときや飛んでいるときの隠蔽性，細いクモの糸を取り払う清掃行動，フラッシュ効果をもつ色彩，とまり場の周りの横歩き，じっと動かないでいること，不動反射，もがき，噛みつき，突き刺し，そして想定されるベイツ型擬態などがある。

　トンボの成虫に関する研究で最も優先すべきなのは，性成熟の指標となる基準についての知識を改善すること，体温とその調節の適応的意義についての理解を深めること，そして，前生殖期および生殖期の間の最も一般的な活動に適用できるエネルギー収支表を作成することである。

Chapter 9

成虫：採餌

> かすかな叫びをあげて消え去る虫の群れ，
> ぐんぐん速度を上げる私の銀翼の複葉機．
> ―ウィリアム・ブロマー（1903–1973）

9.1 空中捕食者としてのトンボ

　この章では，採餌と摂食という2つの行動を扱う．**採餌**という用語は，食物の獲得と消費に関連したすべての行動を指し，**摂食**は食物の捕獲，処理や摂取を指すものとする．トンボの成虫は，自分よりもかなり小さなサイズの多くの種類の飛翔昆虫を摂食する捕食者である．常にあるいは短期間だけ場当たり的に，特定のタイプの餌動物を摂食するように特殊化した種も一部にはいるが，そのことでこの一般性が失われることはない．大部分のトンボは多種類の餌動物を摂食する捕食者ではあるが，「ランダム」に餌動物を探しているのではない．飢えたトンボは，いつ，どこで餌動物を探すか，どの餌動物を捕まえるか，いつ採餌をやめるか，そしていつ新しい採餌場所に移動すべきかなど，採餌行動を選択する必要性に常に直面している．最適採餌理論は（Krebs & Davies 1991参照），トンボの幼虫を含む多くの捕食者が採用している餌動物の選択基準を明らかにする有益な道具となる（§4.3.6）．しかし，トンボの成虫，特にフライヤーはその機動性と敏捷性のために，彼らの採餌行動に関する我々の知識の多くは定性的で逸話的なままになっている．幸い，技術的な工夫によって，特定の種のパーチャーについては採餌行動の定量化が可能になった．東和敬（1973）が先駆的に行った仕事の結果は，分類群全般にわたって十分当てはまるものなので，パーチャーだけでなくフライヤーにも適用できると期待される．

　この章では，トンボが餌動物を効率的に獲得するという普遍的な問題にどのように取り組んでいるのか，そしてどのように採餌の利益とコスト（エネルギー消費，死亡のリスク，繁殖機会の見合わせなどの諸条件で見たコスト）のバランスをとっているのかを確かめながら，空中採餌と表面採餌の2つのモードについて議論する．

　採餌行動は，探索や発見，追跡，捕獲，制圧，処理からなり，処理は咀嚼や摂取，消化，吸収，排泄からなっている．採餌行動の十分な理解には，それを支配する環境，特に物理的要因，餌動物の得やすさ，トンボの代謝，およびどのような相反する要求が行動に影響するか（Baird & May 1997参照；Mayhew 1994）などの知識が必要であることがすぐに明らかになる．

9.1.1 採餌ニッチ

　とまっている餌動物だけを表面採餌するトンボも少なくないが（§9.3），ほとんどのトンボは空中で捕まえる小さな飛翔昆虫に依存して生活している．その採餌モードは約7世紀前に中国の画家の銭選（Kevan & Lee 1974）によって正確に描かれ，また，3世紀以上も前にJan Swammerdam（1669）によって明瞭に記述されている．したがって，トンボは多くの昆虫食の鳥（例：ハチクイ類やヒタキ類，ツバメ類），コウモリ類，さらにツノトンボ科やムシヒキアブ科のような昆虫と採餌ニッチを共有しているといえる．これは，Ideker（1979）がテキサス州で，Alrutz（1993）がオハイオ州で行った観察の報告によく示されている．テキサス州でラセンウジバエ*Cochliomyia hominivorax*の根絶プロジェクトの一環として放されたギンヤンマ属*Anax*，ウスバキトンボ属*Pantala*，およびハネビロトンボ属*Tramea*からなる混合集団は，ツバメやサンショクツバメと置き換わってしまった．オハイオ州ではこれらと同じ3属のトンボが入り混

じった集団が，刈り取りに追いたてられて乱れ飛ぶ昆虫の大群がいる場所で，「刈り取り機についていくツバメのように」採餌していた (Alrutz 1993: 5)．

現生のトンボ目だけでなく祖先の原トンボ目でも，脚が翅の付け根より前方に，しかも，空中での採餌に都合がよいように前向きに付いている．このような形態から判断して，トンボは少なくとも石炭紀後期（約3億年前）から，空中で採餌してきたと思われる (May 1982)．したがって，トンボとその直接の祖先が占めてきたこのニッチは，彼らの進化の歴史の大部分の間，揺るぎないものであったのは明らかである．しかし，原トンボ目の複眼は，現在のトンボの複眼よりも頭部や体に比べてずっと小さかったので，原トンボ目は小さくて早く動く餌動物を摂食できなかったかもしれない (Sherk 1981)．空中捕食者である他の昆虫の一部は外観がトンボに似ており，Janssens (1954) が「アグリョニスム」(l'agrionisme) と名づけた収斂状態を示している．しかし，これらの分類群を含めても，空中採餌に最も顕著で，高度に発達した形態的な適応を示しているのはトンボである．これらの適応には，斜めになった胸部によって長い脚を前方の頭部下方に向けられることがあげられるが，最も顕著に発達しているのは飛行と視覚に関するシステムである．

9.1.2 空中での機敏さ

彼らの空中での機敏さや総合的な飛行技術においては，数種の猛禽類を除けば，トンボ（特に不均翅亜目）は他の動物に比べて際立っている．飛行技術を加味して評価すると，まず間違いなくトンボは地球が生み出した最高の飛行動物と言えよう．トンボの飛行の仕組みについては，近年多くのことが明らかになり (Wootton 1992; §10.3.1.6も参照)，特有な構造と機能のいくつかも明らかになりつつある．

他の飛翔性昆虫と比べて，トンボは胸部重量が大きく（最大で全体重の63％），また，翼面荷重が小さい（$0.02〜0.04 \mathrm{g/cm^2}$; Polcyn 1988）．ただし，雌はそれほどでもなく，特にフライヤーでは胸部重量が全体重の37〜38％と小さい (May 1995b)．ヨーロッパのトンボの比較研究から (Grabow & Rüppell 1995)，翼面荷重は大型の不均翅亜目で最も大きく，均翅亜目は不均翅亜目よりもかなり小さいことが分かっている（特にカワトンボ科）．不均翅亜目の中ではトンボ科が最も小さい．雄の翼面荷重は，雌よりも14〜18％小さいのが普通である．Wakeling (1997) が調べた不均翅亜目と均翅亜目の種では，翅の面積と仮想質量＊の間には正確な相対成長の関係式が成り立ち，式のパラメータは各翅の図心の位置から予測できる．一方，翅の質量と仮想質量の相対成長関係は縁紋が影響してばらつきが生じている．翅の付け根と体重の重心の相対位置は，飛行スタイルや機動性に反映される．つまり，不均翅亜目と均翅亜目とで飛行スタイルが異なるのはこの違いによる．しかし，フライヤーとパーチャーの間には，一貫して検出できるような翅の形の違いはない (Wootton 1991も参照)．

結節は，翅の前縁に弾性応力への耐性を与え，強い捻れを可能にしただけでなく，それ自体が衝撃緩衝の働きをしているようである (Norberg 1975)．縁紋は「慣性調節装置」の役目をし，**臨界滑空速度**，つまり前翅に自己励起振動が起き始めるまでの速度を高めることができる．縁紋は全体重のわずか0.1％しかないのに，この臨界速度を25％も上げることができる (Norberg 1972)．前翅と後翅の前縁にある棘の形状と密度は（両亜目で特徴が異なる），飛行時に翅表面の空気の流れを調節する役目があるのかもしれない (D'Andrea & Carfi 1994)．翅脈に付随するさまざまな微細構造についても同じことが言えるだろう (Bechly 1995参照)．

トンボは素早く飛び立つために効果的な機構をもっており (Miller 1974; Rudolph 1976a, c)，特にパーチャーでこの能力が役に立っている．飛行の際，トンボは頭部の触角 (Gewecke et al. 1974) や毛状感覚器官 (Sveshnikov 1972) を気流センサーとして使用し，飛行動作や飛行速度を調整したり制御したりしている．頭部の垂直姿勢は光背反応によって維持されている (Hisada et al. 1965)．頭部としなやかで精巧に結合し，感覚毛を備えたトンボの胸部は，双翅目の平均棍と機能的に類似していると考えられ，おそらく，縦揺れや偏揺れの変化，さらに平面の横揺れも感知できるような慣性基盤重力装置の役割をしている (Mittelstaedt 1950)．この装置や頭部を固定するシステムの形態は，動物の中では独特のもので，Stanislaw Gorb (1993およびその中の引用文献) によって詳しく研究されている．彼は26科に及ぶ100種以上の拘束器を調べている．そして，後頭部表面上の微毛と後頸部節片との接触様式に基づいて，拘束器を7種類の形態タイプに分類した．このシステム

＊訳注：「仮想質量」とは，物体が流体中を進むときに粘性によって付加される質量．仮想質量は翅の面積に対して比例関係にはなく，両対数グラフ上で直線となる「相対成長」関係を示す．また，「図心」は面積が1点に集中して存在するとみなされる点であり，均質・等厚の板状であれば重心と一致する．

は，姿勢の固定（休止中，摂食中，あるいは雌がタンデム態にあるとき）と運動性（速く飛んだり，機動的に飛んだりするとき）の両方に機能する．とまっているトンボを素手で捕る伝統的な方法が，日本 (Hatto 1995) とバリ島 (Pemberton 1995) にある．これはトンボの目の前で，人さし指を直径2～5cmの円を描くようにくるくる回しながら，つかめる距離までしだいに近づける方法である．その際，トンボらしくない身動きしない状態になるが，これは，拘束システムを定型的なモードから可塑的なモードへうまく切り替えられないためなのかもしれない．

飛んでいるトンボは，ホバリング (Weis-Fogh 1967a; Savage et al. 1979) や滑翔 (Gibo 1981) をする能力によってその機動性を著しく高めている．また，胸部の換気装置を使うことや (Weis-Fogh 1967a)，胸部と腹部の間の血リンパ循環調節によって代謝率を上げることでも (May 1976b)，機動性を高めることができる．このような野外条件下での飛行機動性の分析は (Rüpell 1989a; May 1991b)，トンボの体をこの世で最も優れた飛行機械と見なしてその形態のデザインと働きを研究することに，また，昆虫の飛行の生理学的な理解を深めることにも多大な貢献をしてきた．

9.1.3 視 力

視覚の性能に関して言えば，トンボは大変際立った存在である．実際これほど大きくて，多くの個眼からなる複眼をもつ昆虫は，トンボをおいてほかにない．日本にはこんな俳句があるほどだ (Blyth 1952)．

　　蜻蛉の　顔は大かた　眼玉かな　　（知足）

この項では，トンボの眼が，飛びながら採餌をする過程にいかによく適応しているかを簡単に紹介する．この分野の研究指針となった重要な研究として Gordon Pritchard (1966) と Truman Sherk (1978b, c, 1981) があり，以下の記述の多くはそれらからの引用である．トンボを含む昆虫類の視覚一般については，Horridge 1977, Wehner 1981 や Land 1989 を参照されたい．トンボの視覚に関しては Lavoie et al. 1981 と Lavoie-Dornik et al. 1981 による総説がある．

トンボの視野はほとんど360°になるので，頭部のすぐ後側，すなわち体と翅が視界を遮っている部位以外は，すべて見えている．これはトンボを捕まえればすぐに分かることである．もし **dragon** という言葉に「良く見える」という意味がある (Onions 1966) ならば，**dragonfly** はまさにトンボにぴったりの名前である．幼虫にも大きな複眼があるが (§4.3.2.1)，幼虫から成虫への変態に伴って**個眼**（**小眼**と呼ばれることもある）の数は膨大に増え，また個眼そのものも大きくなる．その結果，頭部背面に新しい個眼が急速に広がることになる (Sherk 1978c)．エゾトンボ属 *Somatochlora* の成虫を見ると，幼虫と成虫の複眼の大きさの違いがはっきり分かる．幼虫時代の複眼は全く機能しなくなり，成虫の複眼では後ろ側にある白っぽい小さな隆起として認められるだけである（写真 N.2）．

複眼は，色，紫外線，光の偏光面，そして（空中での採餌におそらく最も重要な）動きを検出できる．個眼は複眼全体に均等に分布しているわけではない．複眼の下側では，個眼はサイズがよくそろっていて小さい．一方，上側では，ほとんどの個眼が一定の方向に向いている．このことは，紫外線と偏光面に対する感受性が，この領域に限定されていることと関係している (Armett-Kibel & Meinertzhagen 1983; Meinertzhagen et al. 1983; Yang & Osorio 1991)．個眼の向きは，隣り合う個眼どうしの角度（**個眼間角度**）の違いによって決まる．最も良く動きを検出するのは，**高分解能域** (Land 1989) あるいは**フォベア** (Stavenga 1979) と呼ばれる部位で，そこでは個眼の直径が大きく（個眼の直径が大きいと，単位時間当たり受容できる光子量が多くなり，小さなレンズ特有の，回折による「ぼけ」を最小限に抑えられる），個眼間角度が小さくなっている（狭い領域を多数の個眼で見ることができる）．高分解能域は，観察者が複眼との相対的な位置を変えると，それにつれて動くように見える黒い点である**擬瞳孔**（写真 N.1）を形成する．擬瞳孔の大きさは，トンボの特定方向の視力を推定する良い指標となる[*]．ヤンマ科では高分解能域の分布は，成虫が飛行したり採餌したりする環境と深い関係があることが知られており，これは他の科でも同じかもしれない．例えば，地平線がほとんど妨げられることなく見える砂漠にいる種では，高分解能域が両眼の赤道上に帯状に存在するが，地平線が樹木で遮られる針葉樹林にいる種では，高分解能域は複眼の赤道よりも約15°上側から始まる．前方の視野をカバーする高分解能域は，ハナバチや

---

[*]訳注：我々がトンボの複眼を見たとき，トンボは擬瞳孔と重なった個眼で我々の眼をとらえている．擬瞳孔の大きさが複眼を見る角度によって変わるのは，複眼の部域によって視力が異なることを示している．高分解能域＝フォベアとは視力が最も高い所を指すので，この場合，擬瞳孔が最も大きくなる部位である．

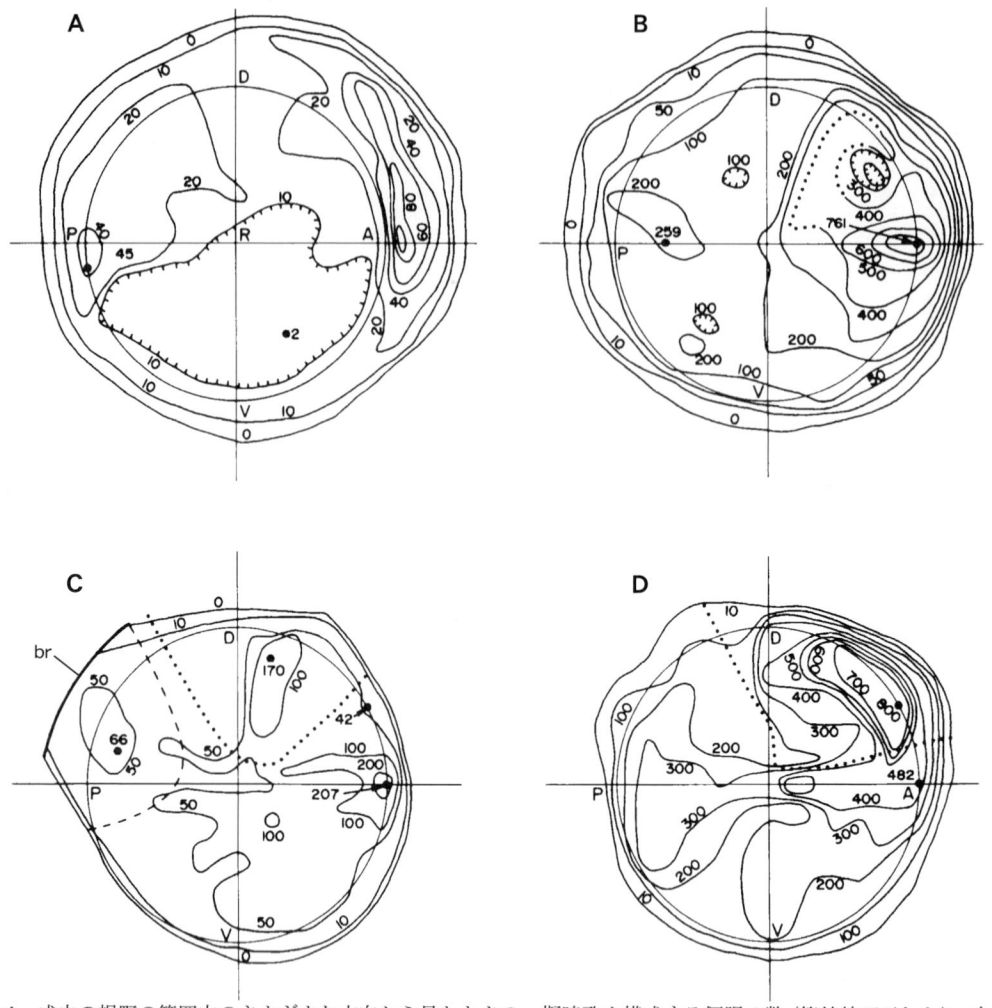

図 9.1 成虫の視野の範囲内のさまざまな方向から見たときの，擬瞳孔を構成する個眼の数（等値線で示した）．右側から見た図．A. *Lestes unguiculatus*．原始的な，パーチャー型の均翅亜目；B. アメリカギンヤンマ．速く飛ぶフライヤー型のヤンマ科の種；C. *Somatochlora albicincta*．速く飛ぶフライヤー型のエゾトンボ科の種；D. *Sympetrum corruptum*．パーチャー型のトンボ科の種．AとBにおいて棘のある等値線で囲まれた部位は，その周囲を見るときよりも小さい擬瞳孔によって見ている視野の部位である．Bの点線で囲まれた部位は背側の高分解能域を表している．Cの点線で囲まれた部位は，大きな背側の個眼によって見ている部位で，視軸の方向に沿って見たとき，黒ではなく，橙色に見える．破線で囲まれた部位は，残存している幼虫期の個眼によって見ている部位で，その視野は眼の後部に位置する黒い稜線（br）によって部分的に遮られる．Dの点線で囲まれた部位は，大きな背側の個眼によって見ている視野の部位で，視軸の方向に沿って見たとき，橙色に見える．多くのトンボは複数の高分解能域（ここでは黒点で表示）をもっていて，前方を見るもの (B, C, D) や，水平軸の方向を見るもの (D)，経度0°の前方背面部に沿う方向を見るもの (D)，前面経線に沿って見るもの (C) などがある．等値線の間隔は，トンボの種によって異なる．(Sherk 1978bより)

チョウと同じように，おそらく前方への飛行に関係し，一方，背面の高分解能域は，餌動物を見つけるのに用いられる．

予想されるように，高分解能域の位置は，飛行や採餌のモードと密接な関係があり，フライヤーとパーチャーとでは非常に違っている（図9.1）．特殊化していない均翅亜目には，あまり発達していない前方高分解能域があるだけである．高速で飛ぶエゾトンボ科の種では，前方高分解能域はより明確で，しかもほぼ垂直に，それに次ぐ高分解能域が備わっている．トンボ科のパーチャーでは，前方高分解能域は非常に小さいが，分解能が高い領域が眼の前方から背側にかけて約40°にわたって広がっている．カトリトンボ *Pachydiplax longipennis* がとまり場から餌動物を追って飛び上がるとき，その80％以上は水平から45°よりも上向きに飛ぶ (Baired & May 1997)．ムツ

アカネ *Sympetrum danae* が飛び立つ角度は45〜90°である (Michiels & Dhondt 1989c). しかし, 背側高分解能域の機能や方向性がどうであれ, 飛行中のトンボは, 下のほうにいる餌動物に飛びかかることもある (例: *Aeshna sitchensis*, Cannings 1982a; アメリカコオニヤンマ *Hagenius brevistylus* は *Aeshna eremita* を待ち伏せして上から攻撃する, White 1989b). アメリカギンヤンマ *Anax junius* のような長距離を移動する高速フライヤーの複眼は, 非常に印象的である. 複眼背側の高分解能域は, 比較的細い帯状になっており (直径の大きな個眼が楔(くさび)形に集まった部位としてはっきりと見える), 背側の頂点から約30°前方に下がった所を両眼にまたがる形で左右に伸びている. Land (1989: 106) は, 「空中で獲物を探し回っているギンヤンマ属は, 複眼の大きな縞模様をレーダー装置の走査線のように使って, 空を背景にした小さな昆虫の影を敏感にとらえている」と想像している.

帯状の高分解能域は, 空を背景にした物体を見つけるのに適しているが, 植生が背景の場合は適しているとは言えない. したがって, トンボの眼の側面にある大きな個眼の分布を見ることで, その種の生息環境をある程度推測できる. トンボは, 飛んでいるときも常に背側に位置する大きな個眼をもっているので (Hisada et al. 1965), 上方からの大量の光を利用することができ, 速度と分解能の矛盾の解消に役立っている. 特殊化の進んだ大部分の不均翅亜目では, 背側の大きな個眼は直径60〜70μmである. 薄暗い時間帯に活動する種では, この個眼はさらに大きい. そのため, トンボは小さくて速く飛ぶ餌動物を, 自身が高速で飛んでいるときにも見つけることができる. 野外において, オーストラリアミナミトンボ *Hemicordulia australiae* と *Uropetala chiltoni* の成虫の不動時の分解能は約15′ [= 0.25°] で, [神経系における] 何らかの映像処理によって分解能はもっと高くなっているだろう (Rowe 1987a). さらに, トンボの眼の上部に青色や紫外線の受容器が多いことが, 上方の物体をうまく見つけるのに役立っている. 青色や紫外線の受容器によって, 下方の植生に比べて空が非常に明るくなるので, 小さな動く餌動物を背景の中から鮮明に見分けられるからである. §8.4.4で述べたように, 偏光を感知する能力は, 採餌時間を薄暗い時間帯にまで延長させている可能性がある. 大きな個眼の内側の網膜は, 空を背景にした物体を見るように特殊化している. すなわち, 大きな個眼の受容器は紫外線感度が非常に高く (そのために空にある小さな影をいち早く察知する), 他の色に対しては感度が低い. このことは, 光量が十分でないときは, 帯状の高分解能域に「色覚がない」可能性を示唆する. 一部の種, 特に鮮やかな色彩の種が, 正午ころに限定して生殖行動を行うこと, 日がかげると水域から飛び去ること, 照度がずっと低下してから摂食活動を行うことは, 色覚の問題なのかもしれない.

Frye & Olberg (1995) が調べたヤンマ類には, コントラストの強い物体の動きによく反応する形状検出ニューロンがある. これらの標的選択性のニューロンは, 脳から胸部神経節に軸索を伸ばし, 翅の羽ばたき運動を制御することによって, 餌動物の追跡行動を促進しているようである.

光学的構造や情報処理の初期段階を見ると, 昆虫と脊椎動物の視覚系には収斂的な類似点が多い (O'Carroll 1993). 例えば, *Hemicordulia tau* の第3視覚神経節には, 哺乳類で見つかっているような, 大きさの異なる標的に応答する数種類のニューロンが存在することが分かっている.

9.1.4 採餌モード

トンボは (空中採餌であれ表面採餌であれ) もっぱら生きた餌動物を捕まえると考えられるので, この項では空中採餌と表面採餌の2つのモードだけを検討する. しかし, ルリボシヤンマ属と思われるトンボが, アスファルト道路上でナメクジのドロドロになった遺体を「むしゃむしゃ食って」いたという, オランダで9月の2日間にわたって確認された驚くべき観察 (Veltman 1991) は特記に値する. この例は, 行動的には表面採餌の1種と解釈できるかもしれない. これに関連する興味深い行動として, 幼虫が時に腐肉を摂食することを記しておこう (§4.3.4.1). トンボが生きた植物組織を時々はみ食いするという記録は (Winsland 1986参照), 水分か他の物質の摂取を試みるたぐいのものであろう.

トンボの多くの行動と同様, 採餌にはかなり柔軟性がある (表9.1). 原トンボ目は原始的なゴキブリを表面採餌していたと思われるが (May 1982), 石炭紀に空中採餌 (§9.2) と表面採餌 (§9.3) に二分化して以来, それが持続されてきたのであろう. 一部の種 (例: ミヤマカワトンボ *Calopteryx cornelia*, Corbet 1984: 22 の K. Higashi) はほとんど表面採餌しないが, 多くの種 (特に小さなイトトンボ科の種) は, フライヤーもパーチャーも, 採餌レパートリーに両モードを含んでいる (例: ヒメイトトンボ属 *Agriocnemis*, Lempert 1988; アオモンイトトンボ属 *Ischnura*, Corbet 1984b: 21 の H. M. Robertson; *Neoerythromma* 属,

表9.1　キボシエゾトンボの採餌飛行のスタイル

採餌スタイル	説明
A. 餌動物へ突進	
A.1 短く，垂直に	最も普通のモード．上方へ20〜50cm突進し，すぐ元の高さへ戻る．頻繁に繰り返す（2回/秒）（>48％ [a]）
A.2 長く，垂直に	上方へ1〜3m（稀に10mに達する）の突進．元の高さへは戻らない．時々5〜20秒上方にとどまって採餌．時たまホバリング（19％）
A.3 水平に	大きな双翅目の後を追って約50cm突進．元の位置には戻らない（7％）
B. 追跡	力強く飛んでいる大きな餌動物を滑らかな曲線を描くように数m（稀に10mに達する）追いかける（4％）
C. 乱れ捕り	いろいろな方向への1回当たり5〜30秒間の短い突進の繰返し．たいていは餌動物が群飛している範囲内を飛ぶ．通常4〜8mの高さで，しばしば灌木や木立の頂点近く．なわばりのパトロール飛行時やその合間に観察される（19％）
D. 表面採餌	ヨシの葉や茎から最大で10cmほど離れてホバリングし，その後その葉や茎に突進して接触．明らかに表面採餌と思われる（4％）
E. 混合探索	主に悪天候のときに見られ，なわばりから離れて広い範囲を飛ぶ．梢近くの4〜15mの高さを飛ぶこともある．時折のホバリングをまじえた短く垂直な突進や，間欠的な羽ばたきとその後の滑空が組み合わさる．滅多に見られない

出典：Börszöny 1993.
注：混合探索を除き，すべて生殖なわばり内で起きる．なわばりは9:30〜18:00の間に継続的に占有される．採餌行動はすべてフライヤーモードで起きる．
[a] 27回の採餌での頻度.

Fincke 1992c). ソメワケアオイトトンボ *Lestes barbarus* のように，飛んでいる餌動物を追いかけ，餌動物が地上に降りたときに捕まえる種がいるので (Utzeri et al. 1987b)，時には両モードの区別は不明瞭になる．トンボは，空中採餌モードの範囲内で，(特に) 餌動物の得やすさ (§9.5.1) と関連した可塑性を示すだけでなく，日中の時間帯 (*Pseudagrion hageni*, Meskin 1986) や場所 (キボシエゾトンボ *Somatochlora flavomaculata*, Börszöny 1993) によっても，さらにエネルギー収支に関連しても可塑性を示す可能性がある．例えば *Chlorocnemis flavipennis* は，とまり場での採餌と表面採餌をするが，ホバリングを最大10分間続けながらの採餌も行う．後者の場合のエネルギーコストは極めて大きいに違いない (§9.5.2, B.2参照)．Baird & May (1997) が観察したように，トンボは採餌戦略に関する選択を，1秒未満から数日までの時間スケールと，数cmから数百mまでの空間スケールで行わなければならない．ここで考察される採餌行動のほとんどは，小さなスケールでの行動選択である．人間の観察者が経験するのは困難であるが，より大きなスケールの存在も念頭においてほしい．一部の種 (アフリカヒメキトンボ *Brachythemis lacustris*, Miller 1991e) は，いつも主要な出会い場所で採餌するが，他の種では少なくとも100m (タイリクオニヤンマ *Cordulegaster boltonii*, Kaiser 1982; カラカネトンボ *Cordulia aenea amurensis*, Ubukata 1975)，時には数km (パプアヒメギンヤンマ *Hemianax papuensis*, Rowe 1987a) も繁殖場所から離れてから採餌する．

9.1.5　食物構成

9.1.5.1　情報源

トンボの食物構成に関する多くの情報は，偶然の観察から得られたものなので，当然のことながら大きくて目立つか，集まっている餌動物の捕獲に偏っている．トンボのほうも，捕まえた大きな餌動物を着地して食うものに偏っている．数人の研究者は，次の3つの方法のどれかを用いてトンボの食物構成の詳細な分析を行っている．(1) 咀嚼した断片を検査したり (骨の折れる仕事；表9.2)，あるいは免疫拡散法を用いた血清学的分析 (Sukhacheva 1996) によって，消化管の内容物を調べて餌動物の分類同定をするものや，(2) トンボが採餌している所に粘着トラップを仕掛けて，捕まった昆虫を分析し，それをそのときのトンボの食物構成であるとみなすものや (Higashi et al. 1979)，(3) 方法1と2を併用したもの (Baird & May 1997) がある．トンボはジェネラリストで場当たり的な採餌者であるという知見と方法3の結果を合わせ，方法2を注意深く適用すれば，現実的なデータが得られるに違いない．

9.1.5.2　ジェネラリスト

トンボの成虫の食物構成は，幼虫の食物構成と同様，分類学的には多様であるが，通常は小型昆虫が主で，その中でも双翅目が数では圧倒的である．個々のトンボの食物構成は，餌動物の供給量に依存して時間的に変化するが，小さな双翅目の群れを狩るという多くのトンボの傾向によって，結果的にユスリ

9.1 空中捕食者としてのトンボ

表9.2 さまざまな生息場所における成虫の食物構成の例

種と生息場所[a]	場所	方法[b]	食物構成[c]
アメリカギンヤンマ	アメリカ, HI[d]	1	主に膜翅目（ミツバチやアリ）と鱗翅目で，鞘翅目，双翅目，トンボ目と半翅目を含む (Warren 1915)
ウスバキトンボ	アメリカ, HI[d]	1	主に小型の双翅目で，鞘翅目，小型の鱗翅目，半翅目（主としてアブラムシ）と膜翅目を含む (Warren 1915)
Uropetala chiltoni 　高地の斜面滲漏水，森林の近く	ニュージーランド	1	双翅目（主に），半翅目，トンボ目，小型の膜翅目，鱗翅目とトビケラ目 (Wolfe 1953).
不均翅亜目： 　フライヤーとパーチャー[e]； 　公園と寒帯林の境界	カナダ, AB	1	小型の双翅目はヤンマ科の79％とトンボ科の95％，小型の鞘翅目はそれぞれ58％と20％，大型のヤンマ科は毛翅目とトンボ目を食っていた (Prtchard 1964b)
不均翅亜目	シベリア西部	1[f]	早いシーズンは小型の双翅目で，後になって不均翅亜目（アオイトトンボ属，アカネ属）とアブ科 (Sukhacheva 1996)
均翅亜目	シベリア西部	1[f]	シーズンを通して主に小型の双翅目（ユスリカ科が主で，カ科も）(Sukhacheva 1996)
ウスバキトンボ 　稲の生育期の水田	バングラデシュ[d]	1	主にカ科で，稲の普通種害虫であるツトガ科の*Chilo*属，アオズキンヨコバイ科，ヨコバイ科の*Nephotettix*属の各1種を含む (Chowdhury & Barman 1986)
ニシカワトンボ 　高地の杉林の中の渓流	日本	2	餌動物の約88％は小型の双翅目（重量では78％）．他に8つの目にわたる昆虫 (Higashi et al. 1979)
カトリトンボ 　森林と草刈り場の境界	アメリカ, FL	3	主に小型の双翅目 (Baird & May 1997)

[a] 断らない限り，生息地は温帯域．トンボは24時間の間に異なった生息地で採餌することがあるので，リストの生息地は厳密なものではなく，またそれに限るものでもない．
[b] 本文参照（§9.1.5.1）．
[c] 餌動物は成虫期のもの．いずれの場合も食物構成はさまざまである．
[d] 熱帯地域．
[e] ルリボシヤンマ属（3種），カラカネトンボ属（1），トラフトンボ属（1），カオジロトンボ属（2），ヨツボシトンボ属（1），アカネ属（2）を含む．
[f] 血清学的分析．

カ科とカ科の頻度が高い画一的な食物構成になってしまう．Higashi et al. (1979) は方法2を使って，ニシカワトンボ *Mnais pruinosa pruinosa* が捕まえた餌動物の個体数の，少なくとも80％は小さな双翅目だったと結論した．Kumachev (1973) によれば，カザフスタンのイラ川 Ila River 流域では，マンシュウイトトンボ *Ischnura elegans* の食物構成の90％がカ科であった．広範な文献をまとめた総説をいくつか調べてみると (Beatty 1951参照)，いずれも餌動物として双翅目が他の分類群を圧倒しているという結論を支持している．

Baird & May (1997) がカトリトンボの食物構成を調べるために方法3を用いたところ，捕食可能な（つまり，トラップにかかった）餌動物の多くは小型の双翅目だったが，その平均推定乾燥重量は，実際にトンボに捕獲された餌動物と比べて，重量でも（0.095に対して0.085 mg），分類群の構成でも有意な差はなかった．この非常に詳細な調査では未成熟個体と成熟個体からなる個体群も含んでいたが，餌動物の乾燥重量の最頻値（0.025 mg）は単純平均よりもかなり低かった．これは前者の餌動物中に少数の非常に大きな種（§9.5.4）が含まれていた影響である．森林環境では鱗翅目が主要な食物構成になっている可能性があり，特に大型のトンボでその傾向が強い．例えばメーン州のトウヒ-モミ生態系では，鱗翅目がオニヤンマ科，エゾトンボ科，トンボ科の消化管内容物の50％以上を占め，カワトンボ科やサナエトンボ科でも30％以上だったが，イトトンボ科とアオイトトンボ科では10％以下であった (Tsomides et al. 1982)．

9.1.5.3 スペシャリスト

唯一の明瞭なスペシャリスト採餌者はハビロイトトンボ科の種である（§9.3.1）．林冠ギャップにできる日だまりで造網性のクモを捕食することによって，彼らは一般的には気温が低くてエネルギー源に乏しい環境の中で，採餌と生殖行動の両方を暖かい場所で行うことができる．彼らの食物エネルギー源はクモによってすでに捕獲され，そのかなり大きな体内に取り込まれているので，クモの捕食者にとっては餌動物当たりの収益が大きい．さらにRichard Rowe (1993d) が示唆したように，クモは持ち主のいなくなった網に入って占拠する傾向があるので (Wilson 1992)，トンボは餌動物を「放牧している」ともいえるだろう．このように，ハビロイトトンボ科の種は，クモの網の位置を覚えることによって，持続的な食物源が事実上保証されるのである．ハビロイトン

ボ科の種は，森林の生息場所への完全な依存によって生じるコストの代償として，純生産の少ない森林生態系から（ミルクからクリームを作るように）食物を「濃縮」しているのである．

シオカラトンボ属Orthetrumのある種が示すチョウに対する明らかな選好は，特定の栄養源へのある程度の特化を示すのであろうが，これは確かめる必要がある．この属の一部の種は大型の餌動物を捕食する傾向を示している（表A.9.2；§9.5.4）．それは単にチョウがトンボの生息場所では普通で，目立つ大きな昆虫だからかもしれない．ただし，Brooks et al. (1995a) の観察では，ガーナ西部のカクム森林Kakum Forestで，O. austeniがなぜ年間を通してチョウの捕食に特化することができないのか，その理由は季節的な要因からは見つからなかった．

すべてではないにしても，大部分のトンボは，1種類の餌動物の高い供給量に反応して，**一時的な**スペシャリストになることができる場当たり的な採餌者である．トンボがミツバチを時折集中的に捕食（§9.7.2）するのはその1例である．しかし，同じトンボが，他のときには幅広い食物構成をもち，したがって栄養源については柔軟性を維持している．一時的な特化は，餌動物の探索とその認識に使われる時間を減らす効果がある．

9.2 空中採餌

フライヤーとパーチャー（§8.4.1）では，翅の面積と体重の関係（May 1981; Grabow & Rüppell 1995）やエネルギー要求（May & Baird 1987; §9.6.3）が違っている．彼らの探索スタイルを考える場合，この違いを考えに入れておいたほうがよい．注意すべきことは次の2点である．(1) フライヤーとパーチャーの間の区分はしばしば明確でなく（§8.4.1），同じ種が気温によってフライヤーにもパーチャーにもなりうる（May 1980）．(2) フライヤーとパーチャーの両者ともフライヤーモードで採餌するが，パーチャーモードで採餌するのは，普通パーチャーだけである．

状況によっては，環境条件がフライヤーの採餌に都合が良かったり，パーチャーに都合が良かったりする．タンザニアのルクワ湖Rukwa Lakeの近くでは，乾季から雨季の初期にかけてまばらで背丈の低い植生が優占し，これはパーチャー（例：*Philonomon luminans*）が（バッタ類の幼虫を）採餌するのに都合が良い．一方，湿潤な条件では植生が急速に成長することが多く，これはフライヤーの探索や，イネ科植物

の間を低く飛ぶフライヤーモードのパーチャー（例：*Orthetrum brachiale*）にとって都合が良い（Stortenbeker 1967）．

フライヤーもパーチャーもともに，餌動物の供給量や生殖行動をとることで，採餌の機会を失うコスト（機会コスト）および体温調節の必要性などの要因に応じて，異なったスタイルの探索飛行を採用する傾向がある．Armin Heymer (1964) が観察したフライヤーの*Oxygastra curtisii*の行動は，このことを良く例証している．雄は日中水面の上のなわばりをパトロールしている際に，たまにコースから少し外れて餌動物を追い，偶発的（ドイツ語のgelegentlich）な採餌を行う．そのような行動は，薄暮時の飛行の際に専心的（ドイツ語のeigentlich）な採餌を行うのと対照的である．このとき成虫は，水上や陸上の小昆虫の集団の中で集中的に採餌する（§9.5.1, A.1.1）．これと同じ偶発的採餌と専心的採餌への二分化は多くのトンボで見られ，パーチャー（例：アメリカベニシオカラトンボ*Orthemis ferruginea*, Novelo-Gutiérrez & González-Soriano 1984）の捕獲可能な範囲内に小さな昆虫が偶然飛び込んだときの採餌もこれに含まれる．薄暮性のフライヤーを除いて，これらの二分化は，気温が低くて生殖活動ができない時間に，餌動物の供給量がより多くなることに関係している．

主な出会い場所での生殖行動と採餌行動の日周パターンは§8.4.4で扱い，特に至近要因である気温や天候が日周パターンを形成するうえでの役割について概説した．採餌活動の日周パターンに関する重要な問題は，少なくとも成熟雄にとっては，出会い場所での採餌が生殖活動とどの程度重なるかである（§9.6.4, 表A.9.6）．採餌が，雄の生殖活動の活発な時間帯に出会い場所でほとんど見られないとしても，他の時間帯に起きているに違いない．多くの生殖活動の日周パターンは，たいていUNタイプ（正午ごろの単峰型）かBFAタイプ（午前と午後の二峰型；表8.13）なので，そのような種では，主としてこの時間帯以外に採餌すると思われる．通常は生殖活動の時間帯の後だが（ショウジョウトンボ*Crocothemis servilia*, Higashi 1969），その時間帯の前のこともあり，気温が高いとBRSタイプ（日の出と日の入りの近くの二峰型）をとることが時々ある（図8.23A）．§9.2.1.2と§9.2.2.2の前置きとして，表A.9.6での種の位置づけとは無関係に，次の点を考えておくべきである．

- フライヤーとパーチャーでは，体温調節システムに違いがあるため，採餌活動の日周性が異なるだ

ろう（§8.4.1）．

- 一部のパーチャーは，採餌の際，特に薄暮時近くやその間にフライヤーモードをとるものがあるが（オビヒメキトンボ *Brachythemis leucosticta*，§9.5.1，A.1.1），フライヤーはパーチャーモードをとらない．
- 1つの場所で採餌の時間パターンを記録しても，同じ個体や他の個体が別の時間帯に別の場所で採餌をしていないという意味にはならない．その場所の餌動物の供給量が多い時間に採餌しているだけかもしれない．
- 採餌活動の日周パターンは，性や成熟度による違いがあるかもしれない．しかし，日周パターンが記述されるとき，これらの要素は必ずしも明記されているわけではない．
- 個体群の日周パターンは，各個体の日周パターンを表していない．アメリカアオイトトンボ *Lestes disjunctus australis*（図8.26）やアメリカハラジロトンボ *Plathemis lydia*（図11.6）の成熟雄から類推すると，日周パターンの個体差はかなり大きいようである．
- 採餌行動は，生息場所によって観察しやすさが異なる．
- 現実的な理由から，日周パターンの定量的記録の大部分は，パーチャーモードで採餌をするトンボのものである．

9.2.1 フライヤーモード

9.2.1.1 スタイル

フライヤーモードは，パーチャーモードよりもずっと変化が大きく多様である．典型的なフライヤーモードは「鷹のように襲う」形をとり，出会い場所から離れた所で採餌しているヤンマ科やオニヤンマ科の種がその好例である．これらの成虫は，しばしば樹冠の周り，生け垣，薮や林に沿って，高さを変えながら広くパトロールする（図9.2）．これは雄が出会い場所でパトロールするのと著しく対照的である（例：Kaiser 1974a; Rowe 1987a; Ubukata 1973）．また，気流の乱れのパターンに依存して，滑空を何度かに分けて行うこともしばしばである（ミナミエゾトンボ *Procordulia smithii*, Rowe 1987a; エゾトンボ *Somatochlora viridiaenea*, Ubukata 1979a）．採餌中のアメリカギンヤンマは，気温が下がるにつれてより速く飛び，そのスピードは（「専心的」に採餌しているときを除いて）気温に対して負の相関を示す（May 1995e）．クインズランド州の疎林で記録された *Austrophlebia costalis* の平均飛行速度は，採餌中で6.2km/時，「速い」直進飛行では17.7km/時，そして最高速度は34.1km/時であった（Woodall 1995）．採餌中のトンボの動きは，餌動物を追って横にそれたり，急に上昇したり，時に下降したりするので，採餌飛行だと分かる場合が多い（Lamborn 1890: 133のMacaulay）．獲物が口の中にあり処理されているときは，飛行スタイルから識別できる（§9.4.2）．フライヤーモードの採餌飛行のスタイル（種ごとの標準的と考えられるもの）を表A.9.1と図9.2, 9.3に示す．キボシエゾトンボのレパートリー（表9.1）を見ると，探索行動がいかに多彩であるかが分かる．

9.2.1.2 日周パターン

採餌は場当たり的に行われる傾向が強いので，採餌と生殖行動が時間的に分離している場合を除いて（表A.9.6），フライヤーモードのトンボの採餌の日周パターンを定量化しようとすることは現実的でない．アメリカギンヤンマ（おそらく個体は順次入れ替わっていただろう）はフロリダ州の大豆畑の上で9:00〜20:00まで採餌したが，その活動は夕方の薄暮時に増加した．同じ場所には，ハネビロトンボ亜科のウスバキトンボ *Pantala flavescens*, *P. hymenaea* やカロライナハネビロトンボ *Tramea carolina* がおり，これらは飛行を長続きさせるためにサーマルをよく利用するが，アメリカギンヤンマよりも採餌を遅く始めて（10:00〜11:00）早く終える（18:00〜19:00; Neal & Whitcomb 1972）．佐賀県の水田（北緯約33°）で8月の2日間観察されたウスバキトンボの未成熟個体と成熟個体を含む群れは，7:30〜18:30に飛行していたが，早朝は1〜2mの高さを飛んでいたのが，13:00〜15:00の間は最高7〜8mにまで上昇し，9:00と17:00に活動の突出したピークを示した．採餌は終日続き，早い時間と遅い時間に最大になり，12:00〜14:00の間に最小になった（Koga & Higashi 1993）．ミナミエゾトンボは水域ではほとんど採餌しない種だが，その未成熟成虫はウスバキトンボと同様に6:30〜日没までの12時間半ほとんど連続的に採餌した．その間，時々休止するために低い草木にとまった．このトンボの成熟成虫は，主に日没直前の2時間に採餌すると推測されている（Rowe 1987a）．しかし，水域から一時的に離れたときにも採餌するようである．カラカネトンボ属 *Cordulia* の2種でも同様であると推測され（Ubukata 1975; Hilton 1983b），ヒスイルリボシヤンマ *Aeshna cyanea* の雌雄でも起きると報告されている（Kaiser 1974a）．キボシミナミエゾトンボ *Procordulia grayi* の成熟雄は，出会い場

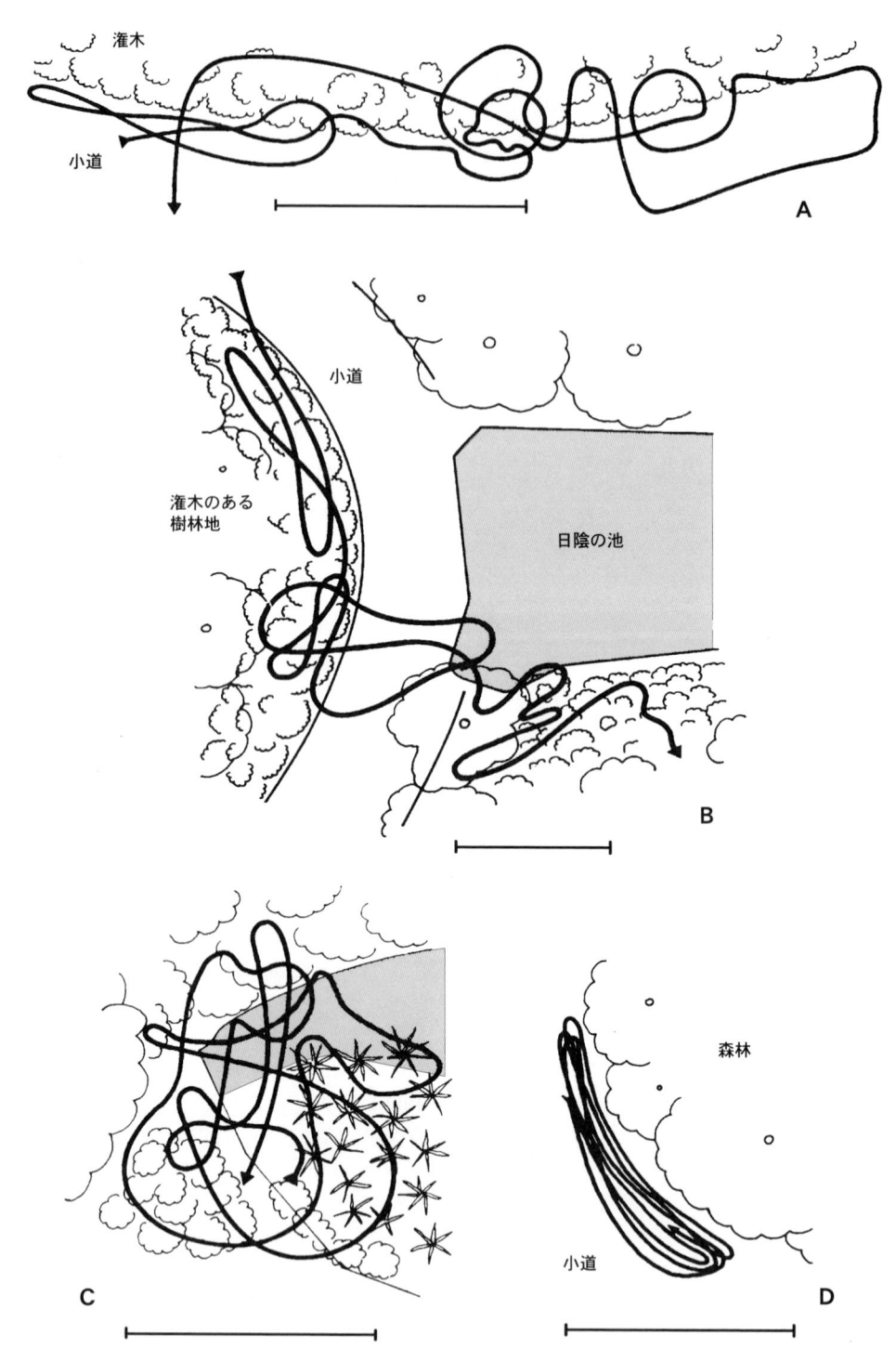

図9.2 ヒスイルリボシヤンマの採餌飛行中の個体の飛跡．A. 7月24日18:01（80秒間の飛行）；B. 8月15日14:08（150秒間）；C. 8月5日19:01（30秒間）；D. Cと同じ個体（雄），同日18:25（10秒間）．このときの飛行速度は5m/秒で，この雄は約8分間この場所を規則的に飛び，その間に少なくとも10個体の昆虫を捕らえた．スケール：AとB. 10m；CとD. 5m．（Kaiser 1974aより）

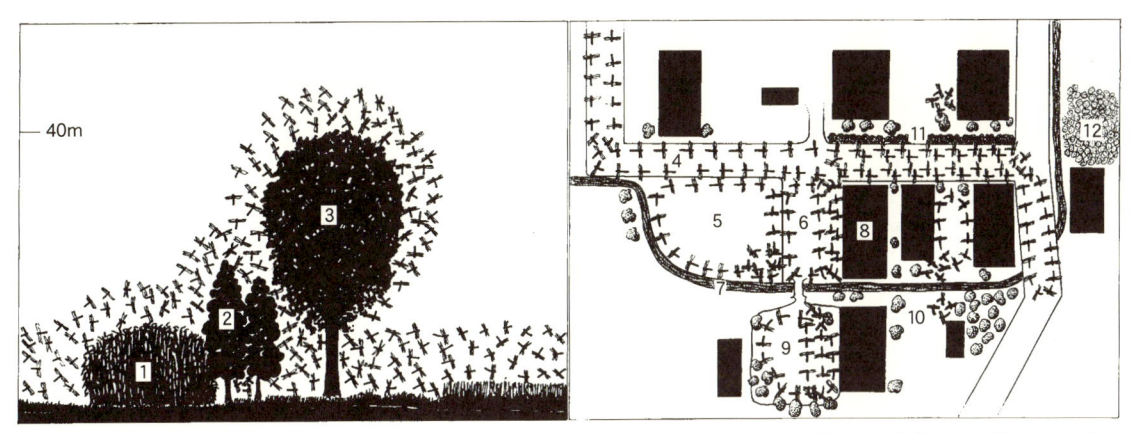

図9.3 本州で薄暮時に観察されたカトリヤンマの採餌飛行の範囲. 側面（左）と平面（右）. 1. 竹藪; 2. スギ; 3. ケヤキ; 4. 道路; 5. 草地; 6. 庭; 7. 水路; 8. 建物; 9. 庭; 10. 樹木; 11. 生け垣; 12. 桑畑.（栗林 1965 を改変）

所での生殖活動中にも採餌するのが常である（Rowe 1987a）. キボシエゾトンボの雄でも同様に, 採餌と生殖の両方の活動が 9:30～18:00 まで同時に起きる（Börszöny 1993）.

フライヤーモードで採餌するトンボに関しては, 暫定的な一般化が可能である. 日周パターン（これは非常に変化しやすいが）の決定要因は, 天候や, 生殖器官の成熟状態, 性, 餌動物の供給量が主なものである. フライヤーモードにあるトンボは, 体温調節のために, 飛行によって発生する内温性の温度が採餌を可能にするならば, 1日のうちの涼しい時間帯により多くの時間を採餌に費やすだろう. 実際に, テキサス州では薄明薄暮性である *Neurocordulia xanthosoma* の採餌の日周パターンは, 周囲の**高い**気温によって制約される. その成虫は主に明け方と日暮れ時に開けた場所で採餌するが, 曇りの日は昼間でも採餌することがある (C. E. Williams 1976). 同様に, 低温による制約の効果は, 薄明薄暮時に採餌するトンボに顕著である（図 8.23）. フライヤーモードで採餌できるパーチャーは（例：アフリカヒメキトンボ, Miller 1982a）, 日没時（主に）と日の出時に, 餌動物の供給量が多い時間帯に採餌場所に飛来することによって, 採餌効率を大きく上げることができる（表9.7）. それによって, 生殖活動が可能な時間帯には採餌に時間をあまり使わずにすますことができる.

9.2.2 パーチャーモード

9.2.2.1 スタイル

パーチャーの典型的な採餌飛行は, 近くを飛ぶ餌動物をきっかけに, 前方 45～90°上方への突然の飛び立ちから始まる. そして, 餌動物へ突進して捕獲した後, 摂食するために元のとまり場に折り返すか, 輪を描いて戻る. カトリトンボは, 採餌基地として細くて多少とも直立し, 上端に何もないとまり場を利用する. とまり場の占有はしばしば争いの種になることから, とまり場の「価値」に違いがあることが示唆される. これには, 餌動物を感知するのに有利な位置があったり, 微気候（Baird & May 1997）や他の要因も関係するのであろう（§8.4.1.2）.

アメリカベニシオカラトンボは, 餌動物の捕獲のために, とまり場から 4 m も飛び上がることもあるが, 通常の採餌飛行はとまり場の周囲, 半径 10 cm の円内に限られている（Novelo-Gutiérrez & González-Soriano 1984）. シマアカネ *Boninthemis insularis* は, とまり場から 20～200 cm の範囲内を飛ぶ（Sakagami et al. 1974）. 夕暮れが近くなるにつれ, 林内でのアオイトトンボ *Lestes sponsa* の採餌飛行は, 未成熟個体では長く, 成熟個体では短くなる（Watanabe & Matsunami 1990）. 採餌のための飛行に要する時間は一般に非常に短く, ヨーロッパショウジョウトンボ *Crocothemis erythraea*（Gopane 1987）やヒメシオカラトンボ *Orthetrum coerulescens*（図 9.4）, カトリトンボ（May 1984; Dunham 1994）, ムツアカネ（Michiels & Dhondt 1989c）では 1～2 秒, アメリカベニシオカラトンボ（Novelo-Gutiérrez & González-Soriano 1984）では 3 秒程度である. トンボ科の中で最小サイズの部類に入る *Nannothemis bella* の場合, 1回の採餌飛行が 1 秒を超えることはほとんどなく, 狙った獲物を捕まえる間に瞬間的にホバリングする（Hilder & Colgan 1985）. カトリトンボがとまり場から行う飛行の大部分（73 %）は単純な採餌飛行で, 短い飛び立

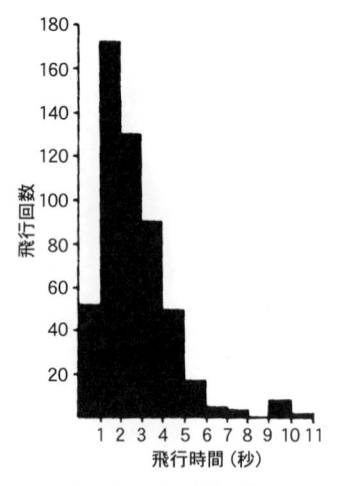

図9.4 ヒメシオカラトンボが採餌だけを行った520回の飛行における飛行時間の頻度分布（イギリス南部での観察）．算術平均は2.7秒．(Parr 1983bより)

ちと折返しとからなるが，餌動物の密度が高いときに観察される「多回採餌飛行」と名づけられる飛行も少しだけ（4％）見られる（Baird & May 1997）．この場合，飛び立ったトンボは餌動物の集団の中を2回以上（2〜27回の範囲）突き抜けて飛んだあと，元のとまり場に戻る．ナガイトトンボ属 *Pseudagrion* の採餌飛行はかなり長く，*P. hageni tropicanum* では平均14秒（5〜40秒の範囲）である（Meskin 1986）．

単純な採餌飛行の頻度は，さまざまな要因（例：餌動物の供給量や時刻）に依存してはいるが，低いもので1時間当たり1〜3回以下（ソメワケアオイトトンボ，*Lestes virens*, Utzeri et al. 1987b；ムツアカネ，Michiels & Dhondt 1989c），高いものでは50〜65回だった（ミヤマカワトンボ，東 1973；カトリトンボ，May 1984；アキアカネ *Sympetrum frequens*, Higashi 1978）．

9.2.2.2 日周パターン

パーチャーモードで採餌するトンボは，一般に飛行によって内温的に体温を上げることはできない．彼らはフライヤーよりも気温や日射に依存することが大きく，したがって，早朝や夕方遅くに採餌することはほとんどない．ヨーロッパアオハダトンボ *Calopteryx virgo* は，日差しがあれば気温が15℃でも採餌できるが，曇りの場合は18℃以上が必要である（Lambert 1994）．アフリカシオカラトンボ *Orthetrum chrysostigma* の雄は，一時的に曇って生殖活動を見合わせなければならないとき，しばしばなわばりに残って採餌飛行をするが，曇天が長引くと15〜20分後には去ってしまう（Miller 1983b）．パーチャーモードの場合に低温が採餌を制約することは，アキアカネの例によって見事に実証されている．このトンボの成虫活動期は秋まで続くが，気温がしだいに下がってくると採餌は真昼に集中してくる（図9.5）．

未成熟個体と成熟個体のどちらも，採餌の日周パターンは，第1に気温と日射によって，第2に餌動物の供給量によって形成されると予測できる．これらの要因は，一般に日によってかなり変化し，特に高緯度地方や高標高地で変化が大きい．さらに予想されることとして，成熟個体による採餌は，本来，採餌に好ましい時間であっても，採餌に対立する性的活動の要求によって妨げられることがある．ニシカワトンボ（図9.6）の未成熟個体と成熟個体の日周パターンが裏返しになっていることは，これら2つの予測と矛盾しない．

性的な活動に「従事していない」（§9.6.4）成熟した雌雄では，採餌の日周パターンはおそらく未成熟個体のものに似ているだろう．成熟個体，特に雄は，性的に活動的な日には，生殖活動が可能な暖かい時間帯が始まる前（気温が許せば）と，終わった後に採餌する（例：ニシカワトンボ）と推測できる．活発な生殖活動を行う成虫が，水域から離れて夕方に採餌することはしばしば報告されている（例：ミヤマカワトンボ，東 1973；ショウジョウトンボ，Higashi 1969；タイリクルリイトトンボ *Enallagma cyathigerum* とアカイトトンボ *Pyrrhosoma nymphula*, Åbro 1987；*Pseudagrion hageni tropicanum*, Meskin 1986）．未成熟個体と成熟個体からなる採餌集団では，この現象は水域から離れた場所での夕方の活動を高めることになるだろう．そのような採餌場所で，成虫活動期の大部分にわたって記録されたカトリトンボの日周パターンは（図9.7），上記の予想とよく一致する．エネルギー摂取（採餌活動）の主なフェイズは，（その場所では11:00〜15:00は餌動物の群飛形成のタイミングと一致したこともあって）真昼に集中している．これは気温と日射に左右される変温動物では予測できることである．それから少し間をおいて，夕方早くに2回目の小さな採餌活動があるが（図9.13も参照），これはおそらく餌動物の供給量の増加を反映しており，もしかすると昼間に性的な活動に専念していた成虫の到来をも反映しているかもしれない．このトンボが薄暮性採餌をすることはそれほど多くはない（Fried & May 1983）．

上記の考察から，成虫の成熟の程度を知ることが，採餌の日周パターンの特徴を明らかにするうえで重要であることが分かる．また，特に成熟雄では，日

9.2 空中採餌

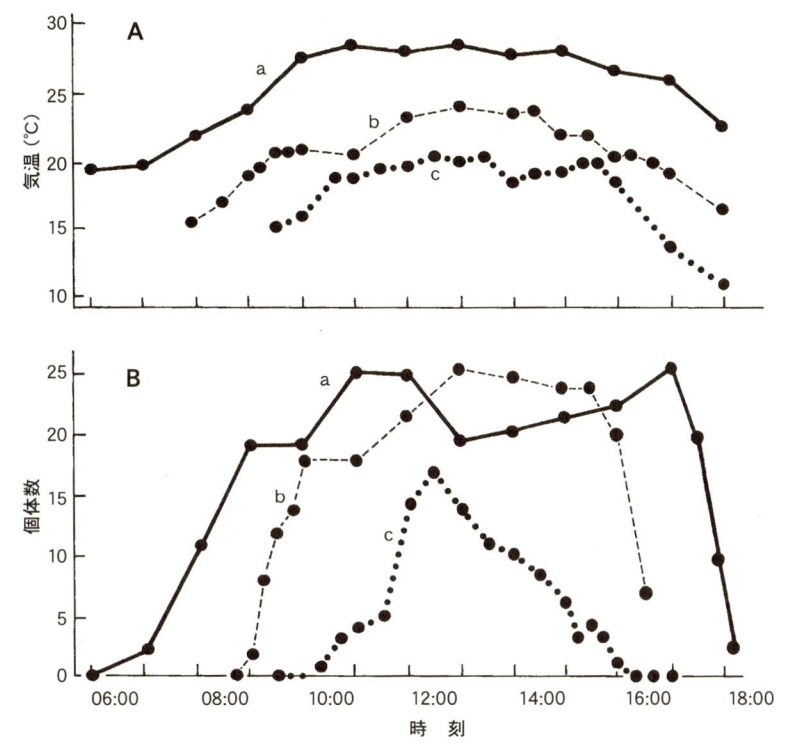

図9.5 九州のスギ林で採餌するアキアカネの未成熟と成熟成虫の合計個体数の変化（下）と気温の変化（上）．a. 9月23日; b. 10月5日; c. 10月21日．秋が深まり，気温が低下するにつれて日中の採餌活動時間は短くなる．(東 1973を改変)

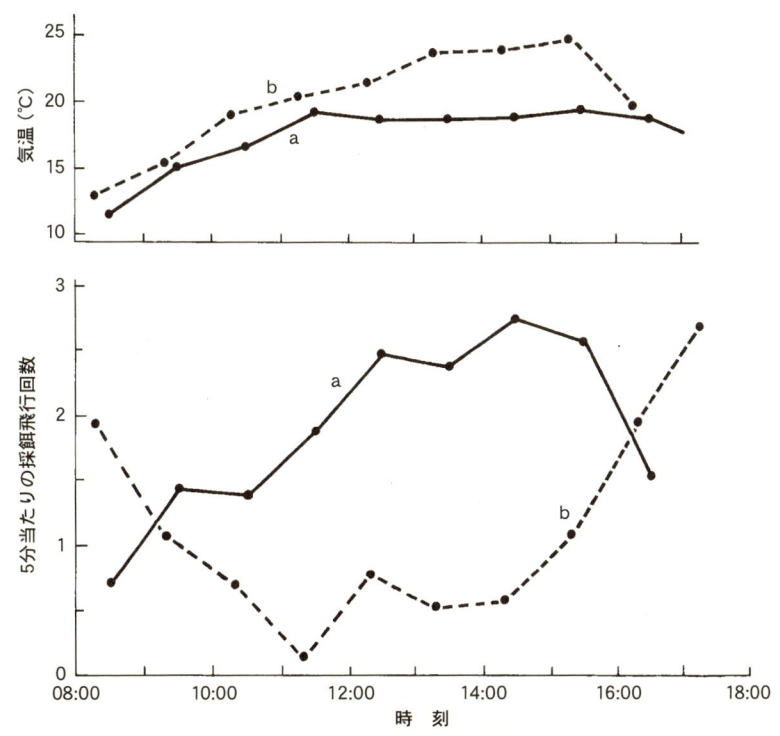

図9.6 九州におけるニシカワトンボの未成熟雄 (a) と成熟雄 (b) の，採餌活動の日周パターン（下）と気温の変化（上）．(Higashi et al. 1979, 1982を改変)

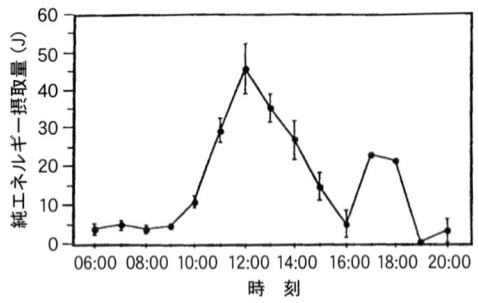

図9.7 カトリトンボの純エネルギー摂取量の日周パターン（アメリカ，フロリダ州における4月から7月までの計算値）．黒丸は平均値，縦線は標準偏差．(Baird & May 1997より)

中の特定の時間を基本的に出会い場所で過ごさなければならないので，採餌パターンは，個体と個体群のどちらのレベルでも，日ごとにかなり変化する可能性がある．

9.2.3 餌動物の感知

　空中採餌モードのトンボは，標的の動きやサイズ，形をたよりに食える餌動物を見つける．野外での実験では，ヨツボシトンボ *Libellula quadrimaculata* は，コントラストがはっきりした背景のもとで，サイズが5 mmを超える白黒の目標物を認識した．大きいものや小さい2つの目標物が10〜20 mm離れて並んでいる場合には反応せず，捕らえる瞬間においてさえ，目標物の角直径は5°以下であった（Mokrushov 1972）．日本にはブリあるいはトリコと呼ばれる伝統的なトンボ捕りの方法があり，すでに1800年には広く使われていた（Hatto 1994）．この方法は，トンボが餌動物の発見に使っている手がかりについての経験的な知識が基礎になっている．長さ約40 cmの絹糸の両端に小さな重りをつけたものを，大型のトンボの通り道に素早く投げ上げる（おそらく薄暮時に採餌するトビイロヤンマ属 *Anaciaeschna* かヤブヤンマ属 *Polycanthagyna* に有効）．もし，その重りの1つをトンボがつかむと，2つの重りが重いためか，糸が絡まるかのどちらかの原因で飛んでいることができず，バタバタしながら地上に落ちてくる．この方法がうまくいくためには，トンボが地上数mを飛ぶことが必要である．この方法はヤンマ科やオニヤンマ科には適しているが，低くしか飛ばないトンボ科では，疑似餌を適当な飛行路を描くように飛ばせないので，向いていない．これほどには手が込んでいないが，インドネシアの住民は，よく似た方法でオオギンヤンマ *Anax guttatus* や *Tetracanthagyna* 属（図9.8）

の成虫を捕まえる（Simmons 1976; Lieftinck 1980）．竿の先に結んだ糸に白のココナッツの花（ギンヤンマ属用）や有翅昆虫（*Tetracanthagyna*属用）を付けたものを，トンボの通り道に振り上げたり下げたりする方法である（Maus Lieftinckが私に話してくれたことによれば，ライデンの自然史博物館には，このようにして捕まえられた標本の中に，ほつれた糸が口の中や体についているものがあるという）．採餌中の *Uropetala carovei* は，アザミの冠毛や小さな紙切れを追ってかなりの距離を飛び，目標の約50 cm以内になると追跡をとめる（Rowe 1987a）．採餌中のトンボが小さな動いているものに引き付けられるという数多くの観察例がある（Corbet 1962a）．

　Labędzki (1989) は，採餌中のトンボをトラップで捕まえる方法を偶然見つけた．彼は，ポーランドの林の中で，松並木の間の地上におかれていた器に入れてあるエチレングリコールと洗剤の水溶液の中で，アカネ属 *Sympetrum*（6種が含まれていた）の雌雄とヒスイルリボシヤンマ（すべて未成熟）の雄が多数溺れているのを見つけた．おそらく，それらのトンボは，水面に降りた小昆虫（主に双翅目と膜翅目）を捕まえようとしたのであろう．しかし，トンボのあまり固くないクチクラと界面活性剤のために，液体から逃げることができなかったと思われる．トンボは白色よりも黄色い器のほうで多く捕まったが，これはおそらく黄色の器のほうが多く餌動物を引き付けたからに違いない．

　採餌中のトンボは餌動物をサイズによって選択する．飛んでいるシロアリを捕食しようと接近したウスバキトンボが，その途中でもっと大きな餌動物のほうに向きを変えたことが観察されている（P. S. Corbet, 未発表）．アメリカギンヤンマは，塩性湿地から発生したヤブカ属の1種（*Aedes taeniorhynchus*）の大きな集団を摂食していたが，単独個体よりも交尾ペア（シルエットが大きい）を選んだ（Edman & Haeger 1974）．カトリトンボは重さ0.1 mg以下の重さの餌動物を避けるようである（Baird 1991）．

　トンボはたまに自分とほぼ同サイズ，あるいはそれよりも大きい動物を襲ったり（表9.3），捕食したり（表A.9.2）することがある．表9.3にはトンボによる鳥への「襲撃」の驚くべき記録があり，なかにはハチドリやタカにさえ向かった記録も含まれている．この嘘のような出来事のいくつかは，攻撃者が初めは大きな動物に対してあたかも同種に対してのように振る舞った後に起きた転位行動かもしれない（Pajunen 1964a参照）．不均翅亜目は，しばしば大きな物体に対して素早く偵察飛行を行うが，数フィー

図9.8 シンガポールにおいて灯火に飛来し捕獲された *Tetracanthagyna plagiata* の成熟雄（1950年6月）．成虫は日没直後に，森林内を流れる小川（例：図5.6）の上空高くで採餌する．後翅の基部の間に耳状突起がはっきりと認められる．後翅の開翅長：144mm．(M. A. Lieftinck撮影)

表9.3 トンボが鳥を攻撃した例

種名	目標	場所	観察
ヤンマ科の1種	スズメ[a]	イギリス	トンボは「スズメの攻撃を撃退」した (Briggs 1871)
ヤンマ科の1種	キクイタダキ[b]	イギリス	鳥は少しの間トンボに引っぱられた (Richardson 1953)
アメリカギンヤンマ	ノドアカハチドリ[c]	アメリカ	両方とも組み合ったまま地面に落ち，その後トンボは死んだ鳥をもって飛び去った (Hofslund 1977)
不均翅亜目（?）の1種	ハワイノスリ[d]	アメリカ, HI	トンボは繰り返し鳥に突進して接触したが，鳥はトンボを「無視」した (Stearns 1961)

[a] 遭遇はロンドンの街路上なので，イエスズメ *Passer domesticus* の可能性が高い．
[b] *Regulus regulus*.
[c] *Archilochus colubris*.
[d] *Buteo solitarius*.

ト追った所でやめる．フロリダ州南部では，アメリカギンヤンマと *Coryphaeschna ingens* は，バドミントンの羽根を追いかけることがある（この地域でのルールが，この偶発事件を考慮に入れているかどうか知りたいものだ）．また，そこでは大型の不均翅亜目が鳥を，同種を追いかけるのと同じくらい，あるいはもっと長い時間追いかけることがしばしばある (Paulson 1966)．イギリスでMike Parr (1983b) は，雄のヒメシオカラトンボが，最初はヨーロッパアマツバメ *Apus apus* に，次に上空を飛ぶ飛行機に向かって，高くて速い直進的な飛行を行ったのを目撃した．トンボが他のトンボを食う記録例は多数あるが（§8.5.4.3, §9.5.4），もちろん全部ではないにしても，一部は誤った性的な接近飛行の結果であろう．

性的な活動や採餌活動中に，とまり場にとまっている不均翅亜目（サナエトンボ科とトンボ科）は，小

さな動く標的によって引き起こされる，キョロキョロするような素早い頭部の動き(**頭振り**)を見せる．そのような頭振りは，40〜1,000ミリ秒以上(平均350ミリ秒)の長さで，普通は1分間当たり何回も起き，飛び立ちと追跡に移行することもある．頭振りの目的について，Peter Miller (1995c)は，複眼の高分解能域を標的に向けることと，おそらく標的までの距離を推定することだろうと考えている．額前部の両側に接する前方視野の高分解能域内にある，いくつかの個眼による収束によって，頭部の前方数cmを立体視できるが，この能力でもっと長い距離の測定が可能なのだろう．Millerは，さらに，頭振りは，頭部拘束システム(§9.1.2)における自己受容器の働きを通じて，飛び立つ方向を決定している可能性があると示唆している．頭振りは，とまり場にとまっているヤンマ科や均翅亜目では観察されていない．

9.2.4　餌動物の対抗適応

　少なくとも一部の種のトンボは，一部の膜翅目がもつ対抗適応と思われる物質(毒液)に対して感受性がない(例：Drenth 1974)．またアメリカコオニヤンマは，オオカバマダラ*Danaus plexippus*のようなカルデノリド(神経毒)の濃度が高いチョウを避けることが分かっている(White & Sexton 1989)．しかし*Erythemis vesiculosa*では，捕獲した*Siproeta stelenes*(一部の鳥が避けるタテハチョウ亜科のチョウ)を放棄することが何回か観察されている．放棄するのは頭部を噛んで血リンパに触れたときのようである(Alonso-Mejia & Marquez 1994)．トンボ成虫の口器の表面にある感覚毛は(Tembhare & Wazalwar 1995)，捕獲後にまずい餌動物を識別する役割があるのかもしれない．大型のヤンマ科の中には，ハナバチを集中的に捕食する種がいる(§9.7.2)．*Uropetala caroveri*の食物構成は，セイヨウミツバチ*Apis mellifera*とヨーロッパクロスズメバチ*Vespula germanica* (Rowe 1987a)の両方が多いことが特徴である．不均翅亜目の代表的な4科と均翅亜目の代表的な2科で，脛節や跗節にアリ(オオアリ属*Camponotus*，オオズアリ属*Pheidole*)の大顎がついているのが発見されている(Beatty 1951)．また*Cordulegaster bidentatus*は明らかにヤマアリ属*Formica*を捕食する(Puschnig 1926)．しかし，George Beattyは，アリは外骨格が硬いので，トンボの重要な食物にはなっていないだろうとしている．おそらくトンボには捕獲の瞬間まで獲物の硬さは分からないであろうが，硬い体はトンボによる捕食に対して効果的な抑止力になっているだろう．トンボが捕らえた獲物がアリだったとき，そのトンボがそれを拒否したとしても，そのときすでにアリはトンボの脚に大顎を食い込ませており，もう取り除けなかったのかもしれない．

　大型のヤンマ科に巣の近くで攻撃されたとき，ミツバチのワーカーは集団で応戦してトンボを追い払った(Wright 1944a)．

　体の輪郭を隠したり，動きをとめたりする隠蔽によって，潜在的な餌動物が攻撃を逃れることがしばしばある．アメリカアオハダトンボ*Calopteryx maculata*の雌は，アメリカコオニヤンマがいるときには，翅打ちをしばらく控えて動きをとめることで，捕食者に見つかるのを免れている(§8.5.4.8)．しかし，オアカワトンボ*Calopteryx haemorrhoidalis*の場合は，これを待ち伏せして大量に捕食するタイリクシオカラトンボ*Orthetrum cancellatum*がいても，採餌飛行の頻度があまり変化しなかったことは注目に値する(Rehfeldt et al. 1993)．

9.3　表面採餌

　主要な2つの採餌モードのうちの第2は**表面採餌**で，休止している餌動物の発見と捕獲が含まれている(青柳 1973参照)．この採餌モードは，通常は空中採餌よりも目立たないが，記録が示すよりはトンボ目に普遍的であると思われる(表A.9.3)．効果的な表面採餌の必要条件として，ホバリングのほかに距離を判断する能力が必要と思われるので，均翅亜目や一部の不均翅亜目の両複眼が広く離れていることは好都合であろう(Corbet 1984b: 21-22のD. R. Paulson)．

　表面採餌の注目すべき特徴は，動くこと以外の手がかりによって餌動物が発見されることである．このことは，死んだ餌動物や，餌動物に似たもの(例：固着したアブラムシに似ている葉の表面の虫瘤)，あるいは目立つ隆起や斑点に対して，成虫が示す接近行動(Rayor 1983)から容易に推察できる．なお，均翅亜目が固着したアブラムシを摂食することはすでに知られている(表A.9.3: *Pseudagrion nubicum*, ニュージーランドイトトンボ*Xanthocnemis zealandica*)．この採餌モードは，餌動物の発見を促す手がかりを実験的に分析するのに好適である．そして分類群ごとの表面採餌の特徴についての知識があれば，温室の中にトンボを大量に放して作物害虫を抑制する場合(§9.7.2)の候補種の選定がやりやすいだろう．

表9.4　採餌中のトンボの捕獲成功率

種名	捕獲成功率[a]	観察
モートンイトトンボ	2.7	成熟雌 (Mizuta 1974)
	2.8	成熟雄 (Mizuta 1974)
シマアカネ	3.6	Sakagami et al. 1974
ハビロイトトンボ科[b]	7〜16	網からクモを表面採餌 (Fincke 1992c)
アマゴイルリトンボ	12〜100	成熟雄．二峰型の活動パターンの午後で成功率が高くなる (Watanabe et al. 1987)
ムラサキハビロイトトンボ	25	成熟雄．小型（たぶん盗み寄生性）のクモをジョロウグモ属 Nephila の網から表面採餌 (Young 1980a)
ミヤマカワトンボ	42.9	成熟雄．朝から夕方までの総平均値 (東 1973)
ニシカワトンボ	43.5	成熟雄．早朝と夕方 (Higashi et al. 1979)
	45.5	未成熟雄．早朝と夕方 (Higashi et al. 1982)
キボシエゾトンボ	50	成熟雄 (Börszöny 1993)
アキアカネ	50.8	ほとんど成熟雌．午前の中頃と午後の中頃 (東 1973, 1978; Higashi et al. 1979)
カトリトンボ	62	ほとんど雌 (May 1984)
Mecistogaster modesta	63	クモの網からクモを表面採餌 (Rayor 1988)
カトリトンボ	約65	あらゆるタイプの採餌飛行 (Baird & May 1997)
タイリクショウカラトンボ	90	餌不足で弱ったオアカカワトンボを待ち伏せ[c]．雄（ほとんど）と雌は大部分が成熟 (Rehfeldt et al. 1993)
カトリトンボ	93	群飛しながらの採餌[d] (Baird & May 1997)

注：すべての値は，個体当たりの合計か平均値で，断らない限り空中採餌モード．
[a] 捕獲の試み全部に対する捕獲成功の百分率（すなわち Higashi 1978 の ECP）．
[b] *Mecistogaster linearis*，ヒメハビロイトトンボ，ムラサキハビロイトトンボ，*Pseudostigma accedens* を含む．
[c] 表9.7の戦略 B.3.
[d] 表9.7の戦略 A.1.1.

9.3.1 スタイル

表面採餌の定性的記録の中で（表A.9.3; Corbet 1962a: 148），最も注目すべき詳細な記録は，ハビロイトトンボ科に関してのものである．この科のほとんど（おそらくすべて）の種は，新熱帯区の多雨林の中にできる林冠ギャップの日だまりで，クモの網から小さなクモを選択的に狩って捕食する．ハビロイトトンボ科は，スペシャリストの採餌者であるという点で，トンボの中では普通ではない（唯一と言えるかもしれない）．しかし，彼らの表面採餌者としての能力は特に優れており，その行動は詳しく記載されているので，表面採餌者の行動としての必要条件を一般的に説明するのに役立つ．

これまでのところ，ハビロイトトンボ科の種は造網性の小さなクモだけを（稀にクモの糸で包まれた餌を）網から抜き取って採餌することが知られている．他のトンボも少なからずクモを捕食するが（表A.9.3; Corbet 1962a），トンボが網からクモや彼らの餌動物を捕ることは非常に稀である（表A.9.3のハヤブサトンボ *Erythemis simplicicollis*，マンシュウイトトンボ）．食物網の高い位置にいる生物を選択的に採餌することが，トンボにとってどのようなエネルギー的利益があるかについては§9.1.5.3で考察した．次の説明は，特に指摘する場合を除き，Ola Fincke (1984a, 1992c) によるパナマのバロコロラド島での観察によるものであり，彼女がそこで見たハビロイトトンボ科の4種，*Mecistogaster linearis*，ヒメハビロイトトンボ *M. ornata*，ムラサキハビロイトトンボ *Megaloprepus caerulatus*，*Pseudostigma accedens* に当てはまる．

これらの種は，主として木の片側を上昇しつつ葉の先端にあるクモの網を探しながら採餌し，次いで残りの片側を下降しながら採餌する．クモの網を見つけると，その前でホバリングして（そのため，「ヘリコプタートンボ」という地方名を得ている）クモを探す．クモを見つけると，トンボはまずバックし，それから突進して前脚でクモをつかむ．それからまたバックし，何かにとまってクモの脚を切り取り，残りの体を食う．その後，トンボは身繕いをして体に着いたクモの糸を取り除くことがよくある（§8.5.4.8）．このお決まりの手順は，次のような場合には変わりうる．それは，クモが隠れ場にしている筒状に巻いた葉からクモを引き出すときと，逃げようとして網から地面に落ちたクモを拾おうとするときである．後者は，トンボの幼虫がとまり場から咀嚼している餌動物の断片を取り落としたとき，それを取り戻すために下に降りていくこと（§4.3.4）を思い起こさせる．ハビロイトトンボ科のトンボが，地表徘徊性のクモやハエトリグモを捕獲したという報告は全くない．網にいたクモを捕獲した場合，最も

表9.5 さまざまな餌動物に要する「処理時間」

捕食者[a]	餌動物	処理時間（分）	文献
Oxygastra curtisii	「飛んでいる小型の昆虫」	0.3[b]	Heymer 1964
ハラボソトンボ	イエバエ	1分以内	Tyagi 1981a
Mecistogaster linearis	小型の柔らかいクモ[c]	<3	Fincke 1992c
コウテイギンヤンマ	カオジロトンボ	3	Beynon 1995a
タイリクシオカラトンボ	アメリカアオハダトンボ[d]	6.5〜41	Rehfeldt et al. 1993
ハヤブサトンボ	カトリトンボ	20	McVey 1985
アメリカコオニヤンマ	アメリカアオハダトンボ	25	Erickson 1989
Erythemis vesiculosa	チョウ	30	Alonso-Mejia & Marquez 1994
モートンイトトンボ	大型のユスリカ	30〜60	Mizuta 1974
Mecistogaster linearis	小型の堅いクモ[e]	45	Fincke 1992c

注：断らない限り，この表の処理時間の値は，餌動物の捕獲から嚙んで飲み込むまで．
[a] 処理時間の短い順に記載．
[b] この記録の処理時間は，1つの餌動物の捕獲から次の捕獲までの時間．
[c] ムレウズグモ *Philoponella republicana*．
[d] 餌動物は翅以外はすべて摂取された．
[e] コガネグモ科の *Micrathera* 属．

高い捕獲成功率を示した（試みたうちの7〜16％）．ハビロイトトンボ科がクモの捕獲に失敗した場合は，その代わりに小さな花か植物片をつかんでくることがあるが，すぐに落とす．トンボはより速く処理できる背甲の柔らかい小さなクモ（頭胸部の長さ3〜6mm）を好んで捕獲し（表9.5），それより大きなクモは避ける．ジョロウグモ属の1種（*Nephila clavipes*）の作るような大きな網は，採餌するトンボを阻止するが，Allen Young (1980a) は，コスタリカのムラサキハビロイトトンボが盗み寄生性と思われる小さなクモ（おそらくヒメグモ科のイソウロウグモ属 *Argyrodes*）を *N. clavipes* の網で捕食するのを見ている．その成功率は約25％である．ムラサキハビロイトトンボはクモをつかむまでに10〜50秒間，網の前でホバリングした．Fincke (1992c) はパナマで，日向と半日陰，それに地上からの高さに関連して，3種の普通種の間で採餌活動が空間的に分離している傾向を見つけている．すなわち，*Mecistogaster linearis* はしばしば半日陰で採餌し，ヒメハビロイトトンボは最も低い所で，そして，ムラサキハビロイトトンボは最も高い所で採餌する．コスタリカでは，ムラサキハビロイトトンボの採餌の多くは，20〜50mの高さの樹冠で起きている（Rayor 1983）．

ヒメハビロイトトンボの採餌行動は映像化されて分析されている（Rüppell & Fincke 1989）．ガイアナの多雨林で調査した Mary & William Beebe (1910: 270-271) は，飛行するハビロイトトンボ属 *Mecistogaster* の風変わりな様子を次のように記述した．「奇妙な透明の風車（かざぐるま）が大木の円柱が作る通路を渡って行く… 翅の斑紋は高速で回転し，翅の他の部位は灰色のもやにしか見えない．」

Linda Rayor (1983) は，コスタリカの *Mecistogaster modesta* が，林床の上0.1〜1.0mの直射日光の中だけで採餌し，その探索はとりわけクモの網の糸のほうに向けられているように見えたと記している．彼女は網以外で捕獲されたクモを1例だけ見ているが，それはクモが糸の端についていた．クモの糸の中には紫外線を反射するものがあり，それが獲物を網に引き付ける（Craig & Bernard 1990）．ハビロイトトンボ科の種は網を探し当てるのにこれらの反射を利用しているのかもしれない．

網の所でホバリングをしている *M. modesta* は，それを突き破ってクモをつかむ前に，しばしば3方向から網を見ている．*M. modesta* が餌にしている大部分のクモは，粘着性がなくて絡みつく網を作るか（例：ユウレイグモ科の種），粘着性はあるが平面的な網を作る（円網）．網を見分ける行動によって，このトンボは粘着性の糸に接触するリスクを極力避けてクモを狩ることができる．*M. modesta* は，ユウレイグモ科の網にはっきりした穴をあけるが，このクモには回数にして50％以上逃げられる．一方，円網性のクモの網はめったに壊されることはない（Rayor 1988）．Mike & Marion Parr (1996) が観察したマンシュウイトトンボの雌は，クモの網からハエを採餌したが（表A.9.3），粘着性の糸はきれいなままで，全く絡みもしなかった．

ムラサキハビロイトトンボは，非常に強い定住性を示し（表A.11.2），倒木が作る林冠ギャップをなわばりとして防衛しながら断続的に採餌し，普通は15分以内に活動の中心である樹洞に戻る（Fincke 1984a）．そのような雄が，クモの網の位置を覚えておけば，網には新しいクモが何度も入るので，その

巡回採餌は効果的になる.

9.3.2 日周パターンと餌動物の発見

表面採餌と空中採餌の日周パターンが異なると考える理由はないが，固着性の餌動物を見つけることが難しくなる特定の時間帯があるため，表面採餌のほうが制約を受けているかもしれない．餌動物の形や質感が分かるほど入射光が強ければ，表面採餌者が餌動物に気づく機会は，太陽が植物を直接上から照らすよりも，横から照らしたほうが一般に大きいようである．しかし，倒木が作る林冠ギャップや日だまりで採餌するハビロイトトンボ科の種にとっては，必要条件が異なると予測される．日光は林冠の隙間を通して差し込むので，上からしかこない．また，クモだけを採餌するトンボにとって，日差しは少なくとも直接の手がかりとするクモの糸を照らし出す程度に強くなければならないはずである（少なくとも日光の中だけで採餌するハビロイトトンボ属にとって）．

9.3.3 餌動物の対抗適応

ハビロイトトンボ科の餌動物となる造網性のクモは，網から地上に落ちたり（通常の戦略），網のそばにある逃げ場に入ったり，網の上でのカムフラージュによって，逃れる可能性を高めることができる．例えば，ゴミグモ属 *Cyclosa* は食いかすなどを網の中央に縦線状に並べ，その中に紛れる．ジョロウグモ属 *Nephila* の大きな防御網は，ハビロイトトンボ科の種に対する効果的な抑止になっている (Fincke 1992c)．

9.4 餌動物の処理

9.4.1 捕獲と制圧

採餌中のトンボが標的に近寄ったり，物理的に接触したときに，トンボは受け入れ基準に満たないものを拒否することができる．この認知の過程については§9.2.3で述べた．

ヤンマ科（Montgomery 1925）やエゾトンボ科 (Ubukata 1979a)，アオイトトンボ科 (Utzeri et al. 1987b) の種は，小さな虫を捕まえるときには口器だけを使う．Montgomery (1925) の記述によれば，ヤンマは小さな双翅目に近づくと，一瞬その速度をチェックし，餌動物の前方に照準を当てるように，頭部の向きをあちこち変えてから捕まえる．ソメワケアオイトトンボは，大きさが1cm以上の餌動物を捕まえると，前脚で口器にもっていき，それから前脚の基部で餌動物を挟みなおし，先端でとまり場を確保する (Utzeri et al. 1987b)．同様に，*Oxygastra curtisii* は大きな餌動物を捕まえるのに前脚を使うことがあるし (Heymer 1964)，タイリクショウカラトンボはオオアカカワトンボを脚で捕まえて保持する (Rehfeldt et al. 1993)．George Beatty (1951) は，トンボの脚に付着しているアリやハナバチの大顎の記録を調べ，トンボはそのような種類の餌動物を捕まえるときに特定の脚を使うことはないと結論した．しかし，これらの昆虫の少なくとも一部は，捕まった**後で**トンボがそれを制圧しようとしている間に，脚に噛みついたのかもしれない．

捕獲成功率（表9.4参照）は，餌動物のタイプ，周囲の気温や目立ちやすさなど，いくつかの要因に影響される傾向がある．*Platycnemis acutipennis* は，比較的不活発でまだゆっくりしか飛べない午前中は特に，なわばり内で採餌している *Oxygastra curtisii*（この種にとって主な採餌モードではない）に捕まりやすい (Heymer 1964)．カトリトンボの捕獲成功率は，輻射熱の強さと**負の**相関があり（小さな昆虫は日中の暑いときには飛ばない傾向があるからだろう），採餌飛行中に遭遇する他のトンボとの相互作用の頻度とも負の相関があった (Baird & May 1997)．餌動物の供給量，時間帯や他の物理的要因も計測したが，それらによって捕獲成功率は変化**しなかった**．構成要素として採餌が含まれる飛行の全体では（パトロールや相互作用を含む），捕獲成功率は65～71％くらいであろう．採餌飛行全体を**個体当たりに**換算した成功率 (76％) は，表9.4の対応する値［群飛の中での採餌］を個体当たりに換算した成功率 (89％) よりも小さかった．これは少数の成功率の高い個体が，餌動物の群飛の中を何回も採餌飛行をし，93％もの捕獲成功率をあげたためである．雌は，通常の（低い）レベルの餌動物の供給量のときに採餌飛行を行う割合が高いにもかかわらず成功率が高かったので，より効率的な採餌者だと言える．タンザニアでは不均翅亜目が飛び上がるアカトビバッタ *Nomadacris septemfasciata* の幼虫を大量に捕食するが，植生がまばらで丈が低い所では，パーチャーモードを採用しているトンボ（例：*Philonomon luminans*）のほうが捕獲成功率は高く，フライヤーモードをとっているトンボは（例：*Orthetrum brachiale*），植物が急速に成長しているところで成功率が高かった (Stortenbeker 1967)．

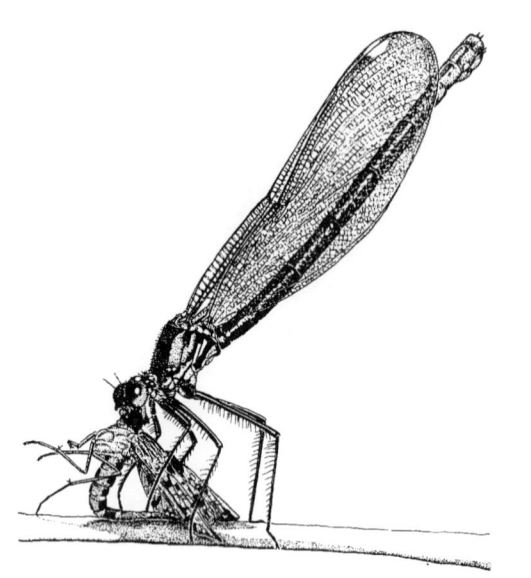

図9.9 長翅目の1種 (*Panorpa* sp.) を摂食するオビアオハダトンボの雌 (体長約44mm). (G. Jurzitza の写真から描く)

休止しているアオイトトンボは，このガガンボを第2腹節でしっかり押さえて翅をばたつかせるのを防ぎ，それからゆっくりと太いヒースに移動し，それに押さえ付けた．それから数分後にガガンボは死に，食われてしまった (Goodyear 1970). 表面採餌によってかなり大きなガを捕まえたニュージーランドイトトンボの雄は，とまり場へ運んで食う前に，ガがとまっていた場所で制圧した (Rowe 1987a). キジラミ科を表面採餌した *Enallagma glaucum* も，とまり場で食う (Van den Berg 1993). パナマの多雨林で *Mecistogaster linearis* がクモを表面採餌したときは，網に数秒間ぶら下がってから後退し，どこか他にとまって餌動物を食うことが多い (Fincke 1992c). また，ムラサキハビロイトトンボは，餌動物であるクモを食うためにとまり場に行く (Young 1980a). このような餌動物を食うためにとまる習性が，栄木をして次の俳句を詠ませた (Blyth 1952) のは確かである．

　　　杭の先　何か味はふ　とんぼかな　　　　（栄木）

9.4.2 処　理

空中で餌動物を捕らえるトンボ，特にフライヤーは，餌動物が小さい場合，連続して採餌しながら飛ぶことがある．13世紀の銭選 (Kevan & Lee 1974) の絵には，ヤンマ科のトンボの飛行摂食モードが描かれていて，同じやり方は他のフライヤーでもたびたび観察されている．小さな餌動物は，脚の助けを借りずに食う (カラカネトンボ, Ubukata 1975; パプアヒメギンヤンマ, Rowe 1987a). 餌動物を採餌しているときのパプアヒメギンヤンマとオーストラリアミナミトンボの飛行スタイルは，探索飛行とははっきり違っている．成虫は決まったコースをとり，一定の高さをゆっくりと行ったりきたりして，採餌場所の近くにとどまる (Rowe 1987a). トンボが飛びながら餌動物を続けざまに食うことは，餌動物を食いちぎる際に切り落とされた翅がハラハラと降ってくる観察例からも明らかである (Gillaspy 1971; Williams 1937). マダラヤンマ *Aeshna mixta* は，群飛中のケアリ属の1種 (*Lasius platythorax*) とクシケアリ属の1種 (*Myrmica scabrinoides*) の羽アリを食う際，飛びながら餌動物を捕らえて腹部を噛み切って食い，残りは落としてしまう (Martens & Wimmer 1996). フライヤーは，大きな餌動物を食うときにはとまるのが普通である (表A.9.2). 例えば，T. G. Beynon (Paine 1994a: 21) は，キバネルリボシヤンマ *Aeshna grandis*

捕獲成功率の推定精度は，捕獲の試みが成功したかどうかの判定にかかっている．捕食者が小さな均翅亜目の場合はこの判定は難しい．表9.4に記載した項目は，1個体の餌動物でもエネルギーの収益が大きければ，捕獲成功率がかなり低くてもかまわないことを示していると思われる（例：ハビロイトトンボ科にとってのクモ）．しかし，この理屈はモートンイトトンボ *Mortonagrion selenion* には当てはまりそうにないので，なぜ捕獲成功率が低くてもエネルギー収支が見合うのか，より詳しい調査をすべきだろう．

ヤンマ科の雄は飛行しながら摂食しているときに，時々腹部の先端を脚の間から口のほうへ押し出す．この行動は，おそらく捕まえた餌動物を制圧したり，その位置を調節するためであり (Dunkle 1983b), 雌雄の先端を欠いた尾毛の謎 (§8.2.5) に対する1つの説明にもなる．*Erythemis vesiculosa* はチョウを捕まえるとき（いつも空中で，しかも上から），胸部背面をつかみ，すぐに頭部に噛みついて餌動物を無力にする (Alonso-Mejia & Marquez 1994).

トンボは大きな餌動物を捕まえるとしばしば地上まで運ぶが (表A.9.2; 図9.9), このほうが制圧しやすいのかもしれない．ハヤブサトンボが他種のトンボを捕まえたときは，その犠牲者の頭部から食い始めるのが普通で，それによって餌動物を直ちに無抵抗にしてしまう (Paulson 1966). 大型のガガンボ属の1種 (*Tipula melanoceros*) を捕まえてヒースの上で

の雄が，飛行中に捕まえたオビアオハダトンボ *Calopteryx splendens* を食うために，木立へ飛んでいくのを見ている．Clyde Erickson (1989) は，アメリカコオニヤンマがアメリカアオハダトンボを食うときは，いつも**棘の多い枝**をとまり場に選ぶと記している．パーチャーモードで採餌するトンボは，普通，餌動物がかなり小さくても同じとまり場に戻って食うので (Stortenbeker 1967)，消費率を定量的に調べることができる (§9.6.2)．しかし，タイリクシオカラトンボが，とまり場からオアカカワトンボを待ち伏せ攻撃するときは，捕獲地点から3〜20m離れた場所に運んで食うことが多い (Rehfeldt et al. 1993)．トンボがとまっていれば，しばしば餌動物のどの部位が捨てられたかを見ることができる．タイリクオニヤンマは大型のマルハナバチ属 *Bombus* の腹部以外は捨てるし (Alford 1975)，*Enallagma caruncularum* はカゲロウ目と双翅目の翅と脚を捨てる (Logan 1971)．*Erythemis vesiculosa* は，捕まえたチョウをとまり場に運ぶと，前脚で餌動物を固定して，胸部と腹部を食う．トンボがチョウの翅を切り取る場合，翅の根元には鳥に傷つけられたのとははっきりと違う噛み痕を残す (Alonso-Mejia & Marquez 1994)．コウテイギンヤンマ *Anax imperator* がカオジロトンボ *Leucorrhinia dubia* を食ったときは，胸部の断片についた翅と4本の脚だけを残した (Beynon 1995a)．

最適採餌戦略の研究者がしばしば使う尺度は，**処理時間**である (§4.3.4)．その値は表9.5に示しているが，この概念を自由生活者であるトンボに適用する場合には注意が必要である．餌動物の大きさがトンボの許容範囲の上限に近づくにつれて，トンボが餌動物の処理を終えて，次の餌動物を探し始めるまでの時間を正確に計るのは難しくなり，不可能にさえなってくる．それには2つの理由がある．第1に，大きな餌動物を食う前に捕獲場所から遠くに運んでしまうことがあり，観察者の目から逃れてしまう．Meg McVey (1985) によると，ハヤブサトンボの雄がカトリトンボの成虫（前者の体重の48〜63％に相当）を捕らえると3時間以上なわばりを離れることを記録している．この時間は胸部と腹部を食うのに要する20分よりもずっと長い．同様に，コウテイギンヤンマの雄は，カオジロトンボの摂食（3分しかかからない）の後，13分間池に戻らなかった (Beynon 1995a)．第2に，1日の平均摂取重量よりもかなり大きい餌動物を食った後のトンボは，その日に再び餌動物を探すように動機づけされないであろう．その結果，再び採餌を開始するまでに最短で12時間かかることになる．しかし，トンボは2つの大きな餌動物の摂食の間に，ほとんど休止を挟まないこともある．タイリクシオカラトンボは，オアカカワトンボの2個体の成虫を30分で完全に食い尽くす (Rehfeldt et al. 1993)．これはシオカラトンボ属が大きな餌動物を好むという知見を裏づけている（表A.9.2）．

餌動物のサイズがトンボの受容範囲の下限に近づくにつれて，それ以前に捕えた餌動物を飲み込むどころか完全に噛み終わる**前に**（もしそれが本当に終えたと言えるなら），次の餌動物探しがまたすぐに始まる．Tillyard (1917a) の観察では，*Telephlebia godeffroyi* の成虫が薄暮時に，少なくとも10分間はカを捕食していたが，その口器にはカがいっぱい詰まって締まらず，まだ処理されない餌動物が黒い塊になっていた．カトリトンボが餌動物の群飛の中で採餌するときも，餌動物の探索と処理を同時に行っているだろう (Baird & May 1997)．ハワイで4個体のウスバキトンボが群飛しているユスリカを採餌していたが，どのトンボも消化管は食道から直腸までこの虫で充満しており (Warren 1915)，その数は約50個体に達していた．一時的に豊富になった餌動物を狩る能率を上げるために，捕食者が餌動物を飲み込むのを延期するとは考えにくいので，そのような処理と探索を同時に行う戦略は（表9.5にあげた *Oxygastra curtisii* がとるようである），処理時間に関する通常の概念を無意味にする．このように行動するトンボは，「太陽が照っているときに干草を作る」ばかりでなく，一種の貯食を行っていることになる．Hinnekint (1987b) は，マンシュウイトトンボ，タイリクシオカラトンボ，クレナイアカネ *Sympetrum sanguineum* が，飼育下と野外の両方で，いつも肉団子の形で貯食するのを観察した．クレナイアカネは，一度に8個体のショウジョウバエ属 *Drosophila* を肉団子にして口器の中に貯食していた．また，マンシュウイトトンボは，肉団子を口器の下面にくっつけて貯食する．貯食は，採餌レパートリーの一部として，餌動物が豊富になるわずかな時間の有効利用になり，飛行に不向きな天候が続く間のエネルギー不足を補うのに役立っているかもしれない．

上で述べた議論の補足説明になるが，表9.5であげた値は，餌動物が大きくなるにつれて（絶対サイズとトンボに対する相対サイズ），また，その処理が難しくなるにつれて，処理時間が増加するという仮定を満たしている．表9.5の記載事項には，*Mecistogaster linearis* がほぼ同じ大きさのクモを食った例が2件あるが，硬い外皮をもったほうのクモでは，噛んで飲み込むのに他のクモの15倍かかっている．

大きな餌動物を捕らえることは，別の種類の機会

コストを被ることになる．大きすぎる餌動物を捕らえると，カトリトンボはしばしばゆっくりと戻り，とまり木の先端ではなく，その途中にとまることが多い．そのために，元のとまり場から追い出されやすくなる (Baird 1991)．

9.5 採餌効率の増加

　生命維持のために採餌するトンボにとって最も重要な目標は，餌動物が「ランダム」に分布しているときの遭遇率よりも高い率で餌動物に遭遇できる戦略をとることである．カトリトンボの成虫にとって，いつどこで採餌するかを決定する主要な生物的要因は，餌動物の供給量である (Baird & May 1997)．餌動物の供給量の増加に伴って，採餌速度（採餌成功度ではない），摂取速度，採餌の持続時間，他のトンボ，特に同種個体との相互作用の頻度の各変数が大きくなることが雌雄に共通して見られる．つまり，餌動物の供給量は，これらの変数の値を予測するために最も重要である．したがって，採餌行動の厳密な分析には，これらの変数を明確に識別しておく必要がある．群飛する餌動物は常に（最頻サイズが）小さい傾向があるにもかかわらず，餌動物の集中を利用して採餌速度を高めることによって，エネルギー摂取速度が格段に増加することが，表9.6からよくわかる．

　表9.7は，採餌速度を高めることが分かっている戦略のリストである．現時点では，ほとんどの研究例は空中採餌者として活動するトンボ（パーチャーやフライヤー）についてのものである．少数の表面採餌者は（クモを狩るハビロイトトンボ科の種），A.2戦略のスペシャリストである．一方，多くの表面採餌者は，研究が進むにつれてそれ以外の表面採餌戦略を採用していることが判明していくであろう．これらの表面採餌者はA.1.2あるいはA.1.4の戦略である可能性が高いが，Ｆの戦略も採用している可能性もある．表面採餌者の中には，固着性の餌動物の高密度集団に飛来したというよりも，その中に長くとどまるために，カテゴリーAに分類された種も含まれている（例：表A.9.3のキボシエゾトンボ）．このような戦略をとる傾向のある表面採餌のトンボは，温室害虫を抑制するための候補として考えてよい（§9.7.2）．以下の解説では，採餌効率を高めると思われる戦略について議論するが，各戦略は表9.7で分類した名称を用いる．

9.5.1　餌動物の集中

戦略A.1.1

　トンボは空中採餌モードを，特に小型の昆虫が群飛している薄暮時に使うことが多い．そのような「群飛摂食」(Corbet 1962a) は，実質的には不均翅亜目に限られ，「群飛採餌」と呼ぶほうがより適切である．均翅亜目が群飛する餌動物を摂食する場合にはいつも，アメリカカワトンボ *Hetaerina americana* がカゲロウを捕食するときのように (McCafferty 1979; §9.5.2, B.1参照)，とまり場から繰り返し飛び立つに違いない．しかし，パーチャーを含む不均翅亜目は，機敏に群飛に入ったり出たりし，群飛が作る空間の内側で軽快に踊るような動きをする．例えば，カトリトンボは，通常はとまり場から飛び立つが，群飛の中では何度も通り抜けて飛びながら摂食する行動に変化する (Baird & May 1997)．これは他のパーチャー，特に熱帯や低緯度の温帯の種（例：この項のオビヒメキトンボ；*Libellula auripennis*, Wright 1937) でよく見られる行動パターンである．このようなことは均翅亜目には無理で，ホバリングモードで採餌する *Chlorocnemis flavipennis* (§9.5.2, B.2) でさえも，そのような行動をまねることはできそうにない．私は以前，このモードの採餌について詳しく議論したことがある (Corbet 1962a: 151)．このモードは，交尾のために集まった小さな双翅目，特に群飛するユスリカや蚊を採餌している不均翅亜目で最もよく知られており，また最も多く見られるモードだと思われる．ユスリカや蚊の群飛は，（出会い場所の雄のトンボのように）地表の何らかの標識を中心にその上方にできるのが普通である．それは主に雄で構成され，交尾受容性のある雌が断続的にやってきては，番になると群れを去っていく (Downes 1969)．群飛を採餌する戦略の例として，*Oxygastra curtisii* の専心的採餌モード (§9.2) をあげることができる．しかし，群飛の概念を餌動物の別タイプの集団も含めるように拡大すると，この戦略は次のような例と機能的に同じになる．例えば，ヤンマ科 (§9.7.2) がミツバチやシュウカクアリの有翅個体 (Clark & Hainline 1972) を捕食するときに集まったり，*Anax strenuus* (Daigle 1994) やウスバキトンボ (Zimmerman 1948) がシロアリの有翅個体を捕食したり，アメリカギンヤンマとウスバキトンボがインゲンテントウ *Epilachna varivestis* の群飛を摂食するなどである (Alrutz 1993)．インドのデラドーン Dehra Dun で，有翅のシロアリを摂食していたウスバキト

9.5 採餌効率の増加

表9.6 餌動物の供給量や重量の関係から見たカトリトンボが採餌中に獲得する純エネルギー量

餌動物の供給量[b]	エネルギー獲得量 (J/時)[a]		エネルギー支出 (J/時)
	餌動物の最頻重量による推定	餌動物の平均重量による推定	
少ない	2.3	19.1	8.8
中間	13.8	68.0	13.4
多い	22.9	109.3	18.1

出典: Baird & May 1997.
[a] 時間当たり純エネルギー獲得量 (J/時) は, 成虫が最頻重量 (0.025mg) あるいは平均重量 (0.085mg) の餌動物を消費すると仮定して, 飛行時間と飛行代謝速度の積から計算した. 重量は対数変換した餌動物の体長データから推定した.
[b] 少ない: 餌動物は広く分散しており, 観察者には容易に見えない状態; 中間: 餌動物はもっと多くてそれほど集中してはいないが, 観察者には見える状態 (例: 風で分散した双翅目, アリの結婚飛行); 高い: 餌動物が豊富で, 空間的に集中していて, 観察者に見える状態 (例: 位置が変わらない双翅目の群飛).

表9.7 採餌効率を高めると考えられる戦略

A. 餌動物が時空間的に集中している所で採餌
    A.1 餌動物が一時的に集中する原因
        A.1.1 餌動物の群飛[a]
        A.1.2 誘因源への餌動物の集合
        A.1.3 局所的なサーマル
        A.1.4 風が当たらない状態
        A.1.5 木陰になった場所の陽斑
    A.2 樹林地内の小さな空き地に生じる持続的な餌動物の集中
B. 捕獲成功度の増加させる原因
    B.1 日の出あるいは日没時に太陽のほうに向くこと
    B.2 風上に向くこと
    B.3 餌動物を驚かして捕ること
C. 物理的な撹乱により休止中の餌動物を飛び立たせる原因
    C.1 採餌中のトンボ自身による撹乱
    C.2 大きくてゆっくり移動する動物や物体[b]による撹乱
D. 極端に大きな餌動物[c]を採餌
E. 採餌場所をほかの捕食者が利用しないように防衛
F. 貯食[d]

[a] 以前は群飛摂食と呼ばれた戦略 (Corbet 1962a).
[b] 例えば, 自動車やカヌー.
[c] チョウや他のトンボを含む (表A.9.2参照).
[d] 次々と餌動物を捕獲する間, 噛んで摂取するのを後回しにすること.

ンボの消化管の内容物は, 個体当たり平均25個体だった (Tyagi 1995). 不均翅亜目では, この戦略を採用する種が極めて多いが, ほとんど採用しない種もあるようである. ミナミエゾトンボとは違って, キボシミナミエゾトンボが集団となって摂食するのは観察されていない (Rowe 1987a). そのような採餌集団では, 雄と雌は性的な相互作用なしに混じり合っている (例: ギンヤンマ *Anax parthenope*, Jurzitza 1964).

Mike Wright (1945) によるフロリダ州の海岸での観察によると, 2種の不均翅亜目の大群が, サシバエとカの高密度の個体群を追跡しながらそれらを捕食していた (表A.9.7). Baird & May (1997) は, 採餌するカトリトンボと彼らの餌動物の個体数が, 数週間にわたって平行して変化するのを観察した. このような場合, 餌動物の集団は (餌に集まる捕食者も), 視覚的な刺激だけで採餌するトンボを数m足らずの距離から引き付けているにすぎないので, 捕食者と餌動物が同じ大気に乗って運ばれていることになるだろう (本項A.1.3参照). もしこの推測が正しいなら, それはトンボにとって, 経験や地形の記憶を利用することが重要であることを意味する. ヤンマ科の種がミツバチの巣の近くに繰り返し来訪するのは, 彼らが地形的な記憶に頼っているからに違いない. トンボがいったん餌動物の密な集団を見つけると, 「地域限定探索」によって, その内部にとどまることができる (Krebs & Davies 1991). 観察例は少ないが, Baird & May (1997) はカトリトンボの何個体かが繰り返し同じ採餌地域に戻るのを見ている. このことは航法能力を使っていることを示唆する.

塩性湿地に生息するヤブカ属の1種 (*Aedes taeniorhynchus*) を計画的に放逐したときは, 日没後30〜60分の間に, 地上においたケージから約80万個体が飛び立った (Edman & Haeger 1974). この間, 大放逐地点に集まってきたアメリカギンヤンマは75〜100個体にまで増え続け, ケージの上3〜10mの高さの所を敏捷に飛び回り, 各ケージの所にそれぞれできた蚊柱で集中的に採餌行動を行った. 日没後およそ1時間してカの活動が弱まり始めると, トンボは自分たちが作っていた密な円状の集団から散らばり始め, 間もなく全部が飛び去った. Edman & Haegerは, ヤンマが新しくできた蚊柱に素早く連続的にやってくる他の記録例についても述べている. 薄明薄暮性の *Gynacantha japonica* の和名が「カトリヤンマ」であるのは全く当を得ている (Eda 1979).

私は, 1954年の3月中旬に, ウガンダ西部のブティアバButiabaでオビヒメキトンボの日の出と日没時の群飛採餌を観察した. このトンボは, むしろ戦略C.2 (§9.5.3) を採用するパーチャーとして知られている. 成虫は, 18:15に1個体, 2個体と現れ, 地面近くを飛んでいた. 19:05までに採餌集団は40〜50

個体になり，19:15～19:20には突然いなくなった．この集団が，双翅目の群飛を狙っていたのは明らかで，あるものは水平に円を描きながら，あるものは斜め方向から上下して飛んでいた．双翅目の集団は撹乱されてもまたすぐに元に戻った．大型の不均翅亜目のトンボ（おそらくカトリヤンマ属*Gynacantha*）が双翅目の集団を素早く横切るのを2回，その途中でオビヒメキトンボを捕まえるのを2回観察した．オビヒメキトンボは，同様に07:00にもこの場所で採餌行動を見せ，そのときも小さな双翅目の群飛に明らかに集中していた．

上記の観察例やCorbet (1962a) が引用した観察は，カトリトンボの各個体，特に雄は餌動物の集団に引き付けられるというBaird & May (1997) の定量的研究の結果と一致する．トンボは餌動物の供給量の変化に，時間的にも空間的にも反応する．特に餌動物の集団ができる場所に反応して移動し，そこに採餌を集中する．エネルギー摂取の観点から見ると，群飛採餌の利益は明白であるが（表9.6），成虫のわずか16％がこのような方法で採餌できたにすぎない．

戦略A.1.2

餌動物が点刺激に引き付けられる所でトンボが好んで採餌しているとき，捕食者が同じ刺激に集まるのか，餌動物に集まるのかは，観察者には必ずしも分からない．例えば，夜間の点光源は，トンボと餌動物の両方を引き付ける．Allen Young (1980b) は，コスタリカで発酵した黒胡椒の実を天日皿で乾燥させていると，そこにアメリカベニシオカラトンボが現れ，高密度の採餌グループを形成するのを観察した．このトンボは小昆虫（主にショウジョウバエ科とミバエ科）を捕食しており，日の出直後に現れ，1時間後には去った．この間トレーを取り除くと，トンボはすぐに飛び去った．空のトレーをおいてみるとトンボはすぐに現れたが，間もなく飛び去った．このような観察は，トンボが条件付きの地形的な記憶を使うことを支持している．トンボが以前に生産的だった場所に毎日繰り返し戻ってくることから，その記憶は内因的に（セイヨウミツバチのように）生じるか，外因に決定される日周性に連動していると考えられる．周囲が暗いとき，点光源の周りに餌動物が集まるような所では，トンボを初めに引き付けた刺激が何かを推定するのは容易ではない．

ウガンダのビクトリア湖畔でライトトラップを仕掛けたところ，日没直後や日の出直前に頻繁に不均翅亜目を採集できた経験がある．日没直後は，フライヤーモードによる薄暮性の採餌をすることで知られている種の成熟個体が主で（例：オビヒメキトンボ，*Philonomon luminans*），日の出直前は，いろいろな種のテネラル個体であった．これらのテネラル個体は，処女飛行を始めたところでトラップに捕まったに違いない．この知見は，トンボが採餌のために点光源に飛来することの行動学的な証明として重要である．

1個体のキバネルリボシヤンマが，デンマーク北部の農園の端にある小さな教会の窓から飛び込み，祭壇のロウソクの周りでハエを捕らえたことがある (Wesenberg-Lund 1913)．暖かい9月の夜の21:30～23:00に，アメリカギンヤンマとカトリトンボが，フロリダ州のホテルの玄関先の灯火に引き付けられた小昆虫を捕食するのが観察され，前者は照明されたスクリーンに向かってばたつく小昆虫を捕食していた (Wright 1944a)．*Libellula axilena*は，南限近くのフロリダ州で，21:30ころに明かりのついた窓の所で採餌するのが2晩続けて観察された．1つの窓の明かりを消し，別の窓を点灯すると，トンボは移動するのに数分かかったが，照明のある部屋の窓ならどこでも採餌した (Yosef 1994)．不均翅亜目だけでなく均翅亜目でも，成熟したトンボがライトトラップにかかり，時には真夜中やその後にもトラップに入るのはよく知られている (§8.4.4)．しかし，そのような例では，トンボがトラップにかかったのは光によるものか，その周りを飛ぶ小昆虫のためなのかは分かっていない．なぜならば，不均翅亜目は時に光背反応を示すことがあるからである．

戦略A.1.2のもう1つの例は，人にとまった吸血性の昆虫を，不均翅亜目が表面採餌するものである．戦略A.1.1とC.2も採用する種であるオビヒメキトンボ (Swynnerton 1936; Laird 1977) やアフリカシオカラトンボ (Campion 1921) は，人からツェツェバエ (*Glossina*属) を表面採餌するのが観察されている．塩性湿地に棲むカの群飛を活発に採餌する（上記A.1.1参照）アメリカギンヤンマは，観察者から吸血していた雌のカを捕りさった（表A.9.3）．北アメリカの亜寒帯からの報告によると，ヤンマが調査チームの上に集まっているカ（おそらくヤブカ属*Aedes* [*Ochlerotatus*亜属]）を捕食し，また，*Somatochlora hudsonica*と*S. sahlbergi*は，メクラアブ属の1種（*Chrysops nigripes*）が観察者の頭上を飛んでいるときに捕食した (Corbet & Miller 1991参照)．

戦略A.1.3

ウスバキトンボのように滑空するトンボは，局所的なサーマルを採餌飛行の基地として利用すること

がある (§10.3.2.1). この戦略の採用は, 滑翔可能な領域を拡大して捕食者の実効的な採餌領域を広げることになり, 餌動物も気流によって滑翔域に引き込まれるので, トンボは探索に費やすエネルギーを減らすことになる (Gibo 1981). 収束前線の内部を移動する移住性のトンボも, この優雅な戦略を採用している可能性があり, ここでは大気の動きがトンボばかりでなく餌動物も集中させることになる (Rainey 1976). 熱帯収束帯の移住性の種 (§10.3.2.2) の消化管内容量の分析は, 消化管内の食物通過速度の情報 (§9.6.2) を基礎に計算すれば, 移動中の採餌に関して有益な知見が得られるに違いない. 私は, そのような移住の途中に降りたって一晩滞在した不均翅亜目に出会ったことがあるが, 彼らは消化管内に多くの食物をもっていた (Corbet 1984a). 日没時, 休息するために高い所から降りてきて以来, どのトンボも採餌する時間はなかった. したがって, 彼らは地上から高い所を移動する間に摂食している可能性が高い. 小さな丘の頂上付近で不均翅亜目の滑翔が見られる場合 (例: ウスバキトンボ, *Tramea basilaris* と *Zygonyx torridus*, Lindley 1974), 戦略A.1.3を採用している可能性が高い. おそらく,「ヒルトッピング」(Ehrlich & Wheye 1986参照) によって丘の頂上に集まる餌動物を採餌しているのであろう. 私は, ウスバキトンボと *T. basilaris* が, ビクトリア湖の中にある小島の小高い丘の上で, 暑い日中に少なくとも1時間このような行動が継続するのを見た. ニュージーランドでは, 雌雄のパプアヒメギンヤンマの未成熟と成熟個体からなる集団が, 丘の頂上近くで採餌していた (Rowe 1987a). ハネビロトンボ族は, 後翅の肛角部の面積が非常に広く, 腹部は短くて細いので, この戦略を使うのに非常に優れた形態を備えていると言える. 私が1957年にウガンダの森林伐採跡で見た, 約100個体の未成熟の *Rhyothemis fenestrina* が午前半ばにサーマルに乗って滑翔している様子は, まことに不思議で, その記憶は今も薄れていない.

戦略A.1.4

採餌しているトンボの集合は, しばしば風の当たらない場所で見られる. そこは風の強い天候のときに餌動物を捕らえることができる唯一の場所であろう. 風が当たらない場所に対する好みは明瞭である. モルディブ諸島で, ウスバキトンボは無風条件では島のどこでも採餌するが, 風があると彼らはほとんど例外なしに木陰で採餌する (Olsvik & Hämäläinen 1992). フランス南部の水田の近くでは, 寒冷なミストラルが吹くと, 膨大な数の採餌中のタイリクアキアカネ *Sympetrum depressiusculum* が餌動物と一緒に, 森林の風の当たらない場所に午後早くから夕方まで集まる (Rüppell 1990b). アメリカのイエローストン国立公園で見られた非常に大きな集団は (Evans & Evans 1980), 戦略A.1.4の現れだったのだろう. これは, 成熟した *Leucorrhinia hudsonica* の集団で, 道路沿いに200 m, その上方に3〜4 mの高さに広がっていた.

戦略A.1.5

晴天の日の森林の中では, 陽斑が地上をしだいに移動する. そのような「ホットスポット」は, 主要な出会い場所として利用されることもあるが, ある種の森林性のトンボにとっては採餌活動の中心となる (例: アマゴイルリトンボ *Platycnemis echigoana*, Watanabe et al. 1987). 陽斑は他の昆虫にも好ましい環境を提供し, そこでは彼らの活動が活発になり, 餌動物としてより目立つようになる. Todd Shelly (1982) は, 陽斑での採餌に関連したエネルギー代謝のコストと利益の両方を明らかにしている (§9.6.3).

戦略A.2

多くの森林性のトンボ, 特にトンボ科の種は, おそらく採餌のためもあって, 森林の中の林冠ギャップに集まることが多い. これは戦略A.1.5の時空間的拡大の1つにすぎない. 不均翅亜目の1科であるハビロイトトンボ科では, この拡大傾向が, その必須の行動にまで進んでいる. 林冠ギャップの日だまりだけで採餌するばかりでなく, 彼らはそこのクモに特化している (§9.3.1). 小さな森林性の昆虫が集中する場所で, それ自体が捕食者であるクモを選択的に摂食することによって, ハビロイトトンボ科の種は, 彼らが利用できる食物網の最上位で餌動物を採餌していることになる. これは漁師の網にかかった獲物を奪う, 誰か (海鳥) のやり方に似ている. 同じことは, 他のトンボを捕食するトンボについても言えるかもしれない.

9.5.2 捕獲成功度

戦略B.1

薄暮時に太陽に向き合うことは, 視覚に頼る捕食者にとって, 特に低い照度のときに飛んでいる餌動物を見つけるのに役立つ可能性がある. インディアナ州のホワイトリバーでは, 風のない夕方, 太陽が沈み始めたころ, 早瀬から羽化したコカゲロウ属

*Baetis*やチラカゲロウ属*Isonychia*を，アメリカカワトンボが多数集まって摂食する．トンボは露出した岩の上に集まり，それぞれ飛び立っては戻っていたが，全個体が沈む太陽の方向を向いていた．太陽を背にした餌動物のシルエットがはっきりするらしく，飛んでいるカゲロウを10m離れていても感知していることは明らかであり，このことから彼らの光学的解像力がよくわかる．彼らはこのようにして，日が沈むまで採餌を続けた（McCafferty 1979）．ケニアのある湖の岸辺で，日没の約1時間前から30分後まで（すなわち，ほぼ常用薄明の終了時まで），多数のアフリカヒメキトンボの雌雄の未成熟成虫と成熟雌が，水面上5cmの所をゆっくりと飛びながら，双翅目のChaoboridae科やユスリカ科の群飛を採餌していた（Miller 1991e）．この行動は，ジンバブエのカリバ湖でもPeter Miller（1995e）によって目撃されている．日没後，このゆっくりした飛行は，岸に沿って西向きに定位し始めた．おそらく，西方の薄明かりの空を背景に飛んでいる餌動物が見つけやすくなるのだろう．それぞれのトンボは，西のほうへ数m飛んでは，採餌ルートの東端に急いで戻り，再び飛行を始めた（図9.10）．Millerはこのような飛行を同じ場所で連続7日間も夕方に観察している．薄暮時に採餌するトンボでは，そのような定位は普遍的であると思われ，カトリヤンマ族のような特殊化した薄明薄暮性の採餌者について，その可能性を調べることは収穫が大きいだろう．例えば，カトリヤンマ（図9.3）のような薄明薄暮性の採餌者が，日の出時には東向きの飛行によって，日没時には西向きの飛行によって，ほとんどの餌動物を捕食しているのが発見できるかもしれない．

日の出や日没時，飛んでいる小さな昆虫を水平線を背景にして見分ける能力を使って採餌するトンボにとって，少なくとも常用薄明までは，この能力はかなりの利益をもたらすだろう．多くの人々は，夜明けや日暮れをそれ自体神秘的な時間と思っているので，観察者が自分の経験をその不思議や興奮を読者と分かち合えるように記述したとしても特異なことではない．E. B. Williamson（1923: 41）による一節はその例である．

「*Gynacantha nervosa*の飛行は基本的に薄暮性のようである．このトンボが多数いる所では，視野に入る飛行中のトンボの数，その動きの活発な飛行，そして急に暗くなる熱帯の夜が結び付いて，想像力をかきたてる光景が現れる…突然大きな茶色のトンボが，村の小道を波打つように飛んできた…それから

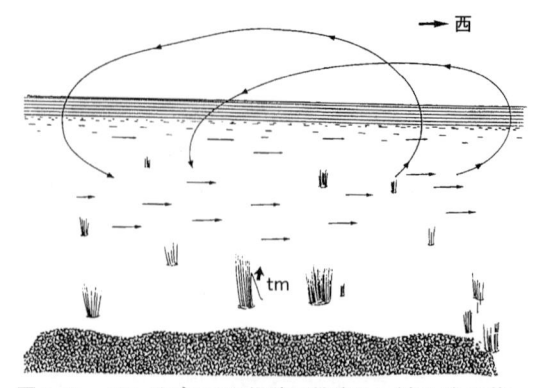

図9.10 ジンバブエで日没時に戦略B.1（表9.7）を使って採餌するアフリカヒメキトンボ．小さな矢印は個体の飛ぶ方向を表す．すなわち，水面の上数mをゆっくりと西側に飛び，それから輪を描くように東側に戻り，また西に向かって採餌飛行を繰り返した．その間1個体の雄（tm）は，なわばりの防衛を続けた．（Miller 1991eより）

3～4個体が草葺きの小屋の周りを，円を描きながら飛び続け，庭や小道はたちまち織物の模様のように賑やかになった…現れたときと同じように突然，わずかしか見られなくなり，そして皆去って行った…」

戦略B.2

空気力学的な理由で，採餌中のトンボは，それが可能な場合は，風上の方向を向くことが予測される．ミナミイトトンボ科の*Chlorocnemis flavipennis*は，稀にホバリングモードで採餌するときは，風に向かっていなければならない（Lempert 1988）．各成虫は，水面上2～4mの高さを，約1mの隣接個体間距離で約10分ホバリングし，その位置から彼らの前を飛ぶ小昆虫を捕食する．この採餌モードは，他のトンボでは全く報告されていないが，ホバリングの高いエネルギーコストを償うのに十分利益があるものと思われる．そのようなホバリングをひとしきり行うと，*C. flavipennis*は，とまり場からの採餌や表面採餌に戻ることがある．これは不均翅亜目の幼虫が時々行う水中でのホバリング採餌モードを思い出させる（§4.3.4.2）．

戦略B.3

トンボの優れた空中での機敏さは，餌動物の不意を襲うことで採餌成功度を高めることを可能にしている．フライヤーモード（例：パプアヒメギンヤンマ，オーストラリアミナミトンボ，*Uropetala carovei*，Rowe 1987a）であれ，パーチャーモード（例：ヒメシオカラトンボ，Parr 1983b）であれ，多くの種の採餌の特徴である突然の飛び立ちが，捕獲成功率を高めてい

ることは確かであろう．フランス南部で，タイリクシオカラトンボがオアカカワトンボを捕食するとき，なかにはフライヤーモードで捕まえようとするものもいたが，多くは水際の植物群落で待ち伏せし，突然飛び立って襲いかかった．この待ち伏せ戦略は，フライヤーモードを使っているトンボの捕食者の裏をかくオアカカワトンボの能力の裏をかくことになるので，結果的に，最も高い捕獲成功度の記録の1つとなっている（表9.4）．

ハビロイトトンボ科の種は，クモに突進して攻撃する前に網の前でホバリングし，クモを動かなくできるように見える（クモのほうは捕食者から見つからないようにしているのかもしれない）．これは捕獲成功度を高めるための淘汰圧のもとで進化し，特殊化した行動かもしれない．ずいぶん昔に Mary & William Beebe (1910) は，ガイアナの森林の中で，ハビロイトトンボ属がホバリングしながら近づいても動かなかったクモが，人が近づいたら一目散に逃げ去ることに言及している．ホバリングしているハビロイトトンボ科の種の鮮やかに色づいた翅端が，クモに金縛り状態を引き起こすのであろうか．もしそうなら，特殊化した採餌者のなんと見事な適応であろう．

9.5.3 狩り立て

戦略 C.1

戦略 B.3 を採用するには，トンボは飛び立つ前に餌動物に見つからないようにする必要がある．しかし，戦略 C.1 を採用するためにトンボに必要なことは，それまでとまっていた餌動物を追いたてたときに，その場で餌動物を感知し，捕獲することである．タンザニアのルクワ湖の近くで，不均翅亜目（例：*Orthetrum brachiale*）がアカトビバッタの若齢幼虫を捕食していた．彼らはバッタが空中に飛び出すように草の間を低く飛び，空中のバッタを見つけて捕獲できたが，着地したバッタの幼虫を時々捕獲できる効果もあった (Stortenbeker 1967)．同様に，若い *Didymops transversa* の成虫が植物群落の近くでホバリングするのが観察されているが，その翅が起こす気流が植物の間で休んでいる小昆虫を飛び立たせていた (Hutchinson 1979)．*Aeshna eremita* は，同様な戦略をとって，均翅亜目のトンボをスゲ属 *Carex* の茎から採取しているように見えた (Pritchard 1963)．しかし，採餌するヤンマは茎のすぐそばでホバリングしなければならず，その追いたて行動は，ある程度偶然の可能性がある．Stephen Cham & Clive Banks (1986) は，ある夏の朝早く，太陽に部分的に暖められたセイヨウイラクサ *Urtica dioica* の密生した場所から発せられる摩擦音に気づいた．彼らが聞いた音はイラクサの茎の間を飛んでいた雄のキバネルリボシヤンマの翅が茎を擦って出る音だった．トンボが繰り返し草むらに入るたびに，休んでいた大量のユスリカが撹乱されて飛び立った．キバネルリボシヤンマは時々ホバリングしてユスリカを捕まえ，摂食してから先に進んだ．その日のその時間帯には，飛んでいる小昆虫はほとんどいなかった．イラクサの茂みにいるユスリカは，トンボにとって潜在的に豊富な食物資源であるが，植物の葉の下側にいるので，飛び立たせない限り捕まえるのはかなり難しい．同じように行動した3個体のトンボのうちの1個体は，約20分間もこのようにして採餌した．S. W. Dunkle (Corbet 1984b: 22) は，多くの不均翅亜目のフライヤー（例：*Coryphaeschna* 属，*Epiaeschna* 属，*Nasiaeschna* 属，*Neurocordulia* 属，エゾトンボ属）が採餌飛行しながら木の枝や幹を上昇して行くのを観察し，トンボのこのような行動が，表面採餌を可能にするだけでなく，葉の裏に休んでいるユスリカのようにとまっている餌動物を追いたてていると推測した．Dunkle の考察は，戦略 C.1 が表面採餌と機能的に結び付いており，その採餌モードの1つの発展型であることを示唆している．

戦略 C.2

餌動物の獲得速度を高める最も注目すべき戦略は，一部の不均翅亜目，特にある種の熱帯性のアカネ亜科がとるものである．これらのトンボは，開けた草原の中を，そこにとまっている小昆虫を飛び立たせながら，ゆっくりと歩いて移動する大型哺乳類に随伴する (Corbet & Miller 1991)．このような行動を，以前は「追従行動」(Corbet 1962a) と呼んでいたが，「随伴行動」と呼ぶほうが適切である (Corbet & Miller 1991)．なぜなら，随伴するトンボは，風の向きにかなり依存して，彼らを引き付ける動物の先を行ったり，後に続いたりするからである．この戦略と戦略 A.1.1 を区別するのは難しい場合が多い．採餌するトンボが，初めに引き付けられて随伴するのは，餌動物に対してではなく，大型のゆっくりと移動する動物，つまり**名目刺激**の役割をする物体であることが C.2 の特徴である．この区別点は，オビヒメキトンボ (Corbet 1962a) やヒメキトンボ *Brachythemis contaminata* (Corbet & Miller 1991) で確かめられているが，表 A.9.4 の他のトンボでは確認が待たれる．オビヒメキトンボの場合，ほとんどどこでもこの行

動が起きることは，この行動が学習によるものではないことを意味している．しかし，一部のトンボでは，明らかに餌動物が集まっている場所と時間を学習する能力があり，探索行動のリリーサーとして名目刺激を使う能力もあるので（戦略A.1.2のアメリカベニシオカラトンボ），学習の要素は除外すべきではない．

オビヒメキトンボの随伴行動は（他の方法でも採餌する），アフリカの草原を観察者が歩いているとすぐに目につく．アルジェリア北東部の湖で，このトンボについての体験を書いたRené Martin (1910b: 97-98) の古い記述（以下はフランス語からの訳出）は，生き生きとしていて正確である．

「岸辺に近づくと，採集者はすぐにこれらのトンボの雲に包まれた．トンボは彼の周りに群れ，しばしば顔や体の数cm足らずの所でホバリングするので，姿勢を変えずにネットを一振りするだけで数個体の標本を捕獲できる．網を何回振っても人の周りでホバリングするのだから，こんなに怖いもの知らずで，好奇心の強いトンボは他にいない．群飛は雌雄ほぼ同数で，地面やイグサにとまることはほとんどなかった．」

このタイプの随伴行動はアフリカの野鳥でよく知られており，哺乳類に随伴して採餌するものとして，37科96種が記録されている (Dean & MacDonald 1981)．Dean & MacDonaldによって分類された鳥類の随伴行動の種類のうち，オビヒメキトンボが示すそれと一致するのは，哺乳類を「勢子」として使い，隠れた餌動物を追いたてることである．このようにして，哺乳類には無用だが，鳥には必要な食物の獲得を可能にしている．このような随伴関係の（捕食者にとっての）潜在的利益は，より開けた生息場所でのほうが大きい．その理由は，まずそのような場所は哺乳類（追い出しをする代理人）の密度が高いことであるが，別の理由は，日中暑い時間には小昆虫があまり飛ばないことである．アマサギ*Bubulcus ibis*が随伴する哺乳類を選ぶ場合，その選択は段階的に行う (Burger & Gochfield 1982)．すなわち，鳥はまずホストがいそうな地域をおおまかに選び，次いでホストの群れを選び，最後に，その中から1頭の勢子役を選んで，それが餌動物をかき乱している間随伴する．牛に随伴することによって，そのアマサギの採餌は3.6倍増加することがある (Dinsmore 1973)．もし，哺乳類がそのような随伴によって，吸血性の双翅目の種による攻撃を減らせる利益があるなら，その関係は偶発的な相利共生の一形態とみなすことができるだろう．アマサギがこの関係を受け入れるためには（オビヒメキトンボにとっても同じだろう），ホストが簡単に探し当てられ，何日も基本的に同じ地域にいて簡単に依存でき，適当な速度で移動し続けていることが必要である．Burger & Gochfieldは，牛はこれらの基準をすべて満たしており，また，各地で牛の放牧が増加し，森林が草原に置き換わったことが，最近世界的規模で生じているアマサギの個体数の爆発的な増加をもたらしたと述べている．この観察に加えて，気候変化の結果として起きた，8〜5百万年前の草原とサバンナの大増加が (Kingdon 1993参照)，このような採餌の機会を広げた可能性を考える必要がある．アフリカでは，今やこの大陸の開けた生息場所で，最も数の多いアマサギとオビヒメキトンボの両方に，この理屈が当てはまる．大型の草食動物を勢子役として利用する能力は，貧弱な生息場所でも，日中の暑いときの採餌を可能にし，同時に比較的最近の放牧の普及からも直接利益を得ている．このタイプの採餌戦略がアフリカのトンボで目立って発達したことは，当然なのかもしれない．なぜなら，放牧が普及するより数百万年前には，草食動物の群れによって占められた広大な草原が，すでにこの大陸には生まれていたからである．

明らかな随伴行動を採用するトンボの多くが（表A.9.4）アカネ亜科であることは注目すべきことである．この関連性は，この亜科のメンバーが開けた草原性の生息場所を好むことをよく反映している．おそらくアカネ亜科には，随伴行動を示す種が他にももっといるだろう．オビヒメキトンボと同属のアフリカヒメキトンボは，熱帯アフリカでは普通種で広く分布しているが，明白な随伴行動は記録されていない．私はウガンダのマシンディ港 Masindi Port で，ナイル川の上をゆっくり動いている汽船について飛ぶアフリカヒメキトンボの群れを一度だけ見たことがあるが，それは随伴行動ではなく，トンボが船の動きで生じる風下に移動して集まっていた可能性がある．アフリカヒメキトンボはオビヒメキトンボよりも，植物が密で閉鎖された生息場所に多いので，草食動物との随伴から得るものは少ないのかもしれない．

9.5.4 大型餌食い

戦略D

餌動物のサイズ（体重）とトンボの純利益との関係

9.5 採餌効率の増加

はおそらく単純ではなく，どんな場合でも遭遇頻度，捕獲や処理の難易度，負傷のリスク，処理時間の機会コストなどに影響されるだろう．にもかかわらず，多くのトンボはたまに非常に大きな餌動物を捕ることがあり（ハヤブサトンボがカトリトンボの成虫を食う場合，捕食者自身の体重の60％より大きい，McVey 1985），一部の種ではそれが普通である．表A.9.2の記載によると，大型の不均翅亜目，特にギンヤンマ属，ハヤブサトンボ属 *Erythemis*，アメリカコオニヤンマ属 *Hagenius*，および *Phenes* 属は，ほとんど自分と同じかそれに近い大きさの不均翅亜目を上手に捕食する．またトンボ科の間では，シオカラトンボ属がトンボやチョウを含む大型の餌動物を好むようである．ハヤブサトンボ属のトンボはとりわけ活動的な捕食者であり，大きな餌動物を捕る傾向があるとも（Paulson 1966），チョウを好んで食うとも（Alonso-Mejia & Marquez 1994）言われている．タイリクシオカラトンボがオアカカワトンボを捕食する場合，後者は捕食者の体重の20～40％もあり（Rehfeldt et al. 1993），エネルギーの純益は非常に大きくなるだろう．Dennis Paulson（1983a）は，ハヤブサトンボ属やアメリカコオニヤンマ属のように，脛節に非常に大きな棘があることは，大型の餌動物を捕る習性と関連があると考えている．

　Baird & May（1997）の発見によると，カトリトンボが捕らえる餌動物の乾燥重量の平均値と最頻値は，それぞれ0.085と0.02～0.03 mgで，0.5 mgを超えるものはわずか3％にすぎず，また，捕獲した餌動物の中に大型の餌動物が占める割合は，トンボの見張り場であるとまり場から遠いほど大きかった（図9.11）．おそらくこれは大きな餌動物ほど見えやすいからであろう．この知見は，大型の餌動物から得られるエネルギーは，長い採餌飛行のエネルギーコストを上回ることを意味している．Joel Baird（1991）は，カトリトンボが平均あるいは最頻重量（表9.6参照）の餌動物を摂食することによって，採餌行動のエネルギーコストに見合うだけでなく，出会い場所における生殖活動に携わるのに十分なエネルギーも蓄積していると推定した．大型の餌動物を捕ることの利益には，さまざまな制約があることは疑いないが（例：採餌距離，餌動物のサイズ，エネルギーコストや餌動物を制圧するときの負傷のリスク），規則的にせよ（§9.5.4），場当たり的にせよ，大型の餌動物を捕ることは，採餌効率を少なくともある限度までは高める戦略として認識できる．採餌効率を最大にする淘汰圧は，カトリトンボでは，雌よりも雄に強く働いていると思われる（§11.9.1.3）．雄は雌よりも大

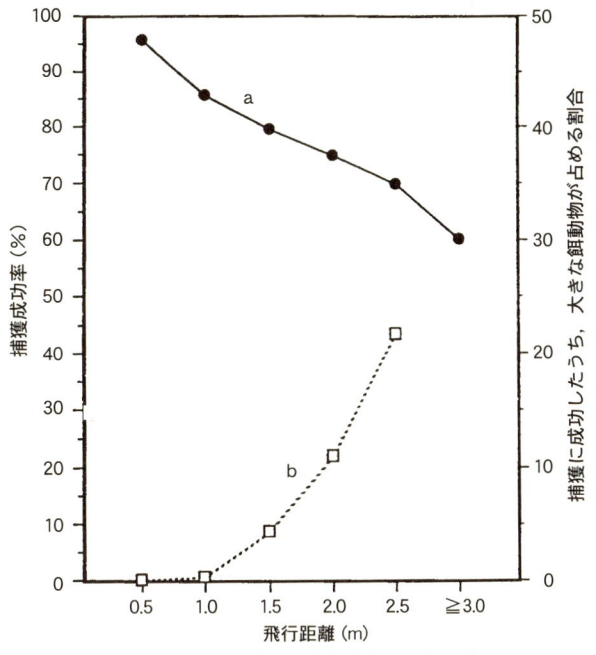

図9.11 （a）カトリトンボの捕獲成功率．（b）口腔からはみ出す大きさの餌動物の比率．いずれも，とまり場から餌動物までの飛行距離（目測）との関係．(Baird & May 1997より)

きくてさまざまなサイズの餌動物を捕り，有意に遠くまで（それぞれ平均2.39，1.84 m）飛んで大型の餌動物を捕まえたのに対し，小さな餌動物に対する採餌距離は，雌雄で有意な性差はなかった．それにもかかわらず，Baird & May（1997）がエネルギーの摂取量／支出量を効率の尺度として評価してみると，通常の餌動物の供給レベルでは，雄は雌ほど効率的な採餌者ではないことが分かった．しかし，餌動物の供給レベルが通常と異なる場合は雌雄間に有意な差はなかった．

　カトリトンボが稀に大型の餌動物を捕ることを異常と考える理由はないし，表A.9.2の多くの記録も同様である．ハヤブサトンボによる通常の1日当たり摂食量は平均27～41 mg（捕食者の体重の10～15％）と思われるが，雌雄とも時々，1個体で最大170 mg（体重の56％；McVey 1985；表A.9.2も参照）に達する餌動物を消費した．雌のハヤブサトンボが捕らえた大型餌動物の中で多かったのはテネラルのアメリカハラジロトンボで，これはテネラルであるために捕獲・制圧することが極めて簡単でしかも安全（大型の餌動物のうちでは）だったからであろう．Whitehouse（1943）は，ウスバキトンボがテネラルの *Erythrodiplax connata* を捕まえたことを記述している．雌のアメリカアオモンイトトンボ *Ischnura verticalis*

は羽化したばかりのアオイトトンボ属Lestesの数種を表面採餌して摂食するが，この餌動物は時によっては捕食者の2倍のサイズの場合がある（Corbet 1984b: 21のH. M. Robertson）．テネラルな餌動物を捕らえることは，他の状態では自分が襲われるかもしれないほど大きい餌動物への接近を可能にする．均翅亜目の同種内捕食についてのCarlo Utzeri (1980) の総説によると，報告された捕食者はすべて成熟個体か「成虫」として記録されているが，餌動物のほうは少なくとも80％がテネラルであった．彼は，テネラルは威嚇行動ができないので，同種の個体の攻撃を阻止できないためだとしている．テネラルは有益で，リスクのない良い食物になる．トンボ間の捕食では，異種・同種の雄が餌動物になることが際立って多いようである（Jurzitza 1994）．

9.5.5 場所の防衛

戦略E

1つの採餌集団に，2種以上が目立った対立もなく共存していることがしばしば起きる．鳥を含む共存の例についてはすでに述べた（§9.1.1）．この項では，採餌場所での潜在的な競争の減少について，まず異種間，次に同種間について考察する．

ヒスイルリボシヤンマとマダラヤンマは，明らかな相互干渉なしに一緒に採餌する（Kaiser 1974a）．Kennedy (1917) は，1つの採餌場所で5種のヤンマ科が見られたことを報告している．オンタリオ州のある湖で一緒に採餌していた10種のトンボは垂直的に階層化され，堂々としたEpicordulia princepsとMacromia illinoiensisは最も高く飛び（主として4m以上），カオジロトンボ属Leucorrhiniaとヨツボシトンボ属Libellulaは最も低い位置を飛び（主に1m以下），そして他の種（カラカネトンボ属，トラフトンボ属Epitheca，エゾトンボ属）はその中間層を飛ぶ（Perry et al. 1977）．このような階層性は，Zaika et al. (1977) によってシベリア西部と中部のステップでも，夏を通して観察されている．この階層性がパッチ状の資源をめぐる種間競争を緩和する役割を果たしているかもしれない．しかし，一緒に採餌する不均翅亜目が必ずしも階層化しているとは限らない．May (1995b) は，アメリカ，ニュージャージー州の荒廃した松林の中の道路上で，ギンヤンマ属やDorocordulia属，コヤマトンボ属Macromia，エゾトンボ属，ハネビロトンボ属が，さまざまな組み合わせで，明確な階層性なしに一緒に採餌しているのをしばしば観察している．その集団は樹冠レベル付近にいることが多かったので，そこに餌動物が集中していた可能性が高い．

階層性が種間の相互作用によるものなのか，あるいは単に淘汰圧の種間の違いを反映した種の好みによるものなのかは，明らかではない．この点で興味深いのは，Raymond Hutchinson (1977) のトラフトンボ属の2種についての観察である．これらのトンボは採餌集団の中では混じっているが，なわばり行動の時間では，水平的な分離が起きる．それは（より小型であるのに）より喧嘩早いアメリカオオトラフトンボ<ruby>Epitheca cynosura<rt>けんか</rt></ruby>が，岸辺近くをパトロールするE. princepsを邪魔するからである．Dennis Paulson (1973b) は，生殖活動のときには分かれて活動するトラフトンボ属の他の2種が，同様に混じって採餌するのを観察している．

一部の同所性のトンボは，眼のデザインを採餌行動の進化とともに変化させることで，他種との妥協が成立したのかもしれない．眼の多様性のために，明白な干渉なしに，いくつかの種が一緒に採餌できるのかもしれない（Sherk 1981）．

同種個体どうしは，攻撃的な相互作用なしに一緒に採餌するのが普通であり，雌雄は緊密に混じっているが（ルリボシヤンマ属, Jurzitza 1964, Utzeri et al. 1981, Utzeri & Raffi 1983；ヒメキトンボ属Brachythemis, Corbet 1962a, Miller 1982a；ヒメギンヤンマ属Hemianax, Rowe 1987a；Neurocordulia属, C. E. Williams 1976；エゾトンボ属, Ubukata 1979b），雌雄が別の場所に分かれている場合もある（ムカシトンボ属Epiophlebia, Okazawa & Ubukata 1978；アメリカカワトンボ属Hetaerina, McCafferty 1979）．Tachopteryx thoreyiの2個体の雄は，互いに近くにいたが明らかな争いもなく採餌した（Barlow 1991b: 5のC. Cook）．しかし，水域から離れた採餌なわばりを防衛するトンボも何種かいる（例：ベニヒメトンボDiplacodes bipunctata, Parr 1983a；ウスバキトンボ, Moore 1993）．このことは，雄のタイリクアカネSympetrum striolatumが水域から離れた日光浴の場所を防衛する行動（Moore 1991c）の説明になるかもしれない．雌のアメリカアオハダトンボが，しばしば同じ採餌とまり場に数時間とどまり，時には何日も続けて同じ場所に戻ること（Erikson 1989）は注目に値する．採餌場所における同種個体間の攻撃的な相互作用は，カトリトンボについてBaird & May (1997) が報告している．少なくとも一部の個体（雌雄）が，時には数日間，繰り返し同じ採餌とまり場に戻って，そこを防衛した（May & Baird 1987）．求愛や交尾がない採餌場所では，どちらの性も（特に

雄が）同種に対して攻撃的に反応した（Baird & May 1997）．ただし，強い雨によって採餌とまり場の周辺に水が一時的にたまると，性的な行動が見られた．相互干渉の頻度は，餌動物の供給量に応じて増加した．出会い場所と同様，採餌とまり場ごとにその「価値」が違うことが，争いのパターンから示唆される．ある個体が採餌とまり場を変えるか，他のとまり場を奪うと，結果的にその個体は餌動物の密度がより高い所に移動することになるのが普通である．この過程は幼虫の間でも見られる（§5.3.2.6）．各個体は，敵対関係のコストがあっても，餌動物が集中した場所に接近しようとする．雄はそのような対決を起こしやすく，また，雌よりも勝つことが多い．採餌場所での行動の18％は闘争行動を含み，そのような争いの88％以上が，追跡または衝突という単一の行動で解決される．同種との相互作用は，他種とのそれよりもはるかに激しい．雌雄とも，相互作用の頻度は，周囲の気温，太陽の輻射熱，餌動物の密度，それに他のトンボの密度と正の相関があった（Baird 1991）．雌のクレナイアカネの他のトンボに対する採餌とまり場の防衛は，Stanislaw Gorb（1994b）によって観察されている．雌は，同種の雌雄に対して採餌とまり場を防衛するが，雌よりも雄に対してより激しく反応する．同種と争っているとき，雌はより高いとまり場にとまろうとし，低い位置よりも高い位置に長くとまり，とまり場にとまった後は，他の個体が近づいたりすると，占有していることを翅や腹部を誇示して知らせる（§11.4.5）．

以上のようなBaird & MayやGorbの観察から，衝突は繁殖なわばりで起きるほど強くはないものの，なわばり防衛の一形態が，水域から離れた採餌とまり場でも起きることに疑いの余地はない．*Hetaerina macropus*（Eberhard 1986）やクレナイアカネ（Gorb 1994b）が好む採餌とまり場は，パーチャーが普通に好むとまり場に似ており，豊富な餌動物には近いが同種個体が近くにいないことと，地上から高くて先端近くの位置にとまることが特徴である．

9.5.6 貯 食

戦略F

餌動物を捕らえ続けている間，摂食を後回しにしてため込むことによって，トンボは餌動物の獲得速度を高めることができる．これは，限られた時間だけしか餌動物が好適な密度にならない場合には，意味が大きい戦略である．§9.4.2で述べた群飛採餌にはある種の貯食行動が含まれる．

9.6 エネルギー転換

9.6.1 食物摂取と羽化後の日齢

ハヤブサトンボの雄は，飼育下では羽化後最初の2日間は摂食しようとしないが（McVey 1985），種によっては羽化当日でも摂食する（ヨーロッパアオハダトンボ，Lambert 1994；カラカネトンボ，Wesenberg-Lund 1913；*Didymops transversa*, Hutchinson 1979；カオジロトンボ，Pajunen 1962a）．オビアオハダトンボとヨーロッパアカメイトトンボ*Erythromma najas*のテネラル成虫は，テネラル期を過ぎた未成熟個体よりもかなり摂食は少なかった（Mayhew 1994）．羽化後の成虫の飢餓耐性は，成虫生活の早い時期に摂食できるかどうかに依存する．ヒスイルリボシヤンマは，気温15～20℃では，羽化後2～3日までは食物なしで生きていられるが，その後は弱って飛べなくなる（Kaiser 1974a）．ホソミアオイトトンボ*Austrolestes colensonis*は，初期に絶食させると飢えて2～3日で死んでしまうが，摂食させた場合は，その後は再度摂食させなくても10日間は生き残ることがある（Rowe 1987a）．スペインアオモンイトトンボ*Ischnura graellsi*の成虫は，餌なしでも羽化後3～4日生きられるが，これは，野外で羽化後4～5日齢の成虫の死亡率が際だって高い（Cordero 1994c）ことの説明になるだろう．飼育下のニュージーランドイトトンボの雄は，餌なしで羽化後6～7日は生き残るのが普通であるが，雌ではわずか2日間しか生きなかった（Rowe 1987a）．数種の均翅亜目と不均翅亜目の飼育下での生存率についての研究（井上 1994）によって，次のような暫定的な結論が得られている．餌を与えられなかったトンボは，一般に羽化後ほんの数日しか生きられない．その後，絶食状態での生存期間はしだいに短くなり，その期間は前生殖期の初めでは平均3～5日，後生殖期では1～2日であった．均翅亜目は不均翅亜目よりも早く死ぬ傾向があったが，これは前者が細長い腹部をしているために，後者よりも速く水分を失うためかもしれない．また夏眠や冬眠をする均翅亜目では（ホソミオツネントンボ*Indolestes peregrinus*とオツネントンボ*Sympecma annulata braueri*），他の均翅亜目よりも長生きであった．このような観察はあるが，生殖期にある成虫が餌や水なしでどれくらい生きられるかについてはほとんど分かっていない．ハヤブサトンボの場合，1日10mgの餌量（体重の4％に相当）では，弱々し

く短時間しか飛べないので（McVey 1985），採餌は事実上ほとんど期待できない．湿度65％，風速0〜0.8km/時において，給餌されないアメリカコオニヤンマの成虫は，脱水して体重が20.4mg/時の率で減少した．そして，この率は約12時間，元の体重の平均約80％になるまで続いた．これらの条件を基礎にしたB. J. Tracy et al. (1979)の推定によれば，気温25℃における必要水分量を満たすには，成虫は1日当たり体重の60％を摂取しなければならない．これは4.6時間の飛行の動力源に相当する食物の量である．しかし，この数字は過大推定かもしれない．なぜならば，脱水率の計測時はトンボを固定して身動きできないようにしているために，飛行による代謝水の生成がなく，もし時々暴れたとすれば，気門がより大きく開いて水分の喪失が増大した可能性があるからである．悪天候のような物理的環境の悪化は，トンボから食物エネルギーと水分を補給する機会を奪い，死期を早めることがある．一方，寒さや雨天のために摂食する機会が少なくなるときは，[代謝が低下するので] 食物の必要性も同時に減少する．これは高標高や高緯度に生息する種にとって，生死にかかわる重要な補償的関係であろう．秋の気温の低下が採餌活動の持続時間に与える影響は図9.5から明白である．トンボの中には（例：ウスバキトンボ），霧雨の中でも飛ぶものがあるが（§8.4.4），雨と強風のときは，餌動物が飛ばなくなるので，このことだけでも採餌が妨げられるとみてもよいだろう．飛行を含むさまざまな行動を維持するための食物エネルギー要求については§9.6.3で概説する．

　食物摂取は前生殖期のほうがその後よりも多いことが一般的であると思われる（ニシカワトンボ，Higashi et al. 1979, 1982）．トンボは成虫期の初日に体重の半分を失うことがあるが（Shafer 1923），その後，成熟に伴い雌雄ともに体重が大きく増加する．増加量や体内での重量配分は雌雄でかなり異なっている（図8.8）．Anholt et al. (1991) は8科54種のサンプルを調べ，雄では成熟期の間に平均して初期体重の84％増加し（ただし，キタルリイトトンボ *Enallagma boreale* とアメリカオトラフトンボでは前生殖期に生体重が**減少**した），雌では125％増加した．この性による違いはなわばりをもたないイトトンボ科で最も大きく，成熟後では，雌は雄よりも平均して60％以上重かった．Anholt et al. (1991) が調べた8科54種のうちの68％では，羽化時の体重は雌雄で同じであったが，生殖期の初めになると，雌のほうが雄よりも重くなった．しかし，屋外の囲いの中では，カトリトンボの前生殖期の体重増加は雌より雄のほうが

大きかった（Dunham 1993a）．この期間のトホシトンボ *Libellula pulchella* の体重増加は，雄で215％，雌で197％であった（Marden 1995a）．例外的に，ヒロアシトンボ *Platycnemis pennipes* の個体群では，前生殖期の間に雄の体重は減少し，雌の体重は増加した（Lehmann 1994）．

　Anholt et al. (1991) が調べた種のすべてで，雌の腹部重量は卵巣の成熟に伴って増加したが，胸部重量が増加することで飛行力も大きくなった．これに対して雄では，増加した重量の大部分は胸部に配分されていた．活発ななわばり行動を示す（Jacobs 1955）アメリカハラジロトンボの雄は，成熟の間に体重は倍増するが，これは主として飛行筋の発達によるものである．実際，雄の飛行筋重量/体重の比（FMR）は60％あり，知られている動物の中で最も高い比率の1つである（Marden 1989）．エスカレートしたなわばり争いは（§11.3.6.2）エネルギーコストが大きいため，最大の脂肪蓄積をもつ雄にとって有利となる．そのため，脂肪蓄積が大きい一部の雄，とりわけ若い雄が，通常の先住者と侵入者の非対称性を打ち破って（§11.3.6.1），なわばりを獲得するようである（Marden & Waage 1990）．FMRはなわばりの防衛を介して交尾成功度と正の相関があり（§11.3.6.2），最もFMRの高い雄は消化管の中の食物が最も少なく，また脂肪の蓄積も少なかった（Marden 1988）．このことは生涯繁殖成功度（§11.9.1.2）に影響する飛行力と栄養状態との間に妥協が存在する可能性を示している．これに関連するのは，なわばりをもつ種が，なわばりを維持している間にどの程度採餌するかである（§9.6.4）．

　前生殖期の間の天候が採餌に与える影響の程度と，それが結果的にその後の繁殖成功度にどの程度影響しうるかについては，Brad Anholt (1991) が行ったキタルリイトトンボ（非なわばり種）に関するもう1つの研究から明瞭な結果が得られている．採餌に好都合な天候のシーズンだった1985年には，雄と雌の生重量は前生殖期にそれぞれ約10.4mg，約1.8mg増加した．しかし，採餌に都合の悪い天候だった1986年には，雄が9.6mg増加したのに対して，雌では0.9mg**減少**した．両年とも，雄の体重変化は羽化時の体重の関数として記述でき，小型の雄では体重が増加したが，大型の雄では体重が減少した．1986年には，雄全体として見ると，前生殖期の体重は前年に比べて**減少**した．Anholtは，より活発な採餌は，繁殖成功度のいくつかの要素を高める一方で，死亡のリスクも増加させるので，繁殖成功度と重要な関係をもつ寿命自体を短くするという矛盾をはらんでい

ることを指摘した．このような考察によって，淘汰に関する議論の焦点はサイズ（または体重）それ自体から，採餌の強度へと移ることになる．前生殖期における食物摂取の増加は，成熟を速める可能性がある（ハヤブサトンボ，McVey 1985）．Ken Tennessen (1994) は，テネラル成虫を成熟させる給餌方法の手引きを提供してくれた．

　前生殖期に活発な採餌活動を行うことは，その後は多くの時間を生殖活動に割り当てる必要性があることを反映している．そのため，採餌の日周性が未成熟個体と成熟個体でしばしば違うということが起こる．採餌は，成熟個体では生殖活動の時間帯の前後に集中し，未成熟個体では午後の中ごろに集中することが多い（§9.2.2.2）．また，成熟個体の採餌場所は，出会い場所とそこから離れたねぐらへ移る途中の場所であることが多い（Åbro 1987）．ねぐらの場所は，雌雄によって違うことがある（例：アオイトトンボ，Watanabe & Matsunami 1990；モートンイトトンボ，Mizuta 1974）．池の近くの放置二次林で観察されたアオイトトンボの日周パターンは，未成熟個体と成熟個体とで異なっていた（Watanabe & Matsunami 1990）．夜が近づくにつれて，未成熟個体では採餌飛行がしだいに長くなり，成熟個体では短くなった．このような違いはおそらく多くの種に存在すると思われる．

9.6.2 同 化

　摂食量の定量的推定は東和敬 (1973) によって初めて行われた．彼は2種のパーチャーの採餌飛行の回数（着地の回数）を正確に測定できる巧妙な道具を開発した．彼は個体が採餌のためのとまり場を人工的に作成し（図9.12），これを使って飛び立ちの回数を自動的に記録し，同時に，それぞれの飛び立ちが捕獲に成功したかどうかも記録した．東の結果から，採餌行動の間に使った努力量，獲得エネルギー量の推定に必要な情報が得られた．例えば，ある日のアキアカネでは，それは主に成熟雌だったが，約320回の飛び立ちを主として午前と午後の中ごろに行った．そのうち51％で成功し，1個体当たり平均約12 mgの摂食量となり，これはトンボの体重の14％に相当した（東 1973）．表9.8の値は，パーチャーの1日当たり摂食量は体重の10～15％に達するというFried & May (1983) の一般化と一致している．オビアオハダトンボとヨーロッパアカメイトトンボの1日当たり摂食量は，それぞれ体重の21～22％，16～17％（Mayhew 1994）で，この値は，パーチャーの通常の範囲から少し外れている．その違いは，Mayhewが平均値でなく最大値を使って推定したことが影響しているかもしれない．摂食量が測定された種では，食物摂取量は雌雄で同じか（ヨーロッパアカメイトトンボ，Mayhew 1994；カトリトンボ，Baird & May 1997），雌のほうが大きい（オビアオハダトンボ，Mayhew 1994；キタルリイトトンボ，Anholt 1992a）．

　片利共生的な双翅目のDesmometopa属（§8.5.1）は，サイズがごく小さいので，宿主であるトンボの食物摂取量を有意に減らすことはないようである．

　食物摂取量は餌動物の供給量によって予測可能な形で変化する（Baird & May 1997）．したがって，そのときの採餌戦略（表9.7）や1日の時間帯（§9.2.1.2, §9.2.2.2）によって変化するし，一部の種の雄では羽化時のサイズによって変化する（§9.6.1参照）．すでに述べたように（§9.5.4），大きくて柔らかく，簡単に処理できる餌動物を捕ったトンボは，成虫の1日の消費量が体重の60％以上になる場合がある（§9.5.4）．しかし，表9.8の値はパーチャーの特徴を示したものであろう．フライヤーに関しては，私の知る限り，パーチャーと比較できるようなデータはない．

　食物摂取の速度や日周パターンは，採餌飛行の頻度（捕獲成功率が既知として，表9.4参照）や消化管内容量によって推定できる．

　パーチャーの採餌飛行の頻度は，時間帯（§9.2.2.2），日齢，満腹度，競合する行動の同時性，それに物理的要因，特に気温（例：*Nannothemis bella*, Hilder & Colgan 1985）によって変化する．日周活動が最大となる時間帯における1時間当たりの採餌飛行の頻度は，雄では10～20（ミヤマカワトンボ，東 1973；ニシカワトンボ，Higashi et al. 1979），20～30（*Heteragrion erythrogastrum*, Shelly 1982；アキアカネ，東 1973），80以上（カトリトンボ，May 1984），100以上（*Argia difficilis*, Shelly 1982）である．なわばり活動と採餌が同時に起きる程度に依存して，採餌速度は「中程度」にも（表A.9.6参照；*Orthetrum julia*, 1日を通して1時間当たり11回の飛行；*Pseudagrion hageni tropicanum*, なわばり場所では1時間当たり1.5回だが，その後に他の場所で活発に採餌），「高く」にもなりうる（キボシエゾトンボ，1時間当たり36～104回）．もちろん，群飛のように餌動物の供給量が大きい場合，採餌飛行の頻度は最大となるかもしれない（Baird & May 1997）．カトリトンボの小形の雄は，大形の雄よりも頻繁に採餌した（Dunham 1994）．

　摂食後の消化管（中腸）の内容量は，カトリトンボ

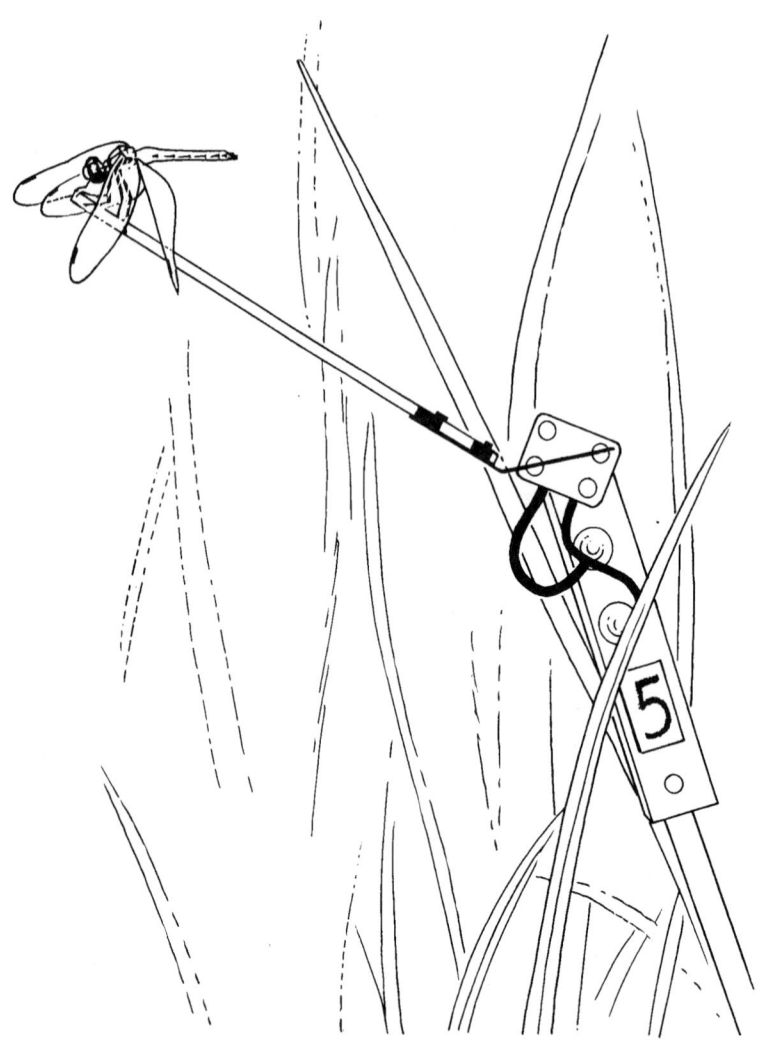

図9.12 パーチャーの食物消費量を推定するために東が用いたマイクロスィッチと頻度自動記録計のついたとまり棒. ショウジョウトンボ (腹長約26mm) がとまっている. (東1973を改変)

では体重の3% (May 1995b), ヨーロッパアカメイトトンボでは16% (Mayhew 1994) と推定された. 消化管内容量の日周パターンは, 食物摂取の日周パターンと対応している (少し時間の遅れはあるが) と考えられる. ニシカワトンボの消化管内容物の日周パターン (図9.13) は, カトリトンボ (図9.7) のエネルギーの取り込みのそれとよく似ている. オビアオハダトンボ, ヨーロッパアカメイトトンボ (Mayhew 1994) およびアキアカネ (Higashi 1978) が示すパターンはそれと違い, 午前中の低い値から上昇して14:00〜16:00ころにピークになり, アキアカネの場合は1〜5mgの範囲にある. 日周パターンが日によって変わるときは, 天候が原因か, 生殖活動にかかわる度合いの変化 (§9.6.4) が原因かもしれない.

例えばカトリトンボの消化管内容量とエネルギー摂取の日周パターンは, 場合によって著しく違っていた (Fried & May 1983; Baird & May 1997). 内容物の1時間当たり消化管通過速度は, ニシカワトンボでは約0.66と推定され, これは1〜2時間の半減期に相当し, 1回の独立した食物が24時間以内に完全に通過して消化管が空になる (つまり消化管内通過時間) ことを意味する (図9.14; Higashi et al. 1979). この値は, ヨツボシトンボの野外や飼育下で得られたSukhacheva et al. (1988) による値に近い. カトリトンボの消化管は一晩で完全に空になる (Fried & May 1983). May (1980) は消化管の内容物を頭部から肛門まで順に部位ごとに記録した結果, *Micrathyria atra* や *M. ocellata* の生殖なわばりでは, 個体の入れ

表9.8 パーチャーによる食物同化

種	体重[a]	食物摂取 食物重量[b]	% [c]	同化率（%）	文献
ミヤマカワトンボ	57.3	6.3	11	—	東 1973
カトリトンボ	70〜75[d]	8.2〜9.9	11〜14	78	Fried & May 1983
アキアカネ[e]	84.9	11.8〜12.3	14〜15	60	東 1973
キアシアカネ	41[d]			75	Fried & May 1983

[a] 乾燥重量 (mg). トンボの平均乾燥重量は生体重量の約34% (Fried & May 1983).
[b] mg/日.
[c] トンボの体重に対する%.
[d] May 1995b.
[e] 成熟成虫，主に雌.

替わりがかなり速く，早い時間帯に飛来した雄はまだ摂食しておらず，正午ころから飛来する個体はおそらく他の場所で摂食してから飛来したという結論を導いた．それは，これらの種では水域での摂食はほとんど無視できるくらい少ないからである．ハワイでAlfred Warren (1915) が出会ったアメリカギンヤンマとウスバキトンボの成虫のうち，消化管内に食物がない個体は処女飛行前のテネラルか，早朝に捕獲された個体のいずれかであった．

気温はカトリトンボの排糞速度を決定するが，その日周パターンは決定していない (Fried & May 1983)．排糞量は1個体1日当たり1.97〜2.37 mgで，これは1日当たり6.26〜7.53 mgの食物の同化量に対応し，151〜184 Jに相当する．排糞速度は13:00に明瞭なピークを示した．アキアカネの場合，排糞速度は朝から夕方にかけてかなり安定的に増加する傾向があり，16:00〜18:00にピークに達した (Higashi 1978)．ニシカワトンボの排糞速度は14:00まで増加し，18:00までその水準が続いた (Higashi et al. 1979)．排糞は3種とも継続したが，夜間の排糞量はずっと低かった．24時間の間に排出された糞の乾燥重量は0.6〜4.82 mgの範囲だった．食物の摂取後，24時間で排糞が終了するヨツボシトンボと違い，アオイトトンボやムツアカネの場合は排糞の終了までに3日を要し，排糞量の割合は経過日の順に81, 13, 5%である．それにもかかわらず，これらのトンボの摂食24時間後の消化管は常に空だった (Sukhacheva et al. 1988)．

摂取された食物の同化は，**同化効率** (AE) として

AE = 1 − (排糞量の乾燥重量/摂食量の乾燥重量)

で表現できる．成虫 (すべてパーチャー；表9.8) のAEの推定値は，幼虫のその値 (表A.4.5) よりも少し低いようである．これは，成虫の餌動物の消化率が低いことを反映しているかもしれない．アキアカネ

の値は意外に低いが，それでも表A.4.4の52〜95%の範囲内にある．これらの成虫についての予備的なデータは示唆を与えるものでしかない．AE値を前生殖期と生殖期で，あるいは乾季に耐乾休眠中とその後で比較することは有益だろう．幼虫のAEは，摂食速度や周囲の気温，休眠の生起によっては影響を受けないが，空腹の個体はより高くなると報告されている．トンボのAE値は，分かっている他の肉食性の節足動物の値に比べて少し低いが，おおむね類似している．Sukhacheva et al. (1988) の計算によれば，トンボ成虫が3種の双翅目を餌にしたときの同化効率には，3種間で有意な差はなかった．

中腸の消化酵素とその活性に影響する要因についてはヒメキトンボ (Balasubramanian & Palanichamy 1985) やハネビロトンボ *Tramea virginia* (Tembhare & Muthal 1992) で明らかになっている．

9.6.3　エネルギー消費

May (1977, 1979b, 1984)，Fried & May (1983)，Polcyn (1994)，そしてBaird & May (1997) の研究によって，トンボのさまざまな行動におけるエネルギーコストについて多くのことが明らかになった．フライヤーとパーチャーではエネルギー要求量が異なる．フライヤーの場合は，基礎代謝量が少し高い (May 1979b)．基礎代謝量は基本的に体サイズと体温で決まり，フライヤーは大型の傾向があるので，体サイズがエネルギーコストの主要な決定要因の1つになっている．内温性は大型の種にのみ可能である．フライヤーは恒常的に，しかしパーチャーでは非常に稀に，飛行前の内温性のウォームアップにエネルギーを割り当てる (§8.4.1.3; 表9.9)．

フライヤーとパーチャーとの間のエネルギー消費の差が最も大きいのは，採餌活動となわばり活動のときである．昆虫の飛行は，おそらく他の後生動物のどんな活動よりもエネルギー要求量が大きく，飛

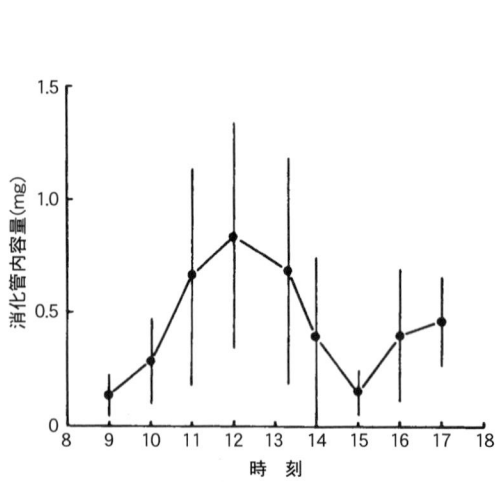

図9.13 ニシカワトンボの消化管内容物重量（個体当たり）の日周パターン．縦棒は95％の信頼限界を表す．(Higashi et al. 1979より)

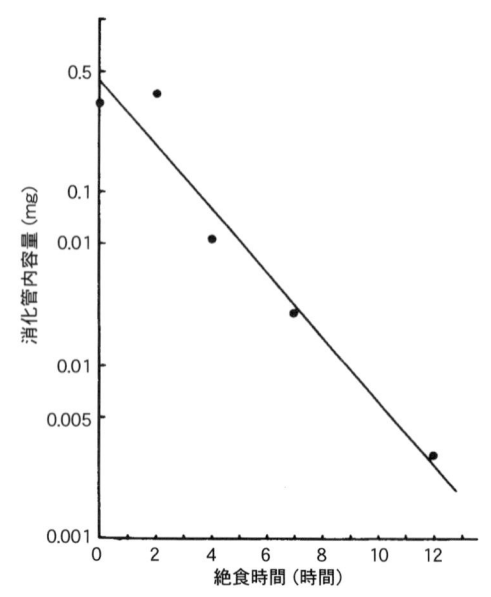

図9.14 ニシカワトンボの絶食時間と消化管内容物重量との関係．(Higashi et al. 1979を改変)

行はトンボのエネルギー消費の大きな部分を占めている（表9.9, A.9.5）．採餌やパトロールをする間は，フライヤーは100％の時間を飛行に費やすのが普通であるが (May 1984)，採餌中のパーチャーは95％以上の時間とまっている．カトリトンボで測られた飛行中のエネルギー消費量（330J/時）は，とまっているときのエネルギー消費量（3.9J/時; Baird & May 1997）の85倍ほど大きい．May (1984) は，多くのパーチャーにとっては，基礎代謝量が低く，合計の採餌飛行時間が短いために，身体的活動に使うエネルギー消費量は全体のほんのわずかでしかないだろうと結論している．彼の結論は，出会い場所でのカトリトンボは，雄の密度が増加するにつれて，飛行に費やされる時間の割合が10％以下から40％の飽和点まで増加することが影響して，エネルギー収支に飛行時間から考えられる以上の影響がでる (Fried & May 1983) ことを納得させるものである．

表A.9.5は，カトリトンボの時間配分とエネルギー配分の概要を，表9.6に示した餌動物の供給量の3つのレベルそれぞれに関連させて示したものである．これらや他のデータから Baird & May (1997) が導いた結論は，雌雄は同じように時間を配分し，ほとんどの状況下でエネルギー的に類似しているが，「調査」飛行の時間（雄と雌の平均時間は2.57と0.97秒）と個体間干渉に使う時間は少し異なる（16.9と13.6秒）ということである．雌の**基礎**代謝量は少し高いが，これは卵黄形成のために必要なエネルギー量

を反映したものかもしれない (May 1984)．パーチャーは平均97％の時間をとまっていることに割り当てるが，エネルギーは35％しか消費していない事実は，この採餌モードを採用することがエネルギーの節約になることを効果的に説明している．純エネルギー摂取量と強い相関がある餌動物の供給量（表9.6）の影響も明白であり，餌動物の供給量の増加につれて採餌，個体間干渉，合計飛行時間は増加する．ところが，群飛採餌（すなわち高い餌動物の供給量）の場合には，飛行時間のうち個体間干渉に割かれる割合は，通常時の約47％から36％まで低下する．エネルギーコストは群飛採餌の間に最大になるが，これはより多くの時間を採餌飛行に費やすことが主な原因である．夕方に昆虫の群飛を摂食することで得られる利益は図9.7から明らかである．この関係は，捕食者は餌動物が豊富なときに，高コスト高収益の採餌戦略に切り替えるという最適採餌理論からの予測と一致する．

餌動物が少ないときは，代謝量を減らすために，採餌も含めて通常の活動を厳しく縮小する必要があるかもしれない．パナマの森林には，光や陰に関して非常に異なった習性をもつほぼ同じサイズの2種のパーチャーが生息している．*Heteragrion erythrogastrum* は暗い日陰だけにとまり，気温との差が1℃以内の体温をもっている．一方，*Argia difficilis* は最も明るい所にとまり，胸部の体温は気温よりも4～8℃高い．晴天の条件では，*A. difficilis* は飛行時間が長

9.6 エネルギー転換

表9.9 不均翅亜目の雄によるエネルギー消費

1. 呼吸代謝[a]

休止		内温性のウォームアップ		飛行
$T_b = 20℃$	$T_b = 30℃$	$T_{th} = 30℃$	最大速度	
0.55～3.2	1.3～20.9	252～540	281～601	403～1440

2. 採餌[b]

	飛行			静止	計
	採餌	探索	相互干渉		
エネルギー消費	3.59[c]	0.50	3.23	3.88[c]	11.2
時間（%）	1.1	0.2	1.0	97.8	(100.1)

3. 生殖なわばりでの活動[d]

	パトロール	追飛	交尾[e]	静止	計
エネルギー消費	14	45	0.79	2.6[c]	62.4
時間（%）	7.9	25.4	<0.1	66.3	(99.7)

[a] 出典：May 1984．異なった種のフライヤーの平均値（J/時）．データをとった成虫の生体重（g）の範囲は次のとおり．休止にはパーチャーとフライヤーを含み，20℃での0.05 gから30℃での1.02 gまで；ウォームアップにはフライヤーだけを含み，0.4～0.8 g．
[b] 出典は表A.9.5に同じ（カトリトンボ）．
[c] 採餌と静止が似た値になっているのは，観察全体を累積しているため．トンボは観察の間，98％の時間をとまって過ごしており，そのためエネルギー消費の合計がほぼ同じでも，各活動の時間の割合は大きく異なっている．
[d] 出典：Fried & May 1983.
[e] 雌の追尾，交尾前タンデム形成，交尾を含む．

く，*H. erythrogastrum*よりも約5倍多い頻度で採餌した．しかし，曇天の条件では，両種の胸部体温や行動は非常に似たものであった（Shelly 1982）．これらのパーチャーにとって，採餌速度，すなわち純エネルギー摂取量は，基本的に特定の体温とエネルギー代謝速度に関連したエネルギー要求量を反映しているが，これらの変数は照度と密接に関係している．Todd Shellyは，餌動物の供給量がパナマの森林性均翅亜目の活動を制限しているのは乾季の間だけで，この時期トンボは代謝量を減らし，結果的には食物への要求量も減らすために，日陰にとどまらなければならないと推測している．実際，代謝量を減らす必要性は，季節的な雨季がある地域のトンボが，乾季の初期に森林地帯に移動し，雨が戻るまでそこにとどまって耐乾休眠することの理由の1つかもしれない（§8.2.1.2.1）．この移動のもう1つの理由は，おそらく餌動物のほうも森林が提供する湿気の多い環境を求めているからである．同様に，雨季の始まりには，森林の周りの微気候が好転して餌動物の供給量を増し，トンボが適当な時期に繁殖場所へと移動することを容易にする（Corbet 1981）．Sid Dunkle（1976）は，メキシコのマサトランMazatlánの近くにある熱帯落葉林の中の永続的な水がほとんどない地域で，最初の激しい降雨の後，不均翅亜目がすぐさま開けた繁殖場所に出現することについて述べている．ライトトラップによる捕獲で分かったことだ

が（Watson 1980b），オーストラリア北部の季節的な降雨がある地域では，森林内は乾季にも小さな餌動物が豊富になりうるにもかかわらず，森林の外では日中でも餌動物の供給はほとんどない．軽いにわか雨の初めに，多数の*Austroaeschna weiskei*が突然出現するが（Davies 1986），これは，このヤンマの通常の生息場所である多雨林の外側で，餌動物の供給量が増加したことによって促進されたのかもしれない（Rowe 1995）．

9.6.4 エネルギー収支

Baird & May（1997）は，餌動物の最頻サイズが0.025 mg，飛行による代謝量が330 J/時で，採餌の平均エネルギーコストが食物摂取量（表9.6）に比べて小さいと仮定して，彼らが調査したカトリトンボの個体群の80％の個体はいつでもエネルギー収支は正になると計算している．この値は餌動物が大きいか代謝速度が低いこと，あるいはその両方を仮定すると80～93％に増加する．逆に，最頻サイズより小さな餌動物（0.01 mg）を恒常的に採餌した場合，90％の個体のエネルギー収支が**負**になるであろう．

エネルギー収支を正にするために採用する戦略は，おそらく雌雄で少し違っており，これは繁殖成功を達成する方法の違いを反映している（表11.16）．キタルリイトトンボの雌では，消化管内容量は雄よ

りも平均25％多かった（Anholt 1992a）．カトリトンボの雌雄では，採餌行動は定性的には似ているが，定量的には違っており，以下の3つの予測を裏づけている（Baird & May 1997）．(1)雄は，時間的にもエネルギー的にもコストの大きい交尾戦略を採用することで，より厳しい環境の制約に直面する．(2)雄の採餌はより大きなリスクを被りがちである．(3)雄の採餌は効率がより低い．これらの予測は，雄が採餌活動と生殖活動を妥協させる方法に非常に変異が大きいことと矛盾しないし，繁殖成功の主要な制約は，雄では採餌に利用できる時間であり，雌では蓄積したエネルギーを子孫に転換する生理的要求であるという仮説（Baird & May 1997）とも矛盾しない．May（1984）は，不均翅亜目の雌雄のエネルギー配分について，可能な限りの道筋を検討した．この項での雄に関する記述，特に雄が採餌と（繁殖なわばりの防衛で明白なような）生殖行動とのバランスをとる方法については，特に断らない限り，Baird & May（1997）のカトリトンボの研究からの引用である．採餌と生殖行動との妥協を考えるときに覚えておくべきことは，一連の生殖行動の（単位時間当たり）エネルギー消費はフライヤーのほうがパーチャーよりもはるかに大きいので，採餌により多くの投資が必要であること，またフライヤーモードでの採餌はそれ自体エネルギー消費が大きいことである．Fried & May（1983）はカトリトンボがなわばり防衛に費やすエネルギー（150J/日）は，1日に得られる同化可能なエネルギーの約85％に達すると推定した．

平均重量（0.085mg）の餌動物を採餌することで得られる平均純エネルギー摂取量は，餌動物の供給量のレベルを考慮しない場合，42J/時と推定された．このレベルの食物摂取では，脂肪蓄積を計算にいれない場合，雄は6.7時間の摂食で連続2.5時間のなわばり防衛に必要なエネルギーを蓄積することができるが，もし飛行代謝が600J/時になるとすれば，必要な摂食時間は12時間に上昇してしまう．もし餌動物の供給量を計算に含めると，なわばりの防衛に必要なエネルギーを得るために必要な採餌時間は，14.7時間（中位の餌動物の供給量）から2.6時間（高い餌動物の供給量）へと減少する．後の値は群飛採餌できる少数の個体（16％未満）にしか当てはまらない．群飛採餌の成虫にありそうな2つのシナリオは，(1)通常の餌動物の豊富さの条件で平均サイズ（0.085mg）の餌動物を摂食する場合か，(2)最頻サイズ（0.025mg）の餌動物を摂食する場合である．これらのシナリオから，連続2.5時間のなわばり防衛維持のために必要な採餌時間は，それぞれ14.7時間か

ら12.2時間になる．この推定値から解釈できることは，雄が好適ななわばりを日々占有するためには，なわばりにいる時間以外は終日採餌に専念しなければならないということである．その結果，多くの雄は日によって，なわばりを占有する時間を短縮するか，見合わせるかせざるをえない．最後の推論と矛盾しない例として，追加給餌された雄は，追加給餌されなかった雄よりもなわばりにいる時間が長くなるという野外ケージでの観察がある（Dunham 1993b）．

生殖活動を支配するエネルギーの制約については，ヒスイルリボシヤンマの雄における1エピソードのパトロール飛行のパターン（§11.2.5.2；図11.7）やモハーベ砂漠に生息するトンボの生殖行動（Polcyn 1994）でよく説明されている．「実効」温度（すなわち，野外条件での推定体温 T_b）と基礎代謝量をもとにした計算によれば，各個体は飛行を維持するために多量の食物を摂取する必要があるので，おそらく出会い場所（ここでは採餌はほとんど起きない）で長時間にわたって活動することはないと考えられる．アメリカギンヤンマやラケラータハネビロトンボ *Tramea lacerata* は，出会い場所で毎日2時間活動するためには，1時間当たり自己の体重（それぞれ1.0と0.4g）の23％と33％の餌動物を摂食する必要があり，そのために夕方に群飛採餌を行い，その獲得速度を高めてエネルギーを蓄積しているのであろう．上記の結論は，繁殖場所での個体の入れ替わりの速さを説明する．砂漠の条件下で，なわばりを防衛する種はパーチャーのハヤブサトンボだけのようである．これが可能なのは，気温が高いときは日陰で長時間とまったり，低頻度ではあるが繁殖場所で大型の餌動物を捕ったりすることで，温度による制約を最小に抑えているからかもしれない．

なわばり占有バウトの間に採餌する程度が，種によって著しく違うことに着目したMike Parr（1980）は，（個体群ではなく，個体として）なわばりで長時間過ごすトンボは採餌もするので，なわばり占有バウト中に採餌する性質は，その長さと相関があることを示唆している．表A.9.6の記載事項は，この考えと矛盾しない．しかし，なわばり占有の時間には大きな個体変異があるので（§11.2.3.2；May 1980），個体群として時間を集計したデータの使用は不適切であり，誤りでもある．そして，適切な情報を得るためには，数個体についての連続的な記録の比較が必要で，彼らが行った場所ごとに少なくとも連続何日間か，できれば雄の生涯にわたった記録が望ましい．このようにしてのみ，前生殖期のエネルギー蓄積や，成熟成虫が出会い場所から離れた場所での一

定の時間に補充されるエネルギー量を考慮できる (Kallapur & George 1973参照). このような情報を得ることは, Michiels & Dhondt (1989c) が使ったような大きな野外ケージの中で, 数人のフルタイムの観察者を動員する以外に思い浮かばない. しかも囲いの中ではトンボは長生きするであろうし, 野外ほど頻繁には採餌しないだろうから, エネルギー収支の推定は典型的でない可能性がある (Dunham 1994). 要するに, トンボが自由に採用しうる行動の選択枝が, 厳密にかつ直接に観察されている可能性は低いということである.

各個体が採用しうる1日の戦略は大きく分けると2つある. (1) 採餌と生殖活動が同時に起きるなわばりで, 長時間を連続して過ごす, (2) 1回以上の短時間だけなわばりを占有し, その時間はほとんど, あるいは全く採餌せず, 残りの時間は水域から離れて採餌に費やす. おのおのの戦略には, 特定の日のエネルギーの不均衡を数日にわたって分散させるという含みがあり, そのことによって, どちらか一方の活動に専念する日があるかもしれない (May 1984). Alcock (1989a) は別の文脈で, 出会い場所にいる個体についての記録を, 時間の最大値と最小値という形式で集めている. 表A.9.6の掲載事項と同様, これらの記録も示唆的ではあるが, Parrの上記の示唆に厳密に応えるものではない. 表A.9.6の記録を解釈するとき, 掲載されたトンボのほとんどの種では, 観察期間中に雄が他の場所で生殖活動を行ったかどうか分からないこと, また, 日周期活動の全時間のうち, 個々の雄がどれだけ長く出会い場所で過ごしたかが分からない場合もあることに留意すべきである. 次のコメントは, 表A.9.6の掲載事項に関するものである.

高頻度 ムラサキハビロイトトンボの定住雄が採餌するときは, 樹洞の防衛を中断して, 短時間 (15分間) 周辺の林冠ギャップに出かけた. ナイジェリアトンボ *Nesciothemis nigeriensis* とヒメシオカラトンボがなわばりにいるときは, それぞれの飛行の60と70％以上が純粋な採餌飛行だった. ヒメシオカラトンボの雄では, 採餌が飛行時間の11.7％を占め, 飛行の機能カテゴリーの52.8％を占めた. *Trithemis arteriosa* の雄は1日中摂食し (7:00前〜16:30ころまで), 採餌を含んだなわばり飛行の割合は, 8:00で54％, 11:30で30％, 16:30で60％だった (Parr 1995a). *Boyeria irene* は, フランス南部の川面で, 薄暮時に短い活発な飛行活動中に採餌と生殖活動の両方を行った. キボシエゾトンボはなわばりにいる間, パトロール飛行に短期間の採餌飛行を規則的に交えて採餌した.

中頻度 ヨーロッパショウジョウトンボでは, 採餌飛行は正午に飛行の15％までだったが, 夕方に近づくにつれて60〜80％に上昇した. このパターンは, おそらくヨツボシトンボの場合にも見られる. *Orthetrum julia* の場合は, 飛行の20％が純粋な採餌飛行だった. *Pseudagrion citricola* や *P. hageni tropicanum* の採餌飛行は, それぞれなわばりでの全飛行の17％と7％に当たる. パトロールしている *Oxygastra curtisii* が, たまに行う場当たり的採餌については§9.2で述べた.

極低頻度 パーチャーの中には, なわばりでの採餌が事実上ないか, 極めて低頻度の種がいる. 何日間も観察したにもかかわらず, *Notiothemis robertsi* ではなわばりでの採餌は目撃されていない. カトリトンボではなわばりでの飛行時間のうち採餌に使ったのは1％以下で, 食物の70％以上は他の場所で得た. 1個体の雄は, 連続した5日間のうち4日間, 水域から離れた同じ採餌場所に約5〜6.5時間滞在し, 3日間は定刻の45分以内にそこへ飛来した. 他の雄が採餌場所にいた時間は平均4.4時間だったが (Baird & May 1997), もし彼らが他の採餌場所に移動した場合, 近くにいたとしても観察できないので, この値はおそらく採餌時間を著しく過小評価しているだろう (May 1995b). タイリクアカネは, 出会い場所にいる時間のせいぜい0.1％を採餌飛行に費やしているにすぎない. フライヤーにも, なわばりでの採餌を実際上行わない種がいる. ヒスイルリボシヤンマの場合は, 出会い場所への比較的短い訪問の合間に採餌が挿入される (§11.2.3.2; 図11.5). したがって, 雄が出会い場所から離れると, パトロール飛行は採餌飛行に切り替わる. このパターンはアメリカヒメムカシヤンマ *Tanypteryx hageni* にも見られるようである. カラカネトンボ *Cordulia aenea amurensis* やアメリカカラカネトンボ *C. shurtleffi* では, 出会い場所に飛来するのは比較的短時間 (前者は平均7分で1〜40分の範囲; 後者は平均3.5分で, 普通数秒〜8分, 稀に15分) であるが, パーチャーの *Micrathyria ocellata* の場合2〜11時間続くようである.

非なわばり性のトンボが水域にいる滞在時間はほとんど分かっていない. タイリクオニヤンマの場合は, パトロール飛行と採餌飛行の明白な区別がない. 雄は短時間とまったり摂食したりしながら, 終日パトロールしているのかもしれない (Kaiser 1981). *Argia plana*（Bick & Bick 1971）と *Lestes unguiculatus*（Bick & Hornuff 1965）による1時間当たりの平均採餌飛行回数は，それぞれ0.8と2.1回であった（非常に低頻度）．

9.7 トンボ以外の餌動物への採餌の影響

9.7.1 餌動物が減少した例

不均翅亜目は，短く集中した採餌エピソードで，大量の小昆虫を消費することがある（例：アメリカギンヤンマ, Warren 1915; *Telephlebia godeffroyi*, Tillyard 1917a）．強力なフライヤーは，非常に密集した餌動物を採餌するために広範囲から短時間に集まることがある（Wright 1946a）．したがって，トンボはある種類の餌動物の数を大きく減らすに違いない．そもそもトンボは，特定の餌動物の個体群に有意なインパクトを与えるほど，餌動物の抑制をすることがあるだろうか．（ハビロイトトンボ科は例外として）トンボはジェネラリストの採餌者であり，ある種の餌動物を見つけるのが難しくなれば，いつでも他へ切り替える傾向があるので，この問いへの答えは通常は「ノー」のはずである．Mike Wright (1946a) の観察では，大型の不均翅亜目が，サシバエやカの群れを採餌するために集まって大群になったときでさえも，餌動物の密度は顕著な減少に至らなかった．もっとも，非常に熟練した観察者でも，小さくて動きの速い餌動物の数を推定することは難しかったであろう．ある種の餌動物に大規模な減少が起き，トンボによるものであると報告された場合でも（Corbet 1962a: 155参照; Hudson 1912: 135; Dumont & Hinnekint 1973），それが状況証拠であることは避け難い．実際，トンボの成虫によって野外で餌動物が抑制される決定的な証拠は，先験的に考えても得られそうにない．私の知る唯一の例外は，以下に述べるように，なぜトンボによる餌動物の顕著な減少がいつも特殊な状況での結果であるのかを雄弁に説明している．

9.7.2 潜在的な経済的重要性

Mike Wright (1944a) が，ルイジアナ州のミシシッピー川沿いにある養蜂園での観察で確かめたことは，大型のヤンマは，時々セイヨウミツバチのコロニーに多大な害を与え，結果的に養蜂家の生計に損害を与えることである．1941年6月から9月までの間，多数のアメリカギンヤンマと *Coryphaeschna ingens* が養蜂園に侵入して，結婚飛行に飛び立とうとする女王蜂や雄蜂を捕食した．通常は，女王蜂の75〜85％が結婚飛行から養蜂園に戻るのだが，このときはわずか5％が戻ってきただけであった．ワーカーに対する捕食が極めて激しかったので，コロニーは著しく弱体化し，養蜂家には深刻な経済的損失をもたらした．この場合は2種のヤンマだけが関係していたが，フロリダ州では，別の大型のヤンマ科の *Epiaeschna heros* がミツバチを捕食することが知られている（Byers 1930）．ただし，トンボ科のハヤブサトンボと *Libellula auripennis* は無罪であった．

フロリダ州では，*C. ingens* は「ミツバチ屠殺屋」と呼ばれている（間違いなく他の呼び名ももっている）．このトンボは，アメリカの南東部では，女王蜂の養育による利益が上がらず，その結果，養蜂を不可能にしている．Caron (1991) は，Wrightの報告に基づいて，春にミツバチを移動できるようになる前の数日間に，フロリダ半島で300〜400のコロニーが被った著しい損害について詳しく報告している．旧ソ連の一地方では，ヒスイルリボシヤンマと思われる種が，ミツバチの半数近くを壊滅させたと報告されている（Fry 1983）．

アメリカギンヤンマ，*Coryphaeschna ingens*，*Epiaeschna heros* の成虫の平均（生）体重は約1 g（May 1976b）で，少し蜜をもっているミツバチは約100 mgである（S. A. Corbet et al. 1995参照）．仮に1日に自重の50％を消費するとして，これらのトンボは1日当たり5個体のワーカーを消費することになる（トンボは摂食する前にミツバチのかなりの部位を捨てるようなので，これは非常に控えめな推定である．§9.4.2参照）．トンボが平均的に20日間このように摂食したとすると，100個体のミツバチを殺すことになる．1つの巣がその消失を埋め合わせるのに十分な速さでワーカーを再生産できないとすると，50,000個体のワーカーのいる巣は，500個体のトンボによって20日間で，1,000個体では10日間で全滅してしまう．Dennis Paulson (1966) による，フロリダ州でのアメリカギンヤンマ，*C. ingens*，*E. heros* の大群の報告は，彼らが膨大な数の巣を全滅させる能力をもつことを示している．したがって，報告されたミツバチへのインパクトは，定量的にも信頼できるものである．このインパクトが計測可能なほどに，厳しく顕著になりうる5つの状況を以下に繰り返す．

- 餌動物の集中（巣の中）．
- 巣の集中（養蜂園）．

- 広い範囲からの捕食者の集合．
- 1種の餌動物への捕食者の一時的な特化．
- 餌動物が活発で攻撃されやすいときと捕食者の採餌時期と時間の一致．

養蜂家がある種のトンボを経済的に重要な害虫とみなすことは当然であろう．

この項の残りで，トンボの**益虫**としての役割，つまり害虫を抑制できる捕食者としての可能性を検討する (Pilon 1992 参照)．考慮すべき次の2つの状況がある．(1) 必ずしも経済的な損害のレベル以下にならないにしても，トンボが害虫種の数を減らす場合と，(2) 状況によっては，経済的損害のレベル以下に害虫種の数を減らす可能性がある場合である．

害虫として分類された昆虫をトンボが捕食するという報告は非常に多いが (Corbet 1962a; Jenkins 1964)，トンボによる抑制効果がモニターされたり記録されたりしたことはほとんどない．表 A.9.7 は，トンボの採餌が作物害虫による被害を減らすのに明らかに役立っていることを例示したものである．そのような知見は，作物へ殺虫剤を利用すべきかどうか，あるいは，いつ散布すべきかを合理的に決定するための判断材料となる．したがって，この記載事項は拡充する価値がある．

タイ，インド，日本では，イトトンボ科の数種が水田で繁殖している (Asahina 1972; Asahina et al. 1972)．タイやフィリピン，香港ではこれらのトンボは稲の葉の間で表面採餌し，大量のツトガ科やヨコバイ科を摂食する．稲の成長季節の進行に伴って水田での密度が増加することもあって，これらのトンボは稲害虫の最も効率的な捕食者である (Nakao et al. 1976)．ユスリカやブユの大発生で，トンボの関心が稲の害虫から一時的にそらされることがあるが (Yasumatsu et al. 1975; 表 9.2 参照)，トンボが発生する水田の約 80 ％ では，農家が殺虫剤を使用しなかった (Yasumatsu 1980)．この状況に見られる重要な特徴は，餌動物と捕食者の両者が稲を摂食の場として利用しているので，互いに近接した状態が維持されることである．

タンザニアのルクワ湖の近くにある，一時的な水たまりで繁殖する不均翅亜目の数種は，その時期と場所がアカトビバッタの幼虫ステージと一致している．バッタの成虫と同様，トンボは熱帯収束帯の前線によって，雨が降るころにその場所へ運ばれると考えられる (§10.3.2.2)．これらのトンボの狩猟行動については §9.5.3 で述べた．Claus Stortenbeker (1967) は，ムシヒキアブ科 (主要な捕食者であるもう1つの分類群) と不均翅亜目は，餌動物の密度にもよるが，それぞれ1日当たり平均10〜40個体のバッタ幼虫を摂食すると計算した．Stortenbeker はこの研究で，トンボとムシヒキアブが，バッタの繁殖成功の変動を決める最重要な要因に違いないと結論した．

ジェネラリストの捕食者としてのトンボが餌動物に対して密度依存的に反応するならば (実際にその可能性がある)，餌動物の個体群の変動を緩和しうることは理論的に考えられる．餌動物の個体群をいつも抑制しているわけではないが，トンボはこのように**大発生**を抑えたり防いだりすることで，総合的害虫防除の主要な目的 (Spielman & Rossignol 1984 参照) を達成している．

考慮すべき第2の状況は，特定の条件下では，トンボは人が容認する経済レベル，あるいは不快のレベル以下に害虫を抑制できることである．

§4.3.8.2 で見たように，トンボの幼虫は多食性で場当たり的な捕食者なので，特殊な環境でしか効果的な生物防除には役に立たない．同じことはトンボの成虫にも当てはまる．彼らの採餌努力を場所的にも時間的にも厳密に限定させられない限り，特定の害虫の数を抑制して，人間の商業性や快適性，衛生上の要求を満たさせるほどの低レベルにすることは期待できない．トンボの幼虫を使って，要求レベルまで抑制できるのは，害虫個体群の全部，あるいは非常に高い割合が，1つの生息場所に閉じ込められていて，適切な時期に大量の捕食者を導入できる場合である (図 4.28)．温室作物の害虫も類似の条件を提供する．トンボの成虫は単独で，あるいは総合防除プログラムの一環として，例えば，オンシツコナジラミ *Trialeurodes vaporariorum* の抑圧にオンシツツヤコバチ *Encarsia formosa* (Corbet & Smith 1976 参照) を大量放逐するのと似た使い方ができるかもしれない．下にあげたのは，そのようなアプローチの可能性を判断するために必要な研究である．

- 当該作物の葉の間で，効率的な表面採餌者として働きうるトンボの種を見つけること．
- 1日当たりに摂食する標的害虫数を確かめること．
- 温室条件でのトンボの採餌能力と，害虫防除をするのに十分長く生存するかどうかを確かめること．
- 必要十分な数を生産し，温室の中に導入するために，トンボの大量飼育と放逐の方法を開発すること．

現在利用しうるわずかな情報によると，密生して

いる植物の間（例えば水田）で採餌することが分かっている小さな表面採餌者のイトトンボ科の種（特に幼虫や成虫で休眠しない熱帯性のトンボ）から候補を探すべきである．摂食速度の推定値（Ali 1983参照；Basalingappa et al. 1985）が温室条件でも当てはまるなら，ヒメイトトンボ属とアオモンイトトンボ属のトンボは，初めに注目すべき存在かもしれない．

最後に，カの攻撃から人間を守るためにトンボが役立つという風評について少し述べておかなければならない．飛行中の大型のトンボの存在は，カに忌避効果があるという考えは北アメリカの一部では根強く残っている．名高いナチュラリストのW. H. Hudson (1892)は，パタゴニアのパンパス紀行の中で，餌動物を採餌するトンボが出現すると，それまで悩まされていたカやブユの雲のような集団がすぐに霧散するので，それがいかに旅人に歓迎されるかを述べている．1971年に私は，責任ある地位にある真面目な測量士から，どのようにこの風評が広まったのかについて個人的体験を聞いたことがある．カナダのツンドラ地帯で，測量チームは業務中に異常なカの攻撃にさらされた．そのメンバーの1人が毎朝ヤンマを捕まえて，生きたまま誰かの帽子に糸でつないだ．トンボは（その測量士が言うには）その人の頭上でホバリングし，カは彼やすぐ近くの人を避けた．同じような報告を私はO'Malley (1980)とFincke (1991b) からも受けている．かつてフロリダにおいて，モスキート・ホークとして約10ドル（デラックス型は25ドル）で売られていた道具が，アメリカの市場からすでに一掃されているのであれば，私は次のようなことまでは言いたくなかった．モスキート・ホークは小さなバッテリーで動き，人の耳には微かにしか聞こえない連続的で耳障りな音を出す．この道具を首にぶら下げると，カから身を守ると思われているが，注意深く実験したところ，その効果を確認できなかった．メーカー側は，これはトンボが飛んでいるときの羽音を模したものだと主張しているのだが（§8.5.4.8）．また，これを雄の羽音を模した2,000 Hzの振動音を出して雌のカを撃退するという宣伝文句の似たような装置（実はカの羽ばたき周波数は600 Hzを超えない[Clements 1963]）と混同してはならない．ちなみに，この宣伝文句も，厳密なテストでその効果は確認されていない（Curtis 1994）．

9.8 摘　要

トンボの並はずれた飛行力と視力は，動物の中では匹敵するものがなく，なかでも飛行しながら採餌する能力は桁外れである．フライヤーもパーチャーも空中採餌，あるいは表面採餌で捕まえた生きた餌動物を生活の糧にしている．

熱帯の森林に生息し，クモの網から表面採餌する均翅亜目の1科と，チョウを捕らえる熱帯のトンボ科の数種を除けば，トンボはジェネラリストで場当たり的な捕食者であると考えてよい．彼らの食物構成は，多くの昆虫類にわたるものの，主にユスリカ科とカ科に代表される小さな双翅目が主体である．ほとんどの餌動物は1 mg以下の重さであろうが，多くのトンボは自重の60％に達する大型の餌動物を捕ることが時折あり，一部の種ではそれが普通である．パーチャーは，1日当たり自重の約14％の餌動物を摂食するのが普通で，採餌の飛び立ちでは約50％の確率で餌動物を捕獲する．空中採餌者は，主に動きやサイズで餌動物を見分けており，表面採餌者は餌動物の形で見分けている．トンボは口器か脚，あるいは両方を使って餌動物を捕らえ，小さなものは飛びながら，大きなものはとまって食う．

トンボは次のようにして採餌効率を高めている．餌動物が集中する場所を好んで採餌する，捕獲成功度を高める，とまっている餌動物を飛び立たせる大型でゆっくり移動する物体に随伴する，時に大きな餌動物を捕らえる，同種に対して採餌場所を防衛する，餌動物を貯食する，などである．

フライヤーは体温調節の手段がパーチャーとは違い，餌動物の供給量が高い薄暮時に採餌が可能である．一方，一部のパーチャーは，フライヤーモードでも採餌することで薄暮時の活動を可能にし，採餌量を増加させる．フライヤーモードでの採餌に要する単位時間当たりのエネルギー消費量は，パーチャーモードに比べて100倍以上である．

前生殖期の間の体重増加は羽化時の体重の100％を超えるが，悪天候が採餌を妨げると羽化時よりも減少することがある．生殖期中にエネルギー収支をプラスに維持できるかどうかは，とりわけ採餌モード，採餌効率，それに採餌活動と生殖活動の時間配分に依存している．出会い場所での生殖活動時に，雄がどの程度の時間を採餌に当てるかは種によってかなり異なり，エネルギー収支は，なわばりに滞在するバウトの頻度と時間を反映している．

トンボは大量の小昆虫を摂食するが，トンボだけ

9.8 摘要

では，資源を守りたいと願う人間の欲求を満足させるほどには，どんな害虫であってもその個体数を減少させることはない．例外は，捕食者と餌動物が時間的にも空間的にも一致して密集するという条件が満足されたときである．このような条件に合う例は，大型のヤンマがミツバチを集中的に採餌して養蜂家の生計を危うくして害虫とみなされる場合や，何種かの不均翅亜目や均翅亜目が稲の間で採餌する場合である．これらの条件は，理論的には温室で満たされる可能性があり，表面採餌するトンボを増殖させて，適当な数を放逐することができるならば，作物害虫を抑えることができるだろう．

成虫は自由な時間の大部分を採餌に費やすことで繁殖が可能になる．そのために，採餌に高い機会コストを支払っており，そのエネルギーコストは，全活動量の大部分を占めているに違いない．

Chapter 10

飛行による空間移動

> バンガロールの女が叫んだ.
> 「昨日ホテルの庭にトンボがいたの.
> 前触れよ.もうすぐモンスーンがくるの!」
> 彼女は私に微笑んだ.
> 「本当に不思議だわ!」
> ——アリグザンダー・フレイター (1990)

10.1 はじめに

　飛行による空間移動の知見は,ほとんどが日常的な**小規模飛行**(Johnson 1969参照)に関するものである.この飛行は比較的短時間の,短い距離の移動であり,体温調節や逃避(第8章),採餌(第9章),生殖(第11章)など,当面の明確な目的につながる欲求行動である.これらの範疇に入らない飛行(つまり**大規模飛行**)は,その考えられる機能に従って,表10.1のように分類される.

　トンボは飛行が活発であるため,直接追跡して観察することは難しく,短距離の移動を除けば,定量的な記録は極めて少ない.表10.1でタイプ3やタイプ4とした長距離移動についての最近の理解は,ほとんどが移動中のトンボについての偶然の観察や,空間移動についてもう少し研究が進んでいる他の昆虫(例:バッタ)からの類推によって導かれた推論に依存している.

10.1.1 生息場所の連続性と空間移動

　表10.1に特徴を記載した空間移動のタイプのうち,タイプ3とタイプ4は,幼虫の生息場所の時間的連続性と関連している点で,ほかと違っている.Richard Southwood (1962, 1977) は,生息場所の連続性に変異がある一方で,昆虫の一連の行動様式にも,(休眠によって)生殖を延ばしたり,別の場所に移住して繁殖を行うなどの不連続性があることを指摘し,両者の機能的なつながりにかかわる行動を分類している.この一連の行動様式は,幼若ホルモンの活性レベルの違いと結び付いた戦略である (Rankin et al., 1986).表10.2は,生息場所の好適性が連続しない場合,繁殖を次世代につなぐために,生殖前休眠(耐乾休眠,夏眠,冬眠)や移住が二者択一的な戦略にどのように組み込まれているかをまとめたものである.表の左から右への移行は,r戦略者とK戦略者 (Horn 1978参照; Begon & Mortimer 1986) の間の,別の言い方をすれば,場当たり的な種と平衡的な種の間の移行におおまかに対応している.それはまた生態遷移の初期から後期への系列も反映している (Southwood 1977).

10.1.2 用　語

　飛翔性昆虫による空間移動のタイプの記述に用いられる用語はこれまであいまいであったが,これは主に,空間移動が生態学的・行動学的な必要性から生じていることがはっきりと理解されていなかったからだと思われる.Southwood (1962, 1977) やKennedy (1961),Johnson (1969),Taylor (1986) による優れた論文は,飛行による空間移動を記述するための合理的で一貫性のある用語を定着させ,特に分散と移住を区別するうえで大いに役に立った.ここでは (Oxford English dictionaryとWebster's dictionaryに準拠し) 移住についての4種類の区別が生物にも適用できるとするRoy Taylorの見解 (1986) に従っている.彼の分類では,第2と第3の移住だけが動物学的意味での移住に相当する,規則的な空間移動を表している.第2の移住は,ある定住場所(繁殖場所など)から他の定住場所への移動であり,今までのところ昆虫ではこの種類の移動だけが知られている.第3の移住は,1年の特定の時期に,同一個体がある地域(繁殖場所など)から出発し,また同じ場所に戻るという周期的なものであり,一部の

10.1 はじめに

表10.1 世代内で行われる高移動性飛行のタイプ

飛行の属性	飛行タイプ			
	1. 処女飛行 (片道)	2. 通勤 (往復)	3. 季節的退避 (往復)	4. 移住 (片道)
出発と終り	羽化の足場から最初の休息場所まで	ねぐらから採餌や繁殖の場所までとその逆	羽化場所近くから退避場所までとその逆	羽化場所近くから新しい繁殖場所まで
おおよその距離	1m未満から500m[a]	10mから数km	100mから数十km; 高度3,000mまで	数十kmから数千km; 緯度20°以上
生理的状態	テネラル	前生殖期および生殖期	退避場所までは前生殖期、そして戻るときは生殖期	出発時は前生殖期、後に生殖期; 出発時が生殖期のことも
方向に影響する要因	水平な反射表面に対する負の走性	太陽コンパス？ ランドマーク？	太陽コンパス？ サーマル？ 寒気流？ 収束風？ ランドマーク？	サーマル、収束風とモンスーン風、少なくとも時々太陽コンパス
1世代当たりの頻度	1回	天候が許せば毎日	1回	1回以下[b]

例	すべてのトンボ	すべてのトンボ	3.1 熱帯[c] (表A.8.2)
			3.2 温帯[d] (表A.8.2, A.8.3)
				4.1 絶対的移住
				  4.1.1 乾燥回避[e]
				    (表10.4, 10.5)
				  4.1.2 寒冷回避[f] (表A.10.5)
				4.2 条件的移住
				  4.2.1 前生殖期の成虫として開始, ヨツボシトンボ
				  4.2.1 生殖期の成虫として開始, ムツアカネ

注：方向性があるか航路決定を伴う飛行を掲載．流水性のトンボによる上流方向への補償的飛行と推定されるもの(表A.10.2)は除いた．それについては方向性に関して立証が必要である(§10.2.4)．出会い場所での生殖活動に直接関連する飛行(例：探雌，追跡，産卵)や採餌，捕食回避，逃避，体温調節のために行われる移動も除いた．
[a] 処女飛行がタイプ4の飛行でもあるとき，移動距離は数百から数千kmに延長されることがある．
[b] 頻度は，移動が絶対的であるか(4.1)，あるいは条件的であるか(4.2)に依存する．タイプ4.1.1に属する種の個体は，おそらく移住の先々にある複数の生息場所で産卵するだろう．
[c] 耐乾休眠種．
[d] 夏眠種や冬眠種．
[e] 季節的降雨による水たまりを利用し，特定の温帯地域では暖かい季節にそこに時々運ばれる熱帯収束帯種．そのような移住個体の子孫は，同じ夏の間に，さらにより高緯度に移動することが時々ある(例：日本のウスバキトンボ)．
[f] 普通は温帯地域で繁殖した飛行タイプ4.1.1の移住個体の次世代であり，秋になって，より低緯度に飛んでいく(例：カナダのアメリカギンヤンマ)．

鳥類(例：アホウドリやカッコウ)や爬虫類(ウミガメ)，魚類(サケ)でよく知られている．昆虫では知られておらず，オオカバマダラ *Danaus plexippus* (Gibo 1986参照)の大移動もこの種類の移住には入らない．おそらく，季節が一巡するよりも成虫の寿命が長い有翅昆虫はほとんどいないからであろう．

第2の移住(以後，および表10.1や表10.2では単に**移住**と呼ぶ)には，いくつかの顕著な特性がある．それは片道の飛行であること，出発(すなわち移出)は昆虫によって能動的に開始され，到着(すなわち移入)まで複数世代の飛行が継続することである．また，外からの力(例：大気の動き)や方向を示す手がかり(例：平面偏光)が利用されるとしても，必ずしも航路決定が必要でないことも特徴である．移住によって，空間分布が複数の世代にまたがって動的かつ非ランダムに再構築されることになるので，移住は「生物によって行われる，自分自身の発生地とその子孫の発生地との間の移動」(Taylor 1986)と定義される．この定義は，ほとんどの移住性のトンボにそのまま適用できる．

Taylorによる移住の定義は，飛行による空間移動のタイプを区別するだけでなく，**分散**の機能的定義も与えている．表10.1におけるタイプ1〜3の飛行は，必ずしも繁殖場所の変更を伴わない．タイプ2とタイプ3は，いずれも繁殖場所と安全な退避場所との双方向の飛行を表しており，両者の違いは，その退避場所が採餌やねぐらのための場所(タイプ2)であるか，繁殖することが危険であるか無駄になる厳しい季節を生き抜くための退避場所(タイプ3で，生殖休眠と関連)であるかである．分散は，移住とは異なり，単独個体で行われるものではない．なぜなら分散は，個々の個体が離ればなれになり遠ざかることだからである．分散は，個体群密度を低下させ，遠心的である．つまり，個体群密度を増加させ，求心的である集合と反対の現象である(Taylor & Taylor 1977参照)．移住は，分散とは対照的に，地表座標と関係があっても他の個体とは無関係なので，集団か単独かは問わない．

表10.2 生息場所の連続性や生活環との関連性で見た高移動性飛行のタイプ

	生息場所が幼虫の生息に不適当になるまでの世代数			
	1世代 遷移初期あるいは季節的な生息場所の変化		数世代	数えられないくらいの多数世代
	熱　帯	温　帯		
典型的な幼虫の生息場所	季節的降雨地域における一時的な水たまり．耐乾休眠のための退避場所が近くに (a) ある場合と，(b) ない場合	季節的に生息できなくなる水域．その理由が主に (a) 乾燥もしくは暑さ，またはその両方である場合，(b) 寒さである場合	断続的あるいは周期的な撹乱にさらされる水域．例：乾燥，高密度，寄生による撹乱	「永続的」水域．水路（特に上流部），湖，湿地，池
繁殖の連続性を維持するための成虫の戦略，生活環（表7.3），および飛行タイプ（表10.1）[a]	(a) 退避場所での前生殖期の成虫による耐乾休眠 生活環タイプ：A.2.1.2, A.2.1.3 飛行タイプ：3.1 (b) 絶対的移住，前生殖期の成虫で開始し，その後生殖期に入る 生活環タイプ：A.2.2 飛行タイプ：4.1.1	(a) 退避場所での前生殖期の成虫による夏眠 生活環タイプ：B.2.1.2 飛行タイプ：3.2 (b) 退避場所での前生殖期の成虫による夏眠と冬眠 生活環：B.2.1.3 飛行タイプ：3.2あるいは絶対的移住，前生殖期の成虫で開始し，おそらく生殖期まで継続 生活環タイプ：A.2.2 飛行タイプ：4.1.2	条件的な移住，(a) 前生殖期の成虫で開始し，生殖期まで継続，(b) 生殖期の成虫として開始 生活環タイプ：B.2.2.1 飛行タイプ：4.2	成虫期間を通して幼虫の生息場所近くにとどまる．流水性の種では，幼虫期の流下を相殺するため上流へ移動することがある（表A.10.2） 生活環タイプ：A.1, A.2.1.1, A.2.1.4, B.1, B.2.1.1, B.2.2.1, B.2.2.2 飛行タイプ：なし，タイプ1と2は別
例	(a) 表A.8.2（熱帯） (b) 表10.4, 10.5	(a) 表A.8.2（温帯） (b) 表8.3, A.10.1	(a) ヨツボシトンボ (b) ムツアカネ	表A.2.1，止水性の一時的生息場所を利用する種を除く

注：飛行タイプ3と4だけが生息場所の連続性に関係しているので，この表に示した．生活環の記号の意味は表7.3と同じ．

10.1.3　方　法

　標識再捕法は，タイプ1～3の飛行をするトンボを追跡するのに用いられることはあるが，タイプ4にはあまり使用されない．生息場所間の移動を調査する場合，研究者は状況に合わせてさまざまな技術を用いる必要がある．既知の繁殖場所からはるかに遠く離れた場所，例えば気象観測船上（朝比奈・鶴岡 1970）や島（Farrow 1984）あるいは定点トラップ（Woodford 1967）やネット（Kaiser 1965参照）へのトンボの飛来は，風向や発生源と関連づけることができる．表現形質（Michiels & Dhondt 1991b）や外部寄生者（Mitchell 1962），タンデム痕（§8.2.5; Ness & Anderson 1969），その地方ではこれまで発生したことがないなどの知見から（Lempert 1995d），定住個体と移入個体を区別することができる．また，レーダーによって地上高く飛ぶ不均翅亜目の画像が得られることもある（Schaefer 1976）．鳥で行われているような無線発信機をつけての追跡は（例：Cochran 1987），これまでのところトンボでは成功していない．

10.2　生息場所内の移動

　たいていのトンボは，生活環の不可欠な一部として，ある種の大規模飛行を行う．この飛行は移住とは違い，次世代を別の生息場所に移動させることはない．移住かどうかを客観的に区別するには，移動の持続時間や移動距離の頻度分布を利用することができる．採餌（図9.4）やなわばり防衛（図11.17）のための，とまり場からの飛び立ちのような欲求飛行は，一般に短い距離に大きく偏った頻度分布を示す．つまり，中央値が短い距離にあり，長い距離の飛行の頻度がしだいに少なくなる特徴がある．例として，繁殖場所におけるアカイトトンボ *Pyrrhosoma nymphula* の連続した日の間での移動距離の分布があげられる（図10.1）．同様な分布は，ヨーロッパベニイトトンボ *Ceriagrion tenellum* (Buchwald 1994a)，オオカワトンボ *Mnais nawai*，ニシカワトンボ *M. pruinosa* (Suzuki & Tamaishi 1982)，*Ophiogomphus cecilia* (Werzinger & Werzinger 1992) でも見いだされている．おそらく，ハヤブサトンボ *Erythemis simplicicollis* (McVey 1988) やハッチョウトンボ *Nannophya pygmaea* (Tsubaki & Ono 1986) でも同様である．この2種では，前生殖期と生殖期を通して，

10.2 生息場所内の移動

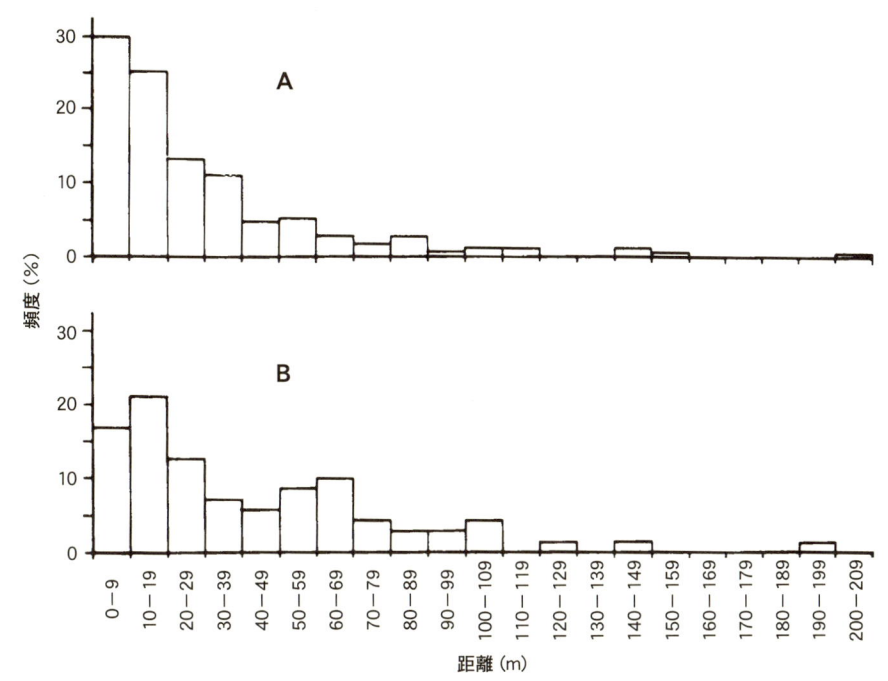

図10.1 アカイトトンボの成熟雄 (A) と成熟雌 (B) の1日の移動距離の頻度分布. 成熟後, 出会い場所付近にとどまっていた個体について求めた. 雌は雄よりもわずかだが有意に移動性が高かった. (Bennett & Mill 1995bより)

連続した捕獲の間に100mを超えて移動した個体はほんのわずかにすぎない. マンシュウイトトンボ *Ischnura elegans* のある個体群は, およそ1,000個体の雄と雌から構成されていたが, 大部分は成虫の間に5mも移動せず, 最大でも15mだった (Gittings 1988). ミヤマカワトンボ *Calopteryx cornelia* (Suzuki & Tamaishi 1981) とアメリカアオハダトンボ *C. maculata* (Waage 1972) の雄が翌日までに移動した平均距離は (それぞれ25.0mと20.1m), 雌の平均距離 (13.4mと16.7m) を上回っていた. このような移動距離の頻度分布にもかかわらず, 普通は定住的であるとみなされているいくつかの種が, 既知の一番近い繁殖地から1km以上離れた場所で発見されることがある (例: Moore 1954). 小さな孤立した池をいくつも飛び越えて, あるいは流路沿いに, 遠く離れた水域へ移動した例がドイツや北海の島で記録されており, そのリストには均翅亜目 (15種) と不均翅亜目 (22種) の広範囲な種が含まれている (Lempert 1995c, 1996; Sternberg 1999; §10.4). このことから, 多くのトンボの個体がごく普通に, 日常的な飛行とみなしうる範囲をはるかに越えて移動していることは明らかである. したがって, 図10.1に示された距離の頻度分布は, プロクルステス*的なところがあり, その移動範囲は観察方法の限界によって制限されてしまう. つまり, 特定の場所に活動が集中する個体や, 昆虫の飛行境界層内 (§10.3.1.1) で活動する個体だけで評価することになる. そのような方法では, 前生殖期が終わった時点で発生地に戻らない個体など (時には大多数を占める), ごく普通に生息場所間を移動する種や個体を除外することになる. クロイトトンボ *Cercion calamorum* のある個体群の場合, 雄の16.9%, 雌の11.1%が羽化場所に戻った (上田 1987). ヒスイルリボシヤンマ *Aeshna cyanea* では, 雄で8.5%, 雌で18.2%であり, 雄で比率が低いのは, おそらく出会い場所から離れた場所での, 密度に依存した雄どうしの相互作用のためである (Inden-Lohmar 1997). 多くの種の個体群は多型的であり, あるものは1つの生息場所にとどまり (§10.2), 他のものは2箇所以上の場所で繁殖する (§10.3.4.2.2) かもしれないことに留意すべきである.

10.2.1 処女飛行

トンボ研究者の活動範囲は, 普通, 地上に限定されるので, **処女飛行** (ドイツ語のJungfernflug, フランス語のvol virginal; 表10.1, タイプ1) でトンボが

---
* 訳注: ギリシャ神話に出てくる強盗. 旅人を自分のベッドに無理やり寝かせ, その身長が短すぎるときには体をベッドの長さに合うよう重しをつけて引き延ばし, ベッドより長い場合には切り縮めた.

移動する距離の記録は，50mも飛ばない種ばかりになる傾向が強い．それにもかかわらず，処女飛行に際して100mをかなり超えて飛ぶ（明らかに移住的ではない）種も知られている（Corbet 1962a；Middtun 1977）．天候と後背地の地形の両方が飛行距離に影響を及ぼすと予想されるが，実際，気温が低いと飛行距離が短くなる傾向がある（Corbet 1962a）．

キタルリイトトンボ*Enallagma boreale*あるいは*E. carunculatum*が，処女飛行で最初の着地点まで飛んだ距離は，それぞれ平均42cmと53cmであった（Logan 1971）．アカイトトンボが6mを超えて飛ぶことはめったになかった（Gribbin & Thompson 1990c）．アオハダトンボ属*Calopteryx*の種は，後背地へ数m飛び（Heymer 1972a），なわばり活動区域の外側の「中立地帯」に着地する（Zahner 1960）．カオジロトンボ*Leucorrhinia dubia*（Pajunen 1962a）や*L. rubicunda*（Soeffing 1990）が最初に飛んだ距離は50m以下であったが，それから風の当たらない場所，日だまり，あるいは樹林へと，休みながらゆっくりと移動した．彼らの最終的な目的地は，条件に合う休息場所の多さに依存しているようであった．アメリカハラジロトンボ*Plathemis lydia*は，3～5mの短い飛行を繰り返し，羽化場所からおよそ10m離れた林にたどり着いた（Hutchinson 1976d）．カオジロトンボのテネラル成虫の中には，処女飛行で2～3mしか飛ばないものもいたが，そのあとはずっと長い距離を飛び，水域からかなり離れた所まで移動した（Beynon 1995a）．オオサカサナエ*Stylurus annulatus*は上方へ10mほど飛んで樹間に入った（井上 1979b）．Arthur Svihla（1960b）によって目撃された羽化したばかりのアメリカヒメムカシヤンマ*Tanypteryx hageni*のように，処女飛行が偶然の事故によって短縮されることもある．このトンボはわずか10cmほど飛んで，細流の中に着陸を強いられた後，草の茎をよじ登り，10分後に風に助けられながら弱々しく飛び去っていった．これらの例から，処女飛行は，テネラル成虫が羽化場所から，もうそれ以上同じ方向に飛び続ける必要がなくなる場所に到達するまでに行う，1回のあるいは短い間に断続的に行う数回の飛行からなると言える．このような断続的な飛行も，テネラル成虫が同一方向へ飛び続けるので，処女飛行のひとつとみなすことにする．

コウテイギンヤンマ*Anax imperator*の処女飛行は，明らかに水域から遠ざかるような方向性がある．飛び立った後，成虫は羽化場所を覆っている植生の間をゆっくり上昇し，視界を遮る障害物の約3m上に達した後に，はっきりと定まった方向へ素早く飛び去る．大きな水平面の反射に対する負の走性は前生殖期を通して続く．処女飛行の間にそのような水平面（例：別の水域や道路）に出会うと，成虫はそこから離れるように向きを変える（Corbet 1962a）．そうすることで未成熟成虫が性的に活発な雄を避けることが可能になるだろう．このような機能をもつ可能性が大きいので，反射平面に対する負の走性は，おそらく前生殖期のトンボに広く存在するに違いない．他の水生昆虫からの類推や生息場所選択についての実験（§2.1.3）から，反射平面に対して負の走性を示すトンボは，反射光の水平偏光に反応していると，とりあえず仮定することができる．

明らかにある目標に**向かって**，とりわけ樹木に向かって処女飛行を行うと考えられるトンボもいる（例：カラカネトンボ属*Cordulia*，Wesenberg-Lund, 1913；サナエトンボ属*Gomphus*，Byers 1930；アメリカハラジロトンボ属*Plathemis*，Jacobs 1955）．一部の種は太陽と**反対方向**に飛ぶ．例えば，ヨーロッパアオハダトンボ*Calopteryx virgo*の成虫は，両側が樹林になっている小川から羽化した場合，太陽とは反対の方向に飛び上がり，北岸の南向きの木の枝にとまった（Lambert 1994）．処女飛行に飛び立ったカオジロトンボの成虫は，その後の短い，断続的な飛行の間，同じ方向を維持し，休息場所に到達する（Pajunen 1962a）．このことは，このトンボがいったん最初の方向を定めると，その後は進む方向を変えないことを示している．

処女飛行の間はほとんど常にテネラル状態であり，しばしば自重によって腹部が垂れ下がった状態で飛ぶので（Corbet 1957a；Coppa 1991b），風に乗って運ばれるほど軽い一部の均翅亜目以外では，処女飛行が長距離移動であったり，移住的であったりする可能性は低い（§10.3.2.2）．

均翅亜目や小型の不均翅亜目の処女飛行は，普通，温度が許す限り，1日のうちのできるだけ早い時間に起きるようである．温帯地方では，寒い日や雨天の日は，その日の遅くか翌日まで処女飛行が延期されることがある（ヨーロッパアオハダトンボ，Lambert 1994）．悪天候が続くと，処女飛行は丸1日（オオトラフトンボ*Epitheca bimaculata*，Trockur 1993）から数日（アカイトトンボ，Gribbin & Thompson 1990c），あるいは1週間も（ルリボシヤンマ*Aeshna juncea*とイイジマルリボシヤンマ*A. subarctica*，Schmidt 1964b）延期されることがある．このことから，羽化したばかりの個体は，食物なしでも数日間は生き抜くことができるように適応していることが分かる（§9.6.1）．大型の不均翅亜目は，気温が許せば前日の夕方に羽

化し，明け方までに翅の展開を終え，日の出少し前に飛び立つことが普通である（§7.4.2）．飛び立つ前にひとしきり翅を震わせて体温を高めることも多く（§8.4.1.3），時には弱い光が飛び立ちの引き金になることがある．例えば，オンタリオ州の南部で観察されたアメリカギンヤンマ Anax junius の成虫は，（日没1時間後の気温が19〜20℃の）暖かい夜の後は，日の出90分前ころに翅を開き，次の45分間に処女飛行を行った．一方，（日没1時間後の気温が11〜12℃の）寒い夜の後は，日の出から3時間後まで羽化が延期され，処女飛行はその4〜5時間後になった（図7.18）．

リベリアの熱帯雨林（北緯約6°）で調べられた処女飛行の日周パターンについての広範な研究によると（Lempert 1988），均翅亜目と中型の不均翅亜目の処女飛行の86％は10:00〜13:00に生じ，カワトンボ科とトンボ科では午前中に多かった．ハナダカトンボ科，イトトンボ科，サナエトンボ科，ミナミイトトンボ科では，処女飛行は正午前後の数時間に生じ，9:00以前や14:00以降に見られることはめったになかった．対照的に大型の不均翅亜目（Heliaeschna属，コヤマトンボ属 Macromia）は夜中に羽化し，夜のうちに処女飛行の準備を終えていた（Lempert 1988）．

10.2.2　通勤飛行

Johnson（1969）がクラスIIの適応的移動飛行としたタイプ2の飛行（表10.1）は，生息場所内の往復飛行である点でタイプ3の飛行（§10.2.3）に似ている．しかし，次の2つの点でそれと異なっている．タイプ2の飛行は生殖期間中ほぼ毎日繰り返されること，タイプ3の飛行では復路につく以前の個体は生殖前休眠の状態にあることである．この本では，処女飛行による場所移動と逆の移動である成熟後の水域への最初の飛行を，最初の通勤飛行とみなしている．

Heymer（1972b）が調べたオアカカワトンボ Calopteryx haemorrhoidalis は，ミツバチのような航路決定能力をもっているようである．成熟したオアカカワトンボの雄は，なわばりを維持し続けている間は（§11.3.7.3），天候が許せば，水域から16〜100m離れたねぐら（Heymer 1972b; Neubauer & Rehfeldt 1995）から毎朝同じ時刻に，同じ場所に，ほとんど休みなく何日も日課のように戻るのが普通である（図11.18）．成虫が自分のなわばりに**正確に戻る**ことから，おそらく平面偏光の方位を知覚する太陽コンパス感覚を元にした時間補正システムや（§10.3.1.5），視覚的ランドマーク，そしておそらく距離計測感覚（Heymer 1972a）も使って航路決定をしていると思われる．成虫活動期の定住性が強い他のトンボでも（例：カオジロトンボ，Pajunen 1962a, Sternberg 1990），おそらく同様な能力をもっていると思われる．もっとも，止水を利用する種と流水を利用する種とでは，異なった方法でランドマークを利用しているかもしれない．Armin Heymer（1972a）が成熟した（しかし，なわばりをもっていなかった）オアカカワトンボの雄を，密閉した箱に入れて捕獲場所から2km離れた場所まで運んで放したところ，4時間以内に54％が流路をたどって元の捕獲場所に戻った．夏に干上がってしまった流路から移動するオアカカワトンボを追跡した Cordero（1991b）も，同じように視覚的ランドマークを利用したと推測している．これらの結果はもちろん，オアカカワトンボが移される前に捕獲された場所の特徴を記憶しており，その特徴によって方向を定めた可能性を排除するものではない．Heymer によって6km移動させられた雄は再び発見されることはなかった．カオジロトンボの成熟雄は，ある種の航路決定上の「記憶」だけを頼りに，それぞれ自分の繁殖場所に戻り，水が見えないように暗色の布で覆っても池の同じ場所に定着し，生殖行動さえ示した．この個体群内での定住性の度合いはさまざまであるが，44％の雄は自分が羽化した場所だけで観察された（Sternberg 1990）．泥炭地の複数の池で，同属の Leucorrhinia pectoralis の雄の定住性を2週間にわたって調査した例では，1つの池に繰り返し飛来し，他の4つの池には短時間の飛来を時々行うというパターンを示した（Wildermuth 1994c）．

何日間も続けて同一時刻に，同一地点へ戻ることができるトンボの能力は，採餌（§9.5.1）やなわばり活動（表A.1.1.2）においてもはっきりと示される．そのような航路決定能力はトンボ目に広く存在すると考えてよい．とりわけ，自分自身の羽化場所に戻る傾向が強い種や（例：ヨーロッパベニイトトンボ，Buchwald 1994a），生殖期を通して同じ池にとどまる傾向が強い種がそうである（例：サオトメエゾイトトンボ Coenagrion puella, Banks & Thompson, 1985b; カラカネトンボ Cordulia aenea amurensis, Ubukata 1975; ハヤブサトンボ, McVey 1988; ハッチョウトンボ, Tsubaki & Ono 1986; ヒロアシトンボ Platycnemis pennipes, Brockhaus 1995; アカイトンボ, Bennett & Mill 1994b）．

ねぐらと主要な出会い場所（§11.2.1）との距離は，種によって大きく異なり，局地的な地形や植生に影

響される．その距離は（表A.8.6参照），無視しうるほどか（マンシュウイトトンボ）ほんの数cm（ナイジェリアトンボ *Nesciothemis nigeriensis*）である場合から数百m（タイリクアカネ *Sympetrum striolatum*, Moore 1953）や300～1,600m（ヒメルリボシヤンマ *Aeshna caerulea*, Smith 1995）という例まである．移動性が非常に低いクロイトトンボの雄の場合，数m飛んで，日中活動した地点に一番近い木立をねぐらにした（上田 1976, Uéda 1994）．ワシントン州のある湖では，キタルリイトトンボの90％が水際から46m以内のねぐらを使っており，228mを超えたものはなかった（Logan 1971）．夜間や悪天候の間，キボシミナミエゾトンボ *Procordulia grayi* の成虫は，繁殖場所から少なくとも1km離れた所をねぐらにしていた（Rowe 1987a）．オアカカワトンボでは，川とねぐら間の距離はテネラルで最も短く（中央値6m），未成熟個体や成熟個体ではもう少し長く，なわばり雄で最も長かった（約28m; Neubauer & Rehfeldt 1995）．

ナイジェリアトンボが水域を離れてねぐらへ向かうとき，その飛び方は速く直線的であり，高く飛ぶことが多かった（Parr & Parr 1974）．ヨツボシトンボ *Libellula quadrimaculata*（Moore 1960）やアカイトトンボ（Bennett & Mill 1994b），タイリクアカネ（Moore 1953）の成虫は，水域からねぐらへは休みながらゆっくりと移動し，たいてい定期的な採餌時間を途中に挟む．時にねぐらと繁殖場所との間の飛行は，一緒に移動する成虫で大群になることがある．タイリクアキアカネ *Sympetrum depressiusculum* の成虫は，普通ねぐらから水域へ集団で，交尾前タンデムの状態で飛んでいく．フランス南部では，このトンボは，時間的にはねぐらでの生殖行動が同期的であるため（A. K. Miller et al. 1984），また空間的にはミストラルからの退避場所が存在する飛行経路を探す必要性のため（Rüppell 1990a）集合しやすい．

10.2.3 季節的退避飛行

季節的退避飛行は，生息場所内の移動（退避場所は季節的なねぐらに相当する）である点ではタイプ2の飛行に似ているが，行きと戻りの両方向にそれぞれ1回だけ生じることと，飛行の間に休眠が挟まれる点が違っている．タイプ3の飛行は（表10.1），Johnson（1969）のクラスIIIAの適応的移動飛行に相当し，耐乾休眠，夏眠あるいは冬眠のどの形をとるにしても，前生殖期間中の休眠が生活環の中心的要素になっている点に特徴がある．タイプ3の飛行は，

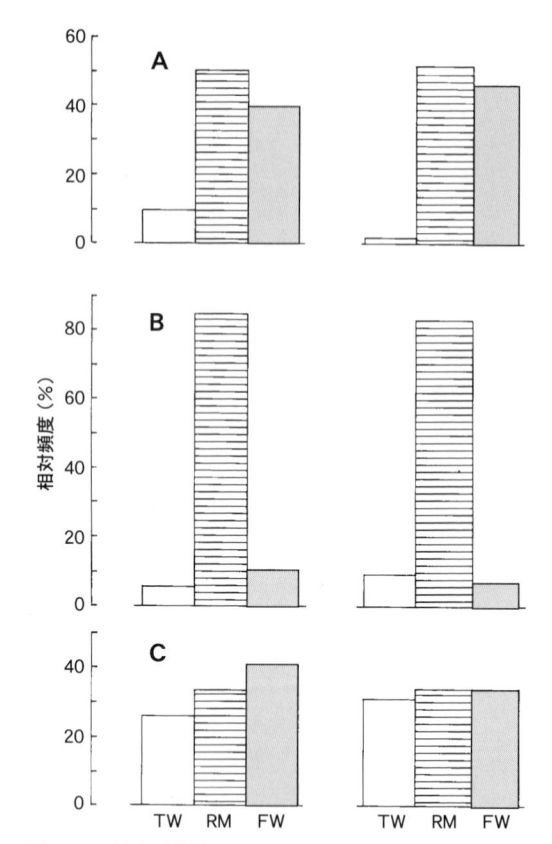

図10.2 前生殖期（7月と8月，AとB）と生殖期（9月，C）の間のオオアオイトトンボ成虫（左．雄；右．雌）の移動頻度と移動方向の変化．略号：FW．水域から遠ざかる方向への移動；RM．最後に放した所から10m以内での再捕獲；TW．水域方向への移動．(Uéda & Iwasaki 1982を改変)

タイプ4の飛行とは違い，ある繁殖場所から別の繁殖場所への成虫の移動をもたらすものではない．ただし，休眠後の戻りの飛行中に，特に他の種類のトンボの大群の移動に引き込まれてしまったり（§10.3.2.3），（例えば海上で）風に吹き飛ばされてコースを外れてしまうと（§10.4），別の繁殖場所への移動が起きる**かもしれない**．出生地に戻ろうとする傾向が強いと，この段階での生息場所間移動を妨げることがある（例：ソメワケアオイトトンボ *Lestes barbarus*, Utzeri et al. 1984, 1988）．タイプ3の退避場所からの往復飛行は，持続的で方向性をもち，集団をなす点では，移住飛行に**似ている**かもしれないが，やはり機能上の違いははっきりしている．

タイプ3の飛行で移動する距離は，退避場所がどこにあるかによって決まることが多い．極端な場合は，わずか数十mしか移動せず，水域から木陰の場所への個体群の漸進的な位置変化としてしか検出されないことがある（例：オオアオイトトンボ *Lestes temporalis*, 図10.2; マユタテアカネ *Sympetrum eroticum*, 田口・渡辺 1987). もう一方の極端な場合は, 水平方向に数十km, 垂直方向に数千mを超える距離を集団で移動することがある (例: アキアカネ *Sympetrum frequens*, §10.2.3.1). タイプ3の飛行の間に標高を変える種と変えない種がいることは生態学的興味を覚えるが, 標高を変えることが典型的な種であっても, そのような行動は局地的条件や天候を反映するようであり, 種レベルで違いがあるかどうかは明確でない. 集合は, しばしばタイプ3の飛行の特徴となるが, もちろんタイプ4の飛行の特徴でもある (§10.3.1.2). タイプ3の飛行を他の飛行から区別する重要な基準は, 飛行が前生殖期の始まりと終わりだけに生じることである.

10.2.3.1 具体例: アキアカネ

アキアカネは, 日本の4つの主要な島 (北海道, 本州, 九州, 四国) と近隣の小島にだけ分布し, 主要4島では多産する. この種は, 旧北区の大陸に分布するタイリクアキアカネの島嶼置換種であり, 外形 (わずかに大きいが), 生殖行動ともによく似ており, 第四紀にタイリクアキアカネから進化したと考えられている (Asahina 1984a). 両種の染色体数は同じである (Kiauta & Kiauta 1984; Zhu & Wu 1986). タイリクアキアカネは日本には定着していないが, 時折飛来する (例: 強い台風の後, 奈良岡 1993). 西日本の日本海側を吹く秋の北風とともに, アジア大陸から毎年海を渡ってくるのであろう (鈴木ら 1994). アキアカネ (赤とんぼ) は, 日本では秋の吉兆として尊重され愛されている. 特に9〜10月, 鮮やかに色づいた成虫の大群が, たいていはタンデム態で水域に飛んでいく様は人目をひく. 高地で夏を過ごすことが初めて証明されて以来 (馬場 1953), アキアカネのフェノロジーへの関心が高い. 最近日本で, アキアカネとその同属のトンボについての情報を広めるための赤とんぼネットワークのニューズレターである「Symnet」が発刊されたことで, その関心の高まりはさらに加速している. 特に断らない限り, アキアカネの生物学についての以下の説明は, Asahina (1984a), 上田 (1988, 1993a,b), 井上 (1991a), Miyakawa (1994) による総説 (およびその中の参考文献) から引用している.

アキアカネは年1化で, 主に低地の池や湿地, (特に本州では) 水田 (上田 1993b) で繁殖し, そこから非常に大量の個体が羽化する. 羽化は本州では6月下旬ころから, 北海道では1ヵ月ほど遅れて始まる (生方 1993a). かなりのばらつきはあるが, 低地で

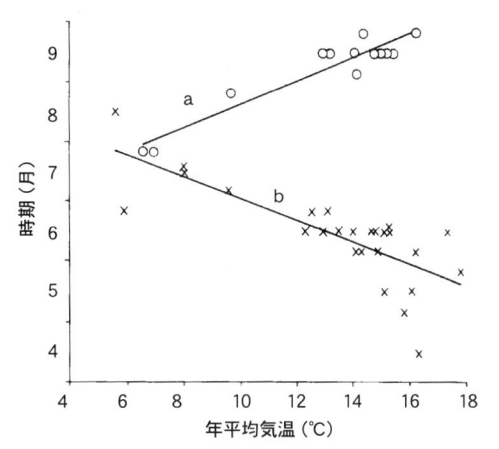

図10.3 日本の各地におけるアキアカネの繁殖活動 (a) および羽化 (b) の初見日と年平均気温の関係. 前生殖期 (羽化と産卵の間) の長さは気温と明らかな相関がある. (上田 1993aを改変)

の羽化初見日は平均気温と相関を示し, 暖地で早くなる (図10.3). 低地の個体群の中には夏遅く, あるいは秋に羽化するものもいる (上田 1988, 1993b). 成虫は羽化後2, 3日して羽化場所を離れる.

アキアカネの生活環は (表7.3のタイプB.2.1.2), 稲作の伝統的な慣習に関係した文化史に加えて, 日本の地形や気候と密接に関連している (上田・石澤 1993; 田口・渡辺 1986参照; S. Inoue 1989). 通常, テネラル期を終えた成虫は高地 (最高で海抜3,000m) へ移動し, そこで2, 3ヵ月を過ごす. この間, 採餌は行うが性的成熟は延期される. このパターンには例外があり, 一部の成虫は低地にとどまり, そこでは真夏の暑い日中は不活発である (石澤 1994a; 津吹 1987参照). 山に上らない成虫は, 低地にある丘陵の落葉樹林の中や林縁で夏を過ごしているようである. しかし, 通常の順序としては, テネラル期を終えた成虫は, 6月下旬から7月上旬の蒸し暑い天気のときに (石澤 1995b), 時には数万の大集団で高地へ移動する (Ishizawa 1994b参照). その結果, 7月には標高1,000m以上の地点で多数の未成熟個体を見ることができ (例: 朝比奈・枝 1960; 澤野 1961), 時には3,000mに達する場合もある (Asahina 1980b). 山へ上っていく成虫は, おそらく断熱気流に**乗って**飛ぶことで方向を定めている. これはイタリアのアシマダラブユ属の1種 (*Simulium reptans*) が用いる上昇方法である (Rivosecchi & Zanin 1983). 上田 (1993a) は, 旬別平均気温が23℃を超えない所では高地へ移動する必要がないと考えている.

高地で夏眠している間, 成虫は毎日2回, 午前中と日没直前に活発に飛ぶ. おそらく, この期間は樹

冠で休みながら，とまり場から飛び立っては採餌したりして，しだいに成熟していくのだろう（上田 1993b参照）．8月下旬，9月，10月上旬の夕方，成熟成虫は時に大群となって低地に下りる（馬場 1953; Uéda 1995b）．もし下山が日中に限られるならば（どうもそうらしい），断熱気流に**逆らって**飛べば，低地に向かって適切に導かれることになる．成虫の下山時期に丘陵地でアキアカネの行動を観察したMiyakawa（1994）は，個体がしだいに地上近くにとまるようになり，退避場所としていた樹林地を離れていく一連の行動を確認している（この過程で土地の人々の目につくようになる）．午前中の地上近くでの静止やパトロールは，性的に動機づけられたもののようであった．宮川（1992）はさらに，8月下旬と9月上旬には気温が4～8℃低下した直後1，2日以内に低地で数が増したことを指摘している．宮川（1993）は，例年になく冷夏のときに成熟が早まることを観察している．しかし上田（1988）は，夏が涼しいか暑いかとは無関係に早熟な個体がいるという意見である．タンデム形成は下山後まで延期されるようである（しかし石澤 1995参照）．下山時に，ある標識個体は3日間で52km移動していた（田中 1984）．

時には高地で繁殖の証拠が観察されることがある（Miyakawa 1994の総説参照）．例えば，標高2,060mでは羽化が9月初旬に（曽根原 1966a 1992），1,360mでは9月中旬に記録されている（大森 1970）．標高1,700m（Tsubuki 1994）と2,410m（朝比奈・枝 1960）で8月に，また2,600mで7月に（枝・蛭川 1996）タンデム態や産卵中の成虫が記録されている．高地で生殖行動を示す成虫は，低地で繁殖しているものよりも小型の場合（曽根原 1966a）やそうでない場合（井上・村上 1994）がある．

成熟成虫が低地へ下りてからの行動は，タイリクアキアカネに極めて似ているようである（A. K. Miller et al. 1984; 朝比奈 1991b参照；§11.5.2）．雄は，前夜のねぐらとなった場所で，午前中早くに雌をつかまえ，時にはそこで交尾が起きることがあるが（安藤 1978），通常の順序では，タンデムペアが集団で繁殖場所へ飛んでいき，午前中か午後早く（朝雨が降った場合）にそこで交尾し，引き続いて産卵が行われる（新井 1978a; 佐藤 1984）．産卵を終えると雌雄は離れ，多くは水域から飛び去る（生方 1993a参照）．午後には，時に大集団になって採餌活動を行う（Sugimura 1980参照）．それは日没で木立の中のねぐらに入るまで続く．東（1973）によって記録された9月と10月の九州での採餌の日周パターンは（図9.5），未成熟個体と水域から離れた場所で採餌

している成熟個体についてのものである．成熟成虫のねぐらと繁殖場所との間の飛行についてはほとんど何も分かっていない．それは，成熟時に標識された個体が再捕獲されることはほとんどないからである（水田 1978; 田口・渡辺 1986; 住谷ら 1994）．それゆえ，そのような飛行が，先行するタイプ3の飛行とは違う典型的なタイプ2の飛行（通勤飛行）なのか，あるいは条件的移住（表10.1のタイプ4.2飛行）なのかどうかはまだ分かっていない．

羽化後の成虫個体数はたいてい二峰型のパターンを示すが（例：関西トンボ談話会 1977; Ubukata 1993b; 新井 1994c），それぞれの山は明らかに夏眠の前後の低地での活動性を反映している．

交尾初見日の平均気温に対する関係から（気温が高ければ高いほど初見日は**遅くなる**；図10.3），アキアカネの前生殖期（ここでは夏眠期間に相当）は南の個体群では長く，北の個体群では短いことが分かる．上田哲行（1988, 1993b）は，北（北海道）の個体群では夏眠も高地への移動もないが，南の個体群では両方の現象が見られるという，不連続カテゴリーの概念による仮説を立てた．この仮説は，局地的変異が大きすぎてカテゴリー分けができないことを示す結果になるかもしれないが，地理的な視点から生活環を位置づけるのに有効な概念的枠組みの提案として評価できる．

胚発生中の温度反応（上田 1993a）は，高温によって妨げられる条件的休眠（§3.1.3.2.3）が卵に存在することとつじつまが合う．そうであるならば，気温が最高になる時期より前に羽化するアキアカネに対して，繁殖を秋まで遅らせる淘汰圧が働くのは明らかだろう．温度変化の少ない高地の退避場所で生じる夏眠は，おそらくそのような淘汰圧によって進化してきたのであろう．もしかすると，今からおよそ2,250年前に始まった稲作の季節パターンと関連して進化してきたのかもしれない（上田 1993b）．水田は近隣の水路よりも暖かい水生生息場所を提供するからである（上田 1993b）．

10.2.3.2 展 望

前生殖期に耐乾休眠や夏眠，あるいは冬眠をし（表A.8.2, A.8.3），そのためタイプ3の飛行をするトンボでは，高地の退避場所への移動かどうかは分からないが，時々集団での移動が目撃されている．そのような移動集団が**未成熟**成虫を含むものである場合は，おそらく退避場所**に向かう**飛行が大規模になったものだろう．その例として，6月下旬にドイツでソメワケアオイトトンボが集団で出現することや

(Wagemann 1979)，マダラヤンマ Aeshna mixta が，8月の第2週に（ヨーロッパ北部での羽化時期）イギリスの南海岸（Fraser 1936a, 1943b）や北海の島（Lempert 1996）へいつも決まって飛来することがあげられる．Jochen Lempert (1995d) は，Sympecma fusca が秋に移動する場合，まず（翌春に利用する）繁殖場所を選び，そこから越冬のための退避場所を探すと考えている．

成熟成虫による移動は，(もし盛夏から晩夏にかけてであれば) 退避場所**からの**飛行が延長したものと考えられる．7月下旬のフランスでのクレナイアカネ Sympetrum sanguineum (Stallin 1986)，8月中旬のオーストリア（Harz 1982; Michiels & Dhondt 1991b とその引用文献，ただし Moore 1960 を除く）と9月中旬のシベリア（N. B. Belyshev & Belyshev 1976）でのイソアカネ S. vulgatum，それにキアシアカネ S. vicinum（表A.8.2参照，しかしA.10.4も参照）の集団飛行がその例と考えられる．キアシアカネの秋の集団には，卵をもった雌や経産の雌が含まれる (Corbet & Eda 1969)．実際，ムツアカネ S. danae (§10.3.4.2.1) とスナアカネ S. fonscolombii (§10.3.3.1.2) という移住性の2種を除けば，集団で移動するアカネ属 Sympetrum のほとんどはタイプ3の飛行を行っている可能性が高いと思われる．

Sympetrum commixtum については，インドのデラドーン峡谷 Dehra Dun Valley（北緯30°，標高640m）で，4, 5月（南西モンスーンの始まる直前）の羽化期から10, 11月までの間，既知の繁殖場所から成虫がいなくなるという生活環が知られている（Kumar 1973c）．また，この種は，局地的置換種と考えられるほど (Asahina 1984b)，タイリクアカネ *S. striolatum imitoides* と分類学的に近縁である．この2つの事実は，この種が夏眠（あるいは耐乾休眠）のために高地の退避場所へ上る可能性を示している．同様に，同じ場所で南西モンスーンが終わる9, 10月に羽化する *Lestes praemorsa* の成虫は，テネラル期が終わると間もなく羽化場所を離れて退避場所に向かう．そして，翌年6月に南西モンスーンが到来し繁殖を開始するようになるまで，そこにとどまる（Kumar 1972a）．Maus Lieftinck (1980) は，9, 10月にヒマラヤのナイニタル Nainital で（北緯29°，標高2,100m），このトンボのテネラル成虫が上空に舞い上がり，羽化場所から200～300m上の丘陵に入り，そこでブッシュの葉の間に隠れるのを観察した．

Samraoui et al. (1998) は，不均翅亜目の3種（マダラヤンマ，*Sympetrum meridionale*，タイリクアカネ *S. s. striolatum*）が，アキアカネと同じように夏眠のための退避場所へ上ることを発見した（表A.10.1）．これらの種の分布の南限近くに位置する（Askew 1988）アルジェリア北東部（北緯37°）では，これらの種の成虫は，低地にある広大で夏に頻繁に干上がる止水域から初夏（6月）に羽化する．そして，すぐに近くの山地（標高約500～1,000m）に上り，樹林地で採餌を行い，平野部へ下りる9月か10月まで成熟を遅らせる．マダラヤンマの場合，成虫が突然大群で平野部に出現することがある（Samraoui 1991）．この3種が利用する夏眠のための退避場所は，明らかに高温と自由水の欠乏からの回避を可能にする．それに対してアキアカネの場合は，明らかに高温だけからの退避のようである．この3種は，少し南のモロッコ（北緯34°30'）でも，おそらくよく似た生活環をもっているだろう．例えば，Gilles Jacquemin (1987) は，*S. meridionale* の成虫が幼虫の生息場所から長期間（5月と6月上旬の羽化から秋の繁殖までの間）見られなくなることに注目し，この期間を別のビオトープ，おそらく樹林地で過ごしていると結論している．またマヨルカでは，タイリクアカネは少なくとも8月末まで（おそらく高地で）明らかに繁殖を遅らせている（Hagen 1996a）．

タイリクアカネ *S. s. striolatum* が移動する初秋の同じ時期に，フランスのモンペリエ付近では多数のヒスイルリボシヤンマがマダラヤンマと一緒に，海を渡って南方へ移動する (Cassagne-Méjean 1963)．この報告はヒスイルリボシヤンマも分布範囲の南のほうでは夏眠する可能性を示している．残念なことに，このトンボの飛行中の成熟状態は報告されていない．ドイツ北部で，例外的に暑く乾燥した夏にタイリクアカネが年2化になることがあったという Jödicke & Thomas (1993) の観察は，タイリクアカネの生活環がフェノロジーの上で極めて柔軟性が大きいことを示している．恒常的な水域のある所では，おそらく暑い夏には夏眠の代わりに年2化性をとるのであろう．もし，たまたま秋に羽化したそのようなタイリクアカネが，初夏に羽化した個体と同じように振る舞う（すなわち退避場所探しに飛び立つ）としたら，スイスの標高3,000mまでのタイリクアカネの記録や (Wildermuth 1981)，バレー・アルプスでの Kaiser (1965) の記録（*S. meridionale* を混じえての移動），Tarnuzzer (1921) によるエンガディン Engadin での記録も不思議ではない．Ris (1922) と Kiauta (1983) はスイス・アルプスの高標高地でのこれら2種の集団移動の記録を再検討している．Ris (1922) は，スイス・アルプスの多くの場所で見られる *S. meridionale* とタイリクアカネの集団は明

らかに外来性であると記し，これらの種が夏の居住地として高地を利用していることを先駆的に予言している．秋に見られる退避場所探しはもちろん，夏眠のためではなく冬眠のためのものだろう．このような理解は，タイリクアカネが時に成虫で越冬する（表A.8.3）という知見と符合する．しかし，夏の乾燥がそれほど厳しくも長引くこともないような分布の北部付近では，時にはこのトンボが幼虫の状態で沈殿物に埋もれて，乾燥した夏を乗り越える可能性も否定できない（表A.6.5参照）．

ソメワケアオイトトンボは，前生殖期中に成虫で夏眠をする種であるが，そのローマ近くの個体群は，非常に高い定住性（ドイツ語のOrtstreue）を示す．各個体は3ヵ月の長い前生殖期が終わると，自分が羽化した場所に戻る（Utzeri et al. 1984）．これらの個体群は，夏の間のいろいろな時期に干上がる一時的な水たまりに生息する．個体は羽化場所から500m以上も離れることがあるが，それぞれ成虫になって最初のほんの数日間を過ごした元の池に戻る．このトンボが生息しない池は，不規則にあるいは非常に短期間に干上がってしまい，たいていは幼虫の発育を完了させるには適さない．それゆえ，自分が羽化した池への回帰行動が正確であることは，不規則に干上がる一時的な水たまりを避けるための保証になる．成虫が回帰するメカニズムはまだ分かっていない．

10.2.4 河川の上流への飛行

河川の上流部は，少なくとも短期間のうちの物理的要因の変動という点では，最も安定した生息場所の1つである．そこは普通荒涼とした地域の中に孤立して存在しており，成虫は生涯を通してその近くにとどまると予想される（Corbet 1962a）．しかし，上流部はたいてい急流や激流であり，時折，あるいは季節的に増水が発生するため，そこに棲む種には水生生活のステージでの流下を補償する必要があると指摘されてきている（Dudgeon 1992参照；新井 1994b）．この意見の検証には綿密な調査が必要である．上流方向に偏った成虫の移動は，個体群の存続に必要ではないし，十分でもないと思われるからである．個体群の存続は，たまに生じる密度依存性の移動によって十分に実現しうる（Anholt 1995）．したがって（流速がより大きい）上流の個体群が，実際に流下によって減少するかどうかを立証する必要がある．

流木に産み込まれたトンボの卵が下流へ流されることはあるかもしれないが（Brinck 1955参照），流下物中から幼虫が見つかることはめったにない（例：Brewin & Ormerod 1994）．Suhling (1994a) は，ヨーロッパオナガサナエ *Onychogomphus uncatus* の小形幼虫が春にだけ流下物中から見つかることを報告しているが，流下を補償する幼虫の上流への移動は検出できなかった．

一部の流水性昆虫の成虫，特に卵をもった雌は，上流に向かって移動するが（Waters 1972; Elliott & Humpesch 1980），トンボでも時々同じ現象が起きている状況証拠がある（表A.10.2）．しかし，その普遍性や行動基盤を立証するためには体系的な研究が必要であり，決定要因の1つと思われる流路の勾配や，流水性ばかりでなく止水性の多くの種も移住時の飛行経路として流路を利用しているという最近の発見なども考慮に入れなければならない（§10.4）．さらに，注意深く調べても，上流または下流方向への移動に有意差が**認められなかった**という研究結果もある．例えば，*Palaemnema desiderata* の場合，成熟成虫は1日にわずか5～11m移動するだけであるし，上流あるいは下流へ移動した個体数を合計しても，移動しなかった個体のわずか半数であった（Garrison & González-Soriano 1988）．ほかの種では，上流への移動も下流への移動も比較的わずかしか見いだされていない（例：*Argia moesta*, Borror 1934；タイリクルリイトトンボ *Enallagma cyathigerum*, Garrison 1978; *Hetaerina cruentata*, Córdoba-Aguilar 1994c）．

トンボの個体群の上流への移動は，必ずしも成虫の走性に起因するとは限らない．流水を好む不均翅亜目は（例：タイリクオニヤンマ属 *Cordulegaster*，コヤマトンボ属），探索行動の一環として流路に沿って上流にも下流にも飛ぶことが多い．もし，好ましい産卵場所が上流に多ければ，飛来した成虫がそこで集中的に繁殖行動を行うことになるので，上流に向かって飛行するという（間違った）印象を与えることになる（表A.10.2参照：*Cordulegaster dorsalis* とジャワの好流性のトンボ目）．さらに，探索飛行は（陸上では必ずしもそうではないが，水面上では）風が吹いてくる方向に定位することが多い．水の流れがそのすぐ上の空気を引っ張る効果があるため，流路では上流への飛行が卓越するように見えるのかもしれない（Geiger 1965）．

もし方向づけられた上流への飛行がトンボ目にも存在することが証明された場合，それは移住（すなわち，新しい繁殖場所への片道飛行であり，**生息場所間**飛行）とみなすべきだろうか，それとも単に1つの生息場所内での産卵場所選択（すなわち，日常的

な飛行あるいはせいぜい**生息場所内**での移動)の例とみなすべきだろうか．このいずれかの解釈しかないとしての話であるが，ある流路における生息場所の異質性の程度と，成虫の移動による補償が必要となる流下の程度が分かれば，どちらの解釈が適切であるかを判断するのに役立つだろう．

10.3 生息場所間の移動

この節では**移住**，すなわち個体群の一部あるいは全部が羽化した生息場所を離れ，繁殖を行う新しい生息場所へ移るような空間的移動を取り扱う．そのような飛行は，Johnson (1969) による適応的分散の区分におけるクラスIDに相当する．移住性のトンボは2段階の二分法を使って分類することができる．まず移住が明らかに**絶対的**(§10.3.3) な種と明らかに**条件的**(§10.3.4) な種に二分される．前者の場合は，移住が干ばつ(§10.3.3.1) と寒さ(§10.3.3.2) のどちらを回避する手段であるのか，後者の場合は，前生殖期(§10.3.4.1) と生殖期(§10.3.4.2) のいずれのステージで始まるかによって，それぞれさらに二分することができる．この節の内容は，それぞれの区分に特有な属性を検討するための基盤となる．

10.3.1 移住中のトンボの特性

移住中のトンボの行動は，普通，移住の生態学的な必要性と機能的に結び付いていると思われる一定の特徴を示す．

10.3.1.1 飛行モード

移住中の飛行は**継続的**であり，普通は着地や採餌，交尾，産卵を誘発するような刺激に出会っても，飛行が停止することはあまりない(Kennedy 1958参照)．この点で，移住飛行は日常的な小規模飛行とは異なっている．小規模飛行は常に**飛行境界層内**，すなわち地上数mの高さまでの大気の中で見られるが，そこでは空気の動きは昆虫の飛行速度よりも小さいため，昆虫はその感覚メカニズムと行動の能力の範囲内で，地表に対して能動的に定位することができる(Taylor 1958)．移住中のトンボは，おそらく飛行境界層内か，あるいはその上(その場合，トンボは一般に地上からは見えない)を飛んでいると思われる．これまでのところ，移住中のトンボの飛行を直接観察した例は，ほとんど飛行境界層内を飛んでいる場合に限られている．

10.3.1.2 集合

移住中のトンボはしばしば**集合**して，数百万もの個体からなる大きな「群れ」になることがある．群飛の中の個体は互いに近接し，たいていは同じ方向に飛んでいる．単独での移住の頻度を調べることを目的に観察しない限り(§10.4)，あるいは，明らかにほかの場所で発生した種が，幼虫の生存できない場所に出現しない限り(例：アイスランドのヒメギンヤンマ *Hemianax ephippiger*, Mikkola 1968と，止水域のないウィリス島Willis Islandの不均翅亜目の数種, Farrow 1984; 表A.10.6)，単独での移住は気づかれにくいので，「しばしば集合している」と言わざるをえない．単独で移住している個体もいるかもしれないが，以下に検討する理由から，新しい生息場所に棲みつくためには，長距離移動の間集合していることが不可欠なのだろう．少なくともその場所が孤立している場合はそうである．トンボの移住についての初期の記録 (Lamborn 1890参照) のおそらくすべてが集合について言及している．

10.3.1.3 成熟

長い間，多くの移住中のトンボは未成熟であると思われていたが (Corbet 1962a; Johnson 1969)，これを結論とするには肯定的な証拠と否定的な証拠を区別しなければならない．区別すべき点は，トンボが未成熟で移住を開始するのか，それとも成熟してから移住を開始するのかである．もし移住しているトンボが未成熟個体であるならば (表A.10.3)，それらは未成熟の状態で移住を開始したはずである．もし成熟していたならば，それは未成熟で開始したのかもしれないし，そうでないかもしれない．

多くの場合，トンボが未成熟な状態で移動を開始することは間違いない (表A.10.3)．移住の発端が目撃されているのは少数の種にすぎないが，それに参加していたのは，テネラル期終了後間もないステージの個体であった(例：ウスバキトンボ *Pantala flavescens*)．また，トンボが集団で (移住開始時にそうであることが多い) 移住しているのが発見された場合，全部あるいはほとんどすべてが未成熟であった．逆に，単独か少数で移動している移住個体，あるいは推定発生地が遠く離れた場所にあることが知られている移住個体 (例：高緯度の温帯地方にやってきた熱帯性の種，表A.10.4) はたいてい成熟している．このようなパターンは，集団が集結したあと間もなく (§10.3.2.3)，テネラル期終了後間もないステージでトンボが移住を始め，そして移住を続けな

がら数日間かけて成熟すると考えればつじつまが合う．例えば，北海にあるメルム島Mellum Islandで見つかるイソアカネでは（表A.10.3），未成熟個体の割合は35日間で90％以上から約10％に低下した（Lempert 1995c）．この島に飛来した移住個体のうち，13種の均翅亜目ではすべての個体が成熟しており，15種の不均翅亜目では，未成熟個体だけだったのは1種，成熟個体だけは7種，残りの7種は両方で構成されていた（Lempert 1995c, 1996）．

表A.10.4の例外について少し説明しておく．ヒメアオモンイトトンボ *Ischnura pumilio* の成虫は，未成熟と成熟のいずれでも移動を開始するようである（Fox 1989b）．ただし，目撃された上昇の後に移住が起きたことを示す記録はない．Lempert (1996) は，ヒメアオモンイトトンボが処女飛行で5mほどしか上昇しない例を何度か見ている．表A.10.4のヨツボシトンボは，明らかに何日間も移動していたものである．ムツアカネは，生殖期の間（§10.3.4.2.1）か前生殖期の間に（Michiels & Dhondt 1989b; Lempert 1996）移住を開始する．また，エゾアカネ *Sympetrum flaveolum* やクレナイアカネ，キアシアカネ，イソアカネについても，不十分ではあるが同じような情報があり，これらの種もおそらくムツアカネのように行動するのだろう．いずれにしろ，アカネ属のトンボの空間移動パターンは，機能的に多様であることは別にしても，トンボ全体について考えられた分類（§10.4参照）では簡単に整理できない．これらの例外は，少なくとも不均翅亜目の多くの種では，テネラル期を終えた後の早い時期に移住が始まり，成熟する間も継続するという一般性を弱めるものではない．そもそもこの一般性は，タイプ4の飛行についてのみ言及したものである．タイプ3の飛行の復路部分は，表面的にはタイプ4の飛行に似ているかもしれないが，それを行うのは常に成熟個体である（§10.2.3）．

10.3.1.4 開始時期

テネラル期（§8.2）は，天候にも依存するが，24時間は続かないと考えられており，腹部の重さを支えられ，通常の飛行が可能になるほどクチクラが硬化した時点で終わるとみなされる．しかし，この状態に到達するまでにいくつかの異なったステージが重複して関与しているので，正確にテネラル期を定義することは難しい．飛行力が弱いという理由から，真にテネラルな成虫が（つまり，処女飛行の間に）移住を開始することはありえないという考えが支配的である．ただ例外的に，小型の均翅亜目は非常に軽いので，ほとんど受動的に移住する可能性がある（§10.3.3.1）．弱々しいヒメアオモンイトトンボは，晴天時の処女飛行のときに真っすぐに上昇する（Fox 1989b）．もっとも，必ずしも常に飛行境界層を越えるまで上昇するわけではないようである．ニュージーランドのキバライトトンボ *Ischnura aurora* の雌は処女飛行中に交尾し，その直後に移住を始めている可能性がある（Rowe 1987a）．精子を受け取った交尾直後のテネラルな雌は（全部ではないが），交尾が終わるとほぼ垂直に上昇して気流に乗り風下に消えた（Rowe 1987a）．おそらくオーストラリア東部やオセアニアでも同様である（Fraser 1927参照）．

10.3.1.5 定位

飛行境界層内を移住中のトンボは，視覚的な目印に対して定位することが多い．1971年にベルギーやオランダで目撃された移住途中のヨツボシトンボがその傾向をはっきりと示していた．そのとき，このトンボは，運河や鉄道線路，道路などの直線的な構造物に沿って移動し，局地的な風向とはあまり関係がなかった（Dumont & Hinnekint 1973; 図10.11）．Henri Dumont (1977b) は，ヒメギンヤンマの成虫が，道路や河床跡などの視覚的ランドマークに沿って集団を編成するのではないかと示唆している．また，ヨルダン南部で目撃された *Lindenia tetraphylla* や *Selysiothemis nigra* の移住集団は，幹線ハイウエーに沿って移動していた（Schneider 1981a）．移住個体が海岸に沿って移動する場合もある（例：ヒメギンヤンマ, Dumont 1979; ヨツボシトンボ, Dumont 1964, Kiauta 1964c; ウスバキトンボ, Reichholf 1973）．ただしこの行動は，内因的に決定された方向を維持することと，海上を飛ぶことに対する忌避との妥協の結果かもしれない．そのような忌避行動は渡り鳥ではよく知られており（Alerstam 1990），トンボでも報告されている（Shannon 1935）．例えば，イースター島では海上を飛ぶウスバキトンボはこれまで観察されていないし，島から海に出た個体は引き返すことが観察されている（Moore 1993）．この種は大きな湖に遭遇したときも全く同じように行動する（Corbet 1962a）．また，北海のメルム島のヨツボシトンボでは，夕方まだ早い時間（島から飛び立つには適切でない時間）は海上に向かって何度も飛び立っては引き返し，結局地面にとまることが観察されている（Lempert 1996）．陸域が水域よりも暖かい時間は，陸に向かって風が吹くので，その風自体が水上の飛行をためらわせる可能性がある．また，海岸沿いに収束風が存在するのかもしれない（Johnson 1969）．

Henri Dumont (1983) は，フランスのオベルニュ Auvergne（北緯約46°）にある円形の火口湖で（約50ha，標高1,165m），数百のヨツボシトンボが，少なくとも2時間，岸伝いに湖を周回するという奇妙な行動を記録している．

長距離移動中のトンボは，時に，はっきりした視覚的目印と関係なしに（例：ヒメギンヤンマ，Corbet 1984a; ウスバキトンボ，Mitra 1974; イソアカネ，N. B. Belyshev & Belyshev 1976），また風向の変化とも独立に（例：ヨツボシトンボ，Lucas 1900）一定の方向に飛び続けることがある．ケニア高地において，1kmの前線を横断して移動していたウスバキトンボは，地面にかなり近い高さを（そこは風の抵抗が小さい; Kaiser 1965参照），風に逆らって，あるいは横切って飛んでいた．障害物に出会ったりしたときは別だが，それでも迂回するよりは乗り越えていく傾向があった (Onyango-Odiyo 1973)．このような行動は他の移住性のトンボ（例: *Sympetrum corruptum*, Macy 1949）でも観察されている．地上の視覚的目印と無関係に一定方向に飛び続けるとき，トンボは時刻で補正される太陽コンパスによって航路を決定しているのではないかと思われる．少なくとも太陽が雲に隠れているときは，水平偏光の方位によって太陽の方位角を感知しているのだろう．これはある種の鳥が使っている方法である（例：Cochran 1987; Helbig 1991）．偏光の天頂方向への割合は，緯度によっても季節的にも変化する．また天空の場所によって異なり，太陽とその正反対の位置の中間点で最大になる (Wellington 1974b)．このことは，この航路決定方法を用いる移住個体にとって，天頂偏光の比率が最大になる夜明けと黄昏時の方位決定が最も容易であることを意味する．特に，温帯では自然の薄明時の電解ベクトル（偏光）がおおよその南北軸を示す秋 (Able 1982) が容易であろう．このような知見によって，移住途中のヒメギンヤンマが，夜明けに出発するとき，前の日の夕方到着したときと同じ方向に飛んでいくこと (N. B. Belyshev & Belyshev 1976も参照) や，アメリカギンヤンマが，秋の南方への移住中に，日の出とともに西向きのとまり場から東向きのとまり場へ速やかに位置を変えたりする（§10.3.3.2.1）理由が理解できる．日の出時に電解ベクトルが天頂方向の成分をもつ事実は，アメリカギンヤンマが秋に南に定位する手段について，以前私が想像していたこと (Corbet 1962a: 193) に合理的な説明を与えてくれるものである．なお，地磁気に対する感受性を航路決定の手がかりとして利用している可能性も排除すべきではないだろう．

10.3.1.6 飛行のためのエネルギー

移住するトンボは，特に移住開始時に脂肪を豊富に蓄えている傾向があるが (Corbet 1984a)，それは持続的な飛行に適した燃料である．トンボの直接飛行筋は同期性で管状であり，巨大な筋繊維を含んでいる (Bhat 1968a, b参照)．直接飛行筋は，層状の筋原繊維と，動物界では最大級のミトコンドリアとが交互に放射状に並んだ円筒形の細胞であり，そこに横行小管（T管）と筋小胞体が密接に配置されたシステムが付け加わる (Smith 1980)．Smith (1980: 811) の言によれば「これぞ解剖組織の見本」である．大きく板状の，そして放射状に並んだミトコンドリアは，ATPの高い生産性をもたらすだけでなく，筋繊維の周囲に位置する毛細気管からの酸素の取り入れを最大にすると考えられる (Miller 1995e)．これらの特徴すべてが効率的で持続的な飛行に貢献している (Kallapur 1985参照)．飛行の最初の1時間は（グリコーゲンとして蓄えられている）グルコースが主なエネルギー基質であり，胸部体温の上昇を助け，それによって持続的な飛行を可能にしている (Kallapur 1975)．トンボの移住飛行では，バッタと同様，炭水化物代謝から脂質代謝への切り換えが起きる．この脂質代謝は，プライマーとして酪酸を使用し，その後蓄積されたパルミチン酸への切り換えを伴っていると考えられる (Kallapur & George 1973)．Kallapur (1985) は，炭水化物の蓄積量と蓄積脂質量を合わせると8時間を少々上回る動力飛行（すなわち羽ばたき飛行）を支えると推定した．これはバッタで推定された最長飛行時間 (Weis-Fogh 1967b) と同じである．燃料として脂肪を使用すると，炭水化物を使用した場合よりも，燃料のグラム当たり飛行時間をずっと長くできる (Weis-Fogh 1967b参照)．また，移住中も摂食によってある程度燃料を補給することはできるが (Corbet 1984a参照)，1回の飛行でトンボが飛ぶ距離（表A.10.6）やその速度は，多くの場合，気流によってもたらされる運動エネルギーの助けがなければ，とても達成できない距離や速度である (Rainey 1974)．その気流は飛行境界層よりかなり上空に存在しないと移住個体の必要を満たさない．この結論は，トンボが地表近く（つまり飛行境界層内）を，長時間羽ばたき飛行を使って移動すると，最終的には疲弊してしまうという観察 (Dumont & Hinnekint 1973) によっても裏づけられる．また，飛行境界層内を風上に向かって飛んでいるトンボは，風速がより小さい地表近くを飛ぶはずである．それゆえ，移住中のトンボが利用できる気流のタイプや，

適応的な移動を成し遂げるためにそのような気流を利用する方法を調べる必要がある (Johnson 1969参照; Rainey 1974, 1976; Drake & Farrow 1988).

10.3.2 気流による空間移動

対流圏 (その内側で「気象」現象が見られる) の最下層の1～2 kmにある大気**境界層**の内側では, 地表は直接的に大気に影響を与えている. その効果は, 大気が安定している (成層している) か対流している (混合している) かに依存している. 安定した大気境界層は高度100～300 mの帯域であり, その内部では, 平坦な地形であれば, 上空の日中の温度は高度とともに急速に変化する. 日中の対流は, 地表で暖められた空気を (サーマルの上昇として) 1～2 km上昇させる. 暖められた空気は, 高度の上昇とともに圧力を失い, 膨張し, 冷却される. その上昇は, **逆転層** (上昇する空気の温度が周囲の空気の温度と同じになるため, 通り抜けることができない安定した層) に遭遇する高さまで続く. 対流による上昇気流は, 冷たい風が暖かい海の上を吹いたときにも発生することがある. 乾燥した晴天の日には, 特に熱帯では, 地上で発達したサーマルの上昇の最上部付近に, ほとんどいつも小さな積雲が存在するので逆転層の目印となる.

気流を利用して経済的に移動するためには, トンボは気流の速度と温度が適切となる高度, そして餌の得やすい高度を**保つ**必要がある. そのため, 気流を利用する移住は3つの相補的なフェイズに区別される. すなわち, 上昇を伴う**出発**, ある場所から別の場所への移動をもたらす**輸送**, そして降下を伴う**到着**である. 出発と到着は垂直移動, 輸送は水平移動である.

10.3.2.1 垂直移動

上昇は, 少なくとも最初は, 常に羽ばたき飛行を含んでいると思われる. 例えば, 移住中のヒメギンヤンマが, 夜を過ごしたねぐらから日の出前に飛び立ち, 見えなくなるまで真っすぐに上昇していくときがそうである (Corbet 1984a). とはいえ, トンボが適切な水平風に到達する際に, 上昇気流が役立っているのはまず間違いない. 秋にオンタリオ州から南に移住するアメリカギンヤンマは, 高度をかせぐときに, 上昇気流に乗りながら滑翔と動力飛行の両方を使う. 動力飛行が (例えばオオカバマダラに比べて) 多く使われるのは, 高い体温を維持するために必要ということもあるが, おそらく滑空効率がそ

れほど良くないことを反映している (Gibo 1980). 不均翅亜目のトンボは, 移住を開始あるいは再開する準備ができていても, もし気象条件が悪ければ, 数日間 (Young 1967a), あるいは数ヵ月も (Wissinger 1986; Dumont 1988) 上昇を延期することがある. 例えば, 上のアメリカギンヤンマは, 移住に都合の良い条件 (寒くない温度, 強い揚力そして南風) のもとで上昇したことが実際に記されている (Gibo 1980). そのような延期は, 温帯の高緯度地方では晩夏や秋に (§10.3.3.2.1), また, 温帯低緯度地方では冬に (Dumont 1988) より頻繁に起きると考えられる. 上昇のために気流を使うことが日和見主義的であることは, イギリス南部において晴天時に観察されるヒメアオモンイトトンボの行動がよく示しており, あらゆる日齢の雄や雌が, 見えなくなるまで, 真っすぐに垂直に上昇していくのを見ることができる (Cham 1993). 成熟雄が, その特徴的なジグザグした動きのパトロール飛行を突然やめて水域から数 m離れたかと思うと, 真っすぐに上昇し, またたく間に8倍の双眼鏡でも見えなくなることもある (Fox 1989b). 北海のワンガーローゲ島 Wangerooge IslandでJochen Lempert (1996) は, タイリクルリイトトンボのタンデムペアが, 池からおよそ20 m離れた所まで飛び, それから見えなくなるまで上昇するのを観察している.

上方への空気の流れは, 斜面上昇や大気の収束, サーマルによって発生する. 大気の**斜面上昇**は, 風が丘陵のような障害物にぶつかったときに生じる. しかし, それは, 一定の状況においては, トンボが最初に高度をかせぐのに役立っているかもしれない. 斜面上昇が移住中のトンボの上昇に及ぼす影響については, あったとしても, 今のところまだ報告例がない.

大気の**収束**は, 空気の水平方向の流れが外向きよりも内向きで大きいという特徴をもち, そのため上昇運動をもたらす (図10.4; Johnson 1969: 561). そのような上昇気流からしばしば発生する雨は, 寒気の強い吹き下ろしをもたらし, (雨とともに) 飛行中の昆虫を地上に降下させる傾向がある. それゆえ, 大気の収束は, 飛行中の昆虫の上昇と下降の両方に影響を及ぼすことがある. 大気収束の気象システムは (§10.3.2.2), 動物の移住において, 主として個体の集合や水平移動に影響する重要な要因となっている.

サーマルは, 日中に地面がその上にある大気よりも暖かくなったときに, 陸上の対流によって引き起こされる上昇気流である (Scorer 1978). 風のない晴

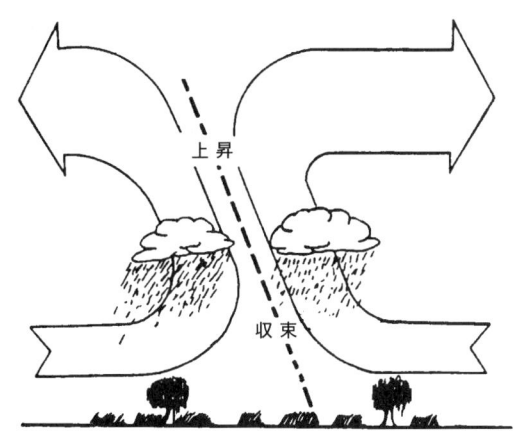

図10.4 陸上での前線（斜めの破線）の通過と関連した大気の動き．前線は左から右へ動いている．(Drake & Farrow 1989を改変)

れた日には，「熱気泡」は，減率［高度の増加に伴う気温減少率］が超断熱的な所ならどこでも発生しやすく (Scorer 1954)，次から次に熱気泡が発生し，超断熱層の外へと上昇する．熱気泡が発生すると，それと入れ替わるかたちで周囲の空気が下降し，突風が生じる．暖かい日にサーマルが発達するにつれ，トンボの滑空（気流に乗った飛行）が可能な高度は徐々に増加する．インドのアグラ（北緯約27°）でウスバキトンボを観察したHankinは (Scorer 1954より)，日向の風の当たらない場所で地上2～3 mの所を飛んでいたウスバキトンボは，羽ばたきなしに12 m滑空したが，日没時にはわずかに10～15 cmだったと記している．日向での9:45の観察では，地上2 mの成虫は，地上3 mのものよりも滑空時間が短かった．また一陣の風が大気を乱したときは，数秒後に大気が再び安定するまで，すべてのトンボが連続的な羽ばたき飛行を行った．また，滑空中に上昇気流の側面の境界に達したときは，急に180°回転し，数回羽ばたいてから滑空を再開した．サーマルの中の弱い乱流は，滑空中のトンボがわずかに左右へ揺れることで初めて分かることである (Gibo 1981)．トンボの滑空のためには，ほとんど風のない大気が必要である．これは，風があると地上10 m以内に滑空に役に立つサーマルが発生しないからである (Scorer 1954)．

サーマルによって昆虫が地上からはるか高くまで持ち上げられる場合がある．重さ0.5 gのオオカバマダラは，サーマルによって2,300 mの高さまで持ち上げられることがある (Strauss 1985)．滑空するバッタは（移住性昆虫の中では最も重いものの1つ），動きのない大気中では平均1秒間に約1 mの割合で下降

する．ソマリア（北緯約6°）ではバッタの移住が常時見られるが，そこでの上昇気流は高度300～650 mでしばしば秒速5 mを超え，雷雨を伴う場合は秒速33 mにも達する．上昇気流の直径は0.4 kmを超える場合がある．飛行中のバッタが積雲や積乱雲に入ると，彼らの自由落下時の終端速度を超える上昇気流に遭遇することになるので，そのような条件下では，まず間違いなくバッタは（したがって最大のトンボでさえも）数千m上空に吹き上げられてしまうことになるだろう．このように考えると，この2種類の昆虫が山岳地帯の標高の高い場所で，**凍結状態**で見つかる理由が説明できる (Johnson 1969; §6.2.2参照)．大型の不均翅亜目（おそらくアメリカギンヤンマ）がおよそ2,300 mの高さの所を力強く飛んでいたのが目撃されている (Glick 1939)．また，このトンボの「テネラル」雌が，シエラネバダ山脈の4,000 mを超える標高の氷河にトラップされていたが (Papp 1974)，そこは最も近い羽化場所からでもかなり離れているはずである．一方，暴風が吹いていない状況下では，サーマルに乗った昆虫の上昇は逆転層の所でとまり (Drake & Farrow 1988)，そこで飛行境界層を離れて完全に風で運ばれるようになる．境界層の限界が地上に近く，風が強い天気のときには，このような切替えが速やかに起きるだろう (Johnson 1969: 545)．対流，つまり空気の上昇がとまる高さは日中の時刻によって変化する．その高度は，東アフリカでは，日射量や地表面の種類，降雨量や雲量によっても違うが，夜明け時のほとんど地表面の高さから，正午ころの数千mまで変化する (Johnson 1969)．太陽が沈み，地面がその上の大気よりも早く冷えるにつれて，サーマルの上端は下降してくる (Rainey 1958, 1976)．それに応じて，サーマルを揚力として空中にとどまっている移動中の昆虫はしだいに高度を下げ，地上数mの飛行境界層に突入する．飛行境界層の中でそのまま空中にとどまるには，羽ばたき飛行が不可欠になる．サーマルは水上ではめったに発生しないので，そのような夕方のサーマルの上端の下降が海上で起きることはない．これは海を渡る移住個体にとっては生死にかかわる重大な状況である．もし羽ばたき飛行だけに頼らざるをえなくなれば，エネルギー消耗によるリスクを冒すことになるし，激しい雨によって水面に落とされる（宮川1979b参照）リスクも冒すことになる．移住性のトンボが海に飛び込み，救ってやっても同じことを繰り返す説明不能の行動が稀に目撃されている（山根・橋口 1994）．

移住途中のトンボが夕方になって地上へ降下する

所を直接目撃する機会はめったにないが，夕暮れが近づくにつれて地上の個体数が増えていくことから，降下を推察できることはよくある．例えば，イタリアのトリノで，7月下旬のある日の20:50に，膨大な数のトンボが市内に出現したことが記録されている (Anon. 1989)．Pinhey (1979) は，12月にジンバブエのカリバ湖の近くで見たヒメギンヤンマとウスバキトンボの移動について報告し，まず間違いなく夕方の降下の結果であると述べている．その集団は，数百mの幅で，地上約50mの高さに集中しており，観察者の上を17:30〜18:30に通過していったが，急速に夕闇が迫ってきた18:15には密度が減少した．ウガンダのカラモジャKaramojaで5月にVernon Van Somerenが目撃した例によれば，17:30には数個体の大型の不均翅亜目が飛び回っていただけだったが，その後18:30までに「数千個体が空を覆い，それから藪や低い木にとまった」(Pinhey 1961: 94)．その集団は多数のヒメギンヤンマと少数のウスバキトンボ，数個体のコウテイギンヤンマからなり，22:00までには木の枝や葉の上でねぐらに就いた．そして翌朝6:00にはすべてがいなくなっていた．私はごくわずかに *Philonomon luminans* と *Tramea basilaris* が混じるヒメギンヤンマの移住集団について，夕方の降下から，夜間のねぐら入り，朝の上昇までのすべての過程を目撃したことがある (Corbet 1984a)．それはほぼ赤道上にあるウガンダのエンテベでの1962年1月29日のことだった．18:20 (日没の45分前) に，たまたま1羽のタカを見ようと双眼鏡で空を見上げていたために，その降下を目撃することができた．タカに夢中になっていた私は，視野の中に飛行物体が入ってきたのに気がついた．トンボだった．それは少なくとも数百mの高さから真っすぐに降下してきて，空を暗くするほどだった．私がタカを観察していた15分前にはその高さには何も見えなかったので，降下開始時刻の誤差は数分以内である．トンボは地上約2〜7mの高さを，同じ方向に水平飛行し，日没の10分前後の間に木立に着地し (§8.4.5)，そこをねぐらとした．トンボは日の出5分前に集団で出発し，前の晩に到着したときと逆の方向に上昇し続け，見えなくなった．私が目撃した一連の過程は，少なくとも気温が許す場合の，移住個体がある場所に一晩滞在するときの典型であると思われる．夕方の降下は，おそらく日没によるサーマルの上端が急降下した直接の結果であったと思われる．また，朝の出発は非常に早い時間だったので，少なくとも初めは，高度を稼ぐために動力飛行を使っていた．

ある場所に多数の移住個体が突然出現し，そして突然にいなくなるという多くの逸話的な記録が存在する．いなくなるのは，翌日であったり (例：スーダンのウスバキトンボ，Happold 1968; イスラエルのヒメギンヤンマ, Cedhagen 1988; *Aeshna bonariensis*, Jaramillo 1993)，数日後であったりするが (例：ナイジェリアのウスバキトンボと *Tramea basilaris*, Gambles 1960; オマーンのギンヤンマ *Anax parthenope parthenope* とヒメギンヤンマ, Pittaway 1991)，その間にトンボの活発な採餌が目撃されることもある (McCrae 1983; Pittaway 1991; P. S. Corbet 未発表観察)．サバクトビバッタ *Schistocerca gregaria* は移住の間に貪欲に摂食し，その生殖腺は移動中に成熟する (Johnson 1969)．

10.3.2.2 水平移動

前線 (異なった温度と気圧をもつ気流の出会い) は，熱帯と亜熱帯において，トンボなどの移住性昆虫の水平移動に重要な役割を果たしている．このような大気の収束帯は，北半球や南半球では，相対する貿易風やモンスーンが出会って**熱帯収束帯**を形成する所や，熱帯から流れ出す暖かい大気が冷たい寒帯気団に出会う所で発生する (Sawyer 1952; Johnson 1969; Rainey 1976; Drake & Farrow 1989)．

熱帯収束帯はおおむね東西方向に伸びており，いくつか不連続な場所もあるが，地球を取り巻いている．その構造と特性は，陸上か海上かによって異なるし，また熱赤道が南北に動くので1年の時期によっても違っている (図10.5)．南北30°にある「亜熱帯高気圧」の帯は，貿易風とモンスーンが赤道に対して急角度で交わる「熱帯低気圧」の帯によって分断されている．これらの風は，熱帯の海洋から水蒸気を集めており，これらの気団が上昇し冷却されると，水蒸気は速やかに雨となって降る．大気の上昇をもたらす水平風の収束は，降雨のための十分条件ではないものの，必要条件である．熱帯収束帯は幅80〜320kmで，通常赤道から約5°以上離れており，赤道側の大気は反対側の半球から到達する．熱帯収束帯の季節的な運動は，太陽の見かけの運動に従うが，熱帯における降雨の季節的パターンを支配しており，またバッタやトンボのように降雨に依存する昆虫の移住や繁殖の季節的パターンも支配している．Raineyの重要な発見 (1951, 1976) によって，サバクトビバッタの季節的な生態が理解できるようになり，また予測可能なものになった．彼は，熱帯収束帯内部の気団によってサバクトビバッタが集合し，その後これから雨が降ろうとしている場所へ運ばれるメカニズムを明らかにした．そのメカニズム

10.3 生息場所間の移動　　　　　　　　　　　　　　　　　　　　　　　　　　　　　　　　　389

図10.5　7月 (A) と1月 (B) の地球表面の卓越風．熱帯収束帯（点線を含む蛇行した帯）と卓越風（太い矢印），最頻発風（細い矢印）の季節分布．熱帯収束帯は夏にアジア北東部 (A)，南アメリカ，アフリカ南部 (B) 上で著しく突出する．(Johnson 1969より)

によって，絶対的放浪者にふさわしく，各世代が新たな好適場所を見つけ，繁殖し続けているのである．移出していく群れが発生源から1,000km内で繁殖することはめったになく，一世代で2,000〜3,000kmを移動することも頻繁にある．また，群れの分布はいつも熱帯収束帯と密接に関連している（図10.6）．

サバクトビバッタと熱帯の移住性のトンボは，そのフェノロジーや行動が極めて似ているので (Corbet 1962a; Stortenbeker 1967参照），両方とも同じような方法で収束風を利用しており，結果も類似すると仮定してまず間違いないだろう．Drake & Farrow (1989: 384) は，「収束帯が主に影響を及ぼす生態学

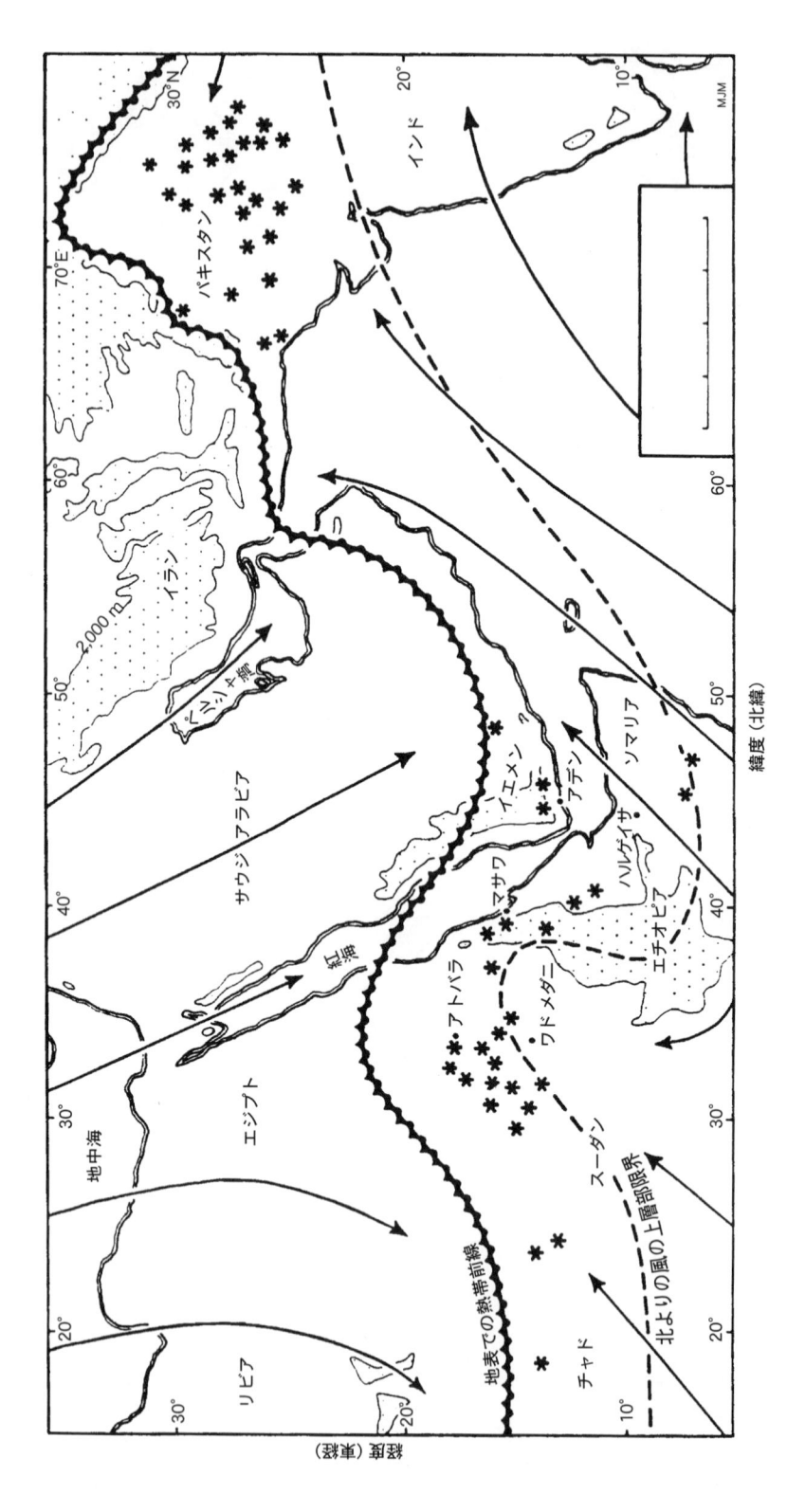

図10.6 サバクトビバッタ Schistocerca gregaria の移動．1950年7月12〜31日の間の熱帯収束帯における地表面の収束風に関連した群飛の分布（＊印）．この期間，熱帯収束帯はほとんど停滞していた．トンボやバッタの移住性の種は，非常に似通った方法で収束風を利用することが予想される．縮尺：1,000 km．(Rainey 1976を改変)

10.3 生息場所間の移動

的過程は新しい場所への移住であり,乾燥した気候区の収束帯がもたらす生態学的に重要な特性は降雨である」と結論している.

温帯の収束帯はしばしば強力で時に猛烈であるが,半永久的な熱帯収束帯とは違い,短命であり,予測しがたく,またスケールが小さい.発生してから数日間,あるいは数時間のうちに発達,弱体化,消滅してしまう低気圧性の風や高気圧性の風(台風,ハリケーン,パンペロなど)として出現する.温帯の最も重要な収束風地域は移動性低気圧域であり,極方向への暖かい空気と赤道方向への冷たい空気が交互に押し寄せることに特徴がある.そして2つの気団の境界は,明確に境界が定まる温暖前線と寒冷前線の形をとっており,そこに低層風の収束の多くが局在している.外気温が昆虫の飛行のための閾値以上であれば,そのような大気システムは,春や初夏における多くの種の個体群の極方向への移動に,秋には反対方向への移動に影響を及ぼす傾向がある(Rainey 1976).

移住中のトンボが着地せずに飛ぶ距離が(表A.10.6),動力飛行によって達成しうる距離をはるかに超えていることや,移住性のトンボの飛来や出発が前線の通過と一致することは(表A.10.7),彼らが風によって運ばれていることの間接的な証拠になる.これらの点に関して,トンボはサバクトビバッタに極めて似ている.このバッタで観察された移動速度は動力飛行の最高速度を超えており,1回の移住飛行で数百km,稀に4,500km (Rainey 1989)の水平移動を行うことも知られている.

1回の飛行(つまり着地なし)でトンボが飛ぶことのできる最大距離は,陸地からはるかに離れた水域の上空で見つかるトンボによって,最も信頼できる推定が得られる.しかし,もし成虫が水面で休んだり,あるいは船によって移動が助けられているのであれば,そのトンボが風でそこへ運ばれたという前提での推定は間違ったものになる.1つの例は,トンボが定住していないフォークランド諸島で発見された*Aeshna bonariensis*(よく知られた移住性の種)の成虫であり,このトンボは,アルゼンチンからの行程の少なくとも一部を船に乗ってやってきたものと信じられている(Ward 1965).もう1つの例は,バナナの積み荷に混じってイギリスに到達したウスバキトンボの成虫である(Ford 1954).南大西洋は気温が低いため,どのような昆虫であれ,何の助けもなしに横断することはないだろう.洋上を移動するトンボは,時々船に降りたり(Hailman 1962; 橋本・朝比奈 1969),船の中に入ったり(Smithers 1970; Fraser 1993),あるいは1日以上船にとどまったりする(野平 1960).しかし,この種の手助けされた横断は,おそらく非常に稀であり,トンボが風によって,海を越えて長距離をごく普通に運ばれているという一般化を否定するものではない(表A.10.6).稀であることの1つの理由としては,移住個体は船上やその近くでは餌が捕れないことと,もう1つには(飛行境界層を越えてトンボが上昇するのを手助けするための)サーマルが海上では稀であることがあげられる.成虫の死骸がたまに漂流物として見つかるが(Walker 1950; 宮川 1979b),トンボが海面で休止できるか(そして再び飛び立てるか)どうかは分かっていない.したがって表A.10.6の記載事項から確信できることは,必要条件(例:テネラル期直後の移住相であること,垂直と水平の移動に適した気流や適当な外気温, 2, 3日を超える移動の間に餌となる道連れの存在などが時空間的に一致していること)が首尾良く整っている場合は,トンボは風によって長距離を運ばれることである.

日本に飛来するそのような種の成虫は,マリアナ諸島(北緯16°)で発生する熱帯低気圧性の風によって運ばれていると信じられている(Asahina 1971c).そのような飛来が季節的に限定されているのは,その時点の気温を反映したものであることは間違いないが,その発生地からの風もまた季節的であることを反映している.そのために,熱帯の種が風で運ばれて,低温のため定着はおろか生存さえもできない地域で命を落とさなくてすむのかもしれない.ヒメギンヤンマがアイスランドへたまに飛来することは,風による移住個体の輸送が適応的でない場合もあることや,時には秋の移動が,低緯度ではなく高緯度に向かう場合もあることを示している.

風によって運ばれたとしか考えられない,遠く離れた洋上の島にトンボが出現することから(Byers 1930: 289; Beardsley 1979),どのようにして島固有の種が誕生するのかを説明できる(例:ハワイ諸島の*Megalagrion*種群, Williams 1936; セントヘレナ島の*Sympetrum dilatatum*, Pinhey 1964). 1991年の台風の後,一時的に日本の各地でタイリクアキアカネ(この種は日本に定住していないが,日本で進化したアキアカネの「親」種に当たると信じられている)が見つかったことがあった(奈良岡 1993).ウスバキトンボがカバーする長大な渡洋距離は(表A.10.6),その広大な周熱帯分布をよく説明している.

トンボが生涯に移動する最長距離は,途中で着地している可能性も含め,温帯高緯度で見つかる熱帯性の種の事例から推定される(表A.10.5).もちろん,

成虫になる前のステージで偶然に持ち込まれ，その場所で羽化した成虫は除外する必要がある．例えば，マレーシア (Lieftinck 1978; Agassiz 1981; Brooks 1988) やフロリダ州 (Brooks 1988)，そして新熱帯区 (Rudow 1898; Calvert 1912) から人の手によって（卵か幼虫で）運ばれたと思われるトンボが，ヨーロッパで捕獲されている．最後に引用した Calvert の記録は，ハビロイトトンボ属 *Mecistogaster* の成虫がポーランドのドリーセン Driesen で捕まえられたもので，おそらく最も驚くべきものである．輸入されたパイナップル科植物の中で幼虫が発育を完了させる可能性が高いとは思えないからである．それ以外は，すべて卵や幼虫として沈水植物の中に生息する種である．アメリカ南東部でのショウジョウトンボ *Crocothemis servilia* の例のように (Paulson 1978a, b; Daigle & Rutter 1984; Dunkle 1989a)，外来種の偶発的な移入から個体群の定住に至ることが稀にある．

移住中のトンボが飛来したり出発したりする現象と，前線の通過に関連して大気に生じる現象との間には密接な対応関係がある（表A.10.7）．そのような対応関係をはっきり示す例は，インド南東部のタミルナード州におけるウスバキトンボの飛来時期である．この地域は，6月の「一度目（南西風）」のモンスーンの期間は降水量が少ない地帯に当たり，西海岸と違って，ウスバキトンボはこの時期には飛来しないが，タミルナード州が「二度目（北東風）」のモンスーンにさらされる10〜11月にかけて飛来する (Larsen 1987; Corbet 1988: 3のA. Kumar; Ramdas 1987も参照)．時にトンボは明らかに雨の前方を移動する（例：パタゴニアの *Aeshna bonariensis*；フランス南部のヒメギンヤンマ；ガイアナの「赤いトンボ」, Paton 1929)．この特徴ある結び付きは，インド (Fraser 1947やこの章の冒頭の引用句を参照) やアジアの一部の場所では民俗知となっている．例えば中国南部ではトンボは（おそらくウスバキトンボ），嵐の直前に突然群れで出現するために「台風虫」と呼ばれている (Tulloch 1929; C. A. S. Williams 1976; 表A.10.7も参照)．香港では，トンボはいつも台風に先立つ暑い数日間に集合して大群となり，台風がやってくる直前にいなくなると伝えられている．そのような行動は気圧の変化に対する反応だとする Tulloch の推測はおそらく正しいだろう．何十年も前に Wellington (1954) は，カナダの一部の地域におけるトウヒシントメハマキ *Choristoneura fumiferana* の集団の突然の出現は，前線が通過する前日，気圧が低下しているときに起き，前線が通過した後の気圧の上昇時には数が減少したことを示した．実際，時には人でさえ，まだ数百km先にある雨をもたらす前線の接近を感知できることがある (Rainey 1988)．これは，暑く乾いた高圧の大気の下に前線の先端が潜り込み，冷たく湿った低圧の大気に置き換わることで生じる気圧や湿度の変化 (Jones 1992) を人が感知するからだと思われる．このことを理解すれば，乾いたくぼ地が雨によって満たされる約1日**前**に産卵する *Leptobasis vacillans* (Paulson 1983b; §2.2.3) の能力を合理的に説明することが可能である．

移住性の種が移動している際，トンボの集団とその後にやってくる雨をもたらす風との距離は大きく変化すると思われる．地表近くを通過中の *Aeshna bonariensis* の成虫（「南西風の息子」と呼ばれている）が，強烈なパンペロの10〜15分前にやってきて (Hudson 1912)，「狂ったように」着地しようとすることがあるのは，その風の力から大急ぎで逃れる必要があったことを示している (§8.4.4)．移動中の無数のウスバキトンボによる中国のタンカーへの「襲撃」(Fraser 1993) も同じような必要性によるものかもしれない．高密度の集団が非常に急いで海を渡っていたからである．移住性のトンボが集団で建物に入るのも (Gambles 1981)，同様の切迫した行動であるのかもしれない．

季節的な降雨に合わせるためにトンボが利用する手がかりは，おそらく生活環によってさまざまである．移住性の種は，前線の通過に伴って変化する要因に反応しているようである．その変動要因は個体群の集結と長距離輸送の手段にも関連する．一方，移住をせず，集結も輸送も必要がない，耐乾休眠をする種は，本格的な降雨の前でも同時にでもなく，むしろわずか後に飛来するようである (§8.2.1.2.1)．したがって，上に述べた *Leptobasis vacillans* の前触れ的な行動は，成虫が前線とともに移動していたか，前線に影響されて移動していたところを観察した可能性を示している．

ここまでは（飛行境界層の上方で起きている）長距離の水平移動だけを考えてきた．しかし，水平移動は飛行境界層内でも起きる．そのような移動は羽ばたき飛行を伴うのでエネルギーコストが高く，やむなく行っているのかもしれない．そのような飛行は，熱帯収束帯を移住する種では，夕方の降下後や朝方の上昇の前の短時間の行動（例：Corbet 1984a）としてだけでなく，日中の他の時刻でも時々目撃される．

このように，移動しているトンボの空間的広がりを評価することは難しい．またその空間的広がりは，

垂直的には風速によって，水平的には地域的な地形によって制限されるだろう．最も高い所を飛んでいる個体の観察といっても，肉眼で見ることができる限界の高さを飛んでいるにすぎない (Wolf 1911; Bagg 1957). Dumont & Hinnekint (1973) によって観察されたヨツボシトンボの垂直分布はその典型だと思われる．そのとき，成虫は1m未満の高さから60mまでの高さを飛んでいたが，そのうちおよそ80％は15m以下であり，90％は20m以下であった．移住途中のスナアカネは，地上4m以下と地上70〜80mの2通りの高さで飛んでいた (Dreyer 1967). すでに述べたように，地上近くを移動している成虫は，しばしば障害物を越えるために一時的に上昇することがある．例えば，地上3mくらいを飛行していた *S. corruptum* は，進路にあった木立を越えるために6〜16m上昇した (Macy 1949).

移動中の集団の横の広がりについては，20m未満 (*S. corruptum*, Macy 1949) から，数百m (ヨツボシトンボ, Dumont & Hinnekint 1973, Mielewczyk 1982a; ウスバキトンボと一緒のヒメギンヤンマ, Pinhey 1979; ウスバキトンボ, Reichholf 1973), さらには5kmを上回るという報告 (ウスバキトンボ Larsen 1987) まである．

大きな移動集団に含まれる個体数は，時には百万を大きく超えると推定されている (例：ヒメギンヤンマ, Papazian 1992; ウスバキトンボ, 若菜 1959, Larsen 1987, Fraser 1993; スナアカネ, Owen 1958 の Monk & Moreau; クレナイアカネ, Hugues 1935). 文献にはトンボの大群について，「空を暗くする」雲のようである (例：Tarnuzzer 1921; Fraser 1947; Kürschner 1977; Corbet 1988: 7-8 の A. R. Lahiri; Anon 1989; 井上 1993; Shalaway 1994), 大群が広い地域にわたって広がっている (例：ヨツボシトンボ，330km², Fraenkel 1932) など，いろいろな記述が見られる．トンボの集団についてのこれまでの報告の中で驚くべきものの1つは，ウスバキトンボの雲のような大群であり，およそ34km²の範囲を覆い尽くしていた (Fraser 1993). これは，もしかするとサイクロンの中心に入って移動していたものかもしれない．日本の名古屋でのウスバキトンボについては，あまりにも多すぎて農民たちが作物に農薬をまくのを邪魔したほどだったという愉快な「おち」がついている (松井 1963).

10.3.2.3 個体群の集結

生殖的に未成熟なときに移住を開始する昆虫が，目的地での繁殖成功を確実にするためには，いくつ

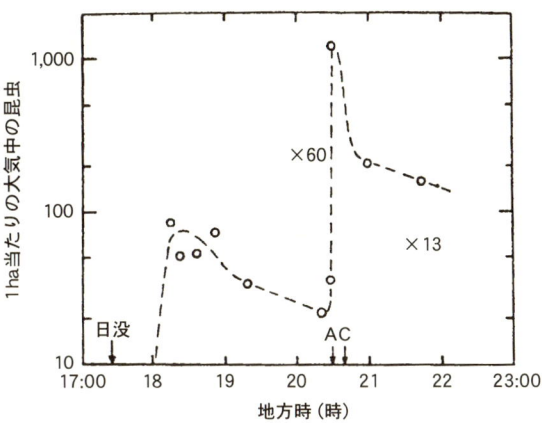

図10.7 寒冷前線の嵐の吹き出しが大気中の昆虫の集結に及ぼす効果．図10.8に示した寒冷前線が通過した前後の面積当たり密度 (密度は全高度の合計；縦軸は対数目盛) によって示す．前線通過は横軸の点AとCに示されており，図10.8のそれに対応している．大気中の昆虫の60倍の集結が前線で生じている．スーダン．(Schaefer 1976より)

かの避けがたい要求に直面する．雌の処女生殖が可能でない限り，あるいはキバライトトンボのように出発前に媒精が行われない限り，個体は羽化後の日齢がかなり均一で，両性からなる集団として移動しなければならないだろう (§10.3.1.4). これに関連して Miller (1984a) は，雌が雄よりも大きく移動する種では，それに相関した属性として，雌の精子貯蔵器官が大きいかもしれないことを示唆している．移住性の昆虫にとって，収束風が示す最も重要な特性は昆虫を徐々に集結させることであり，その結果，前線に昆虫が「たまる」ことになる．この特性に注目した Rainey (1976) は，昆虫個体群を，熱帯性であれ温帯性であれ，風のシステムにいつも支配されているものとして理解した．そのシステムは，1時間もしないうちに，数百km²にわたって空中にいる個体の密度を倍にするほどの速さで，昆虫個体群を集結させることができる．嵐を伴う前線が通過しているとき，地上の風速が，わずか90秒の間に1〜6m/秒に強まることがある．これは強烈な収束があったことを意味し，同時にそれに対応して飛翔性昆虫の密度が増加したことも意味する (図10.7).

前進しつつある寒冷前線の影響は，風で運ばれている昆虫が前線面のすぐ後ろに集結するにつれて，彼らの定位が均一からランダムに変化する形で現れる (図10.8). そのような作用を受けながら移住しているトンボは，一緒に集結してくる捕食者 (Jaramillo 1993; Sutton 1993) や餌動物を見つけやすいと思われる．この推論は，夕方地上に降りたトンボが，その

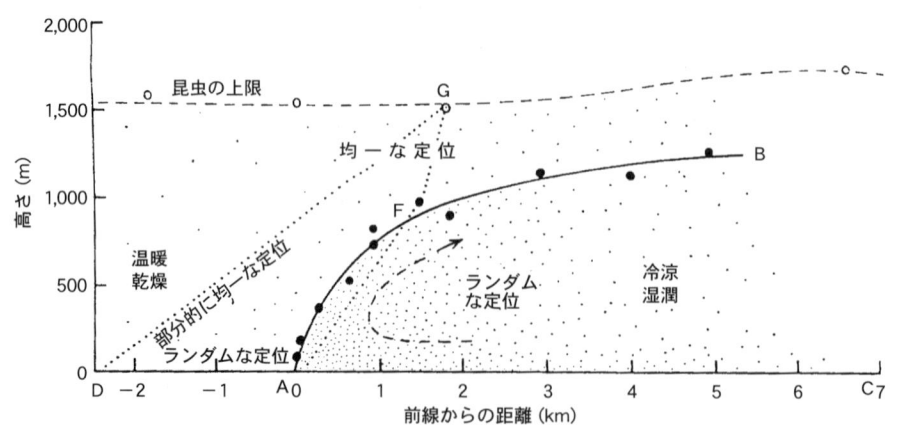

図 10.8 大気中の昆虫の密度の不連続性から推定した寒冷前線の先端の構造（図10.7参照）．寒気（図の右から左へ進行．高さ250 mにおいて約10 m/秒で移動）の内側と寒気の前方の低い高度では，昆虫の定位の方向は均一でなくなる．横軸の点AとCは図10.7のAとCに対応する．スーダン．(Schaefer 1976より)

前の24時間以内に摂食していたという知見 (Corbet 1984a) と一致する．しかし，海上を横断中に採餌することは無理だろう．例えば，日本の南海上の気象観測船上で捕獲されたギンヤンマ *Anax parthenope julius* やウスバキトンボ，ハネビロトンボ *Tramea virginia* の成虫は，テネラル個体ではなかったにもかかわらず，中腸が空だった（橋本・朝比奈 1969）．したがって，洋上横断の移動は，移住中の「資源に依存しない」期間とみなしてもよい (Mikkola 1986)．そして，海上の横断に数日を費やさなければならないトンボは，時に飢餓による消耗で死ぬことも予想される．

移住個体にとって生態学的に意義がある収束の二次的効果は，個体群のメンバーを集結させて最隣接個体が互いの視界の範囲内に入るようにすることである．Rainey (1976) は，この効果が，少なくとも移住性の種にとっては，長距離輸送そのものと同じくらい生態学的に重要かもしれないことを示唆している．また彼は，一部の長距離移動中の集団の個体間に見られる，定位や間おきの驚くほどの均一性は，相互認識による視運動反応の結果かもしれないと指摘している．例えば，移動中のヒメギンヤンマは平均約2.5 m離れており (Papazian 1992)，タイプ3の飛行の延長として海上を渡っていたと思われるタイリクアカネでは，間隔は0.3 m以下であった (Longfield 1948)．移住中のヨツボシトンボは，単独で，あるいは10 mほどの間隔をおいた小集団を作って飛んでいた (Łabędzki 1987)．Lempert (1996) は，雄のエゾアカネが池を去るときに，まず20 mの高さまで上昇し，次に7 mまで下降して，再び約40 mまで上昇するのを目撃した．そのとき，別の移動中のアカネ属がそばを通ったが，エゾアカネはそれに数cmの所まで近寄り，それと一緒に移動していった．

移住するトンボの集団サイズや密度はあまりにも大きすぎるので，時空間的に極めて効果的な集結メカニズムなしでは形成されないに違いない．しかし，いったん（大気の収束運動によって）集結してしまうと，気流によって輸送されている間は収束の力を受けないので，移動中の集団のメンバーは，集団を**維持**する何らかのメカニズムが必要だろう．

隣接者の相互認識の際に働く視運動反応は，サバクトビバッタで考えられているように (Rainey 1976)，集団のまとまりを維持し，飛行境界層の上方を吹く風の前方を移動する成虫が同じ方向に定位するのに役立つだろう．バッタは，群れの端に達したときは群れの中に後戻りする強い反応を示すが (Johnson 1969)，トンボも同様に行動するのかもしれない．時間的な集結は，一晩滞在した後は一斉に出発することによって実現されるだろう．

集合が視運動によって維持されている可能性があるため，移住集団が通過する際にそれまで集団に加わっていなかった個体に対して明らかな「磁石」効果 (Grassé 1932参照；Dumont 1964；Dreyer 1967) をもったり，集団が一時的に高密度になることで長距離移動が誘発されるような何か（§10.3.4参照）が起きるのだろう．したがって，いくつかの分類群のトンボ（特にアカネ属）は，もし近くにいるトンボの密度が高く，動きが大きければ，移住するように刺激されるかもしれない．もしそうであるなら，成虫の生理的な齢が反応のしやすさに影響すると予想できる．トンボは，並外れて優れた視力をもつ大型昆虫なので，そばを通過する個体による刺激に対し

表10.3 移住中のトンボの集団の種構成

種名	場所[a]											
	1	2	3	4	5	6	7	8	9	10	11	12
Aeshna bonariensis	×[b]											
A. confusa	×											
アメリカギンヤンマ		×										
Brachymesia gravida			×									
ヒメトンボ				×								
Epiaeschna heros[c]												×
Erythrodiplax berenice				×								
ヒメギンヤンマ					×[b]	×[b]	×[b]	×				
Ischnura hastata			×									×
トホシトンボ[c]												×
Miathyria marcella									×			
カトリトンボ[c]												×
ウスバキトンボ					×	×	×		×	×	×	×
Pantala hymenaea												×
Philonomon luminans						×	×					
アメイロトンボ					×							
Tramea basilaris					×[b]		×	×		×	×	
T. calverti									×			
カロライナハネビロトンボ												×
T. continentalis										×		
ラケラータハネビロトンボ		×										×
T. limbata								×				
T. rustica									×			

注：タイプ4の飛行に相当し，実際に一緒に移動していることが観察された種に関してのみ掲載．それゆえ同じ途中滞在地を共有していた数種の例は除外している．例えば，秋に南に向かう途中，オンタリオ州南部のペリー岬 Point Peleeに集合していたアメリカギンヤンマやウスバキトンボ，*P. hymenaea*，キアシアカネ，ラケラータハネビロトンボのような場合 (Corbet & Eda 1969).

[a] 場所と文献：1．大西洋 (Ris 1904)；2．アメリカ，コネチカット州 (Borror 1953)；3．カリブ海 (Geijskes 1967)；4．インド洋 (Fraser 1918)；5．ジンバブエ (Pinhey 1979)；6．ナイジェリア (Gambles 1960)；7．ウガンダ (Corbet 1984a)；8．セネガル (Dumont 1977b)；9．ベネズエラ (De Marmels & Rácenis 1982)；10．モルジブ諸島 (Olsvik & Hämäläinen 1992)；11．南アフリカ，ナタール州 (Samways & Caldwell 1989)；12．アメリカ，ニュージャージー州 (Sutton 1993).
[b] 集団の大部分を構成する種.
[c] 第10章で定義されたような移住が知られていない種.

ては，バッタよりも敏感かもしれない．このような反応は，絶対的移住性の種ばかりでなく，条件的移住性の種も含む移動集団が偶発的に形成される一因であると考えられる (Sutton 1993; Sones 1995).

熱帯性のトンボからなる移住集団の中に複数の種が含まれるとき (表10.3)，それぞれの種は普通各自が独立に移住しているのであり，おそらく視覚的刺激よりもむしろ大気の収束が，その集団を形成するのに主要な役割を果たしている．しかし，熱帯の移住性の種のフェノロジーは同じではないことは覚えておく必要がある (Stortenbeker 1967参照)．例えば，幼虫期間の最短記録でいえば，*Anax tristis* (100日未満，Gambles 1960) は，ヒメギンヤンマ (約60日) やウスバキトンボ (43日；表A.7.3) より長い．ヒメギンヤンマは，一緒に移動することがある他の熱帯の移住性の種とは，他にもいくつかの点で異なっている．例えば，セネガルでは (表10.3)，多数の個体が海上を飛行するのはこの種だけであり，ヨーロッパ南部に向けて頻繁に地中海を横断するアフリ

カの熱帯収束帯を移住している種 (§10.3.3.1.1) の中でも特にユニークである．移動集団の構成種 (表10.3) についての報告を評価する際には，小型の種ほど見分けにくいので，記録されずに見過ごされているかもしれないことに留意すべきである．

移住性の種の非常に多数の個体が1つの水域から一斉に羽化することもあるが (イエメンのある大きな一時的な水たまりでは，水際1m当り少なくとも100個体のウスバキトンボが羽化した，Dumont & Al-Safadi 1991)，移住の途中に目撃される巨大な集団は，出発の上昇の前や気流によって輸送される間に成虫を集結させるための効果的なメカニズムが存在することを示している．大気収束の力強い集結作用がおそらく主要な要因であるが，他の行動上の反応も，輸送される途中の集結を高めるために，あるいは少なくとも分散を抑えるのに役立っていると思われる．

前線とともに移動する移住個体は，続けて何度も大気の収束に支配される可能性がある．トンボを集

表10.4 頻繁に移住が見られる不均翅亜目

科と亜科	属	種（および文献）
熱帯性の種		
ヤンマ科		
ヤンマ亜科[a]	トビイロヤンマ属	トビイロヤンマ (Lieftinck1954)
	ギンヤンマ属	*amazili* (Dunkle 1989a), *gibbosulus*, オオギンヤンマ, コウテイギンヤンマ, アメリカギンヤンマ, ギンヤンマ, *tristis* (Gambles 1960)
	ヒメギンヤンマ属	ヒメギンヤンマ, パプアヒメギンヤンマ
エゾトンボ科		
エゾトンボ亜科	ミナミトンボ属	オーストラリアミナミトンボ, *tau*
トンボ科		
ムツボシトンボ亜科	*Palpopleura* 属	*lucia* (Fraser 1956)
アカネ亜科	ヒメトンボ属	ベニヒメトンボ, *lefebvrei*, ヒメトンボ
	Philonomon 属	*luminans*
	アカネ属	*corruptum*, スナアカネ
ハネビロトンボ亜科	*Miathyria* 属	*marcella*
	ウスバキトンボ属	ウスバキトンボ, *hymenaea*
	アメイロトンボ属	アメイロトンボ
	ハネビロトンボ属	*basilaris*, *calverti*, *continentalis*, ヒメハネビロトンボ* (Lieftinck 1954), ラケラータハネビロトンボ, *limbata*, *loewii*, *rustica*, ハネビロトンボ
フトアカトンボ亜科	ウミアカトンボ属	ウミアカトンボ (Lieftinck 1962b)
タニガワトンボ亜科	タニガワトンボ属	*torridus* (Lindley 1974)
温帯性の種		
ヤンマ科		
ヤンマ亜科	ルリボシヤンマ属	*bonariensis*, *confusa*
サナエトンボ科	*Lindenia* 属	*tetraphylla*
トンボ科		
トンボ亜科	ヨツボシトンボ属	ヨツボシトンボ
アカネ亜科	アカネ属	ムツアカネ, エゾアカネ, イソアカネ

出典：表中に引用したもののほかは，第10章の他の表に引用したものを含む多くの資料からの情報による．
注：この表は，タイプ4の飛行を習慣的に行うと仮定される種のみを含む．不均翅亜目の他の種も，やがて移住性の種として認められるだろう．
[a] すべてギンヤンマ族．
* *Tramea transmarina euryale*.

結させるものとして知られている他の要因は，気流によって輸送される途中の移住個体が分散するのを防ぐ効果があるかもしれない．例えば，個体は採餌しているときに大規模に集結することがあるし（第9章），また，一部のトンボは，渡り鳥のように（Alerstam 1990），広い開放水面を最短で横切ることができる半島に移動の途中に集結することがある．そのような例は，不均翅亜目が秋に五大湖を横断して，カナダから南方に移住するときに見られる（Woodford 1967; Corbet & Eda 1969）．アメリカ，コネティカット州では，8月と9月に海岸に沿って南西方向に飛ぶ不均翅亜目（おそらく主としてアメリカギンヤンマ）の集団が見られる．そのような集団が入り江の入り口に達したとき，他の個体がコースから外れて入り江の岸沿いに飛ぶのに対して，広い開放水面を横断し近道をとる個体もいる（Shannon 1935）．収束風は，移住性のトンボを集結させるうえで重要な働きをしているが，それだけでなく，時にはタイプ3の飛行を行っている成虫を集結させる可能性もあり，その集団の大きさは退避場所の収容能力を大きく超える場合があるかもしれない．あるいはまた，収束風が，タイプ3やタイプ4の飛行を行っていると思われる種を，同じ集団に集める可能性もある（例：コスタリカの太平洋岸の *Tramea calverti* を伴った *Erythrodiplax umbrata* と *Coryphaeschna* 属；Paulson 1995）．

10.3.3 絶対的移住

一般に絶対的移住は，生息場所が季節的に干上がって，その時間的な連続性が失われることに関係している（§10.1.1）．この知見とよく符合する現象として，通常の分布域がぴったり熱帯収束帯に一致するトンボの種がかなりいることがあげられる．これらの種は，ちょうどサバクトビバッタのように，連続するどの世代の個体群も熱帯前線によって運ばれ，熱帯収束帯の内部の新しい生息場所への棲みつきを絶えず繰り返す．このような種は典型的な r 戦略者である．主な移住性の種（表10.4）の行動と生態については§10.3.1で議論する．世界の特定の地域では，

10.3 生息場所間の移動

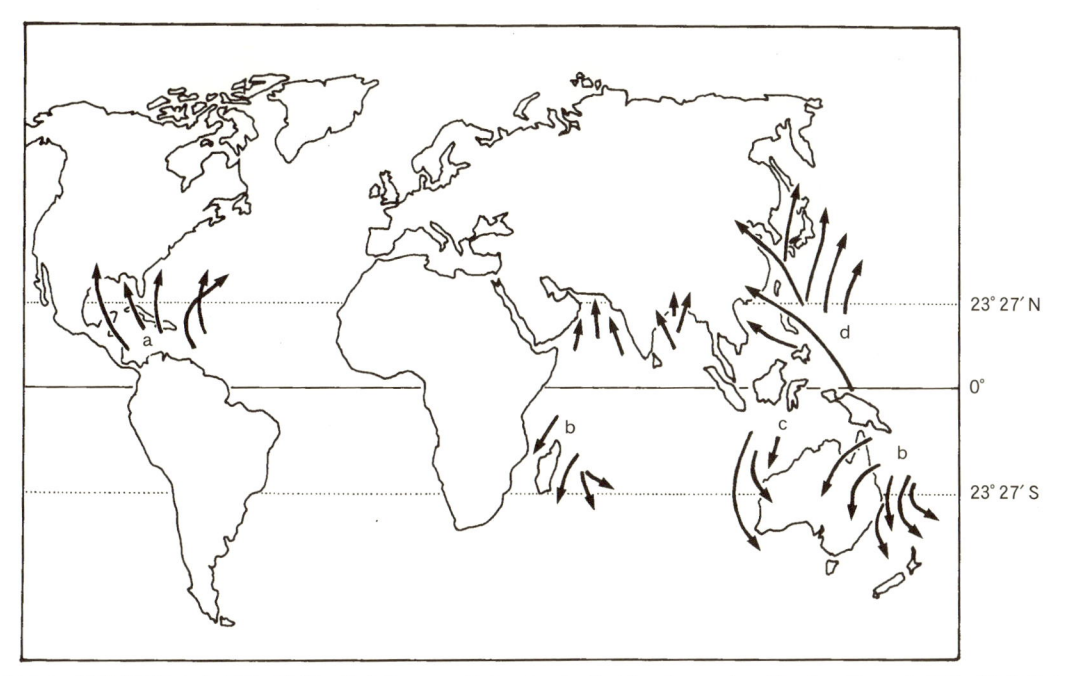

図10.9 熱帯起原の主な暴風の進路．地方名：a. ハリケーン；b. サイクロン；c. ウィリーウィリー；d. 台風．（さまざまな出典による）

熱帯収束帯は定期的に移動し，熱帯の境界近くまで移動したり，時にはそれを越えることがある（図10.5）．また，アジア北東部ではその突出部は，台風（つまり激しい熱帯低気圧の風；図10.9）の多発地域と重なる．北半球の夏には，台風がトンボを含む飛翔性昆虫を巻き込んで運ぶことがある．もちろん，熱帯収束帯の突出部は，一部の熱帯性のトンボが熱帯地方から大きくそれた場所に移動することにも関連している（例：アメリカギンヤンマ，Belyshev 1966参照）．移動が起きた場合，これらの種が北緯40°よりも高緯度で（夏に）1世代を完結することもある（例：Trottier 1971）．これらの逸脱を進化的な視点から解釈すると，熱帯収束帯内での生死を風による長距離移動に依存しているために生じる避けられない結末（もしかすると非適応的な行動）と見ることができる．通常利用している風に似ているが，「誤った」目的地へ進む風（陸上風，海上風を問わず）によって，熱帯地方の外へ送り出される種もあるだろう．サバクトビバッタもまた，風の流れの気まぐれによって，その通常の境界を越えて移動させられる（Johnson 1969: 563）．このように熱帯外へ移住したトンボの最初の子孫は，（温帯で）羽化して間もなく，致命的な寒い冬の到来に直面することになる．絶対的移住性の種である彼らは，羽化場所を離れ，通常の（熱帯収束帯に適応した）行動レパー

リーによる風を利用した移動を試みるだろう．しかし，ここでの彼らの主要な生態的要求は，干ばつではなく寒さを回避することであり，利用できる風のシステムも異なっているに違いない．そこで，たとえ同種であっても，干ばつを回避する絶対的移住個体と，寒さを回避する絶対的移住個体は§10.3.3.1と§10.3.3.2で区別して扱うことにする．

ある個体群のすべての個体が移住する（またはその能力をもつ）確証を得ることも，ある個体がどんな状況下でも移住しようとすることの証明も不可能である．それゆえ，どの種に関しても移住が真に絶対的であるとは，断言できない．移住性の種とされる種の中にも，その中に移住しない個体群が存在することがある（例：イースター島のウスバキトンボ，Dumont & Verschuren 1991; Samway & Osborn 1998; しかしMoore 1993参照．ベネズエラの標高1,000～1,800mのテプイの山頂に生息する *Tramea binotata*, De Marmels 1994）．また，移住する個体としない個体が共存する個体群もいくつか知られている（例：キバライトトンボ，Rowe 1978）．それにもかかわらず，種をその生態によってグループ分けをしようとする際に，絶対的移住と条件的移住とに分けることは，確実性も有用性も高い二分法であると思われる．絶対的移住性の種であるトンボは，Johnson (1969)の分類におけるIDに相当する．付近に退避

場所を欠くような乾燥地域に分布するトンボにとって，一時的な水たまりへの棲みつきが可能になるのは，絶対的移住によってだけである．

10.3.3.1 干ばつの回避

絶対的移住性の種は熱帯を中心に分布し，熱帯収束帯の内部の季節的降雨を伴う地域内を雨をもたらす風とともに移動する空間的移動パターンをとるので，一時的な水たまりを幼虫の生息場所として利用することが可能になっている．彼らの幼虫の生息場所は束の間のものであるため，羽化場所と同じ地域内のどれかの水たまりを再利用することは，これらの種の成虫にとって適応的ではなく，テネラル期を終えた成虫は羽化場所を離れ，再び戻ってこないことが知られている．このような行動は熱帯の移住性の種の特徴であり，熱帯性と温帯性の両方の種の個体群が1つの幼虫生息場所に共存するときには（例：アメリカギンヤンマ，Trottier 1971），熱帯起原の個体を識別するための便宜的な基準として利用できる．

表10.4にあげた不均翅亜目は，熱帯収束帯内で頻繁に長距離移動を示し，一時的な水たまりに生息することと絶対的移住性の種であることが知られている（または考えられる）．両性ともに肛域が広がった後翅（滑空飛行を容易にするとみなされる特性）をもつ亜科が特に多い点は注目に値する．まだ発見されていない移住習性のある熱帯種が他にもいることは疑いない．絶対的移住性の種はたいてい半乾燥地域に生息するが，このような地域に生息するすべての種が移住性であるというわけではない．サハラ地方で，*Paragomphus sinaiticus*（中央アジア起原の種，Dumont 1978b）と*Pseudagrion hamoni*などの非移住性の種の定住個体が継続的に存在するのは永続的な水たまりに限られる（Dumont 1979）．同様に，絶対的移住性の種（例：ウスバキトンボ，Corbet 1964；Mathavan & Pandian 1977）は時に永続的またはそれに準ずる水たまりに生息するが，そこにいるのはおそらく移住個体の次の世代までである．1つの「種」の中に，熱帯収束帯を移住する個体と，永続的な水たまりの定住個体の2種類が存在するように思われる場合（例：アメリカギンヤンマ，Trottier 1971；ラケラータハネビロトンボ *Tramea lacerata*, Wissinger 1988b；ハネビロトンボ，佐田 1979，Kumar & Prasad 1981），その種は電気泳動法を使った酵素の比較（Harrison et al. 1994参照）かDNAの比較解析を使わないと区別できないような，遺伝的に異なった下種 infraspiecies からなっている可能性がある．Trottier (1971) は，カナダ南部に生息するアメリカギンヤンマの定住個体と移住個体では，幼虫発育の完了に必要な積算温度に差があることを証明した．

不均翅亜目と均翅亜目の長距離移動の様式の差は程度問題にすぎないだろうが，移住性の種を亜目別に考察するのは有益である．

移住性の均翅亜目（表10.5）の大部分は小型か非常に小型なので，出発に際して成虫が上昇気流に身をさらすように動く以外は，移動中の成虫自身がその定位や運動に関与している程度はごくわずかだろう．例えば，キバライトトンボのような移住性の種は，いったん上昇すると空中プランクトンの一部となり（Watson 1981），その種の通常の分布域のはるか外側で単独個体が見つかることがある（例：朝比奈 1964）．移住性の均翅亜目の種が飛来する場面が目撃されることはめったにないし，不均翅亜目の場合のように，気象前線の収束がいつも個体を集めるかどうかも分かっていない．Tony Pittaway (1991) による次のような観察は，均翅亜目が時々この方式で集積することを示唆している．例えば，アラビアの砂漠のオアシスで断続的に発生する種である*Ischnura evansi*の未成熟成虫が，夜間照明に何千個体も出現したことがあるが，そこから最も近い既知の幼虫生息場所まではかなりの距離があった（表A.10.3）．一方，キバライトトンボの雌が精子を授受するのはテネラルな出発直前の時期であるが，これは雌雄別々の場所に到着する事態に対処するための適応であろう．実際にRichard Rowe (1978) は，ある個体群で雌が移住してしまい，雄が残ったことを記述している．飛行境界層の上方を移動中の均翅亜目は，その視力の限界と小さな体サイズのために，しっかりした集団を維持できないのが普通だろう．そのため，移動中の均翅亜目と不均翅亜目では異なった力の影響を受けているかもしれない．そう考えれば，*I. evansi*の飛来がアラビアの移住性の種であるヒメギンヤンマや*Lindenia tetraphylla*の飛来とは別々に起きたという事実 (Pittaway 1991) も理解できる．

表10.5にあげた種の注目すべき特徴は，すべてがアオモンイトトンボ亜科に属することである．ブラジルのはるか354km東方沖にあるフェルナンド・デ・ノローニャ諸島に*Ischnura capreolus*が生息していることは別の仮説でも説明しうるが（Mesquita & Matteo 1991），本種も表10.5に加えられるべき根拠が見つかるかもしれない．体重が軽いことは空中プランクトンのメンバーとなるうえでの前提条件には違いないが，移住性の均翅亜目の中でアオモンイトトンボ属*Ischnura*の種が卓越しているのは，単に成

10.3 生息場所間の移動

表10.5 移住が知られているか推定されている均翅亜目

種	分布	観察[a]
熱帯性の種		
Aciagrion paludensis	インド，東南アジア	A (Fraser 1933)
アジアイトトンボ	東南アジア	B (朝比奈・鶴岡 1970)
キバライトトンボ	インドから中部太平洋	A (Rowe 1987a), C (Lieftinck 1953b; Armstrong 1973; 井上 1993)
Ischnura evansi	サウジアラビア	D (Pittaway 1991) とおそらく E (Schneider 1991b)
I. fountainei	アラビア	おそらく E (Schneider 1991b)
I. hastata	南，北と中央アメリカ	B (Geijskes 1967), C (Dunkle 1990; Belle 1992b)
I. intermedia	サウジアラビア，中東	E (Schneider 1991b)
I. saharensis	北アフリカ	F (Dumont 1979)
アオモンイトトンボ	アフリカ，アジア，オーストラリア	F (Weir 1969; Watson 1980b; Dumont 1981)
温帯性の種		
ヒメアオモンイトトンボ	旧北区	A (Fox 1989b; Cham 1993)

注：掲載したすべての種はイトトンボ科，アオモンイトトンボ亜科に属する．インドで季節的に集団で移住するのが見られたというナガイトトンボ亜科の *Pseudagrion decorum* とアオナガイトトンボ (Fraser 1933, 1947) については確認を要する．

[a] 結論または推定の根拠：A. 成虫がサーマルに乗って高く昇る；B. 成虫が陸地を遠く離れた水上で，偶然とはいえないほど捕らえられる；C. 大洋中の島々に広く分布している種；D. 既知の幼虫生息場所から遠く離れた所に集団で成虫が出現する；E. 幼虫は高塩濃度に耐える；F. 乾季の退避場所が存在しない季節的降雨域内の一時的水たまりに幼虫が生息する．

虫が小さいからだけではない（大部分のヒメイトトンボ属 *Agriocnemis* と一部のルリイトトンボ属 *Enallagma* は同じくらいか，もっと小型である）．この属には成虫がほとんど移動**しない**種も含まれるので（例：マンシュウイトトンボ, Parr 1973b; *I. gemina*, Garrison & Hafernik 1981; アメリカアオモンイトトンボ *I. verticalis*, Mitchell 1962），移住がこの属の特徴ということでもない．表10.5にあげた種のすべてが共有していると思える属性は，季節的降雨（キバライトトンボ, *I. evansi*）または生態的遷移（ヒメアオモンイトトンボ, Wildermuth 1987b, Fox & Jones 1991）に関連した，一時的な水域の利用である．このような二分化（1属が移住性の種と非移住性の種に分かれること）は，普遍的ではないものの，明らかに不均翅亜目でも見られる（例：ルリボシヤンマ属 *Aeshna*，トビイロヤンマ属 *Anaciaeschna*，ヨツボシトンボ属 *Libellula*，アカネ属，タニガワトンボ属 *Zygonyx*）．興味深いことに，*Ischnura gemina* の成虫（水域にいるとき，それゆえほとんどが成熟個体）は非常にわずかしか移動しないにもかかわらず（1日当たり移動距離は雌雄とも平均6m未満），ヒメアオモンイトトンボ（Moore 1991a）と同様，新たに攪乱された生息場所へすぐに棲みつくので，長距離移動もできるに違いない（Garrison & Hafernik 1981）．さらに研究すれば，少なくとも上昇に適した諸条件がそろう時期と短い前生殖期とが重なる季節（表A.8.1）に *I. gemina* のテネラル期終了後間もないステージの移住相が存在することが明らかにされるかもしれない．

他にも，表10.5に加えたほうがよい均翅亜目の種がありそうである．例えばヒカゲイトトンボ亜科の *Leptobasis vacillans* は，降雨が始まる1, 2日前に，まだ乾いているくぼ地に飛来した（Paulson 1983b）．これは気象前線とともに移動する移住性の種（表A.7.3の生活環タイプA.2.2）に見られる行動で，乾季の退避場所からやってくる耐乾休眠種（タイプA.2.1.2）にはない行動だからである．考慮すべきもう1つの可能性は，広域分布種（例：ウスバキトンボ, §10.3.3）の個体群の間に，局地的諸条件を反映して，遺伝子型による行動の相違が存在するかもしれないことである．表10.5に含められそうな他の均翅亜目は，熱帯性のヒメイトトンボ属の一部である．成虫は小型で，たいてい小さな一時的水たまりに生息し，その飛行力の弱さにもかかわらず，非常に広く分布している．Pinhey (1974) は，成虫がサーマルによって上方へ運ばれ，それ以後は気流に乗って長距離を移動するのかもしれないと考えた．

多くの熱帯収束帯を移住する種は，幼虫が高い塩分濃度に耐えることができるらしい（§6.4.1）．キバライトトンボは多様な生息場所を利用する種だが，オーストラリアでは最も塩分耐性の高い種の1つとみなされている（Bayly & Williams 1973）．次に，アフリカ熱帯地域とヨーロッパ南部で熱帯収束帯の移住性の種としてよく知られている不均翅亜目の1種について，より詳細に考察しよう．

10.3.3.1.1　具体例：ヒメギンヤンマ

ヒメギンヤンマは，最もよく知られた熱帯収束帯を移住する種である．熱帯での分布範囲はアフリカ，アラビアおよびインドを含み，そこでは一般に林地を避けて

乾燥地と半乾燥地に生息する．アフリカの赤道以北ではギニアのサバンナから砂漠にまで分布し，渓谷や小さい湖，水たまりに集まる．これらの生息場所の多くは束の間のものである（Dumont & Desmet 1990）．赤道以南でも同様の生息場所を利用し（Stortenbeker 1967; Weir 1974），トランスバール州とナタール州を南限としている（Pinhey 1951）．アラビアで広範に分布するヒメギンヤンマは広く砂漠に棲む汎乾燥地性の移住性の種（Waterston 1984）である．砂漠の諸条件に高度に特化し，幼虫は高い塩分濃度に耐え（Schneider 1991b），海岸の塩性湿地だけでなく，砂漠のヨシの繁茂した汽水性の水たまりをも利用する（Waterston & Pittaway 1990）．幼虫は，野外で2～3ヵ月以内に発育を完了できる（Stortenbeker 1967）．

成虫はテネラル期終了後の早い時期に移住を開始し（表A.10.3），雨をもたらす前線に乗って移動し，雨が降る前の突風とともに飛来する（Stortenbeker 1967; Weir 1974）．彼らは朝，飛行境界層よりも上方に昇り，夕方にはねぐらに就くためその中へ降下する．移動中に時々摂食し（Corbet 1984a），時には1日以上移動を中断して地上近くで採餌する．その際はしばしばオアシスの中の風よけになった場所を利用する（Cedhagen 1988）．そして風が静まると，彼らが出現したときと同様，突然姿を消す（Pittaway 1991）．採餌中の成虫は，一緒に移動している他の不均翅亜目の成虫を捕らえて食うこともある（McCrae 1983）．移住中の成虫は海面（Dumont 1977b）や広い淡水面（P. S. Corbet 未発表の観察; Dumont 1977b）を渡ることもある．飛行境界層内を移動する場合，成虫は視覚的な目標物に沿って飛ぶように思われる（Dumont 1977b）．アフリカにおける集団移動は，強力なモンスーンの雨と重なる傾向がある（Stortenbeker 1967; Dumont & Desmet 1990）．

サバクトビバッタと同様に（Johnson 1969），繁殖の限界を越えた緯度まで移動するヒメギンヤンマは，そこで死ぬか，（1世代後に）熱帯の永続的な分布域へ戻る．ヒメギンヤンマの成虫は，同じように熱帯地方の外へ定期的に移動する他の移住性の種に比べて，より高緯度の温帯で発見されている（表A.10.5）．例えば，アイスランド（Tuxen 1976）とイギリス（Merritt 1985; Silsby 1993）からは，まだ生きているもの数点を含む標本の採集が何回か報告されている．アイスランドへの飛来のうちの2箇所の採集場所は，地中海の東～西部を始点として大西洋を横切る風の道筋に一致する（表A.10.7）．そして11月上旬にイギリス南西部の芝生の上で一休み（この

点が重要）しているところを発見された標本の採集場所は，サバクトビバッタの侵入があった場所と同じであった（Paine 1989: 5のS. Madge）．ヨーロッパであればスイス以南の低緯度の温帯でも，ヒメギンヤンマは越冬はできないかもしれないが，夏世代は完結できる．この種の夏世代の成虫は，6月（イタリア，Utzeri et al. 1987a; クロアチア，Devolder 1990）から，8～9月を通して（旧チェコスロバキアとフランス南部，Heymer, 1967; オーストリア，Laister 1991; ポーランド，Bernard & Musial 1995; スイス，Vonwil & Wildermuth 1990）10月まで（旧ユーゴスラビア，Mihajlovic 1974）羽化する．それらが早春に成熟成虫として南方（イタリア，Utzeri et al. 1987a, Dumont & Desmet 1990; ポーランド，Bernard & Musial 1995）から飛来し，3月から（スペイン南西部，Muñoz-Pozo & Tamajón-Gómez 1993）5月（スイス，Maibach et al. 1989）まで繁殖していることは明らかである．北アメリカにおいて南から飛来するアメリカギンヤンマの早春の移住個体と同じように，ヒメギンヤンマも少数で飛来し，連結して産卵する．これはモロッコ（Jacquemin & Boudot 1986）とジンバブエ（Miller 1983a）でも同じであるらしい．

温暖な東地中海地域には定住性の（越冬する）個体群が存在するといわれている（Dumont & Desmet 1990）．しかしヨーロッパの西部から中央部以外の場所で定住性の個体群が見つかるまでは，ほぼ7月以前にヨーロッパの西部から中部で捕らえられる個体のほとんど（あるいは全部）は，ヒメギンヤンマが集団移動を行っている南方（アフリカ）あるいは南東部（中東）やアラビア（Cedhagen 1988; Waterston & Pittaway 1990）付近から，風によって運ばれたものと考えるべきである．適当な風と気温が許す限り，この長距離移動は7月**以降**も継続するようだが，その土地に移住した個体群が羽化し始めると，外部の発生源から飛来した成虫を特定することができなくなる．いずれも北アフリカの発生源を含む2組の観察が，このような長距離移動を考察するための基礎情報となる．

1990年の8月中旬～10月中旬にかけての一時期，フランスとイタリアの地中海沿岸へのトンボの飛来（数百万個体）が継続したことがある．マルセイユ南部では，アフリカからの暖気団を先導する熱風シロッコに先立つ軽い風に運ばれてきた膨大な数のヒメギンヤンマが，地上2～5mを飛んでいたと報告されている．8～10月の期間にヒメギンヤンマの集団が目撃された場所は，同じ時期の風の道筋に基づいて推定された経路の1つに沿っていた．その経路は

モロッコ南部を起点とし，アルジェリア北東部を含むマグレブの地中海沿岸に沿って東方に進み，そのあと北北西方向のスペインの東岸と北のフランスへと向かうものである (Papazian 1992)．これらの詳細な観察は，ヒメギンヤンマが熱風シロッコに押し流されてフランス南部に多数飛来するという Robert (1958) の報告を裏づけている．Dumont & Desmet (1990) は，多数のヒメギンヤンマが，1989年の4月上旬にサハラ (北緯19〜21°) を横切り，おそらくアルジェリアとチュニジアからフランスとイタリアへ渡り，さらに4月25日と26日に吹いた強い風に乗って地中海西部を横切り，5月上旬までにヨーロッパ西部に達したのだろうと考えたが，上記の観察はその推測にもよく一致している．1994年4月中旬の21:20には，キプロスとエジプトのポートサイドの中間にいた船の灯火に，ヒメギンヤンマがハナアブや鳥とともに現れている (Averill 1995)．

　Henri Dumont (1988) は，上記のアフリカ北部からヨーロッパ南部への移動に伴って進む成熟ステージについても考察している．サハラ南部では，降雨によってできた水域からの羽化が見られる時期は主に10〜12月である (Dumont & Desmet 1990)．アルジェリア北部のサハラ・アトラス山脈 (北緯32〜35°) のふもとの丘陵地には，11〜1月にかけて多数のヒメギンヤンマが集積するが，彼らはサヘル [サハラ南隣の草原半砂漠] 西部からの移住個体と思われる．アトラス山脈南面の標高1,000mの地点では，時には朝霜が降りたり日中の気温もめったに10℃を超えないにもかかわらず，(間違いなくその土地に由来しない) 成熟した雌雄の成虫からなる群れが少なくとも2ヵ月とどまり，日中ずっと採餌していた．Dumontの考えによれば，これらの成虫はモンスーンの雨で潤ったサヘルの水たまりから9〜10月に羽化した後，砂漠を越えて北へ風に飛ばされ，さらにアトラス山脈の南側にある南北方向の長くて深い渓谷の中へと吹き寄せられたものである．そこでは，高地の低温が障壁となって春に気温が上昇するまで山越えができないのだろう．このような仮説が成り立つための必要条件の1つは，ヒメギンヤンマの成虫が，この移動を延期できるほど十分に長く生存できることであるが，室内での成虫寿命の観察から，これが十分ありそうなことが示されている (Degrange & Seasseau 1968; Degrange 1971)．このシナリオは，更新世初期以来のサヘル中部で生じている，湿潤な気候と乾燥した気候の交替と関連づけて検討することができる (Dumont 1978b; Roset 1989; Alerstam 1990)．サハラ越えの移住が進化す

るのに要した時間スケールは5,000〜10,000年前であると信じられている．約3,000年前以来，モンスーンが南へ後退したことが原因で，サヘル中部の気候はしだいに乾燥化したことが明らかになっている (Chapman 1988)．この地方の砂漠化の進行は，近年の人為的なインパクトによってさらに加速されて，今日も続いている (Cloudsley-Thompson 1971)．このような傾向がヒメギンヤンマの季節的生態に及ぼす影響は，容易には予想できない．

10.3.3.1.2 展 望　熱帯収束帯を移住する他の種 (表10.4) のフェノロジーは，ヒメギンヤンマのそれと大きく異なるとは考えにくいが，熱帯の外への長距離移動に関しては，どれも同じではない．ほんの数種だけが定期的に温帯地方へ運ばれ (表A.10.5)，その分布は，おそらく彼らが運ばれるさまざまなタイプの風のシステムを反映している．例えばヨーロッパで発見されるアフリカの種 (ヒメギンヤンマ，スナアカネ) は明らかにシロッコを利用している．日本で発見されるアジアの種は熱帯収束帯 (図10.5) と台風 (図10.9) を利用する．そしてオーストラリア南部に到着する南東アジア，東洋およびオーストラレーシア北部の種は温暖前線を利用するが，この前線はオーストラリア北部からイエバエ属の *Musca vetustissima* (現地名はブッシュフライ) も運ぶ (Hughes & Nicholas 1974)．表10.4にあげた3種のアフリカの移住性の種の中で，ヒメギンヤンマとスナアカネだけが定期的にヨーロッパで報告されることは注目に値する．ウスバキトンボは，北アメリカ，東アジアとオーストラレーシアの温帯に毎年入り込み，レバント地方，アナトリア地方 (Dumont 1983) やトルコ南部 (Askew 1988) にも毎年現れるが，ヨーロッパには極めて稀にしか飛来しない (Aguesse 1968参照; Belyshev 1968b; Dumont 1991)．本種は最近 (おそらく初めて) モロッコで記録されたが (Jödicke 1995)，これは地球的な気候変化の傾向を反映していると思われる．ウスバキトンボは，山脈を越えたり海を渡ったりする能力が劣るのだろうか．それとも冬の間アトラス山脈の南面で生き延びながら待機するには，成虫の寿命が短すぎるのか，あるいは飛行のための温度閾値が高すぎるのだろうか．

　§10.3.3.1.1で述べたように，砂漠化の進行によって旧北区の北方のトンボ相とアフリカ熱帯のそれの間に障壁ができたため (Schneider 1991a)，現在アルジェリア北東部にかろうじて残っている繁殖地域ではアフリカ熱帯の遺存種の一部に孤立化が起きている (Samraoui et al. 1993)．

10.3.3.2 寒さの回避

熱帯の移住性の種が温帯地方に移住し，その次世代が羽化した場合，彼らは（絶対的移住性の種として）運んでくれる風に身を任せるだろうが，その風は低緯度方向に吹いているとは限らない．北半球では，南から北への風が吹いており，晩夏か秋にこの風にさらされるのであれば，そのトンボは困難な事態に陥るだろう．それには§10.3.3.1.1で述べたアイスランドとイギリスのヒメギンヤンマの成虫という生き証人がいる．しかし，もし北への風にさらされるのが初夏であれば，上記のような困難に出会う前にもう1回「温帯」の世代が生み出される可能性がある．幼虫期間が短いウスバキトンボの日本におけるフェノロジー（井上 1991a）はその好例である．4月と5月に，南からの最初の移住個体が主要な島である本州南岸（北緯約33°30′～34°30′）に飛来し，そこで繁殖する．6～7月上旬に羽化する彼らの次世代の一部はさらに北へ移動して，北海道（北緯約44°）とカムチャツカ（北緯50°以北）に達し，各地で次々に繁殖する．**彼らの**次世代（春に到着した世代をF_0とするとF_2）は，時々8月の後半に大量に羽化し，F_3世代を産出するが，その幼虫の大部分は死ぬ．中部日本では少数が10～11月に羽化し，おそらく低温に耐えられずに消滅するが（§6.2.1），一部の個体が南へ移動する可能性も否定できない．同じ年に日本の埼玉県（北緯約36°）で観察された成虫個体数の3つのピーク（7, 8, 9月）は，明らかにそこで完結した3つの世代の羽化を表している（新井 1995）．

成虫は暖かい時期にだけ日本へ達するが，本州の南約450km，北緯29°の北西太平洋に定置された気象観測船上でウスバキトンボが捕獲されることは，南西の風がある限り，本種が連続して飛来することを示している（朝比奈・鶴岡 1968）．しかし北～北西の風が卓越する秋には，北方起源の昆虫が気象観測船上で採集されることはあっても，採集標本の中にウスバキトンボは見つかっていない（朝比奈 1971c）．

1年のどの時期であれ，移住性の種の子孫を輸送する風が熱帯から赤道に**向かって吹いている**ならば，おそらくその種にとっては遺伝子を残す機会がある．しかし，もしそのトンボが秋に出発するのなら，その成否にはタイミングが重要となるであろう．David Gibo (1986) は，この状況下でトンボが直面する淘汰圧には2つの種類があることを指摘した．1つは速やかに低緯度方向へ逃れること，もう1つは移住中のエネルギー消費を最小にすることである．秋に熱帯性のトンボの低緯度方向への飛行を最も頻繁に見ることができる地域は北アメリカであり，次の例はそこからのものである．

10.3.3.2.1 具体例：アメリカギンヤンマ

アメリカギンヤンマの分布範囲は，熱帯を中心に，アラスカ州からフロリダ州までの北アメリカ，熱帯中央アメリカ，西インド諸島，ハワイ諸島，タヒチ，中国，およびカムチャツカに広がっている．この多少飛び石的な分布は，夏に暴風があることが原因とされている（日本に本種がいないことは注目される*）．この種は明らかに絶対的移住性の種であり，ロシアでさえ記録されている（Belyshev 1966）．この種は主に浅い湖や池で繁殖する．本種のフェノロジーの情報は主に北アメリカからのもので，フロリダ州南部（北緯26°）では，羽化はどの月にも起き，そのピークは3月にある（Paulson 1966）．

アメリカ中部と北部，それにカナダ南部（北緯39～48°）では，それぞれの土地で報告されているトンボの羽化時期よりもずっと早く，たいていは3～4月の暖かい日が続いた期間に雌雄の成虫が飛来することが多い（イリノイ州，May 1995b；インディアナ州，Wissinger 1986；メリーランド州，May 1995f；ミネソタ州，Trottier 1971参照；ニュージャージー州，May 1995h；Donnelly 1980；オハイオ州，Fischer 1891参照；オンタリオ州，Walker 1958, Butler et al. 1975；ペンシルベニア州，White & Raff 1970）．ほとんどの成虫は成熟しており，雌にはタンデム痕があり（Ness & Anderson 1969；§8.2.5），雄はすぐに水の上をパトロールする．暖かい強風によってまだ氷や雪に覆われた場所へ運ばれると，これらの移入個体によって次のような奇妙な光景が見られる．Terry Butler (Butler et al. 1975) は4月4日にオンタリオ州南部の池で複数の雄がパトロールしているのを観察した．その池はまだ雪に囲まれ，その前の2日間こそ氷がなかったが，次の数日間は再び薄氷が張り，翌日には氷の上に雪が積もる状況であった．アメリカギンヤンマは，同年の5月4日まで，その後再びその池で見られることはなかった．これら早期の移入個体は，ほぼ同時期にその土地で羽化する少数個体（§7.4.3）と同様，この時期にはごく短期間しか生き残れそうにない．これ以後の時期であれば北への飛行が時々起きるように思われるが，その場合は目立たず，移入個体が含まれているとは認識されにくい．マサチューセッツ州のコッド岬 Cape Cod では，6月上旬に不均翅亜目の大群が観察されるが，その中の

---

* 訳注：1995年に硫黄島で飛行中の1雄が捕獲されている（杉村ら 1999）．

10.3 生息場所間の移動

かなりの割合を占めるタンデム態のアメリカギンヤンマは (Sones 1995), このような遅い移入の例だと思われる.

春に飛来した個体の次世代は, 6月下旬～10月中旬に羽化し, その最盛期は8月下旬～9月中旬である (Trottier 1966, 1971; Young 1967a; Ness & Anderson 1969; Wissinger 1988b). 一方, 定住（越冬）個体群のほうは, フロリダ州南部では3月 (Paulson 1966), インディアナ州では5月中旬～6月中旬 (Wissinger 1988b), そしてオンタリオ州南部では6月下旬～7月中旬 (Trottier 1971) に羽化する. このように, 両者は時間的に分離している. 飛来個体の次世代の未成熟な羽化成虫は, その一帯（ただし, 水域ではない）に数日ないし数週間とどまって採餌し, 脂肪をたっぷり蓄えた (Corbet 1984a) あと姿を消す. 例外として, インディアナ州の南向きの放棄された畑で標識された成虫の同時出生集団が, 9月から12月初めまで未成熟だが活発な状態で残っていたことがある (Wissinger 1986). 一方, 秋に見られるアメリカギンヤンマの成虫は, しばしば他の移住性の種（オオカバマダラ, タカ類, ハチドリ類; 例: Bagg 1957, 1958) と一緒に, 多数が南へ飛んで行く. ニューヨーク州ではアメリカギンヤンマが, 8月下旬をピークに7月30日～11月14日まで, 海岸に沿って南へ移住することが報告されている. この地区で見られる10種以上の移住性の不均翅亜目の中で, アメリカギンヤンマは常に最後にいなくなる種である (Walter 1996). 移住しようとするアメリカギンヤンマが, どうやって南の方向を認識するのかは不明であるが, 水平偏光を用いている可能性について§10.3.1.5で記述した. オンタリオ州では, 移動集団はオンタリオ湖とエリー湖の北を西向きに飛行し (Nisbet 1960), エリー湖の北岸の半島で群れ集まってねぐらに就く (Root 1912; Corbet & Eda 1969; Judd 1974). その後突然そこから飛び立ち, 明らかに湖を横切って南へ飛ぶ (Woodford 1967). この湖の南岸に近いペンシルベニア州の大きな島を移動の中継地とすることもある (Emery 1934). 移住中のアメリカギンヤンマは, 日没前1時間の間に樹木や茂みの暖かい西向きの面を選んで落ち着き, 一夜を過ごす. 翌朝, 日の出前に, 東に面した枝への短い調整飛行を行い, そこで太陽が昇るにつれて外温的に体が暖められる. ほぼ常用薄明時（日の出の約35分前）に起きるこの調整飛行に先立って, 数分間の翅震わせを行い, 内温的に体温を上昇させる (Corbet 1984a; §8.4.1.3). インディアナ州南部の移住個体の運命は知られていないが, フロリダ州で観察された9月上旬の寒冷前線に伴う集団移動は (May 1995f, h), より高緯度からの移住だった可能性がある. フロリダ州で見られた成虫のうちの少数はタンデム態であったことから (May 1995h), 性的に成熟した後も移住が続いていたことが示唆される. ニューヨーク州の海岸に沿って南へ移住するアメリカギンヤンマの中に, 時々タンデム態のペアがいることは (Walter 1996), この推論を補強する. James Woodford (1967) は, 秋にエリー湖の北岸に沿って集合していた何百ものアメリカギンヤンマに（翅に住所ラベルを貼り付けて）標識を施したが, 再確認の報告は1つも届かなかった.

9月になって寒冷前線が北または北西から移動し, その地を覆っていた熱帯気団が北極気団に入れ替わった後, Donald Borror (1953) はコネティカット州で, また Aaron Bagg (1957, 1958) はペンシルベニア州, メーン州, マサチューセッツ州の海岸近くで, 鳥と一緒に移住しているアメリカギンヤンマを観察している（図10.10）. ニューヨーク州の海岸で, アメリカギンヤンマが優占する少なくとも10種の不均翅亜目を6年続けて観察した Steve Walter (1996) は, 最も頻繁に移住が観察されるのは寒冷前線と北風（前線の通過後, 最も普通の風）の通過に一致することを示した. このような大気の移動によって, ロングアイランド島南部の海岸は, 移住昆虫のための巨大なハイウエーと化し, 時折採餌のための中断を挟みながら, 安定した南への飛行が間断なく続く. Bagg がマサチューセッツ州のドーバー Dover で観察した際に見られた積雲から, サーマルが存在したことが分かる. このサーマルに乗ってタカ類が旋回しながら高く上昇し, その後南または南西へ漂い飛んでいったのも観察されている. アメリカギンヤンマの移動が見られたのは, 地表近くから人間の視力の限界までの高さであるが, さらにずっと高空を飛行または浮漂していた個体ももちろんいたはずである. このような移住の間, 成虫がハヤブサ類によって一時に大量に捕食されることがある (Walter 1996).

アメリカギンヤンマは, 秋にオンタリオ州南部から南へ移住するとき, しばしば上昇気流の中で滑空と動力飛行を行った. Gibo (1980) が観察した成虫は, 南への移住に最適な気象条件のもとで（気温が高めで, 強い上昇気流と追い風のある日に）, サーマルの中を飛行する傾向があった. 同一状況下でのオオカバマダラから類推して, アメリカギンヤンマも風の方向を相殺する精巧な飛行ができるかもしれない. オンタリオ州南部では, 9月の第3週を過ぎると冷涼で湿潤な条件の日が多くなるので, 移住に好適な天

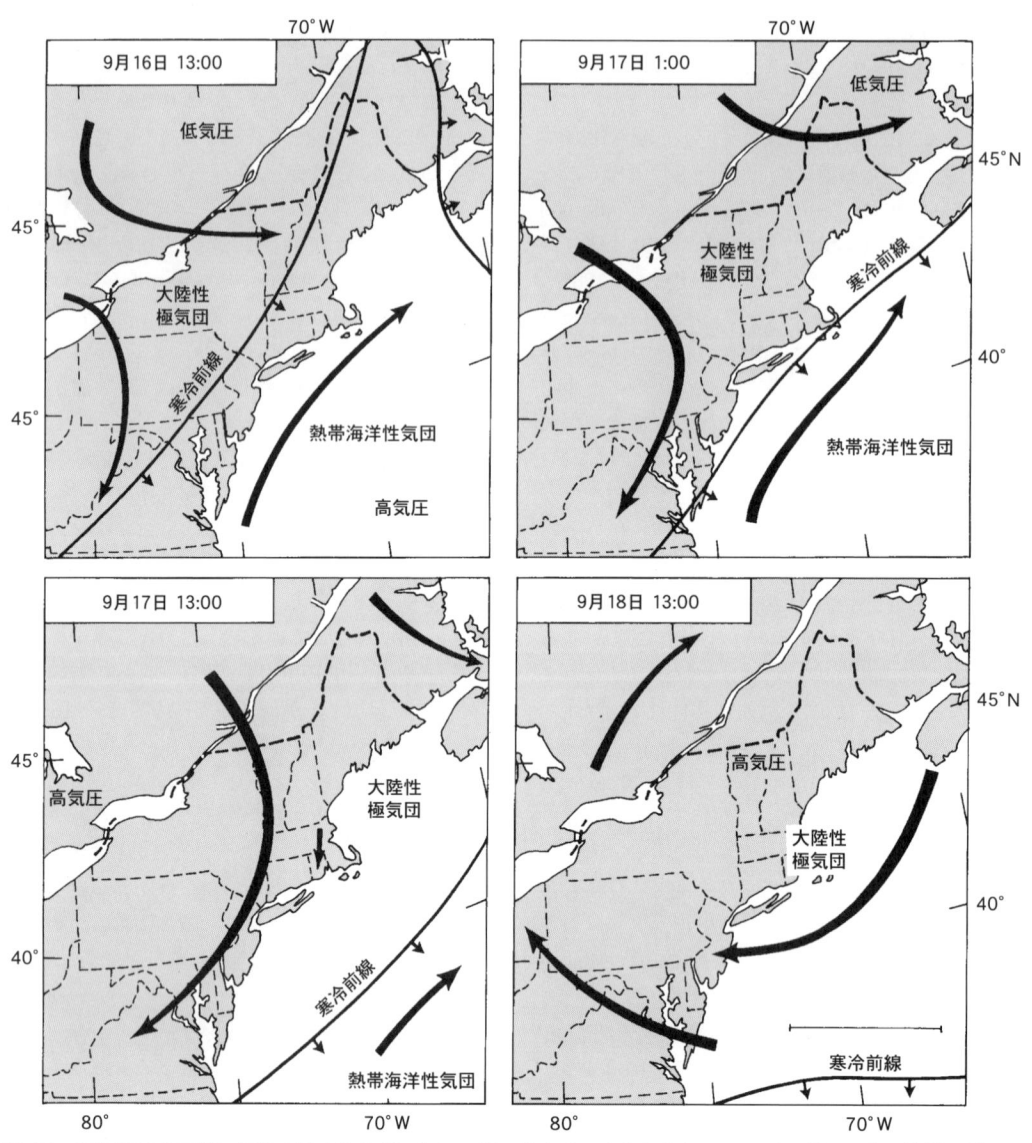

図10.10 1957年の2日間に多数のアメリカギンヤンマが，鳥やチョウとともにニューイングランドの海岸に沿って南西方向へ移動したときのアメリカ北東部一帯の気象概況．9月16〜17日の夜間に寒冷前線がニューイングランドを通過し（上段右枠），熱帯気団から寒帯気団へと変化させ，ニューイングランドは五大湖一帯に中心をもつ高気圧の東側に位置した．矢印は風向き．時刻は東部標準時．スケール：500km．(Bagg 1958を改変)

候が何日か続く機会は急速に減少していく．そのうえ，好適な温度の日には風が逆に南〜南西から吹くことが多くなるので，移住がますます困難になる．高く飛行してから滑翔するという類似した2つの行動（Gibo 1986）を有利にする淘汰圧（§10.3.3.2）として考えられる風は，北東からの追い風だけである．インディアナ州では，移住を有利にする気象条件がそろう日が9月下旬以降になると少なくなることが，アメリカギンヤンマ成虫の出発が12月上旬まで遅れてしまう理由かもしれない．この状況は，気象条件が移住を妨げている間，ヒメギンヤンマがサハラ・アトラス山脈のふもとの丘陵地帯で「足踏みする」こと（§10.3.3.1.1）を思い出させる．またアメリカギンヤンマは，ニュージャージー州のメイ岬 Cape May に9月に飛来し，その後10月までその数が増加したあと減少するが，年によっては，一部の成虫が12月上旬までそこにとどまる（May 1995h）．ニューヨーク州の海岸に沿う南の方向へのアメリカギンヤンマの移住は，気温15〜17℃以上のときに活発になるが，時には10℃でも起きる（Walter 1996）．

10.3.3.2.2 展望 表A.10.5に掲載したすべての種は，春の移入個体の次世代が羽化する晩夏から秋にかけて，アメリカギンヤンマと同じ淘汰圧に遭遇すると考えられる．これ以外にも，この生態学的カテゴリーに属するかもしれない3種がいるが，ほとんど何も分かっていないので，表A.10.5には入れなかった．4月の第2週にスペイン南西部でギンヤンマ *Anax p. parthenope* の成熟成虫が見られており(Dufour 1978b)，8,9月にはポルトガル南西部で，明らかにアフリカの方向に，ヨーロッパショウジョウトンボ *Crocothemis erythraea* と一緒に移動する成虫が観察されている(Owen 1958)．春になって，オーストラリアのキャンベラ(南緯35°)に最も早く飛来する *Hemicordulia tau* の成虫の中には成熟した個体が含まれる(Watson 1983)．またニューサウスウェールズ(南緯36°)に最も早く飛来する個体も成熟しており産卵も見られるが，この飛来は(ちょうど北アメリカのアメリカギンヤンマのように；Faragher 1980)，その土地で確実に羽化が始まる2ヵ月も前である．

表A.10.5の中の2種については補足しておくべきだろう．両種とも外観はアメリカギンヤンマによく似ている．Paulson (1990)によると，*Sympetrum corruptum* は，冬の間にメキシコから南はホンジュラス(分布の南限)まで現れる．分布の北限近くでは，成熟した成虫が他のどの種の成虫よりも早く出現する(例：オレゴン州では3月10日，Valley 1993)．また北西太平洋の海岸に沿って秋に南へ向かう移住個体(例：オレゴン州では8月末，Macy 1949；カリフォルニア州では9月末，Opler 1971)は主として未成熟な成虫で，一部の個体は脂肪を豊富に蓄えている．

スナアカネは，フランスのカマルグでは春のごく早い時期に(3月末, Dufour 1978a)，ほとんど例外なく成熟した成虫として現れる．スペイン南西部では年3化の定住性の種であり(Ferreras-Romero 1988)，ドイツ西部では「第2世代」が9月と10月に羽化し(Reder 1992)，スイスでは8月と9月に羽化する成虫はすべて移住して消えてしまう(Robert 1958)．ポルトガル南西部では，8月と9月に成虫がギンヤンマやヨーロッパショウジョウトンボ(上記参照)とともに移住していたのが観察されている(Owen 1958)．イギリス南部では6月下旬と7月に，未成熟な成虫の非常に大きな移住集団が飛来した(Fraser 1943b)．また，カマルグでは8月上旬に，羽化後2～5日の膨大な数の成虫が風に逆らって西～北西に飛行するのが見られたが(Dryer 1967)，ここでは大気の収束またはミストラルによる吹き寄せが個体群を集結させたかもしれない．おそらく，晩夏から秋にかけては，ヨーロッパ中央部から南へ流れる大きな吹き降ろしの風が(例：スイス・アルプスとピレネー山脈の間隙を通るミストラルと，南へアドリア海上に流れ込むボラ)，ヨーロッパ大陸からより低緯度方面への飛行を促進するのだろう．

熱帯収束帯を移住する種の繁殖が温帯地方でも見られることは，彼らが熱帯の外へ向かう風と内部の風とを区別できないことよる，偶然の出来事のように思われる．Scott Wissinger (1989b)は，ラケラータハネビロトンボの移入個体が，定住個体よりも大きな幼虫を春に産出する点で，北への移住に淘汰上の価値があると主張した．しかし，秋になってその移住個体の次世代がより低緯度へ移動し，生き残れるのでなければ，このような有利性も無駄になるに違いない．それにもかかわらずこの示唆は，アメリカギンヤンマやラケラータハネビロトンボのように，同じ種の移動性と定住性の幼虫集団が同じ水域に生息する場合に，集団間の相互作用に注意を喚起する点で有用である．

10.3.4 条件的移住

一部の種(例：ヨツボシトンボ)の個体群は，ある年には顕著な移住を行うが，他の年には移住しない．場所によってはある程度の移住は毎年起きている(Lempert 1996)．同じ個体群でも，一部の個体は移住するのに，他の個体は移住しないこともある(例：マンシュウイトトンボ, Parr 1995b；ヒメアオモンイトトンボ，ムツアカネ)．このような種では，移住を誘起(または抑制)する要因は不明である．特に春季種では，春の急速な温度上昇と同期的な羽化との間に因果関係がありそうなことから(Wesenberg-Lund 1913: 412参照；§7.4.3)，Fraenkel (1932)とDumont & Hinnekint (§10.3.4.1.1)は，おそらく視覚運動系の応答を介して，個体群密度が移住の引き金をひくのだろうと示唆した．もちろん，条件依存的に移住することが知られているトンボの種については，移住行動と相関する表現形質を探す価値がある．ムツアカネ(§10.3.4.2.1)，キタルリイトトンボ(Anholt 1990b)，*Erythromma viridulum* (Wasscher 1987)では，体サイズと移動分散行動との間に正の相関が検出されている．ただしサオトメエゾイトトンボでは検出されていない(Thompson 1991)．

§10.3.3ではタイプ3の飛行(§10.2.3)を除外して考えた．このタイプは機能的には移住飛行と異なる

が，他個体の飛行を誘導する視覚運動刺激を発している点では移住性の種との違いはないはずである．

10.3.4.1 前生殖期に始まる移住

§10.3.1.3で見たように，これまでに分かっている絶対的移住性の種では，すべてテネラル期終了後早いうちに移住を開始する．したがって，この時期に移住を開始することが条件的移住の特色ではない．それでもこのようなカテゴリーを設ける理由は，条件的移住は生殖期においても始まりうるからである（§10.3.4.2）．

10.3.4.1.1 具体例：ヨツボシトンボ 4個の斑点のあるトンボとして広く知られているこの全北区の種は，新しく形成された水域に初期に棲みつくことが多く（Wildermuth 1994c参照），一時的水たまりや広い湿地，山地の湖など，さまざまな形態の止水，酸性からアルカリ性までさまざまな水質の生息場所で繁殖する（Cannings & Stuart 1977参照）．ヨツボシトンボは，旧北区では頻繁に，新北区ではおそらく時折，平均して約10年（範囲は6～14年；Dumont & Hinnekint 1973とその引用文献参照）の間隔で大規模な周期的移住を行う．無数の群れが，数千km^{2}の地域にわたってほとんど同時に出現することがあるので（Fraenkel 1932），移住を誘起する刺激は広域的に作用するものであることが示唆される．このような行動ゆえに，オランダではヨツボシトンボに「旅行トンボ」（オランダ語のtreklibel）という俗称がついている（Lieftinck 1926）．ヨーロッパ北部から東部にかけて起きる移住には（Nordman 1935参照）共通して次のような特徴がある．移住は春，通常は5～6月上旬に起き，目撃例は雨を運ぶ前線の通過としばしば一致し（表A.10.7），出発時の成虫は未成熟である（例：フィンランド，Nordman 1937；ドイツ，Hagen 1861；ポーランド，Mielewczyk 1982a；イギリス，French 1964）．そして飛行境界層内を移動する成虫は，絶対的移住性の種の特徴である持続性と定位性を示す．フィンランドで観察されたヨツボシトンボの移動は（Federley 1908），トンボの移住としては最北の記録である．

1971年の5月下旬と6月上旬に，ヨツボシトンボの非常に大きな移住がオランダとベルギーで起きた．国営放送局の協力と，市民および学校から集められた情報を用いて，Dumont & Hinnekint (1973) は，移住している複数の群れの大きさと経路を再構築した（図10.11）．彼らの報告書はHenri Dumont (1964) によるフランス北部からの1963年の報告とともに，この種の移住の様子を生き生きと描写している．1971年の移住では，まず，最初の数日間で，ジーランドZeelandの海岸地域に個体数が増えていった．この地域には平坦な，湿地の多い谷を貫流する川があり，そのそばでヨツボシトンボの非常に大きな個体群がいくつか維持できる．最初（フランスで），成虫は地上低く静かに飛び回り，何度もとまった．次いでためらうように，ゆっくりと，間欠的に急速な羽ばたきを挟みながら舞い飛んだ．彼らは他の個体の動きにしだいに反応しやすくなるように思われた．1個体の成虫が飛び立つと，近くにいた他の数個体にもたいてい同じ行動が伝わった．そのあと，複数の小さな群れが方向性のある飛行を開始し，それが速やかに融合して巨大な飛行群となった．この移住群は，通過する地域から他のトンボを編入してさらに巨大化していくようであった．観察者に見える成虫は，14:00～16:00をピークに7:30ころから20:30ころまで活動し，たいてい地上数cmから5mの高さを，先頭は15～300m広がって飛行した．夜は木々の中にとまり，早朝に出発した．飛行中はたいてい，風を利用して定位するよりはむしろ道路，川，運河などの視覚的な目標に従っていた（図10.11）．例えば，1つの巨大な飛行群は，デンデルーウDenderleeuwに向かう鉄道（！）に沿ってブリュッセルを離れた．いくつかの飛行群は6kmにわたって連続的に広がっており，推定個体数は400,000個体/km^{2}であった．6月2日に初めて移動が見られてから2, 3日後にベルギーの西端に達したが，それらのトンボはエネルギーを消耗したためか障害物に衝突し，鳥や猫に捕らえられる個体が極めて多かった．現在のところ，移住がこのような時間的パターンを示すトンボは，ほかに知られていない．

10.3.4.1.2 展望 Dumont & Hinnekint (1973) は，非常に生産性の高い生息場所で同期的に羽化したヨツボシトンボの大きな群れが，彼らが通過する地域を「からっぽ」にしながら，徐々にメンバーを増して巨大な群れになるという仮説をたてた．彼らは，個体群のレベルが高い年に移住が起きることに着目し，周期的移住を吸虫（Prosthogonimus ovatus）（§5.2.3.2.1）による寄生と関係づけて説明する仮説を提案した．その仮説によれば，2つの条件がヨーロッパにおける移住のタイミングと規模を大きく決定する．第1は，吸虫の寄生の程度が周期的に振動することである．その結果，新しく羽化したトンボの神経へのメタセルカリアによる刺激も周期的に変化するため，処女飛行（または少なくともテネラル期

10.3 生息場所間の移動

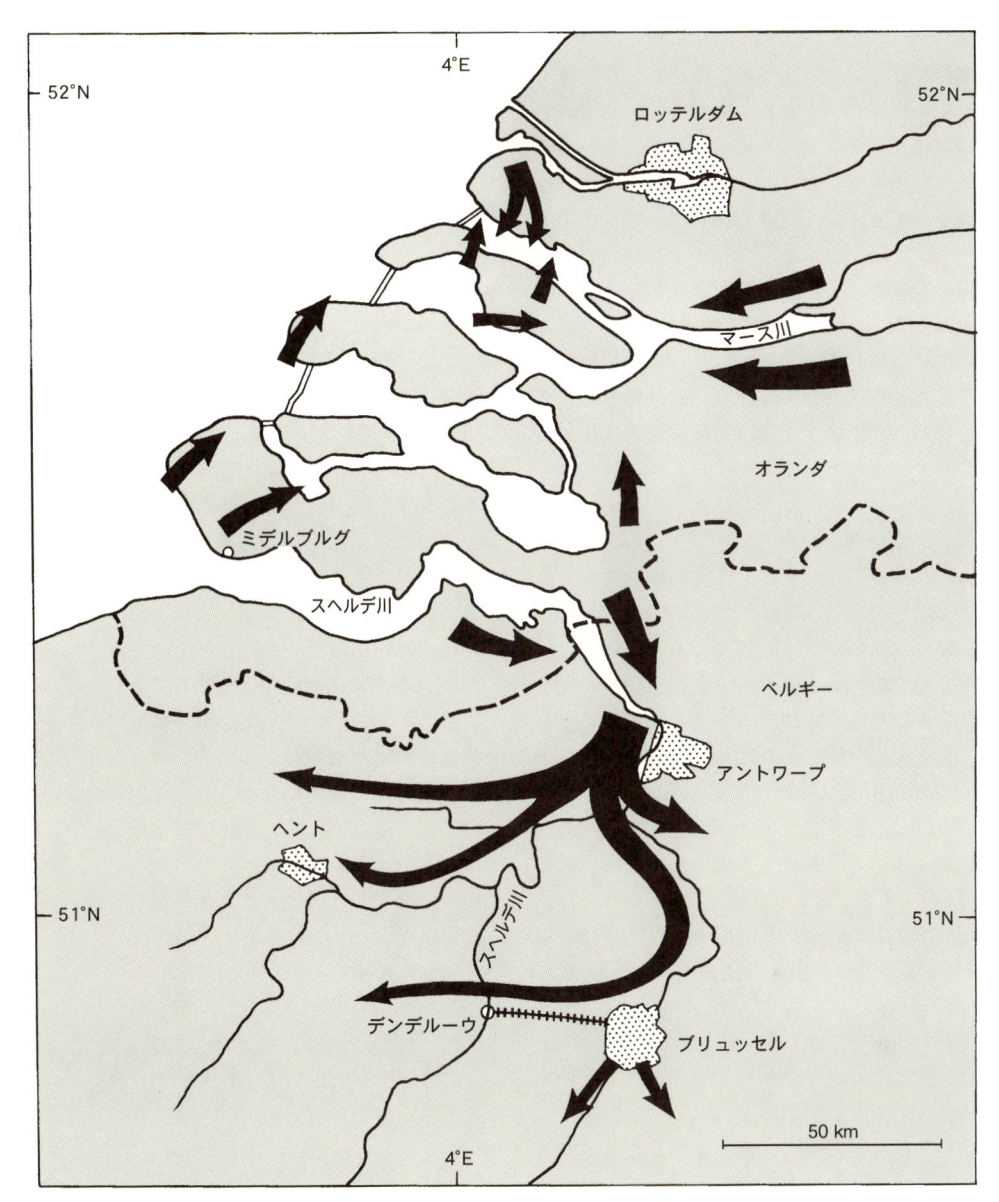

図10.11 集団で移住中のヨツボシトンボの成虫がたどった経路の再構成．1971年6月のオランダとベルギー．(Dumont & Hinnekint 1973を改変)

の後の早期における飛行）が延長される．第2は，同期的な羽化である．おそらく5月中の天候の寒さ暑さの繰り返しによって同期性が強められ，これが若い成虫間の視覚的相互作用を強化して，広範囲に集団飛行を誘起する．そのため，彼らが移動するにつれて集団は速やかに大きくなり，一方で彼らが通過する地域の同種密度を低下させる．これらの移住飛行は，一部は鳥類（吸虫の終宿主）による捕食によって高い死亡率にさらされる．残された幼虫個体群（ヨツボシトンボはしばしば2年1化性，Corbet 1998）は寄生率が高くなって減少するであろう．すると今度は宿主が欠乏するので，寄生虫個体群が崩壊するという具合に，この循環が繰り返される（しかしMichiels & Dhondt 1991b参照）．これらの考えは，寄生虫-宿主相互作用に特有な複雑さを強調している．

10.3.4.2 生殖期に始まる移住

未成熟成虫が（条件的に）移住を始めるトンボと，成熟成虫が移住を開始するトンボとの間には確かに機能的な差異はある．しかし，移住が生殖期に**始まる**かどうかを明らかにするためには，特別な計画をたてて調査しない限り，検出できるものではない．

なぜなら，移住を目撃された成虫が成熟していても，移住を**開始**したときには未成熟であった場合とすでに成熟していた場合のどちらもありうるからである（§10.3.1.3）．ただし，生殖期に移住を開始することが知られている種が1つだけある．ムツアカネの成熟した雌雄の成虫が示す空間的移動は，成虫がある繁殖場所（おそらく彼らの羽化場所）から立ち去って他の場所で繁殖するという意味では移住である．しかし成虫は，（おそらく）その発生地で繁殖を開始し，**そのあと**初めて移住するので，この移動は，我々がこれまで考察してきた他の移住飛行とは異なる．要するに，このトンボの生活環は非移住相と移住相の両方を含んでいるのである．

10.3.4.2.1　具体例：ムツアカネ　この全北区のトンボは貧栄養的な水たまり，多くの場合酸性の高層湿原で繁殖し，そこでは高密度に達することがある．例えば，約4,600m^{2}の池から4週間で15,000個体の羽化が観察され（Martens 1991b），Michiels & Dhondt (1991b) は新しく造成された池からの大量の羽化を目撃している．この種は，卵での絶対的休眠と4～6ヵ月の短い幼虫期間を特徴とする（Waringer 1983; Martens 1991b）年1化の生活環をもち（タイプB.2.1.1，表7.3），どの産地でも通常最後に羽化するトンボの1つである．カナダ，ブリティッシュコロンビア州の標高1,260m，北緯49°の地点で，9月中旬に1個体のテネラルな成虫が発見されている（Kiauta & Kiauta 1994）．

ベルギーでMichiels & Dhondt (1991b) が調べた個体群では，成熟成虫の80％が移入個体と推定された（20％だけがその地区で羽化したもの）．これは，定住個体と移入個体とで腹長に違いがあることから導かれた結論である．早く羽化した大型の個体の一部には前生殖期に移出するものもいたが，ほとんどの成虫は羽化後10日または13日で（それぞれ雄と雌）水域に戻る（Michiels & Dhondt 1989b）．そこで繁殖した後，多くの個体は羽化後25～30日，すなわち成熟してから12～20日で立ち去った．移出が起きている時期の（同種の）密度は，雄にはマイナスの効果があったが（高密度は移出を**妨げた**），雌にはプラスの効果があった．このことから，雄の間には（大きな空間スケールでの）相互の誘引が，雌の間には間おき行動がそれぞれ作用していることが示唆される．立ち去っていく雄は南へ飛び，雌は北へ飛ぶ傾向があった．この個体群では雄の23％と雌の9％が成熟個体として羽化した地点へ帰り，早く羽化した大型の個体が戻ってくる確率はもっと低かった．同程度の帰還率がヒスイルリボシヤンマとクロイトトンボ（§10.2）で記録されており，10日間の前生殖期を過ごしたオオカワトンボとニシカワトンボで記録された72～75％の値（江口 1980）とは対照的である．十分成熟した後でも，かなりの数のムツアカネの生息場所間移動が起きた．つまり，繁殖の一部は成虫が発生した生息場所で行われ，その後，どこか他の場所に移住して繁殖するということである．

ムツアカネは，晩夏に時々干上がるような浅い水たまりで繁殖する．Michiels & Dhondt (1991b) は，生殖期の途中でこのような生息場所間を移住する利点が3つあることを主張している．第1に，好適であることが分かっているその地域の生息場所を利用できる．第2に，成虫は，他の繁殖場所へ移動することによって，ある生息場所での次世代の生存率が低くなるリスクを分散できる．そして第3に，まだ棲みつきが起きていない新しい生息場所の利用は高い繁殖成功をもたらすかもしれない．産み付けられた卵は，春まで休眠状態を維持しており，乾燥と寒さに耐性があるので（Waringer 1983），池が干上がる**前に**行われた繁殖への投資も有効である可能性が高い．同種との遭遇頻度が低いと，雄の移住は促進されるようである．そのため，高密度のときには雄は（攻撃的な相互作用を介して）小さい（局所的な）規模で反発するだけで，その生息場所を離れることはなかった．

Michiels & Dhondt (1991b) は，ムツアカネの成熟後の移動を分散と呼んだが，明らかに新しい繁殖場所への移動に該当するので，ここでは移住と呼ぶことにする．Michiels & Dhondtは，「移住する」ムツアカネがどのようにして時々集団を形成するかを示唆している．いずれにしても，ムツアカネが大群で，海上や（Gardner 1956），ヨーロッパ中央部では陸上を飛び（Fraenkel 1932），海岸付近の島々に飛来すること（Longfield 1957; Lempert & Milewski 1980）が目撃されている．

ヨーロッパショウジョウトンボの場合は，移住することも（表A.10.7参照; Dumont 1967），耐乾休眠することもあるらしく（Stortenbeker 1967参照），この例もまた，広い緯度範囲に分布する種の生活環は地域的に異なることがあるという可能性を示している．

10.3.4.2.2　展望　ムツアカネ（§10.3.4.2.1）のほかには，生殖期に厳密な意味での移住を**開始する**種はこれまで知られていない．ただし，秋に気流によって輸送されている途中と見られたキアシアカネ

の群れの中に経産の雌が存在することから (Corbet 1984a)，本種も同様に行動する可能性が示唆される．一部の種では雄が生殖期の途中で繁殖場所を離れるが，どの場合も，同種雄間の相互作用の増加に反応してそうする，つまり，Higashi (1969) がショウジョウトンボで最初に詳述した分散のパターンに従うというのが最節約法による説明である．他の3つの例も，さしあたって同様に解釈できる．そのすべてが，繁殖場所における成熟雄の行動にかかわっている．カオジロトンボの新たに成熟した雄は，長期間そこにいた雄よりも，密度の増加に反応して立ち去る傾向が強い (Pajunen 1962a)．また，同属の Leucorrhinia rubicunda では，成虫活動期の初めの比較的短い期間に，雄の密度が安定する (Pajunen 1966b)．アメリカカワトンボ Hetaerina americana の雄は，性的に成熟した直後に離れる傾向が強い (Weichsel 1987)．Michiels & Dhondt (1991b) によるムツアカネの観察結果が特異な点は，成虫活動期の早期に，他の生息場所からの移入個体として，成熟雄が多数飛来したことである．

ムツアカネ，エゾアカネ，あるいはイソアカネが，移住の小休止中に雄間の闘争行動を示したという Jochen Lempert の観察 (Parr 1983a 参照) から示唆されることは，エゾアカネとイソアカネが，ムツアカネと同様に (前生殖期だけでなく) 性的に成熟したときにも移住を開始するという可能性である．しかしこれを事実として認める前に，彼らの習性をもっとよく理解する必要がある．いつでも (主要な出会い場所でも，離れた場所でも) 生じうる種内の相互作用によって引き起こされる生息場所内の移動と，成熟後12～20日に突然同期的に集団で移出するムツアカネのようなタイプの移住 (Michiels & Dhondt 1989b) とを区別することは困難であろう．

春の池に特徴的な，通常は非移住性である不均翅亜目 (例：*Libellula axilena, L. semifasciata*) の数種が，ニュージャージー州とニューヨーク州で突然所々に多数出現したことがある．これは，これらのトンボが発生したと考えられる南東部の数州での激しい干ばつと東海岸に沿った南風との複合が原因であることが，Soltesz et al. (1955) によって明らかにされた．すべての成虫は成熟していた．これらの観察から，条件的移住の存在が強く示唆される．

10.4 概 観

この章で大規模飛行を通覧し，仮の分類を試みたことで，特定の地域の情報がもっと多く必要なことがはっきりした．絶対的移住性の種 (例えば熱帯収束帯の) に関しては，どの種についても，前生殖期および生殖期の長さをたとえおおまかであっても推定することと，繁殖を開始した後も移住が継続するかどうかを知ることが重要だろう．このような情報は容易には得られないが，移住中と分かる (できれば日没近くに降下してくるのを観察できた) 雌の卵巣の状態の検査 (未経産か経産か) は直接的な情報となる．羽化から産卵までの最短の時間が分かれば，トンボ目の中でおそらく最多 (§7.2.5.1) に近いと考えられる熱帯収束帯を移住する種の化性の推定が可能になるだろう．飛行境界層の上方でのトンボの行動については，もっと多くのことを知る必要がある．映画記録も多くの情報をもたらすだろうが，夕方の降下，夜のねぐらでの泊まりの様子，それに朝の上昇を注意深く記録することで，性的成熟度と地上から高い所でどの程度採餌しているかについて貴重な間接的情報が得られるかもしれない．ウスバキトンボのような大群を作る種の個体が，どれだけの面積の集水域から集まってくるのかについて，なんらかの推定値が得られれば，絶対的移住性の種の個体群動態を理解するための見通しが立つだろう．

条件的移住性の種については，移住を誘起する至近刺激を発見することと，移住を決定する遺伝的要因と環境要因の相互作用についての研究を優先すべきである．

いくつかの生息場所間の飛行では，移住か非移住かのカテゴリー分けが困難であることが，新北区のイトトンボ科の *Enallagma ebrium* の例でよく分かる．ミシガン州で，この種は (大型の不均翅亜目幼虫が捕食されやすいため) 魚と共存できるが，魚がいない場合は長くは存続できない．しかし，冬期の低酸素濃度のために魚の個体群が断続的に激減するか消失する「冬死」湖には大量に生息する (McPeek 1989)．魚がいるかいないかの，どちらかの湖に生息するように特殊化した同属のほかの数種 (§5.3.1.4) とは異なり，*E. ebrium* は生息場所間の顕著な移動を示す．この行動は，おそらく条件的移住の1つの型であろう．

トンボ目成虫の空間的移動を理解するうえで基礎となる情報は，観察の機会があるかどうかによって，そして観察者が何を探すかによって大きく制限される．例えば，Jochen Lempert は域内で発生するトンボ個体群がいない「生態学的な島」で，トンボの飛来をモニターしようと考えた．その結果，それが非常に豊かな情報を与えるものであることを証明し，多

くの種の前生殖期および生殖期における移動性に関するいくつかの仮定をかなり強固なものにした．幼虫が全く見いだされない北海のメルム島（最も近い陸から6～7km）に，不均翅亜目15種と均翅亜目13種が5～10月まで頻繁に飛来した（Lempert 1995c）．この種のリストは，最も近い本土から10.5km，そして最も近い島から9km離れた北海の別の島で3年間に記録されたものとよく一致する（Finch & Niedringhaus 1996）．

メルム島では未成熟個体，成熟個体のいずれも記録され，後者の一部は性行動を示した（Lempert 1995a）．Lempertはハンブルグ市内にある孤立した小さな池（17×16m）でも調査を行っている．そこには昆虫食の魚が高密度で生息し，自生性のトンボはわずか数種が見られるだけだった．彼は，6月下旬（観察を始めたとき）から9月末までの間に，不均翅亜目18種と均翅亜目9種が飛来するのを記録した．そのほとんどすべてが池を生息場所としている種であった．成虫活動期を通してこの隔離された不適な場所へ絶えず飛来する成虫は，どの種も雄と雌を含み，イソアカネを除いてほとんどすべてが成熟していた．これらの種の最も近い既知の繁殖場所は数km，時にはもっと遠く離れていた．長期間にわたって，トンボは4～5分に1個体の割合で飛来した．1年間の飛来を集計すると，アカネ属が1,600回以上含まれていた．一部の個体は移住を中断し，数日間その池に滞在してからさらに移動を続けた．（1994年の飛来時に標識した）649個体のうち，27個体（4％）が2～3日間とどまり，そして13個体（2％）が4～7日間滞在した．エゾアカネでは，飛来する雄の比率がしだいに減少したことから，移動中の雄は雌よりも途中で移動を中止する傾向が強いことが示唆される．ムツアカネの50％以上は2時間以内に立ち去ったが，これは一部の雄が1日に2つ以上の池に飛来していた可能性を示唆する．一部の飛来個体は，水面近くへ降下することさえせずに飛行を続けた．これは，生息場所を示す鍵となる性質が数mの高さから感知されていたことを示唆する（Lempert 1995b）（§2.1.4）．

河川に沿った生息場所間の移動をモニターするために計画された研究（Sternberg 1999）によって，不均翅亜目（29種以上）と均翅亜目（8種）の多数の成虫が，単独または小さい集団で，川岸，特に木の茂った側に沿って移動することが明らかにされた．そのほとんどすべてが成熟色を呈し，流水性の種はわずか24％だけであった．いくつかの分類群（老熟したヤンマ科とエゾトンボ科）は飛び続けながら移動し，一部（すべての均翅亜目と新しく羽化した不均翅亜目）は間欠的に停止し，一部の種は両方の行動を示した．Sternbergの発見は，移動するトンボが，景観の線状の構造物に視覚的に定位する（§10.3.1.5）という結論を確たるものにし，これをもとに，彼は岸に樹木が生育する河川がトンボにとって重要な移住経路になっていると述べている．

LampertとSternbergの観察から，域外発生のトンボが止水や流水の水域への飛来と通過を頻繁に行っていることが示された．このことから，温帯域のランドスケープは，夏の間を通して，産卵場所を探し求める多数の移住個体の縦横無尽の移動によって覆い尽くされるイメージになる．これらの重要な結果から見えてくることは，少なくとも止水性のトンボ目のほとんどすべての種が，成虫生活の間に少なくとも一度は移住するのではないかという可能性である．

アカネ属の種における集団移動の多くの記録は，現在のところ1つの飛行タイプに分類しているにすぎない．熱帯性の2種，*Sympetrum corruptum* とスナアカネの飛行の解釈は容易である．それ以外の種のうち，アキアカネ，*S. meridionale*，タイリクアカネ（*S. striolatum imitoides* および *S. s. striolatum*）は，少なくとも彼らの分布域の南の部分では季節的退避飛行を行うことが，そしてムツアカネは繁殖を開始した後でも移住を開始できることが知られている．もしムツアカネの例がなかったら，温帯性のアカネ属の多くの集団飛行はタイプ3の飛行，すなわち未成熟期には退避場所へ**向かい**，成熟したらそこから**離れる**タイプに分類されていたであろう．そして，タイプ3の飛行を行う他の属のトンボにも同じ論法を適用したであろう．しかし，ムツアカネでは両方のタイプの飛行が晩夏に起きるので，成熟成虫が集団飛行するからといって必ずしもタイプ3の帰還飛行であるとは推論できないことになる．このような飛行を解釈するには，当該の種の季節的な生態，特に前生殖期の長さ，その間をどこで過ごすかについて，もっと多くの知識が必要である．井上清（Pritchard 1992: 17）によれば，日本の低緯度地方に棲むアカネ属のたいていの種は長い前生殖期をもち，その期間におそらく夏眠するという（表A.8.2と脚注）．しかし，それを明らかにできる可能性があったデータから（例：関西トンボ談話会 1977: 98；田口・渡辺 1984），（アキアカネとタイリクアカネ *S. s. imitoides* を除き）必ずしも夏眠することが明白に示されたわけではない．日本のアオイトトンボ（図8.3）とアキアカネ（図10.3），そしてヨーロッパのタイリクアカ

ネ *S. s. striolatum*（表 A.8.2 参照）にも，地域的または緯度の勾配に沿った変異が見られるので，その全体像は不明瞭にしか分からないかもしれない．新北区と旧北区のアカネ属の種について，さまざまな緯度での前生殖期の長さが分かれば，成熟成虫が集団飛行することの機能的役割がより容易に解釈できるようになるだろう．

　海を越えて長距離飛行を行うのは，マダラヤンマでは未成熟個体 (Fraser 1936b, 1943b)，タイリクアカネでは成熟個体 (Fraser 1945; Longfield 1948) である．これらの2種は夏眠するので，その移動は暫定的な仮説として，タイプ3の飛行の例外（逸脱）として整理することができる．つまり，前者は羽化場所から大量に移出し，後者は夏眠した場所から帰還する．もしこの仮定が証明されれば，トンボの成熟状態と1年の移動時期を知ることで，他の集団飛行をもっと容易に解釈できるようになるだろう．また，このような移動性は，両種（それぞれ，Ott 1990; Moore 1991a, Wildermuth 1994c）の初期移入者としての類型とも一致する．成熟個体によるタイプ3の逸脱飛行は，結果的に「新しい」生息場所で成虫が繁殖するので，この章で採用した定義による「移住」を達成していることになる．ただし，タイプ3から逸脱したタイプの飛行は，繁殖場所の変更がその本来の機能であるようには見えないという点で，タイプ4の飛行とは異なると考えられる．

　経験から支持されていることであるが，観察時の風の通り道に加えて，それに関係する局地的な地形の詳細は，トンボの大規模飛行についての観察に有益な基礎情報である．

10.5　摘　要

　トンボ成虫の一生の間の空間移動は，機能的に，小規模飛行と大規模飛行に大別される．大規模飛行は，さらに生息場所内の移動と生息場所間の移動に分けられる．

　小規模飛行は，普通，比較的短時間の狭い範囲での欲求行動であり，体温調節，防衛や逃避，採餌，性的活動など，当面のはっきりした目標と結び付いている．そのような飛行は，ほとんど例外なく昆虫の飛行境界層内で生じている．この章の主題である大規模飛行は，普通，継続的でさまざまな程度の航路決定を伴い，昆虫の飛行境界層の上でも，その内部でも生じる．気象，特に気温は，そのような飛行がいつ生じるか，また生じるかどうかに強く影響する．1つの生息場所内での大規模飛行（生息場所内の飛行）は，片道飛行（処女飛行）のことも，往復飛行（通勤飛行と季節的退避飛行）のこともありうる．

　処女飛行（タイプ1）は日中，気温が適温になるとすぐに行われる傾向があるが，その間，テネラル成虫は大きな反射面に対して負の走性を示し，羽化場所から数m〜数十mほど飛んで目的地にとまる．時には，短い飛行を数回繰り返してそこに到達する．悪天候の場合，この飛行が数日間延期されることもある．

　通勤飛行（タイプ2）は，繁殖場所と，ねぐらあるいは採餌場所との間の移動である．少なくとも雄は，そのような飛行を，生殖活動の期間中はほぼ毎日繰り返す．タイプ2の飛行は，その正確な航路決定が特徴であり，特になわばり性の種の雄が，同じ地点に，ほぼ同じ時刻に繰り返し戻るとき，それは明白である．その行動は，精密な測量の能力と方位，距離，時間についての記憶を伴っている．移動する距離は200mよりずっと短いことが多いが，時に1kmを越えることがあり，植生や地形の影響を受ける．ねぐらへの行き帰りの飛行は，しばしば直線的で，高く，素早い．しかし，採餌エピソードが決まって移動の途中に挟まることもある．アカネ属の一部の種は，ねぐらから繁殖場所へしばしば集団で移動する．

　季節的退避飛行（タイプ3）は羽化場所と退避場所間の移動である．退避場所とは，干ばつ（耐乾休眠を促す），干ばつや暑さ（夏眠），あるいは寒さ（冬眠）によって生息場所が不適な（そのまま継続して利用できない）状態になる時期に生殖前休眠を完了する代替場所である．それぞれの飛行（移出と帰還）は1回だけ行われ，移出はテネラル期終了後間もないステージで生じ，帰還はそれから2〜9ヵ月後に，性的成熟が達成されたとき生じる．

　タイプ3の飛行の移動距離は，ほんの数m（退避場所が森林の場合）から何km（退避場所が羽化場所から1,000mを超える高度にある場合）にも及ぶ．高地への移動はおそらく条件依存的で，羽化場所の気温に依存しているらしい．遠くまで移動しない（せいぜい数百mまで）一部の種は，極めて効率的な回帰行動を示す．成虫は，羽化後最初の数日を過ごした池に，3ヵ月以上も後になって正確に戻り，そこで残りの生殖期を過ごす．

　時には，移出あるいは帰還の飛行は集団で行われる．集団飛行のあるものは海上を越えて行われるため，必然的に生息場所間の移動となる．夏眠の間，高地の退避場所を利用するアキアカネには，タイプ

3の飛行を行わない定住的な高地個体群も存在するらしい．

成熟個体の河川の上流への規則的な移動は，幼虫時代の流下を補償すると想像されているが，確証はない．上流への移動は生じているかもしれないが，観察者には見えない．水域から離れた場所での下流方向への飛行の可能性については無視されているので，機能的説明はあいまいにならざるをえない．もし，そのような飛行の存在が確かめられたとしても，次には，それを生息場所内の移動とみなすべきか，生息場所間の移動とみなすべきかが議論になるだろう．

生息場所間の飛行（タイプ4）も生息場所の不連続性に対する適応である．しかし，タイプ3の飛行とは違い，新しい繁殖場所への成虫の移動，すなわち，移住と呼ばれる過程を伴っている．移住は機能的に絶対的移住と条件的移住に大別される．また，条件的移住は前生殖期に開始されるものと生殖期に開始されるものに分けられる．

絶対的移住と条件的移住の区別は，移住にかかわる機能の特性を強調するには大変有効であるが，（移住の条件が見つかるかどうかという）負の証拠に基づいているので，本質的にあいまいなものである．地上近くを飛ぶとき，移住個体は太陽コンパス（これは高度が高いときにも有用）や線状の視覚的ランドマークを用いて航路を決めている．

絶対的移住性の種は，熱帯収束帯内に分布の中心をもち，その中で絶えず移動し，降雨をもたらす前線とともに毎世代移住する．彼らはこの前線によって，乾燥あるいは半乾燥地域内で，雨が降っているか降りそうな場所へと輸送される．このような移住性のトンボは少なくとも30種いる（主に滑空に便利な幅広い後翅をもつ不均翅亜目だが，均翅亜目ではアオモンイトトンボ亜科の数種が含まれる）．その場所移動は，3つのフェイズが連続していることに特徴があり，それが個体の一生の中の数日間に繰り返されることもある．第1のフェイズは，主に大気の収束によってもたらされる個体群の集中を伴う出発飛行と，それに続く，朝のサーマルに助けられて飛行境界層より1,000m以上の高度に達する上昇である．第2のフェイズは，飛行境界層上の水平方向の場所移動で，時に1,000kmをはるかに超える風下へ移動する．これはしばしば高速で，滑空が多いのが特色であり，羽ばたき飛行をするのは移動集団の結集を保つときに限られるようである．第3のフェイズは降下で，日没が近づきサーマルが弱まるにつれて逆転層が下がることで起きる．降下が繁殖の目的地への到着になるかどうかは，移住個体の成熟度と滞留水の存在に依存する．

絶対的移住性の種が，いったん生殖を開始した後も移住を続けるかどうかは不明である．多くはないかもしれないが，移住個体の一定の割合はかなり定期的に温帯地方へ運ばれ，そこで温暖な季節の間に1世代以上繁殖する．その子孫は晩夏か秋にそこで死滅するか，風によってより低緯度地域へ運ばれる．こうした帰還飛行の到達地は知られていない．ある種（少なくともアメリカギンヤンマ）では高緯度の定住個体群もいて，移住することはなく，移住個体群とは生理的にも異なっている．

条件的移住性の種は温帯性であるが，前生殖期に移住を開始する種は，絶対的移住性の種と見かけ上同一の経過をとる．移住を誘起する至近要因は不明であるが，羽化場所での高い個体群密度はその1つかもしれない．高密度は，春の温度変化によって羽化の同期性が高まり増幅される．地域によっては，定期的に大規模な移住が起きるが，これは生息場所の適性に関するある側面（おそらく個体群密度に関連）に対する反応なのかもしれない．

生殖期に始まる条件的移住はほとんど分かっていないが，最近の研究によって，これが一般的なものであり，ほとんど普遍的かもしれないと考えられている．ある種では，成虫の生殖開始1～3週間後に移出する．移住を誘起する至近刺激は，幼虫期だけでなく前生殖期と生殖期の成虫の個体群密度であると考えられる．究極要因の1つは，おそらく夏から秋にかけての生息場所の持続性が年によって変化することであろう．

集団飛行（タイプ2，3および4）を行うすべての種は，時に海上を通過することからも分かるように，本来の航路から逸脱しやすい．このことは，集団飛行が（おそらく単独飛行も）時には典型的な移住飛行と区別できないほど，距離と時間が延長しうることを示している．成虫の成熟度，1年の時期，およびその種が前生殖期に休眠する性質は，集団飛行の機能的役割の推測に使用できる規準である．「移住中」のアカネ属についての多くの記録は，たいていタイプ3の飛行の帰還の部分を記述しているようである．研究者がまず取り組むべきことは，集団飛行中の成虫の成熟状態，その種の前生殖期の長さ，それに前生殖期を過ごす生息場所の発見である．

トンボは高度に発達した飛行力を，時空間的に変化する幼虫の生息場所を利用するために用いる．トンボの生息場所の利用様式を地球規模で検討することに注目が集まりつつあるが，それに資する検討材

10.5 摘要

料は情報の入手しやすさに依存して明らかに異なる．この検討は概念的にも非常に美しくなることが見込まれるが，暫定的に以下のように記述できる．生息場所間の移動は，2つの主な必要性から強いられており，それは，(1) 季節的な干ばつなどによって生じる幼虫生息場所の時間的不連続を橋渡しする必要性と，(2) 特になわばり性の雄に共通する，繰り返し繁殖場所を訪れる必要性である．

(1) に関しては，生息場所の水域が時空間的にパッチ状であることは季節的降雨地域では普通のことであり，半乾燥地域で最もはっきりしている．そのため，移動個体は集合し，雨が最も降りそうな場所へ移ることが必要になる．この過程は熱帯収束帯の移住性の種で最も発達しており，熱帯前線に依存して，そのつど分布が変わる一時的な水たまりで繁殖する．しかし，ある程度の規模で時々起きる移住はタイプ3の飛行にも見られ，熱帯では耐乾休眠後に，温帯では夏眠の後に行われる．

(2) については，その必要性の強さは，交尾できる雄の割合が繁殖場所では比較的少ないことでよく説明できる（表11.18）．その繁殖場所には，世代ごとに高い比率で次世代を生産している基幹生息場所（§2.1.1）が含まれる．前生殖期に生じる可能性がある相互作用の圧力は，移住する成虫を大量に産み出しているようである．これらの移住成虫は未成熟個体であれ，成熟個体であれ，水域を探し求める．そして，そこで少し生殖したあとも滞在したり，生殖のあとで移動したり，あるいは生殖せずに移動したりする．気象条件と彼ら自身の視運動反応によって，移動中の成虫は時空間的に集中し（例：ヨツボシトンボ），移住集団を形成することもある．このような移動の多くは条件的である．

Chapter 11

繁殖行動

> 鳴らせ，鳴らせ，クラリオン，吹けよ，ファイフ
> 官能の世界にあまねく宣言せよ
> 栄えある生涯の多忙のひとときは
> 名もなき生涯の全時代に値すると．
> ——トーマス・オズベルト・モードーント (1730–1809)

11.1 はじめに

11.1.1 生殖期

性的成熟に達するまで生き延びるわずかな個体だけが，それぞれの生涯繁殖成功度を決定する情熱的な活動の時期に入る．熱帯収束帯の中で放浪者として活動するトンボ (§10.3.3.1) の場合，生殖期は，卵，幼虫，成虫を含めた一生の中でかなり大きな割合を占めるかもしれない．しかし，他の多くの種，特に§7.2.5.2で紹介した高標高地に棲むオニヤンマ科の種の成虫活動期は，多くのカゲロウ目と同じくらい短い．さらに，交尾可能な雌を得るための雄間の競争は，**実質的な**生殖期を厳しく限定する可能性がある．そのため，一生のうちでもこの時期のトンボの行動は，次世代への遺伝的貢献に非常に大きく影響する．

オランダの偉大なナチュラリストであるJohann Swammerdamは，17世紀中ごろにトンボのユニークな交尾姿勢の正確な記述を行っているが，どうやらそれが初めての印刷物らしい．また，ペンシルベニア州のJohn Bartramは，すでに18世紀中ごろに，トンボの繁殖行動についての優れた観察を行っている．しかし，この分野の体系的な研究が始まったのは，それから200年も後に，標識個体の繰り返し観察や（例：St. Quentin 1934; Moore 1952; Jacobs 1955; Bick & Bick 1961），映画の高速度撮影（Pajunen 1963b）やビデオ撮影（Rüppell 1985）を使った分析が行われるようになってからである．生物学者は繁殖行動の研究にとってトンボが極めて好都合な材料であることに気づいて以来，主に雄のなわばり行動と交尾頻度に関する多くの貴重な情報を集めてきた．

Jonathan Waageはこの情報を進化の用語に翻訳して解釈し，それが将来の研究方法を指し示すためのロゼッタ石となった．彼の「Science」に掲載された独創的な論文 (1979a) の要約には次のような一節がある．「アメリカアオハダトンボ *Calopteryx maculata* の雄は……自分の陰茎を雌に精子を送るためだけに使うのではなく，以前の交尾で雌の精子貯蔵器官に入れられた精子を掻き出すためにも使う．これまでどのような動物の挿入器官にも，このような精子掻き出し機能があるとは考えられていなかった．」

Waageの発見以来，トンボ目の繁殖行動の研究は，精子競争と性淘汰の文脈の中で，雌雄の行動戦略を明らかにするという領域に突き進んできている．前の総説 (Corbet 1980) にもいくらかは反映していたが，この発展により，この章の内容は，1962年に私が書いた本 (Corbet 1962a) の対応する章とは，重点のおき方が著しく異なったものになっている．

この章には次の2つの狙いがある．まず§11.2～§11.8で，トンボの繁殖を可能にする行動的・生態的な仕組みにどの程度の変異があるのかを描き出すことである．続く§11.9では，これらのからくりを，さまざまな生活様式をもつトンボにとっての繁殖システムの構成要素ないしは進化的戦略として位置づけることである．

11.1.2 機能的枠組み

トンボ目の配偶システムが成立する条件として，行動全体のうちの次の要素が満たされる可能性が高くなければならない．

出会い 成熟した雄と雌が出会わなければならない．

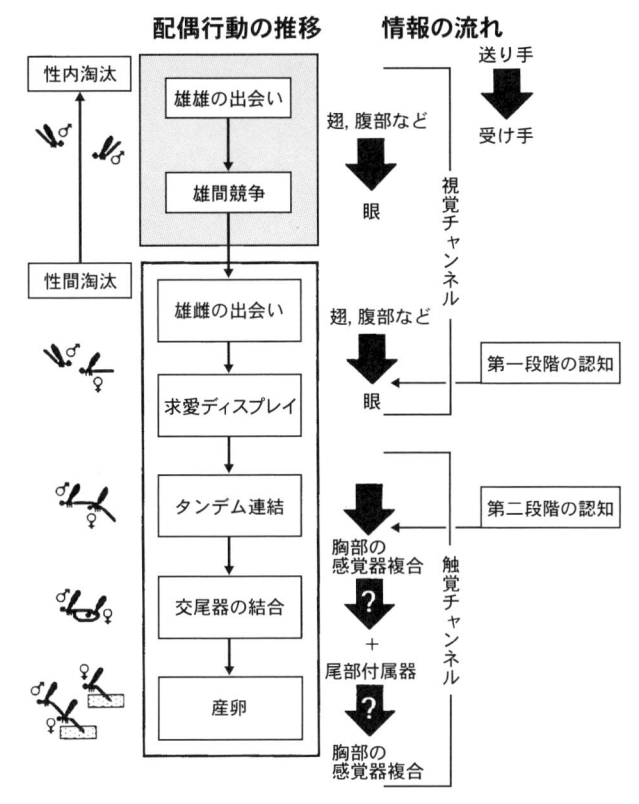

図11.1 トンボの配偶システムの基本成分．行動連鎖の各ステージで行われるコミュニケーションの手段を強調した．求愛ディスプレイがはっきりと確認できるのは，わずかな種のトンボに限られる（§11.4.6）．(Battin 1993aより)

時には，種内の雄間相互作用の場が生まれ，そこが雄たちの競技場となる．その結果，交尾が妨害される可能性が減少したり，雄の強さに淘汰が働くこともある．

認知 雄と雌は，生殖隔離のために，また雄間相互作用において無駄な敵対的遭遇を避けるために，同種を認知しなければならない．

媒精 活性のある精子が，雄の生殖腺から雌の精子受容器官に移されなければならない．そして時には，前の交尾相手から雌が受け取った精子よりも，少なくとも一時的に競争に有利でなければならないこともある．

産卵 受精した卵は，幼虫の生存と発育にとって好適な場所に産み付けられなければならない．

これら4つの必要条件は，この章の残りの部分で概説する行動連鎖を機能的に説明するための枠組みとなる．また，性内淘汰や性間淘汰，それに繁殖行動（図11.1）におけるコミュニケーションの役割を常に頭に入れておくと，行動連鎖をトンボ目全体にわたって概観する際に役に立つだろう．

11.2 雌雄の出会い

11.2.1 出会い場所

雌雄が出会うには，彼らの存在が空間的にも時間的にも一致しなければならない．この必要性を考慮し，交尾への直接的な前段行為としての雄と雌が出会う場所という意味を込めるために，**遭遇場所**よりも**出会い場所**の用語を使う．交尾が複数の場所で生じたり，場当たり的に起きる場合は，**主要な出会い場所**を他の出会い場所と区別するのが便利かもしれない．しかし，特に断らない限り，**出会い場所**の用語は主要な出会い場所を意味することにする．

ほとんどのトンボにとって，出会い場所は産卵場所かそこに非常に近い所，つまり水域である（Waage 1984参照）．なわばりをもつ種は（§11.2.2），質の高い産卵場所を含むなわばりを好むのが普通である（例：Van Buskirk 1986）．産卵場所が離散的な塊として存在するときは，なわばり性が一般的であるようであり，このような産卵場所のありようは，その

場所にとどまり，そこを防衛する雄にとって高い交尾頻度を期待させるものである（例：アオハダトンボ属 *Calopteryx* の種, Heymer 1972b, Waage 1973, Alcock 1987a; コハクバネトンボ *Perithemis tenera*, Jacobs 1955; アフリカハナダカトンボ *Platycypha caligata*, Robertson 1982a）．成熟雄は，雌に比べて，成虫活動期間の少し早い時期に，また1日の中でも少し早い時刻に，出会い場所に現れる．そしてフライヤーであろうがパーチャーであろうが，雌が到着する前の攻撃的な相互作用によって間おき分布をする．そのため，雄が飛来雌と交尾しようとするときは，雌は雄の防衛行動の副産物として他の雄からの妨害をあまり受けないですむ．このような雌をめぐる競争のために，出会い場所は雄にとって激しい性内淘汰の競技場となっている（図11.1）．すべてのトンボにとって，出会い場所は交尾の出発点としての役割があり，たいていの場合そこは産卵場所でもある．時折，飛来する雌を遠くから見つけた雄は，パトロールや防衛をしている場所から飛び出し，雌を途中で捕まえようとする（Martens 1991a）．人間の目には，出会い場所にいる雄は互いに間隔をおいているように映るが，彼らの100 m上空を滑空する猛禽類にとっては，力の群飛と同じように見えるに違いない．この例えは我々に，集合場所（Downes 1969）に集まり，それから間おき分布状態になるプロセスが，トンボと力で機能的に同一であることを気づかせてくれる．トンボは力とは似ていないと思うかもしれないが，そう感じるのは私たち観察者の大きさが力よりもトンボに近いからである．

主要な出会い場所だけでなく別の場所を使う種もあり，特に，なわばり性の種のほうが複数の出会い場所を使う傾向にある．アメリカベニシオカラトンボ *Orthemis ferruginea* のなわばり雄は水域で雌と出会い，そこから2〜3 m離れた所で交尾する．しかしなわばりをもたない雄は，まだ水域に到着しない雌を途中で捕まえて交尾する（Harvey & Hubbard 1987a）．同様の，二極に分かれる行動はヒメアカネ *Sympetrum parvulum* (Uéda 1979) でも見られる．また，アメリカアオハダトンボの交尾は，雌が雄のなわばりに現れたときや，雄が産卵雌を見つけたとき，あるいは雄が水域から離れた所で雌を見つけたときに起きる（Waage 1973）．また，ニシカワトンボ *Mnais pruinosa pruinosa* の雄は，水域にいる雌，水域から離れた所で餌を摂食している雌，さらにその2箇所の間を移動している雌を捕まえる．それに応じて，彼らの出会い率や精子優先度の期待値が異なる（§11.7.3.3）．タイリクルイイトトンボ *Enallagma cyathigerum* のタンデムペアの形成は，出会い場所から800 m離れた所まで起きる（Parr 1976）．また，ヨーロッパのルリボシヤンマ属 *Aeshna* は，水域だけでなく，そこから離れた所でもしばしば交尾する（Schmidt 1981a）．ルリイトトンボ属 *Enallagma* の雄は，潜水産卵の後で浮き上がってくる雌を捕まえることがある（Bick & Hornuff 1966; Fincke 1985; Miller 1990a）．出会い場所や交尾相手の探索モードは，生息場所の構造（Rowe 1987a; Kotarac 1993），特に産卵場所の空間分布によって異なることがある（Rehfeldt 1991b）．例えば，とまり場がなく，産卵場所が空間的に限定され，雌の飛来率が高い池では，ヨーロッパショウジョウトンボ *Crocothemis erythraea* の雄はフライヤーモードでパトロールを行い，弱い定住性を示し，雄間の闘争はめったに行わない．しかし，多くのとまり場が存在する一時的な湿地では，産卵場所はほとんどいたるところにあり，雌の飛来率がかなり低い場所であっても，雄はパーチャーとして行動しながら，強い定住性を示し，雄間の干渉行動が高頻度に起きる．気温が産卵場所の選択や，その結果としての出会い場所の選択をも決定することがある．サラサヤンマ *Oligoaeschna pryeri* の雄は，普通は開けた湿地の上をパトロールして産卵している雌を探す．しかし，1日の最も暑い時間帯には，彼らは近くの林の中をパトロールし，暑い天候のときに代替の産卵場所として雌が使う，1 m²にも満たない小さな溝の上にとどまる（宮川 1982b）．ベネズエラの林床で雌を待っていた *Euthore fasciata fasciata* の雄は，太陽が見えなくなると出会い場所を去った（De Marmels 1982d）．また，雌を待つクロイトトンボ *Cercion calamorum* の雄たちは，見かけの好適性が異なる複数の出会い場所に同時に小集団を形成した（上田 1976）．

トンボ目のたいていの種にとって，主要な出会い場所は産卵場所を中心に分布するが，その傾向には変異がある．その変異には，出会い場所が，産卵場所を含む広いパトロール範囲である場合（例：タイリクオニヤンマ *Cordulegaster boltonii*, Kaiser 1982），あるいは産卵場所を含まず，その近くの水域がパトロール範囲となる場合（例：*Argia apicalis*, Bick & Bick 1965a; *Prodasineura collaris*, Furtado 1975; *Zygonyx natalensis*, Martens 1991a）を経て，出会い場所が産卵場所と関係ないような場合まである．最後の場合，そのすべてではないにしても多くの例では（表A.11.1），産卵場所から出会い場所が分離するのは，産卵場所で確実に雌を捕まえることが困難であることに関連しているようである．そのような場合，雄

はConrad & Pritchard (1988) が「雌によるコントロール」システムと呼んだ段階に入る前に雌を捕まえる (§11.9.2). このシステムはEmlen & Oring (1977) がレックと呼んだものに相当するだろう. 一方, 表A.11.1の中の2つの種で示されているように, 逆に雄と出会った後の雌が狙われる場合もある. ルリモンアメリカイトトンボ*Argia vivida*の雄の一部は, 11:30以降タンデムで産卵場所にやってきた雌のうち, タンデムから逃れたか, 離されたものと交尾を行う. また, ムツアカネ*Sympetrum danae*のペアの約20％は, 単独雌が午後に水域に飛来したときか, 水域から最大200m離れた夜のねぐらで形成される. ニュージーランド, 北島のエゾトンボ亜科の雄は, 暑すぎて産卵場所にならないような高熱の温泉の上空になわばりを作る (N. W. Moore 1989). しかし, そのようななわばり場所は, 後に好適な産卵場所で再びペアになるための出会い場所になるのかもしれない. ウスバキトンボ*Pantala flavescens*が, アフリカの旧ボフタツワナやボツワナの流水の上空で, なわばり, 交尾, 産卵を含む性的行動を示した記録がいくつかある (Parr 1983c). この熱帯域の放浪種では, 地域による行動の違いはありそうもないので, Parrによって観察されたこの行動は, 通常使われる場所の不足に伴って生じたのかもしれない.

これまで述べたことのほかに, 出会い場所が時間的に厳しく限定されるような例がある. これらの例のいくつかは, 図8.19で示されたパターンによって理解される. なわばりをもたない種である*Celithemis eponina*の雌雄は, とまったり, 採餌しながら1日中水域に出現するが, 8:00から10:30の間だけそこで性的活動を示す (Miller 1982b). *Neurocordulia virginiensis*では, 出会い場所での性的な出会いは, 日の出と日没の時に限られるようである (Dunkle 1989a). またオオメトンボ*Zyxomma petiolatum*では, 日没前45分からの1時間に限られる (Miller 1991a). *Neurocordulia xanthosoma* (C. E. Williams 1976) と*Boyeria irene* (A. K. Miller & P. L. Miller 1985a) では, 薄明薄暮時の採餌場所が出会い場所にもなりうる. *Boyeria irene*でこのようなことが起きるのは, 日陰になった岸辺の水面近くで雌が目立たない産卵を行う時間帯よりも, 雌雄が採餌を行っている時間帯のほうが簡単に雌を見つけられるからかもしれない. また, *Malgassophlebia aequatoris* (Legrand 1979a) と*Oxystigma williamsoni* (Wasscher 1990) の産卵場所は, 雨の直前あるいは雨が降っているときにだけ出会い場所として好適なものになる.

個体群の中の**個体**にとっての出会い場所は, §8.4.4で述べたように, それぞれの個体が水域に飛来する日周活動パターンの違いによって異なることがある. 例えば, ヒスイルリボシヤンマ*Aeshna cyanea*の若い雌の水域での出会いは, 老いた雌よりも早い時刻に起きる (Kaiser 1985a). 出会い場所の好適性の日周パターンは, 時に攻撃的な同種個体の存在の影響を受ける (May 1980参照). もし出会い場所の正確な位置が太陽の向きによって決まるならば, その位置は1日のうちに規則的に移動するだろう. その最も顕著な例は, 林間の木漏れ日 (Corbet 1961a; Hanson 1976), つまり林床の陽斑である (表A.11.1). そのような日当たりのよい場所にできる出会い場所は, コスタリカの*Argia chelata*の場合のように, 森の中の渓流上やその岸であったり (Hamilton & Montgomerie 1989), マレーシアの*Calicnemia chaseni*の場合のように, 森の峡谷の中のほぼ垂直な崖の水の浸み出る所だったりする (Vick 1993b). 水域になわばりをもつ種でも, 水から離れた場所が出会い場所として使われることがある. 例えば, ナイジェリアトンボ*Nesciothemis nigieriensis*の夜のねぐらや (Parr & Parr 1974), *Crocothemis sanguinolenta*の雌が夕方に日光浴をするシロアリの塚である (Miller 1984b).

11.2.2 なわばり性の概念

多くのトンボにおいて成熟雄の目立った特質として, 古くから認識されてきた (St. Quentin 1964) 行動はなわばり行動である. それはすでに1900年にWilliamsonによって, また1913年にはWesenberg-Lundによって言及されている. Noble (1939) が, 同種から防衛する場所として鳥のなわばりを定義して以来, 数人の著者らがその概念を見直し, 昆虫で見られるものも含めるようにそれを拡張した (例：R. R. Baker 1983; Fitzpatrick & Wellington 1983). トンボ目 (Moore 1952; Kormondy 1961; Johnson 1964d; Campanella 1975b; Kaiser 1984; Waage 1984b; Ubukata 1987; Conrad & Pritchard 1992), 均翅亜目 (Bick 1972), トンボ科 (Parr 1983a) についても同様である.

Kaufmann (1983) がさらに発展させたなわばり性の概念 (空間に関連した優位性の様式であり, その主要な機能はなわばり保持者に必須な資源を確実に供給することである) は, トンボ目によく当てはまる. トンボが防衛すべき資源は, 必ずとは限らないが (§9.5.5), 普通は繁殖に関するものである. この定義における「優位性」とは, 優先的に不足する資

源を獲得することに等しい．なわばり性は，その個体の資源獲得の増大が，なわばり行動に伴う時間・エネルギーそして損傷などのコストを上回るため，個体の遺伝的適応度が増加するときのみ選択される．Kaufmannは，なわばりを次のように定義している．すなわち，種の活動域の中で，ある個体が1つ以上の必須資源を優先的に獲得することが確定した部分である．この優先権は社会的相互作用を通して獲得されるが，そのために必要な行動の強さにはかなりの変異が存在する．Kaufmannは独占性と防衛行動が明白なことを，なわばり行動に不可欠な要素から外したので，なわばりの定義はトンボ目における敵対的な資源防衛のほとんどの例に当てはまる．しかし，トンボ目にKaufmannの定義を当てはめるときは，以下のいくつかの点に留意する必要がある．

- 防衛される場所がどれくらい時間的に「固定的」であるかは程度の問題であり，1分以下から1ヵ月以上まで連続的に変化する．また，強力ななわばり保持者であっても，その優位性が一生の間に揺らいだりすることがある（§11.2.3.2）．
- 定義上，なわばり雄は自分が防衛する場所の資源を優先的に利用できるが，それがいつも排他的であるとは限らない．一部の種の優位ななわばり雄は，1個体以上の劣位の同種雄の存在を容認する．このような状況から，排他的でない固定的な防衛場所を記述するために「ドミニオン」という用語の使用が考案された（Wolf & Waltz 1984; §11.3.7.1）．
- なわばり保持者の優位性を維持するための敵対行動がどの程度明白であるかはさまざまで，その段階もはっきり区分できるわけではない（Bick 1972; §11.3.1）．
- なわばり行動の存在とその強さは，種のレベルであれ個体のレベルであれ，一連の時空間的・生物的要因，とりわけ活動的な成熟雄の密度に依存する（Parr 1983a; §11.2.3.1, 11.2.4）．

これらについては，あとの関係する節でさらに詳述する．

なわばり性の2つの主な帰結，つまり局在性と間おき行動は，限られた資源をめぐって競争する雄の数が増加するにつれて有利になるような，適応的戦略が組み込まれたシミュレーションモデル（Poethke & Kaiser 1987; Ubukata 1987）によって示すことができる．トンボ目の配偶システムの分類（§11.9.2）によると，なわばり性の成立が，優位雄による必要な資源を含む場所の防衛に機能的に依存していることは明らかである．さらに，雄にとっては，その場所は防衛可能な形や大きさでなければならないし，産卵に飛来する雌をコントロールするなど，雌になんらかの影響を与える行動が経済的に見合うものでなければならない（Alcock & Gwynne 1991参照）．ニシカワトンボのなわばりが，どのような場合に産卵，交尾，摂食などの第一義的な機能をもつかは，東（1981）によって明らかにされた．

時には雌がなわばり性に似た行動を示すことがあるが（§11.3.1），この章では，雄のなわばり性についてだけ述べる．採餌場所での雌雄によるなわばり防衛は§9.5.5で扱った．

11.2.3 定住性

一部のトンボ（特にトンボ科）が，繰り返し追い払われてもまた同じとまり場に戻る執拗さは伝説的でさえある（例：Tillyard 1908b; Goodchild 1949）．トンボは時に，前生殖期であっても1箇所にとどまったり（例：ナイジェリアトンボ, Parr 1983a），また採餌のために同じ場所を繰り返し飛来することがあるが（第9章），**定住性**と言うときは，出会い場所で繁殖しようとする成虫に関するものであることが多い．ある種によって示される定住性の程度は，その種の攻撃行動やなわばり性と機能的に密接に関係している（Pajunen 1966a, b参照; Parr 1983a; 図11.2）．Poethke & Kaiser（図11.3）が行ったシミュレーションは，高い雄密度や高い雄の攻撃性，出会い場所への雌の飛来時間の短さが，雄の特定の場所への定住性が有利になるように強く働き，なわばり性の進化を促進させることを示した．ただし，この関係が必ずしも単純ではないことはD. J. Thompson（1990b）による*Notosticta kalumburu*の研究によって明らかにされており，この種では，なわばりの大きさは雄の密度が低いときも高いときも似たようなものである．いずれにしても，出会い場所における雄密度が低いことが普通である種（ヤンマ科，オニヤンマ科）はめったに定住性を示さず，雄密度が高いことが普通である種は（エゾトンボ科，トンボ科，一部の均翅亜目；表A.11.2, A.11.3, A.11.4参照），しばしばなわばり的で，定住性が高く，種内の闘争頻度を減少させる戦略をとっている（Heymer 1972aも参照）．Poethke & Kaiser（1987）によると，なわばりの不利な面が（出会いの機会が限定される），闘争の減少による利益によってカバーされるかどうかは，雌が出会い場所で過ごす時間の長さだけでなく雄密度に

11.2 雌雄の出会い

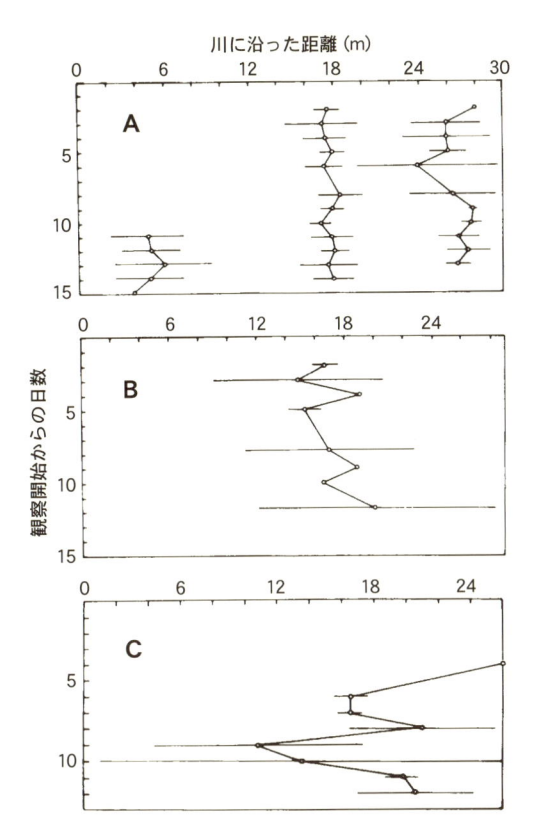

図11.2 流れに沿った30mの調査範囲（横軸）内でのアフリカシオカラトンボの雄のとまり場の位置変化．それぞれの個体につき最大12日間の連続的な観察が行われた（縦軸）．A. 3個体のなわばり雄（標準偏差0.77, 0.42, 1.15m）；BとC. 2個体のサテライト雄（標準偏差6.25, 3.83m）．なわばり雄は，サテライト雄よりもはるかに長時間を渓流で過ごし，標準偏差が示すようにより局在化している．ケニア．(Miller 1983bを改変)

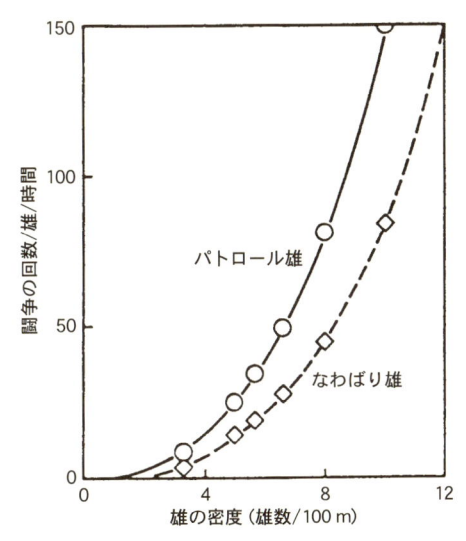

図11.3 ヒスイルリボシヤンマのパトロール雄の闘争頻度に関するシミュレーション実験の結果．いかなる密度でもパトロール雄がなわばり雄の2倍近くの頻度で闘争することが分かる．また，なわばり行動による雄の利益は，雌の飛来率と滞在時間に依存する．(Poethke & Kaiser 1987より)

も依存している．したがって，定住性は，（適度な密度で）相互回避と闘争コストの減少を達成する戦略とみなすことができる．定住性が見られる場合，その正確さと持続性は，場所防衛に関して任意に定義した3つのカテゴリー（表11.1）で表現できるような連続系列を反映している．しかし，これらのカテゴリーは必ずしも不連続的ではないことは強調されなければならない．例えば，アカイトトンボ *Pyrrhosoma nymphula* (Gribbin & Thompson 1991b) は明らかにBとCの間に位置するように思われる．サオトメエゾイトトンボ *Coenagrion puella* は「なわばりをもたない」種であるが，時にはある種の場所防衛を示す（§11.3.1）．また，一部の種では，雄密度のような外的要因に応じてカテゴリーのどの位置を占めるかが変化するかもしれない（表A.11.9）．

表11.1におけるカテゴリーAとBでは，成虫出現期の進行とともに雄密度が増加するほど（あるポイントまで；§11.3.8.1参照），また，生息場所に防衛範囲の目立つ境界となるランドマークがある場所であるほど，定住性が強まる傾向がある．*Onychogomphus forcipatus* （カテゴリーB）の場合，顕著ではないが，ランドマークのある川岸のほうが，そうでない場所よりも定住性は長く続く傾向（2時間まで）がある（10～20分；Kaiser 1974c; 図11.4）．定住性や防衛の強さを尺度にすれば，種内でもこれらのカテゴリーをさらに分割できるかもしれない (Heymer 1972a)．

定住場所として選ばれる場所は，普通，雌によって最も好まれる産卵場所を含む場所であるか，例えば秋に日光浴するのに好適な微気象条件であるなど (Moore 1991c)，別の理由で最適な場所である（例：Pajunen 1966b）．選択場所の認識は優れた視覚的定位と地形の記憶に依存する．このことは，オアカカワトンボ *Calopteryx haemorrhoidalis* やタイリクシオカラトンボ *Orthetrum cancellatum* の雄の定住性が，悪天候のために数日間不在だった後でも保持されることを観察したHeymer (1972a)とKrüner (1977)の報告からも明らかである．

11.2.3.1 局在化

定住のエピソードは**局在化**として知られる過程で

表11.1 トンボの成熟雄が示す定住性のレベル

A. 雄は生息場所内での定住性や実質的な場所防衛行動を示さない
　　例：サオトメエゾイトトンボ (Banks & Thompson 1985a)[a]，放浪モードをとっているショウジョウトンボ (Higashi 1969)，*Lestes unguiculatus* (Bick & Hornuff 1965)，カロライナハネビロトンボ (Sherman 1983a)
B. 雄は短時間（たいていの場合数分間）特定の場所へ局在化し，その周辺を防衛する．しかし，何度も場所を替え，特定の場所に長くとどまらない
　　例：*Argia plana* (Bick & Bick 1972)，*Cercion lindenii* (Utzeri et al. 1983)，キタルリイトトンボ，*Enallagma carunculatum* (Logan 1971)，*Enallagma civile* (Bick & Bick 1963)，アメリカアオイトトンボ[*1] (Bick & Bick 1961)，ムカシヤンマ (武藤 1960b)
C. 雄は強く継続的に局在化し，少なくとも1日に5分から数時間，しばしば数日間連続して，とまり場を1つ以上含む同一の場所に戻ってくる[b]
　　例：なわばりモードのショウジョウトンボ (Higashi 1969)，*Nannothemis bella* (Hilder & Colgan 1985)，ヒメハネビロトンボ[*2] (Sakagami et al. 1974)，表A.11.2のすべての掲載例も参照

注：雌が示す局在化は考慮していない．この表において定住性のすべてのレベルは，必ずしも生息場所内の特定の場所でなくても雄が生息場所内のどこかに繰り返し戻ってくることが前提である．すべての場合で，局在の中心は産卵場所．一部の種（例：オアカワトンボ，図11.18）の個体は，繁殖期間にレベルAとBの間で切り替わる．産卵のために雌が潜水する水域を雄が防衛する例は表に含めなかった（例：ハーゲンルイトトンボ，Fincke 1985）．

[a] しかし§11.3.1参照．
[b] セボシカオジロトンボ (Wolf & Waltz 1984) によって例示されたドミニオンがこのレベルの代表であると考えられる．
[*1] *Lestes disjunctus australis*.
[*2] *Tramea transmarina euryale*.

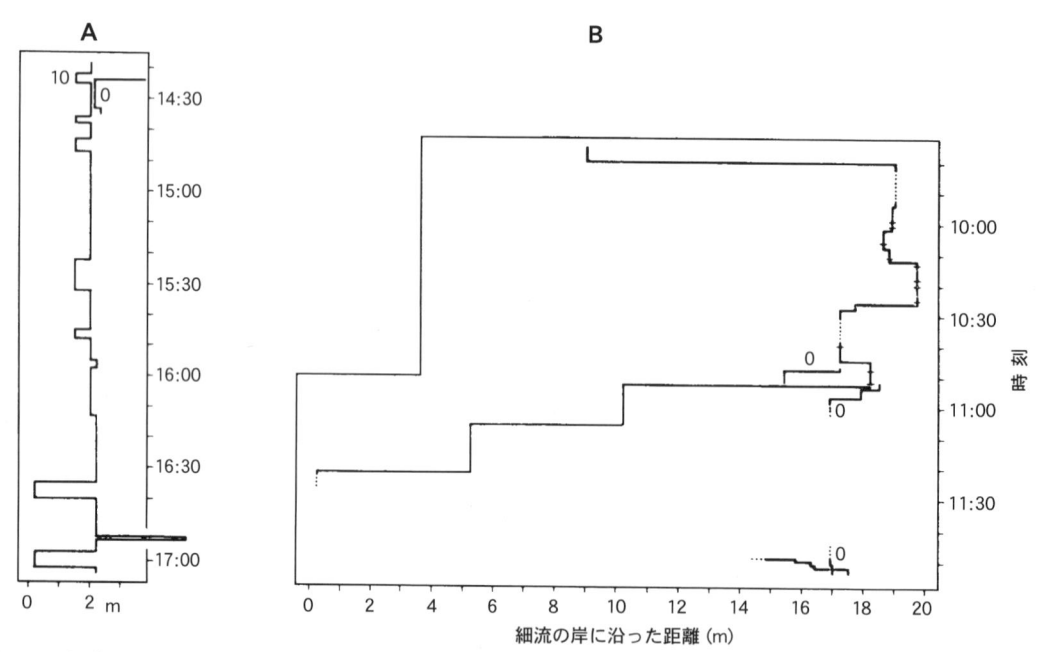

図11.4 標識された *Onychogomphus forcipatus* の雄が2つの川の岸に沿ってとまった場所の変化．雄はランドマークのある場所では定住性を示すが(A)，視覚的に均一な場所では定住性を示さない(B)．Oは非標識雄の位置．(Kaiser 1974c を改変)

始まる．それは成虫出現期の初期に生じやすい．局在化の漸進的な性格は，表11.1のカテゴリーCについての例から最もよくうかがうことができる．

Perithemis mooma の雄は，朝，水域に飛来すると岸に沿ってゆっくり飛び，自分の後脚の跗節で産卵基質に触れながら産卵できそうな場所の範囲を調べる（§2.1.4.2）．このような探索的な確認は数分間続くが，その間産卵基質の上やその近くでのホバリングをまじえて，10m以内のパトロール飛行を行う．そして，最後に雄はある特定の産卵場所の近くになわばりを作って局在化する (Wildermuth 1991b)．ネグロベッコウトンボ *Libellula luctuosa* (Pezalla 1979) やヒメアカネ (Uéda 1979) も，同様な探索行動を示した後，小さななわばりを作り局在化する．*Uropetala chiltoni* の雄は，出会い場所へ飛来すると，とまり場を選ぶ前に，まず（幼虫のためのくぼみを探して？）

浸出水の2〜5 cm上空で，低くゆっくりしたホバリングを30秒ほど行う (Rowe 1987a)．とまり場での滞在時間は約30分である．アメリカヒメムカシヤンマ *Tanypteryx hageni* の雄もほとんど同じことをする (Clement & Meyer 1980)．また，同じような検査飛行がアメリカアオハダトンボの局在化に関係している (Johnson 1962b)．一方，カラカネトンボ *Cordulia aenea amurensis* の若い雄の局在化とパトロール飛行は，いくつかの点で成熟雄の典型的なパトロール飛行とは顕著な違いがある．Ubukata (1975) は，これを「不安定なパトロール飛行」と呼んだ．また，キボシエゾトンボ *Somatochlora flavomaculata* の雄が局在化するときは，まず高い所でパトロール飛行を行い，しだいに基質の近くに移動する (Börszöny 1993)．パトロールしているカラカネトンボの雄は，出会い場所での同種雄の密度に反応して，池の縁の特定の場所に自分のパトロール範囲を限定する．このとき先住効果による競争の有利性は (§11.3.6.1)，局在化してから2分以内に達成された (Ubukata 1980b)．ハラビロカオジロトンボ *Leucorrhinia caudalis* の非定住雄が，先住雄から攻撃的な反応を引き出すことなく占有場所への着地に成功すると，その場所で数分間休んだ後には攻撃的な行動を示すようになった (Pajunen 1964a)．*Paltothemis lineatipes* の雄のなわばり占有期間は，最長でも3時間程度である．その間，雄は産卵場所を調べる短時間の検査飛行を行い，その頻度が徐々に減少することがあった (Alcock 1990)．このような検査飛行は局在化とは関係ないだろう．

ヒロバラトンボ *Libellula depressa* の定住性は毎日続くほどには強くなく，雄の局在化 (そして結果としてのなわばり形成) は，好適な産卵場所の範囲内の最初の交尾相手が産卵する地点で生じる (Utzeri & Dell'Anna 1989)．雄は水域に戻ると，特に成熟直後の場合はワンダラーとして行動する．彼らは，静止と飛行を交互に繰り返しながら，池の周囲に散在するとまり場を転々とし，特定の場所に定住することなく他の雄と闘争する．雄が交尾した最初の雌は，普通，捕まえられた地点から5〜6 mの範囲内で産卵し，雄はその雌を警護する．観察された9個体の雄のうち8個体は，最初の交尾後の移動を，その交尾相手が産卵した地点の3 m以内のとまり場に限定し，その場でなわばりを防衛した．雄が次の日に交尾しなかった場合は，その雄は探索戦略を繰り返すようであった．そして交尾のたびに，あるとまり場から他のとまり場へ，あるいはとまり場から交尾相手が使う産卵場所へと，範囲を限定して移動した．

2日を超えて連続的に同じなわばりを使う雄はいないので，局在化は成虫出現期を通して繰り返し起きた．この詳細な研究によって，なわばり性は示すが弱い定住性しか示さない種に当てはまりそうな行動パターンが明らかになった (§11.2.3.2)．すなわち，雄は (*Perithemis mooma* のように) 自分自身の選択ではなく，雌の産卵場所選択をもとになわばりを選択するのである．この場合どの場所を守るべきかの**学習**が含まれるので，生息場所選択はもっと大きな枠組みで行われていることになる．ある個体がその生息場所に戻るかどうかも同じ原理によって決定されるかもしれない．例えば，イトトンボ科の *Telebasis salva* は，交尾できなかった場所よりも，最初の日の飛来で交尾した生息場所にとどまる傾向が強い (Robinson & Frye 1986)．

定着場所での雄の行動の綿密な研究によって，占有者がなわばり境界内の限られた場所に対して明らかな好みをもつことが示されるかもしれない．例えば，*Orthetrum julia* の雄は，7×5 mのなわばりを守りながら，中央部の広さ2.5×1.0 mの範囲で滞在時間の75%を過ごす．Mike Parr (1980) はこの現象を「微局在化」と呼んだ．これは *O. julia* に限られることではないだろう．オーストラリアミナミトンボ *Hemicordulia australiae* の雄のホバリングも，ほとんどはなわばりの中央付近の狭い領域に限られている (Rowe 1987a)．

局在化は，学習によっても引き起こされるようであるが，カオジロトンボ *Leucorrhinia dubia* の場合のほうが，同属のヒロバラトンボよりも学習に長い時間がかかる (Pajunen 1962a)．カオジロトンボは，この属の他の種と同様，なわばりよりも「ドミニオン」と呼ぶほうがよいかもしれない範囲を防衛する (Pajunen 1962a; Wolf & Waltz 1984)．成虫出現期の初期に雄が動く範囲はかなり広いが，その後，個体によってパトロール域の占有期間が数時間から14日間と違うにもかかわらず，使われるのは池の一部分だけである．成熟したばかりの雄は，日齢を経過した雄よりも速やかに新しい場所に移る傾向がある．さらに，*Leucorrhinia rubicunda* の雄では，場所への親密度の増大は，飛行時間が短くなっていくことや飛行範囲が狭まることと関連している．つまり，長いパトロール飛行がしだいにわずか1〜2 mの短い飛行に変化し，雄はすぐにとまり場に戻るようになる (Pajunen 1966b)．ナイジェリアトンボの新しく成熟した雄は，水域に最初に現れた後，はっきりしたなわばりを確立するまでに数日間かかることがある (Parr & Parr 1974)．ヨーロッパアオハダトンボ

Calopteryx virgo の定住性は，生殖期の初めに増加するが，成虫期の終わりに近づくに従って低下する (Klötzli 1971)．また，*Libellula julia* の局在化は成虫出現期の後半で減少する (Hilton 1983a)．このような傾向は，日齢が進むにつれて定住性が増していくような雄の記録とは必ずしも一致しない (例：Parr 1983b)．後半での定住性の減少は，成虫出現期の後半では標識成虫と出会う確率が低いため，見過ごされてきたのかもしれない．*Argia sedula* の雄の定住性は成虫出現期の進行とともに減少し，オモダカ属 *Sagittaria* よりも藻類のマットに頻繁にとまるようになる (Robinson et al. 1983)．

11.2.3.2 定住度

局在化するトンボの繁殖成功を研究する者にとって最も重要な統計量は，雄が同じ場所に存在する時間の長さとして測られる**定住度**である．このような定住度は，数分から数日まで変化する（表A.11.2）．同属の種でもこの点で大きく異なっていることがある．例えば *Pseudagrion hageni tropicanum* は強い定住度を示す一方（表A.11.2），*P. citricola* と *P. inconspicuum inconspicuum* の雄は同じなわばり場所を1日を超えて占有することはなかった (Meskin 1989)．同様な違いはアメリカハラジロトンボ *Plathemis lydia*（表A.11.2）とネグロベッコウトンボの間にもあり，後者では，なわばり雄の94％以上が出会い場所でわずか1日しか過ごさなかった (A. J. Moore 1989)．なわばり性との関連では，局在化指数 (LI; Parr 1980) が個体の定住度の量的な尺度となる．Parrは局在化指数を，ある個体が半径10mの円の中に定着した回数（一連の最大値を平均した値）を，その個体が生息場所全体で見られた回数で割った値と定義した．*Orthetrum julia* の局在化指数の値は0.93（1個体）から0.12（62個体）で，局在化指数はそれぞれの雄が観察された回数に対して強い正の相関があった．しかし，「定住場所」はその内容にスケールの問題を含むので，概念の拡張が必要である．

場所の単位を，単一の池（例：Koenig & Albano 1987c），あるいは隣り合った小さな池の集まり（例：Higashi 1969; Pajunen 1962a）とみるならば，生殖期を通してトンボが繰り返し特定の場所に帰ってくることは極めて普通のことである（例：サオトメゾイトトンボ, Banks & Thompson 1985b）．これは，1つの場所での研究期間中に，多くの標識個体が再発見されることから明白である．したがって，表8.12で分析された寿命データのほとんどは，生息場所レベルでの定住度のことである．定住性は，視覚を効果的に使う定位を必要とする過程である (§10.2.2)．同じ生息場所に繰り返し戻ってくる成虫は（その一部は見事なほど同一場所である；表A.11.2参照），もちろん短期間不在になることもよくある．このような不在は悪天候の期間に一致していることもあるが（例：Klötzli 1971)，エネルギー収支を正のほうに回復するのに必要な採餌行動のためかもしれない (Fried & May 1983; §9.6.4)．また，他のなわばり場所に (Sherman 1983b; Alcock 1989a)，あるいは質の低い生息場所に (Higashi 1969) 一時的に滞在するためかもしれない．

注目する場所を生息場所内の小さな範囲，例えば防衛されるなわばりとすれば，定住度は最も正確に表現できるだろう．なわばりレベルでの定住度の例（表A.11.2）は，それを検出するには多くの努力とその集約が必要であるので，現在知られているよりももっと多いに違いない．質の高いなわばりを雄が守っている間は，その雄の交尾機会は非常に高められるので，なわばりレベルの定住度は雄の生涯繁殖成功度にとって極めて重要である (Plaistow & Siva-Jothy 1996; 表11.4)．しかし，高い定住度を示すトンボであっても，なわばりで過ごす時間は大きく変化する (May 1984参照; Alcock 1989a)．1日のほとんどを自分のなわばりで過ごす雄も少しはいるが（例：ヨーロッパショウジョウトンボ, Gopane 1987; ヒガシカワトンボ *Mnais pruinosa costalis*, Ubukata 1977; *Micrathyria ocellata*, May 1980），普通はもっと短い時間を過ごすにすぎない．もし Fried & May (1983) が行ったカトリトンボ *Pachydiplax longipennis*（パーチャー）におけるエネルギーバランスの推定が一般に当てはまるなら，同じ雄による長期間のなわばり占有は普通ではありえないだろう (§9.6.4)．そう考えると，表A.11.2における定住度のいくつかの値は，注目すべきものである．

2つの種（フライヤーとパーチャー）について時間配分表が作られているので，なわばりの占有パターンを描いてみよう．ヒスイルリボシヤンマのある雄は，33日間のうち26日，1日に1回から8回小さな池（その雄は全内周をなわばりとしてパトロール）に飛来した．それぞれの飛来は最長で40分続いた（図11.5）．また，*Paltothemis lineatipes* の2〜4個体の雄は，数日間にわたって1日の中での順番を変えずに，交代で同じ場所を防衛した (Alcock 1987b)．また，雄のアメリカハラジロトンボは6日間のうち5日，1日に1回だけなわばり（約3.5×8.2 m）に飛来した．それぞれの滞在は最長2.9時間続き，ほとんどの時間でその雄は優位であった（図11.6）．その雄がなわば

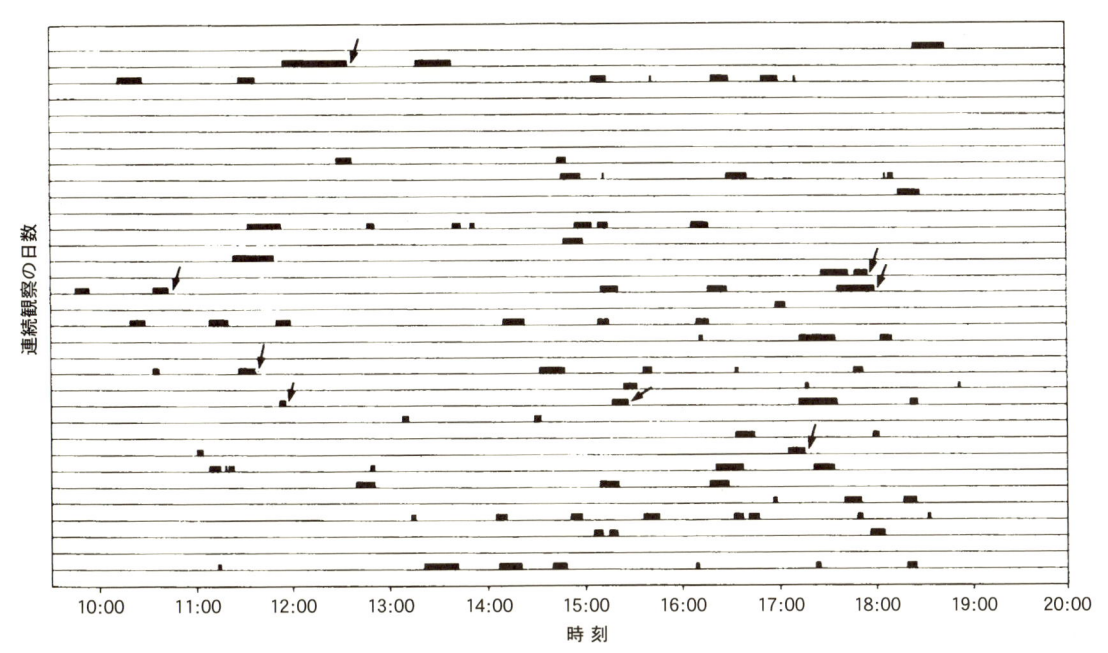

図11.5 ヒスイルリボシヤンマのある標識された雄が，1967年8月1日から9月2日までの間に1つの池へ飛来した時刻と滞在時間．矢印は交尾が始まった時点．(Kaiser 1974aより)

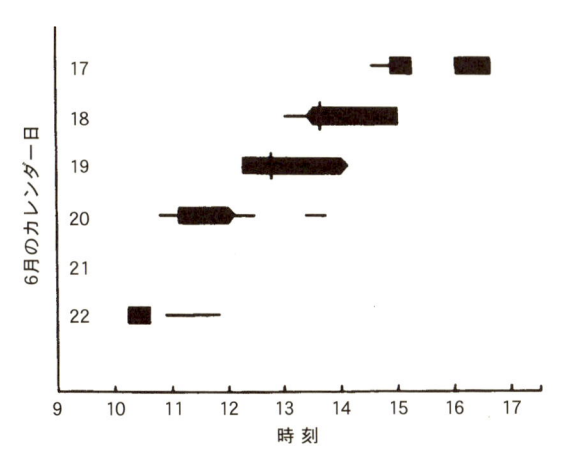

図11.6 アメリカハラジロトンボのある標識された雄が，連続した6日間に池の同じ場所に滞在した時間．太線はその雄が優位であった時間帯，細線は劣位であった時間帯．縦線は交尾を示す．(Campanella & Wolf 1974より)

A.11.2に示した定住度の高いトンボのうち，均翅亜目の9種は6科7属，不均翅亜目の16種は2科10属にわたる．(9日間の代わりに) 5日間を超える定住度の記録を含めても，均翅亜目の2属 (アメリカカワトンボ属 *Hetaerina*, Johnson 1962c; キイトトンボ属 *Ceriagrion*, Mizuta 1988b) と不均翅亜目の2属 (ショウジョウトンボ属 *Crocothemis*, Higashi 1969; コハクバネトンボ属 *Perithemis*, Lopez & González-Soriano 1980) がそのリストに加わるにすぎず，科が加わることは両亜目のどちらにおいてもなかった．

11.2.4 なわばりの属性

ここでは，なわばりに共通する属性 (主に空間的な大きさ) とそれを変化させる主な要因について考察する．表A.11.3と表A.11.4に示したなわばりの面積と長さの値は，別の種でもありうる大きさであるが，2つの理由から標準的であるとは限らない．その理由の1つは，交尾相手を探索する行動が，なわばり行動も含めて，種内・個体内変異を示すことである (§11.2.5.1)．2つ目は，いくつかの要因，特にその時点での同種の雄密度や生息場所のタイプによって，時に雄のなわばり行動やなわばりの大きさが変化することである．例えば，カナダ，ケベック州で記録されたアメリカオオトラフトンボ *Epitheca cynosura* のパトロール飛行の長さは6mであるが

りにいない間は，なわばりの近くのどこかで休んでいたり (Falchetti & Utzeri 1974)，採餌していたり (Fried & May 1983)，同じ池 (Campanella 1975b) や同じ川 (Klötzli 1971) にある隣接したなわばりを占有しているかもしれない．定住度の最大値を示した表A.11.2の例から，一部の雄は (おそらく高い交尾成功の見込みをもつ個体)，彼らの繁殖寿命の大部分を同じなわばりで過ごすことが示唆される．表

(Hutchinson 1977），それはミシガン州の個体群から得られた表A.11.4の値よりも有意に小さい．野外での行動研究の避け難い制約は，観察が可能な，あるいはそれが容易な生息場所で起きる行動を標準と考えがちなことである（Corbet 1957a）.

表A.11.3と表A.11.4に示したなわばりの面積と長さの記録からは，なわばりサイズがパーチャーとフライヤーで異なるかどうか，あるいはなわばりサイズと体サイズとの間に期待される関係があるかどうかは分からない（Moore 1983a参照）．極端な例ではかなりよく予測と一致しているが（不均翅亜目の最も小さいトンボの1つであるNannophya pygmaeaに対する和名ハッチョウトンボは「小さな場所のトンボ」の意味［枝 1979］），明らかな例外がある（例：トホシトンボLibellula pulchella，ヒガシカワトンボ，表A.11.3；Coryphaeschna adnexa，表A.11.4）．上で述べた留意事項以外に，パーチャーモードとフライヤーモードの間が実際には連続的であることが関連しているかもしれない．なわばり時間の20％未満しか飛行に使わないという基準でパーチャーとして分類されることになるトンボ（Parr 1983a）であっても，特に晴天時には，その多くが頻繁にパトロールを行い（Parr 1983b），探査範囲を広げる．ヨツボシトンボ属Libellulaやナイジェリアトンボ属Nesciothemis，シオカラトンボ属Orthetrumの種によって代表されるこのようなトンボは，Tetrathemis属のような典型的なパーチャーとヒメギンヤンマ属Hemianaxのような典型的なフライヤーの中間の大きさのなわばりをもつ傾向がある．最長のパトロール飛行は，タイリクオニヤンマ属Cordulegasterの種のような大型のトンボに見られることがあり，雄は雌を探索するとき渓流に沿って数百m飛ぶことが普通である（Kaiser 1982）．このような種のパトロールは固定した場所に限定されない．しかし，高密度のときは限定されることがある（Poethke 1988参照）．表A.11.4のタイリクオニヤンマはその1つの例である．

生息場所の特性によってなわばりの大きさは変化することがある．ランドマーク（Miller 1993d）や植生によって作られる遮蔽物（Pajunen 1962a），とまり場（Heymer 1969；Parr 1983a）などが，日当たりと同じようになわばりのサイズや形に影響を与えることがある．熱帯には，濃い陰になった場所にそのなわばり活動を限っている少数のトンボ（おそらくすべてフライヤー）がいる（例：パナマのGynacantha tibiata, Garrison 1981；ウガンダのMacromia aureozona, Miller 1993d）．しかし，大多数のトンボはなわばり行動を示す前に，日光に直接当たる必要がある．メキシコのBrechmorhoga vivaxの雄は，渓流に沿った日光が当たる場所だけでなわばりを防衛する（Córdoba-Aguilar 1994a）．また，カナダ，アルバータ州のルリモンアメリカイトトンボの雄（Conrad & Pritchard 1990）と日本のアマゴイルリトンボPlatycnemis echigoana（Watanabe et al. 1987）では，なわばり防衛は林床の陽斑に限られる．さらに，Cercion lindenii (Utzeri et al. 1983），ヨーロッパショウジョウトンボ（Sternberg 1989a），トホシトンボ（Pezalla 1979），タイリクシオカラトンボ（Sternberg 1989a），ヒメアカネ（Uéda 1979），Trithemis kirbyi (Gopane 1987）の雄は，なわばりが陰になるとそこを去ってしまう．対照的に，降雨活動性のSomatochlora meridionalisの雄は，日当たりの場所を素早く通り過ぎ，陰になった岸辺近くを丁寧にパトロールした（Kotarac 1993）．ネグロベッコウトンボ（Pezalla 1979）とNannothemis bella (Hilder & Colgan 1985）で，成虫出現期の進行に伴うなわばりサイズの増大が報告されている．これは生息場所の変化，特に植生の変化によって影響されていたのかもしれないが，おそらく雄密度の変化がその主な原因である．この要因については§11.3.8.1で扱う．

Allen Moore（1989）は，ネグロベッコウトンボに関する研究で，なわばりによって交尾頻度が顕著に異なっており，そのような違いはなわばり境界と同じように，年を越えて持続することを発見した．しかし，彼はどんな身体的な特質がその優位性と関連しているのかを示すことができなかった．この種の雌は，必ずしも自分が交尾したなわばりで産卵するわけではないので，防衛されている資源は，なわばりそのものではなく，なわばりの空間的な位置かもしれないし，防衛行動そのものが資源以外の手がかりに関連した定位行動であるのかもしれない．Tsubaki & Ono (1986) が確認した，ハッチョウトンボのなわばりの13の階級は（それを占有する雄の好みだけで独立にランク付けされた），雄が交尾可能な雌に出会い，交尾する確率に密接に関連していた．特定のいくつかのなわばりが他のなわばりより多くの産卵雌を引き付け続けることは，かなり普通に見られる（例：アメリカアオハダトンボ, Waage 1987；ヨーロッパアオハダトンボ, Lambert 1994).

11.2.5 雄の探索行動

11.2.5.1 モード

出会い場所では，成熟雄は雌探索に多くの時間とエネルギーを使う．また，定住性を示す種の場合に

11.2 雌雄の出会い

は，同種の雄からある場所を防衛するのに多くの時間とエネルギーを費やす．出会い場所での雄の活動は，機能的観点から非攻撃的（自発的）行動と攻撃的あるいは性的（反応的）行動に分けられる．前者は探索行動に代表され，後者は雌を調べたり追尾する行動に代表される．雄は，とまり場，すなわち**定着基地**から周りを見渡すことによって（モード1），定着基地から普通ちょっと飛び立つことによって（モード2），あるいはパトロールすることによって（モード3）雌を探す．おのおのの探索モードは，局在化している場合もあればそうでない場合もある（Sakagami et al. 1974参照）．モード2と3は，飛行に振り分けられる探索時間の長さと割合によってのみ区別される．その時間は，生息場所の構造によって，種内である程度変化することがある．例えば，ベニヒメトンボ*Diplacodes bipunctata*は，通常はパーチャーとみなされているが，時々モード2かモード3を採用する（Rowe 1987a）．パーチャーとみなされる種はモード2を採用し，フライヤーとみなされる種はモード3を採用するのが普通である．どちらかに極端な場合は簡単に分類できる．例えば，パーチャーである*Pseudagrion hageni tropicanum*では1時間に平均4回の探索飛行を行い，その所要時間はそれぞれ約23秒であった（Meskin 1986）．一方，フライヤーであるヒスイルリボシヤンマは，最長で40分間の探索飛行を1日に1回から8回行い，それぞれの探索飛行の後は水域から飛び去った（図11.5）．*Oxygastra curtisii*もフライヤーであるが，とまることなしに数時間も探索飛行を続けることがある（Heymer 1964）．また，*Brechmorhoga vivax*は最高3時間にも及ぶ探索飛行の間，とまることは全く見られなかった（Córdoba-Aguilar 1994a）．しかし，飛行時間や水域に滞在する総時間の割合に関しては，モード2と3の間は連続しているので，探索飛行を分類するとき，モード2と3を合わせて**パトロール飛行**と呼ぶことにする（表A.11.5, FRN, FRL）．

探索飛行は，出会い場所での他の自発的な飛行とは区別すべきである．これらの飛行には，局在化に先立って一般に行われる予備的な偵察飛行や（§11.2.3.1），場所変更を伴う位置替えが含まれるだろう．特定の場所に局在化しないパーチャーでは，位置替えは頻繁に起きる．例えば，*Lestes unguiculatus*は1分間に平均1回は位置替えをした．そして，それは普通1m未満のとまり場の変更を伴い，20分で池（44×47m）をひと回りする結果になることもあった（Bick & Hornuff 1965: 110）．*Cercion lindenii*も1日に何度も位置替えをした（Utzeri et al. 1983）．林床にとまっている日本のアオイトトンボ*Lestes sponsa*の成熟雄の位置替え（著者は「巡行」と呼んでいる）は，3秒を超えて続くことはなく，頻度も5分間に0.1回から3回の間で日周性を示した（Watanabe & Matsunami 1990）．*Pseudagrion kersteni*のパトロール飛行と位置替えの平均所要時間は，それぞれ12.2秒と2.9秒であった（Meskin 1993）．また，パトロール中の雄のアメリカカラカネトンボ*Cordulia shurtleffi*は，約5分ごとにパトロール場所を変更した（Hilton 1983b）．アフリカのトンボ科に属する5種のパーチャーを調べたGopane（1987）の研究では，パトロール飛行の所要時間は平均4.1～8.9秒の範囲であり，その頻度分布は右にすそ広がりで，最長時間は12～43秒の範囲であった．

探索飛行を制御している行動のルールは，その日その日の生息場所内での雄の空間分布を決定する．Uéda（1994）は，ほとんど移動しないクロイトトンボの雄について，2つの単純な行動規則を提案した．1つは，雄は自分が前夜占有したねぐら場所の近くにとどまるもので，もう1つは，主要な出会い場所（産卵場所）にたどり着いた後の滞在期間を，交尾可能な雌の飛来率に関係する「場所の質」に反映させるものである．

クレナイアカネ*Sympetrum sanguineum*の大部分の成熟雄は，出会い場所に降りると，水際のほうを向いてとまった．たいていのタンデムはこのような雄によって形成された（Gorb 1995b）．

11.2.5.2 パトロール

一部のアカネ属*Sympetrum*の種は，方向を定めずにひらひらと飛びながら，産卵場所から**離れた**ねぐらや草原で雌を探すが（Michiels & Dhondt 1989c参照），そのような種を除くと，パトロール飛行は摂食飛行（第9章）とははっきりと異なっている．パトロール飛行は普通，直線的であったり円を描いたりして，規則的に中程度の速度で水面や基質の近くを飛ぶ．また同じ場所へ戻ったり，パトロール区域内をあちらこちらへと飛んだりする．このとき，隣のなわばり雄との出会いによって空間的な制約が決定されることも多い．雌が休んだり産卵しそうな場所を調べるために，直線的な飛行ルートから何度も外れたり（例：カトリヤンマ属*Gynacantha*, 栗林 1965; ルリボシヤンマ属, Kaiser 1974a; *Stylurus spiniceps*, Hutchinson & Ménard 1992; *Argia moesta*, R. Hutchinson 1993; エゾトンボ属*Somatochlora*, Kotarac 1993, Wildermuth & Knapp 1996），岸辺に沿ったルートをたどることが（ヨツボシトンボ属, A. J.

Moore 1987a；アメリカハラジロトンボ属*Plathemis*, Campanella & Wolf 1974），パトロール飛行の特徴である．逆に，典型的なパーチャーである*Trithemis annulata*の雄は，大きな池の上を探すときには，岸から離れた水面上で繁殖活動をする（Etyang & Miller 1995）．例外的に，垂直な平面上でジグザグあるいは曲がりくねったコースを描くパトロール飛行が見られることがある（例：グンバイトンボ属*Platycnemis*, Heymer 1966；コオニヤンマ属*Sieboldius*, 松木 1979；キイトトンボ属，Mizuta 1988a；アオモンイトトンボ属*Ischnura*, Fox 1989b；*Indocnemis*属，Lempert 1995b）．それは同種の雌に対する，あるいは雄に対するディスプレイのいくつかの成分が，探索行動に付け加わったものかもしれない（§11.3.1）．Wildermuth & Knapp（1996）は，同所的に分布し，1つの池の異なる部分を利用する不均翅亜目3種のパトロール飛行の違いを記述した．他のいくつかの属においてもディスプレイがパトロール飛行に付け加わるようである．例えば，*Oxygastra*属（Heymer 1964）やカラカネトンボ属*Cordulia*（Ubukata 1975），エゾトンボ属（Ubukata 1979a）のパトロール雄は，腹部を水平より10〜30°持ち上げた状態を維持する．アオハダトンボ属（Johnson 1962b）やヨツボシトンボ属（Campanella 1975b）のパトロール雄は，ターンしたり，羽ばたいて上のほうに飛び上がったりする．また，*Brechmorhoga vivax*のパトロール雄は垂直方向の宙返りで終わる（Córdoba-Aguilar 1994a）．

表A.11.4と表A.11.5に掲載された多くの科のパトロール飛行（FRN, FRL）（とりわけフライヤー，ただしパーチャーも含まれる）では，その途中に**ホバリング**が何度も起きる．このホバリングは，各翅の前縁の真ん中近くにある結節がうまく機能しているためにできる飛行スタイルである（Norberg 1974）．普通，ある場所でホバリングが行われるときは，しばしばゆっくりとした，水平あるいは垂直方向への継続的な移動を伴っている（例：エゾトンボ属，Ubukata 1979a；Börszöny 1993）．パトロール中の*Oxygastra curtisii*の雄は，水面上20〜30cmをジグザグに飛び，方向を変えるポイントごとに，つまり50〜80cmごとにホバリングを行う（Heymer 1964）．オーストラリアミナミトンボが小さな水たまりをパトロールするとき，ホバリングはなわばりの中心近くの狭い範囲に限定して見られ，その際，数秒ごとに体軸の向きを変えながら空中に静止した状態を保つようである（Rowe 1987a）．同様に，アメリカカラカネトンボのホバリング雄は，頻繁にいろいろな方向に向きを変える（Hilton 1983b）．よくホバリングをするキバライトトンボ*Ischnura aurora*は，探索飛行の間，後退飛行に最大で半分の時間を使う（Rowe 1987a）．*Nesciothemis farinosa*のホバリングを観察したPeter Miller（1982a）は，断続的に空中で停止するホバリングでは注視ができるため識別力が向上し，産卵場所としてよく選ばれる日陰で産卵中の雌の発見確率を高めることができると述べている．また，ジグザグ飛行のように，ホバリングは自分の存在を他のトンボにはっきりと示す意味もあるかもしれない．*Boyeria irene*（A. K. Miller & Miller 1985a）と*Somatochlora meridionalis*（Kotarac 1993）の場合，雄が陰になる隅のほうを向いているときに，ホバリングが最も頻繁に生じる傾向がある．フライヤーのパトロール飛行の記述にホバリングが含まれていない場合は（例：Cannings 1982a），トンボにとってよく見通せる開けた環境条件下で観察が行われたからかもしれない．*Nesciothemis farinosa*は1日の遅い時間になるとホバリングをした（Miller 1982a）．ホバリングと照度の間にあると思われる相関関係は調査する価値があり，上に引用したMillerの仮説の検証にも役立つであろう．ホバリングはエネルギーを多く使い，体温を上昇させる（§8.4.1.3）．ヒスイルリボシヤンマでは，1回のパトロール飛行中に行うホバリング頻度がしだいに減少していくが（図11.7），パトロールを続けるパワーが減少することと，パトロールをいつやめるかを自発的に決定する能力があることに関係すると信じられている．パトロール飛行中のホバリングを，対ライバル雄（§11.3.1）や求愛行動のとき（§11.4.6）に示す対峙ディスプレイに共通して見られるホバリングと機能面で混同してはならない．もちろんいずれの状況でも，ホバリングは視覚的なパフォーマンスだけでなく，その個体にとっての可視能力を高めるものであるかもしれない．*Aeshna sitchensis*はヤンマ科の種の間では例外的に，パトロール飛行でホバリングをあまり示さないようである（Cannings 1982a）．

一部のトンボは，パトロールしているときに間欠的に滑空する（例：*Lindenia tetraphylla*, Dumont 1977c；*Paltothemis lineatipes*, Dunkle 1978a）．また，パトロール飛行は「水浴」や，たまに短い休息を含むことがある（カラカネトンボ，Ubukata 1975；*Pseudagrion hageni*, Meskin 1986）．この2つの行動は，温度調節の必要性が飛行スタイルに影響を与えていることを示唆している（§8.4.1）．トホシトンボの場合，胸部温度が約37〜41℃の間のときだけパトロールが起きる（Pezalla 1979）．

パトロール飛行は，水面や地面に近い，一定の高

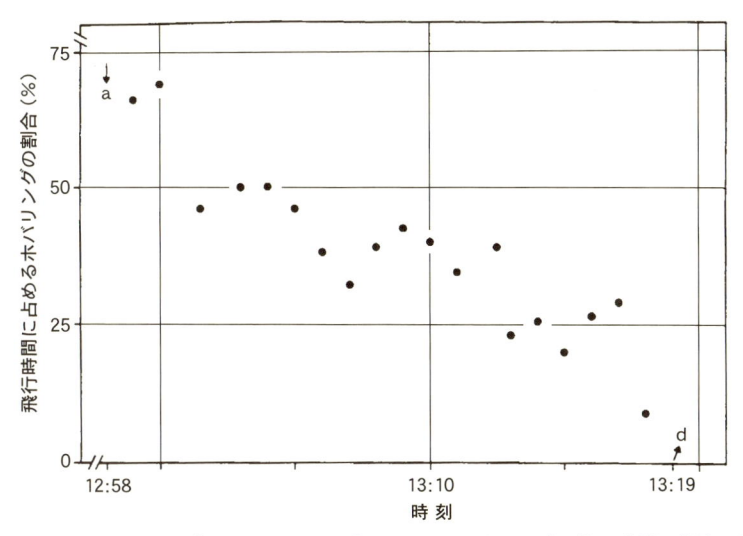

図11.7 水域に飛来したヒスイルリボシヤンマのある雄が示したホバリングに使う時間の割合の減少．矢印は飛来時刻 (a) と飛去時刻 (d)．(Kaiser 1969を改変)

さで起きるという特徴をもっている．開けた状況では，その高さは普通1.5m未満で，2mを超えることはめったにない（ヤンマ科，オニヤンマ科［ミナミヤンマ属 *Chlorogomphus*］，エゾトンボ科，トンボ科）．日陰ではもっと低く，普通，高さ50cm未満である（例：*Oxygastra curtisii* とカラカネトンボ，20〜30cm, Heymer 1964, Ubukata 1975; タイリクオニヤンマ，10〜30cm, Kaiser 1982; *Boyeria vinosa*, <15cm, Walls & Walls 1971）．パトロール飛行の高さは，日が暮れるに従って低くなる場合や（コウテイギンヤンマ *Anax imperator*, Jödicke 1997b; *Neurocordulia virginiensis*, Dunkle 1989a），陸上よりも水面上で低い場合 (*Somatochlora meridionalis*, Kotarac 1993)，昼間よりも朝と夕方で高くなる場合がある（アマゴイルリトンボ, Watanabe et al. 1987）．小型のイトトンボ科の種は水面上わずか1〜5cmをパトロールすることがある（例：午後の探索活動中のキバライトトンボ; Rowe 1987a）．あるいは，非常に小さい体サイズであることを反映した特殊な例かもしれないが，水面上に浮かんで帆走することがある（*Enallagma vansomereni*, Martens & Grabow 1994; *E. nigridorsum*, Samways 1994）．ルリイトトンボ属の雄は，潜水産卵を終えて浮き上がってくる雌を捕まえるため，水面の上方にとまって待つことがよくある（Fincke 1986a参照; Miller 1994b）．アフリカの非常に小型のルリイトトンボ属の雄が示す，水面に浮いて帆走する行動は，彼らが小さい**ために**利用できる1つのパトロール戦術（浮き上がってくる雌を発見する確率

を高めるため）であるかもしれない．そうだとすると，この行動は，羽化してくる雌を待ちながら，小さな水たまりの水面を滑る2種のカ (*Deinocerites cancer* と *Opifex fuscus*) の雄の，水面上に生じる平面的な「群飛」と類似した機能をもっていることになる (Provost & Haeger 1967参照)．*Enallagma vansomereni* の雌は水中で産卵するが (Martens & Grabow 1994)，雄の蹠節は形態的に浮くようにはできていない (Martens 1994b)．均翅亜目のトンボは，しばしば小さな風下のくぼみや水面のすぐ近くを飛ぶが，そこは最も風当たりの弱い所である (Hilfert 1995)．非常に小さい種の成虫が実際に水面に降りるのは，このような行動の延長であると考えられる．

パトロール飛行の重要な機能の1つは，隣にいる同種個体の分布をモニターすることであろう (Parr 1983a, b)．この仮説に合う例として，ネグロベッコウトンボのなわばり雄が，他雄を追跡した後に続けてパトロールを行った観察例や (A. J. Moore 1987b)，タイリクアカネ *Sympetrum striolatum* のなわばり雄で，短時間に続けて他雄に遭遇した後に，パトロール時間が長くなった観察例がある (Ottolenghi 1987)．Ubukata (1975) は，カラカネトンボにおける雄のパトロール飛行と雌の交尾前の飛行とが機能的に類似していることに注目した．この2つの飛行は，両方とも出会い場所での雌雄の出会いを容易にするものである．しかし，雌がこの飛行を行っても雄からのアプローチがなければ，雌は1分以内に飛び去ってしまう．

パトロール飛行は，摂食行動を含むこともあれば（オーストラリアミナミトンボ，Rowe 1987a），含まないこともある．前者の場合，偶発的な行動の変形であったり（*Macromia splendens*, Lieftinck 1965），通常の行動成分であったりする（オガサワラトンボ *Hemicordulia ogasawarensis*, Sakagami et al. 1974；キボシエゾトンボ，Börszöny 1993；トンボ科における系列の総説として Parr 1983a 参照；§9.6.4）．また，摂食飛行が連続的にパトロール飛行に変化することもある（コウテイギンヤンマ *Anax imperator*, Jödicke 1997b）．しかし，これら2種類の飛行活動はしばしば空間的に分離している（例：宮川 1967a）．パトロール中のトンボは，時にクリーニング動作をする（§8.5.4.8）．なわばりをもたない均翅亜目のトンボのパトロール飛行は，Bick & Bick (1965a) が作った行動カテゴリーの「理由のない飛行」と同じもののようである．

11.2.5.3 モードを決める要因

探索行動において，1つの種がいくつかの異なったモードを示すことがある．そのような場合，次のような仮説を支持する証拠が存在する．つまり，各個体は，その種のレパートリーのすべてのモードを，そのときの物理的・生物的な条件に応じて採用する潜在能力をもっていると考えられる．したがって複数の代替モード全体は，**単一条件戦略**を成すといえる．

探索行動のパターンを決定するうえで主な役割を果たすと考えられる要因は，生息場所そのものと出会い場所での雄密度の2つである．時には出会い場所の物理的特性が，雄による探索モードの選択に影響を与えるようである．例えば，*Adversaeschna brevistyla* は3つの異なったモードを示す．最も普通のモードは，湾や入り江の周りにある一定の巡回区域を雄がパトロールするものである．彼らは抽水植物の基部の間を低く飛び，突進とホバリングを繰り返す．ホバリングが1分を超えて続くときもある．第2のモードでは，雄は小さな池の全周囲や湖の岸辺の一定の巡回区域を，より高い所を飛びながらパトロールする．時に長くても5分ほどの静止を挿むことがある．第3のモードでは，雄は平らで水平な面に，長い場合は30分もとまり続け，その間になわばり防衛をする（Rowe 1987a）（第3のモードはルリボシヤンマ属の間では稀であるが，*Adversaeschna brevistyla* はルリボシヤンマ属に含まれないとする見解 [Watson 1992b] に一致している）．*Somatochlora meridionalis* は，出会い場所が完全に陰になった渓流であるか，あるいは樹によって陰になった湿原の縁であるか，小さな池の集まりであるかに依存して，パトロールの3種類のモードのどれかを示す（Kotarac 1993）．さらに László Börszöny (1993) は，キボシエゾトンボの雄がパトロールする出会い場所に7種類のタイプを識別している．その中では平地の開けた状態が特に好まれた．キボシエゾトンボの場合，草が刈り取られた後にパトロール行動が変化したことで，微地形の役割が確かめられた．出会い場所と探索モードの相関は，オーストラリアミナミトンボとベニヒメトンボ (Rowe 1987a) にも存在している．また，川辺に棲むオナガサナエ *Onychogomphus viridicostus* は，普通はパーチャーであるが，水位が高いときには主にパトローラーになる（Sugimura 1993）．

ハーゲンルリイトトンボ *Enallagma hageni* のミシガン州の個体群では，比較的短い成虫出現期の進行に伴い，探索モードの比率が変化した．シーズン半ばから後半にかけて，好みの産卵基質が卵でいっぱいになり，雌は他の産卵基質に向かって水中を歩いたり，個々の卵を産むのに時間がかかるシャジクモ属 *Chara* の茎を使わなければならなかった．雌はその茎をつかみそこねてしまう傾向があり，その結果，産卵を終える前に水面に浮かび上がる雌が多くなった．このことは，雌を獲得するにはあまり好まれない再浮上雌を探索する戦術に，単独雄が相対的に多くの時間を使うという結果をもたらした（Fincke 1985）．

雄の探索行動を決定するときの雄密度の役割は §11.3.8.1 で扱う．

種間・種内での探索行動の大きな変異にもかかわらず，トンボの行動は表 A.11.5 のカテゴリー分類とよく一致する．そのためカテゴリー分類は有益であり，探索行動に関する将来の発展が見込まれる研究分野をよく示している．数種のトンボ（例：ハーゲンルリイトトンボ）は，探索モードを自発的に選択することができるが，この話題は §11.3.7 で検討する．

11.3 攻撃行動

11.3.1 レパートリー

はっきりした定住性（表11.1のレベルBとC）を示すトンボの雄は，彼らの**攻撃行動**の直接の結果として，出会い場所で間おき分布するのが普通である（このような行動は反発的と呼ぶほうが適当かもし

れないが，トンボ学者の間で広く使用されていることから，ここでは**攻撃的**の用語を使う）．この節では，攻撃行動に含まれる行動パターン，それを行うための戦略，そしてその主な生態的結果について考える．飛行中のトンボの行動を調べて分析する方法が洗練されるにつれて，かつては調べられずに見過ごされていた攻撃行動のいくつかのタイプも，明らかになるかもしれない．例えばサオトメゾイトトンボの雄は，人間の観察者にとって闘争に見えるような干渉ではないが，同種の雄が追いかけ合うことで，片方か両方が出会い場所から出ていく結果になる (Moore 1995)．

攻撃行動は時に雌でも観察されることがあり，同種に対しても（アメリカカワトンボ*Hetaerina americana*, Bick & Sulzbach 1966; アオモンイトトンボ属, Miller 1987a; *Nesobasis*属, Donnelly 1987; アカネ属*Sympetrum*, Gorb 1994b), 異種に対しても（ルリボシヤンマ*Aeshna juncea*とコウテイギンヤンマ, Moore 1964) 向けられる．また，個体が間おき分布することがあり，それによって摂食行動（§9.5.5) が容易になるか，産卵場所（第2章）を獲得する機会が高まるのかもしれない．しかし，ここでは成熟雄の攻撃行動だけを考えることにする．このような攻撃行動は，主として防衛している場所に侵入した同種の雄に向けられ，副次的に同種のタンデムペアや他種の雄にも向けられる．また，たまには他種のタンデムや侵入者とみなされた他の動物にも向けられる．トンボの攻撃行動の研究者は，多くの質の高い報告を公表してきた．その中でも，Ilmari Pajunen (1964a) によるものは，その後の発展の基礎になったものである．以下の記述では頻繁にそれを引用する．Pajunen (1966c) は攻撃行動を，他の個体の飛行範囲を制限したり，ある場所から他の個体を追い出す機能をもった行動として定義した．それは，侵入者（普通は同種の雄）が防衛場所に入ってきたときに，侵入者によって誘起され，それに対して直接向けられる行動である．なわばり保持者あるいは**先住雄**がとまったままのときは，攻撃は威嚇ディスプレイの形をとる（威嚇ディスプレイの行動はこの節の後半で扱う）．しかし，普通，先住雄は侵入雄に対して，横あるいは下から素早く真っすぐに接近する（上から近づくのが典型的なタンデム形成のときとは異なる）．このような攻撃行動は，機能的には場所の防衛に関連しており，アオハダトンボ属の例で分かるように，ほとんどなわばり雄に限られ，しかもなわばり内での出会いに限られる (Pajunen 1966a; Heymer 1972a; Pezalla 1979)．自分のなわばり内で，定住雄は中心部に近いほど攻撃的に行動する傾向があり (Pajunen 1966b)，また他の場所よりもより効果的に行動する傾向がある（つまり，闘争に勝つことが多い; Campanella 1975b）．Pajunen (1964a) が研究したカオジロトンボ属*Leucorrhinia*の4種では，攻撃行動は定住度と正の相関があった．定住雄は，産卵雌を非接触警護するときも攻撃性を示す．温帯高緯度地方では，悪天候によって性的衝動が蓄積され，その影響で性識別の間違いから攻撃的干渉が生じることがあるかもしれないが (Moore 1960参照; Pajunen 1964a), 同種の性を識別する能力は（§11.4.2), 種内の攻撃行動が有効であるための前提条件であることが広く信じられている．しかし，実際の状況では，視覚的に類似した同属個体が多くいることや，目前に近づくまで他個体を見えにくくする植生の存在が (Pajunen 1964a), 雄に無差別攻撃の戦略を採用させてしまう (§11.5.4.2)．比較的短くて単純な攻撃行動を示す分類群では，侵入者に対する性的アプローチと攻撃的アプローチがはっきり区別できないことがあるかもしれない (Moore 1960)．ハラビロカオジロトンボ (Pajunen 1964a) やカオジロトンボ (Pajunen 1963b) はその例である．両種において実際，性的行動は攻撃行動のあとに起きることがある．それは性識別能力が劣っているからかもしれない．このような性行動から雄どうしのタンデム形成や，たまには環状（交尾）姿勢の形成が起きることがある．しかし，幅広い攻撃行動のレパートリーをもち，攻撃行動と性的行動の区別があいまいではないアメリカアオハダトンボについてWaage (1988b) が行った研究では，なわばりをめぐる雄間の相互作用が契機となって性的な行動が観察されたことは全くなかった．

種内では，攻撃行動（飛行による）はいくつかの異なったレベルで現れることが普通であり，反応は段階的に激しくなっていく．攻撃行動のレパートリーの中で示すレベルの数や行動成分の数によって種をランクづけすることができる．ハラビロカオジロトンボには，接近 (A), 追飛 (C), 威嚇 (T), 格闘 (F) の4つの成分がある．これらの成分は，たいてい以下のような順番に結合する．攻撃の激しさが増加する順序でそれを並べるとA-C, A-T-C, A-T-F-C, A-T-F-T-Cとなる (Pajunen 1964a)．同様の段階的な行動はトンボ目の間では広く見られる（図11.8）．攻撃が一方的で簡単なものか，双方的で長く続くものかどうかに依存して，攻撃成分の連鎖はその激しさと複雑さが増す（図11.9）．いずれの行動連鎖もいくつかの定型的な成分からできており，その場の必要性に応じて柔軟に結合できる．このこ

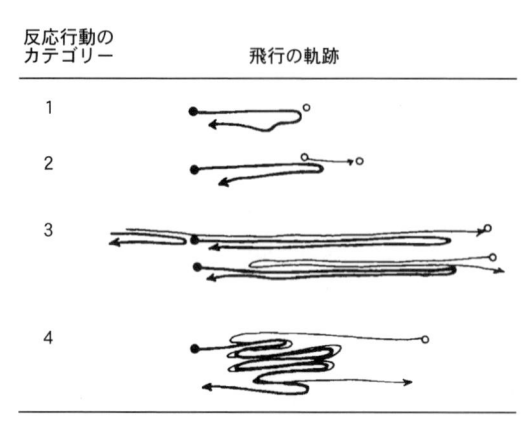

図11.8 侵入した同種個体に反応したときのミヤマカワトンボのなわばり雄の飛跡．黒丸と太い矢印はなわばり雄．反応行動のカテゴリー：1. 攻撃性なしの接近；2. 接近-追尾；3. 接近-威嚇-追尾；4. 接近-威嚇-格闘（旋回飛行を含む）．対応する侵入者のカテゴリー：1と2. 未成熟雄あるいは未成熟雌；3と4. 成熟した非なわばり雄．(Higashi & Uéda 1982を改変)

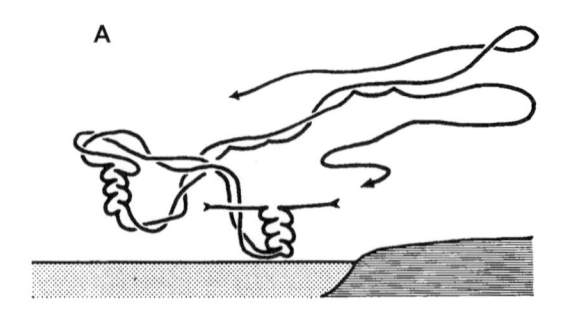

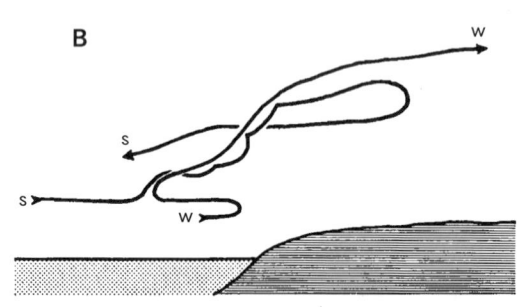

図11.9 攻撃的な遭遇時のヒスイルリボシヤンマの雄の飛跡．A. 同じくらい攻撃的な2個体の雄の場合；B. 強い雄（s）と弱い雄（w）の場合．遭遇Aの特徴は対峙して行う威嚇と並んで飛びながら行う威嚇．遭遇Bは短く単純で，弱いほうの雄の速やかな飛去で終了する．(Kaiser 1974aより)

とを，Pajunen（1964a）が研究したハラビロカオジロトンボの攻撃行動によって説明したい．彼の研究は映画撮影を先駆的に使い，トンボの空中での攻撃行動の特徴を初めて描写したものである．以下の説明は，第3の侵入雄などに邪魔されないでなわばりを防衛する雄に関するものである．ハラビロカオジロトンボと*Leucorrhinia rubicunda*（Pajunen 1966b）の両種の雄は，産卵雌を（非接触）警護している場合にも強い攻撃行動を示すが，それが警護中でない雄によって示されるものと同じ特徴のレパートリー連鎖をもっているかどうかは知られていない．

接近飛行（ハラビロカオジロトンボの）とは，George Bick（1972）の「突進飛行flight toward」と同じで，直接的かつ直線的な，側方からあるいは下方からの目標への接近である．それぞれの雄が相手の性を識別したあと，**追飛**が始まる．**最終**追飛（つまり，その追飛によって遭遇が終わる）は，10m以上にも達し，なわばりから外に出てしまうこともある．その速度は直線飛行のときは速く（時速25～30km），侵入雄が身をかわしながら逃げるのに追飛雄が合わせるときには遅くなる．追飛雄は，基質の上1～3mを相手よりも低く飛ぶ．そのとき，相手の後方10～25cmの距離を維持し，捕まえようとはしない．これは強力な威嚇を相手に伝えるための行動であろう．攻撃がより厳しくなるにつれて，最終追飛の長さと激しさは増加する．同じ高さで飛んでいる雄が，振り向いてその相手に対峙すると，接近と追飛の間

に**威嚇**が差し挟まれることが多い．そして，両者はそれぞれ相手に向かってフェイントや突進を繰り返し，接触することなしに通り過ぎて相手を見失うと向き直るという具合に，相互に接近を繰り返す．このような接近と方向替えの動きを交互に行うことが互いの周りを回る原因となり，互いの距離がかなり近い（方向替えのときで3～10cm）と**螺旋威嚇**，大きく，楕円の環（方向替えのときで8～26cm離れて）を描くと**旋回威嚇**の状態になる（図11.10）．螺旋威嚇は普通短く，1～3サイクルが繰り返され，それぞれのサイクルは200～275ミリ秒である．対戦者ははっきりと螺旋を描きながら下降するが，よく同期しており，どちらも相手の下に行こうとはしない．一方，旋回威嚇は5～10サイクルからなり，それぞれ250～500ミリ秒と長く，必ずしも垂直に移動しないことに特徴がある．また，行動はより柔軟で変化に富んでいる．そして，対戦者どうしはいつも同じ高さで飛び，どちらも下から相手のほうに近づくことはない．また，同期性は弱いか欠如しており，その場合の飛行は旋回しながらの追飛に似ている．旋回ループの変化は，互いが動く標的に向かっ

11.3 攻撃行動

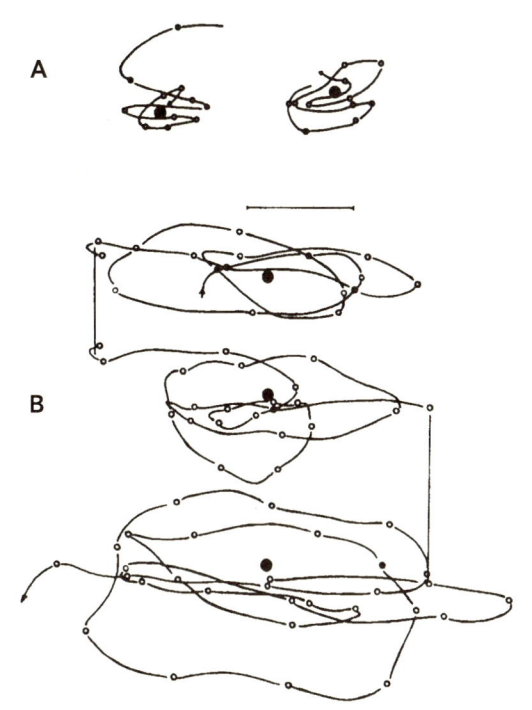

図11.10 ハラビロカオジロトンボの雄が威嚇行動を示している間の相対位置の変化．一方の雄の位置を黒丸に固定して考え，他方の雄の位置を1/20秒間隔で白丸によって表す．A. 雄間の距離が短い螺旋威嚇の2例；B. 距離が長い旋回威嚇．スケールは10 cm．(Pajunen 1964aを改変)

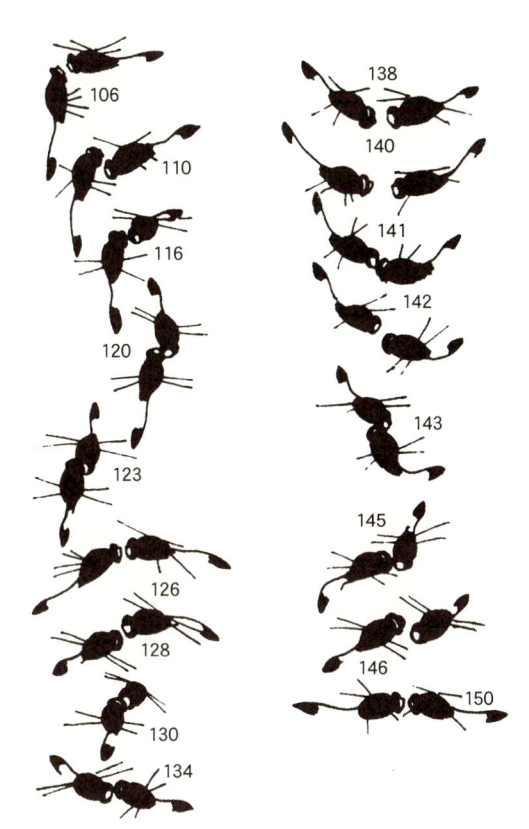

図11.11 闘争中のハラビロカオジロトンボの雄2個体の連続的な動き(体長は約37 mm)．数字は映画フィルムのフレーム番号で，間隔は1/80秒．106から130までのフレームでは，両雄は横に回りながら上昇し，その後急速に下降する．腹部の姿勢は雄の上昇と下降にほぼ一致する．(Pajunen 1964aより)

て360°向きを変える結果生じる．旋回威嚇は，螺旋威嚇よりもより激しい攻撃行動のかたちかもしれない．攻撃と向き変えの交替が定型的であることから，威嚇は不発に終わった闘争ではなく，典型的なディスプレイ行動であることが分かる．**格闘**はおそらく捕食行動が変化したもので，脚による互いのつかみ合いや噛みつき合いさえ伴うことがある．敵対者の胸部や頭部を狙った攻撃である．格闘が始まると雄は向かい合い，下からの攻撃は通常しないようである．格闘は，威嚇から直接続いて起きることもある．そのとき，捕えられた雄は螺旋状に何度ももがき回り，上昇したり下降したりする(図11.11)．そして，時に水の上に落ちたりする．もしつかむことが一方的に起きるなら，最初に捕まえたほうは，つかんだまま，敵対者にかなりの距離まで付いていくことがある．1回の闘争は通常わずか0.5〜1.5秒で終わる．前述の5つの行動連鎖は，Pajunenが最もよく出会ったものであるが，より複雑な行動連鎖も時々見られている．例えば，短い威嚇行動が，対戦のいろいろな段階で，差し挟まれることがあった．

このハラビロカオジロトンボの攻撃行動の報告は，行動連鎖を映画に記録し，それを分析した点で他に例を見ないものであり，肉眼による観察ではあまり正確に記録されない他のトンボの行動レパートリーを理解する際には貴重な基準となる．自然状態で観察された攻撃行動の報告を調べてみると，そのレパートリーには単純なものから複雑なものまで連続的な変異が存在することが見えてくる．ハラビロカオジロトンボはそのような連続変異の中間の位置にあるようで，そのレパートリーは，別の2つの種，つまりより単純な種とより複雑な種と対比することで，そのおかれる位置が見通せる．

ムカシヤンマ科のアメリカヒメムカシヤンマの雄は高層湿原になわばりを形成するが，なわばり雄は，とまり場から1.2〜1.8 m以内に近づいた同種の雄に向かって素早く飛ぶ．なわばり雄が始める闘いは，2個体の雄が約15 cm離れて向かい合い，1〜2秒ホ

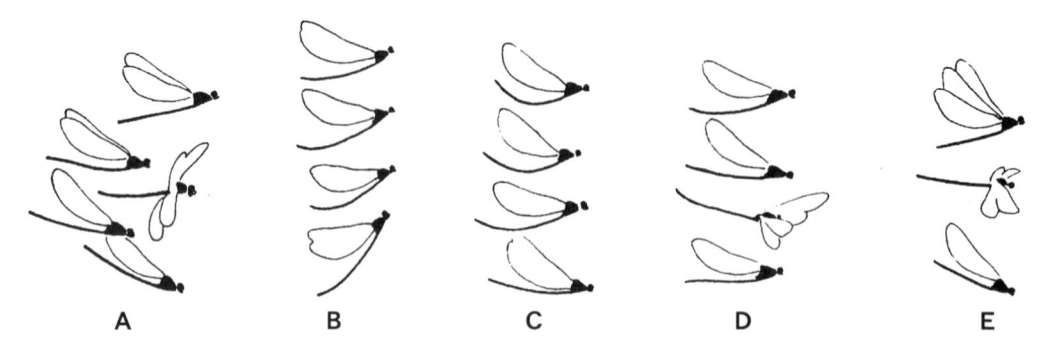

図 11.12 ヨーロッパアオハダトンボの雄（体長は約50mm）のいろいろな場面での飛行姿勢．A. 普通の飛行；B. 対峙しての威嚇；C. 一方的な威嚇；D. 後退しながらの威嚇；E. ロッキング飛行．(Pajunen 1966aより)

バリングをした後，翅や体の衝突にまで発展する．侵入雄は螺旋を描きながら上昇することで応答し，その高さはしばしば6mに達する．その5～30秒の間，なわばり雄に繰り返し翅や体をぶつけられる．最後には高層湿原を越えて10～30mの範囲まで追尾され，それで遭遇に決着がつくことがある (Clement & Meyer 1980)．

観察者にとっては，カワトンボ科とハナダカトンボ科の攻撃レパートリーが最も複雑に見えるだろう．これらの種の雌雄間の複雑な求愛ディスプレイが，攻撃行動と同じ行動成分をいくつか含むことは，偶然ではないだろう (Uéda 1992参照；§11.4.6)．2番目の例として，やはり Pajunen (1966a) によって80コマ/秒の映画撮影を利用して研究されたヨーロッパアオハダトンボの攻撃行動を紹介する．

ヨーロッパアオハダトンボのなわばり雄は，とまり場から素早く飛び立ち，侵入雄に向かって飛んでいく．威嚇ディスプレイにはいくつかの型があり，そのうちのどれか1つを即座に行う．**正面威嚇**の飛行パターンの特徴は，なわばり雄が侵入雄と15～30cmの距離で対峙しながら同じ高さで飛ぶことである．2個体の雄はホバリングしたり，横に動いたり1～2m後退したりしながらも，体の相対的位置関係をほぼ同じに保つ．この双方の雄による正面威嚇（図11.12B）はわずか数秒続くだけである．その際，腹部を上方に弓なりに曲げ，胸部と頭部を明瞭に上に引き上げる．威嚇が一方的である場合は，胸部と頭部が上を向く角度が小さくなる．**後退威嚇**では，なわばり雄は退却するかのように侵入雄に向いたまま後方にゆっくりと飛び，うねったコースを上がったり下がったりする．その継続時間は数秒である．そのとき，腹部を少し曲げ，体軸を水平に近い状態にする（図11.12D）．**側面威嚇**は正面威嚇と後退威嚇の中間の反応を示すことが特徴である．対峙する2雄は，通常のスピードと通常の高さ（水面から10～30cm）で並んで飛ぶか，一方が他方より少し前に出て飛ぶが，互いの前後の位置は頻繁に入れ替わり，両者の距離はそれほど一定には保たれない．これが約2分間続く．飛行は直線的で，左右の位置はかなり入れ替わる．威嚇成分のうちの2つが，追飛行動と同じ型である．その1番目の**追飛と逃走**では，なわばり雄は侵入雄の後ろ10～15cmを侵入雄と同じ高さで飛び，その相対的位置関係を保つ．なわばり雄は水面の上10～40cmを通常の早さで飛ぶ侵入雄を捕まえようとはしない．このような追飛は常に短く，たいてい数m移動するだけである．2番目の**旋回飛行**はもっと速く，長く続くのが普通である．不規則な場合もあるが，同心円が連続するような軌道をとることがその特徴である．それぞれの雄は数m²内で旋回し，なわばり雄は侵入雄の少し下を飛ぶ傾向があり，しばしば侵入雄の軌道を横切り，侵入雄の飛行を小さな円内に閉じ込めているように思われる．旋回飛行は，短く直線的な追飛によって終わることが多く，その後なわばり雄は自分の場所に戻る．もう1つの攻撃行動のモードは**ロッキング飛行**である（図11.12E）．この飛行では，両雄は通常の飛行姿勢をとり，同じように振る舞う．そして比較的限られた範囲内で水面から少し高い（20～50cm）所を飛び，突然15～30cmほど上昇したり下降したりする．また，両雄間の距離（10～50cm）と相対的な位置関係は常に変化し，その軌道は不規則で，頻繁に方向転換することも特徴である．ロッキング飛行は，他の雄からの妨害があっても30～60分も続くことがある．争っている雄たちがいったん休息して中断することはあるが，相互干渉はまた再開する．両者は互いに個体識別していると思われる．ロッキ

11.3 攻撃行動

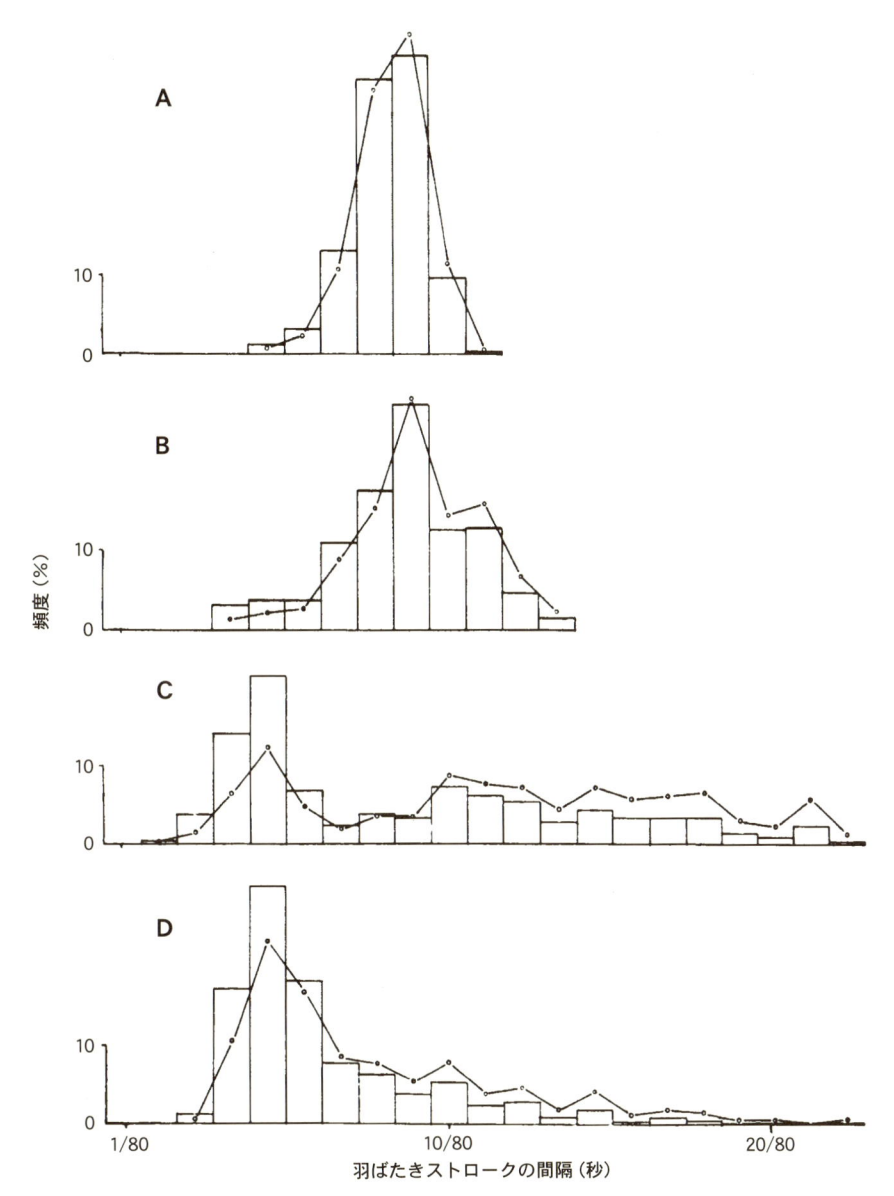

図11.13 ヨーロッパアオハダトンボが異なった攻撃飛行をする際の羽ばたき間隔の頻度分布（ヒストグラム）と飛行時間［羽ばたき間隔×頻度］の割合の分布（折れ線）．A. 対峙しての威嚇；B. 一方的な威嚇；C. 後退しながらの威嚇；D. ロッキング飛行．時間単位は1/80秒．(Pajunen 1966aより)

ング飛行はおそらく闘争がエスカレートした信号である（§11.3.6.2）．はっきりした格闘は，ヨーロッパアオハダトンボでは観察されない．後退威嚇や追飛の最中にたまに生じる雄間の身体的接触は偶然によるものと思われる．Pajunenは，これらの攻撃行動の成分によって羽ばたき間隔に違いがあることを発見し（図11.13），コミュニケーションの手段として翅の動きの重要性を強調している．Georg Rüppell (1985)は500コマ/秒の映画撮影を使って，攻撃行動時と求愛行動時の定位と羽ばたき頻度の特性を詳述し，オビアオハダトンボ *Calopteryx splendens*におけるこれらの行動に関する我々の理解を飛躍的に高めた（図11.14, 11.15）．

以上，攻撃行動のレパートリーを複雑さが増す順に3つの例を紹介したが，これらは他種のレパートリーを検討するための枠組みとなる．その説明に際し，とまっている雄と飛んでいる雄を個別に考えることにする．

とまっているトンボが同種，時に別種（Doerksen 1980）の個体に向ける威嚇行動（表A.11.6）は，雌の

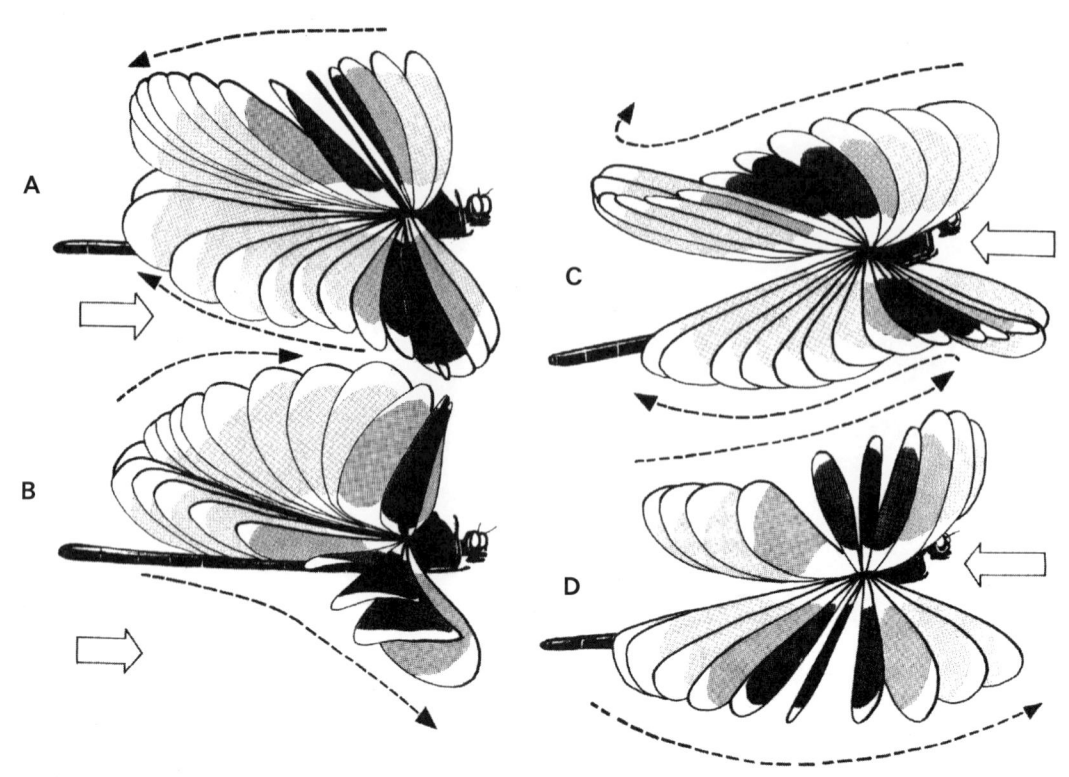

図11.14 前進（AとB）あるいは後退（CとD）しながら威嚇しているオビアオハダトンボの翅の連続的な位置変化（2ミリ秒間隔）．右側の前後翅だけを示す．太い白矢印は体の移動方向を，細い破線の矢印は翅の先端の動く方向を示す．(Rüppell 1985より)

拒否行動（表11.8，§11.4.5）にそっくりである．ただし，不均翅亜目のなわばり雄ではあまり普通ではなく，飛び立って侵入雄に接近する傾向が強い．とまっているトンボの間に，いわゆる威嚇行動が広く見られる（時には，その場所が占有されていることを宣言するだけのことがある）ことは，おそらくこの行動の起源が古いことを反映しているが，現存の不均翅亜目では，威嚇行動はある程度の社会的な許容性を示す典型的なパーチャー（例：タイワントンボ *Potamarcha congener*, §8.4.5; Pajunen 1963a）だけに見られる傾向である．このような行動には翅か腹部，あるいは両方を突然動かす動作を伴う．例えば，休息中のカオジロトンボの雄は，接近する同種の雄に反応する際，急に翅を上げて勢いよく数回羽ばたき，同時に腹部を通常の休息姿勢から30〜45°上がった角度になるまで脚を使って持ち上げることがある（Pajunen 1963a）．一部のトンボ，特に湖沼性のサナエトンボ科は，なわばり内にとまっているとき，侵入者がいてもいなくても，腹部を上げた姿勢をとることがある（表A.11.6）．このような行動はなわばり宣言，あるいは事前の威嚇行動と考えるのが最も

適切であろう．エゾトンボ科の一部（Heymer 1966; Ubukata 1975, 1979a）がパトロール時に特徴的な姿勢（腹部を上げる）を示すのも同じ機能かもしれない（§11.2.5.2）．トンボ科の一部，*Dysphaea*属および*Epallage*属がとまっているときの姿勢も同様であろう（Heymer 1975）．とまっている雄の威嚇ディスプレイを引き起こす刺激は，飛んでいる雄に反応を生じさせるリリーサーとはかなり異なるものであり，後者では基本的に個体の飛行動作に反応する．

最もありふれており，最も壮観な攻撃行動は飛行中に行われる．飛んでいるトンボの攻撃レパートリーをバランスよく整理することは不可能である．なぜなら，第1に，いくつかの行動成分は観察の間に起きないかもしれないので，並べられた行動成分は最小のリストでしかない．第2に，同じ名前で呼ばれる行動が，必ずしも同一のものであるとは限らない（例：後退威嚇）．第3に，種間の比較は，飛行スタイルが形態を反映してしまうので，本当はよくないかもしれない．このような問題はあるものの，50種（不均翅亜目：5科17属24種；均翅亜目：10科17属26種）の攻撃行動を紹介した報告をもとに暫定的

11.3 攻撃行動

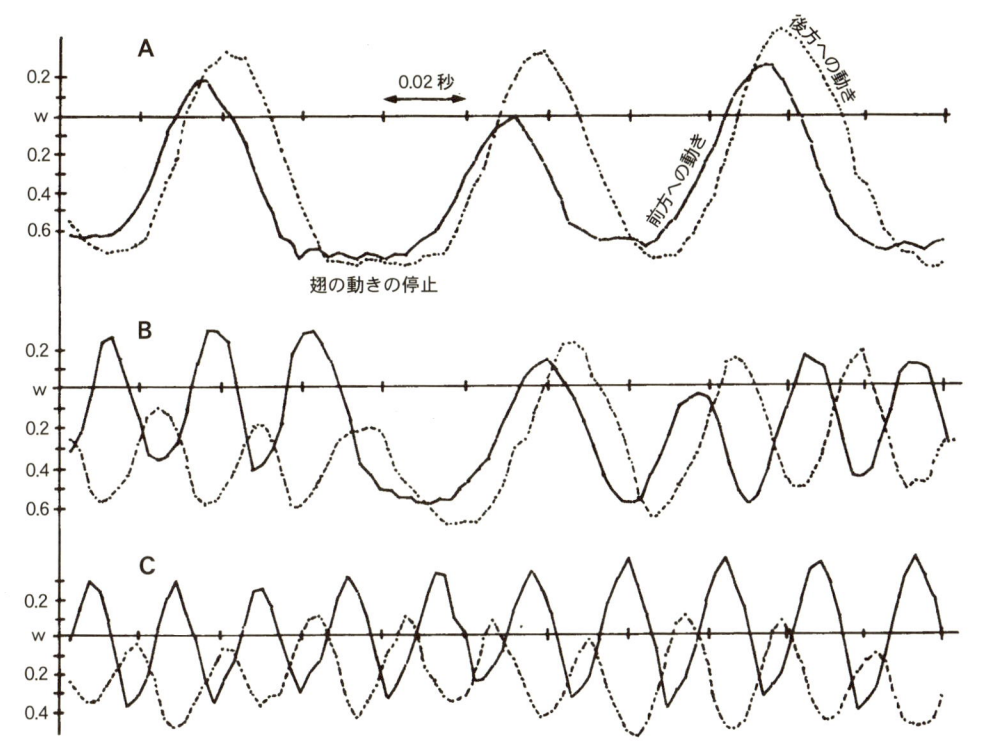

図11.15 オビアオハダトンボの飛行時の前翅（実線）と後翅（破線）の連続的な動き．A. 前方への威嚇飛行；C. 定位置での求愛飛行；B. ある飛行モードから他のモードへの切り替え時．横軸W（時間目盛りを付けた）から曲線上の点までの高さは，トンボを側面から見た場合の，翅の基部から先端までの水平方向の距離（腹部後端から翅の基部Wまでの距離に対する比で表現）．翅の先端が基部より前方にある場合（横軸Wより上）と，後方にある場合（横軸Wより下）がある．横軸：時間．（Rüppell 1985を改変）

な一般化を行い，比較的多くのレパートリーをもっている15種についての情報をまとめることができた（表11.2）．Pajunen（1964a）によって識別された4つの基本的な成分のうち，接近と追飛は明瞭である．闘争については後でも少し扱うが，これも普通は短くて明瞭である．威嚇は可塑性に富み，飛行中の攻撃行動の中心的な成分である．威嚇にはほとんどの場合，正面に相対したホバリングが含まれる．また威嚇は旋回飛行や螺旋飛行を含むことが多く，それほど頻繁ではないが，互いの突進や上下動を含む．一部の種では平行飛行が見られる．このような飛行は普通**相互**の対面が特徴であり，対戦者は一定の距離で隔てられた位置関係を維持したり，外れるとまたその位置関係に戻ったりする．攻撃行動が比較的複雑な種の場合，飛行中の攻撃の間に記録された威嚇成分の**最大数**からほとんどの種に見られる普遍的な行動成分を除外し，代わりに腹部，翅，脚の誇示を加えれば，そのトンボがどの属に入るかを当てることができる（表11.2）．鮮やかに色のついた翅や脚が，ほとんど例外なしに威嚇ディスプレイに関連し

ているので，攻撃行動がまだ記録されていない他の多くの体色が鮮やかな種でも同様であろう．これは種認知（表11.6）と求愛（表A.11.10）についても同じである．例えば*Pseudagrion kersteni*の雄は顔と胸部の前面に鮮やかな色彩パターンをもっているが，この容貌はライバル雄が対面ホバリングをして攻撃するとき，一定の役割を果たしているに違いない（Meskin 1993）．同様に，威嚇の最中に雄が腹部を上げたり下げたりするかどうかや，体の前面や後面を相手に提示するかどうかは，腹部の目立つ色が上下どちら側にあるかに関連する．

上で述べたことは単独雄に関してのものであるが，タンデム態の雄（例：*Enallagma traviatum*, Robinson 1981; *Pseudagrion perfuscatum*, Furtado 1972）や，環状姿勢の雄（ヨーロッパベニイトトンボ*Ceriagrion tenellum*, Parr & Parr 1979; ヒメアカネ, Uéda 1979），非接触警護中の雄（ミナミエゾトンボ*Procordulia smithii*, Rowe 1988; ヒメアカネ, Uéda 1979）も，とまっているいないにかかわらず，近づいてくる同種の雄に対して威嚇行動を示す．

表11.2 同種の個体に対して飛行しながら複雑な威嚇行動を示す種を含む属

科と属	飛行[a]	腹部[b]	翅[a, c]	脚[d]	文献[e]
均翅亜目					
ムカシカワトンボ科					
Devadatta 属	4				4
カワトンボ科					
アオハダトンボ属	4	R	2		12, 19
Sapho 属	1				10
ハナダカトンボ科					
Chlorocypha 属	1	L, R		T	11, 12, 16
Libellago 属	1		2		13
アフリカハナダカトンボ属	2	S		T	15
ハナダカトンボ属	1	R	1	T	13, 17
ヤマイトトンボ科					
Heteragrion 属	1	L			7
モノサシトンボ科					
モノサシトンボ属	2			T	2, 5
グンバイトンボ属	1	R		T	1
ホソイトトンボ科					
Plaemnema 属	1	R			6
アメリカミナミカワトンボ科					
Cora 属	2				3
不均翅亜目					
トンボ科					
ヒメキトンボ属	1	L			10
Nannothemis 属	2				8

注：最初の接近飛行は威嚇とはみなさない．表には，対峙してのホバリング，円環飛行，螺旋飛行に**加えて**，威嚇飛行の少なくとも1つの成分を示す種を1つ以上含む属を示した．この基準に従って，腹部背面を誇示するだけの単純な攻撃行動のレパートリーを示す一部のトンボ科の属（例：ヨツボシトンボ属，シオカラトンボ属，カトリトンボ属）は除いた．

[a] 数字は確認された異なる成分数を示している．
[b] L. 下げる; R. 上げる; S. 左右に振る．
[c] 色と羽ばたき頻度はディスプレイに寄与するかもしれない．
[d] T. 脛節を広げてディスプレイする．
[e] 文献：1. Aguesse 1961; 2. Chowdhury & Karim 1994; 3. Fraser & Herman 1993; 4. Furtado 1970; 5. Furtado 1974; 6. González-Soriano et al. 1982; 7. González-Soriano & Verdugo-Garza 1982; 8. Hilder & Colgan 1985; 9. Lempert 1988; 10. Miller 1982a; 11. Miller 1993d; 12. Neville 1960; 13. A. G. Orr 1996; 14. Pajunen 1966a; 15. Robertson 1982a; 16. Robertson 1982b; 17. Uéda 1992.

11.3.2 格闘

Pajunen (1964a) は，格闘は捕食行動の変化した型であり，攻撃の最も原始的な型であると考えた．攻撃行動をレパートリーの豊富さの順番でランク付けすると，最も単純なレパートリーでは格闘が最も重要な役割を果たしており，最も複雑なレパートリーの中にはほとんど含まれないことが分かる（例：Uéda 1992）．これは身体的な衝突を含まない儀式化された威嚇によって置き換えられてきたためと考えられる．ライバルどうしが，非常に近い距離で相互威嚇，特に旋回飛行や螺旋飛行をしている場合，衝突音が聞こえたり，衝突の結果肉眼で分かるほどに負傷することがあるが，このような衝突が必ずしも格闘というわけではない．衝突は不均翅亜目でより頻繁に記録があるが，大きな昆虫ほど見えやすかったり，あるいは聞こえやすいためかもしれない．また大きな昆虫はあまり機敏な動きができないからかもしれない．偶然かそうでないかに関係なく，このような衝突によって負傷することがある．例えば，アオハダトンボ属の雄が格闘することは決してないが，このような遭遇の際に衝突してしまうことがよくある (Pajunen 1966a; Heymer 1972a)．このとき翅や脚に負傷を受けたり (Meek & Herman 1990)，水面に落下したり (Conrad & Herman 1987)，結果として死ぬことさえある (Lambert 1994)．一部の種の雄は，通常は下から（例：ヒスイルリボシヤンマ，Kaiser 1974a）自分のライバルに体当たりしようとするが（例：*Rhinocypha aurofulgens*, *R. biseriata*, A. G. Orr 1996)，ライバルのほうは上から押し返して，無理やり彼らを水面や泥の上に落とすことがある（例：

11.3 攻撃行動

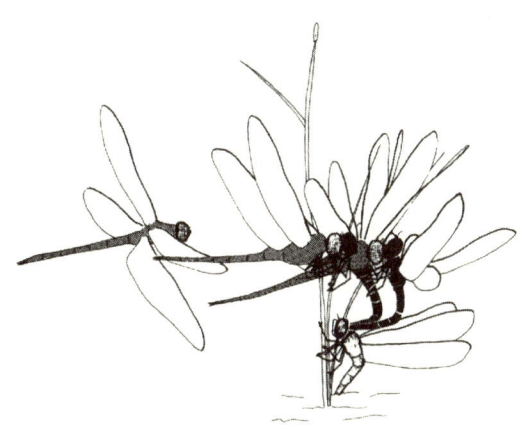

図11.16 アメリカギンヤンマの雄(左, 灰色)が, 産卵雌(下)とタンデム態にある雄(黒色)に体当たりで攻撃し, 雄を3～5cmほど押しのけている様子. 1/500秒間隔で撮った連続写真から描く. 雄の体長: 約74mm. (Rüppell & Hadrys 1987より)

Nannothemis bella, Hilder & Colgan 1985; アカイトトンボ, Gribbin & Thompson 1991b). カオジロトンボの雄では, 普通後方からライバルの胸部を脚でつかむことで格闘が始まることがある. このような格闘の間は, 対戦者は腹部を真っすぐに伸ばしたままなので, 性的な接近とは区別できる(Pajunen 1962b). トホシトンボのなわばり雄も同じ方法で, 他のなわばり雄に対してよりも, 劣位雄に対して頻繁に攻撃する. 雄は中脚と後脚を広げたまま下方に突っ込むので, たまに相手の翅を破損させることがある(Pezalla 1979). ネグロベッコウトンボの雄の一部には, このような遭遇で翅の1/3をなくしてしまうものがいる(Campanella 1975b). また *Trithemis kirbyi* の雄は, 翅を負傷して水面に落下し, 死ぬことさえある(Gopane 1987). オガサワラトンボの雄は, つかんだ後は普通攻撃をやめるが, たまに相手に噛みつくことがある(Sakagami et al. 1974).

これまで記録された最も激しい格闘はアメリカギンヤンマ *Anax junius* の雄で見られており, この雄は産卵雌とタンデム態の同種雄に対して攻撃を仕掛けた. 最高500コマ/秒で撮影されたスローモーション映像(図11.16)から, 雌をエスコートしている雄に対して攻撃雄が激突し, 引っ張り, そして噛みついていることが明らかになった. このとき相手の雄は, 翅をばたつかせ, 植物に爪をかけ, 突然発作的に体を震わせ, 逆に攻撃者に噛みつくなどして自分を守ろうとする. このような攻撃を受けると, タンデムペアは分離したり, 溺れたりすることがある. Robinson (1981)は, *Enallagma traviatum* の単独雄が水面に浮き上がってきた同種のタンデムペアを攻撃し, 明らかに噛みついたようだと報告している. *Leucorrhinia rubicunda* のタンデム中の雄は, 胸部と頭部の上に前脚を伸ばすことによって, 雄の攻撃者につかまれるのを防ぐことがある(Rüppell 1989b).

11.3.3 同種ペアとの相互作用

上記のアメリカギンヤンマによる格闘では, その期待される結果(産卵雌の横取り)は性的であるが, 明らかに攻撃的なものであった. しかしここで, タンデム態の産卵ペアや交尾ペアに対する攻撃的反応は, 種によって異なることを指摘しておきたい. アメリカカワトンボの雄は産卵ペアを攻撃し, 引き離したり, なわばりから追い出したりすることがある(Bick & Sulzbach 1966). 一方, オオイトトンボ *Cercion sieboldii*, ベニイトトンボ *Ceriagrion nipponicum* (新井 1975), *L. rubicunda* (Rüppell 1989b)では, 近づいても危害は加えない. アカイトトンボでは許容するようであるし(Moore 1964; Gibbin & Thompson 1991b), *Pseudagrion hageni tropicanum* と *P. kersteni* では無視する(Meskin 1986, 1993). *Diastatops intensa* の雄は, 環状姿勢で飛んだりとまったりしている同種のペアに接近し, 追いかける(Wildermuth 1994b). 一方, ネグロベッコウトンボの雄は同様なペアを攻撃し, 雌をつかもうとしたり, 交尾を中断させたりして, 時に雌を横取りできることがある(Campanella 1975b). カトリトンボでは, (効果はなかったが)雄が交尾ペアに頭から激しくぶつかっていくのが観察された(Sherman 1982). また, カラカネトンボの雄は, 時に飛行中の交尾ペアをつかもうとする(Ubukata 1975). これらの攻撃は, 雄の繁殖成功度を高めると予想される. しかし, 雄が別の種の交尾ペアに対して攻撃する場合は, そのコスト(時間, エネルギー, 負傷のリスク)は利益よりも大きいと思われる. しかし, 産卵場所で孵化する幼虫の種間競争が軽減されるという利益が生じる可能性はあるかもしれない.

11.3.4 種間相互作用

Norman Moore (1964)によるトンボの成虫間の競争についての先駆的な研究では, 水域で多数の種間遭遇があることが報告されている(§8.5.5.2も参照). これによると, 遭遇相手が同じ亜目に属する割合は94%で, そのうち同じ科の場合が94%, 同属の場合が80%であった. 異なった属間の遭遇頻度は, 均翅

亜目と不均翅亜目でほぼ同じであった．不均翅亜目どうしの遭遇のすべてがコウテイギンヤンマとルリボシヤンマの遭遇で，そのうち92％で後者が追い払われた．また，均翅亜目どうしの遭遇の81％は，アカイトトンボとヨーロッパベニイトトンボの遭遇であったが，どちらかが追い払われることはめったになかった．雄どうしの遭遇の大部分は，観察者から見て（体サイズや色が）類似した種の間で起きた（例：ルリボシヤンマ属とギンヤンマ属 Anax の種，またヨーロッパベニイトトンボとアカイトトンボ）．しかし，Peter Miller (1995e) は，タイリクオニヤンマの雄が高密度時に（色と体サイズが非常に異なっている）ヒメシオカラトンボ Orthetrum coerulescens の雄をパトロール範囲内のとまり場から繰り返し追い出すことを観察した．表A.11.7にまとめられた記録は，前者の観察結果と整合性がある．つまり，Libellula incesta，トホシトンボ，Nannothemis bella における遭遇は，体サイズや見かけが（人間の目に）よく似ている種との間で非常に頻繁に起きる．トホシトンボはそのような観察が記録されている唯一の種であるが，この種の攻撃対象となる種（ヨツボシトンボ Libellula quadrimaculata）は，外見が最も類似しており，異種の中ではこの種だけが，かなり頻繁にはっきりした攻撃を受けた．ハラビロカオジロトンボは，ヨーロッパアカメイトトンボ Erythromma najas のタンデムに対して攻撃的であるが，動かない均翅亜目やルリボシヤンマ属くらいの大きさの昆虫は無視する．異種攻撃と密接に関連する種認知の問題は§11.4で別に取り扱う．ここでは，以下のことに注目しなければならない．なわばりにいるアメリカヒメムカシヤンマの雄は，異種への攻撃を頻繁に仕掛けるが，その攻撃行動は同種個体に向けられるものとは異なり，螺旋威嚇が含まれない（Clement & Meyer 1980）．この違いは，最初の接近で種特異的な反応が返ってこなかったことが原因なのかもしれない．Micrathyria ocellata が M. aequalis に対して引き起こす種間遭遇の頻度は，後者の存在数にほぼ比例していた（May 1980）．以下は，表A.11.7に掲載した記録ほど詳しくないが，異種の侵入者に対するなわばり雄の攻撃的反応が広い連続系列であることを示す情報である．その極端な例として，Diastatops intensa は侵入してきた昆虫のほとんどあらゆるものを追いかけた（Wildermuth 1994b）．また，サオトメエゾイトトンボはとまっているアオイトトンボの交尾ペアの邪魔をした（P. S. Corbet 未発表の観察）．Copera marginipes は移動中のトンボ科に接近した（Furtado 1974）．Leucorrhinia hudsonica は，追飛はしなかっ

たが，アメリカカラカネトンボやキタルリイトトンボ Enallagma boreale, L. glacialis の進路を妨害した（Hilton 1985）．ヒスイルリボシヤンマは他のルリボシヤンマ属のどの種とも同じように闘うが，小型の不均翅亜目とは短時間だけ闘い，均翅亜目とは全く闘わなかった（Kaiser 1974a）．Pseudagrion hageni tropicanum は，Lestes plagiatus や Orthetrum julia のような大型種には，接近はするがその後は無視した（Meskin 1986）．カトリトンボは，腹部にある灰青色の白粉（§8.3.2.3）が自分と似ている大型のトンボ科の3種（ハヤブサトンボ Erythemis simplicicollis, Libellula cyanea, Libellula incesta）に向かって特に激しく行動した．しかし，同所性で腹部の白粉がない他の8種の不均翅亜目（サナエトンボ科の1種とトンボ科の7種）に対しては普通無視した（Robey 1975）．反対の極端な例として，アカイトトンボのなわばり雄は，他種の雄を全く追い出そうとしなかった（Gribbin & Thompson 1991b）．カトリトンボの例から，認識しやすい目立つ特徴は，同所的な他の多くの種に同じ特徴が存在しない場合は，淘汰上の価値をもつ可能性が指摘できる．もし侵入者がなわばり雄よりも非常に大きければ，後者の攻撃は逃避反応に切り替わるかもしれない．例えば Nososticta kalumburu のなわばり雄は，大きな不均翅亜目が接近すると，シェルターとなる川の岸の繁みに飛び込んだ（D. J. Thompson 1990b）．一部の種では，なわばり雄は他種との闘争においても，「先住者の勝利」という非対称性を持ち続ける（§11.3.6.1）．また，ネグロベッコウトンボでは，同種との遭遇の場合と同様に，異種との遭遇でもパトロール域の中央から離れるほど勝率が低下する（Campanella 1975b）．しかし，このような非対称性は異種間の遭遇では成立しないことが多い．例えば，一般にヒスイルリボシヤンマはコウテイギンヤンマによって（上記参照），Neurocordulia xanthosoma は Epicordulia princeps によって（C. E. Williams 1976），Hetaerina titia は同属のアメリカカワトンボによって（Johnson 1963c），アオイトトンボはマキバアオイトトンボ Lestes viridis によって（Dumont 1971）追い払われた．Adversaeschna brevistyla は，パーチャーとしてなわばり防衛を行うにもかかわらず，フライヤーのオーストラリアミナミトンボを排除した（Rowe 1987a）．アメリカオオトラフトンボは，ときどきパトロール域を Epitheca princeps と共有するが，争いが生じると体が小さいにもかかわらず後者を追い出した（Hutchinson 1977）．同様に，ハナダカトンボ科の種間の争いではより大きい種が勝つが，Libellago semiopaca と L. stictica の

表11.3 4種のパーチャーがなわばりにいるときに示す攻撃行動の時間的特性

種	A	B	C	D	E	文献[a]
Notiothemis robertsi	5	6.3	2.4	1.3	3.5 (1〜10)	1, 2
ヒメシオカラトンボ	4〜19[b]	16.9	17.8		12.0 (3〜43)	5
Pseudagrion hageni tropicanum	5.5	13.0	17.8	2.7	12.8 (6〜36)	3
P. kersteni[c]	13.3	19.5	27.4	10	13.1 (3〜38)	4

注：この記載は通常の活動時間のもの．同種の密度や日光の強さなどの要因によって影響を受けうるので，値は示唆的なものにすぎない．列の説明：A. 飛行に使った時間の百分率；B. 総飛行回数のうちの攻撃飛行回数の百分率；C. 総飛行時間のうちの攻撃飛行時間の百分率；D. 1時間当たりの平均攻撃飛行回数；E. 攻撃飛行の平均所要時間（およびその範囲）（秒）.

[a] 文献：1. Clausnitzer 1966; 2. Clausnitzer 1997; 3. Meskin 1986; 4. Meskin 1993; 5. Parr 1983.
[b] 算術平均.
[c] *P. kersteni* は攻撃行動の範囲と強さに関して，同属の中で中間的な位置を占める (Meskin 1993).

遭遇では，前者の雄が小さいにもかかわらずいつも勝った (A. G. Orr 1996). A. G. Orr (1996) は，ハナダカトンボ科の複数の種が1つの川面で一緒に活動していると，種間の争いがエスカレートするのが普通であり (§11.3.6.2)，しばしば *L. semiopaca* の雄がとまっている所に，より大型の *Rhinocypha aurofulgens* か *R. biseriata* の雄が攻撃を仕掛け，闘争が始まることを観察している．

11.3.5 時間配分

雄がなわばりにいるときに攻撃行動に使う時間は，第1に侵入者として感知される個体の密度に依存し（完全にそうとは言い切れないが，主に同種個体），第2に生息場所や天候などの要因に依存する．攻撃に使われる時間は日によって，また場所によって大きく変化するが，表11.3に示した種の攻撃時間には，パーチャーの例外的な値は含まれていない．しかし，他のパーチャーの中には，これらの値から大きく逸脱した値をもつ種がある．なわばりにいる間に飛行（すなわち，攻撃行動）に使う時間の割合は，わずか0.4％ほどだったり (*Cora notoxantha*, Fraser & Herman 1993)，65％を超えたり (アメリカハラジロトンボ, Campanella 1975b)，80％に達することもある (*Rhinocypha biseriata*, Uéda 1992). *Orthetrum julia* の攻撃飛行は，（なわばりでの）総飛行回数の60％にまで達し (Parr 1983a), *Cora semiopaca* では総飛行時間の60％以上を占めることがある (Fraser & Herman 1993). 1時間当たりの飛行回数はネグロベッコウトンボやアメリカハラジロトンボでは150回にも達する (Campanella 1975b). ハッチョウトンボのなわばり雄の場合，スニーカー (§11.3.7.3) も

含め他の同種個体に対する攻撃行動に費やされる時間は，いちばんグレードの高いなわばりで最も長い (Tsubaki & Ono 1986). 攻撃飛行（争い）を平均時間で表すことは，1回の時間の頻度分布が，強く正の方向に偏ることが多かったり（例：ヒメシオカラトンボ, Parr 1983b；アメリカカラカネトンボ, Hilton 1983b)，離れた二峰型になったりする (§11.3.6.2) ため，適切ではないのが普通である．

11.3.6 争いの結末

11.3.6.1 非対称性

一部の種では，1日を通して (§11.3.7.1参照)，あるいは成虫出現期間を通して，異なる雄が次々に1つの特定のなわばりを占有することがあるが，普通その交代と交代の間には，ほとんどすべてのなわばり争いが即座に先住雄の勝利に終わる，相対的に安定した期間が存在する．ただし，雄が水域へ飛来する時間は15分未満で，先住雄はわずか52％の争いに勝利するだけという *Brechmorhoga pertinax* のような例外もある (Alcock 1989a). しかし，少なくとも均翅亜目の4種（カワトンボ科，アメリカミナミカワトンボ科，ハビロイトトンボ科）と不均翅亜目の11種（エゾトンボ科，トンボ科，ムカシヤンマ科）では，なわばり防衛の成功率は著しく非対称であり，先住雄の勝率が最も低い場合でも71.4％であった（アメリカカワトンボ, Johnson 1962c). アメリカベニシオカラトンボの争いは「短く」，ほとんどすべて先住雄が勝利した (Harvey & Hubbard 1987a). アメリカアオハダトンボでは，どちらが争いの勝利者となるかがはっきりと決まっており，その99.7％は先住雄の勝利である (Waage 1988b). また，アカイトトン

ボの先住雄は，争いの97.5％に勝ち（Gribbin & Thompson 1991b），ヒガシカワトンボ *Mnais pruinosa costalis* の橙色翅型雄（form *costalis*）は，同種の透明翅型雄（form *ogumai*）との遭遇の98％で勝利した（生方 1979b）．午前中だけ森の中の小さな池でなわばりを作る *Notiothemis robertsi* では，なわばり雄が時々林冠に移動してなわばりを留守にしたにもかかわらず，また時にはエスカレートした争いが起きたにもかかわらず（§11.3.6.2），先住雄が置き換わることは全くなかった（Clausnitzer 1996）．この強力で普遍的な非対称性が崩れ，先住雄の置き換わりが生じる状況がどんなものであるかは興味ある問題である．

アメリカハラジロトンボの場合，勝率は，若い個体や老いた個体で低く，場所への親密性が増すほど（経験に関連する），争いの場所がなわばりの中心に近いほど高くなる（Campanella 1975b）．また，非常に頻繁に交尾した後の雄の勝率は低下する（Jacobs 1955）．また，オアカカワトンボでは，雄がなわばりの占有を試み始めてから1～5日の間に元の雄を追放することが多いが，新しい定住雄はその後すぐに，次に挑戦してくる雄に対する防衛力を十分に確立するようである（Heymer 1972a）．トホシトンボでは，争いの間に高い敏捷性を示す雄が勝つことが多い（Pezalla 1979）．キボシエゾトンボの先住雄は，「闘争」に勝つというよりも，「競走」に勝つのかもしれない（Börszöny 1993）．先住雄の交代（追放とは異なる）が起きるのは，先住雄の交尾中や攻撃追尾中（アメリカヒメムカシヤンマ，Clement & Meyer 1980），エスカレートした争いの間（*Cora semiopaca*, Fraser & Herman 1993），雌を接触警護しているとき（*Nososticta kalumburu*, D. J. Thompson 1990b），侵入雄がなわばりに入ってきたときが多いようである．セボシカオジロトンボ *Leucorrhinia intacta* では，産卵場所に交尾状態で飛来し，そこで交尾を続けた雄がその後の雌の産卵中もそこにとどまり，なわばり雄のように振る舞った後になわばりの交代が起きることがよくあった．なわばり雄は，複数の雄と一緒に雌を追いかけ，戻ってきたとき自分のとまり場がほかの雄に奪われていることに気づくと，非なわばり雄の地位に移ることが時々あった（Waltz & Wolf 1988）．ハヤブサトンボのなわばり雄は，争いに負けた後，普通はサテライト雄としてそこにとどまった（McVey 1988; §11.3.7.3）．アメリカアオハダトンボの場合，留守中の侵入雄はその後に起きる争いの13％で勝利し，その場合の争いは先住雄が通常の侵入雄，あるいは隣の先住雄と争う場合よりも長く続いた（Waage 1988b）．しかし，John Alcock（1982）は，*Hetaerina vulnerata* のなわばり雄の88％は，30～60分不在にしても，再びすぐに自分のなわばりを取り戻すことを観察した．なわばり争いに勝つトンボの属性（表11.4）には，常にではないが（Gribbin & Thompson 1991b参照）体サイズやエネルギー蓄積量（おそらく威嚇ディスプレイの間の空中戦の能力を反映する），齢が関係すると思われる（§11.3.6.2）．

ハッチョウトンボの先住雄が追い出された場合，どこか別の空いた場所を占有するか（42％），スニーカー（§11.3.7.3）になるか（33％），「いなくなってしまう」（25％）．しかし，この結果と対照的に雄が自らなわばりを放棄する場合には，雄は明らかに質の高いなわばりを奪ったり（45％），どこか別の空いた場所を占有したり（31％），スニーカーになったりする（23％）（Tsubaki & Ono 1986）．

11.3.6.2 エスカレーション

短い争いと長い争いが区別できるときは，その違いには生物学的な意味がある．ほとんどいつも先住雄の勝利になる短い争いの場合，先住雄の優位性が対戦者には初めから分かっており，そのため瞬時に結果が決定するように見える．反対に長い争いは，先住雄と侵入雄の非対称性自体があいまいであるか，優位性を競っているときに起きるようで，そのため結末が予想しにくくなる．例えば，アメリカベニシオカラトンボの先住雄は，平均16.9秒（95％信頼限界は13.8～20.0秒）の短い争いにはほとんどすべて勝利するが，平均5.3分（対数変換したデータから計算，95％信頼限界は3.7～75分，図11.17）の「長い」争いには41％しか勝てない．エスカレートする争いの原因と争いに勝つ雄の特性は，Jonathan Waage（1983, 1988b）によるアメリカアオハダトンボの研究の中で解明された．Waageが研究した個体群では，先住雄と同種の侵入雄，あるいは隣の先住雄との争いの81.5％は，（「先住者の勝利」という非対称性によって）4～10秒で解決したが，それ以外の場合はエスカレートし，1回の螺旋飛行や追飛が長く激しくなり，同じ対戦者の長い争いが何度も繰り返され，1つの争いが時に数時間も続いた．争いの長さの頻度を分析すると（Marden & Rollins 1994），500秒を境にして短い争いと長い争いを客観的に区別することができた．エスカレーションは，2個体の雄が，同じなわばりを所有していると気づいたときに生じた．このような状況は，偶然の結果として生じるのであろうが，なわばり境界や産卵場所の位置を変えることによって，Waage（1988b）はこの状

11.3 攻撃行動

表11.4 なわばり雄の配偶成功度に関連する要因

要因	種名	文献
日齢		
若い	*Calopteryx splendens xanthostoma*	Plaistow & Siva-Jothy 1996
中間	アメリカアオハダトンボ	Forsyth & Montgomerie 1987
	ネグロベッコウトンボ	Campanella 1975b
	ハッチョウトンボ	Tsubaki & Ono 1986, 1987
中年	ハヤブサトンボ	McVey 1988
老いていない[a]	アメリカハラジロトンボ	Koenig & Albano 1985
飛行中の敏捷性		
高い	ネグロベッコウトンボ	Pezalla 1979
求愛ディスプレイ		
着水ディスプレイを含む	オアカカワトンボ	Gibbons & Pain 1992
	C. s. xanthostoma	Gibbons & Pain 1992
争い時間		
短い	アメリカハラジロトンボ	Campanella & Wolf 1974
争いの場所		
なわばりの中央近く	アメリカハラジロトンボ	Campanella & Wolf 1974
羽化日		
遅くない	*Nannothemis bella*	Lee & McGinn 1986
脂肪蓄積量		
高い	アメリカアオハダトンボ	Marden & Waage 1990; Marden & Rollins 1994
	C. s. xanthostoma	Plaistow & Siva-Jothy 1996
摂食状況		
高い	カトリトンボ	Dunham 1992
飛行筋重：体重との比		
高い	アメリカハラジロトンボ	Marden 1989
寿命		
短い	*Telebasis salva*	Robinson & Frye 1986
とまり場		
低い	ニシカワトンボ	Iwasaki 1980
体サイズ		
大きい	ハグロトンボ	Taguchi 1995
	ムラサキハビロイトトンボ	Fincke 1984a
	ハッチョウトンボ	Tsubaki & Ono 1986
	アフリカシオカラトンボ[b]	Miller 1983b
	シオヤトンボ[c]	Kasuya et al. 1987
	アメリカハラジロトンボ	Koenig & Albano 1985
小さい	ヨツボシトンボ[d]	Convey 1989b
なわばり		
なわばり共有の劣位個体が少ない	アメリカハラジロトンボ	Campanella & Wolf 1974
高い流速[e]	*C. s. xanthostoma*	Gibbons & Pain 1992
質の高さ[f]	ハッチョウトンボ	Tsubaki & Ono 1987
大きさ	ハヤブサトンボ	McVey 1988

注：交尾成功の基準は，なわばり争いにおける勝利，なわばりの支配，優位性の獲得，なわばり内とその近くで交尾成功などの項目の1つ以上についての平均成績による場合を含む．なわばりをもたない種の交尾成功に相関する要因は表11.19に掲載している．
[a] 日齢は翅の磨耗で判定．
[b] 予備的観察．
[c] 後翅は長いが，腹部は短い．
[d] 小さい雄が相対的に大きな筋肉量をもつ．
[e] 最大0.15m/秒．
[f] なわばりの質は，なわばり雄の存在頻度によって定義され，雌の飛来率と相関があった．

況を人為的に作ることができた．このようなことは自然条件下では，生息場所や行動のちょっとした変化で起きることがある．例えば，日の当たるパッチが動き，融合し，あるいはパッチサイズが大きくなることが原因で境界が崩れるかもしれない．先住雄が争いや交尾をしている間になわばりを占拠した侵入雄が，自分がその場所の先住雄であると「思う」くらい長く占有した場合もそうであろう．カラカネトンボでは，新しい飛来者が約2分間攻撃を受けないで占有した場合に，先住効果による勝利の非対称

あろう (Uéda 1992). また, アカイトトンボのエスカレーションは, 先住権を巡って混乱が生じたために起きたと思われる (Gribbin & Thompson 1991b). 同様に, アフリカハナダカトンボのなわばり雄どうしの争いは, 彼らがある産卵場所を共有した場合によくエスカレートし, 争いはその後数時間続くことがあった (Rehfeldt 1989b). フライヤーであるアメリカカラカネトンボでは, エスカレーションは (争いが3〜14秒のものではなく45〜60秒続く場合), 3〜4個体の雄が防衛場所に侵入して, 同時に先住雄と争う場合に起きた (Hilton 1983b). ハッチョウトンボの場合, 争いが長時間に及ぶと, 先住雄の入れ替わりに発展する争いが多くなった (Tsubaki & Ono 1986). ハラビロカオジロトンボで見られる激しい旋回威嚇は, 両方の対戦者が特定の場所に高い定住度を示すときよく生じた (Pajunen 1964a). アメリカアオハダトンボで, このようなエネルギー消耗を伴う「持久戦」(Maynard Smith 1982b) に勝つ雄は, 普通より多くの脂肪を蓄積させていたが, 胸部外骨格の乾燥重量に差はなかった (Marden & Waage 1990). 外骨格乾重のほかにさまざまな身体測定値が調べられたが, 面白いことに, エスカレートした争いの結末と相関があったのは脂肪蓄積量だけだった. これは, 他の一部のトンボでも発見されている, 争いに勝つ能力と体サイズの予想に反した関係を説明する助けになるかもしれない (表11.4). アメリカアオハダトンボは, これまで調べられた他のトンボに比べて脂肪蓄積量が低いが (普通5％以下), エスカレートした争いの結末は, 敗者が脂肪蓄積量の生理的な下限に到達することで決するのではなく, むしろ対戦者が互いの脂肪蓄積量を探りあい, 生理的な限界に至る前に争いをやめることで決まった (Marden & Rollins 1994). その探りあいは, 争いが進むにつれてしだいに増加する情報をもとにしているようである. なぜなら, 短い争いでの勝利者のうち, 敗者より脂肪蓄積量が多かったものは68％しかないが, 長い争いでは95％であったからである. 長い争いの時間は, 対戦者の合計の脂肪蓄積量と正の相関があった. これは相手を評価する能力がエネルギー蓄積の絶対レベルを反映することを示している. アメリカアオハダトンボでは, 脂肪蓄積量は日齢とともに変化するので (図8.10), エスカレートした争いは, 初めて水域に現れる雄に有利になることが多い. ただ, 老練な雄や自分のなわばりで雌と先に接触をもった雄は, 自分の戦術的な経験を利用することによって, あるいは相手を欺く信号を送ることで, この非対称性を緩和することができるかもしれない.

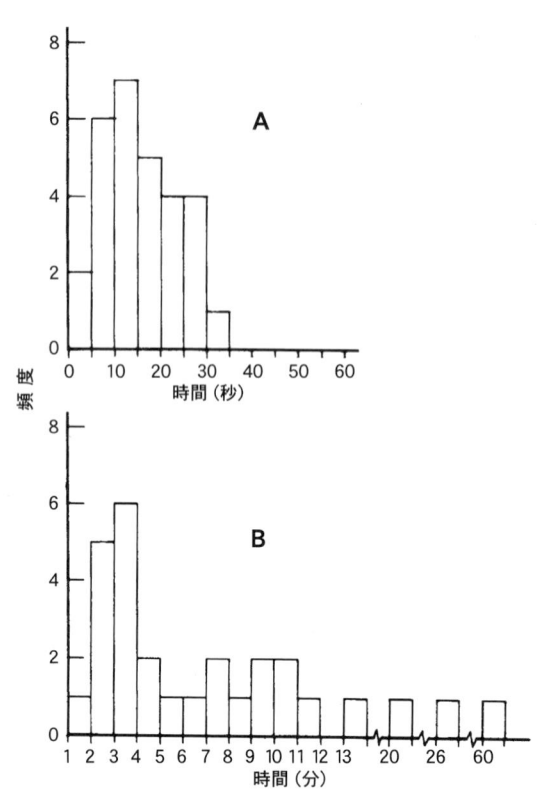

図11.17 アメリカベニシオカラトンボの雄間のなわばり争いの時間. A. 短時間の争い; B. 長時間の争い. 平均時間 (対数変換した後の平均値) はAで16.9秒, Bで5.3分. (Harvey & Hubbard 1987aより).

性が確立するようである (Ubukata 1984b). アメリカアオハダトンボ個体群におけるエスカレーションは, それぞれの闘争者がまるで先住雄であるように振る舞う状況でよく起きた. 普通, 双方の非対称性が, 争いの時間とエネルギーのコストを小さくさせるものであるが, エスカレートした状況では, それが無効になると考えられる. この解釈は, 次のような条件で争いがエスカレートするという, ゲーム理論モデルの予測に一致している. (a) 他の要因の非対称性が最初の非対称性をしのぐ場合, つまり侵入雄が「先住者の勝利」という慣習を打ち破るくらい十分に「強い」とき, (b) 資源の価値がエスカレーションのコストを許容できるほどに高い場合, (c) 通常の紛争解決法である非対称性に関して混乱が生じた場合, つまり両方の対戦者が自分こそなわばり所有者であると「思い込んだ」ときである. マレーシアの山地渓流で流木を中心になわばりを防衛する Rhinocypha biseriata の雄の間で, コストのかかるエスカレーションが生じるのは, 流木にはっきりしたパッチ性がなく, なわばり境界があいまいなためで

11.3 攻撃行動

表11.5 なわばり性をもつトンボの雄が示す出会い場所での代替繁殖行動のカテゴリー

カテゴリー[a]	呼称[b]
1. 場所に依存する[c]	
1.1 なわばり内部	
1.1.1 単独で占有	なわばり保持者[d]
1.1.2 なわばり保持者と共同占有	
1.1.2.1 明らかな順位制[e]	サテライト，劣位雄
1.1.2.2 不明瞭な順位制	
1.2 なわばりに近接した周辺	
1.2.1 明らかな順位制[e]	サテライト，スニーカー，劣位雄
2. 場所に依存しない	フローター，非なわばり雄，ポーチャー，スニーカー，放浪雄

[a] カテゴリーの代表種については表A.11.8を参照.
[b] 引用した文献で使われた用語（表A.11.8参照）．定義については用語解説と本文を参照．
[c] ある特定のなわばりに局在化すること．
[d] 順位性におけるなわばり保持者は，交尾機会の最も高い時間帯に優位であれば，アルファ雄の地位にあるとする．
[e] このシステムは，1個体の優位雄と1個体以上の劣位雄，あるいはサテライト雄で構成される．劣位雄やサテライト雄の間の順位は知られていない．

トンボの雄が成熟の間に増やす体重の大部分は，胸部の飛行筋であり，全体重に対する飛行筋の重さの比は，その後の交尾成功度と正の相関がある（表11.4）．この時期，雄は雌よりも体重増加は少ないが，なわばりをもつ種では性間の差は小さい（Anholt et al. 1991）．アメリカハラジロトンボの場合，体重増加の大きさは，高い活動性と高い死亡率に関係していた（Anholt 1992b）．少なくとも好天の期間は，一部の種（アメリカアオハダトンボ，Marden & Waage 1990；カトリトンボ，Fried & May 1983）の雄はなわばりにいるときめったに摂食しないため，負のエネルギー収支を招く危険をおかしているに違いない．例えば，カトリトンボの雄がなわばり防衛に使うエネルギー量は，同じ期間に摂取可能な全エネルギー量の約85％に当たる．そのため他の活動に使うエネルギーはほとんど残らない（Fried & May 1983; §9.6.4）．*Calopteryx splendens xanthostoma*の同様な研究では（Plaistow & Siva-Jothy 1996），エスカレートしたなわばり争いの決着には脂肪蓄積量が主な決定要因となることが確認され，全脂肪量と羽化後の日齢（あるポイントまで）に強い負の相関が示される一方，全脂肪量となわばり争いに勝つ能力は正の相関があることが示された．定住しているなわばり雄を追い出すほどのエスカレートした争いは，両方の対戦者のエネルギー蓄積量を40～50％ほど減少させる．そのため，大きな脂肪蓄積量をもっている若い雄だけが，なわばり雄を追い出そうとする傾向がある．ある雄がなわばりから追い出されると，別のなわばりを獲得することはもはやできないようである．なぜなら，彼のエネルギーはそれまでに減少しすぎていて，次のエスカレートした争いに勝つことはできないからである．

11.3.7 代替繁殖行動

生息場所と雄密度に応じて，探索行動の種内変異があったように（§11.2.5.3, 11.3.8.1），出会い場所での雄の攻撃行動にも種内変異があり，それぞれの行動は単一条件戦略の一部である．他の動物にも見られるこのような変異は，**代替繁殖行動**の概念が生まれるもとになってきた．それは，行動のコストや利益あるいはその両方の相違と関連した，1つの個体群の中の1つの性の間に見られる繁殖行動様式の不連続な変異のことである（Austad 1984; Forsyth & Montgomerie 1987参照）．トンボのそれぞれの種は，普通1つの生息場所タイプや（雄密度に依存するが）1つの探索行動モードを好むので，これら2つの要因によって標準的な行動を定義でき，それから外れたものを代替繁殖行動とみなすことができる．我々がすでに出会った例の1つは，一部のトンボで示された活動の日周パターンにおける個体間での離散的変異である（§8.4.4）．表11.5と表A.11.8は，出会い場所における雄間攻撃行動に関する代替繁殖行動の基本的な種類を示している．

11.3.7.1 順位制

順位制は，どの個体が資源を獲得できるかを制御する．順位制の中にいるトンボの雄は，自分のなわばりを他の雄と共有することで防御に使うエネルギーを減らすことができる．例えば，共同占有者のいる場所が順位制として制度化されるならば，それぞれの雄は自分を脅かさない雄の追跡に時間を使わな

いですむ．また，すべての共同占有者は潜在的な争いや傷害を減らすことで利益を得る．表11.5と表A.11.8に掲載された順位制は，劣位雄がなわばり雄となわばりを共有するか（モード1.1.2.1），あるいはその外にとどまるか（モード1.2.1）に従って分類されている．いつも完全に区分できるわけではないが，なわばり雄に向かって劣位雄が示す行動の種類を反映するので，その発見を促すものとしては有益である．ネグロベッコウトンボとアメリカハラジロトンボがモード1.1.2.1を採用しているとき，**優位雄**は（劣位雄も）他の雄と遭遇し，**劣位**（あるいは**サテライト**）雄は追い出される．このとき，後者は普通腹部を下げて服従の行動を示す．Campanella & Wolf (1974) は，アメリカハラジロトンボのなわばり雄が劣位雄を寛大に扱うのを観察した．しかし，Jacobs (1955) と Koenig & Albano (1985) はそのようなことは観察できなかった．おそらくこの代替行動の採用は，生息場所や雄密度などの環境変数に依存しているのだろう．アメリカハラジロトンボの優位行動は厳密に場所に依存しており，優位雄は，自分が防衛している場所の中心拠点近くよりも，防衛場所の周辺近くではより対戦に負ける傾向がある．優位雄は自分の生殖期間を通してその地位を保持することはできない．平均的には，定着した雄は水域にいる時間の42％で優位であった．また，交尾機会として最適な1日の時間帯（交尾可能な雌の飛来から判断して11:00〜14:00ころ）を見ると，その時間の0〜25％で**アルファ雄**として優位であった（図11.6）．このような雄は，自分の生殖期間の途中で自分が優位である時間帯を少しずつ調整しながらアルファ地位に達したと考えられる．いくつかの時間的推移のうち最も一般的なものは，自分の優位時間帯が11:00〜14:00に一致するまで，午後遅くの優位フェイズを減らしながら，しだいに早い時刻に優位雄になろうとすることであった．このような調整は，アルファ雄にとって1日に使えるエネルギーの制限があるため，優位性を維持できる時間が限られることに関係している．また，最適な時間帯に繁殖なわばりを維持するだけの経験と生理的な強さがもてるのは，生涯の中である最適な期間だけであることにも関係している．優位雄が劣位雄と攻撃的な遭遇をした場合は劣位雄どうしの遭遇の場合よりも短く，劣位雄は優位雄に対するよりも別の劣位雄に対するほうがより攻撃的な遭遇を見せた．このようにして，雄の順位制における地位によって，防衛される場所からの個体の距離が決まった．Campanella & Wolf (1974) はアメリカハラジロトンボの順位制をレックと呼んだ

が，これは現在の語法からすると不適当と思われる．なぜなら，定義によるとレックには資源は含まれないが，雄によって守られる場所は明らかに資源，つまり産卵場所が集中する場所だからである．ネグロベッコウトンボは，順位制的な様式でなわばりが複数の雄によって同時に占められる点で，アメリカハラジロトンボに似ている．しかし，雄個体が1日の間に頻繁に場所移動を繰り返すことと1日の間で交尾に最適な時間帯がないという点では似ていない．このため，雄はしばしば同じ日の異なった時間帯に，いくつかのなわばりで短い間だけ優位雄になった．この観察から Campanella (1975b) は，アメリカハラジロトンボは時間最適者（一生の中で交尾機会が高まる最適な期間をもつ）であり，ネグロベッコウトンボはエネルギー最適者（日ごとの交尾機会は一定に保たれる）であると考えた．ヨツボシトンボは，サテライト雄が侵入雄に対してなわばり雄のなわばりを守ることがないように見える点で，ここで述べた2種とは少し異なっている．実際，サテライト雄は1m以内ほどの近くを他の雄が飛んでもそれに反応せず追尾しなかった．これはなわばり雄からの発見を避けているのであろう．アフリカシオカラトンボ *Orthetrum chrysostigma* とヒメシオカラトンボの場合も，とまっているサテライト雄は，なわばり雄が彼らの上空を飛んでも，普通じっとして発見されるのを避けた．一方，サテライト雄がなわばり雄の上空を飛ぶと，なわばり雄は直ちにそれを追った．ムラサキハビロイトトンボ *Megaloprepus coerulatus* の場合，サテライト雄は樹洞の近くのもの陰にとまり，常になわばり雄から気づかれないようにした．なわばり雄が，このサテライト雄を見つけるとそれを追いかけたが，普通ほんの短い時間で，なわばり争いに特徴的な長い交戦ではなかった．一方，アメリカハラジロトンボの劣位雄は，争いの結果，優位雄と入れ替わることができた．ヨツボシトンボでは，優位雄を除去するとその場所でサテライト雄が優位雄になり，まず短いパトロール飛行を始め，その後長いパトロール飛行に変わっていった．アフリカシオカラトンボのなわばり雄の定着性は，ネグロベッコウトンボやアメリカハラジロトンボよりも非常に強く，好天の日には約6時間もとどまり，連続して何日もなわばりを持ち続けた．しかし，アフリカシオカラトンボの局在性は程度の問題であり（図11.2），なわばり雄で最も著しく，サテライト雄では弱く，ワンダラーで最も少なかった．なお，ワンダラーとは，川に沿って飛び，特定の場所にとどまる時間がごく短いかあるいは全くとどまらない性質をもつ，

11.3 攻撃行動

第3番目の（場所に特化しない）カテゴリーに入る雄のことである．

11.3.7.2 占有地の共有

防衛される場所が順位制なしに共有される例は（モード1.1.2.2）めったになく，あったとしてもおそらく過渡的な状態である．アメリカアオハダトンボの2雄は同じなわばりを占有し，同じ産卵場所を防衛した．また，ムラサキハビロイトトンボの2雄は，一緒に侵入雄を追い払った (Rayor 1983)．Sakagami et al. (1974) が観察したウスバキトンボの2雄は，共有の飛行場所である池から侵入雄を一緒に追い出したが，その場所は彼らがたまたま短い時間共有しただけの場所であった．コハクバネトンボの2雄は，同じ場所を代わる代わる防衛することがたまにあったが，それは一方のなわばり雄が他方の雄からの挑戦に抵抗できなかったときに生じた．彼らは時々衝突したが，それぞれが相手の存在を忍耐しているように見えた．ネグロベッコウトンボの2雄によるなわばり共有は，高い雄密度のときにたまに生じた．また，*Paltothemis lineatipes* では，ある年の観察で13のなわばりのうち5つが2雄によって共有された．しかもそのうちの3つの場合で，同じ2雄が連続して2日間同じなわばりを共有した．モード1.1.2.2は，順位制の進化の1つの段階を示している．

カテゴリー1.1と1.2は，いつも確実に区別できるとは限らないが，劣位雄とサテライト雄のなわばり雄に対する行動が別のカテゴリーに当てはまるので，このような区別は有益である．カテゴリー1.2のサテライト雄は，普通なわばりの端から5m外側までの所にとどまって，なわばりを所有したり防衛したりはしない．しかし，ごく稀であるが（観察の2%未満），タイリクアカネの劣位雄が，なわばり雄に対抗してなわばりの内部に居残った例がある．劣位雄がたまに優位雄を追い出すことがあるのかもしれないし，すべての劣位雄はときどきなわばりを通ったり中に入ったりするかもしれない．あるいは，上位の劣位雄は優位雄が交尾した後は，今度は自分が優位な位置を占めることを期待して，次に自分が交尾して誰かに取って代わられるまで，なわばりを占有するのかもしれない．ヨーロッパショウジョウトンボでは，雄の優位と劣位の地位の置き換わりが頻繁なため，優位雄の交代は1日の中で頻繁に起きた．タイリクアカネの研究は，私が知る限り，劣位雄の間で順位が検出できた唯一の例である．この種では，上位の劣位雄が（4個体までの劣位雄の間で），他の雄よりもなわばりに近い特定の位置にとまり，なわばり雄がなわばり防衛をやめたとき，最初にそのなわばりを占有した．一方，タイリクアカネの雄には，アフリカシオカラトンボと同じように，3つの代替繁殖行動があるように思われる．なわばり雄と劣位雄が，池での時間の92％以上をとまって過ごし，わずか4.4％の時間しか探索とパトロール飛行に使っていないのに対して，その80％近くを探索やパトロール飛行に使う他の雄（おそらくワンダラー）が存在した．また，カテゴリー1.2.1（なわばり雄ではない）に分類されるアメリカベニシオカラトンボのサテライト雄は，ヨツボシトンボ（モード1.1.2.1）と同じように，ほとんどパトロール飛行を行わなかった．カテゴリー1.2.1にあるすべての種の劣位雄やサテライト雄は，おそらくアフリカシオカラトンボは別として，状況が許せば優位な地位に移れるのであろう．その状況とは，例えば優位雄が1日の中で時々占有を中断するときや追い出されたときであろう．カテゴリー1.2.1に分類されるニシカワトンボ透明翅型雄（「スニーカー」と呼ぶ）は，1つのなわばりの周囲を徘徊しながら時々中に侵入するという特徴をもち，場所から場所へ放浪する同種の「フローター」（カテゴリー2）とは異なる行動をした．

11.3.7.3 非なわばりモード

多くの種は，場所を固定しないかたちの代替繁殖行動を示す．適切な調査が進めば，トンボでは広範に見つかるだろう．雄にとっての典型的な代替繁殖行動は，場当たり的に交尾しようとするフローターや侵入雄の行動である．つまり，なわばりの近くを短時間で通り過ぎたり，なわばり雄が防衛や交尾相手の獲得に忙しい間に，なわばりに入ってとまったりする行動である（例：アメリカアオハダトンボ，Forsyth & Montgomerie 1987；ハッチョウトンボ，Nakamuta et al. 1983）．

オビアオハダトンボの雄は，ドイツとフランス南部において，低密度あるいは穏やかな気候のときにだけなわばり行動を示すが，それ以外の条件のときには，6つの非なわばり戦略（すべて求愛行動がないという特徴をもつ）のうちのどれか1つを交尾獲得のために行う (Rüppell & Hilfert 1996)．すなわち，岸辺で雌がウォーミングアップするときやそばを通り過ぎるときに捕まえる「岸辺待ち伏せ者」，ときどき50m以上も雌を追いかける「追跡者」，薄明薄暮，曇天，小雨のときにとまっている雌を探す「休息場所襲撃者」，上で説明したニシカワトンボ透明翅型 form *strigata* 雄のように行動する「スニーカー」，タンデムを攻撃して引き離し，連結していた雄に取っ

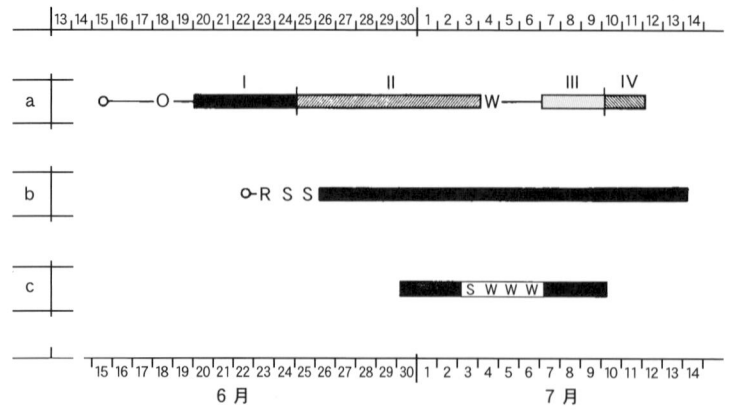

図 11.18 成熟して最初に水域でマークされたオアカカワトンボの雄 3 個体 (a, b, c) の毎日の行動記録. 記号：O. 存在するが行動ははっきりしない；R. なわばりを占有；S. 集団にいる；W. 放浪. 雄 a は 6 月 20 日から 7 月 3 日の間, なわばり I となわばり II を順次占有した. また 7 月 7 日から 11 日の間, なわばり III を占有し, 次になわばり IV を占有した. そのほかには 6 月 18 日と 7 月 4 日に目撃されただけである. この雄はたとえ繰り返し追い出されても, なわばりをしつこくもとうとした雄の好例である. 雄 b は, 最初, 他の雄の近くになわばりをもとうとして失敗した後, 6 月 24 日と 25 日に 250 m 離れた集団に参加し, 6 月 26 日にはなわばりを勝ち取った. この雄はそのなわばりを 7 月 13 日まで毎日占有した. 雄 c は 6 月 30 日になわばりを確立し, 7 月 9 日までそれを維持した. ただ, そのうち 4 日間はなわばりを留守にした. (Heymer 1972b を改変)

て代わる「強奪者」, 浮遊する産卵場所を調べる「水域待ち伏せ者」で, 潜ったり浮き上がってくる雌を捕まえ交尾前タンデムになったり, 自分自身が潜って雌の翅をつかまえたりする. このような雄の代替行動は, フランス南部でオビアオハダトンボと共存するオアカカワトンボでは見られないようである.

メキシコの日の当たらない渓流に生息する *Phyllogomphoides pugnifer* についての雄の行動観察によると, この種は, 少なくとも低密度のときは, (タイリクオニヤンマのように) 厳密な意味でなわばりをもつとは言えないが, それでも代替繁殖行動を示すことがある. つまり, ある雄はよどみでホバリングしながら渓流をパトロールするが, 一方, 他の雄は渓流の端にとまり, 通り過ぎる同種個体を追いかける (González-Soriano & Novelo-Gutiérrez 1985).

ネグロベッコウトンボ (A. J. Moore 1989) と, おそらくアフリカシオカラトンボ (図 11.2) やヒメシオカラトンボ, *Orthetrum julia* を除けば, 表 A.11.8 にあげたすべての種で, 同じ個体が 1 日あるいは一生の間に, ある行動モードから別の行動モードに切り替えたり, 元に戻したりする能力をもつことが, 調査を行えば明らかになるだろう (図 11.18). それは, たまたまではあるが, ハーゲンルリイトトンボ (表 A.11.5) ではすでに発見されている. また, Meg McVey (1988) によって観察されたハヤブサトンボの個体群では, 雄の 56 % が 1 日中防衛するなわばりをもち, 12 % が常時サテライト雄となり, 32 % が自分の生殖期間中になわばり戦術とサテライト戦術の切り替えを行った. そして, 両方のモードを採用する雄は, 同じ日周活動パターンを水域で維持した. 一方, 採用される戦術は, 雄の競争能力によって決定されるため, 常にサテライトである雄は, 毎日あまり多くの交尾を達成できなかったし, 長生きしなかった. アメリカベニシオカラトンボの雄は, 1 日の中でなわばりと非なわばりの両方のモードを採用した (Harvey & Hubbard 1987b). アメリカアオハダトンボ (Forsyth & Montgomerie 1987) とハッチョウトンボ (Nakamuta et al. 1983) では, 寿命の中間前後までは, 日齢を経るほどなわばり雄になりやすい傾向が明白であった. 表 11.5 にあげた代替行動のそれぞれは, 毎日の交尾成功度 (§11.9.1), 求愛行動 (§11.4.6), 交尾場所 (§11.7.1), 交尾時間 (§11.7.4), 交尾後警護 (§2.2.5, 11.8), 寿命 (§8.4.3) など, なわばり行動以外の繁殖形質の違いにも関連するようである. 単一条件戦略を構成する配偶システムは, 平衡状態にある進化的に安定な戦略 (ESS; 例：ハヤブサトンボ, McVey 1988; セボシカオジロトンボ, Waltz & Wolf 1988; ニシカワトンボ, Nomakuchi 1988) であることが一部の種で証明されるかもしれない. ESS 理論 (Maynard Smith 1982b) は, なぜ個体群の中の 1 つ以上の代替行動が, 他の行動によって侵略されて置き換わってしまわず共存できるのか, ということを説明するために, ゲーム理論のモデルと頻度依存淘汰の概念を用いている.

ヒガシカワトンボの橙色翅型雄や透明翅型雄（生方 1979b, 1988参照），メキシコの*Paraphlebia*属 (González-Soriano 1989)，ネグロベッコウトンボ（この種ではサテライト雄が小さい，A. J. Moore 1989) を除いて，雄の表現型上の形質変異と，2つの行動モードのどちらかをもつ傾向とが，相関するという証拠はこれまでのところない．ただし，優位性と劣位性はときどき体サイズと相関することがある（§11.3.6.1)．また，ヒガシカワトンボの橙色翅型 form *costalis* 雄と透明翅型 form *ogumai* 雄は，それぞれなわばり戦略と探索戦略を採用している．両者の共存は，産卵場所の植物被覆の程度に異質性がある中での，交尾相手を獲得する方法の特殊化と説明されている（生方 1979b).

ネグロベッコウトンボでは，池における個体群密度が成虫出現期の間にしだいに上昇する．すると，単独占有のなわばり雄からサテライト雄の出現へ，さらになわばりを共有する雄たちによる利用へと，なわばりの利用強度がしだいに高くなった．サテライト雄やなわばりを共有する雄の出現は，単独のなわばり雄による占有時間が頭打ちになり始めるころから，急速に増加した（A. J. Moore 1989)．このように空間利用と行動モードの頻度は季節に伴って変化したのである．

セボシカオジロトンボの雄によって採用される2つの交尾戦術（なわばりと一時滞在）は，低密度から高密度の広い範囲で，一定の比率で維持された．個々の雄は前日の行動に左右されず，日ごとに独立に戦術を採用した．このことから Waltz & Wolf (1988) は，ある戦術か別の戦術を採用する能力に顕著な違いがないような雄の集団では，条件的な頻度依存淘汰によって代替戦術を選ぶようなシステムが存在すると考えた．そして，とまり場や産卵基質の利用しやすさに元々の違いがある場合は，それに応じて使用される戦術（行動的ESS）は確率的に変化することを，野外実験によって明らかにした（Wolf & Waltz 1993)．表A.11.8に示されているすべての種で同じことが言えるかもしれない．

11.3.8 密度と攻撃行動

11.3.8.1 密度効果

水域での雄密度と攻撃行動の間にしばしば存在する相互関係は，一部の研究者によって密度依存的な個体数制御メカニズムが存在することの根拠であるとみなされてきた．表A.11.9のリストを見てみよう．雄密度が上昇したときの効果の中で，1（局在と定住の強化），3（なわばりサイズの減少)，5（なわばり占有時間の減少）は，なわばり性のトンボにおいてかなり普遍的であろう．なわばりサイズの減少は広く見られる現象で，Norman Moore (1962a, 1964) が**最大安定密度**と呼んだ状態のときに，平衡に達することが多い．最大安定密度はそれぞれの種で（なわばり性があろうとなかろうと）一定になる傾向があったり，体サイズと逆相関の傾向があったりする（Moore 1983a, 1991a).「なわばりをもたない」種であるサオトメエゾイトトンボ（しかし，§11.2.3参照）は，2つの密度レベルで平衡に達する点で異例である（Moore 1995)．しかし，Pajunen (1966b) は，カオジロトンボ属の詳しい研究をもとに，密度の変化に対する攻撃行動の変化のしかた，またその結果としての密度制御の効果は，種による違いが大きいだろうと警告した．表A.11.9における効果1と2の間の，また効果12と13の間の明らかな矛盾，そしてなわばりサイズと体サイズの間に明白な相関がないことは（表A.11.3, A.11.4)，最大安定密度の概念はおそらく再検討が必要であることを意味している．よく知られたなわばりサイズの密度依存的減少は（図11.19)，そうしなければ，防衛場所を維持するための攻撃的相互作用に使う消費エネルギーがもっと大きくなることを反映しているのであろう（Pezalla 1979).

一部の種のなわばりサイズは，少なくとも観察された密度の範囲では，雄密度に独立のようである (D. J. Thompson 1990b)．しかし，このような種の1つであるアメリカハラジロトンボの雄では，高い雄密度への反応はなわばりサイズの縮小ではなく，1日当たりのなわばりをもつ時間が減少するという形で現れた (Koenig 1990)．また別の種 (*Orthetrum brunneum*) では，なわばりの数とサイズは，なわばりのとまり場として使われる露出した岩面の数と分布によって決まっているようであった（Heymer 1969)．明らかに，密度応答戦略は種による違いが大きい．例えば，カラカネトンボでは雄密度がある値を超えた場合，パトロールの距離は短くなったが（図11.19)，その距離を1回パトロールする行程時間は変わらなかった (Ubukata 1975)．また，Kaiser & Poethke (1984) が調べたヒスイルリボシヤンマでは，パトロール場所における密度は，争いや，飛来率に依存した飛来時間の短縮によって制御された．ヒメキトンボ *Brachythemis contaminata* では，密度が上昇すると，隣どうしのなわばりはしだいにその重なりを増したし (Mathavan 1975)，ミヤマカワトンボ *Calopteryx cornelia* の場合，既存の2つのなわばりの間に割り込んで，侵入雄の新しいなわばりが作られた（Higashi

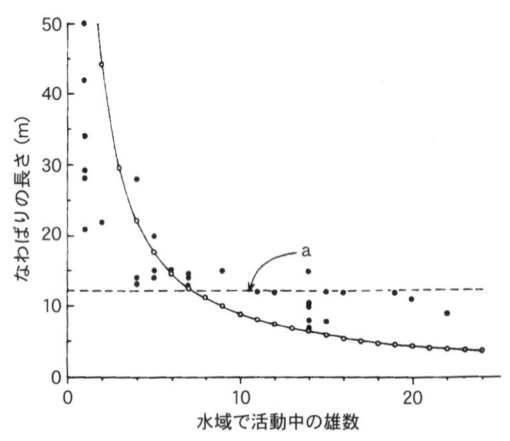

図11.19 水域でのカラカネトンボの成熟雄の密度となわばり形成との関係．調査場所で活動している雄数が8を越えると，すべての雄がなわばり個体となり，新しい飛来個体を排除したり遠ざけたりする．略号：a. なわばりの平均長．(Ubukata 1975を改変)

& Uéda 1982)．なわばりが時間的にずれて形成されるときよりも，同時に形成されるときのほうがなわばりサイズは小さくなるはずだとするMaynard Smith (1974)の理論的仮説は，ここで議論しているトピックと密接な関連がある．トンボ目を使ってMaynard Smithの仮説を検証すると，羽化時期のパターンに違いをもつ春季種（同時的）と夏季種（非同時的）の間には，さらなる二分化が明らかになるかもしれない (§7.4.3)．

これまで見てきたように，出会い場所での同種雄間の攻撃行動によって，互いに間おき的配置が生じ（表11.1, C参照），特定の種では雄密度の増加に伴って局在性となわばり性が強化された（表A.11.9）．その1つの例がショウジョウトンボ *Crocothemis servilia* であり，この種の密度依存的戦略が東和敬 (1969, 図11.20) の先駆的研究によって明らかになった．比較的低い雄密度では，なわばり雄は特定の「高い順位」の池だけに局在し，そこでそれぞれの雄がなわばりを防衛した．雄密度と雌獲得競争が増加するにつれて，次の3つの変化が生じた．(1) それぞれの池のなわばり数の増加には上限があった．(2) 第2カテゴリーの非なわばり雄が池の周辺に集まってとまり，場当たり的に交尾の機会を求めた．(3)「低い順位」の池には，高い順位の池で争いに負けたなわばり雄と非なわばり雄がしだいに定住した．

水域でクロイトトンボの雄密度が上昇すると，より多くの雄がフローターとなり，水域にやってくる途中の雌を捕らえて交尾した．この方法で，彼らは水

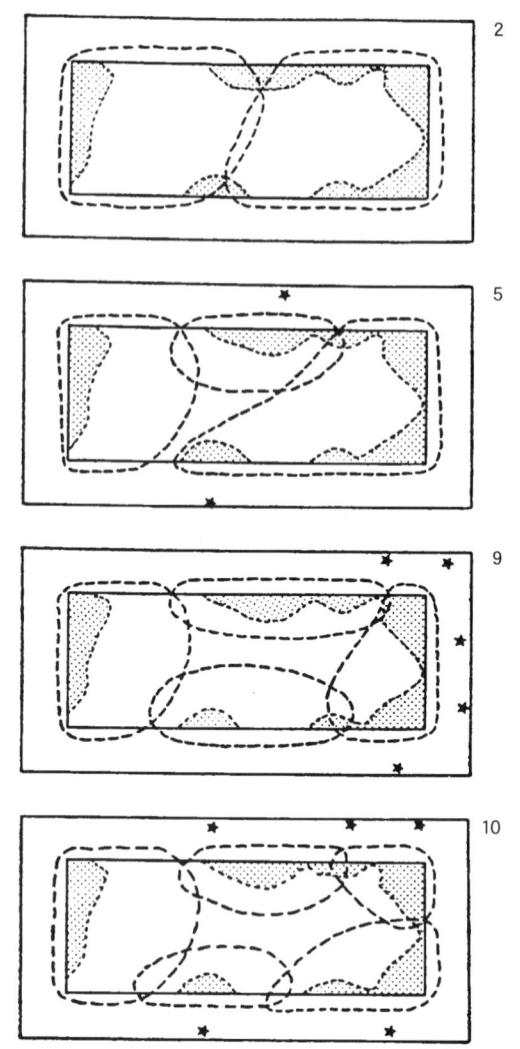

図11.20 ある池でのショウジョウトンボの雄数の増加に伴う占有パターンの変化．雄数を各枠の右上角に示した．破線はなわばりの境界．星印は池の縁にとまった放浪個体の位置．網掛けはヨシの茂み．(Higashi 1969を改変)

域での雄の交尾率を減少させることになった (Uéda 1980a)．

11.3.8.2 攻撃行動の崩壊

水域での雄密度が増加した場合，表A.11.9にあげたいくつかの効果は生じるものの，なわばり行動は普通維持される．しかし，高密度が時になわばりの崩壊につながったり（おそらく防衛する雄が多すぎるためだろう），高密度の群飛になったりすることもある（効果14）．群飛になるための前提条件は，第1になわばり雄と交尾可能な雌にとって必要な資源が別の場所に存在すること（例：産卵場所は好適で

あるが，雄にとって十分なとまり場がない）．第2になわばりの維持が不可能なくらい雌の飛来速度が大きいことである（Waltz & Wolf 1984）．ニュージーランドイトトンボ*Xanthocnemis zealandica*の場合，群飛は数個体の雄が1個体の雌を追いかけることをきっかけに起き，群れは1つの塊となって水面上をジグザグに横切る（Rowe 1987a）．これは，Kate & Peter Miller（1985b）が紹介した*Onychogomphus forcipatus unguiculatus*の非なわばり雄による大騒ぎの追跡飛行に似ている．一方，ホソミアオイトトンボ*Austrolestes colensonis*では，雄が中に飛び込むと群飛が分散することや，生息場所によって群飛の生じる密度が異なることがJoy Crumpton（1975）によって明らかになった．このような行動の存在は，これまでニュージーランド，南島にいるニュージーランドイトトンボだけで報告されており，Richard Rowe（1987a）の暫定的な考えによると，その地域の成虫出現期に晴天の日が比較的少ないため，晴天の日の雌獲得競争が激しくなることが原因であるという．このような群飛集団は，攻撃行動の最中に他個体を巻き込む「連鎖反応」や，数個体との同時的な相互作用とは起源的に異なるようである（アメリカアオハダトンボ，Johnson 1962b; *Heteragrion alienum*, González-Soriano & Verdugo-Garza 1982; マキバアオイトトンボ，Dreyer 1978）．

Ilmari Pajunen（1964a）は，フィンランドの調査地のハラビロカオジロトンボの個体群で，多数の雄が攻撃行動を示すことなく一緒に水面上を飛ぶことに気がついた．この行動はなわばりの崩壊ではないと思われ，体温調節の必要性と関係しているかもしれない（§8.4.1.3）．これらの「群飛」は，風が強く，晴れと曇りが繰り返される日に生じることが特徴であり，曇り始めるときに開始された．雄は風の中に飛び込み，ほとんど前方には進まず，争いなしにときどき互いに20 cm以内に近づいたりした．Pajunenは，この群飛は曇りの時間帯に低下した体温を上げるための行動であると考えた．このほかに，水域上を多くの雄が一緒に「ダンス」する例が報告されているが，新しく成熟した多数の雄が水域へ突然出現したために起きた，一時的な現象かもしれない（例：コハクバネトンボ，Jacobs 1955）．

11.3.8.3 密度調節

攻撃行動の激しさが密度依存的であるとき，はっきりと証明することは難しいが，それは疑いなく水域での雄数を調節できるであろう．この主張の意味することは，振る舞いが必ずしも直接的でない個体群の時空間的な制約をどのように定義するかによって影響を受ける．また，代替繁殖行動がどの程度広く存在するかにも影響される．もちろん，ここでの代替繁殖行動とは，なわばりに入るチャンスがくるまで待ちながら一時的に非なわばりモードを採用できるという，一部の種の雄に知られている行動のことである（例：ヨーロッパアハダトンボ，Pajunen 1966a）．一方，カオジロトンボの雄では，特に多くの若い成熟雄がそろって現れる成虫出現期の初期に，相互作用の結果として新しい生息場所への分散が起きるように見える（Pajunen 1962a）．この問題は第10章で議論した．ここで言えることは，ある種では明らかになわばり行動が水域での雄の数を制限するが，別の種では（例：アメリカカワトンボ，Johnson 1962c）代替繁殖行動の存在やとりわけ攻撃行動の密度依存的な低下のために，その機能が実質上打ち消されてしまうことである（表A.11.9）．Pajunen（1966b, c）によって，微地形，定住，攻撃行動，密度，移入，分散のような変数間の仮想的な相互作用やフィードバックを図解したフロー図が提案されたが，それを明らかにすべきデータは不足しており，またその後の時代経過にもかかわらず埋められていない．表A.11.9は，やる気をなくすほど複雑な個体群密度調節のプロセスに関係しそうな手がかりを集めたリストである．

雄の攻撃行動を介したメカニズムによって水域での密度調節が生じている可能性について，Heinrich Kaiser（1974d, e）は説得力のある説明を行っている．すでに述べたように，ヒスイルリボシヤンマの雄は，中サイズの池を1日に1～8回飛来することが多く，それが何日か連続する．池に現れている間，雄はときどきホバリングをしながら，飛来1回当たり最大40分間パトロールする．しかし，それぞれの飛来時間中にホバリングに使う時間の割合は，約70％からごく低い値にまでしだいに低下し（図11.7），争いに巻き込まれなくても，雄は突然いなくなる．水域への非局在雄の飛来率が増加するほど雄の争いは頻繁になり，飛び去るまでの時間も短くなる（図11.21）．1日の中で池での滞在時間が短くなることを，飛来頻度をより頻繁にすることで補っているものと思われる．このようなフィードバックは，特定の時間帯に生息場所の水域にいる雄の数を安定させ，高密度によるコスト（エネルギー消費，負傷のリスク，交尾・産卵が中断されるリスク）を低下させる意味がある．Poethke & Kaiser（1985）は，ゲーム理論を用いて，出会い場所での行動的密度制御が進化的に安定な戦略であることを説明した．彼らはコンピュー

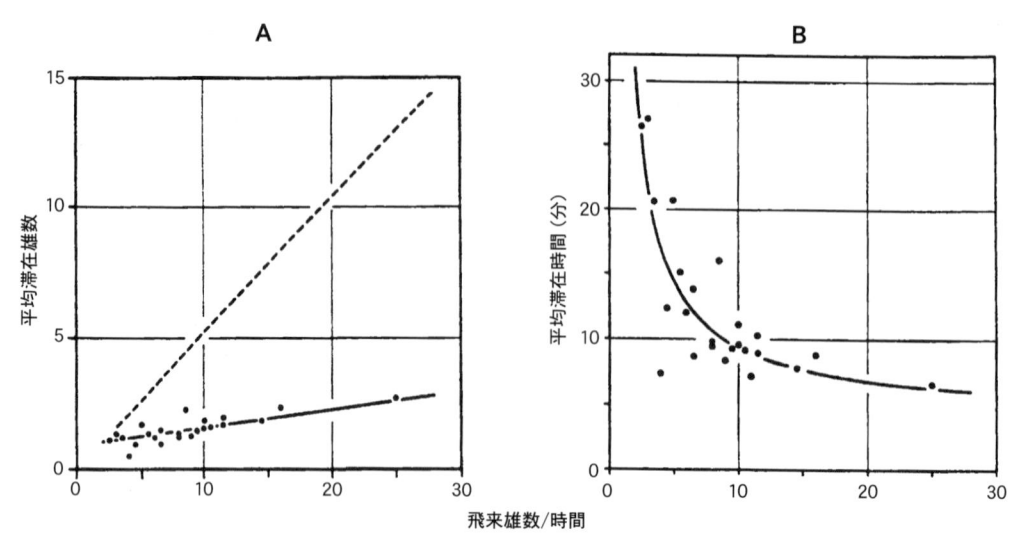

図11.21 水域におけるヒスイルリボシヤンマの雄密度を調節するフィードバック機構をもたらす2つの関係．A. 水域の雄数は，飛来率に比例して直線的に増加するわけではない；B. 1回の飛来当たりの平均滞在時間は，雄の飛来率が10個体/時間になるまでは，その増加に伴い急速に低下する．(Kaiser 1974dを改変)

タシミュレーションを使い，異なる戦略での交尾回数の期待値を推定し，以下のような時間依存の戦術が進化的に安定であることを示した．つまり，出会い場所に飛来した当初は用心深く振る舞い，攻撃されれば（その場所が込みすぎの可能性が高いので）逃げるが後で戻ってくる．いったん池で定着できたらしばらく執拗に残留し，争ってもすぐ池に戻るが長くは滞在しない．8分以上池に滞在した後は，しだいに定住度が低下する．このシミュレーション結果は，野外観察の結果と非常によく一致した．大型の不均翅亜目ほど行動の進化についての洞察を与えてくれる昆虫は他にあまりないであろう．

11.4 視覚によるコミュニケーション

すべての成熟成虫は，迅速かつ確実に受け入れ可能な同種の異性を認知できなければならない．つまり，種に特異な交尾相手の認知システムを必要とする (Paterson 1982)．このようなシステムには以下の事項が必要である．(1) 雄は同種の雄を認知する，(2) 雄は交尾を受容できる同種の雌を認知する，(3) 雌は同種の雄を認知する．(1)はなわばりをもつ種では，雄は侵入者に対して攻撃的に振る舞う必要があり，特に発達している．(3)によって，雌は交尾受け入れの準備状況に応じて雄を拒否することができる．

ほとんどのトンボの性と種に関する認知は，少なくとも最初の段階では，もっぱら大きさ，飛行スタイル，（紫外線反射を含む）色彩，模様などの視覚的な手がかりに基づいている（例：Frantsevich & Mokrushov 1984; Mokrushov 1991; §9.1.3も参照）．不均翅亜目は，視覚的に識別可能な距離が均翅亜目よりも明らかに長いため，認知をあまり体色にたよらない (Pajunen 1946b)．雌雄の色彩差が小さくなるほどその傾向が特に強い（§8.3.2.1; Ubukata 1983）．この認知は単なる同種の認知だけでなく，異性の認知を含んでいるので，性淘汰（図11.1）が作用する範囲（最初の出会いから交尾中さらには交尾後の精子競争 [§11.7.3] まで）に含まれる．異所的な生殖隔離，あるいは同所的な生殖隔離を示す集団の間で，競争に用いられる性的信号に違いをもたらしている主な要因は性淘汰である (West-Eberhard 1984)．例えば *Calopteryx aequabilis* とアメリカアオハダトンボのような同属の種が同所的に存在する場合，共存する種が伝達しようとする情報が区別しやすくなるような淘汰が働いていると考えられる (Waage 1975)．

視覚的手がかりは，エネルギーの浪費や，不適切な雄とのタンデム形成による身体的負傷を避けるのに役立つ．認知に使われる手がかりの特定とその相対的な重要性の評価は，研究者がどんな刺激を想定し，どんな検証をしたかに依存する．また，ある種の視覚的刺激は，ある特定の物理的・行動的状況で受けとられた場合に限り，リリーサーとして働く可能性についても留意する必要がある．仮想的な例として，ヨーロッパアカメイトトンボの雄による同種

の雄の視覚認知は，背景となるスイレンの葉によって制限されたり強められたりすることが考えられる (Mokrushov & Frantsevich 1976参照)．また同じようなことだが，水面からの高さが，カトリトンボの雄が同種の雄を認知する反応に影響を及ぼす (Johnson 1962a) ということもある．

雄が同種の個体に反応する距離は，天候やその雄のそのときの活動といった多くの要因にも影響されるだろう．また，雄がどの距離で反応するか，そもそも反応するかどうかは，出会ったトンボが飛んでいるかどうか，とまっているなら動きがないか翅を震わせているかによっても左右される (Corbet 1962a)．例えば *Leucorrhinia pectoralis* の雄は10m離れた飛行中の雌を発見できるが，産卵中の雌なら2〜5m，とまっている雌なら1m以内でしか発見できない (Kiauta 1964b)．ヒスイルリボシヤンマの雄は5m以上離れた飛行中の雌を発見できるが，とまっている動きのない雌であれば3〜5cmまで近づかないと発見できない．しかし，その雌が翅を震わせていれば10cmの距離で発見できる (Kaiser 1974a)．このような観察から，雄が相手を雌として反応している可能性は極めて低く，むしろ動く標的としてとらえ，その後もっと近づいてから確認するのだと考えられる．飛行中のカオジロトンボ属の雄は，とまっている雄に飛行行動を誘発する確率「解発価」が高いが，気づかれずに定住雄の防衛域にとまることができれば，定住雄は反応を示さない (Pajunen 1962a, 1966b)．*Cacoides latro* のなわばり雄は，とまっている同種の雄を攻撃することが見られるが (Moore & Machado 1992)，これはとまっているときに威嚇姿勢をとる独特の習性のために，雄自身を目立たせてしまうからであろう (§11.3.1)．雌は，自分自身を雄に見えやすくするために，飛行中のトンボが示すような誇張した刺激を使う．例えば，雄を誘うモードにあるアメリカアオモンイトトンボ *Ischnura verticalis* の雌は，とまっているときに自分の翅を大きく震わせる (Grieve 1937)．しかし *Chromagrion conditum* の雄は，明らかに動きのない雌を捕まえる (Bick et al. 1976)．

トンボの個体間の認知は，体や翅と背景の間に生じる，色彩と陰影のコントラストにも依存するだろう．森林性のムラサキハビロイトトンボの雄は，倒木が作る林冠ギャップでは，約20m も離れた同種の雄を発見できる．おそらく，翅の模様が認知のもとになっており，その模様が紫外線を反射するのでより目立ちやすくなるのであろう (§8.3.2.3)．この種の雄はドクチョウの1種 (*Heliconius cydno chioneus*) にも定位することが観察されているが，このチョウが飛んでいるときはムラサキハビロイトトンボによく似ている (Fincke 1984a)．薄明薄暮性の不均翅亜目であるカトリヤンマ族やオオメトンボ族の大部分にはあてはまらないが，最も鮮やかな体色をもつトンボの一部は森林性か薄明薄暮性，あるいは隠蔽性である．このことには重要な意味があるのかもしれない．森林性の種の例としては，橙色の斑点を頭部のほかに胸部や腹部にももつ *Chlorocnemis nigripes* (Pinhey 1952)，複眼の背面が白い *Fylgia amazonica lychnitina* (De Marmels 1989a)，中胸前側板に白い斑点をもつ *Heteragrion petiense petiense* (Machado 1988)，白い額をもつ *Palpopleura albifrons* (Legrand 1979b) があり，薄明薄暮性の種の中では白粉の胸部をもつ *Agriocnemis maclachlani* (Gambles 1981; Miller 1995e) がある．とまっているときの隠蔽性が高いオーストラリアのトンボ2種は，白い付属器を使ってディスプレイをする．*Hemiphlebia mirabilis* は雌雄とも白い尾部付属器をもち，時々それを上向きや前方に打ち振ると，普段は目立たないトンボが瞬間的にはっきり見えるようになる．Tillyard (1912) は，雌を引き付けるために雄がこのようなディスプレイをすると考えた．Sant & New (1988) が行った詳細な行動学的研究によって，普段はうまくカムフラージュされたパーチャーにとっては，ディスプレイがその機能をもつのかもしれないという可能性が示された．Davies (1985) は，雌が雄の信号に応答して交互に「信号を送る」ことで雄に反応することを報告した．このような行動は求愛には見えないが (§11.4.6)，雌雄が一層目立つことで出会いを促進すると同時に，生殖の準備ができていることを伝えるのかもしれない．極めて隠蔽性の高い *Episynlestes albicauda* (Tillyard 1913) の雄が行う，白い尾部付属器を使ったディスプレイは，これに似た機能をもつかもしれない．このような解釈が正しければ，このディスプレイは，*Platycnemis acutipennis* や *P. latipes* の雄が雌を見つけたときに行う特殊な振動飛行 (フランス語の vol vibrant) (Heymer 1966) に当たるものであろうし，*Chlorocnemis nigripes* の雄が水面上で行う「ガガンボのような」ダンス飛行 (Pinhey 1952: 170) と同じようなものかもしれない．

視覚的な識別力を評価する際には，種や性を迅速に認知することが，他の淘汰圧と競合せざるをえないことに留意すべきである．§11.5.4.2で，対立する要求の矛盾を解消する必要性を，カオジロトンボ属の数種を例に述べるが，特に (雄が) 高密度のときには，近づいてくる個体の性を正確に見極めるまで待ってタンデム形成を試みるのでは遅すぎ，交尾の機

会を失うという意味で，コストが大きすぎるかもしれない (Singer 1987b)*¹．

11.4.1 雄による雄の認知

成熟雄が同種の雄を認知するのに使う視覚的手がかりを表11.6に示した．これに加えて，いくらか特殊な例だが，前述した森林性や薄明薄暮性のトンボにおける顕著な目印がリリーサーとしてあげられる．表に示されるように，そしてほとんどの雌雄間認知とは異なり，いくつかの手がかり，特に翅や腹部に存在する手がかりの効果はディスプレイをすることで増大する．同種の雄に出会ったとき，*Mecistogaster linearis* の雄は，腹部を下に垂直に曲げてその巨大な長さを見せる (Fincke 1984a)．*Chlorocypha glauca* の雄は，腹部を下に湾曲させて色彩のある面を示す (Lempert 1988)．しかし *Chlorocypha straeleni* やアメリカハラジロトンボの雄は，腹部を上に持ち上げて明るい色彩や白粉をもつ背面を見せる．雄の腹部が形態的に変化していることもある．ハナダカトンボ科やヤマイトトンボ科の一部の種では，雄の腹部が広く平らになっており，明るい色彩の腹節が目立ちやすくなる (Paulson 1981b; Winstanley & Davies 1982; 写真O.4)．Dunkle (1983b) は，サナエトンボ科の一部は，胸部に前脚を引き上げて飛行し，ぱっと前脚を伸ばすことで色を点滅させていると考えた．雄は遭遇時にしばしば互いに向き合うが，攻撃時には最初は下から相手に接近する (Corbet 1962a: 165)．そのため，種認知上の手がかりが体の腹面についていることが多い．例えば，ヤンマ科の胸部の腹側には，黄色の斑点としま模様が入っている (Clausen 1982)．*Gomphurus lynnae* や他のサナエトンボ科の数種では，胸部の腹面が白粉を帯びている (Paulson 1983c)．

アカネ属の4種では，同種の雄に対する攻撃を引き起こすリリーサーは，翅の模様の有無とパターンに依存する．例えば，エゾアカネ *Sympetrum flaveolum* では翅基部の橙色の斑点が，ミヤマアカネ *S. pedemontanum* では翅端より少し内側の帯が，効果的な手がかりとして働く．翅に模様がない種（ムツアカネ，クレナイアカネ，イソアカネ *S. vulgatum*）の雄は，外見による種の識別ができない (Frantsevich & Mokrushov 1984)．*Leucorrhinia albifrons* やカオジロトンボに対するハラビロカオジロトンボの関係もこれと状況が似ているが，ある程度は同種雄を識別する (Pajunen 1964a)．トンボに見られる多くの異なった翅の模様を類型化した図が Frantsevich &

Mokrushov (1984) によって作られた．彼らは実験的に，翅の模様によって遠方の同種の雄を識別する場合は，斑点や帯のパターンが基部か先端部だけにあって，その中間域が透明である場合により確かになると結論している．攻撃と逃避をもたらす生得的リリーサーの実験的分析が，イメージ認知のための視覚と神経のメカニズム（図11.22A, B）に関する推理を加味して行われた．これによって，一定の単純化された翅の模様の有無によって，アカネ属の攻撃が解発されることが明らかとなった（図11.22C）．翅の模様をリリーサーとして評価するには，紫外線反射によって見える状態も考慮する必要がある（佐藤 1982参照；§8.3.2.3）．ナイジェリアトンボのなわばり雄では，翅は同種雄の識別に何の役割も果たしていないが，適切な割合の赤色と青色の腹部をしており，適当な大きさと形をもった翅のないモデルに強い反応を示した (Parr & Parr 1974)．カワトンボ属 *Mnais* の4種（ヒガシカワトンボ，オオカワトンボ *M. nawai*，ニシカワトンボ，および未記載の種*²）の雄は，なわばりに侵入した個体が雌なのか透明翅型雄なのかを区別できない（鈴木・宮地 1996）．

Dennis Paulson (1976) によって確認され，しばしば見落とされてきた雄間認知の一面は，性的二色性をもつイトトンボ科の雄（例：アメリカイトトンボ属 *Argia*，エゾイトトンボ属 *Coenagrion*，ルリイトトンボ属）の場合，即座に雄と認知することでタンデム形成の試みを回避できることにある (Forbes 1991bも参照)．カオジロトンボの雄は独特な飛行スタイルをとるが，これも同じ機能をもつ (Pajunen 1962a)．雄色型の雌を雄として扱うように雄がだまされる手がかりは，体色に関係しているらしい．アオモンイトトンボ属では行動も関係しており，スペインアオモンイトトンボ *Ischnura graellsii* (Cordero 1989b) や *I. ramburii* (Robertson 1985) では，雄色型の雌は，雄から逃げる代わりに雄に立ち向かうのが普通である．

11.4.2 雄による雌の認知

一部の種の雄は，雌が動いたときだけ接近すると言われている（例：ハヤブサトンボ，Andrew 1966；アメリカアオイトトンボ *Lestes disjunctus australis*, Bick & Bick 1961; ムカシヤンマ *Tanypteryx pryeri*, 武藤 1960b）．もっとも，その多くの場合は，雄がど

---

*¹ 訳注：つまり，識別できないのではなく，識別することを省略している可能性がある．
*² 訳注：いわゆるヒウラカワトンボ．

表 11.6 同種の成熟雄を認識するために成熟雄が用いる視覚的手がかりの例

科と種	体 サイズ	体 形	色彩/模様 体[a]	色彩/模様 翅	腹部ディスプレイ	翅ディスプレイ	飛翔スタイル	文献[b]
均翅亜目								
カワトンボ科								
オアカカワトンボ			×			×	×	8
ヨーロッパアオハダトンボ			×			×	×	17
アメリカカワトンボ			×			×	×	11
ハナダカトンボ科								
Chlorocypha dispar					×		×	12
C. glauca					×		×	12
C. selysi					×		×	12
C. straeleni					×			13
Libellago aurantiaca				×		×		14
L. semiopaca				×				14
アフリカハナダカトンボ			L					21
Rhinocypha aurofulgens				×	×	×		14
R. biseriata			L			×		19, 25
R. cucullata				×	×	×		14
R. quadrimaculata						×		19
R. stygia				×		×		14
R. unimaculata			L			×		22
ヤマイトトンボ科								
Heteragrion tricellulare					×			19
Rhinagrion borneense					×			19
ホソイトトンボ科								
Palaemnema baltodanoi			C					2
ハビロイトトンボ科								
Mecistogaster linearis	×				×			5
ムラサキハビロイトトンボ			×					5
不均翅亜目								
エゾトンボ科								
カラカネトンボ*		×					×	24
サナエトンボ科								
Lindenia tetraphylla					×			4
トンボ科								
ヨーロッパショウジョウトンボ			×					7
ハヤブサトンボ			×					1
カオジロトンボ					×		×	15, 16
トホシトンボ		×						20
ナイジェリアトンボ	×		×					18
シオカラトンボ			×					9
カトリトンボ			×					23
コハクバネトンボ			×					10
アメリカハラジロトンボ				×				10
エゾアカネ		×		×				6

注：手がかりとする根拠の確からしさはさまざまであり、実験と定性的な観察の両方を含んでいる。検証されていない手がかりを除くことはできていない。また、ここにあげた手がかりは、なわばり雄間の相互作用において誇示される手がかりと明瞭には区別できない。
[a] 略号：C. 頭楯のストライプ；L. 脚．
[b] 文献：1. Andrew 1966; 2. Brooks 1989; 3. Campanella & Wolf 1974; 4. Dumont 1977c; 5. Fincke 1984a; 6. Frantsevich & Mokrushov 1984; 7. Gopane 1987; 8. Heymer 1972b; 9. Itô 1960; 10. Jacobs 1955; 11. Johnson 1961; 12. Lempert 1988; 13. Miller 1993d; 14. A. G. Orr 1996; 15. Pajunen 1962b; 16. Pajunen 1964a; 17. Pajunen 1966a; 18. Parr & Parr 1974; 19. Paulson 1981b; 20. Pezalla 1979; 21. Robertson 1982a; 22. Robertson 1982b; 23. Robey 1975; 24. Ubukata 1983; 25. Uéda 1992.
* *Cordulia aenea amurensis*.

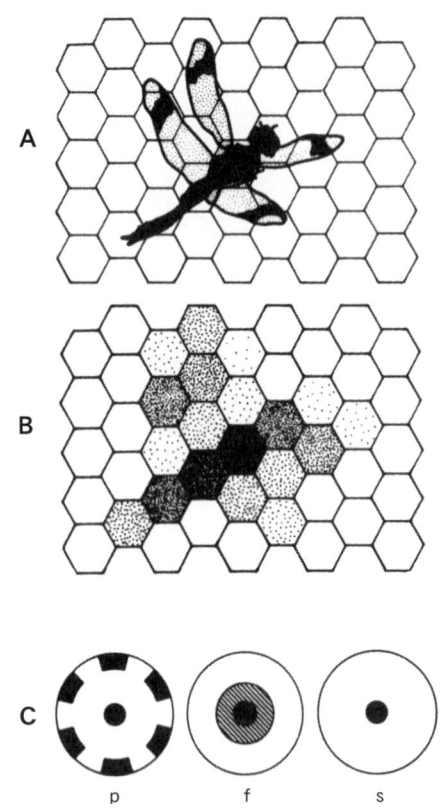

図11.22 アカネ属の視覚認知．A. 隣接する個眼の光軸が作る角度（Δψ）を1°と仮定したときに，0.5m離れた地点から個眼格子を通して飛行中の雄のミヤマアカネ（体長約30mm）を見た像；B. 同じ対象物の網膜像；C. アカネ属3種のなわばり雄の攻撃を解発する同心円パターン．エゾアカネ (f)，ミヤマアカネ (p)，クレナイアカネ (s)．(Frantsevich & Mokrushov 1984より)

んなトンボに接近するにしても，雌であると認知する前に，相手が動くことが必須条件である．しかし，*Enallagma civile* の雄は，とまっている動きのない雌に（死んだモデルも含めて）接近したりつかんだりする (Bick & Bick 1963)．*Ophiogomphus forcipatus* では，列をなして雌を追跡する際，どの雄も単に直前を飛ぶ個体の後についていくだけであり，その個体の性別は関係ない (A. K. Miller & Miller 1985b)．糸でつながれた，翅を震わせながらとまっているヒスイルリボシヤンマの雌に，3つの科および6種の不均翅亜目の雄が引き付けられた (Sawkiewicz 1989)．この6種の雄はすべて，同種の雌を認識するのが苦手な種であった (Moore 1952; Parr 1983a)．探索中の雄がとまって翅を震わせているトンボをすぐ見つけることはすでに述べた (§11.4)．

性識別のための手がかりを推論する際には，いくつかの可能性のある変数を考慮に入れるべきである．

生息場所や（出会い率を決定する）同種個体の密度は，使われる手がかりや反応閾値，さらには雄の探索様式にも影響を与えるかもしれない．例えば，カラカネトンボ *C. a. amurensis* のパトロール中の雄は，動かない雌を見つけることができないが (Ubukata 1983)，カラカネトンボ *C. a. aenea* の雄は，とまっている雌を探すと言われている (Tümpel 1901)．標的となる昆虫の最初の接近で，「負の」認知が形成されるかもしれないことは覚えておくべきである．ヒメアオモンイトトンボ *Ischnura pumilio* (Langenbach 1995) やアメリカアオモンイトトンボ (Fincke 1987) は，雌の体色を雌の交尾受容性の手がかりとして利用する．この場合，橙色の雌は未成熟で普通は受容性がない（明らかにアオモンイトトンボ *I. senegalensis* でも同様である，Longfield 1936）．あるいは，捕食者としての雌の潜在的な危険性の手がかりとして体色を用いる（青色タイプの雌は雄を食べることがある，Fincke 1987）．*I. denticollis* の雄は，つなぎとめた雌にもタンデム形成しようとするが，それが雄色型の雌の場合はあまり試みない (Córdoba-Aguilar 1992)．さらにスペインアオモンイトトンボの雄は，成熟した雄色型の雌や未成熟の雌色型の雌に対してめったにタンデム形成しようとしない (Cordero 1989b)．ヨーロッパショウジョウトンボの雄は，産卵動作によって雄色型の雌の性を識別しているかもしれない (Kotarac 1996)．オビアオハダトンボの雄色型の雌は，オアカカワトンボと同所的にいるときは，大体いつも翅にスポットがあるが，驚くことにこれはオアカカワトンボの雄に擬態しているといわれ，後者の接近を避けることができる (De Marchi 1990)．§11.4.5でも述べたように，一部の種の雌は，雄に擬態して性的なハラスメントから逃れている．

雄が雌を認知する際に使う視覚的手がかりに関する研究 (Corbet 1962a参照; Parr 1983a; Ubukata 1983) によると，均翅亜目では色彩とパターンを主な手がかりとして用いるという結論が支持されている．それに対して不均翅亜目では飛行スタイルや体形も同じ程度に重要である（表11.7）．目立った翅の配色は同種の認知のために重要なのであろう．新北区のアオハダトンボ属の2種では，同所的な生息域で形質置換が見られるが，Jonathan Waage (1975) は，これら2種の生殖的隔離の主要因は翅の色による視覚的区別であると結論づけている．

時には色よりも明るさがリリーサーとして働く．例えば *Argia apicalis* の雌の胸部のパターンは雄による認知のための手がかりとなるが，これを人為的に白くすると超常刺激として働く (Bick & Bick 1965c)．

11.4 視覚によるコミュニケーション

表11.7 同種の成熟雌を認識するために成熟雄が用いる視覚的手がかりの例

科と種	体 サイズ	体 形	色彩/模様 体	色彩/模様 翅	飛行スタイル	文献
均翅亜目						
カワトンボ科						
アメリカアオハダトンボ			×	×		Waage 1975; Ballou 1984
イトトンボ科						
Argia apicalis			×			Bick & Bick 1965c
アオイトトンボ科						
ソメワケアオイトトンボ		×	×			Mokrushov 1992
エゾアオイトトンボ		×	×			Mokrushov 1992
アオイトトンボ		×	×			Mokrushov 1992
Lestes virens		×	×			Mokrushov 1992
ハビロイトトンボ科						
ムラサキハビロイトトンボ				×		Fincke 1992c
不均翅亜目						
エゾトンボ科						
カラカネトンボ*	×	×			×	Ubukata 1983
トンボ科						
ハヤブサトンボ			×			Andrew 1966
カオジロトンボ	×	×			×	Pajunen 1964b
Nesciothemis farinosa					×[a]	Miller 1982a
ナイジェリアトンボ		×	×			Parr & Parr 1974
カトリトンボ			×			Johnson 1962a
コハクバネトンボ				×	×[a]	Jacobs 1955; Williams 1980a
エゾアカネ			×			Mokrushov 1987

注：証拠の信頼性については表11.1の注を参照．
[a] 時に産卵しながらの移動を含む．
* *Cordulia aenea amurensis*.

反射が手がかりとして重要な役割をもつ場合があることは注意しておく必要がある．一部の不均翅亜目で飛行スタイルが重要な手がかりとなることは間違いないが，この属性を実際に近い形でシミュレートする実験設定が困難であったり，分析も難しいことから，手がかりになる特性が厳密に調べられることは稀である．その巧妙な実験がカラカネトンボ *C. a. amurensis* でなされ，何を手がかりとして雄が同種の雌雄を識別するのかが明らかにされた (図11.23)．

カラカネトンボ *C. a. amurensis* のバージン雌は (雄のパトロール飛行に似た) 短時間の交尾前飛行を行う．ヒルムシロ属 *Potamogeton* の群落域の10〜15 cm上を飛ぶが，開けた水面を飛ぶことはめったにない．雄と雌では腹部を持ち上げる角度が異なるが，その飛行がゆっくりで緩やかに曲がったコースをとるという点でも異なっている (Ubukata 1975)．交尾前飛行を行う雌の大部分は雄に発見されて交尾する．雄が最も頻繁に出会うのはおそらく産卵中の雌であり，Ubukata (1983) はこの状況をシミュレートする実験を行った．産卵中の雌は飛行中の雄とは動きが異なり，上下にスィングする動きを見せたり，雄から逃れようと試みたり，低空 (時には水面からほんの10cm上) を飛ぶ傾向がある．雄はこのような飛び方でパトロールしている雌に引き付けられ，腹部の基部が太い場合 (雌の特徴) にはタンデム形成しようとする．針金につながれた雌雄の成虫のモデルを使って，モデルに細工したり，さまざまな動きを雄に示した実験を行った結果，雄は570例の提示に対し272例に接近し，53例でホバリングをし，24例でタンデム前行動をし，2例でタンデム形成を試みた．そのうち雌の飛行スタイル (体を振る動きや逃げようとする動き) をまねたものや，雌の腹部の形をまねたもの，あるいはその複合した120例では，面白いことに71％でタンデム前行動が見られた．Ubukataは自然状態より実験のほうが雄の反応頻度が低いことを指摘し，それはつながれたモデルの動きが不自然なことやモデルを支える針金の存在によって，テストに使ったパトロール雄が接近やホバリングの段階で反応を中止するためであると考えている．

水域にきた受容可能な雌は雄に即座に捕らえられるのが普通で，雌が雄の接近を誘う必要性も機会もない．しかし，Richard Rowe (1987a) は，ミナミエゾトンボの雌は水域にきた際に雄がいない場合は，自分の存在を宣伝するかのような目立つ飛び方をするこ

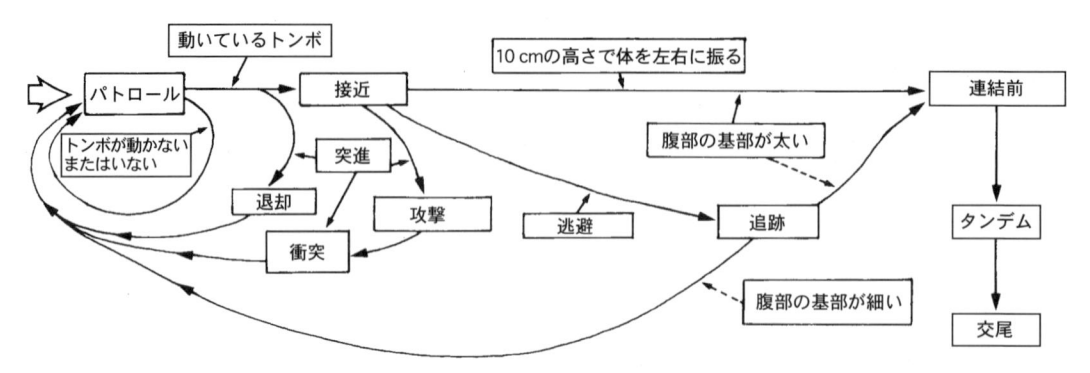

図 11.23 パトロール中のカラカネトンボの雄が同種の個体（行動や特徴は小文字で示す）と出会ったときの行動連鎖とリリーサー（細線の矢印は実験で確認，点線の矢印は観察から推測）．太い矢印は，連鎖が時間的に左上から始まることを示す．大文字は，出会った同種個体の形態や行動（すなわちリリーサー）が引き起こしたパトロール雄の行動成分．(Ubukata 1983を改変)

とを報告している．同様に，*Onychogomphus forcipatus unguiculatus* (A. K. Miller & Miller 1985b) とオジロサナエ *Stylogomphus suzukii*（加納・喜多 1992）の単独雌は，産卵していないときは，素早く水面近くを飛びながら，断続的に弧を描いたり方向を変えたりする．このような飛行は雄を誘惑する機能があるらしい．例えば，*O. forcipatus unguiculatus* の雌が1個体飛来すると，多いときには5個体もの雄が猛スピードで追跡する．ただし，それが雌だと認知できるのはおそらく追飛を始めた後である (A. K. Miller & Miller 1985b)．

雌雄間認知の特別な例は，雄が自分と交尾した直後の雌を認知する能力に関するものである．アメリカアオハダトンボでは，最後に交尾したパートナー間で信号を交換することで，雄は別の雌と交尾するようになる (Alcock 1983)．例外はあるものの (§11.8.3)，雄が同じ日に同じ雌と2回交尾するのは稀である．おそらく雌の性的受容性が，どのくらい前に交尾したかで決まり，また，蓄えた精子をどのくらい消耗したか，防衛された産卵場所への接近はどのくらい困難かなどによっても決まるからかもしれない．原因が何であれ，雄は自分が交尾した雌と交尾していない雌に対して異なった反応を示すことがあるので，雄は両者を区別できているに違いない．Taguchi et al. (1993) の観察によると，雄を拒否したミヤマアカネ *Sympetrum p. elatum* の雌は，すべて同じ日にすでに交尾していた．カラカネトンボとアメリカカラカネトンボの既交尾雌は，目立たないような所に産卵する傾向があるが，この理由だけでも雄の接近を導くことが少なくなる (Ubukata 1984a参照)．一方，オアカカワトンボ (Heymer 1972b) やカトリトンボ (Sherman 1983a) の雄は，交尾したばかりの雌を区別できない．交尾後に産卵中の雌を警護している所に他の雌 (§11.8.3参照) が参加して産卵を開始しても，その雌と交尾しようとしないで両方の雌を警護することがよくある．このような産卵雌への無関心は，自分の交尾相手を認知できない証拠とはならない．むしろ，以前の交尾相手に対する警護を中断するコストが大きすぎるのかもしれない．

視覚的手がかりを使うことは，同種の雌の認知に有利であると考えられるにもかかわらず，多くの種の雄，特に巨大な尾部付属器をもつ種の雄では視覚による識別能力がなく，種の認知はタンデム形成時に起きることが多い (§11.5.3)．

11.4.3 雌による雄の認知

雄が求愛行動を行う種 (§11.4.6) では，雌は単に同種の雄を認知するだけはなく，タンデム形成を受け入れる前に（少なくとも産卵場所と関係して）雄の質を評価しているようである．雄が求愛中に見せる特質を，雌は視覚的な手がかりとして利用していると考えるのは合理的であろう（表A.11.10）．アオハダトンボ属では，この手がかりは翅のスポットの大きさと色，それに腹部の最後の3節の色である (Heymer 1973b; De Marchi 1990)．求愛をしない種では，雌が雄を視覚的に認知する手がかりについてほとんど何も分かっていない．その理由の1つは，近づいた雌が受容可能かどうかを実験的に確かめるのが困難だからである．Pajunen (1964b) は，カオジロトンボと *Leucorrhinia rubicunda* の雌は同種の雄を認知すると報告したが，どのように認知するかは分からなかった．Tennessen (1975) によると，*Enallagma pollutum* と *E. signatum* の雌は，両種の雄を橙色の第

11.4 視覚によるコミュニケーション

9腹節を見て確認できるが，タンデム形成を試みられる時点までは同種の雄を認知できない．ハヤブサトンボの雌は，雄の優劣の順位を行動上の手がかりで認知するようである(§11.3.7.1)．なわばり(優位)雄に追われると，サテライト(劣位)雄は池の縁から飛び去る．サテライト雄と交尾している最中に，その雄が追われる経験をすると，雌の44%は，直後の産卵を拒否した(したがって，交尾相手の保証された父性の拒否; §11.7.3.3)．この割合はなわばり雄との場合に比べて有意に高かった(McVey 1988)．さらに，ヨツボシトンボでは，サテライト雄と交尾した後に産卵することは全く観察されなかった．それに対し，なわばり雄と交尾した後は，86%の雌が少なくともいくらかは産卵した(Convey 1989b)．ネグロベッコウトンボの雌では，サテライト雄との交尾は極めて稀であった(A. J. Moore 1989)．雄の繁殖成功に影響を与えうる雌の交尾相手選択の他のプロセスについては§11.9.1.1で述べる．現在までに観察されている雌の交尾相手選択は，直接的に，あるいは質の高い場所を防衛する雄の能力を通して，間接的に産卵に必要な資源と関連している．

11.4.4 雌による雌の認知

視覚的な手がかりによって雌が同種の雌を認知する能力についてはほとんど知られていないし，発見される可能性も低い．しかし，集団での産卵行動(§2.2.6)や，同種の雌雄に対する雌の反応が2種類に区分されることからその能力がうかがえる．例えば，カラカネトンボの産卵中の雌は，雄の接近から逃げようとする(稀に威嚇する)が，雌が接近した場合はそれまでと変わりなく産卵を続ける．雌がごく近くで産卵を始めた場合でも同じで，おそらく動きをもとに判断していると考えられる(Ubukata 1983)．採餌場所でとまっているクレナイアカネの雌は，雌のモデルよりも雄のモデルに対して激しく攻撃する(Gorb 1994b)．一方，アジアイトトンボ Ischnura asiatica の雌は，同種の雄や雌の接近に対して，体を揺するディスプレイで反応する(新井 1974b)．

この短い概説で，雌は視覚的手がかりを使って同種の雄を(そして，推測ではあるが雌も)認知できるだろうと考えられたので，次に，同種の雄の性的接近を**避ける**行動が必然的に問題になる．

11.4.5 雌による拒否行動

好ましくない雄の接近に対する雌の反応はトンボ目全般で似通っている．それは雌がとまっているか飛んでいるか，雌の可能な飛行速度，雌の性的成熟度，バージン雌か否か，そして雌が受ける刺激(恐れ)の強さによって，分類群内および分類群間で変化する．これらの反応のいくつかはFincke (1997)によってまとめられている．雄に向けられる雌による行動反応は，あるいは「回避行動」(Heymer 1966のAbwehrverhalten)と呼ぶほうが適切かもしれないが，私は簡単に「拒否行動」と呼ぶことにする(Corbet 1962a)．「回避行動」には，アメリカンフットボールでいう「ハンド・オフ」(敵が近づいたのでボールを出せ)のサインが必要なあらゆる状況，例えば捕食者が近くにきた(§8.5.4.8)とか，防衛域に同種の雄が入ってきた(§11.3.1)などの際に，雌雄に関係なく示す行動という意味合いが含まれるからである．このように，拒否行動には種や性を認知するという要素があるものの，この行動は差し迫った身体的な危険に対する一般的な反応でもある．そこでUtzeri (1988)は，雌の拒否行動の進化的な起源は捕食者の接近から飛んで逃げる行動にあり，雄の行動との類似は模倣から始まったであろうと主張した．例えばアメリカアオモンイトトンボでは，拒否行動はいかなる均翅亜目に対しても向けられる(Bick 1966)．しかし拒否行動は，近づいた雄に雌が反応するとき(研究しやすい場面)に最も多く観察されており，この項ではここに焦点を当てる．

拒否行動は6つの主な成分に分けられる．表11.8の記録の内容が多様であることから，成分の相対的な重要性に関する判断は暫定的とみなすべきであるが，均翅亜目と不均翅亜目で差があるだろうということは読みとれる．均翅亜目の拒否行動は，普通とまっているときに行われ，翅を開く(WW)，腹部挙上(RA)，下方への腹部湾曲(BA)といった行動が多い(図11.24) (Grieve [1937]はアメリカアオモンイトトンボの腹部湾曲[BA]姿勢[Corbet 1962a: 図112, 113参照]は雄を誘引するとしたが，実際には拒否の動作である[Bick 1966; Legault 1979])．不均翅亜目の雌は，接近してくる雄から逃れるためにとまって動かないこともあるが(ショウジョウトンボ属，シオカラトンボ属, Rehfeldt 1989a)，逃避飛行(EF)か潜伏(HD)行動が多く，リストにある種の70%以上がこの行動の1つあるいは両方を使う．2つの亜目間では，トンボがとまっているときに行う威嚇行動にも違いがある．均翅亜目ではとまったまま威嚇する傾向が強いが，これは彼らの飛行力が弱く，飛行時に捕食されやすいことを反映しているのであろう．不均翅亜目と均翅亜目ともに腹部挙上(RA)

表11.8 トンボの雌が雄に示す拒否行動の主なタイプ

	拒否行動 [a]						
	普通はとまって		とまってか飛行中		飛行中		
亜目	WW	RA	BA	HD	EF	科の数	種の数
均翅亜目	+++	+++	++	+	+	6[b]	37
不均翅亜目	+	++	+	+++	+++	3[c]	26

注：さまざまな出版物から総合した．報告例が一様ではなく，一部の分類群に集中しているので，この分析は予備的なものである．
[a] 各行動を示す種の割合．記号の説明：BA. 腹部の下方湾曲；EF. 飛行による逃避；HD. 落下によって身を隠し活動を停止する；RA. 腹部挙上；WW. 翅広げ．+記号は百分率の範囲を示す：+．1〜20；++．21〜40；+++．41〜60．
[b] カワトンボ科，ハナダカトンボ科，イトトンボ科，アオイトトンボ科，モノサシトンボ科，ホソイトンボ科．
[c] ヤンマ科，エゾトンボ科，トンボ科．

がよく見られるが，頻度の違いは均翅亜目にとまっている個体が多いことを反映しているのだろう．ヒロアシトンボ*Platycnemis pennipes*は時に飛行中に腹部挙上を行うことがあるが (Gorb 1992)，これは例外的である．同じように，2つの亜目での腹部湾曲（おそらく産卵行動の儀式化したもの, Corbet 1962a: 180; Utzeri et al. 1983)の頻度における明らかな差は，単にほとんどの均翅亜目が植物組織内産卵を行うことを反映しているのかもしれない (§2.2.1)．不均翅亜目ではヤンマ科で腹部湾曲がよく見られる（例：ルリボシヤンマ属, Utzeri et al. 1983; ギンヤンマ属, Corbet 1962a; ヤブヤンマ属*Polycanthagyna*, 新井 1984a)．

表11.8において，均翅亜目の6つの科すべてに見られる拒否行動は開翅 (WW) のみであり，翅のばたつかせの形をとることもあるし (*Libellago*属，ハナダカトンボ属*Rhinocypha* [*Rhinocypha*亜属], A. G. Orr 1996)，翅を打ち合わせる形もあるし (アオモンイトトンボ属, Legault 1979; Fincke 1987)，さっと開く形もある (アオハダトンボ属, Waage 1984a; ハナダカトンボ属 [*Heliocypha*亜属], A. G. Orr 1996)．アオイトトンボの拒否行動では翅を広げるが，*L. rectangularis*では翅を閉じるといわれる（枝 1970)．開翅 (WW) はその日すでに交尾した雌が示すこともあり，物理的に雄の接近を阻止する (Utzeri 1988)．*Indocnemis*属では翅を震わせる形をとる (Lempert 1995e)．腹部湾曲はカワトンボ科，イトトンボ科，アオイトトンボ科で見られる．飛んで逃げるのはカワトンボ科，ハナダカトンボ科，イトトンボ科で見られ，時にジグザグに飛んだり腹部を上下に動かしたり (クロイトトンボ属*Cercion*, Utzeri et al. 1983)，捕捉しにくいコースを飛ぶ (ルリイトトンボ属, Bick & Bick 1963; Tennessen 1975)．時にイトトンボ科の雌は，雄が接近すると，とまっている茎を横に回り込む (キイトトンボ属, 青柳 1973)．この行動は特にテネラル期に見られる (クロイトトンボ属Utzeri et al. 1983; §

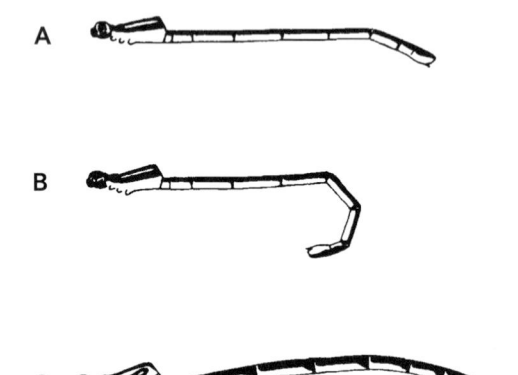

図11.24 イトトンボ科の雌が雄に示す拒否信号．A. とまっているときや飛行中のキバライトトンボ（体長約24mm）の成熟雌や交尾ずみの未成熟雌；B. 飛行中や産卵中に雄に接近されたキバライトトンボの雌；C. 飛行中のニュージーランドイトトンボ（体長約33mm）．(Rowe 1978より)

8.5.4.8)，威嚇行動をとる能力がないからかもしれない (Utzeri 1980)．一方，飛び立って雄と対峙する行動 (アメリカイトトンボ属, Bick & Bick 1965; アオモンイトトンボ属, Rowe 1978)，つまり雄に似た行動をとる種もある (§11.3.1)．実際，マンシュウイトトンボ*Ischnura elegans*の雌が，接近してきた雄の胸や腹部に噛みついて殺したという報告もある (Cooper et al. 1996)．緑色（未成熟）のヒメアオモンイトトンボの雌は，接近してきた雄に対して腹部湾曲を見せるが，橙色（成熟）の雌は腹部挙上をする (Langenbach 1995)．アメリカイトトンボ属の雌は，雄に捕まえられても，自分の前胸に触れるのを拒否する姿勢を示すことで，タンデム形成を防ぐことができるし (Bick & Bick 1965a)，キバライトトンボの雌は雄を払いのけることができる (Rowe 1978)．交尾受容性のないアメリカアオモンイトトンボの雌は，タンデム態になると自分の脚で雄を押しのける (Fincke 1987)．*Erythromma lindenii*では，タンデ

ムペアの一方か両方が，接近した個体に対して拒否行動を示す（Utzeri et al. 1983）．*Libellago semiopaca*の雄が求愛行動によって産卵場所へ飛来する雌の行く手を妨害すると，雌は脚を下げて雄の目の前でホバリングする（これは同種の雄どうしが敵対行動をする際の姿勢）．そうすると雄はすぐに妨害をやめて雌を通過させる（A. G. Orr 1996）．*L. semiopaca*の雌は，同属の別種の雄による求愛を避けるために拒否行動をとるが，別属の種の雄（例：*Rhinocypha aurofulgens*）に対しては拒否行動を示さない．雌は自分自身がその雄の対象になるとは認識していないからかもしれない（A. G. Orr 1996）．

不均翅亜目では，雌が飛んで逃げる場合のやり方として，岸辺の茂みに飛び込んだり（ルリボシヤンマ属，Kaiser 1974a；カラカネトンボ属 *Cordulia*, Ubukata 1975），不規則に飛んだり（ミナミエゾトンボ属 *Procordulia*, Rowe 1988），きりもみの垂直上昇（ショウジョウトンボ属，Rehfeldt 1991b）や垂直下降（Jödicke 1995a）をしたり，単に素早く逃げたりする（*Palpopleura*属，Miller 1991c）．Hidenori Ubukata (1983)が観察したカラカネトンボでは，ヨシ属 *Phragmites* の茂みに雌が飛び込み，ぶら下がって動かずにいると，追跡した雄が50 cm離れた所をホバリングしても雌を捕まえられなかった．産卵が終わった雌は，雄が接近しなくても素早く水域を離れるが，これは逃避飛行とよく似ている（Hassan 1981a参照）．逃避しようという試みには，前述のようにとまって動かないで隠れることも含まれるだろう．雄が雌を捕まえようとする場合，雌はとまり場をしっかりとつかむことがある（ルリボシヤンマ属，Kaiser 1985a；カオジロトンボ属，Pajunen 1963b, Kiauta 1964b）．カラカネトンボの不動の状態は10秒ほど続くが，機能的に不動反射の相似行動とみなすことができる（§8.5.4.8）．

雄に捕らえられた雌は，もがいて自由になろうとしたり（ヨツボシトンボ属，A. J. Moore 1989；アカネ属，Ottolenghi 1987），時に自分の前脚を首に回してスパイク付の犬の首輪と機能的に似た障壁を作ったりする．これはタンデム中の雄が他の雄に把持されそうなときにも行う行動である（カオジロトンボ属，Rüppell 1989b）．このような形の拒否行動は，Rüppell (1989b)によって均翅亜目（ルリイトトンボ属，アオイトトンボ属 *Lestes*）からも不均翅亜目（カオジロトンボ属）からも発見された．これには，雌が前脚を伸ばして胸部と頭部まで上げ，雄が尾部付属器を使ってタンデム形成しようとするのを妨げる行動も含まれ，単独雌やタンデム形成中さらに環状姿勢の雌にも見られる．この行動の観察は難しいが，Rüppell

はすべてのトンボではないとしても，広く共通の行動であると述べており，もしそうであれば，新たな別のタイプの拒否行動として区別しておくべきだろう．狭義の開翅は稀であるが，接近された雌はとまっているときは翅を振動させることもあるし（トラフトンボ属 *Epitheca*, 曽根原 1967），タンデム産卵中であれば翅を羽ばたかせる頻度を増加させることもある（*Urothemis*属，Hassan 1981a）．うまく雄を回避できると，産卵中の雌は，元の場所の近くに産卵に戻ってくる（カラカネトンボ属，Ubukata 1975；ショウジョウトンボ属，Rehfeldt 1991b；ナイジェリアトンボ属，Miller 1982a）．産卵中に雄に接近されたある種の不均翅亜目の雌は，逃避飛行（EF）（カラカネトンボ属，Ubukata 1983）や腹部湾曲（ミナミトンボ属 *Hemicordulia*, Rowe 1988）に先立って，雄に向かってホバリングしながら対峙することがある．

拒否行動の成分はこれまで独立に考えてきたが，しばしば組み合わさることもあり，カワトンボ科とイトトンボ科では，開翅と腹部挙上（WW + RA）および開翅と腹部湾曲（WW + BA）の組み合わせが普通に見られる（Bick 1972；新井 1974b；図11.25）．しかし，オオイトトンボにモデルを示した実験では，腹部湾曲だけでも雄を追い払うのに効果的であり（新井 1977），アジアイトトンボでは行動のいくつかの組み合わせが同程度の効果をもっていた（新井 1974b）．だれでも予想するように，それぞれの行動の頻度や質は日齢によって違いがあり，アジアイトトンボの未成熟雌では，開翅と腹部末端だけの湾曲が見られるが（図11.24C），成熟雌では腹部をもっと曲げる（図11.24B）．拒否行動を行っている間に反応の種類が移行することもあり，腹部湾曲と連動して，開翅が始まったりとまったりする（新井 1974b）．また，刺激が続いたりその強さが増大すると，拒否行動の性格もそれに伴って変化する（図11.26）．このような変化があるため，新井（1974b）には従わず，腹部末端だけの湾曲と腹部全体を湾曲する行動を区別しなかった．ただし，将来の研究によってそのような区別が必要かどうかが明らかになるだろう．

モノサシトンボ科の主たる拒否行動は腹部挙上であるが，*Platycnemis latipes*のように腹部の上下動を伴うこともある（Heymer 1966）．さまざまな状況下（例：未成熟，タンデム，単独産卵）のヒロアシトンボの雌雄は，とまっているときでも飛行中でも，同種や同属の雄に向けて腹部挙上行動を示す（Gorb 1992）．最初に雌は腹部の最後の2, 3節だけを上げるが，刺激が続くと腹部全体を弓なりに上げ，しだいに腹部ととまり場との間の角度が増し，腹部が傾い

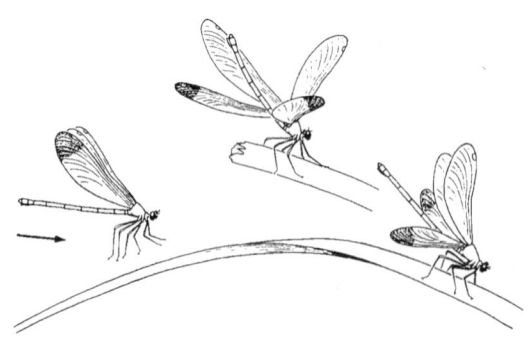

図11.25 オアカカワトンボの雌が見せる，同種雄の接近に対する反応．左から接近した同種の雄に対してとまっている雌2個体が，開翅と腹部上げという2つの拒否行動の成分を組み合わせて反応している．体長約46mm．(Heymer 1972bより)

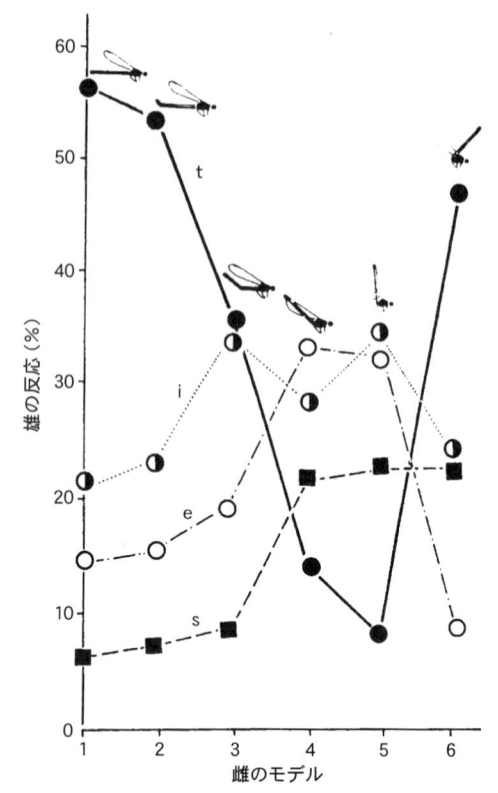

図11.26 ヒロアシトンボの雌が拒否行動で示す腹部上げの角度とそれに対する雄の反応．雌モデルの番号(1～6)が大きいほど腹部の角度が大きい．雄の反応は，次の4つの反応のそれぞれを百分率で示す．雄の反応：把持(t)；検査(s)；無反応(i)；逃避(e)．雌の腹長：約28mm．ウクライナ．(Gorb 1992を改変)

て頭部より前に出てしまう(Heymer 1966も参照)．接近した雄のとる反応は雌の姿勢と関連があり，タンデムになるために雌を捕まえる行動は，雌の腹部の角度が90°に近づくに従いしだいに衰える．しかし，その角度が90°を上回ると，タンデム拒否の姿勢にもかかわらず，雌を捕まえる行動は急に増加する．Heymer (1972)は，フランス南部の同所的に生息するアオハダトンボ属3種において拒否行動に差を見ていないが，Waage (1984a)は，北アメリカの同所的なアオハダトンボ属2種で，拒否行動の異なる成分に対する雄の反応に差があることを見いだした．

雄による性的な接近を回避する戦略として，これまで述べてきたものとはかなり異なるが，遺伝的に決定される雄色型の雌があげられる(§8.3.2.1，§11.4.2)．これは雄から逃れようとして体の模様の一部を隠す行動と似ている(Corbet 1962a: 168)．スペインアオモンイトトンボの雄色型の雌の交尾頻度は，出会い場所における雄の密度が低いときには雌色型の雌の交尾頻度より低いが，雄の密度が上がると両者は等しくなる(Cordero 1992b)．この結果は，この種における平衡多型の維持を説明するためにHinnekint (1987a)が提唱した仮説と一致する(しかしFincke 1994c参照)．スペインアオモンイトトンボの雄色型の雌は雄と対峙して雄を拒否するが，雌色型の雌は逃げようとする(Cordero et al. 1995)．アオモンイトトンボ属とは対照的に，キタルリイトトンボでは，(成熟雌の間で)雄色型の雌の数が多いと，雄は雌色型の雌より高い割合で雄色型の雌と交尾する．このような高頻度の雄に対する雌の選好性の証拠は，この研究が今日までのところ唯一のものである(Forbes 1994)．

11.4.6 求愛

なわばり性のトンボの中には，求愛と呼ばれる一連の行動によって，出会った雌雄が互いに視覚的なコミュニケーションを行う種がある．**求愛**とは雌雄が至近距離で示す相互作用のことで，普通は交尾に先立って行われ，雄によるディスプレイとポーズを伴う．この定義に含まれる行動には，1分も続くことがあるアフリカハナダカトンボ(写真O.6)の華やかでカラフルな空中ダンスから，*Nannothemis bella* (Hilder & Colgan 1985)や*Neurothemis intermedia intermedia* (Sangal et al. 1994)の雄の短く(1～5秒)単純なホバリングまで，その複雑さに変異がある．雄のディスプレイが短く簡単な場合は，求愛と単純な接近飛行を区別するのは難しい．求愛かどうかを機能的に区別する基準は，雌が雄に捕らえられたり，タンデム態になることを拒否できるかどうかである．Peter Miller (1991e)が指摘したように，雌による交

尾相手選択をもたらす（それゆえにある種の求愛を含む）コミュニケーションは，交尾前タンデムの間だけでなく交尾後にも起きる．このような交尾後の求愛コミュニケーションは，適切な定義のもとに§11.5.2と11.8.2で扱うことにし，この項での**求愛**は，先ほど定義したタンデム前の求愛を指すことにする．

　求愛はトンボ目の一部の科で知られているかまたはその存在が予想されている（表A.11.10）．カワトンボ科やハナダカトンボ科，ミナミカワトンボ科で最も顕著であり，不均翅亜目ではトンボ科の数属に限って見られ，比較的短く単純のようである．表A.11.10にあげた種（例：*Rhinocypha biseriata*）では，普通，求愛が途切れないことが交尾に至る前提条件となる．しかし，求愛を示すことができるかどうかは，雄が雌と出会う場所に，したがって雄の優位性に依存する．A. G. Orr（1996）が調べたハナダカトンボ科の種では，いずれの種の雄も，最初は求愛なしに雌を捕らえようとした．Waage（1973）は，雄がどのような雌と出会うかによって，求愛が生じる状況を以下の3つに分類した．雄のなわばりに入ってきた雌か（タイプⅠ），産卵中の雌か（タイプⅡ），あるいは水域にいる雌か（タイプⅢ）である．アメリカアオハダトンボとアフリカハナダカトンボの場合は，タイプにより出会い後の一連の行動の流れが異なり（図11.27, 11.28），アフリカハナダカトンボではタイプⅢの出会いの後では交尾に至ることはなかった（Robertson 1982a）．アメリカアオハダトンボでは，雄が求愛せずにいきなりマウントした場合は，普通雌が翅を震わせて雄を振り払うので20％しか交尾に至らない（Waage 1973）．求愛となわばり防衛とが密接に関連していることはニシカワトンボではっきりと示されている．なわばり雄（圧倒的に橙色翅型form *esakii*雄が多い）だけが交尾前に雌に求愛する．非なわばり雄（大部分が透明翅型form *strigata*雄）が時々求愛せずにタンデム形成しようとするが，なわばり雄に追われるため，なわばりやその近くでは交尾できない（Higashi 1981）．透明翅型雄が雌に求愛しない理由の1つは，交尾拒否される場合の時間の浪費とエネルギーの消耗を避けるためかもしれない（Nomakuchi et al. 1984）．橙色翅型雄の戦略はなわばりを維持するように淘汰され，透明翅型雄はスニーキングをするように特殊化したというように（§11.3.7；生方 1979b, Ubukata 1988），2つのタイプのそれぞれが，独自の繁殖戦略と特殊化した行動をとっているのであろう．それぞれのタイプが交尾を獲得する割合はほぼ等しい（Nomakuchi 1988）．

11.4.6.1　カワトンボ科

　求愛はこの科で発達しているが，明らかにそれが見られない属が存在する．*Echo*属やキヌバカワトンボ属*Psolodesmus*，*Vestalis*属で求愛が見られないのは，どの属も雌雄が薄暗い環境を好むことと関連がある（Iwasaki 1980）．アメリカカワトンボ属の求愛の欠如は（Johnson 1961），水面下で産卵する雌を雄が操作できないことを反映しているようである（§2.2.7; Alcock 1987a）．求愛を行うカワトンボ科の各属内の種間に見られる違い（表A.11.10）は程度の差である（例：各ステージの相対時間，Meek & Herman 1990）．種間の違いは産卵行動の違い，特に雌が水面で産卵するか（アメリカアオハダトンボ）水面下で産卵するか（*Calopteryx dimidiata*）と関連しているようである（Waage 1984a）．

　アメリカアオハダトンボでの行動連鎖（図11.27）を見ると，求愛における典型的な成分を抽出できる．雄は前もってなわばりを獲得し，そこを防衛するが，その中には1箇所から数箇所の産卵場所と，その領域を見渡せるとまり場が少なくとも1つは含まれる．雌がなわばりに接近すると（タイプⅠの出会い），雄は雌の前で**ペア形成ディスプレイ（クロスディスプレイ**とも呼ばれる）を行ったあと，1つの産卵場所の特定の位置にとまったり，産卵場所が水中の場合はその上の水面に着水したりする．雄の胸部と腹部は，とまり場に対して45°かそれ以上の角度をとり，腹部の先端を背中側にそらし，第8～10腹節の白い腹面を雌に示す（しかしJohnson 1962b参照）．後翅を前方に開き，その裏面をとまり場に対して約45°の角度に保ち，前翅は背中の上で畳むか軽く振るが，開くことはない．Peter Miller（1995e）は私に，アメリカアオハダトンボのこのディスプレイ時の胸部と腹部の姿勢は，不均翅亜目が水面に落ちた（したがって，そこから逃れる必要がある）ときの姿勢と似ていると指摘し，これが求愛行動の成分の系統発生的起源である可能性を示した．アメリカアオハダトンボでは，クロスディスプレイに入る前に，飛来した雌に向かって雄が飛び，雌の近くまでいくと方向転換し，産卵場所に戻る．この初期段階ではヨーロッパアオハダトンボの雄は，雌が水域にいて，しかもとまっているか水面から1m以内の上空を飛んだ場合にだけ反応する（Pajunen 1966a）．オアカカワトンボの産卵場所でのディスプレイには空中ダンスも含まれる（ドイツ語のRundtanz円舞；図11.29）．カワトンボ科の大部分の属は，産卵場所の近くに着水して産卵場所を誇示するが，Meek & Herman（1990）

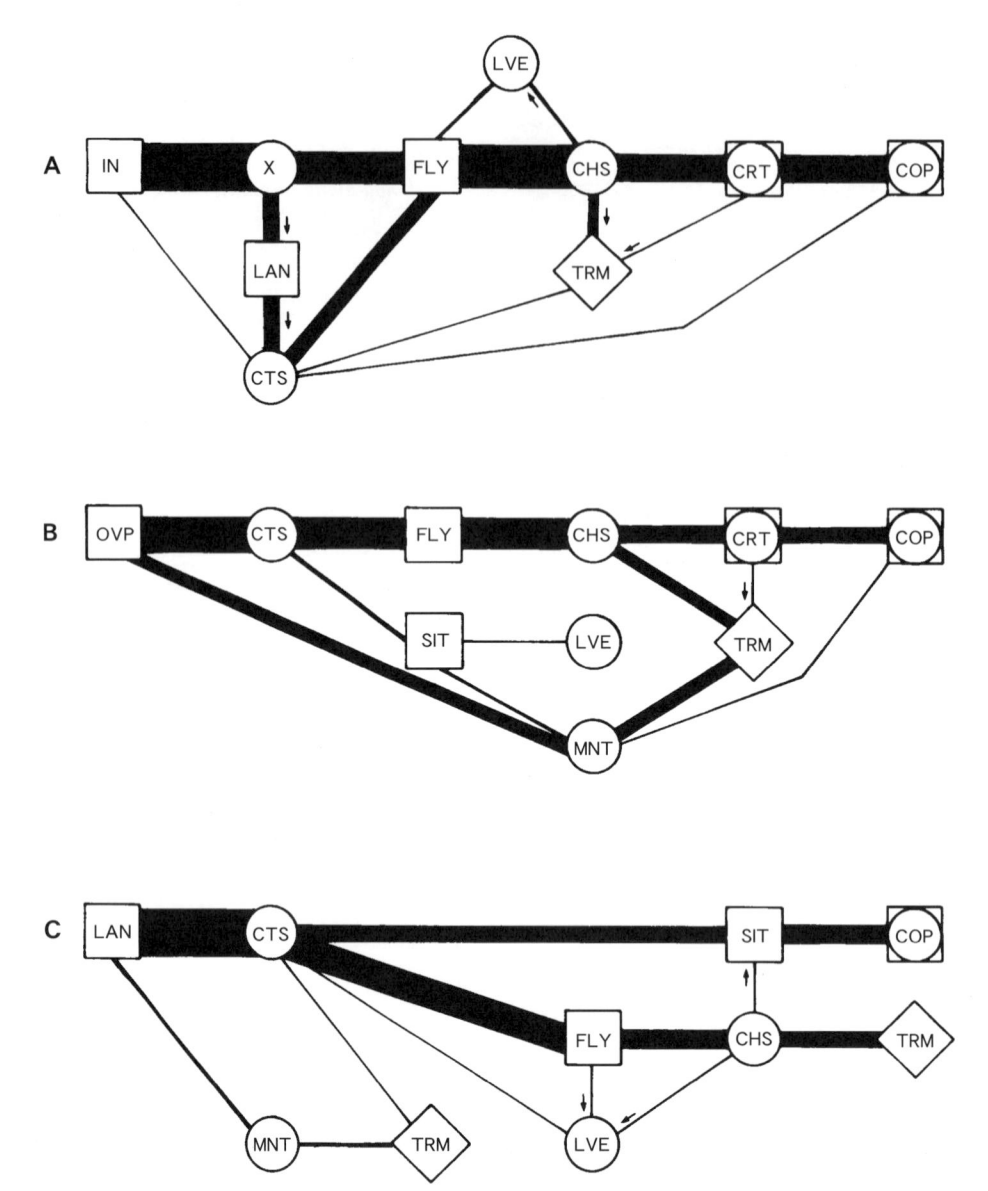

図11.27 アメリカアオハダトンボの雌雄の3タイプの出会い（A〜C）のフロー図．WaageのタイプI〜IIIに相当（§ 11.4.6.1参照）．円は雄の行動，菱形は産卵以外の相互作用の終了，四角は雌の行動．それぞれの行動連鎖は左から始まる．各線の太さは，A〜Cの出会いから始まる一連の行動の割合で，四角の1辺あるいは円の直径が100％に等しい．略号：CHS. 雄による雌の追跡；CRT. 岸での求愛；CTS. 求愛；COP. 交尾；FLY. 雌の飛行；IN. 雌をインターセプト；LAN. 雌がとまり場に着地；LVE. 雄が雌から離れる；MNT. 雄が雌に乗りかかる；OVP. 産卵；SIT. 雌がとまり続ける；TRM. 出会いの終了；X. 雄のクロスディスプレイ．（Waage 1973を改変）

はこれを**着水ディスプレイ**と呼んだ．求愛雄は水の流れに沿って数cm流されるので，この行動は，産卵場所の位置だけでなく質も雌に示すことになる．例えば，*Neurobasis chinensis chinensis*の雄は，透明な前翅だけを動力に使い，動かさず斜めに開いた緑色の後翅と，白い先端部をもった金属緑色の腹部をきらきらと輝かせながら，20〜30cm下流に流された後，飛び立って雌に接近する（Kumar & Prasad 1977a）．

着水ディスプレイの間，*Calopteryx aequabilis*の雄は後翅を水面に水平に広げる（Conrad & Herman 1987）．*C. angustipennis*の雄は**腹面を最も高くして**着水し，この姿勢で数秒間動かずに浮かんでから空中に跳ね上がって求愛飛行を再開する（Donnelly & Donnelly 1994）．水面に浮かんでいる間，オアカカワトンボの求愛雄は，腹部の先端を持ち上げて誇示する（Rüppell & Hilfert 1994）．オアカカワトンボと*C. xanthostoma*

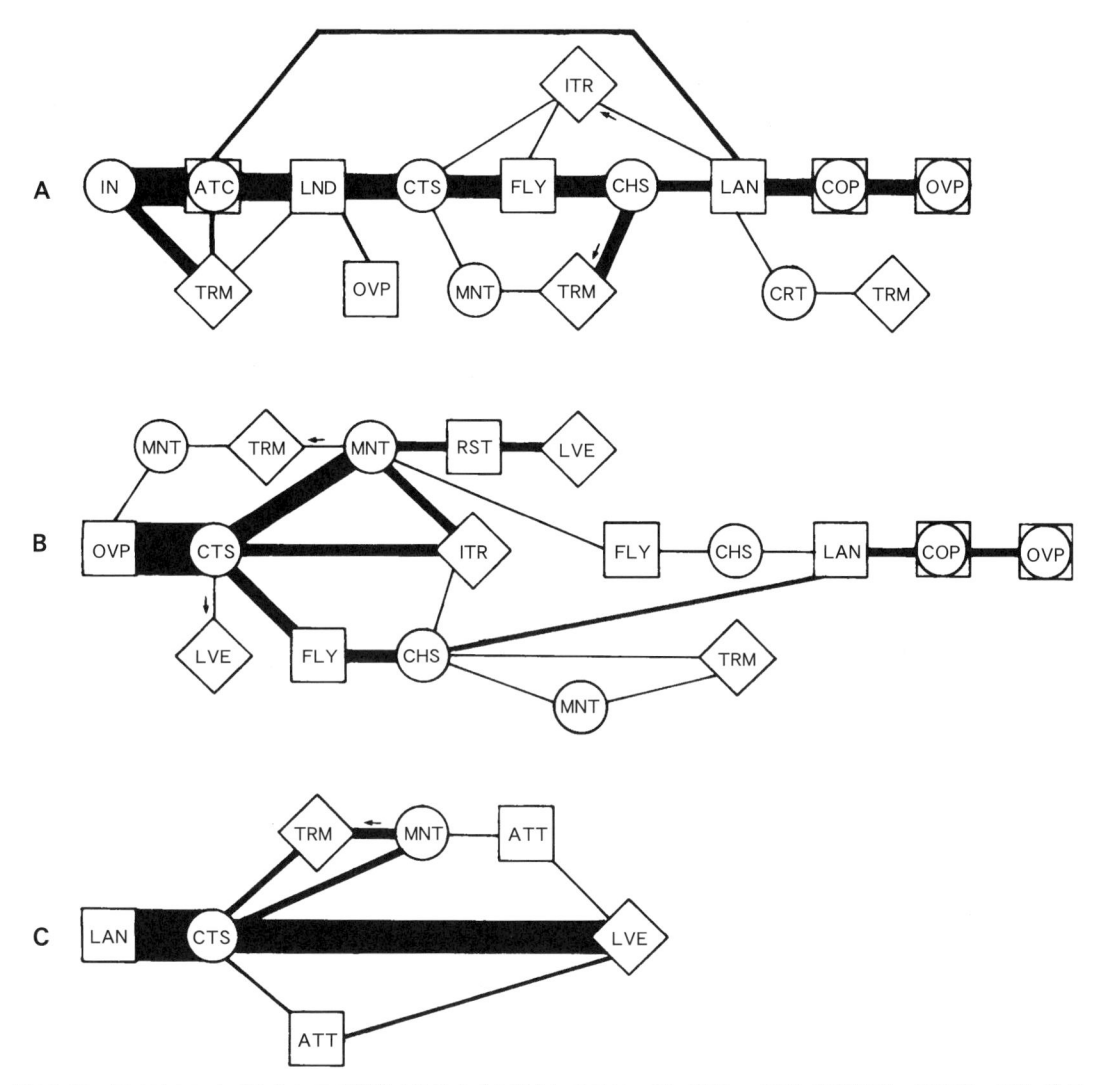

図 11.28 アフリカハナダカトンボの雌雄の 3 タイプの出会いのフロー図．略号：ATC. 産卵場所への誘導；ATT. 雌が雄を攻撃；ITR. 妨害；LND. 雌が産卵場所にとまる；RST. 雌が拒否（他は図 11.27 に同じ）．(Robertson 1982a を改変)

の雄では，流れが速い所に好んでなわばりを作り，着水ディスプレイをする雄の交尾成功度は他の雄の 3 倍以上になることが知られている．また，*C. xanthostoma* の交尾成功度は，なわばり内の流速と（0.15 m/秒までは）正の相関があることも分かっている．雄は流速を雌に示すことで，それに基づいて雌が産卵場所を選ぶことを可能にしている．この発見は，雌雄が好む流速の範囲内では，卵の発生と生存は流速と正の相関があるという知見と合致する（Gibbons & Pain 1992; Siva-Jothy et al. 1995）．*C. aequabilis* の雄は飛んでいる雌の前でだけ，クロスディスプレイと着水ディスプレイを示す．雌がとまっていたり産卵中のときは，雄は雌が飛び立つまで干渉を続け，飛び立った雌にディスプレイを行う（Conrad & Herman 1987）．

　求愛された雌が何かにとまって翅を打ち合わせることで交尾受容の態度を示すか，じっとしていて中立を示す場合は，アメリカアオハダトンボの雄は**求愛飛行**を続け，とまっている雌のほうに向いて 40〜60 Hz で翅を羽ばたかせてホバリングする．そして，弧を描いてゆっくり雌の周りを動くか，雌から 30 cm 以内で接近したり離れたりする．雌がじっとしていればこのステージが数秒続き，雌が繰り返し翅を広げたり（拒否反応），とまる場所を変えたりすると 1 分以上続く．その後，雄は雌の翅の前縁か胸部に降りてから雌の頭部に向かって移動し，タンデムを形成

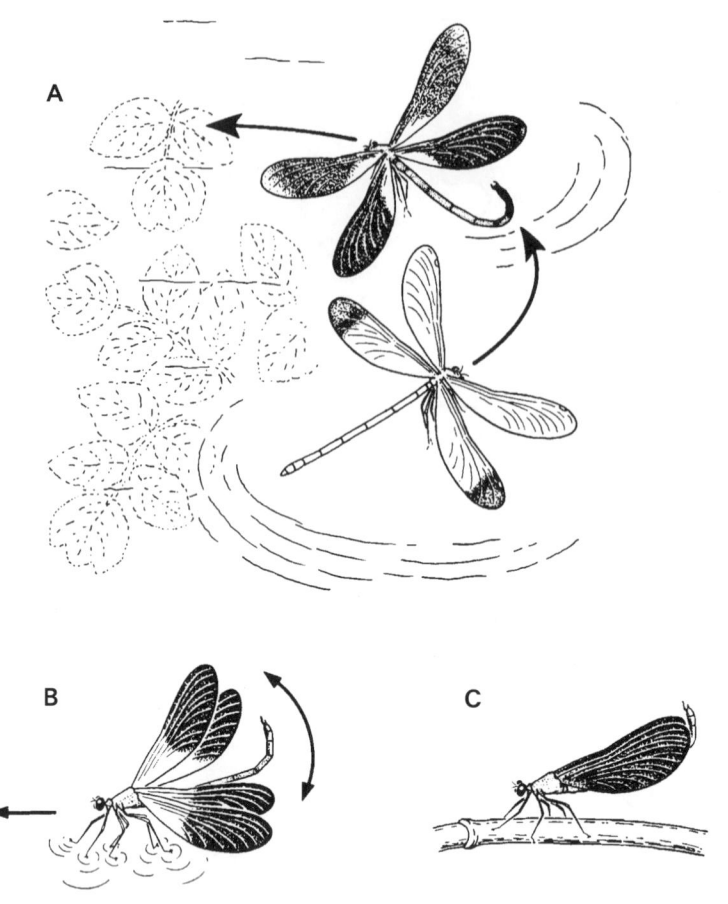

図11.29 産卵場所を示すディスプレイ．A. オアカカワトンボ（上が雄）；B. *Calopteryx splendens xanthostoma*；C. ヨーロッパアオハダトンボ．後翅長：約30 mm．(Heymer 1972bより)

する．雄が雌の上に降りるとき，雄はときどき雌を噛んだり引っ張ったりする(Alcock 1983)．アメリカアオハダトンボの求愛飛行（ドイツ語のWerbeflug 勧誘飛行）とタンデム形成を含む行動連鎖はオアカカワトンボと極めてよく似ている（図11.30）．アオハダトンボ属のこれまで調べられた種の求愛飛行は，通常の飛行や威嚇飛行とは翅の羽ばたかせ方の違いで区別できる．求愛飛行におけるこの特徴は，Ilmari Pajunen (1966a)が80コマ/秒の映画を使ってヨーロッパアオハダトンボで報告したのが最初である．オビアオハダトンボの2対の翅の果たす役割については，Georg Rüppellが500コマ/秒の映画を使って分析してからよく理解されるようになった．求愛飛行（図11.15C）は威嚇飛行（図11.15A）とは異なり，前翅と後翅は交互に羽ばたき，その頻度は4倍(40〜70 Hz)に増加する．その振幅は小さいので，観察者には翅の不連続な羽ばたきが連続した動きであるかのように見える．単なる運動機能としてだけ

ではなく，雌雄間のコミュニケーションに翅が重要な役割を果たすことは疑いない．Tom Battin (1993a) は，アオハダトンボ属の翅のスポットは性的形質の典型例であり，異なる種類の情報をディスプレイのしかたによって伝える視覚信号であると考えた．

新北区に同所的に分布する3種のアオハダトンボ属（*C. aequabilis*, *C. amata*, アメリカアオハダトンボ）の着水ディスプレイが，Meek & Herman (1990) によって調べられた．このディスプレイはそれぞれの種のペア形成ディスプレイのおよそ13, 3, 6％を構成するが，必ずしも交尾の前提条件ではなく，クロスディスプレイの前後に行ったり，その代用として行われることもある．このアオハダトンボ属3種の求愛飛行にはわずかな差異があり，3種の雌は求愛の異なるステージで雄を選ぶことが分かっている．すなわち，*C. aequabilis*では主にクロスディスプレイ中に選択が起き（求愛飛行の時点からの交尾成功率83％に比べてクロスディスプレイ時点からの求

11.4 視覚によるコミュニケーション

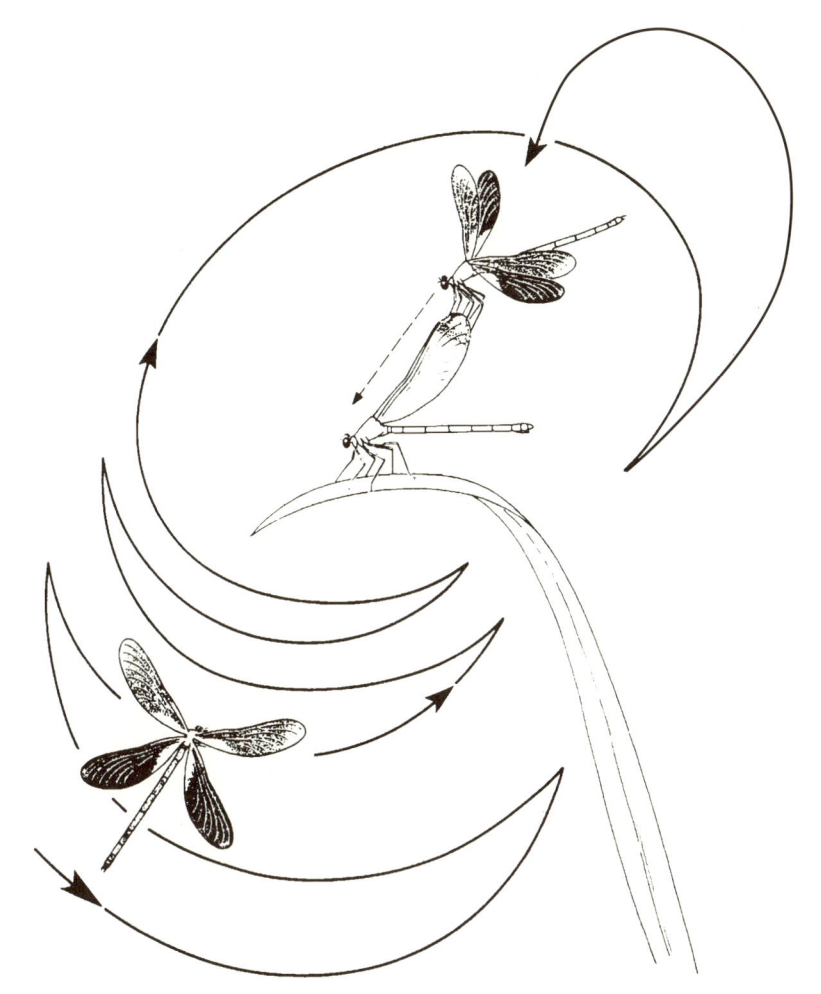

図11.30 オアカカワトンボの雄（黒い翅）による求愛飛行と，それに続く雌の翅の先端への着地．雄は雌の翅の前縁に沿って移動し雌の胸部に至る（破線の矢印）．雄の後翅長：約30 mm．(Heymer 1972bを改変)

愛飛行への移行率は12％［交尾成功の分かれ目はクロスディスプレイ時にある］），*C. amata* とアメリカアオハダトンボでは求愛飛行中である（*C. amata* では求愛飛行からの9％の交尾成功に対してクロスディスプレイからの移行率は30％，アメリカアオハダトンボでは20％に対して68％）．クロスディスプレイのしかたは，種内でも，さらに個体群内でも変化する（Meek & Herman 1990）．

上述のように，アメリカアオハダトンボの雄が雌と出会った後の行動連鎖とその結果は，出会い場所と関連がある（図11.27）．さらに，この行動連鎖が途中で終結する理由も出会いのタイプによって異なる．例えばタイプIIの出会いでは他のタイプより他の雄に邪魔されて行動連鎖が終了することが多いが，おそらくそれは，最初の雄（非なわばり雄）が産卵場所を防衛しているなわばり雄に雌を譲るため

であろう．Pajunen (1966a) は，ヨーロッパアオハダトンボの非なわばり雄は，雌に対してよく求愛するものの，なわばり雄とは違い，雌を警護しないで動き回ることを見つけた．ニシカワトンボの非なわばり雄（透明翅型 form *strigata* 雄）は雌に求愛しない（Nomakuchi et al., 1984）．アオハダトンボ属では種内でも種間でもハンドペアリングによる交尾が可能であるので（Oppenheimer & Waage 1987），図11.27から受ける印象とは違い，この属では交尾のために求愛は必要不可欠ではない（少なくとも飼育下では必要ない）．

11.4.6.2 ハナダカトンボ科

他の均翅亜目の科で，派手な求愛が高頻度で見られるのはハナダカトンボ科である．Hugh Robertson (1982a) の分析によると，アフリカハナダカトンボ

の求愛の構成と行動連鎖は，おおまかに言えばアメリカアオハダトンボと似た点が多く，相違点は生息場所と形態の違いを反映している．ハナダカトンボ科の種は，流れが速いため植物が根づきにくい高地の渓流に主に生息している．そのためいずれの種も，柔らかくて樹皮のない流木に好んで産卵し，そのような産卵基質が雄のなわばりの中心となる．雄雌とも，1～2本の脚で「足踏み」をすることにより，その柔らかさを前もって確かめる．一般にハナダカトンボ科の雄は，求愛ディスプレイの主成分となる目立った特徴を1つ以上もっている．例えば，白色あるいは着色した腿節や脛節であり，脛節は時に葉状になる．それはまた，着色した（しばしば虹色に輝く）翅であったり，着色した腹部背板や腹板であったりする．

ハナダカトンボ科内では，求愛ディスプレイで強調される部位は，どのような種と共存しているかに依存しているのだろうが，翅（例：*Rhinocypha biseriata*, Uéda 1992）や脚（*Chlorocypha sharpae*, Lempert 1988; *R. biseriata*, A. G. Orr 1996），腹部（*Chlorocypha selysi*, Lempert 1988; *Libellago aurantiaca*, A. G. Orr 1996）のどれかであったり，それらの組み合わせであったりする．翅と脛節は紫外線を反射しており，このような斑紋は他のトンボに対して特に目立つ可能性がある（§8.3.2.3）．一部の種の雄の顔面は派手な色をしており（例：*Libellago phaethon*, A. G. Orr 1996），求愛や攻撃行動の間，雄はディスプレイを示す相手と向き合うので，顔面のパターンが種特異的な信号として働くと考えてよいであろう．しかし，頭部は体の他の部位と独立して動くことはないので，この推論は簡単には証明できない．一般に，どのような斑紋がどの部位に付いているかは，攻撃や求愛ディスプレイ（あるいは両方）の姿勢と強く関連している．虹色に輝き，模様がある翅をもった種では，求愛のとき翅を前方に傾ける傾向があり，そうすることで着色された面が雌のほうに向く（*Rhinocypha cucullata*, A. G. Orr 1996）．*R. aurofulgens*の雄は，とまったまま求愛する場合でさえ，翅を振動させながら傾ける（A. G. Orr 1996）．ハナダカトンボ属の求愛ディスプレイでは後翅を強調するのが一般的であり，その後翅は動物界でも最もカラフルなものの1つになっている．特に，インドに棲む一部の種で著しい（Fraser 1934の図参照）．外見と機能がこのように関連することは，求愛をしない種である*Libellago hyalina*の雄の翅に斑紋がなく，黒く目立たない脚と腹部をもっていること（A. G. Orr 1996）とも符合する．

アフリカハナダカトンボの求愛の行動連鎖（図11.28）はアメリカアオハダトンボのそれとよく似ているが，細部では異なる．初めに行うペア形成ディスプレイの間に，雄は（白い前面と赤い背面の）広がった脛節を雌に短時間だけ誇示しているようである．その後に雄が雌の周りを飛ぶと，雌は速度を落としてホバリングをする．雄はなわばり内の産卵場所に戻る際に腹部を下に向けて左右に振り，第3～10腹節の青い背面を誇示する（Robertson 1982a）．同じ場面で*Chlorocypha glauca*は，腹部を下方に曲げ第5～10腹節の赤い背面を誇示する（Neville 1960）．雌が産卵場所に着くと，アフリカハナダカトンボの雄は，向きを変えて産卵場所の後方や側面から求愛飛行を始める．雄は脛節の白い面を誇示しながら，雌の周りを弧状にホバリングし同時に脛節を素早く震わせて大きな白い「靄」（写真O.6）を作る．このディスプレイは，雌の反応しだいであるが，数秒から1分以上続く．雄の求愛中，雌は腹部を上げることなく開翅ディスプレイを続ける．雄の求愛が成功すると，雌は産卵場所からゆっくり飛び立って近くにとまる．そのとき翅は腹部の上で閉じている．そこで雄は雌に近づき，胸部の上にとまってタンデムを形成する．同所的に分布するアフリカハナダカトンボと*Platycypha fitzsimonsi*の脛節ディスプレイの違いは，おそらく種の認知に役立っている（Robertson 1982b）．アメリカアオハダトンボでは，行動連鎖とその結果は最初に出会う場所に依存する．アフリカハナダカトンボでは3つのタイプの出会い後の最終的な交尾成功率はほぼ同じであるが（34～50％），タイプⅠとⅡでのみ交尾から産卵に移行し，交尾の確率はそれぞれ26と14％である．アフリカハナダカトンボの雌は，好適な産卵場所を防衛するなわばり雄ともっぱら交尾し，あとは少数の非なわばり雄が産卵中の雌に求愛して交尾する．もちろん，その雌は前もって産卵場所を調べてそこを容認している．アフリカハナダカトンボの交尾成功は，アメリカアオハダトンボ以上に最初の出会いのタイプに依存するが，これはアフリカハナダカトンボが利用できる産卵場所が不連続で，しかも不足していることを反映しているのかもしれない．長い求愛とその後の産卵場所近くでの交尾は，受容性のない雌が一時的に集中的に飛来したことでもたらされたものかもしれない（Rehfeldt 1989b）．

アオハダトンボ属とアフリカハナダカトンボ属*Platycypha*の一連の求愛行動は，まず雄が，次に雌が，卵の生存にとっての好適性に相関する何らかの評価基準を使って，産卵場所を選択することと深い

関連がある．さらに，雄が産卵場所を含むなわばりを選択する能力とそこを防衛する能力にも関連する．また，分類学者が同定に用いる顕著な形態的特徴が，雄によるディスプレイの主要な成分となることも注目すべきである．このような知見から，（雄雄間あるいは雌雄間の）ディスプレイは，明確な性的二型があり，雄が幅の広い目立つ色彩の後翅をもつ種で見られると予測できる（例：カワトンボ科の*Neurobasis*属, Lieftinck 1955; Paulson 1981b参照）．このような種の雄が産卵場所を中心になわばりを防衛する場合は，特にそうである．東洋区のニセアオイトトンボ科の*Pseudolestes mirabilis*（Kirby 1900参照）の雄は，後翅が前翅に比べて幅広くて短く，派手な色彩をもつので（写真B.5），この予測を検証するのに格好な例である．Rehfeldt（1995）によると，目立った求愛ディスプレイにもかかわらず，求愛中のハナダカトンボ科の雄には特異的な捕食者が見つかっていない．

11.4.6.3 他の均翅亜目

おそらくミナミカワトンボ科以外の均翅亜目の求愛行動は比較的単純であることに，まず初めに注目すべきである．*Coenagrion armatum*（表A.11.10参照）の求愛の記録は古くから頻繁に引用されているが，この種はエゾイトトンボ属の中では特殊で例外的なもののようである．アメリカミナミカワトンボ科では*Cora marina*が求愛するが，同じ属の他の3種は，同所的に分布しているにもかかわらず求愛はしないと見られている．雌に対して雄が前面から接近することは稀だからである（Fraser & Herman 1993）．*Hemiphlebia mirabilis*は雌雄とも顕著なディスプレイを示すが（Corbet 1962a: 170参照），それは求愛に関するここでの定義から外れる．この点については§11.4で説明した．

11.4.6.4 不均翅亜目

不均翅亜目では，これまでトンボ科の一部の属（4つの亜科にまたがる）で求愛が記録されているだけである．もっとも，将来の研究によって，もっと多くの分類群で見つかるかもしれない．カワトンボ科やハナダカトンボ科に比べて不均翅亜目の求愛は短く単純である．ケニアのアフリカヒメキトンボ*Brachythemis lacustris*（Miller 1991e）の行動はその1つの例である．雄は日没前の2時間ほど，産卵基質（抽水植物）を含んだなわばりを防衛する．なわばりが形成されるのは，湖岸や川岸の開けた場所で，そこでは多数の雌雄が採餌している．しかし，雌の

すべてが受容可能というわけではない．なわばり雄は近づいてくる雌に向かって飛び立ち，それから向きを変えて，なわばり内の抽水植物の茂みに戻る．その間，雄はゆっくりと弾むように飛び，赤い腹部を下方に曲げている（図11.31A）．雌がついてくると，雄は水面近くまで降りて（図11.31B）植物のそばでホバリングするので，水面には波紋ができるほどである（図11.31C）．雌はその近くでホバリングしたりとまったりする．このようなディスプレイは，カワトンボ科の着水ディスプレイと明らかに機能的に似たものである．受容可能な雌は雄に向かって上方に飛び，雄は雌を捕らえてすぐに交尾が行われる．アフリカヒメキトンボの雄は，求愛によって雌に産卵可能な場所を示しているが，この行動によって多くの雌の中から受け入れ可能な雌の区別が可能になっているとも言える．飛び立った雄の1～5％しか交尾に至らないので，大多数の雌は交尾を受け入れようとしないことが分かる．同所的に分布するオビヒメキトンボ*B. leucosticta*では，採餌と繁殖行動が違った場所で見られ，求愛はしない．しかし，採餌場所と繁殖場所の分離によって表A.11.10に示した他のトンボ科の種における求愛の存在をすべて説明できるわけではない．交尾受容性のない多くの雌が受容性のある雌と繁殖場所で共存することに他の理由が明らかにならない限り，一般論とはならない．

アフリカヒメキトンボ以外のトンボ科のディスプレイは，産卵場所と関連したり，しなかったりする．雄がペア形成ディスプレイを行い，雌に産卵場所を示す種には*Eleuthemis buettikoferi*や*Perithemis mooma*, コハクバネトンボ（写真F.3）があるが，産卵場所と関係なく求愛する種には*Nannothemis bella*や*Palpopleura lucia lucia, P. sexmaculata*がある．これらの種のすべてははっきりとした性的二型を示し，二型的でない*Palpopleura deceptor*には求愛が見られない（Miller 1991e）．雌は求愛を受けた後，上方に飛ぶ（*Palpopleura lucia lucia*と*P. sexmaculata*），あるいは腹部を下げる（*E. buettikoferi*），ゆっくり飛ぶかとまる（コハクバネトンボ），体軸を斜めに保ちながらホバリングする（例：*P. mooma*, Wildermuth 1991b）など，さまざまな行動で交尾受容性を示す．*N. bella*の雌は単に飛び去らないことで受容性を示す．

*Paltothemis lineatipes*の雄は，短い交尾飛行の間になわばり内の産卵場所を誇示するようであり，砂利がかろうじて水面下にある場所（そこには産卵雌が利用可能な，適度な速さの水の流れがある）を狭い弧を描きながらあちこち移動する（Alcock 1990）．このような行動は求愛に含まれないが，明らかに求愛

468   11 繁殖行動

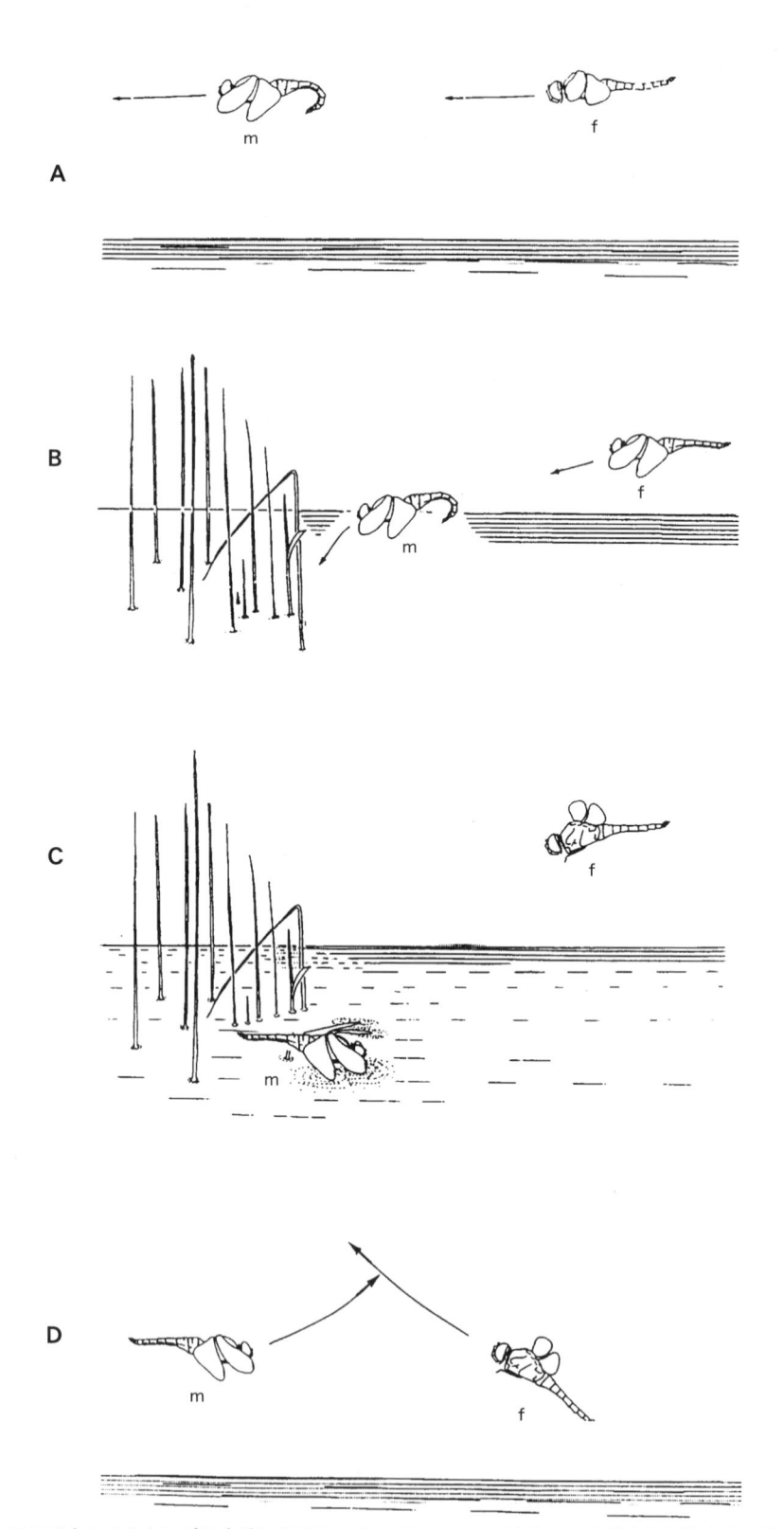

図11.31 アフリカヒメキトンボの求愛におけるステージ．ステージAとBでは雌（f）が雄（m）の後ろについて飛び，なわばりに入る．ステージCでは雄がなわばり内のヨシ群落近くの水面を低くホバリングし，ステージDで受け入れようとする雌が雄に向かって上方に飛ぶ．雄の後翅長：約22mm．（Miller 1991eより）

雄のディスプレイを求愛とみなすかどうかを判断する際に問題となる，2つのあいまいな点がある．1つは，ディスプレイがあまりに短くて単純なので判断ができないという問題である．表A.11.10に *Phaon iridipennis* があがっている理由は，その雄が雌の受容可能性を知るのに十分と思えるくらい長い時間，雌の前でホバリングするからである (Miller 1994e). しかし，*Epallage fatime* は，求愛と考えられる観察が非常に稀なので加えていない (Buchholtz 1955). 2つ目は，みかけ上の求愛ディスプレイが，実際は同種の雄間における攻撃ディスプレイであるかもしれないという問題である．この混同は，雌雄の色彩パターンが似ているときや，黄昏時に観察された場合に起きうる．ハラビロトンボ *Lyriothemis pachygastra* (新井 1983a) や *Olpogastra lugubris* (Moore 1960), *Trithemis arteriosa* (Martens 1984) のディスプレイの記録は，このような理由のどれか，あるいは両方による誤認の可能性があり，求愛と分類する前に再確認が必要である．Gopane (1987) は *T. arteriosa* における求愛を検出できていない．アメリカハラジロトンボの雄は，厳密には求愛とは言えないが，雄が雌に接近するときには（腹部を下方に向けて）腹部の白い背面を**隠す**ようである．雄間の攻撃ディスプレイの際は，逆に腹部を**持ち上げる** (Jacobs 1955).

11.4.6.5 機能についての解釈

今までのところ，明白な求愛はなわばりをもつトンボ目についてだけ記載されてきたことから，Robertson (1982b) は，なわばりと求愛の進化は連動しているという仮説を提唱している．求愛は普通は求愛する雄のなわばり内で見られる．Conrad & Pritchard (1992) は，トンボ目の配偶システムを生態学的に分類するに当たって，資源が限定され，雌の交尾者相手選択が顕著なシステムだけを求愛と関連させて整理した．この関連性から導かれる主な結論は，雄が産卵場所へ接近した雌をすべて支配できるわけではないことと，雌は繁殖のために必ずしもなわばり雄と交尾する必要はないことである (§11.9.2).

トンボ目における求愛の機能は，おそらく種内や種間で変化し，異なる時期，さらには個体群内でも異なる構成員の繁殖戦略に依存して変化する．可能性として考えられる機能には，種間のタンデム形成の防止があるだろうし (Robertson 1982b参照)，雄が雌の受容性を評価する機会にもなるだろう（これは交尾した雌が雄の精子を使って産卵する確からしさの評価になる）．雌にとっては，タンデムの前に雄の「質」と産卵場所の質を評価できる (Oppenheimer 1989参照; Miller 1991c). 求愛ディスプレイは雄間のディスプレイとは異なるが (§11.3.1)，アフリカヒメキトンボで分かったように (Miller 1991e), 時には後者の行動の一部を共有することもある．求愛は雌の反応を操作しようとする雄の一連の手練であると定義するのが有効かもしれないが，West-Eberhard (1984: 315) は次のように述べている．「求愛の多様性についての説明として，種の認知が普遍的な説明のすべてであると考えられていた時代がある．この忘れられない記憶は，今日の性淘汰で説明しなければ気がすまない研究者たちに，生物の行動にはまだ見ぬ複雑さが疑いもなく潜んでいることを教えている．たとえ現時点で支配的な理論に最も適合していると思える生物の行動の中にさえ．」

11.5 交尾前タンデム

11.5.1 形　成

タンデム形成の前に視覚的なコミュニケーションが行われることがあるので（図11.32C, 11.33上左；写真E.5, G.1〜G.4)，雄と交尾を受け入れない雌，同種の雄間，そして異種間の雌雄によるタンデム形成の可能性は低くなるだろう (§11.5.4). 交尾前タンデムに始まり，交尾によって終わる（時々は交尾後のタンデム活動までの）一連の行動は，すべて雌雄の物理的接触を伴っているので，おそらく物理的なコミュニケーションも行われている．この過程は図11.32に模式的に示した．

交尾前タンデム形成で使われる最も単純な認知法の1つは，タイリクアキアカネ *Sympetrum depressiusculum* が行っているものである．日の出前40分間，雄はねぐらである草むらの中を，とまっている雌（写真M.4）を求めてゆっくりと飛び続ける．茎に近づいて左右に頻繁に方向転換しながら飛んだり，時には茎に沿って垂直に上下するように飛ぶこともある (A. K. Miller et al. 1984). 雌は腹部を上に曲げたり翅を震わせたりして，雄に捕まえられることに抵抗を試みることもある (Rüppell 1990b). この状況で，異種間のタンデムが頻繁に生じ，その組み合わせもさまざまである．これはおそらく，複数の種が同じねぐらを利用し，別の種も含めた雌が，気温が低いためまだ動きが鈍いからである．ヨーロッパショウジョウトンボとスナアカネ *Sympetrum fonscolombii* の成熟雌が頻繁にその相手をさせられる (Rehfeldt

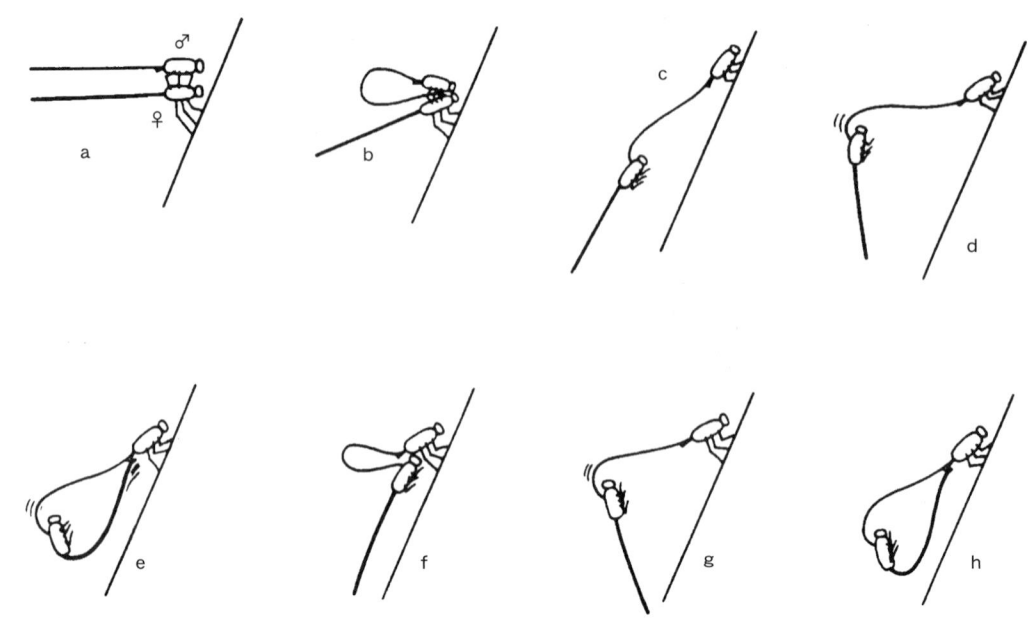

図11.32 均翅亜目の交尾過程の典型的な順序. 雄はすべて上に描かれている. ステージの記号：a. 捕捉；b. 把持；c. タンデム；d. 交尾誘導；e. 交尾器接触；f. 精子移送；g. 交尾誘導；h. 交尾. (Robertson & Tennessen 1984より)

1993a) 雄が雌を捕まえるとこのペアは地上に落下することがあり, そこでタンデム形成に至る (Rüppell 1990b). イソアカネも水域から離れた所でタンデムを形成する (Rehfeldt 1992a). 中間的状況が *Platycnemis latipes* で見られる. すなわち, 水面上や水域の近くにとまっている受容可能な雌は, 振動するように飛行をしている雄に誘引されると, 開けた水面へと飛び出す. 雄はその雌に気づくと, 振動飛行をやめて追いかける. その際, 雄は頭部を雌の頭部や胸部のほうに向け, 雌の少し斜め上方を飛ぶのが普通である. 雄は上方から中後脚の跗節を使って雌の翅胸部につかまり, 前脚跗節で雌の触角の基部の節に触れる. この姿勢になると雌は羽ばたきをゆっくりにし, ある程度, 雄によって運ばれるままになる. その間に雄は, 腹部を基部のほうに曲げ, 尾部付属器を雌の頭部後方の前胸のくぼみにおく. 雄は普通は飛んでいる雌を捕まえるが, 時にはとまっている雌も捕まえる. また, 雌を探している雄は, 午後に形成される雌の集団の中に突入しようとする (Heymer 1966). ネグロベッコウトンボの雌は, とまっている雄の所へ飛んで行き, すぐに捕まえられるように雄の上空でホバリングする (A. J. Moore 1989).

Leucorrhinia rubicunda の雄は, 飛んでいる雌の背後やや上方から, 直線的に素早く近づいて雌の胸部や頭部をつかみ, 腹端を脚の間にくるように前方に動かし, 雌の頭部を尾部付属器で把持する. すぐに把持に成功すると約1秒程度, このペアが落下したり休んだりすると約2秒かかる (Pajunen 1963b). *Celithemis eponina* の探索雄は飛んでいる雌を追跡するが, 時には雌をとまり場からまず飛び立たせる. その後, 雄が雌を捕まえるまでそのペアは螺旋状に上昇する. 雌を捕まえると数m落下するが, その間にタンデム態になり, 再び飛行を続けてとまり場へと移る (Miller 1982b). 朝の遅い時間帯に, マンシュウイトトンボ (Miller 1987a) とタイリクアキアカネ (A. K. Miller et al. 1984) の雄は, 腹端の数節を「ホッケーのスティック」のような形に下方に向けて指し示す (Miller 1987a). スペインアオモンイトトンボの探索雄は, とまっていたり飛んでいる雌を見つけると, 雌に向かって突進し, 時には雌の翅の基部に噛みついたり, 同時に腹部で雌の翅をたたいたり, 自分の翅を動かして振動を起こす. こうして, うまく尾部付属器を雌の前胸部の把持しやすい位置におく (Cordero 1989b). *Ischnura posita* でも, 雄が前脚を使ってとまっている雌の胸部を繰り返しつかむことがタンデム形成への導入となる (Patrick 1968). ヒロアシトンボの雄は, 口を使って雌の頭部の背後縁部を, また前脚で雌の前胸背板の側面をつかまえる. おそらくそうすることで, それに続くタンデム形成と種の認知の両方に必要な触覚上の定位がもたらされるのだろう (Gorb 1996). Sant & New (1988) が観察した *Hemiphlebia mirabilis* の雄は, とまって

いる雌の所へ飛んでいって雌にまたがり，1〜2分かけ，全部の脚を使って雌の翅を腹部の上に広げさせる．その後，雄はつかんでいた翅は離すが，雌の腹部はつかんだままで翅を激しく振動させ，活発なディスプレイを行う（§11.4参照）．3〜4分後に雄は歩いて前方に進み，脚で雌をつかんだ状態のまま尾部付属器で雌の頭部を把持する．そして，雌の頭部を「拭く」ような感じで約3分間尾部付属器を数回広げたりすぼめたりし，その後交尾へと移行する．雌の翅をつかんだり噛んだりすることは，雌の反応に影響する種特異的な信号かもしれない．アメリカアオハダトンボの雌の白い偽縁紋は，タンデム形成の導入として，雌の閉じている翅に雄がとまるときの目印になっているようである（Johnson 1962b）．

　全部ではないが不均翅亜目の一部（例：オニヤンマ科，エゾトンボ科およびサナエトンボ科，しかしヤンマ科やトンボ科にはない）では，雄の脚に特徴的な形態をした吸着性の脛節竜骨突起がある．これは，Heinrich Lohmann（1996a）によると，交尾前タンデムを形成する前，雄が雌を捕まえる際に雌が受けるダメージをやわらげる必要性と機能的な関係があるらしい．一部の分類群（例：ミナミヤンマ属や*Epigomphus*属）では，末端のほうに向かって根元が太くなった小さい剛毛（ドイツ語のTumidotrichen）が脛節に生えているが，これにもおそらく同じ機能がある．老熟雄ではこれらの棘の先がしばしば破損しており，おそらくタンデム形成の経験回数を反映している（表A.8.4）．

　タンデム形成は場当たり的にも生じる．例えばヤンマ科では，雌が産卵場所間を移動しているとき（Utzeri & Raffi 1983）や，雄が雌を地面に打ち落とした後（Schmidt 1984b）などである．オオトラフトンボ*Epitheca bimaculata sibirica*（曽根原 1967）やムラサキハビロイトトンボ（Fincke 1984a）でも同じことが時々見られる．大集団の（同期的な）タンデム形成がルリイトトンボ属や他の均翅亜目に見られているが，アメリカ，ジョージア州では雨が降り始めた直後に起きたことが何度か目撃されている（White-Cross 1984）．

　ニュージーランド（Rowe 1978），インド南東部（Mathavan & Miller 1989），クインズランド州北部（Rowe 1995）に分布するキバライトトンボの雄は，**テネラル**な雌とタンデムを形成（その後交尾に至ることも）する．またクインズランド州では，羽化に失敗して羽化殻から脱出できないでいるテネラルな雌を，雄が引きずり出してタンデムになろうとする行動さえ見られた（Rowe 1993c）．ニュージーランドでは，キバライトトンボの雄が同種のテネラルな雄とタンデム形成するのはもちろん，時に，ニュージーランドイトトンボのテネラルな雄やテネラルな雌とタンデム形成することがある（Rowe 1978）．Richard Rowe（1995）は，雄が成熟雌とタンデム形成することを1度目撃している．しかしそのタンデムは，雌が逃げるまでのたった数秒しか続かなかった．とまっている成熟雌や，すでに交尾したテネラルな雌は，雄が近づくと腹部の先を下げる（Rowe 1978；図11.24B）．インドのキバライトトンボの集団は，必ずしもテネラルな雌と交尾するわけではない（Andrew 1992）．しかし，他のアオモンイトトンボ属でも未成熟雌と交尾する傾向があるかどうか調べてみる必要がある．例えばドイツのヒメアオモンイトトンボの雄は，時々form *aurantiaca*の（未熟な）雌と交尾する（Jurzitza 1970）．

11.5.2　行　動

　雌の頭部や胸部に雄の尾部付属器が結合すると，そこにある雌の方向感覚器官の安定性が撹乱されるようである（Mittelstaedt 1950）．そのため，普通，捕まえられる側の性の活動低下を引き起こす（Pajunen 1963b; Heymer 1966）．おそらく，ベニヒメトンボの交尾前のタンデム飛行は，このような撹乱を反映して，タンデム産卵中には見られない特徴的な正弦波の形を描くのだろう（Rowe 1987b）．

　雄内移精は，雄が生殖口を二次生殖器に接触させるように腹部を前下方に曲げて行うが，もちろん交尾中に行われる雄から雌への精子の受け渡し（媒精）とは全く異なっている．スペインアオモンイトトンボにおけるタンデムと雄内移精との間の時間は，通常わずかに2〜3秒であるが，雌がなかなか交尾を受け入れない場合は数分かかる（Cordero 1989b）．*Chromagrion conditum*では普通約6分であるが，16分まで伸びることもある．この間ペアは何かにとまっている（Bick et al.1976）．Christiane Buchholtz（1956）によると，ヒロアシトンボのタンデムペアは，雄の二次生殖器がすでに連結前に精子で満たされていれば，タンデム形成後すぐに3〜4分間，距離にして20m以上飛ぶが，そうでなければわずか数mの所にとまる．多くのトンボ，特にトンボ科（例：ヒメキトンボ, Mathavan 1975）では，雄内移精が行われるかどうかにかかわらず，交尾前タンデムの時間は12秒以内で完了するだろう．あるいは*Zygonychidium gracile*のように，確認できないほど短いかもしれない（Lindley 1970）．ヒメシオカラトンボの

ペアの32％以上は，タンデム形成から交尾までの時間が2秒以下で，69％は10秒以下，そして12％で20秒を超えたことが観察されている．長時間のタンデム飛行は主としてなわばりをもたない雄に見られ，その場合水域から離れてタンデムが形成され，途中でいくつもの他の雄のなわばりを横切った (Miller 1991e)．均翅亜目の交尾前タンデムは普通長く続き，物理的・生物的要因によって変化する．マンシュウイトトンボ (Miller 1987a) では，周囲の温度に依存して，数分から1時間まで継続時間が変化する．交尾を受容しなかった Coenagrion scitulum の雌では（交尾を含めずに）平均19.2分であるが，受容した雌の場合は24.3分であった (Cordero & Santolamazza-Carbone 1992)．もし，C. scitulum の雌が身体的に健全でなければ，交尾前タンデムは数時間，稀に24時間も続くことがある．それはおそらく雌が交尾も拒否行動も行えないためである．雄にとって，この状態はコストが大きい．無駄な交尾を誘導する動作に（図11.32D）エネルギー消費を続けてしまい，おまけに採餌をすることができないからである．ムラサキハビロイトトンボの雌は，雄によって解放されるまで，1.5時間もタンデム態で交尾を拒否し続けたことがある (Fincke 1984a)．タンデム態になっている雌が交尾を受け入れないように見えると，雄は雌を前のほうに押して雌の腹端が雄の後脚のほうへ近づくようにし，腹部をつかみ，それをなでることがある (Platycnemis latipes, Heymer 1966；タイリクアカネ, Ottolenghi 1987)．

交尾前タンデムが数分以上続くのは，その日のかなり遅い時間にならないと交尾や産卵をする気にならない雌を，その前に雄が確保するためか，雌が受容できない状態（例：成熟卵をもたないとか，弱った状態など）にあるか，雌がその雄を不適当と判断したためであろう．交尾前接触警護によって雌をあらかじめ確保する好例はタイリクアカアカネであり，すでに記したように，雄は日の出時に雌を捕まえる．交尾は，（天候にもよるが）その2.5～4時間後に行われる．その間，ペアは動かずにじっととまっている (Miller 1991e)．その後，水域に飛んでいき，すぐに（卵は放出しないが）腹端を水につける産卵のような動きを見せる．この行動はキアシアカネ Sympetrum vicinum でも観察されている (McMillan 1996)．タイリクアカアカネの雌は，産卵場所を検査する前に交尾を受け入れることはないようであるが (A. K. Miller et al. 1984)，雄が産卵に適した場所を示してくれるまで交尾をしないという，他のトンボ類（例：アフリカハナダカトンボ；§11.4.6.2）の求愛と似た規則性がある．A. K. Miller et al. (1984) が観察したタイリクアキアカネの個体群では，前夜にタンデムが形成されることはなかった．また私の知る限り，交尾前タンデムのままで夜通しとまっているトンボを見たことはない．ただし，上記の Coenagrion scitulum の場合は例外である．

あまり目立たない交尾前接触警護が他の2種のトンボで観察されている．C. scitulum では，交尾前タンデムの開始時刻が早ければ早いほどタンデム時間が長くなる．この状況を，Utzeri & Sorce (1988) は，タンデム形成していない雄たちが水域にほとんどいなくなる時間まで雌を放すのを遅らせる戦略で，これによって精子優先を失うリスクを減らしているのだと説明している．ミヤマアカネ (Taguchi et al. 1993) とクレナイアカネ (Lempert 1995b) も同様の行動を示す．明らかに，長時間の交尾前タンデムには警護の機能があり，アカネ属の一部の種に見られる．成熟した Sympetrum meridionale やその他のアカネ属のタンデムの集団移動は，特にフランス南部で長年にわたり報告されている．これは，おそらく繁殖場所を探すための群飛であり (Corbet 1962a: 189 参照)，アキアカネ S. frequens (Asahina 1984a)，クレナイアカネ（例：Stallin 1986），キアシアカネ (Catling & Brownell 1997) におけるタンデム態での大移動の報告とも一致している．産卵は水域に到達するとすぐに始まる．ただし，ムツアカネの場合は，産卵は常に交尾直後に始まる (Michiels & Dhondt 1989c, 1991a)．キアシアカネはしばしば大群で水域に現れる (McMillan 1996)．産卵場所への移動の途上で集団化する現象は，成虫が風の当たらない経路を探し求めた結果である (§10.2.2)．

11.5.3　タンデム結合

確実なタンデム結合はトンボにとって種々の点で有利である．結合していれば，雄と雌が交尾や産卵中に邪魔されるのを防ぐことができる．ペアにとって飛行，交尾，産卵中に，基本的な物理的安定が得られ，通常は雌を横取りしようとする単独雄の試みを完全に防御できる．また，産卵中には，雄が雌を捕食者から救うことができるし (§2.2.8)，[種間の]生殖隔離に大きく寄与する雌雄間の物理的感覚コミュニケーションの手段となる．結合することによって，コミュニケーション手段が視覚から触覚へと変化する．確かに，多くのトンボでは両方の感覚が働いており，しばしばその役割は相補的である．どちらの感覚が生殖隔離に主要な役割を果たしているか

11.5 交尾前タンデム

によって，トンボを2つのグループの分けることができる (Garrison, 1981). しかし，タンデム結合が生殖隔離に重要であるかどうかを評価しようとする場合，生息場所選択や日周活動，求愛を含めた視覚的コミュニケーションの種特異的なパターンによって，種間交雑の可能性がすでに減少していることを忘れてはならない (Tennessen, 1981).

結合は雄の尾部付属器が，雌の体の一部，均翅亜目では普通前胸と中胸，不均翅亜目（おそらくムカシトンボ科も含まれる）では頭部あるいは時には前胸部（ヤンマ科，サナエトンボ科の数種，ムカシヤンマ科; Tillyard 1917a; Pinhey, 1969) と相互に結合したときに成立する．尾部付属器は，1対の尾部上付属器 (SUP) と1つまたは2つの尾部下付属器 (INF) とからできている．前者は，第10腹節背板の後端から発生したもので，両亜目において相同である．均翅亜目のINFは，第11腹節の2つに分かれた腹板が縮小したものが対になって突き出したもので，幼虫の側尾毛あるいは肛側板に相当する．ムカシトンボ科を含む不均翅亜目のINFは癒合して単一の正中構造物になるが，幼虫背部の付属器に相当し，第11腹節の背板が短くなったものである (Tillyard 1917a). 一部のサナエトンボ科（Archaeogomphini族のArchaeogomphus属, Gomphoidini族のAphylla属とPhyllocycla属およびLindeniini族のCacoides属, Melanocacus属など）では，この癒合した正中構造物（肛上板）は痕跡的になり，結合の際に雌を把持するためには使われない．雄は同じ科の大部分とは少し変わった方法で，雌の前胸だけを把持する．Phyllocycla属の雄の，第7〜9腹節が拡大して彫像のようになった小歯状の腹部背板は，おそらくそれが雌の顔および頭頂部と接触することで結合を助けている (Dunkle 1987).

均翅亜目の雄のSUPとINFの種特異的な形態は，長い間，雌の前胸に（とりわけ）中胸気門板の形態に対応していると考えられていた（例：Williamson & Calvert, 1906; Walker 1913; Pinhey 1963も参照; Lieftinck 1981b). しかし，相互噛み合わせの構造が，異種間の交尾を防いだり，強く阻害したりできるほど精巧であるかどうかは，SEM（走査型電子顕微鏡）写真で確認する必要がある．このような写真はオツネントンボ属Sympecmaの種 (Dumont & Borisov 1993) やイトトンボ科の6属 (Jurzitza 1974b, 1975b; Tennessen 1975; Robertson & Paterson 1982; Moulton et al. 1987; Justus et al. 1990; Battin 1993b; May 1993b) で撮られている．Hugh Robertson & Hugh Paterson (1982) による，アフリカ南部のルリイトトンボ属の6種の研究によって，雌の中胸気門板は機械的受容器を有する感覚器官であることが分かった．おそらく結合時に（図11.33)，雄のSUPによって極めて選択的な刺激を受けていると思われる．Ken Tennessen (1975) は，北アメリカのルリイトトンボ属を使った研究で，雄のSUPの正中縁の下部 (INF上ではないことに注意) に特殊化した細胞（知覚だけでなく，おそらく分泌をもつかさどる）があることを発見した．この細胞は，結合時に化学的刺激を感知することができると思われる．ルリイトトンボ属の物理受容器の位置と，雄のSUPの挿入場所とがあまりにぴったり一致するので，Robertson & Paterson (1982) は，この触覚認識のシステムが種特異なSUPを有するすべての均翅亜目に発見されるだろうと考えた．このシステムによって，異種の雄に把持された雌は，素早く適切な回避行動が行えるようになり，普通は異種間タンデムの形成が防止される (Tennessen 1981). アメリカカワトンボ属の結合では，雌の前胸と中胸の間にある間隙がSUPとの主な接触点となる．複数の種が同所的に生息する場合，ペアの結合部位の形態は種ごとに異なるが，異所的に生息する場合はほとんど同じである (Garrison 1990). したがって，結合部位での触覚によるコミュニケーションは，機械的求愛の意味合いがあり，それに対して他の昆虫では，この機能は普通は交尾器に存在する (Eberhard 1985). 機能的によく似たことが北アメリカのハンミョウ属Cincindelaの数種にも見られる．雌は中胸前側板に，「結合のための溝」のような構造をもっており，交尾中の雄は大顎でそこをつかんでいる (Freitag 1974). 結合中の雌雄の構造的親和性によって，種の認知が容易になるばかりでなく，交尾前タンデム結合中の雌雄のコミュニケーションが可能になる．例えば，Coenagrion scitulumにおける交尾前タンデム (§11.5.2) やタンデム産卵中の行動であるが，観察者には，雌が腹部を痙攣させるか振動させるような行動に見えるであろう (Utzeri 1989). 死んだ雄（あるいは切断された雄の腹部）が雌と結合したまま離れずにいることがあるのは，死体が雌の行動に反応しないからで，このことから雌は結合から能動的には自由になれないことが明らかである (Hilton 1983c参照). 死体との結合が持続する結果，死んだ雄は自分の精子への投資を死後も守ることになる (Miller 1993a参照).

ヤンマ科とムカシヤンマ科，そしてサナエトンボ科の数種ではSUPが雌の前胸に接するが，不均翅亜目の大部分では，雄は雌の後頭部をSUPとINFによって万力のように把持する．特にサナエトンボ科では，雌の頭部にあるくぼみや小孔，溝，棘状突起，

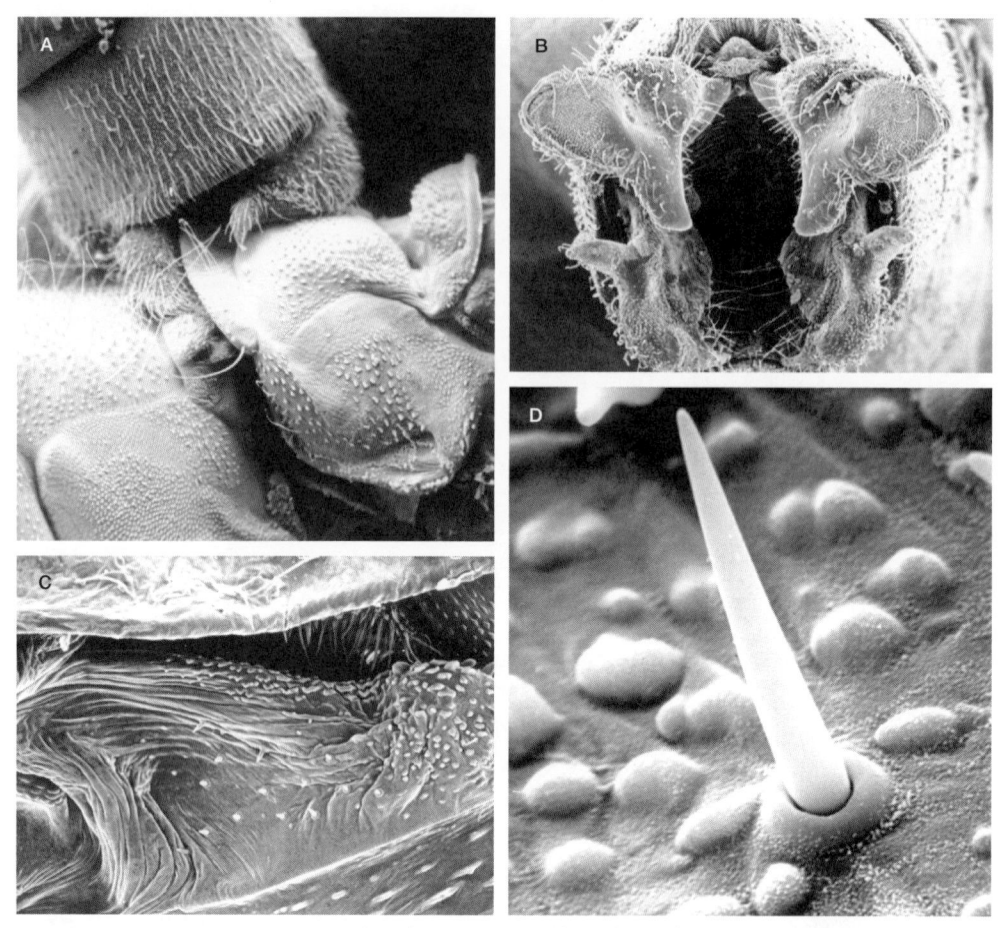

図11.33 *Enallagma glaucum*と*E. subfurcatum*（Dのみ）のタンデム結合の走査型電子顕微鏡写真．A．タンデム態の右側面．雄の右の尾部下付属器が雌の前胸部に接触し，雄の右の尾部上付属器が雌の中胸気門板におかれている；B．雄の尾部付属器の後面．雌を把持したときのように外側に広がっている．上が尾部上付属器；C．右中胸気門溝と雌の感覚毛の背面；D．1本の感覚毛（長さ約29μm）．写真ごとに拡大率は異なる．(Robertson & Paterson 1982より)

歯状突起，凸状突起が雄の尾部付属器の構造とうまく符合するので，それらがぴったり合ったときに結合が成功することはほぼ確実である（例：Corbet 1962a；Pinhey 1969；Johnson 1972）．タンデムで飛ぶことがめったにないアメリカコオニヤンマ*Hagenius brevistylus*の結合部位の計測分析によって，つかむ力そのものはそれほど強くはないことが示された（図11.34；Johnson 1972）．一方，*Crenigomphus hartmanni*の雌雄の接触部位には多くの歯状突起があり，それによって結合はしっかり保持されるに違いない（Pinhey 1969）．

Elliot Pinhey (1969) は，二股形のINFをもつ「下等な」（つまり複眼が分離した）不均翅亜目（サナエトンボ科，オニヤンマ科，ムカシヤンマ科など）には結合のしかたに6つのカテゴリーがあることを示

した（表A.11.11）．Pinheyの巧みな分析は，ヤンマ科やエゾトンボ科に関する結合の詳細なメカニズムを明らかにする研究が必要であることを示している．雌に機械的受容器が存在するかどうか，存在するならどの場所かが決定されれば，研究意欲はさらに増大するであろう．雄が二股形のINFを有する不均翅亜目（表A.11.11のタイプ1～6）では，雌の左右の複眼の間にスペースがあり，頭部が雄のINFによって把持できるようになっていることは注目すべきであるが，複眼が背面で接している種ではINFによって圧力を受けることになる．そのため，ヤンマ科やサナエトンボ科（例：サナエトンボ属*Gomphus*とアメリカコオニヤンマ属*Hagenius*, Dunkle 1991；*Ophiogomphus*属, Dunkle 1984c）ではタンデム痕ができることがあるし（§8.2.5），稀に複眼をひどく負

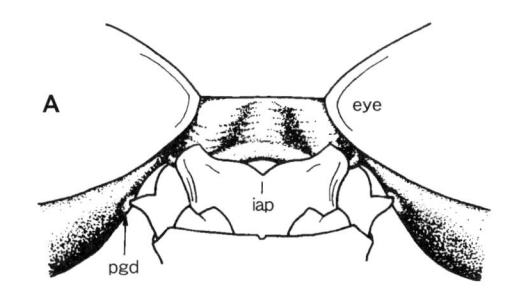

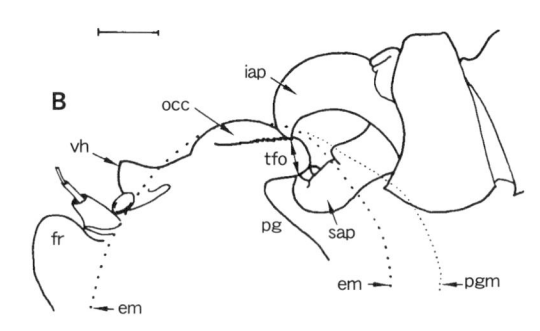

図11.34 アメリカコオニヤンマのタンデム態における, 雌雄の連結器官の結合状態. A. 雌の頭部の背面; B. 雌の頭部 (正中断面の概念図) の左側面. 略号: em. 複眼の縁; eye. 複眼; fr. 額; iap. 尾部下付属器; occ. 後頭部; pg. 後頬; pgd. 後頬のくぼみ; pgm. 後頬の縁; sap. 尾部上付属器; tfo. 雌の後頭部外側隅縁の厚さ; vh. 頭頂の角状突起. スケール: 1mm. (Johnson 1972を改変)

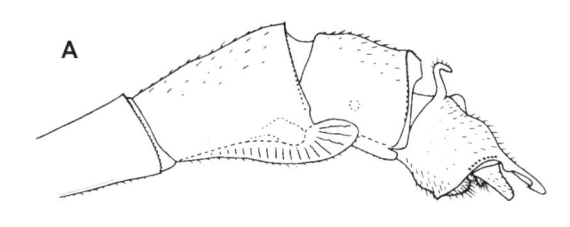

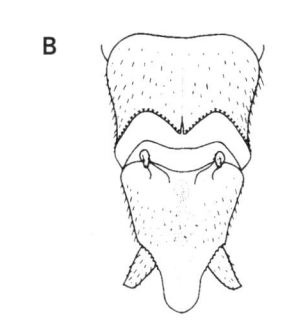

図11.35 *Archaeogomphus infans* 雄の末端腹節. 第10節にある背鉤の働きで, タンデム態の雄の付属器が雌の前胸から外れるのを防ぐ. A. 左側面; B. 背面. 雄の腹長: 約27mm. (Belle 1982より)

傷することもある (Dunkle 1984c). Jean Belle (1982) が詳細に記載した*Archaeogomphus*属の結合は独特であり, 第10腹節の背面にある1対のフックには, それぞれの先端の内側に微小な歯状突起があり, SUPが雌の前胸後縁から滑ることを防いでいる (図11.35; Machado 1994も参照). *Macromia picta*の雄の第10腹節の背面の棘と円錐体は, 雌の前胸と中胸の間で雌に接触するようになっている (Pinhey 1969). 注意深く調べてみると, 他の不均翅亜目も第10腹節の背側に構造物があり, 結合中に雌の体と噛み合っていることが分かる. トゲオトンボ*Rhipidolestes aculeata*の雄は, 第9腹節の背側に後方を向いた目立つ棘状突起をもっている (Ris 1912).

結合中に噛み合わさる構造は非常にきっちりしているので, ちょうど, インドからオーストラリアにかけて生息するハネビロトンボ属*Tramea*の5つの近縁種の生殖器に見られるように (Watson 1966b), 種内ではおそらく均一な大きさになるように強い淘汰が働くであろう. 結合に関連した感覚器官の構造は, 重力の方向検出に使われる後頚部の硬節や, 頭部の後面にある器官と混同してはならない (Gorb 1990参照).

11.5.4 異常タンデム

11.5.4.1 タイプ

多くのトンボ類のタンデム結合には精巧な噛み合わせのメカニズムがあるにもかかわらず, 間違い, つまり異常タンデムが見られることがある. 次にあげる記述は, Bick & Bick (1981) やUtzeri & Belfiore (1990) による総説の中に頻繁に引用されているが, ここではさらに, 彼らの総説には含まれていない約40の記録を追加しておこう.

異常タンデムには次にようなものがある.
1. 異種の異性によるタンデム (MF/HS).
2. 同性のタンデム.
   同種間 (MM/CS) あるいは異種間 (MM/HS) の雄どうしのタンデムで, タンデム中の雌雄にさらに雄が連結した場合, いわゆる三連結 (MMF) を含む.
3. 3雄によるタンデム (MMM).

すべてのタンデムの頻度に対する異常タンデムの比率は分かっていないが, 種によっても違うだろうし, その種がなわばり性かどうかにもよる. また, 性衝動の強さ (悪天候が続いた後はより強いであろう),

雄の密度，水域へ飛来する雌の時間的パターンといった生物的要因によっても異なると思われる．Ken Tennessen (1974) は，その風変わりな行動のために異種間タンデムが目立ちやすいと考えたが，George & Juanda Bick (1981) はその傾向を確認できなかった．以下に示す分析は，生じうる異常タンデムのいくつかを示してくれるという意味で興味深いが，次の点に注意が必要である．まず，異常タンデムの絶対頻度や相対頻度，分類学的構成（どういう種類にその頻度が高いか）については，観察の偏りの影響を避けられない．例えば異常タンデムは，大きさ，形，色が明らかに他と異なる分類群で発見されやすいし，特定の属では雌の種同定が困難であることが観察上の問題となる．結合時間が長い種（例：多くの均翅亜目，タイリクアキアカネのような数種の不均翅亜目）では，正常であれ異常であれ，タンデムの観察頻度が多くなる．タンデム産卵（§2.2.5）を行う種でも同じことが言える．交尾まで至った異常タンデムの比率は，あいまいな用語を使っている記録が多いという理由もあって，はっきりしないことにも注意しなければならない．異常タンデムの例を行動学的な視点から解釈しようとする場合，先導する（つかもうとする）雄が特に重要である．なぜなら，行動を起こしたのは雄であるし，「間違った」のもその雄だからである．この節では，今後，異種間タンデムの構成を述べる場合は，必ず先導する雄から始めることにする．

11.5.4.2 雌雄の異種間タンデム

前述の総説に取りあげられたMF/HSタンデムの例に，他の報告による約40例を加え，合計175例の記録を分析に利用することができた．そのうち60％は同属のタンデムであり，30％が同じ科の別属，10％は同じ亜目の別の科であった．MF/HSタンデム（あるいは異常タンデムの他のどのような形式も含む）が異なる亜目間で行われたという報告は見当たらない．しかし，Richard Rowe (1995) は，ニュージーランドイトトンボの雄が浮遊産卵（図2.5）しているキボシミナミエゾトンボ雌の頭部にとまり，把持して連結しようとするかのように腹部を曲げる行動を，一度だけ目撃している（ニュージーランドイトトンボの雄には，浮遊する同種の雌を時々，水面から引き上げようとする習性がある）．ヨツボシトンボの雌と交尾前タンデムになったヒロバラトンボの雄は，交尾態になるよう試みたが成功せず，その後離れて，産卵するその雌を警護した（Paine 1994b: 46のS. H. Murray）．クロイトトンボの雄とホソミオツネントンボ *Indolestes peregrinus* の雌とのタンデムは2分後に離れた（枝 1994b）．

異科間のタンデム（表11.9）には，アメリカカワトンボと *Argia plana*，ヒスイルリボシヤンマとタイリクアカネのような突飛な組み合わせがあり，コウテイギンヤンマとタイリクオニヤンマとの見かけだけの交尾の記録もある． *Stylogomphus albistylus* の雄がアメリカアオハダトンボの雌（ほぼ同じ大きさだが，見た目は全く異なる）と連結を試みることが観察されたが，そこでは前者の個体数が少なく後者が多かった（Oppenheimer & Robakiewicz 1987）．

MF/HSタンデム（同属の種を含む）は，均翅亜目では4つの科（カワトンボ科，イトトンボ科，アオイトトンボ科，アメリカミナミカワトンボ科）の10属に記録がある．なかでもアオイトトンボ属とルリイトトンボ属によく見られ，異種間タンデムは，新北区に分布するこの2属の種の，それぞれ44％と31％で記録されている．不均翅亜目の異種間タンデムは4科（ヤンマ科，エゾトンボ科，サナエトンボ科，トンボ科）12属に記録があり，その中ではアカネ属（38％）とサナエトンボ属（12％）で最も多く記録されている．

MF/HSタンデムから見かけの交尾に至る頻度は，不均翅亜目よりも均翅亜目で記録が少なく，タンデムが異科間，異属間，異種間であるかどうかに関係なく20～29％の間にある．そのトンボ類の生殖隔離に役立つメカニズムがどの程度有効なのかを評価するためには，異性間のペア形成（タンデムと交尾の両方）のコストについて知らなければならない．Tennessen (1982) と Utzeri & Belfiore (1990) は，雌が水域に飛来する時刻と場所を「予測できない」場合は，雌と交尾できるのは最も素早く雌の存在に反応した雄になる可能性が高いことを示唆した．この過程は「スクランブル型競争」と名づけられる（例：Fincke 1982によるルリイトトンボ属，A. K. Miller & Miller 1985bによるオナガサナエ属 *Onychogomphus*）．この競争のもとでは，同種の雌に似たトンボなら何でも捕まえてしまうほうが，時間をかけて同種の雌かどうか判断して捕まえるよりも有利な場合がしばしばあるだろう．ボルテールの金言にも「最善は善の敵なり」とある．トンボ科のカオジロトンボ属とアカネ属でMF/HSタンデムが多いのは，雄の場当たり的習性と，外観の類似した他の不均翅亜目との遭遇率が高いことを反映しているのかもしれない．これら両方の因子は，タイリクアキアカネの雄が，夜明けになってねぐらにいる雌を探すときに見せる，見境のない行動の原因でもある（§11.5.2）．例えば，

11.5 交尾前タンデム

表11.9 異なる科に属する雄雌のタンデム結合

科	雄 属	雌 科
均翅亜目		
カワトンボ科	アメリカカワトンボ属	イトトンボ科, アオイトトンボ科, モノサシトンボ科
イトトンボ科	アメリカイトトンボ属	アオイトトンボ科
	ルリイトトンボ属	アオイトトンボ科[a]
	アオモンイトトンボ属	アオイトトンボ科[b]
アオイトトンボ科	ホソミオツネントンボ属	イトトンボ科
	アオイトトンボ属	イトトンボ科, トンボ科[c]
ミナミイトトンボ科	*Elattoneura*属	モノサシトンボ科
不均翅亜目		
ヤンマ科	ルリボシヤンマ属	オニヤンマ科, エゾトンボ科[d], トンボ科
	ギンヤンマ属	オニヤンマ科[e]
	*Brachytron*属	トンボ科
オニヤンマ科	タイリクオニヤンマ属	エゾトンボ科
トンボ科	シオカラトンボ属	サナエトンボ科[f]
	アカネ属	エゾトンボ科[g], サナエトンボ科[g]

出典：特定しない場合はBick & Bick 1981.
[a] Scheffler 1970.
[b] Paulson & Cannings 1980.
[c] Paine 1991.
[d] 尾花 1965.
[e] 見かけ上交尾に至る.
[f] Utzeri & Belfiore 1990.
[g] Rehfeldt 1993.

Gunnar Rehfeldt (1993)が観察した雄では異種とのタンデム（交尾には至らなかった）が26例（7種，6属，3科）あり，そのうち5例は相手も雄であった．いったんMF/HSタンデムが形成されると，カワトンボ科の種やトンボ科の種では交尾態になりやすい．これは雄の尾部付属器に種の違いが大きいアオイトトンボ科の種に比べて，尾部付属器が単純だからである (Utzeri & Belfiore 1990)．現状ではMF/HSタンデムの結末については推測の域にとどめるべきである．MF/HSタンデムの最中に交尾環が成立したとしても，精子置換や媒精がうまくいくとは限らず，おそらく雌は同種の雄から得た精子だけを使って，自分の卵を受精させ産卵するだろう．マイコアカネ *Sympetrum kunckeli* とナツアカネ *S. darwinianum* の見かけの交尾後の産卵がそうであった (Asahina 1974a)．Shiffer (1989)は，ラケラータハネビロトンボ *Tramea lacerata* のある雌が，同じ日にカロライナハネビロトンボ *T. carolina* の雄とラケラータハネビロトンボの雄と交尾したことを見つけた．MF/HSタンデムによる産卵の記録は稀である．Bick & Bick (1981)においても *Argia plana* と *A. moesta*, それに *Calopteryx aequabilis* とアメリカアオハダトンボの2例しかない．

たとえ異種間交尾によって媒精が起きたとしても，交尾後の生殖隔離メカニズム（例：染色体不和合あるいは接合子の死亡）によって，さらに雑種形成の防止が可能である．確かにトンボの雑種は存在するが，極めて稀である（表A.11.12）．ただし，その多くが見逃されている可能性は大きい．雑種と見極め，その親を推察するには，経験豊かな分類学者の鋭い眼力が必要だからである．このような推論は尾部付属器，雄の二次生殖器，体や翅の模様などの区別点によらなければならない (Asahina 1974a)．驚くべきことではないが（雌は種の特徴があまり明瞭でないので），雌が雑種として記録されることは少ない．広範囲に同所性の雑種形成が起きる稀な例（表A.11.12と以下の記述）を別にすれば，これまで発見された雑種は，不均翅亜目の2属，ギンヤンマ属とアカネ属に多く見られる．なかでもギンヤンマ *A. parthenope*（ルリボシヤンマ属やギンヤンマ属との雑種）と，ぴったりな学名をもったマユタテアカネ *Sympetrum eroticum eroticum*（他のアカネ属との雑種）で最も多く発見されている．アカネ属の場合は（前者は違うが），雑種形成はMF/HSタンデムが比較的多いことに深い関係がある．表現型形質のクライン（地理的連続変異）を伴う，同所的な亜種間の交雑は，トルコのアジア側に分布するオビアオハダトンボで起きているが，多くの地方変異を含むオビアオハダトンボ種群の分布圏の全域で起きている可能性が高い (Dumont et al. 1987)．ここでは，稔性を有

する子孫を生産することが，亜種の地位を与える根拠とされている．同じような状況が，ヒメシオカラトンボとOrthetrum ancepsの分布域が重なる地中海東部地域，特にバルカン半島で見られるかもしれない．そこでは両者のいくつかの形態的特徴が連続しており，Rüdiger Mauersberger (1994) とKonstantin Klingenberg (1995) は，これら2つの分類群は別種ではないと結論づけている．コスタリカで同所的に分布するCora属の3種のうちの2種のペアがよく見られることは，3者が単一種の形態変異型である可能性を示唆している (Fraser & Herman 1993).

このようにMF/HS (トンボ目では明らかに一般的である) を概観することによって，例えば明瞭に他と区別できる色彩パターン (例：ヨツボシトンボ属)，儀式化された求愛 (アオハダトンボ属)，ぴったり嚙み合わせて結合するための構造 (ルリイトトンボ属) といった精巧な生殖隔離メカニズムをもつ属においてさえも，異種間タンデムが起きうることが示された．Utzeri & Belfiore (1990: 表4) は，異なる科における性的色彩二型の発生率とMF/HSの発生率の間には，何ら関係がないことを見いだした．しかし，すでに見たように，多くの因子 (そのいくつかは産地や年によって変化する) がMF/HSタンデムの発生率に影響する可能性が高い．したがって，Dennis Paulson (1974) の提唱した仮説は，いかに多くの記録があったとしても，種間タンデムの逸話的な野外記録を厳密な検証にかけることはできそうにない．しかし，Paulsonによる新北区のアメリカイトトンボ属とルリイトトンボ属を使った野外実験は，視覚による隔離よりも，タンデム時の結合器官の構造による機械的隔離がMF/HSを防止するうえで重要であるという結論を強く支持している．視覚による隔離は，同属間のペア形成防止にあまり効果はないが，異属間のペア形成の確率を小さくする．これは明らかに体サイズの差が原因である．(視覚や機械的メカニズム以外に) いくつかの要因が連続的に生殖隔離に関与し，それぞれが次に起きる事象を強化するので (Tennessen 1982参照)，どんなメカニズムひとつをとっても，その役割を一般化することは難しい．

11.5.4.3 雄雄タンデムと三連結

このタイプの異常結合の記録を表A.11.13に要約した．雄雄タンデムの大部分は同種 (MM/CS) によるものであり，異種間のもの (MM/HS) は4属 (アオモンイトトンボ属，アオイトトンボ属，オツネントンボ属，アカネ属) で見られ，すべて同属ないし同科の組み合わせである．厳密な比較は不可能であるが，MM/HSはMF/HSよりもはるかに少ないようである．これが事実だとすれば，タンデム形成時の雌雄の行動の違いや，タンデム形成前の認知を助ける飛行スタイルの差異を反映しているのかもしれない．また，多くのMM/CSタンデム形成は短い時間しか続かず，したがって目撃されることは稀のようである．Peter Miller (1987a) はフランス南部のカマルグで，マンシュウイトトンボによって早朝に形成される最初のタンデム形成の大部分はMMであるが，わずか数秒しか続かないことを観察している．

ほとんどすべての三連結には雌雄のタンデムが含まれ (図11.36)，すべて同種の組み合わせである．表中の「同種，アカネ属」の項は，三連結で産卵行動を続けていたアキアカネである (§2.2.5)．表A.11.13では，異種間で起きた三連結はわずか2属 (アオイトトンボ属とコサナエ属Trigomphus) が記されているだけであるが，そのうちの1つは異科間で，アオイトトンボ雄がマンシュウイトトンボのMFタンデムに結合したものである (Utzeri & Belfiore 1990)．枝重夫 (1970b) は，各種のMMF三連結は，タンデムないし交尾したペアから図11.37に図示した方法で導かれるという考えを提出している．これまでの記録の2/3以上はEdaのA型である．Pajunen (1963b) はカオジロトンボ属のA型三連結を撮影して図で示した．O型は，他の型とは多少異なる方法で形成されることが確認されている．追加 (すなわち後からきた) 雄Xは，すでに雄Yと交尾している雌を把持しようと試み，雌Yの尾部付属器を雌の頭部からはずし，自分でその雌の頭部を把持する．こうしてO型が形成される．この順序の最初の段階と思われるものが，Wildermuth (1984) によってAeshna affinisで目撃された．A型はAB型ばかりでなくO型からも成立するので，最も普通に生じる．コサナエTrigomphus melampus雄Xが，雄Yと交尾中の雌を把持しようとして，雌の頭部にあるYの尾部付属器を自分のものと置き換えたが，雌の生殖器はYの二次生殖器と結合したままなのでO型が形成された．A型は，雄Xが尾部付属器で雌の頭部を把持しているとき，雄Yが雄Xの頭部を尾部付属器で把持することによって形成される．この時点で三連結のトンボが飛び立ち，雌が離れるとMMタンデムが残る．Eda et al. (1973) は，アオイトトンボで記録された三連結は，MMMF四連結から雌が離れてできたものと考えた．このような例は，追加雄が三連結を形成することが利益になりうることを明らかにしている．追加雄は雌を「奪う」可能性が生じるから

11.5 交尾前タンデム

図11.36 アオイトトンボの雄–雄–雌による三連結（図11.37のA型）．雄の体長：約40 mm．（枝 1979 より）

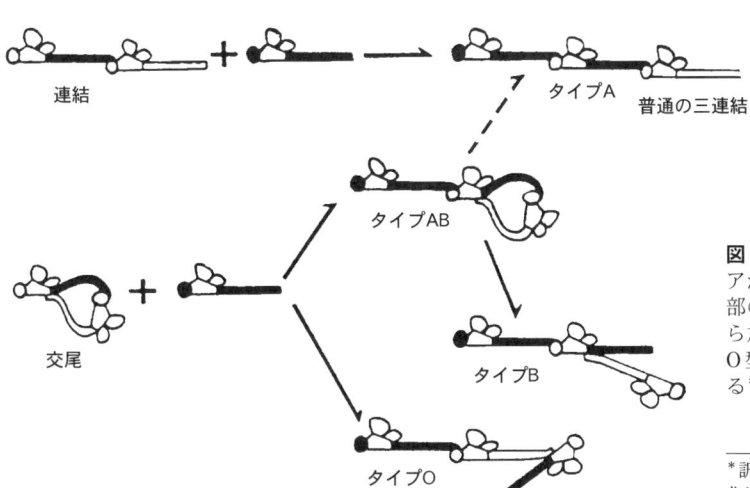

図11.37 タンデムまたは交尾中のペアから派生する三連結の4型．黒い腹部の個体は雄，黒い頭部の個体は後から加わった雄，破線による矢印は推定．O型からA型になることも知られている*（本文参照）．（枝 1970 を改変）

*訳注：枝 1970 ではO型からA型への変化は可能性を述べるにとどまっている．

である．しかし，このような稀な例は，異常タンデムは全くの浪費であるという一般的結論の単なる例外にすぎない．

11.6 雄内移精

　トンボの雄は，腹部後端部に一次生殖口を，前端部に挿入器をもっている点で，外翅類昆虫の中ではユニークである．新鮮な精子を出す一次生殖器が第9腹節にある一方，二次生殖器 (§11.7) が第2，第3腹節にある．二次生殖器は，陰茎と（不均翅亜目では）交尾の際に雌の腹部をつかむ構造物で構成される．二次生殖器の構成要素の1つは精子を貯蔵する場所（貯精嚢）で，精巣にある同じ名称の器官と混同してはならない (§8.2.2.1)．貯精嚢は，均翅亜目とムカシトンボ *Epiophlebia superstes* (Asahina 1954) では第3腹節の一部，それ以外の不均翅亜目 (Srivastava 1967; Pfau 1971; Miller 1982c) では陰茎の一部に存在する．飼育下のタイリクルリイトトンボの場合，遊離精子は貯精嚢内で少なくとも10日間生きているが (Miller 1995e)，精子束 (§11.7.3.2) の形でない限り，おそらく二次生殖器中ではそれほど長くは生き残れない（この仮説を立証する必要はあるが）．したがって雄は，交尾直前に二次生殖器に精子を移さなければならない．この過程を**雄内移精**（あるいは単に移精）という（図11.32F；写真P.2）．移精のため，雄は腹端を下前方に曲げて，一次生殖口を二次生殖器にしばらく接触させる．陰茎の第1節 (PS1) に精子貯蔵器官（貯精嚢）をもつヤンマ科，ムカシヤンマ科，サナエトンボ科，オニヤンマ科では，貯精嚢に精子を入れるために，貯精嚢の第2接合部にある開口部を背板縁を越えて持ち上げ，背側小舌を貯精嚢のほうへ移動させる．これは原始的な均翅亜目と同様の方法である．エゾトンボ科の一部は，いくぶん異なる方法でこの行動を行う．また，トンボ科は，尾部にある振動する小舌を使って貯精嚢を被覆板の外に動かし，注入位置の中へと移動させる (Pfau 1971)．そうすることによって，精子は陰茎の第3節の長軸方向の裂け目を通して入ることができる (Miller 1990b; Andrew & Tembhare 1993)．Johonson (1972) は，アメリカオニヤンマについて，移精に影響するであろうと思われる構造のもう1つの機能について議論し，この過程で鉤状突起が直立した陰茎をささえることを示唆した．Heinrich Lohmann (1995) は，不均翅亜目の特定の科と属 (§11.7.1) の雄にできたちわ型の腹縁が（雌が交尾前タンデム態で持ち上げられている間）雌の持ち上げた前脚と絡み合うことで，正確に雄の二次生殖器の位置が分かるのではないかと示唆した．*Cercion lindenii* の移精については Carlo Utzeri (1983) が記載しているが，これは多くの均翅亜目の行動の典型的なものである．雄は，交尾前タンデム態で雌を把持し，通常は垂直の茎につかまり，翅を広げて時々間欠的に震わせ，同時に腹部を挙上して曲げ，一次生殖口を二次生殖器に接するようにもっていく．雄はこの姿勢を3〜7秒間継続し，その間，雌は翅を閉じて受身的にぶら下がり，腹部は真っすぐかわずかに前方に曲げている．移精が終わるとペアは約1分間休んで，交尾前の動作を始める．移精を1回行えば，交尾1回あるいは数回の交尾にも十分であるように見えるが，均翅亜目の2種（下記参照）では，1回の交尾サイクルに移精が最大7回も含まれる．

　一次生殖器から放出された精子が速やかに使われる仕組みが存在すると予想される．その仕組みによって，精子の寿命がつきて精子が無駄になることや，精液が二次生殖器の中で凝固し，それ以降の交尾に支障が出ることが防がれているはずである (Robertson & Tennessen 1984; Utzeri & Ottolenghi 1992)．種々のトンボで移精が行われる状況は (Uteri 1986の総説参照; Utzeri & Ottolenghi 1992) この予想の妥当性を確信させてくれるが，データを解釈するに当たって下記のような制約を知っておく必要がある．すなわち，

- 第9腹節と二次生殖器の接触は必ずしも移精が完了したことを意味しない．
- 大部分の均翅亜目のように，雄がとまって移精が数秒間続いた場合は容易に見ることができ，解釈を誤ることはなさそうであるが，トンボ科の一部の種のように飛行中に交尾し移精が1秒以下だと，その確認や明確な解釈は困難となる (Utzeri 1986参照)．
- 種内でも移精は違った時間（雌をまだ把持していない単独雄の場合と交尾前タンデム中の場合）に行われるかもしれない（例：Buchholtz 1950; Wolfe 1953）．

　これらの制約があることを承知のうえで解釈を進めると，カワトンボ科の特定の種（アメリカカワトンボ属，Johnson 1961; *Neurobasis* 属, Kumar & Prasad 1977a) を除いて，均翅亜目では，移精はほとんどいつも交尾前タンデムの間に行われることが分かる．このことは，これまでのところ9科27属で観察され

11.6 雄内移精

ている．このステージで移精が行われる場合，雄は正常ではとまっているが，時には飛行していることもある (*Cercion lindenii*, Heymer 1973a; Utzeri et al. 1983)．種内の変異はほとんどなく，ルリイトトンボ属の2種において，タンデム形成の前に移精を行ったのは，137例中わずかに5％であった (Logan 1971)．したがって，均翅亜目では移精は交尾前タンデム時に行うというGeorge Bickの一般論 (1972) は確かだと思われる．Adolfo Cordero (1989b) が目撃したスペインアオモンイトトンボの2組は，交尾前タンデム中に移精を行わないで交尾した．この場合，雄は前に交尾に失敗しており，そのときに移送していた精子を使ったのである．均翅亜目の移精の時間は，*Palaemnema desiderata* の0.7秒 (González-Soriano et al. 1982) から *Nehalennia irene* の76秒以上 (Robertson & Tennessen 1984) までの範囲にわたっている．ムカシトンボ科では移精は交尾前タンデム態で行われる．

不均翅亜目においても，移精は交尾前タンデム中に行われた記録が大部分である (5科，22属)．4科の10属において，移精に関連した動作が雌と連結していない雄で**観察**（単なる推論ではない）されているが，この行動が目撃される確率の低さから考えると，この数は本当の頻度よりかなり過小評価であるだろう．とは言え，一部のトンボ科の雄は交尾と交尾の間に精子を二次生殖器に移送する．ある種（例：ルリボシヤンマ，Jurzitza 1988b) の雄は，交尾前タンデムの前とその間のいずれでも移精を行う．不均翅亜目の移精に関しては，一般的な議論をすることがいつも難しいが，これには2つの理由がある．その1つは，普通は交尾のときにとまる種でさえ，飛びながら交尾することがあり，その場合は移精が極めて短いことである（ヨーロッパショウジョウトンボとタイリクショウカラトンボで約0.7秒，Utzeri 1986)．2つ目の理由は，カラカネトンボのような典型的なフライヤーのトンボは，タンデム態になるとすぐに水域を離れるので，通常はペアを見失ってしまうからである．この種を研究していたHidenori Ubukata (1984b) は，釣り糸を使う方法 (St. Quentin 1934) で各ペアを拘束してから観察した．タイリクアカネの雄は，タンデム直後に，あるいは交尾前タンデムになって数秒間飛んだ後に移精を実行する (Ottolenghi 1987)．ムツアカネの雄は，貯精嚢に入れておくことができる精子の量が，通常の媒精には不十分なので，各交尾の前に移精を行わなければならない．雄は移精のため交尾を中断することはしないので，交尾の前に陰茎に精子を満たして，最大サイズの雌に媒精する場合でも十分なように準備しておく必要がある (Michiels & Dhondt 1988)．不均翅亜目の移精の時間についての記録は少ないが，ヤンマ科とトンボ科の5属の種では，3秒を超える記録は見つからない (Tai 1967; Hassan 1981a; Utzeri & Raffi 1983; Savard 1986)．

多くの均翅亜目では，タンデムペアがとまって移精を行う前に，雄は腹部を動かすことによって，雌の腹端が前方にいくように，つまり交尾態になるように繰り返しうながす（図11.32D）．受け入れようとする雌は，腹部を振って雄の二次生殖器のほうへ動かしてこれに応じる．数回試みた後，両者は瞬間的に接触するが，これはTennessen (1975) が言う腹部さぐりやRobertson & Tennessen (1984) の**交尾器接触**に当たる．今までに，カワトンボ科の1種とイトトンボ科の15種（前者で1属と後者では7属）において移精の直前に交尾器接触を行ったことが報告されている (Robertson & Tennesen 1984; Lempert 1988)．Fincke (1986a) によると，ルリイトトンボ属では交尾器接触は移精の必要条件である．一方，カワトンボ科 (1種)，ハナダカトンボ科 (2種)，イトトンボ科 (1種)，それにアオイトトンボ科 (3種) からなる5属では交尾器接触をしなかった．一部のトンボでは，交尾器接触が移精のリリーサーとして働くという仮説は，いくつかの野外観察で支持されている．前に引用した著者たちは，このようなリリーサーは（実りのない移精に対する防衛として），受容性のない雌を把持しがちな種にだけ必要であり，雌が交尾器接触を積極的に行うことは交尾受容の意志表示であると考えている．交尾器接触を**しない**トンボ（例：ハナダカトンボ科と一部のカワトンボ科）では，すでに書いたように，求愛が成功することがタンデム形成の必要条件となっており（§11.4.6），これが交尾を受容しない雌を把持するのを防いでいる．またカワトンボ科の中で，求愛しないアメリカカワトンボ属は交尾器接触をするのに (Johnson 1961)，求愛するアメリカアオハダトンボが交尾器接触をしないことはこの説明と符合する．Robertson & Tennessenが提案した仮説は，さらに体外で精子の授受を行う土壌節足動物の行動にも当てはまる (Schaller 1971)．すなわち，たとえすべてではないにしても，多くの場合，雄による移精の前に，雌の交尾受容を決定したり，あるいはおそらくそれを引き出すと思われる雄の行動が先行する．とは言え，Robertson & Tennessen (1984) は，アオイトトンボ属とカラカネイトトンボ属の雄が交尾器接触をしない理由を推察することができなかった．したがって，トンボの交尾行動連鎖における交尾器接触の役割は，まだ疑問として残っ

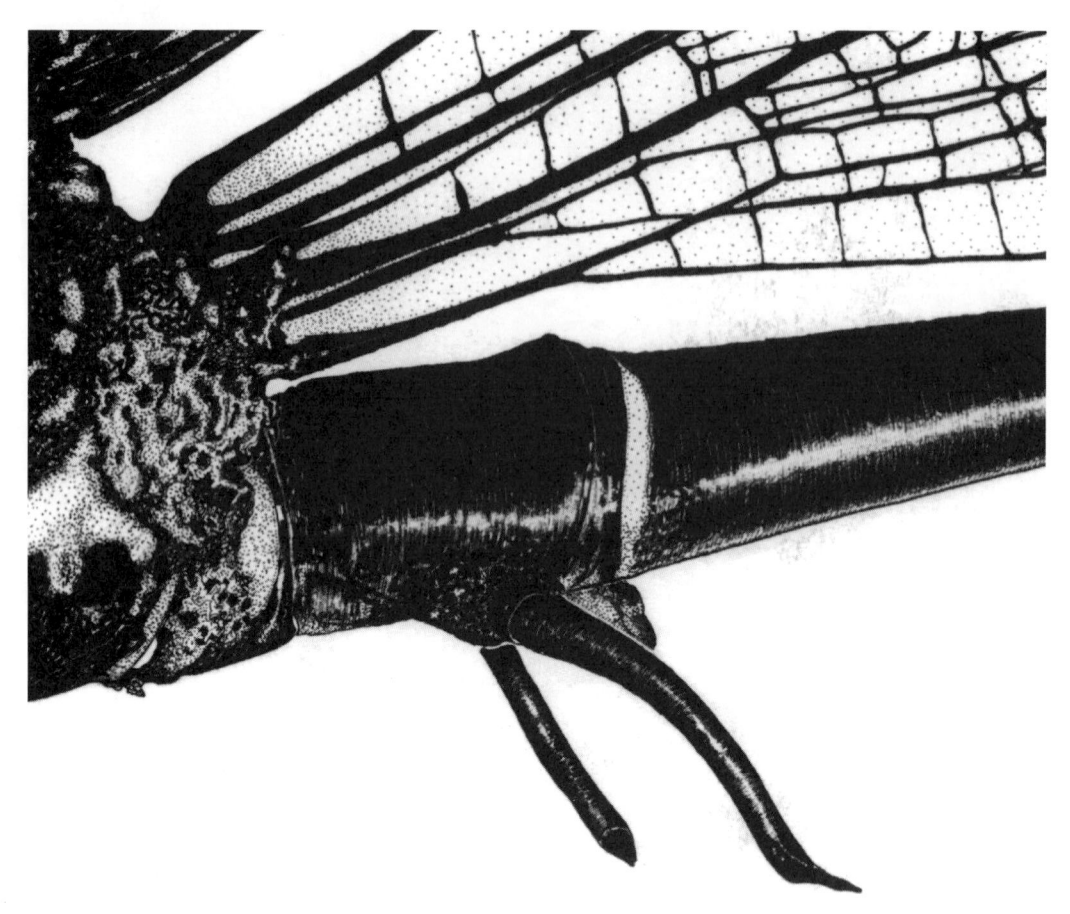

図 11.38 フィリピン，パラワン島に生息する *Cyclophaea cyanifrons* 雄の第 2 腹節のカリパス状の突起．突起の長さは 2mm をわずかに越える．M. A. Lieftinck から標本を借用．（C. Scrimgeour の写真を改変）

ている．

　雌が受容可能かどうかを評価するために，種の認知のためのリリーサーを利用している可能性は高いと思われる．そして，それはフィリピン，パラワン島の *Cyclophaea cyanifrons* の雄の第 2 腹節にあるキャリパーのような突起（図 11.38）や，*Burmagomphus* 属 (Lieftinck 1964)，*Lestinogomphus* 属 (Lieftinck 1960; Gambles 1968)，*Ophiogophus* 属 (Asahina 1979)，そして *Phyllogomphoides* 属 (Michalski 1988) の雌の後頭部にある，1 対の，多くの場合細長い突起または「角」のような不可解な構造の解釈に役立つかもしれない．このような構造は，移精のリリーサーとして作用し，さらに交尾行動連鎖の他のステージでも働いているかもしれない．環状態をとることでも，雌の頭部（角の有無にかかわらず）の背面と雄の二次生殖器とが接触することが可能になる．この行動は José Furtado (1972) によってマレーシアのアオモンイトトンボ属とナガイトトンボ属 *Pseudagrion* で，また Clifford Johnson (1961) によっても北アメリカのアメリカカワトンボ属で観察されている．Johnson (1962b) は，求愛を行うカワトンボ科のアメリカアオハダトンボでは，このような動作は観察されないと述べているが，これは予想されることである．

　耳状突起は，雄の第 2 腹節の腹側両面にある突起で，時には後方に向いた歯状になっている．耳状突起は 4 属（ギンヤンマ属，オニヤンマ属 *Anotogaster*，ヒメギンヤンマ属，ミナミトンボ属）とトンボ科，ムカシトンボ科以外の不均翅亜目には普通に存在し，ミナミカワトンボ科の一部の属を除く均翅亜目に広く認められる．耳状突起が存在する場合，雄の後翅の肛域は角ばって切れ込んでいる (Fraser 1943c)．耳状突起の機能はまだ分かっていないが，Heinrich Lohmann (1995) は，移精中に受け入れ雌の持ち上げた前脚がふんばれる「留め具」の役割を果しているのではないかと考えている．そうすれば，雄の一次生殖器と二次生殖器との位置合わせは容易であ

ろうし，腹部の長いトンボにとってこういう仕組みがなければ，飛行中に交尾が完了するのは困難だろう．

ヤンマ科，サナエトンボ科，トンボ科の第9腹節にある一次生殖器を覆っている基節の下面や縁部は，びっしり詰まった微細な棘の層になっていて，移精中に基節と陰茎第3節の接触を確実にするうえで明らかに助けになっている（Andrew 1995）．

ムラサキハビロイトトンボ（Fincke 1984a）と*Coenagrion scitulum*（Cordero et al. 1994）は，1回の交尾中に移精を最高7回も行うという点で，非常に変わった種である．*C. scitulum*の場合，交尾は3〜7サイクルからなり，それぞれのサイクルに1回の移精，1回のステージⅠ，1回のステージⅡ（§11.7.3.1.3）が含まれる．2回目以後の移精の所要時間（2〜10秒）とパターンは，交尾直前の移精によく似ている（Utzeri 1984）．繰り返される移精は，例外的にソメワケアオイトトンボ*Lestes barbarus*でも観察されている（Utzeri & Falchetti 1990）．数回の短い交尾が短時間に繰り返し行われるという報告がほかにもいくつかあるが（例：*Pseudagrion perfuscatum*, Furtado 1972），*C. scitulum*が見せる行動と同じようなものかもしれない．

Corbet（1962a；Srivastava & Srivastava 1987参照）は，移精では精子は精包の形で移送されると書いたが，これは間違いで，遊離精子または塊状（例：**精子束**），あるいは両者の混合で移送される（§11.7.3.2）．

11.7 交 尾

トンボ目の交尾の動作（おそらくこれを最初に正しく記述したのは17世紀のJohann Swammerdam［1669］）には，他の昆虫にない8つの特徴がある．まず半翅目の少数の属（Richards & Davies 1977b）を除いて，有翅昆虫の中で雌雄の一次生殖器が接触しないのはトンボだけである．そして，極めて少数の例外（例：アオマツムシ*Calyptotrypes hibinonis*, Ono et al. 1989）を除けば，媒精の前や最中に，雌が以前に交尾して貯蔵している精子を物理的に除去したり，（押し流す以外の方法で）別の場所に移したりすることは，動物の中ではトンボだけで知られている．化石の証拠（化石になったトンボでは腹部の腹側が隠れているのが普通であるため，じれったいほど不完全であることが多い）から判断すると，少なくともペルム紀からトンボ目はこの変わった方法で交尾していたと考えられる（Carle 1982b）．しかし，現生のトンボ目と共通祖先をもつと考えられている（Riek & Kukalová-Peck 1984参照）石炭紀後期（ナムール期，約3億2,500万年前）の淡水石灰岩から発見されたメガネウラ科（原トンボ目，メガニソプテラ亜目；図1.1）の雄は，第8腹節の腹板に1対の陰茎をもち，第2腹節や第3腹節の腹板には二次生殖器がない．したがって，交尾の前に精子のカプセルを地面におくのではなく，腹部末端の生殖器を合わせる姿勢で交尾していたと考えられる．**交尾環**の起源が古いからといって，現在のトンボ目の挿入器官はどの種でも相同というわけではない．均翅亜目では第2腹節の中央部の器官から派生した**陰茎鞘**であるし，ムカシトンボ科以外の不均翅亜目では第3腹節の中央部の器官から派生した**貯精嚢**であり，ムカシトンボ科では第3腹節の外に向かう1対の突起から派生した**交尾後鉤**である．明らかに陰茎鞘がトンボ目の元来の交尾器である．雄の二次生殖器はおそらく均翅亜目で生じ，不均翅亜目ではそこから形態が分化して進化したものであろう（Pfau 1971, 1991）．このように挿入器官は別々の起源をもつが，私は普通の機能形態学の用語に従い，これらをまとめて**陰茎**と呼ぶことにする．

Hans Pfauによるトンボの二次生殖器の詳しい比較研究の結果，交尾に関係する構造の構成部位の配置や機能の変化によってもたらされた交尾の速度や効率の上昇を基準に，トンボ目の主な分類群の順位づけが可能なことが分かった．Pfauの考えた順序は，(1) 均翅亜目（最も効率が悪い），(2) ムカシトンボ科，(3) ヤンマ科，(4) ムカシヤンマ科＋サナエトンボ科＋オニヤンマ科，(5) エゾトンボ科，(6) トンボ科である．両亜目における雌雄の生殖器の結合様式（上記の順序の最初の3つの段階に当たる）と媒精時の精子の通り道を図11.39に示した．Pfauの効率の基準は媒精だけに関するものであり，精子置換は考えていない（Elliot Pinheyは1969年にアオモンイトトンボの雄の陰茎の鞭節が実際に交尾中の雌の精子貯蔵器官の**中**に入っていることを記載している［図6, p.51］．また，その翌年にGeoff Parker［1970］はトンボ目で精子競争が起きることを予測している．だが，Jonathan Waageが1979年に報告するまで，トンボが陰茎で精子を置換することは知られなかった）．したがって，現在の精子置換に関する理解をもとにPfauの系列を見直すことは面白いだろう（§11.7.3.1）．例えば，新不均翅類Neanisoptera（Lohmann 1996aの定義）では，陰茎の第4節に嚢球管と吸精腔をもつ嚢状小球があるが，これは明らかに交尾中に雌から他の雄の精子を吸引して取り除くのに使われる（Lohmann 1996a）．

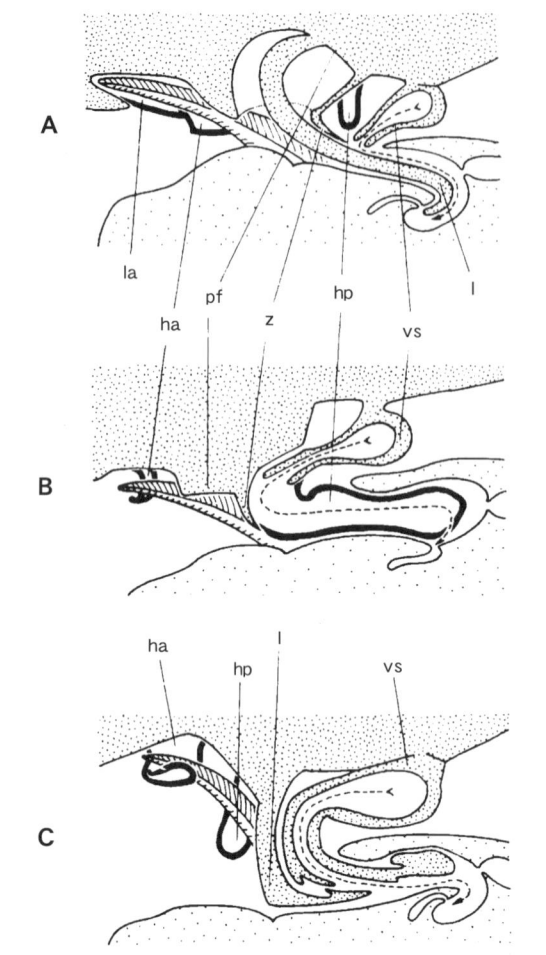

図11.39 トンボ目の2亜目における交尾中の雌雄の生殖器の結合状態，および媒精時に精液が通る経路（破線）の模式図（左側から見た縦断面）．A. 均翅亜目では精液は陰茎鞘の腹側の通路を通る（アオモンイトトンボ属に基づくが，長く伸びた精子嚢はアオハダトンボ属のものである）；B. 不均翅亜目（ムカシトンボ属）では，精液は2つの交尾後鉤の間の通路を通る；C. 不均翅亜目（ルリボシヤンマ属）では精液は精子嚢（ほとんど閉じているが，ヤンマ以外では合体して管となっている）の背側の通路を通る．上が雄．交尾前鉤と交尾後鉤（haとhp）（Aではlaも）は太線で示す．産卵管の刃状の部位は斜線で示す．雌の精子を受け取る器官は1つだけ描かれているが，2つの場合もある．略号：ha. 交尾前鉤；hp. 交尾後鉤；l. 陰茎鞘；la. 交尾前片；pf. 叉状突起；vs. 精子嚢；z. 雄の生殖器の開口部を形成する小さな葉状の膜片．(Pfau 1971より)

トンボ目の交尾のシステムが進化してきた道筋はまだ想像の域を出ない．1つのありそうなシナリオはFrank Carle (1982b) の提案したものである．彼の提案は，少なくとも**狭義**のトンボ目内での「起原的な」行動連鎖は，一部の無翅昆虫を含む，現生の原始的な土壌節足動物の一部の分類群で見られるような

(Schaller 1971)，間接的な媒精だったと仮定している．Carleのシナリオ（図11.40）では，現生トンボ目でのいくつかの行動的特徴（例：なわばり性や交尾後警護）も考慮して，交尾前のタンデム態は，雄が精包を地面においた後で雌に襲われて捕食されないための防御と考えている．このような予防措置は，ときに同種個体を食べてしまう（例：Cordero 1992a）トンボの捕食および攻撃的な傾向（§11.3.2；表A.9.2, A.11.7）と矛盾しない．また，交尾中の雄が，交尾相手の雌からの攻撃に対する防御として，視覚認知の手がかり（§11.4.3）以上のものを必要としているという見解も支持している．雄が精包を地面におくのをやめ（図11.40，上左），それを第2，第3腹節の腹板にもってくるようになったときから（図11.40，中央下），現在見られるような現生トンボ目の交尾の手順へと変化し始めた．いったん雌がその場所からいつでも精包を受け取る，つまり交尾環を形成するようになると，二次生殖器の精巧化と精子置換に使われる雄の形態発達への道が開けたのであろう．

11.7.1　交尾環の形成

私は**交尾環**（Heymer 1966のRadstellung）という用語で（図11.32H；写真L.3, L.5），雌の生殖器の開口部に雄の二次生殖器が入っている姿勢を指すことにする．この用語の指す内容は交尾と同じではない．交尾にとって交尾環の形成は十分条件ではなく，交尾環の形成の間ずっと交尾が起きているとは限らない．交尾環の形成の前には，必ず交尾前のタンデム（§11.5）が起き，たいていの場合には雄内移精（§11.6）も起きる．両者とも時間的に非常に短いこともある．雄は，飛んでいる雌を捕らえることも，とまっている雌を捕らえることもあり，産卵中の雌を捕らえることもある（例：ルリイトトンボ属，Bick & Hornuff 1966；カオジロトンボ属，Wolf & Waltz 1988）．一部のトンボ，特にごく短時間だけ交尾する種は（表11.14），交尾前のタンデムと交尾全体を空中で，時には地上7m以上の上空で行う（*Zygonychidium gracile*, Lindley 1970；ウスバキトンボ，Miller 1992c）．それに対して，トンボ科の一部を含む他のトンボは，空中で交尾環を形成し，その後とまって交尾を行う（*Aeshna sitchensis*, Cannings 1982a；ヒメギンヤンマ，Miller 1983a；ミナミトンボ属とミナミエゾトンボ属，Rowe 1988；ヨツボシトンボ属［*Belonia*亜属］, Williams 1977；シオカラトンボ属, Alcock 1988；Sakagami et al. 1974参照；Parr 1983a；Miller & Miller 1989）．ヤンマ科の雄では，時に飛行中の雌を地面

11.7 交尾

図11.40 トンボの交尾過程の進化のシナリオ．最初は一次生殖器の間で間接的な精子の移動が行われていたという想定に基づく．進化の系列は左から右へ進む．A. もともとの祖先的な交尾行動の連鎖；B. 派生的な交尾行動連鎖．略号：I. 間接的な精子の移送；R. 雌雄間の同種の認識；T. 産卵場所近くでの雄のなわばりの確立；t₁ (祖先的な交尾行動連鎖)．雄は尾毛で雌を導く；t₂ (派生的な交尾行動連鎖)．タンデム結合と，雄の二次生殖器への精包の移送；t₂. 産卵の際の雄による警護行動．雌は腹部を太い線で示した．翅は省略した．飛行は脚の位置で示した．(Carle 1982bより)

に降ろし，地上で1分以上も雌を捕まえている間に交尾環を形成することがある (Utzeri & Raffi 1983; Halverson 1984)．Lorenzi et al. (1984) が観察したヨーロッパショウジョウトンボの個体群では，ペアの65％は飛行中に交尾し，35％はとまって交尾した．

体の長いトンボでは（例：均翅亜目やヤンマ科），（タンデムの姿勢からの）交尾環の形成は普通何かにとまった状態で行われる．雄は雌を前上方に持ち上げ，雌は腹部を腹側に曲げて雄の二次生殖器と噛み合うように前方に押し出す．交尾環は1回で形成されることもあれば (*Argia fumipennis*, Bick & Bick 1982)，20回近く試みてようやく形成されることもある（ニュージーランドイトトンボ, Rowe 1987a）．交尾環を形成する能力がない（あるいはその準備ができていないのかもしれない）未成熟雌の場合は，最終的に雄があきらめて放す (Hassan 1981a)．キバライトトンボでは，決まって羽化直後のテネラルな雌が成熟雄と交尾するが，ペアは10分ほど交尾前タンデムの状態で待機するか，その間に雄が繰り返し腹部を上げ下げし，雌に交尾環を形成するよう促しているように見える (Rowe 1978)．このような雄の「誘う」動作は多くの均翅亜目で見られるもので，ヒメシオカラトンボやタイリクアカネの雄の打水の動作にも似ており，タンデムの最中における求愛の1種と見ることができる (Miller 1991e)．ニュージーランドのミナミトンボ属とミナミエゾトンボ属では，（空中での）交尾環の形成に2～30秒を要し，その後の「交尾環飛行」の持続時間は，雄が雌を捕まえた場所に依存する．雄が水域から100～200m離れた所で雌を捕まえた場合は，交尾環飛行が2分も続くことがあり，ペアがどこかにとまらないと交尾に至らない (Rowe 1988)．

トンボでは水域から離れた所にとまって交尾を完了することがよくある．交尾ペアが水域の出会い場所から50m以上も移動するというカラカネトンボの行動は，他の雄の干渉を回避し，雌が交尾後すぐに池に戻る（戻れば他の雄と再交尾する可能性が高い）ことを防ぎ，捕食のリスクも減らすことにより，雄の適応度を高めているのであろう (Ubukata 1984b)．アメリカアオハダトンボでは，交尾の92％は雄の防衛地域の外の岸辺か水面から突き出た植物上で行われる (Waage 1973)．サナエトンボ科の一部（例：*Onychogomphus forcipatus*, A. K. Miller & Miller 1985b) では，交尾環が形成された場所から素早く飛び去る傾向があるが，これは最も近い幼虫の生息場所から数百m離れた所でサナエトンボ科の種の交尾ペアがときどき見つかることと符合する (Moore 1991b)．William Plomer (1903～1973) は，飛びながら交尾するトンボの，空中での驚くべき機敏性を決して見逃さなかった．彼は書いている．

波のように揺れ動く灼熱の風に乗り
分かちがたく愛につながれて紅の潟を横切る
1つの輪になるとき歓喜は輝く

飛行中にどのように交尾環が形成されるかを明ら

かにするためには，特別な手段が必要である．Ilmari Pajunen (1963b) は釣り糸で雌をつないで (St. Quentin 1934)，80コマ/秒で撮影し，カオジロトンボと *Leucorrhinia rubicunda* がどのようにして交尾環を形成するのか調べた．雄が雌を捕まえてタンデムになるとすぐに (§11.5.1)，邪魔が入らなければ，0.5〜1.0 m 上昇しながら交尾環が形成される．ペアは最初ほぼ垂直に上昇し，その後しだいに水平に移動するのでアーチ状の軌跡になる．上昇（0.3〜0.5秒）が後方への飛行（0.25〜0.3秒）に変わると，雌の体軸は飛行方向と一致し，腹部は雄の体の下に入って雌の頸部と雄の腹部末端が曲がる．雌の腹部が水平になり雄の腹部に腹側から接触すると，雄は雌の腹部を脚でつかみ，雌は雄の腹部を脚でつかむ．空中に飛び上がることはこの姿勢を完成させるために必要なのであろう．次に，雌は腹部と胸部の境目で曲がった姿勢になり，雌の腹部末端が後方に動くと雄は二次生殖器でそれをつかみ，そのときから飛行速度が落ちる．この段階で雄がバランスを崩すと，雌を脚でかかえたまま，バランスを取り戻すためにスピンする．これらのカオジロトンボ属とおそらく他の飛行中に交尾環を形成するトンボは，機敏な飛行動作によって交尾環を形成するが，その動作のある成分は定型的であり別の成分は可塑的である．定型的な成分はつかむことと後方への飛行であり，定型的でない成分は上昇（その間に雄が他の雄からのがれることが可能である）とタンデム態での水平飛行（邪魔が入ったときに静かな場所に移動するために必要）である．Gerhard Jurzitza (1973) はムツアカネで，雌の位置と雌雄が能動的に飛行動作をしているかどうかによって環状姿勢の飛行を2つのタイプに区別している．ただ，この2つの飛行のタイプの行動的な意義はまだ明らかになっていない．

雌の生殖器の開口部が雄の二次生殖器と噛み合うためには，雌が腹部を前方に出過ぎないようにする必要がある．そのことはおそらく雄の行動や形態によって可能になっているだろう．*Argia apicalis* の雄は，中脚の脛節と腿節の連接部で雌の腹部末端を後方に押し (Bick & Bick 1965a)．同じような動作は，環状姿勢の *Platycnemis latipes* (Heymer 1966) や *Enallagma aspersum* (Bick & Hornuff 1966) でも見られるようである．*Progomphus* 属の雄の第1腹板に横走している稜や小型の歯状の突起も同様な機能をもつのであろう (Dunkle 1984a)．耳状突起は，交尾環の形成のときに雌の腹部が前方にいき過ぎないようにする働き (Wolfe 1953参照) や，雄の後脚が雌の腹部を正しい位置にもってくるときのガイドとしての働

きをもっている (Carle 1982b参照) と考えられてきた．しかし，現在のところ最も確かと思われる仮説は，耳状突起が雄内移精に関する機能をもつというものであろう (§11.6)．

11.7.2 生殖器の結合

雄と雌の生殖器が交尾中にどのように結合しているかは（図11.39），Pfau (1971, 1991) や Waage (1984)，Miller (1989, 1991a) などの数人の研究者が調べている．交尾鉤は結合を外側から止め付ける把握器として働き，おそらく雄が陰茎を膣に入れるときの手がかりとなる（図11.39）．例えばトンボ科では，よく発達した雄の交尾後鉤が洗濯ばさみのように雌の亜生殖板（陰門板；Miller 1989a）をしっかりと把握する．雌の亜生殖板には角質化した突起があり，これが把握を確実にするとともに他種との交尾を起きにくくしているかもしれない（図11.52, 11.53）．生殖器がしっかりと結合することにより，雄は干渉してくる他の雄に効果的な威嚇行動を示すことが可能になるとともに，他の雄は交尾環を解除することが難しくなる．例えば，ハヤブサトンボの雄は，交尾環の状態であっても垂直方向に円を描く動きをして他の雄を威嚇する (Currie 1961)．興味深いことに，マンシュウイトトンボでは交尾を継続するためにタンデム態は必ずしも必要ではない (Miller 1987a)．これは二次生殖器自体の動きが重要であることを意味している．

11.7.3 精子競争

精子競争は昆虫で広く見られる (Parker 1970)．トンボ目の陰茎が媒精とライバル雄の精子の置換という2つの機能をもつことの発見は (Waage 1979a)，トンボの繁殖行動を解釈するうえで非常に価値ある基礎となった．トンボ目の精子置換と精子優先度の調査によって，他の分類群においてもこの現象が広く理解できるようになり，生涯繁殖成功度や性淘汰といった，現在重要になっているアイデアにも貢献してきた．

精子競争とその結果，つまり雌が最後に受け取った精子が受精の際に優先される場合が多いことは (§11.7.3.3)，おそらく雄の父性を最大化する淘汰圧と関係があるだろう (Smith 1984参照; Alcock & Gwynne 1991)．さらに，雌の複数回交尾と精子利用により，子の遺伝的構成と生存にかかる淘汰圧にも関係があるだろう．精子競争が生じるための生態的・

行動的な必要条件は，媒精から受精までに時間がかかることと，雄が操作できる場所に雌が精子を蓄え，すべての卵が受精する前に雌が複数回の交尾をする可能性が存在することである（Waage 1984b）．トンボ目では，精子競争は**精子置換**という最もはっきりした形で行われ，それには陰茎の形態的特殊化と相補的な雌の生殖管の形態変化が伴っている（Waage 1979）．精子置換による精子競争が起きていることは，トンボでは次の４つの基準に基づいて推測できる（Waage 1986a）．(1) 雌が複数回交尾する．(2) 雌の精子貯蔵器官が精子置換の生じやすい形態をしている．(3) 雌雄の生殖器の形態が精子置換にふさわしい変形をしている．(4) 雄が交尾直後の雌の警護をする．これらの基準をもとに推測すると，精子置換は均翅亜目とトンボ科の多くとヤンマ科の少数の種（Waage 1984b）で，また，サナエトンボ科の一部の種でも（Dunkle 1984a）見られるだろう．この推論には間違いはないだろうが，一部の種については生殖器の形態変化と精子置換の関連性を明らかにしておく必要があろう．例えば，アメリカアオモンイトトンボは，ライバル雄の精子を置換するのに必要な陰茎の形態をもっているが，一部の個体群では，少なくとも雌は実際上１回交尾である（Fincke 1987）．タイワントンボもそれに適した形態の陰茎をもっているが，精子置換をするには強度が十分でない（Miller 1995f）．これまでに精子競争の進化の原因と考えられてきた淘汰圧とは別に，トンボ目の精子置換は，同種の雄や捕食者から干渉されるリスクを軽減することで，エネルギーの消費が少なくなるので，産卵する雌にとっても利益になっているのかもしれない（Michiels & Dhondt 1988）．さらに，子の生存率の変異，遺伝的変異，受精のバックアップなど，複数回交尾がもたらすいろいろな利益を享受しているのかもしれない（Smith 1984）．こういった雌の利益にはコストを伴うことがあるので，雌雄間で進化的な利害の対立が生じることがある．例えば，雄はライバル雄の精子のすべてを抜き取ろうと「試みる」し，雌はその一部を蓄えようと「試みる」かもしれない（Miller 1991a 参照）．

精子競争の成功は，雌が卵を受精させる場所からライバル雄の精子を除去する割合と，最後の交尾相手によって受精された卵の割合で評価できる．後者については，現在ではRAPD法（ランダム増幅DNA多型法）できちんと測定できる（Hadrys & Siva-Jothy 1994; Hooper & Siva-Jothy 1996）．これらの変数に影響を与えるのは，それぞれ精子置換（ライバル雄の精子を除去したり，位置を変えたり，希釈したりすることによる）と媒精の２つのプロセスである．

11.7.3.1　精子置換

ここでは，精子置換の役割をもつと考えられている生殖器の構造を，雄，雌の順に述べる．次に，精子置換のメカニズムの証拠について，形態，外部からの交尾の観察，交尾時の体内の観察という３つの側面から検討する．

11.7.3.1.1　雄の生殖器の構造

図11.41に均翅亜目と不均翅亜目の陰茎の形態を，主な違いが分かるように模式的に示した．均翅亜目の陰茎の形と動き（図11.42, 11.43）は筋肉によって調節され，少数の種では（例：アオモンイトトンボ属，図11.44）流体の圧力でコントロールされる．不均翅亜目の陰茎のコントロールは，（トンボ科についての今までの研究から判断すると）筋肉（Miller 1990b 参照）と流体圧力で行われるが，後者のほうが重要で，陰茎およびその付属器官を著しく膨張させて（図11.45, 11.46），精子置換の装置としての重要性を増加させる（Miller 1991a 参照）．どちらの亜目においても，陰茎の流体力学的メカニズムは独立したものであり，血体腔とは連結していない．均翅亜目では４つのタイプの陰茎が知られている（図11.42; 表11.10, A.11.14）．これに比べると，トンボ科以外の不均翅亜目では陰茎の構造はよく知られていない（Pfau 1971, 1991; Waage 1984b）．しかし，トンボ科では精子置換のメカニズムを推測するために，陰茎の形態と雌の精子貯蔵器官の形態が詳しく調べられている（例：Miller 1981, 1982c, 1991a; Waage 1984b; Siva-Jothy 1984）．Heiner Lohmann（1996a）の形態学的研究から，陰茎は雌からライバル雄の精子を吸い取る構造をもつことが明らかになり，そのような構造は原始的な不均翅亜目の複数の大きな分類群にあることが分かっているので（§11.7），この分野で研究すべき問題は多いと言える．

Mike Siva-Jothy（1984）は，トンボ科の11種（4亜科の8属）の陰茎を3タイプにまとめて，各タイプを異なる精子置換のメカニズムと暫定的に関連させた．Peter Millerは，後にさらに包括的な調査を行い（1991a, 1995f），10亜科（トンキントンボ亜科を除くすべて）の32属（コハクバネトンボ属が独立すれば33属）の69種（記載種の６％）について，トンボ科の精子置換における雌雄の生殖器の構造を検討した．どちらの研究も，機能的に収斂した構造が，異なる起源から何回か進化したことを示している．

トンボ科の二次生殖器は（§11.7.3.1.3も参照），ヤ

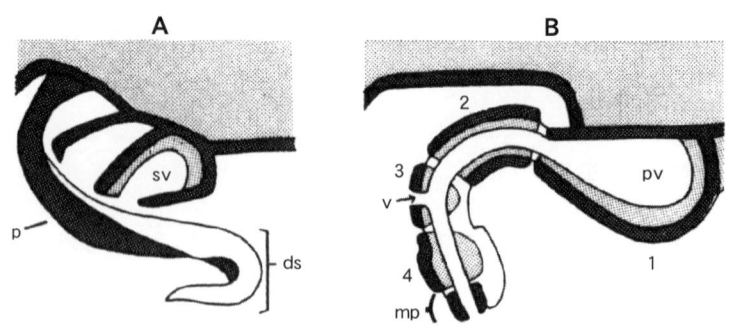

図11.41 均翅亜目 (A) と不均翅亜目 (B, トンボ科) における陰茎の構造の主な違いを示す模式図．均翅亜目では，精子は精子嚢から陰茎の背面（図では一番上）にある膜状の溝を通って雌に渡される．トンボ科では交尾前に雄内精子移送があり，精子は陰茎の弁を通って陰茎嚢に入り，射出時には陰茎の管を通って雌にたどり着く．略号：ds. 末端節（不均翅亜目では第4節）; mp. 末端節の中央突起; p. 陰茎軸; pv. 陰茎嚢; sv. 精子嚢; v. 雄体内の移精時に精子の通る弁; 1〜4. 陰茎の節．硬化している構造は黒く塗って示してあり，曲がりやすい部位や膜状構造は黒く塗られていない部分である．(Waage 1984bを改変)

ンマ科とは異なり，単純な筋組織をもち，ただ1対の交尾鉤と全長にわたって閉じている精子の通る溝がある．第2腹板の伸長部（交尾前片）と第2背板の伸長部（交尾葉）は，おそらく生殖器を保護しているだろうし，同時に感覚機能もあるだろう．第2腹節から派生した交尾鉤は，交尾中雌の亜生殖板を把握する（§11.7.2参照）．不均翅亜目の陰茎は，均翅亜目の貯精嚢から派生したものと思われ（§11.6），4つの節からなる．その第4節（末端部）（図11.45）は最も変化に富み，精子置換と媒精に深くかかわっており，おそらく膣を物理的に刺激して排卵と受精の過程も促進している．

トンボ科の陰茎の第1節 (PS 1) には，中央に位置する貯精嚢 (§11.6) がある．それを取り囲む第2の独立した閉じた空間は，Pfau (1971) によって海綿体（ドイツ語でSchwellkörper）と呼ばれたが，ここは粘性の低い液体で満たされている．この液体が筋肉の収縮によって先端に向かうことで陰茎第4節 (PS 4) の突出部が開いたり膨張したりする（図11.46）．第4節 (PS 4) の関節部と第1節 (PS 1) の弾性によって，筋肉弛緩後の収縮や折り畳みが可能になる．第2節 (PS 2) は精子の通る溝と海綿体の通過する軸を形成する．均翅亜目の陰茎と相同である陰茎鞘は第2腹節の腹板から派生したもので，筋肉で操作されるテコとして動き，陰茎を曲げたり後方に押しやったりする（図11.46）．第3節 (PS 3) は弁のある開口部をもっており，雄内移精（図11.41B）の際に，そこを一次生殖器（つまり，腹部末端）から運ばれた精子が通る．第4節 (PS 4) の基部は，やや円筒形の硬化した覆いをもち，決まった所まで広げることができるため（図11.48B），第4節 (PS 4) の基部は陰茎が雌の体を貫通することを防ぐ留め具として働いているかもしれない．第4節 (PS 4) の末端部の主な構成要素は，前被膜壁，1対の側葉，複雑な中央突起であり（図11.45；表11.11），これらが背側で覆いとつながった1対の蝶番と広い中央蝶番の周りに配置されている．背側の蝶番が開くと中央突起全体が外側に跳ねだし，中央蝶番が開くと側葉と前被膜壁が横と腹側に動き，中央突起は背面に動く（図11.45, 11.46）．精子の通る溝は第4節 (PS 4) では広がって硬化しており，陰茎の膨張時の圧縮に耐えられるようになっている．第4節 (PS 4) に存在する主要な構造は表11.11で分類し，図11.47〜11.50に示した．

Peter Millerによれば（表11.11参照），トンボ科の陰茎で最も多く見られる構造は，側葉ではタイプ2.1（種の74％，11亜科），前被膜壁ではタイプ1.1.1（種の68％，タニガワトンボ亜科を除く10亜科），中央板ではタイプ3.1.1（種の48％，8亜科）かタイプ3.1.3（種の36％，6亜科），そして内葉ではタイプ3.4.1（種の29％，6亜科）である．2種以上が見られる13属で，形態に高い均一性が見られたのは以下の8属である．ヒメキトンボ属 *Brachythemis*（3種），ショウジョウトンボ属（3種），*Hadrothemis* 属（4種），*Neurothemis* 属（2種），シオカラトンボ属（8種），ハネビロトンボ属（2種），*Urothemis* 属（2種），タニガワトンボ属 *Zygonyx*（2種）．以下の4属はかなりの種間変異が見られた．ヒメトンボ属 *Diplacodes*（3種），ヨツボシトンボ属（5種），アカネ属（6種），ベニトンボ属 *Trithemis*（8種）．以下の3つの構造は1つの亜科でのみ見られた．タイプ2.2はトンボ亜科（ヨツボシトンボ属とシオカラトンボ属），タイプ3.3もトンボ亜科（タイワントンボのみ），タイプ3.4.4はアカ

11.7 交尾

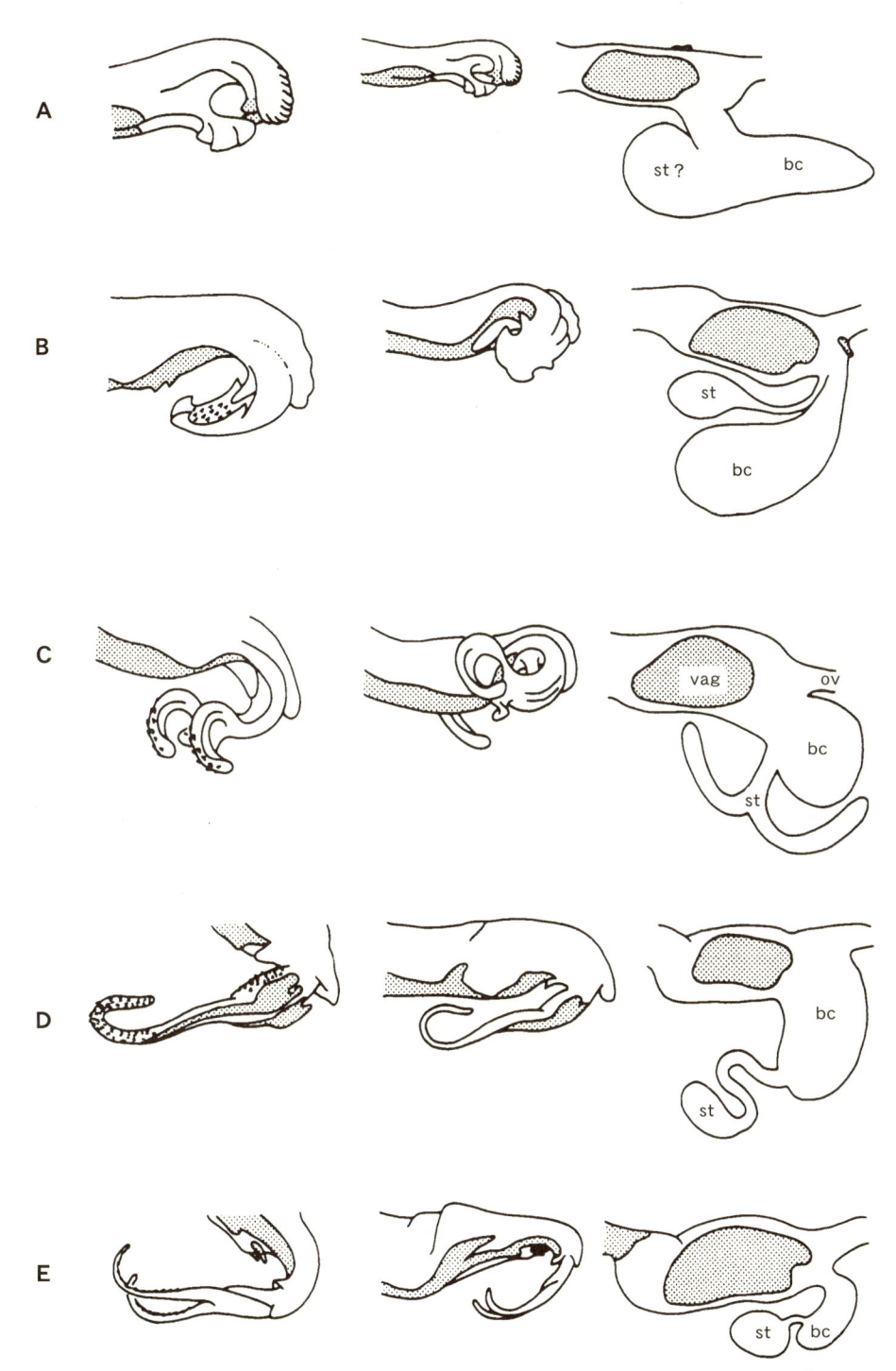

図11.42 均翅亜目の生殖器の主なタイプ．表A.11.14で示された陰茎の形態の主要な4つのタイプについて，雄の生殖器（左と中央）と雌の生殖器（右）を図示．A. タイプⅠ，アオイトトンボ属；B. タイプⅡ，ルリイトトンボ属；C. タイプⅢ，アオハダトンボ属；D. タイプⅣ，アメリカイトトンボ属；E. タイプⅣ，アオモンイトトンボ属．中央の陰茎の末端節は雌の生殖器（右）に対応した大きさで示し，左は詳細を示すために拡大している．略号：bc. 交尾嚢；ov. 卵管；st. 受精嚢；vag. 膣．硬化している構造は陰影で示す．膣と交尾嚢の間の弁は示していない．(Waage 1984bより)

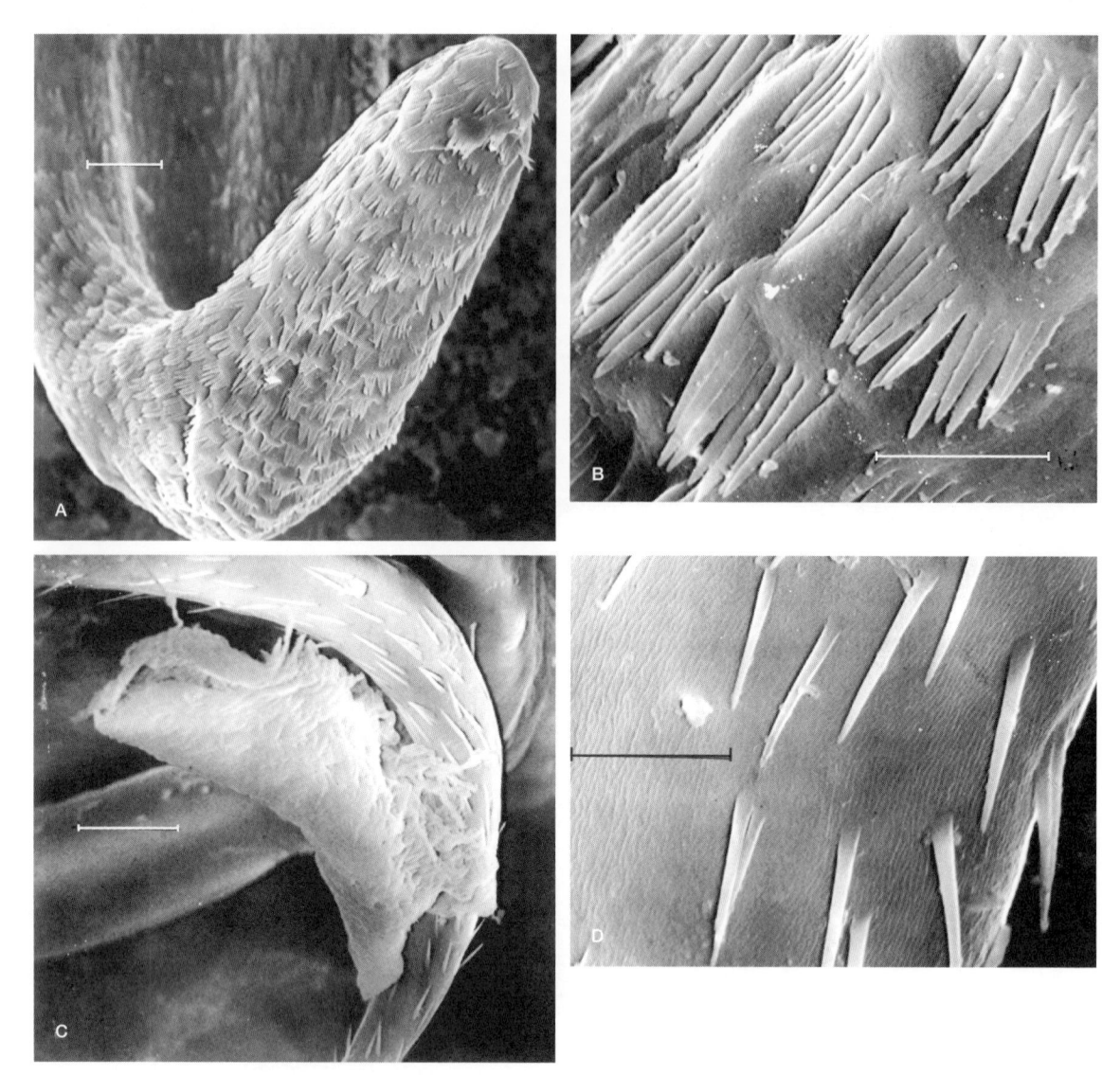

図11.43 均翅亜目の陰茎末端節の走査型電子顕微鏡写真. A. *Argia moesta* の末端節の先端部；B. そこにある櫛状の棘；C, D. *Ischnura ramburii* の角片で，棘と棘についたライバル雄の精子塊（左）．スケール：AとC. 20μm；BとD. 5μm. (Waage 1986aより)

ネ亜科（タイリクアカネのみ）である．

11.7.3.1.2 雌の生殖器の構造 均翅亜目では，Waage (1984b) が認めた4タイプの陰茎と雌の生殖器（図11.42）の形態との間に幅広い対応関係があるため，精子置換のメカニズムについて推論することが可能である（表A.11.14）．陰茎の中程度の膨張が交尾中のマンシュウイトトンボで見られるが（以下参照），他の均翅亜目では稀である．不均翅亜目では，ギンヤンマ属とサナエトンボ属 (Waage 1984b) で精子置換の観点から雌の構造が予備的に調べられ，幅広い比較研究の必要性を促してはいるが，トンボ科を除けばほとんど分かっていない．

トンボ科の雌の生殖管には膣と受精域および精子貯蔵器官がある．第8, 第9腹節の腹板間にある管の開口部には，腹面方向に突き出た亜生殖板がある (Miller 1989a)．膣は背側には弁状構造をもつ隙間が開口部となって交尾嚢共通部へつながり，交尾嚢共通部は後部の溝を介して受精細孔へ通じることでも膣と連絡している (Miller 1984a: 図8; Siva-Jothy 1987b: 図3, 4)．交尾嚢共通部は，精子貯蔵器官つまり交尾嚢と1対の受精嚢にもつながっている．ただし，交尾嚢共通部と交尾嚢をはっきり区分できるとは限らない．膣との複合部と精子貯蔵器官は発達した筋組

11.7 交尾

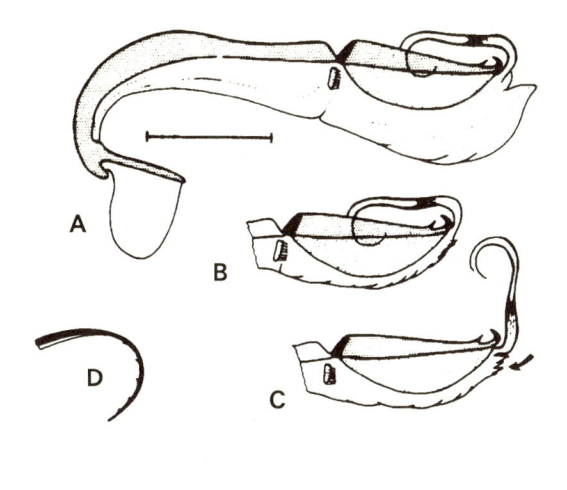

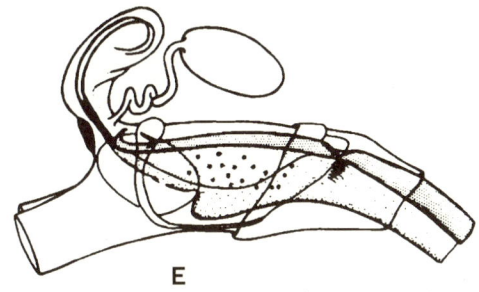

図11.44 マンシュウイトトンボの雌雄の生殖器. A〜C. 陰茎. A. (交尾中に) 膜が膨張した状態; B. 収縮した状態; C. 角片が矢印で示した点への圧力によって持ち上がった状態; D. 釣針状の逆棘がある角片の先端部; E. 交尾中の雌の生殖管の中の陰茎の位置. 陰茎が押し込まれることによって角片が交尾嚢の中で丸くなる. スケール: A〜C. 500μm; E. 350μm. (Miller 1987aより)

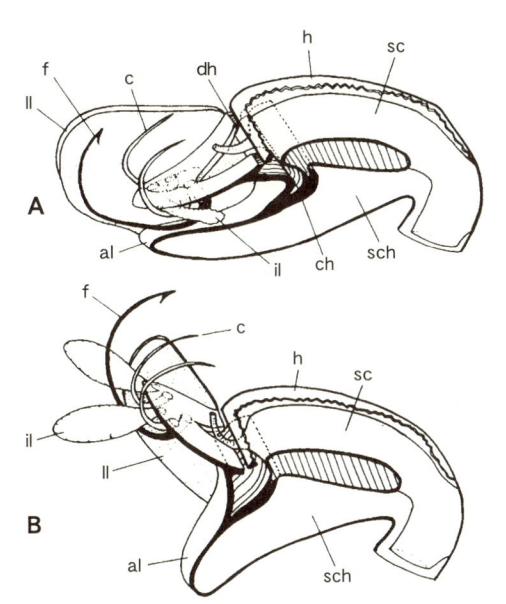

図11.45 トンボ科における一般的な陰茎の第4節を縦に切断し, 中心線の左側から見た断面 (模式図). A. 収縮時; B. 膨張時. 略号: al. 前被膜壁; c. 角片; ch. 中央蝶番; dh. 背部蝶番; f. 鞭節; h. 覆い; il. 内葉; ll. 側葉; sc. 精子の通る溝; sch. 海綿体. (Miller 1991aより)

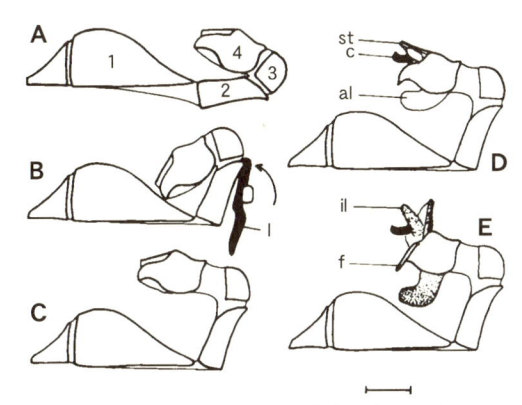

図11.46 *Celithemis eponina* の陰茎の伸張と膨張の図. 右側が前方, 上部が腹面. A. 静止状態; B. 陰茎鞘が第2節の中央の棘にかかり, この節を腹側に曲げる; C. 膨張によって陰茎の頭部 (第4節) が伸張する; D. さらに膨張して陰茎頭部の構造が隆起を始める; E. 頭部が十分に膨張し, 側葉が伸びて背側と側方に開く. 略号: al. 前被膜壁; c. 角片; f. 側葉; il. 内葉; l. 陰茎鞘; st. 射精管. 第1節 (A参照) は精子貯蔵部位と海綿体部位が独立している. スケール: 250μm. (Miller 1981を改変)

表11.10 均翅亜目の各科における陰茎タイプの出現状況

科名	陰茎のタイプ[a]			
	I	II	III	IV
ムカシカワトンボ科			×	
カワトンボ科			×	
ミナミアオイトトンボ科*	×			
ハナダカトンボ科			×	
イトトンボ科		×	×	×
ナンベイカワトンボ科			×	
ミナミカワトンボ科			×	
アオイトトンボ科		×		
ヤマイトトンボ科		×	×	×
ハラナガアオイトトンボ科	×			
モノサシトンボ科			×	
ホソイトトンボ科		×		
アメリカミナミカワトンボ科			×	
ミナミイトトンボ科		×		×
ニセアオイトトンボ科			×	
ハビロイトトンボ科		×		

出典: Waage 1986a.
[a] 陰茎のタイプについては表A.11.14を参照.
* 訳注: ミナミアオイトトンボ科は原著ではChlorolestidaeとなっている.

表11.11 トンボ科の雄に見られる二次生殖器の構造の主なタイプ

1. **前被膜壁**
    1.1 大きく，膨張可能で，たいていは多くの棘がある
        1.1.1 分割されておらず，背側に膨出する突起がない (図11.46; 11.47; 11.48A, B, C; 11.50A)
        1.1.2 2つの部分よりなる (図11.48D)
        1.1.3 背面に膨出する突起がある (図11.48E)
    1.2 長く，狭く，大きくて硬化する．あまり膨張しない (図11.48F)
    1.3 著しく縮小するか欠如 (図11.49A)
2. **側葉**
    2.1 大きく，平らな側板 (図11.46; 11.47; 11.48A, E, F; 11.49B)
    2.2 長くて刃状 (図11.48C)
    2.3 長く，曲がって釣りざお状，角片に似る (図11.48B; 11.50C)
    2.4 著しく縮小するか欠如 (図11.48D)
3. **中央突起**
    3.1 中央板
        3.1.1 大きく，隆起があり，硬化した突起．全く膨張できないか大きくは膨張できない (図11.47; 11.48A, B, F)
        3.1.2 上の3.1.1に近いが，末端に1本の膨張可能な突起がある (図11.49B)
        3.1.3 あまり硬化せず，極端に膨張可能 (図11.48D, E)
    3.2 鞭節
        3.2.1 1本で，時に末端に釣針状の返しがあるか突起がある (図11.47; 11.48A; 11.50A, B,F)
        3.2.2 分岐 (Y型) し，それぞれの末端に広がった部分か釣針状の返しに似た突起がある (図11.50D, E)
    3.3 角片
        3.3.1 長く，強く曲がる (図11.48B, C)
        3.3.2 丈夫で，短く，時に2つが部分的に融合 (図11.49A)
        3.3.3 硬化せず弱い (図11.49C)
    3.4 内葉
        3.4.1 広くてかなり膨張可能 (図11.48B, C, D; 11.49C)
        3.4.2 長く，狭く，棘があり，よく硬化し，鞭節に似る．主に側板内で膨張 (図11.47; 11.48E, F; 11.50G)
        3.4.3 広くて膨張時には丈が非常に長く伸びる (図11.49A)
        3.4.4 著しく縮小している (タイリクアカネ)

出典：Miller 1991a.
注：リストにあげた構造はすべて第4節，陰茎の末端節についてのものである (図11.45).

織と組み合わされており (Siva-Jothy 1987b), 解剖した標本では，速く活発な産卵に似た前後方向の運動が見られ，受精嚢の筋肉の強い収縮が一緒に起きることもある (Miller 1990b). この一連の動きが，トンボ科の一部の種 (例：シオカラトンボ属の複数の種, Miller 1995g) の交尾の特徴である，速く小さな振幅のある運動として見えるのであろう．膣は横断面で見ると十字の形をしていて，側面には大きな溝 (Siva-Jothy 1987b: 図4) があり，卵や陰茎を通すために広げることが可能である．雌の精子貯蔵器官の大きさと形は雄の陰茎の構造に対応していることが多く，陰茎によって交尾中に貯蔵器官内にあるライバル雄の精子をいかに効率的に操作できるかが分かる (図11.42, 11.44, 11.47). 現在までの知見によれば，雌の器官の構造や配置によるが，雄は精子貯蔵場所の一部には到達できない．

トンボ科では，交尾中の雌体内での精子置換効率を決定すると思われる2種類の生殖器の変異がある. 1つは精子貯蔵器官の形態と配置であり (図11.51), もう1つは亜生殖板の形態である (図11.52, 11.53).

Siva-Jothy (1984) は，精子貯蔵器官を主要な3タイプに分類し，Peter Miller (1991a) は10タイプに分類した (表11.12). Millerは，8亜科26属の56種 (アオビタイトンボ亜科，トンキントンボ亜科，コカゲトンボ亜科を除くすべての亜科) で調査した結果，最も一般的なタイプ (表11.12参照) は，1.1 (21％の種，4亜科), 3 (18％, 3亜科), 1.3.2 (16％, 3亜科) であることを見いだした．2種以上を調べた12属では，同属内では均一か種間の違いがあるどちらかであった (雄の場合については上述). ただし，アカネ属の6種では (陰茎の構造に変異があるにもかかわらず) 雌は均一であり，逆に，*Neurothemis*属 (2種) の雌では (陰茎の構造は均一なのに) 属内の変異があった．このように陰茎の構造と精子貯蔵器官は属内では均一になる強い傾向があるが，少数の属では例外があり，特にベニトンボ属の雌では6種に6タイプが存在した．精子貯蔵器官の10タイプの大部分はMillerによって調べられた4つの大きな亜科のいずれにもよく見られた (表11.13).

生殖器の変異が見られる2つ目の器官は，亜生殖

11.7 交尾

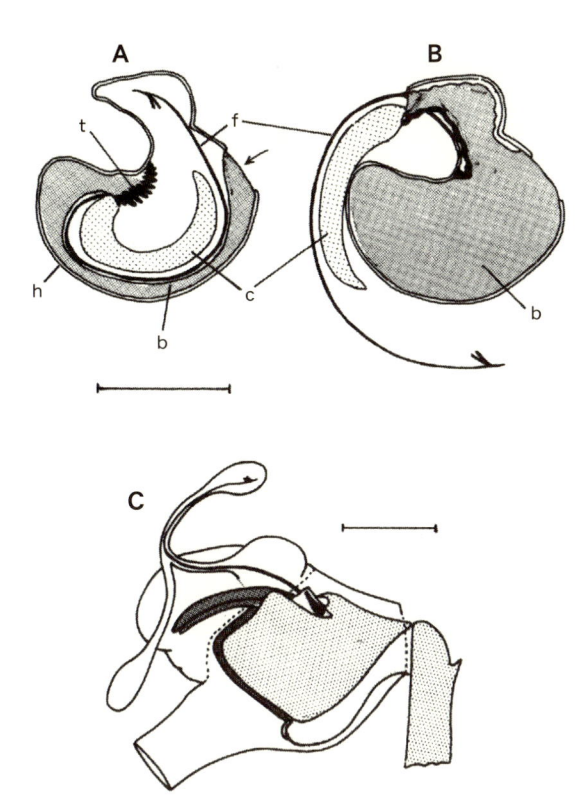

図11.47 アフリカヒメキトンボにおける雌雄の生殖器. AとB. 角片と鞭節が陰茎内で覆われた状態から出てくるときのメカニズム（想定）. A. 静止時，鞭節 (f) と角片 (c) が覆われており，弾性舌片 (t) がしっかりと畳まれている; B. 袋 (b) が液体で満たされ，角片と鞭節が出た状態. Aでの矢印は液体の入る所を示す; C. 交尾中の雌の生殖管内での陰茎の末端節の位置の想定図. 角片は交尾嚢に入り，鞭節が受精嚢の管を通って右の受精嚢に伸びている. スケール：500μm.（Miller 1982cを修正）

板である（Miller 1989a）. 陰茎は亜生殖板の近くを，またはそれを通して挿入されなければならない. 広がった亜生殖板をもつトンボ科のある種では，亜生殖板の中央に陰茎が通り抜ける深くて細長い穴がある（図11.52）. 亜生殖板に穴がない他の種では，その代わりに陰茎が亜生殖板よりも長くなっている（図11.53）. あるいは，交尾中の亜生殖板の位置が陰茎の一方の側に動くか，陰茎の通過を妨げないように下に曲がる種もある（例：*Uracis* 属の種, オナガアカネ *Sympetrum cordulegaster*）. 亜生殖板の発達に関与する淘汰圧は，精子競争よりも産卵に関係すると思われるが（§2.2.1），亜生殖板の長さの変異は，異性間の競争が生殖器を介してどのように行われうるかを示している.

機能的には精子貯蔵器官の形よりも，むしろ雌の野外での交尾頻度のほうが精子置換の程度に関連す

るという仮説は（Ridley 1989），現在までのトンボの観察ではあまり支持されていない.

11.7.3.1.3 形態と行動からの証拠 同じ属の種の間で変異がない「均一な」属（例えば，シオカラトンボ属の調べられた種で雄はすべてタイプ1.1.1, 2.2, 3.2.1であり，雌はタイプ1.3.2である）では，雌雄の生殖器の構造に対応関係があるが，他の種では雌雄の構造の間に明瞭な対応がない. そのため，生殖器の構造が精子置換の際にどのように相互作用するかを，形態を基準にして正確に予測することは簡単ではない. Peter Miller (1991a) は，雄の二次生殖器の構造は系統関係とは一致せず，異なる形態や起源をもつ構造の間に明らかな機能的収斂があるため，相同性が分かりにくくなっていると結論づけた. ベニトンボ属におけるこの構造の著しい属内変異は，この結論を支持していると思われる.

考えうる精子置換メカニズムから推定すると，トンボ科の陰茎は次の2つのタイプに分けられる.（a）長く細い突起（鞭節，角片，ある種では内葉；主なタイプは3.2, 3.3と3.4.2）をもち，雌の細い精子貯蔵器官に入ることができそうで，普通は陰茎の長さが雌の器官とつり合っている.（b）形は鋭利ではなく，かなり膨張可能で，雌の精子貯蔵器官は大きくて陰茎が入りやすく（主なタイプは1.1と3.4.1），陰茎の形や大きさは，普通，雌の器官とあまり対応していない. この2つのタイプは精子置換における少なくとも2つの主要な方法に対応すると思われる（以下参照）.

陰茎がタイプa (Siva-Jothy 1984のタイプ3に対応) である種の鞭節は，1本（図11.47）か二股に分岐し（オビヒメキトンボ, オオメトンボ），先端の「逆棘」は鞭節を受精嚢の中に固定する錨のような働きをし，また，引っ込める際に受精嚢の精子をえぐり出すことができる（図11.50B）. 螺旋状に巻き付く膜が鞭節の軸に沿って走っているので（図11.50D），鞭節があっても受精嚢の管に沿って精子を運ぶことができるのかもしれない. 鞭節の先が広がり釣針状の逆棘がないものは，雌の管の中でライバル雄の精子を先のほうに押し込むために使われるのであろう. 角片は普通受精嚢に入るのに適当な位置にあって長さも適当であり，堅く曲がっているので，交尾中に雌の管内に陰茎をとどめることができる. これによって，雌の生殖管が強く活発に動く間も陰茎を正しい場所に保つことができる. これは種によっては長く細い管の中に鞭節を通すのに必要であろう. アカネ属の一部の種の角片は，オオメトンボの鞭節のよう

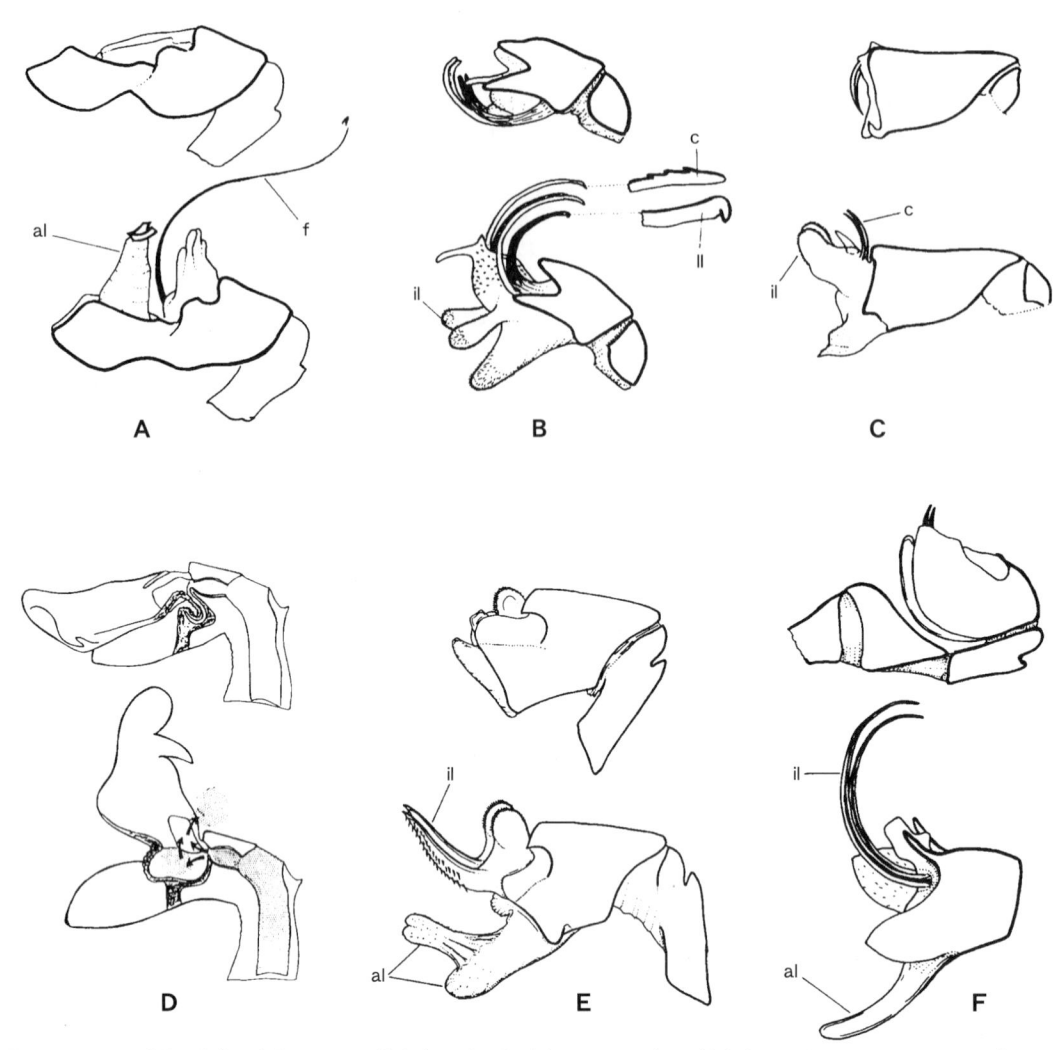

図11.48 トンボ科の陰茎の左側面．上は休止時，下は膨張時で，さまざまな拡大率で示す．A. ウスバキトンボ；B. クレナイアカネ；C. ヨツボシトンボ；D. *Nesciothemis farinosa*．網掛けと矢印は放出された精子が通ると考えられる道筋（本文参照）；E. *Zygonyx torridus*；F. *Trithemis stictica*．太線は硬化した構造を示す．略号は図11.45に同じ．(Miller 1991aより)

に縦に溝をもち，受精嚢の管に沿って精子が動くのを可能にしていると考えられる．ムツアカネの場合は，両方の角片が受精嚢の中に掛かることができ（図11.54），陰茎をとどめて中央突起が交尾嚢に入る間，前被膜壁と側葉が膣嚢部にとどまっている．交尾中は，新鮮で粘性の低い精子が受精嚢に挿入された管の先端近くに射出され続けるので，受精嚢内で希釈効果による精子の除去が生じている可能性がある（図11.54D）．新鮮な精子が陰茎の最先端から射出されるなら（§11.7.3.2参照），掻き出しの場所と射出の場所は分かれているので，射出された精子を掻き出してしまうことは少なくなる．トンボ科において，ライバル雄の精子の位置の変更（押し込み）

または掻き出しの動きは，一般に腹側に向かうので，自分の精子を置換することは起きにくいであろう（Miller 1991a）．ヒメシオカラトンボの精子の通る溝の末端は硬化した射精管で終わっており，交尾嚢の中に精子を入れるのに適した位置になっている（Miller 1990b）．ヨーロッパショウジョウトンボの射出細孔は中央葉の基部にあり，おそらく最後に交尾した雄の精子は，次に産まれる卵を最初に受精させる位置におかれる（Siva-Jothy 1988）．*Hadrothemis*属の種では，内葉が伸びて長い受精嚢と同じくらいの長さになっていて，その先端部で精子を掃き出すことができるのであろう（図11.49A）．ベニトンボ属の数種には棒状の内葉があるが（図11.48F），長

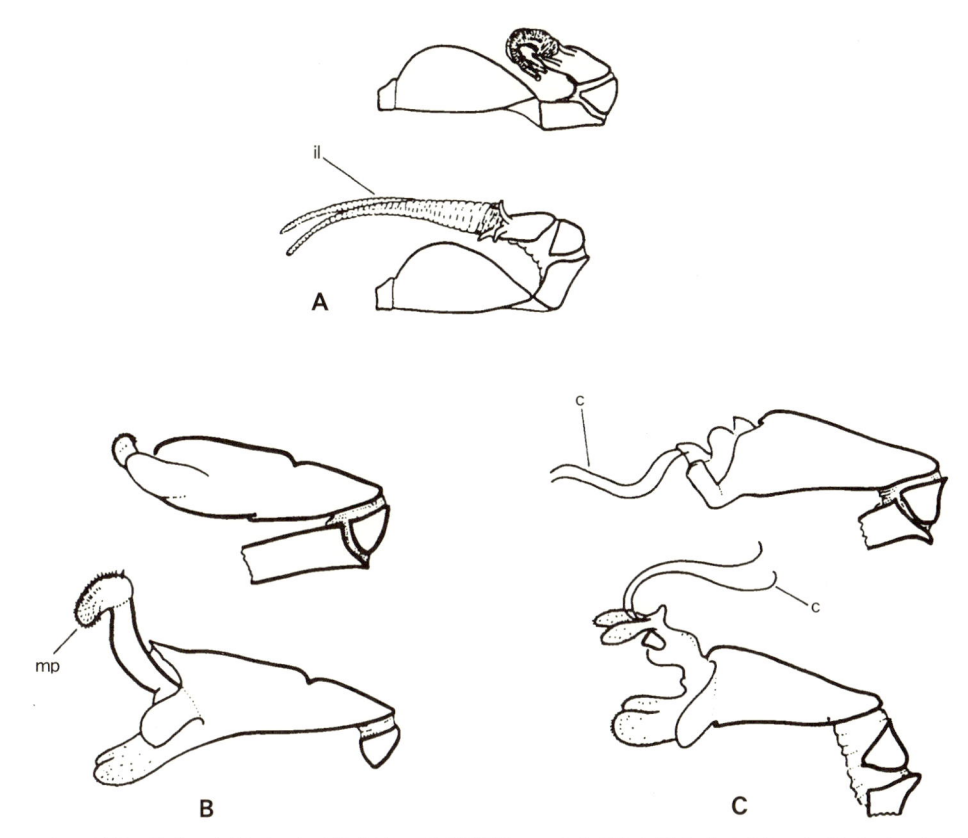

図11.49 トンボ科の陰茎の左側面．上は休止時，下は膨張時で，さまざまな拡大率で示す．A. *Hadrothemis camarensis*; B. *Bradinopyga geminata*; C. タイワントンボ．太線は硬化した構造を示す．略号：mp. 中央突起；他は図11.45に同じ．(Miller 1991aより)

くて狭い管を通ってちょうど受精嚢に届く長さになっており，基部方向に向いた末端部の棘を使って精子を掻き出すのかもしれない．アフリカヒメキトンボでは，角片が交尾嚢の精子を，鞭節が片方の受精嚢の精子を掻き出すのに使われるようである（図11.47C）．

タイプb（Siva-Jothy 1984のタイプ2に相当）の陰茎をもつ種では，膨張した側葉と前被膜壁が，陰茎を前方と背側に向かって進めて交尾嚢共通部に達することを助け，引き出すときに表面の棘（図11.50G）がライバル雄の精子を掻き出すのだろう．側葉は陰茎をその位置に固定するのかもしれない．また，膨張した中央突起は，陰茎が膣の内部に入るとすぐに背側に振り出して，腹側の弁を通って交尾嚢に入る．すると，タイプ1.5（表11.12）の貯蔵器官をもつ種では，中央突起の剛毛が生えた表面が，小さな交尾嚢から精子を押し出して広い受精嚢の管の中へ押し込むとともに，その襞が精子を取り込み，収縮するときに除去するのだろう．*Bradinopyga geminata*（図11.49B）の非常に棘の多い末端部は，この方法で精子の位置替え（押し込み）と掻き出しを行うのかもしれない．大部分のトンボ科における中央突起の機能は，陰茎を固定するものであるか，ライバル雄の精子を，受精が行われる場所から絡ませて掻き出したり，掃き出すためのものかのどちらかであると考えてよい．

トンボ科の精子貯蔵器官の容積には大きな（500倍以上の）種間変異がある．*Nesciothemis farinosa* やアフリカシオカラトンボの雄は，どちらも，1回の交尾で貯精嚢に蓄えられた精子の一部だけで雌が産む卵を受精させることができると考えられるが，2種の雌の精子貯蔵器官の容積は大きく異なる．*N. farinosa* の精子貯蔵器官はアフリカシオカラトンボの100倍以上の精子を蓄えることができ，その83％は交尾嚢（アフリカシオカラトンボでは26％）に蓄えられる．*N. farinosa* の雌の精子貯蔵器官は，雄が貯精嚢に蓄えることができる精子の5〜8倍以上の量を収容できる．しかし，アフリカシオカラトンボの雌は，貯精嚢

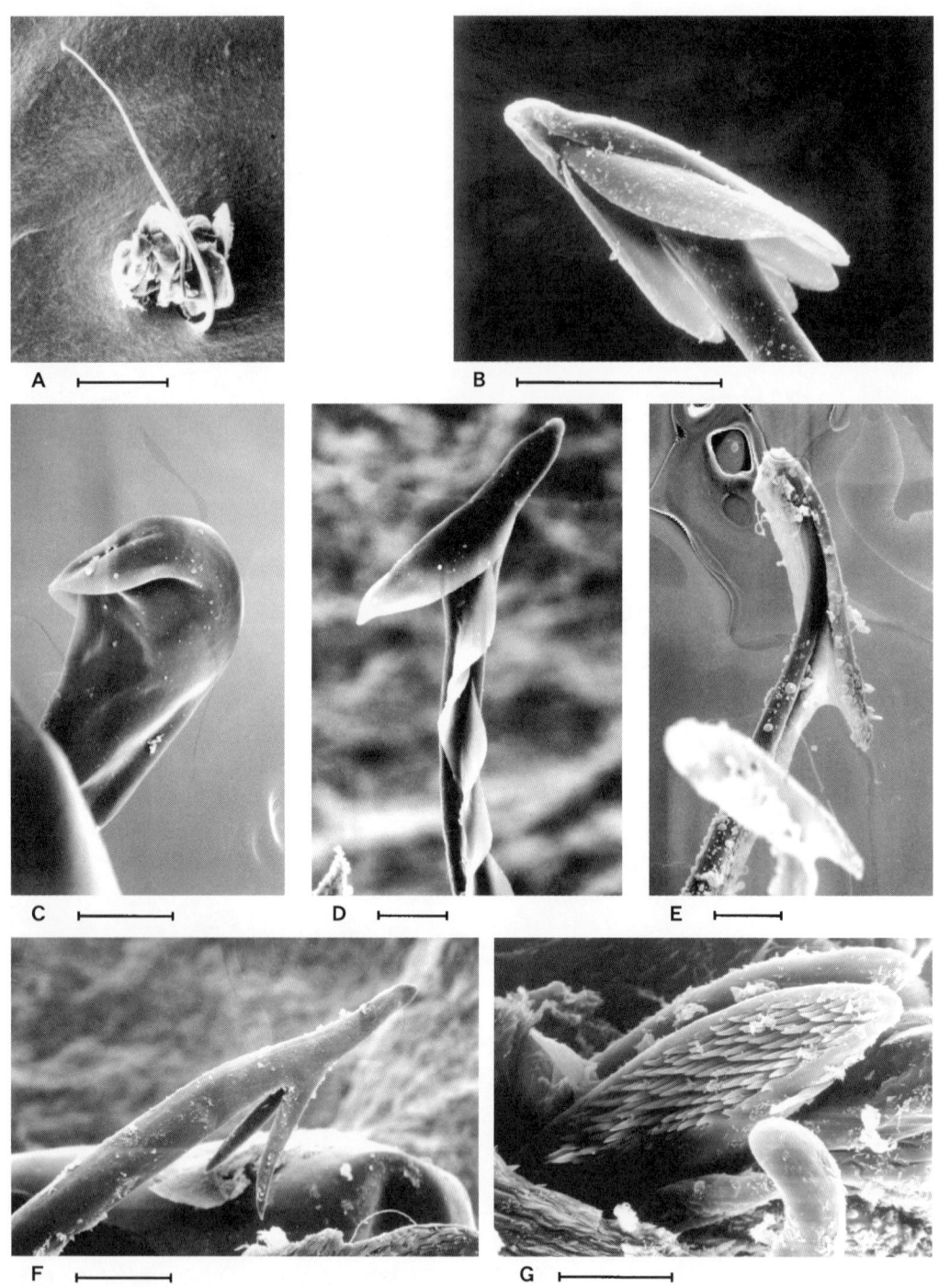

図11.50 トンボ科の陰茎の局部の走査型電子顕微鏡写真．A. ウスバキトンボ．第4節の背側にある膨張していない前被膜壁の襞（ひだ）と鞭節が見える．鞭節は静止時には普通，襞の間に存在し，一部が出ている状態であろう；B. ウスバキトンボ．鞭節の先には複雑な釣針状の逆棘がある；C. クレナイアカネ．細くなった側葉の先端；D. オオメトンボ．二股に分岐した鞭節の末端と，釣針状の返しとコイル状に巻き付いた膜が見える；E. オビヒメキトンボ．二股に分岐した鞭節の先の一方に釣針状の返しが見える；F. アフリカヒメキトンボ．分岐した鞭節の先に2つの釣針状の返しがある；G. *Zygonyx torridus*．膨張していない内葉には基部のほうを向いた頑丈な釘状の棘がある．スケール：A. 500 μm; B. 25 μm; C〜E. 10 μm; FとG. 50 μm. (Miller 1991aより)

11.7 交尾

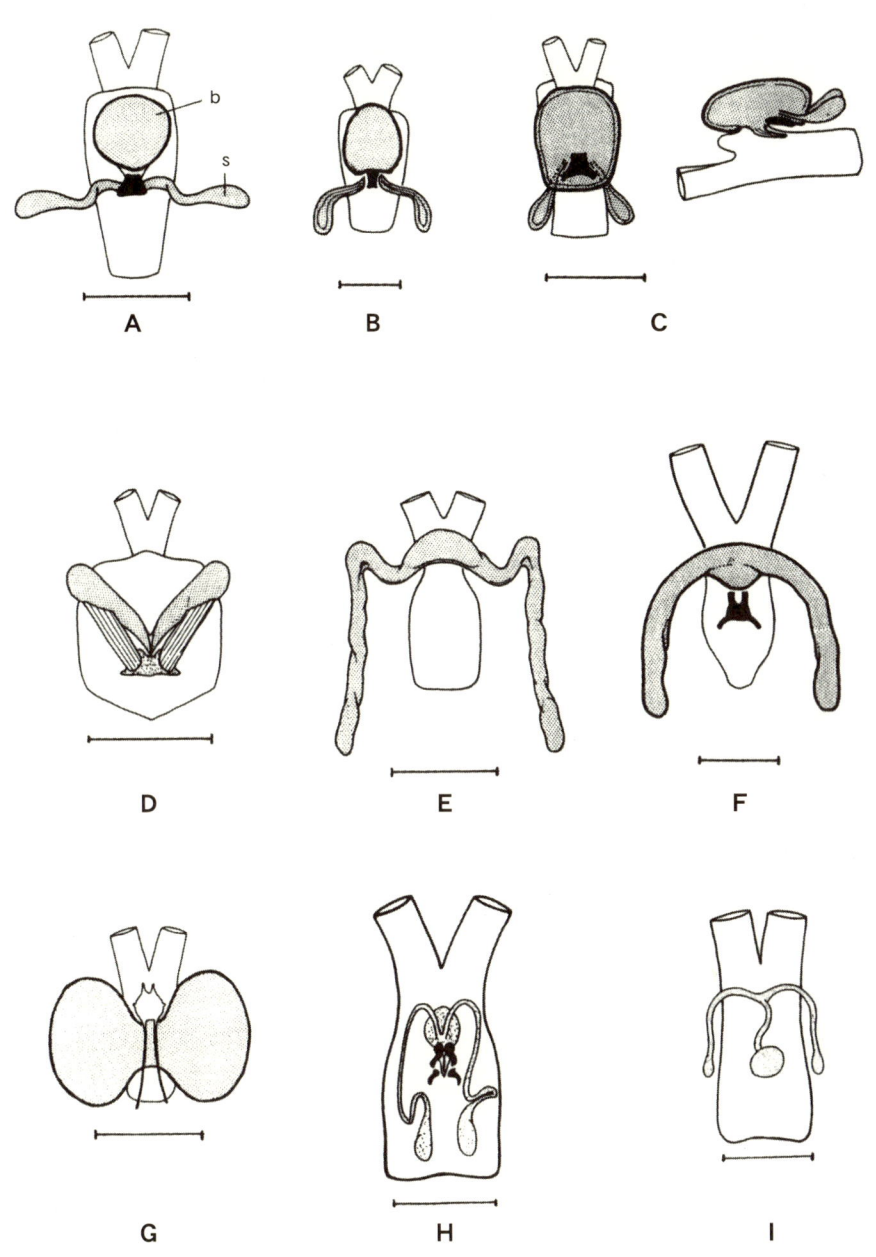

図 11.51 トンボ科の雌の精子貯蔵器官のサイズの変異を示す背面図．交尾嚢 (b) と受精嚢 (s) は網掛けで示す．以下の種名の後の括弧内の数字は精子貯蔵指数 (表 A.11.15)．A. タイリクアカネ (145)；B. タイリクアキアカネ；C. クレナイアカネ (161) の背面と側面；D. *Zygonyx torridus*. 交尾嚢がなく，筋肉が受精嚢に接続している；E. *Hadrothemis defecta pseudodefecta* (116)，2つの非常に長い受精嚢がある；F. *Libellula cyanea* (52)，2つの長い受精嚢が交尾嚢に合流している；G. ヨーロッパショウジョウトンボ (496)．非常に大きく，2つの丸い部位よりなる交尾嚢と腹部末端神経節；H. ウスバキトンボ (7)．長くよじれた受精嚢の管と非常に小さな交尾嚢；I. タイワントンボ (12)．T型をした受精嚢の管と小さな交尾嚢．スケール：I を除き 1.0 mm (I は 0.5 mm)．(Miller 1991a より)

の中身の 1/10〜1/6 しか収容できない (Miller 1984a)．アフリカシオカラトンボだけでなく，他のシオカラトンボ属の雌の精子貯蔵能力も非常に小さいだろう．また，ヨーロッパショウジョウトンボの雌は雄が射出する 45 回分の量の精子を蓄えるが (Siva-Jothy 1988)，*Sympetrum rubicundulum* では 3〜5 回分しか蓄えない (Waage 1984b)．多量の精子を蓄える雌では，1つか2つの肥大した貯蔵器官をもつことが多く，その種の雄は突出部を大きく膨張できる陰茎をもつ．それに対し，少量の精子を蓄える雌では，普通3つの

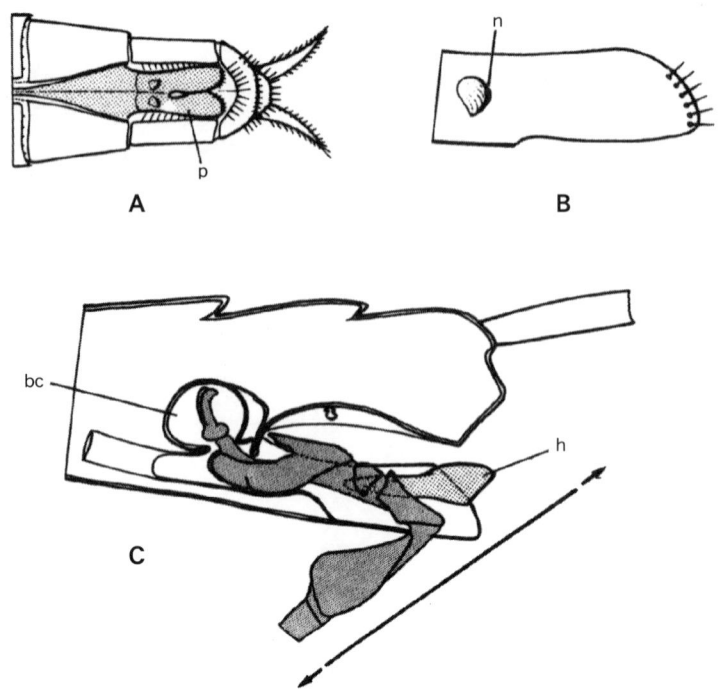

図 11.52 *Urothemis edwardsii* の生殖器．A. 腹面からの雌の末端の腹節と亜生殖板 (p. 点描部で長さ約 2.1 mm)；B. 右板を内側 (背面) から見た図．刻み目 (n) が見える；C. 交尾中の生殖器の位置 (雄の生殖器は網掛けで示す)．中央の丸い突出部は交尾嚢 (bc) の中にあり，交尾鉤 (h) が亜生殖板の刻み目にかかっている．右下の矢印のついた線は雄の腹部の長軸の位置を示す．(Miller 1989a より)

貯蔵器官をもち，その種の雄は鞭節，角片，または鞭状の内葉をもつ (表 A.11.15)．大きな精子貯蔵能力をもつ雌は，数回分の交尾による精子を蓄積できる (例：ヨーロッパショウジョウトンボ, Siva-Jothy 1988; *Nesciothemis farinosa*, Miller 1984a)．このような種の雄は，短時間に多くの交尾を行うことが可能である．精子混合の速度についてはほとんど分かっていないが，その過程には雌の筋肉による調節が働くと思われる (Miller 1991a 参照)．雌の精子貯蔵能力が小さい場合でも，雄は雌の貯蔵可能量より多量の精子を雌に移送できるかもしれない (例：アフリカシオカラトンボ, Miller 1984a)．雄は，過剰な量の精子でライバル雄の精子を押し流すか (Michiels 1989a 参照)，送り込める量のほんの一部の精子しか雌に送り込まないかのどちらかであろう．トンボ科の雄は，交尾の合間に自分の二次生殖器に精子を移送することが知られている．

精子置換のメカニズムは，少なくとも均翅亜目では，交尾中の行動の順序からも推測できる．環状姿勢が 30 秒以上続く場合 (§11.7.4 参照)，均翅亜目ではいくつかの区別可能な運動が決まった順序で起きる．例えば，タイリクルリイトトンボは (Miller & Miller 1981; Perry & Miller 1991; 図 11.55, 11.56)，ステージ I では，陰茎の頭部 (第 4 節) は膣か交尾嚢の中にある．このステージで生殖器が一時的に離脱すると交尾は著しく延長される．ステージ I は，(この中断を除いて) 約 23 分続き，環状姿勢を続けている全時間の 80% を占める．またこのステージは，1 秒当たり 0.2～1.0 回の周期的な運動が特徴である．ステージ I の時間は (全体にせよ中断を除いた正味にせよ) 大きく変化し，中断の回数や周期的運動の回数と正の相関がある．ステージ I では，もっぱら交尾嚢からライバル雄の精子を掻き出しており (受精嚢からは掻き出さないようだが)，このステージの途中で中断させられた雄の陰茎頭部には精子が見られる．ステージ II は短くて過渡的な時期であり (環状姿勢でいる時間の 4%)，それまでとは違う平均 0.25/秒の周期的運動に特徴がある．タイリクルリイトトンボやマンシュウイトトンボだけでなく他の種でも，主にステージ II で (このステージだけの可能性もある) 雌に精子が渡されるものと思われる．ステージ III では目立った動きはなく，雌体内で雌自身によって，精子が受精嚢へ運ばれているのかもしれない (Miller 1995e)．交尾ペアが邪魔されると，

11.7 交尾

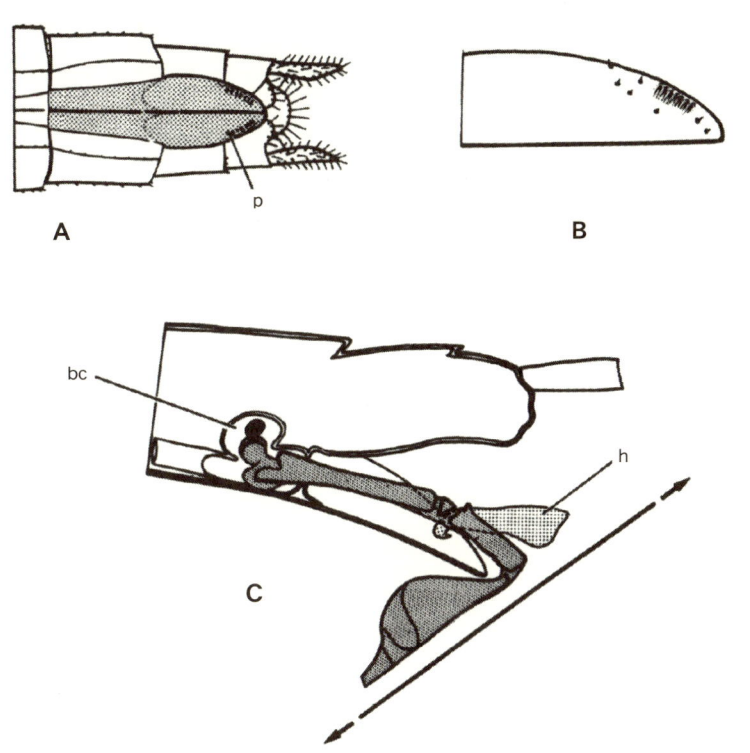

図 11.53 *Crocothemis sanguinolenta* の生殖器．A. 雌の末端の腹節と亜生殖板（pの網掛け部，長さ約2.8mm）；B. 右半分の亜生殖板の内部（背面）の図で7つの小さな刻み目がある；C. 交尾中の生殖器の位置（雄の生殖器は網掛けで示す）．中央の複合体は交尾嚢（bc）の中にあり，交尾鉤（h）が亜生殖板の右半分の後側面の縁近くにある刻み目に掛かっている．（右下の）矢印のついた線は雄の腹部の長軸の位置を示す．(Miller 1989a より)

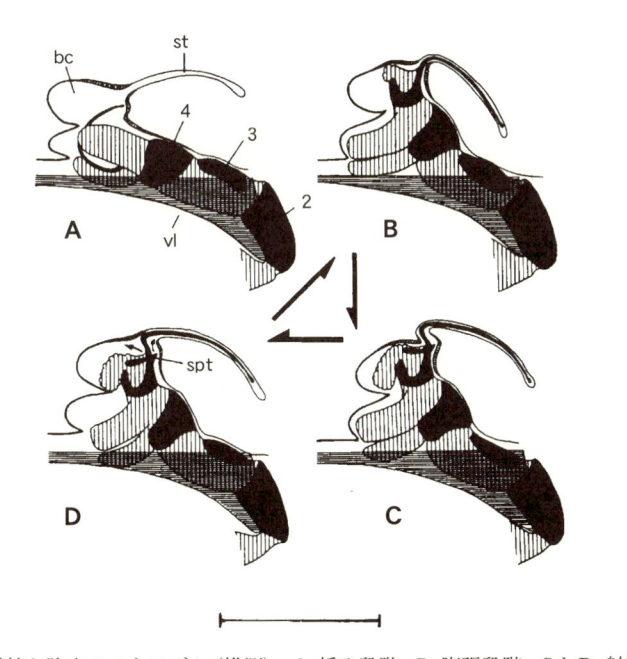

図 11.54 ムツアカネの媒精と除去のメカニズム（推測）．A. 挿入段階；B. 膨張段階；CとD. 射精段階．略号：bc. 交尾嚢；2〜4. 陰茎の節；spt. 射精管；st. 受精嚢；vl. 産卵管小片（横線部）を含む第8節．陰茎は縦線で（硬化部は黒で）示す．図の左側が前方，（雌の）背側は図では上方である．中央の矢印は交尾中の周期的運動時に起こっていると考えられる循環過程．Dの小さな矢印は射精時に放出される精子を示す．スケール：1mm．(Michiels 1989aを改変)

表11.12 トンボ科で見られる雌の精子貯蔵器官の主なタイプ

1. 3つの貯蔵器官
    1.1 大きい交尾嚢と大きい2つの受精嚢 (図11.51A〜C)
    1.2 中程度のサイズの交尾嚢と2つの受精嚢
        1.2.1 受精嚢には別々の管がある (*Neurothemis fulvia*)
        1.2.2 受精嚢の管は共通でそこから分岐する
            (T型; 図11.47, 11.51I)
    1.3 小さな交尾嚢と小さな2つの受精嚢
        1.3.1 短い受精嚢の管 (*Palpopleura lucia*)
        1.3.2 長い受精嚢の管 (図11.51H)
    1.4 大きい交尾嚢と小さな2つの受精嚢 (*Indothemis carnatica*)
    1.5 小さい交尾嚢と大きな2つの受精嚢 (図11.51F)
2. 2つの貯蔵器官
    2.1 1対の受精嚢があり，末端が広がっている (図11.51D)
    2.2 1対の受精嚢には管がつながり，受精嚢は平行に並ぶ (図11.51E)
3. 1つの貯蔵器官
    交尾嚢か合流した受精嚢より形成される (図11.51G)[a]

出典：Miller 1991a.
[a] またはこれら2つの器官の融合の可能性がある．

表11.13 トンボ科の各亜科における雌の精子貯蔵器官の主なタイプの出現状況

器官のタイプ[b]	亜科[a]						
	LE	LI	PA	SY	TRA	TRI	UR	ZY
1.1		×		×	×	×		
1.2.1	×	×				×		
1.2.2		×		×	×			
1.3.1			×	×				
1.3.2		×			×	×		
1.4				×				
1.5		×						
2.1					×			×
2.2		×			×			
3			×		×	×		

出典：Miller 1991a.
[a] 略号：LE. カオジロトンボ亜科；LI. トンボ亜科；PA. ムツボシトンボ亜科；SY. アカネ亜科；TRA. ハネビロトンボ亜科；TRI. ベニトンボ亜科；UR. フトアカトンボ亜科；ZY. タニガワトンボ亜科．
[b] 表11.12の記載に同じ．

ステージIIとIIIでは交尾を解消する可能性がある．また，両ステージの持続時間は相関している．ステージIの後，雌は明らかに交尾完了（媒精）に積極的になるように思われるが，おそらく，以前獲得した精子をステージIでほとんど失っているからだろう．

ほとんどすべての均翅亜目は（不均翅亜目はそうではないが；Michiels 1989a; Miller 1991a），体の動き方も機能的にも，上の例とよく似たステージの順序で交尾し，ステージIは普通最も長い（例：*Nososticta kalumburu*では全交尾時間の95％にまで達することがある，D. J. Thompson 1990b）．さらに，腹部の屈曲の回数は，ステージIでは掻き出す精子量と，ステージIIIでは媒精する精子量と相関がある（図11.57）．したがって，ヨーロッパベニイトトンボのように，腹部の屈曲が日の当たっている時間に限られる種では（Parr & Parr 1979），精子の掻き出しもおそらくその間に限られるに違いない．これは，雄の繁殖活動が暖かい時間に集中することをよく説明している．*Coenagrion scitulum*（Cordero 1994a）やスペインアオモンイトトンボ（Cordero & Miller 1992）のように，ステージIからIIIへ移行する途中のステージIIが見わけにくい種も普通にあり，その場合は媒精の段階がステージIIと呼ばれる．*C. scitulum*とムラサキハビロイトトンボ（Fincke 1984a）は，1回の交尾中に，ステージI（精子置換），ステージII（媒精），そして雄内移精（§11.6）からなるサイクルを繰り返す点で特殊である．これは，*C. scitulum*では陰茎に角片が

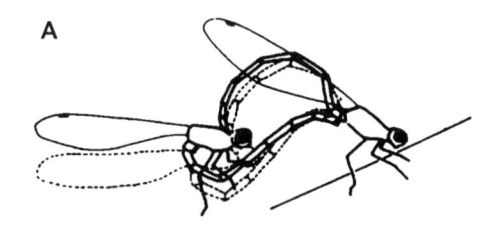

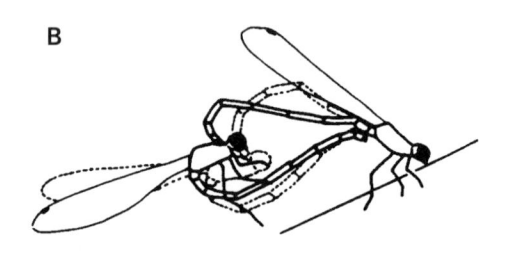

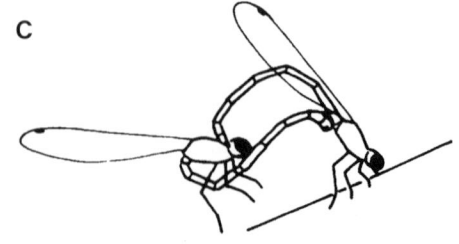

図11.55 タイリクルリイトトンボの交尾における3つのステージでの雄（体長約31mm）と雌の姿勢．A. ステージI；B. ステージII；C. ステージIII．太線は不活発か休止時，点線は活動時．(Miller & Miller 1981より)

11.7 交尾

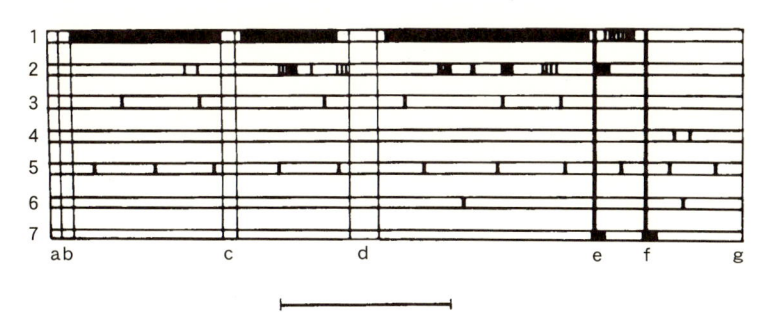

図11.56 タイリクルリイトトンボの交尾行動の概要．テープに記録した野外観察をもとに描く．基準線上の事象の略号：a. タンデム形成；b. 二次生殖器への精子移送に引き続きステージ I へ；c. 自発的に中断し，その後再び交尾；d. 自発的に中断し，小さく飛んで別の場所にとまる；e. ステージ II へ移行；f. ステージ III へ移行；g. 生殖器の解離．数字の説明：1. 腹部の周期的な運動；2. 雄による蹴り；3. 雄の身づくろい；4. 雌の身づくろい；5. 雄の侵入に対する翅上げ；6. 雄が頭を振る；7. 動作またはステージの変化．横の縮尺：5分．(Miller & Miller 1981 より)

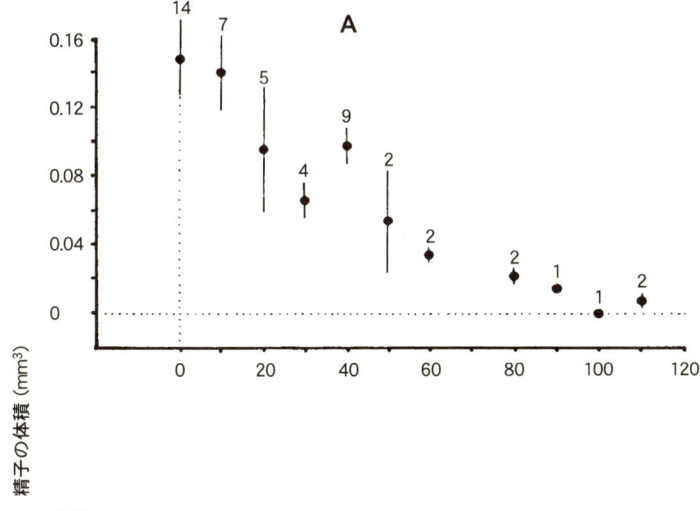

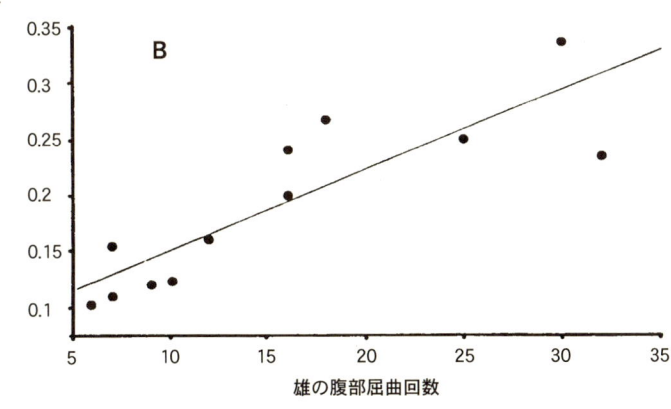

図11.57 ニシカワトンボの雄が交尾中に腹部を屈曲する回数と雌の精子貯蔵器官内の精子量との関係．A. ステージ I でライバル雄の精子をかき出す；B. ステージ III における媒精．(Siva-Jothy & Tsubaki 1989a を改変)

なく，そのため雌から精子を掻き出す能力がないということを反映していると考えられる．このサイクルによって，ライバル雄の精子を少しずつ移動させ，優先的に卵を受精できる場所に，新鮮な精子を配置することになるのであろう(Cordero et al. 1994)．こ のような例を除けば，これまでに研究された大部分の均翅亜目では，その順序はタイリクルリイトトンボと同じである．不均翅亜目では必ずしもその順序と同じでないことは，ムツアカネの例が示している．この種では，精子置換と射精がステージ I と III にそ

れぞれ限定されるのではなく，交尾の間中ほぼ平行して生じているらしく（図11.54, 11.58），典型的なステージの順序が決められない（Michiels 1989a）．ヒメシオカラトンボの雄では，第3腹節の速い周期（3〜5 Hz）の運動が交尾中ずっと行われるが，終わりころになると陰茎の膨張が維持されたまま，この運動はなくなる．この運動はおそらく膣側板にある鐘状感覚器を繰り返し刺激し，受精嚢の筋収縮を持続させて，ゆっくりと精子を放出させるのであろう（Miller 1990b）．ヒロアシトンボの雄は，ステージⅠの間，自分の後脚で雌の腹部の先端をたたくという行動をとる（Buchholtz 1956）．

トンボ科のほとんどの種（全種ではない）では，交尾中に生殖器の節がさまざまな周期と振幅で振動する．しかし，この科には均翅亜目のような交尾のステージが確認できた種はない（Miller 1995f）．

トンボ目では，これまでのところ掻き出した精子を摂食することは知られていないが（直翅目のアオマツムシでは知られている；Ono et al. 1989），それを体の一部からぬぐい取ることはある．ムツアカネの陰茎や交尾葉の表面にライバル雄の精子が時に見られることがある（Michiels 1989a）．*Progomphus obscurus*の雄では，第2背板の下面に，掻き出された精子と考えられる皮状のものが見つかることがある（Dunkle 1984a）．*Phyllocycla*属では陰茎の覆いの割れ目に（Dunkle 1987），新北区の*Ophiogomphus*属では，雌の亜生殖板の中央の割れ目に（Dunkle 1984b）同じ皮状のものが見つかることがある．これらの観察は，雄が掻き出した精子をどのように取り除くかを示すとともに，サナエトンボ科でも精子の掻き出しがあることの状況証拠になっている．また，その中の数種は精子掻き出しに適した構造の陰茎をもっている（Waage 1984b）．

*Ophiogomphus*属の場合，精子の残りが雌の亜生殖板の裂け目をふさぎ，次の雄が挿入する際の陰茎の通行を妨げるらしい．そうだとすると「交尾栓」の役割をもつ可能性がある．Peter & Clare Miller（1981）は，タイリクルリイトンボの雌が環状姿勢を終えた後，タンデムで飛びながら腹部を水中に引きずることを観察しているが，産卵管についた精子を洗い落とすためかもしれない．*Cora marina*の交尾後の雌は，生殖口から白い物質を除くために腹部の端をこする（González-Soriano & Verdugo-Garza 1982）．雌が産卵管か生殖孔を物にこすりつけて清掃する記録を（例：Corbet 1962a: 139），交尾相手が雌の体に残した精子を取り除いている行動と解釈できる場合があるかもしれないという疑問が残る．

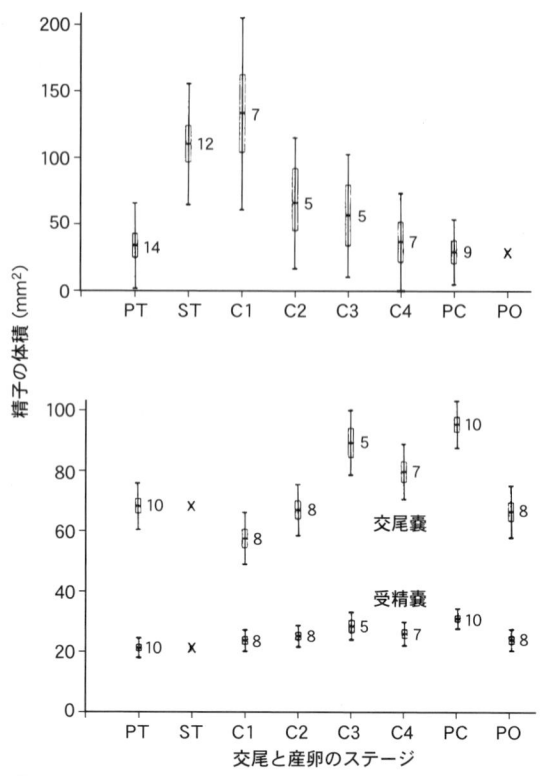

図11.58 ムツアカネの交尾前後と交尾中における，雄の陰茎嚢（A）と雌の交尾嚢・受精嚢（B）内の精子量の変化．PT. タンデム結合前；ST. 精子移送の後；C1〜C4. それぞれ5, 10, 15分，そして20分以上の交尾後に中断；PC. 交尾終了から産卵開始まで；PO. 産卵後．それぞれ平均値と標準誤差（縦の白抜きの長方形）および標準偏差（縦線）を示す．グラフ内の数字はサンプル数．×はSTの平均がPTと同じであると仮定した値．雌の平均値は体サイズで補正してある．（Michiels & Dhondt 1988を改変）

陰茎の詳細な動きが分かっている種はほとんどないが，マンシュウイトトンボについては，Peter Miller（1987a）が交尾ペアを固定して内部の生殖器の動きを顕微鏡下で観察して以来，比較的理解が進んだ．知られている限りでは，マンシュウイトトンボは交尾中に陰茎がかなり膨張し，交尾時間も長い点で，均翅亜目の中では例外的である（§11.7.4.2）．Millerが観察したペアでは，陰茎の膨張は交尾開始約5分後に始まり，15〜20分後には完了した．収縮には交尾が終了してから1時間くらいかかるので，交尾直後の雄は区別できる．交尾中には，陰茎の舌状部と角片が交尾嚢に入っているが（図11.14）受精嚢には入らない．ステージⅠの間，陰茎は腹側前方に80〜90°回転しながら強く引き戻される．交尾嚢から掻き出したライバル雄の精子は，陰茎の腹面（つまり「上側」）沿いと，おそらく膣嚢部内にも集められる．そ

の精子は，交尾終了時の陰茎を引っ込める際に，畳まれた角片と鉤状の部位に挟まれて掻き出される．キバライトトンボの雄は，交尾嚢のライバル雄の精子を紡錘状のペレットにして除去する (Andrew 1992). *Ischnura ramburii* では，陰茎を引っ込めた後その末端節に，乾いて固まった精子が発見できる (Waage 1986a). マンシュウイトトンボの精子の掻き出しはおそらく定型的な活動である．しかし，その交尾時間の長さが，雌がバージンであることによって，つまり，雄が雌体内のライバル雄の精子の存在を感知してステージⅠの行動を変え，交尾時間を変化させているのかどうかは不明である．キバライトトンボの雄では，バージン雌との交尾でも普通のステージⅠとⅡが見られ，そのあとでステージⅢで媒精を行う (Rowe 1978). アオモンイトトンボ属の精子の掻き出しは変化に富んでいる．アオモンイトトンボでは，陰茎の角片が受精嚢に届いていたのは15の交尾ペアのうち1例だけであった (Sawada 1995). しかし，スペインアオモンイトトンボでは，交尾嚢だけでなく受精嚢にあるライバル雄の精子を掻き出すことができる点で変わっているが，その陰茎の角片は非対称形であり，掻き出す量も変化する (Cordero & Miller 1992). *Ischnura denticollis* と *I. gemina* は，この属には珍しく，陰茎に「スプーン状突起」をもち (Novak & Robinson 1996)，交尾後警護をする．この相関は，スプーン状突起による精子置換と，交尾後警護によってライバル雄による精子置換を防止している可能性を強く示唆している (Robinson & Allgeyer 1996). オビアオハダトンボの雄は，ステージⅠの間に，受精嚢にあるライバル雄の精子を角片の1つを使って掻き出し (30〜50回の腹部の運動が必要)，交尾嚢の精子は陰茎鞘の基部にある反り返った棘を使って掻き出す (15〜25回の運動が必要). 掻き出された精子は，産卵管の第1，第2突起を使ってこれらの器官から掃き捨てられる．つまり，交尾後の休止時間 (表A.11.18) には清掃の機能がある (Lindeboom 1995).

11.7.3.1.4 現在の仮説 これまでに概観した証拠から，ライバル精子の置換は以下にあげるメカニズムのうち少なくとも1つによって行われるという見解が支持される．(1) 物理的な除去「掻き出し」．例としては，表A.11.14にあげたアオモンイトトンボ属や他の均翅亜目，そして陰茎上に基部を向いた突起，すなわち角片や釣針状の戻しのついた鞭節 (あるいはこの両方) をもつ他のトンボ類 (例えばトンボ科のタイプa). (2) 雌の貯蔵器官内での位置替え (「押し込み」ないし「詰め込み」). ヨーロッパショウジョウトンボ (Siva-Jothy 1988)，ハッチョウトンボ (Siva-Jothy & Tsubaki 1994)，トンボ科のタイプbの例がある．(3) 交尾雄の媒精中の射出物による洗い流し希釈．ハヤブサトンボ (McVey & Smittle 1984)，ムツアカネ (Michiels 1989a)，ヒメシオカラトンボ (Miller 1990b) もその可能性がある．(4) 雌の貯蔵器官または膣の収縮による精子の移動または排出．これは雄が出すある刺激に対する反応として起きている可能性がある．マンシュウイトトンボ (Miller 1987c) とヒメシオカラトンボ (Miller 1990b) がそうかもしれない．鳥ではヨーロッパカヤクグリ *Prunella modularis* において，交尾前ディスプレイの間に精子を排出することが知られている (Davies 1983).

Peter Miller (1995f) は，トンボ科のトンボが鞭節と角片を用いて精子を掻き出す方法 (メカニズム1) には以下の3つの方法があり，交尾の特徴とかなり関連性があると考えた．(a) 鞭節の棘が少しずつ (射出物から) 精子を濾過する．腹部の運動は速くてごく小さく，交尾は長い (例：シオカラトンボ属). (b) 棘のついた角片が受精嚢の管を出入りして精子を濾過する．腹部の運動はゆっくりだが強い (ヒメキトンボ属，*Celithemis* 属，オオメトンボ属 *Zyxomma*). (c) 棘のない鞭節の釣針状の返し (図11.50B, D, E, F) が受精嚢の管に掛かり，鞭節が引っ込むときに精子をトラップする．交尾は短くて空中で行われ，目立った腹部の運動はない．同じ種が，さらに精子の洗い流し (メカニズム3) を使ってこの方法を補うかもしれない．ただし，これらの方法は互いに排他的ではない．

タイリクルリイトトンボの受精嚢と交尾嚢の精子には違いが見られる．前者は高い運動性をもち，取り出して生理食塩水に入れるとすぐに広がる．後者は不活発で，掻き出された後は固いプラグ状になる．この性質は陰茎の鉤状の突起による掻き出しを円滑にするかもしれない (Miller 1982d; 図11.43C参照).

11.7.3.2 媒 精

精子は遊離精子あるいは精子束として雄から雌に移動する．**精子束** (「クローン*」の塊) は，それぞれが数百の精子からなり，先体がムコ蛋白質の基質に埋まっている (Hadrys & Siva-Jothy 1994参照). すべてのトンボ目の精巣には，初めは精子束があるが (例：Tembhare & Thakare 1982)，精子束の形で雌に媒精するのは一部の分類群だけである．媒精中に精子が遊離精子として雌に移動するもの (均翅亜目，エゾトンボ亜科，トンボ科)，精子束として移動する

もの（ヤンマ科，ムカシトンボ科，サナエトンボ科，ヤマトンボ亜科），1回の射精でその両方が見られるもの（オニヤンマ科，ムカシヤンマ科）がある（Siva-Jothy 1988, 1989）．ヤマトンボ亜科の精子束は他の分類群のものと大きく異なっている．ヒメシオカラトンボでは，精子の射出に先立って透明の液体が放出される（Miller 1990b）．少なくともヤンマ科については，媒精されてから精子が精子束から遊離するまでに，約48時間経過することが必要だろうと考えられていた（Siva-Jothy 1985）．これが正しいのであれば，精子束内の精子は，遊離精子とは違い，すぐには卵の受精に使えないことを意味する．しかし，DNAフィンガープリント法（§11.7.3）を用いて調べたところ，ギンヤンマ族の2種，つまりアメリカギンヤンマとギンヤンマでは，雄はタンデムになって警護している雌の卵を自分の精子だけで受精させていることが分かった．このことから，この2種では交尾後警護を行わない他の大部分のヤンマ科の種とは精子束の使い方が異なるのだろうと考えられる（Hadrys & Siva-Jothy 1994）．手がかりはAndrew & Tembhare (1995)の発見に得られるだろう．彼らは，オオギンヤンマ *Anax guttatus* では，精液中には精子束が入っているが，交尾嚢の基部にある弁が精子束を解き，遊離精子が交尾嚢の壁の鋭い突起に導かれて膣に入ることを見つけた．なわばり性のサナエトンボ科の種は（例：タイワンウチワヤンマ *Ictinogomphus pertinax*），同じ科のそれ以外の種とは違い遊離精子で媒精する（Siva-Jothy 1995）．だが，ヤンマ族やギンヤンマ族（図11.16），サナエトンボ科の種（表11.15；§11.8.2）に見られる警護は，まだ説明がついていない．一般的に言って，多くのパーチャーを含む，雄と雌の遭遇頻度が高い小型で活発なトンボは，遊離精子を雌に媒精するようである．一方，フライヤーを含む，大型で個体数が少なく河川に棲むトンボの多くは，精子束を雌に媒精するようである．これは，おそらく精子の寿命を長くする手段であろう．媒精と受精の間に時間的なずれがどうしても存在することは，交尾戦略にとって大きな影響を及ぼす（§11.9.2.1）．雄内移精や媒精の際に，精包の中に入れて精子を受け渡す証拠は全くない（Srivastava & Srivastava 1987参照）．トンボ科の精子の長さは普通は20〜40μmであり，雄や雌から分離して昆虫用生理食塩水に入れてもほとんど動かない．一方，ヤンマ科や均翅亜目の精子の長さはたいてい70〜100μmであり，数も少ないようであり，昆虫用生理食塩水中で数時間非常に活発に動く（Miller 1990b, 1995c）．ヤンマ科とエゾトンボ科では，精子貯蔵器官に特殊

化した細胞があり，精子に栄養を供給している可能性がある（Siva-Jothy 1987b）．もし，精子束と遊離精子とで精子が受精能力を得るまでの所要時間が異なることが証明できれば，この二極化は顕花植物における花粉粒の花粉管核が2つの種と3つの種に分かれること（Brewbaker 1967; Hoekstra 1979; Steer & Steer 1989）と類似の現象と言えるであろう．

均翅亜目やトンボ科では，媒精は普通精子置換の**後**に起きる（しかし§11.7.3.1.3参照）．精子は精液中に常に遊離精子として存在し，精子は陰茎の構造を反映した道筋で雌へと移動すると考えられる（図11.41）．マンシュウイトトンボでは，貯精嚢の末端まで達する陰茎の折り畳まれた膜と雌の生殖器開口部が並んで位置することで通路ができ，精子は貯精嚢の収縮により押し出されて，膣を経由して交尾嚢へと移動する．この移動は，ステージⅡAに特有な体を揺する動きによって促進されると思われる（Miller 1987a）．射精により貯精嚢の全内容物が雌に移動するが，これは交尾嚢の容積の約5倍に当たる．この容積の不釣合いは，射精のときに比べて精子が濃縮された状態で貯蔵されるか，余分の精液を雌が排出するか，またはその両方によって，交尾後に調整されているのかもしれない．ムツアカネでは，交尾の最初の5分間に，精子置換に続いて射精が起きる（図11.54）．トンボ科では，陰茎を人為的に膨張させると，最大に膨張したかそれに近い状態でだけ精子の放出が起き（Miller 1990b参照），膨張がやんだ状態では精子は放出されない（しかしPfau 1971参照）．精子は中央部の突起の基部近くで（Siva-Jothy 1988: 図1B参照）背側に放出される（図11.48D）．

トンボ科の一部の種で見られる鞭節の末端の鉤は（例えばウスバキトンボ属 *Pantala*，図11.50B），陰茎を固定する働きをもっているはずで，射精中に陰茎を抜けにくくするのだろう．

11.7.3.3 精子優先度

精子優先度（P_2値）とは，ある雌と交尾した最後の雄がどれだけの卵を受精させるかの尺度であり，すでに見てきたようにいろいろな手段で高めることができる．交尾嚢にある精子が受精に関して有利なことは明らかである．したがって，雄がライバルの精子を別の場所に移す主な目的は，交尾嚢内の受精細孔に近い所に自分の精子のための場所を作ることである（Siva-Jothy 1987b）．雌は受精の瞬間にこの受精細孔から精子を放出する（Siva-Jothy 1988）．ハヤブ

---
*訳注：精子どうしは正確にはクローンとは言えない．

11.7 交尾

サトンボは，ライバル雄の精子の場所を変えることと，精子が混合するときにライバルの精子を希釈することにより，自分の精子が優先的に受精に使われるようにすることが分かっている (McVey & Smittle 1984). トンボの雌は，何回も交尾を繰り返さなくても，普通1回の交尾で数回の産卵分の卵を受精させるのに十分な精子を蓄える．例えばハヤブサトンボでは，雌の体内に蓄えられた生存精子は，少なくとも5日間，時には12日間も存在し，毎日産卵するとして6〜13回の産卵分の卵を受精させるのに十分な量の精子が蓄えられている (McVey & Smittle 1984). スペインアオモンイトトンボの雌では，貯蔵された精子は媒精後およそ15日たってもなくなることはなく，普通は1回の交尾で雌が一生の間に産む卵を受精できるようである (Cordero 1990a). これはアメリカアオモンイトトンボについても同様だと思われる．

雌の精子貯蔵器官の相対的な貯蔵能力は (貯蔵器官の形や雄がどの程度まで貯蔵器官に接近できるかとともに)，交尾に続く (最後の雄とそのライバル雄の精子の) 混合の速さと混合の程度に影響するであろう．交尾直後に産卵された卵のP_2値は，これまでのところ95％を下回ることはまずない (例：ニシカワトンボでは100％, Siva-Jothy & Tsubaki 1989; スペインアオモンイトトンボでも100％, Cordero & Miller 1992; 以下の各種では少なくとも95％, ハヤブサトンボ, McVey & Smittle 1984; *Calopteryx dimidiata*, Waage 1988a; ムツアカネ, Michiels 1989a; ハッチョウトンボ, Siva-Jothy & Tsubaki 1994). P_2値は，同時に調べられた精子除去の割合の推定値とよく対応しているが (図11.59 A), しばしばP_2値のほうがかなり高くなる (例：ハヤブサトンボでは97.3〜100％対57〜75％, McVey & Smittle 1984; ハーゲンルリイトトンボの最大値では95％対87％, Fincke 1984b; ムツアカネでは95％対40〜80％, Michiels 1989a). *Calopteryx splendens xanthostoma*では，最後に交尾した雄が雌の受精嚢から完全に精子を除去するわけではないにもかかわらず，P_2値は98％にも達する (Hooper & Siva-Jothy 1996). このことは，雌の受精嚢は以前の交尾で受け取った精子を置いておく場所であり，雌が次の産卵エピソードの直前に再交尾しないで産卵するときに使うためであるという仮説を支持している (Siva-Jothy & Hooper 1995, 1996). ハヤブサトンボではP_2値が非常に高いので，交尾後5〜6分間に産まれる卵の父性という点で見れば，雄にとって未交尾雌のほうが交尾経験のある雌よりも価値が高いわけではない．最後の雄とそれ以前の雄の精子の混合は速やかに起き，しかもほぼ完全なので，P_2値は交尾の1日後に少なくとも74％, 2日後には64％まで低下する．ハヤブサトンボの雌は普通毎日産卵し，少なくとも1日1回は交尾するので (McVey & Smittle 1984), 最後の雄の精子が優先するのは一時的なものであり，雄がうまく警護している間に雌がすぐに産卵するかどうかに依存する．Michiels (1989a) は，雌の精子貯蔵器官の大きさが雌にもたらすコストと有利さについて論じている．Peter Miller (1984a) は，広く移動分散するトンボの精子貯蔵器官は並外れて大きいかもしれないと考えている．

精子の混合に伴うP_2値の低下はニシカワトンボで見られ，完全に混合するのは7〜8日後である* (図11.59 B). この種ではクラッチ間隔はおそらく4日であり，したがって，交尾の後，その間に雌が交尾しなければ，次の次の産卵までは最後の雄の精子の優先度がある程度維持される．しかしSiva-Jothy & Tsubaki (1989a) は，混合の程度には日によるばらつきがあり，必ずしもP_2値の低下は連続的とは限らないことを見つけた．そして，これは異なった交尾で受け取った精子が均一に混合しないためか，雌が特定の雄の精子をよく受精に使うことができるためかもしれないと考えた．実際に，精子の混合は，雌の1回のクラッチ間隔を経過したときには，たいていかなりの程度進行しており，天候不良で産卵が延期されたりするとその影響も受ける．P_2値の低下は，多量の精子を除去しておけばゆっくりになるであろうが (図11.59 A), それには長時間の交尾が必要となる．また，スペインアオモンイトトンボでも精子の混合によるP_2値の低下はばらつきが大きく，その原因の一部は精子除去を主に行う陰茎の角片の非対称性にあるかもしれない (Cordero & Miller 1992). どこでどのように精子が混合するのかはほとんど分かっていないが，Ola Fincke (1984b) はハーゲンルリイトトンボの精子の混合は交尾嚢と受精嚢の双方で起きると考えている．

精子除去の程度によるP_2値の違い，したがって交尾時間の違いは，Siva-Jothy & Tsubaki (1989a) が研究したニシカワトンボの雄の3つの交尾戦術に現れていた．交尾の持続時間は以下の3タイプで有意に異なっていた．(1) なわばり雄は自分のなわばりに飛来した雌と交尾する (平均交尾持続時間76.8秒). (2) スニーカー (表11.5) は，なわばり雄が防衛するなわばりの中や近くに目立たないようにとまり，産卵場所で交尾する (54.6秒). (3) 日和見雄は，摂食

---
*訳注：Siva-Jothy & Tsubaki 1989a参照.

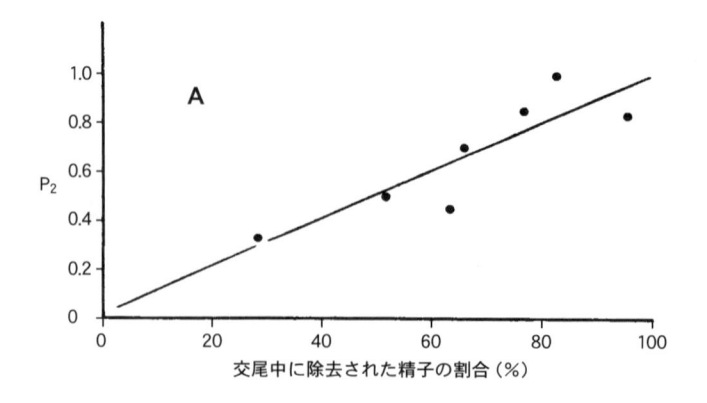

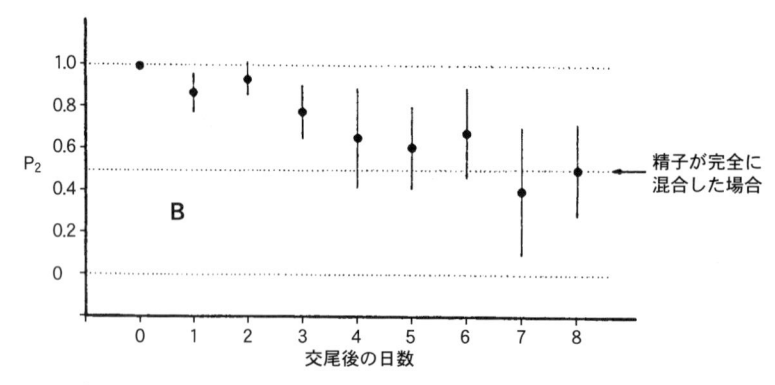

図11.59 ニシカワトンボにおける精子優先度に対する時間的な遅れの効果．A. 最後の雄が除去した精子の割合（％）；B. 精子の混合．Aの各点は1雌を表し，最後の交尾から3日以上経過した雌の全クラッチについての平均．BのP₂値は精子量の割合を考慮して補正したもの．交尾後6〜7日で0.5（完全に混合）まで低下している．黒丸は平均で縦棒は標準偏差．P_2は，最後の雄の精子優先度であり，コントロールされた条件での未交尾雌を用いた二重交尾実験による．(Siva-Jothy & Tsubaki 1989aを改変)

場所にいる雌あるいは摂食場所と産卵場所の間を移動している途中の雌と交尾する（147.2秒）．スニーカーだけが雌を警護しない．交尾時間は精子除去の程度と相関しており，戦術的に雌が再び交尾をせずに産卵する確率を反映していると考えられる．日和見雄は，交尾に時間をかけて他の雄のほとんどすべての精子を除去することで，次の産卵までの精子混合の影響を除去する．そうすることで，雌が次に水域に飛来したときに交尾をせずに産卵するならば（37％がそういう場合であった），高い割合で自分の精子で卵を受精させることができる．たとえ，雌が産卵場所で再び交尾したとしても，なわばり雄は日和見雄の精子の平均62％を除去するにすぎない．そこで，どちらの場合でも日和見雄の父性はある程度保たれることになる．

ハヤブサトンボの雄が防衛できるなわばりの大きさはP_2値と密接な関係がある．雌は平均してその日のクラッチの80％を交尾後数分で産んでしまうが，なわばりが広ければ広いほど，隣のなわばり雄からの干渉を受けずに長時間飛び回ることができるので，雌はより高い割合で卵を産む．そしてなわばりの最大の大きさ（長さ9m）は，その中で1回分の卵のほぼすべてを産むことができる大きさに対応していた（McVey 1988）．

11.7.4 交尾時間

交尾中の雄による精子置換のメカニズムを考えようとする場合，その尺度として重要なのは雄が物理的にどれだけ速く交尾を完了できるかである．さまざまな外的要因によって（精子置換とは関係なく）交尾時間が長くなるので，交尾の最長時間にはあまり意味がない．表A.11.16にまとめた数値はそのような点を考慮して選んだものである．交尾が中断した場合や，種によっては観察された交尾数が少なく最短時間があまり確かなものではないことがあるので，この数値にはそのための誤差が含まれるかもしれない．だが，種内ではある程度安定しているので，

11.7 交尾

表A.11.16から明らかになるパターンは信頼のおけるものである.

11.7.4.1 科内の変異

均翅亜目では（表A.11.16, セクションA），かなり精巧な精子置換のしくみをもつにもかかわらず，1分程度しか交尾しない属が驚くほど多い．2つの科（ハナダカトンボ科とホソイトトンボ科）は完全に1分以内であるし，別の1つの科（カワトンボ科）でも多くの種がそうである（当てはまらない属として*Neurobasis*属がある; Kumar & Prasad 1977a）．この3つの科のうち2つでは求愛が発達している．イトトンボ科とハビロイトトンボ科の2つの大きな科ではばらつきが大きい．イトトンボ科では，カラカネイトトンボ属（0.2分, Larochelle 1979）とナガイトトンボ属（1分, Furtado 1972）に始まり，10分台の*Chromagrion*属（16分, Bick et al 1976）やキイトトンボ属（約18分, Srivastava & Suri Babu 1985b），長いものでは*Leptagrion*属（25分, Santos 1966c）がある．ハビロイトトンボ科では，ヒメハビロイトトンボ*Mecistogaster ornata*が4～24分（Fincke 1984a），*M. linearis*は約41分であり（Fincke 1984a），ムラサキハビロイトトンボ属*Megaloprepus*（25～151分，平均は約71分）は一部のヤンマ科（イイジマルリボシヤンマ*Aeshna subarctica*, 30～75分，平均50分, Schmidt 1964b）に匹敵する．モノサシトンボ科では，これまで調べられたものはどれも交尾時間がかなり長い（グンバイトンボ属，13分, Buchholz 1956; モノサシトンボ属*Copera*, 40分以上, Furtado 1974）．

不均翅亜目の2つの科では，記録されている最短の交尾時間は常に10分を超えており，20分以上が普通である（表A.11.16, セクションB）．ヤンマ科ではギンヤンマ属（10分, Roberts 1958; Corbet 1962a），トビイロヤンマ属*Anaciaeschna*（15分, Geijskes & Van Tol 1983），カトリヤンマ属（20分, 栗林 1965）だけが30分を下回る．オニヤンマ科（記録は少なくてまばら）ではこれまでの最短交尾時間が50分である（タイリクオニヤンマ属, Dunkle 1989a）．サナエトンボ科もアフリカウチワヤンマ*Ictinogomphus ferox*（平均0.11分, Miller 1982c）を除けば最後の2つの科とほぼ同じくらいである．ウチワヤンマ属では，表中の交尾時間が長い*I. rapax*（Tyagi & Miller 1991）も，おそらく他のウチワヤンマ属*Ictinogomphus*も，雄がなわばりをもち，飛行しながら交尾を完了し，特に高密度では雌の産卵を警護することがある．この点で，サナエトンボ科の他のものと明らかに違っている．さらに，これらの種は雄の陰茎が，表11.11に記したトンボ科のように，「押し込み」による精子置換に適した，膨張できる構造をしている．エゾトンボ科では変異が大きく，ミナミトンボ属（1分, Sakagami et al. 1974）やミナミエゾトンボ属（3分, Rowe 1988）からトラフトンボ属（20分以上, 曽根原 1967）やコヤマトンボ属*Macromia*（31分, Corbet 1962a）まである．トンボ科だけは短い交尾時間の種が多く，79％の属が1分以内で交尾を完了できる．1分のクラス（表A.11.16, セクションC）に観察例がないのはフトアカトンボ亜科（*Aethriamanta*属で6.4分，*Urothemis*属で1.2分, Hassan 1981a）だけである．アオビタイトンボ亜科，トンボ亜科，ムツボシトンボ亜科，タニガワトンボ亜科の4つの亜科では，すべての観察例が1分のクラスに入る．6つの亜科では1分を超える観察例があるとはいえ，8.6分（*Eothemis*属, Lempert 1988）を超える種はない．1分以内で交尾を完了でき十分に正確なデータがあるトンボ科の26属の中では，0.0～0.3分の範囲に交尾時間の分布は著しく集中していて，0.0～0.1分が42％，0.1～0.2分と0.2～0.3分がそれぞれ8％である（1分と記録されている以下の4つの属は，計測が1分単位で行われたようなので除外した．*Hadrothemis*属, Lempert 1988; カオジロトンボ属, Wolf et al. 1989, Lee & McGinn 1985; アカネ属, Uéda 1979）．このようなパターンは，トンボ科では短い交尾時間が有利であるような，極めて強い淘汰が働いていることを示唆する．3つの亜科には，0.05分以内（3秒；表11.14）に交尾を完了できる種があり，トンボ亜科（ヨツボシトンボ属，アメリカシオカラトンボ属*Orthemis*），アカネ亜科（ショウジョウトンボ属，*Erythrodiaplax*属），ムツボシトンボ亜科（*Diastatops*属）がそうである．交尾時間の範囲を見ると，属によっては（*Diastatops*属, 0.05～0.12分, Wildermuth 1994b; コハクバネトンボ属, 0.15～0.73分, Wildermuth 1991b; *Zygonychidium*属, 0.33～0.50分, Lindley 1970）最短時間をはるかに超えるような交尾時間はほとんどないか，全くないようである．しかし，他の多くの属では交尾時間のばらつきはもっと大きい．属のレベルでは，例えばアオモンイトトンボ属では20～400分（Cordero 1989b参照）である．また，種のレベルでは，例えば，ヒメシオカラトンボは0.08～25分である（Parr 1983b）．次にこういった変異の問題を扱うことにしよう．

11.7.4.2 属内の変異

わずかではあるが有意な交尾時間の違いが新北区のアオハダトンボ属の種の間で見られるが（Meek & Herman 1990），これはアオハダトンボ属のように

表11.14 交尾が10秒以内に終了することがある属

属	交尾の持続時間[a]（秒）	文献
ショウジョウトンボ属	3	Lorenzi et al. 1984
Diastatops 属	3	Wildermuth 1994b
Erythrodiplax 属	3[b]	Del Carmen-Padilla & González-Soriano 1980
ヨツボシトンボ属	3	Hilton 1983a
アメリカシオカラトンボ属	3	Novelo-Gutiérrez & González-Soriano 1984
アメリカハラジロトンボ属	3	Jacobs 1955
ヒメキトンボ属	4	Prasad 1991
ベニトンボ属	4[b]	Gopane 1987
ウチワヤンマ属	5	Tyagi & Miller 1991
コシアキトンボ属	5[b]	宮川 1967a
ハラビロトンボ属	6[b]	新井 1975
Tetrathemis 属	6[b]	Neville 1960
ナイジェリアトンボ属	9	Miller 1982c
コハクバネトンボ属	9	Wildermuth 1991b
コシブトンボ属	10	加納・喜多 1994
シオカラトンボ属	10	Rehfeldt 1989a
オオメトンボ属	10	Miller 1991b

[a] 断らない限り，値は範囲の下限．
[b] 平均ないし平均に近い値．

著しく均質な属といえども珍しいことではない．もっと大きなばらつきが見られるのがアオモンイトトンボ属である．この属は，警護なしで長時間（60分以上）の交尾をする種と，短時間（60分未満）の交尾をする種の2つのグループに分かれる．短時間の交尾をする種には，タンデムになって警護する種（例：*I. gemina*）と，雌の交尾は1回で警護なしで産卵する種がある（アメリカアオモンイトトンボやキバライトトンボのいくつかの個体群；Cordero 1990a参照）．長時間交尾するマンシュウイトトンボ（Miller 1987a, c），スペインアオモンイトトンボ（Cordero 1987, 1989b, 1990a; Cordero & Miller 1992），アオモンイトトンボ（Sawada 1995）の3種についてよく調べられている．

フランス南部のカマルグで調べられたマンシュウイトトンボは，これまでに記録されているどのトンボよりも長い時間をかけて交尾をする（最大456分）．平均324分の交尾時間のうち，ステージI（精子の除去）がその74％を占め，残りがステージII（媒精）である．どちらのステージも，雄によってコントロールされていると思われる動きのない長い休止が途中に挟まるために長時間になっている．したがって，ステージIが非常に長い（平均239分）のは精子の除去のためだけではない．精子の除去は，ステージIの初期に終っているようである．（警護なしの）産卵は16:00〜21:00（日没）に起きる．最初の交尾は9:00ころ（日の出後約2.5時間）に起き，ほとんどの交尾は14:00〜16:00に終わるので，遅く交尾を始めたペアほど交尾時間は短くなる．Peter Miller（1987a）は，このトンボの長時間交尾は交尾した状態で行う産卵前の警護であり，雌をめぐる競争が激しい条件下で，交尾相手の雌が1日の終わりに産卵するときまで，他の雄と交尾することを阻止するための雄の戦略だと考えた．タイリクアキアカネの雄も雌の交尾を阻止するが，やり方は異なっている．すなわち雄は交尾前タンデムの状態（2.5〜4時間続く）で警護し，交尾は比較的短い（15分；§11.5.2参照）．

スペイン北東部では，スペインアオモンイトトンボの交尾は74〜250分続き，もっと長く続くこともある．ステージII（媒精）の長さは一定しており，ステージIの長さと相関している変数とも関係はない．ステージIは，相手の雌が既交尾の場合のほうが未交尾のときよりも長い．また，（雄密度が高い場合だけだが）1日の中の早い時間帯ほどステージIは長くなる．大部分の交尾は，太陽が南中したあと2〜4時間の間に起き，産卵は（交尾の翌日の）太陽が南中するころに起きる．交尾時間はその後に産む卵の受精率には関係がない．それゆえ，マンシュウイトトンボと同様，交尾には，雌をめぐる競争が激しい状況で雌を警護する働きがある．つまり，交尾がもう起きそうにない時間帯まで雌を確保するわけである．ただ，スペインアオモンイトトンボでは警護がステージIで起きる点に違いがあり，精子置換の機能も無視できない．雄は産卵場所をコントロールしないので，長時間の交尾は雄の繁殖成功度に対する寄与が大きいはずである．これは結果的に，雌に現れる色彩多型の平衡にも影響していると考えられる．それは，雄型の雌は，高密度では雄の干渉を避けやす

いが，低密度では交尾成功度が低くなるからである（Cordero 1992b）．

日本のアオモンイトトンボの交尾は平均395分続き，ステージⅠ（ゆっくりした腹部の折曲げと交尾嚢の中の精子の除去が行われる）はそのうち93％を占め，ステージⅡ（素早い折曲げと交尾嚢への媒精が行われる）が0.2％（1分未満），ステージⅢ（折曲げなし）は約7％である．マンシュウイトトンボと同じように，交尾嚢の精子の除去は，6時間続くステージⅠのうちの最初の1時間に行われ，ライバルの精子の約50％が除去される．しかし，受精嚢にある精子は交尾している間はあまり減少しない．交尾は朝に始まり正午まで続き，雌はその後単独で産卵する．この種の長時間交尾も，マンシュウイトトンボと同じように雌を確保する機能をもっているに違いない（Sawada 1995）．

11.7.4.3 種内の変異

種内での交尾時間の変異は，後で述べる例外を除けば，通常は表現型変異（あまり重要でない成分）と，表A.11.17の項目Bにあげたような外的要因への反応であろう．これらの外的要因は，どれも雌との出会いの頻度や精子優先度に関係する．交尾時間の決定要因は連続的に変化することがあり，その場合には交尾時間も連続的な変異を示す．また決定要因が不連続に変化するために交尾時間が二峰型の分布になることもある．表A.11.17に掲載したいくつかの項目について説明を追加しておきたい．

B.2について言えば，同じ雄と雌の間で2回目の交尾がすぐに起きるときは，雄が精子を除去しないため交尾時間は短いようである．

B.4に関して，特にイトトンボ科とアオイトトンボ科では，生殖器が離れて（タンデムは継続していても）交尾が中断されることが多数報告されている．例えば，George Doerksen（1980）が観察したタイリクルリイトトンボの4ペアでは，1〜8分間続く中断が2〜4回入るなどして交尾が中断し，中断の間は（タンデムで）飛ぶことが普通であった．George Bick & Lothar Hornuff (1965) は，*Lestes unguiculatus* では交尾が中断されないことのほうが稀で，1回の交尾で5回の中断が入ることがあり，タンデムになっている時間は1〜7分（平均4.5分）であると報告している．そういう事例は，これまでにイトトンボ科の少なくとも5つの属で報告されており，正常なものであると思われる．それゆえ，この分類に入るものは交尾を「延長した」と呼ぶべきではない．そこで，表A.11.17のB.4では，攪乱によって交尾時間が延びたことが明らかなものや，交尾の解除が起きたもの（例：*Chromagrion conditum*）だけをあげた．交尾が中断しても，雄は自分の陰茎を使ってライバルの精子の塊を取り除くことだけはできるかもしれない．

B.5とB.6について，Nuyts & Michiels (1993, 1994) は一部のトンボについてデータをまとめており，彼らの2つの理論的な予測と矛盾していないことを示している．第1の予測は，「最適」交尾時間は，次の産卵までの間や次の産卵バウトの最中に，雌が他の雄と再交尾する確率が平均より高いときには短くなることである．また，第2の予測は，クラッチサイズが平均より大きいときには交尾時間は長くなることである．

B.9については，アオモンイトトンボ属2種の行動上の背景をすでに説明した．タイリクルリイトトンボの場合は，遅い時間に交尾した相手の中には産卵を終了して水面にいる雌（その日のクラッチのすべてあるいは大部分をすでに産卵している）が含まれており（§2.2.7），そういう雌と交尾しても自分の精子で卵を受精できる可能性がほとんどないことと関係があると思われる．

B.5とB.8の2つのカテゴリーは機能的な関連があり，雌との遭遇頻度という共通の要因をもつ．つまり，雄の順位は，産卵に飛来する雌との遭遇頻度が最大となる好適な場所を確保する能力を反映している．雌との遭遇頻度が高い場所を防衛する雄は，定義上なわばり雄であり，多くの雌とそれぞれ短時間の交尾をする戦術を採用しているようである．この点で，少数の雌と長時間の交尾をする非なわばり雄とは違っている．時にその2つのタイプの交尾が起きる場所が異なることがあり，そのときは交尾時間のばらつきが不連続な二峰型になる（例：アフリカシオカラトンボ）．他の例は（調査場所の人為的な影響と思われる場合もあるが），あまり大きな差ではないが，遭遇頻度や交尾時間が異なるいくつかの場所で見られるものである（例：ニシカワトンボ，§11.7.3.3）．アフリカシオカラトンボの雄は，雌獲得に際して，なわばり，サテライト，放浪の3つの様式を示す（§11.3.7.1）．なわばり雄は非なわばり雄の9倍も交尾するが，1回の交尾時間は短い（なわばり雄の交尾時間は5分以内で平均3.2分，非なわばり雄の交尾時間は5分を超え，平均28.3分）．個々の雄は長時間交尾することも短時間交尾することもあるが（なわばりと非なわばりの交替は稀），なわばり雄の87％の交尾は短時間である．長時間の交尾と短時間の交尾では腹部の動きや姿勢が違っている．長時間交尾ではペアの多くは日陰で植物に垂直にぶら

下がるが，短時間交尾ではなわばりの中心部で地面に水平になる．この二極化の解釈は，なわばり雄は短時間の交尾をすることで，多くの雌と交尾できる出会い場所を防衛することに多くの時間を割けるということである（実際に，なわばり雄は，精子を移した後の可能性も高いが，侵入してきた雄を追い払うために交尾を中断することがある）．雄密度が低く侵入者が少ないときには，なわばり雄の交尾時間は有意に長くなる．非なわばり雄の交尾回数は少ないが，特定の場所を守ることに拘束されていないので，個々の雌に多くの時間とエネルギーを投入し，ライバルの精子を多く除去することによって，精子優先度を高めているかもしれない（陰茎には逆棘のある鞭節があり，おそらく受精嚢に入ることができる）．やはり二峰の交尾時間の分布を示すタイリクシオカラトンボの状況もこの解釈を支持する．長時間の交尾（平均14.9分）では精子の除去はほぼ100％であるが，短時間の交尾（平均0.35分）では10～15％でしかない．場所，雄の順位，そして交尾様式の間の密接な関係は，セボシカオジロトンボとニシカワトンボではっきりと示されている（B.8参照）．セボシカオジロトンボの交尾時間は，雄の順位とも相関しているが，実際には**どこで**交尾するかによって決まっており，雄の順位で決まっているわけではない．すなわち，なわばり雄の交尾は，自分のなわばり内では短いが，なわばり外で交尾したときには長い，つまり，なわばり外では非なわばり雄のように振る舞うのである（Wolf et al. 1989）．交尾時間と精子優先度（P_2値）の相関はタイリクシオカラトンボと似ている．交尾時間が5分以上ならP_2値はほぼ100％であるが，4分を切ればP_2値のばらつきは極めて大きくなる（0～100％）．したがって，雄が父性をもった子の数の期待値の分散は長時間交尾のほうが小さい．雌が自分の交尾相手の地位［なわばり雄かどうか］を認識できる可能性についてはすでに述べた（§11.4.3）．セボシカオジロトンボの雌は，自分の交尾相手である雄がどこに行こうとしているかで地位を判断し，交尾時間に影響を与えるのかもしれない．第2の例であるニシカワトンボについては精子優先度のところで述べた（§11.7.3.3）．これまでに見てきた例と対照的に，Harvey & Hubbard（1987a）が調べたアメリカベニシオカラトンボのなわばり雄と非なわばり雄の交尾時間の間には，有意差が検出できなかったことは注目すべきである．

11.7.4.4　機能上の解釈

交尾時間は，精子優先度（精子除去および最も重要な交尾直後の産卵を警護する機会を介して）となわばりを保持し，多くの雌と交尾することとの妥協の産物であるから，その値は種内や種間で交尾戦略を比較する良い指標となるだろう（Waage 1986b参照）．このことは，なわばり保持期間（§11.2.3.2）に見られる二分化と，なわばり性のトンボが示す2つの戦略との関連性についてのHidenori Ubukata（1984b）の着眼によって具体的に示された．なわばり保持期間が短い種（40分以下）は30分以上交尾し，その後なわばりには戻ってこないが，なわばり保持期間が長い種（1時間以上）は5分以下の交尾で，その後もなわばりを保持する．これは，表11.14と表A.11.16とも符合している．最も印象的な点は，雄が条件に応じて柔軟に違った戦術をとることができるシステムでは，こういった行動変数の間に相互関係が見られることである（Rowe 1988参照）．Edward Walz & Larry Wolf（1988: 205）による，セボシカオジロトンボにおける代替繁殖行動の採用についての解釈は，表A.11.8のカテゴリー2のトンボ，つまり，「代替行動の選択が能力によって決まるのではなく，雄の集団内の条件的な頻度依存性によって決まるシステム」に，広く当てはまるだろう．

11.7.5　交尾の終了

環状姿勢（必ずしもタンデム態ではない）は，空中であるいは何かにとまった状態で突然終わるが，雄による動作が契機となることが多く（例：*Palaemnema desiderata*, González-Soriano et al. 1982；*Perithemis mooma*, Wildermuth 1991b；*Platycnemis acutipennis*, Heymer 1966），雌がこの動作を始める種のほうが少ない（例：タイリクルイイトトンボ, Miller & Miller 1981）．キバライトトンボの雄は，環状姿勢を解くと，約0.5分間自分の腹部を真っすぐに保つ．すると雌は腹部を素早く後方に引き戻す．雄はタンデムの姿勢を解く直前に，雌が植物の茎をつかむことができる場所に雌をおく（Rowe 1978）．*Palaemnema desiderata*の場合は，雄が雌の頭部が腹部に接触する位置まで前方に押し上げると，ペアは離れる（González-Soriano et al. 1982）．グンバイトンボ属の雄は，環状姿勢の解除が難しそうだと，自分の後脚脛節で雌の腹部を押し，さらに自分の二次生殖器も使って雌を押す．このように後脚脛節を使った雄は，そのあと中脚脛節を使って後脚を擦る（Heymer 1966）．Peter Miller（1983b）は，侵入雄を追い払うために雄のアフリカシオカラトンボが交尾を突然終え，それから雌の近くに戻ってとまったものの交尾を再開しなか

った例を2回観察している．Siva-Jothy & Tsubaki (1989b) は，均翅亜目の科の中には，雄の陰茎が雌の産卵弁の間に保持されたままでも，雄が環状姿勢を解除するものがあると考えている．

ヨーロッパアオハダトンボの雌は，環状姿勢の解除後，とまった状態で，腹を下方に向け弧状に曲げる特徴的な姿勢をとる (Heymer 1972b)．

11.8 交尾後の行動

この節では，交尾直後の雌が，産卵を開始するか交尾場所を離れるまでの行動を記述する．産卵行動自体については，§2.2で述べた．交尾後警護については，§2.2.5でトンボ目内での分布と産卵や雌の繁殖成功度への影響を論じたので，ここでは主に雄の繁殖成功度の1つの成分としての雌の交尾後の行動を考える．Alcock (1994) はトンボ目を含む昆虫について，媒精後の警護の適応的な意義に関連する重要な予測を整理している．

11.8.1 警護なし産卵

交尾後すぐに雌雄が別れる場合，たいてい雌のほうが交尾場所を離れ，後で産卵のために単独で戻ってくるか，(稀だろうが) 産卵前に長距離の移動分散を行う (例：キバライトトンボ, Rowe 1978)．警護なしの産卵はムカシトンボ科では普通であり，その他の不均翅亜目でもトンボ科と少数のヤンマ科，エゾトンボ科，サナエトンボ科の種を除けば普通である (表11.15)．

雄に警護されない雌は，産卵場所に雄がほとんどいない時間帯に産卵する傾向がはっきりしているようである (ヒスイルリボシヤンマとルリボシヤンマ, Kaiser 1974a, 1975; カラカネトンボ *C. a. aenea*, Smith 1994; *Phaon* 属, P. L. Miller 1985; §2.2.9)．雌雄の活動時間帯が分離する傾向はモートンイトトンボ *Mortonagrion selenion* では普通であり (Mizuta 1974)，(産卵場所で) 雄は5:00〜8:00まで活発な生殖活動を行うが雌の産卵は9:00〜17:00に起きる．一部の種では，雄が水域にいないような条件のときに産卵することで，雌は雄との混在を避けることがある．例えば，雲が厚くかかっているとき (例：*Leucorrhinia rubicunda*, Pajunen 1966b)，薄明のとき (*L. pectoralis*, Kiauta 1964b)，真っ暗なとき (*Somatochlora metallica*, Geest 1905) である．*Aethriamanta rezia* (Hassan 1981a) やアメイロトンボ *Tholymis tillarga* (Miller 1995e) は，こういった戦術を柔軟に採用しているようである．雄による干渉が激しいと，雌はいったん水域を離れ，大部分の雄がねぐらに帰ったころに産卵に戻ってくる (Hassan 1981a)．雄がそのころまで水域にとどまるような淘汰を受けないのはなぜだろうか．雄が活発になわばりを防衛するためには，(平均して) 毎日かなりの時間を採餌に割く必要があるからかもしれない (§9.6.4)．Sternberg (1996) は，ヒメルリボシヤンマ *Aeshna caerulea* の雌が雄よりも低い気温で活動できるのは，雌雄で色彩が異なることで外熱吸収能力が違う [つまり雌は体温上昇に使うエネルギーが少ない] ためであることを示した．他の種では雌雄の空間的な分離が見られ，雌は幼虫の発育には適しているが，出会い場所にはむかない場所で産卵することがある (例：ヒメルリボシヤンマの潜在生息場所, Sternberg 1995b; *Megalagrion amaurodytum* が幼虫の生息場所として使うユリ科 *Astelia* 属の葉腋, Moore 1983a)．水面下に産卵する多くの種の雌 (§2.2.7) は，潜水中は雄からの干渉を一時的に避けることができるが，雌が水面に上がってくるたびに警護が再開されることが多い (例：*Hetaerina vulnerata*, Alcock 1982)．

エゾトンボ科の少なくとも1種では，雄は産卵中の**雌を警護しない**のが普通である．警護は条件依存で，つまり (単純ではあるが) 他の雄からの干渉が激しいときに起きる (ミナミエゾトンボ, Rowe 1978)．Ubukata (1975) は，カラカネトンボ *C. a. amurensis* において，雄が**交尾前**にどう局在化するかと，そこをどう防衛するかを記載した．局在化が見られるのは新しく飛来した雌の近くで，雄の行動はまだ雌を捕まえていないにもかかわらず**交尾後**の警護によく似ていた．このように，なわばり防衛と雌の防衛は区別が難しい場合がある (Uéda 1992参照)．ハーゲンルリイトトンボの雄は，雌が潜水産卵している最中にその場所を「警護」するが，雌が浮上し飛び去った後も，雄が浮上に気づかないと警護を続ける (Fincke 1988)．ミナミエゾトンボの雄は，非接触警護していた産卵雌がいなくなった後も，雌が産卵していた場所を1〜2分間防衛する (Rowe 1988)．エゾトンボ *Somatochlora viridiaenea**の例外的なタンデム産卵の記録は (武藤 1959a)，エゾトンボ科でも条件依存的な警護が存在する証拠かもしれない．

交尾直後に雌雄が別れることは，精子競争におけるまだ明らかにはなっていない機能に関係があるのかもしれない．交尾直後に雌雄が別れる多くの種で

*訳注：原著論文では *S. v. atrovirens*．

表11.15 産卵中に非接触警護を行う例

均翅亜目[a]		
カワトンボ科	アオハダトンボ属[b]	Pajunen 1966a; Waage 1979b
	カワトンボ属[b]	Nomakuchi et al. 1984
	*Phaon*属[c]	P. L. Miller 1985; Miller & Miller 1988
ハナダカトンボ科[d]	*Libellago*属	A. G. Orr 1996
	ハナダカトンボ属[e]	Uéda 1992
イトトンボ科	ヒメイトトンボ属	Lempert 1988; Sugimura 1993
モノサシトンボ科	*Indocnemis*属[f]	Lempert 1995e
ホソイトトンボ科	*Palaemnema*属	González-Soriano & Novelo-Gutiérrez 1980; González-Soriano et al. 1982
アメリカミナミカワトンボ科	*Cora*属	González-Soriano & Verdugo-Garza 1984b; Fraser & Herman 1993
ニセアオイトトンボ科	トゲオトンボ属	Sugimura 1993
ハビロイトトンボ科	ムラサキハビロイトトンボ属	Fincke 1984a
不均翅亜目		
ヤンマ科	ルリボシヤンマ属[g]	Utzeri & Raffi 1983; Rowe 1987b[h]
	ギンヤンマ属[g,i]	Miller 1992c; Busse 1993
エゾトンボ科	ミナミトンボ属[g]	Sakagami et al. 1974
	ミナミエゾトンボ属[g]	Rowe 1988
サナエトンボ科	ウチワヤンマ属	枝 1956; Miller 1991f; Tyagi & Miller 1991; Miller 1995e; 清水 1992; Sugimura 1993
トンボ科[j]		

注：潜水産卵の間 (§2.2.7) やハネビロトンボ型警護 (§11.8.2) での断続的なタンデム解除を除く．産卵中ずっと警護が行われるとは限らない．
[a] 主な，あるいは観察されている唯一の警護のモード．
[b] なわばり雄のみ．
[c] 観察によれば，痕跡的な警護であり，はっきりしない．
[d] アフリカハナダカトンボ (Robertson 1982a; Martens & Rehfeldt 1989) では観察されていない．
[e] 雄はタンデム態で雌を産卵場所に連れていき，そこで雌を放すことがある．
[f] *Indocnemis orang*を指す．
[g] 必ずしも主な警護のモードではない．
[h] *Aeshna brevistyla*を指す．この種は最近 Watson (1992a) により*Adversaeschna*属に入れられた．
[i] あまり普通には見られない．
[j] すべての亜科で普通の行動であり，しばしば接触警護の代替的行動として，あるいは接触警護の後で見られる．

は，精子束で媒精する．そのことが，交尾後警護がないことを説明する手がかりになるかもしれない (§11.7.3.2)．しかし，交尾直後に別れるにもかかわらず精子束で媒精しない種もあり（例：マンシュウイトトンボ），こういう種では明らかに精子置換が生じているだろう（図11.44）．雌が雄のような色彩をもち行動することで，交尾後の雌の再交尾が防止されているのかもしれない (§11.4.2)．そのような戦術は，交尾後も雄が雌の所にとどまるトンボとは対照的である．例えば，Waage (1973) の観察では，警護なしで産卵したアメリカアオハダトンボの雌は21％にすぎなかった．

11.8.2 警護された産卵

雄が交尾後も雌の所にとどまる場合，（ウチワヤンマ属の未発達な非接触警護のように，表11.15）それは数秒のこともあるし，もっと長いこともある．警護の継続時間と強さは，同種の他の雄からの干渉の強さに影響される（表A.11.9）．

1つの個体群内でも，警護の強さは（警護の有無さえも）内的な要因と外的な要因によって決まるようである．内的な要因としては，雄がなわばりをもつかどうか（アオハダトンボ属, Pajunen 1966a, Waage 1979b; ハヤブサトンボ属*Erythemis*, McVey 1988; カワトンボ属, Nomakuchi et al. 1984）があり，外的な要因としては，主に同種の他の雄の密度や攻撃の強さ（表A.11.9，項目26；図11.60），産卵の経過時間（*Paltothemis lineatipes*, Alcock 1992），あるいは新しい雌との遭遇確率（*Hetaerina vulnerata*, Alcock 1982）がある．交尾後の雄雌間の相互作用の記録は，すべてこういった要因を考慮して解釈する必要がある．アメリカハラジロトンボで実験的に調べられた状況は，おそらく多くのトンボ科の種にとって典型的なものである．雄は明らかに雄の妨害や雌が再び交尾する確率（そしてその結果起きる精子置換の程度）に応じて警護の強さを調節していた(McMillan 1991)（図11.60）．しかし，ネグロベッコウトンボでは，低密度より高密度で警護が強くなる傾向はなかったというA. J. Moore (1989) の観察はこの結論とは一致

11.8 交尾後の行動

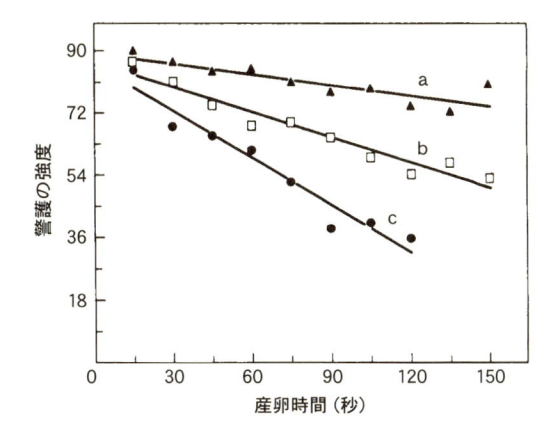

図11.60 3つの攻撃頻度レベルにおけるアメリカハラジロトンボの雄による産卵警護の強度の変化．11:30～17:30の観察．警護の強度は，警護している雄と他の雄の間の攻撃行動の階層的な分類に基づく指数の平均値で表した．産卵時間は15秒単位で示した．回帰直線はそれぞれの攻撃のレベル（30秒当たりの相互作用の回数で表した）ごとに引いたもので，傾きには有意な差がある．攻撃のレベル：a. 高（3以上）；b. 低（1～2）；c. なし（0）．警護の強度は，(1)攻撃のレベルと正の相関があり，(2)産卵の始めから終わりにかけて低下し，攻撃レベルが高いほど低下は遅い．(McMillan 1991を改変)

しない．おそらく飛行している雄が他の雄を誘引してしまうため，ネグロベッコウトンボの雄にとって，すべての他の雄を追い払うことはエネルギー的に無理なのであろうとMooreは推測している．この明らかに矛盾する結果は，単に雄の密度の効果が直線的なものではなく，曲線で表されるようなものであることを示しているのかもしれない．セボシカオジロトンボでは，なわばり雄もワンダラーも産卵中の雌を非接触警護する（Wolf & Waltz 1993）．キアシアカネ(McMillan 1996)では，接触警護中に非接触警護に切り替わることは観察されていないが，交尾前タンデムが産卵場所以外で形成されるためかもしれない．

McMillan (1991)の結論は，アメリカハラジロトンボでの警護モードが雄による干渉の程度に応じて変化する点については疑いはない．しかし，Singer (1987a)がSympetrum obtrusumで警護方法が雄の胸部温度に依存していることを見いだしたことは重要である（§11.8.4）．この観察は，警護の強さの変異を雄密度によって説明しようとするときに，他の要因についても考えることの重要性を示している．警護の強さはエネルギーコストによっても決まるかもしれない（Convey 1989cも参照）．

交尾後も雌雄が一緒にいる種では，交尾終了から産卵開始までの時間はたいてい2分以内であり，天気が悪いときを除けば，10分を超えることはほとんどないだろう（表A.11.18）．1つの個体群の中では，この交尾終了から産卵開始までの間隔は，それに先立つ交尾の際の妨害の程度に応じて（ヒメシオカラトンボ），また直前の交尾時間の長さに伴って（*Orthetrum caledonicum*），そして，おそらく種内変異によっても変化することがある．例えばLorenzi et al. (1984)が観察したヨーロッパショウジョウトンボの個体群では，65％の雌が交尾後すぐに産卵し，22％は短い休止の後に産卵し，13％は産卵せずにその場を離れた．また*Nesciothemis farinosa*の雌には，交尾後すぐに産卵するものもいれば，30秒ほど休んでから産卵するものもいた（Miller 1982a）．ヒメシオカラトンボでは86％が交尾後0.08～6.33分休んでから産卵したが，残りはすぐに産卵した（Rehfeldt 1989a）．

交尾後の雌に対する雄の行動は，互いに排他的ではない3つの機能があるようである．そのすべてが，雌が産もうとしている卵への雄の遺伝的な投資を守ることにつながっている．1つ目は他の雄による雌の乗っ取りを防ぐことである．2つ目は，ある特定の場所（普通はその雄のなわばりかその付近）で雌がそのときにもっている卵のすべて，あるいは大部分を産むように仕向けることである．3つ目は雌ができるだけ多くの卵を，なるべく速く産むように仕向けることである．

第1の機能について補足すると，雄が雌を警護するときの強さはいろいろであり，その時間も長かったり短かったりする（図11.60）．*Lestes virens*の雄が接触警護する時間は雄の密度と正の相関があるが，これは精子優先度を低くするような差し迫った危険が高いときには長く警護するということであろう（Utzeri & Ercoli 1993）．ムツアカネが接触警護する時間は，雄密度とクラッチ間隔に依存している（Michiels 1989b; Michiels & Dhondt 1992）．また，*Paltothemis lineatipes*の雄は，一定時間，雌の産卵を見てから（非接触）警護の強さを弱めているようである（Alcock 1992）．アメリカアオハダトンボの10～15分という警護時間は，交尾頻度に生理的な限界があることを示しているだろう（Waage 1979b）．極端なものとしては，交尾終了から産卵を終了する（あ

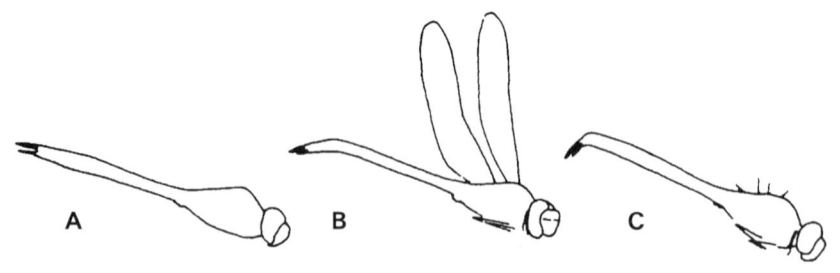

図11.61 ミナミエゾトンボの雄のホバリング中の姿勢．A. 通常のパトロール時；BとC. 産卵している雌を警護するとき．雄の体長：約48mm．(Rowe 1988より)

るいはほぼ終了する)まで，途中に中断が入るとはいえ，1時間も，ときには2時間も(同じ雌雄の)接触警護が続く種がある．サオトメエゾイトトンボでは，交尾とそれに続く産卵の合計は平均111分であり，1日の活動時間(5時間)の37％に当たる(Banks & Thompson 1985a)．雄が雌を長時間警護するその他の例としては，イトトンボ科とアオイトトンボ科のものがある(*Argia apicalis*, Bick & Bick 1965a；*A. chelata*, Hamilton & Montgomerie 1989；アメリカアオイトトンボ *L. d. australis*, Bick & Bick 1961)．*A. apicalis* のあるペアは，タンデム態で「探り」行動(雌が基質に産卵管を刺し込むものの産卵はしない)を49分行い，その後の115分に及ぶ産卵の間もタンデムを続けた．ルリモンアメリカイトトンボ(Conrad & Pritchard 1988)のように，雄が交尾後産卵前の警護をする場合は，タンデムが長時間続くことになる．この種では交尾は水域から離れた所で起き，2～3時間後に水域へ移動して産卵するが，その間ペアはタンデムのままである．一方，短いほうの極端な例としては，数秒だけ産卵雌を警護する種や(例：アフリカウチワヤンマ，Miller 1991f)，雄密度が例外的に高いときに雌をタンデム態で産卵場所に移動させ，そこで雌を放して，極めて局所的な警護をする種がいる．後者の場合，雌というよりは産卵場所を警護しているようである(例：ミナミエゾトンボ，Rowe 1988)．雄はこのとき特徴的な姿勢(図11.61)をとるが(例：コフキヒメイトトンボ *Agriocnemis femina oryzae*, Sugimura 1993)，雌がその場を離れると追尾する．同様に *Adversaeschna brevistyla* の雄も，雌をタンデム態で交尾場所から産卵場所に移動させ，雌を放して短時間の警護をする(Rowe 1987a)．トンボ科の特定の亜科では(例：ハネビロトンボ亜科やタニガワトンボ亜科)，交尾後のタンデム飛行のときに，雌が雄の腹部を中脚や後脚でつかんでいる．この行動は，ペアの体軸を安定させたり(Martens et al. 1997)，雌

の胸部と頭部の間の繊細な感覚器結合が外れるのを防ぐ(§9.1.2)といった機能があるかもしれない．均翅亜目では，雄は雌の頭部ではなく前胸をつかむので，雄がこの感覚器結合を直接コントロールすることはない(Beckemeyer 1997)．

第2の機能(すなわち，なるべく多くの卵を自分のなわばりに産ませること)との関連で，雄が雌を産卵場所に誘導することがよくある．タンデム態で誘導する種であっても，産卵中の警護は非接触で行うもの(ルリボシヤンマ属とミナミエゾトンボ属についてはすでに述べた；*Aethriamanta rezia*, Hassan 1981a)と，タンデム態で行うもの(イトトンボ科とアオイトトンボ科の多くの種)がいる．ハナダカトンボ科の2種(アフリカハナダカトンボと *Rhinocypha biseriata*)の雄は，産卵場所までタンデム態で雌を誘導し，そこで雌を放す．前者の雄はその時点で雌を警護するのをやめるが，その場所は警護し続ける(Martens & Rehfeldt 1989)．後者の雄は雌が産卵を開始するまで，レベルを落とした求愛のディスプレイ(§11.4.6.2)を行い，産卵中は非接触警護をする(Uéda 1992)．*Rhinocypha perforata* の雄は，雌の前で腹部を下方に曲げながらホバリングを行うが，雌を産卵場所に導いているように見える(加納・喜多 1994)．トンボ科では，交尾後に雄が雌の前でディスプレイをするものがいるが(例：*Orthetrum brunneum*, 図11.62；*O. caffrum*, Happold 1966；カトリトンボ，Sherman 1983a)，この行動も雌を産卵場所に導こうとするものかもしれない．対照的に，雌が単独で産卵するハネビロエゾトンボ *Somatochlora clavata* の雄はこのような行動を見せず，雌をなわばり内で産卵するように仕向けることは決してない(武藤 1960c)．アオハダトンボ属の雌は，交尾相手の雄のなわばり(産卵場所)に，交尾の0.3～1.4分後に雄よりも少し遅れて戻ってくる．雄は雌の前で3～5秒間ディスプレイをして雌を産卵場所に向かわせ，その後，非

11.8 交尾後の行動

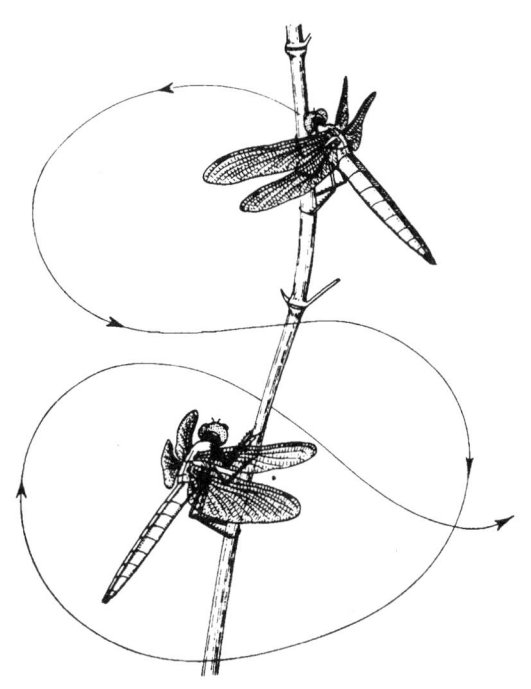

図11.62 *Orthetrum brunneum* の警護雄（上の個体）が交尾後休息中の交尾相手に示すディスプレイ飛行．雄の飛行経路はたぶん雌を産卵場所へと導いているのであろう．雄の体長：約43mm．(Heymer 1969より）

接触警護を行う（Meek & Herman 1990）．もし雌が飛び去ろうとすると，雄は雌を戻らせようとする（Heymer 1973b）．Hansruedi Wildermuth (1993b) は，フランス南部の川でそれぞれが隣接して6～8mの長さのなわばりを形成していた *O. brunneum* を観察し，このような警護の柔軟性を鮮やかに描写している．なわばり雄と交尾した雌は，雄のなわばり内で産卵を開始し，雄に非接触警護されながら上流に向かう．雌が上流側のなわばり境界に達すると，雄は突然雌を捕まえ，交尾前タンデム態［再交尾はしない］で雌を下流側のなわばりの端に運ぶ．雄は下流側の端で雌を放し，非接触警護しながら雌に産卵させる．雌がまた上流側のなわばり境界に達すると雄は同じ動作を繰り返す．

第3の機能では，一部の種（すべてトンボ科）は，雄が交尾後に休止している雌の産卵を誘発する，あるいは，少なくとも休止を終わらせようとする動きを見せる（表A.11.18）．Miller & Miller (1989) が論じているそのような行動は，シオカラトンボ属の一部の種や，その近縁の2属 Hadrothemis 属とナイジェリアトンボ属，そしてカトリトンボ属 *Pachydiplax* (Sherman 1983a)，*Tetrathemis bifida* (Lempert 1988) で見つかっている．雄は雌をめがけて飛び，繰り返し激しくぶつかったり，雌の上に乗ったり，雌を噛んだり（アフリカシオカラトンボ，ヒメシオカラトンボ，カトリトンボ），雌の腹部にとまったり（*Nesciothemis farinosa*，コフキショウジョウトンボ *Orthetrum pruinosum*），ディスプレイをしたり（ハラボソトンボ *O. sabina*, Miller 1992c），とまっている雌のそばで産卵と似た動きをしながら滞空したりする（*H. coacta*, Neville 1960）．そういった雄の行動は，雌の休止を終わらせて産卵させようとする試みだと解釈できるだろう．雄の試みがいつでも「成功」するわけではないことから，この状況では明らかに雌雄間に利害の不一致があることが分かる．雄の試みによって雌が短時間産卵することはあっても，いずれ始まる持続的な産卵の開始を早くすることはできないようである．

Miller & Miller (1989) は，交尾後の休止時間について，それまでに考えられていたいくつかの機能を検討し，そのいずれもが説得力に欠けると考えた．残された可能性は，雌が休止時間に精子の場所を変えたり精子を処理したりしていることである．*Orthetrum caledonicum* の休止時間（表A.11.18）が，短い交尾の後では短く，長い交尾の後には長いという事実 (Alcock 1988) は1つの手がかりになるかもしれない．キボシミナミエゾトンボとミナミエゾトンボでは，雌が続けざまに数回交尾して間もない場合には，休止時間は短く，時には分からないほどであるが (Rowe 1988)，これは雌がすぐに産卵するように強く動機づけられているからかもしれない (Rowe 1995)．もしかすると，休止時間の長さは雌の精子貯蔵器官の構造や大きさと関連していることが明らかになるかもしれない (Miller & Miller 1989)．Miller & Miller (1989) によれば，*Nesciothemis farinosa* やシオカラトンボ属の一部の種では，休止時間や前回の交尾時間の長さ（しかし上述の *Orthetrum caledonicum* も参照），交尾場所，1日の時間帯の間に相関は見られない．しかし，ヨーロッパショウジョウトンボとヒメシオカラトンボでは，雌が**交尾前**に妨害を受けると休止時間は明らかに長くなる（図11.63）(Rehfeldt 1989a)．

産卵中の接触警護は2通りの方法で中断されることがある．1つは雌が水面下で産卵するために潜るときに，雄が雌を放すことによる中断であり（例：*Hetaeria vulnerata*, Alcock 1982; *Pseudagrion perfuscatum*, Furtado 1972; §2.2.7)，もう1つはハネビロトンボ亜科でよく知られている奇妙な動きによる中断である．この奇妙な動きとは，雌が水面に下降して産卵するたびに雄は雌を放し，雌が上昇してくると

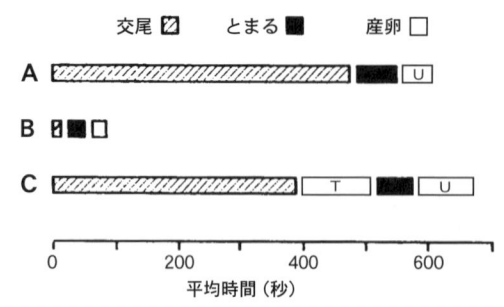

図11.63 トンボ科3種における交尾，静止，タンデム産卵（T），警護なし産卵（U）の平均時間．A. ヒメシオカラトンボ；B. ヨーロッパショウジョウトンボ；C. イソアカネ．(Rehfeldt 1989aを改変)

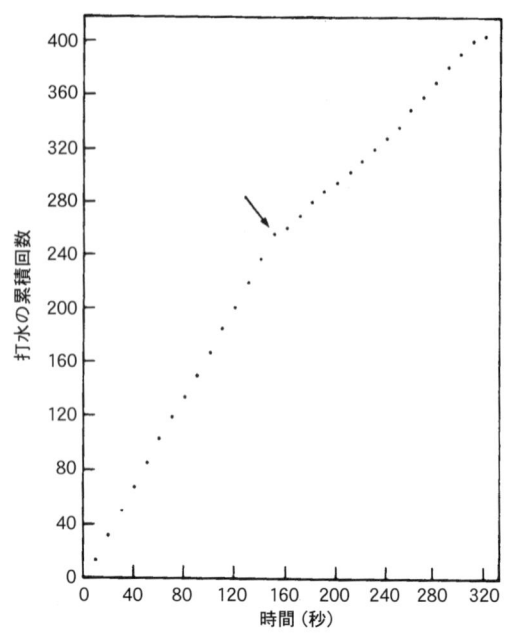

図11.64 接触警護から非接触警護への移行（矢印）前後のクレナイアカネ雌の産卵速度の変化．（Convey 1989cより）

再び把持する行動である．この第2のタイプの警護の中断は（「ハネビロトンボ型警護」すなわちTTG），ハネビロトンボ属の一部の種（例：Sakagami et al. 1974; Sherman 1983a）や時にウスバキトンボ属でも見られるが（六山 1961; Svihla 1961），同じ亜科のアメイロトンボでは見られない（P. L. Miller & Miller 1985）．雄密度が低いときに限ってであるが，カロライナハネビロトンボでは，他のペアがTTGをしているのに，非接触警護を連続的に行っていたペアが観察されたことがある(Sherman 1983a).同様のことは，*Tramea limbata*でも見つかっている (Miller 1995e)．ハネビロトンボ属は高密度下では連続的な接触警護を全く行わないのかどうか，興味深い．TTGの1サイクル（タンデム−分離−産卵−再タンデム）は，ヒメハネビロトンボ *T. transmarina euryale* では20〜30秒かかり，何度も繰り返されるが，タンデム態でとまったり交尾したりして中断されることもある（Sakagami et al. 1974）．TTGの生物学的利点はまだ分かっていない．雄は雌を放すことにより水面での捕食のリスクを減らしているのかもしれない．雄は（滑空に適した非常に幅の広い後翅をもつので）水面から素早く力強く上昇する能力がないのかもしれない．雌にとってのコストとしては，雄から離れてタンデムになっていないと他の雄の妨害を受けやすいことであろう（Young 1967b参照）．TTGは，（非接触警護と比べての）接触警護の利益（例：図11.64；表A.11.20）とコスト（例：エネルギー支出が大きい，Convey 1989c）の妥協の産物なのであろう．TTGは他の警護方法と極めて異なるように見えるかもしれないが，トンボ亜科の一部の種で見られるような，（交尾が間に入る場合と入らない場合があるが）産卵の継続中に接触警護と非接触警護が切り替わる行動（例：*Hadrothemis coacta*, Neville 1960; *Orthetrum*

microstigma, J. Green 1974）の極端な場合にすぎないとも言える．TTGをそのように見れば，接触警護から非接触警護に切り替えた後，再び接触警護に戻ることが変わっているだけであり，接触警護から非接触警護に変わること自体はトンボ科ではよく起きる（例：クレナイアカネ，Jurzitza 1965; 図11.64）．

トンボ科でのタンデム産卵は，少なくとも5つの亜科から報告されているが，均翅亜目やヤンマ科と異なるのは，飛行中に行われる点である．ハネビロトンボ亜科やタニガワトンボ亜科では，雌が脚で雄の腹部を把持しており，タンデム結合を安定化させているのかもしれない（Martens et al. 1997）．

産卵中や産卵後のタンデムの終了は，サオトメエゾイトトンボでは明らかに雌によって主導される．すなわち，雌が脚で頭部を拭う，あるいはとまり場で向きを変えるなどの行動をとることによって，雄は雌を放す（R. Thompson 1990）．

11.8.3 再交尾と複数の雌の警護

産卵している雌を警護している雄は性的な反応性を維持している．したがって，新しい交尾相手を獲得することもできるし（例：アメリカアオハダトンボ，Alcok 1983; *Rhinocypha aurofulgens*, A. G. Orr 1996），最初の交尾相手と再交尾することもある（例：コシブ

トトンボ*Acisoma panorpoides panorpoides*, 加納・喜多 1994; *Argia moesta*, Bick & Bick 1972; ホソミアオイトトンボ, Rowe 1987a; *Ceriagrion coromandelianum*, Prasad 1990b; *Cora semiopaca*, Fraser & Herman 1993; *Hadrothemis coacta*, Neville 1960; オガサワラトンボとヒメハネビロトンボ *T. t. euryale*, Sakagami et al. 1974; ヒロバラトンボ, Gardner 1953b; ハッチョウトンボ, Tsubaki & Ono 1986; タイリクアキアカネ, A. K. Miller et al. 1984). これらの種のリストは, 同じ交尾相手と再交尾する確率は精子置換の方法と関連するという仮説を支持していない. 1つのクラッチを産卵する間に雌は数回交尾することがあるが (アメリカアオハダトンボ, ハヤブサトンボ, Waage 1984b), ハーゲンルリイトトンボの警護中の雄では, 再交尾するようになるまでの時間 (約30分) は雌が1つのクラッチを産卵するのに必要な時間にほぼ対応する (実際, 警護の持続時間は雄が受精させた卵数と正の相関がある [Fincke 1986a]). そのため, 浮上してくる雌は, 前の交尾相手よりも別の雄と交尾することが多い (Fincke 1982). この不応期は, 警護活動をすることで誘発されるようであり, (飼育室で) 警護ができない雄は, より短い間隔で交尾を繰り返す (Fincke 1988). また *Ischnura gemina* の雌は, 普通は雄に接触警護されるが, 再交尾が同じ雄であることはわずかであり (7.6%), 3回交尾するものはめったにいない (0.9%) (Hafernik & Garrison 1986). ヨーロッパショウジョウトンボの雌は, 1回の産卵場所への飛来で数個体の雄と交尾することが時々ある (Rehfeldt 1996). トンボの雄が産卵中の雌 (直前の交尾相手) を (非接触) 警護しているときに, 後からきた同種の他の雌も警護し, 複数の雌が産卵するのを警護するようになるという観察はそれほど稀ではない (§2.2.6). そのような複数雌警護は, トンボ科の2つの亜科 (トンボ亜科とアカネ亜科) で報告されている (Parr 1983a; Miller & Miller 1989; Convey 1992). 雄にとっての複数雌警護のコストは, あったとしても大きくはないだろう. 例えば Waage (1979b) は, 交尾相手でない雌が加わっても, アメリカアオハダトンボの警護雄の時間とエネルギーの面でのコストは有意には増加しないことを見いだしている. だが, 雌にとって, 複数雌警護の利益はかなりのものであろう. 質の高い場所で産卵することができるし, 妨害から守られ, なわばり雄との余分な交尾という通常のコストを払う必要もない. 一部の種で産卵中の雌が他の雌を誘引し, 集団を形成することは驚くべきことではないかもしれない. 例えば, アメリカアオハダトンボの雄は自分の交尾相手以外に,

最大15個体の雌を警護することがある. これらの雌が, 警護雄の交尾相手となることはほとんどない (Waage 1979b). ネグロベッコウトンボの雌は, 他の雌が到着するまで産卵開始を遅らせ, その雌とともに雄の警護を受けながら産卵することがある (A. J. Moore 1989). アフリカハナダカトンボの雌は産卵場所にまとまって波状に飛来し, 集団で産卵することが知られているが (Rehfeldt 1989b), なわばり雄がなわばり争いをしているとき, つまり結果的に雄に悩まされずに産卵できるタイミングで着地するのを好むようである. これは, 産卵管を刺しにくいような基質を好み, 産卵に時間がかかる種にとっては特に必要なことかもしれない (Martens & Rehfeldt 1989). ヨーロッパショウジョウトンボ (Siva-Jothy 1984; Rehfeldt 1995) とアメリカベニシオカラトンボ (Harvey & Hubbard 1987a) の雌が産卵場所に同期してやってくるのも, 雄による干渉を減らす効果があると思われる. 警護雄が交尾後にしばらく生理的な不応期がある場合や, 警護している交尾相手以外の雌と交尾する機会を失うコストを望まない場合には, 警護雄が交尾相手とそうでない雌を区別する能力は重要ではないだろう (Waage 1979b). *Calopteryx splendens xanthostoma* の雄は, 交尾と交尾の間に約15分間の不応期をもつが, その直後に交尾相手の雌とそうでない雌を選ばせると後者を有意に多く選ぶ. 雌が翅を打ち合わせるときに縁紋が描く弧を指標とし, そのサイズの違いによって両者を識別しているのかもしれない (Hooper 1995). 複数雌警護は, アオハダトンボ属とハナダカトンボ属では (*Phaon* 属のように, Miller 1995e) 普通に見られる. アオハダトンボ属とハナダカトンボ属では交尾の前の求愛 (§11.4.6) のため, 侵入雄に雌を奪われるリスクにさらされる可能性がある. A. G. Orr (1996) は, *Rhinocypha aurofulgens* のなわばり雄が2個体の雌と30分以内に交尾し, 10cmと離れていない両方の雌を同時に警護し産卵させることを観察している. *Tetrathemis bifida* では, 雄が2分間に2回交尾したという観察 (Lempert 1988) もある. Waage (1979b) の発見と反対に, Alcock (1983) は, アメリカアオハダトンボで1〜6個体の雌を警護している雄が, 警護を中断して新しい雌との交尾に成功している例を多数見ている. アメリカアオハダトンボでの Waage の発見から, 交尾時間が非常に短いトンボ (表11.14) が複数雌警護をすることは稀であると予想できるかもしれない. Campanella & Wolf (1974) は, 交尾していない雌を警護するアメリカハラジロトンボの雄を見ておらず, Jacobs (1955) の観察とは食い違っている. この問題はさらに検討

11.8.4 機能の解釈

トンボの交尾後行動の機能の解釈は，いくつかの分類群に属する一部の種が，精子競争があるのになぜ警護**しない**のかを説明できて，初めて説得力のあるものとなる．交尾後警護は，それが普通である分類群では，さまざまな効果を示すことが分かっている（表A.2.7）．その効果のほとんどは，精子競争の軽減であり，それには雌雄の両方にコストと利益が生じると考えてよい．ハーゲンルリイトトンボの雄は，交尾後に警護ができなかった場合，精子置換によって他の雄に卵を受精されるリスクが38％あり，産卵中の雌が1クラッチのすべてを産卵する前に死んでしまうリスクも3％ある（Fincke 1988）．警護の強さは種内で，また種間でも変異があるが，それは雄の適応度をもたらす資源が二律背反であること（雌が現在もっているクラッチの卵を産む前に他の雄と交尾するのを阻止することと，雄が交尾しうる雌の総数［Alcock 1982］）の進化的な帰結である．このように考えると，Jonathan Waage（1979b）が得た次のような結果はかなり予想外である．すなわち，アメリカアオハダトンボの雄の警護時間は，密度や生息場所が違っても驚くほど一定であり，交尾相手の繁殖能力（つまり，雌がまだ産卵せずにもっている卵数）や雄の時間およびエネルギーの収支（1分当りの争いの回数と雄がなわばりを占有している時間の割合），交尾相手がどれだけいるか（1分当りの雌の飛来個体数），産卵している交尾相手がいるかどうかなどとは相関がなかったのである．一方，アメリカハラジロトンボでは予想に近い結果が得られている．Vicky McMillan（1991）はこの種の交尾後警護の可塑性を実験的に明らかにしている．それによると，雄は交尾相手の防衛と新たな雌の獲得の間のバランスをとる能力に影響する重要な要因，例えば，なわばり占有，雌の質，のっとりの確率，雌との出会い率などの短期間の変化に応じて，警護の強さを素早く調節することができた．

警護の機能的な意義を解釈するときには，警護方法が精子競争以外の要因の影響を受けている可能性も考慮すべきである．特定の条件下では，*Sympetrum obtrusum* の警護方法は，雄の胸部の温度から予測できる．30℃を超えると接触警護が多いが，30℃以下では非接触警護が多くなる（Singer 1987a）（エネルギー上の制約が警護の方法を決める可能性があること，雌をタンデムで運ぶこと自体が雄の胸部の温度を上げるのを忘れてはならない）．上のような関係は，夏のオンタリオ州南部では，アメリカギンヤンマの雌がタンデムで産卵するのは昼下がりだけで，夕方には単独で産卵するという Robert Trottier（1970）の観察と同じであろう．

11.9 進化と配偶システム

個体の適応度の基本的な成分は繁殖成功度である．繁殖行動についての情報を系統的にまとめることで，生涯繁殖成功度（LRS）の推定や，その推定を使って性淘汰が働く対象となる形質を見極め，自然淘汰が働く形質と区別することができるようになる．以下，LRSと性淘汰という2つの問題を検討していくが，これまでの章で扱ってきた内容も間接的に利用しながら，この章で扱ってきた情報の多くを統合することになる．

LRSと性淘汰を調べるには，トンボは他に例を見ないほど適した材料である．多くの種は，時間的にも空間的にも不連続で，取り扱いやすい大きさの個体群として存在し，標識した個体はいちいち再捕獲しなくても個体識別することができる．性的に成熟した後，多くの雄は繁殖活動を1つの生息場所でのみ行い，昼行性で，定住性が高いことも多いので，系統だった観察がしやすい．また，生殖可能な期間（数日から2, 3週間）は，齢に伴う変化を調べるには十分な長さで，しかも生涯全体を調べるためには長すぎない．こういったことは繁殖行動の研究のうえで非常に有利である．

11.9.1 生涯繁殖成功度

LRSの主な成分は，第2章や第11章にも書いたが，表11.16に整理した．測定可能な繁殖行動は雄と雌で異なるが，遺伝的にも環境の点でも，生存の見通しの高い受精卵の親となるという進化的なゴールは雌雄に共通である．繁殖成功度の観点から研究されてきた他の多くの動物とは異なり，トンボは親による子の保護を行わない．トンボの成虫は，産卵場所を選ぶことによって，また時には（かなり限定的だが）ある場所に産み落とされる卵数を制限することによって，直接・間接に子の適応度に**影響**を与える．卵数の制限は絶対的な場合と（例：産卵中のマンシュウイトトンボは他の産卵雌を追い払う，Miller 1987a），父性の高さを介しての制限の場合がある（例：長命で一定場所への定住性が高いムラサキハ

11.9 進化と配偶システム

表11.16 トンボにおける生涯繁殖成功度の主な成分に影響を与える変数

主な成分	A	B	C	D	E	F	G	H
雌：産んだ卵								
F.1 数								
F.1.1 1日当たりの産卵回数	×	×	×	×			×	×
F.1.2 クラッチ当たりの卵数				×	×		×	×
F.2 遺伝的な質								
F.2.1 雄親のゲノム					×	×		×
雄：受精させた卵								
M.1 数								
M.1.1 1日当たりの交尾回数	×	×	×		×		×	×
M.1.2 交尾当たりの産卵数				×				×
M.1.3 産下卵当たりの受精卵数				×			×	×

注：全く産卵しない雌と一度も交尾しない雄は推定から除外されている．
[a] 性淘汰はDとFだけに働く．変量（それぞれが独立であるとは限らない）は以下のとおり．A. 生存つまり個体の生殖期の長さあるいはもっと正確には晴れた日に性的な活動に使った時間の長さ（§8.4.3）．B. 天候．気温も含むが特に重要なのは晴れた日の日数とその時間的な分布．C. 成虫にとっての生息場所．餌の得やすさ（§9），ねぐら（§8.4.5），捕食者の危険を避けられること（§8.5.4）を含む．D. 中断されなかった産卵の時間の長さ．雌にとっては警護を受けられるかどうか（§2.2.5, §2.2.6），雄にとっては媒精直後に雌に有効に産卵させられるかどうかに影響する（§11.8.2）．E. 遭遇率．水域への飛来頻度（§2.2.9，表A.2.9，表11.17）と実効性比（§11.9.1.2）を反映している．F. 卵を受精させた雄の遺伝的な性質．特に配偶者を獲得する能力や精子優先度を高める，つまり高順位のなわばりを見分けて確保し防衛する（§11.2.4）性質や交尾後の産卵で雌を奪われるのを防ぐ性質（§11.8.2）．G. 日齢．繁殖期間の時期と強い相関があり，特に春季種によく見られるタイプの羽化曲線の場合には相関が強い（§7.4.3）．H. 性的に活動的な雄の密度（表A.11.9）．

ビロイトトンボは，幼虫にとって質の高い生息場所を防衛する）．

繁殖成功度は，短い期間ではなく成虫の全生涯にわたって測定することが重要である．このことは，繁殖成功度の重要な成分に影響するいくつかの要因が，日によって（例：過去と現在の気象条件や，最近の交尾や産卵活動，実効性比，§11.9.1.2），あるいは成虫出現期のどの時期かによって（例：雌雄にとっての捕食のリスク，雌の産卵数や雄の交尾成功度に相関のある羽化日や羽化後の日齢），予測しがたい変動をすることから明らかである．生涯繁殖成功度と1日の繁殖成功度の分散（平均値の平方根に対する分散の比率として表現）は，ハヤブサトンボの雄ではそれぞれ1.29～1.90と2.13～6.22である（McVey 1988）．ただし，雌ではデータの信頼性が低いため，このような差は見いだせなかった．Koenig & Albano (1987a) は，数日ではなくすべての日のデータを使うほうがLRSのより良い推定値が得られることを指摘している．それは，標識個体が水域にこないときの生存率も含んだ評価になるからである．また，個体の生涯全体にわたる調査をすることにより，齢による効果と体サイズの効果を分けることも可能になる（Banks & Thompson 1987a）．成虫出現期がLRS測定のうえで有効な，しかも便利な単位であることは明らかだが，ある成虫出現期と次の成虫出現期ではフェノロジー（したがって，LRSの重要な成分である生存率）や密度（表11.16のすべての成分に影響を与える；表A.11.9参照）が大きく違うことがよくある．これは2つの集団が1年の異なった時期に出現するためであり，2化性のトンボの多くで見られる現象であろう．また，年による変動が大きいため（Fincke 1988; Anholt 1991），淘汰機会に関する推論は1シーズンのデータに基づくものより，2年以上のデータによるほうが常に現実的である（Harvey & Walsh 1993も参照）．Brad Anholt (1991) は，前生殖期間中の採餌が雌の最初の産卵数や雌雄の寿命に影響を与えるので，LRSを推定するときは，羽化後の全期間について考えることの重要性を強調している．この点に関しては，個体の前生殖期と生殖期の長さがどのように相関しているのか，正の相関であるのか負の相関であるのかを知ることが役に立つであろう．今分かっているところでは，生殖期のみに基づいて計算したLRSの推定値は過小推定となり，その成分の相対的な分散は過大推定となる．また，雄の「性的魅力」（異性間淘汰）がそれまでに獲得していた資源（すなわち餌）の量（自然淘汰）によって左右されるなら，生存率が繁殖成功度に影響を与えるため，自然淘汰と性淘汰の相対的な強さを推定するのはやっかいになる．LRSを推定する研究ではほとんど取り上げられないが，寄生虫による負荷も（他のいくつかの要因ともども）おそらく雌雄の生存に影響を与えている（§8.5.3参照）．

この§11.9.1の残りの部分では，LRSの各成分について，表11.16を見ながら順次述べていくことにする．最後に，LRSの成分の分散から推定できる性淘汰機会と自然淘汰機会について述べる．

11.9.1.1　雌におけるLRSの成分

雌のLRSの成分の大部分はすでに§2.3で扱った．表11.16の成分2.1について言えば，**異性間淘汰機会**をもたらす雌による交尾相手選択が中心的なものである（Fincke 1997参照）．雌が交尾相手を選ぶ基準と，雌が交尾相手を選ぶ際に使うことができる選択肢がそれに関連している．雌が交尾相手選択を行使することができるのは，少なくとも以下の7つの段階的に順序づけられたステージである（Hafernik & Garrison 1986参照；Koenig 1991）．(1) 水域に飛来するとき，(2) 交尾するかしないか，(3) どの雄と（最後に）交尾するか，(4) 交尾後すぐに産卵するか，(5) 交尾後どこで産卵するか，(6) 交尾直後どれだけの時間だけ産卵するか，(7) どの交尾相手の精子で卵を受精させるか．

アメリカハラジロトンボの雌は，他の雌が受けている警護に交尾せずに参加してから，ステージ(2)で交尾の選択を行うことがある（§11.8.3）．2年間の観察では産卵雌のそれぞれ17.3％と7.4％がこの行動をとった．他の雌は交尾を拒否し（§11.4.5），連続して最大で4個体の雄を拒否することもよく見られた．このような交尾拒否は雌と雄の相互作用全体の23〜49％もあった（Koenig 1991）．Koenigは，交尾拒否された雄とその雄の表現型（体サイズや翼面荷重）との関係を発見できず，また雌が特定の雄とよく再交尾する傾向も見つけられなかった．このことは，雌が場所を選んでいるのか雄を選んでいるのかを区別するのは一般に難しいことを物語っており，その理由は雄には質の高い場所を占有する能力に差があるからである．雌は，サテライト雄よりもなわばり雄に対して，質の低いなわばりを占有している雄より質の高いなわばりを占有している雄に対してはっきりとした好みを示すように思われる．例えば，なわばりを防衛できる雄と**だけ**交尾する（シオカラトンボ，Itô 1960），サテライト雄との交尾をいつも拒否する，サテライト雄と交尾してしまった場合は，すぐになわばり雄と再び交尾する（つまり産卵前に再び交尾する），産卵するのを拒否するステージ(4)での選択（ネグロベッコウトンボ，A. J. Moore 1989）などである．サテライト雄との交尾後には27％の雌が産卵を拒否するが，なわばり雄との交尾後には7％しか産卵拒否をしなかった．また，サテライト雄はなわばり雄よりも短時間しか交尾相手を警護し続けることができない（ハヤブサトンボ，McVey 1988）．雌のハッチョウトンボは，質の高いなわばりを占有しているなわばり雄（平均的には体が大きい）と好んで交尾する．サテライト雄との交尾頻度は，質の低いなわばりの雄と同じ程度であることが，個体ではなく場所をもとにして交尾相手を選んでいるという見方を支持している（Tsubaki & Ono 1987）．シオヤトンボ *Orthetrum japonicum* では，腹部ではなく後翅が長い雄がなわばり争いで勝つにもかかわらず，雌は後翅ではなく腹部が長い雄と好んで交尾する（Kasuya et al. 1987）．雌がステージ(3)で雄を選ぶことができる1つの方法は，以前交尾した相手の精子の場所を移して受精に使われやすくすることである．トンボ科では精子は自発的に動くことができないので，交尾後の精子の位置の変更は雌によってのみ可能となる．こういった状況では性間淘汰が働いているに違いないので，トンボ科の生殖器（表11.11，11.12）の著しい多様性を，現在も進行中の性間淘汰の1つの現れと見ることができるかもしれない（Miller 1991a）．

ステージ(4)での選択の例として，ハッチョウトンボをあげることができる．この種の雌は，なわばり雄と交尾した直後に産卵することで自分の適応度を高くすることができる．なぜなら，雄が卵の生存率が高い場所になわばりをもつ傾向があるので，なわばり雄との交尾直後に産卵することで孵化率の高い場所に多くの卵を産むことができるからである（Tsubaki et al. 1994）．

ステージ(5)での選択の例としては，アメリカハラジロトンボの雌が産卵場所への強い好みを示し，好む産卵場所では交尾をよく受け入れることがある．雄の表現型と雌の好みの間に相関が見られず，雌の産卵場所への好みは雄がいてもいなくても見られたので，Koenig(1991)は，雌に交尾相手を選ぶ**機会**はあるが，調査した個体群では性間淘汰は重要な進化の原動力ではないこと，また水域での雌の行動は，最適な交尾相手を選ぶのではなく，水域に滞在する時間を最短にするようにデザインされているらしいと結論した．すべてのトンボにというわけではないが，この結論は広く当てはまりそうである（例：アメリカアオハダトンボ，Alcock 1987a；Waage 1987）．John Alcock(1990)による重要な観察では，*Paltothemis lineatipes* のある雌が，交尾相手である雄のなわばりの産卵資源を調べるよりも**前に**交尾を受け入れた．このことは，雌の交尾相手選択に関する上記の暫定的な仮定はいつでも成り立つとは限らないことを示している．しかし，一般的には，特定の産卵場所を選

11.9 進化と配偶システム

んで産卵することのほうが，特定の雄と交尾することや，（未交尾雌は別として）交尾すること自体よりも，雌の適応度にとってはるかに重要であると思われる．ハッチョウトンボのなわばりの善し悪しは，雌の選択を反映した，次にあげるいくつかの変数と正の相関がある．1日当たりの飛来雌数，なわばり雄との交尾雌数，そしてスニーカーと交尾する雌数である (Tsubaki & Ono 1986)．また，ハグロトンボ *Calopteryx atrata* では，体が最も大きい雄が防衛する最大のなわばりでの産卵時間がいちばん長い (Taguchi 1995)．同じ雌が水域の特定のとまり場にしばしば戻ってくることは，なわばりの選択，ひいては雄の適応度と機能的に関係があるのかもしれない（例：アメリカカワトンボ，Bick & Sulzbach 1966）．場所を選んだことによる偶然の，しかし貴重な副産物が，特になわばりをもつ種で考えられる．雌に好まれる場所（おそらくそういった場所では子の適応度が高い）を警護することと交尾とを雌と「取り引き」できる雄は，ほかに有利な形質や中立な形質をもたなくても，同様な好みをもつ雌と交尾する高い能力を，遺伝的に息子に伝えることになるかもしれない．雄がスクランブル型競争で雌を獲得したあと，交尾相手の雌を長時間の接触警護によって確保する場合（例：サオトメエゾイトトンボ，Harvey & Walsh 1993；ハーゲンルリイトトンボ，Fincke 1982），雌にとっては交尾相手を選ぶ機会はほとんどないであろう．Fincke (1988) は，雄の交尾成功度の分散は雄間の競争を反映したものであって，雌の選択を反映したものではないと結論している．ルリイトトンボ属やアオモンイトトンボ属のある種における性的な色彩二型は，以前は強い性淘汰と関係があると考えられていたが，いまだに説明されないままになっている (Fincke 1994b, c)．雄とは異なり，交尾頻度の変異は雌のLRSにはおそらくわずかな影響しか与えない．ただし，交尾頻度が高いことが（雄密度が高く雌が繰り返して交尾せざるをえないときなど），表11.16のDとHの変数を介して成分1.1や1.2に影響し，LRSを**下げる**と考えられるときは例外である．

ステージ (6) での選択の例として，ヒガシカワトンボの雌はフローターと交尾した後には15分間産卵するのに対して，なわばり雄と交尾した後では66分間産卵する (Watanabe & Taguchi 1990)．

ステージ (7) での選択の例では，*Calopteryx splendens xanthostoma* の雌は交尾後の産卵中に卵の父性をある程度選択することができる．雌は再交尾に続く産卵の場合には交尾嚢の精子で卵を受精させるが，再交尾しなければ受精嚢の精子が高率で使われることになる (Siva-Jothy & Hooper 1996)．受精嚢の精子は交尾嚢の精子よりも遺伝的な多様性が高いが (Siva-Jothy & Hooper 1995)，このことは受精嚢が以前の交尾相手の精子の貯蔵所となっていること (§11.7.3.3) と話が合う．なわばり性のトンボのあるものでは，雌は1日に6個体もの雄と交尾する可能性があること（例：セボシカオジロトンボ，Wolf & Waltz 1988）を考えれば，雌が精子を隔離したり場所を変えたりすることができるなら，子の父性に影響力をもつ機会は大きいと考えられる．

ステージ (4) から (7) までのいずれかで選択を行うためには，なんらかの方法で交尾相手を識別する必要があるだろう．Masao Taguchi (1995) は，雌のハグロトンボは交尾している雄が大きいかどうかを，直接見るか，交尾時間が長いことを尺度にして，分かるかもしれないと示唆している．

11.9.1.2 雄におけるLRSの成分

表11.16の中の成分1.1（交尾成功度あるいは交尾頻度と同じ）は，雄のLRSを知るうえで不可欠である．雄の交尾相手が産んだ卵の精子優先度が100%なら，成分M.1は1.1と1.2の積になる．

（主要な）出会い場所での雄の交尾頻度[*] (Parr & Palmer 1971参照) は，主に実効性比と雄間競争によって引き起こされる雄間の交尾機会の不均一性によって決まる．

ある時点での，性的に活発な雄の受け入れ可能な雌に対する比は**実効性比** (OSR) と呼ばれ，普通，全個体に占める雄の百分率で表される．実効性比は，これまでの慣習に従い，出会い場所（ほとんどの場合は水域）での調査結果を用いた．実効性比の値はどこを調べたかによって大きく異なる (Waage 1980)．通常のように出会い場所での値を使えば，産卵場所で雄が雌を独占できる程度を表す指数となる (Emlen & Oring 1977参照)．これは多くの場合，雌雄の遭遇率とも同じものになる．

ほとんどのトンボの実効性比は雄に偏っている（表A.11.19）．この偏りが生み出される状況は Parr & Parr (1979) や Waage (1980) によって議論されており，多くは雌雄の時空間的分布の違いに関係がある．第1に，雄が出会い場所/産卵場所をほとんど連続的に利用するのに対して，雌は主として産卵のために短時間飛来するだけである．雌の滞在時間は長くても1日の活動時間帯の1/5程度であり，普通はもっと短い．接触警護を行う非なわばり性のトンボで

---

[*]訳注：ここでは，観察された交尾回数をその場所にいる個体の総数に対する百分率として表したもの．

表11.17　雄と雌の水域への飛来間隔

種	飛来間隔（日数） 雄	飛来間隔（日数） 雌	文献
ハーゲンルリイトトンボ	2.5〜2.7	5.1〜5.2	Fincke 1988
ハヤブサトンボ	1.1	1.3	McVey 1988
アメリカハラジロトンボ	1.4	2.2	Koenig & Albano 1987a
ムツアカネ	3.2	4.7	Michiels & Dhondt 1991a

も，水域での1回の滞在時間は，雄に比べて雌のほうがずっと短い（例：クロイトトンボでは雌126分に対して雄414分，上田1987）．一部のなわばり性の種では雌の滞在時間はごく短く，カラカネトンボの雌では平均1.3分（Ubukata 1975），カトリトンボでは平均5分であり，1日に1〜3回飛来する（Sherman 1983a）．ハヤブサトンボの雌はその日のクラッチを産卵するのに必要な時間だけ，すなわち15秒から（数個体の雄と交尾する場合は）最長で15分滞在する（McVey 1988）．雌の水域への飛来は，このように短く目立たないため見逃されやすく，雌雄のLRSの推定値の信頼性を左右する誤差の原因になる可能性がある（Koenig & Albano 1987a）．さらに，報告された実効性比は，おそらく成虫の水域での滞在時間を決める行動様式の影響も受けている（Ubukata 1974）．例えば，パーチャーはフライヤーよりも長くなわばりに滞在する．また雌の繁殖寿命は雄のそれよりも短いかもしれない．植物内産卵の雌は植物体の上や外側に産卵する雌よりもずっと長く滞在する．そして，なわばり防衛は雄密度に上限をもたらす．表A.11.19に示したオオルリボシヤンマ Aeshna nigraflava の例外的に低い実効性比は，このうち1番目と3番目の要因によるものであろう．

第2に，出会い場所への平均飛来間隔は雌雄でほとんど同じになることもあるが（例：平均クラッチ間隔が1日しかないとき，表A.2.9），飛来頻度は雄よりも雌のほうが有意に少ない場合が多い（表11.17）．例えば，ハヤブサトンボの雄の水域への飛来は，雨の降らない日の99.4％であるが，雌では76％にすぎない（McVey 1988）．アメリカハラジロトンボでも同様に，雄が74％，雌が45％である（Koenig & Albano 1987a）．さらに，雌の水域での滞在時間が短ければ，雌が全くいないかごく少数になる時間がほとんどなので，実効性比は実質的に100％近くになる．アメリカハラジロトンボの場合がこれに当たり，「トンボが活動できる天候」の日の74％に雄が水域に飛来し，45％に雌が飛来するとしても，ある瞬間を見れば実効性比はほとんど100％になる（Koenig & Albano 1987a）．

第3に，雌雄の羽化数が等しい種でも，前生殖期の後に水域に戻る率の雌雄差（§7.4.7）を，単に雌のほうが前生殖期間が長く，したがってその間の死亡率も高いことで合理的に説明できる場合がある（表8.1）（例：サオトメエゾイトトンボ，Thompson 1989c；ハーゲンルリイトトンボ，Fincke 1988）．だが，そのような説明は必ずしも当てはまらないこともある．例えば，アメリカハラジロトンボでは雌のほうが雄より成熟までに時間がかかるが（表8.1），雌雄同じ数が水域に戻る（Koenig & Albano 1987b）．

第4に，前生殖期を水域近くで過ごし，羽化時の性比がほぼ50％の種（例：Calopteryx dimidiata，マンシュウイトトンボ）では，そこにいる成虫のうちどの程度の割合が一時的に性的に不活発であるかによって，実際の実効性比の値が異なるはずだが，［単にそこにいる成熟個体の性比として求められる］見かけ上の実効性比は50％に近い値となる傾向がある（例：Ischnura cervula，Dickerson et al. 1992）．

第5に，雄のなわばり性の程度と場所への定住性が高ければ，実効性比は雄に大きく偏るかもしれないが，成虫出現期全体を通じてどのくらいの割合の個体が水域に出現したかを見ると，雄のほうが雌よりもその割合はずっと小さくなるだろう．この非対称性はなわばり性の種での交尾頻度に反映している（表11.18）．実効性比が雄に偏るほど，雄間競争が強くなり，雌による選択の機会が増すため，性淘汰が強く働く（A. J. Moore 1989）．この予想どおり，Fincke (1988) はハーゲンルリイトトンボで実効性比（実効性比は成虫出現中に60〜90％の範囲で変動する）と出会い場所で交尾した雄の割合との間に負の関係があることを見いだしている．

実効性比は，成熟雄の密度増加に伴って変化するなど，1日の中でも，また日によっても変動しがちである（例：スペインアオモンイトトンボ，Cordero 1992b）．雌雄の水域での日周活動のパターンが違うと，実効性比は1日の中で変化する．例えば，実際の性比がほぼ50％である Ischnura gemina のある個体群では，雄が最初にやってくる10:00には93％であるが，性的な活動がピークに達する12:00には80％

表11.18 主要な出会い場所で交尾できなかった成熟成虫の割合

種	交尾できなかった割合（％） 雄	雌	文献
Ischnura gemina	3	5	Hafernik & Garrison 1986
ハーゲンルリイトトンボ	31	1	Fincke 1982, 1988
ヨーロッパアオハダトンボ[a]	42	0	Lambert 1994
スペインアオモンイトトンボ	56～65	41～45	Cordero 1995b
アメリカアオイトトンボ*	77	17	Bick & Bick 1961
Argia apicalis	80	11	Bick & Bick 1965a
ルリモンアメリカイトトンボ	80	33	Garrison 1978
Enallagma civile	86	21	Bick & Bick 1963
サオトメエゾイトトンボ	91	19	Parr & Palmer 1971
タイリクルリイトトンボ[b]	91	30	Garrison 1978
ネグロベッコウトンボ[a]	93[c]	0	A. J. Moore 1989
タイリクルリイトトンボ[d]	94	40	Parr & Palmer 1971
マンシュウイトトンボ	95	88	Parr & Palmer 1971

注：数値は1％単位で丸めてある．おそらく成熟雄の密度によっても違うであろう．それ以外の場所で交尾する成虫の数は分かっていない．
[a] なわばり性の種．
[b] アメリカ，カリフォルニア州．
[c] 19.9％がサテライト（そのうち1％だけが交尾した）であった．
[d] イギリス．
* *Lestes disjunctus australis*.

になる (Hafernik & Garrison 1986)．実効性比は，1日の中で雌雄の活動性が違っても変動する（アカイトトンボ，Gribbin & Thompson 1991b）．例えば，曇りの天候でも活動できる閾値が雄と雌で異なったり（§8.4.4），雌雄の日周活動のパターンが異なるために，雄がいないときに産卵にくる雌の割合が変動したり（§11.8.1），雌のうち受け入れ可能な個体の割合が変動する場合である．実効性比は1つの成虫出現期の中で日によっても大きく違うことがある（例：*Argia chelata* では50～100％，Hamilton & Montgomerie 1989）．水域に飛来する雌雄の個体数比に影響を与える他の要因としては，雄が交尾したことによって翌日水域に飛来する確率が変わることがあり，サオトメエゾイトトンボ (Banks & Thompson 1985a) と *Telebasis salva* (Robinson & Frye 1986) では飛来確率が高まり，ハーゲンルリイトトンボ (Fincke 1982) では低下する．

実効性比は年や繁殖期間の時期によっても変わる（例：ハーゲンルリイトトンボでは年により75％と87％，Fincke 1988）．これは実効性比に影響を与えることが分かっている要因（上述）や密度（これは1シーズン内で実効性比に影響を与える他の要因の影響と分離できないこともある）が年によって違うとすれば，予想されることである．ネグロベッコウトンボの平均実効性比は，サテライト雄を含めれば低密度の年では89.4％，高密度の年では95.6％であり，それを除けば低密度の年では88.5％，高密度の年では93.4％であった (A. J. Moore 1987a)．どちらの場合も，成虫出現期の終わりのほうがより雄に偏っていた．

時に実効性比が雌に偏っていることもある．ハヤブサトンボでは，雄が1つの池だけしか使えないときには34.5％であり，2つの池が使えるときには72.2％であった (McVey 1988)．ハッチョウトンボでは全体的に雌に偏っていたが，30～59％だった (Tsubaki & Ono 1986)．これは，雌雄が小さな1つの繁殖場所の近くにとどまる集団でサンプリングが行われたためかもしれない．*Nesobasis rufostigma* では（水域での性の役割が通常とは逆転していることに特徴がある），実効性比はおそらくかなり低いであろう (Donnelly 1994d 参照)．

出会い場所における雄の交尾頻度を大きく左右する第2の要因は交尾相手をめぐる雄間競争であり，これは交尾頻度の大きな性差をもたらす普遍的な要因である（表11.18）．図11.65の頻度分布は，雄がスクランブル型競争で雌を獲得する非なわばり性のトンボに典型的なものである．その結果として，雄が受精させた卵数と雌の産卵数の頻度分布は（図11.66），Bateman (1948) によって初めて指摘された雌と雄の基本的な違いを物語っている．それは，大部分の種では，少なくともその出会い場所において，一部の雄しか交尾できないのに対して，雌には交尾できないものはほとんどいないという点である（表11.18）．サオトメエゾイトトンボでも，よく似た生涯交尾頻度

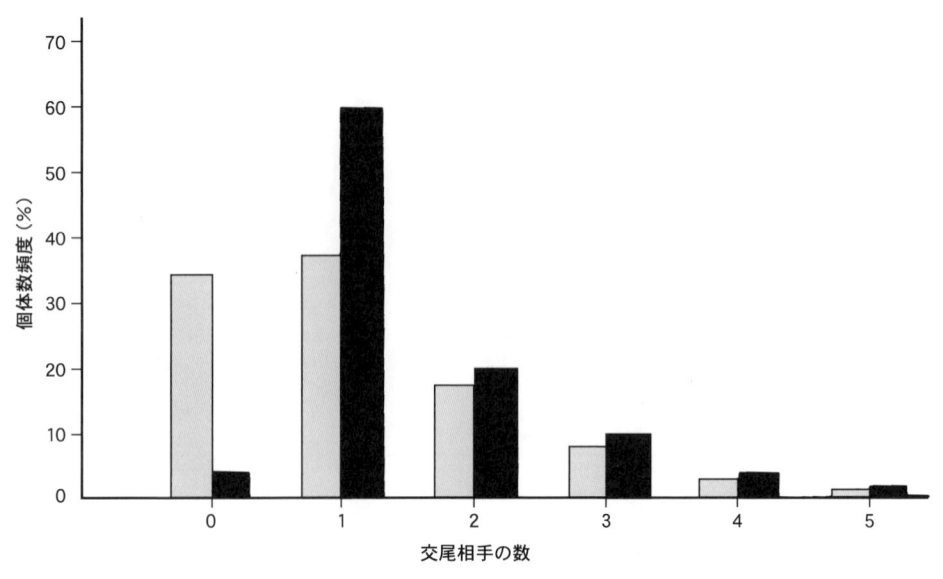

図11.65 ハーゲンルリイトトンボの雄（網掛け棒, $N=512$）と雌（黒棒, $N=358$）の生涯交尾頻度. (Fincke 1982を改変)

の頻度分布が報告されている (Banks & Thompson 1985a: 図4). ただし, 生涯の最大交尾回数（雄で18, 雌で14）はこの種のほうが多い. アメリカアオイトトンボ *L. d. australis* では, 雄が交尾するのは水域に出てきた日のうち23％であるが雌では83％である. この差は, 交尾頻度の**平均**値（すなわち, 期待交尾回数）からは分からない. ちなみに, 交尾することができた個体についての平均値は雄で1.2, 雌で1.7である (Bick & Bick 1961). スクランブル型の交尾競争をする他の種でも, 交尾割合と期待交尾回数は, これと似た値になると考えられる（例：サオトメエゾイトトンボでは26％と85％で1.2と1.2; タイリクルリイトトンボでは10％と66％で1.0と1.0; Parr & Palmer 1971). 非なわばり性の種における同様な交尾割合の非対称性は, 不均翅亜目でも見つかっている. ムツアカネでは5％の雄が32％の交尾をし, 30％の雄は6日間の観察期間中に一度も交尾できなかった (Michiels & Dhondt 1991a). *Ischnura gemina* では交尾割合の頻度分布は雄雌でほとんど違いがなく, 期待交尾回数は雄3.6, 雌4.5であり (Hafernik & Garrison 1986), 非なわばり性のトンボでは例外的な種である. この種は, 交尾した雄の精子優先と, 雌がクラッチ当たり一度だけ交尾し, 一度でそのクラッチを産卵してしまうので, 例外的に, 交尾割合が**雌雄ともに**繁殖成功度のよい指標になる. 雄の大部分が交尾しない場合には, 交尾回数の頻度分布はポアソン分布で近似できる（例：*Argia sedula*, Robinson et al. 1983; *Telebasis salva*, Robinson & Frye 1986).

961個体の *A. sedula* の雄のうち, 生涯の交尾観察回数が0, 1, 2, 3の個体はそれぞれ84％, 14％, 2％, 0.1％であった.

なわばり性のトンボの雄の交尾成功度と正の相関がある変数を表11.4にあげた. ムラサキハビロイトトンボの例は, 雄の繁殖成功度に影響する要因を考えるときには, 成虫だけでなく幼虫の生態も考える必要があることを示している. F-0齢幼虫の体サイズ（成虫の体サイズを決める）は, 雌では樹洞の容積と相関がないのに, 雄では正の相関がある. そして, 大きな雄成虫ほどなわばりを獲得し, 交尾する確率が高い (Fincke 1992b).

表11.19は, 非なわばり性のトンボにおける雄の交尾頻度と正の相関がある変数のリストである. LRSで評価すると, 体サイズにはサオトメエゾイトトンボ（1983年に）でもハーゲンルリイトトンボでも安定化淘汰が作用していた. ルリモンアメリカイトトンボでの結果から Conrad & Pritchard (1988) は, 雌が交尾戦略をコントロールする非なわばり性の種では, 大きな雄は敏捷でないため雌を捕まえられず, 小さい雄は雌を保持するほど強くないため, 極端な体サイズには不利な淘汰がかかるという仮説を提案している. ある調査場所では, ルリモンアメリカイトトンボの小さい雄は大きい雄よりも1日の早い時間帯に交尾した. Conrad (1992) は, 小さな雄はすぐに体が温まり早く飛べるので1日の早い時間帯で有利であるのに対して, 大きな雄は気温が高く密度も高くなるもっと後の時間帯に有利であるという別の

11.9 進化と配偶システム

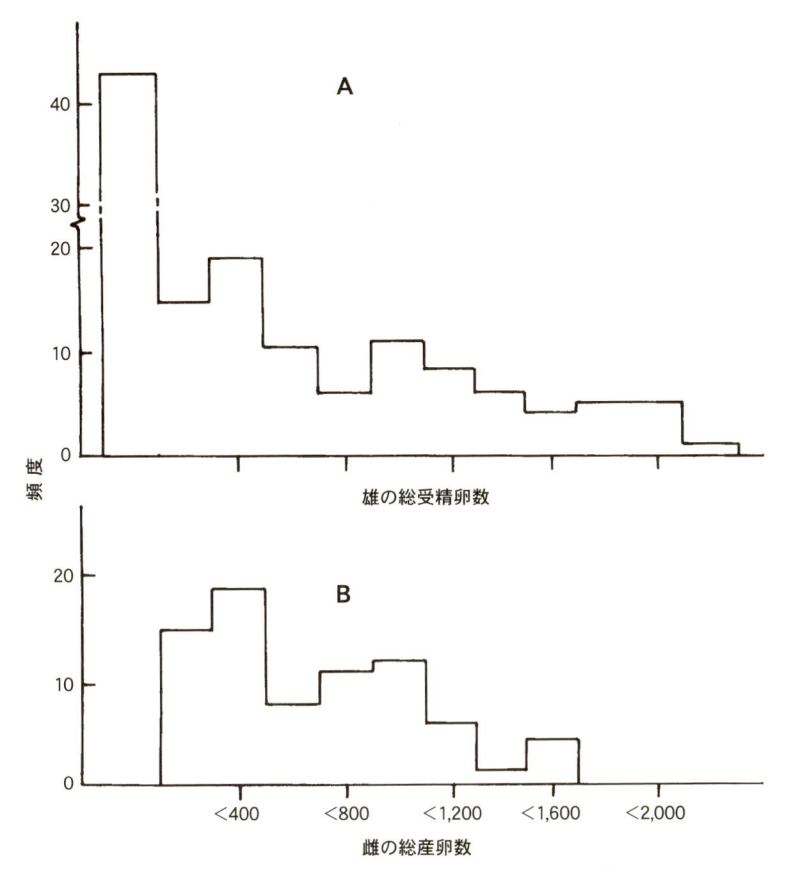

図11.66 ハーゲンルリイトトンボの雄によって受精された総卵数の頻度分布 (A, $N=132$) と雌の産卵数の頻度分布 (B, $N=76$). 1982年. (Fincke 1988を改変)

可能性も考えた（しかし数種のハナバチ類で逆の関係を発見した Stone & Willmer [1989] 参照）. 小さな雄は大きな雄に比べて胸部の温度が低くても飛行できるかもしれない. しかし, Michiels & Dhondt (1991a) は, ムツアカネで大きな雄ほど活発でLSRも高いことを見いだしており, 大きな雄は**低い**気温でも活動する能力が高く, 1日の早い時間帯に活動できることを反映している可能性があると考えている. この2つの見たところ矛盾する説明は, 2種の温度調節, 特に内温的な体温上昇能力 (§8.4.1.3) についての理解が進めば, 統一的に理解できるのかもしれない. Brad Anholt (1991) は, *Enallagma ebrium* では小さい雄の繁殖成功度のほうが高いことに注目し, 小さい雄のほうが飛行にかかるコストが小さいので, 消耗するまでに長時間水域で過ごせるのだろうと示唆した. 体の大きさと交尾成功度の見かけ上の相関を解釈するときには, 単に羽化時期が後になるほど成虫の体サイズが小さくなっている場合があることにも注意を払わなければならない（表A.7.6）.

ヒスイルリボシヤンマの場合, 雄の単位探索時間当たりの交尾数は, 出会い場所での受け入れ可能な雌数と, 競争相手である雄数に大きく左右される. Heinrich Kaiser (1985a) は, この2つの変数のうち雌数は交尾のチャンスを増やし, 雄数はそれを減らすので, 両方の効果を合わせるとどの雄の交尾確率も, 出会い場所に飛来する時期や時間帯にかかわりなく一定になると仮定した. このESSの例では, 雄の交尾頻度の違いは偶然によって決まり, 個体差によるものではない, つまり, この仮説では交尾頻度はほとんど性淘汰機会の要因にはならないことになる (§11.9.1.3). Christoph Inden-Lohmar (1997) によるヒスイルリボシヤンマの研究はこの解釈への反論である. Inden-Lohmarによると, 生殖期の間に池を2,3回以上変えるのは非常にわずかな雄だけ (0.3%未満) であり, 雄は選んだ出会い場所に出てこないときには休止するか採餌していた. したがって, 雄はある池に短時間しか滞在しないことを, ほかの池にも行くことで「補っている」わけではない. 生涯で1回も交尾しない雄や3回以上交尾する雄は偶然から期待されるよりも多く, 約2%の雄は8回（最大の交尾回数）も交尾していた. 雄の交尾成功度と帰還率には相関があり, そのため, 出会い場所をよく使う

表11.19 非なわばり雄の交尾成功度に相関がある要因

要因	種	文献
日齢		
日齢が進んでいる[a]	サオトメエゾイトトンボ[b]	Banks & Thompson 1985a
寿命		
長い	サオトメエゾイトトンボ[b]	Banks & Thompson 1985a
	スペインアオモンイトトンボ	Cordero 1995b
短い	Telebasis salva	Robinson & Frye 1986
雌と遭遇する際の行動		
探索する[c]	ハーゲンルリイトトンボ	Fincke 1985
体サイズ[d]		
中間的	サオトメエゾイトトンボ[b] (1983)	Banks & Thompson 1985a
	キタルリイトトンボ[e] (1986)	Anholt 1991
	ハーゲンルリイトトンボ	Fincke 1982
大きい	ルリモンアメリカイトトンボ[f]	Conrad 1992
	スペインアオモンイトトンボ	Cordero 1995b
	サオトメエゾイトトンボ[b] (1992)	Harvey & Walsh 1993
	ムツアカネ	Michiels & Dhondt 1991a
	タイリクアキアカネ	Rehfeldt 1995
小さい	キタルリイトトンボ (1985)	Anholt 1991
	マンシュウイトトンボ	Gittings 1988
左右対称性[g]		
大きい	サオトメエゾイトトンボ[b]	Harvey & Walsh 1993
	Ischnura denticollis	Córdoba-Aguilar 1995c
成虫出現期における時期		
後期	サオトメエゾイトトンボ[b]	Thompson 1989c

注：交尾に成功する割合が高くなる要因を示した．なわばり雄の交尾成功度と相関がある要因は表11.4に示した．
[a] 羽化後6日まで．
[b] サオトメエゾイトトンボはなわばり行動に似た場所防衛行動をすることがある（§11.3.1）．
[c] 待伏せモードとは顕著な違いがある．
[d] 外骨格のサイズ．
[e] 1985年の成虫出現期は1986年よりも暑く，乾燥していた．
[f] カナダ，アルバータ州のある場所ではそうだったが，別の場所ではそうでなかった．1日の早い時間帯の交尾のほうが繁殖成功度は高いと仮定している．
[g] 前翅と後翅のそれぞれの左右差を測定．

「中心的」な雄たちは，そこで1回以上交尾をしたことがある雄であった．経験のある雄ほど普通到着後すぐに交尾をするので，頻繁に池に戻るほど交尾確率が高くなることになり，場所を限定して高頻度で利用することが淘汰上有利になる．これらの観察は，Kaiserのサイバネティックな個体群モデルの代わりに，密度や天候といった外的な要因とともに，個体の強さや経験，日齢などの内的な要因の相互作用の結果として雄の繁殖成功度が決まるような，もっと複雑な「個体ベース」モデルを使うべきであるという意見を支持している．ヒスイルリボシヤンマの雄では，Kaiserの仮説とは違い，交尾頻度は性淘汰のかなりの部分を担っていることになる（§11.9.1.3）．1983年のサオトメエゾイトトンボや1980年のハーゲンルリイトトンボでは，性淘汰は明らかに体サイズを安定化するように働いたようである（表11.19）．

なわばり性のトンボでは交尾頻度は著しく不公平である．ネグロベッコウトンボのなわばり雄のうち9％だけが交尾をした．また，70％の交尾は全体の4％未満の雄が行い，ある1個体の雄が全交尾の9％を占めていた．サテライトの交尾は皆無と言っていいほどであった（A. J. Moore 1989）．ハッチョウトンボでは，最上位の2つのグレード（全部で13グレードある；§11.2.4）のなわばりを占有する雄が，全体の約60％の交尾を行った（Tsubaki & Ono 1986）．Ola Fincke (1984b) が観察したムラサキハビロイトトンボでは，1例を除きすべての交尾がなわばり雄によるものであり，その1例は，なわばり雄が他の雌と交尾している最中に，非なわばり雄がその樹洞で交尾したものだった．また，アオハダトンボ属の2つの個体群で見ると，アメリカアオハダトンボでは32％の雄で74％の交尾をしており（Waage 1979b），ヨーロッパアオハダトンボでは42％の雄がなわばりをもてず交尾もできなかった（Lambert 1994）．同じようななわばり雄と非なわばり雄の交尾頻度の違いは，アメリカハラジロトンボでも見られている

(Koenig & Albano 1985). すでに述べたように (§11.9.1.1), このような不公平は, 雄の地位ではなく場所の違いによるようだ. ハッチョウトンボでは, 高いグレードのなわばりのスニーカーは, 低いグレードのなわばりのなわばり雄よりも多く交尾できた (Tsubaki & Ono 1986). ハヤブサトンボのなわばり雄は, 正午近くの時間帯には, 2～11mのなわばりの大きさの範囲内で, なわばりが1mずつ大きくなるに従って交尾回数が1時間当たり平均0.52回増加した (McVey 1988). アメリカベニシオカラトンボのなわばり雄には, 水域での日周活動のパターンが一峰型の個体と二峰型の個体がいる (§8.4.4). この2つのタイプの雄には体サイズや寿命で有意な差がなく, 出会い場所で過ごす時間がほぼ同じであれば交尾頻度も同じだった. この種の雄に見られる交尾頻度の変異の95%は, なわばりの保持時間に依存していた (Harvey & Hubbard 1987b). ハヤブサトンボの若い (成熟) 雄は, 中期齢の雄に比べて1日当たりで少ない卵しか受精させることができず, 多くの雄は齢が進むまで生殖活動を試みることさえしない (McVey 1988). これらの要因のいくつかは, 密度に影響されると誰でも考えるだろう.

1日当たりの交尾頻度は, 水域で過ごす時間の長さや水域での滞在時間当りの交尾回数と相関がある. なわばり性の種における (交尾した雄についての) 1日当たり平均交尾回数は, 0.5 (ナイジェリアトンボ, *Orthetrum julia*, Parr 1983a) から3以上まで変化する. 予想されるように, なわばり雄は非なわばり雄よりも1日当たり平均交尾回数が多い (例: アメリカアオハダトンボでは3.9対1.4, Forsyth & Montgomerie 1987; ハッチョウトンボでは0.68対0.21, Nakamuta et al. 1983; ヒメアカネでは1.4対0.5, Uéda 1979). 個々の雄についての1日当たりの最大交尾回数は (Parr 1983a参照; Gopane 1987), 4回 (ヨーロッパショウジョウトンボ, アメリカハラジロトンボ, *Trithemis annulata, T. arteriosa, T. kirbyi*), 5回 (コシブトトンボ *A. p. inflatum*, ハッチョウトンボ, Nakamuta et al. 1983), 6回 (コハクバネトンボ, ムツアカネ, Michiels & Dhondt 1991a), 8回 (ヒガシカワトンボ, 生方 1977), 9回 (アメリカアオハダトンボ, Waage 1978) などである. *Eleuthemis buettikoferi* の雄が10分間に4回同じ雌と交尾したという観察例もある (Lempert 1990). 奇妙なことに, *Paltothemis lineatipes* では日当たりの交尾頻度と雄密度の間には相関がなかった (Alcock 1989b). Jon Waage (1979b) が調べたアメリカアオハダトンボの個体群では, 成虫出現期を通してのなわばり雄31個体の平均交尾間隔は33.7分であった. この値は, 交尾相手の多さと警護時間の長さを反映している. 一方, Waageが行った別の調査では, 産卵雌がいたときと(10.4分)いなかったときで(12.7分), 交尾間隔に有意な違いが見いだせなかった. アメリカハラジロトンボが1時間当たりに交尾を試みる回数は, なわばり雄で9.0, 非なわばり雄で3.1であった (Koenig & Albano 1985). また, 優位雄の交尾頻度は, 自分のなわばりにいる劣位雄の数と負の相関があった (図11.67). ヨーロッパアオハダトンボでは早い時期に羽化した雄ほど交尾頻度が高かったが, 遅く羽化した雄よりも長くなわばりを保持することを可能にするランダムな要因 (天候) と密度依存的要因 (捕食) によるかもしれない (Lambert 1994).

非なわばり性のトンボでは, 雌の産卵中に雄が連続して接触警護をするなら, 雄の1日当たりの交尾頻度はおのずから制限される. このため, *Argia chelata* の雄は1日に1個体の雌としか交尾できない (Hamilton & Montgomerie 1989).

1回の交尾当たりの産卵数 (表11.16の成分1.2) は, (1) 交尾の後に交尾相手である雌が再び交尾せず数分以内に産卵する比率と, (2) そのような産卵の持続時間の関数である. カトリトンボでは, なわばり雄と非なわばり雄の交尾頻度は (雄密度が低い年には) 同程度であるが, 非なわばり雄と交尾した後の雌の産卵時間の長さは, なわばり雄との場合の44%でしかない (Sherman 1983a). Claire Lambert (1994) は, 警護産卵の時間の長さを日ごとの繁殖成功度の指標とした場合, ヨーロッパアオハダトンボの雄の繁殖成功度はなわばり内の産卵場所の密度が高いほど高くなることを示した. なわばり雄と交尾した雌の1日当たりの産卵時間の変異の幅は最大706分にもなり, Lambertの推定では約2,400卵に相当する. 雄のLRSの変異幅は1,765分と6,000卵であった.

1雌が産んだ卵のうち特定の雄が父性をもつ卵数 (成分1.3), つまり, その雄が受精させた卵数は, (1) 雌がその雄と交尾後数分以内に産卵を始めてから, 再交尾や水域からの離脱以前に産卵された数と, (2) その後の1回あるいは数回の産卵バウトで産み付けられた卵数から推定される. 精子優先度が高いので, 成分1.2として与えられるなわばり雄のLRSの値は成分1.3とみなすこともできる (表11.16). Fincke (1988) は, ハーゲンルリイトトンボの雄では, 1回の飛来当たり多くの交尾をすることよりも, 出会った雌の卵をできるだけ多く自分の精子で受精させることのほうが適応度への寄与が大きいと結論している. 予測できるように, 生涯を通して見ると,

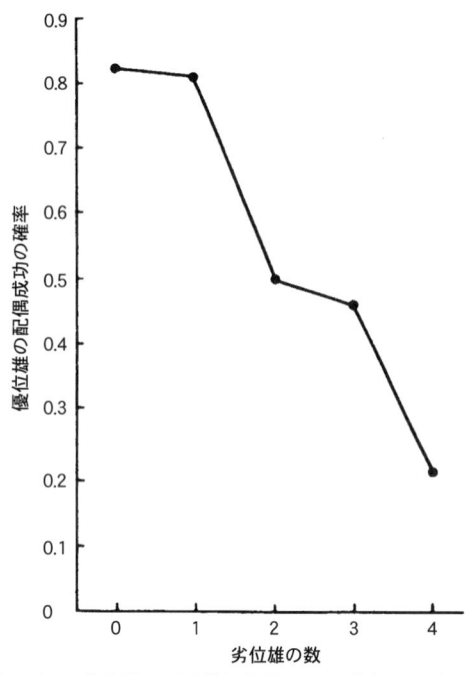

図11.67 ある池の1区画におけるアメリカハラジロトンボの優位雄の交尾成功確率と、その区画にいる劣位雄数の関係。点の上の数字はそれぞれの劣位雄数の観察例数。(Campanella & Wolf 1974を改変)

アメリカアオハダトンボのなわばり雄（601卵/日）は、非なわばり雄（15〜304卵/日）よりも多くの卵を受精させていた（Forsyth & Montgomerie 1987）。

11.9.1.3 性淘汰機会

生殖期のトンボは、2種類のダーウィン淘汰を受ける。**性淘汰**（交尾をめぐる雄間競争［同性内淘汰］か雌による交尾相手選択［異性間淘汰］として現れる）は、そういう競争の結果（例：雄の交尾頻度）の個体間分散によって生じる。対照的に、**自然淘汰**は適応度の他の成分の分散によって生じる（例：寿命）。しかし、すべての適応は最終的に繁殖に関係するので、自然淘汰と性淘汰を排他的なものとして定義することは誤解を招くおそれがある。また両者を分けることは難しく、時に不合理であることさえある。何人かの研究者が観察しているように、時には、自然淘汰と性淘汰の間に対立が生じることもあるだろうから、もし2種類の淘汰の相対的な強さを定量化しようとするなら、その検討も必要である。そういう問題はあるが、やはり自然淘汰と性淘汰を区別することは役に立つし、広く認められている予測も存在する。それは、雄による資源のコントロールが強まると性淘汰機会は大きくなるという予測であり、

別の言い方をすれば、雄間の繁殖成功度の違いが大きくなるほど、自然淘汰のカテゴリーに入る雄間の競争も強くなるということになる（Emlen & Oring 1977）。この予測に従えば、性淘汰が淘汰全体の中で占める割合は、以下の順序で大きくなる。すなわち、産卵場所が散在した状態での仮想的な一夫一妻（例：アメリカアオモンイトトンボ）から、スクランブル型競争での交尾相手の獲得（サオトメエゾイトトンボ、ハーゲンルリイトトンボ、ムツアカネ）、弱いなわばり性（アフリカウチワヤンマ）ないし限られた産卵場所の防衛を伴う強いなわばり性（セボシカオジロトンボ、ヨーロッパアオハダトンボ、ハヤブサトンボ、アメリカハラジロトンボ、ムラサキハビロイトトンボ）という順序である。ここでは、表A.11.20に引用した文献により、この仮説を検証しようとした試みを検討する。

繁殖活動に伴う淘汰は、表11.16に示した雄と雌についての成分におおまかに対応した相対適応度の分散として測ることができる。これらの成分を分割する際には、これらの成分は成虫の生活においてはっきりと分けられる順番に並んだエピソードというわけではない。また、それぞれの成分のカテゴリーはその程度によって分けていることもあり、これまで見てきたように成分間に機能的な相互依存関係もあるため、それらの成分を分割することは難しく、妥協も必要になる。成分によっては自然淘汰と性淘汰の両方が働くので、全淘汰のうちの性淘汰による**割合**が重要になる（McVey 1988のI_s/I_m）。例えば、ハヤブサトンボの雄では、Meg McVey (1988)が調べた適応度の3つの成分の間で淘汰をもたらす要因は異なっていた。自然淘汰に関しては繁殖寿命であり、性淘汰では1日当たりの交尾頻度であり、両者を合わせたもの（全淘汰）では生涯での受精卵数であった。McVeyが見いだした結果を表11.16に関連づけて言えば、性淘汰は（雄の）成分1.1〜1.3に働き、その結果を決める要因（DとFは除く）は自然淘汰の原因となり、最終結果は全淘汰によると言えるかもしれない（表11.20参照）。

相対的な分散だけで性淘汰機会を測ることは不十分である。その理由は、雄は雌よりも短い間隔で交尾を繰り返すことができ、性淘汰が働いていないランダム交配の個体群でも、偶然の効果だけで、雌よりも雄のほうが繁殖成功度の分散が大きくなりうるからである（Hafernick & Garrison 1986参照）。個体の表現型が相対的な繁殖成功度に影響を与えうることも明らかにしなければならない。繁殖成功度を推定するときと同じく、個体の表現型と繁殖成功度の

11.9 進化と配偶システム

表11.20 ハヤブサトンボにおける全淘汰機会の分割

相対適応度の分散の要因	全淘汰機会への寄与 記号	値	%
雌			
自然淘汰（繁殖寿命, w_1）	I_1	0.914	68
発見できなかった日も含めた産卵数（w_2）	I_2	0.343	25
発見できなかった日を除いた産卵数（w_2）	I_2	0.330	24
全淘汰（生涯の産卵数, $w_1 w_2$）	$I_{1,2}$	1.350	100
雄			
自然淘汰（繁殖寿命, w_1）	I_1	0.729	57
性淘汰（交尾回数/日数, w_2）	I_2	0.448	35
小計（交尾回数/生涯 = $w_1 w_2$）	$I_{1,2}$	1.071	83
性淘汰（卵数/交尾, w_3）	I_3	0.365	28
全淘汰（生涯の受精卵数 = $w_1 w_2 w_3$）	$I_{1,2,3}$	1.286	100

出典：McVey 1988を一部改変．分析の方法と成分間の共分散については原典を参照のこと．

関係を調べるときにも，1シーズンの全体かほとんどの期間についてのデータを使うことが絶対に必要である．例えばハヤブサトンボの場合，生涯を通して平均したI_s/I_mは，1日当たりで計算したものの約半分だった．

さらに分散を解釈する場合に，次の2点に注意する必要がある．(1) 一般的に繁殖可能な日数と交尾数の間に正の関係があるように，複数の要因間には共分散があるかもしれない．(2) 明らかにランダムな影響を受ける変数（例：晴れた日の日数や時間的な分布，天候の影響を受ける捕食）と性淘汰機会をもたらす変数（例：なわばり保持能力）を区別すべきである．

表11.20は（性淘汰が作用すると考えられる）繁殖行動と（自然淘汰を受ける）寿命による分散をまとめたものである．制御できていなかったり，研究していないLRSの分散要因（例：年や場所やシーズンの間）がまだあることを考えなければならないし，調査した種の生態によって調査方法に違いがあるので，性や配偶システムと相関のある分散要因から何らかの結論を引き出すことは時期尚早かもしれない．そういった問題点はあるが，天候（つまり晴れた日数）と寿命という2つの変数（どちらも明らかにランダムな影響を受ける）がLRSに対して非常に重要な寄与をしていることは明らかである．この結論は，共分散を推定することでさらに強化されるが，おそらく，利用できる例のすべてが温帯で研究されたものであることも反映しているかもしれない．LRSにおいて生存率が決定的な役割を果たすことは，表A.11.20には示さなかった2種でも判明している．*Argia chelata* (Hamilton & Montgomerie 1989) と *Ischnura gemina* (Hafernik & Garrison 1985) である．この点では，温帯の2化性の種の2つの異なった同時羽化集団（例：オオイトトンボ，§7.2.5.2）間で，また同種の熱帯と温帯の個体群間（例：カトリトンボ）や，同じ生息場所の悪天候の時期と天候が良い時期の間でLRSの異なる成分に対する淘汰機会を比べてみると面白いに違いない．これまでに調べた種では，天候が最大の影響をもつことが多いことが分かったが，このことは，LRSと最も強く相関している単一の要因は寿命（普通は出会い場所で雄が性的に活発である期間のうち晴れた日数［分単位で表すほうがよい，Anholt 1991]）であるという表A.11.20から得られる結論とも合っている．天候がサオトメエゾイトトンボの雌の生涯卵生産数に対して最も影響が大きいことは§2.3で述べた．ムツアカネのLRSに関する晴れの日数の影響（図11.68）からも天候の重要性が分かる．LRSに関する結果は「トンボが活動できる天候の日」として表すべきであることが広く受け入れられている．Michiels & Dhondt (1991a) が指摘しているように，トンボにおいてLRSに対する寿命の効果が大きい理由は，ほとんどの種で生殖と生殖の間隔（表A.2.9, 11.17）が平均的な生殖可能期間より短く（§8.4.3），死亡するまで生殖を繰り返すことにある．Koenig & Albano (1987a) は，なわばり性であろうと非なわばり性であろうと，多くのトンボの雌雄にとって，寿命は最大の要因ではないかもしれないが，全淘汰機会に対して重要な影響をもつと結論している．死亡の大部分はランダムな事象によると考えられるので，自然淘汰のこの側面での淘汰機会による世代間での遺伝子型の変化はわずかであろう（McVey 1988）．

寿命を決定する変数や寿命と相関のある変数の検出はかなり困難である．トンボが高密度のときに食

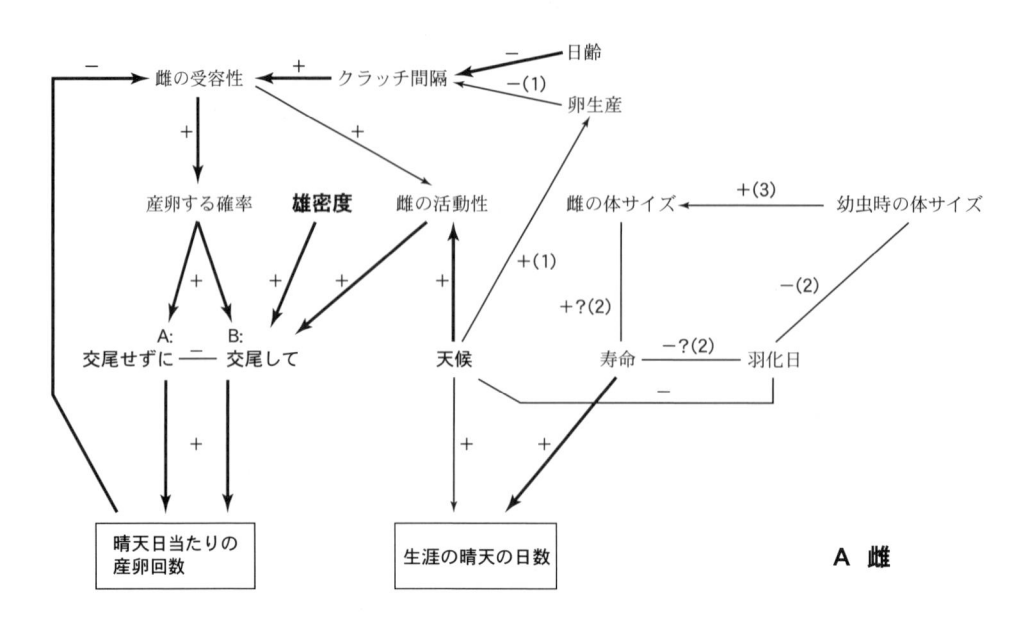

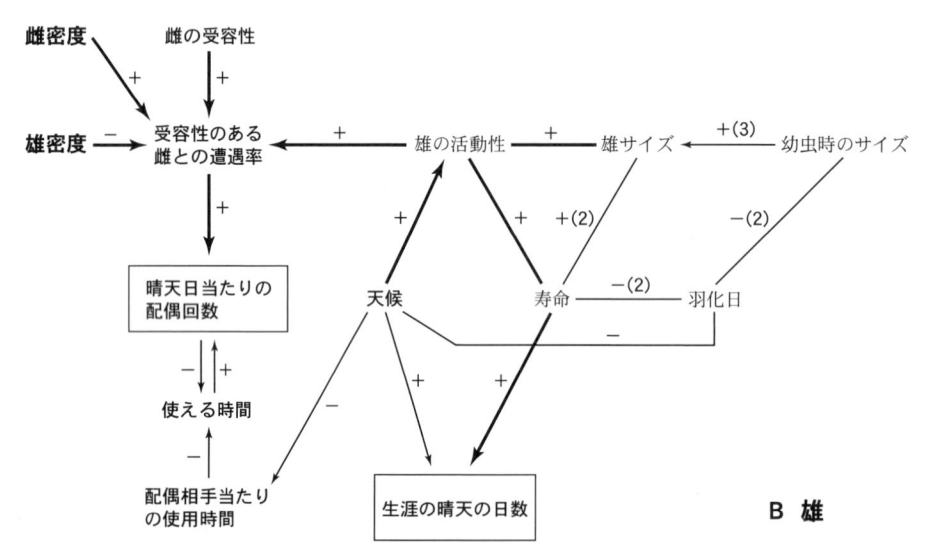

図11.68 ムツアカネの雌 (A) および雄 (B) における生涯繁殖成功に対する晴天日数と，晴天日当たりの交尾回数に関係すると想定される要因の直接的・間接的効果を示す模式図．＋と－は正の関係と負の関係．斜体は表現形質を示し，矢印の向きは想定される因果関係を示す．細い線に付いている数値は，(1) Banks & Thompson 1987 より；(2) Michiels & Dhondt 1989b より；(3) Harvey & Corbet 1985 より．数値のついてない線は Michiels & Dhondt 未発表による．(Michiels & Dhondt 1991a を改変)

虫性の鳥がたまたま飛来し，数日間にわたって集中的にトンボを捕食することによる，壊滅的な捕食による死亡（例：ヨーロッパアオハダトンボについて Lambert [1994] が記録）などは，淘汰機会をもたらさないランダムな要因によると考えるべきである．全体的に見て，トンボでは寿命と相関のある表現型はほとんど見つかっていない．だが，いくつかの研究例については述べておくべきであろう．これらの例は，矛盾する複数の淘汰圧の間に妥協が存在することが珍しくないことを示している．ハーゲンルイトトンボの雄では，体サイズの小さい個体のほうが生存には有利なようであるが，交尾成功度は中間的

な体サイズのほうが高い (Fincke 1982). アメリカハラジロトンボでは，大きな雄ほど1時間当たりの交尾数が多くなるが，寿命は短くなり，短期間の繁殖成功度と生涯繁殖成功度は矛盾する (Koenig & Albano 1985). また，キタルリイトトンボでは，暑くて乾燥していた1985年には小さい雄のほうが前生殖期の生存率が低かったが，生涯交尾成功度は高かった (Anholt 1991) (涼しくあまり乾燥していなかった1986年には，小さな雄の生存率が**より**高い傾向にあり，LRSの推定には，体重増加と死亡率の間の妥協が見られる前生殖期も含めるべきであるというAnholtの主張を支持している．前生殖期の体重増加は，その後の雌の産卵数に関係するし，その間の死亡率は自然淘汰の作用を受ける). McVey (1988) は，ハヤブサトンボの雄の繁殖成功度には齢依存性は見いだせないものの，寿命と繁殖成功度の間に存在する共分散は，主に競争できない雄が個体群からすぐに脱落することに依存していると結論している．サオトメゾイトトンボでは，長く生きる雄ほど寿命に比例する以上に多く交尾するが，これは，経験を積むことによるのかもしれない (Banks & Thompson 1985a). スニーキング行動もするアメリカアオハダトンボのなわばり雄のLRSは，スニーキング行動をしない雄のほぼ2倍になるが (受精卵数/雄/日は6,660以上対3,643)，この違いは，スニーキング行動もする雄の寿命がはるかに長いためであった (Forsyth & Montgomerie 1987). 繁殖成功度を調べるのは天候が良いときだけであり，推定値は皆**過**小評価になるため，LRSに対する寿命の寄与は，今推定されているよりもおそらく大きいだろう．

サオトメゾイトトンボの雌の生涯卵生産の3つの成分の分散分析 (§2.3) は，生存率と天候の影響が決定的であること，クラッチサイズよりもクラッチ生産速度に対する淘汰機会のほうが大きいこと，そして，体重を増加させる方向性淘汰が働いているが，性淘汰はあまり重要ではないだろう，ということを示している．同様な結論は，なわばり性のハヤブサトンボの淘汰機会を分析したMcVeyの研究からも導くことができる (表11.20). Anholt (1991) は，キタルリイトトンボの観察から，卵生産に必要な資源は羽化後に獲得され，またそのような資源の獲得は羽化時の体サイズとは独立であるため，雌の繁殖成功度は体サイズとは関係がないと指摘している．

雄では状況は明らかに異なっており，性淘汰の淘汰機会を推定した研究では，体サイズの影響がかなり大きいことが分かっている．表11.20は，性淘汰と自然淘汰の寄与を，全淘汰に占める割合で示したものである．明らかに，性淘汰は雄に限って働いており，成分1.1 (表11.16; 生存期間の日平均の交尾数) と1.2 (交尾当たりの産卵数) に相当するものに作用している．それは，雄が交尾相手である雌をどれだけの時間警護するか，言い換えれば，雄の交尾戦術やなわばりの大きさに依存する．Meg McVey (1988) は，ハヤブサトンボでは，雄の日当たりの繁殖成功度が淘汰機会全体の約61％を説明すると結論している．彼女は成分間の共分散の推定方法についても検討し，個体群のどういう特徴が淘汰機会に影響を与えるかも述べている．寿命の分散 (自然淘汰が作用する) のLRSの分散に対する寄与は，雌では雄の2倍以上になる．また，アメリカハラジロトンボでは，性淘汰はほぼ完全に雄間競争によって説明された (Koenig & Albano 1991).

McVey (1988) は，雄の除去実験によって雄間の競争能力における分散を明らかにした．しかし，どのような表現型が分散をもたらしているのかは明らかにしていない．彼女は，性淘汰が働いて遺伝的な変化が生じる可能性があると結論している．また，競争能力の分散は個体発生中の環境の影響が大きく，成虫でそれを検出するのは難しいかもしれないと述べている．アメリカアオハダトンボの雄のなわばり争いで勝者を決めるのは (§11.3.6.2)，乾燥重量ではなく，外からは分かりにくい脂肪の量であったことが思い出される．これは，性成熟に達する前に獲得した栄養が雌雄の繁殖成功にとって最も重要なものであり，これが性間競争および性内競争での個体の成功度を決めるというAnholt (1991) の発見とも矛盾しない．ハーゲンルリイトトンボについての1982年の調査では，交尾した雄の受精効率に作用する性淘汰機会は，シーズンが進むにつれ大きく増加した．シーズンの後のほうほど1クラッチの卵を複数の雄の精子で受精させる雌が多くなったため，遅く羽化した雄ほど交尾相手を警護する淘汰圧が強くかかることになったのである (Fincke 1988).

ハーゲンルリイトトンボについてのFincke (1988) の研究は，雌が必要とする産卵場所を雄がコントロールできるほど，雄に対する性淘汰機会が大きくなるという彼女の仮説を支持している．この性淘汰機会の大きさは，自分の性別を他個体に伝えるために使われる翅や体の色の性的な違いや (Battin 1993a; §11.4; しかしHafernik & Garrison 1986も参照)，(それほど多くはないが) 成虫では雄のほうが体サイズが大きいこと (Koenig & Albano 1987a) にはっきりと現れているようである．Fincke (1988) は，体サイズの性差が大きいムラサキハビロイトトンボの雄の

性淘汰機会は，同じ指標で評価した場合，ハーゲンルリイトトンボやハヤブサトンボ（両種とも性差はずっと小さい）のほぼ5倍もあると推定した．Finckeはまた，雄が雌の産卵中ずっと接触警護をしている種のほうが，潜水産卵のため警護を中断するハーゲンルリイトトンボのような種よりも，性淘汰機会は小さいとも予測している．この解釈から，アメリカアオモンイトトンボでは性淘汰機会が非常に小さいだろうと予測される．この種では，雌が生涯に1回しか交尾せず，さまざまな基質に産卵する．そのため，生殖活動全体に対する雄のコントロールは不可能である．この発見は，性淘汰の強さは実効性比と正の相関があるという予測を支持している．

11.9.2 配偶システム

Campanella (1975b) やWaage (1984b), Kaiser (1985b), 東ら (1987), Conrad & Pritchard (1992) によるトンボの配偶システムの総説は，この項にとって基本的な背景となっている．これらの総説のうち最近のものは，トンボの配偶システムを2つの大きなグループ，すなわち**資源に基づく**システム（RBS）と**資源に基づかない**システム（NRBS）に分けている．この二分法は鳥に焦点を当てたEmlen & Oring (1977) の総説で提案されたものである．Conrad & Pritchard (1992) は，Emlen & Oringの分類をトンボに適用し，この2つの大きなグループを5つのサブグループに分けた．その際，彼らが生涯繁殖成功度と関係のある適応を反映するであろうと考えた基準を使っている．その基準とは，雌雄の遭遇頻度，雄が「コントロール」しようとする資源を独占する能力，および雌の出現の予測可能性である．Conrad & Pritchardは，機能的特性に基づいて分類することにより，分類を記載だけでなく予測にも役立つものにしようとした．Alcock & Gwynne (1991) は，昆虫の配偶システムの進化の中でトンボ目を扱っている．

目的が予測であろうが記載であろうが，分類システムの長所を評価する前に以下の点を頭に入れておくべきである．

- 大きな分類群のすべての構成種が，離散的で相互に排他的なカテゴリーにきちんと分かれる（ハトだけがハトの巣穴におさまる）ことは期待できない．トンボ目のように古い分類群では特にそうである．
- 水域（普通は産卵場所）で見られるトンボの行動を標準的とみなす議論は，ほとんどの種にとって水域が雌雄の主要な出会い場所であることを仮定している．このアプローチは避けられないものであるし，ほとんどの場合この仮定は正しい．だが，一部の（かなり多いかもしれない）種では，雌雄の出会い場所が他にも存在し（例：Siva-Jothy 1987a），もっと理解が進めば配偶システムに対する現在の理解が修正されるかもしれない．
- しばしば進化的安定戦略の一部として代替繁殖行動が存在（表A.11.8）するため，一部の種は複数の配偶システムにまたがることになる．
- したがって，配偶システムを特徴づけるための基準は，（例えば，生息場所や水域での雄密度の条件が）例外的であったり容易に観察できる条件下におけるものではなく，その種の標準とみなせる行動でなければならない．

産卵場所への雌の接近を，雄がどの程度コントロールできるかを強調することで，トンボの配偶システムのこれまでの分類は，雄のLRSの主な成分を際立たせるのに役立ってきた．この章で述べてきた情報や結論をもとに配偶システムの再検討を行った結果，私はこれまでの分類を修正し，トンボが示す行動の多様性と柔軟性に光を当てることで，実際の配偶システムとの一致と予測力を高める必要があることに気がついた．精子競争は疑いもなくトンボの繁殖行動を形づくってきた主な淘汰圧の1つである．私は最近の情報を加えて，精子競争をこれまでの論者よりも重要なものとして強調したつもりである．こういうアプローチをとることで，水域から**離れた**場所で交尾相手を得て，なおかつ産卵場所で雌を「コントロール」することもできるような雄の戦略にもっと注意を払うことが促される．私のアプローチとConrad & Pritchardのアプローチの決定的な違いとして，彼らが資源に基づかない「雌-コントロール」システム（図11.69）として例にあげたルリモンアメリカイトトンボやタイリクアキアカネが（表A.11.1参照），私のシステムでは明らかに資源に基づくものとなる．これは，雌雄の主要な出会い場所が産卵場所から10～280m離れており，交尾後雄が雌を産卵場所へとエスコートし，産卵を警護するのであれば，出会い場所で雄が雌をコントロールする能力とは関係がないという事実に注目しているからである．そのため，私の分類とConrad & Pritchardの分類は大きく違っている．私の分類では，以下のシステム1（これはConrad & Pritchardの分類には含まれていない）を除くすべてのシステムが資源に基づくものであり，機能的に産卵場所と関係がある．こ

11.9 進化と配偶システム

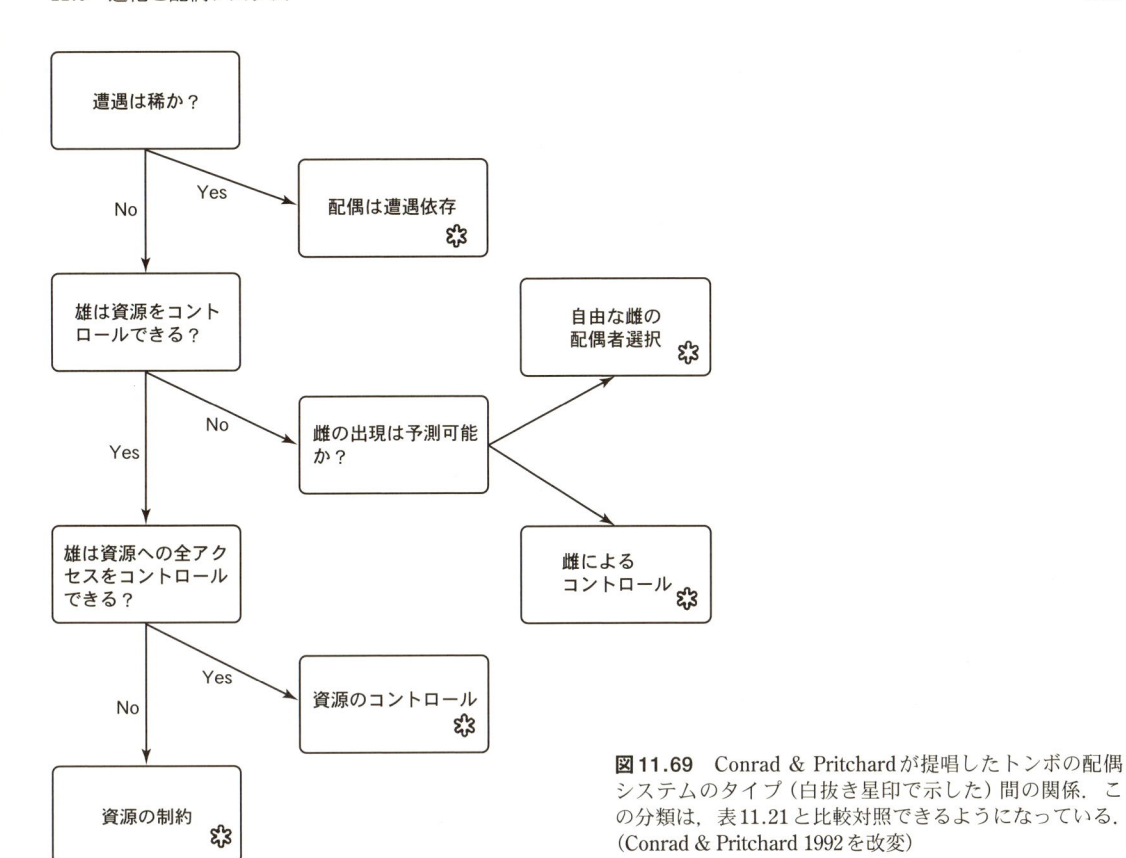

図11.69 Conrad & Pritchard が提唱したトンボの配偶システムのタイプ（白抜き星印で示した）間の関係．この分類は，表11.21と比較対照できるようになっている．(Conrad & Pritchard 1992 を改変)

うすれば，システム全体では雄の交尾頻度と雄の交尾相手である雌が産む卵の父性の確実さ（表11.16の成分1.1, 1.2, 1.3）によって分類が可能になる．私の意図は，仮定が検証できるような形で仮説的な分類を新しく提示したいということにある．概念に関しては，私の分類はこれまでに提案された分類，特に Conrad & Pritchard のものによるところが大きい．

11.9.2.1 トンボの配偶システムの新しい分類

新しい分類における6つの配偶システムの特徴を，表11.21に示した．この表は，この章で扱っている多くの情報をまとめたものである．繁殖行動の主要な成分のほとんどを列記し，配偶システムごとに多少なりとも明らかになっている傾向があれば，その強さを表す記号で示している．6つの配偶システムを分けるキーを二分法の形で示しておいた（表11.22）．この2つの表を使えば，（生殖行動の主要な成分が分かっている限り）どんな種でもどの配偶システムに属するか決められるであろう．ただし，システム2の基準については早期に再検討を要することになろう（下記参照）．

システム1．長距離の移動 キバライトトンボが唯一の既知の例である．この種の雌は羽化するとまず交尾し（表A.11.1），おそらく1回だけしか交尾しない．ただし，アオモンイトトンボ属の他の種で，一部の個体がこのシステムを採用している可能性はある（例：ヒメアオモンイトトンボ）．雌雄の出会い場所（このシステムでは羽化場所）がたまたま産卵場所でもある場合は二次的な結果であり，雄がコントロールしているのは羽化場所である．前生殖期の長距離移動の後に到達した産卵場所は，結果的に広く散在することになる．雌雄の出会い場所での雄間の競争には性内淘汰が働くであろう．交尾時間（約18分）は中間的である．もし，他にこのシステムを採用するトンボがいるとすれば，やはり長距離移動をする種であると予測される．高い標高を移動している途中で着地した未成熟雌を捕まえて，その精子貯蔵器官の内容物を分析することが，この予測の検証に役立つだろう（Corbet 1984a参照）．このシステムでは，（雌の）寿命がLRSの分散に大きな影響を与えると考えられる．キバライトトンボでは，雌が1回し

表11.21 トンボの配偶システムのタイプ分けに用いられる特徴

特徴[b]	配偶システム[a]					
	1 (LM)	2 (PO)	3 (HR)	4 (NO)	5 (LC)	6 (SC)
雌は最初に交尾するときはテネラル	+					
産卵場所は広く散在	+++	++	+++	++	+	
交尾は長時間	++	+++	+++[c]	++	+	
性内淘汰が期待される	+	++	+	+	++	++++
性間淘汰が期待される		+	+	++	+++	+
雄-雌の遭遇は頻繁[d]		+	++	++	+++	++++
雄は1日当たり複数回交尾		+	+	++	+++	++++
出会い場所は産卵場所と同じ			+	++	+++	++++
なわばり[e]は産卵場所を中心にする		+[f]			++	+++
産卵中の警護は接触警護			+	++	++	+
雄は雌が産卵場所に近づくのを制限する					+	++++
潜水産卵				+	+	
雄による求愛					+	
産卵中の警護は非接触警護					++	++
産卵場所が集中して分布しており防衛可能[g]					+	++

[a] 配偶システムの記号(本文参照): 1 (LM), 長距離の移動; 2 (PO), 産卵の延期; 3 (HR), 後背地の出会い場所; 4 (NO), 非なわばり性で産卵場所が出会い場所; 5 (LC), 長時間の交尾; 6 (SC), 短時間の交尾. +の数は程度を示し, 弱い (+) から強い (++++) まで変化.
[b] ここにあげた特徴は主にLRSと密接な関係があるもので, 特に精子競争と関係が深い. おおまかには, 産卵場所に接近する雌を雄がコントロールする程度が大きくなる順番に並べた. 主な出会い場所での通常の行動によるものである. 生息場所や成熟雄の密度(表A.11.9)が特徴の程度に影響することがある.
[c] 交尾時間は普通は30分以内だが, アオモンイトトンボ属の一部の種では例外的に非常に長い (§11.7.4.2).
[d] 主に雄について記録された最大の交尾頻度を意味する.
[e] 分布の局在化や定住期間などのなわばりに相関のある特徴も含める.
[f] システム2では, 雄が高密度のときにいろいろな程度になわばり性が示される. このこともシステム2の特徴である (例: ヒスイルリボシヤンマ, タイリクオニヤンマでも時々見られるが, おそらく生息場所のタイプに関連する).
[g] 簡単には確かめられないが, システム5とシステム6を区別する基準は, システム6においてのみ**すべての**産卵場所が雄によってコントロールされることである.

表11.22 トンボの6つの配偶システムを区別するための二分法による検索表

A. 主要な両性の出会い場所は産卵場所と機能的な関係があるか	いいえ・・・・・・・・・・	(1) 長距離の移動
	はい・・・・・・・・・・・・	B
B. 雄は産卵中の雌を警護するか	いいえ・・・・・・・・・・	(2) 産卵の延期
	はい・・・・・・・・・・・・	C
C. 両性の主要な出会い場所は産卵場所と同じか	いいえ・・・・・・・・・・	(3) 後背地での遭遇
	はい・・・・・・・・・・・・	D
D. 雄はなわばりをもつか	いいえ・・・・・・・・・・	(4) 非なわばり性; 産卵場所での遭遇
	はい・・・・・・・・・・・・	E
E. 交尾は20秒以内に終わるか	いいえ・・・・・・・・・・	(5) 長時間の交尾
	はい・・・・・・・・・・・・	(6) 短時間の交尾

注: 検索表の項目は出会い場所での通常の行動に関するものである. 例外的なものや代替繁殖行動による二峰型の分布については§11.9.2.1を参照. 各配偶システム自体の説明は表11.21を参照.

か交尾しないために, テネラル雌が交尾するような淘汰が働いたと考えられる. この種は広域に散在する一時的な水域を利用するので, 水域からの離脱前に雌雄が集まるようなメカニズムがないかぎり (§10.3.2.3), 雄とはめったに出会わない. このことが1回交尾の淘汰圧になっているのかもしれない.

システム2. 産卵の遅延 このシステムは, 冷涼で, あまり富栄養でなく, 比較的安定した生息場所に棲む種で主に見られる. フライヤーのほとんどがこのシステムを用いる. 雌雄の出会い場所は産卵場所である. 雌と雄のペアは, 交尾を行うために, あるいは交尾を完結するために出会い場所を離れることがある. 交尾後は, 雄が雌を産卵場所に導くこともあれば, そうしないこともある (エゾトンボ科の一部の種). 雌は通常警護なしで産卵する. 次に水域に飛来したときに産卵することもある. ヤンマ科, オニヤンマ科, エゾトンボ科, ムカシトンボ科, サ

ナエトンボ科，ムカシヤンマ科 (Wolfe 1953 参照；武藤 1960b) がこのシステムを採用している代表的な仲間である．サナエトンボ科とムカシヤンマ科を除けば，皆フライヤーが多い科である．システム2を採用している均翅亜目の種は知られていない．上記の分類群で，例外的に雄が雌を短時間だけ警護する種としては，表11.15に示したもの（非接触警護をする種）に加えて，少数のヤンマ科の種があげられる．すなわち，ルリボシヤンマ属（2種），ギンヤンマ属（4種），カトリヤンマ属（1種），ヒメギンヤンマ属（2種）である．これらの種では接触警護が時々観察されている（§2.2.5参照）．なわばり性が見られる場合には，雄がかなりの範囲をパトロールするか（表A.11.3），かなりの長さの沿岸をパトロールする（表A.11.4）のが普通であり，なわばりが出現するかどうかは，密度（ルリボシヤンマ属，図11.21；カラカネトンボ属，図11.19）や，生息場所の環境（タイリクオニヤンマ属，§11.2.4；ヒメギンヤンマ属，Rowe 1987a）に依存している．なわばり行動が見られても，はっきりとした定住性を示すことはめったにない．サナエトンボ科の *Onychogomphus forcipatus* はある程度の定住性を示すが，最大で90分程度である（Kaiser 1985b）．*O. forcipatus* の場合には，ランドマークの存在と定住性に相関がある（図11.4）．サナエトンボ科ではなわばり行動は非常に稀にしか観察されておらず，ウチワヤンマ属と湖に生息し植物にとまる少数の大型種がその例外である（例：*Cacoides* 属，Moore & Machado 1992）．これまでに調べられた限りでは，システム2を採用する種のうちエゾトンボ科（それとおそらくムカシヤンマ科）以外は，すべて精子束で媒精を行う（§11.7.3.2）．この事実は，このシステムでは警護産卵が普通見られないことや，しばしば産卵の遅延が見られることとの関連で意味がありそうである．どちらの現象も，雄が産卵雌をコントロールできないことを意味している．したがって，これらの種で精子優先をもたらすメカニズムは，たとえあるとしても，謎である．タイリクオニヤンマ属の媒精は精子束でも精子ででも行われるが，生息場所は多様で探索のやりやすさは大きく異なっている．つまり，川のようなパトロールが有効な場所と，泉や湧水のような有効ではない場所があって，媒精のタイプはこういった生息場所の特徴を反映した代替繁殖行動であるかもしれない．このシステムでは，なぜ雄の交尾後の行動のレパートリーの中に警護が事実上欠けているのかが分かれば，その進化がもっとよく理解できる可能性がある．システム2は，6つのシステムの中ではおそらく最も不均一で，その理由は警護となわばりという2つの重要な特徴の発達程度が，それを使う分類群ごとにさまざまだからである．ここで仮にシステム2としたトンボの繁殖行動がもっと詳しく分かれば，このシステムは早い時期に再検討され，さらに分割されるかもしれない．

システム3．後背地での雌雄の出会い 雌雄の出会い場所は，産卵場所そのものではないが，機能的には産卵場所と結び付いている．なぜなら，交尾のすぐ後にせよ（ルリモンアメリカイトトンボ，ハーゲンルリイトトンボ），タンデムペアが産卵場所に着くまで交尾が延期されるにせよ（タイリクアキアカネ），普通，雄は雌を産卵場所へ連れていくからである．表A.11.1に示した種の大部分がこのシステムである．産卵場所はたいてい広く分布しているので，雄の防衛には向かない．雌雄の主要な出会い場所は，雌が産卵場所に向かう途中で休むことが多い場所（ルリモンアメリカイトトンボ，アマゴイルリトンボ）や，夜間のねぐら（マンシュウイトトンボ，タイリクアキアカネ）である．採餌の場所や日光浴する場所，ねぐらは，どれも雌雄が生殖以外の目的で飛来するための出会い場所の1つとなる．こういった雌雄の出会い場所で雄によるコントロールが見られることもある（Moore 1991c参照）．雄は，出会い場所でなわばり行動を示すことはあるが（マキバアオイトトンボ），産卵場所ではなわばり行動を示さない．マンシュウイトトンボは，交尾が非常に長いという点で例外的である（§11.7.4.2）．この長時間交尾は一種の産卵前の警護であり，雌が他の雄の干渉なしに産卵できるときまで，雌を隔離しておくのに役立っている．この配偶システムをとる種に関する重要な疑問は，なぜ産卵場所が雌雄の主要な出会い場所ではないのだろうかということである．Richard Rowe (1988) によるキボシミナミエゾトンボとミナミエゾトンボの観察によると，これらの種にとっての答は，生息場所の地形と雌のとる交尾受容の戦術に関係している．すなわち，池では出会い場所は雄がパトロールしている水面であり（システム2），雌が雄と同時に水域にやってくることはほとんどない．しかし湖では，出会い場所は後背地であり，ほとんどの雌は雄とともに環状の姿勢となって水域にやってくる（システム3）．

システム4．非なわばり性，産卵場所での出会い このシステムは多くの非なわばり性の均翅亜目が採用している．代表的な例として，*Argia apicalis* (Bick & Bick 1965a)，サオトメエゾイトトンボ (Banks &

Thompson 1985a），*Ischnura gemina*（Hafernik & Garrison 1986），アオイトトンボ（Stoks et al. 1996）がある．代替戦略として，ルリモンアメリカイトトンボ（Conrad & Pritchard 1988）やハーゲンルリイトトンボ（Fincke 1985）の雄などのように，（1日の早い時間帯に）水域から**離れた**所に別の出会い場所ができる場合がありうる（システム3）．

システム5．長時間の交尾　システム5と6は，雄が産卵場所ではっきりしたなわばり性を示すところに特徴がある．したがって，この2つは，資源防衛型一夫多妻（Emlen & Oring 1977）の明らかな実例である．Conrad & Pritchard（1992）によるカテゴリー「資源による制限」はこのシステム5とほぼ同じもので，すべてではないが，雄は多くの産卵場所を防衛する．Conrad & Pritchard（1992）によるカテゴリー「資源のコントロール」は，ここの分類ではシステム6にほとんど一致する．雄は**すべて**の産卵場所を防衛するため，産卵に関して雌を完全にコントロールできる．この2つのカテゴリーの区別を（Conrad & Pritchardの定義に）実際に当てはめることは容易ではない．そこで私は交尾時間の長さという別の基準を採用した．少なくとも種内では，交尾時間は精子優先度と機能的に関係があるし，最短交尾時間（測るのは難しくない）には，たいていは生物学的に意味づけることができる不連続な変異があるからである（§11.7.4.1）．時に，交尾時間の変異の範囲が大きい場合（二峰型のこともある）や，ごくわずかの個体が20秒ほどで交尾を完了する場合など，ある分類群をどちらのカテゴリーに入れるか決めるのが難しいことがある．しかし，いずれにせよ種によっては複数の配偶システムを示すこともあるので，そのような重複は，経験的に決められた基準の有効性には影響しない（下記参照）．交尾が20秒以上続くとしてもほかに比べれば短いほうであり，なわばり雄はすぐになわばり防衛に戻り，他の雌と交尾できる．交尾後の警護は，少なくとも産卵中は非接触警護である．産卵場所は，雄がなわばりを占有するには不適当なこともある（例：イイジマルリボシヤンマの幼虫生息場所［ドイツ語のLarvenhabitat］，Sternberg 1995a）．また，雌が，1日のうちの特定の時間帯に産卵したり，1個体の雄の警護を受けている集団内で産卵したりすることにより，雄のコントロールを避けることができる場合もある（§11.8.3，§11.9.1.1）．このシステムでは，雌は産卵するためになわばり雄と交尾する必要がないので，雌による選択や雄のディスプレイを通して性間淘汰が働くと予想される．また，雄のディスプレイは，（雄どうしの）性内の性淘汰の標的にもなる．雌による選択は，このシステム5で最も可能性があり，効果も大きいと思われる．求愛ディスプレイをするすべての科（表A.11.10）でこのシステム5が採用されていることは，雌による選択が求愛を進化させるための強い淘汰圧となるという主張を裏づけるかもしれない．*Perithemis mooma*では雄が求愛するが，交尾時間が短いので，システム6に入れたほうがよい場合もある（表11.14）．一部の雌はなわばりの外で産卵することもできるので，通常はシステム5を採用している雄にとって，非なわばりモードを採用することが有利になる場合もあり（表11.5，A.11.8の項目2），その場合はシステム4に含まれる．

システム6．短時間の交尾　このシステムは，Conrad & Pritchard（1992）によるカテゴリー「資源のコントロール」に近い．すでに述べたように，私はこのシステムとシステム5を分ける基準として交尾時間を採用している．1分以内に交尾を完了できる種（ほとんどすべてのトンボ科）では，交尾時間は約20秒よりも短いところに集中している（§11.7.4.1）．したがって，表11.14のすべての種がこのシステム6を採用しているだろう．あまり交尾できない（つまり，優位でない）雄は代替的なモードを採用するが，システム5の場合とは違い，普通それはなわばりを焦点としたものである．そのため，1つのなわばりに劣位雄やサテライト雄が同居するといった状況が生じる．劣位雄やサテライト雄の間には順位があることもないこともある（表A.11.8の項目1.1）．雄の間でのなわばり（特に質の高いなわばり）占有をめぐる競争は厳しく，競争に適した表現型に有利になるような同性内の性淘汰が強く働く（表11.4）．雌は，警護を受けることで（短時間であっても）あまり妨害されずに産卵するためには，なわばり雄と交尾する必要がある．雌は普通は植物外産卵か植物表面産卵をし，卵の産下速度は大きい．交尾は短く，多くは飛行中に終わる．精子置換は普通「押し込み」で行われる．システム6を採用しているのはほとんどがトンボ科の種（表11.14参照）であるが，サナエトンボ科の1つの属でもシステム6が見られることは興味深い．すなわち，ウチワヤンマ属の少なくとも2つの種，アフリカウチワヤンマと*Ictingomphus rapax*は，なわばり性で湖に棲み，産卵中に（ごく短時間だが）警護する．両者は，おそらく押し込みによって精子を置換すると考えられ（§11.7.4.1），この点で，サナエトンボ科では唯一ではないが例外的

である．私はなわばり性で湖に棲む他のサナエトンボ科の種（例：*Cacoides*属，上記のシステム2を参照）もシステム6であると予測している．これらの雄は，ごく短時間の交尾と警護の後，なわばり防衛を再開して別の雌と交尾できる．このようにして，独占した産卵場所での遭遇率は高くなると期待される．システム6は，（なわばり）雄のLRSが高い方向へ進化していく系列の中で最も進化した状態であろう．よく研究されたシステム6の例はハヤブサトンボである（McVey 1988）．雄のLRSの分散はシステム6で最大となると考えられる．その理由の1つは，排他的ななわばりシステムが成功する雄と成功しない雄の違いを大きくする（交尾の大部分はごく少数の雄が行い，大多数の雄は全く交尾できない）からであり，別の理由は，多くの代表的な種の雄が接触警護と非接触警護に費やす時間の割合を柔軟に変えられるからである．雄の雌に対するコントロールはシステム6で最大となる．それは，雌は産卵を延期することはできるが，結局はどこかのなわばりに戻って産卵せざるをえないからである．

11.9.2.2 概観

ここで述べた新しい分類の特徴は，代替繁殖行動を採用することで，一部の種が複数の配偶システムに含まれることを許すという拡張を行った点にある．この見方では，ハーゲンルイトトンボの雄は待機するか探索するかという，2つのシステムをとることになる（それぞれシステム3と4）．また，システム5に属する多くの種は，もしなわばりを確保できなければ，システム3か4を採用する．このような配偶システムの変更は，おそらく交尾相手や資源を防衛するのに必要なエネルギーコストが，密度と関係した雄間競争の強さに伴って変わることと関係している（Emlen & Oring 1977）．この変更は，個体数の調節に働くフィードバック・ループに影響を及ぼすだろう（May 1984参照）．

現在のところでは知見の不足のために，6つの配偶システムのどれに入るかはっきりとは分からない種もある（例：ハワイの*Megalagrion*属の種やフィジーの*Nesobasis*属の種）．*Megalagrion amaurodytum peles*の雄は，産卵場所である*Asteria*属やツルアダン属*Freycinetia*の植物の葉腋を防衛しないようである．雄は林床の陽斑で見つかるが（Moore 1983a），この場所が雄にとって雌を捕まえるのに良い場所なのかどうか，また，雄が交尾後に雌を産卵場所に連れて行くかどうかは分かっていない．これらの点が明らかになると，この種はシステム3になるかもしれない．

*Nesobasis rufostigma*は，Nick Donnelly (1994d) がトンボ界における「ヒレアシシギ」と呼んでいるものであるが，性の役割が普通とは逆転しており，雄があまり見られない水域で雌がなわばりを防衛するようである．この配偶システムについてもっとよく分かれば，分類を拡張する必要がでてくるだろう．

生息場所や気候，r淘汰，K淘汰といった要因と配偶システムとの関連性はこれから研究されるべき問題である．現在のところでは，システム6にr戦略者が多く，システム2にK戦略者が多いようにも思われるが，なぜそうなのかを理解するにはさらに詳しい研究が必要である．こういった問題は，個体数調節のメカニズムと関係があり，そのメカニズムは繁殖の際に働く場合があると考えられる．特に，雌雄の出会い場所における成熟雄の密度が大きく変動し，LRSの成分（表A.11.9）に強い影響を及ぼすことがある種では，特にこのことが当てはまる．人間の影響が及ばない生息場所での長期研究は，このような予測を検証するために極めて重要である．

配偶システムは，トンボの生活において中心的で極めて重要な構成要素である．しかし，配偶システムはいくつかの成分の1つにすぎず，産卵戦略や幼虫の生態とも両立できるように補いあうような淘汰圧もかかることになる（Buskirk & Sherman 1985参照）．

トンボが行う繁殖行動の成分が統合された美しさには驚かされるばかりである．柔軟だが有効に，いくつかの成分が相補的に作用しあうことによって，環境の恐ろしいほどの変化にもかかわらず安定性と連続性を維持している．最も単純なトンボの配偶システムでさえ，それがその特徴や恒常性をどのように維持しているのかを理解するまでには多くの時間が必要であろう．その間に我々は，さまざまな配偶システムのパターン分類と成立要因を探求することで，それぞれのシステムの生態学的要因とその進化に光を当てることができる．

11.10 摘要

性的に成熟したすべてのトンボは，繁殖のために同種の異性と出会い，それを認知し，交尾しなければならない．そして，雌は雄の助けがあろうとなかろうと，卵の孵化と幼虫の生存に適した場所に産卵する必要がある．程度の違いはあるが，各個体は自分の繁殖成功度を高めるために，種内および同性内で競争する．こうして各個体，特に雄は，交尾相手，

交尾を邪魔されない場所，産卵場所などの基本的な資源を他個体に対して優占的に獲得し，好適な場所に産み付けられる卵の親となれるように競争する．

雄が主要な出会い場所（普通は水域の近くだが必ずしもそうとは限らない）に時空間的にとどまろうとする程度は，定住性と場所防衛の強さに関連して連続的となる．この程度が大きい場合，雄は繁殖活動を出会い場所の特定の部分に限定（局在化）する．ほとんどの場合，場所の選択は産卵場所の空間分布に従って決まるが，初めて交尾した場所，最初（または最後）の交尾相手が産卵に使った場所のこともある．雄はその地域を防衛し，同種や時には他種の侵入者に対して攻撃的に振る舞い（なわばり性），しばしば同じ場所に何日間も続けて戻ってくる（定住度）．出会い場所での同種の雄密度は，局在化およびなわばり性の強さと相関がある．このような個体間関係は，雄間の争いを減少させることで雄の適応度を増加させると考えられる．

雄は出会い場所に到着すると，雌を見つける機会を増やす非攻撃的で自発的な行動を示す（探索行動）．雄には，戦略的に定めたとまり場を中心にその周囲を断続的に短くパトロールして探索する種から，出会い場所で連続的にパトロール飛行する種までの連続性がある．この連続性の両極の傾向を示す種はそれぞれパーチャー，フライヤーと分類される．しかし，生息場所，天気，雄密度等の要因を反映した混合戦略は，種レベルでも個体レベルでも存在する．定住度の高い種であっても，定住地点を突然移して探索域を変化させることがある．

同種雄間の攻撃行動のレパートリーは，決まった順序で起きるいくつかの基本的な成分（接近，威嚇，闘争，追飛）で構成されており，各成分の数や長さは雄間の相互作用の強さと関係する．身体を使っての格闘が特に重要な役目をもつような単純なレパートリーをもつ種もいれば，色や姿勢，翅の動きをベースにした信号を特徴とする儀式的で複雑な威嚇行動をもつ種もいる．両者の間は連続的で，いろいろな段階の種が存在する．同種雄間の争いのほとんどは，単純な行動連鎖の後，「自分が先住者であると信じている」雄が勝つという非対称性に従って短時間で解決する．それ以外の争いはエスカレートして，より複雑で長くなる．それは片方あるいは両者とも，自分と相手の先住権に関する地位が分からなくなるためであろう．空中での敏捷さは脂肪蓄積や時には日齢を反映しており，エスカレートした争いでの勝利と正の相関がある．

雌の獲得をめぐって競争する雄がとる戦略は，種レベルでも個体レベルでも変異性があり（代替繁殖行動），通常，単一の条件依存戦略の一部分が見られる．雄の各個体は，1日の時間や一生の異なる時期に，なわばり雄や，非なわばり雄になりうる．また，一部の種では2個体以上の雄が1つのなわばりを共有し，しばしば防衛までも分担する．そして彼ら（少なくとも優位雄）は，最近の争いにおける成功に基づいて順位づけられ，それが雌を獲得する順位となる（順位制）．

水域での雄密度の増加が繁殖行動に及ぼす効果は多面的であり，時には矛盾しているように見える．おそらくそれは（生息場所や1年の時期などによって変化する）絶対密度によって，その影響の現れ方が決まるからである．水域への雄の飛来率が増加すると，攻撃行動，滞在時間，飛来頻度を介したフィードバックによって，その場所での雄密度が制御されることがある．また，増加した密度は分散を促進し，なわばり行動や攻撃行動を解消させる原因にもなりうる．そして，雄は水域で群飛に似た集団を形成することもある．

トンボは交尾前に，種，性，交尾受容性の識別システムの一部として，視覚と身体を使ったコミュニケーションを行う．

視覚的識別は，色，大きさ，形，飛行スタイルなどの種特有の特徴を使って行われ，時にディスプレイによって誇張される．雌による拒否行動は，おそらくトンボ目全般に普遍的に見られ，とまっているときに雌雄が共通して見せる威嚇行動成分の一部がよく使われる．均翅亜目（主に2つの科）と不均翅亜目の一部では，交尾に先立って求愛（精巧にシステム化されたディスプレイ）が行われる．求愛は主に雄によって雌に対して行われ，雄を受け入れるか拒否するかを決める機会が，雌に連続的に提供される．受け入れるかどうかの主な基準は雌による産卵場所の評価である．

交尾前タンデムの形成中に，最初に物理的認識が起きる．このときに雄の尾部付属器と，雌の頭部や胸部の対応する面とが的確に噛み合う（少なくとも均翅亜目の一部では輪郭依存の機械受容器によるものと考えられる）．特に不均翅亜目では結合が強いことが必要で，飛行中や，他の雄から物理的攻撃を受けた場合に，タンデムを持続するのにも重要である．交尾前タンデムは，通常は交尾のための短時間の準備段階であるが，少数の種では非常に長時間になり，そのため雄は最初の出会いから産卵までの長時間にわたって雌を独占することができるようである．通常は交尾前タンデム中であるが，時には単独

11.10 摘要

の場合に、雄は一次生殖孔から二次生殖器に精子を移送する（雄内移精）．均翅亜目では、しばしば雄が腹部を動かすことによって雌を二次生殖器に接触するように誘導（交尾器接触）する．これによって、雌が雄との交尾を積極的に受け入れやすくなるだろう．

交尾は昆虫の中でもユニークな手順で行われる．雌雄の一次生殖器は結合しないが、雄は挿入によって精子を雌の生殖管内に直接送り込む．この方法は非常に原始的で、おそらく、体外媒精のシステムに由来する．そして、ペアー時の機動性、パートナー雄が雌から捕食されないための防護、さらに精子競争の必要性が原因で進化したものであろう．雌雄による多回交尾も普通に行われる．雄の陰茎の構造はトンボの上位分類群間で相同ではないが、大部分、もしかするとすべての分類群で、雌の貯蔵器官内に存在するライバル雄の精子を置換するように特殊化している．精子置換は、少なくとも均翅亜目では、媒精の前に行われるのが通常で、ライバル雄の精子の除去、場所変え、希釈のいずれか、あるいはその組み合わせによって行われる．雌が精子を選択し、好みの精子で自分の卵を優先的に受精させているかもしれないことが示唆されている．

雌と交尾した最後の雄は、交尾直後に産まれる卵において、普通は非常に高い優先度（P_2値）で受精に成功するが、その後P_2値は精子混合のために徐々に低下する．その過程は、雄がライバル雄の精子を場所変えするか除去するかによって、たとえ雌がその後再交尾しなくても違ってくるだろう．いくつかの上位分類群の雄では、交尾した相手がすぐに産卵する場合、それを警護することによって、P_2値が低下するのを防ぐか高めるかしている．

交尾中の雌への媒精が自由精子の形で行われるか、精子の塊（精子束）で行われるか、その両方で行われるかは、上位分類群によって決まっている．精子束の状態の精子は、交尾直後には受精に使われないと思われるので、一部の分類群の精子優先（もしあるとすれば）がどうしてありうるのかは、雌が精子を遊離する手段をもっている場合を除いて明らかでない．雌への媒精に自由精子が使われる場合、精子優先度は、個々の雄がどの交尾戦術を選択するかに影響する極めて効果的な淘汰圧であるように思える．戦術とはいくつかの重要な変数に応じて可塑的に変化する行動のことで、その重要な変数には、なわばり占有期間、交尾中に除去される精子の量、交尾確率に影響する交尾場所がある．これらの選択肢を最も効率よく組み合わせているのは、飛びながら短時間交尾する種（多数のトンボ科と少数のサナエトンボ科）であり、ライバル雄の精子を除去するよりは、精子の位置を変えることによって高いP_2値を実現していることが多い．このような種では、短時間交尾への淘汰が非常に強いようである．例外的に交尾（交尾前タンデムとは異なる）が非常に長い場合には、そのことで雄は雌を独占することができ、雌が次の産卵をする前に再交尾するのを防いでいるようである．

異常タンデム（相手が別の科、属、種の場合、あるいは2雄ないし3個体からなる場合があり、時には交尾にまで進み、稀に雑種個体ができることもある）は、交尾に先行する視覚的、物理的認識のメカニズムが不完全である証拠となる．

交尾後、雌雄はすぐに離別することがあり、その場合、雌はあとで単独で産卵する．そのような雌は、雄が少ないか、いない時間帯に産卵することが多い．交尾後、雌雄がさまざまな長さの時間一緒にいて、雄はその間に雌を産卵場所に誘導し、さらに雌を警護することもある．その警護の強さの程度は、主に同種の雄の密度のような外的条件によって決まる．交尾終了と産卵開始の間の時間が少しでもあると、警護雄はディスプレイや身体的な干渉によって、交尾相手に休止を短縮して産卵を開始させるように見える行動をとることがある．交尾後の雌雄のかかわりは、主として、交尾相手の雌が産む卵についての精子優先度を確保する手段として進化した．それだけでなく、交尾後警護は、雌にとっても、警護されない場合に比べて早く産卵を始め、かつ素早く行うことをしばしば可能にする．その結果、産卵場所での雌の生存率が高まって、雌雄ともに適応度が高まることにつながる．交尾後警護の持続時間は、雄にとっての精子優先度の確保と新たな交尾相手獲得の間の妥協であり、どちらをどの程度優先するかによって変化する．この妥協がはっきり現れている状態が、一部の種で見られる．それは1個体の雄が同時に複数の同種の雌（多くは自分の交尾相手ではない）を非接触警護して自分のなわばりに産卵させる現象である．雌は、他の産卵雌に誘引され次々に産卵に飛来することにより、このような複数雌の警護からさらなる利益を受けるのかもしれない．

その習性と生息場所の特性のために、トンボは生涯繁殖成功度（LRS）や、自然淘汰と性淘汰の測定が可能であり、優れた研究材料となっている．現実をよく表現するようにLRSを推定するには、少なくとも、全成虫出現期（できれば成虫の全生存期間）にわたって数シーズンをカバーし、2箇所以上で調査す

る必要がある.

　LRSの主な成分は，雌雄の両方に関するものとして，寿命，両親のゲノム，および産卵場所の質があげられる．雌だけに関するものとしては全産卵数，雄だけに関するものとしては自分の精子で受精された全産卵数がある．雌は，産卵場所を選ぶ（産卵場所はなわばりの質や，先住雄のなわばり保持能力と相関があるのが普通である），交尾するかしないかを決める，あるいは交尾後すぐに産卵するかどうかを選ぶことによって，間接的に交尾相手のゲノムを選んでいる．雌はほとんど全部が交尾するので，雌のLRSは雄とは違って交尾頻度にはほとんど影響されないし，それによる性淘汰機会もごくわずかである．雄のLRSの成分のうち淘汰が関与するものは，主に生涯の交尾回数と交尾当たり受精卵数（ともに性淘汰の標的）であり，前者は生殖可能な生存期間（自然淘汰の標的）と交尾頻度の積で表される．こういった成分による性淘汰機会は，雌が繁殖に必要とする資源に対する雄のコントロールが強まるほど大きくなる．必ずではないが，雄におけるLRSの分散のほうが雌よりも大きいのが一般的である．前生殖期における餌の獲得は，その時期にはおそらく性淘汰は作用しないが，次の2点においてLRSに影響する．1つは体重の増加であり，これが雌の初期産卵数を決める．もう1つは雌雄の死亡率への影響である．したがって，生殖期だけを対象にしたLRSの調査では，LRS自体とその成分の分散を過大推定する可能性が高い．特になわばり雄が交尾の大部分を独占する種や雌雄の主要な出会い場所での雄密度が高いときには，交尾できない雄が多くなる．そこに，性淘汰機会が生じることになる．雄の交尾成功度と相関のある表現形などがはっきりしていることは稀であり，同じ形質でもシーズンによって相関係数の符号が逆になることがよくある．雄の体サイズと交尾成功度の関係に一貫性がないことは，体温調節の必要性，空中での機敏性，生存などの間の妥協を反映しているのかもしれない．しかし，交尾成功度が高いなわばり雄は，体が大きい，脂肪貯蔵量が多い，あるいはその場所での経験が長いなどのために，空中での機敏性や持久力に優れている傾向が強い．

　繁殖行動のいろいろな特性の間の関連性を検討することで，トンボの配偶システムは6つのタイプに分けることができる．未成熟雌が長距離移動を行うタイプ1以外はすべて，産卵場所と機能的に関係する主要な出会い場所によって分類したものである．これら5つのタイプの区別に役立つ基準は，産卵中に警護行動を示すかどうか，雄がなわばり行動を示すかどうか，20秒以内に交尾を終わらせる能力があるかどうかである．配偶システムを6タイプに分けたうちのシステム2からシステム6までは，雄が産卵場所で雌および精子優先度をコントロールできる能力がしだいに強まる順になっている．また，これは雄間の性内淘汰機会，少数の雄に交尾が集中する傾向，産卵場所のパッチ状分布や防衛可能性が強くなっていく順でもある．代替繁殖行動が存在することは，おそらく主要な出会い場所での雄間競争の強さが密度依存的に変化することが原因であろうが，代替繁殖行動の存在の意味は，雄の繁殖システムが生殖期の間に1つのシステムから他のシステムに移行することである．密度がもたらす配偶システムの変化の中に，個体群サイズの調節に役立つメカニズムが求められるかもしれない．

Chapter 12

トンボと人間

> 湿潤と野生が失われたら，
> どんな世界になるだろう？　残しておこう．
> おお，残しておこう，湿潤と野生を．
> 雑草よ，荒野よ，変ることなく永遠に．
> —ジェラード・マンリー・ホプキンス (1881)

12.1　トンボと人間とのかかわり合い

　トンボは，人が食物として飼育している生物や (§4.3.8.2, §9.7.2) 人の病気を媒介する生物 (§4.3.8.2) を食い尽くす捕食者として，あるいは人や家禽の寄生者にとっての中間宿主 (§5.2.3.2) として，生態学的に人とかかわっている．しかし，トンボが人間に与える最も大きな影響は，芸術的な面や科学的な面である．トンボは芸術や詩を生み出すためのインスピレーションをもたらし，その美しさと優雅さは多くの人々に広く賞賛されている．そして，もちろんこの本から分かるように，比較動物学者，特に行動学や生態学の研究者のための貴重なモデルとなっている．

12.2　トンボに対する人間の認識

　人々によってトンボがどのように認識されてきたかについては，伝説や民間伝承から，また，さまざまな文化におけるトンボの呼称からうかがうことができる．トンボに対する伝統的な見方は，東アジアとヨーロッパで大きく異なっている．中国や日本のような東アジアの諸国では，トンボは恵みや幸運をもたらすものとして広く認識されている．これは，人々が生計の糧としている水田にトンボがたくさんいることが1つの理由かもしれない (端山 1982; Inoue 1989)．トンボは，日本では勇気や力，勝利，幸福の象徴となっている (Asahina 1974b)．また，ウスバキトンボ *Pantala flavescens* は盆トンボや精霊トンボなどの名で知られている．これらの呼び名は，8月15日の盆に近くなると，本州や九州では決まって多数のトンボが見られることを指して言ったものである．この日は先祖の精霊が家に帰ってくると信じられており，仏教徒にとって非常に意義深い日なのである (井上 1993; 小野 1993)．ウスバキトンボの突然の出現は，毎年4月に南方から日本に飛来する移住個体の子孫の第2世代の羽化によるものである (§10.3.3.2) が，昔からその出現がこの神聖な時期と結び付けられてきている．東アジアでのトンボに対する愛情や敬愛の念の現れを示すほかの例は，トンボに備わっているある種の呪術的あるいは薬理的な特性 (表12.1) や，トンボが芸術家や詩人，特に俳句を詠む人に与え続けているインスピレーションの中に見いだされる．トンボは俳句で季語として使われる．俳句はトンボの存在が醸し出す美や調和を表現するのに，理想的と言えるほどに適しているようである (Blyth 1952; Yasuda 1982; Kiauta 1986; Inoue 1989)．

> 秋の季の　赤蜻蛉に　定まりぬ
> 　　　　　　　　(白雄 [Blyth 1952])

　ある種のトンボが雨の前触れとしての役割を果たしていることはよく知られているが (表A.10.7)，このことによって，人々がトンボを幸運の使者とみなすようになり，一方ではトンボを食物として利用するようになったのかもしれない (表12.2)．

　これとは対照的に，ヨーロッパではトンボは昔から悪魔の化身として，恐ろしいもの，不吉なものとして認識されている．それは，北欧神話における愛と繁栄と恋愛詩の女神であるフレイヤ Freyja とのつながりに由来するか，少なくともそれによって強められたものであろう．西暦775年の教会の教令が，

表12.1　中国，日本，メソポタミアから報告されているトンボの魔術的あるいは医薬的な用途

分類群	場所	処置として利用される特性または条件
不均翅亜目[a]	中国	少し体を冷やす，勃起を刺激，射精を遅らす (Yang 1976; Read 1977). 太陰暦5月5日に捕った頭を家の中に埋めると青い真珠に変わる (Read 1977)
ショウジョウトンボ	日本	梅毒 (Yang 1976)
トンボ目	メソポタミア	月経痛. 古代には卵が解毒剤として用いられた (Heimpel 1980)
シオカラトンボ	日本	喘息 (Yang 1976)
ナツアカネ[b]	日本	眼病，熱，扁桃炎，熱病のすべて. これらの治療にミヤマアカネも利用される (Yang 1976)
ミヤマアカネ[b]	日本	咽喉炎，魚の骨のつかえの除去や咳止め (Yang 1976)
均翅亜目	中国	温めることや苦味，強壮，射精の促進，尿を減らす (Yang 1976). 幼虫はウスバカゲロウと同じ薬効があるとして使用 (Hu 1980)

[a] 大型で眼が青いもの．おそらくヤンマ科．
[b] 日本では今日特定の薬店で売られているトンボ科の種のうち，最も普通に使われている (朝比奈 1974b).

表12.2　人の食物としてのトンボの利用

場所	分類群	所見と文献
幼虫		
アフリカとマダガスカル	トンボ目[a]	Abdullah 1975
バリ	トンボ目[a]	ココナツ油で揚げて野菜と一緒に出す (Hardwicke 1990)
	トンボ目[b]	翅を取り除いてトンボを5〜10分ショウガ，ニンニク，ワケギ，トウガラシとともにココナツミルクで煮る．あるいはココナツミルクを新鮮なココナツの果肉で置き換えるほかは同じ材料で，丸ごとバナナの葉で包んで炭火で蒸し焼きにする (Pemberton 1995)
中国	トンボ目[a]	珍味 (Hardwicke1990)
メキシコ	不均翅亜目と均翅亜目	ツェルタル族インディアン (Hunn 1977)
インドネシアとスマトラ北部	オオギンヤンマ，ウスバキトンボ，*Tramea limbata*	生食あるいは，市場で売られている濃いカレースープに他の小動物（例：オタマジャクシ）と取り合わせる．硬い部分を取り除いて料理，揚げたり焼いたりする (Meer-Mohr 1965)
タイ	トンボ目[a]	生か焼いて食べる (Hardwicke 1990)，あるいは正式料理としてエビと混ぜる (Manning & Lertprasert 1973)
ジャワ西部	*Tetracanthagyna*属	タコノキ属*Pandanus*製の籠を使って女性が捕まえる (Lieftinck 1981a, 1983)
成虫		
アメリカとアジア	不均翅亜目 (?)	Abdullah 1975
バリとスマトラ	不均翅亜目[c]	鳥もちのついた棒で捕まえる．タマネギやエビと一緒に，あるいは単独で油で炒める．珍味になる (Wallace 1886; Belle 1994も参照)
インド	不均翅亜目	デザートか半乾燥の軽食[d]として供される (Tyagi 1981b; およびSrivastava 1992)
日本	トンボ科	長野県では多くの人が料理して食べる (Ichinose 1989)

[a] おそらく不均翅亜目.
[b] 不均翅亜目と均翅亜目で大型が好まれる.
[c] おそらくパーチャーが主.
[d] おそらくショウジョウトンボ属とシオカラトンボ属.

ゲルマン民族のそのような宗教上の遺物を悪魔と結び付けたため，金曜日 Friday (Freyja's day) が，またトンボもフレイヤとのつながりから，不幸を意味するようになった (Fischer 1982). トンボ，特に大型の不均翅亜目が人々にもたらす恐怖と畏怖は，イギリス諸島 (表12.3) やフランス (Le Quellec 1990) でトンボにつけられた古代の民俗名から明らかである．特にヨーロッパ (だけとは限らないが) におけるトン

ボについての伝承や一般名を知りたい読者は，Sarot (1958)，Nitsche (1965) や Montgomery (1972, 1973) による優れた書物を調べるとよい．Sarotは，18の言語による数百のトンボの名称を列挙したが，その中には地方の伝承，文学，および宗教の中に見いだされた約200のイタリア語名を含んでいる．Nitscheは16の言語でのトンボの名称を記載しているが，特にドイツ語名に焦点を当て，その由来をいくつかのカ

12.2 トンボに対する人間の認識

表12.3 ケルト語や英語の民俗名でのトンボの呼称

名称の意味	ケルト語名（英語の意味も並記）あるいは英語名，およびその意味
ウシ科の動物	Cow killer（雌牛殺し）；*damhan nathran* = ox viper（雄牛を噛む毒蛇，スコットランド）
危険な器具，刃物	Ear cutter（耳切り）；*spear adoir* = mower（刈り取り機，アイルランド）
悪魔	Devil's needle（悪魔の牙）；devil's riding horse（悪魔が乗る馬）
習性	Balance fly（天秤の形をした翅のある虫）；bee butcher（ミツバチ屠殺屋）
馬	Horse adder（馬を噛む毒蛇）；horse long cripple（馬をかたわにしてしまう長い昆虫）
針	*Ether's nild* = adder's needle（毒蛇の針，イングランド）；green darner（植物製のかがり針）
その他の動物	*Cleardhar caoch* = blind wasp（盲目のスズメバチ，アイルランド）；kingfisher（カワセミ）
擬人化	Demoiselle（お嬢さん）；lady fly（貴婦人のような虫）
迅速な飛行	Heather-flee（ヒースに逃げる者）；Jacky breezer（元気に飛び回る男の子）
蛇，竜またはトカゲ	*Ether's mon* = adder's man（毒蛇の部下，イングランド）；*gwas-y-neidr* = adder's servant（毒蛇の召使い，ウェールズ）
槍，釘	Adderspear（毒蛇の槍）；*spiogan mor* = big spike（大きな釘，アイルランド）
紡錘，シャトル	Spinneroo（紡績職人）；spinning Jenny（紡績女工）
刺すこと	Bullstang（雄牛刺し）；hoss-stinger（馬を刺す者）

出典：Montgomery 1972.

テゴリーに分類している．それらは傷薬，天罰，タブーの源，人の商売や生業を指すもの（例：ガラス屋，鍛冶屋，仕立て屋），形や外観，トンボの行動に関係したもの，そして他の動物との類似性である．Nitscheが示した例のいくつかは表A.12.1に記してある．Montgomery（1972）は，95の英語名と23のケルト語名を記載しているが，それらのほとんどは連想的なものや描写的なものである（Montgomery 1973 も参照）．彼は，連想的な名称を13のカテゴリーに分けているが，それらのうちで最も多いのは蛇や竜の呪いである（表12.3）．これは，ユダヤ教とキリスト教の神話に出てくる蛇を，エデンの園の悪魔とみなしていたことによるのかもしれない．トンボを蛇と結び付けた民俗的表現の地理的範囲には明確な境界があり，中部ヨーロッパを基盤としている．この範囲は，多くの地形上の名前にベネト語の要素が残っている地域とよく対応しており，紀元前の1,000年間に繁栄したアーンフィールド文化の分布にほぼ完全に一致している．このように，蛇の比喩は，現在の言語に先立つ古代文化の伝統を反映しているように見える（Kiauta 1996）．例えば，スロベニアの民間伝承によれば，トンボのいる所には蛇もいるので水浴は危険であり，またトンボに「刺される」ことは蛇に9回噛まれるのと同じくらい有毒だと言われている（Ovsec 1991）．

トンボに怪我や刺傷を負わせる力がある（表12.3）と思われていることは誤解であるが，大型の不均翅亜目であれば噛みついたり，鋭い産卵管で刺したりして痛みを与えることもあるので分からないでもない（§2.1.4.2; Montgomery 1972）．Samuel Johnsonの辞典（1755）で，トンボを「獰猛で人を刺す飛翔性昆虫」と定義していることは，不快な経験からきたものかもしれない．また，一見トンボがスズメバチや蛇に擬態しているように見えることが（表8.18），トンボは人間にとって危険であるという考えを強めてきたと思われる．トンボが大群で突然出現することは，時に恐怖を生む（§10.3.2.2）．そうしたことが，ある族長がトンボの大群を送り込んで敵を壊滅させ，その居留地を破壊したというポリネシアの伝説の元になっている（D. Miller 1971）．1989年7月にイタリアのトリノにトンボの大群がやってきたため，人々は恐ろしがって戸や窓を閉め，警察や消防団が警戒した（Anon. 1989）．

Samuel Johnsonが英語辞典を書いていたころ，Linnaeus（リンネ）は『自然の体系』を編纂していた．その第10版（1758）は，動物の学名について信頼のおける最初の文献となっている．その版でLinnaeusがトンボに最初につけた（ラテン語の）属名は*Libellula*であった．もっとも，その本の序文にある属のリストでは*Libella*と書かれている．ラテン語のLibellaは第一変化の女性名詞であり，これを語源に変化したと判断できる語が，今でも多くの西ヨーロッパの言語でトンボを表すものとして使われている．Linnaeusによって選ばれたこの語の語源は論争の種になってきた．Libellulaを，本を意味するラテン語liberの指小語として使われる第二変化の男性名詞であるlibellusに由来していると見る著者もいる（例：Robert 1958）．この語源説の擁護者は，トンボが羽化の直後に突然翅を開く様子から，トンボが小さな本に例えられているのだと想像しているのかもしれない．しかし，

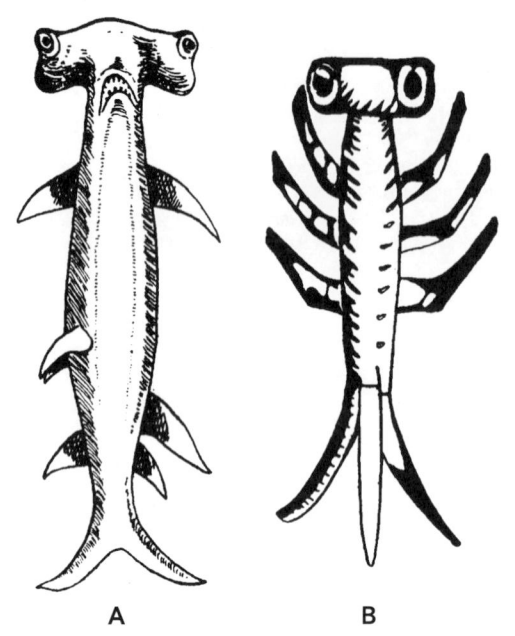

図12.1 Rondeletiusの『海産魚類誌』1554に掲載された図．A. シュモクザメ *Libella marina*; B. 均翅亜目の幼虫を描いたもの．BはRondeletiusが *Libella fluviatilis* と名づけたものであるが，彼はトンボだとは気づいていなかったらしい．(Fraser 1950より)

1977; P. S. Corbet 1991参照)，水中ステージが初めて記述されたのは17世紀初頭，Ulissi Aldrovandiによる印刷物である (Sarot 1958参照)．Jan Swammerdamは，1669年にLibellaという名前で幼虫と成虫の関連について記述し，描画もしており，付随的に計量器との関係についても言及している．Thomas Moufetは，1604年ころに書いた本（出版は彼の死後1634年）の中でLibellaを**成虫**だけに使い，幼虫との関係には気がつかなかったらしい．彼は，幼虫を「ミズコオロギwater crickets」あるいは「ミズトカゲwater lizards」と記述しており，そこにはトンボの発育ステージであることを知っていたことが伺える記述はないからである．また，17世紀末に書かれたJohn Ray (1710) の記述では，トンボ目の23種のすべてのファーストネームとしてLibellaが使われている．おそらく，16世紀末に幼虫と成虫の関係に気づいた誰かが，Rondeletiusによって（幼虫に対して）付けられたその名前を成虫にも与え，Moufetがその名前が最初に幼虫に付けられたことに気づかずに成虫に対して使ったのだろう．Moufetが間違いを犯した事情は容易に理解できる．なぜなら，彼が記載した幼虫は不均翅亜目（ヤンマ科とトンボ科）であり，最初に 'libella' と名づけられたと思われる均翅亜目の幼虫とは形が大きく違っているからである．このように紆余曲折を経たが，Linnaeusが用いたLibellulaは天秤に似た形をした均翅亜目の幼虫に起源があるようである．このことは，この語が，独立に均翅亜目の成虫にも適用されていた可能性，さらに言えば，トンボ目の成虫がローマ時代に，VarroやPlinyがLibellaとして知っていた可能性 (Montgomery 1973参照) を排除するものではない．結論としては，均翅亜目の幼虫，成虫，あるいは両方が，シュモクザメと同じようにT型の天秤に似ていることが，*Libellula* という属名の元になった可能性が高い．

語尾が -usであることやlibellusが男性名詞であることから見て，この語がLibellaあるいはLibellulaの語源であるとは考えにくい．他の著者たち（例：Fraser 1950; Jarry 1962) は，LibellaはGuillaume Rondeletius (1554) の『海産魚類誌』で使われたのが最初であり，Linnaeusがその本から引用したものと確信している．彼らの結論のほうが正しいのかもしれないが，それでも，トンボを表すのにLibellulaが用いられていることにはいくつかの疑問が生じる．Rondeletiusは 'libella insecto fluviatilis' という名前を明らかに均翅亜目の幼虫，それもほとんど間違いなくイトトンボ科のものに付けており，シュモクザメ *Libella marina* (図12.1; *Zygaena* 属も使われる; Gesner 1620参照; Charletoni 1677) に形が似ている（大きさは似ていないが）と注釈をつけている．Rondeletiusは，この虫が淡水に棲み，緑色をしていて，6本の足と体の後部に3つの突起物をもつと述べている．どちらの動物を記載するのにも使われているlibellaは，T型の水準器あるいは天秤を意味するlibra (これも第一変化の女性名詞) の指小語である．この語源がトンボに使われたのだとすると，トンボの生活環における水中ステージと空中ステージの関係は，数千年も前から一般の人々に知られていたことになるが (Read

Libellaとlibellusがある言葉に似ているために，私がこの本を書くための型どおりの契約書に署名する際に，ちょっとした問題が起きた．本全体がトンボに関するものであるので，（契約条項として）テキストには人を「中傷する (libelous)」記述を一切しないという約束をするわけにはいかなかったのである．そこで，'libelous' の代わりに 'defamatory' が使われ，私の懸念はなくなったのである．

12.3　トンボ学

この本で試みているような総合的かつ特定の分類

表12.4 トンボ学における歴史上の節目

要素	開始時期	特色
1. 探検	数千年前	トンボの属性や形態，繁殖様式，発生についての認識
2. 体系化	1758	二命名法と類似性の階層的カテゴリーの確立
3. 分類	1820	目の中での分類とその後の系統分類の確立
4. 統合	1913	トンボの生物学のグループとしての全体像を構築するためにあらゆる分野からの知識を世界中から統合する
5. 相互交流	1958	会合や定期刊行物（トンボに関する報告だけに特化した最初の国際雑誌である*Odonatologica*を含む）を通して人的ネットワークや情報交換を提供する国・地域さらに国際的な団体の設立
6. 保全	1980	IUCN[a]によるトンボ専門家グループの設立（図12.6），およびその後の各国の団体による保全プログラムの確立

出典：P. S. Corbet 1991を改変．
[a] 国際自然保護連合．

群に的を絞った記述を可能にするほど，行動や生態が解明されている分類群は，動物の中でもほとんどなく，昆虫になるとさらに数少ない．そのため，昆虫が人類に与える顕著な影響に注目してきたのは，トンボ学の分野なのである．私は，この分野を構成するとみなされる6つの柱（表12.4）が果たした貢献についてすでに別の機会に簡単に述べた（Corbet 1991）．この節では5番目の柱であるトンボ研究者間の交流について簡単に述べ，次に§12.4で6番目の柱である保全についてより詳しく議論することにする．

トンボについての観察記録は，Aldrovandi (1602) 以来発表されているが，トンボ研究者間の情報交換の組織化に向かっての第一歩は，日本で進められた（朝比奈 1989b）．トンボの分布図作成の草分けである松井一郎は，1956年に名古屋でトンボ同好会を設立し（朝比奈 1988b），また同年，朝比奈正二郎は東京で日本蜻蛉学会と定期刊行物*Tombo* (*Acta Odonatologica*) を創始する主導的な役割を演じた．1963年にB. Elwood Montgomeryは，アメリカ，インディアナ州のラファイエットにおいて3ヵ国から代表者が参加した地域的な専門家会議を開催し（Donnelly 1996），9ヵ国を超える国々の約100名の購読者がいるトンボ学のニュースレター*Selysia*を発刊した．1970年にユトレヒトで開かれた第1回「オランダのトンボ研究者コロキウム」は，最初の国際的な学会である国際トンボ学会（SIO）の結成に道を開いた．国際トンボ学会は，1971年にベルギーのヘントで開かれた第1回ヨーロッパ・トンボ学シンポジウムにおいて設立され（Dumont 1972参照），1997年まで活動した[*1]．学会誌*Odonatologica*はBastiaan Kiautaの編集によって1972年に刊行が開始された．1995年現在，トンボ学の定期刊行物として，SIOや20ヵ国にある29の地域，国レベル，地方レベルのトンボ学会・同好会によって，分かっているだけで60の学会誌やニュースレター，定期刊行物が発行されている（Kiauta & Kiauta 1995）．世界トンボ協会（WDA）が1997年に結成され，*Pantala, the International Journal of Odonatology*を発行している[*2]．1995年の時点での最大の国内学会は1983年に結成されたイギリストンボ学会（BDS）であり（Corbet 1993参照），この会の会員は1996年で1,200人を超えている[*3]．国内レベルのトンボ学会の強味は，その構成員の多様さである．例えば，日本蜻蛉学会は，創立10年後には昆虫学の専門家，地方の教師や学生，アマチュアのナチュラリストがほぼ均等に含まれ，数人の写真家も入っている状況であった（Asahina 1974b）．

トンボ学の発展，特にアマチュアの幅広い参加によって，学名の補足，あるいはそれに代わるものとしてトンボの一般名[*4]を正式化することが始まっている．この運動の擁護者や反対者は，それぞれ自分の立場を支持させる説得力のある主張を並べることができるが，トンボに対する認識を高めたいと願うどの国のトンボ学会にとっても，会員によって標準化され受け入れられた一般名のリストが必要であることは間違いない．一般名が最大限役立つためには，それが種を区別すると同時に，学名のように，少なくとも属のレベルで，分類上の類縁関係を反映すべきだと考えられる．例外的に，日本ではこの理想が実現されている．日本では固有のトンボ相がすでに

[*1] 訳注：同年発足した国際財団国際トンボ学会SIOがその事業を継続している．
[*2] 訳注：世界トンボ協会の会員数は2004年現在で34ヵ国269名．現在は会誌に*Pantala*は冠されていない．
[*3] 訳注：2004年現在で，イギリストンボ学会1,600人，ドイツ語圏トンボ学会550人，オランダトンボ学会400人，日本蜻蛉学会380人，アメリカトンボ学会350人．
[*4] 訳注：日本の標準和名に相当するもの．

十分よく知られており，種ごとに一般に認められた一般名がついている．実際，現在の日本のトンボ研究者の多くは，トンボを一般名**だけ**で知っている．一般名をつけようとするときにトンボ研究者が直面する難しさは，表A.12.2の記載事項に暗示されている．ある地域のトンボ相の種数や多様性が大きくなるほど，一般名は属レベル以上の共通名称になる傾向が見られる．表A.12.2に示された一般名には，イギリス以外では複数の科を含む一般名はない．中程度の種数のトンボ相をもつフランスやドイツでは，属レベルでの一般名と学名の対応の程度は，多様性のより大きい地域（北アメリカ）や小さい地域（イギリス）よりも明らかに高い．フランスとドイツの一般名の語彙は，もちろん属の類縁を示すように工夫されている．フランスの一般名ではそれが顕著であり，最も有用性が高いと思われる．どの場合も，合意された一般名と学名との対照表が常に必要である．表A.12.2の右欄には，古くからの「正真正銘の」（表12.3の呼称を連想させる）民俗名と，必要に迫られて分類学的類縁関係を反映させて命名した「現代風な」名称とが混在している．

生物学上の研究，とりわけ野外研究のモデルとしてのトンボの価値は，この本を通して明らかにされているし，トンボについての生物学の理解度は一層深まっている．トンボは，昆虫の行動や生態に関する豊かな情報源となっており，その行動や生態のさまざまな面を観察したり理解できるが，ほかの多くの昆虫ではそれほど容易ではない．その端的な例は，雄のトンボによる媒精前精子置換の発見であり（§11.7.3.1），なわばり行動の解明である（§11.3）．

この章の残りの部分では，トンボ学の6番目の柱である保全に焦点を当てる．これからも継続してトンボ学の探求を可能にするためには，それを成功させることが急務となっている．

12.4 保　全

この節では，**保全**は自然環境の保全を意味する．その主要な目的は世界の動植物相を，その生息場所とともに保護することである (Ratcliffe 1976)．これは生態系の多様性とその中で進化した生き物を保全することを含み (Moore 1969)，その努力のターゲットは動植物の種と生息場所であり，両者を切り離すことはできない (Wildermuth 1994c)．地球全体から地域まで，あらゆるスケールで，種やその生息場所が急速に，かつ加速度的に消失しているので，保全は緊急活動として位置づけることができる (Samways 1994a)．

12.4.1　必要性

植物や動物が絶滅していく速度は，多くの種が未記載のまま残されているため，おおまかに推定できるだけである．そのような推定のいくつかは，必ずしも非現実的なものではなく，次の30年間に世界の昆虫の種の消失は1日当たり450種を超え，あるいは3分間に1種に達するとしている (Wheeler 1990; Pellew 1995も参照)．過去における無脊椎動物の種の平均寿命は，化石の記録からの推論では約1,100万年と思われるが，現在進行中の絶滅速度は，少なくともこれよりも4桁くらい大きいであろう (R. M. May 1994)．「根絶者」であるヒト *Homo sapiens* は，ここ数十年間に，人類の全歴史を通してよりも多くの種を絶滅させる可能性がある (Diamond 1982)．

種が絶滅の危機に瀕しているとき，人々の意識にインパクトを与えてきたのは，普通は種自体であるが，保護のために設定すべき基本的なターゲットはそれらの生息場所であり，その生息場所を含む生態系やビオトープである．なぜなら，どんな種でも，生活するのに好適な場所なしには存続することができないからである．生物の多様性のホットスポット（すなわち最も種が豊富）となる生態系は，土壌有機炭素の最大の蓄積場所でもある (Post et al. 1982) 熱帯湿潤林である．それは，地球表面の7％しか占めていないが，地球全体の少なくとも50％の種に場所を提供し，そして絶滅した種の70～90％はそこに生息していたものである (Diamond & May 1985)．その中でも最も豊かな森林は，ブラジル，コロンビア，インドネシア，マダガスカル，メキシコそしてザイールの6ヵ国にあるが (Mittermeier 1988)，非常に急速に消滅しつつあるので，なかにはごく少数の，危機に瀕した小さな断片が残っているにすぎない場所もある（例：ブラジルの大西洋岸森林で残存しているのは7％未満, Machado 1992; タイの原生林で残存しているのは20％未満, Hämäläinen 1994)．中央アメリカの太平洋岸乾燥林は，かつてはメキシコからパナマまで約2,800kmにわたって伸びていたビオトープであったが，16世紀の初めから減り続けて元の2％未満にまでなり，現在では0.08％だけが保護されているにすぎない (Jantzen 1986)．現在の速度で破壊が進むと，低地の森林はカンボジア，メキシコのチャパス州，マレーシア，スリランカ，西アフリカでは2000年までに事実上消滅してしまうだろう

12.4 保全

(Diamond 1982)*.

今まで調べられた中で最もトンボの種が豊富な地域は，ペルーの南東部，アマゾン西部のマドレデディオス Madre de Dios のタンボパタ Tambopata 保護地域（南緯約13°，標高50m，面積5.5km²）にあるが，そこは森林内の湿地や川，大小の三日月湖からなり，実際の種数は200近くになるかもしれない．1995年までに均翅亜目8科と不均翅亜目3科からなる151を超える種が記録されたが，そのうちの24％は未記載であった (Paulson 1985; Butt 1995)．タンボパタ・カンダモ Tambopata Candamo 保護地域の一部であるその保護区は，1,500km²ほどのさまざまな生息場所を含む湿潤林であり，1991年に保護区に指定された．それにもかかわらず，ペルーの他地域からの移住者による農業や金採掘，狩猟などの圧力にさらされている．この地域のトンボの調査リストが暫定的なものであるという現状は，豊かな生物多様性の中心的地域に的を絞って調査することの緊急性を強調している．1982～1987年にかけて採集家がリベリアの原生林を延べ6ヵ月間訪れ，148種のトンボを記録したが，そのうち75％はこの国では初記録であった．このことから，Lempert (1988) はそのトンボ相の特性が解明されるのに十分な期間，その森林が存続できることを望むという期待を表明せざるをえなかった．また固有のトンボが際だって多いフィリピンでは（均翅亜目の85％と不均翅亜目の36％が固有種で，これらの数値は新種が発見されるにつれて増加している），人口増加による圧力が大きいため，継続的な森林破壊が将来的にも避けられないのが現実であり，この場合，何が失われたかを未来の世代に伝えることが採集の主目的になるだろう (Hämäläinen 1994)．また，ハナダカトンボ科（§11.4.6.2）とヤマイトトンボ科（§8.5.4.8）が棲む，森林内を流れる細流の生息場所が破壊される前に，色彩によるディスプレイの研究は行動学者にとって最優先課題である (Paulson 1981b)．消失しつつある生態系を保全するための時間的な余裕がないので，種よりもビオトープや生息場所に焦点を当てて，優先順位を厳密に見極めて監視することが必要である (Samways 1994a)．地球スケールで最も必要なことは，自然保護地域内の生物生産性が高い多様な生息場所，具体的には，雨林内の細流と低地の湿地を優先的に保全することである (Moore 1991d)．地域スケールと局所スケールで優先すべきは，稀少なビオトープやそこに棲む適応性の低い種を保全することであり，それは多くの国において，すでに保護区に指定されている場所への優先的な配慮を与えることを意味する (Moore 1991e)．北アメリカで最も危機に瀕したトンボのビオトープは，質が高く人手が加わっていない細流であり (Bick 1983; Dunkle 1995b)，オランダでは，湖，高層湿原，そして河川 (Van Tol & Verdonk 1988) はもちろんのこと，pHの変化に対する緩衝作用が小さい中栄養の水域である (Wasscher 1989)．トンボは比較的よく知られた昆虫であるにもかかわらず，そのトンボ相がほとんど解明されていない広大な地域がまだいくつか残っている（例：ウルグアイ，Paulson 1977）．新世界におけるトンボの種の時間的な発見のパターンは，特に熱帯で (Paulson 1982)，そして北アメリカでさえも (Donnelly & Beckemeyer 1996)，記載されていないもっと多くの種が存在することを示している．

生態系へのインパクトが急激に増加しているので，トンボの存続はもはや確実なこととは言えなくなってきた (Moore 1991f)．トンボにとってのビオトープは，水界生態系はもちろん，陸上生態系でも世界中のいたるところで失われつつあるか，または極めて劣化しており，しかもその事態はさらに加速されている．工業国におけるその損失の程度は，ヨーロッパのさまざまなビオトープの記録から判断できる．例えば，ドイツ北西部の高地の高層湿原 (Clausnitzer et al. 1984)，イギリス南西部のヒースの原野（1811～1960年までの間に67％が失われた，Moore 1962b），スイスのある州の湿地（1900～1978年までの間に72km²が失われた，Dufour 1978a），スイス，ゴッサウ Gossau の渓流や池（図12.2），イギリス東部の池（1882～1978年までの間に49％が失われた，NCC 1988）などである．最後に述べたビオトープは1888～1988年の間に10日に1箇所の割合で消失し，1988年に残っていた場所も，80％以上がごみの投棄と放置，埋め立てでひどい状態にあった (NCC 1988)．実

---

*訳注：国連食糧農業機関 (FAO) が2005年に公表した森林統計によると，1990-2000年間のアジア全域の森林面積減少率/年は0.1％となっている．1980年ころから森林保護に関心をもつ国が増えてきたこともあって，Diamondの予測よりも森林減少率が低くなったのかもしれない．しかし，国単位で見ると，カンボジアは0.6％，マレーシアは1.2％，スリランカは1.6％の減少率となっており，国によっては依然として高い森林面積減少率が続いている．なお，この数字はゴム，オイルパーム，ユーカリなどの新規植林地を森林面積増加量としてカウントしているので，自然林の減少率はこれよりも高いことに注意すべきである．また，低地林と山地林は区別されていないので，2000年までに平地林がほとんど消滅したかどうかは，資料からは分からない．しかし，世界共通の傾向として，森林は平地から先に消えていくので，低地の自然林の多くが，すでに消滅してしまっている可能性は高い．
FAO (2005) State of the World's Forests 2005. 153pp. Food and Agriculture organization of the United Nations, Rome. (http://www.fao.org/forestry/index.jsp)

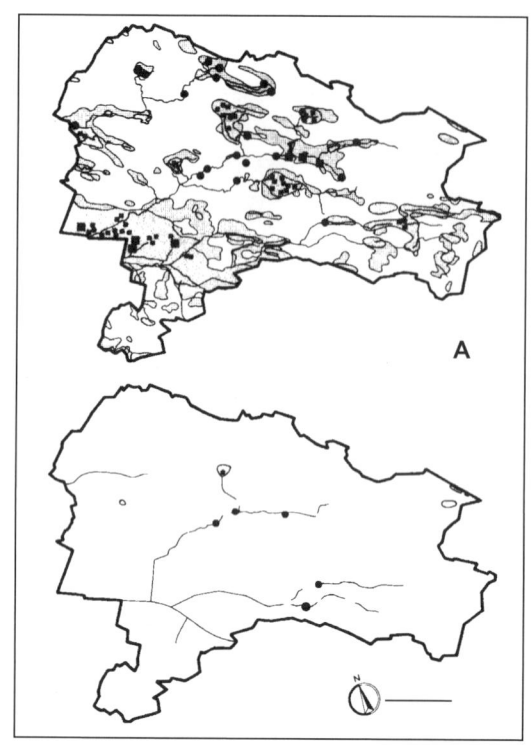

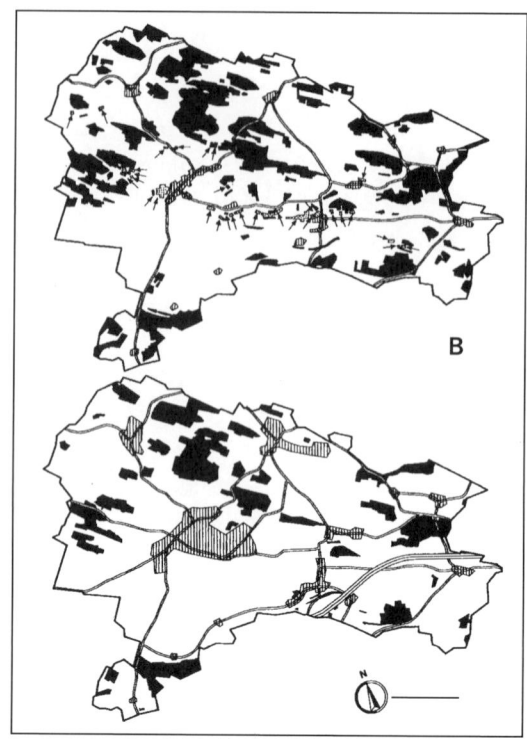

図12.2 スイス，ゴッサウ Gossau 地区の1850年（上）と1975年（下）のトンボの生息場所の分布とタイプを示したもので，人口と人間活動の増加による生息場所の消失が分かる．A. 水系の生息場所．濃く網掛けされた地域は高層湿原，薄く網掛けされた地域は河川の氾濫域の牧草地，四角い点は泥炭採掘地，丸点はダム湖，線は流路；B. 森林，耕作地と人間の居住地．黒い地域は森林と潅木林，網掛け地域（矢印で示す）はブドウ園，縦線網掛け地域は居住地，太線は幹線道路，三重線は自動車道路．スケール：1km．（Wildermuth 1978を改変）

際，一そろいの水草（沈水，浮葉，抽水植物）とそれに関連した生物群集を維持していたのは，1988年に残っていた場所のわずか3％にすぎなかった．ニュージーランドでさえ，ヨーロッパ人の入植前に存在していた湿地のうち，1981年時点で手つかずのまま残っていたのは10％未満であった（NCCNZ 1981）．

このような統計は，残存するビオトープの質的な悪化の程度については何も示していない．しかし実際には，分断化（例：ヒースの原野，Moore 1962），進行する池へのごみの投棄，埋め立て，放置による荒廃，あるいはビオトープ内部での生物間の生態学的な相互作用の消滅（Jantzen 1974参照）によって質的な悪化が生じている．さらに言えば，1940年代後半から始まった，主として農業への機械の導入や殺虫剤の使用による，急激で徹底的なそして広範囲にわたる変化は，平均値では表現できない．例えば，イギリスにおけるそのような変化は，歴史上のどの時代よりも，速度においても規模においても大きい（Moore 1978a）．

上記の例は，生息場所の消失と，その結果としての生物群集，種，個体群の世界的な消失の規模と動向を示すものである．それはトンボだけでなく，人を除くあらゆる生物についても同様である．もしそのような変化がとめどなく続けば，大規模な環境の劣化や広範囲な種の絶滅が起こり，やがて現在のような形の人間社会は崩壊するだろう．しかし，このシナリオをじっくり検討することで，倫理学や哲学に深く根ざした，自然環境の保全に対する関心の向上を促すような，何らかの理想主義的な動機が生まれる（Wildermuth 1994c）．Derek Ratcliffe（1976: 45）は，「自然環境の保全とは，深遠な科学から単純な知覚にまでわたる多様な公共の利益を反映したものであると同時に，その支援でもあり」，また「永続的な目的意識や，環境および他の人々との関係に調和をもたらすその力を通して，文化的生活へと導く活動であるとみなされる」と指摘している．時間軸は自然環境の保全にとって中心的要素である（N. W. Moore 1987a）．土地は，人間ばかりでなく他の種にとっても，未来の世代への遺産であり，それゆえ単なる私欲による土地開発を回避すべきことが土地の

12.4 保全

表12.5 ビオトープの悪化によりトンボの個体群を絶滅の危機にさらす主な人為的インパクト

主に影響されるビオトープ	インパクト
すべての流水域と止水域	排水や汲み上げ，分水による水位の低下
	表土の移動，埋め立て，建設工事や底質の除去による喪失
	集水域の植生被覆の破壊による堆積負荷の増加
	農業や工業，都市の廃棄物の流出や排出による化学汚染や熱汚染
	富栄養化，特に土地に撒かれる肥料や化学肥料の漏出によるもの
	レクリエーションのための過度な水辺への立ち入り
	ビオトープの破壊による個体群の孤立化の進行
渓流，川，水路や運河	運河化による岸の構造や流速の多様性の破壊
	機械を使った清掃による植生や土壌層の崩壊
	魚の放流や養殖あるいはアヒルの導入による，直接・間接的な幼虫に対する捕食の増加
川	内陸水運による水辺の浸食や物理的撹乱
渓流や湖	針葉樹の造林による酸性化
湖	産業廃棄物の空中飛散による酸性化
	水力発電に利用される湖における，水位低下に伴う沿岸帯の間欠的露出
高層湿原の池塘	営利的採掘による泥炭の喪失
ファイテルマータと落葉層	伐採による喪失

出典：多くのものから引用，特に Bauer 1979; Dufour 1982, Knapp et al.1983; Dommanget 1987; Wildermuth & Schiess 1983.

倫理から導かれる（Leopold 1949）．

　生態系へのダメージは通常取り返しがつかないので，保全生物学には時間制限が存在する．その点でも科学の中では独特である（Diamond & May 1985）．しかも，不条理なことに，この問題に取り組もうとする人は，研究や訓練，実践をサポートする制度化された基盤がないという深刻なハンディキャップを負っている．この状況は，いわば医学校のないまま健康問題に取り組むことに例えられる（Diamond & May 1985）．環境の悪化を反映して，保全は必然的に**速度**の問題であり，時間がそのエッセンスである．それゆえ，保全生物学者は，環境の悪化の現在のパターンの根本的な原因をはっきりと認識することが肝要である．

　保全の目標とその成就のための戦略を客観的に評価しようとする場合，これらの根本的な原因を，評価の基本要素とすべきである．この章でもこれまでの章と同様の分析法を適用するつもりなので，§12.4.2では，環境へのインパクトの原因の考察を局所や地域的なレベルだけでなく，地球レベルにおいても行うことにする．

12.4.2 環境のインパクト

12.4.2.1 徴候

　自然の出来事（例：種の地理的分布の境界近くで起きる火山活動や長期的な気候変動）も間欠的に生態系を破壊し，種を絶滅させることがある．しかし，今問題を引き起こしている環境悪化は，**人為的**（すなわち，人間活動の結果）であることは広く認識されている．この項では，トンボが必要とするビオトープや生態系を悪化させるインパクトの主なタイプについて概観する．そのうえで，保全の主目的を達成するために必要な，それらのインパクトを引き起こしている要因の階層構造を機能面から明らかにする．この分析によって，§12.4.3の主題である適切な環境修復手段を見つけるために必要な理論的根拠が得られるだろう．

　トンボの生息場所に対する人為的インパクトは，人口圧やビオトープ，土地利用によって異なる．ヨーロッパ中部におけるトンボの種多様性を低下させた主要な直接的インパクトは，Wildermuth & Schiess（1983: 表2）の独創的な論文の中で，ビオトープごとにリストアップされている．それを表12.5に要約した．それぞれの種に影響すると考えられるインパクトの例は，ビオトープごとに表A.12.3に示した．高地の河川，特に源流近くでは，流域における植生被覆や土壌の安定性に影響を与えるようなインパクトが最も深刻であることが多い．低地では，流水であるか止水かを問わず，以下の事項に影響するインパクトが最も深刻である．すなわち，地下水位，水域や水際の水草，ねぐらや採餌場所となる陸生植物で覆われた場所，水質（特に生物化学的酸素要求量と毒性物質），そして幼虫が捕食者にさらされる危険性である．ヨシ原が繁茂して広がるような小さなインパクトは「自然な」ことであり，生態的遷移の産物である．しかし，そのような植生被覆の変化は，富栄養化によって加速されてきたかもしれないし，その生物学的インパクトは以前より大きくなっているかもしれない．なぜなら，生態遷移の初期

表12.6 ドイツ西部におけるトンボに対するインパクトの負と正の影響

インパクト	影響を受けた種数	
	負の影響	正の影響
農業と大気中への排出,釣り,地下水の汲み上げ,水域の分断・孤立,偏った土地利用,レクリエーション	ほとんどすべて	なし
運河化,内陸水運	ほとんどの河川性の種	なし
土地利用[a]	ほとんどすべて	3[b]
砂利採取	不確定[c]	23[d]
水力発電	11[e]	30[f]
下水による流水の汚染	わずかまたはなし	流水性の種の全部あるいはほとんど[g]

出典:1993年にドイツ西部で行われた80種からなるトンボ相についての調査 (Ott 1993b) を Ott (1995a) が分析したデータ.
[a] 保全のために管理された水域は除く.
[b] 水草を欠く池にしばしば棲みつく,ヒスイルリボシヤンマやマンシュウイトトンボ,ヒロバラトンボなどの先駆種.
[c] 種数は採掘前にそこにあった生息場所によって左右される.
[d] 初期に棲みつく種として知られる20種に加えて,*Anaciaeschna isosceles*, *Brachytron pratense* および *Gomphus pulchellus*. これらの種は,流水にも生息し,主要な出会い場所として長くて直線的な水辺を利用する.
[e] カワトンボ科 (2) とサナエトンボ科 (7) の全部.*Libellula fulva* とヒメシオカラトンボ.
[f] 砂利採取によって正の影響を受ける全部の種に加えて,ルリボシヤンマ属,カラカネトンボ属,アオイトトンボ属,グンバイトンボ属,アカイトトンボ属,エゾトンボ属とオツネントンボ属からの9種.*Gomphus pulchellus* とヒメアオモンイトトンボを除く.
[g] おそらく,用量反応関係が存在するだろうから,汚染の度合いが増すにつれてだんだん多くの種が負の影響を受けるようになる.イギリスでは下水汚染はしばしばトンボに負の影響を与えている (Moore 1996b).

段階の代わりとなる生息場所が以前より少なくなって,棲みつきが難しくなっているからである.インパクトのほとんどは,直接的または間接的に,次のような人間活動に起因している.すなわち,造林,農耕,魚の養殖や放流,水力発電,工業化,アヒルの導入,レクリエーション,水流の調節,道路建設,そして都市化である(例:Paulson & Garrison 1977; Bauer 1979; Knapp et al. 1983; Wildermuth & Schiess 1983; Dommanget 1987; Olsvik & Dolmen 1992).これらの活動のうち,工業化と都市化はその影響が一般に不可逆的であることから最も深刻である.1つのビオトープは,たいてい同時に2つ以上のインパクトにさらされるため,ある種が危機に瀕したり絶滅したりした原因を,どれか1つのインパクトに求めることが困難であったり,妥当ではないかもしれない.例えば,§12.4.1で述べたイギリス東部のハートフォードシャーにおける多数の池の消失は,パイプ灌漑の導入,農耕馬の減少(なぜなら彼らは水を飲む池を必要としていた),圃場排水,農耕の集約化,そして完全放置 (NCC 1988) など,1945年以来特に明らかになってきた諸要因 (Young 1990) によるものである.それでも,表A.12.3の記載事項は,一部の種の衰退の重大な原因となったと思われる直接的なインパクトを同定するのに有益である.これらのインパクトを考慮すれば,トンボのように移動性の大きい動物 (§10.4) でさえ,インパクトのない大面積の個体群は,分断化された小面積の個体群よりも,絶滅の危険が少ないことは明白である.

人為的インパクトの大部分はトンボにマイナスの影響を及ぼすが,少なくともこれまでモニターされてきたインパクトのレベルでは,プラスの影響を及ぼすものもある.例えば,フランス南部のある灌漑用水路には,その地域の好流性のトンボの約80%が生息し,幼虫個体群として少なくとも28種が確認されている.これは,人為的インパクトが常に生態学的単純化を招くとは限らないことを表している (Schridde & Suhling 1994).ノルウェーでは農業による富栄養化が *Coenagrion armatum* の分布の拡大要因として働いているようである.しかし,富栄養化がもっとひどくなれば,今は生息が可能な池からこのトンボがいなくなる可能性がある (Olsvik & Dolmen 1992).ある地域のトンボ相へのさまざまなインパクトを検出する有効な方法は,それぞれの種へのインパクトがプラスかマイナスかを表す行列の表を描くことである (Ott 1995a).表12.6に要約した形で示したこのアプローチは,保全生物学者にとって有益なツールとなる.それは,情報がどこで最も必要とされているか,また問題のインパクトや土地利用から,どの種に利益があり,どの種が被害を受ける可能性があるかを示している.そして,環境修復の手段に優先順位を付けるための合理的な根拠を提供してくれる.

表12.6から引き出される重要な結論は,一部の種の局所個体群は(表A.12.4),特定の人為的インパクトによって数を増やすことができることである.その多くは初期に棲みつく種であり,分布が広く,個体数も多く,単純でまばらに植物が生えた水際がある,新しく形成されたばかりの止水域へ棲みつくこ

とが多い．人為的に改変された止水性のビオトープの数が増えるにつれて（例：イギリス，N. W. Moore 1986a；南アフリカ，Samways 1989c），地域的なトンボ相の種構成は単純化することが予想される．この傾向の間接的効果によってオランダで増加してきたと思われる種の例として，酸性化によるルリボシヤンマ *Aeshna juncea* や貧栄養化の著しい水域で競争者の消失によるヨーロッパベニイトトンボ *Ceriagrion tenellum* があげられる（Claessens 1989）．ドイツ東部のヒースの原野では，ヒロアシトンボ *Platycnemis pennipes* は，風成灰の堆積や化学肥料による富栄養化によってpHが中性かアルカリ性になった生息場所にだけ生息することができる（Brockhaus 1979）．

ドイツでは，1967年からヨーロッパショウジョウトンボ *Crocothemis erythraea* の定住個体群の顕著な北方への分布拡大（普通北と西の方向）が見られている（1995年までに北緯51°に達している）．このトンボが繁殖に都合のよい人工的なビオトープ（例：砂利採取跡）が時を同じくして増加していることもその原因の1つであろうが，それだけとは言い難い．このトンボは，イギリスでは1995年に，イギリス本土の最南端に近い所で初めて記録されている（Jones 1996）．ヨーロッパショウジョウトンボの分布拡大とともに，1970年代中ごろからフランスやドイツ，オランダ，スイスにおいて，*Aeshna affinis* やヒメギンヤンマ *Hemianax ephippiger*，ソメワケアオイトトンボ *Lestes barbarus*，*Orthetrum brunneum*，スナアカネ *Sympetrum fonscolombi* など，地中海や熱帯性のトンボの大幅な分布拡大が起きている．また，同時に地域の気温も上昇し続けているが（Ott 1996），これは人間活動の間接的な結果と想定されている地球温暖化の現れかもしれない．北アメリカのアメリカギンヤンマ *Anax junius* では，土着個体群がさらに北方へ定着しつつあるとき，我々は定住個体群と移住個体群に分かれる過程の繰り返しを目撃しているのかもしれない（§10.3.3.2.1）．地理的分布の境界近くでは，トンボ目は短期間の気候変動の有益な生物指標となるかもしれない（例：青木 1992；Adomssent 1995）．

トンボに対するいくつかの人間活動のインパクトは，その規模によってプラスにもマイナスにもなる．例えば，家庭用に小規模な泥炭を切り出すことは，陸水学的に高層湿原の本来の姿を大きく損なうことなく，水たまりや浸出水を作り出す．しかし，大規模な（すなわち，商業的な）泥炭の切り出しは，トンボの生息場所を干上がらせることになる（Brooks 1996）．

ここまで私が述べてきたインパクトは，強烈で広範囲に浸透している地球規模の原因によって生じる圧力の単なる兆候にすぎない．地球規模での根本的な原因についての議論をおざなりにすることは現実的ではなく，間違いでもあるが，これらの重要な役割を十分に熟知していると思う読者は，直ちに§12.4.3に進んでもかまわない．

12.4.2.2 原因

Jürgen Ott（1995a）は，地域のトンボ相にマイナスの影響を及ぼしているランドスケープ変化（表12.6）の分析から，そのインパクトは，量的成長と資源消費の増大に基づく集約的経済を反映した人為的要因だけによってもたらされたものであることを確認している．温帯にある工業国の一地域において，昆虫の1つの分類群で明らかになったこの因果関係は，地球規模の環境悪化の縮図である．その悪化の原因は，Ehrlich & Holdren（1971）やSouthwood（1972）の優れた論文の中に，生態学的原理を用いて見事に要約されている．それらの分析は，出版されたときと同様（不幸にも）今日でも当てはまる．両論文とも，環境悪化の原因に関して同じ結論に達している．Southwoodによれば，人間によるインパクト（I）は次式で表される．

$$I = P \times E \times N$$

ここでPは人口，Eは1人当たりのエネルギー消費量である．NはEのうち，(a) 生態系の改変によって消費されるエネルギー生産量と，(b) 再生されないエネルギー消費量の和が占める割合である．(a)には将来のエネルギー生産量が減少する性格のエネルギー消費（例：生息場所の劣化を生じさせるような農業活動，再生不可能なエネルギーや鉱物資源の利用），(b)には，生態系の内部においては速やかにかつ無害にリサイクルされることがない物質の生産（すなわち汚染）に使われるエネルギー消費が該当する．

Southwoodの式は，人口がIの強さに重要な役割を果たしており，それが資源消費の質と量，環境に及ぼす影響を示すほかの項目との積の形で作用することを表現している．項目EとNのことをEhrlich & Holdrenは「ヒューマンエンタープライズ」と呼んでいるが，たいていの国家が今日公然と奨励している開発がこれに当たる．実際，**エンタープライズ**という用語は人間のインパクトを的確に表現しており，現在の政府が直面するジレンマを際立たせている（Douthwaite 1992）．EとNによるインパクトの強さは，Pすなわち人口に比例する．個体群生態学と

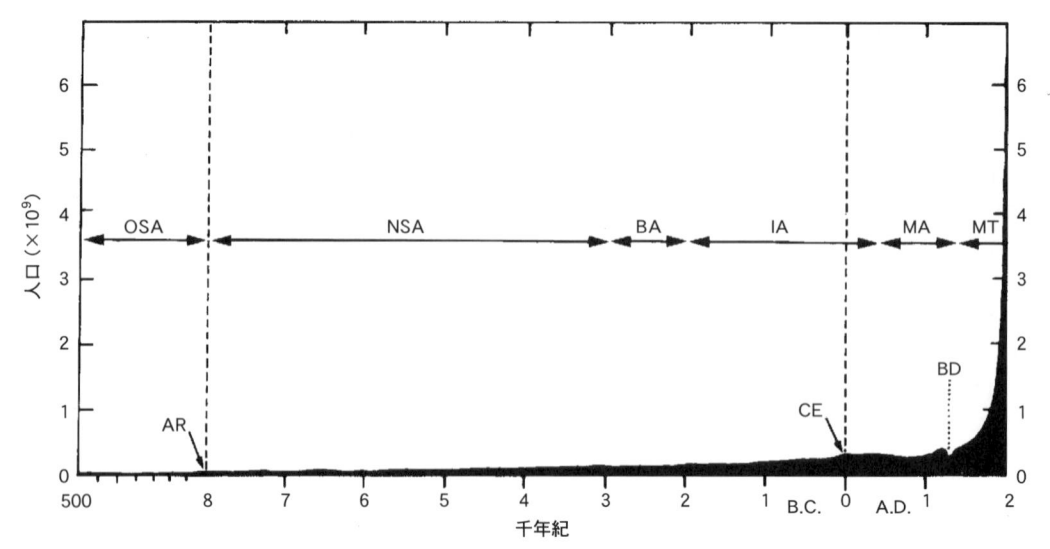

図12.3 過去50万年間の人口増加．AR. 農耕革命の始まり；BA. 青銅器時代；BD. 黒死病（ペスト）；CE. 西暦の始まり；IA. 鉄器時代；MA. 中世；MT. 現代；NSA. 新石器時代；OSA. 旧石器時代．旧石器時代をスケール調整して図示すると，基準線は図示されている基準線の5倍くらい左側に延びるので，スケール調整はしていない．最近500年間の爆発的な人口の増加は明白である．(Ehrlich et al. 1977を改変)

病害虫管理の用語を使うと，ヒトは「地球害虫」と呼ばれてもしかたがない (Corbet 1970b)．なぜならこの種は，その数と行動によって，生物圏の健全さを大規模に脅かしているからである．すでに陸上の潜在的一次純生産力の40％近くが，毎年人間活動によって直接利用され，抽出され，また捨てられている．この傾向は近いうちに，6,500万年前の白亜紀と第三紀の境に起こったものよりも，大きな地球上の生物多様性の減少を引き起こす可能性がある (Vitousek et al. 1986)．世界中にエネルギーと物質と生物種の巨大で多様な流動を作り出すことによって，人間はあらゆるビオトープの孤立性を，少数を除いて破壊してしまい，生物圏全体を単一の人工生態系へと変えつつある (P. J. Stewart 1982)．Vitousek (1994: 1862)は，「全体的に見て，原始のままの生態系と人間が変化させた地域との間に，かつて明瞭に存在していた区分はすでに消滅してしまっており，それゆえ生態学的研究はこの現実に対応すべきなのである」と述べている．

Pに関して言えば，人口増加パターン（図12.3）は爆発的増加という以外の何ものでもなく，この現象は（個体群生態学者なら誰でも知っているように）2つの要因が満たされ，それが継続しているからである．その要因とは死亡率の持続的な低下と，食料供給や過去には制限要因であった他の資源供給の継続的増加である (Clark et al. 1967)．国際連合の2大機関（世界保健機関［WHO］と国連食糧農業機関［FAO］）は，現状のままでは，これら2つの要因が働き続けることが確実だとしている (Hardin 1974も参照)．しかし，事態は日ごとに切迫したものになってきている．Ehrlich & Holdren (1971: 1216) は次のように書いている．「環境悪化をもたらしている構成要素の中で，人口問題は最も困難で，最も時間がかかる問題であるから，まさにその理由で私たちは直ちに取りかからなければならない．手ごわい問題だからといって，今人口問題を放置することは，私たちは20年後にさらに絶望的な見通しに身を委ねることになる．なぜなら，そのときまでには環境への1人当りのインパクトを減らす容易な手段の大部分は役に立たないものになっているからである．」

EとNの現時点の値は短期的な利益の追求を反映しており，いまだに会計学の原理（例：公定歩合）に基づいたものであって，未来の世代への配慮は全く含まれていない (Price 1993; Goldsmith 1996も参照)．そのような不適切な原理を適用することは，環境管理にとって重大で深刻な2つの結果をもたらす．まず短期的には，より多くのエネルギーが使われるのでIは増加する (Ehrlich 1995参照)．次に，中・長期的には，Iはそれとは異なった形で増加する．主要な機能（例：食糧生産や公衆衛生，運輸，暖房）を化石燃料に依存している社会がその供給不足に陥ると，木材など他のエネルギー供給源に負荷が重く

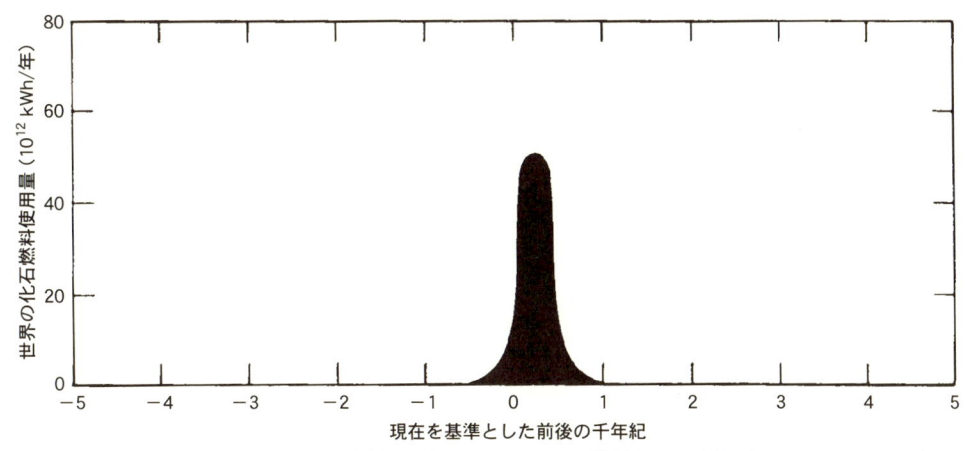

図12.4 現在を基準に前後5,000年間を歴史的に展望したときの化石燃料利用の時代. (Hubbert 1969を改変)

のしかかり，生態系に壊滅的な結果をもたらすからである．四半世紀前，生態学者と経済学者の一部（例：Odum 1971; Boulding 1971）は，現世代が利用できる化石燃料は，化石燃料への依存度を増加させるような使い方では**なく**，未来の世代がそれなしにやっていけることを助けるような使い方をすべきであると忠告した．世界の埋蔵量が減少し続け，環境悪化がさらに進行しても，この助言が取り上げられる兆しはない．まさに，人生観や人生の指針を根本的に転換することだけが，現在の環境悪化の原因を取り除くことになる（Corbet 1970参照；Ehrlich & Ehrlich 1982）．ヒューマンエンタープライズの現在のやり方は，未来の世代から借りているのでなく，**盗ん**でいるのである．なぜなら，今使い果たしつつあるいくつかの資源は有限であり，それゆえ，資本であって収益ではないからである（図12.4）．

自然保護主義者の見地からこの苦境を熟慮したDerek Ratcliffe (1976) は，資源は有限であり，野放図な本能的衝動は文化的な生活を豊かにするものではないことを，より多くの人々が理解して受け入れないかぎり，人類全体の状態が目に見えて改善される望みはほとんどないと述べている．保全は，すべての人々にとっての長期にわたる必要性と，少数の人々の短期的願望との間の対立を引き起こす．大部分の人々は，彼ら自身の短期的利益が危うくなったとき，上にその概略を述べた提案よりもはるかにやる気を起こさせる提案に素早くしがみつく．したがって私たちは，環境悪化の根本的な原因を認めさせることにも，それを矯正させることにも失敗した理由の説明を探さなければならない．1つの妥当と思われる仮説は，そのような失敗は，理性では分かっている明白な主張を打ち負かすほど強力な，本能的な力を反映しているというものである．その状況は，個体淘汰の働きによって利他主義者が排除されるという予測とよく一致する（例：Williams 1975; Alcock & Gwynne 1991）．このように，今日の人間個体群の中で，個人は，たとえその個人が帰属する社会が結果として被害を被るとしても，自分の活動の長期的な影響を否定したり無視することで，（1人の個人として）利益を引き出そうとする（すなわち，個人の利益が社会のコストに優先する）．これはコモンズの悲劇 (Hardin 1968) の中心的仮説である．コモンズの悲劇とは，個人が要求を増大させながら制限なく資源を利用するために起きる，資源の不可避的で容赦ない破壊である．したがって，この種の個人的要求は需要や利用にとって免れえないものであり，もしその結果を避けようとするならば，中央権力によって制限されるべきものである．Hardin (1968) が見抜いたように，自由とは必要の承認である．人間がすでに所有している自由以外の自由を守り続けることができる唯一の方法は，その自由の増殖を直ちに止めることである．保全生物学者の一部は，あきらめと無抵抗は受け入れられない選択であると悟り，コモンズの悲劇がもたらすであろう結果を理解している．また一方では，政府に対してインパクト方程式（上述）の意味するところを認めるように説得したり，働きかけるなどの活動を活発に展開している．あるいは，当面は環境悪化の症状を，せめて緩和させようと，彼ら自身活動する者もいる．しかし，たびたび強調してきたように，インパクト方程式に組み込まれている環境悪化の根本原因を除去しないかぎり，保全の長期にわたる成功は見込めないだろう．

我々の世代は，人為的インパクトによって地球のシステムがいかに変化するかを示す手段を最初に手にする世代であり，また，それらの変化の多くについて，その方向性を決める機会をもつ最後の世代である (Vitousek 1994).

12.4.3 トンボとその生息場所の保護

この項では，トンボとその生息場所の保護のために，短・中期的に必要な行動について論じる．最初に，そのような行動のための動機づけを扱い，次にそれを実行するうえで必要な主な作業について述べる．

12.4.3.1 動機づけ

トンボは水域の化学的パラメータに対して著しく敏感というわけではないが (§6.6)，水生ビオトープの本来の姿を保存しようとする場合は，健全な生態系の基準の1つにトンボの存在を含めるのがよいだろう (例：Chelmick et al. 1980; Watson et al. 1982; Buchwald 1983; Schmidt 1985; Samways 1993; Stewart & Samways 1993; Ott 1995b; §6.6.3). トンボは，鳥と同様，大きくて優美な動物であり，この点で多くの人々に楽しみを与えている．一般的に言って，トンボは保全の「フラッグシップ」[旗印] であり，特に昆虫の保全にとっては，チョウとともに，哺乳類の中のパンダやクジラと同じ役割をもっている．理解が深まり，よりポピュラーなものになるにつれて，トンボは種の保全の対象として，ますます貴重なものになるだろう．九州の佐賀市は市内を流れる川の水質改善に取り組んでいるが，その進捗状況をモニタリングするための生物指標としてトンボを選んでいる．進捗状況は，子供向けの一大文化行事であるトンボフェスティバルで毎年報告されている．トンボを保護することの他の主要な動機として，倫理的なものと知的なものがある．倫理的動機は生命に対する尊厳の念と，動物を絶滅させることへの嫌悪に基づくものである．知的動機はトンボが示す洗練された適応に対する驚異の念を反映したものであり，トンボの生物学についての知識の集積が進むことで継続的に強化される．

保全は，種多様性を維持するという明確な目標をもった社会文化的活動であり，さまざまな生息場所を，できれば自然保護区として保全することである．保全に強固な科学的基盤を備えさせ，管理的意味合いをもたせるためには，検証可能な仮説が必要となる (Samways 1993). その遂行には研究と実践の両方が必要であり，その主な内容については§12.4.3の次項以降で簡単に概観する．その大部分は，Hansruedi Wildermuth (1994c) の有益な総説に立脚しているので，その背景をもっと知りたい場合は，原著を参照されたい．「積極的な」保全を「消極的な」あるいは「救済的な」保全から区別したMoore (1991e) の考えは有用である．積極的保全は（これが主要目標），現存する生物相を保全するための計画的な土地管理を伴い，消極的保全は，インパクトを和らげたり防いだりするために現在のやり方の変更を伴う．

12.4.3.2 研 究

大学や博物館は，伝統的に動物学の研究に責任をもっているが，たとえそれらが適切な専門的知識をもったスタッフを擁していたとしても，一般にはトンボの保護に関してはごく一部の要求に対応できるにすぎない．1985年まで全米科学財団は，保全生物学についての専門委員会や研究助成金，あるいは研修制度をもっていなかったし，また大学にはこの分野の学科はなく，課程もわずかしかなかった (Diamond & May 1985). 個体群生態学者と土地管理者との間に横たわるギャップは早急に埋める必要がある．しかし，保全研究は，主としてトンボ学を趣味とか副業にしている人によって，あるいはそのような人々と共同して行われる必要があるようである (Dufour 1978a). そのような研究をコーディネートするためには，優先事項を明確にしたり，研究成果の分析を支援できる組織の存在が必要である（以下参照）．私はここでトンボの保護プログラムにおいて優先的に取り上げられるべき話題について検討する．一部はすでに第2章や第5章，第10章で概観した情報や方法を具体化したものである．

保全計画を立案するのに必要となる基礎的な情報源は最新の**目録**（インベントリー）である (E. Schmidt 1995参照). それは，各ビオトープに出現する種のリストと相対量，さらに，できることなら，その種の現状についての情報（例：定住性，絶滅の危険性など）や彼らの分散のしかたの概略，そして彼らに適した生息場所を提供すると思われる各ビオトープの特徴を記載した資料である (例：Meier 1989; Schorr 1990). こういった個生態学的調査は，効果的な保全のための必須条件である．そのような調査では，将来の研究や参考のために，一部の種の標本は採集し，保管すべきであろう (Donnelly 1994b参照; Dunkle 1995b). 種の現状についてのどのような評価も，その意味するところは，評価のスケール（地方，国，地域）によって変化する (Samways 1993).

表12.7 池の造成後12年間に見られた不均翅亜目の羽化の推移

種名	羽化殻採集数											
	1984	1985	1986	1987	1988	1989	1990	1991	1992	1993	1994	1995
タイリクアカネ	128	22	61	28	6	1	0	0	3	0	0	0
ヨツボシトンボ	0	26	42	97	103	60	132	61	15	6	64	9
ヒロバラトンボ	0	5	9	0	0	0	0	0	0	0	0	0
コウテイギンヤンマ	0	1	0	0	0	0	1	0	0	10	8	0
ヒスイルリボシヤンマ	0	0	17	74	11	6	22	5	2	4	12	0
Leucorrhinia pectoralis	0	0	1	29	139	31	147	1	6	1	0	13
ルリボシヤンマ	0	0	0	1	0	2	0	2	0	0	5	2
カラカネトンボ	0	0	0	0	0	2	1	2	2	0	0	0
クレナイアカネ	0	0	0	0	0	0	0	8	17	9	1	7
キボシエゾトンボ	0	0	0	0	0	0	0	1	0	0	0	0

出典:Wildermuth 1991a, 1996.
注:池(面積27m^2,最深50cm)は1983年10月に造成された.それ以降,羽化殻の標準化された採集法によって羽化がモニタリングされた.1984年に採集された羽化殻は1983年の秋に産卵された卵から発生した幼虫を表している.

したがって,種の現状についてのどのような基礎調査も,対象とした地域を明示すべきである.特に,同じ地域について過去何十年間にも及ぶ分布記録がある西ヨーロッパでは,特定の種の分布範囲や個体数の変化が検出できるかもしれない(Schmidt 1979, 1981b参照; Dufour 1982; Meier 1989).そのようなデータによると,例えばスイスでカラカネイトトンボ *Nehalennia speciosa* が最後に見られたのは1991年であり(Wildermuth 1996),1977年には50年前にこの種が記録された7箇所のうちわずか1箇所で見られたにすぎないことが分かる(De Marmels & Schiess 1977).オランダでは,1983年までに記録された69種のうち,9種は1950年から見られなくなっており,7種は1950年より後では少なくとも半減し,7種は1950年より後で少なくとも倍になった(Geijskes & Van Tol 1983).似たようなパターンは,比較分析が行われた他の西ヨーロッパの国でも見られる(例:ベルギー,Decleer 1992; ヨーロッパ,Van Tol & Verdonk 1988; フランス,Dommanget 1987; ノルウェー,Olsvik & Dolmen 1992; スイス,Dufour 1987a, Wildermuth 1981; オランダ,Wasscher et al. 1995; イギリス,Merritt et al. 1996).種の現状についての現実に即した評価には,多くの場合,成虫個体群の大きさや成虫活動期についての年変動の資料,それに幼虫と成虫の個体数を比較した資料が必要である.個体群の大きさや定住しているかどうかについての最も信頼できる情報は,羽化期間を通して一定の方法で羽化殻を採集することで得られる(Corbet 1957a; Gerken 1984; Landmann 1985b; §7.4.3).

新しく造成された池への棲みつきと遷移についての長期的な定量的研究(表12.7)は,それぞれの遷移段階と結び付いた種が必要とする生息場所の条件を理解するために,また,適切な管理手法を工夫するために必要な情報をもたらしてくれる.同様に,幼虫のために作られたビオトープでの長期的研究は(例:*Leucorrhinia pectoralis*, Wildermuth 1992b),その管理に予測力をもたせるためにも,またターゲットの種が必要とする生息場所の条件の改善にも必要である.

現存のビオトープを修復したり,新しいビオトープを創出する場合に最も必要となる知識は,産卵中の雌が生息場所を選択する際に用いる至近的手がかりと,ビオトープに備わるべき生息場所としての必要条件(ドイツ語のHabitat-Bindung; §2.1.3)である.そのためには,典型的な生息場所とそうでない生息場所の特徴(図2.2)を見分け,局所個体群によって繁殖機会が異なる要因をメタ個体群(Sternberg 1995の定義による; §2.1.2)の視点から明らかにしなければならない.そのような知見を得るには,還元主義的な生物の個体と環境との関係を調べる個生態学的研究が必要となる.

分散の中心から新しいビオトープへの飛行による移動の時空間的パターンの知見によって,新しいビオトープをどのように配置したら良い結果がもたらされるかを示すことができるだろう.

トンボのビオトープに対する魚類のインパクトを評価するために,トンボ幼虫への魚の捕食の影響を把握する必要性が生じることがある.すなわち,あるビオトープ(例:酸性の水域)にトンボが生息しているのは,そこに食虫性の魚がいないことが主要因であるという仮説の検証が必要になる.沈水植物の密度や構成のモニタリングによって,トンボ幼虫が魚に捕食される程度が分かるだろう(Ott 1993a参照; §5.3.2.5).

12.4.3.3 実　践

　世界的な，また国や地方レベルでの環境へのインパクトの強さは，現存の法令によって大部分は決まってくる．その立法措置は，世論を反映している．立法措置は，種，ビオトープ，そして生物圏レベルでの保護を対象とすることができる．トンボ研究者がこれら3つのレベルのすべてで効果的な立法措置に向けて運動するならば，トンボの保護という目的に役に立つに違いない．しかし，この項では，1番目と2番目のレベルだけを取り上げる．すでに§12.4.2で述べたように，生息場所の保護のための立法措置は，地方あるいは地域レベルでの種の保護のために唯一の効果的なしくみである．しかし，一部の国では，ビオトープや生息場所を保護するための法律があるにもかかわらず，保全の価値がヒューマンエンタープライズのある局面と対立することになれば，そのような立法措置はしばしば無視されたり押し切られたりする．例えば，イギリスにおいて「科学的に特に価値のある場所」として公式に指定された場所の少なくとも10％は，1980年の時点でひどく損傷を受けており，なかには，その保護対象から解除されている場所もあって（Moore 1982a），野生生物資源の一層大きな衰退を引き起こしている．いくつかの国では，やっと手に入れた効果的な環境保護のための法の枠組みが，短期的利益が損なわれると分かると即座に破棄された．その最も顕著な例は1990年のイギリスの自然保全評議会の突然の分割であり，その政治的動機に基づいた決定に対し，イギリスのほとんどの保護団体は遺憾の意を表明し反対した（Moore 1991e）．これらの例は，Paul & Anne Ehrlich（1982）が明確に提唱した保全の第1法則，すなわち今日の世界において，保全は真の進歩を意味しているのではなく，ただ単にうまく防戦しているにすぎないか，あるいはむしろ後退しているのだということを示している．

　ヨーロッパのいくつかの国で，表向きは種の保護を意図して（しかし別の推測についてはEvers 1989参照）立法化された措置が（例：ベルギー，Baudouin & Galle 1980；ドイツ，Ertl 1980，Schmidt 1981c；旧ユーゴスラビア，Kavčič 1975；そしてCollins 1987参照），いかなる状況下においても標本の捕獲採集を禁止していることは奇妙であり，逆効果を招くものである．そのような禁止によって，野外での効果的な教育プログラムを展開することや，種についての信頼できる基礎調査報告書の作成やトンボの保護のための研究に必要ないくつかの調査を行うことまでもが直ちに違法になってしまう（Sauer 1981参照；Clausnitzer 1982；Jurzitza 1982）．そのような法律の早期撤廃は優先事項である．採集によって危機に瀕していることが示された種（例：マダラヤンマ *Aeshna mixta*, 曽根原1980b；カラフトイトトンボ *Coenagrion hylas*, Heidemann 1974）は極めて稀であり（Lawton & Mary 1995参照），時には採集以外の解釈が可能である（Anon. 1978, 1981参照）．指定された保護区を除いては一般的に採集が許可されている国であるイギリスやアメリカでは，国あるいは地域のトンボ研究者の団体は，倫理的かつ実践的なガイドラインを示す行動規範を策定し提案してきた（例：BDS 1988a；R. L. Orr 1994；Anon. 1996）．現在の西ヨーロッパの一部における採集禁止という立法措置から考えると，欧州評議会のメンバー国に対する非常に筋の通った提案は（Anon. 1988），勇気づけられる進歩である．この提案は，人間にとってのトンボがもつ科学的，教育的，文化的，レクリエーション的，美的，そして本質的な価値をはっきりと認識しており，またビオトープの保全（1980年のフランダース動物保護法にも含まれている条項[Baudouin & Galle 1980]）や，それらの脅威となる人為的インパクトを和らげるための法律の必要性もはっきりと認識している．もう1つの期待できる出来事は，アメリカ連邦最高裁判所の決定である．それによれば，絶滅が危惧されているか，そのおそれがある種の生息場所の破壊は，たとえそれが私的財産であろうとも非合法であるとしている（Daigle 1995a）．もっとも，この決定が持続し，一律に実施されることはありそうもないように思われる．

　野外でトンボの保全を実行しようとする人々は（表12.8にリストアップされた管理の原則を順守しながら），幼虫のビオトープを中心とした2つの主要な活動に的を絞っている傾向がある．その1つは，今あるビオトープを保全することであり，2つ目は新しいビオトープを創出することである．ちなみにJan Van Tol（1992a）は，絶滅の危機にさらされている種は，しばしば実質的に管理できない湿地のようなビオトープに生息しており，人為的インパクトの影響よりも，むしろ，その根本原因を除去することによってのみ守られると指摘している．

12.4.3.3.1　現存のビオトープの保全
　この活動には，研究とモニタリングの結果を取り込み，表12.5と表A.12.3に示した各種のインパクトによって引き起こされる悪化をチェックできるようにすることが必要である．局所分布している種，特に絶滅の危機

表12.8 トンボ類を対象とする水生ビオトープ保全のための管理原則

一般事項
　以前に行われた人為的改変のインパクトを緩和したり解消すること以外には，できるだけ干渉を避けること
　成虫がねぐらにする場所や採餌する場所，生息地間の移動を容易にする回廊を提供するために，流域の後背地を管理すること[a]
　必要ならば放牧動物が周辺の植生に近寄らないように柵を立てること
　水域内と岸辺に多様な水草（できれば土着種）を維持すること[b]

流水域のビオトープ
　堆積物や植生を除くときには，数年間にわたって清掃区域をずらして行い，引き抜いたものを水辺から運び去ること
　渓流や水路の生物学的に貴重だったり影響を受けやすい部分は機械でなく人手で扱ってその健全さを保つこと．その際，生息場所の根本的な構成要素として役立ちそうな構造物（例：水草の茂みや岸辺の藪の根，大きな石など）を退避場所として残し，再定着を容易にすること
　水路は，少なくとも一部は直線的な岸や均一な流れになることを避け，構造的に多様性を作ること
　渓流や水路の所々に木や藪のない状態を維持し，特に流れが上からはっきりと見える所では直射日光が当たるようにすること
　できれば，古い川床と今の流路をつなげて，管理されたビオトープの中に氾濫原を含めること[c]
　狭環境性種のための生息場所として小さな溜め池を利用すること[b]

止水域のビオトープ
　水域の数やサイズを増加させるためにできるだけ地下水位を上げること[d]
　池を再活性化するときは一部をそのままにして，そこから改修部分への再定着ができるような退避場所にすること
　不適当な植生を取り除くときは，同時に池やその周りに必要な構造的な変化をつけること
　一連の池が含まれている場合には，さまざまな段階の生態遷移が常に共存するようにすること（ローテーション・モデル）

出典：Wildermuth 1994c.
注：すべての活動において，表12.5にリストされているインパクトを考慮したうえで，特に絶滅の危機に瀕した生産的なビオトープの保護・回復を計画的に行うということが想定されている．
[a] Sternberg 1994d, 1999.
[b] Samways & Steytler 1996.
[c] Ott 1995a.
[d] Bauer 1979.

に瀕した種（例：Schorr 1990）の生息場所条件についての報告は，ビオトープの保全事業にとって貴重な情報源になる．そのような事業には，しばしばビオトープの再生や継続的な管理が含まれ，また，特に流水ビオトープでは，動的に変化するランドスケープの再生も含まれる．人間のインパクトを受けやすいランドスケープでは，自然の動的な作用がさまざまな形で抑制されてきているため，そのような人為的介入はしばしば避けられないだろう．そのような介入を有益な方向に向けうる管理原則は，表12.8に示されている．Jürgen Ott（1995a）は，沖積平野を流れる中・大河川の再生の際に推奨される手段をリストアップしている．

　保全が成功する可能性が最も高いのは自然保護区の中であることは長く認められてきている（例：Moore 1969）．自然保護区の目的は，できるだけ広い範囲の生息場所を保護することでなければならない．保護区の**外**での保全は，ヒューマンエンタープライズに基づく事業との両立ができなければ成功の見込みは望めないが，それは本質的には困難だろう．多くの国の田園地帯では，毒性の強い殺虫剤や，より持続性の高い除草剤（水中用除草剤を含む）の使用が増加している．野生生物の未来は，その田園地帯の中で，適切な広さと空間配置をもった耕作されない複数の生息場所を保全すること，および，農薬や化学肥料の影響をその意図する目標物に限定することにかかっているだろう（Moore 1978b）．農業政策の実際の結果と保全の目標が乖離し続けているなかで，これらの目的を実現するためには，食糧供給だけでなく野生生物やランドスケープを保全することの重要性を農民たちに熱心に説くだけでなく，彼らを支援することが必要であろう（Moore 1977）．

12.4.3.3.2　ビオトープの創出　ビオトープの創出は，応用科学である修復生態学の中心的課題である（Diamond 1985; Samways 1994a）．生態遷移が進行するにつれて，出現する種や多様性にどのような変化が予測されるかを認識することが，ビオトープの創出に必要となる（表12.7）．Wildermuth & Schiess（1983）によって提唱され，Wildermuth（1994c）によって拡張されたローテーションモデルは，この重要な要求に合うような計画的な方法を提案している．このモデルは，10年を超える期間スイスで試され，*Leucorrhinia pectoralis*やミズグモ*Argyroneta aquatica*など他の水生節足動物についてはうまくいくことが判明している（Wildermuth 1996）．新しいビオトープは，それぞれ独特の土壌要因の組み合わせをもっているため，管理計画は個々に立てる必要がある．いくつかのマニュアルには，トンボのビオトープを創出するための（例：BDS 1988b, 1993），あるいは

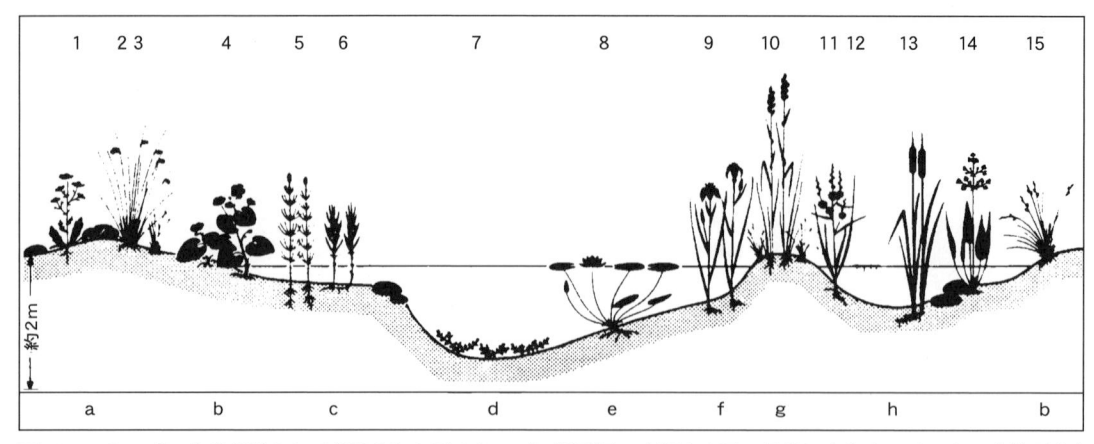

図12.5 トンボの生息場所として創出されたビオトープの断面図．水深や水辺の特性に変化をつけると，栄養要求度の異なる植物種（図の上の数字に示されている）を特徴とした植物群落の定着が促進される．例えば，5と6の植物は栄養要求度が低く，1と12～14の植物は要求度が高い．領域：a. 石や木の幹がある，水を保つための低い隆起部；b. 断続的に冠水するぬかるんだ水際；c. 時折干上がることもある水深の浅い部分；d. 凍結したり干上がったりすることがない水深の深い部分；e. 浮葉植物；f. ヨシの茂み；g. 島；h. さまざまな水深の浅い入り江．(Knapp et al. 1983を改変)

人間活動の結果生じた人工水域をトンボにとって価値があるものにするためのガイドラインが示されている．そのような処方箋は研究に十分裏づけられたものであり（例：Lenz 1991），幼虫の生息場所の多様性をもたらすように植生や微地形をうまく整えることが望ましいことを強調している（図12.5）．トンボの定住個体群が継続的で活力があるものになるには，ビオトープの近くに植生の豊かな土地があり，そこで成虫がねぐらに就いたり，採餌したり（Buchwald 1988; Sternberg 1994d; Dunkle 1995b），日光浴ができるような適当な微気候が含まれるかどうかにも依存する（McGeoch & Samways 1991）．水生ビオトープを創出するときは，そのような場所が近くにあるかどうかにも配慮すべきである．このような配慮をすることは，管理上重要な意味をもっている．この警告を拡大解釈すると，規模によっては原則とはならないが，水生ビオトープの創出に当たっては，一部の種のために，成虫が耐乾休眠できたり，夏眠や冬眠ができる退避場所を利用できるようにする必要があるということになる（§8.2.1.2, §10.2.3）．

ビオトープは，それが保全されているものであっても，創出されたものであっても，定住している種の分散能力を考慮する必要がある．そうすることによって，主要なビオトープ（Sternbergの基幹生息場所に相当するもの，§2.1.2）から，恒常的にあるいは間欠的に，その近くのほかのビオトープに個体が供給されるようになる．したがって管理計画は，できれば回廊によってつながれているような，ビオトープのネットワークをも考えるべきである．回廊は，幼虫生息場所の有効利用のために不可欠であると思われ，孤立した場所を少なくするという望ましい目標につながる（Van Tol 1992a）．均翅亜目は一般に分散能力が低いため，不均翅亜目よりも密度の高いネットワークが必要だろう．生息場所間の移動のための回廊として，岸に樹木が生い茂っている川が極めて重要であることが，ドイツでの最近の研究によって明らかにされている（Sternberg 1999）．

新しく造成された好適なビオトープに短時間のうちにトンボが新しく棲みついたり，あらためて棲みついたりすることはよく報告されており（例：Wildermuth 1982; Glitz 1991; Raab et al. 1996; Steytler & Samways 1995），この類の保全活動に参加している人々の励みになっている．Lempert (1995d) とSternberg (1999) による移住性のトンボの観察から，おそらく繁殖場所を求めて長距離移動するトンボは広く分布し，新しいビオトープの種多様性で大きな部分を占めることが確かめられている．

日本では，一部のトンボが幼虫の生息場所として水泳プールを利用するようになった．これは，1年のうち人々がプールを利用する時期に，トンボは夏眠中で（7～9月；§8.2.1.2）繁殖場所にいないという生活環が偶然一致するためである．Matsura et al. (1995) は，6月下旬から7月上旬までの間に，このような水域の90％以上でタイリクアカネ *Sympetrum striolatum imitoides*（これが主）やナツアカネ *S. darwinianum*，アキアカネ *S. frequens* の幼虫を発見し，1箇所のプールからは2000個体にのぼるタイリクアカネの幼虫を見つけている．これらの3種は植物外

産卵であり，またその幼虫生活の時期（10〜5月）とプールが利用されない時期（それゆえ塩素消毒されない時期）が一致し，しかも餌動物（ユスリカ幼虫）の密度が高い時期にも一致するため，プールで生き延びることができる．もしプールの清掃をもう少し後に遅らすことができれば，ほとんど全部のトンボがその前に羽化できるはずである．佐賀市で保全活動をしている人々は，プールが清掃される前に，生き残っている幼虫を集め，撹乱されない別の生息場所に放すようにしている (Nakahara 1996).

ビオトープ創出が賛辞を得ている例として，市と世界自然保護基金 (WWF) 日本委員会の後援を得て，1985年に杉村光俊によって設立された，高知県四万十市のトンボサンクチュアリ［トンボ王国］がある (Ishikawa 1987; N. W. Moore 1987b). 混交林の丘陵に囲まれ，50 ha もの湿地や休耕田からなるこの保護地区は非常によく管理され，70種以上のトンボの生息場所になっており，1990年には5万人もの人々が訪れている (Inoue 1991c; Asahina 1992). 日本には，本州の南部を中心に，ほかに20箇所以上のトンボのために特別に管理されたサンクチュアリが存在する (Eda 1995b). ヨーロッパにおける最初の類似施設であるイギリスのアシュトンウオーター Ashton Water トンボサンクチュアリは，世界自然保護基金とイギリス自然環境保全協議会 (NCC) の後援でR. M. Doddsによって設立された．このサンクチュアリはおよそ 2 ha あり，1990年にオープンしている (Dodds 1990; Lawson 1990).

12.4.3.4 理論から実践への道

トンボの保全においては，多様な技能をもつ人々の活躍する機会が生まれる．保全目標の達成に向けて，目に見える形の進展がなされなければならない場合に，さまざまな技能が必要になるからである．（一般市民や立法者，そして特に若い人々の）**教育**を行う人々やビオトープの保全と管理のための計画を立案し実行する人々にとっては，信頼できる基盤情報が不可欠である．そのためには，優先目標の設定に役立つように考案された**研究**についての分かりやすい解説が必要である．保全にたずさわる人々は，付き物である多くの挫折に直面したときに，そこからの回復力，警戒心，柔軟性，忍耐力，そして勇気といった資質を，高いレベルで統合しなければならない．保全活動をする人々は，他の人々の相補的な活動や技能に敬意を払いつつ受け入れるとともに，短期目標に向けての効果的で効率的な進展のために，他の人々との調整のもとに活動を行う必要性も受け入れなければならない．国際レベル，あるいは国内レベルや地域レベルのトンボ学会は，そのような調整を行ううえで有益な役割を果たすことができるだろう．

国際自然保護連合 (IUCN) の種保存委員会の議長からの招聘に応えて，Norman Moore (1982b) は分科会「トンボ専門家グループ」を結成した．このグループに課された主な任務は，次のことを継続することである．

- トンボの保全のための優先事項と保全研究についての権威あるよりどころであること．
- 保全問題を扱う議論の場において，トンボ目に関して代表となりうる国際組織であること．
- トンボの保護についての各国の自発的取り組みに対して国際的な後援をすること．

このグループは，1980年に日本の京都で結成され，創立の会合を開いた（図 12.6）．この会合の設立は，国際レベルでの保全プロジェクトを調整するために必要とされる中心的な場を提供した．また，国際トンボ学会の定款に組み入れられているトンボとその生息場所の保全についての初期の方針がそこで作成された．このトンボ専門家グループによって1995年に立案された行動計画 (Moore 1996a) では，このグループが種多様性と固有性のホットスポットの保全に寄与することを，その哲学とともに示している．この限定は，必要な研究のほんの一部だけしか実行できないだろうという認識を反映したものである．

行動計画の現在の草稿 (Moore 1996a) は4つの優先事項を明示している．

1. 主要な種類のビオトープのすべてを含む保護地域をすべての国に設定するために，政府に圧力をかけるよう努力する．
2. 固有性の中心地で絶滅の危機に瀕している固有種を研究する（§12.4.1 参照）．
3. 分類学的に孤立した分類群（例：ムカシトンボ属 *Epiophlebia*, *Hemiphlebia* 属），あるいは地理的に孤立した分類群（例：ムカシカワトンボ科，南アフリカに生息するゴンドワナの遺存種，Samways 1995）の研究を推進する．
4. 地方に存在する保全基地の支援を各国において展開する．

生方秀紀によって準備・計画された，トンボの保護についての第1回国際シンポジウムが，1993年に

図12.6 1980年8月5日，京都で国際自然保護連合のトンボ専門家グループ創立の会が開催されたときの出席者．左から右へF. Howarth, R. A. Cannings, B. Kiauta, G. H. Bick, 朝比奈正二郎, P. S. Corbet, J. A. L. Watson, H. J. Dumont, N. M. Moore, D. R. Paulson.（会合に出席したEberhard Schmidt撮影）

日本の釧路市で開催された．この会合から，パネリストの全員一致の提案を盛り込んだ5項目の宣言，釧路アピールが発せられた（表12.9）．

国レベルでは，全国的あるいは地域的なトンボの学会が，その重要議題として生息場所と種の保全を掲げることが増加する傾向にある．イギリスは人口密度が高く，工業化による環境へのインパクトが強く，そしてトンボの種についてのモニタリングが数十年にわたって行われてきたので（Merritt et al. 1996），その見本となりうる．イギリストンボ学会は，1986年に常設機関であるトンボ保全グループを創立した．今やこの機関は，トンボとその生息場所の保全についての情報と助言を提供してくれる信頼すべきよりどころとして全国的に知られている（Corbet 1993）．イギリストンボ学会は，はるかに大きな保護団体（例えば，王立鳥類保護協会［RSPB］は広大な保護区を所有し運営している）と共同し，そのトンボ保全グループを通して，多くのビオトープがトンボ類にとって好適になるように管理されることを促進している（Pickess 1995参照）．1995年には，1種を除きイギリスのトンボの全種類をRSPBの保護区で見ることができた．この例は，ごくわずかの資金源しかもたないボランティア団体でも，調整や助言の役割を果たすことで，その影響力を強めることができることを物語っている．

イギリスでは，（野生生物田園法1981のもとに一定の保護が与えられる）「科学的に特に価値のある場所」を，そのトンボ相**だけ**を理由に指定できる（NCC 1989）という事実は，トンボの保全の実務家をより一層勇気づけるものである．承認された場所の基準は次のとおりである．

- 種数．地域により異なるが，7〜17種からなる「傑出した群集」．
- 全国的に希少な種の個体群の存在とその安定性．
- 種の状況（世界的に希少であるか，または全国的に希少であること）と，個体群の安定性と立地条件（例：種の地理的分布範囲の境界付近に存在する安定な個体群）．

環境インパクトによる**症状**を緩和するための個人や非政府組織による活動は，地方や地域レベルで種とその生息場所の破壊を避けたり遅らせたりするために必要である．そして，Wildermuth（1994c）が強調したように，トンボ研究者の個人的な参加なしには，ヨーロッパのトンボ相を構成する要素を守るこ

表12.9 釧路アピールの本文

1. 人間は，物質的にも精神的にも，生息地とそこにすむ生物の多様性に依存しているゆえ，将来の世代のためにこの多様性を保全しなければならない．
2. トンボの生息地の破壊は，人口と経済活動の成長によってもたらされる人為的なインパクトにより増加している．生息場所の修復が可能な場所では，自然のダイナミックスを反映すべきであり，自然の調和を無傷に保つことが好ましい．
3. トンボの生息地を保全するために次の活動に高度の優先権が与えられなければならない．
   (1) 水域および陸域の生息地を，その周辺部も含めて国立公園または自然保護区として保全する．
   (2) 保全地域の管理を改善するための基礎として，トンボの生息地をレクリエーションのために利用することの影響についての研究を含む，生態学的研究を拡大する．
   (3) 自然のおよび修復された生息場所の生態学的管理を行う．
   (4) 保全プログラムの成功（または失敗）をモニターし，必要なときはプログラムを修正すること．
4. トンボの保全の未来は，特に非専門家および将来を担う子どもたちの教育に依存する．
5. トンボの生息地の破壊は全地球的な問題である．それゆえ，可能な限り保全の方策は国内レベルと国際レベルの両方で協調され，強化されるべきである．

出典：1993年8月13-15日に釧路で開催された国際シンポジウム「トンボの生息環境とその保護」に出席したパネリスト全員一致で支持された宣言文（P. S. Corbet et al. 1995参照；生方ら 1995）．

とはできない．しかし，そのような努力も，それだけでは，環境影響方程式を構成する要因によって引き起こされる，生態系に対する大規模で修復不可能なダメージを阻止するには十分ではない．私たちの惑星の生物的遺産として残されたものたちにとって，これからも生き残れるかどうかは環境インパクトの**根本原因**の解消にかかっている．この解消に効果的に取り組むかどうかは人類の決断である．生物的遺産の中には，トンボばかりでなく人類も含まれていることを忘れてはならない．

12.5 摘 要

トンボは，人間の食物として利用される生物の捕食者として，また人間あるいは家禽の寄生者の宿主として，生態学的に人間に少なからず影響を及ぼす．しかし，その最大の影響は，芸術や詩歌のインスピレーションの源となり，また比較動物学者の研究モデルになるという審美的，科学的なものである．

東南アジアでは，トンボは伝統的に恵みや幸運をもたらすものと考えられているが，これは一部には，トンボと稲作の密接な生態学的関係によるものかもしれない．これとは対照的に，ヨーロッパではトンボは恐ろしいもの，不吉なものと考えられており，この見方の現れとして，トンボが刺す動物であると誤解した，あるいは蛇に結び付けた民俗名が広く流布している．

リンネ体系でのトンボの名前 *Libellula* は，均翅亜目の幼虫とシュモクザメとで，頭部の形がどちらも天秤（libra，指小語は libella）に似ていることから，シュモクザメにつけられた *Libella* から派生して，16世紀に名づけられたものと思われる．

トンボは大型で主に昼間活動する昆虫であるため，野外での観察が容易であり，トンボ学を通して動物学や昆虫学に多大の貢献をしている．トンボ学は今や国レベルでも国際レベルでも盛んになっている．その活動は，ますますトンボとその生息場所の保全に集中しつつある．

深刻で急速なビオトープの破壊は，地球スケールで明瞭に認められ，トンボが生存のよりどころとしている生息場所の健全性と持続性を脅かしている．わずかに残された狭い地域だけが，地球上で最も生物多様性の高い場所になっているが，それさえも蝕まれ，脅威にさらされている．現在の趨勢がこのまま続くならば，前例のない規模での種と生態系の消失が不可避かつ切迫したものとなる．

そのような生息場所の破壊は，拡大しつつある人為的インパクトの1つの症状であり，その根本原因は人口増加，消費の拡大，そして地球の有限な資源の汚染である．生物多様性の最も高い地域を保護するためのプログラムは，時にはこのインパクトの症状を和らげることで時間を稼ぐことができる．しかし，インパクトの根本的原因を除去するか希釈しないかぎり，実現すべき保全目標についての長期的展望はもたらされない．そのような選択肢を試行できる時間はもう尽きかけている．

多くの人為的インパクトは，トンボ，特に狭所性種（K 戦略者）に対して悪影響を及ぼす．ある種のインパクトは，少なくともその程度が低いときは，トンボ，特に広環境性の種の数を増加させる．広環境性の種の大部分は生態遷移の初期段階で特徴的に出現する（r 戦略者）．

自然環境の保全は，次に述べるように研究と実践

を必要とする．

　保全研究についてのトレーニングや実行に対する制度的支援は調整が不十分であり，必要性に直面したときの支援規模も小さい．したがって，トンボの保全は今後も大部分，トンボ学を趣味や副業としている人たちによって担われることになろう．そのような研究の成否は，優先事項を見定め，研究を調整し，結果を分析し，改善措置を提言しうる組織（普通は国レベルや地域レベルのトンボ学会）の存在に負うところが大きいだろう．

　保全研究には，特に狭所性種であり，潜在的に絶滅のおそれがある分類群について，種の目録作成や更新，個体群の生存力の評価，そして生息場所選択に使われる手がかりを含む，種の生息場所の必要条件の分析が含まれる．このような情報は保全管理の原則を予測するための基礎となる．

　保全の実践には，現存するビオトープの保全や新しいビオトープの創出を通して，上記の原則を応用することが含まれる．集約農業の国，特に化石燃料を基盤としている国では，現存するビオトープの保全の試みが成功するかどうかは，農業従事者に野生生物の生息場所を保全するための現実的なインセンティブを付与することに依存しているが，その傾向は今後ますます強くなるだろう．ビオトープ創出の実践は，はずみがついており，特に人口密度が高く，集約的に耕作された地域では，広環境性のトンボの数を著しく増加させる可能性がある．トンボサンクチュアリの設置は重要な進展であり，保全教育への貢献という点でも価値がある．

　地球レベルで生じている生息場所破壊の速度を考慮するならば，必要とされる保全研究のうちごくわずかの部分を実行する時間しか私たちには残されていない．認識されている優先事項は，各国のビオトープの主要なタイプのすべてを保全するように政府を説得すること，固有性の高い地域にいる固有種の生息場所の必要条件を研究すること，分類学的にあるいは地理的に孤立した分類群を研究すること，そして，各国において地域の保全基地のための支援を展開することである．

　保全活動は，時に環境インパクトの症状が出るのをとめたり，延期したりすることができる．しかし，そのインパクトの根本的原因に対して断固とした取り組みを実施しないかぎり，その症状は悪化し続け，地球的規模で生態系は回復できないまでに破壊されてしまうだろう．

用語解説

以下の用語の解説はこの本で用いた定義を述べたものであり，この本に限定的な場合がある．また，大気の動きに関する用語は，移住における役割を記述するために広義に使用している*．

穴掘りタイプ burrower　体の全部または大部分を沈殿物に埋もれて休止する幼虫．

アポリシス apolysis　脱皮の前に生じる内皮と外皮の分離．アポリシスの終了後と次のステージへの脱皮の間の段階をファレートという．

r戦略者 r strategist　急速に個体数を増やす能力が大きい生物．「K戦略者」参照．

アルファ雄 alpha male　最も多くの雌が出会い場所に到着する時間帯に優位であるなわばり雄．

アルベド albedo　物体表面への入射光に対する反射光の割合．

暗期 scotophase　24時間のうちの暗の時間帯．「明期」参照．

移住 migration　個体群の一部または全体が羽化した生息場所を離れ，繁殖を行う別の場所に移ること．移住は必須であること（絶対的移住）も，条件依存的であること（条件的移住）もある．また，移住している個体は集団で移動していることも単独の場合もある．「分散」参照．

異所的 allopatric　異なった場所に生息していること．特に種や個体群の地理的分離を指す．「同所的」参照．

1化性 univoltine　1年に1世代を完了すること．

イディオビオント idiobiont　宿主が次の発生段階へ進めないようにして摂食する捕食寄生者．

遺伝子型 genotype　生物個体の遺伝子構成．「表現型」参照．

インスター instar　2つのアポリシス間の期間．「齢」参照．

隠蔽 crypsis　捕食者に対して自分の姿を目立たなくさせること（通常は色彩とそのパターン）．

羽化 emergence　幼虫から成虫へと脱皮すること．

羽化曲線 emergence curve　羽化の季節的パターンを記述する曲線で，通常，累積的に表現される．略号一覧の「EM_{50}」参照．

永久的休眠 cryptobiosis　生物的機能をすべて停止した状態．この間，生物はほとんどの水分を失う．

エピソード episode　一連の行動や生活史の全体を意味し，産卵行動，攻撃行動，摂食行動などに使われる．例えば，雌が産卵場所に訪れたときに見せるすべての行動が産卵エピソードであるが，産卵エピソードにはいくつかの産卵バウトが含まれ，個々の産卵バウトは休止（何かにとまるなど）によって区切られる．「バウト」参照．

塩濃度 salinity　水溶液中の塩の総量を表す尺度．

縁紋 pterostigma　前翅と後翅の前縁の先端近くにある色素をもつ小室．

雄の先行羽化 protandry　雌より先に雄が出現すること．「雌の先行羽化」参照．

オスモル濃度 osmolarity　液体の浸透圧を表す単位．

オベリスク姿勢 obelisk posture　腹部を垂直に立てるようにパーチャーがとる姿勢．通常太陽が頭上にあるときに示す．

温暖前線 warm front　前進する暖気団と後退する寒気団の境界線．暖気団は，寒気団を押し退けるよりも，上に昇ろうとする傾向があるので，温暖前線は通常ゆっくりと動く．

温度係数 temperature coefficient　温度が10℃上昇するときに，活動やそのプロセスの速度が増加する量．Q_{10}とも呼ばれる．

回帰性 philopatry　成虫が成熟した後，自分の羽化した生息場所に戻る傾向．

外温性体温調節 ectothermic thermoregulation　外部環境からの熱収支による体温の調節．「内温性体温調節」参照．

外皮 exocuticle　内皮と上表皮の間にある，通常は琥珀色をした硬い層．

夏季種 summer species　F-0齢より前の幼虫として冬を越し，翌年に羽化する種．その結果として，春季種より遅い季節に，かつ不斉一に羽化が起きる種が多い．「春季種」参照．

下唇 labium　癒着した第2下顎．餌をつかむために，素早く伸展できるように特殊化した器官．

下唇後基節 postmentum　下唇の対をなしていない部位のうち，下唇線［下唇後基節と下唇前基節との間の縫合線］に隣接する基部よりの部分．

下唇前基節 prementum　下唇の対をなしていない部位のうち，下唇線よりも先端の部位．

---

*訳注：原著にはラテン語などに由来する専門語を平易な英語に直しただけの用語解説があるが，日本語にすると同じ用語を並べることになるのでこれらは割愛した．また，必要に応じて解説内容に語句を補った．

化性 voltinism　1年間に完了する世代数.

活動低下 quiescence　発育の継続には適切でない生育条件に反応して起きる活動や代謝の低下.「休眠」参照.

夏眠 estivation　温帯気候の夏季に見られる活動低下のことで,特に生殖活動の低下.

環状姿勢 wheel position　交尾姿勢.

寒冷前線 cold front　前進する寒気団の前縁のことで,地上部が最前縁になる.にわか雨と雷雨を伴い,50〜65km/時の速度で進むことがある.中緯度地域では寒冷前線は赤道方向と東方に移動する傾向がある.

気温減率 lapse rate　「断熱気温減率」参照.

気温の逆転 inversion　地表から高いほど気温が高くなっている状態.ほとんどは夜間に地表面の近くで生じる.

機会交配 panmictic　集団の中で交尾がランダムに起きること.

機会コスト opportunity cost　ある行動をとる場合,別の行動によって得られたであろう利益を失うコスト.

基幹生息場所 stem habitat　特定の種のメタ個体群で,多くの個体数を生産し続ける好適な生息場所.そこからの移住個体が,好適でない潜在生息場所や二次的生息場所に個体を供給する.

寄生 parasitization　2種間の関係のうち,一方の種(寄生者)が他方の種(宿主)の体内か体表に棲み,利益(例:食物や隠れ場)を得る場合.宿主はその関係によって殺されるとは限らない.「捕食寄生者」参照.

季節調節 seasonal regulation　特定の季節に発育ステージがそろうように働く一連の反応.

擬態 mimicry　「ベーツ型擬態」および「ミュラー型擬態」参照.

キチン chitin　窒素を多く含む多糖類.節足動物のクチクラに存在する.

擬瞳孔 pseudopupil　複眼の中に見える黒い斑のことで,その中心部を高分解能域という.

機能の反応 functional response　餌密度の変化の結果として生じる個体の摂食速度の変化.

逆転層 capping inversion　上昇気流が止まる高度*.

求愛 courtship　交尾を促すような雄と雌の行動的な相互作用.特に雄によるディスプレイを指す.

究極要因 ultimate factors　特定の行動が維持されるための淘汰圧となる環境要因.「至近刺激」参照.

休眠 diapause　発育が停止した状態.生活環の中の特定のステージで生じる.典型的には,発育の継続を阻害するような環境条件を乗り切るために準備された反応.

狭塩性 stenohaline　広範囲の塩分濃度に対して耐性がないこと.

狭環境性 stenotopic　広範囲の環境条件に対して耐性がないこと.

共生 symbiosis　相互に利益をもたらす2種間の関係.

局在化 localization　場所への定着性を高める行動の過程.

拒否行動 refusal behavior　雄の接近に対して,受け入れない雌がとる行動.

クチクラ cuticle　真皮を覆う非細胞性の体壁の層.

クライン cline　種の地理的な分布に沿って集団の性質がしだいに変化すること.

クラッチ clutch　卵細胞のうち,同時に産むように一斉に成熟した卵の全数で,普通1産卵エピソードの間に産み尽くされる.

クレプ値 crep value　常用薄明,天文薄明などの時間帯を表す値.太陽の地平線からの高度(角度)の相対値で表す.

群飛採餌 swarm foraging　餌動物の群飛の中にできる空中捕食者の群れ.以前は群飛摂食と呼ばれた.

警護 guarding　雄が雌をエスコートするときの行動.普通,直前に交尾した雌が産卵している間に行う.

警告色 aposematic coloration　捕食者に攻撃を躊躇させるような目立つ色彩.

経済閾値 economic threshold　害虫の密度や被害が防除の経済コストを上回る閾値.

K戦略者 K strategist　少数の子を作り,種の環境収容力に近い個体数を維持する生物.「r戦略者」参照.

ゲノム genome　個体が親から受け継いだ遺伝子情報の全体.

広塩性 euryhaline　広範囲の塩分濃度に対して耐性があること.

広環境性 eurytopic　広範囲の環境条件に対して耐性があること.

高気圧 anticyclone　熱帯の外側で,気圧の高い所を中心に旋回する大規模な風系.中心部では,乾燥した空気が1〜3cm/秒の速度で一定方向に流れ込む.

光周性 photoperiodism　日長またはその変化に対する生物の季節的反応.

高浸透性 hyperosmotic　周囲より高い塩濃度であること.「低浸透性」参照.

後生殖期 postreproductive period　成虫期のうち,生殖活動を続けることができないほど老いた段階.「前生殖期」参照.

交尾器接触 genital touching　交尾前のタンデム状態のときの雌の行動で,腹部を前方に振って,その先端を雄の二次生殖器に短時間接触させる.

交尾期待値 mating expectancy　個体当たりの平均交尾成功度.観察された全交尾回数を観察した雄の数で割った値.

交尾成功度 mating success　個体が生涯で交尾した回数.

交尾頻度 mating frequency　観察された全交尾回数のうち各個体の交尾回数が占める割合(%で表現).

高分解能域 acute zone　複眼の個眼間角度が0.2°以下の空間分解能(解像度)の高い領域.フォベアと呼ばれることもある.

航用薄明 Nautical Twilight　日出時では太陽が水平線から12°から50′の角度の範囲,日没時では50′から12°の角度にある薄明かりの時間帯で,クレプ値2に相当.

個眼 ommatidium　複眼の構成単位,すなわち視覚の空間分解能の単位.小眼面とも言う.

固有の endemic　特定の地理的な地域に分布が限定されていること.

サーマル thermal　太陽に暖められた地表の空気が上昇することによって生じる風.その直径は数10mから数100mまで変化し,気温の逆転が起きる高さに達するまで続く.

サイクロン cyclone　低気圧と,5〜10cm/秒の上昇気流

---

*訳注:ある高度で気温と高度の関係が逆転するために上昇気流が止まる.

がもたらす悪天候の地域．強い水平的な温度勾配がその発生の好条件となる．サイクロンは通常6日の寿命で，ハリケーンに発達することがある．その中心から半径30〜500km以内が暴風雨圏内となる*．

採餌 foraging 餌捕獲の可能性を高める行動．「摂食」参照．

最大安定密度 highest steady density 一定面積の出会い場所に存在する平衡個体数．性的に活動する雄の相互干渉の結果として生じる．

最適採餌理論 optimal foraging theory 栄養摂取速度を増加させるような採餌戦略は適応度を高めるという考えに基づく理論．

サテライト satellite 優位雄の近くに滞在している劣位雄のことで，近づこうとする雌を途中で捕らえたり，優位雄が他に注意を向けているすきに交尾を盗もうとする．

紫外線 ultraviolet light 40〜400nmの波長の電磁波．ただし，300nm以下の紫外線はほとんど地上に届かない．

しがみつきタイプ clasper 休止中，足場（普通，幹や枝）に対してしっかり体を保つため脚を使うタイプの幼虫．

色彩多型現象 polychromatism 1種の個体群の同性内に2つ以上の遺伝的支配の色彩パターンが存在すること．雌の一部が雄の色彩パターンに似た型で（雄色型），他は雌色型の場合などがある．

至近刺激 proximate cues 個体が特定の行動を示すとき，その個体が反応する外部環境の特性．

耳状突起 oreillets 一部の不均翅亜目の雄に備わる，第2腹節の腹側部の突起物で，その後側部に歯状の突起をもつこともある．耳状部ともいう．

雌色型 gynochromatype 種内の色彩変異型のうち，典型的な雌に似ているもの．「雄色型」参照．

自切 autotomy 動物が自分の体の一部を自発的に切断すること．

自然淘汰 natural selection 個体群の中の不利な遺伝子が消失すること．その遺伝子をもった個体の生存率や繁殖率が他より低いことを介して起きる．「性淘汰」参照．

実効性比 operational sex ratio 性的に活動的な雌数に対する性的に活動的な雄数の比率．

若虫 nymph この語は，(1) 外翅類昆虫の幼虫，(2) 翅芽が顕著になった外翅類昆虫の終齢幼虫，(3) 内翅類昆虫の蛹を指すために使われているもので，この本ではトンボ目に関しては使わない．

斜面下降風 katabatic wind 斜面を吹き降ろす，重力による風．通常，夜間に生じ，冷たい空気が相対的に暖かい低地に流れ，下降する間に断熱的に暖められる（フェーン現象）．

斜面上昇風 slope-lift 障害物を乗り越えて吹く風によって生じる上昇気流．

収束（速度収束）convergence 水平方向の大気の流入と上方への大気の流出が出会うときに，両者の速度の違いのために境界面から下の大気が収縮する現象．普通，その場所は前線に一致し，水蒸気の凝縮が起きる．

雌雄両型 gynandromorph 体が雄の部分と雌の部分の両方からなる個体．

種分化 speciation 互いに交配可能な個体からなる個体群に生殖的隔離が起きて複数に分かれ，それぞれが独立な進化の単位になること．

順位 dominance hierarchy 集団の中の個体の優劣関係で，攻撃的な遭遇の結果生じる．

春季種 spring species F-0齢の幼虫として冬を越し，翌春に羽化する種．その結果として，通常，早い季節に一斉に羽化が起きる．「夏季種」参照．

生涯産卵数 fecundity 雌が一生の間に産む受精卵の数．

消化管通過時間 gut clearance time 食物が消化管を完全に通過するのに必要な時間．

小眼面 facet 「個眼」参照．

条件的 facultative 選択可能な．外的刺激に応じて変化する．

上表皮 epicuticle クチクラの外の層を構成している屈折可能な非常に薄い膜．せいぜい数ミクロンの厚さ．

常用薄明 Civil Twilight 水平線とその6°下の角度の範囲に太陽がある薄明薄暮の時間帯（クレップ値1に相当）．

植物外産卵 exophytic 産卵基質に直接産卵しないで，卵を産み落としたり，水中に洗い流したりする産卵様式．「植物内産卵」と「植物表面産卵」参照．

植物内産卵 endophytic 植物組織内に産卵すること．「植物表面産卵」と「植物外産卵」参照．

植物表面産卵 epiphytic 産卵基質（通常は植物）の表面に卵を付着させる産卵様式．「植物内産卵」と「植物外産卵」参照．

処女飛行 maiden flight 羽化した地点から，最初の長い休止期を過ごす場所，つまりそれ以上羽化地点から遠ざかる方向へ飛ばなくなる場所へとテネラル成虫が行う，1回あるいは一連の飛行．

処理時間 handling time 捕食者が餌を処理する時間．餌を認知してから捕獲し，当面の餌に集中している間の，次の餌の探索が再開できない時間．

シロッコ sirocco アフリカから東地中海にかけて吹く，暑くて乾燥し，安定した南東の風．

進化的に安定な戦略 evolutionarily stable strategy どのような突然変異によっても置き換わることのできない形質または複数形質の組み合わせの系．

浸透圧 osmotic pressure 水や純粋溶媒が（溶液と溶媒を分離している）半透膜を透過するのを防ぐために必要な圧力．

浸透圧調節 osmoregulation 生物による浸透圧の調節．

侵入者 interloper なわばり所有者がなわばりを留守にしているとき（普通，闘争中か交尾中）に，一時的な空きなわばりを見つけて侵入する雄．なわばり防衛をすることもある．

随伴行動 accompanying behavior 一部の不均翅亜目が採用する，大型哺乳動物を利用して餌を飛び立たせる採餌戦略．

趨光性 heliotropism 太陽の方向への定位を保つように動くこと．

スクレロチン sclerotin クチクラを硬くする物質で，タンパク質が硬化することによって形成される．普通クチクラの硬さと黒さに関連する．

スニーカー sneaker なわばりの中にひそかに侵入して

---

*訳注：狭義のサイクロンはインド洋上で熱帯低気圧が発達したものだが，この本では発達した熱帯性低気圧の一般名としてサイクロンの語を用いている．

雌と交尾しようとする非なわばり雄．

生化学的酸素要求量 biochemical oxygen demand　水サンプルの酸素要求量の尺度．

生産量 production　生物個体や生態系によって一定期間内に生産される生物体の重量．

精子移送 intramale sperm translocation　雄が自分の一次生殖器から二次生殖器へ精子を移動させること．

精子束 spermatodesm　特殊化した精包．精子は媒精後すぐには遊離しない．

精子優先度 sperm precedence　産卵された卵のうち，最後の媒精で受け取った精子によって受精された卵の割合．

成熟期 maturation period　「前生殖期」参照．

生息場所 habitat　特定の種または群集が生息する場所．

生態系 ecosystem　生物と非生物からなり，その相互作用で安定なシステムを形成する自然の系．

成虫活動期 flying season　1年のうち性的に成熟した成虫が活動する時期．

成長比 growth ratio　ある齢から次の齢までに特定の部位が成長する比率．

性淘汰 sexual selection　一方の性が，他方の性の個体の特定の形質を選ぶことによって起きる淘汰．しばしば求愛行動を通して起きる*．「自然淘汰」参照．

生物体量 biomass　生物体の量を示す尺度．通常は，個体，個体群，群集の全体（あるいは部分）の乾燥重量，または炭素量，窒素量，カロリー量で表現される．

精包 spermatophore　交尾の間に雄から雌へ渡される精子の入った包み．

摂食 feeding　餌捕獲の後に続く行動．捕食の行動連鎖．「採餌」参照．

遷移 succession　生物群集の変遷．初期のすみつきから安定的な極相へと向かう変化．

潜在生息場所 latency habitat　特定の種のメタ個体群にとって，あまり好適でない生息場所のことで，幼虫はいても成虫がほとんど羽化しない（F-0齢の脱皮殻が少ない）ような場所．移動しない限り，個体群は普通，次世代まで継続できない．「二次的生息場所」と「基幹生息場所」参照．

前生殖期 prereproductive period　成虫期のうち，成熟して生殖を開始する前の段階．テネラル期を含む．「後生殖期」参照．

前線 front　異なった密度と温度をもった2つの大気が出会う面が地表に描く線．通常，大気の速度収束の場のことで，低気圧を伴い，風向，湿度，雲，雨量が大きく変化する．

潜伏タイプ hider　沈殿物や落ち葉の薄い層の下で休止するタイプの幼虫．

前幼虫 prolarva　1齢幼虫．普通，その期間は非常に短い．

相対成長 allometry　個体に適用される語で，体の部位によって成長速度が異なること．「等成長」参照．

体温調節 thermoregulation　気温にあまり左右されずに，体温を一定の範囲に維持するプロセス．

耐乾休眠 siccatation　暑く，乾燥した季節に生じる発育の一時停止．

代替繁殖行動 alternative reproductive behavior　1つの個体群中の同性内に見られる繁殖行動の不連続的な変異．それぞれの行動の利益と損失の違いが関与している．

対称性のゆらぎ fluctuating asymmetry　個体の形態的な左右非対称性の尺度で，環境ストレスの1つの指標とみなされる．

体長 body length　幼虫に用いられる語．触角を除いた頭部の先端から，不均翅亜目とムカシトンボ科では肛側板の末端まで，均翅亜目では第10腹節の後端までの長さ．

台風 typhoon　発達した移動性の熱帯性低気圧の1つで，太平洋の北西部で使われる語．

太陽コンパス感覚 sun compass sense　時刻に関係なく一定方向に飛ぶために，概日時間測定と太陽の方位角を検出する能力とを兼ね備えた感覚システム．

脱皮 ecdysis, molting　外皮あるいは殻を脱ぎ去ること．

脱皮殻 exuvia(e)　各齢の最後に脱ぎ捨てる外皮．

多年1化性 partivoltine　2年以上で1世代を完了すること．

単為生殖 parthenogenesis　受精なしに起きる卵の発生．

単一条件戦略 single conditional strategy　複数の代替行動で構成される戦略．代替行動が全体として1つの進化的に安定した戦略となる場合がある．

短期滞在雄 transient male　水域の近くにとまるが，水域にはあまり現れない非なわばり雄．とまり場の周りを防衛することもない．

タンデム結合 tandem linkage　交尾に不可欠な身体の結合で，雄が雌の頭部か前胸部を尾部付属器でつかむことによって成立する．

断熱気温減率 adiabatic lapse rate　熱量の増減なしに，対流による大気の上昇が原因で生じる気温の低下率．湿度にも左右されるが，高度が100m上昇すると気温は0.5から1℃低下する．逆のプロセスを断熱上昇という．

直腸腺 rectal glands　直腸内の肥大した突起で，水と塩を吸収する．

出会い場所 rendezvous　雄と雌が交尾を前提として集まる場所．こういう場所がいくつもある場合は，そのうちの1つが雄に好まれるのが普通である．これを主要な出会い場所という．

定住雄 resident male　連続的に繁殖場所に居続ける雄．空間を防衛するか否かは問わない．

定住性 site attachment　個体が自分の場所にとどまる（あるいは戻る）習性．

定住度 site fidelity, residentiality　成虫の個体と特定の場所とのつながりの継続時間．

低浸透性 hypoosmotic　周囲より低い塩濃度であること．「高浸透性」参照．

敵対的 agonistic　競争的あるいは戦闘的であること．特に個体間の攻撃的な遭遇の際に用いる．

テネラル teneral　脱皮直後の幼虫または成虫．クチクラがほとんど無色で硬化していない状態．

テプイ tepui　ベネズエラにある絶壁に囲まれた巨大な高原．頂上はサバンナと半落葉林で，極端な降雨と乾燥にさらされる．

電気伝導度 conductivity　水が電流を通す程度の尺度で，含まれるイオン数の指標となる．

天文薄明 Astronomical Twilight　日出時では太陽が水平

---

*訳注：Corbetは雄間競争には言及していないが，これも性淘汰のメカニズムの1つ．

線から18°から15°の角度の範囲，日没時では15°から18°の角度にある薄明かりの時間帯で，クレップ値3に相当．

同化 assimilation 個体成長と繁殖に必要な物質を組織，細胞，体液へ取り込むこと．

同化率 assimilation efficiency （1－排泄された糞の乾燥重量）/（摂食した食物の乾燥重量）として表現される値．

冬期臨界サイズ winter critical size 秋に，幼虫があるサイズ以上に成長している場合は翌春に羽化するが，そのサイズ以下の場合は幼虫は休眠に入り，羽化はさらに1年延期される．その境界のサイズのこと．

同所的 sympatric 同じ場所に生息していること．特に種や個体群の地理的な共存．「異所的」参照．

等成長 isometry 個体に用いられる語で，異なった部位が同じような成長速度を示すこと．「相対成長」参照．

冬眠 hibernation 冬期における発育の停止．

内温性体温調節 endothermic thermoregulation 飛行の前あるいは飛行中に胸部の飛行筋の動きによって代謝熱を発生させて行う体温調節．「外温性体温調節」参照．

内皮 endocuticle クチクラ層のうちで一番内側の厚く，無色の弾力のある層．

夏冬連続休眠 estivohibernation 温帯気候の夏季から冬季にかけて見られる活動低下．特に生殖活動の低下．

なわばり territory 個体（稀に複数個体）によって占拠され，侵入者に対して防衛する場所．

なわばり雄 territorial male 定着した場所でなわばりを防衛する雄．

なわばり共有者 sharer 同じなわばりを他の雄と共有し防衛する雄．

2化性 bivoltine 1年で2世代を完結すること．

二型現象 dimorphism 種内に2つの型の個体が存在すること．

二次生殖器 secondary genitalia 雄の第2，第3腹節にある構造で，交尾の際の挿入と媒精に使われる．

二次的生息場所 secondary habitat 特定の種のメタ個体群にとっての，好適でない生息場所タイプ．標準的個体群に対して予備的個体群の役割を果たす．移入がない限り，個体群は普通，次世代まで継続できない．「潜在生息場所」と「基幹生息場所」参照．

日常的な小規模飛行 trivial flights 比較的短時間に行う短い飛行のことで，明らかな当面の目的と結び付いた欲求行動であることが多い．

日周 diel 24時間周期．

ニッチ niche 生物の生態系における機能的役割と地位．

日長 photoperiod 24時間のうちの明期の長さのことで，例えば明期14時間，暗期10時間の場合，LD 14:10と表現する．

2年1化 semivoltine 2年で1世代を完了すること．

熱帯収束帯 Inter-Tropical Convergence Zone 赤道近くで貿易風が収束し空気が上昇する地帯のこと．地球を1周する．上昇する空気は収束帯の両側で強い雨をもたらし，太陽と地球面の季節的な位置関係によって南北に動く．

パーチャー percher 活動時にとまり場にとまっていることが多く，そこを中心に短い飛行を行うトンボ．

配偶システム mating system 交尾相手を獲得するときに採用される行動戦略の総体．

胚反転 katatrepsis 胚子が卵発生の途中で回転すること．

バウト bout 同じ行動の連続のことで，産卵行動，攻撃行動，摂食行動，なわばり維持などにも使われる．例えば産卵エピソードの中の，ひと続きの連続的な産卵行動のこと．産卵エピソードにはいくつかの産卵バウトが含まれ，個々の産卵バウトは休止（何かにとまるなど）によって区切られる．「エピソード」参照．

白粉 pruinescence 体表上の白粉のことで，雄によく見られる．クチクラ上層の色素によって生じ，普通，紫外線を強く反射する．

薄暮性 crepuscular 夕方の薄明りの時間に活動的であること．

薄明薄暮性 eocrepuscular 朝と夕方の薄明りの時間に活動的であること．

バッチ batch 1産卵エピソードの間に産まれる卵数．「クラッチ」も参照．

ハネビロトンボ型警護 *Tramea*-type guarding 連結警護の一型．産卵のために下降する短時間だけ，雄が雌を解放する，連結と解放が繰り返される．

ハリケーン hurricane 大型で移動性の熱帯低気圧．カリブ海と西大西洋で使われる呼称．

春の水たまり vernal pool 春にだけ出現する水たまり．

パンペロ pampero アルゼンチンのパンパスを吹く激しい突風で，時に95km/時を超え，豪雨を伴う．冷たい南からの風が暖かい熱帯の空気に出会うときに生じる．

ビオトープ biotope 植物と動物が特有の結び付きを示す小地域．

飛行境界層 flight boundary layer 地表から数mまでの層で，ここでは空気の動きがトンボの飛行速度よりも小さい．

微生息場所 microhabitat 生活史の特定のステージ，または特定の活動を行っている個体が見つかることが多い生息場所の特定の部分．

尾部付属器 caudal appendages 肛上板と肛側板のことで，第11腹節あるいはその痕跡から生じる．

表現型 phenotype 遺伝子型の目に見える発現．

表面採餌 gleaning 成虫が何かにとまっている餌をつまみあげる採餌の様式．

貧栄養 oligotrophic 栄養分が少なく生産性の低い，非常に透明であることが多い水域を形容する語．

便乗 phoresy 1つの種が別の種の体表に付着して運ばれる種間関係で，寄生関係ではない場合．

ファイトテルマータ phytotelmata 陸生植物体の一部分（樹洞など）にできる小さい水たまり．

ファレート pharate 脱皮に先立って，外皮が内皮から分離した状態．「アポリシス」参照．

富栄養 eutrophic 水環境に用いられる語で，栄養分を多く含む状態．

フォベア fovea 「高分解能域」参照．

腹ばいタイプ sprawler 植物片や沈殿物などの底質の上か中に棲む幼虫で，長くて体側に広がった脚を使って体を支える．

伏流域 hyporheal, hyporheic zone 川床の粒径の大きな底質によってできる間隙のことで，そこに川の水が浸透し，地下で比較的ゆっくり動いている．

不動反射 thanatosis 反射的に動かなくなることで，擬死と呼ばれることもある．

フライヤー flier 活動しているとき，短時間何かにとまることはあるが，ほとんどの時間飛んでいるトンボ．

プラストロン plastron 水生昆虫の体表にできる薄い空気の層．気管系とつながっていて，水によって除去されないような場所にできる．

フローター floater スニーカーではない非定住的な雄．

分割羽化 divided emergence 同じ日に羽化するはずの集団が，羽化のステージ1に低温に突然襲われることで，羽化の時間帯や羽化日が2つに分かれること．

分散 dispersal 個体の空間的な位置が時間的に変化することで，遠心性のもの．その結果，個体間の距離は大きくなる．「移住」参照．

分離複眼 dichoptic 体軸をはさんで離れた位置に複眼をもつこと．

平衡多型 balanced polymorphism 1遺伝子座に対して2つ以上の対立遺伝子が存在し，ヘテロ接合対が両方のホモ接合対よりも淘汰上有利である場合，多型が維持される．このほかに頻度の少ない型が淘汰上有利である場合も多型が維持される．

ベーツ型擬態 Batesian mimicry 捕食者から免れるために，まずくない種（擬態種）がまずい種（モデル）に似ること．「ミュラー型擬態」参照．

pH pH 液体の酸性，アルカリ性の程度を0から14までの尺度で表現した値．

変態 metamorphosis 終齢から成虫に移行するときの，形態，生理，行動の不可逆的な変化．

片利共生 commensalism 2種間の関係の1つで，1つの種（片利共生者）が利益を得，もう1つの種（宿主）が不利益にならない場合をいう．

方位角 azimuth 南北の方位に対する天体の角距離．

包囲膜 peritrophic membrane 腸内の食物をゆるく包んでいる薄いキチン質の鞘のことで，食物の残渣と一緒に頻繁に排泄される．

飽食量 satiation capacity 餌が連続的に得られる場合に，1摂食バウトで食う食物量．捕食者の体重当たりの割合で表現する．

放浪雄 wanderer 非定着性の非なわばりの雄で，雌を探す場合は多くのなわばりの近くを通過しながら移動する．

ポーチャー poacher 出会い場所の近くにいて，なわばりに近づこうとする雌を途中で捕らえようとする非なわばり雄．なわばり雄はこの非なわばり雄を追い払おうとする．

捕獲率 capture rate 一定時間内に捕まえた餌動物の数．

捕食寄生者 parasitoid 最終的に宿主を殺す寄生者で，この意味では捕食者に近い．「寄生」参照．

北極圏 Arctic Circle 北緯66°30′の緯線，およびそれより北の地域．

ボラ bora 山地からトリエステ湾を通りアドリア海へと吹く，非常に強くて冷たい北東の吹き降ろしの風で，風速は100km/時になることもある．

ミストラル mistral アルプスからフランス南部まで吹く，冷たく乾燥した強い吹き降ろしの北風．ローヌ川の渓谷に流れ込み，いったん吹き始めると数日間続く．風速はしばしば100km/時を超す．

水辺 littoral 固着性の水草が生えるような水際の浅瀬．

ミュラー型擬態 Müllerian mimicry 複数のまずい種が，捕食者の攻撃をためらわせるために，互いに似た目立つ色彩をしていること．「ベーツ型擬態」参照．

明期 photophase 24時間のうちの明の時間帯．「暗期」参照．

名目刺激 token stimulus 特定の欲求行動を解発する刺激のうち，機能上の直接の目標でなく，その目標に関連する間接的な刺激．

雌の先行羽化 protogyny 雄より先に雌が出現すること．「雄の先行羽化」参照．

メタ個体群 metapopulation 繁殖機会や幼虫生存率に差をもたらすような生息場所タイプが複数存在し，その間を個体が交流することで存続しているような種個体群．「潜在生息場所」，「二次的生息場所」，「基幹生息場所」参照．

モンスーン monsoon 季節的にその方向を反転する大規模な風系．気圧の季節変動によって生じ，風は海よりも陸地に強い．冬モンスーンと異なり，夏モンスーンは大気が収束して上昇し，雨を降らせる傾向がある．

優位雄 dominant male 攻撃的な遭遇により，他の雄を追放するか相手の恭順な行動を引き出す雄．「劣位雄」参照．

優位（性） dominance 過去または現在の攻撃的な行動によって獲得された優先権．

有効積算温度 degree-day 発育ゼロ点（通常10℃）を上回る日の気温から発育ゼロ点を差し引いて集計した積算温度．

雄色型 androchromatype 種内の色彩変異型のうち，典型的な雄に似ているもの．「雌色型」参照．

幼若ホルモン juvenile hormone 幼虫の変態と雌成虫の卵黄形成を制御する内分泌性調節物質．

幼虫 larva 卵と成虫の間の発育段階．

用量反応効果 dose-response effect 処理の強さに依存して処理の効果が変化すること．

欲求行動 appetitive behavior 特定の要求を満たすために行う目的志向型の行動．

卵殻 chorion 卵の殻を形成する硬いタンパク膜．母親由来．

卵細胞 oocyte 卵になる可能性をもっている細胞．

卵巣小管 ovariole 卵巣を細分する管状の構造物で，数個ずつの卵細胞を含む．

リズム rhythm 内的測時感覚によって制御される周期的な変化．

流水性 rheophilic 普通，流水域に棲むこと．

齢 stadium 連続した2回の脱皮の間の発育ステージ．インスターと同じではない．

劣位雄 subordinate male 雄と雄の遭遇の結果，追い出されるか，恭順姿勢を示す雄．「優位雄」参照．

レック lek 交尾のために飛来する雌を誘引し求愛するために，雄が集まってディスプレイをする共有の場所．

濾胞 follicle 濾胞上皮によって包まれた卵細胞．

付　表

表 A.2.1　幼虫の生息場所の主要なタイプと代表的な科

幼虫生息場所[a]	熱帯 不均翅亜目	熱帯 均翅亜目	温帯 不均翅亜目	温帯 均翅亜目
通常の生息場所				
1. 湧水のある浸出水およ び細流の上端	—	ヤマイトトンボ科 モノサシトンボ科 ホソイトトンボ科 ニセアオイトトンボ科	オニヤンマ科 エゾトンボ科 ムカシヤンマ科	—
2. 滝	トンボ科	ヤマイトトンボ科	—	—
3. 流水，速い	ヤンマ科 トンボ科	ムカシカワトンボ科 ハナダカトンボ科 イトトンボ科 ミナミヤマイトトンボ科 ミナミカワトンボ科 オセアニアイトトンボ科 ヤマイトトンボ科 モノサシトンボ科 ホソイトトンボ科 ミナミイトトンボ科 ニセアオイトトンボ科 ミナミアオイトトンボ科	サナエトンボ科	ミナミカワトンボ科 ニセアオイトトンボ科 ミナミアオイトトンボ科
4. 流水，中程度	ヤンマ科 オニヤンマ科 サナエトンボ科 トンボ科	カワトンボ科 イトトンボ科 ナンベイカワトンボ科 ミナミヤマイトトンボ科 ミナミカワトンボ科 オセアニアイトトンボ科 アオイトトンボ科 ヤマイトトンボ科 ハラナガアオイトトンボ科 モノサシトンボ科 ホソイトトンボ科 アメリカミナミカワトンボ科 ミナミイトトンボ科 ミナミアオイトトンボ科	ヤンマ科 オニヤンマ科 エゾトンボ科 サナエトンボ科 トンボ科 ベニボシヤンマ科	カワトンボ科 イトトンボ科 ミナミヤマイトトンボ科 ミナミカワトンボ科 ミナミアオイトトンボ科
5. 流水，遅い；および止水，永続的	ヤンマ科 エゾトンボ科 サナエトンボ科 トンボ科	イトトンボ科 モノサシトンボ科 ミナミイトトンボ科	ヤンマ科 エゾトンボ科 サナエトンボ科 トンボ科	カワトンボ科 イトトンボ科 ムカシイトトンボ科 アオイトトンボ科 モノサシトンボ科 ミナミアオイトトンボ科
6. 止水，一時的	ヤンマ科 エゾトンボ科 トンボ科	イトトンボ科 アオイトトンボ科	ヤンマ科 エゾトンボ科 トンボ科	イトトンボ科 ムカシイトトンボ科 アオイトトンボ科
特殊な生息場所				
7. 地表落葉層	エゾトンボ科 トンボ科	イトトンボ科	—	—
8. 葉軸		イトトンボ科 ミナミイトトンボ科 ハビロイトトンボ科	—	—

569

表 A.2.1 続き

幼虫生息場所[a]	熱帯		温帯	
	不均翅亜目	均翅亜目	不均翅亜目	均翅亜目
9. 樹洞	ヤンマ科 トンボ科	イトトンボ科 ヤマイトトンボ科 ハビロイトトンボ科	—	—
10. 海岸の感潮湿地	トンボ科	—	—	—

出典：P. S. Corbet 1995を改変．科はDavies & Tobin (1984, 1985) のリストによる．ただし，Van Tol (1995) に従い，Diphlebiidae科はミナミヤマイトトンボ科として，Rimanellidae科はムカシカワトンボ科の亜科として扱う．上で示していないムカシトンボ科（不均翅亜目：ムカシトンボ上科）は，熱帯や温帯の速い流水生息場所（カテゴリー3）に棲む．Carle & Louton (Carle 1996参照) は，Cowleyのベニボシヤンマ科をヤンマ上科のAustropetaliidae科とトンボ上科のNeopetaliidae科という2つの要素を含むものとみなしたが，この分類は表A.2.1の中の記載事項の修正を必要としない*.
[a] 大多数のトンボによって利用される「通常の」生息場所は源流から河口までの流路に，あるいは池，湿地，湖などの淡水域である．「特殊な」生息場所はそれ以外の場所．
*訳注：この本では，日本の図鑑でヤマイトトンボ科に分類されているトゲオトンボ属をニセアオイトトンボ科に含めている．

表 A.2.2　トンボにとって必要と考えられる生息場所条件

種	場所	好まれる生息場所の特性[*1]
ルリボシヤンマ	スイス	高層湿原の池塘を含む高地の水たまりや湖．スゲ属 Carex 群集，ワタスゲ属 Eriophorum 群集，ホロムイソウ属 Scheuchzeria-スゲ属群集，スイレン属 Nymphaea 群集，および先駆性のトクサ属 Equisetum-シャジクモ属 Chara 群集で特徴づけられる植物群落 (Wildermuth 1992c, 1994a)
マダラヤンマ	ドイツ	密生した丈の低いヨシ類（例：ホタルイ属の Scirpus maritimus），あるいは丈の高いヨシ類（例：イグサ属の Juncus articulatus）を伴うまばらな丈の低いヨシ属 Phragmites．夏の間ほとんど乾燥している (Schmidt 1982b)
イイジマルリボシヤンマ	ドイツ	ミズゴケ属 Sphagnum[a] またはウカミカマゴケ Drepanocladus fluitans の浮き島上に生育しているワタスゲ属を伴う高層湿原の池塘 (Schmidt 1964a; 写真D.1)
Anaciaeschna isosceles	ドイツとイタリア	小さな（目に見える）水面（例：入江や流路），抽水植物による70～100％の被覆，そして少なくとも0.2～0.3haのヨシ原で特徴づけられる止水．ヨシ型か大型スゲ型，または両方の生育型が優占する植物群落 (Buchwald 1994c)
Brechmorhoga spp.	ベネズエラ	露岩の間を流れる非常に浅い（深さ約0.5cm）渓流．B. rapaxは，大きな石の下流側の面に接した粗い砂礫の間に産卵する．そこでは水が砂礫からほとばしる微細な泉のように見える．B. vivaxは，例えば細流が小さな池に入り込むか出ていく場所の，中程度に細かい砂を伴う場所を好む (De Marmels 1982a)
ヨーロッパベニイトトンボ	ドイツ	サクラソウ属 Primula-ノグサ属の Schoenus ferruginei var. scorpidietosum の群集によって特徴づけられる，石灰質の湧水で潤う永続的な湿原，およびヒトモトススキ属の Cladium mariscus を伴う，湧水で生じた湖 (Buchwald 1994a, b)
Coenagrion mercuriale	ドイツ	特徴的な抽水植物を伴い，水面への接近を妨げるものがない草地の中をゆっくり流れる小川 (Buchwald et al. 1989)
Cordulegaster bidentatus	ドイツ	ゆっくり流れ，浅く，多くの場合高地の湧水を伴う森林の近くの水域．これらはアルプス地方では湧水地域と細流あるいは石灰質の湧水湿原と湿地である (Buchwald 1988)
タイリクオニヤンマ	ドイツ	氷河モレーン終端の湧水や高地の源流域からの，小さくてゆっくりとした流れ．温度変化が少なく，底質に有機堆積物を含む複雑な構造をしていることが特徴 (Donath 1989)
カラカネイトトンボ	スイス	浅く永続的な水があるスゲ湿地で，Carex elata 群集ないし高層湿原と低層湿原の間のさまざまな移行的な植物群集がまばらに生える．水深7～15cm，高さ30～40cmの均一な植生が70％を覆う生息場所が好まれる (De Marmels & Schiess 1977)
ヒメシオカラトンボ	イタリア	ミクリ Sparganium erectum 群集が優占植生である狭い流水 (Buchwald 1994c)
ホソミモリトンボ	スイス	炭酸塩を含まず，電解質濃度が低い酸性の水を伴う，浅い，部分的に過成長した高層湿原．植生はホロムイソウ属-ヤチスゲ Carex limosa 群集などで特徴づけられる．あるいは，Carex fusca 群集またはクリイロスゲ C. diandra 群集に覆われた弱酸性ないし中性の，炭酸塩は少ないが電解物質が多い低湿地 (Wildermuth 1986, 1994a; 図2.2; 写真D.2)
オツネントンボ[*2]	ドイツ	幼虫の生息場所：普通は Carex eleate 群落の隙間に生じる小さく浅い水たまりで，ヨシ属の数種，ヒトモトススキ属の Cladium mariscus，クサヨシ Phalaris arundinacea 群集，または他の大型スゲ類群集を伴う．水位は夏に高く冬に低い場合が多い．成虫の生息場所：ヌマガヤ属 Molinia が生育するやや乾性の湿地．低木を伴う，開けた植生構造が好まれる (B. Schmidt 1993)

注：記載事項は抜粋された例．包括的な総説についてはWildermuth 1994aを参照．
[a] スカンディナビアではイイジマルリボシヤンマの分布北限はミズゴケの浮き島の北限と一致する (B. Peters 1988b).
[*1] 訳注：この表の群集名，群落名は植物社会学における植生分類名．原著の記載は矛盾する部分があるので，少し単純化した．
[*2] *Sympecma annulata braueri*.

表A.2.3　繁殖活動の間に特定のトンボと密接な結び付きがあり，生息場所選択のための手がかりとなっていると考えられる植物

種	場所	植物との関連
マダラヤンマ	日本	ホタルイ属Scirpusに産卵する．その根は幼虫の生息場所になる (曽根原 1980a)[a]
イイジマルリボシヤンマ	ドイツ	ミズゴケ属Sphagnumまたはウカミカマゴケ(Drepanocladus属)の浮き島の中に産卵 (Schmidt 1964a)
Aeshna viridis	ドイツ	主にトチカガミ科のStratiotes aloidesの中に産卵 (Münchberg 1956; Schmidt 1975b)[b]
Aethriamanta rezia	ナイジェリア	ボタンウキクサPistia stratiotesにとまり，その上に産卵 (Hassan 1981a)
Antiagrion grinsbergsi	チリ	もっぱらシシガシラ科のシダ(Blechnum chilense)の中に産卵 (Jurzitza 1974a)
Brachytron pratense	ヨーロッパ	イグサ類，ヨシ類，スゲ類が枯死して浮いている茎の中に産卵する．幼虫は隠蔽的な姿勢でこれらにしっかりとしがみついている (Robert 1958)
Erythrodiplax berenice	アメリカ, NH	卵と幼虫は浮漂するシオグサ属Cladophoraの集まりの中で見つかる (Kelts 1977b)
ヨーロッパアカメイトトンボ	ドイツ	コウホネ属Nupharやオヒルムシロ Potamogeton natansの浮葉にとまり，そこで交尾し，その中に産卵する (Schmidt 1980b; Mokrushov & Frantsevich 1976 も参照)
Erythromma viridulum	ドイツ	水面近くのマツモ属Ceratophyllumの中に産卵する (Schmidt 1980b)
Ischnura kellicotti	アメリカ, FL	成虫はコウホネ属とスイレン属Nymphaeaをもっぱら利用し，幼虫はそれらの間に棲む (Paulson 1966)
Lestes virgatus	ナイジェリア	常にチガヤImperata cylindricaの中に産卵するらしい．これは耕作地に普通のイネ科植物で，後に水たまりになる窪地に生育する (Gambles 1983a)
Miathyria marcella	アメリカ, FL	なわばり雄はホテイアオイ Eichhornia crassipesと密接な関連をもつ (Paulson 1966)．例外なく高密度で，その中に幼虫が棲むらしい (Godley 1980)
ナイジェリアトンボ	ナイジェリア	なわばり雄はもっぱら抽水植物(イネ科)，特にイヌビエ属Echinochloa pyramidalisの上にとまる (Parr 1977)
ヒロアシトンボ	ドイツ	雌はセイヨウコウホネLutea nupharの小さな芽を産卵のためのリリーサーとして用いる (Martens 1992b)[c]
Pseudagrion nubicum	ジンバブエ	増水の後の本種のカリバ湖Kariba Lakeへの到着は，サンショウモ属のSalvinia auriculataが広大な「浮き島」を形成する時期と一致した．この植生は羽化場所や成虫のとまり場所として用いられる (Balinsky 1967)
P. syriacum	イスラエル	成熟成虫はハッカ属Menthaと結び付いており，茎と葉の上をよく利用する (Dumont 1973)
Urothemis assignata	ナイジェリア	ボタンウキクサを選んで，その上で産卵する (Hassan 1981a)

注：幼虫生息場所として用いられるファイトテルマータは除外している(表A.5.6参照)．
[a] ヨーロッパ西部では時に枯死したガマ属Typhaの中に産卵する (Gardner 1950a)．
[b] しかし，A. viridisはStratiotes属を欠く場所に普通に出現することがある (Poosch 1973)．
[c] 特定の発育段階やサイズの芽への雌の好みが顕著ではあるが，彼女らは他の少なくとも20種の植物の上でも産卵する．

表A.2.4　通常は流水性であるトンボが止水生息場所に出現した例

種	場所	観察
オニヤンマ	日本	東京西郊の密に植林された丘陵の北斜面に分布する冷たい湧水池 (山口 1982)
Boyeria irene	ヨーロッパ	フランスでは川に棲む (Aguesse 1968)．スイスでは大きい湖にだけ棲む (Maibach & Meier 1987; Wildermuth 1994a参照)
ミヤマカワトンボ	日本	オニヤンマと同様
ヨーロッパアオハダトンボ	旧ユーゴスラビア	標高1,429 mの高山の小さな湖(幼虫1個体と成虫)．おそらくこれは石灰岩アルプス*における最高標高の既知産地である (Kiauta 1963)
Cordulegaster maculatus	カナダ, ON	スペリオル湖に流入する河川の河口の，湖岸に近い3.1 m以浅の砂の浅瀬の上(幼虫)．そこでは，4 km/時を超える波浪をはじめ，さまざまな水の動きがある (Thomas 1965)
C. mzymtae	トルコ	クゼイアナドル山脈では，幼虫は，一見水が滞留しているが，常に水が更新して酸素を多く含む水たまりに棲む (Verschuren et al. 1987)
Gomphus exilis	アメリカ, NJ	小さな農場の池 (Nemjo 1990)
G. pulchellus	ドイツ	止水では，水の動きがある所(例：流入または流出のある所．そこでは波浪が見られたり，水面下に湧水があったりする)を好む (Schmidt 1988)
G. vulgatissimus	ヨーロッパ	フランス語圏スイスでは，川よりも大きい湖でより普通 (Dufour 1978a)．フランスでは，魚を放流している池 (Kemp 1988)
コヤマトンボ	日本	北海道の深い火口湖の岸のすぐ近くで (小山 1976)
カワトンボ	日本	オニヤンマと同様
Onychogomphus forcipatus	アルバニア	水が透明で酸素に富んでいる湖 (Dumont et al. 1993)
	ヨーロッパ	ドイツ南部ではほとんど例外なく湖．しかしヨーロッパ南部では河川性 (Beutler 1989a)
Oxygastra curtisii	ヨーロッパ	フランスでは川 (Aguesse 1968)，スイスでは湖のみ (Maibach & Meier 1987)
ヒロアシトンボ	ヨーロッパ	これまでに完全な止水で見つかったヨーロッパ唯一のグンバイトンボ属の種 (Askew 1988)
アフリカハナダカトンボ	アフリカ	ビクトリア湖(P. S. Corbet 未発表の観察)およびマラウイ湖の植生のない岸．これらの湖では成虫は小さく，1つの型と認められている (Pinhey 1982)

* 訳注：イタリア北東部，オーストリア南東部，スロベニア北部にまたがる，アルプス山脈南東部の山塊．

表A.2.5 雌の姿勢と産卵基質によって分類した産卵様式

雌はとまっている (S)
産卵器と基質が接触する (C)
　SC1. 植物内 (I; a)[a]
　　不均翅[b]　ヤンマ科：通常の様式；生きている植物や枯れた植物の中; SC4も併用 (写真E.3, G.3)
　　ムカシ　ムカシトンボ科：おそらく唯一の様式；生きている植物の中 (Asahina & Eda 1982; 写真E.1)
　　均翅　　通常の様式；生きている植物や枯れた植物の中；時に水面下で産卵; SC4, SC5, FN3も併用 (写真E.3, E.5, E.6, G.1, G.2, G.5)
　SC2. 植物に付着させる
　　不均翅　トンボ科：
　　　　　　　　アオビタイトンボ亜科：*Micrathyria*属でよく見られる (Paulson 1969)；FC6, FN1, FN3も併用
　　　　　　　　アカネ亜科：ヒメキトンボ属 (Corbet 1962a)；FC2も併用
　　　　　　　　コカゲトンボ亜科：*Malgassophlebia*属 (Lempert 1988; FC2も併用)；*Tetrathemis*は通常 (McCrae & Corbet 1982; Lempert 1988; Miller 1995a)；*Notiothemis*属は時々 (Lempert 1988; 写真F.1, F.2)
　　　　　　　　タニガワトンボ亜科：タニガワトンボ属 (Martens 1991a)
　　　　　　ムカシヤンマ科：稀，例えば*Uropetala*属 (Wolfe 1953)；SC3, SC4も併用
　　均翅　　アオイトトンボ科：*Lestes leda*に可能性あり (Tillyard 1906a)
　SC3. 植物の間 (II; b)
　　不均翅　ムカシヤンマ科：通常の様式 (例：Svihla 1959)；SC2, SC4も併用
　SC4. 泥，砂，有機堆積物，あるいは土の中か上 (II; b)
　　不均翅　ヤンマ科：
　　　　　　　　ヤンマ族：ルリボシヤンマ属[c] (例：Utzeri 1978; De Marmels 1981a; Cannings 1982a; Utzeri & Raffi 1983; A. G. Orr 1994)；SC1も併用
　　　　　　　　ギンヤンマ族：トビイロヤンマでは通常の様式 (Lieftinck 1953a)；ギンヤンマ属[c] (Utzeri 1978) とヒメギンヤンマ属 (Miller 1983a) で見られるが通常はSC1
　　　　　　　　サラサヤンマ族：サラサヤンマ属 (武藤 1958a)
　　　　　　　　カトリヤンマ族[c]：通常の様式 (例：Gambles 1960; Neville 1960; Corbet 1961a; 栗林 1965; Dunkle 1976)
　　　　　　　　ヤブヤンマ族[c]：おそらく通常の様式 (Fraser 1936a)
　　　　　　ムカシヤンマ科：*Tachopteryx*属 (Williamson 1932) とムカシヤンマ属 (Svihla 1984)；SC3も併用
　　均翅　　アオイトトンボ科：ホソミオツネントンボ属 (井上 1988)
　SC5. 岩の上
　　不均翅　トンボ科：
　　　　　　　　タニガワトンボ亜科：タニガワトンボ属 (Corbet 1962a)；FC2, FC6も併用
　　均翅　　オセアニアイトトンボ科：*Isosticta*属 (Winstanley 1982a; Davies 1986)
　　　　　　ヤマイトトンボ科：*Caledargiolestes*属 (Winstanley 1982a)；*Caledopteryx*属 (Winstanley & Davies 1982)
　SC6. 水面上 (III; c)
　　不均翅　エゾトンボ科：
　　　　　　　　エゾトンボ亜科：ミナミエゾトンボ属 (Winstanley 1981a; Rowe 1988; 図2.4)；FC6, FC7, FN3も併用
　　　　　　サナエトンボ科：
　　　　　　　　サナエトンボ亜科：ヒメクロサナエ属 (武藤 1960a; 鵜殿 1982)；ヒメサナエ属 (杉村 1979; FC6も併用)；オジロサナエ属 (新井 1978a)；コサナエ属 (新井 1984c)
　　　　　　　　ウチワヤンマ亜科：ウチワヤンマ属 (Yagi 1993)；ヒメクロサナエ属 (Sugimura 1993)
　　　　　　トンボ科：
　　　　　　　　タニガワトンボ亜科：タニガワトンボ属 (Martens 1991a)；SC2, SC5, FC5も併用

産卵器と基質が接触しない (N)
　SN1. 植物，泥，あるいは土の上 (VIII; b)
　　不均翅　サナエトンボ科：
　　　　　　　　サナエトンボ亜科：ダビドサナエ属 (Inoue & Shimizu 1976)；FC2, FC3も併用
　　　　　　トンボ科：
　　　　　　　　アカネ亜科：アカネ属で稀に見られるが (安藤 1978)，通常はFC6またはFN2
　SN2. 水面上 (VIII; h)
　　不均翅　イトトンボ科：
　　　　　　　　ナガイトトンボ亜科：キイトトンボ属で稀に見られる (枝 1995a)
　　　　　　エゾトンボ科：
　　　　　　　　サナエヤマトンボ亜科：*Gomphomacromia*属 (Jurzitza 1975a)
　　　　　　サナエトンボ科：
　　　　　　　　サナエトンボ亜科：ダビドサナエ属で稀に見られる (新井 1981)；FN3が挿入されることもある；オナガサナエ属 (新井 1978b; FN3も併用)

雌は飛行 (F)
産卵器と基質の間が接する
　FC1. 植物の中 (VII; g)：知られていない
　FC2. 植物に付着させる
　　不均翅　エゾトンボ科：
　　　　　　　　エゾトンボ亜科：トラフトンボ属 (曽根原 1967)；エゾトンボ属：雨どい状の亜生殖板をもつ種において通常の様式．例えば*Somatochlora minor* (Walker & Corbet 1978; FC3, FC6も併用)
　　　　　　サナエトンボ科：
　　　　　　　　ウチワヤンマ亜科：ウチワヤンマ属 (Green et al. 1976; 杉村 1981)
　　　　　　トンボ科：
　　　　　　　　アオビタイトンボ亜科：*Eleuthemis*属 (Lempert 1988)
　　　　　　　　ムツボシトンボ亜科：コハクバネトンボ属 (Dunkle 1976)；FC5 (写真G.6) も併用
　　　　　　　　アカネ亜科：ヒメキトンボ属はしばしば (Mathavan & Pandian 1977; Begum et al. 1982a; Miller 1982a; SC2も併用；図2.7)；ショウジョウトンボ属 (Green et al. 1976)
　　　　　　　　ベニトンボ亜科：*Malgassophlebia*属 (Legrand 1979a; Lempert 1988; SC2も併用；写真F.2)；*Notiothemis*属 (Lempert 1988)
　　　　　　　　ハネビロトンボ亜科：アメイロトンボ属 (A. K. Miller & Miller 1985a)；オオメトンボ属 (Miller 1991b; 図2.7)
　　　　　　　　ベニトンボ亜科：*Elasmothemis*属[d] (González-Soriano 1987)；コシアキトンボ属 (宮川 1967a; Sugimura 1980)
　　　　　　　　フトアカトンボ亜科：*Aethriamanta*属と*Urothemis*属でよく見られる (Hassan 1981a)

表A.2.5 続き

FC3. 植物の間
    不均翅   エゾトンボ科：
        エゾトンボ亜科：エゾトンボ属でよく見られる (Walker & Corbet 1978; 枝 1981; 写真F.5); FC2 も併用
FC4. 泥，砂，または土の中 (IV; d)
    不均翅   オニヤンマ科：おそらくこの様式のみ (写真E.4)
        エゾトンボ科：
            エゾトンボ亜科：エゾトンボ属は後方に突き出した亜生殖板を用いる．例えば *Somatochlora incurvata* (Shiffer 1969; Fox 1991)
            サナエヤマトンボ亜科：*Gomphomacromia* 属 (Garrison & Muzón 1995)
        トンボ科：
            アオビタイトンボ亜科：*Uracis* 属 (De Marmels 1992a)
            アカネ亜科：アカネ属でよく見られる (枝 1975)，伸長した亜生殖板をもつ種で特に多い (例：*Sympetrum vicinum*)．FC6, FN1 も併用
FC5. 泥，砂，土，泥炭または岩の上
    不均翅   エゾトンボ科：
        エゾトンボ亜科：エゾトンボ属 (Williamson 1922; Storch 1924; Walker & Corbet 1978)
        サナエトンボ科：
            サナエトンボ亜科：サナエトンボ属 (枝 1960b; 杉村 1981); FC6 も併用
        トンボ科：
            ムツボシトンボ亜科：コハクバネトンボ属 (Dunkle 1976); FC2 も併用
            コカゲトンボ亜科：*Notiothemis* 属 (Corbet 1962a); SC2, FC2 も併用
FC6. 水面 (V; e)
    不均翅   エゾトンボ科：
        エゾトンボ亜科：ミナミエゾトンボ属 (Rowe 1988); エゾトンボ属：短い亜生殖板をもつ種ではおそらく唯一の様式．時に雨どい状の亜生殖板をもつ種 (FC2参照) (Walker & Corbet 1978; Cannings & Cannings 1985)
        サナエトンボ科：通常の様式 (例：新井 1978b, 1981; 杉村 1979; 日比野 1980; González-Soriano & Novelo-Gutiérrez 1985; Lempert 1988; Hutchinson & Ménard 1993)
        トンボ科：通常の様式 (例：Corbet 1962a)
            アオビタイトンボ亜科：*Micrathyria* 属 (Paulson 1969); SC2, FN1, FN3 も併用
            アカネ亜科：通常の様式だが，FC4 が普通 (例：枝 1975; 新井 1978a)
            コカゲトンボ亜科：*Nannophlebia* 属 (Watson 1980b)
            タニガワトンボ亜科：タニガワトンボ属 (Gambles 1963; Dumont 1977a; Lempert 1988; Martens 1991a); SC2, SC5, SC6, FC6 も併用
FC7. 水面．すくいとり[e]を伴う
    不均翅   エゾトンボ科：
        エゾトンボ亜科：エゾトンボ属 (枝 1980; FN3 も併用)
        トンボ科：
            アオビタイトンボ亜科：*Tyriobapta* 属 (Norma-Rashid 1995)
            トンボ亜科：*Hadrothemis* 属 (Neville 1960; Legrand 1983; Lempert 1988); ヨツボシトンボ属 (Dunkle 1989a; Williams 1977; De Marmels 1982a); ハラビロトンボ属 (新井 1983a); ナイジェリアトンボ属 (Miller 1982a); アメリカショウカラトンボ属 (Novelo-Gutiérrez & González-Soriano 1984); シオカラトンボ属 (杉村 1981; Miller 1983b; Lempert 1988); タイワントンボ属 (Miller 1992a); アカネ属 (枝 1962; 写真F.6)
            コカゲトンボ亜科：*Eothemis* 属 (Lempert 1988)

産卵器と基質が接触しない
    FN1. 植物の上 (VI; f)
        不均翅   トンボ科：
            アオビタイトンボ亜科：*Micrathyria* 属 (Paulson 1969); SC2, FN2, FN3 も併用
            アカネ亜科：アカネ属：突き出した亜生殖板を欠く種では2番目に普通の様式 (枝 1975); 植生がパッチ状のところではFN2を含むことがある
    FN2. 泥，砂，土，泥炭あるいは岩の上 (VI; f)
        不均翅   トンボ科：
            アカネ亜科：アカネ属：普通 (例：宮川 1967; 枝 1971c; 安藤 1978; Dunkle 1989a)．特に，卵を塊でなくバラバラに産み落とす種 (Tai 1967)
    FN3. 水面 (VI; f)
        不均翅   エゾトンボ科：
            エゾトンボ亜科：ミナミエゾトンボ属で稀に見られる (Rowe 1988; SC6, FC6 も併用); エゾトンボ属 (山口 1977; Cannings & Cannings 1985; FC7 も併用)
        サナエトンボ科：
            サナエトンボ亜科：ダビドサナエ属，時にSN2を挟む (新井 1981); アオサナエ属 (新井 1978b); オナガサナエ属 (Fraser 1934[f]; 新井 1981; Sugimura 1993; SN2 も併用); コサナエ属 (杉村 1979)
            アメリカウチワヤンマ亜科：*Phyllogomphoides* 属 (González-Soriano & Novelo-Gutiérrez 1985); *Progomphus* 属 (Dunkle 1989a)
        トンボ科：[g]
            アオビタイトンボ亜科：*Micrathyria* 属 (Paulson 1969); SC2, FC6, FN1 も併用
            アカネ亜科：アカネ属 (例：*Sympetrum obtrusum*, Tai 1967; リスアカネ, 新井 1974; クレナイアカネ, Gardner 1950b)
        均翅   ハビロイトトンボ科：ハビロイトトンボ属，これまで *Mecistogaster martinezi* [h] だけが放り込みによって産卵することが知られている (Machado & Martinez 1982)

注：属と種はしばしば2つ以上の様式を用いる．断らない限り，すべての記載事項において「時に」という限定つきである．表全体を通して**植物**という用語は生きた植物，分解中の植物，および感触と姿が植物に似る非植物性の基質を含む．
[a] それぞれ，枝 1975 および枝 1960a が用いたカテゴリー．
[b] 略語：不均翅．不均翅亜目，ムカシ．ムカシトンボ科；均翅．均翅亜目．
[c] 乾いた泥を含む．
[d] 以前の *Dythemis* 属 (Westfall 1988を参照)．
[e] 水面からくみ取られた1滴の水の中に入った複数の卵が，水面のレベルよりもわずかに上方の植物または泥の表面に向けて飛ばされる．
[f] Fraserによって *Lamelligomphus* 属として引用された．
[g] 落とすか振り出すかによる．
[h] Machado & Martinez によって *M. jocaste* として引用された (Santos 1988を参照)．

表A.2.6 幼虫の生息場所と産卵行動の関係

種	場所	卵を産み付ける場所
通常の生息場所		
流水		
Aeshna draco	ベネズエラ	水草を欠く，岩場の水たまりで，縁のコケの中 (Vick 1993a)
A. rufipes	ベネズエラ	峡谷の河畔林の中を流れる，小石が多い小川の日陰になった場所で，水中や水際にある枯枝や朽ちている幹の中，あるいは水面から約2mの高さにある急斜面の土やコケの中 (De Marmels 1981a)
Argia moesta	アメリカ，OK	急流の中の水面に出たヤナギ属 *Salix* の赤い根 (Bick & Bick 1972)
チビカワトンボ	日本，石垣島	山地渓流の岩の上に生えるコケの中 (加納・小林 1989)
Boyeria irene	イタリア	水面上約50cmから上，そして岸辺から1〜1.5mの河岸の石の上に生えるコケの中 (Utzeri 1982)
B. vinosa	アメリカ，GA	湿地林の奥深くにある薄暗く，冷たい小川の水面上2，3cmの湿った木材中 (Williamson 1934)
Caledargiolestes uniseries	ニューカレドニア	山麓の浸出水の最基部で，植生がなく水の被膜に覆われている，露出した急斜面の岩の表面 (Winstanley 1982a)
Caledopteryx maculata	ニューカレドニア	高地の森林に見られる急傾斜の岩の表面を水が流れる場所．水は小さな流れをつくり，山裾では落葉層からの浸出水となる (Winstanley & Davies 1982)
Calicnemia chaseni	マレーシア西部	薄暗い峡谷の中のせき止められた小川の水中に生じる，タヌキモ属 *Utricularia* に似た植物の柔らかい組織の中 (Lieftinck 1984)
アメリカアオハダトンボ	アメリカ，MA	主にオモダカ属 *Sagittaria* とミクリ属 *Sparganium* の水面下 (1〜10mm) の部分や湿った部分．バイカモの近縁種 (*Ranunculus aquatilis*) の茎と葉腋．また，渓流の岸近くで垂れ下がり，水に浸ったコウヤワラビ *Onoclea sensibilis* の葉の中 (Waage 1978; 写真O.5)
Cora cyane	ベネズエラ	渓流の数m上方でコケの生えたあるいは湿った枝の中 (Convey 1989a)
Cordulegaster bidentatus	ドイツ	森林内の小川や石灰質の湧水の縁近くで，湿ったあるいは濡れた砂や粘土，泥炭の中 (Buchwald 1988)
モイワサナエ*1	日本	卵は，イネ科植物に覆われた渓流の上方をホバリングする雌によって1回に2，3個ずつ落とされる (加納 1989b)
Elasmothemis cannacrioides[a]	メキシコ	流れの速い川の中に垂れ下がっているブドウ科の *Cissus gossypifolia* の蔓(つる)の上．雌は飛びながら立て続けに数個の卵紐を産み落とした (González-Soriano 1987)
Eleuthemis buettikoferi	リベリア	森の中の急流に生えている植物の，水面近くの水中部分 (例：葉) の表面 (Lempert 1988)
ムカシトンボ	日本	山地の流れの速い狭い渓流のわきの，時にしぶきがかかる所の，水面上0〜100cmの所に生えているケゼニゴケ *Dumortia hirsuta* やジャゴケ *Conocephalum conicum*，ホソバミズゼニゴケ *Pellia endiviaefolia* (好まれる基質) の健全な葉状体の中；その近くのユキノシタ属 *Saxifraga* とタネツケバナ属 *Cardamine* の葉の中；フキ属 *Petasites* やユリ属 *Lilium*，*Elastostema* 属，コウモリソウ属 *Cacalia* の葉の中 (Asahina & Eda 1982; Tamiya & Miyakawa 1984; 写真E.1)
Idionyx claudia	香港	巨礫や岩盤の上を速く流れる渓流の中．滝状になった部分に近接した，落葉がある淵の中 (Wilson 1996)
Indocnemis orang	マレーシア西部	渓流沿いの水たまりの縁にできた割れ目に生える蘚苔類の中 (Lempert 1995e)
Isosticta spp.	ニューカレドニア	滝のしぶきがかかる露出した巨礫の上 (Davies 1986)
ヒメクロサナエ	日本	小川の中．雌は縁にとまり，水の中に腹を入れた．腹先は川底に届いていた (鵜殿 1982)
Lestinogomphus sp. no. 2	リベリア	雌が森の小川の水中に腹を浸し卵を洗い落とす (Lempert 1988)
Malgassophlebia aequatoris	ガボン	雌は，森の中の小川の上方0.1〜2.2mにある葉の先端近くの裏側に，ホバリングしながら複数の卵を付着させた (Legrand 1979a; 写真F.2参照)
Oplonaeschna armata	アメリカ，NM	鉄砲水の起きやすい岩場の峡谷の渓流の中の，浅い，水に満たされたくぼみの中の朽ちた葉の中 (Johnson 1968)
Palaemnema desiderata	メキシコ	森の中の岩場の渓流の上方にぶら下がっている非水生の木本 (クスノキ目モニミア科，クスノキ科，ノウゼンカズラ科，バンレイシ科) の小枝，枝，および葉柄の中 (González-Soriano et al. 1982)
Phaon camerunensis	ガボン	森の中の小さな小川の抽水植物の水面のすぐ上の部分の中 (Legrand 1985)
P. iridipennis	ケニア	小さな，流れの速い小川の中のカヤツリグサ属 *Cyperus dereilema* の生きている茎の通気組織の中 (P. L. Miller 1985)
Phyllogomphoides pugnifer	メキシコ	小さな，岩の上を流れる小川の約1m上方を雌がホバリングしながら，卵を1個1個産み落とす (González-Soriano & Novelo-Gutiérrez 1985)
アフリカハナダカトンボ	南アフリカ	抽水植物のない岩場を流れる急流にある，柔らかい (つまり，通常枯死していて樹皮のない) 流木の表面から1.5mmまでの中 (Robertson 1982a)
アメリカヒメムカシヤンマ	アメリカ，WA	浅い水たまり (10×13cm) の上端の粘土の中や，浸出水のある場所のコケの中，また時に覆いかぶさっている植生の下方 (Svihla 1984)
Tetracanthagyna spp.	ジャワおよびスマトラ	密林の中の小川の上方5m以上にあるコケに覆われた樹枝の中 (Lieftinck 1980; 図2.6)
Tetrathemis bifida	リベリア	森の中の小さな流れの通常0.5〜1.0m上方にある多様な基質 (例：枯れ枝，シダの葉) の下側表面 (Lempert 1988; 写真F.1参照)

表A.2.6 続き

種	場所	卵を産み付ける場所
Thaumatoneura inopinata	コスタリカ	滝の横のコケや根の内側1cmまで (Calvert 1914)
Zygonyx natalensis	マリ	滝の棚状部をなめるように流れる浅い水の中．雌は滝の上方5mの高さをホバリングする (Dumont 1977a)
	南アフリカ	雌はとまって植物の茎の表面に，または飛びながら水面に (Martens 1991a)
	ウガンダ	10mの高さの滝の飛沫がかかる範囲にある岩の上の根と苔虫類の1種からできたマットの上（写真C.4）．雌はとまっているが，翅は継続的に動かしている (Corbet 1962a)
Z. torridus	ナイジェリア	雌が飛びながら，流れが速い渓流の水の中 (Gambles 1963)
止水		
Aeshna affinis	イタリア	干上がった池の底の，イノシシによって掘られた穴の中の固くなった地面の中．雌は物陰になっていて日の当たらない場所を選ぶ (Utzeri & Raffi 1983)
ヒスイルリボシヤンマ	ドイツ	池の近くの，湿った苔むした地面の中 (Kaiser 1974a)
A. sitchensis	カナダ, BC	乾いて間もない池の泥炭性の鉛直の土手の，露出した表面の下方部で，約1mmの厚さで藻類がへばりついた部分の，藻類と泥の間の湿った隙間の中 (Cannings 1982a)．濁った水たまりの縁の濡れたコケの中 (Walker 1958)
Aethriamanta rezia	ナイジェリア	通常薄膜状の水があるところの，浮いているボタンウキクサ *Pistia stratiotes* の内側のカップの中．飛んでいる雌はカップの中に腹をちょっと浸した (Hassan 1981a)
ギンヤンマ	イタリア	干上がった水たまりの中のひび割れた泥の，深く（30cm）幅広い（数cm）割れ目の中 (Utzeri 1978)
Archilestes grandis	アメリカ, OK	小さな池の水生ではない木本や草本植物の茎と葉柄の水面上0.7～13.3mの所．通常水のある所の上方．離れても岸から0.7m以上離れることはない．6つの属の植物が利用されたが，55％の産卵はスズカケノキ属 *Platanus* の中だった (Bick & Bick 1970)
カラカネトンボ*2	日本	沈水植物（例：ヒルムシロ属 *Potamogeton*）または倒木が水面近くにある場所に近い水面に．雌は水面上方7～9cmを飛び，腹端を水中にちょっと浸し，卵を遊離し，卵はそのあと沈む (Ubukata 1975)
ショウジョウトンボ	バングラデシュ	池の水面下6～12mmの葉の上．雌は腹端から卵をすすぎ落とす (Begum et al. 1985)
Enallagma aspersum	アメリカ, IA	高層湿原の池塘の深い水の中で生育している植物（ハリイ属 *Eleocharis* やオモダカ属，そして特にミクリ属）の基部にのみ (Bick & Hornuff 1966)
Epiaeschna heros	カナダ, ON	部分的に日陰になった溝の，水面上数cmの濡れた丸太の上 (Walker 1958)
Gynacantha nervosa	メキシコ	氾濫原の小さな水たまりの縁から6～10cmの土の中 (Dunkle 1976)
G. vesiculata	ナイジェリア	後に水がたまって池になるくぼみの泥の中．雌は産卵管の二叉になった棘で引っかいて穴をあけた (Gambles 1960)
ヒメギンヤンマ	ジンバブエ	水からかなり離れた深さ約20cmの牛の足跡の湿った泥の壁の中．ダムの中の浮いているスイレン属 *Nymphaea* とヒルムシロ属の茎の中．水から30m離れたイネ科植物の茎の中 (Miller 1983a)
Ictinogomphus decoratus	インドネシア	ホテイアオイ属 *Eichhornia* の根が水面に出ている湖の水面の上．雌は水面上約10cmをホバリングした (Green et al. 1976)
アメリカアオイトトンボ	カナダ, PQ	水の縁から7m離れたイネ科植物の茎の地上26～30cmの中 (Larochelle 1979)．ほとんどの卵は水生植物（例：ハリイ属，ドジョウツナギ属 *Glyceria*，イグサ属 *Juncus*，ミゾホオズキ属 *Mimulus*，ホタルイ属 *Scirpus*，クワガタソウ属 *Veronica*）の水に浸った組織の中に産み付けられた (Laplante 1975)
	カナダ, SK	永続的な池のホタルイ属の緑の茎の水面上5～60cmの中 (Sawchyn & Gillott 1974b)
Lestes praemorsa	インド	モンスーン性の一時的池において，抽水植物の水面上約16～18cmの葉（裏側）の中．水位が間もなく上昇して卵を浸す (Kumar 1972a)
L. virens	フランス	湖のわきのイグサ類の乾いた先端部の中 (Cassagne-Méjean 1963)
マキバアオイトトンボ	ドイツ	小さな水たまりのわきのニシキギ属の *Euonymus europaeus* の3cmの太さの枝の中 (Jurzitza 1969)
	イタリア	池のわきの樹皮の固い木本の枝の中 (Consiglio et al. 1974)
Libellula herculea	ベネズエラ	峡谷の樹林に挟まれた小さな川の縁の岩場の水たまりの中．雌は飛びながら水の塊をすくい上げ，水たまりの縁の水位よりも上方に放り投げる (De Marmels 1982a；写真F.6)
サラサヤンマ	日本	2,3日の干ばつのあと水が消えてしまう，密生した薮の下方の湿地の中の土またはコケの中 (武藤 1958a)
Orolestes selysi	台湾	狭い，干上がった小川のわきの直径60cm，深さ5cmの岩場の水たまりの約1m上方のタブノキ属 *Machilus* の若木の枝の中 (Lien & Matsuki 1983)
Palpopleura sexmaculata	インド	水がたまった蹄跡の中．雌はいくつかのこのような場所を続けざまに訪れた (Miller 1991c) (Miller 1991c)
コハクバネトンボ	アメリカ, TX	ごく一部が水面上に突き出して藻，泥，有機堆積物で覆われている，水に浸かった岩，棒，丸太の上．雌は飛びながら，基質の水線またはその上の濡れている所を，中脚および後脚の■節で触ってから産卵した (Williams 1980a；写真G.6)
タイワントンボ	インド	一時的な池の縁の水位より約10～15cm上方の露出した泥の上．雌は飛びながら1点の周りを旋回し，卵を含んでいると思われる水滴を岸の上に力強く振り飛ばした (Miller 1992a)

表A.2.6　続き

種	場所	卵を産み付ける場所
Somatochlora sahlbergi	カナダ, YT	北極圏ツンドラにある永久凍土の上の, 水生のコケが優占している比較的深い池の縁のスゲ類から離れた開放水面の上方. 雌は飛びながら, 水生のコケが水面下30cmにある場所の上空で卵 (複数) を落とした (Cannings & Cannings 1985; 写真D.3)
ムツアカネ	ベルギー	池の水際か, そのすぐ上にある濡れた基質 (通常, ミズゴケ属 *Sphagnum* の, またはミズゴケ属とイグサ属の堆積物) の表面, または開放水面 (Michiels & Dhondt 1990)
クレナイアカネ	ドイツ	まばらな植生の間の濡れた地面の上, またはヨシ類の間の水面上. 雌は飛びながら卵を落とす (Jurzitza 1965)
Tetrathemis polleni	ケニア	一時的な池の水面から2m上方までの, 直立した棒または枯れたスゲの茎の表面. とまった雌は卵塊を基質にくっつけた (McCrae & Corbet 1982; 写真F.1参照)
Triacanthagyna caribbea	グアテマラ	いつも表層水がほとんどない乾いたカルスト地帯の, 水からはるか離れた森の中の, 倒木の下側の木質組織内あるいはかなり乾いた地面の中 (Donnelly 1992)
特殊な生息場所		
地表落葉層		
Megalagrion oahuense	アメリカ, HI	高地の低木密生林の中の, ウラジロ属 *Gleichenia* のシダ植物の茂みの縁近くで, 地表近くの湿ったシダの落葉の中 (Williams 1936)
ファイトテルマータ		
Coryphagrion grandis	ケニア	森の中の, 幼虫がその樹洞を利用する木の高い所にある水を満たした毒キノコの中 (Pinhey 1962a)
Diceratobasis macrogaster	ジャマイカ	水面の上方にあるエクメア属 *Aechmea* の *A. paniculigera* の葉の上側表面の中 (Diesel 1992)
Gynacantha auricularis	ベネズエラ	木の根元の乾いた樹洞の中 (De Marmels 1992a)
G. membranalis	パナマ	樹洞の中. 雌はその外で短くホバリングしてから, とまって産卵する. 雌はとまっているとき翅を水平に保つので, 入口の狭い樹洞には入ることができない (Fincke 1992c)
Mecistogaster martinezi[b]	ボリビア	森の中の水のたまった樹洞の中. 雌は樹洞の上方でホバリングし, 曲げた腹を前方に勢いよく動かし, 水面上に卵を1つずつ放り込む (Machado & Martinez 1982)
M. modesta	コスタリカ	葉腋の中で幼虫が発育する着生パイナップル科植物 (例：エクメア属) の葉の中 (Calvert 1911b)
Megalagrion koelense	アメリカ, HI	葉腋の中で幼虫が発育するツルアダン属 *Freycinetia* と *Astelia* 属の葉の中央脈の組織の中 (Williams 1936)
ムラサキハビロイトトンボ	パナマ	幼虫がその中で発育する樹洞の中の, 水面のすぐ上方の湿った樹皮の表面や浮いている葉の中, あるいはより柔らかい朽ちつつある樹皮の中 (Fincke 1984a)

注: 水の上方でFCまたはFNのモード (表A.2.5参照) を用いるエゾトンボ科とトンボ科の種の大多数の例は含めていない.
[a] 以前は *Dythemis* 属 (Westfall 1988参照).
[b] Machado & Martinezによって *M. jocaste* として引用された (Santos 1988参照).
[*1] *Davidius moiwanus sawanoi*.
[*2] *Cordulia aenea amurensis*.

表A.2.7　産卵警護が雌の行動と適応度に及ぼす影響

産卵
1. 交尾直後に産卵が起こりやすくなる
　　カトリトンボ (Sherman 1983a)
2. 1回の飛来産卵がより長時間続く[a]
　　アメリカアオハダトンボ (Waage 1978, 1979b)
　　Cora marina (González-Soriano & Verdugo-Garza 1984a)
　　Leucorrhinia hudsonica (Hilton 1984)
　　Libellula julia (Hilton 1983a)
　　ネグロベッコウトンボ (A. J. Moore 1989)
　　ハッチョウトンボ (Tsubaki et al. 1994)
　　カトリトンボ[b] (Sherman 1983a; McKinnon & May 1994)
　　ムツアカネ (Michiels & Dhondt 1990)
　　カロライナハネビロトンボ (Sherman 1983a)
3. 産卵が迅速になる
　　アフリカシオカラトンボ (Miller 1983b)
　　イソアカネ (Rehfeldt 1992a)
4. 産卵がゆっくりになる
　　アメイロトンボ (P. L. Miller & Miller 1985)
　　カロライナハネビロトンボ (Sherman 1983a)
5. 産卵場所が空間的に集中する
　　ハッチョウトンボ (Tsubaki et al. 1994)
　　アフリカシオカラトンボ (Miller 1983b)
　　アメイロトンボ (P. L. Miller & Miller 1985)
6. 垂直の基質よりも水平の基質で産卵することが多くなる
　　ヒロアシトンボ[c] (Heymer 1967b)
7. 産卵を妨害される頻度が低下する
　　Libellula julia (Hilton 1983a)
　　カトリトンボ (Sherman 1983a)
8. グループ産卵が促進される[c]
　　サオトメエゾイトトンボ (Martens 1994a)
　　Coenagrion pulchellum (Martens 1989)
　　ヨーロッパアカメイトトンボ (Martens 1992b)
　　ヒロアシトンボ (Martens 1992b)
　　アカイトトンボ (Martens 1993)

雌
9. 雌の捕食や溺死のリスクを減らす[d]
　　Aeshna affinis[e] (Utzeri & Raffi 1983)
　　サオトメエゾイトトンボ[e] (Rehfeldt 1991a)

表 A.2.7 続き

タイリクルリイトトンボ[e,f] (Miller 1994b)	11. 交尾相手でない個体との交尾を受容する確率を下げる
ハーゲンルリイトトンボ[e,f] (Fincke 1984b)	ヒメキトンボ (Mathavan 1975)
ヒロアシトンボ[e] (Martens 1992b)	ハラボソトンボ (Mathavan 1975)
アカイトトンボ[e] (Rehfeldt 1990)	12. 産卵している間のエネルギー消費を減少させる[i]
イソアカネ (Rehfeldt 1992a)	ムツアカネ (Michiels 1989b)
10. 産卵の最中あるいは後の再交尾の確率を下げる[g]	
カトリトンボ[h] (Sherman 1983a)	

注：接触警護あるいは非接触警護，または両方．
[a] その結果，1回の訪問当たり，より多くの卵が産み付けられると推論される．
[b] 非常に高密度の場合を除く．
[c] イトトンボ科とモノサシトンボ科の雄は，普通，鉛直の何にもつかまらない直立姿勢をとる．
[d] その産卵場所で．
[e] 捕食．
[f] 溺死．
[g] 現在の産卵エピソードの間．
[h] 主に低密度で．
[i] タンデム態の場合．

表 A.2.8　グループ産卵が報告されている属

科および属	警護のタイプ なし	警護のタイプ 接触	警護のタイプ 非接触	文献
不均翅亜目				
トンボ科				
コハクバネトンボ属			×	Jacobs 1955
ハラジロトンボ属			×	Jacobs 1955
アカネ属		×		Schmidt 1987b; Michiels & Dhondt 1990; Rehfeldt 1992a, 1995
均翅亜目				
カワトンボ科				
アオハダトンボ属[a]			×	Waage 1979b, 1987a; Alcock 1983
Phaon 属			×	Miller & Miller 1988
ハナダカトンボ科				
Libellago 属			×	A. G. Orr 1996
アフリカハナダカトンボ属[a]	×			Martens & Rehfeldt 1989; Rehfeldt 1989b
ハナダカトンボ属			×	A. G. Orr 1996
イトトンボ科				
ホソミイトトンボ属			×	Lempert 1988
アメリカイトトンボ属			×	Bick & Bick 1965a
クロイトトンボ属		×	×	Heymer 1973a
キイトトンボ属		×		Mizuta 1988a
エゾイトトンボ属[a]		×		Martens 1989, 1992b, 1994a
アカメイトトンボ属[a]		×		Martens 1992b
アカイトトンボ属[a]		×		Rehfeldt 1990; Martens 1993
ミナミカワトンボ科				
Epallage 属		×		Heymer 1975
アオイトトンボ科				
ホソミアオイトトンボ属		×		Crumpton 1975
アオイトンボ属			×	Dreyer 1978
モノサシトンボ科				
Indocnemis 属			×	Lempert 1995e
グンバイトンボ属[a]		×		Heymer 1967b
ホソイトトンボ科				
Palaemnema 属			×	González-Soriano et al. 1982

出典：Martens 1992b を改変．
注：脚注記号がない場合，産卵している同種個体への誘引によって集団が形成されたのかどうかは不明．
[a] 同種個体によって誘引されたことが実験によって確かめられている種を含む．

表A.2.9　連続する2回の産卵エピソード間の間隔

種	間隔[a]（日）	場所	観察
ヒスイルリボシヤンマ	1～3	ドイツ	1回の訪問ごとに雌は水辺に最大2時間滞在し、数百個の卵を産む (Kaiser 1974a)
Argia plana	3 (1～16)	アメリカ, OK	1クラッチを成熟させるのに必要な時間は、この間隔を決める唯一の要因ではなかった (Bick & Bick 1968)
ヨーロッパアオハダトンボ	1	イギリス	雌は、生存が確認できた期間中の晴れた日はほとんど毎日1クラッチを生産する (Lambert 1994)
クロイトトンボ	2～3	日本	上田 1987
サオトメエゾイトトンボ	1 (1～17)	イギリス	60％の雌が1日後に戻った (Banks & Thompson 1987a)
ハーゲンルリイトトンボ	6.2 (3～8)	アメリカ, MN	Fincke 1986b
ハヤブサトンボ	1	アメリカ, FL	McVey & Smittle 1984
Hetaerina vulnerata	4.9 (4～6)	アメリカ, AZ	Alcock 1982
スペインアオモンイトトンボ	1	スペイン	Cordero 1994a
	1.7 (1～5)[b]	スペイン	Cordero 1991a
アメリカアオモンイトトンボ	5[b]	アメリカ, NY	最大400の卵母細胞が同時に成熟し、数時間の間に産み付けられる (Grieve 1937)
	2.4[b,c]	アメリカ, MN	Fincke 1987
オオアオイトトンボ	7	日本	Uéda & Iwasaki 1982
マキバアオイトトンボ	12	ドイツ	Dreyer 1978
ニシカワトンボ	4	日本	Siva-Jothy & Tsubaki 1989a
カトリトンボ	1	アメリカ, FL	Baird & May 1997
コハクバネトンボ	2 (1～34)	アメリカ, IA	54％が1～5日で戻った (Jacobs 1955)
アメリカハラジロトンボ	2.2 (1～12)	アメリカ, CA	94％以上が1～5日で戻った (Koenig & Albano 1987a)
キボシミナミエゾトンボ	1[b]	ニュージーランド	1雌が200～300卵の入った卵紐を4日間毎日産んだ (Rowe 1987a)
ムツアカネ	4.2 (1から少なくとも20まで)	ベルギー	Michiels & Dhondt 1991a
ニュージーランドイトトンボ	2～3	ニュージーランド	Rowe 1987a

注：間隔は多くの場合、2回目かそれに続くクラッチを成熟させるのに必要な時間（本文参照）．断らない限り、観察は野外におけるもの．
[a] 数値は平均値または最頻値であり、括弧内はその範囲．1という数値はある雌が翌日に戻ることを示す．
[b] 飼育下．
[c] この表の他のすべての数値と比較できるように換算した．

表A.3.1　産下された後に発達する卵の外部構造

産卵様式と分類群	文献
植物内産卵[a]	
ヤンマ科	
ギンヤンマ族[b]	
Anaciaeschna isosceles	Gardner 1955
コウテイギンヤンマ	Robert 1939; Corbet 1955a; Degrange 1971
アメリカギンヤンマ	Needham & Betten 1901; Zimmerman 1948
ギンヤンマ	Degrange 1971
Anax strenuus	Williams 1936
ヒメギンヤンマ	Gambles 1954; Degrange 1971
パプアヒメギンヤンマ	Tillyard 1917a; Rowe 1987a
カワトンボ科[c]	
ハグロトンボ	Ando 1962
ヨーロッパアオハダトンボ	Brandt 1869; Degrange 1974
イトトンボ科	
セスジイトトンボ[d]	Ando 1962
Cercion lindenii[d]	Thibauld 1965
キイトトンボ[c]	Ando 1962
キンソウイトトンボ[d]	Gardner 1954a
サオトメエゾイトトンボ[d]	Gardner 1954a; Degrange 1961; Waringer 1982b
Coenagrion pulchellum[c]	Robert 1958
マンシュウイトトンボ[c]	Balfour-Browne 1909
ヒメアオモンイトトンボ[c]	Degrange 1971
アメリカアオモンイトトンボ[c]	Grieve 1937
モノサシトンボ科	
モノサシトンボ[e]	Ando 1962
ヒロアシトンボ	Seidel 1929 (Ando 1962より); Thibault 1962

表A.3.1 続き

産卵様式と分類群	文献
植物外産卵 [f]	
サナエトンボ科	
サナエトンボ亜科	
Gomphurus 3 spp. [g]	Dunkle 1981a
Lestinogomphus africanus [h]	Gambles 1956; Gambles & Gardner 1960
アメリカウチワヤンマ亜科	
Cacoides 属 [i]	J. Belle in Dunkle 1981a: 6
ウチワヤンマ亜科	
Gomphidia gamblesi [j]	Lempert 1988
Ictinogomphus australis [k]	Trueman 1990b
ウチワヤンマ [k]	Ando 1962; 尾花 1980
I. decoratus melaenops [k]	Lieftinck 1978
アフリカウチワヤンマ [k]	Corbet 1962a; Miller 1964
I. fraseri [k]	Corbet 1977
I. rapax [k]	Kumar & Negi 1983; Kumar 1985; Andrew & Tembhare 1992
トンボ科	
ハネビロトンボ亜科	
ハネビロトンボ属 spp. [i]	Dunkle 1989a

[a] 卵が基質に挿入されるときに,外卵殻から卵前極に形成される.
[b] 2層の葉状突起:一部の著者の「先端を欠いた円錐状構造」または「柄部」に相当.大部分はギンヤンマ属で発達し,トビイロヤンマ属では最も少ない.
[c] 小さなとさか状構造:一部の著者のキャップ,柱頭,または柄部に相当.
[d] 小さな漏斗状構造.
[e] 細長い漏斗状構造.
[f] 繊維または糸が水に触れると伸びる.
[g] 粘着性のある糸が卵の数倍の長さに伸びる.そのような糸は新北区のサナエトンボ属(*Gomphus*亜属)の8種およびメガネサナエ属の4種では見つかっていない.
[h] 卵の後極で円錐状に堅くコイル状に巻かれた1本の糸状組織は30 mmの長さ,つまり卵の長さの46倍に伸びる.
[i] *Gomphurus* 属に似る(Belle, Dunkle 1981a より).
[j] 1本の糸状組織が卵の何倍もの長さに伸びる.
[k] 卵の後極で円錐状に堅くコイル状に巻かれた複数の糸状組織が卵の何倍もの長さに伸びる.
[l] 細い粘着性のある糸.

表A.3.2 孵化の引き金となる刺激

種	場所	刺激
アメリカギンヤンマ	アメリカ, FL	低酸素.卵が水に浸っているか否かによらない(Punzo 1988)
ホソミアオイトトンボ	ニュージーランド	明期の開始.明るくなってから遅くとも4時間以内に90%以上が孵化.温度が安定していれば,おそらくもっと短時間で孵化した(Kramer 1979)
アメリカオオトラフトンボ	アメリカ, TN	暗期の開始.暗くなることに対応して温度が変動するか否かにかかわらず,80%以上が暗くなって15分以内に孵化した(Tennessen & Murray 1978)
ヒメアオモンイトトンボ	イギリス	乾期の後に水に浸ると直ちに孵化を引き起こした(Cham 1992a)
Lestes congener	カナダ, SK	湿っているとき,5℃以上への暴露(Sawchyn & Gillott 1974b)
アメリカアオイトトンボ* と *Lestes unguiculatus*	カナダ, SK	水に浸った後,10℃以上への暴露(Sawchyn & Gillott 1974b)
Malgassophlebia aequatoris	ガボン	水面の上方にあった卵塊への降雨(Legrand 1979a).この推論は *M. bispina* のリベリアでの観察によって支持される(Lempert 1988).
Notiothemis robertsi	ガボン	濡れた後,一部は直ちに孵化したが,バッチ内で大きな変異があった(Legrand 1983)
タイワントンボ	インド南部	低酸素.分圧5.3 kPa以下の酸素を含む気体の流れに当てると,水に沈めなくても孵化した.しかし,バッチ内に大きな変異があり,部分的には卵の日齢が変異の原因だった(Miller 1992a)
オナガアカネ	日本	室温.冷蔵庫に数週間置いた後に室温に移すと1日以内に孵化した(尾花・井上 1982)
ムツアカネ	オーストリア	水に浸した後,低くとも12℃への暴露(Waringer & Humpesch 1984)
クレナイアカネ	デンマーク	9〜12月にかけての2週間の採取の後,水に浸すと,8日後に孵化(Wesenberg-Lund 1913)

注:孵化は胚発生が完了したという意味になる.
* *Lestes disjunctus disjunctus*.

表A.3.3 トンボ目で記録された最も短い卵期間

期間および種[a]	文献	期間および種[a]	文献
5日間		*Leucorrhinia glacialis* (32.5℃)	Pilon et al. 1989b
ヒメキトンボ (37℃)	Mathavan 1975	*L. rubicunda*[d]	Soeffing 1990
ショウジョウトンボ (30〜32℃)	Begum et al. 1985	*Libellula julia*[d] (30℃)	Desforges & Pilon 1986
Diplacodes haematodes	Tillyard 1917a	トホシトンボ[d] (27℃)	Zehring et al. 1962
ハヤブサトンボ[b]	Zehring et al. 1962	ハラビロトンボ	尾花 1982
Libellula incesta (35℃)	Lutz & Rogers 1991	キイロハラビロトンボ	尾花 1982
Merogomphus lineatus	Pitchairaj et al. 1985	ウミアカトンボ	尾花 1982
ハラボソトンボ (37℃)	Mathavan 1975	*Micrathyria hagenii*	Dunkle 1976
カトリトンボ[b]	Zehring et al. 1962	*M. didyma*	Dunkle 1976
ウスバキトンボ	Warren 1915; 尾花 1982	ハッチョウトンボ	尾花 1982
アメリカハラジロトンボ (30℃)	Halverson 1983b	*Neurothemis tullia tullia*	Begum et al. 1990
ラケラータハネビロトンボ	Bick 1951a	シオカラトンボ[*1]	尾花 1982
6日ないし7日間[c]		*Orthetrum brunneum*	Kumar 1971
アメリカギンヤンマ[d] (31℃)	Beesley 1972	オオシオカラトンボ[*2]	尾花 1982
Brachymesia furcata	Dunkle 1976	*Perithemis intensa*	Dunkle 1976
ヒメトンボ[d]	Kumar 1981	コハクバネトンボ	Lutz & Rogers 1991
Erythrodiplax connata	Dunkle 1976	コシアキトンボ	宮川 1969
E. funerea[d]	Dunkle 1976	チョウトンボ	尾花 1982
Hemicordulia tau[d] (29℃)	Hodgkin & Watson 1958	*Tetrathemis bifida*	Lempert 1988
アオモンイトトンボ	尾花 1982	ハネビロトンボ (33℃)	佐田 1979
アメリカアオモンイトトンボ[d] (35℃)	Franchini & Pilon 1983	*Urothemis assignata* (27〜32℃)	Hassan 1977a

注：期間は卵期を7日間以下で完了させる種について産卵から孵化までの最短日数．
[a] 胚発生中の周囲の温度が記録されている場合は括弧内に示した．
[b] 60日以下の最短幼虫期間をもつので表A.7.3にも記載した．
[c] 尾花 (1982) がこの範囲によるカテゴリーを用いているので採用した．
[d] 最短期間が6日であることが知られている．
[*1] *Orthetrum albistylum speciosum*.
[*2] *O. triangulare melania*.

表A.3.4 春に成虫活動期があり，非休眠卵を産む温帯性のヤンマ科，エゾトンボ科，およびアオイトトンボ科の種

科および種	場所	文献[a]	科および種	場所	文献[a]
ヤンマ科			サラサヤンマ	日本	尾花 1982
Aeshna californica	アメリカ, WA	Kime 1974	*Oplonaeschna armata*	アメリカ, NM	Johnson 1968
A. multicolor	アメリカ, WA	Kime 1974	**エゾトンボ科**		
ネアカヨシヤンマ	日本	尾花 1982	カラカネトンボ[*3]	ドイツ	Münchberg 1932
アオヤンマ	日本	井上ら 1981	カラカネトンボ[*4]	日本	尾花 1982
Anaciaeschna isosceles	イギリス	Gardner 1955	キボシミナミエゾトンボ	ニュージーランド	Deacon 1979
マルタンヤンマ	日本	尾花 1982	**アオイトトンボ科**		
コウテイギンヤンマ	イギリス	Corbet 1957a	ホソミオツネントンボ[b]	日本	井上 1979a
ギンヤンマ[*1]	日本	尾花 1982	*Lestes eurinus*	アメリカ, NC	Lutz 1968a
ギンヤンマ[*2]	ドイツ	Schiemenz 1953	*L. vigilax*	アメリカ, NC	Ingram 1976a
Brachytron pratense	ドイツ	Schiemenz 1953	*Sympecma fusca*[b]	オランダ	Geijskes 1929a
Gomphaeschna furcillata	アメリカ, NY	Kennedy 1936	オツネントンボ[b, *5]	ドイツ	Prenn 1928
Nasiaeschna pentacantha	アメリカ, FL	Dunkle 1985			

注：リストにあげた種は，より遅い時期に成虫活動期があり，休眠卵を産む同科の種と同所的に出現する (表A.3.5)．
[a] 著者が知る限り，どの種についても休眠卵を産むという記録はないので，文献は1つだけあげた．
[b] 成虫でのみ越冬する種．
[*1] *Anax parthenope julius*.
[*2] *A. p. parthenope*.
[*3] *Cordulia aenea aenea*.
[*4] *C. a. amurensis*.
[*5] *Sympecma annulata braueri*.

付　表

表A.3.5　遅延胚発生を示す温帯性のトンボ

科および種	文献[a] 遅延発生[b]	直接発生も含む[c]
ヤンマ科		
ヒメルリボシヤンマ	57	
ヒスイルリボシヤンマ	7, 11, 20, 24, 32, 38, 46, 54, 56	
キバネルリボシヤンマ	7, 12, 20, 24, 32, 46, 47, 56	
ルリボシヤンマ	2, 7, 12, 20, 24, 32, 38, 40, 46, 56	57
マダラヤンマ	7, 12, 17, 20, 24, 33, 35, 40, 46, 55, 56	50[d], 55[d], 57
オオルリボシヤンマ	2, 31, 40	
イイジマルリボシヤンマ	57	
Aeshna tuberculifera	22, 28	
A. umbrosa	22	
A. viridis	12, 20, 24, 32, 37, 46, 47, 56, 68	
Boyeria irene	15, 67	
B. vinosa	64	
エゾトンボ科		
ミナミエゾトンボ		10, 49
クモマエゾトンボ		46, 56, 58
ホソミモリトンボ		20, 24, 29, 40, 46, 56, 58
Somatochlora kennedyi	63	
S. metallica		20, 33, 46, 56
エゾトンボ		30, 40
アオイトトンボ科		
Archilestes grandis	23[d]	4
ホソミアオイトトンボ		9, 10, 25, 44
ソメワケアオイトトンボ	20, 56	48[d, e]
Lestes congener	27, 51, 52	
アメリカアオイトトンボ*1	23	
アメリカアオイトトンボ*2	27, 51, 53	
エゾアオイトトンボ	20, 36, 51, 53, 68	12, 19, 24
L. forcipatus	27	
コバネアオイトトンボ	41	
L. rectangularis	21	
アオイトトンボ	2, 6, 7, 8, 12, 16, 20, 24, 40, 46, 56, 67	34, 47, 61[d], 66[d]
オオアオイトトンボ	1	
L. unguiculatus	27, 51, 53	
L. virens	56	48[d, e]
マキバアオイトトンボ	12, 13, 20, 34, 45, 46, 56	14[d], 47
トンボ科		
Sympetrum ambiguum		59
コノシメトンボ	61	40
オナガアカネ	59	61
キトンボ	61	
ムツアカネ	12, 20, 24, 40, 46, 56, 61, 65	
ナツアカネ	61	
タイリクアキアカネ	12, 20, 24, 40, 46, 61	
マユタテアカネ		3, 61
エゾアカネ	46	12, 20, 24, 40, 56, 61
アキアカネ	2, 31	40, 61
ナニワトンボ		61
ノシメトンボ		61
S. internum	43	
マイコアカネ		40, 61
S. obtrusum	26, 59	
ヒメアカネ	61	
ミヤマアカネ	20, 56, 61	
S. rubicundulum	43, 59	
クレナイアカネ	12, 20, 24, 46, 47	7, 18, 56
タイリクアカネ*3		39, 61
タイリクアカネ*4	56	20, 24, 46, 57
オオキトンボ		61
キアシアカネ	5, 59	

注：リストにあげた種のうち1種のみが温帯性の種ではない．*Archilestes grandis*は元来新熱帯区の種だが，北緯40°付近まで出現するためここに含めた（§8.2.1.2.2）．

[a] 引用した文献の信頼性は必然的にさまざまである．脚注[d]で説明した少数の例を除き，発生速度を厳密に実験的に測定した論文から，概略的報告に見いだされた明瞭だが理由が示されていない単なる記述までを含んでいる．後者の文献の信頼性を疑う理由はないので，それらを含めないという理由はない．しかし，証拠を批判的に評価しようとする研究者は，現在何が受け入れられている知識かを推定するために，最も頼りになる情報

表A.3.5 脚注続き

源としての文献に当たってほしい．以下の文献で[ ]内に示した次の地域以外はすべてヨーロッパのものである．A. アルジェリア; J. 日本; N. 北アメリカ; Z. ニュージーランド．文献：1. 藍野 1934 [J]; 2. Ando 1962 [J]; 3. 新井 1987a [J]; 4. Bick & Bick 1970 [N]; 5. Boehms 1971 [N]; 6. Corbet 1956a; 7. Corbet 1960a; 8. Corbet 1962a; 9. Crumpton 1979 [Z]; 10. Deacon 1979 [Z]; 11. Degrange & Seasseau 1964; 12. Dreyer 1978; 13. Dreyer 1986; 14. Ferreras-Romero 1988; 15. Ferreras-Romero 1997; 16. Fischer 1964; 17. Gardner 1950a; 18. Gardner 1951; 19. Gardner 1952; 20. Geijskes & van Tol 1983; 21. Gower & Kormondy 1963 [N]; 22. Halverson 1984 [N]; 23. Ingram 1976a [N]; 24. Jurzitza 1988a; 25. Kramer 1979 [Z]; 26. Krull 1929 [N]; 27. Laplante 1975 [N]; 28. Lincoln 1940 [N]; 29. Matthey 1971; 30. 宮川 1971 [J]; 31. 宮川 1987 [J]; 32. Münchberg 1930; 33. Münchberg 1932; 34. Münchberg 1933; 35. 奈良岡 1989 [J]; 36. Needham 1903 [N]; 37. Norling 1967; 38. Norling 1984a; 39. 尾花 1969 [J]; 40. 尾花 1982 [J]; 41. 奥村・石村 1938 [J]; 42. Ottolenghi 1987; 43. Peterson 1975 [Z]; 44. Peterson 1976 [Z]; 45. Pierre 1904; 46. Robert 1958; 47. Rostand 1935; 48. Rota & Carchini 1988; 49. Rowe 1987a [Z]; 50. Saouache 1993 [A]; 51. Sawchyn & Church 1973a [N]; 52. Sawchyn & Gillott 1974a [N]; 53. Sawchyn & Gillott 1974b [N]; 54. Schaller 1960; 55. Schaller 1968; 56. Schiemenz 1953; 57. Sternberg 1990; 58. Sternberg 1995c; 59. Tai 1967 [N]; 60. 上田 1993a [J]; 61. 上田 1996 [J]; 62. Valtonen 1982; 63. Walker 1953 [N]; 64. Walker 1958 [N]; 65. Waringer 1983; 66. Warren 1988; 67. Wenger 1963; 68. Wesenberg-Lund 1913.

[b] 大部分の場合，胚発生の観察の間の温度は分かっていないか厳密に制御されていないので，直接発生を遅延発生から区別するのに必要な卵期間の不変閾値を知るのには役に立たない．しかし，通常の温度範囲では，直接発生は普通60日以内で完了し，それに対して遅延発生は普通80日以上，しばしば150日以上かかる．
[c] あるときは遅延発生を示し，また別のときには直接発生を示す(または示すように見える)種の例．
[d] 直接発生についての直接観察によるものではなく，多くは1年の異常な時期に非常に若い齢の幼虫が存在することに基づく推論である．詳しくは本文で述べる．
[e] 非常に若い齢の幼虫は同定されなかったが，ソメワケアオイトトンボか *Lestes virens*，あるいはその両方と推定される．

[*1] *Lestes disjunctus australis*.
[*2] *L. d. disjunctus*.
[*3] *Sympetrum striolatum imitoides*.
[*4] *S. s. striolatum*.

表A.3.6 飼育条件下で観察された卵期間の不連続な変異のパターン

種	場所	観察
ルリボシヤンマ	ドイツ	少数が150日後に孵化したが，大部分は280日目以降に孵化した (Sternberg 1990)
ホソミアオイトトンボ	ニュージーランド	20℃で一部は直ちに孵化し，他は発生の進んだ胚子として越冬した (Peterson 1976; Deacon 1979; Kramer 1979)
アメリカアオイトトンボ	カナダ, PQ	20〜25℃で一部は秋に孵化し，残りは春に孵化した (Laplante 1975)
ミナミエゾトンボ	ニュージーランド	20℃以上ではすべてが3週間後に孵化した．少し低い温度では一部は直ちに孵化し，他はずっと遅れて孵化したが，速く発生するものと遅いものの割合は雌親の間で異なっていた．産卵後間もない卵が2〜3時間6℃にさらされると，発生速度は温度にほとんど依存しなくなり，孵化は約200日間にわたった (Deacon 1979; Rowe 1987a)
クモマエゾトンボ	ドイツ	いくつかの卵は直ちに発生し，高緯度のものは越冬した (Dreyer 1986)．季節が進むにつれ，産下された卵のうちの休眠卵の割合は0％から37％に増加した (Sternberg 1995c)
ホソミモリトンボ	ドイツ	6月に産下された卵は直ちに発生し，それより後に産下されたものは越冬した (Dreyer 1986)．季節が進むにつれて，産下された卵のうちの休眠卵の割合は0％から18％に増加した (Sternberg 1995c)
	スイス	卵は直接あるいは遅延発生のいずれかを示した (Matthey 1971)
エゾトンボ	日本	1個体の雌が1バウトで産下した卵の孵化は6ヵ月以上にわたり，しばしばそのピークは産卵後1ヵ月目と4ヵ月目に見られた (宮川 1971)
コノシメトンボ, オナガアカネ, エゾアカネ, マイコアカネ	日本	一部は秋に孵化し，その他は春に孵化した (尾花 1982)
マユタテアカネ	日本	卵は時間的に3つの異なる孵化パターンを示した (新井 1987a)
アキアカネ	日本	30℃ですべてが40日以内に孵化した．11または18℃では大部分が40日以内に孵化したが，少しの卵が100〜200日で孵化した (上田 1993a)
クレナイアカネ	イギリス	夏に産下された卵は3週間後に孵化し，秋遅く産下されたものは越冬した (Gardner, 1951)
ネキトンボ[*1]	日本	エゾトンボと同様
タイリクアカネ[*2]	日本	調査した1年目と2年目の卵は秋に孵化したが，3年目に調査した卵は春に孵化した (尾花 1969)
タイリクアカネ[*3]	ドイツ	卵は晩秋に産下されなければ直ちに発生し，晩秋の場合は越冬した (Dreyer 1986)．16℃ではある1バッチの卵は20〜60日後に孵化したが，もう1つのバッチは60〜180日後に孵化した (Sternberg 1990)
	イタリア	卵は9月に産下されると10〜16日後に孵化し，10月に産下されると80〜104日後に孵化した (Ottolenghi 1987)

[*1] *Sympetrum speciosum speciosum*.
[*2] *S. striolatum imitoides*.
[*3] *S. s. striolatum*.

付 表

表A.3.7 トンボ類の卵内で発生することが報告されている捕食寄生性の膜翅目

捕食寄生者の分類群	宿主となるトンボ類	場所	文献[a]
コバチ上科			
ヒメコバチ科			
Tetrastichinae 亜科			
Aprostocetus[b] *polynemae*	アメリカギンヤンマ，アオイトトンボ属	アメリカ，IL, MN, NH, NY	Ashmead 1900
	アオイトトンボ属	カナダ，PQ	Laplante 1975
A. pseudopodiellus[c]	アオイトトンボ属？	デンマーク	Bakkendorf 1953
Tetrastichus natans	アオハダトンボ属	ヨーロッパ	Girault 1914
T. natans	トンボ目	ロシア	Fursov & Kostyukov 1987
T. polynemae[d]	アオイトトンボ属	アメリカ，IL	Ashmead 1900
T. rimskykorsakovi	均翅亜目	ロシア	Fursov & Kostyukov 1987
T. zerovae	ヤンマ科と均翅亜目	ロシア	Fursov & Kostyukov 1987
ホソハネコバチ科			
Alaptinae 亜科			
Anagrus incarnatus[e]	ヨーロッパアオハダトンボ	デンマーク（？）	Henriksen 1919
		ドイツ	Brandt 1869
	Coenagrion pulchellum	デンマーク（？）	Henriksen 1919
	ヨーロッパアカメイトトンボ	デンマーク（？）	Henriksen 1919
	アオイトトンボ属	ドイツ（？）	Girault 1914
	マキバアオイトトンボ	フランス	Jarry 1960
A. insularis	均翅亜目	アメリカ，HI	Zimmerman 1948
A. lestini	アオイトトンボ属	カナダ，PQ	Laplante 1975
Anagrus sp.	*Anax strenuus*	アメリカ，HI	Williams 1936
Mymarinae 亜科			
Anaphes sp.	ムカシトンボ	日本	朝比奈 1948
	アオイトトンボ属	カナダ，PQ	Laplante 1975
Polynema needhami	アオイトトンボ属，*Lestes unguiculatus*	アメリカ，IL	Ashmead 1900
	アオイトトンボ属	カナダ，PQ	Laplante 1975
タマゴコバチ科			
Hydrophylita[f] *aquivolans*	アオモンイトトンボ属（おそらくアメリカアオモンイトトンボ）	アメリカ	Matheson & Crosby 1912
	アメリカアオモンイトトンボ	アメリカ，OH	Davis 1962（図3.12）
Lathromeroidea odonatae	アオイトトンボ属，*Lestes unguiculatus*	アメリカ，IL, NY	Ashmead 1900
Paracentrobia acuminata[g]	エゾアオイトトンボ，*Lestes unguiculatus*	アメリカ，NY, MNから南へFL, LA, TX, CAまで；メキシコ；西インド諸島	Ashmead 1900
	アオイトトンボ属	カナダ，PQ	Laplante 1975
Prestwichia aquatica	ヨーロッパアカメイトトンボ	デンマーク（？）	Henriksen 1919
P. solitaria	ヤンマ科，イトトンボ科	ドイツ（？）	Münchberg 1935
P. zygopterorum[h]	均翅亜目	オーストラリア，NSW	Tillyard 1926b
Scelionoidea 上科			
Scelionidae 科			
Scelioninae 亜科[i]			
Calotelea sp.[j]	*Boyeria vinosa*	アメリカ，TX	Clausen 1976
Thoronella sp.	*Epiaeschna heros*	アメリカ，TX	Carlow 1992
未同定の微小膜翅目			
種名未同定	アオヤンマ	日本	井上 1981
種名未同定	*Aeshna canadensis*	アメリカ，MN	Hamrum & Peterson 1973
種名未同定	アオイトトンボ	日本	宮川ら 1972
種名未同定	*Phaon iridipennis*	ケニア	P. L. Miller 1985
種名未同定	ヒロアシトンボ	スイス	Robert 1958

注：すべての（捕食寄生者）分類群は細腰亜目に属する．分類群名は Pagliano & Scaramozzino 1990 に従った．トンボ目の卵捕食寄生者はほとんど研究されずにきたので，このリストは極めて暫定的なものである．
[a] たいていの学名変更の記録は Krombein et al. 1979 に従った．
[b] 以前は *Hyperteles* 属と *Tetrastichus* 属．
[c] 以前は *Tetrastichus* 属（Graham 1987 参照）．
[d] おそらく *Polynema needhami* の重複捕食寄生者．
[e] Tillyard（1917；Münchberg 1935 参照）により報告された *Polynema natans* および *Anagrus brocheri*（Askew 1997）も含まれる．また，おそらく *A. subfuscus* nec Forster 1847 と Brandt（1869）による *Polynema ovulorum* の両種も含まれる（Askew 1997）．
[f] 以前は *Hydrophylax* 属．
[g] *Brachista pallida* および *Trichogramma acuminatum* としても記録されている．*P. acuminata* の名のもとには複数の種が含まれるかもしれない．
[h] 以前は *Austromicron zygopterorum*．
[i] Scelioninae 亜科以下のリストは，トンボの雌成虫の体に便乗する寄生蜂雌成虫に基づく．これまで知られているすべての Scelionidae 科は昆虫類あるいはクモ類の卵に対する捕食寄生者であり，宿主である成虫の体に便乗する（Clausen 1976）．それゆえ，ここに掲載された2種も，これらが便乗しているトンボ類の卵を捕食寄生するものと仮定している．
[j] 標本の保存状態が不完全であり，*Thoronella* sp. であるとも考えられる（Carlow 1992 参照）．

表A.4.1 均翅亜目幼虫の尾部付属器の形態と姿勢，およびその生息場所との関係

分類群[a]	生息場所[b]
A. 胞状または三稜状	
ムカシカワトンボ科：	
ムカシカワトンボ亜科 (S)：*Amphipteryx*属 (Lieftinck 1972)；*Devadatta*属 (Watson 1966a)	2
ホソバカワトンボ亜科 (TC)：*Pentaphlebia*属 (Fraser 1955; Watson 1966)；*Rimanella*属 (Geijskes 1940)	2
ハナダカトンボ科 (T)[c]：ハナダカトンボ属 (Kumar & Prasad 1977b)	2
イトトンボ科 (一部)：	
アメリカイトトンボ亜科 (一部) (S, T)：アメリカイトトンボ属 (一部) (Kennedy 1915; Geijskes 1943; Novelo-Gutiérrez 1992；図4.5C)	3, 4
ナガイトトンボ亜科 (一部) (T)：*Megalagrion*属 (Williams 1936)	5, 6
ナンベイカワトンボ科 (T)：*Dicterias*属 (Geijskes 1986)；*Heliocharis*属 (Santos & Costa 1988)	3
ミナミヤマイトトンボ科	
ムカシミナミヤマイトトンボ亜科 (S)：*Diphlebia*属 (Stewart 1980)；*Philoganga*属 (Asahina 1967)	2
ミナミヤマイトトンボ亜科 (T)：*Lestoidea*属 (Fraser 1956a)	2
ミナミカワトンボ科 (S)：*Anisopleura*属 (Needham 1930: 338; Kumar & Prasad 1977c)；チビカワトンボ属 (Kumar 1973b)；*Epallage*属 (Norling 1982；図4.5A)；ミナミカワトンボ属 (Matsuki & Lien 1978)；*Indophaea*属 (Fraser 1933: 9)	2, 3
オセアニアイトトンボ科 (一部) (S)[d]：*Isosticta*属と*Selysioneura*属 (Lieftinck 1976；図4.5B)；*Neosticta*属 (Tillyard 1917a: 192)	2, 3
ヤマイトトンボ科 (一部)：	
ゴンドワナアオイトトンボ亜科 (一部)：(S) *Heteragrion*属 (Novelo-Gutiérrez 1987; Ramírez 1992)；*Oxystigma*属 (Geijskes 1943; De Marmels 1987)；*Philogenia*属 (De Marmels 1982b; Ramírez & Novelo-Gutiérrez 1994)；	3
(T) *Caledopteryx*属 (Willey 1955; Lieftinck 1976; Winstanley 1983)	6
オオタキイトトンボ亜科 (S)[d]：*Thaumatoneura*属 (Calvert 1915a)	1, 2
モノサシトンボ科 (一部)：	
ルリモントンボ亜科 (一部) (S)：*Calicnemia*属 (Lieftinck 1984)；*Lieftinckia*属[e] (一部) (Lieftinck 1963)	1, 2
ホソイトトンボ科 (S)：*Drepanosticta*属 (Lieftinck 1934a)；*Palaemnema*属 (Novelo-Gutiérrez & González-Soriano 1986a)；*Protosticta*属 (Asahina & Dudgeon 1987)	2, 3
アメリカミナミカワトンボ科 (S)：*Chalcopteryx*属 (Santos & Costa 1987)；*Cora*属 (Calvert 1911a; De Marmels 1982c)	3
ニセアオイトトンボ科 (S)：トゲオトンボ属 (Needham 1930: 340[f]；朝比奈 1956, 1994b；田原 1976；石田・石田 1985)	1, 2
B. 三稜状と葉状[g]	
カワトンボ科 (T)：アオハダトンボ属 (Miyakawa 1983)；アメリカカワトンボ属 (Geijskes 1943)；タイワンハグロトンボ属 (Matsuki & Lien 1978)；カワトンボ属 (広瀬・六山 1966)；*Phaon*属 (Legrand 1985)；キヌバカワトンボ属 (Matsuki & Lien 1978)；*Sapho*属および*Umma*属 (Legrand 1977；図4.5D)	3, 4
ヤマイトトンボ科 (一部)：	
ヤマイトトンボ亜科：*Megapodagrion*属 (De Marmels 1982b)	3
C. 葉状で水平に保持[h]	
ヤマイトトンボ科 (一部)：	
ゴンドワナアオイトトンボ亜科 (一部)：*Argiolestes*属，*Caledargiolestes*属，*Caledopteryx*属 (Lieftinck 1976; Winstanley & Davies 1982; Davies 1991)；*Trineuragrion*属 (Davies 1991)；	1, 2
*Podopteryx*属 (Watson & Dyce 1978)	5
D. 葉状で多少垂直に保持	
ミナミアオイトトンボ科 (DN)：*Chlorolestes*属 (Barnard 1921)；*Chorismagrion*属 (Fraser 1956a)；*Megalestes*属 (Laidlaw 1920; Matsuki & Lien 1978)；*Phylolestes*属 (Westfall 1976)；*Synlestes*属 (Tillyard 1917a: 193; Fraser 1956a)	2
イトトンボ科 (一部)：(DN) アメリカイトトンボ属 (一部) (Westfall 1990; Novelo-Gutiérrez 1992)；*Argiocnemis*属 (Tillyard 1917a: 193)；イトトンボ属 (一部) (Corbet 1955b)；*Leptobasis*属 (Needham 1941)；*Oxyagrion*属 (Santos 1966a)；*Pericnemis*属 (A. G. Orr 1994)；アカイトトンボ属 (Gardner 1954b)；ニュージーランドイトトンボ属 (Rowe 1987a)	2, 3, 4, 7
(NN) *Caliagrion*属 (Tillyard 1917a: 193)；キイトトンボ属 (Corbet 1956c)；イトトンボ属 (一部)；ルリイトトンボ属 (一部)；アカメイトトンボ属 (Gardner 1954)；*Megalagrion*属 (一部) (Williams 1936)；ナガイトトンボ属 (Chutter 1961)；	7
*Leptagrion*属 (De Marmels 1985b)；	5
(SN) *Diceratobasis*属 (Westfall 1976)；	5
ルリイトトンボ属 (一部) (Tennessen & Knopt 1975)；アオモンイトトンボ属 (Tillyard 1917a: 193)	4, 7
ムカシイトトンボ科 (DN)：*Hemiphlebia*属 (Tillyard 1928)	7
オセアニアイトトンボ科 (一部) (NN)：*Eurysticta* (Watson 1969；図4.6A)	3
アオイトトンボ科 (DN)：*Archilestes* (Kennedy 1915)；ホソミアオイトトンボ属 (Tillyard 1917a: 193)；アオイトトンボ属 (Kennedy 1915; Kumar 1972a; Legrand 1976a；図4.6C)；*Orolestes*属 (Asahina 1985)	8
ハラナガアオイトトンボ科 (DN)：*Perissolestes*属 (Novelo-Gutiérrez & González-Soriano 1986b)	3
モノサシトンボ科 (一部) (DN)：	
ルリモントンボ亜科 (一部)：ルリモントンボ属 (Matsuki & Lien 1984)；*Metacnemis*属 (Corbet 1956)	3
モノサシトンボ亜科：モノサシトンボ属 (Lieftinck 1963; Kumar 1973b; 松木 1993)；グンバイトンボ属 (Gardner 1954b)	4, 7
ミナミイトトンボ科 (DN)：*Disparoneura*属 (Kumar 1973b)；	2
Nososticta (Watson 1969)；	7
*Peristicta*属 (Santos 1972)，*Prodasineura*属 (松木 1991a)，*Protoneura*属 (Novelo-Gutiérrez 1994)	3
ハビロイトトンボ科 (NN)[i]：ハビロイトトンボ属 (Calvert 1911c; Ramírez 1995；図4.6B)；ムラサキハビロイトトンボ属 (Ramírez 1997)；*Microstigma*属 (De Marmels 1990a)；*Pseudostigma*属 (Novelo-Gutiérrez 1993b)	5

注：Tillyard 1917aに基づく尾部付属器のカテゴリー．トンボの分類はDavies & Tobin 1984による．ただし，ムカシカワトンボ科とミナミヤマイトトンボ科については，Novelo-Gutiérrez 1995とVan Tol 1995に従った．

付　表　　585

表A.4.1　脚注続き

a 略号：DN. 無結節状; NN. 結節状; S. 小胞状; SN. 半結節状; T. 三稜状; TC. 特殊化した，細長い紐状.
b 生息場所：1. 岩上のたまり水か浸出水; 2. 巨礫のある急流; 3. 堆積物を有する急流で2より遅い流れ; 4. 川; 5. ファイトテルマータ（樹洞を含める）; 6. 水域から離れた落葉層; 7. 永久的な止水; 8. 一時的な止水.
c 肛上板は短く硬い棘に変化.
d 縮んだ胞状器官.
e 側付属器は三稜状，中央の付属器は四面をなす．*Lieftinckia*属の分類学的位置は再検討が必要（Rowe et al. 1992）.
f Needhamは*Taolestes*属の下に記載した.
g 側部の付属器は薄葉状，中央の付属器は三稜状.
h 扇状に保たれる，基質にしっかり押し付けられ，肛上板は背面から見てやや凹状か（*Argiolestes*属），やや凸状で（*Caledargiolestes*属），後者のほうが普通.
i ハビロイトトンボ属と*Microstigma*属の尾部付属器の図から受ける反対の印象にもかかわらず，私が観察したムラサキハビロイトトンボから考えて，ハビロイトトンボ科の付属器はすべて*Pseudostigma*属と同様の結節状であると推定している.

表A.4.2　幼虫の頭蓋に目立つ突起が存在する属

属[a]	部位[b] FかV	部位[b] POR	齢の範囲[c]	2齢[d]	F-0齢	文献[e]
ヤンマ科						
*Basiaeschna*属		×		×		Dunkle 1985
*Brachytron*属		×		×		Dunkle 1985
*Epiaeschna*属		×		×		Dunkle 1980
*Nasiaeschna*属	×	×	全[f]	×	×	Dunkle 1985
エゾトンボ科						
カラカネトンボ属		×	2〜5	×	×	Corbet 1962a
トラフトンボ属		×		×		Robert 1958; 図3.14D; Dunkle 1980
オオヤマトンボ属	×	×		×		Needham 1930: 326[g]; Corbet 1962a
*Helocordulia*属		×		×		Dunkle 1980
コヤマトンボ属	×	×			×	Corbet 1962a; Dunkle 1980
*Neophya*属	×				×	Legrand 1976b
*Neurocordulia*属	×				×	Corbet 1962a
ミナミエゾトンボ属		×		×		Deacon 1979
*Rialla*属		×			×	Rodrígues-Capítulo 1992
エゾトンボ属		×	2〜8	×		宮川 1971
サナエトンボ科						
*Aphylla*属		×		×		Dunkle 1980
サナエトンボ属		×		×		Dunkle 1980
アメリカコオニヤンマ属		×		×		Dunkle 1980
ウチワヤンマ属		×	2〜5	×		Kumar 1985
コサナエ属		×		×		渡辺 1993b
トンボ科						
アオビタイトンボ属	×		4〜8	×		Chowdhury 1992
*Brachymesia*属	×			×		Dunkle 1980
*Celithemis*属	×			×		Dunkle 1980
カオジロトンボ属[h]	×			×		Dunkle 1992
コハクバネトンボ属		×		×		Dunkle 1982
アカネ属[i]	×		2〜9	×		Dunkle 1980
オオメトンボ属		×	2〜7	×		Corbet 1962a; Chowdhury & Akhteruzzaman 1983
ヤマイトンボ科						
*Megapodagrion*属				×		De Marmels 1982b

a これらの属のすべての種が頭蓋に突起をもつわけではない.
b 頭蓋突起の位置：額前頭（F），頭頂（V），複眼の後ろ（POR）．突起は装飾のない瘤状から（*Megapodagrion*属），長い紐状，棘状，角状（オオメトンボ属）までさまざまである.
c 分かっている場合だけ示す.
d 2齢幼虫について現在までに調べられた不均翅亜目はDunkle 1980を参照のこと.
e Corbet & Dunkleの論文にはこれ以前の文献が引用されている.
f 8齢または9齢以後は低い瘤状の突起があるのみ.
g Needham 1930は*Azuma*属の下に記載.
h *Leucorrhinia frigida*の2齢幼虫では突起が見つかっているが，セボシカオジロトンボと*L. proxima*の2齢幼虫にはない（Dunkle 1992）. カオジロトンボでは全部の齢で（Gardner 1953a），*L. hudsonica*では調べられた齢（ほぼ4齢からF-0齢まで）の全部で見つかっている（House 1993）.
i これまでのところキアシアカネだけで見つかっており（Trottier 1969参照），6齢，7齢で最も顕著である（Nevin 1929; Tai 1967）.

表A.4.3 さまざまな生息場所における幼虫の食物構成

生息場所と種[a]	地域	齢	食物構成[b]
高層湿原			
酸性の湧水を伴う高層湿原			
アメリカヒメムカシヤンマ	アメリカ, CA	老齢	主に地表面に棲む陸上節足動物. 多くは真性クモ目で, 腹足類, 甲殻類, 鞘翅目成虫, 双翅目, 膜翅目を含む (Meyer & Clement 1978)
細流			
湧水からの細流			
Cordulegaster bidentatus	ドイツ	5〜F-0齢	底表底生生物と潜底底生生物. 組成は捕食者の齢を反映; 5〜7齢は主に底質中の貧毛類, 橈脚類, カワゲラ目の1齢幼虫; 8〜11齢は潜底と底表のトビケラ目, カゲロウ目, 鞘翅目, 双翅目, ヨコエビ科; 12〜14齢 (最後の3齢) は主にトビケラ目とヨコエビ科. 幼虫は1年を通して摂食し, 貧毛類, 双翅目 (主にユスリカ科) を選択的に摂食した. 共食いは検出できなかった (Dombrowski 1989; Sternberg 1994aも参照)
熱帯の森林内の細流: 底質粒径は多様			
Euphaea decorata,	香港	若齢〜F-0齢	多様な無脊椎動物. 4種が分布する微生息所 (早瀬) の動物相を反映. 最も普通の餌はカゲロウ目 (*E. decorata* と *Z. iris* で), トビケラ目 (サナエトンボ科で), ブユ科 (*Z. iris* で). *E. decorata* とこのサナエトンボ科の2種では食性は個体発生的に変化し, *E. decorata* では季節的にも変化. トンボ間の捕食は稀 (Dudgeon & Wat 1986; Dudgeon 1989a, b)
Heliogomphus scorpio,			
Ophiogomphus sinicus,			
Zygonyx iris			
砂利や砂の上を流れる細流			
Austroaeschna unicornis	オーストラリア, SE	不定	無脊椎動物の9つの主要分類群. 主に双翅目 (大部分), カゲロウ目, 鞘翅目, トビケラ目 (Hawking & New 1995a)
砂の上を流れる細流			
Austrogomphus cornutus	オーストラリア, SE	主に最後の4齢	無脊椎動物の6つの主要分類群. 貧毛類 (大部分), 双翅目 (秋季のみ), カゲロウ目 (Hawking & New 1995a)
大きい河川			
岸辺の砂泥の上			
Paragomphus linearis	インド	不定	原生動物, 輪虫類, 枝角目, 橈脚類, 昆虫, 植物プランクトン, 稚魚 (Munshi et al. 1990)
湖沼			
浅く貧栄養な源流の湖			
Aeshna interrupta,	カナダ, NS	主に最後の4齢	トンボ目やダニ目を含む無脊椎動物. 枝角目と双翅目がほとんど (Paterson 1994)
アメリカカラカネトンボ,			
Enallagma carunculatum,			
Leucorrhinia glacialis			
浅く中栄養な湖			
キタルリイトトンボ	カナダ, BC	主に最後の7齢	多様な小型無脊椎動物. 数では枝角目とユスリカ科が多く, 重量ではカゲロウ目, カワゲラ目. ダニ目もよく食われる (Pearlstone 1973)
浅く富栄養な湖			
Dromogomphus spinosus	アメリカ, TN	ほとんど全部	ユスリカ科とヌカカ科が優占. 枝角目, 貝形虫類, 不均翅亜目, 均翅亜目を含む (Mahato & Johnson 1991)
Celithemis elisa,	アメリカ, TN	中〜老齢	同じ季節では種間の重なりが大きい. 幼虫は中位のサイズの枝角目, 貝形虫類, 貧毛類, 穴掘りタイプやよじ登りタイプ[c]のユスリカ科, ヌカカ科を積極的に選び, 橈脚類, 枝角目 (大小を問わず), 腹ばいタイプ[c]のユスリカ科を避ける傾向があった. 大きい幼虫は大きい餌 (例えばトンボ目やトビケラ目) に特化したが, 小さい餌 (枝角目と貝形虫類) も食い続けた. 小型のトンボ目は老齢幼虫の食物構成に特徴的である (頻度で5.4%) (Merrill & Johnson 1984)
C. fasciata,			
アメリカオオトラフトンボ,			
キアシアカネ			
水たまりと水路			
酸性の高層湿原の池塘			
タイリクルリイトトンボ,	カナダ, NF	中〜大形幼虫	浮遊性甲殻類, ユスリカ科が優占. ダニ目, 鞘翅目, トンボ目, トビケラ目を摂食. 池塘が大きくなるにつれて, しだいに底生生物の分類群が増え, 浮遊性甲殻類が少なくなる (Larson & House 1990)
アメリカカラカネトンボ,			
Leucorrhinia hudsonica,			
ヨツボシトンボ			
永続的な池			
Coenagrion resolutum,	カナダ, AB	ほとんど全部	多様な食物構成. ダニ目, ヌカカ科, ミズムシ科, ホソカ科, カゲロウ目, 貝形虫類など. ユスリカ科が優占 (Krishnaraj & Pritchard 1995)
アメリカアオイトトンボ			

付表

表A.4.3 続き

生息場所と種[a]	地域	齢	食物構成[b]
マンシュウイトトンボ	イギリス	最後の6齢	変異が大きい．一般に生息場所の無脊椎動物の分類群の個体数を反映．季節による違いは大きいが，齢による違いは少ない．特に春は小型甲殻類の割合が大きく，6月には昆虫が多かった．貧毛類は野外での量のわりには食われた頻度は少なかった．老齢は貝形虫類を，若齢は枝角目をよく食った．一部の餌動物が現れにくいのは，餌動物の習性によって，遭遇率が低いことを反映しているのだろう．通常，餌の1%以上を均翅亜目が占めた (Thompson 1978a)
ヒロバラトンボ	フランス	不特定	さまざまな大型の無脊椎動物．春は主に鞘翅目，夏はカゲロウ目，秋は腹足類 (Blois 1985a)
アカイトトンボ	イギリス	4～F-0齢	ほとんどの齢で小型甲殻類とユスリカ科が多く食われ，後者は摂食した食物エネルギーの60～75%を占めた．エネルギー獲得のうち，植食動物は80～85%，肉食動物は15～20%を占めた．共食いは無視できる程度 (Lawton 1970a)
池と灌漑用水路			
アメリカギンヤンマ，ウスバキトンボ	アメリカ, HI	不特定	主にユスリカ科，次に貝形虫類のキプリス属 *Cypris*．そのほか，原生動物，甲殻類，軟体動物，環形動物，アリ科を含むいくつかの目の昆虫類，両生類，魚類 (Warren 1915)
熱帯の一時的水たまり			
ヒメギンヤンマ，ウスバキトンボ	ジンバブエ	後半	無甲目，カゲロウ目，ユスリカ科と貧毛類 (Weir 1969)
ファイトテルマータ			
樹洞			
Hadrothemis camarensis	ケニア	およそ全部	最後の6齢ではカ科が優占，若い齢ではユスリカ科が優占した．若齢幼虫はほとんどカを食わない．チョウバエ科も重要な餌だった (Copeland et al. 1996)

[a] 断らない限り，温帯の生息地．
[b] 昆虫餌の分類群を言うときは，断らない限り幼虫を指す．餌の相対的重要性は，断らない限り腸内容物や糞ペレットの存在頻度による．
[c] 行動カテゴリーはCummins & Coffman 1978による．

表A.4.4 幼虫の採餌と摂食行動に影響する要因

要因と種	効果[a]
A. 捕食者	
A.1 サイズ	
Aeshna affinis	機能の反応 (FR) は捕食者と餌の相対的な大きさに依存．大きな捕食者は大きな餌を好む (Khorkhodin 1985)
ルリボシヤンマ	小型幼虫は日中により多く摂食 (Van Buskirk 1992)．餌処理時間 (HT) は中間サイズと大型サイズの餌を食うとき増加．餌/捕食者のサイズ比が大きくなるにつれ，HT増加の勾配は大きくなる (Hirvonen & Ranta 1996)
コウテイギンヤンマ	サイズが大きくなるにつれて，採餌は夜間に集中 (Blois-Heulen & Cloarec 1988)
アメリカギンヤンマ	頭幅が閾値（約3～4mm）以下では，幼虫は端脚類の *Hyalella azteca* の成体を捕食できないが，閾値以上のサイズに大きくなると，幼体よりも成体を多く捕食するようになる (Wellborn 1994)
ヒメキトンボ	(1) 齢の進行に伴い，重量の大きい餌が増える (Mathavan 1990)．(2) 齢の進行に伴い，体重に対する摂食量の比は減少する (Thangam & Kathiresan 1994)
オビアオハダトンボ	2齢から終齢へと進む間に，餌を触診する時間がしだいに省略される (Caillère 1974)
ヒメトンボ	捕食者のサイズが大きくなるにつれHTは短くなる．大きな捕食者はより多くの種類の餌を消費するようになる (Ebenezer et al. 1990)
キタルリイトトンボ	大きな捕食者はより多くの種類の餌を食うようになる (Pearlstone 1973)
Euphaea decorata	小型幼虫は主にユスリカ科を食う．大型幼虫はしだいにカゲロウ目とトビケラ目を食うようになる (Dudgeon 1989a)
マンシュウイトトンボ	サイズが大きくなるに伴いHTが減少する (Thompson 1975)．捕食者のサイズと平均餌サイズの対数との間に直線関係がある（図4.20; Thompson 1978b）
アメリカアオモンイトトンボ	採餌行動の頻度と所要時間は老齢で大きくなる (Richardson & Anholt 1995)
Lestes elatus	体重が増加するに伴いSNも増加 (Beena et al. 1989)
Mesogomphus lineatus	ヒメキトンボ (1) に同じ．体重の増加に伴いSNも増加 (Pandian et al. 1979)
ハラボソトンボ	ヒメキトンボ (1) に同じ
ニュージーランドイトトンボ	8齢あたりを過ぎると，餌の探知は昼間に，主に視覚で行う．捕食行動連鎖は短縮される (Rowe 1994)

表A.4.4 続き

要因と種	効果[a]
A.2 齢内のステージ	
Acanthagrion peruvianum	老齢では，齢期の始めの1/3でほとんどの餌を食べ，終わりの1/3では摂食量は最も少ない (Lien & Tsai 1986)
Erythrodiplax connata	*Acanthagrion peruvianum*に同じ
マンシュウイトトンボ	終齢前の2, 3齢は，(最後の1〜2日を除いて)最大の発育速度を実現できるくらい餌密度が高い場合は，摂食速度はそれぞれの齢内で一定だが，餌密度が低い場合は齢内で増加する．アオイトトンボでも同様 (Thompson & Pickup 1984)
Ischnura hastata	摂食(無駄な殺戮も含む)は脱皮後2日目ころにピークになる (Johnson et al. 1975)
アメリカアオモンイトトンボ	脱皮後間もなくのほうが，より多く摂食する (D. M. Johnson 1973)
キイロハラビロトンボ	F-1齢とF-2齢では，脱皮の少し前と少し後に大部分の餌を食う (連・松木 1979)
アカイトトンボ	終齢変態が進行するにつれて，しだいに摂食量が減少し，羽化の少し前に下唇の筋肉が縮退すると摂食が終わる (Lawton 1971b)
A.3 経験	
ヒスイルリボシヤンマ	いろいろな条件下でダミーの餌を与えると生来の餌捕獲活動が遅滞したり，時にはとまったりする (Hoppenheit 1966)
キバネルリボシヤンマ	ダニ目を餌として捕らえないように学習する (Cloudsley-Thompson 1968)
ルリボシヤンマ	2日間の「トレーニング」の後，死んだフサカ科*Chaoborus*属の幼虫を食うことを覚える (Johansson 1990)
コウテイギンヤンマ	特定の餌種を幼虫に与え続けると，それ以後，自発的な餌選択が変更される (Blois & Cloarec 1985)
アメリカギンヤンマ	特定の餌タイプの捕獲に成功した経験をもつと，その餌タイプを再び追跡する傾向が強くなる (Bergelson 1985)
オビアオハダトンボ	触角の1本を失って1ヵ月もたつと，捕獲前の行動が感覚の欠如を補うような形に変更される (Caillère 1970)
サナエトンボ科とトンボ科の種	下唇を切除してから数日たつと，大顎を使って餌を捕まえることを学習する (Abbott 1941)
ニュージーランドイトトンボ	2齢以後になると，まずい餌を捕まえないようにすることを学習する (Rowe 1994)
B. 餌	
B.1 タイプ(サイズと形を含む)	
Aeshna affinis	A.1を見よ
ヒスイルリボシヤンマ	疑似餌の大きさによって，最初の反応が起きる距離が決まる (Chovanec 1992a)
A. interrupta lineata	疑似餌の大きさによって，反応の種類(下唇を伸展するか反応しないか; Pritchard 1965a)が決まる
ルリボシヤンマ	反応時間，採餌モード，捕獲モード，FRおよびHTは餌タイプに依存し (Johansson & Johansson 1992; Johansson 1993a)，餌が固着性の場合，狩猟モードをとることが多くなる (Johansson 1993a)
コウテイギンヤンマ	捕食行動はFRとHTを含み，その結果として変異が大きい (Blois 1985b)
アメリカギンヤンマ	ほとんどの齢で，より大きな餌を選ぶ (Cooper 1983)
オビアオハダトンボ	ヒスイルリボシヤンマに同じ
Coenagrion armatum	体の重量に対する摂食量は，枝角目を摂食するときよりユスリカ科のときのほうが大きい (Sadyrin 1977)
カラカネトンボ	SUは餌タイプに依存 (Johansson 1992a)
Enallagma aspersum	F-2齢では，FRはタイプ2であるが，HTのように餌タイプに依存 (Colton 1987)
タイリクルリイトトンボ	特定の餌タイプの捕食されやすさは，他の餌タイプの相対的な捕食されやすさに依存 (Jeffries 1988)
Gynacantha membranalis	捕獲の成功は餌が動く頻度と泳ぐ速度に依存 (Azevedos-Ramos et al. 1992)
Hemicordulia tau	捕獲の成功は餌が大きくなるに伴い低下 (Richards & Bull 1990b)
マンシュウイトトンボ	FRは餌のサイズに依存(図4.22, 4.23; Thompson 1975); F-1齢のFRは餌タイプに依存 (Lawton et al. 1974). A.1も参照
Lestes elatus	SNはユスリカ科を餌にするときよりもカ科のときのほうが長い (Beena et al. 1989)
カオジロトンボ	カラカネトンボに同じ
Leucorrhinia hudsonica	ヒスイルリボシヤンマに同じ
ヨツボシトンボ	*Aeshna interrupta lineata*に同じ
Megalogomphus sommeri	餌サイズが処理モードを決定 (Wilson 1995)
ラケラータハネビロトンボ	摂食速度は餌のサイズが大きくなると減少(アカガエル属の*Rana areolata*; Travis et al. 1985)
ニュージーランドイトトンボ	HTは餌タイプに依存して数秒から8分まで変化 (Rowe 1994)
B.2 密度と利用しやすさ	
Aeshna affinis	タイプ2のFR (Khorkhodin 1985)
ルリボシヤンマ	捕食者が待伏モードと狩猟モードのいずれを使うかは餌密度によって決まり(高密度では前者)，餌が動かないときは狩猟モードを使う (Johansson 1993a)．餌密度が増加すると，大きな幼虫はよりうまく餌の摂取量を増やすことができる．餌密度の効果は捕食者と餌の個体発生の間に変化し，食う者・食われる者の関係の構成要素に影響する (Hirvonen & Ranta 1996)

表 A.4.4 続き

要因と種	効果[a]
ムモンギンヤンマ	飽和摂食量は絶食時間が長いほど(最大36時間まで)増加する (Srivastava & Suri Babu 1982)
コウテイギンヤンマ	大きな餌が選ばれるかどうかは捕食者の齢と餌の密度に依存する (Blois 1982)
ヒメキトンボ	ムモンギンヤンマに同じ (Thangam & Kathiresan 1994)
Celithemis fasciata	タイプ2のFR.ミジンコ属 *Daphnia* とユスリカ属 *Chironomus tentans* という2つの餌タイプが与えられた場合,ユスリカの隠れ場が存在する場合には捕食者はミジンコを好むが,その他の場合はこのような好みは示さない.2つの餌タイプの密度が等しい場合にはどちらも同じように食う (Gresens et al. 1982)
キンソウイトトンボ	動物プランクトンがいると共食いが減少する (Johansson 1992b)
サオトメエゾイトトンボ	連続4日間,毎日タイプ2のFRが見られ,その間に,a'の減少とHTの増加が認められた.タイリクアカネでも同様 (図4.24; Onyeka 1983)
カラカネトンボ*	キンソウイトトンボに同じ
Enallagma aspersum	タイプ2のFR.2つの餌タイプ間の好みはタイプA(カラヌス目の*Diaptomus*属)の密度に依存し,B(オカメミジンコ属*Simocephalus*)の密度には依存しない.Aへの捕食のa'とHTはBの密度が増えるとともに増加,Bへの捕食のa'とHTはAの密度が増えるとともに減少した.SUは空腹の程度とともに増加 (Colton 1987)
タイリクルリイトトンボ	タイプ2のFR.低い餌密度は大きな餌への選好性を低める (Chowdhury et al. 1989).高い餌密度で過剰殺戮は起きない (Chowdhury & Corbet 1989).餌の存在は活動的な採餌モードに使う時間を減らす (Siegert 1995)
Gomphus flavipes	空腹になると,基質の中にいた幼虫は採餌のために表面に現れる (Müller 1993a)
G. vulgatissimus	*G. flavipes* に同じ
オオキイロトンボ属	空腹になると,4種類の餌のそれぞれに対する相対的な選好性が変化する (Chowdhury & Mia 1993)
マンシュウイトトンボ	タイプ2のFR (Thompson 1975).FRの増加の飽和点は絶食期間とともに大きくなる (Thompson & Pickup 1984).餌密度が低いと採餌のための移動が増加する (Heads 1985)
Ischnura hastata	1種類の餌を与えられたときと,2種類の餌を同じ密度で与えられたときは,タイプ2のFR.ミジンコ属への選択性(オカメミジンコ属に比べて)は,餌密度の増加に伴い高まる.これらの主要な餌に対して餌密度を補うように代わりの餌を与えると,タイプ3のFRが見られる.餌選択は頻度依存的(つまり,「スイッチング」が起きる; Akre & Johnson 1979)
I. ramburii	餌密度が5〜50個体/lの間で増加すると,F-1齢による過剰殺戮が増える.終齢のFRは5〜50個体/lの間の餌密度変化に対して,最も感度が高い (Johnson et al. 1975)
アメリカアオモンイトトンボ	タイプ2のFR.餌密度の増加によって高くなるHTは,前腸での食物消化に要する時間がしだいに長くなるためと思われる (Wilson 1982).絶食後の摂食速度は高くなる (Crowley 1979)
Lestes elatus	餌密度の低下および絶食時間の増加によってSNは延長 (Beena et al. 1989)
アオイトトンボ	タイプ2のFR; 摂食モードにあるアオイトトンボは反応空間を広げ,餌との遭遇率と有効餌密度を高めるため,a'はマンシュウイトトンボより大きい (Pickup & Thompson 1990).
カオジロトンボ	キンソウイトトンボに同じ
Mesogomphus lineatus	餌密度の増加に伴いSNは短縮 (Mathavan 1976).タイプ2のFRの飽和点が,水の体積が増加して有効餌密度が低下するにつれて減少 (Mathavan & Jaya Gopal 1979); ムモンギンヤンマも同様 (Mathavan 1976)
ヨーロッパオナガサナエ	最初に餌がいないことで,能動的採餌が増加 (Suhling 1994a)
Ophiogomphus cecilia	*G. flavipes* に同じ
ウスバキトンボ	餌密度の増加に伴い,餌タイプの選択が変化 (Sherratt & Harvey 1989)
アカイトトンボ	餌密度が高くなって一定のレベルを超えると,F-1齢とF-2齢による過剰殺戮が増加する (Corbet et al. 1989)
Telebasis salva	餌密度は,隠れ場の有効性と逆相関 (Runck & Blinn 1991)
Urothemis sanguinea	ムモンギンヤンマに同じ.SNは餌密度の上昇に伴い短縮 (Nirmala Kumari & Nair 1983).絶食時間が長いほど摂食速度が大きくなる.SNは48.9分 (Ogbogu & Hassan 1996)
B.3 空間分布	
アメリカギンヤンマ	餌の消費は,相互に干渉する捕食者の数に対する離散的な餌の塊の数に依存.それぞれの塊の中の餌数には依存しない (Ross 1971)
C. 生物的環境	
C.1 同種の存在	表A.5.8参照
C.2 異種の捕食者の存在	表A.5.5参照
キンソウイトトンボ	ルリボシヤンマの存在によって,ある種の橈脚類が活発に動くようになり,そのために固着性の橈脚類が撹乱され,その消費が増加 (Johansson 1995b)

表A.4.4 続き

要因と種	効果[a]
D. 物理的環境	
D.1 1日の時間	
ルリボシヤンマ	日中に餌消費が多く，捕獲成功率も高い (Johansson 1993b)
コウテイギンヤンマ	日の出時と日没時に（後者が主）大部分摂食し，光周期によって周期性が生じる (Cloarec 1975; Blois-Heulen & Cloarec 1988)
オビアオハダトンボ	狩猟は主に夜間 (Mazokhin-Porshnyakov & Ryazanova 1987)
タイリクオニヤンマ	摂食は夜間だけで，日没時に始まる (Weber & Caillère 1978)
カラカネトンボ	採餌活動と摂食活動は夜間に高くなる (Johansson 1993b)
ハヤブサトンボ	1日中いつでも摂食するが，主に日中 (Cofrancesco 1979)
Gomphidia perakensis	摂食は夜間だけ行う (Lieftinck 1982a)
Gomphus vulgatissimus	夜間に堆積物の中で活発に採餌 (Foidl et al. 1993)
Gynacantha tibiata	夜間に水面で摂食 (Ramírez 1994)
Hemicordulia tau	夜間のほうが活発に採餌 (Richards & Bull 1990; Peterson et al. 1992)
カオジロトンボ	夜間のほうが多く摂食するが，捕獲成功率は昼間のほうが高い (Johansson 1993b)
ヨーロッパオナガサナエ	主に夜間に摂食し，空腹だとさらにその傾向が強まる (Suhling 1994a)
Oplonaeschna armata	もっぱら夜間に摂食 (Johnson 1968)
ウスバキトンボ	ハヤブサトンボに同じ (Sherratt & Harvey 1989)
*Pseudocordulia*属	採餌は夜間だけ行う (Watson 1982)
アキアカネ	ハヤブサトンボに同じ (浦辺ら 1986a)
タイリクアカネ	ハヤブサトンボに同じだが，ほとんどは日没後間もなく (森・和田 1974)
Telebasis salva	植生の中では夜間に食う餌はより少ない (Runck & Blinn 1991)
D.2 季節性	
ヒスイルリボシヤンマ	夏に最大の摂食が起きるような，日長によってもたらされる年間の周期性がある (Gross 1982)
D.3 温度	
Celithemis fasciata	FRにおいて，15℃までの温度上昇によって，a′は直線的に増加，HTは直線的に減少 (Gresens et al. 1982)
アメリカオオトラフトンボ	15℃よりも20℃でのほうが，摂食速度はずっと大きい (Mantz 1975)
Mesogomphus lineatus	温度が上がるにつれて飽食に必要な餌数が増加し，最大の食欲（摂食速度）を回復するのに必要な最低時間が増加．捕食者の体重が同じであれば，温度が高いほど，SNと摂食速度は大きくなる (Pandian et al. 1979)
アカイトトンボ	4〜15℃の温度範囲で，温度の上昇とともに最大摂食速度が上昇．しかし，4〜5℃の摂食速度は，食物の腸内通過または呼吸に対する温度の影響から予測される値よりも小さかった (Lawton 1971b)
D.4 基質の複雑さ	
アメリカギンヤンマ	砂礫とカナダモ属*Elodea*の茎の存在は端脚目に隠れ場を提供し，その捕獲率を低下させる (Folsom & Collins 1984)
サオトメエゾイトトンボ	とまり場を確保することで捕獲成功率が上がる (Convey 1988)
マンシュウイトトンボ	サオトメエゾイトトンボに同じ
アメリカアオモンイトトンボ	FRは基質の複雑さに依存 (Johansson 1995a)
D.5 pH	
Enallagma civile	低いpH (3.5) で摂食速度は低下する（ただし，終齢でだけ）(Gorham & Vodopich 1992)[b]
D.6 流速	
ウスバキトンボ	0〜10l/分の流速の範囲内で，摂食速度は流速と負の相関 (Mathavan 1979)[c]
D.7 水の容積，水深	
Mesogomphus lineatus	特定の実験条件のもとで，摂食速度は容積350mlで水深16cmのときピークになる (Mathavan & Jaya Gopal 1979)

注：すべて実験室のコントロールされた条件で行われた研究．用語の定義は用語解説を参照．食物構成が餌タイプによって変化する例は表から除いた (§4.3.5; 表A.4.3)．
[a] 略号：a′. 攻撃率; FR. 機能の反応; HT. 処理時間; SN. 飽和時間; SU. 下唇攻撃の成功率（つまり，下唇伸展を行って捕獲に成功した割合）．
[b] 変態の進行に伴う摂食の停止 (§7.3) が明白に示されていないので，この知見は再確認する必要がある．
[c] ウスバキトンボは稀に流水にいることがある．
* *Cordulia aenea amurensis*.

付　表

表 A.4.5　幼虫期間における同化率

種	同化率 (%)	備考
Adversaeschna brevistyla	70〜80	餌供給量が同じ場合，最後の4齢の間にしだいに低下する．F-3齢では幼虫が空腹だと上昇する (Prestidge 1979)
ヒスイルリボシヤンマ	87〜92	McAleer 1973
アメリカギンヤンマ	89〜92	餌タイプに影響されない (Folsom & Collins 1982a)
ヒメキトンボ	88〜90	Mathavan 1990
ヒメトンボ	91	Pandian & Mathavan 1974
オーストラリアミナミトンボ	52〜76	餌供給量が同じ場合，F-1齢からF-0齢にかけて上昇する．F-0齢で幼虫が空腹だと上昇する (Prestidge 1979)
アオイトトンボ	40	発育に伴ってわずかに低下する．本文参照 (Fischer 1972)
ハラボソトンボ	89〜90	Mathavan 1990
Ophiogomphus severinus	75	Minshall et al. 1975
アカイトトンボ	83〜95	餌タイプによって変化する．摂食をやめるまでは摂食速度，温度，休眠，変態に影響されない．発育中に約95%（2齢）から約85%（F-0齢）まで直線的に低下する (Lawton 1970a)

表 A.4.6　さまざまな生息場所における幼虫の密度と生物体量

種	密度[a] (個体数/m²)	生物体当量[b] (g/m²)	場所	備考[c]
Aeshna sitchensis	2.9[d]		カナダ, NF	高層湿原の1m²以下の小さな水たまり (Larson & House 1990)
ヨーロッパアオハダトンボ	280		イギリス	運河化された川の泥とシダ類の中 (Lambert 1994)
オアカカワトンボ	72.1 [34.8][d]		フランス	灌漑用水路のイグサ類［および沈水植物］の中 (Schridde & Suhling 1994)
Celithemis fasciata	1,072 [34]		アメリカ, SC	富栄養の池：当年はH［1年目はE］(Benke & Benke 1975)
キンソウイトトンボ	257 [34]		スウェーデン	富栄養の池：秋と［E］(Johansson & Norling 1994)
サオトメエゾイトトンボ	256		イギリス	富栄養の池：冬のL (Banks & Thompson 1987b)
Cordulegaster bidentatus	3.3		ドイツ	湧水からの流れ (Fränzel 1985)
アメリカカラカネトンボ	155		カナダ, NS	魚のいない湖：沿岸帯の水草 (Paterson 1994)
Enallagma civile[e]	1,235		アメリカ, CA	水田の沈水植物の中 (Miura et al. 1990)
アカメイトトンボ	336	10.8[f]	ウクライナ	川床のマツモ属 *Ceratophyllum*，晩秋
	242	4.3[f]	ウクライナ	氾濫原の沈水植物，晩秋 (Zimbalevskaya 1974)
Gomphus vulgatissimus	33		ドイツ	大きな川 (Tittizer et al. 1989; Tittizer 1994)
アメリカアオイトトンボ	105.8	0.002[g]	アメリカ, MN	大きな川の岸の浅瀬：ミクリ属 *Sparganium* の浮枝 (Duffy 1994)
カオジロトンボ属	>40	0.3[g]	アメリカ, NY	酸性化した，魚のいない湖 (Evans 1987)
Libellula deplanata	433 [16]		アメリカ, SC	*Celithemis facsiata* に同じ
ネグロベッコウトンボ	218 [33]		アメリカ, IA	富栄養の池：当年のH［1年目のE］(Wissinger 1989c)
ヨツボシトンボ	6.6[d]		カナダ, NF	*Aeshna sitchensis* に同じ
ヨーロッパオナガサナエ	179.0[d] [71.8][d]		フランス	灌漑用水路：砂礫［と粗い砂礫］(Schridde & Suhling 1994)
カトリトンボ	36.4		アメリカ, SC	高温の排水が流れ込む軟泥底のため池；岸近くの砂地 (Thorp & Bergey 1981)
Paragomphus cognatus	73		ウガンダ	大きな深い湖の砂地の浅瀬 (Wager 1977)
アメリカハラジロトンボ	389 [22]		アメリカ, IA	ネグロベッコウトンボに同じ
キボシミナミエゾトンボ	22		ニュージーランド	中栄養湖：流出口近くの富栄養化した泥 (Timms 1980)
アカイトトンボ	1,400 [450]		イギリス	中栄養の氷食湖：当年のH［1年目の夏］(Macan 1964)
	362.9	0.013[g]	イギリス	中栄養湖：当年のE
	81.8	0.110[g]		1年目の夏
	22.4	0.336[g]		2年目のE (Lawton 1971a)
アキアカネ	54.3		日本	水田：5〜6齢 (浦辺ら 1986b)
Telebasis salva	4,500		アメリカ, AZ	温かく富栄養で魚のいない湖 (Runck & Blinn 1991)
カロライナハネビロトンボ	50		アメリカ, NC	魚のいない一時的な池，L (Van Buskirk 1989)
ニュージーランドイトトンボ	0.600		ニュージーランド	おそらく富栄養の湖，L (Rowe 1990a)

[a] 好適な微小生息場所を選んで高密度の例を示したので，最高密度の場合が多い．幼虫は微小生息場所の間でパッチ状に分布し，幼虫期にその絶対数が大きく減少するので，低い値の情報価値は低い．
[b] 分かっている場合だけ示す．
[c] 略号：E. 羽化直前；H. 羽化のしばらく後で，幼虫がほぼ最大の密度になる時期；L. 終齢近く；T. 2つの同時出生集団を含む．
[d] 平均値．
[e] *Ischnura denticollis* を若干含む．密度のピークは7月から8月にかけて．
[f] おそらく湿重量だと思われる．
[g] 乾燥重量．

表A.4.7 トンボ幼虫の捕食に関連した餌動物の個体数の減少

生息場所と捕食者[a]	餌動物	餌動物の個体数が減少した程度[b]
源流		
Lanthus vernalis	大型無脊椎動物	現存量の約65％を消費（Wallace et al. 1987）
湖沼		
キタルリイトトンボ[c]	ミジンコ属の*Daphnia schodleri*	個体数増加率に有意な効果（Johnson et al. 1986）
高層湿原		
キタルリイトトンボ	枝角目と橈脚類	捕食者密度と餌密度の間に正の相関（Anholt 1990a）
水田		
アキアカネ	ハマダラカ属の*Anopheles sinensis*	捕食者と餌動物の時期が重なる夏の間に、捕食者の56％がカの幼虫を食い、餌個体群は90〜100％減少したと推定された（浦辺ら 1986b）
人工池		
アメリカギンヤンマ[d], カロライナハネビロトンボ[d]	(1) 動物プランクトン； (2) アマガエル属の*Hyla crucifer*とアマガエル科の*Pseudacris triseriata*のオタマジャクシ	捕食者が単独で、あるいは両種一緒に作用する場合、(1)はからくも有意、(2)は有意であった（Van Buskirk 1988）
野外の囲い		

Celithemis elisa[e],
  アメリカオオトラフトンボ[e],
  ルリイトトンボ属 spp.[f]
	大型の枝角目；貧毛類とトビケラ目	減少は常に起きるが、減少数はトンボの密度とは関係しない（Johnson et al. 1987）

C. fasciata	多くの分類群に属する大型底生無脊椎動物	すべての季節において、また年ベースにおいて、試験した最も高い捕食者密度のときに最大（Thorp & Cochran 1984）
Trithemis annulata scortecii	ハマダラカ属の*Anopheles pharoensis*	48時間後に幼虫がすべて除去された（El Rayah 1975）
実験水槽		
アメリカギンヤンマ	ナミカ属の*Culex peus*	捕食者密度が高いほど、著しい減少が急速に起きた（Beesley 1974）
石油ドラム缶		
Bradinopyga geminata	ネッタイシマカ *Aedes aegypti*	数日中に全部除去された（Sebastian et al. 1980）
ショウジョウトンボ	ネッタイシマカ	90％以上が除去された（Sebastian et al. 1990）
樹洞		
Hadrothemis camarensis	カ科	減少は捕食者の存在と正の相関あり[g]（Copeland et al. 1996）
ムラサキハビロイトトンボ	カ科	数日中にすべて除去された（Fincke 1992a）

注：トンボの個体数（または存否）が、餌のそれと負の相関があったとき、減少があったと判断した．常にではないが、問題にしている餌種が現実に食われることを、直接観察によって確かめられたケースもある．リストアップした昆虫の餌種は幼虫ステージについてのもの．

[a] 湖（面積6.5ha）を除いて、リストにあげた生息地はすべて小さく、最大でも25×13mの高層湿原の池．
[b] いくつかのケースでは、餌動物の初期個体数が既知であるか、コントロール実験で操作されている．
[c] 捕食者の多くはキタルリイトトンボ（F-3以降の齢）だが、*Ischnura cervula*、*I. perparva*、*Lestes congener*およびアメリカアオイトトンボも含む．
[d] ほとんどはF-0齢ないしF-2齢．
[e] 種のペアを作って試験．
[f] *Enallagma aspersum*、*E. divagans*および*E. traviatum*について、2種の組み合わせで試験．
[g] ある種の幼虫はファイトテルマータの間を移動できるという知見（Lounibos et al. 1987b）に照らすと問題がある．

付　表

表A.5.1　トンボ目幼虫と片利共生する生物

片利共生者[a]	運搬者	場所	共生部位と関係
原生生物界			
動物様（原生動物）			
繊毛虫亜門[c]	サナエトンボ属, カトリトンボ属	アメリカ, OH	幼虫の30％のそれぞれの腹部背面に1コロニー (Jilek 1980)
	アオイトンボ属	ドイツ	宿主特異的に見える (Guhl 1972)
鞭毛虫亜門	ルイイトトンボ属, アオモンイトトンボ属, アオイトトンボ属	アメリカ, IN	鞭毛のないパルメラ期は直腸壁に付着．春の脱皮時に追い出される．おそらく共生的 (Willey 1972; Rosowski & Willey 1975)
植物様（藻類）[b]			
緑色植物門	イトトンボ科	インド	葉状尾部付属器の中，そこでの藻の細胞の増殖は季節的に変動．おそらく共生的 (Selvaraj & Job 1965)
	ヒメハビロイトトンボ	コスタリカ	尾部付属器の一方の表面の厚さ1mmまでの層中．樹洞内の幼虫の頭や胸，腹部の背面にも付着．共生的に見える (De la Rosa & Ramírez 1995)
	ムラサキハビロイトンボ	コスタリカ	樹洞内の幼虫の頭や胸，脚の主に背面に付着．成長は不十分 (De la Rosa & Ramírez 1995)
黄色植物門	ヨツボシトンボ属	イギリス	脚に付着 (Pill 1980)
袋形動物門			
輪虫綱	不均翅亜目, 均翅亜目	インド	脚の刺毛．不均翅亜目により多い (Mohan & Rao 1976)
軟体動物門			
弁鰓綱	ホソミアオイトンボ属	オーストラリア	ドブシジミ属 Sphaerium, 分散中の軟体動物，後肢の爪に付着 (Soldán et al. 1989)
	サナエトンボ属, オナガサナエ属	ドイツ	カワホトトギスガイ科の Dreissenia 属, 分散中の軟体動物, 脱皮殻に付着 (Stöckel 1987)
節足動物			
クモ形綱			
ダニ目			
ヨロイミズダニ科	不均翅亜目, 均翅亜目	おそらく世界的	羽化前のF-0齢幼虫に付着．幼虫に便乗 (§8.5.3)
昆虫綱			
双翅目[c]			
ユスリカ科[d]	*Austroaeschna* 属	オーストラリア	幼虫は亜高山の渓流にいるF-2齢とF-1齢幼虫の脚，胸，翅芽と腹部に付着 (Hawking & Watson 1990)
	コシボソヤンマ属, アオハダトンボ属, コヤマトンボ属	アメリカ, SC	筒形の幼虫が頭の背面，前胸，翅芽と脚に付着 (White et al. 1980)
	ハビロイトトンボ属	コスタリカ	幼虫が尾部付属器に生えた藻の中．管住性の幼虫は樹洞内のF-0齢幼虫の翅芽の間 (De la Rosa & Ramírez 1995)
	アカネ属	カナダ, AB	筒に棲む幼虫が前胸背面に付着 (Rosenberg 1972)
	タニガワトンボ属	香港	主に幼虫，しかし少数の蛹も．翅芽の下（主に），脚と胸部の背面に付着 (Dudgeon 1989c)
ヌカカ科	タニガワトンボ属	香港	幼虫が胸部背面に付着 (Dudgeon 1989c)
ブユ科[b,e]	ルリボシヤンマ属	ジンバブエ	卵が翅芽のすぐ後の腹部背面に付着 (Lewis et al. 1960)
	トンボ科[f]	ナイジェリア	幼虫が額と翅芽に付着 (Lewis et al. 1960)
	タニガワトンボ属	ガーナ	蛹と蛹鞘が翅芽と前肢の転節に付着 (Burton & McRae 1972)
		ウガンダ	蛹と蛹鞘が腹部の背面と腹面（主に），脚，眼と頭頂に付着 (Corbet 1962b; 図5.1)
トビケラ目			
ヒメトビケラ科	コヤマトンボ属	アメリカ, SC	蛹が胸，腹と翅芽の背面に付着 (White & Fox 1979)
	タニガワトンボ属	ウガンダ	蛹の殻が下唇，胸，翅芽，脚と（主に）腹部に付着 (Corbet 1962b)

[a] それぞれの界，亜界または門については，門または綱で，節足動物については科で示す．
[b] Wright 1943, Steffan 1967 と Gerson 1974, 1976 の総説．
[c] アカネ属の場合を除き，表にのせた群集は流水からのもの．
[d] Dudgeon 1989c の総説．
[e] Burton & McRae 1972 と Colbo & Wotton 1981 の総説．
[f] おそらくタニガワトンボ属．

表A.5.2 トンボ目が第2中間宿主となる二生目の吸虫の属

分類群	第1中間宿主 (軟体動物)	第2中間宿主 (不均翅亜目)	第2中間宿主 (均翅亜目)	終宿主 (脊椎動物)	文献[b]
Dicrocoeliidae 科					
Orthetrotrema 属	(G)	*		(A)	22
Gorgoderidae 科					
Gorgodera 属	P	**	**	A	28, 40, 41
Gorgoderina 属		*		A	41
Phyllodistomum 属	P	*	*	A	7, 39
Halipegidae 科					
Halipegus 属	C + G	*	*	A	12, 29, 36, 41
Lecithodendriidae 科					
Eumegacetes 属		*		B	41
Langeronia 属	G		*	A	8
Loxogenes 属		**			13, 41
Mehraorchis 属	G	*		A	18
Phaneropsolus 属	(G)	***	***	M	24, 25
Pleurogenes 属	(G)	*	*	(A)	10, 41
Pleurogenoides 属	G	**	*	A, R	10, 21, 23, 40
Prosotocus 属	G	**		A	1, 3, 10, 31, 34, 40
Prosthodendrium 属	(G)	***	***	M	24, 25
Microphallidae 科					
Maritrema 属	G	*		(B)	38
Plagiorchiidae 科					
Haematoloechus 属	G	**	*	A	4, 5, 9, 10, 16, 35, 40, 41
Opisthoglyphe 属	(G)	0		(A)	10
Plagiorchis 属	G	*	*	(A), B, M, (R)	10, 11, 13, 20, 27, 33, 41
Pneumobites 属		*	*		9, 41
Prosthogonimus 属	G	***	*	B	6, 10, 14, 15, 17, 19
Schistogonimus 属	G	0		B	2
Skrjabinoeces 属	(G)	**	**	A	28, 30
Strigeidae 科					
Apatemon 属	G	*		(B)	36
Troglotrematidae 科					
Collyriclum 属	G	*		B	36

注：幼虫が生きて羽化を完了した場合，感染はトンボ成虫でも継続するとみなす．
[a] 略号：A. 両生類；B. 鳥類；C. 甲殻類；G. 腹足類；M. 哺乳類；O. トンボ目；P. 斧足類；R. 爬虫類；*. 1〜5属；**. 6〜10属；***. 10を超えるまたは「多くの」属．括弧内は近縁種の生活環から推定．
[b] 文献：1. Bayanov 1975；2. Borgsteede et al. 1969；3. Bozkov 1978；4. Dronen 1975；5. Dronen 1978；6. Frankenhuyzen 1977；7. Goodchild 1943；8. Goodman 1989；9. Grieve 1937；10. Ilyushina 1973；11. Karpenko & Zaika 1979；12. Kechemir 1978；13. Kerdpibule et al. 1979；14. Kiseliene 1968；15. Krasnolobova 1960；16. Krull 1931；17. Kukashev & Belyakova 1981；18. Kumari et al. 1991；19. Liu 1974；20. Macy 1960；21. Macy 1964；22. Macy & Basch 1972；23. Madhavi et al. 1987；24. Manning 1971；25. Manning & Lertprasert 1973；26. Olsen 1974；27. Paskalskaia 1954；28. Pavlyuk 1972b；29. Pavlyuk 1973b；30. Pavlyuk 1980a；31. Pavlyuk 1981；32. Pavlyuk & Kurbanova 1987；33. Richard et al. 1968；34. Schaller 1963；35. Schell 1965；36. Sievers & Haman 1973；37. Singh & Pande 1971；38. Timon-David 1965；39. Ubelaker & Olsen 1972；40. Vojtkova 1970；41. Wright 1943.

付表

表A.5.3 野外においてトンボ目の幼虫を主要な食物とすることがある捕食者

捕食者の分類群[a]	場所	餌	観察[b]
昆虫類[c]	ニュージーランド	アオイトトンボ科	池：ホソミアオイトトンボの若齢幼虫はヒメゲンゴロウ属 *Rhantus*（ゲンゴロウ科; Rowe 1987a）の餌の43.4％を占める
硬骨魚類[d]	ウガンダ	不均翅亜目	湖：カラシン科，ヒレナマズ科，モルミュルス科に属する数種の魚の量的に主要な消化管内容物であることが多い（Corbet 1961c）
	ブルキナファソ	トンボ目	河川：魚のサイズと関係なく，すべてのいっぱいになった胃（81.0％）に存在し，モルミュルス科のグナトネムス属 *Gnathonemus* の餌の重量で50％を占める（Boon von Ochsée 1979）
	ジンバブエ	主として不均翅亜目	湖：カワスズメ科以外の科，特にヒレナマズ科，モルミュルス科とスキルベ科の食物の29.5～46.4％を占める（Mitchell 1976）
	ベラルーシ	トンボ目	湖：若いウナギ属 *Anguilla* の主な食物（Dunke & Prischepov 1973）
	ロシア	トンボ目	大きい幼虫は異なる年齢のパイク属 *Esox* とペルカ属 *Perca* の主な食物（Pushkin et al. 1979）
	シベリア	トンボ目	湖：重量ではカジカ属 *Cottus* の主な食物（Kuzmich 1966）
		トンボ目	季節に依存，スズキ科の魚（*Acerina* 属）の食物の22.5～65.5％を占める（Prusevich & Prusevich 1973）
	アメリカ	トンボ目	いくらかの種，特にパイク属，ブルーギル属 *Lepiopomus*［= *Lepomis*］，ペルカ属，ポモクシス属 *Pomoxys* の食物の30％を超える（Wright 1946a）
	アメリカ, MN	イトトンボ科 トンボ科	ブルーギル属 *Lepomis* の食物の中で多い（Crowder & Cooper 1982）
	アメリカ, IA	トンボ目	長さ90 mmを超えるオオクチバス属 *Micropterus* の食物の62～70％を占める（Wright 1946a）
	アメリカ, TN	エゾトンボ科	湖：サンフィッシュ科の魚は主として7月にアメリカオオトラフトンボを大量に捕食し，魚1個体当たりの捕食幼虫数は平均30を超える（Martin 1986），特に若いほうの同時出生集団がその最初の夏に多く補食される（Martin et al. 1991; D. M. Johnson et al. 1995）
	オーストラリア, NSW	エゾトンボ科	*Hemicordulia tau* が2種のタイセイヨウサケ属 *Salmo* の食物の10.0～12.4％を占める（Faragher 1980）
両生類[c,e]	ウクライナ	トンボ目	2種のヨーロッパイモリ属 *Triturus* の25％と62％から検出（個体当たり最大22と38; Pavlyuk 1973c）
	アメリカ	トンボ目	多くはプロテウス科の *Necturus* 属から検出（Larochelle 1977a）
	アメリカ, FL	トンボ目	主に不均翅亜目がアカガエル属 *Rana* の7.6％から検出（Larochelle 1977a）
	アメリカ, IL	トンボ科	アカガエル属の5.6％から検出（Larochelle 1977a）
爬虫類[c,e]	アメリカ, FL	トンボ科	トンボはホテイアオイ属 *Eichhorna* の群落の中で捕食する若いヘビ（*Regina* 属）の全餌動物品目中の95％を超えるが，その96％が *Miathyria marcella*（主に）とカトリトンボだった．幼体のヘビの食物には必ずトンボ目の幼虫が含まれていた（Godley 1980）
	アメリカ, 湾岸地方中部	トンボ科	カメ科の *Chrysemys* 属の消化管内容物の98％を占めた（Wright 1943）
		均翅亜目, トンボ目	カメ科の *Clemmys* 属の成体の29.6％から検出（Wright 1943）
鳥類[d,f]	アメリカ	トンボ目	7科に属する20種の鳥の胃[g]の10％以上から検出．最大値は： カワセミ科, 10.0 カモ科（魚食性のカモ類）, 20.0 　　（河川性のカモ類）, 14.0 サギ科, 44.4 カモメ科, 12.9 カイツブリ科, 17.1 シギ科, 42.5

注：捕食者としてのトンボ目を除外（表A.5.4参照）．幼虫が捕食された例，羽化直前であったことが分かっている例，羽化中であった例を除外．
[a] 綱のみを示す．
[b] 断らない限り，値は出現百分率（すなわち，問題の餌を含む個体数の百分率）．脊椎動物の捕食者に食われるトンボ幼虫は通常大きいので，それらは容積からしてもしばしば食物の重要な構成分になるであろう．
[c] Wright 1943の総説．
[d] Wright 1946aの総説．
[e] Larochelle 1977aの総説．
[f] Kennedy 1950の総説．
[g] サンプルサイズが35未満の記録は除外した．

表 A.5.4　野外におけるトンボ幼虫間の捕食

観察の場	捕食者	餌動物	場所	観察[a]
渓流	タイリクオニヤンマ	ヨーロッパオナガサナエ	フランス	このサナエはすべての齢で捕食されやすいが，通常，砂底では最も捕食されにくい．タイリクオニヤンマはF-0齢幼虫の唯一の重要な捕食者である (Suhling 1994a)
湖				
自然	*Celithemis elisa*, *C. fasciata*	トンボ目[b]	アメリカ, TN	春，同定された餌の1.4％がトンボ目であった (Merrill & Johnson 1984)
野外の囲い	*C. elisa*, アメリカオオトラフトンボ	*C. elisa*, アメリカオオトラフトンボ	アメリカ, TN	初秋，両方の餌動物種の生存率は大きい幼虫が小さいほうを食うため種内密度に依存した．アメリカオオトラフトンボの2年1化性が小さい幼虫を特に捕食されやすくした (Johnson et al. 1985)
自然	*Dromogomphus spinosus*	トンボ目	アメリカ, TN	餌の品目が6％が不均翅亜目，1％が均翅亜目であった (Mahoto & Johnson 1991)
自然	アメリカオオトラフトンボ[b]	トンボ目[b]	アメリカ, TN	夏，年長集団で同定された餌の12％がトンボ目であった．捕食は若齢の幼虫が老齢幼虫と共存する初秋で最も高く，春に最低であった (Merill & Johnson 1984)．餌の品目の5％が不均翅亜目で，3％が均翅亜目であった (Mahato & Johnson 1991)
野外の囲い	アメリカオオトラフトンボ	アメリカオオトラフトンボ	アメリカ, TN	サンフィッシュ科の存在が，魚とトンボの共通の餌動物への捕食圧を高めることによって，共食いを増やした (R. D. Moore 1986)．年長の年齢集団の幼虫は年少の年齢集団のうち，より大きい幼虫を選択的に餌とした (Crowley et al. 1987a)
自然	*Hemicordulia tau*	トンボ目	オーストラリア, NSW	*H. tau* の18.5％がトンボ目を食った (Faragher 1980)
池				
自然	ヒスイルリボシヤンマ	カオジロトンボ	スイス	この2種の年間羽化数の間に見られる逆相関は，前者による後者の大量捕食によるものだった (Wildermuth 1994d)
自然	ルリボシヤンマ	ルリボシヤンマ	アメリカ, MN	3年の生活環の間に3年目の幼虫の9％がより小さい同種個体を食った (Van Buskirk 1992)
		キンソウイトトンボ, カオジロトンボ	スウェーデン	ルリボシヤンマの約25％がこれらの餌を食っていた (Johansson 1993a)
自然	ヤンマ科	*Aeshna eremita*, カオジロトンボ	カナダ, AB	夏に多い小さな幼虫が餌であった (Pritchard 1964a)
人工池	アメリカギンヤンマ, トンボ科[c]	トンボ科[d]	アメリカ, TX	アメリカギンヤンマがいると，捕食は種依存的で，サイズに依存しなかった．また穴掘りタイプの1種のアメリカハラジロトンボはたいして捕食されなかった (Robinson & Wellborn 1987)
人工池	アメリカギンヤンマ[e]	カロライナハネビロトンボ[e]	アメリカ, NC	捕食者の存在下では生存率が67％から33％に低下した (Van Buskirk 1988)
自然	不均翅亜目，特にヤンマ科	均翅亜目	カナダ, AB	均翅亜目が食物の大部分を構成した (Pritchard, 1964a)
野外の囲い	*Celithemis* spp., アメリカオオトラフトンボ, *Libellula deplanata*	エゾトンボ科, トンボ科	アメリカ, SU	捕食者の老齢期では餌は若齢期の幼虫であり，餌動物総数の3％を占めた (Benke 1978)．早く羽化する種 (アメリカオオトラフトンボと *L. deplanata*) は遅れて羽化する種 (*Celithemis*属, カトリトンボ, ヨツボシトンボ属) の若齢期の生物体量を減少させた．またアメリカオオトラフトンボは *L. deplanata* の生物体量を減らした (Benke et al. 1982)
人工池	キタルリイトトンボ	キタルリイトトンボ	カナダ, BC	若齢幼虫の生存は，特に遅れて羽化した場合，中間の齢の同種個体による捕食で最大35倍減少した (Anholt 1994)

付　表

表 A.5.4　続き

観察の場	捕食者	餌動物	場所	観察[a]
野外の囲い	アメリカオオトラフトンボ	アメリカオオトラフトンボ	アメリカ, IN	頻繁に捕食が起きた (Wissinger 1988b)
人工池	ハヤブサトンボ[f], 　ラケラータハネビロトンボ[f]	均翅亜目[g]	アメリカ, PA	捕食はかなり起こった (Wissinger & McGrady 1993)
自然	ソメワケアオイトトンボ	ソメワケアオイトトンボ	イタリア	同じ池にいる *Lestes virens* は池が干上がっていくときでさえも共食いをしなかった (Carchini & Nicolai 1984)
人工池	ネグロベッコウトンボ, 　アメリカハラジロトンボ	ネグロベッコウトンボ, 　アメリカハラジロトンボ	アメリカ, IN	種内および種間のサイズの差が最大となる秋は餌動物の総死亡率の25〜45％に相当するが, 春は11〜15％にすぎなかった (Wissinger 1989a)
人工池	トンボ科[c]	トンボ科[d]	アメリカ, TX	アメリカギンヤンマがいない場合, 捕食はサイズに依存し, 最も小さい種 (コハクバネトンボ) が最高の死亡率を示す (Robinson & Wellborn 1987)
人工池	カロライナハネビロトンボ[h]	カロライナハネビロトンボ	アメリカ, NC	より小さい幼虫のほうが攻撃を受けやすいので, 共食いはサイズとおそらく羽化期間のばらつきを減少させた. 共食いは密度依存的であった (Van Buskirk 1989)
樹洞				
自然	*Gynacantha membranalis*	ハビロイトトンボ科[i]	パナマ	餌動物の死亡率の増加は *G. membranalis* の存在と関連していた (Fincke 1992b, 1994a)
	ムラサキハビロイトトンボ	ムラサキハビロイトトンボ	パナマ	摂食を伴わない殺害を伴う捕食は, 代替となる餌動物が存在するかどうかにかかわらず, 常に共存する幼虫のより小さいほうに高い死亡率をもたらした. このような殺害行動は必ず生じ, 密度依存的であった (Fincke 1994a)
葉腋				
自然	*Roppaneura beckeri*	*R. beckeri*	ブラジル	大きい幼虫がより小さいほうを食った. それは2つの年齢集団が共存することで一層起こりやすくなった (Machado 1981a)

[a] 同種個体間の捕食を共食いと呼ぶ. 捕食者が存在することによる行動への影響は表に含まれない.
[b] 不均翅亜目と均翅亜目を含む.
[c] ハヤブサトンボ, ネグロベッコウトンボ, トホシトンボ, カトリトンボ, コハクバネトンボとアメリカハラジロトンボ.
[d] 脚注 c と同様だがアメリカハラジロトンボを除く.
[e] 主に F-2〜F-0 齢.
[f] F-2 と F-1 齢.
[g] 主に老齢期の *Enallagma aspersum* とアメリカアオモンイトトンボ.
[h] F-5〜F-0 齢.
[i] *Mecistogaster linearis*, ヒメハビロイトトンボとムラサキハビロイトトンボ.

表 A.5.5 異種の捕食者の存在下での幼虫の柔軟な回避行動

行動のカテゴリーと種	捕食者[a]	捕食者の存在の影響
動作の減少[b]		
キンソウイトトンボ	ルリボシヤンマ	採餌動作の頻度の減少 (Johansson 1991), あるいは「立ちすくむ」(つまり, 動かなくなる) (Johansson 1993c)
Enallagma aspersum[c]	アメリカギンヤンマ	歩行, 餌動物への定位, 餌動物捕獲の頻度の減少と不動時間の増加 (McPeek 1990b)
キタルリイトトンボ[c]	魚	腹部を堅く曲げるディスプレイの頻度と継続時間の減少 (McPeek 1990b)
タイリクルリイトトンボ	ルリボシヤンマ	動きは減少するが, 採餌の成功は影響されない (Jeffries 1990)
	魚	動きは減少し, 腹部の振動をとめる (Steiner 1995)
	マツモムシ属の*Notonecta glauca*[d]	動きは減少するが (Maccoll 1990), 摂食速度は変化しない (Chowdhury & Corbet 1988)
E. geminatum[e]	魚, アメリカギンヤンマ	歩行, 餌動物への定位, 餌動物捕獲の頻度の減少 (McPeek 1990b)
アメリカオオトラフトンボ	魚	F-0 齢では採餌が減少するが, 中齢では減少しない. 捕食者がいるパッチの忌避 (Pierce 1988)
マンシュウイトトンボ	*N. glauca*[d]	F-1 と F-0 齢での動きと摂食率の減少 (Heads 1985, 1986; Maccoll 1990)
アメリカアオモンイトトンボ	魚	食物パッチでの滞在時間の減少 (Dixon & Baker 1987). 動きの減少は, 大形の幼虫 (F-3, F-1 齢) よりも小形の幼虫 (F-5 齢) でのほうが著しく, 後者のほうが摂食の減少から受ける影響が大きい (Dixon & Baker 1988; しかし, Dixon & Baker 1987 参照)
アオイトトンボ	ルリボシヤンマ	タイリクルリイトトンボ参照
カオジロトンボ	ルリボシヤンマ	活動低下と摂食率の減少 (Johansson 1992c)
Libellula deplanata	魚	アメリカオオトラフトンボと同様
ヒロアシトンボ	魚	魚の存在下でのタイリクルリイトトンボと同様
物に隠れるか隠れ場所を探す		
Aeshna californica, A. multicolor, アメリカギンヤンマ	餌動物としては大きすぎる物体	非常に空腹の場合を除き, 物体が接近すると幼虫はとまり場を横歩きして回り込み, その物体から隠れる (Kime 1974)
ホソミアオイトトンボ	餌動物としては大きすぎる物体	水底まで一気に泳ぎ, 潜ろうとする (Rowe 1992b)
キンソウイトトンボ	ルリボシヤンマ	とまり場を横歩きして回り込み捕食者から隠れるか, 稀に泳ぎ去る (Johansson 1993c)
Enallagma aspersum[c]	魚	はう頻度の減少 (Blois-Heulen et al. 1990)
タイリクルリイトトンボ	魚	隠れ場所となる基質を探す頻度が増加 (Steiner 1995)
E. geminatum[e]	魚	捕食者が接近する頻度, およびホタルイ属 *Scirpus* のような危険性の高い微生息場所の利用に相関して隠れる頻度が増加 (Dionne et al. 1990)
アメリカオオトラフトンボ	魚	隠れ場所の下に隠れる頻度が増加する (Pierce 1988)
マンシュウイトトンボ	*N. glauca*[d]	隠れ場所を探す頻度が増加し, その結果摂食が減少する (Heads 1986)
アメリカアオイトトンボ	魚	幼虫は水草から離れないようになる (Duffy 1985)
Libellula deplanata	魚	アメリカオオトラフトンボと同様
ヒロアシトンボ	魚	魚の存在下でのタイリクルリイトトンボと同様
オジロサナエ	クロスジギンヤンマ	水底まで一気に泳ぎ, 潜ろうとする (新井 1987b)
Sympetrum semicinctum	魚	アメリカオオトラフトンボと同様
ニュージーランドイトトンボ	*Ranthus pulverosus*[f]	捕食者が 5〜15 mm まで近づくと幼虫は茎の周りを横歩きし捕食者から隠れる. 捕食者がそれより近づくか幼虫に接触すると幼虫は動かなくなる (Rowe 1990a)

[a] あるいは撹乱の他の原因.
[b] 不動反射を除く (表5.9).
[c] 魚のいない湖を利用する種. 魚を捕食者として認識できないようだ.
[d] 半翅目.
[e] 魚のいる湖に生息する種. トンボ目の幼虫と魚を捕食者として認識する.
[f] 鞘翅目.

表 A.5.6 トンボ目の幼虫の生息場所として利用されるファイテルマータ

種	地域	生息場所[a]
Amphicnemis erminea	ボルネオ	タコノキ属 *Pandanus* の葉腋
Camacinia harterti	マレーシア	樹木の根の間の空洞
Coryphagrion grandis	ケニア	樹洞; 樹木の高所に生えたキノコ
Cratilla metallica	ボルネオ	樹洞 (A. G. Orr 1994)

付　表

表 A.5.6 続き

種	地域	生息場所 [a]
Diceratobasis macrogaster	ジャマイカ	着生のパイナップル科植物, 特にエクメア属 *Aechmea* の葉腋 (Diesel 1992)
D. melanogaster	ドミニカ共和国	着生のパイナップル科植物の葉腋 (Westfall & May 1996)
Erythrodiplax amazonica	ベネズエラ	地上性のパイナップル科植物の葉腋 (De Marmels 1992a)
Erythrodiplax sp. a	ジャマイカ	着生のパイナップル科植物の葉腋
Erythrodiplax sp. b	トリニダード・トバゴ	地上性のパイナップル科 *Grevisia* 属の葉腋 (Westfall 1986)
Gynacantha auricularis	ベネズエラ	樹木の根の空洞 (De Marmels 1992a)
G. membranalis	パナマ	樹洞 (Fincke 1992a)
Hadrothemis camarensis	ガボン	樹洞 (Legrand 1983)
	ケニア	樹洞 (Copeland et al. 1996)
	ウガンダ	竹の節内 (樹木の切り株を模したもの)
H. scabrifrons	ケニア	樹洞
Indaeschna grubaueri	ボルネオ	樹洞 (A. G. Orr 1994)
Leptagrion andromache	ブラジル	地上性のパイナップル科植物の葉腋
L. beebeanum	ブラジル	地上性のパイナップル科植物の葉腋 (De Mesquita & Matteo 1992)
L. bocainense	ブラジル	*Vriesia* 属を含む着生のパイナップル科植物の葉腋
L. dardanoi	ブラジル	*Canistrum* 属を含む地上性のパイナップル科植物の葉腋
L. elongatum	ブラジル	地上性のパイナップル科植物の葉腋
L. fernandezianum	ベネズエラ	パイナップル科植物の葉腋 (De Marmels 1985b)
L. macrurum	ブラジル	地上性のパイナップル科植物の葉腋
L. perlongum	ブラジル	地上性のパイナップル科植物の葉腋
L. siqueirai	ブラジル	*Canistrum* 属を含む地上性のパイナップル科植物の葉腋
	ベネズエラ	着生のパイナップル科エクメア属, 特に *A. aquilega* の葉腋 (Lounibos et al. 1987a)
L. vriesianum	ブラジル	*Vriesia* 属を含む着生のパイナップル科植物の葉腋
Libellula herculea	ブラジル	樹洞 (Machado 1983)
	ベネズエラ	樹洞 (De Marmels 1992a)
Lyriothemis bivittata	タイ	樹幹 (Asahina 1988)
L. cleis	ボルネオ	樹洞 (A. G. Orr 1994)
	スラウェシ	樹洞 (Kitching 1986)
L. magnificata	マレーシア	樹洞; 竹の切り株
キイロハラビロトンボ	台湾	樹洞と樹幹; 竹の切り株
Macrothemis sp.	トリニダード・トバゴ	地上性のパイナップル科 *Grevisia* 属の葉腋 (Westfall 1986)
Mecistogaster martinezi	ボリビア	樹洞 [b]
M. linearis	パナマ	樹洞 (Fincke 1992a)
M. modesta	コスタリカ	着生のパイナップル科植物の葉腋
	メキシコ	地上性 (Lucas 1975) および着生 (González-Soriano 1989) のパイナップル科植物のそれぞれ葉軸と葉腋
ヒメハビロイトトンボ	コスタリカ	樹洞 (De la Rosa & Ramírez 1995)
	パナマ	樹洞 (Fincke 1992a)
	トリニダード・トバゴ	樹洞と樹幹; ブラジルナッツの1種 (*Bertholletia excelsa*) の落下した実の殻 (Michalski 1996)
ハビロイトトンボ属 sp.	グアテマラ	パイナップル科植物の葉腋 (Snow 1949)
	メキシコ	樹洞 (González-Soriano 1989)
Megalagrion amaurodytum	ハワイ	ツルアダン属 *Freycinetia* と半着生の *Astelia* 属の葉腋
M. asteliae	ハワイ	*M. amaurodytum* と同様
M. koelense	ハワイ	*M. amaurodytum* と同様
ムラサキハビロイトトンボ	グアテマラ	パイナップル科の葉腋; 竹の切り株 (Snow 1949)
	メキシコ	樹洞 (González-Soriano 1989)
	パナマ	樹洞 (Fincke 1992a)
Microstigma maculatum	スリナム	倒木のくぼみ (Geijskes 1973)
M. rotundatum	ベネズエラ	倒木のくぼみ [c] (De Marmels 1989a)
Microstigma sp.	ブラジル	ブラジルナッツの1種 (*Bertholletia excelsa*) の落下した実の殻 (Santos 1981)
Pericnemis stictica	マレーシア	竹の切り株
P. triangularis	ボルネオ	樹洞 (A. G. Orr 1994)
Podopteryx selysi	オーストラリア, クインズランド州	樹洞 (Watson & Dyce 1978)
Pseudostigma aberrans	メキシコ	樹洞 (Novelo-Gutiérrez 1993b)
P. accedens	メキシコ	樹洞 (González-Soriano 1989)
Roppaneura beckeri	ブラジル	セリ科のエリンギウム属の1種 (*Eryngium floribundum*) の葉腋 (図5.10)
Teinobasis ariel	カロリン諸島東部	ツルアダン属の葉腋 [d]
Triacanthagyna caribbea	ブラジル	樹洞 (Machado 1983)
T. dentata	メキシコ	樹洞 (González-Soriano 1989)
	ベネズエラ	樹洞 (De Marmels 1992a)

出典: 断らない限り, Corbet 1983. 属ごとのまとめと亜科に関しては表5.5参照.

[a] 「樹洞」は, 樹木のくぼみと根の空洞を含む.
[b] 産卵あるいは産卵動作が観察されたが (表A.2.6), 幼虫は未発見 (Machado & Martinez 1982; 種名に関してはSantos 1988参照).
[c] 産卵動作は観察されたが, 幼虫は未発見.
[d] 種名は推定.

表A.5.7 表5.7で区別されたカテゴリーに対応する不均翅亜目の代表的なグループ

幼虫のタイプと分類学的カテゴリー	代表的なグループ[a]
1. しがみつきタイプ	
1.1.1 ヤンマ科	
ヤンマ亜科, 1.1.2に入るものを除く	*Aeshna eremita*; カトリヤンマ属 (Santos et al. 1987); *Nasiaeschna* 属 (Dunkle 1985); ミルンヤンマ属 (Matsuki & Lien 1985); *Tetracanthagyna* 属 (図5.11)
アオヤンマ亜科	*Antipodophlebia* 属 (Watson & Theischinger 1980); コシボソヤンマ属; *Brachytron* 属; *Gomphaeschna* 属 (Dunkle 1977); サラサヤンマ属* (Asahina 1958)
ムカシトンボ科	ムカシトンボ属 (Asahina 1954)
ベニボシヤンマ科	*Archipetalia* 属 (Allbrook 1979); *Austropetalia* 属 (Tillyard 1917a); *Phyllopetalia* 属 (Garrison & Muzón 1995)
1.1.2 ヤンマ科	
ヤンマ亜科(一部)	ヒスイルリボシヤンマ (Lucas 1930)
ギンヤンマ族	ギンヤンマ属 (写真I.6); ヒメギンヤンマ属
1.2 エゾトンボ科	
エゾトンボ亜科(一部)	*Neurocordulia* 属 (Byers 1937; C. E. Williams 1976)
サナエヤマトンボ亜科(一部)	*Austrocordulia leonardi* (Theischinger & Watson 1984)
オセアニアモリトンボ亜科(一部)	*Synthemis ariadne** (Winstanley 1984)
トンボ科	
ベニトンボ亜科(一部)	*Elasmothemis* 属[b] (Westfall 1988)
タニガワトンボ亜科	タニガワトンボ属* (図5.1; Matsuki & Saito 1995)
2. 腹ばいタイプ	
2.1 サナエトンボ科	
サナエトンボ亜科(一部)	*Agriogomphus* 属 (図5.12C); *Archaeogomphus* 属* (Belle 1970); *Cyanogomphus* 属 (Belle 1966); *Ischnogomphus* 属 (Belle 1966)
2.2.1 エゾトンボ科	
ムカシエゾトンボ亜科	*Cordulephya* 属 (Tillyard 1917a)
エゾトンボ亜科(一部)	*Aeschnosoma* 属* (図5.12A); カラカネトンボ属 (Brooks et al. 1995a); トラフトンボ属 (曽根原 1967)
ヤマトンボ亜科	コヤマトンボ属*; *Phyllomacromia* 属 (Corbet 1957b)
マルバネモリトンボ亜科	*Neophya* 属 (Legrand 1976b)
2.2.2 エゾトンボ科	
エゾトンボ亜科(一部)	ミナミトンボ属* (Ubukata & Iga 1974; 松木ら 1985)
トンボ科	
アオビタイトンボ亜科	*Micrathyria* 属; ハッチョウトンボ属; *Nannothemis* 属*
カオジロトンボ亜科	*Austrothemis* 属; *Celithemis* 属; カオジロトンボ属
トンボ亜科(一部)	ハラビロトンボ属 (Lien & Matsuki 1979; Kitching 1986)
ムツボシトンボ亜科	コハクバネトンボ属*
アカネ亜科	ヒメトンボ属; *Erythrodiplax*; アカネ属 (写真J.2)
ハネビロトンボ亜科	ウスバキトンボ属; ハネビロトンボ属 (図4.18)
ベニトンボ亜科(一部)	ベニトンボ属 (Carchini et al. 1992)
フトアカトンボ亜科	ウミアカトンボ属, *Urothemis* 属 (Forge 1981)
3. 潜伏タイプ	
3.1 サナエトンボ科	
サナエトンボ亜科(一部)	ミヤマサナエ属 (朝比奈・山本 1959); *Heliogomphus* 属 (Lieftinck 1932; Matsuki 1990a); *Microgomphus* 属 (Corbet 1977)
アメリカウチワヤンマ亜科(一部)	*Cacoides* 属* (Roback 1966; Belle 1970, 1977b)
コオニヤンマ亜科	アメリカコオニヤンマ属*
ウチワヤンマ亜科	*Gomphidia* 属* (松木 1990b); ウチワヤンマ属* (Corbet 1977); *Lindenia* 属 (図5.14); コオニヤンマ属 (Lieftinck 1932)
オナガサナエ亜科(一部)	オナガサナエ属[c] (Fraser 1934; Lieftinck 1941)
3.2 エゾトンボ科*	
サナエヤマトンボ亜科(一部)	*Pseudocordulia* 属* (写真J.3; Watson 1982)
アフリカヤマトンボ亜科	*Idomacromia* 属 (Legrand 1983, 1984)
ムカシヤンマ科	
ゴンドワナムカシヤンマ亜科(一部)	*Phenes* 属 (Garrison & Muzón 1995); *Tachopteryx* 属 (Dunkle 1981b)
4. 穴掘りタイプ	
4.1 浅い穴掘りタイプ	
4.1.1 オニヤンマ科	
ミナミヤンマ亜科	ミナミヤンマ属 (図5.15B; 井上・広瀬 1961; 松木 1983)
オニヤンマ亜科	タイリクオニヤンマ属 (図5.16); *Neallogaster* 属 (Asahina 1982c)
4.1.2 サナエトンボ科	
サナエトンボ亜科(一部)	*Crenigomphus* 属 (Corbet 1957c); *Gomphurus* 属 (Louton 1983; Tennessen & Louton 1984); サナエトンボ属, ヒメクロサナエ属 (Folsom & Manuel 1983)
アメリカウチワヤンマ亜科(一部)	*Acrogomphus* 属 (Lieftinck 1941); *Progomphus* 属 (図5.12B)
オナガサナエ亜科(一部)	*Paragomphus* 属 (Corbet 1977)
4.1.3 エゾトンボ科	

付 表

表A.5.7 続き

幼虫のタイプと分類学的カテゴリー	代表的なグループ[a]
エゾトンボ亜科（一部）	*Antipodochlora*属（Winstanley 1979b）；エゾトンボ属
オセアニアモリトンボ亜科（一部）	*Synthemis macrostigma**（図5.15A）
トンボ科	
トンボ亜科	*Hadrothemis*属（Corbet & McCrae 1981; Copeland et al. 1996）；ヨツボシトンボ属；アメリカシオカラトンボ属（Ono 1982; Rodrígues-Capítulo & Muzón 1990）；シオカラトンボ属（Kumar 1970）
4.2 深い穴掘りタイプ	
4.2.1 ムカシヤンマ科	
ゴンドワナムカシヤンマ亜科	*Petalura*属（Tillyard 1909）；*Tachopteryx*属*（Barlow 1991a; Winstanley 1982b）；*Uropetala*属（図5.15C）
ムカシヤンマ亜科	ムカシヤンマ属（武藤 1971; Meyer & Clement 1978; Svihla 1984）
4.2.2 サナエトンボ科	
サナエトンボ亜科[d]（一部）	*Antipodogomphus*属（Rowe 1995）；メガネサナエ属（朝比奈 1960；井上 1979b）；*Lestinogomphus*属* 26%；*Macrogomphus*属（Fraser 1934）；*Merogomphus*属（Fraser 1943a）；*Neurogomphus*属[e]* 37～58%（図5.19A; Corbet 1977）；*Peruviogomphus*属 16%（Belle 1992a）；*Phyllogomphus*属 15～24%（Corbet 1977）
アメリカウチワヤンマ亜科（一部）	*Aphylla*属 43～46%（Belle 1964, 1970）；*Phyllocycla*属 41～63%（Belle 1970; Rodrígues-Capítulo 1983）；*Phyllogomphoides*属 5～9%（Belle 1970; Novelo-Gutiérrez 1991）

[a] 説明されたグループは種内の大形幼虫に関してのみ適用できる．Corbet 1962a; Hammond 1983; Needham & Westfall 1955; Rowe 1987a; Walker 1958; Walker & Corbet 1975およびWatson 1962を参照．いくつかの引用文献には，幼虫の姿勢や微生息場所に関する情報が示されている．*印のついている分類は，普通このカテゴリー分けにおける位置があいまいなので，本文中で議論した．不均翅亜目の中の2つの亜科，ミナミヤマトンボ亜科（エゾトンボ科）とトンキントンボ亜科（トンボ科）は情報不足のために省略した．両亜科のメンバーは湿地や森林内の小川に多く見られる（Lieftinck 1954）．
[b] 以前は*Dythemis*属．
[c] Fraserによって*Lamelligomphus*属のもとで記載された．
[d] 百分率で示した値は，第1～9腹節の長さに対する第10腹節の比．この値は同属内で大きな変異があり（*Aphylla*属の一部の種ではわずか23%），おそらく同種内でも変異がある．
[e] この極端に長い幼虫は，Marlier (1958)，Corbet (1962a)，およびCorbet (1977)によって図が描かれ，Pinhey (1966)の推測を採用して位置づけられたが，Cammaerts (1980)によって，初めて*Neurogomphus*属としてはっきりと同定された．

表A.5.8 幼虫による同種個体に対する敵対的行動とその結果

種	齢期[a]	行動の数[b]	観察
ヒメイトトンボ属 sp.	2	—	ディスプレイはニュージーランドイトトンボの2齢幼虫と似ている（Rowe 1990b）
	コウテイギンヤンマ	F-5～F-0　2	にらみ合いや下唇攻撃などの行動を含む．相互作用頻度は密度とともに増加する．F-4齢やF-5齢幼虫とF-0齢幼虫を一緒にしたとき，F-0齢幼虫の行動圏は不安定になる（Blois 1988）．
	アメリカギンヤンマ	F-2～F-0　3	相互作用は摂食速度や成長速度を下げる（Ross 1971）．F-0齢幼虫はF-1齢やF-2齢幼虫に対し優勢．忍び寄りや，1cm以内までになったときは相互に興奮，そして下唇攻撃（Ross 1971; Folsom 1980）
Austroagrion sp.	2	—	ヒメイトトンボ属 sp.と同様（Rowe 1990b）
ホソミアオイトトンボ	後期幼虫	2	闘争は30秒～5分間続くバウトからなる．幼虫はしばしば同種他個体に一撃を加えたり肢をつかむ．非なわばり性（Rowe 1985b）
	Austrolestes psyche	F-0　13	幼虫が単独のときは13回の行為のうち4回は生じない．これは優位性であり，なわばり性ではない（Sant & New 1989）
オアカカワトンボ	2		ディスプレイはにらみ合いや先をとがらせた尾部葉状器官を側方へ弓形に曲げたりすることを含む（Rüppell & Hilfert 1995b）
	オビアオハダトンボ	—　—	大きな幼虫が存在すると小さな幼虫は底から離れて上へと移動（Ryazonova 1988）．幼虫はとまり場をめぐって競争していると思われる．ただし夜間のみ（Miller 1994f: 11の A. Tordoffより）
	サオトメゾイトトンボ	F-2～F-0　—	侵入者よりも大きいときに限り，とまり場占有者のほうが闘争に勝つことが多い．闘争の結果は空腹（絶食10日）とは関係しない．相互作用は幼虫間の間おきを引き起こす（Convey 1988）
Coenagrion resolutum	F-4, F-3, F-0	—	F-1幼虫はF-4齢虫やF-3齢虫を排除（Baker 1980）
Diphlebia euphaeoides	F-1, F-0	26	いくつかの行動はイトトンボ科によく似る（例えば下唇による取っ組み合いや大口あけディスプレイ）．他の行動はトンボ目で記述されてきたこれまでのものと異なる（Rowe 1993b）
Enallagma aspersum	—	—	同齢の幼虫間の対決頻度は密度とともに増加する（Pierce et al. 1985）
アメリカオオトラフトンボ	—	—	特に明るい条件下では，若齢幼虫集団は老齢幼虫集団が存在すると，それだけでいるときよりもよく動き回り，餌をあまり摂食しない（Crowley et al. 1987a）
Hemiphlebia mirabilis	F-0	3	ディスプレイは*Austrolestes psyche*と似ている（Sant & New 1988）
	キバライトトンボ	F-1, F-0　8	闘争は30秒～5分間続くバウトからなる．数種類の行動はニュージーランドイトトンボのそれらと区別がつきにくいが，対戦者どうしが互いに近づきすぎたとき，下唇攻撃が起きる．非なわばり性（Rowe 1985b）

表A.5.8 続き

種	齢期[a]	行動の数[b]	観察
Ischnura cervula	およそF-4～F-0	4	幼虫は餌場から排除しあう．餌を与えないと優劣ははっきりしない．またあらかじめ小さい幼虫とペアにしておくと，優劣がはっきりする．侵入者は占有者と互角に勝負する (R. L. Baker 1983)
マンシュウイトトンボ	F-2～F-0	—	サオトメエゾイトトンボと同様 (Convey 1988)．相互作用の頻度は密度とともに増す (Uttley 1983)．行動はにらみ合いや下唇攻撃を含む．占有者が勝つ頻度は空腹度や齢の差，攻撃性と正の相関があり，幼虫のサイズがほぼ同じなら前進行動と負の相関がある (Crowley et al. 1988)
I. heterosticta	2	—	ヒメイトトンボ属の1種と同様 (Rowe 1990b)
I. posita	F-1, F-0	—	敵対的行動はF-1齢よりF-0齢のほうがはっきりしている (Shaffer & Robinson 1989a)
ヒメアオモンイトトンボ	2	—	オアカカワトンボと同様 (Cham 1992a)
アメリカアオモンイトトンボ	F-3～F-0	—	幼虫密度が増すにつれ，あるいはより大形の個体と一緒になったとき，どの齢の幼虫も動きや餌に対する反応性が低下する．敵対的行動は下唇攻撃に代表される (McPeak & Crowley 1987)．F-2齢幼虫はF-0齢幼虫の存在下で動きが少なくなる (Cohn 1987)
	2～F-0	42	行動レパートリーは発育段階とともに量的にも質的にも変化する．いくつかの行動に攻撃的機能があると推測される (Richardson & Anholt 1995)
ムラサキハビロイトトンボ	F-5～F-0	2	7種類の敵対的行動．幼虫が飢えていたり隠れ場所がない場合にはより頻繁かつ活発になる．各尾部葉状器官の先にある白色のスポット (写真D.6) はディスプレイ時に機能する．同サイズの幼虫間で見られる攻撃的行動は尾部葉状器官の持ち上げや下唇による把握を含む．小さな樹洞では，幼虫は必ず同サイズの幼虫を殺す．大きい樹洞では大きな幼虫は小さな幼虫を追い払う (Fincke 1984a, 1992c, 1994a, 1996)
アカイトトンボ	F-0	17	17種類の活動のうち4種類は敵対的でないかもしれない．占有者は出会いの72％で勝つ．結果は大きさの違い (F-0齢どうし) や，下唇攻撃を使用するかどうかによってほとんど影響を受けない (Harvey & Corbet 1986)．大部分の行動連鎖は，闘う2個体間ではランダムに推移した (Rowe & Harvey 1985)
Roppaneura beckeri	F-4～F-0	—	大きな幼虫は，脚や尾部付属器の消失につながることがある攻撃行動を示す前に，鰓のディスプレイを用いて互いに相手を排除する (Machado 1981b)
ニュージーランドイトトンボ	2～F-0	33	闘争は30秒～1時間続く一連のバウトからなり，勝負がつくまで24時間を超えることがある．パターンは昼と夜とで異なる (Rowe 1985b)．レパートリー (図5.22, 5.23) は個体発生の過程で変化し，33種類の活動のうちたった11種類が2齢から終齢までの間で共通しているにすぎない．大きな幼虫は闘争が本格的になると小さな幼虫を追い払う．「なわばり性」(Rowe 1992a)

[a] 記載された行動は必ずしも表に示した齢に限定されるわけではない．
[b] 固定的行動の組み合わせ同様，識別可能な不連続な行動 (状態や出来事．本文参照) も含む．

表A.5.9 同種個体の密度増加に相関する変数

種	変数[a] 1	2	3	4	5	6	文献
ルリボシヤンマ[b]	C		×	F		INT	Van Buskirk 1992, 1993
アメリカギンヤンマ		×	×				Ross 1971; Folsom & Collins 1982b
ヨーロッパアオハダトンボ[c]				A			Lambert 1994
Celithemis elisa	×					INT	Johnson et al. 1985
サオトメエゾイトトンボ	×		×	A			Banks & Thompson 1987a, b
Enallagma aspersum	C	×				INT	Pierce et al. 1985
キタルリイトトンボ[b]	×	×	×	A	U	INT	Anholt 1990a, 1994
E. divagans		×				INT	Johnson et al. 1984
E. ebrium		×					Baker 1986b
アメリカオオトラフトンボ[b]	C		×	×	D	INT	Johnson et al. 1985; Crowley et al. 1987; D. M. Johonson et al. 1995; Hopper et al. 1996
Indaeschna grubaueri					U	INT	A. G. Orr 1994
マンシュウイトトンボ		×	×			INT	Uttley 1980; Banks & Thompson 1987a
アメリカアオモンイトトンボ		×				INT	Baker 1986b; McPeak & Crowley 1987
ムラサキハビロイトトンボ[b]	C		×			INT	Fincke 1994a
ヨーロッパオナガサナエ	C		×	A		EXP	Suhling 1994a
カトリトンボ		×		A		INT	Van Buskirk 1987a
アカイトトンボ		×	×			EXP[d]	Macan 1964, 1974; Lawton 1970b
カロライナハネビロトンボ	C					INT	Van Buskirk 1989

注：観察は自然個体群または野外実験による．密度の増加は餌の減少効果をもたらし，それゆえ消費型競争が起こりやすくなるため，密度と餌供給量は必ずしも独立した変数ではない．

[a] 密度の増加に伴い以下の変数が減少する．1. 生存率；2. 捕食速度；3. 成長速度；4. 体長と体重の一方か両方；5. 空間的分布の変化；6. 密度の効果を間接的に示すことが証明，あるいは推論されている競争のタイプ．

付 表

表A.5.9 脚注続き

略記号：A. 成虫を含む; C. 共食い（種内捕食）を含む; D. 幼虫はあまり分散しない; EXP. 消費型競争; F. F-0齢を含む; INT. 干渉型競争; U. 個体間距離がより一様になる．
[b] より大きな幼虫が存在することで小さな幼虫が受ける影響．共食いはサイズと関係するので，生残個体の平均サイズが増加する．
[c] 遅い時期に羽化してくる成虫によってのみ示される効果．
[d] アカイトトンボが同種個体間で敵対行動を示すことが証明されているので (Harvey & Corbet 1985)，干渉型競争によっても生存率が低下することはほぼ確実．

表A.6.1 北極圏内に見られるトンボの分類群

属	地域内の種数 新北区[a]	旧北区[b]	全北区[c]	種の総数	属	地域内の種数 新北区[a]	旧北区[b]	全北区[c]	種の総数
ルリボシヤンマ属	7	6	2	11	カオジロトンボ属	4	2	0	6
アオハダトンボ属	0	1	0	1	ヨツボシトンボ属	0	1	0	1
エゾイトトンボ属	2	6	0	8	*Ophiogomphus* 属	0	1	0	1
カラカネトンボ属	1	1	0	2	アカイトトンボ属	0	1	0	1
ルリイトトンボ属	1	1	0	2	エゾトンボ属	6	5	1	10
トラフトンボ属	0	1	0	1	アカネ属	1	1	1	1
アカメイトトンボ属	0	1	0	1	計	24	28	4	48
アオイトトンボ属	2	0	0	2					

注：北極圏限界線は，北緯66°30′にある．分類群は，種まで同定された場合だけを集計．
[a] 出典：Wiens et al. 1975; Cannings et al. 1991.
[b] 出典：May 1932; Belyshev 1968a; Hämäläinen 1984.
[c] 周北分布する4種はルリボシヤンマ，イイジマルリボシヤンマ，*Somatochlora sahlbergi*，およびムツアカネ．

表A.6.2 さまざまな緯度においてトンボ類が記録された最高標高

標高[a] (m)	種[b]	場所	およその緯度	文献
500	クモマエゾトンボ[c] (650)	スウェーデン, ラップランド	70°	Ander 1951
	Cordulegaster bidentatus (840)	ドイツ	48°	Buchwald 1988
1,000	*Bayadera indica*[c] (1,189)	ネパール	29°	Mahato & Edds 1993
	オオトラフトンボ[c], ウチワヤンマ (1,420)	日本	36°	曽根原 1966a
	ヨーロッパアオハダトンボ[c] (1,429)	旧ユーゴスラビア	44°	Kiauta 1963
1,500	アメリカヒメムカシヤンマ (1,640)	アメリカ, WA	46°	Svihla 1959
	オビアオハダトンボ (1,850)	フランス	45°	Greff & Marie 1996
	Lestes virens (1,900)	スペイン	42°	Anselin & Hoste 1996
2,000	ヒスイルリボシヤンマ (2,000)	スペイン	42°	Anselin & Hoste 1996
	ルリボシヤンマ[c] (2,000)	日本	36°	倉田 1974
	Lamelligomphus biforceps (2,080)	ネパール	28°	Asahina 1995
	Somatochlora nepalensis (2,080)	ネパール	28°	Asahina 1982d
	Perissogomphus stevensi (2,100)	ネパール	28°	Asahina 1995
	Cordulegaster dorsalis (2,133)	アメリカ, UT	40°	Musser 1962
	Aeshna andresi[c] (2,200)	ベネズエラ	9°	De Marmels 1992b
	Epigomphus subobtusus (2,297)	コスタリカ	10°	Calvert 1893
2,500	*Megalestes major*[c] (2,560)	ネパール	29°	Mahato & Edds 1993
	Camacinia harterti (2,625)	スマトラ	7°	Calvert 1893
	ヒマラヤムカシトンボ[c] (2,650)	ネパール	28°	Sharma & Ofenböck 1996
	Cyanallagma interruptum (2,700)	チリ	27°	Jurzitza 1992a
	ヒマラヤムカシトンボ[c] (2,700)	ネパール	28°	Mahato 1993
	Ceriagrion cerinomelas (2,750)	ネパール	28°	Clausnitzer & Wesche 1996
	ルリボシヤンマ[c] (2,757)	スイス	46°	Keim 1993
	Argia terira (2,774)	コスタリカ	10°	Anon. 1911
	Enallgama clausum およびキアシアカネ (2,986)	アメリカ, CO	40°	Bird & Rulon 1933
3,000	*Protollagma titicacae* (3,000)	アルゼンチン	25°	Jurzitza 1992a
	Aeshna eremita[c], *A. interrupta*[c], *A. sitchensis*[c], *Leucorrhinia borealis*[c], *L. hudsonica*[c], *L. proxima*[c]	アメリカ, UT	40°	Musser 1962
	Ophiogomphus severus	アメリカ, CO	40°	Calvert 1893
	Cephalaeschna orbifrons, *Davidius aberrans aberrans*, *Neallogaster hermionae*	ネパール	28°	Vick 1989
	Anisogomphus occipitalis	ネパール	28°	Asahina 1994c

表A.6.2 続き

標高[a] (m)	種[b]	場所	およそ の緯度	文献
3,500	*Oreagrion pectingi*	ニューギニア	6°	Brooks & Richards 1992
	Anisogomphus bivittatus, ショウジョウトンボ[d], ヒメトンボ[d], *Indolestes cyaneus*, ヨツボシトンボ[e], シオヤトンボ, *Sympetrum commixtum*[d], スナアカネ[e]	ネパール	28°	Vick 1989
	Aeshna variegata	チリ	27°	Jurzitza 1992b
	A. palmata, *Coenagrion resolutum*, キタルリイトトンボ, アメリカアオイトトンボ, *Lestes uncatus*	アメリカ, CO	40°	Bird & Rulon 1933
	ヨーロッパショウジョウトンボ	ネパール	28°	Clausnitzer & Wesche 1996
	Somatochlora semicircularis[c]	アメリカ, CO	40°	Willey 1974
	Anotogaster nipalensis[c]	ネパール	28°	Kiauta 1981
4,000	アメリカギンヤンマ[e]	アメリカ, HI	20°	Zimmerman 1948
4,500	*Neallogaster latifrons* (4,550)	ネパール	28°	Asahina 1982e
	Aeshna petalura[c] (4,720)	ペルー	10°	Hoffmann 1993
	Protollagma titicacae[c] (4,720)	ペルー	10°	Hoffmann 1993
5,000	ルリボシヤンマ[f,*]	アフガニスタン	33°	Wojtusiak 1974
	Aeshna peralta[c,g] (5,050)	ペルー	10°	Hoffmann 1991
	Neallogaster schmidti	インド, カシミール	34°	Asahina 1982e
6,000	ウスバキトンボ[e] (6,300)	ネパール	28°	Vick 1989

注：断らない限り，非温水の生息場所における例．
[a] 500 m区分ごとの最低標高．
[b] 括弧内の数字は実際の記録標高．
[c] 記録された標高で幼虫あるいは羽化殻が得られた．
[d] 広範に分散する池に生息する種．
[e] 常習的移住種．
[f] 氷河上で死体が発見された．
[g] 温水の渓流で得られた．
* *Aeshna juncea mongolica*.

表A.6.3 トンボ目で報告された緯度や標高に関連する事項

相関する事項	高緯度において	高標高において
生息場所		流水性の種がより頻繁に止水域に見られる (Kiauta 1963; Shengeliya 1964; Rowe 1987a)
幼虫サイズ	大きくなる (Cannings 1982b)	
越冬の齢	より老齢 (Belyshev 1965; Norling 1984a)	より若齢 (Paulson & Jenner 1971; Deacon 1979)
化性	少なくなる (§7.2.5)	少なくなる (§7.2.5)
羽化日	遅くなる (Corbet 1962a; Asahina 1982a)	遅くなる (Corbet 1962a; Ingram 1971; Willey 1974; Deacon 1979; Asahina 1982a; Fox 1990)
羽化の日周性	日最高温度の時刻に近づく (Corbet 1962a)	日最高温度の時刻に近づく (Schmidt 1968; Willey 1974)
成虫活動期	短くなる (Ander 1950; Paulson 1966; Heymer 1968; C. Johnson 1973b; Eversham 1991; Sternberg 1994a)	短くなる (Ander 1950; Crumpton 1975; Borison 1987; Fox 1990)
	遅くなる (Ander 1950; Heymer 1968)	遅くなる (Ander 1950; Ingram 1971; Kiauta & Kiauta 1986; Jacquemin 1994)
前生殖期	短くなる (Uéda 1978; Utzeri et al. 1988)	
成虫サイズ	小さくなる (Tillyard 1913; Tennessen 1977; W. E. Stewart 1982; B. Peters 1988b)	小さくなる (Whitehouse 1941; 曽根原 1966a, b; Asahina 1982a, 1984a, b)
	大きくなる (Williams 1979b; Beutler 1982)	大きくなる (Lieftinck 1949, Kiauta 1968: 72 参照; De Marmels 1985c)
活動の日周性		午後遅くから正午頃へと変化する (Winstanley 1980a)
温度調節	効率が良くなる (Pezalla 1979; May 1991a)	
成虫の色彩	翅色が薄くなる (Tennessen 1977; Dunkle 1989a)	体色が暗化する (E. Schmidt 1995)

注：表中の例は本文でより詳しく説明している．体と翅の色に関係する例は§8.3.2で論じる．

付 表

表A.6.4 温泉中で発育することが知られているか，確実と考えられるトンボ目

分類群	場所	文献[a]
均翅亜目		
カワトンボ科		
アメリカカワトンボ	アメリカ	
イトトンボ科		
Amphiagrion abbreviatum	カナダ，アメリカ	
Argia agrioides[b]	アメリカ	Currie 1903
A. alberta	アメリカ	
A. sedula	アメリカ	
ルリモンアメリカイトトンボ	カナダ，アメリカ	
アメリカイトトンボ属 sp.	コスタリカ	
Coenagrion armatum[b]	カムチャツカ	Haritonov 1989
C. concinnum[b]	カムチャツカ	Haritonov 1989
エゾイトトンボ[b]	カムチャツカ	Haritonov 1989
Enallagma belyshevi[b]	千島列島	Haritonov 1989
タイリクルリイトトンボ[b]	タジキスタン，パミール高原	Haritonov 1989
E. nigrolineatum[b]	カムチャツカ	Haritonov 1989
キバライトトンボ	ニュージーランド	
Ischnura damula[c]	カナダ	Walker 1953; Cannings & Stuart 1977
I. fountainei[d]	イタリアのパンテレリア島[d]	Lohmann 1989
ヒメアオモンイトトンボ	タジキスタン，パミール高原	Haritonov 1989
アオモンイトトンボ属 sp.	アメリカ	
アオイトトンボ科		
Lestes congener	アメリカ	
エゾアオイトトンボ	シベリアのバイカル	Haritonov 1989
アオイトトンボ	カムチャツカ	Haritonov 1989
L. uncatus	シベリアのバイカル	Belyshev 1957
不均翅亜目		
ヤンマ科		
Aeshna petalura	ペルー	Hoffmann 1993
オニヤンマ科		
Cordulegaster dorsalis	カナダ	
サナエトンボ科		
*Ophiogomphus*属（?） sp.	アメリカ	
トンボ科		
Brechmorphoga mendax	アメリカ	Musser 1962
Erythemis collocata	アメリカ	
ハヤブサトンボ	アメリカ	
ヨツボシトンボ	カナダ	
Libellula saturata	アメリカ	
L. subornata	アメリカ	
アメリカシオカラトンボ属 sp.	アメリカ	
シオカラトンボ	シベリア	Belyshev 1960; Haritonov 1989
Orthetrum brunneum	タジキスタン，パミール高原	Haritonov 1989
	ルーマニア	Arnold 1988
オオシオカラトンボ*	日本	滝田 1980
ウスバキトンボ	アメリカ	
アメリカハラジロトンボ	アメリカ	
Sympetrum haritonovi	タジキスタン，パミール高原	Haritonov 1989

出典：断らない限り，すべての記載事項はPritchard 1991aによる．

[a] 断らない限り，すべての種は幼虫の発見を含む．多くの採集記録に幼虫が欠如しているのは，その採集が試みられなかっただけかもしれないので，温泉に棲むことができる種の総数は，この表にあげた種数よりもはるかに多いかもしれない．例えば，Haritonov 1989の報告によると，旧ソ連では12種が，その主な分布範囲から数百kmも離れた場所や最高で海抜4,000mの温泉に，しばしば孤立個体群として生息している．
[b] 採集されたテネラルあるいは「未熟」な成虫．
[c] 最も近隣の（カナダの）既知の同種個体群から1,350km離れている．
[d] チュニジアの海岸から70km北．
* *Orthetrum triangulare melania*.

表A.6.5 池や流路の地表水がなくなった期間中，あるいはその後に，生きた状態で発見されたトンボ目の幼虫の例

種	乾燥の時期と期間	場所	観察記録
Aeshna californica	夏	アメリカ, CA	たまり水が消失した後の岩や丸太の下や傍らで．F-2～F-0齢 (Bradshaw 1982)
ルリボシヤンマ	夏	カナダ, BC	泥中に埋まった石の下．幼虫は触れると乾いているが活発 (Cannings 1982a)
	夏	日本	翌年羽化した (新井 1990)
A. sitchensis	夏	カナダ, BC	ルリボシヤンマに同じ．ほぼF-4～F-0齢 (Cannings 1982a)
ギンヤンマ	夏, 冬	日本	真冬に乾燥した湿地の中の枯葉の下 (新井 1983a)
Brachytron pratense	夏 (8週間以上)	ドイツ	枯死したガマ属 *Typha* の茎の間の乾燥した泥中 (Jahn 1994)
キイトトンボ	夏, 冬	日本	ギンヤンマに同じ (新井 1983a)
キンソウイトトンボ	夏 (12週間)	フィンランド	Valtonen 1986
	夏 (4週間)	ポーランド	Fischer 1961
タイリクオニヤンマ	夏 (4週間)	スペイン	川床上の乾いた葉や岩屑の下 (Pritchard 1992: 20のA. Cordero)
Erythrodiplax berenice	数日	アメリカ, FL	満潮時最高水位点付近の浅い水中の小石の下に集まっていた (Dunson 1980)
Hemiphlebia mirabilis	—	オーストラリア	ヨシの茂みの間の深い穴の中で (Trueman et al. 1992)
マンシュウイトトンボ	夏	イギリス	翌年羽化した (Moore 1991a)
Leucorrhinia hudsonica	夏	カナダ, BC	*A. sitchensis* に同じ (Cannings 1982a)
L. rubicunda	夏 (12週間)	フィンランド	Valtonen 1986
ヒロバラトンボ	夏	ドイツ	Beutler 1989b
	夏 (4週間)	スイス	同じ夏に羽化 (Robert 1958)
	夏 (6週間)	スイス	6週間以上，乾燥泥中に無傷で生存できる (Knapp et al. 1983; 図6.5)
ヨツボシトンボ	夏 (12週間)	フィンランド	Valtonen 1986
ハラビロトンボ	—	日本	干上がった沼地の近く，乾いた地面の枯葉の下．ほぼ6～F-0齢 (新井 1983a, b)
サラサヤンマ	—	日本	池の近くの枯葉の下 (新井ら 1992)
アフリカシオカラトンボ	—	サハラ	干上がりつつある池の縁の乾燥したくぼみに折り重なって集合．F-1齢 (Dumont 1979)
Somatochlora albicincta	夏	カナダ, PQ	乾いた池の泥中の木片や湿った落葉落枝の下 (Hutchinson & Morissette 1977)
クモマエゾトンボ	夏	ドイツ	翌年，多数が羽化した (Sternberg 1990)
	夏 (12週間)	スウェーデン	2ヵ月の日照りの後，幼虫は正常に脚を動かした．F-0齢 (Johanssen & Nilsson 1991)
	夏 (3週間以上)	ドイツ	羽化殻によって翌年の羽化の証拠が得られた (Ellwanger 1996)
S. semicircularis	夏	カナダ, BC	ルリボシヤンマに同じ (Cannings 1982a)
	夏 (4週間)	アメリカ, CO	岩やコケのマットの下，丸太の下や中 (図6.6)，スゲの茂みの根元深く．F-0齢 (Willey & Eiler 1972)
ナツアカネ	冬 (25週間)	日本	乾期の終わりに羽化した (新井 1995b)
エゾアカネ	夏	ロシア, シベリア	湿気はあるが，濡れてはいないコケの塊の中．コケを取り除くと動いた (Belyshev 1961b)
タイリクアカネ	夏 (5週間)	イギリス	同年に羽化した．幼虫は，見たところ泥中に深く潜っていた (Holland 1991)
Trithemis arteriosa	—	サハラ	干上がって間もない池の比較的深い場所の砂中，30cmの深さに単独でいた．F-0齢には達していなかった (Dumont 1979)

表A.6.6 生息場所の汚染がトンボ目の幼虫に及ぼす影響

汚染物質のタイプ	影響
土壌流出の産物	大型底生生物の流下が増え，その現存量が減少する．カナダ，ユーコン準州および北部準州の河川 (Rosenberg & Snow 1975)
油	均翅亜目の幼虫は，船舶用重油によって汚染された地域の条件に耐えられなかった．アメリカ，マサチューセッツ州の河川 (McCauley 1966)
有機物質	下水排出口の下流で，幼虫が微生息場所として好む浮遊水生植物のボタンウキクサ *Pistia stratiotes* は増加したが，*Urothemis assignata* の個体数とサイズは減少した (表A.2.3)．ナイジェリアの川 (Hassan 1981b)
	幼虫と成虫の密度と種多様性は，下水排出口の下流では著しく減少した．本質的に流水生の10種には影響が大きかった．オーストラリアの河川 (Watson et al. 1982)
	農場からの排水 (Rudolph 1978) と下水の排出 (Rehfeldt 1986a) によって種の分布が変化した．ドイツの川
殺虫剤	
植物薬品	ロテノンの魚類に対する致死濃度で，ヤンマ科の幼虫の数は著しく減少したが，サナエトンボ科やトンボ科の幼虫は減少しなかった．アメリカ，ミシガン州の湖 (Brown & Ball 1943)
カーバメート剤	チオベンカルブ使用後のトンボ目幼虫の回復が遅いため，初めに大きく減少した餌動物 (ユスリカとカの幼虫) が増加した．日本の水田 (石橋・伊藤 1981)
	カルバリルが森林に散布された後，不均翅亜目と均翅亜目の7属は個体数が減少し，翌年も少ないままであった．これは，おそらく彼らの餌動物の減少による．アメリカ，メーン州の森林帯の水たまり (Gibbs et al. 1984)
昆虫成長制御剤	カ (*Prosophora columbiae*) を効果的に防除するメトプレンの使用後 (1回の散布量：0.28kg/ha)，多数のトンボ科の種が有意に減少した．アメリカ，ルイジアナ州の水田 (Steelman et al. 1975)
	メトプレンの空中散布後に，ギンヤンマ属，ヨツボシトンボ属 (*Belonia* 亜属)，ルリイトトンボ属の多くの種が著しく減少した．アメリカ，ルイジアナ州の海岸の塩性湿地 (Breaud et al. 1977)

表A.6.6 続き

汚染物質のタイプ	影響
	0.1 ppmのジフルベンゾロンを15分間使用しても，トンボ類の流下は起きなかった．アメリカ，カリフォルニア州の河川 (Mohsen & Mulla 1982)
	ジフルベンゾロンの使用後7日で，均翅亜目 (カゲロウ目よりも感受性が低い) の72％の死亡率をもたらした．旧ユーゴスラビアの池 (Zgomba et al. 1986)
	0.007 g/m^{2}のジフルベンゾロン使用後に，*Leucorrhinia hudsonica* の，特に小形〜中形の幼虫の個体数が減少し，彼らの食物構成が変化した．カナダ，ニューファンドランド州の池 (House 1988)
	ジフルベンゾロンの活性成分70 gを10.5 l/haおよび2.5 l/haの濃度で空中散布した後21〜34日経過した池で，エゾイトトンボ属が有意に減少したが，この季節の終わりまでに使用前の水準に回復した．カナダ，オンタリオ州の北方混交林 (Sundaram et al. 1991)
微生物類	*Bacillus thuringiensis* の血清型H-14を使用後，30％にまで個体数が減少した．旧ユーゴスラビアの池 (Zgomba et al. 1986)
有機酸類	2,4-Dの使用後，均翅亜目の個体数が減少した．アメリカ，ペンシルベニア州の湖 (Marshall & Rutschky 1974)
有機塩素系	1 ppbのディルドリンの使用によって，均翅亜目では2日後 (37.3 ppb)，不均翅亜目では3日後 (87.2 ppb) に幼虫への残留がピークとなり，使用後14ヵ月間は検出レベル以上だった．カナダ，アルバータ州の湿地の池 (Rosenberg 1975)
	BHC使用後，個体数が有意に減少した．日本の水田 (小林ら 1978)
	リンデンの使用後，トンボ目の個体数と遺伝的多様性が減少し，再移入定着は遅かった．ナイジェリアの河川 (Victor & Ogleibu 1986)
	メトキシクロールの使用後，*Lanthus vernalis* は密度と生物体量が50％まで減少し，以前よりもはるかに少数の昆虫類しか食えなくなったが，昆虫の中では影響は最も少なかった．アメリカ，ノースカロライナ州の川 (Wallace et al. 1987, 1991)
	メトキシクロールの使用後，*Stylurus intricatus* は，使用された場所から21 kmと38 kmという異常な流下が観察された．カナダ，サスカチワン州の河川 (Dosdall & Lehmkuhl 1989)
有機リン系	ユスリカ類に対して効果のある使用量である0.27〜0.75 kg/haのフェンチオンを使用後，トンボ類の数が減少した．アメリカ，フロリダ州の湖 (Patterson & von Windeguth 1964)
	メチルパラチオンの使用後，トンボ目の成虫の死体が綿花の畝の間で多見つかった．アメリカ，アーカンソー州 (Whitcomb & Bell 1964)
	ヨツボシトンボ属 sp. は，0.11 kg/haのフェンチオン使用後，2時間以内に死んだ．他のトンボ類の幼虫 (使用後10時間以上たってから死ぬ) やこの薬品の標的であるカの幼虫よりも感受性が高かった (Warnick et al. 1966)
	0.11 kg/haのブロモホスはエゾアオイトトンボを殺し，0.34 kg/haのテメホスはトンボ科の若齢期の幼虫を殺した．アメリカ，ウィスコンシン州の池 (Porter & Gojmerac 1969)
	カの幼虫に対して有効な使用量のクロルピリホスとテメホスの使用後，トンボ科の種多様性は変化しなかった．アメリカ，ニュージャージー州の塩性湿地 (Campbell & Denno 1976)
	テメホスの空中散布は，とまり場からの離脱とその結果としての流下を引き起こしたが，特に均翅亜目で著しく，トンボ科では弱かった．コートジボワールの河川 (Dejoux & Élouard 1977)
	テメホスの空中散布後，サナエトンボ科とトンボ科の個体数が減少した．ガーナの河川 (Samman & Thomas 1978)
	パラチオンの使用後，個体数が有意に減少した．日本の水田 (小林ら 1978)
	フェニトロチオンの使用直後，トンボ類は激しい腹部の動きと，通常は見られない姿勢を示した．24時間後，すべての均翅亜目が見られなくなり，トンボ科のあるものは死んだ．ギンヤンマとオオヤマトンボにはほとんど影響がないように見えた．日本の水田およびその近くの池 (奈良岡 1982)
	テメホスの使用で幼虫が消失した．旧ユーゴスラビアの池 (Zgomba et al. 1986)
	クロルピリホスの大量の流出 (>300 mg/l) によって，流出場所から少なくとも30 km下流までの不均翅亜目と均翅亜目が消滅し，40週後にマンシュウイトトンボの回復が始まった．イギリスの河川 (Raven 1987)
	フェニトロチオンの活性成分2×210 kg/haの使用後，個体数が最も減少したグループの1つはトンボ類だった．カナダ，ニューブランズウィック州の高層湿原の池 (Fairchild 1988)
	フェニトロチオンの空中散布後，ダビドサナエとミルンヤンマでは検出可能な影響はなかった．日本の河川 (Hatakeyama et al. 1990)
ピレスロイド類	シペルメトリン (IRS-cis) 0.01 ppmを15分使用すると，トンボ目と他の水生昆虫に異常な流下を引き起こした．アメリカ，カリフォルニア州の河川 (Mohsen & Mulla 1982)
	カの幼虫に有効な使用量のシペルメトリンは，トンボ類に相対的に無害であったが，フェンプロパトリンは使用後2週間，トンボ類に悪影響を及ぼした．アメリカ，カリフォルニア州の池 (Mulla et al. 1982)
不特定の現代の殺虫剤	広範囲の散布によって，28種のトンボ類 (成虫の調査による) が致死的な影響を受けた．日本の水田 (Asahina 1972)
	25年前に記録された14種のうち2種 (サオトメエゾトンボと *Coenagrion pulchellum*) だけが残った．トンボ類は特に感受性が高いようである．ドイツの果樹園の排水溝 (Heckman 1981)
	殺虫剤が使用された場所のトンボ類の密度 (成虫の調査) は，使用されなかった場所の約30％だった．日本の水田 (Takamura & Yasuno 1986)
温排水	温排水は，個体数，種数 (12から6へ) および科数 (3から1へ) を減少させ，トンボ科のみが残った (表6.2)．この科は，異なる馴化温度における高温耐性を示した．アメリカ，サウスカロライナ州の緩流 (Gentry et al. 1975)
	トンボ類は，季節のかなり早い時期に羽化した．ポーランドの湖 (Mielewczyk 1977)
	加温された川に生存している不均翅亜目の4種は，普通種で，広範囲に分布し，温度変化に対する耐性をもち，効果的な再移入定着者であった (高い運動能力と長い羽化期という長所をもつため)．アメリカ，サウスカロライナ州の緩流 (Kondratieff & Pyott 1987)

注：断らない限り，幼虫に関する調査．

表A.6.7 実験的にコントロールされた条件下でのトンボ目の幼虫に対する殺虫剤の影響

植物性薬品
　ロテノンに48時間暴露されたとき，ギンヤンマ属はアオハダトンボ属よりも耐性が高かった（Claffey & Ruck 1967）．96時間後のLD_{50}は0.22 mg/lであった（Watkins & Tarter 1974）
　ヨモギ属 Artemisia とアブラナ科の Eruca 属から採った油は，カの幼虫にとって致命的な投与量で，トンボ類には死亡をもたらさなかった（Khand et al. 1974）
　マメ科の Delonix 属の花からの抽出物は，カの幼虫を100％殺すのに必要な投与量以上でもヒメトンボやキイトトンボ属には影響しなかった（Saxena & Yadav 1985）

カーバメイト
　プロポキスはOPよりも Lestes congener に対する毒性が低く，OPはOCよりもさらに毒性が低かった（Federle & Collins 1976）
　カルバリルはチオダン（OCの1つ）よりもヒメトンボに対する毒性が低く（Baskaran et al. 1990），Macromia cingulata に対するマラチオン（OP）よりもはるかに毒性が低かった．96時間後のLD_{50}は0.08 ppm，LD_{100}は0.12 ppmであった（Subramanian et al. 1990）
　調べられた8種[a]のうち，タカネトンボが最も感受性が高かった．LD_{50}は，ベントカルブ[b] 10.0 ppmで暴露されたとき5日だった（石田・村田 1992）

昆虫成長制御剤
　メトプレンは，0.1 ppm（0.30 kg/ha）[c]で繰り返し使用した場合，トンボ類には明らかな影響はなく，トンボはカの幼虫を激しく捕食し続けた（Lee & Mulla 1975）
　フェノキシカルブを老齢幼虫に投与した後，アメリカギンヤンマとウスバキトンボは，ほとんどが形態形成時に異常を起こし，羽化の間に死んだ（Miura & Takahashi 1987）
　S-31183は，羽化時にわずかな形態異常を引き起こした（Schaefer & Miura 1990）

微生物
　Bt var. israelensis は，カの幼虫に致死的な投与量では何の影響も及ぼさなかった（Anon. 1980）
　Btの血清型14は，ユスリカの幼虫に致死的な投与量では，マンシュウイトトンボとムツアカネに何の影響も与えなかった（Rogatin & Bayzhanov 1984）
　Bt var. israelensis は，カの幼虫に致死的な投与量で，Bradinopyga geminata と Ceriagrion sp. に何の影響も与えなかった（Saxena & Yadav 1985）
　Bt var. israelensis は，餌動物を通した内的投与や幼虫期を通した毎週1.2 ppmの外的投与で，ハヤブサトンボの死亡率，形態，成虫への発育，成虫サイズ，処女飛行能力には検出可能な影響はでなかった．外的投与によって，2齢と3齢を除くすべての齢期のサイズが小さくなるが，成虫サイズには影響は見られなかった（Painter et al. 1996）

有機塩素系殺虫剤
　20 ppmのDDTで多くのトンボ類は1時間生存した．コカゲロウ属 Baetis やアシマダラブユ属 Simulium の幼虫よりもはるかに耐性が強かった（Muirhead-Thompson 1973）
　ディルドリンは，検査した化合物中で Lestes congener に対して最も毒性が高かった．検査した3種のOPは同程度（Federle & Collins 1976）
　投与-反応のプロビット回帰直線は，ヒメトンボのアルドリン，エンドリン，BHC，DDTへ暴露時間に関係なく傾きが一定であった（Shukla & Mishra 1980）
　BHCとDDTは，OPよりも不均翅亜目に対する毒性は低かった（Kumari & Nair 1985）
　エンドスルファンのヒメトンボに対する毒性は，96時間後のLC$_{50}$が5.00 μg/lで，試験した殺虫剤の中では最小であった（Chockalingam & Krishnan 1985）
　チオダンは，カルバリル（C），マラチオン（OP）と比較して，ヒメトンボに対する毒性が高かった（Baskaran et al. 1990）
　エンドスルファンは，10 ppm以上で，ウスバキトンボを殺した（Yadwad et al. 1990）
　リンデンは，20 μg/lで，サオトメエゾイトトンボ，マンシュウイトトンボおよびアオイトトンボに対して毒性が高かった（48時間以内の死亡率40％）が，ヒロバトトンボに対する2～32 μg/lの投与では96時間後に検出可能な影響はなかった（Köhler 1993）
　試験された8種[a]のうち，アオイトトンボとタカネトンボはクロルニトロフェン[b]に対する感受性が最も高く，LD_{50}は6.25 ppmで約110時間であった（石田・村田 1992）
　試験された他の8種[a]のうち，オニヤンマ，クロイトトンボおよびアオイトトンボはリンデンに対する感受性が最も高く，0.75 ppmのLD_{90-100}は，それぞれ24，72，48時間であった（石田・村田 1992）

有機リン系殺虫剤
　他のOPやDDTとは異なり，フェンチオンのトンボ目，コカゲロウ属，アシマダラブユ属の幼虫に対する致死作用はほとんど同等で，イトトンボ科は長時間暴露に対してトンボ科よりも耐性が明らかに高かった（Muirhead-Thompson 1973）
　試験した殺虫剤の中では，OC（ディルドリン）の1種，クロルピリホス，マラチオンおよびパラチオンが Lestes congener に対して最も毒性が高かった（Federle & Collins 1976）
　ヒメトンボと Mesogomphus lineatus の大きめの幼虫は，小さめの幼虫よりもクロルピリホスとフェンチオンに対して感受性が低く，M. lineatus は両化合物に対する感受性がヒメトンボよりも低かった．両種のLC$_{50}$は，カの幼虫に対して使用が推奨されている投与量よりも低かった（Jayakumar & Mathavan 1985）
　不均翅亜目は，試験した数種のOPの中ではフェニトロチオンに対する感受性が最も高く，OCよりもOPに対してはるかに感受性が高かった（Kumari & Nair 1985）．ショウジョウトンボのマラチオンに対する感受性は，幼虫の齢期によって変化するが（F-1齢では高く，F-0齢では低い），ジョドフェンホス（どちらの齢期でも高い）とテメホス（どちらの齢期でも低い）に対しては変化しなかった．したがって，カの幼虫に対する使用にはテメホスが好適とされた（Mohsen et al. 1985）
　マラチオンは0.2 ppmで Bradynopyga geminata に対して11％の死亡率をもたらすが，0.8 ppmでは86％であった（Saxena & Saxena 1986）
　マラチオンはチオダン（OC）よりもヒメトンボに対して毒性が低い（Baskaran et al. 1990）
　マラチオンはカルバリル（C）よりも Macromia cingulata に対してはるかに毒性が高く，96時間後のLC$_{50}$は0.04 ppm，24時間後のLC$_{100}$は0.12 ppmであった（Subramanian et al. 1990）
　試験された8種[a]はいずれも感受性が高く，オニヤンマ，クロイトトンボおよびキイトトンボはフェニトロチオンによって最も影響を受けた．1.00 ppmでのLD_{100}は，それぞれ3時間未満，8時間および12時間未満であった（石田・村田 1992）

ピレスロイド
　ピドリンは，他のSP類とは異なり，カの幼虫に対して致死的な濃度でトンボ類に悪影響があり，その影響は3週間続いた（Mulla et al. 1978）

表 A.6.7 続き

スミサイジンは，F-1齢のヒメキトンボでは96時間後のLC$_{50}$は0.38 μg/lであり，試験したエンドスルファン（OC）などの他の殺虫剤よりもより毒性が高かった（Chockalingam & Krishnan 1985）．

デカメトリンは，ヒメキトンボに対して毒性が著しかった（Premkumar & Mathavan 1987）．

ピラゾレート

試験された8種[b]のうち，アオイトトンボとタカネトンボは，ピラゾレート[b]に対して最も感受性が高く，10.00 ppmでのLD$_{100}$は96時間であった（石田・村田 1992）．

界面活性剤

Bradinopyga geminata，ヒメギンヤンマ，*Ictinogomphus rapax*およびアカネ属sp.は，空気呼吸する昆虫類に対して水没して浮き上がれなくする高濃度の非イオンハイオキシド1011には影響を受けないように見えた（Shirgur 1979）．

注：断らない限り，実験室で行われた試験であり，薬品はすべて殺虫剤である．略号：Bt. *Bacillus thuringiensis*; C. カーバメイト; OC. 有機塩素化合物; OP. 有機燐酸塩化合物; SP. 合成ピレスロイド．
[a] 試験された種はオニヤンマ，クロイトトンボ，キイトトンボ，モノサシトンボ，アオイトトンボ，チョウトンボ，タカネトンボ，およびマユタテアカネ．
[b] 除草剤の1種．
[c] 実験池で行われた試験．

表 A.7.1 幼虫の齢数の変異

種	10	11	12	13	14	15	16	N	文献
ヒスイルリボシヤンマ[a]	0	6	81	11	2	0	0	170	Schaller 1960
ヒスイルリボシヤンマ[a]	0	4	32	57	7	0	0	28	Degrange & Seasseau 1964
マダラヤンマ[b]	67	33	0	0	0	0	0	55	Schaller & Mouze 1970
アメリカギンヤンマ[c]	0	0	0	17	83	0	0	29	Beesley 1972
アメリカギンヤンマ[d]	3	18	76	3	0	0	0	33	Beesley 1972
Argia moesta[a,e]	0	0	8	50	40	3	0	80	Legris et al. 1987
A. moesta[a,f]	0	0	1	27	55	17	0	83	Legris et al. 1987
Enallagma ebrium[b]	0	29	64	7	0	0	0	123	Fontaine & Pilon 1979
ハーゲンルリイトトンボ	1	25	57	17	1	0	0	650	Masseau & Pilon 1982a
アメリカアオモンイトトンボ	35	48	16	1	0	0	0	605	Franchini et al. 1984
Libellula julia	0	0	0	7	39	47	7	57	Pilon & Desforges 1989
タイリクアカネ[b]	21	76	3	0	0	0	0	38	Bulimar 1969

注：前幼虫は第1齢として含めてある．ここに含まれているすべての同時出生集団は，同じ条件で同時に飼育され，25個体を超える幼虫が育ったことが確認されている．
[a] 1個体の雌から1回の産卵で得られた集団．
[b] 前幼虫を含めるために，報告された齢数に1を加えた．
[c] 21℃で飼育された幼虫．
[d] 31℃で飼育された幼虫．
[e] 30℃で飼育された幼虫．
[f] 32℃で飼育された幼虫．

表 A.7.2 化性の種内変異に関連する要因

影響と要因			文献
化性を増加させる（生活史を短縮する）			
物理的		より低緯度にある生息場所[a]	Lutz 1984
		照度の増加（樹木の除去による）	Norling 1973
		水温の上昇（温泉）	Leggott & Pritchard 1985a; Pritchard 1991a
		流水に対する止水の生息場所	Borisov 1989
生物的		昆虫食性の魚の導入	Macan 1966a
化性を減少させる（生活史を長期化する）			
物理的		冷夏（孵化や産卵の遅延による）	Johnson 1987
		同じ生息場所内の低温の微生息場所	Eller 1963
		乾燥	Kiauta 1964a
		標高の増加	Rowe 1987a; Norling 1984a
		緯度の増加	奈良岡 1976; Thompson 1978c; Norling 1984a; Cordero-Rivera 1988
		長く寒い冬	Kiauta 1964; Corbet et al. 1989
生物的		幼虫密度の増加	Macan 1964; Banks & Thompson 1987b; Martin et al. 1991
		同時出生集団内または同時出生集団間の干渉的競争	Johnson 1987
		大型のトンボまたは昆虫食性の魚による捕食	Johnson 1987
		餌の欠乏	Macan 1964; Fincke 1984a

注：野外研究から得られたもののみ．日長のような，休眠を誘起する刺激として作用しうる要因は除く．
[a] 温帯において．

表 A.7.3 トンボ目における幼虫発育の最短期間の記録

種	最短期間（日数）	文献	生活環タイプ[a]
Leptobasis vacillans	20[b]	Paulson 1983b	A.2.2 ?
カトリトンボ[c]	26[b, d]	Morin 1984a	B.2.2.1
コハクバネトンボ[c]	26[b, d]	Morin 1984a	B.2.2.1
ハヤブサトンボ[c]	28[b, d]	Morin 1984a	B.2.2.1
Erythrodiplax funerea	28[b]	Paulson 1983b	A.2.1.2
Pantala hymenaea	28[b, d]	Bick 1951b	A.2.2
Lestes tenuatus	29[b]	Paulson 1983b	A.2.1.2
リスアカネ[c, *1]	30[d]	尾花 1975	B.2.1.2 ?
Ischnura ramburii	31[b]	Paulson 1983b	A.2.2 ?
Orthetrum chrysis	32	Tembhare 1979	A.1
Anatya normalis	34[b]	Paulson 1983b	?
Pseudagrion rubriceps	34	Kumar 1979b	A.1
Ceriagrion coromandelianum	35	Kumar 1980	A.1
Palpopleura lucia lucia	35	Hassan 1976a	A.1
ムツアカネ[c]	40[b, d]	曽根原 1965	B.2.1.1
ヒメトンボ	43	Kumar 1984c	A.1
ウスバキトンボ	43	Kumar 1984b	A.2.2
オオイトトンボ[c]	45[d]	Naraoka 1987	B.2.2.1
エゾアオイトトンボ[c]	45[d]	Rostand 1935	B.2.1.1
Gynacantha nervosa	47[d]	Williams 1937	A.2.1.2
アメリカアオモンイトトンボ[c]	48	Franchini et al. 1984	B.2.2.1 ?
マキバアオイトトンボ	48	Loibl 1958	B.2.1.2
アメリカギンヤンマ[c, e]	50	Beesley 1972	A.2.2/B.2.2.1
Lestes congener[c]	52[b]	Sawchyn & Gillott 1974a	B.2.1.1
Trithemis annulata scortecii	52	El Rayah & El Din Abu Shama 1978	A.1
ホソアカトンボ	54	尾花ら 1977	A.1 ?
Ischnura damula[c]	55[d]	Johnson 1964a	B.2.2.1 ?
ハラボソトンボ[*2]	56	尾花ら 1977	A.1
オオメトンボ	56	Chowdhury & Akhteruzzaman 1983	A.1
オオハラビロトンボ	57	尾花ら 1977	A.1 ?
ヨーロッパショウジョウトンボ[e]	60[d]	El Amin & El Rayah 1981	A.1/B.2.2.1 ?
ヒメギンヤンマ	60[b, d]	Stortenbeker 1967	A.2.2
Lestes virgatus	60[b, d]	Gambles 1976	A.2.1.2

注：2ヵ月以内に幼虫発育を完了した種についての，卵の孵化から羽化までの間の期間の最小値．データは断らない限り，飼育によるもの．
[a] 表7.3で定義されたもの．
[b] 野外でのデータ．
[c] 温帯性の種．
[d] おおよその値．
[e] 熱帯と温帯の両方に分布．
[*1] *Sympetrum risi yosico*.
[*2] *Orthetrum sabina sabina*.

表 A.7.4 羽化前に水域から移動した最大距離

種	距離 (m)	高さ (m)	文献
Gomphurus vastus	—	2.1	Johnson 1963a
タイリクルリイトトンボ	—	4.2	P. S. Corbet 未発表の観察
Neurocordulia obsoleta	—	4.2	R. L. Orr 1995b
Uropetala carovei	0.5	0.7	Winstanley 1981b
Tachopteryx thoreyi	1	1.4	Dunkle 1981b
タイリクアカネ[*1]	1.5	2.5	尾花 1969
マキバアオイトトンボ	1.8	1.3	Cordero 1995a
Boyeria irene	1.9	1.8	Cordero 1995a
オニヤンマ	3	4	倉田 1965
オオサカサナエ	4	1.7	井上 1979a
Neurocordulia xanthosoma	4	4	Williams & Dunkle 1976
オオトラフトンボ	5	3	Coppa 1991a
ヒメキトンボ[a]	5.5	12.5	Mathavan & Pandian, 1977
ウスバキトンボ[a]	7.6	12.5	Mathavan & Pandian 1977; Donnelly 1995b
コウテイギンヤンマ	6	5	Corbet 1957a

付 表

表A.7.4 続き

種	距離 (m)	高さ (m)	文献
Macromia illinoiensis	6	4.6	Williamson 1909; R. L. Orr 1995b
キボシミナミエゾトンボ[b]	7	—	Winstanley 1980b
ルリボシヤンマ	9.1[c]	1.1	Goodyear 1976
アフリカウチワヤンマ	10	—	Miller 1964
Epitheca costalis または *cynosura*	10.5	5.5	Tennessen 1979
Trithemis annulata	11	5	Corbet 1962a
アカイトトンボ	12.2[d]	5.2	Fraser 1944a
タイリクアカネ*[2]	15	1.4	Paine 1996: 64 の T. Brown
Gomphus vulgatissimus	20	—	Martin 1895
Hemicordulia tau	20	1	Faragher 1980
Macromia picta	20	6	Corbet 1962a
コウテイギンヤンマ	30	—	Paine 1996: 63 の S. J. Brooks
カラカネトンボ*[3]	30	5	Kiauta 1965a
ムカシトンボ	30	—	枝 1961
Ophiogomphus sp.[e]	30	—	Hagen 1882
タイリクシオカラトンボ	35	2.5	Pickess 1990; Jödicke 1994
アメリカハラジロトンボ	45	—	Jacobs 1955
スナアカネ	46	—	Busse & Jödicke 1996

[a] 羽化の足場をめぐる激しい競争があった期間.
[b] 水位の変動が岸辺の植物の生育を妨げていた.
[c] 4.2 m の舗装道路を含む.
[d] 2.4〜3.0 m の地面の盛り上がりを含む.
[e] おそらく *O. occidentis*.
*[1] *Sympetrum striolatum imitoides*.
*[2] *S. s. striolatum*.
*[3] *Cordulia aenea aenea*.

表A.7.5 いくつかの生息場所における年間羽化総数

種	羽化総数	水域面積の概算 (m²)	文献
不均翅亜目			
コハクバネトンボ	5,324	4,450	Morin 1984b
	2,613	1,200	Wissinger 1988d
コウテイギンヤンマ	4,368	1,426	Corbet 1957a
アメリカハラジロトンボ	2,204	1,200	Wissinger 1988d
カオジロトンボ	1,707	125	Pajunen 1962a
Somatochlora semicircularis	1,528	1,590[a]	Willey 1974
ネグロベッコウトンボ	1,265	1,200	Wissinger 1988d
カラカネトンボ*	671	5,058	Ubukata 1981
アメリカオオトラフトンボ	811	1,200	Wissinger 1988d
ムツアカネ	631[b]	313	Michiels & Dhondt 1989b
Leucorrhinia rubicunda	423	125	Pajunen 1962a
ヒスイルリボシヤンマ	261	59	Wildermuth 1994d
L. pectoralis	233	60	Wildermuth 1991a
ヨツボシトンボ	132	27	Wildermuth 1991a
タイリクアカネ	128[c]	27	Wildermuth 1991a
キバネルリボシヤンマ	119	2,827	Thompson 1987b
コウテイギンヤンマ	71	10	Philpott 1985
均翅亜目			
サオトメエゾイトトンボ	3,756	314	Thompson 1989c
アカイトトンボ	1,099	126	Gribbin & Thompson 1991a

注：断らない限り，総数は徹底した羽化殻収集を基にしている．いくつかの記録がある場合には，高い値を選んだ．徹底した収集を行うには時間がかかるので，記録は主に小さな生息場所から得られたものである．
[a] 夏に干上がってしまう亜高山帯の池（標高 3,141 m）.
[b] 羽化場所でテネラル成虫の数を数えたもの.
[c] くぼ地に水がたまった最初の年.
* *Cordulia aenea amurensis*.

表A.7.6 温帯性のトンボ目における季節の進行に伴う羽化成虫のサイズの減少

種	文献	観察	種	文献	観察
新北区			日本		
Aeshna tuberculifera	Halverson 1984	A	ホソミイトトンボ	関西トンボ談話会 1977	D
A. umbrosa	Halverson 1984	A		奈良岡 1976	E
Calopteryx dimidiata	C. Johnson 1973c	A		朝比奈 1980b	F
Celithemis elisa	Cothran & Thorp 1982	F		井上 1979a	F
C. fasciata	Cothran & Thorp 1982	F	コフキヒメイトトンボ	奈良岡 1976	B
Enallagma aspersum	Ingram & Jenner 1976b[a]	A		池田・沢野 1965	C
キタルリイトトンボ	Anholt 1990b	A	ミヤマカワトンボ	杉村 1983	A
ハーゲンルリイトトンボ	Ingram & Jenner 1976b[a]	A	クロイトトンボ	杉村 1983	A
	Fincke 1988[b,c]	A		山口 1965b[a]	A
ハヤブサトンボ	Cothran & Thorp 1982	F		奈良岡 1976	B
Ischnura denticollis	Leong & Hafernik 1992a	A		奈良岡 1976	C
I. gemina	Leong & Hafernik 1992a	A		奈良岡 1976	E
アメリカアオモンイトトンボ	Baker 1989	A	セスジイトトンボ	杉村 1983	A
	Baker et al. 1992	A		関西トンボ談話会 1977	D
カトリトンボ	Paulson 1966[a]	A	オオセスジイトトンボ	奈良岡 1976	A
	Penn 1951	A	ムスジイトトンボ	奈良岡 1976	A
	Cothran & Thorp 1982	E	オオイトトンボ	杉村 1983	A
コハクバネトンボ	Cothran & Thorp 1982	F		奈良岡 1976	B
アメリカハラジロトンボ	Koenig & Albano 1987a	A		関西トンボ談話会 1975	D
Sympetrum rubicundulum	Van Buskirk 1987b	A		奈良岡 1987[a]	E
旧北区			キイトトンボ	杉村 1983	A
小アジア			モノサシトンボ	杉村 1983	A
ショウジョウトンボ	Sage 1960	A		奈良岡 1976	A
東アジア			オオモノサシトンボ	奈良岡 1976	A
Euphaea formosa	Hayashi 1990[a,c]	A	コフキトンボ	杉村 1983	A
ヨーロッパ			ルリイトトンボ	奈良岡 1976	A
キバネルリボシヤンマ	Thompson 1987b	A	コナカハグロトンボ	Hayashi 1990[a,c]	A
ヨーロッパアオハダトンボ	Lambert 1994[d]	A	アジアイトトンボ	杉村 1983	A
Cercion lindenii	Ferreras-Romero 1991[a]	F		奈良岡 1976	B
サオトメエゾイトトンボ[e]	Banks & Thompson 1985a	A		関西トンボ談話会 1977	D
マンシュウイトトンボ	Ferreras-Romero 1991	F		奈良岡 1976	E
スペインアオモンイトトンボ	Cordero-Rivera 1988	F	モートンイトトンボ	杉村 1983	A
ヨツボシトンボ	Convey 1989b[c]	A		奈良岡 1976	E
ヒロアシトンボ	Lehmann 1995	A	ハッチョウトンボ	Tsubaki & Ono 1987[c]	A
アカイトトンボ	Corbet & Harvey 1989[f]	A	オオサカサナエ	井上 1979b[a]	C
	Gribbin & Thompson 1991a[f]	A			
ムツアカネ	Michiels & Dhondt 1989b	A			

注:断らない限り,両性の成虫の測定に基づく記録.
A. 断らない限り,季節進行による連続的なサイズの減少.
B. 羽化期の終わりである秋に短期間サイズが増加.
C. 羽化は二峰型.
D. 成虫活動期は二峰型.
E. 年2化性が証明されている.
F. おそらく年2化性と思われる.
[a] F-0齢,時にはF-1齢の幼虫と成虫,あるいは幼虫のみに基づく.
[b] 成虫出現期の後半に成虫の平均体サイズが増加.
[c] 記録は雄の測定のみに基づく.
[d] 高密度地域において雌にのみ影響が見られた.
[e] 季節の進行とともに雄の対称性のゆらぎも減少 (Harvey & Walsh 1993).
[f] 羽化期の最後の2週間にサイズの減少が急激であった.

付　表

表A.7.7　雄の先行羽化と雌の先行羽化

先行羽化する性	文献
雄	
ヒスイルリボシヤンマ[a]	Inden-Lohmar 1997; 図7.21
キバネルリボシヤンマ	Wesenberg-Lund[b] 1913; Thompson 1987b; 図7.19
オオルリボシヤンマ	武籐 1995a
Aeshna tuberculifera	Halverson 1984
A. umbrosa	Halverson 1984
マルタンヤンマ	武籐 1995a
コウテイギンヤンマ[c]	Corbet 1957a; Beutler 1986
キイロサナエ	青木 1994
アメリカオオトラフトンボ	Lutz & McMahan 1973
Gomphus exilis	Lutz & McMahan 1973
アオイトトンボ	Zettelmeyer 1986
アカイトトンボ	Gribbin & Thompson 1991a
ナゴヤサナエ	石田 1982
Uropetala chiltoni	Wolfe 1953
雌	
サオトメエゾイトトンボ	Thompson 1989c
ヨーロッパショウジョウトンボ	Utzeri & Lorenzi 1986
セボシカオジロトンボ	Deacon 1975
いずれでもないもの	
アメリカギンヤンマ	Trottier 1966, 1971
ヨーロッパベニイトトンボ	Krüner 1989
アメリカアオモンイトトンボ	Baker et al. 1992
アカイトトンボ	Bennett & Mill 1993

注：ほとんどの場合，累積羽化数は羽化期間を通じて緩やかに増加する．
[a] 2年連続で確認．
[b] 羽化場所近くのテネラル成虫に基づく．最初の雌は最初の雄の8〜14日後に出現．
[c] コウテイギンヤンマにおける雄の先行羽化の程度は，2番目のピーク（雌が優占する）の羽化曲線のパターンの変化によって主に決定される．

表A.7.8　3つの原因による羽化中の死亡率

種	羽化総数	死亡率(%)とその原因 1	2	1+2	3	1+2+3	文献
アカイトトンボ[a]	1,981	0.8	1.6	2.4	0.9	3.3	Bennett & Mill 1993
カラカネトンボ*	265	—	—	1.0	3.0	3.8	Ubukata 1973
ヤマサナエ[a]	2,501	—	—	1.0	3.8	4.8	倉田 1971
Leucorrhinia rubicunda	438	2.3	5.3	7.5[b]	0.0	7.5	Pajunen 1962a
カオジロトンボ	1,287	1.6	6.8	8.4	0.2	8.6	Pajunen 1962a
ヒメトンボ[a]	6,299	5.5	0.8	6.3	2.8[c]	9.1	Mathavan & Pandian 1977
ウスバキトンボ[a]	1,778	1.3	1.3	2.6	6.7[c]	9.3	Mathavan & Pandian 1977
ハラボソトンボ[a]	1,413	2.1	1.2	3.3	6.1[c]	9.4	Mathavan & Pandian 1977
コウテイギンヤンマ[a]	7,312	1.4	6.2	7.6	3.8	11.4	Corbet 1957a
ヒメキトンボ[a]	4,938	2.7	1.0	3.7	9.7[c]	13.4	Mathavan & Pandian 1977
Trithemis festiva[a]	1,385	2.8	1.1	3.9	12.0[c]	15.9	Mathavan & Pandian 1977
イイジマルリボシヤンマ	789	0.6	3.9	4.6[b]	16.5[d]	21.0[b]	Schmidt 1964b
アカイトトンボ	1,099	—	—	6.2	21.8	27.9[b]	Gribbin & Thompson 1990c
範囲		0.6〜5.5	1.1〜6.8	0.8〜8.4	0.0〜21.8	3.8〜27.9	
どれかのシーズンに記録された最大値（種名）		5.9 (ヒメトンボ)	10.8 (コウテイギンヤンマ)	21.8[e] (アカイトンボ)	27.9 (アカイトンボ)		

注：値は年間総羽化数に対する百分率として死亡数を示す．原因は，(1) 脱皮の失敗，(2) 翅の伸長と硬化の失敗，そしてそれによる飛行不能，(3) 捕食．3種については原因(1)と(2)は区別されていない．種は総死亡率の昇順に並べられている．すべての数値，とりわけ捕食の値は，実際の値よりもいくぶん小さくなる傾向がある（本文参照）．
[a] 数値は連続した11年（ヤマサナエ），3年（コウテイギンヤンマとアカイトトンボ）あるいは2年の平均値である．
[b] 四捨五入したため合計値が正確に一致しない．
[c] 数値は主な捕食者であるクモによるものだけであり，脊椎動物による捕食は評価されていない．
[d] この数値はおそらく実際の値の75%程度に過小に評価されている．なぜなら，切り取られたイイジマルリボシヤンマの翅は，同じ調査地にいるルリボシヤンマの翅と区別できないからである．
[e] イイジマルリボシヤンマの捕食による死亡率が25%低く見積もられているとすると，この列には22.1%の値をもつイイジマルリボシヤンマが入ることになるであろう．
* *Cordulia aenea amurensis*.

表A.7.9 羽化の各段階においてトンボ目を攻撃する捕食者

捕食者の分類群	第1段階	第2段階	第3段階
軟体動物			
腹足類		コウラクロナメクジ科の*Arion*属 (5)	
節足動物			
真正クモ目	ハシリグモ属*Dolomedes*を含む陸生クモ類と水生クモ類 (4, 36)	カイゾクコモリグモ属*Pirata*とシャコグモ属*Tibellus* (11) ネコグモ科の*Corinna*属 (28) コモリグモ科 (1)	コガネグモ属*Argiope*と*Peucetia*属,*Stegodyphus*属 (18)
トンボ目		ヒスイルリボシヤンマと*Anax walsinghami*[a] (21) アメリカアオモンイトトンボ (26)	同種を含むさまざまな種の成虫
半翅目	ヒメタイコウチ属*Nepa*		
膜翅目		ヤマアリ属*Formica* (15, 29) ケアリ属*Lasius* (29) クシケアリ属*Myrmica* (33) スズメバチ属*Vespa* (9, 29, 32)	有剣類
脊椎動物			
魚類	タイセイヨウサケ属*Trutta* [=*Salmo*] (22)		
両生類	アカガエル属*Rana* (10, 19, 36)	ヨーロッパイモリ属*Triturus*	
爬虫類	ワニ科の*Caiman*属[b] (31) ワニ科の*Crocodilus*属	*Caiman*属[b] (31) *Crocodilus*属 コモチカナヘビ属*Lacelta* (29) イグアナ科*Sceloporus*属 (13)	
鳥類[c]	ハゴロモガラス属*Agelaius* (36) オオクロムクドリモドキ属*Quiscalus* (36) ツグミ属*Turdus* キガシラムクドリモドキ属*Xanthocephalus* (8, 23)	レンジャク属*Bombycilla* (3) ホオジロ属*Emberiza* (29) カケス属*Garrulus* (33) モズ属*Lanius* (6) カモメ属*Larus* セキレイ属*Motacilla* (15, 24, 29, 30) スズメ属*Passer* シギ科 (9) アジサシ属*Sterna* ツグミ属 キガシラムクドリモドキ属 (8, 23, 34, 35)	ハゴロモガラス属 (12, 36) アナツバメ属*Collocalia* ハヤブサ属*Falco* (14) キュウカンチョウ属*Gracula* ツバメ属*Hirundo* (25) スズメ属 オオクロムクドリモドキ属 (36) タイランチョウ属*Tyrannus* (2)
哺乳類		アカネズミ属*Apodemus* (14) ネコ属*Felis* (27)	

注：断らない限り，Corbet 1962aによる記録．羽化の段階は，(1) ファレート成虫が羽化の足場に移動している間，(2) 羽化場所において脱皮している間またはその後，(3) 処女飛行の間．出典は次に示す番号で示す．1. Beynon 1995a; 2. Bird 1932; 3. Cannings 1980; 4. Cham 1992b; 5. Clifford & Walker 1985; 6. Coppa 1991a; 7. Corbet 1957a; 8. Duffy 1994; 9. Gasse & Kröger 1996; 10. Geelen et al. 1970; 11. Gribbin & Thompson 1990c; 12. Hutchinson 1978; 13. Johnson 1963a; 14. Khan 1983; 15. Kiauta 1971; 16. 倉田 1971; 17. Martin 1910a; 18. Mathavan & Pandian 1977; 19. Miller 1964; 20. O. Müller 1995: 213; 21. Musser 1962; 22. Mylechreest 1978; 23. Orians 1966; 24. Pajunen 1962a; 25. Parr & Parr 1972a; 26. Corbet 1984b: 21 の H. M. Robertson; 27. Rowe 1987a; 28. Santos 1966c; 29. Schmidt 1964b; 30. 曽根原 1965; 31. Staton & Dixon 1975; 32. Thickett 1994; 33. Ubukata 1973; 34. Voigts 1973; 35. Willson 1966; 36. Wissinger 1988c.
[a] 飼育下での観察．捕食者は幼虫．
[b] *Crocodilus*属の採餌行動からの類推により (P. S. Corbet 1959), 餌動物はファレート成虫と羽化したばかりの成虫からなると思われる．
[c] これまでのところ，トンボ目を捕食する鳥についての最も豊富な記録はKennedy (1950) によるモノグラフである．しかしながら胃の中の幼虫と成虫の状態が記述されていないので，どれが羽化中に餌食となったものか知ることができない．もっとも，多くがそうであることは確かである．

表A.8.1 夏眠も冬眠もしない温帯性のトンボのうち，前生殖期が極端に短い種と長い種

種	期間（日）	緯度	文献
最短			
Ischnura damula[a]	1	33°	Johnson 1975
I. demorsa[a]	1	33°	Johnson 1975
オビアオハダトンボ[b]	2	48°	Zahner 1960; ただしHeymer 1972bも参照
スペインアオモンイトトンボ[c]	2	42°26′	Cordero 1987
アメリカアオモンイトトンボ[a, d]	2	42°59′	Fincke 1987
ヒロアシトンボ[a, d]	2	52°10′	Buchholtz 1956
Platycnemis acutipennis	3	42°30′	Heymer 1966
P. latipes	3	42°30′	Heymer 1966
Calopteryx aequabilis[c]	5	45°	Conrad & Herman 1990

付　表

表A.8.1　続き

種	期間（日）	緯度	文献
エゾイトトンボ	5	43°	Ubukata 1974
Ischnura gemina[c]	5	33°	Garrison & Hafernik 1981
ハッチョウトンボ[c]	5	35°	Fujita et al. 1978
Nannothemis bella[c]	5	44°14′	Lee & McGinn 1986
Uropetala chiltoni[a, b]	5	43°	Wolfe 1952
最長			
Aeshna tuberculifera	約42	38°34′	Halverson 1984
A. umbrosa	約42	38°42′	Halverson 1984
Archilestes grandis	約42	45°	Kennedy 1915
イイジマルリボシヤンマ	43	54°30′	Schmidt 1964b
ヒスイルリボシヤンマ	50	47°23′	Wildermuth 1994d
ミヤマサナエ	約60	35°30′	相田 1973

注：図8.2Aに示した頻度分布の最小値と最大値，すなわち，図中の5日以下と41日から60日までの種の内訳．原記録に範囲が示されていたときは，雌雄によらず極端な値を採用した．断らない限り，すべてのデータは野外観察によるものであり，成熟成虫が水域に戻ってきたときか生殖行動が開始されたときを基準にしている．
[a] 飼育個体による値．
[b] 成熟は生殖腺の発達によって判定．
[c] 期間は標識したテネラル個体の再捕獲によって推定．
[d] 成熟は色彩変化によって判定．

表A.8.2　成虫で耐乾休眠や夏眠をすると思われるトンボの例

種	地域	観察結果
熱帯性の種[a]		
Acanthagrion fluviatile	ベネズエラ	「雨季型」よりも大型で淡い色をした「乾季型」が森林に生息する（De Marmels 1990b）
Austrolestes insularis	オーストラリア	成虫はオーストラリア北部のサバンナの疎林内で乾季を過ごす（Watson 1980b）
Bradinopyga geminata[b],	インド	表A.8.3参照
Ceriagrion bidentatum, *C. platystigma*	ウガンダ	乾季の間，雌雄とも森林内の陰になった場所に「潜む」（Miller 1994e）
C. suave	ジンバブエ	カラハリ砂漠で見つかった成虫は，少なくとも4～6ヵ月はそこで耐乾休眠していたと考えられた（Weir 1974）
Crocothemis divisa	コートジボワール	乾季の日中，成虫はシロアリ塚の上で休止する（Grabow et al. 1997）
	ナイジェリア	成虫は耐乾休眠し（Gambles 1960），くすんだ色をしており，乾燥したイネ科草本上や干上がった河床上で休止し，暗渠の中をねぐらにする．雨季の開始後1～2日で体が赤化する（Parr 1981a）
Erythrodiplax funerea	パナマ	未成熟の成虫は11月に森林内へ移動し，5月の最初の豪雨までそこにとどまる．雨のあと急速に成熟して池へ移動する（Morton 1977, 1982）
E. umbrata	メキシコ	成虫は乾季の間，森林内のうっそうとした場所で夏眠する（González-Soriano 1981）．
Gynacantha bullata	ギニア	乾季の間，成虫は水域から遠く離れた森林の中で見つかり，水たまりの日陰側の岸で地上1～1.5mの高さにとまっており，すぐには飛び立とうとしない（Legrand & Girard 1992）
G. vesiculata	ナイジェリア	9～10月に羽化した後，5～6月に乾季が終わるまで，成虫は活動的な状態にある．産卵は5月に始まる（Gambles 1960）
ウチワヤンマ属 sp.	ガボン	河川の水位が非常に低下する乾季の中ごろに羽化した後，成虫は水域から離れて6週間過ごし，9月中旬の雨季の到来とともに戻ってくる（Legrand 1983）
Leptobasis vacillans	コスタリカ	成虫は乾季を森林内で過ごす（Paulson 1980）
	ベネズエラ	乾季型の成虫は雨季型よりも大型で淡い色彩をもち，森林内に棲む（De Marmels 1990b）
Lestes dissimulans	ナイジェリア	未成熟成虫は，乾季の間は木々の下生えのイネ科草本の上で見られ，しばしば地上2～3mの高さに翅を閉じてとまる（Gambles 1983a）．11～4月の乾季の間，未成熟な色彩をした成虫が，枯れた植生の上の地上2～4mで活発に飛び回ったりとまったりする（Marshall & Gambles 1977）
L. elatus	インド	成虫は乾季の間，ジャングルの灌木の中で隠蔽的に過ごす（Fraser 1933）
L. mediorufus	トリニダード・トバゴ	乾季の最盛期には，成虫はイネ科草本が緑色をしている場所ならサバンナのどこでも見られる．草が乾燥して枯れると，成虫の体色は明るい茶色とオリーブグリーン色に変わる（Michalski 1988）
L. pallidus	マリ	成虫は，乾季には水が全くない場所で見つかる（Dumont 1979）
	ナイジェリア	雌雄とも耐乾休眠する（Gambles 1983b）

表 A.8.2 続き

種	地域	観察結果
	ジンバブエ	カラハリ砂漠で見つかった成虫は，少なくとも4～6ヵ月，そこで夏眠していたと考えられた（Weir 1974）
L. virgatus[b]	ナイジェリア	10月から7月までの乾季を，成虫は林内やプランテーション内のイネ科草本の上で過ごす．1月は姿を消し，おそらく休眠に入る．5月に再び姿を現したときには成熟した色彩をしており，生殖行動を示す（Gambles 1960）．雌雄とも夏眠し，一部の成虫は2週間以上にわたって同じ共同ねぐらを利用する（Gambles 1971）
ヒメハビロイトトンボ	パナマ	乾季の終わりから雨季の始まりにかけて，一部の成虫は精子や卵だけは発達している生殖休眠の状態にあり，産卵は樹洞に水がたまった後初めて行う（Fincke 1984a）．日中，ときどき，彼らは日陰になった場所に集まって休止する（Beatty & Beatty 1963）
Neurothemis stigmatizans	オーストラリア	成虫は，オーストラリア北部では乾季をサバンナの疎林内で過ごす（Watson 1980b）
タイワントンボ	インド	雌雄が一緒になって，葉を落とした木の上の共同ねぐらで耐乾休眠する．どちらも性的に不活発であるが，雄は明らかに活性のある精子をもち，雌は未成熟な卵巣をもつ（Miller 1989b；§8.4.5）
スナアカネ	インド	成虫は（雌しか見られていない），11～3月の間，ニルギリス Nilgiris の丘（北緯約12°；Fraser 1936a：379）の標高1,500m以上のシダ群生地や樹林の中で過ごす
Thermochoria equivocata	リベリア	未成熟成虫は乾季の間も川の近くにとどまり，雨季が始まると成熟して繁殖する（Lempert 1988）
Uracis imbuta	パナマ	未成熟成虫は乾季を半落葉樹林内で過ごし，雨季が始まる3週間前に性的に成熟し，雨季開始直前にその森から出ていく（Campanella 1975a）
温帯性の種[c]		
マダラヤンマ	アルジェリア	5月中旬に低地で羽化した後，未成熟成虫は，近くの500～1,000mの高地へ上り，4ヵ月以上夏眠する．そこで摂食し，ゆっくりと体色を変化させ，脂肪を蓄えて体重を増加させ，9月か10月に繁殖のために低地へ戻ってくる（Samraoui et al. 1998）
ソメワケアオイトトンボ	イタリア	羽化後，未成熟成虫は2～3ヵ月を水域から離れて過ごす（おそらく林地で）．そして，かなりの高率で羽化した生息場所へ戻ってくる（Utzeri et al. 1984, 1988）
アオイトトンボ	日本	前生殖期の成虫として条件依存的な夏眠を行う（Uéda 1978）．卵巣発育は8月中旬まで遅延するが，精子形成は遅延しない（Uéda 1989）
オオアオイトトンボ	日本	成虫は水域から離れた林地で，（約3ヵ月間）前生殖期を過ごす（Uéda & Iwasaki 1982）
ナツアカネ	日本	成虫は水域から離れた林地で前生殖期（約10週間）を過ごす（新井 1995a）
アキアカネ[d]	日本	平野で羽化した後，未成熟成虫は高地へと上り，そこに8月下旬から9月までとどまる（§10.2.3.1参照）
Sympetrum meridionale	アルジェリア	マダラヤンマと同様であるが，夏眠期間は3ヵ月以上
	イタリア	6月中旬に羽化した後，生殖活動は7月下旬から8月まで遅延する（Pritchard 1992：17のC. Utzeri）
S. sinaiticum tarraconensis	スペイン	5月上旬に羽化した後，成虫は10月になってから繁殖を開始する（Jödicke 1995c）
タイリクアカネ*1	日本	羽化後，未成熟成虫は平野部を離れ，山間の谷間で夏を過ごす（尾花 1969）．北海道の記録から，成虫が部分的あるいは完全な夏眠をすることが示唆される（一條・井口 1993）
タイリクアカネ*2	アルジェリア	マダラヤンマと同様
	イタリア	6月中旬に羽化した後，成虫は9月中旬まで未成熟な状態が維持される（Pritchard 1992：17のC. Utzeri）
	イギリス	例外的に暑い夏の間，成虫は約2ヵ月間水域へ戻ってこなかった（Pritchard 1992：16のM. J. Parr）
キアシアカネ	アメリカ，NJ	成虫は8月下旬に水域へ再び現れる（May 1995b）．
	アメリカ，NC	6月下旬以降に羽化した後，成熟した成虫は9月21日になって初めて水域に出現した（Boehms 1971）

[a] これらの種は，生存に厳しい季節が夏季ではなく乾季なので，夏眠よりもむしろ耐乾休眠を行う．これ以外の種が次の国々で耐乾休眠することが知られている．インド（Kumar & Prasad 1981），リベリア（Lempert 1988），ナイジェリア（Gambles 1976；Marshall & Gambles 1977），パナマ（Fincke 1984a），タイ（Asahina 1983b, 1985）．
[b] 熱帯性の種の分布北限に近い緯度では，乾季はたいてい寒い季節と一致している．そのような環境条件では，耐乾休眠と冬眠を区別することはほとんど意味がない．そのような影響を受けた2種は表A.8.3にもあげた．
[c] これらの種は夏眠する．ここに含まれた種は図8.2Bで示されているもので，表8.3にあげた種の大部分に相当する．
[d] 日本の低緯度に生息するアカネ属の大部分は晩春に羽化するが，初秋になるまで性的な活動を開始しない．そのため，その夏眠パターンはほぼアキアカネやタイリクアカネ*1と似ている（Inoue 1991a）．
*1 *Sympetrum striolatum imitoides*.
*2 *S. s. striolatum*.

表A.8.3 成虫で冬眠するトンボの例

種	地域	観察結果
熱帯性の種[a]		
Austrolestes leda	オーストラリア	冬季が温暖で短いシドニー（南緯33°52′）では，成虫越冬が常態 (Tillyard 1917a)
Bradinopyga geminata	インド	北緯29～31°に生息する成虫は，10月に水域から離れた隠れ場のある場所へと移動し，そこで冬を越すが，晴れた日は活動的．水域へは2月中旬に戻る (Kumar 1973a)
Cratilla lineata calverti	タイ	成虫は明らかに晩秋に羽化し，翌春に成熟を完了する（北緯約15°）(Asahina 1988a)
ベニヒメトンボ	オーストラリア	*Austrolestes leda* と同様
Lestes praemorsa	インド	北緯29～31°に生息する成虫は，9～10月から6月までの8～9ヵ月間を水域から離れた林地で過ごす (Kumar 1972a)
L. spumarius	アメリカ，FL	しばしば水域から離れて，成虫で越冬する (Dunkle 1990)
L. tenuatus	アメリカ，FL	成虫で越冬する (Dunkle 1990)
L. virgatus	エチオピア	北緯7°付近の標高1,600m以上の場所で10月下旬に見られた未成熟成虫は，密な河畔植生の中で冬眠する準備ができていると考えられた (Consiglio 1978)
L. viridula	インド	北緯29～31°において，10月から4月の間，冬眠している成虫が，密林の中の枯れた植物群落でしばしば発見される (Kumar & Prasad 1981)
温帯性の種[b]		
ホソミイトトンボ	日本	明らかに年2化性（奈良岡 1971）．1月に冬眠中の雌が地上5mの木の枝先で見つかっている（竹内 1983）
	台湾	季節的二型をもち，小形の成虫が冬眠する (Lieftinck et al. 1984)
ホソミオツネントンボ	日本	秋になると，未成熟成虫は日だまりに集まり (Yagi 1993)，気温が13℃以下になる11月に冬眠に入る．彼らは地上60cmの所に細く突き出した枝に隠蔽的にとまっている．そこで−5℃の気温や雪に覆われることに耐え，4月には成熟した色彩へ変化して冬眠場所から去っていく（頼 1977, 1984）．冬眠中，雨が降ると成虫は静止姿勢を調節し，天気のよい日には活動する (Yagi 1993)
オツネントンボ[c,*1]	ドイツ	冬眠中の成虫は翅を閉じ，腹部の片側に寄せる (Prenn 1928)．11月に寒い日がやってくると，その後小春日和になっても，露出した冬眠場所では成虫が見られなくなる (Jödicke 1991)
	イラク	4月に，未成熟成虫がイネ科草本の上で休息しているのが見られる (Sage 1960)
	日本	間違いなく冬眠場所へ移動中と考えられる大集団が11月上旬に見られた（信大繊維昆虫研究グループ 1980）．10～75個体の成虫集団が支柱の空隙で冬眠しているのが観察された（三田村・横井 1991）
	シベリア	単独の成虫で冬眠する (Zaika 1977)
	スペイン	北緯37°の3月中旬，白粉を帯びたかなり汚損した成虫が水域で生殖行動を示した (P. S. Corbet 未発表の観察)
Sympecma fusca	ドイツ	8月上旬に羽化した後，成虫は直ちに将来の冬眠場所へと移動する (Clausnitzer 1974)
タイリクアカネ[*2]	キプロス	3月上旬に，老化して汚損した雌が産卵しているのを観察した (Kemp 1990)
	ヨーロッパと中東	稀にではあるが，成虫で冬眠する (Jödicke & Thomas 1993)
	モロッコ	老化した成虫が11月と12月に時おり見られた (Jacquemin 1987)
	スペイン	12月中旬に交尾が観察された (Testard 1972)

[a] ここにあげたすべての種は池（一時的な池を含む）に生息し，雨季があり，冬は乾季となる地域に分布している．低緯度の熱帯地方では，これらの種のすべては，おそらく前生殖期の成虫として耐乾休眠する．このほかにも，同じように行動すると推測されるが，まだよく知られていない種が，オーストラリア (Watson 1981) やインド (Kumar & Prasad 1981)，タイ (Asahina 1980c) に分布している．
[b] ここにあげた種は，図8.1C, Dに示されている．ホソミイトトンボを除くすべての種は，冬眠だけでなく夏眠も行い，成虫期はしばしば少なくとも9ヵ月間続く．
[c] オツネントンボ属の冬眠に関する文献はJödicke & Mitamura 1995を参照．
[*1] *Sympecma annulata braueri*.
[*2] *Sympetrum striolatum striolatum*.

表A.8.4 トンボの成虫の日齢に関係した変化

変化			発現期[a]
1. 自生的[b]			
1.1 外皮		1.1.1 頭部や翅を含む体の色彩	C
		1.1.2 内皮と内突起における日生長層	P
		1.1.3 クチクラの硬化	P
1.2 器官		1.2.1 内分泌器官	P
		1.2.2 生殖腺と付属器官	P
1.3 組織		1.3.1 血液の構成	P
		1.3.2 体内の脂肪体含有量	P
		1.3.3 体重	P
		1.3.4 筋肉の付加と機能	P

表 A.8.4 続き

変化			発現期[a]
2. 他生的			
2.1 片利共生生物	体表面における藻類の増殖[c]		R
2.2 交尾の痕跡	2.2.1 雌：交尾嚢と受精嚢内の精子		R
	2.2.2 雌：亜生殖板や産卵管に乾燥した精子が付着[d]		R
	2.2.3 雄：陰茎や二次生殖器の周りの体表に乾燥した精子が付着[d]		R
2.3 外部寄生者	ミズダニ類，特にヨロイミズダニ科：付着部位，寄生者の存在または存在した痕跡，および大きさ		C
2.4 産卵の痕跡	腹端に泥が付着		R
2.5 タンデム痕[e]	2.5.1 雌の不均翅亜目：雄の肛上板と肛側板によって複眼に付いた痕跡[c]		R
	2.5.2 雌の均翅亜目：交尾相手の雄由来の白い排泄物が胸に残る		R
	2.5.3 雄の不均翅亜目：交尾前か交尾中に，雌の跗節の爪による腹部背面の引っかき傷[f]		R
	2.5.4 雄の不均翅亜目：脛節の刺毛の破損[g]		R
2.6 汚損状態	2.6.1 雌の不均翅亜目：尾毛の破損[c]		R
	2.6.2 翅の外縁部のすり切れ[c]		R
3. 行動の変化			
3.1 採餌	日周パターン		C
3.2 飛行活動	3.2.1 日周パターン変化		C
	3.2.2 スタイル		C
3.3 反応	3.3.1 同種他個体に対して		C
	3.3.2 気温に対して		C

注：実例，考察および文献については本文を参照．断らない限り，変化はすべての亜目に適用される．

[a] 主に前生殖期に起きる変化をP，生殖期に起きる変化をRとし，前生殖期の終わりに最も劇的に変化する傾向があるものをCと分類した．
[b] 他生的変化のうち，2.2.1を除くすべての項目で，他の判定基準によって性的に成熟していることが分かっているにもかかわらず，一部の個体で認識できないか，欠如していることがありうる．同様に2.5.1も，常に性的な成熟度の指標になるとは限らない．
[c] 前生殖期の間に夏眠や冬眠，耐乾休眠をする成虫は，性的に成熟する前にも，ここにあげたような変化を示すことがある．雌の尾毛の主な破壊原因はまだ分かっていない (Dunkle 1979; §9.4.1も参照)．
[d] §11.7.3.1参照．
[e] §11.5.3参照．
[f] 写真L.4．
[g] 根元が太くなった剛毛．§11.5.1参照．

表 A.8.5 温度による可逆的な生理的色彩変化が知られているトンボ

分類群	文献
ヤンマ科	
ルリボシヤンマ属	O'Farrell & Watson 1974; Schmidt 1986; Sternberg 1987, 1996; Jurzitza 1989[a]
トビイロヤンマ属	武藤 1995b
ギンヤンマ属	Jurzitza 1967, 1971; May 1976a; 臼田 1994
ハナダカトンボ科	
Chlorocypha 属	Miller 1993c
アフリカハナダカトンボ属	Miller 1993c
イトトンボ科	
アメリカイトトンボ属	May 1976c; Conrad & Pritchard 1989
Caliagrion 属	O'Farrell 1964
エゾイトトンボ属	Laister et al. 1996
ルリイトトンボ属	May 1976a, 1978; Miller 1995b; Laister et al. 1996
アオモンイトトンボ属	Veron 1974b; May 1976a
アオイトトンボ科	
ホソミアオイトトンボ属	O'Farrell 1964; Veron 1974b; Rowe 1987a
アオイトトンボ属	May 1978; Dunkle 1990[b]
ミナミヤマイトトンボ科	
Diphlebia 属	O'Farrell 1971a
トンボ科	
アカネ属	Watson 1983a[c]; Sternberg 1989b; 石澤 1991; 津吹 1995
ヤマイトトンボ科	
Argiolestes 属	O'Farrell 1964

注：断らない限り，腹部背面を含む．

[a] チリのルリボシヤンマ属 (*Hesperaeschna* 亜属) については推定であり，未確認．
[b] 複眼のみ．
[c] キアシアカネ．

表A.8.6 トンボ目におけるねぐらの利用

種	地域	観察結果
コシブトトンボ[*1]	ナイジェリア	水際から0.5～65m離れた場所に生えているイネ科草本の上，地上約15～120cm (Hassan 1976b)
Aeshna petalura	ペルー	アンデスの森林限界より上の標高5,050mにおいて，地下の温泉で暖められた土壌に生えているイネ科群落の中 (Hoffmann 1993)
アメリカギンヤンマ[a]	カナダ，ON	地上約3～8mの日の当たっている木の葉の上．性的に未成熟．南への移住の途中の一時的滞在時 (§10.3.3.2.1)
Argia apicalis	アメリカ，OK	水域から約8m離れた，うっそうとした小峡谷 (Bick & Bick 1965a)
Austrolestes annulosus[b]	オーストラリア，NSW	本文参照 (§8.4.5)
Bradinopyga geminata[b]	インド	家のベランダにかけた竹の簾(すだれ)の紐の上 (図8.27)．乾季の間の性的に未成熟な個体 (表A.8.3参照)
オアカカワトンボ[a,c]	フランス	日中の水域の活動場所から20～100m離れた，キイチゴ属*Rubus*とワラビ属*Pteridium*が密生した植物群落の中で雌雄が一緒にいる (Heymer 1973b)．主にキイチゴ属の葉の上．あらゆる日齢の雌雄が利用．頭を水域へ向け，体は水平に，葉と平行にしている．水際から2m以内，水面から約1.5mの高さ．強風のときはさらに低くなる (平均0.79m)．早朝に日の当たる位置であることが多い．ねぐらに就いている間の死亡率は低い (一晩で約0.12%; Neubauer & Rehfeldt 1995)
ベニヒメトンボ[c]	ニュージーランド	冷涼な天候のとき，覆いや葉の下で体を水平にしている (Rowe 1987a)
Hetaerina macropus	コスタリカ	最も近い流れから100m以上離れたイネ科草本の生えた庭で，雌雄が採餌し，ねぐらに就いた (Eberhard 1986)
Heteragrion alienum	メキシコ	水域から数m離れた森林内の草本層 (González-Soriano & Verdugo-Garza 1982)
アフリカウチワヤンマ[c]	ウガンダ	密生した潅木林の上部 (Miller 1964)
マンシュウイトトンボ[c]	ベルギー	縁取っているスゲ属*Carex*の間．とまれる茎の全部を占めることがある (Dumont 1971)
	フランス	水面から突き出たり，水際の近くで直立している植物の上 (Miller 1987a)
	イギリス	地上から平均82.5cmの高さのイネ科(主に)やイグサ属*Juncus*，トクサ属*Equisetum*で，頭幅と同じくらいの太さの茎を好む (Askew 1982)
Ischnura heterosticta	オーストラリア，NSW	イグサ属の茂みの中で地上25cm以下 (O'Farrell 1971b)
Lestes virgatus[a]	ナイジェリア	地上1mくらいで水平に張り出している枯れ枝．性的に未成熟な個体 (表A.8.2参照)
ヒヌマイトトンボ	日本	水面から10～20cmの高さの植物の茎に多数がいた (二宗 1997)
Nesciothemis farinosa	ケニア	背の高いイネ科草本で雄 (だけ) がねぐらに就く．渓流のほとりの約50×50mの範囲に約100個体．地上1～2mの草の上で頭を上に向けてとまっていた (Miller 1982a)
ナイジェリアトンボ[c]	ナイジェリア	水域から20～200m離れた場所で，雄が多いが雌雄が一緒に，樹木や潅木の傍らに生えている背の高いイネ科やモロコシ属*Sorghum*の根元付近．一部の個体はもっぱら水域をねぐらとする (Parr & Parr 1974)
シオヤトンボ	日本	成熟雄は水田の縁にある潅木林の中．未成熟のときは水田から100m以上離れた丘陵 (Watanabe & Higashi 1989)
Oxygastra curtisii	フランス	水際近くのキイチゴ属*Rubus*の茂みの中で，高さは1m以下 (Heymer 1964)
Palpopleura lucia lucia	ナイジェリア	水域から1～109m離れた場所に生えている草本と，それにからむ蔓植物．地面から21～237cmの高さ (Hassan 1976b)
ウスバキトンボ	モルジブ	夕日が最後まで当たる潅木林の上部 (Olsvik & Hämäläinen 1992)
アマゴイルリトンボ	日本	極相落葉樹林の樹冠部 (Watanabe et al. 1987)
タイワントンボ[a,b]	インド	本文参照 (§8.4.5)
タイリクアキアカネ	フランス	雌雄同数の10,000個体を超える集団が，繁殖場所から約900m離れた地上0.3～1.5mのイネ科草本の葉の上 (Rehfeldt 1994b)
	ドイツ	林地に隣接した中湿性のスズメノチャヒキ属*Bromus*群集の中．地上20cm以下の高さ．しばしばヨーロッパショウジョウトンボや*Sympecma fusca*，オツネントンボ[*2]が一緒にいる (B. Schmidt 1995)
エゾアカネ	ドイツ，ワンガーローゲ島	イグサ属やアカバナ属*Epilobium*，ヤナギ属*Salix*の上，地上約1m以内．風は遮られるが日の当たる場所．1m²当たり約80個体の密度の雌雄混成集団．移住の途中の一時的滞在時 (Lempert 1984a)
ラケラータハネビロトンボ[a]	カナダ，ON	林の日の当たっている部分で地上1～17mの高さ，あるいは日の当たっているイネ科草本の間．性的に未成熟．南への移住の途中の一時的滞在時 (Corbet & Eda 1969; §10.3.3.2)

注：夜間のねぐらの場所の記録だけを取り上げたが，天候の悪いときには日中でも同じ場所で休止することがある．観察例は変異を強調する観点から選んでいる．Hutchinson (1976f, g) のリストには他の多くの記録がある．耐乾休眠や冬眠している間の日中に (時に集団で) 休止する種は，表A.8.2やA.8.3に示されている．断らない限り，ねぐらに就いている姿勢は直立である．
[a] 集団でねぐらに就き，時に大集団となる．
[b] 体の向きは水平に近い．
[c] ねぐらは天候の悪いときは日中でも利用される．
[*1] *Acisoma panorpoides inflatum*.
[*2] *Sympecma annulata braueri*.

表A.8.7 トンボ目の成虫の片利共生者となる生物

片利共生生物[a]	宿主	地域	共生部位と宿主との関係
モネラ界（原核生物界）			
藍色植物	不均翅亜目[b]	アメリカ, OK	トンボ目の65％が消化管内に生きた散布体をもつ (Solon & Stewart 1972)
原生生物界			
原生動物			
鞭毛虫亜門	不均翅亜目[b]	アメリカ, OK	65％が消化管内に生きた散布体をもつ (Solon & Stewart 1972)
菌類			
真菌下門	不均翅亜目[b]	アメリカ, OK	65％が消化管内に生きた散布体をもつ (Solon & Stewart 1972)
藻類[c]			
緑色植物門	ムラサキハビロイトトンボ	パナマ	胸部と翅の表面で成長 (Fincke 1984a)
緑色植物門	不均翅亜目[b]	アメリカ, OK	65％が消化管内に生きた散布体をもつ (Solon & Stewart 1972)
植物界			
維管束植物	Procordulia sambawana	インドネシア	キク科のヒメキクタビラコ Myriactis javanica の種子が翅や腹部にこびりつき, 飛行を阻害する (Van Steenis 1932)
節足動物門			
クモ形綱			
カニムシ目	Gomphurus septimus	中国	胸部下面の脚の間に1個体 (Dunkle 1983b)
昆虫綱			
ハジラミ目	Agriogomphus jessei	南アメリカ	体に Gyropus 属と Trichodectes 属が付着 (Keirans 1975)
双翅目			
Milichiidae科	Anaciaeschna isosceles	フランス	小さなハエが翅上に付着. Desmometopa 属 sp. の可能性 (Sternberg & Buck 1994)
	タイリクオニヤンマ	ドイツ	頭部に5個体の Desmometopa 属の雌. トンボが餌を咀嚼している間にそのおこぼれをもらう (Sternberg 1993b)
膜翅目			
タマゴクロバチ科[d]	Boyeria vinosa	アメリカ, TX	主に胸部と前方の腹節に34個体の雌. おそらく Calotelea 属 (Carlow 1992)
	Epiaeschna heros	アメリカ, TX	トンボの雌の翅基部の間の胸部上で46個体の Thoronella 属の雌が動き回っていた (Carlow 1992)

[a] モネラ界, 植物界および原生動物については, 界と亜界あるいは門と綱の単位ごとにまとめて記載した. 節足動物に関しては, 綱と目ごとに, 双翅目と膜翅目に関しては科ごとにまとめて記載した.
[b] 11種.
[c] Gerson 1974, 1976は, トンボ目を含む節足動物門と関係をもつ藻類の総説である.
[d] §3.1.4.3.1も参照.

表A.8.8 トンボ目の成虫に外部寄生するミズダニ類

科と属	宿主の科	T	A	W	属数[b]	例
ヨロイミズダニ科						
ヨロイミズダニ属 Arrenurus[c]	ヤンマ科	×	×		3	トビイロヤンマ属 (Cassagne-Méjean 1966), ルリボシヤンマ属
	カワトンボ科	?	?		1	アオハダトンボ属 (Stechmann 1978)
	イトトンボ科	×	×		8	キイトトンボ属 (Cassagne-Méjean 1966), クロイトトンボ属
	エゾトンボ科	×	×		3	カラカネトンボ属, エゾトンボ属
	アオイトトンボ科	×	×		1	アオイトトンボ属
	トンボ科	×	×	×	12	ヨツボシトンボ属, アカネ属
	モノサシトンボ科	×	×		1	グンバイトンボ属
アカミズダニ科						
Hydryphantes 属[d]	イトトンボ科	?	?	?	2	エゾイトトンボ属, アオモンイトトンボ属
オオヌマダニ科						
オオヌマダニ属 Limnochares[d]	ヤンマ科	×			1	ギンヤンマ属
	イトトンボ科	×			4	Chromagrion 属, ルリイトトンボ属
	サナエトンボ科	×			1	サナエトンボ属
	アオイトトンボ科	×			1	アオイトトンボ属
	トンボ科	×			3	カオジロトンボ属, アカネ属

出典: 断らない限り, Smith & Oliver 1986.
[a] 略号: A. 腹部; T. 胸部; W. 翅.
[b] この数は, 将来著しく増加することが見込まれる.
[c] この属のダニの幼虫は水生. 水面下で宿主に遭遇する. ただし Arrenurus papillator は別で, 羽化後のヨツボシトンボ属とアカネ属に付着する.
[d] この属のダニの幼虫は, 通常陸生 (ただし §3.1.4.3.2を参照). 水面あるいは水面の上方かその近くのトンボのとまり場で宿主に遭遇する.

表A.8.9 野外においてトンボの成虫を主要な食物とすることがある捕食者

捕食者の分類群[a]	地域	餌動物	観察記録[b]
被子植物[c]	オランダ	トンボ目	モウセンゴケ *Drosera rotundifolia* が捕らえる節足動物のうち最大サイズであり，数にして約1.3％を占める (Achterberg 1973)
クモ形綱[d]	オーストラリア	不均翅亜目	ツリガネヒメグモ属 *Achaearanea* (ヒメグモ科) は，低地の熱帯降雨林における効率的な捕食者である (Rowe 1995)
	フランス	トンボ目	コガネグモ科の *Larinioides folium* の大形 (体長0.5mm以上) の餌動物全体の92％以上を構成 (Rehfeldt 1994a)．オアカカワトンボの成熟雄は，このクモの円網によって1日当たり平均4.1％の割合で捕食された (Rehfeldt 1992b)
	パナマ	不均翅亜目	1年間にコガネグモ属 *Argiope argentata* の網にかかる餌動物の年間総重量の4.8％を構成，乾季の初めにはもっと多い (Robinson & Robinson 1970)
	ジンバブエ	不均翅亜目	30枚のクモの網で成熟成虫12個体が見つかった (Stortenbeker 1967)
昆虫綱[e]			
双翅目	カザフスタン	トンボ目	*Caliaeschna microstigma* を含むトンボ目が *Trichomachinus paludicola* (ムシヒキアブ科) の餌動物の24.1％を占める (Lehr 1967)
膜翅目	オーストラリア，北部準州	均翅亜目	オード川 Ord River 沿いの調査で，ハナダカバチ属 *Bembix variabilis* (アナバチ科) の巣内の餌動物は均翅亜目 (おそらくナガイトトンボ属) だけだった (Evans & Matthews 1975)
トンボ目[f]			
硬骨魚綱	ニュージーランド	キボシミナミエゾトンボ	1個体のマスの腸に33個体の雄成虫と，それ以外にも体の断片が含まれていた (Rowe 1987a)
両生類[g]	アメリカ，NY	トンボ目	トンボ目 (そのうち約50％はイトトンボ科，残りは大型のトンボ) が，アカガエル属 *Rana septentrionalis* の大形個体 (複数) の食物の約16％ (体積) を占めていた (Kramek 1972)
鳥綱[h]	アルゼンチン	不均翅亜目	アレチノスリ *Buteo swainsoni* (タカ科) の幼鳥は主に *Aeshna bonariensis* を食っていた．それは，春先から真夏までの北に向かう飛行中の集団から捕らえられた．*A. bonariensis* は，主にテネラルかその直後の状態で，アレチノスリの餌動物昆虫のうちの92％以上を占めることがある (Jaramillo 1993, 1995; Rudolph & Fisher 1993)
	カナダ，MB	不均翅亜目	コチョウゲンボウ *Falco columbarius* (ハヤブサ科) のそ嚢と胃には，ルリボシヤンマ属 (3個体) とアカネ属 (9個体) だけが入っていた (Bird 1932)
	フランス	不均翅亜目	チゴハヤブサ *Falco subbuteo* (ハヤブサ科) は，雛に給餌する際，おびただしい数のルリボシヤンマ属とギンヤンマ属を捕獲し，それらは彼らの食物のほとんどすべてを構成することがある (Martin 1910a)
		トンボ目	7月の穏やかな日には，ハチクイ属 *Merops apiaster* (ハチクイ科) が雛に運ぶ餌動物の約50％は大型のトンボであり (Biber 1971; 写真M.6)，それは乾燥重量にして餌動物の85％に達することがある (Krebs & Avery 1984)
	ドイツ	不均翅亜目	アカゲラ *Dendrocopus major* (キツツキ科) は，雛に繰り返し不均翅亜目を給餌する (Fliedner 1996)
		不均翅亜目と均翅亜目	ブッポウソウ目 (ハチクイ類，カワセミ類，ブッポウソウ類) とスズメ目6つ以上の科のトンボ目を採餌する (Rehfeldt 1994a)
		トンボ目	1970年代まで，トンボ類はチゴハヤブサ (ハヤブサ科) の餌動物の主要な構成要素だった (Ludwig et al. 1990)
	メキシコ	不均翅亜目	トンボ類は，ヨタカ科による集中的な捕食の標的にされると，すぐに薄暮性の飛行をやめる (Rowe 1995)
	アメリカ，NJ	*Epiaeschna heros*	アシボソハイタカ *Accipiter striatus velox* (タカ科) およびコチョウゲンボウとアメリカチョウゲンボウ *F. sparverius* は，秋季に *E. heros* が南へ移動する間，その採餌中の集団を襲って食う (Sutton 1993)
	アメリカ，NY	アメリカギンヤンマ	東海岸に沿って南へ移住中の個体が，コチョウゲンボウとアメリカチョウゲンボウによって大量に捕食される (Walter 1996)
	ナイジェリア	トンボ目	ルリホオハチクイ *Merops superciliosus persicus* (ハチクイ科) の全餌動物の65.5％を占める (Fry 1981)
	ロシア	トンボ科	アカアシチョウゲンボウ *F. amurensis* (ハヤブサ科) は，1歳の若鳥にほとんどトンボ科ばかりを給餌する (Polivanov 1981)
	オランダ[i]	トンボ目	雛に給餌しているチゴハヤブサは，1時間に70個体ものトンボを捕らえることができる (Tinbergen 1968)
	アメリカ	トンボ目	9科20種の鳥の胃[i]の10％以上から成虫が見つかった．最大値 (％) は次のとおり (Kennedy 1950)．カモ科 (魚食性のカモ) 16.0，(河川性のカモ) 14.0，(海浜性のカモ) 15.0，
		翼手目	サギ科 27.4，ヨタカ科 10.0，ハヤブサ科 60.1，ツバメ科 31.0，ムクドリモドキ科[j] 24.8，カモメ科 15.0，シギ科 13.3，タイランチョウ科 19.7
哺乳綱			
食肉目	ニュージーランド	*Uropetala carovei*	トンボの個体数が最大となる月の間，トンボ類 (成虫を含む) は野ネコ *Felis catus* の糞の20％に見られた (Fitzgerald & Karl 1979; Rowe 1987a)
翼手目[k]	アメリカ，SC	アメリカギンヤンマ	ヒナコウモリ科の *Myotis lucifugus* は，夕方の薄暮時に群れを形成して飛んでいるトンボを集中的に摂食した (White et al. 1979)

注：羽化時 (§7.4.8；表A.7.9) や産卵時 (§2.2.8) の捕食の例は除く．餌動物の羽化後の成熟度が分かっている場合は付記した．それ以外の記録は，確実ではないが，主にテネラルより後 (成熟成虫) と思われる．

[a] 綱．昆虫綱と哺乳綱については目．
[b] 断らない限り，数値は出現の百分率 (当該の餌動物の個体数百分率) である．これらの捕食者に食われるトンボ目の成虫は，普通は他の餌動物に比べて大きいので，食物構成へのエネルギー面での寄与は，出現率の値で示されるよりも大きい場合が多い．
[c] 枝 1971a, b と Larochelle 1977c による総説．
[d] Larocchelle 1977a による総説．
[e] Larochelle 1976 と Lavigne 1976 による総説．
[f] 表A.9.2参照．
[g] Larochelle 1977a による総説．
[h] Kennedy 1950 と Larochelle 1977d による総説．
[i] サンプルサイズが35未満である記録は除外した．
[j] この値は，テネラル期以後の成虫に適用可能ではあるが，ムクドリモドキ科の中には，羽化場所でトンボ類を集中的に食うものがいるので過大推定かもしれない (Orians 1966; Willson 1966を参照)．
[k] Dunkle & Belwood 1982 による総説．

表A.9.1 フライヤーモードをとるトンボの採餌飛行の様式

種	場所	観察
ヒスイルリボシヤンマ	ドイツ	ランドマークの周りを不規則な円やらせんを描いて飛ぶ（図9.2）．広々とした場所より林内の道や林縁，公園緑地を好む．1箇所に数秒から数分とどまり，行ったりきたりしながら飛び回る．時には地表すれすれを飛んだり，その高さから20m上空に突然突進したりする（Kaiser 1974a）
Boyeria irene	フランス	並木がある川に限られる．川面の上を低く飛び，餌動物に突進したり，トビケラ目の群飛の中を何度も横切ったりする．生殖行動を兼ねている（A. K. Miller & Miller 1985a）
カラカネトンボ*	日本	高くさまざまなコースを飛び，稀にホバリングしては時々とまる．採餌飛行は生殖飛行とは異なっている（§11.2.5.2; Ubukata 1973）
カトリヤンマ	日本	朝や夕方の薄明時に，道や林縁に沿って地表近くを往復飛行したり，潅木や樹木の上の40mの高さまで上昇したりする（§8.4.4; 図9.3; 栗林 1965）
キボシミナミエゾトンボ	ニュージーランド	約1mの低い所を飛ぶ．ミナミエゾトンボのように飛行路を戻ることはせず，前方に飛ぶ傾向がある．時に樹冠部付近の高い所（2.5〜9m）で採餌する（Rowe 1987a）
ミナミエゾトンボ	ニュージーランド	上昇気流を利用してゆったり滑空する．時々とまる（Rowe 1987a）
Tachopteryx thoreyi	アメリカ，NJ	8の字を規則的に描いてゆっくりと飛ぶ．餌動物や侵入者の追跡のときだけは中断する（Barlow 1991b）
Uropetala carovei	ニュージーランド	ゆったりと羽ばたいたり，漂うように飛ぶ．突然餌動物に突進することがある（Rowe 1987a）

注：いろいろな様式や分類群を例として示した．上にあげた種の一部は，パーチャーモードあるいは表面採餌を行うことも知られている．次の種の採餌様式は，§9.5で表9.7において特殊化した戦略の例として説明した．種名の後の括弧内の記号は，特殊化した戦略を示す．アメリカギンヤンマ（A.1.1），アフリカヒメキトンボ（B.1），オビヒメキトンボ（A.1.1, C.2），*Chlorocnemis flavipennis*（B.2），*Didymops transversa*（C.1），ウスバキトンボ（A.1.3）．
* *Cordulia aenea amurensis*.

表A.9.2 トンボが他のトンボを含む大型の餌動物を捕った例

種	餌動物	場所	観察
キバネルリボシヤンマ	シータテハ*Polygonia c-album*	イギリス	餌動物から攻撃された後，それを捕らえて摂食した（Paine 1993: 20のT. G. Beynon）
コウテイギンヤンマ	キバネルリボシヤンマ	イギリス	飛行中のルリボシヤンマを捕らえた．両者は地面に落ち，捕食者は餌動物が飛び立つ前に食い始めた（Paine 1994a: 21のS. D. V. Price）
	ヨツボシトンボ	イギリス	飛行中に捕まえ，地面に降りて食った（Paine 1994a: 21のG. B. Giles）
アメリカギンヤンマ	アメリカギンヤンマ	アメリカ，NJ	Donnelly 1993a
	Phyllogomphoides stigmatus	アメリカ，TX	Donnelly 1993a
ギンヤンマ*1	ギンヤンマ*1	日本	雄が飛行中の未成熟の雌を捕らえ，降りてから食い続けた（清水 1992）
ギンヤンマ*2	ショウジョウトンボ属，アカネ属	ポルトガル	餌動物が捕食者と一緒に移住している間に捕食された（Owen 1958）
オビアオハダトンボ	*Panorpa*属（シリアゲムシ科）	フランス	カワゲラ目やトビケラ目も摂食（Heymer 1972a; 図9.9）
タイリクオニヤンマ	ハンミョウ属*Cicindela*	イギリス	翅や翅鞘を取り除いた後，大顎に運び込んだ（Heslop-Harrison 1938）
アメリカカラカネトンボ	*Leucorrhinia hudsonica*	カナダ，AB	湖のそばでテネラルを摂食（Pritchard 1964b）
Cyanothemis simpsoni	*Chlorocypha*属，*Orthetrum stemmale*，*Phaon*属	リベリア	捕食者は自分より小さいトンボを捕ることはほとんどなかった（Lempert 1988）
ハヤブサトンボ	チョウ	アメリカ，FL	M. L. May 1994
	Diceroprocta delicata（セミ）	アメリカ，LA	Sanborn 1996
	Libellula needhami	アメリカ，FL	餌動物のテネラル時の重量は捕食者とほぼ同じ（M. L. May, 1994）
	カトリトンボ	アメリカ，FL	延べ600の観察例（雄数×観察日数）のうち5回の捕獲を記録．餌動物の重量は最大で捕食者の体重の63%（McVey 1985）
Erythemis vesiculosa	チョウ	コスタリカ	低地の乾燥林の，特に林縁で，少なくとも4科14属からなる19種のチョウと3種のガを捕食．いずれも摂食前に翅を除去した（Alonso-Mejia & Marquez 1994）
	Erythemis plebeja	コスタリカ	低地の乾燥林で捕食（Alonso-Mejia & Marquez 1994）
アメリカコオニヤンマ	不均翅亜目	カナダとアメリカ	多くの場合，他種のトンボ，主に不均翅亜目を捕食（Walker 1958: 147; White 1989b）
	オオカバマダラ*Danaus plexipus*	アメリカ，KY	餌動物の密度が高いときに捕食（White & Sexton 1989）
	アメリカアオハダトンボ	アメリカ，VA	観察場所ではアメリカアオハダトンボの「深刻な」捕食者（Erickson 1989）
	Nasiaeschna pentacantha	アメリカ，FL	アゲハチョウと同じくらいの大きさの他種のトンボをよく捕食（Dunkle 1989a）
ヒメギンヤンマ	ウスバキトンボ	ガンビア	餌動物が捕食者と一緒に移住している間に捕食された（McCrae 1983）
ウチワヤンマ	セミ	日本	写真N.3参照
スペインアオモンイトトンボ	イトトンボ科	スペイン	成熟成虫は，同種も含む数種の，主に6日齢以前の成虫を捕食（Cordero 1992a; 写真L.5）

表 A.9.2 続き

種	餌動物	場所	観察
アメリカアオモンイトトンボ	Nehalennia gracilis	カナダ, PQ	タンデムペアの雄を捕食 (Hilton 1983c)
ニシカワトンボ	トビケラ目	日本	翅と脚を除いた体重が7.1 mgのトビケラ (Higashi et al. 1979)
Orthetrum austeni	チョウ	ガーナ	Brooks et al. 1995b
		ナイジェリア	チョウに特殊化，5科7属を捕獲 (Larsen 1981)
		シエラレオネ	チョウを「専門に」捕食 (Owen 1993)
O. boumiera, O. caledonicum, ハラボソトンボ, O. villosovittatum	Austrolestes minjerriba	オーストラリア南東部	大量に捕食 (Davies 1985)
O. caledonicum	Diplacodes haematodes	オーストラリア西部	胸部をかじる音が1.5m離れている観察者に聞こえた (Peterson & Hawkeswood 1980)
タイワンシオカラトンボ	Palpopleura sexmaculata sexmaculata	インド	餌動物を食べているのが観察された (Bhargava & Prasad 1974)
ハラボソトンボ	Caprona ransonetti potiphera (セセリチョウ科)	インド	餌動物は大型で頑丈なセセリチョウ科であった (Larsen 1990)
ウスバキトンボ	Erythrodiplax connata	ジャマイカ	未成熟個体を捕食 (Whitehouse 1943)
Phenes raptor	ルリボシヤンマ属 spp., チョウ, Chiasognathus 属 (クワガタムシ科)	チリ	Jurzitza 1989
Pseudagrion decorum	Enallagma parvum	インド	餌動物は P. decorum の雄のなわばりに侵入した後に捕食された (Srivastava et al. 1994)
Tachopteryx thoreyi	アメリカアオハダトンボ, シータテハ属 Polygonia	アメリカ	Barlow 1991b: 5のC. Cook
ニュージーランドイトトンボ	ガガンボ科とトビケラ目	ニュージーランド	Rowe 1987a

[*1] *Anax parthenope julius.*
[*2] *A. p. parthonope.*

表 A.9.3 トンボ目の表面採餌の例

種	場所	観察
均翅亜目		
Agriocnemis maclachlani	リベリア	草木からクモを表面採餌 (Lempert 1988)
Enallagma glaucum	南アフリカ	葉から約30mmの所を飛び，キジラミ科の1種 (citrus psylla) に突進して表面採餌し，とまって摂取した (Van den Berg 1993)
Ischnura damula	アメリカ, NM	飼育状態でケージの壁からショウジョウバエを捕まえた (Johnson 1965)
マンシュウイトトンボ	スペイン	雌はクモの網 (クモもいる) にかかったばかりの非常に小さな昆虫を，何度か網からつかみ取った (Parr & Parr 1996)
	イギリス	派手で機敏なディスプレイをしながら，雌は小型の黒いハエをクモの網からつかみ取った (Cham 1992b)
I. gemina	アメリカ, CA	雄がアメンボ科の幼虫を，水面からつまみ上げて摂食した (Corbet 1984b: 20のR. W. Garrison)
アメリカアオモンイトトンボ	アメリカ	雌が羽化直後のアオイトトンボ属のトンボをつまみ上げて摂食した．この属はしばしば捕食者の2倍の大きさに達する (Corbet 1984b: 21のH. M. Robertson)
Pseudagrion melanicterum	リベリア	葉の裏から小型鱗翅目やクモを捕った (Lempert 1988)
P. nubicum	タンザニア	葉陰の小昆虫を表面採餌していた雌が，小さな色の薄い虫こぶ (直径約2mm) に何度も突進し，それをつまみ上げようとしていた (Corbet 1962a: 148)
P. sjostedti	リベリア	しばしば水面からアメンボ科の幼虫をつまみ上げた (Lempert 1988)
ニュージーランドイトトンボ	ニュージーランド	採餌中に茎の表面の目立つ膨らみや斑点をつかもうとした (Rowe 1987a)
不均翅亜目		
キバネルリボシヤンマ	デンマーク	地面から小さなカエルをつかみ上げた (Geest 1905)
Aeshna sitchensis	カナダ, BC	干上がった水たまりをパトロール中，その下6〜8cmの泥の上で休止していたアシナガバエ科をすくい上げ，飛びながら摂食した (Cannings 1982a)
アメリカギンヤンマ	アメリカ, FL	カの群飛の中で採餌中，観察者の腕や衣服の上で血を吸っていたカを表面採餌した (Edman & Haeger 1974)
Coryphaeschna ingens	アメリカ, FL	観察者の皮膚からキモグリバエ科の Hippelates 属を表面採餌した (Wright 1946a)
ハヤブサトンボ	アメリカ, FL	円網性のアシナガグモ科の1種 (Leucauge argyra) を直接クモの網から捕った (G. B. Edwards 1987)
Libellula semifasciata	アメリカ	急に下降して，葉上に休止していた小さな昆虫を捕った (Beatty 1951)
コハクバネトンボ	アメリカ, TX	ホバリングしていた雄が，その下方にあった浮遊性の産卵場所にいた半翅目の幼虫をつまみ上げた (Williams 1980b; 写真N.6)
キボシエゾトンボ	ドイツ	ホバリングしていたトンボが，アブラムシのコロニーのついている葉や茎に向かって短く突進して接触した．あまり見られない採餌モード (Börszöny 1993)
Tachopteryx thoreyi	アメリカ	唯一観察されている採餌モード (しかし Barlow 1991b 参照)．木の葉の間や幹にいる大型の餌動物 (表A.9.2) をつまみ上げた (Barlow 1991b: 5のC. Cook)

注：例は分類群と表面採餌のスタイルの多様さを示すために選ばれている．

表A.9.4 大形のゆっくり動くものに随伴して採餌する不均翅亜目の記録

種	場所	観察
アカネ亜科		
ヒメキトンボ	インド	池のそばの草地や裸岩の上を歩く人に随伴した．おそらく同じ種の集団が自転車の速度の変化に合わせながら随伴した
オビヒメキトンボ	アルジェリア，チャド，ケニア[a]，ナイジェリア，タンザニア，ウガンダ	多数の，時に数百の雌雄が，草地，特に淡水域近くを通る人やウシ，ヒツジ，カバ，時には乗り物に随伴し，人間や他の哺乳類の背中でツェツェバエ（*Glossina*属）を探した
Brachythemis wilsoni	ナイジェリア	草地を歩く人に随伴した[b]
ショウジョウトンボ	インド	幹線道路を走る自動車に短時間随伴した
ヒメトンボ	インド	草地を歩く人についてヒメキトンボと一緒に随伴した[c]
ハヤブサトンボ	アメリカ, FL	大豆畑を歩く人について行き，飛び出したタバコガの1種（*Heliothis zea*）の成虫を捕えた
Erythrodiplax attenuata	ブラジル	大きな川のぬかるんだ土手の踏み跡で出来た路傍の草地で，通る人や大型哺乳類の足元の周りを飛び回った．この行動はオビヒメキトンボによく似ていた
他の不均翅亜目		
キバネリボシヤンマ	デンマーク	走っている馬について行き，馬の鼻先にできた群飛からハエをつかんだ
アメリカギンヤンマ	アメリカ, HI	ウスバキトンボやラケラータハネビロトンボと一緒に草地を歩く人の後をついて行くように見え，飛び出したガに飛びついて捕った
シオカラトンボ*	日本	芝生の上を歩く観察者の足元で採餌した[d]
ウスバキトンボ	アメリカ, HI	アメリカギンヤンマを参照
ラケラータハネビロトンボ	アメリカ, HI	アメリカギンヤンマを参照
ベニトンボ	インド	歩く人に数m「ついて」行ったように見えた（Tyagi & Miller 1991）

出典：断らない限り，Corbet & Miller 1991と§9.5.3．
注：ゆっくり動く物体を名目刺激として利用するのは，ヒメキトンボとオビヒメキトンボについてだけ証拠がある．
[a] Miller 1994e．
[b] Parr 1994．
[c] Mitra 1995が確かめた行動．ただし，Corbet & Miller 1991は，インドのある地域ではヒメトンボの随伴行動を起こさせることができなかった．
[d] Paulson 1983a．
* *Orthetrum albistylum speciosum*．

表A.9.5 カトリトンボの採餌場所での時間とエネルギーの配分．集中観察期間中の値

	飛行				合計	
	採餌	探索[a]	相互作用	パーチング	飛行	全活動
雄						
時間（秒）[b]	18.9	2.6	16.9	1,688	38.4	1,726.4
各行動の観察時間（％）[c]	1.1	0.2	1	97.8	2.2	(100.1)
各飛行活動の時間（％）[d]	49.2	6.8	44		(100.0)	
エネルギー量[e]	3.59	0.5	3.23	3.88	7.32	11.2
百分率	32.1	4.5	28.8	34.6	65.4	(100.0)
雌						
時間（秒）[b]	18.8	1	13.6	1,641	33.4	1,674.4
各行動の観察時間（％）[c]	1.1	0.1	0.8	98	2	(100.0)
各飛行活動の時間（％）[d]	56.3	3	40.7		(100.0)	
エネルギー量[e]	3.7	0.19	2.69	3.89	6.58	10.5[f]
百分率	35.3	1.8	25.7	37.2	62.8	(100.0)

出典：Baird & May 1997を改変．
[a] 繁殖活動ではなく，「位置替え」飛行に近い（§11.2.5.1）．
[b] 採餌場所での1日中の活動を含めた時間（生データ）の平均．
[c] 全観察時間に対する割合．
[d] 全飛行時間に対する割合．
[e] カトリトンボの平均体重と同じ体重の1個体のトンボの飛行代謝の最もよい推定値に基づいた平均値（J/時）（Polcyn 1988）．
[f] 注[e]と同様に推定した，推定平均エネルギー消費（J/時）．

付　表

表A.9.6 繁殖活動中に出会い場所で雄が行う採餌の頻度

高い	中程度	非常に低いか，ないに等しい
採餌頻度[a, b]		

パーチャー
　　ムラサキハビロイトトンボ (8)　　　　ミヤマカワトンボ (12)　　　　　　　ネグロベッコウトンボ (24)
　　ナイジェリアトンボ (31)　　　　　　ヨーロッパショウジョウトンボ (10)　*Micrathyria ocellata* [c] (19)
　　ヒメシオカラトンボ (30)　　　　　　ハヤブサトンボ (32)　　　　　　　　*Notiothemis robertsi* (4)
　　Trithemis annulata (10)　　　　　ハラビロカオジロトンボ (28)　　　　アメリカベニシオカラトンボ (26)
　　T. arteriosa (10)　　　　　　　　ヨツボシトンボ (25)　　　　　　　　カトリトンボ (1, 7, 9)
　　　　　　　　　　　　　　　　　　ニシカワトンボ (13)　　　　　　　　コハクバネトンボ (16)
　　　　　　　　　　　　　　　　　　アフリカシオカラトンボ (10)　　　　アメリカハラジロトンボ (3)
　　　　　　　　　　　　　　　　　　Orthetrum julia (29)　　　　　　　*Pseudagrion inconspicuum inconspicuum* (21)
　　　　　　　　　　　　　　　　　　Pseudagrion citricola (21)　　　　*P. kersteni* (22)
　　　　　　　　　　　　　　　　　　P. hageni tropicanum (20)　　　　　タイリクアカネ (27)
　　　　　　　　　　　　　　　　　　Trithemis kirbyi (10)

フライヤー
　　Boyeria irene (23)　　　　　　　　*Oxygastra curtisii* (11)　　　　　ヒスイルリボシヤンマ (15, 17, 18)
　　キボシミナミエゾトンボ (33)　　　　　　　　　　　　　　　　　　　　アメリカギンヤンマ (32)
　　キボシエゾトンボ (2)　　　　　　　　　　　　　　　　　　　　　　　*Anax walsinghami* (6)
　　　　　　　　　　　　　　　　　　　　　　　　　　　　　　　　　　　カラカネトンボ* (34)
　　　　　　　　　　　　　　　　　　　　　　　　　　　　　　　　　　　アメリカカラカネトンボ (14)
　　　　　　　　　　　　　　　　　　　　　　　　　　　　　　　　　　　オーストラリアミナミトンボ (33)
　　　　　　　　　　　　　　　　　　　　　　　　　　　　　　　　　　　ミナミエゾトンボ (33)
　　　　　　　　　　　　　　　　　　　　　　　　　　　　　　　　　　　アメリカヒメムカシヤンマ (5)

注：なわばり性の種だけを示す．
[a] 採餌頻度のカテゴリー区分（§9.6.4の解説を参照）は便宜的なものである．
[b] 出典（種名の後の数字）：1. Baird & May 1997；2. Börszöny 1993；3. Campanella & Wolf 1974；4. Clausnitzer 1996；5. Clement & Meyer 1980；6. Córdoba-Aguilar 1995；7. Dunham 1994；8. Fincke 1984a；9. Fried & May 1983；10. Gopane 1987；11. Heymer 1964；12. 東 1973；13. Higashi 1978；14. Hilton 1983b；15. Inden-Lohmar 1997；16. Jacobs 1955；17. Kaiser 1974a；18. Kaiser 1981；19. May 1980；20. Meskin 1986；21. Meskin 1989；22. Meskin 1993；23. A.K. Miller & Miller 1985a；24. A.J. Moore 1987a；25. Moore 1960；26. Novelo-Gutiérrez & González-Soriano 1984；27. Ottolenghi 1987；28. Pajunen 1964a；29. Parr 1980；30. Parr 1983b；31. Parr & Parr 1974；32. Polcyn 1988；33. Rowe 1987a；34. Ubukata 1975．
[c] *Micrathyria ocellata*は，気温が22℃より低いと飛び続け，23℃を超えると平均8～30％の時間を飛行に使う (May 1977)．
* *Cordulia aenea amurensis*.

表A.9.7 トンボの成虫が害虫を大量に摂食しやすい状況

害虫	捕食者	場所	観察事項
ヌカカ[a]とカ[b]	ウスバキトンボ	アメリカ，FL	トンボの大集団が害虫を多量に捕食した (Wright 1944b)
サシバエ[c]	アメリカギンヤンマ，ウスバキトンボ，カロライナハネビロトンボ	アメリカ，FL	トンボの大集団が害虫密度の高い所に集まって捕食した (Wright 1945)．
ワタの害虫[d]	ハヤブサトンボ	アメリカ，FL	午前の中ころから日没まで，トンボは綿畑の列の間を飛び，飛び出したガを多量に捕食した (Bell & Whitcomb 1961)
アカトビバッタ[e]	熱帯収束帯の移住性の不均翅亜目[f]	タンザニア	トンボとバッタの発生時期が雨期の始めに一致する．トンボとムシヒキアブ科がバッタの初期死亡の主な原因になっている (Stortenbeker 1967)．
イネの葉と芯の害虫	イトトンボ科[g]	インド，東南アジア，オーストラリア	トンボはイネの葉から害虫を表面採餌した (Li 1970; Yasumatsu et al. 1975; Nakao et al. 1976)
キクイムシ[h]	*Gynacantha bifida*	ブラジル	薄明薄暮時に農園内を飛行するときに，集中的に鞘翅目を捕食した (Soria & Machado 1982)．

[a] ヌカカ科の*Culicoides furens*．
[b] ヤブカ属の*Aedes taeniorhynchus*とヤブカ類の*Psorophora columbiae*．
[c] *Stomoxys calcitrans*．
[d] タバコガの1種*Heliothis zea*．
[e] *Nomadacris septemfasciata*．
[f] 主にヒメギンヤンマ，*Hemistigma albipuncta*，*Orthetrum brachiale*，*Philonomon luminans* (§10.3.3)．
[g] ヒメイトトンボ，*Ceriagrion olivaceum*，アオモンイトトンボを含む．
[h] キクイムシ科の*Xyleborus*属 spp.；カカオの主要害虫．

表 A.10.1 前生殖期に高地の退避場所へ上って夏眠する不均翅亜目

種	分布	証拠[a,b] A	B	C	D
マダラヤンマ	旧北区西部	11	11, 14[c]	2, 10	1, 4, 11
アキアカネ	日本	15	15[d]	15	15
Sympetrum meridionale	ヨーロッパ南部と中東	4, 11, 14	11[d]	5, 9	4, 11
タイリクアカネ[*1]	日本	8	8[d]		8
タイリクアカネ[*2]	旧北区	4, 11, 12, 14	11[d], 12	3, 5, 6, 7, 9	4, 11, 13, 16

注：高地への移動は分布範囲の低地地域では見られないことがあるし，年によって生じないことがある．
[a] 証拠のタイプ：A. 成虫が前生殖期の数ヵ月間低地の羽化場所付近で見られない；B. 成虫が夏の間高地で見られる；C. 晩夏か秋に成熟成虫の大移動が見られる；D. 秋か冬に活動期間が限定される．
[b] 出典：1. Bouguessa 1993: 56; 2. Brown et al. 1958; 3. Fraser 1945; 4. Jacquemin 1987; 5. Kaiser 1964; 6. Lack & Lack 1951; 7. Longfield 1948; 8. 尾花 1969; 9. Ris 1922; 10. Samraoui 1991; 11. Samraoui et al. 1998; 12. Suhling 1994c; 13. Testard 1972; 14. Pritchard 1992: 17 の C. Utzeri; 15. §10.2.3 参照; 16. 表 A.8.2 参照．
[c] この記録はイタリアからのもの．しかし，スイスではマダラヤンマは明らかに低地に限定されている（Wildermuth 1981）．
[d] 成虫は未成熟として記録されている．
[*1] *Sympetrum striolatum imitoides*.
[*2] *S. s. striolatum*.

表 A.10.2 トンボが時に上流方向への飛行によって下流方向への移動を補償することを示唆する現象

種	場所	観察
ハグロトンボ	日本	雌雄ともたまに上流方向へ「移住」する（Miyakawa 1982a）
ミヤマカワトンボ	日本	マーキング個体の 75% が前生殖期中に上流方向へ移動した（Higashi & Uéda 1982）[a]
オアカカワトンボ	スペイン	未成熟雄は成熟雄よりも有意に多く上流方向へ飛行した（Cordero 1989）[a]
Cordulegaster bidentatus とタイリクオニヤンマ	ドイツ	若齢幼虫が上流により多く生息している（Böcker 1993）
C. dorsalis	アメリカ，CA	流路沿いの初期の飛行中，成虫は流れの速い上流にとどまる傾向があり，結果として上流への顕著な移動をもたらす（Kennedy 1917）
ヒマラヤムカシトンボとムカシトンボ	ネパール，日本	若齢幼虫は普通上流で見つかる（Asahina 1982b）
Gomphus descriptus	アメリカ，NJ	成虫は上流でのみ見られ，羽化殻は河口に至るまでの下流にのみ見られる（Carle 1995）
Octogomphus specularis	アメリカ，CA	成虫が羽化後上流方向へ移動した（Kennedy 1917）
Ophiogomphus morrisoni	アメリカ，WY	幼虫が上流方向への移動を示した（Gore 1979）
オジロサナエ	日本	多くのF-0齢幼虫が羽化直前に下流方向へ移動した．成虫は若齢幼虫の生息場所である上流方向へ飛行した（Arai 1993）
タニガワトンボ属 spp.	インド	タンデム態の成虫が上流方向へ長距離の飛行をした（Fraser 1936a）
好流性のトンボ	アメリカ，IA	成虫は上流方向へ飛行した（Harris & McCafferty 1977）[a]
	ジャワ	増水の後，雌成虫は丘陵地のふもとの川から渓流の好みの産卵場所に戻った（図2.6；Lieftinck 1950）

[a] 下流方向よりも上流方向へ飛行した成虫が多かったことを示す記録．

表 A.10.3 性的に未成熟なときに移住するトンボの記録

種	場所	観察
熱帯性の種		
アメリカギンヤンマ	カナダ，ON南部	秋に移出する雌の大部分は未成熟（Corbet 1984a）[a]
Anax tristis	アンゴラ近海	夜間に海で捕獲された雄は未成熟（Schneider 1992）
Diplacodes lefebvrei	サウジアラビア	高い比率で未成熟個体を含む集団が飛来（Pittaway 1991）
ヒメギンヤンマ	イタリア，フランス南部	秋に北アフリカから飛来した成虫は未成熟（Papazian 1992）
	オマーン	大量に飛来する成虫は未成熟（Waterston & Pittaway 1990: 143 の F. J. Walker）
	スイス	すべての成虫は秋に未成熟で出発したようだ（Vonwil & Wildermuth 1990）
	ウガンダ	調べられた雌のすべては未成熟（Corbet 1984a）[a]
	旧ユーゴースラビア	成虫は未成熟のときに出発（Mihajlović 1974）
キバライトトンボ	インドから中部太平洋	一部の雌は処女飛行の直後に出発（§10.3.1.4）
Ischnura evansi	クウェート	ほぼすべてが未成熟である数千の成虫が夜間灯火に飛来．既知の幼虫生息場所は最も近いものでも非常に遠い（Pittaway 1991）
ウスバキトンボ	カナダ，ON南部	調べられた雌の大部分は未成熟（Corbet 1984a）[a]
	アメリカ，FL	成虫は未成熟のときに出発（Byers 1941）
	日本	成虫は未成熟のときに出発（桑田 1972）
	メキシコ	成虫の多くは未成熟（G. Peters 1988a）
	スーダン	一部の雌は未成熟（Happold 1968）
Philonomon luminans	ウガンダ	調べられた雌のすべては未成熟（Corbet1984a）[a]
Selysiothemis nigra	サウジアラビア	高い比率で未成熟個体を含む集団が飛来（Pittaway 1991）

表 A.10.3 続き

種	場所	観察
スナアカネ	カナリー諸島近海	船に到着した多数の個体は未成熟 (Mielewczyk 1982b)[b]
	フランス南部	成虫は未成熟 (Dreyer 1967)
	イギリス南部	移入個体はすべて未成熟 (Fraser 1943b)
アメイロトンボ	アンゴラ近海	夜間に海で捕獲された雄と雌は未成熟 (Schneider 1992)
Tramea basilaris	セネガル	成虫はすべて若い未成熟個体 (Dumont 1977b)
ラケラータハネビロトンボ	カナダ, ON 南部	調べられた雌はすべて未成熟 (Corbet 1984a)[a]
温帯性の種		
Aeshna bonariensis	アルゼンチン	春と初夏に北に向かって集団で移動する成虫は, ほとんどすべてが未成熟 (Jaramillo 1993)
A. confusa	アルゼンチン	ラブラタ川の河口で船の上を飛んでいた集団には1個体の未成熟雄が含まれていた (Mielewczyk 1978)
ルリボシヤンマ	ドイツ, メルム島 Mellum Is.	飛来した個体はすべて未成熟 (Lempert 1995c)
ギンヤンマ	サウジアラビア	高い比率で未成熟個体を含む集団が飛来 (Pittaway 1991)
ヒメアオモンイトトンボ	旧北区	未成熟個体を含む両性の成虫が上昇気流に乗って見えなくなる (Cham 1993)
ヨツボシトンボ	ポーランド	捕獲されたすべてが未成熟か「若かった」(Mielewczyk 1982a)
Lindenia tetraphylla	クウェート, サウジアラビア	未成熟個体を高い比率で含む集団が飛来 (Pittaway 1991)
Sympetrum corruptum	アメリカ北西太平洋岸	秋に南に飛ぶ成虫は大部分が未成熟 (Paulson 1990)
エゾアカネ	ドイツ, ワンガーローゲ島 Wangerooge Is.	調べた成虫の95％以上が未成熟 (Lempert 1984a, 1993)
イソアカネ	ドイツ, メルム島	調べた成虫の90％以上が未成熟. おそらく日齢1〜2日の個体 (Lempert 1995c)

注：タイプ2や3 (表10.1) の飛行をすることが知られていない種が, 大群で移動していたり, あるいは突然現れたりした場合, あるいは上昇気流に乗って高く上昇 (§10.3.2.1) していた場合, トンボは移住していたとみなした. 成熟度の評価はそれぞれの著者の判断であり, 多くの場合体色に基づいている.
[a] ステージ1の卵巣 (Corbet 1984a).
[b] 成虫は非常に小さく, 暖温帯における夏の第2世代の成虫に似ていた (Mielewczyk 1982b).

表 A.10.4 性的に成熟した後に移住するトンボの記録

種	場所	観察
熱帯性の種		
アメリカギンヤンマ	アメリカ, FL	少数の秋の移住個体はタンデム態であった (May 1995b)
	アメリカ, MN	春 (4月) の移入個体にタンデム痕があった (Ness & Anderson 1969)
	アメリカ, NY	フロリダと同様 (Walter 1996)
	カナダ, ON 南部	すべての春の飛来個体は完全に成熟 (Walker 1958; Walker & Corbet 1978)
ベニヒメトンボ	オーストラリア, ACT	冬 (8月) の飛行個体の一部は, 完全に成熟しているかほとんど成熟していた (Watson 1980b)
ヒメギンヤンマ	アルジェリア	冬の間サハラのアトラス山脈に集まった, 明らかにサヘル南部からの移住個体と思われるものの一部は成熟していた (Dumont 1988)
	スペイン	春 (2月と3月) の移入したと推定される個体は成熟していた (Muñoz-Pozo & Tamajón-Gómez 1993)
パプアヒメギンヤンマ	オーストラリア, ACT	冬 (8月) の飛行個体の一部は, 完全に成熟しているかほとんど成熟していた (Watson 1980b)
Hemicordulia tau	オーストラリア, ACT	冬 (8月) の飛行個体の一部は, 完全に成熟しているかほとんど成熟していた (Watson 1980b). 春の最初の飛来個体は成熟個体を含んでいた (Watson 1983b)
	オーストラリア, NSW	春 (10月) の移入個体は成熟していた (Faragher 1980)
ウスバキトンボ	アメリカ, NY	7月30日に南へ移住中の多くのペアはタンデム態であった (Walter 1996)
	ニュージーランド	秋 (4月) の飛来個体は成熟していた (Corbet 1979)
	アメリカ, FL南部	8月に, 小さいハリケーンの後で採集されたすべての個体が成熟していた (Paulson 1966)
	カナダ, ON 南部	秋 (9月), 移住中のアメリカギンヤンマに混じっていた一部の雌は, 産卵可能な状態[a]であった (Corbet 1984a)
	スーダン	集団中の一部の雌はすでに産卵していた (Happold 1968)
スナアカネ	スイス	春 (5月) に移入したと推定された個体は常に成熟個体であった (Dufour 1978a)
ラケラータハネビロトンボ	カナダ, ON南部	初夏 (6月) に移入したと推定された個体は成熟していた (Walker & Corbet 1978)
温帯性の種		
不均翅亜目と均翅亜目	ドイツ	主に止水性の多くの種が, 河川に沿って停止せずに移動した. ほとんどの個体が成熟した色彩だった (Sternberg 1999)
	ドイツ, メルム島 Mellum Is.	ほとんどすべて止水性で, 多くの成熟個体を含む多くの種が, 本土から海を越えて飛来した (Lempert 1995a)
ヒメアオモンイトトンボ	イギリス	成熟個体を含む雌雄の成虫は, 上昇気流に乗って視界から消えた (Cham 1993; Fox 1989bも参照)
トホシトンボ	アメリカ, NJ	秋に移住する成虫の一部は成熟していた (May 1995g)
ヨツボシトンボ	ベルギー, フランス, オランダ	一部は成熟していた (Dumont & Hinnekint 1973, とその中の文献)
Sympetrum corruptum	アメリカ, 北西太平洋岸	春の初め (3月) に移入したと推定された個体は成熟していた (Paulson 1990; Valley 1993)

表 A.10.4 続き

種	場所	観察
ムツアカネ	オランダ	ある繁殖場所から他の繁殖場所への移動のほとんどは，成熟成虫[b]による (Michiels & Dhondt 1991b)
	シベリア	すべてがタンデム態で成熟色をしていた (N. B. Belyshev & Belyshev 1976)
クレナイアカネ	フランス南部	飛んでいる多数の成虫のすべてがタンデム態で，一部は産卵行動をした (Hugues 1935)
	フランス	すべてがタンデム態であった (Stallin 1986)
キアシアカネ	カナダ, ON南部	移住中のアメリカギンヤンマと一緒に移動していたほとんどすべての雌は，調べた限りでは，産卵可能な状態[a]かすでに産卵していた (Corbet 1984a). 狭い道筋に沿って南西へ飛んでいたほとんどすべての成虫が，タンデム態であった (Catling & Brownell 1997)
イソアカネ	オーストリア	すべてがタンデム態であった (Harz 1982; N. B. Belyshev & Belyshev 1976)
	シベリア	すべてがタンデム態で成熟色をしていた (N. B. Belyshev & Belyshev 1976)

注：繁殖場所と無関係に大集団で移動し，タイプ2と3の飛行（表10.1参照）をすることが分かっている種でない場合，あるいは上昇気流に乗って高く昇っていた場合（§10.3.2.1），トンボは移住していたとみなした．成熟度の評価は，それぞれの著者の判断によるものであり，しばしば色彩や行動に基づいている．
[a] 卵巣は第3期 (Corbet 1984a).
[b] 出発したときの成虫は羽化後25〜30日齢で，雄と雌の前生殖期はそれぞれ約10日間と13日間であった (Michieles & Dhondt 1989b).

表 A.10.5 しばしば風によって温帯へ運ばれ，そこで1〜2世代を完了することがある熱帯性のトンボ

種	分布	場所	記録が存在する最高緯度[a] 成虫の存在	夏に世代を完了	越冬幼虫
北半球					
オオギンヤンマ	東洋	日本	約40° (13)		約33° (13)
アメリカギンヤンマ	中央アメリカ, 北アメリカ	北アメリカ東部	46°48′ (17)	45°25′ (21)	43°52′ (23)[b]
		北アメリカ南部	57°03′ (26)	46°54′ (14)	46°54′ (14)
ヒメギンヤンマ	熱帯アフリカ	ヨーロッパ		52°39′ (4)	
		アイスランド	64° (24)		
ウスバキトンボ	環熱帯	北アメリカ中部	50°33′ (26)		
		北アメリカ東部	48°26′ (10)	45°25′ (22)	25°28′ (16)
		日本, カムチャツカ	55° (3)	42°58′ (25)[c]	25° (?) (13)
		北アメリカ西部	37° (6)		
Sympetrum corruptum	中央アメリカ, 北アメリカ	北アメリカ中部	53°50′ (26)		
		東アジア	53° (15)		
		北アメリカ東部			29°57′ (30)
		北アメリカ西部	51°45′ (6)	49°55′ (28)[d]	
スナアカネ	熱帯アフリカ, インド, 東アジア	ヨーロッパ	57° (2)	51°32′ (18)	
		スペイン			37° (11)
ラケラータハネビロトンボ	中央アメリカ, ハワイ, 北アメリカ	北アメリカ東部	44°25′ (26)	42°05′ (7)	40°25′ (29)
ハネビロトンボ	東南アジア	日本	約41° (13)	36°30′ (8)	33°02′ (20)
南半球					
ベニヒメトンボ	オーストラレーシア	オーストラリア	38° (19)		34° (19)
		ニュージーランド	43°30′ (19)	約38° (19)	
パプアヒメギンヤンマ	オーストラレーシア	オーストラリア	41° (1)		
		ニュージーランド	41° (19)		39°29′ (19)
オーストラリアミナミトンボ	オーストラレーシア	オーストラリア	43° (1)		35° (27)
		ニュージーランド	43°20′ (19)		41°30′ (19)
Hemicordulia tau	オーストラレーシア	オーストラリア	43° (1)	36° (9)	36° (9)
ウスバキトンボ	環熱帯	オーストラリア	37° (12)	37° (12)	
		ニュージーランド	41° (19)		

注：上記の種はほとんど（おそらくすべて）熱帯収束帯の移住性の種として行動する．緯度を参照するときは，熱赤道は北緯約5°にあることを想起すべきである．
[a] 括弧内の数字は文献：1. Allbrook 1979; 2. Askew 1988; 3. Belyshev 1968b; 4. Bernard & Musial 1995; 5. Cannings 1988; 6. Cannings & Stuart 1977; 7. P. S. Corbet 未発表の観察; 8. 枝 1983; 9. Faragher 1980; 10. Fernet & Pilon 1966; 11. Ferreras-Romero 1988; 12. Hawking & Ingram 1994; 13. 井上 1991a; 14. Kime 1974; 15. Needham & Westfall 1955; 16. Paulson 1966; 17. Pilon et al. 1992; 18. Pix 1994; 19. Rowe 1987a; 20. 佐田 1979; 21. Trottier 1966; 22. Trottier 1967; 23. Trottier 1971; 24. Tuxen 1976; 25. 生方 1993a; 26. Walker & Corbet 1978; 27. Watson 1980b; 28. Whitehouse 1941; 29. Wissinger 1988b; 30. Wright 1946b.
[b] 明らかに温帯の非移住性個体群．
[c] ひと夏のうちに本州（北緯約36°; 井上 1991a）で3世代までを完了することがある．
[d] ひと夏のうちにおそらく2世代を完了できる．

表A.10.6　トンボが広い水域を越えて風によって運ばれていたことを示す記録

種	採集場所[a]	距離 (km)[b]	観察
Adversaeschna brevistyla	オーストラリア大湾 (南緯35°10′, 東経130°40′)	370	灯火, 3月8日 (Smithers 1970)
Aeshna bonariensis	大西洋 (南緯35°55′, 西経56°18′)	51	夜間, 11月17～20日 (Ward 1965)
Anax amazili	カリブ海 (北緯20°40′, 西経84°20′)	161	灯火, 7月18日 (Geijskes 1967)
オオギンヤンマ	北西太平洋 (北緯29°, 東経135°)	1,800	前線が通過するとき, 通常マリアナ諸島近くで発生する南, 西, または南西の風とともに5～6月に飛来 (橋本・朝比奈1969; 朝比奈・鶴岡1970; 朝比奈1971c)
アメリカギンヤンマ[c]	カナダ, ON南部 (北緯43°23′, 西経80°29′)	320	通常テキサスに発生する暖かい低気圧とともに, 4月4日に飛来 (Butler et al. 1975)
ギンヤンマ*			オオギンヤンマに同じ (吉松1992も見よ)
A. tristis	大西洋 (南緯12°04′, 東経13°05′)	60	夜間, 4月30日 (Schneider 1992)
Brachymesia furcata[d]	大西洋	1,000	午後, 10月15日 (G. Peters 1988a)
	メキシコ湾 (北緯27°30′, 西経96°40′)	56	熱帯の暴風がくる直前の10月27日午後遅く (Tennessen 1992)
Cannacria gravida	メキシコ湾 (北緯28°30′, 西経92°)	161	夜明け時, 6月22日 (Geijskes 1967)
ヒメトンボ	インド洋 (北緯17°30′, 東経71°24′)	193	北東のモンスーンが吹いていた11月9日の夜間 (Fraser 1918)
Erythrodiplax berenice			*Cannacria gravida* に同じ
ヒメギンヤンマ	アイスランド (北緯65°, 西経18°)	4,000	陸上, 10月11日. 幅広い前線の全体に広がり, 温度7～10℃の標高約1,500mの高さを平均55.5 km/時で吹く強くて例外的に暖かい風が, バルト海とヨーロッパ中央部を経てバルカン半島から到着した後 (Mikkola 1968)
			陸上, 10月29日と11月5日. 風が大西洋を越えて地中海西部から10月26～28日に吹いていた (Olafsson 1975)
	日本 (北緯34°42′, 東経137°44′)	>4,000[e]	陸上, 南西からの台風の到着後の9月24日 (鵜飼 1996)
	ウガンダ, ビクトリア湖 (北緯0°2′, 東経32°25′)	26	灯火, 1月27日 (P. S. Corbet, 未発表観察)
パプアヒメギンヤンマ	珊瑚海 (南緯16°18′, 東経149°58′)	450	灯火, 2～4月の間のみ. すべての捕獲はオーストラリア, クインズランド州からの風の軌道に一致 (Farrow 1984)
アジアイトトンボ	北西太平洋 (北緯29°, 東経135°)	1,800	南西の風に乗って7月に飛来 (朝比奈・鶴岡 1970)
Ischnura hastata	メキシコ湾 (北緯28°30′, 西経92°)	161	*Cannacria gravida* に同じ
ウスバキトンボ	カリブ海		*A. amazili* に同じ
	珊瑚海		パプアヒメギンヤンマに同じ
	インド洋 (南緯14°, 東経28°)	1,448	降雨中の4月11日の夜間 (Smithers 1970)
	(南緯30°, 東経41°30′)	1,500	Watson 1973
	(南緯12°10′, 東経96°55′)	1,200	特に北風の後, しばしば出現 (Fraenkel 1932)
	ニュージーランド (南緯35°, 東経173°32′)	2,500 または4,000	陸上, 5月26日. 3,000km以上の幅の高気圧がフィジー近くから到着した後 (Corbet 1979)
	(南緯41°, 東経172°)	1,900	陸上, 4月11日. 南緯28～32°のオーストラリア東部からの風の軌道に一致 (Corbet 1979)
	フィリピン海 (北緯22°06′, 東経138°26′)	354	ルソン島東北東273kmで発生した台風に一致して, 10月14日に飛来 (野平 1960)
	北西太平洋		オオギンヤンマに同じ
アメイロトンボ	大西洋 (南緯6°13′, 西経11°34′)	60	灯火, 5月25日 (Schneider 1992)
	珊瑚海		パプアヒメギンヤンマに同じ
	インド洋		ヒメトンボに同じ
Tramea loewii	珊瑚海		パプアヒメギンヤンマに同じ
ハネビロトンボ	北西太平洋 (北緯29°, 東経135°)	1,260～1,800	西と南西との風に乗って7月と8月に飛来 (朝比奈・鶴岡 1970)

注：記載事項は第一に長い距離にわたるもの, 次に場所の多様性を考慮して選んだ．「灯火」または「夜間」と断らない限り, 昼間に水上 (船上), または幼虫個体群が全く生き残れないか成虫が羽化できるはずがない陸塊において捕らえられた種類．

[a] 場所と緯度．
[b] 推定された出発地または直近の陸地から捕獲または目撃された場所までの最短距離．
[c] 陸上で捕らえられた．多く (おそらくすべて) の移動は陸地越えによると思われる．
[d] 「赤い体をしたトンボ科」の1個体．種名は推定．
[e] インドからの距離．
* *Anax parthenope julius*.

表 A.10.7 移住性のトンボの集団の出現や消滅と前線の通過に伴う現象との一致

種	場所	観察
熱帯内の移住		
ヒメギンヤンマ	タンザニア	10月に，その季節の最初の暴風雨の翌日に飛来 (Stortenbeker 1967)
ウスバキトンボ	コスタリカ	雨季の直前に飛来 (Pritchard 1991b)
	インド	西岸および東岸への飛来は，それぞれ南西および北東のモンスーンの期間に起きる (P. S. Corbet 1988b 参照)
		10月のタミルナードTamil Naduで．移住の開始は南西モンスーンから北東モンスーンへの変化に一致 (Larsen 1987)
	ナイジェリア	北へ動きつつある熱帯収束帯の到着前に突然多数で出現 (Parr 1995a)
	スーダン	8月に，北へ移動する前線に伴う風雨とともにハルツームに飛来 (Happold 1968)
	タンザニア	ヒメギンヤンマに同じ
	ガンビア	8月に，朝の激しい嵐の後，その日の午後に飛来 (McCrae 1983)
Philonomon luminans	タンザニア	ヒメギンヤンマに同じ
熱帯外への移住		
熱帯性の種		
Anax gibbosulus	オーストラリア南部（南緯35°17′）	春（8月），暖かい北西の風の後の前線の通過中に飛来 (Watson 1980b)
オオギンヤンマ		*A. gibbosulus*に同じ
アメリカギンヤンマ	アメリカ, MD	春の初め．（南からの）飛来の波は前線の活動と一致 (May 1995f: 21のR. L. Orr)
	アメリカ, MA,	秋（9月）．寒冷前線の通過に続く涼しい北極気団が北から流入する中を南方へ飛行 (Bagg 1957)
	アメリカ, OH	秋（9月）．西からの嵐がくる数分前に多数で南へ飛行 (Glotzhober 1991)
	アメリカ, PA	秋（9月）に南方へ飛び，熱帯気団から北極気団への変化の前兆となる寒冷前線の通過直後の北東の風とともに，最初の鳥より6〜7時間くらい後に飛来 (Bagg 1958)
	カナダ, ON南部	秋（9月）．霧雨を伴う寒冷前線の通過した数時間後に，エリー湖岸から2〜3km内陸を鳥とともに西南西へ飛行 (Nisbet 1960)
ヨーロッパショウジョウトンボ	ポルトガル	秋（9月）の涼しく曇りの日から暖かい晴天の日．北西の風から東風への変化に一致して，移住中の成虫が突然消失 (Owen 1958)
ベニヒメトンボ	オーストラリア南部	*A. gibbosulus*に同じ
ヒメギンヤンマ	ポーランド	南〜南東方面（地中海東部，バルカン半島，イタリア南部）から乾燥した強い風が吹くのと同時期に成虫が飛来 (Bernard & Musial 1995)
	フランス南部	秋（9月），熱風と雨を伴う前線が南方（アフリカ）から近づくとき，その前ぶれのシロッコが吹き始める直前に飛来 (Papazian 1992)
パプアヒメギンヤンマ	オーストラリア南部	*A. gibbosulus*に同じ
Hemicordulia tau	オーストラリア南部	*A. gibbosulus*に同じ
ウスバキトンボ	日本	晩夏（8月と9月）に台風や低気圧の通過とともに多数が飛来 (若菜 1959)
	北西太平洋（北緯29°, 東経135°）	盛夏に西または南西から，秋に北または北西からの，それぞれの前線の通過時に飛来．通過する台風の中心は，本種の密な大群を含んでいた (朝比奈 1971c)
	オーストラリア南部	*A. gibbosulus*に同じ
スナアカネ	ポルトガル	ヨーロッパショウジョウトンボに同じ
温帯性の種		
Aeshna bonariensis	アルゼンチン（南緯約35°）	春と初夏，寒冷前線が通過するときに北へ移動 (Jaramillo 1993)．盛夏（12月）に周囲の温度が低下している間に北へ移動 (Rudolph & Fisher 1993)
	アルゼンチン（南緯35°55′）	激しい雷雨と沖へ向かう熱いパンペロの最中に，ラプラタ川河口の沖合いの船に飛来 (Ward 1965)
	パタゴニア（南緯約40〜46°）	夏と秋．乾いた冷たい荒々しい旋風を巻き起こすパンペロの直前に，北東へ移動しているときだけ出現．暑い季節の，極端に蒸し暑い天候の後に最も頻繁に出現 (Hudson 1912; Hayward 1931も参照)
Adversaeschna brevistyla	オーストラリア南部（南緯35°10′）	秋（3月）．夜間の強風の前に飛来 (Smithers 1970)
ヨツボシトンボ	ヨーロッパ北部と東部	雷雨の直前の，暑く，息苦しい，無風の天候のときにしばしば飛来 (Lucas 1900: 116; Fraenkel 1932)．雨をもたらす前線とともに飛来することもある (Mielewczyk 1982a)

注：前線通過との一致の記録は，トンボが種まで同定されていない場合はこの表に含めなかった．他の少数の例が表A.10.6にある．

付 表

表 A.11.1 主要な出会い場所が産卵場所ではないトンボ目

種	地点	出会い場所[a]
ルリモンアメリカイトトンボ	カナダ, BC	水域から10～15m離れた林床の日の当たる場所で8:00～10:00だけ (Conrad & Pritchard 1988)
Celithemis elisa	アメリカ, MA	水域から離れた開けた場所にとまる (Waage 1986b)
ハーゲンルリイトトンボ	アメリカ, MI	水域に隣接した野原 (Waage 1986b)[b]
キバライトトンボ[b]	オーストラリア	水際近くを雌が処女飛行中に出会い, 続いて交尾前タンデムの形成 (Rowe 1978)
マンシュウイトトンボ	フランス	抽水植物や近くの植物群落の上の夜のねぐら場所で, 日の出1時間後, その20分後に交尾が始まる (Miller 1987a)
アメリカアオモンイトトンボ	アメリカ, MI	湖岸周辺の草原帯 (Fincke 1987)
アオイトトンボ	日本	林床 (Watanabe & Matsunami 1990)
マキバアオイトトンボ	ドイツ	産卵場所である水際から約10m離れて一列に並んでいる高木の上部. 雄は雌が森から水域に移動するのを待つ (Dreyer 1978)
Mecistogaster linearis	パナマ	雌雄がクモを採餌する, 林冠ギャップの日の当たる場所 (Fincke 1984a)
アマゴイルリトンボ	日本	水域を含む池を取り囲む極相林, 林床の日の当たる場所 (Watanabe et al. 1987)
ミナミエゾトンボ	ニュージーランド	湖の個体群は水域から離れた場所, 池の個体群は水域 (Rowe 1988)
キボシエゾトンボ	ドイツ	水域から離れて, 低木や高木林に接した開けた場所一帯 (Börszöny 1993)[c]
ムツアカネ	ベルギー	水域から離れた場所で, 南中時刻の前, そこで雄が雌を探し, 交尾の77％が起きる (Michiels & Dhondt 1989c)[c]
タイリクアキアカネ	フランス	水田の産卵場所から280mまでの夜のねぐら場所となる稲, 草, 潅木の上で, 日の出前19分から日の出後11分の間. 交尾前タンデム態が2.5～3時間続き, ペアが産卵場所に到着したとき, 交尾に移行する (A. K. Miller et al. 1984)
イソアカネ	ドイツ	水域から離れた牧草地 (Rehfeldt 1992a)
Zygonyx natalensis	南アフリカ	産卵場所近くではわずかの交尾が行われるだけ (Martens 1991a)

注：ここでの種の記載事項は, 他の出会い場所の存在や, 他所での偶然の出会いによる交尾を排除していない. また, ここにあげたいくつかの出会い場所はどれも不連続というわけではない.
[a] 時刻は, 短時間か, 普通と違う場合のみ記述した.
[b] この記載事項は, ニュージーランドとクインズランドの個体群についてのもの.
[c] 産卵場所を含めて, 代替の出会い場所が知られている (本文参照).

表 A.11.2 雄個体が水域の同じなわばりに繰り返し戻ってくる場合の最長期間

種	期間 (日数)	場所	文献
ムラサキハビロイトトンボ	90	パナマ	Fincke 1992c
Notiothemis robertsi	62[a]	ケニア	Clausnitzer 1996
アメリカベニシオカラトンボ	52	トリニダード・トバゴ	Harvey & Hubbard 1987b
Prodasineura villiersi	50	リベリア	Lempert 1988
ヨーロッパアオハダトンボ	40	スイス	Klötzli 1971
Pseudagrion hageni tropicanum	39[b]	南アフリカ	Meskin 1986
Elattoneura balli	38	リベリア	Lempert 1988
ヒスイルリボシヤンマ	33	ドイツ	Kaiser 1974a
ナイジェリアトンボ	25	ナイジェリア	Parr & Parr 1974
ベニヒメトンボ	21	日本	Sakagami et al. 1974
Hadrothemis versuta	21[c]	リベリア	Lempert 1988
オアカカワトンボ	19	フランス	Heymer 1972b
Orthetrum brunneum	19	フランス	Heymer 1969
タイリクアカネ[*1]	18	日本	宮川 1967a
コシアキトンボ	17	日本	宮川 1967a
Mecistogaster linearis	16	パナマ	Fincke 1992c
Heteragrion alienum	15	メキシコ	González-Soriano & Verdugo-Garza 1982
タイリクシオカラトンボ	15	ドイツ	Krüner 1977
アフリカシオカラトンボ	15[a]	ケニア	Miller 1983b
Cora cyane	14	ベネズエラ	Convey 1989a
Hetaerina cruentata	14	メキシコ	Córdoba-Aguilar 1995a
Brechmorhoga pertinax	13	コスタリカ	Alcock 1989a
オビアオハダトンボ	13	ドイツ	Zahner 1960
コシブトトンボ[*2]	12	ナイジェリア	Hassan 1978
オオシオカラトンボ	11	日本	新井 1972
Leucorrhinia hudsonica	10	カナダ, PQ	Hilton 1984
タイリクシオカラトンボ	10	フランス	Consiglio et al. 1974
アメリカハラジロトンボ	10	アメリカ, IA	Jacobs 1955

注：断らない限り, なわばりへの再飛来は間欠的である. 9日間を超える記録だけに限った.
すべてのなわばりは水域に存在した. ただし, *Mecistogaster linearis*は例外で, 普通, 樹洞もない, 林冠ギャップに作られた.
[a] 1個体の雄は43日間, 毎日戻った.
[b] 毎日戻った.
[c] 21日間毎日戻り, その7日後まで見られた.
[*1] *Sympetrum striolatum imitoides*.
[*2] *Acisoma panorpoides inflatum*.

表A.11.3　なわばり雄によって防衛される面積

種	面積 (m^2)[a]	範囲	文献
パプアヒメギンヤンマ	1,800	最大5,000	Rowe 1987a
ウスバキトンボ	364[b]		Moore 1993
ヒガシカワトンボ	154[c]		生方 1977
トホシトンボ	100	70〜>400	Pezalla 1979
アメリカハラジロトンボ	44		Jacobs 1955
ナイジェリアトンボ	32	10〜55	Parr & Parr 1974
カラカネトンボ*	30		Ubukata 1975
Microstigma rotundatum	28		De Marmels 1989a
エゾトンボ	20	4〜39	Ubukata 1979a
シオヤトンボ	19		Watanabe & Higashi 1989
アメイロトンボ	18	10〜30	Mitra 1994
ハラビロカオジロトンボ	13	13〜20	Pajunen 1964a
ハラボソトンボ	13	3〜30	Mitra 1994
マダラヤンマ	10	4〜16	曽根原 1964
Orthetrum julia[d]	7.9		Parr 1980
ホソミアオイトトンボ	7.1	3.1〜12.6	Rowe 1980
Tetrathemis bifida	7.1	3.1〜12.6	Lempert 1988
マキバアオイトトンボ[e]	6.0		Dreyer 1978
オアカカワトンボ	5.4		Heymer 1972b
Pseudagrion perfuscatum	5.1	3.1〜7.1	Furtado 1972
Libellago semiopaca	4.9	3.1〜7.1	A. G. Orr 1996
アフリカハナダカトンボ	4.9	0.2〜9.6	Robertson 1982a
ヤエヤマハナダカトンボ	4.8		Ubukata 1985b
ショウジョウトンボ	4.3	2〜8	Mitra 1994
Libellago aurantiaca	4.0	1.8〜7.1	A. G. Orr 1996
Rhinoneura villosipes	4.0	1.8〜7.1	A. G. Orr 1996
Argia chelata	2.5		Hamilton & Montgomerie 1989
Perithemis domitia	2.5	1.8〜3.1	López & González-Soriano 1980
ヒメアカネ	2.0	1.8〜3.1	Uéda 1979
Prodasineura verticalis	1.3	0.8〜3.1	Furtado 1975
Nannothemis bella	1.2	0.3〜2.0	Lee & McGinn 1986
Disparoneura quadrimaculata	1.0	0.7〜1.3	Srivastava & Suri Babu 1985a
Leucorrhinia hudsonica	1.0		Hilton 1984
Pseudagrion hageni	0.8		Meskin 1986
Cercion lindenii	0.5	0.3〜0.7	Utzeri et al. 1983
Nososticta kalumburu	0.5	0.2〜0.8	D. J. Thompson 1990
Pseudagrion decorum	0.5	0.2〜0.8	Srivastava et al. 1992
ハッチョウトンボ	0.3		山本 1968
Tetrathemis polleni	0.3		McCrae & Corbet 1982
コフキヒメイトトンボ	0.2		池田・澤野 1965
モノサシトンボ	0.2	0.1〜0.3	Chowdhury & Karim 1994
Copera marginipes	0.2		Furtado 1974

注：取り上げた事例は単独占有のなわばりのみ．したがって，優位雄と劣位雄による共有なわばりは取り上げていない．

[a] 数値に範囲が与えられている場合，その中間値あるいは平均値．10m^{2}以上の記載事項の小数点以下は切り上げた．
[b] 水域から離れた地表に形成されたなわばり．
[c] 防衛される最大面積．
[d] 面積は，微局在化が内部に生じる二重境界のうち外側の境界から計算した（§11.2.3.2）．
[e] 水域から離れた樹林地の中．
* *Cordulia aenea amurensis*.

付表

表A.11.4 なわばり雄によってパトロールされる水際の長さ

種	長さ (m)[a]	範囲	文献
コヤマトンボ[b]	50		小山 1976
アメリカオオトラフトンボ	48	3～92	Kormondy 1961
Lindenia tetraphylla	30	30～50	Dumont 1977c
タイリクシオカラトンボ	30	10～50	Krüner 1977
アフリカウチワヤンマ	25	20～30	Miller 1964
アメリカラカネトンボ	18	10～25	Hilton 1983b
Libellula julia	18	10～25	Hilton 1983a
ヨーロッパショウジョウトンボ	16	5～20	Parr & Gopane 1985
オガサワラトンボ	15	10～20	Sakagami et al. 1974
Anax walsinghami	14	10～18	Córdoba-Aguilar 1995b
Zygonyx natalensis	13	5～20	Martens 1991a
ヒメシオカラトンボ	12	7～16	Parr 1983b
Brechmorhoga vivax	9.5	4～15	Córdoba-Aguilar 1994a
Cacoides latro	7.5		Moore & Machado 1992
タイリクオニヤンマ[c]	7.5	5～10	Miller 1995e
Coryphaeschna diapyra	6		Paulson 1994
キボシエゾトンボ[d]	6		Börszöny 1993
Brechmorhoga pertinax	5	2～8	Alcock 1989a
Epitheca princeps	4.5	4～5	Hutchinson 1977
ハネビロエゾトンボ	4.5	4～5	武藤 1960c
ハヤブサトンボ	3.5	2～9	McVey 1988
Orthetrum caledonicum	2.9	2.5～3.2	Alcock 1988
Rhinocypha biseriata	2.5	2～3	A. G. Orr 1996
Coryphaeschna adnexa	1.5	1～2	Dunkle 1989a

注：記載事項は，雄がパトロールのときに往復して飛ぶ距離.
[a] 数値に範囲が与えられている場合，その中間値あるいは平均値．10m以上の記載事項は，小数点以下を切り上げた．
[b] 水面上に描かれる細い楕円の長径．
[c] 高密度ではなわばり的に行動する．
[d] 地表に広がったなわばりの中核部分．

表A.11.5 パーチャーとフライヤーによる違いや局在化との関連性から見た出会い場所での雄の探索モード

パーチャーの傾向が強い種 (P)
待ち伏せ型 (S)
　非局在化 (N)
　　PSN　イトトンボ科：キイトトンボ属 (Mizuta 1988a)；ルリイトトンボ属 (Fincke 1995b[a]; Martens & Grabow 1994[b]; Samways 1994b[b])
　　　　サナエトンボ科：オナガサナエ属 (A. K. Miller & Miller 1985b)
　局在化 (L)
　　PSL　トンボ科：ナイジェリアトンボ属 (Parr & Parr 1974)
　　　　ハビロイトトンボトンボ科：ムラサキハビロイトトンボ属 (Fincke 1984a)

パトロール型 (R)
　非局在化 (N)
　　PRN　イトトンボ科：アメリカイトトンボ属 (Bick & Bick 1971)；クロイトトンボ属 (Utzeri et al. 1983)；キイトトンボ属 (Mizuta 1988a)；ルリイトトンボ属 (Bick & Bick 1963; Bick & Hornuff 1966; Fincke 1985[c])；アオモンイトトンボ属 (Bick 1972; Fincke 1987)；モートンイトトンボ属 (Mizuta 1988a)；ナガイトトンボ属 (Meskin 1989)
　　　　サナエトンボ科：オナガサナエ属 (Kaiser 1974e[d])
　局在化 (L)
　　PRL　ムカシカワトンボ科：*Devadatta* 属 (Furtado 1970)
　　　　カワトンボ科：アオハダトンボ属 (Zahner 1960; Heymer 1972b)
　　　　イトトンボ科：ナガイトトンボ属 (Meskin 1986, 1989)
　　　　トンボ科：*Brechmorhoga* 属 (Alcock 1989a)；ショウジョウトンボ属 (Falchetti & Utzeri 1974; Parr & Gopane 1985)；ベニトンボ属 (Sakagami et al. 1974; Rowe 1987a)；カオジロトンボ属 (Pajunen 1962a)；ヨツボシトンボ属 (Campanella 1975b; Davies & Houston 1984; A. J. Moore 1987a)；*Nannothemis* 属 (Hilder & Colgan 1985)；ナイジェリアトンボ属 (Miller 1982a[e])；アメリカシオカラトンボ属 (Novelo-Gutiérrez & González-Soriano 1984)；シオカラトンボ属 (Pinhey 1981; Parr 1983b)；カトリトンボ属 (Johnson 1962a; Robey 1975)；*Paltothemis* 属 (Dunkle 1978)
　　　　ムカシヤンマ科：*Uropetala* 属 (Rowe 1987a)
　　　　モノサシトンボ科：グンバイトンボ属 (Watanabe et al. 1987)
　　　　ハビロイトトンボ科：*Microstigma* 属 (De Marmels 1989a)

表 A.11.5 続き

フライヤーの傾向が強い種（F）
パトロール型（R）
  非局在化（N）
    FRN　ヤンマ科：ルリボシヤンマ属（Kaiser 1974a[e]; Jurzitza 1975; Cannings 1982a; Halverson 1984）; *Austroaeschna* 属（Tillyard 1907）; カトリヤンマ属（栗林 1965）
        イトトンボ科：アオモンイトトンボ属（Rowe 1987a）
        オニヤンマ科：タイリクオニヤンマ属（Kaiser 1982[e]; Alcock 1985）
        エゾトンボ科：カラカネトンボ属（Ubukata 1975e）; *Neurocordulia* 属（C. E. Williams 1976）
        サナエトンボ科：ミヤマサナエ属（相田 1973）
        トンボ科：ウミアカトンボ属（Sakagami et al. 1974）

  局在化（L）
    FRL　ヤンマ科：ルリボシヤンマ属（Poethke 1988[f]）; ギンヤンマ属（Sakagami et al. 1974; Jödicke 1997b）; コシボソヤンマ属（Walls & Walls 1971）
        オニヤンマ科：ミナミヤンマ属（鵜飼・杉村 1983）; タイリクオニヤンマ属（H. Kaiser 未発表の観察[g]）
        エゾトンボ科：カラカネトンボ属（Ubukata 1975[f]; Hilton 1983b）; ミナミトンボ属（Sakagami et al. 1974; Rowe1987a）; コヤマトンボ属（Lieftinck 1965）; *Oxygastra* 属（Heymer 1964）; エゾトンボ属（Ubukata 1979a; Börszöny 1993; Kotarac 1993）
        サナエトンボ科：ウチワヤンマ属（Miller 1964）; *Lindenia* 属（Dumont 1977c）; コオニヤンマ属（松木 1979）; メガネサナエ属（井上 1979a）
        トンボ科：*Brechmorhoga* 属（Córdoba-Aguilar 1994a）; ヨツボシトンボ属（Pezalla 1979; Hilton 1983a）; *Palpopleura* 属（J. Green 1974）; ウスバキトンボ属（Sakagami et al. 1974; Moore 1993）; コシアキトンボ属（宮川 1967a）; タニガワトンボ属（Martens 1991a）

注：すべてのモードは，特に局在化していない場合は，探索する場所やその基点となる場所を変える位置変え飛行によって，中断されることが普通である．
[a] 雄がPRNモードで雌を見つけることができない場合．
[b] 雄は時に水面に浮いて進むことがある．
[c] 雄がこのモードで雌を見つけた場合．
[d] 地形的に一様な岸辺に沿って飛行．
[e] 雄密度の低い場合．
[f] 雄密度の高い場合．
[g] Poethke 1988．

表 A.11.6　とまっているトンボ雄による同種の雄への威嚇行動

威嚇行動			属
翅の動き（W）			
W.1	上げるあるいは跳ね上げる[a]		
	不均翅亜目	トンボ科：	ヒメキトンボ属（Green et al. 1976）
			カオジロトンボ属（Pajunen 1963a）
			Zenithoptera 属（Knopf 1977）
	均翅亜目	カワトンボ科：	アオハダトンボ属（Pajunen 1966a; Heymer 1972a; Waage 1973）
		イトトンボ科：	アメリカイトトンボ属（Bick & Bick 1971）
			クロイトトンボ属（青柳 1973; 新井 1977）
			ルリイトトンボ属（Logan 1971）
			ニュージーランドイトトンボ属（Rowe 1987a）
		アオイトトンボ科：	ホソミアオイトトンボ属（Crumpton 1975）
			ホソミオツネントンボ属（新井 1975）
		モノサシトンボ科：	グンバイトンボ属（Buchholtz 1956）
W.2	打ち合わせる[b]（Bick & Bick 1978）		
	均翅亜目	カワトンボ科：	アオハダトンボ属
		イトトンボ科：	アメリカイトトンボ属
			ルリイトトンボ属
		アオイトトンボ科：	*Archilestes* 属
			アオイトトンボ属
W.3	体より下に下げる（Paulson 1981a）		
	不均翅亜目	トンボ科：	*Zenithoptera* 属
	均翅亜目	ミナミカワトンボ科：	*Dysphaea* 属
腹部の動き（A）			
A.1	上げるあるいは跳ね上げる		
	不均翅亜目	ヤンマ科：	ルリボシヤンマ属（曽根原 1964）

表A.11.6 続き

威嚇行動			属
		トンボ科:	ヒメキトンボ属（Green et al. 1976）
			ショウジョウトンボ属（Falchetti & Utzeri 1974）
			カオジロトンボ属（Pajunen 1962b, 1963a, 1964a）
			ヨツボシトンボ属（Campanella 1975b; Campanella & Wolf 1974）
			カトリトンボ属（Johnson 1962a）
	均翅亜目	カワトンボ科:	アオハダトンボ属（Pajunen 1966a; Heymer 1972a; Waage 1973; Conrad & Herman 1987）
			*Phaon*属（P. L. Miller 1985）
		イトトンボ科:	クロイトトンボ属（新井 1977）
			ルリイトトンボ属（Logan 1971）
			ナガイトトンボ属（Furtado 1972）
		ヤマイトトンボ科:	*Rhinagrion*属（Paulson 1981b）
		モノサシトンボ科:	モノサシトンボ属（Furtado 1974; 新井 1975）
A.2	下げるあるいは腹側に下げて曲げる		
	均翅亜目	イトトンボ科:	クロイトトンボ属（新井 1977）
		アオイトトンボ科:	ホソミオツネントンボ属（新井 1975）
A.3	鮮やかに色づけされた部分をさらすために姿勢を変える		
	均翅亜目	ヤマイトトンボ科:	*Caledopteryx*属（Winstanley & Davies 1982; 写真O.4参照）
			*Rhinagrion*属（Paulson 1981b）
A.4	上げて保持する		
	不均翅亜目	サナエトンボ科:	*Cacoides*属（Moore & Machado 1992）
			ウチワヤンマ属（P. S. Corbet 未発表観察）
			*Lindenia*属（Dumont 1977c）
			オジロサナエ属（枝 1972）
	均翅亜目	ミナミカワトンボ科	*Epallage*属（Heymer 1975）

注：記載された行動は，異なるトンボ種に対しても，また防衛域に近づく他の動物に対しても向けられることがある．
[a] Bick 1972の「翅警告」．
[b] Bick 1972の「翅たたき」．

表A.11.7 なわばり雄による種間攻撃行動の例

攻撃行動をしかける種	攻撃行動を受ける属[a]	文献
ハナダカトンボ科		
Rhinocypha aurofulgens	*Libellago*属	A. G. Orr 1996
R. biseriata	*Libellago*属	A. G. Orr 1996
トンボ科		
コシブトトンボ*	ヒメトンボ属	Hassan 1978
Elasmothemis cannacrioides	*Brechmorhoga*属，アメリカカワトンボ属，*Phyllocycla*属，*Phyllogomphoides*属，（ハチドリ）	González-Soriano 1987
ハラビロカオジロトンボ	カラカネトンボ属，アカメイトトンボ属[b]，カオジロトンボ属（3），ヨツボシトンボ属	Pajunen 1964a
Libellula incesta	アメリカイトトンボ属，*Celithemis*属，トラフトンボ属，ハヤブサトンボ属，ヨツボシトンボ属，カトリトンボ属，コハクバネトンボ属，ハネビロトンボ属	Lutz & Pittman 1970
トホシトンボ	ルリイトトンボ属，カオジロトンボ属，ヨツボシトンボ属（2），アカネ属	Pezalla 1979
Micrathyria ocellata	*Coryphaeschna*，ハヤブサトンボ属，*Erythrodiplax*属，*Micrathyria*属，コハクバネトンボ属	May 1980
Nannothemis bella	カオジロトンボ属，カラカネイトトンボ属	Hilder & Colgan 1985
アメリカベニシオカラトンボ	*Micrathyria*属	May 1980
Orthetrum julia	ショウジョウトンボ属	Parr 1980
カトリトンボ	ハヤブサトンボ属，ヨツボシトンボ属	Robey 1975
ムカシヤンマ科		
アメリカヒメムカシヤンマ	タイリクオニヤンマ属，ヨツボシトンボ属（2），*Octogomphus*属	Clement & Meyer 1980

[a] 属名の後の括弧内の数は，2種以上が知られている場合の種数．
[b] タンデムペア．
* *Acisoma panorpoides inflatum*.

表A.11.8 表11.5で区別した代替繁殖行動のカテゴリーに対応する代表的なトンボ

タイプとカテゴリー　代表種[a]

1. 場所特異的
  1.1 なわばり内
    1.1.1 単独占有
      多くの種，おそらくほとんどの種[b]
      ネグロベッコウトンボ[b] (A. J. Moore 1987a)
      アメリカハラジロトンボ[c] (Dickerson et al. 1982; Koenig & Albano 1985)
    1.1.2 共同占有
      1.1.2.1 優劣が明らか
        ネグロベッコウトンボ[d] (Campanella 1975b) (S); A. J. Moore (1987a) (S, T)
        アメリカハラジロトンボ (Campanella & Wolf 1974) (S)[e]
        ヨツボシトンボ (Convey 1989b) (T)
        ムラサキハビロイトトンボ (Fincke 1992c) (T)
        アフリカシオカラトンボ (Miller 1983f) (T)
      1.1.2.2 優劣が明らかでない
        アメリカアオハダトンボ (Waage 1988b)
        Hetaerina cruentata (Córdoba-Aguilar 1994b)
        Libellago semiopaca (A. G. Orr 1996)
        ネグロベッコウトンボ (A. J. Moore 1989) (T)
        ムラサキハビロイトトンボ (Rayor 1983)
        Paltothemis lineatipes (Alcock 1989b)
        ウスバキトンボ (Sakagami et al. 1974)
        コハクバネトンボ (Williams 1980a)
  1.2 なわばり外
    1.2.1 優劣が明らか
      ヨーロッパショウジョウトンボ[f] (Falchetti & Utzeri 1974) (S); (Utzeri & Gianandrea 1988)
      Hetaerina cruentata (Córdoba-Aguilar 1995a) (K)
      ネグロベッコウトンボ (Campanella 1975b) (S)
      ヒガシカワトンボ form *ogumai* (透明翅型) (生方 1979b) (N); Watanabe & Taguchi (1990) (K)
      ニシカワトンボ form *strigata* (透明翅型) (Nomakuchi & Higashi 1985) (T)
      アメリカベニシオカラトンボ (Harvey & Hubbard 1987a) (N)
      シオヤトンボ (Kasuya et al. 1987) (N)
      アメリカハラジロトンボ (Koenig & Albano 1985) (N)
      タイリクアカネ (Ottolenghi 1987) (S)

2. 場所特異的でない
      Argia chelata (Hamilton & Montgomerie 1989) (T)
      ミヤマカワトンボ (Higashi & Uéda 1982) (N)
      オアカカワトンボ (Heymer 1972b) (N)
      アメリカアオハダトンボ (Waage 1972) (W); (Waage 1979b) (N); (Forsyth & Montgomerie 1987) (K)
      オビアオハダトンボ (Rüppell & Hilfert 1996) (C, D, K, L, O, U)
      ヨーロッパアオハダトンボ (Pajunen 1966a) (N)
      クロイトトンボ (上田 1980a) (F)
      Cercion lindenii (Utzeri et al. 1983) (N)
      ショウジョウトンボ (Higashi 1969) (W)
      ハヤブサトンボ (McVey 1988) (T)
      セボシカオジロトンボ (Waltz & Wolf 1988) (R)
      Libellula julia (Hilton 1983a) (N)
      ムラサキハビロイトトンボ (Fincke 1992c) (T)
      ヒガシカワトンボ form *ogumai* (透明翅型) (生方 1979b; Watanabe & Taguchi 1990) (F)
      ニシカワトンボ (Siva-Jothy & Tsubaki 1989b) (K)
      ハッチョウトンボ (Nakamuta et al. 1983) (K, W); (Tsubaki & Ono 1986) (K)
      Nannothemis bella (Lee & McGinn 1986) (N)
      アフリカシオカラトンボ (Miller 1983b) (W)
      ヒメシオカラトンボ (Parr 1983b) (W)
      Orthetrum julia (Parr 1980) (W)
      カトリトンボ (Sherman 1983a) (N)
      アメリカハラジロトンボ (Koenig & Albano 1985) (P)
      アフリカハナダカトンボ (Robertson 1982a; Rehfeldt 1989b) (N)
      ヒメアカネ (Uéda 1979) (W)
      Tetrathemis bifida (Lempert 1988) (N)

注：この表と表11.5では，なわばり性の傾向が強い種だけを対象にしている．
[a] 引用された著者によって使われた雄の行動を表す用語（略号）を，引用文献の後の括弧内に示した．C. 追跡者；D. 休息場所襲撃者；F. フローター；K. スニーカー；L. 岸辺待ち伏せ者；N. 非なわばり個体；O. 水辺待ち伏せ者；P. ポーチャー；R. 一時滞在者；S. 劣位個体；T. サテライト；U. 強奪者；W. 放浪者．
[b] 出会い場所での雄密度が低いか，あるいは中程度のとき．
[c] それぞれの雄がそれぞれの日に短時間だけなわばり個体となる．
[d] 出会い場所での雄密度が高いとき．
[e] しかし，Jacobs 1955 と Koenig & Albano 1985 参照．
[f] 雄は頻繁に優位個体になったり劣位個体になったりする．

表A.11.9 水域での成熟雄の密度増加が行動に及ぼす影響

なわばり性
1. 定着と場所固執性が発現するか強化される
    ヒスイルリボシヤンマ (Poethke 1988)
    タイリクオニヤンマ (Poethke 1988のH. Kaiser, 未発表観察)
    カラカネトンボ*1 (Ubukata 1975)
    ヒメギンヤンマ (Bernard & Musial 1995)
    Libellula julia (Hilton 1983a)
    ナイジェリアトンボ (Parr 1983a)
2. 探索飛行がなわばり性に置き換わる
    Nesciothemis farinosa (Miller 1982a)
3. なわばりサイズが減少する
    コシブトトンボ*2 (Hassan 1978)
    ミヤマカワトンボ (Higashi & Uéda 1982)
    アメリカアオハダトンボ (Waage 1972)
    ショウジョウトンボ (Higashi 1969)
    アメリカオオトラフトンボ (Kormondy 1961)
    Epitheca princeps (Hutchinson 1977)
    トホシトンボ (Pezalla 1979)
    ヨツボシトンボ (Mokrushov 1982)
    Nannothemis bella (Hilder & Colgan 1985)
    ナイジェリアトンボ (Parr & Parr 1974)
    アメリカベニシオカラトンボ (Novelo-Gutiérrez 1981)
    タイリクシオカラトンボ (Krüner 1977)
    ヒメシオカラトンボ (Heymer 1969)
    Orthetrum microstigma (J. Green 1974)
    Paltothemis lineatipes (Alcock 1989b)
    ハネビロトンボ (石田 1958)
    Trithemis arteriosa (Gopane 1987)
4. 雄は警護や追跡でなわばりからあまり離れない
    ネグロベッコウトンボ (A. J. Moore 1987a)
5. 雄がなわばりで過ごす時間が減少する
    ヒスイルリボシヤンマ (Kaiser 1974a)
    アメリカカラカネトンボ (Hilton 1983b)
    ネグロベッコウトンボ (A. J. Moore 1987a)
    Paltothemis lineatipes (Alcock 1989b)
    カトリトンボ (Sherman 1983a)
    アメリカハラジロトンボ (Koenig 1990)
6. 雄がなわばりで優位雄として過ごす時間が減少する
    アメリカハラジロトンボ (Campanella & Wolf 1974)
7. 多くの雄はフローター, 非なわばり, スニーカー, サテライトになる
    アメリカアオハダトンボ (Waage 1972; Forsyth & Montgomerie 1987)
    ヨーロッパアオハダトンボ (Pajunen 1966a)
    クロイトトンボ (上田 1980a)
    ショウジョウトンボ (Higashi 1969)
    ネグロベッコウトンボ (A. J. Moore 1987a, 1989)
    ヨツボシトンボ (Mokrushov 1982; Convey 1989b)
    ハッチョウトンボ (Tsubaki & Ono 1986)
    ヒメシオカラトンボ (Rehfeldt 1995)
8. より多くのなわばりが2雄に共有される
    ネグロベッコウトンボ (A. J. Moore 1989)
9. なわばりは集中しなくなり, よい場所にある割合は低い
    カトリトンボ (McKinnon & May 1994)
    Sympetrum rubicundulum (Van Buskirk 1986)
10. 2層のなわばりが形成される
    オオトラフトンボ*3 (曽根原 1975)
11. 未経験な雄がより追い払われやすくなる
    アメリカハラジロトンボ (Campanella & Wolf 1974)

同種に対する攻撃的反応
12. 増加する
    ヒスイルリボシヤンマ (Kaiser 1974d)
    アメリカアオハダトンボ (Waage 1988b)
    アメリカカワトンボ (Johnson 1962c)
    ハラビロオジロトンボ (Pajunen 1964a)
    Libellula julia (Hilton 1983a)
    ネグロベッコウトンボ (A. J. Moore 1987a)
    トホシトンボ (Pezalla 1979)
    カトリトンボ (Fried & May 1983)
    Paltothemis lineatipes (Alcock 1989b)
    アメリカハラジロトンボ (Dickerson et al. 1982; Koenig & Albano 1985)
    Pseudagrion hageni tropicanum (Meskin 1986)
13. 減少する
    アメリカアオハダトンボ (Johnson 1962b; Waage 1972)
    オビアオハダトンボ (Buchholtz 1951; Zahner 1960)
    カオジロトンボ (Pajunen 1962b)
    Leucorrhinia rubicunda (Pajunen 1966b)
    アフリカハナダカトンボ (Rehfeldt 1989b)
    Trithemis arteriosa (Gopane 1987)
14. 雄がなわばりを放棄して, 集団を形成する
    ヨーロッパアオハダトンボ (Pajunen 1966a)
    ベニイトトンボ (Mizuta 1988a)
    ルリイトトンボ属の数種 (Corbet 1962a; Hutchinson 1976e)
    カオジロトンボ (Pajunen 1962a)
    ニュージーランドイトトンボ (Crumpton 1975; Rowe 1987a)

求愛
15. はるかに短縮するか欠如する
    アフリカハナダカトンボ (Martens & Rehfeldt 1989)

交尾
16. なわばり雄のほうが短くなる
    Ictinogomphus rapax (Tyagi & Miller 1991; Miller 1995e)
    アフリカシオカラトンボ (Miller 1983b)
17. 常に長い
    スペインアオモンイトトンボ (Cordero 1992b)
18. 放浪雄で長くなる
    ヒメアカネ (Uéda 1979)
19. なわばり雄で長くなる
    Aethriamanta rezia (Hassan 1981a)
20. 少なくなる
    クロイトトンボ (上田 1980a)
    ネグロベッコウトンボ (A. J. Moore 1989)
    Paltothemis lineatipes (Alcock 1989b)
21. 交尾成功度の分散が大きくなる
    Paltothemis lineatipes (Alcock 1989b)
22. 雌が雄からの交尾をあまり拒否しなくなる
    ネグロベッコウトンボ (A. J. Moore 1989)
    アメリカハラジロトンボ (Koenig 1991)
23. 産卵雌の再交尾が多くなる
    セボシカオジロトンボ (Wolf et al. 1989)
    カトリトンボ (Sherman 1983a)
24. 雄色型の雌と雌色型の雌の交尾頻度が同じになる
    スペインアオモンイトトンボ (Cordero 1992b)

交尾後の静止
25. より長くなる
    ヨーロッパショウジョウトンボ (Rehfeldt 1989a)
    ヒメシオカラトンボ (Rehfeldt 1989a)

雄による産卵雌の警護
26. 警護様式がより強固になる[a]
    タイリクルリイトトンボ (Miller 1994b)
    Ictinogomphus rapax (Tyagi & Miller 1991; Miller 1995e)
    ソメワケアオイトトンボ (Utzeri & Ercoli 1993)
    Lestes virens vestalis[b] (Utzeri & Ercoli 1993)
    カトリトンボ[c] (Sherman 1983a)
    アメリカハラジロトンボ (McMillan 1991)
    ミナミエゾトンボ (Rowe 1988)
    ムツアカネ (Michiels 1989b; Michiels & Dhondt 1992c)
    ヒメアカネ[d] (Uéda 1979)
    カロライナハネビロトンボ (Sherman 1983a)
    Tramea limbata (Miller 1995e)
    ニュージーランドイトトンボ (Rowe 1987a)
    Zygonyx natalensis (Martens 1991a)

表A.11.9 続き

27. あまり警護しなくなる
  ネグロベッコウトンボ (A. J. Moore 1989)
28. 交尾していない相手をより多く警護する
  アメリカアオハダトンボ (Alcock 1983)
産卵
29. 傷つけたり中断させる
  Aethriamanta rezia (Hassan 1981a)
  ハヤブサトンボ (Currie 1961)
	Leucorrhinia rubicunda (Pajunen 1966b)
	  ネグロベッコウトンボ (A. J. Moore 1989)
	  アメリカハラジロトンボ (McMillan 1991)
	30. 潜水産卵が多くなる
	  オアカカワトンボ (Rüppell & Hilfert 1993b)
	  ヨーロッパアオハダトンボ (Pajunen 1966a)
	31. 好みの場所での産卵がより少なくなる
	  セボシカオジロトンボ (Wolf & Waltz 1988)

注：用量反応関係の原理に従い，密度変化の影響は絶対密度に依存するかもしれない．この事実は，見かけ上矛盾した影響を説明するのに役立つかもしれない（例：1と2）．
[a] 例：雌の近くでのホバリングととまる時間の変化；警護か非警護か；接触警護か非接触警護か；警護の長期化；雌とともに雄が水面下に潜る傾向．
[b] 早期に産卵が始まるほど，警護が長く続く．
[c] 中程度の密度のときに最も激しい．
[d] 放浪中（すなわち，非なわばり）の雄の行動変化．
[*1] *Cordulia aenea amurensis*.
[*2] *Acisoma panorpoides inflatum*.
[*3] *Epitheca bimaculata sibirica*.

表A.11.10 雌の前で雄が示す求愛ディスプレイの行動成分

科と属	種数[b]	行動成分[a] 1	2	3	4	5	文献[c]
均翅亜目							
カワトンボ科							
アオハダトンボ属	10	R	A	W		S	1, 7, 9, 17, 24, 27, 33, 34, 35
カワトンボ属	1	R		W		S	10
Neurobasis 属	1	R	A	W		S	14
Phaon 属	1	H					18
Sapho 属	1	H					15
ハナダカトンボ科							
Chlorocypha 属	8	R			B	D	15, 23, 25, 28
Libellago 属	3	R			B, M	D	26
アフリカハナダカトンボ属	2	R			B	D, S	29
ハナダカトンボ属	4	R		W	B, M	D, V	5, 26, 28, 32
イトトンボ科							
エゾイトトンボ属	1	R					36
ミナミカワトンボ科							
ミナミカワトンボ属	1	R		W			13
モノサシトンボ科							
Indocnemis 属	1	R					16
アメリカミナミカワトンボ科							
Cora 属	1	R		W		D	8
ミナミイトトンボ科							
Chloroneura 属	1	R		W			30
Nososticta 属	1	H					31
Prodasineura 属	2	H					6
ハビロイトトンボ科							
ムラサキハビロイトトンボ属	1	R		W			4
不均翅亜目							
トンボ科							
ヒメキトンボ属[d]	1	R	G	W		S, V	21
Eleuthemis 属[e]	1	R				V	15
ヨツボシトンボ属[f]	2	R				D	2, 38
Nannothemis 属[e]	1	R					11
Palpopleura 属[g]	2	C, R		W		D	19, 20, 22
コハクバネトンボ属[g]	3	R		W		D	3, 12, 37

注：連結前の求愛に限って記載．
[a] コラムの説明：1. 雄が翅を振るか少なくとも数秒間ホバリングする (H)，あるいは，普通は雌の下方か横で，左右または上下に飛行する識別可能なダンス (R)，または雌の回りを水平に周回するダンス (C) を行う；2. 雄は水面に向かい，そこに着水してしばらく流れに浮かぶ (A)，水面近くをホバリングし翅の振動で波立たせる (G)；3. 雄は斑紋をもつ翅の動きでディスプレイする．これまでに調べられた種では，前翅と後翅の動きに違いが生じ，羽ばたきの頻度や前後翅の周期性が変化する (W)；4. 雄は脛節の前面でのディスプレイ (B)，時には腿節でもディスプレイ (M) し，脚を胸の下方に広げて痙攣するようにしながら，または左右に体を揺らしながら飛ぶ；5. 雄は時に腹部腹面 (V)，腹部背面 (D)，あるいは腹部末端の数節の腹面 (S) など，腹部の一部を誇示する．
[b] 求愛の記録がある種の数．

付表

表A.11.10 脚注続き

c 文献：1. Conrad & Herman 1987；2. De Marmels 1992a；3. Dunkle 1976；4. Fincke 1984a；5. Fraser 1934；6. Furtado 1975；7. Gibbons & Pain 1992；8. González-Soriano & Verdugo-Garza 1984；9. Heymer 1972b；10. Higashi 1981；11. Hilder & Colgan 1985；12. Jacobs 1955；13. Kemp 1994；14. Kumar & Prasad 1977a；15. Lempert 1988；16. Lempert 1995e；17. Meek & Herman 1990；18. P. L. Miller 1985；19. Miller 1989c；20. Miller 1991c；21. Miller 1991e；22. Miller 1992d；23. Miller 1993d；24. Miyakawa 1982a；25. Neville 1960；26. A. G. Orr 1996；27. Pajunen 1966a；28. Robertson 1982b；29. Robertson 1982a；30. Srivastava & Suri Babu 1985a；31. D. J. Thompson 1990b；32. Uéda 1992；33. Waage 1973；34. Waage 1984a；35. Waage 1988a；36. Wesenberg-Lund 1913；37. Wildermuth 1991b；38. Williams 1977.

d アカネ亜科．
e アオビタイトンボ亜科．
f トンボ亜科（*Belonia* 亜属）．
g ムツボシトンボ亜科．

表A.11.11 不均翅亜目におけるタンデム結合のタイプ

科とタイプ	結合にかかわる主な構造	例
「下等な」不均翅亜目 [a]		
サナエトンボ科		
タイプ1	雄：尾部上付属器の複数の歯をもつ先端部 雌：頭部と前胸部	*Gomphidia* 属，ウチワヤンマ属，*Lindenia* 属
タイプ2	雄：タイプ1に同じだが，肥大した第10腹節も使う 雌：頭部と前胸部	*Diastatomma* 属
タイプ3	雄：尾部下付属器は小さいが重要．尾部上付属器はしばしば先端近くに硬化した棘をもつ 雌：頭部，変形があっても後頭部のみ	*Crenigomphus* 属（一部），アメリカコオニヤンマ属，ヒメクロサナエ属，*Paragomphus* 属
タイプ4	雄：タイプ3に同じだが，尾部下付属器は常に雌の単眼域に届く 雌：単眼域が変形した頭部	*Crenigomphus* 属（一部），ダビドサナエ属，サナエトンボ属，オナガサナエ属
オニヤンマ科		
タイプ5 [b]	雄：尾部下付属器の先端に歯をもつ 雌：広い後頭板をもつ頭部	オニヤンマ属，ミナミヤンマ属，タイリクオニヤンマ属
ムカシヤンマ科		
タイプ6	雄：尾部下付属器は雌の中単眼か触角下部のくぼみにまで届く．尾部上付属器は雌の前胸部としっかり噛み合う 雌：台形の後頭板をもつ頭部，および前胸部	*Petalura* 属，*Tachopteryx* 属，*Uropetala* 属
「高等な」不均翅亜目		
トンボ科		
タイプ7	雄：比較的単純で均一な形の尾部上付属器は円筒形で，先端部は広がって上方に曲がり，腹側に棘を備える．尾部下付属器はスプーン状でそれぞれの先端背面に歯がある 雌：頭部	シオカラトンボ属，ウスバキトンボ属
エゾトンボ科		
タイプ8	雄：しばしば精巧な形の尾部上付属器と鋭い歯をもつ尾部下付属器，時に第10腹節の背面に棘がある 雌：頭部，時に前胸部に接触	カラカネトンボ属，コヤマトンボ属，エゾトンボ属
ヤンマ科		
タイプ9	雄：長くてしばしば精巧な形の尾部上付属器と鋭い歯をもつ尾部下付属器 雌：頭部，時に前胸部に接触	ルリボシヤンマ属，ギンヤンマ属，カトリヤンマ属

出典：Pinhey 1969を改変．
[a] 左右の複眼が分離した不均翅亜目の科群．
[b] Pinheyの見解では，タイプ5の構造は「高等な」不均翅亜目の条件に一致する．

表A.11.12　野外で見つかった種間雑種のトンボ成虫，およびその親と推定される種

亜目, 科, 両親の種[a]	標本数	文献[b]
均翅亜目		
カワトンボ科		
オビアオハダトンボ × ヨーロッパアオハダトンボ[c]	3	Lindeboom 1993b
イトトンボ科		
サオトメエゾイトトンボ × *Coenagrion pulchellum*	1	
Enallagma carunculatum × *civile*	2	
Ischnura denticollis × *gemina*[c]	7	Leong & Hafernik 1992b
マンシュウイトトンボ[*1] × *I. fountainei*	1	Schneider & Krupp 1996
不均翅亜目		
ヤンマ科		
Aeshna confusa × *diffinis*	1	
コウテイギンヤンマ × ギンヤンマ	1	
クロスジギンヤンマ × ギンヤンマ[*2]	15	福井 1987a; 井上・相浦 1990; 勝田・勝田 1990; 井上 1991b; 二宗 1996
エゾトンボ科		
アメリカオオトラフトンボ × *Epitheca spinosa*	1	R. L. Orr 1996
Somatochlora albicincta × *sahlbergi*[c]	多	Cannings & Cannings 1985
S. hudsonica × *sahlbergi*[c]	多	Cannings & Cannings 1985
サナエトンボ科		
Gomphurus externus × *fraternus*	1	
Gomphus graslinellus × *lividus*	1	
トンボ科		
Elasmothemis multipunctata × *sterilis*	1	De Marmels 1989b
Leucorrhinia glacialis × セボシカオジロトンボ	1	
ベッコウトンボ × ヨツボシトンボ[*3]	>1	福井 1987b[d]; 朝比奈 1989a
Orthetrum anceps × ヒメシオカラトンボ[c,e]		Mauersberger 1994
コノシメトンボ × マユタテアカネ	>8	石川 1983; 福井 1987a
キトンボ × オオキトンボ	2	
ナツアカネ × マダラナニワトンボ[f]	1	
タイリクアキアカネ × アキアカネ	1	Asahina 1984a
マユタテアカネ × ヒメアカネ	1	
マユタテアカネ × ミヤマアカネ	4	

[a] すべての雑種は同属間のもの．
[b] 出典：断らない限り，朝比奈1981cまたはTennessen 1982．
[c] 両親の種の分布が重なる所で雑種が見られる．
[d] 交雑したペアからの子．
[e] Mauersbergerによれば，*Orthetrum anceps*とヒメシオカラトンボは完全な独立種ではない．
[f] 両親の種の同定は暫定的．
[*1] *Ischnura elegans ebneri*．
[*2] *Anax parthenope julius*．
[*3] *Libellula quadrimaculata asahinai*．

付表

表 A.11.13 雄2個体によるタンデム，および雄2個体と雌による三連結の例

分類群	雄-雄タンデム (MM) 同種	雄-雄タンデム (MM) 異種	三連結 (MMF) 同種	三連結 (MMF) 異種
均翅亜目				
カワトンボ科				
アオハダトンボ属	1		1	
カワトンボ属			1	
イトトンボ科				
キイトトンボ属	1			
エゾイトトンボ属			1	
アオモンイトトンボ属	2	4 (G, G, G, G[a, b])		
カラカネイトトンボ属	1		1	
アカイトトンボ属			1	
アオイトトンボ科				
アオイトトンボ属	3	1 (D, G)	4	3 (D, S[c])
オツネントンボ属		1 (D)		
不均翅亜目				
ヤンマ科				
アオヤンマ属			1[d]	
ルリボシヤンマ属			1	
ギンヤンマ属			1	
オニヤンマ科				
オニヤンマ属			1	
エゾトンボ科				
カラカネトンボ属			1	
トラフトンボ属			1	
サナエトンボ科				
ダビドサナエ属			1	
サナエトンボ属			1	
アオサナエ属			1	
コサナエ属	1		2	2 (G, S)
トンボ科				
コフキトンボ属			1	
カオジロトンボ属	4		3	
ヨツボシトンボ属			1	
シオカラトンボ属			2	
コハクバネトンボ属	1[e]		1	
アカネ属	3[f, g]	3 (G, G, G[f, g, h])	1[i]	
ムカシヤンマ科				
Petalura 属			1	
属数	7	4	22	2
種数	16	8	29	4

出典：断らない限り，枝 1970b と Utzeri & Belfiore 1990．属名は先頭の雄を指す．
略号：D. 科内; F. 雌; G. 属内; M. 雄; S. 種間.
[a] Rowe 1978.
[b] Paine 1992a: 14 の L. A. Truscott.
[c] 清水 1992.
[d] 井上ら 1981.
[e] Wildermuth 1991b.
[f] Paine 1992b: 17 の E. D. V. Prendergast.
[g] Rehfeldt 1993.
[h] Onslow 1989.
[i] Rüppell & Hilfert 1995a.

表 A.11.14 均翅亜目における陰茎の形態と精子置換との関連

分類群	陰茎タイプ	代表的な属または種[a]	特徴[b]
均翅亜目	I	*Lestes vigilax*	陰茎の先端節は単純で鎚(つち)様で付属器や棘をもたない（図11.42A）．交尾嚢から中のライバル雄の精子を除去．精子置換率は40〜50％（Waage 1982）
	II	タイリクルリイトトンボ	陰茎の先端節は単純で，反り返った翼をもち，その凹面には基部方向に向いた棘状の鱗がある（図11.42B）．ライバル雄の精子を交尾嚢から除去するが，受精嚢からは除去しない．ただし，受精嚢の収縮によってライバル雄の精子が排出されるかもしれない（Miller & Miller 1981）．最後に媒精した雄の精子優先度は，ハーゲンルリイトトンボで80％以上（Fincke 1984b）
	III	アメリカアオハダトンボ	陰茎の先端節に1つの反り返ったスプーン状の翼に2つの鞭状突起をもち，全体が基部方向の棘で覆われる（図11.42C）．交尾嚢とT字型の受精嚢からライバル雄の精子を除去する．精子置換率は80〜100％（Waage 1979a）
	IV	*Argia moesta*	陰茎の先端節は単一の曲がった突起が基部方向に向いた櫛状の棘で覆われる（図11.42D, 11.43上）．ライバル雄の精子を交尾嚢から除去し，受精嚢の中に押し込む．最後に媒精した雄の精子優先度は85％（Waage 1986a）
		マンシュウイトトンボ	陰茎の先端節には膨張可能な膜があり，1つの小さな翼に，先端に返しのついた膨張可能な鞭状突起が2つ巻いており，その共通の基部には鈎が2つ付いている．ライバル雄の精子を交尾嚢だけから除去する（図11.42E, 11.43D, 11.44）（Miller 1987a）．最後に媒精した雄の精子優先度は *Ischnura ramburii* で52％（Waage 1986a）

[a] 主な出典：Waage 1986a.
[b] この項を基本に記述．

表 A.11.15 トンボ科における雌の精子貯蔵器官の体積と雄の陰茎タイプとの関連性

種[a]	SSI[b]	雌のタイプ[c]	雄のタイプ[d] IL (ext)[e]	IL (fl)[f]	F[g]	参照図 雄	雌
大型種							
ヨーロッパショウジョウトンボ	496	3	×				11.51G
Nesciothemis farinosa	322	1.1	×			11.48D	
クレナイアカネ	161	1.1	×			11.48B	11.51C
Hadrothemis defecta pseudodefecta	116	2.2	×				11.51E
Libellula incesta	71	1.5	×				
Sympetrum meridionale	61	1.1	×				
Urothemis assignata	60	3	×				
Neurothemis fulvia	18	1.2.1	×				
小型種							
カトリトンボ	9	3	×				
ウスバキトンボ	7	1.3.2	×			11.48A	11.51H
Parazyxomma flavicans	6	1.2.2		×	×		
Celithemis eponina	6	1.2.1	×			11.46	
アフリカヒメキトンボ	2	1.2.2		×	×	11.47	11.47
ヒメシオカラトンボ	1	1.3.2			×		
ハラボソトンボ	0.6	1.3.2			×		

出典：Miller 1991a.
[a] 精子貯蔵指数（SSI）の降順に並べた．
[b] 精子貯蔵指数．主として精子貯蔵器官の体積/前翅長×1000．「大型種」と「小型種」のカテゴリー分けは恣意的．
[c] 表11.12に同じ．
[d] 表11.11に同じ．
[e] IL (ext)：広く拡張した内葉をもつ（表11.11のタイプ3.4.1とタイプ3.4.3）．
[f] IL (fl)：鞭毛状の内葉をもつ（表11.11のタイプ3.4.2）．
[g] F：鞭毛をもつ（表11.11のタイプ3.2.1とタイプ3.2.2）．

付 表

表A.11.16 トンボ目の科内および属内における交尾の最短時間

科	1	2	3	4	5	10	15	20	>20	合計
A. 均翅亜目										
カワトンボ科	4		1	1						6
ハナダカトンボ科	4									4
イトトンボ科	2	1				4	1	2	1	11
ムカシイトトンボ科						1				1
アオイトトンボ科	1					2				3
ヤマイトトンボ科						1	1			2
モノサシトンボ科						2	1			3
ホソイトトンボ科	1									1
アメリカミナミカワトンボ科	1	1								2
ハビロイトトンボ科						1			1	2
合計	13	2	1	1		11	3	2	2	35
B. 不均翅亜目										
ヤンマ科						1	1	1	2	5
オニヤンマ科									1	1
エゾトンボ科	1		1			1	1		2	6
サナエトンボ科	1				1				2	4
トンボ科	31	4			2	2				39
合計	33	4	1		3	4	2	1	7	55
C. トンボ科										
セクション1										
コカゲトンボ亜科	1					1				2
セクション2										
アオビタイトンボ亜科	5									5
カオジロトンボ亜科	1				1					2
トンボ亜科	7									7
アカネ亜科	8	1								9
ベニトンボ亜科	3				1					4
セクション3										
ムツボシトンボ亜科	3									3
ハネビロトンボ亜科	2	2								4
フトアカトンボ亜科		1				1				2
タニガワトンボ亜科	1									1
合計	31	4			2	2				39

列見出し: 属の数[a]、交尾時間のクラス (分)[b]

出典：均翅亜目108種，不均翅亜目104種，およびトンボ科の76種について記載のある印刷物218点．
注：この表における交尾の語は定義を広くし，環状姿勢を意味するものとする．値を選ぶ際に使われた基準については§11.7.4を参照．この表で使われた値は範囲内の最小値，範囲が分からないときは平均値としたが，例外的に1例観察もある．
[a] この表には特定の属は一度だけ出現．
[b] 値は範囲の上限．

表A.11.17　交尾時間の種内変異と関連する要因

カテゴリー	交尾時間を長くさせる要因	種	文献
A. 物理的要因			
1. 照度[a]	低照度	タイリクアカネ	Testard 1972
2. 風速	高速	ヨーロッパショウジョウトンボ	Aguesse 1959
3. 気温	低温	オビアオハダトンボ	Lindeboom 1995
		ムツアカネ	Michiels 1992
B. 生物的要因			
1. 日齢	若さ	タイリクシオカラトンボ	Siva-Jothy 1987a
2. 交尾順序[b]	連続2回交尾の1回目	*Ceriagrion coromandelianum*	Prasad 1990b
		ヒメシオカラトンボ	Parr 1983b
3. 交尾順序[c]	連続数回交尾の1回目	アメリカアオハダトンボ	Waage 1979b
		オビアオハダトンボ	Lindeboom 1995
		ムツアカネ	Michiels 1992
4. 干渉[d]	干渉	*Aethriamanta rezia*	Hassan 1981a
		Chromagrion conditum	Bick et al. 1976
		ヨーロッパショウジョウトンボ	Aguesse 1959; Rehfeldt 1995
		キタルリイトトンボ	Logan 1971
		ハヤブサトンボ	McVey & Smittle 1984
		ヒメアオモンイトトンボ	Langenbach 1995
		コハクバネトンボ	Jacobs 1955
		ヒメアカネ[e]	Uéda 1979
5. 雄の優位性	低い	セボシカオジロトンボ	Wolf et al. 1989
		ヒガシカワトンボ	Watanabe & Taguchi 1990
		ニシカワトンボ	Nomakuchi et al. 1984
		アフリカシオカラトンボ	Miller 1983b
6. 雄の父性確実度	高い	セボシカオジロトンボ	Wolf et al. 1989
7. 雌の交尾経験	既交尾	オビアオハダトンボ	Lindeboom 1995
		スペインアオモンイトトンボ	Cordero 1990a
		マンシュウイトトンボ	Cooper et al. 1996
8. とまり場変更頻度	頻繁	*Leucorrhinia hudsonica*	Hilton 1984
		セボシカオジロトンボ	Hilton 1984
9. 交尾の場所	雌との遭遇が低頻度	ルリモンアメリカイトトンボ	Conrad & Pritchard 1990
		ヨーロッパアオハダトンボ	Lambert 1994
		セボシカオジロトンボ	Wolf et al. 1989
		ニシカワトンボ	Siva-Jothy & Tsubaki 1989b
		タイリクシオカラトンボ	Siva-Jothy 1987a
		ムツアカネ	Michiels 1992
10. 時刻	早い	タイリクルリイトトンボ	Perry & Miller 1991
		マンシュウイトトンボ	Miller 1987a
		スペインアオモンイトトンボ[f]	Cordero 1990a
		アオイトトンボ	Watanabe & Matsunami 1990
		ムツアカネ	Michiels 1992
	遅い	アジアイトトンボ	奈良岡 1994

注：ほとんどの要因は用量反応効果を介した連続変数と仮定している．B.8の変数は普通，不連続．
[a] 原因はおそらく体温．
[b] 同じペアによる，ほとんど間隔なしの2回連続交尾．
[c] 1個体の雄が1日の間に異なる雌と交尾した回数．
[d] 普通，同種の雄の密度に関連して生じる．
[e] 放浪雄の間だけ．
[f] 雄の密度が高いときだけ．

付 表

表A.11.18 雌の交尾後の休止時間

時間[a]	種	文献
極めて短時間	ヨーロッパショウジョウトンボ[b]	Lorenzi et al. 1984; Convey 1992
	Enallagma civile	Bick & Bick 1963
	Nesciothemis farinosa[c]	Miller 1982a
	アメリカベニシオカラトンボ	Novelo-Gutiérrez 1981
	Orthetrum caledonicum[d]	Alcock 1988
	O. julia	Miller & Miller 1989
	キボシミナミエゾトンボ[e]	Rowe 1988
	ミナミエゾトンボ[e]	Rowe 1988
	アメイロトンボ	P. L. Miller & Miller 1985
1分	*Aethriamanta rezia*[f]	Hassan 1981a
	アメリカアオハダトンボ[g]	Meek & Herman 1990
	ヨーロッパショウジョウトンボ	Lorenzi et al. 1984[h]; Rehfeldt 1989a[b]
	Diastatops intensa	Wildermuth 1994b
	ハヤブサトンボ	Currie 1961; McVey 1988
	ネグロベッコウトンボ[c]	A. J. Moore 1989
	Nesciothemis farinosa	Miller 1982a[c]; Miller & Miller 1989
	ヒメシオカラトンボ[j]	Rehfeldt 1989a
	イソアカネ	Rehfeldt 1989a
	Tetrathemis bifida	Lempert 1988
	Urothemis assignata[f]	Hassan 1981a
	ハッチョウトンボ	Tsubaki et al. 1994
2分	*Calopteryx aequabilis*	Meek & Herman 1990
	C. amata	Meek & Herman 1990
	アメリカアオハダトンボ	Waage 1973
	Cora notoxantha	Fraser & Herman 1993
	C. obscura	Fraser & Herman 1993
	C. semiopaca	Fraser & Herman 1993
	Leucorrhinia hudsonica	Hilton 1984
	Orthetrum brunneum	Heymer 1969
	アフリカシオカラトンボ	Miller 1983b
	ヒメシオカラトンボ	Miller & Miller 1989; Rehfeldt 1989a[k]; Lee 1994
	シオヤトンボ	Kasuya et al. 1987
	コフキショウジョウトンボ	Miller & Miller 1989
	ハラボソトンボ	Miller & Miller 1989
	オオシオカラトンボ	Miller & Miller 1989
	カトリトンボ	Sherman 1983a
	アオナガイトトンボ[f]	Furtado 1972
2～6分	アメリカカワトンボ[f]	Johnson 1961
	Orthetrum caledonicum[l]	Alcock 1988
4～5分	キボシミナミエゾトンボ	Rowe 1988
	ミナミエゾトンボ	Rowe 1988
6～7分	*Cora marina*	González-Soriano & Verdugo-Garza 1984a
120～180分	ルリモンアメリカイトトンボ[f]	Conrad & Pritchard 1988
記録はないが長時間	*Aeshna affinis*[f]	Utzeri & Raffi 1983
	ヒメギンヤンマ[f]	Miller 1983a
	ネグロトンボ	Miller & Miller 1989
	Palpopleura lucia lucia	Miller & Miller 1989

注：休止時間とは交尾の終了時から産卵または探査行動開始時までの時間間隔（平均値，記録がある場合は中央値）．断らない限り，その間雌は交尾相手のそばにいて，雄は雌を非接触警護する．
[a] 単一の値が与えられている場合，値はそのクラスの上限．
[b] 観察された個体群の大部分の個体に当てはまる．
[c] 観察された個体群の一部の個体に当てはまる．
[d] 短時間の交尾の後．
[e] 連続的な数回の交尾の後．
[f] タンデム態．
[g] アメリカ，ミシガン州の個体群に当てはまる．
[h] 観察された個体群の少数の個体に当てはまる．
[i] 交尾の前に干渉がなかった場合．
[j] カナダ，ノバスコシア州の個体群に当てはまる．
[k] 交尾の前に干渉があった場合．
[l] 長い交尾の後の「数分」の休止．

表A.11.19　主要な出会い場所で採集した成虫の性比

性比(雄%)	例	文献	性比(雄%)	例	文献
100	ヨーロッパベニイトトンボ	Rehfeldt 1995	70〜79	ヒスイルリボシヤンマ	Kaiser 1974a
	カオジロトンボ	Ubukata 1974		アメリカギンヤンマ	Hadrys 1989
	ヒメシオカラトンボ	Rehfeldt 1995		*Argia apicalis*	Bick & Bick 1965a
	アキアカネ	Ubukata 1974		*A. plana*	Bick & Bick 1968
90〜99	*Argiolestes amabilis*	Tillyard 1917a		ヨーロッパベニイトトンボ	Parr & Parr 1979
	Brachytron pratense	Moore 1953		エゾイトトンボ	Ubukata 1974
	カラカネトンボ*	Ubukata 1974		サオトメエゾイトトンボ	Parr & Palmer 1971
	ムカシトンボ	Okazawa & Ubukata 1978		アオイトトンボ	Ubukata 1974
	ヒロバラトンボ	Moore 1953		オツネントンボ	Ubukata 1974
	タイリクシオカラトンボ	Moore 1953		タイリクアカネ	Moore 1953
	タカネトンボ	Ubukata 1974	60〜69	ミヤマカワトンボ	Suzuki & Tamaishi 1981
	コサナエ	Ubukata 1974		*Gomphurus ozarkensis*	Susanke & Harp 1991
80〜89	ヒスイルリボシヤンマ	Moore 1953		マンシュウイトトンボ	Parr & Palmer 1971
	コウテイギンヤンマ	Moore 1953	50〜59	*Argia moesta*	Borror 1934
	Argia chelata	Hamilton & Montgomerie 1989		*Calopteryx dimidiata*	Waage 1980
	Coenagrion mercuriale	Rehfeldt 1995		オアカカワトンボ	Rehfeldt 1995
	Enallagma civile	Bick & Bick 1963		アメリカアオハダトンボ	Waage 1980
	タイリクルリイトトンボ	Parr & Palmer 1971		クロイトトンボ	上田 1987
	Hetaerina cruentata	Córdoba-Aguilar 1994c		*Ischnura gemina*	Hafernik & Garrison 1986
	Ischnura cervula	Dickerson et al. 1992		*I. posita*	Robinson 1983
	マンシュウイトトンボ	Rehfeldt 1995	30〜39	*Enallagma praevarum*	Johnson 1964e
	アカイトトンボ	Corbet 1952		ハッチョウトンボ	Tsubaki & Ono 1986
			10〜19	オオルリボシヤンマ	Ubukata 1974

注：この表にある値は実効性比と同等の値として扱われることが多いが，厳密に言えば，遭遇するすべての雌が交尾を受け入れ可能ではなかったり，すべての雄が活動的ではなかったり（こちらのほうが少ない）する．そのため，一部は実効性比とは異なっているだろう．また，値は性比が日々変化する期間のおおまかな平均値か中央値であるので，示唆的なものでしかない．
* *Cordulia aenea amurensis*.

表A.11.20　なわばり性と非なわばり性のトンボにおける繁殖行動（RB）と生存日数（SV）に関連する成分の生涯繁殖成功度に対する相対的重要性

種	雄 関連する成分[a] RB	SV	雌 関連する成分[a] RB	SV	解析法[b]	文献[c]
非なわばり性						
サオトメエゾイトトンボ	22[d] (mda)	78 (sds)	30 (cs + rcp)	70 (sds)	RL	1, 2
ハーゲンルリイトトンボ	65 (mdb + fm)	34 (sds + pm)	79 (cs)	69 (cn)	PVA	3
ムツアカネ	22 (mda)	27 (sds)	23 (rcp)	39 (sds)	PVB	7
	(42)		(31)			
なわばり性						
ヨーロッパアオハダトンボ	63 (edm + pm)	16 (sds)	27 (cs + rcp)	81 (sds)	PVB	5
ハヤブサトンボ	63 (mda + fm)	57 (ls)	24 (cs + rcp)	68 (ls)	PVA	6
ハッチョウトンボ	95 (sds + sds)[e]				MR	8
アメリカハラジロトンボ	22 (mdb + fm + pm)	27 (ls)	2 (cs + rcp)	48 (ls)	PASR/PVA	4

出典：Lambert 1994を改変．
注：重要性は分散の百分率で表現される．成分間の共分散が大きい場合は括弧内に示した．また分散成分に関連する要因はその下に小文字で示した．すべての研究は人為的操作のない自然条件下のものだが，ムツアカネとヨーロッパアオハダトンボだけは例外で，前者は大きな野外ケージでの，後者は産卵場所を操作しての観察．
[a] 成分の略号：cn. クラッチ数；cs. クラッチサイズ；edm. 1日に行った交尾によって受精される卵数；fm. 1回の交尾当たり受精される卵数；ls. 寿命；mda. 1日当たり交尾回数；mdb. 繁殖可能日当たり交尾回数；pm. 繁殖寿命のうち繁殖を行った日数；RB. 繁殖行動；rcp. クラッチ生産速度；sds. 晴天の日数；SV. 生存日数．
[b] 解析方法の略号：MR. 対数変換しない値の重回帰；PASR. パス解析（Sokal & Rohlf 1981）；PVA. 分散の分割（Arnold & Wade 1984）；PVB. 分散の分割（Brown 1988）；RL. 対数（雄）と対数変換しない値（雌）の回帰．
[c] 文献：1. Banks & Thompson 1985a；2. Banks & Thompson 1987a；3. Fincke 1988；4. Koenig & Albano 1987a；5. Lambert 1994；6. McVey 1988；7. Michiels & Dhondt 1991a；8. Tsubaki & Ono 1987．
[d] 標準偏差の割合を100%から引いて得た値．
[e] 最上位のなわばりでの値．

付表

表A.12.1 トンボの外観や行動，生活環を反映した民俗名

属性	国	分類群	民族名，例え，および文献[a]
外観			
腹部	中国	不均翅亜目	釘に似る (16)
	ドイツ	トンボ目	丸太運び (15)
	インド	均翅亜目	針に似る (21)
	日本	モノサシトンボ	物差し：間隔をおいて白い輪が描かれているので定規に似る (5, 20)
		ウチワヤンマ	ウチワトンボ：第8節が葉状に側方に広がっている (5, 18)
		トンボ目	飛ぶ(ん)棒(?) (5, 20)
		均翅亜目	糸 (5, 20)
	メキシコ	ヒメハビロイトトンボ	木運びトンボ：飛んでいるとき長い腹部は丸太のように引きずられる (8)
頭部	イタリア	均翅亜目[b]	Libella (ラテン語)：淡水性の小さなシュモクザメ科の種 (17)
	日本	マイコアカネ	きれいな舞妓：青白い顔 (5, 20)
肢	日本	グンバイトンボ	軍配：雄どうしのディスプレイの際，後脚の扁平な脛節が相撲の行司の振る軍配に似る (5, 20)
翅	日本	チョウトンボ:	蝶トンボ：模様のついた翅とひらひらと飛ぶこと (5, 20)
	メキシコ	ヒメハビロイトトンボ	鏡トンボ：飛んでいる成虫の翅の先端が日を受けてフラッシュする (8)
行動			
交尾	ドイツ	トンボ目	指輪職人：舵手 (15)
採餌	日本	カトリヤンマ	蚊採り：黄昏採餌者 (5, 20)
飛ぶ姿	コスタリカ	不均翅亜目	グライダー (2)
	モルッカ諸島南部	トンボ目[c]	飛び上がってちょっと踊り，すぐ元の所に戻る，落ち着きのないダンサー (1)
	チベット	不均翅亜目[c]	軽快な空飛ぶ悪魔：バネのように飛ぶ姿 (11)
	ウガンダ	不均翅亜目[c]	モルッカ諸島南部と同じ (3)：警告したり驚かしたりするもの (13)
動き方	スイス	不均翅亜目[b, d]	後方への動き：ジェット推進による移動？ (6)
産卵	ドイツ	トンボ目	水をはねるもの：イグサ刺し (15)
	イタリア	不均翅亜目[e]	しっぽ洗い (14)
	メキシコ	不均翅亜目[e]	水打ち (8)
	ネパール	不均翅亜目[e]	水と交尾するもの (9)
	ニュージーランド	不均翅亜目[e]	水かっぱらい (9, 18)
	ソロモン諸島	不均翅亜目[e]	水をたたく尾 (4)
なわばり	日本	ハッチョウトンボ	狭い所のトンボ：雄は小さななわばりを守る (5, 20)
出現時	アルゼンチン	Aeshna bonariensis[d]	南西風の子：成虫は風がくる直前にやってくる (19)
	ブラジル	A. bonariensis[d]	風の父：成虫は風がくる直前にやってくる (12)
	中国	ウスバキトンボ[d]	台風虫：台風がやってくる直前に成虫が多数出現する (19)
	香港	ウスバキトンボ[d]	中国と同じ (22)
	日本	サナエトンボ科	早苗トンボ：出現のピークが田植えの時期 (5, 20)
		アキアカネ	秋のアカネ：赤い成虫は初秋に低地で人目につく (5, 20)
	ネパール	不均翅亜目	4〜6月に成虫が大群で出現 (11)
	チベット	Neurothemis fulvia	9月のモンスーンの終わるころに広範囲で羽化 (9)
生活環			
卵からの派生	チベット	不均翅亜目[b]	卵からかえったもの (10)

注：断らない限り，成虫を指す.
[a] 民俗名のもつ意味．文献の番号は以下のとおり．1. Anon. 1977; 2. Belle 1987; 3. P. S. Corbet 未発表の観察; 4. Donnelly 1987; 5. 枝 1979; 6. Höhn-Ochsner 1976; 7. Hudson 1912; 8. Hunn 1977; 9. Kiauta 1973; 10. Kiauta 1976; 11. Kiauta 1977; 12. Lenko & Papavero 1975; 13. Miller 1995d; 14. Montgomery 1972; 15. Nitsche 1965; 16. Read 1977; 17. Rondeletius 1554; 18. Rowe 1987a; 19. Tulloch 1929; 20. 上田 1980b; 21. Varadaraj 1984; 22. C. A. S. Williams 1976.
[b] 幼虫を指す.
[c] パーチャーを指すと思われる.
[d] 推定による種名.
[e] 飛びながら打水産卵している不均翅亜目を指すと思われる (表A.2.5, モードFC6).

表 A.12.2 西ヨーロッパ系言語の国でトンボの属につけられた一般名

	一般名				
	北アメリカ[a]	フランス[b]	ドイツ[c]	イギリス BDS[d]	イギリス CM[e]
科の概数	10	9	9	9	9
属の概数	>100	30	40	23	23
種の概数	>420	77	76	45	45
属					
ルリボシヤンマ属	Darner[f]	L'Aeschne[f]	Mosaikjungfer[g]	Hawker	Sphinx[f]
ギンヤンマ属	Darner[f]	L'Anax[f]	Königslibelle	Dragonfly[f,h]	Sphinx[f,h]
アオハダトンボ属	Jewelwing	Le Calopteryx	Prachtlibelle	Demoiselle[e]	Demoiselle
エゾイトトンボ属	Bluet[f]	L'Agrion[f]	Azurjungfer[f]	Damselfly[f]	Fay[f]
タイリクオニヤンマ属	Spiketail	Le Cordulegastre	Quelljungfer	Dragonfly[f,h]	Adder's Dart[h]
カラカネトンボ属	Emerald[f,h]	Le Cordulie[f,h]	Smaragdlibelle[f,h]	Emerald[f,h]	Emerald[f,h]
ルリイトトンボ属	Bluet[f]	L'Agrion[f,h]	Azurjungfer[f,h]	Damselfly[f,h]	Fay[f,h]
サナエトンボ属	Clubtail[f]	Le Gomphus[f]	Keiljungfer	Dragonfly[f,h]	Elf[h]
アオモンイトトンボ属	Forktail	L'Agrion[f]	Pechlibelle	Damselfly[f]	Fay[f]
アオイトトンボ属	Spreadwing[f]	Le Leste[f]	Binsenjungfer	Damselfly[f]	Sylph
カオジロトンボ属	Whiteface	La Leucorrhine	Moosjungfer	Darter[f,h]	Nymph[h]
ヨツボシトンボ属	Skimmer[f,i]	La Libellule	［単独名なし］	Chaser	Dragonfly
エゾトンボ属	Emerald[f]	La Cordulie[f]	Smaragdlibelle[f]	Emerald[f]	Emerald[f]
アカネ属	Meadowhawk	Le Sympetrum	Heidelibelle	Darter[f]	Nymph[f]
属に固有な名の数	5	7	8	3	4
全属数に対する%	5.0	23.3	20.0	1.3	1.7

[a] メキシコよりも北の北アメリカ．出典：DSA 1996．
[b] 出典：Askew 1988．
[c] 出典：Dreyer 1986; Askew 1988; Jurzitza 1988a; Dreyer 1986．
[d] イギリストンボ学会．出典：BDS 1991．
[e] チェスターのグロスベナー博物館収蔵品 (Gabb 1988)．
[f] 一般名はその国では他の属（必ずしも表にはない）と共有されている．
[g] Aeshna isosceles (=Anaciaeschna isosceles) には Keilflecklibelle という別の名が与えられている．
[h] 属はその国では単一の種よりなる．
[i] この属の数種 (5/23) は corporal (伍長) または whitetail (白い尾) と呼ばれている．

表 A.12.3 いろいろなビオトープにおけるトンボ類へのさし迫った脅威

ビオトープ	影響される種（場所）	文献[a]	脅威[b]	インパクト[c]
流水域				
乾燥地の小川	Aeshna persephone（アメリカ, AZ）	14	過放牧，特に旱魃の年	A, B, C
運河	ヨーロッパアカメイトトンボ（イギリス）	39	高速船の通過	C
源流部	Cordulegaster bidentatus（ドイツ）	6	大規模な造林	D, E, F
	ヒマラヤムカシトンボ（ネパール）	2, 31	急激な森林伐採，原生林での牛の過放牧，観光事業からの固形廃棄物による汚染，稲作のための谷筋の伐採	A, B, D, E, I
		2	道路建設	D
	Ophiopetalia pudu（チリ）	9	スキーロッジのための水の汲み上げ	G
	アメリカヒメムカシヤンマ（アメリカ, OR）	34	観光リゾートのための植生除去と埋め立て	D, G
永続的なオアシス	Pseudagrion sublacteum（ヨルダン）	30	農業用灌漑	C, J
川	Gomphus vulgatissimus（イギリス）	32	高速ボートの通過	H
	Macromia splendens（フランス）	3	水力発電用ダム建設	B
			都市下水の放流	E, I
			レクリエーション施設の建設	B, C, D
		12	砂利採取	G
	Oxygastra curtisii（イギリス）	8	レクリエーション施設や住宅の建設	B, C, D, E
	ヒロアシトンボ（ドイツ）	7	川岸と氾濫原の耕作	B, C, D, E, I, J
	オオサカサナエ（日本）	16	水力発電用ダム建設	B

表A.12.3 続き

ビオトープ	影響される種 （場所）	文献[a]	脅威[b]	インパクト[c]
渓流	*Aeshna eduardoi* （ブラジル）	18	伐採と鉱物の採掘	A, E
	Antipodochlora braueri （ニュージーランド）	38	伐採	C, D, K
	Chlorolestes apricans （南アフリカ）	28	牛による川岸の踏みつけ 外来樹による岸辺の植生の日陰化	C D
	Gomphus kurilis （アメリカ, KY）	10	鉱物の採掘	A
止水域				
酸性の高層湿原の池塘	ヒメルリボシヤンマ （ドイツ）	33	農業排水	J
	ヨーロッパベニイトトンボ （イギリス）	20	農業排水 泥炭採掘の中止	J L
酸性の小湖	*Coenagrion lunulatum* （ノルウェー）	23	産業廃棄物の空中飛散	E, M
魚のいない池	*Aeshna mutata* （アメリカ, NE）	14	食用や釣りのための養魚	N
	Anaciaeschna isosceles （ドイツ）	24	ソウギョの導入	C, D, G, N
	Erythromma viridulum （ドイツ）	36	ソウギョの導入	C, D, G
	ハラビロカオジロトンボ （ドイツ）	5	ソウギョの導入	C, G
	Sympecma fusca （ドイツ）	24	ソウギョと肉食魚の導入	C, D, G, N
湖	*Hemicordulia tau* （オーストラリア）	15	水力発電のための水位操作	C, O
	キボシミナミエゾトンボ （ニュージーランド）	22	水力発電のための水位操作	C, O
	Urothemis edwardsii （アルジェリア）	11	農業用水と都市用水のための汲み上げ 焼き畑農業 牛の放牧	J D C, D
	U. edwardsii hulae （イスラエル）	13	農業による富栄養化	I
中栄養の高層湿原	*Leucorrhinia albifrons* （ドイツ）	29	農業排水	J, P
	L. pectoralis （ヨーロッパ中部）	37	農業排水と富栄養化	I, J
ファイテルマータ	*Leptagrion siqueirai* （ブラジル）	4	伐採	G
	Megalagrion amaurodytum （アメリカ, HI）	26	野生豚導入による採食	G
池	サオトメエゾイトトンボ （イギリス）	35	馬による抽水植物の採食	C, O
	パプアヒメギンヤンマ （ニュージーランド）	27	カの防除を目的にした昆虫食の魚の導入	N
	エゾアオイトトンボ （イギリス）	19	農業排水 農業用除草剤の使用 家畜による採食 埋め立て	J E C G
	ベッコウトンボ （日本）	17	都市化	G
	ヒロバラトンボ （ノルウェー）	23	埋め立て（法律に基づく）	G
	Megalagrion pacificum （アメリカ, HI）	21	カの防除を目的にした昆虫食の魚の大規模な導入	N
	Sympetrum dilatatum （セントヘレナ）	1	昆虫食の鳥の導入	Q
砂底の湖	*Didymops floridensis* （アメリカ, FL）	14	農業のための肥料の使用	I
湿地	*Diplacodes okovangoensis* （ボツワナ）	25	農業用と鉱業用灌漑 ツェツェバエ防除のための殺虫剤使用 ツェツェバエ防除のための薮の刈払い，放牧，レクリエーション	J E C, D

[a] 文献：1. Anon. 1982; 2. Asahina 1982b; 3. Belle 1983; 4. Bernardes et al. 1990; 5. Bierwirth 1993; 6. Blanke 1984; 7. Brockhaus 1993;

表A.12.3 脚注続き

8. Brown 1980; 9. Carle 1996; 10. Cook 1975; 11. De Belair & Samraoui 1994; 12. Dommanget 1980; 13. Dumont 1975; 14. Dunkle 1995b; 15. Faragher 1980; 16. 井上 1979b; 17. Ishihara 1982; 18. Machado 1985; 19. Moore 1980; 20. N. W. Moore 1986b; 21. Moore & Gagné 1982; 22. Mylechreest 1979; 23. Olsvik & Dolmen 1992; 24. Ott 1993a; 25. Parr 1991; 26. Riexinger et al. 1992; 27. Rowe 1991; 28. Samways 1995; 29. E. Schmidt 1995; 30. Schneider 1981b; 31. Sharma & Ofenböck 1996; 32. Silsby 1985; 33. Sternberg 1990; 34. Svihla 1975; 35. Thompson et al. 1985; 36. Trockur 1994; 37. Wildermuth 1991c; 38. Winstanley 1980a; 39. Wistow 1989.

[b] 脅威の影響を決定する証拠．通常は説得力があるが，ほとんどが状況証拠である．トンボへの生物的および化学的汚染因の影響については§6.6，表6.3とA.6.6で取り扱っている．

[c] インパクトの内容：A. 氾濫の大きさや頻度が増し，懸濁物の量が増す；B. 特に流速や川岸の植生についての水辺の異質性の減少；C. 水辺植生や水生植生の劣化や破壊；D. 摂食，繁殖，ねぐら，退避場所など，成虫にとっての生息場所の質低下；E. 毒物の水への混入 (§6.6参照)；F. 幼虫の生息場所の日陰化の増加；G. 幼虫の生息場所の破壊；H. 羽化場所への波の作用；I. 生物化学的酸素要求量の増加 (§6.5参照)；J. 地下水位の低下；K. 幼虫の生息場所の日陰の減少；L. 新しい水たまりの供給の途絶；M. pHの低下 (§6.4.2参照)；N. 捕食による幼虫死亡率の増加；O. ファレート成虫の羽化場所への移動途中あるいは羽化場所での死亡率の増加；P. 池をヨシの湿地へ変化させる；Q. 捕食による成虫死亡率の増加．

表A.12.4 人為的インパクトによって局地的に増加したトンボの種

ビオトープ[a]	種名	文献	観察
大きな川[b]	コウテイギンヤンマ, オツネントンボ[*1]	Babenkova 1973	この地域ではそれまで知られていなかった止水性の南方種
流水域[c]	マダラヤンマ, タイリクルリイトトンボ, マンシュウイトトンボ, タイリクシオカラトンボ, ムツアカネ, イソアカネ	Geijskes & Van Tol 1983	
大きな湖	オビヒメキトンボ, ヨーロッパショウジョウトンボ, *Diplacodes lefebvrei*, アオモンイトトンボ, *Orthetrum trinacria*	Balinsky & James 1960	これらのうち数種 (特にオビヒメキトンボ; §9.5.3参照) は，暑い日中も開けた草原で摂食できる
池[d]	コウテイギンヤンマ, タイリクルリイトトンボ, マンシュウイトトンボ, ヒロバラトンボ, *Orthetrum brunneum*, タイリクシオカラトンボ, ムツアカネ, ミヤマアカネ	Krebs & Wildermuth 1975; Donath 1983	
	コシブトトンボ[*2], *Acisoma subpupillata*, オビヒメキトンボ, *Ceratogomphus pictus*, ヨーロッパショウジョウトンボ, *Elattoneura glauca*, アオモンイトトンボ, *Orthetrum hintzi*, *O. trinacria*, *Pseudagrion hageni*, *P. massaicum*	Samways 1989c	農業用ダムでの発生は標高に依存する．標高600～900mでは78％がダムだけで見られており，したがってダムは自然保護区として機能している
灌漑用水	*Enallagma basidens*, *Ischnura hastata*, *Macrodiplax balteata*, *Stylurus plagiatus*	Paulson & Garrison 1977	
排水路[e]	マンシュウイトトンボ, アオイトトンボ, ヨツボシトンボ, アカイトトンボ, ムツアカネ, タイリクアカネ	Fox 1986	

[a] 人為的に整備，または創設されたもの．
[b] 流れを制御した後．
[c] 富栄養化と運河化の後．
[d] 砂利採取後の穴と農業用ダムを含む．
[e] ダム設置後に生じた高層湿原．
[*1] *Sympecma annulata braueri*.
[*2] *Acisoma panorpoides ascalaphoides*.

引用文献

　一部の文献には，参照するための一助として，それぞれの記載事項の後に Biosis Abstract または Odonatological Abstract におけるその文献の通し番号を「BsA」や「OdA」の略号に続けて付した．

　手紙や私信の受取人は，断わらない限り P. S. Corbet である．

　著者がオリジナルと抄録のいずれも見ていない出版物には文献記載事項の末尾に星印（*）を添えた．

　頻繁に引用される定期刊行物などは，以下に示す略号で記した．これに含まれない定期刊行物や逐次刊行物の略称については，Bio-Sciences Information Service が毎年刊行する Serial Sources for the BIOSIS Data Base におおむね従った．

　英語圏の読者にはなじみのない言語で書かれた論文のタイトルは，その英訳を [ ] 内に示した．

　日本語で出版された論文の英訳（石澤直也による）を収録した，トンボの研究者に有用な二つの逐次刊行物が最近日本で刊行され始めた．Symnet（創刊1994年4月；上田哲行編集）の英語版と Digest of Short Communications（創刊1995年2月；石澤直也編集）である．

［訳注：日本語文献は訳書出版に際し日本語表記に戻した．］

文献略号

AMN	American Midland Naturalist
AnB	Animal Behaviour
AOd	Advances in Odonatology
ARE	Annual Review of Entomology
BES	Behavioral Ecology and Sociobiology
BJLS	Biological Journal of the Linnean Society of London
BNABS	Bulletin of the North American Benthological Society
BsA	BIOSIS Abstract
BsT	学士論文
CJZ	Canadian Journal of Zoology
CnE	Canadian Entomologist
DpT	ディプロマ修了論文
DrT	博士論文
EcE	Ecological Entomology
EMM	Entomologist's Monthly Magazine
EnG	Entomologist's Gazette
EnN	Entomological News
ES	英語摘要
FS	フランス語摘要
FwB	Freshwater Biology
GS	ドイツ語摘要
IC	中国語
ID	アイスランド語
IF	フィンランド語
I.F.A.N.	Institut français d'Afrique noir
IJ	日本語
IN	ノルウェー語
IP	ポーランド語
IR	ロシア語
IRm	ルーマニア語
IS	スウェーデン語
IT	タイ語
IV	スロベニア語
JAE	Journal of Animal Ecology
JBDS	Journal of the British Dragonfly Society
JEB	Journal of Experimental Biology
JIP	Journal of Insect Physiology
JLS	Journal of the Linnean Society of London
JNABS	Journal of the North American Benthological Society
JZL	Journal of Zoology, London
JZS	Journal of the Zoological Society of London
Ms	原稿
MsT	修士論文
NtO	Notulae Odonatologicae
NZJZ	New Zealand Journal of Zoology
OdA	Odonatological Abstract（Odonatologica に掲載）
O.P.I.E.	Office Pour l'Information Eco-Entomologique
Oral	口頭発表
O.R.S.T.O.M.	Office de la Recherche Scientifique et Technique Outre-Mer
OZF	Opuscula Zoologica Fluminensia
PCm	私信
PLSNSW	Proceedings of the Linnean Society of New South Wales
PRES	Proceedings of the Royal Entomological Society of London
PZS	Proceedings of the Zoological Society of London
RCSIO	Rapid Communications of the Societas Internationalis Odonatologica
TjE	Tijdschrift voor Entomologie
ZJLS	Zoological Journal of the Linnean Society of London

Aaron, C.B. (1890). The dipterous enemies of man. In Lamborn, R.H. (ed.), "Dragonflies vs. mosquitoes. Can the mosquito pest be mitigated?" pp. 25-68, 151-159. Appleton, New York.

Abbott, C.E. (1941). Modification of the behavior of dragonfly nymphs with excised labia (Odonata). EnN 52: 47-50.

Abbott, J.C., and Stewart, K.W. (1995). Current status of the Odonata of south central Nearctic and adjacent Neotropical biotic provinces. Abstr. 13th Int. Symp. Odonatol., Essen: 11. Oral.

Abdullah, M. (1975). Recopilación de noticias sobre insectos comestibles con comentarios personales y recetas culinarias. Graellsia 29: 225-238. [OdA 1160.]

Able, K.P. (1982). Skylight polarization patterns at dusk influence migratory orientation in birds. Nature (London) 299: 550-551.

Åbro, A. (1971). Gregarines: their effects on damselflies (Odonata: Zygoptera). Entomol. Scand. 2: 294-300. [BsA 2940.]

Åbro, A. (1974). The gregarine infection in different species of Odonata from the same habitat. Zool. Scripta 3: 111-120.

Åbro, A. (1976). The mode of gregarine infection in Zygoptera. Zool. Scripta 5: 265-275.

Åbro, A. (1979). Attachment and feeding devices of water-mite larvae (*Arrenurus* spp.) parasitic on damselflies (Odonata, Zygoptera). Zool. Scripta 8: 221-234.

Åbro, A. (1982). The effects of parasitic water mite larvae (*Arrenurus* spp.) on zygopteran imagoes (Odonata). J. Invertebr. Pathol. 39: 373-381.

Åbro, A. (1984). The initial stylostome formation by parasitic larvae of the water-mite genus *Arrenurus* on zygopteran imagines. Acarologia 25: 33-45.

Åbro, A. (1987). Gregarine infection of Zygoptera in diverse habitats. Odonatologica 16: 119-128.

Åbro, A. (1990). The impact of parasites in adult populations of Zygoptera. Odonatologica 19: 223-233.

Åbro, A. (1992). On the feeding and stylostome composition of parasitic water mite larvae (*Arrenurus* spp.) on damselflies (Zygoptera, Odonata). Zool. Beitr., N.F., 34: 241-248.

Åbro, A. (1996). Gregarine infection of adult *Calopteryx virgo* L. (Odonata: Zygoptera). J. Nat. Hist. 30: 855-859. [OdA 10945.]

Achterberg, C. von. (1973). A study about the arthropods caught by *Drosera* species. Entomol. Ber. (Amsterdam) 33: 137-140. [OdA 470.]

Adam, R., Sithithaworn, P., Pipitgool, V., Hinz, E., and Storch, V. (1993). Studies on metacercariae from naiads in northeast Thailand. Southeast Asian J. Trop. Med. Public Health 24: 701-705.

Adetunji, J.F., and Parr, M.J. (1974). Colour change and maturation in *Brachythemis leucosticta* (Burmeister) (Anisoptera: Libellulidae). Odonatologica 3: 13-20.

Adomssent, M. (1995). Naturräumliche Gliederung der lauenburgischen Libellenfauna (Schleswig-Holstein). Libellula 14: 125-156.

Agassiz, D. (1981). Further introduced China mark moths (Lepidoptera: Pyralidae) new to Britain. EnG 32: 21-26. [OdA 3830.]

Agudelo-Silva, F. (1983). El hongo entomógeno *Paecilomyces fumosoroseus* esporulado sobre un adulto vivo de *Argia oculata* (Odonata: Coenagrionidae). Bol. Entomol. Venez., N.S., 2: 130-131. [OdA 4178.]

Agüero-Pelegrin, M., and Ferreras-Romero, M. (1992). Dynamics of a dragonfly community in a man-made lake of the Sierra Morena, Andalusia, southern Spain (Odonata). OZF 83: 1-7.

Agüero-Pelegrin, M., and Ferreras-Romero, M. (1994). Dragonfly emergence from an artificial pond in the urban area of Córdoba, Andalusia, southern Spain: a possible case of intraguild predation and competition between larvae. NtO 4: 57-60.

Aguesse, P. (1959). Notes sur l'accouplement et la ponte chez *Crocothemis erythraea* Brullé (Odonata, Libellulidae) (I). Vie et Milieu 10: 176-184.

Aguesse, P. (1960). Notes sur l'écologie des odonates de Provences. Années Biol. 36: 217-230. [BsA 17378.]

Aguesse, P. (1961). Contribution à l'étude écologique des zygoptères de Camargue. DrT, Univ. Paris.

Aguesse, P. (1968). "Les odonates de l'Europe Occidentale, du Nord de l'Afrique et des Îles Atlantiques." Masson, Paris.

Aguiar, S.D.S. (1989). What is the function of the dorsal hooks and lateral spines in larval dragonflies (Anisoptera)? NtO 3: 43-44.

相田正人 (1973). 羽化・産卵水域のミヤマサナエ. Tombo 16 (1-4): 13-15.

相田正人 (1976). ナゴヤサナエの羽化. 昆虫と自然 11 (3): 26-27, 1 pl. [OdA 1604.]

藍野祐久 (1934). アヲイトトンボ *Lestes temporalis* Hansemann の生活史に就いて. 応用動物学雑誌 6: 290-301.* Uéda and Iwasaki 1982で引用.

藍野祐久 (1935). 蜻蛉目幼虫の食性, 捕食数並びに外敵. 植物及動物 3: 1779-1784.* Lien and Matsuki 1986で引用.

Akre, B.G., and Johnson, D.M. (1979). Switching and sigmoid functional response curves by damselfly naiads with alternative prey available. JAE 48: 703-720.

Alcock, J. (1982). Post-copulatory guarding by males of the damselfly *Hetaerina vulnerata* Selys (Odonata: Calopterygidae). AnB 30: 99-107.

Alcock, J. (1983). Mate guarding and the acquisition of new mates in *Calopteryx maculata* (P. de Beauvois) (Zygoptera: Calopterygidae). Odonatologica 12: 153-159.

Alcock, J. (1985). Reproductive behaviour of *Cordulegaster diadema* Selys (Anisoptera: Cordulegastridae). Odonatologica 14: 313-317.

Alcock, J. (1987a). The effect of experimental manipulation of resources on the behavior of two calopterygid damselflies that exhibit resourcedefense polygyny. CJZ 65: 2475-2482. [OdA 6211.]

Alcock, J. (1987b). Male reproductive tactics in the libellulid dragonfly *Paltothemis lineatipes*: temporal partitioning of territories. Behaviour 103: 157-173. [OdA 6107.]

Alcock, J. (1988). The mating system of *Orthetrum caledonicum* (Brauer), with special reference to variation in copulation duration (Anisoptera: Libellulidae). Odonatologica 17: 1-8.

Alcock, J. (1989a). The mating system of *Brechmorhoga pertinax* (Hagen): the evolution of brief patrolling bouts in a "territorial" dragonfly (Odonata: Libellulidae). J. Insect Behav. 2: 49-62.

Alcock, J. (1989b). Annual variation in the mating system of the dragonfly *Paltothemis lineatipes* (Anisoptera: Libellulidae). JZS 218: 597-602.

Alcock, J. (1990). Oviposition resources, territoriality and male reproductive tactics in the dragonfly *Paltothemis lineatipes* (Odonata: Libellulidae). Behaviour 113: 251-263.

Alcock, J. (1992). The duration of strong mateguarding by males of the libellulid dragonfly *Paltothemis lineatipes*: proximate causation. J. Insect Behav. 5: 507-515. [OdA 8674.]

Alcock, J. (1994). Postinsemination associations between males

引用文献

and females in insects: the mate-guarding hypothesis. ARE 39: 1-21.
Alcock, J., and Gwynne, D.T. (1991). Evolution of insect mating systems: the impact of individual selectionist thinking. In Bailey, W.J., and Ridsdill-Smith, J. (eds.), "Reproductive behaviour of insects: individuals and populations." pp.10-41. Chapman and Hall, New York. [OdA 8346.]
Aldrovandi, U. (1602). "De animalibus insectis libri septem." Ferroni, Bologna.
Alerstam, T. (1990). "Bird migration." Cambridge Univ. Press, Cambridge.
Alford, D.V. (1975). The capture of *Bombus soroeensis* by a dragonfly. Bee World 56: 153-154. [OdA 1362.]
Ali, M.A. (1983). Studies on population and feeding habits of dragonflies on insect pests of cotton. MsT, Univ. of Agriculture, Faisalabad, Pakistan. [OdA 7737.]
Allbrook, P. (1975). The Odonata of Tasmania. BsT, Univ. Tasmania, Hobart.
Allbrook, P. (1979). "Tasmanian Odonata." Univ. Tasmania, Hobart.
Alonso-Mejia, A., and Marquez, M. (1994). Dragonfly predation on butterflies in a tropical dry forest. Biotropica 26: 341-344. [OdA 10065.]
Alrutz, R. (1993). Dragonfly feeding swarms. Argia 4 (4): 5-6.
Amans, P. (1881). Recherches anatomiques et physiologiques sur la larve de l'*Aeschna grandis*. Rev. Sci. Nat. (Montpellier), Ser. 3, 1: 63-74.
Ander, K. (1950). Zur Verbreitung und Phänologie der boreoalpinen Odonaten der Westpaläarktis. Opusc. Entomol. 15: 53-71.
Ander, K. (1951). Odonata. In Brinck, P., and Wingstrand, K.G. (eds.), "The mountain fauna of the Virhaure area in Swedish Lapland," pp.123-126. Lunds Universitet Årsskrift N.F. Avd. 2: 46 (2). Gleerup, Lund.
Anderson, M., Halgren, L., and Nuti, L. (1970). Protein patterns of dragonfly hemolymph as shown by gel disc electrophoresis. J. Minn. Acad. Sci. 36: 75-76. [BsA 37764.]
Ando, H. (1962). "The comparative embryology of Odonata with special reference to a relic dragonfly *Epiophlebia superstes*." Japan Society for Promotion of Science, Tokyo.
安藤 尚 (1969). アオイトトンボの潜水産卵. Tombo 12 (1-4): 27-28.
安藤 尚 (1978). アカトンボ3種の配偶行動. 佳香蝶 30 (115): 33-36. [OdA 2872.]
Andrew, C.G. (1966). Sexual recognition in adult *Erythemis simplicicollis* (Odonata: Anisoptera). Ohio J. Sci. 66: 613-617. [BsA 47337.]
Andrew, R.J. (1992). Structure of the post ovarian genital complex and phenomena of sperm removal and deposition in *Ischnura aurora* (Brauer) (Zygoptera: Coenagrionidae). Abstr. 4th Southeast Asian Symp. Odonatol., Allahabad (U.P.): 12.
Andrew, R.J. (1995). Functional morphology of the components associated with intra-male sperm translocation in Anisoptera. Abstr. 13th Int. Symp. Odonatol., Essen: 12. Oral.
Andrew, R.J., and Tembhare, D.B. (1992). Surface ultrastructure of the egg chorion in the dragonfly, *Ictinogomphus rapax* (Rambur) (Odonata: Gomphidae). Int. J. Insect Morphol. Embryol. 21: 347-350.
Andrew, R.J., and Tembhare, D.B. (1993). Functional anatomy of the secondary copulatory apparatus of the male dragonfly *Tramea virginia* (Odonata: Anisoptera). J. Morphol. 218: 99-106.

Andrew, R.J., and Tembhare, D.B. (1994). The post-ovarian genital complex of the dragonfly, *Tramea virginia* (Rambur) (Anisoptera: Libellulidae). Odonatologica 23: 329-340.
Andrew, R.J., and Tembhare, D.B. (1995). The postovarian genital complex in *Anax guttatus* (Burmeister) (Anisoptera: Aeshnidae). Abstr. 13th Int. Symp. Odonatol., Essen: 13. Oral.
Andrewartha, H.G. (1952). Diapause in relation to the ecology of insects. Biol. Rev. 27: 50-107.
Andrikovics, S. (1981). Further data to the daily migration of the larvae of aquatic insects. Opusc. Zool. Budapest 17-18: 49-55.
Anholt, B.R. (1990a). An experimental separation of interference and exploitative competition in a larval damselfly. Ecology 71: 1483-1493.
Anholt, B.R. (1990b). Size-based dispersal prior to breeding in a damselfly. Oecologia 83: 385-387.
Anholt, B.R. (1991). Measuring selection on a population of damselflies with a manipulated phenotype. Evolution 45: 1091-1106.
Anholt, B.R. (1992a). Sex and habitat differences in feeding by an adult damselfly. Oikos 65: 428-432.
Anholt, B.[R.] (1992b). Growth rate-mortality tradeoffs mediated by activity: consequences of sexspecific differences in *Lestes disjunctus*. BNABS 9: 112 (abstract only).
Anholt, B.R. (1994). Cannibalism and early instar survival in a larval damselfly. Oecologia 99: 60-65. [OdA 9962.]
Anholt, B.R. (1995). Density dependence resolves the stream drift paradox. Ecology 76: 2235-2239.
Anholt, B.R., Marden, J.H., and Jenkins, D.M. (1991). Patterns of mass gain in adult odonates. CJZ 69: 1156-1163.
Anon.「匿名」(1911). Doings of societies. EnN 22: 379-381.
Anon.「匿名」(1977). Zuidmolukkers eindelijk gastheer in Eerbeek. Arnhemse Courant 1977 (224, 3 October): 5. [OdA 1962.]
Anon.「匿名」(1978). Abstracter's note relating to Pretscher and Schult 1978. [OdA 3165.]
Anon.「匿名」(1980). Biological control and genetics. Calif. Agric. 34 (3): 17. [OdA 3917.]
Anon.「匿名」(1981). Abstracter's note appended to OdA 3296. Odonatologica 10: 345.
Anon.「匿名」(1982). Monster earwig! Crown Agents Gazette, Sutten 11: 2.
Anon.「匿名」(1988). Council of Europe, Committee of Ministers: Recommendation No. R (87) 14 of the Committee of Ministers to Member States on the protection of dragonflies (Odonata) and their biotopes. NtO 3: 1-2.
Anon.「匿名」(1989). Invasion in Turin. Libellen verbreiten Angst und Schrecken. Badische neuste Nachr. (Karlsruhe) 1989 (171, 28 July): 7. [OdA 6839.]
Anon.「匿名」(1996). Société Française d'Odonatologique: Annex au Réglement Intérieur. Martinia 12, Suppl. 1: 32-34.
Anselin, A., and Hoste, I. (1996). Dragonfly records from the Sierra de la Demanda and the Sierra de Urbión, Spain, with notes on habitat and altitude range. AOd, Suppl. 1: 9-12.
青木典司 (1992). タイワンウチワヤンマ幼虫の神戸市での越冬記録. Tombo 35 (1-4): 47-49.
青木典司 (1993). キイロサナエ幼虫の成長 (第1報) −幼虫の齢期の収束性について−. Tombo 36 (1-4): 35-38.
青木典司 (1994). キイロサナエ幼虫の成長 (第2報) −卵期間, 幼虫期間, 全齢数, 羽化−. Tombo 37 (1-4): 31-36.
青柳昌宏 (1973). キイトトンボ成虫個体の行動と姿勢についての観察−キイトトンボの成虫の習性に関する研究1. 昆蟲

新井 裕 (1972). シオカラトンボとオオシオカラトンボの配偶行動. Tombo 15 (1-4): 13-17.

新井 裕 (1974a). ヒメリスアカネの交尾と産卵. 昆虫と自然 9 (14): 11. [OdA 1214.]

新井 裕 (1974b). アジアイトトンボ雌のdisplay. 昆虫と自然 9 (9): 25. [OdA 767.]

新井 裕 (1975). イトトンボの腹部屈曲反応. 昆虫と自然 10 (14): 12-13.

新井 裕 (1977). オオイトトンボ成熟成虫の行動. Tombo 20 (1-4): 13-16.

新井 裕 (1978a). アキアカネの配偶行動. 昆虫と自然 13 (2): 23-25. [OdA 2873.]

新井 裕 (1978b). サナエトンボ5種の産卵行動. Tombo 21 (1-4): 35-37.

新井 裕 (1981). サナエトンボ4種の産卵行動. Tombo 24 (1-4): 29-31.

新井 裕 (1983a). 成熟成虫の行動を中心としたハラビロトンボの生態. 月刊むし 143: 17-22. [OdA 4091.]

新井 裕 (1983b). 干上った湿地におけるトンボ幼虫の越冬生態. 月刊むし 146: 15-17. [OdA 4091, 4278.]

新井 裕 (1984a). ヤブヤンマ雌の交尾拒否行動. 昆虫と自然 19 (14): 30. [OdA 6642.]

新井 裕 (1984b). 干上った湿地におけるトンボ幼虫の生息状況. Tombo 27 (1-4): 32-34.

新井 裕 (1984c). コサナエで遊離性静止産卵を観察. 昆虫と自然 19 (14): 30. [OdA 6643.]

新井 裕 (1987a). マユタテアカネの卵期間と孵化条件. 採集と飼育 1987 (49): 450-452.

新井 裕 (1987b). トンボ幼虫の擬死. インセクタリウム 24 (12): 358-361. [OdA 6212.]

新井 裕 (1988). ミルンヤンマ幼虫の生活史に関する知見. Tombo 31 (1-4): 53-56.

新井 裕 (1990). 秩父市の小湿地における9年間のトンボ相の記録. Tombo 33 (1-4): 51-53.

新井 裕 (1991). ウスバキトンボ幼虫の耐寒, 耐凍性について. Gracile 45: 10-12.

新井 裕 (1992). サラサヤンマの卵期間と若齢幼虫について. Tombo 35 (1-4): 34-36.

Arai, Y. (1993). Do larvae of a dragonfly, *Stylogomphus suzukii*, migrate downstream? Abstr. 12th Int. Symp. Odonatol., Kyoto 2.

新井 裕 (1994a). 翅を開いて過ごしたヒガシカワトンボ. インセクタリウム 31 (10): 343. [OdA 9967.]

新井 裕 (1994b). 産卵水域におけるオジロサナエ成熟成虫の行動. 昆虫と自然 29 (11): 32-35.

新井 裕 (1994c). 埼玉県秩父市におけるアキアカネの観察記録 (II). Tombo 37 (1-4): 25-30.

新井 裕 (1995a). 埼玉県におけるウスバキトンボの生態観察記録. Gracile 53: 19-22.

新井 裕 (1995b). 水田とその周辺におけるナツアカネ成虫の観察記録. Tombo 38 (1-4): 41-47.

新井 裕・広瀬良宏・須田真一 (1992). サラサヤンマ幼虫の採集記録. 月刊むし 257: 35. [OdA 9215.]

Aristotle (384-322 B.C.). (1924). Metaphysics. In "Works." Trans. and ed. W. D. Ross. Clarendon Press, Oxford.

Armett-Kibel, C., and Meinertzhagen, I.A. (1983). Structural organization of the ommatidium in the ventral compound eye of the dragonfly *Sympetrum*. J. Comp. Physiol. (A) 151: 285-294. [OdA 4182.]

Armstrong, J.S. (1958). The breeding habits of the Corduliidae (Odonata) in the Taupo district of New Zealand. Trans. Roy. Soc. N.Z. 85: 275-282.

Armstrong, J.S. (1973). Odonata of the Kermadec Islands. N.Z. Entomol. 5: 277-283.

Arnold, A. (1988). Zur Libellenfauna (Odonata) von zwei Thermalbädern bei Oradea/Rumänien. Entomol. Nachr. Ber. 32: 91-92. [OdA 6571.]

Arnold, S.J., and Wade, M.J. (1984). On the measurement of natural and sexual selection: theory. Evolution 38: 709-719.

Arthur, J.W., Zischke, J.A., Allen, K.N., and Hermanutz, R.O. (1983). Effects of Diazinon on macroinvertebrates and insect emergence in outdoor experimental channels. Aquat. Toxicol. 4: 283-301. [OdA 4390.]

朝比奈正二郎 (1948). ムカシトンボの知見綜説 (II). 新昆虫 1 (5): 34-39.

Asahina, S. (1950). On the life-history of *Epiophlebia superstes* (Odonata, Anisozygoptera). Proc. 8th Int. Congr. Entomol., Stockholm: 337-341.

Asahina, S. (1954). "A morphological study of a relic dragonfly *Epiophlebia superstes* Selys (Odonata, Anisozygoptera)." Japan Society for the Promotion of Science, Tokyo.

朝比奈正二郎 (1956). 日本の蜻蛉資料 (6). 新昆虫 9 (11): 49-50.

Asahina, S. (1958). On the discovery and a description of the larval exuvia of *Oligoaeschna pryeri* Martin (Aeschnidae). Tombo 1: 10-12.

朝比奈正二郎 (1960). 日本産メガネサナエ群3種の幼虫. Tombo 3 (3-4): 18-22.

朝比奈正二郎 (1964). 1963年度採集の琉球列島産蜻蛉類の記録. 昆蟲 32: 529-534.

Asahina, S. (1967). Notes on two amphipterygid dragonflies from Southeast Asia. Dtsch. Entomol. Z., N.F., 14: 323-326.

朝比奈正二郎 (1971a). 日本幼虫図鑑以後に於ける邦産蜻蛉幼虫の記載の記録, I. Tombo 14 (1-2): 16.

朝比奈正二郎 (1971b). 日本幼虫図鑑以後における邦産蜻蛉幼虫の記載の記録, II. Tombo 14 (3-4): 28.

Asahina, S. (1971c). Insect dispersal as observed by a weather ship on the north-western Pacific. Proc. 13th Int. Congr. Entomol., Moscow 1: 106.

Asahina, S. (1972). Indian paddy field Odonata taken by Miss I. Hattori. Mushi 46: 115-127.

Asahina, S. (1973). The Odonata of Iraq. Jap. J. Zool. 17: 17-36.

Asahina, S. (1974a). Interspecific hybrids among the Odonata. Jap. J. Zool. 17: 67-75.

Asahina, S. (1974b). The development of odonatology in the Far East. Odonatologica 3: 5-12.

Asahina, S. (1979). Notes on Chinese Odonata, XI. On two north Chinese gomphids, with special reference to Palaearctic *Ophiogomphus* species. Tombo 22: 2-12.

Asahina, S. (1980a). Records of little or unknown Odonata from Thailand. Tombo 23: 3-16.

朝比奈正二郎 (1980b). 私信, 7月31日.

Asahina, S. (1980c). Additions to Thai Odonata records. Tombo 23: 45.

朝比奈正二郎 (1981a). トンボ幼虫地上を歩くか？ Tombo 24 (1-4): 43.

Asahina, S. (1981b). Seasonal variation in *Neurothemis tullia* (Drury). Tombo 24: 12-16.

朝比奈正二郎 (1981c). 蜻蛉類に於ける種間雑種 (第2報). Tombo 24 (1-4): 17-22.

Asahina, S. (1982a). The Odonata of the Ozegahara Moor. Ozegahara: Sci. Res. Highmoor Cent. Japan 1982: 321-330.

Asahina, S. (1982b). Survey of the relict dragonfly *Epiophlebia laidlawi* Tillyard in Nepal, May 1981. Rep. Odon. Specialist Group, IUCN, 1: 1-9.

Asahina, S. (1982c). The larval stage of the Himalayan *Neallogaster hermione* (Fraser) (Anisoptera: Cordulegastridae).

Odonatologica 11: 309-315.
Asahina, S. (1982d). A new *Somatochlora* from Nepal (Cordulidae). Tombo 25: 15-18.
Asahina, S. (1982e). A revision of the Himalayan dragonflies of the genus *Neallogaster* (Odonata, Cordulegasteridae). Bull. Nat. Sci. Mus. (Tokyo), Ser. A, 8: 153-171.
朝比奈正二郎 (1983a). 手紙, 3月30日.
Asahina, S. (1983b). Dry season dragonflies in Chantaburi, Thailand. Tombo 26: 11.
朝比奈正二郎 (1983c). 私信, 8月.
Asahina, S. (1984a). Some biological puzzles regarding akatombo, *Sympetrum frequens* (Anisoptera: Libellulidae) of Japan. AOd 2: 1-11.
Asahina, S. (1984b). The Himalayan dragonflies of the genus *Sympetrum* (Odonata, Libellulidae). Bull. Nat. Sci. Mus. (Tokyo), Ser. A, 10: 121-133.
Asahina, S. (1985). A list of the Odonata recorded from Thailand. Part VIII. Lestidae. Chô Chô 8 (8): 2-13.
Asahina, S. (1988a). A list of the Odonata from Thailand, part XIX, Libellulidae 1. Tombo 31: 9-26.
朝比奈正二郎 (1988b). 松井一郎君を悼む. Napi News (名古屋昆虫同好会連絡月報) (218): 1 [2049]. [OdA 6690.]
朝比奈正二郎 (1989a). ヨツボシトンボとその変異. Tombo 32 (1-4): 15-28.
朝比奈正二郎 (1989b). 日本の蜻蛉学の黎明期とその後の半世紀一付・小熊捍博士と蜻蛉類研究論文リストー. 月刊むし 218: 10-17. [OdA 6739.]
朝比奈正二郎 (1991a). 私信, 4月22日.
朝比奈正二郎 (1991b). 1991年度のアカネ属数種の観察記録. Tombo 34 (1-4): 44-46.
Asahina, S. (1992). Regional report: Japan. In Moore 1992.
朝比奈正二郎 (1994a). 日本および台湾産トゲオトンボ類の再検討 (7). 月刊むし 285: 13-17. [OdA 9971.]
朝比奈正二郎 (1994b). 日本および台湾産トゲオトンボ類の再検討 (6)一下甑島産1新種および本属種の幼虫について一. 月刊むし 284: 7-11. [OdA 9970.]
Asahina, S. (1994c). Records of the gomphid dragonflies recently collected by Japanese entomologists from Nepal and Darjeeling District, part I. Tombo 37: 2-17.
Asahina, S. (1995). Records of the gomphid dragonflies recently collected by Japanese entomologists from Nepal and Darjeeling District, part II. Tombo 38: 2-18.
Asahina, S., and Dudgeon, D. (1987). A new platystictid damselfly from Hong Kong. Tombo 30: 2-6.
朝比奈正二郎・枝 重夫 (1957). ミルンヤンマの産卵. 昆蟲 25: 81.
朝比奈正二郎・枝 重夫 (1960). 八ケ岳の蜻蛉の記録. あきつ 9: 47-49.
Asahina, S., and Eda, S. (1982). Further observations on bryophyte oviposition by *Epiophlebia superstes*. Tombo 25: 2-6.
Asahina, S., and Okumura, T. (1949). The nymph of *Tanypteryx pryeri* Selys (Odonata, Petaluridae). Mushi 19: 37-38.
朝比奈正二郎・鶴岡保明 (1968). 南方定点観測船に飛来した昆虫 第2報. 昆蟲 36: 190-202.
朝比奈正二郎・鶴岡保明 (1970). 南方定点観測船に飛来した昆虫類 第5報. 1968年度の飛来昆虫類. 昆蟲 38: 318-330.
朝比奈正二郎・山本 弘 (1959). ミヤマサナエの幼虫の発見. Tombo 2 (1-2): 11-12.
Asahina, S., Wongsiri, T., and Nagatomi, A. (1972). The paddy field Odonata taken at Bangkhen, Bangkok. Mushi 46: 107-109.
Ashmead, W.H. (1900). Some hymenopterous parasites from dragonfly eggs. EnN 11: 615-617.
Askew, R.R. (1971). "Parasitic insects." Heinemann, London.
Askew, R.R. (1982). Roosting and resting site selection by coenagrionid damselflies. AOd 1: 1-8.
Askew, R.R. (1988). "The dragonflies of Europe." Harley Books, Colchester, U.K.
Askew, R.R. (1997). PCm, November.
Askew, R.R., and Shaw, M.R. (1986). Parasitoid communities: their size, structure and development. In Waage, J. and Greathead, D. (eds.), "Insect parasitoids," pp. 225-264. Academic Press, London.
Aubertot, M. (1932). Les sacs peritrophiques d'*Aeschna cyanea* (odonates—anisoptères): leur évacuation périodiques. C.R. Scéances Hebdomadaires Soc. Biol. 111: 746-748.* Cited by Blois 1985c.
Austad, S.N. (1984). A classification of alternative reproduction behaviours and methods for field-testing ESS models. Am. Zool. 24: 309-319.* Cited by Forsyth and Montgomerie 1987.
Averill, M. (1995). Night sighting of *Hemianax ephippiger* on migration. Kimminsia 6(2): 11.
Avery, M.I., Krebs, J.R., and Houston, A.I. (1988). Economics of courtship-feeding in the European bee-eater (*Merops apiaster*). BES 23: 61-67.
Azevedos-Ramos, C., Van Sluys, M., Hero, J.-M., and Magnusson, W.E. (1992). Influence of tadpole movement on predation by odonate naiads. J. Herpetol. 26: 335-338. [OdA 9216.]
馬場金太郎 (1953). 新潟県北部地方の蜻蛉 (第三報) (アキアカネの生態其の他). 越佐昆虫同好会々報 7 (4): 128-139.* Asahina 1984aで引用.
Babenkova, V.A. (1973). [Dragonfly fauna of the Volga River up- and downstream of the town of Saratov.] IR. Trudy Kompleks. Eksped. Saratov. Univ. izuch. Volgrog. i Saratov. Vodohranilisch 3: 114-120. [OdA 628.]
Baccetti, N., Perrotti, E., and Utzeri, C. (1990). Dragonflies captured by ornithological "mist nets" (Anisoptera). NtO 3: 65-80.
Bagg, A.M. (1957). A fall flight of dragonflies. Maine Field Nat. 13: 13-15.
Bagg, A.M. (1958). Fall emigration of the dragonfly *Anax junius*. Maine Field Nat. 14: 2-13.
Bailey, N.T.J. (1952). Improvements in the interpretation of recapture data. JAE 21: 120-127.
Baird, J.M. (1991). Behavioral ecology of foraging in *Pachydiplax longipennis* (Odonata: Libellulidae). DrT, State Univ. New Jersey, New Brunswick.
Baird, J.M., and May, M.L. (1997). Foraging behavior of *Pachydiplax longipennis* (Odonata: Libellulidae). J. Insect Behav. 10: 655-678.
Baker, R.L. (1980). Use of space in relation to feeding areas by zygopteran nymphs in captivity. CJZ 58: 1060-1065.
Baker, R.L. (1982). Effects of food abundance on growth, survival, and use of space by nymphs of *Coenagrion resolutum* (Zygoptera). Oikos 38: 47-51.
Baker, R.L. (1983). Spacing behaviour by larval *Ischnura cervula* Selys: effects of hunger, previous interactions, and familiarity with an area (Zygoptera: Coenagrionidae). Odonatologica 12: 201-207.
Baker, R.L. (1986a). Estimating food availability for larval dragonflies: a cautionary note. CJZ 64: 1036-1038. [OdA 5536.]
Baker, R.L. (1986b). Food limitation of larval dragonflies: a field test of spacing behaviour. Can. J. Fish. Aquat. Sci. 43: 1720-1725. [OdA 5643.]

Baker, R.L. (1986c). Effects of density, disturbance, and waste products on growth of larval *Enallagma ebrium* (Hagen) (Odonata: Coenagrionidae). CnE 118: 325-328.

Baker, R.L. (1987). Dispersal of larval damselflies: do larvae exhibit spacing behaviour in the field? JNABS 6: 35-45.

Baker, R.L. (1988). Effects of previous diet and frequency of feeding on development of larval damselflies. FwB 19: 191-195.

Baker, R.L. (1989). Condition and size of damselflies: a field study of food limitation. Oecologia 81: 111-119. [OdA 6953.]

Baker, R.L., and Dixon, S.M. (1986). Wounding as an index of aggressive interactions in larval Zygoptera (Odonata). CJZ 64: 893-897.

Baker, R.L., and Feltmate, B.W. (1989). Depth selection by larval *Ischnura verticalis* (Odonata: Coenagrionidae): effects of temperature and food. FwB 22: 169-175. [OdA 7346.]

Baker, R.L., Forbes, M.R.L., and Proctor, H.C. (1992). Sexual differences in development and behaviour of larval *Ischnura verticalis* (Odonata: Coenagrionidae). CJZ 70: 1161-1165. [OdA 8808.]

Baker, R.R. (1983). Insect territoriality. ARE 28: 65-89.

Bakkendorf, O. (1953). Description of three species of *Tetrastichus* Haliday (Micro-Hym.), with a host list. Entomol. Medd. 26: 549-576.

Balança, G., and Visscher, M.-N. de (1989). Observation de la ponte en tandem d'*Anax imperator* Leach, 1815 dans l'Herault (34) (Odonata, Anisoptera: Aeshnidae). Martinia 5: 90.

Balasubramanian, M.P., and Palanichamy, S. (1985). Studies on midgut esterases of the dragonfly *Brachythemis contaminata* (Fabricius) (Anisoptera: Libellulidae). Proc. 1st Indian Symp. Odonatol., Madurai: 19-24.

Baldus, K. (1926). Experimentale Untersuchungen über die Entfernungslokalisation der Libellen (*Aeschna cyanea*). Z. Vergl. Physiol. 3: 475-506.* Cited by Pritchard 1965a.

Balfour-Browne, F. (1909). 3. The life-history of the agrionid dragonfly. PZS 18: 253-285.

Balinsky, B.I. (1961). Observations on the dragonfly fauna of the coastal region of Zululand, with descriptions of three new species (Odonata). J. Entomol. Soc. S. Afr. 24: 72-91.

Balinsky, B.I. (1967). On some intrinsic and environmental factors controlling the distribution of dragonflies (Odonata), with redescription and a new name for a little known species. J. Entomol. Soc. S. Afr. 29: 3-22.

Balinsky, B.I., and James, G.V. (1960). Explosive reproduction of organisms in the Kariba Lake. S. Afr. J. Sci. 56: 101-104.

Ballou, J. (1984). Visual recognition of females by male *Calopteryx maculata* (Odonata: Calopterygidae). Great Lakes Entomol. 17: 201-204. [OdA 4925.]

Banks, M.J., and Thompson, D.J. (1985a). Lifetime mating success in the damselfly *Coenagrion puella*. AnB 33: 1175-1183.

Banks, M.J., and Thompson, D.J. (1985b). Emergence, longevity and breeding area fidelity in *Coenagrion puella* (L.) (Zygoptera: Coenagrionidae). Odonatologica 14: 279-286.

Banks, M.J., and Thompson, D.J. (1987a). Lifetime reproductive success of females of the damselfly *Coenagrion puella*. JAE 56: 815-832.

Banks, M.J., and Thompson, D.J. (1987b). Regulation of damselfly populations: the effects of larval density on larval survival, development rate and size in the field. FwB 17: 357-365.

Barlow, A.E. (1991a). New observations on the distribution and behavior of *Tachopteryx thoreyi* (Hag.) (Anisoptera: Petaluridae). NtO 3: 131-132.

Barlow, A.E. (1991b). *Tachopteryx thoreyi* in the northeast U.S. Argia 3 (4): 4-5.

Barnard, K.H. (1921). Note on the life-history of *Chlorolestes conspicua*. Ann. S. Afr. Mus. 18: 445-446.

Basalingappa, S., Ghandi, M.R., Havalappanavar, S.B., Muralidhar, K.S., Modse, S.V., and Tharabai, P. (1985). Enumeration of damselfly *Lestes elata* Hagen (Odonata: Lestidae) and their possible role in the control of insects. Proc. 1st Indian Symp. Odonatol., Madurai: 25-27.

Baskaran, P., Palanichamy, S., and Moni, D. (1990). Impact of pesticides on some biochemical parameters in the nymphs of *Brachythemis contaminata* (Fabricius) (Anisoptera: Libellulidae). Indian Odonatol. 3: 21-25.

Bateman, A.J. (1948). Intrasexual selection in *Drosophila*. Heredity 2: 349-368.* Cited by Krebs and Davies 1991.

Battin, T.J. (1993a). The odonate mating system, communication, and sexual selection: a review. Boll. Zool. 60: 353-360.

Battin, T. [J.] (1993b). Revision of the *puella* group of the genus *Coenagrion* Kirby, 1890 (Odonata, Zygoptera), with emphasis on morphologies contributing to reproductive isolation. Hydrobiologia 262: 13-29. [OdA 9099.]

Baudouin, and Galle, M. (1980). Arrêté royal relatif aux mesures de protection, applicables dans le région flamande, en faveur de certaines espèces animales indigènes vivant a l'état sauvage, et ne tombant pas sous l'application des lois et arrêtés sur la chasse, la pêche et la protection des oiseaux. Belgisch Staatsblad/Moniteur Belg. 1980 (31 October): 12639-12641. [OdA 3102.]

Bauer, S. (1979). Libellen—Lebensräume, Gefährdung, Schutz. Schrift. Vogelschutz 1: 14-17. [OdA 3083.]

Bay, E.C. (1974). Predator-prey relationships among aquatic insects. ARE 19: 441-453.

Bayanov, M.G. (1975). [Progenesis of the trematode *Prosotocus confusus* (Looss, 1894), an amphibian parasite.] IR ES. Parasitologiya 9: 122-126. [OdA 1365.]

Bayly, I.A.E. (1972). Salinity tolerance and osmotic behavior of animals in athalassic saline and marine hypersaline waters. Annu. Rev. Ecol. Syst. 3: 233-268.

Bayly, I.A.E., and Williams, W.D. (1973). "Inland waters and their ecology." Longman, Melbourne, Australia.

BDS [British Dragonfly Society]. (1988a). "Code of practice on collecting dragonflies in the United Kingdom." British Dragonfly Society, Purley, U.K. [OdA 6580.]

BDS. (1988b). "Pond construction for dragonflies." British Dragonfly Society, Purley. [OdA 6581.]

BDS. (1991). Latin and English names of British Odonata. JBDS 7(1): inside back cover.

BDS. (1993). "Managing habitats for dragonflies." British Dragonfly Society, Purley. [OdA 9101.]

Beams, H.W., and Kessel, R.G. (1969). Synthesis and deposition of oocyte envelopes (vitelline membrane, chorion) and the uptake of yolk in the dragonfly (Odonata: Aeschnidae). J. Cell Sci. 4: 241-264.

Beardsley, J.W. (1979). New immigrant insects in Hawaii: 1962 through 1976. Proc. Haw. Entomol. Soc. 13: 35-44. [OdA 9033.]

Beatty, A.F., and Beatty, G.H. (1970). Gregarious (?) oviposition of *Calopteryx amata* Hagen (Odonata). Proc. Pa. Acad. Sci. 44: 156-158.

Beatty, A.F., Beatty, G.H., and White, H.B. (1969). Seasonal distribution of Pennsylvania Odonata. Proc. Pa. Acad. Sci. 43: 119-126.

Beatty, G.H. (1951). Odonate bionomics: I—Notes on the food

of dragonflies. 1. Odonata vs. ants and bees. Bull. Brooklyn Entomol. Soc. 46: 29-38.
Beatty, G.H., and Beatty, A.F. (1963). Gregarious roosting behavior of *Mecistogaster ornatus* in Mexico. Proc. N. Cent. Branch Entomol. Soc. Am. 18: 153-155.
Bechly, G.H.P. (1995). Morphologische Untersuchungen am Flügelgeäder der rezenten Libellen und deren Stammgruppenvertreter (Insecta; Pterygota; Odonata) unter besonderer Berücksichtigung der Phylogenetischen Systematik und des Grundplanes der Odonata. Petalura, Spec. Vol. 1: 1-341. [OdA 10148.]
Beckemeyer, R. (1997). Functional morphology of tandem flight in Odonata. Argia 9 (1): 13-17.
Becnel, J.J., and Dunkle, S.W. (1990). Evolution of micropyles in dragonfly eggs (Anisoptera). Odonatologica 19: 235-241.
Beebe, M.B., and Beebe, C.W. (1910). "Our search for a wilderness. An account of two ornithological expeditions to Venezuela and to British Guiana." Constable, London.
Beena, S., Palavesam, A., and Muthukrishnan, J. (1989). Satiation time and predatory behaviour in the larva of *Lestes elata* Hagen (Zygoptera: Lestidae). AOd 4: 5-11.
Beesley, C. (1972). Investigations of the life history and predatory capacity of *Anax junius* Drury (Odonata: Aeschnidae). DrT, Univ. California, Riverside.
Beesley, C. (1974). Simulated field predation of single-prey (*Culex peus*) and alternative-prey (*Culex peus: Chironomus* sp. 51) by *Anax junius* Drury (Odonata: Aeschnidae). Proc. Mosquito Contr. Assoc. 42: 73-76. [OdA 5779.]
Begon, M., and Mortimer, M. (1986). "Population ecology: a unified study of animals and plants." 2nd ed. Blackwell Scientific, London.
Begon, M., Harper, J.L., and Townsend, C.R. (1990). "Ecology. Individuals, populations and communities." 2nd ed. Blackwell Scientific, London.
Begum, A., Bashar, M.A., and Biswas, B.R. (1980). Life history of *Ictinogomphus rapax* (Rambur) (Anisoptera: Gomphidae). Bangladesh J. Zool. 8: 53-60.
Begum, A., Bashar, M.A., and Biswas, B.R. (1982a). Life history and external egg and larval morphology of *Brachythemis contaminata* (Fabricius) (Anisoptera: Libellulidae). Odonatologica 11: 89-97.
Begum, A., Bashar, M.A., and Biswas, B.R. (1982b). Studies on the biology of *Zyxomma petiolatum* (Rambur) (Odonata: Libellulidae). Dhaka Univ. Stud. (B) 30: 131-138. [OdA 4368.]
Begum, A., Bashar, M.A., and Biswas, V. (1990). The mating behaviour and development of *Rhodothemis rufa* (Rambur) (Anisoptera: Libellulidae). Indian Odonatol. 3: 1-9.
Begum, A., Bashar, M.A., and Nasiruddin, M. (1985). Studies on the life history of *Crocothemis servilia servilia* Drury (Anisoptera: Libellulidae). Dhaka Univ. Stud. (B) 33: 137-143.
Bell, R., and Whitcomb, W.H. (1961). *Erythemis simplicicollis* (Say), a dragonfly predator of the bollworm moth. Fl. Entomol. 44: 95-97. [BsA 66188.]
Bellamy, R.E., and Corbet, P.S. (1973). Combined autogenous and anautogenous ovarian development in individual *Culex tarsalis* Coq. (Dipt., Culicidae). Bull. Entomol. Res. 63: 335-346.
Belle, J. (1964). Surinam dragonflies of the genus *Aphylla*, with a description of a new species. Stud. Fauna Suriname Other Guyanas 7(23): 22-35.
Belle, J. (1966). Surinam dragonflies of the *Agriogomphus* complex of genera. Stud. Fauna Suriname Other Guyanas 8 (29): 29-60. [BsA 119455.]
Belle, J. (1970). Studies on South American Gomphidae (Odonata). Stud. Fauna Suriname Other Guyanas 11(55): 1-158. [BsA 49445.]
Belle, J. (1973). A revision of the New World genus *Progomphus* Selys, 1854 (Anisoptera: Gomphidae). Odonatologica 2: 191-308.
Belle, J. (1977a). Notes on *Aphylla obscura* (Kirby, 1899) (Anisoptera: Gomphidae). Odonatologica 6: 7-12.
Belle, J. (1977b). Some gomphine material from Surinam, preserved in the Leyden Museum of Natural History, with a note on the larva of *Desmogomphus tigrivensis* Williamson (Anisoptera: Gomphidae). Odonatologica 6: 289-292.
Belle, J. (1982). A review of the genus *Archaeogomphus* Williamson (Odonata, Gomphidae). TjE 125 (3): 37-56.
Belle, J. (1983). Some interesting Odonata Anisoptera from the Tarn, France. Entomol. Ber. (Amsterdam) 43: 93-95.
Belle, J. (1987). Odonata collecting in Costa Rica. Selysia 16 (1): 3-4.
Belle, J. (1992a). Studies on ultimate instar larvae of Neotropical Gomphidae, with the description of *Tibiagomphus* gen. nov. (Anisoptera). Odonatologica 21: 1-24.
Belle, J. (1992b). The Odonata of the Azores. Entomol. Ber. (Amsterdam) 52: 63-65.
Belle, J. (1994). Some dragonfly records from the Lesser Sunda Islands of Bali and Lombok, Indonesia, with an ethnoodonatological note. NtO 4: 60-62.
Belyshev, B.F. (1957). [The dwarf variety of *Lestes uncatus* Kirby (Odonata, Lestidae) from the hot springs of North Transbaykal Region.] IR. Entomol. Obozreniye 36: 161-162. [BsA 17595.]
Belyshev, B.F. (1960). [Conditions of existence of the larvae of a relict dragonfly *Orthetrum albistylum* Selys in a hot spring of north-east Baikal Territory.] IR ES. Zool. Zh. 39: 1432-1433.
Belyshev, B.F. (1961a). [Vertical limits of dragon fly distribution in the Altai Mountains.] IR ES. Zool. Zh. 40: 1103-1104. [BsA 12420.]
Belyshev, B.F. (1961b). [Some problems of habitat conditions of larval phases of *Sympetrum flaveolum* L. (Odonata, Insecta) in dry intermittent reservoirs.] IR. Uch. Zap. Buryatsk. Gos. Pedagog. Inst. 24: 57-61. [BsA 25635.]
Belyshev, B.F. (1961c). [On some regularities in the distribution of coloration in northern Palearctic dragonflies.] IR. Trudy Vost.-Sibirsk, Filiala Sib, Otdel Akad. Nauk SSSR 36: 102-105. [BsA 16786.]
Belyshev, B.F. (1965). [Phenology of the flight of dragonflies (Odonata, Insecta) in Trans-Polar Siberia, and some general regularities of this phenomenon in the north Palaearctic.] IR ES. Zool. Zh. 44: 1014-1017. [BsA 54759.]
Belyshev, B.F. (1966). [On the history of the origin of the Chinese and Kamchatka disjunctive ranges of the *Anax junius* Drury (Odonata, Insecta).] IR ES. Zool. Zh. 45: 1159-1163. [BsA 62353.]
Belyshev, B.F. (1967a). [An interesting regularity in the occurrence of colour aberrations in some species of dragonflies (Odonata, Insecta).] IR ES. Zool. Zh. 46: 1258-1259.
Belyshev, B.F. (1967b). [Weather conditions and daily activity of dragonflies (Odonata).] IR. Entomol. Obozreniye 46: 778-783. English trans. in Entomol. Rev. (1967) 46: 457-460.
Belyshev, B.F. (1968a). [Contributions to the knowledge of the dragonfly fauna of Siberia. IV. 1. Geography of the dragonflies of Siberia.] IR. Fragm. Faun., (Warsaw) 14: 407-536.

[BsA 106649.]

Belyshev, B.F. (1968b). [On formation of the range and constancy of morphological characters in *Pantala flavescens* Fabr. (Insecta, Odonata).] IR ES. Zool. Zh. 48: 945-947.

Belyshev, B.F. (1972). [On the geographic variation in the colour pattern in Eurasian dragonflies.] IR. In Cherepanov, A.J. (ed.), ["The fauna and ecology of Arthropoda from Siberia."] IR, pp. 45-47. Nauka, Novosibirsk. [OdA 295.]

Belyshev, B.F. (1973). ["The dragonflies of Siberia (Odonata)." Vol. 1, part 2.] IR. Nauka, Siberian Branch, Novosibirsk.

Belyshev, B.F. (1974). ["The dragonflies of Siberia (Odonata)." Vol. 2, part 3.] IR. Nauka, Siberian Branch, Novosibirsk.

Belyshev, B.F., and Belyshev, N.B. (1976). [Trophic relations of the dragonfly larvae of the genus *Aeschna* (Odonata) with the molluscs.] IR. Trudy Biol. Inst. Sib. Otdel Akad. Nauk SSSR 21: 177-179. [OdA 2150.]

Belyshev, B.F., and Gagina, T.N. (1959). [On the Odonata of the Baikal region.] IR. Fragm. Faun., (Warsaw) 8: 159-178. [BsA 9053.]

Belyshev, B.F., and Haritonov, A.Y. (1980). [Arctic dragonfly fauna (Insecta, Odonata) of the Northern Hemisphere and probable ways of its forming.] IR ES. Izv. Sib. Otdel Akad. Nauk SSSR (Biol.) 1980: 35-38. [OdA 3259.]

Belyshev, B.F., and Ovodov, N. (1961). [*Somatochlora sahlbergi* Trybom (Odonata, Insecta) in south Siberia.] IR ES. Zool. Zh. 40: 1892-1893.

Belyshev, N.B., and Belyshev, B.F. (1976). [A peculiar transmigration of Odonata via Irkutsk.] IR ES. Problemy Ekol. 1976(4): 137-138. [OdA 1521.]

BenAzzouz, B., and Aguesse, P. (1990). Morphologie externe du dernier stade larvaire et analyse du polychromatisme imaginal chez *Ischnura graellsi* (Rambur, 1842) au Maroc (Odonata, Coenagriidae). Nouvelles Rev. Entomol. N.S., 7: 389-398. [OdA 7909.]

Bence, J.R. (1982). Some interactions of predaceous insects and mosquitofish (*Gambusia affinis*): a review of some recent results. Bull. Soc. Vector Ecol. 7: 41-44.[OdA 5180.]

Benech, V. (1972). Le polyvoltinisme chez *Baetis rhodani* Pictet (Insecta, Ephemeroptera) dans un ruisseau à truites des Pyrenées-Atlantiques, le Lissuraga. Ann. Hydrobiol. 3: 141-171.* Cited by Clifford (1982).

Benke, A.C. (1970). A method for comparing individual growth rates of aquatic insects with special reference to the Odonata. Ecology 51: 328-331. [BsA 128854.]

Benke, A.C. (1976). Dragonfly production and prey turnover. Ecology 57: 915-927.

Benke, A.C. (1978). Interactions among coexisting predators— a field experiment with dragonfly larvae. JAE 47: 335-350.

Benke, A.C. (1984). Secondary production of aquatic insects. In Resh, V.H., and Rosenberg, D.M. (eds.), "The ecology of aquatic insects," pp. 289-322. Praeger, New York.

Benke, A.C., and Benke, S.S. (1975). Comparative dynamics and life histories of coexisting dragonfly populations. Ecology 56: 302-317.

Benke, A.C., Crowley, P.H., and Johnson, D.M. (1982). Interactions among coexisting larval Odonata: an in situ experiment using small enclosures. Hydrobiologia 94: 121-130. [OdA 4154.]

Bennett, S., and Mill, P.J. (1993). Larval development and emergence in *Pyrrhosoma nymphula* (Sulzer) (Zygoptera: Coenagrionidae). Odonatologica 22: 133-145.

Bennett, S., and Mill, P.J. (1995a). Lifetime egg production and egg mortality in the damselfly *Pyrrhosoma nymphula* (Sulzer) (Zygoptera: Coenagrionidae). Hydrobiologia 310: 71-78. [OdA 10796.]

Bennett, S., and Mill, P.J. (1995b). Pre- and postmaturation survival in adults of the damselfly *Pyrrhosoma nymphula* (Zygoptera: Coenagrionidae). JZS 235: 559-575. [OdA 10525.]

Berezina, N.A. (1973). [The role of some representatives of Odonata, Hemiptera and Coleoptera in the freshwater trophic system.] IR. In ["Trophology of aquatic animals. Results and problems."] IR. pp. 206-211. Nauka, Moscow. [OdA 734.]

Bergelson, J.M. (1985). A mechanistic interpretation of prey selection by *Anax junius* larvae (Odonata: Aeschnidae). Ecology 66: 1699-1705. [OdA 5492.]

Bergonzi, B. (1977). "Gerard Manley Hopkins." Macmillan, London.

Bernard, R. (1995a). [Preliminary data on the distribution and ecology of *Cercion lindenii* (Selys, 1840) (Odonata, Coenagrionidae) in Poland.] IP ES. Wiad. Entomol. 14: 11-19. [OdA 10526.]

Bernard, R. (1995b). Coexistence of *Cercion lindenii* (Selys, 1840) (Zygoptera: Coenagrionidae) with some species of Coenagrionidae and Platycnemidida on lakes in the Wielkopolska Region, north-western Poland. Abstr. 13th Int. Symp. Odonatol., Essen: 14. Oral.

Bernard, R., and Musial, J. (1995). Observations of an abundant occurrence of *Hemianax ephippiger* (Burmeister, 1839) in western Poland in 1995 (Odonata: Aeshnidae). OZF 138: 1-9. [OdA 10527.]

Bernardes, A.T., Machado, A.B.M., and Rylands, A.B. (1990). "Brazilian fauna threatened with extinction." Fund Biodiversitas Conserv. Diversidade Biol. & Inst. Brasil Meio Ambiente Recursos Natur. Renováveis (Ibama). Minas Gerais, Belo Horizonte. [OdA 7185.]

Berrill, M., Rowe, L., Hollett, L., and Hudson, J. (1987). Response of some aquatic benthic arthropods to low pH. Ann. Soc. Roy. Zool. Belg. 117, Suppl. 1: 117-128. [OdA 6442.]

Beutler, H. (1982). Zur Kenntnis der Pokal-Azurjungfer, *Coenagrion lindeni* (Selys), in der DDR. Faun. Abhandl. Staatliches Mus. Tierkunde Dresden 9: 87-94. [OdA 3849.]

Beutler, H. (1986). Zur Schlüpfrate und zum Geschlechterverhältnis einheimischer Grosslibellen (Anisoptera) (Odonata). Entomol. Abhandl. Staatliches Mus. Tierkunde Dresden 49: 201-209.

Beutler, H. (1989a). Notiz zur Lebensweise von Zangenlibellenlarven, *Onychogomphus forcipatus* (L.), in ostbrandenburgischen Seen (Insecta, Odonata, Gomphidae). Beeskow Naturw. Abh. 3: 93-94. [OdA 7458.]

Beutler, H. (1989b). Terrestrische Überwinterung der Larven von *Platetrum depressum* (Linnaeus, 1758) (Odonata, Libellulidae). Entomol. Nachr. Ber. 33: 37-40. [OdA 6849.]

Beynon, T.G. (1995). *Leucorrhinia dubia* (Vander Linden) at Shooters Pool, Chartley Moss, Staffordshire, in 1994. JBDS 11: 1-9.

Bhargava, R.N., and Prasad, M. (1974). *Orthetrum glaucum* (Brauer) preying upon *Palpopleura sexmaculata sexmaculata* (Fabr.) (Odonata: Libellulidae). J. Bombay Nat. Hist. Soc. 71: 164. [OdA 1098.]

Bhat, U.K.M. (1968a). Distribution of fat and glycogen in the flight muscle of *Brachythemis contaminata*. Ann. Entomol. Soc. Am. 61: 1033-1034.

Bhat, U.K.M. (1968b). Occurrence of "giant muscle fibers" in the flight muscle of *Pantala flavescens* (F.) (Libellulidae: Odonata). Curr. Sci. 37: 207-208.

Biber, O. (1971). Contribution à la biologie de reproduction et à l'alimentation du guêpier d'Europe *Merops apiaster* en Camargue. Alauda 39: 209-212. [BsA 53688.]

Bick, G.H. (1951a). The early nymphal stages of *Tramea lacerata* Hagen (Odonata: Libellulidae). EnN 62: 293-303.

Bick, G.H. (1951b). Notes on Oklahoma dragonflies. J. Tenn. Acad. Sci. 26: 178-180.

Bick, G.H. (1966). Threat display in unaccompanied females of the damselfly, *Ischnura verticalis* (Say). Proc. Entomol. Soc. Wash. 68: 271.

Bick, G.H. (1972). A review of territorial and reproductive behavior in Zygoptera. Contactbrief Nederlandse Libellenonderzoekers 10 (Suppl.): 1-15.

Bick, G.H. (1983). Odonata at risk in conterminous United States and Canada. Odonatologica 12: 209-226.

Bick, G.H., and Bick, J.C. (1961). An adult population of *Lestes disjunctus australis* Walker (Odonata: Lestidae). Southwest. Nat. 6: 111-137. [BsT 4033.]

Bick, G.H., and Bick, J.C. (1963). Behavior and population structure of the damselfly, *Enallagma civile* (Hagen) (Odonata: Coenagrionidae). Southwest. Nat. 8: 57-84. [BsA 17147.]

Bick, G.H., and Bick, J.C. (1965a). Demography and behavior of the damselfly, *Argia apicalis* (Say), (Odonata: Coenagriidae). Ecology 46: 461-472. [BsA 5450.]

Bick, G.H., and Bick, J.C. (1965b). Color variation and significance of color in reproduction in the damselfly, *Argia apicalis* (Say) (Zygoptera: Coenagriidae). CnE 97: 32-41.

Bick, G.H., and Bick, J.C. (1968). Demography of the damselfly, *Argia plana* Calvert (Odonata: Coenagriidae). Proc. Entomol. Soc. Wash. 70: 197-203. [BsA 33489.]

Bick, G.H., and Bick, J.C. (1970). Oviposition in *Archilestes grandis* (Rambur) (Odonata: Lestidae). EnN 81: 157-163. [BsA 114190.]

Bick, G.H., and Bick, J.C. (1971). Localization, behavior, and spacing of unpaired males of the damselfly, *Argia plana* Calvert (Odonata: Coenagrionidae). Proc. Entomol. Soc. Wash. 73: 146-152. [BsA 122765.]

Bick, G.H., and Bick, J.C. (1972). Substrate utilization during reproduction by *Argia plana* Calvert and *Argia moesta* (Hagen) (Odonata: Coenagrionidae). Odonatologica 1: 3-9.

Bick, G.H., and Bick, J.C. (1978). The significance of wing clapping in Zygoptera. Odonatologica 7: 5-9.

Bick, G.H., and Bick, J.C. (1981). Heterospecific pairing among Odonata. Odonatologica 10: 259-270.

Bick, G.H., and Bick, J.C. (1986). The genus *Polythore* exclusive of the *picta* group (Zygoptera: Polythoridae). Odonatologica 15: 245-273.

Bick, G.H., and Hornuff, L.E. (1965). Behavior of the damselfly, *Lestes unguiculatus* Hagen (Odonata: Lestidae). Ind. Acad. Sci. 75: 110-115. [BsA 72431.]

Bick, G.H., and Hornuff, L.E. (1966). Reproductive behavior in the damselflies *Enallagma aspersum* (Hagen) and *Enallagma exsulsans* (Hagen) (Odonata: Coenagriidae). Proc. Entomol. Soc. Wash. 68: 78-85. [BsA 57025.]

Bick, G.H., and Sulzbach, D. (1966). Reproductive behaviour of the damselfly, *Hetaerina americana* (Fabricius) (Odonata: Calopterygidae). AnB 14: 156-158. [BsA 104854.]

Bick, G.H., Bick, J.C., and Hornuff, L.E. (1976). Behavior of *Chromagrion conditum* (Hagen) adults (Zygoptera: Coenagrionidae). Odonatologica 5: 129-141.

Bick, J.C., and Bick, G.H. (1982). Behavior of adults of dark-winged and clear-winged subspecies of *Argia fumipennis* (Burmeister) (Zygoptera: Coenagriidae). Odonatologica 11: 99-107.

Bierwirth, G. (1993). Erlöschen der Zierlichen Moosjungfer *Leucorrhinia caudalis* (Charpentier, 1840) in den Altwässern des NSG Dachleiten, Landkreis Altötting. Mitt. Zool. Ges. Braunau 5(17-19): 381(fig.), 383-384. [OdA 9250.]

Bird, R.D. (1932). The pigeon hawk as an odonatologist. EnN 43: 242.

Bird, R.D., and Rulon, G.O. (1933). Dragonflies from high altitudes in Colorado (Odonata). EnN 44: 44-45.

Bischof, A. (1992a). Ein später Flug von *Sympetrum striolatum* (Charpentier) im Domleschg, Graubünden, Schweiz (Oda: Libellulidae). OZF 85: 1-6.

Bischof, A. (1992b). Libellenbeobachtungen im Schanfigg, Graubünden, Schweiz (Odonata). OZF 99: 1-8.

Bischof, A. (1993). Die Libellenfauna des anthropogenen Naturreservates Monté bei Cazis, Graubünden, Schweiz (Odonata). OZF 114: 1-12.

Bishop, J.E. (1973). "Limnology of a small Malayan river, Sungai Gombak." Junk, The Hague.* Cited by Pritchard 1996.

Blackman, R.A.A. (1963). The role of the labial setae in the capture of small prey by corduline and libelluline larvae. Unpub. Ms.

Blanchard, S. (1992). *Archilestes grandis* in New York. Argia 4 (3): 14.

Blanke, D. (1984). Zur Lebensweise von *Cordulegaster bidentatus* Selys in Südniedersachsen. Libellula 3 (3/4): 18-22.

Blattner, S. (1990). Feld- und Laborstudien zum Einfluss hoher Säure- und Aluminiumkonzentration auf Libellen im Nordschwarzwald. DpT, Univ. Hogenheim. [OdA 7910.]

Blest, A.D. (1960). The evolution, ontogeny and quantitative control of the settling movements of some New World saturniid moths, with some comments on distance communication by honey bees. Behaviour 16: 188-253.

Blinn, D.W., and Sanderson, M.W. (1989). Aquatic insects in Montezuma Well, Arizona, USA: a travertine spring mound with high alkalinity and dissolved carbon dioxide. Great Basin Nat. 49: 85-88. [OdA 7350.]

Blois, C. (1982). Sélection de proies de tailles différentes en fonction de leur abondance absolue et relative par les larves d'*Anax imperator* Leach (Anisoptera: Aeshnidae). Odonatologica 11: 211-218.

Blois, C. (1985a). Diets and resource partitioning between larvae of three anisopteran species. Hydrobiologia 126: 221-227. [OdA 5121.]

Blois, C. (1985b). Variations of predatory behaviour in *Anax imperator* larvae in relation to different prey types. Biol. Behav. 10: 183-214. [OdA 5218.]

Blois, C. (1985c). The larval diet of three anisopteran (Odonata) species. FwB 15: 505-514. [OdA 5122.]

Blois, C. (1988). Spatial distribution and interactions between *Anax imperator* Leach larvae at different stages of development (Anisoptera: Aeshnidae). Odonatologica 17: 85-98.

Blois, C., and Cloarec, A. (1985). Influence of experience on prey selection by *Anax imperator* larvae (Aeschnidae—Odonata). Z. Tierpsychol. 68: 303-312. [OdA 5123.]

Blois-Heulen, C., and Cloarec, A. (1988). Diel variations of food intake in *Anax imperator* and *Aeshna cyanea* larvae. Biol. Behav. 13: 116-124. [OdA 6578.]

Blois-Heulen, C., Crowley, P.H., Arrington, M., and Johnson, D.M. (1990). Direct and indirect effects of predators on the dominant invertebrates of two freshwater littoral communities. Oecologia 84: 295-306. [OdA 7488.]

Blood, E.J. (1986). Abdominal deformities in *Pyrrhosoma nymphula* (Sulzer) on the Gibraltar Point National Nature Reserve. JBDS 2: 41-43.

Blyth, R.H. (1975). "Haiku." Vol. 4: "Autumn-Winter." Hokuseido Press, Tokyo. [OdA 2249.]

Bocharova-Messner, O.M. (1959). [The development of wings in the early postembryonal stages of development of the dragonfly (order Odonata).] IR. Trudy Inst. Morfol. Zhivotmykh Akad. Nauk USSR 27: 187-200. [BsA 45134.]

Böcker, L. (1993). Grössenspezifische Verteilung der Larven von *Cordulegaster boltoni* und *C. bidentatus* über den Bachlauf-Untersuchungen an allo-und sympatrischen Bächen im Giessener Raum. Abstr. Jahresvers. Ges. deutsch. Odonatol. 12: 16.

Boehms, C. (1971). The influence of temperature upon embryonic diapause and seasonal regulation in *Sympetrum vicinum* (Hagen) (Odonata: Libellulidae). DrT, Univ. North Carolina, Chapel Hill.

Boertje, S.B. (1975). Developmental stages and strobilocercoid of *Schistotaenia tenuicirrus* (Cestoda: Anabiliidae). Proc. La. Acad. Sci. 38: 52-69.

Bohart, G.E., Stephen, W.P., and Eppley, R.K. (1960). The biology of *Heterostylum robustum* (Diptera: Bombyliidae), a parasite of the alkali bee. Ann. Entomol. Soc. Am. 53: 425-435.

Böhmer, J., Vollmer, W., and Rahmann, H. (1991). Amphibien und Insekten als mögliche Bioindikatoren für hohe Säure- und Aluminiumbelastungen in Nordschwarzwald. Verein Deutscher Ingenieure Düsseldorf Berichte. 901: 967-983. [OdA 8930.]

Bond, W.J. (1995). Assessing the risk of plant extinction due to pollinator and disperser failure. In Lawton, J.H., and May, R.M. (eds.), "Extinction rates," pp. 131-146. Oxford Univ. Press, Oxford.

Bonn, A., Gasse, M., Rolff, J., and Martens, A. (1996). Increased fluctuating asymmetry (FA) in the damselfly *Coenagrion puella* is correlated with ectoparasitic water mites: implications for FA theory. Oecologia 108: 596-598. [OdA 11216.]

Boon von Ochssée, G.A. (1979). Dragonflies in the diet of the teleostean fish in the Comoe River, Upper Volta, West Africa. NtO 1: 46-47.

Borgsteede, F.H.M., Davids, C., and Duffels, J.P. (1969). The life history of *Schistogonimus rarus* Braun, 1901 Luhe 1909 (Trematoda: Prosthogonimidae). Proc. Kon. Ned. Akad. Wetensch., Ser. C, Biol. Med. Sci. 72: 28-32. [BsA 78577.]

Borisov, S.N. (1984). [Seasonal variation in dragonflies.] IR. Izv. Akad. Nauk Tadzhik. SSR (Biol.) 1984: 68-70. [OdA 5189.]

Borisov, S.N. (1985a). [Dragonflies (Insecta, Odonata) of the Pamir.] IR. Mater. Nauchno-teor. Konf. Molodvh. Uchenyh Specialistov Tadzhik. SSR Dushanbe (Biol.): 87-88. [OdA 5496.]

Borisov, S.N. (1985b). [Daily rhythm of activity in *Anax parthenope* Selys (Odonata, Aeschnidae) under arid zone conditions.] IR. Dokl. Akad. Nauk Tadzhik. SSR 28: 603-606. [OdA 5497.]

Borisov, S.N. (1986). [Dragonfly fauna and ecology (Odonata, Insecta) of the Nature Reserve "Tigrovaya Balka."] IR. Dokl. Akad. Nauk Tadzhik. SSR 29: 560-564. [OdA 6312.]

Borisov, S.N. (1987). ["Fauna and ecology of the Tadzhikistan dragonflies."] IR. Autoreferate Kand. Biol. Nauk, Biol. Inst., Sib. Sect., Akad. Nauk SSSR [OdA 6324.]

Borisov, S.N. (1989). Distribution and ecology of *Orthetrum sabina* Drury (Odonata, Libellulidae) in south-western Tadzhikistan.] IR. Izv. Akad. Nauk Tadzhik. SSR (Biol.) (1989) (2) [115]: 18-22. [OdA 7591.]

Borisov, S.N. (1990). [On flight of Odonata to artifi-cial light sources.] IR ES. Zool. Zh. 69: 29-35. [OdA 7272.]

Borkin, S. (1992). Plants strike back! Argia 4 (2): 3.

Borror, D.J. (1934). Ecological studies of *Argia moesta* Hagen (Odonata: Coenagrionidae) by means of marking. Ohio J. Sci. 34: 97-108.

Borror, D.J. (1953). A migratory flight of dragonflies. EnN 64: 204.

Borror, D.J., and DeLong, D.M. (1971). "An introduction to the study of insects." 3rd ed. Holt, Rinehart and Winston, New York.

Börzsöny, L. (1993). Some notes on the territorial behaviour of *Somatochlora flavomaculata* (Vander Linden). Unpub. Ms.

Böttger, K. (1965). Das parasitäre Larvenstadium von *Arrenurus (A.) valdiviensis* K. O. Viets 1964 (Hydrachnellae, Acari). Z. Morphol. Ökol. Tiere 55: 383-409.

Böttger, K., and Jurzitza, G. (1967). Beitrag zur Faunistik, Ökologie und Biologie der Odonaten von Südchile. Beitr. zur Neotrop. Fauna 5: 22-44. [BsA 128950.]

Bouguessa, S. (1993). Contribution à l'étude bioecologique des anisoptères (Odonata) du Lac Oubeira (Parc National d'El Kala). MsT, Univ. Annaba, Algeria.

Boulahbal, R. (1992). Contribution à l'étude de la diapause estivale chez les genres *Sympetrum* et *Aeshna*. DpT, Univ. Annaba, Algeria.

Boulding, K.E. (1971). Environment and economics. In Murdoch, W.W. (ed.), "Environment, resources, pollution and society," pp. 359-367. Sinauer, Stanford, California.

Bozkov, D.K. (1978). Über einige Umweltveränderungen als Faktoren sekundärer Vereinfachung der Lebenszyklen der Helminthen. Helminthologiya (Sofia) 5: 10-13. [OdA 2874.]

Bradshaw, W.E. (1982). Letter, 9 July.

Brandt, A. (1869). Beiträge zur Entwicklungsgeschichte der Libelluliden und Hemipteren mit besonderer Berücksichtigung der Embryonalhülle derselben. Mem. Acad. Imper. Sci. St. Petersburg 7: 1-33.

Brauckmann, C., and Zessin, W. (1989). Neue Meganeuridae aus dem Namurium von Hagen-Vorhalle (BRD) und die Phylogenie der Meganisoptera (Insecta, Odonata). Dtsch. Entomol. Z., N.F., 36: 177-215.

Breaud, T.P., Farlow, J.E., Steelman, C.D., and Schilling, P.E. (1977). Effects of the insect growth regulator Methoprene on natural populations of aquatic organisms in Louisiana intermediate marsh habitats. Mosquito News 37: 704-712. [OdA 2256.]

Brewbaker, J.L. (1967). The distribution and phylogenetic significance of binucleate and trinucleate pollen grains in the angiosperms. Am. J. Bot. 54: 1069-1083.

Brewin, P., and Ormerod, S.J. (1994). Macroinvertebrate drift in streams of the Nepalese Himalaya. FwB 32: 573-583.

Bridges, C.A. (1994). "Catalogue of the familygroup, genus-group and species-group names of the Odonata of the world." 3rd ed. C.A. Bridges, Urbana, Illinois. [OdA 10070.]

Briggs, T.H. (1871). [Report of combat between a sparrow and a large dragonfly, probably an *Aeschna*.] Proc. Entomol. Soc. Lond. 1871: 39.

Brinck, P. (1955). Odonata. Results Lund Univ. Exped. (1950-1951), Stockholm 2: 191-233.

Brockhaus, T. (1979). Ökofaunistische Untersuchungen an Libellen (Odonata) ausgewählter Biotope der Dübener Heide unter besonderer Berücksichtigung anthropogener Einflüsse. DpT, Martin-Luther Universität, Halle-Witten-

berg, Germany. [OdA 8454.]
Brockhaus, T. (1993). Die Federlibelle *Platycnemis pennipes* (Pallas, 1771) in Mecklenburg-Vorpommern, Berlin/Brandenburg, Sachsen-Anhalt, Thüringen und Sachsen (Odonata). Entomol. Nachr. Ber. 37: 213-224. [OdA 9383.]
Brockhaus, T. (1995). Letter, 20 December.
Brooks, S.J. (1988). Exotic dragonflies in north London. JBDS 4: 9-12.
Brooks, S.J. (1989). New dragonflies (Odonata) from Costa Rica. TjE 132: 163-176. [OdA 6958.]
Brooks, S.J. (1991). PCm.
Brooks, S.J. (1993). Review of a method to monitor adult dragonfly populations. JBDS 9: 1-4.
Brooks, S.J. (1994). How much does acidity affect the distribution of "acidophilic" dragonflies? JBDS 10: 16-18.
Brooks, S.J. (1996). Peatland dragonflies (Odonata) in Britain: a review of their distribution, status and ecology. In Parkyn, L., Stoneman, R.E., and Ingram, H.A.P. (eds.), "Conserving peatlands," pp. 112-116. CAB International, Wallingford, U.K.
Brooks, S.J., and Richards, S.J. (1992). A new species of *Oreagrion* (Odonata: Coenagrionidae): montane damselflies from New Guinea. TjE 135: 141-144.
Brooks, S.J., Hine, A., Cham, S.A., and McGeeney, A. (1995a). A study of the ecology of the downy emerald dragonfly (*Cordulia aenea* (L.)) (Odonata: Corduliidae) in south east England. Unpub. Ms.
Brooks, S.J., Larsen, T.B., and Owen, D.F. (1995b). The dragonfly, *Orthetrum austeni*—is it a specialized predator of butterflies? Unpub. Ms.
Brown, A.F., and Pascoe, D. (1988). Studies on the acute toxicity of pollutants to freshwater macroinvertebrates. 5. The acute toxicity of cadmium to twelve species of predatory macroinvert brates. Arch. Hydrobiol. 114: 311-319. [OdA 6803.]
Brown, C.J.D., and Ball, R.C. (1943). An experiment in the use of derris root (Rotenone) on the fish and fish-food organisms of Third Sister Lake. Trans. Am. Fish. Soc. 72: 267-284.* Cited by Watkins and Tarter 1974.
Brown, D. (1988). Components of lifetime reproductive success. In Clutton-Brock, T.H. (ed.), "Reproductive success," pp. 439-453. Univ. Chicago Press. Chicago.* Cited by Lambert 1994.
Brown, G.E., Chivers, D.P., and Smith, R.J.F. (1995). Localized defecation by pike: a response to labeling by cyprinid alarm pheromone? BES 36: 105-110.
Brown, R.G.B., Ashmole, N.P., and Campbell, R.P. (1958). Insect migration in the Pyrenees in the autumn of 1955. EMM 94: 217-226.
Brown, S.C.S. (1980). *Oxygastra curtisii* (Dale, 1834) (Odonata: Corduliidae) in Bournemouth, an historical note. Entomol. Rec. J. Var. 92: 118-119. [OdA 3006.]
Brownett, A. (1992). Feeding behaviour of *Aeshna mixta* Latreille in the maturation period. JBDS 8: 10-13.
Bryant, R.M. (1986). Factors influencing age-related dispersal in the nymphal odonates *Ischnura barberi* (Currie), *Pachydiplax longipennis* (Burm.) and Erythemis simplicicollis (Say). Hydrobiologia 139: 41-48. [OdA 5797.]
Buchholtz, C. (1951). Untersuchungen an der Libellen-Gattung *Calopteryx*-Leach unter besonderer Berücksichtigung ethologischer Fragen. Z. Tierpsychol. 8: 273-293.
Buchholtz, C. (1955). Eine vergleichende Ethologie der orientalischen Calopterygiden (Odonata) als Beitrag zu ihrer systematischen Deutung. Z. Tierpsychol. 12: 364-386. [BsA 52818.]
Buchholtz, C. (1956). Eine Analyse des Paarungsverhaltens und der dabei wirkenden Auslöser bei den Libellen *Platycnemis pennipes* Pall. und *P. dealbata* Klug. Z. Tierpsychol. 13: 13-25.
Buchholz, K.F. (1950). Zur Paarung und Eiablage der Agrioninen. Bonner Zool. Beitr. 1: 262-275.
Buchwald, R. (1983). Kalkquellmoore und Kalkquellsümpfe als Lebensraum gefährdeter Libellenarten im westlichen Bodenseeraum. Telma 13: 91-98. [OdA 4402.]
Buchwald, R. (1988). Die Gestreifte Quelljungfer *Cordulegaster bidentatus* (Odonata) in Südwestdeutschland. Carolinea 46: 49-64. [OdA 6582.]
Buchwald, R. (1989). Die Bedeutung der Vegetation für die Habitatbindung einiger Libellenarten der Quellmoore und Fliessgewässer. Phytocoenologia 17: 307-448. [OdA 6851.]
Buchwald, R. (1991). Libellenfauna und Vegetation—eine Zwischenbilanz biozönologischer Forschung. Verh. Ges. Ökol. 2: 45-62. [OdA 8095.]
Buchwald, R. (1992). Vegetation and dragonfly fauna—characteristics and examples of biocenological field studies. Vegetatio 101: 99-107. [OdA 8688.]
Buchwald, R. (1994a). Experimentelle Untersuchungen zu Habitatselektion und Biotopbindung bei *Ceriagrion tenellum* De Villers, 1789 (Coenagrionidae, Odonata). Zool. Jb. Syst. 121: 71-98.
Buchwald, R. (1994b). Die Bedeutung der Vegetation für die Habitatwahl von *Ceriagrion tenellum* (Villers) in Südwest-Deutschland (Zygoptera: Coenagrionidae). AOd 6: 121-147.
Buchwald, R. (1994c). Vegetazione e odonatofauna negli ambienti acquatici dell'Italia centrale. Braun-Blanquetia 11: 1-72. [OdA 10406.]
Buchwald, R. (1995). Structure and floristic composition of vegetation: what is their significance for the occurrence of dragonfly species? Abstr. 13th Int. Symp. Odonatol., Essen: 15. Oral.
Buchwald, R., Höppner, B., and Röske, W. (1989). Gefährdung und Schutzmöglichkeiten grundwasserbeeinflusster Wiesenbäche und -gräben in der Oberrheinebene. Naturschutzorientierte Untersuchungen an Habitaten der Helm-Azurjungfer (*Coenagrion mercuriale*, Odonata). Natur und Landschaft 64: 398-403. [OdA 6959.]
Bulet, P.S., Cociancich, S., Reuland, M., Sauber, F., Bischoff, R., Hegy, G., VanDorsselaer, A., Hetru, C., and Hoffmann, J.A. (1992). A novel insect defensin mediates the inducible antibacterial activity in larvae of the dragonfly *Aeschna cyanea* (Palaeoptera, Odonata). Eur. J. Biochem. 209: 977-984. [OdA 8941.]
Bulimar, F. (1969). Observatii asupra biologiei speciei *Sympetrum striolatum* Charp. (Ord. Odonata), in conditii de laborator. IRm FS. Analele Stiintifice ale Univ. "Al. I. Cuza" Iasi, Sect. 2 (A) Biol. 15: 81-86. [BsA 31873.]
Bulimar, F. (1971). Noi contributii la studiul larvelor de odonate (ord. Odonata, cl. Insecta) din Moldova. IRm GS. Analele Stiintifice ale Univ. "Al. I. Cuza" Iasi, Sect. 2 (A) Biol. 17: 345-349. [OdA 720.]
Bulimar, F. (1973). Contributii la studiul morfoloiei interne a larvelor de odonate (cl. Insecta, ord. Odonata). IRm ES. Analele Stiintifice ale Univ. "Al. I. Cuza" Iasi, Sect. 2 (A) Biol. 19: 385-392. [OdA 736.]
Burdick, G.E., Dean, H.J., Harris, E.J., Skea, J., Frisa, C., and Sweeney, C. (1968). Methoxychlor as a blackfly larvicide, persistence of the residues in fish and its effect on stream

arthropods. N.Y. Fish. Game J. 15: 121-142. [BsA 132141.]
Burger, J., and Gochfield, M. (1982). Host selection as an adaptation to host-dependent foraging success in the cattle egret (*Bubulcus ibis*). Behaviour 79: 212-229.
Burnside, C.A., and Robinson, J.V. (1992). The role of caudal lamellae in zygopteran (Odonata) larvae: contribution to swimming speed, and an allometric analysis. BNABS 9: 110-111. (abstract only).
Burnside, C.A., and Robinson, J.V. (1995). The functional morphology of caudal lamellae in coenagrionid (Odonata: Zygoptera) damselfly larvae. ZJLS 114: 155-171. [OdA 10529.]
Burton, G.J., and McRae, T.M. (1972). Phoretic attachment of *Simulium* larvae and pupae to mayfly and dragonfly nymphs. Mosquito News 32: 436-443. [BsA 38076.]
Burton, J.F. (1991). Social wasps *Vespula* spp. attacking *Aeshna* hawker dragonflies and silver-Y moth *Autographa gamma* L. (Lep.: Noctuidae). Entomol. Rec. J. Var. 103: 199-200. [OdA 8644.]
Buskirk, R.E., and Sherman, K.J. (1985). The influence of larval ecology on oviposition and mating strategies in dragonflies. Fla. Entomol. 68: 39-51. [OdA 5039.]
Busse, R. (1993). Libellen von der türkischen Südküste. Libellula 12: 39-46.
Busse, R., and Jödicke, R. (1996). Langstreckenmarsch bei der Emergenz von *Sympetrum fonscolombei* (Selys) in der marokkanischen Sahara (Anisoptera: Libellulidae). Libellula 15: 89-92.
Butler, S. (1983). Notes on finding larvae of *Somatochlora arctica* (Zetterstedt) in N.W. Scotland. JBDS 1: 4-5.
Butler, S. (1990). Letter, 30 September.
Butler, T., Peterson, J.E., and Corbet, P.S. (1975). An exceptionally early and informative arrival of adult *Anax junius* in Ontario (Odonata: Aeshnidae). CnE 107: 1253-1254.
Butt, M. (1995). Odonata collected from the Tambopata-Candamo Reserved Zone, southeastern Peru, August 1992-January 1993. NtO 4: 93-97.
Byers, C.F. (1930). A contribution to the knowledge of Florida Odonata. Univ. Florida Publ., Biol. Sci. Ser. 1: 1-327.
Byers, C.F. (1937). A review of the dragonflies of the genera *Neurocordulia* and *Platycordulia*. Misc. Publ. Mus. Zool. Univ. Mich. 36: 1-36.
Byers, C.F. (1939). A study of the dragonflies of the genus *Progomphus* (*Gomphoides*) with a description of a new species. Proc. Fla. Acad. Sci. 4: 19-85.
Byers, C.F. (1941). Notes on the emergence and life history of the dragonfly *Pantala flavescens*. Proc. Fla. Acad. Sci. 6: 14-25.
Byers, J.R. (1975). Tyndall blue and surface white of tent caterpillars, *Malacasoma* spp. JIP 21: 401-415.
Caillère, L. (1964). Contribution à l'étude du comportement de capture des larves d'*Agrion splendens* Harris (odonates, zygoptères): rôle des antennes dans le déclenchement du réflexe de capture. C.R. 89th Congr. Nation. Soc. Sav., Lyon, Sect. 2: 435-442.
Caillère, L. (1965). Description du réflexe de capture chez la larve d'*Agrion splendens* Harris 1782 (insecte, odonate, zygoptère). Bull. Mens. Soc. Linn. Lyon 34: 424-434.
Caillère, L. (1968). Rôle des organes des sens dans le comportement de capture chez la larve d'*Agrion splendens* Harris 1782 (insectes, odonates, zygoptères). Bull. Mens. Soc. Linn. Lyon 37: 25-34. [BsA 134742.]
Caillère, L. (1970). Long term learning in *Agrion* (Syn. *Calopteryx*) *splendens* Harris 1782 larvae (Insecta, Odonata).
Z. Vergl. Physiol. 69: 284-295. [BsA 23642.]
Caillère, L. (1972). Dynamics of the strike in *Agrion* (syn. *Calopteryx*) *splendens* Harris 1782 larvae (Odonata: Calopterygidae). Odonatologica 1: 11-19.
Caillère, L. (1973). Comportement de capture chez la larve d'*Agrion* (*Calopteryx* auct.) *splendens* (odonates): comparaison entre la larve agée et la larve de premier stade. Rev. Comport. Anim. 7: 289-312.
Caillère, L. (1974a). Ontogenèse du comportement de capture chez la larve d'*Agrion* (*Calopteryx* auct.) *splendens* Harris (odonatoptères). Behaviour 51: 166-194.
Caillère, L. (1974b). Modalités du déclenchement du comportement de capture chez la larve d'*Agrion* (*Calopteryx* auct.) *splendens* Harris (odonatoptères). Z. Tierpsychol. 35: 381-402.
Caillère, L. (1976). Problème du repérage des proies chez les insectes carnivores, à la lumière des observations recueillies chez deux larves d'odonates *Calopteryx splendens* (zygoptère) et *Cordulegaster boltoni* (anisoptère). Colloq. Int. Cent. Nat. Rech. Sci. 265: 227-239. [OdA 2421.]
Caillère, L., and Chovet, M. (1975). Field evaluation of feeding habits of *Cordulegaster annulatus* larvae (Cordulegasteridae). Abstr. 3rd Int. Symp. Odonatol., Lancaster: 1-2.
Calvert, A.S., and Calvert, P.P. (1917). "A year of Costa Rican natural history." Macmillan, New York.* Cited by Moore 1983b.
Calvert, P.P. (1893). Catalogue of the Odonata (dragonflies) of the vicinity of Philadelphia, with an introduction to the study of this group of insects. Trans. Am. Entomol. Soc. 20: 152a-272; pl. 2, 3.
Calvert, P.P. (1901). Odonata. In "Biologia Centrali Americana: Insecta Neuroptera," pp. v-xxx, 17-342; Suppl. 342-420. Porter and Dulau, London. Issued in parts, Oct. 1901-Nov. 1908.
Calvert, P.P. (1911a). Studies on Costa Rican Odonata. I. The larva of *Cora*. EnN 22: 49-64.
Calvert, P.P. (1911b). Studies on Costa Rican Odonata. II. The habits of the plant-dwelling larva of *Mecistogaster modestus*. EnN 22: 402-411.
Calvert, P.P. (1911c). Studies on Costa Rican Odonata. III. Structure and transformation of the larva of *Mecistogaster modestus*. EnN 22: 449-460.
Calvert, P.P. (1912). [Report on a living specimen of *Mecistogaster* in Germany.] EnN 23: 483.
Calvert, P.P. (1914). Studies on Costa Rican Odonata. V. The waterfall-dwellers: *Thaumatoneura* imagos and possible male dimorphism. EnN 25: 337-348.
Calvert, P.P. (1915a). Studies on Costa Rican Odonata. VI. The waterfall-dwellers: the transformation, external features and attached diatoms of *Thaumatoneura* larva. EnN 26: 295-305.
Calvert, P.P. (1915b). Studies on Coast Rican Odonata. VII. The waterfall-dwellers: the internal organs of *Thaumatoneura* larva and the respiration and rectal tracheation of zygopterous larvae in general. EnN 26: 385-395, 435-447.
Calvert, P.P. (1926). Relations of a late autumnal dragonfly (Odonata) to temperature. Ecology 7: 185-190.
Cammaerts, R. (1975). La larve d'*Orthetrum chrysostigma* (Burmeister, 1839) (Anisoptera: Libellulidae). Odonatologica 4: 73-80.
Cammaerts, R. (1980). Letter, 4 May.
Campanella, P.J. (1975a). Letter, 18 December.
Campanella, P.J. (1975b). The evolution of mating systems in temperate zone dragonflies (Odonata: Anisoptera) II. *Libel-*

lula luctuosa (Burmeister). Behaviour 54: 278-310.

Campanella, P.J., and Wolf, L.L. (1974). Temporal leks as a mating system in a temperate zone dragonfly (Odonata: Anisoptera) I: *Plathemis lydia* (Drury). Behaviour 51: 49-87.

Campbell, B.C., and Denno, R.F. (1976). The effect of Temephos and Chlorpyrifos on the aquatic insect community of a New Jersey salt marsh. Environ. Entomol. 5: 477-483. [OdA 1610.]

Campion, H. (1921). Some dragonflies and their prey.—II. With remarks on the identity of the species of *Orthetrum* involved. Ann. Mag. Nat. Hist., Ser. 9, 8: 240-245.

Cannings, R.A. (1980). Ecological notes on *Sympetrum madidum* (Hagen) in British Columbia, Canada (Anisoptera: Libellulidae). NtO 1: 97-99.

Cannings, R.A. (1982a). Notes on the biology of *Aeshna sitchensis* Hagen (Anisoptera: Aeshnidae). Odonatologica 11: 219-223.

Cannings, R.A. (1982b). The larvae of the *Tarnetrum* subgenus of *Sympetrum*, with a description of the larva of *Sympetrum nigrocreatum* Calvert (Odonata: Libellulidae). AOd 1: 9-14.

Cannings, R.A. (1988). *Pantala hymenaea* (Say) new to British Columbia, Canada, with notes on its status in the northwestern United States (Anisoptera: Libellulidae). NtO 3: 31-32.

Cannings, R.A., and Cannings, S.G. (1987). The Odonata of some saline lakes in British Columbia, Canada: ecological distribution and zoogeography. AOd 3: 7-21.

Cannings, R.A., and Stuart, K.M. (1977). "The dragonflies of British Columbia." British Columbia Provincial Mus., Victoria.

Cannings, S.G., and Cannings, R.A. (1985). The larva of *Somatochlora sahlbergi* Trybom, with notes on the species in the Yukon Territory, Canada (Anisoptera: Corduliidae). Odonatologica 14: 319-330.

Cannings, S.G., and Cannings, R.A. (1994). The Odonata of the northern Cordilleran peatlands of North America. Mem. Entomol. Soc. Can. 169: 89-110. [OdA 10072.]

Cannings, S.G., Cannings, R.A., and Cannings, R.J. (1991). Distribution of the dragonflies (Insecta: Odonata) of the Yukon Territory, Canada with notes on ecology and behaviour. Contrib. Nat. Sci., Roy. Br. Columbia Mus. 13: 1-27. [OdA 8289.]

Carchini, G. (1992). Some new records of odonate larvae in Italian caves, with a note on the advantage of cave-dwelling for *Somatochlora meridionalis* Nielsen (Odonata: Corduliidae). OZF 82: 1-6.

Carchini, G., and Di Domenico, M. (1992). The larval stages of *Ischnura fountainei* Morton (Zygoptera: Coenagrionidae). Odonatologica 21: 473-479.

Carchini, G., and Nicolai, P. (1984). Food and time resource partitioning in two coexisting *Lestes* species (Zygoptera: Lestidae). Odonatologica 13: 461-466.

Carchini, G., and Rota, E. (1985). Chemico-physical data on the habitats of rheophile Odonata from Central Italy. Odonatologica 14: 239-245.

Carchini, G., Samways, M.J., and Caldwell, P.M. (1992). Descriptions of ultimate instar larvae of five higher altitude *Trithemis* species in southern Africa (Anisoptera: Libellulidae). Odonatologica 21: 25-38.

Carchini, G., Samways, M.J., and Di Domenico, M. (1995). Description of the last instar larva of *Agriocnemis pinheyi* Balinsky, 1963 (Zygoptera: Coenagrionidae). Odonatologica 24: 109-114.

Carilli, A., and Picioni, G. (1975). Occurrence of an entomogeneous fungus on Odonata. J. Invertebr. Pathol. 26: 259-261. [OdA 1246.]

Carle, F.L. (1982a). "The wing vein homologies and phylogeny of the Odonata: a continuing debate." RCSIO 4, ix + 66.

Carle, F.L. (1982b). Evolution of the odonate copulatory process. Odonatologica 11: 271-286.

Carle, F.L. (1995). PCm to M.L. May, from whom letter to P.S. Corbet, 11 Sept.

Carle, F.L. (1996). Revision of Austropetaliidae (Anisoptera: Aeshnoidea). Odonatologica 25: 231-259.

Carle, F.L., and Cook, C. (1984). A new *Neogomphus* from South America, with extended comments on the phylogeny and biogeography of the Octogomphini trib. nov. (Anisoptera: Gomphidae). Odonatologica 13: 55-70.

Carle, F.L., and May, M.L. (1987). *Gomphus* (*Phanogomphus*) *westfalli* spec. nov. from the Gulf Coast of Florida (Anisoptera: Gomphidae). Odonatologica 16: 67-75.

Carle, F.L., and Wighton, D.C. (1990). Odonata. In Grimaldi, D.A. (ed.), "Insects from the Santana Formation, Lower Cretaceous, of Brazil," pp. 51-68. Bull. Am. Mus. Nat. Hist. 195: 1-191.

Carlow, T. (1992). *Thoronella* sp. (Hymenoptera: Scelionidae) discovered on the thorax of an Aeshnidae (Anisoptera). NtO 3: 149-150.

Caron, D. (1991). Dragonflies. Glean. Bee Cult. 119: 336-337. [OdA 7826.]

Caron, E., and Pilon, J.-G. (1985). Life cycle of *Cordulia shurtleffi* Scudder (Anisoptera: Corduliidae). Abstr. 8th Int. Symp. Odonatol., Paris: 8. Oral.

Carpenter, F.M. (1992a). "Treatise on invertebrate paleontology." Part R. Arthropoda 4. Vol. 3: "Superclass Hexapoda." Geological Society of America, Boulder, Colorado, and Univ. Kansas, Lawrence.

Carpenter, F.M. (1992b). "Treatise on invertebrate paleontology." Part R. Arthropoda 4. Vol. 4: "Superclass Hexapoda." Geological Society of America, Boulder, Colorado, and Univ. Kansas, Lawrence.

Carvalho, A.L. (1987). Description of the larva of *Gynacantha bifida* Rambur (Anisoptera: Aeshnidae). Odonatologica 16: 281-284.

Cassagne-Méjean, F. (1963). Sur la faune des odonates de la région Montpelliéraine. Ann. Soc. Hort. Hist. Nat. de l'd'Hérault 103: 87-93.

Cassagne-Méjean, F. (1966). Contribution à l'étude des Arrenuridae (Acari, Hydrachnellae) de France. DrT, Univ. Montpellier.

Catling, P.M., and Brownell, V.R. (1997). Unidirectional flight of *Sympetrum vicinum* in tandem. Argia 9 (1): 19-21.

Cedhagen, T. (1988). Migration hos trollsländan *Hemianax ephippiger* iakttagen i Israel. Entomol. Tidskr. 109: 46-48.

Cham, S.[A.] (1991). *Ischnura pumilio*—past and present. Odonata Recording Scheme Newsletter (U.K.) 14 (November): 5.

Cham, S.A. (1992a). Ovipositing behaviour and observations on the eggs and prolarvae of *Ischnura pumilio* (Charpentier). JBDS 8: 6-10.

Cham, S.[A.] (1992b). Dragonflies (Odonata). Report of the Recorder. Bedfordshire Nat. 46 (1991): 86-89.

Cham, S.[A.] (1993). Further observations on generation time and maturation of *Ischnura pumilio* with notes on the use of a mark-recapture programme. JBDS 9: 40-46.

Cham, S.A., and Banks, C. (1986). Unusual feeding behaviour by *Aeshna grandis* (L.). JBDS 2: 43-44.

Cham, S.[A.], Brooks, S.J., and McGeeney, A. (1995). Distribution and habitat of the downy emerald dragonfly *Cordulia aenea* (L.) (Odonata: Corduliidae) in Britain and Ireland. JBDS 11: 31-35.

Chambers, J.M. (1980). Effects of experimental photoperiodic and thermal regimes on nymphal development in *Epitheca cynosura* (Odonata: Libellulidae). MsT, Univ. North Carolina, Greensboro.

Chapman, G.P. (1988). An approach to desert containment and retrieval. Biologist 35: 217-220.

Charles, M.S., and Robinson, J.V. (1981). A scanning electron microscope study of the blue reflecting particles in *Enallagma civile* (Hagen) (Zygoptera: Coenagrionidae). Odonatologica 10: 219-222.

Charlet, M., and Schaller, F. (1976). Blocage de l'exuviation chez la larvae d'*Aeschna cyanea* (insecte odonate) après électrocoagulation d'un centre neurosécréteur du protocérébron antérieur. C.R. Acad. Sci. Paris 283: 1539-1541. [OdA 1611.]

Charletoni, G. (1677). "Exercitationes de differentiis and nominibus animalium." 2nd ed. Theatro Sheldoniano, Oxford.

Charlton, R.E., and Cannings, R.A. (1993). The larva of *Williamsonia fletcheri* Williamson (Anisoptera: Corduliidae). Odonatologica 22: 335-343.

Charpentier, R. (1979). A nonoccluded virus in nymphs of the dragonfly *Leucorrhinia dubia* (Odonata, Anisoptera). J. Invertebr. Pathol. 34: 95-98. [OdA 2696.]

Chelmick, D., Hammond, C., Moore, N.[W.], and Stubbs, A. (1980). "The conservation of dragonflies." Nature Conservancy Council, Peterborough, U.K.

Chen, C.S., Mulla, M.S., March, R.B., and Chaney, J.D. (1990). Cuticular hydrocarbon patterns in *Culex quinquefasciatus* as influenced by age, sex, and geography. Bull. Soc. Vector Ecol. 15: 129-139.

Cheng, L., and Hill, D.S. (1980). Marine insects of Hong Kong. In Morton, B.S., and Iseng, C.K. (eds.), "The marine flora and fauna of Hong Kong and southern China," pp. 173-183. Hong Kong Univ. Press, Hong Kong. [OdA 4228.]

Cheriak, L. (1993). Étude de la reproduction et du développement des odonates du Lac Bleu. MsT, Univ. Annaba, Algeria.

Child, C.M., and Young, A.N. (1903). Regeneration of the appendages in nymphs of the Agrionidae. Archiv Entwickl. Mechan. Org. 15: 543-602.

Chockalingham, S., and Krishnan, M. (1985). Toxicity of selected organic pesticides to the nymphs of *Brachythemis contaminata* Fab. Proc. 1st Indian Symp. Odonatol., Madurai: 29-31.

Chovanec, A. (1992a). Beutewahrnehmung (Reaktive Distanzen) und Beuteverfolgung (Kritische Distanzen) bei Larven von *Aeshna cyanea* (Müller) (Anisoptera: Aeshnidae). Odonatologica 21: 327-333.

Chovanec, A. (1992b). The influence of tadpole swimming behaviour on predation by dragonfly nymphs. Amphibia-Reptilia 13: 341-349. [OdA 8818.]

Chovanec, A. (1994). Libellen als Bioindikatoren. Anax 1: 1-9.

Chowdhury, S.H. (1986). PCm, 18 November.

Chowdhury, S.H. (1992). Letter, 15 April.

Chowdhury, S.H., and Akhteruzzaman, M. (1981). Dragonfly (Odonata: Anisoptera) larvae from Chittagong. Bangladesh J. Zool. 9: 131-144. [OdA 4134.]

Chowdhury, S.H., and Akhteruzzaman, M. (1983). Developmental biology of *Zyxomma petiolatum* Rambur (Anisoptera, Libellulidae). J. Asiatic Soc. Bangladesh (Sci.) 9: 91-99. [OdA 4617.]

Chowdhury, S.H., and Barman, A. (1986). Food habits of a libellulid dragonfly *Pantala flavescens* (Fabricius). Ann. Entomol. 4: 1-6. [OdA 6435.]

Chowdhury, S.H., and Chakaraborty, C. (1988). Developmental biology of *Brachydiplax sobrina* (Rambur). Abstr. 9th Int. Symp. Odonatol., Madurai: 14. Oral.

Chowdhury, S.H., and Corbet, P.S. (1988). Feeding rate of larvae of *Enallagma cyathigerum* (Charpentier) in the presence of conspecifics and predators (Zygoptera: Coenagrionidae). Odonatologica 17: 115-119.

Chowdhury, S.H., and Corbet, P.S. (1989). Feeding-related behaviour in larvae of *Enallagma cyathigerum* (Charpentier) (Zygoptera: Coenagrionidae). Odonatologica 18: 285-288.

Chowdhury, S.H., and Jashimuddin, M. (1994). Morphometric studies on the larvae of *Acisoma panorpoides panorpoides* (Rambur). In Srivastava, V.K. (ed.), "Advances in Oriental odonatology," pp. 1-7. Cherry Publications, Allahabad.

Chowdhury, S.H., and Karim, N. (1994). Observations on the reproductive behaviour of *Copera annulata* (Selys). In Srivastava, V.K. (ed.), "Advances in Oriental odonatology," pp. 69-76. Cherry Publications, Allahabad.

Chowdhury, S.H., and Mia, I. (1993). Effect of hunger level and previous dietary experience on food preference and rate of feeding in larvae of *Hydrobasileus* sp. Abstr. 12th Int. Symp. Odonatol., Osaka: 6. Oral.

Chowdhury, S.H., Corbet, P.S., and Harvey, I.F. (1989). Feeding and prey selection by larvae of *Enallagma cyathigerum* (Charpentier) in relation to size and density of prey (Zygoptera: Coenagrionidae). Odonatologica 18: 1-11.

Christophers, S.R. (1960). "*Aedes aegypti* (L.), the yellow fever mosquito: its life history, bionomics and structure." Cambridge Univ. Press, Cambridge.

Chuah-Petiot, M.S. (1994). An introduction to the bryophytes from Mount Kenya. East Africa Nat. Hist. Soc. Bull. 24(3): 34-37.

Chutter, F.M. (1961). Certain aspects of the morphology and ecology of the nymphs of several species of *Pseudagrion* Selys (Odonata). Arch. Hydrobiol. 57: 430-463.

Chutter, F.M. (1976). Letter, 16 February.

Clady, M. (1975). An unusual association of damselfly naiads with fish carcasses. Can. Field-Nat. 89: 65. [OdA 1437.]

Claessens, S. (1989). "25 jaar libellenonderzoek in hoogveengebied de Peel." Staatsbosbeheer. Roermond. [OdA 6961.]

Claffey, F.S., and Ruck, J.E. (1967). The effect of Rotenone on certain fish food organisms. Proc. 20th Annu. Conf. Southeast. Assoc. Game Fish Comm.: 278-283.

Clark, L.R., Geier, P.W., Hughes, R.D., and Morris, R.F. (1967). "The ecology of insect populations in theory and practice." Methuen, London.

Clark, W.H., and Hainline, J.L. (1975). Observations on nuptial flights of the western harvester ant *Pogonomyrmex occidentalis* (Cresson), in Nevada (Hymenoptera: Formicidae). J. Ida. Acad. Sci. 11: 5-10.

Clarke, D. (ed.) (1992). Odonata Recording Scheme. Biological Recording Centre, Monkswood, U.K. Newsletter 15: 1-8.

Clarke, K.U. (1973). "The biology of the Arthropoda." Arnold, London. [OdA 1829.]

Clastrier, J., and Legrand, J. (1984). *Forcipomyia* (*Pterobosca*) *pinheyi* nouvelle espèce de l'Île Maurice parasite des ailes de libellules et nouvelles localisations du sous-genre (Diptera, Ceratopogonidae; Odonata). Rev. Fr. Entomol., N.S., 6: 173-180.

Clastrier, J., and Legrand, J. (1990). *Forcipomyia (Pterobosca) incubans* (Macfie) et *F. (Trichohelea) macheti* n. sp. parasites des ailes de libellules en Guyane Française (Diptera, Ceratopogonidae; Odonata). Rev. Fr. Entomol., N.S., 12: 167-170. [OdA 7625.]

Clastrier, J., Grand, D., and Legrand, J. (1994). Observations exceptionelles en France de *Forcipomyia (Pterobosca) paludis* (Macfie), parasite des ailes de libellules (Diptera, Ceratopogonidae et Odonata). Bull. Soc. Entomol. Fr. 99: 127-130. [OdA 9706.]

Clausen, C.P. (1972). "Entomophagous insects." Hafner, New York.

Clausen, C.P. (1976). Phoresy among entomophagous insects. ARE 21: 343-368.

Clausen, W. (1982). Beobachtungen zum Verhalten der Moorlibellen Torf-Mosaikjungfer (*Aeshna juncea* L.) und Hochmoor-Mosaikjungfer (*Aeshna subarctica* Wlk.) (Odonata). Natur und Heimat (Münster) 42: 94-96. [OdA 3855.]

Clausnitzer, H.-J. (1974). Die ökologischen Bedingungen für Libellen (Odonaten) an intensiv bewirtschafteten Fischteichen. Beitr. Naturk. Niedersachs. 27: 78-90. [OdA 1105.]

Clausnitzer, H.-J. (1981). Die Libellen im Naturschutzgebiet "Breites Moor" bei Celle. Beitr. Naturk. Niedersachs. 34: 91-101. [OdA 3411.]

Clausnitzer, H.-J. (1982). Bundesartenschutzverordnung und Biologieunterricht. Unterricht Biol. 6 (67): 39-40. [OdA 3760.]

Clausnitzer, H.-J., Pretscher, P., and Schmidt, E. (1984). Rote Liste der Libellen (Odonata). In Blab, J., Nowak, E., Trautmann, W. and Sukopp, H. (eds.), "Rote Liste der gefährdeten Tiere und Pflanzen in der Bundesrepublik Deutschland," pp. 116-118. Kilda-Verlag F. Pölking, Greven, Germany.

Clausnitzer, V. (1996). Territoriality in *Notiothemis robertsi* Fraser (Anisoptera: Libellulidae). Odonatologica 25: 335-345.

Clausnitzer, V. (1997). Letter, 1 August.

Clausnitzer, V., and Wesche, K. (1996). Odonata records from Nepal (around Annapurna, Chitwan District, Royal Bardia National Park). OZF 147: 1-8.

Clement, S.L., and Meyer, R.P. (1980). Adult biology and behavior of the dragonfly *Tanypteryx hageni* (Odonata: Petaluridae). J. Kans. Entomol. Soc. 53: 711-719.

Clements, A.N. (1963). "The physiology of mosquitoes." Pergamon Press, Oxford.

Clifford, H.F. (1982). Life cycles of mayflies (Ephemeroptera), with special reference to voltinism. Quaest. Entomol. 18: 15-89.

Clifford, T., and Walker, J.R. (1985). Observations on the emergence of *Libellula quadrimaculata* (L.) and the predation of freshly emerged imagines on the Saltfleetby-Theddlethorpe Dunes NNR. JBDS 1: 71-72.

Cloarec, A. (1975). Variations quantitatives circadiennes de la prise alimentaire des larves d'*Anax imperator* Leach (Anisoptera: Aeshnidae). Odonatologica 4: 137-147.

Cloarec, A. (1977). Alimentation de larves d'*Anax imperator* Leach dans un milieu naturel (Anisoptera: Aeshnidae). Odonatologica 6: 227-243.

Cloud, T.J. (1973). Drift of aquatic insects in the Brazos River, Texas. MsT, North Texas State Univ., Denton.

Cloudsley-Thompson, J.L. (1968). "Spiders, scorpions, centipedes and mites." Pergamon, London.

Cloudsley-Thompson, J.L. (1971). Recent expansion of the Sahara. Int. J. Environ. Stud. 2: 35-39.

Cochran, W.W. (1987). Orientation and other migratory behaviours of a Swainson's thrush followed for 1500 km. AnB 35: 927-929.

Cofrancesco, A.F. (1979). Locomotor, ventilatory, and feeding rhythms of *Erythemis simplicicollis* naiads (Odonata: Libellulidae). DrT, Univ. Southern Mississippi, Hattiesburg.

Cofrancesco, A.F., and Howell, F.G. (1982). Influence of temperature and time of day on ventilatory actvities of *Erythemis simplicicollis* Say (Odonata) naiads. Environ. Entomol. 11: 313-317.

Cohn, S.L. (1987). The effects of larval density, prey presence, and light on larval behavior in the damselfly, *Ischnura verticalis*. BNABS 4: 95 (abstract only). [OdA 5917.]

Colbo, M.H., and Wotton, R.S. (1981). Preimaginal blackfly economics. In Laird, M. (ed.), "Blackflies. The future for biological methods in integrated control," pp. 209-226. Academic Press, London.

Collins, N.M. (1987). "Legislation to conserve insects in Europe." Pamphlet. Amat. Entomol. Soc. 13: 1-80. [OdA 6006.]

Colton, T.F. (1987). Extending functional response models to include a second prey type: an experimental test. Ecology 68: 900-912. [OdA 5918.]

Conrad, K.F. (1992). Relationships of larval phenology and imaginal size to male pairing success in *Argia vivida* Hagen (Zygoptera: Coenagrionidae). Odonatologica 21: 335-342.

Conrad, K.F., and Herman, T.B. (1987). Territorial and reproductive behaviour of *Calopteryx aequabilis* Say (Odonata: Calopterygidae) in Nova Scotia, Canada. AOd 3: 41-50.

Conrad, K.F., and Herman, T.B. (1990). Seasonal dynamics, movements and the effects of experimentally increased female densities on a population of imaginal *Calopteryx aequabilis* (Odonata: Calopterygidae). EcE 15: 119-129. [OdA 7276.]

Conrad, K.F., and Pritchard, G. (1988). The reproductive behaviour of *Argia vivida* Hagen: an example of a female-control mating system (Zygoptera: Coenagrionidae). Odonatologica 17: 179-185.

Conrad, K.F., and Pritchard, G. (1989). Female dimorphism and physiological colour change in the damselfly *Argia vivida* Hagen (Odonata: Coenagrionidae). CJZ 67: 298-304. [OdA 6853.]

Conrad, K.F., and Pritchard, G. (1990). Preoviposition mate-guarding and mating behaviour of *Argia vivida* (Odonata: Coenagrionidae). EcE 15: 363-370. [OdA 7627.]

Conrad, K.F., and Pritchard, G. (1992). An ecological classification of odonate mating systems: the relative influence of natural, inter- and intrasexual selection on males. BJLS 45: 255-269. [OdA 8532.]

Consiglio, C. (1974). Some observations on the sexual behaviour of *Platycypha caligata caligata* (Selys) (Zygoptera: Chlorocyphidae). Odonatologica 3: 257-259.

Consiglio, C. (1978). Odonata collected in Ethiopia by the expeditions of the Accademia Nazionale dei Lincei. I. Introduction and the Zygoptera. Accad. Nazionale dei Lincei 1978 (243): 27-51.

Consiglio, C., Argano, R., and Boitani, L. (1972). Ecological niches in two communities of adult Odonata. Abstr. 14th Int. Congr. Entomol., Canberra: 193.

Consiglio, C., Argano, R., and Boitani, L. (1974). Osservazioni ecologiche sugli odonati adulti di uno stagno dell'Italia centrale. Fragm. Entomol. (Rome) 9: 263-281.

Convey, P. (1988). Competition for perches between larval

damselflies: the influence of perch use on feeding efficiency, growth rate and predator avoidance. FwB 19: 15-28. [OdA 6471.]

Convey, P. (1989a). Odonata from the Paria Peninsula, in the eastern coastal Cordillera of Venezuela. NtO 3: 55-59.

Convey, P. (1989b). Influences on the choice between territorial and satellite behaviour in male *Libellula quadrimaculata* Linn. (Odonata: Libellulidae). Behaviour 109: 125-141. [OdA 7231.]

Convey, P. (1989c). Post-copulatory guarding strategies in the non-territorial dragonfly *Sympetrum sanguineum* (Müller) (Odonata: Libellulidae). AnB 37: 56-63.

Convey, P. (1992). Predation risks associated with mating and oviposition for female *Crocothemis erythraea* (Brullé) (Anisoptera: Libellulidae). Odonatologica 21: 343-350.

Cook, C. (1975). Notes from Carl Cook. Selysia 7 (1): 3-4.

Cook, C. (1990). Field and cabinet techniques. Argia 2 (1-4): 20-23.

Cook, C. (1994). A novel technique for collecting aquatic invertebrates (with particular application to Odonata nymphs). Argia 5 (4): 6-8.

Cook, L.M., Brower, L.P., and Croze, H.T. (1967). The accuracy of a population estimation from multiple recapture data. JAE 36: 57-60.

Cooper, G., Holland, P.W.H., and Miller, P.L. (1996). Captive breeding of *Ischnura elegans* (Vander Linden): observations on longevity, copulation and oviposition (Zygoptera: Coenagrionidae). Odonatologica 25: 261-273.

Cooper, S.D. (1983). Selective predation on cladocerans by common pond insects. CJZ 61: 879-886. [OdA 4186.]

Copeland, R.S., Okeka, W., and Corbet, P.S. (1996). Treeholes as larval habitat of the dragonfly *Hadrothemis camarensis* (Odonata: Libellulidae) in Kakamega Forest, Kenya. Aquat. Insects 18: 129-147. [OdA 10965.]

Coppa, G. (1991a). Notes sur l'émergence d'*Epitheca bimaculata* (Charpentier) (Odonata: Corduliidae). Martinia 7: 7-16.

Coppa, G. (1991b). Note sur la durée de l'émergence d'*Epitheca bimaculata* (Charpentier) (Odonata: Corduliidae). Martinia 7: 53-57.

Coppel, H.C., and Mertins, J.W. (1977). "Biological insect pest suppression." Springer-Verlag, Berlin.

Corbet, P.S. (1951). The development of the labium of *Sympetrum striolatum* (Charp.) (Odon., Libellulidae). EMM 87: 289-296.

Corbet, P.S. (1952). An adult population study of *Pyrrhosoma nymphula* (Sulzer) (Odonata: Coenagrionidae). JAE 21: 206-222.

Corbet, P.S. (1953a). The seasonal ecology of dragonflies. DrT, Univ. Cambridge, Cambridge.

Corbet, P.S. (1953b). A terminology for the labium of larval Odonata. Entomologist 86: 191-196.

Corbet, P.S. (1954). Seasonal regulation in British dragonflies. Nature (London) 174: 655, 777.

Corbet, P.S. (1955a). The immature stages of the emperor dragonfly, *Anax imperator* Leach (Odonata: Aeshnidae). EnG 6: 189-204.

Corbet, P.S. (1955b). The larval stages of *Coenagrion mercuriale* (Charp.) (Odonata: Coenagrionidae). PRES (A) 30: 115-126.

Corbet, P.S. (1956a). The influence of temperature on diapause development in the dragonfly *Lestes sponsa* (Hansemann) (Odonata: Lestidae). PRES (A) 31: 45-48.

Corbet, P.S. (1956b). Environmental factors influencing the induction and termination of diapause in the emperor dragonfly, *Anax imperator* Leach (Odonata: Aeshnidae). JEB 33: 1-14.

Corbet, P.S. (1956c). Larvae of East African Odonata. 2. *Ceriagrion glabrum* Burmeister. 3. *Metacnemis valida* Selys. Entomologist 89: 148-151.

Corbet, P.S. (1957a). The life-history of the emperor dragonfly, *Anax imperator* Leach (Odonata: Aeshnidae). JAE 26: 1-69.

Corbet, P.S. (1957b). Larvae of East African Odonata. 9. *Phyllomacromia picta* (Selys). 10. *Phyllomacromia reginae* (Le Roi). 11. *Phyllomacromia sylvatica* Fraser. Entomologist 90: 111-119.

Corbet, P.S. (1957c). Larvae of East African Odonata. 12. *Crenigomphus rennei* Fraser. 13. *Paragomphus cognatus* (Rambur). 14. *Paragomphus hageni* (Selys). Entomologist 90: 143-147.

Corbet, P.S. (1957d). The life-histories of two spring species of dragonfly (Odonata: Zygoptera). EnG 8: 79-89.

Corbet, P.S. (1959). Notes on the insect food of the Nile crocodile in Uganda. PRES (A) 34: 17-22.

Corbet, P.S. (1960a). The egg and egg-laying. In Corbet, P.S., Longfield, C., and Moore, N.W., "Dragonflies," pp. 55-65. Collins, London.

Corbet, P.S. (1960b). The larva. In Corbet, P.S., Longfield, C., and Moore, N.W., "Dragonflies," pp. 66-86. Collins, London.

Corbet, P.S. (1961a). Entomological studies from a high tower in Mpanga Forest, Uganda. XII. Observations on Ephemeroptera, Odonata and some other orders. Trans. Roy. Entomol. Soc. Lond. 113: 356-361.

Corbet, P.S. (1961b). The biological significance of the attachment of immature stages of *Simulium* to mayflies and crabs. Bull. Entomol. Res. 52: 695-699.

Corbet, P.S. (1961c). The food of non-cichlid fishes in the Lake Victoria basin, with remarks on their evolution and adaptation to lacustrine conditions. PZS 136: 1-101.

Corbet, P.S. (1962a). "A biology of dragonflies." Witherby, London. [BsA 21125.]

Corbet, P.S. (1962b). Observations on the attachment of *Simulium* pupae to larvae of Odonata. Ann. Trop. Med. Parasitol. 56: 136-140.

Corbet, P.S. (1962c). Age-determination of adult dragonflies (Odonata). Verh. 11th Int. Kongr. Entomol., Vienna (1960), 3: 287-289.

Corbet, P.S. (1963). The reliability of parasitic watermites (Hydracarina) as indicators of physiological age in mosquitoes (Diptera: Culicidae). Entomol. Exp. Appl. 6: 215-233.

Corbet, P.S. (1964). Temporal patterns of emergence in aquatic insects. CnE 96: 264-279.

Corbet, P.S. (1965). Asymmetry in eocrepuscular diel periodicities of insects. CnE 97: 878-880.

Corbet, P.S. (1966). Diel patterns of mosquito activity in a high Arctic locality: Hazen Camp, Ellesmere Island, N.W.T. CnE 98: 1238-1252.

Corbet, P.S. (1969). Terrestrial microclimate: amelioration at high latitudes. Science 166: 865-866.

Corbet, P.S. (1970). Pest management: objectives and prospects on a global scale. In Rabb, R.L., and Guthrie, F.E. (eds.), "Concepts of pest management," pp. 191-204. North Carolina State Univ. Press, Raleigh.

Corbet, P.S. (1972). The microclimate of Arctic animals and plants, on land and in fresh water. Acta Arctica 18: 1-43.

Corbet, P.S. (1979). *Pantala flavescens* (Fabricius) in New Zealand (Anisoptera: Libellulidae). Odonatologica 8: 115-121.

Corbet, P.S. (1980). Biology of Odonata. ARE 25: 189-217.
Corbet, P.S. (1981). Seasonal incidence of Anisoptera in light-traps in Trinidad, West Indies. Odonatologica 10: 179-187.
Corbet, P.S. (1983). Odonata in phytotelmata. In Frank, J.H., and Lounibos, L.P. (eds.), "Phytotelmata: terrestrial plants as hosts of aquatic insect communities," pp. 29-54. Plexus, Marlton, New Jersey.
Corbet, P.S. (1984a). Orientation and reproductive condition of migrating dragonflies (Anisoptera). Odonatologica 13: 81-88.
Corbet, P.S. (ed.) (1984b). "Current topics in dragonfly biology." [Vol. 1.] RCSIO, Suppl., 2, x + 46 pp.
Corbet, P.S. (1985). Prepupal killing behaviour in *Toxorhynchites brevipalpis*: a status report. In Lounibos, L.P., Rey, J.R., and Frank, J.H. (eds.), "Mosquito ecology: proceedings of a workshop," pp. 407-417. Florida Medical Entomology Laboratory, Vero Beach.
Corbet, P.S. (ed.) (1986). "Current topics in dragonfly biology." Vol. 2. RCSIO, Suppl. 6, x + 32 pp.
Corbet, P.S. (ed.) (1988). "Current topics in dragonfly biology." Vol. 3. RCSIO, Suppl. 8, viii + 24 pp.
Corbet, P.S. (1991). A brief history of odonatology. AOd 5: 21-44.
Corbet, P.S. (1993). The first ten years of the British Dragonfly Society. JBDS 9: 25-39.
Corbet, P.S. (1995). Habitats and habits of world dragonflies and the need to conserve them. In Corbet, P.S., Dunkle, S.W., and Ubukata, H. (eds.), "Proceedings of the International Symposium on the Conservation of Dragonflies and Their Habitats," pp. vi, 1-7. Japanese Society for the Preservation of Birds, Kushiro.
Corbet, P.S. (1996). Stadium frequency in Odonata. In preparation.
Corbet, P.S. (1998). Voltinism in Odonata. In preparation.
Corbet, P.S., and Eda, S. (1969). Odonata in southern Ontario, Canada in August 1968. Tombo 12: 4-11.
Corbet, P.S., and Harvey, I.F. (1989). Seasonal regulation in *Pyrrhosoma nymphula* (Sulzer) (Zygoptera: Coenagrionidae). 1. Seasonal development in nature. Odonatologica 18: 133-145.
Corbet, P.S., and Hoess, R. (1998). Sex ratio of Odonata at emergence. Int. J. Odonatol. 1: 99-118.
Corbet, P.S., and McCrae, A.W.R. (1981). Larvae of *Hadrothemis scabrifrons* (Ris) in a tree cavity in East Africa (Anisoptera: Libellulidae). Odonatologica 10: 311-317.
Corbet, P.S., and Miller, P.L. (1991). "Accompanying" behaviour as a means of prey acquisition by *Brachythemis leucosticta* (Burmeister) and other Anisoptera. Odonatologica 20: 29-36.
Corbet, P.S., and Prosser, R.J.S. (1986). Diagnosis of interecdysial development in final-instar larvae of *Pyrrhosoma nymphula* (Sulzer) (Zygoptera: Coenagrionidae). Odonatologica 15: 23-28.
Corbet, P.S., and Smith, R.F. (1976). Integrated control: a realistic alternative to misuse of pesticides? In Huffaker, C.B., and Messenger, P.S. (eds.), "Theory and practice of biological control," pp. 661-682. Academic Press, New York.
Corbet, P.S., Longfield, C., and Moore, N.W. (1960). "Dragonflies." Collins, London.
Corbet, P.S., Scrimgeour, C.M., Holmquist, J.E., and Kiauta, B. (1984a). "A topic index for Odonatological Abstracts 1-4225 from *Odonatologica* volumes 1-12." RCSIO, Suppl. 4 (B), viii + 41.
Corbet, P.S., Scrimgeour, C.M., and Kiauta, B. (1984b). "Author index for Odonatological Abstracts 1-4225 from *Odonatologica* volumes 1-12." RCSIO, Suppl. 4 (A), viii + 63.
Corbet, P.S., Harvey, I.F., Abisgold, J., and Morris, F. (1989). Seasonal regulation in *Pyrrhosoma nymphula* (Sulzer) (Zygoptera: Coenagrionidae). 2. Effect of photoperiod on larval development in spring and summer. Odonatologica 18: 333-348.
Corbet, P.S., Dunkle, S.W., and Ubukata, H. (eds.) (1995). Proceedings of the International Symposium on the Conservation of Dragonflies and Their Habitats. Japanese Society for the Preservation of Birds, Kushiro.
Corbet, S.A. (1959). The larval development and emergence of *Aeshna cyanea* (Müll.) (Odon., Aeshnidae). EMM 95: 241-245.
Corbet, S.A. (1977). Gomphids from Cameroon, West Africa (Anisoptera: Gomphidae). Odonatologica 6: 55-68.
Corbet, S.A. (1988). Pressure cycles and the water economy of insects. Phil. Trans. Roy. Soc. Lond. (B) 318 (1190): 377-407.
Corbet, S.A. (1990). Book review: "Ecology and natural history of tropical bees," by D.W. Roubik. Trends Ecol. Evol. 5: 347-348.
Corbet, S.A. (1991a). A fresh look at the arousal syndrome of insects. Adv. Insect Physiol. 23: 81-116.
Corbet, S.A. (1991b). PCm.
Corbet, S.A. (1992). Letter, 17 July.
Corbet, S.A. (1995). PCm.
Corbet, S.A., Saville, N.M., Fussell, M., Prŷs-Jones, O.E., and Unwin, D.M. (1995). The competition box: a graphical aid to forecasting pollinator performance. J. Appl. Ecol. 32: 707-719.
Cordero, A. (1988). Estudio ecológico de une población de *Lestes viridis* Vander Linden, 1825 (Zygoptera, Lestidae). Limnética 4: 1-8. [OdA 6369.]
Cordero, A. (1989a). Estructura de tres comunidades de *Calopteryx* (Odonata: Calopterygidae) con differente composición específica. Limnética 5: 83-91. [OdA 6855.]
Cordero, A. (1989b). Reproductive behaviour of *Ischnura graellsii* (Rambur) (Zygoptera: Coenagrionidae). Odonatologica 18: 237-244.
Cordero, A. (1990a). The adaptive significance of the prolonged copulations of the damselfly, *Ischnura graellsii* (Odonata: Coenagrionidae). AnB 40: 43-48.
Cordero, A. (1990b). The inheritance of female polymorphism in the damselfly *Ischnura graellsii* (Rambur) (Odonata: Coenagrionidae). Heredity 64: 341-346. [OdA 7390.]
Cordero, A. (1991a). Fecundity of *Ischnura graellsii* (Rambur) in the laboratory (Zygoptera: Coenagrionidae). Odonatologica 20: 37-44.
Cordero, A. (1991b). Drought-induced dispersal in *Calopteryx haemorrhoidalis* (Vander Linden) (Odonata: Calopterygidae). OZF 64: 1-6.
Cordero, A. (1992a). Sexual cannibalism in the damselfly species *Ischnura graellsii* (Odonata: Coenagrionidae). Entomol. Gen. 17: 17-20. [OdA 8692.]
Cordero, A. (1992b). Density-dependent mating success and colour polymorphism in females of the damselfly *Ischnura graellsii* (Odonata: Coenagrionidae). JAE 61: 769-780. [OdA 8691.]
Cordero, A. (1994a). Inter-clutch interval and number of ovipositions in females of the damselfly *Ischnura graellsii* (Odonata: Coenagrionidae). Etología 4: 103-106. [OdA 10784.]

Cordero, A. (1994b). Reproductive allocation in different-sized adults of *Ischnura graellsii* (Rambur) (Zygoptera: Coenagrionidae). Odonatologica 23: 271-276.

Cordero, A. (1994c). The effect of sex and age on survivorship of adult damselflies in the laboratory (Zygoptera: Coenagrionidae). Odonatologica 23: 1-12.

Cordero, A. (1995a). Vertical stratification during emergence in odonates. NtO 4: 103-105.

Cordero, A. (1995b). Correlates of male mating success in two natural populations of the damselfly *Ischnura graellsii* (Odonata: Coenagrionidae). EcE 20: 213-222.

Cordero, A., and Andrés, J.A. (1996). Colour polymorphism in odonates: females that mimic males? JBDS 12: 50-60.

Cordero, A., and Miller, P.L. (1992). Sperm transfer, displacement and precedence in *Ischnura graellsii* (Odonata: Coenagrionidae). BES 30: 261-267. [OdA 8534.]

Cordero, A., and Santolamazza-Carbone, S. (1992). A twenty-four-hours-lasting tandem in *Coenagrion scitulum* (Ramb.) in the laboratory (Zygoptera: Coenagrionidae). NtO 3: 166-167.

Cordero, A., Santolamazza-Carbone, S., and Utzeri, C. (1994). Male disturbance, repeated insemination and sperm competition in the damselfly *Coenagrion scitulum* (Zygoptera: Coenagrionidae). AnB 49: 437-449.

Cordero, A., Santolamazza-Carbone, S., and Utzeri, C. (1995). Female colour polymorphism in ischnuran damselflies: a neutral character to selection? Abstr. 13th Int. Symp. Odonatol., Essen: 19. Oral.

Cordero-Rivera, A. (1987). Estructura de población en *Ischnura graellsi* Rambur, 1842 (Zygop. Coenagrionidae). Bol. Asoc. Esp. Entomol. 11: 269-286.

Cordero-Rivera, A. (1988). Ciclomorfosis y fenología en *Ischnura graellsi* Rambur, 1842 (Odonata: Coenagrionidae). Actas 5th Congr. Int. Soc. Portug. Entomol., Granada: 419-429. [OdA 6806.]

Córdoba-Aguilar, A. (1992). Comportamiento reproductivo y policromatismo en *Ischnura denticollis* Burmeister (Zygoptera: Coenagrionidae). Bull. Am. Odonatol. 1: 57-64.

Córdoba-Aguilar, A. (1993). Population structure in *Ischnura denticollis* (Burmeister) (Zygoptera: Coenagrionidae). Odonatologica 22: 455-464.

Córdoba-Aguilar, A. (1994a). Some observations on reproductive behavior in *Brechmorhoga vivax* Calv. (Anisoptera: Libellulidae). NtO 4: 51-53.

Córdoba-Aguilar, A. (1994b). Male substrate use in relation to age and size in *Hetaerina cruentata* (Rambur) (Zygoptera: Calopterygidae). Odonatologica 23: 399-403.

Córdoba-Aguilar, A. (1994c). Adult survival and movement in males of the damselfly *Hetaerina cruentata* (Odonata: Calopterygidae). Fla. Entomol. 77: 256-264. [OdA 9842.]

Córdoba-Aguilar, A. (1995a). Male territorial tactics in the damselfly *Hetaerina cruentata* (Rambur) (Zygoptera: Calopterygidae). Odonatologica 24: 441-449.

Córdoba-Aguilar, A. (1995b). Changes from territorial to feeding activity in adult *Anax walsinghami* McL. before sunset (Anisoptera: Aeshnidae). NtO 4: 90-91.

Córdoba-Aguilar, A. (1995c). Fluctuating asymmetry in paired and unpaired damselfly males *Ischnura denticollis* (Burmeister) (Odonata: Coenagrionidae). J. Ethol. 13: 129-132. [OdA 10533.]

Cornelius, D.M., and Burton, T.M. (1987). Studies of *Ophiogomphus colubrinus* in the Ford River in Michigan. BNABS 4: 96 (abstract only).

Costa, N.H., and Fernando, E.C.M. (1967). The food and feeding relationships of the common meso and macrofauna in the Maya Oya, a small mountainous stream at Peradeniya, Ceylon. Ceylon J. Sci., Biol. Sci. 7: 74-90. [BsA 582.]

Cothran, M.L., and Thorp, J.H. (1982). Emergence patterns and size variation of Odonata in a thermal reservoir. Freshw. Invertebr. Biol. 1: 30-39. [OdA 4373.]

Cotter, G. (ed.) (1988). "Natural history verse. An anthology." Christopher Helm, London.

Coué, T., and Dommanget, J.-L. (1996). Une observation peu habituelle: *Anax imperator* Leach, 1815 prise dans une grande bardane (*Arctium lappa*) (Odonata, Anisoptera, Aeshnidae). Martinia 12: 76-77.

Craig, C.L., and Bernard, G.D. (1990). Insect attraction to ultraviolet-reflecting spider webs and web decorations. Ecology 71: 616-623.

Cranbrook, Lord, and Furtado, J.I. (1988). Freshwaters. In Cranbrook, Lord (ed.), "Key environments of Malaysia," pp. 225-250. Pergamon Press, Oxford. [OdA 6482.]

Crowder, L.B., and Cooper, W.E. (1982). Habitat structural complexity and the interactions between bluegills and their prey. Ecology 63: 1802-1813.

Crowley, P.H. (1979). Behavior of zygopteran nymphs in a simulated weed bed. Odonatologica 8: 91-101.

Crowley, P.H. (1984). Evolutionarily stable strategies for larval dragonflies. In Levin, S.A., and Hallam, T.G. (eds.), "Mathematical ecology: proceedings, Trieste," pp. 55-74. Springer-Verlag, Berlin.

Crowley, P.H., and Johnson, D.M. (1982). Habitat and seasonality as niche axes in an odonate community. Ecology 63: 1064-1077.

Crowley, P.H., and Johnson, D.M. (1992). Variability and stability of a dragonfly assemblage. Oecologia 90: 260-269.

Crowley, P.H., Dillon, P.M., Johnson, D.M., and Watson, C.N. (1987a). Intraspecific interference among larvae in a semivoltine dragonfly population. Oecologia 71: 447-456.

Crowley, P.H., Nisbet, R.M., Gurney, W.S.C., and Lawton, J.H. (1987b). Population regulation in animals with complex life-histories: formulation and analysis of a damselfly model. Adv. Ecol. Res. 17: 1-59. [OdA 7212.]

Crowley, P.H., Gillett, S., and Lawton, J.H. (1988). Contests between larval damselflies: empirical steps towards a better ESS model. AnB 36: 1496-1510.

Crump, M.L. (1984). Ontogenetic changes in vulnerability to predation in tadpoles of *Hyla pseudopuma*. Herpetologica 40: 265-271. [OdA 7323.]

Crumpton, W.J. (1975). Adult behaviour of *Xanthocnemis zealandica* McLachlan and *Austrolestes colensonis* White at selected South Island (N. Zealand) habitats (Zygoptera: Coenagrionidae, Lestidae). Odonatologica 4: 149-168.

Crumpton, W.J. (1976). Letter, rec. 29 January.

Crumpton, [W.] J. (1979). Aspects of the biology of *Xanthocnemis zealandica* and *Austrolestes colensonis* (Odonata: Zygoptera) at three ponds in the South Island, New Zealand. NZJZ 6: 285-297.

Cummins, K.W. (1973). Trophic relations of aquatic insects. ARE 18: 183-206.

Cummins, K.W., and Coffman, W.P. (1978). Table 22a. Summary of ecological and distributional data for Chironomidae (Diptera). In Merritt, R.W., and Cummins, K.W. (eds.), "An introduction to the aquatic insects of North America," pp. 370-376. Kendall/Hunt, Dubuque, Iowa.

Currie, N.L. (1961). Studies of the biology of *Erythemis simplicicollis* (Say) (Odonata: Libellulidae). DrT, Ohio State Univ., Columbus.

Currie, N.[L.] (1963). Mating behavior and local dispersal in *Erythemis simplicicollis*. Proc. N. Cent. Branch Entomol. Soc. Am. 18: 112-113.
Currie, R.P. (1903). The Odonata collected by Messrs Schwarz and Barber in Arizona and New Mexico. Proc. Entomol. Soc. Wash. 5: 298-303.
Curtis, C.F. (1994). Anti-mosquito buzzers, advertising and the law. Wing Beats 1994 (Winter): 10-12, 6.
Daborn, G.R. (1971). Survival and mortality of coenagrionid nymphs (Odonata: Zygoptera) from the ice of an aestival pond. CJZ 49: 569-571.
Daigle, J.J. (1991). Florida damselflies (Zygoptera): a species key to the aquatic larval stages. Florida Dept. Environ. Regul. Tech. Ser. 11 (1): 1-15.
Daigle, J. (1994). Ka-Powie! It's Kauai! or Jurassic Park dragonflies! Argia 6 (1): 8-10.
Daigle, J. (1995a). Supreme Court ruling on habitat destruction. Argia 7 (3): 30.
Daigle, J.J. (1995b). Third time's a charm or Hawaii 5-0, episode #4! Argia 7 (4): 3-5.
Daigle, J.J., and Rutter, R.P. (1984). New county records for *Crocothemis servilia* (Dru.) from Florida, United States (Anisoptera: Libellulidae). NtO 2: 63.
D'Andrea, M., and Carfì, S. (1994). Spines on the wing veins in Odonata. 3. The vein edge. AOd 6: 21-43.
Daniel, T., and Kesavan, U. (1990). Toxic effects of the tannery effluent on the nymphs of *Brachythemis contaminata* (Fabricius) in a south Indian township (Anisoptera, Libellulidae). Indian Odonatol. 3: 45-51.
Danks, H.V. (1978). Modes of seasonal adaptation in the insects. I. Winter survival. CnE 110: 1167-1205.
Danks, H.V. (1981). "Arctic arthropods. A review of systematics and ecology with particular reference to the North American fauna." Entomological Society of Canada, Ottawa.
Danks, H.V. (1987). "Insect dormancy: an ecological perspective." Biological Survey of Canada (Terrestrial Arthropods), Ottawa.
Danks, H.V. (1991). Life cycle pathways and the analysis of complex life cycles in insects. CnE 123: 23-40.
Davies, D.A.[L.] (1982). Rarus, rarior, rarissimus. Selysia 11(1): 20.
Davies, D.A.L. (1985). *Hemiphlebia mirabilis* Selys: some notes on distribution and conservation status (Zygoptera: Hemiphlebiidae). Odonatologica 14: 331-339.
Davies, D.A.L. (1986). Letter, 30 October.
Davies, D.A.L. (1988). "Consequences of destruction of natural predators by methods of vector suppression for parasite control." Medical Research Council, London. [OdA 8467.]
Davies, [D.]A.[L.] (1990). Tales (& tails) of dragonflies, 1990. Kimminsia 1 (2): 13-14.
Davies, D.A.L. (1991). Letter, 13 December.
Davies, [D.]A.[L.] (1992a). *Epiophlebia laidlawi*—flying! Kimminsia 3 (2): 10-11.
Davies, D.A.L. (1992b). Letter, 10 October.
Davies, D.A.L. (1996). Letter, 6 January.
Davies, D.A.L., and Tobin, P. (1984). "The dragonflies of the world: a systematic list of the extant species of Odonata." Vol. 1: "Zygoptera, Anisozygoptera." RCSIO, Suppl. 3, x + 127.
Davies, D.A.L., and Tobin, P. (1985). "The dragonflies of the world: a systematic list of the extant species of Odonata." Vol. 2: "Anisoptera." RCSIO, Suppl. 5, xii + 151.
Davies, D.M. (1981). Predators upon blackflies. In Laird, M. (ed.), "Blackflies. The future for biological methods in integrated control," pp. 139-158. Academic Press, London.
Davies, N.B. (1983). Polyandry, cloaca-pecking and sperm competition in dunnocks. Nature (London) 302: 334-336.
Davies, N.B., and Houston, A.I. (1984). Territory economics. In Krebs, J.R., and Davies, N.B. (eds.), "Behavioural ecology: an evolutionary approach," pp. 148-169. Blackwell, London. [OdA 6190.]
Davies, R.W. (1969). The production of antisera for detecting specific triclad antigens in the gut contents of predators. Oikos 20: 248-260.
Davies, R.W., and Reynoldson, T.B. (1971). The incidence and intensity of predation on lake-dwelling triclads in the field. JAE 40: 191-214.
Davis, C.C. (1962). Ecological and morphological notes on *Hydrophylita aquivalans* (Math. and Crosby). Limnol. Oceanogr. 7: 390-392. [BsA 25391.]
Davis, C.C. (1963). A study of the hatching process in aquatic invertebrates. IV. Hatching in *Libellula* sp. (Odonata, Anisoptera). V. Hatching in *Eylias extendens* Müller (Acarina, Hydrachnida). Trans. Am. Microscop. Soc. 82: 213-219. [BsA 96187.]
Davis, C.C. (1968). Mechanisms of hatching in aquatic invertebrate eggs. Oceanogr. Mar. Biol. Annu. Rev. 6: 325-376.
Dawes, B. (1968). "The Trematoda." Cambridge Univ. Press, Cambridge.
Deacon, K.J. (1975). The seasonal regulation of *Leucorrhinia intacta* Hagen (Odonata: Libellulidae). MsT, Univ. Waterloo, Ontario.
Deacon, K.J. (1979). The seasonality of four Odonata species from mid Canterbury, South Island, New Zealand. DrT, Univ. Canterbury, New Zealand.
Dean, W.R.J., and MacDonald, I.A.W. (1981). A review of African birds feeding in association with mammals. Ostrich 52: 135-155.
De Belair, G., and Samraoui, B. (1994). Death of a lake: Lac Noir in northeastern Algeria. Environ. Conserv. 21: 169-172.
Decleer, K. (1992). Aquatic and semi-terrestrial invertebrates versus lowering of the water table, water pollution and extreme flooding: a case study from an important wetland site in Flanders (Belgium). Council Europe Environ. Encount. 14: 83-86. [OdA 9068.]
Degrange, C. (1961). L'éclosion des odonates zygoptères *Agrion puella* (L.) et *Enallagma cyathigerum* (Charp.). Trav. Lab. Hydrobiol. (Grenoble) 52-53: 69-76.
Degrange, C. (1971). L'oeuf de *Hemianax ephippiger* (Burmeister) 1839 (Odonata, Anisoptera, Aeschnidae). Trav. Lab. Hydrobiol. (Grenoble) 62: 131-145.
Degrange, C. (1972). Le développement des cysticercoïdes du genre *Tatria* (cestodes Cyclophyllidae) chez les larves d'odonates. Trav. Lab. Hydrobiol. (Grenoble) 63: 215-251.
Degrange, C. (1974). L'oeuf et l'éclosion de *Calopteryx virgo* L. (Odonata, Zygoptera, Calopterygidae). Considérations générales sur l'éclosion des larves des odonates. Trav. Lab. Hydrobiol. (Grenoble) 64-65: 269-286.
Degrange, C., and Seassau, M.-D. (1964). Recherches sur la croissance de l'odonate anisoptère *Aeschna cyanea* (Müller). Trav. Lab. Hydrobiol. (Grenoble) 56: 85-103.
Degrange, C., and Seassau, M.-D. (1968). Longévité des odonates anisoptères adults en captivité. Trav. Lab. Hydrobiol. (Grenoble) 59-60: 83-86.
Dejoux, C., and Élouard, J.-M. (1977). Action de l'Abate sur les invertébrés aquatiques. Cinétique de décrochement à court et moyen terme. Cah. O.R.S.T.O.M. (Hydrobiol.) 11: 217-

230. [OdA 4812.]

De La Rosa, C., and Ramírez, A. (1995). A note on phototactic behavior and on phoretic associations in larvae of *Mecistogaster ornata* Rambur from northern Costa Rica (Zygoptera: Pseudostigmatidae). Odonatologica 24: 219-224.

Del Carmen-Padilla, M., and González-Soriano, E. (1980). Estudio preliminar del comportamiento sexual y territorial de una población de *Erythrodiplax connata* Burmeister (Odonata: Libellulidae). Fol. Entomol. Mex. 1980 (45): 32-33. [OdA 3488.]

Dell'Anna, L., Utzeri, C., and Belfiore, C. (1990). Perching behaviour in *Trithemis annulata* (Pal. de Beauv.) (Anisoptera: Libellulidae). Odonatologica 19: 375-380.

Dell'Anna, L., Utzeri, C., Sabatini, A., and Coluzzi, M. (1995). *Forcipomyia* (*Pterobosca*) *paludis* (Macfie, 1936) (Diptera, Ceratopogonidae) on adult dragonflies (Odonata) in Sardinia, Italy. Parasitologia 37: 79-82. [OdA 10682.]

Dell'Anna, L., Utzeri, C., and DeMatthaeis, E. (1996). Biological differentiation and reproductive isolation of syntopic central Italian populations of *Chalcolestes viridis* (Vander L.) and *C. parvidens* (Artobol.) (Zygoptera: Lestidae). NtO 4: 135-136.

De Marchi, G. (1990). Precopulatory reproductive isolation and wing colour dimorphism in *Calopteryx splendens* females in southern Italy (Zygoptera: Calopterygidae). Odonatologica 19: 243-250.

De Marmels, J. (1981a). *Aeshna rufipes* Ris in Venezuela, with a description of the male (Anisoptera: Aeshnidae). Odonatologica 10: 39-42.

De Marmels, J. (1981b). Letter, 16 September.

De Marmels, J. (1982a). Letter, 15 November.

De Marmels, J. (1982b). Dos náyades nuevas de la familia Megapodagrionidae (Odonata Zygoptera). Bol. Entomol. Venez., N.S., 2: 89-93.

De Marmels, J. (1982c). La náyade de *Cora cyane* Selys, 1853 (Odonata: Polythoridae). Bol. Entomol. Venez., N.S., 2: 107-110.

De Marmels, J. (1982d). The genus *Euthore* Selys in Venezuela, with special notes on *Euthore fasciata fasciata* (Hagen, 1853) (Zygoptera: Polythoridae). AOd 1: 39-41.

De Marmels, J. (1985a). On the true *Hetaerina capitalis* Selys, 1873, and its sibling species *Hetaerina smaragdalis* spec. nov. (Zygoptera: Calopterygidae). Odonatologica 14: 177-190.

De Marmels, J. (1985b). La náyade de *Leptagrion fernandezianum* Rácenis, especie bromelícola (Odonata: Coenagrionidae), y consideraciones sobre la posible relación filogénetica del género *Leptagrion* Selys. Bol. Entomol. Venez., N.S., 4: 1-7. [OdA 4974.]

De Marmels, J. (1985c). *Acanthagrion dichrostigma* sp. n. y *Acanthagrion tepuiense* sp. n. de Venezuela (Odonata: Coenagrionidae). Bol. Entomol. Venez., N.S., 4: 9-16.

De Marmels, J. (1987). On the type specimens of some Neotropical Megapodagrionidae, with a description of *Heteragrion pemon* spec. nov. and *Oxystigma caerulans* spec. nov. from Venezuela (Zygoptera). Odonatologica 16: 225-238.

De Marmels, J. (1989a). "Odonata or dragonflies from Cerro de la Neblina." Acad. de las Ciencias Físicas, Matemáticas y Naturales, Caracas.

De Marmels, J. (1989b). Un híbrido entre *Dythemis multipunctata* Kirby y *Dythemis sterilis* Hagen (Odonata: Libellulidae). Bol. Entomol. Venez., N.S., 5: 74-76.

De Marmels, J. (1990a). Key to the ultimate instar larvae of the Venezuelan odonate families. OZF 50: 1-6.

De Marmels, J. (1990b). Nota sobre dos "formas" en *Acanthagrion fluviatile* (De Marmels, 1984) y una descripción de la náyade (Odonata: Coenagrionidae). Bol. Entomol. Venez., N.S., 5: 116-122.

De Marmels, J. (1992a). Dragonflies (Odonata) from the Sierras of Tapirapeco and Unturan, in the extreme south of Venezuela. Acta Biol. Venez. 14: 57-78.

De Marmels, J. (1992b). The female and the larva of *Aeshna andresi* Rácenis, 1958 (Anisoptera: Aeshnidae). Odonatologica 21: 351-355.

De Marmels, J. (1994). *Sympetrum chaconi* spec. nov. from Auyán-tepui, Venezuela, with notes on a Pantepuyan form of *Tramea binotata* (Rambur) (Anisoptera: Libellulidae). Odonatologica 23: 405-412.

De Marmels, J. (1995). A five-year survey of an Odonata community inhabiting a north Venezuelan stream. Abstr. 13th Int. Symp. Odonatol., Essen: 35. Oral.

De Marmels, J. (1997). Letter, 18 February.

De Marmels, J., and Rácenis, J. (1982). An analysis of the *cophysa*-group of *Tramea* Hagen, with descriptions of two new species (Anisoptera: Libellulidae). Odonatologica 11: 109-128.

De Marmels, J., and Schiess, H. (1977). Zum Vorkommen der Zwerglibelle *Nehalennia speciosa* (Charp. 1840) in der Schweiz (Odonata: Coenagrionidae). Verh. Nat. Ges. Zürich 122: 339-348.

De Mesquita, H.G., and Matteo, B.C. (1992). A náiade de *Leptagrion beebeanum* Calvert, 1948 (Odonata: Pseudagrioninae). Resum. 4th Congr. Brasil. Limnol., Manaus: 119. [OdA 8697.]

De Ricqles, A. (1988). Les odonates de Dordogne et leur intérêt comme indicateurs de l'évolution des milieux à moyen terme. Rev. Ecol. (Terre et Vie) 43: 177-194. [OdA 6373.]

Desforges, J., and Pilon, J.-G. (1986). Action de la température sur le développement embryonnaire de *Libellula julia* Uhler (Anisoptera: Libellulidae). Odonatologica 15: 29-36.

Desforges, J., and Pilon, J.-G. (1989). Étude de la croissance postembryonnaire de *Libellula julia* Uhler en milieu contrôlé (Anisoptera: Libellulidae). AOd 4: 13-25.

Desportes, I. (1963). Quelques grégarines parasites d'insectes aquatiques de France. Ann. Parasitol. Hum. Comp. 38: 341-377.

Dévai, G. (1968). Die Libellen-(Odonata-.) fauna der toten Flussarme der Bodrog bei Sárospatak. Teil I. Acta Biol. Debrecina 6: 23-32.

Dévai, G., Dévai, I., Czégény, I., Harman, B., Wittner, I., and Fürjesi, K. (1992). Untersuchungen der Erklärungsmöglichkeiten von Bioindikation bei verschiedenartig belasteten Nordostungarischen Wasserräumen. In Mészáros, I., Gebefügi, I., and Lörinci, G. (eds.), "Ecological approaches of environmental chemicals," pp. 51-61. GSF-Forschungszentrum für Umwelt und Gesundheit, Neuherberg, Germany. [OdA 8537.]

Devolder, J. (1990). Libellenwaarnemingen in Joegoslavië en Griekenland, juli-augustus 1989 (Odonata). Phegea 18: 143-148. [OdA 7499.]

Dewey, J.E. (1973). Accumulation of fluorides by insects near an emission source in western Montana. Environ. Entomol. 2: 179-182. [BsA 36324.]

Diamond, J.M. (1982). Man the exterminator. Nature (London) 298: 787-789.

Diamond, J.[M.] (1985). How and why eroded ecosystems should be restored. Nature (London) 313: 629-630.

Diamond, J.M., and May, R.M. (1985). A discipline with a time limit. Nature (London) 317: 111-112.
Dickerson, J.E., Robinson, J.V., Gilley, J.T., and Wagner, J.D. (1982). Inter-male aggression distance of *Plathemis lydia* (Drury) (Odonata: Libellulidae). Southwest. Nat. 27: 457-458.
Dickerson, J.E., Tyler, T., and Robinson, J.V. (1992). Aspects of the life-history of adult *Ischnura cervula* (Selys) (Zygoptera: Coenagrionidae). NtO 3: 137-139.
Diesel, R. (1989). Parental care in an unusual environment: *Metopaulias depressus* (Decapoda: Grapsidae), a crab that lives in epiphytic bromeliads. AnB 38: 561-575.
Diesel, R. (1992). Maternal care in the bromeliad crab, *Metopaulias depressus*: protection of larvae from predation by damselfly nymphs. AnB 43: 803-812.
Dinsmore, J.J. (1973). Foraging success of cattle egrets, *Bubulcus ibis*. AMN 89: 242-246.
Dionne, M., Butler, M., and Folt, C. (1990). Plant-specific expression of antipredator behaviour by larval damselflies. Oecologia 83: 371-377.
Disney, R.H.L. (1975). Speculations regarding the mode of evolution of some remarkable associations between Diptera (Cuterebridae, Simuliidae and Sphaeroceridae) and other arthropods. EMM 110 (1974): 67-74.
Dixon, S.M., and Baker, R.L. (1987). Effects of fish on feeding and growth of larval *Ischnura verticalis* (Coenagrionidae: Odonata). CJZ 65: 2276-2279. [OdA 6219.]
Dixon, S.M., and Baker, R.L. (1988). Effects of size on predation risk, behavioural response to fish, and cost of reduced feeding in larval *Ischnura verticalis* (Coenagrionidae: Odonata). Oecologia 76: 200-205. [OdA 6374.]
Dodds, R.M. (1990). Europe's diminishing dragonfly population gives cause for concern. Britons take initiative in setting up first dragonfly reserve. Bull. Amat. Entomol. Soc. 49 (72): 210-211. [OdA 7500.]
Dodds, R.M. (1992). Inverted emergence by *Ischnura elegans* (Vander Linden) at Ashton Water Dragonfly Sanctuary. JBDS 8: 13-15.
Doerksen, G.P. (1980). Notes on the reproductive behaviour of *Enallagma cyathigerum* (Charpentier) (Zygoptera: Coenagrionidae). Odonatologica 9: 293-296.
Dollfus, R.P. (1924). Polyxenie et progenese de la larve metacercaire de *Pleurogenes medians* (Olsson). C.R. Acad. Sci. 179: 305-308.* Cited by Timon-David 1965.
Dombrowski, A. (1989). Ökologische Untersuchungen an *Cordulegaster bidentatus* Selys, 1843. DpT, Georg-August-Univ., Göttingen.
Dommanget, J.-L. (1980). Vers une protection des odonates (libellules) de France. Un exemple: *Macromia splendens* Pictet. Cah. Liaison O.P.I.E. 14: 109-117. [OdA 3490.]
Dommanget, J.-L. (1987). "Étude faunistique et bibliographique des odonates de France." 36. Secretariat de la Faune et de la Flore, Paris.
Dommanget, J.-L. (1991). Un piège lumineux pour estimer la richesse des milieux aquatiques. Insectes, Opie 83: 17-19. [OdA 8355.]
Donath, H. (1980). Eine bemerkenswerte Libellenfauna an einem Kiesgrubenweiher in der Niederlausitz (Odon.). Entomol. Ber. (Berlin) 1980 (2): 65-67. [OdA 3267.]
Donath, H. (1983). Veränderungen in der Libellenfauna des Oberspreewaldes, Deutsche Demokratische Republik. NtO 2: 9-10.
Donath, H. (1987). Untersuchungen in einer Larvenkolonie von *Cordulegaster boltoni* (Donovan) in der Niederlausitz. Libellula 6: 105-116.
Donath, H. (1989). Verbreitung und Ökologie der Zweigetreifen Quelljungfer, *Cordulegaster boltoni* (Donovan, 1807), in der DDR (Insecta, Odonata: Cordulegasteridae). Faun. Abh. Staatl. Mus. Tierkde. Dresden 16: 97-106. [OdA 6973.]
Donnelly, [N.]T.W. (1961). The Odonata of Washington, D.C., and vicinity. Proc. Entomol. Soc. Wash. 63: 1-13. [BsA 50636.]
Donnelly, [N.]T.W. (1962). *Somatochlora margarita*, a new species of dragonfly from eastern Texas. Proc. Entomol. Soc. Wash. 64: 235-240.
Donnelly, [N.]T.W. (1980). PCm, 30 April.
Donnelly, [N.]T.W. (1986). Preliminary report on Odonata collected in Samoa, 1985. NtO 2: 109-112.
Donnelly, [N.]T.W. (1987). Return to the South Pacific — collecting in Fiji, Vanuatu, and the Solomon Islands, 1987. Selysia 16 (2): 4.
Donnelly, [N.]T.W. (1990). The Fijian genus *Nesobasis* Part 1: species of Viti Levu, Ovalau, and Kadavu (Odonata: Coenagrionidae). NZJL 17: 87-117. [OdA 7395.]
Donnelly, [N.]T.W. (1992). Letter, 1 January.
Donnelly, N.[T.W.] (1993a). Cannibalism in *Anax junius*. Argia 5 (3): 15.
Donnelly, N.[T.W.] (1993b). Collecting in Alaska — or — Nanick of the North. Argia 5 (2): 11-12.
Donnelly, [N.]T.W. (1993c). Letter, 10 February.
Donnelly, N.[T.W.] (1994a). Dragonflies in caves? Argia 6 (4): 4.
Donnelly, [N.]T.W. (1994b). Why collect? Argia 6 (1-2): 17-19.
Donnelly, N.[T.W.] (1994c). Back to Thailand — Farangpo 94. Argia 6 (4): 5-7.
Donnelly, N.[T.W.] (1994d). Back to Fiji. Argia 5 (4): 4-7.
Donnelly, N.[T.W.] (1995a). Do dragonflies make sound? And what in earth for? Argia 7 (1): 23-25.
Donnelly, N.[T.W.] (1995b). The Beatty-Donnelly Southwestern Expedition, 1954. Part 1. Argia 7 (1): 18-20.
Donnelly, N.[T.W.] (ed.) (1995c). New and noteworthy records. Argia 7 (2): 3-4.
Donnelly, N.[T.W.] (1996). The 1963 Colloquium on Odonata. Argia 8 (1): 4-5.
Donnelly, N.[T.W.], and Beckemeyer, R. (1996). The pattern of discovery of the species of New World Odonata. Argia 8 (4): 6-9.
Donnelly, N.[T.W.], and Donnelly, A. (1994). Back to Tennessee. Argia 6 (1): 13-14.
Dosdall, L.M., and Lehmkuhl, D.M. (1989). Drift of aquatic insects following Methoxychlor treatment of the Saskatchewan River system. CnE 121: 1077-1096. [OdA 7232.]
Douthwaite, R. (1992). "The growth illusion." Green Books, Bideford, U.K.
Downes, J.A. (1958). The feeding habits of biting flies and their significance in classification. ARE 3: 249-266.
Downes, J.A. (1964). Arctic insects and their environment. CnE 96: 279-307.
Downes, J.A. (1965). Adaptations of insects in the Arctic. ARE 10: 257-274.
Downes, J.A. (1969). The swarming and mating flight of Diptera. ARE 14: 271-298.
Drake, V.A., and Farrow, R.A. (1988). The influence of atmospheric structure and motions on insect migration. ARE 33: 183-210.
Drake, V.A., and Farrow, R.A. (1989). The "aerial plankton"

and atmospheric convergence. Trends Ecol. Evol. 4: 381-385.
Drenth, D. (1974). Susceptibility of different species of insects to an extract of the venom gland of the wasp *Microbacon hebetor* (Say). Toxicon 12: 189-192.
Dreyer, H. (1967). Ein Libellenzug und sein Entstehen im Sommer 1966 in der Camargue. Ber. Naturf. Ges. Bamberg 41: 80-87.
Dreyer, W. (1978). Etho-Ökologische Untersuchungen an *Lestes viridis* (Vander Linden) (Zygoptera: Lestidae). Odonatologica 7: 309-322.
Dreyer, W. (1986). "Die Libellen." Gerstenberg Verlag, Hildesheim.
Dronen, N.O. (1975). The life cycle of *Haematoloechus coloradensis* Cort. 1915 (Digenea: Plagiorchidae). J. Parasitol. 61: 657-660. [OdA 1369.]
Dronen, N.O. (1978). Host-parasite population dynamics of *Haematoloechus coloradensis* Cort, 1915 (Digenea: Plagiorchidae). AMN 99: 330-349. [OdA 2294.]
DSA [Dragonfly Society of the Americas]. (1996). Common names of North American dragonflies and damselflies, adopted by the Dragonfly Society of the Americas. Inserted 4-page supplement. Argia 8 (2).
Dudgeon, D. (1989a). Life cycle, production, microdistribution and diet of the damselfly *Euphaea decorata* (Odonata: Euphaeidae) in a Hong Kong forest stream. JZL 217: 57-72. [OdA 6745.]
Dudgeon, D. (1989b). Resource partitioning among Odonata (Insecta: Anisoptera and Zygoptera) larvae in a Hong Kong forest stream. JZL 217: 381-402. [OdA 6863.]
Dudgeon, D. (1989c). Phoretic Diptera (Nematocera) on *Zygonyx iris* (Odonata: Anisoptera) from a Hong Kong river: incidence, composition and attachment sites. Arch. Hydrobiol. 115: 433-439. [OdA 6862.]
Dudgeon, D. (1989d). Gomphid (Odonata: Anisoptera) life cycles and production in a Hong Kong forest stream. Arch. Hydrobiol. 114: 531-536. [OdA 6744.]
Dudgeon, D. (1992). "Patterns and processes in stream ecology. A synoptic review of Hong Kong running waters." Schweizerbart'sche Verlagsbuchhandlung, Stuttgart. [OdA 9643.]
Dudgeon, D., and Wat, C.Y.M. (1986). Life cycle and diet of *Zygonyx iris insignis* (Insecta: Odonata: Anisoptera) in Hong Kong running waters. J. Trop. Ecol. 2: 73-85. [OdA 6202.]
Duffy, W.G. (1985). The population ecology of the damselfly *Lestes disjunctus disjunctus* (Zygoptera: Odonata) in the St. Marys River, Michigan. DrT, Michigan State Univ., East Lansing.
Duffy, W.[G.] (1994). Demographics of *Lestes disjunctus* (Odonata: Zygoptera) in a riverine wetland. CJZ 72: 910-917. [OdA 9847.]
Duffy, W.G., and Liston, C.R. (1985). Survival following exposure to subzero temperatures and respiration in cold acclimatized larvae of *Enallagma boreale* (Odonata: Zygoptera). Freshw. Invertebr. Biol. 4: 1-7. [OdA 5623.]
Dufour, C. (1978a). "Étude faunistique des odonates de Suisse Romande." Conservation de la faune et section protection de la nature et des sites du Canton de Vaud, Switzerland.
Dufour, C. (1978b). Odonates printaniers dans le Delta du Guadalquivir. Cah. Nat., N.S., 32 (1976): 41-43. [OdA 2111.]
Dufour, C. (1982). Odonates menacés en Suisse Romande. AOd 1: 43-54.
Dumont, H.J. (1964). Note on a migration of the dragonfly *Libellula quadrimaculata* L. in the north of France. Bull. Ann. Soc. Roy. Entomol. Belg. 100: 177-181.
Dumont, H.J. (1967). A possible scheme of the migration of *Crocothemis erythraea* (Brullé)—populations from the Camargue (Odonata: Libellulidae). Biol. Jb. Dodonaea 35: 222-227. [BsA 96211.]
Dumont, H.J. (1971). A contribution to the ecology of some Odonata. The Odonata of a "trap" area around Denderleeuw (eastern Flanders: Belgium). Bull. Ann. Soc. Roy. Entomol. Belg. 107: 211-235.
Dumont, H.J. (1972a). The taxonomic status of *Calopteryx xanthostoma* (Charpentier, 1825) (Zygoptera: Calopterygidae). Odonatologica 1: 21-29.
Dumont, H.[J.] (1972b). Bescherming van de libellenfauna. Schakel (Antwerp) 10: 33-34. [OdA 389.]
Dumont, H.J. (1973). The genus *Pseudagrion* Selys in Israel and Egypt, with a key to the regional species (Insecta: Odonata). Isr. J. Zool. 22: 169-195.
Dumont, H.J. (1975). Endemic dragonflies of late Pleistocene age of the Hula Lake area (northern Israel), with notes on the Calopterygidae of the Rivers Jordan (Israel, Jordan) and Litani (the Lebanon), and description of *Urothemis edwardsi hulae* subspec. nov. (Libellulidae). Odonatologica 4: 1-9.
Dumont, H.J. (1977a). Odonata from Mali, West Africa (Insecta). Rev. Zool. Afr. 91: 573-586.
Dumont, H.J. (1977b). On migrations of *Hemianax ephippiger* (Burmeister) and *Tramea basilaris* (P. de Beauvois) in west and north-west Africa in the winter of 1975/1976 (Anisoptera: Aeshnidae, Libellulidae). Odonatologica 6: 13-17.
Dumont, H.J. (1977c). Sur une collection d'odonates de Yougoslavie, avec notes sur la faune des territoires adjacents de Roumanie et de Bulgarie. Bull. Ann. Soc. Roy. Belg. Entomol. 113: 187-209. [OdA 1975.]
Dumont, H.J. (1978a). Les odonates du Parc national du Niokolo-Koba et du lac de Guiers (Sénégal) pendant la saison sèche. Bull. de l'I.F.A.N., Ser. A, 40: 847-851. [OdA 2875.]
Dumont, H.J. (1978b). Neolithic hyperarid period preceded the present climate of the central Sahel. Nature (London) 274: 356-358.
Dumont, H.J. (1979). Limnologie van Sahara en Sahel: bijdrage tot een beter begrip van de klimaatsveranderingen van het laat-Pleistoceen en Holoceen. DrT, Rijksuniv., Ghent.
Dumont, H.J. (1981). PCm, August.
Dumont, H.J. (1983). PCm, September.
Dumont, H.J. (1988). *Hemianax ephippiger* (Burmeister) in the northern Algerian Sahara in winter (Anisoptera: Aeshnidae). NtO 3: 20-22.
Dumont, H.J. (1991). "Fauna Palaestina: Insecta 5. Odonata of the Levant." Israel Academy of Sciences and Humanities, Jerusalem.
Dumont, H.J., and Al-Safadi, M.M. (1991). Additions to the dragonfly fauna of Yemen. NtO 3: 114-117.
Dumont, H.J., and Al-Safadi, M.M. (1993). Further additions to the dragonfly fauna of the Republic of Yemen (Odonata). OZF 109: 1-8.
Dumont, H.J., and Borisov, S.N. (1993). Three, not two species in the genus *Sympecma* (Odonata: Lestidae). Bull. Ann. Soc. Roy. Belg. Entomol.129: 31-40. [OdA 9113.]
Dumont, H.J., and Desmet, K. (1990). Trans-Sahara and trans-Mediterranean migratory activity of *Hemianax ephippiger* (Burmeister) in 1988 and 1989 (Anisoptera: Aeshnidae). Odonatologica 19: 181-185.
Dumont, H.J., and Dumont, S. (1969). Abiometrical analysis of

the dragonfly *Ischnura elegans elegans* (Vander Linden) with special reference to its chloride-tolerance and generation number. Biol. Jb. Dodonaea 37: 50-60. [BsA 113921.]

Dumont, H.J., and Hinnekint, B.O.N. (1973). Mass migration in dragonflies, especially in *Libellula quadrimaculata* L.: a review, a new ecological approach and a new hypothesis. Odonatologica 2: 1-20.

Dumont, H.J., and Verschuren, D. (1991). Atypical ecology of *Pantala flavescens* (Fabr.) on Easter Island (Anisoptera: Libellulidae). Odonatologica 20: 45-51.

Dumont, H.J., Demirsoy, A., and Verschuren, D. (1987). Breaking the Calopteryx-bottleneck: taxonomy and range of *Calopteryx splendens waterstoni* Schneider, 1984 and of *C. splendens tschaldirica* Bartenef, 1909 (Zygoptera: Calopterygidae). Odonatologica 16: 239-247.

Dumont, H.J., Mertens, J., and Miho, A. (1993). A contribution to the knowledge of the Odonata of Albania. OZF 113: 1-10.

Dunham, M.L. (1992). Determinants of territory-holding duration in *Pachydiplax longipennis* (Odonata: Libellulidae). BNABS 9: 112 (abstract only).

Dunham, M.[L.] (1993a). Changes in mass, fat content, and water content with growth in adult *Pachydiplax longipennis* (Odonata: Libellulidae). CJZ 71: 1470-1474. [OdA 9261.]

Dunham, M.L. (1993b). Fighting and territorial behavior in the dragonfly *Pachydiplax longipennis*. DrT, Brown Univ., Providence, Rhode Island. [OdA 10916.]

Dunham, M.[L.] (1994). The effect of physical characters on foraging in *Pachydiplax longipennis* (Burmeister) (Anisoptera: Libellulidae). Odonatologica 23: 55-62.

Dunke, N.A., and Prishchepov, G.P. (1973). [On the diet of the young eel in some Byelorussian lakes.] IR. Trudy Beloruss. Nauch. Issled. Inst. Rybn. Hoz. 9: 125-135. [OdA 1022.]

Dunkle, S.W. (1976). Notes on the Anisoptera fauna near Mazatlán, Mexico, including dry to wet seasonal changes. Odonatologica 5: 207-212.

Dunkle, S.W. (1977). Larvae of the genus *Gomphaeschna* (Odonata: Aeshnidae). Fla. Entomol. 60: 223-225.

Dunkle, S.W. (1978a). Notes on adult behaviour and emergence of *Paltothemis lineatipes* Karsch, 1890 (Anisoptera: Libellulidae). Odonatologica 7: 277-279.

Dunkle, S.W. (1978b). Are there nocturnal odonates? Selysia 8 (1): 8.

Dunkle, S.W. (1979). Ocular mating marks in female Nearctic Aeshnidae (Anisoptera). Odonatologica 8: 123-127.

Dunkle, S.W. (1980). Second larval instars of Florida Anisoptera (Odonata). DrT, Univ. Florida, Gainesville.

Dunkle, S.W. (1981a). Dunkle and Knopf blitz Ecuador and Colombia. Selysia 10 (1): 5-6.

Dunkle, S.W. (1981b). The ecology and behavior of *Tachopteryx thoreyi* (Hagen) (Anisoptera: Petaluridae). Odonatologica 10: 189-199.

Dunkle, S.W. (1982). *Perithemis rubita* spec. nov., a new dragonfly from Ecuador (Anisoptera: Libellulidae). Odonatologica 11: 33-39.

Dunkle, S.W. (1983a). Polychromatism in female Aeshnidae. Selysia 12 (1): 3-4.

Dunkle, S.W. (1983b). PCm.

Dunkle, S.W. (1984a). Novel features of reproduction in the dragonfly genus *Progomphus* (Anisoptera: Gomphidae). Odonatologica 13: 477-480.

Dunkle, S.W. (1984b). PCm, January.

Dunkle, S.W. (1984c). Head damage due to mating in *Ophiogomphus* dragonflies (Anisoptera: Gomphidae). NtO 2: 63-64.

Dunkle, S.W. (1985). Larval growth in *Nasiaeschna pentacantha* (Rambur) (Anisoptera: Aeshnidae). Odonatologica 14: 29-35.

Dunkle, S.W. (1987). *Phyllocycla basidenta* spec. nov. and *P. uniforma* spec. nov., new dragonflies from Bolivia and Peru (Anisoptera: Gomphidae). Odonatologica 16: 77-83.

Dunkle, S.W. (1989a). "Dragonflies of the Florida peninsula, Bermuda and the Bahamas." Scientific Publishers, Gainesville, Florida.

Dunkle, S.W. (1989b). Collecting in Costa Rica. Argia 1 (1-4): 6-7.

Dunkle, S.W. (1990). "Damselflies of Florida, Bermuda and the Bahamas." Scientific Publishers, Gainesville, Florida.

Dunkle, S.W. (1991). Head damage from mating attempts in dragonflies (Odonata: Anisoptera). EnN 102: 37-41.

Dunkle, S.W. (1992). Letter, 18 February.

Dunkle, S.W. (1993). A Texan in Thailand. Argia 5 (3): 6-8.

Dunkle, S.W. (1994). Madagascar! Argia 6 (1): 4-8.

Dunkle, S.W. (1995a). Florida's damselflies. Fla. Wildl. 49 (3): 26-28. [OdA 10269.]

Dunkle, S.W. (1995b). Conservation of dragonflies (Odonata) and their habitats in North America. In Corbet, P.S., Dunkle, S.W., and Ubukata, H. (eds.), "Proceedings of the International Symposium on the Conservation of Dragonflies and Their Habitats," pp. x, 23-27. Japan Society for the Preservation of Birds, Kushiro.

Dunkle, S.W., and Belwood, J.J. (1982). Bat predation on Odonata. Odonatologica 11: 225-229.

Dunn, R.H. (1985). Some observations of *Aeshna cyanea* (Müller) ovipositing in unusual substrates. JBDS 1: 99-100.

Dunn, R.[H.] (1992). 1991 dragonfly (Odonata) report. J. Derbyshire Entomol. Soc. 108 (Summer): 7-9. [OdA 8701.]

Dunson, W.A. (1980). Adaptations of nymphs of a marine dragonfly, *Erythrodiplax berenice*, to wide variations in salinity. Physiol. Zool. 53: 445-452. [OdA 3110.]

East, A. (1900a). Notes on the respiration of the dragonfly nymph. Entomologist 33: 211-212.

East, A. (1900b). Some additional notes on *Aeschna cyanea*. Entomologist 33: 257-259.

Ebenezer, V., Daniel, A.M., and Mathai, M.T. (1990). Interaction between the size of the mosquito larval prey and the predatory efficiency of the naiads of *Diplacodes trivialis* (Rambur) (Anisoptera: Libellulidae). Indian Odonatol. 3: 53-63.

Eberhard, W.G. (1985). "Sexual selection and animal genitalia." Harvard Univ. Press, Cambridge, Massachusetts.

Eberhard, W.G. (1986). Behavioral ecology of the tropical damselfly *Hetaerina macropus* Selys (Zygoptera: Calopterygidae). Odonatologica 15: 51-60.

枝 重夫 (1956). サナエトンボ類3種の産卵. 新昆虫 9 (13): 51. Sakagami et al. 1974で引用.

枝 重夫 (1959). ムカシヤンマの羽化経過. Tombo 2 (3-4): 18-24.

枝 重夫 (1960a). キイロサナエの"接泥飛翔産卵"とトンボの産卵方式について. 生態昆虫 8 (2): 82-88.

枝 重夫 (1960b). トンボの"水浴"と"水の摂取"について. Tombo 3 (3-4): 26.

枝 重夫 (1961). ムカシトンボの羽化場所について. Tombo 4 (3-4): 23-24.

枝 重夫 (1962). ナツアカネの打空産卵. Tombo 5 (1-4): 1 (表紙写真), 2-3.

枝 重夫 (1963). ムカシトンボの羽化観察. Tombo 6 (1-2): 2-7.

枝 重夫 (1964). 羽化直前のムカシトンボ幼虫の行動. Tombo 7 (1-2): 13-16.

枝 重夫 (1970a). ハラナガアオイトトンボの威嚇的交尾拒否姿勢. Tombo 13 (1-4): 11.

枝 重夫 (1970b). トンボの3連結について. Tombo 13 (1-4): 17-20.

枝 重夫 (1971a). 植物に捕えられたトンボたち. 月刊むし 0: 28-29. [OdA 28.]

枝 重夫 (1971b). 続・植物に捕えられたトンボたち. 月刊むし 1: 32. [OdA 29.]

枝 重夫 (1971c). リスアカネの単独空中産卵. Tombo 14 (3-4): 27.

枝 重夫 (1972). オジロサナエ♂. Tombo 15 (1-4): 1 (表紙写真).

枝 重夫 (1974). アオイトトンボの連結潜水産卵. Tombo 17 (1-4): 1 (表紙写真).

枝 重夫 (1975). アカネ属の産卵方式について. Tombo 18 (1-4): 2-9.

枝 重夫 (1979). トンボの採集と観察. 第二版, ニュー・サイエンス社, 東京.

枝 重夫 (1980). タカネトンボの産卵. Tombo 23: 1-2.

枝 重夫 (1981). シオカラトンボの産卵. Tombo 24 (1-4): 1 (表紙写真).

枝 重夫 (1983). ハネビロトンボ, 長野県で多数採集される. 昆虫と自然 18 (12): 43-44. [OdA 5464.]

枝 重夫 (1988). 翅に4匹のトンボダニカが付いているカオジロトンボ♂. Tombo 31 (1-4): 1 (表紙写真).

枝 重夫 (1992). アオハダトンボの潜水産卵. Tombo 35 (1-4): 1.

枝 重夫 (1994a). タカネトンボ♀が水辺から2mも離れたところへ産卵. 昆虫と自然 29 (14): 11.

枝 重夫 (1994b). クロイトトンボ♂とホソミオツネントンボ♀の異種間連結. 昆虫と自然 29 (14): 11.

枝 重夫 (1995a). キイトトンボの"連結遊離性静止産卵". Tombo 38 (1-4): 60.

Eda, S. (1995b). The conservation of dragonflies, including endangered or vulnerable species, in Japan. In Corbet, P.S., Dunkle, S.W., and Ubukata, H. (eds.), "Proceedings of The International Symposium on the Conservation of Dragonflies and Their Habitats," pp. ix, 19-22. Japan Society for the Preservation of Birds, Kushiro.

枝 重夫 (1996). 中部山岳国立公園内上高地付近のトンボ類 (付) 本州の高山性トンボについて. Tombo 39 (1-4): 18-25.

枝 重夫・蛭川憲男 (1996). アキアカネの乾燥したコンコリートへの産卵と標高2600mの小池での産卵. Tombo 39 (1-4): 50-51.

Eda, S., Usui, T., and Okuma, M. (1973). Further observations on the triple-connection of Odonata. Tombo 16: 16-17.

Edman, J.D., and Haeger, J.S. (1974). Dragonflies attracted to and selectively feeding on concentrations of mosquitoes. Fla. Entomol. 57: 408.

Edwards, G.B. (1987). Predation by adult *Erythemis simplicicollis* (Say) on spiders (Anisoptera: Libellulidae). NtO 2: 153-154.

Edwards, J.S. (1987). Arthropods of Alpine Aeolian ecosystems. ARE 32: 163-179.

Eguchi, M. (1980). Population studies on *Mnais pruinosa nawai* Yamamoto and *M. p. pruinosa* Selysia. coexisting in a creek. NtO 1: 111-112.

Ehrlich, P.R. (1995). The scale of the human enterprise and biodiversity loss. In Lawton, J.H., and May, R.M. (eds.), "Extinction rates," pp. 214-226. Oxford Univ. Press, Oxford.

Ehrlich, P.[R.], and Ehrlich, A.[H.] (1982). Saving diversity … a question of habitat. Mother Earth News 1983 (September-October): 150-151.

Ehrlich, P.R., and Holdren, J.P. (1971). Impact of population growth. Science 171: 1212-1217.

Ehrlich, P.R., and Wheye, D. (1986). Nonadaptive hilltopping behavior in male checkerspot butterflies (*Euphydryas editha*). Am. Nat. 127: 477-483.

Ehrlich, P.R., Ehrlich, A.H., and Holdren, J.P. (1977). "Ecoscience: population, resources, environment." Freeman, San Francisco.

Eller, J.G. (1963). Seasonal regulation in *Pachydiplax longipennis* (Burmeister) (Odonata: Libellulidae). DrT, Univ. North Carolina, Chapel Hill.

Elliott, J.M., and Humpesch, U.H. (1980). Eggs of Ephemeroptera. Rep. Freshw. Biol. Assoc. 48: 41-52.

Ellwanger, G. (1996). Zur Ökologie von *Somatochlora alpestris* Selys (Anisoptera: Corduliidae) am Brocken im Hochharz (Sachsen-Anhalt). Libellula 15: 101-129.

El Rayah, E.A. (1975). Dragonfly nymphs as active predators of mosquito larvae. Mosquito News 35: 229-230.

El Rayah, E.A. (1981). On the biology of the dragonfly *Crocothemis erythraea* (Brullé) (Anisoptera: Libellulidae). Abstr. 6th Int. Symp. Odonatol., Chur: 15. Oral.

El Rayah, E.A. (1983). Letter, rec. 8 March.

El Rayah, E.A., and El Din Abu Shama, F.T. (1978). Notes on morphology and bionomy of the dragonfly, *Trithemis annulata scortecii* Nielsen (Odonata: Anisoptera), as a predator on mosquito larvae. Z. Angew. Entomol. 85: 81-86.

Emery, G.R. (1934). Another case of odonate migration. EnN 45: 50.

Emlen, S.T., and Oring, L.W. (1977). Ecology, sexual selection, and the evolution of mating systems. Science 197: 215-223.

Engelmann, H.D. (1974). Lichtfang unter Wasser. Fol. Entomol. Hung. 27(Suppl.): 173-176. [OdA 1110.]

Erickson, C.J. (1989). Interactions between the dragonfly *Hagenius brevistylus* Selys. and the damselfly *Calopteryx maculata* (P. de Beauv.) (Anisoptera: Gomphidae; Zygoptera: Calopterygidae). NtO 3: 59-60.

Erickson, C.J., and Reid, M.E. (1989). Wingclapping behavior in *Calopteryx maculata* (P. de Beauvois) (Zygoptera: Calopterygidae). Odonatologica 18: 379-383.

Eriksen, C.H. (1984). The physiological ecology of larval *Lestes disjunctus* Selys (Zygoptera: Odonata). Freshw. Invertebr. Biol. 3: 105-117. [OdA 4938.]

Eriksen, C.H. (1986). Respiratory roles of caudal lamellae (gills) in a lestid damselfly (Odonata: Zygoptera). JNABS 5: 16-27. [OdA 5804.]

Eriksson, M.O.G., Henrikson, L., Nilsson, B.-I., Nyman, G., Oscarson, H.G., and Stenson, A.E. (1980). Predator-prey relations important for the biotic changes in acidified lakes. Ambio 9: 248-249.

Ertl, J. (1980). Verordnung über besonders geschütze Arten wildlebender Tiere und wildwachsender Pflanzen (Bundesartenschutzverordnung-BArt. Schv.). Bundesgesetzblatt 1(54): 1565-1601. [OdA 3112.]

Etienne, A.S. (1969). Analyse der schlagauslösenden Bewegungsparameter einer punkformigen Beuteattrappe bei der Aeschnalarve. Z. Vergl. Physiol. 64: 71-110. [BsA 134485.]

Etienne, A.S. (1978). The behaviour of the dragonfly larva *Aeschna cyanea* M. after a short presentation of a prey. AnB 20: 724-731. [BsA 46886.]

Etyang, P.E., and Miller, P.L. (1995). Abstr. 13th Int. Sym. Odonatol., Essen: 20. Oral.

Evans, H.E., and Matthews, R.W. (1975). The sand wasps of Australia. Sci. Am. 233: 108-115.

Evans, H.E., Matthews, R.W., and Callan, E. (1974). Observations of the nesting behaviour of *Rubrica surinamensis* (Degeer) (Hymenoptera, Sphecidae). Psyche 81: 334-352. [OdA 1223.]

Evans, M.A., and Evans, H.E. (1980). Swarming of *Leucorrhinia hudsonica* (Selys) (Odonata: Libellulidae). Pan.-Pacif. Entomol. 56: 292. [OdA 3113.]

Evans, R. (1987). Singing in the acid rain: *Leucorrhinia* dominates benthos of acidified, fishless lakes. BNABS 4: 96. Abstract only.

Evers, A.M.J. (1989). Dedanken zur Gründung eines Instituts für entomologische Taxonomie und Systematik. Mitt. Dtsch. Ges. Allg. Angew. Entomol. 7: 41-48. [OdA 7756.]

Eversham, B. (1991). PCm.

Fairchild, W.L. (1988). Perturbation of the aquatic invertebrate community of bog ponds by the insecticide Fenitrothion. Proc. 18th Congr. Entomol., Vancouver: 190. [OdA 6483.]

Falchetti, E., and Utzeri, C. (1974). Preliminary observations on the territorial behaviour of *Crocothemis erythraea* (Brullé). Fragm. Entomol. (Rome) 10: 295-300.

Faragher, R.A. (1980). Life cycle of *Hemicordulia tau* Selys (Odonata: Corduliidae) in Lake Eucumbene, N.S.W., with notes on predation on it by two trout species. J. Aust. Entomol. Soc. 19: 269-276. [OdA 3115.]

Faragher, R.A., Grant, T.R., and Carrick, F.N. (1979). Food of the platypus (*Ornithorhynchus anatinus*) with notes on the food of brown trout (*Salmo trutta*) in the Shoalhaven River, New South Wales, Australia. Aust. J. Ecol. 4: 171-180. [OdA 2895.]

Farley, D.G., and Younce, L.C. (1977). Effects of *Gambusia affinis* (Baird and Girard) on selected non-target organisms in Fresno County rice fields. Proc. Pap. 45th Ann. Conf. Calif. Mosquito Vector Control Assoc., Visalia, California [OdA 2592.]

Farrow, R.A. (1984). Detection of transoceanic migration of insects to a remote island in the Coral Sea, Willis Island. Aust. J. Ecol. 9: 253-272.

Fastenrath, V.H. (1950). Massenschlüpfen von *Anax imperator*. Westdeutscher Naturwart (Bonn) 1: 22-23.

Federle, P.F., and Collins, W.J. (1976). Insecticide toxicity in three insects from Ohio ponds. Ohio J. Sci. 76: 19-24. [OdA 1472.]

Federley, H. (1908). Einige Libellulidenwanderungen über die Zoologische Station bei Tvärminne. Acta Soc. Fauna Flora Fenn. 31: 1-38.

Fernet, L., and Pilon, J.-G. (1969). Inventaire des odonates de la région du Cap Jaseux, Saguenay. Trav. Biol., Univ. Montréal 52: 85-102. [BsA 139548.]

Fernet, L., and Pilon, J.-G. (1970). Relation entre le début de l'émergence des odonates, la croissance des feuilles des arbres et la température de l'eau, au Saguenay. Ann. Soc. Entomol. Québec 15: 164-168. [BsA 55280.]

Ferreras-Romero, M. (1988). PCm, 20 March.

Ferreras-Romero, M. (1991). Preliminary data on the life history of *Cercion lindeni* (Selys) in southern Spain (Zygoptera: Coenagrionidae). Odonatologica 20: 53-63.

Ferreras-Romero, M. (1997). The life history of *Boyeria irene* (Fonscolombe, 1838) (Odonata: Aeshnidae) in the Sierra Morena mountains (southern Spain). Hydrobiologia 345: 109-116.

Ferreras-Romero, M., and Corbet, P.S. (1995). Seasonal patterns of emergence in Odonata of a permanent stream in southwestern Europe. Aquat. Insects 17: 123-127.

Ferreras-Romero, M., and García-Rojas, A.M. (1995). Life-history patterns and spatial separation exhibited by the odonates from a Mediterranean inland catchment in southern Spain. Vie et Milieu 45: 157-166. [OdA 10418.]

Ferreras-Romero, M., and Puchol-Caballero, V. (1984). "Los insectos odonatos en Andalucía. Bases para su estudio faunístico." Serv. Publ. Univ. Córdoba, Spain.

Ferreras-Romero, M., and Puchol-Caballero, V. (1995). Desarrollo del ciclo vital de *Aeshna cyanea* (Müller, 1764) (Odonata: Aeshnidae) en Sierra Morena (sur de España). Bol. Asoc. Esp. Entomol. 19: 115-123. [OdA 10806.]

Ferreras-Romero, M., Atienzar, M.D., and Corbet, P.S. (1999). The life cycle of *Onychogomphus uncatus* (Charpentier, 1840) (Odonata: Gomphidae) in the Sierra Morena Mountains (southern Spain): an example of protracted larval development in the Mediterranean basin. Arch. Hydrobiol. 144: 215-228.

Fielden, A. (1960). Transmission through the last abdominal ganglion of the dragonfly nymph, *Anax imperator*. JEB 37: 832-844.

Finch, O.-D., and Niedringhaus, R. (1996). Die auf der Nordseeinsel Borkum in den Jahren 1932 bis 1934 von F. und R. Struve gesammelten Libellen. Libellula 15: 1-10.

Fincke, O.M. (1982). Lifetime mating success in a natural population of the damselfly, *Enallagma hageni* (Walsh) (Odonata: Coenagrionidae). BES 10: 293-302.

Fincke, O.M. (1984a). Giant damselflies in a tropical forest: reproductive biology of *Megaloprepus coerulatus* with notes on *Mecistogaster* (Zygoptera: Pseudostigmatidae). AOd 2: 13-27.

Fincke, O.M. (1984b). Sperm competition in the damselfly *Enallagma hageni* Walsh (Odonata: Coenagrionidae): benefits of multiple mating to males and females. BES 14: 235-240.

Fincke, O.M. (1985). Alternative mate-finding tactics in a nonterritorial damselfly (Odonata: Coenagrionidae). AnB 33: 1124-1137. [OdA 5503.]

Fincke, O.M. (1986a). Underwater oviposition in a damselfly (Odonata: Coenagrionidae) favors male vigilance, and multiple mating by females. BES 18: 405-412. [OdA 5547.]

Fincke, O.M. (1986b). Lifetime reproductive success and the opportunity for selection in a nonterritorial damselfly (Odonata: Coenagrionidae). Evolution 40: 791-803. [OdA 5546.]

Fincke, O.M. (1987). Female monogamy in the damselfly *Ischnura verticalis* Say (Zygoptera: Coenagrionidae). Odonatologica 16: 129-143.

Fincke, O.M. (1988). Sources of variation in lifetime reproductive success in a nonterritorial damselfly (Odonata: Coenagrionidae). In Clutton-Brock, T.H. (ed.), "Reproductive success," pp. 24-43. Univ. Chicago Press, Chicago.

Fincke, O.M. (1991a). Letter, 20 December.

Fincke, O.M. (1991b). PCm, August.

Fincke, O.M. (1992a). Interspecific competition for tree holes: consequences for mating systems and coexistence in Neotropical damselflies. Am. Nat. 139: 80-101.[OdA 8406.]

Fincke, O.M. (1992b). Consequences of larval ecology for territoriality and reproductive success of a Neotropical damselfly. Ecology 73: 449-462. [OdA 8405.]

Fincke, O.M. (1992c). Behavioural ecology of the giant damselflies of Barro Colorado Island, Panama (Odonata: Zygoptera: Pseudostigmatidae). In Quintero, D., and Aiello, A. (eds.), "Insects of Panama and Mesoamerica: selected studies," pp. 102-113. Oxford Univ. Press, Oxford. [OdA 8546.]

Fincke, O.M. (1994a). Population regulation of a tropical damselfly in the larval stage by food limitation, cannibalism, intraguild predation and habitat drying. Oecologia 100: 118-127. [OdA9981.]

Fincke, O.M. (1994b). Female colour polymorphism in damselflies: failure to reject the null hypothesis. AnB 47: 1249-1266.

Fincke, O.M. (1994c). On the difficulty of detecting density-dependent selection on polymorphic females of the damselfly Ischnura graellsii: failure to reject the null hypothesis. Evol. Ecol. 8: 328-329. [OdA 9851.]

Fincke, O.M. (1996). Larval behaviour of a giant damselfly: territoriality or size-dependent dominance? AnB 51: 77-87. [OdA 10845.]

Fincke, O.M. (1997). Conflict resolution in the Odonata: implications for understanding female mating patterns and female choice. BJLS 60: 201-220.

Fischer, H. (1982). Die Besiedlung der Stauden. Ber. Naturf. Ges. Augsburg 37: 1-54. [OdA 4252.]

Fischer, P. (1891). [Report on duration of larval stage in Odonata.] EnN 2: 179-180 (*erratum* 214).

Fischer, Z. (1958). [Influence exerted by temperature on the development of the eggs of *Lestes sponsa* Leach.] IP ES. Ekol. Polska, Ser. B, 4: 305-309.

Fischer, Z. (1961). Some data on the Odonata larvae of small pools. Int. Rev. Hydrobiol. 46: 269-275. [BsA 21438.]

Fischer, Z. (1964). Cycle vital de certaines espèces de libellules du genre *Lestes* dans les petits bassins astatiques. Pol. Arch. Hydrobiol. 12(25): 349-382.

Fischer, Z. (1972). The energy budget of *Lestes sponsa* (Hans.) during its larval development. Pol. Arch. Hydrobiol. 19: 215-222. [BsA 8701.]

Fisher, R.A., and Ford, E.B. (1947). The spread of a gene in natural conditions in a colony of the moth *Panaxia dominula* L. Heredity 1: 143-174.

Fitzgerald, B.M., and Karl, B.J. (1979). Foods of feral house cats (*Felis catus* L.) in forest of the Orongorongo Valley, Wellington. NZJZ 6: 107-126.

Fitzpatrick, S.M., and Wellington, W.G. (1983). Insect territoriality. CJZ 61: 471-486.

Fliedner, T. (1996). Der Buntspecht *Dendrocopus major* (Aves, Picidae) als Grosslibellenjäger (Anisoptera). Libellula 15: 85-87.

Foelix, R.F. (1982). "Biology of spiders." Harvard Univ. Press, Cambridge, Massachusetts.

Foidl, J., Buchwald, R., Heitz, A., and Heitz, S. (1993). Untersuchungen zum Larvenbiotop von *Gomphus vulgatissimus* Linné 1758 (Gemeine Keiljungfer; Gomphidae, Odonata). Mitt. Bad. Landesver. Naturk. Naturschutz, N.F., 15: 637-660. [OdA 9266.]

Folsom, T.C. (1979). Equations relating commonly used morphological measurements of *Anax junius* (Drury) (Anisoptera: Aeshnidae), including an allometric analysis of size. Odonatologica 8: 103-109.

Folsom, T.C. (1980). Predation ecology and food limitation of the larval dragonfly *Anax junius* (Aeshnidae). DrT, Univ. Toronto, Ontario.

Folsom, T.C., and Collins, N.C. (1982a). An index of food limitation in the field for the larval dragonfly *Anax junius* (Odonata: Aeshnidae). Freshw. Invertebr. Biol. 1: 25-32.

Folsom, T.C., and Collins, N.C. (1982b). Food availability in nature for the larval dragonfly *Anax junius* (Odonata: Aeshnidae). Freshw. Invertebr. Biol. 1: 33-40.

Folsom, T.C., and Collins, N.C. (1984). The diet and foraging behavior of the larval dragonfly *Anax junius* (Aeshnidae), with an assessment of the role of refuges and prey activity. Oikos 42: 105-113. [OdA 4674.]

Folsom, T.C., and Manuel, K.L. (1983). The life cycle of the dragonfly *Lanthus vernalis* Carle from a mountain stream in South Carolina, United States (Anisoptera: Gomphidae). Odonatologica 12: 279-284.

Fontaine, R., and Pilon, J.-G. (1979). Étude de la croissance postembryonnaire chez *Enallagma ebrium* (Hagen) (Zygoptera: Coenagrionidae). Ann. Soc. Entomol. Québec 24: 85-105.

Forbes, M.R.L. (1991a). Ectoparasites and mating success of male *Enallagma ebrium* damselflies (Odonata: Coenagrionidae). Oikos 60: 336-342. [OdA 8488.]

Forbes, M.R.L. (1991b). Female morphs of the damselfly *Enallagma boreale* Selys (Odonata: Coenagrionidae): a benefit of androchromatypes. CJZ 69: 1969-1970. [OdA 8489.]

Forbes, M.[R.L.] (1994). Tests of hypotheses for female-limited polymorphism in the damselfly *Enallagma boreale* Selys. AnB 47: 724-726.

Forbes, M.R.L., and Baker, R.L. (1990). Susceptibility to parasitism: experiments with the damselfly *Enallagma ebrium* (Odonata: Coenagrionidae) and larval water mites, *Arrenurus* spp. (Acari: Arrenuridae). Oikos 58: 61-66. [OdA 7398.]

Forbes, M.R.L., and Baker, R.L. (1991). Condition and fecundity of the damselfly *Enallagma ebrium* (Hagen): the importance of ectoparasites. Oecologia 86: 335-341. [OdA 7835.]

Forbes, M.[R.L.], and Leung, B. (1995). Prefabricated dining shelters as outdoor insectaries, an assessment using *Enallagma ebrium* (Hagen) (Zygoptera: Coenagrionidae). Odonatologica 24: 461-466.

Forbes, M.[R.L.], Leung, B., and Schalk, G. (1997). Fluctuating asymmetry in *Coenagrion resolutum* (Hagen) in relation to age and male pairing success (Zygoptera: Coenagrionidae). Odonatologica 26: 9-16.

Forbes, M.R., Richardson, J.M.L., and Baker, R.L. (1995). Frequency of male morphs is related to an index of male density in the damselfly, *Nehalennia irene* (Hagen). Ecoscience 2: 28-33.

Ford, W.K. (1954). Lancashire and Cheshire Odonata (some further notes). North W. Nat. 1954: 602-603.

Forge, P. (1981). Développement et rendement de croissance des larves d'*Urothemis assignata* Selys (Odonata: Libellulidae) dans la région de Lamto (Côte-d'Ivoire). Acta Oecol. Gen. 2: 213-226.

Förster, S. (1995). Inverses Schlüpfen bei *Ischnura elegans* (Vander Linden) (Odonata: Coenagrionidae). Libellula 14: 203-208.

Forsyth, A., and Montgomerie, R.D. (1987). Alternative reproductive tactics in the territorial damselfly *Calopteryx maculata*: sneaking by older males. BES 21: 73-81. [OdA 6211.]

Foster, G.N. (1995). Evidence for pH insensitivity in some insects inhabiting peat pools in the Loch Fleet catchment. Chem. Ecol. 9: 207-215.

Fox, A.D. (1986). Effects of ditch-blockage on adult Odonata at a coastal raised mire site in central west Wales, United Kingdom. Odonatologica 15: 327-334.

Fox, A.D. (1987). *Ischnura pumilio* (Charpentier) in Wales: a preliminary review. JBDS 3: 32-36.

Fox, A.[D.] (1989a). Oviposition behaviour in *Somatochlora metallica* Vander Linden (Odonata). EMM 125: 151-152. [OdA 6981.]

Fox, A.D. (1989b). *Ischnura pumilio* (Charpentier) (Odonata: Coenagrionidae)—a wandering opportunist? Entomol. Rec. J. Var. 101: 25-26. [OdA 7117.]

Fox, A.D. (1990). The flight period of *Ischnura pumilio* (Charpentier) in Britain and Ireland. JBDS 6: 3-7.

Fox, A.D. (1991). How common is terrestrial oviposition in *Somatochlora metallica* Vander Linden? JBDS 5: 38-39.

Fox, A.D., and Jones, T.A. (1991). Oviposition behaviour and generation time in *Ischnura pumilio* (Charpentier) (Odonata, Coenagrionidae). EMM 127: 253-255. [OdA 8231.]

Fraenkel, G. (1932). "Die Wanderungen der Insekten." Ergebn. Biol. 9: 1-238.

Francez, A.J., and Brunhes, J. (1983). Odonates des tourbières d'Auvergne (Massif Central Français) et répartition en France des odonates d'altitude. NtO 2: 1-8.

Franchini, J., and Pilon, J.-G. (1983). Action de la température sur le développement embryonnaire d'*Ischnura verticalis* (Say) (Odonata: Coenagrionidae). Ann. Soc. Entomol. Québec 28: 13-18.

Franchini, J., Pilon, J.-G., and Masseau, M.J. (1984). Différenciation des types de développement et variation intra-stade au cours du développement larvaire d'*Ischnura verticalis* (Say) (Zygoptera: Coenagrionidae). AOd 2: 29-43.

Frankenhuyzen, K.V. (1977). The dragonflies of the Lonneker Meer. Anax 9: 3-9. [OdA 1890.]

Frantsevich, L.I. (1982). [Interaction of the visual key stimuli evoking the attack and retreat in dragonflies.] IR ES. Zh. Evol. Biohim. Fiziol. 18: 150-154. [OdA 3968.]

Frantsevich, L.I., and Mokrushov, P.A. (1974a). [Responses of high-rate movement-detecting neurons to movement of single targets in dragonfly nymphs.] IR ES. Neirofyziologiya 6: 68-74.

Frantsevich, L.I., and Mokrushov, P.A. (1974b). [Responses of high-rate movement-detecting neurons to movement of complex patterns in dragonfly nymphs.] IR ES. Neirofiziologiya 6: 75-80.

Frantsevich, L.I., and Mokrushov, P.A. (1984). Visual stimuli releasing attack of a territorial male in *Sympetrum* (Ansoptera: Libellulidae). Odonatologica 13: 335-350.

Fränzel, U. (1985). Öko-ethologische Untersuchungen an *Cordulegaster bidentatus* Selys, 1843 (Insecta: Odonata) in Bonner Raum. DpT, Univ. Bonn. [OdA 6922.]

Fraser, A. (1993). Dragonfly swarm attacks Chinese ship. Argia 5 (3): 11.

Fraser, A.M., and Herman, T.B. (1993). Territorial and reproductive behaviour in a sympatric species complex of the Neotropical damselfly *Cora* Selys (Zygoptera: Polythoridae). Odonatologica 22: 411-429.

Fraser, F.C. (1918). The influence of the monsoons on insect life in India. J. Bombay Nat. Hist. Soc. 25: 511.

Fraser, F.C. (1919). Notes on night-flying dragonflies. Rep. Proc. 3rd Entomol. Meet. Pusa: 895-897.

Fraser, F.C. (1927). Odonata. In "Insects of Samoa and other Samoan terrestrial Arthropoda," pp. 19-44. British Museum (Natural History), London.

Fraser, F.C. (1929). Indian dragonflies. Part 32. Epallaginae larvae. J. Bombay Nat. Hist. Soc. 33: 288-301.* Cited by Kumar and Prasad 1977c.

Fraser, F.C. (1933). "The fauna of British India, including Ceylon and Burma. Odonata." Vol. 1. Taylor and Francis, London.

Fraser, F.C. (1934). "The fauna of British India, including Ceylon and Burma. Odonata." Vol. 2. Taylor and Francis, London.

Fraser, F.C. (1936a). "The fauna of British India, including Ceylon and Burma. Odonata." Vol. 3. Taylor and Francis, London.

Fraser, F.C. (1936b). Note on *Aeshna cyanea* (Müll.) (Odonata). J. Soc. Brit. Entomol. 1: 116-118.

Fraser, F.C. (1943a). New Oriental odonate larvae. PRES (B) 12: 81-93.

Fraser, F.C. (1943b). A note on the 1941 immigration of *Sympetrum fonscolombii* (Selys) (Odon.). J. Soc. Brit. Entomol. 2: 133-136.

Fraser, F.C. (1943c). The function and comparative anatomy of the oreillets in the Odonata. PRES (A) 18: 50-56.

Fraser, F.C. (1944a). Remarkable distance covered by nymphs of *Pyrrhosoma nymphula* (Sulz.) (Odon., Coenagriidae). EMM 80: 192.

Fraser, F.C. (1944b). Diurnal and nocturnal resting habits of *Bradinopyga geminata* (Rambur) (Odonata, Libellulidae). EMM 80: 76-77.

Fraser, F.C. (1945). Migration of Odonata. EMM 81: 73-74.

Fraser, F.C. (1947). Dragonflies and typhoons. EMM 83: 128.

Fraser, F.C. (1950). A note on the correct origin of the name *Libellula* employed in Odonata. EMM 86: 311-312.

Fraser, F.C. (1955). The Megapodagrionidae and Amphipterygidae (Odonata) of the African continent. PRES (B) 24: 139-146.

Fraser, F.C. (1956a). The nymphs of *Synlestes tropicus* Tillyard, *Chorismagrion risi* Morton, *Oristicta filicola* Tillyard and *Lestoidea conjuncta* Tillyard: with description of the female of the latter and further notes on the male. Aust. Zool. 12: 284-292.

Fraser, F.C. (1956b). Vol. 1: "Insectes. Odonates. Anisoptères." L'Institut de Recherche Scientifique de Madagascar, Tananarive-Tsimbazaza.

Frater, A. (1990). "Chasing the monsoon." Penguin Books, London.

Freed, A.N. (1980). Prey selection and feeding behavior of the green treefrog (*Hyla cinerea*). Ecology 61: 461-465.

Freitag, R. (1974). Selection for a non-genitalic mating structure in female tiger beetles of the genus *Cicindela* (Coleoptera: Cicindelidae). CnE 106: 561-568.

French, R.A. (1964). Migratory dragonflies on Lundy Island. Entomologist 97: 17.

Fried, C.S., and May, M.L. (1983). Energy expenditure and food intake of territorial male *Pachydiplax longipennis* (Odonata: Libellulidae). EcE 8: 283-292.

Fritz, D.G., and Punzo, F. (1976). Upper lethal temperatures and effects of acclimation in naiads of the dragonfly, *Plathemis lydia* (Odonata: Libellulidae). Trans. Ill. Acad. Sci. 69: 292-301. [OdA 2153.]

Frost, S.W. (1971). *Pachydiplax longipennis* (Odonata: Anisoptera): records of night activity. Fla. Entomol. 54: 205. [BsA 105220.]

Fry, C.H. (1981). The diet of large green bee-eaters *Merops superciliosus* supersp. and the question of bee-eaters fishing. Malimbus (J. West Afr. Ornithol. Soc.) 3: 31-38.

Fry, C.H. (1983). Honeybee predation by bee-eaters, with economic considerations. Bee World 64: 65-78.

Frye, M.A., and Olberg, R.M. (1995). Visual receptive field properties of feature-detecting neurons in the dragonfly. J. Comp. Physiol. (A) 177: 569-576. [OdA 10685.]

Fryer, G. (1986). Enemy-free space: a new name for an ancient ecological concept. BJLS 27: 287-292.

藤沢正平(1979). 志賀高原のトンボ. 志賀高原研究会, 飯山 [OdA 3087.]

Fujita, K., Hirano, K., Kawanishi, M., Ohsaki, N., Ohtaishi, M., Yano, E., and Yasuda, M. (1978). Ecological studies on a dragonfly, *Nannophya pygmaea* Rambur (Odonata: Libellulidae) I. Seasonal changes of adult population and its distribution in a habitat. Res. Pop. Ecol. 19: 209-221.

冨士原芳久 (1979). トンボの人工採卵法. Gracile 25: 12-14.

福井順治 (1987a). アカトンボの雑種とスジボソギンヤンマの採集記録. 駿河の昆虫 139: 4016-4018.

福井順治 (1987b). ヨツボシトンボとベッコウトンボの種間雑種. Tombo 30 (1-4): 36-43.

福井順治 (1993). ベッコウトンボの幼虫の生育経過. Tombo 36 (1-4): 18.

Fursov, V.N., and Kostyukov, V.V. (1987). [New species of the genus *Tetrastichus* (Hymenoptera, Eulophidae), egg parasites of damselflies and dragonflies and of predaceous diving beetles.] IR ES. Zool. Zh. 66: 217-228. [OdA 5840.]

Furtado, J.I. (1969). Ecology of Malaysian odonates: biotope association of species. Verh. Int. Verein. Limnol. 17: 863-887.

Furtado, J.I. (1970). The territorial behaviour of *Devadatta a. argyroides* (Selys) (Odonata, Amphipterygidae). Tombo 13: 12-16.

Furtado, J.I. (1972). The reproductive behaviour of *Ischnura senegalensis* (Rambur), *Pseudagrion microcephalum* (Rambur) and *P. perfuscatum* Lieftinck (Odonata, Coenagrionidae). Malaysian J. Sci. 1 (A): 57-69.

Furtado, J.I. (1974). The reproductive behaviour of *Copera marginipes* (Rambur) and *C. vittata acutimargo* (Kruger) (Zygoptera: Platycnemididae). Odonatologica 3: 167-177.

Furtado, J.I. (1975). The reproductive behaviour of *Prodasineura collaris* (Selys) and *P. verticalis* (Selys) (Odonata, Protoneuridae). Malaysian J. Sci. 3 (A): 61-67.

Gabb, R. (1988). English names for dragonflies. JBDS 4: 19-21.

Galbreath, G.H., and Hendricks, A.C. (1992). Life history characteristics and prey selection of larval *Boyeria vinosa* (Odonata: Aeshnidae). J. Freshw. Ecol. 7: 201-207. [OdA 9072.]

Galletti, P., and Ravizza, C. (1977). Note sull'entomofauna acquatica del corso medioinferiore del Po: Odonata. Rc. Accad. Sci. Lett. (Milan) (B) 111: 89-100. [OdA 2428.]

Gambles, R.M. (1954). Letter, 15 July.

Gambles, R.M. (1956). Eggs of *Lestinogomphus africanus* (Fraser). Nature (London) 177: 663.

Gambles, R.M. (1960). Seasonal distribution and longevity in Nigerian dragonflies. J. West Afr. Sci. Assoc. 6: 18-26.

Gambles, R.M. (1963). The larval stages of Nigerian dragonflies, their biology and development. J. West Afr. Sci. Assoc. 8: 111-120.

Gambles, R.M. (1968). A new species of *Lestinogomphus* Martin 1912 (Odonata), and the hitherto undescribed male of *Microgomphus camerunensis* Longfield 1951. Entomologist 101: 281-288.

Gambles, R.M. (1971). Dragonfly dormitories. Nigerian Field 36: 166-170.

Gambles, R.M. (1976). The problem of the *Lestes pallidus* group (Zygoptera: Lestidae). Odonatologica 5: 15-25.

Gambles, R.M. (1981). PCm, 4 March.

Gambles, R.M. (1983a). Letter, November.

Gambles, R.M. (1983b). PCm, 29 November.

Gambles, R.M. (1988). PCm, 2 March.

Gambles, R.M., and Gardner, A.E. (1960). The egg and early stages of *Lestinogomphus africanus* (Fraser) (Odonata: Gomphidae). PRES (A) 35: 12-16.

Garcia, R. (1982). Arthropod predators of mosquitos. Bull. Soc. Vector Ecol., 7: 45-47. [OdA 5181.]

Gardner, A.E. (1950a). The life-history of *Aeshna mixta* Latreille (Odonata). EnG 1: 128-138.

Gardner, A.E. (1950b). The life-history of *Sympetrum sanguineum* Müller (Odonata). EnG 1: 21-26.

Gardner, A.E. (1951). The early stages of Odonata. Proc. S. Lond. Entomol. Nat. Hist. Soc. 1950-1951: 83-88.

Gardner, A.E. (1952). The life history of *Lestes dryas* Kirby (Odonata). EnG 3: 4-26.

Gardner, A.E. (1953a). The life-history of *Leucorrhinia dubia* (Van der Lind.) (Odonata). EnG 4: 45-65.

Gardner, A.E. (1953b). The life-history of *Libellula depressa* Linn. (Odonata). EnG 4: 175-201.

Gardner, A.E. (1954a). The life-history of *Coenagrion hastulatum* (Charp.) (Odonata: Coenagriidae). EnG 5: 17-40.

Gardner, A.E. (1954b). A key to the larvae of the British Odonata. Introduction and part I, Zygoptera; Part II, Anisoptera. EnG 5: 157-171; 193-213.

Gardner, A.E. (1955). The egg and mature larva of *Aeshna isosceles* (Müller) (Odonata: Aeshnidae). EnG 6: 13-20.

Gardner, A.E. (1956). The biology of dragonflies. Proc. S. Lond. Entomol. Nat. Hist. Soc. 1954-1955: 109-134.

Garrison, R.W. (1978). A mark-recapture study of imaginal *Enallagma cyathigerum* (Charpentier) and *Argia vivida* Hagen (Zygoptera: Coenagrionidae). Odonatologica 7: 223-236.

Garrison, R.W. (1979). Population dynamics and systematics of the damselfly genus *Enallagma* of the western United States (Odonata: Coenagrionidae). DrT, Univ. California, Berkeley. [OdA 3089.]

Garrison, R.W. (1981). Reproductive isolation in damselflies: methods of coexistence among four species of *Enallagma* from the western United States. Abstr. 6th Int. Symp. Odonatol., Chur: 16-17.

Garrison, R.W. (1989). Season summary supplement: Brazil—Rondonia State. Argia 1 (Suppl.): 2-4.

Garrison, R.W. (1990). A synopsis of the genus *Hetaerina* with descriptions of four new species (Odonata: Calopterygidae). Trans. Am. Entomol. Soc. 116: 175-259. [OdA 7400.]

Garrison, R.W., and González-Soriano, E. (1988). Population dynamics of two sibling species of Neotropical damselflies, *Palaemnema desiderata* Selys and *P. paulitoyaca* Calvert (Odonata: Platystictidae). Fol. Entomol. Mex. 76: 5-24. [OdA 7083.]

Garrison, R.W., and Hafernik, J.E. (1981). Population structure of the rare damselfly, *Ischnura gemina* (Kennedy) (Odonata: Coenagrionidae). Oecologia 48: 377-384. [OdA 3424.]

Garrison, R.W., and Muzón, J. (1995). Collecting down at the other "down under." Argia 7 (3): 23-26.

Garten, C.T., and Gentry, J.B. (1976). Thermal tolerance of dragonfly nymphs. II. Comparison of nymphs from control and thermally altered environments. Physiol. Zool. 49: 200-213.

Gascon, C. (1992). Aquatic predators and tadpole prey in central Amazonia: field data and experimental manipulations. Ecology 73: 971-980. [OdA 8551.]

Gascon, C., and Travis, J. (1992). Does the spatial scale of experimentation matter? A test with tadpoles and dragonflies. Ecology 73: 2237-2243. [OdA 8830.]

Gasse, M., and Kröger, C. (1996). Schlüpfende Grosslibellen (Anisoptera: Aeshnidae) als Beute der sozialen Faltenwespe *Vespula vulgaris* L. (Hymenoptera: Vespidae). Libellula 15: 45-55.

Gaufin, A.R., Clubb, R., and Newell, R. (1974). Studies on the tolerance of aquatic insects to low oxygen concentrations. Great Basin Nat. 34: 45-59. [OdA 957.]

Geelen, J.F.M., VanGelder, J.J., and Sax, H.A.M.M. (1970).

Insekten als voedsel van der groene kikker (*Rana esculenta* L.). Entomol. Ber. (Amsterdam) 30: 171-178. [BsA 42389.]
Geest, W. (1905). Beiträge zur Kenntnis der bayerischen Libellenfauna. Z. Wiss. InsektBiol. 1: 254-256.* Cited by Wesenberg-Lund 1913.
Geiger, R. (1965). "The climate near the ground." Harvard Univ. Press, Cambridge, Massachusetts.
Geijskes, D.C. (1929a). Een juffertje uit Oisterwijk. *Sympecma fusca* Vanderl., hare levenswijze en ontwikkeling. Levende Nat. 34: 139-143.
Geijskes, D.C. (1929b). Een juffertje uit Oisterwijk. *Sympecma fusca* Vanderl., hare levenswijze en ontwikkeling. Levende Nat. 34: 179-187.
Geijskes, D.C. (1932). V.—The dragonfly-fauna of Trinidad in the British West Indies (Odonata). Zool. Medd. 15: 96-128.
Geijskes, D.C. (1934). Notes on the odonate-fauna of the Dutch West Indian islands Aruba, Curaçao and Bonaire, with an account of their nymphs. Int. Rev. Ges. Hydrobiol. Hydrograph. 31: 287-311.
Geijskes, D.C. (1940). Notes on Odonata of Surinam. I. *Rimanella arcana* Needham and its nymph (Odon. Zyg.). Rev. Entomol. 11: 173-179.
Geijskes, D.C. (1943). Notes on Odonata of Surinam. IV. Nine new or little known zygopterous nymphs from the inland waters. Ann. Entomol. Soc. Am. 36: 165-184.
Geijskes, D.C. (1967). Libellen gevonden op zee in het Caribisch gebied. Entomol. Ber. (Amsterdam) 27: 221-223. [BsA 5392.]
Geijskes, D.C. (1970). Generic characters of the South American Corduliidae with descriptions of the species found in the Guyanas. Stud. Fauna Suriname Other Guyanas 12: 1-42. [BsA 61224.]
Geijskes, D.C. (1971). List of Odonata known from French Guyana, mainly based on a collection brought together by the mission of the "Muséum National d'Histoire Naturelle," Paris. Ann. Soc. Entomol., N.S., 7: 655-677. [BsA 37920.]
Geijskes, D.C. (1973). Reisverslag van de Expeditie West Suriname 1971. Zool. Bijdr. 15: 1-42.
Geijskes, D.C. (1986). The larva of *Dicterias cothurnata* (Foerster, 1906) (Zygoptera: Dicteriastidae). Odonatologica 15: 77-80.
Geijskes, D.C., and Van Tol, J. (1983). "De libellen van Nederland (Odonata)." Koninklijke Nederlandse Natuurhistorische Vereniging, Hoogwoud, Netherlands.
Gentry, J.B., Garten, C.T., Howell, F.G., and Smith, M.H. (1975). Thermal ecology of dragonflies in habitats receiving reactor effluent. Int. Atomic Energy Agency (Vienna) 187: 563-574. [OdA 1500.]
Gerhardt, A. (1993). Review of impact of heavy metals on stream invertebrates with special emphasis on acid conditions. Water Air Soil Pollut. 66: 289-314. [OdA 9119.]
Gerken, B. (1984). Die Sammlung von Libellen-Exuvien—Hinweise zur Methodik der Sammlung und zum Schlüpfort von Libellen. Libellula 3 (3/4): 59-72.
Gerson, U. (1974). The associations of algae with arthropods. [I]. Rev. Algol., N.S., 11: 18-41. [OdA 4892.]
Gerson, U. (1976). The associations of algae with arthropods. II. Rev. Algol., N.S., 11: 213-247. [OdA 4896.]
Gesner, C. (1620). "Historiae animalium." Bibliopolio Henrici Laurentii, Frankfurt.
Gewecke, M., Heinzel, H.-G., and Philippen, J. (1974). Role of antennae of the dragonfly *Orthetrum cancellatum* in flight control. Nature (London) 249: 584-585.
Gibbon, E. (1776-1788). "The history of the decline and fall of the Roman Empire." Strahan and Cadell, London.
Gibbons, D.W., and Pain, D. (1992). The influence of river flow rate on the breeding of *Calopteryx* damselflies. JAE 61: 283-289. [OdA 8708.]
Gibbs, K.E., Mingo, T.M., and Courtemanch, D.L. (1984). Persistence of Carbaryl (Sevin-4-Oil®) in woodland ponds and its effects on pond macroinvertebrates following forest spraying. CnE 116: 203-213.
Gibo, D.L. (1980). Soaring as an energy saving strategy of migrating insects. Abstr. Pap. 2nd Int. Congr. Syst. Evol. Biol., Vancouver: 209. [OdA 3601.]
Gibo, D.L. (1981). Some observations on slope soaring in *Pantala flavescens* (Odonata: Libellul dae). J.N.Y. Entomol. Soc. 89: 184-187. [OdA3529.]
Gibo, D.L. (1986). Flight strategies of migrating monarch butterflies (*Danaus plexippus* L.) in southern Ontario. In Danthanarayana, W. (ed.), "Insect flight: dispersal and migration," pp. 172-184. Springer Verlag, Berlin.
Gillaspy, J.E. (1971). A spectacular case of termite predation by dragonflies. Texas A&I Univ. Stud. 4: 87-88.
Gillott, C. (1969). Morphology and histology of the cephalic endocrine glands of the damselfly, *Coenagrion angulatum* Walker (Zygoptera: Odonata). CJZ 47: 1187-1192.
Girault, A.A. (1914). Hosts of insect egg parasites in Europe, Asia, Africa and Australasia, with a supplementary American list. Z. Wiss. InsektBiol. 10: 87-91.
Gittings, T. (1988). The ecology of the blue-tailed damselfly, *Ischnura elegans*: population dynamics, local movements and male mating success. BsT, Univ. East Anglia, Norwich.
Gledhill, T. (1985). Water mites—predators and parasites. Freshw. Biol. Assoc. Ann. Rep. 53: 45-59.
Glick, P.A. (1939). "The distribution of insects, spiders, and mites in the air." USDA Tech. Bull. 673: 1-151.
Glitz, D. (1991). Die Wiederherstellung natürlicher Bachläufe in Hamburger Naturschutzgebieten. Seevögel 12: 27-29. [OdA 8234.]
Glotzhober, R.C. (1991). Ohio dragonfly survey produces interesting observations: "stinging dragonflies" and migrating swarms. Argia 3(4): 13-14.
Godfrey, C., and Thompson, D.J. (1987). Diets of three aeshnid species in an acid pond. JBDS 3: 29-31.
Godley, J.S. (1980). Foraging ecology of the striped swamp snake, *Regina alleni*, in southern Florida. Ecol. Monogr. 50: 411-436. [OdA 3708.]
Goldsmith, E. (1996). "The way: an ecological world-view." Themis Books, Totnes, U.K.
González-Soriano, E. (1981). PCm, August.
González-Soriano, E. (1987). *Dythemis cannacrioides* Calvert, a libellulid with unusual ovipositing behaviour (Anisoptera). Odonatologica 16: 175-182.
González-Soriano, E. (1989). The Odonata of the Los Tuxtlas Tropical Biological Station, Veracruz, Mexico. Abstr. 10th Int. Symp. Odonatol., Johnson City: 14. Oral.
González-Soriano, E., and Novelo-Gutiérrez, R. (1980). El comportamiento sexual de *Palaemnema paulitoyaca* Calvert (Odonata: Platystictidae). Fol. Entomol. Mex. 45: 33-34. [OdA 3491.]
González-Soriano, E., and Novelo-Gutiérrez, R. (1985). Notes on *Phyllogomphus pugnifer* Donnelly, 1979, with a description of the female (Anisoptera: Gomphidae). Odonatologica 14: 147-150.
González-Soriano, E., and Verdugo-Garza, M. (1982). Studies on Neotropical Odonata: the adult behavior of *Heteragrion alienum* Williamson (Odonata: Megapodagrionidae). Fol.

Entomol. Mex. 52: 3-15.
González-Soriano, E., and Verdugo-Garza, M. (1984a). Estrategias reproductivas en algunas especies zigopteros neotropicales (Insecta, Odonata). Fol. Entomol. Mex. 61: 93-103. [OdA 5194.]
González-Soriano, E., and Verdugo-Garza, M. (1984b). Estudios en odonatos neotropicales II: Notas sobre el comportamiento reproductivo de *Cora marina* Selys (Odonata: Polythoridae). Fol. Entomol. Mex. 62: 3-15. [OdA 5476.]
González-Soriano, E., Novelo-Gutiérrez, R., and Verdugo-Garza, M. (1982). Reproductive behaviour of *Palaemnema desiderata* Selys (Odonata: Platystictidae). AOd 1: 55-62.
Goodchild, C.G. (1943). The life-history of *Phyllodistomum solidum* Rankin, 1937, with observations on the morphology, development and taxonomy of the Gorgoderinae (Trematoda). Biol. Bull. 84: 59-86.
Goodchild, H.H. (1949). A curious habit of dragonflies. Nature (London) 164: 1058.
Goodman, J.D. (1989). *Langeronia brenesi* n. sp. (Trematoda: Lecithodendriidae) in the mountain yellow-legged frog *Rana muscosa* from southern California. Trans. Am. Microscop. Soc. 108: 387-393. [OdA 7360.]
Goodyear, K.G. (1970). *Lestes sponsa* (Hansemann) (Odonata: Lestidae) as a predator of *Tipula melanoceros* Schummel (Diptera: Tipulidae). Entomologist 103: 215-216.
Goodyear, K.G. (1976). The Perthshire colonies of *Aeshna caerulea* (Ström) and *Somatochlora arctica* (Zetterstedt) (Odonata). EMM 112: 239-242.
Gopane, R.E. (1987). Comparative study of territorial and reproductive behaviour of selected African Odonata. MsT, Univ. Bophuthatswana, Mafikeng.
Gorb, S.N. (1990). [The microsculpture of the head fixing system in dragonflies as seen by a scanning electron microscope.] IR ES. Zool. Zh. 69: 147-154. [OdA 7505.]
Gorb, S.[N.] (1992). An experimental study of the refusal display in the damselfly *Platycnemis pennipes* (Pall.) (Zygoptera: Platycnemididae). Odonatologica 21: 299-307.
Gorb, S.[N.] (1993). The skeleton-muscle organization of the head fixation system in odonates and its evolutionary implications: a comparative study. Petalura 1: 1-18.
Gorb, S.[N.] (1994a). Central projections of ovipositor sense organs in the damselfly, *Sympecma annulata* (Zygoptera, Lestidae). J. Morphol. 220: 139-146.
Gorb, S.N. (1994b). Female perching behaviour in *Sympetrum sanguineum* (Müller) at feeding places (Anisoptera: Libellulidae). Odonatologica 23: 341-353.
Gorb, S.N. (1995a). Scanning electron microscopy of pruinosity in Odonata. Odonatologica 24: 225-228.
Gorb, S.N. (1995b). Precopulatory and tandem directional activity of *Sympetrum sanguineum* (Müller) males at the places of pairing (Anisoptera: Libellulidae). Odonatologica 24: 341-345.
Gorb, S.[N.] (1996). Initial stage of tandem contact in *Platycnemis pennipes* (Pallas) (Zygoptera: Platycnemididae). Odonatologica 25: 371-376.
Gore, J.A. (1979). Patterns of initial benthic recolonization of a reclaimed coal strip-mined river channel. CJZ 57: 2429-2439. [OdA 2429.]
Gorham, C.T., and Vodopich, D.S. (1992). Effects of acid pH on predation rates and survivorship of damselfly nymphs. Hydrobiologia 242: 51-62.
Gorham, E., Martin, F.B., and Litzau, J.T. (1984). Acid rain: ionic correlations in the eastern United States, 1980-1981. Science 225: 407-409.

Gorodkov, K.B. (1956). [Some data on the distribution of dragonflies in the north.] IR. Entomol. Obozreniye 35: 120-122.
Gotceitas, V., and Colgan, P. (1988). Individual variation in learning by foraging juvenile bluegill sunfish (*Lepomis macrochirus*). J. Comp. Psychol. 102: 294-299. [OdA 6486.]
Göttlich, K. (ed.) (1980). "Moor- und Torfkunde." Schweizerbart'sche Verlagsbuchhandlung, Stuttgart. [OdA 3021.]
Gower, J.L., and Kormondy, E.J. (1963). Life history of the damselfly *Lestes rectangularis* with special reference to seasonal regulation. Ecology 44: 398-402. [BsA 25639.]
Grabow, K., and Rüppell, G. (1995). Wing loading in relation to size and flight characteristics of European Odonata. Odonatologica 24: 175-186.
Grabow, K., Korb, J., Martens, A., and Rödel, M.-O. (1997). The use of termite mounds by the dragonfly *Crocothemis divisa* Karsch 1898 during the pre-reproductive period (Odonata Libellulidae). Trop. Zool. 10: 1-10. [OdA 11573.]
Graham, M.W.R. de V. (1987). A reclassification of the European Tetrastichinae (Hymenoptera: Eulophidae), with a revision of certain genera. Bull. Brit. Mus. Nat. Hist. (Entomol.) 55 (1): 1-392.
Grassé, P. (1932). Observations et remarques sur les migrations d'odonates. Soc. Entomol. Fr. (Paris), Livre Centen.: 657-668.
Grattan, N.C. (1981). A study on the respiration rates, and behaviour, of *Pyrrhosoma nymphula* (Sulzer) (Odonata: Zygoptera) and *Aeshna cyanea* (Müller) (Odonata: Anisoptera), related to diurnal changes in oxygen tension of their natural habitat. BsT, Univ. London.
Green, J. (1974). Territorial behaviour in some Nigerian dragonflies. ZJLS 55: 225-233.
Green, J., Corbet, S.A., Watts, E., and Lan, O.B. (1976). Ecological studies on Indonesian lakes. Overturn and restratification of Ranu Lamongan. JZL 180: 315-354. [OdA 1855.]
Green, L.F.B. (1974). The structure and function of the hindgut of the nymph of the dragonfly, *Uropetala carovei* (White). MsT, Univ. Auckland, New Zealand.
Green, L.F.B. (1977). Aspects of the respiratory and excretory physiology of the nymph of *Uropetala carovei* (Odonata: Petaluridae). NZJZ 4: 39-43. [OdA 1892.]
Greenwood, J.J.D. (1984). The evolutionary ecology of predation. In Shorrocks, B. (ed.), "Evolutionary ecology," pp. 233-273. Blackwell Scientific Publications, London.
Greff, N., and Marie, A. (1996). Record d'altitude chez *Calopteryx splendens* (Harris, 1782) (Odonata, Zygoptera, Calopterygidae). Martinia 12: 24.
Gresens, S.E., Cothran, M.L., and Thorp, J.H. (1982). The influence of temperature on the functional response of the dragonfly *Celithemis fasciata* (Odonata: Libellulidae). Oecologia 53: 281-284. [OdA 3768.]
Greven, H. (1979). A note on the behaviour of larval *Cordulegaster boltoni* (Don.) in captivity (Anisoptera: Cordulegasteridae). NtO 1: 72-73.
Gribbin, S.D. (1989). Ecology and reproductive behaviour of damselflies. DrT, Univ. Liverpool.
Gribbin, S.D., and Thompson, D.J. (1990a). Egg size and clutch size in *Pyrrhosoma nymphula* (Sulzer) (Zygoptera: Coenagrionidae). Odonatologica 19: 347-357.
Gribbin, S.D., and Thompson, D.J. (1990b). Asymmetric intraspecific competition among larvae of the damselfly *Ischnura elegans* (Zygoptera: Coenagrionidae). EcE 15: 37-42. [OdA 7281.]
Gribbin, S.D., and Thompson, D.J. (1990c). A quantitative study of mortality at emergence in the damselfly *Pyrrhoso-*

ma nymphula (Sulzer) (Zygoptera: Coenagrionidae). FwB 24: 295-302.

Gribbin, S.D., and Thompson, D.J. (1991a). Emergence of the damselfly *Pyrrhosoma nymphula* (Sulzer) from two adjacent ponds in northern England. Hydrobiologia 209: 123-131. [OdA 7711.]

Gribbin, S.D., and Thompson, D.J. (1991b). The effects of size and residency on territorial disputes and short-term mating success in the damselfly *Pyrrhosoma nymphula* (Sulzer) (Zygoptera: Coenagrionidae). AnB 41: 689-695.

Grieve, E.G. (1937). Studies on the biology of the damselfly *Ischnura verticalis* Say, with notes on certain parasites. Entomol. Am., N.S., 17(3): 121-153.

Griffiths, D. (1975). Prey availability and the food of predators. Ecology 56: 1209-1214.

Gross, H. (1982). Zur exogenen Steuerung der Jahresperiodik im Beutefanhverhalten der Larven von *Aeschna cyanea* Müller (Odonata: Anisoptera). Verh. Dtsch. Zool. Ges. 1982: 310.

Grunert, H. (1989). Oviposition behaviour, substrate selection and utilization of the damselfly *Erythromma najas* (Hansemann, 1823). Abstr. 10th Int. Symp. Odonatol., Johnson City: 15.

Grunert, H. (1995). Eiablageverhaltern und Substratnutzung von *Erythromma najas* (Odonata: Coenagrionidae). Braunschw. Naturk. Schr. 4: 769-794. [OdA 10547.]

Guhl, W. (1972). Neue symphorionte Peritriche von Libellenlarven. Zool. Anz. 189: 273-277. [OdA 502.]

Gupta, A., Dey, S., and Gupta, S. (1992). Cuticular structures on the labium of the larva of *Crocothemis servilia* (Drury) (Anisoptera: Libellulidae). Odonatologica 21: 97-101.

Gurney, W.S.C., Crowley, P.H., and Nisbet, R.M. (1992). Locking life-cycles onto seasons: circlemap models of population dynamics and local adaptation. J. Math. Biol. 30: 251-279.

Gydemo, R., Westin, L., and Nissling, A. (1990). Predation on larvae of the noble crayfish, *Astacus astacus* L. Aquaculture 86: 155-161. [OdA 7639.]

Haddow, A.J. (1945). The mosquitoes of Bwamba County, Uganda. II. Biting activity with special reference to the influence of microclimate. Bull. Entomol. Res. 36: 33-73.

Hadrys, H. (1989). Aggressive tandem splitting by males in *Anax junius*. Abstr. 10th Int. Symp. Odonatol., Johnson City: 16.

Hadrys, H., and Siva-Jothy, M.T. (1994). Unravelling the components that underlie insect reproductive traits using a simple molecular approach. In Schierwater, B., Streit, B., Wagner, G.P., and DeSalle, R. (eds.), "Molecular ecology and evolution: approaches and applications," pp. 75-90. Birkhäuser Verlag, Basel, Switzerland.

Hadrys, H., Bakick, M., and Schierwater, M. (1992). Applications of random amplified polymorphic DNA (RAPD) in molecular ecology. Mol. Ecol. 1: 55-63.

Hafernik, J.E., and Garrison, R.W. (1986). Mating success and survival rate in a population of damselflies: results at variance with theory? Am. Nat. 128: 353-365.

Hagen, H.[A.] (1861). Über Insektenzüge. Stettin Entomol. Z. 22: 73-83.

Hagen, H.A. (1882). Invertebrate casts. Nature (London) 27: 173.

Hagen, H. v. (1996a). Neue Beobachtungen zur Odonatenfauna Mallorcas. AOd, Suppl. 1: 29-33.

Hagen, H. v. (1996b). Enten als Libellenjäger. AOd, Suppl. 1: 43-45.

Hailman, J.P. (1962). Direct evidence for trans-Caribbean migratory flights of swallows and dragonflies. AMN 68: 430-433. [BsT 4614.]

Haldar, D.P. (1995). Studies in the protozoan parasites in odonates of India. Abstr. 13th Int. Symp. Odonatol., Essen: 22. Oral.

Halkka, L. (1980). Accumulation of gene products in the previtellogonic oocytes of the dragonfly *Cordulia aenea*: an ultrastructural and cytochemical study. DrT, Univ. Helsinki.

Hall, M.C. (1929). Arthropods as intermediate hosts of helminths. Smithson. Misc. Coll. 81(15): 1-77.* Cited by Degrange 1972.

Halverson, T.G. (1983a). The evolution of dragonfly life histories in heterogeneous environments. DrT, Univ. Maryland, College Park. [OdA 4193.]

Halverson, T.[G.] (1983b). Temperature dependent embryogenesis in *Aeshna tuberculifera* Walker and *Plathemis lydia* (Drury) under field and laboratory conditions (Anisoptera: Aeshnidae, Libellulidae). Odonatologica 12: 367-373.

Halverson, T.G. (1984). Autecology of two *Aeshna* species (Odonata) in western Virginia. CnE 116: 567-578.

Hämäläinen, H., and Huttunen, P. (1990). Estimation of acidity by means of benthic invertebrates: evaluation of two methods. In Kauppi, P., Anttlila, P., and Kenttämies, K. (eds.), "Acidification in Finland," pp. 1051-1070. Springer Verlag, Berlin. [OdA 7918.]

Hämäläinen, M. (1984). Odonata of Inari Lapland. Kevo Notes 7: 31-38.

Hämäläinen, M. (1994). Regional report: Thailand and Philippines. In Moore (1994).

Hamilton, J.D., and Montgomerie, R.D. (1989). Population demography, and sex ratio in a Neotropical damselfly (Odonata: Coenagrionidae) in Costa Rica. J. Trop. Ecol. 5: 159-171. [OdA 7125.]

Hammond, C.O. (1983). "The dragonflies of Great Britain and Ireland." 2nd. ed. Rev. by R. Merritt. Harley Books, Colchester, U.K.

Hamrum, C.L., and Peterson, J.E. (1973). Reproductive behavior of Minnesota *Aeshna* species. Abstr. 2nd Int. Symp. Odonatol., Karlsruhe: 12.

Hanson, J.M. (1990). Macroinvertebrate sizedistributions of two contrasting freshwater macrophyte communities. FwB 24: 481-491. [OdA 8076.]

Hanson, T.C. (1976). Notes on Brazilian insects. Amat. Entomol. Soc. Bull. 35 (312): 135-138.

Happold, D.C.D. (1966). Dragonflies of Jebel Marra, Sudan. PRES (A) 41: 87-91.

Happold, D.C.D. (1968). Seasonal distribution of adult dragonflies at Khartoum, Sudan. Rev. Zool. Bot. Afr. 77: 50-61.

Hardin, G. (1968). The Tragedy of the Commons. Science 162: 1243-1248.

Hardin, G. (1974). Living on a lifeboat. BioScience 24: 561-568.

Hardwicke, I. (1990). Put a little dragonfly in your life today. Letter to editor, New York Times, 19 September.

Hardy, H.T. (1966). The effect of sunlight and temperature on the posture of *Perithemis tenera* (Odonata). Proc. Okla. Acad. Sci. 46: 41-45. [BsA 28970.]

Haritonov, A.Y. (1974). [On some regularities in variability of dragonfly manifestation depending on geographical location of the faunae examined.] IR ES. Izv. Sib. Otdel. Akad. Nauk USSR, Ser. Biol. 10, 2: 146-147. [OdA 1048.]

Haritonov, A.Y. (1980). [Latitudinal alteration in the dragonfly (Insecta, Odonata) phenology in the Zaural territories and Kazakhstan.] IR. Ekologiya 1980: 93-96. [OdA 2929.]

Haritonov, A.Y. (1989). [Geographical dragonfly distribution in the USSR.] IR. Tez. Dokl. Vsesoyuz. Soveshch. Probl. Kadastra i Ucheta Zhivot. Mira 4: 154-155. [OdA 6754.]

Haritonov, A.Y. (1993). Letter, 8 April.

Harp, G.L. (1986). Protracted oviposition by *Hetaerina titia* (Drury) (Zygoptera: Calopterygidae). NtO 2: 121-136.

Harr, L.E. (1975). "Tombo: 226 dragonfly haiku." J. & C. Transcripts, Kanona, New York. [OdA 1836.]

Harris, K.M. (1981). *Bremia legrandi*, sp. n. (Diptera, Cecidomyidae), a predator on eggs of a dragonfly, *Malgassophlebia aequatoris* Legrand (Odonata, Libellulidae) in Gabon. Rev. Fr. Entomol., N.S., 3: 27-30.

Harris, M. (1782). "Exposition of English insects." White, London.

Harris, T.L., and McCafferty, W.P. (1977). Assessing aquatic insect flight behavior with sticky traps. Great Lakes Entomol. 10: 233-239. [OdA 2259.]

Harrison, A.C. (1964). Trout food and its imitation. Piscator (Cape Town) 59: 110-126.

Harrison, S.J., Platt, A.P., and Saunders, S.P. (1994). An electrophoretic comparison of enzymes from *Anax junius* (Drury) and *Erythemis simplicicollis* (Say) (Anisoptera: Aeshnidae, Libellulidae). Odonatologica 23: 421-429.

Hart, C.W., and Fuller, S.L.H. (eds.) (1974). "Pollution ecology of freshwater invertebrates." Academic Press, London. [OdA 962.]

Harvey, I.F., and Corbet, P.S. (1985). Territorial behaviour of larvae enhances mating success of male dragonflies. AnB 33: 561-565.

Harvey, I.F., and Corbet, P.S. (1986). Territorial interactions between larvae of the dragonfly *Pyrrhosoma nymphula*: outcome of encounters. AnB 34: 1550-1561.

Harvey, I.F., and Hubbard, S.F. (1987a). Observations on the reproductive behaviour of *Orthemis ferruginea* (Fabricius) (Anisoptera: Libellulidae). Odonatologica 16: 1-8.

Harvey, I.F., and Hubbard, S.F. (1987b). Territorial behaviour and copulatory success in the Neotropical dragonfly *Orthemis ferruginea*. Unpub. Ms.

Harvey, I.F., and Walsh, K.J. (1993). Fluctuating asymmetry and lifetime mating success are correlated in males of the damselfly *Coenagrion puella* (Odonata: Coenagrionidae). EcE 18: 198-202. [OdA 9272.]

Harvey, I.F., and White, S.A. (1990). Prey selection by larvae of *Pyrrhosoma nymphula* (Sulzer) (Zygoptera: Coenagrionidae). Odonatologica 19: 17-25.

Harz, K. (1982). Massenhafter Paarungsflug von Libellen (Odonata, Anisoptera). Articulata 2: 6-7. [OdA 3974.]

橋本 碩・朝比奈正二郎 (1969). 南方定点観測船に飛来した昆虫類 第4報 特に蜻蛉類に関する観察. 昆蟲 37: 305-319.

Hassan, A.T. (1975). Studies on the larval development of *Palpopleura lucia lucia, Acisoma panorpoides inflatum* and *Urothemis assignata* (Anisoptera: Libellulidae) in a semi-natural environment. Niger. J. Entomol. 1: 143-146.

Hassan, A.T. (1976a). The effect of food on the larval development of *Palpopleura lucia lucia* (Drury) (Anisoptera: Libellulidae). Odonatologica 5: 27-33.

Hassan, A.T. (1976b). Studies on the roosting behaviour of *Palpopleura lucia lucia* (Drury) and *Acisoma panorpoides inflatum* Selys (Anisoptera: Libellulidae). Odonatologica 5: 323-329.

Hassan, A.T. (1977a). The larval stages of *Urothemis assignata* (Selys) (Anisoptera: Libellulidae). Odonatologica 6: 151-161.

Hassan, A.T. (1977b). Longevity of three libellulid dragonflies under semi-natural conditions (Anisoptera: Libellulidae). Odonatologica 6: 1-5.

Hassan, A.T. (1978). Reproductive behaviour of *Acisoma panorpoides inflatum* Selys (Anisoptera: Libellulidae). Odonatologica 7: 237-245.

Hassan, A.T. (1981a). Coupling and oviposition behaviour in two macrodiplacinid libellulids—*Aethriamantha rezia* (Kirby) and *Urothemis assignata* Selys (Libellulidae: Odonata). ZJLS 72: 289-296. [OdA 3430.]

Hassan, A.T. (1981b). The effect of environmental stress on the population structure of *Urothemis assignata* Selys larvae in a tropical pond. Abstr. 6th Int. Symp. Odonatol., Chur: 19.

Hassell, M.P., Lawton, J.H., and Beddington, J.R. (1976). The components of arthropod predation. I. The prey death-rate. JAE 45: 135-164. [OdA 1398.]

Hatakeyama, S., Shiraishi, H., and Kobayashi, N. (1990). Effects of aerial spraying of insecticides on nontarget macrobenthos in a mountain stream. Ecotoxicol. Environ. Safety 19: 254-270. [OdA 7403.]

Hatto, Y. (1994). "Buri" or "toriko," a traditional Japanese method of catching dragonflies. Odonatologica 23: 283-289.

Hatto, Y. (1995). Several Japanese methods of catching dragonflies, especially the mating or copulating method. Abstr. 13th Int. Symp. Odonatol., Essen: 23. Oral.

Havel, J.E., Link, J., and Niedzwiecki, J. (1993). Selective predation by *Lestes* (Odonata, Lestidae) on littoral microcrustacea. FwB 29: 47-58.

Havens, K.E. (1993). Acid and aluminium effects on the survival of macro-invertebrates during acute bioassays. Environ. Pollut. 80: 95-100. [OdA 9125.]

Hawking, J.H. (1991). The first record of the dragonfly *Dendroaeschna conspersa* from Victoria. Victorian Nat. 108: 6-7.

Hawking, J.H., and Ingram, B.A. (1994). Rate of larval development of *Pantala flavescens* (Fabricius) at its southern limit of range in Australia (Anisoptera: Libellulidae). Odonatologica 23: 63-68.

Hawking, J.H., and New, T.R. (1995a). The diet of anisopteran larvae from two streams in northeastern Victoria, Australia. Odonatologica 24: 115-122.

Hawking, J.H., and New, T.R. (1995b). Development of eggs of dragonflies (Odonata: Anisoptera) from two streams in north-eastern Victoria, Australia. Aquat. Insects 17: 175-180. [OdA 10749.]

Hawking, J.H., and New, T.R. (1996). The development of dragonfly larvae (Odonata: Anisoptera) from two streams in north-eastern Victoria, Australia. Hydrobiologia 317: 13-30. [OdA 10749.]

Hawking, J.H., and Watson, J.A.L. (1990). First Australian record of chironomid larvae epizoic on larval Odonata. Aquat. Insects 12: 241-245. [OdA 7644.]

端山文昭 (1982). 「『日本はトンボ王国』欧米では悪役ばかり?」(国際トンボ学会日本代表幹事・井上清氏とのインタビュー). 産経新聞1982年8月22日付: 14. [OdA 3975.]

Hayashi, F. (1990). Convergence of insular dwarfism in damselflies (*Euphaea*) and dobsonflies (*Protohermes*). FwB 23: 219-231. [OdA 7508.]

Hayward, K.J. (1931). Some further notes on insect migration in Argentina. Entomologist 64: 40-41.

Heads, P.A. (1985). The effect of invertebrate and vertebrate predators on the foraging movements of *Ischnura elegans* larvae (Odonata: Zygoptera). FwB 15: 559-571.

Heads, P.A. (1986). The costs of reduced feeding due to predator avoidance: potential effects on growth and fitness in

Ischnura elegans larvae (Odonata: Zygoptera). EcE 11: 369-377. [OdA 5732.]
Heckman, C.W. (1981). Long-term effects of intensive pesticide applications on the aquatic community in orchard drainage ditches near Hamburg, Germany. Arch. Environ. Contam. Toxicol. 10: 393-426. [OdA 3925.]
Heidemann, H. (1974). Ein neuer Europäischer Fund von *Coenagrion hylas* (Trybom) (Zygoptera: Coenagrionidae). Odonatologica 3: 181-185.
Heimpel, W. (1980). Insekten. Bull. Assyrol. 6 (1976-1980): 105-109. [OdA 9035.]
Heinrich, B. (1993). "The hot-blooded insects: strategies and mechanisms of thermoregulation." Springer-Verlag, Berlin.
Heinrich, B., and Casey, T.M. (1978). Heat transfer in dragonflies: "fliers" and "perchers." JEB 74: 17-36.
Helbig, A.J. (1991). Dusk orientation of migratory european robins, *Erithacus rubecula*: the role of sun-related information. AnB 41: 313-322.
Hellmund, M., and Hellmund, W. (1993). Neufund fossiler Eilogen (Odonata, Zygoptera, Coenagrionidae) aus dem Oberoligozän von Rott im Siebengebirge. Decheniana 146: 348-351. [OdA 9804.]
Henderson, J.B., and Herman, T.B. (1984). Movement patterns and behavior of *Calopteryx aequabilis* Say (Zygoptera: Calopterygidae) in Nova Scotia. AOd 2: 45-55.
Henriksen, K.L. (1919). De europaeische Vandsnyltehvepse og deres Biologi. Entomol. Medd. 12: 137-251.
Henrikson, B.-I. (1988). The absence of antipredator behaviour in the larvae of *Leucorrhinia dubia* (Odonata) and the consequences of their distribution. Oikos 51: 179-183. [OdA 6489.]
Herzog, H.-U. (1987). The plasma composition of larval *Aeshna cyanea* Müller. Comp. Biochem. Physiol. (A) 87: 39-45. [OdA 5930.]
Heslop-Harrison, J.W. (1938). A biter bit. Entomologist 71: 238.
Heymer, A. (1964). Ein Beitrag zur Kenntnis der Libelle *Oxygastra curtisi* (Dale, 1834) (Odonata: Anisoptera). Beitr. Entomol. 14: 31-44.
Heymer, A. (1966). Études comparées du comportement inné de *Platycnemis acutipennis* Selys 1841 et de *Platycnemis latipes* Rambur 1842 (Odon. Zygoptera). Ann. Soc. Entomol. Fr., N.S., 2: 39-73.
Heymer, A. (1967a). Contribution à la connaissance des odonates de la région lacustre du Massif de Néouvielle dans les Pyrénées centrales. Ann. Limnol. 3: 75-89. [BsA 117909.]
Heymer, A. (1967b). Contribution à l'étude du comportement de ponte du genre *Platycnemis* Burmeister, 1839 (Odonata; Zygoptera). Z. Tierpsychol. 24: 645-650.
Heymer, A. (1967c). *Hemianax ephippiger* en Europe (Odon. Anisoptera). Ann. Soc. Entomol. Fr., N.S., 3: 787-795.
Heymer, A. (1968). Contribution à la connaissance de la morphologie et de la répartition du genre *Platycnemis* Burmeister, 1839, en Europe et en Asie Mineure. Beitr. Entomol. 18: 605-623. [BsA 117910.]
Heymer, A. (1969). Fortpflanzungsverhalten und Territorialität bei *Orthetrum coerulescens* (Fabr., 1798) und *O. brunneum* (Fonsc., 1837) (Odonata; Anisoptera). Rev. Comport. Anim. 3: 1-24.
Heymer, A. (1970). Die Funktion der Kaudalstacheln bei *Aeschna*-Larven beim Beutefang und Aggressionsverhalten (Odon. Anisoptera). Ann. Soc. Entomol. Fr., N.S., 6: 637-645. [BsA 23592.]
Heymer, A. (1972a). Comportements social et territorial des Calopterygidae (Odon. Zygoptera). Ann. Soc. Entomol. Fr., N.S., 8: 3-53. [BsA 17799; OdA 251.]
Heymer, A. (1972b). "Verhaltensstudien an Prachtlibellen. Beiträge zur Ethologie und Evolution der Calopterygidae Selys, 1850 (Odonata: Zygoptera)." Parey, Berlin. [BsA 8870; OdA 309.]
Heymer, A. (1973a). Ethologische Freilandbeobachtungen an der Kleinlibelle *Agrion lindeni* Selys, 1840. Rev. Comport. Anim. 7: 183-189.
Heymer, A. (1973b). Étude du comportement reproducteur et analyse des mechanismes déclencheurs innés (MDI) optiques chez les Calopterygidae (Odon. Zygoptera). Ann. Soc. Entomol. Fr., N.S., 9: 219-255.
Heymer, A. (1975). Der stammesgeschichtliche Aussagewert des Verhaltens der Libelle *Epallage fatime* Charp. 1840. Z. Tierpsychol. 37: 163-181.
Heymons, R. (1896). Grundzüge der Entwickelung und des Körperbaues von Odonaten und Ephemeriden. Anhang. Abhandl. Kgl. Akad. Wiss. (Berlin) 1896: 1-66.* Cited by Ando 1962.
日比野哲雄 (1980). キイロサナエの産卵行動について. 昆虫と自然 15 (14): 28. [OdA 3602.]
Higashi, K. (1969). Territoriality and dispersal in the population of dragonfly, *Crocothemis servilia* Drury (Odonata: Anisoptera). Mem. Fac. Sci. Kyushu Univ. Ser. E (Biol.) 5: 95-113.
東 和敬 (1973). トンボ数種の摂食量の推定 I. トンボの捕食飛行頻度の観察による推定. えびの高原野外生物実験室研究業績第1号: 119-129.
東 和敬 (1976). カワトンボ個体群の生態学的研究 I. 成虫の個体数・生存率およびその活動様式. 生理生態 17: 109-116.
Higashi, K. (1978). Daily food consumption of *Sympetrum frequens* Selys (Odonata: Libellulidae). J. Int. Biol. Progr. Synth. 18: 199-207.
Higashi, K. (1981). A description of territorial and reproductive behaviours in *Mnais pruinosa* Selys (Odonata: Calopterygidae). J. Fac. Liberal Arts, Saga Univ. 13: 123-140.
Higashi, K., and Uéda, T. (1982). Territoriality and movement pattern in a population of *Calopteryx cornelia* (Selys) (Zygoptera: Calopterygidae). Odonatologica 11: 129-137.
Higashi, K., Nomakuchi, S., Maeda, M., and Yasuda, T. (1979). Daily food consumption of *Mnais pruinosa* Selys (Zygoptera: Calopterygidae). Odonatologica 8: 159-169.
Higashi, K., Nomakuchi, S., Okame, Y., and Harada, M. (1982). Length of maturation period and daily food consumption of immature damselfly, *Mnais pruinosa pruinosa* Selys (Zygoptera: Calopterygidae). Tombo 25: 23-26.
東 和敬・生方秀紀・椿 宜高 (1987). トンボの繁殖システムと社会構造. 東海大出版会. [OdA 6129.]
東 敬義・渡辺 守 (1992). 谷戸水田におけるシオカラトンボ, *Orthetrum albistylum speciosum* (Uhler), の個体群構造. 三重大学環境科学研究紀要 16: 1-11.
Hilder, B.E., and Colgan, P.W. (1985). Territorial behaviour of male *Nannothemis bella* (Uhler) (Anisoptera: Libellulidae). CJZ 63: 1010-1016. [OdA 5138.]
Hilfert, D. (1991). PCm, August.
Hilfert, D. (1994). Flugaktivität von Libellen am Fortpflanzungsgewässer in Abhängigkeit von verschiedenen klimatischen Faktoren und unterschiedlichen geographischen Lagen. DpT, Tech. Univ. Braunschweig, Germany.
Hilfert, D. (1995). Flight activity of Odonata at low temperature by ponds. Unpub. Ms.
Hilsenhoff, W.L. (1987). An improved biotic index of organic stream pollution. Great Lakes Entomol. 20: 31-39. [OdA

6680.]

Hilton, D.F.J. (1981). Flight periods of Odonata inhabiting a black spruce-sphagnum bog in south-eastern Quebec, Canada. NtO 1: 127-130.

Hilton, D.F.J. (1983a). Territoriality in *Libellula julia* Uhler (Anisoptera: Libellulidae). Odonatologica 12: 115-124.

Hilton, D.F.J. (1983b). Reproductive behavior of *Cordulia shurtleffi* Scudder (Anisoptera: Corduliidae). Odonatologica 12: 15-23.

Hilton, D.F.J. (1983c). Severed male abdomens in tandem with female *Nehalennia gracilis* Morse (Zygoptera: Coenagrionidae). NtO 2: 13-14.

Hilton, D.F.J. (1984). Reproductive behavior of *Leucorrhinia hudsonica* (Selys) (Odonata: Libellulidae). J. Kans. Entomol. Soc. 57: 580-590.

Hilton, D.F.J. (1986). A survey of some Odonata for ultraviolet patterns. Odonatologica 15: 335-345.

Hilton, D.F.J. (1987). A terminology for females with color patterns that mimic males. EnN 98: 221-223.

Hingston, R.W.G. (1932). "A naturalist in the Guiana forest." Edward Arnold, London.

Hinnekint, B.O.N. (1987a). Population dynamics of *Ischnura e. elegans* (Vander Linden) (Insecta: Odonata) with special reference to morphological colour changes, female polymorphism, multiannual cycles and their influence on behaviour. Hydrobiologia 146: 3-31.

Hinnekint, B.O.N. (1987b). Odonata hoarding food. NtO 2: 154.

Hinton, H.E. (1946). Concealed phases in the metamorphosis of insects. Nature (London) 157: 552-553.

Hinton, H.E. (1955). Protective devices of endopterygote pupae. Trans. Soc. Br. Entomol. 12: 49-92.

Hinton, H.E. (1973). Natural deception. In Gregory, R.L., and Gombrich, E.H. (eds.), "Illusion in nature and art," pp. 96-159. Duckworth, London.

広瀬欽一・井上 清 (1961). 知覧のミナミヤンマ幼虫について. 関西自然科学研究会会報 14: 28-29.

広瀬欽一・六山正孝 (1966). カワトンボ幼虫の2型と河流における分布. Tombo 9 (1-4): 23-27.

Hirvonen, H., and Ranta, E. (1996). Prey to predator size ratio influences foraging efficiency of larval *Aeshna juncea* dragonflies. Oecologia 106: 407-415. [OdA 10856.]

Hisada, M., Tamasige, M., and Suzuki, N. (1965). Control of the flight of the dragonfly *Sympetrum darwinianum* Selys I. Dorsophotic response. J. Fac. Sci. Hokkaido Univ., Ser. 6, Zool. 15: 568-577.

Hodgkin, E.P., and Watson, J.A.L. (1958). Breeding of dragonflies in temporary waters. Nature (London) 181: 1015-1016.

Hoekstra, F.A. (1979). Mitochondrial development and activity of binucleate and trinucleate pollen during germination in vitro. Planta 145: 25-36.

Hoess, R. (1993). Emergenzphänologie von 21 syntopen Libellenarten. Abstr. 12 Jahr. Ges. deutschsprachiger Odonatologen, Kaiserslautern: 13.

Hoffmann, J. (1991). The distribution of the aeshnids (Anisoptera) in the Peruvian Andes. Abstr. 11th Int. Symp. Odonatol., Trevi: 12.

Hoffmann, J. (1993). Letter, 10 March.

Hoffmann, J. (1996). Letter, 23 June.

Hofslund, P.B. (1977). Dragonfly attacks and kills a ruby-throated hummingbird. Loon 49: 238. [OdA 2515.]

Höhn-Ochsner, W. (1976). "Zürcher Volkstierkunde. Mundartliche Tiernamen und volkskundliche Mitteilungen über die Tierwelt des Kantons Zürich." Vjschr. Naturf. Ges. Zürich 121: 1-140. [OdA 1778.]

Holland, S. (1991). "Distribution of dragonflies in Gloucestershire." Toddington Press. Cheltenham. U.K.* See Brooks, S.J. 1991, JBDS 5: 49.

Hölldobler, B., and Wilson, E.O. (1990). "The ants." Springer-Verlag, Berlin.

Hollick, A. (1994). PCm, photograph dated 17 September.

Holling, C.S. (1959). Some characteristics of simple types of predation and parasitism. CnE 91: 385-398.

Holmes, J.D., and Randolph, S. (1994). An early emergence (one year life-cycle) of *Libellula depressa* Linnaeus and *Anax imperator* Leach. JBDS 10: 25-28.

Hooper, R.E. (1995). Individual recognition of mates and non-mates by male *Calopteryx splendens xanthostoma* (Charpentier) (Zygoptera: Calopterygidae). Odonatologica 24: 347-352.

Hooper, R.E., and Siva-Jothy, M.T. (1996). Last male sperm precedence in a damselfly demonstrated by RAPD profiling. Mol. Ecol. 5: 449-452. [OdA 11253.]

Hopkins, G.M. (1881). Poem: "Inversnaid." In Bergonzi 1977.

Hoppenheit, M. (1966). Über Ermüdung des angeborenen Beutefangverhaltens der Larve von *Aeschna cyanea* (Odonata). Helgoländer Wiss. Meeresunters. 13: 84-100. [BsA 114968.]

Hopper, K.R., Crowley, P.H., and Kielman, D. (1996). Density dependence, hatching synchrony, and within-cohort cannibalism in young dragonfly larvae. Ecology 77: 191-200. [OdA 10750.]

Horn, H.S. (1978). Optimal tactics of reproduction and life-history. In Krebs, J.R., and Davies, N.B. (eds.), "Behavioural ecology. An evolutionary approach," pp. 411-429. Blackwell Scientific, Oxford.

Horridge, G.A. (1977). The compound eye of insects. Sci. Am. 237: 108-121.

Horváth, G., and Zeil, J. (1996). Kuwait oil lakes as insect traps., Nature (London) 379: 303-304. [OdA 10751.]

House, N.L. (1988). The ecology of *Leucorrhinia hudsonica* (Selys) (Odonata: Libellulidae) in Newfoundland bog pools. BsT, Memorial Univ., Newfoundland. [OdA 8470.]

House, N.[L.] (1989). The ecology of *Leucorrhinia hudsonica* (Libellulidae) in Newfoundland bog pools. Abstr. 10th Int. Symp. Odonatol., Johnson City: 17.

House, N.L. (1993). Letter, 16 April.

Howarth, F. (1980). PCm, August.

Howse, P.E. (1975). Brain structure and behavior in insects. ARE 20: 359-379. [OdA 1001.]

Hu, S. (1980). "An enumeration of Chinese materia medica." Chinese Univ. Press, Hong Kong. [OdA 3495.]

Hubbert, M.K. (1969). Energy resources. In Cloud, P. (ed.), "Resources and man," pp. 157-242. Freeman, San Francisco.

Hübner, T. (1984). Bemerkenswerte Libellenfunde im Neusiedler See-Gebiet. Burgenländ. HeimatBl. 46: 89-91. [OdA 4850.]

Hübner, T. (1988). Zur Besiedlung neugeschaffener, kleiner Artenschutzgewässer durch Libellen. Libellula 7: 129-145.

Hudson, J., and Berrill, M. (1986). Tolerance of low pH by the eggs of Odonata (dragonflies and damselflies). Hydrobiologia 140: 21-25. [OdA 5735.]

Hudson, W.H. (1912). "The naturalist in La Plata." 5th. ed. Dent, London.

Huggert, L. (1982). Descriptions and redescriptions of *Trichopria* species from Africa and the Oriental and Australian regions (Hymenoptera, Proctotrupoidea: Diapriidae). Entomol. Scand. 13: 109-122. [OdA 5182.]

Huggins, D.G., and DuBois, M.B. (1982). Factors affecting

microdistribution of two species of burrowing dragonfly larvae, with notes on their biology (Anisoptera: Gomphidae). Odonatologica 10: 1-14.

Hughes, J.P. (1981). The attainment of metamorphosis-readiness in the dragonfly, *Pyrrhosoma nymphula* in eastern Scotland (Odonata: Zygoptera). (Supplement, 1982: Continuing report of *Pyrrhosoma nymphula*; unpub.). BsT, Univ. Dundee, U.K.

Hughes, R.D., and Nicholas, W.L. (1974). The spring migration of the bushfly (*Musca vetustissima* Walk.). JAE 43: 411-428.

Hugues, A. (1935). Passages de libellules, *Sympetrum sanguineum* (Müll.). Ann. Soc. Linn. Lyon, N.S., 78: 117-121.

Hunn, E.S. (1977). "Tzeltal folk zoology. The classification of discontinuities in nature." Academic Press, New York. [OdA 3694.]

Hutchinson, G.E. (1957). "A treatise on limnology." Vol. 1: "Geography, physics and chemistry." Wiley, New York.

Hutchinson, G.E. (1993). "A treatise on limnology." Vol. 4: "The zoobenthos." Wiley, New York. [OdA 10054.]

Hutchinson, R. (1976a). Sur le comportement de libellules qui touchent l'eau en volant. Cordulia 2: 11-14.

Hutchinson, R. (1976b). Les protozoaires dans l'alimentation des jeunes larves de libellules. Cordulia 2: 152-155.

Hutchinson, R. (1976c). La récolte d'odonates dans leurs dortoires. Cordulia 2: 87-89.

Hutchinson, R. (1976d). Premiers vols d'individus ténéraux de l'espèce *Plathemis lydia*. Fabreries 2: 38-39. [OdA 1402.]

Hutchinson, R. (1976e). Signification des essaims de zygoptéres au bord de l'eau (Zygoptera). Cordulia 2: 15-16.

Hutchinson, R. (1976f). Quelques données préliminaires sur les dortoirs de libellules (première partie). Cordulia 2: 72-76.

Hutchinson, R. (1976g). Quelques données préliminaires sur les dortoirs de libellules (second partie). Cordulia 2: 81-86.

Hutchinson, R. (1977). Observations on populations of *Epitheca princeps* Hagen and *E. cynosura simulans* Muttkowski (Odonata: Corduliidae) in Rigaud, with distributional notes. Cordulia 3: 11-16.

Hutchinson, R. (1978). Le moineau domestique et le carouge à epaulettes, prédateurs de zygoptéres ténéraux au Jardin Botanique de Montréal. Cordulia 4: 138-139.

Hutchinson, R. (1979). À propos du comportement de vol d'individus ténéraux de l'espèce *Didymops transversa* Say (Odonata: Macromiidae) dans les sentiers et les clairières du Mont-Rigaud. Cordulia 5: 13.

Hutchinson, R. (1993). Note sur le vol de patrouille au milieu d'une rivière des mâles de *Stylurus spiniceps* (Walsh), *Dromogomphus spinosus* (Selys) et *Argia moesta* Hagen (Odonata). Fabreries 18: 90-91.

Hutchinson, R., and Ménard, B. (1992). Contribution à la biologie de *Stylurus spiniceps* (Walsh) (Odonata: Gomphidae). Fabreries 17: 85-93.

Hutchinson, R., and Ménard, B. (1993). *Stylogomphus albistylus* (Hagen) (Odonata: Gomphidae): répartition et notes biologiques. Fabreries 18: 82-89.

Hutchinson, R., and Morrissette, R. (1977). Découverte de larves d'odonates vivantes dans une mare asséchée. Cordulia 3: 145-146.

Hynes, H.B.N. (1970). "The ecology of running waters." Univ. Toronto Press, Ontario.

Hynes, H.B.N. (1971). "The biology of polluted waters." Univ. Toronto Press, Ontario.

一條信明・井口博之 (1993). 釧路市春採湖畔「トンボ池」におけるトンボの季節消長. Sylvicola 11: 49-53.

Ideker, J. (1979). Competition between odonate insect and avian aerial predators for dipteran prey. Cordulia 5: 17-18.

池田 寛 (1971). アメリカセンダングサに捕らえられたオオアオイトトンボ. 月刊むし 6: 33. [OdA 45.]

池田 寛・澤野十蔵 (1965). 山口県下のコフキヒメイトトンボの新産地とその生態. Tombo 8 (1-4): 18-22.

Ichinose, K. (1989). More insect eating. Nature (London) 337: 513-514. [OdA 6758.]

Ilyushina, T.L. (1973). [Aquatic insects of the Karasuk lakes system as the second intermediate trematode's hosts.] IR. Trudy Gel'mint. Lab. 23: 55-64. [OdA 740.]

Imamura, T., and Mitchell, R. (1967). The water mites parasitic on the damselfly *Cercion hieroglyphicum* Brauer I. Systematics and life history. Annotat. Zool. Jap. 40: 28-36.

Inagaki, S. (1973). Le vol crépusculaire des Aeschnidae (odonates anisoptères). Cah. Nat. Bull. Natur. Parisiens, N.S., 29: 55-62.

Inden-Lohmar, C. (1995a). Population structure and reproductive behaviour of *Aeshna cyanea* Müller (Aeshnidae). Abstr. 13th Int. Symp. Odonatol., Essen: 25. Oral.

Inden-Lohmar, C. (1995b). PCm, August.

Inden-Lohmar, C. (1997). Sukzession, Struktur und Dynamik von Libellenpopulationen an Kleingewässern unter besonderer Berücksichtigung von *Aeshna cyanea* (Odonata: Aeshnidae). DrT, Univ. Bonn.

Ingram, B.R. (1971). The seasonal ecology of two species of damselflies (Odonata: Zygoptera) with special reference to the effects of photoperiod and temperature on nymphal development. DrT, Univ. North Carolina, Chapel Hill.

Ingram, B.R. (1975). Diapause termination in two species of damselflies. JIP 21: 1909-1916.

Ingram, B.R. (1976a). Life histories of three species of Lestidae in North Carolina, United States (Zygoptera). Odonatologica 5: 231-244.

Ingram, B.R. (1976b). Effects of photoperiod and temperature on abnormal wing-pad development in two species of Odonata. CJZ 54: 1103-1110. [OdA 1625.]

Ingram, B.R., and Jenner, C.E. (1976a). Influence of photoperiod and temperature on developmental time and number of molts in nymphs of two species of Odonata. CJZ 54: 2033-2045. [OdA 1626.]

Ingram, B.R., and Jenner, C.E. (1976b). Life histories of *Enallagma hageni* (Walsh) and *E. aspersum* (Hagen) (Zygoptera: Coenagrionidae). Odonatologica 5: 331-345.

井上 清 (1964). トンボの羽化姿勢について. 関西自然科学 16: 19-23.

井上 清 (1975). 木津川水域調査会. Gracile 18: 12-13. [OdA 1445.]

井上 清 (1979a). 日本のトンボ再見 第6回 (最終回) イトトンボ科 モノサシトンボ科 アオイトトンボ科 ヤマイトトンボ科. Gracile 24: 1-20.

井上 清 (1979b). オオサカサナエの生活史. 昆虫と自然 14 (6): 30-36. [OdA 2639.]

井上 清 (1982). 写真を添えた手紙, 12月.

井上 清 (1983). 南大東島で観察したコフキオオメトンボとアメイロトンボの生態について. Tombo 26 (1-4): 27-29.

井上 清 (1984). シオヤトンボ白粉型について. Tombo 27 (1-4): 37-38.

井上 清 (1988). ホソミオツネントンボの泥中産卵. Gracile 39: 12-13.

井上 清 (1991a). 私信, 8月25日.

井上 清 (1991b). スジボソギンヤンマ同定の一ポイント. Gracile 45: 12-15. [OdA 7839.]

Inoue, K. (1991c). Regional report: Japan. Oral addendum to report by S. Asahina. In N.W. Moore 1991d.

井上 清 (1993). 私信, 8月.
井上 清 (1994). トンボの絶食生存日数について（予報）. Sympetrum Hyogo 2: 8-12.
井上 清 (1995). 体斑解析によるトンボ目の系統分類の検討 第1部 日本産のTaxaについて. Gracile 53: 1-18.
井上 清・相浦正信 (1990). 対馬のトンボ分布記録（第3報）. Tombo 33 (1-4): 44-46.
井上 清・村上恒明 (1994). アキアカネの北海道高地での産卵例. Tombo 37 (1-4): 68-69.
Inoue, K., and Shimizu, N. (1976). Moniliform eggstrings laid by *Davidius moiwanus* taruii Asahina and Inoue, a case of "non-contact sitting oviposition" (Anisoptera: Gomphidae). Odonatologica 5: 265-272.
井上 清・尾花 茂・冨士原芳久 (1981). アオヤンマの生活史. Tombo 23 (1-4): 23-27.
Inoue, S. (1989). Dragonfly folklore in Haiku. Rev. Res. Inquir. Kinran Tankidaigaku 20: 157-187. [OdA 7362.]
石橋信義・伊藤整志 (1981). 除草剤ベンチオカーブの水田動物相に及ぼす影響. 九州病害虫研究会報 27: 90-93. [OdA 3926.]
石田勝義・村田道雄 (1992). トンボ類の幼虫に対する水田施用農薬の影響. 名城大学農学部学術報告 28: 1-12. [OdA 8715.]
石田道雄 (1982). 新潟市におけるナゴヤサナエの羽化生態. 昆虫と自然 17 (6): 28-29. [OdA 4256.]
石田昇三 (1958). 三重県四日市附近のハネビロトンボ. Tombo 1 (1): 3-6.
石田昇三 (1959). エゾカオジロトンボの生態観察記録. Tombo 2 (1-2): 13-15.
石田昇三・石田勝義 (1985). 蜻蛉目. 川合禎次編, 日本産水生昆虫検索図説, pp. 33-124. 東海大学出版会. [OdA 5396.]
Ishihara, T. (1982). Some noteworthy insects and birds of Japan in the natural environment growing worse. Mem. Coll. Agric., Emime Univ. 27: 153-169.
石川 一 (1983). 飼育によって得られたマユタテアカネとコノシメトンボの種間雑種. Tombo 26 (1-4): 23-25.
Ishikawa, Y. (1987). Scene in Japan: a dragonfly sanctuary. Time, 21 September. [OdA 6020.]
石澤直也 (1991). 気温で変化するアカトンボの体色. インセクタリウム 28: 14-15.
石澤直也 (1994a). 盛夏に低地で見られるアカネ属トンボの体温調節について. 月刊むし 281: 13-17.
Ishizawa, N. (1994b). A story of the tumult of Akatombo at Makuhari. Symnet (English version) 2 (1 October): 2-3.
石澤直也 (1995). 都心におけるアカトンボの季節消長. インセクタリウム 32: 192-194.
石澤直也 (1996). アカトンボの体温調節. 昆虫と自然 31 (8): 18-22.
伊藤文男・枝 重夫 (1977). 長野県下伊那郡の1小池に於けるアオイトトンボの生殖行動. Tombo 20 (1-4): 2-7.
Itô, Y. (1960). Territorialism and residentiality in a dragonfly, *Orthetrum albistylum speciosum* Uhler (Odonata: Anisoptera). Ann. Entomol. Soc. Am. 53: 851-853. [BsA 22331.]
Ivashkin, V.M., and Hromova, L.A. (1976). ["Animal and human cucullanates and gnathostomatates, and the diseases provoked by them."] IR. Osnovy Nematodologii 27: 1-436. [OdA 2154.]
Ivey, R.K., Bailey, J.C., Stark, B.P., and Lentz, D.L. (1988). A preliminary report of egg chorion features in dragonflies (Anisoptera). Odonatologica 17: 393-399.
Iwasaki, M. (1980). Comparative study of reproductive behaviour of seven genera of Calopterygidae. NtO 1: 110-111.
Jacobs, M.E. (1955). Studies on territorialism and sexual selection in dragonflies. Ecology 36: 566-586.
Jacquemin, G. (1987). Les odonates de la Merja de Sidi Bou Ghaba (Mehdiya, Maroc). Bull. Inst. Sci. (Rabat) 11: 175-183. [OdA 6681.]
Jacquemin, G. (1994). Odonata of the Rif, northern Morocco. Odonatologica 23: 217-237.
Jacquemin, G., and Boudot, J.-P. (1986). Comportement de ponte chez *Hemianax ephippiger* (Burm.) (Anisoptera: Aeshnidae). NtO 2: 112-113.
Jahn, A. (1994). Populationsökologische Langzeituntersuchungen an der Odonatenfauna einer Abbaugrube des Wendlandes. Jahr. Ges. deutschsprachiger Odonatologen, Höxter. Oral.
Janetos, A.C. (1982). Active foragers vs. sit-and-wait predators: a simple model. J. Theor. Biol. 95: 381-385.
Janssens, E. (1954). L'agrionisme: un cas particulier d'évolution convergent. Inst. Roy. Sci. Nat. Belg. 30: 1-10.
Jansson, A., and Vuoristo, T. (1979). Significance of stridulation in larval Hydropsychidae (Trichoptera). Behaviour 71: 167-186.
Jantzen, D.H. (1974). The deflowering of Central America. Nat. Hist. 83 (4): 49-53.* Cited by Bond 1995.
Jantzen, D.H. (1986). "Guanacaste National Park: tropical ecological and cultural restoration." Editorial Universidad Estatal a Distancia, San José, Costa Rica.
Jaramillo, A.P. (1993). Wintering Swainson's hawks in Argentina: food and age segregation. Condor 95: 475-479.
Jarry, D. (1960). Note sur *Anagrus incarnatus* Hal. (hyménoptère, chalcidoïde), parasite des pontes de *Lestes viridis* L. au Jardin des Plantes. Ann. Soc. Hort. Hist. Nat. d'Hérault 100: 59-63.
Jarry, D. (1962). Die seltsame Geschichte des Namens "Libelle." Entomol. Z. 72: 60-62.
Jarry, D.-M., and Jarry, D.-T. (1961). Quelques parasites d'insectes au Jardin des Plantes de Montpellier. Proc. 86th Congr. Soc. Sav.: 635-650.
Jayakumar, E., and Mathavan, S. (1985). Effects of Fenthion and Dursban on the predatory behaviour of dragonfly nymphs. Proc. 1st Indian Symp. Odonatol., Madurai: 33-43.
Jeffries, M. (1988). Individual vulnerability to predation: the effect of alternative prey types. FwB 19: 49-56.
Jeffries, M. (1990). Interspecific differences in movement and hunting success in damselfly larvae (Zygoptera: Insecta): responses to prey availability and predation threat. FwB 23: 191-196. [OdA 7516.]
Jenkins, D.W. (1964). Pathogens, parasites and predators of medically important arthropods. Annotated list and bibliography. Bull. World Health Org. 30 (Suppl.): 1-150. [BsA 49504.]
Jilek, R. (1980). *Epistylus cambari* (Ciliata: Peritrichida) and dragonfly nymphs, an epizoic association. J. N.Y. Entomol. Soc. 88: 113-114. [OdA 3026.]
Jilek, R., and Crites, J.L. (1980). Pathological implications of *Spinitectus carolini* (Spirurida: Nematoda) infections to survival of mayflies and dragonflies. J. Invertebr. Pathol. 36: 144-146. [OdA 3027.]
Jödicke, M., and Jödicke, R. (1996). Changes in diel emergence rhythm of *Orthetrum cancellatum* (L.) at a Mediterranean irrigation tank (Odonata: Libellulidae). OZF 140: 1-11. [OdA 10629.]
Jödicke, R. (1991). Herbstphänologie mitteleuropäischer Odonaten. 1. Beobachtungen in Oberbayern, Bundesrepublik Deutschland. OZF 62: 1-11.
Jödicke, R. (1993a). Crepuscular flight in *Aeshna mixta* Latr.

(Anisoptera: Aeshnidae). JBDS 9: 10-12.
Jödicke, R. (1993b). Die Bestimmung der Exuvien von *Sympetrum sanguineum* (Müll.), *S. striolatum* (Charp.) und *S. vulgatum* (L.) (Odonata: Libellulidae). OZF 115: 1-8. [OdA 9278.]
Jödicke, R. (1994). Marcha de larga distancia para la emergencia en *Sympetrum fonscolombei* (Selys) y *Orthetrum cancellatum* (L.). Navasia 3: 5-6.
Jödicke, R. (1995a). Diel periodicity of flight activity in *Anax imperator* Leach. Abstr. 13th Int. Symp. Odonatol., Essen: 27. Oral.
Jödicke, R. (1995b). Frühjahrsapekte der Odonatenfauna in Marokko südlich des Hohen Atlas. OZF 134: 1-10.
Jödicke, R. (1995c). Die Larve von *Sympetrum sinaiticum tarraconensis* Jödicke (Anisoptera: Libellulidae). Odonatologica 24: 353-360.
Jödicke, R. (1996). Die Odonatenfauna der Provinz Tarragona (Catalunya, Spanien). AOd, Suppl. 1: 77-111.
Jödicke, R. (1997a). "Die Binsenjungfern und Winterlibellen Europas." [Lestidae.] Westarp Wissenschaften, Magdeburg & Spektrum Akademischer Verlag, Heidelberg. [OdA 11584.]
Jödicke, R. (1997b). Tagesperiodik der Flugaktivität von *Anax imperator* Leach (Anisoptera: Aeshnidae). Libellula 16: 111-129.
Jödicke, R., and Mitamura, T. (1995). Contribution towards an annotated bibliography on hibernation in *Sympecma* Burmeister (Odonata: Lestidae). OZF 133: 1-9. [OdA 10284.]
Jödicke, R., and Thomas, B. (1993). Bivoltine Entwicklungszyklen bei *Sympetrum striolatum* (Charpentier) in Mitteleuropa (Anisoptera: Libellulidae). Odonatologica 22: 357-364.
Johansson, A., and Johansson, F. (1992). Effects of two different caddisfly case structures on predation by a dragonfly larva. Aquat. Insects 14: 73-84. [OdA 8954.]
Johansson, F. (1990). Foraging in larvae of *Aeshna juncea* (L.): patch use and learning (Anisoptera: Aeshnidae). Odonatologica 19: 39-45.
Johansson, F. (1991). Foraging modes in an assemblage of odonate larvae—effects of prey and interference. Hydrobiologia 209: 79-87. [OdA 7717.]
Johansson, F. (1992a). Predator life style and prey mobility: a comparison of two predatory odonate larvae. Arch. Hydrobiol. 126: 163-173. [OdA 8843.]
Johansson, F. (1992b). Effects of zooplankton availability and foraging mode on cannibalism in three dragonfly larvae. Oecologia 91: 179-183.
Johansson, F. (1992c). Intraguild predation and cannibalism in odonate larvae—effects of foraging behaviour and zooplankton availability. BNABS 9: 142. Abstract only.
Johansson, F. (1992d). Simulating darkness using dim red light: a cautionary note based on experience with larval *Aeshna juncea* (L.) (Anisoptera: Aeshnidae). NtO 3: 139-141.
Johansson, F. (1993a). Intraguild predation and cannibalism in odonate larvae: effects of foraging behaviour and zooplankton avaialability. Oikos 66: 80-87. [OdA 9279.]
Johansson, F. (1993b). Diel feeding behavior in larvae of four odonate species. J. Insect Behav. 6: 253-264. [OdA 9135.]
Johansson, F. (1993c). Effects of hunting behaviour on predator-prey interactions in a guild of odonate larvae. DrT, Univ. Umeå, Sweden. [OdA 9458.]
Johansson, F. (1995a). Do habitat complexity and predators influence damselfly larval functional response? Abstr. 13th Int. Symp. Odonatol., Essen: 26. Oral.

Johansson, F. (1995b). Increased prey vulnerability as a result of prey-prey interactions. Hydrobiologia 308: 131-137. [OdA 10556.]
Johansson, F., and Nilsson, A.N. (1991). Freezing tolerance and drought resistance of *Somatochlora alpestris* (Selys) larvae in boreal temporary pools (Anisoptera: Corduliidae). Odonatologica 20: 245-252.
Johansson, F., and Norling, U. (1994). A five-year study of the larval life history of *Coenagrion hastulatum* (Charpentier) and *C. armatum* (Charpentier) in northern Sweden (Zygoptera: Coenagrionidae). Odonatologica 23: 355-364.
Johansson, F., and Samuelsson, L. (1994). Fish-induced variation in abdominal spine length of *Leucorrhinia dubia* (Odonata) larvae? Oecologia 100: 74-79. [OdA 9993.]
Johansson, O.E. (1978). Co-existence of larval Zygoptera (Odonata) common to the Norfolk Broads (U.K.). Oecologia 32: 303-321.
Johnson, B.T., Saunders, C.R., Sanders, H.O., and Campbell, R.S. (1971). Biological magnification and degradation of DDT and Aldrin by freshwater invertebrates. J. Fish. Res. Bd. Can. 28: 705-709.
Johnson, C. (1961). Breeding behaviour and oviposition in *Hetaerina americana* Fabricius and *H. titia* (Drury) (Odonata: Agriidae). CnE 93: 260-266.
Johnson, C. (1962a). A study of territoriality and breeding behavior in *Pachydiplax longipennis* Burmeister (Odonata: Libellulidae). Southwest. Nat. 7: 191-197. [BsA 12359.]
Johnson, C. (1962b). Breeding behavior and oviposition in *Calopteryx maculatum* (Beauvois) (Odonata: Calopterygidae). AMN 68: 242-247. [BsA 8860.]
Johnson, C. (1962c). A description of territorial behavior and a quantitative study of its function in males of *Hetaerina americana* (Fabricius) (Odonata: Agriidae). CnE 94: 178-190. [BsA 571.]
Johnson, C. (1963a). A note on synchronized emergence in *Gomphus vastus* Walsh (Odonata: Gomphidae). CnE 95: 69.
Johnson, C. (1963b). Breeding structure in populations of the Odonata. Tex. J. Sci. 15: 171-183. [BsA 36204.]
Johnson, C. (1963c). Interspecific territoriality in *Hetaerina americana* (Fabricius) and *H. titia* (Drury) (Odonata: Calopterygidae) with a preliminary analysis of the wing color pattern variation. CnE 95: 575-582. [BsA 12921.]
Johnson, C. (1964a). Seasonal ecology of *Ischnura damula* Calvert (Odonata: Coenagrionidae). Tex. J. Sci. 16: 50-61. [BsA 62219.]
Johnson, C. (1964b). Polymorphism in the damselflies, *Enallagma civile* (Hagen) and *E. praevarum* (Hagen). AMN 72: 408-416. [BsA 50588.]
Johnson, C. (1964c). The inheritance of female dimorphism in the damselfly, *Ischnura damula*. Genetics 49: 513-519. [BsA 49399.]
Johnson, C. (1964d). The evolution of territoriality in the Odonata. Evolution 18: 89-92. [BsA 67037.]
Johnson, C. (1964e). Mating expectancies and sex ratio in the damselfly, *Enallagma praevarum* (Odonata: Coenagrionidae). Southwest. Nat. 9: 297-304. [BsA 73193.]
Johnson, C. (1965). Mating and oviposition of damselflies in the laboratory. CnE 97: 321-326.
Johnson, C. (1966a). Improvements for colonizing damselflies in the laboratory. Tex. J. Sci. 18: 179-183.
Johnson, C. (1966b). Genetics of female dimorphism in *Ischnura demorsa*. Heredity 21: 453-459. [BsA 99214.]
Johnson, C. (1968). Seasonal ecology of the dragonfly *Oplonaeschna armata* Hagen (Odonata: Aeshnidae). AMN 80:

449-457. [BsA 61663.]

Johnson, C. (1972). Tandem linkage, sperm translocation, and copulation in the dragonfly, *Hagenius brevistylus* (Odonata: Gomphidae). AMN 88: 131-149. [BsA 2513.]

Johnson, C. (1973a). Ovarian development and age recognition in the damselfly, *Argia moesta* (Hagen, 1961) (Zygoptera: Coenagrionidae). Odonatologica 2: 69-81.

Johnson, C. (1973b). Distributional patterns and their interpretation in *Hetaerina* (Odonata: Calopterygidae). Fla. Entomol. 56: 23-42.

Johnson, C. (1973c). Variability, distribution and taxonomy of *Calopteryx dimidiata* (Zygoptera: Calopterygidae). Fla. Entomol. 56: 207-222.

Johnson, C. (1975). Polymorphism and natural selection in ischnuran damselflies. Evol. Theory 1: 81-90.

Johnson, C.G. (1969). "Migration and dispersal of insects by flight." Methuen, London.

Johnson, D.M. (1973). Predation by damselfly naiads on cladoceran populations: fluctuating intensity. Ecology 54: 251-268. [BsA 48184.]

Johnson, D.M. (1986). The life history of *Tetragoneuria cynosura* (Say) in Bays Mountain Lake, Tennessee, United States (Anisoptera: Corduliidae). Odonatologica 15: 81-90.

Johnson, D.M. (1987). Dragonfly cohort-splitting: hypotheses tested and suggested. BNABS 4: 71. [OdA 5932.]

Johnson, D.M. (1991). Behavioral ecology of larval dragonflies and damselflies. Trends Ecol. Evol. 6: 8-13. [OdA 7718.]

Johnson, D.M. (1992). Identification of two yearclasses among final-instar larvae of a semivoltine dragonfly. BNABS 9: 143 (abstract only).

Johnson, D.M. (1993a). Letter, 18 February.

Johnson, D.M. (1993b). Letter, 23 February.

Johnson, D.M. (1996). Letter, 14 March.

Johnson, D.M., and Crowley, P.H. (1980a). Odonata "hide and seek": habitat-specific rules? In Kerfoot, W.C.(ed.), "The evolution and ecology of zooplankton communities," pp. 569-579. Univ. Press New England, Hanover, N.H. [OdA 3183.]

Johnson, D.M., and Crowley, P.H. (1980b). Habitat and seasonal segregation among coexisting odonate larvae. Odonatologica 9: 297-308.

Johnson, D.M., and Crowley, P.H. (1989). A ten-year study of the odonate assemblage of Bays Mountain Lake, Tennessee. AOd 4: 27-43.

Johnson, D.M., Akre, B.G., and Crowley, P.H. (1975). Modeling arthropod predation: wasteful killing by damselfly naiads. Ecology 56: 1081-1093.

Johnson, D.M., Coney, C.C., and Westfall, M.J. (1980). The Odonata of Bays Mountain Lake, Sullivan County, Tennessee. J. Tenn. Acad. Sci. 55: 73-76.

Johnson, D.M., Bohanan, R.E., Watson, C.N., and Martin, T.H. (1984). Coexistence of *Enallagma divagans* and *Enallagma traviatum* (Zygoptera: Coenagrionidae) in Bays Mountain Lake, Tenessee: an *in-situ* enclosure experiment. AOd 2: 57-70.

Johnson, D.M., Crowley, P.H., Bohanan, R.E., Watson, C.N., and Martin, T.H. (1985). Competition among larval dragonflies: a field enclosure experiment. Ecology 66: 119-128. [OdA 4982.]

Johnson, D.M., Pierce, C.L., Martin, T.H., Watson, C.N., Bohanan, R.E., and Crowley, P.H. (1987). Prey depletion by odonate larvae: combining evidence from multiple field experiments. Ecology 68: 1459-1465. [OdA 6229.]

Johnson, D.M., Watson, C.N., Forsythe, T., and Boehms, C.N. (1988). Larval damselfly coexistence with green sunfish. In Snyder, D.H. (ed.), "Proceedings of the First Annual Symposium of the Natural History of the Lower Tennessee and Cumberland River Valleys," pp. 314-325. Center for Field Biology of Land Between the Lakes, Austin Peay State Univ., Clarksville, Tennessee.

Johnson, D.M., Martin, T.H., Mahato, M., Crowder, L.B., and Crowley, P.H. (1995). Predation, density dependence, and life histories of dragonflies: a field experiment in a freshwater community. JNABS 14: 547-562. [OdA 10694.]

Johnson, N.F., Kovarik, P.W., and Glotzhober, R.C. (1995). Dragonflies in Malaise traps. Argia 7 (1): 21-22.

Johnson, S. (1755). "A dictionary of the English language." 2 vols. Todd, London.

Johnson, T.D., Coughlan, J.C., and Rabe, F.W. (1986). The influence of damselfly naiads, phytoplankton, and selected physicochemical factors on the population growth of *Daphnia schødleri*. J. Freshw. Ecol. 3: 383-390.

Jolly, G.M. (1965). Explicit estimates from capturerecapture data with both death and immigration—a stochastic model. Biometrika 52: 225-247.

Jones, J.C. (1978). A note on the use of the terms instar and stage. Ann. Entomol. Soc. Am. 71: 491-492. [OdA 2456.]

Jones, P.J. (1992). PCm, 9 December.

Jones, S.P. (1985). A note on the survival of dragonflies in adverse conditions in Cornwall. JBDS 1: 83-84.

Jones, S.P. (1996). The first British record of the scarlet dragonfly *Crocothemis erythraea* (Brullé). JBDS 12: 11-12.

Joseph, K.J., and Lahiri, A.R. (1989). The diel patterns of communal roosting behaviour in *Potamarcha congener* (Rambur) (Anisoptera: Libellulidae). AOd 4: 45-52.

Judd, W.W. (1974). "Vignettes of nature in southern Ontario." Carlton Press, New York.

Jurzitza, G. (1964). À propos de quelques espèces rares d'odonates en Camargue. Bull. Ann. Soc. Hort. 4: 261-267.

Jurzitza, G. (1965). Eiablage von *Sympetrum sanguineum* (Müller) mit bewachendem Männchen. Tombo 8: 22-25.

Jurzitza, G. (1967). Über einen reversiblen, temperaturabhängingen Farbwechsel bei *Anax imperator* Leach, 1815 (Odonata; Aeschnidae). Vorläufige Mitteilung. Dtsch. Entomol. Z., N.F. 14: 387-389. [BsA 113444.]

Jurzitza, G. (1969). Eiablage von *Chalcolestes viridis* (Vander Linden) in Postcopula und ohne Begleitung durch das Männchen sowie Gedanken zur Evolution des Fortpflanzungsverhaltens bei den Odonaten. Tombo 12: 25-27.

Jurzitza, G. (1970). Beobachtungen zur Oekologie und Ethologie von *Ischnura pumilio* (Charp.). Beitr. Naturk. Forsch. SüdwDtl. 39: 151-153. [BsA 131151.]

Jurzitza, G. (1971). Einige Beobachtungen an nordamerikanischen Libellen. Tombo 14: 18-20.

Jurzitza, G. (1973). Zwei Flugtypen bei Paarungsrädern von Libellen. Odonatologica 2: 329-332.

Jurzitza, G. (1974a). *Antiagrion gayi* (Selys, 1876) und *A. grinsbergsi* spec.nov., zwei Verwechlungsarten aus Chile (Zygoptera: Coenagrionidae). Odonatologica 3: 221-230.

Jurzitza, G. (1974b). Rastelektronenmikroskopische Untersuchungen des Zangengriffes und der Laminae mesostigmales einiger Coenagrionidae (Odonata, Zygoptera). Forma et Functio 7: 377-392. [OdA 968.]

Jurzitza, G. (1975a). Ein Beitrag zur Faunistik und Biologie der Odonaten von Chile. Stuttgarter Beitr. Naturk., Ser. A (Biol.) 280: 1-20.

Jurzitza, G. (1975b). Rasterelektronenmikroskopische Untersuchungen an den Appendices und den Laminae mesostig-

males einiger *Enallagma*-Arten (Odonata, Zygoptera). Forma et Functio 8: 33-48.
Jurzitza, G. (1981). Wiederauffindung der *Neoneura waltheri* Selys, 1866 im Argentinischen Nationalpark Iguazú sowie Erstbeschreibung des adulten Männchens und des Weibchens (Zygoptera: Protoneuridae). Odonatologica 10: 323-331.
Jurzitza, G. (1982). Im Gespräch: Artenschutz mit Pferdefuss. Tier Tierwelt 1982 (2): 20. [OdA 3572.]
Jurzitza, G. (1986). Unterwasser-Eiablage bei *Ischnura elegans* (Vander Linden). Libellula 5 (1/2): 72-74.
Jurzitza, G. (1988a). "Welche Libelle ist das?" Keller, Stuttgart.
Jurzitza, G. (1988b). Ein seltenes Bilddokument: Sperma-Auffüllung bei *Aeshna juncea* (Linnaeus 1758) (Odonata: Aeshnidae). Entomol. Z. Insektenbörse 98: 127-128. [OdA 6281.]
Jurzitza, G. (1989). "Versuch einer Zusammenfassung unserer Kenntnise über die Odonatenfauna Chiles." RCSIO, Suppl. 9, iv + 32.
Jurzitza, G. (1992a). Letter, 28 September.
Jurzitza, G. (1992b). Letter, 15 October.
Jurzitza, G. (1994). Are mainly females predating on other dragonflies? Argia 6 (4): 5.
Jurzitza, G. (1996). Seltsame Schlafstellung eines Männchens von *Sympetrum striolatum* (Charpentier) (Anisoptera: Libellulidae). Libellula 15: 75-77.
Justus, B.G., Trauth, S.E., and Harp, G.L. (1990). The mesostigmal complex of six *Argia* species using scanning electron microscopy (Zygoptera: Coenagrionidae). Odonatologica 19: 145-152.
Kaestner, A. (1980). "Invertebrate zoology." Vol. 2: "Arachnids and myriapods." Trans. and adapted by H.W. Levi and L.R. Levi. Krieger, New York.
Kaiser, H. (1964). Beobachtungen von Insektenwanderungen auf dem Bretolet-Pass (1923 m. Walliser Alpen). 4. Beobachtungen an Odonaten im September 1963. Mitt. Schweiz. Entomol. Ges. 37: 215-219.
Kaiser, H. (1969). Regulation der Individuendichte am Paarungsplatz bei der Libelle *Aeschna cyanea* durch "zeitliches Territorialverhalten." Zool. Anz. 33 (Suppl.): 79-85.
Kaiser, H. (1974a). Verhaltensgefüge und Temporialverhalten der Libelle *Aeschna cyanea* (Odonata). Z. Tierpsychol. 34: 398-429.
Kaiser, H. (1974b). Populationsdynamik und Eigenschaften einzelner Individuen. Verh. Ges. Ökol. (Erlangen) 1974: 25-38. [OdA 1227.]
Kaiser, H. (1974c). Intraspezifische Aggression und räumliche Verteilung bei der Libelle *Onychogomphus forcipatus* (Odonata). Oecologia 15: 223-234. [OdA 784.]
Kaiser, H. (1974d). Die Regelung der Individuendichte bei Libellenmännchen (*Aeschna cyanea*, Odonata). Eine Analyse mit systemtheoretischem Ansatz. Oecologia 14: 53-74. [OdA 658.]
Kaiser, H. (1974e). Die tägliche Dauer der Paarungsbereitschaft in Abhängigkeit von der Populationsdichte bei den Männchen der Libelle *Aeschna cyanea*. Oecologia 14: 375-387. [OdA 703.]
Kaiser, H. (1975). Räumliche und zeitliche Aufteilung des Paarungsplatzes bei Grosslibellen (Odonata, Anisoptera). Verh. Ges. Ökol. (Vienna) 1975: 115-120.
Kaiser, H. (1976). Quantitative description and simulation of stochastic behaviour in dragonflies (*Aeschna cyanea*, Odonata). Acta Biotheor. 25: 163-210.
Kaiser, H. (1981). Intraspecific aggression, territorial behaviour, and "territorial" behaviour in dragonflies. Abstr. 6th Int. Smp. Odonatol., Chur: 21-22. Oral.
Kaiser, H. (1982). Do *Cordulegaster* males defend territories? A preliminary investigation of mating strategies in *Cordulegaster boltonii* (Donovan) (Anisoptera: Cordulegastridae). Odonatologica 11: 139-152.
Kaiser, H. (1984). Versuch 8. Aufteilung des Paarungsplatzes und "Territorialverhalten" bei Libellen. 1. Theoretische Grundlagen. In Nachtigall, W. (ed.), "Verhaltens-physiologischer Grundkurs. Theorie, Beobachtung, Messung, Auswertung," pp. 32-46. Verlag Chemie, Weinheim.
Kaiser, H. (1985a). Availability of receptive females at the mating place and mating chances of males in the dragonfly *Aeschna cyanea*. BES 18: 1-7. [OdA 5255.]
Kaiser, H. (1985b). Evolution of mating systems in dragonflies. Abstr. 8th Int. Symp. Odonatol., Paris: 12. Oral.
Kaiser, H., and Poethke, H.J. (1984). Analyse und Simulation eines Paarungssystems von Libellen. I. Beobachtungsdaten und Simulationsmodell. In Möller, D.P.F. (ed.), "Systemanalyse biologischer Prozesse," pp. 59-64. Springer, Berlin.
Kalavati, C., and Narasimhamurti, C.C. (1978). A new microsporidian parasite, *Toxoglugea tillargi* sp. n. from an odonate, *Tholymis tillarga*. Acta Protozool. 17: 279-283. [OdA 2305.]
Kallapur, V.L. (1975). Fuel economy during flight of the dragonfly *Pantala flavescens* (F.). Indian J. Exp. Biol. 13: 200-202.
Kallapur, V.L. (1985). Some aspects of structural organization and metabolic adaptations in the flight muscles of the dragonfly *Pantala flavescens*. Proc. 1st Indian Symp. Odonatol., Madurai: 53-61.
Kallapur, V.L., and George, C.J. (1973). Fatty acid oxidation by the flight muscles of the dragonfly, *Pantala flavescens*. JIP 19: 1035-1040. [BsA 37504.]
加納一信 (1989a). キバライトトンボの潜水産卵. 月刊むし 220: 36-37. [OdA 6998.]
加納一信 (1989b). ヒロシマサナエの産卵行動の一観察. 昆虫と自然 24 (6): 35. [OdA 6997.]
加納一信・喜多英人 (1992). オジロサナエの生殖行動について. 昆虫と自然 27 (11): 33-35.* 新井1994bで引用
加納一信・喜多英人 (1994). コシブトトンボの多数回の交尾例および飼育. 月刊むし 286: 7-8.
加納一信・小林文雄 (1989). チビカワトンボの産卵中の惨事. 月刊むし 221: 38. [OdA 6999.]
加納一信・小林文雄 (1991). オオルリボシヤンマ♀の産卵中の惨事. 月刊むし 243: 37. [OdA 7976.]
加納一信・喜多英人 (1992). オナガサナエの路上での縄張り行動. 月刊むし 260: 36-37. [OdA 9228.]
Kanou, M., and Shimozawa, T. (1983). The elicitation of the predatory labial strike of dragonfly larvae in response to a purely mechanical stimulus. JEB 107: 391-404. [OdA 4631.]
関西トンボ談話会 (1974). 近畿地方のトンボ第1部. ムカシトンボ科, ムカシヤンマ科, サナエトンボ科. 大阪市立自然史博物館収蔵資料目録第6集: 1-27.
関西トンボ談話会 (1975). 近畿地方のトンボ第2部. オニヤンマ科, ヤンマ科, ヤマトンボ科, エゾトンボ科. 大阪市立自然史博物館収蔵資料目録第7集: 28-53.
関西トンボ談話会 (1977). 近畿地方のトンボ第4部. トンボ科. 大阪市立自然史博物館収蔵資料目録第9集: 82-153.
Karpenko, S.V., and Zaika, V.V. (1979). [The ecology of the trematode *Plagiorchis elegans* (Rudolphi, 1802) in northern Kulunda.] IR. Trudy Biol. Inst. Sib. Otd. Akad. Nauk SSSR (Ekologiya i Biologiya Gel'mintov Zapadnoy Sibiri) 38: 131-138. [OdA 3702.]

Kasuya, E., Mashima, Y., and Hirokawa, J. (1987). Reproductive behavior of the dragonfly, *Orthetrum japonicum* (Odonata: Libellulidae). J. Ethol. 5: 105-113.

勝田 徹・勝田 亮 (1990). 東京都荒川区におけるスナアカネとスジボソギンヤンマの採集. Tombo 33 (1-4): 40.

Kaufmann, J.H. (1983). On the definitions and functions of dominance and territoriality. Biol. Rev. 58: 1-20. [OdA 4317.]

Kavčič, B. (1975). [For the protection of rare animals.] IS. Delo (Ljubljana) 17: 3. [OdA 906.]

Kechemir, N. (1978). Démonstration expérimentale d'un cycle biologique à quatre hôtes obligatoires chez les trématodes hémiurides. Ann. Parasitol. (Paris) 53: 75-92. [OdA 2370.]

Keetch, D.P., and Moran, V.C. (1966). Observation on the biology of nymphs of *Paragomphus cognatus* (Rambur) (Odonata: Gomphidae) I. Habitat selection in relation to substrate particle size. PRES (A) 41: 116-122.

Keim, C. (1993). "Recensement des odonates du Valais." Privately published. [OdA 9419.]

Keirans, J.E. (1975). Records of phoretic attachment of Mallophaga (Insecta: Phthiraptera) on insects other than Hippoboscidae. J. Med. Entomol. 12: 476. [OdA 1502.]

Kelts, L.J. (1977). Ecology of two tidal marsh insects, *Trichocorixa verticalis* (Hemiptera) and *Erythrodiplax berenice* (Odonata), in New Hampshire. DrT, Univ. New Hampshire, Durham.

Kelts, L.J. (1979). Ecology of a tidal marsh corixid, *Trichocorixa verticalis* (Insecta, Hemiptera). Hydrobiologia 64: 37-57.

Kemp, R.G. (1986). Letter, 11 September.

Kemp, R.G. (1988). Is *Gomphus vulgatissimus* (L.) exclusively a riverine species in the British Isles? JBDS 4: 8-9.

Kemp, R.G. (1990). A probable case of an overwintering adult *Sympetrum striolatum* (Charp.) in western Cyprus (Anisoptera: Libellulidae). NtO 3: 75-76.

Kemp, R.G. (1994). PCm, 31 May.

Kennedy, C.H. (1915). Notes on the life history and ecology of the dragonflies (Odonata) of Washington and Oregon. Proc. U.S. Natl. Mus. 49: 259-345.

Kennedy, C.H. (1917). Notes on the life history and ecology of the dragonflies (Odonata) of central California and Nevada. Proc. U.S. Natl. Mus. 52: 483-635.

Kennedy, C.H. (1922). The ecological relationships of the dragonflies of the Bass Islands of Lake Erie. Ecology 3: 325-336.

Kennedy, C.H. (1928). Evolutionary level in relation to geographic, seasonal and diurnal distribution of insects. Ecology 9: 367-369.

Kennedy, C.H. (1936). The habits and early stages of the dragonfly, *Gomphaeschna furcillata* (Say). Proc. Ind. Acad. Sci. 45: 315-322.

Kennedy, C.H. (1950). The relation of American dragonfly-eating birds to their prey. Ecol. Monogr. 20: 103-143.

Kennedy, J.H., and Benfield, E.F. (1979). Odonata drift in a large warm water Appalachian river. Abstr. 5th Int. Symp. Odonatol., Montreal: 16.

Kennedy, J.S. (1942). On water-finding and oviposition by captive mosquitoes. Bull. Entomol. Res. 32: 279-301.

Kennedy, J.S. (1958). The experimental analysis of aphid behaviour and its bearing on current theories of instinct. Proc. 10th Int. Congr. Entomol., Montreal 2: 397-404.

Kennedy, J.S. (1961). A turning point in the study of insect migration. Nature (London) 189: 785-791.

Kepka, O. (1971). Die Fauna der Steiermark. In Hasiba and Sutter (eds.), "Die Steiermark: Land, Leute, Leistung," pp. 153-190. Styria, Graz, Austria. [OdA 79.]

Kerdpibule, V., Nicharat, S., and Sucharit, S. (1979). Descriptions of odonate nymphs from Thailand. Southeast Asian J. Trop. Med. Public Health 10: 540-547.

Kern, D. (1992). Beobachtungen an *Gomphus vulgatissimus* (L.) an einem Wiesengraben der Dümmer-Geestniederung. Libellula 11: 47-76.

Kevan, D.K.M., and Lee, S.K. (1974). *Attractomorpha sinensis sinensis* Bolivar (Orthoptera: Pyrgomorphidae) and its nymphal stages. Oriental Insects 8: 337-346. [OdA 1294.]

Khan, R.J. (1983). Observations of wood-mice (*Apodemus sylvaticus*) and hobby (*Falco subbuteo*) feeding on dragonflies. JBDS 1: 15.

Khand, M., Jabbar, A., and Qadri, M.A.H. (1974). Determination of lethal doses of artemisia and taramira oils in comparison with DDT and Lindane against full-grown larvae of *Anopheles stephensi* Liston (Culicidae). Agric. Pak. 25: 21-34. [OdA 1352.]

Khorkhordin, E.G. (1985). [The intensity of predation of the *Aeschna affinis* (Odonata, Aeschnidae) larvae of different instars with reference to developmental stage of prey and size of experimental space.] IR ES. Zool. Zh. 64: 1422-1426.

Kiauta, B. (1963). A note on an unusual habitat of *Calopteryx virgo* (L.) (Calopterygidae). Tombo 6: 25-26.

Kiauta, B. (1964a). [Beobachtungen betreffs der Biologie, der Ökologie und der Ethologie der Quelljungfern im Bergland von Skofja Loka (Odonata−Cordulegasteridae).] IS GS. Loski Razgledi 11: 183-192.

Kiauta, B. (1964b). Notes on some field observations on the behaviour of *Leucorrhinia pectoralis* Charp. (Odonata: Libellulidae). Entomol. Ber. (Amsterdam) 24: 82-86.

Kiauta, B. (1964c). Over een trekvlucht van *Libellula quadrimaculata* L. (Odonata−Libellulidae). Levende Natuur 67: 59-63.

Kiauta, B. (1965a). Notes sur le dépouillement de *Cordulia aenea* (L.) (Odonata, Corduliidae). Entomol. Ber. (Amsterdam) 25: 111-113.

Kiauta, B. (1965b). Notes on the odonate fauna of some brackish waters of Walcheren Island. Entomol. Ber. (Amsterdam) 25: 54-58.

Kiauta, B. (1968). Variation in size of the dragonfly m-chromosome, with considerations on its significance for the choreography and taxonomy of the order Odonata, and notes on the validity of the Rule of Reinig. Genetica 39: 64-74.

Kiauta, B. (1969). Sex chromosomes and sex determining mechanisms in Odonata, with a review of the cytological conditions in the family Gomphidae, and references to the karyotypic evolution of the order. Genetica 40: 127-157.

Kiauta, B. (1971). Predation by ants, *Formica fusca* L. and *F. rufa polyctena* Bondr., on the emerging dragonfly, *Aeshna juncea* (L.), and its teratological consequences. Tombo 14: 2-5.

Kiauta, B. (1973). A note on the dragonfly folk names in Nepal. Odonatologica 2: 29-32.

Kiauta, B. (1981). PCm, August.

Kiauta, B. (1983). Über das Vorkommen der Südlichen Heidelibelle, *Sympetrum meridionale* (Selys), im Engadin. Jb. Naturf. Ges. Graubünden 100: 151-156. [OdA 4525.]

Kiauta, B. (1996). Snake associations in the European "dragonfly" appellations: distributional patterns reflecting the Urnfield culture expansion during the first millennium B.C.? Abstr. 2nd Odonatol. Symp. Alps-Adriatic Reg. Commun., Vienna: 14-18. [OdA 10630.]

Kiauta, B., and Kiauta, M. (1982). The chromosome numbers

of sixteen dragonfly species from the Arun Valley, eastern Nepal. NtO 1: 143-145.

Kiauta, B., and Kiauta, M. (1984). The true chromosome number of aka-tombo, *Sympetrum frequens* (Selysia.) of Japan, with a note on the karyotype of *S. depressiusculum* (Selysia.) (Anisoptera: Libellulidae). NtO 2: 66-67.

Kiauta, B., and Kiauta, M. (1986). The dragonfly fauna of the Flumserberg region, canton St Gallen, eastern Switzerland (Odonata). OZF 3: 1-14.

Kiauta, B., and Kiauta, M. (1991). Biogeographic considerations on *Coenagrion hylas freyi* (Bilek, 1954), based mainly on the karyotype features of a population from North Tyrol, Austria (Zygoptera: Coenagrionidae). Odonatologica 20: 417-431.

Kiauta, B., and Kiauta, M. (1994). On a small autumnal dragonfly collection from the cariboo and southwestern British Columbia, Canada (Odonata). OZF 126: 1-8. [OdA 9873.]

Kiauta, B., and Kiauta, M. (1995). Odonatological periodicals in print. NtO 4: 77-80.

Kiauta, B., and Kotarac, M. (1995). Two dragonfly records from Karst caves in Bosnia-Herzegovina and Slovenia (Anisoptera: Aeshnidae, Corduliidae). NtO 4: 106-107.

Kiauta, M.A.J.E. (1977). Further annotations on the Tibetan expressions for "dragonfly." Odonatologica 6: 69-76.

Kiauta, M.[A.J.E.] (1986). Dragonfly in *haiku*. Odonatologica 15: 91-96.

Kiauta-Brink, M.A.J.E. (1976). Some Tibetan expressions for "dragonfly," with special reference to the biological features and demonology. Odonatologica 5: 143-152.

Kime, J.B. (1974). Ecological relationships among three species of aeshnid larvae (Odonata: Aeshnidae). DrT, Univ. Washington, Seattle.

King, B., and Evans, L. (1960). The viability of a common dragonfly naiad, *Erythrodiplax berenice*, out of water at different temperatures. Proc. S. Dak. Acad. Sci. 39: 179-180 (abstract only).

Kingdon, J. (1993). "Self-made man and his undoing." Simon and Schuster, London.

木野田 毅 (1995). 海水で生きていたシオカラトンボのヤゴ. 月刊むし 293: 39.

Kirby, W.F. (1900). On a small collection of Odonata (dragonflies) from Hainan, collected by the late John Whitehead. Ann. Mag. Nat. Hist., Ser. 7, 5: 530-539.

Kiseliene, V. (1968). [*Aeschna grandis* L., a new additional host of *Prosthogonimus cuneatus* (Rud., 1809) (Trematoda. Prosthogonimidae).] IR ES. Acta Parasitol. Lituanica (Vilnius) 7: 67-69.

Kitching, R.L. (1986). A dendrolimnetic dragonfly from Sulawesi (Anisoptera: Libellulidae). Odonatologica 15: 203-209.

Kitching, R.L. (1987). A preliminary account of the metazoan food webs in phytotelmata from Sulawezi. Malaysian Nat. J. 41: 1-12. [OdA 6446.]

Klekowski, R.Z., Fischer, E., Fischer, Z., Ivanova, M.B., Prus, T., Shushkina, E.A., Stachurska, T., and Stepien, Z. (1972). Energy budgets and energy transformation efficiencies of several animal species of different feeding types. In Kajak, Z., and Hillbricht-Ilkowska, A. (eds.), "Productivity problems of freshwaters," pp. 749-763. Polish Sci. Publs., Warsaw-Kraków. [OdA 2860.]

Klimshin, A.S., and Pavlyuk, R.S. (1972). [Bank vegetation biotopes of the Kurgaldzhi wetland as the main invasion foci of some animals.] IR. In ["Materials of the Northern Kazakhstan Geobotanical Investigations, Lvov Univ., Geobotanical Expedition"], pp. 116-121. Univ. Lvov. [OdA 825.]

Klingenberg, K. (1995). Comparative field and molecular genetic relationship analyses between *Orthetrum coerulescens* (Fabricius) and *O. anceps* (Schneider) (Anisoptera: Libellulidae). Abstr. 13th Int. Symp. Odonatol., Essen: 28. Oral.

Klötzli, A.M. (1971). Zur Revierstetigkeit von *Calopteryx virgo* (L.) (Odonata). Mitt. Schweiz. Entomol. Ges. 43: 240-248. [OdA 54.]

Knapp, E., Krebs, A., and Wildermuth, H. (1983). "Libellen." Neujbl. Naturf. Ges. Schaffhausen 35: 1-90.

Knopf, K.W. (1977). Dragonfly collecting in Trinidad. Selysia 7 (2): 6-7.

小林 尚・野口義弘・日和田太郎・金山嘉久・正丸岡範夫 (1978). 水田の節足動物相ならびにこれに及ぼす殺虫剤散布の影響第3報水田の節足動物群集の組成に及ぼす殺虫剤散布の影響. 昆蟲 46: 603-623. [OdA 2458.]

Koenig, W.D. (1990). Territory size and duration in the white-tailed skimmer *Plathemis lydia* (Odonata: Libellulidae). JAE 59: 317-337. [OdA 7404.]

Koenig, W.D. (1991). Levels of female choice in the white-tailed skimmer *Plathemis lydia* (Odonata: Libellulidae). Behaviour 119: 193-224. [OdA 8719.]

Koenig, W.D., and Albano, S.S. (1985). Patterns of territoriality and mating success in the white-tailed skimmer *Plathemis lydia* (Odonata: Anisoptera). AMN 114: 1-12. [OdA 5510.]

Koenig, W.D., and Albano, S.S. (1987a). Lifetime reproductive success, selection, and the opportunity for selection in the white-tailed skimmer *Plathemis lydia* (Odonata: Libellulidae). Evolution 41: 22-36.

Koenig, W.D., and Albano, S.S. (1987b). Breeding site fidelity in *Plathemis lydia* (Drury) (Anisoptera: Libellulidae). Odonatologica 16: 249-259.

古賀幸雄・東 和敬 (1993). 私信, 8月3日.

Köhler, R. (1993). Ökologische und ökotoxicologische Bewertung von Umweltchemikalien in naturnahen Freilanteichen am Beispiel von γ-HCH (Lindan). DrT, Techn. Hochschule, Darmstadt, Germany. [OdA 9424.]

Komnick, H. (1977). Chloride cells and chloride epithelia of aquatic insects. Int. Rev. Cytol. 49: 285-329. [OdA 1813.]

Komnick, H. (1978). Osmoregulatory role and transport ATPases of the rectum of dragonfly larvae. Odonatologica 7: 247-262.

Komnick, H. (1982). The rectum of larval dragonflies as jet-engine, respirator, fuel depot and ion pump. AOd 1: 69-91.

Komnick, H. (1993). Letter, 29 September.

Komnick, H. (1996). Letter, 7 March.

Kondratieff, B.C., and Pyott, C.J. (1987). The Anisoptera of the Savannah River Plant, South Carolina, United States: thirty years later. Odonatologica 16: 9-23.

König, A. (1990). Ökologische Einnischungsstrategien von vier Arten der Gattung *Sympetrum* (Anisoptera: Libellulidae). Libellula 9: 1-11.

Kormondy, E.J. (1959). The systematics of *Tetragoneuria*, based on ecological, life history, and morphological evidence (Odonata: Corduliidae). Misc. Publ. Mus. Zool. Univ. Mich. 107: 1-79.

Kormondy, E.J. (1961). Territoriality and dispersal in dragonflies (Odonata). J. N.Y. Entomol. Soc. 69: 42-52.

Kosterin, O. (1992). New distribution records of *Somatochlora sahlbergi* Trybom (Odonata, Corduliidae). Acta Hydroentomol. Latvica 2: 22-26.

Kosterin, O. (1993). Letter, 5 November.

Kotarac, M. (1993). Dragonfly observations in the Raka area, Lower Carniola, eastern Slovenia, with a note on the behaviour of *Somatochlora meridionalis* Nielsen (Anisoptera: Corduliidae). NtO 4: 1-4.

Kotarac, M. (1996). A note on the existence of androchrome females in *Crocothemis erythraea* (Brullé) (Anisoptera: Libellulidae). NtO 4: 123-124.

小山富康 (1976). 北海道洞爺湖及び支笏湖のコヤマトンボについて. Tombo 19 (1-4): 22-23.

Kramek, W.C. (1972). Food of the frog *Rana septentrionalis* in New York. Copeia 1972: 390-393.

Kramer, J.F. (1979). Some aspects of the egg stage of *Austrolestes colensonis* (White) (Odonata: Zygoptera: Lestidae). MsT, Univ. Canterbury, New Zealand.

Krasnolobova, T.A. (1960). [On the biology of *Prosthogonimus pellucidus* (Linst, 1873), the causative agent of prosthogonimosis of poultry.] IR. Akad. Nauk SSSR: 173-175. [BsA 35160.]

Krause, J., Brown, D., and Corbet, S.A. (1992). Spacing behaviour in resting *Culex pipiens* (Diptera, Culicidae): a computer modelling approach. Physiol. Entomol. 17: 241-246.

Krebs, A., and Wildermuth, H. (1975). Kiesgruben als schützenswerte Lebensräume seltener Pflanzen und Tiere. Mitt. Naturwiss. Ges. Winterthur 35 (1973-1975): 19-73. [OdA 1449.]

Krebs, J.R. (1978). Optimal foraging: decision rules for predators. In Krebs, J.R. and Davies, N.B. (eds.), "Behavioural ecology: an evolutionary approach," pp. 23-63. Blackwell, Oxford.

Krebs, J.R., and Avery, M.I. (1984). Chick growth and prey quality in the European bee-eater (*Merops apiaster*). Oecologia 64: 363-368. [OdA 4856.]

Krebs, J.R., and Davies, N.B. (1991). Behavioural ecology: an evolutionary approach. 3rd ed. Blackwell Scientific, Oxford.

Krishnaraj, R., and Pritchard, G. (1995). The influence of larval size, temperature, and components of the functional response to prey density, on growth rates of the dragonflies *Lestes disjunctus* and *Coenagrion resolutum* (Insecta: Odonata). CJZ 73: 1672-1680. [OdA 10569.]

Krombein, K.V., Hurd, P.D., Smith, D.R., and Burks, B.D. (1979). "Catalog of Hymenoptera in America north of Mexico." Vol. 1: "Symphyta and Apocrita (Parasitica)." Smithsonian Institution Press, Washington D.C.

Krull, W.H. (1929). The rearing of dragonflies from eggs. Ann. Entomol. Soc. Am. 22: 651-658.

Krull, W.H. (1931). Life history studies on two frog lung flukes, *Pneumonoeces medioplexus* and *Pneumobites parviplexus*. Trans. Am. Microscop. Soc. 50: 215-277.

Krull, W.H. (1933). Studies on the life history of a frog lung fluke *Haematoloechus complexus* (Seely, 1906) Krull n. comb. Z. Parasitenk. 6: 192-206.* Cited by Timon-David 1965.

Krull, W.H. (1934). Some additional notes on the life history of a frog lung fluke *Haematoloechus complexus* (Seely 1906) Krull. Trans. Am. Microscop. Soc. 53: 196-199.* Cited by Timon-David 1965.

Krüner, U. (1977). Revier- und Fortpflanzungsverhalten von *Orthetrum cancellatum* (Linnaeus) (Anisoptera: Libellulidae). Odonatologica 6: 263-270.

Krüner, U. (1989). Die Schlüpfrate der Späten Adonislibelle, *Ceriagrion tenellum* (De Villers, 1789) an einem Heidegewässer im Naturpark Schwalm-Nette (Odonata: Coenagrionidae). Decheniana 142: 74-82. [OdA 7003.]

Krupp, F., and Schneider, W. (1988). Die Süsswasserfauna des Vorderen Orients. Anpassungsstrategien und Besiedlungsgeschichte einer zoogeographischen Übergangszone. Natur und Mus. (Frankfurt) 118: 193-213.

Kukalová-Peck, J. (1983). Origin of the insect wing and wing articulation from the arthropodan leg. CJZ 61: 1618-1669.

Kukashev, D.S., and Belyakova, Y.V. (1981). [Biology and population dynamics of the *Prosthogonimus cuneatus* (Rud., 1809) larvae in the waters of the Kurgal'dzhin Nature Reserve.] IR. In Gvozdev, E.V. (ed.), "Parazity — komponenty vodnyh i nazemnyh biocenozov Kazahstana," pp. 84-89. Nauka, Alma-Ata. [OdA 3838.]

Kumachev, I.S. (1973). [The role of dragonflies and wasps in the reduction of blood-sucking fly numbers in the Ila River basin.] IR. In "Regulyatory chislennosti gnusa na yugo-vostoke Kazahstana," pp. 78-87. Kazakhstan Academy of Science Publishing House, Alma-Ata. [OdA 635.]

Kumar, A. (1970). Bionomics of *Orthetrum pruinosum neglectum* (Rambur) (Odonata: Libellulidae). Bull. Entomol. 11: 85-93.

Kumar, A. (1971). The larval stages of *Orthetrum brunneum brunneum* (Fonscolombe) with a description of the last instar larva of *Orthetrum taeniolatum* (Schneider) (Odonata: Libellulidae). J. Nat. Hist. 5: 121-132.

Kumar, A. (1972a). The life history of *Lestes praemorsa praemorsa* Selys (Odonata: Lestidae). Treubia 28: 3-20. [BsA 3022.]

Kumar, A. (1972b). The phenology of the dragonflies in the Dehra Dun Valley, India. Odonatologica 1: 199-207.

Kumar, A. (1973a). The life history of *Bradinopyga geminata* (Rambur) (Odonata: Libellulidae). Gurukul Kangri Vishwa Vidayalya J. Sci. Res. 5: 50-57.

Kumar, A. (1973b). Description of the larvae of *Anax nigrofasciatus nigrolineatus* Fraser, 1935 and *A. parthenope parthenope* (Selys, 1839) from India, with a key to the known larvae of the Indian representatives of the genus *Anax* Leach, 1815 (Anisoptera: Aeshnidae). Odonatologica 2: 83-90.

Kumar, A. (1973c). Descriptions of the last instar larvae of Odonata from the Dehra Dun Valley (India), with notes on biology II. Suborder Anisoptera. Oriental Insects 7: 291-331.

Kumar, A. (1976a). Letter, 1 September.

Kumar, A. (1976b). Biology of Indian dragonflies with special reference to seasonal regulation and larval development. Bull. Entomol. 17: 37-47 (publ. 1981). [OdA 3535.]

Kumar, A. (1978). Field notes on the Odonata around a fresh water lake in western Himalayas. J. Bombay Nat. Hist. Soc. 74: 506-510. [OdA 2778.]

Kumar, A. (1979a). On the occurrence of multivoltine generations in some Indian dragonflies. Sci. Cult. 45: 126-127. [OdA 2901.]

Kumar, A. (1979b). Studies on the life history of Indian dragonflies, *Pseudagrion rubriceps* Selys (Coenagrionidae: Odonata). Rec. Zool. Surv. India 75: 371-381. [OdA 2984.]

Kumar, A. (1980). Studies on the life history of Indian dragonflies, *Ceriagrion coromandelianum* (Fabricius) (Coenagrionidae: Odonata). Rec. Zool. Surv. India 76: 249-258. [OdA 3497.]

Kumar, A. (1984a). The eggs of *Burmagomphus sivalikensis* Laidlaw (Odonata: Gomphidae). Fraseria 7: 30.

Kumar, A. (1984b). On the life history of *Pantala flavescens* (Fabricius) (Libellulidae: Odonata). Ann. Entomol. (New Delhi) 2: 43-50. [OdA 4773.]

Kumar, A. (1984c). Studies on the life history of Indian dragonflies, *Diplacodes trivialis* (Rambur, 1842). Rec. Zool. Surv. India 81: 13-22. [OdA 5196.]

Kumar, A. (1985). Studies on the life history of Indian dragonflies, *Ictinogomphus rapax* (Rambur) (Gomphidae: Odonata). Ann. Entomol. 3: 29-38. [OdA 6433.]

Kumar, A. (1988). Studies on the life history of *Neurothemis tul-*

lia (Drury) from Dehra Dun, India (Odonata: Libellulidae). Indian Odonatol. 1: 35-44.
Kumar, A., and Khanna, V. (1983). A review of the taxonomy and ecology of Odonata larvae from India. Oriental Insects 17: 127-157.
Kumar, A., and Negi, B.K. (1983). The eggs of *Ictinogomphus rapax* (Rambur) (Odonata: Gomphidae). Fraseria 5: 18.
Kumar, A., and Prasad, M. (1977a). Reproductive behaviour in *Neurobasis chinensis chinensis* (Linnaeus) (Zygoptera: Calopterygidae). Odonatologica 6: 163-171.
Kumar, A., and Prasad, M. (1977b). On the larvae of *Rhinocypha* (Odonata: Chlorocyphidae) from Garwhal Hills. Oriental Insects 11: 547-554.
Kumar, A., and Prasad, M. (1977c). Last instar larvae of two Odonata species from western Himalayas. Entomon 2: 225-230.
Kumar, A., and Prasad, M. (1981). Field ecology, zoogeography and taxonomy of the Odonata of western Himalaya, India. Rec. Zool. Surv. India, Misc. Publ. Occas. Pap. 20: 1-118.
Kumari, K.R.N., and Nair, N.B. (1983). Satiation time and predatory behaviour of the dragonfly nymph *Urothemis signata signata* (Rambur). Proc. Indian Natl. Sci. Acad. (B) 49: 210-216. [OdA 4736.]
Kumari, K.R.N., and Nair, N.B. (1985). Effect of certain insecticides on anisopteran nymphs (Odonata) and the adult *Sphaerodema rusticum* Fab. (Hemiptera). Proc. 1st Symp. Indian Odonatol., Madurai: 125-131.
Kumari, T.R.R., Madhavi, R., and Kumari, C.D. (1991). The life cycle of *Mehraorchis ranarum* Srivastava, 1934 (Trematoda, Licithodendriidae). Acta Parasitol. Pol. 36: 5-10. [OdA 8500.]
熊沢隆義 (1980). ハネビロエゾトンボの室内産卵. インセクト 31 (2): 81. [OdA 3826.]
倉田 稔 (1965). オニヤンマの羽化生態. Tombo 8 (1-4): 15-17.
倉田 稔 (1971). 羽化を中心としたヤマサナエの生活史. Tombo 14 (1-2): 6-11.
倉田 稔 (1974). アルプスのトンボ―ルリボシヤンマを追って―. 誠文堂新光社, 東京. [OdA 1228.]
倉田 稔・両角徹郎 (1966). ウチワヤンマの羽化生態 I. Tombo 9 (1-4): 17-22.
倉田 稔・両角徹郎 (1969). 諏訪湖のトンボ (I). New Entomol. 18: 53-60.
栗林 田 (1965). カトリヤンマ成虫の生態―飛翔活動と照度―. Tombo 8: 10-14.
Kürschner, K. (1977). Beobachtung einer Libellenwanderung in Griechenland. Atalanta 8: 73. [OdA 1814.]
Küry, D. (1989). Hohe pH-Werte als Folge der Eutrophierung in anthropogenen Naturschutzweihern und ihre Auswirkung auf Libellenpopulationen (Odonata). OZF 34: 10-14.
桑田一男 (1972). 松山市におけるウスバキトンボの羽化と群飛について. Tombo 15: 10-12. [OdA 421.]
Kuzmich, V.N. (1966). [Some data on the summer food of sand sculpin in Arakhlei Lake.] IR. In ["Problems in geography and biology"], pp. 98-99. Chita. [BsA 98265.]
Kyle, D. (1961). Observations on *Ischnura pumilio* (Charp.) in Breconshire, 1959 and 1960 (Coenagriidae, Odonata). EnG 12: 80-84.
Łabędzki, A., (1982). [Researches concerning the dispersion in terrain and the life length of some species of dragonflies (Odonata).] IP ES. Roczn. Akad. Roln. Poznan 140: 77-90. [OdA 4068.]
Łabędzki, A., (1987). [Dragonflies (Odonata) of the Swietokrzyski National Park.] IP ES. Fragm. Faun. (Warsaw) 31: 111-133. [OdA 6336.]
Łabędzki, A., (1989). Catching dragonflies in traps (Anisoptera). Odonatologica 18: 289-292.
Łabędzki, A., (1995). Letter, 31 October.
Łabędzki, A., and Sawkiewicz, L. (1979). [Method of individual marking of dragonflies (Odonata) during hatching.] IP ES. Wiadomoski Ekologiczne 25: 47-49.
Lack, D., and Lack, E. (1951). Migration of insects and birds through a Pyrenean pass. JAE 20: 63-67.
Laidlaw, F.F. (1920). Notes on some interesting larvae of dragonflies (Odonata) in the collection of the Indian Museum. Rec. Indian Mus. 19: 185-187.
Laidlaw, F.F. (1934). A note on the dragonfly fauna (Odonata) of Mount Kinabalu and of some other mountain areas of Malaysia: with a description of some new or little known species. J. Fed. Malay States Mus. 17: 549-561.
Laird, M. (ed.) (1977). "Tsetse. The future for biological methods in integrated control." Int. Dev. Res. Cent., Ottawa. [OdA 2179.]
Laird, M. (ed.) (1981). "Blackflies. The future for biological methods in integrated control." Academic Press, London.
Laister, G. (1991). Erstnachweise der Schabrackenlibelle, *Hemianax ephippiger* (Burmeister, 1839), für Oberösterreich und Salzburg. Öko-L, Linz 13(4): 8-11. [OdA 8368.]
Laister, G., Lehmann, G., and Raab, R. (1996). Beobachtung des reversiblen, temperaturabhängigen Farbwechsels bei *Enallagma cyathigerum* (Charpentier, 1840) und *Coenagrion puella* (Linnaeus, 1758) (Zygoptera: Coenagrionidae). Anax 1: 77-78.
Lambert, C.L. (1994). The influence of larval density on larval growth, and the consequences for adult survival and reproductive success in the damselfly *Calopteryx virgo* (Odonata). DrT, Univ. Plymouth, U.K.
Lamborn, R.H. (1890). "Dragonflies vs. mosquitoes. Can the mosquito pest be mitigated?" Appleton, New York.
Lamoot, E.H. (1977). The food of damselfly larvae of a temporary tropical pond (Zygoptera). Odonatologica 6: 21-26.
Lanciani, C.A. (1978). The food of nymphal and adult water mites of the species *Hydryphantes tenuabilis*. Acarologia 20: 563-565.
Land, M.F. (1989). Variations in the structure and design of compound eyes. In Stavenga, D.G., and Hardie, R.C. (eds.), "Facets of vision," pp. 90-111. Springer-Verlag, Berlin. [OdA 7242.]
Landmann, A. (1985a). Strukturierung, Ökologie und saisonale Dynamik der Libellenfauna eines temporären Gewässers. Libellula 4: 49-80.
Landmann, A. (1985b). Ein Erhebungsformular fur Exuvienfunde―Hilfsmittel zur Bereicherung unseres Wissens über die Biologie des Schlüpfens bei Libellen (Insecta: Odonata). Libellula 4: 148-157.
Landor, W.S. (1775-1864). Lines to a dragonfly. In Cotter 1988.
Langenbach, A. (1993). Time of colour change in female *Ischnura pumilio* (Charpentier) (Zygoptera: Coenagrionidae). Odonatologica 22: 469-477.
Langenbach, A. (1995). Female colour polymorphism and reproductive behaviour in *Ischnura pumilio* (Charpentier) (Odonata: Coenagrionidae). Unpub. ms.
Laplante, J.-P. (1975). Observations sur la ponte de quatre odonates du genre *Lestes* (Zygoptera: Lestidae) au Québec. Nat. Can. 102: 279-292. [OdA 1261.]
Larochelle, A. (1976). Odonata as prey and predators of tiger beetles. Cordulia 2: 157-160.
Larochelle, A. (1977a). Les amphibiens et reptiles comme

prédateurs des odonates (première note bibliographique). Cordulia 3: 81-84.
Larochelle, A. (1977b). Une larve d'*Aeshna eremita* Scudder capturée à la pêche à la ligne. Cordulia 3: 95.
Larochelle, A. (1977c). Les plantes insectivores du genre *Drosera* L. comme prédateurs des odonates (libellules). Cordulia 3: 136.
Larochelle, A. (1977d). Contribution bibliographique à la connaissance des odonates comme proie des oiseaux. Premier partie. Cordulia 3: 85-95.
Larochelle, A. (1978). Spiders as predators and prey of Odonata. Cordulia 4: 29-34.
Larochelle, A. (1979). Observations sur l'accouplement et la ponte de 22 espèces d'odonates du Québec. Cordulia 5: 34-37.
Larsen, T.B. (1981). Butterflies as prey for *Orthetrum austeni* (Kirby) (Anisoptera: Libellulidae). NtO 1: 130-133.
Larsen, T.B. (1987). A migration of *Pantala flavescens* (Fabr.) in south India (Anisoptera: Libellulidae). NtO 2: 154.
Larsen, T.B. (1990). *Orthetrum sabina* (Dru.) feeding on the powerful skipper butterfly *Caprona ransonnetti potiphera* Hewitson in south India (Anisoptera: Libellulidae; Lepidoptera: Hesperiidae). NtO 3: 76.
Larson, D.J., and House, N.L. (1990). Insect communities of Newfoundland bog pools with emphasis on the Odonata. CnE 122: 469-501.
Laughlin, S.B. (1976). The sensitivities of dragonfly photoreceptors and the voltage gain of transduction. J. Comp. Physiol. 111: 221-247.* Cited by Rowe 1987a.
Laumond, C., Mauléon, H., and Kermarrec, A. (1979). Données nouvelles sur le spectre d'hôtes et le parasitisme du nématode entomophage *Neoplectana carpocapsae*. Entomophaga 24: 13-27. [OdA 2805.]
Lavigne, R. (1976). Odonata as prey of robber flies (Diptera: Asilidae). Cordulia 2: 1-10.
Lavoie, J., Pilon, J.-G., and Ali, M.-A. (1978). Étude histologique et morphométrique de la croissance de la partie optique de l'oeil composé d'*Enallagma boreale* Selys (Odonata: Coenagrionidae). Rev. Can. Biol. 37: 157-179.
Lavoie, J., Ali, M.A., and Pilon, J.-G. (1981). Bibliographie analytique de la vision chez les odonates. Odonatologica 10: 5-28.
Lavoie-Dornik, J., Pilon, J.-G., Ali, M.-A., and Mouze, M. (1981). Revue critique de la vision chez les odonates: électrophysiologie. Rev. Can. Biol. 40: 287-304. [OdA 3440.]
Lavoie-Dornik, J., and Pilon, J.-G. (1987). Rôle probable des rayons ultraviolets lors de l'émergence des zygoptères coenagrionides. Odonatologica 16: 185-191.
Lawrence, V.M. (1982). Dispersal of Odonata naiads in farm ponds. Abstr. 30th Ann. Meet. N. Am. Benthol. Soc., Ann Arbor, Michigan: 2 (abstract only).
Lawson, T. (1990). Re-enter the dragonfly. Europe's first dragonfly reserve [...]. Daily Telegraph (Weekend Telegraph), 15 September, 3. [OdA 7524.]
Lawton, J.H. (1970a). Feeding and food energy assimilation in larvae of the damselfly *Pyrrhosoma nymphula* (Sulz.) (Odonata: Zygoptera). JAE 39: 669-689. [BsA 83220.]
Lawton, J.H. (1970b). A population study on larvae of the damselfly *Pyrrhosoma nymphula* (Sulzer) (Odonata: Zygoptera). Hydrobiologia 36: 33-52. [BsA 37642.]
Lawton, J.H. (1971a). Ecological energetics studies on larvae of the damselfly *Pyrrhosoma nymphula* (Sulzer) (Odonata: Zygoptera). JAE 40: 385-423. [BsA 12910.]
Lawton, J.H. (1971b). Maximum and actual feeding-rates in larvae of the damselfly *Pyrrhosoma nymphula* (Sulzer) (Odonata: Zygoptera). FwB 1: 99-111.
Lawton, J.H. (1972). Sex ratios in Odonata larvae, with particular reference to the Zygoptera. Odonatologica 1: 209-219.
Lawton, J.H. (1973). The energy cost of "food gathering." In Benjamin, B., Cox, P.R., and Peel, J. (eds.), "Resources and population," pp. 59-76. Academic Press, London.
Lawton, J.H., and May, R.M. (eds.) (1995). "Extinction rates." Oxford Univ. Press, Oxford.
Lawton, J.H., and Richards, J. (1970). Comparability of Cartesian diver, Gilson, Warburg and Winkler methods of measuring the respiratory rates of aquatic invertebrates in ecological studies. Oecologia 4: 319-324. [BsA 128840.]
Lawton, J.H., Beddington, J.R., and Bonser, R. (1974). Switching in invertebrate predators. In Usher, M.B., and Williamson, M.H. (eds.), "Ecological stability," pp. 141-158. Chapman and Hall, London.
Lawton, J.H., Thompson, B.A., and Thompson, D.J. (1980). The effects of prey density on survival and growth of damselfly larvae. EcE 5: 39-51.
Le Calvez, V. (1993). Capture d'un odonate par le Gaillet gratteron (*Galium aparine* L.). Martinia 9: 15-16.
Lee, J. (1994). Aspects of the reproductive behaviour in *Orthetrum coerulescens* (Fabricius) (Anisoptera: Libellulidae). Odonatologica 23: 291-295.
Lee, N.R., and Mulla, M.S. (1975). Impact of Altosid on selected members of an aquatic ecosystem. Environ. Entomol. 4: 145-152. [OdA 1181.]
Lee, R.[C.P.], and McGinn, P. (1985). Territoriality in *Nannothemis bella* (Uhler) (Anisoptera: Libellulidae). Abstr. 8th Int. Symp. Odonatol., Paris: 13-14. Oral.
Lee, R.C.P., and McGinn, P. (1986). Male territoriality and mating success in *Nannothemis bella* (Uhler) (Odonata: Libellulidae). CJZ 64: 1820-1826. [OdA 5739.]
Legault, J. (1979). Quelques notes sur *Ischnura verticalis* Say (Odonata: Zygoptera). Cordulia 5: 11-12.
Leggott, M., and Pritchard, G. (1985a). The effect of temperature on rate of egg and larval development in populations of *Argia vivida* Hagen (Odonata: Coenagrionidae) from habitats with different thermal regimes. CJZ 63: 2578-2582.
Leggott, M., and Pritchard, G. (1985b). The life cycle of *Argia vivida* Hagen: developmental types, growth ratios and instar identification (Zygoptera: Coenagrionidae). Odonatologica 14: 201-210.
Leggott, M., and Pritchard, G. (1986). Thermal preference and activity thresholds in populations of *Argia vivida* (Odonata: Coenagrionidae) from habitats with different thermal regimes. Hydrobiologia 140: 85-92. [OdA 5740.]
Legrand, J. (1974). Étude comparative de l'autotomie chez les larves de zygoptères (Odon.). Ann. Soc. Entomol. Fr., N.S., 10: 635-646.
Legrand, J. (1976a). A propos de *Lestes simulans* Martin, 1910: larve et imago (Zygoptera: Lestidae). Odonatologica 5: 375-381.
Legrand, J. (1976b). Redescription de la larve de *Neophya rutherfordi* Selys, 1881 (Anisoptera, Corduliidae). Odonatologica 5: 277-284.
Legrand, J. (1977). Description des larves de quatre espèces de Calopterygidae du Gabon (Odonata). Ann. Soc. Entomol. Fr., N.S., 13: 453-467.
Legrand, J. (1979a). Morphologie, biologie et écologie de *Malgassophlebia aequatoris*, n. sp., nouveau Tetratheminae du Gabon (Odonata: Libellulidae). Rev. Fr. Entomol., N.S., 1: 3-12.

Legrand, J. (1979b). *Palpopleura albifrons*, n. sp., nouveau Diastatopidinae de la forêt Gabonaise (Odonata Libellulidae). Rev. Fr. Entomol., N.S., 1: 179-181.

Legrand, J. (1983). PCm, 18 August.

Legrand, J. (1984). Un deuxième *Idomacromia* de la forêt Gabonaise: *I. lieftincki* spec. nov. (Anisoptera: Corduliidae). Odonatologica 13: 113-117.

Legrand, J. (1985). La larve de *Phaon camerunensis* Sjöstedt, 1899 et notes biologiques sur l'imago dans les forêts du Gabon oriental (Zygoptera: Calopterygidae). Odonatologica 14: 349-356.

Legrand, J., and Couturier, G. (1985). Les odonates de la forêt de Taï (Côte-d'Ivoire). Premières approches faunistique, répartition écologiques et association d'espèces. Rev. Hydrobiol. Trop. 18: 133-158. [OdA 5403.]

Legrand, J., and Girard, C. (1992). Biodiversité des odonates du Simandou, recensement des espèces de Guinée, Afrique occidentale (Odonata). OZF 92: 1-23. [OdA 8566.]

Legris, M., and Pilon, J.-G. (1985). Ponte et action de la température sur le développement embryonnaire d'*Argia moesta* (Hagen) (Zygoptera: Coenagrionidae). Odonatologica 14: 357-362.

Legris, M., Pilon, J.-G., and Masseau, M.J. (1987). Variation intra-stade et croissance postembryonnaire chez *Argia moesta* (Hagen) (Odonata: Zygoptera: Coenagrionidae). AOd 3: 91-102.

Lehmann, G. (1994). Biometrische Veränderungen der Imagines von *Platycnemis pennipes* (Pallas, 1771) im Verlauf einer Saison (Odonata: Platycnemididae). DpT, Tech. Univ. Braunschweig, Germany.

Lehmann, G. (1995). Seasonal decline in body dimensions in a population of *Platycnemis pennipes* (Zygoptera: Platycnemididae). Abstr. 13th Int. Symp. Odonatol., Essen: 31. Oral.

Lehr, P.A. (1967). Ecological and morphological study of robber flies of the tribe Asilini (Diptera, Asilidae) with descriptions of new genera and species from Kazakhstan and Soviet Central Asia. Entomol. Rev. 46: 232-246.* Cited by Lavigne 1976.

Lempert, J. (1984a). Tagesaktivität und Verhalten am Schlafplatz von immaturen *Sympetrum flaveolum* L. auf Wangerooge. Libellula 3 (3/4): 29-34.

Lempert, J. (1984b). *Anax parthenope* Selys im Braunkohlenrekultivierungsgebiet südlich von Köln—Erstfund für Nordrhein-Westfalen. Libellula 3 (3/4): 89-90.

Lempert, J. (1987). Das Vorkommen von *Sympetrum fonscolombei* in der Bundesrepublik Deutschland. Libellula 6: 59-69.

Lempert, J. (1988). Untersuchungen zur Fauna, Ökologie und zum Fortpflanzensverhalten von Libellen (Odonata) an Gewässern des tropischen Regenwaldes in Liberia, Westafrika. DpT, Rheinischen Friedrich-Wilhelms-Univ., Bonn.

Lempert, J. (1990). Letter, 21 July.

Lempert, J. (1992). Dolichopodiden als Eiräuber bei der tropischen Libellulide *Hadrothemis versuta* (Karsch) (Diptera: Dolichopodidae;—Odonata: Libellulidae. OZF 94: 1-4.

Lempert, J. (1993). Beobachtungen an Libellen. In Grote, D. (ed.), "Jahresbericht fur Wangerooge-Ost," pp. 220-223. Mellumrat, Oldenburg. [OdA 9193.]

Lempert, J. (1995a). Letter, 23 June.

Lempert, J. (1995b). PCm, 21 August.

Lempert, J. (1995c). Observations on dragonfly migration on the North Sea Island Mellum. In preparation.

Lempert, J. (1995d). Observations at Geomaticum and Grindel Ponds in Hamburg. In preparation.

Lempert, J. (1995e). On the habitat and reproductive behaviour of *Indocnemis orang* (Foerster) in West Malaysia (Zygoptera: Platycnemididae). In preparation.

Lempert, J. (1996). Letter, 1 May.

Lempert, J., and Milewski, H. (1980). "Mellumbericht 1980." Mellumrat, Mellum. [OdA 8761.]

Lenko, K., and Papavero, N. (1975). "Insetos no folclore." Conselho Estadual de Artes e Ciências Humanas, São Paulo. [OdA 2763.]

Lenz, N. (1991). The importance of abiotic and biotic factors for the structure of odonate communities of ponds (Insecta: Odonata). Faun.-ökol. Mitt. 6: 175-189. [OdA 8501.]

Leong, J.M., and Hafernik, J.E. (1992a). Seasonal variation in allopatric populations of *Ischnura denticollis* (Burmeister) and *Ischnura gemina* (Kennedy) (Odonata: Coenagrionidae). Pan-Pacific Entomol. 68: 268-278.

Leong, J.M., and Hafernik, J.E. (1992b). Hybridization between two damselfly species (Odonata: Coenagrionidae): morphometric and genitalic differentiation. Ann. Entomol. Soc. Am. 85: 662-670.

Leopold, A. (1949). "A Sand County almanac." Oxford Univ. Press, Oxford.

Le Quellec, J.-L. (1990). La mythologie des libellules. Martinia 6: 59-63.

Leshcheva, E.I. (1974). [Food reserve in the rearing ponds of the Ust-Kamenogorsk Pond Farm.] IR. In ["Fish resources of the Kazakhstan waterbodies and their utilization"], pp. 68-72. Kainar, Alma-Ata. [OdA 1123.]

Leuven, R.S.E.W., Vander Velde, G., Van Hemelrijk, J.A.M., and Eeken, R.L.E. (1986). Impact of acidification on the distribution of aquatic insects in lentic soft waters. Proc. 3rd Eur. Congr. Entomol., Amsterdam 1: 103-106. [OdA 5741.]

Levin, S. (1997). Least grebe eats green darners! Argia 9 (1): 22.

Lew, G.T. (1933). Head characters of the Odonata with special reference to the development of the compound eye. Entomol. Am. 14: 41-97.

Lewis, D.J., Reid, E.T., Crosskey, R.W., and Davies, J.B. (1960). Attachment of immature Simuliidae to other arthropods. Nature (London) 187: 618-619.

Li, C.S. (1970). Some aspects of the conservation of natural enemies of rice stem borers and the feasibility of harmonizing chemical and biological control of these pests in Australia. Mushi 44: 15-23.

Lieftinck, M.A. (1926). Odonata neerlandica. De libellen of waternimfen van Nederland en het aangrenzend gebied. II. Anisoptera. TjE 69: 85-226.

Lieftinck, M.A. (1932). Notes on the larvae of two interesting Gomphidae (Odon.) from the Malay Peninsula. Bull. Raffles Mus. (Singapore) 7: 102-115.

Lieftinck, M.A. (1934a). Notes on the genus *Drepanosticta* Laid., with descriptions of the larva and of new Malaysian species (Odon., Zygoptera). Treubia 14: 463-478.

Lieftinck, M.A. (1934b). An annotated list of the Odonata of Java, with notes on their distribution, habits and life-history. Treubia 14: 377-462.

Lieftinck, M.A. (1940). Revisional notes on some species of *Copera* Kirby, with notes on habits and larvae (Odon., Platycnemididae). Treubia 17: 281-306.

Lieftinck, M.A. (1941). Studies on Oriental Gomphidae (Odon.), with descriptions of new or interesting larvae. Treubia 18: 233-253.

Lieftinck, M.A. (1948). Over de levenswijze van *Dysphaea dimidiata* Selys. TjE. Entomol. 90: ix-xi.

Lieftinck, M.A. (1949). The dragonflies (Odonata) of New Guinea and neighbouring islands. Part VII. Results of the Third Archbold Expedition 1938-1939 and of the Le Roux Expedition 1939 to Netherlands New Guinea (II. Zygoptera). Nova Guinea, N.S., 5: 1-271.* Cited by B. Kiauta 1968.

Lieftinck, M.A. (1950). Further studies on Southeast Asiatic species of *Macromia* Rambur, with notes on their ecology, habits and life history, and with descriptions of larvae and two new species (Odon., Epophthalmiinae). Treubia 20: 657-716.

Lieftinck, M.A. (1953a). Notes on some dragonflies of the Cook Islands. Proc. Haw. Entomol. Soc. 15: 45-49.

Lieftinck, M.A. (1953b). The Odonata of the island Sumba with a survey of the dragonfly fauna of the Lesser Sunda Islands. Verh. Naturf. Ges. Basel 64: 118-128.

Lieftinck, M.A. (1954). Handlist of Malaysian Odonata. Treubia 22 (Suppl.), xiii + 202.

Lieftinck, M.A. (1955). Notes on Australian species of *Neurobasis* Selys (Odonata, Agriidae). Nova Guinea, N.S., 6: 155-166.

Lieftinck, M.A. (1956). Revision of the genus Argiolestes Selys (Odonata) in New Guinea and the Moluccas, with notes on the larval forms of the family Megapodagrionidae. Nova Guinea, N.S., 7: 59-121.

Lieftinck, M.A. (1960). On the identity of some little known Southeast Asiatic Odonata in European museums described by E. de Selys Longchamps, with descriptions of new species. Mem. Soc. Entomol. Ital. 38: 229-256.

Lieftinck, M.A. (1962a). On the problem of intrinsic and adaptive characters in odonate larvae. Verh. 11th Int. Congr. Entomol., Vienna, 3: 274-278.

Lieftinck, M.A. (1962b). Odonata. Insects Micronesia 5: 1-95. [BsA 62220.]

Lieftinck, M.A. (1963). Contributions to the odonate fauna of the Solomon Islands, with notes on zygopterous larvae. Nova Guinea (Zool.) 21: 523-542.

Lieftinck, M.A. (1964). Some Gomphidae and their larvae, chiefly from the Malay Peninsula (Odonata). Zool. Verh. (Leiden) 69: 1.

Lieftinck, M.A. (1965). *Macromia splendens* (Pictet, 1843) in Europe with notes on its habits, larva, and distribution (Odonata). TjE 108: 41-59.

Lieftinck, M.A. (1968). A review of the genus *Oligoaeschna* Selys in Southeast Asia. TjE 111: 137-184.

Lieftinck, M.A. (1971). Studies in Oriental Corduliidae (Odonata) I. TjE 114: 1-63. [BsA 136891.]

Lieftinck, M.A. (1972). Some features of amphipterygid larvae primitive and adaptive (Odonata). Proc. 13th Int. Congr. Entomol., Moscow (1968), 3: 339-340.

Lieftinck, M.A. (1976). The dragonflies (Odonata) of New Caledonia and the Loyalty Islands. Part 2. Immature stages. Cah. O.R.S.T.O.M., Ser. Hydrobiol, 10: 165-200.

Lieftinck, M.A. (1977). New and little known Corduliidae (Odonata: Anisoptera) from the Indo-Pacific region. Oriental Insects 11: 157-179.

Lieftinck, M.A. (1978). Over een onopzettelijke kweek van een tropisch-Aziatische libel uit een verwarmd aquarium in Nederland (Odonata, Gomphidae). Entomol. Ber. (Amsterdam) 38: 145-150. [OdA 2311.]

Lieftinck, M.A. (1980). PCm, 10 April.

Lieftinck, M.A. (1981a). Letter, including 25 October.

Lieftinck, M.A. (1981b). Some little-known species of *Risiocnemis* Cowley from the Philippine Islands, with notes on their synonymy, morphological characters and larval structure (Zygoptera: Platycnemididae). Odonatologica 10: 93-107.

Lieftinck, M.A. (1982a). Letter, 23 November.

Lieftinck, M.A. (1982b). Letter, 23-24 October.

Lieftinck, M.A. (1983). Letter, 16 May.

Lieftinck, M.A. (1984). Further notes on the specific characters of *Calicnemia* Strand, with a key to the males and remarks on some larval forms (Zygoptera: Platycnemididae). Odonatologica 13: 351-375.

Lieftinck, M.A., Lien, J.C., and Maa, T.C. (1984). "Catalogue of Taiwanese dragonflies (Insecta: Odonata)." Asian Ecol. Soc., Taichung, Taiwan.

連 日清・松木和雄 (1979). 台湾産ハラビロトンボ2種の幼虫について. 昆虫と自然 14 (6): 57-60.

Lien, J.-C., and Matsuki, K. (1983). Description of the larva of *Orolestes selysi* McLachlan from Taiwan (Lestidae: Odonata). Tombo 26: 13-15.

Lien, J.-C., and Tsai, T.-S. (1986). Laboratory observations on predation upon anopheline larvae by some anisopteran and zygopteran larvae in Bolivia and the duration of their ultimate instars. Odonatologica 15: 107-112.

Lim, R.P., and Furtado, J.I. (1975). Population changes in the aquatic fauna inhabiting the bladderwort, *Utricularia flexuosa* Vahl., in a tropical swamp, Tasek Bera, Malaysia. Verh. Internat. Verein. Limnol. 19: 1390-1397. [OdA 1505.]

Lincoln, E. (1940). Growth in *Aeshna tuberculifera* (Odonata). Proc. Am. Phil. Soc. 83: 589-605.

Lindeboom, M. (1993a). PCm, August.

Lindeboom, M. (1993b). How about *Calopteryx* hybrids? Abstr. 12th Int. Symp. Odonatol., Osaka: 21. Oral.

Lindeboom, M. (1995). Copulation behaviour of *Calopteryx splendens*. Abstr. 13th Int. Symp. Odonatol., Essen: 32. Oral.

Lindley, R.P. (1970). On a new genus and species of libellulid dragonfly from the Ivory Coast. Entomologist 103: 77-83.

Lindley, R.P. (1974). The dragonflies of Korhogo, Ivory Coast. Bull. de l'I.F.A.N., Ser. A, 36: 682-698.

Linnaeus, C. (1758). Systemae naturae. 10th ed. Laurentius Salvius, Holmiae, Sweden.

Liston, A.D., and Leslie, A.D. (1982). Insects from high-altitude summer snow in Austria, 1981. Mitt. Entomol. Ges. Basel, N.F., 32: 42-47. [OdA 3885.]

Liu, C. (1974). Studies on the metacercaria and adult of *Prosthogonimus anatinus* and *P. cuneatus* (Trematoda: Prosthogonimidae). Acta Zool. Sin. 20: 395-408. [OdA 1355.]

Locke, L.N. (1961). Sparrow hawk feeding on dragonflies. Condor 63: 342.

Locke, L.N. (1975). Letter, 5 December.

Locke, L.N. (1976). Letter, 7 January.

Lockey, K.H. (1991). Insect hydrocarbon classes: implications for chemotaxonomy. Insect Biochem. 21: 91-97.

Logan, E.R. (1971). A comparative ecological and behavioral study of two species of damselflies, *Enallagma boreale* (Selys) and *Enallagma carunculatum* Morse (Odonata: Coenagrionidae). DrT, Washington State Univ., Pullman.

Lohmann, H. (1989). *Ischnura fountainei* Morton auf der Insel Pantelleria, Italien; Erstnachweis für Europa (Zygoptera: Coenagrionidae). NtO 3: 61.

Lohmann, H. (1992a). Revision der Cordulegastridae. 1. Entwurf einer neuen Klassifizierung der Familie (Odonata: Anisoptera). OZF 96: 1-18.

Lohmann, H. (1992b). Ein Beitrag zum Status von *Coenagrion freyi* (Bilek, 1954) und zur subspezifischen Differenzierung von *C. hylas* (Trybom, 1889), *C. johanssoni* (Wallengren, 1894) und *C. glaciale* (Selys, 1872), mit Bemerkungen zur postglazialen Ausbreitung ostpaläarktischer Libellen (Zygoptera: Coenagrionidae). Odonatologica 21: 421-442.

Lohmann, H. (1993). Revision der Cordulegastridae. 2. Beschreibung neuer Arten in den Gattungen *Cordulegaster*, *Anotogaster*, *Neallogaster* und *Sonjagaster* (Anisoptera). Odonatologica 22: 273-294.

Lohmann, H. (1995). PCm, 24 August.

Lohmann, H. (1996a). Das phylogenetische System der Anisoptera (Odonata). Entomol. Z. 106: 209-252.

Lohmann, H. (1996b). Das phylogenetische System der Anisoptera (Odonata). Entomol. Z. 106: 253-296. [OdA 11005.]

Loibl, E. (1958). Zur Ethologie und Biologie der deutschen Lestiden (Odonata). Z. Tierpsychol. 15: 54-81.

Long, R. (1991). An observation of an apparently water-divining dragonfly. JBDS 7: 34.

Longfield, C. (1936). Studies on African Odonata, with synonymy and descriptions of new species and subspecies. Trans. Roy. Entomol. Soc. Lond. 85: 467-503.

Longfield, C. (1948). A vast immigration of dragonflies into the south coast of Co. Cork. Irish Nat. J. 9: 133-141.

Longfield, C. (1957). Notes on the British Odonata (dragonflies) for 1954 and 1955. Entomologist 90: 44-50.

López, R.A., and González-Soriano, E. (1980). Estudio de una población de *Perithemis domitia* (Drury) (Odonata: Libellulidae) con especial referencia al comportamiento territorial y al reproductivo. Fol. Entomol. Mex. 45: 31-32. [OdA 3499.]

Lorenzi, K., Raffi, R., Gianandrea, G., Sorce, G., and Utzeri, C. (1984). Accoppiamento e ovideposizione in *Crocothemis erythraea* (Brullé) (Anisoptera, Libellulidae). Boll. Zool. 51 (Suppl.): 65 (abstract). [OdA 4864.]

Lösing, U. (1988). Auswertung faunistisch-kologischer Bestandsaufnahmen im NSG "Achmer Grasmoor" und der geplanten Erweiterungsfläche im Hinblick auf Pflege und Entwicklung. DpT, Univ.-Gesamthochschule Paderborn, Höxter, Germany.

Lounibos, L.P., Frank, J.H., Machado-Allison, C.E., Navarro, J.C., and Ocanto, P. (1987a). Seasonality, abundance and invertebrate associates of *Leptagrion siqueirai* Santos in *Aechmea* bromeliads in Venezuelan rain forest (Zygoptera: Coenagrionidae). Odonatologica 16: 193-199.

Lounibos, L.P., Frank, J.H., Machado-Allison, C.E., Ocanto, P., and Navarro, J.C. (1987b). Survival, development and predatory effects of mosquito larvae in Venezuelan phytotelmata. J. Trop. Ecol. 3: 221-242.

Louton, J.A. (1983). The larva of *Gomphurus ventricosus* (Walsh), and comments on relationships within the genus (Anisoptera: Gomphidae). Odonatologica 12: 83-86.

Lucas, K.E. (1975). Tank bromeliads and their macrofauna from cloud forests of Chiapas, Mexico. MsT, San Francisco State Univ., California.

Lucas, W.J. (1900). "British dragonflies." Upcott Gill, London.

Lucas, W.J. (1930). "The aquatic (naiad) stage of the British dragonflies (Paraneuroptera)." Ray Society, London.

Ludwig, J., Belting, H., Helbig, A.J., and Bruns, H.A. (1990). Die Vögel des Dümmer-Gebietes. NatSchutzLandschaftspfl. Niedersachs. 21: 1-129. [OdA 9935.]

Lumsden, W.H.R. (1952). The crepuscular biting activity of insects in the forest canopy in Bwamba, Uganda. A study in relation to the sylvan epidemiology of yellow fever. Bull. Entomol. Res. 42: 721-760.

Lutz, P.E. (1968a). Life history studies on *Lestes eurinus* Say (Odonata). Ecology 49: 576-579. [BsA 33492.]

Lutz, P.E. (1968b). Effects of temperature and photoperiod on larval development in *Lestes eurinus* (Odonata: Lestidae). Ecology 49: 637-644. [BsA 33612.]

Lutz, P.E. (1974a). Effects of temperature and photoperiod on larval development in *Tetragoneuria cynosura* (Odonata: Libellulidae). Ecology 55: 370-377.

Lutz, P.E. (1974b). Environmental factors controlling duration of larval instars in *Tetragoneuria cynosura* (Odonata). Ecology 55: 630-637.

Lutz, P.E. (1983). Dragonflies and cosmology: regulation of life histories by celestial events. Abstr.7th Int. Symp. Odonatol., Calgary: 18-19. Oral.

Lutz, P.E. (1984). PCm, January.

Lutz, P.E., and Jenner, C.E. (1960). Relationship between oxygen consumption and photoperiodic induction of the termination of diapause in nymphs of the dragonfly *Tetragoneuria cynosura*. J. Elisha Mitchell Sci. Soc. 76: 192-193.

Lutz, P.E., and Jenner, C.E. (1964). Life-history and photoperiodic responses of nymphs of *Tetragoneuria cynosura* (Say). Biol. Bull. 127: 304-316.

Lutz, P.E., and McMahan, E.A. (1973). Five-year patterns of emergence in *Tetragoneuria cynosura* and *Gomphus exilis* (Odonata). Ann. Entomol. Soc. Am. 66: 1343-1348.

Lutz, P.E., and Pittman, A.R. (1968). Oviposition and early developmental stages of *Lestes eurinus* (Odonata: Lestidae). AMN 80: 43-51. [BsA 118987.]

Lutz, P.E., and Pittman, A.R. (1970). Some ecological factors influencing a community of adult Odonata. Ecology 51: 279-284. [BsA 128849.]

Lutz, P.E., and Rogers, A. (1991). Thermal effects on embryonic development in four summer species of Libellulidae (Anisoptera). Odonatologica 20: 281-292.

Macan, T.T. (1964). The Odonata of a moorland fish-pond. Int. Rev. Ges. Hydrobiol. 49: 325-360. [BsA 103107.]

Macan, T.T. (1966a). The influence of predation on the fauna of a moorland fishpond. Arch. Hydrobiol. 61: 432-452.

Macan, T.T. (1966b). Predation by *Salmo trutta* in a moorland fishpond. Verh. Int. Verein. Limnol. 16: 1081-1087.

Macan, T.T. (1974). Twenty generations of *Pyrrhosoma nymphula* (Sulzer) and *Enallagma cyathigerum* (Charpentier) (Zygoptera: Coenagrionidae). Odonatologica 3: 107-119.

Macan, T.T. (1977a). The fauna in the vegetation of a moorland fishpond as revealed by different methods of collecting. Hydrobiologia 55: 3-15.

Macan, T.T. (1977b). The influence of predation on the composition of fresh-water animal communities. Biol. Rev. 52: 45-70.

Macan, T.T. (1977c). A twenty-year study of the fauna in the vegetation of a moorland fishpond. Arch. Hydrobiol. 81: 1-24.

Macauley, C.N.B. (1890). Dragonflies as mosquito hawks on the western plains. In Lamborn, R.H. (ed.), "Dragonflies vs. mosquitoes. Can the mosquito pest be mitigated?" pp. 131-134. Appleton, New York.

Macchiusi, F., and Baker, R.L. (1992). Effects of predators and food availability on activity and growth of *Chironomus tentans* (Chironomidae: Diptera). FwB 28: 207-216.

Maccoll, A. (1990). Interspecific responses of prey to shared predation in simple freshwater systems. BsT, Univ. Edinburgh.

Macfie, J.W.S. (1932). Ceratopogonidae from the wings of dragonflies. TjE 75: 265-283.

Machado, A.B.M. (1977). Ecological studies on the larva of the plant-breeding damselfly *Roppaneura beckeri* Santos, 1966. Abstr. 4th Int. Symp. Odonatol., Gainesville, Florida: 11.

Machado, A.B.M. (1981a). Biologia de *Roppaneura beckeri* Santos, 1966, libéllula cuja larva vive na água acumulada em folhas da umbelifera *Eryngium floribundum*. Resum. Com. Cient. 8th Congr. Brasil. Zool., Brasilia: 41-42. [OdA 3225.]

Machado, A.B.M. (1981b). Alguns aspectos de ecologia e do

comportamento das larvas de *Roppaneura beckeri* Santos, 1966 (Odonata−Protoneuridae), com ênfase no estudo da territorialidade. Resum. Com. Cient. 8th Congr. Brasil. Zool., Brasilia: 149-150. [OdA 3226.]

Machado, A.B.M. (1981c). PCm, August.

Machado, A.B.M. (1983). Novos achados de libélulas cujas larvas criam em buracos de arvores. Resum. 10th Congr. Brasil. Zool., Belo Horizonte: 196-197. [OdA 4106.]

Machado, A.B.M. (1985). Description of *Aeshna* (*Hesperaeschna*) *eduardoi* Machado, 1984, from the mountains of Minas Gerais, Brazil (Anisoptera: Aeshnidae). Odonatologica 14: 45-56.

Machado, A.B.M. (1986). Microscopia electrónica de verredura de ovos le libéllulas do género *Mecistogaster* (Odonata−Pseudostigmatidae). Resum. 13th Congr. Brasil. Zool., Cuiabá: 140 (abstract only). [OdA 5561.]

Machado, A.B.M. (1988). *Heteragrion petiense* spec. nov., from the state of Minas Gerais, Brazil (Zygoptera: Megapodagrionidae). Odonatologica 17: 267-274.

Machado, A.B.M. (1992). Regional report: South America. In N. W. Moore 1992.

Machado, A.B.M. (1994). *Archaeogomphus* (*Archaeogomphus*) *vanbrinki* spec. nov. from western central Brazil (Anisoptera: Gomphidae). Odonatologica 23: 73-76.

Machado, A.B.M., and Costa, J.K. (1995). *Navicordulia* gen. nov., a new genus of Neotropical Corduliinae, with descriptions of seven new species (Anisoptera: Corduliidae). Odonatologica 24: 187-218.

Machado, A.B.M., and Martinez, A. (1982). Oviposition by egg-throwing in a zygopteran, *Mecistogaster jocaste* Hagen, 1869 (Pseudostigmatidae). Odonatologica 11: 15-22.

Macklin, J.M., and Montgomery, B.E. (1962). Further notes on rates of development of the naiads of *Neotetrum pulchellum* (Drury) (Odonata: Libellulidae). Proc. Ind. Acad. Sci. 72: 158-160. [BsA. 87009.]

MacNeill, N. (1960). A study of the caudal gills of dragonfly larvae of the sub-order Zygoptera. Proc. Roy. Irish Acad., Sect. B, 61 (7): 115-140.

Macy, R.W. (1939). *Gomphus spicatus* Hagen (Odonata) a new intermediate host for *Prosthogonimus macrorchis* (Trematoda). J. Parasitol. 25: 281.

Macy, R.W. (1949). On a migration of *Tarnetrum corruptum* (Hagen) (Odonata) in western Oregon. CnE 81: 50-51.

Macy, R.W. (1960). The life cycle of *Plagiorchis vespertilionis parorchis* n. sp. (Trematoda: Plagiorchiidae), and observations on the effects of light on the emergence of the cercariae. J. Parasitol. 46: 337-345.* Cited by Timon-David 1965.

Macy, R.W. (1964). Life cycle of the digenetic trematode *Pleurogenoides tener* (Looss, 1898) (Lecithodendriidae). J. Parasitol. 50: 564-568.

Macy, R.W., and Basch, P.F. (1972). *Orthetrotrema monostomum* gen. et sp. n., a progenetic trematode (Dicrocoeliidae) from dragonflies in Malaysia. J. Parasitol. 58: 515-518. [OdA 397.]

Madhavi, R., and Swarnakumari, V.G.M. (1995). The morphology, life-cycle and systematic position of *Orthetrotrema monostomum* Macy and Basch, 1972, a progenetic trematode. Syst. Parasitol. 32: 225-232. [OdA 10815.]

Madhavi, R., Dhanumkumari, C., and Ratnakumari, T.B. (1987). The life history of *Pleurogenoides orientalis* (Srivastava, 1934) (Trematoda: Lecithodendriidae). Parasitol. Res. 73: 41-45. [OdA 6029.]

Madrid Dolande, F. (1991). *Anax amazili* (Odonata: Aeshnidae) un ponderoso depredador de alevines. Resum. Congr. Venez. Entomol., Mérida: 70. [OdA 7983.]

Mahato, M. (1986). A note on the altitudinal distribution of Odonata between Dumre and Khansar in central Nepal. NtO 2: 121-123.

Mahato, M. (1993). *Epiophlebia laidlawi*−a living ghost. Selysia 22 (1): 2.

Mahato, M., and Edds, D. (1993). Altitudinal distribution of odonate larvae in Nepal's Gandaki River. Odonatologica 22: 213-221.

Mahato, M., and Johnson, D.M. (1991). Invasion of the Bays Mountain Lake dragonfly assemblage by *Dromogomphus spinosus* (Odonata: Gomphidae). JNABS 10: 165-176.

Maibach, A. (1985). Révision systématique du genre *Calopteryx* Leach (Odonata, Zygoptera) pour l'Europe occidentale. I. Analyses biochimiques. Mitt. Schweiz. Entomol. Ges. 58: 477-492.

Maibach, A. (1986). Révision systématique du genre *Calopteryx* Leach (Odonata, Zygoptera) pour l'Europe occidentale. II. Analyses morphologiques et synthèse. Mitt. Schweiz. Entomol. Ges. 59: 389-406.

Maibach, A. (1987). Révision systématique du genre *Calopteryx* Leach pour l'Europe occidentale (Zygoptera: Calopterygidae). 3. Révision systématique, étude bibliographique, désignation des types et clé de determination. Odonatologica 16: 145-174.

Maibach, A., and Meier, C. (1987). "Verbreitungsatlas der Libellen der Schwiez (Odonata) (mit roter Liste)." Documenta faunistica Helvetica, Vol. 4. Centre suisse de cartographie de la faune & Schweizerischer Bund für Naturschutz, Neuchâtel.

Maibach, A., Vonwil, G., and Wildermuth, H. (1989). Nouvelles observations de *Hemianax ephippiger* (Burm.) (Odonata, Anisoptera) en Suisse avec évidence de développement. Bull. Soc. Vaud. Sci. Nat. 79: 339-346. [OdA 7141.]

Maier, M., and Wildermuth, H. (1991). Ökologische Beobachtungen zur Emergenz einiger Anisopteren an Kleingewässern. Libellula 10: 89-104.

Maitland, P.S. (1967). Observations on certain dragonflies (Odonata) in central Scotland. Glasgow Nat. 18: 470-476.

Malicky, H. (1977). Übersicht der Ökologie und Zoogeographie der Binnenwassertiere der Ägäischen Inseln. Biol. Gallo-Hellen 6: 171-238. [OdA 2077.]

Mani, M.S. (1974). Limiting factors. In Mani, M.S. (ed.), "Ecology and biogeography in India," pp. 135-148. Junk, The Hague. [OdA 708.]

Manly, B.F.J. (1971). Estimates of a marking effect with capture-recapture sampling. J. Appl. Ecol. 8: 181-189. [BsA 106934.]

Manly, B.F.J., and Parr, M.J. (1968). A new method of estimating population size, survivorship and birth-rate from capture-recapture data. Trans. Soc. Brit. Entomol. 18: 81-89.

Manning, G.S. (1971). Study of novel intestinal parasites in Thailand. Rep. 1st Int. Sem., SEATO Medical Res. Lab., Bangkok: 43-46.

Manning, G.S., and Lertprasert, P. (1973). Studies on the life cycle of *Phaneropsolus bonnei* and *Prosthodendrium molenkampi* in Thailand. Ann. Trop. Med. Parasitol. 67: 361-365. [OdA 1089.]

Mantz, W.J. (1975). Some pre-emergence studies on final-instar larvae of *Tetragoneuria cynosura* (Odonata). MsT, Univ. North Carolina, Greensboro.

Marchant, R., and Yule, C.M. (1996). A method for estimating larval life spans of aseasonal aquatic insects from streams on Bougainville Island, Papua New Guinea. FwB 35: 101-107.

Marden, J.H. (1988). Bodybuilding dragonflies: costs and benefits of maximizing flight muscle. Am. Zool. 28: 126 (abstract only). [OdA 6817.]

Marden, J.[H.] (1989). Bodybuilding dragonflies: costs and benefits of maximising flight muscle. Physiol. Zool. 62: 505-521.

Marden, J.H. (1995a). Large-scale changes in thermal sensitivity of flight performance during adult maturation in a dragonfly. JEB 198: 2095-2102. [OdA 10577.]

Marden, J.H. (1995b). Letter, 22 September.

Marden, J.H., and Rollins, R.A. (1994). Assessment of energy reserves by damselflies engaged in aerial contests for mating territories. AnB 48: 1023-1030. [OdA 10116.]

Marden, J.H., and Waage, J.K. (1990). Escalated damselfly territorial contests are energetic wars of attrition. AnB 39: 954-959.

Marlier, G. (1958). Recherches hydrobiologiques au lac Tumba (Congo Belge, Province de l'Equateur). Hydrobiologia 10: 352-385.

Marshall, A.G., and Gambles, R.M. (1977). Odonata from the Guinea Savanna Zone in Ghana. JZL 183: 177-187.

Marshall, C.D., and Rutschky, C.W. (1974). Single herbicide treatment of aquatic insects in Stone Valley Lake, Huntingdon Co., Pa. Proc. Pa. Acad. Sci. 48: 127-131. [OdA 1693.]

Martens, A. (1989). Aggregation of tandems in *Coenagrion pulchellum* (Van der Linden, 1825) during oviposition (Odonata: Coenagrionidae). Zool. Anz. 223: 124-128.

Martens, A. (1991a). Plasticity of mate-guarding and oviposition behaviour in *Zygonyx natalensis* (Martin) (Anisoptera: Libellulidae). Odonatologica 20: 293-302.

Martens, A. (1991b). Kolonisationserfolg von Libellen an einem neu angelegten Gewässer. Libellula 10: 45-61.

Martens, A. (1992a). Egg deposition rates and duration of oviposition in *Platycnemis pennipes* (Pallas) (Insecta: Odonata). Hydrobiologia 230: 63-70. [OdA 8421.]

Martens, A. (1992b). Aggregationen von *Platycnemis pennipes* (Pallas) während der Eiablage (Odonata: Platycnemididae). DrT, Univ. Carolo-Wilhelmina, Braunschweig, Germany.

Martens, A. (1993). Influence of conspecifics and plant structures on oviposition site selection in *Pyrrhosoma nymphula* (Sulzer) (Zygoptera: Coenagrionidae). Odonatologica 22: 487-494.

Martens, A. (1994a). Field experiments on aggregation behaviour and oviposition in *Coenagrion puella* (L.) (Zygoptera: Coenagrionidae). AOd 6: 49-58.

Martens, A. (1994b). PCm, August.

Martens, A. (1996). "Die Federlibellen Europas." [Platycnemididae.] Westarp Wissenschaften, Magdeburg & Spektrum Akademischer Verlag, Heidelberg. [OdA 10878.]

Martens, A., and Grabow, K. (1994). Males of *Enallagma vansomereni* Pinhey settling on water surface (Zygoptera: Coenagrionidae). Odonatologica 23: 169-174.

Martens, A., and Rehfeldt, G. (1989). Female aggregation in *Platycypha caligata* (Odonata: Chlorocyphidae): a tactic to evade male interference during oviposition. AnB 38: 369-374.

Martens, A., and Wimmer, W. (1996). Schwärmende Ameisen (Hymenoptera: Formicidae) als Beute von Grosslibellen (Anisoptera: Aeshnidae). Libellula 15: 197-202.

Martens, A., Grabow, K., and Hilfert, D. (1997). Use of female's legs in tandem-linkage during flight of libellulid dragonflies (Anisoptera). Odonatologica 26: 477-482.

Martens, K. (1984). Courtship display in *Trithemis arteriosa* (Burm.) (Anisoptera: Libellulidae). NtO 2: 67-68.

Martens, K., and Dumont, H.J. (1983). Description of the larval stages of the desert dragonfly *Paragomphus sinaiticus* (Morton), with notes on the larval habitat, and a comparison with three related species (Anisoptera: Gomphidae). Odonatologica 12: 285-296.

Martin, R. (1895). Une éclosion de libellules. Feuill. Jeun. Nat. 25: 141-142.

Martin, R. (1910a). Sur les oiseaux de France qui se nourrissent de libellules. Rev. Fr. Ornithol. 12: 178-180.

Martin, R. (1910b). Contribution à l'étude des névroptères de l'Afrique. Ann. Soc. Entomol. Fr. 79: 82-104.

Martin, R. (1911). Sur les oiseaux qui se nourrissent de libellules (3e note). Rev. Fr. Ornithol. 26: 97-99.

Martin, T.H. (1986). The diets of bluegill and redear sunfish in Bay's Mountain Lake. MsT, E. Tennessee State Univ., Johnson City. [OdA 5899.]

Martin, T.H., Johnson, D.M., and Moore, R.D. (1991). Fish-mediated alternative life-history strategies in the dragonfly *Epitheca cynosura*. JNABS 10: 271-279.

Martin, W.J., and Gentry, J.B. (1974). Effect of thermal stress on dragonfly nymphs. In Gibbons, J.W., and Sharitz, R.R. (eds.), "Thermal ecology," pp. 133-145. U.S. Atomic Energy Comm. Symp. Ser. (CONF-730505).

Martin, W.J., Garten, C.T., and Gentry, J.B. (1976). Thermal tolerances of dragonfly nymphs. I. Sources of variation in estimating critical thermal maximum. Physiol. Zool. 49: 200-205. [OdA 1546.]

Masaki, S. (1980). Summer diapause. ARE 25: 1-25.

Masaki, S. (1990). Opportunistic diapause in the subtropical ground cricket. In Gilbert, F. (ed.), "Insect life cycles. Genetics, evolution and co-ordination," pp. 125-141. Springer-Verlag, London.

Mason, W.T., Lewis, P.A., and Anderson, J.B. (1971). Macroinvertebrate collections and water quality monitoring in the Ohio River Basin 1963-1967. Office of Technical Programs, Ohio Basin Region and Analytical Control laboratory, Water Quality Office, Environmental Protection Agency, Cincinnati, Ohio. 65 pp.

Masseau, M.J., and Pilon, J.-G. (1982a). Étude de la variation intrastade au cours du développement postembryonnaire de *Enallagma hageni* (Walsh) (Zygoptera: Coenagrionidae): facteurs agissant sur la différenciation des types de développement. AOd 1: 129-150.

Masseau, M.J., and Pilon, J.-G. (1982b). Clef de determination des stades larvaires de *Enallagma boreale* Selys, E. ebrium (Hagen), *E. hageni* (Walsh) et *E. vernale* Gloyd (Zygoptera: Coenagrionidae). Odonatologica 11: 189-199.

Matczak, T.Z. (1992). Observations of aggressive behaviour of *Hydropsyche morosa* exposed to different concentrations of food using video techniques. BNABS 9: 110 (abstract only).

Mathavan, S. (1975). Ecophysiological studies in chosen insects (Odonata: Anisoptera). DrT, Madurai Univ., India.

Mathavan, S. (1976). Satiation time and predatory behaviour of the dragonfly nymph *Mesogomphus lineatus*. Hydrobiologia 50: 55-64.

Mathavan, S. (1979). Effect of running water on predatory behaviour of the dragonfly nymph *Pantala flavescens* (Odonata). Entomon 4: 117-119.

Mathavan, S. (1981). Effects of body weight, temperature, food quantity and dissolved oxygen concentration on ventilation in nymphs of *Pantala flavescens*. Abstr. 6th Int. Symp. Odonatol., Chur: 30-31.

Mathavan, S. (1982). Letter, 24 August.

Mathavan, S. (1990). Effect of temperature on the bio-energetics of the larvae of *Brachythemis contaminata* (Fabricius) and *Orthetrum sabina* (Drury) (Anisoptera: Libellulidae). Odonatologica 19: 153-165.

Mathavan, S., and Jaya Gopal, C.P. (1979). Effects of volume and depth of water on predatory behaviour of a tropical dragonfly nymph. Comp. Physiol. Ecol. 4: 56-58.

Mathavan, S., and Miller, P.L. (1989). "A collection of dragon-

flies (Odonata) made in the Periyar National Park, Kerala, south India, in January, 1988." RCSIO, Suppl. 10, vi + 10.
Mathavan, S., and Pandian, T.J. (1977). Patterns of emergence, import of egg energy and energy export via emerging dragonfly populations in a tropical pond. Hydrobiologia 54: 257-272.
Matheson, R., and Crosby, C.R. (1912). Aquatic Hymenoptera in America. Ann. Entomol. Soc. Am. 5: 65-71.
Mathis, A., and Smith, R.J.F. (1993a). Chemical labeling of northern pike (*Esox lucius*) by the alarm pheromone of fathead minnows (*Pimephales promelas*). J. Chem. Ecol. 19: 1967-1979.
Mathis, A., and Smith, R.J.F. (1993b). Fathead minnows, *Pimephales promelas*, learn to recognize northern pike, *Esox lucius*, as predators on the basis of chemical stimuli from minnows in the pike's diet. AnB 46: 645-656.
Mathis, B.J., Cummings, T.F., Gower, M., Taylor, M., and King, C. (1977). Dynamics of manganese, cadmium, and lead in experimental power plant ponds. Water Research Center, Univ. Illinois. [OdA 2267.]
Matsuda, R. (1970). "Morphology and evolution of the insect thorax." Mem. Entomol. Soc. Can. 76: 1-431.
松井一郎 (1963). とまりたがるウスバキトンボ. Tombo 6 (3-4): 30.
松木和雄 (1969). アジアイトトンボの潜水産卵. Tombo 12 (1-4): 32.
松木和雄 (1979). タイワンコオニヤンマ成熟♂の飛翔について. 昆虫と自然 14 (14): 19. [OdA 3364.]
松木和雄 (1983). 台湾産ミナミヤンマ属の幼虫について. 昆虫と自然 18 (9): 8-12. [OdA 4324.]
松木和雄 (1990a). 香港産 *Heliogomphus scorpio* (Ris, 1912) 幼虫の記載. 昆虫と自然 25 (9): 9-12. [OdA 7530.]
松木和雄 (1990b). タイオオサナエ幼虫の記載. 月刊むし 228: 32-33. [OdA 7296.]
松木和雄 (1991a). タイワンミナミイトトンボ幼虫の記載. Tombo 34 (1-4): 27-28.
松木和雄 (1991b). モノサシトンボ科幼虫の頭裂開線について. Gracile 46: 9-10.
松木和雄 (1992). オゼイトトンボ幼虫の擬死行動. Gracile 48: 9-10.
松木和雄 (1993). ミナミモノサシトンボ幼虫の記載. Tombo 36 (1-4): 22-24.
Matsuki, K., and Lien, J.C. (1978). Descriptions of the larvae of three families of Zygoptera breeding in the streams of Taiwan (Synlestidae, Euphaeidae & Calopterygidae). Tombo 21: 15-26.
Matsuki, K., and Lien, J.C. (1984). Descriptions of the larvae of two species of the genus *Coeliccia* in Taiwan (Odonata, Platycnemididae). Tombo 27: 21-22.
松木和雄・連 日清 (1985). 台湾産 *Planaeschna* 属2種幼虫の記載. ちょうちょう 8 (4): 2-8. [OdA 5405.]
Matsuki, K., and Saito, Y. (1995). A new *Zygonyx* from Hong Kong (Odonata, Libellulidae). Tombo 38: 19-23.
松木和雄・吉谷昭憲 (1984). トンボ幼虫摂食時の触角の動きについて. 昆虫と自然 19 (13): 24-25. [OdA 6656.]
松木和雄・尾花 茂・三木安貞 (1985). 日本産ミナミトンボ属の幼虫について. 月刊むし 177: 13-15. [OdA 5630.]
松本健嗣 (1972). 春の青野ケ原にて. Gracile 12: 4. [OdA 327.]
Matsura, T. (1980). Responses to starvation in a mantis, *Paratenodera angustipennis* (S.). 16th Int. Congr. Entomol., Kyoto. Poster.
Matsura, T., Komatsu, K., Nomura, K., and Oh'oto, M. (1995). Life history of *Sympetrum striolatum imitoides* Bartenef at an outdoor swimming pool in an urban area (Anisoptera: Libellulidae). Odonatologica 24: 291-300.
Matthews, R.W., and Matthews, J.R. (1978). "Insect behavior." Wiley, New York.
Matthey, W. (1971). Ecologie des insectes aquatiques d'une tourbière du Haut-Jura. Rev. Suisse Zool. 78: 367-536.
Mauersberger, R. (1994). Zur wirklichen Verbreitung von *Orthetrum coerulescens* (Fabricius) und *O. ramburi* (Selys) = *O. anceps* (Schneider) in Europa und die Konsequenzen für deren taxonomischen Rang. Dtsch. Entomol. Z., N.F., 41: 235-256. [OdA 9889.]
Mauersberger, R., and Mauersberger, H. (1992). Odonatologischer Jahresbericht aus dem Biosphärenreservat "Schorfheide-Chorin" für 1992. Libellula 11: 155-164.
Mauersberger, R., and Zessin, W. (1990). Zum Vorkommen und zur Ökologie von *Gomphus vulgatissimus* Linnaeus (Odonata, Gomphidae) in der ehemaligen DDR. Entomol. Nachr. Ber. 34: 203-211. [OdA 7659.]
May, E. (1932). Die Odonaten des arktischen Gebietes. Fauna Arctica 6: 175-182.
May, M.L. (1976a). Physiological color change in New World damselflies (Zygoptera). Odonatologica 5: 165-171.
May, M.L. (1976b). Thermoregulation and adaptation to temperature in dragonflies (Odonata: Anisoptera). Ecol. Monogr. 46: 1-32.
May, M.L. (1976c). Warming rates as a function of body size in periodic endotherms. J. Comp. Physiol. 111: 55-70. [OdA 1721.]
May, M.L. (1977). Thermoregulation and reproductive activity in tropical dragonflies of the genus *Micrathyria*. Ecology 58: 787-798.
May, M.L. (1978). Thermal adaptations of dragonflies. Odonatologica 7: 27-47.
May, M.L. (1979a). Insect thermoregulation. ARE 24: 313-349.
May, M.L. (1979b). Energy metabolism of dragonflies (Odonata: Anisoptera) at rest and during endothermic warm-up. JEB 83: 79-94.
May, M.L. (1980). Temporal activity patterns of *Micrathyria* in Central America (Anisoptera: Libellulidae). Odonatologica 9: 57-74.
May, M.L. (1981). Allometric analysis of body and wing dimensions of Odonata. Odonatologica 10: 279-291.
May, M.L. (1982). Heat exchange and endothermy in Protodonata. Evolution 36: 1051-1058. [OdA 3985.]
May, M.L. (1984). Energetics of adult Anisoptera, with special reference to feeding and reproductive behavior. AOd 2: 95-116.
May, M.[L.] (1987). Body temperature regulation and responses to temperature by male *Tetragoneuria cynosura* (Anisoptera: Corduliidae). AOd 3: 103-119.
May, M.L. (1991a). Thermal adaptations of dragonflies, revisited. AOd 5: 71-88.
May, M.L. (1991b). Dragonfly flight: power requirements at high speed and acceleration. JEB 158: 325-342.
May, M.L. (1993a). *Lestes secula*, a new species of damselfly (Odonata: Zygoptera: Lestidae) from Panama. J. N.Y. Entomol. Soc. 101: 410-416. [OdA 9434.]
May, M.L. (1993b). Understanding the taxonomic significance of the male caudal appendages of Zygoptera—the case of *Enallagma*. Abstr. 12th Int. Symp. Odonatol., Osaka: 23.
May, M.L. (1994). Letters (including August) and annotations on draft manuscript.
May, M.L. (1995a). A preliminary phylogenetic analysis of the "Corduliidae." Abstr. 13th Int. Symp. Odonatol., Essen: 36. Oral.

May, M.L. (1995b). PCm, including March.
May, M.L. (1995c). Comparative notes on micropyle structure in "cordulegastroid" and "libelluloid" Anisoptera. Odonatologica 24: 53-62.
May, M.L. (1995d). Simultaneous control of head and thoracic temperature by the green darner dragonfly *Anax junius* (Odonata: Aeshnidae). JEB 198: 2373-2384. [OdA 10582.]
May, M.L. (1995e). Dependence of flight behavior and heat production on air temperature in the green darner dragonfly *Anax junius* (Odonata: Aeshnidae). JEB 198: 2385-2392. [OdA 10581.]
May, M.[L.] (1995f). Flash! Migration study not dead yet. Argia 7 (1): 21.
May, M.L. (1995g). Letter, 30 June.
May, M.L. (1995h). Letter, September.
May, M.L., and Baird, J.M. (1987). The behavioral ecology of feeding by adult Odonata. BNABS 4: 70 (abstract only).
May, R.M. (1994). Biological diversity: past, present and future. Friends Nat. Hist. Mus. Newsl. 4 (4): 1-3.
Mayhew, P.J. (1994). Food intake and adult feeding behaviour in *Calopteryx splendens* (Harris) and *Erythromma najas* (Hansemann) (Zygoptera: Calopterygidae, Coenagrionidae). Odonatologica 23: 115-124.
Maynard Smith, J. (1974). "Models in ecology." Cambridge Univ. Press, Cambridge.* Cited by R. R. Baker 1983.
Maynard Smith, J. (1982a). Do animals convey information about their intentions? J. Theor. Biol. 97: 1-5.
Maynard Smith, J. (1982b). "Evolution and the theory of games." Cambridge Univ. Press, Cambridge.
Mazokhin-Porshnyakov, G.A., and Ryazanova, G.I. (1987). [Behavior of *Calopteryx splendens* (Harris) damselfly larvae: movements of the watching predator.] IR ES. Izv. Akad. Nauk SSSR (Biol.) 1987 (2): 278-285. [OdA 6139.]
McAleer, P. (1973). Studies on the assimilation and food preferences of *Aeshna cyanea*. MsT, Univ. London.* Cited by Prestidge 1979.
McCafferty, W.P. (1979). Swarm-feeding by the damselfly *Hetaerina americana* (Odonata: Calopterygidae) on mayfly hatches. Aquat. Insects 1: 149-151.
McCauley, R.N. (1966). The biological effects of oil pollution in a river. Limnol. Oceanogr. 11: 475-486. [BsA 16177.]
McCrae, A.W.R. (1983). Letter, 15 March.
McCrae, A.W.R., and Corbet, P.S. (1982). Oviposition behaviour of *Tetrathemis polleni* (Selys): a possible adaptation to life in turbid pools (Anisoptera: Libellulidae). Odonatologica 11: 23-31.
McDowell, D.M., and Naiman, R.J. (1986). Structure and function of a benthic invertebrate stream community as influenced by beaver (*Castor canadensis*). Oecologia 68: 481-489. [OdA 5744.]
McGeoch, M.A., and Samways, M.J. (1991). Dragonflies and the thermal landscape: implications for their conservation (Anisoptera). Odonatologica 20: 303-320.
McKinnon, B.I., and May, M.L. (1994). Mating habitat choice and reproductive success of *Pachydiplax longipennis* (Burmeister) (Anisoptera: Libellulidae). AOd 6: 59-77.
McLachlan, R. (1885). Note on oviposition in *Agrion*. EMM 21: 211.
McLaughlin, M. (1989). "Dragonflies." Walker, New York.
McMillan, V.E. (1991). Variable mate-guarding behaviour in the dragonfly *Plathemis lydia* (Odonata: Libellulidae). AnB 41: 979-987.
McMillan, V.E. (1996). Notes on tandem oviposition and other aspects of reproductive behaviour in *Sympetrum vicinum* (Hagen) (Anisoptera: Libellulidae). Odonatologica 25: 187-195.
McNicol, D.K., Blancher, P.J., and Bendell, B.E. (1987). Waterfowl as indicators of wetland acidi-fication in Ontario. Tech. Publ. Int. Council Bird Preserv. 6: 149-166. [OdA 7073.]
McPeek, M.A. (1989). Differential dispersal tendencies among *Enallagma* damselflies (Odonata) inhabiting different habitats. Oikos 56: 187-195. [OdA 7144.]
McPeek, M.A. (1990a). Determination of species composition in the *Enallagma* damselfly assemblages of permanent lakes. Ecology 71: 83-98. [OdA 7297.]
McPeek, M.A. (1990b). Behavioral differences between *Enallagma species* (Odonata) influencing differential vulnerability to predators. Ecology 71: 1714-1726. [OdA 7532.]
McPeek, M. (1994). Mark McPeek's *Enallagma* studies. Argia 6 (4): 3-4.
McPeek, M.A. (1995). Morphological evolution mediated by behavior in the damselflies of two communities. Evolution 49: 749-769. [OdA 10708.]
McPeek, M.A., and Crowley, P.H. (1987). The effects of density and relative size on the aggressive behaviour, movement and feeding of damselfly larvae (Odonata: Coenagrionidae). AnB 35: 1051-1061.
McVey, M.E. (1981). Lifetime reproductive tactics in a territorial dragonfly *Erythemis simplicicollis*. DrT, Rockefeller Univ., New York.
McVey, M.E. (1984). Egg release rates with temperature and body size in libellulid dragonflies (Anisoptera). Odonatologica 13: 377-385.
McVey, M.E. (1985). Rates of color maturation in relation to age, diet, and temperature in male *Erythemis simplicicollis* (Say) (Anisoptera: Libellulidae). Odonatologica 14: 101-114.
McVey, M.E. (1988). The opportunity for sexual selection in a territorial dragonfly, *Erythemis simplicicollis*. In Clutton-Brock, T.H. (ed.), "Reproductive success," pp. 44-58. Univ. Chicago Press, Chicago.
McVey, M.E., and Smittle, B.J. (1984). Sperm precedence in the dragonfly *Erythemis simplicicollis*. JIP 30: 619-628.
Mead, A.P. (1978). A rhabdocoele turbellarian predator on the aquatic stages of mosquitoes. Ann. Trop. Med. Parasitol. 72: 591-594. [OdA 2780.]
Meek, S.B., and Herman, T.B. (1990). A comparison of the reproductive behaviours of three *Calopteryx* species (Odonata: Calopterygidae) in Nova Scotia. CJZ 68: 10-16.
Meer-Mohr, J.C.v.d. (1965). Insects eaten by the Karo-Batak people. (A contribution to entomobromatology). Entomol. Ber. (Amsterdam) 25: 101-107.
Meier, C. (1989). Die Libellen der Kantone Zürich und Schaffhausen. Neujahrsbl. Naturf. Ges. Schaffhausen 41: 1-124. [OdA 6538.]
Meinertzhagen, I.A., Menzel, R., and Kahle, G. (1983). The identification of spectral receptor types in the retina and lamina of the dragonfly *Sympetrum rubicundulum*. J. Comp. Physiol. 151: 295-310. [OdA 4203.]
Meriläinen, J.J., and Hynynen, J. (1990). Benthic invertebrates in relation to acidity in Finnish forest lakes. In Kauppi, P., Anttilla, P. and Kenttämies, K. (eds.), "Acidification in Finland," pp. 1029-1049. Springer-Verlag, Berlin. [OdA 7923.]
Merrill, R.J., and Johnson, D.M. (1984). Dietary niche overlap and mutual predation among coexisting larval Anisoptera. Odonatologica 13: 387-406.
Merritt, R. (1985). The incidence of *Hemianax ephippiger* (Burmeister) in Britain and Ireland. JBDS 1: 105-106.
Merritt, R., Moore, N.W., and Eversham, B.C. (1996). "Atlas of

the dragonflies of Britain and Ireland." Her Majesty's Stationery Office, London. [OdA 10884.]
Meskin, I. (1985). Lengthy oviposition by *Pseudagrion hageni* Karsch (Zygoptera: Coenagrionidae). NtO 2: 103-104.
Meskin, I. (1986). Territorial behaviour in *Pseudagrion hageni tropicanum* Pinhey (Zygoptera: Coenagrionidae). Odonatologica 15: 157-167.
Meskin, I. (1989). Aspects of territorial behaviour in three species of *Pseudagrion* Selys (Zygoptera: Coenagrionidae). Odonatologica 18: 253-261.
Meskin, I. (1993). Territorial behaviour in *Pseudagrion kersteni* (Gerstaeker) (Zygoptera: Coenagrionidae). Odonatologica 22: 63-70.
Mesquita, H.G., and Matteo, B.C. (1991). Contribuição ao conhecimento dos Odonata da Ilha de Fernando de Noronha, Pernambuco, Brasil. Iheringia (Zool.) 71: 157-160. [OdA 8795.]
Metz, R. (1987). Recent traces by invertebrates in aquatic non-marine environments. Bull. N.J. Acad. Sci. 32: 19-24. [OdA 6237.]
Meyer, R.P., and Clement, S.L. (1978). Studies on the biology of *Tanypteryx hageni* in California. Ann. Entomol. Soc. Am. 71: 667-669.
Meyer, W., Harisch, G., and Sagredost, A.N. (1986). Biochemical aspects of lead exposure in dragonfly larvae (Odonata: Anisoptera). Ecotoxicol. Environ. Safety 11: 308-319. [OdA 6207.]
Michalski, J. (1988). "A catalogue and guide to the dragonflies of Trinidad (Order Odonata)." Univ. West Indies, St. Augustine, Trinidad.
Michalski, J. (1993). Our trip to Thailand with Brother Amnuay Pinratana; or guess what? Selysia 22 (1): 4-5.
Michalski, J. (1996). Trinidad thens and nows. Argia 8 (4): 9-13.
Michiels, N.K. (1989a). Morphology of male and female genitalia in *Sympetrum danae* (Sulzer), with special reference to the mechanism of sperm removal during copulation (Anisoptera: Libellulidae). Odonatologica 18: 21-31.
Michiels, N.[K.] (1989b). Populatie- und gedragsecologie van de Zwarte Heidelibel *Sympetrum danae* (Sulzer) (Odonata: Libellulidae) [Section VII]. DrT, Univ. Instelling, Antwerp.
Michiels, N.K. (1992). Consequences and adaptive significance of variation in copulation duration in the dragonfly *Sympetrum danae*. BES 29: 429-433. [OdA 8423.]
Michiels, N.K., and Dhondt, A.A. (1987). Coexistence of three *Sympetrum* species at Den Diel, Mol, Belgium (Anisoptera: Libellulidae). Odonatologica 16: 347-360.
Michiels, N.K., and Dhondt, A.A. (1988). Direct and indirect estimates of sperm precedence and displacement in the dragonfly *Sympetrum danae* (Odonata: Libellulidae). BES 23: 257-263. [OdA 6501.]
Michiels, N.K., and Dhondt, A.A. (1989a). VII. Abiotic and biotic factors affecting variation in the duration of copulation, post-copulatory mate-guarding and oviposition in the dragonfly *Sympetrum danae* (Odonata: Libellulidae). In Michiels 1989b.
Michiels, N.K., and Dhondt, A.A. (1989b). Effects of emergence characteristics on longevity and maturation in the dragonfly *Sympetrum danae* (Anisoptera: Libellulidae). Hydrobiologia 171: 149-158. [OdA 6716.]
Michiels, N.K., and Dhondt, A.A. (1989c). Differences in male and female activity patterns in the dragonfly *Sympetrum danae* (Sulzer) and their relation to mate-finding (Anisoptera: Libellulidae). Odonatologica 18: 349-364.
Michiels, N.K., and Dhondt, A.A. (1990). Costs and benefits associated with oviposition site selection in the dragonfly *Sympetrum danae* (Odonata: Libellulidae). AnB 40: 668-678.
Michiels, N.K., and Dhondt, A.A. (1991a). Sources of variation in male mating success and female oviposition rate in a non-territorial dragonfly. BES 29: 17-25. [OdA 8254.]
Michiels, N.K., and Dhondt, A.A. (1991b). Characteristics of dispersal in sexually mature dragonflies. EcE 16: 449-459. [OdA 8371.]
Midttun, B. (1974). The anatomy of the male internal organs of reproduction of *Somatochlora arctica* (Zetterstedt) (Odonata: Corduliidae) with remarks on the development, structure and behaviour of the spermatozoa. Norweg. J. Zool. 22: 105-124.
Midttun, B. (1976). The morphology of the spermatheca, bursa copulatrix and vagina of *Somatochlora arctica* (Zetterstedt) (Odonata: Corduliidae). Norweg. J. Zool. 24: 175-183.
Midttun, B. (1977). Observations of *Somatochlora arctica* (Zett.) (Odonata) in western Norway. Norweg. J. Entomol. 24: 117-119.
Mielewczyk, S. (1977). VIII. Odonata. In Wróblewski, A. (ed.), "Bottom fauna of the heated Konin lakes," pp. 205-223. Monografie Fauny Polski 7, Warsaw.
Mielewczyk, S. (1978). A new record of the mass occurrence of *Aeshna* (*Hesperaeschna*) *confusa* (Rambur) on a ship in the mouth of the Rio de la Plata, Uruguay (Anisoptera, Aeshnidae). NtO 1: 29.
Mielewczyk, S. (1982a). Der Zug von *Libellula quadrimaculata* L. durch Gniezno, Westpolen im Jahr 1975 (Anisoptera: Libellulidae). NtO 1: 154.
Mielewczyk, S. (1982b). Flug der *Sympetrum fonscolombei* (Selysia.) über dem Atlantischen Ozean (Anisoptera: Libellulidae). NtO 1: 165-166.
Mihajlović, L. (1974). Contribution to the study of diffusion of the species *Hemianax ephippiger* (Burmeister) in Europe. Beitr. Entomol. 24: 105-106.
Mikkola, K. (1968). *Hemianax ephippiger* (Burm.) (Odonata) carried to Iceland from the eastern Mediterranean by an aircurrent? Opusc. Entomol. 33: 111-113.
Mikkola, K. (1986). Direction of insect migrations in relation to the wind. In Danthanarayana, W. (ed.), "Insect flight: dispersal and migration," pp. 152-171. Springer-Verlag, Berlin.
Mill, P.J. (1974). Respiration: aquatic insects. In Rockstein, M. (ed.), "The physiology of Insecta," pp. 403-467. Academic Press, New York.
Mill, P.J. (1981). Metamorphosis and neuromuscular changes in Aeshnidae. Abstr. 6th Int. Symp. Odonatol., Chur: 59.
Mill, P.J. (1982). A decade of dragonfly neurobiology. AOd 1: 151-173.
Mill, P.J., and Pickard, R.S. (1972). Anal valve movement and normal ventilation in aeshnid dragonfly larvae. JEB 56: 537-543.
Miller, A.K., and Miller, P.L. (1985a). Simultaneous occurrence of crepuscular feeding and sexual activity in *Boyeria irene* (Fonsc.) in southern France (Odonata, Aeshnidae). EMM 121: 123-124. [OdA 5155.]
Miller, A.K., and Miller, P.L. (1985b). Flight style, sexual identity and male interactions in a non-territorial dragonfly, *Onychogomphus forcipatus unguiculatus* (Van der Linden) (Odonata: Gomphidae). EMM 121: 127-132. [OdA 5156.]
Miller, A.K., Miller, P.L., and Siva-Jothy, M.T. (1984). Pre-copulatory guarding and other aspects of reproductive behaviour in *Sympetrum depressiusculum* (Selys) at rice fields in southern France (Anisoptera: Libellulidae). Odonatologica 13: 407-414.

Miller, C. (1985). Correlates of habitat favourability for benthic macroinvertebrates at five stream sites in an Appalachian Mountain drainage basin, U.S.A. FwB 15: 709-733. [OdA 5269.]

Miller, D. (1971). "Common insects in New Zealand." Reed, Wellington.

Miller, P.L. (1962). Spiracle control in adult dragonflies (Odonata). JEB 39: 513-535. [BsA 20918.]

Miller, P.L. (1964). Notes on *Ictinogomphus ferox* Rambur (Odonata, Gomphidae). Entomologist 97: 52-66. [BsA 97847.]

Miller, P.L. (1974). Rhythmic activities and the insect nervous system. In Browne, L.B. (ed.), "Experimental analysis of insect behaviour," pp. 114-138. Springer-Verlag, Berlin. [OdA 980.]

Miller, P.L. (1980). Letter, 21 October.

Miller, P.L. (1981). Functional morphology of the penis of *Celithemis eponina* (Drury) (Anisoptera: Libellulidae). Odonatologica 10: 293-300.

Miller, P.L. (1982a). Temporal partitioning and other aspects of reproductive behaviour in two African libellulid dragonflies. EMM 118: 177-188. [OdA 3986.]

Miller, P.L. (1982b). Observations on the reproductive behaviour of *Celithemis eponina* Drury (Libellulidae, Odonata) in Florida. EMM 117: 209-212. [OdA 3778.]

Miller, P.L. (1982c). Genital structure, sperm competition and reproductive behaviour in some African libellulid dragonflies. AOd 1: 175-192.

Miller, P.L. (1982d). The occurrence and activity of sperm in mature female *Enallagma cyathigerum* (Charpentier) (Zygoptera: Coenagrionidae). Odonatologica 11: 159-161.

Miller, P.L. (1983a). Contact guarding during oviposition in *Hemianax ephippiger* (Burmeister) and *Anax parthenope* (Selys) (Aeshnidae: Odonata). Tombo 26: 17-19.

Miller, P.L. (1983b). The duration of copulation correlates with other aspects of mating behaviour in *Orthetrum chrysostigma* (Burmeister) (Anisoptera: Libellulidae). Odonatologica 12: 227-238.

Miller, P.L. (1984a). The structure of the genitalia and the volumes of sperm stored in male and female *Nesciothemis farinosa* (Foerster) and *Orthetrum chrysostigma* (Burmeister) (Anisoptera: Libellulidae). Odonatologica 13: 415-428.

Miller, P.L. (1984b). PCm, 6 November.

Miller, P.L. (1985). Oviposition by *Phaon iridipennis* (Burmeister) in Kenya (Zygoptera: Calopterygidae). Odonatologica 14: 251-256.

Miller, P.L. (1987a). An examination of the prolonged copulations of *Ischnura elegans* (Vander Linden) (Zygoptera: Coenagrionidae). Odonatologica 16: 37-56.

Miller, P.L. (1987b). Oviposition behaviour and eggshell structure in some libellulid dragonflies, with particular reference to *Brachythemis lacustris* (Kirby) and *Orthetrum coerulescens* (Fabricius) (Anisoptera). Odonatologica 16: 361-374.

Miller, P.L. (1987c). Sperm competition in *Ischnura elegans* (Vander Linden) (Zygoptera: Coenagrionidae). Odonatologica 16: 201-207.

Miller, P.L. (1989a). Possible functions of the subgenital plates of female libellulid dragonflies (Anisoptera: Libellulidae). AOd 4: 57-71.

Miller, P.L. (1989b). Communal roosting in *Potamarcha congener* (Rambur) and its possible functions (Anisoptera: Libellulidae). Odonatologica 18: 179-194.

Miller, P.L. (1989c). The occurrence of courtship in some libellulids. Abstr. 10th Int. Symp. Odonatol., Johnson City: 25. Oral.

Miller, P.L. (1990a). The rescue service provided by male *Enallagma cyathigerum* (Charpentier) for females after oviposition. JBDS 6: 8-14.

Miller, P.L. (1990b). Mechanisms of sperm removal and sperm transfer in *Orthetrum coerulescens* (Fabricius) (Odonata: Libellulidae). Physiol. Entomol. 15: 199-209. [OdA 7298.]

Miller, P.L. (1991a). The structure and function of the genitalia in the Libellulidae (Odonata). ZJLS 102: 43-73.

Miller, P.L. (1991b). Notes on the reproductive biology of *Zyxomma petiolatum* Rambur in India (Anisoptera: Libellulidae). Odonatologica 20: 433-440.

Miller, P.L. (1991c). Pre-tandem courtship in *Palpopleura sexmaculata* (Fabricius) (Anisoptera: Libellulidae). NtO 3: 99-101.

Miller, P.L. (1991d). PCm, August.

Miller, P.L. (1991e). Pre-tandem and in-tandem courtship in Libellulidae (Anisoptera). AOd 5: 89-101.

Miller, P.[L.] (1991f). Dragonflies in India. Kimminsia 2 (2): 7-8.

Miller, P.L. (1992a). The effect of oxygen lack on egg hatching in an Indian dragonfly, *Potamarcha congener*. Physiol. Entomol. 17: 68-72. [OdA 8424.]

Miller, P.L. (1992b). Visit to East Africa. Kimminsia 3 (1): 3-4.

Miller, P.L. (1992c). Dragonflies of the campus at Madurai Kamaraj Univ., Tamil Nadu, India. NtO 3: 160-165.

Miller, P.L. (1992d). Letter, 19 October.

Miller, P.L. (1993a). Maladaptive guarding in the common blue damselfly (*Enallagma cyathigerum*). JBDS 9: 14-16.

Miller, P.L. (1993b). Responses of rectal pumping to oxygen lack by larval *Calopteryx splendens* (Zygoptera: Odonata). Physiol. Entomol. 18: 379-388.

Miller, P.L. (1993c). Fast, temperature-controlled colour changes in *Chlorocypha straeleni* Fraser (Zygoptera: Chlorocyphidae). NtO 4: 6-8.

Miller, P.L. (1993d). Some dragonflies of the Budongo forest, western Uganda (Odonata). OZF 102: 1-12.

Miller, P.L. (1994a). PCm, 25 August.

Miller, P.L. (1994b). Submerged oviposition and responses to oxygen lack in *Enallagma cyathigerum* (Charpentier) (Zygoptera: Coenagrionidae). AOd 6: 79-88.

Miller, P.L. (1994c). The responses of rectal pumping in some zygopteran larvae (Odonata) to oxygen and ion availability. JIP 40: 333-339.

Miller, P.L. (1994d). The functions of wingclapping in the Calopterygidae (Zygoptera). Odonatologica 23: 13-22.

Miller, P.L. (1994e). PCm, includes 4 June.

Miller, P.L. (1994f). News from the universities: Oxford. Kimminsia 5 (2): 11-12.

Miller, P.L. (1995a). Some dragonflies in Uganda. Kimminsia 6 (2): 12-13.

Miller, P.L. (1995b). "Dragonflies." Richmond, Slough, U.K. [OdA 10585.]

Miller, P.L. (1995c). Visually controlled head movements in perched anisopteran dragonflies. Odonatologica 24: 301-310.

Miller, P.L. (1995d). Letter, 23 July.

Miller, P.L. (1995e). PCm, including letter of 4 January.

Miller, P.L. (1995f). Sperm competition and penis structure in some libellulid dragonflies. Odonatologica 24: 63-72.

Miller, P.L. (1995g). PCm, 19 January.

Miller, P.L., and Miller, A.K. (1985). Rates of oviposition and some other aspects of reproductive behaviour in *Tholymis tillarga* (Fabricius) in Kenya (Anisoptera: Libellulidae). Odonatologica 14: 287-299.

Miller, P.L., and Miller, A.K. (1988). Reproductive behaviour and two modes of oviposition in *Phaon iridipennis* (Burmeister) (Zygoptera: Calopterygidae). Odonatologica 17: 187-194.

Miller, P.L., and Miller, A.K. (1989). Post-copulatory "resting" in *Orthetrum coerulescens* (Fabricius) and some other Libellulidae: time for "sperm handling"? (Anisoptera). Odonatologica 18: 33-41.

Miller, P.L., and Miller, A.K. (1991). The dragonflies of Hunter's Lodge, Kenya, 1981-1991. NtO 3: 123-129.

Miller, P.L., and Miller, C.A. (1981). Field observations on copulatory behaviour in Zygoptera, with an examination of the structure and activity of the male genitalia. Odonatologica 10: 201-218.

Minshall, G.W., Brock, J.T., McCullough, D.A., Dunn, R., McSorley, M.R., and Pace, R. (1975). Process studies related to the Deep Creek ecosystem. US/IBP Desert Biome Memo.: 75-76.* Cited by Forge 1981.

三田村敏正・横井直人 (1991). 福島県におけるオツネントンボの集団越冬. 月刊むし 249: 36-37. [OdA 8502.]

Mitchell, R. (1961). Behaviour of the larvae of *Arrenurus fissicornis* Marshall, a water mite parasitic on dragonflies. AnB 9: 220-224. [BsA 8314.]

Mitchell, R. (1962). Storm-induced dispersal in the damselfly *Ischnura verticalis* (Say). AMN 68: 199-202. [BsA 12819.]

Mitchell, R. (1963). Parasite-host relations of a water mite. Year Book Am. Phil. Soc. 1963: 342-344.

Mitchell, R. (1967). Host exploitation of two closely related water mites. Evolution 21: 59-75. [BsA 16892.]

Mitchell, R. (1968). Site selection by larval water mites parasitic on the damselfly *Cercion hieroglyphicum* Brauer. Ecology 49: 40-47. [BsA 5446.]

Mitchell, R. (1969). The use of parasitic mites to age dragonflies. AMN 82: 359-366. [BsA 40572.]

Mitchell, S.A. (1976). The marginal fish fauna of Lake Kariba. Kariba Stud. 8: 109-162. [OdA 2155.]

Mitra, T.R. (1974). Another record of migratory flights of the dragonfly *Pantala flavescens* (Fabricius) (Odonata, Libellulidae) in Calcutta. Entomol. Rec. 86: 53-54.

Mitra, T.R. (1977). Field observations on death in adult dragonflies. Odonatologica 6: 27-33.

Mitra, T.R. (1987). Note on *Tholymis tillarga* (Fabr.) (Odonata: Libellulidae) with special reference to its breeding habit. J. Bombay Nat. Hist. Soc., N.S., 4: 144-146.

Mitra, T.R. (1994). Observations on the habits and habitats of adult dragonflies of eastern India with special reference to the fauna of West Bengal. Rec. Zool. Surv. India, Occas. Pap. 166: 1-40.

Mitra, T.R. (1995). Insecta: Odonata. In "Fauna of Conservation Area No. 6: Fauna of Indravati Tiger Reserve," pp. 31-44. Zoological Survey of India, Calcutta.

Mitra, T.R. (1996). A note on dragonfly behaviour during the 1995 total solar eclipse near Calcutta, India. NtO 4: 133-134.

Mittelstaedt, H. (1950). Physiologie des Gleichgewichtssinnes bei fliegenden Libellen. Z. Vergl. Physiol. 32: 422-463.

Mittermeier, R.A. (1988). Primate diversity and the tropical forest: case studies from Brazil and Madagascar and the importance of the megadiversity countries. In Wilson, E.O. (ed.), "Biodiversity," pp. 145-154. National Academy Press, Washington, D.C.

Miura, T., and Takahashi, R.M. (1987). Impact of Fenoxycarb, a carbamate insect growth regulator, on some aquatic invertebrates abundant in mosquito breeding habitats. J. Am. Mosquito Contr. Assoc. 3: 476-480. [OdA 6686.]

Miura, T., Takahashi, R.M., and Stewart, R.J. (1990). Estimation of absolute numbers of damselfly nymphs (Odonata: Coenagrionidae) by dipper sampling in California rice fields with seasonal, spatial distributions and vegetation association. J. Am. Mosquito Contr. Assoc. 6: 490-495. [OdA 7806.]

宮川幸三 (1967a). コシアキトンボ*Pseudothemis zonata* (Burm.) の生活史の研究I. 成虫期の生態. 昆蟲 35 (1): 36-47.

宮川幸三 (1967b). 東京 "血洗の池" の蜻蛉類の生態. 学習院高等科研究紀要 3: 43-55.

宮川幸三 (1969). コシアキトンボ*Pseudothemis zonata* (Burm.) の生活史の研究II. 幼虫期. 昆蟲 37 (4): 409-422.

宮川幸三 (1971). エゾトンボ*Somatochlora viridiaenea viridiaenea* Uhlerの生活史ならびにオオエゾトンボ *S. viridiaenea atrovirens* Selysの幼虫期について. 菅平研報 4: 31-46. [OdA 84.]

Miyakawa, K. (1977). On growth processes in the dragonfly antenna. Odonatologica 6: 173-180.

宮川幸三 (1979a). トンボの生殖行動を触発するビニール被覆. Tombo 22 (1-4): 24-26.

宮川幸三 (1979b). ウスバキトンボの海難記録. Tombo 22 (1-4): 23.

Miyakawa, K. (1982a). Reproductive behaviour and life span of adult *Calopteryx atrata* Selys and *C. virgo japonica* Selys (Odonata: Zygoptera). AOd 1: 193-203.

宮川幸三 (1982b). サラサヤンマ成虫の林間における行動記録. Tombo 25 (1-4): 32-33.

宮川幸三 (1982c). アレチウリに捕縛されたハグロトンボの雌雄. Tombo 25 (1-4): 33-34.

Miyakawa, K. (1983). Description of the larva of *Calopteryx japonica* Selys, in comparison with *C. virgo* (L.) and *C. atrata* Selys larvae (Odonata, Calopterygidae). Proc. Jap. Soc. Syst. Zool. 26: 25-34.

Miyakawa, K. (1987). Position of germ rudiment and rotation of embryo in eggs of some dragonflies (Odonata). In Ando, H., and Jura, C. (eds.), "Recent advances in insect embryology in Japan and Poland," pp. 125-149. Arthropodan Embryol. Society of Japan, Isebu Co., Tsubuka, Japan.

宮川幸三 (1989). ムカシヤンマとオニヤンマの野外における臨終記録. Tombo 32 (1-4): 38-40.

Miyakawa, K. (1990a). Rotation of the embryo in eggs of Petaluridae, Gomphidae, and Corduliidae, in connection with types of oviposition, egg shape and germ band (Odonata, Anisoptera). Jap. J. Entomol. 58: 447-463. [OdA 7538.]

宮川幸三 (1990b). 1990年夏の東京におけるアキアカネの記録. Tombo 33 (1-4): 59-60.

宮川幸三 (1992). 盛夏に狭山丘陵で樹上生活するアキアカネ第3報 1992年近隣地域の観察と関連させて. Tombo 35 (1-4): 41-44.

宮川幸三 (1993). 盛夏に狭山丘陵で樹上生活するアキアカネ第4報・1993年. 異例な冷夏の場合. Tombo 36 (1-4): 39-40.

Miyakawa, K. (1994). Autumnal migration of mature *Sympetrum frequens* (Selys) in western Kanto Plain, Japan (Anisoptera: Libellulidae). Odonatologica 23: 125-132.

宮川幸三 (1995). 今月の虫 ホソミオツネントンボ. インセクタリゥム 32: 142.

宮川幸三・成見和総・清水 明・安藤 裕 (1972). 菅平とその周辺の蜻蛉類. 菅平研報 5: 1-18. [BsA 8875.]

Mizuta, K. (1974). Ecological and behavioral isolation among *Mortonagrion selenion* Ris, Ceriagrion melanurum Selys, and *Copera annulata* (Selys) (Zygoptera: Coenagrionidae, Platycnemididae). Odonatologica 3: 231-239.

水田國康 (1978). アカトンボ属の産卵戦略. インセクタリゥム 15: 104-109.

Mizuta, K. (1988a). Adult ecology of *Ceriagrion melanurum* Selys and *C. nipponicum* Asahina (Zygoptera: Coenagrionidae). 1. Diurnal variations in reproductive behaviour. Odonatologica 17: 195-204.

Mizuta, K. (1988b). Adult ecology of *Ceriagrion melanurum* Selys and *C. nipponicum* Asahina (Zygoptera: Coenagrionidae). 2. Movements and distribution. Odonatologica 17: 357-364.

Moens, J. (1975). Ionic regulation of the haemolymph in the larvae of the dragonfly *Aeshna cyanea* (Müller) (Odonata, Anisoptera). Arch. Int. Physiol. Biochim. 83: 443-451.

Mohan, P.C., and Rao, R.K. (1976). Epizoic rotifers observed on Odonata nymphs from Visakhapatnam. Sci. Cult. 42: 527-528. [OdA 2252.]

Mohsen, Z.H., and Mulla, M.S. (1982). Field evaluation of *Simulium* larvicides: effects on target and nontarget insects. Environ. Entomol. 11: 390-398. [OdA 4072.]

Mohsen, Z.H., Ouda, N.A., Al-Faisal, A.H., and Mehdi, N.S. (1985). Toxicity of mosquito larvicides to backswimmer *Anisops cardea* H.S. (Hemiptera: Notonectidae) and dragonfly *Crocothemis erythraea* Brullé (Odonata: Libellulidae). J. Biol. Sci. Res. 16: 273-282. [Commonwealth Agricultural Bureaux Abstr.]

Mokrushov, P.A. (1972). [Visual stimuli in the behaviour of dragonflies. I. Hunting and settling in *Libellula quadrimaculata* L.] IR ES. Vest. Zool. (Kiev) 1972 (4): 46-51. [OdA 335.]

Mokrushov, P.A. (1982). [Territorial behaviour of the four-spotted dragonfly, *Libellula quadrimaculata* (Odonata, Anisoptera).] IR ES. Vest. Zool. (Kiev) 1982 (2): 58-62. [OdA 3678.]

Mokrushov, P.A. (1987). [The role of the visual stimuli in mating partner recognition in dragonfly *Sympetrum*.] IR. Vest. Zool. (Kiev) 1987 (4): 52-57. [OdA 6033.]

Mokrushov, P.A. (1991). [Visual stimuli in behaviour of dragonflies. 4. Recognition of immobile conspecific individuals in *Lestes* dragonflies.] IR ES. Vest. Zool. (Kiev) 1991 (2): 39-43. [OdA 7856.]

Mokrushov, P.A. (1992). [Visual stimuli in behaviour of dragonflies. 5. Recognition of moving conspecific individuals in *Lestes* dragonflies.] IR ES. Vest. Zool. (Kiev) 1992 (1): 39-45. [OdA 8425.]

Mokrushov, P.A., and Frantsevich, L.I. (1976). [Visual stimuli in behaviour of dragonflies. III. Choice of a settling place in *Erythromma najas*.] IR ES. Vest. Zool. (Kiev) 1976 (4): 20-24. [OdA 1549.]

Mokrushov, P.A., and Zolotov, V.V. (1973). [Visual stimuli in the behaviour of dragonflies. II. Hunting and escape reactions in the larvae of *Aeshna cyanea* Müll.] IR. Vest. Zool. (Kiev) 1973 (6): 75-77. [OdA 671.]

Moller-Pillot, H.K.M. (1971). "The assessment of pollution in lowland streams by means of macrofauna." Pillot-Standaardboekhandel, Tilburg, Netherlands. [OdA 85.]

Monk, J.F., and Moreau, R.E. (1956).* Letter, cited by Owen 1958.

Montgomery, B.E. (1925). Records of Indiana dragonflies, I. Proc. Ind. Acad. Sci. 34: 383-389.

Montgomery, B.E. (1972). Why snakefeeder? Why dragonfly? Some random observations on etymological entomology. Proc. Ind. Acad. Sci. 82: 235-241. [OdA 745.]

Montgomery, B.E. (1973). Some observations on the nature of insect names. Great Lakes Entomol. 6: 121-128. [OdA 746.]

Montgomery, B.E., and Macklin, J.M. (1962). Rates of development of the later instars of *Neotetrum pulchellum* (Drury) (Odonata, Libellulidae). Proc. N. Cent. Branch Entomol. Soc. Am. 17: 21-23.

Montgomery, B.E., and Macklin, J.M. (1966). Photoperiod studies on the Odonata. Proc. N. Cent. Branch Entomol. Soc. Am. 21: 30-31.

Moore, A.J. (1987a). The behavioral ecology of *Libellula luctuosa* (Burmeister) (Anisoptera: Libellulidae): I. Temporal changes in the population density and the effects on male territorial behavior. Ethology 75: 246-254. [OdA 6034.]

Moore, A.J. (1987b). Behavioral ecology of *Libellula luctuosa* (Burmeister) (Anisoptera: Libellulidae). II. Proposed functions for territorial behaviors. Odonatologica 16: 385-391.

Moore, A.J. (1989). The behavioral ecology of *Libellula luctuosa* (Burmeister) (Odonata: Libellulidae): III. Male density, OSR, and male and female mating behavior. Ethology 80: 120-136. [OdA 6770.]

Moore, N.W. (1952). On the so-called "territories" of dragonflies (Odonata—Anisoptera). Behaviour 4: 85-100.

Moore, N.W. (1953). Population density in adult dragonflies (Odonata—Anisoptera). JAE 22: 344-359.

Moore, N.W. (1954). On the dispersal of Odonata. Proc. Bristol Nat. Soc. 28: 407-417.

Moore, N.W. (1957). Territory in dragonflies and birds. Bird Study 4: 125-130.

Moore, N.W. (1960). The behaviour of the adult dragonfly. In Corbet, P.S., Longfield, C., and Moore, N.W., "Dragonflies," pp. 106-126. Collins, London.

Moore, N.W. (1962a). Population density and atypical behaviour in male Odonata. Nature (London) 194: 503-504.

Moore, N.W. (1962b). The heaths of Dorset and their conservation. J. Ecol. 50: 369-391.

Moore, N.W. (1964). Intra- and interspecific competition among dragonflies (Odonata): an account of observations and field experiments on population density control in Dorset, 1954-60. JAE 33: 49-71. [BsA 49571.]

Moore, N.W. (1969). Experience with pesticides and the theory of conservation. Biol. Conserv. 1: 201-207.

Moore, N.W. (1977). Agriculture and nature conservation. Bull. Brit. Ecol. Soc. 8: 2-4.

Moore, N.W. (1978a). Lost habitats: wildlife conservation and agriculture. Habitat (Council for Nature) 14 (5): 4-6.

Moore, N.W. (1978b). The future prospect for wildlife. In Perring, F.H., and Mellanby, K. (eds.), "Ecological effects of pesticides," pp. 175-180. Academic Press, London.

Moore, N.W. (1980). *Lestes dryas* Kirby—a declining species of dragonfly (Odonata) in need of conservation: notes on its status and habitat in England and Ireland. Biol. Conserv. 17: 143-148.

Moore, N.[W.] (1982a). What parts of Britain's countryside must be conserved? New Sci. 93: 147-149.

Moore, N.W. (1982b). Conservation of Odonata—first steps towards a world strategy. AOd 1: 205-211.

Moore, N.W. (1983a). Territorial behaviour in the genus *Megalagrion* (McLachlan) (Zygoptera: Coenagrionidae). Odonatologica 12: 87-92.

Moore, N.W. (1983b). Reflex immobilisation in the Hawaiian endemic genus *Megalagrion* McLachlan (Zygoptera: Coenagrionidae). Odonatologica 12: 161-165.

Moore, N.W. (1984). The conservation of dragonflies. Proc. Trans. Br. Entomol. Nat. Hist. Soc. 17: 40-43.

Moore, N.W. (1986a). Creating ponds for dragonflies. Oral presentation at meeting of British Dragonfly Society, Oxford, October.

Moore, N.W. (1986b). Acid water dragonflies in eastern England—their decline, isolation and conservation. Odonatologica 15: 377-385.

Moore, N.W. (1987a). "The bird of time: the science and politics of nature conservation." Cambridge Univ. Press, Cambridge.

Moore, N.W. (1987b). A most exclusive preserve. New Sci. 115: 64. [OdA 6037.]

Moore, N.W. (1989). Odonata in Tasmania and New Zealand. Oral presentation at meeting of British Dragonfly Society, Leeds, October.

Moore, N.W. (1991a). The development of dragonfly communities and the consequences of territorial behaviour: a 27-year study on small ponds at Woodwalton Fen, Cambridgeshire, United Kingdom. Odonatologica 20: 203-231.

Moore, N.W. (1991b). Where do adult *Gomphus vulgatissimus* (L.) go during the middle of the day? JBDS 7: 40-43.

Moore, N.W. (1991c). Male *Sympetrum striolatum* (Charp.) "defends" a basking spot rather than a particular locality (Anisoptera: Libellulidae). NtO 3: 112.

Moore, N.W. (1991d). Report of the 6th meeting of the I.U.C.N. Odonata Specialist Group. Rep. Odonatol. Specialist Group IUCN 7, 19 pp.

Moore, N.[W.] (1991e). Conservation in the nineties—priorities for the new agencies. Ecos 1: 1-8.

Moore, N.W. (1991f). Recent developments in the conservation of Odonata in Great Britain. AOd 5: 103-108.

Moore, N.W. (1992). Report of the 7th meeting of the I.U.C.N. Odonata Specialist Group. Rep. Odonatol. Specialist Group IUCN 9, 22 pp.

Moore, N.W. (1993). Behaviour of imaginal *Pantala flavescens* (Fabr.) on Easter Island (Anisoptera: Libellulidae). Odonatologica 22: 71-76.

Moore, N.W. (1994). Report of the 8th meeting of the I.U.C.N. Odonata Specialist Group. Rep. Odonata Specialist Group IUCN 10, 25 pp.

Moore, N.W. (1995). Experiments on population density of male *Coenagrion puella* (L.) by water (Zygoptera: Coenagrionidae). Odonatologica 24: 123-128.

Moore, N.W. (1996a). Report of the 9th meeting of the I.U.C.N. Odonata Specialist Group. Rep. Odonata Specialist Group IUCN 11, 12 pp. [OdA 10758.]

Moore, N.W. (1996b). Letter, 27 January.

Moore, N.W., and Gagné, W.C. (1982). *Megalagrion pacificum* (McLachlan)—a preliminary study of the conservation requirements of an endangered species. Rep. Odonatol. Spec. Group IUCN 3, 5 pp.

Moore, N.W., and Machado, A.B.M. (1992). A note on *Cacoides latro* (Erichson), a territorial lacustrine gomphid (Anisoptera: Gomphidae). Odonatologica 21: 499-503.

Moore, R.D. (1986). Exploitation competition between small bluegill sunfish and *Tetragoneuria cynosura* (Odonata: Anisoptera) larvae in the littoral zone of Bays Mountain Lake. MsT, E. Tennessee State Univ., Johnson City. [OdA 5900.]

Moorman, M.L., Robinson, J.V., and Hagemeier, D.D. (1989). Experiments with gill injury and autotomization in larval *Enallagma civile*. Abstr. 10th Int. Symp. Odonatol., Johnson City: 26.

Mordaunt, T.O. (1730-1809). Poem: "The call." In Quiller-Couch 1939.

森 章夫・和田義人 (1974). 3種のトンボ幼虫が蚊幼虫を捕食する時刻について. 熱帯医学 16: 41-44.

Morin, A., and Bourassa, N. (1992). Modèles empiriques de la production annuelle et du rapport P/B d'invertébrés benthiques d'eau courante. Can. J. Fish. Aquat. Sci. 49: 532-539. [OdA 8575.]

Morin, P.J. (1984a). Odonate guild composition: experiments with colonization history and fish predation. Ecology 65: 1866-1873. [OdA 5095.]

Morin, P.J. (1984b). The impact of fish exclusion on the abundance and species composition of larval odonates: results of short-term experiments in a North Carolina farm pond. Ecology 65: 53-60. [OdA 4580.]

Morton, E.S. (1977). Ecology and behavior of some Panamanian Odonata. Proc. Entomol. Soc. Wash. 79: 273.

Morton, E.S. (1982). Letter, 26 October.

Moufet, T. (1634). "Insectorum sive minimorum animalium theatrum." Cotes, London.

Moulton, S.R., Trauth, S.E., and Harp, G.L. (1987). The mesostigmal complex of *Argia* using scanning electron microscopy (Zygoptera: Coenagrionidae). Odonatologica 16: 285-289.

Moum, S.E., and Baker, R.L. (1990). Colour change and substrate selection in larval *Ischnura verticalis* (Coenagrionidae: Odonata). CJZ 68: 221-224. [OdA 7540.]

Mouze, M. (1975). Croissance et régénération de l'oeuil de la larve d'*Aeshna cyanea* Müll. (odonate, anisoptère). Arch. Entwickl. Mechan. Org. 176: 267-283.

Mouze, M. (1981). A new method for marking dragonflies. Abstr. 6th Int. Symp. Odonatol., Chur: 61-62.

Mozgovoi, A.A., Popova, T.L., and Semenova, M.K. (1965a). [A contribution to the elucidation of the developmental cycle of the nematode *Synhimantus brevicaudatus* (Dujardin, 1845)—a parasite of long-legged birds and freshwater fish.] IR. Dokl. Akad. Nauk SSSR, Ser. 162: 719-721. [BsA 46466.]

Mozgovoi, A.A., Shakhmatova, V.I., and Semenova, M.K. (1965b). [Study of the development cycle of *Contracaecum spiculigerum* (Ascaridata, Anisaridae), nematodes of waterfowl.] IR. [Data for the Sci. Conf. All-Union Soc. Helminthologists], Moscow: 169-174. [BsA 124591.]

Muirhead-Thompson, R.C. (1971). "Pesticides and freshwater fauna." Academic Press, New York.

Muirhead-Thompson, R.C. (1973). Laboratory evaluation of pesticide impact on stream invertebrates. FwB 3: 479-498. [OdA 747.]

Mulla, M.S., Navvab-Gojrati, H.A., and Darwazeh, H.A. (1978). Biological activity and longevity of new synthetic pyrethroids against mosquitoes and some nontarget insects. Mosquito News 38: 90-96. [OdA 2382.]

Mulla, M.S., Darwazeh, H.A., and Ede, L. (1982). Evaluation of new pyrethroids against immature mosquitoes and their effects on nontarget organisms. Mosquito News 42: 583-590. [OdA 4164.]

Müller, K. (1986). Die Insektenfauna des Bottnischen Meerbusens. Kurzfassungen Entomol. Wuppertal: 12-13 (abstract only). [OdA 5670.]

Müller, O. (1993a). Zum Beutefangverhalten der Larven von *Ophiogomphus cecilia* (Fourcroy), *Gomphus flavipes* (Charpentier) und *Gomphus vulgatissimus* (Linné). Libellula 12: 161-173.

Müller, O. (1993b). Beobachtungen zur abendlichen Dämmerungsaktivität von *Aeshna grandis* (Linnaeus, 1758) und *Aeshna mixta* (Latreille, 1805) (Odonata, Aeshnidae). Entomol. Nachr. Ber. 37: 39-44. [OdA 9150.]

Müller, O. (1995). Ökologische Untersuchungen an Gomphiden (Odonata: Gomphidae) unter besonderer Berücksichtigung ihrer Larvenstadien. DrT, Humboldt Univ., Berlin. [OdA 10590.]

Münchberg, P. (1930). Zur Biologie der Odonatengenera *Brachytron* Evans und *Aeschna* Fabr. Z. Morphol. Ökol. Tiere 20: 172-232.

Münchberg, P. (1932). Beiträge zur Kenntnis der Biologie der Libellenunterfamilie der Cordulinae Selys. Int. Rev. Ges. Hydrobiol. Hydrograph. (Leipzig) 27: 265-302.

Münchberg, P. (1933). Beiträge zur Kenntnis der Biologie der

引用文献

Lestinae Calv. Int. Rev. Hydrobiol. Hydrograph. (Leipzig) 28: 141-171.

Münchberg, P. (1935). Zur Kenntnis zur Odonatenparasiten mit ganz besonderer Berücksichtigung der Ökologie der in Europa an Libellen schmarotzenden Wassermilbenlarven. Arch. Hydrobiol. 29: 1-120.

Münchberg, P. (1952). Über Fortpflanzung, Lebensweise und Körperbau von *Arrenurus planus* Marsh., zugleich ein weiterer Beitrag zur Ökologie und Morphologie der im arctogäischen Raum eine libellenparasitische Larvenphase aufweisenden Arrenuri (Acari, Hydrachnellae). Zool. Jb. (Abt. System. Ökol. Geogr.) 81: 27-46.

Münchberg, P. (1956). Zur Bindung der Libelle *Aeschna viridis* Eversm. an die Pflanze *Stratiotes aloides* L. (Odon.). NachrBl. Bayer. Entomol. (Munich) 12: 113-118.

Münchberg, P. (1963). Zur Durchblutung der Libellenflügel und ihrer Eignung als Substrat von parasitischen *Arrenurus*-Larven (Acari, Hydrachnellae) und parasitären *Heleiden* (Diptera, Nematocera). Z. Parasitenk. 22: 375-388. [BsA 89200.]

Muniz, I.P. (1991). Freshwater acidification: its effects on species and communities of freshwater microbes, plants and animals. Proc. Roy. Soc. Edinburgh 97B: 227-254.

Muñoz-Pozo, B., and Ferreras-Romero, M. (1996). Fenología y voltinismo de *Aeshna mixta* Latreille, 1805 (Odonata, Aeshnidae) en Sierra Morena (Sur de España). Bol. Real Soc. Esp. Hist. Nat. (Sec. Biol.) 92: 239-244. [OdA 11282.]

Muñoz-Pozo, B., and Tamajón-Gómez, R. (1993). Observations on the reproductive behaviour of *Hemianax ephippiger* (Burm.) in Andalusia, Spain (Anisoptera: Aeshnidae). NtO 4: 18-19.

Munshi, J.S.D., Singh, O.N., and Singh, D.K. (1990). Food and feeding relationships of certain aquatic animals in the Ganga ecosystem. Trop. Ecol. 31: 138-144.

Murphy, D. (1978). "A place apart." Penguin Books, London.

Musser, R.J. (1962). Dragonfly nymphs of Utah (Odonata: Anisoptera). Univ. Utah Biol. Ser. 12(6), viii + 66 pp. [BsA 25016.]

Muzón, J. (1995). Los Odonata de la Patagonia Argentina. Rev. Soc. Entomol. Argent. 54: 1-14. [OdA 10301.]

Muzón, J. (1996). Letter, 22 March.

Muzón, J., and Spinelli, G.R. (1995). Patagonian Odonata in Malaise traps. Argia 7(3): 22-23.

Muzón, J., Rodrígues-Capítulo, A., and Jurzitza, G. (1990). Populationsdynamik von *Telebasis willinki* Fraser, 1948 im Galeriewald des Rio de la Plata bei Punta Lara, Argentinien (Odonata: Coenagrionidae). OZF 53: 1-10.

Mylechreest, P.[H.W.] (1978). Some effects of a unique hydroelectric development on the littoral benthic community and ecology of trout in a large New Zealand lake. MsT, Univ. British Columbia, Vancouver. [OdA 2975.]

Mylechreest, P.H.W. (1979). Hydroelectric-induced changes in Lake Waikaremoana. Wildl. Rev., N.Z. 10: 46-50. [OdA 2907.]

Mylechreest, P.[H.W.] (1983). Letter, 28 January.

Nachtigall, W. (1976). [Wings of flying dragonflies make a sound.] Contribution to discussion in Weis-Fogh 1976: 71.

永瀬幸一 (1974). ヤブヤンマにおける Project pellets と Canibalism. Gracile 16: 6-7. [OdA 1133.]

永瀬幸一 (1983). ウスバキトンボの一年の終末について. Gracile 31: 20-22.

Nakahara, M. (1996). *Sympetrum striolatum imitoides* growing in the swimming pools of primary schools at Saga City. Symnet (English version) 5 (10 July): 7-8.

Nakamuta, K., Tsubaki, Y., Yasuda, M., and Hibino, Y. (1983). Male reproductive behavior of the tiny dragonfly, *Nannophya pygmaea* Rambur. Kontyû 51: 605-613. [OdA 4432.]

Nakao, S., Asahina, S., Miura, T., Wongsiri, T., Pangga, G.A., Lee, L.H.Y., and Yano, K. (1976). The paddy field Odonata collected in Thailand, the Philippines and Hong Kong. Kurume Univ. J. 25: 145-159.

Nantel, F. (1986). Biologie et comportement territorial de trois espèces de *Calopteryx* (odonates: calopterygides), Comté de Bellechasse, Québec. Fabreries 12: 25-45.

奈良岡弘治 (1971). ホソミオツネントンボの体型. 昆虫と自然 6 (3): 21-22.

奈良岡弘治 (1976). イトトンボ類の体型変異. New Entomol. 25: 27-38. [OdA 1552.]

奈良岡弘治 (1982). スミチオン散布とトンボの死. 昆虫と自然 17 (1): 32. [OdA 4267.]

奈良岡弘治 (1984). 均翅類の abdominal bobbing. Celastrina 13: 8-11. [OdA 4696.]

Naraoka, H. (1987). Studies on the ecology of *Cercion sieboldi* (Selys) in the Aomori Prefecture, northern Japan. I. Life history and larval regulation (Zygoptera: Coenagrionidae). Odonatologica 16: 261-272.

奈良岡弘治 (1989). マダラヤンマの卵発育と幼虫生長. Tombo 32 (1-4): 49-53. [OdA 7175.]

奈良岡弘治 (1990). オオイトトンボ *Cercion sieboldi* Selys の研究 (3) 産卵行動. New Entomol. 39 (1-2): 6-12. [OdA 9200.]

奈良岡弘治 (1993). タイリクアキアカネの羽化発生. 月刊むし 265: 11-13.

奈良岡弘治 (1994). アジアイトトンボの日周行動 (2). 月刊むし 279: 18-21. [OdA 10015.]

Narasimhamurti, C.C., Ahamed, S.N., and Kalavati, C. (1980). Two new species of microsporidia from the larvae of *Tramea limbata* (Odonata: Insecta). Proc. Indian Acad. Sci. (Anim. Sci.) 89: 531-535. [OdA 3502.]

Natarajan, A.V., Rajulu, G.S., and Gowri, N. (1992). Role of wing pads in respiration in a dragonfly *Anax immaculifrons*. Abstr. 4th S. Asian Symp. Odonatol., Allahabad: 24.

NCC [Nature Conservancy Council]. (1988). Back from the brink. Urban Wildl. News 5 (1): 6-7.

NCC. (1989). "Guidelines for selection of biological Sites of Special Scientific Interest." Her Majesty's Stationery Office, London.

NCCNZ [Nature Conservancy Council of New Zealand]. (1981). A proposal for a New Zealand conservation strategy. Executive summary. Report of the N.Z. Conservation Council Technical Sub-Committee, Wellington, 2 pp.

Neal, T.M., and Whitcomb, W.H. (1972). Odonata in the Florida soybean agroecosystem. Fla. Entomol. 55: 107-114. [BsA 48280.]

Nebeker, A.V., and Lemke, A.E. (1968). Preliminary studies on the tolerance of aquatic insects to heated waters. J. Kans. Entomol. Soc. 41: 413-418. [BsA 27931.]

Needham, J.G. (1903). Aquatic insects in New York State. Part 3. Life histories of Odonata, suborder Zygoptera. Bull. N.Y. State Mus. 68: 204-217.

Needham, J.G. (1930). "A manual of the dragonflies of China: a monographic study of Chinese Odonata." Zoolologica Sinica, Ser. A: Invertebrates of China 11 (1): 1-345, 1-11.

Needham, J.G. (1941). Life history notes on some West Indian coenagrionine dragonflies (Odonata). J. Agric. Univ. Puerto Rico 25 (3): 1-19.

Needham, J.G., and Betten, C. (1901). Aquatic insects in the Adirondacks. Bull. N.Y. State Mus. 47: 383-612.

Needham, J.G., and Westfall, M.J. (1955). "A handbook of the dragonflies of North America." Univ. California Press, Berkeley.

Nel, A., Martinez-Delclos, X., Paicheler, J.C., and Henrotay, M. (1993). "Les 'Anisozygoptera' fossiles. Phylogenie et classification (Odonata)." Martinia Hors-série 3: 1-311.

Nelemans, M. (1976). Aktiviteitsritmiek bij libellen in Noord-Zweden (64°NB) Lab. Zool., Univ. Groningen, Haren. [OdA 1640.]

Nemjo, J. (1990). The impact of colonization history and fish predation on larval odonates (Odonata: Anisoptera) in a central New Jersey farm pond. J. Freshw. Ecol. 5: 297-305. [OdA 7808.]

Ness, R., and Anderson, M.A. (1969). The status of *Anax junius* Drury (Odonata: Aeschnidae) in southern Minnesota. Proc. N. Cent. Branch Entomol. Soc. Am. 24: 56. Abstract only.

Nestler, J.M. (1980). Niche relationships of the Anisoptera nymphs of Lake Isaqueena. DrT, Clemson Univ., Clemson, South Carolina.

Neubauer, K., and Rehfeldt, G. (1995). Roosting site selection in the damselfly species *Calopteryx haemorrhoidalis* (Odonata: Calopterygidae). Entomol. Gen. 19: 291-302. [OdA 10453.]

Neville, A.C. (1960). A list of Odonata from Ghana, with notes on their mating, flight and resting sites. PRES (A) 35: 124-128.

Neville, A.C. (1983). Daily cuticular growth layers and the teneral stage in adult insects: a review. JIP 29: 211-219. [OdA 4209.]

Nevin, F.R. (1929). Larval development of *Sympetrum vicinum* (Odonata: Libellulidae; Sympetrini). Trans. Am. Entomol. Soc. 55: 79-102.

Nicholls, S.P. (1983). Ionic and osmotic regulation of the haemolymph of the dragonfly, *Libellula quadrimaculata* (Odonata: Libellulidae). JIP 29: 541-546.

Nielsen, E.T. (1963). Illumination at twilight. Oikos 14: 9-21.

Nielsen, P. (1981). PCm, 3 December.

Nilsson[-Henrikson], B.-I. (1981). Susceptibility of some Odonata larvae to fish predation. Verh. Int. Verein. Limnol. 21: 1612-1615.

Ninburg, E.A. (1990). [Dogaya Guba: natural and artificial isolation.] IR ES. Priroda (Moscow) 1990 (7): 44-49. [OdA 7809.]

Nisbet, I.C.T. (1960). Notes on the migration of dragonflies in southern Ontario. Can. Field-Nat. 74: 150-153. [BsA 280.]

二宗誠治 (1996). スジボソギンヤンマを兵庫県で採集. Sympetrum Hyogo 3: 13-15.

二宗誠治 (1997). 兵庫トンボ研究会調査会記録1996年第2回. Sympetrum Hyogo 4: 18-24.

Nitsche, G. (1965). "Die Namen der Libelle." Akademie-Verlag, Berlin.

Noble, G.K. (1939). The role of dominance in the life of birds. Auk 56: 263-273.* Cited by N.W. Moore 1952.

野平安芸雄 (1960). 太平洋上で"ウスバキトンボ"を発見. Tombo 3 (3-4): 30-31.

Nomakuchi, S. (1988). Reproductive behavior of females and its relation to the mating success of two male forms in *Mnais pruinosa* (Zygoptera: Calopterygidae). Ecol. Res. 3: 195-203. [OdA 6720.]

Nomakuchi, S., and Higashi, K. (1985). Patterns of distribution and territoriality in the two male forms of *Mnais pruinosa pruinosa* Selys (Zygoptera: Calopterygidae). Odonatologica 14: 301-311.

Nomakuchi, S., Higashi, K., Harada, M., and Maeda, M. (1984). An experimental study of the territoriality in *Mnais pruinosa pruinosa* Selys (Zygoptera: Calopterygidae). Odonatologica 13: 259-267.

Nomakuchi, S., Higashi, K., and Maeda, M. (1988). Synchronization of reproductive period among the two male forms and female of the damselfly *Mnais pruinosa* Selys (Zygoptera: Calopterygidae). Ecol. Res. 3: 75-87. [OdA 6612.]

Norberg, R.A. (1972). The pterostigma of insect wings an inertial regulator of wing pitch. J. Comp. Physiol. 81: 9-22. [BsA 60934.]

Norberg, R.A. (1974). Hovering flight of the dragonfly *Aeschna juncea* L. In Brennan, C., Brokaw, C.J., and Wu, T.Y. (eds.), "Symposium on swimming and flying in nature," pp. 61. California Institute of Technology, Pasadena.

Norberg, R.A. (1975). Hovering flight of the dragonfly *Aeshna juncea* L., kinematics and aerodynamics. In Wu, T.Y., Brokaw, C.J., and Brennan, C. (eds.), "Swimming and flying in nature," pp. 763-781. Plenum Press, New York.

Nordman, A.F. (1935). Über Wanderungen der *Libellula quadrimaculata* L. bei der Zoologischen Station Tvärminne in S.-Finland im Juni 1932 und 1933. Not. Entomol. 15: 1-8.

Nordman, A.F. (1937). Further observations on the migrations of *Libellula quadrimaculata* at the zoological station of Tvärminne, S.-Finland in June 1936. Not. Entomol. 17: 24-28.

Norling, U. (1971). The life history and seasonal regulation of *Aeshna viridis* Eversm. in southern Sweden (Odonata). Entomol. Scand. 2: 170-190. [BsA 60835.]

Norling, U. (1973). Studies on the life histories of some *Aeshna* species. Abstr. 2nd Int. Symp. Odonatol., Karlsruhe: 20-21.

Norling, U. (1976). Seasonal regulation in *Leucorrhinia dubia* (Vander Linden) (Anisoptera: Libellulidae). Odonatologica 5: 245-263.

Norling, U. (1981a). PCm, 4 December.

Norling, U. (1981b). Evolutionary traits in life cycles and gill development in Odonata. DrT, Univ. Lund, Sweden.

Norling, U. (1982). Structure and ontogeny of the lateral abdominal gills and the caudal gills in Euphaeidae (Odonata: Zygoptera) larvae. Zool. Jb. Anat. 107: 343-389.

Norling, U. (1984a). Life history patterns in the northern expansion of dragonflies. AOd 2: 127-156.

Norling, U. (1984b). Photoperiodic control of larval development in *Leucorrhinia dubia* (Vander Linden): a comparison between populations from northern and southern Sweden (Anisoptera: Libellulidae). Odonatologica 13: 529-550.

Norling, U. (1984c). The life cycle and larval photoperiodic responses of *Coenagrion hastulatum* (Charpentier) in two climatically different areas (Zygoptera: Coenagrionidae). Odonatologica 13: 429-449.

Norling, U. (1996). Letter, 31 January.

Norma-Rashid, Y. (1995). Behaviour of *Tyriobapta torrida* Kirby at the reproductive and roosting sites. Abstr. 13th Int. Symp. Odonatol., Essen: 39. Oral.

Norris, M.J. (1959). The influence of daylength on imaginal diapause in the red locust, *Nomadacris septemfasciata* (Serv.). Entomol. Exp. Applic. 2: 154-168.

Norris, M.J. (1962). Diapause induced by photoperiod in a tropical locust, *Nomadacris septemfasciata* (Serv.). Ann. Appl. Biol. 50: 600-603.

Novak, K.L., and Robinson, J.V. (1996). A unique morphology, common to the penes of the *Celaneura* and *Nanosura* groups of *Ischnura* (Zygoptera: Coenagrionidae). Odonatologica 25: 183-186.

Novelo-Gutiérrez, R. (1981). Comportamiento sexual y territorial en *Orthemis ferruginea* (Fab.) (Odonata: Libellulidae). DrT, Univ. Nacional Autónoma de Mexico.

Novelo-Gutiérrez, R. (1987). Las náyades de *Heteragrion albifrons*, *H. alienum* y *H. tricellulare* (Odonata: Megapodagrionidae); su descripción y habitos. Fol. Entomol. Mex. 73: 11-22.

Novelo-Gutiérrez, R. (1991). New larvae of *Phyllogomphoides* in Mexico (Anisoptera: Gomphidae). Abstr. 11th Int. Symp. Odonatol., Trevi: 20-21.

Novelo-Gutiérrez, R. (1992). Biosystematics of the larvae of the genus *Argia* in Mexico (Zygoptera: Coenagrionidae). Odonatologica 21: 39-71.

Novelo-Gutiérrez, R. (1993a). Four new larvae of *Phyllogomphoides* Belle from Mexico (Anisoptera: Gomphidae). Odonatologica 22: 17-26.

Novelo-Gutiérrez, R. (1993b). La náyade de *Pseudostigma aberrans* Selys, 1860 (Odonata: Zygoptera: Pseudostigmatidae). Fol. Entomol. Mex. 87: 55-60.

Novelo-Gutiérrez, R. (1994). Las náyades de *Protoneura aurantiaca* Selys y *P. cupida* Calvert (Odonata: Zygoptera: Protoneuridae). Fol. Entomol. Mex. 90: 25-31.

Novelo-Gutiérrez, R. (1995). The larva of *Amphipteryx* and a reclassification of Amphipterygidae *sensu lato* based upon the larvae (Zygoptera). Odonatologica 24: 73-87.

Novelo-Gutiérrez, R., and González-Soriano, E. (1984). Reproductive behavior in *Orthemis ferruginea* (Fab.) (Odonata: Libellulidae). Fol. Entomol. Mex. 59: 11-24. [OdA 4957.]

Novelo-Gutiérrez, R., and González-Soriano, E. (1986a). Descripción de las náyades de *Palaemnema desiderata* Selys y *Palaemnema paulitoyaca* Calvert (Odonata: Platystictidae). Fol. Entomol. Mex. 67: 13-24.

Novelo-Gutiérrez, R., and González-Soriano, E. (1986b). Description of the larva of *Perissolestes magdalenae* (Williamson & Williamson, 1924) (Zygoptera: Perilestidae). Odonatologica 15: 129-133.

Nuyts, E., and Michiels, N.K. (1993). Integration of immediate and long-term sperm precedence patterns and mating costs in an optimization model of insect copulation duration. J. Theor. Biol. 160: 271-295.

Nuyts, E., and Michiels, N.K. (1994). The influence of sperm precedence patterns and mating costs on copulation duration in odonates: predictions and supporting data. Belg. J. Zool. 124: 11-19. [OdA 10235.]

尾花 茂 (1965). オオルリボシヤンマとタカネトンボの異種連結について. Gracile 1: 12-13.

尾花 茂 (1968). グンバイトンボの潜水産卵. Tombo 11 (1-2): 11.

尾花 茂 (1969). 大阪におけるタイリクアカネの生態. Tombo 12 (1-4): 17-23.

尾花 茂 (1974). トンボの卵期表試作. Gracile 16: 1-3. [OdA 1138.]

尾花 茂 (1975). 主として寒地にすむトンボの飼育について. Tombo 18 (1-4): 17-20.

尾花 茂 (1980). 私信, 8月.

尾花 茂 (1982). 手紙, 11月7日.

尾花 茂・井上 清 (1972). リュウキュウギンヤンマの産卵から羽化まで. Tombo 15 (1-4): 18-21.

尾花 茂・井上 清 (1982). タイリクアカアカネ・オナガアカネの幼虫飼育と得られた第1世代について. Tombo 25 (1-4): 37-41.

尾花 茂・井上 清・一井弘之 (1972). ヒヌマイトトンボ新産地の環境. Tombo 15 (1-4): 22.

尾花 茂・井上 清・新村捷介 (1977). 主として南方にすむトンボの飼育について. Tombo 20 (1-4): 23-25.

O'Briant, P. (1972). A study of behavioral and reproductive patterns of adult *Lestes vigilax* Hagen (Odonaya: Lestidae). MsT, Univ. North Carolina, Greensboro.

O'Carroll, D. (1993). Feature-detecting neurons in dragonflies. Nature (London) 362: 541-543. [OdA 9013.]

Odum, E.P. (1971). "Fundamentals of ecology." Saunders, Philadelphia.

O'Farrell, A.F. (1964). On physiological colour change in some Australian Odonata. J. Entomol. Soc. Aust. (N.S.W.) 1: 1-8.

O'Farrell, A.F. (1965). [Report of salinity tolerance of *Ischnura aurora* in Victoria, Australia.] Selysia 3 (1): 2.

O'Farrell, A.F. (1971a). Physiological colour change and its significance in the biology of some Australian Odonata. Proc. 13th Int. Congr. Entomol., Moscow, 1: 534.

O'Farrell, A.F. (1971b). Roosting and related activities in some Australian Zygoptera. J. Entomol. (A) 46: 79-87. [BsA 14485.]

O'Farrell, A.F., and Watson, J.A.L. (1974). Odonata (dragonflies and damselflies). In "Insects of Australia (Suppl.)," pp. 35-36. CSIRO, Melbourne Univ. Press, Australia.

Ogbogu, S.S., and Hassan, A.T. (1996). Feeding mechanism and patterns of advanced instar larvae of *Urothemis assignata* (Selys) (Odonata: Libellulidae). Abstr. 20th Int. Congr. Entomol., Florence: 349.

大貝秀雄 (1994). コシボソヤンマの潜水産卵例. 月刊むし 276: 37-38. [OdA 10120.]

Okazawa, T., and Ubukata, H. (1978). Behaviour and bionomics of *Epiophlebia superstes* (Selys) (Anisozygoptera: Epiophlebiidae). I. Daily and seasonal activities. Odonatologica 7: 135-145.

Okorokov, V.I., and Tkachev, V.A. (1973). [On the discovery of a cysticercoid of the genus *Tatria* in dragonfly larvae of the southern Urals.] IR. Vop. Zool. (Chelyabinsk) 3: 79-80. [OdA 1033.]

Okorokov, V.I., and Tkachev, V.A. (1974). [Helminth infestation of dragonfly larvae of the Peschanoe Lake in the Chelyabinsk Province.] IR. In "Gel'minty zhivotnyh, cheloveka i rastenii na Yuzhnom Urale," pp. 142-144. Bashkir Sect., USSR Acad. Sci. [OdA 1580.]

奥村定一・石村 清 (1938). *Lestes japonicus* Selys 成虫に就いて (特に其の形態と生態の一端). 昆蟲 12: 84-92.* Uéda and Iwasaki 1982 で引用.

Olafsson, E. (1975). [The dragonfly *Hemianax ephippiger* (Burm.) (Odonata), an unexpected guest in Iceland.] ID ES. Náttúrfraedingurinn 45: 209-212. [OdA 1460.]

Olesen, J. (1979). Prey capture in dragonfly nymphs (Odonata, Insecta): labial protraction by means of a multi-purpose abdominal pump. Vidensk. Medd. Dansk Naturh. Foren. 141: 81-96.

Oliger, A.I. (1980). [Phenology and diurnal activity of dragonflies in the south-eastern part of Ukraine.] IR ES. Zool. Zh. 49: 1425-1427. [OdA 3037.]

Olsen, O.W. (1974). "Animal parasites, their life cycles and ecology." 3rd ed. Univ. Park Press, London.

Olsvik, H., and Dolmen, D. (1992). Distribution, habitat, and conservation status of threatened Odonata in Norway. Fauna Norv., Ser. B, 39: 1-21. [OdA 8578.]

Olsvik, H., and Hämäläinen, M. (1992). Dragonfly records from the Maldive Islands, Indian Ocean (Odonata). OZF 89: 1-7.

O'Malley, D.A. (1980). Letter, 4 August.

大森武昭 (1970). 群馬県赤城山でのアキアカネ, ホソミオツネントンボの高地羽化. 昆虫と自然 5 (9): 9.

大森武昭 (1977). 多摩川のヒヌマイトトンボ. Tombo 20 (1-4): 19-21.

Onions, C.T. (ed.) (1966). "The Oxford dictionary of English etymology." Clarendon Press, Oxford.

Ono, E.K.M. (1982). Desenvolvimento ovo-imago, comportamento e demografie dos adultos de *Orthemis ferruginea* (Odonata-Libellulidae) no Distrito Federal. MsT, Univ. Brasilia. [OdA 5075.]

Ono, T., Siva-Jothy, M.T., and Kato, A. (1989). Removal and

subsequent ingestion of rivals' semen during copulation in a tree cricket. Physiol. Entomol. 14: 195-202. [OdA 7365.]

小野泰正 (1990). オツネントンボの集団越冬. 日本の生物 4: 67. [OdA 10194.]

小野泰正 (1993). 私信, 7月30日.

Onslow, N. (1989). Unusual pairing in Odonata at Hothfield Common Nature Reserve, Kent. Entomol. Rec. J. Var. 101: 137. [OdA 7148.]

Onyango-Odiyo, P. (1973). Some observations on butterfly and dragonfly migration in the Kenya highlands. EMM 109: 141-147. [OdA 1034.]

Onyeka, J.O.A. (1983). Studies on the natural predators of *Culex pipiens* L. and *C. torrentium* Martini (Diptera: Culicidae) in England. Bull. Entomol. Res. 73: 185-194.

Oosterwaal, L., and Muilwijk, J. (1971). Libellenverslag...Mariapeel...1970. Anax 3: 6-8. [OdA 215.]

Opler, P.A. (1971). Mass movement of *Tarnetrum corruptum* (Odonata: Libellulidae). Pan-Pacific Entomol. 47: 223.

Oppenheimer, S.D. (1989). Functions of courtship in *Calopteryx maculata*. Abstr. 10th Int. Symp. Odonatol., Johnson City: 28.

Oppenheimer, S.D., and Robakiewicz, P.E. (1987). Attempted copulation of two *Calopteryx maculata* (P. de Beauv.) females by a *Stylogomphus albistylus* (Hag.) male (Zygoptera: Calopterygidae; Anisoptera: Gomphidae). NtO 2: 166-167.

Oppenheimer, S.D., and Waage, J.K. (1987). Hand-pairing: a new technique for obtaining copulations within and between *Calopteryx* species (Zygoptera: Calopterygidae). Odonatologica 16: 291-296.

Orians, G.H. (1966). Food of nestling yellow-headed blackbirds, Cariboo Parklands, British Columbia. Condor 68: 321-337. [BsA 36348.]

Orians, G.H. (1973). The red-winged blackbird in tropical marshes. Condor 75: 28-42.

Orians, G.H. (1980). "Some adaptations of marsh-nesting birds." Princeton Univ. Press, Princeton.

Orians, G.H., and Wittenberger, J.F. (1991). Spatial and temporal scales in habitat selection. Am. Nat. 137 (Suppl.): 29-49. [OdA 8256.]

Orr, A.G. (1994). Life histories and ecology of Odonata breeding in phytotelmata in Bornean rainforest. Odonatologica 23: 365-377.

Orr, A.G. (1995). PCm, August.

Orr, A.G. (1996). Territorial and courtship displays in Bornean Chlorocyphidae (Zygoptera). Odonatologica 25: 119-141.

Orr, R.L. (1992). A day in Colorado. Argia 4 (4): 7-9.

Orr, R.L. (1994). Proposed DSA collecting policy (guidelines). Argia 6 (3): 6-8.

Orr, R.L. (1995a). Do dragonfly larvae sunbathe? Argia 7 (2): 15.

Orr, R.L. (1995b). Odonata of Plummers Island. Argia 7 (1): 6-10.

Orr, R.L. (1995c). Tumbling dragonflies revisited. Argia 7 (1): 20-21.

Orr, R.L. (1996). The Odonata of Patuxent Wildlife Research Center and Vicinity. Bull. Am. Odonatol. 4: 37-67.

Osborn, R. (1995). Niche and life-history differences in five highly sympatric species of *Trithemis* dragonflies (Odonata: Libellulidae). MsT, Univ. Natal, Pietermaritzburg.

Ott, J. (1990). Populationsökologie Untersuchungen an Grosslibellen (Anisoptera)—unter besonderer Berücksichtigung der Edellibellen (Aeshnidae). DrT, Univ. Kaiserslautern, Germany.

Ott, J. (1993a). Auswirkungen des Besatzes mit Graskarpfen auf die Libellenfauna einer Kiesgruber bei Ludwigshafen. Artenschutz-report 1993 (3): 6-11. [OdA 9443.]

Ott, J. (1993b). Zum Stand des Libellenschutzes in Deutschland Ergebnisse einer aktuellen bundesweiten Umfrage. Libellula 12: 119-138.

Ott, J. (1995a). Do dragonflies have a chance to survive in an industrialised country like Germany? In Corbet, P.S., Dunkle, S.W., and Ubukata, H. (eds.), "Proceedings of the International Symposium on the Conservation of Dragonflies and Their Habitats," pp. xi, 28-44. Japan Society for the Preservation of Birds, Kushiro.

Ott, J. (1995b). Zum Einfluss intensiver Freizeit und Angelnutzung auf die Fauna von Sekundärgewässern und Konsequenzen fur die Landschaftsplanung—dargestellt am Beispiel der Libellen (Odonata). Fauna Flora Rheinland-Pfalz 8: 147-184.

Ott, J. (1996). Zeigt die Ausbreitung der Feuerlibelle in Deutschland eine Klimaveränderung an? Mediterranean Libellen als Indikatoren für Änderungen in Biozönosen. Naturschutz und Landschaftsplanung 28: 53-62.

Ottolenghi, C. (1987). Reproductive behaviour of *Sympetrum striolatum* (Charp.) at an artificial pond in northern Italy (Anisoptera: Libellulidae). Odonatologica 16: 297-306.

Ovsec, D.J. (1991). ["The Slavic mythology and superstitions."] IV. Domus, Ljubljana. [OdA 10776.]

Owen, D.F. (1958). Dragonfly migration in southwest Portugal, autumn 1957. Entomologist 91: 91-95.

Owen, D.F. (1993). *Orthetrum austeni* (Kirby), a specialist predator of butterflies (Anisoptera: Libellulidae). NtO 4: 34.

Pagliano, G., and Scaramozzino, P. (1990). Elenco di generi di Hymenoptera del mondo. Mem. Soc. Entomol. Ital. 68: 1-210.

Paine A., (ed.) (1989). Special sightings. Br. Dragonfly Soc. Newsl. 1989 (15): 5.

Paine, A. (1991). Brief notes and observations. JBDS 5: 43-45.

Paine, A. (1992a). Notes and observations. JBDS 8: 14-18.

Paine, A. (1992b). Notes and observations. JBDS 8: 17-19.

Paine, A. (1993). Notes and observations. JBDS 9: 19-22.

Paine, A. (1994a). Notes and observations. JBDS 10: 20-23.

Paine, A. (1994b). Notes and observations. JBDS 10: 45-46.

Paine, A. (1995a). Notes and observations. JBDS 11: 22-24.

Paine, A. (1995b). Notes and observations. JBDS 11: 46-48.

Paine, A. (1996). Notes and observations. JBDS 12: 62-64.

Painter, M.K., Tennessen, K.J., and Richardson, T.D. (1996). Effects of repeated applications of *Bacillus thuringiensis israelensis* on the mosquito predator *Erythemis simplicicollis* (Odonata: Libellulidae) from hatching to final instar. Environ. Entomol. 25: 184-191. [OdA 10890.]

Pajunen, V.I. (1962a). Studies on the population ecology of *Leucorrhinia dubia* V. d. Lind. (Odon., Libellulidae). Ann. Zool. Soc. "Vanamo" 24 (4): 1-79. [BsA 16710.]

Pajunen, V.I. (1962b). A description of aggressive behaviour between males of *Leucorrhinia dubia* V. d. Lind. (Odon., Libellulidae). Ann. Entomol. Fenn. 28: 108-118.

Pajunen, V.I. (1963a). On the threat display of resting dragonflies (Odonata). Ann. Entomol. Fenn. 29: 236-239.

Pajunen, V.I. (1963b). Reproductive behaviour in *Leucorrhinia dubia* V. d. Lind. and *L. rubicunda* L. (Odon., Libellulidae). Ann. Entomol. Fenn. 29: 106-118. [BsA 25440.]

Pajunen, V.I. (1964a). Aggressive behaviour in *Leucorrhinia caudalis* Charp. (Odon., Libellulidae). Ann. Zool. Fenn. 1: 357-369.

Pajunen, V.I. (1964b). Mechanism of sex recognition in *Leucorrhinia dubia* V. d. Lind., with notes on the reproductive isolation between *L. dubia* and *L. rubicunda* L. (Odon., Libellulidae). Ann. Zool. Fenn. 1: 55-71.

Pajunen, V.I. (1966a). Aggressive behaviour and territoriality in a population of *Calopteryx virgo* L. (Odon., Calopterygidae). Ann. Zool. Fenn. 3: 201-214. [BsA 57916.]

Pajunen, V.I. (1966b). The influence of population density on the territorial behaviour of *Leucorrhinia rubicunda* L. (Odon., Libellulidae). Ann. Zool. Fenn. 3: 40-52. [BsA 31736.]

Palii, V.F., and Markobatova, A. (1963). [Development and survival of dragonfly and damselfly larvae in waters polluted by industrial wastes.] IR. Izv. Akad. Nauk Kirg. SSR, Ser. Biol. Nauk 5: 76-80. [BsA 45800.]

Pandian, T.J., and Mathavan, S. (1974). Patterns of energy utilization in the tropical dragonfly, *Diplacodes trivialis* (Rambur), and some other aquatic insects (Anisoptera: Libellulidae). Odonatologica 3: 241-248.

Pandian, T.J., Mathavan, S., and Jeyagopal, C.P. (1979). Influence of temperature and body weight on mosquito predation by the dragonfly nymph *Mesogomphus lineatus*. Hydrobiologia 62: 99-104.

Papazian, M. (1992). Contribution à l'étude des migrations massives en Europe de *Hemianax ephippiger* (Burmeister, 1839) (Odon., Anisoptera Aeshnidae). Entomol. Gall. 3: 15-21. [OdA 8433.]

Papp, R.P. (1974). Recovery of *Anax junius* from a glacier in the Sierra Nevada (Odonata: Aeschnidae). Pan.-Pacif. Entomol. 50: 67. [OdA 1694.]

Parker, G.A. (1970). Sperm competition and its evolutionary consequences in the insects. Biol. Rev. 45: 525-567.

Parr, M.J. (1965). A population study of a colony of imaginal *Ischnura elegans* (Vander Linden) (Odonata: Coenagriidae) at Dale, Pembrokeshire. Field Stud. 2: 237-282.

Parr, M.J. (1969a). Population studies of some zygopteran dragonflies (Odonata). DrT, Univ. Salford, U.K.

Parr, M.J. (1969b). Comparative notes on the distribution, ecology and behaviour of some damselflies (Odonata: Coenagriidae). Entomologist 102: 151-161.

Parr, M.J. (1973a). Ecological studies of *Ischnura elegans* (Vander Linden) (Zygoptera: Coenagrionidae). I. Age groups, emergence patterns and numbers. Odonatologica 2: 139-157.

Parr, M.J. (1973b). Ecological studies of *Ischnura elegans* (Vander Linden) (Zygoptera: Coenagrionidae). II. Survivorship, local movements and dispersal. Odonatologica 2: 159-174.

Parr, M.J. (1976). Some aspects of the population ecology of the damselfly *Enallagma cyathigerum* (Charpentier) (Zygoptera: Coenagrionidae). Odonatologica 5: 45-57.

Parr, M.J. (1977). The present status of *Nesciothemis nigeriensis* Gambles, 1966 (Anisoptera: Libellulidae) in northern Nigeria. Odonatologica 6: 271-276.

Parr, M.J. (1980). Territorial behaviour of the African libellulid *Orthetrum julia* Kirby (Anisoptera). Odonatologica 9: 75-99.

Parr, M.J. (1981a). PCm, 4 March.

Parr, M.J. (1981b). Oral contribution to plenary discussion during 6th Int. Symp. Odonatol., Chur, 21 August.

Parr, M.J. (1983a). An analysis of territoriality in libellulid dragonflies (Anisoptera: Libellulidae). Odonatologica 12: 39-57.

Parr, M.J. (1983b). Some aspects of territoriality in *Orthetrum coerulescens* (Fabricius) (Anisoptera: Libellulidae). Odonatologica 12: 239-257.

Parr, M.J. (1983c). Letter, 17 March.

Parr, M.J. (1984a). Reproductive behaviour by *Pantala flavescens* over running water. Selysia 13 (2): 21-22.

Parr, M.J. (1984b). The seasonal occurrence of Odonata in the Liwonde Park, Malawi. AOd 2: 157-167.

Parr, M.J. (1989). Letter, 14 September.

Parr, M.J. (1991). Regional report: Africa. In N.W. Moore 1991.

Parr, M.J. (1994a). PCm.

Parr, M.J. (1994b). Letter, 8 March.

Parr, M.J. (1995a). PCm.

Parr, M.J. (1995b). Letter, 4 September.

Parr, M.J., and Gopane, R.E. (1985). Aspects of territoriality in a southern African population of *Crocothemis erythraea* (Brullé) (Anisoptera: Libellulidae). Abstr. 8th Int. Symp. Odonatol., Paris, 6 pp., as postpublication insert.

Parr, M.J., and Palmer, M. (1971). The sex ratios, mating frequencies and mating expectancies of three coenagriids (Odonata: Zygoptera) in northern England. Entomol. Scand. 2: 191-204. [BsA 61123.]

Parr, M.J., and Parr, M. (1972a). Survival rates, population density and predation in the damselfly, *Ischnura elegans* (Vander Linden) (Zygoptera: Coenagrionidae). Odonatologica 1: 137-141.

Parr, M.J., and Parr, M. (1972b). The occurrence of the apparently rare libellulid dragonfly, *Nesciothemis nigeriensis* Gambles, 1966, in Zaria, Nigeria. Odonatologica 1: 257-261.

Parr, M.J., and Parr, M. (1974). Studies on the behaviour and ecology of *Nesciothemis nigeriensis* Gambles (Anisoptera: Libellulidae). Odonatologica 3: 21-47.

Parr, M.J., and Parr, M. (1979). Some observations on *Ceriagrion tenellum* (De Villers) in southern England (Zygoptera: Coenagrionidae). Odonatologica 8: 171-194.

Parr, M.J., and Parr, M. (1996). Risky gleaning behaviour by *Ischnura elegans* (Vander L.) (Zygoptera: Coenagrionidae). NtO 4: 124.

Parry, D.A. (1983). Labial extension in the dragonfly larva *Anax imperator*. JEB 107: 495-499. [OdA 4637.]

Partridge, L. (1978). Habitat selection. In Krebs, J.R., and Davies, N.B. (eds.), "Behavioural ecology: an evolutionary approach," pp. 351-376. Sinauer, Sunderland, Massachusetts.

Parvin, D.E., and Cook, P.P. (1968). Regeneration of appendages in damselflies. Ann. Entomol. Soc. Am. 61: 784-785.

Pask, W.M. (1971). Efficiency of sucrose flotation in recovering insect larvae from benthic stream samples. CnE 103: 1649-1652. [BsA 61583.]

Paskalskaia, M.J. (1954). Étude du cycle de développement du trématode *Plagiorchis arcuatus* Strom 1924 parasite de l'oviducte et de la bourse de Fabricius des oiseaux de basse-cour (en Russe). Dokl. Akad. Nauk SSSR 97: 561-563.* Cited by Timon-David 1965.

Paterson, H.E.H. (1982). Perspective on speciation by reinforcement. S. Afr. J. Sci. 78 (February): 53-57.

Paterson, M.J. (1991). Invertebrate predation and the seasonal dynamics of microcrustacea in the littoral zone of Jack Lake, Nova Scotia. DrT, Dalhousie Univ., Halifax, NS.* Cited by Paterson 1994.

Paterson, M.J. (1994). Invertebrate predation and the seasonal dynamics of microcrustacea in the littoral zone of a fishless lake. Arch. Hydrobiol. (Suppl.) 99: 1-36. [OdA 9899.]

Paton, C.I. (1929). Migration of dragonflies and uraniid moths in British Guiana. Entomologist 62: 212-213.

Patrick, O.R. (1968). The life-history of *Ischnura posita* in relation to seasonal regulation. MsT, Univ. North Carolina, Greensboro.

Pattée, E., and Rougier, C. (1969). Étude de la respiration chez deux larves aquatiques d'insectes: travaux pratiques d'écologie. Bull. Mens. Soc. Linn. Lyon 38: 7-18. [BsA 36911.]

Patterson, R.S., and von Windeguth, D.I. (1964). The use of Baytex as a midge larvicide. Mosquito News 24: 393-396. [BsA 59226.]

Paulson, D.R. (1966). The dragonflies (Odonata: Anisoptera) of

Paulson, D.R. (1969). Oviposition in the tropical dragonfly genus *Micrathyria* (Odonata, Libellulidae). Tombo 12: 12-16.

Paulson, D.R. (1973a). The seasonal cycle of *Anax junius* (Drury). Abstr. 2nd Int. Symp. Odonatol., Karlsruhe: 25-26.

Paulson, D.R. (1973b). Temporal isolation in two species of dragonflies, *Epitheca sepia* (Gloyd, 1933) and *E. stella* (Williamson, 1911) (Anisoptera: Corduliidae). Odonatologica 2: 115-119.

Paulson, D.R. (1974). Reproductive isolation in damselflies. Syst. Zool. 23: 40-49.

Paulson, D.R. (1977). Odonata. In Hurlbert, S.H. (ed.), "Biota acuática de Sudamérica Austral," pp. 170-184. San Diego State Univ. Press, California. [OdA 2342.]

Paulson, D.R. (1978a). An Asiatic dragonfly, *Crocothemis servilia* (Drury), established in Florida (Anisoptera: Libellulidae). NtO 1: 9-10.

Paulson, D.R. (1978b). Additional record of *Crocothemis servilia* (Drury) from Florida (Anisoptera: Libellulidae). NtO 1: 29-30.

Paulson, D.R. (1980). PCm, August.

Paulson, D.R. (1981a). Peculiar wing position in *Dysphaea dimidiata* Selys (Zygoptera: Euphaeidae). NtO 1: 134-135.

Paulson, D.R. (1981b). Anatomical modifications for displaying bright coloration in megapodagrionid and chlorocyphid dragonflies (Zygoptera). Odonatologica 10: 301-310.

Paulson, D.R. (1982). Odonata. In Hurlbert, S.H., and Villalobos-Figueroa, A. (eds.), "Aquatic biota of Mexico, Central America and the West Indies," pp. 249-277. San Diego State Univ. Press, California.

Paulson, D.R. (1983a). PCm, 17 August.

Paulson, D.R. (1983b). Letter, 4 October.

Paulson, D.R. (1983c). A new species of dragonfly, *Gomphus* (*Gomphurus*) *lynnae* spec. nov., from the Yakima River, Washington, with notes on pruinosity in Gomphidae (Anisoptera). Odonatologica 12: 59-70.

Paulson, D.R. (1985). Odonata of the Tambopata Reserved Zone, Madre de Dios, Perú. Rev. Per. Entomol. 27: 9-14.

Paulson, D.R. (1990). Letter, 11 March.

Paulson, D.R. (1994). Two new species of *Coryphaeschna* from Middle America, and a discussion of the red species of the genus (Anisoptera: Aeshnidae). Odonatologica 23: 379-398.

Paulson, D.R. (1995). Letter, 17 July.

Paulson, D.R., and Cannings, R.A. (1980). Distribution, natural history and relationships of *Ischnura erratica* Calvert (Zygoptera: Coenagrionidae). Odonatologica 9: 147-153.

Paulson, D.R., and Garrison, R.W. (1977). A list and new distributional records of Pacific coast Odonata. Pan-Pacific Entomol. 53: 147-160. [OdA 1918.]

Paulson, D.R., and Jenner, C.E. (1971). Population structure in overwintering larval Odonata in North Carolina in relation to adult flight season. Ecology 52: 96-107. [BsA 77189.]

Pavlovskiv, S.A., and Sterligova, O.P. (1986). [The role of the ruffe *Gymnocephalus cernuus* (L.) and benthic invertebrates as consumers of the eggs of the white-fish *Coregonus lavaretus pallasi* (Val.) in the Syam Lake.] IR. Vopr. Ihtiol. 26: 765-770. [OdA 5985.]

Pavlyuk, R.S. (1971). [Dragonfly-invading gregarines of the western provinces of the Ukrainian SSR] IR. [Abstr. Pap. 1st All-Union Congr. Protozool. Soc.]: 294-295. [OdA 725.]

Pavlyuk, R.S. (1972a). [Results of the studies on the fauna of the dragonfly parasites (Insecta, Odonata) of the western provinces of the Ukrainian SSR] IR. [Proc. 7th Conf. Parasitol. Ukrain. SSR] Naukova Dumka (Kiev): 102-103. [OdA 622.]

Pavlyuk, R.S. (1972b). [New species of additional hosts for trematodes of the genus *Gorgodera* Looss, 1901.] IR. Gidrobiol. Zh. 8: 105-107.

Pavlyuk, R.S. (1973a). The need for careful species identification of dragonfly larvae. Hydrobiol. J. 9: 114-116. [OdA 1291.]

Pavlyuk, R.S. (1973b). [New data on metacercariae *Halipegus ovocaudatus* Vulp., 1858 (Trematoda, Halipegidae).] IR ES. Vest. Zool. (Kiev) 1973 (2): 33-37. [OdA 643.]

Pavlyuk, R.S. (1973c). [On the degree of trophic competition between amphibians and fish in the western provinces of Ukraine.] IR. In ["Problems in herpetology."] Abstr. Pap. 3rd All-Union Herpetol. Conf.]: 139-140. [OdA 749.]

Pavlyuk, R.S. (1973d). [On cysticercoids of *Tatria decacantha* Fuhrmann, 1913 (Cestoda: Amabiliidae) in dragonflies from the western provinces of the Ukraine.] IR ES. Parazitologiya 7: 353-356. [OdA 644.]

Pavlyuk, R.S. (1978a). [On cases of dragonflies eating vegetable matter.] IR. Vest. Zool. (Kiev) 1978(2): 8. [OdA 2234.]

Pavlyuk, R.S. (1978b). [Structure of dragonfly parasitocoenoses (Odonata, Insecta) from various aquatic habitats of the western Ukraine.] IR. Tezisy Dokl. I. Vses. S'ezd. Parazitocenol. 2: 38-40. [OdA 2385.]

Pavlyuk, R.S. (1980a). [On the infection of dragonflies in the western regions of the Ukrainian SSR with *Skrjabinoeces similis* (Trematoda, Plagiorchiidae).] IR. Vest. Zool. (Kiev) 1980 (1): 81-84. [OdA 3715.]

Pavlyuk, R.S. (1980b). [On the dragonfly phenology of the western forest-steppe.] IR. Tez. Dokl. 2 S'ezd. Ukrain. Entomol. Obshch., Uzhgorod (Issled. Entomol. Akarol. Ukraine): 51-52. [OdA 3392.]

Pavlyuk, R.S. (1981). [A parasitological study of dragonflies (Insecta, Odonata) kept in entomological collections.] IR. Vest. Zool. (Kiev) 1981 (2): 90-92. [OdA 3317.]

Pavlyuk, R.S. (1986). [On the host specificity of the helminth larval stages developing in dragonflies.] IR. Mater. Konf. Ukrain. Obshch. Parazitol., Odessa, 2: 88. [OdA 6550.]

Pavlyuk, R.S. (1992). Letter, 7 October.

Pavlyuk, R.S., and Kurbanova, T.M. (1986). [Parasite fauna of dragonflies in the southern districts of Turkmenia.] IR. Mater. Konf. Ukrain. Odshch. Parazitol., Odessa 2: 89. [OdA 6551.]

Pavlyuk, R.S., and Kurbanova, T.M. (1987). [On some peculiarities in dragonfly fauna (Insecta, Odonata) of the southern districts of Turkmenistan.] IR. Izv. Akad. Nauk Turkmen. SSR (Biol.) 1987 (3): 70-71. [OdA 6687.]

Pearlstone, P.S.M. (1973). The food of damselfly larvae in Marion Lake, British Columbia. Syesis 6: 33-39.

Pellerin, P., and Pilon, J.-G. (1977). Croissance des larves de *Lestes eurinus* Say élevées en laboratoire (Zygoptera: Lestidae). Odonatologica 6: 83-96.

Pellew, R. (1995). Biodiversity conservation—why all the fuss? Roy. Soc. Arts J. 142 (January-February): 53-66.

Pemberton, R.W. (1995). Catching and eating dragonflies in Bali and elsewhere in Asia. Am. Entomol. 1995 (Summer): 97-99. [OdA 10820.]

Pena, L.E. (1972). Distribución geográfica de *Hypopetalia pestilens* McL. (Odonata). Rev. Chilena Ent. 6 (1968): 6. [OdA 925.]

Penn, G.H. (1951). Seasonal variation in the adult size of *Pachydiplax longipennis* (Burmeister) (Odonata, Libellulidae). Ann. Entomol. Soc. Am. 44: 193-197.

Percival, T.J., Clopton, R.F., and Janovy, J. (1995). Two new menosporine gregarines, *Hoplorhynchus acanthotholius* n. sp. and *Steganorhynchus dunwoodyi* n. g. and n. sp. (Apicom-

plexa: Eugregarinorida: Actinocephalidae) from coenagrionid damselflies (Odonata: Zygoptera). J. Evol. Microbiol. 42: 406-410. [OdA 10821.]
Perry, S.J., and Miller, P.L. (1991). The duration of the stages of copulation in *Enallagma cyathigerum* (Charpentier) (Zygoptera: Coenagrionidae). Odonatologica 20: 349-355.
Perry, T.E., Perry, M.S., and Perry, J.E.K. (1977). Swarming of dragonflies noted at Drag Lake, Ontario. Can. Field-Nat. 91: 97-98. [OdA 2006.]
Peters, B. (1988). Kurzer Beitrag zu den Gefahren der submersen Eiablage von *Platycnemis pennipes* Pallas, 1771 an einem Altwasser bei Thonstetten (Landkries Freising/Bayern) (Zygoptera: Platycnemididae). Libellula 7: 149-150.
Peters, G. (1987). "Die Edelibellen Europas." A. Ziemsen-Verlag, Wittenberg-Lutherstadt.
Peters, G. (1988a). Bionomische Beobachtungen und taxonomische Untersuchungen an Anisoptera von Cuba und dem östlichen Mexico. Dtsch. Entomol. Z., N.F., 35: 221-247.
Peters, G. (1988b). Beobachtungen an Aeshniden in Finnland (Odonata: Aeshnidae). OZF 21: 1-16.
Peterson, A.G., Bull, C.M., and Wheeler, L.M. (1992). Habitat choice and predator avoidance in tadpoles. J. Herpetol. 26: 142-146. [OdA 9233.]
Peterson, J.[E.] (1975). The seasonal regulation of two *Sympetrum* species (Odonata: Libellulidae) in a temporary pond. MsT, Univ. Waterloo, Ontario.
Peterson, J. (E.) (1976). The seasonal regulation of two species of Zygoptera (Odonata), with particular reference to the adult and egg stages. Unpub. Ms.
Peterson, M., and Hawkeswood, T.J. (1980). A record of *Orthetrum caledonicum* feeding on another dragonfly. W. Aust. Nat. 14: 201.
Petitpren, M.F., and Knight, A.W. (1970). Oxygen consumption of the dragonfly, *Anax junius*. JIP 16: 449-459. [BsA 110658.]
Petr, T. (1968). Population changes in aquatic invertebrates living on two water plants in a tropical man-made lake. Hydrobiologia 32: 449-485.
Pezalla, V.M. (1979). Behavioral ecology of the dragonfly *Libellula pulchella* Drury (Odonata: Anisoptera). AMN 102: 1-22.
Pfau, H.-K. (1967). A larva of *Aeschna cyanea* eats gastropod eggs. Tombo 10: 25.
Pfau, H.K. (1971). Struktur und Funktion des sekundären Kopulationsapparates der Odonaten (Insecta, Palaeoptera), ihre Wandlung in der Stammesgeschichte und Bedeutung für die adaptive Entfaltung der Ordnung. Z. Morphol. Tiere 70: 281-371. [BsA 49708.]
Pfau, H.K. (1985). Die eigentümliche Eiablage der *Cordulegaster*-Weibchen. Natur Mus. 115: 77-86.
Pfau, H.K. (1991). Contributions of functional morphology to the phylogenetic systematics of Odonata. AOd 5: 109-141.
Pflugfelder, O. (1970). Schadwirkungen der *Arrenurus*-Larven (Acari, Hydrachnellae) am Flügel der Libelle *Sympetrum meridionale* Selys. Z. Parasitenk. 34: 171-176. [BsA 20425.]
Philpott, A.J. (1985). A large emergence of *Anax imperator*. JBDS 1: 98-99.
Pickard, R.S., and Mill, P.J. (1974). The effects of carbon dioxide and oxygen on respiratory dorsoventral muscle activity during normal ventilation in *Anax imperator* Leach (Anisoptera: Aeshnidae). Odonatologica 3: 249-235.
Pickess, B.P. (1987). How far will larvae of *Orthetrum cancellatum* (L.) travel for their emergence? JBDS 3: 15-16.
Pickess, B.P. (1990). The importance of RSPB reserves for dragonflies. RSPB Conserv. Rev. 3: 30-34.
Pickess, B.P. (1995). Management of RSPB Nature Reserves and their benefit to dragonflies. JBDS 11: 16-19.
Pickup, J., and Thompson, D.J. (1990). The effects of temperature and prey density on the development rates and growth of damselfly larvae (Odonata: Zygoptera). EcE 15: 187-200. [OdA 7306.]
Pierce, C.L. (1987). Dragonfly behavioral responses to fish predators. BNABS 4: 70 (abstract only). [OdA 5948.]
Pierce, C.L. (1988). Predator avoidance, microhabitat shift, and risk-sensitive foraging in larval dragonflies. Oecologia 77: 81-90.
Pierce, C.L., Crowley, P.H., and Johnson, D.M. (1985). Behavior and ecological interactions of larval Odonata. Ecology 66: 1504-1512. [OdA 5518.]
Pierre, Abbé (1904). L'éclosion des oeufs de *Lestes viridis* Van der Lind. (Nevr.). Ann. Soc. Entomol. Fr. 73: 477-484.
Pill, C.E.J. (1980). Diatoms on the legs of *Libellula* larvae. NtO 1: 91-92.
Pill, C.E.J., and Mill, P.J. (1979). The distribution and structure of the leg spines in the larvae of some anisopteran dragonflies. Odonatologica 8: 195-203.
Pilon, J.-G. (1980). Liste préliminaire des odonates de la région de Sainte-Thérèse, Comté de Terrebonne, Québec, Canada. NtO 1: 85-87.
Pilon, J.-G. (1981). Influence of temperature on the embryonic development of *Enallagma vernale* (Gloyd) and *E. ebrium* (Hagen) (Odonata: Coenagrionidae) in Quebec. Abstr. 6th Int. Symp. Odonatol., Chur: 38. Oral.
Pilon, J.-G. (1992). Les odonates: leur rôle dans le milieu naturel et la possibilité de leur utilisation dans la lutte biologique. In Vincent, C. and Coderre, D. (eds.), "La lutte biologique," pp. 221-231. Morin, Montreal. [OdA 8580.]
Pilon, J.-G. (1995). Letter, 7 December.
Pilon, J.-G. and Desforges, J. (1989). Morphologie larvaire de *Libellula julia* Uhler (Anisoptera: Libellulidae). Odonatologica 18: 51-64.
Pilon, J.-G., and Fontaine, R. (1980). Étude morphologique des larves de *Enallagma ebrium* (Hagen) (Zygoptera: Coenagrionidae). Odonatologica 9: 155-171.
Pilon, J.-G., and Franchini, J. (1984). Étude morphologiques des larves de *Ischnura verticalis* (Say) élevées en laboratoire (Zygoptera: Coenagrionidae). Odonatologica 13: 551-564.
Pilon, J.-G., and Masseau, M.J. (1984). The effect of temperature on egg development in Zygoptera: a preliminary discussion. AOd 2: 177-193.
Pilon, J.-G., Lagacé, D., Pilon, L., and Pilon, S. (1989a). The odonate fauna of the northern regions of Quebec-Labrador: review and perspective. AOd 4: 73-88.
Pilon, J.-G., Pilon, L., and Lagacé, D. (1989b). Notes on the effect of temperature on egg development of *Leucorrhinia glacialis* Hagen (Anisoptera: Libellulidae). Odonatologica 18: 293-296.
Pilon, J.-G., Pilon, L., and Lagacé, D. (1992). "Les odonates de la zone tempérée froide du Québec: anisoptères." RCSIO, Suppl. 14, vi + 63.
Pinhey, E.C.G. (1951). "The dragonflies of southern Africa." Transvaal Museum, Pretoria, South Africa.
Pinhey, E.C.G. (1952). Notes on Odonata and Lepidoptera made on a collecting trip in Uganda with descriptions of two new Arctiidae (Lep.) from Tanganyika and Kenya. EMM 88: 169-176.
Pinhey, E.C.G. (1961). "A survey of the dragonflies (Order Odonata) of eastern Africa." British Museum, London. [BsA 86942.]
Pinhey, E. (1962a). Some records of Odonata collected in tropi-

cal Africa. J. Entomol. Soc. S. Afr. 25: 20-50. [BsA 12361.]
Pinhey, E. (1962b). New or little known dragonflies (Odonata) of central and southern Africa. Occas. Pap. Nat. Mus. S. Rhodesia 26B: 892-911.
Pinhey, E. (1963). Notes on both sexes of some tropical species of *Ceriagrion* Selys (Odonata). Ann. Mag. Nat. Hist., Ser. 13, 6: 17-28.
Pinhey, E. (1964). The St. Helena dragonfly (Odonata, Libellulidae). Arnoldia 1 (2): 1-3.
Pinhey, E.C.G. (1966). Letter to R. Cammaerts, 5 August.
Pinhey, E. (1969). Tandem linkage in dichoptic and other Anisoptera (Odonata). Occ. Pap. Nat. Mus. Rhodesia 4 (28B): 137-207.
Pinhey, E. (1970a). Monographic study of the genus *Trithemis* Brauer (Odonata: Libellulidae). Mem. Entomol. Soc. S. Afr. 11: 1-159. [BsA 116356.]
Pinhey, E. (1970b). A new approach to African *Orthetrum* (Odonata). Occ. Pap. Nat. Mus. Rhodesia 4 (30B): 261-321.
Pinhey, E. (1971). Odonata of Fernando Po Island and of neighbouring Cameroons Territory. J. Entomol. Soc. S. Afr. 34: 215-230.
Pinhey, E. (1974). A revision of the African *Agriocnemis* Selys and *Mortonagrion* Fraser (Odonata: Coenagrionidae). Occas. Pap. Nat. Mus. Rhodesia B5 (4): 171-278.
Pinhey, E. (1976). Dragonflies (Odonata) of Botswana, with ecological notes. Occ. Pap. Nat. Mus. Monuments Rhodesia, Ser. B, 5: 524-601.
Pinhey, E. (1978). Odonata. In Werger, M.J.A. (ed.), "Biogeography and ecology of southern Africa," pp. 723-731. Junk, The Hague.
Pinhey, E. (1979). Examples of anisopteran swarms (Odonata). Arnoldia 8 (37): 1-2.
Pinhey, E. (1981). Odonata collected in Ethiopia. III. Anisoptera. Accad. Nazion. Lincei 378 (252): 5-56.
Pinhey, E. (1982). *Platycypha caligata* (Selys) and a new lacustrine morph (Odonata: Chlorocyphidae). AOd 1: 213-225.
Pitchairaj, R., Senthamizhselvan, M., Prema, V., and Muthukrishnan, J. (1985). Yolk utilization in the developing eggs of *Mesogomphus lineatus*. Proc. 1st Indian Symp. Odonatol., Madurai: 151-158.
Pittaway, A.R. (1991). Letter, 2 April.
Pix, A. (1994). *Sympetrum fonscolombei* Selys, 1848 mit zwei Generationen eines Jahres neben *Orthetrum brunneum* Fonscolombe, 1837 (Insecta: Odonata: Libellulidae) in Abbaugruben Südniedersachsens und Nordhessens. Götting. Naturk. Schr. 3: 89-96. [OdA 9900.]
Pix, A., and Bachmann, P. (1989). Libellen (Insecta: Odonata) im Reinhardswald (Nordhessen). Götting. Naturk. Schr. 1: 47-69. [OdA 8328.]
Plaistow, S., and Siva-Jothy, M.T. (1996). Energetic constraints and male mate-securing tactics in the damselfly *Calopteryx splendens xanthostoma* (Charpentier). Proc. Roy. Soc. Lond. (B) 263: 1233-1238. [OdA 11286.]
Plattner, H. (1967). Zum Vorkommen von *Lestes macrostigma* in Rumanien. Dtsch. Entomol. Z. 14: 349-356. [BsA 113455.]
Platzer, E.G. (1980). Nematodes as biological control agents. Calif. Agric. 34 (3), Spec. Rep. Mosquito Res., 27. [OdA 3920.]
Plomer, W. (1903-1973). Poem: "Dragonfly love."
Poethke, H.-J. (1988). Density-dependent behaviour in *Aeshna cyanea* (Müller) males at the mating place (Anisoptera: Aeshnidae). Odonatologica 17: 205-212.
Poethke, H.-J., and Kaiser, H. (1985). A simulation approach to evolutionary game theory: the evolution of time-sharing behaviour in a dragonfly mating system. BES 18: 155-163.

Poethke, H.-J., and Kaiser, H. (1987). The territoriality threshold: a model for mutual avoidance in dragonfly mating systems. BES 20: 11-19.
Poinar, G.O. (1972). Nematodes as facultative parasites of insects. ARE 17: 103-122.
Polcyn, D.M. (1988). The thermal biology of desert dragonflies. DrT, Univ. California, Riverside.
Polcyn, D.M. (1994). Thermoregulation during summer activity in Mojave Desert dragonflies (Odonata: Anisoptera). Funct. Ecol. 8: 441-449. [OdA 10372.]
Polis, G.A. (1981). The evolution and dynamics of intraspecific predation. Annu. Rev. Ecol. Syst. 12: 225-251.
Polis, G.A., and Sissom, W.D. (1990). Life history. In Polis, G.A. (ed.), "The biology of scorpions," pp. 161-223. Stanford University Press, Stanford.
Polivanov, V.M. (1981). ["The ecology of the hollow-nesting birds of the far-eastern littoral."] IR. Nauka, Moscow. [OdA 3449.]
Pollard, J.B., and Berrill, M. (1992). The distribution of dragonfly nymphs across a pH gradient in south-central Ontario lakes. CJZ 70: 878-885. [OdA 8867.]
Poosch, H. (1973). Zum Vorkommen und zur Populationsdynamik von Libellen an zwei Kleingewässern in Mittelmecklenburg. Natur und Naturschutz Mecklenburg 11: 5-14. [OdA 2506.]
Porter, C.H., and Gojmerac, W.L. (1969). Field observations with Abate and Bromophos: their effect on mosquitoes and aquatic arthropods in a Wisconsin park. Mosquito News 29: 617-620. [BsA 69824.]
Post, W.M., Emanuel, W.R., Zinke, P.J., and Stangenberger, A.G. (1982). Soil carbon pools and world life zones. Nature (London) 298: 156-159.
Prasad, M. (1990a). Field notes on the mating behaviour of *Crocothemis servilia servilia* (Drury) at a perennial pond in Calcutta, India (Anisoptera: Libellulidae). Indian Odonatol. 3: 67-68.
Prasad, M. (1990b). Reproductive behaviour of *Ceriagrion coromandelianum* (Fabricius) and *Pseudagrion rubriceps* Selys (Zygoptera: Coenagrionidae). Ann. Entomol. 8: 35-38.
Prasad, M. (1991). On some aspects of reproductive behaviour in *Brachythemis contaminata* (Fabricius) (Anisoptera: Libellulidae). Ann. Entomol. 9: 1-3. [OdA 8933.]
Prasad, M., and Varshney, R.K. (1995). A check-list of the Odonata of India including data on larval studies. Oriental Insects 29: 385-428. [OdA 10459.]
Precht, I. (1967). Untersuchungen über Diapause, Leistungsadaptation und Temperaturresistenz einiger Insekten und Schnecken. Z. Wiss. Zool. 176: 121-172. [BsA 22287.]
Premkumar, D.R.D., and Mathavan, S. (1987). Efficacy of a synthetic pyrethroid, Decamethrin, to selected target and non-target organisms. Proc. Symp. Alternatives to Synthetic Insecticides, Madurai: 171-175. [OdA 6795.]
Prenn, F. (1928). Aus der Nordtiroler Libellenfauna. 2. Zur Biologie von *Sympycna* (*Sympecma*) *paedisca* Br. (= *Lestes paediscus* [Br.?.]). Verh. Zool.-Bot. Ges. Wien 78: 19-28.
Prentice, M.A., and Falden, G.E. (1971). A suction dredge for collecting *Biomphalaria* and other molluscs from deep water. Bull. World Health Org. 45: 257-259. [BsA 38013.]
Prestidge, R.A. (1979). Ingestion and assimilation efficiency of *Aeshna brevistyla* and *Hemicordulia australiae* larvae (Odonata). N.Z.J. Mar. Freshw. Res. 13: 193-199.
Pretscher, P., and Schult, A. (1978). Die Gefährdung der Insektenfauna, insbesondere der Schmetterlinge, durch Fang und Handel. Natur und Landschaft 53: 308-312. [OdA 3165.]

Price, C. (1993). "Time, discounting and value." Blackwell, Oxford.
Pritchard, G. (1963). Predation by dragonflies (Odonata; Anisoptera). DrT, Univ. Alberta, Edmonton.
Pritchard, G. (1964a). The prey of dragonfly larvae (Odonata; Anisoptera) in ponds in northern Alberta. CJZ 42: 785-800. [BsA 4374.]
Pritchard, G. (1964b). The prey of adult dragonflies in northern Alberta. CnE 96: 821-825.
Pritchard, G. (1965a). Prey capture by dragonfly larvae (Odonata; Anisoptera). CJZ 43: 271-289. [BsA 73877.]
Pritchard, G. (1965b). Sense organs in the labrum of *Aeshna interrupta lineata* Walker (Odonata; Anisoptera). CJZ 43: 333-336. [BsA 59420.]
Pritchard, G. (1966). On the morphology of the compound eyes of dragonflies (Odonata: Anisoptera), with special reference to their role in prey capture. PRES (A) 41: 1-8.
Pritchard, G. (1971). *Argia vivida* Hagen (Odonata: Coenagrionidae) in hot pools at Banff. Can. Field-Nat. 85: 186-188. [BsA 32050.]
Pritchard, G. (1982). Life-history strategies in dragonflies and the colonization of North America by the genus *Argia* (Odonata: Coenagrionidae). AOd 1: 227-241.
Pritchard, G. (1983). PCm, August.
Pritchard, G. (1986). The operation of the labium in larval dragonflies. Odonatologica 15: 451-456.
Pritchard, G. (1989). The roles of temperature and diapause in the life history of a temperate-zone dragonfly: *Argia vivida* (Odonata: Coenagrionidae). EcE 14: 99-108. [OdA 6775.]
Pritchard, G. (1990). Work in Calgary joins the Arctic and the Tropics. Walkeria 5 (2): 3.
Pritchard, G. (1991a). Insects in thermal springs. Mem. Entomol. Soc. Can. 155: 89-106. [OdA 8507.]
Pritchard, G. (1991b). PCm, August.
Pritchard, G. (ed.) (1992). "Current topics in dragonfly biology." Vol. 5. RCSIO, Suppl. 15, viii + 29 pp.
Pritchard, G. (1996). The life history of a tropical dragonfly: *Cora marina* (Odonata: Polythoridae) in Guanacaste, Costa Rica. J. Trop. Ecol. 12: 573-581.
Pritchard, G., and Leggott, M.A. (1987). Temperature, incubation rates and origins of dragonflies. AOd 3: 121-126.
Pritchard, G., McKee, M.H., Pike, E.M., Scrimgeour, G.J., and Zloty, J. (1993). Did the first insects live in water or in air? BJLS 49: 31-44. [OdA 9316.]
Pritchard, G., Harder, L.D., and Mutch, R.A. (1996). Development of aquatic insect eggs in relation to temperature and strategies for dealing with different thermal environments. BJLS 58: 221-244. [OdA 11019.]
Pritykina, L.N. (1965). [Contribution to the morphoecological classification of dragonfly larvae.] IR ES. Entomol. Obozrenie 44: 503-519. [BsA 104868.]
Pritykina, L.N. (1977). [New Odonata from the Lower Cretaceous deposits of Transbaikal and Mongolia.] IR. In Dolin, V.G., Panfilov, D.V., Ponomarenko, A.G., and Pritykina, L.N. (eds.), ["Fauna, flora, and biostratigraphy of the Mesozoic and Cenozoic of Mongolia"], pp. 81-96. Trudy, Sovmestnaya Sovetsko-Mongol'skaya Paleontol. Ehkspeditsiya.* Cited by Carpenter 1992b.
Pritykina, L.N. (1980). [New Lower Jurassic Odonata from Middle Asia.] IR. In Dolin, V.G., Panfilov, D.V., Ponomarenko, A.G., and Pritykina, L.N. (eds.), ["Fossil insects of the Mesozoic"], pp. 119-131. IR. Akademiya Nauk Ukrainskoj SSR, Inst. Zool., Naukova Dumka, Kiev.* Cited by Carpenter 1992b.
Pritykina, L.N. (1986). Two new dragonflies from the Lower Cretaceous deposits of west Mongolia (Anisoptera: Sonidae fam. nov., Corduliidae). Odonatologica 15: 169-184.
Prodon, R. (1976). Le substrat, facteur écologique et éthologique de la vie aquatique: observations et expériences sur les larves de *Micropterna testacea* et *Cordulegaster annulatus*. DrT, Univ. Claude Bernard, Lyon.
Provost, M.W., and Haeger, J.S. (1967). Mating and pupal attendance in *Deinocerites cancer* and comparisons with *Opifex fuscus*. Ann. Entomol. Soc. Am. 60: 565-574.
Prusevich, N.A., and Prusevich, L.S. (1973). [To the study of fish nourishment in the basin of the Ket.] IR ES. Problemy Ekol. 3: 213-218.
Pulgar-Vidal, J. (1991). Peru: physical and human geography. In "The New Encyclopaedia Britannica," Vol. 25: 515-523. Encyclopaedia Britannica, Chicago.
Punzo, F. (1988). Effects of low environmental pH and temperature on hatching and metabolic rates in embryos of *Anax junius* Drury (Odonata: Aeshnidae) and the role of hypoxia in the hatching process. Comp. Biochem. Physiol. (C) 91: 333-336. [OdA 6614.]
Puschnig, R. (1926). Albanische Libellen. Konowia 5: 208-217.
Pushkin, Y.A., Morozov, A.E., Antonova, E.L., and Kortunova, T.A. (1979). [Aquatic fauna of the cooling effluent of the Yaiva Power Station, Perm District.] IR. Sb. Nauch. Trud. Perm. Lab. Gosud. Nauch.-Issled. Inst. Ozer. Rechn. Rybn. Khoz. (Leningrad) 1979(2): 61-68. [OdA 3705.]
Quiller-Couch, A. (ed.) (1939). "The Oxford book of English verse 1250-1918." Oxford Univ. Press, Oxford.
Raab, R., Chovanec, A., and Weiner, A.K. (1996). Aspects of habitat selection by adult dragonflies at a newly created pond in Vienna, Austria. Odonatologica 25: 387-390.
Rácenis, J. (1968). Los odonatos de la región del Auyantepui y de la Sierra de Lema, en la Guyana Venezolana. 1. Superfamilia Agrionoidea. Memoria de la Sociedad de Ciencias Naturales La Salle No. 80, 28: 151-176.
Rahmel, U., and Ruf, A. (1994). Eine Feldmethode zum Nachweis von anthropogen Stress auf natürliche Tierpopulationen: "fluctuating asymmetry." Natur und Landschaft 69: 104-107. [OdA 9608.]
頼 惟勤 (1977). ホソミオツネントンボの成虫越冬の観察. Tombo 20 (1-4): 8-12.
頼 惟勤 (1984). ホソミオツネントンボの成虫越冬の観察 (続報). Tombo 27 (1-4): 35-36.
Rainey, R.C. (1951). Weather and the movements of locust swarms: a new hypothesis. Nature (London) 168: 1057-1060.
Rainey, R.C. (1958). Some observations on flying locusts and atmospheric turbulence in eastern Africa. Quart. J. Roy. Meteorol. Soc. 84: 334-354. Discussion Ibidem 85: 171-173.* Cited by Rainey 1976.
Rainey, R.C. (1974). Biometeorology and insect flight: some aspects of energy exchange. ARE 19: 407-439.
Rainey, R.C. (1976). Flight behaviour and features of the atmospheric environment. In Rainey, R.C. (ed.), "Insect flight," pp. 75-112. Blackwell Scientific, Oxford.
Rainey, R.C. (1988). PCm, 25 April.
Rainey, R.C. (1989). "Migration and meteorology." Clarendon Press, Oxford.
Ramdas, L.A. (1974). Weather and climatic patterns. In Mani, M.S. (ed.), "Ecology and biogeography in India," pp. 99-121. Junk, The Hague. [OdA 708.]
Ramírez, A. (1992). Description and natural history of Costa Rican dragonfly larvae. 1. *Heteragrion erythrogastrum* Selys, 1886 (Zygoptera: Megapodagrionidae). Odonatologica 21: 361-365.

Ramírez, A. (1994). Descripción e historia natural de las larvas de odonatos de Costa Rica. III: *Gynacantha tibiata* (Karsch 1891) (Anisoptera, Aeshnidae). Bull. Am. Odonatol. 2: 9-14.

Ramírez, A. (1995). Descripción e historia natural de las larvas de odonatos de Costa Rica. IV: *Mecistogaster ornata* (Rambur, 1842) (Zygoptera, Pseudostigmatidae). Bull. Am. Odonatol. 3: 43-47.

Ramírez, A. (1997). Description and natural history of the Costa Rican Odonata larvae. 5. *Megaloprepus caerulatus* (Drury, 1782) (Zygoptera: Pseudostigmatidae). Odonatologica 26: 75-81.

Ramírez, A., and Novelo-Gutiérrez, R. (1994). Megapodagrionidae (Odonata: Zygoptera) de Mexico y Centroamerica I. Las náyades de *Philogenia carrillica, P. peacocki* y *P. terraba*. Acta Zool. Mex., N.S., 63: 61-73.

Rankin, M.A., McAnelly, M.L., and Bodenheimer, J.E. (1986). The oogenesis-flight syndrome revisited. In Danthanarayama, W. (ed.), "Insect flight: dispersal and migration," pp. 27-48. Springer-Verlag, London.

Ratcliffe, D.A. (1976). Thoughts towards a philosophy of nature conservation. Biol. Conservation 9: 45-53.

Raven, P.J. (1987). Odonate recovery following a major pesticide insecticide pollution of the River Roding, Essex. JBDS 3: 37-44.

Ray, J. (1710). "Historia insectorum." Churchill, London.

Ray, J. (1768). A compleat collection of English proverbs…to which is added: A collection of English words not generally used…Otridge, London.

Rayor, L.S. (1983). Letter, 5 April.

Rayor, L.S. (1988). Pseudostigmatid dragonfly predation on spider prey: foraging habits and prey "risk assessment." Proc. 18th Int. Congr. Entomol., Vancouver: 217 (abstract only). [OdA 6509.]

Read, B.E. (1977). "Chinese materia medica. Insect drugs, dragon and snake drugs, fish drugs." Vol. 2. Southern Material Center, Taipei. [OdA 2870.]

Reder, G. (1992). Schlüpfnachweis der 2. Generation der Frühen Heidelibelle—*Sympetrum fonscolombei* (Selys, 1840)—in Rheinland-Pfalz (Insecta: Odonata). Fauna Flora Rheinland-Pfalz 6: 1157-1161. [OdA 8874.]

Rees, G. (1973). Cysticercoids of three species of *Tatria* (Cyclophyllidae: Amabiliidae) including *T. octacantha* sp. n. from the haemocoele of the damselfly nymphs *Pyrrhosoma nymphula*, Sulz. and *Enallagma cyathigerum*, Charp. Parasitology 66: 423-446. [OdA 937.]

Rehfeldt, G. (1986a). Libellen als Indikatoren des Zustandes von Fliessgewässern des nordwestdeutschen Tieflandes. Arch. Hydrobiol. 108: 77-95. [OdA 5756.]

Rehfeldt, G. (1986b). Verteilung und Verhalten von Segelibellen (Odonata: Libellulidae) während der Trockenzeit in Regenwäldern Panamas. Amazoniana 10: 57-62. [OdA 5902.]

Rehfeldt, G.E. (1989a). The influence of male interference on female perching behaviour before and during oviposition in libellulid dragonflies (Anisoptera). Odonatologica 18: 365-372.

Rehfeldt, G. (1989b). Female arrival at the oviposition site in *Platycypha caligata* (Selys): temporal patterns and relation to male activity (Zygoptera: Chlorocyphidae). AOd 4: 89-93.

Rehfeldt, G.E. (1990). Anti-predator strategies in oviposition site selection of *Pyrrhosoma nymphula* (Zygoptera: Odonata). Oecologia 85: 233-237.

Rehfeldt, G.E. (1991a). The upright male position during oviposition as an anti-predator response in *Coenagrion puella* (L.) (Zygoptera: Coenagrionidae). Odonatologica 20: 69-74.

Rehfeldt, G.E. (1991b). Site-specific mate-finding strategies and oviposition behavior in *Crocothemis erythraea* (Brullé) (Odonata: Libellulidae). J. Insect Behav. 4: 293-303. [OdA 7998.]

Rehfeldt, G.E. (1992a). Aggregation during oviposition and predation risk in *Sympetrum vulgatum* L. (Odonata: Libellulidae). BES 30: 317-322.

Rehfeldt, G. (1992b). Impact of predation by spiders on a territorial damselfly (Odonata: Calopterygidae). Oecologia 89: 550-556. [OdA 8436.]

Rehfeldt, G.E. (1993). Heterospecific tandem formation in *Sympetrum depressiusculum* (Selys) (Anisoptera: Libellulidae). Odonatologica 22: 77-82.

Rehfeldt, G. (1994a). Natural predators of imaginal dragonflies and their influence on reproductive systems and population dynamic. [English version of Rehfeldt 1995; unpub. ms.]

Rehfeldt, G.E. (1994b). Natürliche Feinde adulter Libellen und ihr Einfluss auf Fortpflanzungssysteme und Populationsdynamik. HabilitationsSchr. (thesis), Techn. Univ. Braunschweig, Germany. [OdA 10123.]

Rehfeldt, G. (1995). Natürliche Feinde, Parasiten und Fortpflanzen von Libellen. Wolfram Schmidt, Braunschweig.

Rehfeldt, G.E. (1996). Copulation, oviposition site selection and predation risk in the dragonfly species *Crocothemis erythraea* (Odonata: Libellulidae). Entomol. Gen. 20: 263-270. [OdA 10893.]

Rehfeldt, G.E., and Hadrys, H. (1988). Interspecific competition in sympatric *Sympetrum sanguineum* (Müller) and *S. flaveolum* (L.) (Anisoptera: Libellulidae). Odonatologica 17: 213-225.

Rehfeldt, G.E., Keserü, E., and Weinheber, N. (1993). Opportunistic exploitation of prey in the libellulid dragonfly *Orthetrum cancellatum* (Odonata: Libellulidae). Zool. Jb. Syst. 120: 441-451.

Reichholf, J. (1973). Amigration of *Pantala flavescens* (Fabricius, 1798) along the shore of Santa Catarine, Brazil (Anisoptera: Libellulidae). Odonatologica 2: 121-124.

Reid, G.K. (1961). "Ecology of inland waters and estuaries." Van Nostrand Reinhold, New York.

Reimchen, T.E. (1980). Spine deficiency and polymorphism in a population of *Gasterosteus aculeatus*: an adaptation to predators? CJZ 58: 1232-1244.

Reinhardt, K., and Möller, S. (1996). Libellen als Beute von Eidechsen: eine Übersicht. Libellula 15: 93-100.

Reist, J.D. (1980). Predation upon pelvic phenotypes of brook stickleback, *Culaea inconstans*, by selected invertebrates. CJZ 58: 1253-1258. [OdA 3192.]

Resh, V.H. (1983). Spatial differences in the distribution of benthic macroinvertebrates along a springbrook. Aquat. Insects 5: 193-200. [OdA 4539.]

Reygrobellet, J.L., and Castella, E. (1987). Some observations on the utilization of groundwater habitats by Odonata larvae in an astatic pool of the Rhône alluvial plain (France). AOd 3: 127-134.

Richard, G. (1960). Les bases sensorielles du comportement de capture des proies par diverses larves d'odonates. J. Psychol. Norm. Pathol. 1: 95-107.

Richard, G. (1961a). Contribution à l'étude éthologique des odonates. Proc. 11th Int. Congr. Entomol., Vienna, 1: 604-607.

Richard, G. (1961b). Ontogenèse du comportement chez diverse larves d'odonates. Congr. Psychol. Archacon., Rennes, 1961: 1-6.

Richard, G. (1970). New aspects of the regulation of predatory behaviour of Odonata nymphs. In Aronson, L.R., Tobach, E., Lehrman, D.S. and Rosenblatt, J.S. (eds.), "Development and evolution of behavior. Essays in memory of T. C. Schneirla," pp. 435-451. Freeman, San Francisco.* Cited by Caillère 1972.

Richard, J., Chabaud, A.G., and Brygoo, E.R. (1968). Notes sur la morphologie et la biologie des trematodes digenes parasites des grenouilles du Jardin de l'Institut Pasteur à Tananarive. Arch. Inst. Pasteur Madagascar 37: 31-52. [BsA 123297.]

Richards, A.G. (1963). The ventral diaphragm of insects. J. Morphol. 113: 17-48. [BsA 4044.]

Richards, O.W., and Davies, R.G. (1977a). "Imms'general textbook of entomology." Vol. 1. 10th ed. Chapman and Hall, London.

Richards, O.W., and Davies, R.G. (1977b). "Imms'general textbook of entomology." Vol. 2. 10th ed. Chapman and Hall, London.

Richards, S.[J.], and Bull, C.M. (1990a). Non-visual detection of anuran tadpoles by odonate larvae. J. Herpetol. 24: 311-313. [OdA 7679.]

Richards, S.J., and Bull, C.M. (1990b). Size-limited predation on tadpoles of three Australian frogs. Copeia 1990: 1041-1046.

Richards, S.J., and Rowe, R. (1994). Australian dragonfly research: Northern Queensland. Kimminsia 5 (1): 7-8.

Richardson, J.M.L., and Anholt, B.R. (1995). Ontogenetic behaviour changes in larvae of the damselfly *Ischnura verticalis* (Odonata: Coenagrionidae). Ethology 101: 308-334. [OdA 10825.]

Richardson, J.M.L., and Baker, R.L. (1996). Function of abdomen wave behavior in larval *Ischnura verticalis* (Odonata: Coenagrionidae). J. Insect Behav. 9: 183-195. [OdA 10894.]

Richardson, R.A. (1953). [Report on a bird dragged along by its *Aeshna* prey.] Countryman 48: 149.

Ridley, M. (1989). The incidence of sperm displacement in insects: four conjectures, one corroboration. BJLS 38: 349-367. [OdA 7151.]

Riek, E.F., and Kukalová-Peck, J. (1984). A new interpretation of dragonfly wing venation based upon Early Upper Carboniferous fossils from Argentina (Insecta: Odonatoidea) and basic character states in pterygote wings. CJZ 62: 1150-1166. [OdA 4786.]

Riexinger, W.-D., Foote, D., and Stone, C.P. (1992). Comparative population ecology of *Megalagrion* damselflies inside and outside feral pig exclosures in wet forests of Hawaii Volcanoes National Park. Bull. Ecol. Soc. Am., Suppl., 73: 323 (abstract only). [OdA 8974.]

Ris, F. (1904). Odonaten [Odonata from South America]. Hamburger Magalhaensische Sammelreise, etc. 7(3): 1-44. Friederichsen, Hamburg.

Ris, F. (1912). Neue Libellen von Formosa, Südchina, Tonkin und den Philippinen. Supplta. Entomol. 1: 44-85.

Ris, F. (1913). Neuer Beitrag zur Kenntnis der Odonatenfauna von Argentina. Mem. Soc. Entomol. Belg. 22: 55-102.

Ris, F. (1922). Über die Libellen *Sympetrum striolatum* und *S. meridionale* in den Alpen. Schweiz. Entomol. Anz. 1: 28-30.

Ritchie, S.A., and Laidlaw-Bell, C. (1994). Do fish repel oviposition by *Aedes taeniorhynchus*? J. Am. Mosquito Control Assoc. 10: 380-384.

Rivard, D., and Pilon, J.-G. (1978). Étude de la croissance postembryonnaire de *Enallagma vernale* Gloyd (Zygoptera: Coenagrionidae): discussion sur les phases de croissance. Odonatologica 7: 147-157.

Rivière, F. (1984). PCm, January.

Rivosecchi, L., and Zanin, E. (1983). Contributo alla conoscenza dei simulidi Italiani. XXV—Focolai larvali di *Simulium reptans* (L.) e *Simulium voilense* Serban e attaco massivo al bestiame in Provincia di Trento. Riv. Parassitol. 44: 17-35.

Roback, S.S. (1966). The Catherwood Foundation Peruvian-Amazon Expedition V—Odonata nymphs. Monogr. Acad. Nat. Sci. Phila. 14: 75-127.

Robert, P.-A. (1939). Contribution à l'étude des libellules. L'Anax empereur (*Anax imperator* Leach seu *formosus* Vanderl.). Bull. Soc. Neuchâtel Sci. Nat. 64: 39-61.

Robert, P.-A. (1958). "Les libellules (odonates)." Delachaux et Niestlé, Neuchâtel.

Robertson, H.M. (1982a). Mating behaviour and its relationship to territoriality in *Platycypha caligata* (Selys) (Odonata: Chlorocyphidae). Behaviour 79: 11-27.

Robertson, H.M. (1982b). Courtship displays and mating behaviour of three species of Chlorocyphidae (Zygoptera). Odonatologica 11: 53-58.

Robertson, H.M. (1984). Pruinosity in odonates reflects U.V. NtO 2: 68-69.

Robertson, H.M. (1985). Female dimorphism and mating behaviour in a damselfly, *Ischnura ramburi*: females mimicking males. AnB 33: 805-809.

Robertson, H.M. (1989). The andromorph females of North American *Ischnura*. Abstr. 10th Int. Symp. Odonatol., Johnson City: 30. Oral.

Robertson, H.M., and Paterson, H.E.H. (1982). Mate recognition and mechanical isolation in *Enallagma* damselflies (Odonata: Coenagrionidae). Evolution 36: 243-250.

Robertson, H.M., and Tennessen, K.J. (1984). Precopulatory genital contact in some Zygoptera. Odonatologica 13: 591-595.

Robey, C.W. (1975). Observations on breeding behavior of *Pachydiplax longipennis* (Odonata: Libellulidae). Psyche 82: 89-96. [OdA 1188.]

Robinson, J.V. (1981). Observations on the reproductive behavior of *Enallagma traviatum* Selys (Zygoptera: Coenagrionidae). NtO 1: 118-120.

Robinson, J.V. (1983). Effects of water mite parasitism on the demographics of an adult population of *Ischnura posita* (Hagen) (Odonata: Coenagrionidae). AMN 109: 169-174. [OdA 4111.]

Robinson, J.V., and Allgeyer, R. (1996). Covariation in life-history traits, demographics and behaviour in ischnuran damselflies: the evolution of monandry. BJLS 58: 85-98. [OdA 11293.]

Robinson, J.V., and Frye, B.L. (1986). Survivorship, mating and activity pattern of adult *Telebasis salva* (Hagen) (Zygoptera: Coenagrionidae). Odonatologica 15: 211-217.

Robinson, J.V., and Wellborn, G.A. (1987). Mutual predation in assembled communities of odonate species. Ecology 68: 921-927. [OdA 5950.]

Robinson, J.V., Dickerson, J.E., and Bible, D.R. (1983). The demographics and habitat utilization of adult *Argia sedula* (Hagen) as determined by mark-recapture analysis (Zygoptera: Coenagrionidae). Odonatologica 12: 167-172.

Robinson, J.V., Shaffer, L.R., Hagemeier, D.D., and Smatresk, N.J. (1989). The role of gill autotomy in intraspecific interactions among *Ischnura posita*. Abstr. 10th Int. Symp. Odonatol., Johnson City: 30.

Robinson, J.V., Hayworth, D.A., and Harvey, M.B. (1991a). The effect of caudal lamellae loss on swimming speed of the damselfly *Argia moesta* (Hagen) (Odonata: Coenagrionidae). AMN 125: 240-244.

Robinson, J.V., Shaffer, L.R., Hagemeier, D.D., and Smatresk, N.J. (1991b). The ecological role of caudal lamellae loss in the larval damselfly, *Ischnura posita* (Hagen) (Odonata:

Zygoptera). Oecologia 87: 1-7.
Robinson, M.H., and Olazarri, J. (1971). Units of behavior and complex sequences in the predatory behavior of *Argiope argentata* (Fabricius): (Araneae: Araneidae). Smithson. Contrib. Zool. 65: 1-36.
Robinson, M.H., and Robinson, B. (1970). Prey caught by a sample population of the spider *Argiope argentata* (Araneae: Araneidae) in Panama: a year's census data. ZJLS 49: 345-357.
Robinson, M.H., and Robinson, B. (1973). Ecology and behavior of the giant wood spider *Nephila maculata* (Fabricius) in New Guinea. Smithson. Contrib. Zool. 149: 1-76.
Robinson, M.H., and Valerio, C.E. (1977). Attacks on large or heavily defended prey by tropical salticid spiders. Psyche 84: 1-10.
Rockwood, J.P., and Coler, R.A. (1991). The effect of aluminium in soft water at low pH on water balance and hemolymph ionic and acid-base regulation in the dragonfly *Libellula julia* Uhler. Hydrobiologia 215: 945-952. [OdA 8263.]
Rodrígues-Capítulo, A. (1983). La ninfa de *Phyllocycla argentina* (Hagen in Selys) 1878 (Odonata, Gomphidae). Rev. Soc. Entomol. Argent. 42: 267-271. [OdA 4541.]
Rodrígues-Capítulo, A. (1992). "Los Odonata de la Republica Argentina (Insecta)." Consejo Nacional de Investigaciones Científicas y Técnicas de la República Argentina.
Rodrígues-Capítulo, A., and Muzón, J. (1990). The larval instars of *Orthemis nodiplaga* Karsch, 1891 from Argentina (Anisoptera: Libellulidae). Odonatologica 19: 283-291.
Rogatin, A.B., and Bayzhanov, M. (1984). [Laboratory study of the effect of an experimental series of a bacterial preparation of *Bacillus thuringiensis* (serotype 14) on various groups of hydrobionts.] IR. Izv. Akad. Nauk Kazakh. SSR (Biol.) 1984 (6): 22-25. [OdA 5363.]
Rohde, K. (1992). Latitudinal gradients in species diversity: the search for the primary cause. Oikos 65: 514-527.
六山正孝 (1961). ウスバキトンボの交尾産卵例. Tombo 4 (3-4): 27.
六山正孝 (1963). 11月におけるウスバキトンボの羽化. Tombo 6 (1-2): 11.
六山正孝・広瀬欽一 (1965). びわ湖の蜻蛉類の生態と分布. 日本生態学会誌 16 (2): 52-60.* 井上 1979bで引用され, 口頭で補足された. [BsA 59450.]
Rolff, J., and Martens, A. (1997). Completing the life cycle: detachment of an aquatic parasite (*Arrenurus cuspidator*, Hydrachnellae) from an aerial host (*Coenagrion puella*, Odonata). CJZ 75: 655-659. [OdA 11613.]
Rondeletius, G. (1554). "Libri de piscibus marinis." Bonhomme, Lyon.
Root, F.M. (1912). Dragonflies collected at Point Pelee and Pelee Island, Ontario, in the summers of 1910 and 1911. CnE 44: 208-209.
Rosenberg, D.[M.] (1972). A chironomid (Diptera) larva attached to a libellulid (Odonata) larva. Quaest. Entomol. 8: 3-4. [BsA 31848.]
Rosenberg, D.M. (1975). Fate of Dieldrin in sediment, water vegetation, and invertebrates of a slough in central Alberta, Canada. Quaest. Entomol. 11: 69-96.
Rosenberg, D.M., and Snow, N.B. (1975). Ecological studies of aquatic organisms in the Mackenzie and Porcupine River drainages in relation to sedimentation. Environ. Canada, Fish. Mar. Serv. Tech. Rep. 547, xiv + 86 pp.
Roset, J.-P. (1989). Ten thousand years ago in the Sahel. Courier, Brussels 116 (July-August): 93-98.
Rosowski, J.H., and Willey, R.L. (1975). *Colacium libellae* sp. nov.
(Euglenophyceae), a photosynthetic inhabitant of the larval damselfly rectum. J. Phycol. 11: 310-315. [OdA 1382.]
Ross, Q.E. (1971). The effect of intraspecific interactions on the growth and feeding behavior of *Anax junius* (Drury) naiads. DrT, Michigan State Univ., Ann Arbor.
Rostand, J. (1935). "La vie des libellules." Delamain et Boutelleau, Paris.
Rota, E., and Carchini, G. (1988). Considerations on an autumn record of *Lestes* larvae in Italy (Zygoptera: Lestidae). NtO 3: 9-13.
Rowe, G.W., and Harvey, I.F. (1985). Information content in finite sequences: communication between dragonfly larvae. J. Theor. Biol. 116: 275-290. [OdA 5519.]
Rowe, R.J. (1978). *Ischnura aurora* (Brauer), a dragonfly with unusual mating behaviour (Zygoptera: Coenagrionidae). Odonatologica 7: 375-383.
Rowe, R.J. (1979). A method for marking aquatic insect larvae. Mauri Ora 7: 143-145.
Rowe, R.J. (1980). Territorial behaviour of a larval dragonfly *Xanthocnemis zealandica* (McLachlan) (Zygoptera: Coenagrionidae). Odonatologica 9: 285-292.
Rowe, R.J. (1982). Letter, 16 November.
Rowe, R.J. (1985a). A taxonomic revision of the genus *Xanthocnemis* (Odonata: Coenagrionidae) and an investigation of the larval behaviour of *Xanthocnemis zealandica*. DrT, Univ. Canterbury, New Zealand.
Rowe, R.J. (1985b). Intraspecific interactions of New Zealand damselfly larvae I. *Xanthocnemis zealandica*, *Ischnura aurora*, and *Austrolestes colensonis* (Zygoptera: Coenagrionidae: Lestidae). NZJZ 12: 1-15. [OdA 5281.]
Rowe, R.J. (1987a). "The dragonflies of New Zealand." Auckland Univ. Press, New Zealand.
Rowe, R.J. (1987b). Predatory versatility in a larval dragonfly, *Hemianax papuensis* (Odonata: Aeshnidae). JZL 211: 193-207.
Rowe, R.J. (1988). Alternative oviposition behaviours in three New Zealand corduliid dragonflies: their adaptive significance and implications for male mating tactics. ZJLS 92: 43-66. [OdA 6726.]
Rowe, R.J. (1989). Letter, 12 February.
Rowe, R.J. (1990a). Territorial sites as refuges from predators in a larval damselfly *Xanthocnemis zealandica* (McLachlan) (Odonata: Coenagrionidae). Unpub. Ms.
Rowe, R.J. (1990b). Letter, 26 September.
Rowe, R.J. (1991). Larval development and emergence in *Hemianax papuensis* (Burmeister) (Odonata: Aeshnidae). J. Aust. Entomol. Soc. 30: 209-215.
Rowe, R.J. (1992a). Ontogeny of agonistic behaviour in the territorial damselfly larvae, *Xanthocnemis zealandica* (Zygoptera: Coenagrionidae). JZL 226: 81-93. [OdA 8438.]
Rowe, R.J. (1992b). Agonistic behaviour in final-instar larvae of *Austrolestes colensonis* (Odonata: Lestidae). NZJZ 19: 1-5.
Rowe, R.J. (1993a). PCm.
Rowe, R.J. (1993b). Agonistic behaviour in full-grown larvae of the damselfly *Diphlebia euphaeoides* Odonata: Amphipterygidae). JZL 229: 1-15. [OdA 9165.]
Rowe, R.J. (1993c). Letter, 28 February.
Rowe, R.J. (1993d). Letter, 21 June.
Rowe, R.J. (1993e). Letter, 12 September.
Rowe, R.J. (1994). Predatory behaviour and predatory versatility in young larvae of the dragonfly *Xanthocnemis zealandica* (Odonata, Coenagrionidae). NZJZ 21: 151-166. [OdA 10514.]
Rowe, R.J. (1995). PCm, includes August.
Rowe, R.J., and Winterbourn, M.J. (1981). Observations on the

body temperature and temperature-associated behaviour of three New Zealand dragonflies. Mauri Ora 9: 15-23.

Rowe, R.J., Watson, J.A.L., and Yule, C. (1992). A new type of odonate gill in the larva of *Lieftinckia kimminsi* Lieftinck, a megapodagrionid damselfy. Unpub. Ms.

Rubtsov, I.A., and Pavlyuk, R.S. (1972). [Mermithids (Nematoda, Mermithidae)—parasites of dragonflies in the western region of the Ukraine.] IR ES. Vest. Zool. (Kiev) 5: 34-42. [OdA 347.]

Rudolph, D.C., and Fisher, C.D. (1993). Swainson's hawk predation on dragonflies in Argentina. Wilson Bull. 105: 365-366.

Rudolph, R. (1976a). Preflight behaviour and the initiation of flight in tethered and unrestrained dragonfly, *Calopteryx splendens* (Harris) (Zygoptera: Calopterygidae). Odonatologica 5: 59-64.

Rudolph, R. (1976b). Die Libellenfauna des NSG Steinbruch Vellern. Natur und Heimat 36: 25-28.

Rudolph, R. (1976c). Die aerodynamischen Eigenschaften von *Calopteryx splendens* (Harris) (Zygoptera: Calopterygidae). Odonatologica 5: 383-386.

Rudolph, R. (1978). Notes on the dragonfly fauna of very small pools near Münster, Westfalia, German Federal Republic. NtO 1: 11-14.

Rudolph, R. (1979a). Swimming in libellulid larvae. Abstr. 5th Int. Symp. Odonatol., Montreal: 30.

Rudolph, R. (1979b). Bemerkungen zur Ökologie von *Ischnura pumilio* (Charpentier) (Zygoptera: Coenagrionidae). Odonatologica 8: 55-61.

Rudolph, R. (1985). Libellen als Beute von Vögeln. Libellula 4: 175-180.

Rudow, F. (1898). Entomologische Notizen. Soc. Entomol. (Stuttgart) 13 (11): 83.

Rueger, M.E., Olson, T.A., and Scofield, J.I. (1969). Oxygen requirements of benthic insects as determined by manometric and polarographic techniques. Water Res. 3: 99-120. [BsA 79330.]

Runck, C., and Blinn, D.W. (1991). Effect of vegetational refuges on invertebrate predation rate. BNABS 8: 80 (abstract only). [OdA 7866.]

Rüppell, G. (1984). *Rana esculenta* (Ranidae)—Beuterwerb. Publ. Wiss. Filmen 16 (31) (Film E 2819): 3-14.

Rüppell, G. (1985). Kinematic and behavioural aspects of flight of the male banded agrion, *Calopteryx* (*Agrion*) *splendens* L. In Gewecke, M., and Wendler, G. (eds.), "Insect locomotion," pp. 195-204. Verlag Paul Parey, Berlin.

Rüppell, G. (1989a). Kinematic analysis of symmetrical flight manoeuvres of Odonata. JEB 144: 13-42. [OdA 7035.]

Rüppell, G. (1989b). Fore legs of dragonflies used to repel males. Odonatologica 18: 391-396.

Rüppell, G. (1990). Cinefilm and oral commentary presented at meeting of British Dragonfly Society, Oxford, November.

Rüppell, G. (1992). Cinefilm and oral commentary presented at meeting of British Dragonfly Society, Oxford, November.

Rüppell, G., and Fincke, O. (1989). *Mecistogaster ornatus* (Pseudostigmatidae): Flugverhalten und Nahrungserwerb. Publ. Wiss. Filmen (Biol.) 20 (7): 3-15. [OdA 7152.]

Rüppell, G., and Hadrys, H. (1987). *Anax junius* (Aeschnidae): Eiablage und Konkurrenz der Männchen um die Weibchen. Publ. Wiss. Film. (Biol.) 19 (22): 1-12. [OdA 6347.]

Rüppell, G., and Hilfert, D. (1993a). The flight of the relict dragonfly *Epiophlebia superstes* (Selys) in comparison with that of the modern Odonata (Anisozygoptera: Epiophlebiidae). Odonatologica 22: 295-309.

Rüppell, G., and Hilfert, D. (1993b). Dragonflies—life in flight. Cinefilm and commentary presented at 12th Int. Symp. Odonatol., Osaka.

Rüppell, G., and Hilfert, D. (1994). Cinefilm and oral commentary presented at meeting of British Dragonfly Society, Cambridge, November.

Rüppell, G., and Hilfert, D. (1995a). Oviposition in triple connection of *Sympetrum frequens* (Selys). Tombo 38: 33-35.

Rüppell, G., and Hilfert, D. (1995b). Studies on *Calopteryx haemorrhoidalis* and other dragonflies. [Film.] Abstr. 13th Int. Symp. Odonatol., Essen: 46. Oral.

Rüppell, G., and Hilfert, D. (1996). Letter, received 28 August, and letters dated 25 September and 2 October.

Rüppell, G., Rudolph, R., and Hadrys, H. (1987). *Argia moesta* (Coenagrionidae): Verhalten bei der Eiablage in der Gruppe. Publ. Wiss. Filmen (Biol.) 19 (20): 1-9. [OdA 6152.]

Rupprecht, R. (1975). The dependence of emergence-period in insect larvae on water temperature. Verh. Int. Verein. Limnol. 19: 3057-3063.

Russev, B. (1977). Die Struktur der benthalen Zoozönosen im bulgarischen Donauabschnitt und ihre Wandlungen unter Einwirkung des Menschen. Hydrobiology, Sofia 5: 81-88. [OdA 1924.]

Ryazanova, G.I. (1988). Factors responsible for the spatial structure of a community of pre-imaginal forms of a predator, as exemplified by the Transcarpathian populations of the larvae of *Calopteryx splendens* (Harris) (Odonata). Kurzfass. Vortr. 12th Int. Symp. Entomofaunistik Mitteleuropa, Kiev: 139. [OdA 6514.]

Ryazanova, G.I. (1996). Intraspecific interactions of larval odonates. Abstr. 20th Int. Congr. Entomol., Florence: 350. [OdA 11134.]

Ryshavy, B., and Vojtkova, L. (1978). Zur Kenntnis der Larven der Art *Tatria decacantha* Fuhrmann, 1913 in der CSSR. Ser. Fac. Sci. Nat. Ujep Brunensis (Biol.) 2: 81-89. [OdA 2680.]

Sadyrin, V.M. (1977). [Daily ration of dragonfly (*Coenagrion armatum* Charp.) larvae under experimental conditions.] IR ES. Gidrobiol. Zh. 13: 22-24. [OdA 2191.]

Sage, B.L. (1960). Notes on the Odonata of Iraq. Iraq Nat. Hist. Mus. Publ. 18: 1-11.

Sahlén, G. (1989). Some Swedish dragonflies and their eggs. Cinefilm and commentary presented at 10th Int. Symp. Odonatol., Johnson City.

Sahlén, G. (1993a). Letter, 3 September.

Sahlén, G. (1993b). Some dragonflies and their environments in Sweden. Cinefim and commentary presented at 12th Int. Symp. Odonatol., Osaka.

Sahlén, G. (1994a). Ultrastructure of the eggshell of *Aeshna juncea* (L.) (Odonata: Aeshnidae). Int. J. Insect Morphol. Embryol. 23: 345-354.

Sahlén, G. (1994b). Ultrastructure of the eggshell and micropylar apparatus in *Somatochlora metallica* (Vander L.), *Orthetrum cancellatum* (L.) and *Sympetrum sanguineum* (Müll.) (Anisoptera: Corduliidae, Libellulidae). Odonatologica 23: 255-269.

Sahlén, G. (1994c). [The dragonfly, *Somatochlora sahlbergi* Trybom, 1889, found in northern Sweden (Odonata, Corduliidae).] IS ES. Entomol. Tidskr. 115: 137-142. [OdA 10240.]

Sahlén, G. (1995a). The insect eggshell: ultrastructure, organisation and adaptive traits in Odonata and Diptera. DrT, Univ. Uppsala, Sweden. [OdA 10463.]

Sahlén, G. (1995b). Eggshell ultrastructure in *Onychogomphus forcipatus unguiculatus* (Vander Linden) (Odonata: Gomphidae). J. Insect Morphol. Embryol. 24: 281-286. [OdA 10311.]

Sahlén, G. (1995c). Transmission electron microscopy of the

eggshell in five damselflies (Zygoptera: Coenagrionidae, Megapodagrionidae, Calopterygidae). Odonatologica 24: 311-318.
St. Quentin, D. (1934). Beobachtungen und Versuche an Libellen in ihren Jagdrevieren. Konowia 13: 275-282.
St. Quentin, D. (1961). Putzvorgänge bei Libellen. Z. Arbeitsgemeinschaft Österr. Entomol. 13: 28-29.
St. Quentin, D. (1964). Territorialität bei Libellen (Odonata): Ergebnisse und Ausblicke. Mitt. Münchner Entomol. Ges., E.V., 54: 162-180. [BsA 77875.]
St. Quentin, D. (1973). Results of the Austrian-Ceylonese Hydrobiological Mission 1970 of the 1st Zoological Institute of the University of Vienna (Austria) and the Department of Zoology of the University of Ceylon Viyalankara Campus, Kelaniya. Part XII: Contributions to the ecology of the larvae of some Odonata from Ceylon. Bull. Fish. Res. Stn., Sri Lanka 24: 113-124.
Sakagami, S.F., Ubukata, H., Iga, M., and Toda, M.J. (1974). Observations on the behavior of some Odonata in the Bonin Islands, with considerations on the evolution of reproductive behavior in Libellulidae. J. Fac. Sci., Hokkaido Univ., Ser. 6, Zool. 19: 722-757.
桜井 浩 (1994). トンボタケがルリボシヤンマに寄生. 月刊むし (284): 36-37. [OdA 9916.]
Salowsky, A.S. (1989). Untersuchungen zum Larvenbiotop von *Cordulegaster bidentatus* in Waldbachen um Freiburg i. Br. (Ein Beitrag zur Biologie von *C. bidentatus*). DpT, Albert-Ludwigs-Univ., Freiburg, Germany. [OdA 8476.]
Samman, J., and Thomas, M.P. (1978). Effect of an organophosphorus insecticide, Abate, used in the control of *Simulium damnosum* on non-target benthic fauna. Int. J. Environ. Stud. 12: 141-144. [OdA 2611.]
Samraoui, B. (1991). PCm, 17 June.
Samraoui, B. (1993). PCm, August.
Samraoui, B. (1994). Letter, 7 December.
Samraoui, B., Benyacoub, S., Mecibah, S., and Dumont, H.J. (1993). Afrotropical libellulids in the lake district of El Kala, NE Algeria, with a rediscovery of *Urothemis e. edwardsi* (Selys) and *Acisoma panorpoides ascalaphoides* (Rambur) (Anisoptera: Libellulidae). Odonatologica 22: 365-372.
Samraoui, B., Bouzid, S., Boulahbal, R., and Corbet, P.S. (1998). Postponed reproductive maturation in upland refuges maintains life-cycle continuity during the hot dry season in Algerian dragonflies (Anisoptera). Int. J. Odonatol. 1: 119-135.
Samways, M.J. (1989a). Taxon turnover in Odonata across a 3000m altitudinal gradient in southern Africa. Odonatologica 18: 263-274.
Samways, M.J. (1989b). Insect conservation and the disturbance landscape. Agric., Ecosystems and Environ. 27: 183-194. [OdA 7251.]
Samways, M.J. (1989c). Farm dams as nature reserves for dragonflies (Odonata) at various altitudes in the Natal Drakensberg mountains, South Africa. Biol. Conserv. 48: 181-187. [OdA 6893.]
Samways, M.J. (1993). Dragonflies (Odonata) in taxic overlays and biodiversity conservation. In Gaston, K.J., New, T.R., and Samways, M.J. (eds.), "Perspectives on insect conservation," pp. 111-123. Intercept Press, Andover, U.K. [OdA 9677.]
Samways, M.J. (1994a). "Insect conservation biology." Chapman and Hall, London.
Samways, M.J. (1994b). "Sailing" on the water surface by adult male *Enallagma nigridorsum* Selys (Zygoptera: Coenagrionidae). Odonatologica 23: 175-178.
Samways, M.J. (1995). Conservation of the threatened, endemic dragonflies of South Africa. In Corbet, P.S., Dunkle, S.W., and Ubukata, H. (eds.), "Proceedings of the International Symposium on the Conservation of Dragonflies and Their Habitats," pp. vii, 8-15. Jap. Soc. Preserv. Birds, Kushiro.
Samways, M.J., and Caldwell, P. (1989). Flight behaviour and mass feeding swarms of *Pantala flavescens* (Fabricius) (Odonata: Anisoptera: Libellulidae). J. Entomol. Soc. S. Afr. 52: 326-327. [OdA 7036.]
Samways, M.J., and Osborn, R. (1998). Divergence in a transoceanic pantropical dragonfly on a remote island. J. Biogeogr. 25: 935-946.
Samways, M.J., and Steytler, N.S. (1996). Dragonfly (Odonata) distribution patterns in urban and forest landscapes, and recommendations for riparian management. Biol. Conserv. 78: 279-288. [OdA 11533.]
Samways, M.J., Carchini, G., and Di Domenico, M. (1992). Description of the larva of *Lestes virgatus* (Burmeister) and comparisons with some other South African Lestidae (Zygoptera). Odonatologica 21: 505-513.
Samways, M.J., Carchini, G., and Di Domenico, M. (1993). The last instar larvae of the southern African endemics *Aeshna minuscula* McLachlan, 1896 and *A. subpupillata* McLachlan, 1896 (Anisoptera: Aeshnidae). Odonatologica 22: 83-88.
Sanborn, A.F. (1996). The cicada *Diceroprocta delicata* (Homoptera: Cicadidae) as prey for the dragonfly *Erythemis simplicicollis* (Anisoptera: Libellulidae). Fla. Entomol. 79: 69-70. [OdA 10898.]
Sanders, H.O., and Walsh, D.F. (1975). Toxicity and residue dynamics of the lampricide 3-Trifluoromethyl-4-nitrophenol (TFM) in aquatic invertebrates. U.S. Dept. Inter., Fish Wildl. Serv., Invest. Fish Control 59: 1-9.
Sanders, H.O., Mayer, F.L., and Walsh, D.F. (1973). Toxicity, residue dynamics, and reproductive effects of phthalate esters in aquatic invertebrates. Environ. Res. 6: 84-90.
Sangal, S.K., Bhandari, P., and Saxena, A. (1994). Reproductive behaviour of *Orthetrum sabina sabina* (Drury) and *Neurothemis intermedia intermedia* (Rambur) (Anisoptera: Libellulidae). In Srivastava, V.K. (ed.), "Advances in Oriental odonatology," pp. 63-68. Cherry Publications, Allahabad.
山陰むしの会 (1993). 山陰のトンボ. 山陰中央新報社, 松江.
Sant, G.J., and New, T.R. (1988). The biology and conservation of *Hemiphlebia mirabilis* Selys (Odonata, Hemiphlebiidae) in Southern Victoria. Arthur Rylah Inst. Environ. Res. Tech. Rep. 82: 1-35.
Sant, G.J., and New, T.R. (1989). Behaviour of last instar *Austrolestes psyche* (Selys) larvae (Odonata: Lestidae). Aust. Entomol. Mag. 16: 63-68. [OdA 7155.]
Santos, N.D. (1966a). Noyas sôbre a ninfa de *Oxyagrion brevistigma* Selys 1876 (Odonata, Coenagriidae). Atas Soc. Biol. Rio de Janeiro 10: 101-103.
Santos, N.D. (1966b). Contribuição ao conhecimento da região de Poços de Caldas, MG, Brasil. *Roppaneura beckeri* gen. nov., sp. nov. (Odonata Protoneuridae). Bol. Mus. Nac. Rio de Janiero, N.S., Zool. 256: 1-5.
Santos, N.D. (1966c). Contribuição ao conhecimento da fauna do Estado da Guanabara. 56. Notas sobre Coenagriidae (Odonata) que se criam em bromélias. Atas Soc. Biol. Rio de Janeiro 10: 83-85.
Santos, N.D. (1968). Contribuição ao conhecimento da fauna do Estado da Guanabara. 61. Notas sobre a ninfa de *Progomphus complicatus* Selys, 1854 e seu imago (Gomphidae, Odonata). Atas Soc. Biol. Rio de Janeiro 11: 171-174.

Santos, N.D. (1972). Descrição da ninfa de *Peristicta aeneoviridis* Calvert, 1909 (Odonata: Protoneuridae). Atas Soc. Biol. Rio de Janeiro 15: 149-150.

Santos, N.D. (1973). Contribuição ao conhecimento da fauna da Guanabara e arredores. 81. Descrição da ninfa de *Triacanthagyna caribbea* Williamson, 1923 (Odonata: Aeshnidae). Atas Soc. Biol. Rio de Janeiro 16: 53-54.

Santos, N.D. (1981). Odonata. In Hurlbert, S.H., Rodríguez, G., and Santos, N.D. (eds.), "Aquatic biota of tropical South America." Part 1: "Arthropoda," pp. 64-85. San Diego State Univ., Press, California. [OdA 3728.]

Santos, N.D. (1988). Catálogo bibliográfico de ninfas de odonatos neotropicais (acompanhado de relação alfabetica de autores e seus trabalhos). Acta Amazon. 18: 265-350. [OdA 6943.]

Santos, N.D., and Costa, J.M. (1987). Descrição da ninfa da *Chalcopteryx rutilans* (Rambur, 1842) Selys, 1853 (Odonata: Polythoridae). Atas Soc. Biol. Rio de Janeiro 27: 1-4.

Santos, N.D., and Costa, J.M. (1988). The larva of *Heliocharis amazona* Selys, 1853 (Zygoptera: Heliocharitidae). Odonatologica 17: 135-139.

Santos, N.D., Costa, J.M., and Luz, J.R.P. (1987). Descrição da ninfa de *Gynacantha membranalis* Karsch, 1891 (Odonata: Gynacanthini) e notas sobre o imago. Anais Soc. Entomol. Brasil 16: 437-443. [OdA 6452.]

Santos, N.D., Costa, J.M., and Pujol-Luz, J.R. (1988). Nota sobre a ocorrência de odonatos em tanques de piscicultura e o problema da predação de alevinos pelas larvas. Acta Limnol. Brasil. 11: 771-780. [OdA 6516.]

Saouache, Y. (1993). Étude de la reproduction et du développement des odonates du Lac Tonga (El-Kala). MsT, Univ. Annaba, Algeria.

Sarkar, N.K., and Haldar, D.P. (1981). Observations on four new species of actinocephalid gregarines (Protozoa: Sporozoa) under a new genus *Odonaticola* from odonate insects. Arch. Protistenkd. 124: 288-302. [OdA 3651.]

Sarot, E.E. (1958). "Folklore of the dragonfly. A linguistic approach." Edizione di Storia e Letteratura, Rome.

笹原節男 (1993). 鹿児島県下で初記録のトンボ2種. Tombo 36 (1-4): 44.

佐田禎之助 (1979). 大牟田市におけるハネビロトンボの生活史. Tombo 22 (1-4): 17-21.

佐藤有恒 (1982). カワトンボとミヤマカワトンボの翅. インセクタリゥム 19: 34-35. [OdA 3790.]

佐藤有恒 (1984). アキアカネの群飛. 昆虫と自然 19 (8): 14-16. [OdA 6662.]

Sauer, F. (1981). Im Gespräch: die Bundesartenschutzverordnung. Tier and Naturfotografie 12 (5): 4. [OdA 3454.]

Saunders, D.S. (1976). "Insect clocks." Pergamon Press, Oxford.

Savage, S.B., Newman, B.G., and Wong, D.T.-M. (1979). The role of vortices and unsteady effects during the hovering flight of dragonflies. JEB 83: 59-77.

Savard, M. (1986). Observation sur le comportement du transfer spermatique exécuté en solitaire chez un mâle *Sympetrum obtrusum* (Hagen) (Anisoptera: Libellulidae). NtO 2: 125-127.

Sawada, K. (1995). Male's ability of sperm displacement during prolonged copulations in *Ischnura senegalensis* (Rambur) (Zygoptera: Coenagrionidae). Odonatologica 24: 237-244.

澤野十蔵 (1961). 田代岳 (秋田県) 盛夏の蜻蛉. Tombo 4 (3-4): 27-28.

Sawchyn, W.W. (1971). Environmental controls in the seasonal succession and synchronization of development in some pond species of damselflies (Odonata: Zygoptera). DrT, Univ. Saskatchewan, Saskatoon.

Sawchyn, W.W., and Church, N.S. (1973). The effects of temperature and photoperiod on diapause development in the eggs of four species of *Lestes* (Odonata: Zygoptera). CJZ 51: 1257-1265.

Sawchyn, W.W., and Gillott, C. (1974a). The life history of *Lestes congener* (Odonata: Zygoptera) on the Canadian prairies. CnE 106: 367-376.

Sawchyn, W.W., and Gillott, C. (1974b). The life histories of three species of *Lestes* (Odonata: Zygoptera) in Saskatchewan. CnE 106: 1283-1293.

Sawchyn, W.W., and Gillott, C. (1975). The biology of two related species of coenagrionid dragonflies (Odonata: Zygoptera) in western Canada. CnE 107: 119-128.

Sawkiewicz, L. (1989). An interesting method of collecting dragonflies. NtO 3: 45-46.

Sawyer, J.S. (1952). Memorandum on the intertropical front. Meteorol. Off. Rep. 2 (5): 1-14.

Saxena, P.N., and Saxena, S.C. (1986). Acute toxicity of O, O-dimethyl-S-bis (carboethoxy) ethyl phosphorodithioate to dragonfly (*Bradinopyga geminata*) larvae, the non-target insect species. Indian Biol. 18: 18-19. [OdA 6208.]

Saxena, S.C., and Yadav, R.S. (1985). Safety evaluation of a microbial insecticide SAN 402 I extract of flowers of *Delonix regia* on the larvae of dragonfly *Bradinopyga geminata* and damselfly *Ceriagrion* sp. Proc. 1st Indian Symp. Odonatol., Madurai: 199-201.

Schaefer, C.H., and Miura, T. (1990). Chemical persistence and effects of S-31183, 2-[1-methyl-2-(4-phenoxyphenoxy) ethoxy.] pyridine on aquatic organisms in field tests. J. Econ. Entomol. 83: 1768-1776. [OdA 7683.]

Schaefer, G.W. (1976). Radar observations of insect flight. Symp. Roy. Entomol. Soc. Lond. 7: 157-197.

Schaefer, P.W., Barth, S.E., and White, H.B. (1996). Incidental capture of male *Epiaeschna heros* (Odonata: Aeshnidae) in traps designed for arboreal *Calosoma sycophanta* (Coleoptera: Carabidae). EnN 107: 261-266.

Schaller, F. (1960). Étude du développement postembryonnaire d'*Aeschna cyanea* Müll. Ann. Sci. Nat. Zool. Biol. Anim. 2: 751-868.

Schaller, F. (1963). Phénomènes d'inhibition de la métamorphose chez des larves âgées d'*Aeschna cyanea* Müll. (insecte odonate). Bull. Soc. Zool. Fr. 87: 582-600.

Schaller, F. (1968). Action de la température sur la diapause et le développement de l'embryon d'*Aeschna mixta* (Odonata). JIP 14: 1477-1483. [BsA 78630.]

Schaller, F. (1971). Indirect sperm transfer by soil arthropods. ARE 16: 407-446.

Schaller, F. (1972). Action de la température sur la diapause embryonnaire et sur le type de développement d'*Aeshna mixta* Latreille (Anisopera: Aeshnidae). Odonatologica 1: 143-153.

Schaller, F. (1988). Contribution of Odonata to insect endocrinology. A historical retrospective view. Abstr. 9th Int. Symp. Odonatol., Madurai. Oral.

Schaller, F. (1989). Apport des odonates à l'endocrinologie des insectes: rétrospective historique. AOd 4: 95-122.

Schaller, F., and Hoffmann, J.A. (1976). Métabolisme de l'α-ecdysone in vivo et in vitro chez *Aeshna cyanea* (insecte, odonate). Coll. Int. CNRS (Actualités sur les hormones d'invertébrés) 251: 393-401. [OdA 1417.]

Schaller, F., and Mouze, M. (1970). Effets des conditions thermiques agissant durant l'embryogenèse sur le nombre et la durée des stades larvaires d'*Aeschna mixta* (Odon.

Aeschnidae). Ann. Soc. Entomol. Fr. (N.S.) 6: 339-346.
Scheffler, W. (1970). Die Odonatenfauna der Waldmoore des Stechlinsee-Gebietes. Limnologica (Berlin) 7: 339-369.
Schell, S.C. (1965). The life history of *Haematoloechus breviplexus* Stafford, 1902 (Trematoda: Haplometridae McMullen, 1937), with emphasis on the development of the sporocysts. J. Parasitol. 51: 587-593. [BsA 4609.]
Schiemenz, H. (1953). "Die Libellen unserer Heimat." Urania, Jena, Germany.
Schiess, H. (1973). Beitrag zur Kenntnis der Biologie von *Nehalennia speciosa* (Charpentier, 1840) (Zygoptera: Coenagrionidae). Odonatologica 2: 33-37.
Schiess, H. (1982). Zur Insektenfauna der Umgebung der Vogelwarte Sempach, Kanton Luzern. VI. Odonata (Libellen). Entomol. Ber. (Luzern) 7: 74-76. [OdA 3793.]
Schlüpmann, M. (1995). Zur Bedeutung hydrochemischer Parameter stehender Kleingewässer des Hagener Raumes für die Libellenfauna. Libellula 14: 157-194.
Schmidt, B. (1993). Die Sibirische Winterlibelle (Odonata) im südwestlichen Alpenvorland. Carolinea 51: 83-92.
Schmidt, B. (1995). Schlafplätze und Übernachtungsverhalten der Sumpf-Heidelibelle. Poster Jtag. Schutzgem. Libellen Baden-Wurtemberg, Tübingen: 1-2. [OdA 10313.]
Schmidt, E. [Erich] (1941). Petaluridae, Gomphidae und Petaliidae der Schönemannschen Sammlung aus Chile (Ordnung Odonata). Arch. für Naturgeschichte (N.F.) 10 (2): 231-258.
Schmidt, E. [Eberhardt] (1964a). Zur Verbreitung und Biotopbindung von *Aeschna subarctica* Walker in Schleswig-Holstein (Odonata). Faunistische Mitt. Norddeutschland 2: 197-201.
Schmidt, E. (1964b). Biologische-ökologische Untersuchungen an Hochmoorlibellen (Odonata). Z. Wiss. Zool., Abt. A 169: 313-386.
Schmidt, E. (1968). Das Schlüpfen von *Aeschna subarctica* Walker, ein Bildbeitrag. Tombo 11: 7-11.
Schmidt, E. (1972). Ein Schulversuch zur Farbanpassung bei Libellenlarven. Praxis Naturwiss. 21: 191-194.
Schmidt, E. (1974). Faunistisch-ökologische Analyse der Odonatenfauna der Nordfriesischen Inseln Amrum, Sylt und Föhr. Faunistisch-Ökol. Mitt. 4: 401-418.
Schmidt, E. (1975a). Zur Klassifikation des Eiablageverhaltens der Odonaten. Odonatologica 4: 177-183.
Schmidt, E. (1975b). *Aeshna viridis* Eversmann in Schleswig-Holstein, Bundesrepublik Deutschland (Anisoptera: Aeshnidae). Odonatologica 4: 81-88.
Schmidt, E. (1977). Analyse der Libellenverbreitung in Schleswig-Holstein (Norddeutschland, BRD) am Beispiel der Aeshniden (Odonata). Verh. 6th Int. Symp. Entomofaunistik Mitteleuropa, Lunz, Austria 1975: 27-42.
Schmidt, E. (1979). Approaches to a quantification of the decrease of dragonfly species in industrialized countries. Odonatologica 8: 63-67.
Schmidt, E. (1980a). PCm, August.
Schmidt, E. (1980b). PCm, 12 April.
Schmidt, E. (1981a). PCm, August.
Schmidt, E. (1981b). Quantifizierung und Analyse des Rückganges von gefährdeten Libellenarten in der Bundesrepublik Deutschland (Ins. Odonata). Mitt. Dtsch. Ges. Allg. Angew. Entomol. 3: 167-170.
Schmidt, E. (1981c). Überzogener Artenschutz für Libellen in der Bundesrepublik Deutschland: Kommentar zur neuen Bundesartenschutzverordnung. Odonatologica 10: 49-52.
Schmidt, E. (1982a). Zur Odonatenfauna einiger Lacken des Seewinkels am Neusiedler See im Burgenland/Österreich.
Natur. Umwelt Burgenland 5: 14-20.
Schmidt, E. (1982b). Letter, 4 October.
Schmidt, E. (1984a). *Gomphus vulgatissimus* L. an einem belasteten Havelsee, dem Tegeler See (Insel Scharfenberg) in Berlin (West). Libellula 3 (3/4): 35-51.
Schmidt, E. (1984b). Fotonotizen zur Biologie heimischer Odonaten I. Libellula 3 (1/2): 53-54.
Schmidt, E. (1985). Habitat inventarization, characterization and bioindication by a "representative spectrum of Odonata species (RSO)." Odonatologica 14: 127-133.
Schmidt, E. (1986). Verdüsterung der Blaufärbung nach kühlen Nachten bei males von *Aeshna mixta* (Eifel/BRD) und *A. interrupta* (Rocky Mountains, Canada). Libellula 5: 70-71.
Schmidt, E. (1987a). Generic reclassification of some Westpalaearctic Odonata taxa in view of their Nearctic affinities (Anisoptera: Gomphidae, Libellulidae). AOd 3: 135-145.
Schmidt, E. (1987b). Notes on a peculiar reproductive behaviour and on habitat recognition in *Sympetrum internum* Montgomery (Anisoptera: Libellulidae). NtO 2: 144-147.
Schmidt, E. (1988). Ist die Westliche Keiljungfer *Gomphus pulchellus* Selys, 1840, eine Stillwasserart (Odonata-Gomphidae)? Tier Mus. 1: 17-20. [OdA 6408.]
Schmidt, E. (1989). Zur Odonatenfauna des Hechtmoores in Angeln/Schleswig. Drosera 1989: 31-42.
Schmidt, E. (1991a). Das Nischenkoncept für die Bioindikation am Beispiel Libellen. Beitr. Landespflege Rheinland-Pfalz 14: 95-117.
Schmidt, E. (1991b). Horizontales Schlüpfen bei Mitteleuropäischen Zygopteren (Coenagrionidae). Odonatologica 20: 85-90.
Schmidt, E. (1993a). PCm, March.
Schmidt, E. (1993b). Letter, 6 May.
Schmidt, E. (1995). A survey of threatened dragonfly habitats in Central Europe, especially bogs, and bog management. In Corbet, P.S., Dunkle, S.W., and Ubukata, H. (eds.), "Proceedings of the International Symposium on the Conservation of Dragonflies and Their Habitats," pp. xii, 45-68. Japan Society for the Preservation of Birds, Kushiro.
Schmitz, M., and Komnick, H. (1976). Rectale Chloridepithelien und osmoregulatorische Salzaufnahme durch den Enddarm von Zygopteren und Anisopteren Libellenlarven. JIP 22: 875-883. [OdA 1481.]
Schneider, W. (1981a). Eine Massenwanderung von *Selysiothemis nigra* (van der Linden, 1825) (Odonata: Macrodiplactidae) und *Lindenia tetraphylla* (van der Linden, 1825) (Odonata: Gomphidae) in Südjordanein. Entomol. Z. 91: 97-102.
Schneider, W. (1981b). PCm, August.
Schneider, W. (1983). Zur Eiablage von *Erythromma viridulum orientale* Schmidt 1960 (Odonata: Zygoptera: Coenagrionidae). Entomol. Z. 93: 225-229.
Schneider, W. (1991a). The Odonata of the Arabian Peninsula: taxonomy and zoogeography. Abstr. 11th Int. Symp. Odonatol., Trevi: 26.
Schneider, W. (1991b). PCm, August.
Schneider, W. (1992). *Anax tristis* Hagen, 1867 (Aeshnidae) and *Tholymis tillarga* (Fabricius, 1798) (Libellulidae) recorded from off Angola (Odonata). Fragm. Entomol. 23: 243-246. [OdA 8747.]
Schneider, W. (1995). PCm, August.
Schneider, W., and Krupp, F. (1996). A possible natural hybrid between *Ischnura elegans ebneri* Schmidt, 1939 and *Ischnura fountainei* Morton, 1905 (Odonata: Coenagrionidae). Zool. Middle East: Insecta 12: 75-81. [OdA 11138.]
Schoettger, R.A., and Olive, J.R. (1961). Accumulation of Toxaphene by fish-food organisms. Limnol. Oceanogr. 6:

216-219.

Schoffeniels, E. (1950). La régulation de la pression osmotique et de la chlorémie chez les larves d'odonates. Arch. Int. Physiol. Biochem. 58: 1-4.

Schorr, M. (1990). "Grundlagen zu einem Artenhilfsprogram Libellen der Bundesrepublik Deutschland." Ursus, Bilthoven, Netherlands. [OdA 7554.]

Schott, R.J., and Brusven, M.A. (1980). The ecology and electrophoretic analysis of the damselfly, *Argia vivida* Hagen, living in a geothermal gradient. Hydrobiologia 69: 261-265. [OdA 3045.]

Schridde, P., and Suhling, F. (1994). Larval dragonfly communities in different habitats of a Mediterranean running water system. AOd 6: 89-100.

Schumann, H. (1961). Neue Beobachtungen an gekennzeichneten Libellen (Odonata). Naturhist. Ges. (Hannover) 105: 39-62.

Schütte, C. (1993). Frühe Larvenstadien und Ei-Entwicklung von *Onychogomphus uncatus* (Odonata: Gomphidae) im Freiland und Labor. Abstr. 12th Jahrestagung Ges. deutschsprachiger Odonatologen, Kaiserslautern: 15.

Schütte, C. (1997). Egg development and early instars in *Cordulegaster boltonii immaculifrons* Selys: a field study (Anisoptera: Cordulegastridae). Odonatologica 26: 83-87.

Schwind, R. (1991). Polarization vision in water insects and insects living on a moist substrate. J. Comp. Physiol. A169: 531-540.

Schwind, R. (1995). Spectral regions in which aquatic insects see polarized light. J. Comp. Physiol. (A) 177: 439-448.

Scorer, R.S. (1954). The nature of convection as revealed by soaring birds and dragonflies. Quart. J. Roy. Meteorol. Soc. 80: 68-77.

Scorer, R.S. (1978). "Environmental aerodynamics." Ellis Horwood, Toronto.* Cited by Gibo 1981.

Scott, D.E. (1990). Invertebrate predation on larval salamanders. Bull. Ecol. Soc. Am. 71 (Suppl.): 319 (abstract only). [OdA 7935.]

Sebastian, A., Sein, M.M., Thu, M.M., and Corbet, P.S. (1990). Suppression of *Aedes aegypti* (Diptera: Culicidae) using augmentative release of dragonfly larvae (Odonata: Libellulidae) with community participation in Yangon, Myanmar. Bull. Entomol. Res. 80: 223-232. [OdA 7421.]

Sebastian, A., Sein, M.M., Thu, M.M., and Corbet, P.S. (1991). Suppression of the yellow fever mosquito, *Aedes aegypti* (L.) (Diptera: Culicidae) by augmentative release of the dragonfly, *Crocothemis servilia* (Drury) (Odonata: Libellulidae). OZF 72: 1-5.

Sebastian, A., Thu, M.M., Kyaw, M., and Sein, M.M. (1980). The use of dragonfly nymphs in the control of *Aedes aegypti*. Southeast Asian J. Trop. Med. Public Health 11: 104-107.

Seidel, F. (1929). Untersuchungen über das Bildungsprinzip der Keimanlage im Ei der Libelle *Platycnemis pennipes* I-IV. Arch. Entwickl. Mechan. Org. 119: 322-440.

Seidenbusch, R. (1995). Dichromism in females of *Ischnura pumilio* (Charpentier), with special reference to homeochromic females. JBDS 11: 21-22.

Seki, T., Fujishita, S., and Obana, S. (1989). Composition and distribution of retinal and 3-hydroxyretinal in the compound eye of the dragonfly. Exp. Biol. 48: 65-75.

Selvaraj, A.M., and Job, S.V. (1965). On the occurrence of the symbiotic alga, *Chlorosarcina* in the caudal lamella of damsel fly nymphs. Proc. Ind. Acad. Sci., Sect. B, 62: 176-179. [BsA 68247.]

Service, M.W. (1965). Predators of the immature stages of *Aedes* (*Stegomyia*) *vittatus* (Bigot) (Diptera: Culicidae) in water-filled rock-pools in northern Nigeria. World Health Org. EBL/33.65, 19 pp.

Shafer, G.D. (1923). The growth of dragonfly nymphs at the moult and between moults. Stanford Univ. Publ. Biol. Sci. 3: 307-337.* Cited by Neville 1983.

Shaffer, L.R., and Robinson, J.V. (1989a). Ontogenetic patterns of agonistic intraspecific behavior in *Ischnura posita* larvae. Abstr. 10th Int. Symp. Odonatol., Johnson City: 32.

Shaffer, L.R., and Robinson, J.V. (1989b). Sex ratio and sexual dimorphism in late instar larvae of *Ischnura posita* (Hagen) (Zygoptera: Coenagrionidae). NtO 3: 40-41.

Shalaway, S. (1994). Dragonfly swarms stump experts. Newsl. Entomol. Soc. Pa. 28: 2-3. [OdA 9477.]

Shanmugavel, S., and Saxena, S.C. (1985). Accumulation and metabolism of pesticides in the larvae of dragonfly *Tholymis tillarga*. Proc. 1st Indian Symp. Odonatol., Madurai: 203-208.

Shannon, H.J. (1935). "The book of the seashore." Doubleday, Garden City, New York.

Sharaf, R.K., and Tripathi, S.D. (1974). Feeding propensity and mode of attack of short-bodied dragonfly nymphs on carp fry and fingerlings. Jawaharial Nehru Krishi Vishwa Vidyalaya Res. J. 8: 159-160. [OdA 1358.]

Sharma, S., and Ofenböck, T. (1996). New discoveries of *Epiophlebia laidlawi* Tillyard, 1921 in the Nepal Himalaya (Odonata, Anisozygoptera: Epiophlebiidae). OZF 150: 1-11.

Sharma, S., and Saxena, M.N. (1989). Aquatic insect communities of sewage polluted Morar (Kalpi) River and their assessment as bio-indicators. Proc. Symp. Environ. Exp. Toxicol., Valvada: 319-331. [OdA 8628.]

Shaw, M.R. (1994). Parasitoid host ranges. In Hawkins, B.A., and Sheenan, W. (eds.), "Parasitoid community ecology," pp. 111-144. Oxford Univ. Press, Oxford.

Shaw, M.R. (1995). Letter, 19 December.

Shelly, T.E. (1982). Comparative foraging behavior of light-versus shade-seeking adult damselflies in a lowland Neotropical forest (Odonata: Zygoptera). Physiol. Zool. 55: 335-343. [OdA 3997.]

Shengeliya, E.S. (1964). ["Odonata found in the alpine areas of the Caucasus in Georgian SSSR."] IR. In ["Fauna of the alpine areas of the Great Caucasus in Georgian SSR.]," pp. 15-19. Metaniereba, Tiflis. [BsA 54767.]

Shepard, L.J., and Lutz, P.E. (1976). Larval responses of *Plathemis lydia* Drury to experimental photoperiods and temperatures (Odonata: Anisoptera). AMN 95: 120-130.

Sherk, T.E. (1977). Development of the compound eyes of dragonflies (Odonata) I. Larval compound eyes. J. Exp. Zool. 201: 391-416.

Sherk, T.E. (1978a). Development of the compound eyes of dragonflies (Odonata) II. Development of the larval compound eyes. J. Exp. Zool. 203: 47-60.

Sherk, T.E. (1978b). Development of the compound eyes of dragonflies (Odonata) III. Adult compound eyes. J. Exp. Zool. 203: 61-80.

Sherk, T.E. (1978c). Development of the compound eyes of dragonflies (Odonata) IV. Development of the adult compound eyes. J. Exp. Zool. 203: 183-200.

Sherk, T. (1981). PCm, August.

Sherman, K.J. (1983a). The adaptive significance of postcopulatory mate guarding in a dragonfly, *Pachydiplax longipennis*. AnB 31: 1107-1115. [OdA 4643.]

Sherman, K.J. (1983b). The evolution of reproductive strategies in a dragonfly, *Pachydiplax longipennis*. DrT, Cornell Univ.,

Ithaca, New York. [OdA 4444.]
Sherman, P.W. (1988). The levels of analysis. AnB 36: 616-619.
Sherratt, T.N., and Harvey, I.F. (1989). Predation by *Pantala flavescens* (Odonata) on tadpoles of *Phyllomedusa trinitatis* and *Physalaemus pustulosus*: the influence of absolute and relative density of prey on predator choice. Oikos 56: 170-176. [OdA 7164.]
Sherratt, T.N., and Harvey, I.F. (1993). Frequency-dependent food selection by arthropods: a review. BJLS 48: 167-186.
Shiffer, C.N. (1969). Occurrence and habits of *Somatochlora incurvata*, new for Pennsylvania (Odonata: Corduliinae). Mich. Entomol. 2: 75-76. [BsA 31868.]
Shiffer, C. N. (1989). PCm, August.
Shiffer, C.N., and White, H.B. (1995). Four decades of stability and change in the Odonata populations at Ten Acre Pond in central Pennsylvania. Bull. Am. Odonatol. 3: 31-41.
清水典之 (1992). トンボDragonflies. 個人出版, 名古屋.
信大繊維昆虫研究グループ (1980). テントウムシとオツネントンボの越冬移動. New Entomol. 29: 106. [OdA 3614.]
白石浩次郎 (1984). 沖縄本島におけるトビイロヤンマの行動観察. 昆虫と自然 19 (3): 39. [OdA 6663.]
Shirgur, G.A. (1979). Observations on wettability and cuticle permeability of some of the freshwater predatory beetles, bugs and odonatan naiads for eradication from fish nurseries, using a nonionic surfactant, Hyoxid 1011. J. Anim. Morphol. Physiol. 26: 1-9. [OdA 3170.]
Shukla, G.S., and Mishra, P.K. (1980). Toxicity of organochlorine insecticides to preadult stages of *Brachythemis contaminata* Fabr. J. Environ. Res. 1: 17-22. [OdA 3618.]
Siegert, B. (1995). Foraging of larvae of *Enallagma cyathigerum* (Charpentier) and *Platycnemis pennipes* (Pallas). Abstr. 13th Int. Symp. Odonatol., Essen: 48. Oral.
Sievers, D.W., and Haman, A.C. (1973). Notes on snail feeding behavior of *Anax junius* (Drury): (Odonata). Proc. Iowa Acad. Sci. 79: 105-106.
Silberglied, R.E. (1979). Communication in the ultraviolet. ARE 10: 373-398.
Silberglied, R.[E.] (1981). Letter, 30 November.
Silsby, J. (1985). Emergence of *Gomphus vulgatissimus*. Oral presentation at meeting of British Dragonfly Society, Leeds, October.
Silsby, J. (1986). Some South African dragonflies. Oral presentation at meeting of British Dragonfly Society, Oxford, October.
Silsby, J. (1992). Separating *Chlorolestes* in southern Africa. Kimminsia 3 (1): 5-6.
Silsby, J. (1993). A review of *Hemianax ephippiger*, the vagrant emperor. JBDS 9: 47-50.
Simmons, P. (1976). A specific visual response in dragonflies. Odonatologica 5: 285.
Simpson, E.H. (1949). Measurement of diversity. Nature (London) 163: 688.* Cited by Thorp and Cochran 1984.
Singer, F. (1987a). A physiological basis of variation in postcopulatory behaviour in a dragonfly *Sympetrum obtrusum*. AnB 35: 1575-1577.
Singer, F. (1987b). Interspecific aggression in dragonflies—a perceptful constraints hypothesis. Am. Zool. 27: 49A (abstract only). [OdA 6156.]
Singh, P., and Pande, B.P. (1971). Experimental prosthogonimiasis in 4-6-month-old pullets and laying hens with special reference to pathological lesions. Indian J. Anim. Sci. 41: 122-136. [OdA 379.]
Siva-Jothy, M.T. (1984). Sperm competition in the family Libellulidae (Anisoptera) with special reference to *Crocothemis erythraea* (Brullé) and *Orthetrum cancellatum* (L.). AOd 2: 195-207.
Siva-Jothy, M.T. (1985). Sperm competition in the Odonata. DrT, Univ. Oxford, U.K.
Siva-Jothy, M.T. (1987a). Variation in copulation duration and the resultant degree of sperm removal in *Orthetrum cancellatum* (L.) (Libellulidae: Odonata). BES 20: 147-151. [OdA 5864.]
Siva-Jothy, M.T. (1987b). The structure and function of the female sperm-storage organs in libellulid dragonflies. JIP 33: 559-567.
Siva-Jothy, M.T. (1988). Sperm "repositioning" in *Crocothemis erythraea*, a libellulid dragonfly with a brief copulation. J. Insect Behav. 1: 235-245.
Siva-Jothy, M.T. (1989). Spermatodesm structure and function. Abstr. 10th Int. Symp. Odonatol., Johnson City: 33. Oral.
Siva-Jothy, M.T. (1995). Letter, 3 January.
Siva-Jothy, M.T., and Hooper, R.E. (1995). The disposition and genetic diversity of stored sperm in females of the damselfly *Calopteryx splendens xanthostoma* (Charpentier). Proc. Roy. Soc. Lond. (B) 259: 313-318. [OdA 10605.]
Siva-Jothy, M.T., and Hooper, R.E. (1996). Differential use of stored sperm during oviposition in the damselfly *Calopteryx splendens xanthostoma* (Charpentier). BES 39: 389-393. [OdA 11306.]
Siva-Jothy, M.T., and Tsubaki, Y. (1989a). Variation in copulation duration in *Mnais pruinosa pruinosa* Selys (Odonata: Calopterygidae). 1. Alternative mate-securing tactics and sperm precedence. BES 24: 39-45. [OdA 6633.]
Siva-Jothy, M.T., and Tsubaki, Y. (1989b). Variation in copulation duration in *Mnais pruinosa pruinosa* Selys (Odonata: Calopterygidae). 2. Causal factors. BES 25: 261-267. [OdA 7254.]
Siva-Jothy, M.T., and Tsubaki, Y. (1994). Sperm competition and sperm precedence in the dragonfly *Nannophya pygmaea*. Physiol. Entomol. 19: 363-366. [OdA 10126.]
Siva-Jothy, M.T., Gibbons, D.W., and Pain, D. (1995). Female oviposition-site preference and egg hatching success in the damselfly *Calopteryx splendens xanthostoma*. BES 37: 39-44. [OdA 10466.]
Sjöström, P. (1985). Hunting behaviour of the perlid stonefly nymph *Dinocras cephalotes* (Plecoptera) under different light conditions. AnB 33: 534-540.
Skelly, D.K., and Werner, E.E. (1990). Behavioral and life-historical responses of larval American toads to an odonate predator. Ecology 71: 2313-2322. [OdA 7687.]
Slifer, E.H., and Sekhon, S.S. (1972). Sense organs on the antennal flagella of damselflies and dragonflies (Odonata). Int. J. Insect Morphol. Embryol. 1: 289-300. [OdA 466.]
Smith, B.P. (1988). Host-parasite interaction and impact of larval water mites on insects. ARE 33: 487-507.
Smith, B.P., and Cook, W.J. (1991). Negative covariance between larval *Arrenurus* sp. and *Limnochares americana* (Acari: Hydrachnida) on male *Leucorrhinia frigida* (Odonata: Libellulidae). CJZ 69: 226-231. [OdA 8008.]
Smith, D.S. (1980). The past and future of insect muscles. In Locke, M., and Smith, D.S. (eds.),"Insect biology in the future: 'VBW 80,'" pp. 797-818. Academic Press, London.
Smith, E.M. (1994). PCm.
Smith, I.M., and Oliver, D.R. (1986). Review of parasitic associations of larval water mites (Acari: Parasitengona: Hydrachnida) with insect hosts. CnE 118: 407-472.
Smith, J.D. (1986). Seasonal transmission of *Raphidascaris acus* (Nematoda), a parasite of freshwater fish, in definitive and

intermediate hosts. Environ. Biol. Fishes 16: 295-308. [OdA 5820.]
Smith, R.L. (1984). Human sperm competition. In Smith, R.L. (ed.), "Sperm competition and the evolution of animal mating systems," pp. 601-659. Academic Press, New York.
Smith, R.W.J. (1995). PCm.
Smithers, C.N. (1970). Migration records in Australia. 1. Odonata, Homoptera, Coleoptera, Diptera and Hymenoptera. Aust. Zool. 15: 380-382. [BsA 61185.]
Smock, L.A. (1988). Life histories, abundance and distribution of some macroinvertebrates from a South Carolina, U.S.A., coastal plain stream. Hydrobiologia 157: 193-208.
Smyth, J.D. (1963). The biology of cestode lifecycles. Tech. Comm. Commonw. Bur. Helminthol. 34: 1-38. [Helminthol Abstr. 690.]
Snodgrass, R.E. (1935). "Principles of insect morphology." McGraw-Hill, New York.
Snodgrass, R.E. (1954). The dragonfly larva. Smithson. Misc. Coll. 123 (2): 1-38.
Snow, W.E. (1949). The Arthropoda of wet tree holes. DrT, Univ. Illinois, Urbana.
Soeffing, K. (1986). Ecological studies on eggs and larvae of *Leucorrhinia rubicunda* (L.) (Odonata, Libellulidae). Jb. ForschInst. Borstel 1986: 234-237. [OdA 5988.]
Soeffing, K. (1988). The importance of mycobacteria for the nutrition of larvae of *Leucorrhinia rubicunda* (L.) in bog water (Anisoptera: Libellulidae). Odonatologica 17: 227-233.
Soeffing, K. (1990). Verhaltensökologie der Libelle *Leucorrhinia rubicunda* (L.) (Odonata: Libellulidae) unter besonderer Berücksichtigung nahrungsökologischer Aspekte. DrT, Univ. Hamburg, Germany.
Sokal, R.R., and Rohlf, F.J. (1981). "Biometry." 2nd ed. Freeman, New York.
Soldán, T., Campbell, I.C., and Papaček, M. (1989). A study of dispersal, phoretic association between *Sphaerium* (*Musculinum*) *tasmanicum* (Heterodonta, Sphaeridae) and *Sigara* (*Tropocorixa*) *trunctipala* (Hetereoptera, Corixidae). Vĕst. Čs. Společ. Zool. 53: 300-310. [OdA 7476.]
Solon, B.M., and Stewart, K.W. (1972). Dispersal of algae and Protozoa via the alimentary tracts of selected aquatic insects. Environ. Entomol. 1: 309-314. [BsA 55020; OdA 354.]
Soltesz, K., Barber, B., and Carpenter, G. (1995). A spring dragonfly migration in the Northeast. Argia 7 (3): 10-14.
染谷　保 (1995). 茨城県御前山のヤンマタケについて－日本初かタンボヤンマタケの発見－. おけら (茨城昆虫同好会会誌) 59: 1-6.
Sømme, S. (1933). Birds as enemies of dragonflies (Odon.). Norsk Entomol. Tidsskr. (B) 3: 223-224.
曽根原今人 (1964). マダラヤンマの幼虫の発見と成虫の生態. Tombo 7 (1-2): 2-12.
曽根原今人 (1965). 八ヶ岳におけるムツアカネの生態. Tombo 8 (1-4): 2-9.
曽根原今人 (1966a). 白樺湖の蜻蛉類記録. Tombo 9(1-4): 10-11.
曽根原今人 (1966b). 八ヶ岳雨池に於けるアキアカネの羽化確認. Tombo 9 (1-4): 11.
曽根原今人 (1967). トラフトンボ属蜻蛉の生活史　特に八ヶ岳山彙におけるオオトラフトンボについて. Tombo 10 (1-4): 2-24.
曽根原今人 (1971). 北信地方西部山地帯のトンボ相 (1). New Entomol. 20 (2-3): 33-40. [OdA 168.]
曽根原今人 (1975). 手紙, 12月6日.
曽根原今人 (1979). オオトラフトンボの卵紐中の卵数と孵化率. Tombo 22 (1-4): 27.
曽根原今人 (1980a). 私信, 8月2日.
曽根原今人 (1980b). 小諸市市村裏大池のトンボ採集禁止報告. 昆虫と自然 15 (10): 27. [OdA 3622.]
曽根原今人 (1982). 八ヶ岳オオトラフトンボの生活史. (信濃教育出版部): 203 pp., pls.. [OdA 4001.]
曽根原今人 (1985). ホソミモリトンボの生活史. Tombo 28 (1-4): 23-30.
曽根原今人 (1992). 高原産アキアカネの採卵と飼育. Tombo 35 (1-4): 54-55.
Sones, J. (1995). Dragonfly flights on Cape Cod, Massachusetts. Argia 7 (2): 8-10.
Soria, S.J., and Machado, A.B.M. (1982). *Gynacantha bifida* Rambur (Odonata, Aeshnidae), novo inimigo de *Xyleborus* spp. (Coleoptera, Scolytidae) praga do cacaueiro na Bahia, Brasil. Rev. Theobroma 12: 257-259.
Southcott, R.V. (1991). A further revision of *Charletonia* (Acarina: Erythracidae) based on larvae, protonymphs and deutonymphs. Invertebr. Taxon. 5: 61-131. [OdA 8270.]
Southwood, T.R.E. (1962). Migration of terrestrial arthropods in relation to habitat. Biol. Rev. 37: 171-214.
Southwood, T.R.E. (1966). "Ecological methods with particular reference to the study of insect populations." Methuen, London.
Southwood, T.R.E. (1972). The environmental complaint—its cause, prognosis and treatment. Biologist 19: 85-94.
Southwood, T.R.E. (1977). Habitat, the templet for ecological strategies? JAE 46: 337-365.
Spence, J.R. (1986). Relative impacts of mortality factors in field populations of the waterstrider *Gerris buenoi* Kirkaldy (Heteroptera: Gerridae). Oecologia 70: 68-76. [OdA 5904.]
Spence, J.R., Spence, D.H., and Scudder, G.H.E. (1980). Submergence behavior in *Gerris*: underwater basking. AMN 103: 385-391.
Spielman, A., and Rossignol, P.A. (1984). Insect vectors. In Warren, K.S., and Mahmoud, A.A.F. (eds.), "Tropical and geographic medicine," pp. 167-183. McGraw-Hill, New York.
Srivastava, B.K. (1967). The male reproductive system of the dragonfly *Brachythemis contaminata* Fabricius (Insecta: Odonata: Libellulidae). Madhya Bharati (J. Univ. Saugar) 14-16: 60-73.
Srivastava, B.K., and Suri Babu, B. (1982). On the predatory efficiency of the dragonfly nymph, *Anax immaculifrons* (Rambur) (Odonata: Aeshnidae). Proc. 69th Session Indian Sci. Congr., Mysore 3: 24. [OdA 3577.]
Srivastava, B.K., and Suri Babu, B. (1985a). On some aspects of reproductive behaviour in *Chloroneura quadrimaculata* (Rambur) (Zygoptera: Protoneuridae). Odonatologica 14: 219-226.
Srivastava, B.K., and Suri Babu, B. (1985b). Reproductive behaviour of *Ceriagrion coromandelianum* Ramb. (Zygoptera: Coenagrionidae). Proc. 1st Indian Symp. Odonatol., Madurai: 209-216.
Srivastava, B.K., Suri Babu, B., Srivastava, V.K., and Singh, P.P. (1992). Ethobiology of *Pseudagrion decorum* (Rambur) (Zygoptera, Pseudagriinae)—reproduction. Abstr. 4th S. Asian Symp. Odonatol., Allahabad: 19.
Srivastava, V.D. (1992). Significance of mayflies and dragonflies in fresh water ecosystem, man and their Indian faunal component. Proc. Zool. Soc. Calcutta 45 (Suppl. A): 581-588. [OdA 9372.]
Srivastava, V.K., and Srivastava, B.K. (1987). On the zygopteran sperm material, with reference to the spermatophore. Odonatologica 16: 393-399.

Srivastava, V.K., and Suri Babu, B. (1994). Identifying description of the final instar larva of *Enallagma parvum* Selys (Zygoptera: Coenagriidae) from Sagar (M.P.). In Srivastava, V.K. (ed.),"Advances in Oriental odonatology," pp. 13-17. Cherry Publications, Allahabad.

Srivastava, V.K., Srivastava, B.K., and Suri Babu, B. (1994). The behaviour of reproduction and oviposition in *Pseudagrion decorum* (Rambur) (Zygoptera: Pseudagriinae) in central India. In Srivastava, V.K. (ed.), "Advances in Oriental odonatology," pp. 77-84. Cherry Publications, Allahabad.

Stallin, P. (1986). Migration d'odonates dans le Parc Naturel Regional de Brière. Martinia 4: 14.

Stanford, J.A., and Ward, J.V. (1988). The hyporheic habitat of river ecosystems. Nature (London) 335: 64-66.

Stark, J.D. (1981a). Feeding relationships of aquatic fauna. Newsl. N.Z. Limnol. Soc. 1981 (16): 22. [OdA 3232.]

Stark, J.D. (1981b). Trophic relationships, lifehistories and taxonomy of some invertebrates associated with aquatic macrophytes in Lake Grasmere. DrT, Univ. Canterbury, Christchurch, New Zealand.* Cited by R.J. Rowe 1985b.

Staton, M.A., and Dixon, J.R. (1975). Studies on the dry season biology of *Caiman crocodilus crocodiles* from the Venezuelan llanos. Mem. Soc. Cienc. Natur. La Salle (Caracas) 35 (101): 237-265.

Stavenga, D.G. (1979). Pseudopupils of compound eyes. In Autrum, H. (ed.), "Handbook of sensory physiology," pp. 357-439. Springer-Verlag, Berlin.

Stearns, E.I. (1961). Dragonfly "attacks" Hawaiian hawk. Condor 63: 342.

Stechmann, D.-H. (1978). Eiablage, Parasitismus und postparasitische Entwicklung von *Arrenurus*-Arten (Hydrachnellae, Acari). Z. Parasitenk. 57: 169-188. [OdA 2319.]

Steelman, C.D., Farlow, J.E., Breaud, T.P., and Schilling, P.E. (1975). Effects of growth regulators on *Psorophora columbiae* (Dyar and Knab) and non-target aquatic insect species in rice fields. Mosquito News 35: 67-76. [OdA 1280.]

Steer, M.W., and Steer, J.M. (1989). Tansley Review No.16. Pollen tube tip growth. New Phytol. 11: 323-358.

Steffan, A.W. (1967). Ectosymbiosis in insects. In Henry, S.M. (ed.), "Symbiosis," pp. 207-289. Academic Press, New York.

Steffan, W.A., and Evenhuis, N.L. (1981). Biology of *Toxorhynchites*. ARE 26: 159-181.

Steiner, C. (1995). The influence of predators on *Enallagma cyathigerum* and *Platycnemis pennipes* larvae (Odonata: Zygoptera). Abstr. 13th Int. Symp. Odonatol., Essen: 49. Oral.

Steinhaus, E.A. (ed.) (1963). "Insect pathology: an advanced treatise." Academic Press, New York.

Steinhaus, E.A. (1964). Microbial diseases of insects. In DeBach, P. (ed.), "Biological control of insect pests and weeds," pp. 515-547. Reinhold, New York.

Sternberg, K. (1985). Zur Biologie und Ökologie von sechs Hochmoorlibellenarten in Hochmooren des Südlichen Hochschwarzwaldes. DpT, Albert-Ludwigs-Univ., Freiburg, Germany.

Sternberg, K. (1987). On reversible, temperature-dependent colour change in males of the dragonfly *Aeshna caerulea* (Ström, 1783) (Anisoptera: Aeshnidae). Odonatologica 16: 57-66.

Sternberg, K. (1989a). Beobachtungen an der Feuerlibelle (*Crocothemis erythraea*) bei Freiburg im Breisgau (Odonata: Libellulidae). Veröff. Natur. Landschaft. Bad.-Württ. 64/65: 237-254.

Sternberg, K. (1989b). Reversibler, temperaturabhängiger Farbwechsel bei einigen *Sympetrum*-Arten (Odonata, Libellulidae). Dtsch. Entomol. Z., N.F., 36: 103-106. [OdA 7255.]

Sternberg, K. (1990). Autökologie von sechs Libellenarten der Moore und Hochmoore des Schwarzwaldes und Ursachen ihrer Moorbindung. DrT, Albert-Luwigs-Univ., Freiburg, Germany.

Sternberg, K. (1993a). Hochmoorschlenken als warme Habitatinseln im kalten Lebensraum Hochmoor. Telma 23: 125-146.

Sternberg, K. (1993b). First record of commensal flies, *Desmetopa* sp., on a dragonfly, *Cordulegaster boltonii* (Donovan) (Diptera: Milichidae; —Anisoptera: Cordulegastridae). NtO 4: 9-12.

Sternberg, K. (1994a). Niche specialization in dragonflies. AOd 6: 177-198.

Sternberg, K. (1994b). Eine Güllegrube und eine wassergefüllte Fahrspur als zwei extreme Sekundärbiotope für Libellen. Libellula 13: 59-72.

Sternberg, K. (1994c). Temperature stratification in bog ponds. Arch. Hydrobiol. 129: 373-382.

Sternberg, K. (1994d). Einfluss der Mahd ufernaher Wiesen auf Libellen (Odonata). Verh. Westdt. Entomol. Tag. 1993: 21-29. [OdA 10127.]

Sternberg, K. (1995a). Regulierung und Stabilisierung von Metapopulationen bei Libellen, am Beispiel von *Aeshna subarctica elisabethae* Djakonov im Schwarzwald (Anisoptera: Aeshnidae). Libellula 14: 1-39.

Sternberg, K. (1995b). Populationsökologische Untersuchungen einer Metapopulation der Hochmoor-Mosaikjungfer (*Aeshna subarctica elisabethae* Djakonov, 1922) (Odonata, Aeshnidae) im Schwarzwald. Z. Ökol. Natur. 4: 53-60. [OdA 10610.]

Sternberg, K. (1995c). Influence of oviposition date and temperature upon embryonic development in *Somatochlora alpestris* and *S. arctica* (Odonata: Corduliidae). JZL 235: 163-174. [OdA 10178.]

Sternberg, K. (1995d). Experimentelle Erzeugung androchromer Weibchen durch Einwirkung hoher Temperaturen bei Arten der Libellen-Gattung *Aeshna* (Anisoptera: Aeshnidae). Entomol. Gen. 20: 37-42. [OdA 10609.]

Sternberg, K. (1996). Colours, colour change, colour patterns and "cuticular windows" as light traps—their thermoregulatoric and ecological significance in some *Aeshna* species (Odonata: Aeshnidae). Zool. Anz. 235: 77-88. [OdA 11307.]

Sternberg, K. (1999). Populationsbiologie und Ausbreitungsverhalten. In Sternberg, K., and Buchwald, R. (eds.), "Die Libellen Baden-Württembergs." Vol. 1. In press. Ulmer, Stuttgart.

Sternberg, K., and Buck, K. (1994). Kommensalische Fliege auf *Anaciaeshna isosceles* (Odonata, Aeshnidae)? Entomol. Nachr. Ber. 38: 211-212. [OdA 10024.]

Stewart, D., and Samways, M.J. (1993). Delicate detectors of riverine disturbance. Conserva 1993 (March-April): 6-7. [OdA 9818.]

Stewart, P.J. (1982). Human ecology: the peculiar science of a peculiar mammal. Bull. Br. Ecol. Soc. 13: 159-163.

Stewart, W.E. (1980). The Australian genus *Diphlebia* Selys (Odonata: Amphipterygidae) II. Taxonomy of the larvae. Aust. J. Zool., Suppl. Ser., 75: 59-72.

Stewart, W.E. (1982). An analysis of geographic variation of the Australian genus *Diphlebia* Selys (Odonata: Amphipterygidae). Aust. J. Zool. 30: 435-460. [OdA 3897.]

Steytler, N.S., and Samways, M.J. (1995). Biotope selection by adult male dragonflies (Odonata) at an artificial lake created for insect conservation in South Africa. Biol. Conserv. 72: 381-386. [OdA 10467.]

Stobbart, R.H., and Shaw, J. (1974). Salt and water balance: excretion. In Rockstein, M. (ed.), "Physiology of the Insecta," pp. 362-446. Academic Press, New York.* Cited by Nicholls 1983.

Stöckel, G. (1987). Beobachtungen zur möglichen passiven Verbreitung von Wassermollusken durch Wasserinsekten. Entomol. Nachr. Ber. 31: 279. [OdA 6254.]

Stoks, R., Santens, M., De Bruyn, L., and Matthysen, E. (1996). The mating system of the damselfly *Lestes sponsa* (Zygoptera: Lestidae). Abstr. 20th Int. Congr. Entomol., Florence: 351.

Stone, G.N., and Willmer, P.G. (1989). Warm-up rates and body temperatures in bees: the importance of body size, thermal regime and phylogeny. JEB 147: 303-328.

Storch, O. (1924). Libellenstudien I. Sitzungber. Akad. Wiss. Wien Mathem.-naturw. Klasse, Abt. I, 133: 57-85.

Stortenbeker, C.W. (1967). "Observations on the population dynamics of the red locust, *Nomadacris septemfasciata* (Serville), in its outbreak areas." Agric. Res. Rep., Pudoc, Wageningen 694, 118 pp.

Strand, M.R. (1986). The physiological interactions of parasitoids with their hosts and their influence on reproductive strategies. In Waage, J., and Greathead, D.J. (eds.), "Insect parasitoids," pp. 97-136. Academic Press, London.

Straub, E. (1943). Stadien und Darmkanal der Odonaten in Metamorphose und Häutung, sowie die Bedeutung des Schlüpfaktes für die systematische Biologie. Arch. Naturgesch., N.F., 12: 1-93.

Strauss, S. (1985). Monarchs: monarchs of flight [interview with D.L. Gibo]. Globe and Mail, Toronto, 18 November, A12.

Street, P. (1976). "Animal migration and navigation." David & Charles, Newton Abbott, U.K. [OdA 1791.]

Strommer, J.L., and Smock, L.A. (1989). Vertical distribution and abundance of invertebrates within the sandy substrate of a low-gradient headwater stream. FwB 22: 263-274.

Štys, P., and Soldán, T. (1980). Retention of tracheal gills in adult Ephemeroptera and other insects. Acta Univ. Carolinae Biol. 1978: 409-435.

Subramanian, M.A., and Varadaraj, G. (1993). The effect of industrial effluents on moulting in *Macromia cingulata* (Rambur) (Anisoptera: Corduliidae). Odonatologica 22: 229-232.

Subramanian, M.A., Chandrasekaran, R., and Varadaraj, G. (1990). Observations on the toxicity of pesticides on the nymphs of *Macromia cingulata* (Rambur) (Anisoptera: Corduliidae). Indian Odonatol. 3: 69-71.

Suc, J.-P. (1984). Origin and evolution of the Mediterranean vegetation and climate in Europe. Nature (London) 307: 429-432.

杉村光俊 (1979). トンボ数種の産卵に関する知見と考察. 昆虫と自然 14 (6): 45-48.

Sugimura, M. (1980). "A life history of dragonflies in Kochi, a paradise." 8mm motion picture.

杉村光俊 (1981). トンボ数種の産卵に関する知見と考察 (その2). Tombo 23 (1-4): 35-38.

杉村光俊 (1983). 四国南部におけるトンボ類の季節型. Tombo 26 (1-4): 31-34.

Sugimura, M. (1993). Cinefilm and commentary presented at Dragonfly Kingdom, Nakamura, 10 August.

Suhling, F. (1994a). Einnischungsmechanismen der Larven von *Onychogomphus uncatus* (Charpentier) (Odonata: Gomphidae). DrT, Techn. Univ. Carolo-Wilhelmina, Braunschweig, Germany. [OdA 10025.]

Suhling, F. (1994b). Spatial distribution of the larvae of *Gomphus pulchellus* Selys (Anisoptera: Gomphidae). AOd 6: 101-111.

Suhling, F. (1994c). Letter, 27 March.

Suhling, F. (1996). Interspecific competition and habitat selection by the riverine dragonfly *Onychogomphus uncatus*. FwB 35: 209-217. [OdA 11030.]

Suhling, F., and Müller, O. (1996). "Die Flussjungfern Europas." [Gomphidae.] Westarp Wissenschaften, Magdeburg & Spektrum Akademischer Verlag, Heidelberg. [OdA 11311.]

Sukhacheva, G.A. (1996). Study of the natural diet of adult dragonflies using an immunological method. Odonatologica 25: 397-403.

Sukhacheva, G.A., Haritonov, A., and Perevozchikova, T.Y. (1988). [The quantitative estimation of food consumption of dragonflies.] IR ES. Izv. Sib. Otd. Akad. Nauk SSSR (Biol.) 20 (3): 3-7. [OdA 6728.]

住谷 剛・実松敦之・大沢尚之 (1994). アキアカネの生態-平地での移動を中心に. インセクタリウム 31: 150-152.

Sundaram, K.M.S., Holmes, S.B., Kreutzweiser, D.P., Sundaram, A., and Kingsbury, P.D. (1991). Environmental persistence and impact of Diflubenzuron in a forest aquatic environment following aerial application. Arch. Environ. Contam. Toxicol. 20: 213-221. [OdA 8010.]

Surber, E.W., and Bessey, W.E. (1974). Minimum oxygen levels survived by stream invertebrates. Bull. Va. Polytech. Inst. State Univ. Water Resources Cent. 81: 1-52. [OdA 1235.]

Suri Babu, B., and Srivastava, B.K. (1990). Breeding biology of *Ceriagrion coromandelianum* (Fabricius) with special reference to seasonal regulation (Zygoptera: Coenagrionidae). Indian Odonatol. 3: 33-43.

Susanke, G.R., and Harp, G.L. (1987). Selected biological aspects of *Gomphus ozarkensis* Westfall (Odonata: Gomphidae). BNABS 4: 96. (abstract only).

Susanke, G.R., and Harp, G.L. (1991). Selected biological aspects of *Gomphurus ozarkensis* (Westfall) (Anisoptera: Gomphidae). AOd 5: 143-151.

Sutton, P. (1993). Cape May dragonfly news. N.J. Audubon 19: 6. [OdA 9024.]

Suzuki, K. (1984). Character displacement and evolution of the Japanese *Mnais* damselflies (Zygoptera: Calopterygidae). Odonatologica 13: 287-300.

鈴木邦雄・宮地加織 (1996). 日本産カワトンボ属 (均翅亜目, カワトンボ科) 4種におけるテリトリー占有オスのメス認知能力. Tombo 39 (1-4): 2-12.

Suzuki, K., and Tamaishi, A. (1982). Ethological study of two *Mnais* species, *M. nawai* Yamamoto and *M. pruinosa* Selys, in the Hokuriku District, central Honshu, Japan I. Analysis of adult behavior by marking-reobservation experiments. J. College Liberal Arts, Toyama Univ. (Nat. Sci.) 14: 95-128.

鈴木邦雄・二橋 亮・根来 尚 (1994). 富山県新湊市越ノ潟埋立地のトンボ類 (続報). Tombo 37 (1-4): 49-55.

Sveshnikov, G.V. (1972). [The structure and functional peculiarities of the head receptors controlling the activity of wing muscles in the dragonfly *Aeschna grandis*.] IR ES. Zh. Evol. Biohim. Fiziol. (Leningrad) 8: 530-535. [OdA 626.]

Svihla, A. (1959). The life history of *Tanypteryx hageni* Selys (Odonata). Trans. Am. Entomol. Soc. 85: 219-232.

Svihla, A. (1960a). Notes on *Phenes raptor* Rambur (Petaluridae). Tombo 3: 23-24.

Svihla, A. (1960b). Emergence and transformation of *Tanypteryx hageni* Selys (Odonata). EnN 71: 131-135. [BsA 46148.]

Svihla, A. (1961). An unusual ovipositing activity of *Pantala flavescens* Fabricius. Tombo 4: 18.

Svihla, A. (1971). Sub-niveal runway of *Tanypteryx hageni* Selys. Tombo 14: 23.

Svihla, A. (1975). Adverse factors affecting the distribution of

Tanypteryx hageni Selys. Tombo 18: 44-45.

Svihla, A. (1984). Notes on the habits of *Tanypteryx hageni* Selys in the Olympic Mountains, Washington, U.S.A. Tombo 27: 23-25.

Swain, W.R., Wilson, R.M., Neri, R.P., and Porter, G.S. (1977). A new technique for remote monitoring of activity of freshwater invertebrates with special reference to oxygen consumption by naiads of *Anax* sp. and *Somatochlora* sp. (Odonata). CnE 109: 1-8. [OdA 1745.]

Swammerdam, J. (1669). "Historia insectorum generalis." Meinard van Dreunen, Utrecht.

Sweetman, H.L., and Laudani, H. (1942). Rearing of the damsel fly, *Ischnura verticalis* Say, in the laboratory. Ann. Entomol. Soc. Am. 35: 387-388.

Swynnerton, C.F.M. (1936). "The tsetse flies of East Africa. A first study of their ecology, with a view to their control." Trans. Roy. Entomol. Soc. Lond. 84, xxxvi + 579 pp.

田原鳴雄 (1975). 九州産トゲオトンボの幼虫の生活史. Tombo 18 (1-4): 13-16.

田原鳴雄 (1984). 九州産ムカシトンボ幼虫の生活史. Tombo 27 (1-4): 27-31.

田端 修 (1983). オジロサナエの擬死. Gracile 31: 17.

Taguchi, M. (1995). Reproductive behaviour and female choice in *Calopteryx atrata*. Abstr. 13th Int. Symp. Odonatol., Essen: 52. Oral.

Taguchi, M., Kobayashi, T., Koyata, T., Takahashi, S., Kourushi, N., and Watanabe, M. (1993). Mating behavior in males and the mate-refusing behavior by females of the dragonfly, *Sympetrum pedemontanum elatum* Selys. Abstr. 12th Int. Symp. Odonatol., Osaka: 41.

田口正男・渡辺守 (1984). 谷戸水田におけるアカネ属数種の生態学的研究 I. 成虫個体群の季節消長. 三重大学教育学部研究紀要 (自然科学) 35: 69-76. [OdA 4882.]

田口正男・渡辺守 (1985). 谷戸水田におけるアカネ属数種の生態学的研究 II. ミヤマアカネの日周期行動. 三重大学環境科学研究紀要 10: 109-117

田口正男・渡辺守 (1986). 谷戸水田におけるアカネ属数種の生態学的研究 III. アキアカネの個体群動態. 三重大学教育学部研究紀要 (自然科学) 37 (3): 69-75. [OdA 5586.]

田口正男・渡辺守 (1987). 谷戸水田におけるアカネ属数種の生態学的研究 IX. マユタテアカネの空間分布と日陰域の消長. 三重大学教育学部研究紀要 (自然科学) 39: 57-67. [OdA 5956.]

Tai, L.C.C. (1967). Biosystematic study of *Sympetrum* (Odonata: Libellulidae). DrT, Purdue Univ., Lafayette, Indiana.

Takamura, K., and Yasuno, M. (1986). Effects of pesticide application on chironomid larvae and ostracods in rice fields. Appl. Entomol. Zool. 21: 370-376. [OdA 5905.]

Takamura, K., Hatakeyama, S., and Shiraishi, H. (1991). Odonate larvae as an indicator of pesticide contamination. Appl. Entomol. Zool. 26: 321-326. [OdA 8276.]

高崎保郎 (1959). ネキトンボの幼虫. Tombo 2 (3-4): 28-30.

Takeda, M., and Masaki, S. (1979). Asymmetric perception of twilight affecting diapause induction by the fall webworm, *Hyphantria cunea*. Entomol. Exp. Appl. 25: 317-327.

武藤 明 (1958a). サラサヤンマの生態. Tombo 1 (2-3): 12-17.

武藤 明 (1958b). ムカシヤンマ *Tanypteryx pryeri* Selys の成熟幼虫は土中に穿った孔に生息する. Tombo 1 (2-3): 20-21.

武藤 明 (1959a). オオエゾトンボの棲息地と生態について. Tombo 2 (1-2): 3-6.

Taketo, A. (1959b). Discovery of the living larva of *Oligoaeschna pryeri* Martin (Aeschnidae). Tombo 2: 2.

武藤 明 (1960a). 蜻蛉数種の生態について. とっくりばち 9: 7-21.* Inoue and Shimizu 1976 で引用.

武藤 明 (1960b). ムカシヤンマの生態 I. 成虫期の生態について. 昆蟲 39: 299-310.

武藤 明 (1960c). ハネビロエゾトンボの生態. Tombo 3 (1-2): 8-15.

武藤 明 (1971). ムカシヤンマの生態 II. 幼虫期の生態について. 昆蟲 28: 97-109.

武藤 明 (1994). マルタンヤンマの羽化推移と性比について. Tombo 37 (1-4): 47-48.

武藤 明 (1995a). 新しく造成された池におけるヤンマ4種の羽化状況と性比. Tombo 38 (1-4): 48-50.

武藤 明 (1995b). 飼育したマルタンヤンマ成虫の体色変化. Tombo 38 (1-4): 65.

竹内尚徳 (1983). ホソミイトトンボの越冬1例. 昆虫と自然 18 (9): 12. [OdA 5347.]

竹内 勉 (1981). トンボの人工受精の試み I. Gracile 28: 32-34.

滝田 諭 (1980). 釧路の蜻蛉相の観察報告 (III). 釧路市立郷土博物館館報 (265): 135-137.

Tamiya, Y., and Miyakawa, K. (1984). On the oviposition habitat of *Epiophlebia superstes* (Selys) (Anisozygoptera: Epiophlebiidae). Odonatologica 13: 301-307.

田中 正, 1985. アキアカネの移動 (1984年). インセクト 36 (1): 1-9.

Tanaka, Y., and Hisada, M. (1980). The hydraulic mechanism of the predatory strike in dragonfly larvae. JEB 88: 1-19.

Tarnuzzer, C. (1921). Die Libellenschwärme von Chur am 2. Oktober 1920. Naturwiss.-techn. Jb. (Zürich) 2: 305-306.

Tauber, C.A., and Tauber, M.J. (1981). Insect seasonal cycles: genetics and evolution. ARE 12: 281-308.

Taylor, L.R. (1958). Aphid dispersal and diurnal periodicity. Proc. Linn. Soc. Lond. 169: 67-73.

Taylor, L.R. (1986). The four kinds of migration. In Danthanarayana, W. (ed.), "Insect flight: dispersal and migration," pp. 265-280. Springer-Verlag, Berlin.

Taylor, L.R., and Taylor, R.A.J. (1977). Aggregation, migration and population mechanics. Nature (London) 265: 415-421.

Taylor, M.R. (1994). The predation of *Sympetrum sanguineum* (Müller) by *Vespula germanica* (Fabricius) (Hymenoptera, Vespidae). JBDS 10: 39.

Tembhare, D.B. (1979). Neuroendocrine regulation of the intermediary metabolism during development and moulting of last-instar larva of the dragonfly *Orthetrum chrysis* (Selys) (Anisoptera: Libellulidae). Abstr. 5th Int. Symp. Odonatol., Montreal: 33.

Tembhare, D.B., and Andrew, R.J. (1991). Hormonal influence on the haemolymph and fatbody lipid concentration during development and moulting of the ultimate nymph of the dragonfly, *Tramea virginia* (Rambur) (Odonata: Libellulidae). Indian J. Comp. Anim. Physiol. 9: 74-80. [OdA 8666.]

Tembhare, D.B., and Muthal, A. (1992). Midgut digestive enzyme activity in the dragonfly, *Tramea virginia* (Rambur) (Anisoptera: Libellulidae). Odonatologica 21: 111-117.

Tembhare, D.B., and Thakare, V.K. (1975). The histological and histochemical studies on the ovary in relation to vitellogenesis in the dragonfly, *Orthetrum chrysis* Selys (Libellulidae: Odonata). Z. Mikrosk. Anat. Forsch. 89: 108-127. [OdA 1386.]

Tembhare, D.B., and Thakare, V.K. (1982). Some histophysiological studies on the male reproductive system of the dragonfly, *Ictinogomphus rapax* (Rambur) (Odonata: Gomphidae). J. Adv. Zool. 3: 95-100. [OdA 4080.]

Tembhare, D.B., and Wazalwar, S.M. (1995). Mouth-part sensilla in the dragonfly *Brachythemis contaminata* (Fabr.). Abstr. 13th Int. Symp. Odonatol., Essen: 53. Oral.

Tennessen, K.J. (1975). Reproductive behavior and isolation of two sympatric coenagrionid damselflies in Florida. DrT,

Univ. Florida, Gainesville.

Tennessen, K.J. (1977). Rediscovery of *Epitheca costalis* (Odonata: Corduliidae). Ann. Entomol. Soc. Am. 70: 267-273.

Tennessen, K.J. (1979). Distance traveled by transforming nymphs of *Tetragoneuria* at Marion County Lake, Alabama, United States (Anisoptera: Corduliidae). NtO 1: 63-64.

Tennessen, [K.]J. (1981). Review of reproductive isolating mechanisms in Odonata. Abstr. 6th Int. Symp. Odonatol., Chur: 45-46. Oral.

Tennessen, K.J. (1982). Review of reproductive isolating barriers in Odonata. AOd 1: 251-265.

Tennessen, K.[J.] (1992). Letter to M.L. May, 3 November.

Tennessen, K. (1993). The common, remarkable [*Plathemis*] *lydia*. Argia 5 (2): 16-17.

Tennessen, K.J. (1994). Feeding teneral adult dragonflies—and more on rearing. Argia 6 (1): 19-20.

Tennessen, K.J. (1995). Letter, 23 August.

Tennessen, K.J., and Kloft, W.J. (1972). Flüssigkeitsszintillations-Messung lebender mit Radio-Phosphat markierter Erstlarven von *Tetragoneuria cynosura* (Say, 1839) zur Erfassung von Nahrungsaufnahme und Exkretion (Anisoptera: Corduliidae). Odonatologica 1: 233-240.

Tennessen, K.J., and Knopf, K.W. (1975). Description of the nymph of *Enallagma minusculum* (Odonata: Coenagrionidae). Fla. Entomol. 58: 199-201.

Tennessen, K.J., and Louton, J.A. (1984). The true nymph of *Gomphus* (*Gomphurus*) *crassus* Hagen (Odonata: Gomphidae), with notes on adults. Proc. Entomol. Soc. Wash. 86: 223-227.

Tennessen, K.J., and Murray, S.A. (1978). Diel periodicity in hatching of *Epitheca cynosura* (Say) eggs (Anisoptera: Corduliidae). Odonatologica 7: 59-65.

Tennessen, K.J., and Painter, M.K. (1994). Forced ejection of fecal pellets by nymphs of *Erythemis simplicicollis*. Argia 6 (3): 15.

Testard, P. (1972). Observations sur l'activité reproductrice d'une population tardive de *Sympetrum striolatum* Charpentier dans le sud de l'Espagne (Odon. Libellulidae). Bull. Soc. Entomol. Fr. 77: 118-122. [OdA 356.]

Testard, P. (1975). Note sur l'émergence, le sex-ratio et l'activité des adultes de *Mesogomphus genei* Selys, dans le sud de l'Espagne (Anisoptera: Gomphidae). Odonatologica 4: 11-26.

Thangam, T.S., and Kathiresan, K. (1994). Predatory behaviour by larvae of *Brachythemis contaminata* (Fabr.) on larvae of *Culex pipiens quinquefasciatus* Say (Odonata: Libellulidae—Diptera: Culicidae). OZF 123: 1-6.

Theischinger, G., and Watson, J.A.L. (1984). Larvae of Australian Gomphomacromiinae, and their bearing on the status of the *Synthemis* group of genera (Odonata: Corduliidae). Aust. J. Zool. 32: 67-95. [OdA 4588.]

Thibauld, M. (1962). Contribution à l'étude biologique des eaux douces: étude de deux zygoptères: *Platycnemis pennipes* Pallas et *Coenagrion lindeni* Selys. DpT, Univ. Rennes, France.

Thickett, L.A. (1991). Inverted emergence by *Ischnura elegans* (Vander Linden). JBDS 5: 33.

Thickett, L.A. (1994). Predation of a freshly-emerged zygopteran by a social wasp. JBDS 10: 44-45.

Thiele, V., Berlin, A., Thamm, U., Mehl, D., and Rollwitz, W. (1994). Die Bedeutung ausgewählter Insektengruppen für die ökologische Bewertung von nordostdeutschen Fliessgewässern und deren Niederungsbereichen (Lepidoptera, Odonata, Trichoptera). Nachr. Entomol. Ver. Apollo, N.F. 14: 385-406. [OdA 9478.]

Thomas, M., Daniel, M., and Gladstone, M. (1992). Morphological studies on the branchial chamber and tracheal gill lamellae of *Ictinogomphus rapax* (Rambur) and *Anax guttatus* (Burmeister) (Anisoptera: Odonata). Abstr. 4th S. Asian Symp. Odonatol., Allahabad: 7.

Thomas, M.L.H. (1965). "Fauna collected during surveys for larval lampreys in Lake Superior in 1959, 1960 and 1961." Fish. Res. Board Canada, Manuscript Rep. Ser. (Biol.) 803, vi + 95.

Thompson, D.J. (1975). Towards a predator-prey model incorporating age structure: the effects of predator and prey size on the predation of *Daphnia magna* by *Ischnura elegans*. JAE 44: 907-916. [OdA 1388.]

Thompson, D.J. (1977). Field and laboratory studies on the feeding ecology of damselfly larvae. DrT, Univ. York, U.K.

Thompson, D.J. (1978a). The natural prey of larvae of the damselfly, *Ischnura elegans* (Odonata: Zygoptera). FwB 8: 377-384.

Thompson, D.J. (1978b). Prey size selection by larvae of the damselfly, *Ischnura elegans* (Odonata). JAE 47: 769-785.

Thompson, D.J. (1978c). Towards a realistic predator-prey model: the effect of temperature on the functional response and life history of larvae of the damselfly, *Ischnura elegans*. JAE 47: 757-767.

Thompson, D.J. (1982). Prey density and survival in damselfly larvae: field and laboratory studies. AOd 1: 267-280.

Thompson, D.J. (1987a). Regulation of damselfly populations: the effects of weed density on larval mortality due to predation. FwB 17: 367-371. [OdA 6058.]

Thompson, D.J. (1987b). Emergence of the dragonfly *Aeshna grandis* (L.) in northern England (Anisoptera: Aeshnidae). NtO 2: 148-150.

Thompson, D.J. (1989a). A species of *Gynacantha* that breeds in caves (Anisoptera: Aeshnidae). NtO 3: 41-43.

Thompson, D.J. (1989b). The effects of weather on lifetime egg production in *Coenagrion puella*. Abstr. 10th Int. Symp. Odonatol., Johnson City: 36.

Thompson, D.J. (1989c). A population study of the azure damselfly *Coenagrion puella* (L.) in northern England. JBDS 5: 17-22.

Thompson, D.J. (1990a). The effects of survival and weather on lifetime egg production in a model damselfly. EcE 15: 455-462. [OdA 7815.]

Thompson, D.J. (1990b). On the biology of the damselfly *Nososticta kalumburu* Watson & Theischinger (Zygoptera: Protoneuridae). BJLS 40: 347-356. [OdA 7567.]

Thompson, D.J. (1991). Size-biased dispersal prior to breeding in damselfly: conflicting evidence from a natural population. Oecologia 87: 600-601. [OdA 8153.]

Thompson, D.J. (1993). Lifetime reproductive success and fitness in dragonflies. Abstr. 12th Int. Symp. Odonatol., Osaka: 42.

Thompson, D.J. (1997). Lifetime reproductive success, weather and fitness in dragonflies. Odonatologica 26: 89-94.

Thompson, D.J., and Pickup, J. (1984). Feeding rates of Zygoptera larvae within an instar. Odonatologica 13: 309-315.

Thompson, D.J., Banks, M.J., Cowley, S.E., and Pickup, J. (1985). Horses as a major cause of mortality in *Coenagrion puella* (L.) (Zygoptera: Coenagrionidae). NtO 2: 104-105.

Thompson, R. (1990). [Emergence of *Coenagrion puella*.] Video presentation at meeting of British Dragonfly Society, Oxford, November.

Thorp, J.H., and Bergey, E.A. (1981). Field experiments on

responses of a freshwater, benthic macroinvertebrate community to vertebrate predators. Ecology 62: 365-375.

Thorp, J.H., and Cothran, M.L. (1984). Regulation of freshwater community structure at multiple intensities of dragonfly predation. Ecology 65: 1546-1555. [OdA 5106.]

Thorp, J.H., and Diggins, M.R. (1982). Factors affecting depth distribution of dragonflies and other benthic insects in a thermally destabilized reservoir. Hydrobiologia 87: 33-44. [OdA 7203.]

Thorp, V.J., and Lake, P.S. (1974). Toxicity bioassays of cadmium on selected freshwater invertebrates and the interaction of cadmium and zinc on the freshwater shrimp, *Paratya tasmaniensis* Riek. Aust. J. Mar. Freshw. Res. 25: 97-104.* Cited by Watson et al. 1982.

Tiefenbrunner, W. (1990). *Sympecma fusca* (Vander Linden, 1820): Korrelation zwischen Flügelstellung und Lichteinfallswinkel in Abhängigkeit von der Temperatur (Zygoptera: Lestidae). Libellula 9: 121-132.

Tillyard, R.J. (1906a). Life-history of *Lestes leda* Selys. PLSNSW 31: 409-423.

Tillyard, R.J. (1906b). New Australian species of the family Libellulidae (Neuroptera: Odonata). PLSNSW 31: 480-492.

Tillyard, R.J. (1906c). New Australian species of the family Aeshnidae (Neuroptera: Odonata). PLSNSW 31: 722-730.

Tillyard, R.J. (1908a). On the new genus *Austrogynacantha* (Neuroptera: Odonata) with description of species. PLSNSW 33: 423-431.

Tillyard, R.J. (1908b). On some remarkable Australian Libellulinae. Part ii. Descriptions of new species. PLSNSW 33: 637-649.

Tillyard, R.J. (1909). Studies in the life-histories of Australian Odonata. i. The life-history of *Petalura gigantea* Leach. PLSNSW 34: 256-267.

Tillyard, R.J. (1910). On some experiments with dragonfly larvae. PLSNSW 35: 666-676.

Tillyard, R.J. (1912). On some new and rare Australian Agrionidae (Odonata). PLSNSW 37: 404-479.

Tillyard, R.J. (1913). Some descriptions of new forms of Australian Odonata. PLSNSW 37: 229-241.

Tillyard, R.J. (1915). On the physiology of the rectal gills in the larvae of anisopterid dragonflies. PLSNSW 40: 422-437.

Tillyard, R.J. (1916a). Further observations on the emergence of dragonfly larvae from the egg, with special reference to the problem of respiration. PLSNSW 41: 388-416.

Tillyard, R.J. (1916b). A study of the rectal breathing-apparatus in the larvae of anisopterid dragonflies. PLSNSW 33: 127-196.

Tillyard, R.J. (1917a). "The biology of dragonflies." Cambridge Univ. Press, Cambridge.

Tillyard, R.J. (1917b). On the morphology of the caudal gills of the larvae of zygopterid dragonflies. Introduction, part i. (General morphology), and part ii. (Studies of the separate types). PLSNSW 42: 31-112.

Tillyard, R.J. (1917c). On the morphology of the caudal gills of the larvae of zygopterid dragonflies. part iii. (Ontogeny), and part iv. (Phylogeny). PLSNSW 42: 606-632.

Tillyard, R.J. (1926). "The insects of Australia and New Zealand." Angus and Robertson, Sydney.

Tillyard, R.J. (1928). The larva of *Hemiphlebia mirabilis* Selys (Odonata). PLSNSW 53: 193-206.

Timmer, J. (1974). Insekten in Oostenrijk. Agrion 1974: 52-54. [OdA 1060.]

Timms, B.V. (1980). The macrobenthos of Lakes Rotoroa and Rotoiti, South Island, New Zealand, with special reference to the influence of allochthonous organic detritus. Arch. Hydrobiol. 90: 182-196. [OdA 4229.]

Timms, B.V. (1993). Saline lakes of the Paroo, inland New South Wales, Australia. Hydrobiologia 267 (Saline Lakes 5): 269-289. [OdA 10061.]

Timon-David, J. (1965). Trématodes parasites des odonates. Biologie et cycles. Ann. Fac. Sci. (Marseilles) 38: 15-41.

Tinbergen, N. (1968). "Curious naturalists." Natural History Library Edition. Anchor Doubleday, New York.

Tinkham, E.R. (1949). Haunts and habits of the dragonfly *Oplonaeschna armata*. EnN 60: 15-17.

Tittizer, T. (1994). Letter, 23 March.

Tittizer, T., Schöll, F., Schleuter, M., and Leuchs, H. (1989). Beitrag zur Kenntnis der Libellenfauna der Bundeswasserstrassen und angrenzender limnischer Bereiche. Verh. Westdeutscher Entomol. Tag (Düsseldorf) 1988: 89-102.

Tobias, A. (1996). Einfluss von Feinsandüberschichtigungen auf grabende Libellenlarven (Gomphidae). TagBer. Dtsch. Ges. Limnol. 1995: 435-439. [OdA 11034.]

Torralba-Burrial, A. (1996). Odonata versus Odonata. Boln. Soc. Entomol. Aragon. 13: 65. [OdA 10902.]

Tozer, W. (1979). Underwater behavioural thermoregulation in the adult stonefly, *Zapada cinctipes*. Nature (London) 281: 566-567.

Tracy, B.J., Tracy, C.R., and Dobkin, D.S. (1979). Desiccation in the black dragon, *Hagenius brevistylus* Selys. Experientia 35: 751.

Tracy, C.R., Tracy, B.J., and Dobkin, D.S. (1979). The role of posturing in behavioral thermoregulation by black dragons (*Hagenius brevistylus* Selys; Odonata). Physiol. Zool. 52: 565-571.

Travis, J., Keen, W.H., and Julianna, J. (1985). The role of relative body size in a predator-prey relationship between dragonfly naiads and larval anurans. Oikos 45: 59-65.

Treacher, P. (1996). Mortality of emerging *Pyrrhosoma nymphula* (Sulzer) at a garden pond. JBDS 12: 61-62.

Trockur, B. (1993). Neues zum *Epitheca*-Vorkommen in Saarland. Abstr. 12 Jahrestagung Ges. deutschsprachiger Odonatologen, Kaiserslautern: 7-8. Oral.

Trockur, B. (1994). Umweltkatastrophe am Öko-See: Artenschwund durch illegalen Grasskarpfen-Besatz. NatSchutz Saarland 24 (3): 23-25. [OdA 10252.]

Trottier, R. (1966). The emergence and sex ratio of *Anax junius* Drury (Odonata: Aeshnidae) in Canada. CnE 98: 794-798.

Trottier, R. (1967). Observations on *Pantala flavescens* (Fabricius) (Odonata: Libellulidae) in Canada. Can. Field-Nat. 81: 231. [BsA 81140.]

Trottier, R. (1969). A comparative study of the morphology of some *Sympetrum* larvae (Odonata: Libellulidae) from eastern Canada. CJZ 47: 457-460. [BsT 11400.]

Trottier, R. (1970). Effect of temperature and humidity on the emergence and ecdysis of *Anax junius* Drury (Odonata: Aeshnidae). DrT, Univ. Toronto, Ontario.

Trottier, R. (1971). Effect of temperature on the life-cycle of *Anax junius* (Odonata: Aeshnidae) in Canada. CnE 103: 1671-1683. [BsA 14362.]

Trottier, R. (1973). Influence of temperature and humidity on the emergence behaviour of *Anax junius* (Odonata: Aeshnidae). CnE 105: 975-984.

Trueman, E.R. (1980). Swimming by jet propulsion. Semin. Ser. Soc. Exp. Biol. (Cambridge) 5: 93-105. [OdA 3395.]

Trueman, J.W.H. (1989). A preliminary study of the eggs and second instar larvae of some Australian dragonflies, with reference to problems of libelluloid higher taxonomy

(Odonata: Anisoptera). Graduate Dipl. Sci., Australian National Univ., Canberra. [OdA 7177.]

Trueman, J.W.H. (1990a). Eggshells of Australian Gomphidae: plastron respiration in eggs of stream-dwelling Odonata (Anisoptera). Odonatologica 19: 395-401.

Trueman, J.W.H. (1990b). Unusual eggshell structures in *Ictinogomphus australis* (Selys) (Anisoptera: Gomphidae). Tombo 19: 293-296.

Trueman, J.W.H. (1991). Egg chorionic structures in Corduliidae and Libellulidae (Anisoptera). Odonatologica 20: 441-452.

Trueman, J.W.H., Hoye, G.A., Hawking, J.H., Watson, J.A.L., and New, T.R. (1992). *Hemiphlebia mirabilis* Selys: new localities in Australia and perspectives on conservation (Zygoptera: Hemiphlebiidae). Odonatologica 21: 367-374.

Tsacas, L., and Legrand, J. (1979). Les pontes d'odonates, gîte larvaire nouveau pour une drosophile Africaine inédite: *Drosophila libellulosa*, n. sp. (Odonata: Libellulidae; Diptera: Drosophilidae). Rev. Fr. Entomol., N.S., 1: 13-22.

Tsomides, L., Gibbs, K.E., and Jennings, D.T. (1982). Species of Odonata feeding on Lepidoptera in spruce-fir forests of Maine. Res. Life Sci. Univ. Maine 30: 1-12. [OdA 4083.]

Tsubaki, Y., and Ono, T. (1986). Competition for territorial sites and alternative mating tactics in the dragonfly, *Nannophya pygmaea* Rambur (Odonata: Libellulidae). Behaviour 97: 234-252. [OdA 5682.]

Tsubaki, Y., and Ono, T. (1987). Effects of age and body size on the male territorial system of the dragonfly, *Nannophya pygmaea* Rambur (Odonata: Libellulidae). AnB 35: 518-525.

Tsubaki, Y., Siva-Jothy, M.T., and Ono, T. (1994). Recopulation and postcopulatory mate guarding increase immediate female reproductive output in the dragonfly *Nannophya pygmaea*. BES 35: 219-225. [OdA 10029.]

津吹 卓 (1987). アキアカネの飛翔活動と環境条件. New Entomol. 36: 12-20. [OdA 7333.]

津吹 卓 (1993). In: 上田哲行・石澤直也編, アキアカネのいる風景―アキアカネの生活史における諸問題―3. インセクタリゥム 30: 390-392.

Tsubuki, T. (1994). Early oviposition of *Sympetrum frequens* at the Yunomaru Heights in Nagano Prefecture. Symnet (English version) 2 (1 October): 5.

Tsubuki, T. (1995). Body color change in *Sympetrum frequens* according to the ambient temperature: be careful in scoring body color. Symnet (English version) 4 (30 November): 4.

Tsuda, M. (1939). Über das Vorkommen von Odonatennymphen, Pantala flavescens Fabricius in stark saltzhaltigem Wasser. Annotat. Zool. Jap. 18: 133-136.

津田 滋, (1991). 世界のトンボ分布目録1991. 個人出版, 大阪 [OdA 8012.]

Tsui, P.T.P., and Breedlove, B.W. (1978). Use of the multiple-plate sampler in biological monitoring of the aquatic environment. Fl. Sci. 41: 110-116. [OdA 3815.]

Tulloch, J.B.G. (1929). Dragonfly migration. Entomologist 62: 213.

Tümpel, R. (1901). "Die Geradflügler Mitteleuropas." Perthes, Gotha.

Turk, F.A. (1945). Studies of Acari. Second series: description of new species and notes on established forms of parasitic mites. Parasitology 36: 133-141.

Tuxen, S.L. (1976). Odonata. Zool. Iceland 3 (39a): 1-7. [OdA 1656.]

Tyagi, B.K. (1981a). Dragonflies feeding on houseflies. J. Bombay Nat. Hist. Soc. 77: 531. [OdA 3564.]

Tyagi, B.K. (1981b). Adult dragonflies as human food in the Nagaland State, India. NtO 1: 137-138.

Tyagi, B.K. (1991). Role of non-target organisms in determining the safe dose-limits of chemical agents for vector mosquito larval control. Abstr. 11th Int. Symp. Odonatol., Trevi: 31.

Tyagi, B.K. (1995). A note on termite consumption by *Pantala flavescens* (Fabr.) (Anisoptera: Libellulidae). NtO 4: 92.

Tyagi, B.K., and Miller, P.L. (1991). A note on the Odonata collected in southwestern Rajasthan, India. NtO 3: 134-135.

Ubelaker, J.E., and Olsen, O.W. (1972). Life cycle of *Phyllodistomum bufonis* (Digenea: Gorgoderidae) from the boreal toad, *Bufo boreas*. Proc. Helminthol. Soc. Wash. 39: 94-100. [BsA 61197; OdA 835.]

Ubukata, H. (1973). Life history and behavior of a corduliid dragonfly, *Cordulia aenea amurensis* Selys. I. Emergence and pre-reproductive periods. J. Fac. Sci. Hokkaido Univ., Ser. 6, Zool. 19: 251-269.

Ubukata, H. (1974). Relative abundance and phenology of adult dragonflies at a dystrophic pond in Usubetsu, near Sapporo. J. Fac. Sci. Hokkaido Univ., Ser. 6, Zool. 19: 758-776.

Ubukata, H. (1975). Life history and behavior of a corduliid dragonfly, *Cordulia aenea amurensis* Selys. II. Reproductive period with special reference to territoriality. J. Fac. Sci. Hokkaido Univ., Ser. 6, Zool. 19: 812-833.

生方秀紀 (1977). なわばりあらそい. アニマ 1977年7月号: 24-29. [OdA 1915.]

Ubukata, H. (1979a). Behavior of *Somatochlora viridiaenea viridiaenea* Uhler in Kushiro District (Odonata, Corduliidae). New Entomol. 28: 1-7.

生方秀紀 (1979b). ヒガシカワトンボの交尾戦略 (予報). 昆虫と自然 14 (6): 41-46. [OdA 2572.]

Ubukata, H. (1980a). Life history and behavior of a corduliid dragonfly, *Cordulia aenea amurensis* Selys. III. Aquatic period, with special reference to larval growth. Kontyû 48: 414-427.

Ubukata, H. (1980b). Territoriality as a density-dependent mating strategy in *Cordulia*. Abstr. Pap. 16th Int. Congr. Entomol., Kyoto: 234. [OdA 2956.]

Ubukata, H. (1981). Survivorship curve and annual fluctuation in the size of emerging population of *Cordulia aenea amurensis* Selys (Odonata: Corduliidae). Jap. J. Ecol. 31: 335-346. [OdA 3565.]

Ubukata, H. (1983). An experimental study of sex recognition in *Cordulia aenea amurensis* Selys (Anisoptera: Corduliidae). Odonatologica 12: 71-81.

Ubukata, H. (1984a). Oviposition site selection and avoidance of additional mating by females of the dragonfly, *Cordulia aenea amurensis* Selys (Corduliidae). Res. Pop. Ecol. 26: 285-301. [OdA 4963.]

Ubukata, H. (1984b). Intra-male sperm translocation and copulatory behavior in the dragonfly, *Cordulia aenea amurensis* Selys (Odonata; Corduliidae). J. Hokkaido Univ. Educ. (Sect. II B) 35: 43-52.

生方秀紀. (1985a). 大雪山で採集されたトンボ II. 1984年の結果およびシオカラトンボ白粉型メスについての一考察. Sylvicola 3: 23-26. [OdA 5420.]

Ubukata, H. (1985b). A preliminary description of the behavior of *Rhinocypha uenoi* Asahina in Iriomote-Jima (Odonata: Chlorocyphidae). Kushiro Ronshu 17: 81-89. [OdA 5420.]

Ubukata, H. (1987). Mating system of the dragonfly *Cordulia aenea amurensis* Selys and a model of mate searching and territorial behaviour in Odonata. In Itô, Y., Brown, J.L., and Kikkawa, J. (eds.), "Animal societies: theories and facts," pp. 213-228. Japan Scientific Societies Press, Tokyo.

Ubukata, H. (1988). Reproductive competition and the male dimorphism in the damselfly *Mnais costalis* Selys (Odonata: Calopterygidae). Proc. 18th Int. Congr. Entomol., Vancouver: 208 (abstract only). [OdA 6527.]

生方秀紀 (1993a). 釧路湿原自然ガイド 釧路湿原のトンボ. 日本野鳥保護連盟釧路支部・アムウェイ・ネーチャーセンター. [OdA 9176.]

生方秀紀 (1993b). 手紙, 9月6日.

生方秀紀 (1996). 手紙, 2月29日.

Ubukata, H., and Iga, M. (1974). Description of the larva of *Hemicordulia ogasawarensis* Oguma (Corduliidae). Tombo 17: 21-22.

Ubukata, H., and Sonehara, I. (1993). A comparison of alpine and "upper subalpine" zone dragonflies among Hokkaido, central Honshu and Swiss Alps. Abstr. 12th Int. Symp. Odonatol., Osaka: 43-44.

生方秀紀・東 和敬・野間口真太郎・朱 耀沂 (1992). 台湾の北部・中部の森林生態系におけるトンボ類の生息分布 I. 1990年度のトンボ目採集記録. Tombo 35 (1-4): 57-61.

生方秀紀・一條信明・原内 裕編 (1995). 国際シンポジウムトンボの生息環境とその保護報告書 (和文編) 北海道トンボ研究会報 Vol.7 別冊 x + 76 pp.

鵜殿清文 (1982). ヒメクロサナエの産卵について. 昆虫と自然 17 (9): 35. [OdA 4273.]

上田哲行 (1976). クロイトトンボの繁殖個体群 I. 一日の移動と空間的構造. 生理生態 17 (1-2): 303-312.

Uéda, T. (1978). Geographic variation in the life cycle of *Lestes sponsa*. Tombo 21: 27-34.

Uéda, T. (1979). Plasticity of the reproductive behaviour in a dragonfly, *Sympetrum parvulum* Barteneff, with reference to the social relationship of males and the density of territories. Res. Pop. Ecol. 21: 135-152.

Uéda, T. (1980a). Males' site selection process and mating success in a damselfly, *Cercion calamorum*. Abstr. Pap. 16th Int. Cong. Entomol., Kyoto: 140. [OdA 2957.]

上田哲行 (1980b). 私信, 8月.

上田哲行 (1987). クロイトトンボの実効性比とそれに関わる要因について. 石川農短大報 17: 41-51. [OdA 6568.]

上田哲行 (1988). アキアカネの生活史の多様性. 石川農短大報 18: 98-110. [OdA 6626.]

Uéda, T. (1989). Sexual maturation, body colour changes and increase of body weight in a summer diapause population of the damselfly *Lestes sponsa* (Hansemann) (Zygoptera: Lestidae). Odonatologica 18: 75-87.

Uéda, T. (1992). Territoriality and reproductive behaviour in *Rhinocypha biseriata* Selys (Odonata: Chlorocyphidae). In "Behaviour and evolution of small animals in the humid tropics 1989-1991," pp. 57-68. Dept. Zoology, Kyoto Univ.

上田哲行 (1993a). アキアカネの生活史における諸問題-1. 山へ上るアキアカネ, 上らないアキアカネ (1). インセクタリゥム 30 (9): 292-299.

上田哲行 (1993b). アキアカネの生活史における諸問題-2. 山へ上るアキアカネ, 上らないアキアカネ (2). インセクタリゥム 30 (10): 346-355.

Uéda, T. (1994). Spatial distribution of mate-searching males in the damselfly, *Cercion c. calamorum* (Odonata: Zygoptera). J. Ethol. 12: 97-105.

Uéda, T. (1995a). Water jet behaviour by larvae of *Sympetrum*: is it a threat behaviour against predator? Symnet (English version) (30 November) 4: 6-7.

上田哲行 (1995b). 手紙, 9月20日.

Uéda, T., and Iwasaki, M. (1982). Changes in the survivorship, distribution and movement pattern during the adult life of a damselfly, *Lestes temporalis* (Zygoptera: Odonata). AOd 1: 281-291.

鵜飼貞行 (1996). ヒメギンヤンマ (新称) の日本における記録. Tombo 39 (1-4): 45-46.

鵜飼貞行・杉村光俊 (1983). ミナミヤンマの分布と生態に関する新知見. Tombo 26 (1-4): 38-39.

Umeozor, O.C. (1993). Dragonfly distribution along New Calabar River, near Port Harcourt, Nigeria (Anisoptera). NtO 4: 12-15.

Unruh, M. (1988). Vergleichende Betrachtungen zur Libellenfauna ausgewählter Abgrabungsgebiete des Zeitzer Gebietes, Bez. Halle, DDR. Libellula 7: 111-128.

Unwin, D.M., and Corbet, S.A. (1984). Wingbeat frequency, temperature and body size in bees and flies. Physiol. Entomol. 9: 115-121.

浦辺研一・池本孝哉・会田忠次郎 (1986a). 水田におけるアキアカネ幼虫のシナハマダラカ幼虫に対する天敵としての役割に関する研究 2 実験室内における捕食能力について. 衛生動物 37: 213-220. [OdA 5685.].

浦辺研一・池本孝哉・武井伸一・会田忠次郎 (1986b). 水田におけるアキアカネ幼虫のシナハマダラカ幼虫に対する天敵としての役割に関する研究. III. 水田内における捕食率の推定. 応動昆 30: 129-135. [OdA 5591.]

臼田明正 (1994). 気ままにトンボ採集記 I. 昆虫と自然 29 (14): 25-26.

Uttley, M.G. (1980). A laboratory study of mutual interference between freshwater invertebrate predators. DrT, Univ. York, U.K.

Utzeri, C. (1978). Atypical selection of oviposition site in *Anax parthenope* (Selys) (Anisoptera: Aeshnidae). NtO 1: 26-27.

Utzeri, C. (1980). Considerations on cannibalism in Zygoptera. NtO 1: 100-102.

Utzeri, C. (1982). On dragonflies that touch the water in flight. NtO 1: 168.

Utzeri, C. (1984). Some data on copulation behaviour in *Coenagrion scitulum* (Ramb.) (Zygoptera: Coenagrionidae). NtO 2: 70-71.

Utzeri, C. (1986). Field observations on sperm translocation behaviour in the males of *Crocothemis erythraea* (Brullé) and *Orthetrum cancellatum* (L.) (Libellulidae), with a review of the same in the Anisoptera. Odonatologica 14: 227-237.

Utzeri, C. (1988). Female "refusal display" versus male "threat display" in Zygoptera: is it a case of intraspecific imitation? Odonatologica 17: 45-54.

Utzeri, C. (1989a). Does marking affect longevity in dragonflies? Abstr. 10th Int. Symp. Odonatol., Johnson City: 37.

Utzeri, C. (1989b). Tactile communication through the tandem link in the Odonata and the problem of tandem oviposition in *Sympetrum* (Libellulidae). OZF 35: 1-8.

Utzeri, C., and Belfiore, C. (1990). Tandem anomali fra odonati. Fragm. Entomol. 22: 271-287.

Utzeri, C., and Dell'Anna, L. (1989). Wandering and territoriality in *Libellula depressa* L. (Anisoptera: Libellulidae). AOd 4: 133-147.

Utzeri, C., and Ercoli, C. (1993). Are dragonfly males (Odonata, Lestidae) able to assess population density? Ethol. Ecol. Evol. 5: 418 (abstract only). [OdA 9464.]

Utzeri, C., and Falchetti, E. (1990). Repeated intra-male sperm translocation in *Lestes barbarus* (Fabr.) (Zygoptera: Lestidae). NtO 3: 78-79.

Utzeri, C., and Gianandrea, G. (1988). Aspects of territoriality in *Crocothemis erythraea* (Brullé) (Libellulidae). Monit. Zool. Ital., N.S., 22: 553-554 (abstract only). [OdA 6832.]

Utzeri, C., and Gianandrea, G. (1989). Perching in the shade: a thermoregulatory behaviour in some aeshnid dragonflies

(Odonata: Aeshnidae)? OZF 35: 7-8. [OdA 6635.]
Utzeri, C., and Lorenzi, K. (1986). Alcuni dati di demografia di *Crocothemis erythraea* (Brullé) (Anisoptera: Libellulidae). Bull. Zool. 53(Suppl.): 81 (abstract only). [OdA 5687.]
Utzeri, C., and Ottolenghi, C. (1992). Further observations on intra-male sperm translocation behaviour in Anisoptera. NtO 3: 145-149.
Utzeri, C., and Raffi, R. (1983). Observations on the behaviour of *Aeshna affinis* (Vander Linden) at a dried-up pond (Anisoptera: Aeshnidae). Odonatologica 12: 141-151.
Utzeri, C., and Sorce, G. (1988). La guardia pre- e post-copula negli zigotteri: due casi specializzati. Atti 15th Congr. Nazionale Ital. Entomol., L'Aquila: 731-737. [OdA 6418.]
Utzeri, C., Falchetti, E., and Carchini, G. (1976). Alcuni aspetti etologici della ovideposizione di *Lestes barbarus* (Fabricius) presso pozze temporanee (Zygoptera: Lestidae). Odonatologica 5: 175-179.
Utzeri, C., Raffi, R., and Falchi, N. (1981). Some observations on the behaviour of *Aeshna affinis* (Vander L.) at a temporary pond (Odonata: Aeshnidae). Abstr. 6th Int. Symp. Odonatol., Chur: 66-67.
Utzeri, C., Falchetti, E., and Carchini, G. (1983). The reproductive behaviour in *Coenagrion lindeni* (Selys) in central Italy (Zygoptera: Coenagrionidae). Odonatologica 12: 259-278.
Utzeri, C., Carchini, G., Falchetti, E., and Belfiore, C. (1984). Philopatry, homing and dispersal in *Lestes barbarus* (Fabricius) (Zygoptera: Lestidae). Odonatologica 13: 573-584.
Utzeri, C., Carchini, G., and Landi, F. (1987a). Nota sulla riproduzione di *Hemianax ephippiger* (Burm.) in Italia (Anisoptera: Aeshnidae). NtO 2: 162-165.
Utzeri, C., Falchetti, E., and Raffi, R. (1987b). Adult behaviour of *Lestes barbarus* (Fabricius) and *L. virens* (Charpentier) (Zygoptera, Lestidae). Fragm. Entomol. 20: 1-22. [OdA 6255.]
Utzeri, C., Carchini, G., and Falchetti, E. (1988). Aspects of demography in *Lestes barbarus* (Fabr.) and *L. virens vestalis* Ramb. (Zygoptera: Lestidae). Odonatologica 17: 107-114.
Vaajakorpi, H.A., and Salonen, I. (1973). Bioaccumulation and transfer of 14C-DDT in a small pond ecosystem. Ann. Zool. Fenn. 10: 539-544. [OdA 682.]
Vajrasthira, S., and Yamput, S. (1971). The life cycle of *Prosthodendrium molenkampi*, a human intestinal fluke in family Lecithodendriidae in Thailand. Southeast Asian J. Trop. Med. Public Health 2: 585-586. [OdA 9929.]
Valley, S. (1993). Noteworthy Oregon records for recent years. Argia 5 (1): 4-5.
Valtonen, P. (1980). [Natural causes of death in dragonflies.] IF ES. Luonnon Tutkija 84: 88. [OdA 2958.]
Valtonen, P. (1982). [Experiences of the life cycle of *Lestes sponsa* (Odonata, Lestidae) in Finland.] IF. Notul. Entomol. 62: 151. [OdA 4012.]
Valtonen, P. (1986). On the odonate fauna of a Finnish pond occasionally drying up. NtO 2: 134-135.
Van Buskirk, J. (1986). Establishment and organization of territories in the dragonfly *Symphetrum rubicundulum* (Odonata: Libellulidae). AnB 34: 1781-1790.
Van Buskirk, J. (1987a). Density-dependent population dynamics in larvae of the dragonfly *Pachydiplax longipennis*: a field experiment. Oecologia 72: 221-225.
Van Buskirk, J. (1987b). Influence of size and date of emergence on male survival and mating success in a dragonfly, *Symphetrum rubicundulum*. AMN 118: 169-176. [OdA 6257.]
Van Buskirk, J. (1988). Interactive effects of dragonfly predation in experimental pond communities. Ecology 69: 857-867. [OdA 6944.]
Van Buskirk, J. (1989). Density-dependent cannibalism in larval dragonflies. Ecology 70: 1442-1449. [OdA 7046.]
Van Buskirk, J. (1992). Competition, cannibalism, and size-class dominance in a dragonfly. Oikos 65: 455-464. [OdA 9237.]
Van Buskirk, J. (1993). Population consequences of larval crowding in the dragonfly *Aeshna juncea*. Ecology 74: 1950-1958. [OdA 9331.]
Van Buskirk, J., and Smith, D.C. (1993). Phenotypic design, plasticity, and ecological performance in tadpoles. Bull. Ecol. Soc. Am. (Suppl.) 74 (2): 467 (abstract only). [OdA 9179.]
Van den Berg, M.A. (1993). *Enallagma glaucum* (Burmeister), a newly recorded predator of the citrus psylla, *Trioza erytreae* (Del Guercio) (Zygoptera: Coenagrionidae; -Hemiptera: Triozidae). NtO 4: 29-31.
Van Noordwijk, M. (1978). A mark-recapture study of coexisting Zygopteran populations. Odonatologica 7: 353-374.
Van Noordwijk, M. (1980). Dragonfly behaviour over shining surfaces. NtO 1: 105.
Van Steenis, C.G.G.J. (1932). Verspreiding van vruchtjes van *Myriactis javanicus* door een libel. Tropische Natuur 21: 191-192.
Van Tol, J. (1992a). Optimisation of wetland management for the conservation of dragonflies (Odonata). Counc. Eur. Environ. Encounters 14: 62-66. [OdA 9090.]
Van Tol, J. (1992b). An annotated index to names of Odonata used in publications by M.A. Lieftinck. Zool. Verh. Leiden 279: 1-263.
Van Tol, J. (1995). Family-group names based on *Amphipteryx*, *Diphlebia*, *Philoganga*, *Lestoidea*, *Rimanella* and *Pentaphlebia* (Zygoptera). Odonatologica 24: 245-248.
Van Tol, J., and Verdonk, M. (1988). "The protection of dragonflies (Odonata) and their biotopes." Nature and Environment Series, Council of Europe (European Committee Conservation of Nature and Natural Resources). [OdA 6181.]
Varadaraj, G. (1984). Dragonfly folklore in Tamil Nadu (India). Fraseria 7: 29.
Varadaraj, G., Subramanian, M.A., and Subramanian, R. (1990). Oxygen uptake in the naiads of *Macromia cingulata* (Rambur) after exposure to industrial effluents (Anisoptera: Corduliidae). Indian Odonatol. 3: 73-75.
Varadaraj, G., Subramanian, M.A., and Suriya, S.J. (1993). Sublethal effects of industrial effluents on the biochemical constituents of the haemolymph in the larva of *Macromia cingulata* Rambur (Anisoptera: Corduliidae). Odonatologica 22: 89-92.
Vasserot, J. (1957). Contribution a l'étude du comportement de capture des larves de l'odonate *Calopteryx splendens*. Vie et Milieu 8: 127-172.
Veltman, A. (1991). Aas-etende libellen. Entomol. Ber. (Amsterdam) 51: 98-99. [OdA 8014.]
Verbeek, P.J.M., Van der Velde, G., Krekels, R.F.M., and Leuven, R.S.E.W. (1994). Occurrence and spatial distribution of odonate larvae in four lentic soft waters of varying pH in the Netherlands. Proc. 3rd Eur. Congr. Entomol., Amsterdam 1: 155-158. [OdA 5765.]
Veron, J.E.N. (1973a). Age determination of adult Odonata. Odonatologica 2: 21-28. [BsA 31923.]
Veron, J.E.N. (1973b). Physiological control of the chromatophores of *Austrolestes annulosus* (Odonata). JIP 19: 1689-1703. [BsA 66786.]
Veron, J.E.N. (1974a). Physiological colour changes in Odonata eyes. A comparison between eye and epidermal chromatophore pigment migrations. JIP 20: 1491-1505.

Veron, J.E.N. (1974b). The role of physiological colour change in the thermoregulation of *Austrolestes annulosus* (Selys) (Odonata). Aust. J. Zool. 22: 457-469.

Veron, J.E.N. (1976). Responses of Odonata chromatophores to environmental stimuli. JIP 22: 19-30.

Veron, J.E.N., O'Farrell, A.F., and Dixon, B. (1974). The fine structure of Odonata chromatophores. Tissue and Cell 6: 613-626.

Verschuren, D. (1989). Revision of the larvae of West-Palaearctic *Cordulegaster* Leach, 1815 (Odonata, Cordulegastridae), with a key to the considered taxa and a discussion on their affinity. Bull. Ann. Soc. Roy. Belg. Entomol. 125: 5-35. [OdA 6906.]

Verschuren, D. (1991). Phylogenetic significance of antennal growth patterns at two levels of dragonfly taxonomy: the example of *Cordulegaster* (Anisoptera: Cordulegastridae). Odonatologica 20: 321-331.

Verschuren, D., Demirsoy, A., and Dumont, H.J. (1987). Description of the larva of *Cordulegaster mzymtae* Bartenef, 1929, with a discussion of its taxonomic position (Anisoptera: Cordulegastridae). Odonatologica 16: 401-406.

Vick, G.S. (1989). List of the dragonflies recorded from Nepal, with a summary of their altitudinal distribution. OZF 43: 1-21.

Vick, G.S. (1993a). A description of the female of *Aeshna draco* Racenis. 1958 (Anisoptera: Aeshnidae). Odonatologica 22: 93-99.

Vick, G.S. (1993b). Letter, 26 August.

Victor, R., and Ogbeibu, A.E. (1986). Recolonisation of macrobenthic invertebrates in a Nigerian stream after pesticide treatment and associated disruption. Environ. Pollut. (A) 41: 125-137. [OdA 5766.]

Vitousek, P.M. (1994). Beyond global warming: ecology and global change. Ecology 75: 1861-1876.

Vitousek, P.M., Ehrlich, P.R., Ehrlich, A.H., and Matson, P.A. (1986). Human appropriation of the products of photosynthesis. BioScience 36: 368-373.

Vogt, F.D., and Heinrich, B. (1983). Thoracic temperature variations in the onset of flight in dragonflies (Odonata: Anisoptera). Physiol. Zool. 56: 236-241. [OdA 4222.]

Vogt, T.E., and Smith, W.A. (1993). *Ophiogomphus susbehca* spec. nov. from north central United States (Anisoptera: Gomphidae). Odonatologica 22: 503-509.

Voigts, D.K. (1973). Food niche overlap of two Iowa marsh icterids. Condor 75: 392-399.

Vojtková, L. (1970). Beitrag zur Kenntnis der Helminthofauna der Wasserwirbellosen I. Trematoden der Familien Lecithodendriidae Odhner, 1911, Plagiorchidae Lühe, 1901, Gorgoderidae Looss, 1901. Acta Soc. Zool. Bohemoslov. 34: 317-333.

Vojtková, L. (1971). Beitrag zur Kenntnis der Helminthofauna der Wasserwirbellosen III. Cestoda, Nematoda, Acanthocephala. Acta Soc. Zool. Bohemoslov. 35: 146-155. [BsA 120728.]

Voltaire, F.M.A. (1764). "Dictionnaire philosophique." Cramer, London.

Von Janko, P. (1982). Frostfest mit Salz im Blut: Libellen. Welt am Sonntag (Hamburg), 10 October, 52. [OdA 3903.]

Vonwil, G., and Wildermuth, H. (1990). Massenentwicklung von *Hemianax ephippiger* (Burmeister, 1839) in der Schweiz (Odonata: Aeshnidae). OZF 51: 1-11.

Voshell, J.R., and Simmons, G.M. (1977). An evaluation of artificial substrates for sampling macrobenthos in reservoirs. Hydrobiologia 53: 257-269.

Voshell, J.R., and Simmons, G.M. (1978). The Odonata of a new reservoir in the southeastern United States. Odonatologica 7: 67-76.

Voznyuk, V.A. (1974). [Diet and food interrelations in fish of Vilyui Reservoir.] IR. In Biological problems of the North. Abstr. 6th Symp., part 2: ["Ichthyology, Hydrobiology, Entomology, Parasitology."] IR. Yakutsk Inst. Biol., Yakutsk Branch, Sib. Sect., USSR Acad. Sci. [OdA 1063.]

Waage, J.K. (1972). Longevity and mobility of adult *Calopteryx maculata* (Beauvois, 1805) (Zygoptera: Calopterygidae). Odonatologica 1: 155-162. [BsA 31798.]

Waage, J.K. (1973). Reproductive behavior and its relation to territoriality in *Calopteryx maculata* (Beauvois) (Odonata: Calopterygidae). Behaviour 47: 240-256.

Waage, J.K. (1975). Reproductive isolation and the potential for character displacement in the damselflies, *Calopteryx maculata* and *C. aequabilis* (Odonata: Calopterygidae). Syst. Zool. 24: 24-36.

Waage, J.K. (1978). Oviposition duration and egg deposition rates in *Calopteryx maculata* (P. de Beauvois) (Zygoptera: Calopterygidae). Odonatologica 7: 77-88.

Waage, J.K. (1979a). Dual function of the damselfly penis: sperm removal and transfer. Science 203: 916-918.

Waage, J.K. (1979b). Adaptive significance of postcopulatory guarding of mates and nonmates by male *Calopteryx maculata* (Odonata). BES 6: 147-154.

Waage, J.K. (1980). Adult sex ratios and female reproductive potential in *Calopteryx* (Zygoptera: Calopterygidae). Odonatologica 9: 217-230.

Waage, J.K. (1981). Contribution to plenary discussion at 6th Int. Symp. Odonatol., Chur.

Waage, J.K. (1982). Sperm displacement by male *Lestes vigilax* Hagen (Zygoptera: Lestidae). Odonatologica 11: 201-209.

Waage, J.K. (1983). Sexual selection, ESS theory and insect behavior: some examples from damselflies (Odonata). Fla. Entomol. 66: 19-31.

Waage, J.K. (1984a). Female and male interactions during courtship in *Calopteryx maculata* and *C. dimidiata* (Odonata: Calopterygidae): influence of oviposition behaviour. AnB 32: 400-404.

Waage, J.K. (1984b). Sperm competition and the evolution of odonate mating systems. In Smith, R.L. (ed.), "Sperm competition and the evolution of animal mating systems," pp. 251-290. Academic Press, New York. [OdA 4966.]

Waage, J.K. (1986a). Evidence for widespread sperm displacement ability among Zygoptera (Odonata) and the means for predicting its presence. BJLS 28: 285-300. [OdA 5592.]

Waage, J.K. (1986b). Sperm displacement by two libellulid dragonflies with disparate copulation durations (Anisoptera). Odonatologica 15: 429-444.

Waage, J.K. (1987). Choice and utilization of oviposition sites by female *Calopteryx maculata* (Odonata: Calopterygidae). BES 20: 439-446.

Waage, J.K. (1988a). Reproductive behavior of the damselfly *Calopteryx dimidiata* Burmeister Zygoptera: Calopterygidae). Odonatologica 17: 365-378.

Waage, J.K. (1988b). Confusion over residency and the escalation of damselfly territorial disputes. AnB 36: 586-595.

Wagemann, E. (1979). Faunistisch-ökologische Mitteilungen. 2. (Odonata: Lestidae)—*Lestes barbarus* (F.) neu für die Südpfalz. Massenvorkommen 1978. Pfalzer Heimat 30: 41-42. [OdA 2662.]

Wager, V.A. (1977). Sand-track dragonflies. The mysterious spoor yields an unsuspected secret. S. Afr. Garden and

Home 1977 (June): 34. [OdA 1935.]

若菜一郎 (1959). ウスバキトンボの群集飛翔について (北上漂来の問題に関連して). Tombo 1 (4): 26-30.

Wakeling, J.M. (1997). Odonatan wing and body morphologies. Odonatologica 26: 35-52.

Walker, E.M. (1913). Mutual adaptation of the sexes in *Argia moesta putrida*. CnE 45: 143-148.

Walker, E.M. (1928). The nymphs of the *Stylurus* group of the genus *Gomphus* with notes on the distribution of this group in Canada (Odonata). CnE 60: 79-88.

Walker, E.M. (1950). Notes on some Odonata from the Kenora and Rainy River Districts, Ontario. CnE 82: 16-21.

Walker, E.M. (1951). The Odonata of the Northern Insect Survey. CnE 83: 269-278.

Walker, E.M. (1953). "The Odonata of Canada and Alaska." Vol. 1. Univ. Toronto Press, Ontario.

Walker, E.M. (1958). "The Odonata of Canada and Alaska." Vol. 2. Univ. Toronto Press, Ontario.

Walker, E.M., and Corbet, P.S. (1978). "The Odonata of Canada and Alaska." Vol. 3, reprinted with corrections. Univ. Toronto Press, Ontario.

Walker, F.J. (1978). PCm.* Cited by Waterston and Pittaway 1990.

Walker, W.F. (1980). Sperm utilization strategies in nonsocial insects. AMN 115: 780-799. [OdA 2960.]

Wallace, A.R. (1886). "The Malay Archipelago." Macmillan, London.

Wallace, J.B., Cuffney, T.F., Lay, C.C., and Vogel, D. (1987). The influence of an ecosystem-level manipulation on prey consumption by lotic dragonfly. CJZ 65: 35-40. [OdA 6167.]

Wallace, J.B., Huryn, A.D., and Lugthart, G.J. (1991). Colonization of a headwater stream during three years of seasonal insecticidal application. Hydrobiologia 211: 65-76. [OdA 8513.]

Wallengren, H. (1914). Physiologische-biologische Studien über die Atmung bei den Arthropoden. I. Die Mechanik der Atembewegungen bei Aeschnalarven. A. Das Chitinskelett. B. Die Muskulatur des Abdomens. Acta Univ. Lund., N.F. Afd. 2, 9(16): 1-30.

Walls, J.G., and Walls, M. (1971). Some streamdwelling dragonflies from Allen Parish, Louisiana. EnN 82: 133-134. [BsA 119479.]

Walter, S. (1996). Fort Tilden dragonfly migration watch. Argia 8 (1): 8-13.

Waltz, E.C., and Wolf, L.L. (1984). By Jove! Why do alternative mating tactics assume so many different forms? Am. Zool. 24: 333-343.

Waltz, E.C., and Wolf, L.L. (1988). Alternative mating tactics in male white-faced dragonflies (*Leucorrhinia intacta*). Evol. Ecol. 2: 205-231.

Ward, P.H. (1965). Records of the capture of the dragonfly *Aeshna bonariensis* Rambur at sea. Entomologist 98: 145-146. [BsA 94595.]

Wardle, R.A., and McLeod, J.A. (1952). "The zoology of tapeworms." Univ. Minnesota Press, Minneapolis.

Waringer, J. (1982a). Der Einfluss der Wassertemperatur auf die Dauer der Embryonal- und Larvalentwicklung von *Coenagrion puella* L. aus einem Tümpel bei Herzogenburg (N.Ö.). DrT, Univ. Vienna, Austria. [OdA 4015.]

Waringer, J.[A.] (1982b). Die Embryonalentwicklung der Kleinlibelle *Coenagrion puella*. Lebendbeobachtung an Libelleneiern. Mikrokosmos 71: 138-140. [OdA 3803.]

Waringer, J.[A.] (1982c). Notes on the effect of meteorological parameters on flight activity and reproductive behaviour of *Coenagrion puella* (L.) (Zygoptera: Coenagrionidae). Odonatologica 11: 239-243.

Waringer, J.[A.] (1983). A study on embryonic development and larval growth of *Sympetrum danae* (Sulzer) at two artificial ponds in lower Austria (Anisoptera: Libellulidae). Odonatologica 12: 331-343.

Waringer, J.A., and Humpesch, U.H. (1984). Embryonic development, larval growth and life cycle of *Coenagrion puella* (Odonata: Zygoptera) from an Austrian pond. FwB 14: 385-399. [OdA 4798.]

Warnick, S.L., Gaufin, S.L., and Gaufin, A.R. (1966). Concentration and effects of pesticides in aquatic environments. J. Am. Water Works Assoc. 58: 601-608.* Cited by Muirhead-Thompson 1971.

Warren, A. (1915). A study of the food habits of the Hawaiian dragonflies. Bull. Coll. Haw. Publ. 3: 4-45.

Warren, P.H. (1988). Larval overwintering in *Lestes sponsa* (Hans.) (Zygoptera: Lestidae). NtO 3: 15-16.

Warren, R.G. (1964). Territorial behaviour of *Libellula quadrimaculata* L. and *Leucorrhinia dubia* Van der L. (Odonata, Libellulidae). Entomologist 97: 147.

Wasscher, M.T. (1987). De invloed van de temperatuur in de laatste larvale stadia op het drooggewicht van borststuk en achterliff van imago's van *Erythromma viridulum* Charp. en *Ischnura elegans* VanderL. (Odonata: Coenagrionidae), en de mogelijke invloed hiervan op het gaan zwerven. MsT, Univ. Amsterdam. [OdA 6061.]

Wasscher, M.T. (1988). Libellen als mogelijke indicatoren voor waterkwaliteit en ruimtelijke variatie op laaglandbeken in Zuid Oost Brabant. MsT, Univ. Utrecht, Netherlands. [OdA 6421.]

Wasscher, M.T. (1989). The importance of mesotrophic waters for some rare odonate species in the Netherlands. Abstr. 10th Int. Symp. Odonatol., Johnson City: 39.

Wasscher, M.T. (1990). Reproduction behaviour during heavy rainfall of *Oxystigma williamsoni* Geijskes in Surinam (Zygoptera: Megapodagrionidae). NtO 3: 79-80.

Wasscher, M. (1996). Dragonflies around Olot in the Province of Girona, NE Spain. AOd, Suppl. 1: 139-148.

Wasscher, M., Ketelaar, R., Weide, M., van der, Stroo, A., Kalkman, V., Dingemanse, N., Inberg, H., and Tieleman, I. (1995). Verspreidingsgegevens van de Nederlandse libellen. Bijlage bij Nieuwsbrief European Invertebrate Survey—Nederland, 23, 80 pp.

Watanabe, M. (1986). A preliminary study of the population dynamics of *Orthetrum j. japonicum* (Uhler) in paddy fields (Anisoptera: Libellulidae). Odonatologica 15: 219-222.

Watanabe, M., and Adachi, Y. (1987a). Fecundity and oviposition pattern in the damselfly *Copera annulata* (Selys) (Zygoptera: Platycnemididae). Odonatologica 16: 85-92.

Watanabe, M., and Adachi, Y. (1987b). Number and size of eggs in the three emerald damselflies, *Lestes sponsa*, *L. temporalis* and *L. japonicus* (Odonata: Lestidae). Zool. Sci. 4: 575-578.

Watanabe, M., and Higashi, T. (1989). Sexual difference of lifetime movement in adults of the Japanese skimmer, *Orthetrum japonicum* (Odonata: Libellulidae), in a forest-paddy field complex. Ecol. Res. 4: 85-97. [OdA 7049.]

Watanabe, M., and Matsunami, E. (1990). A lek-like system in *Lestes sponsa* (Hansemann), with special reference to the diurnal changes in flight activity and mate-finding tactics (Zygoptera: Lestidae). Odonatologica 19: 47-59.

Watanabe, M., and Ohsawa, N. (1984). Flight activity and sex ratios of a damselfly, *Platycnemis echigoana* Asahina

(Zygoptera, Platycnemididae). Kontyû 52: 435-440. [OdA 4801.]
Watanabe, M., and Taguchi, M. (1990). Mating tactics and male wing dimorphism in the damselfly, *Mnais pruinosa costalis* Selys (Odonata: Calopterygidae). J. Ethol. 8: 129-137. [OdA 8089.]
Watanabe, M., and Taguchi, M. (1993). Thoracic temperatures of *Lestes sponsa* (Hansemann) perching in sunflecks in deciduous forests of the cool temperate zone of Japan (Zygoptera: Lestidae). Odonatologica 22: 179-186.
Watanabe, M., Ohsawa, N., and Taguchi, M. (1987). Territorial behaviour in *Platycnemis echigoana* Asahina at sunflecks in climax deciduous forests (Zygoptera: Platycnemididae). Odonatologica 16: 273-280.
渡辺庸子 (1990). 数種のトンボの産卵記録. Tombo 33 (1-4): 47-49.
渡辺庸子 (1992). メガネサナエ *Stylurus oculatus* Asahinaの卵と1, 2齢幼虫について (予報). Tombo 35 (1-4): 55-56.
渡辺庸子 (1993a). In: 上田哲行・石澤直也編, アキアカネのいる風景—アキアカネの生活史における諸問題—3. インセクタリゥム 30: 390-397.
渡辺庸子 (1993b). 私信, 8月3日.
渡辺庸子 (1995). メガネサナエとナゴヤサナエの卵と1, 2齢幼虫の形態. Tombo 38 (1-4): 56-57.
渡辺庸子 (1996). オオサカサナエの卵と1齢幼虫について. Tombo 39 (1-4): 44-45.
Watanabe, Y., and Ando, H. (1995). Twinned embryos of dragonflies (Odonata, Insecta). Proc. Arthropod Embryol. Soc. Japan 30: 31. [OdA 10618.]
Waters, T.F. (1972). The drift of stream insects. ARE 17: 253-272.
Waterston, A.R. (1984). Insects of southern Arabia. Odonata from the Yemens and Saudi Arabia. Fauna Saudi Arabia 6: 451-472.
Waterston, A.R., and Pittaway, A.R. (1990). The Odonata or dragonflies of Oman and neighbouring territories. J. Oman Stud. 10(1989): 131-168. [OdA 9199.]
Watkins, W.D., and Tarter, D.C. (1974). Acute toxicity of Rotenone on the naiadal stage of the dragonfly, *Basiaeschna janata* Say, under laboratory conditions. Proc. W. Va. Acad. Sci. 46: 141-145.
Watson, J.A.L. (1962). "The dragonflies (Odonata) of south-western Australia. A guide to the identification, ecology, distribution and affinities of larvae and adults." Handbook 7. Western Australian Naturalists' Club, Perth.
Watson, J.A.L. (1963). Life history, distribution and ecology in the Odonata of south-western Australia. Proc. N. Cent. Branch Entomol. Soc. Am. 18: 130-133.
Watson, J.A.L. (1966a). The structure and function of the gill tufts in larval Amphipterygidae (Odonata: Zygoptera). J. Morphol. 120: 9-21. [BsA 72608.]
Watson, J.A.L. (1966b). Genital structure as an isolating mechanism in Odonata. PRES (A) 41: 171-174.
Watson, J.A.L. (1967). The larva of *Synthemis leachi* Selys, with a key to the larvae of Western Australian Synthemidae (Odonata). W. Aust. Nat. 10: 86-91.
Watson, J.A.L. (1969). Taxonomy, ecology, and zoogeography of dragonflies (Odonata) from the north-west of Western Australia. Aust. J. Zool. 17: 65-112. [BsA 123552.]
Watson, J.A.L. (1973). Odonata (dragonflies). In "Alligator Rivers Region Environmental Fact-Finding Study: Entomology," app. 3. CSIRO, Div. Entomology, Canberra. Mimeographed.
Watson, J.A.L. (1980a). *Apocordulia macrops*, a new crepuscular gomphomacromiine dragonfly from south-eastern Australia (Odonata: Corduliidae). J. Aust. Entomol. Soc. 19: 287-292. [OdA 3145.]
Watson, J.A.L. (1980b). PCm, 9 December.
Watson, J.A.L. (1981). Odonata (dragonflies and damselflies). In Keast, A. (ed.), "Ecological biogeography of Australia," pp. 1139-1167. Junk, The Hague.
Watson, J.A.L. (1982). A truly terrestrial dragonfly larva from Australia (Odonata: Corduliidae). J. Aust. Entomol. Soc. 21: 309-311. [OdA 4086.]
Watson, J.A.L. (1983a). Letter, 8 June.
Watson, J.A.L. (1983b). Letter, 16 September.
Watson, J.A.L. (1992a). The affinities of *Aeshna brevistyla* (Rambur) (Anisoptera: Aeshnidae). Odonatologica 21: 453-471.
Watson, J.A.L. (1992b). Oviposition by exophytic dragonflies on vehicles. NtO 3: 155-156.
Watson, J.A.L., and Dyce, A.L. (1978). The larval habitat of *Podopteryx selysi* (Odonata: Megapodagrionidae). J. Aust. Entomol. Soc. 17: 361-362.
Watson, J.A.L., and Theischinger, G. (1980). The larva of *Antipodophlebia asthenes* (Tillyard): a terrestrial dragonfly? (Anisoptera: Aeshnidae). Odonatologica 9: 253-258.
Watson, J.A.L., Arthington, A.H., and Conrick, D.L. (1982). Effect of sewage effluent on dragonflies (Odonata) of Bulimba Creek, Brisbane. Aust. J. Freshw. Res. 33: 517-528.
Watson, J.A.L., Theischinger, G., and Abbey, H.M. (1991). "The Australian dragonflies. A guide to the identification, distributions and habitats of Australian Odonata." CSIRO, Canberra.
Weber, R.G. (1987). An underwater light trap for collecting bottom-dwelling aquatic insects. EnN 98: 246-252. [OdA 8464.]
Weber, T., and Caillère, L. (1978). Thermistor telemetry of ventilation during prey capture by dragonfly larvae (*Cordulegaster boltoni*, Odonata). J. Comp. Physiol. 128: 341-345. [OdA 2402.]
Wehner, R. (1981). Spatial vision in arthropods. In Autrum, H. (ed.), "Handbook of sensory physiology," pp. 287-616. Springer-Verlag, Berlin.
Weichsel, J.I. (1987). The life history and behavior of *Hetaerina americana* (Fabricius) (Odonata: Calopterygidae). DrT, Univ. Michigan, Ann Arbor. [OdA 6168.]
Weir, J.S. (1969). Studies on Central African pans III. Fauna and physico-chemical environment of some ephemeral pools. Hydrobiologia 33: 93-116. [BsA 96234.]
Weir, J.S. (1974). Odonata collected in and near seasonal pools in Wankie National Park, Rhodesia, with notes on the physico-chemical environments in which nymphs were found. J. Entomol. S. Afr. 37: 135-145. [OdA 818.]
Weis-Fogh, T. (1967a). Respiration and tracheal ventilation in locusts and other flying insects. JEB 47: 561-587.
Weis-Fogh, T. (1967b). Metabolism and weight economy in migrating animals, particularly birds and insects. In Beament, J.W.L., and Treherne, J.E. (eds.), "Insects and physiology," pp. 143-159. Oliver and Boyd, Edinburgh.
Weis-Fogh, T. (1973). Quick estimates of flight fitness in hovering animals, including novel mechanisms for lift production. JEB 59: 169-230.
Weis-Fogh, T. (1976). Energetics and aerodynamics of flapping flight. In Rainey, R.C. (ed.), "Insect flight," pp. 48-71. Blackwell Scientific, Oxford.
Wellborn, G.A. (1994). Size-biased predation and prey life histories: a comparative study of freshwater amphipod populations. Ecology 75: 2104-2117.
Wellborn, G.A., and Robinson, J.V. (1987). Microhabitat selection

as an antipredator strategy in the aquatic insect *Pachydiplax longipennis* Burmeister (Odonata: Libellulidae). Oecologia 71: 185-189.
Wellington, W.G. (1954). Atmospheric circulation processes and insect ecology. CnE 86: 312-333.
Wellington, W.G. (1974a). Bumblebee ocelli and navigation at dusk. Science 183: 550-551.
Wellington, W.G. (1974b). Aspecial light to steer by. Nat. Hist. 83 (10): 46-53.
Wendler, A. (1995). Factors influencing the egg development in *Platycnemis pennipes* (Zygoptera: Platycnemididae). Abstr. 13th Int. Symp. Odonatol., Essen: 57. Oral.
Wenger, O.-P. (1963). Libellenbeobachtungen in Südfrankreich und Spanien. Mitt. Schweiz. Entomol. Ges. 35: 255-269.
Werner, E.E. (1991). Nonlethal effects of a predator on competitive interactions between two anuran larvae. Ecology 72: 1709-1720.
Werner, E.E., and Anholt, B.R. (1996). Predatorinduced behavioral indirect effects: consequences to competitive interactions in anuran larvae. Ecology 77: 157-169. [OdA 10767.]
Werzinger, S., and Werzinger, J. (1992). Zwischenbericht über Planbeobachtungen an der Grünen Keiljungfer (*Ophiogomphus cecilia*) im Bereich der Aurach (Lkr. Neustadt/Bad Winsheim, Mittelfranken). Abt. Ökol. Heim. Libellen, Naturh. Ges. (Nürnberg): 1-15. [OdA 8596.]
Wesenberg-Lund, C. (1913). Odonaten-Studien. Internat. Rev. Hydrobiol. 6: 155-228, 373-422.
West-Eberhard, M.J. (1984). Sexual selection and competitive communication. In Lewis, T. (ed.), "Insect communication," pp. 283-324. Academic Press, London.
Westfall, M.J. (1976). Taxonomic relationships of *Diceratobasis macrogaster* (Selys) and *Phylolestes ethelae* Christiansen of the West Indies as revealed by their larvae (Zygoptera: Coenagrionidae, Synlestidae). Odonatologica 5: 65-76.
Westfall, M.J. (1986). Letter, 28 October.
Westfall, M.J. (1988). *Elasmothemis* gen. nov., a new genus related to *Dythemis* (Anisoptera: Libellulidae). Odonatologica 17: 419-428.
Westfall, M.J. (1990). Descriptions of larvae of *Argia munda* Calvert, *A. plana* Calvert, *A. tarascana* Calvert and *A. tonto* Calvert (Zygoptera: Coenagrionidae). Odonatologica 19: 61-70.
Westfall, M.J., and May, M.L. (1996). "Damselflies of North America." Scientific Publishers, Gainesville, Florida. [OdA 11036.]
Whalley, P. (1986). Mortality in the damselfly, *Ischnura elegans* (Vander Linden). JBDS 2: 14-15.
Wheeler, Q.D. (1990). Insect diversity and cladistic constraints. Ann. Entomol. Soc. Am. 83: 1031-1047.
Wheeler, W.M. (1923). The dry-rot of our academic biology. Science 57: 61-71.
Whitcomb, W.H., and Bell, K. (1964). Predaceous insects, spiders, and mites of Arkansas cotton fields. Arkansas Agric. Exp. Stn. Bull. 690: 1-84.
White, D.S., and Sexton, O.J. (1989). The monarch butterfly (Lepidoptera: Danaidae) as prey for the dragonfly *Hagenia brevistylus* (Odonata: Gomphidae). EnN 100: 129-132. [OdA 7181.]
White, G. (1928). Vitality in a dragonfly naiad. Entomologist 61: 122.
White, H.B. (1963). Seasonal distribution and abundance of Odonata at a large pond in central Pennsylvania. Proc. N. Cent. Branch Entomol. Soc. Amer. 18: 120-124.
White, H.B. (1979). Notable instances of avoidance behavior in Odonata. NtO 1: 75-76.
White, H.B. (1982). Letter, 30 September.
White, H.B. (1985). PCm, July.
White, H.B. (1989a). Dragonflies and damselflies (Odonata) of Acadia National Park and vicinity, Maine. EnN 100: 89-103. [OdA 7050.]
White, H.B. (1989b). Letter, 23 September.
White, H.B. (1995). Letter, 25 July.
White, H.B., and Raff, R.A. (1970). Early spring emergence of *Anax junius* (Odonata: Aeshnidae) in central Pennsylvania. CnE 102: 490-499. [BsA 8672.]
White, T.R., and Fox, R.C. (1979). Chironomid (Diptera) larvae and hydroptilid (Trichoptera) pupae attached to a macromiid nymph (Anisoptera). NtO 1: 76-77.
White, T.R., Fox, R.C., and Jordan, J.A. (1979). Dragonfly predation by bats. NtO 1: 77.
White, T.R., Weaver, J.S., and Fox, R.C. (1980). Phoretic relationships between Chironomidae (Diptera) and benthic macroinvertebrates. EnN 91: 69-74. [OdA 3202.]
White-Cross, T. (1984). Behavior observations in Odonata. Selysia 13(1): 14.
Whitehouse, F.C. (1941). British Columbia dragonflies (Odonata), with notes on distribution and habits. AMN 26: 488-557.
Whitehouse, F.C. (1943). Aguide to the study of the dragonflies of Jamaica. Bull. Inst. Jamaica Sci., Ser. 3: 1-69.
Wichard, W. (1979). Zur Feinstruktur der abdominalen Tracheenkiemen von Larven der Kleinlibellen-Art *Epallage fatime* (Odonata: Zygoptera: Euphaeidae). Entomol. Gen. 5: 129-134.
Wichard, W., and Komnick, H. (1974). Fine structure and function of the rectal chloride epithelia of damselfly larvae. JIP 20: 1611-1621.
Wiens, A.P., Rosenberg, D.M., and Snow, N.B. (1975). "Species list of aquatic plants and animals collected from the Mackenzie and Porcupine River watersheds from 1971-1973." Environ. Canada, Fish. Mar. Service, Tech. Rep. 557, v + 39 pp.
Wiggins, G.B., Mackay, R.J., and Smith, I.M. (1980). Evolutionary and ecological strategies of animals in annual temporary pools. Arch. Hydrobiol. 58(Suppl.): 97-206.
Wigglesworth, V.B. (1972). "The principles of insect physiology." 7th ed. Chapman and Hall, London.
Wilbur, H.M., and Fauth, J.E. (1990). Experimental aquatic food webs: interaction between two predators and two prey. Am. Nat. 135: 176-204. [OdA 7574.]
Wildermuth, H. (1978). "Natur als Aufgabe. Leitfaden für die Naturschutzpraxis in der Gemeinde." Schweizerischer Bund für Naturschutz, Basel.
Wildermuth, H. (1980). Die Libellen der Drumlinlandschaft im Zürcher Oberland. Vierteljahrsschrift Naturf. Ges. Zürich 125: 201-237.
Wildermuth, H. (1981). "Libellen, Kleinodien unserer Gewässer." Schweizerischer Bund für Naturschutz, Basel. [OdA 3336.]
Wildermuth, H. (1982). Die Bedeutung anthropogener Kleingewässer für die Erhaltung der aquatischen Fauna. Eine Untersuchung zum Artenschutz aus dem schweizerischen Mittelland. Natur und Landschaft 57: 297-306.
Wildermuth, H. (1984). Drei aussergewöhnliche Beobachtungen zum Fortpflanzungsverhalten der Libellen. Mitt. Entomol. Ges. Basel 34: 121-129. [OdA 4968.]
Wildermuth, H. (1986). Zur Habitatwahl und zur Verbreitung von *Somatochlora arctica* (Zetterstedt) in der Schweiz (Anisoptera: Corduliidae). Odonatologica 15: 185-202.

Wildermuth, H. (1987a). Fundorte und Entwicklungsstandorte von *Somatochlora arctica* (Zetterstedt) in der Schweiz (Odonata: Corduliidae). OZF 11: 1-10.

Wildermuth, H. (1987b). Abbaugebiete: Kies-, Sand- und Tongruben, Steinbrüche (Artenschutzprogramm Baden-Württemberg: Grundlagen, Biotopschutz). Avifauna Bad.-Württ. 1: 596-611. [OdA 8180.]

Wildermuth, H. (1991a). Libellen und Naturschutz. Standortanalyse und programmatische Gedanken zu Theorie und Praxis im Libellenschutz. Libellula 10: 1-34.

Wildermuth, H. (1991b). Behaviour of *Perithemis mooma* Kirby at the oviposition site (Anisoptera: Libellulidae). Odonatologica 20: 471-478.

Wildermuth, H. (1991c). Verbreitung und Status von *Leucorrhinia pectoralis* (Charp., 1825) in der Schweiz und in weiteren Teilen Mitteleuropas (Odonata: Libellulidae). OZF 74: 1-10.

Wildermuth, H. (1992a). Visual and tactile stimuli in choice of oviposition substrates by the dragonfly *Perithemis mooma* Kirby (Anisoptera: Libellulidae). Odonatologica 21: 309-321.

Wildermuth, H. (1992b). Habitate und Habitatwahl der Grossen Moosjungfer (*Leucorrhinia pectoralis*) Charp. 1825 (Odonata, Libellulidae). Z. Ökol. Naturschutz 1: 3-21. [OdA 8757.]

Wildermuth, H. (1992c). Das Habitatspektrum von *Aeshna juncea* (L.) in der Schweiz (Anisoptera: Aeshnidae). Odonatologica 21: 219-233.

Wildermuth, H. (1993a). Habitat selection and oviposition site recognition by the dragonfly *Aeshna juncea* (L.): an experimental approach in natural habitats (Anisoptera: Aeshnidae). Odonatologica 22: 27-44.

Wildermuth, H. (1993b). PCm, 7 May.

Wildermuth, H. (1993c). Letter, 3 October.

Wildermuth, H. (1994a). Habitatselektion bei Libellen. AOd 6: 223-257.

Wildermuth, H. (1994b). Reproductive behaviour of *Diastatops intensa* Montgomery (Anisoptera: Libellulidae). Odonatologica 23: 183-191.

Wildermuth, H. (1994c). Dragonflies and nature conservation: an analysis of the current situation in central Europe. AOd 6: 199-221.

Wildermuth, H. (1994d). Populationsdynamik der Grossen Moosjungfer, *Leucorrhinia pectoralis* Charpentier, 1825 (Odonata, Libellulidae). Z. Ökol. Naturschutz 3: 25-39. [OdA 9771.]

Wildermuth, H. (1996). PCm.

Wildermuth, H. (1998a). Nischenüberlappung, Nischentrennung und Habitatwahl von *Somatochlora arctica* (Zett.) und *S. alpestris* (Sel.) in der Schweiz (Anisoptera: Corduliidae). Anax 2 (1): 2.

Wildermuth, H. (1998b). Dragonflies recognize the water of rendezvous and oviposition sites by horizontally polarized light: a behavioural field test. Naturwissenschaften 85: 297-302.

Wildermuth, H., and Knapp, E. (1996). Räumliche Trennung dreier Anisopteranarten an einem subalpinen Moorweiher. Libellula 15: 57-73.

Wildermuth, H., and Krebs, A. (1983). Sekundäre Kleingewässer als Libellenbiotope. Vierteljahrsschrift Naturf. Ges. Zürich 128: 21-42.

Wildermuth, H., and Krebs, A. (1996). "Safari vor der Haustür." Silva-Verlag, Zürich.

Wildermuth, H., and Schiess, H. (1983). Die Bedeutung praktischer Naturschutzmassnahmen für die Erhaltung der Libellenfauna in Mitteleuropa. Odonatologica 12: 345-366.

Wildermuth, H., and Spinner, W. (1991). Visual cues in oviposition site selection by *Somatochlora arctica* (Zetterstedt) (Anisoptera: Corduliidae). Odonatologica 20: 357-367.

Wilkes, F.G., and Weiss, C.M. (1971). The accumulation of DDT by the dragonfly nymph *Tetragoneuria*. Trans. Am. Fish. Soc. 100: 222-236. [BsA 119645.]

Willey, R.L. (1955). A terrestrial damselfly nymph (Megapodagrionidae) from New Caledonia. Psyche 62: 137-144.

Willey, R.L. (1972). The damselfly (Odonata) hindgut as host organ for the euglenoid flagellate *Colacium*. Trans. Am. Microscop. Soc. 91: 585-593. [BsA 60916.]

Willey, R.L. (1974). Emergence patterns of the subalpine dragonfly *Somatochlora semicircularis* (Odonata: Corduliidae). Psyche 81: 121-133.

Willey, R.L., and Eiler, H.O. (1972). Drought resistance in subalpine nymphs of *Somatochlora semicircularis* Selys (Odonata: Corduliidae). AMN 87: 215-221. [BsA 65650.]

Willey, R.L., Bowen, W.R., and Durban, E. (1970). Symbiosis between *Euglena* and damselfly nymphs is seasonal. Science 170: 80-81. [BsA 14840.]

Williams, C.A.S. (1976). "Outlines of Chinese symbolism and art motives. An alphabetical compendium of antique legends and beliefs, as reflected in the manners and customs of the Chinese." Dover, New York. [OdA 3242.]

Williams, C.E. (1976). *Neurocordulia (Platycordulia) xanthosoma* (Williamson) in Texas (Odonata: Libellulidae: Corduliinae). Great Lakes Entomol. 9: 63-73.

Williams, C.E. (1977). Courtship display in *Belonia croceipennis* (Selys) with notes on copulation and oviposition (Anisoptera: Libellulidae). Odonatologica 6: 283-287.

Williams, C.E. (1978). Notes on the behavior of the late instar nymphs of four *Macromia* species under natural and laboratory conditions (Anisoptera: Macromiidae). NtO 1: 27-28.

Williams, C.E. (1979a). Observations on the behavior of the nymph of *Neurocordulia xanthosoma* (Williamson) under laboratory conditions (Anisoptera: Corduliidae). NtO 1: 44-46.

Williams, C.E. (1979b). An apparent size difference between northern United States and Texas specimens of *Macromia pacifica* Hag. (Anisoptera: Macromiidae). NtO 1: 49-50.

Williams, C.E. (1980a). *Perithemis tenera* in natural habitat. Unpub. Ms.

Williams, C.E. (1980b). Letter, 5 June.

Williams, C.E., and Dunkle, S.W. (1976). The larva of *Neurocordulia xanthosoma* (Odonata: Corduliidae). Fla. Entomol. 59: 429-433.

Williams, D.D. (1984). The hyporheic zone as a habitat for aquatic insects and associated arthropods. In Resh, V.H., and Rosenberg, D.M. (eds.), "The ecology of aquatic insects," pp. 430-455. Praegar, New York.* Cited by Pritchard 1996.

Williams, D.D., Danks, H.V., Smith, I.M., Ring, R.A., and Cannings, R.A. (1990). Freshwater springs: a national heritage. Bull. Entomol. Soc. Can., (Suppl.) 22: 1-10.

Williams, F.X. (1936). Biological studies in Hawaiian water-loving insects. Part II. Odonata or dragonflies. Proc. Haw. Entomol. Soc. 9: 273-349.

Williams, F.X. (1937). Notes on the biology of *Gynacantha nervosa* Rambur (Aeschninae), a crepuscular dragonfly in Guatemala. Pan-Pacific Entomol. 13: 1-8.

Williams, G.C. (1975). "Sex and evolution." Princeton Univ. Press.* Cited by W.F. Walker 1980.

Williamson, E.B. (1900). The dragonflies of Indiana. Ind. Dept. Geol. Nat. Res. Annu. Rep. 24: 229-333, 1003-1011.

Williamson, E.B. (1909). The North American dragonflies (Odonata) of the genus *Macromia*. Proc. U.S. Natl. Mus.

37(1710): 369-398.

Williamson, E.B. (1922). Indiana *Somatochloras* again (Odonata, Libellulidae). EnN 33: 200-207.

Williamson, E.B. (1923). Notes on American species of *Triacanthagyna* and *Gynacantha* (Odonata). Misc. Publ. Univ. Mich. Mus. Zool. 9: 1-80.

Williamson, E.B. (1932). Dragonflies collected in Missouri. Occ. Pap. Mus. Zool. Univ. Mich. 240: 1-40.

Williamson, E.B. (1934). Dragonflies collected in Kentucky, Tennessee, North and South Carolina, and Georgia in 1931. Occ. Pap. Mus. Zool. Univ. Mich. 288: 1-20.

Williamson, E.B., and Calvert, P.P. (1906). Copulation of Odonata. Part I. EnN 17: 143-148.

Williamson, M.H. (1983). Letter, 3 May.

Willis, O.R. (1971). A mermithid nematode in naiads of damselflies (Odonata: Coenagrionidae). Fla. Entomol. 54: 321-324. [BsA 43320.]

Willson, M.F. (1966). Breeding ecology of the yellow-headed blackbird. Ecol. Monogr. 36: 51-77. [BsA 30587.]

Wilson, A.D. (1982). Handling time and the functional response of damselfly larvae (Odonata: Zygoptera). MsT, Univ. Kentucky, Lexington. [OdA 5078.]

Wilson, C.B. (1920). Dragonflies and damselflies in relation to pondfish culture, with a list of those found near Fairport, Iowa. Bull. U.S. Bur. Fish. 36: 181-264.* Cited by Wright 1946a.

Wilson, D.S. (1974). Prey capture and competition in the ant lion. Biotropica 6: 187-193.

Wilson, E.O. (1980). In Anon., "Resolutions for the 80s," p. 20. Harvard Magazine, January-February.

Wilson, E.O. (1989). The coming pluralization of biology and the stewardship of systematics. BioScience 39: 242-245.

Wilson, E.O. (1992). "The diversity of life." Harvard Univ. Press, Cambridge, Massachusetts.

Wilson, J.M. (1989). An observation on a damselfly naiad and a hydra. Quart. J. Young Entomol. Soc. 6: 39-40. [OdA 7052.]

Wilson, K.D.P. (1993). The *Macromia* and gomphine populations newly recorded from Hong Kong at two highly productive streams, with details of site characteristics and developmental threats. Abstr. 12th Int. Symp. Odonatol., Osaka: 52. Oral.

Wilson, K.D.[P.] (1995). The gomphid dragonflies of Hong Kong, with descriptions of two new species (Anisoptera: Gomphidae). Odonatologica 24: 319-340.

Wilson, K.D.P. (1996). The Idionychinae from Hong Kong, with a description of *Macromidia ellenae* spec. nov. (Anisoptera: Corduliidae). Odonatologica 25: 355-366.

Winsland, D. (1983). Some observations of *Erythromma najas* (Hansemann). JBDS 1: 6.

Winsland, D. (1986). Instances of dragonflies consuming vegetable matter. JBDS 2: 29-30.

Winstanley, W.J. (1979a). Dipping, drinking, dunking dragonflies. Unpub. Ms.

Winstanley, W.J. (1979b). The external morphology of the final-instar larva of *Antipodochlora braueri* (Selys) and the distribution of the species in New Zealand (Anisoptera: Corduliidae). Odonatologica 8: 205-214.

Winstanley, W.J. (1980a). A preliminary account of the habitat of *Antipodochlora braueri* (Odonata: Corduliidae) in New Zealand. N.Z. Entomol. 7: 141-148.

Winstanley, W.J. (1980b). Odonata in the Urewera National Park. N.Z. Entomol. 7: 148-149.

Winstanley, W.J. (1980c). Avoidance behaviour in Odonata. NtO 1: 105-106.

Winstanley, W.J. (1981a). A unique egg-strand in *Procordulia grayi* (Selys) (Anisoptera: Corduliidae). Odonatologica 10: 57-63.

Winstanley, W.J. (1981b). An emergence study on *Uropetala carovei carovei* (Odonata: Petaluridae) near Wellington, New Zealand, with notes on the behaviour of the subspecies. Tuatara 25: 22-36. [OdA 3470.]

Winstanley, W.J. (1982a). Letter, 10 February.

Winstanley, W.J. (1982b). Observations on the Petaluridae (Odonata). AOd 1: 303-308.

Winstanley, W.J. (1983). Terrestrial larvae of Odonata from New Caledonia (Zygoptera: Megapodagrionidae; Anisoptera: Synthemistidae). Odonatologica 12: 389-395.

Winstanley, W.J. (1984). The larva of the New Caledonian endemic dragonfly *Synthemis ariadne* Lieftinck (Anisoptera: Synthemistidae). Odonatologica 13: 159-164.

Winstanley, W.J. (1987). *Antipodochlora braueri* (Selys). In R.J. Rowe 1987a.

Winstanley, W.J., and Brock, R.L. (1983). Some Odonata from Norfolk Island. N.Z. Entomol. 7: 455-456.

Winstanley, W.J., and Davies, D.A.L. (1982). *Caledopteryx maculata* spec. nov. from New Caledonia (Zygoptera: Megapodagrionidae). Odonatologica 11: 339-346.

Winstanley, W.J., and Rowe, R.J. (1980). The larval habitat of *Uropetala carovei carovei* (Odonata: Petaluridae) in the North Island of New Zealand, and the geographical limits of the subspecies. NZJZ 7: 127-134.

Winstanley, W.J., Winstanley, C.H., and Gordine, R.S. (1981). Emergence behaviour of *Uropetala carovei carovei* (Odonata: Petaluridae) in New Zealand. NZJZ 8: 409-411.

Winyasopit, J. (1976). [Studies on biology and the efficiency of dragonfly and damselfly naiads in the control of mosquito larvae *Culex pipiens quinquefasciatus* Say.] IT ES. MsT, Kasetsart Univ., Bangkok. [OdA 4128.]

Wirth, W.W., and Ratanaworabhan, N.C. (1976). A new species of parasitic midge (*Forcipomyia* (*Pterobosca*)) from Aldabra with descriptions of its presumed larva and pupa and systematic notes on the subgenera of *Forcipomyia* (Ceratpogonidae). Syst. Entomol. 1: 241-245. [OdA 1568.]

Wise, K.A.J. (1983). Lacewings and aquatic insects of New Zealand. 2. Fauna of the northern offshore islands. Rec. Auckland Inst. Mus. 20: 259-271. [OdA 4456.]

Wissinger, S.A. (1985). Predicting key species interactions in guilds of predators with sizestructured populations. Am. Zool. 25: 11A (abstract only). [OdA 5529.]

Wissinger, S.A. (1986). Letter, 17 April.

Wissinger, S.A. (1987). Predation between anisopteran and zygopteran Odonata larvae and its effect on the remainder of the prey community in experimental ponds. BNABS 4: 71 (abstract only). [OdA 5962.]

Wissinger, S.A. (1988a). Effects of food availability on larval development and inter-instar predation among larvae of *Libellula lydia* and *Libellula luctuosa* (Odonata: Anisoptera). CJZ 66: 543-549. [OdA 6422.]

Wissinger, S.A. (1988b). Life history and size structure of larval dragonfly populations. JNABS 7: 13-28. [OdA 6835.]

Wissinger, S.A. (1988c). Spatial distribution, life history and estimates of survivorship in a fourteen-species assemblage of larval dragonflies (Odonata: Anisoptera). FwB 20: 329-340. [OdA 7222.]

Wissinger, S.A. (1989a). Seasonal variation in the intensity of competition and predation among dragonfly larvae. Ecology 70: 1017-1027.

Wissinger, S.A. (1989b). Predation of larvae of a migratory

dragonfly on resident odonate species. Am. Zool. 29: 87A (abstract only). [OdA 7372.]

Wissinger, S.A. (1989c). Comparative population ecology of the dragonflies *Libellula lydia* and *Libellula luctuosa* (Odonata: Libellulidae). CJZ 67: 931-936. [OdA 6911.]

Wissinger, S.A. (1990). Letter, 22 August.

Wissinger, S.A. (1992). Niche overlap and the potential for competition and intraguild predation between size-structured populations. Ecology 73: 1431-1444. [OdA 8758.]

Wissinger, S.[A.], and McGrady, J. (1993). Intraguild predation and competition between larval dragonflies: direct and indirect effects on shared prey. Ecology 74: 207-218. [OdA 8920.]

Wistow, R.J. (1989). Dragonflies of the Montgomery Canal. JBDS 5: 28-35.

Withycombe, C.L. (1923). Note on an emergence of *Cordulia aenea* L. Entomologist 56: 262.

Witsack, W. (1973). Zur Biologie und Ökologie in Zikadaneiern parasitierender Mymariden der Gattung *Anagrus* (Chalcidoidea, Hymenoptera). Zool. Jb. Syst. 100: 223-299. [OdA 684.]

Wixson, B.G., and Clark, W.J. (1967). Gamma radiation effects on nymphs of *Argia translata*. Ann. Entomol. Soc. Am. 60: 485-486. [BsA 62492.]

Wojtusiak, J. (1974). A dragonfly migration in the high Hindu Kush (Afghanistan), with a note on high altitude records of *Aeshna juncea mongolica* Bartenev, and *Pantala flavescens* (Fabricius) (Anisoptera: Aeshnidae, Libellulidae). Odonatologica 3: 137-142.

Wolf, H.T. (1911). Migrations of dragonflies (Odonata) and of ants (Hymen.). EnN 22: 419-420.

Wolf, L.L., and Waltz, E.C. (1984). Dominions and site-fixed aggressive behavior in breeding male *Leucorrhinia intacta* (Odonata: Libellulidae). BES 14: 107-115. [OdA 4590.]

Wolf, L.L., and Waltz, E.C. (1988). Oviposition site selection and spatial predictability of female white-faced dragonflies (*Leucorrhinia intacta*) (Odonata: Libellulidae). Ethology 78: 306-320.

Wolf, L.L., and Waltz, E.C. (1993). Alternative mating tactics in male white-faced dragonflies: experimental evidence for a behavioural assessment ESS. AnB 46: 325-334.

Wolf, L.L., Waltz, E.C., Wakeley, K., and Klockowski, D. (1989). Copulation duration and sperm competition in white-faced dragonflies (*Leucorrhinia intacta*; Odonata: Libellulidae). BES 24: 63-68.

Wolfe, L.S. (1953). A study of the genus *Uropetala* Selys (order Odonata) from new Zealand. Trans. Roy. Soc. N.Z. 80: 245-275.

Woodall, P.F. (1995). Notes on the habitat, flying speed and behaviour of *Austrophlebia costalis* (Tillyard) (Odonata: Aeshnidae) in Brisbane Forest Park, Queensland. Aust. Entomol. 22: 33-36. [OdA 10625.]

Woodford, J. (1967). The dragonfly project. Ontario Nat. 5 (June): 14-16.

Wootton, R.J. (1972). The evolution of insects in fresh water ecosystems. In Clark, R.B., and Wootton, R.J. (eds.), "Essays in hydrobiology," pp. 69-82. Univ. Exeter Press, U.K. [OdA 3342.]

Wootton, R.J. (1981). Palaeozoic insects. ARE 26: 319-344.

Wootton, R.J. (1988). The historical ecology of aquatic insects: an overview. Palaeogeogr., Palaeoclimatol., Palaeoecol. 62: 477-492. [OdA 6533.]

Wootton, R.J. (1991). The functional morphology of the wings of Odonata. AOd 5: 153-169.

Wootton, R.J. (1992). Functional morphology of insect wings. ARE 37: 113-140.

Wright, M. (1937). A survey of the adult anisopterous dragonflies of the central Gulf Coast region. J. Tenn. Acad. Sci. 12: 255-266.

Wright, M. (1943). The effect of certain ecological factors on dragonfly nymphs. J. Tenn. Acad. Sci. 18: 172-196.

Wright, M. (1944a). Some random observations on dragonfly habits with notes on their predaceousness on bees. J. Tenn. Acad. Sci. 19: 295-301.

Wright, M. (1944b). Notes on dragonflies in the vicinity of New Smyrna Beach, Florida. Fla. Entomol. 27: 35-39.

Wright, M. (1945). Dragonflies predaceous on the stablefly, *Stomoxys calcitrans* (L.). Fla. Entomol. 28: 11-13.

Wright, M. (1946a). The economic importance of dragonflies (Odonata). J. Tenn. Acad. Sci. 21: 60-71.

Wright, M. (1946b). Notes on nymphs of the dragonfly genus *Tarnetrum*. J. Tenn. Acad. Sci. 21: 198-200.

Wright, M., and Shoup, C.S. (1945). Dragonfly nymphs from the Obey River drainage and adjacent streams in Tennessee. J. Tenn. Acad. Sci. 20: 266-278.

Wudkevich, K. (1996). Letter, 26 January.

Yadwad, V.B., Kallapur, V.L., and Basalingappa, S. (1990). Inhibition of gill Na^+K^+-ATPase activity in dragonfly larva, *Pantala flavescens*, by Endosulfan. Bull. Environ. Contam. Toxicol. 44: 585-589.

Yagi, T. (1993). Hibernating damselflies, display, oviposition of two species of *Ictinogomphus* and being predated. Cinefilm and commentary presented at 12th Int. Symp. Odonatol., Osaka.

Yagi, T. (1996). Early occurrence of *Sympetrum frequens* and *S. kunckeli* at an abandoned hot spring boring site. Symnet 5 (July): 8.

山口正信 (1961). オニヤンマ成熟幼虫の休止行動について. Tombo 4 (3-4): 26.

山口正信 (1963). オオシオカラトンボの羽化と成熟個体の行動の記録. Tombo 6 (1-2): 13-15.

山口正信 (1965a). ヤブヤンマ成熟幼虫の休止姿勢. Tombo 8 (1-4): 34.

山口正信 (1965b). クロイトトンボの年二回羽化に就いて. Tombo 7 (3-4): 28.

山口正信 (1977). タカネトンボの打水打空産卵. 昆虫と自然 12 (1): 24-25. [OdA 2103.]

山口正信 (1978). 丘陵地に生じた池水環境とそこの蜻蛉相の6年間に於ける変遷. Tombo 21 (1-4): 39-42.

山口正信 (1982). 東京都五日市町広徳禅寺の蜻蛉相. Tombo 25 (1-4): 30-31.

山本悠紀夫 (1968). ハラビロトンボの雌雄同体型. New Entomol. 17 (2): 17-21. [BsA 33496.]

山根正気・橋口卓巳 (1994). 海に飛び込んだウスバキトンボ. インセクタリゥム 31: 342. [OdA 10035.]

Yang, E.-C., and Osorio, D. (1991). Spectral sensitivities of photoreceptors and lamina monopolar cells in the dragonfly, *Hemicordulia tau*. J. Comp. Physiol. A 169: 663-669.

Yang, T.-H. (1976). [Investigation on the insects used for medicine in Chinese pharmacology.] IC ES. DrT, Univ. Taipei. [OdA 3072.]

Yano, K., Miura, T., Nohara, K., Wongsiri, T., Resma, P.W., and Lee, L.H.Y. (1975). Preliminary evaluation on the use of a modified Malaise trap in paddy fields. Mushi 48: 125-144.

Yasuda, K. (1982). "The Japanese haiku: its essential nature, history, and possibilities in English, with selected examples." Tuttle, Rutland, Vermont. [OdA 4502.]

安松京三 (1980). 私信, 8月8日.

Yasumatsu, K., Wongsiri, T., Navavichit, S., and Tirawat, C. (1975). Approaches toward an integrated control of rice pests. Part I: Survey of natural enemies of important rice pests in Thailand Tech. Bull. Plant Protect. Serv., Thailand. [OdA 2764.]

横井直人 (1996). ヒメクロサナエのぬかるみへの産卵. Tombo 39 (1-4): 48-49.

Yosef, R. (1994). Opportunistic nocturnal hunting by *Libellula axilena* Westwood (Anisoptera: Libellulidae). NtO 4: 55-56.

吉松慎一 (1992). 日本周辺の海上で採集された昆虫類鱗翅目を中心に. インセクタリゥム 29: 176-180. [OdA 9242.]

Young, A.M. (1967a). The flying season and emergence period of *Anax junius* in Illinois (Odonata: Aeshnidae). CnE 99: 886-890. [BsA 15815.]

Young, A.M. (1967b). Oviposition behavior in two species of dragonflies. Ohio J. Sci. 67: 313-316. [BsA 70160.]

Young, A.M. (1967c). Observation of *Epicordulia princeps* (Hagen) (Odonata: Corduliidae) at a light. J.N.Y. Entomol. Soc. 75: 179-182. [BsA 10638.]

Young, A.M. (1980a). Feeding and oviposition in the giant tropical damselfly *Megaloprepus coerulatus* (Drury) in Costa Rica. Biotropica 12: 237-239.

Young, A.M. (1980b). Observations on feeding aggregations of *Orthemis ferruginea* (Fabricius) in Costa Rica (Anisoptera: Libellulidae). Odonatologica 9: 325-328.

Young, J. (1990). Farmers demand action over plight of agriculture. The Times (London), 25 October, 5.

Young, J.O. (1987). Predation on leeches in a weedy pond. FwB 17: 161-167. [OdA 6062.]

Zahner, R. (1959). Über die Bindung der mitteleuropäischen *Calopteryx*-Arten (Odonata, Zygoptera) an den Lebensraum des strömenden Wassers. I. Der Anteil der Larven an der Biotopbindung. Int. Rev. Hydrobiol. 44: 51-130.

Zahner, R. (1960). Über die Bindung der mitteleuropäischen *Calopteryx*-Arten (Odonata, Zygoptera) an den Lebensraum des strömenden Wassers. II. Der Anteil der Imagines an der Biotopbindung. Int. Rev. Hydrobiol. 45: 101-123.

Zaika, V.V. (1977). [Adaptations to the survival under unfavourable conditions at different developmental stages in dragonflies (Odonata).] IR ES. Zool. Zh. 56: 848-854. [OdA 1825.]

Zaika, V.V., Stebaev, I.B., and Reznikova, Z.I. (1977). [An attempt at the examination of the insect behaviour in the light of the layer structure of the biogeocenosis (Odonata, Acridoidea, Formicidea).] IR. In ["Insect and tick ethology (orientation in space)"], pp. 7-39. Tomsk Univ., Tomsk [OdA 2197.]

Zaniboni-Filho, E., Campos-Torquato, V., De Campos-Barbosa, N.D., and Beaumord, A.C. (1986). Odonata—um problema para a piscicultura. Resum. 4th Simp. Brasil. Aquacult. Cuiabá: 3 (abstract only) [OdA 5595.]

Zehring, C.S., Alexander, A., and Montgomery, B.E. (1962). Studies of the eggs of Odonata. Proc. Ind. Acad. Sci. 72: 150-153.

Zettelmeyer, W. (1986). Populationsökologische Untersuchungen an der Kleinlibelle *Lestes sponsa* Hans. in einem Moorgebiet der Egge, Nordrhein-Westfalen.—Ein Beitrag zur Bestandsdokumentation im Hinblick auf eine geplante Wiedervernässung. Telma 16: 113-130. [OdA 5827.]

Zgomba, M., Petrovic, D., and Srdic, Z. (1986). Mosquito larvicide impact on mayflies (Ephemeroptera) and dragonflies (Odonoptera) in aquatic biotopes. Proc. 3rd Eur. Congr. Entomol., Amsterdam 3: 352 (abstract only). [OdA 5768.]

Zhu, H.-q., and Wu, J.-l. (1986). Notes on the male germ cell karyotypes of some Odonata from the Shanxi Province, China. NtO 2: 118-120.

Zimbalevskaya, L.N. (1974). [Certain features of structure of freshwater phytophilous invertebrate communities.] IR ES. Gidrobiol. Zh. (Kiev) 10: 38-46. [OdA 1585.]

Zimmerman, E.C. (1948). "Insects of Hawaii." Vol. 2: "Apterygota to Thysanoptera inclusive." Univ. Hawaii Press, Honolulu.

Zloty, J., Pritchard, G., and Esquivel, C. (1993a). Larvae of the Costa Rican *Hetaerina* (Odonata: Calopterygidae) with comments on distribution. Syst. Entomol. 18: 253-265. [OdA 9189.]

Zloty, J., Pritchard, G., and Krishnaraj, R. (1993b). Larval insect identification by cellulose acetate gel electrophoresis and its application to life history evaluation and cohort analysis. JNABS 12: 270-278. [OdA 9338.]

追補文献

以下の文献はこの本で論じた内容に関連しているが，入手が遅すぎたため本文中に適切な形で取り込むことができなかったものである．文献の後の括弧には分類群と引用の理由（内容がタイトルから分かりにくい場合），関係する節，表番号を記した．それ以外は引用文献リストの表記法と同じである．新しい情報源，Odonatological Abstract Serviceが，1998年以来利用可能になっている．これは世界トンボ協会Worldwide Dragonfly Associationのニュースレターである*Agrion*の別冊として刊行されている．

Åbro, A. (1997). Structure and development of sperm bundles in the dragonfly *Aeshna juncea* L. (Odonata). J. Morphol. 235: 239-247. [11.7.3.2.]

Anadu, D.I., Anaso, H.U., and Onyeka, O.N.D. (1996). Acute toxicity of the insect larvicide Abate (Temephos) on the fish *Tilapia melanopleura* and the dragonfly larvae *Neurocordulia virginiensis*. J. Environ. Sci. Health (B) 31: 1363-1375. [6.6.2.]

Anders, U., and Rüppell, G. (1997). Relationships of some European *Calopteryx* species suggested by time analysis of courtship flights (Odonata, Calopterygidae). Entomol. Gen. 21: 253-264. [オアカカワトンボ，オビアオハダトンボ，ヨーロッパアオハダトンボおよび*Calopteryx xanthostoma*; 11.4.6.1.]

Andrew, R.J., and Tembhare, D.B. (1997). The pos-tovarian genital complex in *Anax guttatus* (Burmeister) (Anisoptera: Aeshnidae). Odonatologica 26: 385-394. [卵の前端の襟状構造；表A.3.1.]

Anholt, B.R. (1997). Sexual size dimorphism and sex-specific survival in adults of the damselfly *Lestes disjunctus*. EcE 22: 127-132. [8.4.3, 9.6.1.] [OdA 11426.]

Aoki, T. (1997). Northward expansion of *Ictinogomphus pertinax* (Selys) in eastern Shikoku and western Kinki Districts, Japan (Anisoptera: Gomphidae). Odonatologica 26: 121-133. [6.2.1.]

Baker, R.L., and Smith, B.P. (1997). Conflict between antipredator and antiparasite behaviour in larval damselflies. Oecologia 109: 622-628. [ダニの寄生によってアメリカアオモンイトトンボ幼虫の活動性が高まり，そのため魚から捕食されやすくなった．5.2.4.1, 8.5.3.] [OdA 11429.]

Barlow, A. (1996). Additions to the checklist of Odonata from Malawi, with taxonomic notes. Odonatologica 25: 221-230. [*Anaciaeschna triangulifera*, ヒメギンヤンマおよび*Macromia picta*; 表8.8.]

Befeld, S., Katzur, K., Lepkojus, S., and Rolff, J. (1997). Emergence patterns of *Coenagrion hastulatum* (Charpentier) in northern Germany (Zygoptera: Coenagrionidae). Odonatologica 26: 337-342. [羽化日は雌の頭幅および雄の体重と負の相関を示す；7.4.5, 表A.7.6.]

Brooks, S.J., McGeeney, A., and Cham, S.A. (1997). Time-sharing in the male downy emerald, *Cordulia aenea* (L.) (Corduliidae). JBDS 13: 52-57. [表A.11.9.]

Burbach, K., and Winterholler, M. (1997). Die Invasion von *Hemianax ephippiger* (Burmeister) in Mittel- und Nordeuropa 1995/1996 (Anisoptera: Aeshnidae). Libellula 16: 33-59. [10.3.3.1.1.]

Cannings, R.A. (1997). *Tramea lacerata* (Hag.) new to British Columbia, Canada, with notes on its status in the northwestern United States (Anisoptera: Libellulidae). NtO 4: 148-149. [北アメリカ西部の北緯48°38′地点での成虫の分布；表A.10.5.]

Chivers, D.P., Wisenden, B.D., and Smith, R.J.F. (1996). Damselfly larvae learn to recognize predators from chemical cues in the predator's diet. AnB 52: 315-320. [ルリイトトンボ属の数種および*Esox lucius*; 5.3.4.] [OdA 11079.]

Clarke, T.E., and Samways, M.J. (1996). Dragonflies (Odonata) as indicators of biotope quality in the Kruger National Park, South Africa. J. Appl. Ecol. 33: 1001-1012. [6.6.3.] [OdA 11373.]

Clausnitzer, V. (1997). Reproductive behaviour of *Notiothemis robertsi* Fraser (Anisoptera: Libellulidae). Odonatologica 26: 451-457. [産卵；表A.2.5および表A.2.6.]

Claus-Walker, D.B., Crowley, P.H., and Johansson, F. (1997). Fish predation, cannibalism, and larval development in the dragonfly *Epitheca cynosura*. CJZ 75: 687-696. [5.2.4.1, 5.2.4.4, 7.2.5.2.]

Cooper, G., Miller, P.L., and Holland, P.W.H. (1996). Molecular genetic analysis of sperm competition in the damselfly *Ischnura elegans* (Vander Linden). Proc. Roy. Soc. Lond. (B) 263: 1343-1349. [11.7.3.3.] [OdA 11225.]

Cordero, A., Santolamazza-Carbone, S., and Utzeri, C. (1997). Male mating success in a natural population of *Ischnura elegans* (Vander Linden) (Odonata: Coenagrionidae). Odonatologica 26: 459-465. [11.9.1.2, 表11.18.]

Debano, S.J. (1996). Male mate searching and female availability in the dragonfly, *Libellula saturata*: relationships in time and space. Southwest. Nat. 41: 293-298. [11.2.5.]

Eberhard, W.G. (1996). "Female control: sexual selection by cryptic female choice." Princeton Univ. Press, Princeton.* [11.9.1.1.]

Eggers, T.O., Grabow, K., Schütte, C., and Suhling, F. (1996). Gomphid dragonflies (Odonata) in the southern tributaries of the River Aller, Niedersachsen, Germany. Braunschw. Naturkdl. Schr. 5: 21-34. [*Gomphus pulchellus*, *G. vulgatis-*

追補文献

simus および *Ophiogomphus cecilia* の分布域の北方への拡大; 6.2.1.]

Fincke, O.M., Yanoviak, S.P., and Hanschu, R.D. (1997). Predation by odonates depresses mosquito abundance in water-filled tree holes in Panama. Oecologia 112: 244-253. [*Gynacantha membranalis*, ハビロイトトンボ属およびムラサキハビロイトトンボ; 4.3.8.1.]

Fitzhugh, G.H., and Marden, J.H. (1995). Age-related changes in contractile physiology of dragonfly flight muscle. Am. Zool. 35: 79A (abstract only). [トホシトンボの飛翔能力は成熟に伴って向上する; 8.2.2.2.] [OdA 11057.]

Forbes, M.R.L., Richardson, J.M.L., and Baker, R.L. (1995). Frequency of female morphs is related to an index of male density in the damselfly, *Nehalennia irene* (Hagen). Ecoscience 2: 28-33. [11.4.2.] [OdA 11194.]

Forbes, M.R.[L.], Schalk, G., Miller, J.G., and Richardson, J.M.L. (1997). Male-female morph interactions in the damselfly *Nehalennia irene* (Hagen). CJZ 75: 253-260. [雌の色彩型への雄の反応; 11.4.2.] [OdA 11570.]

Ganin, M. (1869). Beiträge zur Erkenntnis der Entwickelungsgeschichte bei den Insecten. Z. Wiss. Zool. 19: 381-451. [ヨーロッパアオハダトンボの卵捕食寄生者としての "*Polynema* sp.," おそらく *Anagrus incarnatus*; 3.1.4.3.1., 表A.3.7.]

Gorb, S.N. (1997). Porous channels in the cuticle of the head-arrester system in dragon/damselflies (Insecta: Odonata). Microscopy Res. Technique 37: 583-591. [9.1.2.]

Grether, G.F. (1996a). Sexual selection and survival selection on wing coloration and body size in the rubyspot damselfly *Hetaerina americana*. Evolution 50: 1939-1948. [11.9.1.3.] [OdA 11247.]

Grether, G.F. (1996b). Intersexual competition alone favors a sexually dimorphic ornament in the rubyspot damselfly *Hetaerina americana*. Evolution 50: 1949-1957. [性淘汰; 11.9.1.3.] [OdA 11246.]

Grether, G.F. (1997). Survival cost of an intersexually selected ornament in a damselfly. Proc. Roy. Soc. Lond. (B) 264: 207-210. [アメリカカワトンボの雄の翅斑のサイズは寿命と正の相関を示す; 11.9.1.3.] [OdA 11450.]

Grether, G.F., and Grey, R.M. (1996). Novel cost of a sexually selected trait in the rubyspot damselfly *Hetaerina americana*: conspicuousness to prey. Behav. Ecol. 7: 465-473. [9.5.2.]

Gronenberg, W., and Ehmer, B. (1995). Tubular muscle fibers in ants and other insects. Zoology 99: 68-90. [トンボ目; 9.1.2.] [OdA 11195.]

Harvey, G. (1997). "The killing of the countryside." Jonathan Cape, London. [イギリスにおける生息場所消失の原因; 12.4.1, 12.4.2.1.]

Higashi, K., and Nomakuchi, S. (1997). Alternative mating tactics and aggressive male interactions in *Mnais nawai* Yamamoto (Zygoptera: Calopterygidae). Odonatologica 26: 159-169. [11.3.6, 11.3.7.]

Hilfert, D., and Rüppell, G. (1997). Early morning oviposition of dragonflies with low temperatures for male avoidance (Odonata: Aeshnidae, Libellulidae). Entomol. Gen. 21: 177-188. [ヒスイルリボシヤンマ, マダラヤンマおよびタイリクシオカラトンボ; 2.2.9.] [OdA 11328.]

Hilfert-Rüppell, D. (1998). Temperature dependence of flight activity of Odonata by ponds. Odonatologica 27: 45-59. [マンシュウイトトンボとタイリクシオカラトンボにおける1日の飛翔活動の開始時刻と気温との関係が季節や緯度により異なる; 6.2.1, 8.4.1.2.]

Honěk, A. (1996). Geographical variation in thermal requirements for insect development. Eur. J. Entomol. 93: 303-312. [*Enallagma ebrium*, *E. vernale* および *Leucorrhinia glacialis*; 3.1.3.2.1, 7.2.2.] [OdA 11096.]

Hooper, R.E., and Siva-Jothy, M.T. (1997). "Flybys": a prereproductive remote assessment behavior of female *Calopteryx splendens xanthostoma* (Odonata: Calopterygidae). J. Insect Behav. 10: 165-175. [雄の存在の見積もり; 11.9.1.1.] [OdA 11582.]

Ishizawa, N. (1997). *Sympetrum frequens* occurred from a spring pond for over a long period. Symnet (English version) (3 March) 6: 10-11. [成虫の生活史; 10.2.3.1.]

Jellyman, D.J. (1996). Diet of longfinned eels, *Anguilla dieffenbachii*, in Lake Rotoiti, Nelson Lakes, New Zealand. N.Z.J. Mar. Freshw. Res. 30: 365-369. [キボシミナミエゾトンボ; 7.4.8.]

Johansson, F. (1996). The influence of cannibalism and prey density on growth in the damselfly *Coenagrion hastulatum*. Arch. Hydrobiol. 137: 523-535. [4.3.6, 表A.4.4, 5.2.4.4, 7.2.2.] [OdA 11521.]

Johnson, D.M., Martin, T.H., Crowley, P.H., and Crowder, L.B. (1996). Link strength in lake littoral food webs: net effects of small sunfish and larval dragonflies. JNABS 15: 271-288. [魚がいる場所で不均翅亜目の餌動物の密度がより大きく減少した; 4.3.8.] [OdA 1101.]

Jones S.[P.] (1997). The summer of 1996. Cornwall Dragonfly Group Newsl. 7: 14-18. [アオイトトンボの水面での「帆走」; 8.5.4.8, 11.2.5.2. マダラヤンマの産卵; 2.1.4.2.]

Kato, K., Watanabe, Y., and Yokota, H. (1997). Preliminary note on artificial parthenogenesis in *Stylurus oculatus* (Odonata, Gomphidae). New Entomol. 46: 16-19. [3.1.1.]

近藤祥子 (1994). 数種のトンボの卵期・幼虫期の記録. Aeschna 29: 15-20. [不均翅亜目26種; 表A.3.5. オオサカサナエとメガネサナエの雑種; 表A.11.12.]

Koperski, P. (1997). Changes in feeding behaviour of the laravae of the damselfly *Enallagma cyathigerum* in response to stimuli from predators. EcE 22: 167-175. [捕食者からの刺激が活動を低減させ, 食物構成を変化させた; 4.3.6, 5.3.1.4.] [OdA 11.4.5.8.]

Land, M.F. (1997). Visual acuity in insects. ARE 42: 147-177. [9.1.2.] [OdA 11459.]

Legrand, J. (1997). La larve de *Idomacromia proavita* Karsch, 1896 (Odonata, Anisoptera, Corduliidae). Rev. Fr. Entomol., N.S., 18: 134. [幼虫がオーストラリアの陸上性の *Pseudocordulia* 属に似る; 5.3.1.1, 表A.5.7.] [OdA 11590.]

Lempert, J. (1997). Die Einwanderung von *Sympetrum fonscolombii* (Selys) nach Mitteleuropa im Jahre 1996 (Anisoptera: Libellulidae). Libellula 16: 143-168. [10.3.3.1.2, 表A.10.5.]

May, M.L. (1997). Reconsideration of the status of the genera *Phyllomacromia* and *Macromia* (Anisoptera: Corduliidae). Odonatologica 26: 405-414. [両属は明らかに区別される.]

McPeek, M.A. (1997). Measuring phenotypic selection on an adaptation: lamellae of damselflies experiencing dragonfly predation. Evolution 51: 459-466. [生き残った個体は大きい尾鰓をもっていた; 5.3.4.] [OdA 11597.]

Ménard, B., Souci, E., and Hutchinson, R. (1991). Première mention de *Tramea lacerata* Hagen (Odonata: Libellulidae) au Québec et aperçu sur la biologie du genre et de l'espèce. Fabreries 16: 85-87. [成虫が北アメリカ東部の北緯45°30′地点に分布; 表A.10.5.]

Mesterton-Gibbons, M., Marden, J.H., and Dugatkin, L.A. (1996). On wars of attrition without assessment. J. Theor. Biol. 181: 65-83. [アメリカアオハダトンボ; 11.3.6.2.]

Mittelstaedt, H. (1997). Interaction of eye-, head-, and trunk-bound information in spatial perception and control. J. Vestib. Res. 7: 283-302. [飛翔中のトンボ目; 9.1.2.]

Moore, N.W. (comp.) (1997). "Dragonflies—Status Survey and

Conservation Action Plan." IUCN/SSC Odonata Specialist Group. IUCN, Gland, Switzerland. [12.4.3.4.]

奈良岡弘治 (1996). カラカネイトトンボの生態. 月刊むし 307: 7-13. [交尾持続時間の変異; 11.7.4.3.] [OdA 11283.]

Nomakuchi, S., and Higashi, K. (1996). Competitive habitat utilization in the damselfly *Mnais nawai* (Zygoptera: Calopterygidae), coexisting with a related species, *Mnais pruinosa*. Res. Pop. Ecol. 38: 41-50. [近縁2種の間の生息場所の分離と代替配偶戦略; 11.3.4, 11.3.7.] [OdA 11127.]

Parr, A.J. (1997). Migrant and dispersive dragonflies in Britain during 1996. JBDS 13: 41-48. [イギリスへのヒメギンヤンマの飛来; 10.3.3.1.1, 10.4.]

Plaistow, S.J. (1997). Variation in non-territorial behaviour in male *Calopteryx splendens xanthostoma* (Charpentier) (Zygoptera: Calopterygidae). Odonatologica 26: 171-181. [11.3.7.3.]

Pritchard, G., and Kortello, A. (1997). Roosting, perching, and habitat selection in *Argia vivida* Hagen and *Amphiagrion abbreviatum* (Selys) (Odonata: Coenagrionidae), two damselflies inhabiting geothermal springs. CnE 129: 733-743. [2.1.5, 6.2.3, 8.4.1.2, 8.4.5.] [OdA 11881.]

Reinhardt, K. (1996). Negative effects of *Arrenurus* water mites on the flight distances of the damselfly *Nehalennia speciosa* (Odonata: Coenagrionidae). Aquat. Insects 18: 233-240. [8.5.3.] [OdA 11290.]

Reinhardt, K. (1997). Ein Massenvorkommen mehrerer Libellenarten an einem Gewässer. Libellula 16: 193-198. [表A.7.5.]

Richardson, J.M.L., and Baker, R.L. (1997). Effect of body size and feeding on fecundity in the damselfly *Ischnura verticalis* (Odonata: Coenagrionidae). Oikos 79: 477-483. [2.3.]

Robinson, J.V., and Novak, K.L. (1997). The relationship between mating system and penis morphology in ischnuran damselflies (Odonata: Coenagrionidae). BJLS 60: 187-200. [アオモンイトトンボ属の数種; 11.7.3.1.3, 11.9.2.] [OdA 11475.]

Rolff, J., and Kröger, C. (1997). Intraspecific predation in immature *Coenagrion puella* (L.): a switch in food selection? (Zygoptera: Coenagrionidae). Odonatologica 26: 215-219. [成虫間の種内捕食は寒いときにだけ生じた; 9.5.4.]

Ryazanova, G.I., and Mazokhin-Porshnyakov, G.A. (1995). Territorial competition in the larval cycle of *Calopteryx splendens* (Odonata, Calopterygidae). Entomol. Rev. 75: 145-151. [5.3.2.6.]

Sarkar, N.K. (1997). Observations on three new and one known species of cephaline gregarines (Apicomplexa: Sporozoea: Eugregarinida: Septatina) from the odonates of Mahananda Forest, west Bengal, India. Arch. Protistenk. 148: 209-213. [*Enallagma parvum*, *Onychargia atrocyana*, および *Pseudagrion decorum* の成虫の中腸の中のActinocephalidae科のグレガリナ; 5.2.3.1.]

Schneider, W., and Dumont, H.J. (1997). The dragonflies and damselflies (Insecta: Odonata) of Oman. An updated and annotated checklist. Fauna of Saudi Arabia 16: 89-110. [ヒメイトトンボが移住していると推測; 表10.5.]

Schneider, W., and Krupp, F. (1996). A possible natural hybrid between *Ischnura elegans ebneri* Schmidt, 1939 and *Ischnura fountainei* Morton, 1905 (Odonata: Coenagrionidae). Zool. Middle East 12: 75-81. [表A.11.12.] [OdA 11138.]

Schütte, C., Schridde, P., and Suhling, F. (1998). Life history patterns of *Onychogomphus uncatus* (Charpentier) (Anisoptera: Gomphidae). Odonatologica 27: 71-86. [幼虫死亡率; 5.2.5.]

Schütte, G., Reich, M., and Plachter, H. (1997). Mobility of the rheobiont damselfly *Calopteryx splendens* (Harris) in fragmented habitats (Zygoptera: Calopterygidae). Odonatologica 26: 317-327. [10.2.2.]

Shaffer, L.R., and Robinson, J.V. (1996). Do damselfly larvae recognize and differentially respond to distinct categories of macroinvertebrates? J. Insect Behav. 9: 407-419. [出会った動物の部類によって *Ischnura posita* の反応が変化; 5.3.2.6.] [OdA 11417.]

Siva-Jothy, M.T. (1997). Odonate ejaculate structure and mating systems. Odonatologica 26: 415-437. [精子束の使用は繁殖行動と関連している; 11.7.3, 11.7.3.2, 11.9.2.]

Snyder, S.D., and Janovy, J. (1996). Behavioral basis of second intermediate host specificity among four species of *Haematoloechus* (Digenea: Haematoloechidae). J. Parasitol. 82: 94-99. [均翅亜目の幼虫へのセルカリアの侵入; 5.2.3.2.1.]

Sternberg, K. (1997). Adaptation of *Aeshna caerulea* (Ström) to the severe climate of its environment (Anisoptera: Aeshnidae). Odonatologica 26: 439-449. [6.2.2.]

Stettmer, C. (1996). Colonisation and dispersal patterns of banded (*Calopteryx splendens*) and beautiful demoiselles (*C. virgo*) (Odonata: Calopterygidae) in south-east German streams. Eur. J. Entomol. 93: 579-593. [10.2.] [OdA 11308.]

Stoks, R., Santens, M., De Bruyn, L., and Matthysen, E. (1996). Pre-flight warming up of maturing *Aeshna mixta* Latreille (Anisoptera: Aeshnidae). Odonatologica 25: 307-311. [8.4.1.3.]

Stoks, R., De Bruyn, L., and Matthysen, E. (1997). The adaptiveness of intense contact male guarding by males of the emerald damselfly, *Lestes sponsa* (Odonata, Lestidae): the male's perspective. J. Insect Behav. 10: 289-298. [11.8.2.] [OdA 11619.]

Suhling, F. (1995). Temporal patterns of emergence of the riverine dragonfly *Onychogomphus uncatus* (Odonata: Gomphidae). Hydrobiologia 302: 113-118. [羽化パターンが気温の年変動と関連; 7.4.3.]

Switzer, P.V. (1997a). Factors affecting site fidelity in a territorial animal, *Perithemis tenera*. AnB 53: 865-877. [11.2.3.2.] [OdA 11621.]

Switzer, P.V. (1997b). Past reproductive success affects future habitat selection. BES 40: 307-312. [コハクバネトンボの定住期間; 11.2.3.2.]

Takamura, K. (1996). Life cycle of the damselfly *Calopteryx atrata* in relation to pesticide contamination. Ecotoxicology 5: 1-8. [6.6.2.] [OdA 11032.]

Taylor, P.D., and Merriam, G. (1996). Habitat fragmentation and parasitism of a forest damselfly. Landscape Ecol. 11: 181-189. [分断されていない生息地よりも分断された生息地においてアメリカアオハダトンボの中腸のグレガリナ感染率が低かった; 5.2.3.1.] [OdA 11419.]

Telford, S.R., Barnett, M., and Polakow, D.A. (1996). The functional significance of tibial displays in the damselfly *Platycypha caligata* (Selys) (Odonata: Chlorocyphidae). J. Insect Behav. 9: 835-839. [A.11.6.] [OdA 11313.]

鵜殿清文・高崎保郎 (1997). ホソミイトトンボ季節型の形態について. 月刊むし 313: 20-23. [7.4.5, 表A.7.6.]

上田哲行 (1996). アカトンボ類の多様な繁殖行動をどう理解するか. 昆虫と自然 31 (8): 2-8. [胚子発育の期間; 表A.3.5.]

Vick, G.S. (1998). Notes on some damselfly larvae from Cameroon (Zygoptera: Perilestidae, Amphipterygidae, Platycnemididae). Odonatologica 27: 87-98. [*Pentaphlebia stahli* と *Nubiolestes diotim* の幼虫の生息場所; 表A.4.1.]

Watanabe, M. and Taguchi, M. (1997). Competition for perching sites in the hyaline-winged males of the damselfly *Mnais pruinosa costalis* Selys that use sneaky mate-securing tactics (Zygoptera: Calopterygidae). Odonatologica 26:

183-191. [11.3.7.1.]

Wetzel, E.J., and Esch, G.W. (1996). Influence of odonate intermediate host ecology on the infection dynamics of *Halipegus* spp., *Haematoloechus longiplexus*, and *Haematoloechus complexus* (Trematoda: Digenea). J. Helminthol. Soc. Wash. 63: 1-7. [不均翅亜目と均翅亜目の幼虫におけるメタセルカリアの相対密度; 5.2.3.2.1.]

Wildermuth, H. (1998). Terrestrial and aquatic mating territories in *Somatochlora flavomaculata* (Vander Linden) (Anisoptera: Corduliidae). Odonatologica 27: 225-237. [水辺から離れた出会い場所; 11.2.4.]

Williamson, D.L., Adams, J.R., Whitcomb, R.F., Tully, J.G., Carle, P., Konai, M., Bove, J.M., and Henegar, R.B. (1997). *Spiroplasma platyhelix* sp. nov., a new mollicute with unusual morphology and genome size from the dragonfly *Pachydiplax longipennis*. Int. J. Syst. Bacteriol. 47: 763-766. [腸管内の*Spiroplasma*属; 8.5.2.]

Wisenden, B.D., Chivers, D.P., and Smith, R.J.F. (1997). Learned recognition of predation risk by Enallagma damselfly larvae (Odonata, Zygoptera) on the basis of chemical cues. J. Chem. Ecol. 23: 137-151. [傷ついた同種個体やカワカマスからの化学的刺激により, キタルリイトトンボの幼虫の活動が低下; 5.3.4.] [OdA 11493.]

Wolf, L.L., Waltz, E.C., Klockowski, D., and Wakeley, K. (1997). Influences on variation in territorial tenures of male white-faced dragonflies (*Leucorrhinia intacta*) (Odonata: Libellulidae). J. Insect Behav. 10: 31-47. [定住期間; 11.2.3.2.] [OdA 11626.]

Wudkevich, K., Wisenden, B.D., Chivers, D.P., and Smith, R.J.F. (1997). Reactions of *Gammarus lacustris* to chemical stimuli from natural predators and injured conspecifics. J. Chem. Ecol. 23: 1163-1173. [*Aeshna eremita*の幼虫からの化学的刺激によりとヨコエビ科の活動が低下; 4.3.3.]

Yang, E.-C., and Osorio, D. (1996). Spectral responses and chromatic processing in the dragonfly lamina. J. Comp. Physiol. (A) 178: 543-550. [*Hemicordulia tau*; 9.1.3.] [OdA 11157.]

Yule, C.M. (1996). Spatial distribution of the invertebrate fauna of an aseasonal tropical stream on Bougainville Island, Papua New Guinea. Arch. Hydrobiol. 137: 227-249. [*Lieftinckia kimminsi*の幼虫の微生息場所; 4.2.4., 表A.4.1.] [OdA 11545.]

生物和名の参考文献

　トンボ以外の生物の和名使用に際しては，以下の文献やデータベースを参考にした．文献にない種については，できる限り当該分類群の研究者から教示を受けるようにした．

アリ類データベース作成グループ (2005). 日本産アリ類画像データベース. http://ant.edb.miyakyo-u.ac.jp/J/index.html.
林 弥栄・古里和夫 (監修) (1986). 原色世界植物大圖鑑. 北隆館.
平嶋義宏・森本 桂・多田内修 (1989). 昆虫分類学. 川島書店.
今泉吉典ほか (編) (1971–1973). 動物の世界大百科1–22. 日本メールオーダー社.
岩槻邦男ほか (監修) (1994–1997). 週刊朝日百科. 植物の世界1–145. 朝日新聞社.
岩月善之助・水谷正美 (1972). 原色日本蘚苔類図鑑. 保育社.
神保宇嗣 (2005). List-MJ 日本産蛾類総目録. http://listmj.mothprog.com.
川合禎次・谷田一三 (共編) (2005). 日本産水生昆虫－科・属・種への検索. 東海大学出版会.
川村多実二 (原著)，上野益三 (編) (1974). 日本淡水生物学. 北隆館.
三橋 淳 (編) (2003). 昆虫学大事典. 朝倉書店.
水野寿彦・高橋永治 (編) (2000). 日本淡水動物プランクトン検索図説 改訂版. 東海大学出版会.
中坊徹次 (編) (2000). 日本産魚類検索：全種の同定 第2版. 東海大学出版会.
日本微生物学協会 (編) (1989). 微生物学辞典. 技報堂出版.
岡田 要ほか (1988). 新日本動物圖鑑 第9版. 北隆館.
佐々 学 (編) (1978). ダニ類：その分類・生態・防除 第3版. 東京大学出版会.
佐竹義輔ほか (編) (1981). 日本の野生植物 草本Ⅲ 合弁花類. 平凡社.
佐竹義輔ほか (編) (1982). 日本の野生植物 草本Ⅰ 単子葉類. 平凡社.
佐竹義輔ほか (編) (1982). 日本の野生植物 草本Ⅱ 離弁花類. 平凡社.
佐竹義輔ほか (編) (1989a). 日本の野生植物 木本Ⅰ. 平凡社.
佐竹義輔ほか (編) (1989b). 日本の野生植物 木本Ⅱ. 平凡社.
素木得一 (1954). 昆虫の分類. 北隆館.
田川基二 (1959). 原色日本羊歯植物図鑑. 保育社.
内田 亨 (監修) (1972). 谷津・内田動物分類名辞典. 中山書店.
上村 清ほか (2002). 寄生虫学テキスト 第2版. 文光堂.
山階芳麿 (1986). 世界鳥類和名辞典. 大学書林.

トンボ和名学名対照表

　トンボの和名の多くは杉村ら (1999)，津田 (2000)，および井上・谷 (2005) に従った．ただし，*印のついた4属については，最近の分類体系の変更などを考慮し，分類群の位置に誤解が生じないような属和名を使用した．頻出する外国産の属・種のうち和名がないものには新しく和名をつけた．和名は種名までとし，亜種には和名をあてていない．本文や図表で亜種を区別する必要がある場合，亜種の学名を和名に添えるか脚注に示した．種小名と亜種小名が同じであり，かつ別亜種についての記述がない場合，このリストでは亜種小名を省略した．シノニムは [ ] 内に，原著で引用された古い学名で，現在あまり使われていないものは ( ) 内に記した．分類・命名上問題のある種群については，脚注に和名使用方針を示した．

引用文献

Asahina, S. (1976). A revisional study of the genus *Mnais* (Odonata, Calopterygidae), Ⅷ. A proposed taxonomy of Japanese *Mnai*s. Tombo 19 (1-4): 2-16.

Dumont, H.J., Vanfleteren, J.R., De Jonckheere, J.F., and Weekers, P.H.H. (2005). Phylogenetic relationships, divergence time estimation, and global biogeographic patterns of calopterygoid damselflies (Odonata, Zygoptera) inferred from ribosomal DNA sequences. Systematic Biology 54: 347-362.

林　文男 (2005)．カワトンボ類のメスの生殖器の機能とオスによる精子の掻き出し機構．日本動物行動学会Newsletter (46): 12-14.

Hayashi, F., Dobata, S., and Futahashi, R. (2004). Macro- and microscale distribution patterns of two closely related Japanese *Mnais* species inferred from nuclear ribosomal DNA, its sequences and morphology (Zygoptera: Calopterygidae). Odonatologica 33: 399-412.

井上　清・谷　幸三 (2005)．トンボのすべて 第2改訂版．トンボ出版，大阪．

石田昇三・石田勝義・小島圭三・杉村光俊 (1988)．日本産トンボ幼虫・成虫検索図説．東海大学出版会，東京．

杉村光俊・石田昇三・小島圭三・石田勝義 (1999)．原色日本トンボ幼虫・成虫大図鑑．北海道大学図書刊行会，札幌．

津田　滋 (2000)．世界のトンボ分布目録2000．個人出版，羽曳野．

脚注　日本産カワトンボ属*Mnais*の種は，1975年以前には，カワトンボ*Mnais strigata*1種として取り扱われていたが，Asahina (1976) はニシカワトンボ*M. pruinosa pruinosa*，ヒガシカワトンボ*M. pruinosa costalis*，オオカワトンボ*M. pruinosa nawai*の1種3亜種に整理した．その後，4独立種説 (それら3亜種をすべて独立種とし，さらにニシカワトンボの一部を第4の種ヒウラカワトンボとする；Suzuki 1984)，2種説 (ヒガシカワトンボとニシカワトンボは同一種の亜種とし，オオカワトンボを別種とする；石田ら 1988) などが提出されている．この日本語版ではニシカワトンボ*M. pruinosa*，ヒガシカワトンボ*M. costalis*，オオカワトンボ*M. nawai*を3独立種とする立場をとり，Asahina (1976) による亜種和名を種和名として採用した．ごく最近になって，Hayashi et al. (2004) によって核DNAの系統解析および幼虫の尾部付属器の形態差を根拠に再分類がなされた．その結論は，林 (2005) による学名の訂正を反映させると，カワトンボ*M. pruinosa* (ニシカワトンボにほぼ一致) とオオカワトンボ*M. costalis* (従来のオオカワトンボとヒガシカワトンボをあわせたものにほぼ一致する) の2種に分けられるというものである．

　ヨーロッパから日本にかけて分布し，それぞれ*Sympecma paedisca*および*S. annulata*として扱われてきたトンボは同一種であるというAskew (1988) の見解を受け入れ，日本語版ではいずれに対しても和名オツネントンボを使用した．ヨーロッパの*Calopteryx splendens xanthostoma*あるいは*C. xanthostoma*とされてきたものはオビアオハダトンボ*C. splendens*とは別種であるというDumont et al. (2005) の見解を受け入れ，前二者には和名を使用しなかった．

トンボ和名学名対照表

アオイトトンボ	*Lestes sponsa*
アオイトトンボ科	Lestidae
アオイトトンボ属	*Lestes*
アオサナエ	*Nihonogomphus viridis*
アオサナエ属	*Nihonogomphus*
アオナガイトトンボ	*Pseudagrion microcephalum*
アオハダトンボ	*Calopteryx japonica* (*C. virgo japonica*)
アオハダトンボ属	*Calopteryx*
アオビタイトンボ	*Brachydiplax chalybea*
アオビタイトンボ亜科	Brachydiplacinae
アオビタイトンボ属	*Brachydiplax*
アオモンイトトンボ	*Ischnura senegalensis*
アオモンイトトンボ亜科	Ischnurinae
アオモンイトトンボ属	*Ischnura*
アオヤンマ	*Aeschnophlebia longistigma*
アオヤンマ亜科	Brachytroninae
アオヤンマ属	*Aeschnophlebia*
アカイトトンボ（新称）	*Pyrrhosoma nymphula*
アカイトトンボ属（新称）	*Pyrrhosoma*
アカネ亜科	Sympetrinae
アカネ属*	*Sympetrum*
アカメイトトンボ属	*Erythromma*
アキアカネ	*Sympetrum frequens*
アジアイトトンボ	*Ischnura asiatica*
アジアサナエ属	*Asiagomphus*
アフリカウチワヤンマ（新称）	*Ictinogomphus ferox*
アフリカシオカラトンボ（新称）	*Orthetrum chrysostigma*
アフリカハナダカトンボ（新称）	*Platycypha caligata*
アフリカハナダカトンボ属（新称）	*Platycypha*
アフリカヒメキトンボ（新称）	*Brachythemis lacustris*
アマゴイルリトンボ	*Platycnemis echigoana*
アメイロトンボ	*Tholymis tillarga*
アメイロトンボ属	*Tholymis*
アメリカアオイトトンボ（新称）	*Lestes disjunctus*; *L. d. disjunctus*; *L. d. australis*
アメリカアオハダトンボ	*Calopteryx maculata*
アメリカアオモンイトトンボ（新称）	*Ischnura verticalis*
アメリカイトトンボ属（新称）	*Argia*
アメリカウチワヤンマ亜科（新称）	Gomphoidinae
アメリカオオトラフトンボ	*Epitheca cynosura*
アメリカカラカネトンボ（新称）	*Cordulia shurtleffi*
アメリカカワトンボ（新称）	*Hetaerina americana*
アメリカカワトンボ属（新称）	*Hetaerina*
アメリカギンヤンマ	*Anax junius*
アメリカコオニヤンマ	*Hagenius brevistylus*
アメリカコオニヤンマ属（新称）	*Hagenius*
アメリカシオカラトンボ属（新称）	*Orthemis*
アメリカハラジロトンボ	*Plathemis lydia*
アメリカハラジロトンボ属（新称）	*Plathemis*
アメリカヒメムカシヤンマ（新称）	*Tanypteryx hageni*
アメリカベニシオカラトンボ（新称）	*Orthemis ferruginea*
アメリカミナミカワトンボ科	Polythoridae
イイジマルリボシヤンマ	*Aeshna subarctica*; *A. s. elisabethae*
イソアカネ	*Sympetrum vulgatum*
イトトンボ科	Coenagrionidae
ウスバキトンボ	*Pantala flavescens*
ウスバキトンボ属	*Pantala*
ウチワヤンマ	*Ictinogomphus clavatus*
ウチワヤンマ亜科	Lindeniinae
ウチワヤンマ属*	*Ictinogomphus*
ウミアカトンボ	*Macrodiplax cora*
ウミアカトンボ属	*Macrodiplax*
エゾアオイトトンボ	*Lestes dryas*
エゾアカネ	*Sympetrum flaveolum*
エゾイトトンボ	*Coenagrion lanceolatum*
エゾイトトンボ属	*Coenagrion*

エゾトンボ	*Somatochlora viridiaenea*
エゾトンボ亜科	Corduliinae
エゾトンボ科	Corduliidae
エゾトンボ属	*Somatochlora*
オオアカカワトンボ（新称）	*Calopteryx haemorrhoidalis*
オオアオイトトンボ	*Lestes temporalis*
オオイトトンボ	*Cercion sieboldii*
オオカワトンボ	*Mnais nawai* (*M. pruinosa nawai*)
オオキイロトンボ	*Hydrobasileus croceus*
オオキイロトンボ属	*Hydrobasileus*
オオギンヤンマ	*Anax guttatus*
オオサカサナエ	*Stylurus annulatus*
オオシオカラトンボ	*Orthetrum triangulare*; *O. t. melania*
オーストラリアミナミトンボ（新称）	*Hemicordulia australiae*
オオセスジイトトンボ	*Cercion plagiosum*
オオトラフトンボ	*Epitheca bimaculata*; *E. b. bimaculata*; *E. b. siberica*
オオハラビロトンボ	*Lyriothemis elegantissima*
オオメトンボ	*Zyxomma petiolatum*
オオメトンボ属	*Zyxomma*
オオメトンボ族	Zyxommatini
オオモノサシトンボ	*Copera tokyoensis*
オオヤマトンボ	*Epophthalmia elegans*
オオヤマトンボ属	*Epophthalmia*
オオルリボシヤンマ	*Aeshna nigroflava*
オガサワラトンボ	*Hemicordulia ogasawarensis*
オジロサナエ	*Stylogomphus suzukii*
オジロサナエ属	*Stylogomphus*
オセアニアイトトンボ科	Isostictidae
オセアニアモリトンボ亜科（新称）	Synthemistinae
オツネントンボ	*Sympecma annulata* [*S. paedisca*]; *S. a. braueri*
オツネントンボ亜科	Sympecmatinae
オツネントンボ属	*Sympecma*
オナガアカネ	*Sympetrum cordulegaster*
オナガサナエ	*Onychogomphus viridicostus*
オナガサナエ属	*Onychogomphus*
オニヤンマ	*Anotogaster sieboldii*
オニヤンマ科	Cordulegastridae
オニヤンマ属	*Anotogaster*
オビアオハダトンボ	*Calopteryx splendens*; *C. s. intermedia*
オビヒメキトンボ（新称）	*Brachythemis leucosticta*
カオジロトンボ	*Leucorrhinia dubia*; *L. d. orientalis*
カオジロトンボ亜科	Leucorrhiniinae
カオジロトンボ属	*Leucorrhinia*
カトリトンボ	*Pachydiplax longipennis*
カトリトンボ属（新称）	*Pachydiplax*
カトリヤンマ	*Gynacantha japonica*
カトリヤンマ属	*Gynacantha*
カトリヤンマ族	Gynacanthini
カラカネイトトンボ	*Nehalennia speciosa*
カラカネイトトンボ属	*Nehalennia*
カラカネトンボ	*Cordulia aenea*; *C. a. aenea*; *C. a. amurensis*
カラカネトンボ属	*Cordulia*
カラフトイトトンボ	*Coenagrion hylas*; *C. h. freyi*
カロライナハネビロトンボ（新称）	*Tramea carolina*
カワトンボ	(*Mnais strigata*) ⇒ニシカワトンボ，ヒガシカワトンボ，オオカワトンボ
カワトンボ科	Calopterygidae
カワトンボ属	*Mnais*
キアシアカネ（新称）	*Sympetrum vicinum*
キイトトンボ	*Ceriagrion melanurum*
キイトトンボ属	*Ceriagrion*
キイロサナエ	*Asiagomphus pryeri*
キイロハラビロトンボ	*Lyriothemis tricolor*
キタルリイトトンボ（新称）	*Enallagma boreale*
キトンボ	*Sympetrum croceolum*
キヌバカワトンボ属	*Psolodesmus*

トンボ和名学名対照表

キバネルリボシヤンマ（新称）	*Aeshna grandis*
キバライトトンボ	*Ischnura aurora*
キボシエゾトンボ（新称）	*Somatochlora flavomaculata*
キボシミナミエゾトンボ（新称）	*Procordulia grayi*
均翅亜目	Zygoptera
キンソウイトトンボ	*Coenagrion hastulatum*
ギンヤンマ	*Anax parthenope*; *A. p. parthenope*; *A. p. julius*
ギンヤンマ属	*Anax*
ギンヤンマ族	Anactini
クモマエゾトンボ	*Somatochlora alpestris*
クレナイアカネ（新称）	*Sympetrum sanguineum*
クロイトトンボ	*Cercion calamorum*
クロイトトンボ属*	*Cercion*
クロスジギンヤンマ	*Anax nigrofasciatus*
グンバイトンボ	*Platycnemis foliacea*
グンバイトンボ属	*Platycnemis*
原トンボ目	Protodonata
原不均翅亜目	Protanisoptera
コウテイギンヤンマ	*Anax imperator*
コオニヤンマ属	*Sieboldius*
コカゲトンボ亜科（新称）	Tetrathemistinae
コサナエ	*Trigomphus melampus*
コサナエ属	*Trigomphus*
コシアキトンボ	*Pseudothemis zonata*
コシアキトンボ属	*Pseudothemis*
コシブトンボ	*Acisoma panorpoides*; *A. p. panorpoides*; *A. p. ascalaphoides*; *A. p. inflatum*
コシブトンボ属	*Acisoma*
コシボソヤンマ	*Boyeria maclachlani*
コシボソヤンマ属	*Boyeria*
コナカハグロトンボ	*Euphaea yayeyamana*
コノシメトンボ	*Sympetrum baccha*; *S. b. matutinum*
コハクバネトンボ	*Perithemis tenera*
コハクバネトンボ属（新称）	*Perithemis*
コバネアオイトトンボ	*Lestes japonicus*
コフキオオメトンボ	*Zyxomma obtusum*
コフキショウジョウトンボ	*Orthetrum pruinosum*
コフキトンボ	*Deielia phaon*
コフキトンボ属	*Deielia*
コフキヒメイトトンボ	*Agriocnemis femina*; *A. f. oryzae*
コヤマトンボ	*Macromia amphigena*
コヤマトンボ属	*Macromia*
ゴンドワナアオイトトンボ亜科（新称）	Argiolestinae
ゴンドワナアオイトトンボ科	Argiolestidae
サオトメエゾイトトンボ（新称）	*Coenagrion puella*
サナエトンボ亜科	Gomphinae
サナエトンボ科	Gomphidae
サナエトンボ属*	*Gomphus*
サナエヤマトンボ亜科（新称）	Gomphomacromiinae
サラサヤンマ	*Oligoaeschna pryeri*
サラサヤンマ属	*Oligoaeschna*
サラサヤンマ族	Gomphaeschnini
シオカラトンボ	*Orthetrum albistylum*; *O. a. speciosum*
シオカラトンボ属	*Orthetrum*
シオヤトンボ	*Orthetrum japonicum*
シコクトゲオトンボ	*Rhipidolestes hiraoi*
シマアカネ	*Boninthemis insularis*
シマアカネ属	*Boninthemis*
ショウジョウトンボ	*Crocothemis servilia*
ショウジョウトンボ属	*Crocothemis*
スナアカネ	*Sympetrum fonscolombii*
スペインアオモンイトトンボ	*Ischnura graellsii*
セスジイトトンボ	*Cercion hieroglyphicum*
セボシカオジロトンボ（新称）	*Leucorrhinia intacta*
ソメワケアオイトトンボ（新称）	*Lestes barbarus*
タイリクアカネ	*Sympetrum striolatum*; *S. s. striolatum*; *S. s. imitoides*

タイリクアキアカネ	*Sympetrum depressiusculum*
タイリクオニヤンマ（新称）	*Cordulegaster boltonii*
タイリクオニヤンマ属（新称）	*Cordulegaster*
タイリクシオカラトンボ	*Orthetrum cancellatum*
タイリクルリイトトンボ	*Enallagma cyathigerum*
タイワンウチワヤンマ	*Ictinogomphus pertinax*
タイワンシオカラトンボ	*Orthetrum glaucum*
タイワントンボ	*Potamarcha congener*
タイワントンボ属	*Potamarcha*
タイワンハグロトンボ属	*Matrona*
タカネトンボ	*Somatochlora uchidai*
タニガワトンボ亜科（新称）	Zygonichinae
タニガワトンボ属（新称）	*Zygonyx*
ダビドサナエ	*Davidius nanus*
ダビドサナエ属	*Davidius*
チビカワトンボ	*Bayadera brevicauda*
チョウトンボ	*Rhyothemis fuliginosa*
チョウトンボ属	*Rhyothemis*
トゲオトンボ	*Rhipidolestes aculeata*
トゲオトンボ属	*Rhipidolestes*
トビイロヤンマ	*Anaciaeschna jaspidea*
トビイロヤンマ属	*Anaciaeschna*
トホシトンボ（新称）	*Libellula pulchella*
トラフトンボ	*Epitheca marginata*
トラフトンボ属	*Epitheca*
トンキントンボ亜科（新称）	Onychothemistinae
トンボ亜科	Libellulinae
トンボ科	Libellulidae
トンボ上科	Libelluloidea
トンボ目	Odonata
ナイジェリアトンボ（新称）	*Nesciothemis nigeriensis*
ナイジェリアトンボ属（新称）	*Nesciothemis*
ナガイトトンボ亜科	Pseudagrioninae
ナガイトトンボ属	*Pseudagrion*
ナゴヤサナエ	*Stylurus nagoyanus*
ナツアカネ	*Sympetrum darwinianum*
ナニワトンボ	*Sympetrum gracile*
ナンベイカワトンボ科	Dicteriadidae
ニシカワトンボ	*Mnais pruinosa* (*M. p. pruinosa*)
ニセアオイトトンボ科	Pseudolestidae
ニュージーランドイトトンボ（新称）	*Xanthocnemis zealandica*
ニュージーランドイトトンボ属（新称）	*Xanthocnemis*
ネアカヨシヤンマ	*Aeschnophlebia anisoptera*
ネキトンボ	*Sympetrum speciosum*; *S. s. speciosum*; *S. s. taiwanum*
ネグロトンボ	*Neurothemis tullia*
ネグロベッコウトンボ（新称）	*Libellula luctuosa*
ノシメトンボ	*Sympetrum infuscatum*
ハーゲンルリイトトンボ（新称）	*Enallagma hageni*
ハグロトンボ	*Calopteryx atrata*
ハッチョウトンボ	*Nannophya pygmaea*
ハッチョウトンボ属	*Nannophya*
ハナダカトンボ科	Chlorocyphidae
ハナダカトンボ属	*Rhinocypha*
ハネナガチョウトンボ	*Rhyothemis severini*
ハネビロエゾトンボ	*Somatochlora clavata*
ハネビロトンボ	*Tramea virginia*
ハネビロトンボ亜科	Trameinae
ハネビロトンボ属	*Tramea*
ハビロイトトンボ科	Pseudostigmatidae
ハビロイトトンボ属	*Mecistogaster*
パプアヒメギンヤンマ（新称）	*Hemianax papuensis*
ハヤブサトンボ（新称）	*Erythemis simplicicollis*
ハヤブサトンボ属（新称）	*Erythemis*
ハラナガアオイトトンボ科	Perilestidae
ハラビロカオジロトンボ（新称）	*Leucorrhinia caudalis*

ハラビロトンボ	*Lyriothemis pachygastra*
ハラビロトンボ属	*Lyriothemis*
ハラボソトンボ	*Orthetrum sabina*
ヒカゲイトトンボ亜科（新称）	Leptobasinae
ヒガシカワトンボ	*Mnais costalis* (*M. pruinosa costalis*)
ヒスイルリボシヤンマ（新称）	*Aeshna cyanea*
ヒヌマイトトンボ	*Mortonagrion hirosei*
ヒマラヤムカシトンボ	*Epiophlebia laidlawi*
ヒメアオモンイトトンボ（新称）	*Ischnura pumilio*
ヒメアカネ	*Sympetrum parvulum*
ヒメイトトンボ	*Agriocnemis pygmaea*
ヒメイトトンボ属	*Agriocnemis*
ヒメカワトンボ属	*Bayadera*
ヒメキトンボ	*Brachythemis contaminata*
ヒメキトンボ属	*Brachythemis*
ヒメギンヤンマ	*Hemianax ephippiger*
ヒメギンヤンマ属	*Hemianax*
ヒメクロサナエ	*Lanthus fujiacus*
ヒメクロサナエ属	*Lanthus*
ヒメサナエ	*Sinogomphus flavolimbatus*
ヒメサナエ属	*Sinogomphus*
ヒメシオカラトンボ（新称）	*Orthetrum coerulescens*
ヒメトンボ	*Diplacodes trivialis*
ヒメトンボ属	*Diplacodes*
ヒメハネビロトンボ	*Tramea transmarina* [*T. euryale*]; *T. t. euryale*
ヒメハビロイトトンボ（新称）	*Mecistogaster ornata*
ヒメルリボシヤンマ	*Aeshna caerulea*
ヒロアシトンボ	*Platycnemis pennipes*
ヒロバラトンボ（新称）	*Libellula depressa*
不均翅亜目	Anisoptera
フトアカトンボ亜科（新称）	Urothemistinae
ベッコウトンボ	*Libellula angelina*
ベニイトトンボ	*Ceriagrion nipponicum*
ベニトンボ	*Trithemis aurora*
ベニトンボ亜科	Trithemistinae
ベニトンボ属	*Trithemis*
ベニヒメトンボ	*Diplacodes bipunctata*
ベニボシヤンマ科	Neopetaliidae
ホソアカトンボ	*Agrionoptera insignis*
ホソアカトンボ属	*Agrionoptera*
ホソイトトンボ科	Platystictidae
ホソミアオイトトンボ（新称）	*Austrolestes colensonis*
ホソミアオイトトンボ属（新称）	*Austrolestes*
ホソミイトトンボ	*Aciagrion migratum*
ホソミイトトンボ属	*Aciagrion*
ホソミオツネントンボ	*Indolestes peregrinus*
ホソミオツネントンボ属	*Indolestes*
ホソミモリトンボ	*Somatochlora arctica*
マイコアカネ	*Sympetrum kunckeli*
マキバアオイトトンボ（新称）	*Lestes viridis*
マダラナニワトンボ	*Sympetrum maculatum*
マダラヤンマ	*Aeshna mixta*
マユタテアカネ	*Sympetrum eroticum*
マルタンヤンマ	*Anaciaeschna martini*
マンシュウイトトンボ	*Ischnura elegans*; *I. e. ebneri*
ミナミアオイトトンボ科	Synlestidae
ミナミイトトンボ科	Protoneuridae
ミナミエゾトンボ（新称）	*Procordulia smithii*
ミナミエゾトンボ属（新称）	*Procordulia*
ミナミカワトンボ科	Euphaeidae
ミナミカワトンボ属	*Euphaea*
ミナミトンボ属	*Hemicordulia*
ミナミヤマイトトンボ科	Lestoideidae
ミナミヤンマ亜科	Chlorogomphinae

ミナミヤンマ属	*Chlorogomphus*
ミヤマアカネ	*Sympetrum pedemontanum; S. p. elatum*
ミヤマカワトンボ	*Calopteryx cornelia*
ミヤマサナエ	*Anisogomphus maacki*
ミヤマサナエ属	*Anisogomphus*
ミルンヤンマ	*Planaeschna milnei*
ミルンヤンマ属	*Planaeschna*
ムカシイトトンボ科	Hemiphlebiidae
ムカシカワトンボ科	Amphipterygidae
ムカシトンボ	*Epiophlebia superstes*
ムカシトンボ亜目	Anisozygoptera
ムカシトンボ科	Epiophlebiidae
ムカシトンボ上科	Epiophlebioidea
ムカシトンボ属	*Epiophlebia*
ムカシヤンマ	*Tanypteryx pryeri*
ムカシヤンマ科	Petaluridae
ムカシヤンマ属	*Tanypteryx*
ムスジイトトンボ	*Cercion sexlineatum*
ムツアカネ	*Sympetrum danae*
ムツボシトンボ亜科（新称）	Palpopleurinae
ムモンギンヤンマ	*Anax immaculifrons*
ムラサキハビロイトトンボ（新称）	*Megaloprepus caerulatus*
ムラサキハビロイトトンボ属（新称）	*Megaloprepus*
メガニソプテラ亜目	Meganisoptera
メガネウラ科	Meganeuridae
メガネウラ属	*Meganeura*
メガネサナエ	*Stylurus oculatus*
メガネサナエ属	*Stylurus*
モイワサナエ	*Davidius moiwanus; D. m. sawanoi; D. m. taruii*
モートンイトトンボ	*Mortonagrion selenion*
モートンイトトンボ属	*Mortonagrion*
モノサシトンボ	*Copera annulata*
モノサシトンボ科	Platycnemididae
モノサシトンボ属	*Copera*
ヤエヤマハナダカトンボ	*Rhinocypha uenoi*
ヤブヤンマ	*Polycanthagyna melanictera*
ヤブヤンマ属	*Polycanthagyna*
ヤブヤンマ族	Polycanthaginini
ヤマイトトンボ亜科（新称）	Megapodagrioninae
ヤマイトトンボ科	Megapodagrionidae
ヤマサナエ	*Asiagomphus melaenops*
ヤマトンボ亜科	Macromiinae
ヤンマ亜科	Aeshninae
ヤンマ科	Aeshnidae
ヤンマ上科	Aeshnoidea
ヤンマ族	Aeshnini
ヨーロッパアオハダトンボ（新称）	*Calopteryx virgo; C. v. virgo; C. v. meridionale*
ヨーロッパアカメイトトンボ（新称）	*Erythromma najas*
ヨーロッパオナガサナエ（新称）	*Onychogomphus uncatus*
ヨーロッパショウジョウトンボ	*Crocothemis erythraea*
ヨーロッパベニイトトンボ（新称）	*Ceriagrion tenellum*
ヨツボシトンボ	*Libellula quadrimaculata; L. q. asahinai*
ヨツボシトンボ属	*Libellula*
ラケラータハネビロトンボ	*Tramea lacerata*
リスアカネ	*Sympetrum risi; S. r. yosico*
ルリイトトンボ	*Enallagma circulatum*
ルリイトトンボ属	*Enallagma*
ルリボシヤンマ	*Aeshna juncea; A. j. mongolica*
ルリボシヤンマ属	*Aeshna*
ルリモンアメリカイトトンボ（新称）	*Argia vivida*
ルリモントンボ属	*Coeliccia*

人名索引

同一ページに1人の著者が2回以上出現する場合，参照ページは1回だけ示す．同一著者が出版物によって異なったイニシャルや姓を用いている場合には，それも併せて示した（⇒ 印）．3名以上による共著論文の場合，2番目以降の著者名は本文中に現れないため，（　）内にその掲載ページ番号を示した．図（F），本文中の表（T），または付表（AT）に引用されている著者名のページは，それぞれの略号を頭に付した [ ] 内に示した．写真（P）は写真番号を示した．原著にはないがトンボ和名，生物和名，訳注の参考文献著者名も，同様の形式で [ ] 内にページ番号を示した．

Aaron, C.B.　63
Abbey, H.M.　(1, 184, 278), F[(4)]
Abbott, C.E.　97, 98, AT[588]
Abbott, J.C.　253
Abdullah, M.　T[542]
Abisgold, J.　(108, 202, 223, 240), T[(213, 220)], AT[(589, 609)]
Able, K.P.　385
Åbro, A.　121, 274, 311-313, 340, 361, 742, F[121, 311]
Achterberg, C.v.　AT[621]
Adachi, Y. 足立泰代　38, 254-255, 258
Adam, R.　124
Adams, J.R.　745
Adetunji, J.F.　248
Adomssent, M.　551
Agassiz, D.　392
Agudelo-Silva, F.　309
Agüero-Pellegrin, F.　238, T[253]
Aguesse, P.　192, 216, 248, 401, T[436], AT[571, 644]
Aguiar, S.D.S.　148
Aguilar, A.C. ⇒ Córdoba-Aguilar, A.
Ahamed, S.N.　(122)
Aida, C. 会田忠次郎　(156), AT[(590, 591-592)]
Aino, H. 藍野祐久　115, AT[582]
Aita, M. 相田正人　234, AT[615, 634]
Aiura, M. 相浦正信　AT[640]
Akhteruzzaman, M.　T[165], AT[585, 610]
Akre, B.G.　106, (105, 110), AT[589, (588-589)]
Albano, S.S.　38, 287, 289-290, 292, 422, 444, 519, 522, 527, 529-531, T[441, 522], AT[578, 612, 636-637, 646]
Alcock, J.　28, 30-32, 367, 416, 418, 421-422, 439-440, 456, 461, 464, 467, 484, 486, 511-513, 515, 517-518, 520, 527, 532, 553, AT[577-578, 631, 633-634, 636-638, 645]
Aldrovandi, U.　544-545
Alerstam, T.　384, 396, 401
Alexander, A.　AT[(580)]
Al-Faisal, A.H.　AT[(608)]
Alford, D.V.　349
Ali, M.A. ⇒ Ali, M.-A.
Ali, M.-A.　370, (85, 331)
Allbrook, P.　166, T[165], AT[600, 628]
Allen, K.N.　(196)
Allgeyer, R.　503
Alonso-Mejia, A.　344, 348-349, 357, T[346], AT[622]
Alrutz, R.　329-330, 350
Al-Safadi, M.M.　190, 395
Amans, P.　71

Anadu, D.I.　742
Anaso, H.U.　742
Ander, K.　174, AT[603-604]
Anders, U.　742
Anderson, J.B.　(197)
Anderson, M.　227
Anderson, M.A.　263, 374, 402, 403, AT[627]
Anderson, P. ポール・アンダーソン　200
Ando, H. 安藤 裕　36-37, 43, 45-46, 49-50, 54-55, 57, 60-61, 64, 66, T[44, 55], AT[578-579, 582, (583)]
Andoh, T. 安藤 尚　30, 32, 380, AT[572, 573]
Andrés, J.A.　268, T[267]
Andrew, C.G.　452, T[453, 455]
Andrew, R.J.　47, 227, 229, 471, 480, 483, 503-504, 742, AT[579]
Andrewartha, H.G.　54
Andrikovics, S.　156
Anholt, B.R.　82, 108, 114, 132-133, 135, 170-171, 204, 224, 240, 258, 289, 290, 292, 360-361, 366, 382, 405, 443, 519, 525, 529, 531, 742, F[259], T[136, 526], AT[592, 596, 602, 612]
Anon. 匿名　388, 393, 543, 556, AT[603, 608, 647, 649]
Anselin, A.　AT[603]
Antonova, E.L.　AT[(595)]
Aoki, T. 青木典司　176, 202-203, 223-224, 551, 742, AT[585, 610]
Aoyanagi, M. 青柳昌宏　323, 344, 458, AT[634]
Arai, Y. 新井 裕　28, 30, 32, 57, 60, 69, 164-165, 167, 176, 184-185, 276, 306-307, 380, 382, 402, 437, 457-459, 469, T[165, 324, 508], AT[572-573, 582, 598, 606, 616, 626, 631, 634-635]
Argano, R.　(327), AT[(575, 631)]
Aristotle アリストテレス　xxiii, 163
Armett-Kibel, C.　331
Armstrong, J.S.　47, 66, T[613]
Arnold, A.　AT[605]
Arnold, S.J.　T[37], AT[646]
Arrington, M.　(142-143, 164), F[(130)], AT[(598)]
Arthington, A.H.　(197, 198, 554), AT[(606)]
Arthur, J.W.　196, 210, 316, 376
Asahina, S. 朝比奈正二郎　18, 21, 43, 66, 71, 74, 82, 100, 155, 157, 159, 167, 174, 177-178, 193, 240, 268-269, 295, 315, 369, 374, 379-381, 391, 394, 398, 402, 472, 477, 480, 482, 541, 545, 559, (308, 369), F[67, 560], T[213, 253, 399, 542], AT[572, 574, 583-584, 599-601, 603-604, 607, 612, 616-617, 626, 629-630, 640,

649, (625)], トンボ和名[748]
Ashmead, W.H.　AT[583]
Ashmole, N.P.　AT[(626)]
Askew, R.R.　1, 61-62, 142, 174, 188, 381, 401, 770, T[267], AT[571, 583, 619, 628, 648]
Atienzar, M.D.　(229)
Aubertot, M.　71, 100
Austad, S.N.　443
Averill, M.　401
Avery, M.I.　319
Azevedos-Ramos, C.　AT[588]

Baba, K. 馬場金太郎　379-380
Babenkova, V.A.　AT[650]
Baccetti, N.　308
Bachmann, P.　190
Bagg, A.M.　319, 393, 403, F[404], AT[630]
Bailey, J.C.　(45)
Bailey, N.T.J.　F[289]
Baird, J.M.　329, 334-336, 339-340, 342, 347, 349-352, 357, 358-359, 361-367, F[342, 357], T[335, 345, 351], AT[578, 624, 625]
Baker, R.L.　39, 101, 105, 107-109, 111, 134, 156-160, 163, 166, 210, 241, 306, 310, 742-744, T[(267)], AT[598, 601, 612-613]
Baker, R.R.　417, AT[602]
Bakick, M.　(207)
Bakkendorf, O.　AT[583]
Balança, G.　28
Balasubramanian, M.P.　363
Baldus, K.　86, 99
Balfour-Browne, F.　64, 83, AT[578]
Balinsky, B.I.　294, AT[571, 650]
Ball, R.C.　196, AT[606]
Ballou, J.　T[455]
Banks, C.　355
Banks, M.J.　37-40, 135, 289-290, 292, 355, 377, 422, 514, 519, 523-524, 531, 535, (244), F[39, 40, 530], T[420, 526], AT[578, 591, 602, 609, 612, 646, (650)]
Barber, B.　(409)
Barker, G.　306
Barlow, A.　742
Barlow, M.　154, 358, AT[601, 622-623]
Barman, A.　T[335]
Barnard, K.H.　AT[584]
Barnett, M.　744
Barth, S.E.　(308)
Bartram, J.　414
Basalingappa, S.　370, (196), AT[(608)]
Basch, P.F.　AT[594]

Bashar, M.A. (35, 68, 134), AT[(572, 575, 580)]
Baskaran, P. 196, AT[608]
Bateman, A.J. 523
Battin, T.J. 464, 473, 531, F[415]
Baudouin, 556
Bauer, S. 550, T[549, 557]
Bay, E.C. 85, 100, 119
Bayanov, M.G. AT[594]
Bayly, I.A.E. 186, 188, 399
Bayzhanov, M. AT[608]
BDS (British Dragonfly Society) 545, 556-557, AT[648]
Beams, H.W. 36
Beardsley, J.W. 391
Beatty, A.F. 34, 284, 307, 323-324, T[324], AT[616]
Beatty, G.H. 34, 284, 307, 323-324, 335, 344, 347, (284), T[324], AT[616, 623]
Beaumord, A.C. (115)
Bechly, G.H.P. 1, 330
Beckemeyer, R. 514, 547
Becnel, J.J. 45, 46
Beddington, J.R. (113), AT[(588)]
Beebe, C.W. 346, 355
Beebe, M.B. 346, 355
Beena, S. AT[587-589]
Beesley, C. 30, 60, 201-202, AT[580, 592, 609-610]
Befeld, S. 742
Begon, M. 9, 10, 372
Begum, A. 35, 68, 134, AT[572, 575, 580]
Belfiore, C. 475-478, (11, 260, 275, 378, 382), T[477, (253)], AT[641, (616)]
Bell, K. 292, AT[607]
Bell, R. AT[625]
Bellamy, R.E. 37
Belle, J. 147-148, 154-155, 475, F[147, 155, 475], T[(165, 399, 542], AT[579, 600-601, 647, 649]
Belting, H. AT[(621)]
Belwood, J.J. 319, AT[621]
Belyakova, Y.V. AT[594]
Belyshev, B.F. 102, 173-175, 177, 181-182, 217, 239-240, 244, 269, 300-301, 303, 381, 385, 397, 401-402, AT[603-606, 628]
Belyshev, N.B. 102, 381, 385, AT[628]
BenAzzouz, B. 216
Bence, J.R. 117
Bendell, B.E. (190)
Benech, V. 240
Benfield, E.F. 15
Benke, A.C. 111-114, 132, 168, 210, 214, 238, T[136], AT[591, 596]
Benke, S.S. 112-113, 132, 238, T[136], AT[591]
Bennett, S. 35-37, 43, 50, 59-60, 231, 234-235, 239, 249, 287-288, 290, 377-378, F[375], AT[613]
Benyacoub, S. (401)
Berezina, N.A. 108
Bergelson, J.M. AT[588]
Bergey, E.A. AT[591]
Berlin, A. (197)
Bernard, G.D. 346
Bernard, R. 15, 33, 327, 400, AT[628, 630, 637]
Bernardes, A.T. AT[649]
Berrill, M. 51, 190-191
Bessey, W.E. 192
Betten, C. AT[578]
Beutler, H. 241, AT[571, 604, 606, 613]
Beynon, T. ⇒ Beynon, T.G.

Beynon, T.G. 230, 234, 274, 320, 322, 348-349, 376, T[346], AT[614, 622]
Bhandari, P. (460)
Bhargava, R.N. AT[623]
Bhat, U.K.M. 385
Biber, O. AT[621]
Bible, D.R. (290, 422, 524)
Bick, G.H. 18, 22, 25-26, 29-30, 35-36, 66, 253, 256, 260, 263, 265, 269, 278-279, 290-291, 300, 302-303, 317, 321, 327, 368, 414, 416-418, 425, 428-430, 437, 451-452, 454, 457-459, 471, 475-477, 481, 484-486, 507, 509, 514, 517, 521, 524, 535, 547, F[302, 560], T[267, 294, 420, 455, 477, 523], AT[574-575, 577-578, 580, 582, 610, 619, 633-635, 644-646]
Bick, J.C. 18, 29-30, 35, 66, 253, 260, 263, 265, 269, 278-279, 290-291, 300, 302, 317, 368, 414, 416, 428, 452, 458, 475, 477, 485-486, 514, 517, 524, 535, (35, 451, 471, 507), F[302], T[267, 294, 420, 455, 477, 523], AT[574-575, 577-578, 582, 619, 633-645, 646, (644)]
Bierwirth, G. AT[649]
Bird, R.D. AT[603-604, 614, 621]
Bischof, A. 18, 177, 284
Bischoff, R. (120)
Bishop, J.E. 77, 185
Biswas, B.R. (35, 68), AT[(572, 580)]
Blackman, R.A.A. 98
Blanchard, S. 253
Blancher, P.J. (190)
Blanke, D. AT[649]
Blattner, S. 190-191
Blest, A.D. 280
Blinn, D.W. 114, 191, AT[589-591]
Blois, C. 86, 93, 95, 97, 100, 103, 105-106, 142-143, 164, F[96, 102-103, 130], AT[587-590, 598, 601]
Blois-Heulen, C. ⇒ Blois, C.
Blood, E.J. 244
Blyth, R.H. 277, 331, 348, 541
Bocharova-Messner, O.M. 206
Böcker, L. AT[626]
Bodenheimer, J.E. (372)
Boehms, C.N. 47, 49-50, 54-55, 68, (143, 158), F[56], T[253], AT[582, 616]
Boertje, S.B. 126
Bohanan, R.E. (113), AT[(592, 596, 602)]
Bohart, G.E. 21
Böhmer, J. 190
Boitani, L. (327), AT[(575, 631)]
Bonn, A. 312, 314
Bonser, R. AT[(588)]
Boon von Ochssée, G.A. AT[595]
Borgsteede, F.H.M. AT[594]
Borisov, S.N. 177, 254, 269, 295, 298, 473, AT[609]
Borkin, S. 316
Borror, D.J. 1, 382, 403, T[395], AT[646]
Börszöny, L. 247, 273-274, 334, 339, 421, 426, 428, 440, T[334, 345], AT[623, 625, 631, 633, 634], PB6, PN4
Böttger, K. 312-313
Boudot, J.-P. 400
Bouguessa, S. AT[626]
Boulahbal, R. 258, (217, 254, 314, 381), T[(253)], AT[(616, 626)]
Boulding, K.E. 553
Bourassa, N. 112

Bouzid, S. (217, 254, 314, 381), T[(253)], AT[(616, 626)]
Bove, J.M. 745
Bowen, W.R. (119)
Bozkov, D.K. AT[594]
Bradshaw, W.E. AT[606]
Brandt, A. AT[578, 583]
Brauckmann, C. 1, F[2]
Breaud, T.P. AT[606, (606)]
Breedlove, B.W. 209
Breeds, J.M. 18
Brewbaker, J.L. 504
Brewin, P. 382
Bridges, C.A. 5, 770
Briggs, T.H. T[343]
Brinck, P. 382
Brock, J.T. AT[(591)]
Brock, R.L. 148
Brockhaus, T. 197, 377, 551, AT[649]
Brooks, S.J. 13, 148, 192, 284, 336, 392, 551, 742, (15), T[321, 453], AT[600, 604, 611, 623]
Brower, L.P. (291)
Brown, A.F. 196, 198
Brown, C.E. 316
Brown, C.J.D. 196, AT[606]
Brown, D. (307), AT[646]
Brown, G.E. 100
Brown, R.G.B. AT[626]
Brown, S.C.S. AT[650]
Brown, T. AT[611]
Brownell, V.R. 472, AT[628]
Brownett, A. 277, T[253]
Brunhes, J. 177
Bruns, H.A. AT[(621)]
Brusven, M.A. 181
Bryant, R.M. 156
Brygoo, E.R. AT[(594)]
Buchholtz, C. 469, 471, 480, 502, AT[614, 634, 637]
Buchholz, K.F. 28, 507
Buchwald, R. 11, 13-15, 19, 374, 377, 554, 558, T[13-14, 20, 21], AT[570, 574, 603, (590)]
Buck, K. AT[620]
Bulet, P.S. 120
Bulimar, F. 100, 201, 233, AT[609]
Bull, C.M. AT[(590)]
Burbach, K. 742
Burdick, G.E. 196
Burger, J. 356
Burks, B.D. AT[(583)]
Burnside, C.A. 79, 166
Burton, G.J. 120, AT[593]
Burton, J.F. 317
Burton, T.M. 113, 152
Buskirk, R.E. 134, 171, 537
Busse, R. 30, 230, T[512], AT[611]
Butler, M. (163), AT[(598)]
Butler, S. 148, 233
Butler, T. 402, AT[629]
Butt, M. 547
Byers, C.F. 150, 174, 243-244, 368, 376, 391, AT[600, 626]
Byers, J.R. 271

Caillére, L. 73, 85-86, 89-90, 93-94, 97, 99, 152, F[94], T[93], AT[587-588, 590]
Caldwell, P. ⇒ Caldwell, P.M.
Caldwell, P.M. 301, T[395], AT[(600)]
Callan, E. (318)

人名索引

Calvert, A.S.　T[324]
Calvert, P.P.　18, 73, 82, 175, 180, 260, 392, 473, F[78], T[324], AT[575-576, 584, 603]
Cammaerts, R.　148, AT[601]
Campanella, P.J.　34, 251-252, 303, 417, 423, 426, 429, 437-439, 440, 444, 517, 532, F[423, 528], T[441, 453], AT[616, 625, 633, 635-637]
Campbell, B.C.　AT[607]
Campbell, I.C.　AT[(593)]
Campbell, R.P.　AT[(626)]
Campbell, R.S.　(196)
Campion, H.　352
Campos-Barbosa, N.D.　(115)
Campos-Torquato, V.　(115)
Cannings, R.A.　20, 25, 173, 175-176, 182, 185, 188-191, 201, 217, 261, 277-278, 299, 333, 406, 426, 484, 742, (175-176, 182, 217), F[174, 189, 560], T[267, 477], AT[572-573, 575-576, 603-606, 614, 623, 628, 634, 640, (603)]
Cannings, R.J.　(175-176, 217), AT[(603)]
Cannings, S.G.　20, 173, 175-176, 190, 217, 299, F[174, 189], AT[573, 576, 603, 640]
Carchini, G.　58, 132, 166, 183, 189-190, 197, (11, 99, 253, 260, 280, 283, 290, 322-323, 378, 382, 400, 424-425, 458-459, 481), T[(253, 420)], AT[582, 597, 600, (604, 616, 632-633, 636)]
Carfi, S.　330
Carilli, A.　309
Carle, F.L.　5, 77, 89, 97, 167, 262, 320, 483-484, 486, F[485], AT[570, 626, 650]
Carle, P.　745, 770
Carlow, T.　63, AT[583, 620]
Caron, D.　368
Caron, E.　222
Carpenter, F.M.　1
Carpenter, G.　(409)
Carrick, F.N.　(132)
Carvalho, A.L.　229
Casey, T.M.　282-283
Cassagne-Méjean, F.　309-313, 381, F[314], AT[575, 620]
Castella, E.　156, 185
Catling, P.M.　472, AT[628]
Cedhagen, T.　388, 400
Ch'ien Hsuan 錢選　329, 348
Chabaud, A.G.　AT[(594)]
Chakaraborty, C.　68
Cham, S. ⇒ Cham, S.A.
Cham, S.A.　15, 64-65, 269, 355, 386, 742, (13, 148, 336), T[399], AT[579, 602, 614, 623, 627, (600)]
Chambers, J.M.　221
Chandrasekaran, R.　AT[(608)]
Chaney, J.D.　(259)
Chapman, G.P.　401
Charles, M.S.　270
Charlet, M.　200
Charletoni, G.　544
Charlton, R.E.　277
Charpentier, R.　120
Chelmick, D.　554
Chen, C.S.　259
Cheng, L.　189
Cheriak, L.　57
Child, C.M.　166
Chisoku 知足　331
Chivers, D.P.　742, 745, (100)
Chockalingam, S.　197, AT[608-609]

Chovanec, A.　86, 92, 197, (558), AT[588]
Chovet, M.　152
Chowdhury, S.H.　16, 28, 68, 106, 160, 203, T[165, 219, 335, 436], AT[585, 589, 598, 610, 632]
Christophers, S.R.　67
Chu, Y.-I. 朱 耀沂　(177)
Chuah-Petiot, M.S.　180
Church, N.S.　54-56, AT[582]
Chutter, F.M.　132, 146, AT[584]
Clady, M.　156
Claessens, S.　551
Claffey, F.S.　AT[608]
Clark, L.R.　552
Clark, W.H.　350
Clark, W.J.　196
Clarke, D.　28
Clarke, K.U.　1
Clarke, T.E.　742
Clastrier, J.　315-316
Clausen, C.P.　62-63, 308, AT[583]
Clausen, W.　452
Clausnitzer, H.-J.　191, 547, 556, AT[617]
Clausnitzer, V.　277, 291, 440, 742, T[439], AT[603-604, 625, 631]
Claus-Walker, D.B.　742
Clement, S.L.　260, 271, 421, 432, 438, 440, AT[625, 635]
Clements, A.N.　370
Clifford, H.F.　226
Clifford, T.　AT[614]
Cloarec, A.　101, 106, AT[587-588, 590]
Clopton, R.F.　(121)
Cloud, T.J.　15
Cloudsley-Thompson, J.L.　68, 308, 401, AT[588]
Clubb, R.　(192, 196)
Cochran, W.W.　374, 385, AT[592]
Cociancich, S.　(120)
Coffman, W.P.　AT[587]
Cofrancesco, A.F.　71-72, AT[590]
Cohn, S.L.　AT[602]
Colbo, M.H.　120, AT[593]
Coler, R.A.　191
Colgan, P.W.　142, 164-165, 339, 361, 424, 437, 460, T[420, 436], AT[633, 635, 637, 639]
Collins, N.C.　105, 107, 113-114, AT[590, 591, 602]
Collins, N.M.　556
Collins, W.J.　AT[608]
Colton, T.F.　92-93, 106, AT[588-589]
Coluzzi, M.　(316)
Coney, C.C.　(253, 284)
Conrad, K.F.　247-248, 269, 277-278, 284-285, 290, 417, 424, 436, 462-463, 469, 514, 524, 532-533, 536, F[533], T[291, 526], AT[614, 618, 631, 635, 639, 644-645]
Conrick, D.L.　(197-198, 554), AT[(606)]
Consiglio, C.　280, 327, AT[575, 617, 631]
Convey, P.　164, 301, 457, 513, 516-517, F[516], T[441], AT[574, 590, 601-602, 612, 631, 636-637, 645]
Cook, C.　18, 209, 308, 320, 358, AT[623, 650]
Cook, L.M.　291
Cook, P.P.　166
Cook, W.J.　314
Cooper, G.　458, 742, AT[644]
Cooper, S.D.　AT[588]
Cooper, W.E.　158, AT[595]
Copeland, R.S.　133, 140, 209, AT[587, 592, 599, 601]

Coppa, G.　231, 234, 376, AT[610, 614]
Coppel, H.C.　309
Corbet, P.S. フィリップ S. コーベット　xxiii, xxvi, 5, 8, 10, 12, 18-19, 22, 24, 35, 37-38, 46-47, 49, 54-55, 57, 64, 66, 68, 70, 76-77, 81-82, 85, 91-92, 98, 100, 103, 105-106, 108, 115, 120, 130, 132, 137-138, 141-143, 145, 148, 155, 157, 159-160, 166-167, 175, 183-186, 188-189, 200-202, 205-206, 210-212, 218, 221-224, 227, 229-231, 233-238, 240-245, 247-249, 261-263, 271-273, 275-278, 281, 283-284, 288, 295-299, 302-303, 307, 311, 314-315, 318, 321, 324, 326, 333, 342, 344-345, 350, 352-353, 355, 358, 365, 368, 369, 376, 381-386, 388-389, 392-394, 396, 398, 400, 403, 407, 409, 414, 417, 424, 438, 451-452, 454, 457-458, 460, 467, 472, 474, 483, 502, 507, 533, 544-545, 552-553, 555, 560, 770, (115-116, 133, 140, 209, 217, 229, 254, 314, 381, 402, 770), F[67, 120, 140, 155, 222, 530, 560, (115)], T[211, 213, 220, 243, 250, 323, 325, 351, 395, 545, (253)], AT[570-573, 575-580, 582, 584-585, 589, 593, 595, 598-604, 609-614, 617, 619, 623-624, 626-630, 632, 635, 637, 646-647, (587, 589, 592, 599, 601, 616, 626, 629)], PC4, PC6, PD4, PM3
Corbet, S.A. サラ・A・コーベット　xxiii, 15, 35, 164, 247, 274, 283, 368, (107, 145, 307), T[325, 561], AT[(572, 575, 634-635)]
Cordero, A.　30, 33, 39-40, 59, 185, 208, 230, 268-269, 289-290, 359, 377, 452, 454, 460, 470-472, 481, 483-484, 500-501, 503, 505, 507-509, 522, 742, F[267], T[250, 253, 267, 291, 523, 526], AT[578, 606, 609-610, 612, 614, 622, 626, 637, 644], PL5, 訳注[43]
Cordero-Rivera, A. ⇒ Cordero, A.
Córdoba-Aguilar, A.　241, 260, 262, 289-290, 292, 298, 382, 424-426, 454, T[526], AT[625, 631, 633-634, 636, 646]
Cornelius, D.M.　113, 152
Costa, J.K.　22
Costa, J.M.　76, (115), AT[584, (600)]
Costa, N.H.　84
Cothran, M.L.　113-114, 181, 240, (114), AT[612, (589, 590)]
Coué, T.　316
Coughlan, J.C.　AT[(592)]
Coulthard, N.　PM6
Courtemanch, D.L.　AT[606]
Couturier, G.　192
Cowley, J.　AT[569]
Cowley, S.E.　(244), AT[(650)]
Craig, C.L.　346
Cranbrook, L.　192
Crites, J.L.　127
Crosby, C.R.　AT[583]
Crosskey, R.W.　AT[(593)]
Crowder, L.B.　158, 743, (113, 130, 132, 168, 170, 210), AT[595]
Crowley, P.H.　85, 107, 109, 113, 132, 141-143, 156, 159, 163, 168-171, 208, 742-743, (105, 110, 113, 130, 132, 142-143, 164, 168-171, 210, 218, 224), F[169-170, (130)], T[168], AT[589, 596, 601-602, (588-589, 592, 595-596, 598, 602)]
Croze, H.T.　(291)
Crump, M.L.　102
Crumpton, J. ⇒ Crumpton, W.J.
Crumpton, W.J.　30, 66, 68, 186, 280, 449,

AT[577, 582, 604, 634, 637]
CSIRO (Commonwealth Scientific and Industrial Research Organization, Australia) オーストラリア国立科学技術研究機構　PJ3
Cuffney, T.F.　(112, 114), AT[(592, 607)]
Cummings, T.F.　(196)
Cummins, K.W.　84, 109, AT[587]
Currie, N.L.　180, 486, AT[638, 645]
Currie, R.P.　AT[605]
Curtis, C.F.　370
Czégény, I.　(196)

Daborn, G.R.　176
Daigle, J.J.　99, 350, 392, 556, T[321]
D'Andrea, M.　330
Daniel, A.M.　(71, 93, 98-99), AT[(587)]
Daniel, M. ⇒ Daniel, A.M.
Daniel, T.　194
Danks, H.V.　54, 174, 176-177, 221-222, 297, (182), F[226, 227]
Darwazeh, H.A.　AT[(607, 608)]
Davids, C.　AT[(594)]
Davies, A. ⇒ Davies, D.A.L.
Davies, D. ⇒ Davies, D.A.L.
Davies, D.A. ⇒ Davies, D.A.L.
Davies, D.A.L.　5, 173-174, 177-178, 180, 252, 302, 323, 325, 365, 451-452, AT[570, 572, 574, 584, 623, 635]
Davies, D.M.　115
Davies, J.B.　AT[(593)]
Davies, N.B.　329, 351, 503, AT[633]
Davies, R.G.　1, 68, 483
Davies, R.W.　101
Davis, C.C.　61, 64, 66, F[62], AT[583]
Dawes, B.　122, 124, 126
Debano, S.J.　742
De Belair, G.　AT[650]
De Bruyn, L.　744, (536)
De Campos-Barbosa, N.D. ⇒ Campos-Barbosa, N.D
De La Rosa, C.　82, AT[593, 599]
De Marchi, G.　454, 456, T[267]
De Marmels, J.　13, 16, 31, 35, 139, 143, 178, 193, 269, 301, 325, 397, 416, 451, 555, T[14, 325, 395], AT[570, 572-576, 584-585, 599, 603-604, 615, 632-633, 639, 640], PM5
De Mesquita, H.G.　AT[599]
De Ricqles, A.　197
Deacon, K.J.　91, 200, 208, 223, 235, 239, 241, 248, T[220, 250], AT[580, 582, 585, 604, 613]
Dean, H.J.　(196)
Dean, W.R.J.　356
Debano, S.J.　742
Decleer, K.　555
Degrange, C.　39, 43, 46, 49, 57, 64-66, 126-127, 202, 292, 401, F[65, 126], AT[578, 582, 609]
Dejoux, C.　196, AT[607]
Del Carmen-Padilla, M.　T[508]
Dell, D.　28
Dell, J.　28
Dell'Anna, L.　275, 299, 316, 421
DeLong, D.M.　1
Demarmels, J. ⇒ De Marmels, J.
DeMatthaeis, E.　(299)
Demirsoy, A.　(477), AT[(571)]
Denno, R.F.　AT[607]
Desforges, J.　51, 202-203, F[204], T[52], AT[580, 609]
Desmet, K.　400, 401

Desportes, I.　121
Dévai, G.　196, 284
Dévai, I.　(196)
Devolder, J.　400
Dewey, J.E.　196
Dey, S.　(91, 98)
Dhanumkumari, C.　AT[(594)]
Dhondt, A.A.　20, 24, 34, 38, 142, 240, 263, 266, 277, 278, 281-282, 289, 292, 299-300, 305, 327, 333, 339-340, 367, 374, 381, 384, 407-409, 425, 472, 481, 487, 513, 524-525, 527, 529, F[502, 530], T[266, 294, 522, 526], AT[576-578, 611-612, 628, 631, 637, 646]
Di Domenico, M.　189-190, (99, 166)
Diamond, J. ⇒ Diamond, J.M.
Diamond, J.M.　546-547, 549, 554, 557
Dickerson, J.E.　522, (290, 422, 524), AT[636-637, 646]
Diesel, R.　26, 92, 131, 141, 159, AT[576, 599]
Diggins, M.R.　193, T[193]
Dillon, P.M.　AT[(596, 602)]
Dingemanse, N.　(555)
Dinsmore, J.J.　356
Dionne, M.　163, AT[598]
Disney, R.H.L.　119
Dixon, B.　(270)
Dixon, J.R.　AT[614]
Dixon, S.M.　108, 158, 160, 163, 166, (270), AT[598]
Dobata, S. 土畑重人　トンボ和名[748]
Dobkin, D.S.　(274, 276, 282, 360)
Dodds, R.M.　233, 559
Doerksen, G.P.　31, 433, 509
Dollfus, R.P.　124
Dolmen, D.　173, 550, 555, AT[650]
Dombrowski, A.　T[220], AT[586]
Dommanget, J.-L.　209, 316, 550, 555, T[549], AT[650]
Donath, H.　11, 207, 241, AT[570, 650]
Donnelly, A.　462
Donnelly, N. ⇒ Donnelly, T.W.
Donnelly, T.W.　18, 25, 131, 138, 196, 268, 278, 295, 298, 308, 321, 326, 402, 429, 462, 523, 537, 545, 547, 554, 770, T[325], AT[576, 610, 622, 647]
Dos Santos, N. ⇒ Santos, N.D.
Dosdall, L.M.　AT[607]
Douthwaite, R.　551
Downes, J.A.　175-176, 315, 350, 416
Drake, V.A.　386-389, F[387]
Drenth, D.　344
Dreyer, H.　393-394, AT[627]
Dreyer, W.　49, 449, T[253], AT[577-578, 582, 631-632, 648]
Dronen, N.O.　124, AT[594]
DSA (Dragonfly Society of the Americas)　AT[648]
DuBois, M.B.　150, 152-153
Dudgeon, D.　77, 112, 192, 214, 244, 382, T[213], AT[584, 586-587, 593]
Duffels, J.P.　AT[(594)]
Duffy, W.G.　40, 59-60, 109, 112-113, 134-135, 156, 176, 241, T[136], AT[591, 598, 614]
Dufour, C.　405, 547, 554-555, T[549], AT[571, 627]
Dugatkin, L.A.　743
Dumont, H.J.　11-12, 15, 124, 143, 180, 183-184, 190, 194, 216-217, 240, 254, 260, 262, 282, 368, 384-386, 393-395, 397-398, 400-401, 405-406, 408, 426, 438, 473, 477, 545, 744,

(401), F[407, 560], T[395, 399, 453], AT[571, 573, 575, 606, 615, 619, 627, 633-635, 650], トンボ和名[748]
Dumont, S.　194
Dunham, M. ⇒ Dunham, M.L.
Dunham, M.L.　339, 360-361, 366-367, T[441], AT[625]
Dunke, N.A.　AT[595]
Dunkle, S.W.　16, 25, 43, 45-47, 49, 66, 68, 91, 131, 148, 151, 154, 164, 166, 180, 186, 196, 206, 229, 241, 251, 260, 263, 268-269, 273, 276-277, 280, 283, 298, 301, 308, 319-320, 322, 325, 348, 355, 365, 392, 417, 426-427, 452, 473-475, 486-487, 502, 507, 547, 554, 558, (368), T[165, 231, 267, 325, 396, 399, (561)], AT[572-573, 575, 579-580, 585, 600, 604, 610, 617-618, 620-622, 633, 639, 650], PI6
Dunn, R. ⇒ Dunn, R.H.
Dunn, R.H.　18, 235, AT[(591)]
Dunson, W.A.　183, 188, AT[606]
Durban, E.　(119)
Dyce, A.L.　AT[584, 599]

East, A.　73, 108, 185, 201, 204
Ebenezer, V.　93, 98-99, AT[587]
Eberhard, W.G.　262, 359, 473, 742, F[560], AT[619]
Eda, S. 枝 重夫　21, 30, 43, 146, 177, 229, 231, 276-277, 295, 307, 315, 351, 379-381, 396, 403, 424, 458, 476, 478, 559, F[228, 479], T[231, 395, 512], AT[572-574, 591, 611, 619, 621, 628, 635, 641, 647], PE1, PF5
Edds, D.　177, 178, AT[603]
Ede, L.　AT[(607)]
Edman, J.D.　342, 351, AT[623]
Edwards, G.B.　AT[623]
Edwards, J.S.　177
Eeken, R.L.E.　(191)
Eggers, T.O.　742
Eguchi, M. 江口元章　408
Ehmer, B.　743
Ehrlich, A. ⇒ Ehrlich, A.H.
Ehrlich, A.H.　553, 556, (552), F[(552)]
Ehrlich, P. ⇒ Ehrlich, P.R.
Ehrlich, P.R.　353, 551-553, 556, (552), F[552]
Eiboku 栄木　348
Eiler, H.O.　185, F[186], AT[606]
El Din Abu Shama, F.T.　AT[610]
El Rayah, E.A.　115, 149, AT[592, 610]
Eller, J.G.　207, 216, 224, 227, T[207, 213, 220], AT[609]
Elliott, J.M.　47, 382
Ellwanger, G.　20, AT[606]
Élouard, J.-M.　196, AT[607]
Emanuel, W.R.　(546)
Emery, G.R.　403
Emlen, S.T.　417, 521, 528, 532, 536-537
Engelmann, H.D.　209
Eppley, R.K.　(21)
Ercoli, C.　513, AT[637]
Erickson, C.J.　280, 320, 349, T[346], AT[622]
Eriksen, C.H.　81-83, F[80-81]
Eriksson, M.O.G.　141, 190
Ertl, J.　556
Esch, G.W.　745
Esquivel, C.　(70)
Etienne, A.S.　86, 98
Etyang, P.E.　214, 252, 426

Evans, H.E.　318, 353, AT[621]
Evans, L.　185
Evans, M.A.　353
Evans, R.　112, 190, AT[591]
Evenhuis, N.L.　140
Evers, A.M.J.　556
Eversham, B.C.　(555, 560), AT[604]

Fairchild, W.L.　196, AT[607]
Falchetti, E.　423, 483, (11, 29, 253, 260, 280, 283, 290, 321-323, 334, 340, 347, 378, 382, 424, 425, 458-459, 481), T[(253, 420)], AT[633, 635-636, (604, 616, 632-633, 636)]
Falchi, N.　(358)
Falden, G.E.　209
FAO　国連食糧農業機関　訳注[547]
Faragher, R.A.　130, 132, 230, 405, AT[595-596, 611, 627-628, 650]
Farley, D.G.　117
Farlow, J.E.　AT[(606)]
Farrow, R.A.　298, 374, 383, 386-389, F[387], AT[629]
Fastenrath, V.H.　141
Fauth, J.E.　114
Federle, P.F.　AT[608]
Federley, H.　406
Feltmate, B.W.　156
Fernando, E.C.M.　84
Fernet, L.　239, AT[628]
Ferreras-Romero, M.　15, 183, 185, 192, 217, 229, 238, 286, 405, T[213, 253], AT[582, 612, 628]
Fielden, A.　166
Finch, O.-D.　410
Fincke, O. オーラ・フィンケ　10-11, 15-17, 19, 26, 30-34, 38-39, 43, 54, 59, 102, 105, 119, 132-133, 140-141, 158-159, 183, 229, 252, 256, 260-261, 263, 268, 274, 282, 287, 289-290, 292, 321-322, 334, 345-348, 370, 416, 427-428, 451-452, 454, 457-458, 460, 471-472, 476, 481, 483, 487, 500, 505, 507, 511, 517-527, 531-532, 536, 743, F[31, 215, 524-525], T[37, 213, 250, 267, 345-346, 420, 441, 453, 455, 512, 522-523, 526], AT[576-578, 592, 597, 599, 602, 609, 612, 614, 616, 620, 625, 631, 633, 636, 639, 642, 646], PD6, PE3, PP5
Fischer, E.　(109)
Fischer, H.　542
Fischer, P.　402
Fischer, Z.　60, 109, 176, 185-186, 402, (109), AT[582, 591, 606]
Fisher, C.D.　318, AT[621, 630]
Fisher, R.A.　289
Fitzgerald, B.M.　AT[621]
Fitzhugh, G.H.　743
Fitzpatrick, S.M.　417
Fliedner, T.　AT[621]
Foelix, R.S.　68
Foidl, J.　AT[590]
Folsom, T.C.　105, 107-108, 113-114, 203, AT[590-591, 600-602]
Folt, C.　(163), AT[(598)]
Fontaine, R.　57, 203, 206, AT[609]
Foote, D.　AT[(650)]
Forbes, M. ⇒ Forbes, M.R.L.
Forbes, M.R. ⇒ Forbes, M.R.L.
Forbes, M.R.L.　39, 268, 292, 310, 312, 452, 460, 743, (241), T[267, AT[(612-613)]

Ford, E.B.　289
Ford, W.K.　391
Forge, P.　99, 112, 201, T[219], AT[600]
Förster, S.　233, AT[583]
Forsyth, A.　443, 445-446, 527-528, 531, T[441], AT[636-637]
Forsythe, T.　(143, 158)
Foster, G.N.　191-192
Fox, A.D.　22, 24, 191, 384, 386, 399, 426, T[399], AT[573, 593, 604, 627, 650]
Fox, R.C.　AT[(593, 621)]
Fraenkel, G.　393, 405-406, 408, AT[629-630]
Francez, A.J.　177
Franchini, J.　201, 206, 219, F[202], T[219], AT[580, 609-610]
Frank, J.H.　(11, 26, 60, 117), AT[(592, 599)]
Frankenhuyzen, K.V.　AT[594]
Frantsevich, L.I.　17, 86, 323, 450-452, F[454], T[453], AT[571]
Fränzel, U.　241, AT[591]
Fraser, A.　391-393
Fraser, A.M.　31, 279, 322, 439-440, 478, 517, T[436, 512], AT[645]
Fraser, F.C.　25, 30, 74, 76, 146, 294, 381, 384, 405, 411, 466-467, 482, 544, F[304, 544], T[395-396, 399], AT[572-573, 584, 600-601, 611, 615-616, 626-627, 629, 639]
Frater, A. アリグザンダー・フレイター　372
Freed, A.N.　165
Freitag, R.　473
French, R.A.　406
Fried, C.S.　263, 274, 340, 361-364, 366, 422-423, 443, T[363, 365], AT[625, 637]
Frisa, C.　(196)
Fritz, D.G.　182
Frost, S.W.　298
Fry, C.H.　319, 368, AT[621]
Frye, B.L.　421, 523, 524, T[441, 526]
Frye, M.A.　333
Fryer, G.　119
Fujisawa, S. 藤沢正平　177
Fujishita, S. 藤下成周　(85)
Fujita, K. 藤田和幸　AT[615]
Fujiwara, Y. 冨士原芳久　43, (61, 66, 68-69), AT[(580, 583, 641)]
Fukui, M. 福井順治　108, AT[640]
Fuller, S.L.H.　191, 194, 197
Fürjesi, K.　(196)
Fursov, V.N.　AT[583]
Furtado, J.I.　29-31, 107, 143, 192, 274, 276, 416, 435, 438, 482-483, 507, 515, T[436], AT[632-633, 635, 639, 645]
Fussell, M.　(368)
Futahashi, R. 二橋 亮　(379), トンボ和名[748]

Gabb, R.　AT[648]
Gagina, T.N.　174
Gagné, W.C.　131, AT[650]
Galbreath, G.H.　102
Galle, M.　556
Galletti, P.　152
Gambles, R.M.　16, 146, 167, 206, 214, 217, 250-252, 260, 388, 392, 395, 451, 482, F[67], T[213, 395-396], AT[571-573, 575, 578-579, 610, 615-616]
Ganin, M.　743
Garcia, R.　115
García-Rojas, A.M.　183, 185, 192, 217
Gardner, A.E.　57, 82, 99, 206, 408, 517, F[67],
T[219], AT[571, 573, 578-580, 582, 584-585]
Garrison, R.W.　138, 154, 241, 288-290, 301-302, 382, 399, 424, 473, 517, 520, 523-524, 528-529, 531, 536, 550, T[267, 291, 523], AT[573, 600, 615, 623, 646, 650]
Garten, C.T.　196, (181-182, 196-197), F[(197)], T[(182)], AT[(607)]
Gascon, C.　113-114
Gasse, M.　(312, 314), AT[614]
Gaufin, A.R.　192, 196, AT[(607)]
Gaufin, S.L.　AT[607]
Geelen, J.F.M.　AT[614]
Geest, W.　511, AT[623]
Geier, P.W.　(552)
Geiger, R.　382
Geijskes, D.C.　48, 74, 82, 99, 148, 188, 240, 299, 507, 555, F[147], T[213, 325, 395, 399], AT[580, 582, 584, 599, 629, 650]
Gentry, J.B.　182, 196-197, (181-182), F[197], T[182], AT[607]
George, C.J.　367, 385
Gerhardt, A.　190-191
Gerken, B.　555
Gerson, U.　AT[593, 620]
Gesner, C.　544
Gewecke, M.　330
Ghandi, M.R.　(370)
Gianandrea, G.　278, 300, (485, 513), T[(508)], AT[636, (645)]
Gibbon, E. ギボン　xxvi
Gibbons, D.W.　20, 61, 463, (20, 463), T[441], AT[639]
Gibbs, K.E.　(335), AT[606]
Gibo, D.L.　282, 331, 353, 373, 386-387, 402-404
Giles, G.B.　AT[622]
Gillaspy, J.E.　348
Gillett, S.　(132, 163), AT[602]
Gilley, J.T.　AT[(636-637)]
Gillott, C.　30, 37, 49, 56, 60, 176, 209, 226, 241, 258, 323, T[213], AT[575, 579, 582, 610]
Girard, C.　AT[615]
Girault, A.A.　AT[583]
Gittings, T.　375, T[526]
Gladstone, M.　(71)
Gledhill, T.　309
Glick, P.A.　387
Glitz, D.　558
Glotzhober, R.C.　18, (308), AT[630]
Gochfield, M.　356
Godfrey, C.　34, 102
Godley, J.S.　107, 131, 167, AT[571, 595]
Gojmerac, W.L.　AT[607]
Goldsmith, E.　552
González-Soriano, E.　16, 21, 28, 139, 141, 275, 278, 280, 301, 303, 317, 336, 339, 382, 423, 446-447, 449, 481, 502, 510, T[294, 323-324, 436, 508, 512, AT[572-574, 576-577, 584, 599, 615, 619, 625, 631-633, 635, 639, 645]
Goodchild, C.G.　123, AT[594]
Goodchild, H.H.　418
Goodman, J.D.　123, AT[594]
Goodyear, K.G.　348, AT[611]
Gopane, R.E.　303, 339, 422, 424-425, 437, 469, 527, T[453, 508], AT[625, 633, 637]
Gorb, S. ⇒ Gorb, S.N.
Gorb, S.N.　22, 271, 330, 359, 425, 429, 457-459, 470, 475, 743, F[460]
Gordine, R.S.　(233), T[(231)]
Gore, J.A.　AT[626]
Gorham, C.T.　190-191, AT[590]

Gorham, E.   191
Gorodkov, K.B.   173, 175
Gotceitas, V.   142, 164-165
Göttlich, K.   191
Gower, J.L.   AT[582]
Gower, M.   (196)
Gowri, N.   (83)
Grabow, K.   3, 30, 43, 273, 276-277, 330, 336, 427, 742, (514, 516), AT[615, 633]
Graham, M.W.R. de V.   AT[583]
Grand, D.   (316)
Grant, T.R.   (132)
Grassé, P.   394
Grattan, N.C.   83
Green, J.   107, 145, 295, 516, AT[572, 575, 634-635, 637]
Green, J.P.   F[232]
Green, L.F.B.   73, 167
Greenwood, J.J.D.   133, 136
Greff, N.   AT[603]
Gresens, S.E.   114, AT[589-590]
Grether, G.F.   743
Greven, H.   152
Grey, R.M.   743
Gribbin, S.D.   38, 43, 159, 239, 243-245, 249, 290, 376, 419, 437, 438, 440, 442, 523, T[250], AT[611-614]
Grieve, E.G.   39, 64, 68, 121, 123, 200, 255, 451, 457, F[122], AT[578, 594]
Griffiths, D.   106
Gronenberg, W.   743
Gross, H.   AT[590]
Grunert, H.   31, 38
Guhl, W.   AT[593]
Gupta, A.   91, 98
Gupta, S.   (91, 98)
Gurney, W.S.C.   224, (132, 171)
Gwynne, D.T.   418, 486, 532, 553
Gydemo, R.   116

Haddow, A.J.   35
Hadrys, H.   207, 327, 487, 503-504, (30), F[437], AT[646]
Haeger, J.S.   342, 351, 427, AT[623]
Hafernik, J.E.   241, 289-290, 301, 399, 517, 520, 523-524, 529, 531, 536, T[291, 523], AT[612, 615, 640, 646]
Hagemeier, D.D.   (81, 166)
Hagen, H. ⇒ Hagen, H.A.
Hagen, H.A.   406, AT[611]
Hagen, H.V.   33, 381
Hailman, J.P.   391
Hainline, J.L.   350
Haldar, D.P.   121
Halgren, L.   (227)
Halkka, L.   37
Hall, M.C.   127
Halverson, T.G.   35, 53, 55, 485, AT[580, 582, 612-613, 615, 634]
Hämäläinen, H.   190-191
Hämäläinen, M.   353, 546-547, T[395], AT[603, 619]
Haman, A.C.   95, 102, AT[594]
Hamilton, J.D.   193, 268, 290, 417, 514, 523, 527, 529, T[267], AT[632, 636, 646]
Hammond, C. ⇒ Hammond, C.O.
Hammond, C.O.   196, (554), AT[601]
Hamrum, C.L.   AT[583]
Hankin   276, 387

Hanschu, R.D.   743
Hanson, J.M.   158
Hanson, T.C.   417
Happold, D.C.D.   183, 388, 514, AT[626-627, 630]
Harada, M. 原田正和   (265, 360, 461, 465, 512), F[(341)], T[(345, 512)], AT[(644)]
Harauchi, Y. 原内 裕   T[(561)]
Harder, L.D.   (51, 181), F[(53)]
Hardin, G.   552-553
Hardwicke, I.   T[542]
Hardy, H.T.   307
Harisch, G.   (195-196)
Haritonov, A. ⇒ Haritonov, A.Y.
Haritonov, A.Y.   173-175, 177, 286, (362-363), AT[605]
Harman, B.   (196)
Harp, G.L.   31, 260, 320, (473), T[250], AT[646]
Harper, J.L.   (9)
Harr, L.E.   303
Harris, E.J.   (196)
Harris, K.M.   64
Harris, M. モーゼス・ハリス   xxiii, xxv
Harris, T.L.   AT[626]
Harrison, A.C.   130
Harrison, S.J.   398
Hart, C.W.   191, 194, 197
Harvey, G.   743
Harvey, I.F.   100, 102, 106-108, 159, 210, 237, 289, 292, 303, 416, 439, 446, 510, 517, 519, 521, 527, (108, 202, 223, 240), F[222, 438, 530], T[526, (213, 220)], AT[589-590, 602-603, 612, 631, 636, (589, 609)]
Harvey, M.B.   (79)
Harz, K.   381, AT[628]
Hashiguchi, T. 橋口卓巳   387
Hashimoto, H. 橋本 碩   391, 394, AT[629]
Hassan, A.T.   35, 68, 107-108, 194, 196, 203, 250, 303, 307, 459, 481, 485, 507, 511, 514, T[250], AT[571-572, 575, 580, 589, 606, 610, 619, 631, 635, 637-638, 644-645]
Hassell, M.P.   113
Hatakeyama, S. 畠山成久   (197), AT[607]
Hatto, Y. 八藤雄一   331, 342
Havalappanavar, S.B.   (370)
Havel, J.E.   107
Havens, K.E.   191
Hawkeswood, T.J.   AT[623]
Hawking, J.H.   47, 49, 59, 91, 176, AT[586, 593, 628, (606)]
Hayama, F. 端山文昭   541
Hayashi, F. 林 文男   240, AT[612], トンボ和名[748]
Hayward, K.J.   AT[630]
Hayworth, D.A.   (79)
Heads, P.A.   AT[589, 598]
Heckman, C.W.   AT[607]
Hegy, G.   (120)
Heidemann, H.   556
Heimpel, W.   T[542]
Heinrich, B.   272, 276, 282-283
Heinzel, H.-G.   (330)
Heitz, A.   AT[(590)]
Heitz, S.   AT[(590)]
Helbig, A.J.   385, AT[(621)]
Hellmund, M.   21
Hellmund, W.   21
Henderson, J.B.   287
Hendricks, A.C.   102
Henegar, R.B.   745

Henriksen, K.L.   AT[583]
Henrikson, B.-I.   20, 141, 164, T[165]
Henrikson, L.   (141, 190)
Henrotay, M.   (1)
Herman, T.B.   30, 247-248, 284-285, 287, 290, 436, 439, 461-465, 467, 507, 515, T[291, 436, 512], AT[614, 635, 639, 645]
Hermanutz, R.O.   (196)
Hero, J.-M.   AT[(588)]
Herzog, H.-U.   186
Heslop-Harrison, J.W.   AT[622]
Hetru, C.   (120)
Heymer, A.   21, 28-31, 97, 143, 167, 233, 247, 260-262, 265, 277, 280, 300, 303, 305-306, 321-322, 336, 347, 376-377, 400, 416, 418-419, 424-427, 429, 434-436, 440, 447, 451, 456-457, 459-460, 470-472, 481, 484, 486, 510-511, 515, F[322, 446, 460, 464-465, 515], T[321, 346, 453], AT[576-577, 604, 614, 619, 622, 625, 631-637, 639, 645]
Heymons, R.   68
Hibino, T. 日比野哲雄   35, AT[573]
Hibino, Y. 日比野由敬   (445-446, 527), AT[(636)]
Higashi, K. 東 和敬   262, 329, 333-337, 340, 360-363, 380, 409, 422-423, 447-448, 461, 532, 743-744, (177, 255-265, 290, 461, 465, 512), F[289, 341, 362-363, 430, 448, (288)], T[267, 291, 335, 345, 363, 420, (512)], AT[623, 625-626, 636-637, 639, (644)]
Higashi, T. 東 敬義   261-262, AT[619, 632]
Hilder, B.E.   339, 361, 424, 437, 460, T[420, 436], AT[633, 635, 637, 639]
Hilfert, D.   29-32, 119, 274, 281, 298, 301-302, 307, 319, 427, 445, 462, 743, (514, 516), AT[601, 636, 638, 641], PC1-PC2
Hilfert-Rüppell, D. ⇒ Hilfert, D.
Hill, D.S.   189
Hilsenhoff, W.L.   197
Hilton, D.J.F.   239, 266, 271, 337, 422, 425-426, 438-439, 442, 473, T[508], AT[576, 623, 625, 631-634, 636-637, 644-645]
Hine, A.   (13, 148, 336), AT[(600)]
Hingston, R.W.G.   320, 324
Hinnekint, B.O.N.   124, 257, 349, 368, 384-385, 393, 405-406, 460, F[407], AT[627]
Hinton, H.E.   48, 200, 326
Hinz, E.   (124)
Hirano, K. 平野耕治   AT[(615)]
Hirokawa, J. 広川 乗   (520), T[(441)], AT[(636, 645)]
Hirose, K. 広瀬欽一   77, T[193], AT[584, 600]
Hirose, Y. 広瀬良宏   (185), AT[(606)]
Hirukawa, N. 蛭川憲男   380
Hirvonen, H.   AT[587-588]
Hisada, M. 久田光彦   99-100, 330, 333
Hiwada, T. 日和田太郎   AT[(607)]
Hodgkin, E.P.   AT[580]
Hoekstra, F.A.   504
Hoess, R.   236, 238, T[243]
Hoffmann, J.   177-178, 180, 278, 326, AT[604-605, 619]
Hoffmann, J.A.   200, (120)
Hofslund, P.B.   T[343]
Höhn-Ochsner, W.   AT[647]
Holdren, J.P.   551, 552, F[(552)]
Holland, P.W.H.   742, (458), AT[(644)]
Holland, S.   AT[606]
Hölldobler, B.   26
Hollett, L.   (191)

Hollick, A. 63
Holling, C.S. 103-104
Holmes, J.D. 18, 238
Holmes, S.B. AT[(607)]
Holmquist, J.E. ⇒ Peterson, J.E. (8)
Honěk, A. 743
Hooper, R.E. 487, 505, 517, 521, 743
Hopkins, G.M. ジェラード・マンリー・ホプキンス 541
Hoppenheit, M. AT[588]
Hopper, K.R. 132, 171, 218, AT[602]
Höppner, B. AT[(570)]
Horn, H.S. 10, 372
Hornuff, L.E. 25, 36, 269, 321, 327, 368, 416, 425, 484, 486, 509, (35, 451, 471, 507), T[420], AT[575, 633, (644)]
Horridge, G.A. 331
Horvath, G. G. ホルバート 9, 17
Hoste, I. AT[603]
House, N. ⇒ House, N.L.
House, N.L. 16, 66, 112, 134, 196, AT[585-586, 591, 607]
Houston, A.I. (319), AT[633]
Howarth, F. 138, F[560]
Howell, F.G. 71, (182, 196-197), F[(197)], T[(182)], AT[(607)]
Howse, P.E. 263
Hoye, G.A. AT[(606)]
Hromova, L.A. 127
Hu, S. T[542]
Hubbard, S.F. 289, 292, 303, 416, 439, 446, 510, 517, 527, F[438], AT[631, 636]
Hubbert, M.K. F[553]
Hübner, T. 58, 184
Hudson, J. 51, (191)
Hudson, W.H. 301, 368, 392, AT[630, 647]
Huggert, L. 64
Huggins, D.G. 150, 152-153
Hughes, J.P. 223
Hughes, R.D. 401, (552)
Hugues, A. 393, AT[628]
Humpesch, U.H. 47, 60, 382, AT[579]
Hunn, E.S. T[542], AT[647]
Hurd, P.D. AT[(583)]
Huryn, A.D. AT[607]
Hutchinson, G.E. 143, 186, 192
Hutchinson, R. 19, 101, 274, 303, 355, 358-359, 376, 424-425, 438, 743, AT[573, 606, 614, 619, 633, 637]
Huttunen, P. 190
Hynes, H.B.N. 185, 194
Hynynen, J. 190-191

Ichii, H. 一井弘行 (188)
Ichijo, N. 一條信明 T[(561)], AT[616]
Ichinose, K. 市瀬克也 124, T[542]
Ideker, J. 329
Iga, M. 伊賀幹夫 (29, 339, 425, 428, 437, 445, 484, 507, 516-517), T[(345, 420, 512)], AT[600, (631, 633-634, 636)]
Iguchi, H. 井口博之 AT[616]
Ikeda, H. 池田 寛 316, AT[612, 632]
Ikemoto, T. 池本孝哉 (156), AT[(590-592)]
Ilyushina, T.L. AT[594]
Imamura, H. 今村泰二 313
Inagaki, S. 稲垣 新 295
Inberg, H. (555)
Inden-Lohmar, C. 241, 248, 287, 313, 375, 525, F[242, 249], AT[613, 625]

Ingram, B.A. 176, AT[628]
Ingram, B.R. 196, 202-203, 253, T[220], AT[580, 582, 604, 612]
Inoue, K. 井上 清 15, 43, 48, 61, 66, 68-69, 138, 230, 232-234, 244, 266, 271, 279, 294-295, 359, 376, 379-380, 393, 402, 410, 541, 559, (188), T[213, 399], AT[572, 579, 580, 583, 600-601, 610, 612, 616, 628, 634, 640-641, 650, (610)], PO3, トンボ和名[748]
Inoue, S. 井上澄子 379, 541
Ishibashi, N. 石橋信義 AT[606]
Ishida, K. 石田勝義 AT[584, 608-609], 訳注[(402)], トンボ和名[748]
Ishida, M. 石田道雄 11, AT[613]
Ishida, S. 石田昇三 49, 283, AT[584, 637], 訳注[(402)], トンボ和名[748]
Ishihara, T. 石原 保 AT[650]
Ishikawa, H. 石川 一 AT[640]
Ishikawa, Y. 559
Ishimura, K. 石村 清 AT[582]
Ishizawa, N. 石澤直也 275-276, 379-380, 743, AT[618]
Itô, F. 伊藤文男 31
Itô, Y. 伊藤嘉昭 520, T[453]
Itoh, S. 伊藤整志 AT[606]
Itoh, Y. 伊藤由之 PE4, PF4
Ivanova, M.B. (109)
Ivashkin, V.M. 127
Ivey, R.K. 45
Iwasaki, M. 岩崎正道 249, 261, 290, 461, F[288, 378], T[253, 288, 441], AT[578, 616]

Jabbar, A. AT[(608)]
Jacobs, M.E. 19, 48, 59, 256, 271, 303, 360, 376, 414, 416, 440, 444, 449, 469, 517, T[250, 453, 455, 508], AT[577-578, 611, 625, 631-632, 636, 639, 644]
Jacquemin, G. 175, 247, 286, 320, 381, 400, T[253], AT[604, 617, 626]
Jahn, A. AT[606]
James, G.V. AT[650]
Janetos, A.C. 84
Janovy, J. 744, (121)
Janssens, E. 330
Jansson, A. 90, 159
Jantzen, D.H. 546, 548
Jaramillo, A.P. 301, 318, 388, 393, AT[621, 627, 630]
Jarry, D. ⇒ Jarry, D.-M.
Jarry, D.-M. 60-61, 121, 544, AT[583]
Jarry, D.-T. 121
Jashimuddin, M. 203, T[219]
Jaya Gopal, C.P. ⇒ Jeyagopal, C.P.
Jayakumar, E. 196-197, AT[608]
Jeffries, M. AT[588, 598]
Jenkins, D.M. (360, 443), F[(259)]
Jenkins, D.W. 115, 369
Jenner, C.E. 202-203, 221-222, 224, 227, 238, 284, AT[604, 612]
Jennings, D.T. (335)
Jeyagopal, C.P. (109), AT[589-590, (587, 590)]
Jilek, R. 127, AT[593]
Job, S.V. AT[593]
Jödicke, M. 230, 234
Jödicke, R. 5, 22, 35, 230, 234, 254, 295, 297, 381, 401, 427-428, 459, F[296], T[294], AT[611, 616-617, 634]
Johansson, A. 93, AT[588]
Johansson, F. 93, 107, 113, 133, 142, 176, 201, 222, 224, 743, AT[588-591, 596, 598]
Johansson, O.E. 113, 155-156, 209
Johnson, B.T. 196
Johnson, C. 31, 36-37, 43, 102, 156, 164, 167, 192, 237, 241, 244, 248, 254-255, 262, 268, 276, 327, 417, 421, 423, 426, 438-439, 449, 451, 461-462, 471, 474, 480-482, F[255, 475], T[165, 267, 453, 455], AT[574, 580, 590, 604, 610, 612, 614, 623, 633, 635, 637, 645-646]
Johnson, C.G. 281, 372, 377-378, 383-384, 386-388, 394, 397, 400, F[388]
Johnson, D.M. 1973 5, 85, 102, 105-106, 108, 110-113, 119, 130, 132-133, 136, 141-143, 158, 167-171, 202-203, 208, 210, 253-255, 262, 284, 743, (130, 142-143, 164, 169, 171), F[169-170, (130)], T[136, 168,], AT[586, 588-589, 592, 595-596, 602, (595-596, 598, 602, 609)]
Johnson, N.F. 308
Johnson, S. 543
Johnson, T.D. AT[592]
Jolly, G.M. 289, F[288]
Jones, J.C. 68, 200
Jones, P.J. 392
Jones, S. ⇒ Jones, S.P.
Jones, S.P. 68, 195-196, 200, 551, 743
Jones, T.A. 399
Jordan, J.A. AT[(621)]
Joseph, K.J. 304, 307, 325
Judd, W.W. 403
Julianna, J. AT[(588)]
Jurzitza, G. 28, 30, 58, 175, 260, 303, 313, 321, 351, 358, 471, 473, 481, 486, 516, 556, (241), F[348], AT[571-572, 575-576, 582, 603-604, 618, 623, 634, 648], PI4, PK3
Justus, B.G. 473

Kaestner, A. 308, 314
Kahle, G. (331)
Kaiser, H. 35, 260, 262, 264, 274, 276-277, 282, 303, 321-322, 334, 337, 358-359, 367, 374, 381, 385, 416-419, 424-425, 427, 436, 438, 447, 449, 451, 459, 511, 525-526, 532, 535, F[322, 338, 419-420, 423, 427, 430, 450], T[323], AT[575, 578, 622, 625, 626, 631, 633-634, 637, 646]
Kalavati, C. 122, (122)
Kalkman, V. (555)
Kallapur, V.L. 367, 385, (196), AT[(608)]
Kanayama, K. 金山嘉久正 AT[(607)]
Kano, K. 加納一信 18, 28, 30, 33, 456, 514, 517, T[508], AT[574]
Kanou, M. 加納正道 89
Kansai Tombo Danwakai 関西トンボ談話会 240, 284, 286, 380, 410, AT[612]
Karim, N. 28, T[436], AT[632]
Karl, B.J. AT[621]
Karpenko, S.V. AT[594]
Kasuya, E. 粕谷英一 520, T[441], AT[636, 645]
Kathiresan, K. 115-116, T[101], AT[587, 589]
Kato, A. 加藤亜紀 (483, 502)
Kato, K. 加藤賢滋 43, 743
Katsuta, R. 勝田 亮 AT[640]
Katsuta, T. 勝田 徹 AT[640]
Katzur, K. 742
Kaufmann, J.H. 417-418
Kavčič, B. 556
Kawanishi, M. 川西通晴 AT[(615)]
Kechemir, N. 123, AT[594]

Keen, W.H.   AT[(588)]
Keetch, D.P.   152
Keim, C.   AT[603]
Keirans, J.E.   308, AT[620]
Kelts, L.J.   141, AT[571]
Kemp, R.G.   302, AT[571, 617, 639], PB5, PL3, PL4
Kennedy, C.H.   17, 131, 192, 284, 318, 358, AT[580, 584, 595, 614-615, 621, 626]
Kennedy, J.H.   15
Kennedy, J.S.   19, 372, 383
Kepka, O.   174, 177
Kerdpibule, V.   AT[594]
Kermarrec, A.   (128)
Kern, D.   238-239
Kesavan, U.   194
Keserü, E.   (245, 277, 320, 344, 347, 349, 357), T[(345-346)]
Kessel, R.G.   36
Ketelaar, R.   (555)
Kevan, D.K.M.   329, 348
Khan, R.J.   AT[614]
Khand, M.   AT[608]
Khanna, V.   82
Khorkhodin, E.G.   AT[587-588]
Kiauta, B.   138, 177-178, 180, 183, 217, 234, 241, 245, 286, 300-301, 326, 379, 381, 384, 408, 451, 459, 511, 543, 545, (8), F[560], T[294], AT[571, 603-604, 609, 611, 614]
Kiauta, M.A.J.E.   138, 178, 180, 286, 301, 323, 379, 408, 541, 545, T[294], AT[604, 647]
Kiauta-Brink, M.A.J.E. ⇒ Kiauta, M.A.J.E.
Kielman, D.   (132, 218), AT[(602)]
Kime, J.B.   141, 156-158, 201, T[220], AT[580, 598, 628]
King, B.   185
King, C.   (196)
Kingdon, J.   356
Kingsbury, P.D.   AT[(607)]
Kinoda, T. 木野田 毅   189
Kirby, W.F.   467
Kiseliene, V.   AT[594]
Kita, H. 喜多英人   18, 456, 514, 517, T[508]
Kitching, R.L.   141, AT[599-600]
Klekowski, R.Z.   109
Klimshin, A.S.   313
Klingenberg, K.   478
Klockowski, D.   745, (507, 510), AT[(637, 644)]
Kloft, W.J.   101
Klötzli, A.M.   422-423, AT[631]
Knapp, E.   15, 184, 425-426, 550, F[184, 558], T[549], AT[606]
Knopf, K.W.   157, AT[584, 634]
Kobayashi, F. 小林文雄   28, 33, AT[574]
Kobayashi, N. 小林紀雄   AT[(607)]
Kobayashi, Tadashi 小林 正   (456, 472)
Kobayashi, Takashi 小林 尚   AT[607]
Koenig, W.D.   35, 38, 287, 289-290, 292, 422, 444, 447, 519-520, 522, 527, 529, 531, T[441, 522], AT[578, 612, 636-637, 646]
Koga, Y. 古賀幸雄   337
Köhler, R.   AT[608]
Kojima, K. 小島圭二 訳注[(402)], トンボ和名 [748]
Komatsu, K. 小松清弘   (234, 558)
Komnick, H.   71, 184, 187, 189, F[187-188]
Konai, M.   745
Kondoh, S. 近藤祥子   743
Kondratieff, B.C.   182, 185, AT[607]
König, A.   12, AT[648]

Koperski, P.   743
Korb, J.   (276-277), AT[(615)]
Kormondy, E.J.   48, 417, AT[582, 633, 637]
Kortello, A.   744
Kortunova, T.A.   AT[(595)]
Kosterin, O.   173
Kostyukov, V.V.   AT[583]
Kotarac, M.   183, 269, 416, 424-428, 454, T[267], AT[634]
Kourushi, N. 小漆信博   (456, 472)
Kovarik, P.W.   (308)
Koyama, T. 小山富康   AT[571, 633]
Koyata, T. 小谷田知行   (456, 472)
Kramek, W.C.   AT[621]
Kramer, J.F.   49-50, 54, 57, AT[579, 582]
Krasnolobova, T.A.   AT[594]
Krause, J.   307
Krebs, A.   10, 18, (184, 550), F[(184, 558)], T[(549)], AT[650, (606)], PJ4, PP6
Krebs, J.R.   103, 319, 329, 351, (319), AT[621]
Krekels, R.F.M.   (190)
Kreutzweiser, D.P.   AT[(607)]
Krishnan, M.   197, AT[608-609]
Krishnaraj, R.   70, 99, 104-105, 109, 205, 224, F[205], AT[584]
Kröger, C.   744, AT[614]
Krombein, K.V.   AT[583]
Krull, W.H.   92, 103, 123-124, AT[582, 594]
Krüner, U.   239, 277, 419, AT[613, 631, 633, 637]
Krupp, F.   190, 744, F[149], AT[640]
Kukalová-Peck, J.   2, 76, 483
Kukashev, D.S.   AT[594]
Kumachev, I.S.   335
Kumar, A.   12, 16, 25, 30, 46-48, 63, 76, 82, 138, 149, 157, 192, 206, 210-212, 214, 218, 220, 225-226, 240, 244, 381, 392, 398, 462, 480, 507, F[216], T[213, 219, 250], AT[575, 579, 580, 584-585, 601, 610, 616-617, 639]
Kumari, C.D.   AT[(594)]
Kumari, K.R.N.   197, T[101], AT[589, 594, 608]
Kumari, T.R.R.   AT[594]
Kumazawa, T. 熊沢隆義   18
Kurata, M. 倉田 稔   177, 230, 234, 238, 241, 243, T[136], AT[603, 610, 613-614]
Kurbanova, T.M.   121, AT[594]
Kuribayashi, D. 栗林 田   25, 262, 294, 297, 425, 507, F[295, 339], T[294], AT[572, 622, 634]
Kuribayashi, S. 栗林 慧   PI2
Kürschner, K.   393
Küry, D.   191
Kuwada, K. 桑田一男   AT[626]
Kuzmich, V.N.   AT[595]
Kyaw, M.   (16), AT[(592)]
Kyle, D.   256

Łabędzki, A.   247, 287, 342, 394, T[291]
Lack, D.   AT[626]
Lack, E.   AT[626]
Lagacé, D.   (60, 173), AT[(580, 628)]
Lahiri, A.R.   304, 307, 325, 393
Laidlaw, F.F.   177, AT[584]
Laidlaw-Bell, C.   20
Laird, M.   352
Laister, G.   400, AT[618]
Lake, P.S.   196
Lambert, C.L.   41, 112, 159, 234, 247, 260, 264, 287, 289-290, 340, 359, 376, 424, 436, 526-527, 530, T[523], AT[578, 591, 602, 612, 644, 646]

Lamborn, R.H.   116, 337, 383
Lamoot, E.H.   101
Lan, O.B.   (107, 145), AT[(572, 575, 634-635)]
Lanciani, C.A.   63
Land, M.F.   331, 333, 743
Landi, F.   (400)
Landmann, A.   184, 555
Landor, W.S. ウォルター・サヴィジ・ランドール 1
Langenbach, A.   256, 258, 454, 458, AT[644]
Laplante, J.-P.   30, 56-57, 61, AT[575, 582-583]
Larochelle, A.   25, 131, 209, 317, 507, AT[575, 595, 621]
Larsen, T.B.   392-393, AT[623, 630, (623)]
Larson, D.J.   16, 66, 112, 134, AT[586, 591]
Laudani, H.   91
Laughlin, S.B.   85
Laumond, C.   128
Lavigne, R.   317, AT[621]
Lavoie, J. ⇒ Lavoie-Dornik, J.
Lavoie-Dornik, J.   85, 230, 331
Lawrence, V.M.   193, 209
Lawson, T.   559
Lawton, J.H.   5, 71, 82, 98, 101, 103, 105-106, 108-110, 112, 114, 132, 134, 155, 205-206, 209, 241, 243, 556, (113, 132, 163, 171), F[105, 110-111], T[108, 110, 136], AT[587-588, 590-591, 602]
Lay, C.C.   (112, 114), AT[(592, 607)]
Le Calvez, V.   316
Le Quellec, J.-L.   542
Lee, J.   AT[645]
Lee, L.H.Y.   (308, 369), AT[(625)]
Lee, N.R.   AT[608]
Lee, R. ⇒ Lee, R.C.P.
Lee, R.C.P.   34, 507, T[441], AT[615, 632, 636]
Lee, S.K.   329, 348
Legault, J.   301, 457-458
Leggott, M.   51, 181, 201-203, 283, AT[609]
Leggott, M.A. ⇒ Leggott, M.
Legrand, J.   49, 64, 138, 140, 146, 155, 165, 192, 206, 261, 302, 315, 417, 451, 743, (316), F[78], AT[572-574, 579, 584-585, 599-600, 615]
Legris, M.   35, 43, 49, 202-203, F[204], AT[609]
Lehmann, G.   258, 260, 360, AT[612, (618)]
Lehmkuhl, D.M.   AT[607]
Lehr, P.A.   AT[621]
Lemke, A.E.   183
Lempert, J.   12, 16-18, 24, 28-29, 31, 35-36, 38, 47-48, 63-64, 192, 248, 257, 269, 277, 281, 292, 307, 333, 354, 374-375, 377, 381, 384, 386, 394, 405, 408-410, 426, 452, 458, 466, 472, 481, 507, 515, 517, 527, 547, 558, 743, T[321, 436, 453, 512], AT[572-574, 577, 579-580, 616, 619, 622-623, 627, 631-632, 636, 639, 645], PF1-PF2
Lenko, K.   AT[647]
Lentz, D.L.   (45)
Lenz, N.   558
Leong, J.M.   312, AT[612, 640]
Lepkojus, S.   742
Leopold, A.   549
Lertprasert, P.   124, T[542], AT[594]
Lescheva, E.I.   157
Leslie, A.D.   177
Leuchs, H.   (194), AT[(591)]
Leuven, R.S.E.W.   191, (190)
Levin, S.   126
Lew, G.T.   210

人名索引

Lewis, D.J.　AT[593]
Lewis, P.A.　(197)
Li, C.S.　AT[625]
Lieftinck, M.A.　24, 74-76, 79, 82, 138, 143, 146-147, 149, 151, 155, 166, 174, 178, 203, 209, 254, 263, 294, 298, 342, 381, 392, 406, 428, 467, 473, 482, F[25, 78, 146, 148, 206, 343, 482], T[165, 321, 396, 399, 542], AT[572, 574, 579, 584, 590, 600-601, 604, 617, 626, 634]
Lien, J.-C. ⇒ Lien, J.C.
Lien, J.C. 連 日清　102, 115-116, 140-141, 203, (178), AT[575, 584, 588, 600, (617)]
Lim, R.P.　107
Lincoln, E.　AT[582]
Lindeboom, M.　292, 503, AT[640, 644], 訳注[770]
Lindley, R.P.　146, 273, 353, 471, 484, 507, T[396]
Link, J.　(107)
Linnaeus, C. リンネ　543-544
Liston, A.D.　177
Liston, C.R.　176
Litzau, J.T.　(191)
Liu, C.　AT[594]
Locke, L.N.　318-319
Lockey, K.H.　259
Logan, E.R.　230, 280, 301, 323, 349, 376, 378, 481, T[420], AT[634-635, 644]
Lohmann, H.　1, 5, 174, 471, 480, 482-483, 487, AT[605]
Loibl, E.　AT[610]
Long, R.　17
Longfield, C.　394, 408, 411, 454, AT[626]
López, R.A.　AT[632]
Lorenzi, K.　485, 513, T[508], AT[613, 645]
Lorenzo Carballa, M.O.　訳注[(43)]
Lösing, U.　290
Lounibos, L.P.　11, 26, 60, 117, AT[592, 599]
Louton, J.A.　AT[570, 600]
Lucas, K.E.　AT[599]
Lucas, W.J.　314, 385, AT[600, 630]
Ludwig, J.　AT[621]
Lugthart, G.J.　AT[607]
Lumsden, W.H.R.　7
Lutz, P.E.　31, 60, 68, 221-222, 224, 227, 239, 300-301, 303, 326, F[221, 225], T[213, 220, 294], AT[580, 609, 613, 635]
Luz, J.R.P. ⇒ Pujol-Luz, J.R.

Maa, T.C.　(178), AT[(617)]
Macan, T.T.　31, 130, 155, 157, 159, 168, 209, AT[591, 602, 609]
Macaulay, C.N.B.　337
Macchiusi, F.　107
Maccoll, A.　AT[598]
MacDonald, I.A.W.　356
Macfie, J.W.S.　315
Machado, A.B.M.　10-11, 22, 26, 43, 47, 80, 140, 157-159, 451, 475, 535, 546, F[140], AT[573, 576, 597, 599, 602, 625, 633, 635, 650, (649)]
Machado-Allison, C.E.　(11, 26, 60, 117), AT[(592, 599)]
Mackay, R.J.　(183)
Macklin, J.M.　T[220]
MacNeill, N.　77
Macy, R.W.　123-124, 385, 393, 405, AT[594]
Madge, S.　400
Madhavi, R.　123, AT[594, (594)]
Madrid Dolande, F.　115
Maeda, M. 前田 真　(255, 265, 290, 334-335, 360-363, 461, 465, 512), F[(288, 341, 363)], T[(335, 345, 512)], AT[(623, 644)]
Magnusson, W.E.　AT[(588)]
Mahato, M.　133, 168, 177-178, (113, 130, 132, 168, 170, 210), AT[586, 596, 603, (595)]
Maibach, A.　5, 400, AT[571]
Maier, M.　230, 239
Maitland, P.S.　232
Malicky, H.　189
Mani, M.S.　210
Manly, B.F.J.　287, 289
Manning, G.S.　124, F[125], T[542], AT[594]
Mantz, W.J.　221, AT[590]
Manuel, K.L.　AT[600]
March, R.B.　(259)
Marchant, R.　214
Marden, J. ⇒ Marden, J.H.
Marden, J.H.　111, 258-259, 262, 360, 440, 442-443, 743, (360, 443), F[259, (259)], T[441]
Marie, A.　AT[603]
Markobatova, A.　196
Marlier, G.　AT[601]
Marquez, M.　344, 348-349, 357, T[346], AT[622]
Marshall, A.G.　16, 308, AT[615-616]
Marshall, C.D.　AT[607]
Martens, A.　11, 17, 20, 23-24, 29-30, 33, 35-36, 43, 47-48, 307, 313, 348, 408, 416, 427, 469, 514, 516-517, (276-277, 312, 314), F[10], T[512], AT[571-573, 575-577, 631, 633-634, 637, (615)], PO6
Martens, K.　152
Martin, F.B.　(191)
Martin, R.　318-319, 356, AT[611, 614, 621]
Martin, T.H.　743, (113, 130, 132, 168, 170, 210), AT[595, 609, (592, 595-596, 602)]
Martin, W.J.　181-182, 185
Martinez, A.　140, AT[573, 576, 599]
Martinez-Delclos, X.　(1)
Marubayashi, M. 丸林正則　PK1
Maruoka, N. 丸岡範夫　AT[(607)]
Masaki, S. 正木進三　183, 221, 225, 250
Mashima, Y. 間島義彦　(520), T[(441)], AT[(636, 645)]
Mason, W.T.　197
Masseau, M.J.　51, 59, 201, 203, 207, (201-203, 219), F[52, (202, 204)], T[52, (219)], AT[609, (609-610)]
Matczak, T.Z.　159
Mathai, M.T.　(93, 98-99), AT[(587)]
Mathavan, S.　21, 27, 38, 49, 59-60, 63, 72, 101, 109-111, 113, 195-197, 201, 203, 238, 243-245, 398, 447, 471, (109), T[101, 219], AT[572, 577, 580, 587, 589-591, 608-610, 613-614, (587, 590)]
Matheson, R.　AT[583]
Mathis, A.　100
Mathis, B.J.　196
Matson, P.A.　(552)
Matsuda, R. 松田隆一　206
Matsui, I. 松井一郎　393, 545
Matsuki, K.松木和雄　30, 89, 102, 140-141, 200, 426, F[150], T[165], AT[575, 584, 600, 634]
Matsumoto, K. 松本健嗣　176
Matsunami, E. 松波英治　261-262, 339, 361, 425, AT[631, 644]
Matsura, T. 松良俊明　234, 317, 558
Matteo, B.C.　398, AT[599]
Matthews, J.R.　140
Matthews, R.W.　140, 318, (318), AT[621]

Matthey, W.　AT[582]
Matthysen, E.　744, (536)
Mauersberger, H.　284
Mauersberger, R.　198, 284, 478, AT[640]
Mauléon, H.　(128)
May, E.　AT[603]
May, M.L. マイケル L. メイ　5, 16, 21-22, 25, 28, 45-46, 176, 180, 185, 247, 252-253, 256, 260, 262-263, 265-266, 269-270, 272-284, 299-300, 303, 324, 329, 330-340, 347, 349-352, 357-359, 361-368, 402-404, 417, 422-423, 438, 443, 473, 537, 743, F[273, 275, 281, 342, 357], T[324, 335, 345, 351, 363, 365], AT[576, 578-599, 604, 616, 618, 622, 624-625, 627, 630, 635, 637]
May, R.M.　546, 549, 554
Mayer, F.L.　(196)
Mayhew, P.J.　329, 359, 361-362
Maynard Smith, J.　158, 442, 446, 448
Mazokhin-Porshnyakov, G.A.　744, AT[590]
McAleer, P.　AT[591]
McAnelly, M.L.　(372)
McCabe, E.J.　PA2
McCafferty, W.P.　350, 354, 358, AT[626]
McCauley, R.N.　AT[606]
McCrae, A.W.R.　47, 49, 64, 68, 388, 400, AT[572, 576, 601, 622, 630, 632], PC5
McCullough, D.A.　AT[(591)]
McDowell, D.M.　15
McGeeney, A.　742, (13, 15, 148, 336), AT[(600)]
McGeoch, M.A.　281, 558, F[278]
McGinn, P.　34, 507, T[441], AT[615, 632, 636]
McGrady, J.　134, AT[597]
McKee, M.H.　(1, 70)
McKinnon, B.I.　AT[576, 637]
McLachlan, R.　24, 263
McLaughlin, M.　PH2
McLeod, J.A.　126
McMahan, E.A.　AT[613]
McMillan, V.E.　472, 512-513, 518, F[513], AT[637-638]
McNicol, D.K.　190
McPeek, M.A.　11, 109, 142, 159, 164, 170, 409, 743, AT[598, 602]
McRae, T.M.　120, AT[593]
McSorley, M.R.　AT[(591)]
McVey, M.E.　36, 38, 59, 257, 260-262, 272, 277, 287, 290, 292, 295, 301, 349, 357, 359, 360-361, 374, 377, 440, 446, 457, 503, 505-506, 512, 519-520, 522-523, 527-529, 531, 537, F[36, 257], T[346, 441, 522, 529], AT[578, 622, 633, 636, 644-646]
Mead, A.P.　101
Mecibah, S.　(401)
Meek, S.B.　30, 436, 461-462, 464-465, 507, 515, AT[639, 645]
Meer-Mohr, J.C. v. d.　T[542]
Mehdi, N.S.　AT[(608)]
Mehl, D.　(197)
Meier, C.　554-555, AT[571]
Meinertzhagen, I.A.　331
Ménard, B.　425, 743, AT[573]
Menzel, R.　(331)
Meriläinen, J.J.　190-191
Merriam, G.　744
Merrill, R.J.　AT[586, 596]
Merritt, R.　400, 555, 560
Mertens, J.　AT[(571)]
Mertins, J.W.　309

Meskin, I.　30-31, 286, 334, 340, 422, 425-426, 435, 437-438, T[439], AT[625, 631-633, 637]
Mesquita, H.G.　398
Mesterton-Gibbons, M.　743
Metz, R.　151
Meyer, R.P.　102, 230, 260, 271, 421, 432, 438, 440, AT[586, 601, 625, 635]
Meyer, W.　195-196
Mia, I.　106, AT[589]
Michalski, J.　301, 482, T[325], AT[599, 615]
Michiels, N.K.　20, 24, 34, 38, 142, 240, 263, 266, 277-278, 281-282, 289, 292, 299-300, 305, 327, 333, 339-340, 367, 374, 381, 384, 407-409, 425, 472, 481, 487, 498, 500, 502-503, 505, 509, 513, 524-525, 527, 529, F[499, 502, 530], T[266, 294, 522, 526], AT[576-578, 611-612, 628, 631, 637, 644, 646]
Midttun, B.　254-256
Mielewczyk, S.　196, 393, 406, AT[607, 627, 630]
Mihajlovič, L.　400, AT[626]
Miho, A.　AT[571]
Miki, Y. 三木安貞　AT[(600)]
Mikkola, K.　175, 383, 394, AT[629]
Milewski, H.　408
Mill, P.J.　35-37, 39, 43, 50, 59-60, 71, 84, 89, 100, 226, 231, 234-235, 239, 244, 249, 287-288, 290, 377-378, F[72, 375], AT[613]
Miller, A.K.　12, 22, 35-36, 47, 63, 283, 299, 378, 380, 417, 426, 454-456, 469-470, 472, 476, 484-485, 498, 510, 515-517, F[27, 47, 297, 500-501], T[294, 512], AT[572, 576-577, 622, 625, 631, 633, 645]
Miller, C.　112
Miller, C.A.　498, 510, AT[642]
Miller, D.　543
Miller, J.G.　743, (312)
Miller, P.L.　12, 15, 16, 21-22, 25-36, 38, 47, 49-50, 60, 63, 66, 73-74, 82-84, 90, 149, 184, 186-187, 191, 193, 214, 229-231, 233-234, 252, 254-256, 258, 260-262, 265, 270-271, 273-274, 277, 280-283, 287, 295, 299-301, 303-304, 307, 316-317, 319, 324, 326, 330, 334, 339-340, 344, 352, 354-355, 358, 385, 393, 400, 416-417, 424, 426-427, 429, 438, 449, 451, 454, 456, 459-460, 462, 467, 469-473, 476, 478, 480, 484-488, 490, 492-494, 497-498, 500, 502-505, 507-508, 510-511, 513-518, 520, 742, (378, 380, 458, 469-470, 472, 517), F[27, 47, 74, 297, 305, 354, 419, 468, 491, 493, 494-501], T[193, 213, 266, 294, 325, 436, 441, 453, 455, 492, 500, 508, 512], AT[572-577, 579, 583, 601, 611, 614-616, 618-619, 622, 624-625, 631, 633-637, 639, 642, 644-645, 647, (631, 644)]
Mingo, T.M.　AT[606]
Minshall, G.W.　AT[591]
Mishra, P.K.　AT[608]
Mitamura, T. 三田村敏正　254, AT[617]
Mitchell, R.　310, 312-315, 374, 399, F[310]
Mitchell, S.A.　AT[595]
Mitra, T.R.　292, 300, 307, 385, AT[624, 632]
Mittelstaedt, H.　330, 471, 743
Mittermeier, R.A.　546
Miura, Tadashi 三浦 正　(308, 369), AT[(625)]
Miura, Takashi 三浦 崇　141, AT[591, 608]
Miyachi, K. 宮地加織　452
Miyakawa, K. 宮川幸三　18, 30-31, 38, 50, 102, 155, 206, 227, 248, 276-278, 300, 307, 316, 379-380, 387, 391, 416, 428, T[321, 508], AT[572-574, 580, 582-585, 626, 631, 634, 639]

Mizuta, K. 水田國康　300, 361, 380, 423, 426, 511, T[294, 345-346], AT[577, 633, 637]
Modse, S.V.　(370)
Moens, J.　187
Mohan, P.C.　AT[593]
Mohsen, Z.H.　AT[607-608]
Mokrushov, P.A.　17, 86, 137, 342, 450-452, F[454], T[453, 455], AT[571, 637]
Möller, S.　318
Moller-Pillot, H.K.M.　198
Moni, D.　(196), AT[(608)]
Monk, J.F.　393
Montgomerie, R.D.　268, 290, 417, 443-446, 514, 523, 527-529, 531, T[267, 441], AT[632, 636-637, 646]
Montgomery, B.E.　347, 542-545, T[220, 543], AT[647, (580)]
Moore, A.J.　287, 422, 425, 427, 446-447, 457, 459, 470, 512, 517, 520, 522-523, 526, T[523], AT[576, 625, 633, 636-638, 645]
Moore, L.　PD3
Moore, N. ⇒ Moore, N.W.
Moore, N.W.　xxv, 10-11, 15, 28, 131, 168, 192, 266, 278, 281, 301, 321, 324, 326, 358, 375, 378, 381, 384, 397, 399, 411, 414, 417, 419, 424, 429, 437, 447, 451, 454, 469, 485, 511, 513, 535, 537, 546-548, 551, 554-557, 559, 743, (554-555, 560), F[560], T[324, 550], AT[606, 625, 632, 634-635, 646, 650]
Moore, R.　PD3
Moore, R.D.　(130), AT[596, (595, 609)]
Moorman, M.L.　81, 166
Moran, V.C.　152
Mordaunt, T.O. トーマス・オズベルト・モードント　414
Moreau, R.E.　393
Mori, A. 森 章夫　106, AT[590]
Morin, A.　112
Morin, P.J.　130, 216, 239, T[213], AT[610-611]
Morozov, A.E.　AT[(595)]
Morozumi, T. 両角徹郎　234, 238, 241
Morris, F.　(108, 202, 223, 240), T[(213, 220)], AT[(589, 609)]
Morris, R.F.　(552)
Morrissette, R.　AT[606]
Mortimer, M.　10, 372
Morton, E.S.　251, 256, 261-262, 317, AT[615]
Moufet, T. トーマス・マフェット　43, 544
Moulton, S.R.　473
Moum, S.E.　157
Mouze, M.　85, 87, 202-203, 210, (331), AT[609]
Mozgovoi, A.A.　127, F[128]
Muilwijk, J.　245
Muirhead-Thompson, R.C.　195-196, AT[608]
Mulla, M.S.　(259), AT[607, 608]
Müller, P.K.　191
Müller, O.　84, 89, 91, 149, 152, 192, 207, 233, 297, 318, AT[589, 614]
Münchberg, P.　54, 57-58, 60, 312-314, T[165, 193], AT[571, 580, 582, 583]
Muniz, I.P.　190
Muñoz-Pozo, B.　21, 400, T[253], AT[627]
Munshi, J.S.D.　AT[586]
Murakami, T. 村上恒明　380
Muralidhar, K.S.　(370)
Murata, M. 村田道雄　AT[608]
Murphy, D. D. マーフィー　200
Murray, S.A.　AT[579]
Murray, S.H.　298, 476

Musial, J.　400, AT[628, 630, 637]
Musser, R.J.　174, 178, AT[603, 605, 614]
Mutch, R.A.　(51, 181), F[(53)]
Muthal, A.　363
Muthukrishnan, J.　(49), AT[(580, 587-589)]
Muzón, J.　138, 154, 175, 241, 308, AT[573, 600-601]
Mylechreest, P.H.W.　156, 193, T[193], AT[614, 650]

Nachtigall, W.　326
Nagase, K. 永瀬幸一　100, 176
Nagatomi, A. 永冨 昭　(369)
Naiman, R.J.　15
Nair, N.B.　197, T[101], AT[589]
Nakahara, M. 中原正登　559
Nakamuta, K. 中牟田潔　445-446, 527, AT[636]
Nakao, S. 中尾舜一　308, 369, AT[625]
Nantel, F.　321
Naraoka, H. 奈良岡弘治　30, 196, 201-202, 206, 216, 239-240, 280, 379, 391, 744, AT[582, 607, 609-610, 612, 617, 644]
Narasimhamurti, C.C.　122
Narumi, K. 成見和総　AT[(583)]
Nasiruddin, M.　(134), AT[(575, 580)]
Natarajan, A.V.　83
Navarro, J.C.　(11, 26, 60, 117), AT[(592, 599)]
Navavichit, S.　(369), AT[(625)]
Navvab-Gojrati, H.A.　AT[(608)]
NCC (Nature Conservancy Council, UK)　547, 550, 559-560
NCCNZ (Nature Conservancy Council of New Zealand)　548
Neal, T.M.　337
Nebeker, A.V.　183
Needham, J.G.　58, 143, AT[578, 582, 584-585, 601, 628]
Negi, B.K.　149, AT[579]
Negoro, H. 根来 尚　(379)
Nel, A.　1
Nelemans, M.　T[294]
Nemjo, J.　AT[571]
Neri, R.P.　(71)
Ness, R.　263, 374, 402-403, AT[627]
Nestler, J.M.　143, 145, 148, 150, 153, 167
Neubauer, K.　306, 308, 377-378, AT[619]
Neville, A.C.　247, 258, 316, 466, 515-517, T[436, 508], AT[572-573, 639]
Nevin, F.R.　AT[585]
New, T.R.　47, 49, 59, 158, 451, 470, T[165], AT[586, 601, (606)], PO1-PO2
Newell, R.　(192, 196)
Newman, B.G.　(331)
Nicharat, S.　AT[(594)]
Nicholas, W.L.　401
Nicholls, S.P.　190
Nicolai, P.　132, AT[597]
Niedringhaus, R.　410
Niedzwiecki, J.　(107)
Nielsen, E.T.　7, 297
Nielsen, P.　157, 167
Nilsson, A.N.　176, AT[606]
Nilsson, B.-I. ⇒ Nilsson-Henrikson, B.-I.
Nilsson, P.　141
Nilsson-Henrikson, B.-I.　(141, 190)
Ninburg, E.A.　175
Nirmala Kumari, K.R. ⇒ Kumari, K.R.N.
Nisbet, I.C.T.　403, AT[630]
Nisbet, R.M.　(132, 171, 224), AT[630]

人名索引

Nishu, S. 二宗誠治　AT[619, 640]
Nissling, A. 　(116)
Nitsche, G. 　542, 543, AT[647]
Noble, G.K. 　417
Noguchi, Y. 野口義弘　AT[(607)]
Nohara, K. 野原啓吾　(308)
Nohira, A. 野平阿芸雄　391, AT[629]
Nomakuchi, S. 野間口真太郎　255, 262, 265, 290, 446, 461, 465, 512, 743-744, (177, 334-335, 360-363), F[288, (341, 363)], T[512, (335, 345)], AT[636, 644, (623)]
Nomura, K. 野村一眞　(234, 558)
Norberg, R.A. 　330, 426
Nordman, A.F. 　406
Norling, U. 　11, 57, 68, 71, 76-77, 80, 84, 113, 156, 173, 175-176, 200-201, 207-209, 211, 217, 221-227, F[76, 78, 208, 223, 226-227], T[213, 220], AT[582, 584, 591, 604, 609]
Norma-Rashid, Y. 　AT[573]
Norris, M.J. 　220-221
Novak, K.L. 　503, 744
Novelo-Gutiérrez, R. 　74, 77, 301, 336, 339, 446, 770, (280, 303, 317, 481, 510), T[165, 508, 512, (165, 508, 512)], AT[573-574, 584, 599, 601, 625, 633, 637, 645, (574, 577)]
Nuti, L. 　(227)
Nuyts, E. 　509
Nyman, G. 　(141, 190)

Obana, S. 尾花 茂　31, 43, 48, 50-51, 188, (61, 66, 68-69, 85), T[253, 477], AT[579-580, 582, 610, 616, 626, (580, 583, 600, 641)]
O'Briant, P. 　278
Ocanto, P. 　(11, 26, 60, 117), AT[(592, 599)]
O'Carroll, D. 　333
Odum, E.P. 　553
O'Farrell, A.F. 　189, 269-270, 305, (270), F[306], AT[618-619]
Ofenböck, T. 　AT[603, 650]
Ogbogu, S.S. 　AT[589]
Ogleibu, A.E. 　196, AT[607]
Ohgai, H. 大貝秀雄　30
Oh'oto, M. 大音 稔　(234, 558)
Ohsaki, N. 大崎直太　AT[(615)]
Ohsawa, N. 大沢尚文　37-38, (9, 277, 353, 380, 424, 427), T[(345)], AT[(619, 631, 633)]
Ohtaishi, M. 大泰司誠　AT[(615)]
Okame, Y. 大亀保予　(360), F[(341)], T[(345)]
Okazawa, T. 岡沢孝雄　11, 35, 292, 300-301, 358, AT[646]
Okeka, W. 　(133, 140, 209), AT[(587, 592, 599, 601)]
Okorokov, V.I. 　126, 128
Okuma, M. 大熊政彦　(478)
Okumura, T. 奥村定一　AT[582]
Olafsson, E. 　AT[629]
Olazarri, J. 　317
Olberg, R.M. 　333
Olesen, J. 　100
Oliger, A.I. 　284, 286, 298
Olive, J.R. 　196
Oliver, D.R. 　309, 314, AT[620]
Olsen, O.W. 　124, AT[594]
Olson, T.A. 　(71)
Olsvik, H. 　173, 353, 550, 555, T[395], AT[619, 650]
O'Malley, D.A. 　370
Omori, T. 大森武昭　188, 380
Onions, C.T. 　331

Ono, E.K.M. 　AT[601]
Ono, T. 小野知洋　300, 374, 377, 424, 439-440, 442, 483, 502, 517, 520-521, 523, 526-527, (22, 37, 520), T[441], AT[(576, 612, 636-637, 645-646)]
Ono, Y. 小野泰正　254, 541
Onslow, N. 　AT[641]
Onyango-Odiyo, P. 　385
Onyeka, J.O.A. 　101, F[104], AT[589]
Onyeka, O.N.D. 　742
Oosterwaal, L. 　245
Opler, P.A. 　405
Oppenheimer, S.D. 　43, 465, 469, 476
Orians, G.H. 　234, 245, AT[614, 621]
Oring, L.W. 　417, 521, 528, 532, 536-537
Ormerod, S.J. 　382
Orr, A.G. 　73, 100, 112, 114, 139-140, 157, 160, 183, 214, 436, 439, 458-459, 461, 466, 516, 517, T[436, 453, 512], AT[572, 577, 584, 598-599, 602, 632-633, 635-636, 639]
Orr, R.L. 　194, 214, 273-274, 556, AT[610-611, 630, 640]
Osborn, R. 　201, 397
Oscarson, H.G. 　(141, 190)
Osorio, D. 　331, 745
Ott, J. 　411, 550-551, 554-555, 557, T[550, 557], AT[650], PD5
Ottolenghi, C. 　22, 427, 459, 472, 480-481, AT[582, 625, 636]
Ouda, N.A. 　AT[(608)]
Ovodov, N. 　173
Ovsec, D.J. 　543
Owen, D.F. 　393, 405, AT[622-623, 630, (623)]

Pace, R. 　AT[(591)]
Pagliano, G. 　AT[583]
Paicheler, J.C. 　(1)
Pain, D. 　20, 61, 463, (20, 463), T[441], AT[639]
Paine, A. 　18, 34, 274, 299, 306, 320, 322, 348, 400, 476, T[477], AT[611, 622, 641]
Painter, M.K. 　100, 203, T[219]
Pajunen, V.I. 　23, 241, 244, 255-256, 265, 279, 287, 290, 292, 312, 327, 342, 359, 376-377, 409, 414, 418-419, 421-422, 424, 429-437, 442, 447, 449-452, 456, 459, 462, 464-465, 470-471, 478, 486, 511-512, F[289, 431-433], T[291, 436, 453, 455, 512], AT[611, 613-614, 625, 632-639]
Palanichamy, B. 　363, (196), AT[(608)]
Palavesam, A. 　AT[587-589)]
Palii, V.F. 　196
Palmer, M. ⇒ Parr, M.
Pande, B.P. 　AT[594]
Pandian, T.J. 　21, 109-110, 113, 238, 243-245, 398, AT[572, 587, 590-591, 610, 613-614]
Pangga, G.A. 　(308, 369), AT[(625)]
Papaček, M. 　AT[(593)]
Papavero, N. 　AT[647]
Papazian, M. 　393-394, 401, AT[626, 630]
Papp, R.P. 　177, 387
Parker, G.A. 　483, 486
Parr, A.J. 　744
Parr, M. 　261, 265-266, 289-290, 307-308, 316, 378, 417, 421, 435, 500, 521, 524, T[250, 453, 455, 523], AT[614, 619, 623, 625, 631-633, 637, 646]
Parr, M.J. 　15, 107, 239, 248, 250, 261, 263-266, 273-274, 278, 284-285, 287, 289-291, 300-301, 303, 307-308, 316, 324, 326, 343, 346,

354, 358, 366-367, 378, 399, 405, 409, 416-418, 421-422, 424, 427-428, 435, 439, 452, 454, 484, 500, 507, 517, 521, 524, 527, F[256, 265, 288, 340], T[213, 250, 253, 264, 285, 324-325, 439, 453, 455, 523], AT[571, 614-616, 619, 623-625, 630-633, 635-637, 644, 646, 650]
Parry, D.A. 　100
Partridge, L. 　9
Parvin, D.E. 　166
Pascoe, D. 　196, 198
Pask, W.M. 　208
Paskalskaia, M.J. 　AT[594]
Paterson, H.E.H. 　450, 473, F[474]
Paterson, M.J. 　108, 110, 113, AT[586, 591]
Paton, C.I. 　392
Patrick, O.R. 　470
Pattée, E. 　72
Patterson, R.S. 　AT[607]
Paulson, D.R. 　21-22, 25, 173, 214, 218, 224, 229, 238, 240, 251-252, 260-261, 269, 271, 276, 284, 286, 299, 307, 315, 324, 343-344, 348, 357-358, 368, 392, 396, 399, 402-403, 405, 452, 467, 478, 547, 550, F[560], T[321, 325, 453, 477], AT[571-573, 604, 610, 612, 615, 624, 627-628, 633-635, 650], PN3, 訳注[770]
Pavlovskiv, S.A. 　101
Pavlyuk, R.S. 　70, 84, 121, 123, 126-128, 284, 313, T[120], AT[594-595]
Pearlstone, P.S.M. 　AT[586-587]
Pellerin, P. 　201-203
Pellew, R. 　546
Pemberton, R.W. 　331, T[542]
Pena, L.E. 　320
Penn, G.H. 　171, AT[612]
Percival, T.J. 　121
Perevozchikova, T.Y. 　(362-363)
Perrotti, E. 　(308)
Perry, J.E.K. 　(358)
Perry, M.S. 　(358)
Perry, S.J. 　498, AT[644]
Perry, T.E. 　358
Peters, B. 　34
Peters, G. 　197, 294, T[267], AT[570, 604, 626, 629]
Peterson, A.G. 　AT[590]
Peterson, J.E. 　300, (402), AT[582-583, (629)]
Peterson, M. 　AT[623]
Petitpren, M.F. 　72
Petr, T. 　107
Petrovic, D. 　AT[(607)]
Pezalla, V.M. 　283, 420, 424, 426, 429, 437, 440, 447, T[441, 453], AT[604, 632, 634-635, 637]
Pfau, H.K. 　1, 3, 21, 101, 206, 480, 483, 486-488, 504, F[484]
Pfau, H.-K. ⇒ Pfau, H.K.
Pflugfelder, O. 　312-313, F[315]
Philippen, J. 　(330)
Philpott, A.J. 　AT[611]
Picioni, G. 　309
Pickard, R.S. 　F[72]
Pickess, B.P. 　230, 560, AT[611]
Pickup, J. 　108-109, 143, 205, 239, (244), AT[588-589, (650)]
Pierce, C.L. 　84, 103, 106, 137, 169, 171, (113), AT[598, 60-602, (592)]
Pierre, Abbé 　60, 64, 66, 68-69, AT[582]
Pike, E.M. 　(1, 70)
Pill, C.E.J. 　89, AT[593]

Pilon, J.-G.   13, 31, 35, 43, 49, 51, 57, 59-60, 115, 173, 201-203, 206-207, 230, 239, 369, (85, 201-203, 219, 331), F[52, 204-205, (202, 204)], T[52, (219)], AT[580, 609, 628, (609, 610)]
Pilon, L.   (60, 173), AT[(580, 628)]
Pilon, S.   (173)
Pinhey, E.C.G.   16, 116, 181, 240, 269, 271, 295, 299-300, 308, 388, 391, 393, 399-400, 451, 473-474, 475, 483, T[321, 395], AT[571, 576, 601, 633, 639]
Piper, W.   PL6
Pipitgool, V.   (124)
Pitchairaj, R.   49, AT[580]
Pittaway, A.R.   188, 190, 278, 299, 388, 398, 400, T[399], AT[626-627]
Pittman, A.R.   31, 68, 300-301, 303, 326, T[294], AT[635]
Pix, A.   190, AT[628]
Plachter, H.   744
Plaistow, S. ⇒ Plaistow, S.J.
Plaistow, S.J.   422, 443, 744, T[441]
Platt, A.P.   (398)
Plattner, H.   188
Platzer, E.G.   116
Pliny (the Younger)   プリニウス   xxiii, 544
Plomer, W.   ウイリアム・プロマー   329, 485
Poethke, H.-J.   418, 424, 447, 449, F[419], AT[634, 637]
Poinar, G.O.   128
Polakow, D.A.   744
Polcyn, D.M.   273-274, 282-284, 330, 363, 366, AT[624, 625]
Polis, G.A.   68, 171
Polivanov, V.M.   AT[621]
Pollard, J.B.   190
Poosch, H.   AT[571]
Popova, T.L.   (127)
Porter, C.H.   AT[607]
Porter, G.S.   (71)
Post, W.M.   546
Prasad, M.   30, 76, 82, 138, 398, 462, 480, 507, 517, T[250, 508], AT[584, 616-617, 623, 639, 644]
Precht, I.   72
Prema, V.   (49), AT[(580)]
Premkumar, D.R.D.   195, AT[609]
Prendergast, E.D.V.   AT[641]
Prenn, F.   68, AT[580, 617]
Prentice, M.A.   209
Prestidge, R.A.   109, AT[591]
Preston-Mafham, K.G.   PE2, PM1-PM2
Pretscher, P.   (547)
Price, C.   552
Price, S.D.V.   552, AT[622]
Prischepov, G.P.   AT[595]
Pritchard, G.   1, 51, 54, 70, 77, 80, 83, 85, 89, 91, 99-101, 104-105, 109, 143-145, 176, 181, 184-185, 201-203, 205, 214, 224, 226, 244, 269, 277-278, 283, 331, 355, 410, 417, 424, 469, 514, 524, 532-533, 536, 744, (70), F[53, 205, 533], T[220], AT[586, 588, 596, 605-606, 609, 616, 618, 622, 626, 630-631, 644-645]
Pritykina, L.N.   1, 97, 100, 143
Proctor, H.C.   (241), AT[(612-613)]
Prodon, R.   152, 164, 167, 201, F[151, 153-154], T[165]
Prosser, R.J.S.   200, 227, (770)
Provost, M.W.   427
Prus, T.   (109)
Prusevich, L.S.   AT[(618)]
Prusevich, N.A.   AT[595]
Prŷs-Jones, O.E.   (368)
Puchol-Caballero, V.   15, 286
Pujol-Luz, J.R.P.   (115), AT[(600)]
Pulgar-Vidal, J.   180
Punzo, F.   51, 182, AT[579]
Puschnig, R.   344
Pushkin, Y.A.   AT[595]
Pyott, C.J.   182, 185, AT[607]

Qadri, M.A.H.   AT[(608)]

Raab, R.   558, AT[(618)]
Rabe, F.W.   AT[(592)]
Rácenis, J.   177, T[395]
Raff, R.A.   235, 402
Raffi, R.   28-29, 33, 280, 322, 358, 471, 481, 485, (29, 280, 321, 334, 340, 347, 358, 485, 513), T[512, (508)], AT[572, 575-576, 645, (645)]
Rahmann, H.   (190)
Rahmel, U.   197
Rai, T. 頼 惟勤   256, AT[617]
Rainey, R.C.   353, 385-388, 391-394, F[389]
Rajulu, G.S.   (83)
Ramdas, L.A.   392
Ramírez, A.   77, 82, AT[584, 590, 593, 599]
Randolph, S.   238
Rankin, M.A.   372
Ranta, E.   AT[587-588]
Rao, R.K.   AT[593]
Ratanaworabhan, N.C.   315
Ratcliffe, D.A.   546, 548, 553
Ratnakumari, T.B.   AT[(594)]
Raven, P.J.   AT[607]
Ravizza, C.   152
Ray, J.   ジョン・レイ   xxiii, xxvi, 544
Rayor, L.S.   282, 344, 346, 445, T[345], AT[636]
Read, B.E.   544, T[542], AT[647]
Reder, G.   405
Rees, G.   126
Rehfeldt, G.E.   29-30, 33-35, 198, 245, 261, 277, 281, 306, 308, 312-313, 317-321, 327, 344, 347, 349, 357, 377-378, 416, 442, 457, 459, 466-467, 469-470, 477, 513-515, 517, F[516], T[345-346, 477, 508, 512, 526], AT[576-577, 606, 619, 621, 631, 636-637, 641, 644-646]
Reich, M.   744
Reichholf, J.   384, 393
Reid, E.T.   AT[(593)]
Reid, G.K.   ジョージ K. リード   173
Reid, M.E.   280
Reimchen, T.E.   92, 98, 115
Reinhardt, K.   318, 744
Reist, J.D.   115
Resh, V.H.   181
Resma, P.W.   (308)
Reuland, M.   (120)
Reygrobellet, J.L.   156, 185
Reynoldson, T.B.   101
Reznikova, Z.I.   (358)
Richard, G.   85, 93, 99, 143
Richard, J.   AT[594]
Richards, A.G.   71, 74
Richards, J.   71
Richards, O.W.   1, 68, 483
Richards, S.J.   89, 92, 192, 298, AT[588, 590, 604]
Richardson, J.M.L.   82, 160-161, 200, 743-744, (312), F[160], T[161, (267)], AT[587, 602]
Richardson, R.A.   T[343]
Richardson, T.D.   (203), T[(219)], AT[(608)]
Ridley, M.   493
Riek, E.F.   2, 483
Riexinger, W.-D.   AT[650]
Ring, R.A.   (182)
Ris, F.   175, 381, 475, T[395], AT[626]
Ritchie, S.A.   20
Rivard, D.   203, F[204-205]
Rivière, F.   16
Rivosecchi, L.   379
Roback, S.S.   AT[600]
Robakiewicz, P.E.   476
Robert, P.-A.   1, 18, 25, 28, 48, 58, 66, 68, 116, 206, 234, 401, 405, 518, 543, F[67], T[231, 294], AT[571, 578, 582-583, 585, 606]
Robertson, H.M   29, 271, 333, 358, 416, 452, 461, 465-466, 469, 473, 480-481, F[463, 470, 474], T[436, 453, 512], AT[574, 614, 623, 632, 636, 639]
Robey, C.W.   34, 271, 438, T[453], AT[633, 635]
Robinson, B.   317, AT[621]
Robinson, J.V.   79, 81, 99, 103, 133, 158, 166, 204, 207-208, 241, 269-270, 289-291, 312, 317, 421-422, 435, 437, 503, 523-524, 744, (81, 166, 522), T[441, 526], AT[596-597, 602, 646, (636-637, 646)]
Robinson, M.H.   317, AT[621]
Roble, S.   308
Rockwood, J.P.   191
Rödel, M.-O.   (276-277), AT[(615)]
Rodrígues-Capítulo, A.   175, 206, (241), AT[585, 601]
Rogatin, A.B.   AT[608]
Rogers, A.   60, AT[580]
Rohde, K.   173
Rohlf, F.J.   AT[646]
Rokuyama, M. 六山正孝   35, 77, 243, 516, T[193], AT[584]
Rolff, J.   313, 742-744, (312, 314)
Rollins, R.A.   440, 442, T[441]
Rollwitz, W.   (197)
Rondeletius, G.   544, F[544], AT[647]
Root, F.M.   403
Rosenberg, D. ⇒ Rosenberg, D.M.
Rosenberg, D.M.   196, 198, AT[593, 606-607, (603)]
Roset, J.-P.   401
Röske, W.   AT[(570)]
Rosowski, J.H.   AT[593]
Ross, Q.E.   108-109, 145, 209-210, AT[589, 601-602]
Rossignol, P.A.   369
Rostand, J.   58, AT[582, 610]
Rota, E.   58, 197, AT[582]
Rougier, C.   72
Rowe, G.W.   264, AT[602]
Rowe, L.   (191)
Rowe, R.   92, 192, 298
Rowe, R.J.   リチャード・ロウ   xxv, 1, 17, 23-24, 28-29, 31-32, 35, 38, 47-48, 63-64, 66, 70, 73, 77, 81, 83-86, 88-92, 94-103, 110, 116, 131-132, 145, 156-161, 163-168, 180, 185, 206-207, 210, 233, 235, 239, 260, 263, 265, 269, 271, 276-277, 280-283, 298, 301, 323, 326, 333-335, 337, 339, 342, 344, 348, 351, 353-354, 358-359, 365, 378, 384, 397-

人名索引

398, 416, 421, 425-428, 435, 438, 449, 455, 458-459, 471, 476, 484-485, 503, 507, 510-511, 514-515, 517, 535, F[6-7, 23, 79, 89, 94-95, 97, 99, 150, 161-162, 458, 514], T[213, 267, 399, 512], AT[572-573, 578, 582, 584-585, 587-588, 591, 595, 598, 601-602, 604, 609, 614, 618-619, 621-623, 625, 628, 631-634, 637, 641, 645, 647, 650], PK2, PP4
Rubtsov, I.A. 128
Ruck, J.E. AT[608]
Rudolph, D.C. 318, AT[621, 630]
Rudolph, R. 152, 167, 191, 244, 281, 330, (30), T[253], AT[606]
Rudow, F. 392
Rueger, M.E. 71
Ruf, A. 197
Rulon, G.O. AT[603-604]
Runck, C. 114, AT[589-591]
Rüppell, G. 3, 5, 23, 29-32, 34, 119, 163, 265, 273-274, 280-281, 298, 301, 319, 330, 336, 346, 353, 378, 414, 433, 437, 445, 459, 462, 464, 469, 470, 742-743, F[434-435, 437], AT[601, 636, 638, 641], PA3, PC3, PG4, PK6, PM4, PN5, PP1, PP3
Rupprecht, R. 196
Russev, B. 112
Rutschky, C.W. AT[607]
Rutter, R.P. 392
Ryazanova, G.I. 158, 744, AT[590]
Rylands, A.B. AT[(649)]
Ryshavy, B. 126-127

Sabatini, A. (316)
Sadyrin, V.M. AT[588]
Sage, B.L. AT[612, 617]
Sagredost, A.N. (195-196)
Sahlén, G. 43, 45-48, 173, 175, 188, F[44-45]
Saito, Y. 斉藤洋一 AT[600]
Sakagami, S.F. 坂上昭一 29, 339, 425, 428, 437, 445, 484, 507, 516-517, T[345, 420, 512], AT[631, 633-634, 636]
Sakurai, H. 桜井 浩 309
Salonen, I. 196
Salowsky, A.S. 185
Samman, J. AT[607]
Samraoui, B. 184, 217, 233, 253-254, 314, 381, 401, T[253], AT[616, 626, 650]
Samuelsson, L. 142
Samways, M.J. 9, 16, 99, 177-178, 193, 281, 301, 427, 546-547, 551, 554, 557-559, 742, (166), F[178-179, 278], T[395, 557], AT[633, 650, (600)]
Sanborn, A.F. AT[622]
Sanders, H.O. 196, (196)
Sanderson, M.W. 191
Sanematsu, A. 実松敦之 (380)
Sangal, S.K. 460
San'in Mushi no Kai 山陰むしの会 309
Sant, G.J. 158, 451, 470, T[165], AT[601]
Santens, M. 744, (536)
Santolamazza-Carbone, S. 472, 742, (268, 460, 483, 501)
Santos, N.D. 76, 82, 115, 201, 214, 294, 507, AT[573, 576, 584, 599-600, 614]
Saouache, Y. AT[582]
Sarkar, N.K. 121, 744
Sarot, E.E. 542, 544
Sasahara, S. 笹原節男 298
Sata, T. 佐田禎之助 398, AT[580, 628]

Satô, Y. 佐藤有恒 38, 271, 380, 452, PI1, PI3, PJ2
Sauber, F. (120)
Sauer, F. 556
Saunders, C.R. (196)
Saunders, D.S. 222
Saunders, S.P. (398)
Savage, S.B. 331
Savard, M. 481
Saville, N.M. (368)
Sawada, K. 澤田浩司 503, 508-509
Sawano, J. 澤野十蔵 379, AT[612, 632]
Sawchyn, W.W. 30, 37, 49, 54-56, 60, 176, 202, 209, 222, 226, 239, 241, 261, 323, T[213, 220], AT[575, 579, 582, 610]
Sawkiewicz, L. 287, 454
Sawyer, J.S. 388
Sax, H.A.M.M. AT[(614)]
Saxena, A. (460)
Saxena, M.N. 197
Saxena, P.N. AT[608]
Saxena, S.C. 196-197, AT[608]
Scaramozzino, P. AT[583]
Schaefer, C.H. AT[608]
Schaefer, G.W. 379, F[393-394]
Schaefer, P.W. 308
Schalk, G. 743, (312)
Schaller, F. (Austria) 481, 484
Schaller, F. (France) 54-55, 57-58, 85, 87, 200, 202-203, 227, AT[582, 594, 609]
Scheffler, W. T[477]
Schell, S.C. AT[594]
Schiemenz, H. AT[580, 582]
Schierwater, M. (207)
Schiess, H. 13, 260, 274, 298, 549-550, 555, 557, T[14, 549], AT[570]
Schilling, P.E. AT[(606)]
Schleuter, M. (194), AT[(591)]
Schlüpmann, M. 13, 189, 191
Schmidt, B. 185, AT[570, 619]
Schmidt, E. (Erich) 154
Schmidt, E. (Eberhard) G. 5, 9, 13, 17, 21, 28, 35, 157, 177, 185, 188, 191-192, 194, 197-198, 233, 244-245, 277, 284, 286, 291, 376, 416, 471, 507, 554-556, (547), F[560], T[291, 294], AT[570-571, 577, 604, 613-615, 618, 650], PD1, PI5, PP2
Schmitz, M. 187
Schneider, W. 29, 184, 190, 299, 384, 400-401, 744, F[149], T[399], AT[626-627, 629, 640, 650]
Schoettger, R.A. 196
Schoffeniels, E. 190
Schöll, F. (194), AT[(591)]
Schorr, M. 13, 554, 557, 訳注[770]
Schott, R.J. 181
Schridde, P. 111-112, 550, 744, AT[591]
Schumann, H. 291
Schütte, C. 203, 742, 744
Schütte, G. 744
Schwind, R. 17
Scofield, J.I. (71)
Scorer, R.S. 386-387
Scott, D.E. 92, 113
Scrimgeour, C.M. (8), F[482]
Scrimgeour, G.J. (1, 70)
Scudder, G.H.E. (180)
Seasseau, M.-D. 57, 202, 292, 401, AT[582, 609]
Sebastian, A. 16, 115-116, F[115], AT[592]
Seidel, F. AT[578]

Seidenbusch, R. 256
Sein, M.M. (16, 115-116), F[(115)], AT[(592)]
Sekhon, S.S. 12
Seki, T. 関 隆晴 85
Selvaraj, A.M. AT[593]
Semenova, M.K. (127), F[(128)]
Senthamizhselvan, M. (49), AT[(580)]
Service, M.W. 116
Sexton, O.J. 344, AT[622]
Shafer, G.D. 360
Shaffer, L.R. 207, 241, 744, (81, 166), AT[602]
Shakhmatova, V.I. (127), F[(128)]
Shalaway, S. 393
Shanmugavel, S. 196
Shannon, H.J. 384, 396
Sharaf, R.K. 98, 116
Sharma, S. 197, AT[603, 650]
Shaw, J. 187
Shaw, M.R. 61, 63
Shelly, T.E. 276-277, 301, 353, 361, 365
Shengeliya, E.S. AT[604]
Shepard, L.J. T[220]
Sherk, T.E. 85-88, 210, 330-331, 358, F[87-88, 332], T[86], PN1-PN2
Sherman, K.J. 422, 456, 514-516, 522, 527, 537, T[420], AT[576-577, 636-637, 645]
Sherman, P.W. 6
Sherratt, T.N. 100, 102, 107, AT[589-590]
Shiffer, C.N. 235, 287, 477, AT[573]
Shimizu, A. 清水 明 AT[(583)]
Shimizu, N. 清水典之 30, 47, 48, T[512], AT[572, 622, 641]
Shimozawa, T. 下澤楯夫 89
Shimura, S. 新村捷介 AT[(610)]
Shindai Sen'i Konchu Kenkyu Guruupu 信大繊維昆虫研究グループ AT[617]
Shiraishi, H. 白石寛明 (197), AT[(607)]
Shiraishi, K. 白石浩次郎 295
Shirao 白雄 541
Shirgur, G.A. 116, 198, AT[609]
Shoup, C.S. 192
Shukla, G.S. AT[608]
Shushkina, E.A. (109)
Siegert, B. 85, 113, AT[589]
Sievers, D.W. 95, 102, AT[594]
Silberglied, R.E. 271
Silsby, J. 244, 260, 400, T[324], AT[650], PL1-PL2
Simmons, G.M. 10-11, 209
Simmons, P. 342
Simpson, E.H. 114
Singer, F. 272, 452, 513, 518
Singh, D.K. AT[(586)]
Singh, O.N. AT[(586)]
Singh, P. AT[594]
Singh, P.P. AT[(632)]
Sissom, W.D. 68
Sithithaworn, P. (124)
Siva-Jothy, M.T. 20, 36, 422, 443, 463, 487, 490, 492-495, 497, 498, 503-505, 511, 517, 521, 532, 743-744, (22, 37, 378, 380, 469-470, 472, 483, 502, 517, 520), F[501, 506], T[441], AT[578, 636, 644, (576, 631, 645)]
Sjöström, P. 107
Skea, J. (196)
Skelly, D.K. 114
Slifer, E.H. 12
Smatresk, N.J. (81, 166)
Smith, B.P. 314, 742
Smith, D.R. AT[(583)]

Smith, D.S.   385
Smith, E.M.   511
Smith, I.M.   309, (182-183), AT[620]
Smith, J.D.   127
Smith, M.H.   (182, 196-197), F[(197)], T[(182)], AT[(607)]
Smith, R.F.   369
Smith, R.J.F.   100, 742, 745, (100)
Smith, R.L.   486-487
Smith, R.W.J.   378
Smith, W.A.   152
Smithers, C.N.   391, AT[629-630]
Smittle, B.J.   36, 38, 59, 503, 505, AT[578, 644]
Smock, L.A.   57, 112, 185
Smyth, J.D.   126
Snodgrass, R.E.   1, 77
Snow, N.B.   198, AT[606, (603)]
Snow, W.E.   AT[599]
Snyder, S.D.   744
Soeffing, K.   20, 182, 200, 230, 376, AT[580]
Sokal, R.R.   AT[646]
Soldán, T.   71, AT[593]
Solon, B.M.   308, AT[620]
Soltesz, K.   409
Someya, T. 染谷 保   309
Sømme, S   239, 245
Sonehara, I. 曽根原今人   48-49, 60, 148, 155-156, 176-178, 239, 278, 323, 380, 459, 471, 507, 556, T[253], AT[571-572, 600, 603-604, 610, 614, 632, 634, 637]
Sones, J.   301, 395, 403
Sorce, G.   472, (485, 513), T[(508)], AT[(645)]
Soria, S.J.   AT[625]
Souci, E.   743
Southcott, R.V.   309, 316
Southwood, T.R.E.   208, 372, 551
Spence, D.H.   (180)
Spence, J.R.   102, 180
Spielman, A.   369
Spinelli, G.R.   308
Spinner, W.   18
Srdic, Z.   AT[(607)]
Srivastava, B.K.   28-29, 210, 480, 483, 504, 507, (321), T[101], AT[632, 639, (623)]
Srivastava, V.D.   T[542]
Srivastava, V.K.   210, 321, 483, 504, AT[623, 632, (632)]
St. Quentin, D.   5, 192, 321-322, 414, 417, 481, 486, T[323]
Stachurska, T.   (109)
Stallin, P.   381, 472, AT[628]
Stanford, J.A.   185
Stangenberger, A.G.   (546)
Stark, B.P.   (45)
Stark, J.D.   84, 102
Staton, M.A.   AT[614]
Stavenga, D.G.   331
Stearns, E.I.   T[343]
Stebaev, I.B.   (358)
Stechmann, D.-H.   310, 312, AT[620]
Steelman, C.D.   AT[606, (606)]
Steer, J.M.   504
Steer, M.W.   504
Steffan, A.W.   120, AT[593]
Steffan, W.A.   140
Steiner, C.   AT[598]
Steinhaus, E.A.   128, 309
Stenson, A.E.   (141, 190)
Stephen, W.P.   (21)
Stepien, Z.   (109)

Sterligova, O.P.   101
Sternberg, K.   9, 11, 15-16, 19, 47-48, 51, 54, 57, 134, 177, 196, 239, 268-270, 276-279, 281-282, 287, 308, 375, 377, 410, 424, 511, 536, 555, 558, 744, F[58, 279], T[321, 557], AT[582, 586, 604, 606, 618, 620, 627, 650]
Stettmer, C.   744
Stewart, D.   554
Stewart, K.W.   253, 308, AT[620]
Stewart, P.J.   552
Stewart, R.J.   (113), AT[(591)]
Stewart, W.E.   74, T[267], AT[584, 604]
Steytler, N.S.   558, T[557]
Stobbart, R.H.   187
Stöckel, G.   AT[593]
Stoks, R.   536, 744
Stone, C.P.   AT[(650)]
Stone, G.N.   282, 525
Stoney   F[304]
Storch, O.   21, 22, AT[573]
Storch, V.   (124)
Stortenbeker, C.W.   184, 292, 336, 347, 349, 355, 369, 389, 395, 400, 408, AT[610, 621, 625, 630]
Strand, M.R.   61
Straub, E.   201, 227
Strauss, S.   387
Street, P.   124
Strommer, J.L.   112, 185
Stroo, A.   (555)
Stuart, K.M.   406, AT[605, 628]
Stubbs, A.   (554)
Stys, P.   71
Subramanian, M.A.   196, (194), AT[608]
Subramanian, R.   (194)
Suc, J.-P.   251
Sucharit, S.   AT[(594)]
Suda, S. 須田真一   (185), AT[(606)]
Sugimura, M. 杉村光俊   22, 24, 239, 260, 274, 380, 428, 514, 559, T[512], AT[572-573, 612, 634], PG1, 訳注[(402)], トンボ和名[748]
Sugitani, A. 杉谷 篤   巻頭写真
Suhling, F.   98, 108, 111-112, 129, 133, 135, 149, 152, 156, 204, 207, 233, 238, 382, 550, 744, AT[589-591, 596, 602, 626]
Sukhacheva, G.A.   334, 362-363, T[335]
Sulzbach, D.   429, 437, 521
Sumiya, T. 住užd 剛   380
Sundaram, A.   AT[(607)]
Sundaram, K.M.S.   AT[607]
Surber, E.W.   192
Suri Babu, B.   28-29, 210, 212, 507, (321), T[105], AT[589, 632, 639, (623, 632)]
Suriya, S.J.   (196)
Susanke, G.R.   260, 320, T[250], AT[646]
Sussex, D.   34
Sutton, P.   393, 395, T[395], AT[621]
Suzuki, K. 鈴木邦雄   5, 374-375, 379, 452, AT[646]
Suzuki, N. 鈴木教世   (330, 333)
Sveshnikov, G.V.   330
Svihla, A.   33, 154-155, 178, 239, 277, 279, 376, 516, T[165, 231], AT[572, 574, 601, 603, 650]
Swain, W.R.   71
Swammerdam, J.   68, 329, 414, 483, 544
Swarnakumari, V.G.M.   123
Sweeney, C.   (196)
Sweetman, H.L.   91
Switzer, P.V.   744
Swynnerton, C.F.M.   352

Tabaru, N. 田原鳴雄   155, 166-167, 217, T[165], AT[584]
Tabata, O. 田端 修   T[324]
Taguchi, M. 田口正男   261, 277, 379-380, 410, 456, 472, 521, 744, (9, 277, 353, 424, 427), T[441, (345)], AT[636, 644, (619, 631, 633)]
Tai, L.C.C.   54, 481, T[253], AT[573, 582, 585]
Takahashi, R.M.   (113), AT[608, (591)]
Takahashi, S. 高橋茂雄   (456, 472)
Takamura, K. 高村健二   197, 744, AT[607]
Takasaki, Y. 高崎保郎   148, 744
Takeda, M. 竹田真木生   221
Takei, S. 武井伸一   AT[(591-592)]
Taketo, A. 武藤 明   10, 28, 73, 98, 108, 146, 154-155, 157, 164, 167, 176, 183, 201, 222, 229, 327, 452, 511, 514, 535, F[165], T[165, 420], AT[572, 575, 601, 618, 633]
Takeuchi, H. 竹内尚徳   AT[617]
Takeuchi, T. 竹内 勉   43
Takita, S. 滝田 諭   182, AT[605]
Tamaishi, A. 玉石晃久   374-375, AT[646]
Tamajón-Gómez, R.   21, 400, AT[627]
Tamasige, M. 玉重三男   (330, 333)
Tamiya, Y.   AT[574]
Tanaka, T. 田中 正   380
Tanaka, Y. 田中祥貴   99-100
Tarnuzzer, C.   381, 393
Tani, K. 谷 幸三   トンボ和名[748]
Tarter, D.C.   AT[608]
Tauber, C.A.   253
Tauber, M.J.   253
Taylor, L.R.   372-373, 383
Taylor, M.   (196)
Taylor, M.R.   318
Taylor, P.D.   744
Taylor, R.A.J.   373
Telford, S.R.   744
Tembhare, D.B.   37, 47, 91, 227, 229, 344, 363, 480, 503-504, 742, AT[579, 610]
Tenka 沾荷   277
Tennessen, J. ⇒ Tennessen, K.J.
Tennessen, K. ⇒ Tennessen, K.J.
Tennessen, K.J.   33, 100-101, 195, 271, 327, 361, 456, 458, 473, 476, 478, 480-481, (203), F[470], T[267, (219)], AT[579, 584, 600, 604, 611, 629, 640, (608)]
Testard, P.   59, 233, 239, 277, AT[617, 626, 644]
Thakare, V.K.   37, 503
Thamm, U.   (197)
Thangam, T.S.   115, T[101], AT[587, 589]
Tharabai, P.   (370)
Theischinger, G.   146, 148, 157, 229, (1, 184, 278), F[(4)], AT[600]
Thibauld, M.   68, AT[578]
Thickett, L.A.   233, AT[614]
Thiele, V.   197
Thomas, B.   381, AT[617]
Thomas, M.   71
Thomas, M.L.H.   T[193], AT[571]
Thomas, M.P.   AT[607]
Thompson, B.A.   (108-109, 205)
Thompson, D.J.   16, 34, 37-41, 43, 46, 66, 84, 101-102, 105-106, 108-109, 132, 135, 143, 159, 183, 196, 200, 205, 217, 239-240, 243-245, 249, 278, 280, 289-290, 292, 306-307, 376-377, 405, 418-419, 422, 437-438, 440, 442, 447, 500, 514, 519, 522-524, 531, 535, (108-109, 205), F[39, 40-41, 102, 104, 530], T[290, 420, 526], AT[578, 587-589, 591, 602,

人名索引

609, 611-614, 632, 639, 646, 650]
Thompson, I.　306
Thompson, R.　231, 233, 516
Thorp, J.H.　113-114, 181, 193, 240, (114), T[193], AT[591-592, 612, (589-590)]
Thorp, V.J.　196
Thu, M.M.　(16, 115-116), F[(115)], AT[(592)]
Tiefenbrunner, W.　276
Tieleman, I.　(555)
Tillyard, R.J.　1, 21-22, 25, 64, 66, 68, 71, 77, 80, 166, 183-184, 226, 233-234, 263, 276, 323, 349, 368, 418, 451, 473, T[231, 321], AT[572, 578, 580, 583, 584, 600-601, 604, 617, 634, 646], 訳注[64]
Timmer, J.　177
Timms, B.V.　190, T[193], AT[591]
Timon-David, J.　123-124, AT[594]
Tinbergen, N.　319, AT[621]
Tinkham, E.R.　209, T[165]
Tirawat, C.　(369), AT[(625)]
Tittizer, T.　194, AT[591]
Tkachev, V.A.　126, 128
Tobias, A.　152
Tobin, P.　5, 173, 770, AT[570, 584]
Toda, M.J.　戸田正憲　(29, 339, 425, 428, 437, 445, 484, 507, 516-517), T[(345, 420, 512)], AT[(631, 633-634, 636)]
Tordoff, A.　AT[601]
Torralba-Burrial, A.　33
Townsend, C.R.　(9)
Tozer, W.　180
Tracy, B.J.　274, 276, 282, 360, (276, 282)
Tracy, C.R.　274, 276, 282, 360
Trauth, S.E.　(473)
Travis, J.　113, AT[588]
Treacher, P.　244
Tripathi, S.D.　98, 116
Trockur, B.　234, 376, AT[650]
Trottier, R.　59, 72, 91, 176, 200, 206, 220, 230-231, 233-235, 239, 241, 243, 249, 397-398, 402-403, 518, F[234], AT[585, 613, 628]
Trueman, E.R.　100
Trueman, J.W.H.　36, 47-49, 66, 153, 206, F[46, 47], AT[579, 606]
Truscott, L.A.　AT[641]
Tsacas, L.　64
Tsai, T.-S.　115, AT[588]
Tsomides, L.　335
Tsubaki, Y.　椿 宜高　22, 37, 300, 374, 377, 424, 439-440, 442, 503, 505, 511, 517, 520-521, 523, 526-527, (445-446, 527, 532), F[501, 506], T[441], AT[576, 578, 612, 636, 637, 644-646, (636)]
Tsubuki, T.　津吹 卓　275, 283, 296, 379-380, AT[618]
Tsuda, M.　津田松苗　189
Tsuda, S.　津田 滋　5, 173, 770, 訳注[770]
Tsui, P.T.P.　209
Tulloch, J.B.G.　392, AT[647]
Tully, J.G.　745
Tümpel, R.　454
Turk, F.A.　316
Turuoka, Y.　鶴岡保明　374, 402, T[399], AT[629]
Tuxen, S.L.　400, AT[628]
Tyagi, B.K.　195, 212, 351, 507, T[346, 508, 512, 542], AT[624, 637]
Tyler, T.　(522), AT[(646)]

Ubelaker, J.E.　AT[594]

Ubukata, H.　生方秀紀　11, 19, 27, 35, 59, 91, 134, 156, 177-178, 182, 209, 217, 230, 233, 243-245, 247-248, 262, 271, 274, 284, 287, 292, 300-301, 306, 326, 334, 337, 347-348, 358, 377, 379-380, 417-418, 421-422, 426-427, 434, 437, 440, 442, 447, 450, 454-457, 459, 461, 481, 485, 510-511, 522, 527, 559, (29, 339, 368, 425, 428, 437, 445, 484, 507, 516-517, 532), F[448, 456], T[136, 250, 286, 323, 453, 455, 561, (345, 420, 512, 561)], AT[575, 600, 611, 613-615, 622, 625, 628, 632, 634, 636-637, 646, (631, 633-634, 636)]
Udono, K.　鵜殿清文　744, AT[572, 574]
Uéda, T.　上田哲行　57, 60, 167, 217, 248-249, 252-253, 255-256, 260-261, 263, 290, 375, 378-380, 416, 420, 424-425, 432, 435-436, 439, 442, 447-448, 466, 507, 511, 514, 522, 527, 744, F[254, 258, 288, 378-379, 430], T[253, 288, 436, 453, 512], AT[578, 582, 604, 616, 626, 632, 636-637, 639, 644, 646-647]
Ugai, S.　鵜飼貞行　AT[629, 634]
Umeozor, O.C.　190
Unruh, M.　197
Unwin, D.M.　247, 283
Urabe, K.　浦辺哲一　156, AT[590-592]
Usuda, A.　臼田明正　AT[618]
Usui, T.　碓井 徹　(478)
Uttley, M.G.　157, 160, AT[602]
Utzeri, C.　11, 28-29, 33, 253, 260, 278, 280, 283, 287, 290, 300, 321-323, 334, 340, 347, 358, 378, 382, 400, 421, 423-425, 457-459, 471-473, 475-478, 480-481, 483, 485, 513, (268, 275, 299, 308, 316, 460, 483, 485, 501, 513), T[253, 420, 477, 512, (508)], AT[572, 574-576, 604, 613, 616, 626, 632-633, 635-637, 641, 645, (645)], 訳注[(43)]

Vaajakorpi, H.A.　196
Vajrasthira, S.　124
Valerio, C.E.　317
Valley, S.　183-184, 186, 301, 381, 405, AT[627]
Valtonen, P.　58, 316-317, AT[582, 606]
Van Buskirk, J.　97, 102, 113-114, 134, 136, 171, 224, 289, 415, T[291], AT[587, 591-592, 596-597, 602, 612, 637]
Van den Berg, M.A.　348, AT[623]
Van der Velde, G.　(190-191)
Van Hemelrijk, J.A.M.　(191)
Van Noordwijk, M.　19, 288, 327
Van Sluys, M.　AT[(588)]
Van Steenis, C.G.G.T.　AT[620]
Van Tol, J.　48, 74, 188, 240, 507, 547, 555-556, 558, F[206], T[213], AT[570, 582, 584, 650]
VanDorsselaer, A.　(120)
VanGelder, J.J.　AT[(614)]
Varadaraj, G.　194, 196, AT[647, (608)]
Varro, M.T.　544
Varshney, R.K.　82
Vasserot, J.　89
Veltman, A.　333
Verbeek, P.J.M.　190
Verdonk, M.　547, 555
Verdugo-Garza, M.　28, 449, 502, (280, 303, 317, 481, 510), T[294, 436, 512], AT[576, 619, 631, 639, 645, (574, 577)]
Veron, J.E.N.　258, 270, 276, 305, AT[618]
Verschuren, D.　15, 90, 143, 201, 206, 397, (477), F[90], AT[571]
Vick, G.S.　177, 417, 744, AT[574, 603-604]

Victor, R.　196, AT[607]
Vieira, V.　訳注[(43)]
Visscher, M.-N. de　28
Vitousek, P.M.　552, 554
Vockeroth, D.　277
Vodopich, D.S.　190-191, AT[590]
Vogel, D.　(112, 114), AT[(592, 607)]
Vogt, F.D.　283, 300, 307
Vogt, T.E.　152
Voigts, D.K.　AT[614]
Vojtková, L.　126, AT[594]
Vollmer, W.　(190)
Voltaire, F.M.A.　ボルテール　xxiii, 476
Von Janko, P.　180
Von Windeguth, D.I.　AT[607]
Vonwil, G.　234, 238, 400, (400), AT[626]
Voshell, J.R.　10, 11, 209
Voznyuk, V.A.　167
Vuoristo, T.　90, 159

Waage, J.K.　5, 16-17, 30, 32, 35, 39, 43, 241, 289, 360, 375, 414-417, 424, 429, 439-440, 442-443, 450, 454, 458, 460-462, 465, 483, 485, 486-487, 490, 497, 502-503, 505, 510, 512-513, 517-518, 520-521, 526-527, 532, F[259, 462, 488-490], T[325, 441, 455, 491, 512], AT[576-577, 631, 634-637, 639, 642, 644-646]
Wada, Y.　和田義人　106, AT[590]
Wade, M.J.　T[37], AT[646]
Wagemann, E.　381
Wager, V.A.　151, AT[591]
Wagner, J.D.　AT[(636-637)]
Wakana, I.　若菜一郎　393, AT[630]
Wakeley, K.　745, (507, 510), AT[(637, 644)]
Wakeling, J.M.　330
Walker, E.M.　1, 28, 33, 142-143, 222, 268, 277, 391, 402, 473, T[267], AT[572-573, 575, 582, 601, 605, 622, 626-628]
Walker, F.J.　AT[626]
Walker, J.R.　AT[614]
Wallace, A.R.　T[542]
Wallace, J.B.　112, 114, AT[592, 607]
Wallengren, H.　71, 73
Walls, J.G.　295, 427, AT[634]
Walls, M.　295, 427, AT[634]
Walsh, D.F.　196, (196)
Walsh, K.J.　519, 521, T[526], AT[612]
Walter, S.　59, 403-404, AT[621, 627]
Waltz, E.C.　20, 34, 418, 421, 440, 446-447, 449, 484, 513, 521, 745, (507, 510), T[420], AT[636, 638, (637, 644)]
Ward, J.V.　185
Ward, P.H.　391, AT[629-630]
Wardle, R.A.　126
Waringer, J.　⇒ Waringer, J.A.
Waringer, J.A.　47, 49-50, 54, 57, 59-60, 201, 301, 408, T[213], AT[578-579, 582]
Warnick, S.L.　AT[607]
Warren, A.　349, 363, 368, T[335], AT[580, 587]
Warren, P.H.　58, AT[582]
Warren, R.G.　327
Wasscher, M.T.　191, 198, 297, 302, 405, 417, 547, 555
Wat, C.Y.M.　T[213], AT[586]
Watanabe, M.　渡辺 守　9, 37-38, 48, 254-255, 258, 261-263, 276-277, 285, 290, 339, 353, 361, 379-380, 410, 424-425, 427, 521, 744, (456, 472), T[345], AT[619, 631-633, 636,

Watanabe, Y. 渡辺庸子　48, 50, 57, 68, 91, 743, (43), AT[585], PH3-PH6
Waters, T.F.　382
Waterston, A.R.　188, 190, 278-299, 400, T[325], AT[626]
Watkins, W.D.　AT[608]
Watson, C.N.　(113, 143, 158), AT[(592, 596, 602)]
Watson, J.A.L.　1, 5, 18, 35, 70, 73-75, 100, 138, 146, 148, 150, 157, 184, 188, 190, 197-198, 201, 203, 229, 258, 269, 278, 286, 294-295, 298, 365, 398, 405, 428, 475, 554, F[4, 75, 78-79, 150, 155, 560, (79)], T[399, 512], AT[573, 580, 584, 590, 593, 599-601, 606, 615-618, 627-630, (585, 606)]
Watts, E.　(107, 145), AT[(572, 575, 634-635)]
Wazalwar, S.M.　91, 344
Weaver, J.S.　AT[(593)]
Weber, R.G.　209
Weber, T.　73, 86, 90, AT[590]
Wehner, R.　21, 331
Weichsel, J.I.　32, 409
Weide, M. van der　(555)
Weiner, A.K.　(558)
Weinheber, N.　277, (245, 277, 320, 344, 347, 349, 357), T[(345-346)]
Weir, J.S.　15, 182-183, 186, 193, 400, T[399], AT[587, 615-616]
Weis-Fogh, T.　331, 385
Weiss, C.M.　196
Wellborn, G.A.　99, 103, 133, 158, 204, 208, AT[587, 596-597]
Wellington, W.G.　297-299, 385, 392, 417
Wendler, A.　51
Wenger, O.-P.　AT[582]
Werner, E.E.　114
Werzinger, J.　374
Werzinger, S.　374
Wesche, K.　AT[603-604]
Wesenberg-Lund, C.　28, 33, 49, 54, 60, 352, 359, 376, 405, 417, AT[582, 613, 639]
West-Eberhard, M.J.　450, 469
Westfall, M.J.　143, 253, 325, (253, 284), F[78], AT[573, 576, 584, 599-601, 628]
Westin, L.　(116)
Wetzel, E.J.　745
Whalley, P.　316
Wheeler, L.M.　AT[(590)]
Wheeler, Q.D.　546
Wheeler, W.M.　ウィリアム・モートン・ホィーラー　xxiii, xxv
Wheye, D.　353
Whitcomb, R.F.　745
Whitcomb, W.H.　292, 337, AT[607, 625]
White, D.S.　344, AT[622]
White, G.　176
White, H.B.　18, 188, 235, 287, 318, 321, 323, 333, 344, 402, 471, (284, 308), AT[622]
White, I.M.　PA4
White, S.A.　106
White, T.R.　AT[593, 621]
White-Cross, T.　471
Whitehouse, F.C.　17, 357, AT[604, 623, 628]
Wichard, W.　76, 187
Wiens, A.P.　AT[603]
Wiggins, G.B.　183
Wigglesworth, V.B.　36, 49, 183, 188, 203
Wighton, D.C.　89, 97, 167
Wilbur, H.M.　114
Wildermuth, H.　5, 9, 10-13, 15, 17-19, 26, 28-

29, 34-35, 168, 191, 230, 234, 237-239, 276, 286, 377, 381, 399-400, 406, 411, 420, 425-426, 437-438, 467, 478, 507, 510, 515, 546, 548-550, 554-555, 557-558, 560, (184, 400, 550), F[12, 14, 19, 237, 285, 548, 745, (184, 558)], T[508, 549, 555, 557, (549)], AT[570-571, 596, 611, 615, 626, 639, 641, 645, 650, (606)], PD2, PG2, PG5, PK4-PK5
Wilkes, F.G.　196
Willey, R.L.　119, 138, 180, 185, 233, 239, 244-245, F[186], AT[584, 593, 604, 606, 611]
Williams, C.A.S.　392, AT[647]
Williams, C.E.　5, 12, 35, 146-147, 234, 260, 273, 300, 327, 339, 358, 417, 438, 484, T[165, 455], AT[573, 575, 600, 604, 623, 634, 636, 639], PA1, PA5-PA6, PB1-PB4, PE5-PE6, PF3, PF6, PG3, PG6, PH1-PH2, PJ1, PJ5-PJ6, PN6, PO5
Williams, D.D.　77, 182
Williams, F.X.　28, 46, 66, 77, 95, 138, 141, 157, 297, 321, 348, 391, AT[576, 578, 583-584, 610]
Williams, G.C.　553
Williams, W.D.　399
Williamson, D.L.　745
Williamson, E.B.　3, 295, 298, 306, 316-317, 321, 354, 417, 473, T[294], AT[572-574, 611]
Williamson, M.H.　138
Willis, O.R.　128, 383, F[129]
Willmer, P.G.　282, 525
Willson, M.F.　244, AT[614, 621]
Wilson, A.D.　104, AT[589]
Wilson, C.B.　129
Wilson, D.S.　100
Wilson, E.O.　E.O. ウィルソン　xxiii, xxv-xxvi, 26, 335
Wilson, J.M.　92
Wilson, K.D.P.　73, 98, 152, 155-156, 214, AT[574, 588]
Wilson, R.M.　(71)
Wimmer, W.　348
Winsland, D.　30, 333
Winstanley, C.H.　(233), T[(231)]
Winstanley, W.J.　19, 48, 100, 131, 138, 146, 148, 154, 157, 222, 233, 239, 308, 323-325, 452, F[48], T[231], AT[572, 574, 584, 600-601, 604, 610-611, 635, 650]
Winterbourn, M.J.　276, 281-282, 283
Winterholler, M.　742
Winyasopit, J.　196
Wirth, W.W.　315
Wise, K.A.J.　188
Wisenden, B.D.　742, 745
Wissinger, S. ⇒ Wissinger, S.A.
Wissinger, S.A.　99, 108, 114, 117, 132, 134, 156, 171, 176, 193, 216, 235, 238-239, 243, 284, 386, 398, 402-403, 405, F[135, 236], T[133, 136], AT[591, 597, 611, 614, 628]
Wistow, R.J.　AT[650]
Withycombe, C.L.　230
Witsack, W.　61
Wittenberger, J.F.　245
Wittner, I.　(196)
Wixson, B.G.　196
Wojtusiak, J.　177, AT[604]
Wolf, H.T.　393
Wolf, L.L.　20, 34, 303, 418, 421, 426, 440, 444, 446-447, 449, 484, 507, 510, 513, 517, 521, 745, F[423, 528], T[420, 441, 453], AT[625, 635-638, 644]

Wolfe, L.S.　66, 227, 229, 480, 486, 535, T[335], AT[572, 613, 615]
Wong, D.T.-M.　(331)
Wongsiri, T.　(308, 369), AT[(625)]
Woodall, P.F.　337
Woodford, J.　303, 374, 396, 403
Wootton, R.J.　1, 2, 70, 330
Wotton, R.S.　120, AT[593]
Wright, M.　119, 126, 129, 131, 143, 173-174, 190, 192-193, 344, 350-352, 368, AT[593-595, 623, 625, 628]
Wu, J.-l.　379
Wudkevich, K.　100, 745

Yadav, R.S.　AT[608]
Yadwad, V.B.　196, AT[608]
Yagi, T.　八木孝彦　239, 303, AT[572, 617]
Yamaguchi, M.　山口正信　11, 101, 229, 233, 240, 253, AT[571, 573, 612]
Yamamoto, H.　山本 弘　AT[600]
Yamamoto, Y.　山本悠紀夫　238, 260, AT[632]
Yamane, S.　山根正気　387
Yamput, S.　124
Yang, En-Cheng　331, 745
Yang, T.-H.　T[542]
Yano, E.　矢野栄二　AT[(615)]
Yano, K.　矢野宏二　308, (308, 369), AT[(625)]
Yanoviak, S.P.　743
Yasuda, K.　541
Yasuda, M.　安田 誠　(445-446, 527), AT[(615, 636)]
Yasuda, T.　安田哲朗　(334-335, 360-363), F[(341, 363)], T[(335, 345)], AT[(623)]
Yasumatsu, K.　安松京三　369, AT[625]
Yasuno, M.　安野正之　AT[607]
Yates, N.　PO4
Yokoi, N.　横井直人　18, AT[617]
Yokota, H.　横田 裕　743, (43)
Yosef, R.　352
Yoshimatsu, S.　吉松慎一　AT[629]
Yoshitani, A.　吉谷昭憲　89
Younce, L.C.　117
Young, A.M.　298, 346, 348, 352, 386, 403, 516, T[345]
Young, A.N.　166
Young, J.　550
Young, J.O.　101
Yule, C. ⇒ Yule, C.M.
Yule, C.M.　214, 745, F[(79)], AT[(585)]

Zahner, R.　82, 84, 156, 164, 306, 376, AT[614, 631, 633, 637]
Zaika, V.V.　185, 358, AT[594, 617]
Zaniboni-Filho, E.　115
Zanin, E.　379
Zehring, C.S.　AT[580]
Zeil, J. J. ツァイル　9, 17
Zessin, W.　1, 198, F[2]
Zettelmeyer, W.　290, T[291], AT[613]
Zgomba, M.　AT[607]
Zhu, H.-q.　379
Zimbalevskaya, L.N.　AT[591]
Zimmerman, E.C.　350, AT[578, 583, 604]
Zinke, P.J.　(546)
Zischke, J.A.　(196)
Zloty, J.　70, (1, 70)
Zolotov, V.V.　86, 137

トンボ名索引

同じ分類群が1ページに2回以上出現する場合，該当ページは1回だけ示した．F(図)，T(本文中の表)，またはAT(付表)に出現する分類群のページは，それぞれの略号を頭に付した [ ] 内に示した．写真(P)は写真番号を示した．

トンボ目と現生の2亜目については，一般的あるいは導入的な記述のある頁だけを示した．種は属名の見出しのもとに掲げた．いくつかの属については，シノニム(同物異名)を相互に参照できるようにした(⇔印)．本文と索引の中で用いられる種名や亜種名は，原則として引用した文献中で用いられたものであるが，誤って用いられている場合(例：*coerulatus, fonscolombei*)は，正しい学名を参照できるようにした(⇒印)*¹．1つの種小名あるいは亜種小名が，著者によって異なった性を意味する語尾をつけられている場合(例：*ornatus* と *ornata*)には，その一方または両方を掲げた*²．*Epicordulia* 属と *Tetragoneuria* 属は，Walker & Corbet (1978) に従ってトラフトンボ属 *Epitheca* に含めた．アメリカハラジロトンボの学名は *Libellula lydia* ではなく，特に北アメリカで通常用いられている *Plathemis lydia* を採用した．西インド諸島のアメリカベニシオカラトンボ *Orthemis ferruginea* は，現在T. W. Donnelly によって分類の再検討が行われている (Askew et al. 1998参照)．津田(1986)によってハナダカトンボ属 *Rhinocypha* の亜属とされた5つの分類群は，Davies & Tobin (1984, 1985) や Bridges (1994) ではいずれも属として扱われているが，ここでは亜属として扱った．

各属の系統的な位置を示すために，亜目を示す記号とともに，族以上について整理した下記の「系統分類表」の上位分類群の番号を( )内に記した(ただし，絶滅属については付けていない)．また，系統分類表には各上位分類群に含まれる属の概数を( )内に示した．これによって，例えばモノサシトンボ属 *Copera* (Z 36) は，モノサシトンボ科モノサシトンボ亜科を構成する2属のうちの1つであることが分かる．

この系統分類表は，主として Davies & Tobin (1984, 1985) に基づいているが，ムカシカワトンボ科とミナミヤマイトンボ科については Novélo-Gutiérrez (1995; Van Tol 1995も参照) による再検討の結果も反映させた．オニヤンマ科 (Lohmann 1992) と Austropetaliidae 科 (Carle 1996) の分類学的再検討の結果は，注目に値するが，この表には反映させていない．

系統分類表

Suborder Anisoptera 不均翅亜目 (略記号 A)
AESHNOIDEA ヤンマ上科
 Aeshnidae ヤンマ科
  Aeshninae ヤンマ亜科
1 Aeshnini (6) ヤンマ族
2 Anactini (3) ギンヤンマ族
3 Gynacanthini (11) カトリヤンマ族
4 Polycanthaginini (1) ヤブヤンマ族
5 Brachytronini (17) アオヤンマ族
6 Gomphaeschnini (9) サラサヤンマ族
 Gomphidae サナエトンボ科
  Gomphinae サナエトンボ亜科
7 Gomphini (41) サナエトンボ族
8 Octogomphini (9) コガタサナエ族
9 Onychogomphinae (9) オナガサナエ亜科
10 Gomphoidinae (10) アメリカウチワヤンマ亜科 (新称)
11 Hageniinae (2) コオニヤンマ亜科
12 Lindeniinae (7) ウチワヤンマ亜科
13 Neopetaliidae (5) ベニボシヤンマ科
 Petaluridae ムカシヤンマ科
14 Petalurinae (4) ゴンドワナムカシヤンマ亜科 (新称)
15 Tanypteryginae (1) ムカシヤンマ亜科

CORDULEGASTROIDEA オニヤンマ上科
 Cordulegastridae オニヤンマ科
16 Chlorogomphinae (1) ミナミヤンマ亜科
17 Cordulegastrinae (5) オニヤンマ亜科

LIBELLULOIDEA トンボ上科
 Corduliidae エゾトンボ科
18 Cordulephyinae (1) ムカシエゾトンボ亜科 (新称)
19 Corduliinae (21) エゾトンボ亜科
20 Gomphomacromiinae (14) サナエヤマトンボ亜科 (新称)
21 Idionychinae (2) ミナミヤマトンボ亜科
22 Idomacromiinae (1) アフリカヤマトンボ亜科 (新称)
23 Macromiinae (3) ヤマトンボ亜科

24 Neophyinae (1) マルバネモリトンボ亜科 (新称)
25 Synthemistinae (4) オセアニアモリトンボ亜科 (新称)
 Libellulidae トンボ科
 Section 1
26 Tetrathemistinae (21) コカゲトンボ亜科 (新称)
 Section 2
27 Brachydiplacinae (25) アオビタイトンボ亜科
28 Leucorrhiniinae (5) カオジロトンボ亜科
29 Libellulinae (27) トンボ亜科
30 Sympetrinae (24) アカネ亜科
31 Trithemistinae (13) ベニトンボ亜科
 Section 3
32 Onychothemistinae (1) トンキントンボ亜科 (新称)
33 Palpopleurinae (4) ムツボシトンボ亜科 (新称)
 Trameinae ハネビロトンボ亜科
34 Rhyothemistini (1) チョウトンボ族
35 Trameini (9) ハネビロトンボ族
36 Zyxommatini (4) オオメトンボ族
37 Urothemistinae (4) フトアカトンボ亜科 (新称)
38 Zygonychinae (5) タニガワトンボ亜科 (新称)

EPIOPHLEBIOIDEA ムカシトンボ上科
39 Epiophlebiidae (1) ムカシトンボ科

Suborder Zygoptera 均翅亜目 (略記号 Z)
CALOPTERYGOIDEA カワトンボ上科
 Amphipterygidae ムカシカワトンボ科
1 Amphiptyeryginae (2) ムカシカワトンボ亜科 (新称)
2 Rimanellinae (2) ホソバカワトンボ亜科 (新称)
 Calopterygidae カワトンボ科
3 Caliphaeinae (2) オパールカワトンボ亜科
4 Calopteryginae (12) カワトンボ亜科
5 Hetaerininae (2) アメリカカワトンボ亜科
6 Chlorocyphidae (17) ハナダカトンボ科
7 Dicteriadidae (3) ナンベイカワトンボ科
8 Euphaeidae (6) ミナミカワトンボ科

---

*¹訳注：翻訳に際して索引中のすべての学名を，津田(2000)および Schorr et al. (2005) と照合し，綴りの誤りを正した．
 Schorr, M., Lindeboom, M., and Paulson, D. (2005). List of Odonata of the world. http://www2.ups.edu/biology/museum/worldodonates.html.

*²訳注：日本語版では正しいほうの性に統一した．

系統分類表（続き）

Polythoridae アメリカミナミカワトンボ科
9　　Euthorinae (1)　アンデスミナミカワトンボ亜科（新称）
10　　Miocorinae (4)　カリブミナミカワトンボ亜科（新称）
11　　Polythorinae (3)　アメリカミナミカワトンボ亜科（新称）

LESTOIDEA アオイトトンボ上科
　Synlestidae ミナミアオイトトンボ科
12　　Synlestinae (6)　ミナミアオイトトンボ亜科（新称）
13　　Chorismagrioninae (1)　ムカシアオイトトンボ亜科（新称）
14　　Megalestinae (1)　タカネミナミアオイトトンボ亜科（新称）
　Lestidae アオイトトンボ科
15　　Lestinae (5)　アオイトトンボ亜科
16　　Sympecmatinae (3)　オツネントンボ亜科
　Lestoideidae ミナミヤマイトトンボ科
17　　Lestoideinae (1)　ミナミヤマイトトンボ亜科（新称）
18　　Philoganginae (2)　ムカシミナミヤマイトトンボ亜科（新称）
　Megapodagrionidae ヤマイトトンボ科
19　　Argiolestinae (28)　ゴンドワナヤマイトトンボ亜科（新称）
20　　Coryphagrioninae (1)　オオヤマイトトンボ亜科（新称）
21　　Hypolestinae (1)　カリブヤマイトトンボ亜科（新称）
22　　Megapodagrioninae (4)　ヤマイトトンボ亜科（新称）
23　　Philosininae (1)　ムカシヤマイトトンボ亜科（新称）
24　　Thaumatoneurinae (1)　オオタキイトトンボ亜科（新称）
25　Perilestidae (3)　ハラナガアオイトトンボ科
26　Pseudolestidae (3)　ニセアオイトトンボ科

HEMIPHLEBIOIDEA ムカシイトトンボ上科
27　Hemiphlebiidae (1)　ムカシイトトンボ科

COENAGRIONOIDEA イトトンボ上科
　Coenagrionidae イトトンボ科
28　　Agriocnemidinae (5)　ヒメイトトンボ亜科
29　　Argiinae (7)　アメリカイトトンボ亜科
30　　Coenagrioninae (10)　イトトンボ亜科
31　　Ischnurinae (30)　アオモンイトトンボ亜科
32　　Leptobasinae (8)　ヒカゲイトトンボ亜科（新称）
33　　Pseudagrioninae (25)　ナガイトトンボ亜科
34　Isostictidae (7)　オセアニアイトトンボ科
　Platycnemididae モノサシトンボ科
35　　Calicnemiinae (21)　ルリモントンボ亜科
36　　Platycnemidinae (2)　モノサシトンボ亜科
　Platystictidae ホソイトトンボ科
37　　Palaemnematinae (1)　ツマグロホソイトトンボ亜科（新称）
38　　Platystictinae (3)　ホソイトトンボ亜科（新称）
　Protoneuridae ミナミイトトンボ科
39　　Caconeurinae (4)　インドミナミイトトンボ亜科（新称）
40　　Disparoneurinae (6)　ミナミイトトンボ亜科（新称）
41　　Protoneurinae (12)　アメリカミナミイトトンボ亜科（新称）
42　Pseudostigmatidae (5)　ハビロイトトンボ科

Acanthagrion 属 (Z 31)
　egleri　302
　fluviatile　269, AT[615]
　interruptum　312, 313
　peruvianum　AT[588]
Acanthagyna 属 ⇒ *Gynacantha* 属
Aciagrion ホソミイトトンボ属 (Z 31)　30, AT[577]
　hisopa　240
　migratum ホソミイトトンボ　240, 254, 286, 744, T[213], AT[577, 612, 617]
　paludensis　T[399]
Acisoma コシブトトンボ属 (A 27)　T[508]
　panorpoides コシブトトンボ　527, T[219, 325]
　panorpoides ascalaphoides コシブトトンボ　AT[650]
　panorpoides inflatum コシブトトンボ　527, T[250], AT[619, 631, 635, 637-638]
　panorpoides panorpoides コシブトトンボ　516, T[219]
　subpupillata　AT[603]
Acrogomphus 属 (A 9)　151, AT[600]
Adversaeschna 属 (A 1)　T[512]
　brevistyla　88, 92, 109, 158, 164, 301, 428, 438, 514, AT[591, 629-630]
Aeschnophlebia アオヤンマ属 (A 5)　T[165], AT[641]
　anisoptera ネアカヨシヤンマ　164, AT[580]
　longistigma アオヤンマ　61, 69, AT[580, 583]
Aeschnosoma 属 (A 19)　148, AT[600]
　forcipula　148, F[147]
Aeshna ルリボシヤンマ属 (A 1)　25, 51, 54, 71, 85, 89, 99, 102, 106, 108, 123, 126, 137, 166, 174-175, 178, 201, 253, 263, 268, 277, 281, 319, 333, 358, 399, 416, 425, 428, 438, 458, 459, 477, 514, 535, F[44, 484], T[335, 396], 477, 512, 550], AT[572, 593, 603, 618, 620-621, 623, 634, 639, 641, 648]
　affinis　28-29, 33, 322, 478, 551, AT[575-576, 587-588, 645]
　andresi　AT[603]
　bonariensis　301, 388, 391-392, T[395-396],

AT[621, 627, 629-630, 647]
brevistyla ⇒ *Adversaeschna*
caerulea ヒメルリボシヤンマ　174-175, 177, 268-270, 278-279, 286, 378, 511, 744, F[279], AT[581, 649], PP6
californica　156-157, T[220], AT[580, 598, 606]
canadensis　190, AT[583]
confusa　T[395-396], AT[627, 640]
crenata　269
cyanea ヒスイルリボシヤンマ　15-16, 18, 35, 57, 72-73, 86, 92, 97, 101, 103, 105, 120, 167, 178, 186-187, 200-202, 217, 227, 230, 237-238, 241, 248, 260, 262, 268, 274, 276, 282, 322, 326, 337, 342, 358, 359, 366-368, 375, 381, 408, 417, 422, 425-426, 436, 438, 447, 449, 451, 454, 476, 511, 525, 526, 743, F[187-188, 237, 242, 249, 322, 338, 419, 423, 427, 430, 450], T[213, 534, 550, 555], AT[575, 578, 581, 588, 590-591, 596, 600, 603, 609, 611, 613-615, 622, 625, 631, 637, 646], PB6
diffinis　AT[640]
draco　AT[574]
eduardoi　AT[649]
eremita　33, 98-99, 190, 222, 278, 299, 333, 355, 745, AT[596, 600, 603]
grandis キバネルリボシヤンマ　101, 157, 175, 197, 258, 274, 291, 320, 322, 348, 352, 355, T[291], AT[581, 588, 611-613, 622-623, 624], PI5
interrupta　178, 190, 278, F[189], AT[588]
interrupta lineata　91, AT[586, 588, 603]
juncea mongolica ルリボシヤンマ　AT[604]
juncea ルリボシヤンマ　12, 14, 18, 24, 35, 54, 58, 93, 133-134, 174-176, 178, 189, 191, 217, 224, 232, 234, 243-244, 258, 268, 279, 287, 291-292, 309, 376, 429, 481, 511, 742, F[44, 189], T[136, 213, 267, 555], AT[570, 581-582, 587-590, 596, 598, 602-603, 606, 611, 622, 627], PA2
minuscula　178
mixta マダラヤンマ　28, 55, 57-58, 188, 201

-203, 217, 253, 274, 277, 318, 348, 358, 381, 411, 556, 743-744, T[213, 219, 253], AT[570-571, 581, 609, 616, 626, 632, 650], PE2
multicolor　157, F[88], T[220], AT[580, 598], PN1
mutata　AT[649]
nigroflava オオルリボシヤンマ　50, 99-100, 522, T[250, 286], AT[581, 613, 646], PH3-PH6
palmata　85, 98, 180, 222, 301, F[88], AT[604]
peralta　177, 180, AT[604], PL6
persephone　AT[648]
rufipes　35, AT[574]
scotias　274, 277
septentrionalis　175
serrata　188
sitchensis　16, 174, 201, 333, 426, 484, AT[575, 591, 603, 606, 623]
squamata　167
subarctica イイジマルリボシヤンマ　174-175, 177, 233, 244-245, 268, 291, 295, 376, 507, 536, F[189], T[14, 294, 321], AT[570-571, 581, 603, 613, 615], PD1
subarctica elisabethae イイジマルリボシヤンマ　11
tuberculifera　35, 53, 55, AT[581, 612-613, 615]
umbrosa　35, 55, AT[581, 612-613, 615]
variegata　175, AT[604]
viridis　49, 207-208, 225-226, F[226-227], T[14, 213, 220], AT[571, 581]
Aeshnidae ヤンマ科　14, 16-17, 25, 28, 45, 50-51, 54, 58-59, 61, 64, 73-74, 86-87, 89, 91-92, 98, 101, 113, 131, 140, 142, 145-146, 148, 157, 164, 166-167, 178, 184-185, 233, 260, 263, 268-269, 271-273, 277-281, 295, 299, 315, 317-319, 324, 326, 331, 337, 342, 344, 347-348, 350-351, 358, 368, 410, 418, 426-427, 452, 458, 471, 473-474, 476, 480-481, 483-485, 487, 504, 507, 511, 516, 534-535, 544, F[67, 87, 126, 332], T[139, 165, 182, 211, 231, 243, 267, 335,

343, 396, 458, 477, 512, 542], AT[569-570, 572, 578, 580-581, 583, 585, 596, 600, 605-606, 618, 620, 634, 639-641, 643]
Aeshninae ヤンマ亜科　T[139, 396], AT[600]
Aeshnini ヤンマ族　66, 167, 504, AT[572]
Aeshnoidea ヤンマ上科　100, 206
Aethriamanta 属 (A 37)　507, AT[572]
　rezia　49, 511, 514, AT[581]
Africocypha 属 (Z 6)
　lacuselephantum　269
Agriocnemis ヒメイトトンボ属 (Z 28)　299, 333, 370, 399, T[512], AT[601-602]
　femina oryzae コフキヒメイトトンボ　302, 514, AT[612, 632]
　lacteola　271
　maclachlani　31, 451, AT[623]
　pinheyi　166
　pygmaea ヒメイトトンボ　744, T[213], AT[625]
Agriogomphus 属 (A 7)　147, AT[600]
　jessei　AT[620]
　sylvicola　F[147]
Agrion 属 ⇒ *Calopteryx* 属, *Coenagrion* 属
Agrionoptera ホソアカトンボ属 (A 29)
　insignis insignis ホソアカトンボ　AT[610]
Allogaster 属 ⇒ *Neallogaster* 属
Allorrhizucha 属 (A 26)
　klingi　63
Amphiaeschna 属 (A 1)　146
Amphiagrion 属 (Z 31)
　abbreviatum　744, AT[605]
Amphicnemis 属 (Z 33)　138, T[139]
　erminea　AT[598]
Amphipterygidae ムカシカワトンボ科　74, 559, T[267, 436, 491], AT[569, 584, 633]
Amphipteryx 属 (Z 1)　74, AT[584]
Anaciaeschna トビイロヤンマ属 (A 2)　319, 399, 507, 742, T[165, 396], AT[572, 579, 618, 620]
　isosceles　14, 316, T[550], AT[570, 578, 580, 620, 648-649]
　jaspidea トビイロヤンマ　295, T[396]
　martini マルタンヤンマ　10, AT[580, 613]
Anactini ギンヤンマ族　46, 64, 66, 146-147, 304, 504, T[396], AT[572, 578, 600]
Anatya 属 (A 27)
　normalis　AT[610]
Anax ギンヤンマ属 (A 2)　30, 94, 99, 102, 106, 108, 126-127, 141-143, 158-159, 165, 206, 233-234, 263, 319, 329, 333, 342, 357-358, 438, 458, 477, 482, 490, 507, 535, F[128, 130], T[396, 477, 512], AT[572, 579, 600, 606, 608, 618, 620-621, 634, 639, 641, 648]
　amazili　25, 252, 260, T[396], AT[629]
　congoliath　146
　gibbosulus　T[396], AT[630]
　guttatus オオギンヤンマ　106, 177, 315, 321, 342, 504, 742, T[396, 542], AT[628-630]
　immaculifrons ムモンギンヤンマ　83, 146, T[101, 213], AT[589]
　imperator コウテイギンヤンマ　10, 14, 22, 28, 72, 86, 93, 95, 100-103, 106, 157, 167, 183, 206, 223, 237-239, 241, 243-244, 260, 292, 297, 316, 319, 349, 376, 388, 427-429, 438, 476, F[67, 72, 96, 103, 296], T[213, 220, 243, 250, 294, 346, 396, 555], AT[578, 580, 587-590, 601, 610-611, 613, 622, 640, 646, 650]
　junius アメリカギンヤンマ　17, 28, 30, 51, 60, 67, 72, 113-114, 126, 128, 132, 141, 157,

167, 176, 200-203, 206, 209-210, 216, 220, 230, 233, 235, 238, 241, 243, 263, 265, 276, 279, 281-283, 307, 315, 318-319, 324, 333, 337, 342-343, 350-352, 363, 366, 368, 377, 385-387, 396-398, 400, 402-405, 437, 504, 518, 551, F[122, 234, 281, 332, 404, 437], T[133, 182, 335, 343, 373, 395-396], AT[578-580, 583, 587-592, 596-598, 601, 602, 604, 608-610, 613, 619, 621-630, 646], PG3-PG4
　longipes　141, T[182], PI6
　nigrofasciatus クロスジギンヤンマ　165, AT[598, 640]
　parthenope ギンヤンマ　28, 35, 351, 405, 477, 504, T[396], AT[575, 578, 606-607, 627, 629-640]
　parthenope julius ギンヤンマ　66, 394, AT[580, 622-623, 629, 640], PI1, PK1
　parthenope parthenope ギンヤンマ　14, 388, 405, AT[580, 622], PM6
　strenuus　28, 66, 95, 350, AT[578, 583]
　tristis　167, 395, T[396], AT[626, 629]
　walsinghami　AT[614, 625, 633]
Anisogomphus ミヤマサナエ属 (A 7)　AT[600, 634]
　bivittatus　AT[604]
　maacki ミヤマサナエ　AT[615]
　occipitalis　178, AT[603]
Anisopleura 属 (Z 8)　75-76, 244, AT[584]
　lestoides　T[250]
Anisoptera 不均翅亜目　1, 3, 5-6, F[4-5]
Anisozygoptera ムカシトンボ亜目　1, 6
　⇒ Epiophlebiidae ムカシトンボ科
Anomalagrion 属 ⇒ *Ischnura* 属
Anotogaster オニヤンマ属 (A 17)　482, F[44], AT[639, 641]
　nipalensis　217, AT[604]
　sieboldii オニヤンマ　38, 43, 229, AT[571, 608-610], PE4
Antiagrion 属 (Z 32)
　grinsbergsi　AT[571]
Antipodochlora 属 (A 19)　AT[601]
　braueri　48, 260
Antipodogomphus 属 (A 7)　AT[601]
　hodgkini　35
Antipodophlebia 属 (A 6)　AT[600]
　asthenes　138, 146
Aphylla 属 (A 10)　155, 166, 473, AT[585, 601]
　albinensis　F[155]
　williamsoni　193, T[182, 193]
Apocordulia 属 (A 20)
　macrops　295
Archaeogomphini 族　473
Archaeogomphus 属 (A 7)　147, 473, 475, AT[600]
　infans　F[475]
Archilestes 属 (Z 15)　AT[584, 634]
　grandis　29, 66, 141, 253, AT[575, 581, 615], PA6
Archipetalia 属 (A 13)　T[165], AT[600]
Argia アメリカイトトンボ属 (Z 29)　30, 201, 269, 271, 452, 458, 478, F[489], T[267, 477], AT[577, 584, 605, 618, 633-635]
　agrioides　AT[605]
　alberta　AT[605]
　apicalis　29, 33, 269, 271, 416, 454, 486, 514, 535, T[455, 523], AT[619, 646]
　bipunctulata　270
　chelata　268, 417, 514, 523, 527, 529, T[632, 636, 646]
　difficilis　276, 361, 364

　fumipennis　271, 485
　fumipennis violacea　T[168]
　moesta　18, 35-37, 49, 202-203, 256, 382, 425, 477, 517, F[204, 255, 490], AT[574, 609, 642, 646]
　oculata　309
　plana　35, 367, 476-477, F[78], T[420], AT[578, 646]
　sedula　270, 422, 524, AT[605]
　terira　AT[603]
　violacea　142
　vivida ルリモンアメリカイトトンボ　80, 83, 181, 201-203, 269, 277-278, 417, 424, 514, 524, 532, 535-536, 744, T[220, 523, 526], AT[605, 631, 644-645]
Argiocnemis 属 (Z 28)　AT[584]
Argiolestes 属 (Z 19)　139, AT[584-585, 618]
　amabilis　AT[646]
　icteromelas　166
　ochraceus　PO4
Argiolestidae ゴンドワナアオイトトンボ科　167, 325
Argiolestinae ゴンドワナアオイトトンボ亜科　80, 139, 143, T[139, 144], AT[584]
Arigomphus 属 (A 7)　AT[600]
　submedianus　91, PB1, PH1-PH2
Aristocypha 属 ⇒ *Rhinocypha* 属
Asiagomphus アジアサナエ属 (A 7)
　melaenops ヤマサナエ　AT[613]
　pryeri キイロサナエ　35, 202-203, 223-224, AT[625, 644]
Austroaeschna 属 (A 5)　AT[593, 634]
　forcipata　192
　unicornis　AT[604-605]
　weiskei　302, 365
Austroagrion 属 (Z 30)　AT[601]
Austrocnemis 属 (Z 28)
　maccullochi　298
Austrocordulia 属 (A 20)
　leonardi　146, AT[600]
　refracta　148, 184
Austrogomphus 属 (A 7)　71
　australis　298, F[47], AT[579]
　cornutus　102, AT[586]
Austrogynacantha 属 (A 3)
　heterogena　263
Austrolestes ホソミアオイトトンボ属 (Z 16)　269-270, AT[577, 584, 593, 618, 634]
　annulosus　190, 258, 270, 276, 305, F[306], AT[619]
　colensonis ホソミアオイトトンボ　49, 54, 96, 160, 217, 235, 241, 270, 280, 282, 359, 449, 517, F[6, 7], AT[579, 581-582, 595, 598, 601, 632]
　gracilis　AT[623]
　insularis　AT[583, 615]
　leda　258, 305, AT[617]
　minjerriba　AT[623]
　psyche　AT[601]
Austropetalia 属 (A 13)　AT[600]
Austropetaliidae 科　AT[570]
　⇔ Neopetaliidae ベニボシヤンマ科
Austrophlebia 属 (A 5)
　costalis　337, AT[611]
Austrothemis 属 (A 28)　AT[600]
Azuma 属 ⇒ *Epophthalmia* 属

Basiaeschna 属 (A 6)　174, 263, AT[585]
　janata　18, T[182]

Bayadera ヒメカワトンボ属 (Z 8)　28, 75, 244, AT[584]
　　brevicauda チビカワトンボ　AT[574]
　　indica　F[216], T[213], AT[603]
Belonia 属 ⇒ *Libellula* 属
Boninthemis シマアカネ属 (A 29)
　　insularis シマアカネ　339, T[345]
Boyeria コシボソヤンマ属 (A 6)　112, 164, T[165], AT[593, 600, 634]
　　irene　35, 367, 417, 426, 481, AT[571, 574, 581, 610, 622, 625]
　　maclachlani　30, 164, 229
　　vinosa　18, 57, 102, 183, 295, 427, T[182], AT[574, 581, 583, 620]
Brachydiplacinae アオビタイトンボ亜科　492, 507, AT[572-573, 600, 639, 643]
Brachydiplax アオビタイトンボ属 (A 27)　AT[585]
　　chalybea アオビタイトンボ　49
　　farinosa　49, F[494]AT[619, 637, 642, 645]
　　sobrina　68
Brachymesia 属 (A 28)　AT[585]
　　furcata　AT[580, 629]
　　gravida　T[395], AT[629]
Brachythemis ヒメキトンボ属 (A 30)　358, 488, 503, T[436, 508], AT[572, 634-635, 638]
　　contaminata ヒメキトンボ　27, 28, 49, 51, 59-60, 63, 91, 111, 113, 116, 124, 201, 203, 355, 363, 447, 471, T[101, 219], AT[577, 580, 587, 589, 591, 608-610, 613, 622, 624]
　　lacustris アフリカヒメキトンボ　22, 48, 60, 63, 295, 307, 334, 339, 354, 356, 467, 469, 495, F[27, 354, 468, 493, 496], AT[642]
　　leucosticta オビヒメキトンボ　22, 231, 325, 337, 350-352, 355-356, 467, 493, F[496], T[285, 325], AT[622, 624, 650]
　　wilsoni　AT[624]
Brachytron 属 (A 5)　319, T[165, 477], AT[585, 600]
　　pratense　191, T[14, 550], AT[571, 580, 606, 646]
Brachytroninae アオヤンマ亜科　71, 146, AT[600]
Bradinopyga 属 (A 30)　16, 276, 320
　　cornuta　T[321], PC6, PM3
　　geminata　63, 115, 141, 215, 250, 495, F[216, 304, 495], T[213], AT[592, 608-609, 615, 617, 619]
　　strachani　116, 262, 320
Brechmorhoga 属 (A 31)　20, AT[570, 633-635]
　　mendax　AT[605]
　　pertinax　439, AT[631, 633]
　　rapax　321, 507, AT[570]
　　vivax　424-426, AT[570, 633]
Burmagomphus 属 (A 7)　482
　　javanicus　T[321]
　　sivalikensis　47

Cacergates 属 ⇒ *Brachythemis* 属
Cacoides 属　473, 535, 537, AT[579, 600, 635]
　　latro　451, AT[633]
　　mungo ⇒ *Melanocacus mungo*
Caledargiolestes 属 (Z 19)　AT[572, 584-585]
　　uniseries　138, T[144], AT[586]
Caledopteryx 属 (Z 19)　AT[572, 584, 635]
　　maculata　24, 375, AT[574]
　　uniseries　137-138
Caliaeschna 属 (A 5)
　　microstigma　AT[621]

Caliagrion 属 (Z 33)　AT[584, 618]
Calicnemia 属 (Z 35)　138, AT[584]
　　carminea pyrrhosoma　138
　　chaseni　417, AT[574]
　　miniata　138
Calopterygidae カワトンボ科　19, 65-66, 83-84, 164, 167, 233, 262, 271, 275, 279-281, 303, 330, 335, 377, 432, 439, 458-459, 461-462, 467, 476-477, 480-482, 507, T[211, 231, 267, 436, 453, 455, 458, 477, 491, 512, 550], AT[569, 577-578, 584, 605, 620, 633-635, 638, 640-641, 643]
Calopteryx アオハダトンボ属 (Z 4)　5, 30, 32, 61, 85, 88, 164-165, 233, 276, 376, 416, 426, 458, 478, 507, 512, 514, 517, 526, F[44, 484, 489], T[267, 436, 512], AT[577, 583-584, 593, 603, 608, 620, 633-635, 638, 641, 648]
　　aequabile ⇒ *aequabilis*
　　aequabilis　30, 248, 321, 450, 462-464, 477, T[291], AT[614, 645]
　　amata　30, 34, 464-465, AT[645]
　　angustipennis　462
　　atrata ハグロトンボ　49, 260, 521, 744, T[441], AT[578, 583, 626]
　　cornelia ミヤマカワトンボ　262, 271, 333, 340, 361, 375, 447, F[430], T[345, 363], AT[571, 612, 625-626, 636-637, 646], PO3
　　dimidiata　16, 32, 462, 505, 522, AT[612, 646]
　　haemorrhoidalis オアカカワトンボ　20, 31-32, 245, 260, 262, 274, 277, 280, 286, 298, 306, 308, 317, 320, 344, 347, 349, 355, 357, 377-378, 419, 440, 446, 454, 456, 462, 464, 742, F[322, 446, 460, 464-465], T[321, 345, 420, 441, 453], AT[591, 601-602, 619, 621, 626, 631-632, 636, 638, 646]
　　japonica アオハダトンボ　31, 248
　　maculata アメリカアオハダトンボ　17, 30, 32, 35, 39, 258, 279, 320, 344, 349, 358, 375, 414, 416, 421, 424, 429, 439-440, 442-443, 445-446, 449-450, 456, 461-466, 471, 476-477, 481-482, 485, 512-513, 516-518, 520, 526-528, 531, 743-744, F[259, 462], T[346, 441, 455], AT[574, 576, 622-623, 636-638, 642, 644-646], PO5
　　splendens オビアオハダトンボ　73-74, 82-84, 89, 93-94, 97, 99, 196, 198, 260, 262, 349, 359, 361-362, 433, 445-446, 454, 464, 477, 503, 742, 744, F[74, 94, 348, 434-435], T[93], AT[587-588, 590, 601, 603, 614, 622, 631, 636-637, 640, 644], PG5
　　splendens intermedia オビアオハダトンボ　292
　　splendens xanthostoma　443, 505, 517, 521, 743-744, F[464], T[441]
　　virgo ヨーロッパアオハダトンボ　49, 65, 112, 121, 191, 234, 247, 260, 264, 290, 340, 359, 376, 421, 424, 432-433, 462, 464-465, 511, 526-528, 530, 742-744, F[65, 432, 433], T[453, 523], AT[571, 578, 583, 591, 602-603, 612, 631, 636-638, 640, 644, 646]
　　virgo japonica アオハダトンボ　31, 248
　　virgo meridionalis ヨーロッパアオハダトンボ　65
　　virgo virgo ヨーロッパアオハダトンボ　T[464]
　　xanthostoma　20, 260, 262, 462-463, 742
Camacinia 属 (A 35)　T[139]
　　harterti　AT[598, 603]

Cannacria 属 ⇒ *Brachymesia* 属
Celithemis 属 (A 28)　148, 503, T[136, 182], AT[585, 596, 600, 635]
　　elisa　141, 169, F[234], T[133, 168], AT[586, 592, 596, 602, 612, 631]
　　eponina　417, 470, F[491], AT[642]
　　fasciata　111, 113-114, 141, T[136, 168], AT[586, 589-592, 596, 612]
Cephalaeschna 属 (A 5)
　　orbifrons　AT[603]
Ceratogomphus 属 (A 7)
　　pictus　AT[650]
Cercion クロイトトンボ属 (Z 30)　30, 458, AT[577, 583, 620, 633-635]
　　calamorum　240, 290, 375, 378, 408, 416, 425, 448, 476, 522, AT[578, 608-609, 612, 636-637, 646]
　　hieroglyphicum　312-314, F[310], AT[578, 612]
　　lindenii　15, 30, 33, 68, 280, 283, 322-323, 424-425, 480-481, T[420], AT[578, 612, 632, 636]
　　plagiosum　AT[612]
　　sexlineatum ムスジイトトンボ　AT[612]
　　sieboldii　32, 201-202, 206, 216, 437, 459, 529, AT[575]
Ceriagrion キイトトンボ属 (Z 33)　33, 82, 140, 423, 426, 458, 507, F[44], T[267], AT[572, 577, 584, 608, 620, 633, 641]
　　bidentatum　AT[615]
　　cerinomelas　AT[603]
　　coromandelianum　210, 212, 216, 517, F[216, 218], T[213, 219], AT[610, 644]
　　melanurum キイトトンボ　21, 299, T[294], AT[578, 606, 608-609, 612], PN4
　　nipponicum ベニイトトンボ　437, AT[637]
　　olivaceum　AT[625]
　　platystigma　AT[615]
　　suave　AT[615]
　　tenellum ヨーロッパベニイトトンボ　11, 15, 309, 316, 374, 377, 435, 438, 500, 551, T[14, 20], AT[570, 613, 646, 649]
Ceylonolestes 属 ⇒ *Austrolestes* 属
Chalcolestes 属 ⇒ *Lestes* 属
Chalcopteryx 属 (Z 11)　75, 83, AT[584]
Chalcostephia 属 (A 27)
　　flavifrons　49
Chlorocnemis 属 (Z 40)　28
　　flavipennis　334, 350, 354, AT[622]
　　nigripes　451
Chlorocypha 属 (Z 6)　30, T[436], AT[618, 622, 638]
　　dispar　T[453]
　　glauca　452, 466, T[453]
　　selysi　466, T[453],
　　sharpae　466
　　straeleni　270, 452, T[453]
Chlorocyphidae ハナダカトンボ科　77, 214, 271, 280-281, 377, 432, 438-439, 452, 458, 461, 465-467, 481, 507, 514, 547, T[211, 436, 453, 458, 491, 512], AT[569, 577, 584, 618, 635, 638, 643]
Chlorogomphinae ミナミヤンマ亜科　283, AT[600]
Chlorogomphus ミナミヤンマ属 (A 16)　427, 471, AT[600, 634, 639]
　　suzukii　F[150]
Chlorolestes 属 (Z 12)　77, AT[584]
　　apricans　AT[649]
　　fasciatus　260

Chlorolestidae科 ⇒ Synlestidae ミナミアオイトトンボ科
Chloroneura属 ⇒ Disparoneura属
Chorismagrion属 (Z 13)　AT[584]
Chromagrion属 (Z 30)　507, AT[620]
　　conditum　35, 451, 471, 509, AT[644]
Cleis属 ⇒ Umma属
Coeliccia ルリモントンボ属 (Z 35)　200, AT[584]
　　flavicauda　140
Coenagrion エゾイトトンボ属 (Z 30)　19, 30, 123, 126, 134, 185, 327, 452, 467, T[165, 267], AT[577, 603, 607, 618, 620, 638, 641, 648]
　　angulatum　176, 202, 261, 323, T[220]
　　armatum　467, 550, AT[588, 605]
　　concinnum　175, AT[605]
　　hastulatum キンソウイトトンボ　133, 185-186, 201, 207, 217, 222, 224, 227, 311, 313, 742-743, T[213, 220], AT[578, 589, 591, 596, 598, 606]
　　hylas カラフトイトトンボ　300, 556
　　hylas freyi カラフトイトトンボ　295, T[294]
　　lanceolatum エゾイトトンボ　T[250, 286], AT[605, 615, 646]
　　lunulatum　101, AT[649]
　　mercuriale　11, 24, 263, 312-313, 317, T[14], AT[570, 646]
　　puella サオトメエゾイトトンボ　30, 33, 37-40, 60, 66, 109, 127, 135, 158, 184, 187, 197, 205, 231, 244, 290, 292, 301, 310, 312-313, 327, 377, 405, 419, 422, 429, 438, 447, 514, 516, 521-524, 526, 528-529, 531, 535, 744, F[39, 40-41, 126], T[290, 420, 523, 526], AT[576, 578, 589-591, 601-602, 607-608, 611-613, 640, 646, 649], PP2
　　pulchellum　30, 33, 286, 327, F[67], AT[576, 578, 583, 607, 640]
　　resolutum　92, 99, 105, 108-109, 176, 224, F[189, 205], T[220], AT[586, 601, 604]
　　scitulum　472-473, 483, 500
　　sublacteum　AT[646]
Coenagrionidae イトトンボ科　20, 28, 34, 50-51, 59, 64-66, 70, 83-84, 101, 113, 117, 138, 142-143, 156, 158, 161, 166, 181, 184, 201-203, 206, 212, 214-216, 222, 253, 261, 266, 271, 274, 279-280, 282, 299, 306-307, 324, 333, 335, 360, 369, 370, 377, 409, 421, 427, 452, 458-459, 473, 476, 481, 507, 509, 514, 544, F[67, 458], T[139, 144, 165, 211, 231, 243, 267, 324, 399, 455, 458, 477, 491, 512], AT[569-570, 572, 577-578, 583-584, 593, 595, 601, 605, 608, 618, 620-622, 625, 633-635, 638, 640-641, 643]
Copera モノサシトンボ属 (Z 36)　28, 77, 82, 200, 507, T[436], AT[584, 635]
　　annulata モノサシトンボ　38, 254-255, 299, T[294], AT[578, 609, 612, 632, 647], PG1
　　marginipes　438, AT[632]
　　tokyoensis オオモノサシトンボ　AT[590]
Cora属 (Z 11)　31, 75, 77, 244, 280, 322, 478, T[436, 512], AT[584, 638]
　　cyane　24, AT[574, 631]
　　marina　77, 467, 502, AT[576, 645]
　　notoxantha　439, AT[645]
　　obscura　AT[641]
　　semiopaca　322, 439-440, 517, AT[645]
Cordulegaster タイリクオニヤンマ属 (A 17)　15, 17, 90, 112, 153, 201, 206, 382, 424, 507, 535, T[165, 477], AT[600, 634-635, 639, 648]
　　bidentatus　15, 20, 185, 344, T[21, 220], AT[570, 574, 586, 591, 603, 626, 648]
　　boltonii タイリクオニヤンマ　17-18, 22, 73, 86, 97, 99, 133, 152, 156, 164, 167, 191, 203, 217, 308, 334, 349, 367, 416, 424, 427, 438, 446, 476, F[151, 153-154], T[14, 534], AT[570, 590, 596, 606, 620, 622, 626, 633, 637]
　　dorsalis　274, 382, AT[603, 605, 626]
　　fasciatus　112, 185
　　insignis　90, F[90]
　　maculatus　15, AT[571], PJ6
　　mzymtae　15, AT[571]
Cordulegastridae オニヤンマ科　5, 21, 45, 50, 71, 89, 98-99, 145, 153-154, 167, 178, 206, 217, 324, 335, 337, 342, 414, 418, 427, 471, 474, 480, 483, 504, 507, 534, T[165, 211, 231, 477], AT[569, 573, 600, 605, 634, 639, 641, 643]
Cordulephya属 (A 18)　AT[600]
　　pygmaea　276, 323
Cordulia カラカネトンボ属 (A 19)　85, 88, 98, 178, 337, 358, 376, 426, 459, 535, T[550], AT[585, 600, 603, 620, 634, 635, 639, 641, 648]
　　aenea カラカネトンボ　15, 93, 107, 133, 148, 174-175, 191, 217, 233, 239, 244, 248, 262, 286, 315, 359, 427, 437, 441, 456, 459, 522, 742, F[448, 456], T[286, 335, 555], AT[575, 588, 589, 590]
　　aenea aenea カラカネトンボ　13, 454, 511, AT[580, 611]
　　aenea amurensis カラカネトンボ　27, 59, 134, 156, 209, 247, 274, 306, 334, 348, 367, 377, 421, 426, 447, 454-455, 457, 481, 485, 511, T[136, 250, 453, 455], AT[576, 580, 590, 611, 613, 622, 625, 632, 637, 638, 646]
　　shurtleffi アメリカカラカネトンボ　89, 99, 108, 367, 425-426, 438-439, 456, AT[586, 591, 622, 625, 633, 637]
Corduliidae エゾトンボ科　24, 27-28, 36, 45-47, 50-51, 59, 63, 66, 71, 91, 98, 112-113, 138, 145-148, 150, 152, 166, 185, 206, 209, 217, 241, 260, 269, 273, 277, 281-282, 295, 315, 332, 335, 347, 410, 418, 427, 434, 439, 471, 474, 476, 480, 483, 504, 507, 511, 534, 535, F[67, 148], T[165, 211, 231, 243, 267, 396, 453, 455, 458, 477, 512], AT[569, 572-573, 576, 580-581, 585, 595-596, 600-601, 620, 634, 639-641, 643]
Corduliinae エゾトンボ亜科　23, 29, 150, 180, 417, 503, T[396], AT[572-573, 600-601]
Coryphaeschna属 (A 1)　252, 263, 355, 396, AT[635]
　　adnexa　424, AT[633]
　　diapyra　AT[633]
　　ingens　343, 368, T[182], AT[623]
Coryphagrion属 (Z 20)　T[139]
　　grandis　AT[576, 598]
Cratilla属 (A 29)　T[139]
　　lineata calverti　AT[617]
　　metallica　AT[598]
Crenigomphus属 (A 7)　91, AT[600, 639]
　　ferox　PD4
　　hartmanni　474
　　renei　233, PD4
Crocothemis ショウジョウトンボ属 (A 30)　216, 276, 423, 457, 459, 488, 507, T[267, 508, 542], AT[572, 622, 633, 635]
　　divisa　277, T[213, 250, 321], AT[615]
　　erythraea ヨーロッパショウジョウトンボ　34, 269, 339, 367, 405, 416, 422, 424, 481, 485, 497-498, 503, 517, 527, 551, F[497, 516], T[213, 453], AT[604, 610, 613, 625, 630, 633, 636-637, 642, 644-645, 650]
　　sanguinolenta　257, 417, F[499]
　　saxicolor　271, T[321]
　　servilia ショウジョウトンボ　91, 115-116, 124, 210, 220, 336, 340, 409, 448, F[115, 216, 289, 362, 448], T[213, 291, 420, 542], AT[575, 580, 592, 608, 612, 624, 632, 636, 637]
Cyanallagma属 (Z 31)
　　interruptum　175, AT[603]
Cyanogomphus属 (A 7)　149, T[165], AT[600]
Cyanothemis属 (A 30)
　　simpsoni　AT[622]
Cyclophaea属 (Z 8)
　　cyanifrons　482, F[482]
Cyclophylla属 ⇒ Phyllocycla属

Davidius ダビドサナエ属 (A 8)　AT[572-573, 639, 641]
　　aberrans aberrans　AT[603]
　　moiwanus sawanoi モイワサナエ　AT[576]
　　moiwanus taruii モイワサナエ　48
　　nanus ダビドサナエ　49
Deielia コフキトンボ属 (A 30)　AT[641]
　　phaon コフキトンボ　239, AT[612]
Dendroaeschna属 (A 5)
　　conspersa　91
Devadatta属 (Z 1)　74-75, T[436], AT[584, 633]
　　argyoides　274, F[75]
Diastatomma属 (A 12)　AT[639]
Diastatops属 (A 33)　507, T[508]
　　intensa　AT[645]
Diceratobasis属 (Z 32)　138, T[139, 144], AT[584]
　　macrogaster　26, 92, AT[576, 599]
　　melanogaster　131, AT[599]
Dicteriadidae ナンベイカワトンボ科　276, T[491], AT[569, 584]
Dicterias属 (Z 7)　AT[584]
　　cothurnata　177
Dicteriastidae科 ⇒ Dicteriadidae科
Didymops属 (A 23)
　　floridensis　AT[649]
　　transversa　260, 355, 359, T[168], AT[622]
Diphlebia属 (Z 18)　74, 80, 159, 270, T[267], AT[584, 618]
　　euphaeoides　99, 161, AT[601]
Diphlebiidae科 ⇒ Lestoideidae属
Diplacodes ヒメトンボ属 (A 30)　488, T[396], AT[600, 635]
　　bipunctata ベニヒメトンボ　16, 47, 276, 358, 425, 428, 471, T[396], AT[617, 619, 627-628, 630-631]
　　haematodes　AT[580, 623]
　　lefebvrei　T[396], AT[626, 650]
　　okovangoensis　AT[649]
　　trivialis ヒメトンボ　93, 98-99, 190, 219, F[218], T[219, 395-396], AT[580, 587, 591, 604, 610, 613, 624, 629]
Diplax属 ⇒ Sympetrum属
Disparoneura属 (Z 40)　AT[584, 638]
　　campioni　82
Dorocordulia属 (A 19)　358
　　libera　190
Drepanosticta属 (Z 38)　244, AT[584]
　　sundana　166

Dromogomphus 属 (A 7)
  spinosus 133, 168-169, 190, T[168], AT[586, 596]
  spoliatus T[182]
Dysphaea 属 (Z 8) 75, 434, AT[634]
  dimidiata 276
Dythemis 属 ⇒ *Elasmothemis* 属

Ebegomphus 属 ⇒ *Cyanogomphus* 属
Ecchlorolestes 属 (Z 14)
  peringueyi T[321]
Echo 属 (Z 4) 461
Elasmothemis 属 (A 31) AT[572, 574, 600]
  cannacrioides 48, AT[574, 635]
  multipunctata AT[640]
  sterilis AT[640]
Elattoneura 属 (Z 40) 29, T[477]
  balli AT[631]
  glauca T[285, 294], AT[650]
Eleuthemis 属 (A 27) AT[572, 638]
  buettikoferi 48, 467, 527, AT[574]
Enallagma ルリイトトンボ属 (Z 31) 16, 19, 30-31, 33, 83, 112, 123, 142, 156, 164, 166, 168, 171, 191, 196, 207, 268, 299, 301-302, 327, 399, 416, 427, 452, 458-459, 471, 473, 476, 478, 481, 484, 521, 742, F[489], T[267, 324, 477], AT[584, 592-593, 603, 606, 618, 620, 633-635, 637, 648]
  aspersum 24, 93, 106, 141-142, 169, 202, 269, 486, F[130], T[220], AT[575, 588-589, 592, 597-598, 601-602, 612]
  basidens T[168], AT[650]
  belysheri AT[605]
  boreale キタルリイトトンボ 108, 132-133, 135, 142, 170, 175-176, 204, 207, 224, 240, 258, 268, 292, 323, 360-361, 365, 376, 378, 405, 438, 460, 531, 745, F[189], T[52, 136, 220, 420, 526], AT[586-587, 592, 596, 598, 602, 604, 612, 644]
  carunculatum 108, 110, 323, 349, 376, T[420], AT[586, 640]
  circulatum ルリイトトンボ AT[612]
  civile 26, 35, 81, 166, 180, 191, 264, 302, 454, T[420, 523], AT[590-591, 640, 645, 646]
  clausum 189
  cyathigerum タイリクルリイトトンボ 31-32, 73, 84, 106, 121, 142, 155, 160, 175, 189, 191, 196-197, 256, 280, 290, 312-313, 340, 382, 386, 416, 480, 498, 501-503, 509-510, 524, 743, F[65, 121, 189, 311, 500-501], T[523], AT[577, 586, 588-589, 598, 605, 610, 637, 642, 644, 646, 650]
  divagans 141, T[168], AT[592, 602]
  durum 188
  ebrium 31, 39, 57, 134, 158, 160, 201, 203, 207, 292, 310, 312, 409, 525, 743, T[52], AT[602, 609]
  geminatum AT[598]
  glaucum 348, F[474], AT[623]
  hageni ハーゲンルリイトトンボ 31-33, 36-38, 40, 170, 202, 207, 287, 290, 292, 428, 446, 505, 511, 517-518, 521-524, 526-528, 530-532, 535-537, F[31, 524-525], T[37, 52, 220, 250, 420, 522-523, 526], AT[577-578, 609, 612, 631, 642, 646]
  nigridorsum 321, 427
  nigrolineatum AT[605]
  parvum 210, 744, AT[623]

pollutum 456
praevarum AT[646]
signatum 141, 169, 456, T[168, 294]
subfurcatum F[474]
traviatum 141, 435, 437, F[130], T[168], AT[592]
vansomereni 43, 321, 427
vernale 203, 207, 743, F[204-205], T[52]
vesperum 298, T[168, 294]
Eothemis 属 (A 26) 507, AT[573]
Epallage 属 (Z 8) 28, 30, 75, 434, AT[577, 584, 635]
  fatime 68, 76, 80, 156, 469, F[76, 78]
Epiaeschna 属 (A 5) 25, 263, 355, AT[585]
  heros 63, 301, 368, T[182, 395], AT[575, 583, 620-621]
Epicordulia 属 (A 19) 102, 770 ⇔ *Epitheca* 属
Epigomphus 属 (A 7) 471
  subobtusus AT[603]
Epiophlebia ムカシトンボ属 (A39) 1, 358, 559, F[484], T[165], AT[600]
  laidlawi ヒマラヤムカシトンボ 155, 177-178, 180, AT[603, 626, 648]
  superstes ムカシトンボ 35, 37, 49-50, 146, 164, 167, 217, 229, 292, 300, 480, F[67, 228], AT[574, 583, 611, 626, 646], PA3, PC1, PE1
Epiophlebiidae ムカシトンボ科 1, 3, 45, 50, 64, 66, 70-71, 74, 98, 145, 166, 217, 281, 473, 481-483, 504, 511, 534, F[67], T[165, 211, 231], AT[570, 572-573, 600]
Epiophlebioidea ムカシトンボ上科 1, AT[570]
Epiphlebioptera 1
Epiprocta 亜目 1
Episynlestes 属 (Z14)
  albicauda 323, 451, 321
  cristatus 192
Epitheca トラフトンボ属 (A 19) 5, 48, 66, 112-113, 159, 206, 210, 358, 459, 507, F[44], T[267, 335], AT[572, 585, 600, 603, 635, 641]
  bimaculata オオトラフトンボ 68, 191, 234, 376, F[67], T[193], AT[603, 610]
  bimaculata bimaculata オオトラフトンボ 49
  bimaculata siberica オオトラフトンボ 48, 60, 239, 471, AT[637]
  costalis T[611]
  cynosura アメリカオオトラフトンボ 48, 106, 111-112, 130, 132, 134, 141, 168-170, 202-203, 221-222, 274, 283, 358, 360, 423, 438, 742, F[221, 234], T[133, 136, 168, 213, 220, 243], AT[579, 586, 590, 592, 595-598, 601-602, 611, 613, 633, 637, 640]
  marginata トラフトンボ 48-49, 148
  princeps 132, 156, 238, 295, 298, 327, 358, 438, F[234], T[133, 294], AT[633, 637]
  spinigera 48
  spinosa AT[640]
  sepia 299
Epophthalmia オオヤマトンボ属 (A 23) F[44], T[165], AT[585]
  elegans オオヤマトンボ 49, AT[607]
Erythemis ハヤブサトンボ属 (A 30) 357, 512, AT[635]
  attala 206
  collocata AT[605]
  haematogastra T[325]
  peruviana T[325]

plebeja AT[622]
simplicicollis ハヤブサトンボ 36, 38, 59-60, 63, 71, 100, 134, 203, 219, 238, 257, 261, 277, 287, 290, 292, 295, 310, 345, 348-349, 357, 359, 361, 366, 368, 374, 377, 438, 440, 446, 452, 457, 486, 503, 505-506, 517, 519-520, 522-523, 527-529, 531-532, 537, F[36, 234, 257], T[133, 182, 213, 219, 346, 441, 453, 455, 522], AT[578, 580, 590, 597, 605, 608, 610, 612, 622-625, 633, 635-636, 638, 644-646], PJ5, PL1-PL2
vesiculosa 252, 344, 348-349, T[346], AT[622]
Erythrodiplax 属 (A 30) 139, 151, 507, T[139, 267, 508], AT[599-600, 635]
  amazonica AT[599]
  attenuata AT[624]
  berenice 11, 141, 185, 187-188, T[395], AT[571, 606, 629]
  connata 357, AT[580, 588, 623]
  funerea 47, 214, 251-252, 256, 261, 321, T[250], AT[580, 610, 615]
  umbrata 252, 321, 396, AT[615]
Erythromma アカメイトトンボ属 29-31, 33, 143, 165, T[267], AT[577, 584, 603, 635]
  lindenii ⇒ *Cercion lindenii*
  najas ヨーロッパアカメイトトンボ 17, 33, 38, 155, 185, 191, 201, 204, 233, 359, 361-362, 438, 450, AT[571, 576, 583, 648], PI4
  viridulum 33, 233, 405, T[14], AT[571, 649]
Euphaea ミナミカワトンボ属 (Z 8) 75, 240, 244, AT[584, 638]
  decorata 77, 102, 112, T[213], AT[586-587]
  formosa AT[612]
  yayeyamana コナカハグロトンボ AT[612]
Euphaeidae ミナミカワトンボ科 28, 75-77, 271, 276, 461, 467, 482, T[211, 491], AT[569, 577, 584, 634-635, 638]
Eurysticta 属 (Z 34) 82, AT[584]
  coolawanyah F[78]
Euthore 属 (Z 9) 178, 325
  fasciata fasciata 325, 416, T[325], PM5
  montgomeryi 177

Fylgia 属 (A 27)
  amazonica lychnitina 451

Gomphaeschna 属 (A 6) T[165], AT[600]
  furcillata AT[580]
Gomphaeschnini サラサヤンマ族 AT[572]
Gomphidae サナエトンボ科 5, 11, 45-46, 48, 50-51, 66, 71, 84, 89, 91, 97-98, 112-113, 145, 147, 149-150, 152, 154, 166, 192, 196, 206, 214, 217, 230, 233, 241, 269, 271, 275-276, 281, 299, 315, 318, 335, 343, 377, 434, 438, 452, 471, 473-474, 476, 480, 483, 485, 487, 502, 504, 507, 511, 534-537, F[67, 148, 155], T[14, 165, 182, 211, 231, 243, 266, 324, 396, 453, 477, 512, 550], AT[569, 572-573, 579, 585-586, 588, 600-601, 605-607, 620, 633-635, 639-641, 643, 647]
Gomphidia 属 (A 12) AT[600, 639]
  gamblesi AT[579]
  kelloggi 156
  perakensis AT[590]
Gomphinae サナエトンボ亜科 24, 145, AT[572-573, 579, 600-601]
Gomphoidinae アメリカウチワヤンマ亜科

AT[573, 579, 600-601]
Gomphoidini 族　473
Gomphomacromia 属 (A 20)　21, AT[572-573]
Gomphomacromiinae サナエヤマトンボ亜科　295, AT[572-573, 600], PJ3
Gomphurus 属 (A 7)　AT[579, 600]
　　externus　AT[640]
　　fraternus　AT[640]
　　lynnae　271, 452
　　ozarkensis　260, 320, T[250], AT[646]
　　septimus　AT[620]
　　vastus　AT[610]
Gomphus サナエトンボ属 (A 7)　262, 317, 376, 474, 476, 490, F[44], AT[573, 579, 585, 593, 600, 620, 641, 648]
　　cavillaris　112, 185
　　descriptus　AT[626]
　　exilis　AT[571, 613]
　　flavipes　112, 152, 233, AT[589]
　　graslinellus　AT[640]
　　kurilis　AT[649]
　　lividus　T[193], AT[640]
　　pryeri ⇒ *Asiagomphus pryeri*
　　pulchellus　15, 48, 152, 156, 185, 742, T[550], AT[571], PK3
　　simillimus　156
　　simillimus simillimus　152
　　vulgatissimus　89, 152, 192, 194, 239, 244, 742, T[243], AT[571, 589-591, 611, 648]
　　westfalli　262
Gynacantha カトリヤンマ属 (A 3)　25, 51, 252, 320, 352, 425, 507, 535, T[139], AT[600, 634, 639]
　　africana　16
　　auricularis　16, AT[576, 599]
　　basiguttata　263
　　bayadera　294
　　bifida　229, AT[625]
　　bullata　AT[615]
　　cylindrata　294
　　japonica カトリヤンマ　25, 262, 294, 297, 300, 351, 354, F[295, 339], T[294], AT[622, 647]
　　manderica　295, 300
　　membranalis　140, 214, 743, T[213], AT[576, 588, 597, 599]
　　nervosa　180, 263, 294, 316, 320, 354, AT[575, 610]
　　nourlangie　16, 183, 278
　　subinterrupta　298
　　tibiata　16, 28, 252, 424, AT[590]
　　vesiculata　214, 251, T[213], AT[575, 615]
　　villosa　252
Gynacanthini カトリヤンマ族　25, 43, 50, 54, 260, 298, 307, 317, 320, 324, 326, 354, 451, AT[572]

Hadrothemis 属 (A 29)　38, 139, 488, 494, 507, 515, T[139], AT[573, 601]
　　camarensis　133, 140-141, F[495], AT[587, 592, 599]
　　coacta　64, 515-517
　　defecta pseudodefecta　F[497], AT[642]
　　scabrifrons　AT[599], PC5
　　versuta　63-64, AT[631]
Hagenius アメリカコオニヤンマ属 (A 11)　149, 318, 357, 474, AT[585, 600, 639]
　　brevistylus アメリカコオニヤンマ　194, 235, 276, 320, 333, 344, 349, 360, 474, 480,

F[475], T[182, 193, 346], AT[622]
Heliaeschna 属 (A 3)　377
Heliocypha 属 ⇒ *Rhinocypha* 属
Heliogomphus 属 (A 7)　149, 244, AT[600]
　　scorpio　192, 214
Helocordulia 属 (A 19)　AT[585]
Hemeroscopidae (絶滅科)　97
　　uhleri　190
Hemeroscopus baissicus (絶滅種; Aeshnoidea ヤンマ上科)　100
Hemianax ヒメギンヤンマ属 (A 2)　102, 358, 424, 482, 535, T[396], AT[572, 600]
　　ephippiger ヒメギンヤンマ　15, 17, 21, 28, 39, 180, 182, 190, 234, 238, 281-282, 285, 292, 304, 383-386, 388, 391-395, 398-402, 404, 484, 551, 742, 744, T[213, 395-396], AT[575, 578, 587, 609-610, 622, 625-630, 637, 645]
　　papuensis パプアヒメギンヤンマ　28, 35, 64, 66, 84-86, 88, 92, 94, 96, 98-101, 157-158, 164, 298, 334, 348, 353-354, T[396], AT[578, 627-630, 632, 649], PK2
Hemicordulia ミナミトンボ属 (A 19)　459, 482, 484-485, 507, T[396, 512], AT[600, 634]
　　australiae オーストラリアミナミトンボ　47, 109, 260, 333, 348, 354, 421, 426, 428, 438, T[396], AT[591, 625, 628]
　　ogasawarensis オガサワラトンボ　428, 743, AT[633]
　　tau　51, 89, 92, 130, 230, 333, 405, F[232], T[396], AT[572, 600-601, 639]
Hemigomphus 属 (A 8)
　　armiger　150, F[155]
　　gouldii　59
　　heteroclytus　233
Hemiphlebia 属 (Z 27)　559, T[165], AT[584]
　　mirabilis　271, 451, 467, 470, AT[601, 606], PO1-PO2
Hemiphlebiidae ムカシイトトンボ科　T[165, 211], AT[569, 584, 643]
Hemistigma 属 (A 27)
　　albipuncta　AT[625]
Hesperaeschna 属 ⇒ *Aeshna* 属
Hetaerina アメリカカワトンボ属 (Z 5)　30-31, 317, 327, 358, 423, 461, 473, 480-482, T[477], AT[584, 635]
　　americana アメリカカワトンボ　32, 350, 354, 409, 429, 437-439, 449, 476, 521, 743, T[325, 453], AT[605, 637, 645], PE6
　　cruentata　260, 262, 290, 298, 382, AT[631, 636, 646]
　　macropus ⇒ *occisa*　359
　　mortua　177
　　occisa　AT[619]
　　titia　31, 438
　　vulnerata　31-32, 440, 511-512, AT[578]
Heteragrion 属 (Z 19)　28, T[436], AT[584]
　　alienum　298, 449, T[294], AT[619, 631]
　　erythrogastrum　361, 364-365
　　petiense　451
　　tricellulare　T[453]
Heterogomphus 属 ⇒ *Megalogomphus* 属
Hoplonaeschna 属 ⇒ *Oplonaeschna* 属
Hydrobasileus 属 (A 35)　106
　　croceus　49, 124
Hylogomphus 属 (A 7)
　　adelphus　283
Hypopetalia 属 (A 13)
　　pestilens　320

Ictinogomphus ウチワヤンマ属 (A 12)　29, 46-47, 149, 273, 507, 512, 535-536, T[165, 508, 512], AT[572, 585, 600, 615, 634-635, 639]
　　angulosus　124
　　australis　F[46], AT[579]
　　clavatus ウチワヤンマ　47-48, 234, 241, AT[579, 603, 622, 647], PF4, PN3
　　decoratus　145, AT[575]
　　decoratus melaenops　AT[579]
　　ferox アフリカウチワヤンマ　149, 231, 233-234, 260, 281, 300-301, 316, 319, 507, 514, 528, 536, T[193, 285], AT[579, 611, 619, 633]
　　fraseri　AT[579]
　　pertinax タイワンウチワヤンマ　176, 504, 742
　　rapax　46, 68, 149, 157, 206, 321, 507, AT[579, 609, 637]
Ictinus 属 ⇒ *Ictinogomphus* 属
Idionyx 属 (A 21)　302
　　claudia　302, AT[574]
　　optata　302
Idiophya 属 ⇒ *Idionyx* 属
Idomacromia 属 (A 22)　AT[600]
　　proavita　138, 743
Indaeschna 属 (A 1)　146, T[139]
　　grubaueri　73, 100, 157, AT[599, 602]
Indocnemis 属 (Z 35)　426, 458, T[512], AT[577, 638]
　　orang　24, T[512], AT[574]
Indolestes ホソミオツネントンボ属 (Z 16)　217, 254, T[324, 477], AT[572, 634-635]
　　cyaneus　AT[604]
　　peregrinus ホソミオツネントンボ　68, T[213, 321], AT[580, 617]
Indophaea 属 (Z 8)　AT[584]
Indothemis 属 (A 30)
　　carnatica　T[500]
Iridictyon 属 (Z 4)
　　myersi　177
Ischnogomphus 属 (Z 7) ⇒ *Agriogomphus* 属
Ischnura アオモンイトトンボ属 (Z 31)　28-30, 64, 108, 123, 126, 156, 165, 169, 216, 253, 261, 268-269, 301, 309, 333, 370, 398, 426, 429, 452, 458, 460, 471, 478, 482, 487, 503, 507-509, 521, 533, 744, F[484, 489], T[267, 324, 477, 534], AT[573-584, 593, 605, 618, 620, 633-634, 641, 648]
　　asiatica アジアイトトンボ　457, 459, T[399], AT[612, 629, 644]
　　aurora キバライトトンボ　29, 189, 212, 248, 323, 384, 393, 397-399, 426-427, 458, 471, 485, 503, 508, 510-511, 533, F[458], T[213, 399], AT[601, 605, 626, 631], PP4
　　capreolus　398
　　cervula　522, F[189], AT[592, 602, 646]
　　damula　182, 268, AT[605, 610, 614, 623]
　　demorsa　268, AT[614]
　　denticollis　29, 454, 503, T[526], AT[591, 612, 640]
　　elegans マンシュウイトトンボ　10, 15, 29, 35, 46, 73, 102, 105-107, 109, 127, 132, 135, 163, 188-189, 191, 196-197, 200, 205, 217, 231, 233, 256-257, 261, 268, 290, 307, 310-311, 313, 316, 324, 326, 335, 345-346, 349, 375, 378, 399, 405, 458, 470, 472, 478, 486, 490, 498, 502-504, 508-509, 512, 518, 522, 535, 742-743, F[74, 102, 104, 256,

491], T[14, 213, 523, 526, 550], AT[578, 587-590, 598, 602, 606-608, 612, 619, 623, 631, 642, 644, 646, 650]
elegans ebneri マンシュウイトトンボ 744, AT[640]
evansi 190, 299, 398-399, T[399], AT[626]
fountainei 189, 744, T[399], AT[605, 640]
gemina 29, 288, 399, 503, 508, 517, 522, 524, 529, 536, T[291, 523], AT[612, 615, 623, 640, 646]
graellsii スペインアオモンイトトンボ 39-40, 59, 216, 233, 268, 286, 290, 359, 452, 454, 460, 470-471, 481, 500, 503, 505, 508, 522, F[267], T[213, 250, 523, 526], AT[578, 612, 614, 622, 637, 644], PL5
graellsii スペインアオモンイトトンボ form *aurantiaca* 268
graellsii スペインアオモンイトトンボ form *infuscans* 268
hastata 106, 110, T[395, 399], AT[588-589, 629, 650]
heterosticta 258, 270, 276, AT[602, 619]
intermedia T[399]
kellicotti 261, AT[571]
perparva T[592]
posita 81, 128, 142, 166, 291, 312, 470, 744, T[168], AT[602, 646]
pumilio ヒメアオモンイトトンボ 10, 191, 256, 258, 384, 386, 399, 405, 454, 458, 471, 533, T[399, 550], AT[578-579, 602, 605, 627, 644]
pumilio ヒメアオモンイトトンボ form *aurantiaca* 256, 471
ramburii 105, 452, 503, F[490], AT[589, 610, 642], PB4
saharensis T[399]
senegalensis アオモンイトトンボ 51, 181, 239-240, 503, 508-509, T[285, 399], AT[580, 625, 650]
verticalis アメリカアオモンイトトンボ 39, 51, 59, 61-62, 82, 91, 106, 111, 121, 123, 134, 142, 156-161, 163, 191, 194, 200-201, 219, 241, 254, 315, 326, 357, 399, 451, 454, 457-458, 487, 505, 508, 528, 532, 742, 744, F[62, 160, 202], T[52, 161, 168, 219-220, 250], AT[578, 580, 583, 587-590, 597-598, 602, 609-610, 612-614, 623, 631]
Ischnurinae アオモンイトトンボ亜科 26, 138, 398, F[129], T[399]
Isosticta 属 (Z 34) AT[572, 574, 584]
robustior F[78]
Isostictidae オセアニアイトトンボ科 82, AT[569, 572, 584]

Jagoria 属 ⇒ *Oligoaeschna* 属

Labrogomphus 属 (A 7)
torvus 73, 155
Ladona 属 ⇒ *Libellula* 属
Lamelligomphus 属 (A 9) AT[573, 601]
biforceps AT[203]
Lamellogomphus 属 ⇒ *Lamelligomphus* 属
Lanthus ヒメクロサナエ属 (A 8) 320, T[165], AT[572, 600, 639]
fujiacus ヒメクロサナエ 18, AT[574]
vernalis 112, AT[592, 607]
Leptagrion 属 (Z 33) 138, 157, 507, T[139, 144], AT[584]

andromache AT[599]
beebeanum AT[599]
bocainense AT[599]
dardanoi AT[599]
elongatum AT[599]
fernandezianum AT[599]
macrurum AT[599]
perlongum AT[599]
siqueirai 117, AT[599, 649]
vriesianum AT[599]
Leptetrum 属 ⇒ *Libellula* 属
Lepthemis 属 ⇒ *Erythemis* 属
Leptobasinae ヒカゲイトトンボ亜科 92, 131, 399, T[139, 144]
Leptobasis 属 (Z 32) AT[584]
vacillans 16, 25, 214, 219, 251, 269, 392, 399, AT[610, 615]
Lestes アオイトトンボ属 (Z 15) 5, 30, 38, 51, 54-55, 58, 61, 81, 88, 94, 99, 107, 109, 123, 165-166, 176, 210, 217, 252, 254-255, 290, 313-314, 358, 459, 476, 478, 481, F[44, 489], T[324, 335, 477, 550], AT[577, 583-584, 593, 603, 618, 620, 623, 634, 641, 648]
barbarus ソメワケアオイトトンボ 11, 29, 58, 188, 217, 253, 260-261, 280, 290, 334, 340, 347, 378, 380, 382, 483, 551, T[253, 455], AT[581-582, 597, 616, 637]
congener 49, 51, 54-57, 60, 209, F[189], T[213], AT[579, 581, 592, 605, 608, 610]
disjunctus アメリカアオイトトンボ 25, 40, 56, 59, 81-83, 92, 99, 105, 109, 112, 156, 260, 742, F[80-81, 189, 205, 302], T[136, 420], AT[575, 582, 586, 591-592, 598, 604]
disjunctus australis アメリカアオイトトンボ 303, 337, 452, 514, 524, F[302], T[420, 523], AT[581]
disjunctus disjunctus アメリカアオイトトンボ 60, 135, T[294], AT[579, 581]
dissimulans F[78], AT[615]
dryas エゾアオイトトンボ 58, 189, F[189], T[213, 455], AT[581, 583, 605, 607, 610, 649]
elatus AT[587-589, 615]
eurinus 31, 68, 141, 201-203, 217, 224, F[225], T[213, 220], AT[580]
forcipatus 283, AT[571]
japonicus コバネアオイトトンボ 255, AT[581]
leda AT[572]
macrostigma 188, AT[601]
mediorufus AT[615]
pallidus 217, 269, AT[615]
parvidens 299
plagiatus 212, 252, 438
praemorsa 25, 215, 217, 315, 381, T[213], AT[575, 617]
rectangularis 458, AT[581]
secula 252
sponsa アオイトトンボ 31, 32, 55, 57-58, 60, 66, 109, 155, 191, 217, 255, 277, 361, 536, 743-744, T[14, 213, 253, 286, 291, 455], AT[581, 583, 589, 591, 598, 605, 608-609, 613, 616, 631, 644, 646, 650]
spumarius AT[617]
temporalis オオアオイトトンボ 217, 249, 261, 290-292, 378, F[288, 378], T[253, 288], AT[578, 581, 616]
tenuatus 25, AT[610, 617]
tridens 99
uncatus 181, AT[604-605]

unguiculatus 36, 58, 60, 326, 368, 425, 509, F[332], AT[579, 581, 583]
vidua 320
vigilax T[168], AT[622]
virens 29, 54, 58, 132, 280, 309, 340, 513, T[253, 455], AT[575, 581-582, 597, 603]
virens vestalis AT[637]
virgatus 214, 217, 251-252, 260, T[213], AT[571, 610, 616-617, 637]
viridis マキバアオイトトンボ 33, 54, 58, 60-61, 64, 66, 68-69, 290-291, 299, 438, 449, 535, T[243, 253, 291], AT[575, 578, 581, 583, 610, 631-632]
Lestidae アオイトトンボ科 11, 22, 28, 50, 56-60, 81, 99, 113, 143, 145, 147, 166, 184, 214, 217, 226, 252, 271, 276, 279, 280, 282, 291, 300, 303, 315, 335, 347, 476, T[144, 211, 231, 243, 324, 455, 458, 477, 491], AT[569, 572, 577, 580-581, 584, 595, 605, 618, 620, 634-635, 641, 643]
Lestinogomphus 属 (A 7) 91, 145, 155, 482, AT[574, 601]
africanus F[67], AT[579]
Lestoidea 属 (Z 17) 74, AT[584]
Lestoideidae ミナミヤマイトトンボ科 AT[569]
Leucorrhinia カオジロトンボ属 (A 28) 20, 66, 91, 112, 124, 142, 175, 178, 190, 200, 317, 327, 358, 429, 447, 451, 459, 476, 478, 484, 486, 507, T[335], AT[585, 591, 600, 603, 620, 633-635, 641, 648]
albifrons 191, 244, 452, AT[649]
borealis 174, F[189], AT[603]
caudalis ハラビロカオジロトンボ 421, 429-431, 438, 442, 449, 452, F[431], AT[625, 632, 635, 637, 649]
dubia カオジロトンボ 11, 19, 93, 107, 120, 133, 141, 182, 207, 217, 222-223, 230, 234, 241, 244, 255-256, 278, 290, 315, 349, 359, 376-377, 409, 421, 429, 434, 437, 449, 452, 456, 486, F[208, 223, 289], T[213, 220, 291, 346, 453, 455], AT[585, 588-590, 596, 598, 611, 613, 637, 646], PP1
dubia orientalis カオジロトンボ 315
frigida 314, AT[585]
glacialis 60, 108, 438, 743, AT[580, 586, 640]
hudsonica 99, 353, 438, F[189], AT[576, 585-586, 588, 603, 606-607, 622, 631-632, 644-645]
intacta セボシカオジロトンボ 20, 34, 134, 200, 223, 310, 353, 440, 446-447, 510, 513, 521, 528, 745, F[135, 234], T[133, 136, 220, 250, 420], AT[585, 613, 636-638, 640, 644]
orientalis 175
pectoralis 18, 377, 451, 511, 555, 557, F[237], T[555], AT[611, 649]
proxima AT[585, 603]
rubicunda 20, 23, 244, 376, 409, 421, 430, 437, 456, 470, 486, 511, T[243], AT[579, 625, 631]
Leucorrhiniinae カオジロトンボ亜科 148, T[500], AT[600, 643]
Libella 属 543-544
fluviatilis F[544]
Libellago 属 (Z 6) 458, T[325, 436, 512], AT[577, 635, 638]
aurantiaca 466, T[453], AT[632]
hyalina 466
phaethon 466
semiopaca 438-439, 459, T[453], AT[623]
stictica 438, F[494], AT[640]

Libellula ヨツボシトンボ属 (A 29)　5, 66, 89, 91, 98, 108, 113, 123, 132, 164, 167, 185, 210, 265, 358, 399, 424-426, 459, 478, 484, 488, 507, T[139, 165, 335, 396, 436, 508], AT[573, 593, 596, 601, 603, 606-607, 620, 633-635, 638, 641, 648]
　angelina ベッコウトンボ　108, AT[640, 649]
　auripennis　182, 190, 350, 368, F[197]
　axilena　352, 409
　croceipennis　273, PF6
　cyanea　141, 438, F[497]
　deplanata　106, 112, 167, T[136, 182], AT[591, 596, 598]
　depressa ヒロバラトンボ　15, 185, 190-191, 230, 421, 476, 517, F[102, 184], T[14, 325, 550, 555], AT[587, 606, 608, 646, 649-650], PD5, PJ4
　fulva　T[550], PL3-PL4
　herculea　16, 192, AT[575, 599]
　incesta　60, 295, 438, T[168, 294], AT[580, 635, 642]
　julia　190-191, 202, 422, F[189, 204], T[52], AT[576, 580, 609, 633, 636-637]
　luctuosa ネグロベッコウトンボ　271, 287, 310, 420, 422, 424, 427, 437-439, 444-447, 457, 470, 512-513, 517, 520, 523, 526, F[234], T[133, 168, 441, 523], AT[576, 591, 597, 611, 625, 636-638, 645]
　lydia ⇒ *Plathemis lydia*
　needhami　AT[622]
　pulchella トホシトンボ　238, 259, 360, 424, 426, 437-438, 440, 743, F[234], T[133, 220, 395, 453], AT[580, 597, 627, 632, 635, 637]
　quadrimaculata ヨツボシトンボ　38, 124, 134, 177, 190-191, 230, 295, 316, 326, 342, 362-363, 367, 378, 384-385, 393-394, 405-407, 438, 444-445, 457, 476, F[237, 407, 494], T[294, 373-374, 396, 441, 555], AT[586, 588, 591, 604-606, 611-612, 622, 627, 630, 636-637, 650], PK5
　quadrimaculata asahinai ヨツボシトンボ　AT[625]
　saturata　321, 742, AT[605]
　semifasciata　409, AT[598]
　subornata　AT[648]
Libellulidae トンボ科　18, 20, 22-24, 26, 28-29, 36, 45-51, 57, 59, 63, 66, 71, 73, 87, 91, 97-99, 108, 112-114, 116, 123-124, 127, 130-131, 141, 145-147, 154, 158, 164, 166-167, 182, 184, 196, 201, 206, 209, 212, 214, 216, 230, 244, 245, 250, 255, 269, 271, 273, 275, 277, 281-283, 295, 299, 303, 307, 315, 330, 332, 335, 339, 342-343, 353, 357, 368, 377, 417-418, 425, 427-428, 434, 438-439, 461, 467, 471, 476-477, 480-484, 486-488, 490, 492-495, 498, 502-504, 507, 511-512, 514-517, 520, 536, 544, 568, 574, F[99, 206, 275, 332, 488, 491, 494-497, 516], T[139, 165, 182, 211, 231, 243, 266-267, 324, 335, 396, 436, 453, 455, 458, 477, 492, 500, 542], AT[569-570, 572-573, 576-577, 579, 581, 585, 588, 593, 595-597, 600-601, 605-608, 618, 620, 621, 629, 633-635, 638-643]
　Libellulinae トンボ亜科　140, 488, 507, 516-517, T[139, 396, 500], AT[573, 600-601, 639, 643]
Libelluloidea トンボ上科　206
Lieftinckia 属 (Z 35)　AT[585]
　kimminsi　79, 214, 745, F[79]
Lindeniini 族　473

Lindenia 属 (A 12)　T[396], AT[600, 634-635, 639]
　tetraphylla　190, 384, 398, 426F[149], T[396, 453], AT[603]
Lindeniinae ウチワヤンマ亜科 AT[572, 579, 600]
Lyriothemis ハラビロトンボ属 (A 29)　139, T[139, 508], AT[573, 600]
　bivittata　AT[599]
　cleis　139, 183, AT[599]
　elegantissima オオハラビロトンボ　AT[610]
　magnificata　139, AT[599]
　pachygastra ハラビロトンボ　469, AT[580, 606]
　tricolor キイロハラビロトンボ　116, 141, AT[580, 631, 645]

Macrodiplax ウミアカトンボ属 (A 37)　T[396], AT[600, 634]
　balteata　AT[650]
　cora ウミアカトンボ　190, T[396], AT[580]
Macrogomphus 属 (A 7)　155, AT[601]
Macromia コヤマトンボ属 (A 23)　145-147, 231, 358, 377, 382, 507, 743, T[165], AT[585, 593, 600, 634, 639]
　alleghaniensis　T[168]
　amphigena コヤマトンボ　164, AT[571, 633]
　amphigena amphigena コヤマトンボ　PI2
　annulata　148, AT[570, 580, 617, 619, 650]
　aureozona　424
　cingulata　AT[608]
　georgina　148, PJ1
　illinoiensis　182, 235, 358, T[193], AT[611]
　pacifica　148, PB2
　picta　475, 742, AT[611]
　sophia　64
　splendens　428, AT[640]
　taeniolata　148
Macromiinae ヤマトンボ亜科　504, AT[600]
Macrothemis 属 (A 31)　139, T[139], AT[599]
Malgassophlebia 属 (A 26)　AT[572]
　aequatoris　49, 64, 302, 417, AT[574, 579]
　bispina　36, 63, AT[579], PF2
Matrona タイワンハグロトンボ属 (Z 4)　AT[584]
Mecistogaster ハビロイトトンボ属 (Z 42)　15, 119, 140-141, 346-347, 355, 392, 743, T[139, 324-325], AT[573, 584-585, 593, 599]
　jocaste　AT[573, 576]
　⇔ *martinez*
　linearis　26, 140, 252, 274, 292, 324, 345-346, 348-349, 452, 507, F[215], T[345-346, 452], AT[597, 599, 631]
　martinezi　21, 33, 43, 47, 60, 140, AT[573, 576, 599]
　modesta　260, 282, 346, F[78], T[345], AT[576, 599]
　ornata ヒメハビロイトトンボ　82-83, 119, 140, 252, 260, 292, 307-308, 323-324, 345-346, 507, F[215], T[213, 345], AT[593, 597, 599, 616, 647], PE3
Megalagrion 属 (Z 33)　77, 138, 324, 537, T[139, 324], AT[584]
　amaurodytum　138, 511, 537, T[144], AT[599, 649]
　amaurodytum peles　537
　asteliae　AT[599]

　heterogamias　321
　koelense　66, AT[576, 599]
　leptodemas　138
　oahuense　138, 321, T[144, 321], AT[576]
　pacificum　117, 131, AT[649]
Megalestes 属 (Z 14)　AT[584]
　major　178, AT[603]
Megalogomphus 属 (A 9)
　sommeri　98, 152, AT[588]
Megaloprepus ムラサキハビロイトトンボ属 (Z 42)　15, 77, 105, 507, 743, T[139, 324, 512], AT[584, 633, 638]
　caerulatus ムラサキハビロイトトンボ　10, 16, 19, 26, 33, 92, 102, 133, 140-141, 158, 183, 229, 252, 256, 260-261, 292, 345-346, 348, 367, 444-445, 451, 467-472, 483, 500, 518, 524, 526, 528, 531, F[215], T[213, 250, 345, 441, 453, 455], AT[576, 585, 592-593, 597, 599, 602, 620, 625, 631, 636], PA4, PD6, PP5
　coerulatus ⇒ *caerulatus*
Meganeura メガネウラ属 (絶滅属; 原トンボ目)　282
Meganeuridae メガネウラ科　483, F[2]
Meganisoptera メガニソプテラ亜目　483, F[2]
Megapodagrion 属 (Z 22)　139, AT[584, 585]
　megalopus　138
Megapodagrionidae ヤマイトトンボ科　28, 50, 79, 81, 138, 143, 276, 452, 547, F[79], T[139, 144, 165, 436, 453, 491], AT[569, 570, 572, 584-585, 618, 635, 643]
　Megapodagrioninae ヤマイトトンボ亜科　139, AT[584]
Melanocacus 属 (A 10)　473
　mungo　148
Merogomphus 属 (A 7)　155, AT[601]
　parvus　49
Mesocnemis 属 (Z 35)
　singularis　240, 277
Mesogomphus 属 ⇒ *Paragomphus* 属
Mesothemis 属 ⇒ *Erythemis* 属
Metacnemis 属 (Z 35)　AT[584]
Miathyria 属 (A 35)　T[396]
　marcella　131, 281, T[395-396], AT[571, 595]
Micrathyria 属 (A 27)　22, 278, 283, 299-300, AT[572-573, 600, 635]
　aequalis　299-300, 438, F[273]
　atra　299-300, 362, F[273]
　didyma　AT[580]
　eximia　299
　hagenii　AT[580]
　ocellata　299, 362, 367, 422, 438, F[273], AT[625, 635]
Microgomphus 属 (A 7)　149, AT[600]
Microstigma 属 (Z 42)　T[139], AT[584-585, 599, 633]
　maculatum　AT[599]
　rotundatum　AT[599, 632]
Mnais カワトンボ属 (Z 4)　5, 452, 512, T[267, 512], AT[584, 638, 641]
　costalis ヒガシカワトンボ　452, AT[644]
　nawai オオカワトンボ　374, 452, 743-744
　pruinosa costalis ヒガシカワトンボ　255, 265, 374, 445-446, 452, 461, 465, 505, 509, 510, 744, AT[632, 644]
　pruinosa costalis ヒガシカワトンボ form *ogumai*　306, 422, 424, 440, 447, 521, 527, AT[636]
　pruinosa nawai オオカワトンボ　440, 447
　pruinosa pruinosa ニシカワトンボ　290,

461, 744, F[363, 501, 506]AT[578, 623, 636, 644]
   pruinosa ニシカワトンボ　408, F[288, 341], T[335, 345, 441], AT[625, 644]
   pruinosa ニシカワトンボ form *esakii*　262, 335, 340, 360-363, 408, 416, 418
   pruinosa ニシカワトンボ form *strigata*　445, 461, 465, AT[636]
   strigata (カワトンボ)　77
Mortonagrion モートンイトトンボ属 (Z 28)　AT[633]
   hirosei ヒヌマイトトンボ　188, AT[619]
   selenion モートンイトトンボ　299, 348, 361, 511, T[294, 345-346], AT[604]

Namurotypus sippeli (絶滅種; 原トンボ目)　F[2]
Nannophlebia 属 (A 26)　AT[573]
   risi　198
Nannophya ハッチョウトンボ属 (A 27)　TA[600]
   pygmaea ハッチョウトンボ　37, 43, 260, 300, 374, 377, 424, 439-440, 442, 445-446, 503, 505, 517, 520-521, 523, 526-527, T[441], TA[576, 580, 612, 615, 632, 636-637, 646-648]
Nannothemis 属 (A 27)　148, T[436], AT[600, 633]
   bella　34, 339, 361, 424, 437-438, 460, 467, T[420, 441], AT[615, 632, 635-637]
Nasiaeschna 属 (A 5)　355, AT[585, 600]
   pentacantha　241, AT[580, 622]
Navicordulia 属 (A 19)　22
Neallogaster 属 (A 17)　178, AT[600]
   hermionae　178, AT[603]
   latifrons　177, AT[604]
   schmidti　AT[605]
Nehalennia カラカネイトトンボ属 (Z 29)　481, 507, T[267], AT[635, 641]
   gracilis　T[321], AT[623]
   irene　142, 481, 743
   speciosa カラカネイトトンボ　260, 274, 555, 744, T[14], AT[570]
Neoerythromma 属 (Z 29)　333
Neoneura 属 (Z 41)　28
Neopetaliidae ベニボシヤンマ科　45, 145, 166, 281, 320, T[165], AT[569-570, 600]
Neophlebia 属 ⇒ *Tetrathemis* 属
Neophya 属 (A 24)　AT[585, 600]
   rutherfordi　206
Neosticta 属 (Z 34)　AT[584]
Neotetrum 属 ⇒ *Libellula* 属
Nesciothemis ナイジェリアトンボ属 (A 29)　317, 424, 459, 515, T[508], AT[573, 633]
   farinosa　426, 495, 498, 513, 515, F[494], T[455], AT[619, 637, 642, 645]
   nigeriensis ナイジェリアトンボ　248, 261, 265, 307-308, 367, 378, 417-418, 421, 452, 527, T[250, 453, 455], AT[571, 619, 625, 631-632, 637]
Nesobasis 属 (Z 33)　268, 429, 537
   rufostigma　523, 537
Neurobasis 属 (Z 4)　30, 467, 480, 507, AT[638]
   chinensis chinensis　462
Neurocordulia 属 (A 19)　5, 298, 355, 358, T[165], AT[585, 600, 634]
   obsoleta　AT[610]
   virginiensis　164, 417, 427, 742
   xanthosoma　35, 146, 164, 234, 260, 273, 300, 327, 339, 417, 438, AT[624]

yamaskanensis　190
Neurogomphus 属 (A 7)　91, 98, 154-155, 206, F[155], AT[601]
Neurothemis 属 (A 30)　488, 492
   fulvia　T[500], AT[642, 647]
   intermedia intermedia　460
   stigmatizans　AT[603]
   tullia ネグロトンボ　219, 225, 268F[218], T[219], AT[645]
   tullia tullia ネグロトンボ　268, F[218], T[219], AT[580]
Nihonogomphus アオサナエ属 (A 9)　T[165], AT[573, 641]
   viridis アオサナエ　167
Nososticta 属 (Z 40)　AT[584, 638]
   kalumburu　280, 438, 440, 500, AT[632]
Notiothemis 属 (A 26)　AT[572, 573]
   robertsi　67, 277, 291, 367, 440, 742, T[439], AT[610]
Notoneura 属 ⇒ *Nososticta* 属
Nubiolestes 属 (Z25)
   diotima　744

Oahuagrion 属 ⇒ *Megalagrion* 属
Octogomphus 属 (A 8)　AT[635]
   specularis　AT[570]
Odonata トンボ目
   分類　1-4
   命名法　4
   系統　1-2
   語法　4, 6, F[4, 6-7]
Oligoaeschna サラサヤンマ属 (A 6)　263, T[165], AT[572, 600]
   pryeri サラサヤンマ　60, 146, 300, 416, AT[645]
Olpogastra 属 (A 38)
   lugubris　469
Onychargia 属 (Z29)
   atrocyana　744
Onychogomphus オナガサナエ属 (A 9)　149, 476, T[165], AT[572-573, 593, 600, 633, 639]
   biforceps ⇒ *Lamelligomphus*
   forcipatus　15, 185, 283, 419, 485, 535, F[420]AT[581]
   forcipatus unguiculatus　47, 152, 283, 449, 456, PK4
   uncatus ヨーロッパオナガサナエ　97, 108, 129, 133, 135, 152, 156, 203, 229, 238, 382, 744, T[325]AT[589, 590]
   viridicostus オナガサナエ　18, 28, 274, 428, AT[591, 596, 602]
Onychothemistinae トンキントンボ亜科　487, 492, AT[601]
Ophiogomphus 属 (A 9)　152, 185, 230, 244, 326, 474, 502, AT[603, 605]
   cecilia　47, 374, 743, AT[589]
   colubrinus　152
   mainensis　T[193]
   morrisoni　AT[626]
   occidentis　AT[611]
   rupinsulensis　183
   severus　AT[620]
   sinicus　192
Ophiopetalia 属 (A 13)
   pudu　AT[584]
Oplonaeschna 属 (A 6)　164, 263, T[165]
   armata　156, 164, 192, 209, AT[574, 580, 590]
Oreagrion 属 (Z 31)

pectingi　AT[604]
Orolestes 属 (Z 15)　AT[584]
   selysi　102, AT[612]
Orthemis アメリカシオカラトンボ属 (A 29)　507, T[508], AT[573, 601, 605, 633]
   ferruginea アメリカベニシオカラトンボ　63, 268, 292, 303, 336, 339, 352, 356, 416, 439-440, 445-446, 510, 517, 527, F[438], AT[625, 631, 635-637, 645]
   levis　T[325]
Orthetrum シオカラトンボ属 (A 29)　16, 26, 89, 91, 148, 164, 167, 265, 269, 318-319, 336, 349, 357, 424, 457, 484, 488, 492-493, 497, 503, 515, T[165, 436, 477, 508, 542], AT[573, 601, 633, 639, 641]
   albistylum シオカラトンボ　182, 189, 232, 317, 520, T[453, 542], AT[605]
   albistylum speciosum シオカラトンボ　18, 232, 317, AT[580, 624]
   anceps　478, AT[640]
   austeni　336, AT[623]
   boumiera　AT[623]
   brachiale　336, 347, 355, AT[625]
   brunneum　447, 514-515, 551, F[515], AT[580, 605, 631, 645, 650]
   caffrum　281, 514
   caledonicum　47, 49, 190, 513, 515, AT[623, 633, 645]
   cancellatum タイリクシオカラトンボ　10, 46, 191, 230, 234, 245, 277, 307, 320, 344, 347, 349, 355, 357, 419, 424, 481, 510, 743, T[345-346], AT[611, 631, 633, 637, 644, 646, 650], PN5
   chrysis　37, AT[610]
   chrysostigma アフリカシオカラトンボ　36, 185, 257, 264-265, 271, 274, 300, 339-340, 343, 352, 354, 367, 438-439, 444-446, 471, 478, 485, 494-495, 497, 498, 502-504, 507, 509-510, 513, 515, F[419], T[285, 441], AT[576, 606, 625, 631, 636-637, 644-645]
   coerulescens ヒメシオカラトンボ　F[265, 340, 516], T[264, 439, 550], AT[570, 625, 633, 636-637, 640, 642, 644-646]
   glaucum タイワンシオカラトンボ　AT[623]
   ferruginea　PA5
   hintzi　AT[650]
   japonicum シオヤトンボ　520, T[441], AT[604, 619, 632, 636, 645]
   japonicum japonicum シオヤトンボ　261
   julia　298, 361, 367, 421-422, 438-439, 446, 527, AT[625, 632, 635-636, 645]
   microstigma　516, AT[637]
   pruinosum コフキショウジョウトンボ　48, 515, AT[636]
   ransonneti　278
   sabina ハラボソトンボ　38, 49, 51, 59, 111, 124, 201, 203, 515, F[218], T[219, 346], AT[574]
   sabina sabina ハラボソトンボ　T[213, 219], AT[577, 580, 587, 591, 623, 632, 642, 645]
   stemmale　AT[622]
   triangulare オオシオカラトンボ　157, AT[631, 645]
   triangulare melania オオシオカラトンボ　101, 182, 253, AT[580, 605]
   trinacria　AT[650]
   villosovittatum　AT[623]
Oxyagrion 属 (Z 31)　AT[584]
Oxygastra 属 (A 20)　426, AT[634]
   curtisii　336, 347, 349-350, 367, 425-427,

トンボ名索引

T[346], AT[571, 619, 625, 648]
Oxystigma 属 (Z 19)　AT[584]
　petiolatum　302
　williamsoni　302, 417

Pachydiplax カトリトンボ属 (A 30)　515, T[436], AT[593, 633, 635]
　longipennis カトリトンボ　63, 130-131, 134, 158, 171, 193, 195, 207, 216, 224, 238, 240, 260, 271, 276, 332, 335, 339-340, 342, 347, 349-352, 357-358, 360-367, 422, 437-438, 443, 451, 456, 514-515, 522, 527, 529, 745, F[135, 234, 275, 342, 357], T[133, 182, 207, 213, 220, 335, 345-346, 351, 363, 365, 395, 441, 453, 455], AT[576-578, 580, 591, 595-597, 602, 610, 612, 622, 624-625, 635-637, 642, 645]
Pacificagrion 属 (Z 31)　138
Palaemnema 属 (Z 37)　T[324, 512], AT[577, 584]
　baltodanoi　T[453]
　desiderata　278, 280, 301, 303, 382, 481, 510, AT[574]
Paleoptera 古翅群　2
Palpopleura 属 (A 33)　459, T[396], AT[634]
　albifrons　451
　deceptor　467
　lucia　108, 295, 303, 316, 467, T[396, 500]
　lucia lucia　303, 467, AT[610, 619, 645]
　lucia portia　295
　sexmaculata　467, AT[603]
　sexmaculata sexmaculata　AT[612]
Palpopleurinae ムツボシトンボ亜科　19, 276, 507, T[396, 500], AT[572-573, 600, 639, 643]
Paltothemis 属 (A 31)　AT[633]
　lineatipes　273, 421-422, 426, 445, 467, 512-513, 520, 527, AT[636-637]
Pantala ウスバキトンボ属 (A 35)　102, 283, 329, 504, 516, T[396], AT[600, 634, 639]
　flavescens ウスバキトンボ　10, 15-16, 18, 35, 59, 72, 100, 107, 116, 134, 143, 176-177, 182, 189, 212, 219, 229, 238, 243, 276, 285, 301, 307, 337, 342, 349-350, 352-353, 357-358, 360, 363, 383-385, 387-388, 391-395, 397-399, 401-402, 409, 417, 445, 484, 541, F[135, 218, 234, 494, 496-497], T[133, 136, 213, 219, 285, 335, 373, 395-396, 542], AT[580, 587, 589-590, 604-605, 608, 610, 613, 619, 622-630, 632, 636, 642, 647]
　hymenaea　301, 337, T[395-396], AT[610]
Paracercion 属 ⇒ *Cercion* 属
Paracypha 属 ⇒ *Rhinocypha* 属
Paragomphus 属 (A 9)　129, 152, AT[600, 639]
　cognatus　151-152, AT[591]
　genei　233, 316, 320
　linearis ⇒ *lineatus*
　lineatus　49, 101, 109, 325-326, T[101, 325], AT[587, 589-590, 608]
　sinaiticus　152, 398
Paraphlebia 属 (Z 19)　447
Parazyxomma 属 (A 36)
　flavicans　AT[642]
Pentaphlebia 属 (Z 2)　74, AT[584]
　stahli　744, F[75]
Pericnemis 属 (Z 33)　T[139], AT[584]
　stictica　AT[599]
　triangularis　160, AT[599]
Perilestidae ハラナガアオイトトンボ科　166, T[491], AT[569, 584]

Perissogomphus 属 (A 9)
　stevensi　AT[622]
Perissolestes 属 (Z 25)　AT[584]
Peristicta 属 (Z 41)　AT[584]
Perithemis コハクバネトンボ属 (A 33)　19, 423, 487, 507, T[325, 508], AT[572-573, 577, 585, 600, 635, 638, 641]
　domitia　AT[632]
　intensa　28, 34, 276, 437-438, AT[580]
　mooma　19, 35, 318, 420-421, 467, 510, 536
　tenera コハクバネトンボ　48, 59, 63, 156, 204, 264, 306, 325, 416, 445, 449, 467, 527, 744, F[135, 234], T[133, 182, 325, 453, 455], AT[575, 578, 580, 597, 610-612, 623, 625, 636, 644], PB3, PF3, PG6, PN6
Peruviogomphus 属 (A 7)　AT[601]
Petalura 属 (A 14)　T[231], AT[601, 639, 641]
　gigantea　234
Petaluridae ムカシヤンマ科　45, 50, 66, 71, 73, 131, 138, 154, 157, 166-167, 217, 229, 239, 260, 271, 277, 279, 319, 431, 439, 473-474, 480, 483, 504, 535, T[165, 211, 231], AT[569, 572, 600-601, 633, 635, 639, 641]
Phanogomphus 属 (A 7)　262
Phaon 属 (Z 4)　22, 511, 517, T[512], AT[577, 584, 622, 635, 638]
　camerunensis　AT[574]
　iridipennis　66, 469, T[213, 285], AT[574, 583]
Phenes 属 (A 14)　154, 156, 357, T[144], AT[600]
　raptor　138, 154, AT[570]
Philoganga 属 (Z 18)　74, AT[584]
Philogenia 属 (Z 19)　AT[584]
Philonomon 属 (A 30)　T[324, 396]
　luminans　336, 347, 352, 388, T[395], AT[625-626, 630]
Phyllocycla 属 (A 10)　154-155, 473, 502, AT[635]
Phyllogomphoides 属 (A 10)　155, 482, T[165], AT[573, 635]
　pugnifer　446, AT[648]
　stigmatus　AT[599]
Phyllogomphus 属 (A 7)　155, 273
Phyllomacromia 属 ⇔ *Macromia* 属
Phyllopetalia 属 (A 13)　AT[600]
Phylolestes 属 (Z 12)　77, AT[584]
Plaemnema 属 (Z 36)　T[436]
Planaeschna ミルンヤンマ属 (A 5)　T[165], AT[600]
　milnei ミルンヤンマ　69, 89, 164, 295, 309, AT[607]
Planiplax 属 (A 28)
　sanguiniventris　T[325]
Platetrum 属 ⇒ *Libellula* 属
Plathemis アメリカハラジロトンボ属 (A 29)　5, 376, 426, T[508], AT[577]
　lydia アメリカハラジロトンボ　34, 36, 38, 51, 53, 59, 133, 182, 191, 195-196, 256, 271, 287, 292, 303, 337, 357, 360, 376, 422, 439, 440, 443-444, 447, 452, 469, 512-513, 517-518, 520, 522, 526-528, 531, F[234, 259, 423, 513, 528], T[133, 182, 220, 250, 441, 453, 522], AT[578, 580, 591, 596-597, 605, 611-612, 625, 631-632, 636-638, 646]
Platycnemididae モノサシトンボ科　28, 34, 51, 77, 138, 216, 459, 507, T[211, 231, 436, 458, 477, 491, 512], AT[569, 577-578, 584, 620, 633-635, 638, 643]
Platycnemis グンバイトンボ属 (Z 36)　28, 31, 51, 82, 253, 426, 507, 510, T[436, 550], AT[577, 584, 620, 633-634]

acutipennis　261, 321, 347, 451, 510, AT[614]
　echigoana アマゴイルリトンボ　9, 38, 276, 353, 424, 427, 535, T[345], AT[619, 631]
　foliacea グンバイトンボ　AT[571, 647]
　latipes　261, 271, 321, 451, 459, 470, 472, 486, AT[614]
　pennipes ヒロアシトンボ　17, 30, 35, 51, 68, 84, 258, 260, 307, 360, 377, 458-459, 470-471, 502, 551, F[10, 460], AT[571, 576-578, 583, 598, 612, 614, 648], PG2
Platycordulia 属 ⇒ *Neurocordulia* 属
Platycypha アフリカハナダカトンボ属 (Z 6)　466, T[436], AT[577, 618, 638]
　caligata アフリカハナダカトンボ　15, 30, 35, 416, 442, 460-461, 465-466, 472, 514, 517, 744, F[463], T[285, 453, 512], AT[571, 574, 632, 636-637], PO6
　fitzsimonsi　466
Platystictidae ホソイトトンボ科　280, 507, T[211, 324, 436, 453, 458, 491, 512], AT[569, 577, 584, 643]
Podopteryx 属 (Z 19)　139, T[139], AT[584]
　selysi　143, T[144], AT[599]
Polycanthaginini ヤブヤンマ族　AT[572]
Polycanthagyna ヤブヤンマ属 (A 4)　342, 458, F[44]
　erythromelas paiwan　183
　melanictera ヤブヤンマ　15, 43, 229, 233, 295
Polythore 属 (Z 11)　[267]
Polythoridae アメリカミナミカワトンボ科　75-77, 260, 271, 279-280, 325, 439, 467, 476, T[211, 267, 436, 491, 512], AT[569, 584, 638, 643]
Porpax 属 (A 27)
　bipunctus　T[321]
Potamarcha タイワントンボ属 (A 29)　AT[573]
　congener タイワントンボ　49-50, 54, 67, 304, 307, 324, 434, 487-488, F[305, 495, 497], T[213, 321], AT[575, 579, 616, 619]
Procordulia ミナミエゾトンボ属 (A 19)　23, 29, 58, 459, 484-485, 507, 514, T[512], AT[572-573, 585]
　grayi キボシミナミエゾトンボ　23, 32, 48, 156, 193, 235, 260, 337, 351, 378, 476, 515, 535, 743, F[23, 48], T[193], AT[578, 580, 591, 611, 621-622, 625, 645, 649]
　jacksoniensis　47
　smithii ミナミエゾトンボ　23, 47, 58, 63, 91, 235, 260, 269, 281-282, 326, 337, 351, 435, 455, 511, 514-515, 535, F[6, 514], AT[581-582, 622, 625, 631, 637, 645]
　sambawana　AT[620]
Prodasineura 属 (Z 40)　29, AT[584, 638]
　collaris　416
　verticalis　AT[632]
　villiersi　AT[631]
Progomphus 属 (A 10)　150-151, 166, 201, 486, AT[573, 600]
　abbreviatus　192
　geijskesi　F[147]
　meridionalis ⇒ *obscurus*
　obscurus　112, 150, 152, 185, 502
Protallagma 属 (Z 31)
　titicacae　180, 278
Protanisoptera 原不均翅亜目　1
Protodonata 原トンボ目　1, 282, 330, 333, 483, F[2]
Protoneura 属 (Z 41)　AT[584]

aurantiaca 77
Protoneuridae ミナミイトトンボ科 10, 28, 214, 299, 354, 377, T[139, 211, 477, 491], AT[569, 584, 638]
Protosticta 属 (Z 38) AT[584]
　taipokauensis 82
Pseudagrion ナガイトトンボ属 (Z 33) 30, 340, 482, 507, AT[575, 580, 606]
　citricola 367, 422, AT[625]
　commoniae nigerrimum T[294]
　decorum 321, 744, T[399], AT[623, 632]
　glaucescens 269
　hageni 31, 286, 334, 340, 361, 367, 422, 425-426, 437-438, AT[625, 632, 650]
　hageni tropicanum 340, 361, 367, 422, 425, 437-438, T[439], AT[625, 631, 637]
　hamoni 398
　ignifer 198
　inconspicuum inconspicuum 422, AT[625]
　kersteni 425, 435, 437, T[439], AT[625]
　massaicum T[285], AT[650]
　melanicterum AT[623]
　microcephalum アオナガイトトンボ 31, T[399], AT[645]
　nubicum 344, AT[571, 623]
　perfuscatum 31, 435, 483, 515, AT[632]
　rubriceps 216, 219, F[218], T[219], AT[610]
　salisburyense 132
　sjostedti AT[623]
　syriacum AT[571]
Pseudagrioninae ナガイトトンボ亜科 T[139, 144, 399], AT[572, 584]
Pseudocordulia 属 (A 20) 73, 100, 137-138, 150, 201, 590, 600, 743, AT[590, 600], PJ3
Pseudoleon 属 (A 30)
　superbus T[321]
Pseudolestes 属 (Z 26)
　mirabilis 467, PB5
Pseudolestidae ニセアオイトトンボ科 467, T[165, 231, 491, 512], AT[569-570, 584]
Pseudomacromiidae 科 97, 167
Pseudomacromia 属 ⇒ *Zygonyx* 属
　sensibilis (絶滅種) 89, 167
Pseudophaea 属 ⇒ *Euphaea* 属
Pseudostigma 属 (Z 42) T[139], AT[584]
　aberrans 77, AT[599]
　accedens 54, 140-141, 345, T[345], AT[599]
Pseudostigmatidae ハビロイトトンボ科 33, 77, 79, 92, 97, 138, 140-141, 143, 214, 252, 271, 273, 282, 292, 322, 324, 335, 345-348, 350, 353, 355, 368, 439, 507, F[215], T[139, 144, 211, 324, 345, 453, 455, 491, 512], AT[569, 570, 573, 584-585, 597, 633, 638, 643]
Pseudothemis コシアキトンボ属 (A 31) 102, T[508], AT[572, 634]
　zonata コシアキトンボ 155, 276-277, AT[580, 631]
Psolodesmus キヌバカワトンボ属 (Z 4) 461, AT[584]
Pyrrhosoma アカイトトンボ属 (Z 30) 19, 108, 165, T[267, 550], AT[577, 584, 603, 641]
　nymphula アカイトトンボ 17-18, 30, 33-35, 37-39, 43, 50, 59-60, 82-83, 98, 101-102, 105-106, 108-110, 112, 121, 132, 134, 155, 175, 191, 202, 209, 223, 231, 234-235, 237, 240, 244-245, 248, 286, 290, 310, 313, 340, 374, 376-378, 419, 437-439, 442, 523, F[19, 105, 110-111, 222, 375], T[14, 108, 110, 136, 213, 220, 243, 250], AT[576-577,

587-591, 602-603, 611-613, 646, 650]

Rhinagrion 属 (Z 19) AT[635]
　borneense 325, T[453]
Rhinocypha ハナダカトンボ属 (Z 6) 458, 466, 517, T[436, 512], AT[577, 584, 638]
　aurofulgens 436, 439, 459, 466, 516-517, T[453], AT[635]
　biseriata (*Heliocypha*) 436, 439, 442, 461, 466, 514, T[453], AT[633, 635]
　cucullata 466, T[453]
　perforata (*Heliocypha*) 514
　quadrimaculata (*Aristocypha*) T[453]
　stygia T[453]
　uenoi ヤエヤマハナダカトンボ AT[632]
　unimaculata (*Paracypha*) T[453]
Rhinoneura 属 (Z 6)
　villosipes AT[632]
Rhipidolestes トゲオトンボ属 (Z 26) 138, 140, T[165, 512], AT[570, 584]
　aculeate トゲオトンボ 49, 475, PC2
　hiraoi シコクトゲオトンボ 21
Rhodothemis 属 (A 30)
　rufa 68, 206, F[206]
Rhyothemis チョウトンボ属 (A 34) 280, 283, AT[600]
　fenestrina 353
　fuliginosa チョウトンボ 260, AT[580, 609, 648]
　severini ハネナガチョウトンボ 298
Rialla 属 (A 19) AT[585]
Rimanella 属 (Z 2) 74, AT[584]
　arcana 82, F[75]
Rimanellidae 科 AT[570]
　⇔ Amphipterygidae ムカシカワトンボ科
Roppaneura 属 (Z 41) 138, T[139]
　beckeri 10, 17, 26, 80, 133, 157, 214, F[140], AT[597, 599, 602]

Sapho 属 (Z 4) T[436], AT[584, 638]
　bicolor 292
Selysioneura 属 (Z 34) AT[584]
　cornelia 322
Selysiothemis 属 (A 37)
　nigra 384, AT[626]
Sieboldius コオニヤンマ属 (A 11) 45, 149, 426, F[44], T[165], AT[600, 634]
Sinictinogomphus 属 ⇒ *Ictinogomphus* 属
Sinogomphus ヒメサナエ属 (A 8) T[165], AT[572]
　flavolimbatus ヒメサナエ 164
Somatochlora エゾトンボ属 (A 19) 21, 22, 51, 54, 57-58, 148, 174-175, 178, 327, 331, 355, 358, 425-426, F[44, 58], T[550], AT[572-573, 585, 601, 603, 620, 634, 639, 648]
　albicincta 87, F[88, 332], AT[606, 640], PN2
　alpestris クマモエゾトンボ 9, 13-14, 18, 20, 47-48, 57, 134, 174, 278, F[58], AT[581, 582, 603, 606]
　arctica ホソミモリトンボ 9, 11-13, 18, 47-48, 51, 57, 134, 155, 174-175, 222, 255, F[12, 58], AT[570, 581-582], PD2
　clavata ハネビロエゾトンボ 18, 247, 273-274, 334, 337, 339, 350, 361, 367, 421, 428, 440, 514, AT[608-609, 623, 625, 631, 633, 646]

　flavomaculata キボシエゾトンボ 247, 273-274, 334, 337, 339, 350, 361, 367, 421, 428, 440, 745, T[334, 345, 555], AT[623, 625, 631, 633]
　hudsonica 352, AT[640]
　incurvata AT[573]
　kennedyi AT[581]
　linearis 298, T[294]
　meridionalis 183, 424, 426-428, T[182]
　metallica 14, 24, 126, 191, 511, F[45], AT[581]
　minor AT[572]
　nepalensis AT[603]
　sahlbergi 173, 175, 352, F[174], AT[576, 603, 640], PD3
　semicircularis 180, 185, 233, 244-245, F[186], AT[604, 606, 611]
　uchidai タカネトンボ 22, 248, PF5
　viridiaenea エゾトンボ 28, 511, AT[581, 632]
　viridiaenea viridiaenea エゾトンボ 337, AT[582]
Sona nectes (絶滅種; Aeshnoidea ヤンマ上科) 100
Stylogomphus オジロサナエ属 (A 8) T[165, 324], AT[572, 635]
　albistylus 476
　suzukii オジロサナエ 24, 89, 165-166, 456, AT[598, 626]
Stylurus メガネサナエ属 (A 7) AT[579, 601, 634]
　annulatus オオサカサナエ 91, 232, 234, 244, 376, 743, T[193], AT[610, 612, 648]
　intricatus AT[607]
　laurae T[182]
　nagoyanus ナゴヤサナエ 48, 234, AT[613]
　oculatus メガネサナエ 48, 91, 743, T[193]
　plagiatus AT[650]
　spiniceps 425
Sympecma オツネントンボ属 (Z 16) 33, 254, 473, 478, T[324, 550], AT[617, 641]
　annulata オツネントンボ 22, T[213], AT[570]
　annulata braueri オツネントンボ 16, 185, 240, 254, 359, T[213, 321], AT[570, 580, 617, 619, 650]
　fusca 254, 381, T[213], AT[580, 617, 619, 649]
　paedisca オツネントンボ 68, T[213, 286], AT[646]
Sympecmatinae オツネントンボ亜科 254, 305
Sympetrinae アカネ亜科 11, 99, 187, 268, 355-356, 488, 507, 517, T[139, 396, 500], AT[572-573, 600, 624, 639, 643]
Sympetrum アカネ属 (A 30) 12, 21-22, 25, 34, 51, 54, 57-58, 63, 66, 73, 85, 91, 98, 102, 119, 123-124, 127, 176, 180, 184-185, 210, 216-217, 247, 269, 299, 313-314, 318-319, 327, 342, 381, 384, 394, 399, 410-411, 425, 429, 452, 459, 472, 476-478, 488, 492-493, 507, 744, F[44, 454], T[335, 396, 477], AT[572-573, 577, 585, 593, 600, 603, 609, 616, 618, 620-622, 635, 641, 648]
　ambiguum AT[581]
　baccha matutinum コノシメトンボ AT[581, 582, 640]
　commixtum 177-178, 381, AT[604]
　cordulegaster オナガアカネ 493, AT[579, 581-582]
　corruptum 273, 385, 393, 405, 410, F[332],

T[396], AT[627-628]
costiferum F[189]
croceolum キトンボ　AT[581, 640]
danae ムツアカネ　20, 24, 33-34, 38, 47, 54, 57, 59, 142, 148, 156, 177, 189, 192, 218, 240, 261, 277, 281, 292, 299, 327, 332, 339-340, 363, 381, 384, 405, 408, 409-410, 417, 452, 472, 481, 486, 494, 501-505, 513, 524-525, 527-529, F[189, 499, 502, 530], T[213, 294, 373-374, 394, 396, 522, 526], AT[576-579, 581, 603, 608, 610-612, 628, 631, 637, 644, 646, 650]
darwinianum ナツアカネ　276, 309, 477, 558, T[542], AT[581, 606, 616, 640]
depressiusculum タイリクアキアカネ　33, 185, 281-282, 299, 307-308, 317, 319, 327, 353, 378-380, 391, 469, 470, 472, 476, 508, 517, 532, 535, F[497], T[294, 526], AT[581, 619, 631, 640], PM4, PP3
dilatatum 391, AT[649]
eroticum マユタテアカネ　379, 477, AT[581-582, 609, 640]
eroticum eroticum マユタテアカネ　AT[581-582, 640]
flaveolum エゾアカネ　34, 248, 257, 281, 307, 313, 327, 384, 394, 409-410, 452, F[454], T[396, 453, 455], AT[581-582, 606, 619, 627]
fonscolombei ⇒ *fonscolombii*
fonscolombii スナアカネ　34, 38, 142, 177, 216, 234, 254, 313-314, 381, 393, 401, 405, 410, 469, 551, 743, F[314], T[213, 396], AT[604, 611, 616, 627-628, 630]
frequens アキアカネ　18, 29, 38, 50, 57, 60, 177, 217, 240, 253, 261, 275, 283, 292, 307, 309, 317, 340, 361-363, 379-381, 391, 410, 472, 478, 558, 743, F[341, 379], T[213, 253, 286, 345, 363], AT[581-582, 590-592, 616, 626, 640, 646-647], PI3, PJ2
gracile ナニワトンボ　AT[581]
haritonovi AT[605]
infuscatum ノシメトンボ　167, 309, AT[581]
internum 35, F[189], AT[581]
kunckeli マイコアカネ　477, AT[581-582, 647]
maculatum マダラナニワトンボ　AT[640]
madidum F[189]
meridionale 217-218, 253, 313-314, 381, 410, 472, F[315], T[253], AT[616, 626, 642]
obtrusum 92, 103, 123, 513, 518, F[189], AT[573, 581]
parvulum ヒメアカネ　416, 420, 424, 435, 527, AT[581, 632, 636-637, 640, 644]
pedemontanum ミヤマアカネ　123, 261, 299, 327, 452, 456, 472, F[454], T[294, 542], AT[581, 640, 650]
pedemontanum elatum ミヤマアカネ　261, 456
risi リスアカネ　AT[610]
risi yosico リスアカネ　AT[573]
rubicundulum 36, 497, T[291], AT[581, 612, 637]
sanguineum クレナイアカネ　26, 33, 38, 46, 60, 123, 317, 326-327, 349, 359, 381, 384, 393, 425, 452, 457, 472, 516, F[454, 494, 496-497, 516], T[14, 555], AT[573, 576, 579, 581-582, 628, 642]
semicinctum 106, AT[598]
sinaiticum tarraconensis AT[616]

speciosum speciosum ネキトンボ　AT[582]
speciosum taiwanum ネキトンボ　178
striolatum タイリクアカネ　10, 18, 22, 28, 59, 101, 156, 217, 230, 233, 240, 247, 254, 278, 281, 303, 314, 326, 358, 367, 378, 394, 427, 445, 472, 476, 481, 485, 490, F[104, 497], T[492, 555], AT[589-590, 606, 609, 611, 616, 625, 636, 644, 646, 650]
striolatum imitoides タイリクアカネ　234, 381, 410, 558, T[253], AT[581-582, 610, 616-617, 626, 631]
striolatum striolatum タイリクアカネ　58, 253, 381-382, 410-411, T[213, 253], AT[581, 582, 616-617, 626]
uniforme オオキトンボ　AT[581, 640]
vicinum キアシアカネ　49, 51, 54-55, 68, 91, 134, 180, 238, 278, 307, 381, 384, 408, 472, 513, F[56, 135, 234], T[133, 136, 182, 253, 363, 395], AT[581, 585-586, 603, 616, 618, 628]
vulgatum イソアカネ　30, 33-34, 123, 314, 321, 381, 384-385, 409-410, 452, 470, F[516], T[396], AT[576-577, 627-628, 631, 645, 650]
Synlestes 属 (Z 12)　AT[584]
tropicus 192
Synlestidae ミナミアオイトンボ科　166, 178, T[491], 569, 584
Synthemis 属 (A 25)　145, 147
ariadne 138, 146, AT[600]
eustalacta 184
fenella 147, F[148]
macrostigma 153, F[150], AT[601]
Synthemistinae オセアニアモリトンボ亜科　21, 150, 153, AT[600, 601]

Tachopteryx 属 (A 14)　154, 156, T[144, 165, 231], AT[572, 600-601, 639]
thoreyi 154, 358, AT[610, 622-623], PA1
Taeniogaster 属 ⇒ *Cordulegaster* 属
Tanypteryx ムカシヤンマ属 (A 15)　102, 108, 155, F[44], T[165, 231], AT[572, 601]
hageni アメリカヒメムカシヤンマ　33, 230, 271, 367, 376, 421, 431, 438, 440, AT[586, 603, 625, 635, 648]
pryeri ムカシヤンマ　73, 98, 154, 164, 167, 176, 201, 229, 452, F[165], T[420], PC3
Taolestes 属 ⇒ *Rhipidolestes* 属
Teinobasis 属 (Z 33)　T[139]
ariel AT[599]
Telebasis 属 (Z 33)
salva 114, 166, 191, 421, 523, 524, T[441, 526], AT[589, 590, 591], PE5
Telephlebia 属 (A 6)
godeffroyi 349, 368
Tetracanthagyna 属 (A 3)　25, 164, 298, 342, T[165, 542], AT[574, 600]
degorsi F[25, 146]
plagiata F[343]
Tetragoneuria 属　770
⇒ *Epitheca* 属
Tetrathemis 属 (A 26)　424, T[508], AT[572]
bifida 35, 515, 517, AT[574, 580, 632, 636, 645]
flavescens 322
godiardi 18, 64, PF1
polleni 63, 64, 68, AT[576, 632]
Tetrathemistinae コカゲトンボ亜科　47, 49, 64, 492, T[321], AT[572, 573, 643]

Thaumatoneura 属 (Z 24)　18, AT[584]
inopinata 24, AT[575]
Thecagaster 属 ⇒ *Cordulegaster* 属
Thermochoria 属 (A 27)
equivocata AT[616]
Tholymis アメイロトンボ属 (A 36)　43, 271, T[396], AT[572]
citrina 22
tillarga アメイロトンボ　22, 27, 35-36, 47-48, 63, 122, 271, 297, 511, 516, F[27, 47, 297], T[285, 294, 395-396], AT[576, 627, 629, 632, 645]
Tramea ハネビロトンボ属 (A 35)　17-18, 47, 102, 148, 276, 282, 329, 358, 475, 488, 516, T[396], AT[579, 600, 635]
basilaris 353, 388, T[395-396], AT[627]
binotata 397
calverti 396, T[395-396]
carolina カロライナハネビロトンボ　97, 113-114, 132, 135, 224, 282, 315, 337, 477, 516, T[395, 420], AT[576, 591-592, 596-597, 602, 625, 637]
continentalis T[395, 396]
euryale ヒメハネビロトンボ　516-517, T[396]
lacerata ラケラータハネビロトンボ　113, 134, 136, 141, 176, 238, 366, 398, 405, 477, 742-743, F[135, 234], T[133, 395-396], AT[580, 588, 597, 619, 624, 627-628]
limbata 122-123, 516, T[395-396, 542], AT[637]
loewii T[396], AT[629]
rustica T[395, 396]
transmarina ヒメハネビロトンボ　516-517, F[99], T[396]
transmarina euryale ヒメハネビロトンボ　516-517, T[396, 420]
virginia ハネビロトンボ　28, 34, 176, 353, 363, 394, 398, , T[512], AT[580, 628-629, 637]
Trameinae ハネビロトンボ亜科　27, 99, 148, 281, 283, 337, 514-516, T[139, 396, 500], AT[572, 579, 600, 643]
Trapezostigma 属 ⇒ *Tramea* 属
Triacanthagyna 属 (A 3)　25, 263, T[139]
caribbea 26, 294, AT[576, 599]
dentata 141, AT[599]
satyrus 252
Trigomphus コサナエ属 (A 8)　478, AT[572, 573, 585, 641]
melampus コサナエ　184, 478, AT[250, 286], AT[646]
Trineuragrion 属 (Z 19)　AT[584]
Trithemis ベニトンボ属 (A 31)　488, 492, 493, 494, T[508], AT[600, 633]
annulata 231, 426, 527 AT[610-611, 625], PM2
annulata scortecii 115, AT[592, 610]
arteriosa 201, 278, 367, 469, 527, AT[606, 625, 637]
aurora ベニトンボ　AT[624], PK6
festiva 244, AT[613]
furva PM1
kirbyi 424, 437, 527, AT[625]
pallidinervis 124
stictica F[494]
Trithemistinae ベニトンボ亜科　T[139, 500], AT[572, 600, 643]
Tyriobapta 属 (A 27)　T[321], AT[584]

Umma 属 (Z 4)　AT[615]
　　longistigma　F[78]
Uracis 属 (A 27)　21, 493, AT[573]
　　fastigiata　252, 256, 321
　　imbuta　214, 251-252, T[250], AT[616]
　　ovipositrix　22
Uropetala 属 (A 14)　66, T[231], AT[572, 601, 633, 639]
　　carovei　73, 131, 167, 235, 258, 342, 344, 354, AT[610, 621-622]
　　chiltoni　100, 167, 229, 301, 333, 420, F[7, 150], T[335], AT[613, 615]
Urothemis 属 (A 37)　459, 488, 507, AT[572, 600]
　　assignata　35, 68, 99, 112, T[219], AT[571, 580, 606, 642, 645]
　　edwardsii　F[498], AT[649]
　　edwardsii hulae　AT[649]
　　sanguinea　T[101], AT[589]
Urothemistinae フトアカトンボ亜科　148, 507, T[396, 500], AT[572, 600, 643]

Vestalis 属 (Z 4)　461

Xanthocnemis ニュージーランドイトトンボ属 (Z 33)　30-31, 164, T[267], AT[584, 634]
　　sinclairi　233
　　zealandica ニュージーランドイトトンボ 32, 38, 68, 84-85, 88-89, 91-92, 94, 96-100, 102-103, 110, 132, 156, 158, 160-161, 163-164, 166, 193, 235, 282-283, 344, 348, 359, 449, 471, 476, 485, F[7, 89, 95, 97, 161-162, 458], T[193], AT[578, 587-588, 591, 598, 601, 623, 637]

Zenithoptera 属 (A 33)　AT[634]
　　americana　276, T[325]
Zoniagrion 属 (Z 31)
　　exclamationis　323
Zoraeinae 科 ⇒ Cordulegastridae オニヤンマ科
Zygonychidium 属 (A 38)　507

　　gracile　273, 471, 484
Zygonychinae タニガワトンボ亜科　281, 488, 507, 514, 516, T[396, 500], AT[572-573, 600, 643]
Zygonyx タニガワトンボ属 (A 38)　18, 146, 244, 399, 488, T[396], AT[572-573, 593, 600, 626, 634]
　　flavicosta　146
　　iris　AT[586]
　　iris insignis　T[213]
　　natalensis　20, 24, 47-48, 146, 416, F[120], AT[575, 631, 633, 637], PC4
　　torridus　146, 353, F[494, 496-497], T[396], AT[575]
Zygoptera 均翅亜目　2, 4, 6, F[4, 6]
Zyxomma オオメトンボ属 (A 36)　43, 294, 503, T[508], AT[572, 585]
　　obtusum コフキオオメトンボ　271
　　petiolatum オオメトンボ　35, 63, 68, 417, 493, F[496], AT[610]
Zyxommatini オオメトンボ族　451

事項索引

副項目を設け，同じ内容を名詞や動詞などで異なった表現をしている場合は極力名詞として集約した．各章の摘要は索引に含まれていない．ページ番号の記載は一度であっても，そのページに複数回出現する場合がある．性を示した場合は常に成虫を指す．成虫の餌動物は捕食者よりも大きい場合だけを掲載した．成虫の餌動物としての双翅目は省略した．幼虫の餌動物はトンボ目だけを掲載した．ページ番号の前の*印は，用語解説の補足として話題を詳しく説明した場所を意味する．図 (F)，表 (T)，または付表 (AT) に出現する事項のページはそれぞれの略号を頭に付した [ ] 内に示した．写真 (P) は写真番号を示した．⇒ は「次の語を見よ」，⇔ は「次の語も参照せよ」を意味する．

あ 行

アカトビバッタ, 成虫の餌動物　347, 355, 369, AT[625]
　日長の刺激　221
アカトンボ　⇒ 具体例：アキアカネ
アカミズダニ科, 成虫への寄生　*314, AT[620]
　卵の捕食者　63
浅い穴掘りタイプ（幼虫）　15, 91, 145-146, 148, *150-155, 192, 201, 209, 214, 217, 229, F[147, 150-151, 153-155], T[144], AT[600], PJ4, PJ6
　羽化の足場　230
　脱皮　201
　変態　229
　潜る行動　151-153
　潜る速度　151-152, 154
　流速　152
脚, 幼虫：餌動物の感知　89-90
　⇔ 脛節；受容器, 幼虫；蹠節
亜成熟成虫　248
亜生殖板　21-22, 24-25, 48, 486, 488, 490, 492-493, 502, F[498-499], AT[572-573, 617]
　雨どい状　22, AT[572-573]
頭振り, 成虫　265, 344, T[277]
穴掘りタイプ（幼虫）　66, 89, 91, 98, 100, 133, 145-146, *150-155, 193, T[137, 144], AT[596-597, 600-601]
　⇔ 浅い穴掘りタイプ；穿孔生息タイプ；深い穴掘りタイプ
アポリシス　160, 200, 222
　⇔ 脱皮
雨の影響　⇒ 採餌の日周パターン；産卵；生存率；飛行の日周パターン, 成虫；モンスーン
アラタ体　227
アリ科, 捕食者：羽化中　236, 245, AT[614]
　成虫の　344
　卵の　64
r戦略者　⇒ r戦略者とK戦略者の連続系列
r戦略者とK戦略者の連続系列　10, 372, 396, 537
アルファ雄　444, T[443]
暗化, 幼虫　157
安定最大密度　⇒ 密度, 同種雄：出会い場所
イオン成分, 幼虫の生息場所　⇒ pH, 塩分濃度
イオン調節　⇒ 浸透圧調節
威嚇, 雄　429, *430, 431-436, 438, 440, 442, 451, 486, F[430-435], T[436], AT[634-635]

威嚇, 雌　456-457
　⇔ 拒否行動, 雌
威嚇姿勢, 幼虫　164, T[137]
　⇔ 防御行動
異型　⇒ 雌色型
移住　*372-373, *383-411, 744, T[373], AT[628]
　⇔ 移住性の種；気流による空間移動；具体例；条件的移住；絶対的移住
移住性の種　AT[619]
　塩分耐性　188-190, 399
　温帯緯度の熱帯性　132, 251, 269, 391, 397, 400-402, 405, 529, 742, 744, AT[619, 628]
　成虫活動期への影響　284
　均翅亜目　375, T[399]
　高標高　177, AT[604]
　視運動反応　262, 394
　集団　252, 298, 318-319, 379-381, *383-384, 388, 392-396, 398, 400, 403, 405, 407, 409-413, AT[626-628]
　種の集まり　T[395]
　成熟度　261, *383-384, 386, 388, 393, 398-403, 405-406, 408-411, T[373-374], AT[626-628]
　地上速度　318
　特徴, 開始時期　384
　化性　212, 215, T[212]
　降下　386-388, 392, 400, 409, T[395, 399]
　定位　*384-385, 393-394, 398, 406, F[394, 407], T[373]
　飛行エネルギー　*385-386, 392
　飛行距離　379, 385, F[407], T[373], AT[628]
　モード　*383
　幼虫発育　51
ねぐら　304, AT[604]
熱帯収束帯　285
　降雨　246, 369
　脂肪蓄積　122, 258, 385, 403, 405
　前生殖期の長さ　250
　灯火　298
　流水　430
　風速　393
不均翅亜目　375, T[396], AT[628]
　⇔ 移住；移住性の種：温帯緯度の熱帯性；移住性の種：集団；移住性の種：成熟度；移住性の種：特徴；移住性の種：熱帯収束帯
異常タンデム　*475-480
　異種の雌雄　475, *476-478
　雄雄　*478
　三連結　29, *478-480, F[479], AT[641], PP1

位置替え飛行　425, AT[633-634]
　エネルギー支出　AT[624]
　時間　425
　時間配分　AT[624]
　日周パターン　425
　頻度　425
一次生殖口, 雄　471, 480
一時滞在者　AT[636]
一次貯精嚢, 雄　256
一時的な水たまり：温度条件　182, 198, 212
　魚がいない　141, 143, 186
　生活環　184, 214, 220, 252, 382, T[212, 374], AT[617]
　熱帯の移住性の種　10, 369, 395, 398-399, T[373, 399]
　配偶システム　535
　胚発生　51
　水草がない　16
　水の滞留時間　199, 212
　幼虫の生息場所　10, 188, 286, 399, AT[569]
　⇔ 一時的な水たまり生息種；熱帯収束帯；モンスーン
一時的な水たまり生息種, 成虫：生息場所選択の手がかり　16
　水のない場所への産卵　16, 24-25, 214, 251, AT[574-576]
　⇒ 一時的な水たまり
一時的な水たまり生息種, 幼虫：急速な発育　145, 212, 218, 220
　食物構成　AT[586-587]
　⇒ 一時的な水たまり
1齢幼虫　⇒ 前幼虫
1化性　43, 57, 109, 124, 130, 133-134, 170, 176, 185, 192, 206, 210, 214-218, 224, 226, 237-238, 240, 244, 250, 254, 379, 408, F[216], T[212, 555]
一般名　326, 345, 368, 401, 406, 541-542, 545-546, T[543], AT[647-648]
一夫一妻　528
緯度：関与する要因　742, AT[604]
　産卵速度　F[36]
移動分散, 成虫　*372-374
移動分散, 幼虫　26, 155-157
移動法, 幼虫：泳いで　147, 166, T[137], AT[598]
　這う　26
　走って　166
　歩行　146, 166, T[137]
　陸上で　157
　⇔ ジェット推進；ホバリング遊泳
イモリ, 羽化中の捕食者　AT[614]

785

イモリ, 成虫の捕食者　34
イモリ, 幼虫の捕食者　AT[595]
岩場の水たまり: 幼虫の生息場所　16, 145, 182, 209, T[137], AT[575], PC6
陰具片, 幼虫　206
陰茎　480, 483, *484, 486-488, 490, 492-495, 498, 500, 502-504, 507, 509-511, 744, F[484, *488, 489-490, *491, 493-496, 498-499], T[492], AT[617]
　陰茎鞘　483, 488, 503, F[484]
　海綿体　488, F[491]
　角片　493-495, 498, 500, 502-503, 505, F[490, 493-495], T[492], AT[642]
　射精管　256, 488, 494, F[484, 488, 491, 499]
　スプーン状突起　29, 503
　タイプ　487-490, 492-493, 495, F[*484, *488-489], T[491-492], AT[642]
　鞭節　483, 493, 495, 498, 503-504, 510, F[491, 493-494, 496], T[492], AT[642]
　⇨ 精子置換
インスター　⇨ 齢
隠蔽, 成虫　451, T[458], AT[617]
隠蔽, 幼虫　AT[598]
隠蔽色　⇨ カムフラージュ
陰門板　⇨ 亜生殖板
陰門鱗弁　⇨ 亜生殖板

ウィリーウィリー　F[397]
羽化　171, 207-209, 221, 234, *229-245, PK6,
　足場　229-231, 233-235, 244-245, F[232], AT[610-611, 614]
　EM表記　237-238, F[237, 242]
　緯度　231, AT[604]
　羽化数　236, *239, 245, 522, 744, T[555], AT[611]
　羽化日と成虫サイズ　*239-241, 742, 744, AT[612]
　延期　229
　雄の先行羽化　241, 248, F[242], AT[613]
　汚染　AT[607-609]
　温度閾値　200, 224, 230, 234, 239, F[234]
　期間　234, 238, T[231]
　寄生　309-310, 312
　季節的パターン　169, 212-214, 235-239, *235, 284-285, 382, 744, F[215, 236, 242, 249], AT[612-613]
　　ステージ　235, 243
　姿勢　229, 231, 233, T[231], PK1-PK5
　死亡率　*243-244, AT[613, 648-650]
　水域からの移動距離　230, T[231], AT[610-611]
　垂直移動距離　230, AT[610-611]
　脱皮　*229-233
　定位　230, AT[610-611]
　倒立　197, 233
　日周パターン　*233-235, 245, F[216], T[231], AT[604]
　標高　180, 230, AT[604]
　分割　230, 234, 237-238, 244, F[234]
　捕食　231, 243-244, 317, 743, AT[613, 621]
　⇨ 性比
羽化殻　210, 217, 230, 233, 235-236, 238-239, 241, 243-245, 310, 471, 555, F[232, 236], AT[611], PD4
　採集　13, AT[611]
羽化曲線　⇨ 羽化: 季節的パターン

エクジソン　200, 226-227
餌動物, 成虫の: 群飛　340, 347-352, 354, 359, 364, 366, T[334, 345, 351], AT[622-624]

死んだ　344
対抗適応　*344, *347
⇨ 食物構成
餌動物, 幼虫の: 動かない　84, 88, 96-97, 165
　食えない　93, F[97], AT[588]
　死んだ　84, 88, 91, 96, AT[587-590]
　対抗適応　*91-92, 100, 107, 745
　⇨ 食物構成
餌動物/捕食者ピラミッド　112
餌動物選択, 幼虫　106-107, 113, AT[587-589]
　スイッチング　106, 116, AT[589]
餌動物の運搬, 幼虫　96
餌動物の感知, 成虫　339, *342-345
　餌動物の形　342, AT[623]
　距離　344, 354
　薄明時　339, 351
　拾い食い　333
　⇨ 受容器
餌動物の感知, 幼虫　2, 73, *85-87
　餌動物の形　84
　餌動物のサイズ　86
　化学受容器　*91
　感知範囲　89
　距離　86-87, 90
　個体発生　85-87, 89, 93
　視覚受容器　*85-89, 106, T[137]
　生息場所　85
　追跡　57
　⇨ 脚; 受容器; 触角; 複眼
餌動物の拒否, 幼虫　91-92, 97, F[97]
枝浮かせ法　209
越冬, 成虫　⇨ 冬眠
越冬, 幼虫　59, 136, 175-176, 181, 185, 203, 205, 207, 223-225, 235, 237-238, 240, 243-247, 250, 253-254, 286, AT[628]
　緯度　AT[604]
　標高　AT[604]
越冬, 卵　46-47, 49, 53-60, 67, 134, 224, F[56], AT[581-582]
エネルギー転換, 成虫　*359-368
　エネルギー収支　265, *365-368, 422, T[351]
　エネルギー消費　329, *363-365, 366, T[365]
　エネルギー配分　263-264, 422, 443
　食物摂取と羽化後の日齢　*359-361
　同化　*361-363, 366, T[*363]
エネルギー転換, 幼虫　*107-113, 163, F[110], T[108, 110]
　エネルギー収支　*110-113
　食物供給量　*107-109
　食物摂取　*109, F[111], T[108, 110]
　生産量　105, 109-113, F[110], T[108]
　生物体量　110-113, AT[591]
　同化　107, *109-111, T[108], AT[591]
F-0齢幼虫: 温度耐性　182
　期間　219, 225, 229, F[202, 218, 221], T[219]
　サイズ　57, 69, 108
　⇨ 齢内変化
塩分濃度: 幼虫の生息場所　11, 137, 141, *186-190, 199, 399-400, F[189], T[399], AT[570]
縁紋　260, 330, 471, 517

横隔膜, 幼虫　71, 74, 99-100
大顎, 幼虫: 防御に使用　167
オオヌマダニ科: 影響　312
　成虫への寄生　312, *314, AT[620]
オオミズダニ科　⇨ アカミズダニ科; オオヌマダニ科; ヨロイミズダニ科
　卵の捕食者　63
雄内移精　471, *480-484, 486, 488, 501, 504, F[488, 501], PP2
　時間　480-481, 483, F[501]
雄の先行羽化　⇨ 羽化
汚染: 幼虫の生息場所　15, *194-198, 233, T[550], AT[606-607]
　温排水　182, 195-196, F[197], T[182], AT[607]
　懸濁　194, 208, T[550], AT[606-607]
　高温耐性　182-183
　再定着　195, 198, AT[607]
　殺虫剤　T[195]
　生理的影響　196, AT[607-609]
　沈殿物　196, AT[606]
　農薬　*195-197, 199, 369, 548, 557, AT[606-609, 649]
　無機汚染物質　*195-197
　有機汚染物質　*194-196, AT[606-607]
オベリスク姿勢　*275-276, 300, F[275], T[272], PM1
温泉, 幼虫の生息場所　174, 177, *181-182, 239-240, 278, 417, 744, T[272], AT[604-605, 609, 619]
温度依存の可逆的色彩変化　260, 266, *269-271, PP6, AT[618]
　外温性　279, F[279], T[272]
　カムフラージュ　323, T[321]
　対捕食者機能　33
　日周性　270
温度影響: 緯度　*173-176
　標高　*176-179
温度影響, 成虫: 高温耐性　182, 277
　低温耐性　176
　⇨ 温泉
温度影響, 幼虫: 活動　176, 180
　高温耐性　181, *182-183, F[197]
　馴化　181-183, F[197]
　耐性の日周パターン　182
　低温耐性　173-181, 744
　⇨ 温泉
温度受容器, 成虫　T[272, 276]

か 行

外温性　265-266, 274, *275-278, 283, 295, 300, 306, 528, 743-744, T[266, 272], PL6
　色彩変化　270, 279
　姿勢による調節　*275-276, 307, F[255-256], T[272], PM1-PM3
　日周活動パターン　279, 300, 743, T[272]
　微生息場所選択　*276-279, T[272]
　⇨ オベリスク姿勢; 温度依存の可逆的色彩変化; 開翅姿勢; 日光浴
回帰　⇨ 定住性
回帰行動　16, 382
外骨格, 成虫　F[4]
外骨格, 幼虫　F[6]
開翅, 雌　458-459, 462, 466, F[460], T[458], PO5
開翅姿勢　305-306
害虫抑圧防除　⇨ 生物防除
回避行動, 雄　274
回避行動, 幼虫　136, 158, *163-167, T[137], AT[598]
回避飛行, 産卵中　28
回避飛行, 雄　452, F[460], T[277]
回避飛行, 雌　457-460, T[277, 458]
下咽頭, 幼虫　101
カエル: 吸虫綱の終宿主　122-123
　成虫の餌動物　86, 114, AT[623]
　成虫の捕食者　20, 29, 33-34, 42, *318, 323, AT[621]

事項索引

ファレート成虫の捕食者　231, AT[614]
幼虫の捕食者　*131, AT[595]
化学受容器　⇒ 受容器
夏季種　*237
　羽化の季節的パターン　35, 235-239, 241, 448, F[237, 242]
　活動の季節的パターン　286, 292, F[285, 289], T[286]
　⇒ 春季種
学習によらない行動, 成虫　356
学習によらない行動, 幼虫　94, 97
学習による行動, 成虫　263, 307, 356, 421, AT[637-638]
学習による行動, 幼虫　94, 97, 745, AT[588]
額突起, 幼虫　66
撹拌者　⇒ 随伴行動
学名　5, 477, 543, 545-546
カゲロウ　⇒ カゲロウ目
カゲロウ目　2, 47, 50, 119, 206, 226, 240, 248
カゲロウ目, 成虫の餌動物　349, 354, 414
過剰殺戮, 幼虫による　92, 105-106, AT[588-589, 597, 601-602]
過剰殺戮, 幼虫の　92
下唇, 成虫　F[5]
下唇, 幼虫　70, 84, 91, 93-94, 145, F[7], AT[588], PI1,
　下唇後基節, 幼虫　F[6]
　下唇前基節　F[6-7]
　可動鉤　93, F[7]
　個体発生　99
　刺毛　91, 93, 98, F[7]
　収納　75-76, 98
　スプーン状　99, 146-147, 154, F[99], T[144], PI2-PI3, PJ1
　成長比　F[205]
　相対成長　99
　平ら　98-99, 145, 150, T[137, 144]
　鬚　F[6-7]
　深い穴掘りタイプ　154
　変態中　227
　捕食行動連鎖の間の動き　93
　細い　99, T[137, 144]
　⇒ 下唇伸展
下唇攻撃　⇒ 下唇伸展
下唇伸展: 幼虫　2, 70-71, 84, 89-90, 93-94, 97-100, 117, 123, 143, 150, 167, 197, F[89, 96, 151, 160, 162], AT[601-602]
下唇伸展, 幼虫: 餌動物までの距離　86-87, 99
　時間　99
　メカニズム　89-90, 99-100, 117
カスミ網　⇒ トラップ
風, 産卵中の捕食リスクの増加　33
　⇒ 採餌の日周パターン; 採餌飛行のスタイル; 飛行の日周パターン, 成虫
化性　57-58, 181, 203, 205, 208, 210-212, 214, 216-218, 225, 252-253, 409, T[213]
　緯度　217, 224, 240, F[223], AT[604, 609]
　温帯性の種　210, *216-217, T[212]
　気候帯　T[211]
　自由水の欠如　AT[613]
　条件的　224, 252
　食物供給量　AT[609]
　熱帯性の種　210, *212-216, T[212]
　標高　AT[604, 609]
　要因　AT[609, 613]
　⇔ 1化性; 2化性; 3化性; 4化性; 多年1化性
可塑的行動　⇒ 定型的行動
可塑的行動, 成虫　299, 486
可塑的行動, 幼虫　136-137, 158, 163, AT[598]

滑空　3, 34, 282-283, 330, 337, 352, 386-387, 398, 403, 416, 426, 516, T[182, 272], AT[622]
滑翔　283, 318, 331, 353, 386, 404
活動モード, 幼虫　84, T[*86, 144], PI6, PJ2
　⇒ 狩猟モード
下皮　270
カマキリ　⇒ 網翅目
夏眠, 成虫　16, 57-58, 250-251, 253-254, 261, 263, 290, 314, 359, 372, 378-381, 410-411, 558, F[251], T[288, 373-374], AT[615-618, 621]
　⇒ 休眠, 成虫
夏眠, 幼虫　183, 393, F[184, 186]
カムフラージュ, 成虫　323, 347, 451, T[321], PM3
　⇒ 擬態
カムフラージュ, 幼虫　92, 145, 148, 152, 166, 225, T[137], PI6, PJ2, PJ4
　背景の選択　150, 157
カムフラージュ, 卵　47, 63
カメ: 幼虫の捕食者　AT[595]
カリバチ類　⇒ スズメバチ; 有剣類
カワゲラ目: 成虫の餌動物　AT[622-623]
　低い気温への反応　51, 53, 106, 180
感覚毛: 毛状　91
　⇒ 受容器
　⇒ 受容器
感覚毛, 成虫: 鐘状　36, 502
感覚毛, 幼虫: 円錐状　98
換気, 成虫: 胸部　280, 331
乾季の生存　⇒ 耐乾休眠
環境へのインパクト　*547-554
　原因　*551-554
　徴候　*549-551, 560, 743
　方程式　553, 561
換水, 幼虫　71-74, 76
　一気飲み　71, 73-74
　温度　72-73
　寄生虫の侵入　123
　摂食　72
　昼間　72
　直腸　*70, 117, 187, F[72, 74]
　低酸素　72, 83-84
　日周パターン　72
　頻度　71-73
　溶存酸素　71-74, F[81]
間接的な媒精　481, 484, F[485]
　雄内移精
乾燥, 成虫　277, 363
　体重　277, 357
乾燥, 幼虫: 生存率　184-186, F[184], AT[606]
　成長速度　186
　体重減少　189
　⇒ 自由水の欠如

記憶　⇒ 学習による行動
機械受容器　⇒ 受容器
擬死　⇒ 不動反射
　⇒ 不動反射
岸辺待ち伏せ者, 雄　445, AT[636]
気象前線　369, 385, *388, 391-393, 395-396, 398-401, 403, 406, F[387, 394, 404], AT[629-630]
寄生者: クラッチサイズ　39
寄生者, 成虫の　⇒ オオミズダニ科; グレガリナ亜綱; 条虫類; 双翅目
寄生者, 幼虫の　*120-129, 243, T[120]
寄生者, 幼虫の　⇒ 吸虫綱; グレガリナ亜綱; 条虫綱; 線虫類

基節, 成虫　F[4]
季節的退避飛行　254, 301, 373, *378-382, 396, 399, 410-411, T[*373], AT[626]
　高標高　380-381, AT[626]
　集団　378-381, 383-384, AT[626]
　飛行距離　378-379, T[373]
季節的調節　55, 109, 181, 210, 212, *216-219, 221-226, F[222, 225-227]
　低温閾値　224
　冬季臨界サイズ　223-224, F[223]
　⇒ 日長の刺激
擬態, 成虫　324-325, 454, 543, T[321, 325], PM5
機能の反応, 幼虫　92, 103-104, 116, 158, F[104], AT[587-590]
気門, 幼虫　82, 84, 193, 229
逆転層　386, 388
求愛　18, 426, 432, 435, 445-446, 456, *459-483, 554, F[415]
　アメリカミナミカワトンボ科　*467, F[462], AT[638-639]
　イトトンボ科　*461, 467, AT[638-639]
　カワトンボ科　19, 32, 433, *461-466, 467, 742, T[441], F[435, 462-479], AT[638-639]
　機能の解釈　*469
　時間　463-464, 466
　その他の均翅亜目　467, AT[638-639]
　タイプ　*461, 465-466, 474, F[462-463]
　ハナダカトンボ科　461, *465-467, F[463], AT[637-638], PO6
　不均翅亜目　*467-469, F[468], AT[638-639]
　ミナミカワトンボ科　*467, AT[638-639]
休止, 成虫　270, 282, 295, 298, 300, 318, 320, 337, 349, 363, 391, 409, T[277]
吸水, 幼虫　71, 73, 123, F[74]
球虫亜綱, 寄生者　122
吸虫綱: 宿主特異性　122-124, 744
　幼虫と成虫の寄生者　71, 73, 116, 119, *122-124, 129, 407, 745, F[122, 125], T[120]
　⇒ 吸虫綱のセルカリア幼生
吸虫綱のセルカリア幼生: 侵入に対する幼虫の反応　71, 73, 122-125
休眠, 成虫　218, 226, 243, 250, 252-253, 255, 307, 363, 378, 380, AT[615-616]
　条件的　217, T[212]
　地理的勾配　217
休眠, 幼虫　105, 108, 135, 181, 205, 207, 222-224, 370, F[227]
　可塑的　216, 223-244, F[222, 227], T[212]
　⇒ 日長の刺激
休眠, 卵　50, *53-57, 60, 69, 218, 408, F[56, 58], T[212]
　温度の影響　53-56, 60, F[56]
　休眠前発育　54, F[56]
　休眠後発育　54, 56, F[56]
　条件　54, *57-60, 392, F[56], T[212], AT[581-582]
　日長の影響　54
　発生　53-57, 60
共生, 幼虫と　⇒ 双翅目; 藻類
局在化: 指数　422
　⇒ 定住性
局在化, 雄　*420-422, F[419], T[534, 420], AT[632-634, 637-638]
拒否行動, 雌　22, 29, 33, 434, 450, *456-461, 472, 520, F[458, 460, 462-463, 501], T[458], AT[637-638], PO5
拒否行動, 雌　⇒ 腹部湾曲

気流による空間移動 *386-396, F[390]
　　個体群の結集 353, *393-396, F[393]
　　垂直移動 178-180, *386-388
　　水平移動 *388-393, AT[628-629]
金属：生存率 190, 191
　　生理的影響 191
菌類 ⇒ 子嚢菌類；不完全菌類

空中採餌 329, *336-340
　　パーチャーモード *339-342
　　フライヤーモード *337-339,
空腹, 幼虫：餌動物の好み 106, AT[587-589]
　　摂食速度 AT[588-590]
　　飽食量 AT[587-590]
釧路アピール 560, T[561]
具体例：アキアカネ *379-380
　　アメリカギンヤンマ *402-404
　　ヒメギンヤンマ *399-402
　　ムツアカネ *408-409
　　ヨツボシトンボ *406
クモ ⇒ 真正クモ目
クモ形綱：成虫の捕食者 316, AT[621]
　　成虫への便乗 AT[620]
クラッチ：間隔 37-39, 42, 505, 514, 522,
　　F[39], T[37, 522]
クラッチ, 卵 31-32, 36-42, 67, 506, 509, 517-
　　518, 522, 524, 531-532, F[39], T[37],
　　AT[646]
グリコーゲン 74, 196, 385
グレガリナ亜綱, 寄生者 *120-121, 129, 309,
　　312, 744, F[121], T[120]
クロップ 100
　　⇒ 前腸
群飛採餌 ⇒ 採餌効率, 成虫, 向上
群飛摂食 ⇒ 群飛採餌

警護：交尾後 26-27, *28-30, 32-33, 35-36,
　　42, 149, 303, 421, 430, 456, 465, 475, 484,
　　487, 503-504, 506-518, 520-521, 527,
　　531-533, 535-537, T[277, 519],
　　AT[637-638]
　　雄密度 513-514, F[513, 516]
　　産卵速度 35-36, AT[576-577]
　　産卵中 *512-517
　　時間 514, 518, 527, F[516]
　　姿勢と風 29
　　条件的 29, 503, 512, 515
　　潜水産卵中 30-31, 512-513, 532, T[512]
　　体temperature 513
　　強さに影響する要因 512-514, 518,
　　F[513]
　　適応度への影響 29, 34, AT[576-577]
　　場所 512, 514
　　ハネビロトンボ型 28, 34, 516, T[512]
　　非交尾相手 456, *517, AT[637-638]
　　複数雌 456, *517, AT[637-638]
　　歩哨姿勢 28-29,33, AT[576-577], PG1-
　　PG2
　　⇒ 接触警護；非接触警護
　　交尾前 472, 508, PP3
　　　　⇒ 交尾前タンデム
　　交尾による警護 ⇒ 交尾時間：延長
経済的重要性, 成虫 *368-370, AT[*625]
経済的重要性, 幼虫 *114-117, F[115]
形質置換 454
脛節, 雄：剛毛 471
　　竜骨 471
脛節, 成虫 258, 283, 466, 511, F[5]
脛節, 幼虫 100, 150, 154, F[6]
　　餌動物の感知 89

⇒ 受容器
脛節距棘, 成虫 322, 367
K戦略者 ⇒ r戦略者とK戦略者の連続系列
結節 330, 426
血リンパ, 成虫 274, 315-316, F[315]
　　循環 282, 312-313, 331, T[272]
　　成分 AT[617]
血リンパ, 幼虫 83, 186-188, 190, 196, 227
ゲーム理論 442, 446, 449
検査飛行 18, 421
原生生物界 ⇒ 原生動物；藻類
原生動物：幼虫の片利共生者 AT[593]
甲殻類, 中間宿主：吸虫綱の 123, 127
　　線虫類の 128
　　幼虫の捕食者 129
高気圧 388, 391, AT[629]
抗菌ペプチド, 幼虫 120
攻撃行動, 雄 248, 264, *418-436, 438-439,
　　F[265, 430, 432, 513], T[264], AT[637-
　　638]
　　格闘 429, 431, 433, *436-437, F[419, 434,
　　437]
　　気候 429
　　時間配分 439, T[439]
　　種間 AT[635]
　　接近 429, 431-437, F[430], T[436]
　　ディスプレイ 280, 426, 429, 431, 435, 440,
　　469, 744, PO3-PO4
　　レパートリー *429-435
　　ロッキング飛行 432-433, F[432-433]
　　⇒ 威嚇；相互作用, 雄；敵対行動；闘争,
　　雄；代替繁殖行動；追飛；密度；リ
　　リーサー
攻撃行動, 成虫：採餌場所で 358-359
　　鳥へ T[343]
攻撃行動, 雌 429-430
　　産卵中 30
硬骨魚綱：成虫の捕食者 33-34, *318-,
　　AT[621]
　　線虫類の中間宿主 127, F[128]
　　線虫類の保虫宿主 127-128
　　ファレート成虫の捕食者 AT[614]
　　幼虫の捕食者 *129-130, 134, 164-165,
　　550, 555, 742, AT[595, 609, 649]
　　卵の捕食者 63-64
　　⇒ 魚がいる水域；魚がいない水域
交雑 473, 477, 743, AT[640]
肛上板, 成虫 263, 473, F[6], AT[617-618]
肛上板, 幼虫 77, F[75, 78-79], AT[584]
洪水 ⇒ 増水
肛錐, 幼虫 73, 149
後生殖期 247, 260, 291, 359
拘束システム ⇒ 重力定位装置
肛側板, 成虫 6, 326, AT[618]
肛側板, 幼虫 6, 64, 77, 82, 117, 166, 473, F[6,
　　78-79, 153]
強奪者, 雄 446, AT[636]
甲虫 ⇒ 鞘翅目
後頭部：種の認知 474
後頭部, 成虫 F[5]
行動レパートリー, 成虫 22, 263, 265, 301, 397
　　生殖期 *263-265, T[277]
行動レパートリー, 幼虫 85, 95, 103, 143, 159-
　　160, 163, F[160, 162], T[161], AT[601-
　　602]
光背反応 330, 352
交尾 281, 380, 469, *483-511, F[297, 462-463,
　　484, 491, 493, 498-502, 506], T[266],
　　PL3-PL5, PP4-PP6

エネルギー消費 T[365]
　　⇒ 交尾；交尾成功度；交尾頻度；出会
　　い場所配偶システム
繰り返し 59
交尾環の形成 477, *484-486, F[470]
交尾期待値 ⇒ 交尾頻度
交尾器の結合 *486, F[415, 474]
交尾成功度 159, 241, 360, 443, 446, 463,
　　509, 519, 521, *524-526, 531, F[528],
　　T[37, 441, 526, 529], AT[637-638]
　　⇒ 交尾；交尾頻度
交尾栓 502
交尾戦略 504, 510, 525
交尾頻度 414, 416, 424, 460, 493, 513, 520-
　　529, 533, 742-743, F[524, 530], T[519,
　　523, 534], AT[637-638]
　　⇒ 交尾成功度
効率 59
飼育下での 43, 517
終了 510-511
処女飛行中 384, PP4
ステージ 481, 498, 500-505, 508-509,
　　F[500-502]
多回交尾 32
タンデム痕 AT[617-618], PL4
中断 59, 437, 498, 500, 507, 509, F[501]
日周パターン 34, 443, F[423]
ねぐらでの 308, 378
配偶システム 241, 248, 414, 446, 469,
　　*529-538, 744, F[533], T[534]
　　概観 537-538
　　後背地を出会い場所にする種 *535,
　　T[534]
　　産卵の遅延 533, T[534]
　　産卵場所を出会い場所にする非なわばり
　　種 *535, T[534]
　　資源の制約 469
　　資源防衛型一夫多妻 536
　　短時間交尾 *535-536, T[508, 534]
　　長距離移動 *533, T[534], PP4
　　長時間交尾 *535, T[534]
　　分類 533-537, F[533], T[534]
　　雌によるコントロール 417, 525, 533
　　⇒ 交尾相手選択, 雌による；交尾時間；
　　精子競争
交尾相手選択, 雌による 457, 461, 469, *520-
　　521, 528
交尾器接触 481, F[470, 482]
交尾後鉤 483, 486, F[484, 498-499]
交尾後の行動 *511-518
　　機能の解釈 512, *518
　　休止 503, 508, 513, 515-516, F[514-515],
　　AT[637-638, 645]
　　警護なし産卵 *511-512
　　再交尾 485, 512, 515, *517, 520-521, 528,
　　AT[637-638, 644]
　　ディスプレイ 514-515, F[514], PF3
　　誘導 514, PF3
　　⇒ 警護, 交尾後
交尾時間 59, 500, 503, *506-510, 513, 516, 518,
　　521, 534, 536, 744, F[516], T[508],
　　AT[643-645]
　　延長 268, 509, T[534]
　　雄密度 503, 509
　　科内変異 *507-508, AT[643]
　　機能の解釈 *510
　　決定要因 AT[644]
　　種内変異 *509-510, AT[644]
　　属内変異 *508-509, AT[643]
　　短い交尾時間 149, 507

事項索引

交尾前タンデム　*469-480, PP2
　　形成　391-392, *469, F[470, 501], PP3
　　結合　476-478, F[415, 460, 474-476], T[477], AT[639]
　　行動　*469-472, F[470]
　　時間　472
　　通勤飛行中　378-379
　　同期　471
　　雌による阻止　461
　　⇒ 異常タンデム
交尾前飛行, 雌　262, 428, 455-456, T[277]
交尾嚢　254, 255, 304, 490, 494-495, 498, 502-505, 509, 521, F[489, 491, 493, 497-499, 502], T[500], AT[617, 642]
高標高のトンボ目　176, 178-180, 217, 278, 360, 380, 414, AT[603-605], PL6
コウモリ ⇒ 翼手目
肛門弁, 幼虫　71, 100
航路, 成虫　373, 377, 385, 411-412
　　太陽コンパス感覚　377, 385, T[373]
呼吸, 成虫　T[277, 365]
呼吸, ファレート成虫　244
呼吸, 幼虫　*70-84
　　温度　72-83, 81, F[80], AT[590]
　　気門　76, 82, 84
　　共生藻類　119
　　空気中　73
　　酸素消費　72-73
　　測定　71
　　体表　70, 81-84
　　直腸　71-74, 152, 165, 229
　　日周パターン　72, 82
　　変態中　227, PD5
　　粒子サイズ　*152
　　⇒ 換水; 鰓籠; 鰓総; 翅芽; 尾部附属器, 溶存酸素; 腹側鰓
呼吸管, 幼虫　91, 155, 206, F[155], AT[601]
呼吸ストレス ⇒ 低酸素
湖水の上下逆転　193
個体群サイズ ⇒ 全個体数
個体群サイズ, 成虫　287, 289, 555, F[289]
個体群サイズ, 幼虫　134, 239, F[135, 169], AT[606-607]
個体群動態, 幼虫　*168-170, F[169-171], T[168]
個体数安定メカニズム　537
個体数安定メカニズム, 成虫　320
個体数安定メカニズム, 幼虫　106, 114, 133, 163, 168
コモンズの悲劇　553
固有性　559
　　島　391
昆虫綱: 成虫の片利共生　AT[620]
　　成虫の捕食者　*317-318
　　⇒ カゲロウ目; カワゲラ目; 鞘翅目; 双翅目; 直翅目; 等翅目; トビケラ目; トンボ目; ハジラミ目; 半翅目; 膜翅目; 網翅目

━━━ さ 行 ━━━

サイクロン ⇒ 台風
採餌, 成虫　264-266, *329-336, 363-365, 558, T[556]
　　移住中　388, 396
　　埋め合わせ　264
　　餌動物の群飛　340, 347-352, 354, 356, 359, 362, 364, 366, AT[621]
　　エネルギー消費　T[365], AT[624]
　　空中採餌者としてのトンボ目　*329-336

空中での機敏さ　*330-331
偶発的　336, 356
最適採餌　329, 349, 365
時間配分　AT[623]
純エネルギー摂取量　T[351]
専心的　336, 350
出会い場所　334, 336, 339, 342, 417, 535
とまり場から　359
ニッチ　329-330
パトロール飛行中　367, 428
飛行時間　F[338, 340]
飛行時間の成分　263-264, F[265], T[264]
モード　*333-334
夜行性　292
⇒ 空中採餌; 採餌効率; 採餌飛行のスタイル; 採餌の日周パターン; 視力; 表面採餌; 防衛行動; ホバリング
採餌, 幼虫　*84-117
　　関与する要因　*103-107, AT[587-590]
　　季節的パターン　AT[590]
　　個体発生　75-77, 85-86, 89, 92-94, 98-99, 107, 109
　　最適採餌　103, 113
　　日周パターン　106, AT[589-590]
　　捕食者回避　103, 111, 136, *158, 163
　　⇒ 活動モード; 狩猟モード; 定着的行動モード; 待ち伏せモード
採餌効率, 成虫　餌動物の集中　*350-354, T[*351]
　　大型餌食い　*357-358, T[*351], AT[*622-623], PN3-PN5
　　向上　*350-359, T[*351]
　　性による違い　357, 360-361, 364, 366
　　貯食　*349, T[*351]
　　追跡　342, 344, 351, 359
　　場所の防衛　*358-359, T[*351]
　　捕獲成功　*354-355, F[354], T[*351]
　　⇒ 採餌の日周パターン; 随伴行動
採餌の日周パターン, 成虫　275, 340-342, 361-362, 380, F[341]
　　雨　376
　　餌動物供給量　337, 339, 340
　　エネルギー摂取　F[342]
　　温度　340, 360-361, 363
　　風　360
　　気象　365
　　季節　F[341]
　　個体群　337, 342, 367
　　成熟　336-337, 340, 353
　　性による違い　361
　　薄暮性　7, 271, 278, 281, 292, 336, 340, 354
　　薄明薄暮性　35, 262, 295-297, 300-301, 339, 351-352, 354, 451
　　パーチャーモード　*339-342
　　表面採餌　347
　　フライヤーモード　*337-339
　　⇒ 飛行の日周パターン, 成虫
採餌飛行のスタイル　F[338-339], T[334]
　　風　353-356, 360
　　体温　339
　　パーチャーモード　*339-340
　　表面採餌　*344-345
　　フライヤーモード　*337
　　飛びながら摂食　348
鰓総　70, *74-75, 79, F[75]
鰓籠　71, 123
魚 ⇒ 硬骨魚綱
魚がいない水域　16, 20, 112, 133, 136, 138, *141-143, 156, 164, 166, 169, 170, 173, 188, 190, 409, 555, F[130, 135], T[136],

AT[591, 598]
⇒ 水域間の棲み分け
魚がいる水域　16, 20, 133, 136, 138, *141-143, 164, 190, 217, 409, 555, F[130], T[136], AT[598]
⇒ 水域間の棲み分け
サソリ目: 擬態のモデル　T[325]
サテライト雄　292, 440, 444-447, 457, 509, 520, 523, 526, 535, F[419, 423, 528], T[441, 523], AT[632, 636-638]
サナダムシ ⇒ 条虫綱
砂嚢 ⇒ 前胃
サバクトビバッタ: 移住種　388-389, 391, 394, 396-397, 400, F[390]
砂漠のトンボ目　15, 183-184, 273-274, 282-284, 286, 331, 366, 398, 400-401, AT[615-616]
サーマル　282, 337, 352-353, *386-388, 391, 399, 403, T[373, 399], AT[627]
サーマルの上端　387, F[394]
サル (オナガザル科): 成虫の捕食者　124, F[125]
3化性　216, 405, F[216]
サンクチュアリー: トンボ　559
酸素供給量　15, 20, 31-32, 77, 80, 194, T[20], AT[571]
　　羽化成功度　244
　　温泉　181
　　標高分布　180
酸素供給量 ⇒ 溶存酸素: 濃度; 卵, 酸素供給量
産卵　*21-36, 327, 380, F[415], T[277]
　　移動しながら　11, T[455], AT[598-599]
　　雨中　302
　　産み落とし　141
　　エピソード　22, 28, 32, 35, 37-38, 42, 505
　　エピソード時間　35, 42, F[513, 516], T[519], AT[576, 578]
　　延期　15, 37
　　雄からの干渉　22-23, 29, 32, 34, AT[576-577]
　　雄の回避　35, 299, 743
　　基質　15-16, 19-22, 26, 30, 32-33, 35, 60, 66, AT[571-576]
　　グループ産卵　18, 30, 33-34, 42, 334, 457, 517, 536, PO6, AT[576, 578]
　　行動連鎖　*26-28
　　痕　AT[618]
　　再交尾　AT[576-577]
　　自由水なしの　16, 25-26, 214, 251-252, 392, AT[574-576]
　　すくい上げ　22, 26, AT[573, 575], PF6
　　贈与　26
　　速度　17, 27-28, 31, *35-36, 38-39, 42, 45, 537, F[36, 516], AT[576]
　　体温調節　274
　　代用基質　43
　　中断　38, T[637-638]
　　日周パターン　*34-35, 508-509, 511, 743
　　熱への反応　20
　　バウト　22, 27-28, 32, 36, 48-49, 63, 274, 509, 528, T[512]
　　バウト時間　26-29, 509
　　場所選択　*17-20, 24, 382, 416, 421, 520, 744, AT[637-638]
　　飛行産卵　22-23
　　付着　18, 21-22, 24, 47-48, 50
　　変則的な産卵基質　17-18, 744
　　捕食　*15-16, 18, 20, 24, 29-30, 33-34, 39, AT[576-577]
　　モード　*21-24, 30, 35, 742, F[23], AT[572-

573]
夜間 35
幼虫の生息場所 *24-26, 743, AT[574-576]
流水への反応 24, 462
⇨ クラッチ；警護, 交尾後；攻撃行動, 植
　　物内産卵；植物外産卵；植物表面産卵；
　　潜水産卵
産卵管 F[4], AT[617]
三連結 ⇨ 異常タンデム

ジェット推進 3, 71, 86, 94, 96, 100, 117, 138,
　151, 165-167, 229, AT[647]
翅芽 2, 201-207, F[6, 206]
　呼吸機能 82-83, 93, 119
　成長比 201, F[204-205]
　発育 201-203, 206
　変態中 146, 227-229, F[228], PD5
紫外線：成虫からの反射 270, *271, T[321]
　成虫の感受性 331
　反射 450-452, 466
　ファレート成虫による感知 230
　幼虫の感受性 85
視覚コミュニケーション ⇨ 威嚇；求愛；攻
　撃行動；拒否行動；認知
視覚コミュニケーション, 成虫 *450-460, 473,
　F[415], T[453, 455]
視覚による採餌行動, 幼虫 85-86, 88, 93-94,
　96, 101, 106-107, 141, 143, F[88], T[*86]
　⇨ 触覚による採餌行動
しがみつきタイプ (幼虫) *145-146, 196, 209,
　214, 229, 239, F[146], T[137, 144],
　AT[600], PI5-PI6
時間配分 AT[624]
色彩多型 260, *266-269, 509, T[267]
　異所的 266, 269
　遺伝率 268
　気候 269
　季節的 268-269, AT[615]
　生息場所 269
　同色型 268
　二型 467, 478, 509, 521, PB5,
　⇨ 色彩変異；雌色型；雄色型
色彩変異, 成虫 33, *259-260, 266, 269
　緯度 AT[604]
　温度反応 260, 266, 269-270, 279, AT[617]
　血液 260
　前生殖期の変化 255-256, *258-260, 271,
　　320, F[255-257, 267], AT[617], PL1-
　　PL2
　白粉 251, 269-270, *271-272, 327, 438,
　　451-452, F[255], AT[617], PL4, PM1
　翅 260
　標高 177, AT[604]
　複眼 259-260, 270
　⇨ 温度依存の可逆的色彩変化；色彩多型
色彩変異, 幼虫 *157-158, T[137]
　季節的変化 157
　縞模様 91-92, 157-158
　微生息場所 156
　⇨ カムフラージュ
色素胞, 成虫 270
刺激 ⇨ リリーサー
耳状突起 283, 326, 482, *483, 486, F[343]
雌色型 39, 266, 268-269, 454, 460, F[267],
　T[267], AT[637-638]
自切, 成虫 324
自切, 幼虫 79, 82, *165-166, T[137]
　自切点 165-166, F[6]
　⇨ 付属器官の再生
実効性比 (OSR) 519, *521, 522-524, 532,

T[519], AT[637-638]
子嚢菌類：成虫の病原体 309
脂肪：移住者 385
　前生殖期 258, AT[616]
　変態中 229
脂肪, 幼虫の蓄積 74
脂肪蓄積, 成虫 258, 304
　移住 258, 385, 403, 405, 417
　交尾成功度 360
　闘争での勝利 442, 531, T[441]
刺毛 ⇨ 脛節, 雄
刺毛, 幼虫：餌動物の感知 89
　扇型 90, F[94]
　三角形 91
　⇨ 下唇, 幼虫, 刺毛；受容器
霜の回避 180
若齢幼虫 54, 82, 91
　汚染物質への感受性 196
　温度耐性 54, 56-58, 182, 196, 225
　サンプリング 207
　死亡率 134
　食物構成 102, 105
　穿孔生息タイプ 154
　同種による捕食 241
　pH 186
　微生息場所 155, AT[626]
　尾部付属器 161
　捕食 130
斜面上昇風 386
自由水の欠如：幼虫生存率 *183-184, F[186],
　　AT[606]
　幼虫の退避場所 185-186, F[186], AT[606]
雌雄の出会い *415-429
　⇨ 探索行動, 雄；出会い場所；定住度；な
　　わばり性；なわばり
周北分布するトンボ目 AT[603]
重力定位装置 322, 330, 475, 743
終齢幼虫 ⇨ F-0齢幼虫
種間競争, 成虫：干渉型 284, 287, 304, 358,
　438-439
種間競争, 幼虫 112, 129, 134, 168
　消費型 134, 168
受精 36, 45, 59, 486-488, 495, 502, 504-506,
　517-518, 520, 524, 527-528, 532
　試験管内 43
受精細孔 36, 490, 504
受精嚢 36, 254-255, 304, 490, 492-495, 498,
　502-503, 505, 509-510, 521, F[489, 493,
　497, 499], T[500, 502], AT[617, 642]
受精率 36, 59-60, 509
出現期間, 成虫 13, 232, 286-287, 414, 416,
　F[285]
樹洞, 幼虫の生息場所 100, 105, 112, 116, 133,
　*138-141, 143, 157, 183, T[*139, 144],
　AT[569-570, *598-599]
酸素供給量 73, 77, 82
　サンプリング 209
　滞留水の季節的パターン 15-17, 140, 183,
　　252, F[215], AT[615-616]
樹洞生息種 ⇨ 樹洞
樹洞生息種, 成虫：雄の定住性 19, 347, 367,
　AT[631]
　樹洞に産卵 15, 26, 60, 140, AT[597], PE3
　⇨ 樹洞
樹洞生息種, 幼虫：餌動物の減少 AT[592]
　カムフラージュ 157
　共生 AT[593]
　競争 112
　樹洞の体積とF-0齢幼虫の体サイズ 524
　食物構成 AT[587]

先制殺戮 92, 105, AT[597]
敵対行動 AT[601-602]
　トンボ目内の捕食 133, 140, AT[597]
種内競争, 雄：干渉型 312-313, 414, 416, 448,
　521, 523-524, 528, 531, 534-537, F[415]
種内競争, 成虫：干渉型 289, 299, 304
　消費型 326-327, 358, 522-523, 532, 534,
　　536-537, F[415]
種内競争, ファレート成虫 231, 244, F[232]
種内競争, 幼虫 136, 140, 170
　干渉型 106, 109, 112, 129, 134, 136, 163,
　　168-169, 214, 224, AT[602, 609]
　消費型 108, 112, 134-136, 168, 214, 224,
　　AT[602]
種の認知, 成虫：距離 450-451
　色彩パターン 451-452, 454-455, 457-
　　458, PO1-PO2
　手がかり 450-452, 454-457, 484, F[456]
種の認知, 幼虫：種内 158
寿命, 成虫 ⇨ 生存率
受容器 ⇨ 脚；感覚毛；脛節；刺毛；触角；
　尾部付属器；機械受容器；複眼；跗節
受容器, 成虫：化学 473
　機械 12, 20, 36, 344, 473-474, F[474]
　視覚 12, 17, 20
　色覚 17
　熱 13, 20, 276
　⇨ 感覚毛；脛節；触角；複眼；跗節
受容器, 成虫, 偏光反射 17,
受容器, 幼虫：化学 *85, 91
　機械 2, 79-80, 85, 88-91, 159, 161, F[89-
　　94, 161], PH2-PH3
　視覚 2, *85-88, 110, 333, T[137]
主要な出会い場所 ⇨ 出会い場所
狩猟モード, 幼虫 *84-85, 106, AT[588-590],
　PI5
　⇨ 活動モード
春季種 *237
羽化 103
羽化の季節的パターン 103, 237-238, 241,
　244, 405, 448, F[237], T[519]
F-0齢で越冬 237
活動の季節的パターン 286, 292, F[285,
　289], T[286]
休眠 103
⇨ 夏季種
生涯繁殖成功度 360, 414, 422, 486, *518-519,
　531-532, F[525, 530], T[519], AT[646]
性淘汰機会 *520-540
体サイズ 531-532
⇨ 交尾相手選択, 雌による；淘汰
生涯繁殖成功度, 雄：成分 519, *521-528, 742,
　F[530], T[519], AT[646]
生涯繁殖成功度, 雌：成分 36, 39-41, *519-
　521, F[530], T[37, 519], AT[646]
生涯卵生産 *36-41, 59, 168, 529, 531, 744,
　T[519, 529]
クラッチ間隔 37-39, 505, 514, 522, F[39,
　530], T[37, 522], AT[578]
クラッチサイズ 31, 36, 38-39, 506, 509,
　531, F[39], T[37, 519], AT[578, 646]
クラッチ数 39, T[37]
生存率 518, F[41]
体サイズ 39, F[40]
天候 41-42, F[40-41]
分散成分 F[39]
⇨ 卵巣；卵巣小管；濾胞
⇒ 生涯卵生産
条件的移住 380, 395, 397, *405-409, T[373-374]
寄生 407, T[374]

事項索引

個体群密度　405, T[374]
　　生殖期に始まる　408-411, T[373-374]
　　前生殖期に始まる　*406-407, *422-423, T[373-374]
鞘翅目：成虫の餌動物　T[335], AT[622-623, 625]
　　成虫の捕食者，成虫　35, *318
　　幼虫の捕食者　AT[595]
条虫綱　119, *125-127, 131, 309, F[126], T[120]
　　宿主特異性　126
消耗戦　158, 440-441
上流への移動，成虫　*382-383, T[374], AT[626]
上流への移動，幼虫　AT[626]
食肉目：成虫の捕食者　319, AT[621]
植物外産卵　18, *21, 26-29, 34-36, 38, 43, 45, 47, 49-50, 63, 66, 68, 140, 536, F[23], AT[579], PE4, PF4-PF6
植物内産卵　11, 16-17, *21-22, 25, 30, 33-35, 38, 43, 45-46, 60-61, 66, 68, 522, PE1-PE3, PE5-PE6, PG1-PG3, PG5-PG6
植物表面産卵　17, 18, *21-22, 27, 35-36, 38, 43, 63, 536, F[27], PF1-PF2, PG6
食物構成，成虫　*334-336, T[335]
　　研究手法　*334
　　ジェネラリスト　*335
　　スペシャリスト　*335-336, 344
食物構成，幼虫　*101-107, 116, F[170], AT[586-587]
　　季節性　105, F[102], AT[586-587]
　　研究手法　101
　　個体発生による変化　105-107, AT[586-587]
　　条件　107
食物構成，成虫：植物片，幼虫の消化管内　84
処女飛行　230, 233, 239, 245, 299, 316, 326, 352, 363, *375-377, 384, 406, F[234], T[*373], AT[614, 626]
　　延期　376
　　交尾　384
　　定位　375-377, T[373]
　　日周パターン　377
　　飛行距離　375-377, 384, T[373]
処女飛行中の捕食　245, AT[614]
触角，成虫　12, 19, F[4]
　　受容器　330
　　⇒受容器，成虫
触角，幼虫　F[6]
　　餌動物の感知　83, 86-91
　　発育　206
　　ヘラ状の　149
　　捕食行動連鎖の時の姿勢　93
　　⇒受容器，幼虫
触覚コミュニケーション，成虫　F[415]
触覚による採餌行動，幼虫　93-94, 106, F[88], *T[86]
　　⇒視覚による採餌行動
処理時間，成虫　*349-350, 357, T[346]
処理時間，幼虫　*92-93, 96, 103, 106-107, 132, F[104], AT[587-590]
シラミ　⇒ハジラミ目
シリアゲムシ　⇒長翅目
視力，成虫　87, *331, 394, 398, 403, 743, 745
　　動きの感知　331
　　サイズ識別　333
　　視野　331
シロアリ　⇒等翅目
シロッコ　400-401, AT[630]
人為的インパクト　11, 549-550, 556, 561, F[548], T[549-550, 556], AT[648-650]
　　資源の枯渇　551-553, F[553]
　　人口増加　547, 552, 561, F[548, 552], T[561]

⇒地球温暖化
進化的に安定な戦略（ESS）　163, 446, 449
人工容器，幼虫の生息場所　16, 115, 141, 239, T[139], PC5
浸出水，幼虫の生息場所　24, 138, 154, 421, 551, AT[569, 574, 584], PC2
真正クモ目：成虫の餌動物　97, 321, 335, 345-348, 350, 353, 355, T[346], AT[623]
　　成虫の捕食者　33-34, *245-246, 316-317, 321, AT[621]
　　羽化中の　245-246, AT[613-614]
　　処理の行動連鎖　317
　　成虫による回避行動　321, 327
　　性による死亡率の違い　317
浸透圧調節，幼虫　71, *186-190, F[188]
侵入雄　440, 442
森林限界　173, 175, 177, 180, F[174]

水域間の棲み分け：魚の存在　*141-143
　　⇒魚のいない水域；魚のいる水域
水位変化　⇒増水
水深：幼虫の分布　152, 156, *194, T[193]
スイッチング　⇒餌動物選択
随伴行動，成虫　8, *356, T[351], AT[624]
水浴　⇒気化冷却；摂水；体温調節，成虫，着水行動，成虫
スクランブル型競争　476, 521, 524, 528
スズメバチ，羽化中の捕食者　AT[614]
スズメバチ，成虫の捕食者　33, 317-318
スニーカー，雄　439-440, 445, 505-506, 521, 527, T[443], AT[636-638]

生化学的酸素要求量（BOD）　194
生活環　249-254, 284-285, 304, 544, F[215-216, 226], T[286]
　　緯度　T[213]
　　制御のある　250, 252
　　制御のない　250, 252
　　タイプ　212, 215, 217-218, 220-221, 239-240, 250-252, 261, 290, 304, 399, T[212-213], AT[610]
性間の役割の逆転　268, 537
性決定メカニズム　241
精子　255, 304, 503-504, 537, F[484, 488, 490, 494, 501], AT[616-617]
静止：エネルギー消費　T[365], AT[624]
精子：活性のある　59, 255, 503
　　放出　36
　　⇒精子競争；精子形成；精子束；精子置換；精包；媒精
精子競争　414, 450, 483, *486-487, 493, 511, 518, 532
　　精子優先度（P_2）　416, 486, 504, *509-510, 513, 521, 527, 535, 742, F[506], T[519], AT[642]
　　⇒精子置換；媒精
精子形成　256, AT[616]
精子束　265, 480, 483, *504, 512, 535, 744
精子置換　5, 29, 477, 484, 486-488, 490, 492-493, 498, 501-504, 507, 509, 512-513, 518, 537, 546, F[491, 493, 499, 501, 506]
　　雄の生殖器構造　*487-490, 744, F[490-491, 493, 499], AT[642]
　　現在の仮説　*503
　　証拠　*493-503
　　雌の生殖器構造　*490-493, F[489, 491, 493]
　　⇒陰茎；精子競争；媒精
精子貯蔵器官，雄　⇒貯精嚢
精子貯蔵器官，雌　393, 414, 480, 487, *490, 492-493, 497, 504-505, 515, 534, F[484, 497, 501]
　　タイプ　*490, 493-495, *F[489], T[500], AT[642]
　　⇒交尾嚢；受精嚢；精子貯蔵指数
精子貯蔵指数　F[497], AT[642]
成熟期　⇒前生殖期
成熟度，判定　254, *262-263
生殖隔離　299, 415, 450, 473, 476-478
生殖期　3, 180, 240, 247-248, 253-257, 260, *263-272, 363, 374, 377, 383-384, 406, *408-410
　　期間　301-302, 520
生殖開始の刺激　252, 255, AT[615-616]
　　生存率　287-288
　　⇒行動レパートリー；色彩変化
生殖行動：機能的枠組み　*414-415
生殖行動，機能的枠組み　⇒雄内移精；攻撃行動；交尾；交尾後行動；交尾前タンデム；視覚コミュニケーション；雌雄の遭遇；配偶システム
精巣　251, 256, 480, 504
清掃行動，成虫　19, 27-28, 274, 281, 303, 308, *321-322, 324, 502-503, F[322, 501], T[277, 323]
清掃行動，幼虫　93, 100, 169, 321
生息場所　9, 13, 15
　　基幹生息場所　11, 558
　　潜在生息場所　11, 511, 554
　　二次生息場所　11
　　利用　F[10]
生息場所，幼虫：塩湖　188, F[189]
　　塩性湿地　11, 141, 187, 188, AT[570]
　　火口湖　15, 385
　　カニの巣穴　140
　　好む　AT[570]
　　酸性　20, 124, 142, 192
　　止水　AT[569]
　　種皮　T[139], AT[598-599]
　　人工の　15-17, 141, 239
　　水泳プール　558
　　水質　13,
　　生息　*137-143
　　底質　AT[571]
　　特殊な　10, AT[569-570]
　　非食用キノコ　AT[576]
　　ビーバー池　15
　　普通の　10-11, AT[569]
　　湧水　138, AT[569]
　　流水　AT[569]
　　⇒一時的な水たまり；岩場の水たまり；塩分濃度，樹洞，人工容器，浸出水，滝，竹の切り株，池塘，地表落葉層，パイナップル科，ファイテルマータ，モンスーン，葉腋；陸生
生息場所選択　*9-21
　　究極要因　*20, T[20]
　　産卵場所　*17-19
　　至近刺激　*20, 555, T[20]
　　証拠の性質　*13-15
　　手がかりと検出　11-13, *15-20, 33, F[19], T[20], AT[571]
　　不均一性　15-16
　　問題の分析　*11-13
　　連続的ステージ　F[14], T[21]
　　⇒受容器
生存率，成虫　*287-292, 401, T[290, 291]
　　雨　387
　　寄生　121, 129
　　寄生率　289, 312, 520
　　生涯繁殖成功度　518, *519-528, 531,

F[530], T[441, 519, 526], AT[646]
食物供給量 361
推定法 *287-289, F[288-289]
水分 360
性による違い 288, 742, F[288], T[288]
体サイズ 289, 292, 531, 527-528, F[530]
天候 292
日齢依存性 290, 392, F[288]
要因 39
生存率, 雌：生涯卵生産 *38-41, T[37]
生存率, 幼虫 *134-136, 142, 157-158, 168, 744, F[135], T[136], AT[596-597]
雨 244
干ばつ 184
寄生 123
食物供給量 135, T[137]
成長速度 168
低温 176, 179-180, 243
密度 AT[602]
⇒ 前幼虫
生存率, 卵 43, 51, *59-64, 520
温度影響 59-60
乾燥 60
生物的要因 *60-64
増水 60
物理的要因 *60
⇒ 捕食寄生者；捕食者
生態遷移 11, 13, 168, 239, 372, 550, 557, T[555, 557]
成虫活動期 43, 170, 211, 238, 240, 248, 268, *284-286, 289, 292, 300, 303, F[285, 289]
緯度 287, AT[604]
活動の季節的パターン 284-285, *286-287, 292, F[285, 289], T[285]
気候 287
季節の時期 211, 409, 555, F[237]
種の棲み分け 287, 326, T[286]
生態系 287
標高 287, AT[604]
成長速度 57, 108-109, 134, 164, 168, 205, 208, 210, 218-220, 238, AT[601-602]
温度 109, 205, 210, 218, 220, 224, 238, 742, F[205]
採餌モード 107
食物供給量 108-109, 134, 743
相対成長 203-204
⇒ 幼虫発育
成長比 *203-205, 206, 208, 240
温度 208, 240
個体発生のプロフィール 203, 205-206, F[204-205]
食物供給量 204-205
ダイヤーの法則 108
性的な成熟 248, 251, *254-258, 266, 409, 411, 414, 457
気温 256-257
食物供給量 256-257, 360
⇒ 色彩変化；前生殖期中の変化
性比：羽化時 *241-243, 248, 254, 256, 258, 262, 271, 522-523, T[243]
⇒ 実効性比
性比, 幼虫 243
生物指標 9, *197-198, 551, 554, 742
生物変換 ⇒ エネルギー変換, 幼虫；生物体量,
生物体量, 幼虫 110-113, 131, AT[596-597]
生物多様性 ⇒ 分類学的多様性
生物濃縮 196, 199
生物防除, 成虫 369
生物防除, 幼虫 114-117, 743, F[115], AT[592]

精包 483-484, 504, F[485]
セイヨウミツバチ 344, 352, 368
摂食, 成虫 329
移住中 385
餌動物のサイズ 342
餌動物の制圧 347-348, 358
餌動物の捕獲 347, T[277]
消化管通過時間 363, F[364]
処理 *348-350, F[348], T[277], AT[622-623]
トンボ以外の餌動物への影響 368-369
⇒ 餌動物の感知；エネルギー変換；経済的な重要性；採餌；生物防除
摂食, 幼虫 84-85, *85-101
餌動物供給量 102, 105, 107-109, AT[588-589]
餌動物サイズ 92-93, 95, 103, F[102, 104], AT[588, 596-597]
餌動物タイプ 93-97, 103-109, F[95, 102], AT[588]
餌動物の形 AT[588]
餌動物の空間分布 AT[589]
餌動物の採餌処理 *92-101
餌動物の制圧 *98-100
餌動物の生物体量 112
餌動物の摂食処理 *100-101
餌動物の捕獲 92-93, 95-96, *98-100, 105
餌動物密度 84, 93, 103-107, 109, AT[588-589, 592]
温度 105, AT[587-590]
関与する要因 *103-107, 743, AT[587-590]
経験 94, 97, AT[588]
系統発生 85, 91, 94, 98
攻撃 83, 87, 89-90, 92-93, 95, 97-100, 161, F[162], AT[589-590]
効率 94-96, 99, 103
個体発生 85-86, 89, 93, 98-99, 107, F[94, 102-104], AT[587-588]
消化管通過時間 109, AT[587-590]
消化止 92, 103
摂取速度 103, 105
遭遇率 100, 107, 113, 132, T[137], AT[589]
トンボ以外の餌動物への影響 *113-117, 742-743, F[115], AT[592]
pH AT[587-590]
飽食度 92-93, 103, 109
捕獲後の成功率 95
捕獲速度 103, 105, F[105], AT[588-590, 598, 601-602]
捕食行動連鎖 93-97, 103, F[94-97, 103], T[93]
流速 107, AT[590]
齢内ステージ AT[588]
⇒ 餌動物の感知；エネルギー変換；機能の反応；経済的な重要性；採餌；処理時間；飽食；捕獲成功率
接触警護：交尾後 *28-29, 30, 440, 513-514, 516-518, 522-523, 527, 532, 537, F[516], T[512], PE5, PG1-PG4
⇒ 警護, 交尾前；交尾後の行動
接触走性, 幼虫 145-146, 156, 159, 164-165, F[146], T[144]
摂水, 成虫 ⇒ 体温調節, 成虫気化冷却
絶対的移住 10, 24, *396-398, T[373-374]
乾燥の回避 *398-402, T[373-374]
寒さの回避 *402-405, T[373-374]
絶滅 546, 548-550
セミ ⇒ 半翅目
前胃 74, 100

前胸, 幼虫 F[6]
前胸腺 ⇒ 腹面腺
先駆種 10, 15, 116, 399, 406, 550-551, 555, 558, T[550, 555]
穿孔器 ⇒ 亜生殖板
穿孔生息タイプ *154, F[165], T[144], AT[600-601], PC3
全個体数, 成虫：推定 *287-292
潜水産卵 26, 29, *30-33, 268, 313, 416, 427, 446, 511-512, 532, AT[637-638], PE6
エピソード間の再交尾 32
救助 31-32
呼吸 31-32
コスト 32
時間 31, 33, F[31]
水深 31
溺死 32, 42
浮揚 32, 512, T[420]
捕食 34, 42
利益 32
前生殖期 111, 217-218, 240, 247-254, 258-263, 269-270, 285-287, 289-297, 311-312, 314, 320, 359-360, 363, 367, 374, 376, 378-380, 382-384, 406, 408-413, 418, 520, 522, 531, 534, T[212]
集団 261
生存率 290-292, 408, T[288]
標高 AT[604]
⇒ 前生殖期中の変化；前生殖期の長さ
前生殖期の長さ *248-254, 271, 291, 410-411, F[249, 255-256, 267, 288-289], T[288], AT[614-616, 628]
緯度 253-254
温帯性の種 *252-253
温度 253, F[254, 257, 379]
食物供給量 F[257]
生活環との関連 *249-251, F[251], T[250]
性による違い 248-249, 260, T[250]
熱帯性の種 *251-252
変異 253, T[253]
前生殖期の変化 *249-263, F[378], AT[617-618]
外部 360
形態 *254-263
行動 *261-262
採餌飛行 361
脂肪蓄積 258, 360, F[259]
水域への走性 261
生息場所の利用 261
性による違い 360
体重 258, 262, 360, F[258]
とまり場の高さ 262
日成長層 *259, AT[617]
飛行活動の日周パターン 261, 263, 296, F[295], AT[618]
飛行筋 *260, 262, 361, 743
飛行スタイル 262, AT[618]
水分含量 F[259]
⇒ 色彩変化；性的成熟
先制的攻撃, 幼虫 131, 159
⇒ 過剰殺戮
線虫類：宿主特異性 122, 124, 126
幼虫の寄生者 *127-129, F[128-129], T[120]
前腸, 幼虫 100-101, 105, AT[589]
⇒ クロップ；前胃
潜伏タイプ（幼虫） 47, *145-150, 154-155, 193-194, 214, 231, 743, F[149], AT[600]
前幼虫 46, 50, 57, 59-60, 64-66, *68-69, 201, F[55, 65], AT[609], PH1, PH3

事項索引

移動　66, 68-69
期間　3, 66, 68-69
生存率　59
脱皮　60, 65-66, 68, PH1, PH4
脱皮殻　65, 68, F[67], PH1-PH2, PH5
幼虫の生息場所への移動　24, 26

遭遇場所　⇒ 出会い場所
相互作用, 雄：エネルギー支出　447, T[365]
　　採餌場所で　T[365]
　　種内　311, 421, *430
　　出会い場所　415-416, 418, F[297]
　　トンボ種間　326-327, 375, 408-409, 415-
　　　　416, 429, *438-439, AT[635]
　　⇒ 相互作用, 雄：種内
相互作用, 成虫：種内　326-327, 347, 405,
　　　AT[618, 624]
　　餌動物供給量　350, 359
　　温度　359
　　採餌場所で　350, 358-359
　　密度依存　375
　　⇒ 相互作用, 雄
　　トンボ種間　326-327, 438-439, AT[624]
　　餌動物の供給量　359
　　気温　359, 369
　　採餌場所　347, 350, 358
　　⇒ 相互作用, 雄
相互作用, 幼虫：種内　168-169
　　トンボ種間　168, 299
　　密度依存　168-170
　　⇒ 敵対行動
双翅目：擬態のモデル　T[325]
　　宿主あたり寄生者数　311
　　成虫の捕食者　315, AT[621]
　　成虫への寄生　310-311
　　成虫への便乗　308
　　成虫への片利共生　308-309, 361, AT[620]
　　幼虫の共生者　119
　　幼虫への便乗　119, F[120], AT[593]
　　卵の捕食者　63
増水　15, 24, 59-60, 67, 69, 75, 77, 119, 151-152,
　　　*192-193, 214, 382, F[25], AT[574, 626]
　　孵化刺激　24
増水, 幼虫の対抗適応　192-193, 214, T[212]
総電解物質　181, 186
藻類, 成虫, 片利共生　261, AT[617, 620]
藻類, 幼虫, 共生　119, 120-122, AT[593]
藻類, 幼虫, 片利共生　AT[593]
側心体　258
側腹鰓　70, *75-77, 80, 117, F[76]

===== た 行 =====

体温調節, 成虫　247, 257, 262, 265-266, 268-
　　　271, *272-284, 294-295, 299-300,
　　　F[254], T[272]
　　気化冷却　*274, 281, T[272, 277]
　　体サイズ　272-273, 277, 282-283
　　標高　AT[604]
　　⇒ 外温性；飛び立ち温度；内温性
耐乾休眠, 成虫　15-16, 250-252, 256, 261, 263,
　　　290, 304, 321, 363, 365, 378, 380-381,
　　　392, 399, 411, 558, T[212, 373-374],
　　　AT[615-618]
耐乾休眠, 幼虫　184
耐乾休眠, 卵　50, 68, T[212]
大気の収束　386, *388, 391, 394-396, 398, 405,
　　　F[387, 390], T[373]
大規模飛行　*372, 374, 409, 411, T[373-374]
　　⇒ 日常的な小規模飛行

袋形動物門：幼虫の寄生者　*127-129
　　幼虫の片利共生者　AT[593]
　　⇒ 線虫類
体サイズ, 成虫　531
　　緯度　AT[604]
　　季節的変異　239, AT[617]
　　食物供給量　240
　　同種幼虫の密度　239
　　繁殖成功度　519, T[441, 526]
　　標高　AT[604]
体サイズ, 幼虫：測定　207-208
対称性のゆらぎ, 成虫：環境ストレス　197
　　寄生　312-313
　　季節の進行　AT[612]
　　繁殖成功度　T[526]
腿節, 成虫　F[5]
腿節, 幼虫　F[6]
代替繁殖行動　*443-447, 449, 510, 532, 535,
　　　537-538, 744, T[443, 534], AT[636]
　　順位制　*444-445, 536-537, T[443],
　　　AT[636]
　　占有地の共有　*445, T[443], AT[636-638]
　　非なわばりモード　416, 439-440, *445-
　　　447, 461, 465-466, 509-510, 523-525,
　　　744, F[446], AT[636-638]
　　密度　447-448, AT[636]
　　⇒ アルファ雄；サテライト雄；優位雄
退避場所, 成虫　16, 254, 324, 373-378, 380-382,
　　　398-399, 410-411, T[373], AT[626]
タイプ-1 の飛行　⇒ 処女飛行
タイプ-2 の飛行　⇒ 通勤飛行
タイプ-3 の飛行　⇒ 季節的退避飛行
タイプ-4 の飛行　⇒ 移住
台風　234, 244, 379, 391-392, 397, 401, F[397],
　　　AT[629-630, 647]
　　テネラル成虫　231
対捕食者行動　33-34
対捕食行動　⇒ 可塑的行動；定型的行動
対捕食者行動, 成虫　34, 264, 270, 276, 293, 300,
　　　308, *320-326
対捕食者行動, ファレート成虫　231, 245
対捕食者行動, 幼虫　137, 141-143, 145, 157-
　　　158, 163-168, 217, 742, 744-745,
　　　T[137], AT[598]
ダイヤーの法則　⇒ 成長比
太陽時　7, 265, 300
滞留水の季節的パターン　⇒ 人工容器, 樹洞生
　　　息種
多化性　215-216, 218, T[212]
　　⇒ 4化性；3化性
タカラダニ科：成虫への寄生　309, 316
滝, 幼虫の生息場所　11, 18, 20, 24, 138, AT[569,
　　　574-575], PC4
竹の切り株：幼虫の生息場所　116, 138, T[139],
　　　AT[598-599]
脱皮　148, 150, 157, 165, *200-203, F[151], PJ5-
　　　PJ6
　　餌動物の供給量　107-109
　　温度閾値　56, 224
　　回数　201-202
　　過剰脱皮　108, 202, 222, T[220]
　　期間　201
　　サイズの増加　108, 201-202, 206, PJ6
　　裂けやすい線　200
　　失敗　243-244, AT[613]
　　水圧　194
　　その後の色彩変化　201
　　低温の影響　176
　　日長の影響　201, F[222]
　　ホルモン調節　200, 226

水から出て　201
　　⇒ アポリシス；成長比
ダニ目：成虫の寄生者　129, T[120]
　　幼虫への便乗　AT[593]
　　卵の捕食者　63
　　⇒ オオミズダニ科；タカラダニ科
多年1化性　109, 132-134, 155-156, 169, 176,
　　　214-216, 225, T[212], AT[596]
単為生殖　109
単一条件戦略　428, 443, 446
単一要因　83, 194-195
単眼, 成虫　F[5]
単眼, 幼虫　F[6]
探索行動, 雄　421, 423, *425-428, 742
　　飛行時間　425, 439
　　モード　425
　　モードを決める要因　428, AT[637-638]
　　⇒ パトロール飛行
探査飛行　⇒ 調査飛行；パトロール飛行
タンデム　403, AT[626-628]
　　形成　302, 308, 312, 327
　　終了　517
　　分離　29, 34, 437
　　⇒ 異常タンデム；警護, 交尾後；交尾前タ
　　　ンデム
タンデム痕　252, 262-263, 402, 475, AT[618]
断熱気流　379-380
地球温暖化　551, 742-743
致死温度　⇒ 温度の影響, 成虫, 高温耐性
膣　36, 486, 488, 490, 492, 494-495, 503-504,
　　　F[489]
池塘：微気候　177-178
　　幼虫の生息場所　177-178, 182, 192, 230,
　　　T[549], PD1
着水行動, 成虫　20
　　求愛中　20
　　産卵後　27-28
　　ディスプレイ　462-464, 467
　　パトロール中　426
　　⇒ 摂水
中胸気門板, 雌　F[474]
　　種の認識　473
中腸, 成虫　394
　　酵素　363
　　内容重量　362-363
　　内容量の日周パターン　362-363
中腸, 幼虫　100, 107, 121, 123, 127, F[121, 126],
　　　PH2, PI1
中腸上皮　71
中立地帯, 成虫　376
チョウ　⇒ 鱗翅目
腸下の筋肉, 幼虫　71, 74, F[72]
鳥綱：吸虫綱の終宿主　*124, 408, AT[594]
　　条虫綱の終宿主　124-127
　　成虫の捕食者　33, 245, 290, 318-319, 322,
　　　531, F[621, 649], PM6
　　線虫類の終宿主　127-129, F[128]
　　ファレート成虫の捕食者　231, AT[614]
　　捕食者, 移住中　407
　　　羽化中　244, AT[614]
　　　餌動物選択　318-319
　　　処女飛行中　AT[614]
　　幼虫の捕食者　129, *131-132, AT[595]
鳥綱, 成虫による攻撃　342
偵察飛行　343, F[265]
調査飛行：エネルギー支出　T[365]
　　⇒ 攻撃行動
長翅目, 成虫の餌動物　F[348], AT[622]
超断熱気流　387

直翅目：前幼虫 68
　　⇒ バッタ
直腸鰓，幼虫 3, 66, 70-71, 84, 196
直腸上皮，幼虫 71, 73, 187, F[187]
　　乳頭突起 71, 73, 76, 187, 191
直腸ポンプ運動 ⇒ 換水
貯食，成虫 349, 359
貯精嚢 252, 256, 480-481, 483, 488, 495, 504, F[484, 488]

追随行動 ⇒ 随伴行動
追跡者，雄 446, AT[636]
追飛，雄 429-432, 435, 438, 440, 456, F[430, 454, 456, 462-463], AT[637-638]
　　エネルギー消費 T[365]
通勤飛行 *377-380, T[373]
　　集団 378, 380
　　定位 T[373]
　　飛行距離 306, 377-380, 417, 425, T[373], PM4
　　⇔ねぐら
角，幼虫 ⇒ 頭蓋突起
釣り糸法 209, 451, 486

出会い場所 2-3, 34, 247, 277-278, 292, 299, 327, 334, 336-337, 342, 350, 353, 357, 359, 361, 364, 366-367, 375, 377, 409, *415-418, 420-422, 425, 427-429, 443, 448-450, 460, 465, 485, 510-511, 521-523, 525-527, 529, 532-535, 537, 745, T[443, 550], AT[625, 631, 636]
　　群飛 449-450
　　主要な *415
　　場所の質 417
定位装置 ⇒ 重力定位装置
DNA分析 142, 207, 241, 398, 487, 504
定型的行動 ⇔ 可塑的行動
定型的行動，成虫 263, 299, 418, 430-431, 486, 503
定型的行動，幼虫 136-137, 142, 160, 163
低酸素：反応，成虫 31-32, 83, 262
　　幼虫 32, 72-73, 76-77, 80-84, F[74, 76]
　　卵 AT[579]
定住性 215, 346, 377, 382, 398, 400, 405, 416, 418-419, 421-422, 424, 428, 518, 522, 535, 554, F[437, 446], T[534], AT[631]
定住度：雄密度 418
　　期間 421, 425
　　⇔ 局在化
定住度，雄 *422-423, 429, 442, 450, 744-745, F[420], T[420], AT[637-638]
定住度，雌 358-359
定着基地 425
定着的行動モード，幼虫 ⇒ 待ち伏せモード，幼虫
ティンダル散乱 270-271
敵対行動，成虫 ⇒ 攻撃行動，雄
敵対行動，ファレート成虫 231
敵対行動，幼虫 132, 145, *158-163, 166, 169, 200, 744, F[160, 162], T[137], AT[601-602]
　　影響を要因 159-161, AT[601-602]
　　個体発生 155, AT[602]
　　種内 160-163, 231, AT[601-602]
　　日周パターン AT[601-602]
　　バッジ 80, 161, 166, F[162], PD6
　　密度依存 142, AT[601-602]
　　⇔ 相互作用，幼虫；間おき行動；負傷
テネラル成虫 247, PK6
　　雨 235

移動 378, 383, 384, 387, 391, 399-400, 407-408
餌動物としての 231, 352, 358, AT[614, 622]
温度耐性 259
風 244
寄生虫の付着 309-311, 313-314, 316
季節的退避飛行 379, 381
給餌の手引き 361
交尾 248, 485, 534, T[534], PP4
色彩変化 260
脂肪蓄積 258
照明 352
処女飛行 376, 407
生殖腺 256
摂食速度 359
タンデム形成 471
低酸素への反応 83, 117, 262
波 244
ねぐら 304, 308
媒精 384, 398
反射面への走性 261, 411
飛行筋 259
飛行スタイル 262
標識 248, 262, 287
横歩き 323, 458
テネラル幼虫 207, T[207]
テピイ 397
電気伝導度 186, 188-191, F[187]
デング熱：力の抑圧防除 115, F[115]

灯火，成虫 298-299, 352, 398, 401, F[343], AT[626, 629]
頭蓋突起 ⇔ 2齢幼虫
頭蓋突起，幼虫 AT[585]
同型 ⇔ 雄色型
洞穴：退避場所 16, 184, 279, T[272]
同時出生集団 109, 113, 132, 134, 155, 170, 201-203, 206-207, 209, 214, 218-219, 224, 237-238, 240, 403
分割 169, 209, 224, 230, 234, 237-238
等翅目：成虫の餌動物 342, 351
等心臓 64
闘争，成虫：エスカレーション *440-443
結果 *439-443
時間 440, F[442]，T[441]
非対称性 360, *439-440, 442-443, 524
淘汰：自然 136, 142, 518-520, 528-529, 531, T[529]
性 39, 292, 414, 450, 469, 486, 518-522, 525-526, 528-529, 531-532, 535, 742
性間 415, 450, 520-521, 528, 536, F[415], T[519, 529, 534]
性内 415-416, 528, 534, F[415], T[534]
全 528-530, *531, T[529]
頻度依存 447
方向性 39, 531
同定，成虫 467
同定，幼虫 70, 205-208
頭部温度，成虫 281, 284, F[281]
頭部拘束システム，成虫 ⇒ 重力定位装置
頭部突起，幼虫 206
冬眠，成虫 16, 240, 254, 256, 359, 372, 378, 380, 382, 400, 411, 558, F[251], T[286, 321, 373-374], AT[615-618]
集団 B[617]
トカゲ（トカゲ目の一部）：吸虫綱の終宿主 AT[594]
成虫の捕食者 *318
羽化時 AT[614]
ファレート成虫の捕食者 AT[614]

トカゲ目 ⇒ トカゲ；ヘビ；ワニ
トビケラ目：成虫の餌動物 T[365], AT[622-623]
幼虫への便乗 AT[593]
とまり場，成虫 262, 264, 275, 277-278, 280, 282, 305-309, 314-321, 327-328, 374, 385, 418, 421-422, 424-425, 432, 438, 440, 447, 449, 459-461, 470, 517, 521, 744, T[272, 441], AT[615, 619]
採餌基地 332, 334, 339-340, 344, 347-350, 354, 357-359, 380
代用 361, F[362]
とまり場，幼虫 20, 91, 93, 96, 145, 156, 163, 165, 169, 171, 175, AT[601]
選好性 156
ドミニオン 418, T[420]
共食い ⇒ トンボ目内の捕食
トラップ，成虫 298-299, 308, 342, 352, 365, 374
トリ ⇒ 鳥綱
トリコ ⇒ ブリ
トルネード 391
泥-腹ばいタイプ 145
トンボ：吸虫綱の中間宿主 *122-124, F[122, 125], AT[594]
条虫綱の中間宿主 *124-127
線虫類の中間宿主 *127-129, F[129]
袋形動物門の中間宿主 127
トンボ，成虫：擬態のモデル T[325]
トンボ学 *544-546
⇒ 保全
トンボ学：学会 545, 559-560, T[545]
研究 546, 549, T[561]
定期刊行物 545, T[545]
歴史 T[545]
トンボ専門家グループ (IUCN) 559, T[549]
実行計画 559
創立会合 559, F[560]
任務 559
トンボと生息場所の保護 *554-561, T[561]
管理 555, T[556], T[561]
研究 *554-555
現存ビオトープの保全 555-557
動機 *554
ビオトープの創出 *557-559, F[558]
理論から実践へ *559-561
ローテーションモデル 557, T[556]
トンボとヒトの相互作用 124, 541
トンボに対する見方 *541-543
⇒ 移住性の種
トンボに対する見方：医薬的特性 541, T[542]
民間伝承 541-543, T[542]
トンボ目：温暖に適応した昆虫 69, 173, 181, 226
トンボ目の捕食者 ⇒ トンボ目内の捕食
トンボ目内の捕食，成虫：種間 277, 300, *318, 320, 326-327, 344, 355, 357-358, T[346, 351], AT[622-623], PL5, PN4-PN5
種内 358, 744, AT[622-623]
処女飛行中 AT[614]
トンボ目内の捕食，幼虫 *132-133
羽化時の成虫 AT[614]
影響する要因 132-134
種間 133, 140, 168, 742-744, AT[596-597, 609, 614]
種内 16, 113, 132-133, 140, 145, 157, 166, 169, 218, 224, 241, AT[596-597, 602, 614]
密度依存 132, 224, AT[596-597],
トンボ目の北上 176

事項索引

=== な 行 ===

内温性　237, *273-274, 280, 282-283, 303, 364, F[281], T[277]
　　熱の消失　273, T[272]
　　パーチャー　273
　　フライヤー　273
　　⇨ 翅震わせ
夏冬連続休眠, 成虫　251, 254, F[251], AT[617]
なわばり, 成虫：サイズ　423-424, 447-448, 506, 521, F[448], T[441], AT[632-633, 637-638, 647]
　　質　415, 421-422, 424, 440, 448, 463, 468, 520, 527-528, 536-537, T[441], T[519]
　　特徴　*423-424, 744-745
　　流速　T[441]
　　⇨ なわばり行動；なわばり性
なわばり行動, 成虫：エネルギー消費　366-367, 442
　　採餌　366-367, T[334], AT[625]
　　飛行成分　T[264]
　　飛行に使う時間　F[419, 439]
　　防衛　536-537, T[526], AT[632]
　　保持期間　420, 444, 510, F[419, 427, 446, 450], AT[646]
　　⇨ なわばり；なわばり性
なわばり行動, 成虫　149, 248, 262, *263-266, 284, 325, 327, 743
なわばり行動, 幼虫　119, 158, AT[601]
なわばり性, 成虫：概念　*417-418
　　配偶システムの形態　536-537
　　⇨ なわばり；なわばり行動
軟体動物：羽化中の捕食者　AT[614]
　　吸虫綱の中間宿主　*123-124, F[125], AT[594]
　　幼虫への便乗　119, AT[593]

2化性　58, 134, 205-206, 215-216, 218, 224, 238-240, 284, 381, 519, 529, F[216], T[212], AT[617]
二次生殖器 (SG), 雄　471, 478, *480-486, 488, 493, 498, 511, F[485], T[492]
日常的な小規模飛行　*372, 375, 382-383
　　⇨ 大規模飛行
日齢, 成虫　247,
　　判定　*263, 287, 314, 327, F[256], AT[617-618]
日光浴：集団　277
　　出会い場所　278, 535
　　日周パターン　F[278]
　　防衛行動　358
　　⇨ 外温性；温泉
日光浴, 成虫　270, 274-279, 281, 295, 300, 303, 306, 326, 417, 419, 535, F[306], T[272], PP6
ニッチ　9
ニッチ分割, 成虫　310, 327, 329-330
ニッチ分割, 幼虫　80, 143
日長の刺激：緯度　221-222
　　温度　222, F[225]
　　反応閾値　221-222
　　微小息場所　222
　　2つのフェイズ　223-224
　　幼虫発育の調節　201, 207, 216, *219-220, 221-222, 224, F[208, 221-222, 225, 227], T[220]
2年1化性　109, 132-134, 155-156, 170, 176, 214, 216-217, 225, 238, 240, 407, AT[596-597]
2齢幼虫　59, 64-66, 68, PH2, PH5-PH6, PI1,

移動　172
餌動物の感知　86, 89-90, F[89]
餌動物の捕獲　98
額突起　F[67], PH6
下唇伸展　99
形　66, 203, F[67]
期間　66
気管系　66, PI1
採餌姿勢　PI1
色彩　157
刺毛　89
摂食速度　111
中腸　49
直腸鰓　71
頭部突起　66, F[67]
背部隆起　PH2
尾部付属器　F[161]
深い穴掘りタイプ　155
捕食行動連鎖　94, 96, F[95, 97]
卵黄の蓄え　84, 107
人間　⇨ ヒト
認知, 成虫：雄による雄の　*452-453, F[456], T[453]
　　雄による雌の　*454-456, 743, F[456], T[455], PP1,
　　交尾相手の　456, 510, 744
　　雌による雄の　*456-457
　　雌による雌の　*457
　　⇨ 求愛；リリーサー
認知, 成虫：種内　272, 327, 394

ねぐら　9, 261, 298, *303-308, 320, 323-324, 373, 378, 411, 417, 470, 549, 558, 744, T[277, 556], AT[615-616, *619]
　　移住中　304, 386, 400, 409, AT[619]
　　温度　180, 250, 281, 307, 309, T[272], AT[619]
　　風　278, 303
　　姿勢　304, F[304-305], T[321], AT[619]
　　集団　301, 305, 307, 312, 325, 378, 380, 388, 403, F[304-305], AT[616, 619], PM4
　　照度　307
　　水域との距離　378, 411
　　耐乾休眠中　304, AT[615-616]
　　出会い場所　377, 417, 469, 477, 535, AT[631]
　　到着時の行動　307-308
　　場所と標識　287
　　⇨ 通勤飛行
ねぐらからの飛び立ち　305-307
　　緯度　284, 304-307
　　体温　280, 282, 294, 304, 307
ねぐら襲撃者, 雄　459, AT[636]
熱帯収束帯　210, 369, *388, 389, 391, 396-398, 401, F[*389, 390], AT[630]
　　移住種　10, 215, 285, 292, 304, 363, 392, 395, 398-399, 401, 405, 409, 414, T[373], AT[628]
　　⇨ 移住性の種；一時的な水たまり；熱帯収束帯

脳間部　200

=== は 行 ===

排水, 幼虫　71, 73, F[74]
媒精　59, 415, 477, 481, 483-484, 486-488, 500-501, 503-505, *508-509, 511-512, 535, 742, 744, F[484, 499, 501]
パイナップル科, 幼虫の生息場所　15, 26, 92, 117, 131, 138, 157, 392, AT[576, 598-599]

胚発生　50-51, *53-60
　　エネルギー消費　49
　　温度　49-51, 53-55, 57-58, 60, 743, F[52, 56], T[52]
　　乾燥　60
　　期間　*51-60, 208, 743-745, AT[580, 582]
　　器官形成　49-50
　　季節的パターン　F[55]
　　形態　*49-50
　　ステージ　49-50, 53-58, 60-61, 64-66, 68-69
　　双胚　50
　　遅延　47-48, 50-51, 53-54, 57, 60, AT[581-582]
　　直接　*51-53, 61, 63, F[52], AT[580-582]
　　胚反転　50
　　水の必要性　51
　　雌の日齢　51, 57
　　流速　20
　　⇨ 休眠；姿勢反転；胚反転
胚反転　50, 54-55, 57, 60, F[57]
背部付属器, 幼虫　⇨ 肛上板
排卵　488
白粉　⇨ 色彩変化
ハジラミ目, 成虫への便乗　AT[620]
パターン　⇨ 色彩変異
パーチャー　⇨ フライヤーとパーチャーの比較
爬虫類　⇨ カメ；トカゲ；ヘビ；ワニ
発育, 幼虫　⇨ 幼虫発育
発育, 卵　⇨ 胚発生
発育タイプ　201-203, F[202]
発音, 成虫　325-326, 355
発音, 幼虫　159, 161, 167
バッタ：移住者　372, 383, 387
　　移住者　⇨ アカトビバッタ；サバクトビバッタ
　　卵の水分吸収　49
パトロール　*426-428, 446-447, 535-536, F[419-420, 456], T[277]
パトロール飛行　262-264, 295-297, 367, 420-421, 424-426, 428, F[265, 296, 514], T[264, 334], AT[633-634]
　　エネルギー支出　283, T[365]
　　温度　274, 427
　　ディスプレイ　426
　　帆走　427, 743, AT[634]
　　不安定　262, 421
　　密度　421, 424, 428, 438, F[448, 450], AT[633]
　　⇨ パトロール
翅打ち合わせ　*279-280, 330, 463, 517, T[277], AT[634-635]
　　呼吸機能　279-280
　　体温調節機能　279-280
　　ディスプレイ機能　280
翅による威嚇　AT[634]
翅による警告　279
翅震わせ　*280-282, 305, 377, 403, 458-459, 744, F[281, 306], T[272, 365]
羽ばたき飛行　385-387, 389
羽ばたき頻度　283, 433, 464, F[433, 435], T[436]
Habitat-Bindung　13, 555, T[14]
はみ食い, 成虫, 植物組織　333
パラシュート姿勢, 幼虫　164
腹ばいタイプ（幼虫）　20, 47, 85, 88-89, 91, 98, 116, 145-148, *149-151, 209, 221, 229, 231, 239, F[147-148, 206], T[144], AT[600], PI3, PJ1-PJ2
ハリケーン　391, F[397], AT[627]
半翅目：羽化時の捕食者　AT[614]
　　成虫の餌動物　T[335], AT[622-623], PN3,

PN6
前幼虫 68
低い気温への反応 180
繁殖成功度 ⇒ 生涯繁殖成功度
パンベロ 301, 391-392, AT[630, 647]

pH：羽化成功率 191
季節的変化 190
生理的影響 195
耐性レベル 191-192
胚発生 51
分類学的多様性 191-192
幼虫の生息場所 137, 142, 173, 186, 189, *190-192, 199
ビオトープ *9, 12-13, 15, 19, 381, 546-552, 554-562, F[14], T[20]
微気候：高緯度での改善 179
飛行：緯度 AT[604]
気流センサー 330
時間 364
スタイル 262, 326, 330, 348, 426-427, 452, 454-455, 478, AT[618]
速度 282-283, 319, 330, 337, 383, 457, 486
理由のない 265, 428
⇔ 飛行筋重/体重比；飛行境界層；飛行の日周パターン, 成虫
飛行境界層 375, 383-385, 387, 391-392, 394, 398, 400, 406, 409
飛行筋 259, 262, 276, 280-282, 327, 360, 385, 443, T[272]
飛行筋重/体重比 360, 443, T[441]
飛行筋の気管 385
飛行による空間移動 555, T[266]
研究方法 *374
生息場所間 *383-411
生息場所の連続性 *372, T[374]
用語 *372-373
⇔ 移住；飛行による生息場所内移動
飛行による生息場所内移動 *374-383
移動距離 374-375, F[375]
性による違い 375, F[375, 378]
⇔ 季節的退避飛行；処女飛行；上流への移動；通勤飛行
飛行の日周パターン, 成虫 264, *292-303, 336-337, F[293, 295-297]
雨 300-303, F[296]
温度 F[296]
風 295, 300-301
カテゴリー 303-309, F[293, 305], T[305, 294]
究極要因 299
霧 303
個体群 303, F[302]
時間の使いわけ 295-296, 372
至近要因 299
霜 303
照度 295-297, 300-301, 303, F[295, 296-297]
成熟に伴う変化 261-262, 307, 349, F[295], AT[618]
太陽輻射 295
露 303
日食 300
薄暮性 297-299, F[295]
薄明薄暮性 295-301, F[293, 295-297], T[294]
物理的要因 *300-301
夜行性 292, 298-299
要因 292
⇔ 採餌の日周パターン, 成虫；前生殖期の

変化；飛行活動の日周パターン
尾鰓 ⇒ 尾部付属器；溶存酸素
被子植物：成虫の捕食者 316, AT[621]
成虫への便乗 AT[620]
微生息場所, 幼虫：餌動物供給量 152, 156
季節的変化 156-157, 176, 209, T[133]
個体発生中の変化 *156-157
人工的基質 156-157, 209
水深 152, 156, T[133]
底質選好性 149, 156-157, F[154]
変化 80, 91, 106
幼虫タイプ 143, 145-155, 209, AT[600-601], T[144]
流速 152
利用 *143-163
⇔ 上流への移動
非接触警護 *28-30, 34, 429, 436, 512-516, 518, 535-537, F[485, 514, 516], T[512], AT[645], PG5-PG6
ヒト：吸虫綱の終宿主 124, F[125]
成虫の捕食者 T[542]
幼虫の捕食者 124, F[25], T[542]
⇔ 人為的インパクト
尾部下付属器, 雄 F[5]
タンデム F[474-475], AT[639]
タンデム痕 475
尾部上付属器, 雄 F[5]
種の認知 473
タンデム 473, F[474-475], AT[639]
尾部付属器 ⇒ 尾部下付属器；尾部上付属器
尾部付属器, 成虫 25, 470, F[4]
尾部付属器, 幼虫 70-75, *77-83, 97, 142-143, 150, 161, 166-167, F[78-79, 161], T[144], AT[584]
餌動物の制圧 98
機械受容器 80, 85, 88-91, F[161]
攻撃機能 82, 167, 170
固着機能 166
三稜状 77, 80, 167, 203, 744, F[78], T[144], AT[584]
自切 80, 82
成長比 F[204]
先端成長 77
防御機能 97
胞状 77, 80, 82, 90, 166, 203, 744, F[78], T[144], AT[584]
遊泳機能 77, 164, 166
葉状器官 77, 80-82, 117, 161, 166-167, 203, 207, 743-744, F[6, 78, 160, 162], T[144], AT[584, 593, 601-602], PI4, 溶存酸素 74-75, 77-78, 83, F[80]
尾部葉状器官 ⇒ 尾部付属器, 幼虫：葉状
尾毛, 成虫 263, 348, F[485], AT[618]
氷河期の遺存個体群 174, 182
病原体, 成虫の *309
病原体, 幼虫の *120, 243
標高：層状構造 177-180, 278
標高に関連する事項 AT[604]
標識, 成虫：移住者の追跡 374, 380, 403, 410
生存率推定 266, 287-288
その後の死亡率 290, 292, F[288], T[288]
定住度の調査 427, 435, F[420, 423]
標識, テネラル成虫：前生殖期の長さ 248-249, 262, 287
標識, 幼虫 40, 210, 234
表面採餌 333-334, *344-345, 347-348, 350, 352, 354-355, 358, 369, T[334], AT[622-623, 625], PN6
便乗, 成虫へ 62-63, 308-310, 316, AT[583]
便乗, 幼虫へ 119-120, 309, 742

ファイテルマータ：幼虫の生息場所 11, 26, 141, 171, 252, T[139], AT[598-599]
環境の危機 T[549]
生活環 214, 252, T[212]
⇔ 生息場所, 幼虫
ファイテルマータ, 幼虫：トンボ目内の捕食 158-159
発育速度 214
尾部付属器のタイプ AT[584]
葉腋間の移動 26
⇔ ファイテルマータ：幼虫の生息場所
ファレート, 成虫 132, 180, 229-231, 245, 248, AT[614]
ファレート, 幼虫 69, 200
孵化 20, 51, 60, *64-68, PH1-PH6
温度 54, AT[579]
温度閾値 56, 67
均翅亜目 64
刺激 24, 50, 54, 67-68, AT[579]
事故的 58
失敗 60
小胞 66
ステージ 64-66, F[65]
切断線 64
遅延 48-49, 57, 67
日周パターン 68,
反応の不均一性 58, 66-67
孵化率 48, 53, 59
不均翅亜目 66-67
水に浸る AT[579]
水の吸収 64
明期 AT[579]
容易さ 46, 66
率 20
⇔ 低酸素；孵化の時間的パターン
深い穴掘りタイプ, 幼虫 91, 150, *153-155, 193, F[155], T[144], AT[601]
⇔ 呼吸管
孵化の時間的パターン 48, 50, 53-54, 56-60, 64-65, 132, 134, 168-169, 216, F[58], AT[582]
不完全菌類：成虫の病原体 309
吹き下ろし 386
複眼, 成虫 18, 260, 265, 295, 451, 474-475, F[4, 475], PN1-PN2
擬瞳孔 331, F[332], PN1
高分解能域 265, *333-334, 354, F[332]
個眼 18, 90, 265, *331-332, 354, F[332, 454]
紫外線感度 331-332
波長識別 17-18, 271, 331
網膜像 F[454]
複眼, 成虫 ⇔ 視力；タンデム痕；偏光
複眼, 幼虫 66, *85-87, 148, 150, 154, F[6], PI1-PI2, PJ1,
餌動物の感知 85, 88-89
擬瞳孔 85, 87, F[88], T[86]
高分解能域 85-87, F[87-92], T[86]
個眼 85-87, F[87-92], T[86]
個眼間の角度 85, T[86]
個体発生 85-86
痕跡 PN2
縞模様 88, F[88]
波長識別 85
変態 87, 227
複眼指数 ⇒ 齢内変化
腹棘, 幼虫 141
側部 100, 131, 141-142, 148, 154, F[2, 6]
背部 142, 154
腹部挙上, 雌 *457-460, 480, F[460], T[458]

事項索引

腹部上下動:清掃　280, 322
　　　　ディスプレイ　280
腹部上下動, 成虫　279-280, 460
腹部湾曲, 雌　22, 26, 452, *457-459, T[458]
　　⇨ 拒否行動, 雌
腹面腺　200, 227
伏流　77, 112, 185, 214
負傷, 幼虫　94, 160, 166, AT[602]
　　有傷指数　160
　　⇨ 付属器官の再生
節, 成虫　F[5]
　　感覚器　19, 420, PG6
節, 幼虫　F[6]
　　餌動物の感知　89, 94
付属器官の再生, 幼虫　166, 210
　　⇨ 自切; 負傷
不動反射　324
　　時間　164, T[137]
不動反射, 成虫　308, 324, 459, T[277, 324]
不動反射, 幼虫　141, 146, *164-165, AT[598], F[165], T[165]
フライヤー　⇨ フライヤーとパーチャーの比較
フライヤーとパーチャーの比較　3, 176, 180, 162, *273, 276, 281-284, 300-330, 332-333, 336-337, 339-340, 348-350, 352, 355, 361, 363-364, 366-368, 370, 416, 422, 424-426, 439, 442, 481, 504, 522, 535, F[332], T[542], AT[633-634]
ブリ　342
　　⇨ 餌動物の感知, 成虫
フローター, 雄　445, 448, 521, F[443], AT[636-638]
糞:排糞速度　363
糞ペレット　⇨ 包囲膜
糞ペレット, 幼虫　*100-101
　　重量　101, 105
　　生産　109
　　弾丸のように排出　100-101
　　内容　101, 105, AT[586-587]
分離複眼:不均翅亜目　478, AT[639]
分類学的多様性　*173, *178, 546, 554
　　緯度　173, 286
　　汚染　197, AT[606-607]
　　温泉　181
　　標高勾配　177-178, F[178-179]
　　ホットスポット　546, 559
　　⇨ 標高:層状構造

ヘビ（トカゲ目の一部）:擬態のモデル　326, T[325]
　　民間伝承　326
　　幼虫の捕食者　*131, 167, AT[595]
ベーリング地域のトンボ目　173, F[174]
扁形動物　⇨ 吸虫綱; 条虫綱
偏光　17-18, 42, 85, 297-299, 331, 333, 373, 377-378, 385, 403, F[19]
変態　3, 70, 87, 113, 126-127, 146, 157, 203, 207, 210, 219-220, 222-223, *226-229, 235, 243, AT[588]
　　外見上の徴候　227, 229, F[228], PD5
　　期間　227
　　行動の変化　226-227, 229, F[228], PD5
　　脂肪体　229
　　摂食の停止　310
　　低温閾値　220, 224
　　複眼　331
　　⇨ 齢内変化
片利共生, 成虫の　261, *308, 361, AT[617, 620]
片利共生, 幼虫　*119-120, F[593]

包囲膜, 幼虫　71
防衛行動, 成虫　304, 310, 323, 368, 416, 418, 542, T[266]
　　かみつき　431, 437, 458, 470, 543
　　採餌場所　359
　　刺す　543, 561
　　日光浴の場で　358
貿易風　388, F[389]
防御行動　*145, *165-167, T[137]
飽食, 幼虫　72, 92-93, 101
　　飽食時間　109, T[101], AT[587]
飽食, 幼虫, 飽食量　109, T[101]
放浪雄　445, 510, F[446, 448], T[443], AT[636-638, 644]
捕獲成功率, 成虫　346-348, 361, 743, F[357], T[345]
　　餌動物からの距離　F[357]
　　性による違い　347
　　高める戦略　354-355
　　表面採餌　346, 352-353, T[345]
捕獲成功率, 幼虫　97-98, 100, AT[588-590]
　　餌動物タイプ　95, 103, 107, F[96]
　　餌動物の動き　89
　　餌動物のサイズ　92, 103
捕食寄生者, 卵の　*61-63, F[62], AT[583]
　　探索行動　61-62
　　重複捕食寄生者　61
　　発育　61-62
　　便乗　62
　　防御　30
捕食行動の可塑性, 幼虫　70, 94-98
捕食者, 間接効果　*136-167
捕食者, 成虫の　*316-326
捕食者, 幼虫の　*129-134
捕食者, 卵の　*63-64
保全　*546-561
　　生息場所　546, 554-556, 558, T[561]
　　ビオトープ　546-547, 554-562, AT[648-650], T[549, 556, 561]
　　必要性　*546-549
　　立法措置　556, 743, T[561]
　　⇨ 環境へのインパクト; トンボと生息場所の保護
ポーチャー　AT[636], T[443]
北極圏のトンボ目　174-176, 217, 277, 299, AT[603], F[174]
ホッケースティック姿勢, 雄　470
哺乳綱:羽化中の捕食者　AT[614]
　　吸虫綱の終宿主　122, *124, AT[594]
　　勢子　355-357
　　幼虫の捕食者　131
　　⇨ 食肉目; 哺乳綱, 捕食者; 翼手目; 霊長目
ホバリング, 雄:求愛　461, 464, 467, 469, 515
　　検査飛行　420
　　交尾後警護　28-31, F[514]
　　対峙ディスプレイ　426, 432, 435
　　探索中　426, 455
　　日周パターン　426
　　パトロール飛行中　426, 446, 449, F[297, 427, 514]
ホバリング, 成虫:エネルギーコスト　354, 426
　　空中での機敏性　321, 331
　　採餌中　282, 334, 340, 344-346, 350, 354-356, 370, T[334]
　　視認　426
　　体温調節　283
ホバリング, 雌:雄の求愛中　466-467, 469
　　求愛の受け入れ　467, 469-470
　　拒否　459

産卵　21-23, 27, 61, 140
ホバリング遊泳　100
ボラ　405
ポラード歩行　284

ま　行

間おき行動, 成虫　261, 307, 394, 408, 416, 418, 429, 448
間おき行動, 幼虫　132, 159, AT[601-602]
　　⇨ 敵対行動
膜翅目:擬態のモデル　T[325]
　　成虫の餌動物　336, 344, 347-350, 368-369, T[335]
　　成虫の捕食者　*318-319, AT[621]
　　成虫への便乗　308-309, AT[620]
　　⇨ アリ科; スズメバチ; セイヨウミツバチ; 有剣類
待ち伏せモード, 幼虫　84-85, 92, 94, 106, 113, 117, 158, 239, F[88], T[86, 137, 144], AT[587-590]
マルハナバチ　⇨ 膜翅目
マルピーギ管, 幼虫　128
マレーズトラップ　⇨ トラップ

水草:群落　16, 143, T[14], AT[570]
　　構造　13
　　植物景観　9
　　生息場所選択の手がかり　13, 17
　　摂食の足場　107
　　トンボとの結び付き　12, 16, F[12], T[14], AT[570]
　　トンボ目による利用　T[13]
　　パッチ状分布　112
　　幼虫の生息場所からの欠如　15-16, AT[574-576]
　　幼虫の退避場所　107, 112, 132, 138, 141, 145, *158, 549
　　⇨ 生息場所, 幼虫; 被子植物; 微生息場所, 幼虫, 個体発生中の変化; ファイトテルマータ
ミストラル　353, 378, 405
水辺待ち伏せ者, 雄　446, AT[636]
未成熟成虫　⇨ 前生殖期
身繕い　⇨ 清掃行動
密度, 成虫:移住　394, T[374]
　　出会い場所　263-264, 289, 295
密度, 同種雄:影響　*448-449
　　警護雄の潜水　30
　　攻撃行動　*447-448
　　攻撃行動の消失　*449, AT[637-638]
　　交尾時間　AT[644]
　　採餌場所　358-359
　　最大安定密度　284, 295, 447
　　生殖行動　742, T[637-638]
　　出会い場所　364, 510, 523, 525, 527, F[530], T[519], AT[633-634]
　　なわばり形成　F[448]
　　密度調節　*449-450
密度, 同種雌, 出会い場所　F[530]
密度, 同種幼虫　AT[591]
　　移動分散　159
　　餌動物の減少　AT[592, 596-597]
　　汚染　AT[606-607]
　　化性　⇨ 密度, 幼虫
　　水域面積　116, 143
　　水深　132, T[133]
　　生存率　134, AT[596-597]
　　成長速度　168
　　摂食速度　103

体サイズ　169, 240
底質選好性　149
敵対行動　159-160, 163
共食い　113, 132, 140, 166, 169, 218
水草　112, 132
有効　159-160
要因　AT[602]
密度, 幼虫：餌動物との遭遇率　100, 107, 113, 132-133, 159
汚染　AT[606-607]
サイズ　168
成長速度　168
摂食速度　103-105, 107, 110
測定　111-112, 159
水草の優占度　158
有効　159
⇨ 密度, 同種幼虫
ミツバチ　⇨ セイヨウミツバチ
民間の知恵　124, AT[582]

雌の先行羽化　⇨ 羽化
メタ個体群　11, 555

網翅目：成虫の捕食者　317
モンスーン：雨　400-401
風　177, 214, 244, 381, 392, 400-401, F[389], T[212, 373], AT[630, 647]
気候　210, 214, 244, 286, T[212]
⇨ 一時的な水たまり, 幼虫の生息場所

や 行

優位雄　276, 418, 444-445, 527, F[423, 528], T[443], AT[632, 637-638, 644]
⇨ アルファ雄
優位性, 幼虫　119, 158-159, AT[601-602]
有剣類：捕食者, 処女飛行中　AT[614]
雄色型　256-269, 327, 452, 454, 460, T[267, 325], AT[637-638], PL5
温度　269-270
誘惑行動, 雌　⇨ 交尾前飛行, 雌
輸精管　256

葉腋, 幼虫の生息場所　10, 26, 92, 117, 133, 138, 143, 157-158, 214, 511, 537, T[139], F[140, 144], AT[569, 576, 597, 598-599]
幼若ホルモン　226-227, 257, 372
葉状構造, 成虫, 腹部　22
羊水　64
溶存酸素：濃度　72, 74, 80-84, 119, *192, 193-194
水深　193-194
⇨ 酸素供給量
幼虫の寄生者　*120
幼虫の性判定　⇨ 陰具片
幼虫の性判定, DNA分析　241
幼虫発育　*200-226, F[236]
温度閾値　200
推定するためのサンプリング　*207-210
タイプ　201-206, F[202]
調節された　*220-226, T[212]
調節のない　56, *217-220, T[212, 219]
同時出生集団の分割　109
早い　51
必要な積算温度　206
⇨ 季節的調節；脱皮；日長の刺激；幼虫発育期間；齢間変化；齢内変化
幼虫発育期間　134, 229, 243, T[212, 219], AT[610]

⇨ 化性
陽斑　⇨ 外温性；出会い場所
翼手目, 成虫の捕食者　124, 299, 320, 329, AT[621]
翼面荷重：性による違い　330
横歩き, 成虫　308, 323, 458, T[277]
横歩き, 幼虫　163, AT[598]
よじのぼりタイプ (幼虫)　145, 147
欲求行動, 成虫　372, 374, 411
ヨロイミズダニ科：成虫への寄生　*312-314, F[310, 314], AT[617-618, 620]
影響　39, 312-314, F[311, 315]
寄生数　313-314
寄生率　312, 314
生活環　312-314
幼虫への便乗　309
4化性　216

ら 行

落葉層, 幼虫の生息場所　10, 13, 22, 24, 138-139, 143, 147-150, T[144, 549], AT[569, 576, 584], PJ3
卵　37, *43-69, PH1-PH2
糸状組織　47-48, F[46], AT[579], PF4
円錐状構造　45, AT[578-579]
温度耐性　58, *61-62, 421
外部形態　*43-49, AT[578-579]
乾燥　57, *60, 399, 408
形態　43, 49, F[44]
呼吸　43, 49,
サイズ　37, 43, 49-50
採卵　*43, 743
酸素供給量　15, 20
産卵痕あたり卵数　66
色彩　48-49
受精卵　49
受精率　*59
植物外　43, 47
植物内　43
ゼラチン状分泌物　45, 47-49, 51, 60, 63-64, 68, F[45, 47], PH1-PH2
定位　36
柄部　AT[578-579]
水交換　43
卵蓋　F[65, 67]
卵殻破砕器　66, 69
卵巣発育　37, 255, AT[616]
卵紐　46, AT[579]
卵バスケット　22
漏斗状構造　AT[578-579]
⇨ カムフラージュ；休眠；生存率；胚発生；孵化；越冬；捕食寄生者, 卵の；捕食者, 卵の；卵黄膜；卵塊；卵外皮；卵紐
卵黄　49, 68, 107, 254, 364
卵黄形成　364
卵黄膜　45-46, 64-65, F[44-45, 65]
卵塊　48-50, 64-65, PF1, PF5
卵外皮　43-45, F[44-45]
外卵殻　45-47, 60, F[44-45, 65], AT[578-579]
内卵殻　36, 43, 45-46, 62, 64-66, F[44-45, 65]
卵殻　48-49, 62, 64-65, 69, F[44, 47]
卵気孔　60
卵門　36, 45-46, 65, F[44-46, 65]
卵管　F[489]
卵形成　⇨ 卵

卵巣　37-38, 251, 254-255, 304, 360, 409, F[258], AT[616, 626-628]
⇨ 産卵管；卵形成；卵細胞；卵巣小管
卵巣小管　36-37, 255
数　37-38
卵紐　48-49, 60, 68, F[48], PF4
陸生, 幼虫　24, 70, 73, 79, 100, 137, *138, 146, 150, 183, 201, 229, 743, PJ3
脱皮　201
リズム：内因性　35
立体視, 成虫　344
立体視, 幼虫　86
Libella/Libellula：語源　543-544, F[544]
流下, 幼虫　15, 47-48, 192, 382, AT[606-607]
流下, 卵　394
粒子サイズ　112, 150-152, 194, F[153-154]
幼虫の選好性　21
流水性の種　192, 377, 382, 410, F[25, 374], AT[569, 574-575], PC1, 止水の生息場所　AT[571]
流路沿いの飛行　17, 375, 377, 382, 410, 550, F[407], AT[627-628]
流路沿いの変化　137, 192
両生類：吸虫綱の終宿主　*123-124, AT[594]
幼虫の捕食者　*131
⇨ イモリ；カエル
リリーサー　14, 17, 30, 230, 356, 434, 451-452, 455, 481-482, F[454, 456, 482], T[453, 455], AT[571]
鱗翅目：擬態のモデル　T[325], PM5
成虫の餌動物　318, 335-336, 344, 348-349, 357, T[335, 346, 351], AT[622-625]

齢　*200
越冬　223
期間　203-204, 217-218, 222, 225, 240, F[202, 218, 221]
種内変異　202
判定　207
齢数　57, 68, 201-202, 206, 219, F[204], T[219], AT[609]
⇨ 2齢幼虫；F-0齢幼虫；若齢幼虫；前幼虫；幼虫発育タイプ
齢間変化　*203-207
⇨ 成長比
冷却行動, 成虫　19, 32, 274-276, 280
霊長目　⇨ ヒト；サル
齢内変化　*207-208
翅芽　207, F[208]
複眼　207-208, F[208]
複眼指数　207, T[207]
⇨ 変態
レーダー　333, 374
劣位雄　⇨ サテライト雄
レック　417, 444
ロッキング飛行　⇨ 攻撃行動, 雄
濾胞　37, 254-255, F[45], AT[615-616]
遺存個体群　37
再吸収　255
上皮　46
発育　37, 254-255, F[258]
⇨ 卵黄

わ 行

ワニ (有隣目の一部), 成虫の捕食者　*318

■**監訳者紹介**

上田哲行（うえだ　てつゆき）理学博士
    1978年　京都大学大学院理学研究科博士課程単位取得退学
    現　在　石川県立大学生物資源環境学部教授
    専　門　動物生態学
    著　書　『水辺環境の保全－生物群集の視点から－』（分担執筆，朝倉書店，1998）
           『トンボと自然観』（編著，京都大学学術出版会，2004）
           『生態学からみた里やまの自然と保護』（分担執筆，講談社，2005），ほか

生方秀紀（うぶかた　ひでのり）理学博士
    1975年　北海道大学大学院理学研究科博士課程単位修得退学
    現　在　北海道教育大学教育学部教授
    専　門　動物生態学
    著　書　『トンボの繁殖システムと社会構造』（共著，東海大学出版会，1987）
           『Animal societies: theories and facts』（分担執筆，学会出版センター，1987）
           『温暖化に追われる生き物たち』（分担執筆，築地書館，1997）
           『A threat to life: The impact of climate change on Japan's biodiversity』（分担執筆，築地書館
              IUCN，2000），ほか

椿　宜高（つばき　よしたか）理学博士
    1974年　九州大学大学院理学研究科博士課程退学
    現　在　京都大学生態学研究センター教授
    専　門　動物生態学
    著　書　『トンボの繁殖システムと社会構造』（共著，東海大学出版会，1987）
           『♂♀のはなし・虫』（分担執筆，技報堂，1992）
           『Swallowtail butterflies : their ecology and evolutionary biology』（共編著，Scientific Publishers，1995）
           『新しい地球環境学』（分担執筆，古今書院，2000）
           『蝶の自然史－行動と生態の進化学』（分担執筆，北海道大学図書刊行会，2000），ほか

東　和敬（ひがし　かずのり）理学博士
    1966年　九州大学大学院理学研究科博士課程単位修得退学
    現　在　佐賀大学名誉教授
    専　門　動物生態学
    著　書　『動物の相互作用研究法Ⅰ－種内関係』（共著，共立出版，1982）
           『トンボの繁殖システムと社会構造』（共著，東海大学出版会，1987）
           『トンボと自然観』（分担執筆，京都大学学術出版会，2004），ほか

■訳者紹介

青木典司（あおき　たかし）
　　現　在　神戸市教育委員会指導主事
　　専　門　トンボの生活史

石澤直也（いしざわ　なおや）
　　現　在　(財)国際トンボ学会会員
　　専　門　トンボの生態学

井上　清（いのうえ　きよし）
　　現　在　(財)国際トンボ学会会長
　　専　門　トンボの生態・保全

岩崎　拓（いわさき　たく）農学博士
　　現　在　環境コンサルタント
　　専　門　昆虫生態学

枝　重夫（えだ　しげお）歯学博士
　　現　在　日本蜻蛉学会会長
　　専　門　トンボの生態・行動

粕谷英一（かすや　えいいち）農学博士
　　現　在　九州大学理学研究院助教授
　　専　門　行動生態学

小林幸正（こばやし　ゆきまさ）理学博士
　　現　在　首都大学東京大学院理工学研究科教授
　　専　門　昆虫比較発生学

澤田浩司（さわだ　こうじ）理学博士
　　現　在　福岡県立香椎高等学校教諭
　　専　門　行動生態学

鈴木邦雄（すずき　くにお）理学博士
　　現　在　富山大学理学部教授
　　専　門　動物系統分類学

関　隆晴（せき　たかはる）理学博士
　　現　在　大阪教育大学教育学部助教授
　　専　門　動物分子生理学

武藤　明（たけとう　あきら）理学博士
　　現　在　福井工業大学工学部教授
　　専　門　分子遺伝学

東城幸治（とうじょう　こうじ）理学博士
　　現　在　信州大学理学部助手
　　専　門　動物系統分類学

野間口真太郎（のまくち　しんたろう）理学博士
　　現　在　佐賀大学農学部助教授
　　専　門　行動生態学

松良俊明（まつら　としあき）農学博士
　　現　在　京都教育大学教育学部教授
　　専　門　動物生態学

渡辺　守（わたなべ　まもる）農学博士
　　現　在　筑波大学大学院生命環境科学研究科教授
　　専　門　保全生態学

トンボ博物学 −行動と生態の多様性−
DRAGONFLIES: Behavior and Ecology of Odonata

2007年4月5日　初版第1刷発行

監訳者　椿　宜高
　　　　生方秀紀
　　　　上田哲行
　　　　東　和敬

発行者　本間喜一郎

発行所　株式会社 海游舎
　　　　〒151-0061 東京都渋谷区初台1-23-6-110
　　　　電話 03 (3375) 8567　　FAX 03 (3375) 0922
　　　　振替口座 00100-5-654526
　　　　URL http://www.kaiyusha-pub.co.jp

港北出版印刷（株）・凸版印刷（株）・（株）石津製本所
© 椿 宜高・生方秀紀・上田哲行・東 和敬 2007

本書の内容の一部あるいは全部を無断で複写複製すること
は，著作権および出版権の侵害となることがありますので
ご注意ください．

ISBN978-4-905930-34-1　　PRINTED IN JAPAN

■ 生態・行動学の関連図書

野生生物保全技術
新里達也・佐藤正孝 共編
A5判・368頁・定価3,990円

動物生態学 新版
嶋田正和・山村則男・粕谷英一・伊藤嘉昭 共著
A5判・620頁・定価7,140円

ファイトテルマータ —— 生物多様性を支える小さなすみ場所
茂木幹義 著
A5判・220頁・定価2,520円

マラリア・蚊・水田 —— 病気を減らし，生物多様性を守る開発を考える
茂木幹義 著
B6判・280頁・定価2,100円

ニホンミツバチ —— 北限の *Apis cerana*
佐々木正己 著
A5判・192頁・定価2,940円

スズメバチの科学
小野正人 著
A5判・176頁・定価2,835円

但馬・楽音寺の ウツギヒメハナバチ —— その生態と保護
前田泰生 著
A5判・200頁・定価2,940円

熱帯のハチ —— 多女王制のなぞを探る
伊藤嘉昭 著
B6判・216頁・定価2,243円

性フェロモンと農薬 —— 湯嶋健の歩んだ道
伊藤嘉昭・平野千里・玉木佳男 共編
B6判・288頁・定価2,730円

kupu-kupuの楽園 —— 熱帯の里山とチョウの多様性
大串龍一 著
A5判・256頁・定価2,940円

環境変動と生物集団
河野昭一・井村 治 共編
A5判・296頁・定価3,150円

楽しき 挑戦 —— 型破り生態学50年
伊藤嘉昭 著
A5判・400頁・定価3,990円

有明海の生きものたち —— 干潟・河口域の生物多様性
佐藤正典 編
A5判・400頁・定価5,250円

メジロの眼 —— 行動・生態・進化のしくみ
橘川次郎 著
B6判・328頁・定価2,520円